Herausgeber, Mitarbeiter und Verleger der „Fortschritte der Botanik" sind gleich tief getroffen durch den plötzlichen Hingang von

KARL PAECH.

Seine in jedem Betracht vorbildlichen Berichte gehören zu den unvergänglichen Zeugnissen seines Wesens.

Inhaltsverzeichnis.

A. Morphologie.

1. Morphologie und Entwicklungsgeschichte der Zelle. Von Professor Dr. LOTHAR GEITLER, Wien 40, Botanischer Garten, Rennweg 14. (Mit 2 Abbildungen) 1
2. Morphologie einschließlich Anatomie. Von Professor Dr. WILHELM TROLL und Professor Dr. HANS WEBER, Mainz, Botanisches Institut. (Mit 29 Abbildungen) 16
3. Entwicklungsgeschichte und Fortpflanzung. Von Professor Dr. KURT STEFFEN, Botanisches Institut, Marburg a. d. Lahn, Pilgrimstein 4. (Mit 9 Abbildungen) 51
4. Submikroskopische Morphologie. Von Priv.-Dozent Dr. KURT MÜHLETHALER, Zürich 6, Institut für allgemeine Botanik der Eidg. Technischen Hochschule. (Mit 3 Abbildungen). 107

B. Systemlehre und Pflanzengeographie.

5a. Systematik und Phylogenie der Algen. Von Professor Dr. BRUNO SCHUSSNIG, Botanisches Institut, Jena, Oberer Philosphenweg 36. (Mit 21 Abbildungen) 118
5b. Systematik und Stammesgeschichte der Pilze. Von Dozent Dr. HEINZ KERN, Zürich 6, Institut für spezielle Botanik der Eidg. Technischen Hochschule. (Mit 3 Abbildungen) 211
5c. Systematik der Flechten. Von Dr. JOSEPH POELT, Botanische Staatssammlung, München 38, Menzinger Straße 67 220
5d. Systematik der Moose. Von Dr. JOSEPH POELT 239
5e. Systematik und Stammesgeschichte der Pteridophyten[1]. Von Dr. JOSEPH POELT.
5f. Systematik und Stammesgeschichte der Spermatophyten[1]. Von Priv.-Dozent Dr. HERMANN MERXMÜLLER, Botanische Staatssammlung, München 38, Menzinger Straße 67.
6. Paläobotanik. Von Professor Dr. KARL MÄGDEFRAU, München 38, Botanisches Institut der Universität, Menzinger Straße 67. (Mit 5 Abbildungen) 256
7. Systematische und genetische Pflanzengeographie. Von Professor Dr. FRANZ FIRBAS, Göttingen, Systematisch-Geobotanisches Institut, Untere Karspüle 2a, und Priv.-Dozent Dr. HERMANN MERXMÜLLER, Botanische Staatssammlung, München 38, Menzinger Straße 67 ... 292
8. Ökologische Pflanzengeographie. Von Professor Dr. HEINZ ELLENBERG, Institut für Allgemeine Botanik, Hamburg 36, Jungiusstraße 6 .. 362
9. Ökologie. Von Professor Dr. THEODOR SCHMUCKER, Hann. Münden, Forstbotanisches Institut, Werraweg 1 381

C. Physiologie des Stoffwechsels.

10. Physikalisch-chemische Grundlagen der Lebensprozesse (Strahlenbiologie). Von Professor Dr. WILHELM SIMONIS, Hannover, Botanisches Institut der Tierärztlichen Hochschule. (Mit 6 Abbildungen) 413

---
[1] Der Beitrag folgt in Bd. XVIII.

	Seite
11. Zellphysiologie und Protoplasmatik[1]. Von Professor Dr. HANS JOACHIM BOGEN, Braunschweig, Botanisches Institut der Technischen Hochschule, Humboldtstraße 1.	
12. Wasserumsatz und Stoffbewegungen. Von Professor Dr. BRUNO HUBER, München, Forstbotanisches Institut der Universität, Amalienstraße 52, und Dr. LEOPOLD BAUER, Tübingen. (Mit 3 Abbildungen)	483
13. Mineralstoffwechsel. Von Professor Dr. HANS BURSTRÖM, Lund (Schweden), Botanisches Laboratorium der Universität	509
14. Stoffwechsel organischer Verbindungen I (Photosynthese). Von Professor Dr. ANDRÉ PIRSON, Marburg a. d. Lahn, Botanisches Institut, Pilgrimstraße 4. (Mit 3 Abbildungen)	529
15. Stoffwechsel organischer Verbindungen II. Von Professor Dr. KARL PAECH†, Tübingen	578

D. Physiologie der Organbildung.

16. Vererbung	621
a) Genetik der Mikroorganismen[1]. Von Professor Dr. Dr. HANS MARQUARDT, Freiburg i. Br., Forstbotanisches Institut.	
b) Genetik der Samenpflanzen. Von Professor Dr. CORNELIA HARTE, Köln-Riehl, Institut für Entwicklungsphysiologie, Amsterdamer Straße 36.	621
17. Cytogenetik. Von Professor Dr. JOSEPH STRAUB, Köln-Riehl, Botanisches Institut, Amsterdamer Straße 36. (Mit 1 Abbildung)	670
18. Wachstum. Von Dozent Dr. JAKOB REINERT, Tübingen, Botanisches Institut der Universität	697
19a. Entwicklungsphysiologie. Von Professor Dr. ANTON LANG, Los Angeles 24 (Calif.), University of California, Department of Botany. (Mit 11 Abbildungen)	712
19b. Physiologie der Fortpflanzung und Sexualität. Von Priv.-Dozent Dr. HANSFERDINAND LINSKENS, Köln-Riehl, Amsterdamer Straße 36. (Mit 1 Abbildung)	791
20. Viren.	
a) Pflanzenpathogene Viren. Von Oberreg.-Rat Dr. ERICH KÖHLER, Braunschweig, Messeweg 11/12. (Mit 2 Abbildungen)	819
b) Bakteriophagen. Von Dozent Dr. Dr. WOLFHARD WEIDEL, Max-Planck-Institut für Biologie, Tübingen, Corrensstraße 41	856
Sachverzeichnis	883

[1] Der Beitrag folgt in Bd. XVIII.

Die Abschnitte A und B sind redigiert von E. GÄUMANN, die Abschnitte C und D sowie das Sachverzeichnis von O. RENNER.

FORTSCHRITTE DER BOTANIK

BEGRÜNDET VON FRITZ VON WETTSTEIN

UNTER ZUSAMMENARBEIT
MIT MEHREREN FACHGENOSSEN
UND MIT DER
DEUTSCHEN BOTANISCHEN GESELLSCHAFT

HERAUSGEGEBEN VON

ERNST GÄUMANN u. OTTO RENNER
ZÜRICH   MÜNCHEN

SIEBZEHNTER BAND
BERICHT ÜBER DAS JAHR 1954

MIT 99 ABBILDUNGEN

SPRINGER-VERLAG
BERLIN · GÖTTINGEN · HEIDELBERG
1955

ISBN-13: 978-3-642-94647-9   e-ISBN-13: 978-3-642-94646-2
DOI: 10.1007/978-3-642-94646-2

ALLE RECHTE,
INSBESONDERE DAS DER ÜBERSETZUNG IN FREMDE SPRACHEN,
VORBEHALTEN

OHNE AUSDRÜCKLICHE GENEHMIGUNG DES VERLAGES
IST ES AUCH NICHT GESTATTET, DIESES BUCH ODER TEILE DARAUS
AUF PHOTOMECHANISCHEM WEGE (PHOTOKOPIE, MIKROKOPIE) ZU VERVIELFÄLTIGEN

© BY SPRINGER-VERLAG OHG. BERLIN · GÖTTINGEN · HEIDELBERG 1955
SOFTCOVER REPRINT OF THE HARDCOVER 1ST EDITION 1955

A. Morphologie.

1. Morphologie und Entwicklungsgeschichte der Zelle.

Von LOTHAR GEITLER, Wien.

Mit 2 Abbildungen.

Cyanophyceen. Die schwierigen Probleme der Blaualgencytologie werden in neuerer Zeit wieder intensiver bearbeitet (Fortschr. Bot. **14**, 1; **15**, 1). Die Fragestellung liegt aber seit langem nicht mehr in der Alternative: Zellkern oder nicht, sondern in der exakten Erfassung der Kernäquivalente. Befriedigende Lösungen wurden noch nicht gefunden. Doch schreitet der Fortschritt manchmal auf Umwegen, und auch Bemühungen, die, wie die folgenden, zunächst nicht zum Ziele führen, können mittelbar nützlich werden. Andererseits wäre allerdings auch darauf hinzuweisen, daß zur erfolgreichen Behandlung eines so schwierigen Gegenstands allgemeine biologische Kenntnisse und gründliche Erfahrungen mit der Biologie der Blaualgen nötig erscheinen und ad hoc erworbene Kenntnisse offenbar nicht ausreichen.

Die allgemeine Organisation des Blaualgenprotoplasten, im besonderen seine Vacuolisierungsfähigkeit, behandelt v. ZASTROW und kommt zu dem Schluß, daß die normale, zellsaftvacuolenfreie Blaualgenzelle den meristematischen Zellen der höheren Pflanzen entspräche. Diese Auffassung ist aber unhaltbar und verwirrend, denn dann gäbe es „meristematische Dauerzellen". In Wirklichkeit ist die normale, ausgewachsene, sich nicht teilende Ruhezelle der Cyanophyceen eben anders gebaut als die entsprechende der höheren Pflanzen: sie ist eben nicht vakuolisiert (von allen anderen Unterschieden ganz abgesehen). Wo bei Blaualgen Vacuolisierung auftritt, handelt es sich um Zellen, die von einem früheren oder späteren Zeitpunkt an einer irreversiblen Degeneration verfallen sind; ihre Vacuolisierung ist pathologisch und immer unvereinbar mit Zellteilung. Anders ist es im Fall der keritomischen Vacuolenbildung, die v. ZASTROW mit Vacuolisierung überhaupt gleichsetzt: sie bewirkt keine Sistierung der Zellteilung und wahrscheinlich nicht einmal Herabsetzung der Teilungsfrequenz; es kann daher — außerdem zeigt dies die unmittelbare Beobachtung — keine Rede davon sein, daß der Zentralkörper, der die Kernäquivalente enthält, bei Keritomie wie bei Vacuolisierung, verschwindet (v. ZASTROW, S. 187). Was die S. 188 zitierten „X-förmigen Plasmolyseformen" anlangt, ist der Autorin entgangen, daß es sich hier einfach um noch zusammenhängende Tochterzellen handelt.

Kerncytologische Untersuchungen (CASSEL u. HUTCHINSON) gelangen, trotz vielem Aufwand, nicht über die längstbekannte Feststellung hinaus, daß im Centroplasma feulgenpositive, also DNS-haltige Strukturen vorhanden sind. Die Problematik, was die letzten, identisch sich reproduzierenden Einheiten sind, wird gar nicht behandelt. Unter unzureichender Verwendung der Literatur wird behauptet, daß die Cyanophyceen eine „nuclear organization" besitzen bzw. „possess material which is clearly of a nuclear nature". Bezeichnend ist die „Feststellung" (S. 148), daß die „nuclear division" der Cyanophyceen sehr ähnlich der von LEWIS u. ZIRKLE für die Bangiacee *Porphyridium* beschriebenen Mitose wäre; diese Autoren hielten aber für die Mitose die Teilung des — Pyrenoids (auch ohne Kenntnis der richtigstellenden Literatur ergibt sich dieser Sachverhalt schon aus den Abbildungen). — Die Schwierigkeiten, aber kaum einen Ansatz zu ihrer Lösung ergeben auch andere technisch komplizierte, aber sonst ohne viel Voraussetzung unternommene Untersuchungen (HERBST 1953, 1954), denen zufolge offensichtlich ergastische Körper (Ektoplasten, Epiplasten) als Kernäquivalente anzusehen wären.

Bakterien. In der „Kernfrage" der Bakterien wurde schon in den früheren Berichten eine abwartende Haltung gegenüber den Angaben von „echten" Zellkernen und deren Mitosen mit Chromosomen, Spindeln und Centrosomen eingenommen. In diesem Zusammenhang sind die schweren methodischen Einwände bemerkenswert, die HALE gegen die Interpretation eben solcher Strukturen als „Kerne", „Chromosomen" usw. erhebt. — In sehr gründlichen, methodisch ausführlichen und morphologisch kritischen Untersuchungen an Schwefelbakterien gelangt DEVIDÉ zu der Auffassung, daß Nucleinsäuren und auch DNS nur *diffus* verteilt in der Zelle vorhanden sind und daß keine Anzeichen dafür bestehen, „that these cells would possess any formations corresponding to nuclei either by morphological structure, chemical composition or function". Alle morphologisch distinkten Einschlußkörper erweisen sich als ergastische Gebilde ohne Autoreproduktion.

Plastiden. Die Grana der Chloroplasten von Flagellaten, Chlorophyceen und Konjugaten weist neuerdings wieder METZNER nach, und zwar mit Hilfe von fluorescenzmikroskopischen Beobachtungen im Auflicht. Mittels dieser Methode gelingt ihr Nachweis auch bei Moosen und Phanerogamen in Fällen, wo sie sonst unsichtbar waren. Bei Phaeo- und Rhodophyceen wie bei Diatomeen lassen sie sich aber auch auf diese Weise nicht erkennen und sie konnten bei *Fucus* auch elektronenoptisch nicht aufgefunden werden (LEYON u. WETTSTEIN). Die Chromatophoren von *Fucus* erscheinen lediglich lamelliert, wobei die Lamellen in sich geschlossene, ± konzentrische Schalen bilden (vgl. auch WETTSTEIN). Für die Chloroplasten macht METZNER wahrscheinlich, daß Chlorophyll auch im Stroma zwischen den Grana vorhanden ist. Im übrigen zeigen sich erneut beträchtliche intraindividuelle Schwankungen in der Größe und Dichte der Lagerung der Grana [vgl. auch KAJA 1954 (1), (2)]. — Die Pyrenoide von *Spirogyra* und *Closterium* zeigen im Elektronenmikroskop lamellären Bau; die Lamellen sind deutlich dicker als die des Stromas und sie sind „connected with, or may be traversed by" mehreren Stromalamellen, die im Bereich des

Pyrenoids sozusagen dichtgebündelt auftreten [LEYON 1954 (1)]. Vom lichtmikroskopischen Bau der Pyrenoide scheint dem Verf. wenig bekannt zu sein; so erörtert er die Frage, ob die Pyrenoide „der Algen" den — Grana der Phanerogamen entsprächen, — ohne zu wissen, daß Grana auch bei Algen mit Pyrenoiden lange bekannt sind (S. 497: „pyrenoids are found only in plants whose chloroplasts do not contain the well known grana"). Bei *Closterium* soll das Pyrenoid Chlorophyll enthalten; die an fixiertem Material gewonnenen Angaben sind aber nicht überzeugend. Pyrenoide mancher anderer Algen lassen keine Lamellierung erkennen, so die von *Cladophora* und *Enteromorpha* nach LEYON [1954 (1)] und die von *Chlamydomonas* nach SAGER u. PALADE. Dies ist nicht verwunderlich: denn schon lichtoptisch lassen sich, gerade auch bei verschiedenen *Chlamydomonas*-Arten, lamellierte und homogene Pyrenoide unterscheiden und die Mannigfaltigkeit, die sich auch in der Art der Stärkehülle manifestiert, ist sehr groß (einfache, zusammengesetzte, geschichtete, polarisierte Pyrenoide[1]). — Auf den submikroskopischen Feinbau der Grana in jungen Plastiden — es wurden Kristallgitterstrukturen beobachtet — soll hier noch nicht eingegangen werden, da erst kurze vorläufige Mitteilungen vorliegen [HEITZ, LEYON 1954 (2)].

Das Vorhandensein einer Plastide in den Spermien der Moose läßt sich neuerdings einwandfrei nachweisen (EYMÉ, KAJA (2)). Für *Mnium* kann nicht nur die Kontinuität der Plastiden in Gameto- und Sporophyt, sondern auch das dauernde Vorhandensein der Grana in allen Entwicklungsstadien nachgewiesen werden [KAJA 1954 (2)]. Ob die Grana im strengen Sinn Kontinuität — nach Art der Chromosomen — besitzen, ist daraus allerdings nicht unbedingt zu schließen. Auch die embryonalen Plastiden enthalten im übrigen mehrere Grana (in Spermien 8 bis 12). Die Grana sind, entgegen der geldrollenartigen Anordnung bei Phanerogamen, in zwei oder, in sehr alten Plastiden, in mehreren zur Oberfläche parallelen Schichten angeordnet.

Daß die Grana — als morphologische Realität — bei den Angiospermen keine Kontinuität besitzen, wie schon HEITZ u. MALY annahmen (Fortschr. Bot. 15, 2; 16, 2) ergibt sich auch aus elektronenoptischen Untersuchungen (LEYON 1953), die zeigten, daß in Proplastiden nur eine Lamellierung vorhanden ist, aber kein Primärgranum sich nachweisen läßt. Die jüngsten Plastiden verhalten sich also wie die Plastiden mancher Algen, z. B. der Phaeophyceen (s. oben, LEYON u. WETTSTEIN, WETTSTEIN).

Inäquale Teilung. Eine besondere Art der inäqualen oder differentiellen Teilung (Fortschr. Bot. 15, 3; 16, 13) zeigt sich bei der Entstehung der Siebröhrenglieder und ihrer Geleitzellen aus einer Mutterzelle (RESCH an *Vicia faba*). Die Teilung der Mutterzelle liefert zwei nur wenig ungleich große Tochterzellen, die zunächst keine Dichteunterschiede

---

[1] Vielleicht ist es kein ganz unbilliger Wunsch, die Submikroskopiker mögen sich erst einmal mit den schon mikroskopisch erforschten Bauverhältnissen ihrer Objekte bekannt machen und, statt ab ovo zu beginnen, die nicht ganz unbedeutende Literatur nutzbringend verwerten — besonders dann, wenn sie weittragende Schlußfolgerungen zu ziehen beabsichtigen.

des Plasmas oder der Kernstruktur erkennen lassen, wie sie sonst vielfach typisch sind. Erst im Zug des weiteren Wachstums beider Zellen nimmt die Dichte in der kleineren Tochterzelle, das ist die zu-

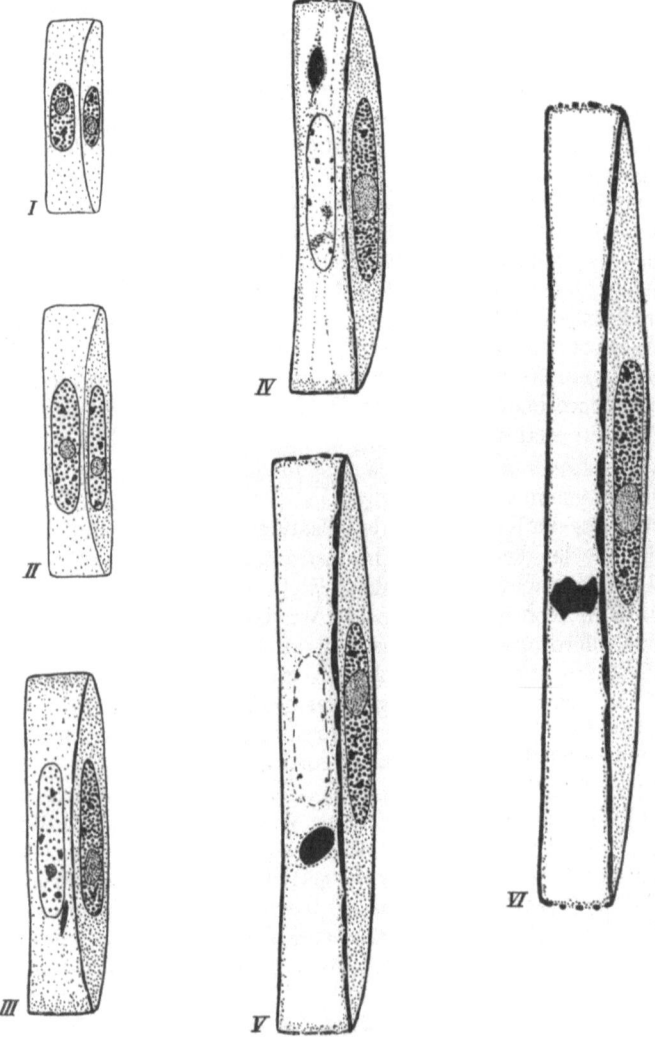

Abb. 1. *Vicia faba.* Halbschematische Darstellung der Entwicklung eines Siebröhrenglieds mit zugehöriger Geleitzelle. I unmittelbar nach der Teilung der Mutterzelle. II Beginn des Zell- und Kernwachstums. Unterschiede im Cytoplasma. III Kern der Geleitzelle bereits deutlich hyperchromatisch; die Tüpfel werden sichtbar. IV, V weitere Entwicklung: Kern der Siebröhrenzelle fast aufgelöst. VI Endstadium: in der Siebröhrenzelle nur ein dünner plasmatischer Wandbelag, dazu ein „Schleimkörper" (schwarz), dessen Bildung schon im Stadium III beginnt. Nach RESCH.

künftige Geleitzelle, zu, während der Protoplast der Siebröhrenzelle eine regressive Entwicklung nimmt, die schließlich auch zur Auflösung ihres Kerns führt (Abb. 1). Die Auflösung des Kerns erfolgt unbeschadet dessen, daß noch Gesamtwachstum und Ausgestaltung der Membranen und Siebplatten erfolgt. Für die Lebensfunktion der Siebröhrenzelle ist offenbar die Geleitzelle, die mit ihrem dichten Plasma und ihrem hyperchromatischen Kern samt vergrößertem Nucleolus das Bild bedeutender Aktivität bietet, von grundlegender Wichtigkeit[1]. Beide Zellen zusammen bilden offenbar eine Einheit: die gemeinsame Wand enthält auffallend viele Tüpfel bzw. Plasmodesmen und besitzt zudem einen hohen Grad von Hydratation.

Chromosomen mit diffusem Centromer; Chromosomenmechanik; B-Chromosomen. Das klassische pflanzliche Objekt mit Chromosomen ohne lokalisiertes Centromer ist *Luzula* (Fortschr. Bot. **13**, 10; **15**, 4). Eine eingehende Untersuchung von Mitose und Meiose an *Luzula campestris* ($n = 12$) ergibt eine neuerliche Bestätigung des charakteristischen Verhaltens (BROWN). Eine besondere Rolle spielt die den Chromosomen außen anhaftende schmierige Substanz, die von SCHRADER für entsprechende tierische Objekte als pellicle bezeichnet wurde; BROWN nennt sie Matrix und glaubt sie aus der Nucleolarsubstanz entstehen lassen zu können. In diesem Fall würde also eine ähnliche Beziehung wie bei *Spirogyra* bestehen (Fortschr. Bot. **16**, 3—5; der Zusammenhang zwischen Nucleolarsubstanz und Hülle der Chromosomen ist hier aber doch viel deutlicher[2]). Auffallend ist ein von Zelle zu Zelle der gleichen Anthere wechselnder Chromomerenbau des Pachytäns. Ein diffuses (oder polyzentrisches) Centromer wurde inzwischen auch für Cyperaceen (*Eleocharis*) nachgewiesen [HÅKANSSON 1954 (2)].

Chromosomen mit diffusem Centromer besitzen ferner *Spirogyra* (GODWARD, Fortschr. Bot. **13**, 2; **16**, 4) und wohl überhaupt die Konjugaten [für Desmidiaceen vgl. KING 1953 (1)][3]. Bei *Spirogyra* gibt es nach GODWARD neben Arten mit großen, sich deutlich diffus-centromerisch verhaltenden Chromosomen auch Arten, deren kleinere Chromosomen ein lokalisiertes Centromer zu besitzen scheinen (außerdem sind Arten mit sehr kleinen, punktförmigen Chromosomen bekannt, die kein bestimmtes Verhalten erkennen lassen). Auf Grund gewisser Anzeichen, vor allem deshalb, weil die großen Chromosomen in der Prophase aus hintereinander liegenden, heterochromatischen „Blöcken" aufgebaut erscheinen, nimmt GODWARD an, daß sie phylogenetisch aus monozentrischen kleinen Chromosomen entstanden wären, also nicht Chromosomen mit einem die ganze Flanke einnehmenden, echt diffusen Centromer wären, sondern **polyzentrische Sammelchromosomen** vorstellen würden. Jeder Block soll ein Centromer enthalten, zu seinen beiden Seiten würde proximales Heterochromatin liegen. Dies ist denkmöglich. Die Centromeren wurden aber nicht beobachtet und die Schlüsse aus

---
[1] Der Geleitzellkern wird aber anscheinend nicht endopolyploid (die Frage wird bei RESCH nicht eingehender behandelt).
[2] Die Beobachtungen für *Spirogyra* wurden von OURA bestätigt. Unverständlich erscheint die Angabe, daß die Chromosomen keine Nuclealreaktion gäben; gerade für ähnliche Arten mit winzig kleinen, punktförmigen Chromosomen wurde, wie kaum anders zu erwarten, der positive Nachweis schon früher erbracht.
[3] Als interessantes Nebenergebnis sei vermerkt: *Netrium digitus* besitzt die Chromosomenzahl $n = 592$ und damit die höchste bekannte Chromosomenzahl überhaupt [KING 1953 (2)]. Für Farne sind „nur" Zahlen von $n = 250—260$ festgestellt.

der Anaphasebewegung jener kleinen Chromosomen, die nach GODWARD monozentrisch sein sollen — Centromeren lassen sich an ihnen ebenfalls nicht beobachten — sind, zumindest nach dem Bildmaterial, nicht ganz überzeugend; es kann sich auch um mehr zufällige Bewegungen der in die Nucleolarsubstanz eingebetteten Chromatiden handeln, wie sie bei Tieren mit diffus-zentromerischen Chromosomen vorkommen. Es erscheint daher die Annahme näherliegend, daß auch diese kleineren, sowie die kleinsten Chromosomen ein echt diffuses Centromer besitzen. — Der Gedanke des Zusammenschlusses kleiner Chromosomen zu großen ist übrigens auch für die drei großen Chromosomen des Haploidsatzes von *Luzula purpurea* geäußert worden, wo ebenfalls „Blöcke" erkennbar sind; die Chromosomen von *Luzula purpurea* wären dann ebenfalls polyzentrisch. Ältere Untersuchungen über die Mechanik der *Luzula*-Chromosomen (ÖSTERGREN) sprechen nicht dafür.

In diesen Zusammenhang fallen vielleicht die folgenden Beobachtungen VAAREMAs. Vielleicht stellen sie aber ein ganz anderes Phänomen dar; denn die diffus-zentromerischen Chromosomen sind abgesehen von ihrer Bewegungsmechanik auch noch durch ihre sticky-Beschaffenheit charakterisiert, was im folgenden nicht zutrifft. Bei dem Laubmoos *Pleurozium schreberi* tritt ein durch seine Größe besonders auffallendes und auch sonst eigenartiges Chromosom auf. In der Mitose besitzt es ein submedianes, lokalisiertes Centromer. In der Meiose sind dagegen Anzeichen dafür vorhanden, daß auch andere Stellen kinetische Aktivität besitzen. Es erinnert in dieser Hinsicht an manche B-Chromosomen von Gräsern (Fortschr. Bot. **13**, 13). VAAREMA nimmt an, daß dieses Chromosom aus vier „Blöcken" aufgebaut ist, und zwar jeder Arm aus zwei, und daß es ein phylogenetisch aus vier Einzelchromosomen entstandenes Sammelchromosom darstellt. Die Enden der ursprünglichen Chromosomen, mit einem terminalen Centromer versehen gedacht, würden, in Analogie zu dem auch sonst beobachteten Verhalten von Telomeren, gelegentlich noch, aber nie in der Mitose, trotz der Fusion Centromerenfunktion ausüben können. Es ergibt sich daraus, allerdings nicht in der Mitose und auch in der Meiose nur gelegentlich, ein ähnliches mechanisches Verhalten wie bei Chromosomen mit diffusem Centromer. Die Vorstellungen sind stark spekulativ belastet, können aber als Arbeitshypothese vielleicht wertvolle Dienste leisten. — Noch spekulativer sind die Vorstellungen VAAREMAS über die phylogenetische Entstehung der verschiedenen Chromosomentypen mit verschiedener Mechanik. VAAREMA geht aus von kleinen Chromosomen mit diffusem Centromer, als abgeleitetster Fall erscheint ihm das typische Chromosom mit lokalisiertem Centromer (GODWARD erklärt umgekehrt das diffuse Centromer als Summation von Einzelcentromeren). Als Zwischenformen könnten Chromosomen mit einem terminalen Centromer gelten, die sich dann als „Blöcke" zu „Sammelchromosomen" mit entsprechend vielen, mehr oder weniger deutlich funktionierenden Centromeren verbinden können. Das monozentrische Chromosom würde nur mehr aus zwei Blöcken zusammengesetzt sein, das sind die beiden Arme, und es wäre nur ein einziges Centromer übriggeblieben.

Von Einzelbeobachtungen an *Pleurozium* ist erwähnenswert, daß die Tochtercentromeren der Chromosomen schon in der Metaphase ein Stück voneinander getrennt liegen; der Zusammenhalt der Tochterchromatiden bis zur Anaphase erscheint allein durch die Matrix gegeben. Die gleiche Beobachtung machte LIMA DE FARIA (1953) an den Chromosomen der II. meiotischen Metaphase in den Pollenmutterzellen von *Agapanthus*. Eine Nachuntersuchung mit verfeinerter Technik wäre in beiden Fällen wohl wünschenswert. Die Tatsache als solche findet sich in viel auffallenderer Weise bei Diatomeen, deren Tochtercentromeren in der Metaphase weit getrennt sein können (Fortschr. Bot. 14, 2; in der dort zitierten Untersuchung des Ref. finden sich auch diesbezügliche Angaben über andere Objekte aus der älteren Literatur).

Daß die Mitosemechanik der Forschung noch ein weites Feld der Betätigung bietet, zeigt sich auch aus den vielen neuen Angaben über B-Chromosomen (akzessorische Chromosomen) mit ihrem zum Teil sonderbaren Verhalten in der Anaphase (Fortschr. Bot. 13, 13; 14, 3; 15, 5). B-Chromosomen wurden neuerdings angetroffen bei *Festuca pratensis* (BOSEMARK) und bei *Centaurea scabiosa* (FRÖST); ihre ± regelmäßige Weitergabe durch Mitose und Meiose wurde — an schon untersuchtem Material von *Poa alpina* — bestätigt [HÅKANSSON 1954 (2)]. REESE stellt B-Chromosomen in der Anzahl von 0—6 bei verschiedenen Sippen von *Caltha palustris* fest. Sie sind, im Gegensatz zu den meisten sonstigen Fällen, völlig euchromatisch und im übrigen kleiner als die kleinsten Chromosomen des Satzes; sie besitzen vielleicht ein terminales, durch misdivision entstandenes, nicht vollwertiges Centromer.

Chromosomenbau. Wie schon früher berichtet (Fortschr. Bot. 15, 6), lassen sich an den Chromosomen bestimmter Pflanzen Gradienten insofern feststellen, als, vom Centromer ausgehend, gegen die Enden der Chromosomenarme hin die Chromomeren allmählich an Größe abnehmen und ebenso die Dicke und Färbbarkeit der Zwischenstücke („Fibrillen") sich verringert; sekundäre Störungen können sich durch das Auftreten von „knobs" an bestimmten Stellen der Arme einstellen. Im Groben war die Erscheinung bekannt: es handelt sich um Chromosomen mit ausgebreitetem proximalem Heterochromatin, das gegen die Chromosomenenden allmählich in Euchromatin übergeht. An *Agapanthus umbellatus* läßt sich weiterhin zeigen (LIMA DE FARIA 1954), daß das an allen Chromosomen übereinstimmend festgelegte, aber durch die Länge der Arme quantitativ etwas abgeänderte Muster sich auch in verschiedenen Entwicklungsstadien, trotz verschiedener absoluter Länge der Chromosomen durchsetzt. So zeigen die Chromosomen des Pachytäns, die der II. meiotischen Prophase und die der mitotischen Prophase das gleiche Muster (Abb. 2); nur sind freilich die Chromomeren des Pachytäns nicht identisch mit denen in der II. meiotischen Prophase und erst recht nicht mit denen der Mitose. In welcher Beziehung diese Chromomeren verschiedener „Dignität" miteinander stehen, bleibt zunächst noch ganz ungeklärt. (Die Tatsache des Auftretens von Chromomeren außerhalb der meiotischen Prophase als solche ist seit langem bekannt; BELLING bezeichnete die meiotischen daher als

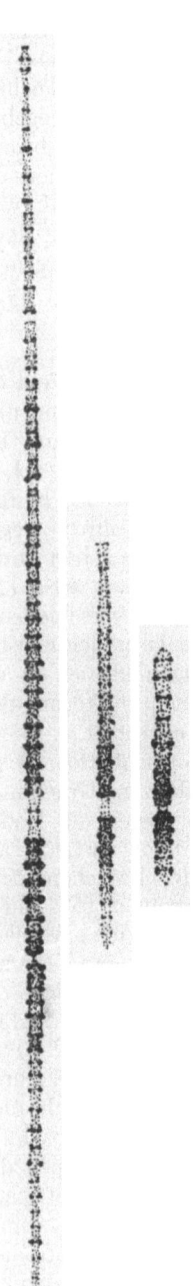

Abb. 2. *Agapanthus umbellatus.* Dasselbe Chromosom im Pachytän, in der mittleren II. meiotischen Prophase und in der mittelspäten mitotischen Prophase. Nach LIMA DE FARIA 1954.

,,ultimate chromomers".) Die nähere Analyse ergibt eine bestimmte Ordnung des Muster, die in Beziehung zur Gesamtheit des Chromosoms steht. Das Aussehen eines Chromomers — und eines Zwischenfadens — hängt nicht allein von seiner genetischen Konstitution oder vom physiologischen Zustand im Kern, sondern wesentlich auch von seiner Lage im Chromosom ab, wobei es auf den Abstand vom Centromer und auf den Abstand vom Ende des betreffenden Chromosomenarms ankommt. Damit ist auch von cytologischer Seite her ein Einblick in die gesetzmäßigen Zusammenhänge angebahnt, die zwischen den einzelnen Bausteinen des Chromosoms bestehen und die eben das Chromosom als **mehr** als die bloße Summation seiner Teile erscheinen lassen (auf dem Gebiet der Genetik sind solche Vorstellungen als Positionseffekt und Wirkung des Telomers schon bekannt). Die Betrachtung des Chromosoms als funktionelle Einheit schließt freilich die Existenz korpuskulärer Gene nicht aus. — Den gleichen Bauplan zeigen nach LIMA DE FARIA auch die Chromosomen anderer Monokotylen und verschiedener Dikotyler.

Gewebedifferenzierung; Heterochromatin. Das Problem der gewebespezifischen Kernstrukturen, seit langem aufgeworfen, läßt sich noch kaum deskriptiv, geschweige kausal ausreichend behandeln. Es gibt gewebespezifische Veränderungen der meristematischen Kernstruktur, die unabhängig von endomitotischer Polyploidisierung ablaufen, und solche, die von der endomitotischen Polyploidisierung überlagert werden (vgl. dazu Fortschr. Bot. **16**, 10 und ausführlicher, GEITLER 1953, 65 ff.). Bei Vorkommen von endomitotischer Polyploidisierung ist die endomitotische Teilungsstruktur (Fortschr. Bot. **15**, 7; **16**, 11, vgl. auch weiter unten) zu unterscheiden von der Ruhestruktur. GOTTSCHALK [1954 (1)] scheint in neuen Untersuchungen an Angiospermen keinen scharfen Unterschied zu machen (l. c. S. 162). Er findet bei Solanaceen in verschiedenen Geweben in Sproß, Anthere, Keimlingswurzel und für die Blatt- und Fruchtepidermis im ausdifferenzierten Zustand Schwund der Chromozentren, die für die Kerne der Meristeme charakteristisch sind. Die Befunde stimmen zu manchen älteren Beobachtungen über „Verdünnung" der Kernstrukturen und sind wohl so zu interpretieren, daß in inaktiven alten Geweben ganz allgemein Hydratation erfolgt; die Veränderung ist somit unspezifisch. Bezeichnend, daß GOTTSCHALK im Antherentapetum mit seiner hohen Aktivität im Gegenteil „Hyperchromasie" findet. In der Wurzelhaube, in der die Chromozentren ebenfalls erhalten bleiben, handelt es sich aber offenbar um eine andere Erscheinung: hier liegt pyknotische Degeneration vor. Auflockerung bis Schwund der Chromozentren in alten Geweben erfolgt übrigens keineswegs bei allen Pflanzen; so enthalten ausdifferenzierte, auch inaktive Gewebe z. B. bei *Rhoeo*, Cucurbitaceen und Aizoaceen ganz typische Chromozentrenkerne.

Als sehr mannigfaltig erweisen sich die Strukturen der Kerne in Geweben komplizierter gebauter Gallen [WOLL 1954 (1), (2) für Eichen- und *Acer pseudoplatanus*-Gallen]. In vergrößerten Zellen mit offenbar gesteigerter Eiweißsynthese werden die Kerne sehr groß, die Chromozentren erscheinen aufgelockert und undeutlich umrissen, die Nucleolen sind mächtig entwickelt. In anderen Fällen stellen sich prophaseähnliche Chromatinstrukturen ein. In Zellen mit Kohlenhydratproduktion sind die Nucleolen klein, die chromatische Struktur weicht von der Norm nicht wesentlich ab. Die Kerne gewisser Gewebe werden vermutlich endopolyploid. In anderen Zellen erfolgt die Vergrößerung wohl hauptsächlich unter Hydratation. Die Untersuchungen stellen einen wertvollen Anfang der Analyse der interessanten Gallenbildungen dar, der vielleicht auch zu einem kausalen Verständnis führen könnte.

Sind schon die ontogenetischen Schwankungen der Ausbildung des Heterochromatins problematisch, so gilt dies noch mehr für die phylogenetischen. Für Solanaceen liegen eingehende Beobachtungen vor [GOTTSCHALK 1954 (2)], die auf bedeutende Umbauten schließen lassen. Als Arbeitshypothese nimmt GOTTSCHALK an, daß die phylogenetische Entwicklung von einem euchromatischen Ausgangszustand in Richtung steigender Heterochromatinisierung gegangen ist. — In bezug auf die Verwertbarkeit der Spezialsegmente (d. h. unter bestimmten Bedingungen unterbeladener heterochromatischer Chromosomenabschnitte) für phylogenetische Spekulationen und zur Populationsanalyse von *Trillium*-Arten (Fortschr. Bot. 16, 7, 8) machen BAILEY sowie HAGA u. KURABAYASHI ergänzende Mitteilungen.

Metabole Veränderungen der Kernstruktur behandelt GEROLA an den Septalnektarien (er schreibt regelmäßig „sectal nectaria") von *Canna, Hemerocallis, Funkia* und „*Kniphophia*". Da nicht von einer klaren morphologischen Analyse des normalen Kernbaus ausgegangen wird, ergibt sich nur ganz allgemein, daß „das Chromatin" in der Phase der Differenzierung und der Akkumulation $\pm$ „diffus", während der Phase der Expulsion aber $\pm$ kondensiert ausgebildet ist — es handelt sich offenbar um eine verschieden weitgehende Pyknose —, und während der Restorationsphase wieder mehr diffus oder in Form peripherer Chromozentren erscheint. (Die aus dem Desoxy- und

Ribonucleinsäure-Formwechsel erschlossenen physiologischen Schlußfolgerungen fallen aus dem Rahmen dieses Referats.)

Chromosomenformwechsel, Mitosecyclus und Endomitose. Die oben erwähnte ontogenetische Rückbildung der Chromozentren bei Solanaceen faßt GOTTSCHALK als die Folge von Entspiralisierung auf. Ebenso gut möglich erscheint noch immer die Annahme eines Schwundes der Matrix. Für die erstgenannte Deutung spricht allerdings bis zu einem gewissen Grad die durch photometrische Messungen gut unterbaute Auffassung der Konstanz des DNS-Gehalts je Chromosomensatz und daher jedes Chromosoms (neuerdings PÄTAU u. SWIFT, SWIFT 1950, 1953, ALFERT u. SWIFT). Dies bedeutet, daß ein konstanter Wert des DNS-Gehalts vor der Mitose verdoppelt und dieser durch sie wieder halbiert wird. Zu jedem Chromonema würde also eine bestimmte gleichbleibende Menge von DNS und damit wohl von Matrix gehören. Eine Bestätigung ergibt sich aus Messungen der Aufnahme radioaktiven Phosphors (TAYLOR u. MCMASTER). Allerdings erscheinen Werte für alte Gewebe und Zellen mit besonderer Metabolie noch zu wenig berücksichtigt, und es ist auch nur eine beschränkte Zahl meristematischer Gewebe untersucht; daher ist es wohl noch verfrüht, die Möglichkeit des Auf- und Abbaus von Matrix und im besonderen von DNS unabhängig von der Chromonemenreproduktion ganz allgemein zu leugnen. Die Ergebnisse gelten offenbar zunächst nur für die untersuchten Fälle (vgl. dazu auch die Befunde STICHs, Fortschr. Bot. **16**, 5[1]).

In Meristemen der Wurzeln verschiedener Angiospermen zeigt sich jedenfalls eine bestimmte Relation zwischen Kernvolumen und DNS-Gehalt und beide gehen im wesentlichen parallel. Vom posttelophasischen Wert, als $2C$ bezeichnet, erfolgt in der Interphase Zunahme beider bis zum präprophasischen Wert $4C$ (haploide Kerne besitzen den Wert $1C$). Der Übergang vom Wert $2C$ auf $4C$, das ist der Zeitraum der DNS-Synthese, geschieht relativ schnell: die DNS- und Kernvolummessungen (PATAU u. SWIFT, SWIFT, ALFERT u. SWIFT) und Kernvolummessungen allein (DOLEŽAL u. TSCHERMAK-WOESS) ergeben klare zweigipfelige Diagramme. Das interphasische Kernwachstum erfolgt also diskontinuierlich und in drei verschieden langen Etappen[2]. Daß die DNS-Synthese und damit, nach der geläufigen Annahme (vgl. aber weiter unten), die Chromosomenreproduktion in der Interphase und nicht etwa in der Telo- oder Prophase erfolgt, fanden auf indirektem Weg auch HOWARD u. PELC sowie THODAY (vgl. auch DUNCAN u. WOODS, TAYLOR, GRUNDMANN u. MARQUARDT). In die Streckungs- und Dauerzone gehen Ruhekerne, d. h. nicht mehr teilungsbereite Kerne mit dem Volumen $2C$ ein, also Kerne im posttelophasi-

---

[1] *Anmerkung bei der Korrektur:* LA COUR, DEELEY und CHAYEN finden bei extrem tiefer, im Fall von *Scilla campanulata* auch bei extrem hoher Temperatur eine um ungefähr 20% geringere DNS-Synthese in der Interphase; auch im Dauergewebe stellen sich bei Kältebehandlung Verluste ein. Es erfolgt also in diesen Fällen unter geänderten Außenbedingungen offenbar eine Veränderung des normalen Verhältnisses und es besteht somit keine absolute Konstanz.

[2] Nach GRUNDMANN u. MARQUARDT allerdings kontinuierlich; der scheinbare Widerspruch läßt sich aber aufklären (vgl. DOLEŽAL u. TSCHERMAK-WOESS).

schem Zustand, nicht, wie man erwarten könnte, „erwachsene" Kerne mit verdoppeltem Chromosomenbestand und präprophasischem Volumen (DOLEŽAL u. TSCHERMAK -WOESS).

Erfolgt endomitotische Polyploidisierung, so kommen dazu Kerne mit dem Volumen $4\,C$ und $8\,C$. Sie sind nach DOLEŽAL u. TSCHERMAK-WOESS als tetraploid und oktoploid im posttelophasischem Zustand (analog zu den diploiden $2\,C$-Kernen) anzusehen. Die am Strukturwechsel kenntliche Endomitose (Fortschr. Bot. **15**, 7, s. auch weiter unten) zwischen $2n$- und $4n$-Kernen bzw. $4n$- und $8n$-Kernen spielt sich an Kernen ab, deren Volumen zwischen die Werte 2 und $4\,C$ bzw. 4 und $8\,C$ fällt, aber dem niedrigeren Wert näher liegt. Erst nach Ablauf der Endomitose wird die Vergrößerung auf das Volumen $4\,C$ bzw. $8\,C$ erreicht; dieses entspricht einer mitotischen Posttelophase. Die Endomitose ist also in den Beginn der Wachstumsperiode eingeschaltet, während die Mitose erst nach ihrem Ende, nämlich im präprophasischem Zustand einsetzt. Erst dann, wenn ein $4n$- oder $8\,n$-Kern in eine — z. B. durch Wuchsstoff induzierte — Mitose eintritt, wird ein entsprechender präprophasischer Zuwachs durchgeführt. Diploide Kerne in Präprophase und tetraploide Ruhekerne besitzen das gleiche Volumen; sie lassen sich aber an der verschiedenen, d. h. im letzten Fall erhöhten Chromozentrenzahl unterscheiden (dies gilt für *Rhoeo*; bei manchen anderen untersuchten Arten trennen sich die Tochterchromozentren nicht).

Zum Eintritt in die Endomitose ist danach eine geringe Volumzunahme nötig als zum Eintritt in eine Mitose. „Wenn, wie man wohl annehmen kann, auch in der Streckungszone Volumen und DNS-Gehalt sich analog verhalten, so ergibt sich hieraus der Schluß, daß die Chromosomenreproduktion schon vor einer DNS-Verdoppelung erfolgen kann. Somit dürfte also entgegen der herrschenden Meinung nicht ein unmittelbarer Zusammenhang zwischen DNS-Menge und Chromosomen- oder Chromatidengarnitur bestehen. Daß aber eine bestimmte Beziehung zwischen Chromosomen und Volumen bzw. DNS vorhanden ist, zeigt sich darin, daß nachträglich, nach Vollzug der sozusagen vorzeitig einsetzenden endomitotischen Teilung durch weiteres Wachstum die ‚richtige' Relation, nämlich das zur verdoppelten Chromosomenzahl zugehörige Volumen $4\,C$, hergestellt wird" (DOLEŽAL u. TSCHERMAK-WOESS).

Die Untersuchungen DOLEŽALs u. TSCHERMAK-WOESS' an *Rhoeo*-Wurzeln ergaben im übrigen ein verschiedenes Verhalten der zweierlei Chromozentren, die aus proximalem und distalem Heterochromatin hervorgehen. Vielfach erfolgt völlige Trennung der endomitotisch entstandenen Tochter-Chromozentren im proximalem Heterochromatin und damit Trennung der Tochter-Centromeren, wodurch bewiesen ist, daß auch bei Angiospermen bei der Endomitose polyploide Kerne und nicht nur Kerne mit Diplo- und Quadruplochromosomen entstehen (vgl. dazu auch DEUFELs Beobachtungen und ihre Erörterung Fortschr. Bot. **16**, 11, 12). — Eine unerwartete Feststellung ergibt die Untersuchung der gewöhnlichen mitotischen Prophase: das Heterochromatin erfährt nicht nur eine einmalige Zerstäubung, sondern macht zweimal Ab- und Aufbauvorgänge durch: nach der frühen Prophase, in der Eu- und Heterochromatin nicht mehr unterscheidbar sind, treten die Chromozentren erneut in Erscheinung; der Unterschied verliert sich abermals, um dann vor dem endgültigen Gleichwerden von Eu- und Heterochromatin nochmals vorübergehend deutlich zu werden, wobei proximale und distale Chromozentren eine zeitliche Phasenverschiebung zeigen. Nach diesen Beobachtungen, die auf gesichert seriierten Stadien beruhen, erscheint eine genaue Analyse der Prophase auch in anderen Fällen dringend geboten. — Die Endomitose entspricht nur dem ersten Abschnitt der mitotischen Prophase.

Eine eingehende morphologische Analyse des Kernbaus und des endomitotischen Formwechsels läßt sich an *Sauromatum* durchführen (TSCHERMAK-WOESS; vgl. auch Fortschr. Bot. **15**, 7f.; **16**, 9). Hier sind post-endotelophasische und prä-endoprophasische Ruhekerne strukturell unterscheidbar, es läßt sich ferner die allmähliche Strukturveränderung während des Übergangs vom ersten in den zweiten Zustand, also während der Endo-Interphase erkennen und es läßt sich der Ablauf der Endomitose selbst in drei morphologisch distinkten Phasen — einen Anfangs- und Endzustand und einen mittleren Höhepunkt der Veränderung gegenüber dem Ruhekernzustand — verfolgen. Die außerordentlich minutiöse Untersuchung, die eine besondere Vertrautheit mit dem Objekt voraussetzt, basiert auf der Verfolgung der Veränderungen, welche die Chromomeren der Chromozentren erfahren. Dadurch ließen sich zum ersten Mal morphologische Veränderungen während der DNS-Vermehrung in der Interphase beobachten; mutatis mutandis müssen die Beobachtungen auch für die mitotische Interphase gelten. Es ergibt sich, daß in der Endo-Interphase, wie in der mitotischen, DNS-Vermehrung und Chromosomenreproduktion erfolgt, und daß die Endomitose, wie die Mitose, nur die Trennung bzw. Verteilung schon potentiell vorhandener Chromosomen durchführt: in der Endomitose erfolgt im Falle von *Sauromatum* die Zerlegung der Doppelchromomeren in die einfachen Tochterchromomeren[1]. Die Untersuchungen bringen im übrigen auch einen Beweis für die Richtigkeit der oben referierten Auffassung von HOWARD u. PELC, THODAY, PÄTAU u. SWIFT u. a. hinsichtlich der Verdoppelung der Chromosomensubstanz zwischen Telo- und Prophase. — Als Nebenergebnis zeigt sich neuerdings, daß sich Differenzierung und DNS-Synthese nicht ausschließen. Doch ist es typisch, daß die Differenzierung über das meristematische Wachstum hinaus eben unter dem Bild der Endomitose, an Stelle der Mitose, sich abspielt. Die papillöse Innenepidermis der Spatha wächst von einem bestimmten Zeitpunkt an nur mehr endomitotisch; ihre Zellen werden bis zu 128-ploid. — Der endomitotische Strukturwechsel (Fortschr. Bot. **15**, 7f.) wurde inzwischen auch in den endopolyploiden Kernen des einkernigen Antherentapetums, und zwar an euchromatischen

---

[1] Es muß hier darauf verzichtet werden, die Vorgänge durch einige Bilder zu belegen, da eine anschauliche Vorstellung nur durch genaues Studium des Textes und des gesamten Abbildungsmaterials der Originalarbeit gewonnen werden kann.

Strukturen nachgewiesen (CARNIEL). Damit ist der sichere Nachweis dafür erbracht, daß diese Kerne endopolyploid (bis oktoploid) sind; im mehrkernigen Tapetum entstehen dagegen polyploide Kerne $\pm$ zufällig durch Mitosehemmungen mit Restitutionskernbildung. — Endotetraploidie in der Wurzelhaube weist erstmalig BRABEC für *Bryonia verrucosa* nach.

Verschiedenes. Bauplan der Zelle. Im ontogenetisch-entwicklungsmechanischen wie im allgemein vergleichend-morphologischen Sinn besonders bemerkenswert ist die Entdeckung einer Desmidiacee, die das Schema des Aufbaus all der anderen tausenden Arten und Varietäten durchbricht: entgegen dem unabänderlich fixiert erscheinendem Bauplan der Zellen mit ihren symmetrischen Hälften besitzt die neue Gattung *Scottia* polarisierte Zellen (GRÖNBLAD u. KALLIO). Jede der ungleichen Halbzellen bildet bei der Teilung die ganze, wieder ungleichhälftige Zelle.

Kernmembran. Bei *Amoeba proteus*, Amphibien-Oocyten, Seeigel-Eiern und Riesenkernen von *Chironomus* erweist sich die Kernmembran bei elektronenoptischer Untersuchung als regelmäßig submikroskopischporös gebaut. Die Befunde sind von allgemeinstem Interesse; über Pflanzen liegen noch keine Untersuchungen vor, es wären aber wohl ähnliche Ergebnisse zu erwarten (BAHR u. BEERMANN für *Chironomus*; hier die ältere zoologische Literatur).

Kerne der Dasycladaceen. Nicht nur *Acetabularia* und ihre nächsten Verwandten sind einzellig und einkernig, sondern auch *Batophora*, der bekannte *Dasycladus clavaeformis* und sogar die reich verzweigte und durch eine Rindenschicht ausgezeichnete *Cymopolia barbata* (WERZ; vgl. auch HÄMMERLING). Die Einkernigkeit bleibt bei letzterer allerdings nicht bis zur Ausbildung der erwachsenen Pflanze, sondern nur bis zur Bildung des 3. oder 4. sterilen Wirtels erhalten; immerhin nimmt der Durchmesser des Kerns von 2 μ auf 30—50 μ zu. Der Riesenkern ist im wesentlichen wie bei *Acetabularia* gebaut und wächst ebenso, nämlich unter starker Vergrößerung des Nucleolus (Proteinsynthese im Plasma!) und wird feulgennegativ. Die Entstehung der Sekundärkerne aus ihm ließ sich noch nicht verfolgen. Es bleibt auch noch ungewiß, ob er — wie bei *Acetabularia* — diploid oder vielleicht doch polyploid ist.

Kontraktile Vacuolen, und zwar in hoher, unbestimmter Zahl treten in jungen Zygoten von *Cosmarium* auf (STARR). Offenbar ist für ihre Entstehung das Stadium der jungen, noch unbehäuteten Zygote wesentlich: bei deren Abkugelung unter Membranbildung verschwinden sie. Es handelt sich also um die allgemeine Erscheinung, daß Auspumpen des aufgenommenen Wassers aus der Zelle nur dann erfolgt, wenn keine Membran ein Gegenlager für den Turgordruck abgibt. Daher besitzen ja auch Gameten und junge Zygoten gewisser Diatomeen kontraktile Vacuolen und ihr Auftreten läßt sich für weitere Fälle voraussagen.

Plasmodesmen in den Außenwänden der Epidermis lassen sich mit verbesserter Technik bei einer großen Zahl von Blütenpflanzen nachweisen (LAMBERTZ). Sie gleichen morphologisch und färberisch weitgehend den interzellulären Plasmodesmen und anscheinend auch den seinerzeit von JUNGERS beschriebenen, an den Interzellularen endigenden. Ihre plasmatische Beschaffenheit und Lebendigkeit ergibt sich aus ihrem Formwechsel: sie werden, vermutlich tagesperiodisch, eingezogen und ausgestreckt und verschwinden in vergilbenden Laubblättern.

Geschlechtschromosomen und zwar nach dem XY-Typus, vermutet LEE bei *Ginkgo* auf Grund der Untersuchung männlicher und weiblicher Exemplare. Die männlichen enthalten ein heteromorphes Chromosomenpaar: der eine Partner besitzt einen Satelliten, der andere nicht; in weiblichen Bäumen führen beide Partner den Satelliten. Die Angaben sind gut belegt; ob das heteromorphe Paar ein Geschlechtschromosomenpaar ist, bleibt ohne experimentelle Prüfung allerdings ungewiß. — Zu einem anderen Ergebnis gelangt NEWCOMER, der aber nur einen männlichen Baum und nur seine Mikrosporogenese untersuchte: es soll das Paar längster Chromosomen (das nach LEE nicht heteromorph ist) heteromorph sein: in der Hälfte der Pollenkörner zeigt der eine Partner mediane, in der anderen Hälfte deutlich submediane Insertion (und Satelliten fehlen). Die Angaben NEWCOMERs und LEEs stimmen auch hinsichtlich anderer Chromosomenpaare nicht überein; abgesehen von der Unvollständigkeit der Beobachtungen NEWCOMERs dürften doch auch reale Unterschiede bestehen.

Literatur.

ALFERT, M., u. H. SWIFT: Exper. Cell Res. **5**, 455 (1953). — BAHR, G. F., u. W. BEERMANN: Exper. Cell Res. **6**, 519 (1954). — BAILEY, J. W.: Bot. Gaz. **115**, 241 (1954). — BOSEMARK, N. O.: Hereditas (Lund) **40**, 346, 425 (1954). — BRABEC, F.: Chromosoma **6**, 135 (1953). — BROWN, S. W.: Univ. California Publ. Bot. **27**, 231 (1954).

CARNIEL, K.: Österr. bot. Z. **101**, 435 (1954). — CASSEL, W. A., u. W. G. HUTCHINSON: Exp. Cell Res. **6**, 134 (1954).

DEVIDÉ, Z.: Investigations of the cells in colourless Sulphur Bacteria. Acta Pharmaceutica Jugoslavia **4**, 172 (1954). — DOLEŽAL, RUTH, u. ELISABETH TSCHERMAK-WOESS: Österr. bot. Z. **102**, 158 (1955). — DUNCAN, R. E., u. P. S. WOODS: Chromosoma **6**, 45 (1953).

EYMÉ, J.: Botaniste, **38**, 1 (1954).

GEITLER, L.: Endomitose und endomitotische Polyploidisierung. In Protoplasmatologia, Bd. VI, C. Wien 1953. — GEROLA, F. M.: Nuovo Giorn. bot. ital., N. s. **60**, 463 (1953). — GODWARD, MAUD, B. E.: Ann. of Bot. **18**, 143 (1954). — GOTTSCHALK, W.: (1) Planta (Berl.) **45**, 147 (1954). — (2) Chromosoma **6**, 539 (1954). — GRÖNBLAD, R., u. P. KALLIO: Bot. Not. (Lund) **1954**, 167, 172. — GRUNDMANN, E., u. H. MARQUARDT: Chromosoma **6**, 115 (1953).

HÄMMERLING, J.: Biol. Zbl. **71**, 1 (1952). — HÅKANSSON, A.: (1) Hereditas (Lund) **40**, 325 (1954). — (2) Ebenda **40**, 523 (1954). — HALE, C. M. F.: Exper. Cell Res. **6** 243 (1954). — HEITZ, E.: Exper. Cell Res. **7**, 606 (1954). — HERBST, F.: Ber. dtsch. bot. Ges. **66**, 283 (1953). — Ebenda **67**, 183 (1954). — HOWARD, ALMA, u. S. R. PELC: Heredity (Lond.) **6**, Suppl., 261 (1952).

KAJA, H.: (1) Planta (Berl.) **44**, 503 (1954). — (2) Ber. dtsch. bot. Ges. **67**, 93 (1954). — KING, G. C.: (1) Nature (Lond.) **171**, 181 (1953). — (2) Ebenda **172**, 592 (1953).

LA COUR, L. F., E. M. DEELEY u. J. CHAYEN: in John Innes Hort. Inst., 45. Annual Report, S. 18, 1955. — LAMBERTZ, P.: Planta (Berl.) **44**, 147 (1954). — LEE, C. L.: Amer. J. Bot. **41**, 545 (1954). — LEYON, H.: (1) Exper. Cell Res. **5**, 520 (1953). — (2) Ebenda **6**, 497 (1954). — (3) Ebenda **7**, 609 (1954). — LEYON, H., u. D. v. WETTSTEIN: Z. Naturforsch. **9**b, 471 (1954). — LIMA DE FARIA, A.: Chromosoma **6**, 33 (1953). — Ebenda **6**, 330 (1954).

METZNER, P.: Flora (Jena) **142**, 81 (1954).
NEWCOMER, E. H.: Amer. J. Bot. **41**, 542 (1954).
OURA, G.: Cytologia **18**, 297 (1953).
PÄTAU, K., u. H. SWIFT: Chromosoma **6**, 49 (1953).
REESE, G.: Planta (Berl.) **44**, 203 (1954). — RESCH, A.: Planta (Berl.) **44**, 75 (1954).
SAGER, R., u. G. E. PALADE: Exper. Cell Res. **7**, 584 (1954). — STARR, R. C.: Amer. J. Bot. **41**, 601 (1954). — SWIFT, H.: Proc. Nat. Acad. Sci. U.S.A. **36**, 643 (1950). — Internat. Rev. Cytology **2**, 1 (1953).
TAYLOR, J. H.: Exper. Cell Res. **4**, 164 (1953). — TAYLOR, J. H., u. D. McMASTER: Chromosoma **6**, 489 (1954). — THODAY, J. M.: New Phytologist **53**, 511 (1954). — TSCHERMAK-WOESS, ELISABETH: Planta (Berl.) **44**, 509 (1954).
VAAREMA, A.: Ann. bot. soc. zool.-bot. fenn. ,,Vanamo" **28**, 1 (1954).
WERZ, G.: Arch. Protistenkde **99**, 148 (1953). — WETTSTEIN, D. V.: Z. Naturforsch. **9**b, 476 (1954). — WOLL, E.: (1) Z. Bot. **42**, 1 (1954). — (2) Planta (Berl.) **43**, 477 (1954).
ZASTROW, EVA M. V.: Arch. Mikrobiol. **19**, 174 (1953).

2. Morphologie einschließlich Anatomie.

Von WILHELM TROLL und HANS WEBER, Mainz.

Mit 29 Abbildungen.

I. Sproßbildung und Sproßbau.
1. Bau und Wachstum des Sproßscheitels.

Das umfangreiche Schrifttum über Bau und Wachstum der Sproßscheitel von Samenpflanzen läßt zumindest drei wichtige Ergebnisse erkennen, die im folgenden kurz zusammengestellt seien (man vgl. hierzu auch Fortschr. Bot. 11, 14; 12, 19; 13, 23; 14, 16; 16, 16).

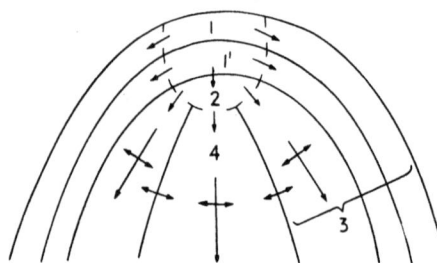

Abb. 3. Schematische Darstellung der Sproßscheitelzonierung einer dicotylen Pflanze. 1,1' Tunicalagen; 2 Zone der Corpusinitialen; 3 periphere Zone (Flankenmeristem); 4 Rippenmeristem (Markmeristem). Die Pfeile zeigen die Richtung der Gewebeproduktion an. Nach GIFFORD.

a) Die von BUDER bzw. SCHMIDT (1924) eingeführte Tunica-Corpus-Konzeption besteht zu Recht. Wenn PHILIPSON (2) in einem Sammelreferat von ihr behauptet, sie sei „now established in modified form", so ist das nicht recht verständlich. Sie ist vielmehr in der ursprünglichen Fassung auch in neuesten Arbeiten (SEELIGER, THIELKE, CATESSON, GIROLAMI, TROLL u. DIETZ u. a.) durch zahlreiche Beispiele belegt. Es besteht deshalb keine Notwendigkeit, den Begriff der Tunica durch eine andere Bezeichnung (z. B. Dermatogen) zu ersetzen. Das gelegentliche Auftreten periclinaler Wandbildung in einzelnen Tunicazellen ändert nichts am geschichteten Aufbau des Scheitels. Für *Ephedra* z. B. konnte SEELIGER zeigen, daß eine derartige Teilung in der hier einschichtigen Tunica außerordentlich selten auftritt und somit als Ausnahmeerscheinung zu werten ist. Entsprechendes gilt nach LEDIN für *Zea mays*.

b) Neben der Tunica-Corpus-Gliederung existiert in zahlreichen Fällen eine cytologische Zonierung des Vegetationspunktes, wie sie in ihrer allgemeinsten Form aus der schematischen Abb. 3 ersichtlich ist und wie sie GIFFORD in einem zusammenfassenden Bericht über die Angiospermenscheitel neuerdings wieder dargestellt hat. In *Linum usitatissimum* schildert GIROLAMI ein weiteres Beispiel dafür. Nach diesem Muster verhält sich im großen und ganzen aber auch der Vegetationskegel von *Ephedra fragilis* (SEELIGER). Die in Abb. 3 durch Kreuze bezeichneten Corpusinitialen (Zone 2 in Abb. 3) liefern hier die gesamte Füllmasse des Kegels, unter anderem auch die „Markmutterzellen", die in der Abbildung durch Kreise kenntlich gemacht sind.

SEELIGER weist besonders darauf hin, daß diese Mutterzellen im Entwicklungsablauf keineswegs als solche dauernd erhalten bleiben, sondern vielmehr laufend durch neue Periclinderivate des über ihnen lagernden Zellkomplexes nach unten abgedrängt und zu gewöhnlichen Markzellen werden. Es fragt sich allerdings, ob in einem solchen Fall die Einführung des Begriffes Markmutterzellen notwendig und sinngemäß ist. Eine klare cytologische Zonierung zeigen unter anderem die Scheitel von *Pinus*-Arten, deren histologischen Aufbau neuerdings SACHER wieder untersucht hat (*Pinus lambertiana, P. ponderosa*). Diese entbehren der Tunica, wie es für die meisten Gymnospermen zutrifft, und fügen sich dem früher von FOSTER (1938) für *Ginkgo* mitgeteiltem Bilde ein. Dementsprechend sind hier vier Gewebezonen im Scheitel festzustellen: eine Gruppe von Spitzeninitialen, die zentrale Mutterzellzone, das periphere Flankenmeristem und das Rippenmeristem.

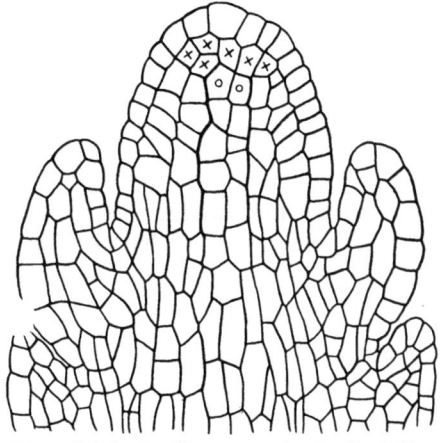

Abb. 4. *Ephedra fragilis var. campylopoda*. Vegetationskegel im medianen Längsschnitt. Die Abgrenzung des zentralen Markstranges ist durch die stärker ausgezogenen Linien kenntlich gemacht. Weitere Erläuterung im Text. Nach SEELIGER.

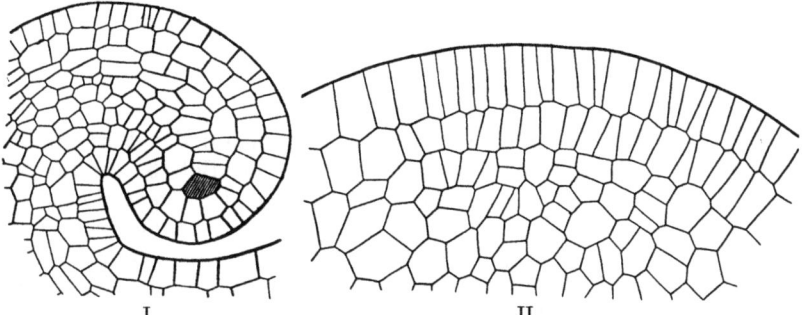

I II
Abb. 5. I *Utricularia vulgaris*. Achsenscheitel im medianen Längsschnitt. Die einzige Corpusinitiale ist schraffiert. II *Utricularia longifolia*. Längsschnitt durch die Scheitelregion eines Langtriebes. Nach TROLL u. DIETZ.

Jedoch nicht immer hat sich eine derartige Zonierung nachweisen lassen. Sie fehlt offensichtlich bei den von THIELKE untersuchten Commelinaceen und ist auch nicht in den Sproßscheiteln der Utricularien festzustellen. Wie TROLL u. DIETZ zeigen konnten, besitzt der Achsenscheitel von *Utricularia vulgaris* eine zweischichtige Tunica und ein Corpus, dessen Gewebe auf eine einzige, oft durch besondere Größe ausgezeichnete Initiale zurückgeht (Abb. 5, I). Diese folgt in ihrer Tätigkeit dem Typus der zweischneidigen Segmentierung. Mit zwei Tunicalagen sind auch die Scheitel der Langtriebe von *Utricularia longifolia* versehen, deren Corpus jedoch mittels zahlreicher Initialzellen wächst (Abb. 5, II).

Hingewiesen sei in diesem Zusammenhang nochmals auf den von PLANTEFOL im Rahmen seiner Blattstellungstheorie postulierten Initialring (anneau initial), der im Sproßscheitel die sog. Blattbildungszentren liefern soll (Fortschr. Bot. 12, 24). Nachdem schon BUVAT u. a. eine histologische Fundierung dieser Ansicht versucht hatten, weist jetzt auch CATESSON am Beispiel von *Luzula pedemontana* auf eine periphere Teilungszone unterhalb des eigentlichen Scheitels hin, die sie mit dem anneau initial identifiziert. LANCE führt Entsprechendes für *Aster chinensis* (1), (2) und für *Chrysanthemum indicum* (3) an. Indes haben derartige Befunde außerhalb der PLANTEFOLschen Schule bis heute keine Bestätigung erfahren. Neuerdings zieht sie GIFFORD in Zweifel, und weiterhin findet THIELKE bei den Commelinaceen keine Anhaltspunkte für eine solche Auffassung.

c) Die Vegetationspunkte im floralen und im vegetativen Bereich stellen keine verschieden gearteten Bildungen dar, sondern weisen einheitlichen Bau auf und gehen kontinuierlich auseinander hervor (vgl. Fortschr. Bot. 14, 19). Dies wird von GIFFORD neuerlich wieder betont. Interessant und ungewöhnlich in dieser Hinsicht erscheint das Verhalten des Sproßscheitels von *Ephedra* bei der Ausgliederung der weiblichen Blüten. In Übereinstimmung mit älteren, schon von STRASBURGER stammenden Angaben findet SEELIGER, daß bei der Blütenanlegung die Tunica eine vollständige Aufspaltung erfährt. Ob die Folgerung richtig ist, daß hier in der floralen Region vielleicht noch ein älterer Wachstumstypus erhalten blieb, der im vegetativen Bereich einem jüngeren, zu den Angiospermen weisenden Bauprinzip Platz gemacht hat, muß dahingestellt bleiben.

Schon wiederholt wurde in diesen Berichten auf das Vorkommen von sog. Scheitelgruben hingewiesen (Fortschr. Bot. 6, 29; 13, 24; 14, 16). Bei diesen handelt es sich darum, daß der Vegetationskegel nicht die höchste Lage der Sproßspitze einnimmt, sondern von rückwärtigem Achsengewebe allseitig umwallt wird, so daß er in eine kraterförmige Vertiefung zu liegen kommt. Dieser Erscheinung haben jetzt RAUH u. RAPPERT eine eingehende Studie gewidmet. Danach sind Scheitelgruben unter den Dicotylen vor allem bei Rosettenpflanzen verbreitet. Ihre Bildung ist ausschließlich auf primäre Verdickungsprozesse zurückzuführen, wie sie schematisch in Abb. 6 angedeutet sind. Dabei ist zwischen der medullären Form des primären Dickenwachstums (Abb. 6, I) und der corticalen Form (Abb. 6, III) zu unterscheiden, je nachdem, ob Mark- oder Rindengewebe vorwiegend an den Wachstumsvorgängen beteiligt ist. Beispiele für das erstere Verhalten liefern *Rheum palmatum*, *Apium graveolens* und *Opuntia*-Arten sowie *Pereskia*, für die BOKE ausgezeichnete Microphotos bringt. Für den corticalen Typ sind *Primula auricula, Nymphaea alba, Sempervivum tectorum* und zahlreiche Cactaceen, wie *Echinopsis catamarcensis* u. a. charakteristisch. Eine Zwischenstellung nehmen Fälle ein, die sich nach Schema II in Abb. 6 verhalten (*Taraxacum, Plantago, Geum* und viele andere). Bei diesen liegt zwar auch eine beträchtliche Erweiterung des Markkörpers vor, aber erst

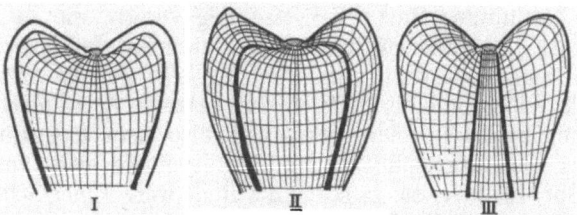

Abb. 6. Schematische Darstellung der Scheitelgrubenbildung. I Medulläre und III corticale Form, II kombinierte Form. Nach RAUH u. RAPPERT.

durch Zellteilungsvorgänge in der primären Rinde werden die Blattansätze über den Scheitel emporgehoben.

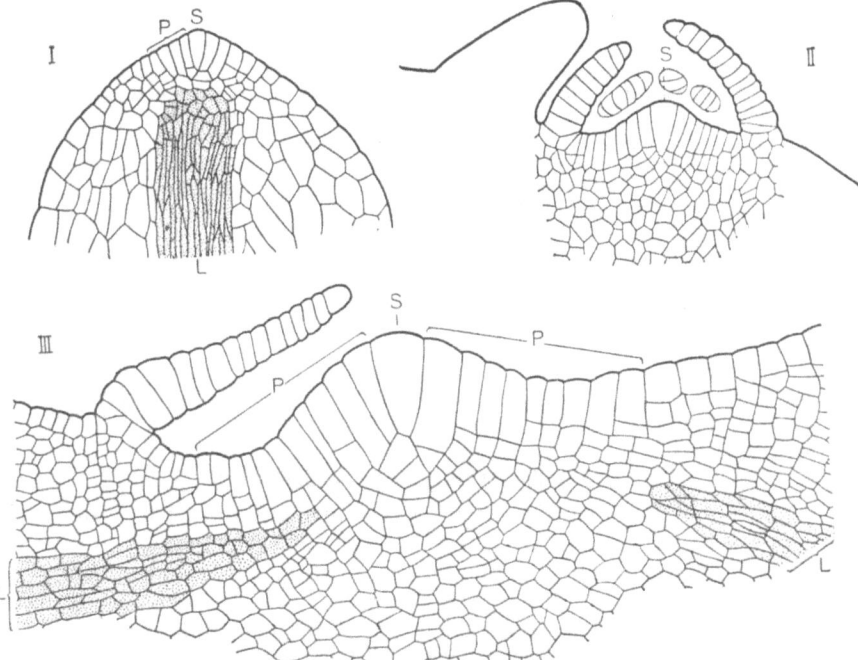

Abb. 7. *Polypodium glaucum.* I Scheitelregion einer jungen (protostelischen) Keimpflanze; II Scheitelregion einer älteren (dictyostelischen) Keimpflanze; III Scheitelregion einer adulten Pflanze. Alle Figuren bei gleicher Vergrößerung. S Scheitelzelle; P Prismenzellen; L Anlage des Leitgewebes. Nach R. u. C. WETTER.

Durchaus vergleichbar mit diesen für die Dicotylen geschilderten Wachstumsprozessen sind Vorgänge, die sich am Scheitel der leptosporangiaten Farne abspielen. Nach WETTER kann auch hier zwischen einem medullären und einem corticalen Typus des primären Dickenwachstums unterschieden werden. Eine Folge solcher Entwicklungsprozesse kann wiederum die Bildung von ausgedehnten Scheitelebenen

(*Scolopendrium, Stenochlaena, Dryopteris filix-mas*) oder von ausgeprägten Scheitelgruben (*Polypodium*-Arten, *Osmunda regalis, Pteridium aquilinum*, Baumfarne) sein. Dabei setzt die Entstehung der letzteren immer ein bestimmtes Maß der Erstarkung voraus, wie es Abb. 7 zu entnehmen ist. Bemerkenswert ist die Feststellung, daß mit zunehmendem Erstarkungswachstum, zumindest bei *Polypodium glaucum*, die Scheitelzelle selber und damit auch das gesamte Apicalmeristem eine Vergrößerung erfahren. Dies entspricht also dem Erstarkungsformwechsel des Vegetationspunktes bei den Angiospermen, von dem in Fortschr. Bot. 13, 35 u. 16, 21 schon die Rede war. Einer Scheitelebene vergleichbar ist auch die Oberfläche des ruhenden Meristems, das sich dorsal und ventral an den Gabelungsstellen der Triebe von *Selaginella Willdenowii* vorfindet. Nach CUSICK besteht dessen periphere Schicht aus auffallend großen, prismatischen Zellen (vgl. hierzu Fortschr. Bot. 13, 37 u. 16, 28).

Schon mehrfach ist in der Literatur die Frage aufgeworfen worden, ob zwischen der Form eines Vegetationskegels und der Gestalt des entwickelten Sprosses irgendwelche Beziehungen bestehen. Wenn man von den oben angeführten Mitteilungen von RAUH u. RAPPERT absieht, denen zufolge Rosettenpflanzen häufig Scheitelgruben besitzen, muß diese Frage im allgemeinen verneint werden. Jetzt hat aber STANT aus der vergleichenden Betrachtung verschiedener Monocotylenvegetationspunkte gefolgert, daß gewisse Korrelationen dieser Art vorhanden sind, insbesondere zur Blattgestaltung und zur Internodienentwicklung. Wenn, wie bei *Elodea*, der Quotient aus der Ausdehnung des Flankenmeristems und der Gesamtbreite des Scheitels sehr klein ist, werden kleine zarte Blattorgane gebildet; ist er größer, wie bei *Narcissus*, liegen massigere Blätter vor. Die Internodienentwicklung scheint vom Längen-Breitenverhältnis des Scheitels sowie vom Ausmaß des Rippenmeristems abhängig zu sein. Indes müssen solche Folgerungen mit größter Vorsicht aufgenommen werden. Ob sie allgemeinere Geltung haben, ist eine völlig offene Frage.

Untersuchungen von ABBE u. STEIN ist zu entnehmen, daß die Größenzunahme des Vegetationskegels von *Zea mays* während der Embryonalentwicklung allein auf Vermehrung der Zellenzahl beruht, wohingegen die Zellgröße sich nicht ändert.

2. Sproßgestaltung und Wuchsformen.

Einen recht eigenartigen Bau weisen die unterirdischen Sproßteile mancher Liliaceen auf. Es sei nur an die „Zwiebelausläufer" verschiedener *Tulipa*- und *Gagea*-Arten erinnert, sowie an die „Zwiebelrhizome", die sich bei einigen *Allium*-Arten vorfinden. Deren Organisation hat TROLL (Vergl. Morphologie Bd. I/1, S. 719 ff.) in einem umfassenden Überblick gewürdigt. Um ein Zwiebelrhizom handelt es sich zweifellos auch bei *Erythronium japonicum*, das OGURA (1) näher untersucht hat. Abb. 8, I zeigt den basalen Abschnitt einer blühenden Pflanze. Dem Rhizom, das in dem dargestellten Fall über 9 Jahresabschnitte verfügen dürfte, sitzt eine Zwiebel auf, die nach OGURA im wesentlichen aus zwei miteinander verschmolzenen scheidenförmigen Niederblättern bestehen soll, welche am Grunde die Erneuerungsknospe umhüllen. Wenn er aber schreibt, daß das äußere Schuppenblatt sich zur Blütenachse verlängere, so beruht dies sicher auf einer groben Mißdeutung. Wahrscheinlich liegt ein interessanter Fall von Recauleszenz vor, der einer Nachuntersuchung wert wäre. Gleich unklar sind die Ausführungen

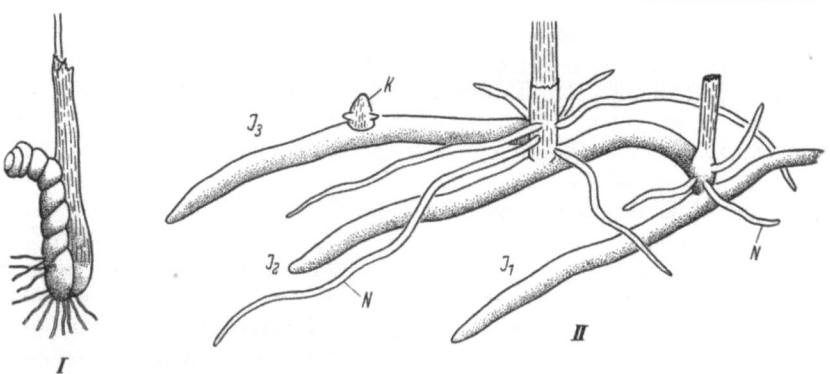

Abb. 8. I *Erythronium japonicum*. Sproßbasis einer Pflanze. II *Platanthera japonica*. Unterirdisches Sproßsystem. J_1—J_3 Jahrgänge 1—3; N Nährwurzeln; K Knospe mit zwei Nährwurzelanlagen. Weitere Erläuterung im Text. Figuren nach Ogura (1), (2).

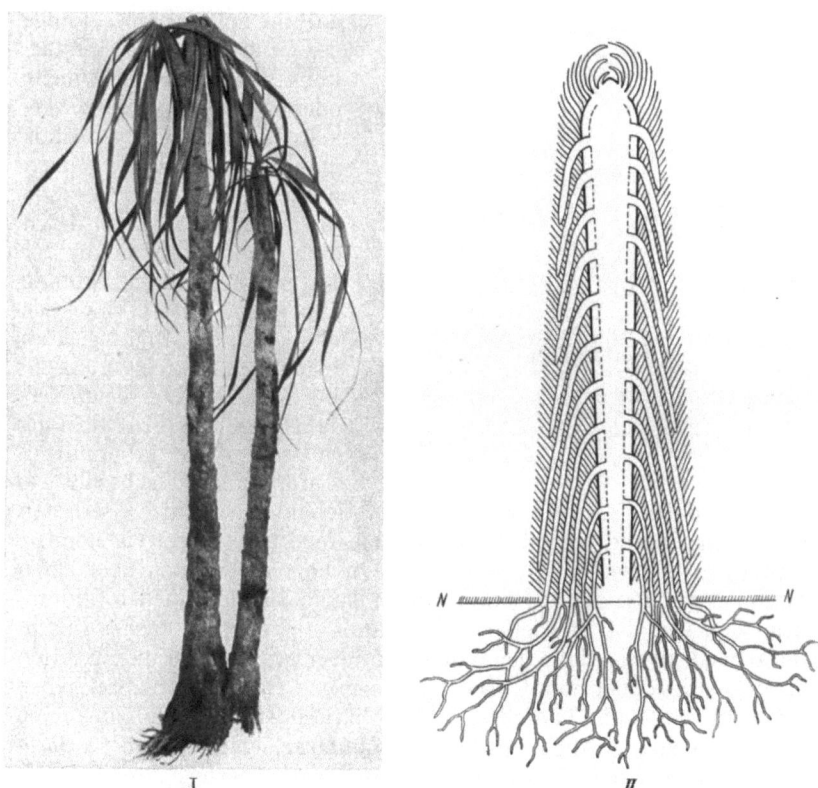

Abb. 9. I *Vellozia lithophila*. Eine 102 cm hohe Pflanze, die sich schon an der Basis einmal verzweigt hat. Der eigentliche Achsenkörper ist nur wenige Millimeter stark, der Stamm wird zur Hauptsache von einem mächtigen Mantel aus sproßbürtigen Wurzeln und persistierenden Blattbasen gebildet. II Schematische Darstellung einer *Vellozia*-Pflanze. Nach Weber (3).

Oguras (2) über die Erneuerungsknospen einiger japanischer Ophrydeen, z. B. von *Perularia ussuriensis* und *Platanthera japonica*. Diese treten an mehr als 10 cm langen ausläuferartigen Organen auf, die sich über die Knospe hinaus noch fortsetzen und die der Autor als „special organs" bezeichnet (Abb. 8, II). Entwicklungsgeschichtliche Untersuchungen würden sicher zeigen, daß die Knospe nicht seitlichen Ursprungs ist, wie Ogura meint, sondern ein Achsenende darstellt, wie dies schon Irmisch (1853) für *Platanthera* und *Herminium* erkannt hat. Der an die Knospe distal anschließende Teil jenes Organs besitzt Wurzelnatur, und zwar handelt es sich dabei um eine knospenbürtige Speicherwurzel, die im Knospengewebe bereits angelegt war, bevor es zur Streckung des Hypopodiums kam. Man vgl. hierzu Troll, Vergl. Morphologie Bd. I/3, S. 2676ff.

Für die monocotylen Pflanzen ist es charakteristisch, daß ihr Achsenkörper infolge des zunehmenden Erstarkungswachstums eine mehr oder weniger ausgeprägte verkehrt-kegelförmige Gestalt annimmt. Dem scheinen unter anderem die Vellozien zu widersprechen, deren orthotrope Stämme an der Basis den größten Umfang aufweisen. Dies erklärt sich aber aus der Bildung eines mächtigen Mantels von sproßbürtigen Wurzeln, die im Verlauf der Sproßentwicklung entstehen und in unmittelbarer Achsennähe basalwärts

Abb. 10. *Cocos nucifera.* Stammbasis mit Wurzelsockel. Nach Weber (3).

wachsen, dabei die Masse der persistierenden, dicht inserierten Blattbasen durchdringend (Abb. 9). Wie Weber (3) zeigen konnte, verfügt der Achsenkörper selbst bei 2 m hohen Stämmen über einen Durchmesser von kaum 9 mm im apikalen Bereich, in der Stammbasis dagegen ist er vielfach überhaupt nicht mehr nachzuweisen. Um so mächtiger ist dann der Wurzelmantel entwickelt, der die Funktion der Sproßachse übernimmt. Diese Wurzel- und Blattbasenmäntel haben in hohem Maße die Fähigkeit, atmosphärisches Wasser aufzunehmen und zu speichern. Auch zahlreiche Baumfarne, insbesondere *Cyathea*- und *Alsophila*-Arten, weisen eine derartige Verbreiterung ihrer Stammbasis auf, wiederum durch Ausbildung eines umfangreichen Wurzelmantels, über dessen Entstehung ebenfalls Weber nähere Angaben gemacht hat. Schließlich sei in diesem Zusammenhang auf die Stammbasen bzw. Wurzelsockel mancher Palmen, z. B. *Cocos nucifera* (Abb. 10), verwiesen, die gewisse Beziehungen zu den für die Vellozien geschilderten Verhältnissen erkennen lassen.

Morphologie einschließlich Anatomie.

Von besonderer Problematik sind von jeher die Wuchsformen der Utricularien gewesen. Um deren Klärung haben sich TROLL u. DIETZ

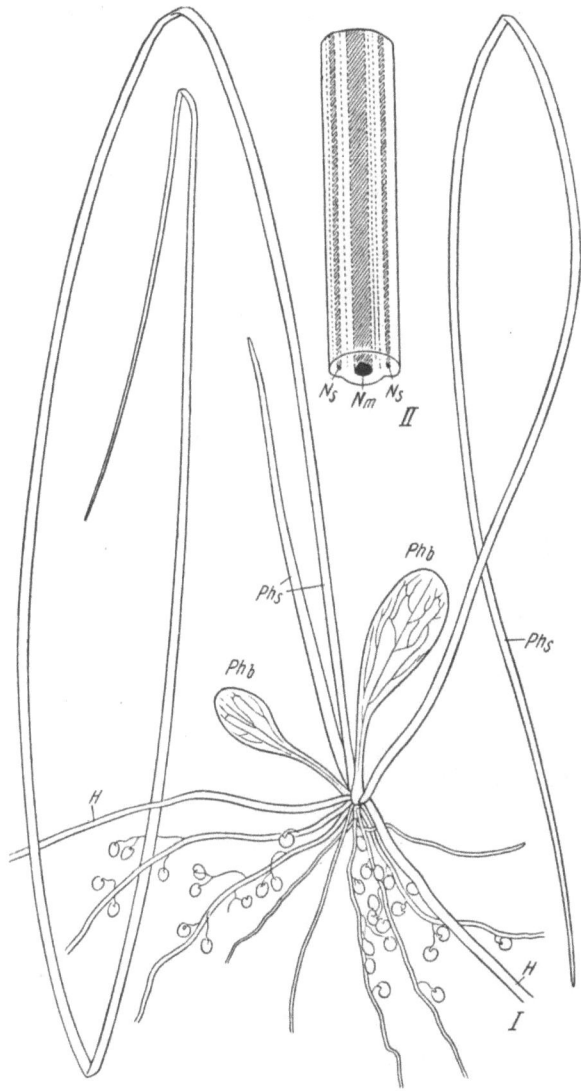

Abb. 11. *Utricularia Dusenii.* I Stück eines Langtriebes (*H*) mit entwickeltem Kurztrieb, der neben einigen phyllomorphen Organen („Blättern") eine Reihe von Ausläufern hervorgebracht hat; diese selbst sind teilweise zur Blasenbildung geschritten. II Ausschnitt aus einem der „Langblätter". N_m Mittelnerv; N_s Seitennerv. Nach TROLL u. DIETZ.

bemüht. Unter anderem haben sie erstmalig *Utricularia Dusenii* (Abb. 11) einer morphologischen und histogenetischen Untersuchung unterzogen mit dem Ergebnis, daß die phyllomorphen Organe, die hier in zweierlei Gestalt (Ph_b und Ph_s in Abb. 11) auftreten und aus cryptophilen Langtrieben hervorgehen, Phyllocladien darstellen, also Sproßcharakter besitzen. Ihr Scheitel stimmt in seiner histologischen Struktur anfangs mit dem Vegetationspunkt der Langtriebe überein. Gleiches gilt für die „Blätter" von *Utricularia longifolia* (vgl. Abb. 5, II). Bemerkenswert ist weiter der Befund, daß die für die Arten der Sektion Megacista (*Utricularia stellaris, U. inflata, U. lagoensis*) charakteristischen „Schwimmkörper", die in scheinwirteliger Stellung aus dem Blütentrieb unterhalb der Inflorenszenz hervorgehen, den sog. Rhizoiden von *U. vulgaris* homolog sind. Bei diesen handelt es sich bekanntlich

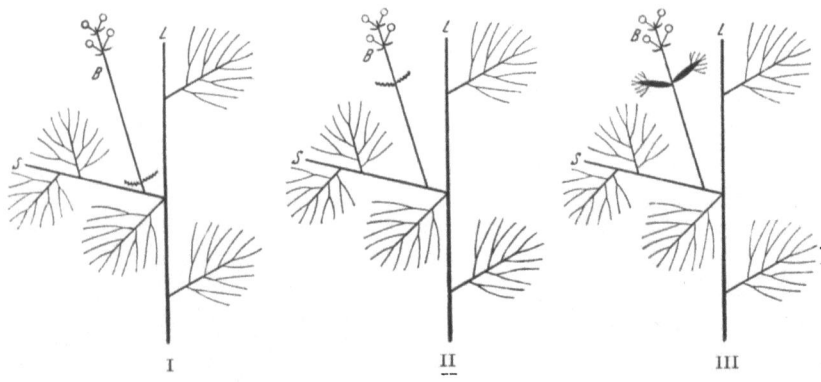

Abb. 12. Ableitung von *Utricularia inflata* aus den Bauverhältnissen von *Utricularia vulgaris*, schematisch. L Langtrieb; S axillärer Seitensproß desselben. B Blütentrieb an der Basis von S. I, II U. vulgaris. B bildet nahe seiner Insertion an S einen Cyclus von Rhizoiden. In II ist angenommen, daß das dem Rhizoidencyclus vorausgehende Achsenglied von B sich stark verlängert hat. III U. inflata. II gegenüber sind die Rhizoiden schwimmkörperartig entwickelt. Nach TROLL u. DIETZ.

um tragblattlose Sprossungen, die sich an der Basis der Blütentriebe, meist in Fünfzahl, vorfinden. Sie sind nach TROLL u. DIETZ als Kurztriebe zu werten, wofür unter anderem auch der geschichtete, d. h. in Tunica und Corpus gegliederte Vegetationspunkt spricht. Man vgl. hierzu die Ableitung in Abb. 12.

Nicht gerade als Fortschritt können die Ergebnisse einer Arbeit von SCHLITTLER bezeichnet werden, die sich mit den Phyllocladien der Liliaceen beschäftigt und in der jenen Organen Blattnatur zugeschrieben wird. Soweit diese Blüten tragen (z. B. *Ruscus*), soll es sich um „echte Blätter" handeln, denen „Achsen von verschiedengradig reduzierten Inflorenzen partiell an- respektive eingewachsen sind". Indes sind derartige Auffassungen schon oftmals mit guten Gründen zugunsten der Sproßtheorie abgewiesen worden (unter anderen durch HOFMEISTER, CELAKOVSKY, GOEBEL, TROLL). Insbesondere konnte WENCK (1935) in sorgfältigen entwicklungsgeschichtlichen Untersuchungen, die SCHLITTLER aber unberücksichtigt ließ, die Achsennatur der Phyllocladien klären. — Mitteilungen über die Ausläuferbildung bei *Fragaria* durch ROBERTSON u. WOOD gehen über das bereits Bekannte kaum hinaus. Die in Argentinien zu einer „Plage der Landwirtschaft" gewordene Composite *Wedelia glauca* zeichnet sich durch ungemein reiche Produktion von unterirdisch wachsenden Stolonen aus, deren Entwicklung BURKART u. CARERA näher beschrieben haben. Am Keimling jedoch scheinen nur die Cotyledonarknospen zu solchen Ausläufern austreiben zu können. Aber an jedem Knoten dieser monopodial wachsenden Organe pflegt ein orthotroper Sproß zu entstehen, der seinerseits wieder an der Basis horizontal wachsende Stolonen erzeugt.

WARDLAW hat bei *Ophioglossum vulgatum* die Entwicklung des Embryos mit dem Wachstum der Knospen verglichen, die endogen an den Wurzeln oder auch an dekapitierten Sproßachsen entstehen (vgl. Fortschr. Bot. 16, 44). Während beim Embryo die primäre Wurzel in der Entwicklung gegenüber der Differenzierung des Sproßscheitels und des ersten Blattes weit voraus eilt, verhält sich dies bei den Knospen gerade umgekehrt. Diese bilden die ersten Blätter innerhalb eines Jahres, dagegen dauert es 7—8 Jahre, ehe das erste grüne Blatt der Keimpflanze die Erde verläßt, wie es schon BRUCHMANN (1904) feststellen konnte. WARDLAW führt die Unterschiede im Entwicklungsablauf auf die verschiedenen Ernährungsbedingungen zurück. Hingewiesen sei ferner auf Untersuchungen von BIERHORST über das unterirdische Achsensystem von *Psilotum nudum*. Die höchst unregelmäßig verzweigten Triebe unterscheiden sich je nach ihrer Dicke im anatomischen Aufbau. Nur diejenigen, deren Durchmesser größer als 1 mm ist, verfügen über eine vollständige Stele, die dünnsten sollen lediglich parenchymatisches Gewebe aufweisen.

Schließlich soll nicht versäumt werden, auf das neu erschienene „Handbuch der sukkulenten Pflanzen" von JACOBSEN aufmerksam zu machen, von dem die beiden ersten Bände vorliegen.

3. Embryo und Keimpflanze.

In Fortsetzung ihrer Studien über „monocotyle Dicotyledonen" (Fortschr. Bot. 16, 26) hat sich HACCIUS jetzt um die Klärung der Embryoentwicklung von *Claytonia virginica* (*Portulacaceae*) bemüht. Danach ist bei dieser Pflanze normalerweise ein zweiter Cotyledo auch nicht als Rudiment nachweisbar. Was COOK (1903) als dem Cotyledo gegenüberliegende „small projection" beschrieben und als rudimentäres zweites Keimblatt gedeutet hatte, ist nur der im Längsschnitt getroffene vordere und niederste Teil der Cotyledonarscheide. Im übrigen gleichen die Keimungsvorgänge und die anatomischen Verhältnisse der Sämlinge in hohem Maße denjenigen vieler Monocotylen (z. B. *Allium*). Um pseudomonocotyle Pflanzen handelt es sich nach STRAUB dagegen bei Keimlingen, die zu einem hohen Prozentsatz unter den Nachkommen eines geselbsteten Exemplares der *Antirrhinum majus*-Sorte „Eldorado" auftraten. Von 1032 Sämlingen besaßen 148 Pflanzen „ein einziges, fast aufrecht stehendes Keimblatt". Dieses aber stellt ein Verwachsungsprodukt von zwei, selten drei Cotyledonen dar, die im Embryo noch frei nebeneinander liegen. Erst gegen Ende der Samenentwicklung verwachsen die Epidermen der Blattoberseiten, deren Zellen sich danach während der Keimung noch beträchtlich vergrößern.

Von den Embryonen der Utricularien weiß man, daß sie bei den einzelnen Arten in zwei durch Übergänge miteinander verknüpften extremen Formen auftreten. Sie verfügen an ihrem Vegetationspunkt entweder schon im Samen über Blattanlagen, oder es bilden sich solche erst im Verlauf der Keimung. Im letzteren Fall ist der ruhende Embryo völlig ungegliedert. Zu diesen Arten gehört nach KHAN auch *Utricularia flexuosa*, die aber insofern abweicht, als der Embryo bei ihr im Verlauf seiner Entwicklung zu einem scheibenförmigen Körper heranwächst (Abb. 13).

Unbekannt war bisher noch die Keimungsgeschichte von *Entada scandens* (*Mimosaceae*), einer Pflanze, die auch wegen ihrer Rankenbildung Aufmerksamkeit verdient. Nach TROLL (4), der die Keimpflanzen erstmals näher studiert hat, gehen den rankenerzeugenden Blättern am Primärsproß reduzierte Blattorgane voraus, die zum Teil ein unpaarig gefiedertes Spreitenrudiment aufweisen und darin den Primordien der Rankenblätter entsprechen.

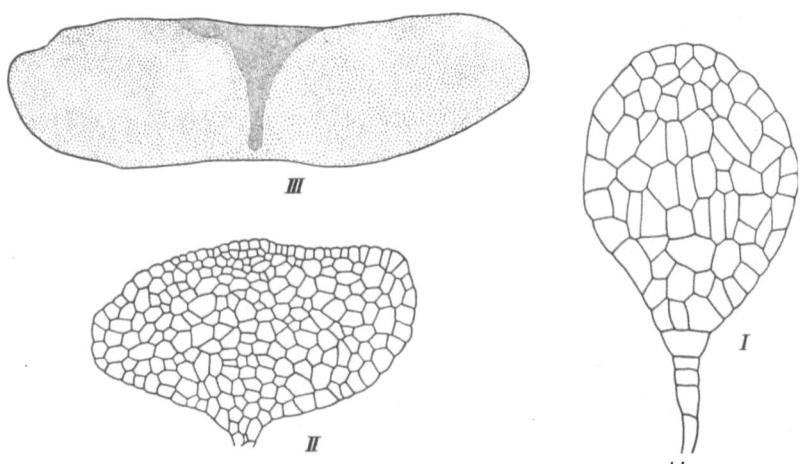

Abb. 13. *Utricularia flexuosa.* I, II Stadien der Embryoentwicklung. III Reifer Embryo. In I hat der Embryo noch etwa kugelförmige Gestalt, in III ist er scheibenförmig entwickelt. Nach KHAN.

4. Blattstellung.

Fragen der Blattstellung sind in der Berichtszeit nur in geringem Umfang bearbeitet worden. RAUH beschreibt in zwei *Thymus*-Arten (*Th. satureioides var. intermedius* und *Th. caespititus*) neue Fälle von schiefer Wirtelbildung, über deren Zustandekommen TROLL an Hand anderer Objekte schon eingehend berichtet hat (Vgl. Morphologie Bd. I/1, S. 355). Dort wurde gezeigt, daß diese Form der Blattstellung eine Folge bilateralen Sproßbaues ist. Schiefe Decussation findet sich auch an *Dipsacus*-Keimlingen; sie verwandelt sich aber im zweiten Jahr mit dem Übergang der Pflanze zur Blütenphase in gerade Wirtelstellung. SNOW vermutet, daß einer der für das Auftreten der schiefen Wirtel verantwortlichen Faktoren hier in dem Druck zu suchen sei, den das vorletzte Blattpaar auf den Vegetationspunkt ausübt. Es ist aber wohl anzunehmen, daß auch bei *Dipsacus* die Symmetrieverhältnisse die primäre Rolle spielen.

In Fortschr. Bot. 14, 25 wurde schon kurz darauf hingewiesen, daß an dorsiventralen Sproßauszweigungen die Achsensymmetrie sich bereits im Einsatz der Vorblätter geltend macht. Der weit verbreiteten Epitropie (alle α-Vorblätter der Seitensprosse 2. Ordnung sind der

Abstammungsachse zugekehrt) steht die bisher nur für wenige Fälle bekannte Apotropie gegenüber, bei der die α-Vorblätter sämtlich nach der Tragblattseite gerichtet sind. Weitere Beispiele für das letztere Verhalten hat jetzt DUBOUCHET genannt (*Ulmus americana, U. levis, U. scabra, Trifolium repens, Medicago lupulina*). Er weist ferner darauf hin, daß im Verlauf der Astentwicklung eine Inversion erfolgen kann. So vollzieht sich nach seinen Angaben bei *Begonia semperflorens* beim Übergang von der vegetativen zur reproduktiven Phase eines Triebes ein Wechsel von Epitropie zu Apotropie; umgekehrt verhält sich *Lathyrus latifolius*. Mit der Stellung der Vorblätter bei *Menyanthes, Hedera, Bupleurum* und *Alnus* hat sich BUGNON (1), (2) befaßt, von dem auch eine umfangreiche Diskussion der Verzweigungsverhältnisse bei den Ampelidaceen vorliegt (3). Was diese betrifft, so müssen seine Deutungen freilich als höchst problematisch bezeichnet werden, zumal ihnen jede entwicklungsgeschichtliche Begründung fehlt. Neue Betrachtungen über die Verzweigung von *Solanum dulcamara* hat DELOSME veröffentlicht.

Im Rahmen seiner Blattstellungstheorie hat PLANTEFOL auch das Phänomen der Fasciation behandelt (vgl. Fortschr. Bot. 12, 25 u. 13, 37). Er führt es auf eine ungewöhnliche Vermehrung der sog. Blattbildungszentren zurück. Auf diese These nimmt neuerlich LOISEAU bezug. Bei einer größeren Zahl von Exemplaren von *Impatiens roylei* verletzte er durch Einstiche das innere Gewebe des Vegetationspunktes. Er erzielte dadurch bei 50% der Pflanzen eine Vergrößerung der Zahl der „Blattschrauben" und damit zum Teil auch Fasciationserscheinungen. Außerdem sei auf die Arbeit von MERTENS u. BURDICK hingewiesen, die Fasciationserscheinungen am Tomatensproß zum Gegenstand hat.

5. Entwicklung und Anatomie des Leitgewebes.

Über die Differenzierung des Leitgewebes und seiner Elemente ist in den letzten Jahren eine umfangreiche Literatur erschienen, über die laufend in diesen „Fortschritten" berichtet wurde. Jetzt hat ESAU ein wertvolles Sammelreferat darüber veröffentlicht und das einschlägige Schrifttum kritisch gewürdigt. Von besonderem Interesse war von jeher die Frage, in welcher Weise sich der Anschluß der Blattspurstränge an das Leitgewebe der Achse vollzieht. Als sicher kann nach den neuen Untersuchungen gelten, daß die Procambiumentwicklung acropetal, d. h. von der Achse zu den Blättern hin erfolgt. Für *Pulsatilla* hat dies RATHFELDER wieder bestätigt, und auch die neuen Ergebnisse von GIROLAMI (*Linum usitatissimum*) stimmen hiermit überein. Die Differenzierung der Xylemelemente jedoch beginnt im allgemeinen an der Blattbasis und schreitet von hier basipetal zur Achse und acropetal im Blatt fort. Dagegen werden die Zellen des Phloems stets kontinuierlich acropetal ausdifferenziert (vgl. Fortschr. Bot. 13, 26).

Eine neue interessante Studie über die Entwicklung der Siebröhrenglieder von *Vicia faba* stammt von RESCH. Danach erfolgt die Abtrennung einer Geleitzelle von der Siebröhrenmutterzelle durch eine als inäqual zu bezeichnende Zellteilung, der gelegentlich eine zweite folgen kann. Die einzelnen Entwicklungsstadien möge man der Abb. 1 S. 4, entnehmen, aus der insbesondere auch hervorgeht, daß Geleitzelle und

Siebröhrenelement eine cytologische Einheit bilden. Während sich die Kerne der Siebzellen, noch bevor sie in volle Funktion treten, auflösen, wachsen die Kerne der Geleitzellen in auffallender Weise heran. Mehr von entwicklungsphysiologischen Gesichtspunkten ausgehende Untersuchungen, die sich mit der Differenzierung von „Wundsiebröhren" bei *Impatiens Holsti* befassen, hat ESCHRICH vorgelegt. Hier handelt es sich um die Herstellung von Siebröhrenverbindungen von Bündel zu Bündel nach erfolgter Verwundung des Leitgewebes.

Mehrere Arbeiten behandeln Aufbau und Struktureigentümlichkeiten des Xylems. So liefert FAHN (3) eine Beschreibung der Gefäße von verschiedenen monocotylen Pflanzen. Verhältnismäßig häufig fand er Elemente, die eine Zwischenstellung zwischen Tracheiden und Tracheen einnehmen, z. B. in den Wurzeln und Blättern von Cyclanthaceen und in den Wurzeln von Taccaceen. Für diese Bildungen schlägt er den Terminus „Gefäßtracheiden" vor. Indes sind derartige Elemente unter der Bezeichnung „gefäßähnliche Tracheiden" oder „offene Tracheiden" schon seit längerem bekannt, z. B. bei *Uragoga*-Arten, worüber in Fortschr. Bot. 12, 26 berichtet wurde. Für letztere (*Uragoga granatensis, U. ipecacuanha*) sowie für *Psychotria emetica* hat sie LEMESLE jetzt erneut beschrieben, der im übrigen auch Angaben über die Gefäße der Magnoliaceen, Schizandraceen, Illiciaceen und einiger benachbarter Pflanzengruppen bringt. Weitere Mitteilungen FAHNS (4) beziehen sich auf die Jahresringbildung bei einigen Gehölzen der israelischen Macchie (*Quercus ithaburensis, Qu. calliprinos, Crataegus azarolus, Pistacia atlantica, P. palaestina, Ceratonia siliqua*). Über den Gewebeanteil, den die Markstrahlen am Holz der Buche ausmachen, hat LINNEMANN genaue Messungen angestellt. Weitere holzanatomische Untersuchungen, die in diesem Zusammenhang ebenfalls nur gestreift werden können, liegen unter anderem von BANNAN [*Cupressus* (1), *Thuja* (2)], LEMESLE u. PICHARD (*Monimiaceae*), PARÈS (*Rubiaceae* u. a.) und PETERSEN (Amentiferae und Polycarpicae) vor. Hingewiesen sei schließlich noch auf einen vorwiegend praktischen Zwecken dienenden „Mikrophotographischen Atlas mediterraner Hölzer" von HUBER u. ROUSCHAL.

6. Weitere Untersuchungen zur Achsenanatomie.

Auf Stammquerschnitten von *Vitis vinifera* kann nach CZAJA gelegentlich beobachtet werden, daß die äußersten (ältesten) Bastfaserbündel ganz oder teilweise von einem peridermartigen Gewebe umgeben sind, das zuweilen mit dem auswärts gelegenen normalen Periderm in Verbindung steht (Abb. 14). Wie durch Experimente bewiesen werden konnte, entstehen diese Bildungen nach Einwirkung eines von außen wirkenden radialen Druckes, durch den die Bündel vom umgebenden zartwandigen Parenchym isoliert werden. Sie dürften also Wundkorkmäntel darstellen, wie sie KÜSTER (1925) für ähnliche Fälle schon beschrieben hat. Intraxyläre Korkbildung geht, wie erstmals JOST (1890) klar ausgeführt hat, vielfach der Zerklüftung von Rhizomen und Wurzeln voraus. Derartigen Erscheinungen haben jetzt MOSS u. GORHAM ihre

Aufmerksamkeit gewidmet und eine Übersicht über die bisher bekannten Fälle gegeben. Danach wurde intraxyläre Peridermbildung bei etwa 40 dicotylen Arten beobachtet. WIDMOYER bringt einige Angaben über die Entwicklung der meristematischen Diaphragmen, die sich in der Sproßachse von *Ephedra coryi* unmittelbar über den Knoten befinden. Beachtenswert ist die Feststellung von DEUTSCHMANN, daß die primären Harzgänge der Dipterocarpaceen nicht, wie dies zuletzt METCALFE u. CHALK ausgeführt haben, markständig sind, sondern aus dem Procambium hervorgehen und somit ihrer Genese nach dem Holz-

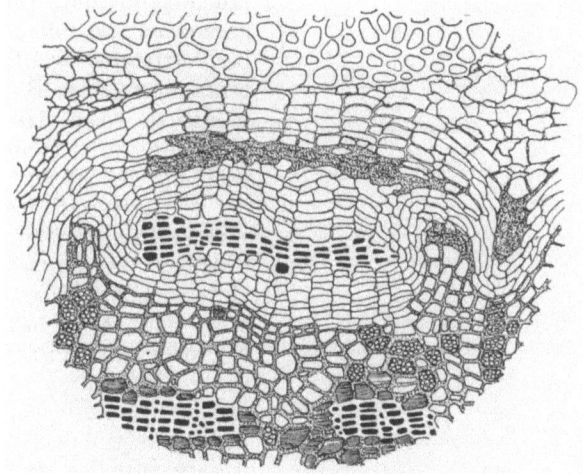

Abb. 14. *Vitis vinifera*. Teilquerschnitt durch Stammrinde, Peridermbildung um das äußerste (älteste) Bastfaserbündel zeigend. Nach CZAJA.

körper angehören. Damit werden die älteren Auffassungen von VAN TIEGHEM und von TSCHIRCH bestätigt. Ob die Gattung *Dryobalanops*, bei deren Vertretern die Exkretgänge weiter ins Mark hineinreichen, davon eine Ausnahme macht, müssen spätere Untersuchungen erweisen.

Über verschiedene Arbeiten, die sich auf Pteridophyten beziehen, wird in einem der nächsten Bände im Zusammenhang berichtet werden.

II. Blatt.

1. Blattgestaltung.

Formbeschreibungen von Coniferenblättern haben DE LAUBENFELS sowie FLORIN u. BOUTELJE vorgelegt. Die letzteren haben sich im Hinblick auf systematische Fragen insbesondere mit den Blattorganen beschäftigt, die in den Gattungen *Heyderia, Libocedrus, Papuacedrus* und *Pilgerodendron* vorkommen. Einige Studien sind der Frage der Gewebeverteilung und der Gewebeproportionen im Blatt gewidmet. Nach PHILPOTT, der die Blattspreiten von 47 *Ficus*-Arten in dieser Richtung untersucht hat, machen die Hautgewebe hier 26—27% der gesamten Blattdicke aus, der Anteil des Palisadengewebes beträgt

20—60% und der des Schwammparenchyms 14—58%. Die Dicke der einzelnen Schichten dürfte zu einem gewissen Grad umweltbedingt sein. In ähnlicher Weise hat WYLIE die Blattgewebe einer größeren Zahl neuseeländischer Laubholzarten gemessen. Interessant sind die Studien von STREITBERG über die Heterophyllie bei Wasserpflanzen. Sie konnte zeigen, daß bei Arten ausgesprochener „Wasserpflanzenfamilien" (*Alismataceae, Potamogetonaceae* usw.) die Unterschiede im anatomischen Bau von Unter- und Überwasserblättern auffallend groß sind (Abb. 15). Dagegen sind sie nur geringfügig bei Vertretern sog. „Landpflanzenfamilien" (z. B. *Hottonia palustris*). Auch macht sich die Hemmung in der Spreitenentwicklung der Wasserblätter bei der letzteren Gruppe erst in einem sehr späten Stadium bemerkbar. In Fortsetzung der Untersuchungen FOSTERs (Fortschr. Bot. 16, 35) hat PRAY die Nervaturverhältnisse im Blatt von *Liriodendron* analysiert. Die freien Nervenendigungen, die sich hier in den Intercostalfeldern vorfinden, sind verzweigt und weisen sowohl Phloem- als Xylemelemente auf. Ihre äußersten Spitzen jedoch enden mit einer meist verbreiterten Tracheide (Abb. 16). Auf weitere Arbeiten, die auf die Spreitenausbildung Bezug nehmen, kann nur verwiesen werden (ARNEY: *Fragaria;* PHILLIPS: *Eriophorum;* WHITE: *Phaseolus*).

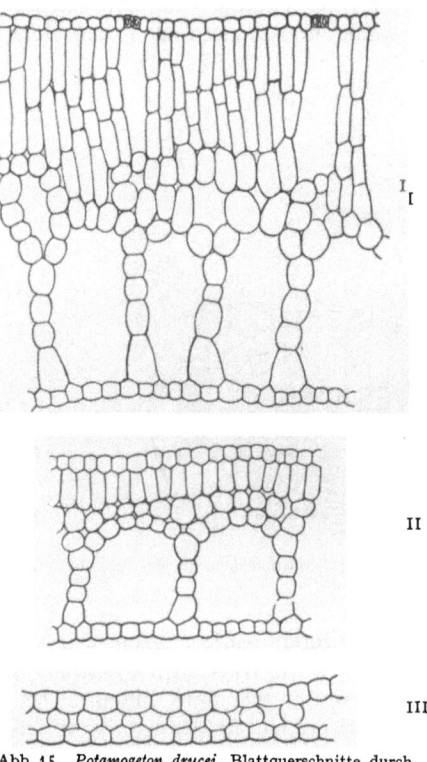

Abb. 15. *Potamogeton drucei.* Blattquerschnitte durch I Schwimmblatt, II Übergangsblatt, III Unterwasserblatt. Nach STREITBERG.

An einigen Exemplaren von *Anthurium scherzerianum* fanden ROTH u. FAST auf der Dorsalseite der Blattspreiten schlauchartige Enationen, deren Histogenese sie verfolgten. Danach gehen diese auf die Tätigkeit eines subepidermalen cambialen Gewebes zurück, das ROTH seiner Lage nach als Dorsalmeristem bezeichnet.

2. Weitere Untersuchungen zur Blattanatomie.

Form und Histogenese der Sclereiden in den Blättern von *Olea europaea* hat ARZEE (1), (2) studiert und dabei festgestellt, daß sie in zweierlei Gestalt auftreten. T-förmige Idioblasten finden sich vor allem im Palisadengewebe, wogegen unregelmäßig verzweigte derartige Elemente weitgehend das Schwammparenchym durchziehen und dabei eine Länge bis zu 1000 μ erreichen. In jungen Stadien fallen sie gegenüber den Nachbarzellen durch den Besitz größerer Zellkerne auf. Interessant ist weiter der Befund ROTHs, daß beim *Nepenthes*-Blatt die Digestionsdrüsen der Kannen und die Honigdrüsen des Deckels in ihrer Histogenese nicht übereinstimmen. Rein epidermale Bildungen stellen danach nur die ersteren dar. Dagegen ist bei den Deckeldrüsen die subepidermale Zellschicht weitgehend am Aufbau beteiligt. Darin herrscht Gleichheit mit den Drüsen des Kragenrandes, deren vorwiegend subepidermale Herkunft schon STERN (1917) richtig erkannt hatte. Rein epidermalen Ursprungs sind wieder die Drüsenschuppen auf der

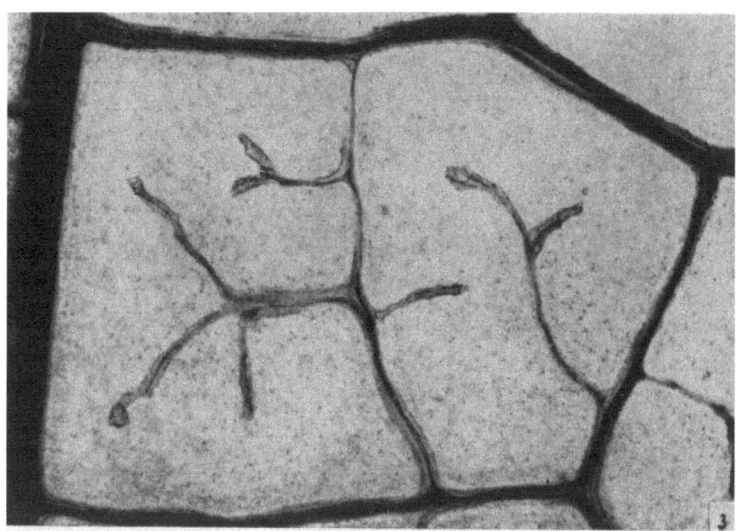

Abb. 16. *Liriodendron tulipifera*. Blattausschnitt, die letzten, freien Nervenauszweigungen zeigend. Nach PRAY.

Unterseite der Blätter von *Duranta plumieri* (MAHESHWARI). Aus sorgfältigen Untersuchungen von LABER über die Entwicklung der Büschelhaare von *Phlomis fruticosa* und *Viburnum lantana* geht hervor, daß das Wachstum dieser kurzlebigen Trichome stets an der Basis erfolgt, d. h. die zuerst gebildete Querwand bleibt die der Haarspitze nächstgelegene, und alle weiteren Zellen werden jeweils von der Basalzelle geliefert. Während aber bei *Phlomis* die erste Wandbildung in der epidermalen Ausgangszelle nach LABERs Angaben stets periclinaler Natur ist, also eine Querwand ergibt, vollzieht sie sich bei *Viburnum* anticlinal, worin Übereinstimmung mit der Entwicklung vieler anderer Büschelhaare und Köpfchendrüsen herrscht. Auch der erste Teilungsschritt, der zur Entstehung der Trichomhydathoden von *Muehlenbeckia* führt, ist nach KAUSSMANN durch eine anticlinale Wandbildung charakterisiert. Hydathodenfunktion wurde gelegentlich auch den Blattzahnzellen („Spitzenzellen") von *Aristolochia clematitis* zugesprochen, was aber durch GÄNSHIRT neuerdings in Abrede gestellt wird. Einige Hinweise auf Haarbildungen bei Rubiaceen und Loganiaceen finden sich bei PARÈS u. RUAT. Genannt seien ferner Studien von SCHITTEN-GRUBER (1), (2), (3) über die Stomataverteilung auf den Blättern verschiedener Pflanzen, wie *Pulmonaria, Maranta leuconeura* u. a., in denen insbesondere die Blattflecken einer Betrachtung unterzogen wurden. Angaben über die Anordnung der Spaltöffnungen enthalten auch die schon oben zitierten Ausführungen von FLORIN und BOUTELJE (*Libocedrus* u. a.). Wertvoll ist weiter eine Studie HAIDERs, aus der die große Variabilität der Sporangiengestaltung bei den leptosporangiaten Farnen hervorgeht. Besonders eingehend wird darin das Stomium berücksichtigt, dessen Bau bisher in der Literatur recht stiefmütterlich behandelt worden ist.

III. Wurzel.
1. Wurzelvegetationspunkt.

Im Rahmen embryologischer Untersuchungen an *Poa annua* und *Allium giganteum* (VON GUTTENBERG, HEYDEL u. PANKOW) wurde der Entstehung der Primärwurzelanlage besondere Beachtung geschenkt. Überzeugend ist der Nachweis für *Poa annua* (1), daß Wurzelkörper und Calyptra ihren Ursprung aus verschiedenen Stockwerken des Proembryos nehmen (den Abschnitten m bzw. n nach SOUÈGES) und daß die Haube somit über ein eigenes, unabhängiges Histogen verfügt. Der frühzeitig zwischen beiden Wurzelanteilen sichtbar werdende Spalt kommt durch Verschleimung der Grenzmembranen zustande. Dem Aufbau des Wurzelkörpers liegt von vornherein die Tätigkeit einer kleinen Gruppe von Initialen zugrunde, die schon in einem frühen Entwicklungsstadium des Embryos erkennbar ist (Abb. 17). Dabei handelt es sich um eine oder mehrere gemeinsame Dermatogen-Peribleminitialen sowie weitere Initialen für Periblem und Plerom, die die erstgenannten (im Längsschnitt gesehen) oberseits bogenförmig umfassen. Als Ausgangszellen für die Calyptra dienen zwei besondere Initialen, die sich unter diesem Komplex befinden. Die Regel, daß bei den Monocotylen das Dermatogen an der Haubenbildung unbeteiligt ist, wird bei *Allium giganteum* (2) insofern durchbrochen, als hier eine einmalige Abspaltung von Dermatogenzellen erfolgt, die den Ursprung kurzer seitlicher Teile der Calyptra bilden. Die Scheitelzelltheorie VON GUTTENBERGs wird in diesen Arbeiten nicht berührt. CLOWES (1) hat die Kritik, die er anläßlich der Untersuchung des Wurzelmeristems von *Fagus silvatica* und *Vicia faba* (Fortschr. Bot. 14, 29 u. 16, 41) an dieser Konzeption geübt hat, jetzt beim Studium der Wurzelspitzen von *Triticum* und *Zea* wiederholt.

CLOWES (2) tritt weiter der vielfach vertretenen Meinung entgegen, daß „Pilzwurzeln" bei den Angiospermen der Calyptra entbehren. Am Beispiel von *Fagus silvatica* weist er deren Existenz nach und betont, daß zumindest hier die Neubildung von Haubenzellen ganz ebenso vor sich geht wie bei nicht infizierten Organen. Da aber bei ectotrophen Mycorrhizen die Calyptra vom Hyphenmantel umgeben ist und die Außenzellen somit nicht abgestoßen werden können, ist anzunehmen, daß diese einer vollständigen Auflösung verfallen. Ob es der Pilz selbst ist, der die Verdauung durchführt, oder ob andere Microorganismen dabei eine Rolle spielen, bleibt noch eine offene Frage. Auffallend ist die Anthocyanfärbung, durch die die Wurzelspitzen mancher Pflanzen, z. B. der Balsaminaceen und vieler Saxifragaceen, ausgezeichnet sind. Diese Rotfärbung, auf die WEBER (2) hingewiesen hat, ist auf wenige Meristemzellen beschränkt und greift in manchen Fällen auf die Elemente der Calyptra über.

Seit SACHS (1874) wissen wir, daß schon in den meristematischen Bereichen der Wurzelspitzen verschiedener Dicotylen feine Intercellulargänge auftreten, die endodermalen Ursprungs sein sollen. Nach WILLIAMS

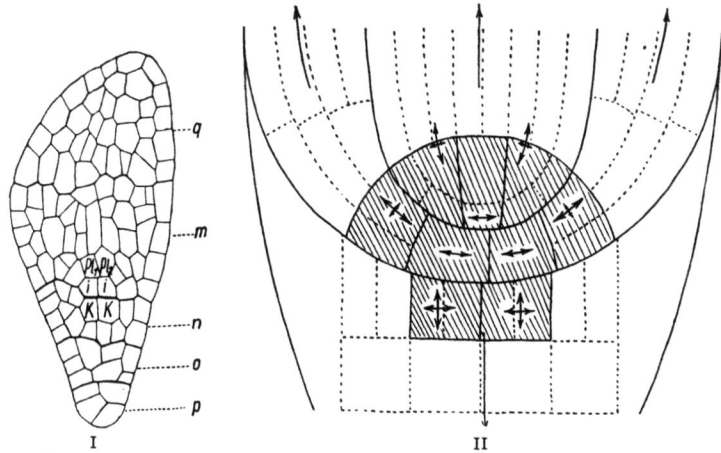

Abb. 17. *Poa annua*. I Junger Embryo. *i i* Initialen des Dermatogens und Periblems der Primärwurzel, seitlich erste Periblemanlage, darüber Plerominitialen (Pl$_1$, Pl$_2$); KK Initialen der Calyptra; q, m, n, o, p die einzelnen Keimlingsabschnitte. II Schematische Darstellung des Initialkomplexes der Primärwurzel (schraffiert). Die Pfeile deuten die Kernspindellagen und die Wachstumsrichtung an. Nach VON GUTTENBERG, HEYDEL u. PANKOW.

ist diese Erscheinung vor allem bei krautigen Compositen verbreitet. Die These, daß diese Gänge beim Transport organischer Substanzen zur Wurzelspitze hin eine Rolle spielen sollen, erscheint freilich zunächst wenig glaubhaft. Nachzuprüfen wäre auch, ob die Entstehung solcher Intercellularen tatsächlich von der Endodermis ausgeht und nicht vom Perizykel, wie es für die primären Ölgänge in der Umbelliferenwurzel nachgewiesen werden konnte.

2. Weitere Untersuchungen zur Wurzelanatomie.

In Fortsetzung ihrer wurzelanatomischen Studien an Alpenpflanzen (Fortschr. Bot. 16, 43) hat LUHAN (1) jetzt die Gentianaceen untersucht. Bemerkenswert ist es, daß auch die sproßbürtigen Wurzeln, die an zahlreichen Arten auftreten, in den meisten Fällen verhältnismäßig frühzeitig die primäre Rinde verlieren. Dann bildet in der Regel die Endodermis den äußeren Abschluß, deren Zellen sich hier tangential stark zu strecken vermögen und zahlreiche anticlinale Teilungen erfahren können. Eigentümliche sclerenchymatische Wandverdickungen fand LUHAN (2) in den subexodermalen Rindenzellen der Wurzeln einiger *Globularia*-Arten (*G. cordifolia, repens, Willkommii*).

Daß sproßbürtige Wurzeln häufig aus dem interfascicularen Cambium hervorgehen, wurde schon in Fortschr. Bot. 14, 32 betont. Eine Reihe neuer Beispiele dafür bringt VENTURA, die sie auch durch Abbildungen belegt (*Ipomoea*-Arten, *Solanum jasminoides*, verschiedene Compositen und Labiaten u. a.). Ihre Angabe jedoch, daß bei *Stachys lanata* die Wurzeln aus dem Fascicularcambium entstehen, erscheint nicht überzeugend. Seit langem ist es bekannt, daß auch Blattorgane in manchen Fällen Wurzeln zu treiben vermögen. Interessant sind die neuen Mitteilungen von CARLSON hierüber, die Wurzelbildung aus der Basis isolierter Cotyledonen von *Brassica napus* und *Raphanus sativus* erzielte. Entsprechendes gelang an Blättern von *Chenopodium album* und *Amaranthus gangeticus* nach Behandlung mit β-Indolylbuttersäure. Wenn aber SAMANTARAY u. KABI, die diese Versuche durchgeführt haben, unter Berufung auf AGNES ARBER hieraus (sowie aus dem Dickenwachstum des Blattstieles) die Folgerung ziehen, daß das Blatt ein „Teilsproß" sei mit dem Drang (urge) zum „Ganzsproßcharakter", so ergehen sie sich in Spekulationen, die schon in Fortschr. Bot. 12, 32 abgelehnt werden mußten.

3. Radikation und Wurzelsysteme.

Interessante Mitteilungen über die Radikation anatolischer Steppenpflanzen stammen von BIRAND. Sie vermitteln genauere Kenntnisse über die Wurzelausbreitung solcher Gewächse und bestätigen die in Fortschr. Bot. 16, 39 referierten Beobachtungen an Pflanzen der Mainzer Sandflora. Wurzelsysteme von Frühlingsannuellen, die sich während der regenreichen Jahreszeit entfalten, entwickeln sich nahe der Oberfläche und dringen nicht tiefer als 30—40 cm in den Boden ein. Perennierende Steppengewächse dagegen weisen Wurzellängen bis zu 5 m auf (*Astragalus Mitchellianus*, *Alhagi camelorum* u. a.). Bei diesen überwiegt auch die Wurzelmasse das Gewicht des Sproßsystems, wogegen bei den Annuellen das umgekehrte Verhältnis vorliegt.

Recht beachtenswert sind neue Untersuchungen zu dem Problem der Wurzelverbindungen zwischen verschiedenen Bäumen in Kiefernbeständen, zumal umfassendere Beobachtungen zu dieser Frage bisher vergeblich in der Literatur gesucht wurden. Wenn auch die diesbezügliche Arbeit des Finnen YLI-VAKKURI mehr ökologischer Natur ist, so sei sie doch ihrer Bedeutung wegen auch an dieser Stelle genannt. Rund ein Viertel der Kiefern eines älteren, natürlich verjüngten Bestandes steht demnach durch Wurzelverwachsung mit anderen Bäumen in Verbindung. Vor allem oberflächlich verlaufende und sich kreuzende Wurzeln verwachsen häufig in Stammnähe, vermutlich infolge gegenseitigen Druckes. Der Nachweis, daß Wasser und gelöste Salze vom Wurzelsystem eines Baumes in den Stamm eines anderen übergehen können, wurde erbracht.

Von den Wurzelmänteln der Vellozien, Baumfarne und mancher Palmen war schon auf S. 22 die Rede. Bei ihnen handelt es sich darum, daß sproßbürtige Wurzeln die Achsenrinde durchbrechen und in unmittelbarer Nachbarschaft des Stammes, den sie so dicht umhüllen, basalwärts wachsen. Die sog. Rindenwurzeln dagegen, die bisher nur für Lycopodien und Bromeliaceen bekannt sind, entwickeln sich im Stamminnern und wachsen unverzweigt in dessen Rinde abwärts, um erst an der Sproßbasis ins Freie zu gelangen (Abb. 18). Solange sie im Muttersproß verharren, sind sie nach WEBER (3) ageotropisch und nehmen stets die zur Achsenentwicklung entgegengesetzte Wachstumsrichtung ein; in plagiotropen Ausläuferachsen, wie sie bei verschiedenen tropischen Tillandsien vorkommen, wachsen sie also horizontal zur Stammbasis hin. Mehrere Palmenarten sind durch den Besitz von Wurzeldornen ausgezeichnet, sei es, daß es sich dabei um gehemmte Seitenwurzeln handelt, wie bei *Iriartea*, oder um sproßbürtige Wurzeln, die höheren Stammteilen entspringen (*Mauritia*). Namentlich die letzteren hat WEBER (3), (4) untersucht und gezeigt, daß diese 2—3 cm langen Dornen anfangs über eine wohlentwickelte Calyptra verfügen, die der Haube der basalen stammbürtigen Nährwurzeln in jeder Weise entspricht (Abb. 19).

In Fortschr. Bot. 16, 40 wurde kurz das Problem gestreift, das die

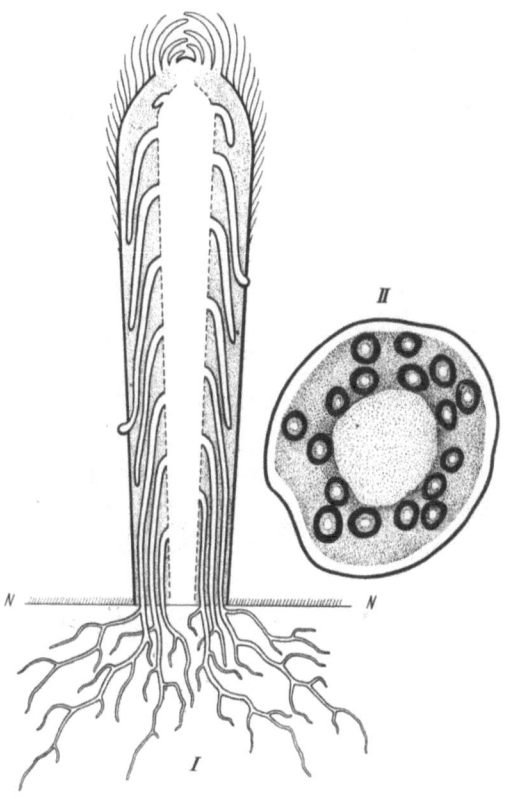

Abb. 18. I Schematische Darstellung eines Bromeliaceenstammes mit inneren Wurzeln (Rindenwurzeln). II *Tillandsia spec.*, Querschnitt durch die plagiotrope Achse, zahlreiche Rindenwurzeln zeigend. Nach WEBER (3).

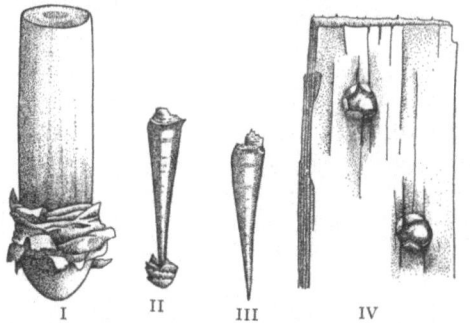

Abb. 19. *Mauritia armata.* I Spitze einer basalen Nährwurzel mit verkorkter Calyptra; II, III Spitzen von Dornwurzeln, in III ist die Haube bereits abgeworfen; IV Rindenstück mit zwei durchbrechenden Dornwurzeln. Nach WEBER (4).

Haustorialsysteme der Loranthaceen aufgeben, insbesondere die Frage, ob es sich dabei um Wurzeln handelt. Wie TROLL (Vergl. Morphologie

Bd. I/3, S. 2588 ff.) ausgeführt hat, scheint es gerechtfertigt zu sein, hier von stark modifizierten Wurzelsystemen zu sprechen. Neue Untersuchungen an dem neuseeländischen *Loranthus micranthus* (MENZIES) sowie an *Arceuthobium campylopodum* (COHEN) ziehen dies wieder in Zweifel.

IV. Infloreszenzen.
1. Allgemeines über den Aufbau der Infloreszenzen.

Viele Infloreszenzen stellen Synfloreszenzen in dem von TROLL (1) definierten Sinne dar. Unter einer Synfloreszenz haben wir hiernach ein blühendes Sproßsystem zu verstehen, in welchem dem terminalen Blütenstand, der Endinfloreszenz, sog. Bereicherungstriebe vorausgehen (Abbildung 20, I).

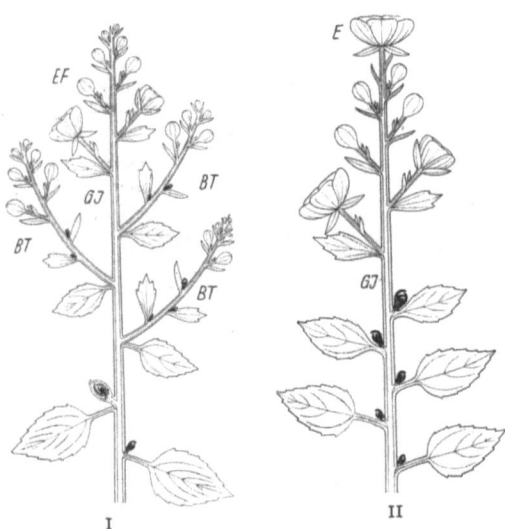

Abb. 20. Synfloreszenz mit Endfloreszenz, schematisch. *E* Endblüte; *EF* Endfloreszenz; *BT* Bereicherungstriebe. *GJ* das der Endfloreszenz vorausgehende sog. Grundinternodium. II unterscheidet sich von I dadurch, daß die Bereicherungstriebe sämtlich unentwickelt geblieben sind. Original W. TROLL.

TROLL (3) hat seine Untersuchungen in der Zwischenzeit auf die Gesamtheit der Angiospermen ausgedehnt und darüber in einer vorläufigen Mitteilung berichtet. Im Zuge einer terminologischen Klärung wurde zunächst für den bisher gebrauchten Begriff der Endinfloreszenz die Bezeichnung End-floreszenz eingeführt. Der Infloreszenzbegriff ist damit nicht aufgegeben. Er kann weiterhin gebraucht werden und überall dort Anwendung finden, wo über den morphologischen Charakter eines Blütenstandes keine näheren Aussagen gemacht werden sollen oder auch vorläufig nicht gemacht werden können. Von den Bereicherungstrieben ist zu sagen, daß sie im wesentlichen den Aufbau wiederholen, den die Synfloreszenz in dem ihrer Insertion aufwärts folgenden Abschnitt aufweist. Sie gliedern sich also jeweils selbst wieder in eine Bereicherungstriebe erzeugende Region und in eine Endfloreszenz, welch letztere auch als Confloreszenz angesprochen und durch diese Bezeichnung von der primären Endfloreszenz, d.h. der Endfloreszenz der Hauptachse, unterschieden werden kann.

Der der Endfloreszenz vorausgehende Abschnitt des Hauptsprosses ist, obwohl er blühende Seitentriebe, eben die Bereicherungstriebe, hervorbringt, selbst vegetativ. Zu seiner Kennzeichnung greift TROLL auf einen von GOEBEL eingeführten Begriff, den des Unterbaues, zurück, den er jedoch in erweiterter Bedeutung gebraucht. Im Aufbau der hier in Rede stehenden Pflanzen stellt der Unterbau die veränderliche Größe dar, dies insofern, als er bei sonst gleichem Verhalten Abb. 21 zufolge bald stark hervortritt, bald aber auch mehr oder minder beträchtlich reduziert sich darbietet (s. Fortschr. Bot. 14, 35).

Was die Bereicherungstriebe anlangt, so sollte man erwarten, daß sie in der basalen Region des Unterbaues die kräftigste Ausbildung erführen. Dem ist an sich auch so, wie sich für den Fall zeigt, daß sich die Bereicherungstriebe vollzählig entwickeln. Alsdann übertreffen sie

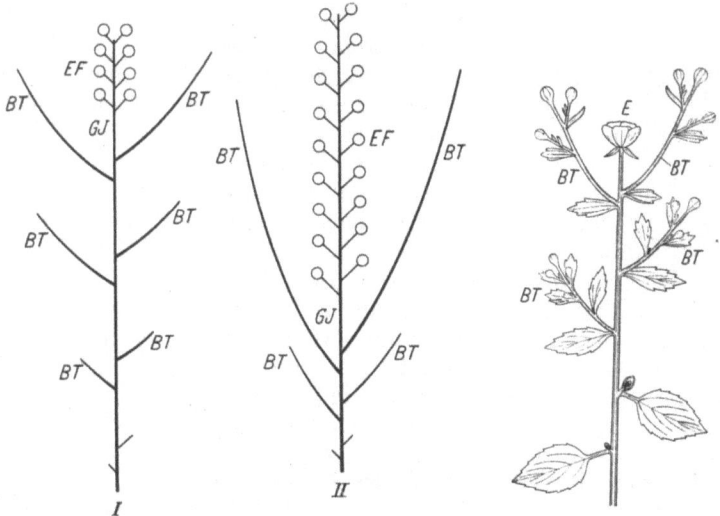

Abb. 21. Verschiedene Ausdehnung des Unterbaues, der die vegetative Region umfaßt und sich demgemäß vom Grund der Triebe bis an die Basis des Grundinternodiums (GJ) erstreckt; mit diesem beginnt die im wesentlichen von der Endfloreszenz (EF) gebildete reproduktive Region. BT Bereicherungstriebe. Nach TROLL (1).

Abb. 22. Synfloreszenz mit Endblüte (E). In der Ausbildung der Bereicherungstriebe (BT) herrscht ein akrotoner Förderungssinn. Original W. TROLL.

die ihnen je aufwärts folgenden Glieder der Reihe nicht nur der Länge sondern auch der Zahl der von ihnen erzeugten Blattorgane nach. In der Regel jedoch werden die Bereicherungstriebe nur unter der Endfloreszenz voll ausgebildet. Abwärts unterliegt ihre Entwicklung einer Hemmung, die vielfach so weit geht, daß sie im Knospenzustand verharren (Abb. 20, I). TROLL unterscheidet im Unterbau demnach zwischen einer die basale Sproßregion umfassenden Hemmungszone und einer dieser sich aufwärts anschließenden Bereicherungszone. Doch ist zwischen beiden Regionen naturgemäß keine scharfe Grenze vorhanden. Im übrigen kann sich die Hemmung der Bereicherungstriebe unter Umständen auf den gesamten Unterbau erstrecken, also die Bereicherungszone in die Hemmungszone einbezogen sein (Abb. 20, II).

Beispiele für diese Art des Synfloreszenzbaues liefern unter anderem die Cruciferen, Papilionaceen, Begoniaceen, Scrophulariaceen, Gesneriaceen und Labiaten (s. Fortschr. Bot. 14, 34). Teilweise ist die Endfloreszenz frondos (folios) entwickelt, worunter TROLL die Erscheinung versteht, daß die Tragblätter in ihrem Bereich die Gestalt von Laubblättern besitzen.

Weittragende Bedeutung hat die Erkenntnis erlangt, daß sich bei vielen Synfloreszenzen an Stelle einer Endfloreszenz eine bloße Blüte (Endblüte) vorfindet. Gleiches gilt alsdann für die Bereicherungstriebe. Diese verfügen, soweit sie der Endblüte benachbart sind, nur über die Vorblätter. An den abwärts folgenden Bereicherungstrieben ist die Blattzahl vermehrt, und zwar in gleichem Maße, als der Abstand von der Endblüte zunimmt. Nur macht sich schließlich der Einfluß der Hemmungszone geltend, in der die Entfaltung der Bereicherungstriebe überhaupt unterbleibt, es sei denn, daß man den hemmenden Einfluß durch Resektion des Hauptsprosses aufhebt.

Die Ausbildung einer solchen Synfloreszenz hängt nun ganz von dem die Verzweigung des Hauptsprosses beherrschenden longitudinalen Förderungssinn ab. Dieser weist entweder akrotones oder basitonmesotones Gepräge auf. Im ersteren Fall kommen die obersten Bereicherungstriebe nicht nur bevorzugt zur Entwicklung, sie sind auch kräftiger als die ihnen vorausgehenden, sofern diese sich überhaupt entfalten (Abb. 22).

Die Verzweigung der geförderten Bereicherungstriebe folgt, da sie mit einer Endblüte abschließen und zudem nur über die Vorblätter verfügen, dem sympodialen Typus. Häufig gehen aus den Achseln beider Vorblätter Fortsetzungstriebe hervor, die das Verhalten des Muttersprosses wiederholen können, mit dem Ergebnis, daß dichasiale Systeme zustande kommen. Ist dagegen nur eines der Vorblätter produktiv, so werden wickelige oder schraubelige Systeme resultieren. Wo bei dichasialer Verzweigung der Bereicherungstriebe diese an der Hauptachse nur in Zweizahl auftreten, wird die Synfloreszenz im ganzen dichasialen Charakter tragen. Indes darf nicht übersehen werden, daß ihr Aufbau auch dann im Grunde monopodial ist. Endständige Dichasien im eigentlichen Sinn gibt es also nicht.

Bei wickeliger Natur der der Endblüte vorausgehenden Bereicherungstriebe kommt es nicht selten vor, daß deren nur einer, und zwar der oberste, entwickelt wird. Die Hauptachse scheint dann als ganze wickelig zu enden. Doch liegt auch hierbei nur eine extreme Modifikation des monopodialen Verzweigungstypus vor. Es würde den wahren Sachverhalt nur verschleiern, wollte man solche Formen dadurch charakterisieren, daß man von einer endständigen Wickel spricht. Deren erste Blüte gehört nämlich nicht eigentlich der Wickel an; es handelt sich vielmehr um die Endblüte der Hauptachse, an der die Wickel als seitlichaxilläres Produkt entspringt.

Wird die Ramifikation der Synfloreszenz von basiton-mesotonem Förderungssinn beherrscht, so kommt ein rispiges Verzweigungssystem zustande, dies um so mehr, als die Bereicherungstriebe hier in größerer Zahl aufzutreten pflegen. Oben, in der Nachbarschaft der Endblüte, sind sie auf ihre eigene Endblüte reduziert, erscheinen also in Gestalt einfacher seitlicher Blüten, an denen sogar die Vorblätter unterdrückt zu sein pflegen. Abwärts nimmt ihre Verzweigung in dem

Maße zu, als die Zahl der von ihnen gebildeten Blätter ansteigt. Und da die Bereicherungstriebe jeweils das Verhalten des über ihnen befindlichen Endabschnittes der Synfloreszenz wiederholen, so werden sie in einer gewissen Entfernung von der Endblüte sich selbst wieder in Gestalt von Rispen darbieten (Abb. 23). Musterbeispiele für diesen Synfloreszenztyp liefern unter anderen *Polemonium*-Arten.

Es zeigt sich von hier aus also, daß es sich bei den sog. Rispen um Synfloreszenzen handelt, und zwar um Synfloreszenzen jenes Typs, der sich, wenn in der Ausbildung der Bereicherungstriebe akrotoner Förderungssinn herrschte, in Gestalt eines sympodial sich fortsetzenden Verzweigungssystem darböte.

Von besonderem Interesse ist, daß derartige Synfloreszenzen auch die Form von Trauben anzunehmen vermögen. Als lehrreich erwies sich in dieser Hinsicht die Untersuchung der Gentianaceen, insonderheit die der Unterfamilie der Menyanthoideen. Hier verfügt *Villarsia* über Synfloreszenzen von rispigem Bau. Es besteht gar kein Zweifel mehr darüber, daß die traubigen Blütenstände von *Menyanthes* mit ihnen nächstverwandt sind. Dies geht unter anderem daraus hervor, daß uns an kräftigen Blütenständen der Pflanze die basalen Verzweigungen nicht in Gestalt einfacher Blüten sondern in der von Teilblütenständen entgegentreten.

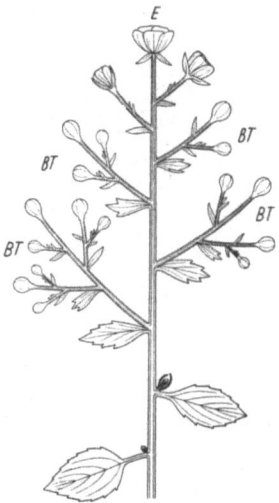

Abb. 23. Synfloreszenz mit Endblüte (*E*). In der Ausbildung der Bereicherungstriebe (*BT*) herrscht ein basi-mesotoner Förderungssinn. Original W. Troll.

Von hier aus lösen sich auch die Schwierigkeiten, die bei der Bearbeitung der Campanulaceeninfloreszenzen durch Heidenhain insofern entstanden sind, als eine Abgrenzung der angenommenen Endfloreszenz von der Bereicherungszone nicht überzeugend gelungen ist. Es ist eben eine solche Grenze in Wirklichkeit gar nicht vorhanden. Vielmehr wird eine Endfloreszenz nur vorgetäuscht, und zwar dadurch, daß die Bereicherungstriebe im Endabschnitt der Synfloreszenz, wenn nicht deren gesamter Erstreckung nach, auf ihre Endblüte reduziert sind.

Erhöhtes Gewicht bekommt im Rahmen dieser Untersuchungen die Unterscheidung zwischen offenen und geschlossenen Infloreszenzen. Bei letzteren findet sich am Gipfel der Achse eine Endblüte (Abb. 20, II). Eine solche fehlt bei den offenen Infloreszenzen. Bei diesen rudimentiert das Achsenende, oder aber es bleibt entwicklungsfähig (Abb. 20, I). Alsdann vermag die Infloreszenz durchzuwachsen, was meist unter Rückkehr zu vegetativer Ausbildung erfolgt. Auf diese Weise klärt sich auch das Verhalten unter anderem von Pflanzen wie *Arachis hypogaea* und *Lysimachia thyrsiflora*. Ferner sind in diesem Zusammenhang *Plantago*-Arten zu nennen, besonders *P. major*, wo die frondose Floreszenz infolge totaler Achsenstauchung in die Laubrosette einbezogen ist. Die gemeinhin als Infloreszenzen bezeichneten ährigen

Blütenstände der Pflanze stellen die Partialinfloreszenzen der Endfloreszenz dar, deren Vegetationspunkt erhalten bleibt und in der folgenden Vegetationsperiode den Hauptsproß unter abermaliger Erzeugung seitlicher Blütenstände fortzusetzen vermag. Lehrreich ist der Vergleich mit *P. indica*, die im Gesamtaufbau mit *P. major* übereinstimmt und sich von ihr im Grunde nur durch das Wachstum mit verlängerten Internodien unterscheidet. Stellt man sich die Achse plagiotrop orientiert vor, so ergibt sich mutatis mutandis das Verhalten von *Lysimachia nummularia*. An diesem Beispiel wird wohl in besonderer Weise die Reichweite der Überlegungen deutlich, die den in Rede stehenden Untersuchungen zugrundeliegen.

Schließlich sei auch noch auf deren Bedeutung für die Verwandtschaftsordnung hingewiesen. Es zeichnet sich nämlich schon im gegenwärtigen Stadium das Ergebnis ab, daß viele Sippen niedrigeren und höheren Ranges auch in der Infloreszenzbildung sehr viel einheitlicher sind, als man bisher annehmen konnte. In diesem Zusammenhang verdient auch PHILIPSONs Studie über die Infloreszenz der Compositen Erwähnung, die sich gegen die Auffassung wendet, es bestünde zwischen den Compositen und den Dipsacaceen eine nähere Verwandtschaft.

2. Spezielle Untersuchungen.

Eine Reihe von Arbeiten ist den Infloreszenzen der *Gramineen* gewidmet. Den Infloreszenzbau von vier *Setaria*-Arten hat SOHNS studiert. Von *Zea Mays* handeln BONNETT und NICKERSON, welch letzterer zu zeigen versucht, daß auch die weiblichen Blütenstände der Anlage nach rispige Systeme darstellen. Die sehr merkwürdige Infloreszenzbildung der im tropischen Afrika beheimateten *Phyllorhachis sagittata*, die ihren Gattungsnamen der blattartigen Verbreiterung der Infloreszenzhauptachse verdankt, haben TROLL und MEISTER analysiert. Als neue Beispiele für Verdornung der Infloreszenzachsen wurden von WEBER (1) zwei *Eragrostis*-Arten (*E. spinosa* und *E. cyperoides*) geschildert. Das bei Gräsern der verschiedensten Verwandtschaft zu beobachtende Phänomen, daß Teile der Infloreszenz zur Zeit der Fruchtreife sich in verschiedener Weise abgliedern („Zerfall der Infloreszenz"), ist oftmals bearbeitet worden. Diese Untersuchungen hat KANDELER nunmehr auf weitere Tribus (*Festuceen, Aveneen, Stipeen*) ausgedehnt, in denen sich die Zerfallsprozesse auf die Ährchen beschränken („Ährchenzerfall").

Dem entwicklungsgeschichtlichen Zustandekommen der Blütengruppen, die sich in den Brakteenachseln der *Musa*-Infloreszenz vorfinden, ist FAHN (2) nachgegangen, mit dem Ergebnis, daß sie in der aus Abb. 24 ersichtlichen Weise einem transversal stark gestreckten, gemeinsamen Vegetationspunkt entspringen. Danach faßt sie FAHN als Cymen auf. Doch stehen dieser Deutung erhebliche Schwierigkeiten im Wege. Näher liegt es, in den Blütengruppen Produkte einer durch Asymmetrie des axillären Vegetationspunktes modifizierten Kollateralknospenbildung zu erblicken.

Über die bekannte Erscheinung der Entwicklung von Brutzwiebeln in den Infloreszenzen von *Allium*-Arten herrschte bisher noch keine volle Klarheit. Diese Lücke hat nunmehr HELM zu schließen versucht. Als Objekte dienten ihm *A. scorodoprasum*, in deren Infloreszenzen die Bulbillen neben Blüten auftreten, und das ausschließlich Bulbillen erzeugende *A. vineale var. compactum*.

Neue Beiträge zur Kenntnis der racemösen Infloreszenzformen von Umbelliferen und Cruciferen, die zahlreiche bemerkenswerte Details

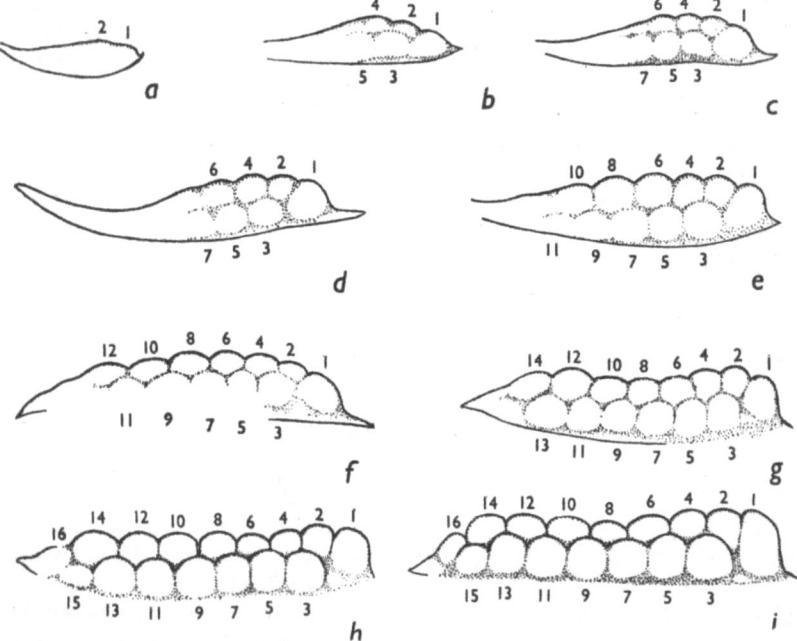

Abb. 24 a—i. *Musa acuminata*. Verschiedene Entwicklungsstadien der Blütenprimordien. Die Zahlen geben die Reihenfolge der Ausgliederung an. Weiteres im Text. Nach FAHN (2).

enthalten, haben TROLL und HEIDENHAIN (1) geliefert. Was die Umbelliferen anlangt, so verdient besondere Beachtung die Klärung des Infloreszenzbaues von *Hydrocotyle*-Arten (*H. umbellata, H. hirsuta*) und von Vertretern der Gattung *Eryngium* (*E. corniculatum, E. Leavenworthii, E. viviparum* u. a.).

Euphorbia Cyparissias zeigt in der Ausbildung der Gesamtinfloreszenz recht erhebliche Verschiedenheiten, was besonders beim Vergleich mit anderen Arten der Gattung (z. B. *Eu. palustris* und *Eu. esula*) auffällt. Eine von TROLL u. HEIDENHAIN (2) durchgeführte Untersuchung lehrte, daß zwischen dem Infloreszenzbau der formkonstanten Arten und den einzelnen Infloreszenzformen von *Eu. Cyparissias* ein weitgehender Parallelismus besteht.

Die Kenntnis der schwierigen Infloreszenzverhältnisse von *Polycarpon tetraphyllum* (*Caryophyllaceae*) hat BUGNON (3) um die Schilderung einer bemerkenswerten Variante bereichert. Sie ist durch die Reduktion der Terminalblüten ausgezeichnet, die sich bis an die Auszweigungen letzten Grades heran erstrecken kann.

Sehr lückenhaft bekannt ist noch die Infloreszenz- und Blütenbildung der geo- und amphikarpen Pflanzen. Um sie bemüht sich derzeit STOPP, der als Teilergebnis eine Arbeit über die Wuchsform amphikarper *Phaseolus-* und *Amphicarpaea*-Arten vorgelegt hat. Die drei geokarpen Arten der Gattung *Phaseolus* weichen hiernach recht erheblich voneinander ab. Bei *Ph. pedatus* stellen die subterranen Infloreszenztriebe nämlich Beisprosse dar, während sie bei *Ph. geophilus* aus den Vorblattachseln der aërischen Infloreszenzen entspringen. Zwischen diesen beiden Arten vermittelt *Ph. supinus*, der demgemäß einen etwas komplizierteren Bau aufweist. Bei *Amphicarpaea* hängt die Ausbildung der Infloreszenzen von den Außenfaktoren ab, die im Jugendzustand auf sie einwirken. Dieselben Anlagen, die im Boden zur geophilen Infloreszenzform auswachsen, entwickeln sich unter den Bedingungen des Luftlebens zu aërischen Infloreszenzen.

Was NOZERAN über die Rankenbildung der Passifloraceen zu berichten weiß, geht nicht wesentlich über das schon bislang Bekannte hinaus, ist aber in einigen Details von Interesse. So treten bei *Crossostemma laurifolium* und *Adenia Dinklagei* Infloreszenzen auf, die zur Gänze rankenartig transformiert sind. Bei letzterer Pflanze verwandeln sich die Rankenäste unter dem Einfluß von Berührungsreizen zudem in Haftscheiben, was bisher von Passifloraceen wohl nicht bekannt war.

V. Blüte.
1. Allgemeines.

In einem umfangreichen Werk erörtert NELSON unter Berücksichtigung einer Fülle einzelner Beobachtungen und Literaturangaben die „Gesetzmäßigkeiten der Gestaltwandlung im Blütenbereich". Er kommt zu dem Ergebnis, „daß der Organisations- und Gestaltwandel in gesetzmäßig gerichteter Weise verläuft, wofür physiologische Vorgänge verantwortlich gemacht werden können, die sich aus den Wechselbeziehungen der Teile im Organismus ergeben". Auf die verschiedenen Argumente, die zu dieser Auffassung führen, kann im Rahmen dieses Berichtes leider nicht eingegangen werden. Sie erscheinen jedoch — bei Würdigung aller interessanten Einzelheiten — vielfach recht unbefriedigend und spekulativ. Einen vergleichenden Überblick über den Bau der männlichen Blüten von Euphorbiaceen hat NOZERAN vorgelegt und darin vor allem auf die zu beobachtenden Reduktionserscheinungen hingewiesen.

Während der letzten Jahre haben sich zahlreiche Autoren mit der Innervierung der Blütenorgane beschäftigt mit dem Ziel, aus dem Nervenverlauf Rückschlüsse auf deren morphologische Natur zu ziehen. Daß allerdings eine kritiklose und ausschließliche Betrachtung der Nervaturverhältnisse leicht zu Fehlschlüssen führen kann, wurde schon in Fortschr. Bot. 16, 45 betont. Um einen solchen handelt es sich zweifellos, wenn BERKELEY, ausgehend von *Celastrus*, die Existenz echter Achsenbecher allgemein in Frage zieht. Der Blütenbecher der Celastraceen soll danach aus den miteinander verwachsenen Elementen des Kelches, der Krone und des Androeceums bestehen. Solche Auffassungen sind nun freilich schon häufiger geäußert worden, zuletzt unter anderen von GAUTHIER für *Begonia* und von BLASER für die Rubiacee *Mitchella*. Nachdem sich aber jüngst unter anderen schon PURI (1) entschieden für die Achsennatur des Blütenbechers ausgesprochen hat, betont sie jetzt erneut LEINFELLNER (2) für *Begonia* und für die Rosaceen. Mit den Ausführungen GAUTHIERs haben sich

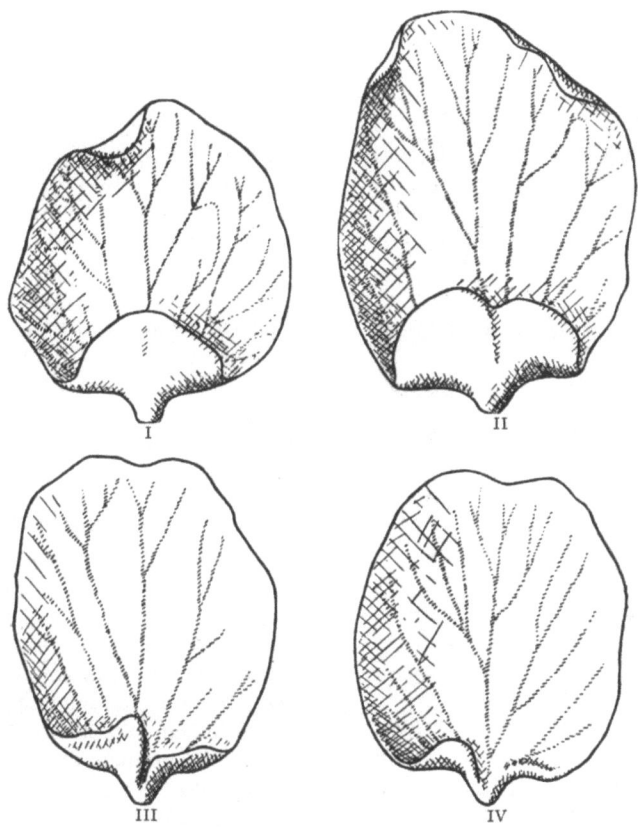

Abb. 25. *Waldsteinia geoides*. Kronblattformen. Erläuterung im Text. Nach LEINFELLNER (5).

im einzelnen P. u. F. BUGNON auseinandergesetzt; sie lehnen sie strikt ab. Auch BUXBAUM (1) vertritt die Achsennatur des Bechers mit Nachdruck in seinen reichhaltigen Untersuchungen über die Kakteenblüte. Dagegen liegt nach BUXBAUM (2) bei *Alstroemeria* kein Achsenbecher vor. Hier soll der Fruchtknoten nur mit der Basis der Kelchblätter verwachsen, in Wirklichkeit also oberständig sein. Daraus ergibt sich die Folgerung, daß *Alstroemeria* überhaupt keine Amaryllidacee ist, sondern zu den Liliaceen gestellt werden muß. Weitere leitbündelanatomische Studien haben die Blüten von Scitamineen (RAO, KARNIK u. GUPTE), Portulacaceen (P. H. SHARMA), Amarantaceen (BAKSHI u. CHHAJLANI) und Ericaceen, insbesondere *Arbutus* (PALSER), sowie die

Blüten von *Gynandropsis gynandra* (MURTY), *Acer negundo* (HALL) und *Mangifera indica* (M. R. SHARMA) zum Gegenstand.

Verschiedentlich wurden in der letzten Zeit die floralen Nektarien behandelt, so diejenigen von *Costus* und anderen Scitamineen, die als Bildungen des Gynoeceums aufzufassen sind (RAO, KARNIK u. GUPTE). L. MÜLLER hat die Angaben FELDHOFENs (1933) über die Nektarien von *Dicentra* erweitert, die sich hier am Grunde des mittleren Gliedes der Filamentbündel befinden. Auch bei den Kakteen sitzen sie an der Basis der inneren Staubblätter; über ihre Ausbildung berichtet BUXBAUM (1) Näheres. In einem Überblick über die Lokalisation der floralen Drüsen bei den verschiedenen Gewächsen gelangt FAHN (1) zu der Folgerung, daß mit zunehmender Höherentwicklung der Pflanzen die Nektarien vom äußeren Blütenrand acrozentripetal zum Gynoeceum hin verlagert worden sind.

2. Perianth, Androeceum, Gynoeceum.

Bekanntlich bestehen mancherlei Beziehungen, vor allem entwicklungsgeschichtlicher Art, zwischen den Kronblättern und den Elementen des Androeceums, was schon daraus hervorgeht, daß mannigfache Übergangsbildungen existieren. Mit solchen Formzusammenhängen hat sich LEINFELLNER (3)—(6) befaßt. Ausgehend von der — unserer Ansicht nach allerdings noch nicht bewiesenen — Auffassung BAUMs, daß allen Staubblättern ein einheitlicher peltater Bauplan zugrunde liegt (Fortschr. Bot. 16, 46), hat er auch bei Kronblättern nach Symptomen für peltaten Bau gesucht. Er glaubt solche unter anderen bei *Erythroxylon novogranatense* (4), *Waldsteinia geoides* (5) und *Pachyphytum* (6) gefunden zu haben. Für *Waldsteinia* z. B. konnte er eine kontinuierliche Formenreihe aufstellen, wie sie etwa Abb. 25 veranschaulicht. Sie führt von peltaten Petalen zu schwach diplophyllen Organen, die als Hemmungsbildungen aufzufassen sind, dies insofern, als die Mitte der Querzonen bei ihnen keine Weiterentwicklung erfuhr. Ohne genetischen Zusammenhang mit dem Androeceum sollen nach BUXBAUM (1), im Gegensatz

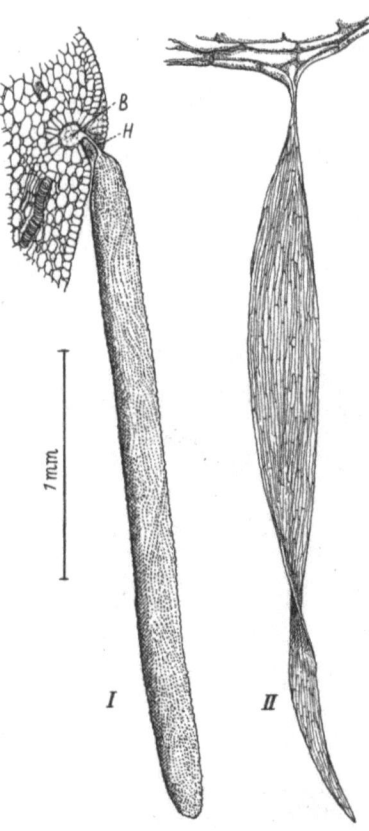

Abb. 26. „Flimmerkörper". I *Ceropegia Brownii*, einzellige Gelenkwimper. H Flexibler Halsteil, B Basalkopf des Haares. Das benachbarte Gewebe des Blattrandes ist quergeschnitten. II *Cirrhopetalum ornatissimum* (Orchidaceae), vielzellige Gelenkschuppe. Beide Figuren im gleichen Maßstab vergrößert. Nach VOGEL.

zu anderen Centrospermen, die Blumenblätter der Cactaceen sein. Er schließt dies aus dem Leitbündelverlauf. Ebenfalls auf Grund der Innervierung nehmen RAO u. SIRDESHMUKH an, daß das 4zählige Perianth von *Saraca indica* (*Caesalpiniaceae*) einen petaloiden Kelch darstellt, die Blüten der Pflanze mithin apetal sind.

Umfangreiche blütenbiologische Studien VOGELs bringen auch eine Reihe interessanter morphologisch-anatomischer Einzelheiten. Hier sei auf die erstmals so benannten **Flimmerkörper** eingegangen. Dabei handelt es sich um meist auffällig gefärbte wimper- oder keulenförmige Bildungen verschiedener Organisation, die an bestimmten Stellen des Perianths leicht beweglich inseriert sind. Durch den geringsten Luftzug geraten sie in Schwingung und erzeugen so einen Flimmereffekt, der auf gewisse Insekten eine anlockende Wirkung ausüben soll. Derartige Organe finden sich unter anderen als einzellige Trichome an den Blüten von *Ceropegia* (Abb. 26, I), als vielzellige Schuppen an den seitlichen Petalen von *Cirrhopetalum* (Abb. 26, II) und als eigenartige Anhänge an den Zipfeln der Nebenkrone von *Tavaresia* (Abb. 27). Angaben über den Gelenkmechanismus der Blüte von *Dicentra spectabilis* bringt L. MÜLLER.

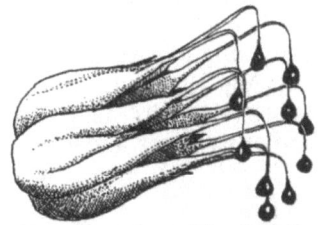

Abb. 27. *Tavaresia grandiflora* (Asclepiadaceae). Pendelnde Flimmerkörper als Anhänge der (hier entfernten) Nebenkrone. Nach VOGEL.

Die Blüten verschiedener Acanthaceen sind dadurch ausgezeichnet, daß der Griffel in eine von der Oberlippe gebildete mediane Falte verlagert ist (Abb. 28). Am Beispiel von *Jacobinia magnifica* und von *Beloperone violacea* konnte TROLL (2) zeigen, daß es sich dabei um eine Rinne handelt, die durch zwei seitab von der medianen Region entspringende sekundäre Leisten überdacht wird. Zur Erläuterung vgl. man Abb. 29. Ein ähnliches Verhalten, bei dem jedoch auch die Antheren fixiert und an der Festlegung des Griffels beteiligt sind, liegt bei *Thunbergia* vor (TRAPP). Ob der Griffel in diesen Fällen einer derartigen

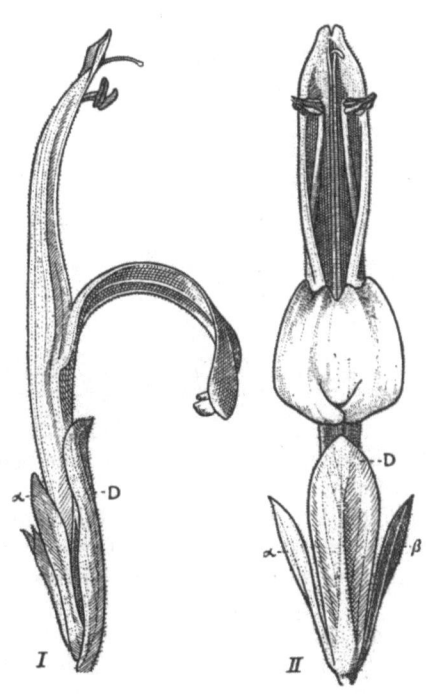

Abb. 28. *Jacobinia magnifica*. Blüte in Seiten- (I) und Vorderansicht (II). D Deckblatt; α, β Vorblätter. In II ist auf der Innenseite der Oberlippe zwischen den beiden Staubblättern der Griffelhalter zu erkennen. Nach TROLL (2).

Stützung durch einen „Griffelhalter" wirklich bedarf, wenn er in der für das Gelingen der Bestäubung erforderlichen Lage befestigt werden soll, ist nicht sicher zu entscheiden. Denn er ist keineswegs so schwach wie bei den Zingiberaceen, wo er ohne den Halt, den ihm dort das fertile Staubblatt bzw. dessen Anthere gewährt, herabsinken würde. Über die Blütenorganisation bei dieser Pflanzengruppe finden sich bei TROLL ebenfalls neue Mitteilungen. Eine Haltevorrichtung für den Griffel ist unter anderem auch bei *Incarvillea variabilis* (*Bignoniaceae*)

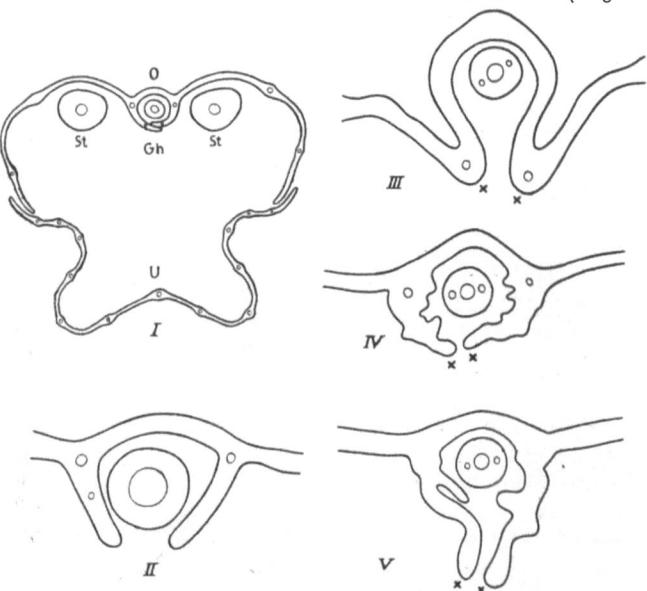

Abb. 29. I, II *Jacobinia magnifica*. I Querschnitt durch den Bereich des Kronsaumes einer Blütenknospe. O Ober- und U Unterlippe; St Staubblätter; Gh Griffelhalter mit Griffel. II Querschnitt durch den Griffelhalter, unterhalb der Narbe geführt. III—V *Beloperone violacea*, Griffelhalter im Querschnitt. Nach TROLL (2).

festzustellen, von wo sie neuerlich TRAPP beschrieben hat. Hier erfahren die Konnektive der Antheren eine blattartige Verbreiterung, welche den Griffel umschließt (Abb. 30). — Eigenartige Staubblätter mit Samenanlagen an der Basis der Filamente (PENZIG hat sie schon für eine Reihe von Pflanzen erwähnt) beschreibt SCHWERDTFEGER von anomalen Blüten an den Nachkommen geselbsteter Exemplare von *Digitalis lanata*.

Was das Gynoeceum anlangt, so hat ECKARDT eine beachtenswerte Studie über die Placentation bei Phytolaccaceen vorgelegt. Sie ist deshalb bedeutungsvoll, weil sie exakte Befunde zu der von der sog. Neuen Morphologie aufgeworfenen Frage bringt, ob die Centrospermen phyllospor oder stachyospor sind (LAM). ECKARDT konnte zeigen, daß bei *Phytolacca acinosa* die Samenanlage aus der Querzone des Carpells hervorgeht, also einwandfrei blattbürtig ist. Das gleiche trifft für *Hilleria latifolia* u. a. zu. Von einer Achsenbürtigkeit der Samenanlagen kann hier also keine Rede sein. — Auf eine sorgfältige Darstellung der Placentationsverhältnisse bei den Cucurbitaceen durch PURI (2) sei hingewiesen.

Einige Beobachtungen über die Gestaltung der Carpellspitzen bringt LEINFELLNER (1). Transversale Abflachungen dieser Spitzen können im einfachsten Fall durch Ausbreitung der sonst bogenförmig eingefalteten Carpellspreite entstehen. Häufiger jedoch kommt es auf der Fruchtblattunterseite zu einer Flügelbildung, oder der Carpellrücken allein erfährt eine starke Verbreiterung. Diese Fälle sind in Abb. 31 zusammengestellt. Andererseits aber gibt es auch Fruchtblätter, die über eine radiär gebaute Spitze verfügen. Beispiele liefern dafür nach BAUM-LEINFELLNER etwa *Armeria juniperifolia*, *Linum bulgaricum, Passiflora suberosa* u. a. Die Ausbildung und Lokalisation der Narbenpapillen ist von der Form der Spitzenregion unabhängig.

VI. Frucht und Samen.

Ein besonderes Anliegen mancher Fruchtmorphologen scheint die Bildung neuer Termini zu sein. Dagegen ist nichts einzuwenden, wenn diese treffend sind und wirklich zur Klärung bestimmter Bau- oder auch Verbreitungseigentümlichkeiten beitragen. Wenn sie aber geeignet sind, Verwirrung zu stiften, haben sie keine Daseinsberechtigung. Begriffe wie ,,Spiralbälgchenfrüchte", ,,Spiralkapseln" oder Diminutive wie ,,Fruchtknötchen", ,,Stempelchen" und ,,Närbchen", die BAUMANN-BODENHEIM einführen möchte, bieten dem Verständnis fruchtmorphologischer Fragen wohl kaum wesentliche Erleichterung. So wird auch der Wert des Fruchtsystems, das dieser Autor vorlegt, ohne sich im übrigen auf die wohldurchdachten Systeme anderer Forscher zu beziehen, von vornherein in Frage gestellt.

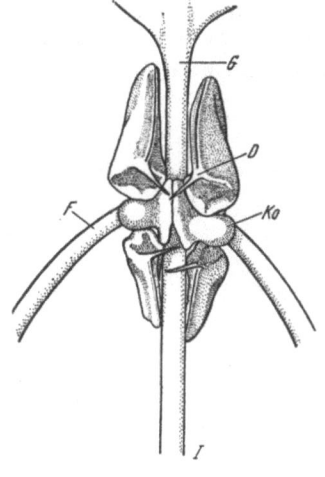

Verschiedene Arbeiten beschäftigen sich mit der histogenetischen Differenzierung des Carpellgewebes von den jüngsten Stadien an bis zum reifen Pericarp.

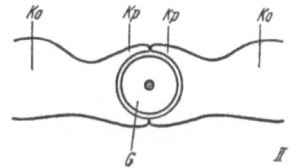

Abb. 30. *Incarvillea variabilis*. I Vorderes Antherenpaar; II Schematischer Querschnitt durch die Konnektivregion zweier benachbarter Antheren. *F* Filament; *Ko* Konnektiv; *Kp* petaloide Verbreiterung des Konnektivs; *D* Thekendorn; *G* Griffel. Nach TRAPP.

Sie bringen zahlreiche anatomische Details und können hier nur genannt werden, so die Ausführungen STERLINGs (1) über die Fruchtbildung von *Prunus domestica* oder die eingehenden Untersuchungen REEVEs (1), (2) an *Rubus strigosus*. Fruchtanatomische Beschreibungen liegen weiter für *Spartina* (VAN SCHREVEN), *Anona* [SCHROEDER (1)], die mexikanische Rutacee *Casimiroa edulis* [SCHROEDER (2)], *Gossypium hirsutum* (COENE) und *Acalypha indica* (JOHRI u. KAPIL) vor.

Das bei einer Reihe von Kapselfrüchten mit ringförmiger Dehiszenz (*Portulaca*-Arten, *Anagallis, Celosia* u. a.) angelegte Trennungsgewebe besteht meist aus kleinen dünnwandigen Zellen, die sich in der Regel gegen die angrenzenden dickwandigeren Schichten deutlich abheben. SUBRAMANYAM u. RAJU, die solche Früchte näher untersucht haben, weisen darauf hin, daß für den Öffnungsvorgang auch der Druck der heranwachsenden Samen eine Rolle zu spielen scheint. Nur wenig beachtet war bisher das Vorkommen von Periderm an Pericarpien. MEISSNER hat daraufhin die Früchte verschiedener *Aesculus*-Arten sowie diejenigen von *Cucumis melo* studiert. Danach setzt bei *Aesculus* die Korkbildung im allgemeinen spontan in der subepidermalen Zellschicht ein und führt zu einem Aufreißen des peripheren Gewebes. Anders bei *Cucumis*. Hier ist primär ein stellenweises Aufplatzen der Epidermis und der äußersten Parenchymschichten zu beobachten, das zur Ursache für die

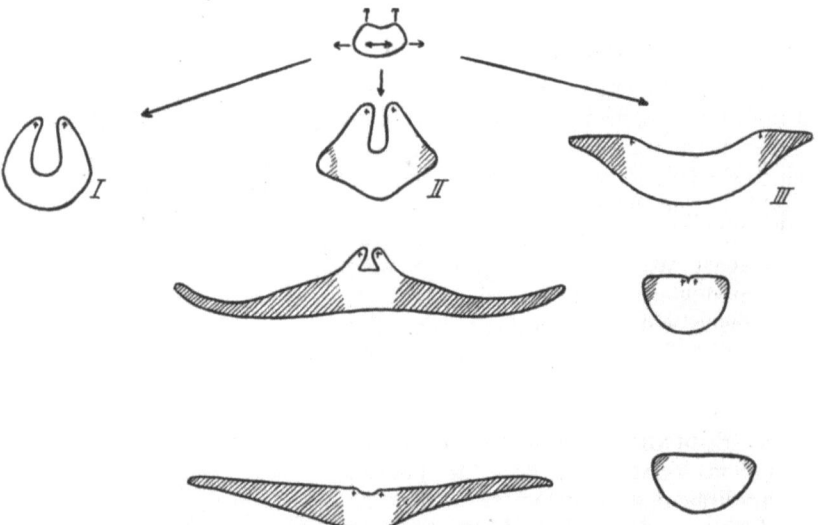

Abb. 31. Übersicht über die verschiedenen Wachstumsmöglichkeiten einer Carpellspitze. Die von der morphologischen Unterseite ausgebildeten Flügel und Leisten sind schraffiert dargestellt, die Lage des echten Carpellrandes ist durch Kreuze gekennzeichnet. Nach LEINFELLNER (1).

Korkentstehung in den verletzten Bereichen wird. So ist es zu verstehen, daß die Melonenfrüchte schließlich von einem Korknetz überzogen sind und nicht von einem mehr oder weniger geschlossenen Peridermmantel, wie es für *Aesculus* zutrifft. Für *Aesculus hippocastanum* konnte MEISSNER einen fördernden Einfluß des Lichtes auf die Korkbildung nachweisen.

Ein beachtenswertes Ergebnis zweier eingehender Arbeiten, die die histogenetische Differenzierung der einzelnen Gewebeschichten der Samenschale klären, ist der Befund, daß allein das äußere Integument am Aufbau der späteren Testa beteiligt ist. Dies teilen sowohl SINGH für die Samen der Cucurbitaceen als auch STERLING (2) für die Samen von *Phaseolus lunatus* mit. In beiden Fällen degeneriert das innere Integument und ist schließlich nicht mehr nachweisbar. Eine vergleichende Betrachtung der hypodermalen „Trägerschicht" in der Testa einer Reihe von Leguminosensamen stammt von ROWSON.

Eine Studie von BACH über die Heterocarpie bei *Calendula* soll in einem der nächsten Bände in Zusammenhang mit einer bisher noch nicht veröffentlichten Arbeit von POMPLITZ über den gleichen Gegenstand behandelt werden.

Literatur.

ABBE, E. C., u. O. L. STEIN: Amer. J. Bot. **41**, 285 (1954). — ARNEY, S. E.: Ann. of Bot., N. S. **18**, 350 (1954). — ARZEE, T.: (1) Amer. J. Bot. **40**, 680 (1953). — (2) Ebenda **40**, 745 (1953).
BACH, H.: Flora (Jena) **140**, 326 (1953). — BAKSHI, T. S., u. S. L. CHHAJLANI: Phytomorphology **4**, 434 (1954). — BANNAN, M. W.: (1) Canad. J. Bot. **32**, 285 (1954). — (2) Ebenda **32**, 466 (1954). — BAUM-LEINFELLNER, H.: Planta (Berl.) **42**, 452 (1953). — BAUMANN-BODENHEIM, M. G.: Ber. schweiz. bot. Ges. **64**, 94 (1954). — BERKELEY, E.: J. Elisha Mitchell Sci. Soc. **69**, 185 (1953). — BIERHORST, D. W.: Amer. J. Bot. **41**, 732 (1954). — BIRAND, H.: Ankara Univ. Fen Fakült. Mecmuasi **3**, 209 (1950). — BLASER, J. LEC.: Amer. J. Bot. **41**, 533 (1954). — BOKE, N. H.: Amer. J. Bot. **41**, 619 (1954). — BONNETT, O. T.: Science (Lancaster, Pa.) **120**, 77 (1954). — BUGNON, F.: (1) 77. Congrès Soc. savantes **1952**, 279. — (2) Bullet. scientif. Bourgogne **14**, 129 (1952/53). — (3) Public. Univ. Dijon **11** (1953). — (4) Le Monde des Plantes (Toulouse) **46**, Nr. 276/77, 18. — BUGNON, P., u. F. BUGNON: Public. Univ. Dijon **1953**, 109. — BURKART, A., u. M. N. CARERA: Darwinia (Buenos Aires) **10**, 113 (1953). — BUXBAUM, F.: (1) Abbey Garden Press (Pasadena) **1953**, 91. — (2) Österr. bot. Z. **101**, 337 (1954).
CARLSON, M. C.: Amer. J. Bot. **40**, 233 (1953). — CATESSON, A.-M.: Ann. Sci. natur. Bot., Sèr. 11 **14**, 253 (1953). — CLOWES, F. A.: (1) New Phytologist **53**, 108 (1954). — (2) Ebenda **53**, 525 (1954). — COENE, R. DE: Cellule **53**, 135 (1950). — COHEN, L. I.: Amer. J. Bot. **41**, 840 (1954). — CUSICK, F.: Ann. of Bot. N. S. **18**, 171. — CZAJA, A. TH.: Ber. dtsch. bot. Ges. **66**, 211 (1953).
DELOSME, J.: Public. Univ. Dijon **1953**, 135. — DEUTSCHMANN, F.: Ber. dtsch. bot. Ges. **67**, 381 (1954). — DUBOUCHET, J.: Public. Univ. Dijon **1952**, 53.
ECKARDT, TH.: Ber. dtsch. bot. Ges. **67**, 113 (1954). — ESAU, K.: Biol. Reviews **29**, 46 (1954). — ESCHRICH, W.: Planta (Berl.) **43**, 37 (1953).
FAHN, A.: (1) Phytomorphology **3**, 424 (1953). — (2) Kew Bulletin **1953**, 299. — (3) New Phytologist **53**, 530 (1954). — (4) Palestine J. Bot. **6**, 1. — FLORIN, R., u. J. B. BOUTELJE: Acta Horti Bergiani **17**, 7 (1954).
GÄNSHIRT, H.: Z. Bot. **42**, 167 (1954). — GAUTHIER, R.: Contributions Inst. bot. Univ. Montréal **66**, 1 (1950). — GIFFORD jr., E. M.: Bot. Review **20**, 477 (1954). — GIROLAMI, G.: Amer. J. Bot. **41**, 264 (1954). — GUTTENBERG, H. v., H.-R. HEYDEL u. H. PANKOW: (1) Flora (Jena) **141**, 298 (1954). — (2) Ebenda **141**, 476 (1954).
HACCIUS, B.: Österr. bot. Z. **101**, 285 (1954). — HAIDER, K.: Planta (Berl.) **44**, 370 (1954). — HALL, B.: Amer. J. Bot. **41**, 529 (1954). — HELM, J.: Flora (Jena) **140**, 288 (1953). — HEIDENHAIN, B.: Abh. Akad. Wiss. u. Lit. Mainz, Math.-naturwiss. Kl. **1952**, 621. — HUBER, B., u. CHR. ROUSCHAL: Mikrophotographischer Atlas mediterraner Hölzer. Berlin-Grunewald 1954.
JACOBSEN, H.: Handbuch der sukkulenten Pflanzen, Bd. 1: Abromeitiella bis Euphorbia. Bd. 2: Fockea bis Zygophyllum. Jena 1954. — JOHRI, B. M., u. R. N. KAPIL: Phytomorphology **3**, 137 (1953).
KANDELER, R.: Bot. Jb. **75**, 498 (1952). — KAUSSMANN, B.: Wiss. Z. Univ. Rostock, Math.-naturwiss. Reihe **3**, 231 (1954). — KHAN, R.: Phytomorphology **4**, 80 (1954).
LABER, I.: Protoplasma **43**, 90 (1954). — LANCE, A.: (1) C. r. Acad. Sci. (Paris) **238**, 1442 (1954). — (2) Ebenda **238**, 2437 (1954). — (3) Ebenda **239**, 80 (1954). — LAUBENFELS, D. J. DE: Phytomorphology **3**, (1953). — LEDIN, R. B.: Amer. J. Bot. **41**, 11 (1954). — LEINFELLNER, W.: (1) Österr. bot. Z. **99**, 455 (1952). — (2) Ebenda **101**, 315 (1954). — (3) Ebenda **101**, 373 (1954). — (4) Ebenda **101**, 428 (1954). — (5) Ebenda **101**, 558 (1954). — (6) Ebenda **101**, 586 (1954). — LEMESLE, R.: Phytomorphology **3**, 430 (1953). — LEMESLE, R., u. Y. PICHARD: Rev. gén. Bot. **61**, 69 (1954). — LINNEMANN, G.: Ber. dtsch. bot. Ges. **66**, 37 (1953). — LOISEAU, J.-E.: (1) C. r. Acad. Sci. (Paris) **238**, 85 (1954). — (2) Ebenda **238**, 1259 (1954). — LUHAN, M.: (1) Sitzgsber. österr. Akad. Wiss., Math.-naturwiss. Kl., Abt. I **163**, 89 (1954). — (2) Ber. dtsch. bot. Ges. **67**, 346 (1954).
MAHESHWARI, J. K.: Phytomorphology **4**, 208 (1954). — MEISSNER, F.: Österr. bot. Z. **99**, 606 (1952). — MENZIES, B. P.: Phytomorphology **4**, 397 (1954). —

MERTENS, TH. R., u. A. B. BURDICK: Amer. J. Bot. **41**, 726 (1954). — Moss, E. H., u. A. L. GORHAM: Phytomorphology **3**, 285 (1953). — MÜLLER, L.: Österr. bot. Z. **101**, 221 (1954). — MURTY, S.: J. Indian Bot. Soc. **32**, 108 (1953). — NELSON, E.: Gesetzmäßigkeiten der Gestaltwandlung im Blütenbereich. Ihre Bedeutung für das Problem der Evolution. Chernex-Montreux 1954. — NICKERSON, N. H.: Amer. J. Bot. **41**, 87 (1954). — NOZERAN, R.: (1) Rec. Trav. Lab. Bot., Geol. et Zool. Montpellier, Sér. Bot. **5**, 54 (1952). — (2) Ebenda **6**, 99 (1953).

OGURA, Y.: (1) Phytomorphology **2**, 113 (1952). — (2) J. Facult. Sci. Univ. Tokyo, Sect. III, Botany **6**, 135 (1953).

PALSER, B. F.: Phytomorphology **4**, 335 (1954). — PARÈS, Y.: Rec. Trav. Labor. Bot., Geol. et Zool. Montpellier, Sér. Bot. **6**, 115 (1953). — PARÈS, Y., u. J. RUAT: Ebenda **6**, 127 (1953). — PETERSEN, E.: Bull. Torrey Bot. Club **80**, 365 (1953). — PHILIPSON, W. R.: (1) Phytomorphology **3**, 391 (1953). — (2) Ebenda **4**, 70 (1954). — PHILLIPS, M. E.: New Phytologist **53**, 312 (1954). — PHILPOTT, J.: Bot. Gaz. **115**, 15 (1953). — PRAY, TH. R.: Amer. J. Bot. **41**, 663 (1954). — PURI, V.: (1) Phytomorphology **2**, 122 (1952). — (2) Ebenda **4**, 278 (1954).

RAO, V. S., H. KARNIK u. K. GUPTE: J. Indian Bot. Soc. **33**, 118 (1954). — RAO, V. S., u. K. B. SIRDESHMUKH: New Phytologist **53**, 140 (1954). — RATHFELDER, O.: Flora (Jena) **141**, 379 (1954). — RAUH, W.: Ber. dtsch. bot. Ges. **66**, 279 (1953). — RAUH, W., u. F. RAPPERT: Planta (Berl.) **43**, 325 (1954). — REEVE, R. M.: (1) Amer. J. Bot. **41**, 152 (1954). — (2) Ebenda **41**, 173 (1954). — RESCH, A.: Planta (Berl.) **44**, 75 (1954). — ROBERTSON, M., u. C. A. WOOD: J. Horticult. Sci. **29**, 231 (1954). — ROTH, I.: Planta (Berl.) **43**, 361 (1954). — ROTH, I., u. G. FAST: Planta (Berl.) **44**, 543 (1954). — ROWSON, J. M.: Roy. Microsc. Soc., Ser. 3, **72**, 46 (1952).

SACHER, J. A.: Amer. J. Bot. **41**, 749 (1954). — SAMANTARAI, B., u. T. KABI: Phytomorphology **4**, 446 (1954). — SCHITTENGRUBER, B.: (1) Österr. bot. Z. **100**, 652 (1953). — (2) Phyton (Horn, N.-Ö.) **5**, 128 (1953). — (3) Protoplasma **43**, 115 (1954). — SCHLITTLER, J.: Feddes Repert. **55**, 154 (1953). — SCHREVEN, A. C. VAN: Proc. Kon. Ned. Akad. v. Wetensch., Ser. C **55**, 150 (1952). — SCHROEDER, C. A.: (1) Bot. Gaz. **112**, 436 (1951). — (2) Ebenda **115**, 248 (1954). — SCHWERDTFEGER, G.: Ber. dtsch. bot. Ges. **67**, 248 (1954). — SEELIGER, I.: Flora (Jena) **141**, 114 (1954). — SHARMA, M. R.: Phytomorphology **4**, 201 (1954). — SHARMA, P. H.: J. Indian Bot. Soc. **33**, 98 (1954). — SINGH, B.: Phytomorphology **3**, 224 (1953). — SNOW, R.: New Phytologist **53**, 99 (1954). — SOHNS, R. E.: J. Wash. Acad. Sci. **44**, 116 (1954). — STANT, M. Y.: Ann. of Bot., N. S. **18**, 41 (1954). — STERLING, C.: (1) Bull. Torrey Bot. Club **80**, 457 (1953). — (2) Ebenda **81**, 271 (1954). — STOPP, K.: Österr. bot. Z. **101**, 5 (1954). — STRAUB, J.: Ber. dtsch. bot. Ges. **66**, 312 (1953). — STREITBERG, H.: Flora (Jena) **141**, 567 (1954). — SUBRAMANYAM, K., u. M. V. S. RAJU: Amer. J. Bot. **40**, 571 (1953).

THIELKE, CH.: Planta (Berl.) **44**, 18 (1954). — TRAPP, A.: Österr. bot. Z. **101**, 208 (1954). — TROLL, W.: (1) Abh. Akad. Wiss. u. Lit. Mainz, Math.-naturwiss. Kl. **1950**, 373. — (2) Ebenda **1951**, 25. — (3) Akad. Wiss. u. Lit. Mainz, Jb. **1953**, 39. — (4) Neue Hefte z. Morphologie, H. 1. Weimar 1954. — TROLL, W., u. H. DIETZ: Österr. bot. Z. **101**, 165 (1954). — TROLL, W., u. B. HEIDENHAIN: (1) Abh. Akad. Wiss. u. Lit. Mainz, Math.-naturwiss. Kl. **1951**, 141. — (2) Ber. dtsch. bot. Ges. **65**, 377 (1953). — TROLL, W., u. A. MEISTER: Abh. Akad. Wiss. u. Lit. Mainz, Math.-naturwiss. Kl. **1952**, 87.

VENTURA, M.: (1) Ann. di Bst. **23**, H. 3 (1951). — (2) Ebenda **24**, H. 1 (1952). — VOGEL, ST.: Bot. Studien (Jena) **1954**, H. 1.

WARDLAW, C. W.: Ann. of Bot., N. S. **18**, 397 (1954). — WEBER, H.: (1) Planta (Berl.) **41**, 311 (1953). — (2) Pharmazie **9**, 256 (1954). — (3) Abh. Akad. Wiss. u. Lit. Mainz, Math.-naturwiss. Kl. **1954**, 211. — (4) Umschau **1955**, 273. — WETTER, R. u. C.: Flora (Jena) **141**, 598 (1954). — WHITE, D. J. B.: (1) Ann. of Bot., N. S. **18**, 327 (1954). — (2) Ebenda **18**, 337 (1954). — WIDMOYER, F. B.: Bull. Torrey Bot. Club **81**, 123 (1954). — WILLIAMS, C.: Amer. J. Bot. **41**, 104 (1954). — WYLIE, R. B.: Amer. J. Bot. **41**, 186 (1954).

YLI-VAKKURI, P.: Acta forest. fenn. **60**, 7 u. dtsch. Zus.fassg. 103 (1954).

3. Entwicklungsgeschichte und Fortpflanzung.

Von KURT STEFFEN, Marburg a. d. Lahn.

Mit 9 Abbildungen.

I. Allgemeine Entwicklungsgeschichte.

1. Variabilität von Algen bei Reinkultur. Die Notwendigkeit, die Algensystematik auf Grund von Reinkulturen zu betreiben, ist wiederholt betont worden (vgl. Fortschr. Bot. **16**, 61). Jedoch unterliegen die Algen auch in solchen Kulturen starken modifikativen Beeinflussungen. Abgesehen von den Wachstumsschwankungen bei diskontinuierlicher Beleuchtung (z. B. bei *Chlorella* (MEFFERT 1954) und bei *Hydrodictyon* (PIRSON, SCHÖN u. DÖRING 1954) können Form und Färbung der Algen durch das Kulturmedium, durch die Temperatur und die Beleuchtung beeinflußt werden. *Scenedesmus* bildet z.B. bei gesteigerter Nährlösungs- und Salzkonzentration isolierte, zum Teil runde Zellen (SCHRÖDER 1954). Durch Zugabe von Salzen läßt sich der Zerfall der fadenbildenden Grünalge: *Stichococcus bacillaris* in Einzelzellen, der sonst bei alternden Organismen auftritt, durch Quellungseffekte beschleunigen oder hindern (SCHRÖDER 1954). Durch den Eisengehalt des Nährmediums lassen sich die Ornamentik der *Trachelomonas*-Hüllen und durch Mangan deren Färbung beeinflussen [PRINGSHEIM 1953 (2)]. Die Zellgröße von *Scenedesmus obliquus* ist von der Temperatur der Kulturlösung abhängig (MARGALEFF 1954). Der Längen/Breiten-Quotient ändert sich mit dem Alter des Individuums, durch Dauerbeleuchtung und durch Zusatz von IES. Die Geißeln von *Chlamydomonas moewusii* verkürzen sich bei dunkel gehaltenen Agarkulturen auf ein Sechstel und verlängern sich wieder bei Belichtung, besonders schnell bei Wasserzufuhr (R. A. LEWIN 1953). Ob und wie weit die Sichtbarkeit der Pyrenoide durch Kultureinflüsse oder rhythmisch verändert wird, wäre nach Ansicht des Referenten zu prüfen. — Die hier als Beispiele genannten Modifikationen können unter Umständen bei unsachgemäß angesetzter Reinkultur die Diagnose und die taxonomische Arbeit erschweren.

2. Systematik der Chlorophyceen. Es wird fortlaufend schwieriger distinkte Ordnungen für die beweglichen, palmelloiden und coccoiden Grünalgen aufrechtzuerhalten. Die gezogenen Grenzen stehen nicht immer im Einklang mit den Verwandtschaftsverhältnissen, sie sind aber zunächst aus praktischen Erwägungen beizubehalten.

Die Ordnung *Ulvales* wird aufgegeben und ohne Widerspruch als Familie in die *Ulotrichales* eingereiht [CHAPMAN 1954 (2), FRITSCH 1954 (1), PAPENFUSS 1954]. Die Ordnung der *Ulotrichales* umfaßt nach CHAPMAN die fünf folgenden Familien: *Ulotrichaceae, Monostromaceae,*

Capsosiphonaceae, Ulvaceae und *Prasiolaceae*. Ob die Einordnung der *Prasiolaceae* berechtigt ist, wird sich erst zeigen, wenn mehr über den Entwicklungsgang dieser Formen bekannt ist [FRITSCH 1954 (1)]. Bei der Ulvaceengattung *Letterstedtia* sind CHAPMAN und PAPENFUSS gegenteiliger Auffassung, ersterer möchte die Gattung beibehalten, letzterer sie in die Gattung *Ulva* einbeziehen. Die vermutlichen Verwandtschaftsbeziehungen innerhalb der Ulvaceen hat CHAPMAN [1954 (2)] in einem übersichtlichen Schema (Abb. 32) zusammengestellt.

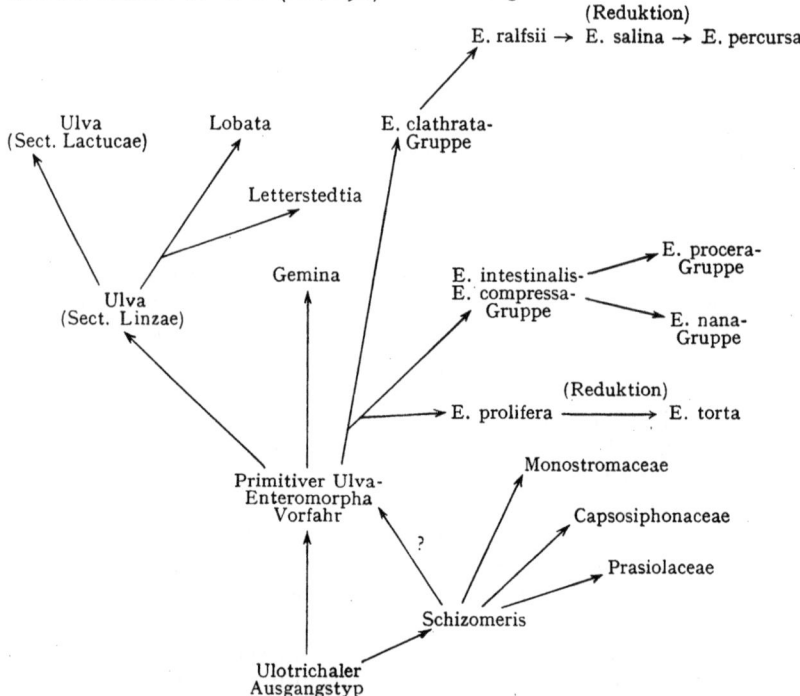

Abb. 32. Diagramm der Verwandtschaftsbeziehungen innerhalb der *Ulvaceae* und der vermutlichen Beziehung der *Ulvaceae* zu den *Prasiolaceae* und den *Capsosiphoneae*. Nach CHAPMAN [1954 (2)].

Wegen der Berechtigung der Ordnung *Siphonocladales* besteht eine Kontroverse zwischen FRITSCH [1954 (1)] und CHAPMAN [1954 (1), (2)], übrigens die einzige ernsthafte und weittragende Kontroverse in der Taxonomie der Chlorophyceen. FRITSCH spaltet sie in die *Cladophorales* und die septierten *Siphonales* auf, während CHAPMAN [1954 (1), (2)] die alte Ordnung wegen der bei allen Formen vorkommenden Primärblase (im Gegensatz zu EGEROD 1952 u. BOERGERSEN 1948) aufrecht erhalten möchte. CHAPMAN stützt sich dabei auf zum Teil noch unveröffentliche Untersuchungen an den marinen Chlorophyceen Neuseelands. Beide Autoren stimmen darin überein, daß die Cladophoraceen enge Beziehungen zu den *Ulotrichales* haben. CHAPMAN [1954 (1)] faßt folgende fünf Familien: *Cladophoraceae*, *Anadyomenaceae*, *Boodleaceae*, *Siphonocladaceae* und *Valoniaceae* in der Ordnung *Siphonocladales* zusammen. Die *Dasycladaceae* werden wegen ihrer scheibenförmigen

Plastiden, dem einkernigen vegetativen Thallus und der Cystenbildung in Übereinstimmung mit FELDMANN (1938, 1954) und EGEROD (1952) aus den *Siphonocladales* ausgeschlossen und als eigene Ordnung geführt. Die *Cladophoraceae* bleiben nach CHAPMAN als Familie erhalten. CHADEFAUD (1954) möchte die Plastidenform bei der systematischen Einteilung berücksichtigt wissen, und FELDMANN [1954 (2)] benutzt sie für eine erste Unterteilung der *Siphonales* in Formen mit einem einzigen Plastidentyp (*Derbesiales, Codiales*) und in Formen, die Chloro- und Leukoplasten besitzen (*Caulerpales, Dichotomosiphonales*). FRITSCH [1954 (1)] warnt vor einer Überschätzung des systematischen Wertes der Pigmente (z. B. beim Versuch *Vaucheria* zu den Heterokonten zu stellen).

Die Ableitung der Landpflanzen von den Algen ist nur über heterotriche Formen möglich, die einen dem Substrat anliegenden und einen aufrechten Thallus besitzen [FRITSCH 1954 (2)]. Zu diesen Formen gehören unter den Chlorophyceen: *Stigeoclonium, Trentepohlia, Draparnaldia, Draparnaldiopsis* und *Fritschiella*. Die beiden letzten, höchst entwickelten Formen zeigen Isogamie und isomorphen Generationswechsel, beides möchte FRITSCH auch für die primitiven Landpflanzen postulieren.

3. Normales und abnormes Wachstum der Protonemata und Prothallien. In letzter Zeit wurden häufiger Wuchsanomalien an Protonemata und Prothallien beschrieben und auch zu induzieren versucht. Meist handelt es sich dabei entweder um Versuche die Zellpolarität zu stören oder aufzuheben oder um Experimente, die die Ausbildung von Antheridien und Archegonien beeinflussen sollen.

Protonema: Bei der Keimung der foliosen Jungermaniaceen lassen sich zehn wohl definierte Wuchstypen unterscheiden, die sich gewöhnlich nicht überschneiden [FULFORD 1954 (2)]. Sie lassen sich nach folgenden Gesichtspunkten charakterisieren: nach dem Teilungsmodus (Teilung erst nach Auskeimen der Spore oder bereits in ihr), der Wuchsform des Protonemas (Zellfaden, Zellhaufen, Zellfläche und Zellkörper) und nach dem Vorhandensein oder Fehlen von Rhizoiden. Durch Außenfaktoren wie Licht, Feuchtigkeit, Temperatur und Nährstoffgehalt des Mediums lassen sich die Protonemata modifizieren, jedoch scheint in manchen Gattungen der Teilungsmodus weniger fixiert zu sein (*Lophocolea, Chiloscyphus*), so daß leichter und durch geringe Außeneinflüsse bedingt statt der Fadenform ungeordnete Zellhaufen entstehen. Ähnliche unregelmäßige Zellhaufen aus undifferenzierten Zellen konnte z. B. VON WETTSTEIN (1953) bei *Funaria* durch Vitamin B_1- und Chloralhydratgaben infolge Aufhebung der Zellpolarität erzeugen.

Bei der Keimung der Laubmoossporen (KACHROO 1954) entsteht bei *Funaria* zunächst ein Protonema mit meist kurzen, chloroplastenreichen Zellen und senkrechten Querwänden (Chloronema), das nach einiger Zeit in ein sich verzweigendes System von langgestreckten Zellen mit brauner Zellmembran, schräg gestellten Querwänden und relativ wenig Chloroplasten übergeht (Caulonema SIRONVAL 1947 = Protonemarhizoide BOPP

1952). Die Ausbildung des Caulonemas [1. Differenzierungsschritt BOPP 1954 (4)] ist nur möglich in Zusammenhang mit einem größeren Gewebekomplex [BOPP 1954 (3)]; isoliert man Caulonemazellen, so nehmen sie Charakter und Teilungsmodus von Chloronemazellen an. Protonemaregenerate aus Moospflänzchen [SIRONVAL 1952, BOPP 1954 (3), KACHROO 1954] bestehen stets aus Caulonema. Die Caulonemaform ist die Voraussetzung für die Bildung der Moospflänzchen, zieht diese aber nicht zwangsläufig nach sich. Der zweite Differenzierungsschritt (Knospenbildung) läßt sich durch Heteroauxin-Überangebot im Medium blockieren (BOPP 1953, HUREL-PY 1953).

Ein von diesem Schema völlig abweichendes Verhalten zeigt das Protonema von *Orthodontium germanicum*, das vor der Ausbildung von Moospflanzen Blätter am Protonema entwickelt, die mit zweischneidiger Scheitelzelle wachsen (MEYER 1954). Diese äußerst seltene Erscheinung verdient weitere Beachtung.

Prothallium: Störungen der Zellpolarität konnten durch Maleinhydrazid bei dem Farn *Gymnogramme calomelanos* induziert werden [J. SOSSOUNTZOV 1953 (2)]. Statt normaler Prothallien entstanden formlose, aus fast kugeligen Zellen aufgebaute Gebilde. Abnorm fädige Prothallien von *Pteridium aquilinum var. latiussculum* wurden von SUSSEX u. STEEVES (1953) beschrieben. Die Prothallien sind ungeformte Massen, deren Chromosomenzahl sich im Laufe der Passagen vermehrt (Ausgang haploid, nach 4 Passagen diploid, nach 12—14 Passagen aneuploid mit Tendenz zur Tetraploidie).

Die Antheridienentwicklung läßt sich beeinflussen, wenn das Nitrat in der KNOPschen Nährlösung durch Aminosäuren (Glykokoll, Leucin, Serin, Alanin, Valin) ersetzt wird. Es entstehen dann bei *Gymnogramme calomelanos* bevorzugt fadenförmige Prothallien, und die adventive Bildung von fadenförmigen Prothallien aus herzförmigen wird gefördert [J. SOSSOUNTZOV 1953 (1), 1954 (1), (2)]. Die Antheridienentwicklung wird gehemmt, die Zahl der Archegonien vermehrt. Eine direkte Hemmwirkung auf die Antheridenentwicklung scheint auch 2,3,5-Trijod Benzoesäure auszuüben (DÖPP 1955). Nitrit-Ionen fördern wahrscheinlich über eine Stoffwechselanregung das Längenwachstum der fadenförmigen Prothallien (L. SOSSOUNTZOV 1954). Glykokoll reduziert die Prothalliengröße [J. SOSSOUNTZOV 1953 (1)], Maleinhydrazid hindert das Flächenwachstum [J. SOSSOUNTZOV 1953 (3)] und unterdrückt (wahrscheinlich als Sekundärerscheinung infolge mangelnder Prothallienausbildung) die Archegonienbildung und bei gesteigerter Konzentration auch die Antheridienentwicklung. — Wachstumsstörungen und Chlorophyllschwund unter Plastidenverkleinerung treten bei Zusatz von mehr als 10^{-3} Dihydrostreptomycin an den Prothallienkulturen von *Gymnogramme calomelanos* auf (SIGNOL 1954).

Diese experimentellen Untersuchungen haben, auch wenn sie in ihren Ergebnissen entwicklungsgeschichtlich noch nicht zu deuten sind, den Wert, daß bisher beschriebene Wuchsanomalien zum Teil auf Ernährungs- oder Wuchsstoffeinflüsse zurückgeführt werden können. Sie sind deswegen von Interesse, weil sie zuweilen gestatten dieselben

Formveränderungen hervorzurufen, wie sie z. B. bei experimentell erzeugten Mutationen auftreten (REVONSUO 1953). Vielleicht lassen sich auf diesem Wege einmal Einblicke in das Mutationsgeschehen gewinnen.

4. Gegenseitige Beeinflussung von Gametophyt und Sporophyt bei den Archegoniaten. Bei der Sporogonentwicklung der Laubmoose scheinen zwei Regulationssysteme wirksam zu sein. Das eine dürfte vom Gametophyten ausgehen und eine zu frühzeitige Kapseldifferenzierung verhindern, das zweite besteht in einer wuchsstoffantagonistischen Wirkung zwischen Calyptra und Sporogon [BOPP 1954 (1), (2)]. Die Calyptra scheint die Korrelation zwischen einer geordneten Kapsel- und Setaentwicklung zu regulieren. Die Bildung der Apophyse wird so lange gehemmt bis die innere Differenzierung der Kapsel so weit fortgeschritten ist, daß eine normale Kapsel gebildet werden kann. Bei einer zu frühzeitigen Calyptraentfernung erfolgt nämlich eine Setaanschwellung auf Kosten der Kapseldifferenzierung. Die Calyptra übt außerdem noch einen hemmenden Einfluß auf die Kapselentwicklung aus [LOWRY 1954 (2)], der jedoch mit Alter und Größe des Sporogons (wahrscheinlich durch Erschöpfung des Calyptrahemmstoffes) abnimmt [BOPP 1954 (1), (2)]. Aus den Versuchen von LOWRY [1954 (2)] scheint übrigens hervorzugehen, daß bei Regenerationsversuchen die Calyptra einen stimulierenden Einfluß auf die Protonemabildung aus der Seta ausübt.

Nach den Versuchen von WARD u. WETMORE (1954) an *Phlebodium aureum* dürften formative Einflüsse von der Archegonienwand und der aus ihr entstandenen Calyptra ausgehen und die Entwicklung des jungen Farnsporophyten beeinflussen. Unterbricht man durch einen Einschnitt die Verbindung zwischen Prothalliumscheitel und Archegonium und damit den Wuchsstoffstrom (ALBAUM 1938), so entwickelt sich der Embryo langsamer. Trägt man die Archegoniumhalszellen durch einen prothalliumparallelen Schnitt ab, isoliert durch in der Ebene der Archegonienwand geführte Schnitte das Archegonium partiell und hindert es dadurch durch perikline Teilungen die sog. Calyptra zu bilden, so wird die gesetzmäßige Teilung im Embryo aufgegeben. Normalerweise wird die Eizelle 5 Tage nach der Befruchtung durch eine Längswand (parallel zum Archegoniumhals) geteilt und dann durch rechtwinklig auftreffende Wände zu Quadranten geviertelt. Die Ausbildung der Oktanten erfolgt ohne bestimmte Teilungsregel und ohne daß bestimmte Beziehungen zwischen dem Oktanten und dem Embryoorgan bestehen [WARD 1954 (2)]. Fällt die Beeinflussung durch die Archegonwand fort, so entsteht statt des Embryos ein kleinzelliger Procormus, der die potentielle Fähigkeit hat, alle Organe, wenn auch verzögert (Wurzeln nach 60 Tagen!) zu bilden. Leider wird bei diesen Versuchen die Möglichkeit einer Beteiligung von Wundhormonen ganz außer Acht gelassen. Das ist um so bedauerlicher, als die entwicklungsgeschichtlichen Voruntersuchungen für die Experimente, nämlich die Befruchtung [WARD 1954 (1)] und die frühe Embryoentwicklung [WARD 1954 (2)] mit großer Sorgfalt ausgeführt wurden. — Ein beiläufig sich ergebendes Resultat ist von allgemeinem Interesse: der Fuß oder das Haustorium scheint ein wenig differenziertes Organ zu sein, das noch alle Potenzen in sich vereinigt. So können z. B. beim Absterben des Procormus der Achsenvegetationspunkt und die Blätter aus dem Fuß regeneriert werden.

5. Spermatozoiden. a) Form, Differenzierungsgrad und Phylogenie. Die pflanzlichen Spermatozoiden bestehen in ihrer höchsten

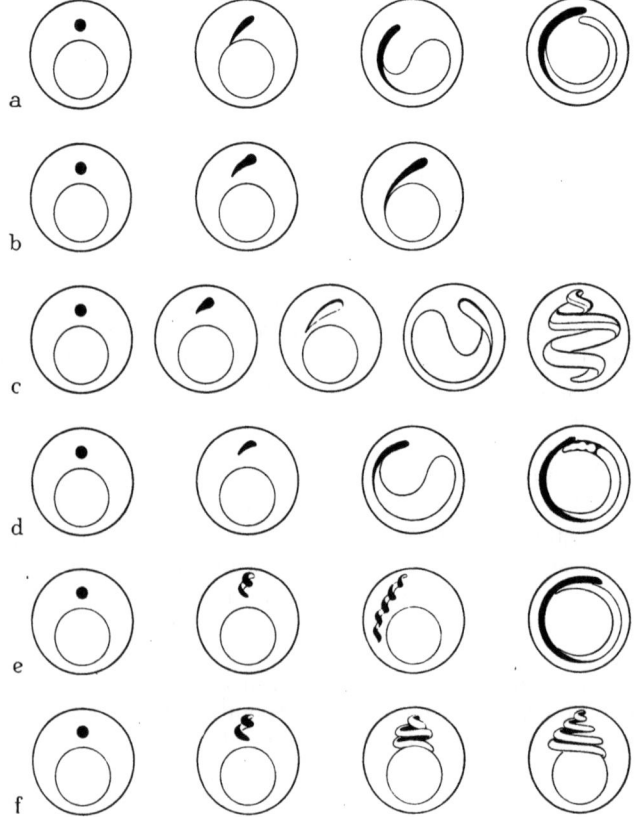

Abb. 33 a—f. Schematische Darstellung der Spermatozoidentwicklung nach YUASA [1954 (1)]. Großer Kreis: Spermatidzelle, kleiner Kreis: deren Kern, kleinerer, dunkler Kreis: Blepharoplast. a *Hepaticae*; b *Musci*: c *Eufilicinae*; d *Selaginella*; e *Chara*; f *Ginkgo*.

Komplikationsstufe (z. B. bei den *Filicinae*) aus dem Kern, dem Geißelträger („Stamm" nach MÜHLDORF), den Geißeln und der Cytoplasmablase. Der Geißelträger ist differenziert in das Geißelband, von dem die Geißeln entspringen („cilia bearing band" nach YUASA), und den Randsaum („border-brim"), der an seinem Vorderende durch eine kurze Leiste, den Endsaum („lateral bar") begrenzt ist. Der Endsaum ist nichts anderes als die Fortsetzung des Randsaumes. Geißelband und Randsaum dürften nach YUASA [1954 (1); dort ausführliche Literatur] spezielle Differenzierungen des Blepharoplasten sein. Die unterschiedliche Form der pflanzlichen Spermatozoiden ist durch die Variation folgender Faktoren bedingt: 1. durch fehlende oder eingetretene Differenzierung des Blepharoplasten; 2. durch den Windungsgrad des Blepharoplasten (gestreckt oder spiralisiert); 3. durch das Verhältnis von Kern zu Geißelträger (Kern erreicht das Vorderende des Geißelträgers oder nicht); 4. durch die Verteilung der Geißeln auf dem Geißelband (in einer Längsreihe oder in übereinander geordneten Querreihen zu 1:2:3:2:1 oder 1:2:1) und die Geißelinsertion bei fehlendem Geißelband (symmetrische oder asymmetrische Anordnung der beiden Geißeln bei den Moosen) und 5. durch Form und Windungsgrad des Kernes.

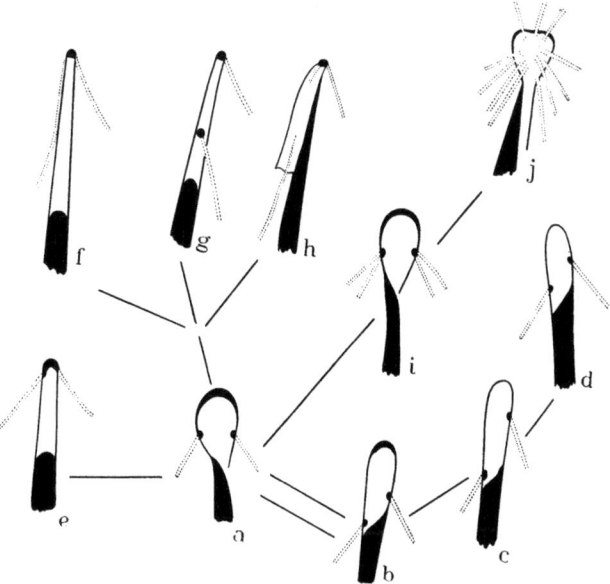

Abb. 34 a—j. Diagramm mit den vermutlichen phylogenetischen Beziehungen zwischen den Spermatozoiden der Moose und Farne. Nach YUASA [1954 (1)]. Es ist jeweils nur der vordere Teil des Spermatozoids dargestellt. Weitere Erklärung im Text. a *Fegatella*; b *Chiloscyphus*; c *Plagiochila*; d *Funaria*; e *Lycopodium*; f *Selaginella involvens*; g *Selaginella Martensii*, f. *Watasoni* und *S. pulmosa*; h *Sphagnum*; i *Dumortiera* und j *Isoëtes*.

Die Variation dieser Faktoren wird besonders deutlich (Abb. 33), wenn man die Spermatozoidentwicklung in den Spermatiden der *Hepaticae* (Abb. 33 a), der *Musci* (Abb. 33 b) und von *Selaginella* (Abb. 33 d), bei denen ein nicht-differenzierter und gestreckter Blepharoplast vorkommt, mit den Typen vergleicht, bei denen der Blepharoplast in Geißelband und Randsaum gegliedert ist (Abb. 33 c, e u. f). Bei den *Eufilicinae* (Abb. 33 c) sind Kern und Geißelträger gemeinsam spiralisiert (im geringen Grade übrigens auch bei *Equisetum*); bei *Chara* (Abb. 33 e) wird zunächst der Geißelträger und danach auch der Kern schraubig aufgewunden, während bei *Ginkgo* (Abb. 33 f) nur der Geißelträger und nicht der Kern spiralisiert wird.

YUASA [1954 (1)] versucht phylogenetische Beziehungen zwischen den Spermatozoiden der Moose und Farne herzustellen und wählt dazu als zentrale Ausgangsform *Fegatella* (Abb. 34 a) mit endständigem Randsaum und zwei in gleicher Höhe inserierten Geißeln. Von dieser Form führt eine erste Reihe über *Dumortiera* (Abb. 34i) mit zwei randständigen Geißelpaaren zu *Isoëtes* (Abb. 34j) mit einem vollständigen Randsaum und acht (*I. asiatica*) oder elf (*I. japonica*) Geißeln auf dreieckigem Geißelband. *Lycopodium* (Abb. 34e) läßt sich durch Aufwärtsrücken der Geißelinsertionsstellen und Verschmelzung der Basalkörner mit dem Randsaum von *Fegatella* ableiten. Bei der dritten Reihe, die zu verschiedenen Selaginellen (Abb. 34f u. g) und *Sphagnum* (Abb. 34h) führt, ist der Blepharoplast ungegliedert, und die Geißeln sind unterschiedlich inseriert. Bei der vierten Reihe wird der Randsaum reduziert (Abb. 34b *Chiloscyphus*) und verschwindet ganz (Abb. 34c *Plagiochila* und d *Funaria*). Die Geißeln sind verschieden hoch inseriert. Es wäre jedoch auch denkbar, daß die vierte Reihe eine Progressionsreihe vom ungegliederten zum gegliederten Blepharoplasten darstellt, die dritte zu *Selaginella* führende Reihe müßte dann wohl als eine Regression zu einer ursprünglichen Begeißelungsform aufgefaßt werden.

b) Entwicklungsgeschichte der Geißeln und Geißelfeinbau. Die Geißelentstehung wurde bei *Catharinea undulata* näher untersucht (EYMÉ 1953, 1954). Nach der letzten Mitose kommt es in den Spermatidzellen zum Chromatinaustritt aus dem Kern. Das zunächst noch feulgenpositive Chromatin bildet nach Teilung zwei distinkte Partikel (Kinetosomen nach CHATTON). Aus diesen wachsen nach Verlust der Nuclealität die beiden Geißeln aus. Die basalen Teile der Geißeln und die Kinetosomen verschmelzen sekundär wieder. Nach J. VAZART (1954) entstehen bei *Equisetum* und den *Filicinae* die Blepharoplasten aus Kernsubstanz, nach HAMANT (1954) bei *Mnium* aus ausgestoßener Nucleolarsubstanz. Im reifen Spermatozoid von *Mnium* sind übrigens die Nucleolen verkleinert und kaum noch festzustellen. Die Nucleolarsubstanz wird also im Spermatozoidenkern in gleicher Weise vermindert wie im Spermakern der Angiospermen (STEFFEN 1953).

Bei geeigneter Fixierung lassen sich die schraubigen Geißeln von *Sphagnum cymbifolium* in 10—12 Einzelfibrillen auflösen (EYMÉ u. CAPOT 1954). Dies stimmt mit den Ergebnissen von MANTON u. CLARKE (1952) überein, die bei den ungleich langen Geißeln von *Sphagnum acutifolium* 11 Fibrillen beobachteten (Über Geißelfeinbau vgl. Fortschr. Bot. **16**, 1 und das Sammelreferat von SCHOSER 1953, über Vitalfärbung von Farnspermatozoiden IGURA 1954).

c) Verhalten von Plastiden und Chondriosomen bei der Spermatozoidbildung und bei der Befruchtung. In allen Zellen des Moos-Gametophyten und Sporophyten sind Plastiden und Chondriosomen zu unterscheiden. Da keine Übergangsformen beobachtet wurden, ist die Individualität beider Organelle gesichert (DANGEARD u. EYMÉ 1946, EYMÉ 1952, 1954, KAJA 1954). Die Zahl der Chondriosomen wird während der letzten Teilungen der Spermatogenese von *Catharinea undulata* (EYMÉ 1954) vermindert, in den Spermatidzellen und in den Spermatozoiden ließen sich keine Chondriosomen mehr feststellen. Hingegen will HAMANT (1954) im Cytoplasma des *Mnium*-Spermatozoids ein einziges Chondriosom beobachtet haben. Die Spermatozoiden von *Catharinea undulata*, *Sphagnum cymbifolium* und *Funaria hygrometrica* besitzen zwei Chloroplasten. Der eine streckt und rollt sich halb ein und bildet mit dem in einer dünnen Plasmahaut liegenden Kern zusammen den Apikalkörper des Spermatozoids (EYMÉ u. CAPOT 1954). Der zweite Chloroplast kann auch während der Formänderung des Kernes Stärke bilden und befindet sich bei Abschluß der Spermatozoidentwicklung in der Cytoplasmablase am distalen Ende des Gameten. Diese Cytoplasmablase wird vor Eindringen des Gameten in den Archegonkanal abgestoßen, so daß also bei der Befruchtung stets nur ein Chloroplast übertragen werden dürfte. Die Cytoplasmablase scheint keine besondere Ernährungsfunktion zu haben, da auch Spermatozoiden, die diese abgeworfen haben, ihre Beweglichkeit behalten. Nach HAMANT (1954) wird bei *Mnium* die Cytoplasmablase mit Plastid und Chondriosom schon im Antheridium abgestreift. J. VAZART (1954) macht keine näheren Angaben über das Schicksal der in den Spermatozoiden von *Equisetum* beobachteten Chondriosomen.

Bei den *Hepaticae* (*Marchantia* und *Dumortiera*) befindet sich nach YUASA [1954 (1), (2)] ein Chromatophor am hinteren Ende des Spermatozoids, das auch bei der Befruchtung übertragen werden soll. Bei *Selaginella* liegen am Hinterende des Spermatozoids drei und bei den *Eufilicinae* mehrere Plastiden, die jedoch mit dem Plasma beim Schwimmen abgeworfen werden. Hiernach dürfte es bei den *Filicinae* und bei *Selaginella* nur eine mütterliche Plastidenvererbung geben. Bei *Anthoceros* müßten die Verhältnisse überprüft werden, da angeblich das Chromatophor des Spermatozoids übertragen wird, sich aber in der Zygote nur ein einziges Chromatophor befindet. Ob die von YUASA [1954 (2)] bei *Dumortiera* im Plasma des männlichen Gameten beobachteten Granula wirklich Chondriosomen sind, wäre noch zu beweisen. Auch über ihr Verhalten bei der Befruchtung wird nichts ausgesagt.

d) Chemotaxis und Befruchtungsvorgang bei den Filicinae. Die Spermatozoiden von *Pteridium aquilinum*, die sich im destillierten Wasser indifferent verhalten, werden von reifen Archegonien angezogen. Mit Hilfe einer T-förmigen Rinne konnte im Wahlversuch (Wahl zwischen einem reifen und unreifen Archegonium) gezeigt werden, daß die männlichen Gameten sich in größerer Anzahl als nach der Wahrscheinlichkeitsrechnung zu erwarten wäre, am reifen Archegonium ansammeln (WILKIE 1954). Da verletzte Prothallium- und Sporophytzellen, Blattzellen von Angiospermen und auch tierische Zellen eine gerichtete Anlockung hervorrufen, dürfte die chemotaktisch wirksame Substanz eine einfache (nicht näher definierte) organische Säure sein. Beim Farnarchegon platzen Bauchkanal- und Halszellen durch den sich bildenden Schleim; diese zerstörten Zellen dürften die Anlockung bedingen. Gelangen die Spermatozoiden in diesen Schleim, so verlieren sie irreversibel ihre Beweglichkeit.

e) Ausschlüpfen der Spermatozoiden bei Isoëtes. Die früheren Untersuchungen von FUJII über das Ausschlüpfen der Spermatozoiden wurden mit der Ermittlung der Schwellenwerte der Gaskonzentrationen im Wasser für Äthylen ($7 \cdot 10^{-9}$ mol.), Acetylen ($4 \cdot 10^{-5}$ mol.) und Kohlenoxyd ($2 \cdot 10^{-6}$ mol.) und der absoluten je Mikrospore wirksamen Menge (Äthylen $2 \cdot 10^8$, Acetylen 10^{-4} und Kohlenoxyd $6 \cdot 10^{-6} \gamma$) fortgeführt. Die wirksame im (nicht vollkommen reinem) Äthyläther konnte chemisch nicht bestimmt werden (FUJII u. ASAHINA 1953).

II. Spezielle Entwicklungsgeschichte.

Das Referat über Bakterien folgt im nächsten Jahresbericht.

Myxomycetes. Myxomyceten vermögen durch Aufnahme von Mikroorganismen ihren ganzen Nährstoffbedarf zu decken (HOK 1954). Aus gram-negativen Bakterien ließ sich ein proteinartiger Stoff isolieren, der das Wachstum von drei *Dictyostelium*-Arten während des Myxamoebenstadiums förderte (SUSSMANN u. BRADLEY 1954). Zur Fruchtkörperbildung von *Didymium eunigripes* ist Belichtung nötig. Wirksam sind Rot- und Blaulicht und Licht vom Wellenbereich 350—390 mμ (STRAUB 1954). Eine direkte Beziehung zwischen der zur Fruchtbildung führenden Energieaufnahme und den extrahierten Pigmenten und ihren Absorptionskurven ließ sich bisher nicht herstellen (LIETH 1954). Verfüttert man vorbelichtete, abgetötete Plasmodien an lebende Organismen, so ist die Fruchtkörperbildung bei Nachbelichtung erhöht gegenüber Kontrollen, an die unbelichtetes Plasma verfüttert wurde. Wahrscheinlich werden Stoffe übertragen, die erst nach Nachbelichtung Fruchtkörperentwicklung ermöglichen (STRAUB 1954). Bei der Fruchtkörperbildung tritt ein N-Verlust durch Exkretion von NH_3 aus den Stielen ein (GREG, HACKNEY u. KRIVANEK 1954).

Während Myxomycetensporen aus Herbarmaterial zum Teil noch nach 63 Jahren keimungsfähig sind (ELLIOTT 1949), sind dies die Sklerotien von *Physarum polycephalum* nur bis zu 3 Jahren (GEHENIO 1944). Bei der genannten Art werden Sklerotien infolge von Austrocknung, Nahrungsmangel, Pilzbefall, bei niederen Temperaturen (5° C) und p_H-Werten, bei Zugabe von Kupfer-, Eisen- und Zinksulfat und in 0,5 mol. Saccharoselösung gebildet (JUMP 1954). Wahrscheinlich wird beim Übergang in den Sklerotienzustand das Glykogen in Fett verwandelt (SULLIVAN 1953). Da die Austrocknung keine unbedingte Voraussetzung und Folge der Sklerotisierung ist, werden Sklerotien oft übersehen und falsch gedeutet worden sein. Die Sklerotien dürften für Klimate mit tiefen Temperaturen die Dauerformen, vielleicht sogar die Überwinterungsform sein. Da alle Sklerotien mit Ausnahme der durch Austrocknung entstandenen feucht und plastisch sind und bei geeigneter Feuchtigkeit und Temperatur wieder Plasmodien bilden, wird der Ausdruck „Cystosorus" als Bezeichnung für diese Dauerform vorgeschlagen (JUMP 1954). Dies erscheint berechtigt, da die „Sklerotisierung" ein Encystierungsvorgang ist, bei dem sich Plasmaportionen mit einer Membran umgeben. Jede dieser Plasmaportionen kann ein Plasmodium erzeugen und dürfte somit eine funktionelle Einheit („Makrocyste" nach JUMP 1954) sein.

Hinweis: Beschreibung zweier neuer Arten (WELDEN 1954).

Cyanophyceae. Die Zentralsubstanz der Cyanophyceen wird von BRINGMANN (1952) wegen des isotopen Vorkommens von RNS und DNS als Komplexorganell („Karyoid") aufgefaßt (vgl. Fortschr. Bot. **16**, 59). Die Darstellung der Kernäquivalente ist in letzter Zeit mit verschiedenen Methoden, z.B. durch Fluorochromierung [KRIEG 1954 (1)], UV-Mikroskopie (HERBST 1953) und durch die in der Bakteriologie gebräuchliche

Salzsäure-Giemsa-Tanninmethode (CASSEL u. HUTCHINSON 1954) versucht worden. Form und Umriß der Kernäquivalente scheinen innerhalb der Gattungen zu variieren (CASSEL u. HUTCHINSON 1954). Bei der Zellteilung soll eine Durchschnürung der Kernäquivalente stattfinden. Es bleibt ungeklärt, ob die zentripetal wachsende Wand dabei beteiligt ist. Während CASSEL u. HUTCHINSON (1954) den DNS-Gehalt der Kernäquivalente bestätigen, konnte BISWAS (1953), allerdings mit anderer (Methylgrün-Pyronin-)Methode bei *Oscillatoria* und *Cladothrix* nur RNS (und eventuell niederpolymere DNS) feststellen. Gasvakuolen sollen als Produkte der normalen und nicht der durch Sauerstoffmangel bedingten intramolekularen Atmung entstehen (HORTOBAGYI 1954).

Der taxonomische Wert von Zellänge, Dicke der Querwand und Einschnürungsgrad am Septum ist bei der Gattung *Phormidium* sehr fraglich geworden, nachdem von FRITSCH (1953) gezeigt wurde, daß in einem Lager vier differente Zelltypen vorkommen, die durch Übergänge miteinander verbunden sind. Der Anteil der einzelnen Typen an den verschiedenen Schichten des Lagers ist unterschiedlich und wechselt im Laufe des Jahres.

Die V-förmige Verzweigung bei *Mastigocladus* und *Brachytrichia* ist als echte Verzweigung anzusehen, da der gebildete Seitenast mit den beiden Schenkeln des V in Verbindung bleibt (IYENGAR u. DESIKACHARY 1954). Die Verzweigung wird bei beiden Gattungen durch eine schräg gestellte Wand eingeleitet.

Eine neue Art der Hormogonienbildung wurde für *Aulosira implexa* var. *crassa* beschrieben (GONZALVES u. KAMAT 1954). Das Trichom wird durch innere Scheidenteile gekammert, die nach ein- oder beidseitigem Bruch den Faden quer oder schräge durchwachsen. Die unmittelbar angrenzenden Zellen sterben ab, die restlichen bleiben als Hormogonien im gekammerten Trichom zurück. Nach Verquellen der Zellwände können sie zu neuen Trichomen auswachsen.

Für ein normales Wachstum von *Anabaena cylindrica* ist Molybdän bei der N-Bindung und Nitratassimilation unentbehrlich [WOLFE 1954 (1), (2)], nicht aber für die Nitrataufnahme. Bindung und Nutzung des Stickstoffs wurde bei *Nostoc* mit Hilfe der Isotopenmethode verfolgt (WAYNE u. BURRIS 1954).

Synergistische und antagonistische Wechselwirkungen wurden bei der Mischkultur isolierter Bodencyanophyceen (*Anabaena, Cylindrospermum, Nostoc, Oscillatoria* und *Phormidium*) auch unter Zusatz von Kulturfiltraten an Hand der Störungen der Kolonieentwicklung festgestellt (JAKOB 1954). Da *Phormidium persicinum* Wirkstoff-heterotroph ist (PROVASOLI u. PINTNER 1954), könnte die synergistische Wirkung in der Bereitstellung von Wirkstoffen durch die anderen Algen bestehen. *Anabaena* verdrängt in Mischkulturen mit Chlorophyceen die meisten mitkultivierten Grünalgen (POPIŠIL 1953).

Hinweis: In coccoiden Cyanophyceen parasitierende Pilze (DROUET 1954).

Euglenineae. Eine Monographie der Gattung *Euglena* liegt von GOJDICS (1953) vor. Die Pelliculastruktur, das intercalare Wachstum durch vermehrte Abscheidung von Körperhüllsubstanz an den Gyren und das komplizierte Verhalten bei der Teilung schraubig gedrehter Eugleninen beschreibt POCHMANN (1953 und 1954; vgl. auch Fortschr. Bot. **16**, 3) in monographisch zu nennender Darstellung.

Während die Mehrzahl der Eugleninen im Süßwasser vorkommt, wurden einige Formen wie *Euglena limosa* auf Sandbänken im Brackwasser beobachtet. Zwei halophile Euglenen, darunter eine neue Art (*E. halophila*) wurden neuerdings von DISKUS (1953) beschrieben. Eine in *Noctiluca miliaris* symbiontisch lebende Euglene, *Protoeuglena noctilucae*, wurde in Indien entdeckt, ließ sich aber nicht isoliert kultivieren (SUBRAHMANYAM 1954). Die Euglenen befinden sich zu Hunderten im Wirtsorganismus und erzeugen während des Massenauftretens von *Noctiluca* eine Wasserblüte.

Trachelomonas vermag Eisenhydroxyd ins Gehäuse einzulagern (HILMBAUER 1954). Eisen im Nährmedium beeinflußt die Ornamentik der Hüllen, Mangan modifiziert deren Färbung [PRINGSHEIM 1953 (2)]. Den Standortbedingungen kommt ein so hoher Einfluß auf die Ausbildung der Hülle zu, daß viele als Variationen beschriebene Formen nur Modifikationen sein dürften, die unter dem Einfluß von Eisen und Mangan zustande gekommen sind. Unter Berücksichtigung dieser Variationsmöglichkeit können die Form, die Farbe und die Skulptur der Hülle neben der Chromatophorenzahl und Art der Pyrenoidausbildung (Lage des Pyrenoids und Verhalten des Amylons zum Pyrenoid) für taxonomische Zwecke innerhalb der Gattung *Trachelomonas* herangezogen werden.

Auch bei den Eugleninen lassen sich in Parallelität zu den anderen Algenstämmen folgende vier Organisationsstufen unterscheiden (HUBER-PESTALOZZI 1954): 1. die *Euglenomonadales*; 2. die *Euglenocapsales*; 3. die *Euglenococcales* und 4. die *Euglenorhizales* (*Rhizeugleninae*). Zur Monadenstufe gehört die Mehrzahl der Formen sowohl von der chlorophyllführenden wie von der chlorophyllfreien Reihe. Der Monadenzustand ist im Lebenscyclus dieser Formen vorherrschend, obwohl auch Cysten und Dauersporen mit Palmellenstadien vorkommen. JOHNSON (1954) hält es auf Grund seiner Untersuchungen an der neuen Art *Euglena fracta* für möglich, daß die Vorfahren der Euglenen zweigeißlig waren. Der Capsalenzustand ist durch das Vorkommen geißelloser Zellen in Gallerthüllen (*Euglenocapsa* STEINECKE 1932) charakterisiert. Diese Form geht nur vorübergehend stundenweise in den Schwärmerzustand über. *Colacium* ist ein Vertreter der coccalen Stufe. Die geißellosen, derbwandigen Zellen sitzen einzeln oder in Kolonien einem Substrat (z. B. Copepoden) auf und können sich in zwei geißellose Tochterzellen teilen. Schwärmer werden nur kurzfristig zum Zwecke der Verbreitung gebildet. Beim rhizopodialen Typ (*Rhizaspidaceae* SKUJA 1948) wird nur ein einziges Pseudopodium am Vorderende ausgebildet. Für die trichale Stufe sind keine Beispiele bekannt. Das hier skizzierte System ist nur ein Gerüst, in das in Zukunft weitere Formen eingefügt werden können.

Bei *Lepocinclis texta* wurde die Phototaxis näher untersucht (BRUCKNER 1954). Die Art reagiert positiv phototaktisch. Verdunkelung erhöht wahrscheinlich durch Anreicherung von Atmungskohlensäure die Lichtempfindlichkeit. *Euglena gracilis* wird meist als Testorganismus für die Vitamin B_{12}-Produktion verwendet (ELSÄSSER u. ADLER 1953, HAENEL 1954). Mit Hilfe dieser Methode wurden z. B. bei den Phaeophyceen 0,07, bei den Rhodophyceen bis 0,27, bei Chlorophyceen bis 0,35 und bei den Chrysophyceen 2,8 γ Vitamin B_{12} je Gramm Trockengewicht gefunden (ERICSON u. LEWIS 1954). Wahrscheinlich bilden die epiphytischen Bakterien B_{12} und die Algen nehmen es auf und speichern es. Direkte Beweise, daß die untersuchten Algen Vitamin B_{12}-bedürftig sind, liegen nicht vor.

Chloromonadinae. Bei *Vacuolaria virescens* wurden im Gegensatz zu früheren, anders lautenden Angaben regelmäßig verteilte kugelige Trichocysten beobachtet, die bei Reizung ausgeschleudert werden und eine an der Zelle haftende Gallerte bilden (TSCHERMAK-WOESS 1954). Außerdem kann noch mit Hilfe von pulsierenden Vacuolen Schleim erzeugt werden.

Dinophyceae. Drei neue im Eis und Schneebrei vorkommende Dinoflagellaten: *Massartia crassifilum*, *M. hiemalis* und *M. edax* wurden beschrieben [SCHILLER 1954 (1)]. Alle drei Arten besitzen keine Chromatophoren und leben symbiontisch mit sehr kleinen Cyanophyceen. Bei *Massartia montana* werden die Blaualgen offensichtlich aktiv aufgenommen und sind gegen Verdauung geschützt [SCHILLER 1954 (2)]. Eine Cyanosymbiose kommt auch bei *Gymnodinium Lantzschii* vor. *Massartia hiemalis* und *edax* ernähren sich animalisch. Die Nahrungsaufnahme erfolgt durch die Längsfurche. Die marine Art *Gymnodinium splendens* erwies sich als Vitamin B_{12}-bedürftig (SWEENEY 1954). Eine rote Wasserblüte, bedingt durch rot gefärbte Lipoide in den Dauerzellen, wurde von *Peridinium pusillum* hervorgerufen (KLOTTER 1951).

Chrysophyceae. Nach BOURELLY (1954) sind die einzelligen Flagellatentypen der Monadenreihe nicht als ursprünglich sondern als abgeleitet anzusehen. Die Chrysophyceenreihe soll sich von Formen ableiten, die sich rein vegetativ teilen und einen primitiven Thallus bilden, und die vielleicht innerhalb der *Phaeoplacales* zu suchen sind.

Populationsuntersuchungen an *Mallomonas caudata* haben gezeigt, daß die Form dieser Art außerordentlich stark variieren kann (KLOTTER 1952). Die *Mallomonas*-Arten besitzen nur ein einziges, tief eingeschnittenes und darum zweilappig erscheinendes Chromatophor (HARRIS 1953). Eine von BETHGE (1954) beschriebene neue *Mallomonas*-Art hat angeblich zwei Chromatophoren. Da Parasiten (Protozoen) in *Mallomonas*-Zellen vorkommen können, wird von HARRIS (1953) der Verdacht ausgesprochen, daß manche Formen, so eine von NYGAARD (1949) neu beschriebene Art, nur infizierte Organismen sind.

Die Pyrenoide sind bei Chrysophyceen oft schlecht zu erkennen. Da sie bei ein und derselben Art (z. B. *Chrysosphaera Feldmannii*) bei einigen Individuen sichtbar, bei anderen jedoch nicht auffindbar sind, möchte MAGNE (1954) ihrem Vorkommen nur geringen systematischen

Wert beimessen. Die runden Pyrenoidkörperchen sind meist so gelagert, daß sie die Leucosinvacuole berühren. Die Inhaltskörper der Chrysophyceen verdienten eine cytochemische Untersuchung, da über sie außer ihrem Vorkommen kaum etwas bekannt ist (MACK 1954).

Nach den Untersuchungen von MACK (1954, dort frühere Literatur) scheint es bei den Chrysophyceen drei verschiedene Arten der Cystenbildung zu geben: 1. die Encystierung eines vegetativen Individuums; 2. die Encystierung im Zusammenhang mit der Kopulation und 3. die Encystierung in Kombination mit einem autogamen Sexualakt. Letztere wurde bei einer neuen Varietät, *Uroglena botrys var. verrucosa*, beschrieben. Es wurden Cysten mit zwei Kernen aber nur einem Chromatophor und nach einiger Zeit Cysten mit einem Kern beobachtet. Der eigentliche Beweis für die Autogamie, nämlich die Beobachtung der Kernverschmelzung, steht noch aus (MACK 1954).

Die marinen Coccolithophoridaceen stellen eine Parallelreihe zu den Mallomonadaceen dar, unterscheiden sich aber von ihnen durch die Begeißelung und durch ihre Kalkhüllen. Im Tiefseeplankton sind 30—95% aller pflanzlichen Organismen Kalkflagellaten. An der algerischen Küste wird bis zu 75% des Trockengewichts der Bodensedimente in 2000 m Tiefe von den mehr oder minder granulierten Kalkteilen der sedimentierten Organismen (zum Teil von *Coccolithus fragilis*) gebildet (BERNARD 1954). — Die Systematik der Coccolithophoridaceen basiert auf der Skeletstruktur, insbesondere auf der Form, weniger auf der Anordnung der Kalkplatten auf dem Gehäuse (KAMPTNER 1954, DEFLANDRE 1954). Elektronenoptische Untersuchungen an den Kalkplatten (HALLDAL 1954, dort ausführliche Literatur) lassen eine Revision der Taxonomie nötig erscheinen.

Hinweise: Beschreibung neuer Arten [BOURELLY u. MAGNE 1953, BETHGE 1954, BRUNEL 1954, GEITLER 1953 (3), MACK 1954 und MAGNE 1954].

Wahrscheinlich sind alle Chrysomonaden Vitamin B_{12}-heterotroph (PRINGSHEIM 1952, HUTNER, PRAVASOLI u. FILFUS 1953, DROOP 1954).

Bacillariophyceae. *I. Schalenbau.* Das von HELMCKE und KRIEGER erarbeitete elektronenmikroskopische Bildmaterial über die Schalenstruktur der Diatomeen wurde in einem Atlas zugänglich gemacht [HELMCKE u. KRIEGER 1953, 1954 (1)]. Eine Berücksichtigung der elektronenoptisch erschlossenen Feinstruktur [DESIKACHARY 1954 (1), (2), (3), HENDEY, CUSHING u. RIPLEY 1954, KOLBE 1954, OKUNO 1954 (2); vgl. auch Fortschr. Bot. **16**, 2] für die Diatomeensystematik ist zwar erwünscht, jedoch ist Vorsicht geboten, da innerhalb einer Gattung die Ausbildung der Kammern und Siebplatten variieren kann [HELMCKE u. KRIEGER 1954 (2)]. Die gleichen Strukturelemente können bei taxonomisch weit entfernten Gattungen auftreten [HELMCKE u. KRIEGER 1954 (3)]. OKUNO [1954 (1); dort frühere Literatur] kommt auf Grund seiner elektronenmikroskopischen Untersuchungen zu dem Schluß, daß *Caloneis*, *Navicula* und *Pinnularia* nahe verwandt sind. SIMON (1954) möchte außer der Schalenstruktur auch die Plastiden- und Pyrenoidform für die Taxonomie berücksichtigt wissen.

An sehr dünnen Diatomeenschalen oder an den Rändern dickerer Schalen läßt sich elektronenmikroskopisch eine Schaumstruktur erkennen. Daraus schließt HELMCKE (1954) u. a. daß die Kieselsäureverbindungen im elektronenoptisch amorphen Zustand in die Schale eingelagert werden. Bei *Navicula pelliculosa* scheint die Aufnahme und Verwertung des Siliciums vom Vorhandensein reduzierten Schwefels abhängig zu sein [J. C. LEWIN 1954 (1), (2)]. Wahrscheinlich sind an der Aufnahme des Siliciums Sulfhydrilgruppen in der Zellmembran beteiligt.

Neue Kieselschalen entstehen außer bei der vegetativen Teilung bei allen Diatomeen bei der Bildung der Erstlingszelle aus den Auxosporen [GEITLER 1953 (1)] und bei einigen Arten bei der Bildung von Innenschalen [GEITLER 1953 (2)]. In beiden Fällen gehen der Schalenbildung inäquale Teilungen voraus, wobei stets ein Kern abortiert (vgl. Fortschr. Bot. **16**, 13).

2. Dauerzellen Die planktische *Melosira italica subsp. subarctica* bildet während des Sommers absinkende Ruhezellen, die teilungsunfähig sind und statt der zwei großen zwei bis vier ovale, kleinere Chromatophoren besitzen (LUND 1954). Die Dauerzellen sind bis zu 3 Jahren unter den anaëroben Bedingungen lebensfähig. Ähnliche Dauerzellen kommen bei *Melosira granula*, *M. ambigua* und *M. islandica subsp. helvetica* (NIPKOW 1950) und wahrscheinlich bei *M. baicalensis* vor.

3. Sexualvorgang. Pennate und zentrische Diatomeen sind, soweit untersucht, homothallisch. Zellgröße und Eintritt in die sexuelle Phase sind miteinander korreliert (ERMOLAEVA 1953). Bei den pennaten Formen kann sich eine aus der Auxospore entstandene Population lange vegetativ teilen bis sie von einer kritischen Zellgröße an in die sexuelle Phase eintritt (GEITLER 1932), sehr kleine Zellen jedoch können sich nur vegetativ teilen. Bei den zentrischen Diatomeen ist während der sexuellen Phase, wie die Untersuchungen VON STOSCHS (1954) an *Melosira varians* und *Biddulphia rhombus* zeigen, zuerst nur die Bildung weiblicher Gameten, dann die Bildung von männlichen und weiblichen und schließlich bei noch kleineren Zellen nur noch von männlichen Gameten möglich. Die zweite vegetative Phase fehlt also bei den zentrischen Formen. — Über die Geschlechtsinduktion liegen nur erste orientierende Untersuchungen an *Lithodesmium* vor (VON STOSCH 1954), danach entstehen bei Dauerlicht weibliche, bei intermittierender Beleuchtung bei geringer Lichtintensität männliche und bei stärkerer männliche und weibliche Zellen.

a) Centrales. Bei der Entwicklung der Spermatogonien und Oogonien lassen sich an Hand der bisherigen Untersuchungsergebnisse fortschreitende Reihen (vgl. Abb. 35) feststellen (VON STOSCH 1954). Bei *Cyclotella* [GEITLER 1952 (1)] wird die vegetative Zelle ohne Differenzierungsvorgang direkt zum Spermatogonium, bei *Melosira varians* entstehen vier bis acht kleinere im Schalenbau vereinfachte Spermatogonien (Abb. 35). Bei *Biddulphia granulata* und *B. rhombus* sind die entstehenden Schalen weitgehend rückgebildet, bei *Biddulphia mobiliensis* werden nur noch die beiden ersten ausgebildet, und bei *Lithodesmium*, *Streptotheca* und *Bellarochea* fehlen auch diese. Zwei Tendenzen lassen sich

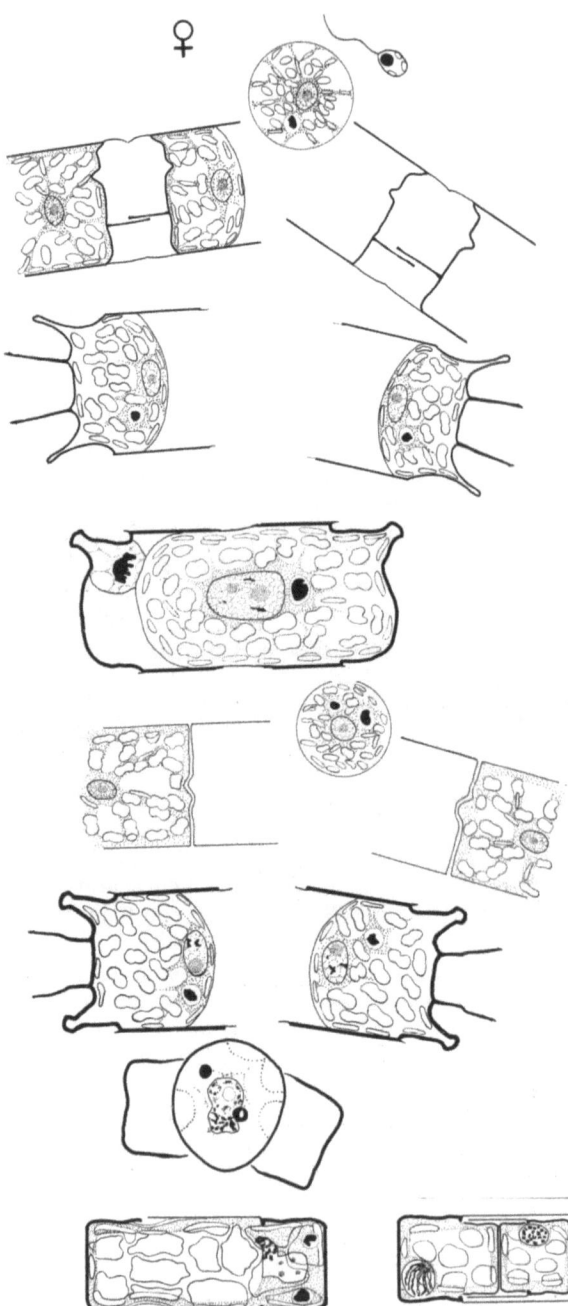

Abb. 35. Übersicht über die Entwicklung der Oogonien (linke Reihe) und der Spermatogonangien (= Behälter für die Spermatogonien) (rechte Reihe) bei den *Centrales* nach VON STOSCH 1954 (unter Benutzung von zwei, von GEITLER [1952 (1)] entlehnten Abbildungen: *Cyclotella tenuistriata*). Die Abbildung wurde vom

Entwicklungsgeschichte und Fortpflanzung.

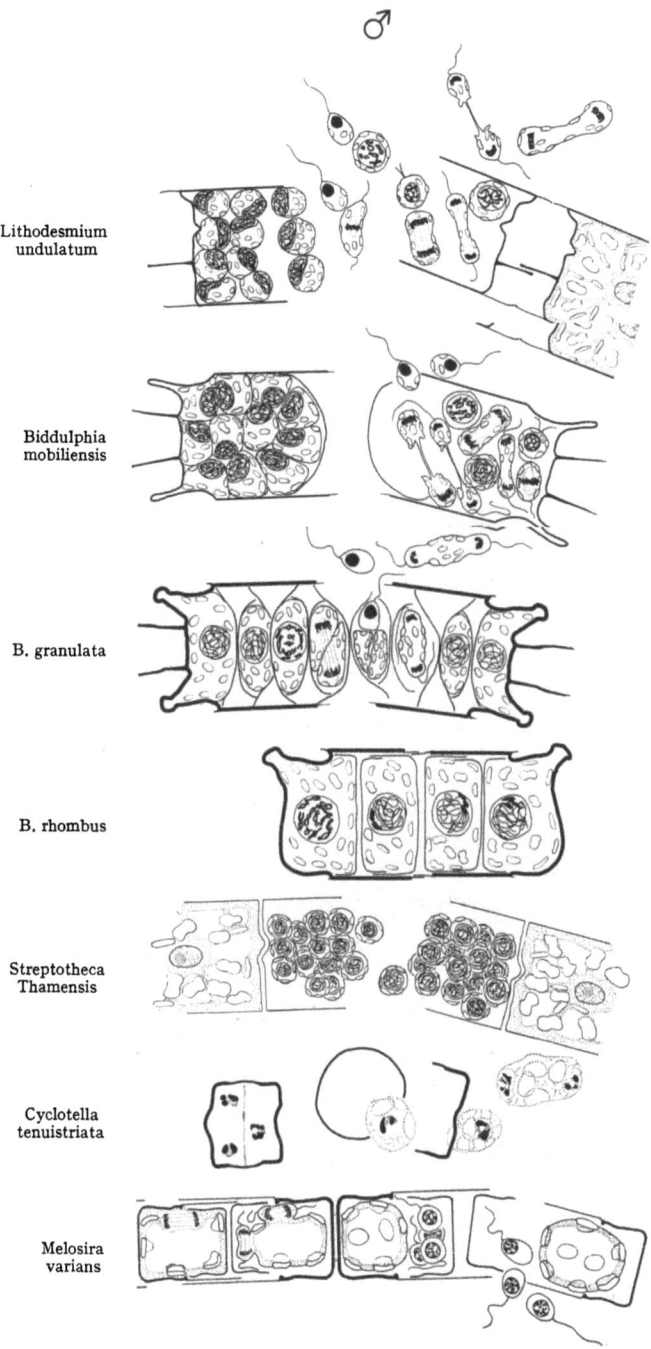

Bildautor erneut überarbeitet und gegenüber der Veröffentlichung von 1954 verbessert. Die Spermatogonienentwicklung von *Melosira varians* (S. 67) wird durch das auf der gegenüber liegenden Seite abgebildete, kurze Fadenstück zu einem vollständigen Entwicklungsgang ergänzt.

bei der Spermatogonienbildung unterscheiden: 1. die Vermehrung der Spermatogonienzahl: *Melosira varians* 4—8, *Biddulphia rhombus* 2—4, *B. granulata* 4—8, *B. mobiliensis* 16 und 2. die Tendenz die Schalen zu reduzieren und die gesamte Spermatogonienentwicklung im Außenmedium durchzuführen. In jedem Spermatogonium werden vier Spermien gebildet, wobei entweder das Cytoplasma und die Plastiden auf die Gameten verteilt werden (bei den Formen mit kleinen Spermatogonien: *Biddulphia mobiliensis, Lithodesmium, Streptotheca* und *Bellarochea*) oder ein alle Plastiden umfassender cytoplasmatischer Restkörper übrig bleibt (*Melosira varians, M. moniliformis, Biddulphia rhombus* und *B. granulata*).

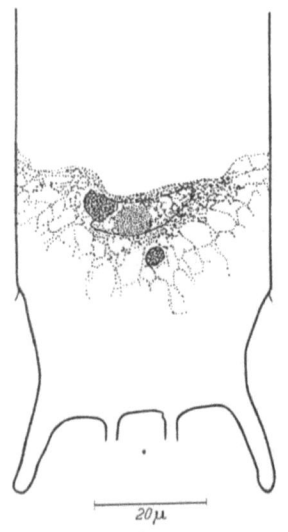

Abb. 36. *Biddulphia mobiliensis*. Oogonhälfte mit im Beginn der Fusion stehenden Sexualkernen. Unter dem Eikern der pyknotische Kern. Nach VON STOSCH 1954.

Bei der Oogonentwicklung beginnt die Reihe (vgl. Abb. 35) mit dem primitiven Typ von *Biddulphia mobiliensis* (der dem Normaltyp der pennaten Diatomeen entspricht). Bei *Biddulphia mobiliensis* und *B. granulata* entstehen nach dem ersten Meioseschritt durch Furchung zwei Zellen, in denen bei der zweiten Teilung ein pyknotischer und ein funktionstüchtiger Kern gebildet werden. Bei *Biddulphia rhombus* führt die erste inäquale Zellteilung zur Bildung eines plastidenfreien Richtungskörpers (der zuweilen noch die Potenz zur Kernteilung behält). Bei *Melosira* und *Cyclotella* fehlt die Zellteilung, ein Kern degeneriert nach der ersten, der andere nach der zweiten Teilung (wie bei dem erst beschriebenen Entwicklungstyp). Bei den beiden letztgenannten Arten wird also wie bei den meisten zentrischen Diatomeen nur ein Ei statt deren zwei gebildet. — Die im Entwicklungsgang der *Centrales* noch klaffende Lücke wurde durch die direkte Beobachtung des Sexualaktes bei *Biddulphia mobiliensis* (Abb. 36) geschlossen (VON STOSCH 1954). Die Eizellen werden im Oogon befruchtet.

b) Pennales. Über die Sexualvorgänge bei den pennaten Diatomeen berichtet zusammenfassend unter Berücksichtigung der vor dem Berichtsjahr liegenden Literatur VON STOSCH (1955).

Bei *Cymbella cistula* wird in jeder Mutterzelle ein Ruhe- und ein Wandergamet gebildet [GEITLER 1954 (1)]. Die Bewegung der Gameten ist durch physikalische Kräfte (Oberflächenspannung, Quellung der Gallerte) bedingt, so daß nicht ohne weiteres auf physiologische Anisogamie geschlossen werden darf.

Normalerweise erfolgt die Konjugation der Diatomeen als Kontaktpaarung [Ausnahme *Synedra rumpens* var. *fragilarioides* GEITLER 1952 (2)]. Die bei *Anomoeoneis exilis* in älteren Konjugationsstadien vorgetäuschte Distanzpaarung geht primär auf eine Kontaktpaarung zurück [GEITLER 1954 (4)]. Die festsitzende Zelle, die zufallsgemäß größer oder kleiner als die bewegliche sein kann, wird von der beweglichen aufgesucht. Das Verhalten der unterschiedlich großen Gametangien ist also nicht in dem Sinne festgelegt, daß das kleinere Gametangium aktiver ist. Die Berührung der Partner erfolgt an den Schalen (nicht wie sonst üblich an den Gürtelbändern). Dieses ungewöhnliche Verhalten zeigen auch *Anomoeoneis sculpta* (CHOLNOKY 1928) und *Navicula halophila*. Die Partner werden durch die ausgeschiedene Gallerte ziemlich willkürlich verschoben und weit voneinander getrennt. Die Gameten entstehen nach dem üblichen Schema. Alle vier Gameten sind aktiv und treffen sich in der Gallerte. Eine bestimmte Lagebeziehung zwischen Mutterzellen und Auxosporen (etwa gekreuzt wie bei *Rhapalodia*, *Epithemia* und *Amphora*) besteht nicht.

Hinweise: Vitalfärbung [HIRN 1953 (2) u. KRIEG 1954 (2)]; Neubeschreibungen und Florenlisten [CHOLNOKY 1954 (1), (2); GONZALVES 1954; HENDEY 1954; HUSTEDT 1954 (1), (2); KRISHNAMURTHY 1954; MCHUGH 1954; PATRICK 1954; SRINIVASAN 1954; WISEMAN u. HENDEY 1953].

Taxonomie: [KNUDSON 1954 (1)].

Ökologie: [CHOLNOKY 1953, KNUDSON 1954 (2), KOLBE 1954 (2), LUND 1954].

Kultur mariner Diatomeen: (SPENCER 1954).

Chlorophyceae. *1. Volvocales.* Innerhalb der Gattung *Chlamydomonas* gibt es alle Übergänge von Iso- über Aniso- und Oogoniogamie zu Oogamie. Unter Oogoniogamie ist der bei *Chl. coccifera* und *Chl. coccifera* var. *mesopyrenigera* beschriebene Fall zu verstehen, bei dem eine vegetative Zelle unter Geißelverlust zum „Gameten" wird. Echte Oogamie, bei der der Protoplast ungeteilt aus der Mutterzelle austritt, wurde bei Chlamydomonaceen bisher nur für *Chlorogonium oogamum* (PASCHER 1931) und neuerdings für eine mit *Chl. pseudogigantea* identische oder ihr nahe stehende Art beschrieben [GEITLER 1954 (3)]. Die Oogonien sind von den vegetativen Zellen durch die verkürzte Geißel unterschieden. Sie entlassen unter reichlicher Gallertbildung den Protoplasten. Die Spermatozoiden werden in unterschiedlich großen Zellen meist zu 64 als membranlose, fast farblose oder orange gelbe Gameten gebildet. Die Befruchtung selbst konnte nicht beobachtet werden. Aus dem Vorkommen überzähliger, kleiner („männlicher") Augenflecken in der Zygote könnte auf Polyspermie geschlossen werden.

Nach SAGER u. GRANICK (1954) ist N-Mangel Voraussetzung für die sexuelle Aktivierung von *Chlamydomonas*-Kulturen. Vegetatives Wachstum und Gametenbildung scheinen einander auszuschließen: Gameten werden zu vegetativen Zellen dedifferenziert, wenn ihnen eine Stickstoffkomponente geboten wird, die sie zum Wachstum verwenden können. — Bei der Nachuntersuchung der Versuche von MOEWUS u. a. (1954) konnte bisher nur der Gamonkomplex in Angriff genommen werden [FÖRSTER u. WIESE 1954 (1), (2)], da zwittrige Stämme von *Chlamydomonas eugametos* zur Überprüfung der Termonversuche nicht zur Verfügung standen und durch Gonenisolierung auch nicht heranzuziehen waren. Es konnte bestätigt werden, daß von den kopulationsbereiten Zellen ein geschlechts-spezifisches Gamon an die Kulturflüssigkeit abgegeben wird. Nach MOEWUS u. DEULOFEU (1954) soll das 7,4-Dimethylrutin als Antagonist des Rutins die Sterilität von *Chlamydomonas eugametos* aufheben, jedoch konnten FÖRSTER und WIESE überhaupt keine kopulationshemmende Wirkung des Rutins feststellen. — Entgegen der bisher herrschenden Meinung können die farblose *Polytoma mirum* und einzelne Vertreter der Eugleninen, Cryptomonaden und Chrysomonaden Zucker verwerten (PRINGSHEIM 1954).

Die von BRAUN (1851) beschriebene und seitdem nicht wieder aufgefundene Chlamydomonacee *Gloeococcus mucosa* bildet Gallertkolonien, in denen begeißelte, oscillierende Zellen mit unbegeißelten, sich teilenden abwechseln [IYENGAR 1954 (2)]. Erst wenn die Kolonie eine bestimmte

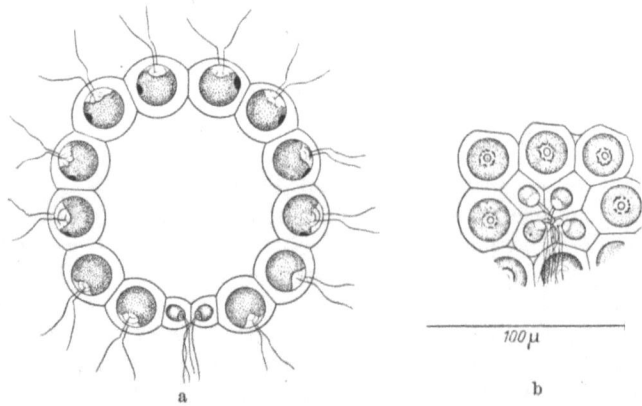

Abb. 37 a u. b. *Astrephomene gubernaculifera*. a Fast erwachsene Kolonie im optischen Schnitt, zwei Zellen des Steuerapparates zeigend. b Oberflächenansicht des hinteren Poles mit dem Steuerapparat. Nach POCOCK [1954 (1)].

Größe erreicht hat, schwärmen die beweglichen Zellen aus der Gallerte aus und erreichen während dieser Zeit die volle Beweglichkeit, die sonst den Chlamydomonaceen eigen ist. Nach dieser Schwärmperiode setzen sich die Schwärmer fest und bilden neue Kolonien. *Gloeococcus* dürfte mit *Chlamydomonas Kleinii* nahe verwandt sein, bei der die Gallerthülle um jede Zelle deutlich sichtbar ist, während die Gallerthüllen bei *Gloeococcus* zu einer der ganzen Kolonie gemeinsamen Hülle zerfließen.

Bei *Pandorina charkowiensis* [THOMPSON 1954 (1)] treten zwei unterschiedliche Kolonieformen auf: 1. die rein vegetativen, kompakten Kolonien und 2. die sich später aus ihnen entwickelnden gonidialen Kolonien mit *Eudorina*-ähnlichem Aussehen. Diese zweite Form kann sich noch asexuell vermehren, geht jedoch unter Zellvergrößerung zur Produktion von gametangialen Kolonien über. Diese bleiben, da sie nur geringfügig wachsen, wesentlich kleiner als die vegetativen. Männliche und weibliche Gameten und gametangiale Kolonien sind größenunterschieden und entstehen aus verschiedenen, also wohl nach Geschlechtern getrennten, gonidialen Kolonien.

Eine neue südafrikanische Volvocale (*Astrephomene gubernaculifera*) ist durch ihren hohen Differenzierungsgrad der vegetativen Kolonie bemerkenswert [POCOCK 1954 (1)]: sie ist dadurch charakterisiert, daß jede der 32 oder 64 Zellen der kugeligen Kolonie von einer deutlichen Membran umgeben ist, und daß am Hinterpol der Kolonie 2 (bei 32 Zellen) oder 4 (bei 64 Zellen) kleinere Zellen gelegen sind (Abb. 37a u. b). Deren Geißeln sind so gerichtet, daß sie wie eine die Bewegung steuernde Rudereinheit wirken. Diese Ruderzellen können keine Tochterkolonien bilden. Die in den übrigen Zellen gebildeten Tochterkolonien sind dadurch ausgezeichnet, daß sie sofort nach außen gewölbt sind und nicht umgestülpt werden müssen. Normalerweise findet die Bildung der Tochterkolonien in der intakten Kolonie statt, jedoch können bei der hier beschriebenen Form auch die Zellen aus dem Kolonieverband austreten und isoliert Tochterorganismen bilden. Bei der sexuellen Vermehrung werden alle Zellen, auch die Ruderzellen, zu zweigeißligen Gameten umgewandelt. Das Auftreten ungleich großer Gameten scheint durch unterschiedliche Koloniegröße bedingt zu sein. Eine sexuelle Differenzierung ist mit dem Größenunterschied nicht verbunden, wie aus dem Kopulationsverhalten der Gameten zu schließen ist. Wegen ihrer Morphologie und der Art der Tochterkoloniebildung wird die Form (*Astrephomene gubernaculifera*) als monotypischer Vertreter zu einer neuen, den *Volvocaceae* gleichgestellten Familie *Astrephomenaceae* gerechnet.

Der Entwicklungsgang der Tetrasporacee *Schizochlamys gelatinosa* (A. BRAUN) wird durch Umwelteinflüsse sehr kompliziert [THOMPSON 1954 (2)]. Im Entwicklungsgang sind grundsätzlich vier Stadien zu unterscheiden: 1. die gestielte Aplanospore, die aus der Zygote auskeimt; 2. die aus der Aplanospore heranwachsende palmelloide Kolonie; 3. ein Intermediärstadium mit Pseudocilien und schließlich 4. das *Schizochlamys*-Stadium mit zweigeißligen Gameten. Die Stadien 3 und 4 vermehren sich asexuell durch viergeißlige Zoosporen. Durch Umwelteinflüsse bedingt kann z. B. Stadium 1 zu einer gestielten Pseudocilienphase werden, und Stadium 2 kann in eine aplanosporische Phase übergehen, wobei in mehreren aufeinander folgenden Generationen nur freie Aplanosporen gebildet werden. Diese aplanosporische Phase wurde früher als *Placosphaera opaca* DANGEARD (= *P. relibitica* PAVALEK = *Coelastrella striolata* CHODAT) beschrieben.

Auch bei *Tetraspora gelatinosa* treten im Entwicklungsgang unterschiedliche Kolonieformen auf (HIROSE 1954). Die Zoosporen dieser Art keimen nicht direkt zu neuen Kolonien aus, sondern bilden zunächst, nachdem sie zur Ruhe gekommen sind, eine palmelloide Kolonie, deren Zellen wieder als Zoosporen fungieren. Zoosporen- und Koloniebildung können sich einige Male wiederholen, bis schließlich die Zoosporen die typische Kolonieform bilden. Im jugendlichen Zustand erinnert diese mit ihrer Differenzierung in den apikalen und basalen (Fuß-)Teil an die erwachsene Kolonie von *Apiocystis Brauniana*. Der einzige Unterschied besteht darin, daß bei *Apiocystis* die Pseudocilien die Gallerte durchsetzen.

2. *Ulotrichales*. Bei *Ulva lactuca* ist während der Gametenbildung die Atmung in den gametenbildenden Zonen erhöht (HAXO u. CLENDENNING 1953). Besonders bei den männlichen Gameten wird der Carotingehalt durch Bildung von γ-Carotin vermehrt. Beide Gameten betreiben

Photosynthese und sind (nur im blauvioletten Bereich) positiv, die Zygoten negativ phototaktisch (LEVRING 1954). Dasselbe phototaktische Verhalten zeigen übrigens die Gameten von *Characiosiphon rivularis*, dessen systematische Stellung unsicher ist [IYENGAR 1954 (1)].

3. Cladophorales. In der marinen *Cladophora utriculosa* wurde von SCHUSSNIG (1954) eine Art gefunden, die zwischen den marinen *Cladophora*-Arten mit antithetischem Generationswechsel und den diplontischen Süßwassercladophoren vermittelt. Bei einer Mutanten von *Cl. utriculosa* unterbleibt in den Zoosporangien die Meiose. Die Zoosporen machen eine abnorme Tetradenteilung durch, wobei einige oder alle Kerne pyknotisch werden. Auf diese Weise könnte es zum Überwiegen der diploiden Phase, ihrer asexuellen Fortpflanzung und zur Beschränkung der Gametenbildung auf eine bestimmte Jahreszeit gekommen sein.

4. Chaetophorales. *Stigeoclonium aureum* zeigt entgegen den Angaben von GODWARD (1942) einen homomorphen Generationswechsel und dürfte als Übergangsform zu *Draparnaldia* anzusehen sein [SINGH 1954 (2)]. Die terrestrische, tropische Chaetophoracee: *Fritschiella tuberosa* könnte als Muster einer primitiven Landpflanze gelten und ist deswegen von hohem phylogenetischen Wert [SINGH 1954 (1)].

5. Conjugales. Durch Einzelkulturen konnte für *Cosmarium botrytis var. subtumidum* genotypisch bestimmte Sexualität und Heterothallie festgestellt werden (STARR 1954). Der Kopulationsvorgang wird durch eine Reihe zeitlich definierter Mikrophotographien vorbildlich demonstriert. Ob die Schleimsekretion bei der Kopulation von einem oder von beiden Partnern ausgeht, läßt sich nicht entscheiden. — Eine neue, in Brasilien spontan vorkommende Desmidiaceenart: *Scottia mira* mit erblich festgelegter bipolarer Symmetrie wurde beschrieben [GRÖNBLAD 1954, KALLIO 1954 (2)]. Die Halbzellen sind in ihrer Form und in der Ausbildung der Fortsätze verschieden. Bei der Teilung werden die jeweils zu ergänzenden Halbschalen neu gebildet. Dies weist auf eine Zellpolarität und nach Ansicht der Verff. auf asymmetrische Plasmastruktureinheiten hin. An dieser Stelle sei auf die künstliche durch Polyploidisierung der sich bildenden Halbschale erzeugten asymmetrischen Formen von *Micrasterias thomasiana var. notata* (WARIS 1951, 1954, KALLIO 1951) und von *M. rotata var. evoluta* [KALLIO 1953, 1954 (1)] hingewiesen. Diese Formen werden für das Studium der Symmetrieverhältnisse wichtig sein. Durch Dauerbelichtung können asymmetrische Zellteilungen induziert werden, bei denen beide Kerne in eine Halbschale geraten (KALLIO 1953). Auf diese Weise entstehen diploide Klone.

6. Siphonales. Eine neue $1/_2$—2 mm große *Halicystis*-Art (*H. Boergesenii*) wurde auf *Lithothamnion* wachsend in Südindien auf Korallenriffen entdeckt (IYENGAR u. RAMANATHAN 1954). Die neue Art unterscheidet sich von *H. ovalis* durch die spindelförmigen Chromatophoren, die je ein bis zwei Pyrenoide besitzen, und von *H. parvula* und *H. Osterhoutii* durch den stolonenartig wachsenden, perennierenden, rhizomähnlichen Thallus. Die *Halycistis*-Arten verteilen sich nach den bisherigen Untersuchungen wie folgt: *H. Boergesenii* Indischer Ozean, *H. ovalis* östlicher atlantischer und pazifischer Ozean, *H. parvula* Mittelmeer und *H. Osterhoutii* westlicher atlantischer Ozean.

Ähnliche Kernverhältnisse wie bei *Acetabularia* wurden bei der Neomeridee: *Cymopolia barbata* aufgefunden (WERZ 1953). Der Zerfall des großen Primärkernes, der aus dem Zygotenkern hervorgegangen ist, in Sekundärkerne erfolgt erst nach Ausbildung des dritten und vierten sterilen Wirtels. Die Sekundärkerne bleiben im Rhizoid, wachsen heran und zerfallen erneut. Die jetzt entstandenen Kerne teilen sich mitotisch und wandern in die Gametangien ein. Bei in Kultur gehaltenen Pflanzen kommt es jedoch nicht zur Gametenbildung, ältere Gametangien bilden durch Sprossung Jungpflanzen, die von Anfang an mehrkernig sind. — *Acetabularia mediterranea* wächst in Kultur optimal bei 1300 Lux und 11—13stündiger Lichtperiode (DAO 1954). Aus Versuchen mit durch operativen Eingriff kernfrei gemachten Acetabularien wird geschlossen, daß der Spiegel gewisser Eiweiße durch den Kern beeinflußt wird (GIARDINA 1954; vgl. auch Fortschr. Bot. **16**, 348). Für die Systematik der Gattung *Codium*, die bisher auf Habitus und Schlauchform basierte, sollten ergänzend der Wachstums- und Verzweigungsmodus und anatomische Unterschiede herangezogen werden (SILVA 1954).

Eine neue *Vaucheria*-Form (*V. dichotoma f. Arternensis*), die von *V. dichotoma* durch monöcische Geschlechtsverteilung unterschieden ist, wurde von RIETH [1953 (1)] beschrieben. Die Polarität der *Vaucheria* Oospore läßt sich im Gegensatz zu den Funariasporen durch Colchicin nicht beeinflussen [RIETH 1953 (3)].

7. *Charales*. Die Entwicklungsgeschichte von *Chara ceylanica* wurde in vorbildlicher Weise und selten anzutreffender Vollständigkeit beschrieben (SUNDERALINGAM 1954). An wesentlichen Gesichtspunkten sollen hervorgehoben werden: der unterschiedliche Teilungsmodus der Knotenzellen und die Homologie und Entwicklung des Antheridiums. Die Knotenzellen der Hauptachse werden zunächst durch eine Längswand halbiert, worauf 12 Randzellen gebildet werden, die sich um die beiden Zentralzellen gruppieren. Der unterste Knoten des Langtriebes weist nur vier Randzellen um die zwei Zentralzellen auf, und in allen Knoten des Kurztriebes unterbleibt die Halbierung durch die Längswand, so daß die Randzellen nur eine Zentralzelle einschließen. Der Langtrieb entsteht aus der ersten Internodiumzelle (nicht aus der Knotenzelle!) des Kurzsprosses. Das Antheridium nimmt die Stelle einer Brakteenzelle ein und ist dieser homolog. Es ist das metamorphosierte Endsegment einer Achse zweiter Ordnung, während das Oogon eine umgewandelte Achse dritter Ordnung darstellt. Manubrium- und Schildzellen sind Schwesterzellen(!).

Ein Bestimmungsschlüssel mit genauen Diagnosen für die nordamerikanischen Nitellen wurde von ALLEN (1954) veröffentlicht, einer für die fossilen Characeen von MÄDLER (1953). Ein Sammelreferat über fossile Characeen liegt von PECK (1953) vor.

Hinweise: Carotinoide bei *Chlorella* (CLAES 1954, GOODWIN 1954) und bei *Haematococcus* (DROOP 1954, WURTZ 1954), Rhamnose erstmalig in einem Algenpolysaccharid (*Ulva lactuca*) gefunden (BRADING, GEORG-PLANT u. HARDY 1954);

Berichtigung: *Trentepohlia monilia* = *Physolinum monilia* (NIELSON 1954), Wasserblüte von *Nannochloris* und *Stichococcus* (RYTHER 1954), Artenliste von *Oedogonium* und *Bulbochaete* (BOCK u. BOCK 1954), *Sphaeroplea cambrica* und Varietät in Deutschland erstmalig gefunden [RIETH 1953 (3)], Chromosomenzahlen bei Desmidiaceen (KING 1954), Vitalfärbung an Desmidiaceen (HIRN 1953, KIERMAYER 1954), Plasmolyse bei Desmidiaceen (KREBS 1954), Desmidiaceenfloren (Japan: HIRANO 1954, Australien und Indonesien: SCOTT 1954), *Actinotaenium*, eine (an Stelle des Subgenus *Dysphinctii*) wieder aufgestellte Desmidiaceengattung [TEILING 1954 (1)], Berichtung der Artbeschreibung von *Staurodesmus dejectus* [TEILING 1954 (2)], Beschreibung neuer Characeenarten (IMAHORI 1953, HIDEO 1954). Symposium über Sexualität bei Mikroorganismen (WENRICH, LEWIS u. RAPER 1954).

Phaeophyceae. *1. Vegetativer Aufbau und Taxonomie.* ARASAKI (1954) schlägt vor, für die Systematik der Phaeophyceen außer des Fortpflanzungstyps (Gametogamie und Oogamie) und des Generationswechsels (*Isogeneratae, Heterogeneratae* und *Cyclosporae* nach KYLIN) noch die Wuchsform (dendroid oder thalloid) als drittes Einteilungsprinzip heranzuziehen.

Die in Neuseeland vorkommende Braunalge *Microzonia velutina*, die bisher zu den *Dictyotales* gestellt wurde, muß ihres trichothallischen Wachstums wegen in die *Cutleriales* eingeordnet werden (O'DONELL 1954). Die Segmente der intercalaren Wachstumszone werden durch eine oberflächenparallele Teilung in zwei Zellreihen geteilt, von denen die dorsale als Außenzellage einschichtig bleibt, während die ventrale in die Mittelschicht und die untere Außenzelle geteilt wird. Durch die Bildung von Sporangien (mit 16—32, selten 64 Sporen) an verzweigten Fäden unterscheidet sich *Microzonia* von den beiden anderen *Cutleriales*-Gattungen mit sessilen Sporangien: *Cutleria* und *Zanardinia* und bildet somit eine dritte Gattung. Sekundäre Sporangien entstehen dadurch, daß die Basalzellen die leeren Sporangien durchwachsen.

Die Wandungen der Vesiculae von *Ascophyllum nodosum* sind für Gase, Wasser, Salze und Zucker permeabel (TAMMES 1954). Durch sie findet der Gasaustausch statt. Gasdruck und Sauerstoffgehalt hängen von der Photosynthese ab. Entsteht in den Blasen durch Gasverlust ein Unterdruck, so wird Seewasser eingesaugt. Der Unterdruck kann durch Diffusionsverlust (O_2-Partialdruck in den Vesiculae größer als im Außenmedium) oder durch O_2-Verlust infolge Atmung bedingt sein.

Die Scheitelzelle der Fucacee *Xiphophora chondrophylla* var. *maxima* ist eine invers gestellte vierseitige Pyramide, die entgegen früheren Angaben mit ihren längeren Seitenwänden senkrecht zur Abplattungsfläche des Thallus steht und parallel zu den vier geneigten Seitenwänden Segmente abgibt [NAYLOR 1954 (1)]. Die vier für Neuseeland endemischen Arten: *Marginariella, Scytothalia, Phyllospora* und *Seirococcus* bilden eine isolierte Gruppe (vielleicht eine eigene Familie), die auf Grund ihrer Symmetrie, ihrer Scheitelzellform (vierschneidig), des Abscheidungsmodus der zungenförmigen Zelle (durch eine gerade Wand) und durch die Zygotenkeimung am ehesten noch in die *Fucaceae* einzuordnen sind (NAYLOR 1953). Auf die Scheitelzelle als Unterscheidungsmerkmal zwischen *Cytoseiro-Sargassaceae* und *Fucaceae* ist kein großer Wert zu legen, denn bei *Marginariella*, die offensichtlich zu der oben genannten Gruppe gehört, wird eine dreischneidige Scheitelzelle ausgebildet. BAKER (1950) konnte zeigen, daß auch Salzmarschformen britischer Fucaceen dreischneidige Scheitelzellen haben können.

2. Auftreten von zwei heteromorphen, diploiden Generationen bei den Ectocarpales. Bei der Ectocarpacee *Griffordia fuscata* treten zwei, wahrscheinlich diploide heteromorphe Generationen, eine Zwergform und eine fädig-büschelige Form auf (KORNMANN 1954). Beide Formen bilden uni- und pluriloculäre Sporangien. Die in den uniloculären Behältern bei beiden Generationen entstehenden Zoosporen sind heteroblastisch und können sowohl die Faden- wie auch die Zwergform bilden. Diese Eigenschaft haben sie gemeinsam mit den Zoosporen aus den pluriloculären Sporangien der Zwergform, während die Zoosporen aus den pluriloculären Behältern der büscheligen Form nur die büschelige Generation verbreiten. Anzeichen für eine Sexualität der Zwergform sind nicht vorhanden.

Die Annahme, daß *Utriculidium durvillei* die pluriloculäre Generation der früher zu den *Laminariales* gestellten Punctariacee *Adenocystis utricularis* sei, hat sich nicht bestätigt [NAYLOR 1954 (3)]. Die in den uniloculären Sporangien von *Adenocystis* gebildeten Zoosporen bilden als Jugendform faden- oder scheibenförmige Thalli, die sich wahrscheinlich durch Zoosporen, die in pluriloculären Behältern auf der Jugendform entstehen, verbreiten. In dieser Jugendform dürften die Algen überwintern. Die gametophytische Phase scheint ausgefallen zu sein, denn aus den Jungpflanzen entstehen die erwachsenen Algen mit uniloculären Sporangien.

3. Antheridien bei den Fucales. Bei den mitotischen Teilungen, die zur Bildung der 64 Spermatozoiden im Antheridium von *Sargassum Horneri* führen, wurden an den Spindelpolen Centrosomen-ähnliche Körper beobachtet (HIROE u. INOH 1954). Auch bei *Sargassum Horneri* besitzt nur die frontale Geißel des Spermatozoids Flimmerhaare (SATÔ 1953). Vordere und hintere Geißel hängen am Blepharoplasten zusammen.

4. Oogonien, Eihüllen, Ausstoßen der Eier und Zygotenkeimung bei den Fucales. Fucaceae: An isolierten *Pelvetia*-Konzeptakeln wurde nachgewiesen, daß das Ausstoßen der Eier durch eine kurze Dunkelperiode, die auf eine lange Hellperiode folgt, induziert wird. Die Hellperiode muß etwa 4 Std gedauert haben, dann genügt eine Dunkelperiode von 3 min um nach 10 min die Reaktion eintreten zu lassen. Das Ausstoßen der Eier erfolgt bei dieser minimalen Dunkelperiode bereits wieder im Licht. Bei partiell abgedunkelten Konzeptakeln scheint der Reiz innerhalb des Konzeptakels weiter geleitet zu werden (JAFFE 1954). Bei *Xiphophora chondrophylla var. maxima* [NAYLOR 1954 (1)] werden durch Aufreißen der Oogonienhülle die aus vier Eizellen bestehenden Eipakete im Konzeptakel frei. Da die Membran des Oogoniums gespannt war, werden die Pakete mit einem kurzen Ruck ausgeschleudert und durch die Paraphysen zur Ostiole und ins Meerwasser geleitet. Nach wenigen Sekunden schlüpft dann jede Oosphäre aus ihrer Eigenhülle (der zweiten Membran) aus, wobei die überzähligen vier Kerne (in jeder Hülle einer) zurückbleiben. Schließlich treten die Eier aus der dritten Hülle aus. Die Oogonienmembran von *Xiphophora* dürfte eine Mittelstellung zwischen der Struktur von *Durvillea* und der von *Hormosira* einnehmen. Die Zygotenkeimung und Bildung des primären Rhizoids erfolgt nach dem üblichen Fucaceenschema. Die in Neuseeland endemische *Marginariella urvilliana* bildet im 3. Jahr die ersten hermaphroditen Konzeptakel aus, in denen zunächst die Oogonien entstehen. Von den acht in der Oosphäre gebildeten Kernen werden sieben vor oder beim Ausschlüpfen der Oosphäre ausgestoßen. Das Ei wird von einem röhrenförmigen Schleimstiel festgehalten, so daß Befruchtung und erste Keimlingsentwicklung in situ erfolgt. Verquillt der Schleim, so sinken die Keimlinge ab. Es wird zunächst ein Rhizoid wie bei den übrigen Fucaceen gebildet, jedoch dieses sehr früh in vier Äste zerteilt. Dies erinnert an die Keimung der *Cytoseiro-Sargassaceae*, bei denen allerdings die Aufteilung noch früher erfolgt.

Sargassaceae. Bei den vier in Neuseeland vorkommenden *Carpophyllum*-Arten (*Carpophyllum flexuosum, plumosum, elongatum* und *maschalocarpum*) entwickeln sich nur wenige, relativ große Oogonien in den Konzeptakeln. Ihr Inhalt wird im Achtkernstadium ausgestoßen, bleibt aber mit einem Schleimstiel im Konzeptakel verankert, wo auch die Befruchtung und die Keimung der Zygote erfolgt. Ob die Degeneration von sieben Kernen vor oder nach der Befruchtung erfolgt, bleibt ungeklärt, jedenfalls findet sie nach Ausstoßen des Oogoninhaltes statt [NAYLOR 1954 (2)].

Hinweise: Chromosomenzahlen (WALKER 1952, MAGNE 1953, HIROE u. INOH 1954 und WALKER 1954). Submikroskopische Struktur der *Fucus*-Plastiden (LEYON u. VON WETTSTEIN 1954, VON WETTSTEIN 1954), Laminarin (FRIEDLAENDER, COOK u. MARTIN 1954), Zuckerstoffwechsel bei *Laminaria* (QUILLET 1954), Proteine und Kohlehydrate bei Phaeophyceen (WOODWARD 1954) und bei *Laminaria* (BLACK 1954), Jahreszeitliche Schwankungen des N-Gehaltes in verschiedenen Thalluszonen bei *Laminaria* (HOFFMANN 1953), bei *Laminaria* und *Fucus* (JACOBI 1954), *Fucus*-Hybriden (BURROWS und LODGE 1953, PARRIAUD 1954; vgl. auch Fortschr. Bot. **16**, 67).

Rhodophyceae. *1. Bangioideae.* In der Gallertscheide der Bangiacee *Kyliniella latvica* tritt massenhaft ein Organismus auf, der eine radiäre Gallertstreifung vortäuscht. Die außerdem vorhandene autochthone Gallertstruktur läßt sich leicht durch Entquellung sichtbar machen und von der vorgetäuschten Streifung unterscheiden. Da der bakterielle Organismus beim Material aller bisher bekannt gewordener Fundorte (Lettland, Schweden, Nordamerika, Alpen) beobachtet wurde, scheint es sich offenbar um einen obligaten, vielleicht symbiontischen Bewohner zu handeln, dessen Zuordnung zu den Bakterien wahrscheinlich, dessen Einordnung in das Bakteriensystem jedoch unsicher ist [GEITLER 1954 (2)]. Derselbe Organismus kommt in der Gallerte der Chlorophycee *Binuclearia tatrana* vor.

Zwischen der im Litoral häufigen Bangiacee *Porphyra umbilicalis* var. *laciniata* und der häufig in Kalkschalen der Entenmuschel, *Pollicipes cornucopia*, (DREW u. RICHARDS 1953) vorkommenden *Conchocelis rosea* besteht ein entwicklungsgeschichtlicher Zusammenhang (DREW 1954,

KUROGI 1954). Sporen oder fädige Keimlinge dringen bei Kontakt in die Muschelschalen ein, wo sie *Conchocelis*-Thalli mit sog. fertilen Zellreihen bilden. An spontan vorkommenden Material konnte an diesen Thalli Sporenbildung beobachtet werden (DREW u. RICHARDS 1953), in Kultur jedoch nicht (DREW 1954). Nach KUROGI (1954) sollen die *Conchocelis*-Thalli im Sommer Monosporen erzeugen, die im Herbst frei werden. DANGEARD (1954) hält es für möglich, daß die aus den Carposporen entstandenen Keimlinge sich im freien Außenmedium anders entwickeln als in der Muschel. Diese Auffassung wird durch die Kulturversuche von KUROGI (1954) mit *Porphyra* und *Bangia* bestätigt. KUROGI beobachtete bei Kultur in der Muschel die Entstehung der *Conchocelis*-Thalli mit Monosporenbildung. Zwischen den Fäden derselben *Conchocelis*-Pflanze oder verschiedener Organismen kann es zu Fusionen kommen (DREW 1954), die mit den Hyphenfusionen bei Pilzen zu homologisieren sind. Derartige Fusionen wurden bisher nur bei *Calaconema* (BATTERS 1896) beobachtet.

2. *Florideae.* Bei *Lemanea australis* lassen sich folgende Wuchsformen unterscheiden: eine dem Substrat anliegende Form, das *Chantransia*-Stadium und der homothallische Sexualsproß (MULLAHY 1952). Wenn das Spermatium aus dem Spermatangium austritt, befindet sich sein Kern in Prophase, beim Erreichen der Trichogyne ist die Kernteilung beendet. Die Kernlosigkeit der Trichogyne bei *Lemanea* ist als Zeichen einer hohen Entwicklungsstufe zu deuten. An der Basis des Cystocarps wird eine mehrkernige Basalzelle gebildet. Nährzellen sind vorhanden, Auxiliarzellen nicht. Die Meiosis muß in der Zeit zwischen der Befruchtung und der Carposporenbildung erfolgen, jedoch ist nicht sicher, ob die erste Teilung des Zygotenkernes bereits meiotisch ist. Die Carposporen entstehen acropetal an den Gonimoblastenfäden. Sie können erst nach längerer Ruheperiode und Kälteeinwirkung auskeimen. Das Auskeimen kann auf dem Gametophyten erfolgen. Die *Chantransia*-Form kann direkt unter Überspringen der Zwischenform aus den Carposporen hervorgehen.

Durch Kulturversuche konnte festgestellt werden, daß die unter dem Namen *Trailliella intricata* beschriebene Floridee die aus der Carpospore entstandene Keimpflanze der zu den *Nemalionales* gehörenden *Asparagopsis hamifera* ist (SEGAWA u. CHIHARA 1954). Durch HARDER u. KOCH (1949) war bereits früher eine Beziehung zwischen beiden Arten hergestellt worden, aus der Tetraspore von *Trailliella* entwickelte sich die *Asparagopsis*-Pflanze. *Asparagopsis* ist demnach eine Floridee mit Gametophyt, Carposporophyt und Tetrasporophyt.

Innerhalb der Ordnung *Gigartinales* wurden als Vertreter der Familie *Calosiphoniaceae* die beiden Gattungen *Calosiphonia* (*C. vermicularis*) und *Bertholdia* (*B. neapolitana*) untersucht [FELDMANN, J. 1954 (1)]. Durch die Ausbildung des Carpogonastes und die Gonimoblastenentwicklung nähern sich die *Calosiphoniaceae* den *Nemastomaceae*, von denen sie aber durch den vegetativen Aufbau unterschieden sind (uniaxial bei den *Calosiphoniaceae*, multiaxial bei den *Nemastomaceae*). Die

Calosiphoniaceae dürften als eine der wenig entwickelten Familien der *Gigartinales* anzusehen sein. Die beiden untersuchten Arten unterscheiden sich im vegetativen Aufbau durch die Zahl der kurzen Seitenzweige, die an jeder axialen Zelle in wirteliger Anordnung entstehen (*Calisiphonia* 4, *Bertholdia* 3) und im Carposporophyten durch die Art der Gonimoblastenbildung. Bei *Calisiphonia* entstehen wie bei den

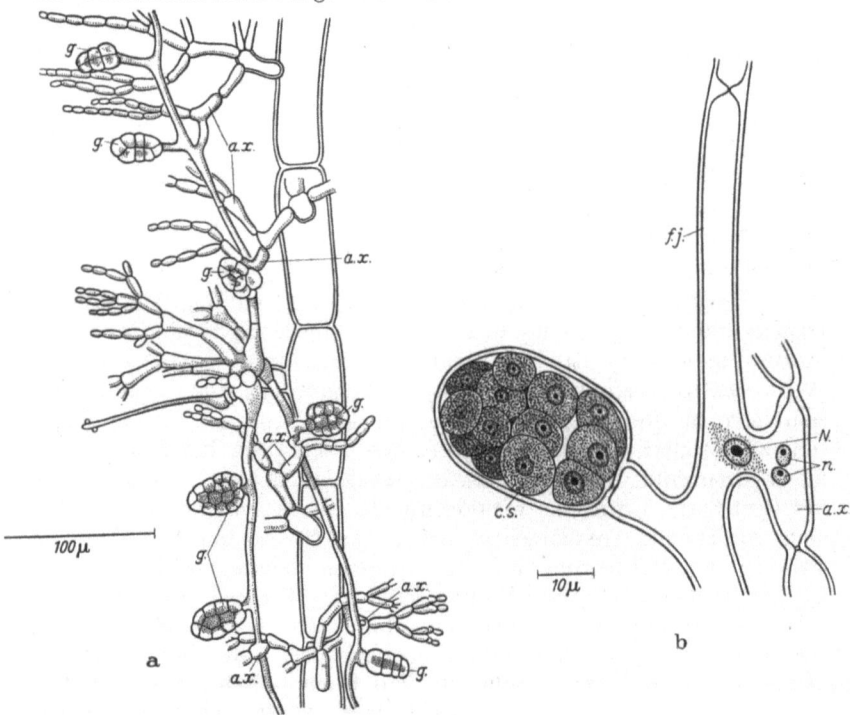

Abb. 38a u. b. *Bertholdia neapolitana*. Carposporophyt nach FELDMANN [1954 (1)]. a Die Trichogyne des befruchteten Carpogons trägt an ihrer Spitze noch zwei Spermatien. Die Carpogonbasis ist mit den benachbarten Zellen zu einem Komplex verschmolzen, aus dem drei Verbindungsfäden ausgewachsen sind. Diese haben an mehreren Stellen mit den Auxiliarzellen (*ax*) Fusionen gebildet. Die Gonimoblasten (*g*) sind in einiger Entfernung von den Fusionsstellen gebildet worden. b Verbindungsfaden (*fj*) und Auxiliarzelle (*ax*) mit dem Carposporophytenkern (*N*) und den beiden Tochterkernen der Auxiliarzelle. Die Carposporen (*cs*) entstehen in einiger Entfernung von der Fusionsstelle.

Nemostamaceae die Gonimoblasten direkt aus den Auxiliarzellen, bei *Bertholdia* hingegen werden die Gonimoblasten aus den Verbindungsfäden gebildet (Abb. 38a u. b). Nach der Befruchtung verschmilzt das Carpogon mit den Zellen des Carpogonastes zu einer formlosen Masse, aus der meist drei Verbindungsfäden auswachsen. Diese nehmen Verbindung mit den Auxiliarzellen auf. Die Auxiliarzellen sind intercalare Zellen der Wirteläste etwa im Bereich der zweiten oder dritten Verzweigung, die nur durch einen kleinen, gegen die Verbindungsfäden gerichteten Fortsatz von den übrigen Zellen der Wirteläste unterschieden sind. Der Carposporophytenkern des Verbindungsfadens bleibt im Gegensatz zu allen anderen Florideen im Verbindungsfaden

(Abb. 38b). Der Kern der Auxiliarzelle teilt sich nach der Zellfusion meistens erst, wenn der Gonimoblast gebildet wird. Der Gonimoblast entsteht als unregelmäßiger Zellhaufen aus einer Mutterzelle, die in einiger Entfernung als kurzer Seitenast aus dem Verbindungsfaden gebildet wird (Abb. 38b). Die bei *Bertholdia* beobachteten Auxiliarzellen sind den typischen Auxiliarzellen homolog, jedoch von ihnen in ihrer physiologischen Funktion verschieden. Es erscheint nötig den Begriff „Auxiliarzellen", auf dem die Klassifikation der Florideen zum Teil beruht, auf alle Zellen des Gametophyten zu erweitern, die mit dem Carposporophyten fusionieren.

Der vegetative Aufbau einiger dorsiventraler Gattungen aus zwei Unterfamilien der formenreichen *Rhodomelaceae* wurde untersucht (SCAGEL 1953). Dabei zeigte sich, daß bei den *Herposiphonieae* (*Metamorphe, Placophora, Amplisiphonia*) offenbar zwei Entwicklungslinien bestehen mit Beziehungen zu den *Poly-* und *Pterosiphoneae*.

Die Unterfamilie *Sarcomenoideae* der *Delesseriaceae* verdient erhöhtes Interesse, da sie vielleicht das Bindeglied zwischen den *Delesseriaceae* und den *Rhodomelaceae* darstellt. Die neu entdeckte Art *Platysiphonia parva* unterscheidet sich, wie auch die übrigen *Platysiphonia*-Arten und die beiden zur selben Subfamilie gehörenden Gattungen, *Vanvoorstia* und *Cottoniella* (SCHOTTER 1951), von den übrigen *Delesseriaceae* durch die Art der Perizentralenbildung. Zuerst entsteht die abaxiale Perizentrale, dann werden die lateralen und schließlich die adaxiale Perizentrale gebildet (SILVA u. CLEARY 1954). Weitere wichtige Merkmale, die *Platysiphonia* mit *Claudea* und *Vanvoorstia* (PAPENFUSS 1937) von den übrigen *Delesseriaceae* trennen, sind der Verzweigungsmodus, die Art der Procarpbildung [adaxial bei *Platysiphonia*, abaxial (aus den dorsalen Perizentralen also) bei *Claudea* und *Vanvoorstia*] und der Tetrasporangienentwicklung und die Bildung von einzelnen, terminalen Carposporangien. SILVA u. CLEARY (1954) schlagen deswegen vor die bisherige Gruppe der *Sarcomeniaceae* als dritte Subfamilie *Sarcomenioideae* neben die beiden anderen Subfamilien, *Nitophylloideae* und *Delesserioideae*, in die *Delesseriaceae* einzuordnen, was im übrigen durch FRITSCH schon früher durchgeführt wurde.

3. Parasitierende Florideen. FUNK (1954) möchte die endophytisch lebenden, parasitierenden Florideen provisorisch unter dem Namen „*Endorhodophyceae*" zusammenfassen. Bei den parasitierenden Florideen lassen sich zwei Gruppen unterscheiden: eine, die sich von ihren Wirtspflanzen im vegetativen Aufbau und in der Fortpflanzung unterscheidet (*Choreocolaceae*) und eine, die den Wirtspflanzen gleicht (*Gelidiales, Cryptonemiales, Gigartinales, Rhodymeniales* und *Ceramiales*). Vier südafrikanische *Rhodomelaceae* (darunter als einziger Vertreter einer neuen Gattung *Rhodomelopsis africana*) wurden als Wirtspflanzen von parasitisch lebenden Florideen in ihrem vegetativen und generativen Aufbau näher untersucht [POCOCK 1953, 1954 (2)]. Die neun untersuchten Parasiten (darunter sechs neue Arten und eine neue Gattung) gehören meist derselben Familie wie ihre Wirtspflanze an (Ausnahme: zwei *Choreocolax*-Arten und *Syringocolax*, die auf *Gelidium*-Arten vorkommen). Sechs der Parasiten sind streng spezifisch an ihre Wirtspflanze gebunden (MARTIN u. POCOCK 1953). Als Ausdruck der parasitischen Lebensweise sind anzusehen: die Reduktion des Farbstoffes (FELDMANN u. FELDMANN 1954) und der Thallusgröße (FUNK 1954) (*Choreocolax* z.B. ist mit bloßem Auge kaum sichtbar!), die Reduktion des vegetativen Thallus (im Extremfall bis auf verzweigte Haustorien innerhalb des Wirtes) und die Tatsache, daß die freien Achsen meist ganz und gar reproduktiv sind. Zwischen Wirt und Parasit werden Tüpfelverbindungen ausgebildet. Die Parasiten rufen auf dem Wirt lokale Schwellungen hervor, beeinträchtigen aber weder Wachstum noch Lebensalter der Wirtspflanze (POCOCK 1953). Die Sporen des Parasiten keimen auf der Wirtspflanze und können mit einem Rhizoid in deren Zellen eindringen.

Hinweise: Fluorochromierung und Fluorescenz (WIMMER u. HÖFLER 1953, HÖFLER u. DÜVEL 1954), Polysaccharide bei Florideen (DILLON 1954, AUGIER 1954, MEEUSE u. KREGER 1954, WOODWARD 1954), Salztoleranz bei *Lemanea* (WOOD u. STRAUGHAN 1953).

Lichenes. *1. Phylogenie und Lichenisierungsgrad.* Über eine flechtenähnliche Symbiose einer Polyporacee mit einer Grünalge berichtet TOBLER (1954). Der Pilz kann sich zuweilen aus dieser lockeren Gemeinschaft lösen und wahrscheinlich unter Wachstumsförderung durch die Algen Hyphenbüschel bilden, die völlig algenfrei sind. Auch bei etwas weiter fortgeschrittener Lichenisierung kann der eine oder andere Partner das Übergewicht behalten oder wieder gewinnen (MATTICK 1953). So wurde in Brasilien eine *Clavaria mucida* gefunden, deren grünalgenfreie Fruchtkörper sich aus einer grünalgenhaltigen Kruste erheben. Bei zahlreichen brasilischen Flechten wurde ein Bewuchs mit *Trentepohlia*-Arten beobachtet (MATTICK 1953), doch ist es schwer zu entscheiden, ob es sich um Epiphytismus oder eine lockere Symbiose (etwa eine den Cephalodien vergleichbare Trisymbiose) handelt. Bei *Endocarpon pallidum* ließ sich übrigens zeigen, daß Pilzhyphen, die aus Sporen auswachsen, die ohne Hymenialgonidien ausgeschleudert wurden, durch Gonidien angelockt werden (ZEITLER 1954). — GALINOU u. CHADEFAUD (1953) möchten aus der Tatsache, daß die Asci der Pertusarien gleichzeitig primitive und abgeleitete Merkmale zeigen, schließen, daß ein Teil der *Discolichenes* sich in einem frühen phylogenetischen Stadium von den nicht lichenisierten Discomyceten abgespalten hat.

2. Taxonomie und Nomenklatur. Eine systematische Ordnung der Flechten nach ihren Algenkomponenten ist nicht möglich, da bei einzelnen Familien eine große Anzahl verschiedener Algen vorkommt (SANTESSON 1954, ZEITLER 1954), so z. B. bei den *Verrucariaceae* 10, bei der Gattung *Verrucaria* allein 4, bei den *Lecideaceae* 8, davon bei der Gattung *Lecidea* 6 verschiedene Algen. Die Algen sind im Flechtenthallus ihrer verminderten Teilungsfrequenz wegen gewöhnlich größer, die Chromatophorform ist besser ausgebildet. Aber es fehlen den Algen im Flechtenthallus Assimilatspeicherung und kennzeichnende Merkmale wie Faden- und Zoosporenbildung. Fadenbildung in der Kultur wurde z. B. bei *Heterococcus caespitosus* (ZEITLER 1954) und *Leptosira Thrombii*

(TSCHERMAK-WOESS 1953) beobachtet. Bemerkenswert ist, daß dieselben Gonidien in Wasser- und Landflechten vorkommen können (ZEITLER 1954).

MATTICK (1953) opponiert gegen den Beschluß des Stockholmer Kongresses [und damit gegen SANTESSON (1954)], den Flechtennamen als auf den Pilzpartner bezogen anzusehen. MATTICK möchte in Abänderung dieses Beschlusses den Flechtenpilz mit der dem Flechtennamen angehängten Endung: -*myces* und die Alge mit ihrem Namen benennen, den sie auch im frei lebenden Zustand trägt (vgl. auch die Erörterung des Problems in Fortschr. Bot. **16**, 63). Zur Bezeichnung von Bildungsabweichungen schlägt GRUMMANN (1954) eine einheitliche Benennung vor, die unter Voranstellung des Wortes: „*teras*" dem systematischen Namen angehängt wird. Eine ausführliche Liste der Bildungsabweichungen mit ihren Bezeichnungen ist diesem Vorschlag beigefügt.

Bei den Cladonien dürften übrigens nach den Untersuchungen von ULRICH (1954) manche als Formen beschriebene Bildungsabweichungen nur Regenerationserscheinungen beim Nachsprossen sein. Der vegetative Habitus ist überhaupt für die Taxonomie von sekundärer Bedeutung (SANTESSON 1954).

Im Formenkreis von *Parmelia andraena* wurden neue Abarten und Formen beschrieben und in einer Bestimmungstabelle zusammengefaßt [BESCHEL 1954 (1)] und *P. andraena* gegen *P. dubia* und *P. caparata* abgegrenzt.

Hinweise: Besonders hingewiesen werden muß auf die Zusammenstellung der Literatur über Flechten von 1949—1953, die taxonomische, ökologische, physiologische und cytologische Arbeiten erfaßt (CULBERSON 1954). Beschreibung einer neuen Art [BESCHEL 1954 (2)], Chemie der Flechtenstoffe (LINDBERG u. McPHERSON 1954, WACHTMEISTER 1954), Sammelreferat über Physiologie (DUGHI 1954), Wasserhaushalt und Photosynthese (BUTIN 1954), Taxonomie der Ascolichenen (CHOISY 1954), Geographie und Soziologie (DUVIGNEAUD 1954, MATTICK 1953, 1954, HASSEL-ROT 1953), Geschichte der Lichenologie (MATTICK 1954).

Bryophyta. *1. Hepaticae.* a) Taxonomische Fragen. Auf Grund entwicklungsgeschichtlicher Untersuchungen kommen MEHRA u. HANDOO (1953) zu der Auffassung, daß die Aufrechterhaltung der Gattung *Aspiromitus* nicht berechtigt ist. Es wird vorgeschlagen, die Gattung *Anthoceros* in eine gelb- und eine schwarzsporige Sektion zu unterteilen und letztere in eine Gruppe mit dickwandigen (*Aspiromitus*-Arten) und eine mit dünnwandigen Elateren zu gliedern.

Da sicher bestimmbare fossile Moosreste selten sind, ist der Fund von drei gut einzuordnenden fossilen *Hepaticae* um so bedeutungsvoller (LUNDBLAD 1954). Zwei davon (*Ricciopsis florinii* und *R. scanica*) stehen der rezenten Gattung *Riccia*, eines (*Marchantiolites porosus*) der Gattung *Marchantia* nahe. Eine primitive Marchantiacee (*Neohodgsonia*) mit nur einer Rhizoidrinne im Rezeptakelstiel und einem zweimal doppelt gegabelten Rezeptakelstiel wurde in Neuseeland entdeckt (PERSSON 1954). Entwicklungsgeschichtliche Untersuchungen an dieser bedeutsamen Form wären dringend erwünscht.

Für die Taxonomie der *Jungermaniales* möchte BUCH (1954) die Achsenanatomie berücksichtigt wissen. — Die systematische Einordnung von *Sphaerocarpos* und *Riellia* ist schwierig, da beide im vegetativen Aufbau Jungermaniaceen-Charakter haben und im Bau der Sexualorgane den *Marchantiales* folgen [PROSKAUER 1954 (1)]. Die Sporogonentwicklung gleicht der von *Corsinia*. Einem Vorschlag von CAVERS (1910) folgend möchte PROSKAUER beide Gattungen zu der Ordnung *Sphaerocarpales* zusammenfassen. Möglicherweise gehört zu dieser Entwicklungsreihe auch die fossile *Naiadita* (HARRIS 1939).

b) Entwicklungsgeschichte. Die Entwicklungsgeschichte von *Sphaerocarpus stipitatus* ist von Wichtigkeit, weil der Jungermaniaceen-Charakter dieser Art oft übersehen wurde. Aus den Sporen entwickelt sich zunächst ein konisches Protonema, das an seiner Flanke einen einschichtigen Lappen bildet, auf dem sich der Vegetationspunkt befindet. Aus diesem Lappen geht der herzförmige Thallus hervor, der sich gabelt, wobei stets ein Mittelblatt in der Gabelung gebildet wird. Der erwachsene Thallus trägt außerdem alternierende Blättchen, hat also Jungermaniaceen-Charakter. Männliche und weibliche Pflanzen sind zunächst nicht zu unterscheiden. Zuerst beginnen die männlichen mit der Bildung von Sexualorganen. Diese entstehen in so großer Menge, daß wahrscheinlich dadurch alle Reserven verbraucht werden, und die männliche Pflanze (wie bei *Phaeoceros laevis* PROSKAUER 1948) im Wachstum hinter der weiblichen zurückbleibt. Der Größenunterschied der beiden Geschlechter ist also eine Sekundärerscheinung. Die Sexualorgane sind jeweils einzeln von Einzelhüllen („Ampullae" = Perianth der *Marchantiales*) umgeben. Die Ampullen der Antheridien sind einschichtig, sitzend, die der weiblichen Geschlechtsorgane zweischichtig und gestielt. Da die Seta früh zugrunde geht, wird die Kapsel in der Calyptra zurückgehalten. — Die Wachstumstypen von Protonemata und Gemmen brauchen bei den foliosen Jungermaniaceen nicht übereinzustimmen [FULFORD 1954 (2)].

2. *Musci*. Bei Bestrahlung mit Röntgen- und γ-Strahlen treten im Moossporogon in bestimmten Zonen unterschiedliche Mutationen auf [MOUTSCHEN 1954 (1)]. Die Zonen gleichsinniger Mutabilität dürften durch genetische Verwandtschaft dieser Sporen zu erklären sein. Durch Bestrahlung verschiedener Teile von *Brachythecium rutabulum* mit unterschiedlicher Dosis lassen sich Mutanten erzeugen, die spontan vorkommenden Rassen gleichen. Durch Cystein, Methionin und Folinsäure lassen sich die Aposporierate und die Geschwindigkeit der Regeneration erhöhen [MOUTSCHEN 1954 (2)].

Hinweise: Die beiden letzten Lieferungen zur 3. Auflage der „Lebermoose Europas" in RABENHORSTs Kryptogamenflora sind erschienen (MÜLLER 1954). Zusammenstellung der neueren Moos-Literatur [FULFORD 1954 (1)], Chromosomenzahlen [LOWRY 1954 (1), (3), PROSKAUER 1954 (1), STEERE 1954, TATUNO 1953, 1954, TATUNO u. YANO 1953, YANO 1953, 1954 (dort ausführliche Literatur)], Plasmodesmen bei *Hepaticae* (WIEGAND 1954), Taxonomie der *Anthocerotaceae* [PROSKAUER 1954 (2), (3)], der *Fontinalacae* (WELCH 1954), Induzierte Verzweigungstypen des bipolar-dorsiventralen Brutkörpers von *Marchantia* [vgl. Fortschr. Bot. 16, 354, HALBSGUTH 1953, HALBSGUTH u. KOHLENBACH 1953, LARUE u.

NARAYANASWAMI 1954, ROUSSEAU 1954 (1)], Wuchsstoffwirkung auf Sporen, Gametangienstände und Thalli von *Marchantia* [ROUSSEAU 1952—1954 (1), (2)], Photoperiodismus (HUGHES 1954), Sonnenlicht- und UV-Resistenz von Schattenmoosen (BIEBL 1954), Referat über Aposporie [MOUTSCHEN 1954 (2)].

Pteridophyta. *1. Psilotales.* Bei *Psilotum nudum* entstehen die Gametangien in der Nähe des Prothalliumscheitels jeweils aus einer noch meristematischen Oberflächenzelle, die periklin geteilt wird [BIERHORST 1954 (1)]. Das reife Archegonium besteht aus 4—7 Etagen von je vier Halszellen, einer zweikernigen Halskanalzelle, einer Bauchkanal- und einer Eizelle. Besonders bemerkenswert ist, daß die von ZIMMERLY u. BANKS (1950) als regelmäßig auftretend beschriebene Querwand zwischen den Halskanalkernen nur ein einziges Mal beobachtet werden konnte. Das sich entwickelnde Antheridium kann schon frühzeitig durch die in der subepidermalen Zelle ausgespannte Längswand vom Archegon unterschieden werden. Meist werden im Antheridium 256 spiralig gewundene, vielgeißlige Spermatozoiden gebildet. Das Antheridium öffnet sich nicht wie bei *Tmesipteris* an der Spitze, sondern seitlich. Die erste transversal gestellte Wand in der Zygote trennt wie bei *Tmesipteris* Fuß- und Rhizombereich. Die Demarkationslinie zwischen beiden Bezirken wird im Laufe der Entwicklung undeutlich. Wenn das Rhizom 8—10 mm lang ist, wird es vom Fuß, der im gametophytischen Gewebe stecken bleibt, abgetrennt. Im Rhizomabschnitt ist bereits im 10-Zellstadium eine dreischneidige Scheitelzelle ausgebildet, oft entsteht dieser Scheitelzelle gegenüber eine zweite. Das Rhizom verzweigt sich sehr schnell, wenn es das Archegonium verlassen hat. Die Pilzinfektion erfolgt zur Zeit der ersten Verzweigung. Die unregelmäßige Verzweigung der unterirdischen Sporophytenachse von *Psilotum nudum* (L.) GRISEB. (= *P. triquetrum SW.*) [BIERHORST 1954 (2)] kommt wie beim Gametophyten (BIERHORST 1953; vgl. auch Fortschr. Bot. **16**, 68) durch Beschädigung der Scheitelzelle und Regeneration neuer Scheitelzellen zustande. In der Nähe des Vegetationspunktes entstehen in großer Anzahl Gemmen (HOLLOWAY 1939), die noch in Verbindung mit der Mutterpflanze auskeimen können und wohl die wesentliche Verbreitungsform des Sporophyten darstellen. Der anatomische Bau der unterirdischen Achsen richtet sich nach ihrer Dicke. Als Mycorrhizenpilz kommt wie im Gametophyten auch hier *Chladochytrium tmesipteridis* vor. Beim Durchbrechen des Erdbodens teilt sich der Scheitel in 16—32 Einzelmeristeme (MARSDEN u. WETMORE 1954), von denen jeder Scheitel sich noch einmal gabeln kann. Interessant ist, daß die in vitro kultivierten oberirdischen Achsenvegetationspunkte unter bestimmten, nicht näher bekannten Umständen Rhizom-ähnliche Achsen mit Gemmen [so ist die Abb. 3 bei MARSDEN u. WETMORE im Vergleich zur Abb. 5 von BIERHORST (1954) (2) richtig zu deuten] bilden können.

2. Filicinae. a) Eusporangiatae. Während im Embryo von *Ophioglossum* zunächst die Wurzel entwickelt wird, und das erste Blatt erst nach 7—8 Jahren über dem Boden erscheint, werden in Achsenknospen zunächst mehrere Blätter innerhalb eines Jahres und die Wurzel erst relativ spät entwickelt (WARDLAW 1953, 1954). Dieser

Unterschied in der Reihenfolge der Entwicklung dürfte zum größten Teil, wenn nicht ganz ernährungsbedingt sein.

b) Leptosporangiatae. Einem Vorschlag von RENNER (1953) folgend wird im Anulus der leptosporangiaten Farne der dickwandige Teil als „Bogen" und der dünnwandige Bezirk als „Stomiumregion" unterschieden (HAIDER 1954). Die Stomiumregion besteht aus dem eigentlichen Stomium (= „Saumzellen") und den an dieses oben und unten angrenzenden Zellgruppen, dem „Epi- und Hypostomium". Die Öffnung des Sporangiums erfolgt nicht, wie bisher angenommen, ausschließlich durch die Zugwirkung des Bogens. Das Stomium muß zunächst durch die Zugwirkung der schrumpfenden Epi- und Hypostomiumzellen geöffnet werden. Dabei helfen die Saumzellen durch die Eindellung ihrer Außenwände und die dadurch entstehende Zugwirkung auf die Seitenwände mit. Erst wenn die Saumzellen getrennt sind, kann die Zugwirkung der Bogenzellen wirksam werden. Der Bogen dürfte eine zweite Funktion als Wasserleitungsbahn haben. — Habitus und anatomischer Bau des Sporangiums (insbesondere der Stomiumregion) sollten mehr als bisher für taxonomische Untersuchungen herangezogen werden.

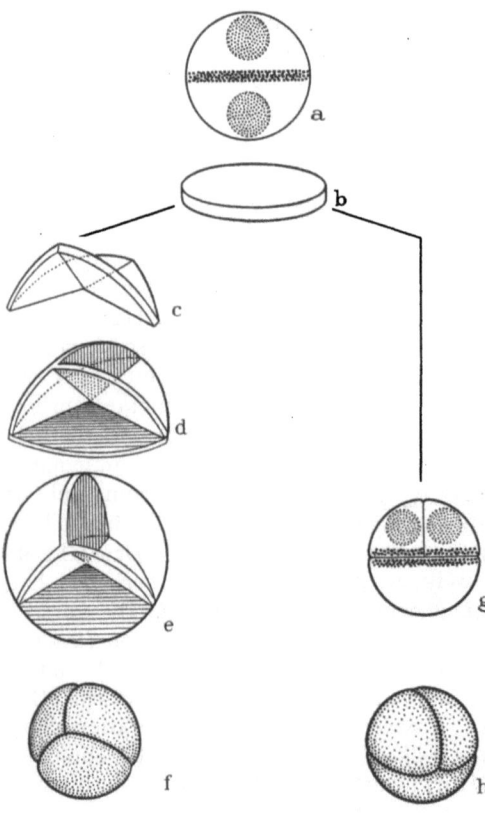

Abb. 39 a—h. Schematische Darstellung der Sporenentwicklung und des Verhaltens des Chondrioms bei *Osmunda* (linke Reihe) und *Onoclea* (rechte Reihe) nach MARENGO (1954), in der Anordnung und in den Figuren d und e verändert. c—e sind stärker vergrößert als die übrigen Figuren. a Dyade mit scheibenförmiger Anordnung des Chondrioms im Zelläquator. b Schematische Darstellung der scheibenförmigen Anordnung der Chondriosomen. c Einfaltung. d Bildung zusätzlicher Chondriosomen-„flächen" und e Endkonfiguration der Chondriosomen bei *Osmunda*. f Tetraedrische Anordnung der Chondriosomen bei *Osmunda*. g Die Teilungswände werden bei *Onoclea* ohne Verlagerung der Chondriosomen so angelegt, daß sie senkrecht auf die Chondriosomenscheibe auftreffen. h Decussierte Tetrade bei *Onoclea*.

Die Farnsporen können entweder in decussierter (SENJANINOVA 1927, MARENGO 1949 *Onoclea sensibilis*) oder in tetraedrischer Anordnung (MARENGO 1954 *Osmunda regalis*) im Sporangium entstehen. Das Verhalten der Chondriosomen bei diesen Teilungsprozessen ist unterschiedlich (Abb. 39). Während der Anaphase I der Meiosis ordnen sich die Chondriosomen in beiden Fällen aus wandständiger Lage scheibenförmig im Äquator der Zelle an. Beim ersten Typ (*Onoclea*) bleibt diese Lage erhalten, während beim zweiten Typ (*Osmunda*) durch Faltung der Scheiben und Neubildung zweier Platten in der Anaphase II (Abb. 39c, d, e) eine sechsteilige Figur erzeugt wird, die in ihrer Form den Verlauf der später in derselben Ebene angelegten Zellwände vorausnimmt. Es erhebt sich die grundsätzliche Frage, warum bei gleicher Lage der Gonenkerne ein anderer Teilungsmodus resultiert. Die Chondriosomenanordnung könnte der Ausdruck einer cytoplasmatischen Differenzierung sein. In den reifen Sporen sind die Chondriosomen wieder unregelmäßig verteilt. Die Chloroplasten bleiben während der Sporenbildung von *Osmunda regalis* wahrscheinlich erhalten (BARREAU 1954).

Die Keimzahl der meisten Farnsporen erhöht sich bei geringen Lichtintensitäten (10 Lux) und wird bei Verlängerung der Lichtperiode im Dauerlicht optimal. Bei hohen Lichtdosen (100—1000 Lux) treten drei Reaktionstypen auf: 1. die Zahl der Keimprozente wird herabgesetzt (*Dryopteris*); 2. die Keimzahl wird durch die Lichtdosis nicht, nur durch die Länge der Lichtperiode beeinflußt (*Spicantopsis* und *Asplenium*) und 3. die Keimprozente werden erhöht (*Pyrrosia*) (ISIKAWA u. OOHUSA 1954).

Apogam entstandene Individuen von *Dryopteris filix mas* und *D. dilatata* erwiesen sich als diploid gegenüber den amphidiploiden sexuellen Formen (MANTON u. WALKER 1954).

c) Hydropterides. Die entwicklungsgeschichtliche Untersuchung der *Hydropterides* wurde unter der Leitung von MARTENS durch das Institut CARNOY, Louvain in Angriff genommen mit dem Ziel, das vorhandene Material zu sichten und bestehende Lücken auszufüllen. Die bisher erschienenen Arbeiten zeichnen sich demgemäß durch eine sorgfältige Literaturerfassung und eine monographisch zu nennende Darstellung aus (TOURNAY 1951, FELLER 1953, DEMALSY 1953).

Die Wasserform von *Marsilea* ist nicht einfach als Reduktionsform der Landform aufzufassen, sondern entsteht durch unterschiedliche Richtung und Dauer der Zellteilungen in den Rhizomscheiteln (ALSOPP 1954). Da die Keimlinge bei niederen Zuckerkonzentrationen (1—2% Glucose) Wasserformhabitus und bei höherer Zuckerkonzentration (4—5%) Landformcharakter aufweisen, liegt der Schluß nahe, daß die Wuchsform osmotisch und nicht durch die unterschiedliche Versorgung mit Kohlehydraten bedingt ist (ALSOPP 1953, 1954).

Sporophyt-, Sporocarp- und Sporenentwicklung der australischen *Marsilea hirsuta* wurden von TOURNAY (1951) untersucht. Dabei ergab sich, daß die Sorussäckchen im Sporocarp entgegen früheren Angaben alternierend angelegt sind, und nur die beiden letzten, dem Ring anliegenden opponiert stehen. Durch das Sporangiumwachstum können sie im Zentrum des Sporocarps sekundär in eine gegenständige Lage kommen. Die Entwicklung der leptosporangiaten Mikro- und Makrosporangien ist bis zur Ausbildung der Sporenmutterzellen gleich. Es entstehen meist drei (selten auch vier bis fünf) Tapetenschichten, die später ein Periplasmodium bilden. Das Archespor wird durch drei aufeinander folgende, genau definierte Teilungen in acht Makrosporenmutterzellen und durch eine weitere Teilung in 16 Mikrosporenmutterzellen geteilt (FELLER 1953). Die Meiose der 16 Mikrosporenmutterzellen wird während der Metaphase I gestoppt, und es entstehen 16 voluminöse Mikrosporen statt der 64, die sonst bei der Gattung *Marsilea* üblich sind (Übersichtstabelle über Sporenzahlen von *Marsilea* bei FELLER 1953). Zuweilen werden multiple Mikrosporen gebildet, deren Mikrosporenmutterzellen sich nicht isoliert hatten und nun gemeinsam von den Sporenhäuten umgeben wurden. Außer den 16 Mikrosporen enthalten die Sporangien noch eine Anzahl Pseudosporen, die aus dem Periplasmodium entstanden sind. Diese Pseudosporen entstehen nicht aus Zellen, sondern werden um unbekannte Einschlüsse gebildet, die sich in den Vacuolen des Periplasmodiums befinden. Da auch diese Pseudosporen die charakteristische gestreifte, prismatische Exosporschicht und die beiden gelatinösen Außenschichten bilden, und bei den voluminösen diploiden Mikrosporen und den regulär gebildeten haploiden Makrosporen diese Schichten ohne Kontakt mit dem Endospor und damit dem Cytoplasma der Spore entstehen, muß geschlossen werden, daß das Periplasmodium für die Bildung dieser Schichten verantwortlich ist. — Die reticuläre Schicht der Makrospore entsteht entgegen anders lautenden Angaben der Literatur aus dem optisch leer erscheinenden Zwischenraum zwischen Endospor und Prismenschicht. Die in der subepidermalen Schicht des Sporocarps auftretende „Lichtlinie" (vgl. die ähnlichen Verhältnisse in der subepidermalen Testaschicht der *Sterculiaceae* VENKATA RAO 1953 und bei *Pisum* REEVE 1946) wird durch eine scheibenförmige Zone von Zellulose stärkerer Lichtbrechung und wahrscheinlich größerer Dichte hervorgerufen. Diese Zone erscheint demgemäß bei positivem Phasenkontrast dunkler als die angrenzenden Zelluloseschichten.

Bei fossilen *Salvinia*-Arten kennt man zwei Massulatypen, hohle und massive. Während die massiven bei rezenten Formen schon lange bekannt sind, wurde der hohle Typ erst jetzt bei *Salvinia auriculata* aufgefunden (MAHABALE 1954). Die hohlen Massulae entstehen durch Vacuolisation des Periplasmodiums. In den hohlen Massulae kommen stets sterile Mikrosporen vor. Für *S. auriculata* wurde Apogamie nachgewiesen (MAHABALE u. D'MELLO 1952). Apogamie und Sterilwerden der Sporen dürften die Verbreitung bestimmter Arten einschränken.

Der Sporophyt der afrikanischen *Azolla*-Art: *A. nilotica* wurde von DEMALSY (1953) untersucht. Die zur Aufnahme der *Anabaena* bestimmte Höhlung wird durch Einrollen des Oberblattes gebildet. *Anabaena* befindet sich auch zwischen Sporocarpwand und Sporangium. Die Frage, die unter anderem auch STRASBURGER und GOEBEL beschäftigt hat, ob das die Sporocarpe einhüllende Involucrum aus einem Teil des Unterblattes entsteht oder ein Anhängsel des Oberblattes ist, konnte nicht geklärt werden. Bei der Mikrosporangienentwicklung tritt eine dreischneidige Scheitelzelle wie bei der Achse, beim Makrosporangium eine vierschneidige wie bei der Wurzel auf. Die von STRASBURGER für die Makrospore beschriebene Exosporschicht aus isolierten Prismen ist nach den Untersuchungen von DEMALSY (1953) eine zusammenhängende Schicht mit Netzstruktur, deren Poren sich fortschreitend verengern.

Hinweise: Chromosomenzahlen (ABRAHAM u. NINAN 1954, BRITTON 1953, PANIGRAHI 1954, VAARAMA 1954), primäres Dickenwachstum bei Leptosporangiaten (WETTER u. WETTER 1954), Neubeschreibung einer *Elaphoglossum*-Art aus Bolivien mit fußförmig geteilten Blättern (WAGNER 1954), Bedeutung der *Psilophytales* (LECLERCQ 1954).

Gymnospermae. Aus keimenden *Ginkgo*-Pollen entwickelten sich bei Kultur unter Zusatz von Hefeextrakt und Heteroauxin in geringem Maße (4%) parenchymatische Gewebewucherungen, die zunächst haploid, später polyploid und vielkernig werden (TULECKE 1953, 1954). Aus welchen Teilen des Pollenschlauches die Gewebe, die bereits 13 Passagen durchgemacht haben, entstehen, ist unbekannt. Es läßt sich vermuten, daß sie aus der vegetativen Zelle und der Stielzelle stammen.

Bei *Pinus pinea, pinaster* und *halepensis* entsteht das Tapetum als sog. primäres Tapetum aus dem Archesporgewebe durch perikline Teilungen. Die Tapetumzellen können vielkernig werden (FRANCINI 1954). Eine Beziehung des Tapetums zur Ausbildung der Makrosporenmembran wird vermutet.

Bei der Embryoentwicklung von *Podocarpus nivalis* teilt sich der Zygotenkern nur einmal am Verschmelzungsort der Sexualkerne; die Tochterkerne werden gegen den basalen Pol des Archegoniums verlagert, wo nach drei aufeinander folgenden Mitosen ein 16kerniges Stadium entsteht (BOYLE u. DOYLE 1954). Von diesen 16 Kernen wird jedoch eine variable Zahl durch Verlagerung als „Reliktkerne" von der weiteren Entwicklung des Embryos ausgeschlossen, die restlichen Kerne ordnen sich in zwei Lagen, zwischen die eine Zellwand ausgespannt wird. In der nach oben hin offenen Schicht erfolgt durch senkrecht gestellte Spindeln eine Querteilung in die obere Schicht und die Suspensorschicht. In der unteren „primären Embryoschicht" finden nur Kernteilungen statt, so daß die für die Podocarpaceen typischen und auf diese Familie beschränkten zweikernigen Embryozellen entstehen. Die Kerne werden nach einer Ruheperiode gegen die Suspensorzellen verlagert und die kernlose Spitze durch eine Querwand als Kappe abgetrennt. Die Kappen werden hier also aus einem kernlosen Zellteil gebildet im Gegensatz zu *Zamia*, bei der die Kappe des Proembryos aus einer einschichtigen Zellage entsteht, die sich noch periklin teilen kann und später degeneriert (BRYAN 1952).

Nach den sorgfältigen und kritischen Untersuchungen von BOYLE u. DOYLE (1953, 1954) und DOYLE (1954) lassen sich innerhalb der *Podocarpaceae* folgende Entwicklungstendenzen feststellen: im Gametophyten: 1. Der ursprünglich zweijährige gametophytische Cyclus wird durch Ausfall der Ruheperiode auf 1 Jahr verkürzt (bei *Nageia, Dasycarpus, Phyllocladus, Pherosphaera, Microcachrys* und der Sektion *Eupodocarpus*). 2. Reduktion der ursprünglich vorhandenen zwei Spermazellen (*Saxe-Gothaea* und vielleicht *Microcachrys*) auf einen funktionsfähigen Gameten. 3. Vermehrung der vorhandenen zwei Prothalliumzellen im Pollenkorn (*Microcachrys*) auf mehrere. *Pherosphaera* bildet eine Ausnahme, sie bildet keine Prothalliumzellen. 4. Die zugespitzten, schmalen, primitiven Archegonien, wie sie noch in der *Stachycarpus*-Sektion, bei *Saxe-Gothaea* und schließlich bei einigen *Dacrydium*-Arten zu beobachten sind, werden durch kürzere, abgestumpfte besonders in der *Eupodocarpus*-Sektion und bei *Pherosphaera* und *Microcachrys* ersetzt. 5. Die Zahl der Archegonien steigt von 1—3 auf Zahlen über 6 (*Eupodocarpus* und *Nageia*). 6. Die sonst zweischichtige dicke Membran, die das Makroprothallium umgibt, wird zu einer dünnen Lage reduziert (*Pherosphaera*). Die vorstehend beschriebenen Evolutionstendenzen zeigen sich besonders bei den nach sporophytischen Merkmalen systematisch höher einzustufenden Arten. Im Gegensatz dazu treten die beiden folgenden fortschrittlichen Merkmale gerade bei den niederen *Stachycarpus*-Arten auf. 7. Tiefe Einbettung der Archegonien und 8. starker Größenunterschied zwischen weiblichem und männlichem Gametenkern. Folgende Evolutionstendenzen lassen sich bei der Embryoentwicklung verfolgen: 1. statt fünf freier Mitosen, von denen zwei in Höhe des Zygotenkernes erfolgen (*Stachycarpus* und *Nageia*), zeigen die höher entwickelten Formen nur vier, von denen nur eine in situ erfolgt. Diese Entwicklungstendenz ist allgemein für die Gymnospermen charakteristisch. Innerhalb der Gymnospermen läßt sich folgende Reduktionsreihe aufstellen: *Ginkgo* 8 freie Mitosen, *Araucariaceae* warscheinlich 6, *Sciadopitys* und einfachere *Podocarpus*-Sektionen 5, die meisten Podocarpaceen, *Taxus* und *Cephalotaxus* 4, *Pinaceae*, *Taxodiaceae* und *Cupressaceae* 3, *Torreya* 2 (selten 3), *Arthrotaxis* 2 und *Sequoia sempervirens*: Kern- und Zellteilung gekoppelt. 2. Statt der primitiven Lagerung der Embryozellen in ± deutlichen Stockwerken (*Stachycarpus*-Arten, *Saxe-Gothaea* und *Phyllocladus*) werden die Zellen des Embryos in einer einzigen Schicht angeordnet (höhere *Stachycarpus*-Arten, *Nageia*, *Dacrycarpus* und *Eupodocarpus*). 3. Die Zahl der Embryozellen wird von 15 (*Stachycarpus*, *Nageia*, *Saxe-Gothaea* und *Phyllocladus*) bei *Eupodocarpus* auf 1 (zuweilen auf 3) reduziert. 4. Polyembryonie durch Spaltung wird als fortschrittliches Merkmal angesehen. Sie kommt bei *Dacrydium*, *Pherosphaera* und bei *Podocarpus* mit Ausnahme der niederen *Stachycarpus*-Arten, *Saxe-Gothaea*, *Phyllocladus* und *Microcachrys* vor. Obwohl *Saxe-Gothaea* wegen ihrer sporophytischen Merkmale und ihrer Bestäubungseinrichtung als abgeleitet angesehen werden muß, zeigt diese Gattung in ihrer Gametophyt- und Embryoentwicklung im allgemeinen primitive Merkmale.

Der weibliche Gametophyt der Gnetaceen ist ein wichtiges Bindeglied bei der Homologiebetrachtung des Makroprothalliums der Gymnospermen und des Embryosackes der Angiospermen. Der Mangel an sorgfältigen, mit modernen Mitteln durchgeführten Untersuchungen wurde durch die Arbeit von WATERKEYN (1954) behoben, die die erste in einer Veröffentlichungsreihe darstellt. Bei *Gnetum africanum* entwickelt sich ein tetrasporischer Embryosack, in dem nach siebenmaliger Mitose 512 (statt der gezählten 506) peripher gelagerte Kerne entstehen müßten. Die Entwicklung des Endosperms erfolgt unabhängig von der

Befruchtung. Dabei bleibt der obere Teil des Embryosackes zunächst nucleär, während der untere zellig wird. Bei der Ausbildung des zelligen Endosperms sind drei Phasen zu unterscheiden: 1. ein vielkerniges Zellstadium im chalazalen Teil des Embryosackes; 2. Verschmelzung dieser Kerne und 3. Mitosen der Verschmelzungskerne mit nachfolgender Zellwandbildung. Erfolgt keine Bestäubung, so kann sich der zellige Teil des Prothalliums bis in die Spitze des Embryosackes ausdehnen. Die Angaben anderer Autoren können wie folgt berichtigt werden: die Bildung des cellulären Endosperms muß nicht unbedingt am chalazalen Ende des Embryosackes beginnen, die beschriebenen drei Phasen schreiten nicht gleichmäßig von der Basis zur Spitze fort und zwischen der zelligen Ausbildung des Endosperms und der Tiefe des Eindringens des Pollenschlauches besteht eine Beziehung.

Nach der Eikernbefruchtung gehen folgende Veränderungen im Endosperm vor sich: 1. an der Endospermbasis wird durch perikline Teilungen ein Pseudodermatogen gebildet; 2. an der Embryosackspitze entsteht ein schnabelförmiger Fortsatz des Endosperms, in den die Suspensorhaustorien der Embryonen eindringen, und der später zerstört wird; 3. wird ein axiales, später cambiales Gewebe erzeugt, dessen Teilungsrichtung senkrecht zur Längsachse des Embryosackes gerichtet ist und 4. wächst das Endosperm hauptsächlich nach unten. — Die 1—3 weiblichen Sexualkerne sind durch ihre Struktur und Größe von den anderen Kernen des Embryosackes unterschieden, sie liegen in dichterem Plasma, das sich vom übrigen Cytoplasma abgrenzt. Es wird trotz des Fehlens einer echten Zellwand eine zellige Organisation der weiblichen Gameten angenommen. Die Zygote umgibt sich mit einer Zellulosemembran und bildet durch Teilung einen Zellfaden. Es muß vermutet werden, daß alle Zellen dieses Fadens Suspensorhaustorien bilden können, die sich stark verzweigen und in das Endosperm eindringen. Für den Haustoriencharakter sprechen das exzessive Plasmawachstum ohne Kern- und Zellteilung und der riesige Kern mit großem Nucleolus. Der Proembryo von *Gnetum Schwackeanum* setzt sich aus der primären Suspensorzelle und der Apikalzelle zusammen, letztere wird durch Längswände zu Quadranten geteilt (FAGERLIND 1954). Aus diesen Quadranten wird nach einem bestimmten Teilungsmuster der Achsenvegetationspunkt gebildet. Mit Ausbildung der Cotyledonen ändert sich der Teilungsmodus, und es entsteht eine Tunica-Corpus-Konfiguration (Corpusvegetationspunkt mit potentieller Tunica). FAGERLIND nimmt an, daß der von ihm für *Gnetum* und *Ephedra* beschriebene Teilungsmodus auch für *Welwitschia* und im Prinzip für die übrigen Gymnospermen gilt. Im Gegensatz zu FAGERLIND findet SEELIGER bei *Ephedra* (1954) eine deutlich abgesetzte Tunica beim Achsenvegetationspunkt ohne allerdings den Anschluß an die Embryoentwicklung herzustellen.

Hinweis: Phylogenie des Koniferenzapfens (LAM 1954).

Angiospermae. In der Embryologie lassen sich im wesentlichen vier Arbeitsrichtungen abgrenzen [MAHESHWARI 1954 (1)]: die klassische, oft routinemäßig betriebene, die ihre Ergebnisse für systematische

Zwecke auswertet, eine cytologisch (z. B. STEFFEN 1953, 1954, 1955) und eine morphogenetisch orientierte, die mit ihren Untersuchungen dort einsetzt, wo die embryogenetischen Arbeiten der französischen Schule (SOUÈGES, CRÉTÉ, LEBÈGUE) aufhören (z. B. HACCIUS 1954, VON GUTTENBERG, HEYDEL u. PANKOW 1954, STEFFEN 1952) und eine experimentelle Arbeitsrichtung mit der Zielsetzung, die ihr z. B. MAHESHWARI [1954 (1)] und WARDLAW [1954 (2)] gegeben haben. Die Untersuchungstechnik hat sich zum Teil geändert. Es werden mehr und mehr Totalpräparate von Embryosäcken (HEITZ 1953, HAQUE 1954) und Endosperm (CHOPRA 1954, WEILING u. SCHAGEN 1955) neben der klassischen Mikrotommethode zur Untersuchung herangezogen.

Die Erkenntnis, daß embryologische Charaktere zusammen mit anderen für taxonomische Zwecke verwendet werden können, setzt sich immer mehr durch (z. B. bei der Berücksichtigung der Placentation ECKARDT 1954, PURI 1952). Insofern ist es bedauerlich, daß wegen der großen Zahl der jährlich erscheinenden, durch die referierenden Organe zum Teil nicht erfaßten Arbeiten ein auch nur annähernd vollständiges Referat nicht möglich ist. Es muß in diesem Rahmen dabei bleiben, jährlich wechselnde Schwerpunkte zu bilden.

1. Samenanlage und Embryosack. Die Verwendung der Embryosacktypen für taxonomische Zwecke kann nur mit Vorbehalten erfolgen, da in derselben Familie, innerhalb derselben Gattung und vielleicht sogar bei derselben Art (AGRAWAL 1950, HAQUE 1951, PALSER 1952, TIAGI 1954) unterschiedliche Typen vorkommen können. In der Familie der Caprifoliaceen z. B. werden drei verschiedene Embryosacktypen beobachtet, nämlich der Normaltyp (*Leycesteria* CRÉTÉ 1954, dort weitere Literatur), der *Adoxa*- (*Sambucus*) und der *Scilla*-Typ (*Viburnum*). Bei der Euphorbiaceengattung *Acalypha* erfolgt die tetrasporische Embryosackentwicklung nach drei Typen: 1. *Penaea*-Typ (*Acalypha australis, tricolor* und *rhomboidea*); 2. nach der *Peperomia hispidula*-Variation des *Peperomia*-Typs (*A. lanceolata*) und 3. nach einem Zwischentyp zwischen *Plumbago*- und *Penaea*-Typ (*A. indica, fallax* und *ciliata*) (KAJALE u. MURTHY 1954, dort weitere Literatur). Bei den Gattungen *Nothoscordum* und *Scilla* konnte der monosporische Normaltyp und der bisporische *Allium*- (bzw. *Scilla*-)Typ (SULBHA 1954, dort weitere Literatur) bei den Gattungen *Tulipa* und *Erythronium* angeblich die tetrasporischen *Fritillaria*- und *Adoxa*-Typen nebeneinander beobachtet werden.

SMITH (1955) hat versucht, die Ursache für das Auftreten mehrerer Embryosacktypen innerhalb einer Gattung zu finden. Zu diesem Zweck wurde die normale und abnorme Embryosackentwicklung bei 5 *Erythronium*-Arten untersucht. In der Literatur war für die Gattung *Erythronium* das Vorkommen des *Fritillaria*-, *Drusa*- und *Adoxa*-Typs angegeben. Der *Fritillaria*- und der *Drusa*-Typ sind beide durch die 1+3-Anordnung der Gonenkerne und durch die gleiche Anzahl der mitotischen Teilungsschritte charakterisiert, die zum fertigen Embryosack führen. Während beim *Drusa*-Typ die Gonenkerne isoliert bleiben, verschmelzen beim *Fritillaria*-Typ die drei chalazalen zu einem triploiden

Kern. Beim *Adoxa*-Typ zeigen die Gonenkerne eine 2+2-Anordnung, und auf die Meiose folgt nur eine mitotische Teilung. Aus den Untersuchungen von SMITH geht nur hervor, daß bei *Erythronium* die Zahl der mitotischen Teilungsschritte erblich fixiert ist, sodaß der *Adoxa*-Typ überhaupt nicht auftreten kann. Die Anordnung der Gonenkerne ist nicht festgelegt, sie ist aber auch nicht von dem Auftreten einer Vakuolisation im Embryosack abhängig. Es kann also neben der 1+3-Konfiguration des *Fritillaria*-Typs und der dabei auftretenden Spindelverschmelzung auch zu einer normalen Teilung der anders angeordneten Gonenkerne kommen, wobei dann der *Drusa*-Typ resultiert. Es scheint so, als wären die Kernverteilung und die Kernzahl von Außeneinflüssen (Temperatur) beeinflußbar.

Ein selten vorkommender Embryosacktyp (*Pyrethrum*: 16kernig, tetrasporisch, bipolar mit fertilem monosporischen Eiapparat) wurde bei *Erigeron glaucum* gefunden (PAGNI 1954). Weitere Untersuchungen an dieser interessanten Gattung wären erwünscht (vgl. dazu auch HARLING 1954).

Ein ungewöhnliches Verhalten zeigt der Embryosack bei *Vitis pallida* (NAIR u. PARASURAMAN 1954). Er tritt aus der Mikropyle aus, preßt sich der Fruchtknotenwand an und dringt sogar in deren Epidermis ein. Bei den *Loranthoideae* [MAHESHWARI u. JOHRI 1950, SINGH 1952, NARAYANA 1954 (1 u. 2), JOHRI u. AGRAWAL 1954, SHAMANNA 1954], nicht aber bei den *Viscoideae* [MAHESWARI 1954 (2)] gelangen die auswachsenden Embryosäcke (außer bei *Macrosolen* MAHESHWARI u. SINGH 1952) in den Griffel und zum Teil sogar bis unter die Narbenepidermis (*Helixanthera ligustrina* MAHESHWARI u. JOHRI 1950). In ihrem Wachstum nach abwärts werden sie durch ein kollenchymatisches Gewebe gestoppt.

Die Loranthaceen zeichnen sich im übrigen durch ihr vielzelliges Archespor aus, von dem jedoch nur eine gewisse Anzahl von Zellen sich zu Embryosäcken weiter entwickelt, so daß ein Teil des Archespors also wieder somatisiert wird. Ein extrem großer Archesporkomplex von 80—100 Zellen, wie er sonst nur bei *Casuarina* und anderen Amentiferen vorkommt, wurde bei der Sterculiacee *Pterospermum suberifolium* (VENKATA RAO 1953) beobachtet.

Polaritätsstörungen im Embryosack wurden für *Hypochoeris uniflora* (SZWABOWICZ 1954) und *Centaurea scabiosa* (CZAPIK 1954), umgekehrte Polarität im Embryosack von *Helictes isora* (VENKATA RAO 1952) beschrieben. Entwicklung von zwei Makrosporen statt einer kommt gelegentlich bei *Tiarella* (HERR 1954) vor, jedoch wird die Entwicklung des zweiten Embryosackes bereits im Zweizellstadium gestoppt.

Bei den Caprifoliaceen wurde eine interessante Reduktionsreihe in der Entwicklung des weiblichen Gametophyten beobachtet (DEMI 1953). Bei *Viburnum Tinus* entwickelt sich im allgemeinem der Embryosack nach dem Normaltyp, jedoch gibt es auch sterile Samenanlagen ohne Integumente, die zu 4 oder 5 einen gemeinsamen Bezirk an der Griffelbasis bilden. Die Meiosis ist normal, jedoch unterbleibt eine zellige Differenzierung, so daß bis zu 18 Kerne im gemeinsamen Plasma liegen.

Bei den sterilen Samenanlagen von *Sambucus nigra* fehlt auch das Nucellusgewebe und bei *Adoxa moschatellina* würde es ohne Kenntnis dieser Reduktionstendenz scheinen, als würden somatische Meiosen im Griffelkanal stattfinden.

Ein erster Versuch mit der Isotopenmethode Wanderung und Speicherung von markierten Kohlenhydraten im Embryosack zu verfolgen wurde von COE (1954) unternommen Danach werden relativ unlösliche C^{14}-Verbindungen in den Synergiden, den Antipoden und im Nucellus angehäuft. Aus diesen wenigen Ergebnissen nun so weitgehende Schlüsse wie auf die Drüsenfunktion der Antipoden und auf die Anlockungsfunktion der Synergiden (unter Berufung auf TSAO 1949) ziehen zu wollen, erscheint verfrüht. Die Hypostase scheint ein Gewebe zu sein, das bei der Zuleitung der C^{14}-Verbindungen umgangen wird. Dies stimmt mit der bisherigen Auffassung überein.

Bei den *Ranales* wurde erstmalig für *Tiliacora racemosa* ein aus dem inneren Integument gebildeter Obturator beschrieben (SASTRI 1954). Bei *Acalypha indica* entsteht der Obturator aus der Placenta (KAJALE u. MURTHY 1954).

Eine Spezialfunktion des Hilums wurde bei *Trifolium repens, pratense* und *Lupinus arboreus* entdeckt (HYDE 1954). Das Hilum funktioniert hier als hygroskopisch aktive Klappe in der sonst wasserundurchlässig gewordenen Samenschale. Die Klappe öffnet sich nur bei niederer relativer Luftfeuchtigkeit und ermöglicht so das Austrocknen des Samens.

2. **Endosperm.** Das cytologische Interesse am Endosperm ist in letzter Zeit durch die Beobachtung von spontanen und induzierten Chromosomenbrüchen (RUTISHAUSER u. HUNZIKER 1950, LACOUR u. RUTISHAUSER 1953, RUTISHAUSER 1953/54, BROCK 1954) und von polyploiden Zellen (PUNNETT 1953, BROCK 1954) gestiegen. Spontan auftretende Mitoseanomalien können zum Absterben des Endosperms führen (BROCK 1954), ein Faktor, der bei Artkreuzungen nicht übersehen werden sollte.

a) Zonenbildung im Endosperm. Im Endosperm auftretende Zonierungen können aber müssen nicht mit Endopolyploidie gekoppelt sein. Bezirke mit abweichenden Chromosomenzahlen können durch Restitutionskernbildung (DUTT 1953) oder Kernfusionen (RAJU 1952, BUELL 1953) entstehen. Die Tendenz zu Kernfusionen scheint nach Artkreuzungen erhöht zu sein (BUELL 1953). Bei Pseudogamen, wie z. B. *Ranunculus auricomus*, variiert der Polyploidiegrad sowohl zwischen dem Endosperm verschiedener Ovula, wie auch innerhalb des Endosperms einer Samenanlage (RUTISHAUSER 1953/54, RUTISHAUSER u. LACOUR 1954). Die Differenz zwischen dem Endosperm verschiedener Samenanlagen kann auch durch die Zahl der beteiligten Pol- und Spermakerne bedingt sein (USTINOVA 1954).

Der Verdacht, daß die Endospermhaustorien mit ihren großen Kernen (z. B. bei den Cucurbitaceen CHOPRA 1954, WEILING u. SCHAGEN 1955, bei *Pedicularis silvatica* BERG 1954) endopolyploid sind, liegt nahe. Bei *Pedicularis palustris* (STEFFEN, unveröffentlicht) ließ sich wahrscheinlich machen, daß die Kerne des chalazalen Endospermhaustoriums etwa 96-ploid, die größeren des mikropylaren etwa 192 bis 384-ploid sind. Im mikropylaren Haustorium von *Pedicularis silvatica* vollzieht sich übrigens ein interessanter Funktionswechsel (BERG 1954): nach Bildung von Zellulosebalken und Einlagerung von Reservestoffen funktioniert es als Elaiosom im Dienste der Myrmecochorie. Bei *Pedicularis palustris* (STEFFEN 1955) ließ sich nachweisen, daß die an das Haustorium grenzenden Endospermzellen im mikropylaren Bereich durch Endomitose hexa- und im chalazalen Bezirk dodekaploid werden. Bei *Cucurbita* (WEILING u. SCHAGEN 1955) sind die an das Mikropylarhaustorium grenzenden Endospermzellen zuweilen zweikernig. Es bildet sich also im Endosperm ein deutlicher karyologischer Gradient heraus, über dessen physiologische Auswirkung zunächst wenig bekannt ist.

Außer den normalen Endospermhaustorien können nach dem Muster der oben beschriebenen hexa- und dodekaploiden Endospermzellen bei *Pedicularis palustris* sog. Sekundärhaustorien gebildet werden, die sich oft in den Raum der eigentlichen Haustorien vorwölben (z. B. bei *Selliera* (ROSÉN 1937), *Globularia vulgaris* (ROSÉN 1940), *Teedia lucida* CRÉTÉ 1953, *Leycesteria formosa* CRÉTÉ 1954, *Cucurbita* WEILING u. SCHAGEN 1955). Bei *Veronica arvensis* und *teucrium* konnte nachgewiesen werden, daß diese Kerne auf einem von der maskierten Endomitose abweichenden Modus polyploid werden (STEFFEN 1954). Stark vergrößerte Endospermkerne im chalazalen Bereich des Endosperms beschreibt auch VENKATA RAO (1953) für die Sterculiaceen *Abroma* und *Pentapetes,* für letztere konnte die Polyploidie dieser Zellen durch Chromosomenzählung nachgewiesen werden. — Diese peripheren Endospermbezirke erhalten erhöhtes Interesse durch die Beobachtung von FAVARGER (1954), nach der im mikropylaren Endospermbereich bei vier *Saxifraga*-Arten bei der Keimung Absorptionshaare vom Endosperm gebildet werden (Abb. 40). Ob diese Haare aus endopolyploiden, den Trichocyten homologen Endospermzellen entstehen und eventuell mit sekundären Haustoriumzellen gleichzusetzen sind, ist noch ungeklärt. Jedoch verdiente diese Beobachtung weitere entwicklungsgeschichtliche und cytologische Untersuchungen. Wahrscheinlich erfüllen die Haare außer ihrer Absorptionstätigkeit eine weitere wichtige Funktion dadurch, daß sie den Samen im Boden verankern. Von phylogenetischen Spekulationen (Endosperm = zweiter Embryo) sollte zunächst abgesehen werden. Vielleicht sollte in diesem Zusammenhang eine Beobachtung von GERM u. KIETREIBER (1953) erwähnt werden, wonach die Keimkraft des

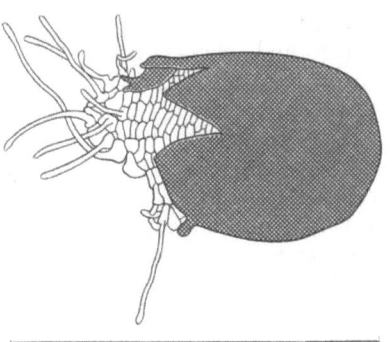

Abb. 40. *Saxifraga Seguieri,* keimender Samen. Nach FAVARGER (1954). Das Endosperm hat sich zum Teil aus der Samenschale befreit und bildet im mikropylaren Bereich Absorptionshaare.

Samens nicht allein vom intakten Embryo, sondern auch von der Vitalität des Endosperms abhängt.

Eine auffällige, zonierte Differenzierung des nuclearen Endosperms in einen mikropylaren zelligen und einen chalazalen, syncytialen Bezirk wurde bei Papilionaceen [RAU 1951 (1), (2), 1953, 1954, DNYANSAGAR 1954 (3), STERLING 1955], Caesalpiniaceen (RAU 1950, PANTALU 1951) und Mimosaceen [DNYANSAGAR 1954 (2), (4), (5)] beobachtet. Dem chalazalen Bereich ohne zellige Differenzierung wird haustoriale Funktion zugeschrieben. Wenn dies richtig ist, müßte es sich um ein im Embryosack verbleibendes Haustorium handeln. Ein Vergleich mit dem helobialen Typ des Endosperms, bei dem eine mikropylare Kammer mit zelliger und eine chalazale mit syncytialer Organisation entstehen, erscheint berechtigt (RAU 1954), cytologische Untersuchungen wären erwünscht.

Das ruminierte Endosperm entsteht bei *Tiliacora* (SASTRI 1954) und *Degeneria* (SWAMY 1949) durch Einfaltung des äußeren Integuments, während es bei den Myristicaceen (MAURITZON 1939) durch das innere und bei den Anonaceen (CORNER 1949) durch beide oder jeweils eines der beiden gebildet wird. Bei *Paspalum* behält das Aleuronendosperm sehr lange seine meristematische Aktivität und dringt lappenförmig in das Stärkeendosperm ein, wobei am distalen Ende oft Inseln von Stärkeendosperm von Aleuronendosperm umschlossen werden (NARAYANASWAMI 1954).

Bei *Salix* behält das nucleare Endosperm syncytialen Charakter, die Zellbildung ist weitgehend unterdrückt und die Endospermentwicklung stark reduziert (HÅKANSSON 1954). Aus dem syncytialen Endospermbelag kann es zuweilen zur Isolierung von zum Teil wohl auch vielkernigen Plasmateilen kommen, die Kugelform annehmen und in die zentrale Vacuole ausgestoßen werden, jedoch gehen aus diesen Kugeln (z. B. beobachtet bei *Musa errans, Capsella bursa pastoris, Stackhousia linariaefolia, Oldenlandia corymbosa, Impatiens Roylei* STEFFEN 1951, *Isomeris arborea* MAHESHWARI u. REAYAT KHAN 1953, *Cocos nucifera* CUTTER u. FREEMAN 1954 und *Hydrocera triflora* VENKATESWARLU u. NARAYANA 1955) sicher keine zusätzlichen Embryonen hervor (MAHESHWARI u. SACHAR 1954). Inwieweit es sich bei diesen Vorgängen um pathologische Veränderungen handelt, ist nicht bekannt.

b) Fraktionierte Endospermbildung. Beim Apfel wird ein nucleares, zunächst syncytiales, später zellig werdendes Endosperm entwickelt (LUCKWILL 1948), das vom Embryo aufgezehrt wird. Als Ersatz wird von der meristematischen Randzone ein neues Endosperm gebildet (LUCKWILL 1954, MURNEEK 1954, dort ausführliche Literatur). Die in den ersten Phasen der Endospermentwicklung (zum Teil wohl im Endosperm MURNEEK 1954; vgl. auch HÅKANSSON 1954) gebildeten, verschiedenen Auxine kontrollieren den Fruchtabfall, verhindern das vorzeitige Austreiben des Embryos und induzieren wahrscheinlich den Übergang vom Syncytium zum cellulären Endospermstadium.

Auch bei den Cucurbitaceen erfolgt die Endospermbildung fraktioniert. Im nucleären Endosperm von *Cucumis* unterbleibt im basalen

Teil zunächst eine Zellbildung (CHOPRA 1953). Sie setzt in diesem Bezirk erst ein, wenn die Kerne durch Verschmelzung polyploid geworden sind, so daß auch auf diese Weise Zonen unterschiedlichen Polyplodiegrades entstehen. Ein Vergleich mit der Entstehung des *Gnetum*-Endosperms liegt nahe.

c) Komplexendosperm. Das Komplexendosperm kommt anscheinend nur bei den *Loranthoideae* vor [MAHESHWARI 1954 (2) DIXIT 1954]. Es entsteht durch Auflösung der trennenden Gewebsschicht zwischen den einzelnen (bei *Helicanthes* sind es 12 und mehr JOHRI u. AGRAWAL 1954) Embryosäcken. In dieses celluläre Endosperm werden die Embryonen eingesenkt (MAHESHWARI u. JOHRI 1950, MAHESHWARI u. SINGH 1952, SINGH 1952, JOHRI u. AGRAWAL 1954). Bei *Macrosolen* wird das Endosperm übrigens nicht im Embryosack selbst, sondern in einem, am chalazalen Ende gelegenen bruchsackartigen Auswuchs gebildet (MAHESHWARI u. SINGH 1952). Der wachsende Embryo wird bei dieser Art durch den sich aufknäuelnden, sehr langen Suspensor wieder in den Bereich des Endosperms hinaufgezogen.

d) Endospermkultur in vitro. Die Kultur von Endosperm ist für die Cytologie und für die Ernährungsphysiologie von Bedeutung. In vitro kultiviertes Endosperm ist ein vorzügliches Material für Mitosestudien [BAJER 1953 (1), (2), 1954 (1), (2), BAJER u. MOLÉ-BAJER 1954). Geeignet ist theoretisch jedes Endosperm mit freier Zellbildung, besonders gut das Endosperm von Monokotylen (*Iris, Leucojum, Clivia* und *Haemanthus*). Der Vorteil dieses neu erschlossenen Untersuchungsobjektes liegt besonders für mikrokinematographische Untersuchungen darin, daß das Material flach ausgebreitet ist, und das Phasenkontrastbild durch Membranen kaum gestört wird. — Durch leichtes Zentrifugieren lassen sich aus der Cocosnußmilch lebende Kerne isolieren [CUTTER, WILSON u. DUBÉ 1952 (1), (2), CUTTER u. FREEMAN 1954], die aus dem peripheren nuclearen Endosperm stammen und sich angeblich amitotisch teilen. Es besteht der Verdacht, daß es sich bei den beobachteten Stadien um Restitutionskerne gehandelt hat (DUTT 1953). Dafür sprechen z. B. die unterschiedlichen Chromosomenzahlen der sich teilenden Endospermkerne. DUTT (1953) gelang die normale Teilung dieser freien Kerne in vivo zu photographieren. Der Einwand von CUTTER u. FREEMAN (1954), daß nur im syncytialen Stadium Amitosen ablaufen und DUTT isolierte Endospermzellen (also in einem späteren Stadium der fraktionierten Endospermbildung) beobachtet habe, scheint nicht berechtigt zu sein.

Das Endosperm vom Zuckermais (nicht aber das von Stärke- und Wachsmaistypen) läßt sich in vitro kultivieren (STERNHEIMER 1954, STRAUS u. LARUE 1954). Die Kulturen wurden 12 Tage nach der Bestäubung begonnen, wobei callusähnliche Wucherungen aus meristematischen und parenchymatischen Zellen unterschiedlicher Größe entstanden. Im Gegensatz zu LARUE (1947, 1949) konnte von STERNHEIMER (1954) Regeneration von Wurzeln und Sprossen trotz langer Kultur (57. Passage!) nicht beobachtet werden. Phylogenetische Spekulationen, die in der Bildung von Sproß und Wurzel aus dem Endosperm Potenzen des zweiten durch den Befruchtsakt entstandenen Embryos sehen wollen, erscheinen verfrüht. Sie wären nur berechtigt, wenn das Endosperm als spezialisiertes Gewebe und nicht als callusähnliche Wucherung vorläge. — Nach PIECZUR (1952) erfüllt auch das in vitro kultivierte Endosperm seine Ernährungsfunktion gegenüber exstirpierten Embryonen.

Die Aufzucht exstirpierter Embryonen ist von großer Bedeutung für die Ausschaltung von Ruheperioden bei gewissen Samen, zur Aufzucht von Bastardembryonen (HRUBY 1954, CUTTER u. WILSON 1954, WALL 1954; Sammelreferat über Methodik RAPPAPORT 1954) und zur Erhöhung der Kreuzungsfähigkeit (HALL 1954). Die Kreuzungsfähigkeit zwischen Weizen und Roggen wird erhöht, wenn Weizenpflanzen zur Kreuzung verwendet werden, die als Embryonen auf Roggenendosperm in situ gezogen wurden. Allgemein scheint die Embryoaufzucht unter Zusatz von Endosperm die Variabilität der Art zu erhöhen (PREZENT 1954).

e) Phylogenetische Beziehungen von primärem und sekundärem Endosperm. Bei der Ableitung des Embryosackes des Angiospermen vom Makroprothallium der Gymnospermen war es bisher mit Hilfe der *Gnetum*-Theorie (BATTAGLIA 1951) nicht möglich, die sexuelle Entstehung des sekundären Endosperms zu erklären. SRIVASTAVA (1953) hat sich bemüht diese Lücke zu schließen, indem er auf drei selten vorkommende, aber seiner Ansicht nach wichtige, anormale Entwicklungen hinweist: 1. Bei *Thuja, Abies balsamea, Pseudotsuga taxifolia* und *Ephedra* kann ein sekundäres, zur Ernährung des Embryos verwendetes Gewebe durch die Verschmelzung des zweiten männlichen Kernes mit dem Bauchkanalkern entstehen, das mit dem sekundären Endosperm der Angiospermen direkt zu homologisieren sei. 2. Kann sich das sekundäre Endosperm bei gewissen Apomikten (*Taraxacum, Chondrilla, Erigeron*) autonom entwickeln und 3. können sich mehrkernige, durch Kernverschmelzung polyploid werdende oder einkernige zu einem vielzelligen Gewebe teilen (Polyantipodie), das nach Ansicht von SRIVASTAVA mit dem vegetativen Gewebe der Gymnospermen zu homologisieren ist.

Nach unserer Auffassung darf mit BATTAGLIA (1951) angenommen werden, daß bei den Angiospermen einerseits die Embryosackzelle mit den beiden Polkernen („Endospermanlage") und andererseits die Summe der Antipoden dem vegetativen Teil des Gymnospermen-Makroprothalliums homolog ist. Bei den Angiospermen ist jedoch eine Differenzierung erfolgt in die Antipoden, die sich normalerweise nicht mehr teilen, und in die Endospermanlage, die normalerweise allein die Funktion erfüllt ein Nährgewebe zu erzeugen. Gewöhnlich entwickelt sich dieses Nährgewebe nach dem Stimulus der Befruchtung. Derselbe Stimulus der Befruchtung ist auch wirksam, wenn aus der Bauchkanalzelle von *Thuja* ein sekundäres Nährgewebe erzeugt wird. Jedoch kann sich bei gewissen Apomikten die zweikernige Endospermanlage auch ohne Befruchtung entwickeln und ein Nährgewebe produzieren. Dieses Nährgewebe entspricht dann derselben Entwicklungsstufe, die das sekundäre Nährgewebe bei *Gnetum* aufweist. Bei *Gnetum* entsteht nämlich das sekundäre Endosperm infolge einer somatischen Kernfusion, bei gewissen

Apomikten nach Fusion der Polkerne; in beiden Fällen ist also die Entwicklung nicht mit dem Sexualakt gekoppelt. Während normalerweise die Antipoden der Angiospermen spezialisierte Zellen darstellen, können sie in seltenen Fällen eine Potenz wieder erlangen, die bei *Gnetum* im syncytialen Zustand allen kernhaltigen Plasmabereichen zukommt. Sie können zunächst mehrkernig (RAZI u. SUBRAMANYAM 1952, HARLING 1954) und damit dem primären Endosperm von *Gnetum* homolog werden, und schließlich kann ihre Zahl vermehrt werden. Würde die Vermehrung infolge von Kernfusionen

Tabelle 1. *Übersicht über das Vorkommen von primärem und sekundärem Endosperm, in Anlehnung an* SRIVASTAVA *(1953)*.

	Endosperm	
	primäres	sekundäres
Gymnospermen generell	Makroprothallium (haploid)	—
Thuja, Abies, Pseudotsuga, Ephedra	Makroprothallium (haploid)	Nach Befruchtung des Bauchkanalkernes entstandenes Gewebe (diploid)
Gnetum, Welwitschia	Makroprothallium zunächst mit freien Kernen, später mit vielkernigen Zellen (mit Fusionstendenz der Kerne) (haploid-polyploid)	Gewebe, das durch Teilung aus dem nach Kernfusion sekundär einkernigen Zellen entstanden ist (polyploid)
Angiospermen	Potentielles, primäres Endosperm in Form von: a) zweikernige Endospermanlage ─────────→	Sekundäres Endosperm Nach Fusion der Polkerne entstandenes (diploides) Nährgewebe
gewisse Apomikten wie: Taraxacum, Erigeron, Chondrilla		
generell	b) Antipoden, meist einkernig, in geringer Zahl	Nach Befruchtung der Polkerne bzw. des Fusionskernes entstandenes (polyploides) Nährgewebe
Gentianaceen, Gramineen usw.	Durch Zellteilung vermehrte Antipodenzahl (Polyantipodie) = realisiertes primäres Endosperm (haploid)	
	Vielkernige Antipoden ──→	Nach Fusion polyploides Gewebe ?

erfolgen, so läge hier, wie SRIVASTAVA anzunehmen scheint, eine Parallelentwicklung zum sekundären Endosperm von *Gnetum* vor, zugleich wäre der seltene Fall eingetreten, daß beide Teile des vegetativen Prothalliums sich zu sekundärem Endosperm entwickeln. Zwar sind polyploide Antipoden (z. B. bei *Caltha palustris Tridax procumbens* MAHESHWARI u. ROY 1952) bekannt, jedoch ist nicht gesichert, daß die Polyantipodie durch somatische Kernfusionen induziert wird. Vorkommen und Cytologie der Polyantipodie sind kritisch zu untersuchen. Polyantipodie wird z. B. für *Gentianaceae, Gramineae, Compositae, Ericaceae* (PALSER 1952), *Nyctaginaceae, Chenopodiaceae, Phytolaccaceae* und *Amaranthaceae* [zuletzt KAJALE 1954 (1 u. 2)] beschrieben, doch hat z. B. bei den *Amaranthaceae* die kritische Nachuntersuchung keine vermehrte Antipodenzahl ergeben (BAKSHI 1954).

Es zeigen sich, wie aus vorstehender Tabelle (Tabelle 1) hervorgeht, bei der Evolution des Endosperms drei Tendenzen: 1. Chromatinvermehrung [lies beide Reihen (primäres und sekundäres Endosperm) senkrecht!]; 2. Koppelung der Endospermbildung mit dem Sexualakt (sekundäres Endosperm bei den Angiospermen und bei *Thuja* usw.) und 3. bedarf das Endosperm fortschreitend mehr eines Stimulus (somatische oder sexuelle Kernfusion) zu seiner Entwicklung.

3. Polyembryonie. Bei der Polyembryonie ist zu unterscheiden zwischen Pseudopolyembryonie und echter Polyembryonie [LEBÈGUE 1952 (3), DOGUET 1953]. Bei ersterer entstehen mehrere Embryonen im gleichen Komplex durch Verschmelzung mehrerer Samenanlagen, durch Teilung des Nucellus, durch die Entstehung mehrerer Embryosäcke aus dem mehrzelligen Archespor oder aus mehreren funktionstüchtigen Makrosporen. Bei der echten Polyembryonie sollte man Adventivembryonie (Entstehung zusätzlicher Embryonen aus dem Nucellus oder den Integumenten (z. B. GURGEL u. SOBRINHO 1951, MAHESHWARI u. CHOPRA 1954) von den Fällen trennen, wo die Embryonen aus den Teilen des Embryosackes entstehen: aus überzähligen Eizellen, Antipoden (NARAYANASWAMI 1954), aus dem Endosperm, aus den Synergiden [SACHAR 1953, VON GUTTENBERG, HEYDEL u. PANKOW 1954, NAGARAJ 1954, LEBÈGUE 1952 (1), (2)], durch Fragmentation der Zygote (WRICKE 1954), aus definierten Bezirken des Embryos (z. B. aus dem Suspensor) oder aus einem undifferenzierten embryogenen Komplex.

Bei derselben Gattung können unterschiedliche Formen der Polyembryonie vorkommen, so z. B. bei *Alchemilla* Nucellarembryonie, Synergidenbefruchtung und apogame Entwicklung der Synergide [LEBÈGUE 1952 (2)]. Von allgemeiner Bedeutung sind die Feststellungen von LEBÈGUE [1952 (1)], daß sich überzählige Embryonen mit geringfügigen Abweichungen nach denselben embryogenetischen Gesetzen entwickeln, wie die aus der Eizelle entstandenen. Es müßten also z. B. die Synergiden den Eizellen potentiell gleichwertig sein, was mit der *Gnetum*-Theorie zur Ableitung des Embryosackes der Angiospermen übereinstimmt. Die überzähligen Embryonen sind lebensfähig, wenn es gelingt ihnen die nötigen Nährstoffe zuzuführen.

4. Apomixis. Bei den apomiktischen *Rubus*-Arten werden die unreduzierten Embryosäcke entweder aus dem Archespor (generative Aposporie) oder aus dem somatischen Gewebe des Nucellus (somatische Aposporie) gebildet. *Rubus caesius* ist rein generativ, die Bastarde generativ und somatisch apospor. Ganz allgemein läßt sich sagen, daß der Grad der Aposporie durch die Bastardierung zunimmt; vielleicht besteht eine Beziehung zur Reduktion des sekundären Archespors (BERGER 1953). Die somatische Aposporie wird nicht rezessiv vererbt, für somatische, und generative Aposporie und Sexualität wird intermediäre Vererbung für wahrscheinlich gehalten. Letztere Hypothese ist mit Vorsicht aufzunehmen, da die embryologischen Untersuchungen an spontan entstandenen *Rubus*-Bastarden vorgenommen wurden (vgl. dazu die Kritik von RUTISHAUSER u. HUNZIKER 1954). Durch Kastrationsversuche ließ sich erneut die Pseudogamie für *Rubus* nachweisen (BERGER 1953). Die Archesporentwicklung der untersuchten *Rubus caesius*-Bastarde läßt sich in die bereits bei gewissen Rosaceen (*Alchemilla*), Polygonaceen und Urticaceen beobachteten Reduktionsreihen einordnen. Ausgehend von dem generativ aposporischen *Rubus caesius*, bei dem sämtliche primäre Archesporzellen zu sekundären Archesporzellen und deren Tochterzellen sowie alle Deckzellen zu Embryosackmutterzellen werden können, läßt sich bei den Bastarden eine fortschreitende Somatisierung der randlichen sekundären Archesporzellen beobachten. Das Endglied dieser Reihe stellt *R. caesius* × *R. procerus* dar. Bei diesem Bastard wird die Meiosis noch von den zentralen sekundären Archesporzellen begonnen, aber nicht mehr bis zu Ende geführt, so daß der Bastard rein apomiktisch ist. Dieselbe Somatisierungstendenz läßt sich bei der Gattung *Potentilla* beobachten (HUNZIKER 1954), bei der ebenfalls somatische und generative Aposporie vorkommen. Beide Arten von Aposporie und Meiosis können bei ein und derselben Pflanze beobachtet werden, jedoch herrscht bei hochgradig Aposporen die eine oder andere Art von Aposporie vor. Sexuelle Fortpflanzung und Apomixis kommen bei *Malus Sieboldii* nebeneinander vor (OLDÉN 1953). Somatische Aposporie (aus Nucelluszellen) wurde bei *Pennisetum ciliare* und *Cenchrus setigerus* beobachtet (FISHER, BASHAW u. HOLT 1954).

Fakultative Apomixis kommt bei *Panicum maximum* vor (WARMKE 1954). Statt der abortierten Makrosporen werden Nucelluszellen zu aposporischen, meist vierkernigen Embryosäcken. Die unreduzierte Eizelle entwickelt sich erst nach einigen Teilungen des Endospermkernes, der sexuell durch Befruchtung der Polkerne bzw. des sekundären Embryosackkernes entstanden ist (Pseudogamie). RUTISHAUSER (1953/54 u. 1954) konnte für fünf tetraploide Rassen von *Ranunculus auricomus* nachweisen, daß die Eizelle sich nur dann parthenogenetisch entwickelt, wenn vorher das Endosperm gebildet worden ist. Meistens entsteht das Endosperm nach Befruchtung des sekundären Embryosackkernes, nur selten (in 1—2% der untersuchten Fälle) autonom. Als pseudogame Apomikten stellten sich auch *Cooperia pedunculata* (COE 1953) und sieben *Sorbus*-Arten heraus (LILJEFORS 1953). Ein Sammelreferat über Apomixis, das die seit 1947 erschienen Arbeiten erfaßt, liegt von NYGREN (1954) vor.

Anmerkung: Vom Referenten befinden sich zusammenfassende Darstellungen über den männlichen Gametophyten der Angiospermen, über die Befruchtung (beides im Manual of Angiosperm Embryology) und über die submikroskopische Struktur der Pollenmembran (Z. f. Bot.) im Druck, so daß eine nochmalige Darstellung sich hier erübrigt.

Literatur.

ABRAHAM, A., u. C. A. NINAN: Current Sci. **23**, 213 (1954). — AGRAWAL, J. S.: Proc. Nat. Inst. Sci. India **16**, 87 (1950). — ALBAUM, H. G.: Amer. J. Bot. **25**, 124 (1938). — ALLEN, G. O.: Bull. Torrey Bot. Club **81**, 35 (1954). — ALSOPP, A.: Ann. of Bot., N. S. **17**, 37, 447 (1953); **18**, 449 (1954). — ARASAKI, S.: Congr. Intern. Bot. Paris, Rapp. et Commun., Sect. 17 **8**, 112 (1954). — AUGIER, J.: Congr. Intern. Bot. Paris, Rapp. et Commun., Sect. 17 **8**, 30 (1954). BAJER, A.: (1) Acta Soc. bot. Poloniae **22**, 331 (1953). — (2) Ebenda **22**, 475 (1953). — Ebenda (1) **23**, 383 (1954). — (2) Congr. Intern. Bot. Paris, Rapp. et Commun., Sect. 9 u. 10 **8**, 95 (1954). — BAJER, A., u. J. MOLÉ-BAJER: Acta Soc. bot. Poloniae **23**, 69 (1954). — BAKER, S. D.: Nature (Lond.) **165**, 31 (1950). — BAKSHI, T. S.: Current Sci. **23**, 128 (1954). — BARREAU, R.: C. r. Acad. Sci. (Paris) **238**, 1723 (1954). — BATTAGLIA, E.: Phytomorphology **1**, 87 (1951). — BATTERS, E. A. L.: J. of Bot. **34**, 6 (1896). — BERG, R. Y.: Nytt Mag. Bot. **2**, 1 (1954). — BERGER, X.: Ber. schweiz. bot. Ges. **63**, 224 (1953). — BERNARD, F.: Deep-Sea Res. **1**, 34 (1953). — BESCHEL, R.: (1) Österr. bot. Z. **101**, 488 (1954). — (2) Phyton (Horn, N.-Ö.) **5**, 247 (1954). — BETHGE, H.: Ber. dtsch. bot. Ges. **67**, 69 (1954). — BIEBL, R.: Österr. bot. Z. **101**, 502 (1954). — BIERHORST, D. W.: Amer. J. Bot. **40**, 649 (1953).— (1) Ebenda **41**, 274 (1954). — (2) Ebenda **41**, 732 (1954). — BISWAS, B. B.: Current Sci. **22**, 346 (1953). — BLACK, W. A. P.: J. Mar. Biol. Assoc. U. Kind. **33**, 49 (1954). — BOCK, O., u. W. BOCK: Arch. f. Hydrobiol. **49**, 281 (1954). — BOERGESEN, F.: K. Danske Vidnsk. Selsk. Biol. Medd. **20**, 1 (1948). — BOPP, M.: Z. Bot. **40**, 119 (1952); **41**, 1 (1953). — (1) Naturwiss. **41**, 234 (1954). — (2) Z. Bot. **42**, 331 (1954). — (3) Ber. dtsch. bot. Ges. **67**, 176 (1954). — (4) Congr. Intern. Bot. Paris, Rapp. et Commun., Sect. 14—16 **8**, 80 (1954). — BOURELLY, P.: Congr. Intern. Bot. Paris, Rapp. et Commun., Sect. 17 **8**, 117 (1954). — BOURELLY, P., u. M. CHADEFAUD: C. r. Acad. Sci. (Paris) **232**, 432 (1954). — BOURELLY, P., u. F. MAGNE: Rev. Gen. Bot. **60**, 684 (1953). — BOYLE, P., u. J. DOYLE: Sci. Proc. Roy. Dublin Soc. **26**, (12), 179 (1953); **26** (17), 289 (1954). — BRADING, J. W. E., M. M. T. GEORG-PLANT u. D. M. HARDY: J. Chem. Soc. (Lond.) **1954**, 319. — BRAUN, A.: Betrachtungen über die Erscheinung der Verjüngung in der Natur. Leipzig 1851. — BRINGMANN, G.: Zbl. Bakter. II **107**, 40 (1952). — BRITTON, D. M.: Amer. J. Bot. **40**, 574 (1953). — BROCK, R. D.: Ann. of Bot., N. S. **18**, 7 (1954). — BRUCKNER, W.: Arch. Protistenkde. **99**, 294 (1954). — BRUNEL, J.: Congr. Intern. Bot. Paris, Rapp. et Commun., Sect. 17 **8**, 116 (1954). — BRYAN, G. S.: Amer. J. Bot. **39**, 433 (1952). — BUCH, H.: Congr. Intern. Bot. Paris, Rapp. et Commun., Sect. 14—16 **8**, 65 (1954). — BUELL, K. M.: Amer. J. Bot. **40**, 116 (1953). — BURROWS, E. M., u. S. M. LODGE: Nature (Lond.) **172**, 1009 (1953). — BUTIN, H.: Biol. Zbl. **73**, 459 (1954).

CASSEL, W. A., u. W. G. HUTCHINSON: Exper. Cell Res. **6**, 134 (1954). — CAVERS, F.: New Phytologist **9**, 81 (1910). — CHADEFAUD, M.: Congr. Intern. Bot. Paris, Rapp. et Commun., Sect. 17 **8**, 91 (1954). — CHAPMAN, V.: J. Trans. Roy. Soc., N. S. **80**, 47 (1952). — (1) Bull. Torrey Bot. Club **81**, 76 (1954). — (2) Congr. Intern. Bot. Paris, Rapp. et Commun., Sect. 17 **8**, 93 (1954). — CHOISY, M.: Congr. Intern. Bot. Paris, Rapp. et Commun., Sect. 18—20 **8**, 13 (1954). — CHOLNOKY, B.: Arch. Protistenkde **63**, 23 (1928). — Ber. dtsch. bot. Ges. **66**, 346 (1953). — (1) J. Portugal. Acta biol., Sér. B **4**, 197 (1954). — (2) Österr. bot. Z. **101**, 407 (1954). — CHOPRA, R. N.: Current Sci. **22**, 383 (1953). — Nature (Lond.) **173**, 352 (1954). — CLAES, H.: Z. Naturforsch. **9**b, 461 (1954). — COE, G. E.: Amer. J. Bot. **40**, 335 (1953). — Bot. Gaz. **115**, 342 (1954). — CORNER, E. J. H.: New Phytologist **48**, 332 (1949). — CRÉTÉ, P.: Bull. Soc. bot. France **99**, 266 (1953). — **101**, 130 (1954). — CULBERSON, W. L.: Bryologist **57**, 41, 172, 247, 300 (1954). — CUTTER jr,. V. M., u. B. FREEMAN: Nature (Lond.) **173**,

827 (1954). — CUTTER jr., V. M., u. K. S. WILSON: Bot. Gaz. **115**, 234 (1954). — CUTTER jr., V. M., K. S. WILSON u. J. F. DUBÉ: (1) Amer. J. Bot. **39**, 51 (1952). — (2) Science (Lancaster, Pa.) **115**, 58 (1952). — CZAPIK, R.: Acta Soc. bot. Poloniae **23**, 175 (1954). DANGEARD, P.: Congr. Intern. Bot. Paris, Rapp. et Commun., Sect. 17 **8**, 76 (1954). — DANGEARD, P., u. J. EYMÉ: C. r. Acad. Sci. (Paris) **222**, 335 (1946). — DAO, S.: Rev. Gen. Bot. **61**, 573 (1954). — DEFLANDRE, G.: Congr. Intern. Bot. Paris, Rapp. et Commun., Sect. 17 **8**, 119 (1954). — DEMALSY, P.: Cellule **56**, 7 (1953). — DEMI, L.: Caryologia (Pisa) **5**, 378 (1953). — DESIKACHARY, T. V.: (1) Mikroskopie (Wien) **9**, 168 (1954). — (2) Amer. J. Bot. **41**, 616 (1954). — (3) Congr. Intern. Bot. Paris, Rapp. et Commun., Sect. 17 **8**, 125 (1954). — DILLON, TH.: Congr. Intern. Bot. Paris, Rapp. et Commun., Sect. 7 u. 8 **8**, 29 (1954). — DISKUS, A.: Sitzgsber. österr. Akad. Wiss. Wien., Math.-naturwiss. Kl., Abt. I **162**, 171 (1953). — DIXIT, S. N.: Science and Culture **20**, 39 (1954). — DNYANSAGAR, V. R.: (1) Current Sci. **23**, 131 (1954). — (2) J. Indian. Bot. Soc. **33**, 247 (1954). — (3) Ebenda **33**, 423 (1954). — (4) Bull. bot. Soc. Univ. Saugar **6**, 51 (1954). — (5) J. Indian Bot. Soc. **33**, 433 (1954). — DÖPP, W.: Naturwiss. **42**, 99 (1955). — DOGUET, G.: Bull. soc. bot. France **100**, 141 (1953). — DOYLE, J.: Proc. Roy. Dublin Soc., N. S. **26**, 347 (1954). — DREW, K. M.: Ann. of Bot., N. S. **18**, 183 (1954). — DREW, K. M., u. K. S. RICHARDS: J. Linnean Soc. Bot. **55**, 84 (1953). — DROOP, M. R.: Nature (Lond.) **174**, 520 (1954). — DROUET, F.: Congr. Intern. Bot. Paris, Rapp. et Commun., Sect. 17 **8**, 48 (1954). — DUGHI, R.: Congr. Intern. Bot. Paris, Rapp. et Commun., Sect. 18—20 **8**, 1 (1954). — DUTT, M.: Nature (Lond.) **171**, 799 (1953). — DUVIGNEAUD, P.: Congr. Intern. Bot. Paris, Rapp. et Commun., Sect. 18—20 **8**, 17 (1954).

ECKARDT, TH.: Ber. dtsch. bot. Ges. **67**, 113 (1954). — EGEROD, L. E.: Univ. California Publ. Bot. **25**, 325 (1952). — ELLIOT, E. W.: Mycologia **40**, 423 (1948). — ELSÄSSER, TH., u. I. ADLER: Pharmazie **8**, 984 (1953). — ERICSON, L.-E., u. L. LEWIS: Ark. Kemi (Stockh.) **6**, 427 (1954). — ERMOLAEVA, L. M.: Dokl. Akad. Nauk SSSR., N. S. **91**, 165 (1953). — EYMÉ, J.: C. r. Acad. Sci. (Paris) **234**, 657 (1952); **237**, 493 (1953). — Botaniste (Paris) Ser. **38**, 1 (1954). — EYMÉ, J., u. L. CAPOT: C. r. Acad. Sci. (Paris) **238**, 1336 (1954).

FAGERLIND, F.: Sv. bot. Tidskr. **48**, 449 (1954). — FAVARGER, C.: Bull. Soc. bot. Suisse **64**, 84 (1954). — FELDMANN, G., u. J. FELDMANN: Congr. Intern. Bot. Paris, Rapp. et Commun., Sect. 17 **8**, 110 (1954). — FELDMANN, J.: Rev. Gen. Bot. **50**, 571 (1938). — (1) Ebenda **61**, 453 (1954). — (2) Congr. Intern. Bot. Paris, Rapp. et Commun., Sect. 17 **8**, 96 (1954). — FELLER, M.-J.: Cellule **55**, 307 (1953). — FISHER, W. D., E. C. BASHAW u. E. C. HOLT: Agronomy J. **46**, 401 (1954). — FÖRSTER, H., u. L. WIESE: (1) Z. Naturforsch. **9b**, 470 (1954). — (2) Ebenda **9b**, 548 (1954). — FRANCINI, E.: Atti Accad. naz. Lincei, Ser. 8 **16**, 750 (1954). — FRIEDLAENDER, M. H. G., W. H. COOK u. W. G. MARTIN: Biochem. et biophysica Acta (Amsterd.) **14**, 136 (1954). — FRITSCH, F. E.: J. Indian Bot. Soc. M. O. P. IYENGAR Commem. **26**, 29 (1947). — Österr. bot. Z. **100**, 657 (1953). — (1) Congr. Intern. Bot. Paris, Rapp. et Commun., Sect. 17 **8**, 83 (1954). — (2) Ebenda Sect. 2, 4—6 **8**, 143 (1954). — FUJII, K., u. T. ASAHINA: Cytologia (Tokyo) **17**, 191 (1953). — FULFORD, M.: (1) Bryologist **57**, 46, 49 (1954). — (2) Congr. Intern. Bot. Paris, Rapp. et Commun., Sect. 14—16 **8**, 55 (1954). — FUNK, G.: Congr. Intern. Bot. Paris, Rapp. et Commun., Sect. 17 **8**, 107 (1954).

GALINOU, M.-A., u. M. CHADEFAUD: C. r. Acad. Sci. (Paris) **237**, 1178 (1953). — GARRIGUES, R.: Rev. Gen. Bot. **60**, 659 (1953). — GEHENIO, P. M.: Biodynamica **4**, 359 (1944). — GEITLER, L.: Arch. Protistenkde **78**, 1 (1932). — (1) Österr. bot. Z. **99**, 506 (1952). — (2) Ebenda **99**, 599 (1952). — (1) Ber. dtsch. bot. Ges. **66**, 221 (1953). — (2) Planta (Berl.) **43**, 75 (1953). — (3) Österr. bot. Z. **100**, 302 (1953). — (1) Ebenda **101**, 74 (1954). — (2) Ebenda **101**, 304 (1954). — (3) Ebenda **101**, 570 (1954). — (4) Ebenda **101**, 441 (1954). — GERM, H., u. M. KIETREIBER: Bodenkultur (Wien.) Sond. **4**, 14 (1953). — GHOSH, M.: Current Sci. **23**, 24 (1954). — GIARDINA, G.: Experientia (Basel) **10**, 215 (1954). — GODWARD, B. M.: New Phytologist **41**, 293 (1942). — GOJDICS, M.: The genus Euglena. Wisconsin: The University of Wisconsin Press 1953. — GONZALVES, E. A.: J. Indian Bot. Soc. **33**, 338 (1954). — GONZALVES, E. A., u. N. D. KAMAT: J. Indian Bot. Soc.

33, 351 (1954). — GOODWIN, T. W.: Experientia (Basel) **10**, 213 (1954). — GREG, S. H., A. J. HACKNEY u. J. O. KRIVANEK: Biol. Bull. **107**, 226 (1954). — GRÖNBLAD, R.: Bot. Not. (Lund) **1954**, 167. — GRUMMANN, V. J.: Ber. dtsch. bot. Ges. **67**, 59 (1954). — GURGEL, J. T. A., u. J. SOUBIHE SOBRINHO: Bragantia (São Paulo) **11**, 141 (1951). — GUTTENBERG, H. v., H.-R. HEYDEL u. H. PANKOW: Flora (Jena) **141**, 298, 476 (1954).
HACCIUS, B.: Österr. bot. Z. **101**, 285 (1954). — HAENEL, H.: Naturwiss. **41**, 143 (1954). — HAIDER, K.: Planta (Berl.) **44**, 370 (1954). — HÅKANNSSON, A.: Bot. Not. (Lund) **1954**, 326. — HALBSGUTH, W.: Biol. Zbl. **72**, 52 (1953). — HALBSGUTH, W., u. H.-W. KOHLENBACH: Planta (Berl.) **42**, 349 (1953). — HALL, O. L.: Hereditas (Lund) **41**, 453 (1954). — HALLDAL, P.: Congr. Intern. Bot. Paris, Rapp. et Commun., Sect. 17 **8**, 122 (1954). — HAMANT, CL.: Congr. Intern. Bot. Paris, Rapp. et Commun., Sect. 9—10 **8**, 51 (1954). — HAQUE, A.: Bot. Gaz. **112**, 495 (1951). — Stain Technol. **29**, 109 (1954). — HARDER, R., u. W. KOCH: Nature (Lond.) **163**, 106 (1949). — HARLING, G.: Sv. bot. Tidskr. **48**, 489 (1954). — HARRIS, K.: J. Linnean Soc. Bot. **55**, 8 (1953). — HARRIS, T. M.: Ann. bryol. Hague **12**, 57 (1939). — HASSELROT, T. E.: Acta phytogeogr. suecica **33**, 1 (1953). — HAXO, F. T., u. K. A. CLENDENNING: Biol. Bull. **105**, 103 (1953). — HEITZ, E.: Ber. schweiz. bot. Ges. **63**, 194 (1953). — HELMCKE, J.-G.: Naturwiss. **41**, 254 (1954). — HELMCKE, J.-G., u. W. KRIEGER: Atlas der Diatomeenschalen im elektronenmikroskopischen Bild, Teil I, Berlin-Wilmersdorf: Transmare-Photo G.m.b.H. 1953. — (1) Ebenda Teil II, 1954. — (2) Z. wiss. Mikrosk. **61**, 83 (1954). — (3) Congr. Intern. Bot. Paris, Rapp. et Commun., Sect. 17 **8**, 126 (1954). — HENDEY, N. I.: J. Mar. Biol. Assoc. U. Kingd. **33**, 537 (1954). — HENDEY, N. I., D. H. CUSHING u. G. W. RIPLEY: J. Roy. Microsc. Soc., Ser. 3 **74**, 22 (1954). — HERBST, F.: Ber. dtsch. bot. Ges. **67**, 183 (1954). — HERR jr., J. M.: Amer. J. Bot. **41**, 333 (1954). — HIDEO, K.: Bot. Mag. (Tokyo) **67**, 163 (1954). — HILDEBRAND, E. M.: Phytopathology **44**, 192 (1954). — HILMBAUER, K.: Protoplasma (Wien) **43**, 192 (1954). — HIRANO, M.: Bot. Mag. (Tokyo) **66**, 205 (1954). — HIRN, J.: (1) Flora (Jena) **140**, 453 (1953). — (2) Sitzgsber. österr. Akad. Wiss. Wien, Math.-naturwiss. Kl. Abt. I **162**, 571 (1953). — HIROE, M., u. S. INOH: Bot. Mag. (Tokyo) **67**, 190 (1954). — HIROSE, H.: Congr. Intern. Bot. Paris, Rapp. et Commun., Sect. 17 **8**, 99 (1954). — HÖFLER, K., u. D. DÜVEL: Ber. dtsch. bot. Ges. **67**, 2 (1954). — HOFFMANN, C.: Planta (Berl.) **42**, 156 (1953). — HOK, K. A.: Amer. J. Bot. **41**, 793 (1954). — HOLLOWAY, J. E.: Ann. of Bot., N. S. **3**, 313 (1939). — HORTOBAGYI, T.: Congr. Intern. Bot. Paris, Rapp. et Commun., Sect. 17 **8**, 12 (1954). — HRUBY, K.: Congr. Intern. Bot. Paris, Rapp. et Commun., Sect. 9—10 **8**, 210 (1954). — HUBER-PESTALOZZI, G.: Schweiz. Z. Hydrol. **16**, 22 (1954). — HUGHES, J. G.: Congr. Intern. Bot. Paris, Rapp. et Commun., Sect. 14—16 **8**, 122 (1954). — HUNZIKER, H. R.: Arch. Klaus-Stiftg. **29**, 135 (1954). — HUREL-PY, G.: C. R. Soc. Biol. (Paris) **147**, 34 (1953). — HUSTEDT, F.: (1) Arch. f. Hydrobiol. **48**, 451 (1954). — (2) Ber. dtsch. bot. Ges. **67**, 269 (1954). — HUTNER, S. H., L. PRAVASOLI u. J. FILFUS: Ann. New York Acad. Sci. **56**, 582 (1953). — HYDE, E. O. C.: Ann. of Bot., N. S. **18**, 241 (1954).
IGURA, I.: Bot. Mag. (Tokyo) **67**, 63 (1954). — IIJIMA, M.: Cytologia (Tokyo) **18**, 113 (1953). — IMAHORI, K.: Bot. Mag. (Tokyo) **66**, 216 (1953). — ISIKAWA, S., u. T. OOHUSA: Bot. Mag. (Tokyo) **67**, 193 (1954). — IYENGAR, M. O. P.: (1) J. Indian Bot. Soc. **33**, 148 (1954). — (2) Congr. Intern. Bot. Paris, Rapp. et Commun., Sect. 17 **8**, 98 (1954). — IYENGAR, M. O. P., u. T. V. DESIKACHARY: Congr. Intern. Bot. Paris, Rapp. et Commun., Sect. 17 **8**, 104 (1954). — IYENGAR, M. O. P., u. K. R. RAMANATHAN: J. Indian Bot. Soc. **33**, 446 (1954).
JAFFE, L.: Nature (Lond). **174**, 743 (1954). — JAKOB, H.: C. r. Acad. Sci. (Paris) **238**, 928 (1954). — JAKOBI, G.: Kiel. Meeresforsch. **10**, 37 (1954). — JOHNSON, L. P.: Congr. Intern. Bot. Paris, Rapp. et Commun., Sect. 17 **8**, 7 (1954). — JOHRI, B. M., u. J. S. AGRAWAL: Current Sci. **23**, 96 (1954). — JUMP, J. A.: Amer. J. Bot. **41**, 561 (1954).
KACHROO, P.: J. Indian. Bot. Soc. **33**, 263 (1954). — KAJA, H.: Ber. dtsch. bot. Ges. **67**, 93 (1954). — KAJALE, L. B.: (1) Current Sci. **23**, 165 (1954). (2) J. Indian Bot. Soc. **33**, 206 (1954). — KAJALE, L. B., u. K. S. N. MURTHY: J. Indian Bot. Soc. **33**, 417 (1954). — KALLIO, P.: Ann. bot. Soc. zool.-bot. fenn. „Vanamo"

24, 1 (1951). — Arch. Soc. zool. bot. fenn. „Vanamo" **8,** 58 (1953). — (1) Ebenda **8,** 118 (1954). — (2) Ebenda **8,** 172 (1954). — KAMPTNER, E.: Congr. Intern. Bot. Paris, Rapp. et Commun., Sect. 17 **8,** 120 (1954). — KIERMAYER, O.: Diss. Wien. 1954 — KING, G. C.: Congr. Intern. Bot. Paris, Rapp. et Commun., Sect. 17 **8,** 18 (1954). — KLOTTER, H. E.: Arch. f. Hydrobiol. Suppl. **20,** 144 (1951); 261 (1952). — KNUDSON, B. M.: (1) Ann. of Bot., N. S. **17,** 131, 597 (1954). — (2) J. Ecology **42,** 345 (1954). — KOLBE, R. W.: (1) Bot. Not. (Lund) **1954,** 217. — (2) Deep-Sea Res. **1,** 95 (1954). — KORNMANN, O.: Helgoländer wiss. Meeresunters. (Ber. wiss. Komm. Meeresforsch. Beih. 4) **5,** 41 (1954). — KREBS, I.: Protoplasma (Wien) **44,** 106 (1954). — KRIEG, A.: (1) Experientia (Basel) **10,** 204 (1954). — (2) Mikroskopie (Wien) **9,** 120 (1954). — KRISHNAMURTHY, V.: J. Indian Bot. Soc. **33,** 354 (1954). — KUROGI, M.: Congr. Intern. Bot. Paris, Rapp. et Commun., Sect. 17 **8,** 74 (1954).

LACOUR, L. F., u. A. RUTISHAUSER: Nature (Lond.) **172,** 501 (1953). — LaRUE, C. D.: Amer. J. Bot. **34,** 585 (1947); **36,** 798 (1949). — LaRUE, C. D., u. S. NARAYANASWAMI: Nature (Lond.) **174,** 313 (1954). — LEBÈGUE, A.: (1) Bull. Soc. bot. France **99,** 254 (1952). — (2) Ebenda **99,** 273 (1952). — (3) Ebenda **99,** 329 (1952). — LECLERCQ, S.: Sv. bot. Tidskr. **48,** 301 (1954). — LEVRING, T.: Congr. Intern. Bot. Paris, Rapp. et Commun., Sect. 17 **8,** 16 (1954). — LEWIN, J. C.: (1) J. Gen. Physiol. **37,** 589 (1954). — (2) Congr. Intern. Bot. Paris, Rapp. et Commun. Sect. 11—12 **8,** 111 (1954). — LEWIN, R. A.: Ann. New York Acad. Sci. **56,** 1091 (1953). — LEYON, H., u. D. VON WETTSTEIN: Z. Naturforsch. **9** b, 471 (1954). — LIETH, H.: Ber. dtsch. bot. Ges. **67,** 323 (1954). — LILJEFORS, A.: Acta Horti Bergiani **16,** Nr. 10, 277 (1953). — LINDBERG, B., u. J. McPHERSON: Acta chem. scand. (Copenh.) **8,** 985 (1954). — LOWRY, R. J.: (1) Bryologist **57,** 1 (1954). — (2) Ebenda **57,** 147 (1954). — (3) Stain Technol. **29,** 17 (1954). — LUCKWILL, L. C.: J. Horticult. Sci. **24,** 32 (1948). — Congr. Intern. Bot. Paris, Rapp. et Commun., Sect. 11—12 **8,** 377 (1954). — LUND, J. W. G.: J. Ecology **42,** 151 (1954). — LUNDBLAD, B.: Sv. bot. Tidskr. **48,** 381 (1954).

MACK, B.: Österr. bot. Z. **100,** 579 (1953); **101,** 646 (1954). — MÄDLER, K.: Flora (Jena) **140,** 474 (1953). — MAGNE, F.: Rev. Gen. Bot. **61,** 389 (1954). — MAHABALE, T. S.: Congr. Intern. Bot. Paris, Rapp. et Commun., Sect. 7—8 **8,** 304 (1954). — MAHABALE, T. S., u. J. D'MELLO: Current Sci. **21,** 227 (1952). — MAHESHWARI, P.: (1) Congr. Intern. Bot. Paris, Rapp. et Commun., Sect. 7—8 **8,** 235 (1954). — (2) Ebenda **8,** 254 (1954). — MAHESHWARI, P., u. R. N. CHOPRA: Current Sci. **23,** 130 (1954). — MAHESHWARI, P., u. B. M. JOHRI: Nature (Lond.) **165,** 978 (1950). — MAHESHWARI, P., u. REAYAT KHAN: Phytomorphology **3,** 446 (1953). — MAHESHWARI, P., u. S. K. ROY: Phytomorphology **2,** 245 (1952). — MAHESHWARI, P., u. R. C. SACHAR: Current Sci. **23,** 61 (1954). — MAHESHWARI, P., u. B. SINGH: Bot. Gaz. **114,** 20 (1952). — MANTON, I., u. B. CLARKE: J. of Exper. Bot. **3,** 265 (1952). — MANTON, I., u. S. WALKER: Ann. of Bot., N. S. **18,** 377 (1954). — MARENGO, N. P.: Amer. J. Bot. **36,** 603 (1949). — Bull. Torrey Bot. Club **81,** 501 (1954). — MARGALEFF, R.: Hydrobiologia (Den Haag) **6,** 83 (1954). — MARSDEN, M. P. F., u. R. H. WETMORE: Amer. J. Bot. **41,** 640 (1954). — MARTIN, M. T., u. M. A. POCOCK: J. Linnean Soc. Bot. **55,** 48 (1953). — MATTICK, F.: Ber. dtsch. bot. Ges. **66,** 263 (1953); **67,** 133 (1954). — MAURITZON, J.: Lund. Univ. Årsskr., N. F. Avd. II **35,** 1 (1939). — McHUGH, R. J. L.: Deep-Sea Res. **1,** 216 (1954). — MEEUSE, B. J. D., u. D. R. KREGER: Biochem. et biophysica Acta (Amsterd.) **13,** 593 (1953). — MEFFERT, M.-E.: Arch. Mikrobiol. **20,** 410 (1954). — MEHRA, P. N., u. O. N. HANDOO: Bot. Gaz. **114,** 371 (1953). — MEYER, D. E.: Naturwiss. **41,** 170 (1954). — MOEWUS, F.: Congr. Intern. Bot. Paris, Rapp. et Commun., Sect. 17 **8,** 46 (1954). — MOEWUS, F., u. V. DEULOFEU: Nature (Lond.) **173,** 218 (1954). — MOUTSCHEN, J.: (1) Cellule **56,** 179 (1954). — (2) Congr. Intern. Bot. Paris, Rapp. et Commun., Sect. 14—16 **8,** 114 (1954). — MÜLLER, K.: Die Lebermoose Europas, RABENHORSTs Kryptogamenflora von Deutschland, Österreich und der Schweiz, 3. Aufl., Bd. 6, Liefg. 4. u. 5. Leipzig: Geese u. Portig K.G. 1954. — MULLANHY, J. H.: Bull. Torrey Bot. Club **79,** 393, 471 (1952). — MURNEEK, A. E.: Congr. Intern. Bot. Paris, Rapp. et Commun., Sect. 11—12 **8,** 368 (1954).

NAGARAJ, M.: Current Sci. **23**, 299 (1954). — NAIR, N. C., u. V. PARASURAMAN: Current Sci. **23**, 163 (1954). — NARAYANA, R.: (1) Current Sci. **23**, 23 (1954). (2) Phytomorphology **4**, 173 (1954). — NARAYANASWAMI, S.: Bull. Torrey Bot. Club **81**, 288 (1954). — NAYLOR, M.: Ann. of Bot., N. S. **17**, 493 (1953). — (1) New Phytologist **53**, 155 (1954). — (2) Trans. Roy. Soc. New Zealand **82**, 1 (1954). — (3) Congr. Intern. Bot. Paris, Rapp. et Commun., Sect. 17 **8**, 73 (1954). — NIELSON, C. S.: Bull. Torrey Bot. Club **81**, 176 (1954). — NIPKOW, F.: Schweiz. Z. Hydrol. **12**, 263 (1950). — NYGAARD, G.: K. Danske Vidnsk. Selsk. Skr. **7**, Nr. 1 (1949). — NYGREN, A.: Bot. Review **20**, 577 (1954).

O'DONNELL, E. H.: Amer. J. Bot. **41**, 380 (1954). — OLDEN, E. J.: Bot. Not. (Lund) **1953**, 105. — OKUNO, H.: Bot. Mag. (Tokyo) **66**, 5 (1953). — (1) Ebenda **67**, 172 (1954). — (2) Congr. Intern. Bot. Paris, Rapp. et Commun., Sect. 17 **8**, 124 (1954).

PAGNI, P.: Nuovo Giorn. bot. ital. **61**, 67 (1954). — PALSER, B. F.: Bot. Gaz. **114**, 33 (1952). — PANIGRAHI, G.: Congr. Intern. Bot. Paris, Rapp. et Commun., Sect. 9—10 **8**, 82 (1954). — PANTALU, S. V.: J. Indian Bot. Soc. **30**, 95 (1951). — PAPENFUSS, F.: Symbolae bot. Upsalienses **2** (4), 1 (1937). — Congr. Intern. Bot. Paris, Rapp. et Commun., Sect. 17 **8**, 96 (1954). — PARRIAUD, H.: C. r. Acad. Sci. (Paris) **238**, 832 (1954). — PASCHER, A.: Beih. bot. Zbl., Abt. 1 **48**, 466 (1931). — PATRICK, R.: J. Protozool. **1**, 34 (1954). — PECK, R. E.: Bot. Rev. **19**, 209 (1953). — PERSSON, H.: Bot. Not. (Lund) **1954**, 39. — PIECZUR, E. A.: Nature (Lond.) **170**, 241 (1952). — PIRSON, A., W. J. SCHÖN u. H. DÖRING: Z. Naturforsch. **9**b, 349 (1954). — POCHMANN, A.: Planta (Berl.) **42**, 478 (1953). — Congr. Intern. Bot. Paris, Rapp. et Commun., Sect. 17 **8**, 7 (1954). — POCOCK, M. A.: J. Linnean Soc. Bot. **55**, 34 (1953). — (1) Trans. Roy. Soc. S. Africa **34**, 103 (1954). — (2) Congr. Intern. Bot. Paris, Rapp. et Commun., Sect. 17 **8**, 109 (1954). — POPIŠIL, F.: Českoslav. Biol. **1**, 332 (1953). — PREZENT, I. I.: Izv. Akad. Nauk SSSR., Ser. Biol. **1954**, Nr. 1, 59. — PRINGSHEIM, E. G.: Quart. J. Microsc. Sci. **93**, 71 (1952). — New Phytologist **52**, 93, 238 (1953). — Naturwiss. **41**, 380 (1954). — PROSKAUER, J.: Ann. of Bot., N. S. **12**, 237 (1948). — (1) J. Linnean Soc. Bot. **55**, 143 (1954). — (2) u. (3) Congr. Intern. Bot. Paris, Rapp. et Commun., Sect. 14—16 **8**, 68 (1954). — PROVASOLI, L., u. I. J. PINTNER: Ann. New York Akad. Sci. **56**, 839 (1953). — Congr. Intern. Bot. Paris, Rapp. et Commun., Sect. 17 **8**, 39 (1954). — PUNNETT, H. H.: J. Hered. **44**, 257 (1953). — PURI, V.: Bot. Rev. **18**, 603 (1952).

QUILLET, M.: C. r. Acad. Sci. (Paris) **238**, 926 (1954).

RAJU, M. V. S.: Current Sci. **21**, 288 (1952). — RAPPAPORT, J.: Bot. Rev. **20**, 201 (1954). — RAU, A.: Nature (Lond.) **165**, 157 (1950). — (1) Current Sci. **20**, 73 (1951). — (2) Phytomorphology **1**, 153 (1951); **3**, 209 (1953). — Congr. Intern. Bot. Paris, Rapp. et Commun., Sect. 7—8 **8**, 249 (1954). — RAZI, B. A., u. K. SUBRAMANYAM: Proc. Indian Acad. Sci., Sect. B **36**, 249 (1952). — REEVE, R. M.: Amer. J. Bot. **33**, 191 (1946). — RENNER, O.: Sitzgsber. bayer. Akad. Wiss., Math.-naturwiss. Kl. **1953**, 6. — REVONSUO, T.: Arch. Soc. zool. bot. fenn. „Vanamo" **8**, 74 (1953). — RIETH, A.: (1) Arch. Protistenkde **98**, 327 (1953). — (2) Flora (Jena) **140**, 130 (1953). — (3) Ebenda **130**, 596 (1953). — ROSÉN, W.: Acta Horti Gotoburg. **12**, 1 (1937). — Bot. Not. (Lund) **1940**, 253. — ROUSSEAU, J.: Bull. Soc. bot. France **99**, 308 (1952); **100**, 179 (1953). — (1) C. r. Acad. Sci. (Paris) **238**, 2111 (1954). — (2) Congr. Intern. Bot. Paris, Rapp. et Commun., Sect. 14—16 **8**, 126 (1954). — RUTISHAUSER, A.: Mitt. naturforsch. Ges. Schaffhausen **25**, 1 (1953/54). — Bull. schweiz. Akad. Med. Wiss. **10**, 491 (1954). — RUTISHAUSER, A., u. H. R. HUNZIKER: Arch. Klaus-Stiftg. **25**, 477 (1950). — Ebenda **29**, 223 (1954). — RUTISHAUSER, A., u. R. L. LaCOUR: Congr. Intern. Bot. Paris, Rapp. et Commun., Sect. 7—8 **8**, 248 (1954). — RYTHER, J. H.: Biol. Bull. **106**, 198 (1954).

SACHAR, R. C.: Current Sci. **22**, 381 (1953). — SAGER, R., u. S. GRANICK: J. Gen. Physiol. **37**, 729 (1954). — SANTESSON, R.: Congr. Intern. Bot. Paris, Rapp. et Commun., Sect. 18—20 **8**, 9 (1954). — SASTRI, R. L. N.: Proc. Nat. Inst. Sci. India **20**, 494 (1954). — SATÔ, S.: Bot. Mag. (Tokyo) **60**, 135 (1953). — SCAGEL, R. F.: Univ. Calif. Publ. Bot. **27**, 1 (1953). — SCHILLER, J.: (1) Österr. bot. Z. **101**, 236 (1954). — (2) Arch. Protistenkde **110**, 116 (1954). — SCHOSER, G.: Z. Bot. **41**, 483 (1953). — SCHOTTER, G.: Rev. Gen. Bot. **58**, 279 (1951). — SCHRÖ-

DER, B. geb. TORNAU: Arch. Mikrobiol. **20**, 63 (1954). — SCHUSSNIG, B.: Congr. Intern. Bot. Paris, Rapp. et Commun., Sect. 17 **8**, 69 (1954). — SCOTT, A. M.: Congr. Intern. Bot. Paris, Rapp. et Commun., Sect. 17 **8**, 171 (1954). — SEELIGER, I.: Flora (Jena) **141**, 114 (1954). — SEGAWA, S., u. M. CHIHARA: Congr. Intern. Bot. Paris, Rapp. et Commun., Sect. 17 **8**, 79 (1954). — SENJANINOVA, M.: Z. Zellforsch. **6**, 493 (1927). — SHAMANNA, S.: Proc. Indian Acad. Sci., Sect. B **39**, 249 (1954). — SIGNOL, M.: C. r. Acad. Sci (Paris) **238**, 2332 (1954). — SILVA, P. C.: Congr. Intern. Bot. Paris, Rapp. et Commun., Sect. 17 **8**, 102 (1954). — SILVA, P. C., u. A. P. CLEARY: Amer. J. Bot. **41**, 251 (1954). — SIMON, M.-FR.: Congr. Intern. Bot. Paris, Rapp. et Commun., Sect. 17 **8**, 18 (1954). — SINGH, B.: J. Linnean Soc. Bot. **53**, 449 (1952). — SINGH, R. N.: (1) Congr. Intern. Bot. Paris, Rapp. et Commun., Sect. 17 **8**, 1 (1954). — (2) Ebenda 17 **8**, 95 (1954). — SIRONVAL, C.: Bull. Soc. roy. bot. Belg. **79**, 48 (1947); **84**, 281 (1952). — SKUJA, H.: Symbolae bot. Upsalienses **9**, 3 (1948). — SMITH, F. H.: Amer. J. Bot. **42**, 213 (1955). — SOSSOUNTZOV, J.: (1) Physiol. Plantarum (Copenh.) **6**, 723 (1953). — (2) C. r. Soc. Biol. (Paris) **147**, 605 (1953). — (3) Ebenda **147**, 1007 (1953). — (1) Physiol. Plantarum (Copenh.) **7**, 1 (1954). — (2) Ebenda **7**, 383 (1954). — SOSSOUNTZOV, L.: C. r. Soc. Biol. (Paris) **148**, 270 (1954). — SPENCER, C. P.: J. Mar. Biol. Assoc. U. Kingd. **33**, 265 (1954). — SRINIVASAN, K. S.: Current Sci. **23**, 228 (1954). — SRIVASTAVA, R. K.: Bot. Mag. (Tokyo) **66**, 88 (1953). — STARR, R. C.: Amer. J. Bot. **41**, 601 (1954). — STEERE, W. C.: Congr. Intern. Bot. Paris, Rapp. et Commun., Sect. 14—16 **8**, 72 (1954). — STEFFEN, K.: Planta (Berl.) **39**, 175 (1951). — Flora (Jena) **139**, 394 (1952); **140**, 140 (1953). — Congr. Intern. Bot. Paris, Rapp. et Commun., Sect. 7—8 **8**, 250 (1954). — Planta (Berl.) **45**, 379 (1955). — STEINECKE, F.: Arch. Protistenkde **76**, 589 (1932). — STERLING, C.: Bull. Torrey Bot. Club. **82**, 39 (1955). — STERNHEIMER, E. P.: Bull. Torrey Bot. Club **81**, 111 (1954). — STOSCH, H. V.: Congr. Intern. Bot. Paris, Rapp. et Commun., Sect. 17 **8**, 58 (1954). — Z. Bot. **43**, 89 (1955). — STRAUB, J.: Naturwiss. **41**, 219 (1954). — STRAUS, J., u. C. D. LARUE: Amer. J. Bot. **41**, 687 (1954). — SUBRAHMANYAM, R.: Proc. Indian Acad. Sci., Sect. A **39**, 118 (1954). — SULBHA: Current Sci. **23**, 98 (1954). — SULLIVAN jr., A. J.: Physiol. Plantarum (Copenh.) **6**, 804 (1953). — SUNDERALINGAM, V. S.: J. Indian Bot. Soc. **33**, 272 (1954). — SUSSEX, I. M., u. T. A. STEEVES: Ann. of Bot., N. S. **17**, 395 (1953). — SUSSMANN, M., u. S. G. BRADLEY: Arch. of Biochem. a. Biophysics **51**, 428 (1954). — SWAMY, B. G. L.: J. Arnold Arboretum Harvard Univ. **30**, 10 (1949). — SWEENEY, B. M.: Amer. J. Bot. **41**, 821 (1954). — SZABOWICZ, A.: Acta Soc. bot. Poloniae **23**, 243 (1954).

TAMMES, P. M. L.: Acta bot. neerl. **3**, 114 (1954). — TATUNO, S.: Bot. Mag. (Tokyo) **66**, 150 (1953); **67**, 36 (1954). — TATUNO, S., u. K. YANO: Cytologia (Tokyo) **18**, 36 (1953). — TEILING, E.: (1) Bot. Not. (Lund) **1954**, 376. — (2) Congr. Intern. Bot. Paris, Rapp. et Commun., Sect. 17 **8**, 128 (1954). — THOMPSON, R. H.: (1) Amer. J. Bot. **41**, 142 (1954). — (2) Congr. Intern. Bot. Paris, Rapp. et Commun., Sect. 17 **8**, 100 (1954). — TIAGI, Y. D.: Bot. Not. (Lund) **1954**, 343. — TOBLER, F.: Ber. dtsch. bot. Ges. **67**, 406 (1954). — TOURNAY, R.: Cellule **54**, 165 (1951). — TSAO, T. H.: Plant Physiol. **24**, 494 (1949). — TSCHERMAK-WOESS, E.: Österr. bot. Z. **100**, 203 (1953); **101**, 328 (1954). — TULECKE, W. R.: Science (Lancaster, Pa.) **117**, 599 (1953). — Bull. Torrey Bot. Club. **81**, 509 (1954).

ULRICH, J.: Ber. dtsch. bot. Ges. **67**, 391 (1954). — USTINOVA, E. I.: Izw. Akad. Nauk SSSR., Ser. Biol. **1954**, Nr. 5, 74.

VAARAMA, A.: Congr. Intern. Bot. Paris, Rapp. et Commun., Sect. 9—10 **8**, 89 (1954). — VAZART, J.: Congr. Intern. Bot. Paris, Rapp. et Commun., Sect. 9—10 **8**, 55 (1954). — VENKATA RAO, C.: Science a. Culture **19**, 285 (1952). — J. Indian Bot. Soc. **32**, 208 (1953). — Proc. Indian Acad. Sci., Sect. B., **39**, 51 (1954). — VENKATESWARLU, J., u. L. L. NARAYANA: Current Sci. **24**, 52 (1955).

WACHTMEISTER, C. A.: Congr. Intern. Bot. Paris, Rapp. et Commun., Sect. 18 bis 20 **8**, 30 (1954). — WAGNER jr., W. H.: Bull. Torrey Bot. Club **81**, 61 (1954). — WALKER, F. T.: Ann. of Bot., N. S. **16**, 23 (1952); **18**, 113 (1954). — WARD, M.: (1) Phytomorphology **4**, 1 (1954). — (2) Ebenda **4**, 18 (1954). — WARD, M., u. R. H. WETMORE: Amer. J. Bot. **41**, 428 (1954). — WARDLAW, C. W.: Ann. of Bot., N. S. **17**, 513 (1953). — (1) Ebenda **18**, 397 (1954). — (2) Congr. Intern. Bot. Paris, Rapp. et Commun., Sect. 7—8 **8**, 257 (1954). — WARIS, H.: Physiol.

Plantarum (Copenh.) **4**, 387 (1951). — Congr. Intern. Bot. Paris, Rapp. et Commun., Sect. 9—10 **8**, 29 (1954). — WARMKE, H. E.: Amer. J. Bot. **41**, 5 (1954). — WATERKEYN, L.: Cellule **56**, 105 (1954). — WAYNE, E. M., u. R. H. BURRIS: Amer. J. Bot. **41**, 777 (1954). — WEILING, F., u. R. SCHAGEN: Ber. dtsch. bot. Ges. **68**, 2 (1955). — WELCH, W. H.: Congr. Intern. Bot. Paris, Rapp. et Commun., Sect. 14 bis 16 **8**, 69 (1954). — WELDEN, A. L.: Mycologia (N. Y.) **46**, 93 (1954). — WENRICH, D. H., I. F. LEWIS u. J. R. RAPER: Washington: Amer. Assoc. f. Advancement of Sci. 1954. — WERZ, G.: Arch. Protistenkde **99**, 148 (1953). — WETTER, R. u. C.: Flora (Jena) **141**, 598 (1954). — WETTSTEIN, D. v.: Z. Bot. **41**, 199 (1953). — Z. Naturforsch. **9**b, 476 (1954). — WIEGAND, F. M.: Bryologist **57**, 217 (1954). — WILKIE, D.: Exper. Cell Res. **6**, 384 (1954). — WIMMER, CHR., u. K. HÖFLER: Sitzgsber. österr. Akad. Wiss. Wien, Math.-naturwiss. Kl., Abt. I **162**, 625 (1953). — WISEMAN, J. D. H., u. N. I. HENDEY: Deep-Sea Res. **1**, 47 (1953). — WOLFE, M.: (1) Ann. of Bot., N. S. **18**, 299 (1954). — (2) Ebenda **18**, 309 (1954). — WOOD, R. D., u. J. STRAUGHAN: Amer. J. Bot. **40**, 381 (1953). — WOODWARD, F. N.: Congr. Intern. Bot. Paris, Rapp. et Commun., Sect. 17 **8**, 20 (1954). — WRICKE, G.: Biol. Zbl. **73**, 49 (1954). — WURTZ, A.: Congr. Intern. Bot. Paris, Rapp. et Commun., Sect. 17 **8**, 38 (1954).

YANO, K.: Bot. Mag. (Tokyo) **66**, 43, 197 (1953); **67**, 43, 129 (1954). — YUASA. A.: (1) Bot. Mag. (Tokyo) **67**, 6 (1954). — (2) Congr. Intern. Bot. Paris, Rapp, et Commun., Sect. 9—10 **8**, 57 (1954).

ZEITLER, I.: Österr. bot. Z. **101**, 453 (1954). — ZIMMERLY, B. C., u. H. P. BANKS: Amer. J. Bot. **37**, 668 (1950).

4. Submikroskopische Morphologie.

Von KURT MÜHLETHALER, Zürich.

Mit 3 Abbildungen (15 Einzelbilder).

Protoplasma.

Eines der wichtigsten Probleme der modernen Protoplasmaforschung ist die Abklärung der Eiweißsynthese in der Zelle. Wie und wo dieser elementare Lebensprozeß abläuft, ist sowohl für den Physiologen wie für den Morphologen von höchstem Interesse. Über die Lokalisation dieser chemischen Umsetzungen weiß man jedoch noch wenig, da die klassischen Methoden der Biochemie zu grob sind, um ortsgebundene Prozesse in der Zelle zu erfassen. Mit Hilfe der UV-Spektroskopie und des Elektronenmikroskopes (EM) ist es aber in den letzten Jahren gelungen, an tierischen Zellen die Bezirke, in denen diese Reaktionen stattfinden, zu ermitteln. Besonders günstig für solche Untersuchungen sind die Drüsengewebe des Verdauungskanales, z. B. der Pankreas, da sie dauernd eiweißreiche Sekrete produzieren und abscheiden. Pflanzliche Zellen sind dazu wegen der geringen Eiweißproduktion weniger gut geeignet. Da es sich hier aber um elementare Stoffwechselprozesse handelt, darf man erwarten, daß sie überall in ähnlicher Weise ablaufen.

Richtungsweisend für die späteren Untersuchungen über die Proteinsynthese waren die Arbeiten von CASPERSSON, der zuerst erkannte, daß der Ribonucleinsäure (RNS) dabei eine wichtige Rolle zukommt. Mit Hilfe der UV-Spektroskopie fanden CASPERSSON u. SCHULTZ, daß diese Substanz sowohl im Nucleolus wie im basophilen Cytoplasma lokalisiert ist. Die von BRACHET eingeführte Methylpyronin-Färbung zum Nachweis der RNS bestätigte diese Befunde. In gefärbten Schnitten durch Pankreas erscheint das basophile Plasma in Form von feinen Filamenten (Ergastoplasma von GARNIER) oder als Klumpen (BENSLEY u. GERSH, DEANE, OPIE). Die RNS ist also an ganz bestimmten Stellen des Cytoplasmas lokalisiert und nicht diffus verteilt. Als Träger der basophilen Substanz kam nach CLAUDE eine Partikelpopulation in Frage, die er durch Ultrazentrifugation aus Leberhomogenaten rein darstellen konnte. Diese Partikel wiesen einen Durchmesser von 500—1500 Å auf und wurden von ihm als Mikrosomen bezeichnet. Die Wahl dieses Terminus war nicht sehr geschickt, da man in der botanischen Cytologie unter Mikrosomen die im Plasma vorhandenen mikroskopischen Partikel versteht. Der Ausdruck hat sich heute aber so stark eingebürgert, daß wohl der frühere Begriff für diese Plasmaeinschlüsse aufgegeben werden muß. Verglichen mit den Mitochondrien sind die Mikrosomen etwa zehnmal kleiner und liegen daher unter dem Auflösungsvermögen des Lichtmikroskopes.

Es wurde vermutet, daß die Proteinsynthese nur dann ungestört abläuft, wenn sich diese Partikel in der lebenden Zelle nach einem bestimmten Bauplan zusammenfügen. Die Untersuchung nach dem Ort und der Struktur dieses Komplexes im Cytoplasma wurde daher im EM schon vor der Einführung der Schnittmethode aufgenommen. PORTER, CLAUDE u. FULLAM entwickelten eine Methode, um Zellen aus Gewebekulturen direkt im EM zu studieren. Neben den bekannten Zellbestandteilen, wie Kern, Mitochondrien usw., bemerkten sie ein bisher noch unbekanntes Vacuolensystem von variabler Größe (70 bis 200 mµ) (Abb. 41/1). Da diese Struktur nur im Endoplasma vorkam, wurde dafür der Name endoplasmatisches Reticulum geprägt. Dieses zusammenhängende Vacuolensystem ist vom umgebenden Plasma durch eine 80 Å dicke Membran abgeschlossen und kann je nach dem physiologischen Zustand er Zelle stärker oder schwächer ausgebildet sein. In allen Zelltypen, die bis jetzt untersucht wurden, zeigte sich diese Struktur, so daß der Schluß berechtigt ist, daß dieses endoplasmatische Reticulum, wie der Kern oder die Mitochondrien, eine lebenswichtige Zellkomponente darstellt. In den Dünnschnitten erscheinen diese Strukturen im EM je nach der Form der Elemente als runde oder flachgepreßte Schläuche, wie sie in Abb. 2 zu sehen sind (PALADE u. PORTER). In den Pankreaszellen ist beinahe der gesamte Plasmainhalt von diesem Lamellensystem durchzogen (SJÖSTRAND u. HANZON). Wie aus den neuesten Arbeiten von PALADE (2) und PORTER (1), (2) hervorgeht, hängt die Basophilie dieses Systems mit der Membran zusammen. Bei bester Auflösung ist zu erkennen, daß diese mit feingranulären Makromolekülen von etwa 150 Å Durchmesser bedeckt ist. Diese osmophilen Granula können in der Ultrazentrifuge erst bei 95 000 g sedimentiert werden und sind also kleiner als die Mikrosomen von CLAUDE. Wegen ihres hohen Nucleinsäuregehaltes wurden sie als Ultramikrosomen bezeichnet (BARNUM u. HUSEBY, PETERMANN, MIZEN u. HAMILTON). Bevor die Eiweißsynthese in den embryonalen Zellen beginnt, sind diese basophilen Körner im Cytoplasma diffus verteilt und das endoplasmatische Reticulum ist noch sehr reduziert [PALADE (2)]. Mit zunehmender Eiweißproduktion, z. B. in den Hautfibroblasten während der Collagenbildung, entwickelt sich das endoplasmatische Reticulum sehr stark und die Ultramikrosomen wandern an die Membranoberfläche (PALADE u. PORTER). Dieselben RNS-reichen Partikel konnte PORTER (2) auch im Nucleolus beobachten.

Diese direkte Beziehung zwischen der Eiweißproduktion und der Ausbildung des endoplasmatischen Reticulums zeigt, daß dem Zellorganell bei diesen Reaktionen eine wichtige Funktion zukommt. Wie die einzelnen Synthesen ablaufen, ist aber ein physiologisches Problem, das mit morphologischen Methoden nicht zu erforschen ist.

Abb. 41. 1 u. 2. Endoplasmatisches Reticulum einer Epithelzelle der Ohrspeicheldrüse aus einer neugeborenen Ratte. Bild 1 zeigt einen Ausschnitt des Cytoplasmas einer *in vitro* gewachsenen Zelle in Durchsicht. Außer den Lipoidtröpfchen (l) und den Mitochondrien (m) sind die verschiedenen Elemente des endoplasmatischen Reticulums wie Trabeculae (t_1, t_2) und Cisternen (ci_1, ci_2, ci_3) erkennbar. Die Membran der Cisternen ist teilweise mit osmophilen Granula bedeckt. Fild 2. Dünnschnitt durch eine entsprechende Zelle der Ohrspeicheldrüse, aber *in situ* fixiert. Die verschiedenen Zellkomponenten sind: Zellmembran (cm), Zellkern (n) und Mitochondrien (m). Das endoplasmatische Reticulum erscheint als System von zusammengepreßten Vacuolen. Vergr. 22000mal. (Aus PALADE u. PORTER 1954.)

Submikroskopische Morphologie.

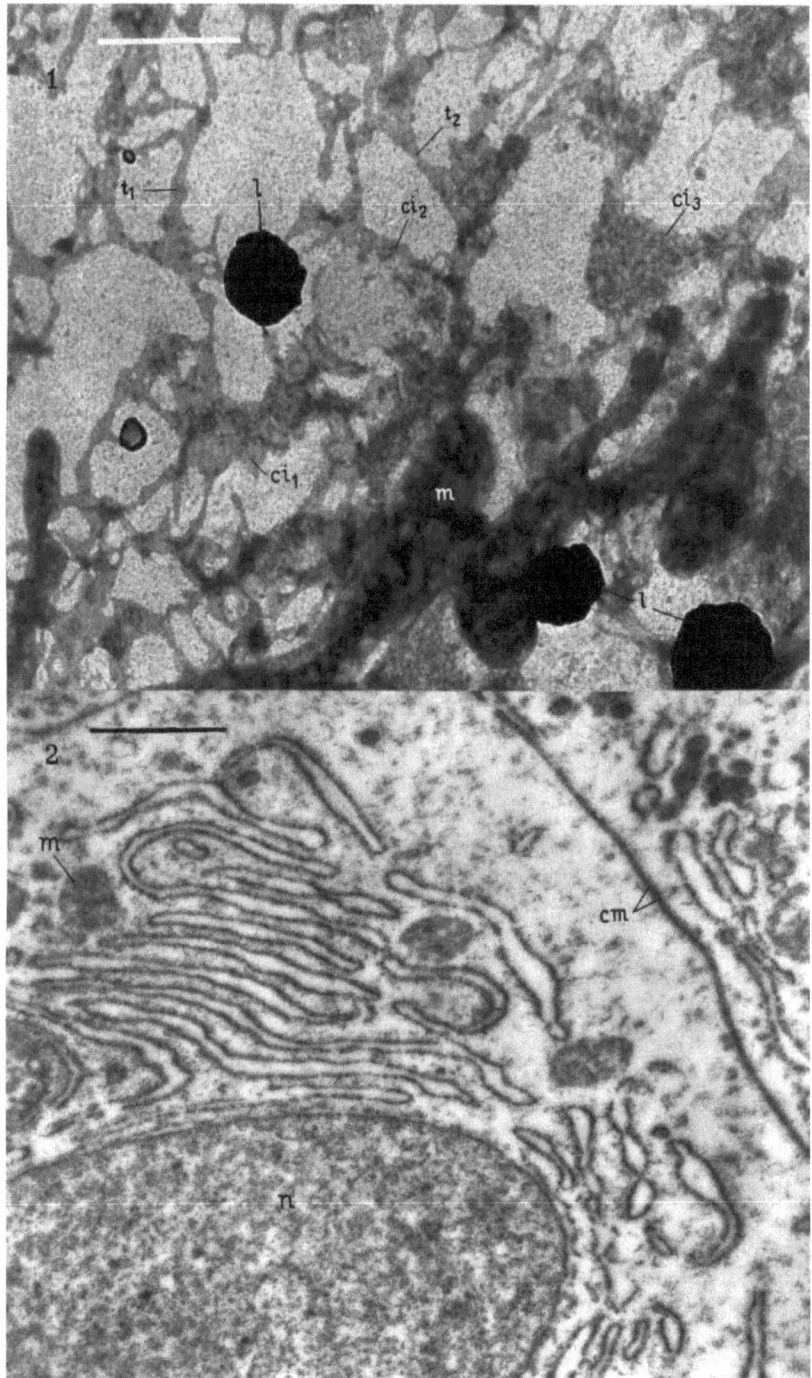

Abb. 41.

Das regelmäßige Vorkommen in allen tierischen Zellen gibt uns die Frage auf, ob ähnliche Systeme auch in der pflanzlichen Zelle auftreten. Ein im Aufbau ähnliches Lamellensystem ist von LEYON u. WETTSTEIN in der Eizelle von *Fucus vesiculosus* als „Physode" beschrieben worden. Eigene Untersuchungen an jungen Blattzellen ergaben, daß im Protoplasma außer dem großen Saftraum ein weiteres feines Vacuolensystem vorhanden ist, das als endoplasmatisches Reticulum interpretiert werden könnte (ER in Fig. 3). Um den definitiven Nachweis zu bringen, daß dieses Vacuolensystem mit dem endoplasmatischen Reticulum identisch ist, muß aber noch ein größeres Beobachtungsmaterial gesammelt werden.

Im Berichtsjahr sind die ersten Lieferungen der Protoplasmatologia (Handbuch der Protoplasmaforschung), herausgegeben von HEILBRUNN u. WEBER, erschienen. Das Gesamtwerk, das 14 Bände umfassen soll, erscheint in einzelnen Lieferungen, die bestimmte Teilgebiete der Protoplasmaforschung darstellen. Bereits erschienen ist die Monographie von FREY-WYSSLING über die submikroskopische Struktur des Cytoplasmas. Das Buch vermittelt einen ausgezeichneten Überblick über die neuesten Ergebnisse der Cytomorphologie, der Cytochemie, Cytophysik und Cytophysiologie.

Proplastiden.

Im letzten Bericht ist bereits auf die Arbeiten von STRUGGER (1), (2) und HEITZ u. MALY hingewiesen worden. Weitere Untersuchungen sind inzwischen von DÜVEL, LEYON (1), (2) und HEITZ erschienen. DÜVEL hat durch Fluorescenzuntersuchungen an Vegetationskegeln von *Elodea canadensis* die Entwicklung der Chloroplasten in den Blattanlagen studiert. In Übereinstimmung mit HEITZ u. MALY findet er, daß die Proplastiden zuerst homogen fluorescieren und erst später eine Differenzierung in ein primäres Granum und ein umgebendes Stroma eintritt. Nach LEYON (1) geht die Entwicklung in den Blättchen von *Aspidistra elatior* von kleinen osmophilen Granula aus, die in diesen jungen Zellen sehr zahlreich auftreten. Das Progranum ist nicht immer scheibenförmig, wie das von STRUGGER (1), (2) angegeben wird, sondern kann auch isodiametrisch sein. Seine Struktur ist, wie LEYON (2) bei *Aspidistra elatior* und HEITZ bei *Chlorophytum* zeigen konnten, kristallgitterartig. Aus dieser Beobachtung schließt HEITZ, daß es sich hier um kristallisiertes Chlorophyll handelt, das durch die zunehmende Anreicherung im Stroma bei einer gewissen Konzentration auskristallisiert ist. Dieser Schluß scheint verfrüht, da genaue chemische Analysen noch fehlen. Aus diesem Progranum wachsen später auch die Stromalamellen aus [LEYON (1)].

In einer eingehenden Untersuchung haben wir ebenfalls an *Aspidistra* die verschiedenen Stadien der Plastidenentwicklung studiert, wobei besonders die Bildung des Progranums bearbeitet wurde. Einige Stadien der Entwicklung sind in den Abb. 42/5—9 zusammengestellt. Im Lichtmikroskop ist die Einteilung der Partikelpopulation der Zelle in Mitochondrien, Proplastiden, Sphärosomen und andere Einschlüsse, wie z. B.

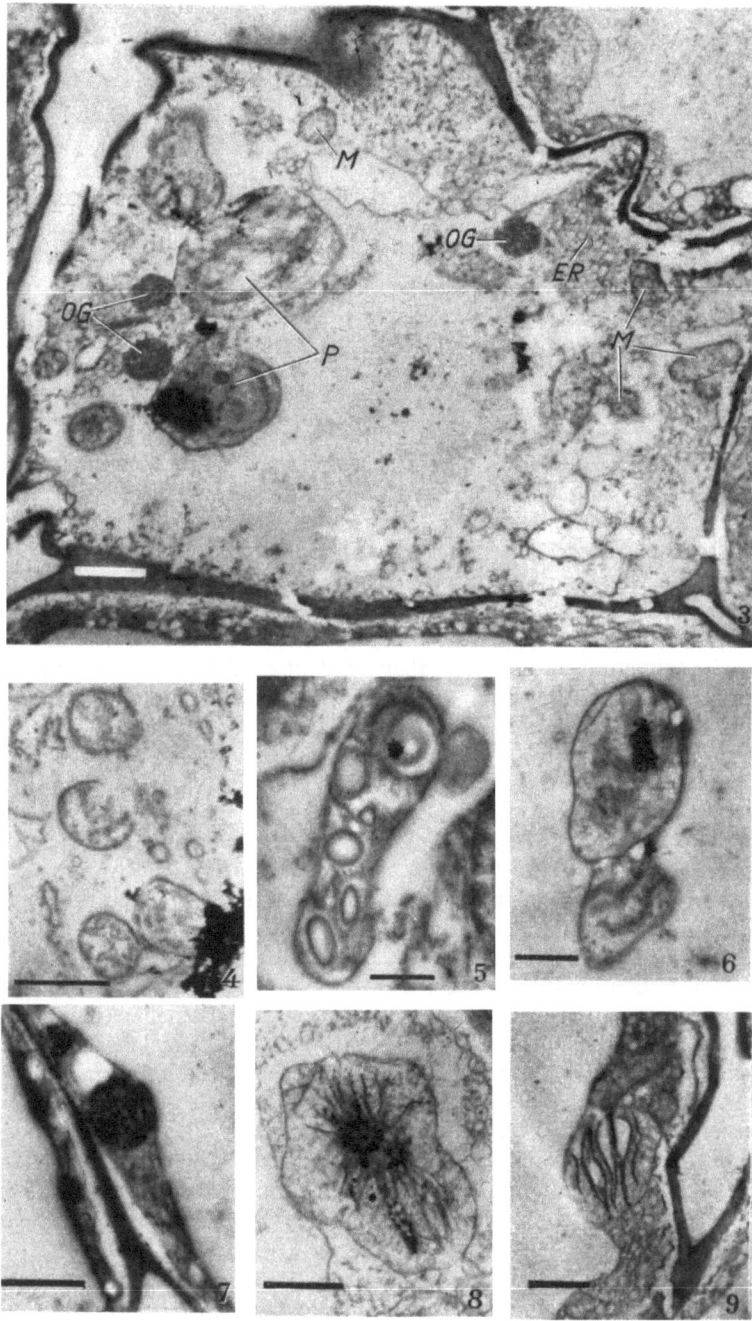

Abb. 42 3. Dünnschnitt durch eine junge Blattzelle von *Aspidistra elatior*. Die verschiedenen Einschlüsse sind: Mitochondrien (*M*), Proplastiden (*P*), osmophile Granula (*OG*) und eine dem endoplasmatischen Reticulum entsprechende Struktur (*ER*). Vergr. 10000mal. 4. Mitochondrien aus einer Blattzelle von *Aspidistra*. Die Innenstruktur besteht aus Kanälen und Doppellamellen. Vergr. 13500mal. 5. Amyloplastischer Proplastid. Das Progranum ist im Schnitt nicht getroffen worden (*Aspidistra*). Vergr. 9000mal. 6. Proplastid mit Lipoidtröpfchen vor der Bildung der Stromalamellen. Vergr. 9000mal. 7. Osmophiles Granulum (*Aspidistra*). Eine Differenzierung in Stroma und primäres Granum ist noch nicht erkennbar. Vergr. 12000mal. 8. Proplastid im Stadium der Lamellenbildung, die vom Progranum ausgeht. Vergr. 11000mal. 9. Proplastid mit Stromalamellen. Vergr. 8500mal.

Fetttröpfchen, recht schwierig und beruht hauptsächlich auf ihrer Affinität zu bestimmten Farbstoffen. Im EM erscheinen die lipoidhaltigen Partikel, wie z. B. die Mikrosomen und Fetttröpfchen, nach der Osmiumsäurefixierung dunkel. Die Mitochondrien weisen wie bei tierischen Zellen [PALADE (1), SJÖSTRAND u. RHODIN] eine typische Innenstruktur aus Kanälchen und Doppellamellen auf (Abb. 42/4). Die Proplastiden sind im allgemeinen größer als die Mitochondrien und weisen, wie STRUGGER (2) zeigte, sehr viel Stärke auf (Abb. 42/5). Neben diesem Reservestoff treten zudem kleinere, zu Gruppen vereinigte Kügelchen auf, die den Fetttröpfchen der ausgewachsenen Chloroplasten entsprechen dürften (Abb. 42/6). In den osmophilen Granula, die von LEYON (1) als Frühstadien der Plastiden bezeichnet wurden (Abb. 42/3 u. 7), treten oft die gleichen Fetttröpfchen auf wie in den Primärgranen, was für eine Verwandtschaft dieser Partikel spricht. Das Stroma muß sich offenbar erst später bilden. Diese Deutungsweise steht im Gegensatz zu der Ansicht von HEITZ, daß zuerst das Stroma vorhanden ist und das Progranum erst später darin auskristallisiert.

Die Entwicklung der Granen durch Reduplikation in der Fläche und anschließendem Auseinandergleiten, wie das STRUGGER (1), (2) in seinen Arbeiten darlegt, konnte bis jetzt nicht beobachtet werden. Die EM-Untersuchungen ergaben aber eindeutig, daß aus dem Primärgranum Lamellen auswachsen und das ganze Stroma durchziehen (Abb. 42/9). Wie zwischen den Stromalamellen die Granen entstehen ist noch unklar, doch sind Andeutungen vorhanden, daß sie sich aus diesen differenzieren. Wie STRUGGER (2) beobachtete, treten die Chloroplasten anschließend in eine Teilungsphase ein, aus der zwei funktionstüchtige Jungchloroplasten hervorgehen. EM-Aufnahmen von teilenden Plastiden in *Fucus vesiculosus* sind von WETTSTEIN veröffentlicht worden. Die spindelförmigen Chromatophoren bestehen aus 8—10 durchgehenden groben Lamellen, die selbst wieder aus 4 Schichten von 60 Å Dicke aufgebaut sind (LEYON u. WETTSTEIN). Eine den Granen der Phanerogamenplastiden entsprechende Struktur fehlt. Bei der Größenzunahme des Chromatophors tritt eine Vermehrung der Lamellen ein. Nach WETTSTEIN verdicken sich zuerst die vorhandenen Lamellen und spalten dann von der Mitte aus nach beiden Enden auf. Die Trennung an den Enden ist oft unvollständig, und es bilden sich daher zusammenhängende Doppellamellen. Wie bei den höher entwickelten Plastiden erfolgt die Teilung derselben durch Einschnürung senkrecht zur Längsachse. Ist sie unvollständig, so können unter Umständen Ketten- oder Sternformen entstehen, wie sie von KÜSTER und REINHARD bereits erwähnt wurden.

Weitere EM-Aufnahmen der Lamellenstruktur ausgewachsener *Aspidistra*-Chloroplasten sind von STEINMANN u. SJÖSTRAND veröffentlicht worden. Die Granen liegen als flache Doppelmembranscheibchen zwischen den Stromalamellen geldrollenartig übereinander. Der Lamellenabstand beträgt 65 Å und der gleiche Wert wurde auch für die Dicke der Granenmembranen gemessen. Wesentlich dünner sind die Stromalamellen, deren Dicke nur 35 Å beträgt.

Kernmembran.

Die neuen EM-Arbeiten über die Struktur der Kernmembran geben Aufschluß, auf welche Weise die großen Moleküle, wie z. B. Nucleinsäure, aus dem Kern ins Cytoplasma wandern. Wie HOLTFRETER an isolierten Kernen aus Froscheiern nachwies, passierten sogar Hämoglobinmoleküle die Kernmembran sehr leicht. Die Annahme, daß hier zahlreiche Poren vorhanden sein müßten, ist durch die EM-Untersuchungen von CALLAN u. TOMLIN an *Triturus* und *Xenopus* Oocyten, von HARRIS u. JAMES und BAIRATI u. LEHMANN an *Amoeba proteus* bestätigt worden. Nach diesen Autoren besteht die Kernmembran aus einer inneren strukturlosen Lamelle und einer äußeren von Poren durchlöcherten Schicht. Als Porendurchmesser geben CALLAN u. TOMLIN 300 Å an, die in hexagonaler Anordnung gegenseitige Abstände von etwa 800 Å aufweisen. Bei der Amöbe sind die Poren zwischen 900 bis 2200 Å groß, wobei die größten Löcher durch Septen unterteilt sind (BAIRATI u. LEHMANN). Es wird angenommen, daß die Porenschicht nur als Träger der kontinuierlichen Innenschicht dient. Neuere Untersuchungen sind von GALL, BAHR u. BEERMANN sowie WATSON veröffentlicht worden. In den Kernen von *Chironomus* Speicheldrüsen (BAHR u. BEERMANN) und in den Pankreaszellen der Maus (WATSON) sind die Poren, im Gegensatz zu den oben besprochenen Untersuchungen, durchgehend. In den Pankreaskernen sind sie 200—300 Å groß, und aus den Schnittaufnahmen läßt sich berechnen, daß je Kern etwa 10000 Poren vorhanden sein müssen. Ein Austausch von Nucleinsäure und Proteinmolekülen durch diese Löcher ist also leicht möglich. Eine ähnliche Struktur ist von AFZELIUS auch bei den Seeigel Oocyten gefunden worden. Die Kernmembran weist hier 40—80 Poren je μ^2 auf. Jedes „Loch" ist von einem ringförmigen Wall umgeben und mit einer feinen Membran überdeckt.

Zellwand.

a) Struktur. Zum Studium der pflanzlichen Zellwände im EM kann sowohl die Dünnschnittechnik wie die Abdruckmethode verwendet werden. Sehr schöne Oberflächenabdrucke von Pollenkörnern, Holz usw. (Abb. 43/10—14) erhält man durch eine neue von BRADLEY (1), (2) angegebene Kohleaufdampfmethode. Zwei Kohlenstäbe, die sich leicht berühren, werden im Vakuum mit einer Wechselspannung (20—40 Amp.) bis zum Verdampfungspunkt der Kohle erhitzt. Sobald das Präparat mit einer feinen Kohlehaut bedeckt ist, wird der Prozeß unterbrochen und anschließend das Objekt mit Chromsäure weggelöst. Durch diese Behandlung verändert sich die ursprüngliche Oberflächenstruktur der Kohlehaut nicht. Mit dieser Methode untersuchten wir zahlreiche Pollenkörner, um deren Oberflächenskulptur abzuklären (MÜHLETHALER). Wie Aufnahme 12 zeigt, ist z. B. das Sporoderm von *Fagus silvatica* mit feinen Dornen besetzt, die sehr eng nebeneinander stehen. Bei *Pinus nigra* (Abb. 14) beobachtet man unregelmäßig geformte, knollenförmige Erhebungen, die selbst wieder mit feinen Körnchen besetzt sind. Durch Vergleichen mit Schnittbildern (Abb. 43/13 u. 15) läßt sich ein lückenloses Bild der Sporodermwand gewinnen.

Mit Hilfe der Methacrylatabdruckmethode untersuchten LIESE u. JOHANN die Oberflächenstruktur von 39 verschiedenen Coniferentracheiden. Die bereits früher beschriebene Hoftüpfelstruktur (LIESE u. FAHNENBROCK) konnte überall nachgewiesen werden, wobei aber die einen Hölzer glatte Innenwände besitzen, während andere mit Warzen besetzt sind. Bei den *Pinus*arten fanden sie beide Ausbildungen, während in den Gattungen *Picea* und *Larix* alle Hoftüpfelwände glatt waren. Bei *Abies* wiederum zeigten alle Hofwände Warzen (Abb. 43/10 u. 11). Nach LIESE u. JOHANN besteht eine strenge Korrelation zwischen der Warzenstruktur auf der Hofwand und der übrigen Zelloberfläche. Die Größe der Warzen schwankt zwischen 20—260 mµ, beträgt aber im Mittel nur etwa 120 mµ. Sie können gleichmäßig über die Zellwand verstreut sein, wie z. B. in Abb. 43/11 (*Abies pectinata*), oder lokal gehäuft auftreten, wobei die übrige Fläche nur wenige Warzen aufweist. Diese innerste Zellwandschicht entspricht der Tertiärlamelle, die sich auch in ihrem chemischen Verhalten, z. B. beim Abbau durch Pilze, deutlich von der Sekundärwand unterscheidet. Als Art-, bzw. Gattungsmerkmal für Hölzer mit glatten oder warzentragenden Wänden konnten LIESE u. JOHANN bei *Pinus* keine Beziehung zur systematischen Gliederung finden.

Eine umfangreiche Zusammenfassung über den Feinbau der Coniferentracheiden ist von WARDROP (1) veröffentlicht worden. Aus eigenen EM-Befunden schließt er, daß nur in der äußeren Schicht der Sekundärwand ein gekreuztes Lamellensystem vorhanden ist.

b) **Flächenwachstum.** Eine weitere Arbeit über das Flächenwachstum von Baumwollhaaren, Wurzelhaaren von *Zea mays* und Sternhaaren von *Juncus effusus* ist von HOUWINK u. ROELOFSEN veröffentlicht worden. Das früher von ROELOFSEN u. HOUWINK postulierte „Multinet-growth" kann auch hier zur Erklärung der Oberflächenvergrößerung herangezogen werden. Die Zellwand der untersuchten Objekte wies während der Streckung immer die gleiche Dicke auf, was auf eine kontinuierliche Ablagerung neuer Cellulosefibrillen hindeutet. So lange die Ausweitung des Geflechtes in allen Richtungen gleichmäßig erfolgt, bleibt die ursprüngliche Fibrillenanordnung ungestört. Sobald sie aber in einer Richtung überwiegt, so tritt eine Umorientierung der Cellulosestränge ein. Eine entsprechende mathematische Behandlung haben WOLFF u. HOUWINK veröffentlicht.

Ein günstiges Objekt zum Studium des Flächenwachstums hat GREEN in den Internodialzellen von *Nitella axillaris* gefunden. Er markierte die junge Zelle mit einer Reihe von Tuschepunkten und beobachtete anschließend ihre seitliche und achsiale Dislokation. Die Verschiebung erfolgt entlang einer Schraubenwindung, wobei der Steigungswinkel immer mehr zunimmt. Wird ein Wandstück zwischen 2 Schraubenlinien abgewickelt, so ergibt sich ein Rhombus, dessen Fläche je nach dem Steigungswinkel verschieden groß sein kann, wenn der Durch-

Submikroskopische Morphologie.

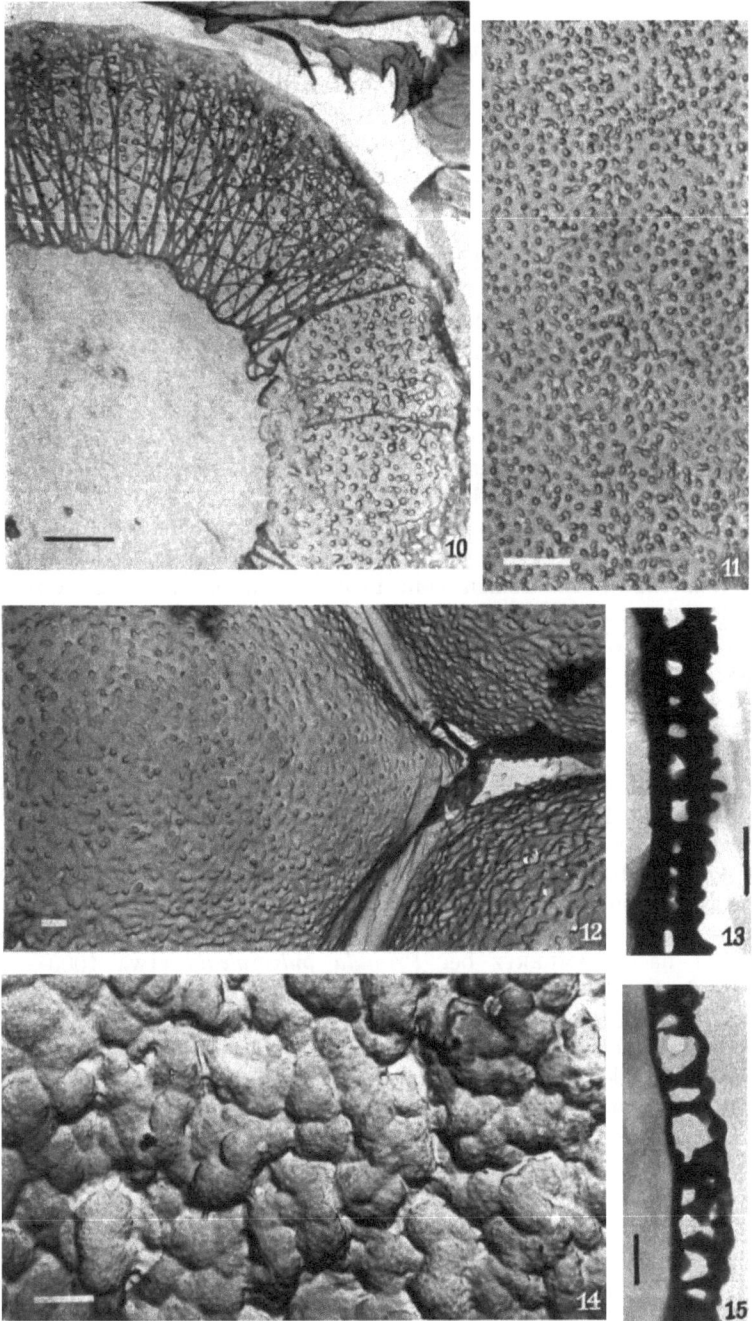

Abb. 43. 10. Hoftüpfel von *Abies pectinata*. Unter den Haltefäden des Torus erkennt man die warzenbesetzte Zellwand (Kohleabdruck). Vergr. 10000mal. 11. Warzenstruktur der Innenwand von *Abies pectinata*. Vergr. 9500mal. 12. Oberflächenskulptur eines Pollenkornes von *Fagus silvatica*. Vergr. 3500mal. 13. Schnitt durch das Sporoderm von *Fagus silvatica*. Vergr. 9000mal. 14. Ausschnitt der Pollenoberfläche von *Pinus nigra*. Vergr. 8500mal. 15. Schnitt durch das Sporoderm von *Pinus nigra*. Vergr. 7000mal.

messer der Zelle sich nicht ändert. Nach GREEN spielt die Dickenzunahme der Zelle eine unwesentliche Rolle, so daß die Vergrößerung des Steigungswinkels direkt als Maß für die Flächenzunahme gelten kann. Als Ursache für diese Zunahme werden Änderungen im Turgordruck angenommen.

Eine weitere EM-Studie über die Zellstreckung von Xylem-Elementen aus *Pinus radiata, Eucalyptus elaeophora* und *Ulmus sp.* hat WARDROP (2) publiziert. In der Spitze der Fasern und Tracheiden sind die Cellulosefibrillen in der Wachstumsrichtung orientiert. Die lockeren Gebiete in der Zellwand werden teils als Wachstumsbezirke und teils als Anlagen der später sich bildenden Tüpfelfelder interpretiert.

c) **Plasmodesmen.** Neue interessante Beobachtungen über das Vorkommen von Plasmodesmen in den Epidermisaußenwänden verschiedener Pflanzen hat LAMBERTZ veröffentlicht. Feinste plasmatische Fäden, die sich durch die Zellwand zur Oberfläche ziehen, wurden erstmalig von SCHUMACHER u. HALBSGUTH in den mycelähnlichen, langen Endzellen von *Cuscuta odorata* entdeckt und auch in den Epidermisaußenwänden einiger Sprosse und Ranken beobachtet. In den Laubblättern von *Passiflora* sind die gesamten Epidermisaußenwände der Blattunterseite, oft auch der Oberseite, von zahlreichen Plasmodesmen durchsetzt (SCHUMACHER). Sie ziehen vom Protoplasten bis unter die Cuticula und weisen zum Teil Verzweigungen auf, wobei sich die Seitenäste stets mit spitzem Winkel gegen das Zellinnere öffnen. Das Vorkommen ist aber sehr launenhaft und hängt auch von der besonderen Art der Fixierung ab (GILSON-Gemisch). Die neuen Untersuchungen von LAMBERTZ ergaben nun die überraschende Tatsache, daß diese „Launenhaftigkeit" des Vorkommens auf einen tagesperiodischen Rhythmus zurückzuführen ist. Material, das zwischen 9—14 Uhr fixiert wurde, zeigte selten Plasmodesmen, während in den Blättern, die er nach 17 Uhr abtötete, diese Strukturen fast durchwegs auftreten. Neben dem tageszeitlichen Rhythmus spielt auch der Einfluß von Licht und Wärme eine Rolle. So fehlen sie bei sonnenlosem kühlem Wetter, während sie an warmen Tagen vorhanden sind. Die Zahl dieser Plasmodesmen beträgt nach LAMBERTZ bei *Primula pulverulenta* etwa 1000—1500 je 50 μ^2. Das bedeutet, daß die Außenfläche einer einzigen Epidermiszelle rund 8000—9000 Plasmodesmen aufweisen muß. Eine Kontrolle der verschiedenen Pflanzenorgane ergab, daß sie, mit Ausnahme der Wurzel und den Organen mit stark kutinisierten Zellwänden, überall vorhanden sind. In den Laubblättern und den jungen Stengeln erscheinen diese Plasmodesmen am zahlreichsten, während sie in Blütenblättern, Nektarien, Antheren und Drüsenhaaren weniger ausgeprägt sind. In ihrem ganzen Habitus unterscheiden sich die Außenplasmodesmen in nichts von den Plasmaverbindungen im Gewebe und dürfen daher mit diesen gleichgesetzt werden. Wie LAUBERT, STRASBURGER und HENCKEL zeigten, können unter Umständen auch diese zeitweilig verschwinden. Im Hinblick auf die physiologischen Probleme, wie z. B. Stoffaustausch, Reizperzeption usw., kommt diesen Befunden eine wichtige Bedeutung zu.

Literatur.

AFZELIUS, B. A.: Exper. Cell Res. **8**, 147 (1955).
BAHR, G. F., u. W. BEERMANN: Exper. Cell Res. **6**, 519 (1954). — BAIRATI, A., u. F. E. LEHMANN: Experientia (Basel) **8**, 60 (1952). — BARNUM, C. P., u. R. A. HUSEBY: Arch. of Biochem. **19**, 17 (1948). — BENSLEY, R. R., u. I. GERSH: Anat. Rec. **57**, 369 (1953). — BRACHET, J.: Arch. of Biol. **53**, 207 (1941). — BRADLEY, D. E.: (1) Brit. J. appl. Physiol. **5**, 65 (1954). — (2) J. Inst. Metals **83**, 35 (1954).
CALLAN, H. G., u. S. G. TOMLIN: Proc. Roy Soc. Lond., Ser. B **137**, 367 (1950). CASPERSSON, T. O.: Cell Growth and Cell Function. New York: Norton 1950. — CASPERSSON, T. O., u. J. SCHULTZ: Nature (Lond.) **143**, 602 (1939). — CLAUDE, A.: J. of exper. Med. **84**, 51 (1946).
DEANE, H. W.: Amer. J. Anat. **78**, 227 (1946). — DÜVEL, D.: Protoplasma (Wien) **44**, 239 (1954).
FREY-WYSSLING, A.: Die submikroskopische Struktur des Cytoplasmas. In Protoplasmatologia, Bd. II/A 2. Wien: Springer 1955.
GALL, J. G.: Exper. Cell Res. **7**, 197 (1954). — GARNIER, C.: J. Anat. et Physiol. (Paris) **36**, 22 (1900). — GREEN, P. B.: Amer. J. Bot. **41**, 403 (1954).
HARRIES, P., u. T. JAMES: Experientia (Basel) **8**, 384 (1952). — HEITZ, E.: Exper. Cell Res. **7**, 606 (1954). — HEITZ, E., u. R. MALY: Z. Naturforsch. **8**b, 243 (1953). — HENCKEL, P. A.: Referat internat. Bot. Kongr. Stockholm 1950. — HOLTFRETER, J. F.: Exper. Cell Res. **7**, 95 (1954). — HOUWINK, A. L., u. P. A. ROELOFSEN: Acta bot. neerl. **3**, 385 (1954).
KÜSTER, E.: Protoplasma (Wien) **2**, 75 (1927).
LAMBERTZ, P.: Planta (Berl.) **44**, 147 (1954). — LAUBERT, R.: Diss. Göttingen 1897. — LEYON, H.: (1) Exper. Cell Res. **7**, 265 (1954). — (2) Ebenda **7**, 609 (1954). — LEYON, H., u. D. VON WETTSTEIN: Z. Naturforsch. **9**b, 471 (1954). — LIESE, W., u. M. FAHNENBROCK: Holz **10**, 197 (1952). — LIESE, W., u. I. JOHANN: Planta (Berl.) **44**, 269 (1954).
MÜHLETHALER, K.: Planta (Berl.) (im Druck).
OPIE, E. L.: J. of exper. Med. **84**, 91 (1946).
PALADE, G. E.: (1) Anat. Rec. **114**, 427 (1952). — (2) J. appl. Physics **24**, 1419 (1953). — PALADE, G. E., u. K. R. PORTER: J. of exper. Med. **100**, 641 (1954). — PETERMANN, M. L., N. A. MIZEN u. M. G. HAMILTON: Proc. Amer. Assoc. Cancer Res. **1**, 37 (1954). — PORTER, K. P.: (1) J. of exper. Med. **97**, 727 (1953). — (2) J. Histochem. a. Cytochem. **2**, 346 (1954). — PORTER, K. P., A. CLAUDE u. E. FULLAM: J. of exper. Med. **81**, 233 (1954).
REINHARD, H.: Protoplasma (Wien) **19**, 541 (1933). — ROELOFSEN, P. A., u. A. L. HOUWINK: Acta bot. neerl. **2**, 218 (1953).
SCHUMACHER, W.: Jb. wiss. Bot. **90**, 530 (1942). — SCHUMACHER, W., u. W. HALBSGUTH: Jb. wiss. Bot. **87**, 324 (1939). — SJÖSTRAND, F. S., u. V. HANZON: Exper. Cell Res. **7**, 393 (1954). — SJÖSTRAND, F. S., u. J. RHODIN: Exper. Cell Res. **4**, 426 (1953). — STEINMANN, E., u. F. S. SJÖSTRAND: Exper. Cell Res. **8**, 15 (1955). — STRASBURGER, E.: Jb. wiss. Bot. **36**, 493 (1901). — STRUGGER, S.: (1) Naturwiss. **37**, 166 (1950). — (2) Protoplasma (Wien) **43**, 120 (1954).
WARDROP, A. B.: (1) Holzforschung **8**, 12 (1954). — (2) Austral. J. Bot. **2**, 165 (1954). — WATSON, M. L.: Biochim et Biophysica Acta **15**, 475 (1954). — WETTSTEIN, D. v.: Z. Naturforsch. **9**b, 476 (1954). — WOLFF, P. M. DE, u. A. L. HOUWINK: Acta bot. neerl. **3**, 396 (1954).

B. Systemlehre und Pflanzengeographie.

5a. Systematik und Phylogenie der Algen.

Von Bruno Schussnig, Jena.

Mit 21 Abbildungen.

Der vorliegende Bericht für das Jahr 1954 muß, mit Rücksicht darauf, daß er in den „Fortschritten der Botanik" neu eingeführt wird, etwas weiter gefaßt werden. Er bringt die Ergebnisse der wichtigsten Veröffentlichungen bis zum Jahre 1954 und berücksichtigt die einschlägige Literatur ungefähr vom Beginn des zweiten Weltkrieges an. Eine Vollständigkeit wird und kann nicht, infolge der durch den Krieg bedingten Zersplitterung der Literatur, erreicht werden. Da es sich beim vorliegenden ersten Bericht mehr um einen Rückblick handelt, soll nur das Wesentliche hervorgehoben werden.

In dem angegebenen Zeitabschnitt von rund 15 Jahren hat die Algenforschung einige empfindliche Verluste erlitten. Oltmanns, Pascher, Conrad, Kylin, F. E. Fritsch, Hamel, Allorge, Sauvageau sind uns durch den Tod entrissen. Ihr Werk, das sie uns hinterlassen haben und das bis in den angegebenen Zeitabschnitt hineinreicht, wird in den folgenden Zeilen entsprechende Würdigung erfahren.

Flagellaten.

Hier ist vorerst die Paschersche Bearbeitung der Heterokonten in Rabenhorsts Kryptogamenflora zu erwähnen, deren Vollendung bis in die Kriegsjahre reicht und in der die flagellatenartigen, rhizopodialen und gloemorphen Formen, das ist die Heterochloridineae (= Xanthomonadina), die Myxochloridineae und die Heterocapsineae behandelt sind. In dieser Gliederung kommt die Tendenz zum Ausdruck, auch im Verwandtschaftsbereich der Heterokonten ähnliche, parallele Ausbildungstypen zu unterscheiden, wie wir ihnen bei den Phytomonadinen begegnen. In der allgemeinen Einleitung zu vorliegendem Werke werden diese Ausbildungsformen ausführlich besprochen. Die monadoiden Heterochloridinen ebenso wie die Schwärmer der algenartig ausgebildeten Heterokonten stimmen in Zellbau und Begeißelung vollkommen überein. Für sie ist die Dorsiventralität mit bilateralsymmetrischer Dorsalseite und flacheren Bauchseite, sowie das schräg abgestutzte bis ausgerandete Vorderende der Zelle charakteristisch. Die Ebene, die durch die Verbindungslinie der beiden, ± weit voneinander entfernten Insertionspunkte der im wesentlichen ventral entspringenden Geißeln durchgelegt werden kann, fällt mit der medianen Symmetrieebene der Zelle zusammen. Der Insertionspunkt der Hauptgeißel ist mehr der Rückenseite genähert, die kürzere Nebengeißel entspringt am abgeschrägten Vorderende. Die kontraktilen Vacuolen (meist zwei) liegen im Vorderende der Zelle, in einer Ebene, die senkrecht zur Geißelebene gerichtet ist. Das Stigma, am Vorderende eines ventral gelagerten Chromatophors, liegt somit ventral und ist der Austrittsstelle der Geißel und dem Zellkern genähert. Durch amöboide Körperveränderungen können diese an sich konstanten und somit für den Phylotypus der Heterokonten charakteristischen Lageverhältnisse, vorübergehend gestört werden. Die Heterochloridinen sind somit typisch heterokont, mit einer längeren bis langen, vorwärts gerichteten Haupt- und einer bedeutend kürzeren, seitlich oder rückwärts schlagenden Nebengeißel. Diese, meist in der Zweizahl vorhandenen Geißeln (manchmal scheint die Nebengeißel rückgebildet zu sein) sind mithin heterodynamisch und außerdem heteromorph. Die Hauptgeißel ist eine Flimmergeißel (stichonematisch), die Nebengeißel trägt einen apikalen Faden, ist also akronematisch. Dieser Feinbau wurde unter anderem von W. VLK mit Beizfärbungsmethoden festgestellt. Mittlerweile liegen elektronenmikroskopische Untersuchungen von I. MANTON und von I. MANTON, B. CLARKE u. A. D. GREENWOOD über den Feinbau der Geißeln einer Heterokonte, *Chlorosaccus ulvaceus* MESSIK. u. VISCHER, vor. Das elektronenmikroskopische Bild bestätigt im wesentlichen die älteren Beobachtungen mit dem Lichtmikroskop. Die Hauptgeißel ist mit zwei Reihen von ungefähr senkrecht abstehenden Flimmerhaaren besetzt, die einzeln aber stellenweise auch in Paaren entspringen. Bei der Maceration löst sich die Geißel in 11 Fibrillen, von denen zwei im Zentrum gepaart verlaufen. Ob die Flimmerhaare von den äußeren Fibrillen oder von der Scheide der Geißel entspringen, geht aus den bisherigen Untersuchungen nicht ganz klar hervor; wahrscheinlich dürfte, in Analogie zu Befunden an anderen Flagellaten, das letztere zutreffen. Auch die Nebengeißel läßt sich in 11 Fibrillen auflösen. Interessant ist es dabei, daß jede Fibrille in einen feineren Fortsatz endet, so daß die Annahme nicht von der Hand zu weisen ist, daß das im Lichtmikroskop einheitlich erscheinende Akronema („Peitschenschnur") auch aus 11 Elementarfibrillen zusammengesetzt ist. Eine weitere, systematisch bedeutungsvolle Feststellung ist die von W. J. KOCH, wonach die Spermatozoiden von *Vaucheria* eine geflimmerte Hauptgeißel besitzen, so daß die in letzter Zeit vorgeschlagene Eingliederung dieser Gattung in das System der Heterokonten einen beachtlichen Anhaltspunkt gewonnen hat.

Es soll noch darauf hingewiesen werden, daß der hier geschilderte Feinbau der Geißeln der Heterochloridalen und Heterokontenschwärmer eine auffallende Übereinstimmung mit dem der Geißeln der Ochromonadalen (Chrysomonadinen), der Schwärmer der Phaeophyceen, aber auch der Schwärmer der Oomyceten aufweist. Diese auch elektronenoptisch erhobenen Befunde müssen wohl bei phylogenetischen Überlegungen ernstlich in Betracht gezogen werden. Die Vorstellung, daß die Flagellaten- und Algengruppen, in deren Plastiden das Chlorophyll b fehlt, dafür ein Überschuß an karotinoiden Pigmenten enthalten ist, in einer engeren phylogenetischen Beziehung zueinander stehen, ist auf

Grund der Übereinstimmungen im Bau der Schwärmerzellen, in der Morphologie und Dynamik wie auch im Feinbau der Geißeln ernstlich in Erwägung zu ziehen. Ebenso ist es diskutabel, daß die Oomyceten, zwar nicht apoplastidiale Heterosiphoneen darstellen, aber ihren phylogenetischen Ursprung in Flagellaten etwa vom Typus der heterotrophen Ochromonadalen haben können.

Ein weiteres, so weit bekannt, konstantes Organisationsmerkmal der Heterochloridinen sind die intraplasmatisch entstehenden Cysten, deren verkieselte Membran aus zwei gleich- oder ungleichgroßen Hälften (Kalotten) zusammengesetzt ist. Ob bei der Bildung dieser Cysten Sexualvorgänge im Spiele sind, ist unbekannt, wie überhaupt Gametenkopulationen bei den Heterochlorideen unsicher sind. Wesentlich ist der Bau der Cystenmembran, dem eine phylogenetische Bedeutung zukommt, da auch die Membranen der unbeweglichen, behäuteten Heterokonten, der Heterococcalen, eine Zusammensetzung aus zwei Hälften aufweisen. Ob eine Beziehung zum Membranbau, und somit zum Gestaltungstypus der Bacillarieen besteht, wie dies PASCHER wahrscheinlich zu machen versucht, muß dahingestellt bleiben, bis der genaue Zellbau der Schwärmer („Mikrosporen") und die Morphologie und Feinstruktur der Geißeln der zentrischen Diatomeen genauer ermittelt sein wird.

Die systematische Gliederung der Heterochloridineae nimmt PASCHER folgendermaßen vor:

Heterochloridales, mit den Merkmalen der Klasse und der Familie der Heterochoridaceae. Darauf folgt die Klasse der Rhizochloridineae, welche die rhizopodialen Gestaltungstypen der Heterochloridinen umfaßt. Die Ordnung der Rhizochloridales zerfällt in die Familie der Rhizochloridaceae, Chlorarachniaceae und Myxochloridaceae. Letztere Familie enthält die zwei Gattungen *Myxochloris* und *Chlamydomyxa* und es gebührt PASCHER das Verdienst, diese zwei Organismen auf Grund einer morphologischen und entwicklungsgeschichtlichen Prüfung voneinander zu trennen. Im Anschluß daran wird mit Vorbehalt die noch unvollständig bekannte *Fremya sphagni* angeführt, deren Zugehörigkeit zu den Heterokonten jedoch noch unsicher erscheint.

Jene Formen, die zwar ihre monadoide Organisation beibehalten, aber während ihrer vegetativen Phase in Gallerten, in unbeweglichem Zustand, leben, faßt PASCHER in die Klasse der Heterocapsineae zusammen. Sie stellen eine Parallelgestaltung zu den Tetrasporalen im Verwandtschaftskreis der Phytomonadinen dar. Die Ordnung der Heterocapsales, mit den Merkmalen der Klasse, enthält zwei Familien, die der Heterocapsaceae und der Malleodendraceae. Zur ersteren gehört unter anderem die Gattung *Chlorosaccus*, auf Grund derer LUTHER (1899) die Gruppe der Heterokonten erstmalig aufstellte.

Von F. E. FRITSCH ist 1948 ein Neudruck im Litho-Offsetverfahren des ersten Bandes seines Algenbuches herausgegeben worden. Leider spiegelt der Inhalt dieses Bandes den Stand der Kenntnisse vom Jahre 1935 wider, in welchem er zuerst erschien. Es soll daher bloß darauf hingewiesen werden, daß darin die pflanzlichen Flagellaten (Volvocales,

Heterochloridales, Chrysomonadales, Cryptomonadales, Peridinieen, Chloromonadinen, Eugleninen) in enger Anlehnung an die systematischen Vorstellungen von PASCHER, in allerdings etwas formalistischer Weise, behandelt sind. In einem Anhang werden ganz kurz einige farblose Flagellaten (Protomastiginen, Pantostomatinen, Distomatinen) in einer inzwischen überholten Weise gestreift.

Hingegen verdient das von P. P. GRASSÉ herausgegebene Traité de Zoologie, dessen erster Band 1952 erschienen ist und die Flagellaten enthält, allergrößte Beachtung. Eine Reihe bester Namen sind die Verfasser der einzelnen Kapitel.

Das Werk wird eingeleitet durch einen Artikel des verstorbenen LUCIEN CUÉNOT über die Phylogenese des Tierreiches (S. 1—33). Es folgt dann die Behandlung der Protozoen mit einer allgemeinen Einleitung aus der Feder von PIERRE P. GRASSÉ (S. 37—132). In dieser prüft er zunächst die Frage nach den Beziehungen der Protozoen zu den Schizophyten und kommt zu dem Schluß, daß nach den gegenwärtigen Ergebnissen zwar die Organismen eine gewisse Einheitlichkeit in der Struktur (namentlich im Vorhandensein der Desoxyribonucleinsäurezentren) aufweisen, daß aber irgendeine Gruppe von Bakterien, sei es autotrophe oder heterotrophe, den Ausgangspunkt für die eukaryoten Protisten nicht darstellen.

Was die Beziehungen zwischen Protozoen und Protophyten anbelangt, so ist die Trennung der Protophyten von den Sporozoen, Cnidosporidien und Ciliaten ganz scharf, ausgenommen die coccidiniden Peridineen, welche in gewissem Sinne eine vermittelnde Stellung einnehmen. Hingegen gibt es Berührungspunkte zwischen den Protophyten und den Rhizoflagellaten, wobei allerdings Konvergenzerscheinungen vorkommen, die leicht zu Fehlschlüssen führen können. Im allgemeinen wird der Ursprung der Protozoen im Bereiche der autotrophen Flagellaten angenommen. Die Vorstellung vom Übergang von den pigmentierten zu den apochlorotischen Flagellaten, und von diesen letzteren zu den Metazoen, ist „theoretisch leicht verführerisch", doch macht GRASSÉ mit Recht geltend, daß bei einer detaillierteren Prüfung dieser Frage vielerlei Schwierigkeiten entstehen.

Die Flagellaten mit assimilierenden Pigmenten umfassen vier große Gestaltungstypen, von denen nach PASCHER evolutive Abwandlungsreihen ausgehen und zwar:

Chrysomonaden	Chrysophyceen
Xanthomonaden	Xanthophyceen (Heterokonten)
Phytomonaden	Chlorophyceen, möglicherweise bis zu den Conjugaten
Peridinieen	Dinophyceen

Dabei nimmt GRASSÉ an, daß der Übergang zu den einzelligen Algen gleitend vor sich gehe und daß ihre polyphyletische Zusammensetzung unbestreitbar sei. Die letztere Feststellung besteht zweifellos zu Recht, wohingegen die Annahme eines gleitenden („insensiblen") Überganges von den Flagellaten zu den einzelligen Algen rein formal ist. Viele Tatsachen sprechen dafür, daß dieser Übergang durch Vermittlung eines trophischen Cystenstadiums, und zwar wiederholte Male auf polyphyletischem Wege also, vollzogen wurde.

Jede der vorerwähnten Flagellatengruppen enthält apochlorotische Gattungen und Arten und a priori könnten diese den physiologischen Übergang von Protophyten zu Protozoen vermitteln. GRASSÉ hebt allerdings hervor, daß die übrigen Merkmale unverändert bleiben, so daß der betreffende, farblos gewordene Organismus ein Bestandteil seiner phylogenetischen Gestaltungsgruppe bleibt (so z. B. *Dinamoebidium* innerhalb der Dinoflagellaten, die Peranemideen innerhalb der Euglenoidinen). Im gegenwärtigen Zeitpunkt kann man somit keine Flagellatengruppe mit Sicherheit als den Start für die Protozoen anführen und ebensowenig läßt sich ihre mono- oder polyphyletische Herkunft postulieren. Die Eugleniden, Phytomonadinen und Cryptomonadinen können weder ihrer Struktur noch ihrem Stoffwechsel nach als die Stammformen der Protozoen angesehen werden. Die Chrysomonadinen und Dinomonadinen weisen zwar eine ungewöhnliche Plastizität der Gestaltung auf, doch bleibt auch hier der Phylotypus im wesentlichen beibehalten. Die von CHATTON vorsichtig ausgesprochene Meinung von möglichen Beziehungen zwischen den coccidiniden Peridineen und den Sporozoen hat zunächst nur theoretisches Interesse. Ebenso problematisch erscheint die auf Grund einer Ähnlichkeit in der Anordnung der Geißeln vermutete Verwandtschaft zwischen den Bodonideen und den Peridineen, obwohl weder der Kernbau noch die Mitose an pflanzliche Flagellaten erinnern.

Eine Reihe von Hypothesen, die von GRASSÉ noch in Erwägung gezogen werden und die im wesentlichen die Möglichkeit der Herkunft der Protophyten von autotrophen Bakterien, bzw. der Protozoen von heterotrophen Bakterien ins Auge fassen, können hier unberücksichtigt bleiben, solange es nicht gelingt, eine Brücke zwischen der Zellorganisation der akaryoten und der eukaryoten Protisten zu schlagen. Ebenso hypothetisch ist die Vorstellung, daß die Protophyten von Bodonideen ausgingen, die somit als die Wiege für alle Lebensformen, ausgenommen die Schizophyten, anzusehen wären.

Hingegen verdient die Theorie von M. CHADEFAUD Erwähnung, in welcher er die trichocystenführenden Protisten (Chloromonadinen, Eugleninen, Cryptomonadinen, Dinoflagellaten und die ciliaten Infusorien) in einen engeren stammesgeschichtlichen Zusammenhang bringt. Die gemeinsamen Merkmale wären, außer den Trichocysten, der Besitz von Zellkernen mit moniliformen Interkinese-Chromosomen und das Vorhandensein einer mitunter stark ausgeprägten Vertiefung am Zellkörper, die als Vestibulargrube bezeichnet wird, weil sie als Vestibulum zum Cytostom, falls ein solches vorhanden ist, dient. GRASSÉ hält die systematische Annäherung der erwähnten Flagellaten für etwas zu künstlich, weil der Abstand beispielsweise zwischen einer Euglena und einem Ceratium denn doch ein wenig groß ist. Außerdem bezieht er sich auf A. HOLLANDE, wonach die Trichocysten der Ciliaten nichts mit dem Schleimvacuolenapparat der Flagellaten zu tun haben. Wenn auch CHADEFAUD mit der Inbeziehungsetzung der trichocystenführenden

Flagellaten zu den Ciliaten zu weit in seinem Homologisierungsversuch gegangen ist, so verdienen seine komparativen Ausführungen, so weit sie die genannten Flagellatengruppen betreffen, wenigstens im Sinne einer Arbeitshypothese doch ernstliche Beachtung.

Es folgt dann von S. 52—132 eine Darstellung von der Zellstruktur, der Fortpflanzung, Ernährung, Lebensweise und Verbreitung der Protozoen, in welcher wertvolle Hinweise auf die Flagellaten enthalten sind. Von besonderem Interesse sind die, mit vorbildlichen Figuren belegten Ausführungen über die Mitochondrien, den GOLGI-Apparat, den Parabasalapparat, die pulsierenden Vacuolen, das Centrosom und ganz besonders über den Kern und die Mitose. GRASSÉ unterscheidet eine Reihe von Mitosetypen, die von den von BĚLAŘ aufgestellten Typen in manchen Punkten abweichen. Erfreulich ist dabei die zum Teil sehr weit gediehene Strukturanalyse der Chromosomen, welche mit den Verhältnissen bei den Chromosomen der höheren Organismen weitgehende Übereinstimmungen aufweisen. Am Schlusse des Abschnittes (S. 129) gibt GRASSÉ eine Übersicht der großen Hauptgruppen der Protozoen. Er weicht von der bisher üblichen Einteilung in Rhizopoda, Flagellata, Sporozoa, Cnidosporidia und Ciliata insofern ab, als er, wegen der vielfachen Wandlungstypen von den Flagellaten zu Rhizopoden, diese beiden Gruppen als Rhizoflagellata zusammenfaßt. Allerdings fügt er hinzu, daß eine derartige Vereinigung die abstammungsmäßige Heterogenität der beiden Gestaltungsgruppen nicht bemänteln darf. Die Flagellaten, willkürlich in Phyto- und Zooflagellaten geschieden, setzen sich aus stammesgeschichtlich verschiedenen Entwicklungsreihen zusammen, deren Verwandtschaft uns nicht bekannt ist. Das Vorhandensein von Geißeln oder von Pseudopodien kann nicht als Grundlage für eine natürliche Klassifizierung dienen. Nichtsdestoweniger gliedert GRASSÉ seine Rhizoflagellata in die

Klasse der Flagellata, mit Geißeln als Lokomotionsganellen, Längsspaltung der Zelle (plasmotomie longitudinale), freilebend oder parasitisch; und in die

Klasse der Rhizopoda: Pseudopodien als lokomotorische oder predative Organellen; freilebend oder parasitisch.

Von GRASSÉ stammt auch die allgemeine Einleitung (S. 133—152) zu den Rhizoflagellaten, in der die Geißel, ihre Struktur und ihr Bewegungsmechanismus einerseits und die amöboide Bewegung auf Grund der neueren Erkenntnisse andererseits geschildert wird. Vorangestellt wird diesem Kapitel die Diagnose der Flagellaten und Rhizopoden, die wegen ihrer klaren Fassung hier festgehalten zu werden verdient.

Die Flagellaten sind Protisten pflanzlicher oder tierischer Affinität, die im vegetativen Zustand mit Geißeln versehen sind, mit deren Hilfe sie schwimmen. Die Geißeln sind (ausgenommen die termiticolen Flagellaten und die Opaliniden, welche letztere zu den hochorganisierten Flagellaten gerechnet werden) in geringer Anzahl vorhanden und an ein Centrosom oder an ein Derivat desselben (Blepharoplast) gebunden. Die Achse des Zellkörpers wird durch das Centrosom und das Zentrum des Kernes markiert; diese Achse bestimmt die axiale Symmetrie, auf die eine Symmetrie anderer Ordnung bezogen werden kann.

Die geschlechtliche Fortpflanzung, wenn vorhanden, vollzieht sich im allgemeinen durch begeißelte, wenig voneinander verschiedene und auch von den vegetativen Stadien (Trophozoiten) wenig abweichende Gameten.

Die Rhizopoden sind schwerer zu charakterisieren: es sind Protozoen oder Protophyten, die ihre Ortsveränderung und das Auffangen von Nahrungskörpern mit Hilfe von temporären plasmatischen Ausdehnungen, den Pseudopodien, vornehmen. Einige zeigen eine Polarität, andere nicht.

Die Abgrenzung wird auch dadurch erschwert, daß es auch Formen gibt, die nebst den Pseudopodien auch noch eine oder mehrere Geißeln besitzen, bzw. die ein langes flagelläres Stadium durchlaufen (z. B. die Mastigamoebidinen u. a.). „Die Fronten begegnen sich, die Definitionen entsprechen nicht ihren Objekten; daher die Notwendigkeit, die Mastigophoren den Rhizopoden anzunähern."

Auf S. 153 steht dann die Aufzählung der 11 Klassen, in die die Flagellaten gegliedert werden. Die ersten 10 Klassen umfassen die Phytoflagellaten, die je für sich betrachtet, einen homogenen Eindruck erwecken, während die als 11. Klasse angeführten Zooflagellaten polyphyletischer Herkunft sind. Die Klassen sind die folgenden:

1. Phytomonadinen
2. Xanthomonadinen
3. Chloromonadinen
4. Eugleninen
5. Cryptomonadinen
6. Dinoflagellaten
7. Ebriidinen
8. Silicoflagellaten
9. Coccolithophoriden
10. Chrysomonadinen
11. Zooflagellaten

Diese Aufzählung stimmt im wesentlichen mit der systematischen Gliederung der pflanzlichen Flagellaten überein, die sich aus den gegenwärtigen Kenntnissen ergibt und im allgemeinen auch anerkannt ist. Es fällt bloß auf, daß die Ebriidineen, Silicoflagellaten und Coccolithophoriden als getrennte, selbständige Klassen herausgehoben sind, ein Vorgehen, dem eine gewisse Berechtigung nicht abgesprochen werden kann.

Nach dieser übersichtlichen Aufzählung folgen dann die Darstellungen der einzelnen Klassen, die mit einer Schilderung der Zellstruktur und der Fortpflanzung beginnen, eine systematische Übersicht der wichtigsten Familien und Gattungen enthalten, und am Ende noch mit einigen Bemerkungen über die verwandtschaftlichen Verhältnisse abgeschlossen werden. Da dieses ungemein wertvolle und reichhaltige Werk den Botanikern vielleicht nicht überall zugänglich ist, mögen hier die Diagnosen der Klassen und die phylogenetischen Verhältnisse, in der Auffassung der Autoren, wiedergegeben werden.

Klasse der Phytomonadinen bearbeitet von JULES PAVILLARD (S. 154—207). Wasserbewohnende, freilebende Organismen mit Geißelbewegung. Einzellig oder in zahlenmäßig und morphologisch bestimmt ausgebildeten Coenobien. Ernährung autotroph (Photosynthese vermittels des Chlorophylls) oder heterotroph (saprotroph bei den apochlorotischen Formen). Echte Stärke stets vorhanden. Vegetative Vermehrung (asexuelle Fortpflanzung) durch Längsteilung, gefolgt von kolonialer Ontogenese bei den Coenobionten. Transitorische unbewegliche (palmelloide) Stadien bei den einzelligen Typen. Die Geißeln sind gleichlang, nach vorne gerichtet, akronematisch, in der Zweizahl oder Vierzahl vorhanden. Nur für *Haematococcus pluvialis* hat BENESOVA pleuronematische Geißeln festgestellt (Abb. 44). Isogame, heterogame oder oogame sexuelle Fortpflanzung. Biphasischer Entwicklungscyclus, diploide Phase auf die Zygoten allein beschränkt. Über die Ernährungsweise, die Sexualität und die Sexualstoffe wird auf S. 198

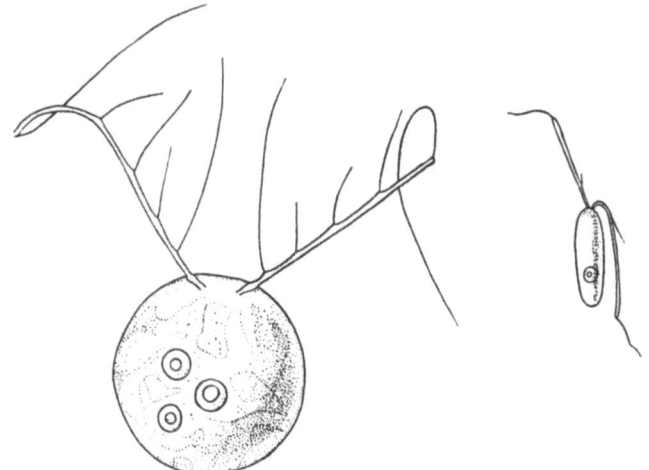

Abb. 44. *Haematococcus pluvialis*. Nach BENESOVA.

bis 205 berichtet. Im Schlußabsatz werden die verwandtschaftlichen Verhältnisse besprochen, ohne etwas wesentlich Neues zu berühren. Aus einer tabellarischen Übersicht geht die Einteilung der Phytomonadinen oder Volvocales hervor, wovon die Reihen der Chlamydomonadidae, Eudorinidae, Spondylomoridae, Sphaerellidae, Volvocidae, Polyblepharidae und die apochlorotischen Formen aufgestellt werden. Bemerkenswert ist, daß die Tetrasporalen nicht mit berücksichtigt werden. Und was die Polyblepharideen anbelangt, so erscheint mir doch nicht so ganz sicher, ob sie zum Gestaltungskreis der Phytomonadinen gehören (s. weiter unten).

Im Anschluß an die PAVILLARDsche Darstellung bespricht GEORGE DEFLANDRE die fossilen Phytomonadinen (S. 207—209).

Die Klasse der Xanthomonadinen wird ebenfalls von DEFLANDRE behandelt (S. 212—226). Die Diagnose lautet: Nackte Flagellaten mit typisch dorsoventralen Zellen, mit zwei ungleichen Geißeln (manchmal nur einer), mit grünen Chromatophoren versehen, niemals Stärke; mit verkieselten endogenen Cysten. Sexuelle Vorgänge bisher unbekannt. Vermehrung durch Längsteilung im vegetativen, begeißelten, selten im palmelloiden Zustand. Vereinzelt rhizopodiale Formen bekannt. Die

Klasse wird in die zwei Ordnungen der Heterochloridea und Rhizochloridea eingeteilt. Über die phylogenetische Stellung werden die möglichen Beziehungen zu den Chrysomonadinen einerseits, und zu den Diatomeen andererseits besprochen. Die Trennung von den Phytomonadinen (und Grünalgen) wird als gerechtfertigt anerkannt. Im wesentlichen lehnt sich die Darstellung an PASCHER an. Abschließend (S. 225) werden die fossilen Xanthomonadinen besprochen, wofür allerdings sehr wenig Unterlagen vorliegen.

Die Klasse der Chloromonadinen ist von ANDRÉ HOLLANDE (S. 227—237) bearbeitet. Eine kleine, etwa ein Dutzend Arten und vier Gattungen umfassende Gruppe von unbehüllten Flagellaten des Süß- und Brackwassers. Die Zellen zeigen in der Regel eine deutliche dorsale Konvexität und haben auf der Ventralseite eine schmale, verhältnismäßig tiefe, längsverlaufende Furche. Die Zelloberfläche wird von einem rigiden Periplast umgeben, der bei *Gonyostomum* gegen niedere p_H-Werte, und ebenso gegen säurehaltige Fixiermittel außerordentlich empfindlich ist. Die ventrale Furche wird der prostomalen Furche der Cryptomonaden gleichgesetzt. Am Vorderende entspringen aus zwei benachbarten Blepharoplasten zwei Geißeln von variabler Länge, von denen die eine nach hinten gerichtet ist. In der peripheren Hyaloplasmaschicht sind die Chlorophyll führenden Plastiden sowie die Trichocysten oder die Schleimkörper, welche beide zugleich vorhanden sein können, enthalten. Eine strukturlose Membran grenzt, etwa nach Art der Zentralkapsel der Radiolarien oder einiger Peridineen, das periphere vom zentralen, dichten Protoplasma ab. In diesem ist der Kern gelegen. Die kontraktile Vacuole, wenn vorhanden, befindet sich im Vorderende der Zelle und geht aus dem Zusammenfließen von kleinen Vacuolen hervor, die in einer supranucleären Kalotte von differenziertem Plasma entstehen, welche früher irrtümlicherweise als Parabasalapparat beschrieben wurde (Abb. 45). Ein solcher ist bei den Chloromonadinen nicht bekannt. Das nicht reticuläre Chondriom dürfte nach HOVASSE im Endoplasma lokalisiert sein. Als Assimilationsprodukte treten weder Stärke noch Paramylum, sondern Fette auf. Die Vermehrung geschieht durch Längsteilung im beweglichen Zustand. Der Kern, in dessen Ruhephase die Chromosomen sichtbar sind, teilt sich mitotisch. HOLLANDE nimmt nur die Gattung *Gonyostomum*, *Chattonella*, *Merotricha* und *Vacuolaria* auf. Anhangsweise wird auch noch die farblose Gattung *Reckertia* angeführt. Die Gattung *Colponema* STEIN wird nicht als hierhergehörig anerkannt, *Ocyglossa velox* GIARD (1904) wird als nomen nudum betrachtet.

Die Chloromonadinen, die in der angegebenen Abgrenzung recht homogen erscheinen, haben nach HOLLANDE keine phylogenetischen Beziehungen zu den Euglenidinen, Cryptomonadinen und Dinomonadinen, sondern stellen nach ihm vielmehr eine Organismengruppe dar, die eine recht isolierte Stellung innerhalb der Phytoflagellaten einnimmt.

Das Kapitel über die Klasse der Euglenoidinen stammt ebenfalls aus der Feder A. HOLLANDEs (S. 238—284). Die Zelle dieser Flagellaten ist vor allem durch eine Invagination der Cuticula (invagination ampul-

laire) gekennzeichnet, die unter dem Namen Reservoir in der Literatur
geführt wird. Dieses Reservoir mündet mittels eines engen Kanals,
des Pharynx (goulot), aus. Durch die Mündung des Pharynx ragen die
in der Ein- bis Mehrzahl vorhandenen, von subcuticularen Basal-
körnern am Grunde des Reservoirs entspringenden Geißeln heraus. In
das Reservoir ergießt sich periodisch
der Inhalt der ventral anliegenden
pulsierenden Vacuole. Als Reservestoff tritt das mit Jod sich nicht
blaufärbende Paramylon in Gestalt
verschieden geformter Körnchen
auf.

Die Euglenoidinen zeichnen sich
durch große Formenmannigfaltigkeit
aus; die meisten sind solitär und
leben in stehenden Gewässern, die
reich an organischen Substanzen
sind; einige sind, wenigstens vorübergehend, festsitzend, einige in
Kolonien vereinigt. In seltenen
Fällen Parasiten.

Neben Formen mit chlorophyllführenden Plastiden gibt es auch
farblose, saprophytische oder phagotrophe Gattungen. Eine Trennung
der autotrophen (pflanzlichen) von
den holozoischen Typen ist nicht
opportun, zumal es Übergänge durch
Rückbildung oder plötzliches Verschwinden des Plastidoms gibt. Das
Strukturschema der Zelle bleibt
immer das gleiche, auch bei solchen
Formen, bei denen eine Ableitung
von plastidialen Typen nicht nachweisbar ist. Die bauplanmäßige
Einheitlichkeit dokumentiert sich im
gleichen Bau der Kerne, im gleichen

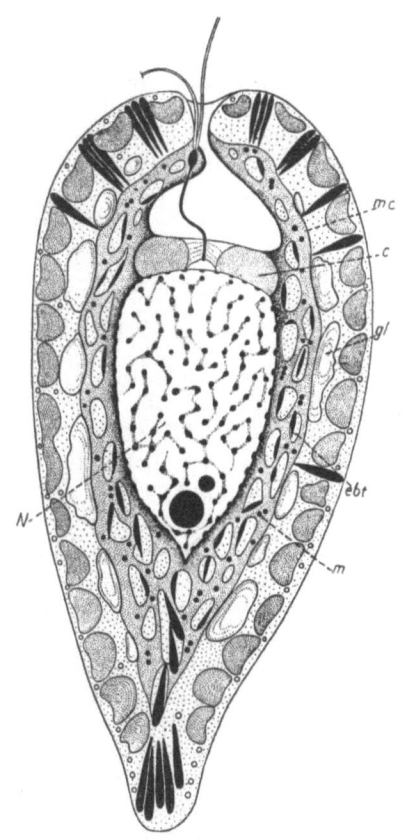

Abb. 45. *Goniostonum semen* Zellorganisation.
Nach R. Hovasse.

Mitosetypus und im gleichen Vermehrungsprozeß. Analog ist ferner
auch die Verteilung des GOLGI-Apparates (Dictyosomen), des Chondrioms und der Schleimkörper (Gloiosomen, corps mucifères).

In dem Abschnitt über die Zellstruktur werden in eingehender Weise
und von einer Anzahl sorgfältig ausgeführter Abbildungen unterstützt,
die Cuticula, die Zellhülle, das Argyrom, die Metabolie, das System
Pharynx-Reservoir, pulsierende Vacuole, die Geißeln und der Photorezeptor, der Kern und das Cytoplasma mit seinen Einschlüssen: Vacuolen,
Dictyosomen, Chondriosomen, Plastiden, Reservestoffen besprochen.
In einem eigenen Abschnitt wird die Ernährung behandelt. Hier finden
zuerst die phagotrophen und osmotrophen Typen Erwähnung. Dann

wird die Stickstoffernährung, die Kohlenstoffernährung und die Abhängigkeit von Wachstumsfaktoren erläutert. Im Abschnitt über die Zellteilung wird die Karyokinese, mit ausgezeichneten Originalbildern geschildert. Es folgt schließlich die Cystenbildung und der Befall durch Parasiten (Bakterien, *Sphaerita, Nucleophaga*).

Im systematischen Teil werden folgende Familien aufgezählt und charakterisiert: Euglenidae, mit den Unterfamilien der Eutreptiinae, Eugleninae und Euglenamorphinae (letztere parasitisch mit 3—7 gleichlangen Geißeln), die Peranemidae, die Anisonemidae und die Petalonemidae. Am Schluß wird noch eine Anzahl von Eugleninen incertae sedis aufgezählt. Die fossilen Eugleniden sind von DEFLANDRE behandelt (S. 283).

Die Klasse der Cryptomonadinen hat wiederum A. HOLLANDE zum Verfasser (S. 285—308). Er bezeichnet sie als homogen und als eine der am besten definierten Gruppen unter den Flagellaten, trotz möglichen Beziehungen zu den Peridineen — weshalb sie zusammen mit diesen von einigen Autoren (s. z. B. PASCHER) in eine gemeinsame Klasse der Pyrromonadinen zusammengezogen wurden — und zu einigen Braunalgen (z. B. Tetragonidium). Sie umfassen teils autotrophe, plastidenführende, teils farblose, heterotrophe Formen. Erstere ziehen reine Gewässer (süße, marine und Brackwässer), letztere Gewässer mit reichem Gehalt an organischen Substanzen vor. Einige leben auch, als Zooxanthellen (pro parte), in Symbiose mit verschiedenen Protozoen. Von den etwa 20 Gattungen, die beschrieben worden sind und von denen viele fraglicher Natur und unsicherer systematischer Stellung sind, wurden nur die Gattungen *Cryptomonas, Chilomonas* und *Rhodomonas* eingehend untersucht. Auf diesen basiert vornehmlich die genaue Diagnose der Klasse.

Die Zellen der Cryptomonaden besitzen eine dicke, elastische Cuticula, die jedoch keine metabolischen Formveränderungen zuläßt. Nur die von PASCHER beschriebene *Cryptochrysis = Cryptomonas amoeboidea* ist amöboid und phagotroph. Normalerweise ist der Zellkörper in der Medianebene abgeflacht, mit stärker gewölbter Dorsalseite, während die Ventralseite von einer tiefen Furche (sillon vestibulaire) durchzogen ist, deren Ränder sich häufig, doch nicht immer, gegen das Hinterende vereinigen. Dadurch wird eine innere Einhöhlung in Gestalt einer Tasche abgegrenzt, die sog. poche vestibulaire. Furche und Vestibulargrube werden von regelmäßig angeordneten Trichocysten ausgekleidet. In die Furche mündet außerdem der Entleerungskanal der pulsierenden Vacuole ein (Abb. 46).

Der lokomotorische Apparat besteht aus zwei etwas ungleich langen, bandförmigen Geißeln, die nach vorne gerichtet sind und eine rasche und gleichmäßige Schwimmbewegung bewirken. Dazu kommt noch eine ruckartige Ortsbewegung durch das Ausschleudern der Trichocysten. Das Plastidom, wenn vorhanden, besteht aus einem einzigen Chromatophor, der entweder ganz oder zweilappig sein kann. Die Angaben über das Vorhandensein einer größeren Anzahl von Plastiden, wie z. B. bei *Cyanomonas americana* (DAVIS) OLTMANNS und *Crypto-*

chrysis polychrysis PASCHER bedürfen, nach E. G. PRINGSHEIM, einer Nachprüfung. HOLLANDE meint, daß *Cyanomonas* möglicherweise nicht zu den Cryptomonaden gehört. In den Fällen, in denen der Chromatophor zweilappig ist, kleiden die zwei Lappen die beiden Lateralseiten der Zelle aus und sind dann an der Dorsalseite durch einen breiten Isthmus verbunden. Die Farbe ist braun oder olivegrün, in manchen Fällen blau, blaugrün oder blaurot, je nach den Arten und den Milieuverhältnissen. Das Vorhandensein von Pyrenoiden ist nicht überall sichergestellt; sie werden durch besondere amylogene Zentren, die Amphosomen, ersetzt, die auch neben den Pyrenoiden vorhanden sein können. Stärke ist die charakteristische Reservesubstanz der Cryptomonadinen, gleichgültig ob gefärbt oder ungefärbt. Bei den plastidialen Formen wird die Stärke nicht in der Plastide selbst, aber in engem Kontakt mit dieser kondensiert.

Zu den weiteren charakteristischen Merkmalen der Cryptomonadinen gehören die besonders ablaufende Mitose (mitose cryptomonadienne), der Parabasalapparat, dessen Gestalt gleichfalls als systematisches Merkmal herangezogen werden kann, das subcuticulare Chondriom, die peripheren, längs den Spirallinien angeordneten Gloiosomen (corps mucifères) und schließlich besondere doppelbrechende Körperchen (corps de MAUPAS), deren Bedeutung allerdings noch fraglich ist.

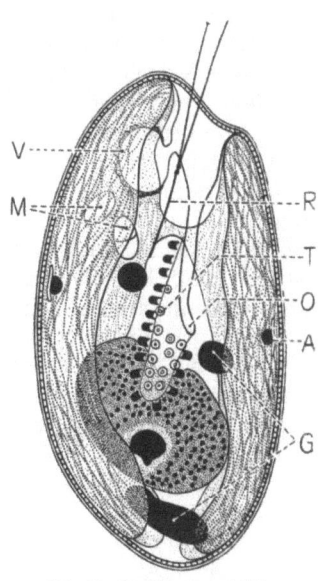

Abb. 46. *Cryptomonas similis*. Nach A. HOLLANDE.

Die Fortpflanzung geschieht ausschließlich durch Längsteilung, mit (*Cryptomonas*) oder ohne (*Chilomonas*) Ausbildung palmelloider Zustände. Die Gattung *Phaeoplax* stellt lediglich eine palmelloide *Cryptomonas* dar. Die Teilungsebene geht durch die Vestibularfurche durch und ist parallel zu den Lateralflächen der Zelle. Das Vorhandensein sexueller Vorgänge wird von HOLLANDE nicht erwähnt. Als Dauerformen werden kugelige, mit einer Pektinmembran versehene Cysten, die Stärke und Fett speichern, angeführt. Die Trichocysten sind in den reifen Cysten nicht nachweisbar.

Nach Ausschaltung aller ungenau beschriebenen Formen beschränkt sich HOLLANDE auf die Beibehaltung nur weniger Gattungen. Unter den plastidialen Cryptomonaden führt er die Gattung *Cryptomonas*, *Rhodomonas*, *Chroomonas* und *Protochrysis*. Die von PASCHER aufgestellte Gattung *Tetragonidium* stellt wahrscheinlich eine coccale Form dar. Zu den aplastidialen Formen werden *Chilomonas* und *Cryptella* gerechnet. Im Anhang wird noch *Cyathomonas* angeführt, deren Stellung im System der Cryptomonaden nicht ganz sicher erscheint. An *Cyathomonas* dürfte sich vielleicht die Gattung *Telonema* anschließen. Als eine Form unsicherer Stellung wird am Schlusse noch *Paradinium poucheti* CHATTON angeführt und von P. P. GRASSÉ besprochen.

Die Klasse der Dinoflagellaten oder Peridinieen wurde vom leider zu früh verstorbenen EDOUARD CHATTON bearbeitet (S. 309—406). Da er an der Schlußredigierung durch Erkrankung und Tod verhindert wurde, haben GEORGE DEFLANDRE und PIERRE P. GRASSÉ einige Ergänzungen und Retouchen (die mit ihren Initialien gekennzeichnet sind) vorgenommen, was jedoch an der Gesamtkonzeption dieser meisterlichen Bearbeitung nichts ändert. Die einführende Diagnose, von P. P. GRASSÉ eingeleitet, lautet: Flagellaten, grundsätzlich mit braun-grünen Plastiden versehen, die mit Chlorophyll, begleitet von anderen Pigmenten (vornehmlich dem Peridinin), imprägniert sind. Zwei, fast überall in orthogonaler Stellung angeordnete Geißeln: eine Längsgeißel und die senkrecht dazu verlaufende, bandförmige, mit welligem Außensaum versehene Quergeißel, welche eine undulierende Membran vortäuscht. Die beiden Geißeln verlaufen in zwei senkrecht aufeinander gerichtete, manchmal rudimentierte Furchen. Der interphasische Kern ist von ganz besonderem Aussehen (Dinokaryon). Reserven aus Fett und Kohlenhydraten. Häufig eine Zellulosehülle vorhanden. Autotrophe, heterotrophe (phagotrophe) und mixotrophe Ernährung.

Trotz einer sehr charakteristischen und höheren morphologischen Differenzierung, erweisen sich die Dinoflagellaten in physiologischer Hinsicht als sehr primitiv, von pflanzlicher und tierischer Natur. Die autotrophen Dinoflagellaten gehören, zusammen mit den Diatomeen und Coccolithophoriden, zu den drei pelagischen Populationen, welche die Lieferanten der lebenden Materie der Hochsee darstellen. Ebenso können sie in mehr oder weniger großem Ausmaß das Bild der Vegetation der kontinentalen Gewässer bestimmen. Mit Rücksicht darauf, daß den Peridineen in der Botanik ein größeres Interesse entgegengebracht wird, soll hier auf die musterhafte Schilderung der Morphologie und Struktur der Zelle (S. 310—320) an Hand eines relativ einfachen Beispiels, *Gyrodinium pavillardi*, etwas näher eingegangen werden. Die Zelle ist nackt, nur von einem dünnen Periplasten umgeben, etwa eiförmig im Umriß und grünlich-braun gefärbt. Der vordere Pol ist stumpf, der hintere hat in der Ventralansicht eine Einbuchtung und wird von der Längsfurche durchzogen. Die andere Furche teilt den Zellkörper in zwei Hälften: in das Episoma (Epiconus) und in das Hyposoma (Hypoconus). Bei den bepanzerten Formen spricht man von Epitheca und Hypotheca. Diese schraubig verlaufende Querfurche wird auch Gürtel (cingulum) genannt. Bei *G. pavillardi* ist die Querfurche steil schraubig verlaufend, sie wird „offen" genannt, weil die beiden, in die Längsfurche einmündenden Enden weit voneinander entfernt liegen. In anderen Fällen liegen die Enden einander gegenüber, die Querfurche ist dann kreisförmig oder „geschlossen". Die Schraubenlinie der Querfurche ist linkswendig, d. h. das linke Ende liegt in der vorderen Hälfte der Zelle. An diesem Ende beginnt die Längsfurche in ihrer vollen Breite. Von da ab setzt sie sich in eine ganz schmale Rinne fort, die über den Apex herum verläuft und etwas rechts von ihrer Ursprungsstelle endet. Diese

Rinne wird „acrobase" genannt und sie ist ebenfalls linksläufig. Die Längsfurche überschreitet in der hyposomatischen Hälfte der Zelle die Gürtelregion und setzt sich noch auf die antapikale Dorsalseite fort. In der Längsfurche befinden sich die Insertionsstellen der beiden Geißeln, die eine davon in der Höhe des Vorderendes des Gürtels, die andere in der Höhe des Hinterendes desselben. Beide Insertionsstellen sind enge und tiefe, einander entgegengesetzt gerichtete Schächte, aus deren zueinander gewandtem Grund die Geißeln entspringen.

Die vordere oder undulierende Geißel (Quergeißel) verläuft ihrer ganzen Länge nach in der schraubigen Querfurche. Die hintere oder Längsgeißel (flagelle axial oder longitudinal) schwingt mit ihrem Basalteil in der Längsfurche, die sie an Länge um ein bedeutendes überragt. Sie ist nach hinten gerichtet, schwingt im Wasser, wo sie die Rolle eines Ruders spielt. Die Propulsion der Zelle geht auf die undulierende Geißel zurück, welche die Form eines flachen Bandes hat, das senkrecht zur Oberfläche der Zelle gestellt ist. Im Gegensatz zu den undulierenden Membranen der Trypanosomen oder von *Trichomonas*, haftet dieses Band mit seinem inneren Rand nicht am Zellkörper, denn man sieht sie aus der Furche heraustreten und wieder eintreten. Der äußere Rand der Bandgeißel wird von der Wurzel gegen das Ende zu von zahlreichen und kurzen Wellen, mit großer Amplitude und variabler Frequenz durchzogen. Bei schwacher Vergrößerung kann dadurch der Eindruck eines Cilienkranzes vorgetäuscht werden (daher auch der Name Cilioflagellaten von CLAPARÈDE und LACHMANN (1858). Die Progression der Wellen entspricht dem Anschein nach der Verschiebung ebensovieler Paletten, von rechts nach links.

Einer der Geißelschächte enthält die einzige wirkliche Öffnung des Zellkörpers, nämlich die Mündung des Kanals der Pusule. Es ist dies eine subpelliculare, zwischen den beiden Insertionspunkten der Geißeln, auf der linken Seite der Längsfurche gelagerte, nicht pulsierende Vacuole. Sie hat eine stark lichtbrechende Grenzmembran und einen leicht rosa gefärbten Inhalt. Bei Formen, namentlich des Süßwassers, wo ein Stigma oder Augenfleck vorhanden ist, ist es in der Nähe der Pusule gelegen. Die hintere Region der Längsfurche, die CHATTON die phagocytäre Region nennt, ist die Stelle, an der die Aufnahme fester Nahrungskörper erfolgt, ohne eine nachweisbare Mundöffnung. Hier treten auch Pseudopodien oder tentakelartige Protoplasmafortsätze bei nackten und gepanzerten Formen aus, bzw. die echten Tentakel der Noctiluciden und Warnowiiden wie auch die Stielchen und Rhizoiden der parasitischen Dinoflagelaten.

Die Plastiden enthalten ein braun-grünes Pigment, das SCHÜTT Pyrrophyll genannt hat, das aber in mehrere verschiedene Pigmente zerfällt, nämlich in das Chlorophyll a und c und in die Xanthophylle, in Peridinin, Diadinoxanthin und Dinoxanthin. Der Chromatophor speziell bei *Gyrodinium pavillardi* besteht aus einer farblosen, körnigen zentralen Masse, die möglicherweise das stärker lichtbrechende Pyrenoid darstellt, von welchem keulenförmige, manchmal auch gabelig verzweigte Körper ausstrahlen, welche nicht die Zellperipherie erreichen.

Bei der Silberimprägnierung zeigen die Plastiden eine lamellare Struktur.

Die Trichocysten stellen lichtbrechende Stäbchen oder Spindeln dar, die in der Zone zwischen Periplast und Chromatophor, senkrecht zur Zelloberfläche gerichtet, gelagert sind. Sie werden als Sekretionsorganellen (glandules sécrétrices) aufgefaßt. Ihre Zahl und Sichtbarkeit können selbst bei ein und derselben Art stark variieren. Sie finden sich auch bei gepanzerten Formen (*Peridinium, Ceratium*), können aber auch gänzlich fehlen. Die Form ist ebenfalls unterschiedlich: als Stilette, Stäbchen, als ovale oder knopfförmige Gebilde. Die Art des Austrittes und die Form der ejakulierten Trichocysten können je nach der angewandten Flüssigkeit ganz verschieden sein. *Polykrikos* enthält Cnidocysten, die an die der Coelenteraten erinnern. Ihre Struktur und Genese sind gerade von CHATTON genauer studiert worden.

Die charakteristische Struktur des interphasischen Kernes, bestehend aus groben, in verschlungenen Reihen angeordneten Körnern, die wohl die Chromomeren der in Permanenz vorhandenen Chromosomen darstellen, hat schon vor Jahren CHATTON veranlaßt, diesen besonderen und für die Dinoflagellaten charakteristischen Kerntypus als Dinokaryon zu kennzeichnen. Der Kern ist von einer Kernmembran abgegrenzt und enthält einen oder mehrere Nucleolen.

Als Reservestoffe treten Fetttröpfchen, um den Kern und auch in der Zone zwischen den Trichocysten und dem Chromatophor in Erscheinung. Häufig ist das Fett durch ein Lipochrom rot gefärbt. Bei anderen Arten erfolgt eine Speicherung von Stärke. Die Koexistenz beider Reservestoffe ist vielfach beobachtet. Einige Dinoflagellaten enthalten Hämatochrom, wie z. B. *Glenodinium sanguineum*, bei welchem sich der Farbstoff je nach dem Stand der Sonne während des Tages verlagert. Danach erscheint der Organismus entweder rot oder braungrün gefärbt.

Das Argyrom, welches im Periplasten der meisten daraufhin untersuchten nackten Dinoflagellaten, mit Hilfe der Silberimprägnierungsmethode, nachgewiesen wurde und eine analoge Struktur wie die von B. KLEIN entdeckten Silberliniensysteme der Ciliaten darstellt, setzt sich aus einem System von argyrophilen Linien und kleinen Kreisen oder Punkten zusammen. Es bildet ein Netz von längsangeordneten, rechteckigen Maschen, welche fast die ganze Oberfläche des Zellkörpers gleichmäßig überziehen. Dieses Netzwerk wird von Maschenbändern mit anderer Orientierung des Musters unterbrochen, welche die Lage der Furchen markieren. Die Längsfurche ist bloß durch eine einzige Reihe verlängerter Maschen angedeutet. Diese Reihe setzt sich in der apikalen Zellhälfte in ein Band aus vier parallelen, eng aneinanderliegenden Silberlinien fort und markiert dadurch die Lage der Akrobase. Die Querfurche ist von einem breiten Band von Maschen ausgekleidet, die etwa nach dem Muster einer Ziegelsteinmauer ausdifferenziert sind. Dieses Band liegt zwischen zwei Reihen von sehr kleinen Kreisen. Noch kleinere Kreise nebst einfachen, bedeutend kleineren Körnchen befinden sich auf den Maschen des allgemeinen Netzwerkes. Diese letzteren stellen die oberflächlichen Enden der Trichocysten dar, die Kreise zeigen die Stellen an, an welchen die Trichocysten ihren schleimigen Inhalt ausgestoßen haben. Das regelmäßige Strukturbild und die Verteilung des Argyroms gestattet eine neue morphologische Charakterisierung der Peridineenzelle aufzustellen. CHATTON unterscheidet danach folgende Regionen: das Akromer, die Zone welche von der Akrobase umgrenzt wird, das Prosomer, die Zone zwischen Akrobase und Prosobase; das Mesomer entspricht dem Gürtel, und das Opisthomer ist mit dem Hyposom identisch.

Von besonderem Interesse ist der Konstruktionstypus der Kinetide bei den Dinoflagellaten (Abb. 47). Sie setzt sich zusammen aus dem primären

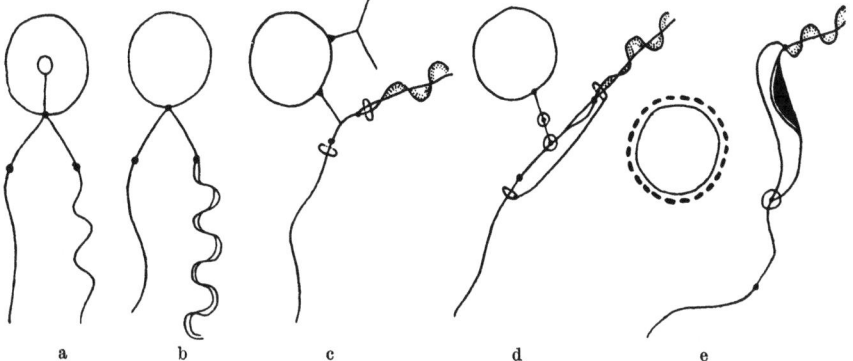

Abb. 47a—e. Kinetiden der Peridineen. a *Oxyrrhis*; b *Ceratium*; c *Polykrikos*; d *Gyrodinium*; e *Plectodinium*. (Nach E. CHATTON).

Blepharoplasten, der der Kernmembran außen anliegt. In manchen „Fällen" ist auch eine Fibrille zwischen diesem Blepharoplasten und dem Nucleolus nachgewiesen worden. Vom primären Blepharoplasten gehen entweder, wie bei *Oxyrrhis*, zwei Geißelwurzeln in breitem Winkel aus, bis zur Körperperipherie, wo sie in die sekundären Blepharoplasten enden und sich von da ab in die Geißeln fortsetzen. Oder aber vom primären Blepharoplasten geht eine einzelne (primäre) Wurzel ab, die sich dann gabelt. Beide Äste schließen mit einem sekundären Blepharoplasten ab, von wo die freie Geißel abgeht. Wenn auch die Entfernung der beiden Ursprungsstellen der Geißeln mitunter recht groß ist, so ist trotzdem nur eine Geißelwurzel vorhanden. Dieser Fall ist für die Dinoflagellaten ein Grundmerkmal. Es können noch einige Komplikationen hinzukommen, so bei *Gyrodinium pavillardi*, bei dem im Verlauf der primären Geißelwurzel ein supplementärer, von einer Sphäre umgebener Blepharoplast vorhanden ist. Ein zweiter supplementärer Blepharoplast von ähnlicher Struktur kann sich auch an der Gabelungsstelle befinden. Die beiden (sekundären) Geißelwurzeln sind durch eine Fibrille, „paramite" genannt, verdoppelt, deren beide Enden in einen Ring umgeformt sind, der die entsprechende Geißelwurzel umschließt. Die Wurzel der undulierenden Geißel besteht schließlich, von der Gabelungsstelle ab, aus zwei Fibrillen, welche, im freien Teil dieser

Geißel, einerseits den parietalen Rand des undulierenden Bandes, und andererseits den freien (äußeren) Rand desselben ausmachen. Der Geißelapparat steht bei *Oxyrrhis, Ceratium, Polykrikos* u. a. in Verbindung mit dem Zellkern, bei *Plectodinium nucleovolvatum* ist er vollkommen unabhängig. Ein Chondriom, von reticulärem Typus, ähnlich wie bei den Phytomonadinen und Euglenen, befindet sich zwischen den Plastiden und der Trichocystenzone (B. BIECHELER, 1934).

Schließlich sei noch der Kernteilung gedacht, die besondere Beachtung verdient. Im lebenden Zustand bemerkt man vorerst den Übergang vom körnigen in das fädige Aussehen, welches CHATTON auf die Verschmelzung der Chromomeren zurückführt. Die Färbung zeigt, daß es sich um zahlreiche Chromosomen handelt, die sich der Länge nach spalten. In diesem Zeitpunkt stellt man im vergrößerten Kern eine kreisförmige Bewegung der chromatischen Substanz innerhalb der unverändert bleibenden Kernmembran fest. Diese Cyclose vollzieht sich mit einer Geschwindigkeit von 2 μ in der Sekunde und hält mehrere Stunden an, um schließlich ganz plötzlich aufzuhören. Diese Bewegung wurde 1883 von G. POUCHET bei einem *Ceratium* flüchtig beobachtet und später von B. BIECHELER an *Peridinium balticum* genau verfolgt, die sie „cyclose chromatique" nannte. Die Cyclose in den Kernen von *Crypthecodinium cohni* wurde auch kinematographisch festgehalten. Diese Cyclose setzt am Ende der Prophase ein, zur Zeit, als sich die Chromosomenhälften voneinander trennen.

Nun ordnen sich die Chromosomen in dichten Strähnen an, die in der Anaphase im Äquator des Kernes gespalten werden, d. h. die beiden Ansammlungen von Tochterchromosomen werden voneinander getrennt. Man gewinnt so den Eindruck, als wenn die verkürzten Chromosomen eine Querteilung erführen. Es ist dies das bekannte Mitosebild bei den Peridineen mit unzählbar vielen Chromosomen, welches zu widerspruchsvollen Deutungen geführt hat. Eine Klärung brachten schon vor Jahren die Untersuchungen von CHATTON an dem im Coelom von Copepoden lebenden *Syndinium turbo*, dessen Kerne bloß fünf Chromosomen in V-Form führen, die in einem Kegel angeordnet sind und mit ihren V-Spitzen nach einer Seite des Kernes konvergieren. In der Prophase spalten sich diese Chromosomen, von der V-Spitze beginnend, der Länge nach. Die beiden Chromatiden entfernen sich voneinander, und indem sie noch an den Enden der V-Schenkel verbunden sind, schwenken sie um diese Haftstellen um. Dieses Stadium des Umschwenkens dürfte der Cyclose entsprechen. In dem Augenblick, in dem die beiden Chromatiden in Längsstellung gelangen, trennen sie sich an den Gelenkstellen voneinander, was die Vorstellung einer Querteilung der Chromatiden erweckt. Diese Art der Kernteilung wurde von CHATTON zuerst „Mitose syndinienne" und später Dinomitose genannt.

Mit der Dinomitose setzt sich auch P. P. GRASSÉ im allgemeinen Teil des vorliegenden Werkes (S. 107—109) unter anderem auch an dem Beispiel von *Syndinium turbo* auseinander. Der interphasische Kern ist ein typisches Dinokaryon, d. h. mit perlschnurartigen Chromosomen, welche in der Interkinese ihre Färbbarkeit beibehalten, wodurch der

Eindruck von selbständigen Körnchen, die den Kernraum ausfüllen, erweckt wird. In der Prophase treten fünf Chromosomen in V-Form deutlich in Erscheinung. An der Spitze der Vs liegt das Centromer. Die V-förmigen Chromosomen konvergieren mit ihren Centromeren und bilden so eine Rosette von 10 Schenkeln. Die Spaltung der Centromeren und die Längsspaltung der Chromosomen gehen genau so wie bei einer *Joenia* vor sich, nur mit einer frühzeitigeren und einer weiteren Verlagerung der Centromeren und der dazugehörigen Chromatiden. Jede Chromatide vollführt so eine Drehung um 90° um die beiden Schenkelenden, so daß die beiden Schwesterchromatiden in die Längsrichtung der Teilungsfigur, spiegelbildlich zueinander, gelangen. Es entsteht so eine Figur mit zwei kongruenten Rosetten an den beiden Polen des inzwischen länglich-ellipsoidischen Kernraumes. Centrosomen und Spindel konnten nicht nachgewiesen werden, was zeigt, daß die Verlagerung der Chromosomen nicht unbedingt an die Anwesenheit einer centrosomalen Kinetik gebunden sein muß.

Bei den freilebenden Dinoflagellaten wurden bisher, mit Ausnahme von *Noctiluca*, keine sexuellen Vorgänge mit Sicherheit festgestellt. Die einzigen positiven Befunde beziehen sich auf die parasitischen Gattungen *Duboscquella*, *Diboscquodinium* und *Coccidinium* (die auf S. 381 ff. erörtert sind).

Nach diesen einleitenden Angaben folgt dann ein Abschnitt über die Systematik und die vergleichende Morphologie der Dinoflagellaten (S. 320—363). Was das System anbelangt, rückt CHATTON von der Klassifizierung von SCHILLER, die durch PASCHER inspiriert ist, ab, und greift auf die Anschauungen von BÜTSCHLI, DELAGE und HÉROUARD, KOFOID und SKOGSBERG, OLTMANNS und von LINDEMANN zurück. In einer Fußnote verweist G. DEFLANDRE noch auf die posthumen kritischen Bemerkungen und Beobachtungen von O. PAULSEN (1949), die von J. GRONTVED veröffentlicht wurden. Danach teilt CHATTON die Klasse der Dinoflagellaten in zwei Unterklassen, nämlich in die der Adiniden BERGH (1880) und in die der Diniferiden BERGH (1881) ein.

Die Unterklasse der Adiniden zählt die Familien der Desmonadidae (SCHILLER) PASCHER, Adinimonadidae SCHILLER, Desmocapsidae PASCHER und Prorocentridae SCHÜTT.

Die Unterklasse der Diniferiden wird folgendermaßen gegliedert:

Legio: Dinophysinae STEIN 1883
    Familien: Dinophysidae BERGH
        Amphisolenidae KOF. u. SKOG.
        Ornithoceridae KOF. u. SKOG.
        Citharistidae KOF. u. SKOG.
Legio: Normodininae nov. nom.
    Tribus: Gymnodinida SCHÜTT 1896
    Familien: Gymnodinidae BERGH
        Warnowiidae (LINDEM.) (= Pouchetiidae KOF. u. SKOG.)
        Gymnosclerotidae SCHILLER
        Polykrikidae KOF. u. SW.
        Noctilucidae S. KENT
        Entomosigmidae CHATTON

Tribus: Peridinida Schütt
   Familien: Crypthecodinidae B. Biecheler
             Glenodiniopsidae Schiller
             Glenodinidae Lemm.
             Ptychodiscidae Lemm.
             Peridinidae S. Kent
             Congruentidae Schiller
             Protoceratidae Lindem.
             Heterodinidae Kof.
             Ceratidae Schütt
             Centrodinidae Kof.
             Goniodomidae Lindem.
             Ceratocorydae Stein
             Oxytoxidae Schütt
             Cladopyxidae Kof.
             Histrichodinidae Deflandre
             Ostreopsidae Lindem.
             Archaeosphaerodiniopsidae Deflandre
             Podolampidae Schütt
             Lissodinidae Schiller
Legio: Trophontodininae
   Tribus: Blastodinida Chatton 1906
      Familien: Oodinidae Chatton
             Blastodinidae Chatton
             Apodinidae Chatton
             Haplozoonidae Chatton
             Syndinidae Chatton
             Coccidinidae Chatton u. Biecheler
   Tribus: Rhizodinida Pascher 1931
      Familie: Amoebodinidae Pascher
   Tribus: Dinocapsida Pascher 1931
      Familie: Gloeodinidae Pascher
   Tribus: Dinococcida Pascher 1931
      Familie: Dinococcidae Pascher
   Tribus: Dinotrichida Pascher 1931
      Familien: Dinotrichidae Pascher
             Dinoclonidae Pascher

Am Schlusse dieser systematischen Aufzählung, welche die vergleichende Morphologie eingehend berücksichtigt, fügt Chatton noch eine kurze Bemerkung über die möglichen Beziehungen der Dinoflagellaten zu anderen Organismentypen hinzu. Er akzeptiert die Anschauung Paschers, wonach die Dinotrichidae und Dinoclonidae, in botanischem Sinne, als Dinophyceae aufgefaßt werden können. Die farblosen und phagotrophen Gymnodiniden jedoch erinnern an Radiolarien, die parasitischen Coccidiniden weisen in Richtung zu den Sporozoen hin, die Formen mit Nematocysten zeigen Ähnlichkeiten mit den Nematoblasten der Coelenteraten. Alles das deutet eine evolutive Gestaltung in Richtung zum Tierreich an. Wenn diese Gestaltungsrichtung nicht direkt bis zu den Metazoen führt, so ist dies darin begründet, daß zwischen dem ursprünglichsten Metazoon und den höchstentwickelten freien Flagellaten immer noch eine bedeutende Kluft besteht. Es gibt bis heute absolut nichts zwischen einer Kolonie von Choanoflagellaten und der Amphigastrula der Spongien.

Es schließt dann noch eine gesonderte Besprechung der parasitischen Dinoflagellaten (S. 363—390) an und G. Deflandre bringt auf

S. 391—406 eine allgemeine und systematische Darstellung der fossilen Dinoflagellaten. Diese lassen sich in rund zehn der rezenten Familien unterbringen. Die Familie der Wetzelodinidae wird neu aufgestellt. Als Normodinidae incertae sedis werden die Familien der Hystrichodinidae und Calciodinellidae angeführt. Als fossile Dinococcide scheint die Gattung *Palaeotetradinium* DEFLANDRE auf.

Die Ebriidinen, mit den zwei rezenten Gattungen *Ebria* und *Hermesinum*, werden von G. DEFLANDRE ungeachtet der Ähnlichkeit in der Struktur der Kerne von den Dinoflagellaten losgetrennt und als selbständige Klasse, zusammen mit den weitaus zahlreicheren fossilen Gattungen aufgestellt (S. 407—424). Auch dieses Kapitel ist mit vortrefflichen und anschaulichen Zeichnungen versehen. Wertvoll ist auch die Betrachtung über die evolutive Gestaltung der fossilen und rezenten Typen während der geologischen Vergangenheit (S. 416—420). Im systematischen Teil wird das bis jetzt bekannt gewordene Formenmaterial in die Familien der Ebriopsidae, Ditripodiidae, Ammodochiidae und Ebriidae gegliedert. Von den zwei rezenten Gattungen kann die eine, *Hermesinum*, an einen ancestralen Typus angeschlossen werden, während *Ebria* einen neuen Typus vorstellt, von dem vor dem Miocän nichts ähnliches bekannt ist.

Auch die Bearbeitung der Klasse der Silicoflagelliden hat G. DEFLANDRE zum Verfasser (S. 425—438). Er faßt sie als eine gesonderte Gruppe mariner Phytoflagellaten auf, die durch den Besitz eines typisch röhrigen Kieselskeletes und einer einzigen Geißel gekennzeichnet sind. Es handelt sich um einen im Abklingen begriffenen Formenkreis, der in früheren geologischen Epochen einen größeren Formenreichtum aufwies. Die Silicoflagellaten nehmen eine isolierte Stellung ein und der Besitz von gelbbraunen bis braungrünen Chromatophoren, sowie das wahrscheinliche Vorhandensein von Leucosin, nähert sie in weiterem Sinne an die Chrysomonadinen. DEFLANDRE sagt aber ausdrücklich, daß die besonderen Merkmale der Silicoflagellaten es nicht gestatten, aus ihnen eine bloße Familie im Bereiche der Chrysomonaden zu machen. Die rezenten Formen umfassen nur eine Familie, Dictyochidae, mit der Gattung *Dictyocha* EHRENBG. (1838). Stärker gegliedert ist die Systematik der fossilen Typen, die in die Familien der Dictyochidae LEMM. und Vallacertidae DEFLANDRE, mit insgesamt elf Gattungen, zusammengefaßt werden. Hinzu kommen noch drei genera incertae sedis.

Die Klasse der Coccolithophoriden (S. 439—470), gleichfalls von DEFLANDRE behandelt, Hauptbestandteil des marinen Nannoplanktons, haben seit LOHMANN, der zu Beginn dieses Jahrhunderts mit seinen grundlegenden Untersuchungen die Natur dieser Organismen klärte, eine wesentliche Bereicherung in der Erkenntnis ihres Zellbaues und ihrer Entwicklung erfahren. Diese Fortschritte spiegeln sich in der vorliegenden Bearbeitung wider. Von der bisher üblichen Auffassung der Coccolithophoriden als einer Familie der Chrysomonadinen nimmt DEFLANDRE Abstand, mit der Begründung, daß sie sich von letzteren durch den Besitz einer komplexen Coccolithenhülle und durch die Abwesenheit von endogenen Cysten unterscheiden. Nichstdestoweniger erkennt er eine nähere Verwandtschaft zwischen allen diesen Flagellaten an, die ihren Platz an der Basis der Gestaltungsreihe der Chrysophyten (PASCHER 1931) haben dürften. Die Herkunft der Coccolithophoriden bleibt unbekannt. Alle Versuche, die Phylogenie und die Beziehungen zwischen den rezenten und den fossilen Familien und Gattungen zu ermitteln sind verfrüht und haben keine ernstliche Unterlage. Die ersten Befunde an den fossilen Formen stellen sich bereits diesen Versuchen entgegen. Man kann im Augenblick höchstens einige morphologische Verwandtschaften, eine evolutive Tendenz feststellen, ohne sich weiter vorzuwagen. Die neuesten Untersuchungen, namentlich die von KAMPTNER, mahnen zur Vorsicht. Die Untersuchungen im polarisierten Licht von KAMPTNER (1944, 1950) und von DEFLANDRE (1947, 1950) über die Coccolithen, sowie die Anwendung des Elektronenmikroskopes (KAMPTNER 1950) ergeben die Notwendigkeit einer genauen Revision aller bisher beschriebenen Strukturen. Dies um so mehr, als gerade auf der Konstitution der Hülle und auf der Architektur ihrer Elemente die Systematik dieser Mikroorganismen basiert. Was die Begeißelung betrifft, werden im allgemeinen zwei gleiche oder beinahe gleiche Geißeln angegeben, die von den meisten Autoren als homodynam angesehen werden. Die ganz symmetrische thigmotaktische Reaktion der beiden Geißeln, von CONRAD angegeben, schien diese Meinung zu stärken. P. DANGEARD (1934) gibt jedoch an, daß die eine Geißel von *Pontosphaera roscoffensis* weniger biegsam sei als die andere ist, was später von CHADEFAUD und FELDMANN (1949) bestätigt wurde, die sahen, daß die beiden Geißeln der gleichen Art verschieden schwingen. Hinzu kommen die Beobachtungen von J. LECAL (1951) an fixiertem Material, aus denen hervorgeht, daß die eine Geißel geradegestreckt und die andere gewunden ist. Man muß daher daraus schließen, daß die Geißeln, wenn auch gleich oder wenig voneinander verschieden, doch heterodynamisch sind. An der Basis jeder Geißel liegt ein Blepharoplast, der mittels eines Rhizoplasten mit einem Centrosom verbunden ist. Die Blepharoplasten liegen ganz nahe aneinander, sich fast berührend. Über die Feinstruktur der Geißeln ist nichts bekannt.

Die Vermehrung geschieht normalerweise durch Zweiteilung in beweglichem Zustand. Außerdem kommt eine Schizogonie, mit Ausbildung von 2, 4, 8 und vielleicht auch 16 Zoosporen, vor. Ferner gibt es Sporen von ganz anderem Aussehen und von unsicherem Schicksal, so z. B. die Sporen in den normalen Zellen von *Scyphosphaera elegans* und von *Rhabdosphaera subopaca*, die in der Form einfacher und verschieden von den vegetativen Zellen sind. Interessant ist, daß diese Sporen der erwähnten *Rhabdosphaera*-Art das Aussehen von kleinen Coccolithus-Individuen hat. Für *Coccolithus fragilis* entwirft F. BERNARD (1939 bis 1940) einen sehr komplizierten Entwicklungscyclus, der aber aus Planktonproben zusammengestellt ist und daher vorerst nur ein theoretisches Interesse beanspruchen kann. Der Vorgang der Encystierung präsentiert sich bei den Coccolithophoriden in mannigfaltiger Gestalt. Es liegen leider immer noch kasuistische Beobachtungen vor. Als eine Schutzvorrichtung oder Encystierung kann der Fall der doppelten oder multiplen Ausscheidung von konzentrischen Hüllen, mit gleichförmigen Coccolithen (bei *Pontosphaera huxleyi*) oder mit einer äußeren Hülle mit besonderen Coccolithen, die einem andersartigen Typus angehören (z. B. Calyptrolithen bei *Syracosphaera pulchra* nach KAMPTNER; nach BERNARD sollen dies Cysten von *Coccolithus* sein) gelten. Diese Cysten sind exogen, d. h. die Cystenhülle umschließt vollständig die vegetative Zelle und beim Auskeimen wird die Hülle zerbrochen (z. B. *Coccolithus fragilis*).

Bei *Pontosphaera steueri* hat KAMPTNER (1937) endogene Cysten beobachtet. Nach Größenzunahme der Zelle und Vermehrung der Coccolithen scheidet die vegetative Zelle eine dicke verkalkte Hülle aus mit einem konischen Porus, die sich fest an die Innenfläche der Coccolithenhülle anlegt. Man könnte diesen Fall als den einzigen einer endogenen Cyste ansehen und somit als Analogie zu der Cystenbildung der Chrysomonaden auffassen. Abgesehen davon aber, daß die endogenen Cysten der letzteren verkieselt sind, ist die Ausscheidung der Cystenhülle bei *Pontosphaera steueri*, auf den lebenden Zellkörper bezogen, doch exogen, und mit dem Unterschied, daß diese Cystenhülle innerhalb der Coccolithenhülle der vegetativen Zelle entsteht. Das kommt beispielsweise auch bei Chlamydomonadinen vor. Für die Cysten der Chrysomonadinen ist es jedoch charakteristisch, daß sie intraplasmatisch angelegt werden.

Auch die etwas absonderlichen, doppelwandigen Cysten von *Rhabdosphaera erinaceus* können in gleichem Sinne aufgefaßt werden. Von besonderem Interesse ist es, daß die äußere Hülle kutinisiert ist, die innere aus Zellulose besteht. Auch das Vorkommen von Stärke fällt aus dem gewohnten Rahmen heraus (KAMPTNER 1937). Sexuelle Vorgänge sind nicht bekannt. KAMPTNER (1941) allerdings hat öfters Zellen gesehen, die mit Coccolithen bedeckt sind, die zwei verschiedenen, aber gut bekannten, Arten angehören, so daß er die Vermutung ausspricht, daß es sich um Hybriden handeln könne. Das würde dann freilich das Vorhandensein eines Sexualaktes voraussetzen.

Bei der systematischen Gliederung stellt DEFLANDRE für die rezenten Formen zwei Ordnungen auf, die der Heliolithae, mit Zellen, welche von Coccolithen im engeren Sinne des Wortes bekleidet sind und eine sphärolithische Mikrostruktur besitzen, und die Ordnung der Ortholithae, mit Hüllstrukturen von kristallinem Aussehen. Die erste Ordnung zerfällt in die Familien der Syracosphaeridae (LOHMANN emend.), mit den Unterfamilien: Calyptrosphaerinae, Pontosphaerinae, Syracosphaerinae, Anthosphaerinae, Halopappinae, Zygosphaerinae und Hymenomonadinae, und in die Familie der Coccolithidae, mit den Unterfamilien: Coccolithinae und Rhabdolithinae. Die Ordnung der Ortholithae umfaßt die Familien der Calciosolenidae, Thoracosphaeridae und Braarudosphaeridae, denen, allerdings nur provisorisch, die Familie der Discoasteridae am Schluß beigefügt wird.

Es folgt dann eine Besprechung der fossilen Coccolithophoriden, die systematisch in die Ordnung der Heliolithae, mit den Familien: Syracosphaeridae, Coccolithidae und Sphenolitidae (fam. nov.) und in die Ordnung der Ortholithae mit den Familien: Thoracosphaeridae, Braarudosphaeridae und Discoasteridae eingeordnet werden. In einem kurzen Anhang werden noch einige Mikrofossilien unsicherer Stellung erwähnt.

Am Ende der Phytoflagellaten bringt A. HOLLANDE eine vorbildlich, mit besten Abbildungen ausgestattete Darstellung von der Klasse der Chrysomonadinen (S. 471—570). In der allgemeinen Diagnose charakterisiert er sie folgendermaßen: Sie umfassen monadoide oder rhizopodiale, freischwimmende oder festsitzende, nackte oder mit einer Cellulosehülle (selten verkieselt) versehene Formen. Die Plastiden, wenn vorhanden, haben eine gelbbraune oder gelbgrüne Farbe und enthalten Chrysochrom; sie bläuen sich nicht bei Zusatz von Säuren. Stärke ist niemals vorhanden, sondern Leucosin, welches in variablen Konzentrationen in Vacuolen eingelagert wird. Die Cysten sind endogenen (intraplasmatischen) Ursprungs; ihre Wand ist verkieselt und besitzt stets einen Porus, der mit einem ebenfalls verkieselten Stopfen verschlossen wird.

Die Chrysomonaden bilden das Ausgangsglied einer evolutiven Gestaltungsreihe, nämlich der Chrysophyceen, welche von begeißelten, durch Zweiteilung sich selbst vermehrenden Formen beginnend, zu protococcoiden und fadenförmigen Algen führen. Die Chrysomonaden beanspruchen ein besonderes biologisches Interesse, weil sie wahrscheinlich auch den Ursprung zu zahlreichen Zooflagellaten und Rhizopoden, und wie noch hinzugefügt werden kann, zu Pilzen (Oomyceten) vermitteln dürften.

Von der Zellmorphologie sei vor allem die Begeißelung herausgegriffen. Der Geißelapparat besteht entweder aus einer (Chromulinidae), aus zwei gleichlangen homodynamischen (Isochrysididae) oder aus zwei heterodynamischen Geißeln (Ochromonadidae). Bei den Prymnesiidae sind zwei lange gleiche Geißeln nebst einer ganz kurzen vorhanden. Die Geißeln sind im allgemeinen nach vorne gerichtet und wirken somit als Tractellen. Für die Chrysosphaerale *Sarcinochrysis* wurde allerdings festgestellt, daß im Schwärmerzustand von den zwei sublateralen Geißeln die eine 2—3mal körperlang, nach vorne gerichtet ist, während die kürzere wie bei einem *Bodo* nachgeschleppt wird. HOLLANDE weist, nicht mit Unrecht, darauf hin, daß die Systematik der Chrysomonaden, die hauptsächlich auf die Zahl der Geißeln aufgebaut ist, häufig unsicher und willkürlich erscheint. Tatsächlich existiert eine Anzahl von Formen, die zwar eingeißelig sind, aber sonst doch echte Ochromonaden vorstellen, bei denen die kürzere Geißel verschwunden ist. Auch soll es nach PASCHER Übergänge von zweigeißeligen Formen zu solchen geben, bei denen die kurze Geißel entweder kaum sichtbar oder gänzlich rückgebildet sein kann. Aus diesem Grunde hat sich HOLLANDE auch entschlossen, einige eingeißelige Gattungen, wie *Oicomonas*, *Pleuromastix*, *Histiona*, *Stomatochone* und *Codonodendron* zu den Ochromonadiden zu stellen, die allerdings alle die deutliche Dorsoventralität der Zellkörper gemeinsam haben. Die Geißeln inserieren jede für sich an je einem Blepharoplasten, welche häufig nahe dem Kern liegen. Die Geißeln der Chromulinales, ebenso wie die Hauptgeißel der Ochromonadale sind stichonematisch, die Nebengeißel der letzteren nicht. Ob diese akronematisch ist, wird nicht gesagt. Ebenso scheint die Feinstruktur der Geißeln bei den Isochrysidalen auch HOLLANDE unbekannt zu sein, eine Lücke, die für die systematische Charakterisierung dieser noch isoliert stehenden Chrysomonadengruppe bald ausgefüllt werden sollte. Die Nebengeißel von *Synura* trägt nahe der Basis ein verlängertes Körperchen, welches an den Photorezeptor der Euglenen erinnert. Die beiden Geißeln von *Mallomonas apochromatica* sind ebenfalls mit einem solchen Organell versehen (CONRAD 1927). Ein am distalen Pol des Zellkernes gelagertes Korn ist höchstwahrscheinlich das Centrosom.

Die Mehrzahl der Chrysomonaden enthalten eine oder zwei pulsierende Vacuolen, selten mehr, und sie sind am Vorderende, im Äquator oder am Hinterende der Zelle gelegen. Bei den Mallomonadinen ist ein Vacuolenapparat ausdifferenziert, der fast so komplex wie jener der Peridineen und Euglenen gebaut ist. Er besteht aus einer apikalen, nicht pulsierenden Sammelvacuole, die mittels eines Kanals ins Freie ausmündet und von 4—8 pulsierenden Vacuolen umgeben ist, die sich in regelmäßigen Abständen in die Sammelvacuole ergießen.

Die Farbe der Chromatophoren hängt von Außenfaktoren, so vor allem vom Chemismus des Wassers ab. In Gewässern, die reich an organischen Substanzen sind, bricht die grüne Färbung durch. Als Plastidenpigment führt HOLLANDE, nach den Angaben von GAIDUKOW (1906), das Chrysochrom an, welches eine variable Mischung von Chrysochlorophyll, Chrysoxanthophyll und Phycochrysin sein soll. Das Chrysochlorophyll ist allein das Assimilationspigment, steht dem Chlorophyll der höheren Pflanzen nahe, doch seine Lösungen zeigen keine Absorptionsbanden im Wellenlängenbereich zwischen 5400 und 5700 Å. Das Chrysoxanthophyll ist in Alkohol löslich und stellt höchstwahrscheinlich ein Carotinoid dar. Beim Phycochrysin handelt es sich um ein braunes Pigment, welches die anderen übertönt, aber im Augenblick des Absterbens der Zelle sofort verschwindet, weil es wasserlöslich ist. Da sich die Plastiden der Chrysomonaden, zum Unterschied der meisten Xanthomonaden, bei Zusatz von Säuren nicht bläuen, wird angenommen, daß der Carotingehalt gering sei. Die Angaben von GAIDUKOW sind heute wohl überholt. Nach der Zusammenstellung von G. E. FOGG (1953) enthalten die Chromatophoren der Chrysophyceen vornehmlich Chlorophyll a, β-Carotin, Lutein und Fucoxanthin, wovon die beiden ersteren die zwei vorherrschenden Pigmente sind, während die zwei letzteren nur eine kleine Fraktion des Xanthophyllgehaltes ausmachen.

Was die Mundleiste wirklich darstellt, bleibt immer noch offen, man schwankt noch zwischen der Identifizierung mit einem Leucoplasten oder mit einem Parabasale. Wichtig ist jedenfalls, daß für *Synura* und *Oicomonas* ein echtes Parabasale nachgewiesen ist. Die Gloiosomen („corps mucifères") sind wahrscheinlich bei den meisten Chrysomonaden vorhanden aber unzureichend untersucht. Sie liegen peripher, teils gleichmäßig verteilt, teils lokalisiert. Die von HOVASSE (1948—1949) bei *Cycloneuxis* entdeckten Discobolocysten stellen ein Bläschen vor, in welchem ein Discus, in Verbindung mit einer Vacuole, eine halbkugelige hyaline Substanz zudeckt. Bei Reizung der Kolonie schwillt die Substanz unter dem Discus mächtig an und kann plötzlich explodieren, wobei der Discus fortgeschleudert wird. Die Wand der Discobolocyste ist resistent und spielt etwa die Rolle eines Kanonenrohrs, das die explosive hyaline Substanz beherbergt. Die Discobolocysten entstehen im Inneren der Zelle, können nicht mit Trichocysten homologisiert werden, doch weisen sie vielleicht Beziehungen zu den Nematocysten der Peridineen auf.

Die Vermehrung erfolgt durch Längsteilung, meistens im beweglichen Zustand. In seltenen Fällen wurde auch eine Vermehrung durch Zellknospung beobachtet. Eine isogame Hologamie wurde bei *Dinobryon borgei* (SKUJA 1950) und bei *Chrysolykos* (MACK 1951) beobachtet. Das Resultat ist eine Zygote vom gleichen Aussehen wie die Cysten, in welcher die Kerne lange Zeit unverschmolzen bleiben. Eine Isogamie steht auch für *Ochrosphaera neapolitana* (E. SCHWARZ 1932) fest, doch nimmt hier die Zygote gleich das Aussehen einer vegetativen Zelle an. Die in der Literatur beschriebenen Fälle von Autogamie sind noch unbestätigt.

Nach einer Besprechung der evolutiven Tendenzen in Richtung zu den rhizopodialen und plasmodialen, zu den farblosen Formen und Rhizopoden, und zu den Algen (palmelloide Stadien, Chrysococcales und Chrysotrichales), wie auch über die Entstehung und Morphologie der Cysten und Dauerstadien, folgt schließlich der systematische Teil. Es werden hier sechs Familien unterschieden: Chromulinidae, Ochromonadidae, Isochrysididae, Prymnesiidae, Rhizochrysididae, Chrysocapsidae. Mit Ausnahme der letzteren werden die übrigen Familien noch in eine Anzahl von Unterfamilien gegliedert. Im Anhang (S. 558 bis 560) werden die rezenten Chrysostomataceen und die Palisporomonadidae besprochen. Die fossilen Chrysomonaden werden wieder von G. DEFLANDRE behandelt (S. 560—565), der sie in die zwei Familien der Chrysostomatidae und Archaeomonadidae einreiht. Von DEFLANDRE sind auch anschließend (S. 571—573) die Ophioboliden und andere fossile Flagellaten unsicherer systematischer Stellung besprochen.

Zu den Neuerscheinungen der letzten Zeit (1952—1953) gehört die 6. Auflage des Lehrbuchs der Protozoenkunde von DOFLEIN-REICHENOW. Der geringere Raum, der in diesem Werk den pflanzlichen Flagellaten gewidmet werden konnte, macht es verständlich, daß es mit dem Traité von GRASSÉ nicht verglichen werden kann. Nichtsdestoweniger ist auch im neuen DOFLEIN sehr viel zusammengetragen und es muß daher dieser Darstellung die gebührende Aufmerksamkeit geschenkt werden. Was die systematische Hauptgliederung der Phytoflagellaten anbelangt, so werden sie hier in sieben Ordnungen eingeteilt und zwar:

I. Chrysomonadina
II. Heterochloridina
III. Cryptomonadina
IV. Dinoflagellata
V. Euglenoidina
VI. Chloromonadina
VII. Phytomonadina

Bei den Chrysomonadinen wird, in Übereinstimmung zu den gegenwärtigen Kenntnissen, eine lange Flimmergeißel und eine ungleichlange, meist kürzere, in manchen Fällen auch fehlende Peitschengeißel angegeben. Der Achsenfaden der Geißel besteht, nach HOUWINK (1952), aus einem Fibrillenbündel. Bezüglich der Chromatophorenpigmente bezieht sich auch REICHENOW, in Ermangelung genauerer Befunde, auf die Angaben von GAIDUKOW an *Chromulina rosanoffii*, der das Chrysochlorophyll, Phytochrysin und Chrysoxanthophyll anführt. Pyrenoide selten, Reservestoff Leucosin, das nach v. STOSCH (1951) ein Kohlenhydrat sein dürfte; außerdem Öl, niemals jedoch Stärke. Pseudopodienbildung, Ernährung und Cystenbildung werden in der üblichen Weise geschildert. Im Anschluß an SENN werden die Chrysomonaden in die Familien der Chromulinidae, mit einer Geißel, Isochrysidae, mit zwei gleich langen Geißeln, und Ochromonadidae, mit zwei ungleich langen Geißeln, abgeteilt. Dazu wird, nach PASCHER, die Familie der Rhizochrysidae, ohne Geißeln, mit Pseudopodien, hinzugerechnet. Die Coccolithophoriden und Silicoflagellaten werden am Schlusse noch als zwei Familien aufgeführt. In Übereinstimmung mit den Vorstellungen von PASCHER werden die algenartigen Typen der Chrysocapsales, Chrysosphaerales und Chrysotrichales kurz besprochen. REICHENOW erwähnt auch die Ansicht PASCHERs über die mögliche Verwandtschaft der Chrysomonaden mit den Diatomeen, auf Grund des Vorkommens von verkieselten, mit einem Deckel versehenen Endosporen bei den letzteren, die eine Ähnlichkeit mit den Chrysomonadencysten erkennen lassen.

Im Handbuch von G. M. SMITH hält sich F. E. FRITSCH an den von PASCHER 1921 vorgeschlagenen Umfang der Chrysophyta, welche die Xanthophyceae, Chrysophyceae und die Bacillariophyceae umfassen sollen. Bei den zwei ersteren Gruppen sind die flagellatenartigen Typen, d. h. die Xanthomonadinen und Chrysomonadinen, in der üblichen Weise behandelt. Für die möglichen verwandtschaftlichen Beziehungen der Diatomeen zu den zwei anderen Klassen werden die Ähnlichkeiten in den Carotinoidpigmenten, das Fett, und das gelegentliche Vorkommen auch von Leucosin als Reservestoffe, sowie die Verkieselung der pektinischen Membranen ins Feld gezogen. Einer endgültigen Entscheidung in dieser Frage steht allerdings noch die Unsicherheit in der Art der Begeißelung bei den sog. ,,Mikrosporen" der zentrischen Diatomeen im Wege. Selbst VON STOSCH war es kürzlich nicht möglich, eine Entscheidung darüber zu treffen, ob bei den Mikrosporen (= männlichen Gameten) von *Melosira* nebst der einen, sichtbaren langen Geißel noch eine kurze Nebengeißel vorhanden ist. Bevor dieser Punkt nicht eindeutig geklärt ist, bleibt in der PASCHERschen Konzeption eine Lücke offen.

Von der II. Ordnung der Heterochloridinen wird die Übereinstimmung im Bau derselben mit den Schwärmern der Heterokonten hervorgehoben. Deutliche verwandtschaftliche Beziehungen werden, im Sinne PASCHERs, mit den Chrysomonadinen und Diatomeen angenommen.

Die Charakterisierung der III. Ordnung der Cryptomonadinen stimmt im wesentlichen mit dem überein, was weiter oben bei der Besprechung dieser Flagellatengruppe im Handbuch von GRASSÉ gesagt wurde, doch ist die systematische Gliederung nicht so detailliert durchgeführt. Es werden nur die zwei Familien der Eucryptomonadidae PASCHER und Phaeocapsidae PASCHER angeführt. Über die phylogenetische Stellung der Cryptomonaden innerhalb der gesamten Flagellaten wird nichts ausgesagt. In der IV. Ordnung der Dinoflagellata wird der Körperbau in der üblichen Weise geschildert. Zum Unterschied von CHATTON, der die bisherigen Befunde über sexuelle Vorgänge bei den autotrophen Dinoflagellaten als unsicher hinstellt, führt REICHENOW *Discodinium lunula* an, bei dem DOGIEL die Vermutung aussprach, daß die kleinen Schwärmer wahrscheinlich Gameten vorstellten. Obzwar diese Annahme sehr viel für sich hat, so bleibt die Lebendbeobachtung des Kopulationsaktes immer noch aus. Die von DIWALD beschriebene Gametenkopulation bei *Glenodinium lubiniensiforme* wirkt zwar beim ersten Anblick überzeugend, doch bestehen ernstliche Bedenken in bezug auf die Stichhaltigkeit der Befunde. Und was die von ZEDERBAUER und von ENTZ beschriebene ,,Konjugation" bei *Ceratium* anbelangt, so wird sie heute allgemein abgelehnt. Es bleiben somit, wie dies auch CHATTON betont, nur die Fälle von *Noctiluca* und einiger parasitischer Dinoflagellaten übrig, bei denen der Sexualakt objektiv festgestellt ist.

Systematisch wird die Ordnung der Dinoflagellaten in die sechs Familien der Desmomonadidae, Prorocentridae, Dinophysidae, Gymnodinidae, Phytodinidae und Peridinidae unterteilt. Die parasitischen Formen werden als Unterfamilie der Blastodininae zu den Gymnodiniden gerechnet. Sonderbarerweise wird hier auch die Gattung *Amoebophrya* angeführt, die P. P. GRASSÉ zu den Coelomastiginen (farblose Flagellaten noch unsicherer systematischer Stellung) zählt. Ebenso behandelt er am Schluß der farblosen Flagellaten die Ellobiopsideen, von denen er sagt, daß die Ähnlichkeiten mit Dinoflagellaten bloß oberflächlicher Natur seien, während sie im DOFLEIN, zwar auch als Formen unsicherer Stellung, im Anschluß an die parasitischen Blastodinieen angeführt sind.

In der V. Ordnung werden die Euglenoidina behandelt, als ,,Flagellaten von mehr oder weniger ausgesprochen schraubiger Gestalt, deren Pellicula in verschiedenem Grade verfestigt ist"! Die Pellicula gestattet jedoch metabolische Formveränderungen oder sie bedingen eine starre Körperform. An dieser Stelle muß die äußerst sorgfältige Untersuchung von A. POCHMANN über die Struktur, das Wachstum und die Teilung der Körperhülle eingeschaltet werden.

Danach erweist sich die Körperhülle als eine flexible Plakophytenmembran, welche sich aus ,,mehreren ineinandergeschachtelten, verschiedenaltrigen und in unterschiedlichem Koagulations- und Entwicklungszustand befindlichen Zonen" zusammensetzt. Die schleifen- bis ringförmigen Membranstreifen (Spiren, striae, Gyren) stellen konzentrische Zonen dar, die symmetrisch an beiden Zellhälften angeordnet sind. Sie erscheinen als ,,Orte vermehrter Abscheidung von Körperhüllsubstanz, verminderter Membranresistenz und damit Herde oder Organellen des interkalaren Wachstums der Körperhülle". Entsprechend der Torsion der Zelle erscheinen diese Strukturen mittordiert. Wichtig ist dabei die Feststellung, daß die Spiren niemals die morphologische

Mediane bzw. den morphologischen Zelläquator überqueren, sondern stets auf die eine oder auf die andere Zellhälfte beschränkt bleiben. Die Membranstreifen treten in konstanter Zahl auf und vermehren sich durch Längsspaltung, so daß sie bei der Zellteilung zu gleichen Teilen auf die Tochterzellen übertragen werden. Niemals werden sie durch die Teilungsebene entzweigeschnitten.

Die Symmetrie der Euglenidenzelle ist im Hinblick auf ihre helikoidale Torsion eine stark abgewandelte bilaterale Similissymmetrie. Die Hauptsymmetrieebene entspricht der gewundenen Mediane. Dementsprechend sind alle ihr zugeordneten Nebensymmetrieebenen wie auch die darauf rekonstruierbaren Achsen zum Teil verbogen.

,,Die in der Natur auftretenden Typen der helikoidalen Verwindung und Verformung der Eugleninenzelle sind Torsionen und spiraligen Flexionen adäquat; sie können durch Eintragung in imaginäre (besonders zylindrische) Bezugssysteme veranschaulicht werden. Es sind persistente, auf Evolution beruhende, und transitorische, auf Revolution beruhende Verdrehungen und Verformungen der Eugleninenzelle zu unterscheiden."

Die vom Apex zum Antapex fortschreitende Längsspaltung der Zelle verläuft, bei helikoidal tordierten und nicht tordierten Zellen, im Sinne einer progressiven Einengung der Zellmediane. Bei tordierten Zellen hat die Einschnürung ebenfalls einen gewundenen Verlauf. Die spiralige Teilung zerteilt die Körperhülle der Länge nach in zwei konsimile Hälften, ohne daß dabei die spiraligen Formelemente durchschnitten werden.

Besondere Erwähnung verdienen auch die sauberen Befunde über die argyrophilen Strukturen, über die Querstreifung, die Alveolarstrukturen, Poren und Protuberanzen, weswegen auf die wertvolle Originalabhandlung verwiesen werden muß. Und nun zurück zum DOFLEIN. Als wesentlichstes Merkmal der Euglenoidinen wird der Besitz eines ,,Geißelsäckchens" angeführt, das dem weiter oben besprochenen Pharynx + Reservoir entspricht, an dessen Grund die Geißeln entspringen. Diese sind Flimmergeißeln, was auch A. L. HOUWINK kürzlich in einer elektronenmikroskopischen Untersuchung für *Euglena* und J. MANTON für *Phacus acuminatus* bestätigen und abbilden konnten. Das Axonema der Geißel setzt sich aus submikroskopischen (wahrscheinlich elf) Fibrillen zusammen und wird von einer Scheide umgeben, die eine Spiral- oder Querstreifung erkennen läßt. Von dieser Scheide gehen die Mastigonemen (Flimmerhaare) ab, die längs der Geißel (an ihrer Konvexseite) in einer Reihe (stichonematisch) angeordnet erscheinen. Die Flimmern entspringen meistens in Gruppen (Büscheln), doch ist ihr Ursprung durch einen dichten Filz von kurzen Fibrillen verdeckt. Bei *Euglena anabaena* und *E. deses* hat M. CHADEFAUD in der Zone zwischen dem Periplasten und den Plastiden körnchenförmige Mitochondrien nachgewiesen.

Für den Sexualakt wird der Fall von Hologamie bei *Scytomonas* angeführt, der meines Erachtens einer neuerlichen Prüfung bedarf. Außerdem wird Hologamie bei einer nicht näher bestimmten *Euglena*, nach BIECHELER, erwähnt, Das Resultat dieser Kopulation ist eine kugelige Zygote. Es wäre noch auf den Fall von *Phacus pyrum* hinzuweisen, bei dem die Verschmelzung zweier ungleich großer Kerne, die Diakinese und die Tetradenteilung festgestellt wurden (KRICHENBAUER). Das sind sichere Anhaltspunkte für das Stattfinden eines Sexualaktes, wobei allerdings noch offen steht, ob derselbe durch eine Hologamie eingeleitet wurde oder ob eine Autogamie vorlag.

REICHENOW teilt die Ordnung der Euglenoidina in die zwei Familien der Euglenidae und Peranemidae ein. In die erstere zieht er die autotrophen Gattungen, sowie auch die farblosen (aplastidialen) Formen (*Astasia, Menoidium*) zusammen, die aber in ihrer Organisation mit den plastidialen Typen übereinstimmen. Die Peranemidae umfassen die holozoischen Gattungen, die in ihrer Organisation keine Übereinstimmung mit den gefärbten Eugleniden aufweisen. HALL und JAHN jedoch treten für die Aufstellung einer eigenen Familie für die farblosen Eugleniden, wie *Astasia* und *Menoidium*, ein, und führen als Unterscheidungsmerkmal die einfache Geißelwurzel an. Allerdings kommen auch *Astasia*-Arten mit gespaltener Geißelwurzel vor, die dann als farblose Euglenen aufgefaßt werden. REICHENOW hebt nicht mit Unrecht hervor, daß auch bei gefärbten Eugleniden Formen, wie *Euglena piseiformis, Phacus-* und *Trachelomonas*-Arten und *Colacium vesiculosum*, einfache Geißelwurzeln bekannt sind. Zweifellos deutet die Gabelung der Geißelwurzel, wie auch das Verhalten des Geißelersatzes bei der Zellteilung, auf eine ursprüngliche Zweigeißligkeit hin, zumal es auch Eugleniden gibt, die auch mehr als zwei Geißeln besitzen. Die eine Geißelwurzel wäre dann als ein Rudiment aufzufassen und so erscheint es auch verständlich, daß sie gänzlich rückgebildet werden kann. Diese Rudimentierung muß nicht auf bestimmte systematische Einheiten beschränkt sein. Ohne Zweifel zeigt das Beispiel der Euglenoidinen, daß die Einzahl der Geißel nicht den ursprünglichen Begeißelungstypus vorstellt. In der letzten Zeit haben sich E. G. PRINGSHEIM, E. G. PRINGSHEIM u. R. HOVASSE, A. HOLLANDE und P. BOURRELLY mit der Frage nach den Beziehungen zwischen den gefärbten und farblosen Formen der Eugleniden befaßt. HOLLANDE weist auf die deutlichen Übergänge von *Euglena* zu *Astasia* hin, doch lehnt trotzdem BOURRELLY eine Zusammenziehung beider in eine einzige Gattung ab. Letzterer meint, daß die Astasien ausgesprochen polyphyletisch seien; man könne neben stark metabolischen Formen, wie *A. torta*, solche feststellen, welche offenkundig nichts anderes als farblos gewordene Euglenen sind. Trotzdem kann man diese letzteren doch nicht in der Gattung *Euglena* belassen, ebenso wie man *Polytoma, Polytomella* und *Hyalogonium* generisch von *Chlamydomonas, Carteria* und *Chlorogonium*, trotz ihrer engen Verwandtschaft, trennt.

MAINX hatte seinerzeit die Gattung *Eutreptia*, mit ihrem symmetrischen Körperbau und zwei vom Grund des Reservoirs an freien und gleichlangen Geißeln als die primitivste Form der Eugleniden angesprochen. Nun hat aber R. SUBRAHMANIAN einen in *Noctiluca miliaris* symbiotisch lebenden Flagellaten mit dorsoventralem, seitlich schwach abgeflachten Körper und einer Geißel beschrieben, den er *Protoeuglena noctilucae* nennt. Der Organismus besitzt einen plattenförmigen, grünen Chromatophor und ein Stigma, bestehend aus zwei roten Pigmentkörpern am Grunde eines linsenartigen Teils. Am Chromatophor liegt ein Körper, der einem Paramyllumkorn entsprechen soll. Am Ursprungsort der Geißel befindet sich eine Invagination, die als der Beginn des Cytopharynx gedeutet wird. Wenn dieser Organismus wirklich in die Verwandtschaft der Euglenoidinen gehört, so dürfte wohl die Ansicht SUBRAHMANIANs zu akzeptieren sein, daß es sich noch um einen primitiven Typus handelt.

Mit dem Begeißelungsproblem setzt sich auch T. L. JAHN in dem von G. M. SMITH herausgegebenen Manual of Phycology auseinander. Schon im Jahre 1929 hatte er, gemeinsam mit HALL, die Insertionsweise der Geißel als Kriterium für die Unterscheidung der Familie der Euglenaceen von den übrigen Familien der Euglenophyta vorgeschlagen. Sie stellten damals fest, daß alle eingeißeligen Euglenaceen eine gegabelte Geißelwurzel, mit einer Anschwellung an der Gabelungsstelle, besitzen, während bei den farblosen Euglenen sowohl die Gabelung als auch die Anschwellung fehlten. Eine Ausnahme davon machten die mit einem Augenfleck versehenen *Astasia*-Arten, bei denen die Geißelwurzel gegabelt ist und auch eine Anschwellung (= Photorezeptor) besitzen. Für diese Arten wurde die Gattung *Khawkinea* geschaffen. Bemerkenswert ist ferner, daß die zweigeißelige *Eutreptia* und die dreigeißelige *Euglenamorpha hegneri* einfache, nichtgegabelte Geißeln tragen und daß jede Geißel eine Anschwellung besitzt. Etwas später fand LACKEY (1934), daß die Geißel von *Astasia* allgemein eine gegabelte Wurzel hat. Ein Photorezeptor scheint allerdings nur bei jenen Arten vorhanden zu sein, in denen vom plastidialen Apparat nur noch das Stigma erhalten ist. Diese Befunde sprechen einesteils zugunsten der Annahme einer funktionellen Beziehung des Photorezeptors zum Augenfleck, und andererseits auch für die enge verwandtschaftliche Beziehung der Gattung *Astasia* zur Gattung *Euglena*. Erstere dürfte also doch als eine apoplastidiale Form der letzteren aufzufassen sein. Eine andere Frage ist die, ob die Eingeißeligkeit einen primären oder einen sekundären Abwandlungszustand vorstellt. JAHN gibt die Anschauung LACKEYs wieder, wonach die Gabelung der Geißelwurzel eine phylogenetische Reihung gestatten würde, ausgehend von einer hypothetischen Form mit einer ungegabelten Geißel und Photorezeptor, welche zu zwei gegabelten Typen führen würde, einem mit (*Euglena*) und einem ohne Geißelwellung (*Astasia*). Die gegabelte Geißel ohne Photorezeptor würde dann, durch Längsspaltung, zu zweigeißeligen Typen, wie *Peranema, Heteronema, Distigma* führen, die weder eine Gabelung der Geißelwurzel noch eine Geißelschwellung aufweisen. Danach würde *Colacium* der hypothetischen Anzestralform entsprechen, während man sich *Eutreptia* und *Euglenamorpha* als von diesem Typus, im Wege einer Vermehrung der Geißeln, abgeleitet zu denken hätte. JAHN fügt allerdings hinzu: „There are, of course, other possible phylogenetic arrangements of these organisms". Für den umgekehrten Weg, daß nämlich die Eingeißeligkeit sekundär erworben worden sein könnte, würde das oft beobachtete

Vorhandensein von zwei Axonemen in der Geißel sprechen. Elektronenmikroskopisch ist mir allerdings eine Bestätigung dieses Befundes nicht bekannt.

Über die phylogentischen Beziehungen der Euglenophyta zu anderen Flagellaten und Algen kann auch JAHN nichts Bestimmtes aussagen. Er erwähnt die Ansichten CHADEFAUDs, die wir schon angeführt haben. Was das Verhältnis der autotrophen zu den heterotrophen Typen anbelangt, so wird im allgemeinen angenommen, daß die farblosen von den grünen Formen, durch Verlust des plastidialen Apparates, hervorgingen und mitunter sogar eine holozoische Nahrungsaufnahme erlangten. Doch weist JAHN auf die Feststellungen von SCHOENBORN hin, daß bei *Astasia* eine heteroautotrophe Ernährung vorkommt, was zu der Annahme führt, daß primitive farblose Formen vor den chlorophyllführenden Arten existiert haben können. Bleibt man aber dabei, daß die chlorophyllführenden Formen zuerst da waren, dann dürften, nach Verlust des Chlorophylls, Acetat und ähnliche einfache Verbindungen in den Stoffwechsel aufgenommen worden sein. Die Anpassung an die heterotrophe Ernährungsweise geht in der Tat leicht vor sich. So gibt es grüne Arten von *Euglena*, wie *E. deses* und *E. pisciformis*, die nicht länger in der Lage sind, anorganische Stickstoffverbindungen zu verwerten und somit weit abhängiger von anderen Organismen als etwa *Astasia* sind. Schließlich sei noch auf eine, inzwischen in Vergessenheit geratene Tatsache hingewiesen und die JAHN (S. 79) erwähnt, nämlich, daß sich grüne und in der Dunkelheit farblos gewordene Stämme von *Euglena gracilis* serologisch verschieden verhalten.

Die Ordnung der Chloromonadina wird im DOFLEIN ganz kurz behandelt und es werden nur die Gattungen *Vacuolaria*, *Gonyostomum* und *Thaumatomastix* darin aufgezählt. Wie weiter oben gesagt wurde, ist die Stellung der letztgenannten Form unsicher. Die letzte (VI.) Ordnung der Phytomonadina bringt im wesentlichen das bekannte Bild, allerdings in weit geringerem Umfang als im Traité von GRASSÉ. Auf die Struktur der Zelle wird nicht näher eingegangen. Eingeteilt wird diese Ordnung in die drei Familien der Polyblepharididae, Chlamydomonadidae und Volvocidae. Die Tetrasporalen, als die palmelloiden Formen, werden nicht erwähnt.

In der ersten Lieferung des Lehrbuches der speziellen Zoologie von A. KAESTNER hat A. WETZEL die Protozoen bearbeitet. Auf verhältnismäßig engem Raum ist die Zellmorphologie, die Physiologie und die Fortpflanzung der gesamten Protozoen in sorgfältiger Auswahl der wichtigsten Daten und modernen Erkenntnisse verarbeitet, wobei auch die Verhältnisse der pflanzlichen Flagellaten in erfreulicher Weise Berücksichtigung finden. Die Systematik wird bloß auf die Ordnungen beschränkt, von denen folgende aufgezählt werden:

Chrysomonadina Euglenoidina
Heterochloridina Chloromonadina
Cryptomonadina Phytomonadina
Dinoflagellata

In der allgemeinen Einleitung von KAESTNER (S. 7) wird ausdrücklich gesagt, daß eine Aufteilung in auto- und heterotrophe Flagellaten nicht angängig sei. Er nimmt mit Recht Stellung gegen die Zusammenfassung der Flagellaten und allen von diesen abzuleitenden Algen, Pilzen und Protozoen in die Gruppe der Protobionta, die den Metazoen und Metaphyten als gleichwertige Kategorie gegenübergestellt wird. Es muß aber auch gegen „Systeme" Stellung genommen werden, an deren Anfang die Viren, als Formen „ohne Zellbau", gestellt werden. Damit kann leicht der Eindruck erweckt werden, als ob die Viren die „primitivsten" Organismen darstellen würden. Solange über die wahre Natur der Viren noch nichts Endgültiges ausgesagt werden kann, sind derartige Schematisierungen verfrüht und irreführend. Die Viren haben zwar Eigenschaften, die sich mit denen der lebendigen Substanz decken, sie sind aber außerhalb lebender Zellen nicht entwicklungs- und vermehrungsfähig. Schon aus diesem Grunde ist es gewagt, die Viren an den Anfang der zellulären Organismen zu stellen.

In dem Sammelwerk von A. THIENEMANN, „Die Binnengewässer", hat G. HUBER-PESTALOZZI die Flagellaten, als Bestandteil des Limnoplanktons, behandelt. In Band XVI, 2. Teil, 1. Hälfte, finden wir die Chrysophyceen, die farblosen Flagellaten und die Heterokonten dargestellt und systematisch behandelt, soweit sie eben für die Bestimmungsarbeit der Planktologen in Frage kommen. Im 3. Teil des gleichen Bandes sind die Cryptophyceen, Chloromonadinen und Peridineen enthalten. Das Werk ist mit Bestimmungstabellen, ausführlichen Artdiagnosen und reichem Abbildungsmaterial ausgestattet. Dem Aufbau des Systemes werden die von PASCHER postulierten Anschauungen von den Organisationsstufen zugrunde gelegt. Danach werden überall, wo sie vorhanden sind, die Typen mit Flagellatenorganisation an den Anfang gestellt, auf die die rhizopodialen, palmelloiden, coccalen und trichalen Organisationstypen folgen. Darin wird der fließende Übergang von den flagellatenartigen zu den algenartigen Formen als Leitgedanke angenommen, und diesem Vorgehen schlossen sich, unter dem suggestiven Impulse von PASCHER die meisten Autoren der Gegenwart an. Ein essentieller Unterschied zwischen Flagellaten und Algen wird nicht mehr gemacht, was sich auch in der Terminologie ausdrückt, indem von Chrysophyceae, Cryptophyceae, Dinophyceae usw. gesprochen wird. Das ist, meiner Ansicht nach, eine Nivellierung, die zwar für die systematische Gliederung unbestritten einen praktischen Wert hat, die aber dem gestaltungsgenetischen Typuswandel beim Übergang von einem Flagellaten zu einer Alge keine Rechnung trägt. Wir müssen uns dessen bewußt sein, daß derartige Systeme einen künstlichen Charakter haben.

Es erscheint mir opportun, einen Vergleich aus dem Bereich der höheren Pflanzen heranzuziehen. Wir können dort die phylogenetische Abwandlung von einem mehrzelligen männlichen Prothallium bis zum „einzelligen" Pollenkorn ziemlich lückenlos verfolgen. Trotzdem zieht man aber die Farne nicht mit den Blütenpflanzen in eine Klasse zusammen. In der unbeweglichen, behäuteten Algenzelle werden im Augenblick ihrer Fortpflanzung Merkmale manifest, die zweifellos in Richtung zur Flagellatenorganisation hinweisen. Sie stellt aber einen Abwandlungstypus dar, der nicht mit der freibeweglichen Flagellatenzelle direkt homologisiert werden darf.

Wenn nun HUBER-PESTALOZZI, wie es auch die meisten anderen Autoren (z. B. F. E. FRITSCH, G. M. SMITH u. a.) tun, den Organisationsstufen der Chrysomonadalen, Rhizochrysidalen, Chrysocapsalen, Chrysosphaeralen und Chrysotrichalen den Charakter von systematischen Klassen verleiht, so muß man sich dessen bewußt sein, daß es sich nicht um eine phylogenetische Reihung handeln kann. Dies deswegen, weil an der Grenze zwischen den flagellatenartigen Chrysomonaden (inklusive den rhizopodialen und palmelloiden Typen) und den algenartigen Chrysophyceen ein Abwandlungsprozeß vor sich gegangen ist, der zu einem eigenen Gestaltungstypus geführt hat, der mit den monadoiden Ursprungsformen nur das Schwärmerstadium gemeinsam hat, während die vegetative Phase etwas Neues vorstellt, das in der vegetativen Phase der Chrysomonaden nicht vorkommt. Wir wollen daher hier nur die monadoiden Stufen berücksichtigen, die HUBER-PESTALOZZI folgendermaßen gliedert.:

1. Reihe der Chrysomonadae
   1. Ordnung: Chromulinales
      Familien: Chrysapsidaceae
                Euchromulinaceae
      Unterfamilien: Chromulinoideae
                     Sphaleromantidoideae
                     Kytochromulinoideae
                     Lepochromulinoideae
                     Cyrtophoroideae
      Familie: Mallomonadaceae
      Unterfamilien: Mallomonadoideae solitariae
                     Mallomonadoideae aggregatae
   2. Ordnung: Isochrysidales (Hymenomonadales)
      Familie: Syncryptaceae (Isochrysidaceae)
      Unterfamilie: Isochrysidoideae
         Tribus: Chrysidalideae
                 Isochrysideae
      Unterfamilie: Lepisochrysidoideae
      Familien: Synuraceae (Euhymenomonadaceae)
                Coccolithophoridae (Coccolithineae)
      Unterfamilien: Syracosphaeroideae (Syracosphaeraceae)
                     Thoracosphaeroideae (Thoracosphaeraceae) (nur diese zwei
                     Familien im Süßwasser vertreten)
   3. Ordnung: Ochromonadales
      Familie: Ochromonadaceae
      Unterfamilien: Ochromonadoideae
                     Lepochromonadoideae
      Familie: Physomonadaceae
2. Reihe der Rhizochrysidinae
   Ordnung: Rhizochrysidales
   Familien: Rhizochrysidaceae
             Chrysothecaceae
             Stylococcaceae
             Lagynionaceae
             Myxochrysidaceae
3. Reihe der Chrysocapsinae
   Ordnung: Chrysocapsales
   Familien: Chrysocapsaceae
             Naegeliellaceae
             Celloniellaceae
             Hydruraceae

Das vorliegende Werk dient in erster Linie zur Bestimmung der Planktonformen, zu denen auch eine Anzahl farbloser Flagellaten gehören. Diesem praktischen Zweck tut es keinen Abbruch, daß das veraltete System von LEMMERMANN aus der PASCHERschen Süßwasserflora vom Jahre 1914 übernommen wurde, zumal eine natürliche Gruppierung der äußerst heterogenen farblosen Flagellaten bis auf den heutigen Tag große Schwierigkeiten bereitet. So ist es zu verstehen, daß die Oicomonadaceen und Monadaceen, die wohl als farblose Formen von Chrysomonaden aufzufassen sind, noch in die Ordnung der Protomastiginae eingereiht erscheinen, was HUBER-PESTALOZZI, für die Monadaceen, selber als historische Tradition bezeichnet. Ebenso werden *Histiona* und *Poteriodendron* heute zu den farblosen Chrysomonaden gerechnet. Von den Amphimonadaceen sagt HUBER-PESTALOZZI, daß es sich um eine heterogene Gruppe handelt, die wegen des Besitzes von zwei gleich langen Geißeln an Beziehungen zu den Isochrysidalen oder auch an zweigeißelige Volvocalen denken lassen. Der intracelluläre Geißelapparat läßt meines Erachtens eher eine verwandtschaftliche Beziehung zu den Phytomonadinen vermuten.

Im gleichen Band (S. 304—356) werden die Heterokonten behandelt, doch nur in dem für das vorliegende Werk nötigen Umfange. In der systematischen Grundgliederung folgt der Verfasser dem PASCHERschen System, der die Ordnungen der Heterochloridales, Rhizochloridales, Heterocapsales, Heterococcales, Heterotrichales und Heterosiphonales abgrenzte. Von der rund zehn Arten umfassenden Familie der Heterochloridales wird nur die Gattung Phacomonas als Planktont angeführt, deren Stellung bei den Flagellaten jedoch von PASCHER (1925) angezweifelt wurde. Die Gattung *Chlorochromonas* wurde als eine Chrysomonade erkannt.

Von der Ordnung der Heterocapsales werden die Familien der Heterocapsaceae, mit gallertigen, anfangs festsitzenden und später flottierenden Kolonien, und die der Malleodendraceae, festsitzend mit Gallertfüßen, koloniale Verbände bildend, angeführt. Als einzige Süßwasserform mit planktischer Lebensweise gehört zu den Heterocapsaceen nur die Gattung *Gloeochloris*. Als unsichere Gattung wird noch *Dictyosphaeriopsis* angeführt.

Im 3. Teil des XVI. Bandes sind die Cryptophyceae, Chloromonadinae und Peridineae (Dinophyceae) bearbeitet. In diesem Bande hat sich der Verfasser, auf vielfach geäußerte Wünsche von daran interessierten Personen, entschlossen, neben der „Inventaraufnahme" der für das Süßwasser-Phytoplankton in Frage kommenden Arten, auch die Biologie und Ökologie unter limnologischen Gesichtspunkten zu berücksichtigen. Darin liegt eine Erweiterung des Arbeitsprogrammes, die nur auf das wärmste begrüßt werden kann. Die Zusammenfassung der drei oben angeführten Klassen in den Stamm der Pyrrophyten geht auf den Systementwurf von PASCHER vom Jahre 1914 zurück, der darin die Klassen der Desmokonten, Kryptophyceen und der Dinophyceen vereinigte. Die Chloromonadinen hat PASCHER nicht in die Pyrrophyten einbezogen, von denen HUBER-PESTALOZZI sagt, daß sie „mit guten

Gründen hier angegliedert werden" können. Er gibt somit folgenden Überblick über den

Stamm der Pyrrophyta

VII. Klasse: Cryptophyceae
    1. Unterklasse: Monomastiginae nom. nov.
    2. Unterklasse: Cryptomonadinae
        1. Ordnung: Cryptomonadales
        2. Ordnung: Cryptococcales
VIII. Klasse: Chloromonadinae
IX. Klasse: Dinophyceae
    1. Ordnung: Gymnodiniales
    2. Ordnung: Peridiniales

} Trichocystiferae nom. nov. (zum Teil)

Es ist nicht zu bestreiten, daß im Bauplan der Zellen dieser drei Klassen, wie die Dorsoventralität, die Furchen- und Schlundbildung, der Exkretionsapparat, die Art der Begeißelung und der Besitz von Trichocysten (die übrigens auch bei Dinoflagellaten vorkommen), Ähnlichkeiten bestehen, die die Vermutung einer $\pm$ engeren Zusammengehörigkeit dieser Gruppe rechtfertigen. Der übergeordnete Begriff der Pyrrophyta wurde seither von manchen Autoren, wenn auch von Fall zu Fall in verschiedenem Umfange, angewandt. So hat z. B. G. M. SMITH in die Pyrrophyta die drei Klassen der Cryptophyceae, Desmokontae und Dinophyceae gruppiert. Eingehend und am weitesten greifend hat sich M. CHADEFAUD mit dieser systematischen Frage auseinandergesetzt, der die Chloromonadinen, Euglenomonadinen, Cryptomonadinen, Dinomonadinen und die Ciliaten als trichocystenführende Protisten komparativ betrachtet und sogar den Anschluß an die Metazoen konstruiert hat. Diese zweifellos beachtenswerte Abhandlung hat keinen allgemeinen Anklang gefunden und, wie weiter oben bei der Besprechung des GRASSÉschen Handbuches gesagt wurde, behandeln selbst die französischen Autoren diese Gruppen getrennt, ohne einen engeren phylogenetischen Zusammenhang ziwschen ihnen zu betonen.

Was die Systematik der Cryptophyceen in der Behandlung durch HUBER-PESTALOZZI anbelangt, so ist zunächst auf die Aufstellung der Unterklasse der Monomastiginae, die er als eine Nebenreihe auffaßt, hinzuweisen, welche die von SCHERFFEL entdeckten zwei Gattungen *Monomastix* und *Pleuromastix* umschließt. Das darf als ein gelungenes Kompromiß anerkannt werden, da diese zwei Formtypen von Anfang an als fremdartig empfunden wurden. Ob sie, wie Verfasser meint, wirklich zu den Crypto- und Chloromonaden in verwandtschaftlicher Beziehung stehen, ist noch immer nicht mit Sicherheit zu entscheiden. Man muß HUBER-PESTALOZZI zustimmen, daß man sie ,,ohne etwelchen Zwang ... in keine dieser beiden Gruppen, die ziemlich gut und einheitlich umschrieben sind, eingliedern kann".

Über die verwandtschaftlichen Beziehungen der Cryptomonadinen s. str. zu anderen Flagellatengruppen äußert sich HUBER-PESTALOZZI dahin, daß solche zu den Peridineen zu bestehen scheinen. Er verweist in diesem Zusammenhang auf *Entomosigma peridinioides* von SCHILLER, der diesen von ihm beschriebenen Flagellatentypus als den möglichen Ausgangspunkt für die Gymnodiniaceen anspricht. Trotzdem geht aber aus den Darlegungen SCHILLERS hervor, daß er vorliegende Form, die ein wenig an *Protochrysis* erinnert, doch mehr als einen primitiven Typus der Dinoflagellaten betrachtet. Dafür spricht die schwach S-förmig gekrümmte Furche, die Schwingungsart der beiden heterodynamischen Geißeln — was in Richtung zu den Desmokonten weist — und nicht zuletzt auch die birnförmige Körperform mit zugespitztem Vorderende, was für Cryptomonaden etwas fremd anmutet. Noch weniger kann man sich mit den von HUBER-PESTALOZZI, allerdings sehr vorsichtig ausgesprochenen Möglichkeit einer Beziehung zu den Ochromonaden befreunden. Unglaubwürdig scheint mir eine verwandtschaftliche Beziehung zu den Volvocalen und den Phaeophyceen zu sein.

Eine umfangreiche (S. 94—303) Behandlung erfährt die IX. Klasse, die Peridineae (Dinoflagellatae, Dinophyceae), die außerdem mit reichlichem Abbildungsmaterial ausgestattet ist. Bekanntlich nahm EHRENBERG ursprünglich in der Querfurche einen Cilienkranz an, was CLAPARÈDE und LACHMANN zur Bezeichnung vorliegender Organismen als Cilioflagellata veranlaßten. Erst im Jahre 1883 wies KLEBS in der Querfurche eine einzige Geißel nach, die wellenförmige Bewegungen mit rascher Frequenz ausführt. Nun hat aber G. DEFLANDRE (1934) bei *Glenodinium uliginosum* festgestellt, daß die bandförmige Quergeißel an ihrem äußeren Rand einen Saum feiner Wimpern (Mastigonemen) trägt, was einen ganz neuen Befund für die Feinstruktur der Quergeißel darstellt. Die Längsgeißel hingegen ist fadenförmig und unbewimpert. Dieser Befund ist auch von phylogenetischer Bedeutung, da er einen Tatbestand ergibt, den wir weder bei den Crypto-, Chloro-, noch Euglenomonaden vorfinden, also bei Flagellatengruppen, bei denen man, wie oben gesagt, bestrebt gewesen ist, sie in die übergeordnete Einheit der Pyrrophyta zusammenzustellen.

In der systematischen Gliederung der Peridineen hält sich HUBER-PESTALOZZI im wesentlichen an die Bearbeitung von E. LINDEMANN in ENGLER-PRANTLs Natürlichen Pflanzenfamilien (II. Aufl., 1928) und zum Teil an die von J. SCHILLER in RABENHORSTs Kryptogamenflora, 1933 und 1937. Während aber LINDEMANN die Peridineae als Abteilung aufstellt, die er in Unterabteilungen, Klassen und Familien unterteilt, faßt HUBER-PESTALOZZI die Dinoflagellaten als eine Klasse auf, die er in drei Unterklassen gliedert, die wiederum in Ordnungen und Familien zerfallen. Die drei Unterklassen sind die folgenden:

I. Adiniferae: Geißeln apikal, Furchen nicht vorhanden; entweder eine feste, derbe Haut, oder ein aus zwei Teilen bestehender Panzer, die nicht aus Platten zusammengesetzt sind.

II. Diniferae: Geißeln ventral entspringend, Furchen (Quer- und Längsfurche) in der Regel vorhanden. Die Querfurche teilt die Zelle in einen vorderen und einen hinteren Abschnitt, sowohl bei den nackten als auch bei den gepanzerten Formen.

III. Phytodiniformes: Geißeln und Furchen fehlend, ebenso eine differenzierte Hülle; freie oder festgewachsene „algenähnliche" Organismen vom Tetrasporalen- und Protococcalen-Typus. Diese Diagnose ist insofern nicht ganz vollständig, als es Phytodinieen gibt, deren Schwärmer dem Bauplan nackter Dinoflagellaten, mit Furchen und Geißeln, entsprechen.

Die Phytodinieen können, ihrem äußeren Aspekte nach, als „algenähnlich" bezeichnet werden. Der Beweis dafür aber, daß es sich tatsächlich um protococcoide Algenformen handelt, ist meines Erachtens noch nicht erbracht. Es liegt, wie schon weiter oben dargelegt, eine formalistische Schematisierung vor, die sich seit PASCHER eingebürgert hat, die aber einer morphophyletischen Analyse nicht standhält. PASCHER wurde, wie mir scheint, von den zeitgenössischen Protophytologen nicht ganz richtig verstanden. Ich erinnere mich noch an ein Gespräch mit PASCHER, der mir sagte, ihm sei es vornehmlich daran gelegen, vorerst bloß morphologische Reihen aufzustellen, da für den Ausbau eines Systems der Flagellaten und Algen in phylogenetischem Sinne das vorliegende Tatsachenmaterial nicht voll ausreichte. In weiteren Gesprächen kamen wir dann in der Vorstellung überein, daß sich die phyletische Abwandlung des Flagellatentypus in den Algentypus höchstwahrscheinlich auf dem Umwege über ein Cystenstadium der Flagellaten vollzogen haben dürfte. Wir werden weiter unten auf die Auswertungsmöglichkeiten dieser Arbeitshypothese noch zu sprechen kommen. Von diesen Überlegungen aus betrachtet, erscheint es mir als besonders zweckmäßig, daß R. HARDER im Lehrbuch der Botanik für Hochschulen, das vornehmlich für die Studierenden bestimmt ist, die Flagellaten, inklusive die Volvocales, gesondert als eine eigene Klasse behandelt. Diese Klasse teilt er in die Ordnungen der Chrysomonadales, Heterochloridales, Cryptomonadales, Dinoflagellatae, Euglenales, Protochloridales und Volvocales ein. Die Chloromonadales werden nicht erwähnt. Von diesen Ordnungen verdient die der Protochloridales KORSCHIKOV (= Opisthokontae VISCHER), die auf der einzigen Gattung *Pedinomonas* KORSCHIKOV (= *Chlorochytridion* VISCHER) basiert, herausgegriffen zu werden. *Pedinomonas* besitzt eine hüllenlose, flachgedrückte Zelle, mit einer opisthokonten Geißel, die als Pulsellum fungiert. Der Chromatophor ist schalenartig, ähnlich wie bei den Chlamydomonadinen, geformt und besitzt am vorderen Ende ein Pyrenoid, welches Stärke kondensiert. Die spektralen Absorptionskurven bei *Pedinomonas tuberculata* ergeben, daß die Plastide Chlorophyll a und b enthält. Daß der Begeißelungstypus für die Flagellaten eines der wichtigsten Organisationsmerkmale abgibt, ist eine für die natürliche Systematik der Flagellaten, und darüber hinaus auch für die schwärmerbildenden Algen und Pilze, eine grundsätzliche Erkenntnis (vgl. B. SCHUSSNIG). Es ist daher durchaus gerechtfertigt, daß man dem opisthokonten Typus von *Pedinomonas* eine Sonderstellung im System der pflanzlichen Flagellaten zuweist, zumal es unter diesen sonst keine opisthokonten Typen gibt. Ungerechtfertigt erscheint mir hingegen, eine Beziehung von *Pedinomonas* zu den Phytomonadinen herzustellen, denn dagegen spricht nicht nur die abweichende Begeißelungsart sondern auch die Abflachung des Zellkörpers. Das Vorhandensein beider Chlorophyllkomponenten a und b ist für eine Annäherung an die Chlamydomonadinen auch nicht entscheidend, denn das trifft auch für die Euglenomonadinen zu. Stärke wird auch bei *Cryptomonaden* und *Peridineen* mitunter assimiliert, was jedoch auch nicht dazu berechtigt, eine Beziehung zwischen den Protochloridinen und den Cryptomonaden zu suchen, denn letztere sind sowohl in der Begeißelung als auch in der Zellstruktur einheitlich und völlig verschieden. Sehr gewagt erscheint mir aber der Versuch von H. GAMS, die opisthokonten Archimyceten von den Protochloridinen ableiten zu wollen. Hier schwingt immer noch die bedauerliche Vorstellung mit, daß die Pilze von Algen, und speziell von Grünalgen, abstammen sollen. Die opisthokonten Schwärmer der Archimyceten sind niemals abgeflacht, sondern radiär symmetrisch gebaut, außerdem weisen sie eine spezifische Zellorganisation auf, die mit keinem Algenschwärmer und keinem gefärbten Flagellaten irgendwelche Übereinstimmung zeigt. Es wäre wohl an der Zeit, unter den phylogenetischen Dilettantismus einen Schlußstrich zu setzen.

Von systematischen Werken über Flagellaten und Algen ist weiters das 719 Seiten umfassende, in zweiter Auflage erschienene Buch von G. M. SMITH über die Süßwasseralgen der Vereinigten Staaten zu besprechen. Hier wird der Stoff, nach drei kurzen Kapiteln allgemeinen Inhaltes, in sieben Abteilungen, nämlich in die Chlorophyta, Euglenophyta, Chrysophyta, Phaeophyta, Pyrrophyta, Cyanophyta und Rhodophyta gegliedert. Im Schlußabschnitt werden noch Gruppen unsicherer systematischer Stellung behandelt. Wie aus den einleitenden Bemerkungen des Verfassers hervorgeht, steht jede dieser Abteilungen für sich da, weil, wie er mit Recht betont, verwandtschaftliche Beziehungen untereinander nicht zu ermitteln sind. So betrachtet, wäre die Aufeinanderfolge der einzelnen Abteilungen an sich gleichgültig, wenngleich gesagt werden muß, daß in der Organisationshöhe Abstufungen bestehen, die gewöhnlich als Kriterium für die graphische Reihung in einem System berücksichtigt werden. So ist das Organisationsniveau der einzelligen Euglenophyta, der Chrysophyta und Pyrrophyta, die praktisch die Flagellatenorganisation nicht überschreiten, vergleichsweise tiefer einzustufen als die thallophytischen Chlorophyta, Phaeophyta und Rhodophyta, die zum überwiegenden Teil das Einzellerniveau überschritten oder überhaupt nicht mehr aufzuweisen haben. Und für die Cyanophyta wird es immer noch empfehlenswert sein, sie auch in systematischer Hinsicht als eine gesonderte Organismengruppe zu behandeln, weil die spezifische Zellorganisation der Blaualgen unbestritten eine andere, und höchstwahrscheinlich sogar eine tiefere phylogenetische Gestaltungsstufe des Organismischen einnimmt. Die Einteilung von G. M. SMITH stellt die konsequente Verfolgung der Systeme von PASCHER und von F. E. FRITSCH, allerdings mit einer Verschiebung der Rangstufen nach oben und mit einigen bemerkenswerten Abweichungen, dar. Wir greifen vorerst die Flagellaten heraus. In der Abteilung Chlorophyta, Klasse der Chlorophyceae, treten uns als erste Ordnung die Volvocales entgegen. Als erste Familie davon werden die Polyblepharidaceae angeführt, die uns auf den ersten Blick schon eine recht heterogene Gesellschaft vor Augen führen. Wir finden hier nebst der oben besprochenen eingeißeligen und opisthokonten *Pedinomonas* auch die zweigeißelige aber heterokonte *Heteromastix*; ferner die viergeißelige *Pyramimonas* mit schlundartiger Vertiefung am

Geißelpol, die unsymmetrische *Spermatozoopsis* und schließlich auch die Gattung *Polyblepharides* mit 6—8 Geißeln. Die Unnatürlichkeit dessen, was man in landläufigem Sinne Polyblepharidaceen nennt, kommt einem zum Bewußtsein, wenn man die Formen betrachtet, die P. BOURRELLY in dieser Familie, faute de mieux, vereinigt. Ein Bestimmungsschlüssel vermittelt das Erkennen der 22 Gattungen. Es kann kein Zweifel darüber bestehen, daß es sich in allen solchen Fällen um eine Verlegenheitslösung handelt, denn abgesehen von den auffälligen Verschiedenheiten der Zellgestalt, muß vor allem auf die Zahl und die Insertionsweise der Geißeln ein größeres Gewicht gelegt werden. Bezüglich der Zellgestalt bei den Flagellaten — und ceteris paribus bei den Schwärmern der Algen und Pilze — muß betont werden, daß die Symmetrieverhältnisse der Zelle nicht etwa bloß eine geometrische Hilfskonstruktion darstellt, sondern daß sie das Kennzeichen einer spezifischen und erblich festgehaltenen Gestaltungsorganisation sind. Die radiär-symmetrischen und die dorsoventralen Gestaltungstypen sind konstante Merkmale, die niemals ineinander übergehen können, weil damit auch der morphodynamische Faktor der Geißelinsertion und des Schwingungsmechanismus der Geißeln gekoppelt ist. Wir trennen heute die Heterokonten von den Chlorophyceen nicht nur deshalb, weil die beweglichen Stadien zwei heterokonte, heteromorphe und heterodynamische Geißeln besitzen, sondern auch deswegen, weil der Körper sowohl der Heterochloridinen als auch der Schwärmzellen der heterokonten Algen dorsoventral gebaut ist. Diese zwei Merkmale finden wir weder bei den Phytomonadinen, noch bei den Schwärmern der Chlorophyceen vor. Ähnlich liegen die Verhältnisse bei den Chrysomonaden, bei denen allerdings der Einwand erhoben werden kann, daß sie keinen einheitlichen Begeißelungstypus aufweisen. Immerhin, man gliedert diese Flagellaten in der Weise, daß man die eingeißeligen Chromulinales, die isokonten Isochrysidales und die heterokonten Ochromonadales in drei distinkte Ordnungen unterbringt, denen allen die spezifische Zellstruktur und das gleiche photosynthetische Verhalten gemeinsam sind.

Bei den Polyblepharidineen hat man sich, sofern es sich nicht um apoplastidiale Typen handelt, vom Bau des Chromatophors und der Pyrenoide (soweit vorhanden) verleiten lassen, diese Organismen in den Verwandtschaftskreis der Phytomonaden zu stellen, und sie werden gewöhnlich an den Anfang der Chlamydomonadalen gestellt, von denen sie sich durch das Fehlen einer Chlamys unterscheiden sollen. Das Vorhandensein oder Fehlen einer Hülle ist natürlich nicht entscheidend, wissen wir doch, daß auch bei den Chrysomonaden nackte und behüllte Formtypen auftreten. Hingegen kann man sich nicht über den Körperbau hinwegsetzen. Man wird vor allem die Formen mit radiärer Symmetrie und apikaler Geißelinsertion (*Polyblepharides, Dunaliella, Tetrachloris, Polytomella*), und allenfalls noch das abgeflachte *Phyllocardium*, von den Typen mit bilateraler Symmetrie und seitlicher Geißelinsertion, wie *Trichloris paradoxa, Chloronephris pigra* und *Mesostigma viride* trennen müssen. Die heterokonte *Nephroselmis angulata* stellt, ebenso wie die opisthokonte *Pedinomonas* zwei Typen für sich dar, die nicht in die gleiche Verwandtschaft gehören können. Ebensowenig können die Formen mit Vestibulargrube, wie *Pyramidomonas, Pocillomonas,* oder die Formen mit einseitigen Längsfurchen, wie *Gyromitus* oder *Aulacomonas,* in die gleiche Verwandtschaft gestellt werden. *Cardiomonas caeca* mit apikaler Einsenkung und zwei ungleich langen Geißeln stellt ebenfalls einen Sondertypus dar. Damit soll vorerst nur aufgezeigt werden, daß die Polyblepharideen einen neuralgischen Punkt der Flagellatensystematik darstellen. Und sie werden es bleiben, solange nicht geschlossene ontogenetische Cyclen vorliegen, solange eine feinere cytologische Analyse der Zellen, des Geißelapparates und der Feinstruktur der Geißeln noch ausstehen. Im Augenblick kann und muß eine Auflösung der heterogenen Masse vorgenommen werden, die unter der Flagge der Polyblepharidaceen fährt. Als Polyblepharidaceen im engeren Sinne des Wortes wird man die Gattungen *Dunaliella, Tetrachloris, Polytomella* und auch *Polyblepharides* mit den acht Geißeln, zusammenfassen dürfen. Die Achtzahl stört insofern nicht sehr, als es sich um ein Vielfaches der Grundzahl 2 handelt. Was die Formen mit Vestibulargrube anbelangt, erscheint es mir nicht unangebracht, auf eine bisher wenig beachtete Arbeit von M. CHADEFAUD aus dem Jahre 1941 hinzuweisen. Er schildert darin eine nicht näher identifizierte Art der Gattung *Pyramidomonas,* an der er eine deutlich ausgeprägte Vestibulargrube feststellt, aus deren Grunde die vier gleichlangen Geißeln entspringen. Der Kern ist seitlich verlagert und reicht mit einem schmalen, schnabelförmigen Fortsatz bis zum Blepharoplasten hinauf, zum Unterschied von *Pyramidomonas utrajectina,* bei welcher der Kern zwar auch seitlich verschoben, aber abgerundet ist und mit dem Blepharoplasten mittels einer Rhizoplastfibrille in Verbindung steht. Außerdem hebt Verfasser das Vorhandensein von vier Reihen von subcuticularen Gebilden, die er als „corps mucifères", also als Gloiosomen, oder vielleicht auch als Trichocysten ansieht und die so angeordnet sind, daß sie mit den bandförmigen Lappen des gelblichgrünen Chromatophors abwechseln. Außerdem stellt er in der perivestibulären Region vier kugelige Massen mit warziger Oberfläche und mit autogener Teilungsfähigkeit, die das Verhalten eines Parabasales zeigen sollen, fest. Die Schlußfolgerung, die CHADEFAUD daraus zieht, und der sich auch PAVILLARD nicht völlig entziehen kann, ist die, daß zumindest die Gattung *Pyramidomonas* aus dem Verbande der Polyblepharidaceen loszutrennen ist. CHADEFAUD geht noch weiter, und schließt an Pyramidomonas noch die Gattung *Platymonas, Chlorodendron* und *Prasinocladus* an, für die er die Gruppe der Pyramidomonadinen schafft. Dieser Gruppe, die als „Chlorophytes Prasinates" bezeichnet wird, gibt er folgende Diagnose: begeißelte Zellen mit vestibulärer Vertiefung, mit subcuticulären Gloiosomen oder Trichocysten und mit einem perivestibulären Apparat vom Aussehen eines komplexen Parabasale. Über diese Merkmale, die wir bei den Phytomonadinen nicht vorfinden, kann man nicht einfach zur Tagesordnung übergehen. CHADEFAUD bemerkt wohl nicht mit Unrecht, daß diese Flagellaten einen Organisationsgrad erreichen, der an den der Eugleno- und Cryptomonadinen heranreicht, und er meint daher, daß sie keine Beziehungen mehr zu den Chlorophyten, sondern zu den Pyrrophyten zeigen. Über die Existenzberechtigung dieser letzteren wurde bereits weiter oben das Nötige gesagt. Dafür glaube ich, daß man für die Organismen mit den oben angegebenen Merkmalen eine gesonderte Gruppe aufstellen kann, für die ich die Bezeichnung Prasinomonadina vorschlagen würde. Und was die übrigen, von BOURRELLY und von PAVILLARD in die Gruppe der Polyblepharidineen zusammengestellten Gattungen anbelangt, so wäre es meiner Meinung nach zweckdienlicher, sie bis auf weiteres als Formen incertae sedis zu führen. In der natürlichen Systematik ist es besser, das Unsichere als unsicher hinzustellen. Das Streben nach einer scheinbar gesicherten Registrierung im graphischen System kann, namentlich bei Uneingeweihten, sehr leicht zu falschen Vorstellungen führen.

Und nun kehren wir zum Handbuch von G. M. SMITH zurück. Wie bereits angedeutet, werden die Familien der Chlamydomonadaceae (zu denen auch *Platymonas* gerechnet wird), Phacotaceae, Volvocaceae, Spondylomoraceae, Haematococcaceae und weiters die Ordnung der Tetrasporales mit den Familien der Palmellaceae, Tetrasporaceae, Chlorangiaceae und Coccomyxaceae in das System der Chlorophyta, als flagellatenartige bzw. palmelloide Formenreihen, gezählt. Daß Prasinocladus in die Familie der Chlorangiaceen gestellt wird, scheint mir nicht sehr glücklich zu sein.

Die Abteilung der Euglenophyta wird in die zwei Ordnungen der Euglenales und Colaciales eingeteilt. Zu der ersteren gehören die Familien der Euglenaceae, Astasiaceae und Peranemaceae, die zweite umfaßt bloß die Familie der Colaciaceae.

Die Abteilung der Chrysophyta umschließt nach G. M. SMITH die Klassen der Xanthophyceae, Chrysophyceae und Bacillariophyceae. Daß für die Bezeichnung von Klassen die Familienendung gewählt wurde, möge nur so am Rande als etwas ungewohnt vermerkt werden. Die flagellatenartigen bzw. plamelloiden Typen der Xanthophyceen werden bloß die zwei Ordnungen der Rhizochloridales und Heterocapsales erwähnt. Es ist anzunehmen, daß von den beweglichen Monadentypen in Nordamerika noch keiner bekannt geworden ist.

Die monadoiden Chrysophyceen umfassen die Ordnungen der Chrysomonadales, Rhizochrysidales und Chrysocapsales. In die erste Ordnung werden die monokonten, isokonten und heterokonten Formen, also ohne Rücksicht auf den Begeißelungstypus, in sieben Familien zusammengestellt. Eine davon sind die Coccolithophoridaceae, und die letzte die Prymnesiaceae.

Die Abteilung der Pyrrophyta wird in die Klassen der Desmokontae und Dinophyceae gegliedert; letztere wieder in die Ordnungen der Gymnodiniales, Peridiniales, Dinocapsales und Dinococcales.

Die Zusammenfassung von Flagellaten und Algen in systematische Einheiten höherer Ordnung bringt begreiflicherweise Konflikte mit sich. Nur so ist es zu verstehen, daß am Schluß des Buches „Gruppen von unsicherer systematischer Stellung" angeführt werden. Dazu gehören die Chloromonadales und die Cryptophyceae, letztere zwei Ordnungen umfassend, nämlich die Cryptomonadales und die Cryptococcales (mit der einzigen Gattung *Tetragonidium*).

Wenngleich das vorliegende Werk in erster Linie eine, bis auf die Gattungen durchgeführte Systematik der „Algen" der Vereinigten Staaten darstellt, so läßt es doch die leitenden Gedanken des Verfassers durchblicken. Darin kann man ihm allerdings nicht in allem folgen.

In der vorangegangenen Übersicht über die wichtigsten Handbücher der letzten Zeit wurde dargelegt, daß nur die französischen Autoren einerseits und R. HARDER im Bonner Lehrbuch andererseits eine deutliche begriffliche Scheidung zwischen Flagellaten und Algen treffen, während die übrigen, unter dem Einfluß der PASCHERschen Leitgedanken, die Grenzen zwischen diesen beiden Gestaltungstypen mehr oder weniger verwischen. Es wurde schon dargelegt, daß eine solche Nivellierung vom Standpunkt einer vergleichend-entwicklungsgeschichtlichen Analyse aus nicht gerechtfertigt erscheint. Das ist auch der Grund, weshalb ich, bei der Stoffübersicht in meinem Handbuch, die Flagellaten oder Mastigophoren als eine eigene Gruppe von Organismen, neben den Algen (Phycophyta), Pilzen (Mycophyta), Blaualgen (Cyanophyta) und Spaltpilzen (Schizophyta), angeführt habe. Es ist allerdings nicht zu bestreiten, daß zwischen den Flagellaten einerseits und einigen Algengruppen und primitiven Pilzen andererseits phylogenetische Beziehungen bestehen, die in manchen Fällen klar, in anderen weniger klar zu ermitteln sind. Der äußere Ausdruck für das Vorhandensein solcher Zusammenhänge ist die Ausbildung flagellatenartiger Fortpflanzungszellen (Gonidien und Gameten) im Augenblick der reproduktiven Phase innerhalb des ontogenetischen Ablaufs einer Alge oder eines Pilzes.

Bei der Schilderung der einzelligen Algen und Pilze in meinem Grundriß habe ich versucht, nach einer Schilderung des Baues und der Entwicklung der Flagellaten (S. 2—49), durch die Gegenüberstellung des ontogenetischen Cyclus einer einzelligen Alge und eines Flagellaten den phyletischen Abwandlungsprozeß zu erläutern. Bei den Flagellaten ist die vegetative, monadoide Phase die vorherrschende, während die cystäre Phase den Abschluß des vegetativen Zustandes darstellt. Bei den einzelligen Algen hingegen ist das Ausdehnungsverhältnis zwischen der trophischen und der cystären Phase gerade umgekehrt. Bei den Algen stellt die unbewegliche, behäutete Zelle die vegetative Phase dar, „während die monadoiden Stadien, als Fortpflanzungszellen von monadomorphem Bau auftretend, nur eine kurze reproduktive Phase im ontogenetischen Cyclus ausmachen". Von grundsätzlicher Bedeutung für den Typuswandel ist es dabei, daß es tatsächlich keine einzellige (protococcale) Alge, die sich durch Zweiteilung vermehrt, gibt. Die vegetative Vermehrung geschieht vielmehr durch multiple Plasmotomie des Zellinhaltes in eine größere oder kleinere Anzahl von (primär) monadomorphen Fortpflanzungszellen und dieser Vorgang stimmt wesentlich mit dem Keimungsprozeß einer (vegetativen oder zygotischen) Vermehrungscyste bei den Flagellaten überein. Die gestaltungsgenetische Verwandlung des Flagellaten- in den Algentypus muß somit über ein Cystenstadium gegangen sein, welches aus dem Zustand der Latenz in den Zustand eines Trophonten übergegangen ist. Wenn somit ein phylogenetischer Vergleich zwischen den Flagellaten und den Algen angestellt wird, so kann ein solcher Vergleich nur zwischen den homologen Phasen des ontogenetischen Cyclus vorgenommen werden, und das ist einerseits die schwärmende Fortpflanzungszelle der Algen, die in ihrer Organisation mit den freilebenden Flagellaten übereinstimmt und andererseits die vegetative Zelle, welche in ihrer Reproduktionsphase in allen wesentlichen Punkten mit einer auskeimenden Vermehrungscyste bei den Flagellaten zu homologisieren ist. Die Abwandlung des Flagellatentypus in den Algentypus geschieht also nicht direkt, sondern durch Interpolierung eines Cystenstadiums. Mit anderen Worten heißt das: wenn eine Monadenzelle, temporär oder stationär, ihre Beweglichkeit einstellt und sich mit einer gallertigen oder festen Hülle umgibt, so stellt dieses Umwandlungsprodukt eine sog. Mikrocyste, die ihren Inhalt ungeteilt entlassen kann, aber keine Algenzelle dar. Die Ableitung der Algenzelle vom Typus einer Gonocyste (Vermehrungscyste) der Flagellaten im Wege einer ontogenetischen Abbreviation der monadoiden Phase und einer Trophisierung des Cystenstadiums kann innerhalb der Ontogenese einer Alge abgelesen werden. Damit ist auch ein Typuswandel verbunden, der uns berechtigt, einen morphologisch begründeten Unterschied zwischen einem Flagellaten und einer Alge zu machen. In die Systematik übersetzt heißt das aber, daß eine Zusammenziehung der flagellatenartigen und algenartigen Formtypen in übergeordnete Einheiten, wie Chlorophyceen oder Chlorophyta, Chrysophyceen oder Chrysophyta usw. unstatthaft ist.

Nach der Besprechung der zusammenfassenden Werke mögen noch einige Publikationen, die sich auf die pflanzlichen Flagellaten beziehen und von besonderem Interesse sind, herausgegriffen werden. P. BOURRELLY bringt eine synoptische Übersicht der Chlamydomonadaceen, mit Bestimmungsschlüssel, Gattungsdiagnosen und einer guten Auswahl von Abbildungen der Gattungstypen. Insgesamt werden 28 Gattungen angeführt. *Chlamydomonas* wird, nach Bau und Lage der Chromatophoren und Pyrenoide — die in der Tafel I in schematischer Weise veranschaulicht sind — in die sechs Untergattungen *Agloë, Amphichloris, Chlamydella, Chlorogoniella, Pleiochloris* und *Chloromonas* untergeteilt. Dies entspricht der Gliederung, die PASCHER in der Süßwasserflora entworfen hat. Die farblose Gattung *Polytoma* wird ebenfalls in das System der Chlamydomonadaceen aufgenommen, was insofern berechtigt erscheint, als in den Zellen ein leucoplastidialer Apparat vorhanden ist, der dem Chloroplasten entspricht. Außerdem wird Stärke assimiliert, was bei *Tussetia* nicht zutrifft. Die Gattung *Carteria* wird, gleichfalls in Anlehnung an PASCHER (l. c.), in die fünf Untergattungen *Eucarteria, Pseudagloë, Corbiera, Carteriopsis* und *Tetramastix* aufgegliedert. Über die phylogenetischen Beziehungen der Chlamydomonaden zu anderen Flagellaten und zu Algen wird hier nichts gesagt.

Mit Bezug auf die obigen Ausführungen über den Organisationswert des dorsoventralen Baues bei den Flagellaten verdient hier die von M. CHADEFAUD beschriebene *Chlamydomonas vlastae* erwähnt zu werden. Diese Form erscheint in seitlicher Profilstellung dorsoventral gebaut. Die Begeißelung ist aber, wie üblich, typisch akrokont. Dieser schein-

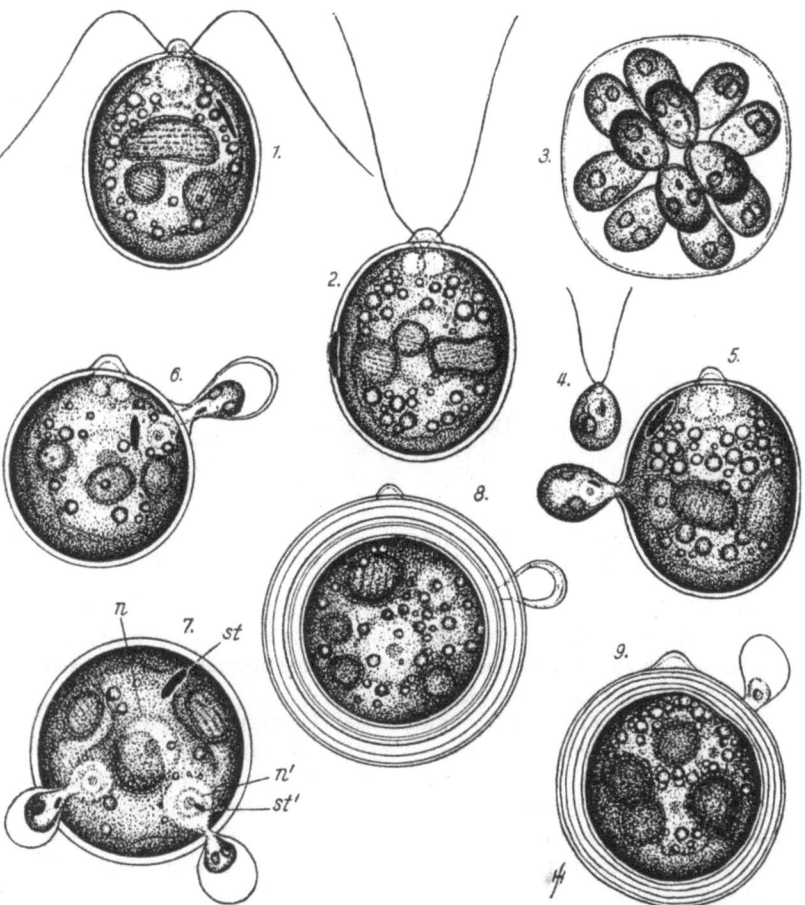

Abb. 48. *Chlamydomonas coccifera* var. *mesopyrenigera*, Gametenbildung. Nach H. SKUJA (1949).

bare Widerspruch erklärt sich meines Erachtens dadurch, daß bei Chlamydomonadinen eine Abflachung des Zellkörpers in der Geißelinsertionsebene nicht selten ist. Dadurch, daß bei *Chl. vlastae* der Chromatophor auf der einen Seite stärker entwickelt ist, kann es wohl vorkommen, daß diese Seite vorgewölbt wird, woraus das Bild einer Dorsoventralität resultiert. Das ist aber ein, durch die innere Zellstruktur bedingter Sonderfall der dissymetrischen Chlamydomonadinen. Eine typusgebundene Dorsoventralität wie bei den pleurokonten und heterokonten Chryso- oder Xanthomonaden liegt natürlich hier nicht vor.

Eine wertvolle Bereicherung unserer Kenntnisse von der sexuellen Fortpflanzung bei der Gattung *Chlamydomonas* bringt uns die Arbeit von H. SKUJA, der an drei aus Schweden neu beschriebenen Formen: *Chl. jemtlandica* n. sp., *Chl. upsaliensis* n. sp. und *Chl. coccifera* GOROSCH. var. *mesopyrenigera* n. var. alle drei Stufen der Kopulation, nämlich die isogame, heterogame und oogame, festgestellt hat (Abb. 48). Diesem Befund kommt die Bedeutung zu, daß innerhalb ein und derselben Gattung die Steigerung von der Iso- zur Oogamie vorkommen kann. Diese progressive Differenzierung des Sexualaktes kannten wir vornehmlich von den Volvocalen her, bei denen die verschiedenen Kopulationsstufen allerdings auf verschiedene Gattungstypen mit zunehmender Organisationshöhe

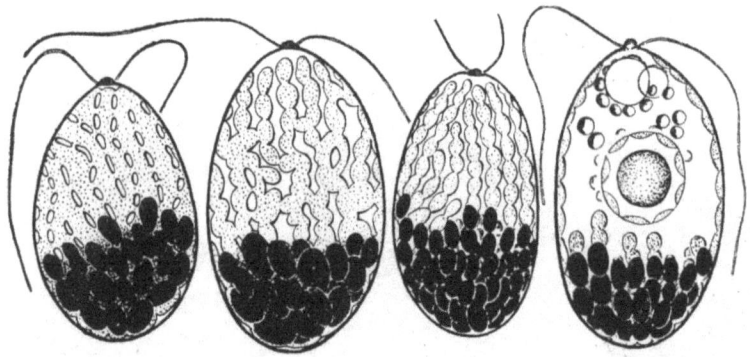

Abb. 49. *Polytoma* A., der plastidiale Apparat punktiert, Stärke schwarz. Kern, pulsierende Vacuole und Lipoide; um den Kern vielleicht Dictyosomen. Nach M. CHADEFAUD (1944).

verteilt sind. Die Befunde von SKUJA zeigen in anschaulicher Weise, daß der Kopulationsakt als solcher — und analog gilt dies auch von den Stufen des Generationswechsels — nicht als bestimmendes systematisches Kriterium angewandt werden kann.

Eine sorgfältige cytologische Analyse der Gattung *Polytoma* durch M. CHADEFAUD führt den Verfasser zu der sehr berechtigten Anschauung, daß diese Gattung, mit bezug auf die Struktur des leucoplastidialen Apparates und der Lagerung der amylogenen Zentren, als polyphyletisch angesehen werden muß Abb. 49). Das bedeutet, daß die Entpigmentierung der Chloroplasten von verschiedenen *Chlamydomonas*-Typen aus erfolgt ist, weil CHADEFAUD in der Lage war, nach Bau und Lagerung der Leucoplasten opisthozentrische und prozentrische Formen zu unterscheiden, und das sind ja die architektonischen Kriterien, nach denen die Gattung *Chlamydomonas* in die verschiedenen Untergattungstypen abgeteilt wird. CHADEFAUD gebührt somit das Verdienst, einen bis dahin einheitlich erschienenen Gattungstypus zu differenzieren und seine zweifellos polyphyletische Herkunft aufzudecken.

Für die Auffassung, daß die Tetrasporales tatsächlich nichts anderes als seßhaft gewordene Chlamydomonaden sind, ist eine der letzten Arbeiten von A. PASCHER, in der er drei neue Gattungen, nämlich *Chaetochloris*, *Polychaetochloris* und *Chloremis* beschreibt, wie auch die bereits von ihm aufgestellte Gattung *Chlorophysema* zum Vergleich heranzieht, außerordentlich instruktiv. Die zweigeißelige *Chaetochloris* wie auch die viergeißelige *Polychaetochloris* setzen sich mit ihren breiten Papillen auf ein Substrat (Fadenalgen) fest und umgeben sich, in der Regel in größeren Vergesellschaftungen, mit Gallerte. Beide Formen erzeugen nach dem Festheften lange Gallertgeißeln. Davon hat *Chaetochloris* zwei, *Polychaetochloris* 16, die in vier Vierergruppen von den Papillen aus entspringen. Leider ist es nicht klar, ob die Gallertgeißeln wirklich vergallertete Geißeln darstellen, oder ob sie sekundär ausgebildet werden. Letzteres könnte man allenfalls für *Polychaetochloris* annehmen, da sie im schwärmenden Zustand nur vier Geißeln besitzt. *Chloremis* bildet gallertige Gehäuse ohne Gallertgeißeln, die stark mit Eisen vererzt sind, ähnlich wie bei *Porochloris* und *Chlorophysema*. Das von ANACHIN beschriebene *Chlorophysema sessile* gehört nicht zur Gattung *Chlorophysema* PASCHER (1925).

Aus dem Bereiche der Chrysophyta sind einige neuere Publikationen zu erwähnen, die insoferne von systematischem Interesse sind, als sie eine Erweiterung unserer Formenkenntnisse bringen. Die Gattung *Ochrosphaera* ist in systematischer Beziehung deshalb bemerkenswert, weil ihre beweglichen Stadien heterokont, nach dem Typus von *Ochromonas*, sind und die unbeweglichen Stadien, die stationär sind, eine Hülle besitzen; diese ist mit Kalkkörpern besetzt, welche eine weitgehende Ähnlichkeit mit den Coccolithen der Coccolithophoriden oder Calciomonadinen haben. Die Typusart ist *Ochrosphaera neapolitana*; dazu sind noch zwei Arten, *O. verrucosa* und *O. rovignensis* hinzugekommen (B. SCHUSSNIG). In der gleichen Arbeit sind noch einige weitere Formen aus dem Verwandtschaftskreis der Chrysomonaden beschrieben und zwar *Chrysosphaera marina*, *Nematochrysis pusilla*, *Chrysomeris simplex* und *Chrysobotrys pygmaea*. Außerdem ist eine zu den Heterokonten gehörige Form, *Heterogloea minima*, beschrieben. Die beiden Arten von *Nematochrysis* und *Chrysomeris* sind von den von NELLI CARTER geschilderten *Nematochrysis sessilis* PASCHER var. *vectensis* n. var. und *Chrysomeris ramosa* n. gen., n. sp. verschieden. Ob es sich bei diesen fadenförmigen Formen wirklich schon um Algen handelt, bleibe dahingestellt.

Noch im Jahre 1940 hat A. PASCHER zwei Arbeiten über rhizopodiale und filarplasmodiale Formen aus dem Verwandtschaftskreis der Chrysophyceen veröffentlicht, die eine wertvolle Erweiterung unserer Formenkenntnisse vermitteln. Es werden folgende neue Gattungstypen beschrieben: *Heliochrysis*, *Heliaktis*, *Chrysocrinus*, *Stephanoporus*, *Porostylon*, *Diporidion*, *Plagiorhiza*, *Leucopyxis*, *Kybotion*; dazu kommt *Eleutheropyxis* SCHERFFEL (1927). *Kybotion* stellt die autotrophe Parallelform zur Gattung *Platytheca* STEIN (1878) dar. Unter den filarplasmodialen Formen wird von *Chrysidiastrum* LAUTERBORN (1913) *Chr. ocellatum*, dann *Rhizochrysis mikrophaea*, ferner die neue Gattung *Heliapsis*, ausgezeichnet durch mit Poren versehenen Hüllen, und *Leucapsis* beschrieben. Für letztere wurden auch typische Chrysomonadencysten nachgewiesen.

Eine gute Beschreibung einer neuen Art von *Chrysococcus* (*Chr. diaphanus*) bringt H. SKUJA. Die Hülle besitzt einen apikalen Porus, durch den die Geißel durchzieht, und einen antapikalen Porus, dessen Vorhandensein sich aus dem Vermehrungsvorgang ergibt. Die vollentwickelte Zelle füllt den ganzen Raum der kugeligen Hülle aus. Bei der Zellteilung schlüpft die eine Tochterzelle durch den Apikalporus durch und scheidet schon hier eine neue Hülle aus, die ein bedeutend größeres Volumen als der Cytoplast hat. Da während der Bildung der neuen Hülle die ausgeschlüpfte Tochterzelle eine Zeit lang noch mittels eines feinen protoplasmatischen Fortsatzes mit der Mutterzelle in Verbindung steht, bleibt in der Hülle eine feine Öffnung frei, die eben den Antapikalporus darstellt.

Von SKUJA stammt auch noch eine Arbeit über *Dinobryon borgei*, bei dem er, nebst einer Beschreibung der Morphologie, auch zum ersten Male den Kopulationsakt schildert und abbildet. Das ist ein wichtiger Befund. Was vorerst die Zellstruktur betrifft, so soll die Feststellung hervorgehoben werden, daß die im apikalen Ende der Zelle gelegene kontraktile Vacuole mittels eines feinen Kanals in Verbindung mit einer darunterliegenden, nicht kontraktilen Vacuole steht. Der Kopulationsakt geht in der Weise vor sich, daß zwei Zellen, mit dem Gehäuse, mit ihren Vorderenden aufeinander zuschwimmen, sich mit ihren Hauptgeißeln verfangen und dann miteinander verschmelzen. Das Endprodukt ist eine Zygote, die zwischen den entgegengesetzt gerichteten, entleerten Gehäusen liegt und den Bau einer Chrysomonadencyste besitzt (Abb. 50). Zum Vergleich wird eine gewöhnliche, asexuelle Cyste, die an der Mündung des Gehäuses entsteht, gezeigt, die im wesentlichen den gleichen Bau hat, nur mit dem Unterschied, daß sie nur einen Chromatophor enthält, während die zygotischen Cysten zwei solche, von den beiden Kopulationspartnern stammend, führen. Der Sexualakt stellt somit eine Hologamie dar.

B. MACK bringt einige saubere Beschreibungen von epiphytischen Chrysomonaden, und zwar von *Dinobryon tubulosum* n. sp., *Hyalobryon sociale* n. sp. und *Hyalobryon borgei* LEMM. In einer weiteren Veröffentlichung werden weitere Chrysomonadinen beschrieben, und zwar *Hydrurus foetidus, Chrysoamphitrema brunnea* SCHERFFEL, *Chrysamoeba radians* KLEBS, *Chrysopyxis bipes* STEIN, *Dinobryon sertularia* EHRENB. var. *vindobonensis* nov. var., *Chrysococcus biporus* n. sp., *Chromulina* sp., *Uroglena notabilis* n. sp. und *Chrysolykos planctonicus* n. gen., n. sp. In dieser Arbeit handelt es sich um eine sorgfältige Analyse der Zellstruktur und, soweit das bekanntlich sehr empfindliche Material es gestattet, auch der Entwicklungsgeschichte der aufgezählten Formen. Hervorzuheben wäre vorerst die einheitliche Gestalt der Chromatophoren, die, meist in der Einzahl vorhanden, plattenförmig ausgebildet sind und in der Längsachse der Zelle eine vordere und hintere Einkerbung besitzen. Diese Gestalt scheint für die Chrysomonaden typisch zu sein. Wertvoll ist weiters die Beschreibung der Cysten von *Hydrurus foetidus*, mit dem ungefähr äquatorial gelegenen Flügelfortsatz an der Membran, der aber nicht den ganzen Umfang der Cystenhülle umfaßt. Außerdem ist in der Cystenmembran eine Warze vorhanden. Die Cysten sind einkernig. Hingegen konnten in den Cysten von *Dinobryon sertularia* var.

vindobonensis, wie auch in denen von *Uroglena notabilis* und *Synura uvella* zwei Kerne nachgewiesen werden, wobei jedoch nicht mit Sicherheit entschieden werden konnte, ob die Zweikernigkeit auf eine somatische Kernteilung, oder auf eine Kopulation zurückzuführen ist. Eine Entstehung von Cysten auf sexuellem Wege ist hingegen bei *Chrysolykos planctonicus*, der ein merkwürdig gebogenes und mit einem Stachel

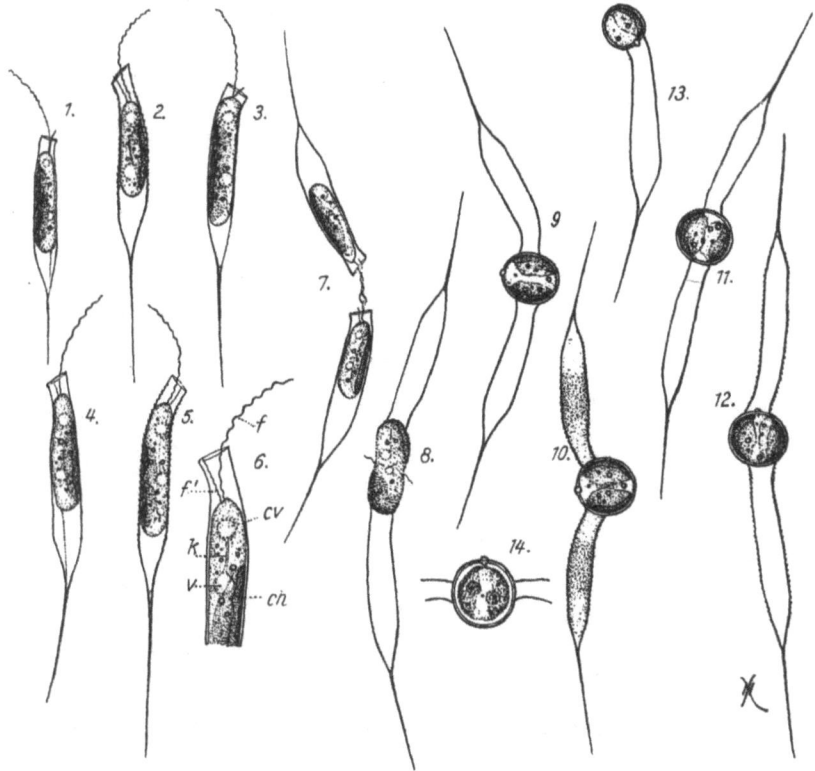

Abb. 50. *Dinobryon borgei*. Nach H. SKUJA (1950).

versehenes Gehäuse besitzt, außer Zweifel. Das Kopulationsbild erinnert ganz an das von SKUJA für *Dinobryon borgei* beschriebene (Abb. 51). Am Schluß dieser Arbeit werden auch alle bis dahin bekannten Fälle von zweikernigen Cysten angeführt und besprochen. Es ist möglich, daß die Zweikernigkeit den Beginn der Auskeimung der Cysten vorstellt, doch ist ein vorausgegangener Kopulationsakt, oder, wie GEITLER meint, eine Autogamie nicht ausgeschlossen.

Aus dem schwach salzhaltigen Wasser des Neusiedler Sees im Burgenland (Österreich) führt uns J. SCHILLER eine Reihe interessanter Formen vor, von denen mehrere neu beschrieben werden: *Stenokalyx aumülleri*, *Pseudokephyrion doliolum*, *Ps. densatum*, *Ps. longum*, *Kephyriopsis exspectans* und die neue Gattung *Torocapsa*, von der drei Arten, *T. amphiconica*, *T. ruttneri* (mit der f. *gracilis*) und *T. lata*, aufgestellt werden.

Auch diese Arbeit trägt wesentlich zur Bereicherung unserer Formenkenntnisse bei.

Die von L. GEITER neu beschriebene Rhizochrysidinee, *Rhizochrysidopsis vorax* n. gen., n. sp., fällt durch den schlüsselförmigen, mit eingeschnittenen Lappen versehenen Chromatophor auf, wodurch sich diese Form von allen Chrysomonaden und ebenso von der nahestehenden *Rhizochrysis* unterscheidet. Im erwachsenen Zustand entsendet der

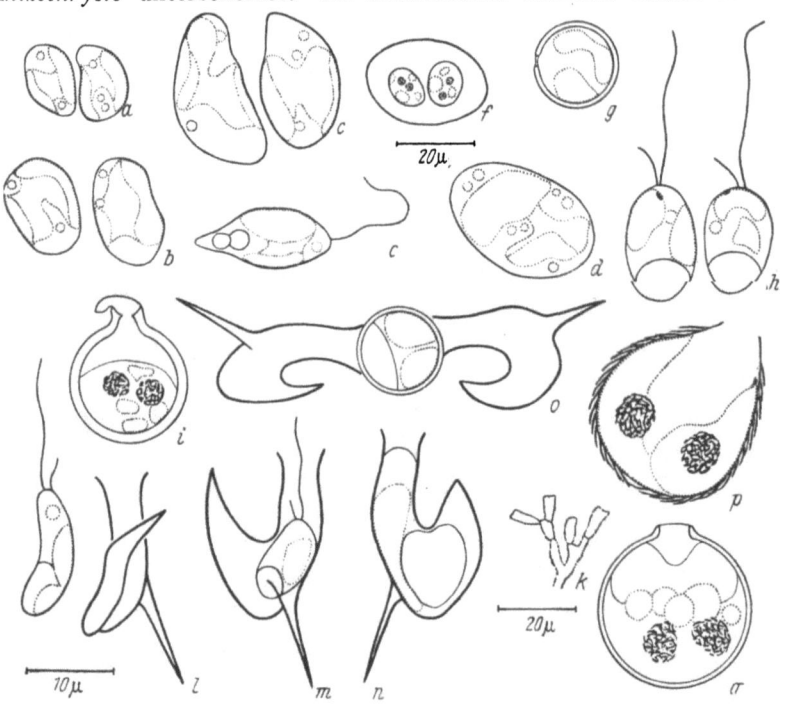

Abb. 51 a—q. a—g *Chromulina sp.*; h—k *Uroglena notabilis*; l—o *Chrysolykos planctonicus*; p—q *Synura uvella*. Nach B. MACK (1951).

Cytoplast eine größere Anzahl von feinen, relativ starren Rhizopodien, die in der Regel unverzweigt sind und an deren Oberfläche winzige Körnchen hin- und hergleiten. Trotz dem relativ großen Chromatophor, ist die vorliegende Form imstande, geformte Nahrungskörper von mitunter bedeutender Größe (wie Diatomeen, Chlorococcalen), aufzunehmen. Der Inhalt der Beuteorganismen wird verdaut. Es konnten aber auch zahlreiche Individuen beobachtet werden, die keine Nahrungskörper enthielten. Die Form ist somit autotroph und phagotroph zugleich.

In einer kurzen Mitteilung von P. BOURRELLY und F. MAGNE werden zwei neue Arten, und zwar *Ruttnera chadefaudii* und *Chrysobotrys feldmannii* beschrieben.

In der Zeitspanne, die für das vorliegende Referat gewählt wurde, sind einige bedeutende Publikationen über die Coccolithophoriden erschienen. Unter diesen sind vorerst die von E. KAMPTNER zu erwähnen, der in gewohnter Weise mit unermüdlicher Sorgfalt genaue und gut auswertbare Resultate erzielt hat.

Eine umfangreiche Abhandlung stammt aus dem Jahre 1941, in der nebst der Beschreibung von 18 neuen Arten aus dem Adratischen Meer und einer systematischen Aufstellung, die drei Familien mit insgesamt 13 Gattungen (die noch in Unterfamilien und Untergattungen gegliedert sind) umfaßt, auch noch eine sorgfältige morphologische Analyse der Coccolithentypen bringt. Es handelt sich um die Gattungen *Acanthoica, Calyptrosphaera, Pontosphaera, Syracosphaera, Anthosphaera, Zygosphaera, Corisphaera, Helladosphaera, Periphyllophora, Calciosolenia, Tergestiella* und *Rhabdosphaera*. In einem ergänzenden Kapitel zur Morphologie und Systematik werden noch *Thalassopappus, Thoracosphaera* und *Ruginiaster* morphologisch und systematisch behandelt.

In der allgemeinen Betrachtung über die Systematik hebt KAMPTNER einige Kriterien hervor, die recht beachtenswert sind. Die Coccolithineen sind im allgemeinen mit eindeutigen Merkmalen ausgestattet, so daß die Artabgrenzung, infolge einer geringen ökologisch bedingten Variabilität, keine nennenswerte Schwierigkeit bereiten. „Sie gehören zu jenen Organismengruppen, für welche die Kriterien der älteren Artdefinition zutreffen." Es leuchtet auch ein, daß infolge der planktonischen Lebensweise unter verhältnismäßig gleichartigen Umweltsbedingungen, die Ausprägung geographischer Rassen unterbleibt. Allerdings, *Pontosphaera huxleyi*, mit einem sehr ausgedehnten Verbreitungsareal, scheint in zwei ökologischen Varianten, die eine im nördlichen Meer, die andere im Gebiet der brasilianischen Küste, vorzukommen. So ist das Vorkommen von Dauermodifikationen nicht ausgeschlossen, die aber nicht der Ausdruck einer verschiedenen genotypischen Konstitution, sondern bloß einer plasmatisch bedingten Formdifferenzierung wären. Eine der Hauptschwierigkeiten für eine natürliche Systematik der Coccolithophoriden liegt wohl darin, daß bei keiner Art der ontogenetische Formkreis bekannt ist. Der weiter oben (s. S. 138) angeführte Entwicklungscyclus von *Coccolithus fragilis* nach F. BERNARD, bei dem ein küstennaher und ein pelagischer Formcyclus konstruiert wurde, scheint mir denn doch etwas zu hypothetisch zu sein. So bleibt, als taxonomisch verwertbares Merkmal, sowohl für die Unterscheidung der einzelnen Gattungs- als auch der Speciestypen, in erster Linie der Bau der Coccolithen. Daß das System daher einen stark künstlichen Charakter hat, ist nicht von der Hand zu weisen und man wird darin KAMPTNER durchaus beipflichten müssen.

In einer weiteren Arbeit untersucht KAMPTNER Skeletreste aus jungtertiären Gesteinsproben von den Molukkeninseln Timor und Rotti. Er befaßt sich hier mit der darin gefundenen Gattung *Thoracosphaera*, von der er die Art *Th. imperforata* beschreibt und mit der rezenten *Th. heimi* vergleicht. Phylogenetisch interessant ist, daß die Kalkkörper der fossilen Art, zum Unterschied der rezenten, keinen Porus besitzen. Letzterer scheint somit eine Neuerwerbung zu sein, die sich vom tertiären imperforaten Typus ableiten läßt. In einer weiteren Untersuchung fossilen Materials aus dem Torton des inneralpinen Wiener Beckens kommt KAMPTNER auf diese Frage nochmals zurück und bringt außerdem eine größere Anzahl von Coccolithentypen der fossilen Gattungen *Calyptrolithus, Discolithus, Cyclolithus* und *Tremalithus*. Die hier mit großer Sorgfalt abgebildeten Kalkkörper sind ebenfalls von großem phylogenetischen Interesse und die von KAMPTNER geäußerte Meinung, daß das System der Coccolithophoriden unter Berücksichtigung der fossilen Typen erweitert und vertieft werden müsse, kann nur den Beifall aller Interessierten finden. Ein Jahr später (1949) bringt KAMPTNER dann noch eine kurze Mitteilung über fossile Coccolithineenskeletreste in kreideartigen Gesteinen aus dem Molukkenarchipel, die sich auf folgende Gattungen verteilen: 9 (neue) Arten von *Calyptrolithus*, 40 (neue) von *Discolithus*, 19 von *Scyphosphaera* (davon 12 neue), 8 (neue) von *Cyclolithus*, 3 (neue) von *Zygolithus*, 28 von *Tremalithus*, mit Einschluß von *Coccolithus* (davon 25 neue), 1 (neue) *Thoracosphaera*, 3 von *Rhabdolithus*, einschließlich *Rhabdosphaera* (davon 2 neue), und noch einige Arten von *Acanthoica*. Bei diesem reichhaltigen Material unterscheidet KAMPTNER an den Lopadolithen ursprüngliche und abgeleitete Merkmale. Als relativ ursprünglich faßt er die einfache Tonnengestalt, die maximale Ausbauchung auf halber Höhe der Tonne, den gedrungenen Bau derselben und die Variabilität der Ausbauchung auf. Als relativ abgeleitet haben die schlanke Gestalt, die extrem nach unten oder nach oben verschobene Ausbauchung, eine extreme proximale oder distale Verbreiterung, Verengung oder Verbreiterung des Apex, der kragenartig umgebogene Öffnungsrand und die Rückbildung des Bodens zu gelten. Danach lassen sich die Lopadolithen in sechs Teilgruppen: Lopadomorpha, Marginatae, Pennaeformes, Clavellosae, Corollatae und Elongatae zusammenstellen. In einer Revision der Coccolithineen-Species *Pontosphaera huxleyi* LOHM. weist KAMPTNER nach, daß es sich um zwei verschiedene Organismentypen handelt, die er voneinander trennt und als *Coccolithus huxley* (LOHM.) KAMPTNER und *Gephyrocapsa oceanica* nov. gen., nov. sp. benennt. Dabei stellt er auch fest, daß die Kalkkörper dieser beiden Formen keine Discolithen, sondern Tremalithen sind. Auch die regionale Verbreitung der beiden Arten ist verschieden.

Mit großer Sorgfalt und reifer Erfahrung unterzieht KAMPTNER in einer neuen, umfangreichen Arbeit die Morphologie und Feinstruktur der Coccolithen von *Pontosphaera, Syracosphaera, Homozygosphaera, Coccolithus, Helicosphaera, Cyclococcolithus, Calcidiscus, Rhabdosphaera, Calciosoleniaceae, Thoracosphaera, Pontosphaera* (Cystenwand), *Ceratolithus* nov. gen. und *Braarudosphaera* einer polarisationsoptischen und teilweise auch elektronenmikroskopischen Untersuchung. Was die chemische Beschaffenheit der Coccolithen anbelangt, so liegt wohl außer Zweifel Calciumcarbonat vor, wobei es, dank der vortrefflichen Erhaltung vieler Coccolithen in vorzeitlichen und rezenten Sedimenten nicht unwahrscheinlich ist, daß das Calciumcarbonat in organischer Bindung abgelagert wird. Im Einzelfall ist es nicht immer leicht zu entscheiden, welche der beiden Modifikationen des Calciumcarbonats, Aragonit oder Kalkspat, vorliegt. Hierfür scheinen die klimatischen Bedingungen des Mediums entscheidend zu sein. In kälteren Gewässern scheint der gegen die lösenden Einflüsse des Wassers widerstandsfähigere Kalkspat vorzuherrschen, während bei höheren Temperaturen dieser in den leichter löslichen Aragonit übergeht. Eine phylogenetische Bedeutung kommt der Frage, ob Aragonit oder Kalkspat enthalten ist, nicht zu. Die polarisationsoptische Prüfung führt zu der Vorstellung, daß den submikroskopischen Bausteinen der Coccolithen die Eigenschaften anisotroper Kriställchen zukommt. Die Micelle sind optisch einachsig. Kristallographisch gehören sie dem trigonalen oder dem rhombischen System an. Die Coccolithen zeigen eine Eigendoppelbrechung, während eine Formdoppelbrechung nicht nachgewiesen werden konnte, obzwar das Vorhandensein einer organischen Kittsubstanz nicht gänzlich von der Hand zu weisen ist. Infolge der Kleinheit dieser Objekte ist aber eine eingehendere polarisationsoptische Analyse nicht möglich. Die Textur der Kalkkörper entspricht im wesentlichen den anorganischen radialstrahligen Sphärolithen. Die Prüfung der Feinstruktur der Coccolithen führt zu neuen Erkenntnissen, die eine phylogenetische Ableitung der einzelnen Coccolithentypen gestattet und somit einen neuen Weg zum Ausbau des natürlichen Systems der Coccolithophoriden anbahnen. Es ist das große Verdienst KAMPTNERS, diese subtilen Zusammenhänge, aber auch, wie im Falle der Calciosoleniaceen, das Trennende, mit Scharfsinn erforscht zu haben. Wegen der Einzelheiten und der kritisch gehaltenen Erläuterungen muß wohl auf das Original verwiesen werden.

Ganz unerwartete Ergebnisse ergab die elektronenoptische Analyse der Coccolithen, die wir in erster Linie T. BRAARUD und Mitarbeitern und G. DEFLANDRE verdanken. Während letzterer fossile, nicht näher bestimmbare Formen untersucht hat, befassen sich die norwegischen Autoren mit rezenten Arten, weshalb speziell auf diese Arbeiten näher eingegangen werden soll. Für die Gattung *Hymenomonas* wurden nach den lichtmikroskopischen Beobachtungen teils Discolithen teils Tremalithen angegeben. Die verläßlichsten Angaben darüber stammen von KAMPTNER bei *Hymenomonas danubiensis*, bei der er Tremalithen beschreibt, was auch mit den elektronenmikroskopischen Bildern übereinstimmt. T. BRAARUD unterzieht die Morphologie und Feinstruktur der Kalkkörper von *Hymenomonas roseola* und *Syracosphaera carterae* einer elektronenoptischen Untersuchung und kommt zu folgenden Resultaten. Die Form der Coccolithen in seitlicher Ansicht entspricht einem Hyperboloid, mit einer Einschnürung unterhalb der Mitte und gegen die beiden Endseiten leicht erweitert. Jeder Coccolith scheint aus längsgerichteten Elementen aufgebaut zu sein, die an ihrer Basis leicht abgerundet sind, wodurch eine ziemlich ebene Kontur gegen die Zelloberfläche entsteht. Der obere Teil dieser Elemente ist schief und unregelmäßig abgeschnitten, was dem Coccolithen das Aussehen einer Krone mit unregelmäßiger Zähnung verleiht. Die Dicke der Elemente ist ungleichmäßig und es scheint ein bestimmtes Niveau vorhanden zu sein, in welchem ihre Dicke sich ändert. Es scheint auch, daß der Coccolith in einer dichten gallertigen Außenschichte des Periplastes eingesenkt ist, die für die Gattung *Hymenomonas* charakteristisch ist und an coccolithenfreien Individuen besonders deutlich hervortritt.

Die oberen, dickeren Teile der Bauelemente ragen aus der Pellicularschicht hervor, obwohl anzunehmen ist, daß sie ebenfalls in der gallertigen Periplastschicht eingebettet sind. Die Zahl der Kronenzacken variiert nur wenig und beträgt etwa 13, und ungefähr in der gleichen Anzahl sind die Längselemente im basalen Teil des Coccolithen. Im wesentlichen stimmt der Bau der Coccolithen von *Syracosphaera carterae* mit dem obigen überein, weshalb BRAARUD diese Art zur Gattung *Hymenomonas*, als *H. carterae*, zieht. Es ist dies ein Fall, in welchem die elektronenmikroskopische Analyse des Coccolithenbaues zu systematischen Schlüssen führt, und es ist zu erwarten, daß noch an anderen Stellen der Coccolithophoriden Korrekturen nötig sein werden.

In einer weiteren Arbeit analysieren T. BRAARUD und J. MARKALI, ebenfalls mit dem Elektronenmikroskop, den Bau der Coccolithen von *Anthosphaera robusta* und *Calyptrosphaera papillifera*. Die Kalkkörper der ersteren bestehen aus einem flachen basalen und einem hohen oberen Teil. Von oben gesehen hat der basale Teil einen elliptischen Umriß, mit einem äußeren, 0,2 μ breiten Ring. Dieser Ring ist mit der Basis des oberen Teiles mittels 30—40 Rippen verbunden. Der Basalteil ist an der der Zelloberfläche zugewandten Seite etwas konkav. Der obere Teil stellt eine flache, breite, scheinbar solide Scheibe dar, die der Mitte des Basalteiles aufliegt. Ihre Längsachse verläuft parallel zur Längsachse des Basalteiles. Eine Längsspalte ist schon mit dem Lichtmikroskop sichtbar, mit Ausnahme jener Coccolithen, welche den Geißelpol umsäumen. Der Spalt reicht bis auf den Grund des Coccolithen.

Zum Unterschied von den meisten bisher untersuchten Coccolithen, die aus verhältnismäßig wenigen Elementen aufgebaut sind, weichen die Kalkkörper von *Calyptrosphaera papillifera* dadurch ab, daß sie aus zahlreichen einzelnen Calcitkristallen zusammengesetzt sind. Der obere Teil des Coccolithen besteht aus einer Ansammlung von einzelnen Kristallen von $CaCO_3$, in Gestalt hexagonaler Prismen mit basalem Pinakoid [0001], die in einem regelmäßigen Kristallgitter, mit der c-Achse senkrecht auf die Oberfläche der Zelle, angeordnet sind. Sie ergeben auf diese Weise hexagonale Öffnungen mit sechs benachbarten hexagonalen Prismen, und liefern so ein regelmäßiges, zweidimensionales hexagonales System von ,,Hohlräumen". Die Reihen dieser hexagonalen Zwischenräume sind, in bezug auf die Achse der Ellipse der Coccolithen, zufallsmäßig orientiert, selbst bei Coccolithen der gleichen Zelle. Die Länge der Kristallkanten der hexagonalen Prismen, in der Richtung der c-Achse, schwanken zwischen 300 und 400 Å. Wenn die Coccolithen mit verdünnter Salzsäure entkalkt werden, so bleiben nur die Membranen aus organischer Substanz, welche jeden Kristall überzieht, übrig. Diese Feststellung ist wichtig, weil KAMPTNER, auf Grund seiner polarisationsoptischen Untersuchungen, das Vorhandensein einer organischen Kittsubstanz vermutet hat.

In einer weiteren Arbeit untersuchten P. HALLDAL und J. MARKALI die Coccolithen von drei Arten der Gattung *Syracosphaera*, und zwar *S. mediterranea*, *S. pulchra* und *S. molischi*, und fanden in der Form und

Feinstruktur eine weitgehende generische Übereinstimmung. Dagegen weicht *Syracosphaera carterae* vom Typus ab und sie wurde, wie bereits oben erwähnt, zur Gattung *Hymenomonas* hinzugezogen. Die elektronenmikroskopische Prüfung ergab, daß die Coccolithen aus vier Teilen bestehen, und zwar aus dem schwach gewölbten Boden, der Seitenwand, dem unteren und oberen Rand. Alle diese Teile setzen sich ihrerseits aus regelmäßig angeordneten submikroskopischen Elementen zusammen. Es wurde auch das lichtmikroskopische Bild zum Vergleich herangezogen und in einer schematischen Zeichnung dargestellt, welche in anschaulicher Weise das bedeutendere Auflösungsvermögen des Elektronenmikroskopes erweist (Abb. 52). Ähnliche Discolithen finden sich auch bei *Calciopappus caudatus*, der ursprünglich unter dem Namen *Syracosphaera caudata* geführt wurde und der in einer Arbeit von K. R. GAARDER, J. MARKALI und E. RAMSFJELL im Hell- und Dunkelfeld und elektronenoptisch untersucht wurde. Auch diese Coccolithen bestehen aus einem Boden, einer Wand und einem basalen Rand; der obere Rand fehlt. Der Boden setzt sich aus 28—36 flachen, gleichmäßig breiten (weniger als 0,1 μ) Rippen zusammen, welche zueinander parallel laufen, aber schief zur Schmalseite des Coccolithen orientiert sind. Darin besteht ein Unterschied gegenüber *Syracosphaera*, wo die Rippen gegen den Außenrand zu zugespitzt und symmetrisch zur Längsachse des ebenfalls elliptischen Coccolithen angeordnet sind. Die Wand weist zwei Sorten von Elementen auf: breite, spatenförmige Elemente, die eine Höhe von ungefähr 0,1 μ erreichen, und schmälere, auswärts sich verjüngende Elemente von ungleicher Höhe und Breite, die manchmal die ersterwähnten Elemente überdecken. Jedes dieser schmäleren Elemente entspricht einer Rippe im Coccolithenboden und einem Elemente des unteren Saumes. Letzterer ist schmal, weniger als 0,05 μ breit, und besteht scheinbar aus spatenförmigen Elementen. *Calciopappus caudatus* ist durch seine schmale Zellform, die in einen langen caudalen Fortsatz ausgezogen ist, durch die regelmäßige Anordnung der Coccolithen in Serien von Kreisen und durch den Besitz von sehr zarten dornartigen Fortsätzen, die strahlenartig den Mündungsrand der Zelle umgeben, ausgezeichnet (Abb. 53). Am proximalen Ende sind diese Stacheln gegabelt und stehen mit einem oder zwei Randcoccolithen in Verbindung. Das distale Ende ist fein ausgezogen und hat ein bayonettartiges Endstück aufgesetzt.

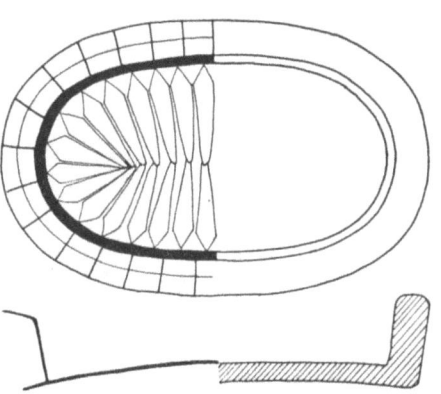

Abb. 52. Typus der Discolithen bei der Gattung *Syracosphaera*. In der linken Hälfte nach elektromikroskopischer Aufnahme in der rechten nach Lichtmikroskop. Nach P. HALLDAL u. J. MARKALI (1954).

In einer kurzen zusammenfassenden, in norwegischer Sprache, mit englischem Resumé, gehaltenen Arbeit bringt T. BRAARUD eine Übersicht über die wichtigsten elektronenoptisch analysierten Coccolithentypen, mit elektronenmikroskopischen Aufnahmen und Rekonstruktionsbildern versehen. Er weist darauf hin, daß die elektronenmikroskopische Analyse ein wichtiges Mittel für die Systematik der Coccolithophoriden liefert. Er meint ferner, daß die Coccolithen möglicherweise als Lichtfilter wirken, indem sie die Lichtintensität, die die Chromatophoren erreicht, herabsetzen. Das könnte von ökologischer Bedeutung sein, da ja bekannt ist, daß hohe Lichtintensitäten für Planktonorganis-

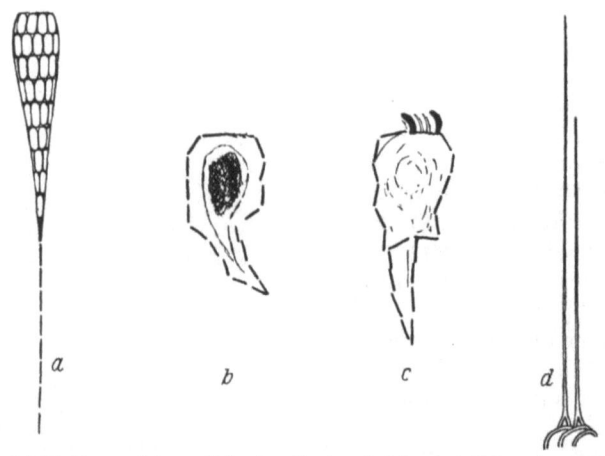

Abb. 53a—d. *Calciopappus caudatus.* a Zelle ohne Borsten; b deformierte Zelle; c kontrahierte Zelle mit Resten des apikalen Coccolithenkreises. d Dornen an übergreifenden Coccolithen ansetzend. Nach K. R. GAARDER, J. MARKALI und E. RAMSFJELL (1954).

men schädlich sind. Das für die Photosynthese erforderliche Lichtoptimum kann wesentlich niedriger als jene Lichtintensität sein, die im Oberflächenwasser in niederen Breiten, wo die Coccolithophoriden reichlich vorkommen, herrscht.

Algen.

Unter den in den letzten Jahren erschienenen Handbüchern über die Morphologie, Entwicklungsgeschichte und Systematik der Algen verdient vor allen anderen der zweite Band von F. E. FRITSCH, The Structure and Reproduction of the Algae, eine besondere Würdigung. Das Manuskript zu diesem umfassenden Werke war bereits 1941 beendet. Infolge der Kriegsverhältnisse war es dem Verfasser erschwert, die ausländische Literatur voll zu erfassen, er hat aber trotzdem, so weit als möglich, das Schrifttum bis zum Jahre 1943 zu ergänzen getrachtet. Die endgültige Drucklegung hat sich infolge zeitbedingter Umstände verzögert. Trotzdem spiegelt das Buch die wichtigsten und neuesten Erkenntnisse von den Braun-, Rot- und Blaualgen wider und die Literatur ist mit bewundernswerter Emsigkeit zusammengetragen. FRITSCH hat uns damit ein Lebenswerk hinterlassen, das ein unentbehrlicher Behelf für jeden Fachmann ist und auch auf lange Sicht es bleiben wird.

Jede Klasse wird mit einem allgemeinen Kapitel über die Cytologie, Morphologie, Fortpflanzung, den Generationswechsel, die Physiologie und Ökologie eingeleitet. Der Stoff ist im übrigen systematisch gegliedert. Bei der systematischen Einteilung der Phaeophyceen lehnt sich FRITSCH begreiflicherweise vornehmlich an OLTMANNS, KUCKUCK, SAUVAGEAU und KYLIN. Die alte Einteilung in Phaeosporeae, Acinetae und Cyclosporeae von KJELLMAN in den Natürlichen Pflanzenfamilien ist natürlich überholt. FRITSCH teilt die Klasse der Phaeophyceae in neun Ordnungen der *Ectocarpales, Tilopteridales, Cutleriales, Sporochnales, Desmarestiales, Laminariales, Sphacelariales, Dictyotales* und *Fucales* ein.

Mit Recht stellt FRITSCH fest, daß die Phaeophyceen zu keiner anderen Algenklasse in nachweisbaren phylogenetischen Beziehungen stehen, was übrigens schon R. v. WETTSTEIN mit der Aufstellung der Phaeophyta als eines selbständigen Stammes richtig erkannt hatte. Die braune Pigmentierung wie bei den Diatomaceen ist, wenn sie wirklich besteht, die einzige Ähnlichkeit zwischen diesen beiden Algengruppen. Auf die Pigmente allein kommt es natürlich nicht an, da es sich immer um das unterschiedliche Mischungsverhältnis von Assimilations- und Deckpigmenten handelt. Nach der Zusammenstellung bei G. E. FOGG führen Diatomeen und Phaeophyceen in ihren Plastiden die Chlorophylle a und c. Von Carotinen haben sie das β-Carotin gemeinsam, bei den Bacillarieen kommt noch das ε-Carotin hinzu. Von den Xanthophyllen besitzen die Phaeophyceen allein Violaxanthin, Flavoxanthin und Neoxanthin, während das Fucoxanthin und das Neofucoxanthin in beiden Gruppen vertreten sind. Außerdem besitzen die Diatomeen allein Diatoxanthin und Diadinoxanthin. Die einzige wesentliche Übereinstimmung besteht somit im gemeinsamen Besitz von Chlorophyll a und c und des Fucoxanthins, während das β-Carotin auch bei den Euglenoidinen, Chrysophyceen Xanthophyceen, Dinophyceen, Rhodophyceen und Cyanophyceen vertreten ist. Ob die hier hervorgehobenen Übereinstimmungen in den Plastidenpigmenten für einen phylogenetischen Zusammenhang ausreichen, muß meiner Meinung nach vorderhand noch dahingestellt bleiben.

Die Ableitung der Phaeophyceen von den Xanthophyceen lehnt FRITSCH ab, weil sie seiner Meinung nach auf unrichtigen Annahmen beruht. Dies scheint mir berechtigt, weil der Schwärmerbau nicht übereinstimmt. Außerdem sind für die Xanthophyceen, nach dem gegenwärtigen Stand unserer Kenntnisse, von Pigmenten nur Chlorophyll a und c, und β-Carotin nachgewiesen. Die Ansicht älterer Autoren, daß zwischen Phaeophyceen und Rhodophyceen Beziehungen bestänben, weil bei *Dictyota* Tetrasporangien mit unbegeißelten Sporen gebildet werden, widerlegt FRITSCH damit, daß das Tetrasporangium der Dictyotalen nichts anderes als ein Abkömmling des bei den Phaeophyceen allgemein verbreiteten Zoosporangiums (unilokulären Sporangiums) sei, zumal auch LLOYD WILLIAMS die Übereinstimmung im

Bau der Spermatozoiden mit dem der übrigen Phaeophyten nachgewiesen hat.

Im ganzen gesehen stellen die Braunalgen eine distinkte, isoliert dastehende stammesgeschichtliche Gestaltungsreihe (Phaeophyta) dar. Die mitunter vorkommenden morphologischen und histologischen Ähnlichkeiten mit den höheren Pflanzen, wie z. B. die Ausbildung blattähnlicher Thallussprosse, der axillare Ursprung von Seitenästen, die Ausdifferenzierung von Leitsystemen mit Siebröhren, das sekundäre Dickenwachstum, sind zweifellos nichts als der Ausdruck einer evolutionistischen Höherentwicklung im Pflanzenreich und haben, als Konvergenzerscheinungen, bloß ein theoretisches Interesse. FRITSCH weist mit Recht darauf hin, daß ähnliche Spezialisierungen im Bau und in der Struktur des Thallus auch bei den Rotalgen angetroffen werden, obwohl diese einen ganz verschiedenen Grundbau und eine höhere Organisation der Fortpflanzung aufweisen. Fossile Typen, die über die Abstammung der Phaeophyceen Auskunft geben könnten, gibt es kaum, bis auf den aus dem Silur und Devon bekannten *Prototaxites* (*Nematophycus, Nematophyton*), von dem es auch nicht sicher ist, ob er überhaupt einen Braunalgenrest und einen aquatischen Typus darstellt. Nach KRÄUSEL handelt es sich wohl um eine Gefäßpflanze. Damit kommt man also nicht weiter.

Einer besonderen Erwähnung bedarf unter den rezenten Phaeophyceen vor allen die Ordnung der Ectocarpales. FRITSCH teilt sie in zwei morphologische Gruppen, d. h. in die haplostichen und in die polystichen Ectocarpalen (Phaeosporeen) im Sinne KUCKUCKS ein, eine Unterscheidung, die auch von OLTMANNS schon übernommen wurde. FRITSCH beginnt bei den haplostichen Formen zunächst mit den fadenförmigen Typen, den Ectocarpaceen im engeren Sinne (*Ectocarpus, Pylaiella, Zosterocarpus, Streblonema* u. a.), dann kommen die krusten- und polsterförmigen Typen (Myrionemataceen), worauf die gallertigen Polsterformen folgen (Leathesiaceae, Corynophlaeaceae), und gelangt dann zu den zylindrischen ein- und mehrachsigen Typen (*Mesogloea, Myriocladia, Castagnea, Chordaria, Acrothrix* u. a.). Die Spermatochnaceen, mit den Gattungen *Nemacystus, Spermatochnus, Halorhiza* und *Stilophora* werden wegen des Spitzenwachstums der Achsenfäden als eine eigene Familie zusammengefaßt. Die monotype Gattung *Splachnidium* wird als ein spezialisierter Typus der haplostichen Ectocarpalen aufgefaßt.

In die Reihe der polystichen Ectocarpalen werden die Familien der Punctariaceen, Asperococcaceen, Encoeliaceen (sensu OLTMANNS) und Dictyosiphonaceen gestellt. Von einer Aufstellung einer eigenen Ordnung für diese Typen sieht FRITSCH ab, weil im Hinblick auf die Übereinstimmung in der Morphologie und Fortpflanzung mit den haplostichen Formen eine Lostrennung von diesen letzteren unnatürlich wäre. Die Bildung von periklinen Wänden ist auch bei den haplostichen Ectocarpeen nicht selten.

Für die Ordnung der morphologisch relativ einfach gestalteten Ectocarpales stellt FRITSCH zwei Hauptmerkmale in den Vordergrund, einerseits die Heterotrichie und anderseits das Fehlen einer typischen

Eibefruchtung. Einer Erhebung einzelner Familien oder Familiengruppen in den Rang von Ordnungen steht an sich nichts im Wege, doch die Unterschiede zwischen ihnen sind, abgesehen vom vegetativen Konstruktionstypus, für die Schaffung höherer systematischer Einheiten nicht groß genug. Nach der Entdeckung eines Generationswechsels mit heteromorphen Generationen bei *Dictyosiphon* ist TAYLOR für die Trennung der Dictyosiphonaceen von den Ectocarpalen und für die Schaffung einer eigenen Ordnung eingetreten, so wie dies SAUVAGEAU für die Sporochnales getan hat. FRITSCH hält es aber nicht für nötig. Es sprechen hier die Gesichtspunkte mit, die KYLIN mit der Schaffung der Isogeneratae, für die Formen mit isomorphen Generationen, und der Heterogeneratae, für die Formen mit heteromorphen Generationen, eingeführt hat. Zu den ersteren rechnet KYLIN die Ectocarpeen (s. str. = Ectocarpaceae, Myrionemataceae p. p.), die Sphacelariales, Cutleriales, Tilopteridales und Dictyotales; zu den letzteren die Chordariales, Sporochnales, Desmarestiales, Punctariales, Dictyosiphonales und Laminariales. Schon aus dieser Aufzählung ist leicht zu ersehen, daß das Ordnungsprinzip von KYLIN eine willkürliche Schematisierung ist, die für die Systematik keinen Wert hat. Eine Heteromorphie der Generationen kann, wie z. B. bei *Stigeoclonium* oder bei *Cladophora*, selbst innerhalb ein und derselben Gattung realisiert sein. Der Generations- und Phasenwechsel wird durch zwei Vorgänge innerhalb des ontogenetischen Cyclus bestimmt, d. h. durch den Befruchtungsakt und durch die Reduktionsteilung. Je nach dem Ort, an welchem diese zwei determinierenden Prozesse lokalisiert sind, kann sich das Alternanzbild verändern. Diese Modifikationen gehen an sich autonom vor sich und können daher nicht als ausschließliches Kriterium für die Beurteilung der Organisationshöhe oder für die systematische Stellung eines Organismus oder einer Organismengruppe ausgewertet werden. Im Falle der Desmarestiales, Laminariales u. a. ist die Heteromorphie der beiden Generationen, zusammen mit den übrigen spezifischen Merkmalen des Thallusbaues und der Fortpflanzung, fixiert, und sie kann daher mit Recht zum Merkmalssyndrom gerechnet werden. Das sind Grenzfälle der evolutionistischen Gestaltung, die eine generalisierende Auswertung des einen Merkmales nicht gestatten. Es liegt daher auch meiner Meinung nach kein Grund vor, *Dictyosiphon* aus dem Verbande der übrigen Ectocarpales abzutrennen. Weiter weist FRITSCH darauf hin, daß beispielsweise auch die Punctariaceen und Verwandte über Formen wie *Phloeospora* enge Beziehungen zu den einfachen fadenförmigen Ectocarpeentypen besitzen, so daß eine Trennung als selbständige Ordnung wenig gerechtfertigt erscheint. Alle die verschiedenen Thallusgestaltungen innerhalb der Ectocarpalen sind von den einfachen fädigen Typen der Ectocarpaceen ableitbar. Die Sporochnales und Desmarestiales hingegen weisen nicht bloß einen hohen Grad der somatischen Spezialisierung nach verschiedenen Richtungen hin auf, sondern sie besitzen auch eine ausgesprochene Eibefruchtung, die, soweit bekannt, den Ectocarpales fehlt. Es ist übrigens, wie FRITSCH hervorhebt, schwer, im einzelnen die evolutiven Reihen, die sich in den verschiedenen

Bautypen der Ectocarpalen manifestieren, zu verfolgen. Und was die wechselseitigen Beziehungen zwischen allen diesen Reihen anbelangt, so kann man vielleicht nur sagen, daß sie auf einen gemeinsamen Fadentypus zurückgehen. Dabei geht FRITSCH von der Vorstellung aus, daß zwei evolutive Tendenzen herauszulösen sind, nämlich das Auftreten einer longitudinalen Septierung, durch Bildung perikliner Wände in den haplostichen Fadenachsen, welche in Richtung zum polystichen oder parenchymatischen Habitus führten. Und andererseits der Übergang vom trichothallischen zum Spitzenwachstum, welches z. B. für die Spermatochnaceen und Dictyosiphonaceen charakteristisch ist. Es ist außerdem bemerkenswert, daß bei den polystichen Formen eine Neigung zur Sammlung der Sporangien in Sori, welche von Paraphysen begleitet sind, zu erkennen ist, was immerhin als ein Schritt zur höheren Differenzierung gedeutet werden kann.

An dieser Stelle möchte ich eine Bemerkung einschalten. Es ist verständlich, daß man von Anfang an die einfachen, fadenförmigen Ectocarpaceen als die ursprünglichsten Typen der Braunalgen angesehen hat und daß man diese Vorausnahme für die systematische Gruppierung in Anwendung brachte. Diese allgemein verbreitete Vorstellung ist naheliegend und wird von dem Vergleich mit den Chlorophyceen her beeinflußt. So unbedingt überzeugend scheinen mir diese Überlegungen jedoch nicht zu sein. Das gelegentliche und gar nicht so seltene Vorkommen perikliner Wände bei den Ectocarpaceen kann den Initialvorgang einer polystichen Zergliederung des Thallus bedeuten, es kann aber auch einen Reliktvorgang im Wege einer regressiven Entwicklung vorstellen. Für diese letztere Alternative scheint das Vorkommen von polystichen Angiothomen, wie ich die „plurilokulären Sporangien" bezeichnet habe, auch bei den im allgemeinen haplostichen Ectocarpaceen zu sprechen. Bei den Angiothomen handelt es sich nicht einfach um durch Längs- und Querwände zerteilte Sporangien, wie dies auch FRITSCH annimmt, sondern vielmehr um einen polystichen Komplex von Monogonidangien (gewöhnlich loculi genannt), also um Zoosporangien, die bloß einen einzigen Schwärmer entwickeln. Es ist weiter eine bekannte Erfahrungstatsache, daß die Fortpflanzungsorgane ihren morphophyletisch bedingten Bau innerhalb eines stammesgeschichtlich definierten Gestaltungskreises streng beibehalten, unabhängig davon, welchen Wandlungen das Soma unter dem formativen Einfluß von Außenweltimpulsen unterworfen wurde. Wenn daher auf einem haplostichen Thallus polystiche Organe angelegt werden, so stellen diese das primäre anzestrale Element dar, so daß die Annahme nicht gänzlich von der Hand zu weisen ist, daß der fädige Habitus der Ectocarpaceen sekundär erworben worden ist. Daß regressive Vereinfachungen auch heute noch nachweisbar sind, ist bekannt; ich erinnere nur an den Fall von *Sphacelariella* unter den Sphacelarialeen, oder an *Halodictyon* unter den Rhodomelaceen. Damit wollte ich nur andeuten, daß die gestaltliche Abwandlung innerhalb der Ectocarpalen möglicherweise auch in umgekehrter Richtung ablesbar ist. Wir müssen uns jedenfalls von dem Präjudiz freimachen, daß das, was uns habituell als einfach erscheint, unbedingt auch ursprünglich sein müsse.

Um auf die Darstellung von FRITSCH zurückzukehren, so gibt er bei der Klassifizierung der Ectocarpales an, daß die von ihm vorgenommene Gliederung in Familien im wesentlichen eine Sache der Konvenienz sei und daß man wahrscheinlich eine größere Zahl von Familien unterscheiden müßte. Das scheitert aber im Augenblick daran, daß für eine ansehnliche Anzahl von Gattungen die gegenseitigen Beziehungen nicht genügend klar sind. Unter solchen Kautelen stellt er folgendes System auf:

a) Einfache und teilweise primitive Formen:
1. Ectocarpaceae
b) Haplostiche Formen:
2. Myrionemataceae
3. Elachistaceae
4. Leathesiaceae
5. Mesogloeaceae
6. Acrotrichaceae
7. Spermatochnaceae
8. Splachnidiaceae

c) Polystiche Formen:
9. Punctariaceae
10. Asperococcaceae
11. Encoeliaceae
12. Dictyosiphonaceae

Die Tilopteridales werden als selbständige Ordnung beibehalten. Die übrigen anfangs aufgezählten Ordnungen entsprechen den heute allgemein anerkannten Ansichten, so daß sich ein näheres Eingehen in diese erübrigt. Bloß über die phylogenetischen Beziehungen der Fucales sollen noch einige Worte gesagt werden. FRITSCH erkennt ganz richtig, daß die ähnliche histologische Differenzierung bei den Fucalen und Laminarialen nicht ausschlaggebend ist, zumal in der Wachstumsweise der Thalli Unterschiede bestehen. Weiter besteht ein wesentlicher Unterschied in der Fortpflanzung dieser beiden Ordnungen, da bei den Fucales nirgends ein Gametophyt nachgewiesen ist. Selbst die weitgehende Reduktion des weiblichen Gametophyten bis auf eine Zelle bei Laminarien (z. B. *Saccorhiza*) kann nicht als Vergleichsmoment für die Fucales angenommen werden. Nun schreibt FRITSCH weiter: Die zwei ersten Kernteilungen im Oogonium der Fucalen werden als Tetradenteilung in einem Sporangium aufgefaßt, in welchem jedoch die vier Sporen nicht individualisiert werden. Jede liefert nach einer kurzen Ruhepause zwei potentielle Eizellen welche das einzige vorstellen, was man als Gametophyt interpretieren kann. Sonderbarerweise fügt aber FRITSCH hinzu, daß es nicht leicht sei, diese Interpretation auch auf das ,,Antheridium" zu übertragen.

Eine direkte Ableitung der Fucales von den Laminariales ist jedenfalls indiskutabel. Es ist hingegen wahrscheinlicher, daß der Fortpflanzungsmechanismus von der Tendenz der asexuellen Zoosporen, als Gameten zu fungieren, abzuleiten ist, eine Erscheinung, die bei Braunalgen nicht selten beobachtet werden kann. Die Sexualorgane der Fucales wären somit von den unilokulären Sporangien abzuleiten. Das hat schon KYLIN erwogen, obwohl er sich gegen die sexuelle Reaktion zwischen Schwärmern aus unilokulären Sporangien skeptisch verhält. Allerdings war KYLIN von dem noch durchaus fraglichen Vorkommen einer Septierung der männlichen Gametangien (Antheridien) befangen. FRITSCH greift zu dem Ausweg, daß die Fucales eine lange Geschichte hinter sich hätten und daß es daher schwer sei, tiefer in die Homologien vorzudringen. Nun ist aber gerade die Klärung der Homologien im Bereiche der Fortpflanzung der Angelpunkt für die Klärung der vorliegenden Fragen. Betrachtet man die jungen Anlagen der weiblichen und männlichen Organe im Konzeptakel einer Fucacee, so verhalten sie sich bis zur vollzogenen Reduktionsteilung vollkommen gleich. Sie verhalten sich aber auch in gleicher Weise wie ein unilokuläres Sporangium in derselben Entwicklungsphase. Erst nach der Bildung der Tetradenkerne erfolgt die weitere Differenzierung in Richtung zum sexuellen Dimorphismus der Sexualorgane. Die Vorstellung, daß das Oogonium, ebenso wie das junge Spermangium, in ihrer frühen embryonalen Entwicklungsphase den Zustand des Gonidangiums (unilokulären Sporangiums) durchlaufen, der durch die Tetradenkerne symbolisiert wird, ist morphogenetisch betrachtet durchaus richtig. Dies schon deswegen, weil Gonidangien und Gametangien homologe Organe sind, die, primär, getrennt voneinander angelegt werden. Überall dort, wo das Gonidangium „fehlt", handelt es sich um eine enkaptische Abbreviation, wodurch der Zustand erlangt wird, den ich als Amphigonie gekennzeichnet habe. Das Nichtvorhandensein von Angiothomen (plurilokulären Sporangien) deutet auf einen Ursprung hin, der aller Wahrscheinlichkeit nach sehr früh von dem der übrigen Phaeophyceen abgezweigt ist. Trotzdem die Fucales in ihrer heutigen morphologischen und histologischen Ausgestaltung zweifellos als sehr hochorganisiert erscheinen, weisen sie in ihrer Reproduktionssphäre noch relativ ursprünglichere Züge auf, d. h. es ist bei ihnen nur das Gonidangium vertreten, das, seiner morphophyletischen Herkunft nach, als primär zu gelten hat. Die Angiothomen hingegen sind eine sekundäre Acquisition, für deren Ausgestaltung wir allerdings heute keine ökologische Erklärung finden können. Wir können bloß die Tatsache hinnehmen, daß sie für viele Ordnungen der Phaeophyceen ein charakteristisches Merkmalsrequisit darstellen.

Somit kommt den Fucales tatsächlich eine isoliertere Stellung im Braunalgensystem zu, was auch durch die eigenartige Struktur der Spermien und der Geißeln noch unterstrichen wird. Darüber liegen wichtige Arbeiten von Frau Prof. I. Manton und ihren Mitarbeitern vor, die mit Hilfe des Ultraviolett- und des Elektronenmikroskopes wichtige Aufschlüsse erzielten. Die Spermien der Fucaceen sind, worauf schon seinerzeit Kylin aufmerksam machte, dadurch ausgezeichnet, daß die vordere Geißel, zum Unterschiede der übrigen zweigeißligen Phaeophyceen, wesentlich kürzer als die hintere Geißel ist. Außerdem besitzt die Vordergeißel zwei opponiert gestellte Reihen von Mastigonemen, die, mit Ausnahme vom distalen Geißelende, in Büscheln angeordnet sind und aus den peripheren Elementarfibrillen entspringen. Hinzu kommt noch, daß die Vordergeißel in einen feinen apikalen Fortsatz ausläuft, so daß diese Geißel stichonematisch und akronematisch zugleich ist. Die hintere Geißel ist dagegen unbewimpert und läuft am distalen Ende spitz aus. Eine Struktur, die bisher der Beobachtung entgangen war, stellt den sog. Rüssel (proboscis) am vorderen Ende der Spermienzelle dar. Dieses Gebilde ist schon im Lichtmikroskop sichtbar, seine Feinstruktur tritt aber erst im Elektronenphotogramm deutlich in Erscheinung und besteht aus einer Anzahl von konzentrischen Ringen (13 bei *Fucus serratus*, 14—15 bei *Ascophyllum nodosum*), die gerade an den an der Objektträgerfolie angetrockneten und abgeflachten Exemplaren klar sichtbar werden. Im Leben hat der Rüssel die Form eines schwingenden Trichters mit distal gerichteter Öffnung. Über die Funktion läßt sich noch nichts sicheres aussagen. Die elektronenoptischen Aufnahmen der macerierten Geißeln lassen auch hier 9 peripher verlaufende und 1 zentrales Paar, also auch hier im ganzen 11 Elementarfibrillen erkennen. Diese Strukturen wurden bei *Fucus serratus*, *Ascophyllum nodosum* und *Pelvetia canaliculata* übereinstimmend nachgewiesen. *Himanthalia lorea* weicht davon insofern ab, als der Rüssel fehlt und im vorderen Abschnitt der Vordergeißel ein Dornfortsatz vorhanden ist, so daß die Geißel, sowohl in bezug auf die Anordnung der Elementarfibrillen als auch hinsichtlich der Stellung des Dornes, bilateral symmetrisch konstruiert erscheint. Über die Bedeutung dieses Dornfortsatzes können nur Vermutungen aufgestellt werden. Die elektronenmikroskopische Untersuchung der Spermien von *Dictyota dichotoma* haben endgültig erwiesen, daß sie nur mit einer Geißel versehen sind. Auch hier liegt eine stichonematische Geißel vor, die am Ende einen kurzen, dünneren Fortsatz trägt. Außer diesen Mastigonemen befindet sich in der distalen Geißelhälfte, zwischen diesen, eine Reihe von 12 kurzen, stumpfen Dörnchen. In dieser eigenartigen Geißelstruktur ist wohl ein für die Dictyotales charakteristisches Organisationsmerkmal zu erblicken. Das Axonema setzt sich auch hier aus 11 Elementarfibrillen zusammen. Ein Rüssel ist ebensowenig wie bei *Himanthalia* vorhanden, was MANTON und Mitarbeiter zu der Vermutung veranlaßt, in den dornartigen Fortsätzen eine Vorrichtung zu erblicken, die dem Festklammern der Spermien an den Eizellen dient. Da außerdem bei den Formen mit Dornen an den Geißeln der Rüssel fehlt, so ziehen die Autoren daraus den vorsichtigen Schluß, daß dieses Organell möglicherweise auch bei der Vereinigung der Geschlechtszellen eine Rolle spielen könnte. Als Bewegungsorganell dürfte der Rüssel wohl nicht in Frage kommen. Doch abgesehen von diesen Mutmaßungen über die Funktion dieser Gebilde, bleibt für die phylogenetische Betrachtung der wichtige Befund, daß sowohl die Fucales als auch die Dictyotales durch ihren Geißelapparat besonders gekennzeichnet sind, so daß die Unterscheidung dieser beiden Braunalgengruppen als eigene und auch etwas isoliert dastehende Ordnungen durchaus gerechtfertigt erscheint. Es sei schließlich noch darauf hingewiesen, daß MANTON und CLARKE, und MANTON auch die Schwärmer von *Pylaiella* und *Laminaria* elektronenmikroskopisch untersucht haben. Sie zeigen den Normaltypus mit einer langen Vorder- und einer kurzen Hintergeißel. Erstere ist geflimmert, letztere nicht. Das Axonema baut sich wiederum aus 11 Fibrillen auf, außerdem kann noch eine Scheide (Blepharoplasma) wahrgenommen werden. Die Übereinstimmung im Feinbau der Geißeln bei den hier erwähnten zwei Gattungen sagt uns, daß die Laminariales engere Beziehungen zu den Phaeosporeen haben.

Auch aus diesem Grunde ist eine Ableitung der Fucales von den Laminariales illusorisch.

Eine weitere, dem Umfange nach wesentlich kürzere Darstellung der Phaeophyta stammt von G. F. PAPENFUSS im Handbuch von G. M. SMITH. Der Verfasser legt der systematischen Gliederung das Einteilungsprinzip von KYLIN aus dem Jahre 1933 zugrunde, mit dem Unterschiede, daß er die Punctariales mit den Dictyosiphonales vereinigt. Danach werden die Phaeophyten in die drei Klassen der Isogeneratae, Heterogeneratae und Cyclosporeae, mit insgesamt 11 Ordnungen, eingeteilt. Den Isogeneraten mit einem Wechsel isomorpher Generationen, werden die Ordnungen der Ectocarpales, Sphacelariales, Cutleriales, Tilopteridales und Dictyotales zugerechnet. Die Klasse der Heterogeneratae, mit einem Wechsel heteromorpher Generationen, wird in die zwei Unterklassen der Haplostichineae und der Polystichineae geteilt. Der ersteren Unterklasse werden die Chordariales, Sporochnales und Desmarestiales zugezählt; zur zweiten Unterklasse werden die Ordnungen der Dictyosiphonales und Laminariales zugerechnet. Die Klasse der Cyclosporeae umfaßt bloß die Ordnung der Fucales.

Wie schon gesagt wurde, haften der Grundeinteilung nach KYLIN gewisse Unebenheiten an, die auf die Überwertung eines Merkmales, in diesem Falle der Beschaffenheit der beiden Generationen, zurückzuführen sind. So wird man sich wohl kaum mit dem Gedanken befreunden können, die Cutleriales, mit zwei morphologisch so stark verschiedenen Generationen, zu den Isogeneraten zu rechnen. Und was die Herkunft der Phaeophyten im Ganzen anbelangt, so wird begreiflicherweise an einfachere Vorfahren mit gelben oder braunen Chromatophoren, wie Xanthophyceae, Chrysophyceae, Bacillariophyceae und Pyrrophyten gedacht. Doch bescheidet sich PAPENFUSS mit der Bemerkung, daß jeder Versuch, eine evolutive Fortentwicklung zu konstruieren, mangels an geeigneten Zwischenformen erfolglos geblieben ist.

Im Anschluß an die systematische Bearbeitung der Braunalgen durch FRITSCH und PAPENFUSS ist es wohl am Platze, noch einiger spezieller Darstellungen zu gedenken. Wir fangen mit den Ectocarpales an, deren Gliederung, wie sie FRITSCH vorgenommen hat, weiter oben angegeben wurde. Es fällt dabei auf, daß FRITSCH die Ordnung der Chordariales nicht anerkannt hat, während H. KYLIN an der Aufrechterhaltung dieser Ordnung, die schon 1848 von J. AGARDH aufgestellt wurde, festhält. Auch SETCHELL und GARDNER haben im Jahre 1925 eine Ordnung gleichen Namens, mit den beiden Familien der Chordariaceae und Coilodesmaceae, aufgestellt. Bei einem Versuch von KYLIN, die Systematik der Phaeophyceen mit Berücksichtigung des Generations- und Kernphasenwechsels zu reformieren, charakterisierte er die Ordnung der Chordariales wie folgt: ,,Generationswechsel nach dem *Laminaria*-Typus; Befruchtung isogam; Thallusaufbau durch miteinander zusammengeklebte Zellfäden". Und weiter: ,,Zu der Ordnung der Chordariales gehören drei Hauptfamilien, nämlich Chordariaceae (inklusiv Mesogloiaceae), Elachistaceae und Spermatochnaceae. Die Familie Chordariaceae ist in mehrere Familien zu zerlegen, deren Grenzen aber gegen-

wärtig nicht zu ziehen sind." In der angeführten Arbeit vom Jahre 1940 nimmt nun KYLIN folgende Gliederung der Chordariales vor:
Familie: Chordariaceae
Mesogloia-Gruppe
Mesogloia, Liebmannia, Myriocladia
Myriogloia-Gruppe
Myriogloia, Levringia n. gen., *Papenfussiella* n. gen., *Haplogloia*
Cladosiphon-Gruppe
Cladosiphon, Eudesme, Sauvageaugloia, Tinocladia n. gen., *Suringaria* n. gen., *Polycerea*
Sphaerotrichia-Gruppe
Sphaerotrichia n. gen.
Chordaria-Gruppe
Chordaria, Saundersella n. gen., *Caepidium, Heterochordaria, Analipus*
Familie: Acrotrichaceae
Acrothrix
Familie: Spermatochnaceae
Nemacystus, Spermatochnus, Stilopsis, Stilophora, Halorhiza
Familie: Chordariopsidaceae
Chordariopsis
Familie: Splachnidiaceae
Splachnidium

Man mag sich zu der Abtrennung der Chordariales von den Ectocarpales stellen wie man will, mir will es scheinen, daß sich KYLIN einer sehr schwierigen Aufgabe unterzogen hat und daß er in die kaum übersehbare Mannigfaltigkeit der in Frage kommenden Formen eine übersichtliche Ordnung von großem praktischen Wert hineingetragen hat. Trotzdem bleibt noch einiges ungeklärt. KYLIN meint nämlich, daß auch noch die Familien der Myrionemaceae, Corynophloeaceae und Elachistaceae zur Ordnung der Chordariales zuzurechnen wären. Von den Myrionemaceen meint er, daß sie teils primäre, teils reduziete- Formen einschließen, und daß einige Gattungen sicher reduzierte Ertocarpaceen vorstellen. Nur für *Myrionema strangulans* scheint er mit Sicherheit annehmen zu dürfen, daß es den Chordariales zuzurechnen sei. Es ist weiter möglich, daß die Gattungen *Corynophloea, Microcoryne* und *Leathesia* in der Familie der Corynophloeaceen primäre Typen darstellen und daß sich die Chordariaceen von solchen Gattungstypen abgewandelt haben. Die Elachistaceen schließen sich hingegen gut den Chordariales an, stellen jedoch entwicklungsgeschichtlich einen Seitenast dar, der sich in anderer Richtung als die Familiengruppe der Chordariaceae-Spermatochnaceae fortentwickelt hat. Die Gattung *Giraudia*, die den Elachistaceen zugezählt wurde, gehört nach KYLIN in die Ordnung der Punctariales. Man ersieht daraus, das KYLIN das System der Phaeosporeen in viel weitgehenderem Maße aufgliedert als FRITSCH, der sich im wesentlichen an OLTMANNS hielt. Bei so kritischen Gruppen erscheint das Verfahren KYLINS als das zweckmäßigere. Hier sei noch einer Publikation KYLINs über das Vorkommen uni- und plurilokulärer Sporangien an gleichen Individuen von *Ectocarpus siliculosus* an der schwedischen Westküste gedacht. Die Untersuchung ist an Kulturmaterial ausgeführt und führt zu dem Ergebnis, daß die Schwärmer aus den plurilokulären Sporangien diploid sind und homologe Generationen innerhalb der diploiden Phase liefern. Gametophyten fand

KYLIN in Kristineberg nicht, sondern es scheint, daß hier die diploide Phase stark bevorzugt ist. Wegen des Generationswechsel von *Ectocarpus siliculosus*, der sich regional verschieden verhält, muß hier auf die früheren Arbeiten von M. KNIGHT, G. F. PAPENFUSS, B. SCHUSSNIG und E. KOTHBAUER und von G. F. PAPENFUSS hingewiesen werden. Ebenso sei auf die Arbeit von P. KORNMANN über *Giffordia fuscata* (ZAN.) KUCK. nov. comb. verwiesen, bei der er homophasische, doch heteromorphe Generationen nachgewiesen hat.

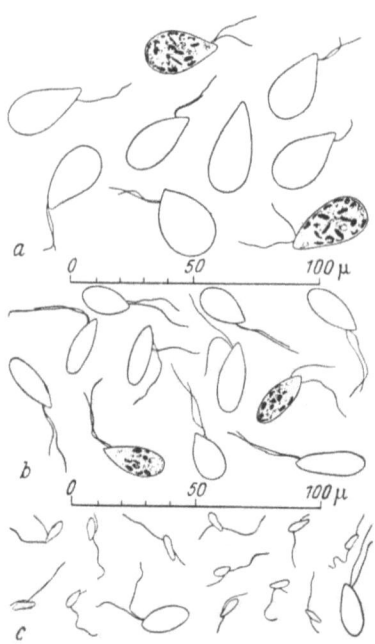

Abb. 54a—c. *Acinetospora crinita*. a Diploide Schwärmer aus plurilokulären Sporangien; b Schwärmer aus unilokulären Sporangien; c Spermatozoiden und zwei ungeschlechtliche Schwärmer aus einer männlichen Pflanze. Nach P. KORNMANN (1953).

KORNMANN hat sich übrigens die verdienstvolle Aufgabe gestellt, den schriftlichen Nachlaß von PAUL KUCKUCK, soweit er nach den Bombenangriffen auf Helgoland gerettet werden konnte, in sehr kritischer Form herauszugeben. Davon liegen nunmehr die Ectocarpaceenstudien I und II vor, in denen die Gattungen *Hecatonema*, *Chilionema*, *Compsonema* und *Streblonema* in morphologischer, entwicklungsgeschichtlicher und systematischer Hinsicht sorgfältig behandelt sind. Wer diese Gattungen kennt, weiß, was wir dem Autor und dem Herausgeber zu verdanken haben.

In einer gesonderten Abhandlung bearbeitet P. KORNMANN den Formenkreis von *Acinetospora crinita* (CARM.) nov. comb. (= *Ectocarpus crinitus* CARM. = *Ect. pusillus* GRIFF.) auf Grund von Kulturversuchen (Abb. 54). Die dabei gewonnenen Schwärmertypen sind in Abb. 53 wiedergegeben. Es stellt sich dabei heraus, daß eine Generation die Merkmale der Ectocarpi caespituli aufweist. Die aus der Kultur gewonnene Haploidgeneration stimmt in vielen morphologischen und physiologischen Merkmalen mit Formen wie *Ectocarpus lebellii* und *E. padinae* überein. Da bei diesen Arten die unilokulären Sporangien fehlen, so spricht dies dafür, daß sie als Glieder eines anderen Formenkreises aufgefaßt werden sollen. Hinzu kommt noch, daß sie sich auf vegetativem Wege selbständig vermehren können. Die Fähigkeit zur Erzeugung homophasischer Generationen ist bei den Ectocarpaceen nichts Ungewöhnliches. Auf Grund dieser Ergebnisse trennt KORNMANN *Acinetospora crinita* aus dem Formenkreis der Tilopteridales heraus und zählt sie zu den Ectocarpaceen.

Auf die nachgelassene, unvollendete Monographie der Phaeophyceen von KUCKUCK geht auch T. LEVRING zurück bei seiner Revision der

Myriogloiaceae, auf Grund von Material aus den Sammlungen des Botanischen Instituts in Lund, des Naturhistorischen Reichsmuseums in Stockholm, des Botanischen Museum in Kopenhagen und des Botanischen Gartens von New York. Es werden, außer der Typusart *Myriogloia sciurus* (HARV.) KUCK., die Arten *M. chorda* (J. G. AG.) KUCK., *M. grandis* (HOWE) nov. comb., *M. natalensis* (KÜTZ.) nov. comb., *M. sordida* (BORY). nov. comb., *M. atlantica* FELDMANN und *M. callitricha* (ROSENV.) SETCH.

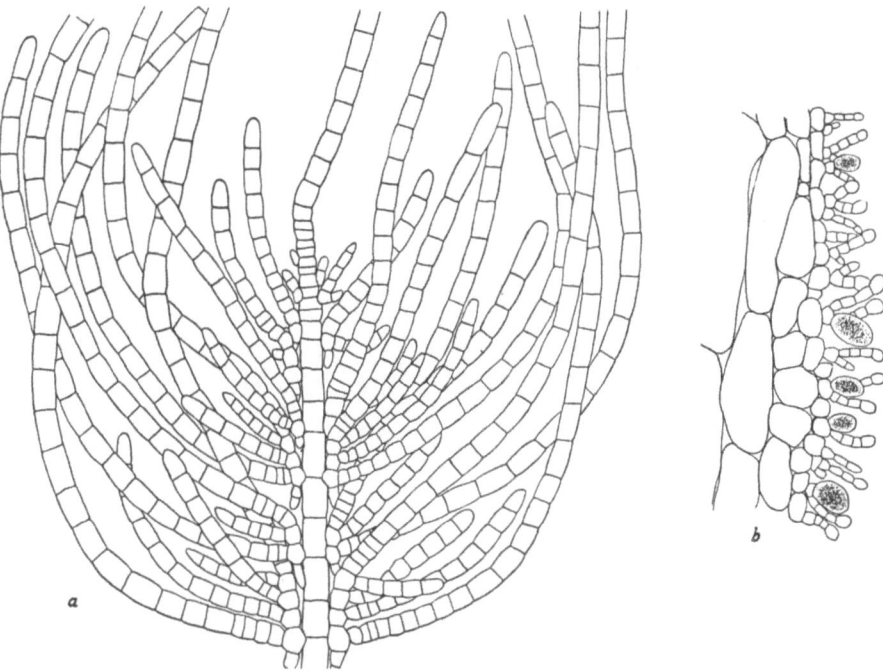

Abb. 55a u. b. *Haplogloia andersonii*. a Sproßspitze; b älterer Teil des Thallus mit unilokulären Sporangien. Nach T. LEVRING (1939).

und GARDN. beschrieben. Für *Mesogloia andersonii* (FARLOW) nov. com. stellt LEVRING, wegen des verschiedenen anatomischen Baues, die neue Gattung *Haplogloia* auf (Abb. 55).

Eine weitere morphologische und systematische Bearbeitung mehrerer Ectocarpalen stammt von E. JAASUND. Behandelt werden *Scytosiphon lomentaria, Ulonema rhizophorum, Myrionema irregulare* n. sp., *M. furcatum* n. sp., *M. globosum, Streblonema fasciculatum, Str. oligosporum, Str. polycladum* n. sp., *Phaeostroma pustulosum* und die neue Gattung *Halonema*, mit der Typusart *H. subsimplex*.

Von A. B. JOLY wird *Mesogloea brasiliensis* in *Levringia brasiliensis* (MONTAGNE) nov. comb. umbenannt. Dem liegt eine genaue Beschreibung des Thallusbaues und der Fortpflanzungsorgane zugrunde.

Aus den Jahren 1938 und 1939 liegen zwei monographische Bearbeitungen der Gattung *Halothrix* und *Leathesia* aus dem nordöstlichen Honshu (Japan) von M. TAKAMATSU vor, die hier ergänzend noch hervorgehoben werden mögen. K. INAGAKI behandelt in einem ersten Beitrag zur Kenntnis der Chordariales Japans folgende Arten: *Nemacystus decipiens* (SURINGAR) KUCKUCK, *Tinocladia crassa* (SURINGAR) KYLIN, *Acrothrix pacifica* OKAMURA et YAMADA mit der nov. f. *crassa* und *Sphaerotrichia divaricata* (AGARDH) KYLIN mit der f. nov.

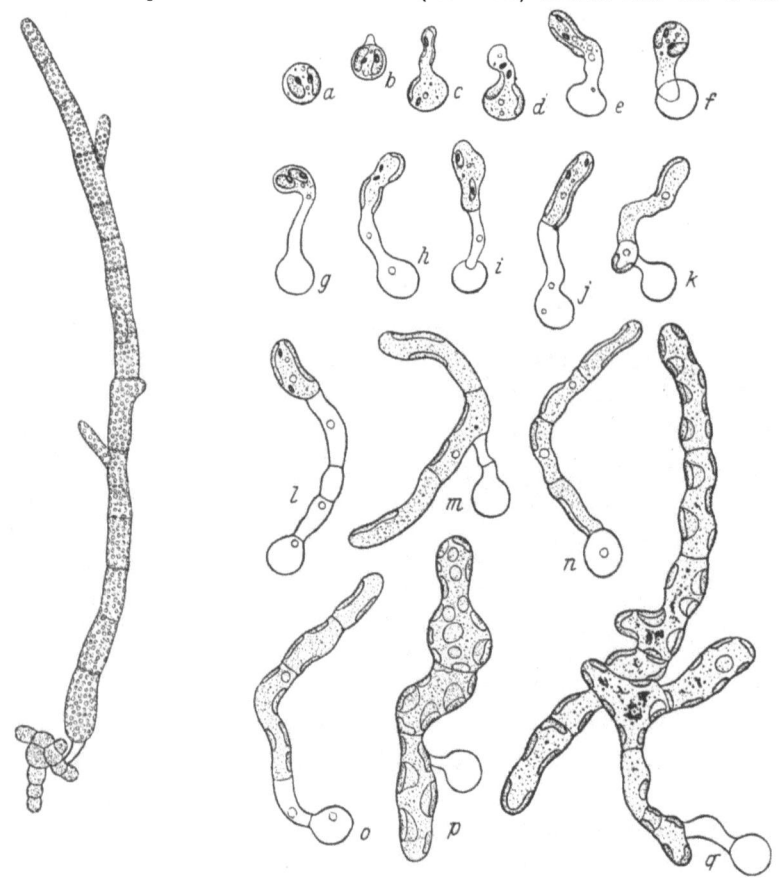

Abb. 56. *Desmanestia viridis*. Links Anfangsstadium der Sporophytengeneration, rechts Keimlinge aus Zygoten, entstanden aus Kopulation der Schwärmer. Nach K. ABE 1938.

typica. M. KUROGI beschreibt zwei Arten von Myrionemaceen, nämlich *Myrionema corunnae* SAUVAGEAU und *Hecatonema terminale* (KÜTZ.) KYLIN, die neu für die Flora Japans sind.

Von den Desmarestiales führen wir hier die Arbeit von K. ABE über die Fortpflanzungsorgane und die Keimungsgeschichte von *Desmarestia viridis* an. Die Reduktionsteilung geht in den unilokulären Sporangien vor sich. Die haploide Chromosomenzahl beträgt etwa 22. Obwohl die Kulturversuche nicht vollständig sind, so kann nicht daran gezweifelt werden, daß auch hier, wie bei der von SCHREIBER untersuchten *Desmarestia aculeata*, ein Generationswechsel mit heteromorphen

Generationen vorhanden ist. Hervorzuheben ist, daß ABE auch Kopulationen zwischen Schwärmern der unilokulären Sporangien beobachtet hat. Es konnten aus den Zygoten auch junge diploide Keimlinge herangezüchtet werden (Abb. 56). Kopulationen von Schwärmern aus unilokulären Sporangien wurden früher für *Pylaiella litoralis* (KNIGHT 1923), *Ectocarpus siliculosus* (KNIGHT 1929; SCHUSSNIG1934),*Sphacelari abipinnata* (CLINT1927) und *Heterochordaria abietina* (ABE 1935) festgestellt. Dies ist an sich nicht verwunderlich, da bei der Bildung solcher Schwärmer im Wege der Reduktionsteilung die genotypische Aufspaltung der beiden Geschlechter vollzogen wird. Daß sie sich normalerweise vorerst zu Gametophyten entwickeln, ist sicherlich eine sekundäre Erwerbung.

Von der gleichen Verfasserin stammt auch eine Arbeit über die Mitosen im Sporangium von *Laminaria japonica* ARESCH, die an sich kein grundsätzlich neues Faktum bringt, aber wegen der guten Bilder der Meiose und Mitose hervorgehoben zu werden verdient.

Ebenso weisen wir auf die Untersuchungen über die Gametophyten einiger japanischer Arten der Laminariales von T. KANDA hin, die eine wertvolle Erweiterung unserer Kenntnisse über den Generationswechsel dieser Algenordnung bringen.

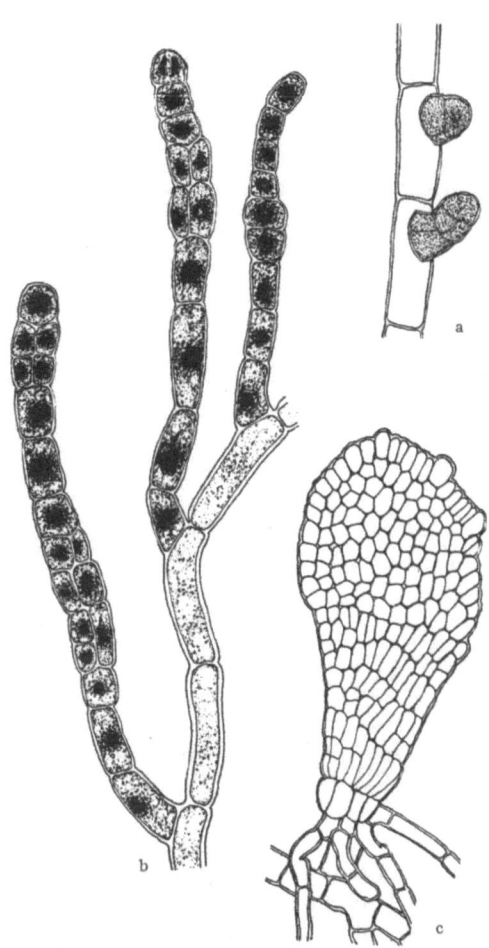

Abb. 57 a—c. *Spathoglossum pacificum.* a Entwicklung des Brutfadens; b drei bandförmige Brutkörper an einem Brutfaden; c Entwicklung des verkehrt eiförmigen Brutkörpers. Nach M. TAKAMATSU (1939).

Die Arbeit von G. F. PAPENFUSS über den Generationswechsel von *Sphacelaria bipinnata* SAUVAGEAU liegt zwar etwas weiter zurück, verdient aber, als Ergänzung zu den Befunden von SCHREIBER an *Cladostephus spongiosus* erwähnt zu werden. Es liegt eine Alternanz isomorpher Generationen mit der Reduktionsteilung in den unilokulären Sporangien am Sporophyten vor. Daneben können auch plurilokuläre

Sporangien gebildet werden. Die Schwärmer beider Sporangiensorten verhalten sich normalerweise wie Zoosporen. Die von CLINT (s. oben) beobachteten Kopulationen zwischen Schwärmern aus unilokulären Sporangien hält PAPENFUSS für eine abnorme Erscheinung. Die Gametophyten erzeugen nur plurilokuläre Sporangien, deren Schwärmer als Gameten fungieren. Diese sind isomorph und kopulieren im schwärmenden Zustand. M. TAKAMATSU beschreibt für das zu den Dictyotaceen gehörige *Spathoglossum pacificum* YENDO eigenartige Brutkörper (Abb. 57 u. 58). Sie gehen aus Fäden hervor, die an der Oberfläche des Thallus ge-

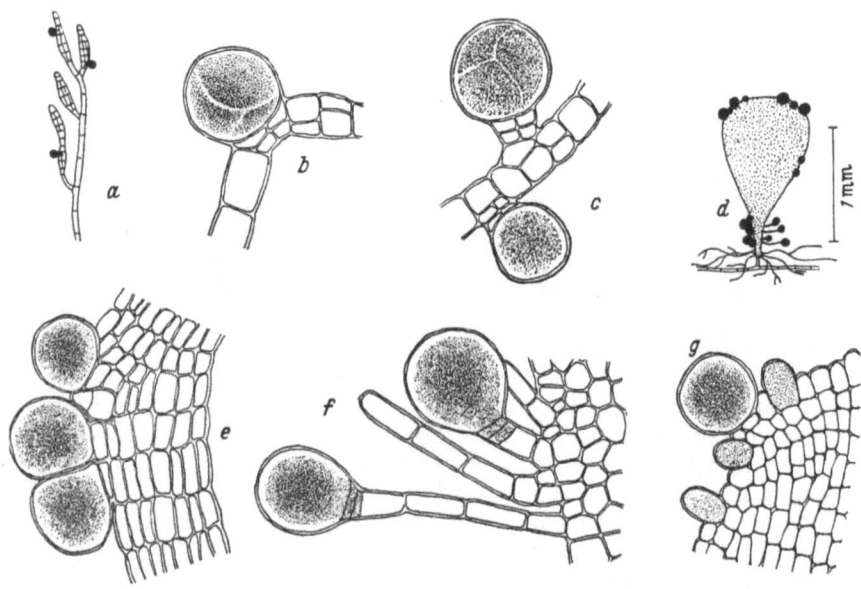

Abb. 58 a—g. *Spathoglossum pacificum.* a Schema des bandartigen Brutkörpers mit Tetrasporangien; b, c Tetrasporangien an bandförmigen Brutkörpern; d schematische Darstellung des verkehrt eiförmigen Brutkörpers mit Tetrasporangien; e—g Tetrasporangien am verkehrt eiförmigen Brutkörper. Nach M. TAKAMATSU (1939).

häuft hervorwachsen und als Brutfäden bezeichnet werden. Er unterscheidet zwei Sorten von Brutkörpern; die einen sind langgestreckt, sitzen seitlich am akroskopen Ende der Brutfadenzellen und sind stellenweise durch Längs- und Querteilungen polystich. Die andere Sorte entsteht ebenfalls seitlich aus einer Brutfadenzelle, hat eine Kegel- bis keulige Gestalt und ist polystich gegliedert. Im Endzustand nehmen diese Brutkörper eine verkehrt eiförmige Gestalt an. Von Interesse ist es, daß an diesen Brutkörpern, noch bevor sie von der Mutterpflanze abfallen, Tetrasporangien gebildet werden, was anzeigt, daß sie auf dem Sporophyten entstehen. Der anatomische Bau dieser Brutkörper erinnert, wenigstens im jungen Zustand, an polystiche Seitenachsen, etwa wie bei den plurilokulären Sporangien. Es wäre meines Erachtens gar nicht ausgeschlossen, daß es sich um metamorphe Angiothome handelt, die im ganzen der vegetativen Propagation dienen.

Im Jahre 1950 hat F. BØRGESEN eine neue Gattung von Dictyotaceen, *Vaughaniella*, beschrieben (Abb. 59). Sie stimmt mit den Dictyoteen im Besitz einer Scheitelzelle überein, weicht jedoch vom Normaltypus durch den dorsiventralen, kriechenden Thallus, dessen monopodialen Aufbau und dessen Verzweigung mittels Adventiväste ab. Die Alge wurde *Vaughaniella rupicola* genannt und auf der Insel Mauritius entdeckt.

Über die Entwicklung der Konzeptakel liegen Arbeiten von M. TAHARA und von M. DELF vor. Ersterer untersuchte *Sargassum*, *Coccophora* und *Cystophyllum*, letzterer die Gattung *Carpophyllum* (Abb. 60). F. E. FRITSCH brachte 1945 eine Abhandlung über die anatomische Struk-

Abb. 59. *Vaughaniella rupicola*. Nach F. BÖRGESEN (1950).

tur der Fucales. Analysiert wird *Halydris siliquosa*. Der Thallus geht auf die Segmentierungstätigkeit einer Scheitelzelle zurück. Hinter dieser geht gleich die Differenzierung des Thallus in eine Oberflächenschicht, in eine Rinde (cortex) und eine Markschicht (medulla) über. Durch Ausdehnung der inneren Zellen der Rindenschicht kommt es zur Ausdifferenzierung einer äußeren Markschicht, die an Dicke zunimmt. In den älteren Thallusteilen kommt es in dieser Schicht zur Ausbildung von Hyphen. Solche entspringen auch aus Corticalzellen der Basalteile. Der Thallus bleibt gänzlich kompakt und zeigt keine nennenswerte Verschleimung der Zellwände.

C. SURYA PRAKASA RAO hat die Morphologie und Entwicklungsgeschichte von *Sargassum tenerrimum* J. AG. aus dem indischen Ozean verfolgt. Es handelt sich um eine monöcische Form, welche die weiblichen und männlichen Konzeptakel auf den gleichen Rezeptakeln trägt. Das Wachstum geschieht durch Vermittlung einer dreikantigen Scheitelzelle. Die Oogonien, welche nur ein Ei erzeugen, nehmen nach dem Austritt aus dem Konzeptakel die Reifungsteilungen vor. Die männlichen Gametangien erzeugen 64 Spermien.

Eine sorgfältige Untersuchung über die Anatomie, das Wachstum, die Ausbildung der Sexualorgane und den Generationswechsel von *Hormosira banksii* (TURNER) DECAISNE, die an der südlichen und östlichen Küste von Australien und auf Neu-Seeland verbreitet ist, hat J. E. M. OSBORN zum Verfasser.

Am gleichen Objekt hat T. LEVRING 1949 die Befruchtungsexperimente ausgeführt, mit denen er 2 Jahre vorher bei *Fucus* begonnen hatte; 1952 erschien von ihm eine weitere Arbeit über das gleiche

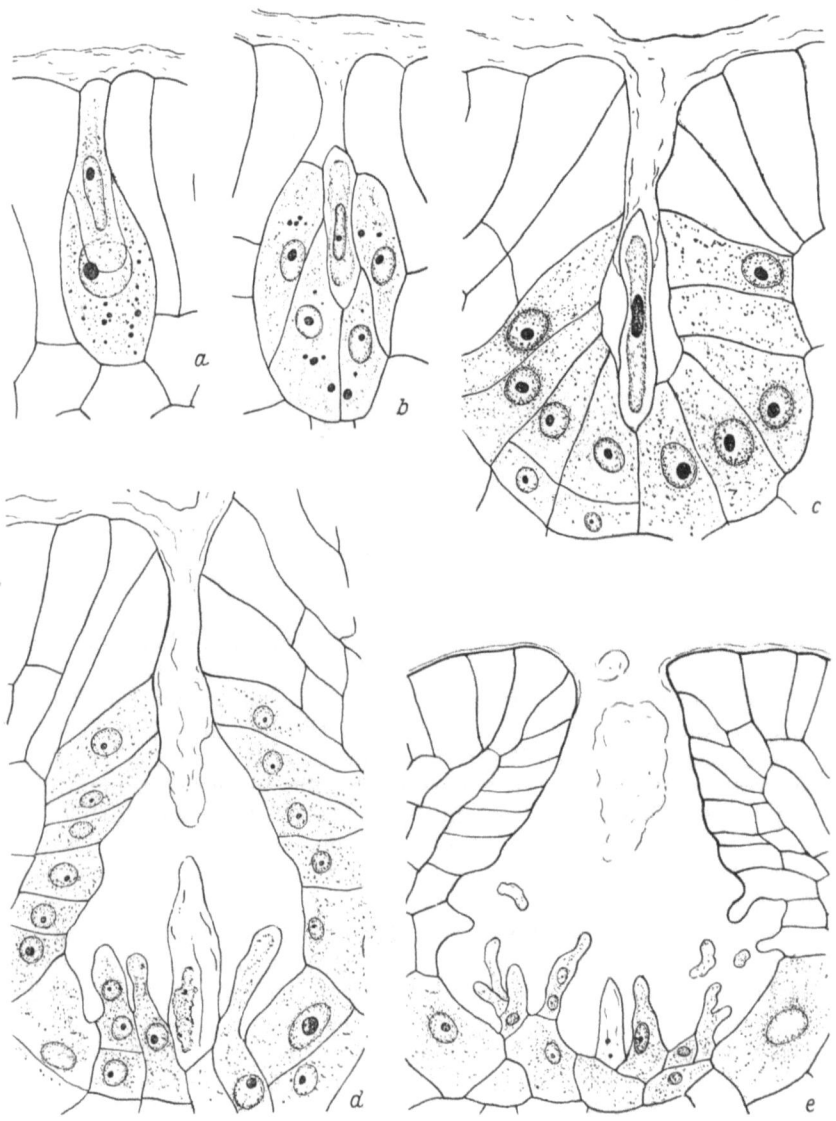

Abb. 60a—e. *Sargassum piluliferum*. a Initialzelle geteilt in zwei; b, c untere Zelle wiederholt longitudinal geteilt; d, e weitere Stadien der Entwicklung. Nach M. TAHARA (1941).

Thema, in der *Fucus vesiculosus, F. serratus, F. edentatus* und *Ascophyllum nodosum* untersucht werden. Im Rahmen des vorliegenden Referates sei bloß darauf hingewiesen, daß die Oberfläche der „nackten", unreifen Eizellen von einer gallertigen, tangential geschichteten Hülle umgeben ist, die sich teilweise im Wasser auflöst. Auf diese äußerste Gallerthülle folgt eine sehr dünne Eimembran, welche eine wesentliche Rolle bei der Bildung der Befruchtungsmembran spielt. Dann folgt inwärts eine lipoproteidische Plasmamembran und darunter eine Rindenschicht, welche das Material für die Bildung der Membran nach der Befruchtung liefert. Diese Befruchtungsmembran besteht aus zwei Schichten: die innere davon ist in radialer Richtung stark doppelbrechend, was erkennen läßt, daß sie aus stäbchenförmigen Molekülen in tangentialer Anordnung aufgebaut ist. Sie enthält Cellulose und Fucoidin. Die äußere Schicht stellt die ursprüngliche dicke Eimembran vor, die von der Gallertschicht bedeckt ist. Die Corticalschicht des Protoplasmas enthält ebenfalls Sulfate eines Polysaccharids (Fucoidin) (Abb. 61).

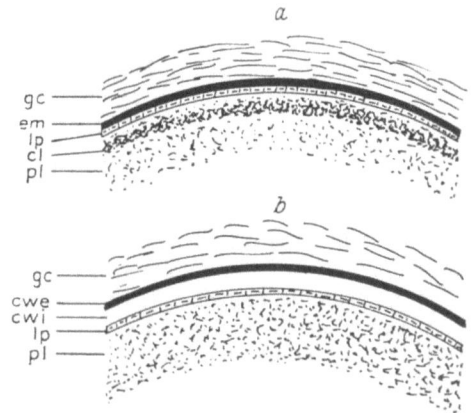

Die Bildung der Befruchtungsmembran ist wohl die Folge einer Anzahl von Reaktionen in oder unterhalb der Oberfläche, wodurch verschiedene Enzyme freigemacht werden. Trypsin greift die Eimembran derart an, daß keine Befruchtungsmembran gebildet werden kann. Bei Anwendung von „Dupunol" (ein Gemisch von Sulphonaten langkettiger aliphatischer Alkohole, die sich nur in der Länge ihrer Kohlewasserstoffketten unterscheiden) wird die Eioberfläche blockiert, so daß die Spermien mit dem Ei nicht reagieren können. Das Eindringen des Spermiums und die Inaktivierung der überzähligen Spermien wird stofflich gelenkt, offenbar durch eine Substanz, welche von den Eizellen in das Wasser ausgeschieden wird. Dadurch wird normalerweise eine Polyspermie hintangehalten. Von Interesse ist es auch, daß alle diese hier nur ganz kurz erwähnten Erscheinungen nicht bloß bei allen untersuchten Fucaceenarten konform ablaufen, sondern daß auch eine weitgehende Analogie mit den Prozessen der Befruchtung bei Seeigeleiern besteht.

Abb. 61 a u. b. Schema der Eioberfläche bei Fucaceen. a Reifes unbefruchtetes Ei; b befruchtetes Ei; *gc* Gallerthülle; *em* Eimembran; *lp* Lipoproteid-Membran; *cl* Rindenschichte; *pl* Cytoplasma; *cwe* Zellwand-Außenschicht; *cwi* Zellwand-Innenschicht. Nach T. LEVRING (1952).

Zum Abschluß sei noch auf die Abhandlung von H. KYLIN aus dem Jahre 1940 verwiesen, in welcher er sich mit dem Generationswechsel im Hinblick auf die stammesgeschichtliche Stellung der Fucales im System der Phaeophyceen auseinandersetzt. Diese Arbeit enthält eine geschichtliche Übersicht der Meinungen von KYLIN selber und anderer Autoren, die im Laufe der Zeit sich gewandelt haben. Das wesentliche daran ist, daß KYLIN keine nähere Beziehung der Fucalen zu den Phaeosporeen annimmt, bzw. daß sie sehr früh von den letzteren abgezweigt sind, was schon weiter oben besprochen wurde. Er macht auch auf die abweichende Begeißelungsweise der Spermien aufmerksam.

Wir kehren nun zum Handbuch von F. E. FRITSCH zurück, in welchem er als X. Klasse die Rhodophyceen behandelt. Nach einer kurzen allgemeinen Einführung in die Cytologie und Fortpflanzung folgt der systematische Teil mit ausführlicher Darstellung der Morphologie des Thallus und der Fortpflanzungsorgane innerhalb der jeweiligen Gruppen. Am Schlusse des 18 Seiten langen allgemeinen Kapitels wird die Grundeinteilung des Rotalgensystems gegeben. Es werden im ganzen sieben Ordnungen aufgestellt, wovon sechs auf die Unterklasse der Florideae fallen:

    A. Bangioideae
      I. Bangiales
    B. Florideae
      II. Nemalionales
      III. Gelidiales
      IV. Cryptonemiales
      V. Gigartinales
      VI. Rhodymeniales
      VII. Ceramiales

FRITSCH stellt ganz mit Recht fest, daß die Rotalgen zu keinem anderen Algentypus in Beziehung stehen. Er weist die oft ventilierte Verwandtschaft mit den Blaualgen ab, die auf Grund ähnlicher Pigmente und des Vorkommens von Tüpfeln von verschiedenen Autoren angenommen wurde. Dem steht die grundverschiedene Zellorganisation und das gänzliche Fehlen von Sexualorganen bei den Cyanophyceen im Wege. Auch die vermeintlichen Beziehungen zwischen Bangialen und Prasiolaceen geht auf einen oberflächlichen Vergleich zurück. Die Ähnlichkeit mit Coleochaete ist ebenfalls rein formalistischer Natur. Und was schließlich die „Verwandtschaft" der Rhodophyceen mit den Ascomyceten, namentlich mit den Laboulbeniales, anbelangt, so erklärt sich zwar FRITSCH als nicht kompetent, eine Entscheidung zu treffen, doch meint er ganz richtig, daß es sich da wohl mehr um eine konvergente Ähnlichkeit handeln dürfte. Ich darf dazu die Bemerkung zufügen, daß es unverständlich ist, wie man heutzutage eine Verwandtschaft zwischen den Rhodophyceen und den Ascomyceten noch ernst nehmen kann. Die Pilze haben einen von sämtlichen Algen völlig getrennten Ursprung. Das läßt sich vor allem bei jenen Pilzgruppen, die noch bewegliche Schwärmer entwickeln, nachweisen. Dort aber, wo die Pilze keine begeißelten Fortpflanzungszellen mehr besitzen, haben wir kein Mittel in der Hand, um ihre Herkunft mit Bestimmtheit zu ermitteln. Die gleiche Schwierigkeit erwächst uns bei der Beurteilung der ebenfalls apokonten Rhodophyceen. Jeder Versuch, einen verwandtschaftlichen Zusammenhang zwischen zwei Organismengruppen zu konstruieren, deren stammesgeschichtliche Herkunft unbekannt ist, muß somit zu einem Mißerfolg verurteilt sein. Daß wir die männlichen Befruchtungszellen bei den Rotalgen und bei den Schlauchpilzen Spermatien nennen, ist eine rein terminologische Frage. Vergleichend-entwicklungsgeschichtlich betrachtet, kommt man jedoch darauf, daß es sich, trotz der unglücklichen Homonymie, um zwei grundverschiedene

Dinge handelt. Ebenso sind die Ähnlichkeiten der Fruchtkörper der Laboulbeniales, die an sich einen extremen Typus darstellen, mit den Cystocarpien einiger Rhodophyceen nichts anderes als das Produkt einer Konvergenz, die schon viele Botaniker irregeführt hat.

In der Ordnung der Bangiales unterscheidet FRITSCH zwei Familien, die der Bangiaceae und der Porphyridiaceae. Im Anhang werden *Compsopogon* und *Rhodochaete* als Bangiaceen unsicheren Stellung angeführt. *Conchocelis*, die ebenfalls hier erwähnt wird, hat sich inzwischen durch die Untersuchungen von Miß K. M. DREW als eine Phase im ontogenetischen Cyclus von *Porphyra umbilicalis* erwiesen.

Die Unterklasse der Florideae wird in der Weise behandelt, daß vorerst der Aufbau des Thallus und dann der Bau des Sexualapparates ausführlich dargelegt wird. Beide Abschnitte nehmen dabei Rücksicht auf systematische Untergruppen, so ähnlich wie es seinerzeit OLTMANNS getan hat. Anders ist die Sache bei den Rotalgen wohl nicht zu machen. In das OLTMANNSsche Schema baut FRITSCH die Ergebnisse von KYLIN und anderen modernen Autoren ein, so daß die Darstellung wohl als erschöpfend bezeichnet werden kann. Ein besonderes Kapitel ist der Entwicklungsgeschichte der diplobiontischen Florideen gewidmet. Am Schluß folgt dann die Aufstellung des Systems der Florideen, dessen Gerüst hier wiedergegeben wird:

I. Nemalionales
   a) uniaxiale Formen:
      1. Acrochaetiaceae
      2. Batrachospermaceae
      3. Lemaneaceae
      4. Naccariaceae
      5. Bonnemaisoniaceae
   b) multiaxiale Formen:
      6. Thoreaceae
      7. Helminthocladiaceae
      8. Chaetangiaceae
II. Gelidiales
      1. Gelidiaceae
III. Cryptonemiales
      1. Gloeosiphoniaceae
      2. Endocladiaceae
      3. Callymeniaceae
      4. Grateloupiaceae
      5. Dumontiaceae
      6. Cruoriaceae
      7. Rhizophyllidaceae
      8. Squamariaceae
      9. Corallinaceae
     10. Choreocolaceae
IV. Gigartinales
   a) ohne Prokarpien:
      1. Calosiphoniaceae
      2. Nemastomaceae
      3. Sebdeniaceae
      4. Furcellariaceae
      5. Solieriaceae
      6. Rissoellaceae
      7. Rhabdoniaceae
   b) mit Prokarpien:
      8. Rhodophyllidaceae
      9. Hypneaceae
     10. Plocamiaceae
     11. Sphaerococcaceae
     12. Gracilariaceae
     13. Mychodeaceae
     14. Acrotylaceae
     15. Phyllophoraceae
     16. Gigartinaceae
V. Rhodymeniales
      1. Champiaceae
      2. Rhodymeniaceae
VI. Ceramiales
      1. Ceramiaceae
      2. Delesseriaceae
        a) Delesserieae
        b) Nitophylleae
        c) Sarcomenieae
      3. Rhodomelaceae
        a) Polysiphonieae
        b) Lophothalieae
        c) Bostrychieae
        d) Rhodomeleae
        e) Chondrieae
        f) Laurencieae
        g) Pterosiphonieae
        h) Herposiphonieae
        i) Lophosiphonieae
        j) Polyzonieae
        k) Amansieae
      4. Dasyaceae

Bezüglich der Beziehungen der Florideen zu den Bangioideen äußert sich FRITSCH dahin, daß Formen wie *Erythrotrichia* und *Kyliniella* wegen ihres heterotrichen Habitus sich vielleicht am meisten einem Prototyp annähern dürften, von dem Bangiales und Florideen ausgegangen sein könnten.

Von besonderem Interesse sind auch die Ausführungen über die Beziehungen der einzelnen Gruppen zueinander innerhalb der Ceramiales. Danach stellen diese Rotalgen wahrscheinlich eine unabhängige Entwicklungsreihe dar, die sich von uniaxialen haplobiontischen Typen abgewandelt haben dürften. Jedenfalls liegt kein ausreichender Beweis dafür vor, daß die Ceramialen engere Beziehungen zu den anderen diplobiontischen Formen aufweisen. Innerhalb der Ordnung der Ceramiales faßt FRITSCH die Ceramiaceen als die am wenigsten spezialisierten Formen auf, sowohl in bezug auf den Bau des vegetativen Thallus als auch auf den der Reproduktionsorgane. Die Formen mit wirteliger Verzweigung, wie *Crouania*, *Antithamnion*, stehen den anzestralen Typen am nächsten, und zwar nicht nur deswegen, weil dieser Habitus das Vorbild für den Bauplan vieler Ceramialen abgibt, sondern auch wegen der Stellung des Prokarps. Verschiedene andere Ceramiaceen, wie beispielsweise die Gattungen *Callithamnion*, *Seirospora* u. a., haben den verticillaten Habitus eingebüßt und zeigen dadurch das Bild eines sehr einfach gebauten Thallus. Die Delesseriaceen und Rhodomelaceen mit ihren vier bis mehreren Perizentralzellen an den Fadenachsen stellen zweifellos einen spezialisierten Typus dar, der sich vom verticillaten Ausgangstypus ableiten läßt. Bemerkenswert ist es dabei, daß bei diesen zwei Familien die Tetrasporangien nahezu überall tetraedrisch geteilt sind, während bei gewissen Ceramiaceen, und zwar besonders bei *Crouania* und *Antithamnion*, die als relativ ursprünglich aufgefaßt werden, die Tetrasporangien kreuzweise geteilt sind.

Die Dasyaceen faßt FRITSCH als eine eigene parallele Entwicklungsreihe auf, deren Ursprung etwas unklar ist.

Schließlich macht FRITSCH auf einige Formen aufmerksam, die dadurch auffallen, daß sie die Merkmale mehrerer Familien der Ceramiales in sich vereinigen (Abb. 62). So besitzt *Lejolisia mediterranea* mit ihren kriechenden Fäden, aus denen sich erekte Fadenachsen erheben, nebst tetraedischen Sporangien vom Typus der Ceramiaceen urceolate Cystokarpien, die an diejenigen der Rhodomelaceen erinnern. Die Wand des Cystokarps besteht allerdings aus monosiphonen Asttrieben, die eng aneinanderliegen, ohne jedoch miteinander zu verwachsen. Der Gonimoblast ist, nach FELDMANN, dem von *Ptilothamnion* ähnlich. Von den weiteren Beispielen, die FRITSCH noch anführt, sei noch *Taenioma* herausgegriffen. Das Cystokarp ist nach dem Typus der Rhodomelaceen gebaut, doch ist die Entwicklung des Gonimoblasten nicht genügend erforscht. Die Sporangien stehen in zwei Reihen in den fertilen Ästen. Das auffallendste Merkmal sind die langen, farblosen Haare, welche an der Spitze der Äste stehen und ein basales Meristem (intercalare Wachstumszone) besitzen. Letzteres erinnert an die Haare der Phaeophyceen, stellt aber sicher einen zufälligen Fall der Konvergenz dar.

Die Sarcomeniaceae *(Sarcomenia, Platysiphonia, Taenioma, Cottoniella)* stellen wahrscheinlich ein Bindeglied zwischen Delesseriaceen und Rhodomelaceen dar.

In dem von G. M. SMITH redigierten Manual of Phycology bringt K. M. DREW eine kurzgefaßte, wertvolle Darstellung der Morphologie und Systematik der Rhodophyten, aus der hier besonders die phylo-

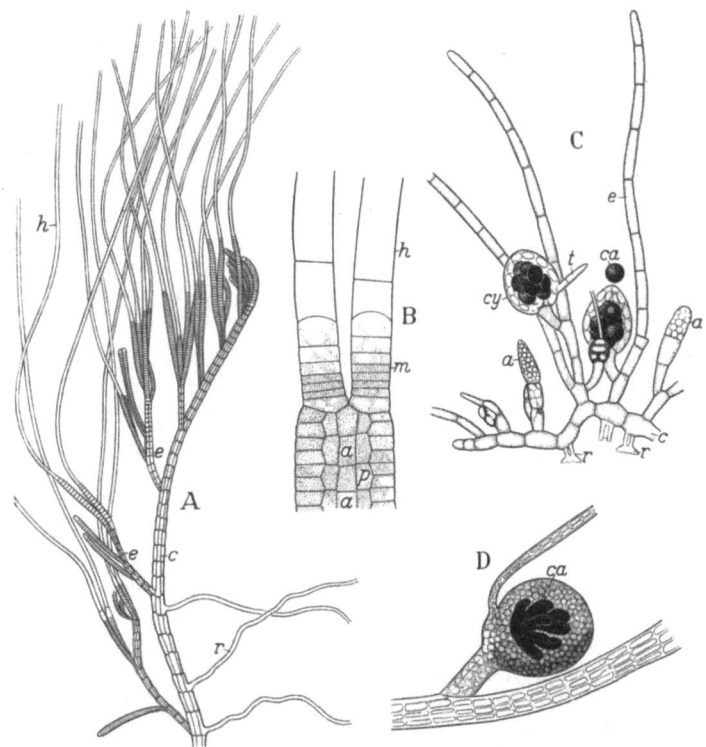

Abb. 62A—D. A, B *Taenionema perpusillum* J. AG. Habitus und Scheitel mit Haaren; C *Lejolisia mediterranea* BORN. D *Platysiphonia miniata* (AG.) BOERGES., Cystokarp. Nach BORNET (C) und BOERGESEN, aus F. E. FRITSCH.

genetischen Vorstellungen wiedergegeben werden sollen. Über die möglichen verwandtschaftlichen Beziehungen der Florideen zu anderen Algen schreibt Verfasserin, daß sie recht problematischer Natur sind. Die weitgehende Spezialisierung des Sexualapparates, verbunden mit der Unbeweglichkeit der Fortpflanzungszellen, weisen darauf hin, daß die Rotalgen eine sehr lange geologische Vergangenheit hinter sich haben. Den rein formalen Ähnlichkeiten mit den Prasiolaceen und mit *Coleochaete* kommt keine phylogenetische Bedeutung zu. Aus biochemischen Gründen, wie auch wegen des Vorkommens unbeweglicher Keimzellen, versuchte KYLIN Beziehungen zu den Cyanophyceen zu ermitteln. Die ähnlichen Pigmente, das Vorhandensein einer besonderen, doch chemisch verwandten Assimilationsstärke in beiden Klassen, sowie auch die Bildung von chemisch ähnlichen Gallerten in den Zellmembranen waren die Hauptgründe, auf die sich KYLIN für seine Anschauung stützt. Trotz dieser Ähnlichkeiten aber sind einige fundamentale Unterschiede zwischen den Cyanophyceen und Rhodophyceen vorhanden. Und selbst der konziliante Vermittlungsversuch von Miß DREW, welche schreibt: „It is possibly justifiable to consider the two as living representatives of evolutionary lines of descent which have diverged considerably from some common ancestor in the extremely distant past", kann nicht akzeptiert werden, weil die Zellorganisation der Cyanophyceen bis auf den heutigen Tag wohl unverändert geblieben ist. Ob und wann sich aus dem Zelltypus der Cyanophyceen der Zelltypus der eukaryoten Organismen abgewandelt hat, bleibt für uns ein ewiges Geheimnis. Dagegen ist Miß DREW beizustimmen, daß die Rotalgen weiter Gebiete noch unbekannt sind und daß eine nähere Kenntnis dieser Formen die Probleme der Morphologie und Systematik einmal klären wird. „Only by means of cyto-genetic investigations and culture under controlled conditions can a truer understanding of the lifehistories of these algae be reached".

Die Bangioideae sind gegenwärtig immer noch zu wenig entwicklungsgeschichtlich erforscht, daß man sich eine endgültige Vorstellung über ihre systematische Gliederung und ihre Stellung im natürlichen System der Algen bilden könnte. Miß DREW meint, daß, obwohl einige Autoren Beziehungen zwischen den Bangioideen (im ganzen oder teilweise) und den Prasiolaceen einerseits und den Cyanophyceen andererseits angenommen haben, die gegenwärtige Meinung doch dahin geht, daß die Bangioideen zu den Florideen die engsten Beziehungen zeigen. Das Gemeinsame ist sowohl physiologischer als auch morphologischer Natur, d. h. die gleichen Pigmente und die Unbeweglichkeit der Fortpflanzungszellen. Die Meinungen gehen jedoch auseinander. Während PASCHER die Bangieen als regressive Formen ansieht, die von den Florideen abzuleiten wären, erblickt ROSENVINGE den Ursprung der Florideen in den Bangioideen, die er auch als Protoflorideae bezeichnet. DREW schließt sich aber mehr der Meinung von KYLIN (1937) und von FRITSCH (1945) an, welche die beiden Unterklassen der Bangioideen und Florideen als divergente Entwicklungsreihen ansehen, die von einem gemeinsamen anzestralen Gestaltungsraum ausgegangen sein dürften.

Bezüglich der systematischen Gliederung der Bangioideen akzeptiert Miß DREW das neue und wohl befriedigendste System von SKUJA (1939), der sie in die Ordnungen der Porphyridiales, Goniotrichales, Bangiales und Compsopogonales aufteilt.

Für die Florideae werden sechs Ordnungen aufgestellt, und zwar:

1. Nemalionales
2. Gelidiales
3. Cryptonemiales
4. Gigartinales
5. Rhodymeniales
6. Ceramiales

Was die gegenseitigen Beziehungen dieser Ordnungen betrifft, so ist auch hier eine ganz sichere Basis noch nicht erreicht, weil die Zahl der bekannten Entwicklungscyclen noch verhältnismäßig gering ist. Die Nemalionales enthalten nach Miß DREW die einfachsten Formen, sowohl in bezug auf den vegetativen Bau als auch auf den Bau der reproduktiven Organe. Sie enthalten jedoch auch höher organisierte Formen, so daß diese Ordnung eher eine künstliche Gruppierung von ursprünglichen Entwicklungsreihen der Florideen als eine Vereinigung enger verwandter Typen darstellt. Wenn dem so ist, so besteht kein engeres Band zwischen den Nemalionalen und den übrigen Florideen; höchstens könnte eine Beziehung zwischen den uniaxialen Nemalionalen und den einfachsten Ceramialen bestehen. Letztere sind aber am klarsten abgegrenzt und am höchsten spezialisiert. Dem höchsten Grad der vegetativen und reproduktiven Spezialisierung begegnet man bei den Rhodomelaceen. Die Rhodymeniales und die Gelidiales sind ebenfalls gut definierte Gruppen, obwohl die Trennung der letzteren von den Nemalionales auf Grund ihrer drei somatischen Phasen allein nicht länger vertreten werden kann. Es fällt dabei auf, daß weder FRITSCH noch DREW berücksichtigt haben, daß KYLIN schon vor längerer Zeit die Gelidialen mit den Nemalionalen vereinigt hat.

Die Aufstellung der Cryptonemiales und der Gigartinales basiert fast ausschließlich auf der Stellung der Auxiliarzelle, so daß FRITSCH schon darauf hingewiesen hat, daß eine tiefere Einsicht in die Gründe für die Unterscheidung der beiden Ordnungen noch aussteht. Eine sehr wertvolle Bereicherung der Literatur über die Rotalgen bedeutet die umfangreiche Monographie der west-mediterranen Ceramiaceen aus der Feder von Madame G. FELDMANN. Die Arbeit erstreckt sich über einen Zeitraum von 15 Jahren, zeigt daher die entsprechende Reife und enthält selbsterarbeitete Befunde in reicher Anzahl. Angenehm berührt ist man auch von den 191 Originalabbildungen. Die Bedeutung vorliegender Arbeit liegt einerseits darin, daß die Cytologie dieser Rotalgen eingehend erforscht wurde, was bisher in einem solchen Umfang nicht geschehen ist, mit dem Zwecke, die cytologischen Befunde für die Ausarbeitung des Systems der Ceramiaceen auszuwerten. Und andererseits bringt die vorliegende Abhandlung eine kritische Sichtung der systematischen Einheiten, deren Bedeutung weit über das regional begrenzte, wenn auch formenreiche Material hinausreicht.

Nach einer Einleitung von 19 Seiten wird im ersten Teil die Cytologie (Zellmembran, Kern), das Cytoplasma und dessen geformten Bestandteile (Plastiden, Chondriosomen), die synthetischen Produkte (Florideenstärke, Eiweißkristalle, die osmiophilen Granula, die basophilen Einschlüsse), das Vacuolensystem (mit den metachromatischen Körperchen, den siderophilen Granulis, irisierenden Körpern u. a.), ferner die sekretorischen Zellen und schließlich die Organisation der Zelle (mehr- und einkernige Zelltypen) und die intercellulären Beziehungen (Synapsen) behandelt. Im zweiten Abschnitt wird die Morphologie des vegetativen Thallus und seiner Organe dargestellt. Er beginnt mit der Beschreibung der Sporen und Keimlinge, worauf die Beschreibung der Verzweigung und Berindung des Thallus, der Rhizoiden, Haare, Trichoblasten und Haftorgane und der Erscheinungen der Regeneration folgt. Der dritte Teil beschäftigt sich mit den Erscheinungen der Fortpflanzung. Es werden darin die männlichen und weiblichen

Organe, die Sporangien, die Paraspore und die Organe der vegetativen Propagation geschildert. Zuletzt folgt ein Kapitel über die Sexualität und den Generationswechsel. Der vierte Abschnitt umfaßt die Systematik der Ceramiaceen. Er wird mit einem allgemeinen Kapitel über die Klassifikation dieser Algenordnung eingeleitet, worauf im nächsten Kapitel die Beschreibung der mediterranen Ceramiaceen vorgenommen wird. Sie werden in folgende Unterfamilien und Gattungen aufgegliedert:

Crouanieae
  Antithamnion, Crouania, Crouaniopsis
Ceramieae
  Ceramium, Centroceras, Microcladia
Ptilocladiopsideae
  Ptilocladiopsis
Spyridieae
  Spyridia
Ptiloteae
  Gymnothamnion
Spermothamnieae
  Spermothamnion
Lejolisieae
  Ptilothamnion
  Lejolisia
Sphondylothamnieae
  Vickersia
  Sphondylothamnion
  Bornetia
Compsothamnieae
  Compsothamnion
Pleonosporeae
  Pleonosporium
Griffithsieae
  Neomonospora
  Griffithsia
Wrangelieae
  Wrangelia
Dohrnielleae
  Callithamniella
  Dohrniella
Callithamnieae
  Seirospora
  Aglaothamnion
  Callithamnion

Es ist schwer, im Rahmen eines kurzen Referates alle Einzelheiten einer so umfangreichen Abhandlung zu resümieren. Es ist der Verfasserin sehr zu danken, daß sie am Ende des Werkes selber eine kurze Zusammenfassung gegeben hat, der wir hier die wesentlichen Punkte entnehmen können. In der vergleichend-cytologischen Untersuchung sind mehrere neue Erkenntnisse von der Membranstruktur, der Morphologie und Formvariation der Plastiden, von der Struktur und dem Metabolismus der Florideenstärke, der Gestalt der Eiweißkristalle zu verzeichnen. Die bis dahin schlecht bekannten osmiophilen Körnchen und basophilen Körper wurden genauer untersucht.

Was die Sekretionszellen (Blasenzellen) anbelangt, stellte sie fest, daß ihr Inhalt höchstwahrscheinlich proteidischer Natur ist und daß sie kein freies Brom enthalten. Das Studium der Synapsen führt zur Bestätigung ihrer Funktion des Transportes von gelösten Nährsubstanzen. Mit der gleichen Aufgabe stehen die axialen Plasmastränge, die an die Synapsen ansetzen, im Zusammenhang.

Die einzelligen hyalinen Haare und die wirteligen Haare von *Griffithsia*, die Verfasserin mit den Trichoblasten der Rhodomelaceen homologisiert, haben die Funktion von Absorptionsorganen und können physiologisch mit den absorbierenden Haaren der höheren Pflanzen verglichen werden. Die einzelligen und mehrzelligen Stacheln einiger Ceramiumarten sind zwei verschiedene Dinge. Die ersteren zeigen die gleiche cytologische Struktur wie die einzelligen hyalinen Haare und sind somit diesen homolog. Die mehrzelligen bestehen aus Zellen, die

die gleiche Struktur wie die Zellen der Fadenachsen haben. Sie stellen somit spezialisierte, dornenförmige Ästchen dar.

Weiter wurde die Bildungsweise der Spermatangien und ihrer Anordnung an den Spermatangiophoren beschrieben. Dabei wurde die mediane oder apikale Stellung des reifen Spermatangiums, je nach Gattung, festgestellt. Von den weiblichen Organen hat Verfasserin außer einer großen Anzahl von Gattungen die Entwicklung der Prokarpien und Gonimoblasten bei *Crouania, Crouaniopsis* neu beschrieben und die unvollständig bekannten von *Lejolisia* und *Seirospora* genauer untersucht.

Die von Madame FELDMANN ausgeführten Untersuchungen gestatten ihr, eine neue Klassifizierung der Ceramiaceen vorzuschlagen, die vornehmlich auf dem Bau des Prokarps und auf der Art der Entwicklung des Gonimoblasten unter Berücksichtigung der Analogien in der Zellstruktur basiert. Demnach hat sie die Abgrenzung einer Anzahl von Unterfamilien geändert und drei neue, die der *Lejolisieen, Sphondylothamnieen* und *Dohrnielleen* aufgestellt.

Im Verlauf dieser Studien wurden drei neue Gattungen entdeckt: *Crouaniopsis, Callithamniella* und *Aglaothamnion*. Hingegen wurden vier Gattungen, nämlich *Antithamnionella, Platythamnion, Ceramothamnion* und *Actinothamnion* eingezogen. Auch einige neue Arten wurden beschrieben, andere, die bloß den Wert von Saisonformen oder Modifikationen hatten, gestrichen.

Über den Bau und die Fortpflanzung von Nemalionalen liegen einige Arbeiten von N. SVEDELIUS vor. So wird das zu den Helmithocladiaceen gerechnete *Dermonema gracile* anatomisch und entwicklungsgeschichtlich untersucht, mit dem Resultat, daß die Gattung *Dermoenma* mit verschiedenen Nemalionalesgattungen Ähnlichkeiten zeigt, so daß die endgültige Einreihung von *Dermonema* in das System der Nemalionales noch unentschieden erscheint. In einer Reihe von Arbeiten hat sich SVEDELIUS mit der Gattung *Galaxaura* befaßt. In der einen wird die Entwicklung der Spermatangiengruben verfolgt. Ein Vergleich mit *Scinaia* zeigt, daß die Organisation der Spermatangiensori im vollausgebildeten Zustand verschieden aussehen, daß sie aber entwicklungsgeschichtlich voneinander abgeleitet werden kann. Es ergibt sich daraus die Forderung, beim morphologischen und systematischen Vergleich den ganzen Entwicklungsgang zu ermitteln. Auf Grund einer Untersuchung über die Entwicklung des Cystokarps bei *Galaxaura* und über die Auxiliarzelle in der Ordnung der Nemalionales kommt SVEDELIUS zu folgender systematischer Gliederung der Familie der Chaetangiaceae:

I. Scinaieae: aus der untersten Zelle des Karpogonastes wird ein steriles, äußeres Involucrum gebildet, das den Gonimoblasten umhüllt, d. h. das Cystokarp ist mit einer Wand versehen. Die Spermatangien liegen in der Regel oberflächlich.
  A. Haplobionten: *Scinaia, Gloiophloea* und *Pseudoscinaia*.
  B. Diplobionten: *Actinotrichia*, mit oberflächlichen oder etwas versenkten Spermatangien.
II. Chaetangieae: eine sterile Wand um das Cystokarp wird vom Karpogonast aus nicht gebildet, da der Gonimoblast aus allen Zellen des Karpogonastes entsteht.

Cystokarp somit ohne besondere Hülle. Spermatangien in Aushöhlungen des Thallus versenkt.
A. Haplobiont: *Chaetangium*.
B. Diplobiont: *Galaxaura*.

In einer späteren Publikation behandelt SVEDELIUS den bemerkenswerten Fall, daß *Galaxaura* einen diplobiontischen Typus innerhalb der Nemalionalen darstellt. In einer ausführlicheren Abhandlung wird der anatomische Bau und die Artsystematik einiger *Galaxaura*-Arten von Ceylon bearbeitet. Weiter liegt noch eine Arbeit über die Anatomie, über die Spermatangien und Tetrasporangien der ebenfalls zu den Chaetangiaceen gehörigen Gattung *Actinotrichia* vor. Im Jahre 1953 beschreibt SVEDELIUS schließlich die sog. lobierten Zellen bei den Galaxauren, deren Lagerung für die Artsystematik verwertbar ist.

J. FELDMANN beschreibt die Morphologie, Histologie, den Bau der männlichen und weiblichen Organe von *Helminthocladia hudsoni* (C. AG.) J. AG., mit dem wichtigen Befund, daß die Tetrasporangien am Gonimoblast angelegt werden. Diese Art verhält sich somit so wie *Liagora tetrasporifera*. Beide Arten werden als Haplobionten aufgefaßt.

Über den Aufbau, die Entwicklungsgeschichte und die Systematik der schwedischen Corallinaceae gab S. SUNESON 1943 eine größere Abhandlung heraus. Darin werden die Gattungen *Lithothamnion, Epilithon, Melobesia, Choreonema, Lithophyllum, Corallina* und *Jania* in bezug auf ihren anatomischen Bau und die Entwicklung der Prokarpien und Gonimoblasten, der Spermatangien und der Tetra- und Bisporen untersucht und beschrieben. Diese Ergebnisse werden für die Systematik ausgewertet. Vom gleichen Autor liegen dann zwei Mitteilungen über *Lithothamnion fornicatum*, neu für Schweden und über *Schmitziella endophloea* vor. Von letzterer wird der anatomische Bau des Thallus und der Sporangiensoris beschrieben. In einer weiteren Arbeit unterwirft S. SUNESON die Corallinacee *Mastophora* einer anatomischen Untersuchung, wobei die Struktur des Thallus, die Entwicklung der Sporangien und sporangialen Konzeptakel und die Entwicklung der Spermatangien und deren Konzeptakel beschrieben werden. Die weiblichen Organe wurden nicht untersucht. Nach dem Bau der Sporangienkonzeptakel mit der peripheren Anordnung der Sporangien und der stark entwickelten Columella im Zentrum des Konzeptakels erinnert *Mastophora* sehr an *Lithophyllum* (inkl. *Dermatolithon*). Es ist daher wahrscheinlich, daß die Gattungen *Lithophyllum* (sens. lat.), *Melobesia* und *Mastophora* drei parallele phylogenetische Gestaltungsreihen mit einem gemeinsamen Stammtypus vorstellen.

Über das Vorkommen von Bisporen bei *Lithophyllum* bringt S. SUNESON eine Abhandlung, in der die Cytologie dieser Sporangien behandelt ist. Bei *Lithophyllum litorale* sind nur Bisporangien bekannt. Die Bisporen sind einkernig und eine Reduktionsteilung vor ihrer Bildung findet nicht statt. *Lithophyllum corallinae* bildet nur fakultativ Bisporangien. In der Nordsee entwickelt diese Art sexuelle Individuen und solche mit einkernigen Bisporen. Tetrasporangien waren nur vom Mittelmeer her bekannt, doch konnte der Verfasser den Nachweis erbringen, daß auch in der Nordsee solche, neben binukleaten Bisporen, vorkommen. Die gewöhnlichen einkernigen Bisporen werden ohne vorangehende Reduktionsteilung gebildet; eine solche findet hingegen statt, wenn Tetrasporen und zweikernige Bisporen erzeugt werden. Die Chromosomenzahlen wurden für *Litophyllum corallinae* mit $n = 16$ und $2n = 32$, für *L. litorale* mit $n = 24$ und $2n = 48$ festgelegt. Die Frage, wie die Apomeiose zustandekommt und dadurch eine Polyploidie bei den Corallinaceen vorkommt, wird besprochen. Schließlich sei noch auf eine Arbeit von E. KAMPTNER hingewiesen, der zwei fossile Corallinaceen aus dem Sarmat des Alpenostrandes und der Hainburger Berge bei Wien beschreibt.

Über die Ceramiales liegen auch noch Publikationen vor, über die kurz berichtet werden soll. G. F. PAPENFUSS hat die Entwicklung der Fortpflanzungsorgane von *Acrosorium acrospermum* aus Südafrika beschrieben. Miß K. M. DREW hat die Entwicklungsgeschichte und die Cytologie von *Plumaria elegans* studiert und fand, daß diese Alge männliche, weibliche und tetrasporentragende Individuen, wie bei den diplobiontischen Florideen, trägt. Außerdem entwickeln sich gelegentlich die Tetrasporangien in zahlreiche Parasporangien. Die Chromosomenzahl beträgt $n = 31$, $2n = 62$. Die Individuen, welche Parasporangien tragen, sind triploid mit 93 Chromosomen. Den anatomischen Bau des Thallus und die Entwicklung der Tetrasporangien, Spermatangien und des Prokarps von *Pterosiphonia parasitica* hat S. SUNESON studiert. Madame G. FELDMANN untersuchte einige auf *Codium* epiphytische *Spermothamnion*-Arten mit Polysporangien, die sie für die Artunterscheidung folgendermaßen auswertet:

A. 16 Sporen
    Rhizoiden einzellig, stark angeschwollen . . . . *Sp. codicola*
B. 32 Sporen
    Rhizoiden einzellig, mehr oder weniger angeschwollen . . . . *Sp. saccorhiza*
C. 64 Sporen
    a) Rhizoiden einzellig, ± angeschwollen . . . . *Sp. capitatum*
    b) Rhizoiden mehrzellig . . . . *Sp. gorgoneum*

Über den Thallusbau und über die Morphologie der Fortpflanzungsorgane von *Dictyurus purpurascens* liegen zwei Arbeiten von N. SVEDELIUS und A. NYGREN und von N. SVEDELIUS aus den Jahren 1946 und 1947 vor. Diese Art stellt eine sehr hoch organisierte und stark spezialisierte Form dar, die innerhalb der Rhodomelaceen eine völlig isolierte Stellung einnimmt. Die nur durch zwei Arten vertretene Gattung *Dictyurus* ist ein sehr alter Typus, welcher aus der Zeit erhalten geblieben ist, in der die tropischen Meere der alten und der neuen Welt noch in direkter Verbindung standen. *D. purpurascens* lebt im Indischen Ozean, *D. dentalis* kommt in den Westindischen Gewässern vor. Im Bau des Cystokarps und ebenso im Bau der Stichidien stimmt *Dictyurus* im wesentlichen mit den Rhodomelaceen überein. Eigenartig sind die Spermatangienstände, Arrhenophore, aufgebaut (Abb. 63 u. 64). Die Spermatangien umkleiden mononiphone, verzweigte Äste, die an ihrem distalen Ende in schmälere Fäden auslaufen, welche um den ganzen Arrhenophor ein lockeres peripheres Netzwerk bilden. Ein solcher Typus von Spermatangien ist nur von *Dictyurus* her bekannt, und unterscheidet sich auch von dem der Gattung *Thuretia*, welche von FALKENBERG in der Familie der Dasyeen mit *Dictyurus* zusammen vereinigt worden ist. Diese

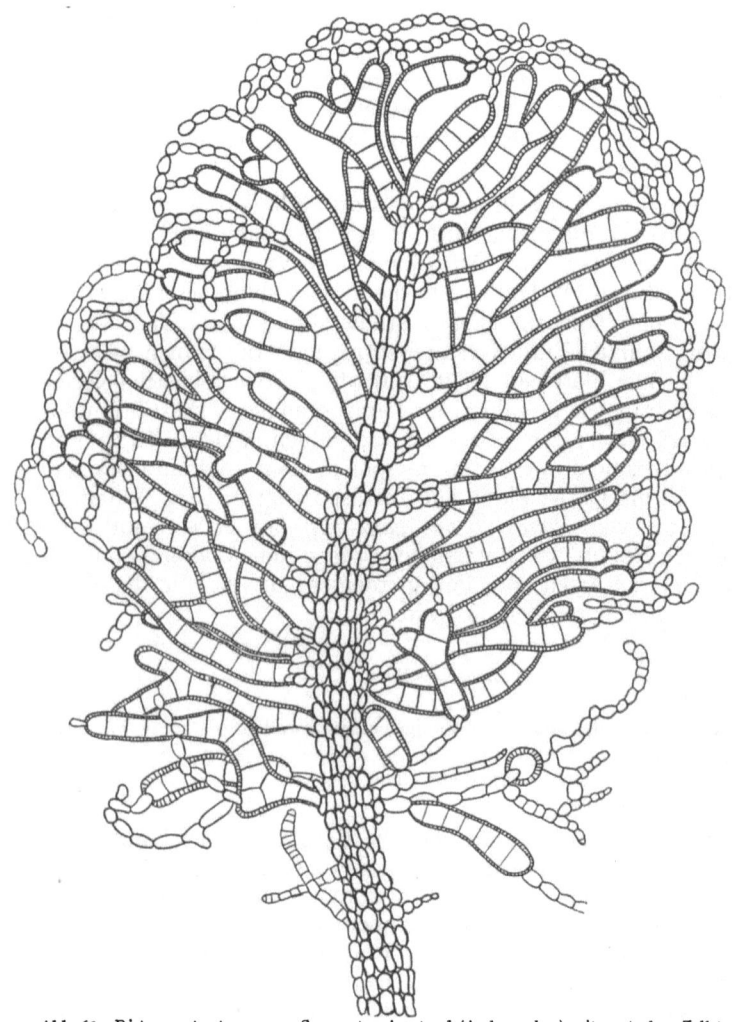

Abb. 63. *Dictyurus purpurescens*. Spermatangienstand (Arrhenophor) mit zentralem Zellstrang.

beiden Gattungen stellen jedoch, jede für sich, einen extremen Gestaltungstypus dar, ohne eine nähere Verwandtschaft erkennen zu lassen. Von M. O. P. IYENGAR und M. S. BALAKRISHNANN wurde die Morphologie und Cytologie von *Polysiphonia platycarpa* BOERGES studiert. In der Diakinese wurden ungefähr 20 Gemini gezählt. In einigen cytologischen Details unterscheidet sich diese Art ein wenig von *Polysiphonia violacea*.

Über die Wachstumsperiodizität und die Sporenkeimung von *Digenea simplex* (WULF.) C. AG. berichtet T. TANAKA in einer japanisch geschriebenen Mitteilung.

Als letzte Klasse in diesem Sammelreferat soll die der Chlorophyceae besprochen werden. Von den in neuester Zeit erschienenen Handbüchern führen wir vorerst das von G. M. SMITH über die Süßwasseralgen der

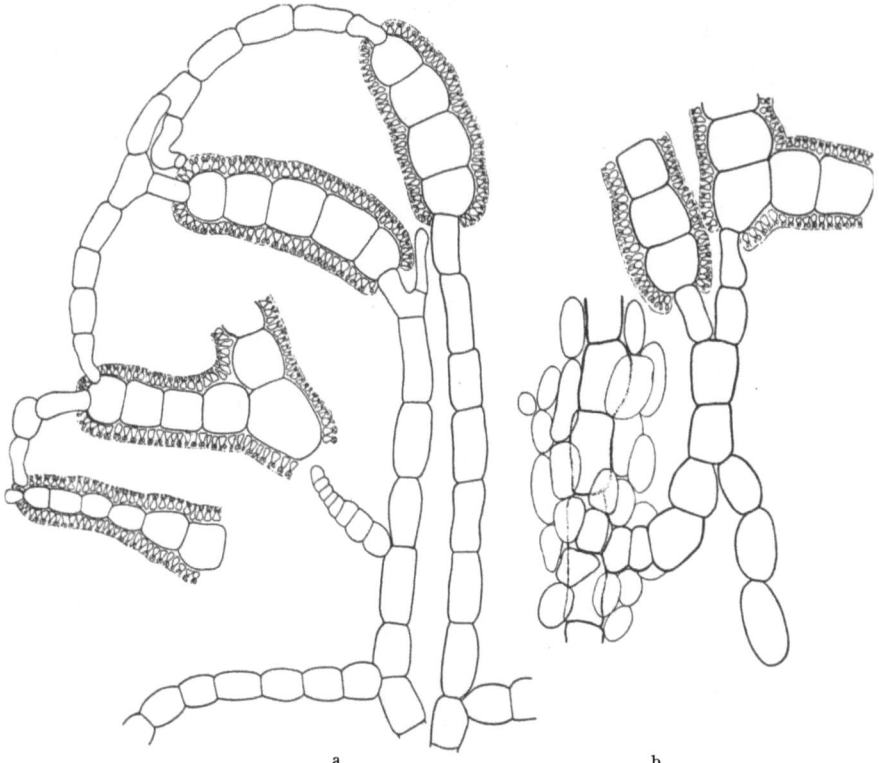

Abb. 64 a u. b. *Dictyurus purpurescens*, Teil eines Arrhenophors. a An den monosiphonen Ästen, Spermatangien mit Verbindungsfäden; b Teil der Hauptachse mit spermatangialen Ästen. Nach N. SVEDELIUS u. A. NYREN (1946).

Vereinigten Staaten an. Nach diesem Autor besteht unter den Phycologen im allgemeinen eine Übereinstimmung über die natürlichen Beziehungen vieler Gattungsgruppen zueinander, die in die Volvocales, Hydrodictyaceae, Ulvaceae, Cladophoraceae, Oedogoniaceae, Zygnemataceae, Desmidiaceae und Characeae gestellt werden. Doch bei der Abgrenzung größerer Einheiten als die von Familien, gehen schon die Meinungen auseinander. So werden die Ulotrichaceen und Chaetophoraceen von manchen Autoren in getrennte Ordnungen gestellt, andere fassen sie in eine Ordnung zusammen. Ebenso werden die Ulvaceae zu den Ulotrichales gerechnet, in anderen Fällen werden sie als getrennte Ordnung aufgefaßt. Über die Oedogoniaceen und die Conjugaten herrscht insofern Einigkeit, als man ihre abgeleitete Stellung im System der Grünalgen anerkennt. Früher hatte man für die Conjugaten die Unterklasse der Akontae und für die Oedogoniaceen die der Stephanokontae geschaffen. Heute begnügt man sich damit, ihnen den Rang von Ordnungen zuzuweisen. Was die Characeen anbelangt, die sehr umstritten sind, entschließt sich SMITH dazu, die Chlorophyta in zwei Klassen unterzuteilen, in die der Chlorophyceae und die der Charophyceae. Es ist daher von Interesse, das allgemeine Gerüst des Systems der Chlorophyta, die G. M. SMITH seiner Bearbeitung zugrunde legt, hier wiederzugeben:

        Chlorophyta
    1. Klasse Chlorophyceae
1. Ordnung: Volvocales
2. Ordnung: Tetrasporales
3. Ordnung: Ulotrichales
  1. Unterordnung: Ulotrichineae
    Familien: Ulotrichaceae
            Microsporaceae
            Cylindrocapsaceae
            Chaetophoraceae
            Protococcaceae
            Coleochaetaceae
            Trentepohliaceae
  2. Unterordnung: Sphaeropleineae
    Familie: Sphaeropleaceae
4. Ordnung: Ulvales
    Familien: Ulvaceae
            Schizomeridaceae
5. Ordnung: Schizogoniales
    Familie: Schizogoniaceae
6. Ordnung: Oedogoniales
    Familie: Oedogoniaceae
7. Ordnung: Cladophorales
    Familie: Cladophoraceae
8. Ordnung: Chlorococcales
    Familien: Chlorococcaceae
            Endosphaeraceae
            Micractiniaceae
            Dictyosphaeriaceae
            Characiaceae
            Protosiphonaceae
            Hydrodictyaceae
            Coelastraceae
            Oocystaceae
            Scenedesmaceae
9. Ordnung: Siphonales
    Familien: Phyllosiphonaceae
            Dichotomosiphonaceae
10. Ordnung: Zygnematales
    Familien: Zygnemataceae
            Mesotaeniaceae
            Desmidiaceae
    2. Klasse: Charophyceae

An diesem System fallen einige Abweichungen vom Gewohnten auf, die sachlich nicht ganz einleuchten. So z. B. die Sphaeropleineae als Unterordnung der Ulotrichales. Diese Stellung ist von F. E. FRITSCH inspiriert, doch erscheint sie mir nicht genügend begründet. Daß die

Cladophorales als eine eigene Ordnung aufgestellt werden, ist durchaus vertretbar, doch wird man sich nicht damit befreunden können, sie dem Bereich der einkernigen fadenförmigen Chlorophyceen anzunähern. Die Mehrkernigkeit der Fadensegmente („Zellen"), die zentripetale Querseptenbildung und die Isolierung der Schwärmzellen auf segregativem Wege sind Merkmale, die in den Bereich der monoenergiden Chlorophyceen nicht hineinpassen. Das gleiche gilt von den Sphaeropleineen, deren Fadenbau auf ganz anderem Wege zustande gekommen ist als der der Ulotrichalen. Ebensowenig wird man sich mit der Einstellung von Protosiphon in die Ordnung der Chlorococcales einverstanden erklären. Dagegen ist die Trennung von *Dichotomosiphon*, als ein Vertreter der Süßwassersiphonalen, von der Gattung *Vaucheria*, die Verfasser zu den Xanthophyceen (Heterokonten) rechnet, zu begrüßen.

Im Manual of Phycology hat M. O. P. IYENGAR die Chlorophyta behandelt (S. 21—67). Die Darstellung ist auf den neuesten Stand der Kenntnisse gebracht und enthält auf verhältnismäßig engem Raum eine Menge von wertvollen Einzelheiten morphologischer und entwicklungsgeschichtlicher Art. Im systematischen Teil werden die Chlorophyten in sechs Ordnungen aufgeteilt, und zwar:

I. Volvocales
 1. Chlamydomonadineae
  Chlamydomonadaceae, Sphaerellaceae, Polyblepharidaceae, Phacotaceae
 2. Tetrasporineae
  Tetrasporaceae, Palmellaceae
 3. Chlorodendrineae
  Chlorodendraceae
II. Chlorococcales
 Chlorococcaceae, Eremosphaeraceae, Chlorellaceae, Oocystaceae, Selenastraceae, Dictyosphaeriaceae, Hydrodictyaceae, Coelastraceae
III. Ulotrichales
 Ulotrichaceae, Microsporaceae, Cylindrocapsaceae, Sphaeropleaceae, Ulvaceae, Prasiolaceae
IV. Cladophorales
 Cladophoraceae
V. Chaetophorales
 Chaetophoraceae, Trentepohliaceae, Coleochaetaceae, Chaetosphaeridiaceae, Pleurococcaceae
VI. Oedogoniales
 Oedogoniaceae
VII. Conjugales
 Mesotaeniaceae, Zygnemaceae, Mougeotiaceae, Gonatozygaceae, Desmidiaceae
VIII. Siphonales
 Protosiphonaceae, Derbesiaceae, Caulerpaceae, Dasycladaceae, Codiaceae, Valoniaceae, Chaetosiphonaceae, Phyllosiphonaceae, Vaucheriaceae
IX. Charales

Zu dieser systematischen Übersicht wäre zu bemerken, daß die Cladophorales ebenfalls als eine eigene Ordnung aufscheint und daß die Vaucheriaceen noch zu den Siphonalen gerechnet werden, obwohl die heterokonte Begeißelung der Spermien nachgewiesen ist und auch die

Pigmente, wie unter anderem aus Versuchen in meinem Laboratorium hervorgeht, mit denen der Heterokonten übereinstimmen.

R. HARDER, in der letzten Auflage des Bonner Lehrbuchs, stellt die Chlorophyceen als eine eigene Klasse auf, nachdem im Flagellatenteil die Phytomonadinen bereits vorweggenommen sind. Er unterscheidet somit:

1. Ordnung: Chlorococcales
2. Ordnung: Ulotrichales
3. Ordnung: Cladophorales
4. Ordnung: Chaetophorales
5. Ordnung: Oedogoniales
6. Ordnung: Siphonales

Die Conjugatae, mit den Ordnungen der Desmidiales und Zygnemales, werden als eigene (IV.) Klasse behandelt, und ebenso die (V.) Klasse der Charophyceae.

Von Spezialarbeiten sollen auch hier nur die wichtigeren erwähnt werden. So liegen von E. TSCHERMAK-WOESS einige sorgfältige Untersuchungen über den Vorgang der Fortpflanzung bei einigen freilebenden (*Oocystis*) und in Flechten vorkommenden Chlorococcalen (*Myrmecia*) vor. Für die neubeschriebene, in der Flechte *Catillaria chalybea* lebende *Myrmecia reticulata* wird auch an Hand sauberer Abbildungen, die Entstehung der Autosporen und Zoosporen — letztere werden nur außerhalb des Flechtenverbandes erzeugt —, die durch gleichartige Teilungsvorgänge eingeleitet wird, beschrieben. Die Teilungsvorgänge laufen streng sukzedan ab. Über die Fortpflanzung einiger *Ulva*-Arten an der pazifischen Küste von Nordamerika berichtet G. M. SMITH. Untersucht wurden die anisogamen *U. lobata*, *U. angusta*, *U. stenophylla* und *U. linza* und die isogame *U. taeniata*. Die Fortpflanzungsorgane werden nur in Zellen der Lamina, nicht des Blattrandes erzeugt. Die Fruchtreife der Gametophyten und Sporophyten wird in regelmäßigen Zeitintervallen von 14 Tagen erreicht und sie erfolgt nur während der Hochflut eines Mondmonates. Die Gametophyten reifen früher aus, während einer Serie von Springfluten, die Sporophyten hingegen reifen gegen Ende einer solchen Serie aus. Es wird angenommen, daß die beiden Generationen ungefähr in gleicher Anzahl vorhanden sind.

K. R. RAMANATHAN hat die Morphologie, Cytologie und den Generationswechsel von *Enteromorpha compressa* var. *lingulata* in Kulturversuchen studiert. Der Gametophyt hat 10, der Sporophyt 20 Chromosomen. Die Gametophyten sind diöcisch. Der Kopulationsakt zeigt den Aspekt einer Isogamie bis zu einer ausgesprochenen Anisogamie. Bei dieser Art ist ein isomorpher Generationswechsel vorhanden. Ein gleicher Generationswechsel wurde in der Zwischenzeit auch für *Anadyomene* von IYENGAR und RAMANATHAN, für *Microdictyon* ebenfalls von den beiden Autoren und für *Draparnaldiopsis* von SINGH festgestellt. Das gleiche Verhalten liegt, nach FRITSCH, auch bei *Fritschiella* vor.

S. SUNESON hat den Entwicklungscyclus von *Monostroma grevillei* verfolgt und gefunden, daß die gewöhnliche *Monostroma*-Pflanze dem Gametophyt entspricht, der streng diöcisch ist. Die Gameten sind zweigeißelig und schwach anisogam. Die Zygote umgibt sich mit einer dicken Membran und wächst allmählich zu einem großen Gebilde von 40—60 µ heran. Die weitere Entwicklung dieser Zygote konnte nicht verfolgt werden, doch kann in Analogie zu den bereits bekannten Fällen nicht bezweifelt werden, daß sie den Sporophyten darstellt. SUNESON schließt sich der Ansicht von KUNIEDA an, daß für die Arten der Gattung *Monostroma* eine eigene Familie der Monostromaceae aufgestellt werden muß. Die Entwicklungsgeschichte von *Stigeoclonium amoenum* wurde von M. GODWARD untersucht. Diese Alge erscheint nur in einer vegetativen Phase, auf der sowohl die viergeißeligen Makrozoosporen als auch die zweigeißeligen Gameten (Mikrozoosporen) erzeugt werden. Bei der Keimung der Zygote zerfällt ihr Inhalt in vier Zoosporen. Hier findet wohl aller Wahrscheinlichkeit nach die Reduktionsteilung statt.

Durch Einwirkung von Colchicin hat E. TSCHERMAK bivalente Rassen von *Oedogonium* erzielt. Auch tetraploide Zellfolgen im Gametophyten wurden bei wiederholter Colchicineinwirkung erreicht. Später wurden auch spontane bivalente Rassen festgestellt. Die diploiden Zellen sind durchwegs gedrungener, ihr Volumen ist in allen Fällen doppelt, in einem beobachteten Falle sogar dreimal so groß wie die haploiden Zellen. Der Vergrößerungsfaktor für die Zelloberfläche ist ungefähr 2. Der Chromatophor bleibt im wesentlichen unverändert, bloß seine Oberfläche wird größer; die Pyrenoide nehmen an Zahl bzw. an Zahl und Volumen zu. Die natürlich entstandene diploide Rasse *V* stimmt mit den künstlich hergestellten im großen und ganzen überein.

Aus dem Jahre 1939 liegt eine Abhandlung von H. PRINTZ vor, die die Vorarbeiten zu einer Monographie der Trentepohliaceen enthält. In einer Abhandlung aus dem Jahre 1940 bearbeitet S. LUND die Gattung *Codium* der dänischen Gewässer in morphologischer und systematischer Hinsicht. Für das californische Gebiet liefert P. C. SILVA eine monographisch-systematische Studie der Gattung *Codium* aus den zwei Untergattungen *Tylecodium* und *Schizocodium*. Der Abhandlung liegt ein Bestimmungsschlüssel bei. Die Gametogenese von *Codium decorticatum* beschreibt B. SCHUSSNIG. Diese Art hat die doppelte Chromosomenzahl wie *C. tomentosum*. Damit dürften die pseudomeiotischen Stadien in den Kernen der weiblichen Gametenanlagen im Zusammenhang stehen.

Bei *Halimeda tuna* f. *platydisca* hat J. FELDMANN festgestellt, daß diese Art diöcisch und leicht anisogam ist. In den gametogenen Blasen sammelt sich der Inhalt des vegetativen Apparates. Bei der Entlassung der Gameten entleert sich die Pflanze nach außen. Diese Holokarpie, wie auch die leicht angedeutete Anisogamie, die an die analogen Verhältnisse von *Caulerpa* erinnern, bestätigen die Notwendigkeit für die Vereinigung dieser beiden Gattungen in eine eigene Ordnung der Caulerpales.

Ein für einen Vertreter der Cladophoraceen recht ungewöhnliches Vorkommen fand F. E. FRITSCH bei seiner neuen Gattung *Cladophorella*, in dem diese Alge terrestrisch auf der Oberfläche von Kalksteinen im Gewächshaus des Botanischen Gartens in Cambridge vorgefunden wurde. *Cladophorella calcicola* nov. gen. et sp. besteht aus einem System von großzelligen, horizontalen Fäden, die mittels unseptierter Rhizoiden am Substrat festgeheftet sind. Aus diesem horizontalen Fadensystem erheben sich schmälere, erekte Fäden, die büschelig wachsen und eine Höhe von 2—5 mm erreichen. Die vegetativen Zellen haben eine relativ dünne Membran, einen netzigen Chromatophor mit zahlreichen Pyrenoiden und eine kleine Anzahl von Kernen. Die Vermehrung geschieht durch Fragmentation in situ und durch terminal an den erekten Fäden entstehende einzelne oder seriate Akineten. Der Inhalt der letzteren ist sehr dicht und enthält zahlreiche große Pyrenoide. Die Membran hat eine lamellare Struktur und die oberflächliche Schicht zeigt die Eigenschaften einer echten Cuticula. Diese bleibt beim Eintauchen in konzentrierte Schwefelsäure durch 60 Std unverändert.

In einer Arbeit vom Jahre 1947 behandelt F. E. FRITSCH die Frage nach der systematischen Stellung der Siphonocladales. Es ist dies die Abhandlung, in der FRITSCH eine Reihe von Argumenten zugunsten seiner Anschauung anführt, um die Cladophoraceen und Spheraopleaceen aus dem Verbande der Siphonocladalen loszutrennen und sie dem systematischen Bereich der Ulotrichalen zu nähern. Ich gestehe, daß mich diese Argumente, wie schon oben gesagt wurde, nicht überzeugen. Wenn z. B. angeführt wird, daß *Rhizoclonium* an den Anfang gestellt werden muß, weil es unverzweigt ist und mitunter nur einen Kern je Zelle enthält, so ist dem entgegenzuhalten, daß auch bei *Rhizoclonium* gar nicht selten rudimentäre Verzweigungen vorkommen und daß die geringe Zahl von Kernen (meist 2—4), entsprechend der geringeren Größe der Zellen im Vergleich zu *Cladophora*, auch im Wege einer Reduktion zustande gekommen sein kann. Das scheint mir zutreffender zu sein (vgl. auch SCHUSSNIG). Der Membranbau, die Feinstruktur der Membran, die zentripetale Querseptenbildung, die Nichtsynchronisierung der Kernteilungen mit der Querwandbildung und die ganz andere Art der Individualisierung der Schwärmer sind Merkmale, die man im Bereiche der Ulotrichales nirgends antrifft. Ich glaube daher, daß die älteren Autoren mit ihrer Beurteilung des Siphonocladalentypus und mit der systematischen Gliederung desselben am richtigen Wege gewesen sind. Es lohnt sich daher, hier diese Systeme in Erinnerung zu bringen. F. BØRGESEN stellt für die Ordnung der Siphonocladales folgende Familien auf:

1. Cladophoraceae
    Chaetomorpha, Rhizoclonium, Cladophora
2. Valoniaceae
    1. Unterfamilie: Anadyomeneae
        Anadyomene, Microdictyon
    2. Unterfamilie: Valonieae
        Valonia, Dictyosphaeria
    3. Unterfamilie: Boodleae
        Cladophoropsis, Boodlea
    4. Unterfamilie: Siphonocladeae
        Struvea, Chamaedoris, Siphonocladus, Ernodesmis
3. Dasycladaceae
    1. Unterfamilie: Dasycladeae
        Neomeris Dasycladus
    2. Unterfamilie: Bornetelleae
        Batophora
    3. Unterfamilie: Acetabularieae
        Acetabularia, Acicularia

W. A. SETCHELL bringt 1929 folgende Einteilung:
Microdictyaceae
  Microdictyon, Boodlea, Struvea
Cladophoraceae
  Rhizoclonium, Chaetomorpha, Cladophora, Spongomorpha
Siphonocladaceae
  Cladophoropsis, Siphonocladus, Ernoseris, Chamaedoris
Anadyomenaceae
  Anadyomene, Grayemma, Cystodictyon
Valoniaceae
  Valonia
  Dictyosphaeria

Von J. FELDMANN (1938) stammt eine neuere systematische Einteilung der Siphonocladalen, und zwar:
Valoniaceae
Siphonocladaceae
Boodleaceae
Anadyomenaceae
Cladophoraceae

Auch in seinem großem Werk über die Algenflora der Albèresküste rechnet FELDMANN die Cladophoraceen zu den Siphonocladalen. Wie ich schon weiter oben sagte, wäre gegen die stärkere Hervorhebung des Cladophoreentypus zum Range einer Ordnung an sich nichts einzuwenden. Und das geschieht auch in der letzten Zeit. Aber sie aus dem Gestaltungskreis der Siphonocladalen loszutrennen, halte ich sachlich nicht für berechtigt.

Speziell über die Gattung Cladophora liegen aus der letzten Zeit zwei Publikationen von B. SCHUSSNIG über den Kernphasenwechsel von *Cladophora glomerata* vor, in denen endgültig nachgewiesen wird, daß die Entwicklung dieser Art fast ausschließlich in der Diplophase abläuft. Die Reduktionsteilung findet nur vor der Gametenbildung statt, die aber atypisch abläuft, so daß die Gameten zum größten Teil degenerieren und Kopulationen daher äußerst selten sind. Der atypische Ablauf der Meiose hängt allem Anschein damit zusammen, daß die vorliegende Art konstitutionell oktoploid, mit 96 Chromosomen in der aktuellen Diplophase ist. Außerdem kommen auch triploide Individuen mit 144 Chromosomen vor. A. RIETH schildert die vegetative Vermehrung von *Sphaeroplea wilmani* FRITSCH u. RICH und stellt dabei auch einen Vergleich mit den übrigen Arten dieser Gattung an. Es stellt sich heraus, daß die Abwandlungen im Entwicklungsvorgang dieser Gattung eine fortschreitende Reduktionsreihe der begeißelten Fortpflanzungszellen erkennen lassen. Von den mit Zoosporen und beweglichen weiblichen und männlichen Gameten und acht beweglichen Zygotenschwärmern findet zunächst ein Ausfall der Zoosporen statt. Ein weiterer regressiver Schritt ist die Umwandlung der weiblichen Gameten in unbegeißelte Eizellen und eine Verminderung der Zygotenschwärmer auf 4. Dann wird diese Zahl noch auf 1 reduziert. In anderen Fällen fallen die beweglichen Zygotenschwärmer völlig aus, die keimende Zygote liefert vier unbewegliche Keimlinge, die im Extremfall ebenfalls auf bloß 1 reduziert werden können.

Rieth setzt sich auch für einen engeren Anschluß der Sphaeropleaceae an die Chaetophorales ein und betont, daß die Zoosporen von *Sphaeroplea* eine große Ähnlichkeit mit den Makrozoosporen der Ulotrichaceae zeigen. „Daß der Schritt von *ulothrix*artigen Formen zu *Sphaeroplea* nicht sehr groß ist und im wesentlichen in einer reduzierten, keineswegs völlig geschwundenen Fähigkeit der Querwandbildung besteht, ist klar. Ebenso dürfte kaum bestritten werden, daß die Tendenz zu mehrkernigen Zellen phylogenetisch mehrfach auftritt und kein allein entscheidendes Merkmal für die Klassifizierung sein kann." Gewiß, auf die Mehrkernigkeit allein kommt es im Einzelfalle nicht so sehr an, aber auf den Typus, der allein für die phylogenetische Beurteilung ausschlaggebend ist. Man muß auf den Ursprung im Wege einer vergleichend-entwicklungsgeschichtlichen Analyse zurückgreifen, weshalb ich noch einmal auf meinen Grundriß verweisen möchte.

Literatur.

Abe, K.: Sci. Rep. Tôhoku Imp. Univ. Ser. IV, Biol. **12**, 475—482 (1938). — Ebenda **14**, 327—329 (1939).
Børgesen, F.: The Marine Algae of the Danish West Indies, part 1, Chlorophyceae. Copenhagen 1913. — Kgl. danske Vidensk. Selsk., biol. Medd. **18**, 1—10 (1950). — Bourrelly, P.: Bull. Soc. bot. France **98**, 202—205 (1951). — Bull. Microscopie appl. **3**, 14—21 (1953). — Ebenda **4**, 47—61 (1954). — Bourrelly, P., u. F. Magne: Rev. gén. Bot. **60**, 1—4 (1953). — Braarud, T.: (1) Blyttia **2**, 102—108 (1954). — (2) Nytt Mag. Bot. **3**, 1—4 (1954). — Braarud, T., u. J. Markali: Nytt Mag. Bot. **2**, 117—118 (1954).
Carter, N.: Arch. Protistenkde **90**, 1—68 (1937). — Chadefaud, M.: (1) Ann. de Protistol. **5**, 323—341 (1936). — Ebenda **5**, 232—342 (1936). — Rev. Sci., Paris **79**, 113—114 (1941). — (1) Les mitochondries des Euglènes. Bull. Soc. bot. France **91**, 174—176 (1944). — (2) Rev. Cytol. et Cytophysiol. véget. **7** (1944). — Bull. du Muséum, II. sér. **23**, 662—665 (1951).
Deflandre, G.: Traité de Zoologie, Vol. 1, fasc. 1, 1952. — C. r. Acad. Sci. Paris **236**, 328—330 (1953). — Deflandre, G., et Ch. Fert: C. r. Acad. Sci. Paris **234**, 2100—2102 (1952). — Delf, M.: J. of Bot. **1939**, 129—138. — Doflein, F., u. E. Reichenow: Lehrbuch der Protozoenkunde, 6. Aufl. Jena 1953. — Drew, K. M.: Ann. of Bot., N. S. **3**, 347—367 (1939); **18** (1954). — Nature (Lond.) **164**, 748—751 (1949). — Rhodophyta. In G. M. Smith, Manual of Phycology, S. 167—191. 1951. — Drew, K. M., and K. S. Richards: J. Linnean Soc. Bot. **1953**.
Feldmann, J.: Les Algues marines de la Côte des Albères. I.—III. Paris 1937. — Rev. gén. Bot. **50** (1938). — Bull. Soc. Histoire natur. Afrique N. Alger **30**, 87—97 (1939). — C. r. Acad. Sci. Paris **233**, 1309—1310 (1951). — Feldmann-Mazoyer, G.: Recherches sur les Céramiacées de la Mediterranée occidentale. Alger 1940. 510 pp., 191 figg. — Bull. Soc. Histoire natur. Afrique N. Alger **33**, 15—18 (1942). — Fitting, H., W. Schumacher, R. Harder u. F. Firbas: Lehrbuch der Botanik für Hochschulen, 26. Aufl. Stuttgart: Gustav Fischer 1954. — Fogg, G. E.: The Metabolism of Algae, S. 21. London 1953. — Fritsch, F. E.: Ann. of Bot., N. S. **6**, 533—563 (1942). — New Phytologist **44**, 1—16 (1945). — J. Indiana Bot. Soc., M. O. P. Iyengar comm. Vol., **1947**, 29—50. — The Structure and Reproduction of the Algae, Vol. I. 1948. — The Structure and Reproduction of the Algae. Vol. II. Foreword, Phaeophyceae, Rhodophyceae, Myxophyceae. Cambridge 1952.
Gaarder, K. R., J. Markali u. E. Ramsfiell: Avh. Norske Vidensk. Akad. Oslo, Math.-nat. Kl., **1954**, Nr 1, 1—9. — Gams, H.: Mikroskopie (Wien) **2** (1947). — Geitler, L.: Österr. bot. Z. **100**, 302—307 (1953). — Godward, M.: New Phytologist **41**, 293—301 (1942).

HALLDAL, P., u. J. MARKALI: J. Conseil Internat., Explor. Mer 19, 329—336 (1954). — HARDER, R., u. W. KOCH: (1) Arch. Mikrobiol. 21, 1—3 (1954). — (2) Ebenda 20, 343—346 (1954). — HOLLANDE, A.: Archives de Zool. 83 (1942). — HOUWINK, A. L.: An E. M. study of the flagellum of *Euglena gracilis*. Proc., Kon. nederl. Akad. Wetensch., Ser. C 54, 3—8 (1951). — HUBER-PESTALOZZI, G.: In A. THIENEMANN, Die Binnengewässer. Bd. XVI, Teil 2, 1. Hälfte, 1941; Bd. XVI, Teil 3, 1950. Stuttgart.
INAGAKI, K.: Sci. Pap. Inst. Algol. Res. 4, 1—14 (1954). — IYENGAR, M. O. P., u. M. S. BALAKRISHNAN: Proc. Indiana Acad. Sic. 29, 105—108 (1949). — IYENGAR, M. O. P., u. K. R. RAMANATHAN: New Phytologist 19, 175—176 (1940). — Ebenda 20, 157—159 (1941).
JAASUND, E.: Bot. Not. (Lund) 1951, 128—142. — JOLY, A. B.: Bol. Inst. Oceanográfico, São Paulo 3, 39—43 (1952).
KAESTNER, A.: Lehrbuch der speziellen Zoologie, Teil 1, 1. Lfg. Abschn. Protozoa von A. WETZEL, S. 23—75. Jena 1954. — KAMPTNER, E.: Ann. naturhist. Mus. Wien 51, 54—149 (1941). — Ebenda 52, 5—19 (1942). — Anz. Akad. Wiss. Wien, Math.-naturwiss. Kl. 1943, 1—7. — Ebenda 1946, 100—103. — Sitzgsber. österr. Akad. Wiss. Math.,-naturwiss. Kl., Abt. I 157, 1—16 (1948). — Ebenda 1949, 77—80. — Arch. Protistenkde 100, 1—90 (1954). — KANDA, T.: Sci. Pap. Inst. Algol. Res., Faculty of Sci., Hokkaido Univ. 2, 155—193, 293—308 (1941). — KNIGHT, M.: Trans. Roy. Soc. Edinburgh 56, 307—332 (1929). — KOCH, W. J., u. J. ELISHA MITCHELL: Sci. Soc. 67, 123—131 (1951). — KORNMANN, P.: Helgoländer wiss. Meeresunters. 4, 205—224 (1953). — Ebenda 5 (1954). — KRICHENBAUER, H.: Arch. Protistenkde. 90, 88—122 (1937). — KUCKUCK, P.: Ectocarpaceen-Studien I., herausgeg. von P. KORNMANN. Helgoländer wiss. Meeresunters. 5, 103—117 (1953). — KUROGI, M.: Sci. Pap. Inst. Algol. Res., Faculty of Sci., Hokkaido Univ. 4, 63—70 (1954). — KYLIN, H.: (1) Lunds Univ. Årsskr., N. F., Avd. 2 36, 1—67 (1946). — (2) Sv. bot. Tidskr. 34, 301—314 (1940). — Bot. Not. (Lund) 1943, 295—298.
LEVRING, T.: Bot. Not. (Lund) 1939, 40—52. — Meddal. Göteborgs Bot. Trädg. 1947. — Physiol. Plantarum (Copenh.) 1, 45—55 (1949). — Ebenda 5, 528—539 (1952). — LUND, S.: Kgl. danske Vidensk. Selsk. biol. Medd. XV 9, 1—37 (1940).
MACK, B.: Österr. bot. Z. 98, 249—279 (1951). — Ebenda 99, 396—401 (1952). — MANTON, J.: Symposia Soc. Exper. Biol. 1952, No. 6, 306—319. — MANTON, J. u. B. CLARKE: (1) Nature (Lond.) 166, 973—974 (1950). — (2) Ann. of Bot., N. S. 15, 461—471 (1951). — (3) J. of Exper. Bot. 2, 242—246 (1951). — MANTON, J., B. CLARKE u. A. D. GREENWOOD: J. of Exper. Bot. 3, 204—215 (1952). — Ebenda 4, 319—329 (1953).
OSBORN, J. E. M.: Trans. Roy Soc., New Zealand 1948.
PAPENFUSS, G. F.: Science (Lancaster, Pa.) 77 (1933). — Bot. Gaz. 96, 421—446 (1935). — Bot. Not. (Lund) 1939, 11—20. — Ebenda 1943, 437—444. — PASCHER, A.: (1) Süßwasserflora 1927, H. 4. — (2) Heterokonten. In RABENHORSTS Kryptogamenflora von Deutschland, Österreich und der Schweiz, Bd. 11. 1937—1940. — (3) Arch. Protistenkde. 93, 331—349 (1940). — (4) Ebenda 94, 295—309 (1940). — (5) Beih. bot. Cbl. Abt. A 60, 135—156 (1940). — POCHMANN, A.: Struktur, Wachstum und Teilung der Körperhülle bei den Eugleninen. Planta (Berl.) 42, 478—548 (1953). — PRINGSHEIM, E. G.: New Phytologist 41 (1942). — PRINGSHEIM, E. G., u. R. HOVASSE: Archives de Zool. 96 (1950). — PRINTZ, A.: Nytt Mag. Naturvidensk. 80, 137—210 (1939).
RAMANATHAN, K. R.: Ann. of Bot., N. S. 3, 375—398 (1939). — RAO, C. SURYA PRAKASA: Proc. Indiana Acad. Sci. 23, 39—51 (1946). — RIETH, A.: Flora (Jena) 139, 28—38 (1952).
SCHILLER, J.: Schweiz. Z. Hydrol. 14, 456—461 (1952). — SCHUSSNIG, B.: Arch. Protistenkde. 93, 317—330 (1940). — Sydowia, Annales Mycologiei, Ser. II 2, 83—230 (1948). — Sv. bot. Tidskr. 44, 55—71 (1950). — Ebenda 45, 597—602. (1951). — Handbuch der Protophytenkunde, Bd. 1. Jena 1953. — Arch. Protistenkde. 100, 287—322 (1954). — Grundriß der Protophytologie. Jena 1954. — SCHUSSNIG, B., u. E.KOTHBAUER: Österr. bot. Z. 83, 81—97 (1934). — SETCHELL, W. A.: Univ. California Publ. Bot. 14 (1929). — SILVA, P. C.: Univ.

California Publ. Bot. 25, 79—105 (1951). — SINGH, R. N.: New Phytologist 41, 262—273 (1942). — Ebenda 44, 118—129 (1945). — SKUJA, H.: Sv. bot. Tidskr. 43, 586—602 (1949). — Ebenda 44, 96—107 (1950). — Ebenda 44, 125—131 (1950). — SMITH, G. M.: Cryptogamic Botany, Vol. I, Algae and Fungi, p. 151—167. London 1938. — Amer. J. Bot. 34 (1947). — The Fresh-water Algae of the United States, 2nd edit. New York, Toronto u. London 1950. — Manual of Phycology. An Introduction to the Algae and their Biology. Waltham, Mass. 1951. — SUBRAHMANIAN, R.: Proc. Indian Acad. Sci. 39, 118—127 (1954). — SUNESON, S.: Sv. bot. Tidskr. 34, 315—333 (1940). — Ebenda 41, 235—246 (1947). — Lunds Univ. Årsskr., N. F., Avd. 2 39, 3—65 (1943). — Bot. Not. (Lund) 1944, 265—269. — Ebenda 1950, 429—450. — Kgl. fysiogr. Sällsk. Lund Förh. 14, 1—7 (1944). — Ebenda 15, 1—14 (1945). — SVEDELIUS, N.: Bot. Not. (Lund) 1939, 21—39. — Ebenda 1939, 591—606. — Sv. bot. Tidskr. 1941, 100—104. — Ebenda 46, 1—17 (1952). — Blumea Suppl. 2, 72—90 (1942). — Farlowia 1, 495—499 (1944). — J. Indian Bot. Soc., M. O. P. IYENGAR Comm. Vol. 1947, 215—223. — Österr. bot. Z. 100, 217—225 (1953). — SVEDELIUS, N., u. A. NYGREN: Symbolae bot. Upsalienses 9, 1—32 (1946).

TAHARA, M.: Sci. Rep. Tôhoku Univ., IV. s., Biol. 15, 321—330 (1940). — Ebenda 16, 9—15 (1941). — TAKAMATSU, M.: Saito Ho-on Kai Museum, Res. Bull. 1938, No. 14, 181—192. — Sci. Rep. Tôhoku Univ. IV. s., Biol. 14, 49—52 (1939). — Saito Ho-on Kai Museum, Res. Bull. 1939, No. 17, 1—19. — TANAKA, T.: Bull. Jap. Soc. Sci., Fisheries 18, 428—432 (1953). — Traité de Zoologie, herausgeg. von P. P. GRASSÉ, Bd. 1, 1. Hälfte, Phylogénie, Protozoaires: Généralités, Flagellés Paris 1952. XII u. 1071 S. — TSCHERMAK, E.: (1) Planta (Berl.) 32, 585 (1942). — (2) Naturwiss. 30, 683 (1942). — (3) Biol. Zbl. 63, 457—467 (1943). — (4) Chromosoma 2, 493 (1943). — TSCHERMAK-WOESS, E.: Österr. bot. Z. 95, 341 (1948). — Ebenda 98, 412—419 (1951). — TSCHERMAK-WOESS, E., u. A. PLESSL: Österr. bot. Z. 95, 194 (1948).

VLK, W.: Beih. bot. Cbl. 48, 214—220 (1931). — Arch. Protistenkde. 90, 448 (1939). — VISCHER, W.: Verh. naturforsch. Ges. Basel 56 (1945). — Verh. internat. Ver. theoret. u. angew. Limnologie 10 (1949).

5b. Systematik und Stammesgeschichte der Pilze.

Von HEINZ KERN, Zürich.

Mit 3 Abbildungen.

I. Phycomyceten (einschließlich Archimyceten).

Eines der wesentlichsten Kriterien zur Beurteilung der stammesgeschichtlichen Beziehungen niederer Pilze bildet die Begeißelung ihrer Zoosporen. Dabei wird nicht nur auf die Zahl und Länge der Geißeln, sondern mehr und mehr auch auf ihre Struktur Gewicht gelegt (z. B. Peitschen- und Flimmergeißeln; vgl. COUCH und Fortschr. Bot. 13, 91).

Die Begeißelung der Zoosporen von *Woronina polycystis* CORNU ist umstritten; nach den einen Autoren sind die beiden Geißeln gleich, nach anderen verschieden lang. Dementsprechend ist auch die systematische Stellung der Art unsicher; sie wird bald bei den heterokonten Plasmodiophoraceen (SPARROW), bald bei den isokonten Olpidiopsidaceen (GÄUMANN) und bald in einer besonderen Familie (Woroninaceen; KARLING) untergebracht. Nach neueren Beobachtungen (GOLDIE-SMITH) sind die Zoosporen heterokont; die kurze Geißel schwingt beim Schwimmen nach vorn, die lange nach hinten. Beide sind Peitschengeißeln, bestehen also aus einem langen, dicken Teil und einem dagegen abgesetzten dünnen Schwanzstück. Diese Zoosporen unterscheiden sich wesentlich von denjenigen von *Olpidiopsis achlyae* McLARTY mit einer Peitschengeißel und einer gleich langen Flimmergeißel. Dagegen erinnern sie an die Verhältnisse bei Myxomyceten und Plasmodiophoraceen: bei manchen Myxomyceten finden sich zwei ungleich lange Peitschengeißeln, denen das Schwanzstück zum Teil fehlt; in der Gattung *Plasmodiophora* wurden ungleich lange, aber gleich gebaute Geißeln beobachtet, die als Peitschengeißeln ohne Schwanzstück interpretiert werden können (ELLISON).

Die hier beobachtete Begeißelung der Zoosporen von *Woronina polycystis* spricht somit für eine Verwandtschaft mit den Plasmodiophoraceen. Dasselbe dürfte für einige weitere, ähnlich gebaute Formen mit heterokonten Zoosporen gelten (z. B. *Rozellopsis*; KARLING); unsere vielfach lückenhaften Kenntnisse dieser Pilze müssen jedoch noch in manchen Punkten ergänzt werden, bevor eine sichere Einteilung vorgenommen werden kann.

Blastocladiales. Zahlreiche systematische, genetische und physiologische Untersuchungen sind in den letzten Jahren an Vertretern der Gattung *Allomyces* durchgeführt worden. EMERSON u. WILSON stellen nun ihre Arbeiten mit den beiden Arten *Allomyces arbuscula* BUTLER und *All. macrogynus* (EMERS.) EMERS. u. WILS. (syn. *All. javanicus* KNIEP var. *macrogynus* EMERS.) zusammenfassend dar. Wie früher schon dargelegt (Fortschr. Bot. 16, 97), durchlaufen diese beiden Arten einen antithetischen Generationswechsel: Bei der Keimung der Dauersporen erfolgt die Reduktionsteilung; die entstehenden haploiden Zoosporen wachsen zu Gametophyten aus, welche männliche und weibliche Gametangien tragen. Die bei der Kopulation der Gameten entstehende Zygote entwickelt sich zum Sporophyten; dieser vermehrt sich einerseits asexuell mit diploiden Zoosporen und bildet andererseits Dauersporen.

Bei beiden Arten ist das weibliche Gametangium farblos; das männliche ist kleiner und durch γ-Carotin leuchtend orange gefärbt. Der Unterschied zwischen den zwei Arten liegt in der Stellung der Gametangien: bei *All. macrogynus* entsteht das männliche Gametangium über dem weiblichen (Epigynie), bei *All. arbuscula* dagegen unter dem weiblichen (Hypogynie).

Die Autoren kreuzten nun z. B. eine weibliche Gamete von *All. macrogynus* mit einem männlichen Gameten von *All. arbuscula*, ließen die Zygote zum Sporophyten heranwachsen und analysierten die bei der Dauersporenkeimung gebildeten haploiden Zoosporen. Die (aus je einer Zoospore hervorgegangenen) Gametophyten der F_1-Generation zeigten alle Übergänge von reiner Epigynie (wie bei der Mutterpflanze) über zahlreiche Zwischenstufen (Epigynie und Hypogynie gleichzeitig in verschiedenen Zahlenverhältnissen) zu reiner Hypogynie (wie bei der Vaterpflanze). Die so entstandenen Bastarde waren selbstfertil; sie ließen sich unter Erhaltung der intermediären Merkmale des Gametophyten beliebig oft sexuell fortpflanzen.

Solche Kreuzungen dürften auch in der Natur vorkommen. So betrachten EMERSON u. WILSON die verschiedenen Stämme von *All. javanicus* (KNIEP) EMERS. u. WILS. (syn. *All. javanicus* KNIEP var. *javanicus* EMERS.), bei denen ebenfalls Epigynie und Hypogynie gleichzeitig vorkommen, als Hybriden zwischen *All. macrogynus* und *All. arbuscula*.

Zu übereinstimmenden Ergebnissen führen die cytologischen Untersuchungen (WILSON; EMERSON u. WILSON). Die aus den verschiedensten Gebieten der Erde stammenden Isolierungen von *All. arbuscula* und wohl auch diejenigen von *All. macrogynus* lassen sich in polyploide Reihen mit den Grundzahlen $n=8$ bzw. 14 ordnen. Bei der oben erwähnten Kreuzung zwischen einer weiblichen Gamete von *All. macrogynus* (z. B. $n=28$) und einem männlichen Gameten von *All. arbuscula* (z. B. $n=16$) treten in der ersten Reduktionsteilung erwartungsgemäß 44 Chromosomen auf. Nur wenige von ihnen (2—10) paaren sich in der üblichen Weise; die übrigen verteilen sich zufällig auf die beiden Tochterzellen. Wenn eine auf diese Weise entstandene haploide Zoospore lebensfähig ist, wächst sie zu einem Gametophyten heran, der sich je nach Chromosomenbestand zwischen den beiden Eltern intermediär verhält. Bei den experimentell erhaltenen Bastarden wurden bis jetzt Chromosomenzahlen von $n=20, 22, 27$ usw. bis 44 gefunden, bei den verschiedenen Stämmen des natürlichen Hybriden *All. javanicus* solche von $n=13, 14$ usw. bis 21. Auf diese Weise lassen sich die zahlreichen

Stämme aus der Verwandtschaft dieser Arten in ein umfassendes Schema einordnen. Auch bei manchen anderen Pilzgruppen wird die vermehrte Ergänzung der herkömmlichen Systematik durch genetische, cytologische und auch physiologische Untersuchungen zweifellos zu einem besseren Verständnis der Artumgrenzung und Artbildung führen.

Monoblepharidales. Die Gattung *Gonapodya* wurde von SPARROW auf Grund der Merkmale von Myzel und Zoosporen und auf Grund vereinzelter Beobachtungen sexueller Entwicklungsstadien (CORNU) zu den Monoblepharidales gestellt. Die Angaben von CORNU konnten nun vor kurzem bestätigt und erweitert werden (JOHNS u. BENJAMIN). Die weiblichen Gametangien (Oogonien) von *G. prolifera* (CORNU) FISCHER und *G. polymorpha* THAXTER bilden zahlreiche kugelige, unbegeißelte Eizellen, die innerhalb des Gametangiums oder im Freien mit eingeißeligen Spermien kopulieren. Die Zygote bleibt zunächst (mit Hilfe der Spermiengeißel oder amöboid) beweglich und enzystiert sich schließlich zu einer dünnwandigen, kugeligen Oospore. Auch diese Befunde sprechen für die Zugehörigkeit von *Gonapodya* zu den Monoblepharidales.

II. Ascomyceten.

Zum Aufbau eines neuen Systems der Ascomyceten, das die stammesgeschichtlich wesentlichen Merkmale (vor allem den Bau und die Entwicklungsgeschichte von Fruchtkörpern und Asci; vgl. MUNK) möglichst umfassend berücksichtigt, wird mehr und mehr Material zusammengetragen. Von ARX u. MÜLLER greifen aus der Fülle der klassischen Pyrenomyceten die amerosporen Gattungen heraus, d. h. diejenigen mit einzelligen, kugelig-ellipsoidischen, farblosen oder gefärbten Ascosporen. Die scolecosporen (Sporen fädig- sehr langgestreckt) und allantoiden (Sporen wurstförmig gekrümmt) Formen bleiben dabei ausgeschlossen. Unter diese Definition fällt eine große Zahl der verschiedensten Gattungen, welche die Autoren in phylogenetisch einheitliche Reihen und Familien einzuordnen versuchen. Sie folgen dabei zunächst LUTTRELL (vgl. Fortschr. Bot. 16, 99) und unterscheiden die Formen mit einwandigem Ascus (Unitunicatae) von denjenigen mit doppelwandigem Ascus (Bitunicatae).

Die Bitunicatae entsprechen im wesentlichen den Ascoloculares von NANNFELDT und dürften eine weitgehend einheitliche Gruppe darstellen. Die Hemisphaeriales lassen sich in ihrer bisherigen Fassung nicht aufrechterhalten; entsprechend ihrem früheren Vorgehen (MÜLLER u. VON ARX; Fortschr. Bot. 14, 91) unterscheiden die Verfasser auf Grund des Baues der Fruchtschicht die Reihen der Myriangiales, Pseudosphaeriales und Dothiorales. Gattungen mit einzelligen Sporen finden sich nur in der Reihe der Dothiorales; sie werden in den Familien der Botryosphaeriaceen, Entopeltaceen und Mesnieraceen untergebracht.

Die Fruchtkörper der Botryosphaeriaceen (Abb. 65) bestehen aus ziemlich großen, in den äußeren Schichten dickwandigen und dunklen, oft langgestreckten und in senkrechten Reihen angeordneten Zellen. Die Asci wachsen in Höhlungen (Loculi) hinein, die anfänglich von farblosen, meist in senkrechten Reihen stehenden Zellen erfüllt sind;

diese Zellreihen werden von den heranwachsenden Asci verdrängt oder bleiben als Interthecialfasern (Paraphysoiden) zwischen den Asci erhalten. Die jungen Fruchtkörper sind geschlossen; später bröckelt die Deckschicht weg und legt die Fruchtschicht teilweise oder ganz frei.

Die beiden anderen, nur wenige Gattungen umfassenden Familien nehmen unter anderem durch den Bau ihrer Sporen eine isolierte Stellung ein; diese sind bei den Entopeltaceen braun mit einem hellen Quergürtel, bei den Mesnieraceen braun und mit Leisten oder Warzen besetzt.

Weniger einheitlich ist die große Gruppe der Unitunicatae; sie umfaßt verschiedene selbständige Entwicklungsreihen, die sich in der Struktur der Asci und in Bau und Entwicklung der Fruchtkörper unter-

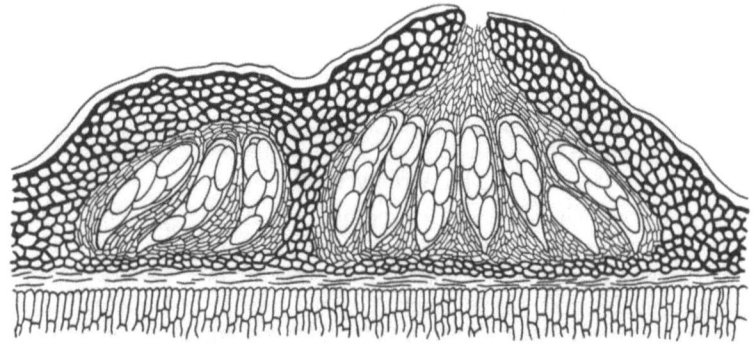

Abb. 65. Schnitt durch einen Fruchtkörper von *Trabutia quercina* (FR. u. RUD.) SACC. u. ROUM. Nach VON ARX u. MÜLLER. Vergr. 250mal.

scheiden. Die Autoren bringen die amerosporen Formen in den Reihen der Phacidiales, Sphaeriales und Diaporthales und in der Familie der Coronophoraceen unter.

Die hier als Phacidiales zusammengefaßten Formen waren in ihrer Deutung lange umstritten und wurden zum Teil bei den Ascoloculares, zum Teil bei den Ascohymeniales untergebracht (PETRAK, NANNFELDT, TERRIER). Sie nehmen zwischen den streng ascolocularen und den streng ascohymenialen Pilzen eine Zwischenstellung ein. Die jungen Asci wachsen im Innern der rundlichen oder gestreckten, anfänglich geschlossenen Fruchtkörper zwischen langgestreckten, paraphysoiden Zellen (Interthecialfasern) nach oben. Die paraphysoiden Fäden reißen bald von der Deckschicht des Fruchtkörpers los; sie können anschließend noch weiter in die Länge wachsen und sind von echten Paraphysen nicht mehr zu unterscheiden (Abb. 66). In anderen Fällen werden sie von den Asci verdrängt und verschleimen. Der reifende Fruchtkörper öffnet sich unregelmäßig-lappig oder durch einen Längsspalt (bei den höheren Formen mit einem Öffnungsmechanismus) und legt die Fruchtschicht frei. Innerhalb der Reihe werden die Familien der Phacidiaceen (*Phacidium, Phacidina, Cryptomycina* u. a.), der Cryptomycetaceen (*Cryptomyces* u. a.) und der Hypodermataceen (*Hypoderma, Rhytisma, Coccomyces* u. a.) unterschieden.

Bei den nach Ausschluß der fremden Elemente in der Reihe der Sphaeriales verbleibenden Formen stehen die Asci hymeniumartig nebeneinander, sind länglich-keulig und besitzen eine zarte, aber meist bleibende Membran. Diese ist am Scheitel etwas verdickt und enthält in manchen Fällen eine flache oder becherförmig eingesenkte, stärker lichtbrechende Platte. In der Fruchtschicht wachsen in manchen Fällen Paraphysen zwischen den Asci nach oben. Die Reihe entspricht im wesentlichen den Xylariales von LUTTRELL und umfaßt unter anderen die Familien der Melanosporaceen, Xylariaceen, Polystigmataceen, Sphaeriaceen und Nectriaceen.

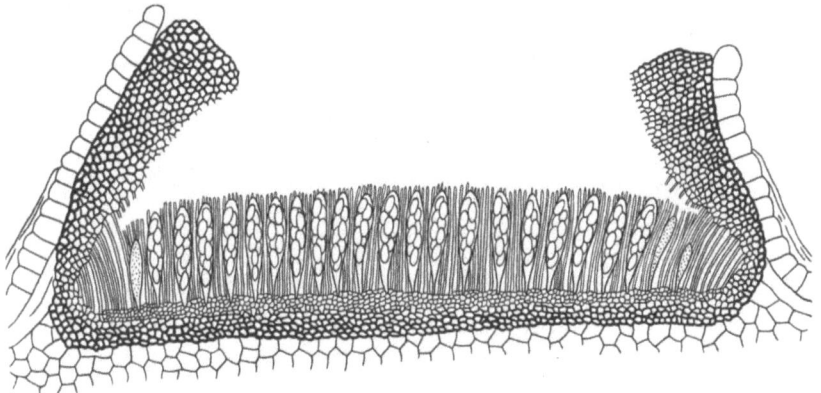

Abb. 66. Schnitt durch einen Fruchtkörper von *Phacidium lacerum* FR. Nach VON ARX u. MÜLLER. Vergr. 240mal.

Die Ascuswand der Diaporthales ist am Scheitel charakteristisch verdickt und durch einen Apikalring gekennzeichnet, der im Mikroskop in Form von zwei nebeneinanderliegenden, stark lichtbrechenden Körperchen erscheint. Die Asci bleiben bei einigen Gattungen hymeniumartig an der Fruchtkörperwand befestigt; in anderen Fällen lösen sie sich durch Verschleimen des Stiels bald von der Unterlage ab und erfüllen schließlich den ganzen Hohlraum des Fruchtkörpers.

Die Familie der Coronophoraceen ist charakterisiert durch derbwandige, mündungslose Gehäuse, deren Decke zur Zeit der Sporenreife von einem polsterförmigen, unter der Scheitelmitte sitzenden Quellkörper aufgesprengt wird. Die Asci sind meist lang gestielt und stehen verschieden hoch in dichten Büscheln (Abb. 67). Ihre Wand ist sehr dünn, verschleimt leicht und zeigt keine besonderen Öffnungsmechanismen. Die Autoren vereinigen die Coronophoraceen mit den Nitschkiaceen (FITZPATRICK) und leiten sie (ähnlich wie die Ophiostomataceen) von den Plectascales her.

Die Großzahl der Discomyceten gehört zu den Unitunicatae nach LUTTRELL (bzw. den Ascohymeniales nach NANNFELDT). Auch hier finden sich jedoch vereinzelte Formen mit einem doppelwandigen Ascus, der sich in keiner Weise von demjenigen der Pseudosphaeriaceen unterscheidet [z. B. *Patellaria atrata* FR. und *Johansonia pandani* E. MÜLL.; MÜLLER (2)]. Die verwandtschaftlichen Beziehungen dieser Pilze müssen durch vergleichende entwicklungsgeschichtliche Untersuchungen abgeklärt werden.

Bei manchen Ascomyceten wird auch das Verhalten in Reinkultur in die Untersuchungen einbezogen. Auf der einen Seite haben diese Arbeiten die Entwicklungscyclen einzelner Arten zum Gegenstand. Dabei läßt sich die Bildung der Nebenfruchtformen (Pyknidien usw.) in vielen Fällen leicht verfolgen [MÜLLER (1)]. Weit weniger

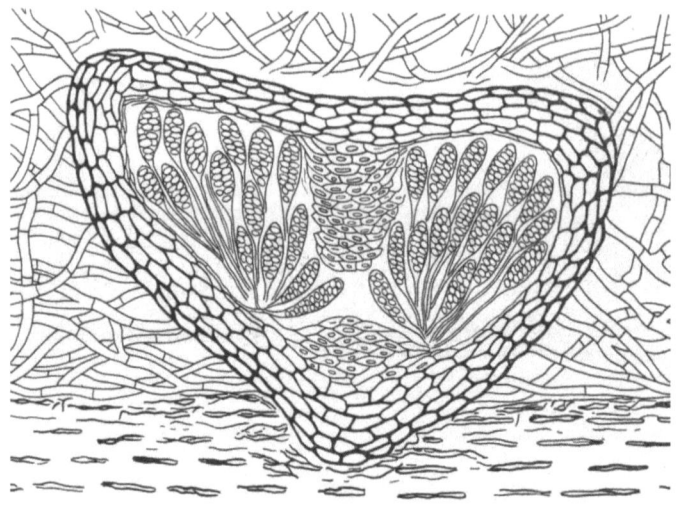

Abb. 67. Schnitt durch einen Fruchtkörper von *Scortechiniella similis* (BRES.) V. ARX u. MÜLL. Nach VON ARX u. MÜLLER. Vergr. 250mal.

häufig treten die Hauptfruchtformen auf; die dazu notwendigen Kulturbedingungen sind nur fragmentarisch bekannt und schwer kontrollierbar. So bildet *Pleospora trichostoma* (FR.) CES. u. DE NOT. auf einem Agarsubstrat mit Maltose und Hefenextrakt oder Nucleinsäuren bei 3—5° C in 3—4 Monaten Perithecien mit reifen Asci [WEHMEYER (1)]. In Kulturen von *Mycosphaerella pinodes* (BERK. u. BLOX.) STONE folgen sich in bestimmtem Rhythmus eine Pyknidienphase, eine Phase des Auftretens der Hauptfruchtform (Pseudothecien) und schließlich eine Phase intensiver Chlamydosporenbildung. Dieser Verlauf steht mit der p_H-Verschiebung im Substrat im Zusammenhang; Pyknidien entstehen optimal bei saurer, Pseudothecien bei neutraler und Chlamydosporen bei alkalischer Reaktion (SÖRGEL).

Auf der anderen Seite können Untersuchungen an Reinkulturen zur Abklärung der Variabilität und der Grenzen schwieriger Arten beitragen. Als Kriterien lassen sich dabei die Wachstumsweise und die Farbe des Mycels, die Bildung von Pyknidien und Perithecien, die Sporenmasse usw. auf bestimmten Nährböden und unter konstanten

Außenbedingungen verwenden [MOREAU bei *Sordaria* und *Pleurage*; SIMMONS bei *Leptosphaeria*, *Pleospora* und *Clathrospora*; für die letztere Gattung vgl. WEHMEYER (2)]. Auch die Nährstoff- und Wuchsstoffansprüche, die Enzymbildung usw. lassen sich unter Umständen zur Charakterisierung von Arten oder Stämmen heranziehen; so differenziert MIX eine große Zahl von *Taphrina*-Arten auf Grund ihrer unterschiedlichen Fähigkeit zum Abbau verschiedener Kohlenstoff- und Stickstoffquellen.

III. Basidiomyceten.

Hymenomyceten. Die systematische Gliederung der Polyporaceen und vor allem die Umgrenzung ihrer Gattungen ist noch sehr umstritten. In verschiedenen neueren Bearbeitungen (z. B. BONDARZEW und SINGER) wurden anatomische und chemische Merkmale von vegetativen Hyphen, Basidien, Sporen usw. in vermehrtem Maße zur Beurteilung der verwandtschaftlichen Beziehungen herangezogen. Dies führte zu einer Aufspaltung der herkömmlichen Gattungen (*Polyporus*, *Polystictus*, *Fomes*, *Trametes* usw.) in zahlreiche kleinere Einheiten, ohne daß jedoch schon ein Abschluß erreicht wäre. Im Gegensatz dazu behält OVERHOLTS' Übersicht der nordamerikanischen Polyporaceen (herausgegeben von LOWE) einen sehr weiten Gattungsbegriff bei und führt die Großzahl der Arten in der Gattung *Polyporus* (inklusive *Polystictus*) auf. Hier wird sich in Zukunft zweifellos manches ändern; auf jeden Fall bildet das Buch für weitere systematische Untersuchungen eine wertvolle und reich illustrierte Grundlage.

Das Auftreten spezialisierter Hyphen in den Fruchtkörpern und besonders die Ausbildung der sterilen Hyphenenden in der Fruchtschicht wird bei vielen Hymenomyceten als wichtiges systematisches Merkmal verwendet. Im Innern der Fruchtkörper finden sich in manchen Gattungen (z. B. *Lactarius*, *Russula*, *Mycena*) weitlumige Hyphen, welche Milchsäfte verschiedener Zusammensetzung (Harze, Öle, Farbstoffe u. a.) führen. An der Oberfläche der Fruchtkörper endigen diese Hyphen oft mit großen Zellen (Pseudocystidien). Auch die normalen Hyphen können besonders im Hymenium charakteristisch gebaute Endzellen bilden, welche die Basidien oft deutlich überragen (Cystidien, Pseudophysen usw.). Sie entspringen zum Teil in der Fruchtschicht selbst, zum Teil in der darunterliegenden Trama. Auch abnormal oder verzögert entwickelte Basidien können typische Formelemente darstellen. LENTZ stellt die zahlreichen Ausbildungsformen in einer Übersicht zusammen; sie sind oft schwer auseinanderzuhalten, und die Terminologie wird in den einzelnen Gruppen und von verschiedenen Autoren noch sehr unterschiedlich gehandhabt.

Ustilaginales. Hier sei kurz auf zwei Bücher hingewiesen. Die im wesentlichen schon 1945 beendete und nun publizierte Arbeit von ZUNDEL bildet eine Zusammenstellung der Brandpilze der Erde mit Diagnosen, Angaben über die Verbreitung und einer ausführlichen Liste der Wirtspflanzen. FISCHER beschreibt in einem sorgfältig illustrierten und durch zahlreiche Bestimmungsschlüssel ergänzten Buche die Brandpilze Nordamerikas.

IV. Fungi imperfecti.

Das gebräuchliche System der Fungi imperfecti weist zahlreiche Unzulänglichkeiten auf. Die Einordnung vieler Gattungen und Arten stößt auf Schwierigkeiten; die auf der Entwicklungshöhe der Fruktifikationsorgane, auf Farbe und Septierung der Konidien usw. begründeten systematischen Einheiten sind vielfach heterogen und wegen zahlreicher Übergangsformen schwer gegeneinander abzugrenzen. HUGHES versucht nun, eine größere Zahl von Hyphomyceten auf Grund der Entwicklung von Konidienträgern und Konidien neu zu gruppieren. Er zeigt an zahlreichen Beispielen, wie die Abschnürung der Konidien bestimmten Typen folgt. In einem ersten Fall entsteht zunächst an der Spitze des Konidienträgers eine Konidie. Diese bildet an ihrer Spitze eine zweite Konidie, diese eine dritte usw. Das Wachstum erfolgt also von unten nach oben; der Konidienträger bleibt im Prinzip unverändert, und die jüngsten Konidien finden sich an der Spitze der Kette. Bei einem zweiten Typ erfolgt die Konidienbildung in umgekehrter Richtung. In einer Wachstumszone an der Spitze des Trägers werden laufend junge Konidien angelegt und die älteren dabei nach oben geschoben. Der ständig wachsende Träger geht unscharf in die jüngsten Konidien über, und die ältesten Konidien sitzen an der Spitze der Kette. Bei anderen Formen entsteht am Träger zunächst eine endständige Konidie; unter der Ansatzstelle wächst der Träger seitlich aus und bildet an der neuen Spitze wieder eine Konidie usw. Oder es wächst der Träger nach Abfall der ersten Konidie durch die Ansatzstelle hindurch. Auf Grund dieser und weiterer Typen gelangt der Verfasser vorläufig zu einer Unterscheidung von neun Hauptgruppen, die sich nach den üblichen morphologischen Merkmalen weiter gliedern lassen. Man wird auf die Weiterführung dieser Untersuchungen gespannt sein; sie dürften (zusammen mit Reinkulturstudien und mit der Einbeziehung bekannter Hauptfruchtformen) zu einem besseren Verständnis mancher Imperfekten führen.

Literatur.

ARX, J. A. v., u. E. MÜLLER: Beitr. Krypt.flora Schweiz 11, Nr. 1, 434 (1954).
BONDARZEW, A., u. R. SINGER: Ann. myc. 39, 43 (1941).
CORNU, M.: Bull. Soc. bot. France 24, 226 (1877). — COUCH, J. N.: Amer. J. Bot. 28, 704 (1941).
ELLISON, B. R.: Mycologia (N. Y.) 37, 444 (1945). — EMERSON, R., u. CH. M. WILSON: Mycologia (N. Y.) 46, 393 (1954).
FISCHER, G. W.: Manual of the North American Smut Fungi. New York 1953. 343 S. — FITZPATRICK, H. M.: Mycologia (N. Y.) 15, 23, 45 (1923).
GÄUMANN, E.: Die Pilze. Basel 1949. 382 S. — GOLDIE-SMITH, E. K.: Amer. J. Bot. 41, 441 (1954).
HUGHES, S. J.: Canad. J. Bot. 31, 577 (1953).
JOHNS, R. M., u. R. K. BENJAMIN: Mycologia (N. Y.) 46, 201 (1954).
KARLING, J. S.: The Simple Holocarpic Biflagellate Phycomycetes. New York 1942. 123 S.
LENTZ, P. L.: Bot. Review 20, 135 (1954). — LUTTRELL, E. S.: Univ. Missouri Stud. 24, Nr. 3, 120 (1951).
MIX, A. J.: Mycologia (N. Y.) 45, 649 (1953); 46, 721 (1954). — MOREAU, C.: Les Genres *Sordaria* et *Pleurage*. Encycl. Mycol. 25, 330 (1953). — MÜLLER, E.:

(1) Sydowia 7, 325 (1953). — (2) Rapp. et Comm. 8. Congr. Int. Botanique Paris, Sekt. 19, S. 51, 1954. Sydowia 8, 54 (1954). — MÜLLER, E., u. J. A. v. ARX: Ber. schweiz. bot. Ges. 60, 329 (1950). — MUNK, A.: Rapp. et Comm. 8. Congr. Int. Botanique Paris, Sekt. 19, S. 35, 1954.

NANNFELDT, J. A.: Nova Acta Reg. Soc. Sci. Upsaliensis, Ser. IV 8, Nr. 2, 368 (1932).

OVERHOLTS, L. O.: The *Polyporaceae* of the United States, Alaska and Canada. Univ. Mich. Stud., Sci. Ser. 19, 466 (1953).

PETRAK, F.: Ann. myc. 20, 300 (1922).

SIMMONS, E. G.: Mycologia (N. Y.) 44, 330 (1952); 46, 184 (1954). — SÖRGEL, G.: Arch. Mikrobiol. 19, 247, 372 (1953). — SPARROW, F. K. JR.: Aquatic Phycomycetes. Univ. Mich. Stud., Sci. Ser. 15, 785 (1943).

TERRIER, CH.-A.: Beitr. Krypt. flora Schweiz 9, Nr. 2, 99 (1942).

WEHMEYER, L. E.: (1) Bot. Gaz. 115, 297 (1954). — (2) Mycologia (N. Y.) 46, 498 (1954). — WILSON, CH. M.: Bull. Torrey Bot. Club 79, 139 (1952).

ZUNDEL, G. L.: The Ustilaginales of the World. Contr. 176, Botany Dept. Pennsylvania State College. 1953. 410 S.

5c. Systematik der Flechten.
Von JOSEPH POELT, München.

Da die letzte Behandlung der Flechten in diesem Rahmen bereits 14 Jahre zurückliegt, empfiehlt es sich, wenigstens teilweise an die letzte kritische Literaturzusammenstellung anzuschließen, die DES ABBAYES (1) für die Jahre 1939—1952 erarbeitet hat.

Einen Überblick über den derzeitigen Wissensstand in der gesamten Flechtenkunde hat uns ebenfalls DES ABBAYES (2) in seinem „Traité de Lichénologie" gegeben, in dem vor allem modernere Teilgebiete weitgehend Berücksichtigung finden.

Auf eine Besprechung der Symbiosepartner für sich allein folgt eine eingehende morphologisch-anatomische Analyse der Flechten selbst, zunächst der vegetativen, dann der reproduktiven Organe. Abschnitte über Flechtenchemie, Ernährungsfragen, Fortpflanzung, Vermehrung und Entwicklung führen weiter. Einem Kapitel über experimentelle Kulturen schließen sich Erörterungen über die Natur der Symbiose an, die freilich nach wie vor in wesentlichen Teilen im Dunkel liegt. Phylogenie und Systematik sind relativ kurz gehalten. Im geographisch-soziologischen Teil kommt des Verfassers eingehende Kenntnis des ozeanischen Westeuropa zum Ausdruck. Die reiche Literaturzusammenstellung macht das Werk allein unentbehrlich.

Als Hilfe zur Bewältigung des Schrifttums mögen die kurzfristigen Übersichten benutzt werden, die CULBERSON in „The Bryologist" veröffentlicht.

Allgemeines.

Da die pilzlichen Komponenten der Flechten die Grundlage für deren Systematisierung bilden, seien zunächst allgemeine Fragen der Flechtenpilze vorangestellt.

Einer der wichtigsten Punkte in der Weiterführung systematischer Arbeiten bleibt die Trennung von *Ascoloculares* und *Ascohymeniales* nach dem Vorgange NANNFELDTs (vgl. auch GÄUMANN), die bisher nur zu einem Teil geklärt erscheint, so daß sich neuere Systeme noch an die ältere Gliederung ZAHLBRUCKNERs halten [so bei DES ABBAYES (2) und MATTICK (1)]. Ob die durchgreifende Scheidung beider Gruppen berechtigt ist, scheint nach den Untersuchungen von MÜLLER u. ARX, die für eine mehrfache Ausdifferenzierung ascohymenialer aus ascolocularen Typen heraus eintreten, sowieso wieder fraglich. SANTESSON (1) trennt bei seinen großangelegten Untersuchungen über die blattbewohnenden Flechten die beiden Gruppen völlig. Eine Klärung der strittigen Fragen ergibt sich wohl nur aus der gründlichen Untersuchung aller wichtigen Formenkreise und vor allem unter Zugrundelegung bisher weniger berücksichtigter Merkmale. Der Aufbau der Ascuswände sowie die Öffnungsweise der Schläuche versprechen nach den bisherigen Untersuchungen, die allerdings größtenteils bei nichtlichenisierten Pilzen durchgeführt wurden, sich als wertvolle Kriterien zu erweisen [vgl.

KERN u. SANTESSON (2)]. GALINOU u. CHADEFAUD konnten bereits zeigen, daß die Öffnungsmechanismen bei *Pertusaria* und anderen *Lecanorales* einen bei den Pilzen nicht bekannten, sehr altertümlichen Typ vertreten. Bis zur Abklärung der strittigen Fragen, die angesichts der großen Schwierigkeiten noch längere Zeit in Anspruch nehmen dürfte, wird man sich mit einem Fluktuieren der systematischen Anschauungen abfinden müssen und von der starren Festlegung eines neuen Systems Abstand nehmen.

Immerhin hat sich bis jetzt mit Sicherheit gezeigt, daß gut abzutrennende ascoloculare Gattungen sowohl unter den ehemaligen Pyrenocarpen, wie bei den Graphidineen, wie bei den Discocarpen verstreut sind, ferner, daß sich diese Genera vielfach auch noch nach anderen Prinzipien als der Entstehung der Fruchtkörper abspalten lassen, so nach der Zellenform der Sporen. Daß sich äußerlich kaum zu unterscheidende ascoloculare Arten sogar zerstreut innerhalb sonst einheitlich ascohymenialer Formenkreise verstecken, konnte LAMB (1) zeigen.

Große Bedeutung wird allgemein der Art der Berandung der Fruchtkörper zugelegt; Gattungen, selbst Familien und Reihen finden sich danach getrennt. Über die bisherige Trennung von lecideinischen bzw. biatorinischen und lecanorinischen Apothecien hinausgehend, unterscheidet DUGHI fünf allerdings nicht streng voneinander geschiedene Typen:

a) Lecideine Ap., mit einem aus dickwandigen, dunklen, fastigiaten Hyphen zusammengesetzten Eigenrand (*Excipulum proprium*); so bei *Lecidea*, *Rhizocarpon* usw.

b) Pseudolecanorine Ap., wie a), aber mit hellem Excipulum und hie und da symbiontische Algen enthaltend (*Blastenia*, *Dimerella*).

c) Superlecideine Ap., gleich a), aber mit auswachsenden, vegetativ werdenden Randhyphen des Excipulums, die eine Art Thallusrinde bilden (*Lecanactis*).

d) Mycolecanorine Ap., der Eigenrand entsendet normale vegetative Hyphen, die ein *Excipulum thallinum* mit Rinde und Mark aber ohne symbiontische Algen aufbauen (so bei *Solorina crocea*, *Peltigera venosa*).

e) Eulecanorine Ap., ähnlich d), aber im Lagerrand (*Exc. thallinum*) Algen enthaltend (so bei sehr vielen Gattungen).

f) Kryptolecanorine Ap., ähnlich e), aber mit eingesenkten Ap., so daß die vegetativen Hyphen des *Exc. proprium* kein eigentliches *Exc. thallinum* bilden können, sondern sich mit den Lagerhyphen vermengen (so bei *Lecanora* subgen. *Aspicilia*).

Die Fähigkeit der Hyphen des *Exc. proprium* zur Bildung eines *Exc. thallinum* hängt davon ab, wieweit es dessen (haplontischen) Hyphen möglich ist, sich der biochemischen Determination durch die Dikaryonten im Innern des Apotheciums zu entziehen.

Die Entstehung strauchiger Flechtenformen aus krustigen Typen behandelt LAMB (2), (3). Dies kann auf zwei prinzipiell verschiedenen Wegen erfolgen. Entweder es verlängert sich — ähnlich wie bei gestielten inoperculaten, nichtlichenisierten Scheibenpilzen, so den *Geoglossaceae* — ein rein dem Pilz angehöriges, dem Apothecium entstammendes Gewebe stielartig und bildet auf diese Weise ein echtes Podetium, das freilich sekundär von thallinischem Gewebe berindet werden kann. (Daß dieser Vorgang einer sekundären Besiedlung durch Algen ohne Schwierigkeiten vor sich gehen kann, hat TOBLER (1) experimentell bewiesen.) Von den *Cladoniaceae* s. ampl., alle strauchigen Entwicklungsreihen der *Lecideales* umfassend, folgen diesem Typus *Baeomyces* und *Cladoniopsis* mit meist unberindeten sowie *Cladonia* und *Pilophoron* mit nachträglich berindeten Lagerstielen. Die zweite Möglichkeit besteht in der orthotropen Verlängerung von Thallusgeweben, aus der sog. Pseudopodetien resultieren. Dabei lassen sich wieder zwei Wege unterscheiden, die von LAMB (2) besonders bei *Stereocaulon* untersucht wurden. Die erste Möglichkeit ist verwirklicht beim Subgen. *Holostelidium*. Hier nehmen alle Schichten des Thallus, Rinde, Algenzone und Mark, an der Verlängerung teil; die Assimilation wird vom Stiel selbst oder auch von homologen Verzweigungen, phyllokladienähnlichen Ästchen, übernommen; die Berindung des Stämmchens kann sekundär reduziert werden. Im Gegensatz dazu steht die Entwicklung bei den Arten des Subgen. *Enteropodium*. Hier verlängert sich einzig aus dem Mark stammendes Gewebe, das bei der Streckung berindete Schuppen mit in die Höhe nimmt, die dann als echte Phyllokladien, primär ohne Zusammenhang zueinander, der Assimilation dienen.

Vorstufen zu diesen voll differenzierten strauchigen Typen finden sich bei verschiedenen Gattungen der *Lecideaceae*, so bei *Catillaria*, *Bacidia*, *Toninia*. Auch bei ihnen läßt sich das Strauchigwerden auf recht verschiedene Vorgänge zurückführen [LAMB (3)].

Im Verfolg entwicklungsgeschichtlicher Zusammenhänge bei *Stereocaulon* geht LAMB (2) auch auf Morphologie, Entstehungsweise und phylogenetische Bedeutung der Cephalodien ein.

Cephalodien scheinen in der Phylogenie dieser Flechtenreihe eine sehr frühe Erwerbung zu sein, wahrscheinlich schon bei krustigen Vorfahren aufgetreten. Drei Typen lassen sich anatomisch und morphologisch auseinanderhalten, wobei die beiden ersten ineinander übergehen: der kugelige („spherical") und der traubige („botryos") mit lockerer Rinde sowie der sacculate Typ mit dicht verleimter Rinde. Ihrer Herkunft nach sind die Cephalodien entweder als Strukturen der Pseudopodetien oder der Phyllokladien zu betrachten. Bei einer primitiven, neuseeländischen Art finden sich beide Rindentypen am selben Cephalodium vereinigt.

Bemerkenswerte Baueigentümlichkeiten von Pykniden gibt SANTESSON (1) von blattbewohnenden Flechten bekannt. Bei einer Reihe von Arten werden sowohl Mikro- wie Makrokonidien gebildet, zum Teil in gesonderten, zum Teil in gemeinsamen Pykniden. Bei Arten mit mauerförmigen Sporen (aus sehr verschiedenen Gattungen) findet sich als gar nicht seltene Erscheinung die Entstehung von Konidien an den distalen Teilen der noch in den Schläuchen eingeschlossenen Sporen, die dadurch langsam aufgezehrt werden. Die Konidien werden von den weit geöffneten Schlauchmündungen aus abgestoßen. Mitunter kann ein ganzer Ascus mitsamt Sporen zu einer Pyknide umgewandelt sein.

Bei einigen *Collema*-Arten werden unbeschadet des Vorhandenseins normaler Pykniden auf der Lageroberseite im Innern des Thallus große Makrokonidien ($10-13/2,5-3\mu$) abgeschnürt, deren weitere Bedeutung allerdings unklar bleibt (was sich von den Pykniden großenteils überhaupt sagen läßt) [DEGELIUS (1)].

Große Beachtung finden in der Systematik der Lichenen weiterhin die sog. Flechtensäuren, für deren Untersuchung die Papierchromatographie wertvolle Aspekte eröffnet (WACHTMEISTER). DAHL (1) faßt die von verschiedenen Autoren an *Cladonia, Parmelia* und *Cetraria* gewonnenen Ergebnisse als Beispiel für eine allgemeine Wertung zusammen. In vielen Fällen decken sich die mit Hilfe chemischer Analyse erschlossenen Gliederungen weitgehend mit den auf morphologisch-anatomischer Basis ergründeten Einteilungen. Freilich läßt sich ein sicheres Urteil über den Wert von Differenzen in den Farbreaktionen erst bei genauer Kenntnis der die Reaktionen bewirkenden Flechtenstoffe geben.

Wie die Strukturformeln zeigen, lassen sich von der bei vielen Lichenen, besonders *Cladonia*-Arten, gefundenen Squamatsäure durch einfache Oxydationen und Reduktionen leicht Thamnol-, Baeomyces- und Barbatsäure ableiten, die denn tatsächlich immer wieder bei verschiedenen Verwandtschaftsgruppen nebeneinander aufzutreten pflegen, so daß den daraus resultierenden Farbreaktionsunterschieden kein allzu großer Wert beizulegen ist. Eine gewisse Abhängigkeit von klimatischen Bedingungen ergibt sich insofern zu erkennen, als in arktischen Gegenden vor allem die Formen mit Squamat- und Barbatsäure, also mit den niedrigsten Oxydationsstufen der Reihe, vorkommen. Größerer Wert beizumessen ist abgeleiteten Flechtensäuren, die nur durch Substitution ganzer Seitengruppen entstehen können.

Auch LAMB (2) bespricht eingehend die systematische Beurteilung chemischer, nicht durch irgendwelche morphologischen Merkmale begleiteter Unterschiede. Die sog. ,,chemischen Arten" sind zu ,,strains", zu Deutsch Stämmen zu reduzieren. Bei *Stereocaulon* finden sich nicht weniger als 16 bereits bekannte, dazu noch eine Reihe unbekannter Flechtensäuren; einige Arten umfassen mehrere Stämme. Sehr reich an solchen sind aber besonders manche Cladonien. *Cladonia chlorophaea* gliedert sich alleine in 7 strains, die morphologisch nicht unterscheidbar sind.

Möglicherweise lassen sich aber doch bei genaueren Untersuchungen auch kleine morphologische Differenzen erfassen. HAKULINEN (1) kann z. B. den Stamm ,,grayi" von *Cladonia chlorophaea* wenigstens unter bestimmten Umständen auch äußerlich erkennen.

Bei der weitverbreiteten Krustenflechte *Rinodina oreina*, die man früher nach den Reaktionen in zwei Arten spalten wollte, treten in nordamerikanischem (wie sicher auch europäischem) Material drei gut unterscheidbare chemische Stämme auf, ein P(araphenylendiamin) +, C(hlorkalk) —, ein P—C+, sowie ein P—C— strain. Der erste dürfte Protocetrarsäure, der zweite Gyrophorsäure enthalten, dem dritten fehlen beide. Morphologische konforme Unterschiede sind nicht zu bemerken. Die beiden aktiven Phasen bevorzugen die Nadelwaldregionen, die inaktive Prärien sowie arktische und alpine Lagen. Das Kartenbild läßt die regellose Zerstreuung der Stämme über das ganze Land hin gut erkennen (HALE).

Wachstumsanomalien, endogener oder durch äußere Einflüsse hervorgerufener Art, haben in der Flechtensystematik schon viel Unheil angerichtet. GRUMMANN schlägt unter Beifügung eines genau ausgearbeiteten Systems vor, diese ganzen mißbildeten Formen einheitlich zu bezeichnen und sie deutlich von den systematischen Kategorien zu sondern.

Wertvolle Erkenntnisse bezüglich der Flechtenalgen, deren Beziehungen zu den Flechtenpilzen und deren systematischer Verwertbarkeit, erbrachten besonders Arbeiten der Wiener Schule.

Allgemein zeigte sich, daß die Zahl der Algentypen wesentlich höher ist als bisher angenommen. Manche Flechtenfamilien scheinen recht einheitlich in der Auswahl ihrer Algenkomponenten zu verfahren. So konnte PLESSL bei 87 von 95 untersuchten Proben von *Lecanoraceae, Lecideaceae* und *Caloplacaceae Cystococcus* feststellen, doch entpuppten sich die Algen von *Catillaria chalybeia* als zu *Myrmecia* gehörig [TSCHERMAK-WOESS (1)], diejenigen von *Lecidea assimilata* und *L. granulosa* wurden als neue Gattung *Chlorellopsis* beschrieben (ZEITLER). Besonders reich an verschiedenen Typen scheinen die *Verrucariaceae* zu sein; neben vielen *Protococcus*-Arten konnten hier *Heterococcus* und *Myrmecia* unter den Protococcalen, sowie *Leptosira* [*L. thrombii* auf *Thrombium epigaeum*, TSCHERMAK-WOESS (1)] unter den Chaetophoralen enträtselt werden. Für Gonidien von *Arthopyrenia kelpii* erkannte VISCHER das Genus *Pseudopleurococcus*. Auf die Untersuchungen von DEGELIUS (1) über die *Nostoc*-Sippen der Gattung *Collema*, die wertvolle Aufschlüsse erbringen, wird bei der Behandlung dieser Familie eingegangen werden.

Aus den Studien dürfte hervorgehen, daß sehr verschiedene Algenformen bei sehr verschiedenen Flechtenfamilien als Symbionten zu leben vermögen, so daß also wenigstens in vielen Gruppen keinerlei Relation zwischen Algen- und Flechtensippen höheren Grades festzustellen ist. Hier können die Algen lediglich zur Charakterisierung der Arten verwendet werden; höhere Einheiten der Lichenen auf gleichartige Algengruppen aufzubauen, dünkt (mit Ausnahme der Fälle, wo andere Kriterien dafür sprechen) widersinnig (ZEITLER).

Wertvolle phyletische Hinweise scheinen sich aber aus den Beziehungen von Pilz und Alge innerhalb verschiedener Flechtengruppen herauslesen zu lassen. Das Auftreten von Zoosporangien und anderen für Flechtenalgen ungewöhnlichen Vermehrungsformen darf man wohl als Zeichen für die Primitivität einer Symbiose betrachten; in festen Symbiosen fehlen derartige Erscheinungen [vgl. SANTESSON (3)].

(Hier mögen einige Beobachtungen von ZEITLER eingefügt sein, die schon mehr auf die biochemische Seite des Symbioseproblems überleiten. Ausgeschleuderte Sporen von *Endocarpon* schicken in Richtung auf die mitausgeworfenen Hymenialgonidien gerichtete Hyphen aus, die in dem beobachteten Falle bis zu 174 μ messen. Den Flechtengonidien selbst fehlen in den untersuchten Fällen geformte Assimilationsprodukte, die bei freilebenden Formen unter normalen Umständen stets zu finden sind.)

Innerhalb der *Lecanoraceae* und parallel dazu der mehr kursorisch untersuchten *Caloplacaceae* und *Lecideaceae* lassen sich deutliche Beziehungen zwischen Organisationshöhe der Flechten und dem Typus der Haustorien feststellen, die die Verbindung von Flechtenpilz und Flechtenalge bewirken. Bei primitiven, undifferenzierten Krusten finden sich in allen drei Reihen nur intracelluläre Haustorien, die auf einen gewissen Kampfzustand zwischen den beiden Partnern und auf die Unorganisiertheit der Beziehungen hinweisen. Solche bestehen jeweils einzeln zwischen Hyphe und Alge. Bei den hochdifferenzierten Typen, so vielfach bei *Lecanora* sect. *Placodium*, beschränkt sich der Pilz auf die Einrichtung intramembranöser Haustorien. Gemäß der Ausdifferenzierung definierter Plektenchyme verliert die einzelne Hyphe, die Einzelbeziehung zwischen Pilz und Alge an Wert; sie geht über in das Verhältnis Pilzgewebe zu Algengruppe oder Algenschicht. An Einzelheiten mögen einmal die Tatsache, daß *Lecanora* subgen. *Aspicilia* dem abgeleiteten Typus angehört, angeführt werden, ferner daß die Übergänge zwischen beiden Typen innerhalb der deutlicher krustigen Arten des Subgen. *Eulecanora* bzw. der weniger hochentwickelten Species des Subgen. *Placodium* zu finden sind. Daß die gleichen Verhältnisse auch bei *Caloplaca, Lecania-Solenopsora* sowie den *Lecideaceae* wiederkehren, wurde oben bereits betont.

Flechtensysteme.

Es versteht sich, daß angesichts der komplexen Natur und der Polyphylie der Flechten und vor allem der häufigen Unmöglichkeit wegen, Homologien von Analogien zu unterscheiden, einer systematischen Gliederung der Lichenen große Schwierigkeiten entgegenstehen. Es haben sich zwar im Laufe der Zeit einige Entwicklungslinien als recht natürlich herausgestellt (so *Caloplacaceae — Teloschistaceae, Buelliaceae — Physeiaceae*); doch haben sich andere Gruppierungen, die man natürlich wähnte, als sehr uneinheitlich erwiesen, so die Cyanophili, ohne daß sich in den meisten Fällen schon bessere Einstufungen ergeben hätten.

So versteht es sich, daß nach wie vor das System von ZAHLBRUCKNER, das auch dem „*Catalogus lichenum universalis*" zugrunde liegt, trotz mancher Unrichtigkeit schon aus praktischen Gründen nach wie vor am meisten angewandt wird.

Eine recht abweichende Gliederung wurde 1943 von RÄSÄNEN (1) versucht, aufbauend auf VAINIOsche und eigene Arbeiten. Da es bei DES ABBAYES (2) keine nähere Behandlung erfährt, sei es des Vergleiches wegen hier in den Grundzügen mitgeteilt. Es stellt im wesentlichen eine Umkehr des ZAHLBRUCKNERschen Systems dar, sowohl hinsichtlich der großen Gruppen wie innerhalb der einzelnen Entwicklungsreihen, bei denen die Krustenflechtengruppen den Strauch- und dann Laubflechtengattungen nachgesetzt werden. (Die Basidiolichenen sind hier wie auch im folgenden weggelassen.)

Ascolichenes.

1. Reihe *Discolichenes* (= *Gymnocarpeae*)
    a) Unterreihe *Cyclocarpeae* (= *Cyclocarpineae*)
        Denselben Bereich wie bei ZAHLBRUCKNER umschließend, beginnend mit den *Gyrophoraceae*, endend mit den *Lecanactidaceae*, 32 Familien

b) Unterreihe *Hysterocarpeae* (= *Graphidineae*)
Von den *Thamnoliaceae* bis zu den *Arthoniaceae*, 6 Familien
c) Unterreihe *Coniocarpeae*
Sphaerophoraceae, Tholurnaceae, Caliciaceae
2. *Pyrenolichenes* (= *Pyrenocarpeae*)
a) *Sphaerieae*
Von den *Astrotheliaceae* bis zu den *Moriolaceae*, 26 Familien
b) *Microthyrieae*
Microthyriaceae
c) *Perisporieae*
Cryptotheciaceae, Peridiaceae, Pyrenotrichaceae

Da dieses heute fast nur bei finnischen Autoren benützte System den wahrscheinlichen phyletischen Entwicklungsrichtungen zuwiderlaufen dürfte, in der Aufteilung der auch bei ZAHLBRUCKNER sehr verbesserungsbedürftigen Pyrenokarpen usw. zumindest nicht glücklicher gewesen ist, wird es wohl keine weitere Ausbreitung mehr erfahren.

Die von WATSON (1) ausgearbeitete letzte Übersicht liegt dem Verfasser nicht vor.

Nach sehr abweichenden Gesichtspunkten geht CHOISY (1), (2) bei seiner neuen Gruppierung vor. Die Grundzüge seines, während der sich lange hinziehenden Erstveröffentlichung stark abgeänderten Systems mögen aus der kurzen Zusammenstellung ersehen werden.

1. *Eulichenes*
   A. *Protolichenes*
      I. *Sphaerophorales*
      II. *Ceraniales* (*Thamnolia*)
      III. *Roccellales*
      IV. *Usneales* (*Ramalina, Usnea*)
   B. *Archaelichenes*
      I. *Peltideales*
      II. *Endocarpoidales* (*Diploschistes, Pertusaria, Gyalectaceae, Acarosporac., Heppia, Pyrenopsidaceae*)
      III. *Pleuropycnoconidiales*
          Coralloidales (*Stereocaulon, Baeomyces, Icmadophila*)
          Phyllothallales (*Umbilicariaceae, Parmeliales*)
      IV. *Acropycnoconidiales*
          Micareales
          Rhizocarpales
          Bacidiales (*Lecanoraceae, Lecideaceae* usw.)
   C. *Neolichenes*
      I. *Thelotremales*
      II. *Opegraphales*
      III. *Caliciales*
2. *Pseudolichenes*
      I. *Mycolichenes* (fakultative Flechten)
      II. *Phycolichenes* (*Ephebe, Coenogonium* usw.)

Die einzelnen Gruppen sind stark in Gattungen aufgespalten, wobei sich sicher manche richtige neue Auffassung findet. Die Überbewertung äußerlicher Thallusmerkmale sowie einiger Pyknideneigenschaften u. ä. lassen jedoch jeden Gedanken an Natürlichkeit missen.

Ein besonders den Namen nach neuartiges, als „mykolichenologisch" bezeichnetes System offerieren CIFERRI u. TOMASELLI, ausgehend von der Tatsache, daß die meisten Flechtengenera keine Analoga unter den Pilzen besitzen, und daraus folgernd, daß deshalb für diese neue, nur auf den Flechtenpilz begründete Gattungen aufgestellt werden müßten. Die bisherigen Namen gälten demnach nur für die Doppelwesen, weshalb ihnen im System der Pilze keine rechtliche Existenz zukäme. Die Verfasser kreieren infolgedessen 203 größtenteils neue Gattungsnamen (mit Autoren!), meist aus dem Wortstamm des Flechtennamens und dem Suffix-*myces* gebildet, sowie die Neukombinationen der Typusarten, wieder mit neuen Autoren. Zwei Hauptgruppen, *Pyrenulales* mit 57 und *Lecanorales* mit 146 Gattungen werden in kaum deutbarer Aneinanderreihung aufgeführt.

Der Sinn dieser Art von Systematisierung ist nicht recht zu ergründen. Die angenommenen Gattungen beziehen sich, wenn man von den fakultativen Flechten absieht, auf nichtexistente, papierene Geschöpfe. Vergleichbar wäre ein Vorgehen, die rein theoretischen Rekonstruktionen ausgestorbener Organismen mit wissenschaftlichen Namen (einschließlich Autoren) zu versehen. Systematik und Benennung können unseres Erachtens nur für die Flechten als Gesamtorganismen gelten, auch wenn sich die Hauptgliederungen nach den pilzlichen Eigenschaften richten.

Grundzüge eines neuen Systems, das bereits nach *Ascoloculares* und *Ascohymeniales* scheidet, hat SANTESSON (4) kurz umrissen und MATTICK (2) weitergeführt. Letzterer greift dann aber wohl aus praktischen Erwägungen heraus bei der Neubearbeitung des „Syllabus der Pflanzenfamilien" auf ZAHLBRUCKNERs System zurück.

Hervorzuheben in der Bearbeitung ist die übersichtliche Untergliederung in 14 Reihen (einschließlich der Phyco- und Basidiolichenes). Die Beibehaltung der Flechten als selbständige Abteilung des Pflanzenreiches wird nachdrücklich unterstrichen.

Die nachfolgende Übersicht lehnt sich an den von SANTESSON (4) gegebenen Abriß an.

Monographien, wichtigere systematische Arbeiten, bemerkenswerte Sippen.

Von besonderer Bedeutung vor allem für die Systematik vieler weniger bekannter tropischer Familien ist SANTESSONs großes Werk „Foliicolous lichens" (mit Gattungs- und Artschlüsseln, klaren, kurzen Beschreibungen und guten Abbildungen). Angaben ohne Autoren beziehen sich im folgenden darauf!

A. Ascoloculares.

Arthoniaceae. Die jetzt sehr homogene Familie hat durch die Einbeziehung der *Cryptotheciaceae*, deren Verschiedenheiten nur gradueller Natur sind, an Umfang gewonnen.

Die Gattungen *Cryptothecia* (Sporen mauerförmig) und *Stirtonia* (Sporen querseptiert), beide noch ohne richtige Askokarpe, sondern mit in sterilem Gewebe zerstreuten Schläuchen, stehen in enger Beziehung zu den in der Sporenseptierung übereinstimmenden Genera *Arthothelium* bzw. *Arthonia*. In der Familie ist also der Übergang von topographisch undefinierter Ascusentwicklung zu regelmäßigen Askokarpen zu verfolgen. Die bislang auf Grund des Besitzes verschiedener symbiontischer Algen unterschiedenen Gattungen *Allarthonia* und *Arthoniopsis*

[= *Arthonia* (mit *Trentepohlia*), aber mit *Palmella* bzw. *Phycopeltis*-Algen] sowie *Allarthothelium* bzw. *Trichophyma* (im gleichen Verhältnis zu *Arthothelium*) sind einzuziehen; vielfach besitzen anderweitig nah verwandte Arten verschiedene Algensymbionten. — *Arthonia* zählt 15 blattbewohnende Arten, dazu eine Reihe von Parasymbionten.

Opegraphaceae. Sind aus der auf die askohymenialen Glieder zu beschränkenden Familie *Graphidaceae* auszuscheiden und als analoger Formenkreis der *Ascoloculares* zu betrachten; dagegen nahe verwandt zu den *Arthoniaceae* und von diesen durch den Besitz von Gehäusen zu unterscheiden.

Neben *Opegrapha* steht hier *Enterographa*, übernommen von der aufgelösten Familie *Chiodectonaceae*, die in doppelter Hinsicht unnatürlich konstruiert war. Einmal umfaßte sie sowohl askolokulare wie askohymeniale Glieder; zum andern hat sich ihr Schlüsselmerkmal, die stromatischen Umhüllungen um die Fruchtkörper, anscheinend unabhängig voneinander mehrfach herausdifferenziert. Die Verwandtschaft von *Enterographa* zu *Opegrapha* wird durch den gleichartigen Bau der Ascusöffnung bestätigt [CULBERSON (1)], während *Graphis* ganz andere Strukturen aufweist. — Foliicol drei Arten von *Opegrapha*, drei von *Enterographa*, drei von *Mazosia*, dazu jeweils Parasymbionten.

Roccellaceae. Unter den *Ascoloculares* die einzige Familie mit strauchigen Formen.

SANTESSON (5) gibt aus Nordchile eine neue *Roccella*-Art bekannt, die wegen ihrer sonst der Gattung fremden apikalen, lecideinischen Askokarpe zur Begründung einer neuen Untergattung *Acrocarpon* Anlaß gibt. Die neue, ebenfalls argentinische Gattung *Dolichocarpus* [SANTESSON (6)] fällt vor allem durch ihre stark verlängerten, von der Basis bis zur Spitze der Stämmchen reichenden Askokarpe auf.

Zu den *Ascoloculares* ist ferner eine Anzahl von Vertretern der ehemaligen Pyrenokarpen zu stellen, unter anderem die Gattung *Arthopyrenia*, deren Primitivität durch eine außerordentlich hohe, vor allem substratgebundene morphologische Modifikabilität und die Unspezifität der Algen für eine Reihe von marinen Vertretern von KLEMENT u. DOPPELBAUR nachgewiesen wird.

B. Ascohymeniales.

Verrucariaceae und verwandte Familien. Eine ganze Reihe von Arbeiten widmete SERVIT (1)—(7) dieser schwierigen, artenreichen Familiengruppe, in der der Artbegriff noch schlechter als anderswo zu definieren ist. Nach vielen Teilstudien liegt nun auch schon ein zusammenhängendes Werk über die *Verrucariaceae s. str.* der tschechoslowakischen Flora vor, das aber durch Hereinnahme der übrigen mitteleuropäischen Arten in die Schlüssel auch über das behandelte Gebiet hinaus von großer Bedeutung sein dürfte. Von der Familie *Verrucariaceae* sensu ZAHLBRUCKNER werden die durch den Besitz von Hymenialgonidien ausgezeichneten Gattungen als **Staurotheleaceae** ausgeschieden, desgleichen die Formen mit rasch zerfließenden Paraphysen als **Microglaenaceae**. Große systematische Bedeutung für die Gattungstrennung ist dem Involucrellum beigelegt, der äußeren Perithecienhülle. Dementsprechend werden folgende Genera unterschieden:

Systematik der Flechten.

Mit deutlichem Involucrellum	Ohne Involucrellum
Sporen einzellig *Verrucaria*	*Amphoridium*
Sporen querseptiert *Involucrothele*	*Thelidium*
Sporen mauerförmig *Polyblastia*	*Amphoroblastia*

Zur Artentrennung werden neben Sporengrößen die Größenmaße der Algen, die Länge der Periphysen, das Verhältnis der Perithecien zur Unterlage und anderes mehr verwendet. Die Gliederung wird die Übersicht über das Heer der hierhergehörigen Sippen zweifellos erleichtern, als natürlich wird man sie aber ebensowenig als die bisherigen Versuche betrachten können. Gleichartige Sporenseptierung sowie Ausbildung äußerer Hüllen scheint mehrfach unabhängig voneinander bei verschiedenen Formenkreisen aufgetreten zu sein. Insgesamt werden 262 Species behandelt, davon alleine 119 Angehörige der Gattung Verrucaria.

Ein neues System der Gruppe versucht CHOISY (3).

Pyrenulaceae. Dieser Familie ist eine ganz andere Umgrenzung zu geben, als dies bisher der Fall war. Sie umfaßt die zu den *Sphaeriales*, also zu den echten *Pyrenomycetes* gehörigen Gattungen mit linsenförmigen oder kugeligen Sporenfächern. Einzugliedern sind auch die Formenkreise, bei denen die Perithecien in stromatischen Geweben vereinigt sitzen, da sich derartige Stromata offensichtlich phyletisch mehrfach unabhängig voneinander herausdifferenziert haben. Einzubeziehen sind also auch die bisherigen Familien *Trypetheliaceae, Paratheliaceae, Astrotheliaceae*.

Unter den foliicolen Flechten sind Vertreter selten; auffällig die nur provisorisch hierhergestellte Gattung *Microtheliopsis* mit braunen Sporen, bei der die symbiontischen Algen (*Phycopeltis*) häufig Gametangien und Hakensporangien entwickeln; wohl ein Zeichen für erst beginnende Lichenisierung.

Strigulaceae. Die vielleicht besser *Porinaceae* genannte Familie ist sehr stark verändert worden. Sie umfaßt zu den *Sphaeriales* gehörige Formen mit vielteiligen Sporen und kubischen oder zylindrischen Sporenfächern, also ohne die charakteristischen Wandverdickungen der Pyrenulaceen-Sporen. Allerdings läßt sich wegen zu geringer Kenntnis noch keine genaue Definition geben.

Strigula zählt selbst 12 foliikole Arten, *Porina* deren 42, *Trichothelium*, ausgezeichnet durch starre Borsten an den Ostiolae, 6.

Graphidaceae. Eröffnen die Reihe der von NANNFELDT als *Lecanorales* bezeichneten, ascohymenialen, inoperculaten, lichenisierten Diskomyzeten, gekennzeichnet durch echte Apothecien (mit Paraphysen). Von den *Opegraphaceae* außer durch die *Ascohymeniales*-Merkmale durch die ± linsenförmigen Sporenfächer zu unterscheiden (7 blattbewohnende *Aulaxina*-Arten).

Thelotremataceae. Die Familie schließt sich eng an die vorhergehende an, obwohl sie in der äußeren Form der Apothecien weit abweicht. Blattbewohnend zwei durch rote Färbung auffallende *Chroodiscus*-Arten.

Asterothyriaceae. Der Name muß die alte Bezeichnung *Ectolechiaceae* verdrängen. Die Familie umfaßt mit wenigen Ausnahmen nur foliikole Lichenen. Hierher unter anderem *Asterothyrium* (8 foliikole Arten), *Calenia* (10), *Gyalectidium* (3), *Echinoplaca* (9) und die durch Haarbildungen auf dem Lager auffällige *Tricharia* (8).

Gyalectaceae. Die Umgrenzung dieser Familie ist noch recht unklar. Einige Gattungen sind sicher anderweitig unterzubringen, so *Ionaspis* zu den *Lecanoraceae*; dagegen ist *Coenogonium* einzubeziehen.

Cyanophili.

Besondere Schwierigkeiten für die systematische Beurteilung bieten die Formenkreise, die mit Blaualgen in Symbiose leben. Zweifellos verbergen sich einige zusammengehörige Gruppen darunter, bei denen die Algen als systematische Indicatoren benutzt werden können, doch bleibt viel heterogen. Die Gruppierung wurde bisher im wesentlichen nach den Algengattungen durchgeführt, was sich für die systematische Praxis als recht nützlich erwiesen hat. Wieweit sich dies halten läßt, bleibt fraglich.

Ephebaceae. Als neue Gattung fügt sich dieser aus primitiven Formen bestehenden Familie *Spilonematopsis* DAHL (2) an, eine grönländische Flechte mit *Scytonema*, terminalen Apothecien und vielsporigen Schläuchen, verwandt zu *Zahlbrucknerella*.

Pyrenotrichaceae. Hierher wird von GROENHART (1) provisorisch ein neues Genus *Cyanoporina* mit *Stigonema*-Algen, krustigem Thallus und Perithecien mit dünnwandigen Schläuchen sowie parallel mehrzelligen Sporen gestellt (Malesien).

Pyrenopsidaceae. Eine im Bau der Fruchtkörper recht sonderbar anmutende neue Gattung *Thallinocarpon* gibt DAHL (2) ebenfalls aus Grönland bekannt. Es handelt sich um eine zwergstrauchige Pflanze vom Habitus der *Thyrea radiata*. Die Apothecien sind in jungem Zustande von Thalluslappen nicht zu unterscheiden. Im Verlaufe der Entwicklung gibt sich ein berandeter Diskus zu erkennen, in dem sich eine dicke Algenschicht entwickelt (!). In dieser etwa 65—75 μ dicken Zone entstehen die vielsporigen Schläuche, die einem zum Teil auch algenhaltigen Hypothecium aufsitzen. Ähnlich beschaffen scheint nur *Gonohymenium*, das über einem allerdings echten Hymenium noch eine Algenschicht behält.

Collemataceae. Eine groß angelegte Monographie der Gattung Collema gab DEGELIUS (1) für Europa mit angrenzenden Gebieten heraus, ein mustergültiges Werk mit sehr guten Definitionen, einem eingehenden allgemeinen Teil, konzisen Schlüsseln, klarer Gliederung und Beschreibung und sehr reichem Bildmaterial.

Die Gattung *Collema* gilt als sehr primitiv, da die Arten in ihrer äußeren Form noch weitgehend von den Algen bestimmt sind. Doch ließ sich experimentell zeigen, daß die oft artspezifische Form der Lappung zum großen Teil dem Einfluß des Pilzes zuzuschreiben ist. — Von besonderer Bedeutung sind Untersuchungen, die eine gewisse Spezifität der Algen erweisen.

Die von 13 verschiedenen *Collema*-Arten isolierten *Nostoc*-Typen zählen zu drei relativ gut unterschiedenen Arten, die allerdings wenigstens teilweise wieder aus einer ganzen Reihe morphologisch nicht oder kaum unterschiedener Rassen bestehen. Manche *Collema*-Arten scheinen nur mit ganz bestimmten Rassen in Symbiose zu leben, andere sind einigermaßen vagant. In selten fruchtenden Species sind die *Nostoc*-Rassen einheitlicher als in oft fruchtenden; erstere lassen sich also mit vegetativ vermehrten Klonen vergleichen, während bei jeder Sporenaussaat der letzteren die Möglichkeit zur Synthese mit anderen Rassen gegeben ist. Doch kommt nich t jede *Nostoc*-Art als Partner in Frage. Zwar gleichen manche symbiontischen Formen sehr gewissen freilebenden Typen, doch konnten bestimmte

freilebende *Nostoc*-Rassen, die ja an ihren Standorten häufig mit Collemen vergesellschaftet sind, nie in symbiontischem Verhältnis gefunden werden.
Die Gattung *Collema* steht in ihrer Organisationshöhe zwischen *Lempholemma* (primitiv) und dem mit echter Rinde begabten *Leptogium*. Zur Unterteilung der Gattung sind die bisher benützten Kriterien nicht zu gebrauchen. Als neu verwandte Merkmale dienen sowohl Eigenschaften des Thallus wie der Sporen, die in dieser Gattung ähnlich wie bei *Leptogium* von einer außerordentlich großen Mannigfaltigkeit sind. Es werden 12 Gruppen mit zusammen 35 Arten unterschieden. Ökologisch ist ihnen bei aller sonstigen Verschiedenheit — neben Rindenbewohnern finden sich Gesteins- und Erdflechten, sogar eine obligate Fließwasserpflanze — die Vorliebe für ± neutrale, oft kalkhaltige Substrate gemeinsam sowie der Anspruch auf einen hohen Grad von Feuchtigkeit wenigstens einen Teil des Jahres hindurch. Unter bestimmten Umständen können *Collema*-Arten einen beachtenswerten Anteil von langlebigen Pioniergesellschaften ausmachen. Die Areale der Collemen lassen sich sehr verschiedenen Gruppen zuteilen. Die ozeanischen Arten schließen Mitteleuropa zum Teil in charakteristischer Weise aus, obwohl sie südlich und nördlich davon auf derselben Länge angetroffen wurden. Verschiedene Arten vikariieren geographisch oder ökologisch. Acht größtenteils seltene Species scheinen in Europa endemisch zu sein, der größere Teil ist über die ganze nördliche gemäßigte Zone verbreitet.
Die Gattung *Pseudoleptogium* ist, da unrichtig begründet, zu streichen [DEGELIUS (2)].

Heppiaceae. *Peltularia* SANTESSON (5) nov. gen. ist eine patagonische Nabelflechte mit lecideinen Apothecien, *Scytonema*-Algen und einfachen farblosen Sporen.

Placynthiaceae. Wie oben schon kurz angedeutet, vereinigt DAHL (2) unter dieser Bezeichnung diejenigen mit *Scytonema* in Symbiose lebenden Gattungen lichenisierter Pilze, bei denen der Thallus eindeutig vom Pilz bestimmt wird, also nicht oder kaum gallertig quillt. Hierher wären zu stellen *Porocyphus*, *Placynthium* und *Vestergrenopsis*. DEGELIUS (1) weist die Sonderstellung dieser Familie allerdings zurück.

Pannariaceae. Die bislang recht unklare Gattung *Psoromaria*, die sich von Psoroma durch pseudolecanorinische Apothecien unterscheidet, wird von LAMB (1) näher beleuchtet. — Bei *Coccocarpia* finden sich die einzigen obligat foliicolen Laubflechten [SANTESSON (1)].

Peltigeraceae. Der Artbegriff bei *Peltigera* selbst schwankt nach wie vor ganz erheblich. Insbesondere die Einstufung der mit orthotropen Regenerationsisidien begabten Formen bleibt weiterhin unsicher, da die darüber angestellten experimentellen Untersuchungen keine übereinstimmenden Ergebnisse gezeitigt haben.

Diese Isidien entstehen auch in der Natur nur entlang von Wundrändern, Bruch- und Fraßstellen. Während es nun THOMSON (1), (2) in Nordamerika bei einer ganzen Reihe von Arten gelang, durch künstliche Verwundungen Isidienbildung hervorzurufen, konnte LINDAHL in Schweden nur eine bestimmte Form dazu bewegen, die sich von *Peltigera canina* alleine durch eben diese Fähigkeit zur Bildung von Regenerationsisidien unterscheidet, während nicht-verletzte Individuen dieses als

Art aufgefaßten Typus (*P. praetextata*) von *P. canina* nicht zu trennen sind. (Es fragt sich, ob man dieses Merkmal nicht doch nur eher zur Charakterisierung von Populationen verwenden sollte. „Art" scheint hier sehr hoch gefaßt.) THOMSEN (2) monographiert die Gattung *Peltigera* für Nordamerika.

Lecideaceae. Wertvolle Beiträge zur Kenntnis dieser großen, kaum überseh- und begrenzbaren Familie gibt wieder SANTESSON (1). Hierherzuziehen ist die Typusgattung der wegen Unnatürlichkeit aufzulösenden *Byssolomataceae*, *Byssoloma*. Die meisten blattbewohnenden Arten zeigt *Bacidia* mit 33 Species, darunter die merkwürdige *B. marginalis* mit an Blatträndern entstehenden, zylindrisch verlängerten Apothecien und bis 510 µ (!) langen, bis hundertzelligen Sporen. Die hohen Apothecien werden zum allergrößten Teil von den bis 500 µ messenden Hymenien ausgefüllt.

Weiter folgen bei SANTESSON *Byssoloma* mit 6 Arten, *Tapellaria*, ausgezeichnet durch starke Sporenvariabilität, mit 8, *Sporopodium* mit Epithecialalgen (4), das noch nicht klar zu umgrenzende *Lopadium* (14) sowie die neue Gattung *Lasioloma* (4) gekennzeichnet durch Haarbildungen an den Rändern der Apothecien, teilweise auch mit Cephalodien begabt. *Byssolecania* schließt mit 2 Arten ab.

Für die äußerst schwierige Bestimmung der sehr zahlreichen Arten von *Lecidea* hat MAGNUSSON (1) einen wertvollen Schlüssel für Fennoskandien erarbeitet, der aber weit über dieses Gebiet hinaus mit Erfolg benützt werden kann. Derselbe Verfasser (2) machte die Gattung *Cladopycnidium* bekannt, mit *Lecidea*-ähnlichen Apothecien und linienförmigen bis verzweigten Pykniden.

Eine aus vier Arten bestehende Gruppe von *Rhizocarpon* mit genabelten, am Rande freien Schuppen ist hauptsächlich in der Arktis vertreten, eine Art hat ein Teilareal im nördlichen Fennoskandien, ein zweites in den Alpen (GELTING). — Auf die Notwendigkeit, eine Reihe von askolokularen Arten aus den Gattungen *Catillaria* und *Bacidia* auszugliedern und sie als *Micarea* zusammenzufassen, wurde von LAMB (1) hingewiesen. — Zwergstrauchige Formen der sonst ± rein krustigen Gattungen *Catillaria* und *Bacidia* hat das austral-antarktische Gebiet hervorgebracht; sie werden als Subgenera *Hypocaulon* bzw. *Thamnopsis* herausgestellt. In viel größerem Maße kommen solche stipitaten Sippen bei *Toninia* vor, auch bei europäischen Arten [LAMB (3)]. Als früh abgegliederter blinder Seitenzweig der Verwandtschaft von *Catillaria* und *Bacidia* ist die nur in einer Art vertretene brasilianische Gattung *Sphaerophoropsis* zu betrachten.

Cladoniaceae. Das neuseeländische Genus *Cladoniopsis* steht *Baeomyces* nahe und scheidet sich davon im wesentlichen durch verzweigte Podetien [LAMB (1)]. Möglicherweise gehören hierzu auch einige bisher konstant steril gefundene Arten der in vieler Hinsicht rätselhaften Gattung *Siphula*.

Die durch viele Untersuchungen in den letzten Jahren stark angewachsene Untergattung *Cladina* von *Cladonia* zählt jetzt 22 Arten in fünf Sektionen [DES ABBAYES (3)]. Eine neue Gesamtübersicht der Gattung *Cladonia*, die von der von MATTICK (2) gegebenen in einigen Punkten abweicht, baut DAHL (1) sowohl auf morphologische wie chemische Merkmale auf; die Überführung der *Ochroleucae* als gewissermaßen chemisch negative Formenreihe zu den *Cocciferae*, sowie die Aufgliederung der *Chasmariae* in zwei Gruppen erscheinen als wesentlich neue Punkte.

Deren erste, *Series Furcatae*, wird gekennzeichnet durch dichotome Verzweigung, im Jugendzustand geschlossene Achseln sowie den Gehalt an Protocetrarsäure. Die *Ser. Squamosae* zeigt dagegen polytome Verzweigung, früh auftretende Achselöffnungen, Squamat- und Thamnolsäure und neben den normalen Podetienschuppen sog. ,,microsquamules", eine Art akzessorischer Schuppen, die, in inneren Schichten der Podetien entstehend, die Rinde durchbrechen.

LUTTRELL monographierte die *Cladoniaceae* von Virginia (Nordamerika).

Stereocaulaceae. Die Familie ist als Analogreihe von den *Cladoniaceen* zu trennen und neben sie zu stellen. Über die morphologischen Entwicklungsmöglichkeiten bei *Stereocaulon* wurde nach LAMB (2) bereits oben berichtet. Die Untergattung *Holostelidium* — Pseudopodetien aus allen Thallusschichten aufgebaut — umfaßt südhemisphärische bis pazifische Sippen in zum Teil recht kleinen Arealen; dem Subgenus *Enteropodium* — Pseudopodetien nur aus Markgewebe, mit echten Phyllokladien — gehören sämtliche borealen Arten der Gattung an, von denen einige über die Andenbrücke bis Feuerland gelangt sind. — *Stereocaulon nanum* und seine Verwandten, nur steril bekannt, werden von LAMB weiterhin bei *Stereocaulon* belassen, während GROENHART (2) sie wieder unter der alten Bezeichnung *Leprocaulon* herausstellt und zu den *Chrysotrichaceae* überführt.

Umbilicariaceae. Die Sporenseptierung erweist sich immer mehr als zur Gattungsgliederung ungeeignet [FREY (1), (2)]. Die Untergattung *Lasallia* hat ein deutliches Bildungszentrum in Südafrika. Einige der boreal-montanen Arten ergeben sich durch die Auffindung in tropischen Gebirgen als Vertreter eines weltweit, zum Teil aber nur fragmentarisch verbreiteten Oreophytenelements zu erkennen.

Eine Monographie der Familie für die westliche Hemisphäre, unter Berücksichtigung auch der anderen Erdteile, lieferte LLANO (1). Er teilt die Gesamtgattung *Umbilicaria* nach dem Vorgange von SCHOLANDER in vier auf die Apothecienmorphologie aufgebaute Gattungen auf, die zum Teil den Sektionen FREYs völlig widersprechen. Insgesamt werden 71 Arten beschrieben.

CHOISY (4) kommt unter ebenfalls teilweiser Anlehnung an SCHOLANDER zu wieder anderen Gliederungen; so zieht er die Arten mit einfachen d. h. nicht gerillten Apothecien zu *Omphalodium*.

Charcotia ist nach LAMB (5) zu streichen, da auf zwei wesensverschiedene Elemente aufgebaut, den Thallus einer *Umbilicaria*-Art und die Apothecien einer parasitischen *Scutula*.

Pertusariaceae. Wertvolle Beiträge zur Kenntnis der schwierigen, meist sterilen, sorediösen *Pertusaria*-Arten gibt ALMBORN, der durch glückliche Funde nachweisen kann, daß manche der hierhergezogenen Arten zu *Ochrolechia* gehören.

Candelariaceae. Schon früher wurde auf die Verwandtschaft der isoliert bei den *Parmeliaceae* stehenden *Candelaria* zu der Lecanoraceen-Gattung *Candelariella* hingewiesen. HAKULINEN (2) zog anläßlich einer

Monographie von *Candelariella* daraus die Konsequenzen und begründete auf die beiden Gattungen die benannte Familie, zu der als drittes Glied noch die antarktische, umbilikate *Placomaronea* zu überführen ist, die SANTESSON (5) kurz behandelt hat. Als Familienmerkmale sind zu betrachten: Die meist hellgelbe Farbe aller Teile, zurückgehend auf das mit *K* nicht reagierende Stictaurin, die häufig vorkommende Erhöhung der Sporenzahl. Die Gattungen gehören phyletisch sicher eng zusammen. — *Candelariella* zählt, nach HAKULINENs Monographie, 27 nicht immer leicht unterscheidbare Arten.

Sie läßt sich, parallel zu den anderen Entwicklungsreihen unter den *Lecanorales*, in eine Gruppe von Arten mit rein krustigem Thallus sowie in eine zweite mit am Rande gelappten Rosetten zerlegen (sect. *Eucandelariella* mit 23 und sect. *Caloplacopsis* mit 3 Arten). Die hauptsächlichen Artunterschiede sind der Thallusmorphologie, der Sporenzahl (ob 8 oder mehr), der Anwesenheit und Farbe des Prothallus usw. entnommen. Ein Teil der Arten ist mäßig bis stark nitrophil, viele sind bezüglich der Unterlage polychor, ein anderer gehört der Meeresuferflora an. Über die Geographie der meisten Species läßt sich (mit Ausnahme des besonders berücksichtigten fennoskandischen Raumes) noch kein klares Bild gewinnen.

Lecanoraceae. Die schwierige Gruppe um *Lecanora subfusca* hat nach dem Vorgange von MAGNUSSON (3) Bearbeitungen für Süddeutschland [POELT (1)] sowie Südfrankreich (CLAUZADE) erfahren, ohne daß sich eine einheitliche Wertung besonders der anatomischen Merkmale ergeben hätte.

Die früher zu *Lecanora subgen. Placodium* gerechnete Gattung *Placopsis*, auffällig ihrer großen Cephalodien wegen, erfuhr eine eingehende Monographie durch LAMB (4).

Sie zählt 31 Arten, die mit Ausnahme einer boreal-amphiatlantischen, einer amphipazifischen sowie weniger tropisch-pazifischer alle dem austral-antarktischen Florenreich angehören. Die einzige Art des *Subgen. Aspiciliopsis* ist auf den Kerguelen heimisch. — Wie so manche anderen Formenkreise hat auch die Gattung *Lecania* in der Antarktis zwergstrauchige Typen hervorgebracht, die als sect. *Thamnolecania* herauszustellen sind [LAMB (3)].

Parmeliaceae. *Hypogymnia* [mit Einschluß von H. (= Parmelia) furfuracea] ist auf Grund morphologisch-anatomischer wie chemischer Merkmale von *Parmelia* zu trennen [KROG und DAHL (1)], [desgleichen die hauptsächlich antarktische Gattung *Menegazzia*, der SANTESSON (7) eine Teilbearbeitung widmete].

Die bisher nach habituellen Merkmalen unterschiedenen Hauptgruppen lassen sich auch nach ihren Inhaltsstoffen gut charakterisieren. *Cetraria* ist, wie früher schon, in zwei gut zu unterscheidende Gattungen aufzugliedern, die ihren Ursprung bei verschiedenen *Parmelia*-Gruppen genommen haben dürften; *Platysma* hat zweifelsfreie Beziehungen zu *P. sect. Amphigymnia*.

Parmelia sect. Amphigymnia wie (*Cetraria sect.*) *Platysma* ist die gleiche Art Unterrinde eigen: deutlich vom Mark abgesetzt, aufgebaut aus dicht verleimten, dickwandigen Hyphen, sehr hart und bald geschwärzt. Bei *Eucetraria* hingegen geht die Unterrinde ohne deutliche Grenze in das Mark über, zeigt sichtbar zellige Struktur und wird auch im Alter nicht geschwärzt. Für die enge Verwandtschaft der erstgenannten Gruppen sprechen ferner die meist dickwandigen Sporen und der Besitz von gleichartigen Farbstoffen.

Die Familie hat in den letzten Jahren zu einigen Gebietsmonographien angeregt: TAVARES führte eine solche durch für Portugal (mit einigen neuen Arten aus der hauptsächlich tropischen sect. *Amphigymnia*), MAAS GEESTERANUS (1) für die Niederlande. ASAHINA nahm sich der japanischen Arten an.

Die zwei nicht verwandten Sammelarten *Parmelia conspersa* und *P. prolixa s. ampl.* sind Musterbeispiele für parallele Sippenbildung entsprechend ökologischen Gegebenheiten. In humiden Gegenden herrschen isidiöse, saxicole, dicht an den Fels angepreßte Formen vor, in semihumiden werden diese durch isidienlose, locker aufliegende Typen ersetzt, die dann in Steppengebieten auf den Boden übergehen, selbst auf Kalk, obwohl die Stammarten eindeutig acidiphil sind. In Wüstensteppen endlich bilden sie Wanderformen mit zusammengerollten zum Teil zusammengewachsenen Lagerlappen. Die systematische Bewertung der Steppenformen ist noch umstritten (KLEMENT). — BESCHEL bewertet den Formenkreis von *Parmelia andreana*.

Eine Gesamtübersicht (mit Schlüsseln) über die Gattungen *Cetraria, Cornicularia* und *Nephromopsis* vermittelt RÄSÄNEN (2).

Von den 65 anerkannten *Cetraria*-Arten (einschließlich *Platysma*) gehört der größere Teil der nördlichen Hemisphäre an mit einem deutlichen Zentrum in Ostasien. Wenige endemische Arten wurden aus Australien bzw. Neuseeland gemeldet. Bis nach Südamerika bzw. Feuerland sind einige zum Teil modifizierte boreale Species vorgedrungen bzw. durch endemische Derivate ersetzt. *Cornicularia* ist mit 9 Arten fast ganz boreal, eine der Arten kehrt bipolar disjunkt in Feuerland wieder, wo sie ebenfalls von einer endemischen Sippe begleitet wird. *Nephromopsis* endlich ist noch deutlicher als *Cetraria* auf Ostasien konzentriert, von seinen 13 Arten bilden zwei einen endemischen Zweig in Kalifornien, eine einzige ist offensichtlich auch von Ostasien aus einerseits nach Nordamerika, andererseits durch das eurosibirische Nadelwaldgebiet bis Finnland gelangt. 72% aller Arten sind asiatisch, während Afrika nur sehr wenige aufzuweisen hat.

Usneaceae. LAMB (5) bringt eine Kritik der antarktischen Alectoria-Arten, während DAHL (2) die arktischen Species vermehrt. — Der erstgenannte Autor (6) ergänzt seine Monographie der Gattung *Neuropogon*, die nun 12 anerkannte, mit einer Ausnahme antarktische Arten zählt. WATSON (2) untersuchte die *Usnea*-Arten der britischen Inseln, während FREY (3) als erster eine aus genauer Geländekenntnis entsprungene kritische Behandlung des Genus für einen Alpenteil bringt. — SCHADE monographiert die Wolfsflechte Letharia vulpina für die alte Welt. — BOULY DE LESDAIN versucht dem Formenkreis von *Ramalina fraxinea* Herr zu werden.

Caloplacaceae-Teloschistaceae. Eine Artengruppe von *Caloplaca* mit schwarzen Apothecien, meist boreale bis arktische Sippen, wurde von MAGNUSSON (5) überprüft.

Die früher als Untergattung *Gasparrinia* zusammengestellten Sippen dieses Genus sind Endglieder verschiedener Entwicklungsreihen, so daß sie demnach nicht zu einer Einheit zusammengefaßt werden können. Einige Species sind ihres anatomischen Baues wegen zu *Xanthoria* zu überführen. Für Europa ist vorderhand mit insgesamt 30 Arten der bearbeiteten Gruppen zu rechnen, die sehr verschiedenen Arealtypen unterzuordnen sind [POELT (2)].

Durch eine alternierende Entwicklungsweise ist eine neu begründete *Caloplaca proteus* von Interesse. Die Thallusrosetten tragen zunächst in den zentralen Teilen Sorale, beginnen dann aber von innen her ± abzusterben. Erst nachdem das Lagerinnere, meist bis einschließlich der Sorale fast ganz tot und ausgebleicht erscheint, entwickeln sich aus verbliebenen lebenden Markresten die Apothecien; ein gleiches kann durch Reduktion des Thallus durch Tierfraß erwirkt werden [POELT (2), (3)].

DODGE errichtet eine neue Gattung *Mawsonia*. — SANTESSON verdanken wir die Kenntnis einer durch den Besitz von Parietin eindeutig als Teslochistacee gekennzeichneten Flechte von *Umbilicaria*-Lebensform; bemerkenswert sind die vielfach S-förmig verbogenen, zweizelligen Sporen dieser *Xanthopeltis* benannten Lichene. Aus der überraschenden Entdeckung dieser Pflanze mag wieder erhärten, daß gleichartige Lebensformen in sehr verschiedenen Verwandtschaften entstanden sein konnten. — Die bisherige Gattung *Lethariopsis* ist als nomen confusum zu streichen. Sie ist auf eine mit epiphytischen *Caloplaca*-Apothecien besetzte *Neuropogon*-Art begründet [LAMB (5)].

Die Entwicklungsreihe *Caloplacaceae-Teloschistaceae* ist bisher nur in lichenisierten Formen bekannt. Freilebende Pilze mit den typischen polardiblastischen Sporen scheinen unter vergleichbaren Formenkreisen noch nicht gefunden worden zu sein; dagegen wurde jüngst eine *Sphaeriales*-Gattung *Bagheea* eben solcher Sporen wegen als neu herausgestellt (MÜLLER u. MENON).

Buelliaceae-Physciaceae. Eine monographische Studie der auf Holz, Rinde, Erde und über Moosen und dergleichen wachsenden *Rinodina*-Arten von Europa, Nordasien und der Arktis ist MAGNUSSON (5) zu verdanken.

Die 65 behandelten Species verteilen sich auf sehr verschiedene Arealtypen. Auffällig ist die deutliche Trennung einer westlichen hauptsächlich in Europa vorkommenden Gruppe von Tieflandsarten von einer auf den sibirischen Raum beschränkten. Dies mag als Beweis für die Annahme gelten, daß die Areale der Krustenflechten vielfach sehr viel enger begrenzt sind als die oft weit ausgedehnten Verbreitungsgebiete der Laub- und Strauchflechten. Für *Rinodina* wird dies noch unterstrichen durch die schwachen Artgleichheiten, die Nordamerika mit Eurasien verbinden [vgl. MAGNUSSON (6)].

Als ökologisch interessanter Typ mag hier die auf blaualgenhaltigen Blattflechten, besonders den Soralen von *Lobaria scrobiculata* vorkommende *R. soredicola* herausgestellt werden, die man ihrer engen Wirtsbindung wegen als Parasiten betrachten dürfte, trotzdem sie im Excipulum noch Gonidien enthält.

Eine Darstellung der *Physciaceae* der Tschechoslowakei mit vielfach abweichender Artauffassung erfolgte durch NÁDVORNIK; eine eingehende Monographie widmete MAAS GEESTERANUS (2) der nämlichen Familie für die Niederlande.

IMSHAUG gab eine Übersicht der nordamerikanischen Buellia-Arten.

C. Basidiolichenes.

Nach TOMASELLI läßt sich die Gruppe folgendermaßen gliedern:

A. *Herpothallaceae:* mit *Trentepohlia-* oder *Protococcaceae*-Gonidien; hierher einzig *Herpothallon*.
B. *Coraceae:* mit *Chroococcus*-Algen; hierher *Cora, Corella* und die neue Gattung *Wainiocora*.
C. *Dictyonemataceae:* mit *Scytonema*-Algen; umfassend *Dictyonema* und *Rhipidonema*.

Eine Anzahl der Arten ist jeweils in Malesien bzw. Südamerika (teilweise bis Florida) verbreitet, einige Species überspannen beide Tropengebiete. Aus Afrika wurde keine einzige Art bekannt.

Die Lichenisierung von Pilzen sehr verschiedener Verwandtschaften ist keineswegs nur eine abgeschlossene, weit zurückliegende Erscheinung, sondern befindet sich in vollem Fluß [TOBLER (1)]. Das viel bearbeitete *Herpothallon* (= *Chiodecton*) *sanguineum*, durch das Auftreten von Schnallen an den Hyphen als Basidienpilz bzw. -flechte gekennzeichnet, vermag sowohl mit wie auch ohne symbiontische Algen zu leben, wobei die Art der Algen wenig wichtig und nur vom Zufall abzuhängen scheint. Der vom Pilz erzeugte charakteristische rote Farbstoff kann dabei als Indikator für das Maß der Symbiose dienen. Algenfreie Thallusteile sind intensiv rot gefärbt, während symbiontisch lebende Bezirke wohl wegen des Abbaus des Farbstoffes durch die Algen grün erscheinen.

Primitive Symbiosen oder Symbiosenanfänge konnten bei Basidiomyceten bereits mehrfach beobachtet werden. Bei einer *Coriolus*-Art (*Polyporaceae*) finden sich Algenanflüge in den behaarten Teilen der Fruchtkörperoberfläche. In Kultur gedeihen solche algenbesetzten Gewebe bedeutend besser als die algenfreien. Morphologische Anpassungen an die Symbiose sind aber in diesem Falle noch kaum zu erkennen [TOBLER (2)].

Als einen Fall fortgeschrittener Anpassung wird man dagegen die lichenisierten Clavarien betrachten müssen, denen zuletzt MATTICK (3) in Brasilien nachspürte; derselbe Verfasser weist auch auf andere Fälle von Pilz-Algensymbiosen hin.

D. Lichenes imperfecti.

Eine neue Gattung *Phyllophiale* mit *Phycopeltis*-Symbionten und scheibenförmigen Isidien gibt SANTESSON (1) mit einer aus allen Tropengebieten gemeldeten Art bekannt.

Literatur.

ALMBORN, O.: Bot. Not. (Lund) 1952, 240. — ASAHINA, Y.: Lichens of Japan, Res. Inst. Nat. Res. 2 (1952).
BESCHEL, R.: Österr. bot. Z. 101, 488 (1954). — BOULY DE LESDAIN, M.: Rev. Bryol. Lich. 23, 180 (1954).
CHOISY, M.: (1) Bull. Mens. Soc. Linn. Lyon 1949—1953. — (2) 8. Congr. Int. Bot. Rapp. 18, 1954, 13. — (3) Bull. Soc. mycol. France 70, 162 (1954). — (4) Bull. Soc. mycol. France 68, 141 (1952). — CIFERRI, R., u. R. TOMASELLI: Atti Ist. bot. ecc. Pavia, Ser. V 10, 25 (1953). — CLAUZADE, G.: Bull. Soc. Linn. Provence 19, 1 (1953). — CULBERSON, W.: Rev. Bryol. Lich. 21, 276 (1952).
DAHL, E.: (1) Rev. Bryol. Lich. 21, 119 (1952). — (2) Meddel. om Grönland 150 (1950). — DEGELIUS, G.: (1) Symbolae bot. Upsalienses 13, 2 (1954). — (2) Sv. bot. Tidskr. 37, 65 (1943). — DES ABBAYES, H.: (1) Bull. Soc. bot. France 100, 84 (1953). — (2) Traité de Lichénologie. Encycl. Biol. 41 (1951). — (3) Rev. Bryol. Lich. 21, 116 (1952). — DUGHI, R.: Ann. Fac. Sci. Marseille 21, 219 (1952). — DODGE, C.: B. A. N. Z. Antarctic Res. Exped. 1929—1931 Rep. B 7, 1948.
FREY, E.: (1) Ber. schweiz. bot. Ges. 59, 427 (1949). — (2) Mitt. naturforsch. Ges. Bern, N. F. 8 (1950). — (3) Die Flechtenflora und -vegetation. Erg. wiss. Unters. schweiz. Nationalpark 27 (1950).

GÄUMANN, E.: Die Pilze. Basel 1949. — GALINOU, M., u. M. CHADEFAUD: C. r. Acad. Sci. Paris 237, 1178 (1953). — GELTING, P.: Bot. Tidskr. 51, 71 (1954).— GROENHART, P.: (1) Reinwardtia 1, 197 (1951). — (2) Ebenda 1, 33 (1950). — GRUMMANN, V.: Ber. dtsch. bot. Ges. 67, 59 (1954).
HAKULINEN, R.: (1) Arch. Soc. zool. bot. fenn. „Vanamo" 4, 17 (1949). — (2) Ann. bot. Soc. zool. bot. fenn. „Vanamo" 27 (1954). — HALE, M.: Bull. Torrey Bot. Club 79, 251 (1953).
IMSHAUG, H.: University Microfilms, Publ. 2607. Ann. Arbor. Michigan 1952.
KERN, H.: Fortschr. Bot. 16, 96 (1954). — KLEMENT, O.: Ber. dtsch. bot. Ges. 63, 47 (1950). — KLEMENT, O., u. H. DOPPELBAUR: Ber. dtsch. bot. Ges. 65, 166 (1952). — KROG, H.: Nytt. Mag. Naturvidensk. 88, 57 (1950).
LAMB, M.: (1) De Lilloa 26, 401 (1953). — (2) Canad. J. Bot. 29, 522 (1951). — (3) Rhodora 56, 105 (1954). — (4) De Lilloa 13, 151 (1947). — (5) Ebenda 14, 203 (1948). — (6) Ebenda 14, 139 (1948). — LINDAHL, P.: Sv. bot. Tidskr. 47, 94 (1953). — LLANO, G.: A monograph of the lichen family Umbilicariaceae in the Western Hemisphere. Off. Nav. Res. Dept. Navy 1950. — LUTTRELL, E.: Llloydia 17, 275 (1954).
MAAS GEESTERANUS, R.: (1) Blumea 6, 1 (1947). — (2) Ebenda 7, 206 (1952). — MAGNUSSON, A. H.: (1) Sv. bot. Tidskr. 46, 178, 313 (1952). — (2) Rep. Sino-Swedish Exped. Sven Hedin 11, 1 (1940). — (3) Meddel. Göteb. Bot. Trädg. 7, 65 (1931). — (4) Bot. Not. (Lund) 1950, 369. — (5) Meddel. Göteb. Bot. Trädg. 17, 191 (1947). — (6) Bot. Not. (Lund) 1947, 32. — MATTICK, F.: (1) Lichenes. In Syllabus der Pflanzenfamilien, 12. Aufl., Bd. 1. 1954. — (2) Ber. dtsch. bot. Ges. 64, 93 (1951). — (3) Ebenda 66, 263 (1953). — MÜLLER, E., u. J. V. ARX: Ber. schweiz. bot. Ges. 60, 329 (1950). — MÜLLER, E., u. R. MENON: Phytopath. Z. 22, 417 (1954).
NADVORNIK, J.: Studia Bot. Čechosl. 8, 69 (1947). — NANNFELDT, J.: Nova Acta Reg. Soc. Sci. Upsaliensis, Ser. IV 8, Nr 2 (1932).
PLESSL, A.: Österr. bot. Z. 96, 145 (1949). — POELT, J.: (1) Ber. bayer. bot. Ges. 29, 58 (1952). — (2) Mitt. bot. Staatssammlg. München 11, 11 (1954). — (3) Ebenda 8, 323 (1953).
RÄSÄNEN, V.: (1) Acta bot. fenn. 33, 1 (1943). — (2) Kuopion Luonn. Yst. Yhdist. julk., Ser. B 2, Nr. 6 (1952).
SANTESSON, R.: (1) Symbolae bot. Upsaliensis 12, 1 (1952). — (2) 8. Congr. Int. Bot. Rapp. 18 1954, 9. — (3) Sv. bot. Tidskr. 45, 299 (1951). — (4) Proc. 7. Int. Bot. Congr. 1950. — (5) Ark. Bot. (Stockh.) 31 (1944). — (6) Sv. bot. Tidskr. 43, 547 (1949). — (7) Ark. Bot. (Stockh.) 30, 326 (1942). — SCHADE, A.: Ber. bayer. bot. Ges. 30, 108 (1954). — SERVIT, M.: (1) Studia Bot. Čechosl. 7, 49 (1946). — (2) Ebenda 9, 67 (1948). — (3) Ebenda 11, 7 (1950). — (4) Ebenda 11, 101 (1950). — (5) Acta Musei Nat. Pragae B 5, Nr. 9 (1949). — (6) Preslia 24, 345 (1952). — (7) Rozpravy Československ. Akad. Ved. 63, 1 (1953). — (8) Lichenes familiae Verrucariacearum. Prag 1954.
TAVARES, C. D. N.: Portugal. Acta Biol., Ser. B 1 (1945). — THOMSON, J.: (1) Bull. Torrey Bot. Club. 75, 486 (1948). — (2) Amer. Midland Natural. 44, 1 (1950). — TOBLER, F.: (1) Ber. dtsch. bot. Ges. 66, 30 (1953). — (2) Ebenda 67, 406 (1954). — TOMASELLI, R.: Atti Ist. bot. ecc. Pavia, Ser. V 9, 241 (1951). — TSCHERMAK-WOESS, F.: (1) Österr. bot. Z. 98, 412 (1951). — (2) Ebenda 100, 203 (1953).
WACHTMEISTER, C.: 8. Congr. Int. Bot. Rapp. 18 1954, 30. — WATSON, W.: (1) Census Catalogus of British Lichens. London 1953. — (2) Trans. Brit. Mycol. Soc. 34, 368 (1951).
ZEITLER, J.: Österr. bot. Z. 101, 453 (1954).

5 d. Systematik der Moose.

Von JOSEPH POELT, München.

Allgemeines.

Der anatomische Feinbau der Stämmchen gewinnt auch bei den beblätterten *Lebermoosen* immer mehr an systematischer Bedeutung. In einer Übersicht über die Stammanatomie dieser Gruppe unterscheidet BUCH acht Bautypen, denen phylogenetische Bedeutung zukommt.

Die primitivste Form, aufgefunden z. B. bei *Anthelia*, ist charakterisiert durch radiären Aufbau der aufrechten Stämmchen und Gleichwertigkeit der strahlig angeordneten Segmente. Die weiteren Typen lassen sich in eine Reihe zunehmender Dorsiventralität bringen, entsprechend der sich die Gestalt der Merophyten, d. h. der je von einem Scheitelsegment herrührenden Gewebekomplexe, sowie die Insertion und Differenzierung der Blätter ändert. Die Bautypen dürften insbesondere für die umstrittene Familiengliederung der akrogynen Jungermaniales von großem Wert sein.

Sehr bedeutende Hinweise ergeben sich aus dem Studium der primären Entwicklungsstadien nach der Sporenkeimung, insbesondere aus einem Vergleich der Protonemata, die bei den Lebermoosen eine unvermutete Vielfalt dartun (FULFORD).

Deren verschiedene Typen lassen sich gliedern nach dem Verhalten des Exospors nach der Keimung, äußerer Form und Wachstumsweise der Vorkeime selbst sowie nach der Erstanlage der Moospflänzchen. Das Exospor wird entweder gleich bei der Keimung durchbrochen und abgestreift, oder es dehnt sich aus und umschließt den in diesem Falle kompakten Vorkeim in verschieden weitem Ausmaße. Fadenförmige Protonemata (Typ 1) finden sich z. B. bei *Cephalozia* und *Marsupella*. Die südamerikanische *Protocephalozia* bildet Antheridien und Archegonien direkt an Vorkeimfäden dieses Typs aus und kann als geschlechtsreif gewordene Jugendform angesprochen werden. Die anderen neun aufgeführten Gruppen sind sämtlich durch flächige mit zweischneidiger, oder mehrschichtige mit dreischneidiger Scheitelzelle wachsende Vorkeime charakterisiert. Die Erstanlage der Pflänzchen kann ebenfalls entweder aus zwei- oder dreischneidigen Scheitelzellen hervorgehen.

Der Typus der Protonemabildung wird verschiedentlich in der Entwicklung der Keimkörper gleichartig wiederholt, während die Regeneration aus undifferenzierten Zellen zunächst meist zu undifferenzierten Zellkomplexen führt.

Große Bedeutung gewinnt für die Bryophytensystematik mehr und mehr die Cytogenetik, die sich nun in verstärktem Maße den *Laubmoosen* zuwendet, nachdem sie für die Systematik der Lebermoose bereits weitgehend Berücksichtigung gefunden hat [vgl. MÜLLER (1)]. Bei der Sippenentstehung durch Genomveränderungen spielen dieselben Erscheinungen wie bei den Blütenpflanzen eine Rolle (SINOIR); in vielen Gruppen finden sich polyploide Rassen, teilweise wohl durch Aposporie entstanden. Nicht selten dürften spontane Genomverdopplungen vorkommen.

Im allgemeinen scheinen die Chromosomengrundzahlen der Laubmoose relativ niedrig zu sein [STEERE (1)] — häufigste Zahlen 6 und 7 —, dies besonders im Gegensatz zu den Pteridophyten mit sehr hohen Sätzen. Allerdings ist ein Großteil der Arten bereits diploidisiert. Die höchsten Zahlen wurden in natürlichen Klonen bei *Tortula* angetroffen — 66. bzw. 60. Chromosomenfragmentation scheint die Ursache für die häufige Aneuploidie zu sein, die in manchen Fällen als arttrennendes Merkmal betrachtet werden kann, während sie in anderen innerhalb derselben Rasse, ja in derselben Population wechselt. Die TISCHLERsche Regel der prozentualen Zunahme der Polyploiden gegen Norden gilt für die Moose nicht. Die betreffenden Zahlen lauten für das arktische Alaska, für Finnland und Kalifornien fast gleich. Gewisse Familien erweisen sich in ihren Kernverhältnissen als recht starr, so die *Polytrichaceae* und *Grimmiaceae*; im Gegensatz dazu stehen etwa die *Bryaceae* und *Pottiaceae* mit erheblicher Genom- und Chromosomenvariabilität.

Recht brauchbare systematische Hinweise ergeben sich aus dem ökologischen Verhalten der Sippen höherer Wertigkeit [GAMS (1)].

Die ersten Bryophyten dürften acidiphile Felsbewohner gewesen sein. Eine Anzahl altertümlicher Gruppen, so die *Andreaeaceae* sowie die Mehrzahl der *Grimmiaceae* und *Marsupellaceae*, hat dieses Verhalten bis heute bewahrt. Bei den heutigen Epipetren ist aber zwischen primären und sekundären Gesteinsbewohnern zu unterscheiden; letztere können sich von Epiphyten (so viele *Lejeuneaceae*) oder Helophyten (so *Scapanien, Dicrana, Amblystegiaceen*) herleiten. Die Chamaephyten unter den Moosen sind samt und sonders als Abkömmlinge von Adnaten zu betrachten. Ihnen folgen als jüngste geologische Gruppe die Therophyten (unter anderem viele *Pottiaceae*, typisch die *Ephemeraceae*). Kalkfordernde Arten dürften im allgemeinen als jünger gelten.

Bemerkenswert erscheint in dieser Sicht, daß fast sämtliche hochozeanische Reliktmoose Europas eindeutig acidiphil veranlagt sind.

Phylogenie der Moose.

Die Ableitung der Archegoniaten kann aus strukturellen Gründen wohl nur bei irgendwelchen Grünalgen angesetzt werden; primitive Landpflanzen haben sich mehrfach in dieser Gruppe entwickelt, die von VISCHER und FRITSCH eingehenden Betrachtungen unterzogen wurden. Dennoch kann kein Zweifel darüber bestehen, daß sich bei heute lebenden Formen nirgends direkte Homologien zu den Archegoniaten auffinden lassen; eine Weiterführung unserer Kenntnis auf diesem Weg ist zumindest fraglich.

Dagegen bieten die Moose und Farne unter sich eine Menge von homologen Beziehungen, die zu einer Deutung der gegenseitigen Ableitungsmöglichkeiten geradezu einladen. Gewöhnlich läßt man die augenscheinlich höher organisierten Farne irgendwie von den Moosen abstammen, schiebt also gewissermaßen diesen die Phylogenie der ganzen Gruppe zu. Den umgekehrten Weg geht neuerdings STEINBÖCK mit Gedanken, die wohl erstmalig in dieser Weise zusammengefaßt sind.

Als Ausgangspunkt dient die zweifellose Homologie von Farnprothallien mit Moosprotonemata, die auch auf die Moosgametophyten ausgedehnt wird. Das häufige Umschlagen der Moospflänzchen in protonemabildende Stadien mag dafür sprechen (wie denn auch die Vorkeimdifferenzierung in Chloronema und Caulonema recht leicht umdeterminiert werden kann [BOPP]. Die Homologie wird erstaunlich angesichts der weiten, kaum bekannten Variabilität und der langen Lebensdauer der Farnprothallien. Die Moose wären somit nichts anderes als vegetativ weitergewachsene und selbständig gewordene Farnprothallien, in deren Abhängigkeit die Sporophyten mehr und mehr reduziert wurden. Für das Letztere spricht neben dem Vorkommen noch funktionierender bzw. rudimentärer Spaltöffnungen, deren Entwicklung man nie einer solchen abhängigen Generation zutrauen würde, die hochentwickelte Struktur eines Teiles der Moossporophyten, die ebenfalls angesichts der wenig bedeutenden Rolle derselben heute wenig verständlich erscheint; endlich scheint auch das in der Ausbildung von Rhizoiden ersichtliche Parasitieren der Sporophyten auf den Gametophyten für eine Reduktion zu sprechen.

Als bemerkenswertes Beispiel relativer Selbständigkeit von Sporophyten kann STEINBÖCK den Fall des kalifornischen *Anthoceros fusiformis* anführen, bei dem die Sporogone auch noch nach dem Zugrundegehen der Gametophyten alleine längere Zeit vegetieren können.

Soweit hier von Sporophyten gesprochen wurde, bezieht sich dies auf die echten Laubmoose und die *Anthocerotales*. Für den Rest der Lebermoose (und wohl auch die Torfmoose) postuliert der Verfasser wegen des völlig verschiedenen Aufbaus der Sporogone eine vollständige Reduktion der primären Sporophyten und ihren Ersatz durch nicht homologe vereinfachte diploide Generationen. Damit kommt der Verfasser auch zu einer Bestätigung der Wahrscheinlichkeit einer polyphyletischen Entstehung der Moose.

Bezüglich der palaeontologischen Zeiteinstufung der Abgliederung der Moose von den Farnen wird darauf hingewiesen, daß die Farne unserer Kenntnis nach eindeutig älter seien als die erst vom Karbon an bekannten Bryophyten, so daß also auch aus diesem Grunde die Moose als Derivate der Farne zu betrachten (und nicht umgekehrt) und diesen als Untergruppe unterzuordnen sind.

Referent möchte glauben, daß man dem Verfasser folgen kann bei dem Versuch, vor einer Ableitung von den Algen zunächst einmal das Verhältnis der Moose zu den Farnen gründlich zu prüfen, weiter bei der Erkenntnis der Polyphylie der Bryophyten. Wir möchten aber doch geltend machen, daß man auf das fossile Vorkommen oder Nichtvorkommen der Moose keine weitgehenden Schlüsse aufbauen dürfte, daß man also gegenseitige Ableitungen nur mit äußerster Vorsicht ins Auge fassen sollte. Als natürlich wird man nur die Gesamtheit der Archegoniaten bezeichnen können; die Moose mögen dabei als Sammelgruppe für die im haploiden, gametophytischen Bereich geförderten Entwicklungslinien gelten, während die Pteridophyten das Pendant der Formenkreise mit reduzierten Gametophyten und selbständiger sporenbildender Generation darstellen würden. Die Moose von den Rezenten vergleichbaren Farngruppen ableiten zu wollen, scheint uns aber zumindest vorläufig unvertretbar.

Systematische Sammelwerke.

Die neue Auflage des „Syllabus der Pflanzenfamilien" bringt auch für die Bryophyten die längst notwendig gewordene, gedrängte, moderne Übersicht über das ganze System. Die von REIMERS besorgte Bearbeitung fällt neben ihren konzis gefaßten allgemeinen Angaben insbesondere durch eine konsequente Untergliederung in Klassen, Unterklassen, Reihen, Familiengruppen und Familien auf (nicht ganz verständlich bleibt nur, daß den Hauptgruppen der Lebermoose nicht dieselben Rangstufen zugebilligt worden sind wie denen der Laubmoose). Es sind sämtliche Familien aufgenommen, alle wichtigeren kurz besprochen, zum großen Teil durch gut ausgewählte Figuren treffend illustriert. Die Anordnung der Laubmoose hält sich im großen und ganzen an die Bearbeitung von BROTHERUS in der letzten Auflage der Natürlichen Pflanzenfamilien, die der *Hepaticae* mit einigen Änderungen dem von MÜLLER (1) vorgeschlagenen System, allerdings unter Nachstellung der *Marchantiales*.

Die dritte Auflage des Lebermoosbandes von Rabenhorst Kryptogamenflora von MÜLLER (1) wurde einheitlich auf ganz Europa bezogen; sie dürfte damit das erste gesamteuropäische größere Florenwerk überhaupt sein. Es ist bis zur fünften Lieferung gediehen; zu hoffen bleibt, daß das weitere Erscheinen keine größeren Unterbrechungen mehr erleidet. Die in den Berichtsjahren erschienenen beiden Lieferungen behandeln die thallosen *Jungermaniales*, die *Calobryinales* sowie sieben Familien der beblätterten *Jungermaniales*. Im einzelnen soll unten darauf eingegangen werden.

Monographien, wichtigere Einzelarbeiten, bemerkenswerte Sippen.

A. Lebermoose.

Anthocerotales, Anthocerotaceae. PROSKAUER (1) beschränkt *Anthoceros* s. str. auf die schwarzsporigen, mit Schleimhöhlen ausgerüsteten Arten und bildet für die Gelbsporer ohne Schleimhöhlen die neue Gattung *Phaeoceros*, was von MEIJER (1), der die fünf in Malesien vorkommenden Arten der Gesamtgattung einer Revision unterzieht, zurückgewiesen wird.

Anthoceros laevis umfaßt sowohl monöcische wie diöcische Populationen. Letztere zeigen begrenztere Verbreitung und besitzen haploid 4 Autosomen und ein kleineres Geschlechtschromosom, während den monöcischen Pflanzen 5 Autosomen und drei zusätzliche, kleine, heterochromatische Chromosomen eigen sind. Die Untergliederung des Formenkomplexes bleibt sehr unklar; die Varianten zeigen zum größeren Teil keinerlei Andeutung einer geographischen Differenzierung. Aus Kreuzung mit anderen Arten hervorgegangene Hybridenschwärme wurden bisher besonders aus Südafrika und den Randländern des Pazifiks bekannt. Die Gruppe scheint sich in lebhafter Evolution zu befinden [PROSKAUER (2)].

Marchantiales, Marchantiaceae. Als besonders ursprünglicher Typ hat sich für die Familie eine neue Gattung *Neohodgsonia* ergeben, die als auffälligstes Merkmal eine zweimalige Gabelung der mit einer Rhizoidrinne begabten weiblichen Träger zur Schau trägt. Männliche Träger entstehen bei diöcischen Pflanzen an den Spitzen der — recht weichen — Thalli, bei monöcischen unweit der weiblichen Träger im Mittelteil. An der Thallusunterseite finden sich bräunliche, mit bloßem Auge sichtbare Kanäle. *N. mirabilis* ist von mehreren Stellen Neuseelands bekannt, eine zweite Sippe von Tristan da Cunha [PERSSON (1)].

Belgisch Kongo hat 4 Arten von *Marchantia* aufzuweisen, die mit Ausnahme der am Ruwenzori gefundenen *M. polymorpha* afrikanisch sind [VANDEN BERGHEN (1)]. Beschreibungen von 25 Arten der Gattung meist asiatischer Herkunft legt BONNER (1) aus dem Nachlasse STEPHANIS vor.

Eine von LUNDBLAD aus südschwedischen liassischen Ablagerungen beschriebene Fossilgattung *Marchantiolites* ist durch deutliche, denen von *Plagiochasma* oder *Grimaldia* ähnliche Atemporen ausgezeichnet; unsicher bleibt, ob es sich um eine Marchantiacee im weiteren Sinne oder um ein Übergangsglied zu den Ricciaceen handelt.

Marchantiales, Ricciaceae. *Ricciopsis*, in gleicher Weise wie die letztbehandelte Gattung durch LUNDBLAD aus Südschweden fossil bekanntgeworden, zeigt dichotom verzweigte Thalli mit glatten wie mit Zäpfchenrhizoiden; vgl. im übrigen den Abschnitt Paläobotanik in diesem Bande.

Jungermaniales, Anacrogynae. Die Unterreihe wird von MÜLLER (1) in sieben Familien aufgespalten, während REIMERS (1) deren zehn annimmt.

Metzgeriaceae. *Metzgeria* besitzt in Europa [MÜLLER (1)] wie in Südafrika [ARNELL (1)] 6 Arten.

Aneuraceae. ARNELL (2) kann für Feuerland nicht weniger als 22 *Riccardia*-Species anführen, für Südafrika [ARNELL (3)] 9, davon 5 neu. Für Europa bleiben die Verhältnisse gleich. Der saprophytische *Cryptothallus* scheint über das ganze boreale Waldgebiet verbreitet [MÜLLER (1)].

Codoniaceae. In Europa 9, sich um 4 Grundtypen scharrende Arten [MÜLLER (1)].

Jungermaniales, Calobryineae: REIMERS (1) weist wohl mit Recht den beiden hierhergehörigen Gattungen *Haplomitrium* und *Calobryum* wegen ihrer verschiedenen Gametangienverteilung Familienrechte zu. Die erste ist deutlich anakrogyn, die zweite akrogyn.

Jungermaniales, Acrogynae. Während die *Marchantiales* und in einem gewissen Sinne auch die thallosen *Jungermaniales* auf Grund ihrer hohen morphologischen Differenzierung sowohl im vegetativen wie im generativen Bereich zu einer Untergliederung in Familien direkt herausfordern, hat sich die zweifellos berechtigte und notwendige Aufteilung der beblätterten Lebermoose als recht schwierig erwiesen, so daß heute noch keinerlei Einigkeit über Begründung und Zahl der zu unterscheidenden Familien besteht. Die weitestgehende Trennung hat

MÜLLER (1) durchgeführt, dessen Gedankengängen wir im wesentlichen folgen wollen, wobei die von jeher gut abgegrenzten Jubuleen zunächst außer Betracht bleiben werden.

Die Leitlinie der Gliederung liegt in der zunehmenden Dorsiventralität der Pflänzchen, der daraus resultierenden Reduktion der Unterblätter, und wie wir mit BUCH annehmen dürfen, auch in der anatomischen Differenzierung der Stämmchen.

Die praktische Unterteilung läuft natürlich nur partiell mit den phyletischen Verwandtschaften gleich. Ein erster Schnitt trennt die Gattungen nach der Stellung der Blätter; diejenigen mit oberschlächtiger Anlage erweisen sich dabei größtenteils als so divergent, daß sie ohne weiteres zur Begründung von Familien benützt werden können, wie das auch schon längst geschehen ist. Neben den gattungsreicheren *Lepidoziaceae* fallen somit die jeweils aus einem einzigen Genus bestehenden *Calypogeiaceae*, *Pleuroziaceae*, *Radulaceae* und *Madothecaceae* heraus. Sie folgen am Schluß der *Jungermannieae* vor den *Jubuleae*. Innerhalb der Gattungen mit unterschlächtigen Blättern lassen sich auf Grund der Stellung der Gametangien an kurzen Ventralästen die drei wahrscheinlich ebenfalls nicht näher verwandten Familien *Harpanthaceae* (die BUCH wegen der Stammanatomie mit den *Lophocoleaceae* vereinigen will), *Cephaloziaceae* und *Odontoschismataceae* abspalten, welche sich außer durch Blattmerkmale auch durch den Bau der Sporogonstiele deutlich voneinander abheben. Vom verbleibenden Rest fallen die durch Perianth, Sporogonstiel und Kapselwandstruktur und auch Habitus gut umschriebenen *Cephaloziellaceae*, sowie die *Plagiochilaceae* und *Scapaniaceae* heraus, welche durch ihr zusammengedrücktes Perianth und Blattmerkmale gut definiert zu sein scheinen. Was bleibt, ist eine Menge von Gattungen, die sich nur schwer gruppieren lassen. Die meisten der aus dem Versuch entstehenden Familien sind im Wert etwa mit manchen Familien der *Hypnobryales* zu vergleichen. Freilich hebt sich die durch große Unterblätter und vor allem ihre archaische Blattstruktur ausgezeichnete Gattung *Herberta* noch weit ab, so daß ihre Sonderstellung als eigene Familie berechtigt sein dürfte. Die endgültige Wertung der Gruppen mit feinzerschlitzten Blättern, der *Ptilidiaceae*, *Trichocoleaceae* und *Blepharostomaceae* kann wohl erst nach genauerer Kenntnis der tropischen und südhemisphärischen Verwandtschaft durchgeführt werden. Sie weisen noch recht große Unterblätter auf; ein gleiches gilt noch für die *Hygrobiellaceae* mit *Pleuroclada* und *Anthelia*. Die *Lophocoleaceae* sind durch kleine, aber stets vorhandene Unterblätter definiert, während die restlichen Familien nur Gattungen mit normalerweise ± völlig eliminierten Amphigastrien enthalten. Es folgen die gattungsärmeren, habituell einigermaßen gekennzeichneten *Marsupellaceae* sowie die durch fast gegenständige Blätter umschriebenen *Southbyaceae*, während die endlich verbleibenden *Lophoziaceae* und *Jungermaniaceae* s. str. auch jetzt noch eine Menge verschiedenartiger Gattungen beinhalten, über deren Stellung und Systematik noch nicht das letzte Wort gesprochen sein dürfte.

Im ganzen bleibt der Eindruck einer in große Breite entwickelten Formenmannigfaltigkeit, aus der die großen Zusammenhänge herauszulesen schwer fällt. Weitere Untersuchungen werden sicher noch erhebliche Umgruppierungen mit sich bringen.

Angaben im Nachfolgenden ohne Autorzitat aus MÜLLER (1).

Herbertaceae. Einzige Gattung *Herberta*, in Europa mit 4 Reliktarten vertreten.

Ptilidiaceae. In Europa 2 Arten von *Ptilidium*, dazu die hochozeanische *Mastigophora woodsii*. Japan zählt 3 *Ptilidium*-Species, von denen das amphipazifische *P. californicum* nur in den hohen Gebirgen zu finden ist, das boreale *P. ciliare* überhaupt sehr selten, während das nah verwandte *P. pulcherrimum* als weitverbreitet gelten kann — wohl auch ein Beweis für die Verschiedenheit der beiden Arten, die vielfach angezweifelt wurde (HATTORI, TAKAKI, IKAGAMI, SHIMIDZU).

Hygrobiellaceae. Hierher in Europa *Anthelia* mit 2, sowie *Hygrobiella* und *Pleuroclada* mit je einer Art.

Trichocoleaceae. In Europa nur *Trichocolea tomentella*, sonst vorwiegend tropische Arten.

Blepharostomataceae. Europäisch das weit verbreitete *Bl. trichophyllum* mit der arktischen, großzelligen *var. brevirete*.

Lophocoleaceae. *Lophocolea* in Europa mit 6 Arten, *Chiloscyphus* mit 2 vertreten. — Neuseeland besitzt nicht weniger als 31 Species von *Lophocolea* (HODGSON).

Als Derivat von *Lophocolea* ist die von HERZOG neu aufgestellte Gattung *Pachyglossa* aufzufassen [HERZOG (1)]. Sie ist gekennzeichnet durch zwei- bis vierschichtige, sukkulent wirkende Blätter und enthält eine neuseeländische *P. tristicha* sowie eine patagonische *P. dissitifolia*.

Lophoziaceae. Umfassen für Europa folgende Gattungen (in Klammern jeweils die Artenzahl): *Chandonanthus* (1), *Barbilophozia* (9), *Lophozia* (15), *Isopaches* (2), *Leiocolea* (7), *Gymnocolea* (2), *Anastrepta*, *Acrobolbus* und *Saccobasis* (je 1), *Sphenolobus* (3), *Eremonotus* und *Crossocalyx* (je 1), *Tritomaria* (4), *Anastrophyllum* (4).

Jungermaniaceae. Eine parallele Entwicklungstendenz zu der oben behandelten *Pachyglossa* zeigt sich in der feuerländischen Gattung *Chondrophyllum* HERZOG (2), die der Verwandtschaft von *Jamesoniella* angehört, und durch ebenfalls mehrschichtige, kappenförmige Blätter ausgezeichnet ist.

Plagiochilaceae. Eine neue Gattung *Cryptocolea* aus Nordamerika, ohne Unterblätter, hat SCHUSTER (1) zum Autor.

Scapaniaceae. AMAKAWI u. HATTORI bringen den zweiten Teil ihrer Monographie der japanischen *Scapaniaceae*. Die altertümlichen, hochdisjunkten Arten um *Sc. nimbosa* werden als *Subgen. Protoscapania* herausgestellt.

Cephaloziaceae. BONNER veröffentlicht aus dem Nachlaß von STEPHANI 16 Arten von *Alobiella* [BONNER (2)].

Odontoschismataceae. *Pseudomarsupidium* HERZOG (3) nov. gen. ist verwandt zu *Marsupidium*, zeigt aber an Stelle von Marsupien eine andere Art von Brutpflege, nämlich große fleischige Kalyptren, die sich über den Involukren aus Stengelgewebe entwickeln, ohne allerdings Blattanlagen mit in die Höhe zu schieben. Möglicherweise gehören außer der Typusart auch noch andere der oft nur steril bekannten Arten von *Marsupidium* hierher. (Typische Art die patagonische *P. piliferum*.)

Lepidoziaceae. *Lepidozia spinosa* ARNELL (4) aus Südafrika wird wegen ihrer Blattstellung sowie stark verlängerter Apicalzellen von Blättern und Amphigastrien zum Typ einer neuen Untergattung *Apiculo-Lepidozia*.

Calypogeiaceae. Die Artauffassung bei der in den letzten Jahren oft behandelten Gattung *Calypogeia* schwankt immer noch sehr, trotzdem experimentelle Untersuchungen in vielen Punkten Klarheit gebracht haben. Vergleiche hierzu BUCHLOH und MEIJER (2).

Wahrscheinlich als Typus einer neuen Familie zu betrachten ist *Perssoniella vitreocincta* HERZOG (3) nov. gen. aus Neukaledonien. Die Pflanzen tragen an starren Stengeln ohne Kommissur gefaltete Blätter, die mit 4—5 Reihen hyaliner, durchsichtiger Zellen berandet sind. Sie besitzen Kalyptren, aber keine Perianthien und dürften, da ihnen Unterblätter fehlen, mit zweischneidiger Scheitelzelle wachsen.

Die größte Zahl der systematischen Arbeiten über Lebermoose dürfte zur Zeit den Jubuleen gewidmet sein, besonders der Gliederung der alten Riesengattung *Lejeunea*, die noch voll im Fluß ist. Immer wieder erweist es sich als notwendig, deutlicher ungrenzbare Artengruppen zu Gattungen zusammenzuschließen, um nur das Chaos der Formen besser überblicken zu können. *Cladiantholejeunea* aus Chile, aus der Verwandtschaft von *Strepsilejeunea*, hat HERZOG (4) zum Autor, *Ciliolejeunea* und *Inflatolejeunea* aus Südafrika beschrieb ARNELL (5), der auch einen Gattungsschlüssel für die in Südafrika unterschiedenen Genera gibt.

Einige kleinere Teilmonographien liegen für das tropische Afrika vor. VANDEN BERGHEN bearbeitete *Leptolejeunea* (2), JONES *Leptocolea* (1), *Cololejeunea* und *Physocolea* (2) sowie *Caudalejeunea* (3).

BONNER (3) veröffentlichte 120 bisher nur im Manuskript vorliegende STEPHANISCHE Beschreibungen von *Ceratolejeunea*.

Eine Weiterführung der Systematik scheint sich bei SCHUSTER (2) abzuzeichnen, der zur Abgliederung der *Lejeuneaceae holostipae* in erster Linie nicht die ungeteilten Unterblätter, sondern anatomische Merkmale der Stämmchen verwertet.

Für Nordamerika sind bis jetzt 7 Gattungen von *L.* festgestellt, die insbesondere nach den Ölkörpern, den Wandfarbstoffen sowie Form und Größe der Zähne zu sondern sind. Der größte Teil findet sich im subtropischen Florida, doch dringen einige Arten weit nach Norden und Westen vor SCHUSTER (2).

Entscheidende Verbesserungen unserer Kenntnis in dieser großen Familie sind nur durch eingehende Gattungs- und Gruppenmonographien zu erwarten, wie dies JONES (4) fordert. Wie weitgehend die Veränderungen der systematischen Auffassung dabei gehen können, zeigt die eingehende Studie von BENEDIX über den Großteil der indomalesischen *Cololejeunea*-Arten.

In die Gattung *Cololejeunea* sind *Leptocolea* und *Physocolea* einzubeziehen, die auf geringwertige, bei verschiedenen Verwandtschaftsgruppen mehrfach unabhängig voneinander auftretende Perianthmerkmale gegründet sind. Die Kriterien, denen größere systematische Bedeutung beizumessen ist, beziehen sich auf Wuchs, Größe, dann vor allem die Blätter, ihre Zellformen und -größen sowie die Art der Zellwandverdickungen. Bemerkenswert ist die Entdeckung sog. Schwellkörper, schaumig aufgeblasener Zellen an den Basen der Perianthien, die durch rasche Wasseraufnahme deren Aufrichten bewirken.

Insgesamt finden 41 in 6 Untergattungen aufgeteilte Arten Behandlung. Die *Subgenera*, die unter Umständen später zu Gattungen erhoben werden können, sind mit Ausnahme von *Taeniolejeunea* alle neu herausgestellt. Die meisten der Arten sind über Gesamtindonesien verbreitet; einige von ihnen laufen bis zum Himalaja durch oder auch bis Japan, doch finden sich auch morphologisch ausgeprägte, vielleicht alte Inselendemiten.

Eine eingehende Monographie der ziemlich isolierten Gattung *Colura* verdanken wir JOVET-AST (1). *Colura*-Arten sind besonders ausgezeichnet durch die teilweise Umbildung ihrer Blätter zu Wassersäcken. Verschluß und Öffnung dieser Organe geschehen nach verschiedenen Prinzipien, die sich als geeignete Leitlinien für die systematische Gliederung erwiesen haben.

Die Säcke tragen an ihren Mündungen eine Art von Klappen, die beim

einfachen Typ kein differenziertes Scharnier besitzen, somit die unveränderte Fortsetzung des Blattlobulus sind, dem sie entstammen, fest mit diesem verbunden. Den

zusammengesetzten Typ kennzeichnen dagegen Scharniere, die aus zwei oder drei differenzierten Zellen gebildet sind. Die Klappen lösen sich in diesem Falle leicht ab. Als

Zwischentyp ist eine Form mit ausgebildeten Scharnieren, aber festverbundenen, nicht abfallenden Deckeln zu verstehen.

Insgesamt werden 51 in 6 Sektionen gruppierte Arten behandelt.

Die primitivste Sektion *Lingua*, mit einfachen Verschlüssen, zerfällt mit ihren 5 Arten in zwei deutlich getrennte Subsektionen, deren eine Indomalesien bis Nordostaustralien besiedelt, während die andere in weiter Disjunktion in Südamerika und um die karibische See herum vorkommt. *Sect. Oidocarys* mit sich leicht lösenden Scharnierklappen gehört dem antarktisch getönten Teil Südamerikas an und kehrt dementsprechend mit einer Art in Neuseeland wieder. *Macrorhamphus*, ähnlich der letzteren, aber mit auffallenden Verlängerungen der Wassersäcke erweist sich zusammen fast pantropisch ausgedehnt; hierher auch die hochozeanische, von den Magellansländern bis Schottland reichende *C. calyptrifolia*. *Sect. Eucolura* mit anderer Scharnierung und dreiflügeligem Perianth (im Gegensatz zu den mehrhöckerigen Perianthien der anderen Gruppen) zählt 22 Arten und besiedelt alle Teile der Tropen. *Gamolepis* mit 4 Arten und intermediärem Klappentyp hat weit zerstreute Vertreter sowohl in Südamerika wie durch die Indomalaya bis Japan. Die wohl reduzierte *Sect. Heterophyllum* endlich, ohne Scharniere, streift von ihrem Zentrum Indonesien aus bis Ceylon, Neukaledonien und zu den Fidschiinseln.

Amerika weist im ganzen 14 Arten auf, die Indomalaya 26, Afrika lediglich 4, dagegen Madagaskar alleine unter 5 Vertretern 4 Endemiten. Eine einzige Art ist fast pantropisch.

Morphologische Eigenschaften, insbesondere die ähnliche Gestaltung der Wassersäcke, deuten auf eine gemeinsame Wurzel von *Physiotiaceae* und *Lejeuneaceae*, nahe der sich *Colura* bereits differenziert haben dürfte. Die Verbreitung der Sektionen scheint es wahrscheinlich zu machen, daß in der Unterkreide die heutige Struktur der Gattung im wesentlichen erreicht war, so daß also ihre Entstehung selbst viel weiter zurückzudatieren wäre.

B. Laubmoose.

Die Musci stehen zurzeit viel weniger als die Hepaticae im Brennpunkt der bryologischen Systematik.

Dicranaceae. Eine Neufassung der Gattung *Cnestrum* sowie eine vertiefte Gliederung des schwierigen Genus *Dicranum* (für Skandinavien) unternahm Nyholm.

Bryoxiphiaceae. Löve u. Löve begründen auf die altertümliche Familie eine neue Ordnung *Bryoxiphiales*. Zu den bekannten Arten fügt sich das auf Madeira endemische *B. maderense* sowie eine japanische ssp. *japonicum*.

Encalyptaceae. Die bisher nur steril bekannte und zu den *Pottiaceae* gestellte *Bryobrittonia* aus dem nordwestlichsten Nordamerika entschleierte sich durch die Auffindung der ganz mit *Encalypta*-Kapseln übereinstimmenden Sporogone als hieher gehörig. Die Gattung kann nach vegetativen Merkmalen aufrecht erhalten werden [Steere (2)].

Grimmiaceae. Die lockerwüchsigen, bislang als Art oder ssp. *gracile* zusammengefaßten Formen des *Schistidium apocarpum*-Komplexes in Mittel- und Nordeuropa umfassen einige recht verschiedenartige und verschiedenwertige Typen, von denen zwei Artrang beanspruchen, die eine bevorzugt alpin, die andere borealarktisch. Eine dritte ist mit *Sch. apocarpum* durch (echte oder scheinbare ?) Übergänge verbunden und wird als ssp. aufgefaßt. Der Rest enthält lockere Wuchsformen von *Sch. apocarpum apocarpum* (Poelt).

Ephemeraceae. *Nanomitriella* Bartram (1) *nov. gen.*, aus Burma, unterscheidet sich von *Nanomitrium* durch lang gefranste Blattränder sowie durch die auf kurzen gebogenen Seten eingesenkten Sporogone.

Gigaspermaceae. Die bisher beschriebenen *Lorentziella*-Arten sind alle zu einer Species, *L. imbricata*, zusammenzulegen, die disjunkt sowohl im südlichen Südamerika wie in Texas auftritt (Lawton).

Bryaceae. Einiges Aufsehen erregte in den letzten Jahren die anscheinend rasche Ausbreitung von *Orthodontium germanicum = O. gracile v. heterocarpum = O. lineare?* im nordwestlichen Mitteleuropa. Die bis vor wenigen Jahren nur aus England bekannte Sippe wurde inzwischen in Holland, Belgien [Demaret (1)], Dänemark (Christensen) und vor allem in Norddeutschland bis Hessen und Brandenburg gesammelt [Reimers (2)]. Ist die Art tatsächlich mit dem südafrikanischen *O. lineare* identisch, dann könnte sich eine relativ rezente Einschleppung aus Südafrika eventuell vertreten lassen. Wenn nicht, so dürfte auch an ein Übersehen der leicht verwechselbaren Pflanze gedacht werden, die im übrigen im Gegensatz zu den vom Menschen verbreiteten Arten als hemerophob gelten muß. Sie bewohnt nur stark saure Unterlagen.

Mniaceae. Chromosomengrundzahl der Gattung *Mnium* ist 6. Von den 15 nordamerikanischen Arten sind 4 polyploid, 3 wohl durch Chromosomenfragmentation aneuploid. Einige Paare nächstverwandter Arten bestehen jeweils aus einer haploiden, diöcischen und einer diploiden, monöcischen Sippe. Entsprechend verhalten sich *Mnium affine* $n=6$ zu *M. medium* $n=12$, *Mnium punctatum* $n=7$ zu *M. pseudopunctatum* $n=14$. (Es fällt auf, daß in diesem Falle die diploiden monöcischen Sippen die bei weitem beschränktere Verbreitung zeigen.) (Sinoir.)

Catoscopiaceae. Eine eingehende Behandlung dieser aus einer Art bestehenden Familie bringt Abramow.

Hookeriaceael. Eine neue Gattung Acrohypnella mit sehr lockerem Zellnetz und kurzen Doppelrippen meldet Herzog (4) aus Chile.

Hypopterygiaceae. Das neuseeländische *H. setigerum* trägt abwechselnd mit den Laubblättern (zwei große Seitenblätter und ein kleines Unterblatt) drei als Kurzsprosse aufzufassende, mit braunen Inhaltsstoffen gefüllte hohle Borsten. Ähnliche Bildungen kommen bei der einzigen Art der „Peristomgattung" *Catharomnium* vor [REIMERS (3)].

Ptychomitriaceae. Die japanischen Arten von *Ptychomitrium* behandelt NOGUCHI, der sie wieder zu den *Grimmiaceae* versetzt haben will.

Fontinalaceae. Die Familie umfaßt im bisherigen Umfang drei heterogene Gruppen und ist deshalb aufzulösen in die *Fontinalaceae s. str.* (mit *Fontinalis, Dichelyma, Brachelyma*), *Wardiaceae* (*Wardia*) sowie *Hydropogonaceae* (*Hydropogon, Hydropogonella*). Die sichersten systematischen Kriterien ergeben sich aus den medianen Stengelblättern, den Perichaetialblättern sowie den Sporophyten (WELCH).

Brachytheciaceae. *Rhynchocarpidium* wird von POTIER DE LA VARDE (1) neu gefaßt, dann mit *Schimperella* synonymisiert [POTIER DE LA VARDE (2)], *Okamuraea* von NOGUCHI (2) von den *Rhytidiaceae* hierher versetzt.

Entodontaceae. Das bislang als Hypnaceengattung angesehene *Erythrodontium* ist mit *Bryosedgwickia* zu vereinigen [BIZOT und POTIER DE LA VARDE (1)].

Plagiotheciaceae. In einem Nachtrag zu seinen *Plagiothecium*-Arbeiten vertritt JEDLIČKA die Ansicht, der Ursprung der Gattung *Plagiothecium* selber liege im heutigen Sippenzentrum Ostasien. Die Familie zeigt Beziehungen zu den *Entodontaceae, Sematophyllaceae* und *Hypnaceae*.

Hypnaceae. DOIGNON gliedert *Stereodon* (=*Hypnum* s. str.) in 19, um Hauptarten gescharte Gruppen (einschließlich *Breidleria* und *Homomallium*).

Polytrichaceae. Chromosomengrundzahl ist für *Atrichum* wie für das in den Genomverhältnissen recht starre *Polytrichum* 7. Bei *Atrichum undulatum* finden sich in Nordamerika neben haploiden, diöcischen, auch diploide, monöcische, Populationen, die durch Aposporie entstanden sein dürften. Die aus Europa bekannten triploiden Formen lassen sich am besten aus Bastardierungen haploider und diploider Typen herleiten (LOWRY).

Schistostegaceae. Eine eingehende Kenntnis der Ökologie, Soziologie und Verbreitung des Leuchtmooses in der Schweiz vermittelt ALBRECHT-ROHNER.

Floren, Floristik, Geographie der Moose.

Es empfiehlt sich, die im Laufe der letzten Jahre auf diesen Gebieten gewonnenen Kenntnisse in den wichtigsten Punkten geographisch zusammenzufassen. Für die Moose der **Arktis** hat STEERE (3) einen kurzen, aber umfassenden Überblick gegeben. Als gut durchforscht können der europäische Anteil sowie einige Partien der amerikanischen Arktis gelten, wogegen der mittlere Teil des nördlichsten Nordamerika sowie Nordsibirien nur in Stichproben bekannt sind. Das zahlenmäßige Übergewicht halten die meist zirkumpolaren und arktisch-alpinen Arten, doch schält sich mehr und mehr eine Gruppe rein arktischer Sippen heraus, die am reichsten in Nordsibirien und teilweise auch in Nordamerika vertreten ist. Für die amerikanische Arktis können etwa 10% der Moosflora vorderhand als Endemiten gelten; manche von ihnen scheinen antarktischen Ursprungs zu sein (so *Lepicolea fryi*, *Radula prolifera*) [STEERE (4)]. (Die [STEERE (3)] beigegebene Vergleichstabelle gibt einen guten Überblick über die Moosfloren der einzelnen Teile der Arktis, doch wurden für die Vergleichsliste „Alpen" offenbar ganz unzureichende Unterlagen benutzt.)

Reliktischen Charakter trägt unter anderem der bislang nur von wenigen Stellen in Alaska, Grönland, Zentralasien sowie aus den Alpen bekannte *Trematodon brevicollis*, der von den übrigen meist tropischen Arten der Gattung wahrscheinlich generisch zu trennen ist [STEERE (5)].

Für die **Nördliche gemäßigte Zone** liegen viele Einzelbeiträge vor allem aus Europa, Nordamerika und Japan vor. Einen Überblick über die pflanzengeographischen Elemente der deutschen Lebermoosflora gibt MÜLLER (2), der Bryoflora der Bretagne GAUME. — Mehr ökologischen Fragestellungen dienen regionale Verbreitungskarten von Wassermoosen in SW-Finnland (LUTHER). — LOHAMMAR kommt im Verfolg der Verbreitung von *Fissidens* (*Octodiceras*) *julianus* in Fennoskandien zu aufschlußreichen Ergebnissen.

Mengenzentrum bei sonst weiter Zerstreuung bildet für diese Art der Raum um den Mälarsee in Mittelschweden. Sie überwintert (im Wasser) mit den basalen Teilen, während die Pflänzchen selber erfrieren. Die Art fordert einige Eutrophie, wird jedoch sehr von Schnecken verfolgt. In den ökologisch sehr geeigneten Gewässern des südlichsten Schwedens fehlt sie fast völlig, was mit dem großen Schneckenreichtum dieses Gebietes in Beziehung gesetzt wird, während die schneckenarmen mittelschwedischen Seen ihr das Gedeihen erlauben.

Genauere Untersuchungen besonders der Gebirge fördern auch weit im Süden immer wieder boreale oder arktisch-alpine Moose zutage, die ihre heute weit zerstreuten Fundorte während der mannigfachen Veränderungen und Wanderungen des Diluviums erreicht haben dürften. Gute Beispiele lieferte jüngst wieder der Schwarzwald mit *Cephaloziella grimsulana* und *arctica* sowie *Hygrobiella laxifolia* [MÜLLER (3)]. Für die Alpen sind die vielen arktischen Moose gut bekannt; die Auffindung relativ reicher nivaler Moosfloren in den Ötztaler (PITSCHMANN und REISIGL) bzw. Savoyischen Hochalpen (CASTELLI) stützt die These der Überdauerung eines wesentlichen Teiles der alpinen Flora während der Eiszeiten in den Alpen selbst (MERXMÜLLER u. POELT). Die Bedeutung der Karpatenbrücke für die Florengeschichte wird durch die Auffindung einiger nordischer Moose sowie vor allem durch die Wiederentdeckung des arktischen *Aulacomnium turgidum* in den Hochgebirgen der Slowakei unterstrichen [ŠMARDA (1), (2)]. ZOLLER konnte in den kühlen Monts Forez (Auvergne) das subarktische *Sphagnum balticum* für Frankreich erstmalig nachweisen, während die Flora der Niederlande eine bemerkenswerte Bereicherung durch das baltische *Calliergon megalophyllum* erfuhr (AGSTERIBBE, BARKMAN, GROENHUIJZEN, MARGADANT, MEIJER u. NANNENGA-BREMEKAMP). Ostasiatische Parallelen dazu sind die Entdeckungen von *Scapania paludosa* und *Anthelia juratzkana* in den japanischen Gebirgen (HATTORI).

Wesentliche neue Kenntnisse ergab die genauere Untersuchung der hohen ostafrikanischen Gebirge. Hier wurden in Höhen über 3500 m bisher nicht weniger als 61 boreale Arten entdeckt, dazu noch eine erhebliche Zahl von endemischen Derivaten borealer Genera [POTIER DE LA VARDE (3), DEMARET (2)].

Bedeutender noch als die Auffindung nordischer Arten in südlichen Landstrichen sind die sich mehrenden Entdeckungen ozeanischer Arten tropischer oder austral-antarktischer Wurzel in allen drei Erdteilen der Nordhalbkugel.

Die wesentlichsten den deutschen Raum betreffenden Funde stellt MÜLLER (3), (4) zusammen; vor allem wären darunter zu nennen *Plagiochila punctata* (Rheinland), *Frullania microphylla* (Eifel), *Lejeunea cavifolia loitlesbergeri* (Pfalz), *Lejeunea lamacerina* (Schwarzwald). REICHLING kartiert einige Arten. ALBRECHT analysiert die Vorkommen von *Calypogeia arguta* (bis Rheinland, Baden, Dalmatien, aber nur an hochozeanischen Lokalitäten). Für Westeuropa ist *Frullania nervosa* anzuschließen (Portugal und Spanien). — Eine bemerkenswerte Arealerweiterung hat das antarktisch-atlantische *Oedipodium griffithianum* in Mittelschweden erfahren. Es ist nun von Skandinavien, Großbritannien, Grönland, Alaska und den Falklandinseln bekannt [PERSSON (2)].

Für Japan erklärt HORIKAWA die Vorkommen zahlreicher tropischer Laub- und Lebermoose — im Norden nur in den Ebenen, im Süden auch in den Gebirgen — für Relikte aus wärmeren Perioden. In Nordamerika sind die tropisch-ozeanischen Arten natürlich im subtropischen Florida konzentriert — hier auch eine Reihe von Kalkgesteinsbewohnern unter den Laubmoosen (SCHORNHERST-BREEN) —; viele Arten, besonders Lejeuneaceae, streichen weit darüber hinaus nach Norden [neuere Funde bei SCHUSTER (1)].

Moosfloren mediterranen Gepräges, vor allem durch zahlreiche *Trichostomaceae, Pottiaceae, Ricciaceae* usw. charakterisiert, sind außer im Mittelmeergebiet vor allem im westlichen Nordamerika sowie in Südafrika entwickelt; vielfach besteht sogar Übereinstimmung im Artenbestand.

Neuere Beispiele für die Disjunktion Mittelmeergebiet — Südafrika bringt ARNELL (6), während FLOWERS die bislang als ostmediterran geltende *Tortula papillosissima* auch für das westliche Nordamerika nachweisen kann. Bemerkenswert eine mediterrane Art der Tropengattung *Vesicularia, V. reimersiana,* in Nordafrika und auf Malta [BIZOT u. POTIER DE LA VARDE (2)]. Ein Endemit der Wüstengebiete Südalgeriens scheint *Physcomitrium longicollum* zu sein (JELENC). — MÜLLER (4) meldet die nordamerikanische *Riella parisii* für Spanien.

Eine Sonderstellung in der europäischen Moosflora halten die alpinen Reliktendemiten ostasiatischer Herkunft inne, die im wesentlichen einen schmalen Streifen am ozeanischen Alpennordrand besiedeln. Ihr Glanzpunkt ist das nun von einem zweiten Fundort, im bayerischen Allgäu, bekannt gewordene *Distichophyllum carinatum* (FUTSCHIG).

Als vorderhand nicht einzuordnender Neuzugang zur europäischen Moosflora muß das kaukasische *Taxiphyllum densifolium* in Ungarn registriert werden (VAJDA).

Floren und Florenkataloge für die Holarktis.

Eine umfangreiche Zusammenstellung der Moose des heutigen Ungarn legt BOROS vor; sie behandelt insgesamt 519 Arten, davon 114 *Hepaticae*, 14 *Sphagna* und 391 *Musci*.

Obwohl dem Florengebiet höhere Gebirge völlig abgehen, ist ihm eine erhebliche Zahl montaner und borealer Arten eigen. In die warmen Tiefebenen strahlen manche mediterranen und Steppenelemente ein.

In Nordamerika lieferten Florenkataloge: HARING für Arizona, WHITEHOUSE und ALLISTER für Texas. KOCH unterzog die 322 Arten von Laubmoosen Kaliforniens einer genaueren Betrachtung.

Es lassen sich vier geographische Gruppen bilden, deren eine das allgemein verbreitete, nur in den Wüstengebieten fehlende Element umfaßt, die zweite die montan-alpinen Arten über 1000 m, die dritte die der feuchten Küstenregion eigenen, während die restliche Gruppe von den Wüstenbewohnern gestellt wird. Eine Anzahl von Arten ist endemisch.

Die Kenntnis der nordamerikanischen Lebermoosflora wurde durch SCHUSTERs (2) „Boreal Hepaticae" stark gefördert. Präzise allgemeine Angaben, gut fundierte Schlüssel und Beschreibungen sind besonders hervorzuheben. Das Werk umfaßt die Flora von Minnesota mit angrenzenden Landstrichen.

Als recht reich entpuppt sich mehr und mehr die Flora von Alaska, die aus sehr verschiedenen pflanzengeographischen Elementen zusammengesetzt ist. Laufende Bearbeitungen gibt PERSSON (3), der darauf hinweist, daß in diesem teilweise hochozeanischen Lande, wie in Makaronesien, bei vielen Moosen offenbar die Tendenz herrscht, Rassen mit längeren, länger zugespitzten Blättern abzugliedern.

Aus dem nordwestlichsten Pakistan teilt STØRMER 31 im wesentlichen boreale Arten mit.

Moose der **Tropen** wurden in vielen Einzeldarstellungen behandelt, besonders in floristischen Beiträgen, denen leider in diesem Rahmen nicht genügend Rechnung getragen werden kann.

FROEHLICH beendete die Bearbeitung der SCHIFFNERschen Sammlung aus Ceylon und Malesien mit 453 Laub- und Torfmoosen, davon eine Anzahl neu. —BARTRAM (2) berichtete über vielfach neue Arten aus NO-Neuguinea sowie über eine Sammlung neukaledonischer Moose (3). — MEIJER analysierte die Lebermoosflora von Borneo.

Sie enthält neben einem Grundstock allgemein indomalesischer Arten eine Reihe borealer (*Cephalozia, Cephaloziella, Nowellia*) und australer Elemente. Gegen Java klaffen stärkere floristische Unterschiede als gegen das entferntere Sumatra, was sich aus der größeren Trockenheit und der stärkeren Entwaldung der indonesischen Zentralinsel erklären lassen dürfte, zum Teil aber auch auf Grund unterschiedlicher geologischer Struktur. Soweit bekannt, sind innerhalb Indonesiens die Gattungen *Balantiopsis, Hygrobiella* und *Odontoschisma* auf Borneo beschränkt; als vorläufige Endemiten können die Genera *Plagiochilidium, Stenorrhipis* und *Aphanotropis* gelten. Eine Reihe indomalesischer Arten wird in Borneo durch endemische Derivate ersetzt oder begleitet. Das Lebermoosgenus *Acromastigum* hat auf der Insel sein offensichtliches Entwicklungszentrum.

Von den 175 auf Hawaii gefundenen Laubmoosen sind 106 Endemiten, die sich zumeist auf die älteren, westlichen Inseln konzentrieren (GEMMELL).

Die meisten endemischen Sippen ersetzen auf Hawaii in geographischer Vikarianz die weiterverbreiteten, nächstverwandten Stammarten; in wenigen Fällen kommen diese letzteren zusammen mit den Endemiten vor. Die nächsten Beziehungen bestehen zur malesischen Flora, von der sich die Mooswelt von Hawaii im wesentlichen herleiten dürfte.

In der Moosflora des tropischen Afrika, zu der POTIER DE LA VARDE (4) weitere Beiträge lieferte, lassen sich im ganzen nähere Beziehungen zu Malesien als zu Südafrika auffinden [POTIER DE LA VARDE (3)].

Den mit Südamerika gemeinsamen 26 Arten stehen 44 afrikanisch-malesische gegenüber (allen 3 Tropengebieten gemeinsame sind nur wenige bekannt). Die Artengleichheiten werden nicht auf Distanzverbreitung, sondern auf ursprüngliche Landverbindungen zurückgeführt. Gemeinsamkeiten mit der so selbständigen Flora von Madagaskar finden sich in Gestalt von 125 Species.

Nyassa-Land zeigt außerhalb seines Grundstockes zentral-afrikanischer Arten Florenbeziehungen zu Madagaskar und Réunion sowie zu Südafrika, also zum altafrikanischen Randelement [BARTRAM (4)]. — Auf die hochdisjunkten borealen Vertreter der hohen ostafrikanischen Gebirge wurde bereits oben hingewiesen.

Durch eine Reihe von teilweise oben schon zitierten Arbeiten vermehrte ARNELL (1) (3)—(6) unsere Kenntnis der südafrikanischen Lebermoosflora, die nicht nur in den xerischen Genera Individualität zu verzeichnen hat.

Für den südbrasilianischen Staat Santa Catharina erstellten REITZ eine erstmalige Zusammenfassung der Moosflora.

Für die bislang aus Südasien und Malesien bekannte Ditrichacee *Garckeä phascoides* ergab sich überraschenderweise ein disjunktes Vorkommen in Panama (CRUM), zu dessen Bryoflora CRUM u. ARZENI Beiträge lieferten.

Die Mooswelt des **austral-antarktischen Florenreiches** gewinnt für die Erforschung der Bryophyten immer höhere Bedeutung. Auf verschiedene neu aufgefundene, zum Teil durch mehrschichtige, fast sukkulent anmutende Blätter ausgezeichnete Gattungen folioser Lebermoose wurde bereits oben hingewiesen, desgleichen auf die primitive Marchantiacee *Neohodgsonia*, sowie auf die Entdeckung des als nordatlantisch geltenden Reliktes *Oedipodium griffithianum* auf den Falklandinseln, die an eine antarktische Herkunft auch dieses Genus denken läßt.

Der große Reichtum dieser Flora geht auch aus der von HERZOG (4) durchgeführten Bearbeitung umfangreicher Sammlungen aus Chile klar hervor (mit vielen neuen Arten). Selbst die im weltverlorenen Prinz-Edward-Archipel liegende Marioninsel ergab eine Reihe neuer, teilweise wohl endemischer Arten [ARNELL (7)].

Verständlicherweise dringen antarktische Sippen besonders im Zuge der Anden weit nach Norden vor [vgl. HERZOG (4)]; in den Tiefländern des Ostens erreichen ziemlich viele Arten immerhin noch Rio grande do Sul, so *Dicranoloma billardieri, Thuidiopsis furfurosa, Eucatagonium politum* (SEHNEM).

Literatur.

ABRAMOW, L.: Trudy Inst. Bot. Komarowa **2**, 649 (1954). — AGSTERIBBE, E., J. BARKMAN, S. GROENHUIJZEN, W. MARGADANT, W. MEIJER u. N. NANNENGA-BREMEKAMP: Acta bot. neerl. **3**, 124 (1954). — ALBRECHT, H.: Rev. Bryol. Lich. **22**, 26 (1953). — ALBRECHT-ROHNER, H.: Ber. schweiz. bot. Ges. **61**, 428 (1951). — AMAKAWA, T., u. S. HATTORI: J. Hattori Bot. Lab. **12**, 91 (1954). — ARNELL, S.: (1) Sv. bot. Tidskr. **47**, 107 (1953). — (2) Arch. Soc. zool. bot. fenn. „Vanamo" **9**, 48 (1954). — (3) Bot. Not. (Lund) **1952**, 139. — (4) Bot. Not. (Lund) **1954**, 427. — (5) Bot. Not. (Lund) **1953**, 163. — (6) Rev. Bryol. Lich. **22**, 3 (1953). — (7) Sv. bot. Tidskr. **47**, 411 (1953).

BARTRAM, E.: (1) Rev. Bryol. Lich. **23**, 241 (1954). — (2) Sv. bot. Tidskr. **47**, 397 (1953). — (3) Bot. Not. (Lund) **1953**, 197. — (4) Mem. New York Bot. Gard. **8**, 191 (1953). — BENEDIX, E.: Fedde Rep. sp. nov. Beih. **134**, (1953). — BIZOT, L., u. R. POTIER DE LA VARDE: (1) Rev. Bryol. Lich. **21**, 7 (1952). — (2) Ebenda **21**, 226 (1952). — BONNER, C.: (1) Candollea **14**, 101 (1953). — (2) Ebenda **14**, 94 (1953). — (3) Ebenda **14**, 163 (1953). — BOROS, A.: Bryophyta Hungariae. Budapest 1953. — BUCH, H.: 8. Congr. Int. Bot. Rapp. 16 **1954**, 65. — BUCHLOH, G.: Rev. Bryol. Lich. **21**, 262 (1952).

CASTELLI, L.: Rev. Bryol. Lich. **22**, 185 (1953). — CHRISTENSEN, T.: Bot. Tidskr. **49**, 277 (1953). — CRUM, H.: Bryolog. **56**, 204 (1953). — CRUM, H., u. C. ARZENI: Rev. Bryol. Lich. **22**, 148 (1953).

DEMARET, F.: (1) Bull. Jard. Bot. Bruxelles **24**, 239 (1954). — (2) Ebenda **24**, 451 (1954). — DOIGNON, P.: Rev. Bryol. Lich. **22**, 34 (1953).

FLOWERS, S.: Bryolog. **56**, 160 (1953). — FRITSCH, F.: 8. Congr. Int. Bot. Rapp. 5 **1954**, 143. — FROEHLICH, J.: Ann. naturhist. Mus. Wien **59**, 66 (1953). — FULFORD, M.: 8. Congr. Int. Bot. Rapp. 16 **1954**, 55. — FUTSCHIG, J.: Ber. bayer. bot. Ges. **30**, 15 (1954).

GAMS, H.: 8. Congr. Int. Bot. Rapp. 16 **1954**, 95. — GAUME, R.: Rev. Bryol. Lich. **22**, 20 bzw. 141 (1953). — GEMMELL, A.: 8. Congr. Int. Bot. Rapp. 16 **1954**, 90.

HARING, J.: Bryolog. **57**, (1954). — HATTORI, S.: J. Jap. Bot. **28**, 181 (1953). — HATTORI, S., N. TAKAKI, Y. IKAGAMI u. D. SHIMIZU: J. Hattori Bot. Lab. **9**, 17 (1953). — HERZOG, TH.: (1) Rev. Bryol. Lich. **21**, 256 (1952). — (2) Ebenda **21**, 46 (1952). — (3) Ark. Bot. (Stockh.) **2**, 265 (1952). — (4) Rev. Bryol. Lich. **23**, 27 (1954). — (5) Sv. bot. Tidskr. **47**, 34 (1953). — HODGSON, E.: Trans. Roy. Soc. New Zealand **80**, 329 (1953). — HORIKAWA, Y.: 8. Congr. Int. Bot. Rapp. 16 **1954**, 91.

JEDLIČKA, J.: Publ. Fac. Sci. Univ. Masaryk, L **8**, 175 (1954). — JELENC, F.: Rev. Bryol. Lich. **22**, 77 (1953). — JONES, E.: (1) Trans. Brit. Bryol. Soc. **2**, 144 (1953). — (2) Ebenda **2**, 158 (1953). — (3) Ebenda **2**, 164 (1953). — (4) 8. Congr. Int. Bot. Rapp. 16 **1954**. — JOVET-AST, S.: Rev. Bryol. Lich. **22**, 206 (1953). — Ebenda **23**, 1 (1954).

KOCH, F.: Amer. Midl. Natur. **51**, 515 (1954).

LAWTON, E.: Bull. Torrey Bot. Club. **80**, 279 (1953). — LÖVE, A., u. D. LÖVE: Bryolog. **56**, 73 (1953). — LOHAMMAR, G.: Sv. bot. Tidskr. **48**, 162 (1954). — LOWRY, R.: Amer. J. Bot. **41**, 410 (1954). — LUNDBLAD, B.: Sv. bot. Tidskr. **48**, 381 (1954). — LUTHER, H.: Acta bot. fenn. **49** (1951).

MEIJER, W.: (1) Reinwardtia **2**, 411 (1954). — (2) Trans. Brit. Bryol. Soc. **2**, 292 (1953). — (3) 8. Congr. Int. Bot. Rapp. 16 **1954**, 92. — MERXMÜLLER, H., u. J. POELT: Ber. bayr. bot. Ges. **30**, 91 (1954). — MÜLLER, K.: (1) Die Lebermoose Europas. In RABENHORSTs Kryptogamenflora von Mitteleuropa, 3. Aufl. Lfg. 1 mit 5. Leipzig 1951— 1954. — (2) Rev. Bryol. Lich. **23**, 108 (1954). — (3) Mitt. Bad. Landesver. Naturkunde und Natursch., N. F. **6**, 112 (1954). — (4) Rev. Bryol. Lich. **22**, 131 (1953).

NOGUCHI, A.: (1) J. Hattori Bot. Lab. **12** (1954). — (2) Ebenda **9**, 1 (1953). — NYHOLM, E.: Bot. Not. (Lund) **1953**, 290.

PERSSON, H.: (1) Bot. Not. (Lund) **1954**, 40. — (2) Ebenda **1954**, 51. — (3) Bryolog. **57**, 189 (1954). — PITSCHMANN, H., u. H. REISIGL: Rev. Bryol. Lich. **23**, 123 (1954). — POELT, J.: Sv. bot. Tidskr. **47**, 248 (1954). — POTIER DE LA VARDE, R.: (1) Rev. Bryol. Lich. **21**, 3 (1952). — (2) Rev. Bryol. Lich. **23**, 23 (1954). — (3) 8. Congr. Int. Bot. Rapp. 16 **1954**, 85. — PROSKAUER, J.: (1) 8. Congr. Int. Bot. Rapp. 16 **1954**, 68. — (2) Ebenda **1954**, 68.
REICHLING, L.: Mus. d'Hist. Nat. Luxemb. **21**, 99 (1954). — REIMERS, H.: (1) Bryophyta. In ENGLER, Syllabus der Pflanzenfamilien, 12. Aufl., Bd. 1, S. 218. 1954. — (2) Willdenowia **1**, 275 (1954). — (3) Ber. dtsch. bot. Ges. **66**, 409 (1953). — REITZ, R.: Sellowia **6**, 199 (1954).
SCHORNHERST-BREEN, R.: Bryolog. **56**, 1 (1953). — SCHUSTER, R.: (1) Amer. Midl. Natur. **49**, 257 (1953). — (2) J. Mitch. Soc. **70**, 42 (1954). — SEHNEM, A.: Anais Bot. **5**, 95 (1953). — SINOIR, J.: Rev. Bryol. Lich. **21**, 32 (1952). — ŠMARDA, J. (1) Biologia **9**, 95 (1954). — (2) Ebenda **9**, 12 (1954). — STEERE, W.: (1) 8. Congr. Int. Bot. Rapp. 16 **1954**, 72. — (2) Amer. J. Bot. **40**, 354 (1953). — (3) Bot. Review **20** (1954). — (4) Contrib. Arctic. Res. Lab. **1954**, 30. — (5) Rev. Bryol. Lich. **21**, 235 (1952). — STEINBÖCK, H.: Agronom. Lusit. **16**, 115 (1954). — STØRMER, P.: Nytt Mag. Bot. **3**, 213 (1954).
VAJDA, L. v.: Ann. hist.-natur. hung. **4**, 23 (1953). — VANDEN-BERGHEN, C.: (1) Bull. Jard. Bot. Bruxelles **24**, 37 (1954). — (2) Ebenda **23**, 65 (1953). — (3) Sv. bot. Tidskr. **47**, 263 (1953). — VISCHER, W.: Ber. schweiz. bot. Ges. **63**, 169 (1953).
WELCH, W.: 8. Congr. Int. Bot. Rapp. 16 **1954**, 69. — WHITEHOUSE, E., u. FR. MC ALLISTER: Bryolog. **57**, 53 (1954).
ZOLLER, H.: Rev. Bryol. Lich. **23** 271 (1954).

5e. Systematik und Stammesgeschichte der Pteridophyten.

Von JOSEPH POELT, München.

Der Beitrag folgt in Band XVIII.

5f. Systematik und Stammesgeschichte der Spermatophyten.

Von HERMANN MERXMÜLLER, München.

Der Beitrag folgt in Band XVIII.

6. Paläobotanik.

Von Karl Mägdefrau, München.

Mit 5 Abbildungen.

I. Zusammenfassende Darstellungen.

Zwei bedeutsame Lehrbücher der Paläobotanik haben eine Neubearbeitung erfahren: Die ,,Introduction to the study of fossil plants" von Walton und das ,,Lehrbuch der Paläobotanik" von Gothan u. Weyland. Walton (1) hat die neueren Erkenntnisse hineingearbeitet, der Gesamtcharakter des Buches blieb unverändert (vgl. Fortschr. Bot. 14, 99). Gothan hat die Stoffgliederung seines 1921 erschienenen Lehrbuches beibehalten, den Text jedoch völlig neu bearbeitet, so daß der heutige Wissensstand trefflich wiedergegeben wird. Bewundernswert ist die fast aus jeder Zeile sprechende, auf eigener Anschauung beruhende Beherrschung des ungeheuren Materials. Besonderen Wert verleiht dem Buch die Bearbeitung der Angiospermen durch H. Weyland; denn die fossilen Reste dieser Abteilung des Pflanzenreichs haben seit Jahrzehnten keine zusammenfassende Darstellung mehr erfahren, auch nicht im ausländischen Schrifttum. Leider fällt in Gothans Lehrbuch gegenüber dem Text die Bebilderung stark ab, was sowohl in der Wiedergabe als auch in der flüchtigen Ausführung vieler Vorlagen seinen Grund hat. Die Darstellung mancher Blattabdrücke dürfte nicht dazu beitragen, den Respekt vor der Bestimmungssicherheit der Angiospermenblätter zu erhöhen. — Szafer u. Kostyniuk legen ihren (polnisch geschriebenen) ,,Grundzügen der Paläobotanik" hauptsächlich die polnischen Funde zugrunde. — Die zwölfte, von H. Melchior und E. Werdermann gänzlich neubearbeitete Auflage von Englers ,,Syllabus der Pflanzenfamilien" berücksichtigt alle Ordnungen, Familien und wichtigeren Gattungen der fossilen Pflanzen, so daß das Buch auch in paläobotanischer Hinsicht als zuverlässiges Nachschlagewerk gelten kann. Eine wichtige Arbeitshilfe stellt der von H. N. Andrews bearbeitete Katalog aller von 1820—1950 beschriebenen Gattungen fossiler Pflanzen dar; von jeder Gattung wird aufgeführt: Autor, Jahreszahl, Typus-Species, deren genaues Literaturzitat nebst stratigraphischem und geographischem Vorkommen.

Eine vorzügliche Zusammenstellung von Vegetationsbildern und Einzelpflanzen vom Devon bis zur Unteren Kreide hat Jongmans (8) gegeben, leider an fast unzugänglicher Stelle; wir finden hier allein 30 verschiedene Bilder des Steinkohlenwaldes von Unger, Geinitz und Heer bis zu den neuesten Darstellungen. Für das Känophytikum hat Florschütz dieselbe Aufgabe erfüllt.

II. Untersuchungsmethoden.

Die von WALTON eingeführte Transfer-Methode, die LACEY (3) und DARRAH in ihren Grundzügen darstellen, wurde von DANZÉ (2), (3) in Einzelheiten verbessert. ZEIDLER gibt Hinweise zur Herstellung besonders großer Dünnschliffe. LECLERQ u. NOËL weisen auf ein neues Kunstharz hin, das sich für die Einbettung von Kohle zur Herstellung von Schliffen besonders gut eignet, da es annähernd die gleiche Härte wie Steinkohle hat, sich gut polieren läßt, strukturlos ist und mit der Kohle scharf kontrastiert. — Der Ultraschall fand jetzt auch in der Sporen- und Pollenanalyse Anwendung, um die Sporomorphen von anhaftenden organischen und anorganischen Teilchen, die die Beobachtung stören, zu befreien (WOLFRAM). — ERDTMAN (2) gibt Hinweise für eine sorgfältige bildliche Darstellung von Sporomorphen (sog. Palynogramm), aus der sich alle Einzelheiten entnehmen lassen. Bei KLAUS (1) finden wir praktische Hinweise zur Einzelkorn-Präparation von Sporen und Pollenkörnern.

EICKE hat ihre elektronenmikroskopischen Untersuchungen an tertiären Coniferenhölzern fortgesetzt und festgestellt, daß die Infiltration der Zellwand durch die Kieselsäure bereits begonnen hat, als die Zellulosemikrofibrillen noch vollständig oder höchstens in Teilstücke segmentiert vorlagen.

III. Fossile Pflanzensippen und Stammesgeschichte.

1. **Allgemeines.** Die Hauptzüge der Stammesgeschichte der Pflanzen unter besonderer Berücksichtigung der fossilen Sippen hat MÄGDEFRAU in der 2. Auflage des von G. HEBERER herausgegebenen Sammelwerks „Die Evolution der Organismen" dargestellt. Am gleichen Ort behandelt ZIMMERMANN (2) die Methoden der Phylogenetik, deren geschichtliche Entwicklung auch aufgezeigt wird. Die Geschichte der Evolutionsprobleme hat ZIMMERMANN (1) in einem umfangreichen Band der Sammlung „Orbis academicus" ausführlich und mit wörtlicher Wiedergabe der historisch bedeutungsvollen Textstellen behandelt, wobei die begriffliche Klarheit und die erkenntnis-theoretische Durchdringung des schwierigen Stoffes besonders hervorgehoben zu werden verdient. — Die viel diskutierte Stelärtheorie hat ZIMMERMANN (3) unter Berücksichtigung der Ontogenie behandelt. Die Untersuchung der Steleentwicklung von etwa 200 Cormophyten (vom Altpalaeozoicum ab) hat ergeben: 1. daß die Protostele mit Bestimmtheit als Ahnengestalt anzusehen ist, 2. daß alle abgeleiteten Stelen auf isolierte, meist gabelig und offen verzweigte Bündel zurückgehen, und 3. daß die Stelenabwandlung auf wenigen „Elementarprozessen" (Übergipfelung, Verwachsung und Reduktion) beruht (vgl. Fortschr. Bot. 14, 101).

Von besonderer Bedeutung für stammesgeschichtliche Überlegungen ist die Frage nach der absoluten Länge der geologischen Formationen. Deshalb sei hier auf die ausführliche Darstellung der gesamten Geochronologie von ZEUNER sowie auf die kürzere Abhandlung über den gleichen Problemkreis von RÜGER aufmerksam gemacht.

2. Thallophyta. a) *Cyanophyceae.* Krustenbildende, limnische Algen, die mit Cyanophyceen in Verbindung gebracht werden, beschreibt RUTTE (1), (2), (3) aus eocänen, oligocänen und miocänen Kalken Südbadens. Im Oligocän des Mainzer Beckens finden sich von Kalkalgen (wohl Cyanophyceen) inkrustierte *Unio*-Schalen, mit deren Hilfe W. WAGNER einen Süßwassersee abgrenzen konnte. In Stromatolithen (vgl. MÄGDEFRAU, Paläobiologie, 2. Aufl., S. 15) aus dem Unteren Buntsandstein des nördlichen Harzvorlandes werden im Polarisationsmikroskop bei gekreuzten Nicols Strukturen sichtbar, die von DABER (2) als Cyanophyceen gedeutet werden. — Auf den Versuch von RUTTE (5), die karbonatischen Süßwassergesteine zu klassifizieren, sei an dieser Stelle hingewiesen, da Algen an deren Bildung wesentlichen Anteil haben.

b) *Flagellatae.* KAMPTNER (2) hat den Feinbau der Coccolithen auf Grund polarisations- und elektronenmikroskopischer Untersuchungen weiter aufgeklärt. Danach sind die Coccolithen radialstrahlig nach Art der Sphärite aus anisotropen Kriställchen aufgebaut, die durch eine offenbar kolloidale Kittsubstanz miteinander verbunden sind. Ob Aragonit oder Calcit vorliegt, läßt sich nicht entscheiden. Wir können daher im polarisierten Licht die Coccolithen als solche leicht erkennen und uns auch ihre Bestimmung erleichtern. Bei den Discolithen sind die Balken des Sphäritenkreuzes gegenüber den Schwingungsrichtungen der Nicols um einen gewissen Winkel im Uhrzeigersinn verdreht; dieses Verhalten gestattet es, zu entscheiden, ob ein Coccolith dem Betrachter die Ober- oder die Unterseite zuwendet. Die in allen einschlägigen Lehrbüchern zu findende Angabe, daß die Coccolithen vom Cambrium ab in allen Formationen vorkommen, geht auf GÜMBEL (1870) zurück. Nach KAMPTNER (1) stammt aber der geologisch älteste Fund, den wir mit unseren heutigen optischen Methoden als verläßlich ansehen können, aus dem Lias. Selbstverständlich ist es möglich, daß die Geschichte der Coccolithineen viel weiter zurückreicht, aber so zarte Gebilde wie die Coccolithen müssen schon bei mäßiger tektonischer Beanspruchung der Gesteine zerstört werden.

Im Känozoikum (Unterkreide bis Miocän) Australiens entdeckten DEFLANDRE u. COOKSON zahlreiche Peridineen aus nicht weniger als elf Gattungen. — Aus den unteroligocänen Phosphoritkonkretionen des Samlandes beschreibt EISENACK (2) sehr gut erhaltene Peridineen (*Deflandrea, Wetzeliella*) aus der Ordnung der Gymnodiniales sowie eine Anzahl zu fünf verschiedenen Gattungen zu rechnenden Hystrichosphärideen. Von letzteren machen EISENACK (1) einige neue Arten aus dem baltischen Gotlandium, WETZEL (1), (2), (3) aus dem Jura und der obersten Kreide des nördlichen Europa, KLUMP aus dem Eocän von Schleswig-Holstein (zusammen mit Discoasteriden) und COOKSON (4) aus dem Tertiär Australiens bekannt. Höchst sonderbar sind die sowohl bei den Hystrichosphärideen wie auch eben erwähnten Peridineen häufig vorkommenden, streng begrenzten „Schlüpflöcher" (Abb. 68). EISENACK (2) meint, daß diese Löcher dem Protoplasten das Verlassen der Hülle gestatteten, was zur Fortpflanzung oder zu einem Wechsel encystierter Stadien mit nackten oder zu beidem in Beziehung stand. Daß diese Schlüpflöcher bei den meisten Hystrichosphären vorkommen, spricht für die Einheitlichkeit dieser als Phytoplanktonten angesehenen Gruppe. — Eine neue Hystrichosphäridengattung (*Veryhachium*) fand DEUNFF im Ordovicium von Finistère (Frankreich).

c) *Chlorophyceae. Chlorococcales.* Eine mit dem rezenten *Botryococcus Braunii* wohl identische Art wies COOKSON (4) an elf verschiedenen Stellen Australiens vom Alttertiär bis zum Quartär nach. *Pediastrum*, das bisher aus dem Tertiär Nordamerikas und Jütlands angegeben worden ist (aber ohne Abbildungen), fand COOKSON in vorzüglicher Erhaltung im Tertiär Australiens.

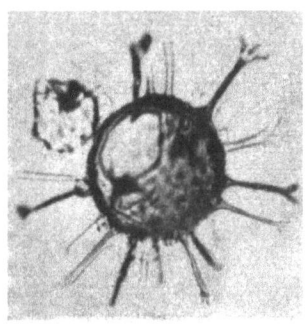 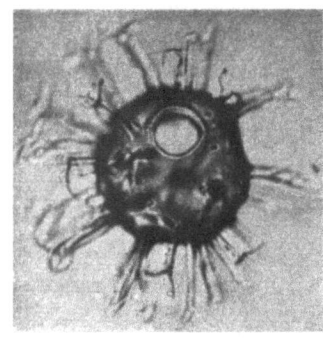

a b

Abb. 68a u. b. Hystrichosphärideen. a Hystrichosphaera inodes gracilis. Unter-Oligocän, Samland (Ostpreußen). $^{300}/_1$. b Hystrichosphaeridium trifurcatum. Ordovicium (Geschiebe), Ostpreußen. $^{290}/_1$. Aus EISENACK (2).

Siphonales. Die 1914 von GLÜCK im Miocän des Randen (Südbaden) entdeckte Codiacee *Microcodium elegans* fand RUTTE (4) in der miocänen Meeresmolasse des Bodenseegebietes und im gleichaltrigen Knollenkalk von Riedöschingen (nördl. Schaffhausen) und gab eine Rekonstruktion des Thallus. Von der limnischen Gattung *Limnocodium* (Fortschr. Bot. 14, 105) beschreibt RUTTE (1), (3) eine neue Art (*L. hispidum*) aus dem Eocän und Oligocän Südwestdeutschlands. — Die bisher aus dem oberen Perm Südosteuropas und Nordamerikas bekannte Gattung *Gymnocodium* fand sich in mehreren Arten in den mittleren Productus-Schichten (PERM) der Salt Range in Indien (RAO u. VARMA).

CORDE beschreibt eine Dasycladacee, *Cambroporella Tuvensis*, aus dem russischen Untercambrium. Die ältesten bisher bekannten Dasycladaceen stammen aus dem Ordovicium. Leider war die Originalabhandlung dem Referenten unzugänglich. — Die Dasycladaceen-Gattung *Clypeina*, bisher aus Malm und Eocän bekannt, wurde in der oberen Kreide Indiens gefunden (VARMA), womit sich auch die zeitliche Lücke zwischen Jura und Tertiär schließt. CAROZZI (1), (2) wies *Salpingoporella* und *Teutloporella* im oberen Malm von Haute-Savoie nach; erstere war bisher nur aus Kreide und Tertiär, letztere nur aus der Trias bekannt. *Salpingoporella* stellten COLLET u. CAROZZI auch im oberen Malm der Meeralpen fest. — PARÉJAS u. CAROZZI machen aus der Unterkreide (Urgon) von Haute-Savoie eine neue *Broeckella*-Art bekannt.

d) *Charophyceae*. Diese vom Devon ab bekannte Algengruppe fand sich im jüngeren Paläozoikum und im älteren Mesozoikum nur recht spärlich. Aus der Trias lagen bisher nur Funde aus dem Buntsandstein und Keuper von Deutschland vor. Die im Muschelkalk vorhandene Lücke schließt sich durch eine von HORN AF RANTZIEN (1), (2) sorgfältig bearbeitete Charophyceen-Florula, die aus der Mitteltrias von Höllviken (Südschweden) bei einer Bohrung zutage kam und die aus zehn Arten besteht, die den Clavatoraceen-Gattungen *Stellatochara*, *Clavatorites* und den Characeen-Gattungen *Praechara*, *Aclistochara* und *Sphaerochara* angehören (die drei erstgenannten Genera wurden von HORN AF RANTZIEN neu aufgestellt). Eine Revision der pliocänen Charophyceen durch HORN AF RANTZIEN (4) ergab 13 Arten aus den Gattungen *Aclistochara*, *Chara*, *Kosmogyra* und *Sphaerochara*. Wenn wir die von MÄDLER (1), (3) gegebene Übersicht durch die obigen Befunde ergänzen, ergibt sich die in Tabelle 1 zusammengestellte zeitliche Verbreitung der 21 gut begründeten Charophyceen-Gattungen.

Obige Gattungen sind sämtlich auf Oogonien („Gyrogonite") begründet. Ihre Untersuchung erfordert besondere Methoden der Färbung und Einbettung, die HORN AF RANTZIEN (3) schildert. Aus dem Jungtertiär (Pannon) von Österreich beschreibt PAPP sieben neue *Chara*-Arten.

Chemische Analysen rezenter, lufttrockener Charen vom Bodensee (G. WAGNER u. SCHWARZ) ergaben 4,8% Wasser, 28% Organische Verbindungen, 60—61% $CaCO_3$, Spuren von $MgCO_3$, 6,4—8,4% Unlösliches. Letzteres besteht, wie ein Röntgendiagramm zeigte, fast ausschließlich aus Kieselsäure. Sieht man von den organischen Verbindungen ab, die ja bei der Fossilisation verschwinden, so bleiben etwa 85% $CaCO_3$ und 10% SiO_2. Tertiärer Characeenkalk aus dem Nördlinger Ries enthielt 50% $CaCO_3$, 35% $MgCO_3$, 10% SiO_2; daß hier so viel Magnesiumcarbonat zur Ausscheidung kam, hängt nach WAGNER und SCHWARZ mit dem hohen Kohlendioxydgehalt infolge vulkanischer Vorgänge zusammen.

d) *Rhodophyceae*. Eine *Solenomeris*-Art, deren inkrustierender Thallus aus Zellen von Ausmaßen wie bei rezenten Melobesieen aufgebaut ist und Conceptaceln enthält, fanden RAO u. VARMA in untereocänen Kalken der Salt Range. MASLOV wies *Solenopora* jetzt bis in das Danien nach und beschrieb eine neue Kalkalge (*Palaeophyllum*) mit drei Arten aus der Kreide von Rußland.

e) *Ascomycetes*. Die wie Schildhaare aussehenden, flachen Fruchtkörperscheiben der auf Blättern parasitierenden Microthyriaceen der mitteldeutschen Braunkohle sind im UV-Licht luminescenzfrei, während Schildhaare eine Luminescenz wie die Cuticularfetzen der Macerationspräparate zeigen (HUNGER). Schwierig bleibt jedoch nach wie vor die Unterscheidung dieser Fruchtkörperscheiben von der blattbewohnenden Ulotrichale *Phycopeltis* (vgl. Fortschr. Bot. 14, 105).

Paläobotanik.

Tabelle 1.

	Dev.	Carb.	Perm	Trias	Jura	Kreide	Tertiär	Gegenwart
I. Sycidiales: Hüllzellen nicht gewunden								
Sycidiaceae								
Sycidium	+	+						
II. Trochiliscales: Hüllzellen rechts gewunden								
Trochiliscaceae								
Trochiliscus	+	+						
III. Charales: Hüllzellen links gewunden								
1. *Palaeocharaceae:* Oogonien mit 6 Spiralzellen und apikaler Pore								
Palaeochara			+					
2. *Clavatoraceace:* Oogonien zusätzlich von einer Hülle aus miteinander verwachsenen Schläuchen umgeben								
Stellatochara					+			
Clavatorites					+			
Clavator						+	+	
Atopochara							+	
Perimneste					+			
3. *Lagynophoraceae:* Oogonien flaschenförmig								
Lagynophora							+	
4. *Characeae:* Oogonien mit 5 Spiralzellen								
a) *Aclistochareae:* Oogonien mit Deckel verschlossen								
Aclistochara				+	+	+	+	
b) *Kosmogyreae:* Spiralzellen mit Knötchenreihen								
Kosmogyra							+	
Kosmogyrina							+	
c) *Nitelleae:* Oogonien mit 10zelligem Krönchen								
Tolypella				+	+		+	+
Nitella								+
d) *Chareae:* Oogonien mit 5zelligem Krönchen								
Obtusochara					+			
Praechara				+				
Sphaerochara				+		+	+	
Nitellopsis								+
Chara					+	+	+	+
Lychnothamnus								+
Lamprothamnus								+

3. Bryophyta. Unsere Kenntnis der so spärlich erhaltenen fossilen Moose hat dadurch eine beträchtliche Erweiterung erfahren, daß LUNDBLAD im Lias von Skromberga bei Bjuv in Südschweden drei thallose Lebermoose entdeckte. *Marchantiolites porosus* (Abb. 2c) mit gut erhaltenen ,,Atemöffnungen" ist die älteste bisher bekannte Marchantiacee. Die neue Gattung *Ricciopsis* mit den beiden Arten *R. Florinii* und *R. Scanica* (Abb. 69a und b) umfaßt die ersten Fossilfunde von Ricciaceen. Die 1—2,5 cm Durchmesser haltenden Thallusrosetten gleichen völlig denen der rezenten Riccien. In den diese Lebermoose führenden Liasschichten von Skromberga kommen häufig tuberkulat-retikulate,

Abb. 69a—c. Lebermoose. Lias. Skromberga bei Bjuf (Süd-Schweden). a Riccia Scanica. $^4/_1$. b Riccia Florinii. $^1/_1$. c Marchantiolites porosus. $^{200}/_1$. Aus LUNDBLAD.

zu Tetraden vereinte Sporen vom *Riccia*-Typ vor, die wir mit großer Wahrscheinlichkeit als von den genannten *Ricciopsis*-Arten stammend ansehen dürfen.

Ein von HALLE (1913) aus der Unterkreide von Patagonien als ,,*Marchantites*? sp." beschriebenes Fossil hat LUNDBLAD (2) erneut untersucht und durch den Nachweis von Atemöffnungen und Ventralschuppen die Gattungszugehörigkeit bestätigt. Zeitlich vermittelt diese als *Marchantites Hallei* bezeichnete Form zwischen dem oben genannten liasischen *Marchantiolites porosus* und *Marchantites Sezannensis* aus dem französischen Eocän.

Eine isolierte Laubmooskapsel mit Deckel fand sich in der oligocänen Braunkohle von Victoria in Australien (CLIFFORD u. COOKSON). Wenngleich eine Einordnung in eine bestimmte Familie nicht möglich erscheint, so ist dieser Fund doch bemerkenswert, da bisher erst fünf fossile Laubmooskapseln bekannt geworden sind.

Die durch sonderbare, gabelteilige ,,Sporokarpien" ausgezeichnete *Protosalvinia* (=*Foerstia*) des nordamerikanischen Oberdevons, auf die KRÄUSEL eine eigene Thallophytenklasse (,,*Algomycetes*") gegründet hat (Fortschr. Bot. 14, 107), möchte ARNOLD als primitiven Bryophyten ansehen.

4. Pteridophyta. a) *Psilophytinae*. Die Psilophyten bilden die Grundlage für verschiedene theoretische Betrachtungen. ZIMMERMANN (4) faßt, entsprechend seiner „Telomtheorie", das nadelförmige „Mikroblatt" als durch Reduktion und das großflächige „Makroblatt" als durch Übergipfelung und Planation aus einem dichotomen „Telomstand" entstanden auf. Dies setzt voraus, daß der „*Rhynia*-Typ" als primitiv und daß die drei großen Pteridophyten-Gruppen als von den Psilophyten abstammend zu betrachten sind. LECLERQ (1) vertritt hingegen die Auffassung, daß die *Psilophytinae* eine den *Lycopodiinae*, *Articulatae* und *Filicinae* gleichwertige Gruppe darstellen und daß alle vier Gruppen, die ja im Mitteldevon nebeneinander vorkommen, getrennt bis in den Algenkomplex zurückverfolgt werden könnten. Die Vorläufer der Gefäßpflanzen wären demnach im Cambrium zu suchen. — Hier seien auch die theoretischen Erwägungen von EMBERGER (1) erwähnt, nach denen die Achse das fundamentale Organ der Gefäßpflanzen darstellt, aus dem sich im Laufe der Phylogenese Wurzel und Blatt herausdifferenziert und schließlich eine gewisse morphologische Unabhängigkeit erreicht haben. Die gleiche Organentwicklung läßt sich auch bei den Algen erkennen. EMBERGERs Gedankengänge haben deutliche Beziehungen zu denen ZIMMERMANNs.

Im Unterdevon (Unt. Siegener Schichten) des Siegerlandes entdeckte W. SCHMIDT eine Protolepidodendracee (*Sugambrophyton Pilgeri*), deren Sprosse im unteren Teil dornartige, im oberen Teil ein- bis dreifach gabelige Blätter tragen, also habituell unten *Drepanophycus*-, oben *Protolepidodendron*-artig aussehen; die wahrscheinlich dazugehörigen Sporangien sind denen von *Protolepidodendron* ähnlich.

b) *Lycopodiinae*. Eine neue, ligulate Lycopodiine wird nach strukturbietendem Material aus dem Carbon unter dem Namen *Paurodendron* von FRY beschrieben. Die beblätterten Achsen besitzen einen Durchmesser bis zu 4 mm und eine Länge bis zu 22 cm, sind meist pseudomonopodial, gelegentlich dichotom verzweigt und mit schraubig angeordneten Blättern besetzt. Letztere besitzen ein einfaches Leitbündel, ein undifferenziertes Mesophyll und eine Ligula. Querschliffe durch die Achsen zeigen eine einfache Epidermis, eine äußere Rinde aus sklerenchymatischen und eine innere Rinde aus dünnwandigen Zellen. Perizykel und Phloem sind schlecht erhalten. Das sternförmige Xylem besitzt zahlreiche (3—21) exarche Protoxylemgruppen. An den Treppentracheiden des Metaxylems sind die Querbalken durch vertikale Fäden verbunden, wie dies früher von *Lepidodendron vasculare* beschrieben wurde (Fortschr. Bot. 14, 112). Sekundäres Xylem fehlt. Die Blattspuren gehen schräg durch die Rinde und sind von dünnwandigen Parenchymzellen umgeben. Paurodendron wurde bisher festgestellt im Untercarbon der Insel Arran (Westküste von Schottland) sowie im Obercarbon von Fléron (Belgien), Iowa und Kansas.

In Fortsetzung seiner früheren Darstellung der vegetativen Teile der Lepidodendraceen des böhmischen Obercarbons (Fortschr. Bot. 14, 112) behandelt NĚMEJC (6), diesmal auch unter Verwertung außerböhmischen Materials, die Zapfen (*Lepidostrobus* einschließlich *Lepidophyllum*), von denen er 18 Arten unterscheidet.

CHALONER (1) führte den Nachweis, daß die früher von DIJKSTRA als *Triletes mamillarius* beschriebene Megaspore, die 0,9—2,1 mm Durchmesser besitzt, zu dem als Abdruck erhaltenen *Sigillariostrobus rhombibracteatus* gehört. Derselbe Megasporentyp findet sich bei dem strukturbietenden *Mazocarpon Shorense*. Der erstgenannte Zapfen führt Mikrosporen von etwa 55 µ Durchmesser.

Den bisher nur aus dem englischen Obercarbon bekannten *Sigillariostrobus ciliaris*, dessen Brakteen am Rand mit dornenartigen Emergenzen besetzt sind, fanden RETTSCHLAG u. REMY im Oberkarbon von Ölsnitz (Sachsen) zusammen mit *Sigillaria*-Blättern, deren Rand die gleichen Emergenzen trägt.

Zu dem carbonischen *Selaginellites Suissei* gehören *Triletes triangulatus* als Megaspore und *Cirratriradites annulatus* als Mikrospore, die CHALONER (2) beide von ein und demselben, kohlig erhaltenen Stück isolierte.

c) *Articulatae*. Aus dem Obercarbon von Iowa hat MAMAY (1) einen Sphenophyllaceen-Zapfen von außerordentlich einfachem Bau beschrieben (*Litostrobus iowensis*). Er besteht aus superponierten Quirlen von je zwölf Brakteen, deren Basis zu einem flachen Becher verbunden sind. Jeder Quirl trägt sechs aufrechte, kurz gestielte Sporangien. Die kugeligen Sporen besitzen einen Durchmesser von 65—100 µ. Da sehr komplizierte Sphenophyllaceen-Zapfen im Untercarbon vorkommen, sieht MAMAY den einfachen *Litostrobus* nicht als primitiv, sondern als reduziert an.

In seiner Bearbeitung der Calamitaceen-Fruktifikationen des böhmischen Obercarbons behandelt NĚMEJC (5) 20 Arten (darunter 6 neue) der Gattungen *Palaeostachya, Calamostachys, Huttonia, Macrostachya* und *Cingularia*; letztere wird hiermit erstmals aus Böhmen nachgewiesen.

Eine neue *Phyllotheca*-Art (*Ph. Sahnii*) entdeckte SAKSENA in der Gondwanaformation Indiens; von der ähnlichen *Ph. Etheridgei* der australischen Gondwanaformation unterscheidet sie sich durch geringere Zahl von Nerven in der Blattscheide (22 gegenüber mehr als 31 bei *Ph. Etheridgei*), durch größere Breite der Nerven und durch mehr langgestreckte Stomata.

Die Stämme von *Neocalamites Meriani* (Unt. Keuper, Hildburghausen in Thüringen) besitzen eine glatte Oberfläche. Feingeriefte Steinkerne stellen einen entrindeten Zustand dar [ROSELT (1)]. Derselbe Autor beschreibt vom gleichen Fundort einen Schachtelhalm, dessen Rindenoberfläche Längsreihen grubenartiger Vertiefungen aufweist (*Equisetites foveolatus*).

Aus dem Oberdevon des Bohlen bei Saalfeld (Thüringen) erwähnt PFEIFFER einen Stammrest von *Pseudobornia ursina*. Dies wäre der dritte Fundpunkt dieser eigentümlichen Articulate [bisher Bäreninsel (NATHORST 1902) und Steinach im Thüringer Wald (MÄGDEFRAU 1936)].

d) *Filicales. Coenopteridales*. Die verzweigten Achsensysteme der *Coenopteridales* hat man mit den Wedeln der heutigen Farne homologisiert. EMBERGER (1), (2) wendet sich gegen diese Gleichsetzung und entwickelt durch Vergleich mit ausläufertragenden, lebenden *Nephrolepsis*-Arten die Auffassung, daß die Hauptspindeln (Phyllophore) der Coenopterideen den Achsen der höheren Farne und die paarigen „Fiedern" 1. Ordnung den Wedeln entsprechen. EMBERGER (3) zeigt auch gewisse Parallelismen in der Morphogenese der Farnwedel und der Angiospermenblätter auf. LECLERQ (2) weist darauf hin, daß das von ihr früher beschriebene *Rhacophyton zygopteroides* (Fortschr. Bot. 14, 117) Merkmale der Clepsydraceen (biseriate Verzweigung der sterilen Wedel, clepsydropsoide Leitbündel) und der Etapteridaceen (quadriseriate Verzweigung der fertilen Wedel) miteinander vereinigt. — Bei *Corynepteris coralloides* zeigte DANZÉ (1), daß sich zwischen den Phyllophor und die Wedelpaare noch eine ganz kurze primäre Rhachis einschiebt. — *Ankyropteris Bertrandi* aus dem unteren Obercarbon von Oberschlesien unterscheidet sich, wie CORSIN (2) zeigt, von allen bisher bekannten Arten dieser Gattung durch das sehr lange, gerade und dünne Mittelband der Stele des Phyllophors und durch die Art und Weise, wie die Blattspuren von der Stele abgehen. — SURANGE ergänzt unsere Kenntnis von *Botryopteris antiqua* durch den Nachweis von zwei verschiedenen Achsentypen: von dorsiventralen Achsen gehen in bestimmten Abständen radiäre Achsen ab, die in schraubiger Anordnung Blattstiele tragen; die Blätter sind zwar nicht so genau bekannt, um sie sicher mit bestimmten Abdrücken zu identifizieren, aber eine gewisse Ähnlichkeit mit der Gattung *Rhodea* liegt nahe. *Apotropteris*, eine neue, im Obercarbon von Illinois gefundene Gattung, die zu *Botryopteris* Beziehungen aufweist, besteht aus einem 3,5—4 mm dicken, von einer Protostele durchzogenen Stämmchen, von dem Blattstiele mit abaxialkonkaven Leitbündeln sowie Adventivwurzeln abgehen (MORGAN u. DELEVORYAS). — Sehr sonderbare Verhältnisse beschreiben DELEVORYAS u. MORGAN (1) bei *Anachoropteris clavata* (Obercarbon, Illinois): aus einer Rhachis mit C-förmigem Bündel entspringen radiäre Achsen, die ihrerseits wiederum Organe mit C-förmigen Bündeln sowie Adventivwurzeln abzweigen lassen; vielleicht liegt hier ein ähnlicher Aufbau vor, wie er oben für *Botryopteris antiqua* beschrieben wurde.

Noeggerathiales. Während HIRMER (Fortschr. Bot. 10, 81) die *Noeggerathiales* als Farne betrachtet, erscheint dies HALLE nicht sicher zu sein; er sieht sie als eine isolierte Pteridophytengruppe unsicherer Stellung an. Von *Discinites*, die ja auch in diesen Verwandtschaftskreis gehört und bisher nur aus dem Obercarbon bekannt war, beschreibt MAMAY (3) Abdrücke aus dem Perm von Texas. — Für die auf das Oberdevon beschränkte Gattung *Archaeopteris*, die nach HIRMER vielleicht mit Noeggerathia verwandt ist, hat ARNOLD (2) Heterosporie nachgewiesen. Während beiderlei Sporangien dieselbe Größe (0,3—2,0 mm) besitzen, haben die Mikrosporen 30 µ, die Megasporen 300 µ Durchmesser.

Eusporangiales. Als *Psaronius Cooksoni* beschreibt BAXTER (1) aus dem Obercarbon von Kansas einen *Psaronius* mit *Caulopteris*-Oberfläche. Die Blattnarben stehen zu je 6 in alternierenden Quirlen; dementsprechend sehen wir auf dem Querschliff 12 Blattbündel. Der im europäischen Perm vorkommende *Psaronius bibractensis* hat zwar dieselbe Bündelzahl und Blattanordnung, ist aber von einem dicken Wurzelmantel eingehüllt, während *Ps. Cooksoni* einen solchen nicht besitzt. An den Synangien von „*Crossotheca*" *pinnatifida* (Fortschr. Bot. 1, 91) aus dem Rotliegenden von Thüringen sind die Sporangien nach REMY (6) bis zur Spitze miteinander vereint, so daß diese Art aus der Gattung *Crossotheca* ausgeschieden und als *Weissites pinnatifidus* bezeichnet werden muß; die etwa 75 µ messenden Sporen sind glatt, rund und besitzen eine Tetradenmarke. — Die von GUTHÖRL (1) aus dem Obercarbon des Saargebietes beschriebene *Octotheca Bertrandi* besitzt aus je acht Sporangien zusammengesetzte Synangien und dürfte in die Verwandtschaft von *Asterotheca* gehören.

Leptosporangiales. Gleicheniaceae. Die auf das mittlere Obercarbon beschränkte Gattung *Oligocarpia*, von der insgesamt neun Arten aus Europa und Nordamerika bekannt sind, hat ABBOTT einer Revision unterzogen; ihre Zugehörigkeit zu den Gleicheniaceen wird erwiesen durch das Fehlen eines Indusiums sowie durch den horizontal bis schief verlaufenden und durch ein Stomium unterbrochenen Anulus. Die Fiedern besitzen wie bei Gleichenia sphenopteridische bis pecopteridische Gestalt.

Salviniaceae. Azolla ist aus allen Stufen des Tertiärs vom Paläocän ab aus Europa, Asien und Nordamerika bekannt. Kürzlich wurde sie auch aus dem Oligocän von Britisch-Columbia von ARNOLD (5) beschrieben. Megasporen von ähnlichem Bau wie diejenigen von *Azolla* wurden aus dem Senon (VANGEROW) wie aus dem Wealden [MÄDLER (2)] abgebildet. MÄDLER fand in einer solche Megasporen führenden Tonprobe aus dem Senon sogar ein kleines Zweigstück von *Azolla*, so daß wir diese Gattung mit Sicherheit von der Oberkreide ab angeben können.

Filicales incertae sedis. Aus der Unterkreide von Tunis beschreibt BOUREAU (6) unter dem Namen *Palmaïdopteris Lapparenti* einen höchst eigentümlich gebauten Stamm mit typischer Atactostele, deren zahlreiche Leitbündel (nebst einzelnen, von Kranzzellen umschlossenen Faserbündeln) in Parenchym eingebettet sind. Auf dem Querschnitt sind die Bündel im Inneren unregelmäßig verteilt, an der Peripherie jedoch in konzentrischen Kreisen angeordnet. Die von einer Sklerenchymscheide umschlossenen Leitbündel bestehen aus Leitertracheiden, denen nach außen wie nach innen Phloëm anliegt. Die systematische Stellung dieses Fossils ist noch völlig unklar; es weist einerseits gewisse Beziehungen zu Farnen (*Weichselia, Paradoxopteris*) auf, während andererseits die von Kranzzellen umgebenen Faserbündel für Palmen kennzeichnend sind.

5. **Gymnospermae.** a) *Pteridospermales.* Von Pteridospermen-Stämmen wurden aus der Gattung *Medullosa* von ANDREWS u. MAMAY und von ROBERTS u. BARGHOORN mehrere neue Species beschrieben, so daß die Zahl der Arten und Varietäten auf 44 angewachsen ist. Die von den letztgenannten Autoren im Unteren Perm von Texas gefundene *Medullosa Olseniae* ist dadurch von Interesse, daß ihre mehrreihigen Markstrahlen, die neben einreihigen vorkommen, aus zweierlei Zellen aufgebaut sind, indem die flankierenden Zellen wesentlich größer sind

als die Zellen im Inneren des Markstrahls. Es verdient erwähnt zu werden, daß in den letzten Jahrzehnten aus dem Devon und unterstem Carbon vier verschiedene polystelische Stammtypen bekannt wurden: *Cladoxylon, Steloxylon, Pietzschia* und *Xenocladia*. — Einen neuen Stammtypus haben DELEVORYAS u. MORGAN unter dem Namen *Callistophyton* aus dem Obercarbon von Illinois bekannt gemacht. Die fast 2 cm starken Stämmchen besitzen ein solides, parenchymatisches Mark, das von isolierten Primärxylemsträngen (= Blattspuren) umgeben ist. Daran schließt sich das Sekundärxylem, dessen Tracheiden multiseriate Tüpfelung der Radialwände besitzen. Die Markstrahlen sind an der Peripherie des Xylems bis zu sieben Zellen breit. Im Phloem wechseln regelmäßig Siebzellen mit kurzen, tangentialen Reihen von Parenchym. Ältere Stämme besitzen ein Periderm.

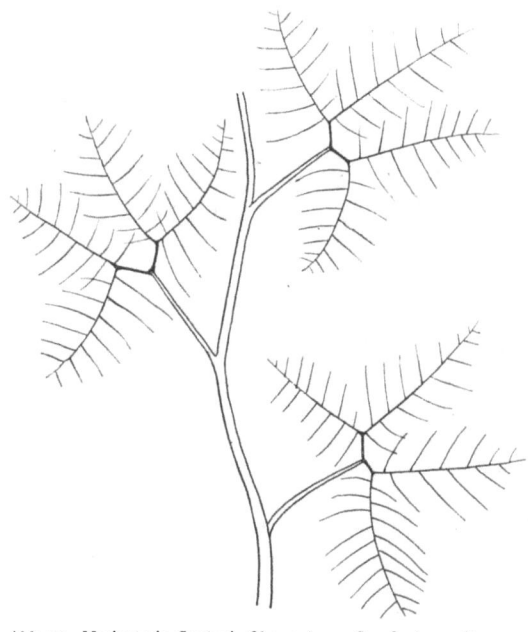

Abb. 70. *Mariopteris Saveuri*. Obercarbon. Sproßachse mit ansitzenden Wedeln (schematisch). $^1/_4$. Kombiniert nach DANZÉ-CORSIN (3).

An der Oberfläche junger Stämmchen stehen kurzgestielte Drüsen, die an diejenigen von *Lyginodendron* erinnern.

Unter den Belaubungen der Pteridospermen wurden vor allem die Mariopteriden von CORSIN (3) und DANZÉ-CORSIN (1), (2), (3) eingehender studiert. Den Wedelaufbau von *Mariopteris* zeigt Abb. 70. Zu den Mariopteriden rechnet DANZÉ-CORSIN (1) außer Mariopteris noch die

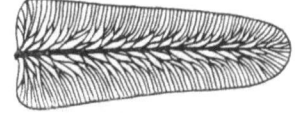

Abb. 71. *Linopteris Corsini*. Oberes Obercarbon, Dauphiné. Nervatur einer Fieder letzter Ordnung. $^2/_1$. Nach BOUROZ.

Gattungen *Tetratmema, Pseudomariopteris* (*Diplotmema*) und *Dicksonites* („*Pecopteris*" *Pluckeneti* u. a.). Die große Monographie der nordfranzösischen Mariopteriden von DANZÉ-CORSIN (3) zeichnet sich durch besondere Sorgfalt und vorzügliche Abbildungen (77 Tafeln) aus. Bemerkenswert ist die von BOUROZ aus dem oberen Obercarbon beschriebene *Linopteris Corsini* (Abb. 71), bei der nur im Mittelstreif der Fieder die Nerven netzartig verbunden sind, nach dem Rand jedoch parallel (wie bei *Neuropteris*) laufen, während bei den bisher bekannten *Linopteris*-Arten die Nerven bis zum Rand maschenartig verknüpft sind.

GOTHAN (1) führt für die Neuropteriden folgende neue Gattungsabgrenzungen ein:
 I. *Neuropterides imparipinnatae*
    a) mit Fiederaderung: *Imparipteris* (*Neuropteris* z. T.)
    b) mit Maschenaderung: *Reticulopteris* (*Linopteris* z. T.)
 II. *Neuropterides paripinnatae*
    a) mit Fiederaderung: *Paripteris* (*Neuropteris* z. T.)
    b) mit Maschenaderung: *Linopteris*

Damit wurden die Gattungen *Linopteris* und *Neuropteris* aufgeteilt, der letztere Name sogar ganz getilgt, was wohl nicht den Nomenklaturregeln entspricht. An neuem Material der seltenen jurassischen *Pachypteris* zeigte THOAMS (2), daß sie sich durch den Besitz von Zwischenfiedern und deltoiden Endfiedern sowie durch ihre Epidermisstruktur von der ähnlichen Thinnfeldia eindeutig unterscheidet.

Von Mikrosporangien der Pteridospermen wurden in den letzten Jahren mehrere neue Typen gefunden. Bei *Paracalathiops* (Abb. 72), zu der wohl *Rhodea* als Belaubung gehört, stehen nach REMY (1) körbchenartige Sporangienstände, bei denen bis 100 Sporangien von einem Kranz von Brakteen umhüllt werden, auf einem dichotom-sympodialen Achsensystem. Die mit einer Tetradenmarke versehenen Sporen besitzen einen eigentümlichen Flügelrand. Die ähnliche *Schuetzia anomala*, vielleicht zu *Sphenopteris Germanica* gehörig, besitzt nach REMY u. RETTSCHLAG eine ähnliche Mikrosporenform wie *Paracalathiops*, aber die Synangien sitzen zweizeilig an der Achse (Abb. 72). — Als *Saaria* faßt REMY (1) mehrere Sporangienstände zusammen, die früher zum Teil zu den Hymenophyllaceen gerechnet wurden. Die Sporangien bilden ein geschlossenes Synangium mit einem zentralen Hohlraum, ähnlich wie bei *Aulacotheca* (vgl. Abb. 72), und enthalten bilaterale Sporen. Die Synangien sitzen endständig an den Achsen letzter Ordnung eines fiederig aufgebauten Achsensystems. Zu welcher Belaubung *Saaria* gehört, wissen wir noch nicht. — Mit *Neuropteris Schlehani* fand JONGMANS (4) die als *Whittleseya* bekannten Mikrosynangien in organischen Zusammenhang, und zwar offenbar an Stelle einer Endfieder. — Zu den unter dem Namen „*Taeniopteris*" *jejunata* aus Carbon und Perm bekannten Wedeln fand REMY (1) die zugehörigen Synangien, die an *Zeilleria* (Abb. 72) erinnern. — Die als Leitfossil für das Rotliegende wichtige *Callipteris conferta* war bisher trotz häufigem Vorkommen nur steril bekannt. In einem Gesteinsblock, der sehr viele Wedelfetzen dieser Art enthielt, fand REMY (5) zylindrische Synangien von etwa 3 cm Länge, die von schlauchförmigen, ganz in Parenchym eingebetteten Sporangien gebildet werden. Die etwa 50 µ messenden Sporen zeigen einen deutlichen Saum (Flügelrand oder Luftsack?). Auffällige Übereinstimmungen in der Epidermisstruktur (Papillen, Spaltöffnungen) dieser als *Thuringia callipteroides* benannten Synangien mit *Callipteris* sprechen dafür, daß es sich um die männliche Fruktifikation von *Callipteris conferta* handelt. — Mit einer imparipinnaten, netznervigen *Reticulopteris*-Art zusammen auf der gleichen Gesteinsplatte liegen sonderbare Mikrosporangienstände, die REMY (2) als *Psaliangium* (Abb. 72) bezeichnet hat. An einem kurzgestielten, elliptischen Sporan-

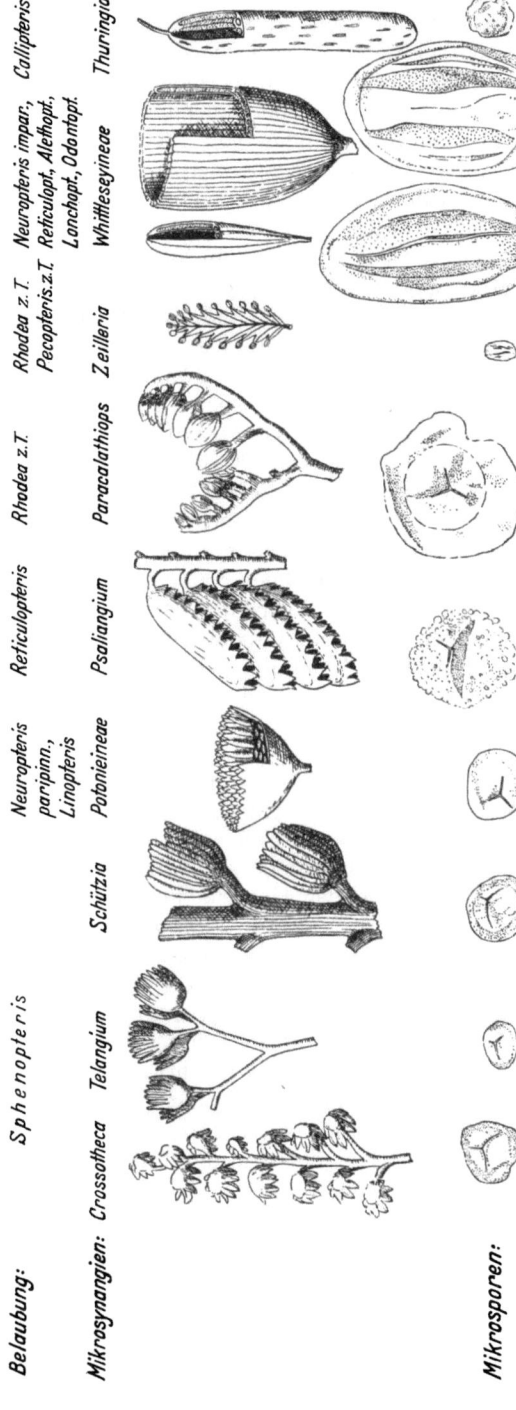

Abb. 72. Zusammenstellung der wichtigsten Synangientypen ($^1/_1$) der Pteridospermen nebst den dazugehörigen Mikrosporen ($^{125}/_1$). Nach REMY (4).

gienträger sitzen zahlreiche, hängende Mikrosporangien, rings umgeben von einem Saum aus spitzzipfeligen Lappen. Die runden, 100μ messenden Sporen besitzen eine gekörnelte Oberfläche und lassen eine Tetradenmarke sowie eine Keimfurche erkennen. Ob es sich bei den jeweils aus 5—7 Sporangien bestehenden Sporangienaggregaten, die REMY (3) als *Unguitheca* aus dem Rotliegenden von Ilfeld beschreibt, wirklich um die Mikrosporangien von Pteridospermen handelt, ist nicht sicher.

Im Vorstehenden wurden mehrfach Mikrosporen mit einem ringsherumlaufenden Saum erwähnt, und zwar bei *Schuetzia, Paracalathiops* und *Thuringia*. REMY (7) hält diesen Saum für einen Luftsack. Solche „monosaccate" Mikrosporen wurden nachgewiesen bei Lepidophyten (*Spencerites*), Cordaiten und Coniferen, und zwar vom Obercarbon bis zur Trias. Überblicken wir die Pteridospermen [REMY (4)], so können wir drei Mikrosporentypen feststellen: Rundliche Mikrosporen mit dreistrahliger Tetradenmarke, ellipsoidische Mikrosporen mit länglicher Tetradenmarke und die eben genannten monosaccaten Mikrosporen (vgl. Abb. 72).

Auch mehrere neue Formen von Pteridospermen-Samen wurden in den beiden letzten Jahren beschrieben. WALTON (2) schildert die beiden Haupttypen, den *Lagenostoma-* und den *Trigonocarpus-*Typ, in ihren verschiedenen Abwandlungen. Als *Tyliosperma orbiculatum* beschreibt MAMAY einen relativ einfachen Samentyp aus dem Mittleren Obercarbon von Kansas. Die kleinen, fast kugelförmigen Samen (3,5 cm) sind von einer gelappten Cupula umhüllt. Das Integument bildet oben sieben dreieckige Zipfel, die sich dachartig über die Mikropylarkammer legen, worin ein wesentlicher Unterschied gegenüber ähnlichen Formen (wie *Lagenostoma, Conostoma* u. a.) liegt. — Das bisher nur aus Europa bekannte *Stephanospermum* liegt jetzt auch in drei Arten aus dem Oberkarbon von Illinois vor (HALL). Bei einer derselben fanden sich im Mikropylarkanal, im Nucellarfortsatz und in der Pollenkammer triradiate Pollenkörner gleichen Typs. — Den früher als *Rodontiospermum* bezeichneten Samen des Obercarbons von Illinois stellte STEWART nach eingehenden Untersuchungen neuen Materials in die alte Gattung *Pachytesta*. — An *Tetratmema geniculatum* fand DANZÉ (4) die 7—8 mm langen Cupulen ansitzend, die oben in 8—10 spitze Zähne auslaufen. — Im Obercarbon von Yorkshire fand HOLDEN eine neue *Physostoma*-Art. — JONGMANS (4) führte den Nachweis, daß zu *Neuropteris Schlehani* Samen dazu gehören, die den früher von HOSKINS u. CROSS als *Pachytesta vera* beschriebenen (Fortschr. Bot. 14, 126) vergleichbar sind. Während die jungen Samen noch ansitzen, und zwar an Stelle von Endfiedern (vgl. MÄGDEFRAU, Paläobiologie der Pflanzen, 2. Aufl., Abb. 121), findet man die reifen Samen nur isoliert. Über die Mikrosporangien von *Neuropteris Schlehani* wurde oben berichtet. Dies ist also die erste Pteridosperme, von der männliche und weibliche Fortpflanzungsorgane bekannt sind.

Von der für die Gondwanaformation charakteristischen *Glossopteris*, die bisher immer nur steril gefunden worden war, macht PLUMSTEAD aus Transwaal mehrere von LE ROUX gesammelte, sonderbare Fruktifikationen bekannt, die in einer sachlich wie sprachlich unmöglichen

Weise benannt werden. Es handelt sich um 2—3 cm lange ovale bis längliche Gebilde, die der Rippe des Blattes nahe seiner Basis entspringen und eine polygonale Felderung erkennen lassen; sie werden als samenführende Cupulen gedeutet. Die der Arbeit beigefügten Diskussionsbemerkungen von EDWARDS, HARRIS, JONGMANS, WALTON u. a. lassen die völlige Unsicherheit in der Deutung der Funde erkennen. Erst eine Bearbeitung derselben durch einen erfahrenen Paläobotaniker kann eine Klärung bringen. — Die Angabe von THOMAS (1), daß die Blätter von *Glossopteris* wirtelig standen, scheint mir nach den abgebildeten Stücken noch nicht eindeutig erwiesen zu sein. — DOLIANITI (4) bildet aus der unteren Gondwanaformation Südbrasiliens einen *Vertebraria*-Stamm mit ansitzenden *Glossopteris*-Blättern ab.

b) *Cycadales*. ARNOLD (1) hat unsere Kenntnis der Stammesgeschichte der Cycadeen kurz zusammengefaßt. Die heute lebenden Gattungen sind sämtlich Endglieder von Entwicklungslinien, so daß wir sie nicht in einer phylogenetischen Reihe anordnen können; ist doch z.B. *Cycas*, da ihre Megasporophylle noch nicht in Zapfen zusammengefaßt sind, als besonders primitiv anzusehen, während andererseits *Stangeria* die größte Zahl farnartiger Merkmale besitzt. Wenn wir auch noch keine Zwischenformen kennen, so dürfen wir doch annehmen, daß sie sich während des Obercarbons aus Pteridospermen entwickelten. In der Trias verbreiteten sie sich über die ganze Erde und erreichten im Jura den Höhepunkt ihrer Entfaltung. Die tertiären Cycadeen lassen sich meist rezenten Gattungen (z. B. *Cycas, Zamia*) einordnen. Von dem triadischen *Dioonitocarpidium* (Megasporophyll) legt KRÄUSEL (2) eine dritte Art (*D. Liliensterni*) aus dem Keuper von Lunz (Niederösterreich) vor. — Im Oligocän von Victoria (Australien) fand COOKSON (5) einige Blattfragmente einer *Macrozamia*, von denen sich vorzügliche Cuticularpräparate gewinnen ließen.

c) *Bennettitales*. Aus dem indischen Jura macht BOSE (1), (2) mehrere Bennettiteenstämme bekannt, von denen *Bucklandia Sahnii* wegen ihrer gut erhaltenen Struktur von besonderem Interesse ist. Der deutliche Jahresringe zeigende Holzkörper umschließt ein weites Mark. Die ungewöhnlich dicht stehenden Markstrahlen sind 1—3-reihig und 1 bis 42 Zellen hoch. Die Tracheiden des Primärxylems zeigen leiterförmige bis multiseriate Tüpfelung, die des Sekundärxylems besitzen vorwiegend uniseriate, kreisförmige Tüpfel. Die Tüpfel der Markstrahl-Kreuzungsfelder sind sehr verschieden in Zahl und Größe (je Kreuzungsfeld 1 großer bis 6 und mehr kleine Tüpfel). *Bucklandia Sewardi* kommt an seiner Fundstelle in großer Zahl zusammen mit Blättern, Blüten und Früchten von *Williamsonia Sewardiana* vor, so daß wir sie mit ziemlicher Sicherheit als zusammengehörig betrachten dürfen. Das Sekundärholz stimmt im Bauprinzip mit dem von SAHNI früher beschriebenen *Homoxylon* überein, welches also nicht, wie SAHNI meinte, in die Magnoliaceenverwandtschaft, sondern bei den Bennettiteen einzuordnen ist. — Ebenfalls aus dem indischen Jura (Obere Gondwanaformation) beschreiben SITHOLEY u. BOSE eine neue männliche *Williamsonia*-Blüte, bei der 20 Mikrosporophylle in einem Quirl beisammen stehen;

auf ihrer Oberfläche sitzen je zwei Reihen von fingerartigen Anhängseln, deren jedes zwei Reihen von Sporangien trägt. Aus derselben Formation macht VISHNU-MITTRE eine aus verzweigten Mikrosporophyllen bestehende Blüte bekannt, deren Sporangien monokolpaten Pollen enthält. Aus der Ähnlichkeit der diese Blüten tragenden Kurzsprosse mit den Kurztrieben von *Pentoxylon Sahnii* schließt der Autor, daß es sich um die bisher noch unbekannte männliche Blüte von *Pentoxylon* handelt.

HARRIS (3) weist darauf hin, daß bei den *Bennettitales* (und *Caytoniales*) die Nucelluswand stark cutinisiert ist, während bei den Samen der anderen mesozoischen Gymnospermen (Cycadeen, Ginkyoaceen, Coniferen) Integument und Megasporenmembran stark, der Nucellus aber nur schwach cutinisiert sind.

d) *Cordaitales*. Anläßlich der Beschreibung einiger Hölzer der Gattungen *Eristophyton* und *Endoxylon* vertritt LACEY (2) die Ansicht, daß diese nebst *Bilignea* und *Mesopitys* zu den Cordaiten gehören.

e) *Ginkyoales*. Abgesehen von einigen Blättern im Jura Indiens (MEHTA u. SUD; SAH) sind keine Neufunde von Ginkyoalen zu verzeichnen.

f) *Coniferales*. In Verbindung mit seiner Theorie der Stachyosporie und Phyllosporie stellt LAM die Morphogenie des weiblichen Coniferenzapfens dar und kommt zu dem Schluß, daß die Botanik in der Phylogenie der Coniferen über eine längere, gut gesicherte stammesgeschichtliche Reihe verfügt als die berühmte Pferdereihe in der Paläozoologie. Bemerkt sei noch, daß LAM die Coniferen von den Psilophyten über gewisse Lycopsiden und über die Cordaiten herleitet und damit zur gleichen Auffassung gelangt, wie sie Referent seit längerer Zeit (1942) vertritt (vgl. MÄGDEFRAU 1954). — FLORIN (3) skizziert die Geschichte der Erforschung des weiblichen Coniferenzapfens und rechnet mit den vielen (insgesamt 11!) nunmehr überholten Theorien ab.

In den Formenkreis von *Voltzia* gehört die von KRÄUSEL (1) aufgestellte Gattung *Pachylepis* aus dem süddeutschen Keuper, deren Schuppenkomplex aus einer schmalen Deckschuppe und einer massiven Fruchtschuppe besteht, die sich ihrerseits aus fünf miteinander verwachsenen Einzelschuppen zusammensetzt und fünf tief eingesenkte Samen trägt.

Im Keuper von Neuewelt bei Basel vorkommende, früher als Farn („*Pecopteris Steinmuelleri*") gedeutete Reste erkennt KRÄUSEL (3) als eine neue heterophylle Art der Coniferengattung *Stachyotaxus* (St. Sahnii).

Von den als *Cycadocarpidium* aus Trias und Jura bekannten Megasporophyllen gibt es Arten mit 2, 3 und 4 Samen. FLORIN (2) versucht sie auf eine gemeinsame Grundorganisation zurückzuführen. Daß sie zu den Coniferen gehören, ist sicher (Belaubung = *Podozamites*); wahrscheinlich repräsentieren sie eine eigene Familie.

Aus dem Jura von Südost-Australien macht FLORIN (1) die neue Gattung *Bellarinea* und zwei *Elatocladus*-Arten bekannt, die alle den Podocarpaceen zuzurechnen sind.

CHALDER hat ein umfangreiches Material des berühmten versteinerten Waldes von Cerro Cuadrado (Patagonien) untersucht und die beiden von WIELAND (1935) unterschiedenen Coniferenarten bestätigt: *Araucaria mirabilis* und *Proaraucaria Patagonica*. Erstere stellt CHALDER in die Section *Bunya* der Gattung *Araucaria*, letztere unter Vorbehalt zu den Taxodiaceen.

Zwei Coniferen des belgischen Wealden, *Sphenolepsis Kurriana* und *Elatides Bommeri*, hat HARRIS (1) eingehend beschrieben. Von beiden Arten sind Holz, Blätter und Zapfen als Lignit erhalten, so daß auch viele histologische Einzelheiten erkennbar sind, die eine Einordnung der in ihrer systematischen Stellung bisher unsicheren Gattungen *Sphenolepis* und *Elatides* zu den Taxodiaceen ermöglichen. — Vom gleichen Vorkommen behandelt ALVIN die vorzüglich erhaltenen weiblichen Zapfen von drei Abietineen (*Pityostrobus Andraei, P. Bommeri, P. Corneti*). Die zwei erstgenannten Arten stehen der Gattung *Pinus* nahe, während die dritte Art nähere Beziehungen zu *Keteleeria* zeigt. — Aus der Kreide von Minnesota beschreibt CHANEY (2) eine *Pinus*-Art (*P. Clementsii*), die der heutigen *P. resinosa* nahe steht und wohl nicht im Sedimentationsbereich, sondern im Hochland wuchs.

Über *Metasequoia* (Fortschr. Bot. 14, 135; 15, 97) hat ihr Entdecker S. MIKI (1) ein (japanisch geschriebenes) Buch veröffentlicht, das durch die Abbildungen und Verbreitungskarten der Begleitpflanzen der *Metasequoia*-Fundschichten wertvoll ist. HIDA (1), (2) wendet sich gegen die Aufstellung einer eigenen Familie für *Metasequoia*. — *Sequoia*, bisher von der Kreide ab bekannt, wird jetzt vom Jura der Mandschurei angegeben (ENDÔ).

Ein mit vorzüglichen Abbildungen ausgestatteter Bestimmungsschlüssel für die Hölzer aller lebenden Taxodiaceenarten von GREGUSS bedeutet für paläobotanische Untersuchungen eine wichtige Hilfe.

Mesembrioxylon, das neuerdings im Jura von Indien mehrfach gefunden wurde [BHARDWAJ (2), RAMANUJAM] hat gewisse Ähnlichkeit mit den Hölzern von *Podocarpus, Dacrydium* und *Phyllocladus*, gehört also wohl zu den Podocarpaceen.

Kretazische Podocarpaceen-Hölzer wurden von zwei Stellen bekannt: *Protopodocarpoxylon Rochii* aus der (mittleren?) Kreide von Französisch-Kongo [BOUREAU (2)] und *Protopodocarpoxylon Feugueuri* aus dem Cenoman von Montigné bei Angers (BOUREAU u. BARTOSZEWSKA).

g) *Taxales*. Von *Taxoxylon* fanden sich im Jura Indiens zwei neue Arten [BHARDWAJ (1)]. Ob das als *Spiroxylon Indicum* aus dem Unteren Perm von Indien von MEHTA beschriebene Holz auch zu den *Taxales* gehört, erscheint mir noch nicht erwiesen zu sein.

6. Angiospermae. Die Frage nach der Entstehung der Angiospermen hat die Forschung in den letzten Jahren stark beschäftigt (Fortschr. Bot. 15, 16 u. 97). Während wir Großreste von Angiospermen erst von der Kreide ab kennen, sind Pollenkörner[1] derselben schon im Jura

---

[1] Das lateinische Wort ,,pollen" bedeutet ,,Staub" und ist in beiden Sprachen ein Singulare tantum, das keinen Plural besitzt. Die zufällige Identität der Endung -en des lateinischen Wortes mit bestimmten deutschen Plural-Formen hat manche Autoren zu der unstatthaften Mehrzahl ,,die Pollen" verführt. Will man mehrere einzelne Mikrosporen bezeichnen, so muß man ,,Pollenkörner" schreiben (wie im Englischen ,,pollen grains"). Sprachlich richtig wird das Wort Pollen z. B. von KIRCHHEIMER, POTONIÉ und THOMSON gebraucht, durchweg falsch dagegen von REMY, THIERGART, WEYLAND u. a.

gefunden worden. PFLUG hat nun das Auftreten von Angiospermenpollen in älteren Formationen unter Zugrundelegung eines umfangreichen Materials systematisch verfolgt. Er prägt den Begriff des angiospermiden Pollens, unter dem er alle Sporomorphen „mit angiospermenartigem Keimapparat, insbesondere Poren mit lamellaren Differenzierungen oder Cavernae mit Kolpen oder beiden" versteht.

Dieser Begriff ist aber, wie PFLUG ausdrücklich betont, nicht identisch mit dem des Angiospermenpollens. In der heutigen Pflanzenwelt finden wir zwar angiospermiden Pollen nur bei Angiospermen, aber es ist denkbar, daß angiospermider Pollen schon bei Angiospermenvorfahren auftrat, die noch nicht als echte Angiospermen angesehen werden können. Andererseits hat der Pollen einiger Angiospermen seine angiospermiden Merkmale rückgebildet oder nie besessen (z. B. *Populus*). PFLUG gelang es, solchen angiospermiden Pollen bis zum Untercarbon (Braunkohle von Tula) hinab nachzuweisen (s. a. NAUMOWA). Ferner verfolgte PFLUG bestimmte Pollenformen durch größere Zeitabschnitte und versucht sie morphogenetisch zu verbinden; er führt z. B. den Pollen der *Myricales, Juglandales, Betulaceae* und *Urticales* auf einen Ausgangstypus im Senon zurück. Hierzu sei aber bemerkt, daß Juglandaceen schon von Cenoman ab bekannt sind. Auch sonst sind, trotz dem anerkennenswerten Streben PFLUGS nach Sorgfalt und Kritik, Einwände erhoben worden, z. B. von POTONIÉ, der darauf hinweist, daß die Keimstellen der tricolporaten Pollenkörner nicht mit denen der trileten Sporen homolog sind, so daß gewisse Wandlungen im Bereich der Y-Marke trileter Sporen nicht als Tendenz zum tricolporaten Angiospermenpollen angesehen werden können. Wir können also keinesfalls sagen — auch PFLUG warnt vor einem solchen voreiligen Schluß —, daß im Carbon schon Angiospermen gelebt hätten. — Die Beschreibung und Abbildung des *Sporotrapoides Illingensis* (wohl zu *Trapa* gehörig) aus der Braunkohle des Hausruck durch KLAUS (6) sei als ein Musterbeispiel einer Sporomorphendiagnose im Sinne ERDTMANS genannt (s. a. Abschnitt II).

Einige Palmenfunde im Tertiär Indiens verdienen erwähnt zu werden. LAKHANPAL beschreibt einige *Nipa*-Früchte aus dem Miocän von Assam und stellt auf einer Karte die bisherigen Fundstellen tertiärer *Nipa*-Früchte zusammen: USA [ARNOLD (6)], Europa, Westafrika, Ägypten, Indien und Borneo. Auch aus der obersten Kreide Ägyptens wurden *Nipa*-Früchte bekannt (CHANDLER). — Zwei Palmenstämme aus dem Tertiär von Pondicherry stimmen weitestgehend mit dem zentralen Teil des Stammes von *Livistona* überein (RAMANUJAM). Das früher als *Palmoxylon Sahnii* beschriebene verkieselte Holz, das auch den Bau der Wurzeln und Blätter erkennen läßt, erwies sich als zu den Cyclanthaceen gehörig und zeigt Merkmale sowohl von *Cyclanthus* wie von *Carludovica* (SAHNI u. SURANGE).

Während Samen von *Magnolia* im europäischen Tertiär verbreitet sind, gehören Reste der zapfenähnlichen Fruchtstände zu den Seltenheiten. Als solche erkannte KIRCHHEIMER (1) die schon von QUENSTEDT (1885) als *Strobilites Sigmaringensis* aus dem Miocän von

Sigmaringen (Württemberg) beschriebenen Zapfen; es verdient erwähnt zu werden, daß mehrere Feinheiten im Bau dieser Fruchtstände der Beobachtungsgabe QUENSTEDTs nicht entgangen sind. — Die Magnoliaceengattung *Kadsura*, die bisher fossil nur durch Samen belegt war, erkannte JÄHNICHEN in Epidermispräparaten aus der Braunkohle der Niederlausitz. — In der niederrheinischen Braunkohle entdeckte THOMSON (6) Samen, die mit denen der heutigen Anonaceengattung *Asimina* völlig übereinstimmen. — JENTISSZAFEROWA (1) hat Tabellen zur Bestimmung der Früchte von *Carpinus* und *Ostrya* auf Grund histologischer Merkmale ausgearbeitet, womit die Bestimmung fossiler Funde erleichtert und gesichert werden kann. Über weitere Angiospermenfunde siehe unter Abschnitt IV, 2, d und IV, 3.

IV. Fossile Floren.

1. **Palaeozoicum.** a) *Algonkium*. In Hornsteinen der „Gunflintironformation" (Mittel-Huron) des südlichen Ontario beschreiben TYLER u. BARGHOORN Strukturen, die sie als Cyanophyceen und Pilzhyphen ansprechen. Wenn auch ein eindeutiger Beweis für diese Deutungen schwer zu erbringen sein dürfte, so steht der organische Ursprung der meisten dieser Gebilde wohl außer Zweifel.

b) *Devon*. In den Gedinneschichten des unteren Unterdevons südöstlich von Aachen fanden SCHMIDT u. TEICHMÜLLER erstmals pflanzliche Fossilien und zwar *Prototaxites caledonicus* und *Taeniocrada Decheniana*.

Aus den schwarzen Schiefern des Oberdevon von Nordamerika (Ohio, Kentucky, Indiana) beschreiben HOSKINS u. CROSS strukturbietende Hölzer aus den Gattungen *Protolepidodendron*, *Asteroxylon*, *Reimannia* und *Callixylon*.

c) *Untercarbon* (Mississippian). Die eben genannten nordamerikanischen Schwarzschiefer reichen stratigraphisch bis in das untere Untercarbon; sie enthalten hier ebenfalls strukturbietende Pflanzenreste, wie HOSKINS u. CROSS mitteilen: *Lepidodendron*, *Lyginorrhachis* und *Calamopitys*.

Aus dem Untercarbon (Ob. Kulm) des Thüringer Waldes beschreibt VOLK eine Flora, die besonders aus Stämmen von *Megaphyton* und *Asterocalamites scrobiculatus* besteht. Von letzteren werden nach der Zahl der Rippen und nach der Internodienlänge mehrere Typen unterschieden. Außerdem fanden sich noch *Sphenopteridium*, *Rhacopteris*, *Cardiopteris* und *Lepidodendropsis*. Aus dem nördlichen Ägypten machen JONGMANS u. VAN DER HEIDE kurze Angaben über fossile Pflanzen, die bei Bohrungen zutage kamen. Hauptsächlich handelt es sich um *Lepidodendropsis*, daneben *Cyclostigma* und *Rhodea*. Dies würde für unteres Untercarbon sprechen. Die aus einer Bohrung am Golf von Suez gefundenen, leider schlecht erhaltenen Pflanzenreste vergleicht JONGMANS mit *Pseudobornia* und *Platyphyllum*. Wenn diese Bestimmungen richtig sind, würde es sich um Oberdevon handeln.

Von Air in der zentralen Sahara beschreibt BOUREAU (1) eine aus zwei *Rhacopteris*-Arten bestehende Florula untercarbonischen Alters.

d) *Obercarbon*. Allgemeines. Der erste Teil des 2. Bandes des „Handbuchs der Mikroskopie in der Technik" ist der Mikroskopie der Steinkohlen und Braunkohlen gewidmet. Zunächst gibt STACH (1) eine anregende Darstellung der Geschichte der Kohlenmikroskopie. KÜHLWEIN u. HOFFMANN behandeln die Petrographie und Mikroskopie der Steinkohle, wobei auch Fragen der Kohlebildung und der Ökologie der Carbonpflanzen berührt werden. TEICHMÜLLER (1), (2) befaßt sich mit der Anwendung des polierten Dünnschliffs, der eine Benutzung auf- und durchfallenden Lichtes gestattet, bei der Mikroskopie von Kohlen und versteinerten Torfen, und gibt dabei auch dem Paläobotaniker manchen Hinweis. Über den Abschnitt „Braunkohlenmikroskopie" von STACH s. unter Abschnitt IV, 3, a. Die übrigen Kapitel behandeln rein technische Gegenstände (Koks u. a.). — Wer sich eingehender über die neueren Arbeiten auf dem Gebiet der Petrographie und Genese der Kohlen zu unterrichten wünscht, sei auf die Sammelreferate von M. u. R. TEICHMÜLLER hingewiesen.

Ein Aufsatz von JONGMANS (5) über das europäische Carbon enthält eine vergleichend-stratigraphische Tabelle des Obercarbons der ganzen Erde, ein Diagramm der Entwicklung der wichtigsten Gefäßpflanzengruppen vom Devon bis zum Quartär und drei pflanzengeographische Übersichtskarten des Untercarbons, des Namur-Westfal und des Stephan. Vom bisherigen stratigraphischen Schema abweichend, möchte JONGMANS das Autunien (= Unteres Rotliegendes) noch zum Obercarbon hinzufügen, so daß nur das bisherige Obere Rotliegende und der Zechstein das Perm bilden würden. Danach wäre die Carbon/Perm-Grenze der Saalischen Diskordanz gleichzusetzen.

Über den heutigen Stand unserer Kenntnis der pflanzengeographischen Provinzen im Carbon und Perm unterrichtet ein Aufsatz von GOTHAN (4).

In der Erforschung der carbonischen Sporen verdanken wir den zielbewußten Arbeiten von POTONIÉ weitere Fortschritte. Für den Botaniker besonders wichtig ist seine Einordnung der paläozoischen Sporen in das natürliche System der Pflanzen [POTONIÉ (1), (2)]. Die Abhandlung von POTONIÉ u. KREMP über die paläozoischen *Sporae dispersae* (das sind in den Sedimenten vorkommende Sporen im Gegensatz zu den in Sporangien gefundenen) hat vor allem deren stratigraphischen Wert als Leitfossilien im Auge. Aus dem Carbon des Saargebietes beschreibt BHARDWAJ (3) einige neue Sporengattungen. — Die äquatorialen Kränze mancher carbonischer Megasporen faßt POTONIÉ (4) als Schwimmeinrichtungen, die horn- oder geweihartigen Fortsätze als Ankereinrichtungen auf.

Nordamerika. ARNOLD (4) gibt eine kurze Darstellung des Steinkohlenbeckens von Michigan, dessen Flora er früher (Fortschr. Bot. 14, 143) bearbeitet hatte. Nach einigen Angaben über die Geschichte des Bergbaus behandelt ARNOLD den geologischen Bau des Beckens, die Bildung der Kohle und die daran beteiligten Pflanzengruppen. — MAMAY und YOCHELSON lenken die Aufmerksamkeit auf die Tatsache, daß in nordamerikanischen „Coal balls" neben Pflanzenresten auch tierische Fossilien vorkommen, und zwar Foraminiferen, Echinodermen, Bryozoen, Lamellibranchier, Gastropoden und Ostracoden (wohl durchweg marine Formen). — CHALONER (3) beschreibt neue Megasporen aus dem Obercarbon von Michigan und benachbarten Staaten.

Westeuropa. Ein Bohrprofil durch den „Millstone Grit" (Unteres Obercarbon), das LACEY (1) mitteilt, ist deshalb erwähnenswert, weil sich deutlich ein Rhythmus in der Sedimentation zeigt (marine Schicht-Schiefer-Sandstein-Kohle) und weil in den rein marinen Schichten auch eingeschwemmte Pflanzenreste vorkommen.

Aus dem holländischen Obercarbon beschreibt JONGMANS (2), (3) Bohrprofile durch das Westfal A nebst der darin enthaltenen Flora. Der ebenfalls von JONGMANS (4) aus den Begleitschichten von Flöz Girondelle (Westfal A) beschriebenen Fortpflanzungsorgane der *Neuropteris Schlehani* wurde bereits oben gedacht (Abschnitt III, 5, a).

Die Pflanzen des unteren Obercarbons (Namur) von Belgien haben STOCKMANS u. WILLIÈRE (1) in einer umfassenden Monographie in vorzüglicher Weise bearbeitet und auf 57 Tafeln abgebildet. Eine ergänzende Abhandlung [STOCKMANS u. WILLIÈRE (2)] enthält umfangreiche Tabellen, die für alle Pflanzenarten sämtliche Fundorte und Fundschichten sowie die jeweilige Häufigkeit abzulesen gestatten.

Ebenso vorbildlich ist die Monographie der nordfranzösischen Mariopteriden von DANZÉ-CORSIN (3), auf die oben bereits hingewiesen wurde (Abschnitt III, 5, a). Hervorgehoben zu werden verdient, daß keine Aufsplitterung der Arten vorgenommen wurde.

Im Massiv von Gaulent südlich Briançon (Hautes Alpes) wiesen CORSIN u. DEBELMAS das Vorkommen von oberstem Obercarbon (Stephan) an Hand der fossilen Flora nach.

Bemerkenswert ist der Nachweis von *Emplectopteris* im obersten Obercarbon des Kohlebeckens von Decazeville (Dep. Aveyron), da diese Gattung bisher nur aus der Shansiflora Ostasiens bekannt war (DOUBINGER).

Mitteleuropa. Die 5. Lieferung der „Flora der westlichen paralischen Steinkohlenreviere Deutschlands" von GOTHAN (1) schließt mit den Alethopteriden (*Alethopteris, Lonchopteris*), den Neuropteriden (*Imparipteris, Reticulopteris, Paripteris, Linopteris*) sowie der Farnstämme und Aphlebien die Behandlung der farnlaubigen Gewächse (Farne und Pteridospermen) ab. Über die Abgrenzung der genannten Neuropteridengattungen s. oben Abschnitt III, 5, a. Die Frage nach den pflanzengeographischen Besonderheiten der mitteleuropäischen Carbonfloren (Fortschr. Bot. 14, 143) greift GOTHAN (2) nochmals auf, ergänzt seine frühere Darstellung in mehreren Punkten und fügt eine Anzahl Abbildungen bei.

Im Carbon des Ruhrgebietes waren Torfdolomite bisher nur aus den von marinen Schichten überlagerten Flözen Finefrau-Nebenbank und Katharina bekannt. TEICHMÜLLER u. WERNER machen einen solchen Torfdolomit aus dem Flöz Blücher (zwischen den beiden genannten Flözen gelegen) bekannt, über dem auch ein Foraminiferenhorizont festgestellt wurde. Der Torfdolomit enthielt viele Stämmchen von

Lyginopteris, eine Farnachse, Calamitenreste (Stengel und Zapfen) und Lepidophytenwurzeln.

Während im Ruhrcarbon die jährlich abgelagerte Sedimentschicht nur etwa 0,1—0,2 mm betragen haben dürfte, muß sie doch ganz lokal unvergleichlich höhere Werte erreicht haben, wie die bis über 7 m hohen, aufrechten *Sigillaria*- und *Calamites*-Stämme im Hangenden des Flözes „Sonnenschein" bei Essen beweisen (KLUSEMANN u. TEICHMÜLLER). — Mit dem cyclischen Aufbau der Sedimentfolge in den Magerkohlenschichten (Namur C) Westfalens befaßt sich eine Abhandlung von GRIBNITZ, die aber mehr petrogenetisches als paläobotanisches Interesse hat.

Im Saargebiet hat GUTHÖRL (2), (3) unsere Kenntnis der vertikalen Verbreitung der Pflanzen, besonders der *Corynepteris*-Arten, weiter vertieft und die pflanzlichen Leitfossilien zur Klärung stratigraphischer und tektonischer Fragen herangezogen [GUTHÖRL (1), (4)].

Für das bisher an Leithorizonten arme flözführende Obercarbon des erzgebirgischen Beckens (Zwickau und Lugau-Ölsnitz) hat HORST (1) die Sporenanalyse mit Erfolg eingeführt. — DABER (3) arbeitet die pflanzengeographischen Besonderheiten dieses Kohlenbeckens klar heraus: Viele sonst weitverbreitete Arten, z. B. von *Neuropteris, Alethopteris* und *Mariopteris*, fehlen und werden durch endemische Arten gleichsam ersetzt.

HOFMANN schildert die obercarbonische Flora (Westfal D) aus dem Gebiet der Stangalpe, eines kleinen Kohlevorkommens an der Grenze zwischen Steiermark und Kärnten.

NĚMEJC (2) stuft das Kohlenlager von Lubná in Böhmen auf Grund seines paläofloristischen Inhalts in das Westfal C ein.

Nordafrika. JONGMANS (1) stellt die fossilen Floren des nordafrikanischen Obercarbons (Westfal C bis Stephan), die er schon früher ausführlich bearbeitet hat, zusammen. Diese Floren zeigen denselben Charakter wie die europäisch-amerikanische Flora. Es war also die Pflanzenwelt nördlich und südlich der Tethys nicht verschieden.

Mittel- und Ost-Asien. Die fossile Flora des Kusnezkbeckens am Altai, das den größten Formenreichtum der „Angaraflora" geliefert hat, wurde von NEUBURG in einer mit 73 Tafeln illustrierten Monographie zusammengefaßt. Kohle ist in zwei Schichtpaketen vorhanden, deren unteres in das mittlere Obercarbon (Westfal), während das obere (*Callipteris*) in das Unter-Perm gehört.

Aus dem nordöstlichen Yunnan veröffentlicht HSÜ eine kleine Flora, die in das untere Perm einzuordnen ist und die geographisch wie paläobotanisch zwischen den Floren von China-Korea und Sumatra steht. — Bemerkenswert ist ein in Zentral-Shansi (China) gefundener *Cordaites*-Stamm, der keine Jahresringe aufweist (HSÜ u. BOSE).

e) *Perm*. Die neuere Erforschungsgeschichte der Rotliegendflora des Thüringer Waldes wird von REMY (8) kurz dargestellt und auf strittige stratigraphische Fragen hingewiesen.

Im Zechstein von Holland wurde anläßlich einer Bohrung neben *Ullmannia* die Dasycladacee *Piaea* festgestellt, die bisher erst von drei

Fundorten aus Oberhessen und von Orenburg (Rußland) bekannt war
[JONGMANS (6)]. — Bei einer Bohrung im Campine-Kohlenbecken
(Belgien) fand sich ein kleiner Zweig von *Ullmannia Bronni*, von dem
FLORIN (4) gute Epidermispräparate anfertigen konnte.

Die alpinen Salzlager, die sich von Bad Aussee bis Hallein-Berchtes-
gaden bzw. Hall in Tirol erstrecken, werden von manchen Geologen
(z. B. KOBER) in das obere Perm, von anderen (z. B. PETRASCHEK) in
die unterste Trias (Skythische Stufe) gestellt. Die Untersuchung des
in den feinklastischen Gesteinen, Sulfaten und Chloriden vorkommenden
Pollens [KLAUS (2), (3), POTONIÉ u. KLAUS] macht es wahrscheinlich,
daß die Salzablagerung im Oberen Perm (oberer Zechstein) einsetzte
und bis an die Skythische Stufe der Unteren Trias heranreichte.

f) *Gondwana-Formation*. Die als *Lycopodiopsis Derbyi*, *Lepidodendron Pedroanum*, *Sigillaria Brardi* und *Lepidophloios laricinus* aus
Brasilien, als *Cyclodendron* (*Bothrodendron*) *Leslii*, *C. Mathieui*, *Sigillaria Brardi* und *Lepidodendron Pedroanum* aus Afrika und als *Cyclodendron* sp. aus Australien (vielleicht auch die als *Sigillaria australis* aus
Brasilien) beschriebenen Lepidophyten gehören nach EDWARDS sämtlich
zu *Lycopodiopsis Pedroanus*, einer baumartigen Lycopodiine der südhemisphärischen Glossopterisflora. Die auf die genannten Funde ge-
gründeten Beziehungen zwischen Glossopteris- und Euramerischer Flora
bestehen also nicht. Die Lepidophyten der ersteren haben sich offenbar
aus prägondwanischen Lycopodiinen entwickelt.

Argentinien. FRENQUELLI (1) berichtet zusammenfassend über
neuere geologische und paläogeographische Ergebnisse in Patagonien
auf Grund des Studiums fossiler Pflanzen. Die diesbezüglichen Arbeiten
wurden bereits früher (Fortschr. Bot. 15, 102) besprochen. — Aus dem
Perm von Chubut beschreibt FRENQUELLI (2) mehrere *Asterotheca*-Arten.

Brasilien. Die bisher recht verworrene Stratigraphie der kohle-
führenden Gondwanaschichten Süd-Brasiliens wurde von PUTZER (1),
(2), (3) geklärt; das größte der Flöze hat eine Flächenausdehnung von
mehr als 1300 qkm. DOLIANTI (1)—(6) beschreibt einige Reste von
Glossopteris, *Gangamopteris*, *Taeniopteris* und *Actinopteris* aus der Provinz Santa Catarina, aber eine Bearbeitung der von PUTZER gesammelten
vorzüglich erhaltenen Pflanzen ist leider noch nicht erfolgt. SOMMER
hat die Megasporen zur Unterscheidung zweier Flöze herangezogen,
aber eine Bestimmung der Sporen wurde weder versucht, noch ist sie
nach den dürftigen Umrißzeichnungen möglich. Die Arbeit von MENDES
über Stratigraphie und Florenfolge in der Gondwanaformation Süd-
brasiliens dürfte durch die eben erwähnten Forschungen PUTZERS teilweise überholt sein. — Eine Flora untercarbonischen Alters von Teresina
(NO-Brasilien) beschreibt DOLIANTI (7).

Peru. JONGMANS (7) behandelt die Untercarbonflora von Peru
unter Zugrundelegung neuer Aufsammlungen und unter Berücksichtigung der älteren Angaben. *Lepidodendropsis* und *Cyclostigma* herrschen
vor, daneben finden sich *Rhacopteris*, *Rhodea*, *Triphyllopteris* und
Sphenopteris.

Indien. Die Erforschung des Sporeninhalts der Kohlenflöze wurde fortgesetzt und in den Dienst der Flözcharakterisierung gestellt (SEN). Eine Anzahl neuer *Triletes*-Arten wurde beschrieben (SURANGE, SINGH u. SRIVASTAVA). Als Obergrenze des Gondwanasystems in Indien sieht NATH die Umiaschichten an der Wende Jura/Kreide an.

2. Mesozoicum. a) *Trias.* Aus dem Mittleren Muschelkalk des nördlichen Baden beschreibt HOCH zwei Splitter von Protopinaceenholz (zweireihige Tüpfel teils araukarioid, teils abietoid stehend). — Das von RÜHLE VON LILIENSTERN im Keuper von Südthüringen gesammelte reichhaltige Pflanzenmaterial wurde von ROSELT (2) bearbeitet. Da erst eine kurze Mitteilung vorliegt, kann nur das Wichtigste aufgezählt werden: *Equisetites, Neocalamites* (s. oberer Abschnitt III, 4, c), Cycadeenstämme, -zapfen und -samen, *Thinnfeldia, Glossophyllum, Voltzia.* — Aus Nordfrankreich (Pas de Calais) beschreibt CORSIN (1) einige rhätische Pflanzenreste (*Danaeopsis, Ctenopteris*). — HOFMANN schildert die Vegetationsverhältnisse der reichhaltigen Keuperflora von Lunz in Niederösterreich.

b) *Jura.* Die Liasschichten des Budošgebirges in Montenegro lieferten eine Anzahl fossiler Pflanzen, die mit den gleichaltrigen Formen Mitteleuropas übereinstimmen (PANTIĆ). HARRIS (2) berichtet kurz über die geologischen Verhältnisse der Pflanzenschichten im Dogger von Yorkshire (vgl. Fortschr. Bot. 15, 105). KENDALL beschreibt von hier weitere Coniferenreste (*Araucarites, Pagiophyllum, Brachyphyllum*) und WILSON u. YATES zwei Dicksoniaceen (Dicksonia, Eboracia). SITTLER macht Angaben über Pollenvorkommen im Malm (Kimmeridge) von Frankreich (Dep. Meuse und Ain). — Aus dem Lias von Neu-Kaledonien weist BOUREAU (5) zwei neue *Homoxylon*-Arten nach.

Aus dem Lithographenschiefer des oberen Malm von Lérida (NO-Spanien) macht TEIXEIRA (4) mehrere Pflanzenreste bekannt, darunter die an *Asterophyllites* erinnernde *Montsechia* und eine neue Gattung, *Montsechites,* die einem *Batrachium* ähnlich sieht. Die systematische Stellung beider Genera ist noch völlig ungeklärt. — Im Lithographenschiefer von Solnhofen machte MAYR eine bemerkenswerte Entdeckung: phaeophyceenähnliche Tange, die an ihrer Basis je ein Stück ortsfremden Gesteins (Diceraskalk) tragen. Die Tange wurden offenbar mit einem Stück ihres Substrats losgerissen und in die Lagune von Solnhofen gedriftet, wo sie zur Ablagerung kamen.

c) *Unterkreide.* In kohligen Ablagerungen der Jura/Kreide-Grenze der spanischen Ostpyrenäen sind *Sciadopitys*-Nadeln stellenweise zu solchen Massen gehäuft, daß sie einen wesentlichen Anteil an der Kohlebildung haben [GOTHAN (3)]. — Sonderbare netzartige Hohlkörper von maximal 4,5 mm Länge in der deutschen Wealdenkohle, die schon MICHAEL (1936) aufgefallen waren, belegt HORST (2) mit dem Namen *Dictyothylakos,* ohne sie allerdings systematisch einordnen zu können. — DABER (1) befaßt sich mit der Vegetation des Neocomsandsteins von Quedlinburg (Harz) und zählt folgende Arten auf: die Farne *Weichselia articulata, Matonidium Goepperti* und *Phlebopteris Dunkeri,* ferner *Stiehleria simildae* (bis 2,4 m hohe, senkrecht am Gestein stehende, aus Blättern bestehende Scheinstämme unbekannter systematischer Zugehörigkeit), sowie zwei *Pseudocycas*-Arten. — In einem Geschiebeblock des Diluviums von Kiel kamen *Otozamites*-Wedel zum Vorschein; offenbar handelt es sich um den aus Schonen bekannten Holmasandstein, der wohl unterkretazischen Alters ist (V. D. BRELIE). — In der Unterkreide Ungarns fand RÁSKY ein *Alsophila*-Stammstück und einen Zapfen unsicherer systematischer Stellung, wie ihn früher VELENOVSKY u. VINIKLAR als *Striaestrobus* aus der böhmischen Kreide beschrieben haben. — In der Unterkreide von Alaska sammelte ARNOLD (3) zwei vorzüglich erhaltene Kieselhölzer: *Xenoxylon lateporosum* und *Cedrus Alaskensis* (bei letzterer stehen die Tüpfel fast durchweg zu 2—3 nebeneinander!).

d) *Oberkreide*. THIERGART (1), (2) beschreibt Sporomorphen aus dem Cenoman von Böhmen und Südfrankreich. Beiden Vorkommen gemeinsam sind mit sonderbaren Hörnern versehene Schizaeaceensporen und die Gymnospermenpollenkörner; Angiospermenpollen ist in der südfranzösischen Probe selten, in den böhmischen Proben dagegen häufig. — Aus einer Tonprobe des sonst fast durchweg aus Sandsteinen bestehenden Untersenons von Quedlinburg (Harz) gewannen WEYLAND u. GREIFELD zahlreiche Cuticeln und Sporomorphen. Erstere konnten *Myrica* und einer Cycadale zugeordnet werden. Die Sporomorphen, soweit wir sie mit einiger Sicherheit systematisch einreihen können, gehören zu Lycopodiinen, Schizaeaceen (darunter die oben erwähnten gehörnten Formen) und Pinus; die Angiospermenpollenkörner stammen vielleicht von Amentaceen her. — Im sog. Basiston des Aachener Senons kommen neben Megasporen (*Triletes, Chrysotheca*) kleine, kohlige Gebilde vor, die wohl als Samen anzusprechen sind (VANGEROW). WEYLAND u. KRIEGER haben den Sporomorphen des Aachener Senons ebenfalls eine umfangreiche Arbeit gewidmet. Neben Schizaeaceensporen fanden sich Pollenformen, die wohl zu primitiven Amentaceen gehören. Zahlreiche Sporomorphen aus der Kreide hat auch PFLUG beschrieben und abgebildet. — Aus der Oberkreide von Japan gibt MATSUO eine neue *Nelumbo*-Art an. BAXTER (2) veröffentlichte eine Liste von Pflanzen aus dem Dakotasandstein von Kansas.

Aus der obersten Kreide (Dan/Paläocän-Grenzschichten) von Ägypten macht CHANDLER eine Reihe gut erhaltener Früchte bekannt: *Nipa, Anonaspermum, Euphorbiaceen (Lagenoidea, Palaeowetherella), Icacinicaria* u. a.

Auf WETZELS Beiträge zur Kenntnis des Planktons im Oberkreidemeer (s. oben Abschnitt III, 2, b) sei auch an dieser Stelle nochmals hingewiesen.

3. Caenozoicum (Tertiär). *Allgemeines*. Die Untersuchungsmethoden und Ergebnisse der Braunkohlenmikroskopie hat STACH (2) ausgezeichnet dargestellt und gibt dabei auch dem Paläobotaniker mannigfache Anregungen. — In der Pollenanalyse, auf deren Einzelbefunde wir unten hinweisen werden, sind in den letzten Jahren Fragen der zum Teil recht verworrenen Nomenklatur vielfach diskutiert worden [ERDTMAN (1), KRUTZSCH, PANT, PFLUG, THOMSON u. PFLUG].

Mitteleuropa. THOMSON u. PFLUG verdanken wir eine Gesamtdarstellung aller stratigraphisch und paläobotanisch wichtigen Sporomorphen des mitteleuropäischen Tertiärs mit einem Atlas von 1670 Einzelabbildungen. Damit wurde eine hervorragende Grundlage für alle weitere Forschungsarbeit auf diesem Gebiet geschaffen. Auch auf die Abhandlung von PFLUG über den ,,angiospermiden" Pollen sei hier nochmals hingewiesen, da sie auch Abbildungen und Beschreibungen zahlreicher tertiärer Sporomorphen bringt. — KRÄUSEL u. WEYLAND haben ihre Cuticularuntersuchungen von Blättern mitteleuropäischer Tertiärpflanzen fortgesetzt (*Filicinae, Palmae, Dioscoraeaceae, Zingiberaceae, Salicaceae, Myricaceae, Betulaceae, Fagaceae, Loranthaceae, Anacardiaceae* u. a.). Bemerkenswert ist vor allem der erste Nachweis von *Cyrilla* im deutschen Tertiär, deren Pollen auch von THOMSON u. PFLUG festgestellt wurde.

Der miocäne Bernsteinwald Schleswig-Holsteins hat, wie WETZEL (4) auf Grund von Pollenuntersuchungen zeigte, eine wesentlich andere Zusammensetzung gehabt als der eocäne Bernsteinwald des Baltikums. Während in letzterem Abietineen die Hauptrolle spielten, herrschte in ersterem *Sequoia* vor, begleitet von *Quercus*, vielleicht auch *Pseudotsuga*.

Das Hauptflöz der niederrheinischen Braunkohle reicht nach QUITZOW (2) vom Oberoligocän bis tief in das Miocän hinein. KIRCHHEIMER (2) jedoch hält an seiner Einstufung des gesamten Flözes in das Oligocän fest. Auf die Genese der Braunkohle geht THOMSON (1)—(5) in mehreren Aufsätzen ein; über die Hauptergebnisse von THOMSONs Forschungen wurde bereits früher (Fortschr. Bot. 15, 107) berichtet. Die praktische Bedeutung der Pollenanalyse zeigen V. D. BRELIE u. REIN an Profilen eines Braunkohlentiefbaus. — Brandfusitlagen in der Braunkohle führen Pollen von bestimmten Insektenblütlern (Sapotaceen, Symplocaceen) und *Lygodium*-Sporen (GREBE). — In Proben aus einer Tongyttjaschicht der Braunkohle von Liblar gestattete die Cuticularanalyse sogar die Bestimmung kleinster Fetzen (WEYLAND, THOMSON u. MANKE).

Von der reichhaltigen Pliocänflora von Willershausen (vgl. Fortschr. Bot. 15, 106) beschreibt STRAUS (1) die Monokotyledonen, von denen besonders die zahlreichen *Potamogeton*-Arten und *Najas marina* genannt seien. Wie gut die Fossilen erhalten sind, zeigt ein Frosch, der sogar die Schwimmhäute erkennen läßt [STRAUS (2)]. Das Pollenspektrum von Willershausen [THIERGART (3)] setzt sich fast ausschließlich aus Windblütlern zusammen, während unter den Großfossilien auch zahlreiche Insektenblütler vorhanden sind.

Das Alter der jüngeren Braunkohlen nördlich der Mittelgebirge behandelt QUITZOW (1) im Zusammenhang. Danach würden die Flöze der westlichen Niederlausitz vom Oberoligocän bis in das Mittelmiocän, die der Oberlausitz vom Oberoligocän bis zum Obermiocän, die Niederschlesiens vom Untermiocän bis zum Obermiocän reichen. GOTHAN (5) betont mit Recht, daß QUITZOWs stratigraphische Ergebnisse nur mit KIRCHHEIMERs Auffassung der Mastixioideen als rein oligocänen Alters in Widerspruch stehen, mit den Auffassungen anderer Paläobotaniker (GOTHAN, THIERGART) jedoch durchaus übereinstimmen.

Die Grabungen im Geiseltal bei Halle wurden unter Leitung von GALLWITZ (1) weitergeführt. Von den hier vorkommenden verkalkten und verkieselten Hölzern wird der Fossilisationsvorgang erklärt [GALLWITZ (2), (3)], aber ihre systematische Bestimmung steht noch aus. — Aus der Bornaer Braunkohle gibt SCHÖNFELD *Sequoia Couttsiae* (Zweige, Cuticeln), *Taxodioxylon* und *Cupressinoxylon* an. — DABER (4) bespricht die Markasitisierung von Hölzern im Miocän von Bautzen. — In der Braunkohle von Lohsa (Niederlausitz) fand RETTSCHLAG Blätter von *Viscophyllum*, die sehr schöne Cuticulapräparate ergaben, sowie einen Stengel und eine Beere. — Die Flözscholle von Tröbnitz ließ sich pollenanalytisch als Bestandteil des Lausitzer Unterflözes erkennen [HUNGER (3)]. — HUNGER (2) klärt Fragen der Genese der Braunkohlenflöze von Zittau und Bersdorf bei Görlitz mit Hilfe der Pollenanalyse und weist daraufhin, daß eine gewisse Vorsicht am Platz ist, um nicht Pollenspektra, die ökologisch-faziell bedingt sind, stratigraphisch zu deuten. — Am Beispiel des Braunkohlenflözes von Puschwitz zwischen Bautzen und Kamenz legt HUNGER (1) dar, daß auch nicht gebänderte Flöze unter wechselnden faziellen Verhältnissen entstanden sein können. — Die früher als *Acer giganteum* und *A. otopterix* bezeichneten Früchte, die vor allem im schlesischen Tertiär gefunden wurden, besitzen außer dem Rückenflügel noch kleine Seitenflügel und wurden dadurch von KRÄUSEL (4) als zu den Malpighiaceen gehörend erkannt (*Banisteriaecarpum*).

Einige kleinere Braunkohlenbecken des Fichtelgebirges hat BRAND geologisch und lagerstättenkundlich bearbeitet; paläobotanische Untersuchungen (z. B. Pollenanalysen) wurden noch nicht durchgeführt. — In den tertiären Spaltenfüllungen des süddeutschen Raumes treffen wir vielfach als einzige Pflanzenreste die Früchte von *Celtis* (ZAPFE).

Die berühmte Miocänflora von Öhningen am Bodensee (vgl. MÄGDEFRAU, Paläobiologie der Pflanzen, 2. Aufl., 331—346) hat seit einem Jahrhundert (HEER 1859) keine Neubearbeitung mehr erfahren. Deshalb ist es besonders erfreulich, daß das 1931—1936 von STAUBER in der Bohlinger Schlucht ausgegrabene Material (über 15000 bestimmbare Pflanzenreste!) von HANTKE untersucht wurde, wobei auch variationsstatistische Methoden zur Anwendung kamen. Bezüglich der Bestimmungen der einzelnen Arten muß auf die Abhandlung selbst verwiesen werden. In der Bohlinger Schlucht sind zwei Pflanzenlager vorhanden, die durch 50 m Glimmersande getrennt sind. Die oberen, 1,6 m mächtigen pflanzenführenden Mergel dürften, aus der Jahresschichtung zu schließen, in etwa 1400—1700 Jahren abgesetzt worden sein. Der Florencharakter der beiden Pflanzenlager ist sehr verschieden: im unteren herrschen *Podogonium*, *Populus* und *Ceratophyllum* vor, im oberen *Platanus*, *Ulmus* und *Liquidambar* unter zeitweisem Überhandnehmen von *Salvinia* und *Hydromystria*. HANTKE versucht auch eine ökologische Gliederung der damaligen Vegetation zu entwerfen (Altwasserassoziation, zeitweise überschwemmter Auenwald, hochwasserfreier Auenwald, mesophytischer Wald). Aus den Klimaansprüchen der rezenten Vergleichsarten schließt HANTKE auf eine jährliche Regenmenge von etwa 130—150 cm und eine mittlere Jahrestemperatur von etwa 16°.

Von der oligocänen Fundstelle phosphatisierter Hölzer von Prambachkirchen in Oberösterreich (vgl. Fortschr. Bot. **14**, 151; **15**, 108) entwirft HOFMANN ein gutes Gesamtbild. — Nach den pollenanalytischen Untersuchungen von KLAUS (4), (5) gehören sowohl die Braunkohlen des westlichen Hausruck (Oberösterreich) als auch die der westlichen Steiermark in das Miocän.

Die neueren Ergebnisse in der Erforschung der jungtertiären Flora des Wiener Beckens faßt BERGER (1) zusammen und fügt eine Liste von etwa 100 Pflanzenarten bei. Über die obermiocäne Flora der Türkenschanze bei Wien ist jetzt eine ausführlichere Abhandlung erschienen (BERGER u. ZABUSCH); wir müssen aus der Vegetation auf eine Trockenperiode während des Sarmats im Wiener Becken schließen, was auch mit den paläozoologischen Befunden (steppenbewohnende Wiederkäuer) im Einklang steht. Etwas weniger deutlich spiegelt sich die Trockenheit in der gleichaltrigen Flora von Wien-Hernals wider [BERGER (5)]. Eine obermiocäne Flora von Livorno fällt auf durch ihren Reichtum an immergrünen Eichen [BERGER (4)]. Die Pflanzenfunde aus dem Lavanttal in Ostkärnten ergeben noch kein klares Bild [BERGER (7)]. BERGER u. ZABUSCH unterscheiden im europäischen Obermiocän folgende Provinzen:

1. Pannonische Provinz (Wien, Oberungarn, Südslowakei)
   Klima: trocken, subtropisch-warm
   Vegetation: Macchien, Buschsteppen, Savannen
2. Ligurische Provinz (Südfrankreich, Mittelitalien)
   Klima: feucht, subtropisch-warm
   Vegetation: vorwiegend immergrüne Laubwälder
3. Mitteldeutsche Provinz (Senftenberg)
   Klima: feuchtwarm gemäßigt
   Vegetation: sommergrüne Laubwälder
4. Schweizerisch-süddeutsche Mischprovinz (Öhningen)
   Klima: feucht, subtropisch-warm bis gemäßigt
   Vegetation: immergrüner und sommergrüner Laubwald
5. Oberitalienische Provinz (Polenta)
   Klima: etwas wärmer und trockener als mitteldeutsche Provinz
   Vegetation: sommergrüne Laubwälder

Nach der Gestaltung der Blätter unterscheidet BERGER (6) im europäischen Jungtertiär drei Typen: Betulaceentyp (gesägter Rand, dünn, sommergrün), Lauraceentyp (ganzrandig, derb, immergrün) und Leguminosentyp (klein, ganzrandig, dünn oder derb.) Den ersten ordnet BERGER einem feucht-gemäßigten, den zweiten einem feucht-warmen, den dritten einem trocken-warmen Klima bei und schließt daraus auf den Klimawandel während des Jungtertiärs im Wiener Becken. — Ergänzend sei noch hingewiesen auf Fraßspuren von Insekten an tertiären Blättern [BERGER (3)], auf einen Nachtrag zur *Carpinus*-Arbeit von BERGER (2) und auf Kieselhölzer im Jungtertiär von Kärnten (HOEHNE), die aber nicht bestimmt wurden.

Südeuropa. Aus Portugal beschreibt TEIXEIRA (1), (2), (3) zwei kleine jungtertiäre Floren und eine aus 16 Arten bestehende Pliocänflora (*Osmunda, Glyptostrobus, Tamus, Populus, Fagus, Castanea, Sassafras, Nerium* u. a.). — Die Kohle von Carbonia auf Sardinien (SCHWARZBACH, TEICHMÜLLER u. THOMSON) entspricht in ihrem Pollengehalt den eocänen bis oligocänen Braunkohlen in Deutschland; sie ist hervorgegangen aus offenen, baumfreien oder baumarmen, häufig vom Meer überschwemmten Mooren an der Westküste des alten Hochlandes von Sardinien.

Westeuropa. Im Eocän von Courcelles-de-Touraine (Dep. Indre-et-Loire) fand sich ein *Leguminoxylon* [BOUREAU (4)], das mit einem früher aus dem Eocän der Sahara beschriebenen Holz völlig übereinstimmt.

Osteuropa. Der artenreichen Flora von Czorsztyn (Westkarpathen), die vom Pliocän bis in das ältere Pleistocän reicht und hauptsächlich aus Früchten und Samen besteht, hat SZAFER eine umfangreiche Abhandlung gewidmet. Von den 200 Pflanzenarten seien nur einige bemerkenswerte genannt: 11 Moose, *Taxus, Keteleeria, Picea, Pseudolarix, Pinus, Carpinus, Pterocarya, Salsola, Brasenia, Euryale, Actinidia, Aesculus, Vitis, Acanthopanax, Rhododendron, Sambucus, Compositen, Stratiotes, Najas, Dulichium*. Zahlreiche Gattungen wurden pollenanalytisch nachgewiesen und in einem Diagramm dargestellt. 40% der Arten leben heute noch im Gebiet. Die Flora der einzelnen Schichten läßt die Klimaänderungen erkennen. Der Anteil der krautigen Angiospermen steigt von $1/4$ im Altpliocän auf $3/4$ im Interglazial. — JENTIS-SZAFEROWA (2) untersuchte die fossilen und rezenten *Menyanthes*-Samen Polens mit besonderer Berücksichtigung der Histologie der Samenschale.

NĚMEJC (1) zeigt, daß sich die jungteriären Floren der Braunkohle von Handlova einerseits und von Kriz und Ihrac andererseits, die stratigraphisch durch eine vulkanische Phase getrennt sind, nur in ihrem Art-, nicht aber in ihrem Gattungsbestand unterscheiden, woraus auf eine kurze Dauer der vulkanischen Phase geschlossen wird. — In Ergänzung seiner früheren zusammenfassenden Darstellung der böhmischen Tertiärfloren (Fortschr. Bot. 14, 152) beschreibt NĚMEJC (4) eine Anzahl von Blattresten aus dem Jungtertiär von Halvacov bei Rakovnik. — In der Tertiärflora des südlichen Böhmen beggenen wir als kretazischen Elementen den Gattungen *Platanus (Credneria?), Dewalquea* und *Elatocladus* [NĚMEJC (3)].

Afrika. Aus dem Eocän Ägyptens beschreibt CHANDLER Samen, die wahrscheinlich zu den Flacourtiaceen gehören (*Thiebaudia rayaniensis*). — Aus posteocänen Schichten der sudanischen Sahara macht BOUREAU (3) ein *Anonoxylon* bekannt.

Ostasien. HUZIOKA (1), (2), (3) und TANAI teilen Funde von Miocänpflanzen aus Korea mit, SHIMADA führte Pollenanalysen miocäner Lignite der Ogahalbinsel aus, wobei sich auch *Ginkyo*-Pollen fand. HUZIOKA u. SUZUKI beschreiben die jungtertiäre Flora von Hukushima. MIKI (2) weist *Taimania cryptomeroides* und *Tsuga longibracteata* im

Pliocän von Japan nach; erstere lebt heute in der Bergregion von Formosa und Burma, letztere in Südchina. Somit hat sich die Zahl der tertiären Coniferengattungen Japans, die heute hier nicht mehr wild vorkommen, auf acht erhöht (vgl. Fortschr. Bot. 15, 97). — OGURA (1), (2) beschreibt ein *Castanopsis*-Holz aus dem Tertiär von Nagano und einen gut erhaltenen, fossilen Palmenstamm von 40 cm Durchmesser (Fundort unbekannt).

Indien. Das Vorkommen einiger Genera (*Glutoxylon, Dipterocarpoxylon, Cynometroxylon, Kayeoxylon*) im indischen Mitteltertiär im Vergleich zu ihrer heutigen Verbreitung läßt auf eine Wanderungstendenz nach Süden und Osten schließen (CHOWDHURY).

Australien. COOKSON u. PIKE (1), (2), (3) gelang es, die Podocarpaceengattungen *Dacrydium, Phyllocladus, Microcachrys* und *Podocarpus* im Tertiär von Australien (die letztgenannte Gattung auch in Tasmanien) durch Sproßreste und Pollen nachzuweisen. COOKSON (2), (3), (4), (6) erkannte den als *Phyllocladites* benannten Pollen als zu *Dacrydium* gehörig, identifizierte bestimmte Pollenformen des Tertiärs von Victoria mit *Nothofagus*-Arten von Neuguinea und Neukaledonien und beschrieb die Sporomorphen eines Bohrprofils, das durch das Tertiär bis in das Mesozoicum hinabreichte. Schließlich berichten COOKSON u. PIKE (4) über Dikotyledonenpollen aus den Familien der Casuarinaceen, Halorrhagaceen, Myrtaceen, Olacaceen, Proteaceen und Santalaceen aus dem Tertiär von Australien, Tasmanien und Neuguinea.

Nordamerika. CHANEY (1) führt aus, daß *Metasequoia* und *Taxodium* während des Miocäns in Nordamerika Mischwälder zusammen mit laubabwerfenden Gehölzen bilden. Daß *Metasequoia* heute in Nordamerika nicht mehr vorkommt, erklärt er damit, daß sie jetzt in einem Gebiet mit ausgeprägtem Sommerregenfall lebt. ARNOLD (6) beschreibt aus dem Tertiär von Oregon Fruchtreste der Sapindacee *Koelreuteria* (wozu er auch die von WEYLAND aus dem Oligocän von Rott bei Bonn als *Pteleaecarpum* bezeichneten Früchte rechnet). Bemerkenswert sind die gut erhaltenen Früchte und Samen aus dem Eocän von Oregon, unter denen SCOTT Juglandaceen, Menispermaceen, Icacinaceen, Vitaceen, Nyssaceen und Cornaceen feststellt.

Mittel- und Südamerika. In Santo Domingo ist der südlichste der vier Gebirgszüge hauptsächlich aus alttertiären Kalken aufgebaut, die faziell der mitteleuropäischen Schreibkreide außerordentlich ähnlich sehen (auch mit Feuersteinkonkretionen). Als Planktonten enthalten sie wie unsere Kreide neben Foraminiferen auch Coccolithineen (WETZEL u. WEYL).

FRENGUELLI (3), (4) beschreibt aus dem Tertiär von Patagonien Früchte von *Eucalyptus*, einen Sproß von *Fitzroya* und verschiedene Blätter (*Laurophyllum, Myrcia, Bignonites* u. a.).

Literatur.

ABBOT, M.: Palaeontograph. B **97**, 39—65 (1954). — ALVIN, K.: Inst. Sci. nat. Belg., Mém., 1. sér. Nr. 125, 1953. — ANDREWS, H.: U. S. geol. Surv. Bull. **1013** (1955). — ANDREWS, H., u. S. MAMAY: Ann. Missouri bot. Gard. **40**, 183 bis 209 (1953). — ARNOLD, CH. A.: (1) Phytomorphology **3**, 51—65 (1953). — (2) Proc.

VII. internat. bot. Congr. Stockholm 1950, S. 559—560, 1953. — (3) Pap. Michigan Acad. Sci., Arts a. Lett. 38, 9—20 (1953). — (4) Michigan Alumn. quart. Rev. 60, 287—296 (1954). — (5) Contrib. Mus. Paleontol. Univ. Michigan 12, 37—45 (1955). — (6) Palaeobotanist 1, 73—78 (1952). BAXTER, R. W.: (1) Bot. Gaz. 115, 35—44 (1953). — (2) Trans. Kansas Acad. Sci. 57, 41—47 (1954). — BERGER, W.: (1) Neues Jb. Geol. Paläont., Mh. 1952, 471—479. — (2) Bot. Not. 341—344 (1953). — (3) Neues Jb. Geol. Paläont., Mh. 1953, 322—323. — (4) Sitzgsber. österr. Akad. Wiss., Math.-naturwiss. Kl. I 162, 333—344 (1953). — (5) Ann. naturhist. Mus. Wien. 59, 141—154 (1953) — (6) Z. dtsch. geol. Ges. 105, 228—233 (1954). — (7) Neues Jb. Geol. Paläont., Abh. 100, 402—430 (1955). — BERGER, W., u. F. ZABUSCH: Neues Jb. Geol. Paläont., Abh. 98, 226—276 (1953). — BHARDWAJ, D. C.: (1) Lloydia 15, 234—240 (1952). — (2) Palaeobotanist 2, 59—70 (1953). — (3) Neues Jb. Geol. Paläont., Mh. 1954, 512—525. — BOSE, M. N.: (1) Palaeobotanist 2, 41—50 (1953). — (2) Ebenda 2, 71—74 (1953). — BOUREAU, E.: (1) Bull. Soc. géol. France, 6. sér. 3, 293—298 (1953). — (2) Bull. Mus. nation. Hist. nat., 2. sér. 24, 223—232 (1952). — (3) Ebenda 26, 286—290 (1954). — (4) Ebenda 26, 439—442 (1954). — (5) Mém. Mus. nation. Hist. nat., n. s., C 13, 129—143 (1954). — (6) Ebenda 3, 145—158 (1954). — BOUREAU, E., et M. VEILLET-BARTOSZEWSKA: Bull. Mus. nation. Hist. nat. 2. sér. 27, 105—115 (1955). — BOUROZ, A.: Ann. Soc. géol. Nord 72, 139—144 (1953). — BRAND, H.: Erlang. Geol. Abh. 1954, Nr. 9. — BRELIE, G. V. DER: Meyniana 1, 27—29 (1952). — BRELIE, G. V. DER, u. U. REIN: Geol. Jb. 69, 303—328 (1954).

CALDER, M. G.: Bull. Brit. Mus. (Nat. Hist.), Geol. 2, 99—138 (1953). — CAROZZI, A.: (1) Arch. Sci. phys. nat. 6, 382—386 (1953). — (2) Ebenda 7, 319—324 (1954). — CHALONER, W. G.: (1) Ann. Mag. nat. Hist., Ser. XII 6, 881—897 (1953). — (2) Ebenda 7, 81—91 (1954). — (3) Contrib. Mus. Paleont. Michigan 12, 23—35 (1955). — CHANDLER, M. E. J.: Bull. brit. Mus. (nat. Hist.), Geol. 2, 149—187 (1954). — CHANEY, R. W.: (1) Palaeobotanist 1, 105—113 (1952). — (2) Ecology 35, 145—151 (1954). — CHOWDHURY, K. A.: Palaeobotanist 1, 121—125 (1952]. — CLIFFORD, H. T., u. I. C. COOKSON: Bryologist 56, 53—55 (1953). — COLLET, L.-W., u. A. CAROZZI: Arch. Sci. phys. nat. 7, H. 4 (1954). — COOKSON, I. C.: (1) Nature (Lond.) 170, 127 (1952). — (2) Austral. J. Bot. 1, 64—70 (1953). — (3) Ebenda 1, 462—473 (1953). — (4) Mem. nation. Mus. Melbourne 18, 107—123 (1953). — (5) Phytomorphology 3, 306—312 (1953). — (6) Austral. J. Sci. 17, 37, 38 (1954). — COOKSON, I. C., u. K. M. PIKE: (1) Austral. J. Bot. 1, 71—82 (1953). — (2) Ebenda 1, 474—484 (1953). — (3) Ebenda 2, 60—68 (1953). — (4) Ebenda 2, 197—219 (1954). — CORDE, K. B.: Dokl. Akad. Nauk. SSSR. 73, Nr. 2, 371—374 (1950). — CORSIN, P.: (1) Ann. Soc. géol. Nord 70, 243—272 (1950). — (2) Palaeobotanist 1, 126—144 (1952). — (3) Ann. Soc. géol. Nord 71, 93—104 (1952). — CORSIN, P., u. J. DEBELMAS: C. r. Soc. géol. France 1952, 46—47.

DABER, R.: (1) Geologie 2, 401—416 (1953). — (2) Ebenda 3, 604—609 (1954). — (3) Ebenda 1955, Beih. Nr. 13. — (4) Ebenda 2, 263—265 (1953). — DANZÉ, J.: (1) Ann. Soc. géol. Nord 71, 145—154 (1952). — (2) Bull. Soc. bot. Nord France 6, 20—25 (1953). — (3) C. r. Soc. géol. France 215—217 (1953). — (4) Ann. Soc. géol. Nord 72, 32—45 (1953). — DANZÉ-CORSIN, P.: (1) C. r. Acad. Sci. Paris 234, 734—736 (1953). — (2) Ebenda 236, 1072—1074 (1953). — (3) Houillières du bassin du Nord et du Pas-de-Calais, I. Flore fossile, 1. Les Mariopterides du Nord de France. Lille 1953. — DARRAH, W. C.: Palaeobotanist 1, 145—155 (1952). — DEFLANDRE, G., u. I. C. COOKSON: C. r. Acad. Sci. Paris 239, 1235—1238 (1954). — DELEVORYAS, TH., u. J. MORGAN: (1) Amer. J. Bot. 41, 192—198 (1954). — (2) Palaeontograph. B. 96, 12—23 (1954). — DEUNFF, J.: C. r. somm. Sè. Soc. géol. France 1954, 305—307. — DOLIANITI, E.: (1) Div. Geol. Mineral., not. prelim. estud. 1953, Nr. 60. — (2) Ebenda 1953, Nr. 61. — (3) Ebenda 1953, Nr. 62. — (4) Ebenda 1954, Nr. 81. — (5) Ebenda 1954, Nr. 89. — (6) Ebenda 1954, Nr. 87. — (7) Div. Geol. Mineral., Bol. 1954, Nr. 148. — DOUBINGER, J.: Bull. Soc. géol. France (6) 1, 233—242 (1951).

EDWARDS, W. N.: Palaeobotanist 1, 159—164 (1952). — EICKE, R.: Palaeontograph. B. 97, 36—46 (1954). — EISENACK, A.: (1) Senckenbergiana 34, 205—211

(1954). — (2) Palaeontograph. A. **105**, 49—95 (1954). — EMBERGER, L.: (1) Ann. biol. C. **28**, 109—128 (1952). — (2) Rec. Trav. Labor. Bot. Géol. Zool. Univ. Montpellier, Sér. bot. **6**, 31—41 (1953). — (3) C. r. Acad. Sci. Paris **236**, 765—767 (1953). — (4) Ebenda **236**, 443—444 (1953). — ENGLER, A.: Syllabus der Pflanzenfamilien. 12. Aufl. von H. MELCHIOR u. E. WERDERMANN, Bd. 1. Berlin 1954. — ENDÔ, S.: Bot. Gaz. **113**, 228—230 (1951). — ERDTMAN, G.: (1) Palaeobotanist **1**, 169—176 (1952). — (2) Sv. bot. Tidskr. **48**, 471—484 (1954).

FLORIN, R.: (1) Palaeobotanist **1**, 177—182 (1952). — (2) Acta hort. Berg. **16**, 257—275 (1953). — (3) Biol. Review **29**, 367—389 (1954). — (4) Assoc. étud. paléontol. stratigraph. houill., Publ. **18** (1954). — FLORSCHÜTZ, F.: Het wisselend aspect van het bos sinds de Krijtperiode. In W. BOERHAVE-BEEKMANN, Hout in alle tijden, Bd. I, S. 165—234. Deventer 1948. — FRENGUELLI, J.: (1) Rev. Mus. Univ. Eva Perón, Geol. **4**, 321—342 (1953). — (2) Not. Mus. Univ. Eva Perón **16**, 287—296 (1953). — (3) Ebenda **16**, 209—213 (1953). — (4) Ebenda **16**, 239—257 (1953). — FRY, W. L.: Amer. J. Bot. **41**, 415—428 (1954).

GALLWITZ, H.: (1) Paläontol. Z. **28**, 41—44 (1954). — (2) Wiss. Z. Univ. Halle-Wittenberg **4**, 41—44 (1954). — (3) Paläontol. Z. **29**, 33—37 (1955). — GOTHAN, W.: (1) Beih. geol. Jb. **10** (1953). — (2) Geologie **3**, 219—258 (1954). — (3) Sv. bot. Tidskr. **48**, 337—443 (1954). — (4) Forschg. u. Fortschr. **28**, 38—40 (1954). — (5) Geologie **3**, 852—856 (1954). — GOTHAN, W., u. H. WEYLAND: Lehrbuch der Paläobotanik. Berlin 1954. — GREBE, H.: Paläontol. Z. **27**, 12—15 (1953). — GREGUSS, P.: Ann. biol. Univ. Hungar. **2**, 407—416 (1954). — GRIBNITZ, K.-H.: Geologie, Beih. Nr. 9 (1954). — GUTHÖRL, P.: (1) Palaeontograph. B. **94**, 139—191 (1953). — (2) Proc. VII. internat. bot. Congr. Stockholm 1950, S. 597—599, 1953. — (3) Ebenda, S. 596—597, 1953. — (4) Glückauf **90**, 729—738 (1954).

HALL, J. W.: Bot. Gaz. **115**, 346—360 (1954). — HALLE, T. G.: Sv. bot. Tidskr. **48**, 368—380 (1954). — HANTKE, R.: Denkschr. schweiz. naturforsch. Ges. **80**, Abh. 2 (1954). — HARRIS, T. M.: (1) Inst. roy. Sci. nat. Belg., Mém. Nr. 126, 1953. — (2) Proc. Yorkshire geol. Soc. **29**, 63—71 (1953). — (3) Sv. bot. Tidskr. **48**, 281—291 (1954). — HIDA, M.: (1) Bot. Mag. (Tokyo) **65**, 280—287 (1952). — (2) Ebenda **66**, 239—244 (1953). — HOCH, H. E.: Senckenbergiana **33**, 117—121 (1952). — HOEHNE, K.: Geologie **2**, 185—189 (1953). — HOFMANN, E.: Skizzen zum Antlitz der Erde (Festschr. für L. KOBER), S. 287—302, 1953. — HOLDEN, H. S.: Ann. of Bot., N. S. **18**, 407—415 (1954). — HORN AF RANTZIEN, H.: (1) Op. bot. Soc. bot. Lund. **1**, Nr 2 (1954). — (2) Sverig. geol. Undersökn., Årsbok (Lund) (Ser. C, Nr. 533) **47**, Nr. 4 (1953). — (3) Nature (Lond.) **171**, 516 (1953). — (4) Bot. Not. **1954**, 1—33. — HORST, U.: (1) Geologie **3**, 845—851 (1954). — (2) Ebenda **3**, 610—616 (1954). — HOSKINS, J. H., u. A. T. CROSS: Palaeobotanist **1**, 215—238 (1952). — HSÜ, J.: Palaeobotanist **1**, 245—265 (1952). — HSÜ, J., u. M. N. BOSE: Palaeobotanist **1**, 241—244 (1952). — HUNGER, R.: (1) Bergakademie (Freiberg) **5**, 274—280 (1953). — (2) Freibergter Forsch.-Hefte C **1953**, H. 8. — (3) Geologie **2**, 136—141 (1953). — (4) Ebenda **1**, 462—464 (1953). — HUSEMANN, H., u. R. TEICHMÜLLER: Natur u. Volk **84**, 373—382 (1954). — HUZIOKA, K.: (1) Trans. Proc. palaeontol. Soc. Japan, N. S. **1951**, Nr. 2. — (2) Ebenda **1954**, Nr. 13, 117—123. — (3) Ebenda **1954**, Nr. 15, 195—200. — HUZIOKA, K., u. K. SUZUKI: Ebenda **1954**, Nr. 14, 133—142.

JÄHNICHEN, H.: Geologie **3**, 660—671 (1954). — JENTYS-SZAFEROWA, J.: (1) Inst. Geolog. Warszawa **10**, 5—35 (1953). — (2) Ebenda **10**, 37—59 (1954). — JONGMANS, W. J.: (1) C. r. 19. Congr. géol. internat. Alger 1952, Sect. II, S. 49—64, 1953. — (2) Mededel. geol. Sticht. Ser. C—III—1, **1953**, Nr. 2. — (3) Ebenda **1953**, Nr. 3. — (4) Ebenda **1954**, Nr. 4. — (5) Sec. Confer. Orig. Constit. Coal, Crystal Cliffs, N. Sc., 1952, s. 3—28, 1954. — (6) Sv. bot. Tidskr. **48**, 325—327 (1954). — (7) Bull. brit. Mus. (nat. Hist.), Geol. **2**, Nr. 5 (1954). — (8) Het wisselend aspect van het bos in de oudere geologische formaties. In W. BOERHAVE-BEEKMANN, Hout in alle tijden, Bd. I, S. 1—164. Deventer 1948. — JONGMANS, W. J., u. S. VAN DER HEIDE: C. r. 19. Congr. géol. intern. Alger 1952, Sect. II, S. 65—70, 1953.

KAMPTNER, E.: (1) Anz. österr. Akad. Wiss., Math.-naturwiss. Kl. **1953**, 184—188. — (2) Arch. Protistenkde **100**, 1—90 (1954). — KENDALL, M. W.: Ann.

Mag. nat. Hist., Ser. XII **5**, 583—594 (1952). — KIRCHHEIMER, F. : (1) Paläontol Z. **28**, 67—76 (1954). — (2) Z. dtsch. geol. Ges. **105**, 124—126 (1954). — KLAUS, W.: (1) Mikroskopie **8**, 1—14 (1953). — (2) Verh. geol. Bundesanst. Wien **1953**, 161—175. (3) Z. dtsch. geol. Ges. **105** (II), 234—236 (1954). — (4) Anz. österr. Akad. Wiss. Math.-naturwiss. Kl. **1952**, 69—77. — (5) Verh. geol. Bundesanst. Wien **1954**, 170—179. — (6) Bot. Not. (Lund) **1954**, 114—131. — KLUMP, B.: Palaeontograph. A **103**, 377—406 (1953). — KLUSEMANN, H., u. R. TEICHMÜLLER: Natur u. Volk **84**, 373—382 (1954). — KRÄUSEL, R.: (1) Senckenbergiana **32**, 343—350 (1952). — (2) Ebenda **34**, 105—108 (1953). — (3) Palaeobotanist **1**, 285—288 (1952). — (4) Abh. Senckenberg. naturforsch. Ges. **485**, 75—80 (1951). — KRÄUSEL, R., u. H. WEYLAND: Palaeontograph. B **96**, 106—163 (1954). — KRUTZSCH: Geologie **3**, 219—258 (1954). — KÜHLWEIN, F., u. E. HOFFMANN: Petrographie und Mikroskopie der Steinkohle in Wissenschaft und Praxis. In H. FREUND, Handbuch der Mikroskopie in der Technik, Bd. II, Teil 1, S. 65—234. Frankfurt 1953.

LACEY, W. S.: (1) Liverpool Manchester geol. J. **1**, 194—199 (1952). — (2) Ann. of Bot. N. S. **17**, 579—596 (1953). — (3) North West. Naturalist **24**, 234—249 (1953). — LAKHANPAL, R. N.: Palaeobotanist **1**, 289—294 (1952). — LAM, H. J.: Sv. bot. Tidskr. **48**, 347—361 (1954). — LECLERQ, S.: (1) Sv. bot. Tidskr. **48**. 301—315 (1954). — (2) Amer. J. Bot. **41**, 488—492 (1954). — LECLERQ, S., u, R. NOËL: Phytomorphology **3**, 222—223 (1953). — LUNDBLAD, B.: (1) Sv. bot. Tidskr. **48** 381—417 (1954). — (2) Bot. Not. (Lund) **108**, 22—39 (1955).

MÄDLER, K.: (1) Flora (Jena) **140**, 474—484 (1953). — (2) Geol. Jb. **70**, 143—158 (1954). — (3) Paläontol. Z. **29**, 103—108 (1955). — MÄGDEFRAU, K.: Die Geschichte der Pflanzen. In G. HEBERER, Die Evolution der Organismen, 2. Aufl., S. 302—339. Stuttgart 1954. — MAMAY, S. H.: (1) Ann. of Bot. N. S. **18**, 229—239 (1954). — (2) U. S. geol. Surv., Prof. Pap. Nr. 254 D, 1954. — (3) J. Washington Acad. Sci. **44**, 7—11 (1954). — MAMAY, S. H., u. E. L. YOCHELSON: Science (Lancaster, Pa.) **118**, 240—241 (1953). — MASLOV, V. P.: Dokl. Akad. Nauk., SSSR. **70**, Nr. 1, 75—78 (1950). — MATSUO, H.: Trans. Proc. palaeontol. Soc. Japan, N. S. **14**, 155—158 (1954). — MAYR, F.: Geol. Bl. NO-Bayern **3**, 113—121 (1953). — MEHTA, K. R.: Palaeobotanist **1**, 330—334 (1952). — METHA, K. R., u. J. D. SUD: Palaeobotanist **2**, 51—54 (1953). — MENDES, J. C.: Palaeobotanist **1**, 335—345 (1952). — MIKI, S.: (1) On Metasequoia, fossil and living. Kyoto 1953. — (2) Proc. Japan Acad. **30**, 976—981 (1954). — MORGAN, J., u. TH. DELEVORYAS: Amer. J. Bot. **41**, 198—203 (1954).

NATH, R.: Palaeobotanist **1**, 382—385 (1952). — NAUMOWA, S. N.: Izv. Akad. Nauk. SSSR., Ser. Geol. **3**, 103—113 (1950). — NĚMEJC, F.: (1) Sborník geol. Survey Czechoslovakia **18**, Paleontol., 197—207 (1951). — (2) Casopis Nár. Musea Praze **120**, 21—28 (1951). — (3) Sbornik ústredn. úst. geol. **20**, oddil paleontol., 1—12 (1953). — (4) Ebenda **20**, oddil paleontol., 13—24(1953). — (5) Acta musei nation. Pragae B **9**, Nr. 1 (1953). — (6) Ebenda **10**, Nr. 5 (1954). — NEUBURG, M.: Palaeontol. SSSR. III **2** (1948).

OGURA, Y.: (1) J. Japan. Bot. **24**, 15—18 (1949). — (2) Trans. Proc. palaeontol. Soc. Japan, N. S. **8**, 223—230 (1952).

PANT, D. D.: Bot. Rev. **20**, 33—60 (1954). — PANTIĆ, N.: Bull. Mus. Hist. nat. Pays Serbe, Sér. A **5**, 293—308 (1952). — PAPP, A.: Sitzgsber. österr. Akad. Wiss. Math.-naturwiss. Kl. I **160**, 279—293 (1951). — PARÉJAS, E., u. A. CAROZZI: Arch. Sci. phys. nat. **6**, 165—171 (1953). — PFLUG, H. D.: Palaeontographica B **95**, 60—171 (1953). — PLUMSTEAD, E. P.: Trans. geol. Soc. S-Africa **55**, 281—328 (1952). — POTONIÉ, R.: (1) Lejeunia **18**, 5—20 (1954). — (2) Sv. bot. Tidskr. **48**, 328—336 (1954). — (3) Paläontol. Z. **28**, 103—139 (1954). — (4) Ebenda **29**, 27—32 (1955). — POTONIÉ, R., u. W. KLAUS: Geol. Jb. **68**, 517—546 (1954). — POTONIÉ, R., u. G. KREMP: Geol. Jb. **69**, 111—194 (1954). — PUTZER, H.: (1) Divis. foment. produc. mineral, Bol. Nr. 91. Rio de Janeiro 1952. — (2) An. Acad. brasil. Ci. **24**, 365—387 (1952). — (3) XIX. Congr. géol. internat. Alger 1952, Sympos. sér. Gondwana, 273—278, 1953.

QUITZOW, H. W.: (1) Geol. Jb. **68**, 27—132 (1953). — (2) Z. dtsch. geol. Ges. **104**, 354—378 (1953).

RAMANUJAM, C. G. K.: (1) Palaeobotanist 2, 89—91 (1953). — (2) Ebenda 2, 101—106 (1953). — RAO, S. R. N., u. C. P. VARMA: Palaeobotanist 2, 19—23 (1953). — RÁSKY, KL.: Földtani Közlöny 84, 83—90 (1954). — REMY, W.: (1) Abh. dtsch. Akad. Wiss. Berlin, Kl. Math. allg. Naturwiss. 1952, Nr 2 (1953). — (2) Geologie 2, 146—149 (1953). — (3) Ebenda 2, 373—377 (1953). — (4) Ebenda 3, 312—325 (1954). — (5) Sitzgsber. dtsch. Akad. Wiss. Berlin, Kl. Math. allg. Naturwiss. 1953, Nr. 1. — (6) Ebenda 1954, Nr. 3. — (7) Paläontol. Z. 28, 140—144 (1954). — (8) Hallesch. Jb. mitteldtsch. Erdgesch. 2, 28—31 (1953). — REMY, W., u. R. RETTSCHLAG: Geologie 3, 582—589 (1954). — RETTSCHLAG, R.: Geologie 3, 326—341 (1954). — RETTSCHLAG, R., u. W. REMY: Geologie 3, 590—603 (1954). — ROBERTS, D. C., u. E. S. BARGHOORN: Bot. Mus. leafl. Harvard Univ. 15, 191—200 (1952). — ROSELT, G.: (1) Geologie 3, 617—643 (1954). — (2) Wiss. Z. Univ. Jena 1952/53, 65—66. — RÜGER, L.: Die absolute Chronologie der geologischen Geschichte. In G. HEBERER, Die Evolution der Organismen, 2. Aufl., S. 175—202. Stuttgart 1954. — RUTTE, E.: (1) Neues Jb. Geol. Paläontol., Mh. 1953, 498—506. — (2) Neues Jb. Geol. Paläontol., Abh. 98, 149—174 (1953). — (3) Geol. Jb. 69, 517—536 (1954). — (4) Paläontol. Z. 28, 145—154 (1954). — (5) Neues Jb. Geol. Paläontol., Abh. 100, 208—246 (1954).

SAH, S. C. D.: Palaeobotanist 2, 55—58 (1953). — SAHNI, B., u. K. R. SURANGE: Palaeobotanist 2, 93—100 (1953). — SAKSEMA, S.: Palaeobotanist 1, 409—415 (1952). — SCHMIDT, W.: Palaeontograph. B 97, 1—22 (1954). — SCHMIDT, W., u. M. TEICHMÜLLER: Geol. Jb. 69, 89—102 (1954). — SCHÖNFELD, E.: Geologie 2, 190—203 (1953). — SCHWARZBACH, M., M. TEICHMÜLLER u. P. THOMSON: Neues Jb. Geol. Paläontol., Mh. 1952, 343—356. — SCOTT, R. A.: Palaeontograph. B 97, 66—97 (1954). — SEN, J.: Bull. nation. Inst. Sci. India 2, 129—140 (1953). — SHIMADA, M.: Ecolog. Rev. 13, 277—281 (1954). — SITHOLEY, R. V., u. M. N. BOSE: Palaeobotanist 2, 29—39 (1953). — SITTLER, CL.: C. r. somm. Sé. Soc. géol. France 1954, 338—441. — SOMMER, F. W.: Divis. Geol. Mineral., not. prelim. estud. 1953, Nr. 73. — STACH, E.: (1) Geschichte der Kohlenmikroskopie. In H. FREUND, Handbuch der Mikroskopie in der Technik, Bd. II, Teil 1, S. 1—64. Frankfurt 1953. — (2) Braunkohlenmikroskopie. Ebenda S. 483—686. Frankfurt 1953. — STEWART, W. N.: Amer. J. Bot. 41, 500—508 (1954). — STOCKMANS, F., u. Y. WILLIÈRE: (1) Assoc. Étude Paléontol. Stratigr. houillères Bruxelles, Publ. Nr. 13. 1952. — (2) Vol. jubil. VICTOR VAN STRAELEN 1, 115—132 (1954). — STRAUS, A.: (1) Palaeontograph. B 96, 1—11 (1954). — (2) Geologie 3, 526—535 (1954). — SURANGE, K. R.: Palaeobotanist 1, 420—434 (1952). — SURANGE, K. R., P. SINGH u. P. N. SRIVASTAVA: Palaeobotanist 2, 9—17 (1953). — SZAFER, W.: Inst. Geol. Warszawa 11 (1954). — SZAFER, W., u. M. KOSTYNIUK: Zarys Palaeobotaniki. Warszawa 1952.

TANAI, T.: Trans. Proc. palaeontol. Soc. Japan, N. S. 1953, Nr. 9, 1—7. — TEICHMÜLLER, M.: (1) Die Anwendung des polierten Dünnschliffes bei der Mikroskopie von Kohlen und versteinerten Torfen. In H. FREUND, Handbuch der Mikroskopie in der Technik, Bd. II, Teil 1, S. 235—310. 1953. — (2) Proc. internat. committ. coal petrogr. 1, 25—29 (1954). — TEICHMÜLLER, M. u. R.: Zbl. Geol. Paläontol. I 1953, 438—488 (1954); 1955, 110—128. — TEICHMÜLLER, M., u. H. WERNER: Geol. Jb. 68, 141—154 (1953). — TEIXEIRA, C.: (1) Comunic. Serv. geol. Portugal 33 (1952). — (2) Ebenda 33 (1952). — (3) Ebenda 33 (1952). — (4) Bol. Soc. geol. Portugal 11, 139—152 (1954). — THIERGART, F.: (1) Palaeontograph. B 95, 53—59 (1953). — (2) Geologie 3, 548—559 (1954). — (3) Ebenda 3, 536—547 (1954). — THOMAS, H. H.: (1) Palaeobotanist 1, 435—438 (1952). — (2) Sv. bot. Tidskr. 48, 316—324 (1954). — THOMSON, P. W.: (1) Eiszeitalter u. Gegenwart 2, 105—108 (1952). — (2) Geol. Rdsch. 40, 92—94 (1952). — (3) Z. dtsch. geol. Ges. 103, 111 (1952). — (4) Ebenda 104, 159 (1952). — (5) Geol. Jb. 69, 329—338 (1954). — (6) Braunkohle, Wärme u. Energie 1954, H. 15/16. — THOMSON, P. W., u. H. PFLUG: Palaeontographica B 94, 1—138 (1953). — TYLER, ST., u. E. S. BAARGHOORN: Science (Lancaster, Pa.) 119, 606—608 (1954).

VANGEROW, E. F.: Palaeontograph. B 96, 24—38 (1954). — VARMA, CH. P.: Palaeobotanist 1, 439—441 (1952). — VISHNU-MITTRE: Palaeobotanist 2, 75—84 (1953). — VOLK, M.: Geol. Bl. NO-Bayern 4, 81—93 (1954).

WAGNER, G., u. H. SCHWARZ: A. d. Heimat **60**, 298—300 (1952). — WAGNER, W.: Jber. Mitt. oberrhein. geol. Ver., N. F. **36**, 12—19 (1954). — WALTON, J.: (1) An introduction to the study of fossil plants, 2. Aufl. London 1953. — (2) Adv. Sci. **1953**, Nr. 38. — WETZEL, W.: (1) Geol. Jb. **66**, 391—420 (1952). — (2) Palaeontograph. A **105**, 133—165 (1954). — (3) Neues Jb. Geol. Paläontol., Mh. **1955**, 30—46. (4) Ebenda **1953**, 311—321. — WETZEL, W., u. R. WEYL: Neues Jb. Geol. Paläontol., Mh. **1953**, 21—34. — WEYLAND, H., u. G. GREIFELD: Palaeontograph. B **95**, 30—52 (1953). — WEYLAND, H., u. W. KRIEGER: Palaeontograph. B **95**, 6—29 (1953). — WEYLAND, H., P. W. THOMSON u. H. MANKE: Palaeontograph. B **96**, 98, 105 (1954). — WILSON, SH., u. P. J. YATES: Ann. Magaz. nat. Hist., Ser. XII **6**, 929—937 (1953). — WOLFRAM, A.: Geologie **3**, 655—659 (1954).

ZAPFE, H.: Geologie, Beih. Nr. 12, 1954. — ZEIDLER, W.: Geol. Jb. **68**, 155—160 (1953). — ZEUNER, F. E.: Dating the past, 3. Aufl. London 1952. — ZIMMERMANN, W.: (1) Evolution. Geschichte ihrer Probleme und Erkenntnisse. Freiburg u. München 1953. — (2) Methoden der Phylogenetik. In G. HEBERER, Die Evolution der Organismen, 2. Aufl., S. 25—102. Stuttgart 1954. — (3) Ber. dtsch. bot. Ges. **67**, 311—317 (1954). — (4) Paläontol. Z. **28**, 56—66 (1954).

7. Systematische und genetische Pflanzengeographie.
Von Franz Firbas, Göttingen, und Hermann Merxmüller, München.

I. Areal- und Florenkunde[1].

1. **Lehrbücher und Theoretisches.** Der Berichterstatter hat im letzten Band sein Bedauern darüber ausgesprochen, daß es im deutschsprachigen Bereich immer noch an einem allgemeinen Lehrbuch der genetischen Pflanzengeographie mangle. Nun legt Walter im Berichtsjahr einen weiteren Teilband seiner „Einführung in die Phytologie" (III. Grundlagen der Pflanzenverbreitung) vor, der auf den ersten Teil „Standortslehre" (analytisch-ökologische Geobotanik) die „Arealkunde" (floristisch-historische Geobotanik) folgen läßt. Wir besitzen damit jetzt ein Buch, das sich in mancher Hinsicht den bekannten Werken Goods, Cains und Wulffs zur Seite stellen läßt; es unterscheidet sich von diesen infolge seiner Zweckbestimmung (Einführung für Studierende der Hochschulen) durch seinen prononcierten Lehrbuchcharakter, der vertiefte Untersuchungen, eigene größere Theorien, Darstellung des Problematischen zugunsten eines übersichtlichen Systems, eines großen Tatsachenmaterials, einer geradlinigen und eingängigen, wenn auch mitunter recht subjektiven Interpretation vernachlässigt.

Die ersten Kapitel behandeln das „Wesen der Areale" (geschlossenes Areal — Disjunktionen, Kosmopoliten — Endemiten, Arealform, Sippenzentrum, relative Standortskonstanz; Florenreiche) und die „Florenentwicklung in historischer Betrachtung" (mesozoische, tertiäre und diluviale Florenabfolge, Großdisjunktionen als Eiszeitfolge, Postglazial, Pollenanalyse, Waldgeschichte, historische Waldveränderungen — hier sei Walters strenge und nahezu bedingungslose Wegener-Gefolgschaft angemerkt). Besonders eingehende Behandlung erfahren der Abschnitt „Geoelemente der Flora", der den Begriff des Florenelements erläutert und die Florengebiete der Erde bespricht — im wesentlichen auf Good, teilweise auch auf dem Russen Kleopow fußend — und das Kapitel „Florenverbreitung in Mitteleuropa", das die Arealspektren der Pflanzengesellschaften, vertikale Gliederung der Gebirgsfloren, Relikte in Mitteleuropa und endlich die Adventivpflanzen behandelt. Hier kommen offensichtlich dem Verf. seine weiten Reisen, seine großen eigenen Erfahrungen zugute, nicht zuletzt seine Kenntnis des osteuropäischen Raumes und der russischen Literatur: die behandelten Komplexe erfahren eine ungleich lebendigere, eindringlichere Gestaltung als in den verglichenen Werken, freilich unter verständlicher Heraushebung der dem Verf. besonders vertrauten Gebiete.

---

[1] Bearbeitet von H. Merxmüller.

Zu bedauern ist, daß es offensichtlich nicht möglich war, den Florengebieten der gesamten Erde eine wenigstens etwas ausführlichere Behandlung angedeihen zu lassen; so bleibt es bei einer eingehenden Schilderung des westlichen eurosibirischen Raumes. Die Eingängigkeit des schwierigen Stoffes wird durch eine große Anzahl meist übernommener, aber vortrefflich umgezeichneter Karten bedeutend gefördert.

Sehr exakte terminologische Definitionen bringt FONT QUER (1) in seinem Aufsatz „Chorologie der systematischen Einheiten", wobei er Chorologie in der Wortbedeutung als „Wissenschaft der Lokalisierung" betrachtet, die ebenso materielle Objekte wie Naturphänomene studieren kann; Bio-, Zoo- und Phytochorologie leiten sich zwanglos ab, Auto- oder Idio- wird der Synchorologie gegenübergestellt. Als „Areal" wird der Teil der Erdoberfläche bezeichnet, auf dem eine bestimmte Einheit wächst oder wuchs. Seine Struktur mag (selten) regulär, kontinuierlich sein oder irregulär, diskontinuierlich; im letzteren Falle wird zwischen fragmentierten (mit ungleich großen Teilgebieten) und zusammengesetzten Arealen (mit ähnlich großen) unterschieden. Großareale sind meist quer-elliptisch, da Zu- und Abnahme von Wärme und Licht meridional verlaufen und daher nach Norden und Süden am ehesten Grenzen gesetzt werden. Kleinareale zeigen alten oder aber jungen Endemismus an; als Auxochore wird ein Taxon mit wachsendem, als Meiochore mit schrumpfendem Areal bezeichnet. Äquiareale mit ähnlichen Umrissen weisen innerhalb ihres Bereiches ähnliche Klimabedingungen, mehr oder minder auch eine ähnliche Geschichte auf; sie legen wir gewöhnlich unseren Gliederungen in Florenbezirke und ähnliches zugrunde.

Die großen Schwierigkeiten, mit denen die gegenwärtige Technik der Arealklassifizierung zu kämpfen hat, schildert GOOD. Immer wieder stellt uns die generelle Notwendigkeit, zu vereinfachen und zu kategorisieren, qualitative Werte in quantitativen Termini auszudrücken, vor neue Probleme. Wenig Klarheit herrscht meist in der Frage nach der Autonomie der Floren bestimmter Bereiche: weder waren Evolution und Geschichte überall gleichförmig (was eine prinzipielle Ungliederbarkeit bewirkte) noch haben sich die einzelnen Floren völlig unabhängig entwickelt; das wirkliche Geschehen liegt dazwischen, aber ohne daß wir jeweils wüßten, wo. Mit besonderer Vorsicht sind Vergleichungen durchzuführen, zumal im Hinblick auf die Artenzahl sehr verschieden großer Gebiete; man kann in dieser Beziehung nicht etwa eine Insel einem Kontinent gegenübersetzen. Wesentlicher ist hier der relative Grad der Eigenart, also vor allem der Endemismus, der freilich seinerseits wieder unter der Verschiedenartigkeit der taxonomischen Bewertung leidet. Augenmerk sollte der Frage gewidmet werden, ob in einem bestimmten Gebiet der Endemismus durchs ganze System verstreut oder auf bestimmte Familien, alte oder junge, beschränkt ist. Die Trennung der Florenentwicklung in prähumane und humane Phasen wird dadurch fragwürdig, daß die letzteren in den Tropen viel weiter (und unsere Spuren-Kenntnis dort viel kürzer) zurückreichen als im Norden. Umgekehrt verleiht, fehlerhaft, die bessere Kenntnis bestimmter Erdteile (Europa, Nordamerika) diesen in vergleichenden Arbeiten größeres Gewicht, als sie verdienen.

Über allem darf nicht vergessen werden, daß die verschiedenen Zwecke der Klassifizierung verschiedene Schemata erfordern; zumindest ist zwischen der praktisch-ökologischen Zielsetzung (Erkenntnis der „natürlichen Regionen der Welt") und der Suche nach den historischen

Zentren der Evolution zu unterscheiden. Auch diesem zweiten Ziele seien wir, sagt GOOD, heute erheblich näher gerückt, gefördert durch die Erfolge der Schwesterwissenschaften. Ohne Frage rechnet er hierzu auch die an anderer Stelle zitierte Erkenntnis, daß (im Gegensatz zu der früheren Ansicht, die südlichen extratropischen Floren stammten weitgehend von nördlichen ab) die Südfloren weit mehr zu dem „general scheme of world vegetation" beigetragen hätten als die des Nordens.

In ähnlicher Weise, jedoch mit einer gewissen Blickrichtung auf den alpinen Raum, erläutert RYTZ allgemeine Fragen des Endemismus, der Vikarianz, der Artbildung und der Polyploidie.

Zwei weitere Arbeiten befassen sich mit den **genetischen und klimatischen Grundlagen der Florenentwicklung und -verteilung.** Die natürlichen Faktoren eines Florenwechsels werden von TUTIN betrachtet; sie lassen sich im wesentlichen auf das Evolutionsgeschehen einerseits, auf Klimaänderungen andererseits zurückführen, die beide machtvoll und weitreichend, jedoch langsam wirken. Als die drei evolutionären Hauptprozesse benennt TUTIN die schrittweise Differenzierung durch Mutation und Selektion ohne Wechsel in der Chromosomenzahl (VALENTINEs g-ecospecies = „gradual-"), die Polyploidie und die Aneuploidie (die beiden letzteren zu VALENTINEs a-ecospecies = „abrupt-" gehörig). Schöne Beispiele für den ersten Prozeß bieten in England *Veronica spicata* und *Helianthemum canum,* die sich dort vor unseren Augen in je zwei getrennte Rassen aufspalten. Allgemein entsteht wohl die Mehrzahl solcher g-ecospecies im Laufe mehr oder minder stabiler Zeiten — im Gegensatz zu den a-ecospecies, die vielfach Produkte drastischer Wechselfälle klimatischer oder anthropogener Natur sind. Dies zeigt (als Beispiel für den zweiten Hauptprozeß) der bekannte Fall von *Spartina townsendii,* bei dem durch den Menschen bislang räumlich streng getrennte Arten zusammengebracht wurden. *Carex flava* und *caryophyllea* mit ihren Verwandten sind in England typische Sippen aneuploider Entstehung.

Neben den bekannten und überragenden Erscheinungen des pleistocänen Florenwechsels werden von TUTIN besonders die Auswirkungen an sich kurzfristiger, aber außergewöhnlicher Klimafluktuationen betrachtet, die in vielen Fällen sowohl für die Ausrottung von Arten (*Inula britannica,* ursprünglich durch Wasservögel in England eingeschleppt, 40 Jahre später nach einigen schlechten Sommern infolge mangelhafter Samenbildung wieder ausgestorben) als auch für Arealvergrößerungen („dramatische Ausbreitung" von *Epilobium angustifolium* und *Crepis taraxacifolia* in diesem Jahrhundert) verantwortlich zu machen sind. Auch WALTER weist im übrigen in seinem Buch mit Nachdruck auf die überragende Bedeutung der „Extremjahre" gegenüber den so gerne benutzten „Mittelwerten" hin.

Eine eingehende Untersuchung widmet STEBBINS der Frage, ob die Evolutionsprozesse in den Gebirgen rascher als in der Ebene verlaufen, da in allen Hochgebirgen der Erde ein viel größerer floristischer Reichtum als in den Ebenen herrscht — wobei nicht etwa mehr Arten in den einzelnen Gesellschaften auftreten, sondern (infolge der großen mikroklimatischen Verschiedenheiten) viel mehr Assoziationen mit teilweise durchaus geringerer Artenzahl zu finden sind. Selbstverständlich kann von einer gleichförmig und gleichzeitig raschen Evolution nicht die Rede sein: das zeigt die große Zahl von Reliktendemiten in allen Gebirgen (gute Beispiele: *Sequoia gigantea* und *Carpenteria californica* in Kalifornien, *Shortia galacifolia* in den Appalachen, primitive Arten von *Dubyaea* in SW-China, *Paeonia* in Nordafrika, *Ramonda* in den Pyrenäen, *Berardia* in den Alpen). Für unsere Frage müssen also vielmehr die Jungendemiten für sich herangezogen werden, die nahe verwandt sind mit Schwestersippen derselben Region: *Ivesia*, *Eriogonum* und *Castilleja* in Kalifornien, *Senecio* und *Hypochoeris* in den Anden, *Rhododendron*, *Primula* und *Pedicularis* in SO-Asien, *Primula* und *Campanula* in den Alpen. Während bei den Relikten die Evolution eher verlangsamt erscheint, könnte es sich bei diesen jungen Formen wirklich um eine Beschleunigung handeln.

STEBBINS unterscheidet fünf Primärprozesse, die die Evolution beherrschen, Mutation, Rekombination der Gene, natürliche Selektion, zufallsmäßige Genfixierung in Kleinpopulationen und Sterilitätsbarrieren. Von ihnen kann die Mutationsrate kaum in eine Beziehung zur Ortshöhe (man könnte an den Einfluß kosmischer Strahlung denken) gebracht werden, da sie dann im Nivalbereich Extremwerte annehmen müßte, was offensichtlich nicht der Fall ist. Dagegen spielen sicher Rekombination und Introgression eine große Rolle: das nahe Nebeneinander sehr verschiedener Gesellschaften und Biotope schafft vergleichsweise viel größere Möglichkeiten für solche Vorgänge als in der Ebene; die weiten Flächen offenen Geländes bieten Raum für eine Neubesiedlung durch besser adaptierte neue Formen, denen die Eltern nicht zu folgen vermögen. Apomixie, eine bekannte Hybridisationsfolge, ist bezeichnenderweise in den Gebirgen besonders häufig (Nordamerika: *Crepis, Antennaria, Arnica, Potentilla, Poa*; Alpen: *Taraxacum, Hieracium, Alchemilla, Potentilla, Poa*).

Die in konstantem Milieu stabilisierend wirkende Selektion löscht in unkonstantem (Eiszeit!) genetisch unvariable Sippen am leichtesten aus, fördert aber variable. Reliktendemiten sind daher meist subtropischen oder zumindest lokal sehr regelmäßigen Klimaten angepaßt, während wir stark evolutive Sippen in Gebieten großer Trockenheit oder starker Extremtemperaturen finden. Der Zufallsverteilung der Gene (WRIGHTsches Phänomen) ist sicher ebenfalls Bedeutung beizumessen: gerade in den Gebirgen findet sich die größte Anzahl räumlich getrennter Kleinpopulationen. Ein brauchbares Beispiel hierfür bietet *Papaver alpinum*, wo große Merkmalsdifferenzen ohne erkennbaren Anpassungswert zu finden sind. Außer jeder Frage steht sicherlich, daß Isolationsbarrieren ganz bevorzugt in Gebirgen verwirklicht sind. Auf Grund all dieser Beziehungen zwischen der genetischen Kondition der Populationen und ihrer Umwelt kommt STEBBINS zu der Überzeugung, daß eine Beschleunigung der Evolutionsprozesse in den Gebirgen mit aller Wahrscheinlichkeit angenommen werden darf.

In einigen Arbeiten hat E. SCHMID allgemeinere Anmerkungen zu seiner **Methodik** gegeben. Seine „Anleitung zu Vegetationsaufnahmen" (1) weist auf die Notwendigkeit einer vierfachen Analyse hin: einer floristischen, die zur Großgliederungseinheit, dem Vegetationsgürtel führt, dann einer ökologisch-physiognomischen, die die von den Arten in der Lebensgemeinschaft gespielte Rolle, den Repräsentationstypus erkennen läßt (begründet auf einer aus 204 angeführten Charakteren getroffenen Auswahl); die biocoenologische Analyse erschließt die Struktur der Biocoenose, also die Kleingliederungseinheit, die ethnobotanische den menschlichen Einfluß.

Für die sehr komplizierte ökologische Analyse wird die Verwendung von Lochkarten vorgeschlagen; für die Vegetationsaufnahmen werden Kleinquadrate benutzt, die auf Normalquadrate reduziert, Vergleiche der Arten- und Repräsentationstypen-Garnituren ermöglichen. Störend wirkt die teilweise an vorlinnéische Zeiten erinnernde Terminologie.

Weitere Arbeiten (2), (3) behandeln die Analyse der Arten und Gattungen für vegetationskundliche Zwecke. Hier werden an Hand zahlreicher Beispiele Hinweise auf die Auswertbarkeit der Beziehungen zwischen taxonomischen Ergebnissen und chorologisch-vegetationskundlichen Erscheinungen (und umgekehrt) gegeben. Das Alter der Artengruppen wird aus den Unterschieden zwischen weiter oder enger Verbreitung, disjunkten oder kontinuierlichen Arealen, aus der Anzahl der Repräsentationstypen u. a. erschlossen, das Alter einer Flora nach der Relation zwischen Gattungs- und Artenzahl, engerer oder weiterer Verwandtschaft, Zahl und Wertigkeit der Endemiten u. a. bewertet. Gleichmäßige Verteilung der Taxa kann auf langdauernd gleiche Lebensbedingungen oder aber auch auf die Nähe eines Entwicklungszentrums zurückzuführen sein. Weitere Fragen gelten der Variabilität, den Entwicklungs- und Massenzentren, der Verbreitungsrichtung, dem Vorkommen in einer oder mehreren Floreneinheiten, Wanderungen, Gebieten reliktischen oder transgredienten Vorkommens, der Umwelt, den Lebensgemeinschaften und den menschlichen Einflüssen. Alle diese Merkmale seien unumgänglich für eine Großgliederung der Floren heranzuziehen.

Da es keine zwei völlig identischen Arealformen gibt, ist die Zuordnung einzelner Arten zu bestehenden Arealtypen einigermaßen subjektiv. KØIE empfiehlt daher für die Aufstellung von Arealtypenspektren und ähnliche Zwecke eine Methode, bei der die Arealumrisse aller beteiligten Sippen auf eine Grundkarte übertragen und daraus Arealisochoren konstruiert werden; diese umgrenzen diejenigen Räume, die 25, 50 und 75% der kartierten Arten beherbergen. Der Verlauf solcher Isochoren, die von der Zufallsmäßigkeit der Einzelartareale abgehen und dadurch Allgemeingültiges aufzeigen können, bietet interessante Details. Die generelle Erkenntnis gewinnt freilich wenig Neues, wenn wir erfahren, daß die Annuellen eines dänischen Magerrasens etwas stärker atlantisch-mediterranen Charakter als die Perennen besitzen, daß Sumpfpflanzengesellschaften subatlantische Tendenz, eine Auswahl von Waldpflanzen sandiger Böden nordost-europäische, von Arten regenarmer Lokalitäten ost-zentraleuropäische Höchstisochoren zeigen.

Auch von soziologischer Seite wird mehr und mehr einer chorologischen Konzeption das Wort gesprochen, wie später noch an einer Reihe von speziellen Arbeiten gezeigt werden wird. DAUBENMIRE betont mit Recht, daß Assoziationsgruppierungen letztendlich zu einer Klassifizierung der Weltvegetation führen sollen, die dann a priori geographischen Charakter hat. Eine solche Gruppenbildung kann wertvolle Vorbilder an den pedologischen Systemen gewinnen, die in ganz analoger Weise mit der Klimastruktur harmonieren müssen. Im übrigen will auch er (wie SCHMID) jedem Gliederungsversuch eine Gesamtheit aller erreichbaren Fakten zugrundelegen. Freilich bringt eine solch starke Berücksichtigung der „vieldimensionalen Mannigfaltigkeit" [GAMS (1)], welche die Biocönosen selbst innerhalb kleinerer Florengebiete darstellen, auch ihre Gefahren mit sich, mag man sie mit WALTER in der Unhandlichkeit der SCHMIDschen Begriffe sehen oder mit GAMS zu einem (dem Berichterstatter doch bedauerlich erscheinenden) völligen Verzicht auf ein allgemein-verbindliches, linear darstellbares System gelangen.

MEUSEL (1) wendet sich nachdrücklich gegen die Trennung einer „idiobotanischen Pflanzengeographie" und einer (letztlich ungeographischen) „Vegetationskunde"; beide Disziplinen sollten vielmehr unter starker Heranziehung der für beide gleich unentbehrlichen Chorologie zusammengefaßt und vereinigt werden. Pflanzengeographie nennt er daher das „Gebiet der Botanik, das sich mit der Betrachtung und Erklärung des Verhaltens der Pflanzen im Erdraum beschäftigt". Als Beispiele für die immer deutlicher werdende geographische Ausrichtung der Soziologie nennt er das neuerdings stark in den Vordergrund getretene Studium der Vegetationskomplexe, also des räumlichen Gefüges der Pflanzendecke, und die Untersuchungen über die regional begrenzte Gültigkeit der Charakterarten; hier bringt in der Regel erst die vergleichend-regionale Betrachtung der Verbreitung der Einzelpflanzen die Voraussetzungen für eine sinnvolle Abgrenzung der Pflanzengemeinschaften. Nicht nur für die Herausarbeitung einer großen Übersicht, also auf höchster Ebene, sondern auch für die Analyse begrenzter Gebiete führt eine vegetationskundliche und arealkundliche Betrachtung und Gliederung der Pflanzenwelt zu den notwendigen tiefen Einblicken in die Beziehungen zwischen Pflanzenwelt und Erdraum.

2. Geobotanische Ergebnisse taxonomischer Untersuchungen. Ein klares Bild der Sippenentwicklung und -ausbreitung gewinnt WOODSON in seiner Monographie der nordamerikanischen Arten von *Asclepias*. Die Gattung zeigt heute drei schön getrennte Verbreitungszentren, das gemäßigte bis tropische Nordamerika, das subtropische Südamerika sowie Süd- und Ostafrika, in denen jeweils ähnliche, primitive Grundtypen wiederkehren. Während die beiden Gattungszweige in Nordamerika und Afrika, völlig unabhängig voneinander und offensichtlich von Anfang an getrennt, fast labyrinthartig progredierten und stark abgeleitete Taxa bildeten (je über 100), blieb die Entwicklung in Südamerika bei weniger als 12 schlecht differenzierten Arten stehen, die kaum von denen einer primitiven nordamerikanischen Serie zu unterscheiden sind. Die 106 nordamerikanischen Arten lassen sechs Zentren erkennen, die in den Gebieten der Antillen, Floridas, der Appalachen und Ozark Mts., in Mexiko und Kalifornien liegen.

Das Ursprungsgebiet dieser Formen wird in die paläozoischen Landmassen der Appalachen und Ozarks verlegt, wo sich wohl schon seit der Kreidezeit *Asclepias*-Typen fanden, die sich infolge der geologischen Stabilität dieser Gebiete nur wenig auseinanderentwickelten. Florida verdankt dagegen eine starke Sippenbildung den Fluktuationen des Archipelags der Orange-Islands im Frühtertiär und der Zuwanderung von Appalachenelementen im Spättertiär und Pleistocän. Mit dem

Auftauchen der Rocky Mountains setzte eine Wanderung ozarkischer und floridanischer Elemente in die Weststaaten und nach Mexiko ein, wo die Gebirgsbildung zu erneuten Differenzierungen Anlaß gab; Kalifornien dürfte im Pliocän Endpunkt dieser Wanderungen geworden sein. Die einzige (recht primitive) Art der Antillen muß bereits im Eocän von Mexiko oder Zentralamerika her dort angelangt sein, da seither keine Landbrücken mehr bestanden. Merkwürdigerweise scheinen die Samenhaare die Ausbreitung kaum zu fördern: weder konnte seither die Antillenart die Bahamas oder Florida besiedeln noch hat sich auf den Inseln jemals eine Festlandsart eingefunden.

Die Gattung *Philadelphus* zerfällt nach HU in drei Untergattungen, die sich von Norden (*Euphiladelphus*), Osten (*Deutzioides*) und Süden (*Gemmatus*) her kommend im mexikanischen Hochland treffen. Das ausschließlich neuweltliche Areal der subtropisch-tropischen, primitiven Untergattung *Gemmatus* (Zentrum in Ostmexiko) spricht dafür, daß entgegen der bisherigen Vermutung einer ostasiatischen Heimat das Entstehungszentrum der Gattung in die Neue Welt zu verlegen ist, die auch ausschließlich *Deutzioides* und zwei von den drei Sektionen von *Euphiladelphus* beherbergt (alle größtenteils endemisch in den Staaten). Ein charakteristisches Faktum bietet das Fehlen der Gattung in Formosa, obwohl zahlreiche Sippen in dem sonst floristisch so ähnlichen Yünnan zu finden sind. Diese Affinität der Floren betrifft aber eben nur altweltliche Arten, während von dem neuweltlichen *Philadelphus* weder die kontinental-chinesischen noch die japanischen Derivate Formosa zu erreichen vermochten. Die einzige auch in der Alten Welt vertretene Sektion *Stenostigma* besiedelt Europa und den Kaukasus und tritt jenseits einer großen zentral-asiatischen Lücke wieder in Sikkim und Nepal, in China bis zur Mandschurei und in Japan auf; allem Anschein nach dürfte aber dann diese Aneinanderreihung in umgekehrter Richtung zu lesen sein.

Zwei merkwürdige **Großdisjunktionen** wurden als Nebenergebnis systematischer Arbeiten erkannt, ohne daß es bisher gelungen wäre, eine brauchbare historische Vorstellung damit zu verbinden. COPELAND überführt auf Grund sorgfältiger morphologischer Untersuchungen die in Südwest-Oregon endemische Ericaceengattung *Kalmiopsis* zu *Rhodothamnus*, einer Gattung, die bislang ebenfalls monotypisch ein rein ostalpines Areal zu besitzen schien.

Am ehesten mag man (nach Ansicht des Berichterstatters) in der Verbreitung der Primulaceen *Gregoria* und *Douglasia* ein gewisses Analogon finden, vielleicht auch von *Anemone alpina*, wobei jedoch in diesen Fällen die europäischen Sippen weit ausgedehntere Areale besitzen und keinen derart archaischen Eindruck machen. Ähnlich eigenartig empfindet VAN ROYEN (1) die Aufteilung der neuweltlichen Arten von *Podostemon* auf ein nördliches (südliches und östliches Nordamerika, Westindien, östliches Zentralamerika) und ein südliches Teilareal (Zentralbrasilien bis Uruguay, Paraguay und Argentinien); jedoch vermag sich Ref. nicht ganz dem Eindruck zu entziehen, daß hier möglicherweise auch die ungenügende Kenntnis der Zwischengebiete eine Rolle spielt. Ob die wenigen aus Afrika gemeldeten Arten (die dann mit dem südlichen Teilareal in Verbindung gebracht werden müßten) wirklich zu *Podostemon* gehören, ist ebenfalls zweifelhaft.

Eine typisch nord-andine Gattung mit coeno-endemischer Verbreitung stellt nach CUATRECASAS (1) die Compositengattung *Espeletia* dar. Von ihren 74 Arten sind 72 eng lokalisiert; nur *E. neriifolia* weist sich in ihren weiten, stark disjunkten Arealfragmenten als diluvial gestörtes Tertiärrelikt aus. Ihre Populationen in den venezolanischen Anden dürften das Zentrum der ganzen Gattung bilden, sei es für die 15 abgeleiteten, stenözischen, holzigen Arten, sei es für die etwa 58 stärker xeromorphen Arten der Paramos. Während die pleistocäne Klimaverschlechterung den holzigen Waldelementen die Wanderung durch die Senken bis in die venezolanische Küstenkordillere, die kolumbianische Ostkordillere und von dort in die Sierra Nevada de S. Marta ermöglichte, konnten die reinen Paramoarten auch in jenen Zeiten die geographischen Barrieren nicht durchbrechen. Diese Tatsachen spiegeln sich im morphologischen Aufbau der Infloreszenzen deutlich wider. Einen weiteren Evolutionskern bildete eine Art, die im Süden über die Senken hinweg das Massiv von Pasto erreichte, worauf ihre aufgesplitterten Abkömmlinge im Süden ecuadorische Gebirge, im Norden die Zentralkordillere besiedelten. Für die einzige Art der Westkordillere wurde die Verbindung zur nahen Zentralkordillere durch einige Vulkane geschaffen.

Von morphologischem und ökologischem Interesse ist die mit *Baccharis* und den *Gnaphaliinae* verwandte Gattung *Loricaria* [CUATRECASAS (2)], die äußerst extremen Bedingungen angepaßt die höchststeigenden Andensträucher bildet und in ihrer an *Thuja* erinnernden Beblätterung und der Ausstattung mit Harzgängen merkwürdige Parallelen zu den Coniferen zeigt. Von ihr scheinen sich im Pleistocän zwei Arten von Bolivien bis Kolumbien ausgebreitet zu haben, die polymorphe, spreublattlose *L. thuyopsis*, die heute noch auf den Anden von Peru bis Kolumbien verbreitet ist, und eine zweite, spreublätterige, die durch Spezialisation und Isolation bis heute bereits in eine Reihe guter Arten aufgesplittert ist.

Eine recht charakteristische regionale Verteilung ihrer Artengruppen zeigt nach EARLE SMITH die meist dem Regenwald zugehörige Elaeocarpaceengattung *Sloanea*; jeweils eine dieser Gruppen besiedelt Zentralamerika, eine die Antillen, eine das weitere Südamerika, eine dann Südostbrasilien und eine letzte endlich Kolumbien und Venezuela.

Teilweise recht merkwürdige und interessante Verbreitungsverhältnisse finden wir bei der Lebermoosgattung *Colura* (*Lejeuneaceae*); die Areale dieses pantropisch-gemäßigt-subantarktischen Taxons werden von JOVET-AST im Anschluß an ihre Monographie besprochen. Von den sechs Sektionen zeigen zwei in etwa die Ausdehnung der Gesamtgattung, die mindestens seit frühkretazischer Zeit in diesem Bereich etabliert sein soll (— man scheint sich bei den Moosen mit erheblich geringeren Bedenken in ferne Zeiten zurückzuversetzen als bei den Angiospermen!). Bei einer dritten Sektion hat sich eine Großdisjunktion zwischen den Antillen und dem Rio Negro auf der einen Seite, Queensland und Indomalesien auf der anderen herausgebildet, die offensichtlich auf ditoper Abspaltung an den beiden Gürtelenden beruht; sehr deutlich tritt hier die Florenverwandtschaft zwischen Indomalesien und Queensland zutage, sowohl bei der Sektion selbst als auch bei einzelnen Arten, die in schöner Trennung etwa ausschließlich Sumatra und Queensland bewohnen. Die altbekannte Disjunktion zwischen Südamerika und Neuseeland, die uns die Existenz einer antarktischen Verbindung beweist, tritt in der vierten Sektion in Erscheinung; eine fünfte muß einem uralten Gürteltyp von den Antillen über Zentralamerika und

Indomalesien bis Japan angehören, während die sechste indomalesisch-ozeanische erst jenen späten Zeiten entstammen dürfte, in denen die Verbindung zu Afrika und Amerika unmöglich geworden war.

Auch einzelne Arten weisen höchst instruktive Areale auf, so die südjapanische *C. inuii*, die einer indomalesischen Sektion zugehört und in Japan sichtlich ein Relikt der pantropischen Tertiärflora darstellt — und vor allem *C. calyptrifolia*, die eine geradezu ungeheuerliche Verbreitung von der Magellanstraße über das Amazonasdelta und die Kanaren bis in die Bretagne und die britischen Inseln besitzt. Man muß hier wohl an eine jurassisch-kretazische Ausstrahlung über Nordafrika hinweg denken, woselbst die ausschließlich stark humiden Klimaten angepaßte Art durch die Austrocknung verloren ging.

Die Familie der *Proteaceae* [SLEUMER (1)] war, den bekannten Fossilfunden nach zu schließen, ausgangs der Kreide auf der Nordhemisphäre heimisch, in einem breiten subtropisch-tropischen Vegetationsgürtel, der sich später (Polwanderung?) nach Süden verschob. Die rezenten Areale der beiden Unterfamilien entsprechen möglicherweise den zwei Hauptrichtungen dieser Verschiebung: die *Persoonioideae* haben Afrika, Madagaskar und Westaustralien besetzt, die *Grevilleoideae* über Zentral- und Südamerika die Paläo-Antarktis erreicht; die letzteren drangen dann über Neuguinea, Ostaustralien und Malesien bis Südostasien vor. Die in der Hauptsache brasilianischen Genera *Roupala*, *Panopsis* und *Euplassa*, die heute einigermaßen isoliert sind, dürften im Verlauf dieser Nord-Süd-Verlagerung zurückgeblieben sein; immerhin bestehen noch erkennbare Verbindungen zu westaustralischen, neukaledonisch-australischen und australisch-papuasischen Gattungen. Jünger ist die bereits tiefer im Süden erfolgte Abspaltung von *Lomatia*, *Orites* und *Oreocallis*, die noch heute den austral-antarktischen Zusammenhang zeigen. Der Großteil dieser Verbindungen dürfte immerhin bereits im Eocän gelöst worden sein.

Die von demselben Autor bearbeiteten malesischen *Flacourtiaceae* [SLEUMER (2)] zeigen sehr deutliche Beziehungen zu Südostasien, dagegen weit geringere zu Australien, das im übrigen überhaupt arm an Flacourtiaceen ist. Immerhin ist die einzige in Australien endemische Gattung nächstverwandt mit einer der vier endemisch-malesischen. Interessant ist, daß mehrere Genera und Artgruppen sowohl in Westmalesien als in Ceylon auftreten, aber nicht auf den asiatischen Kontinent selbst übergehen, eine Erscheinung, die auch in anderen Familien bekannt geworden ist.

Die Farne von Rotuma Island, einer floristisch bislang recht unbekannten Insel an den Grenzen Mela-, Mikro- und Polynesiens, jetzt zur Kronkolonie Fiji gehörig, scheinen ST. JOHN im wesentlichen asiatischen Verwandtschaftskreisen anzugehören. Ihm dünkt dies ein weiterer Beweis gegen COPELANDs mono-antarktische Abstammungstheorie der Farne (und später auch Blütenpflanzen): er sieht in dieser Flora vielmehr einen kleinen Abzweiger des Pflanzenstromes von Asien her, der die herausragenden Inseln weit hinaus in den tropischen Pazifik besiedelt hat.

Eine pflanzengeographische Analyse der Orchideen der nordpazifischen Inselwelt (Hokkaido, Sachalin, Kurilen, Commander I., Aleuten) läßt nach TATEWAKI die Zugehörigkeit zu zehn verschiedenen Verbreitungstypen erkennen; dabei gehören 32 Arten dem japanischen Element an, 7 dem japanisch-chinesischen, 16 dem nordasiatisch-pazifischen, 2 dem nordpazifischen, 1 dem asiatisch-pazifischen,

7 dem eurasiatischen (mit *Epipogium, Gymnadenia, Herminium, Neottia*), 2 dem eurasiatisch-westamerikanischen (*Microstylis*), 7 dem circumpolaren (*Calypso, Cypripedium, Goodyera, Coeloglossum, Listera, Malaxis, Coralliorrhiza*), 5 dem amerikanischen (*Spiranthes romanzoffiana*), 1 dem amerikanisch-ostasiatischen; nur eine Art ist endemisch. Die japanischen und japanisch-chinesischen Arten fehlen den Nordkurilen, dem südlichen Nordsachalin und den Aleuten, während die Orchideenflora von Hokkaido, den Südkurilen und Südsachalin Verwandtschaft zu der temperierten ostasiatischen Flora ENGLERs zeigt. Die größte Zahl von circumpolaren und eurasiatischen Arten findet sich in den Coniferenwäldern Sachalins, von nordasiatisch-pazifischen in Hokkaido, Südsachalin und den Südkurilen, von amerikanischen in die Ost-Aleuten und den Commanderinseln.

Aus diesen Daten lassen sich engere Beziehungen zwischen den Aleuten und Westalaska erkennen, während die Nordkurilen, die Commanderinseln und die West-Aleuten Verbindungen zu Kamtschatka aufweisen; die Südkurilen, Südsachalin und Hokkaido führen nach Honschu (Japan) hinüber. Die SCHMIDTsche Linie zwischen Nord- und Südsachalin und die MIYABEsche zwischen den Nord- und Südkurilen trennen also auch bei den Orchideen deutlich die Florenbezirke; temperierte Elemente sind nur südlich dieser Linien zu finden, ebenso die größere Anzahl der japanischen und japanisch-chinesischen Typen. Arten der warm-temperierten Zone sind ausschließlich auf das südwestliche Hokkaido beschränkt.

TATEWAKI schlug 1940 vor, die Ostmandschurei, Ussuri, Nordkorea, Südsachalin, die Südkurilen und Hokkaido (ohne den südwestlichen Teil) als Zwischenzone zwischen dem temperierten Ostasien und der sibirisch-subarktischen Zone auszugliedern; er findet, daß die Verteilung der Orchideen in den genannten Gebieten die Notwendigkeit einer solchen Untergliederung erneut erhärtet.

3. Chorogenetische Ergebnisse cytologischer Untersuchungen. Besonderes Augenmerk wird zur Zeit den „korrespondierenden Taxa", also nahe verwandten oder zumindest sehr ähnlichen Sippen in ökologisch oder chorologisch differenten Räumen, zugewendet. LÖVE (1) gliedert sie, ähnlich wie lange vor ihm bereits VIERHAPPER, in zwei Gruppen, die echten „Vikaristen", bei denen der eine Teil der Elternsippe erst in ein neues Areal eingewandert ist und dann, sukzessive, morphologisch und genetisch differenziert wurde, und die „Substitution Taxa", die erst nach ihrer Abspaltung ihre neuen Räume eingenommen haben. Diese Definition LÖVEs deckt sich nicht restlos mit der auf nächster oder nur weiterer Verwandtschaft basierenden Unterscheidung VIERHAPPERs; eine gewisse Affinität besteht zu VALENTINEs Begriffen der experimentellen Taxonomie, insofern als die große Mehrzahl der echten Vikaristen „gradual-ecospecies" darstellen dürfte (bei denen die Artbildung durch sukzessive Isolation und Selektion eingeleitet wird und die abgespaltete Sippe nur langsam genetische Selbständigkeit gewinnt), während die „abrupt-ecospecies" (bei denen das neue Taxon infolge eines Wechsels der genetischen Konstitution, durch Polyploidisierung u. ä., sofort, mit einem Schritt, mit dem Elterntaxon kreuzungsunfähig wird) niemals echte Vikaristen in LÖVEs Sinn darstellen können.

Mit vielen Beispielen wird erhärtet, daß in allen Gruppen korrespondierender Taxa sowohl vikariante als auch substituente Paare anzutreffen sind, sei es im Anfangsstadium der Standortssonderung in derselben Region, sei es bei einer Differenzierung in Gebirgs- und Ebenenlagen, sei es endlich in Regionen, die durch physiographische oder historische Barrieren getrennt wurden. Bei einer Untersuchung korrespondierender Taxa Nordamerikas und Europas wurden unter den analysierten Paaren 92 echte Vikarianten und 41 Substituenten gefunden.

Allerdings vermag der Berichterstatter ein gewisses Unbehagen darüber nicht zu unterdrücken, daß ihm die ± ausschließliche Bewertung nach chromosomenarithmetischer Gleichheit oder Abweichung kein überzeugendes Kriterium gesicherter engster Verwandtschaft darzustellen scheint, auf die es bei den Fragen der Vikarianz doch zu allererst ankommen dürfte.

In einer weiteren Arbeit geht LÖVE (2) sogar noch einen Schritt weiter, wenn er behauptet, der „subspezifische Charakter" der meisten korrespondierenden Taxa circumpolarer Verbreitung sei durch cytologische Untersuchung erhärtet, weil sie gleiche Chromosomenzahlen hätten und daher Gradualspecies seien; eine Anzahl anderer Sippen gleicher Verbreitung, die bisher von den Taxonomen als Subspecies angesehen worden seien, besäßen im amerikanischen Teilareal andere Chromosomenzahlen als im europäischen, seien also Abruptspecies und müßten deswegen als Species behandelt werden.

Ganz unabhängig von diesen etwas gewagten Ableitungen sind die angeführten Beispiele von großem Interesse; es seien etwa folgende hervorgehoben (europäische Taxa vorangestellt): *Potamogeton perfoliatus* ($2n = 52$) — *P. richardsonii* (26) — *P. bupleuroides* (26); *Glyceria maxima* (60) — *G. grandis* (20) — *G. hulteniana* (40); *Heleocharis quinqueflora* (100) — *H. fernaldii* (80); *Carex echinata* (58) — *C. cephalantha* (52); *Chenopodium hybridum* (18) — *Ch. gigantospermum* (36).

Chromosomenvarianten weitverbreiteter eurasiatischer Species zeigen, daß die Verhältnisse ein gut Stück komplizierter liegen. So tritt nach HARA, TANAKA und KUROSAWA *Glechoma hederaceum* in Europa 3-, 4- und 6-ploid in morphologisch nicht unterscheidbaren Stücken auf, in den USA in einer (wohl aus Europa eingeschleppten) mit der europäischen Form identischen Hexaploiden, in Japan dagegen ausschließlich in einer deutlich differenten, ebenfalls hexaploiden Rasse. Bei *Adoxa moschatellina* (HARA) ist überhaupt keine morphologische Gliederung erkennbar, obwohl sie in Japan nur 5- oder 6-ploid, in Europa dagegen meist 4-ploid bekannt geworden ist; ähnliches gilt für *Lythrum salicaria s. str.*

HARA betont mit Recht, daß solche zwar chromosomal und chorologisch, jedoch in keiner Weise morphologisch abweichenden Sippen sich nur schwierig in die gebräuchliche taxonomische Nomenklatur einfügen lassen. Er schlägt daher die Einführung neuer Termini, wie Geovarietät o. ä., vor.

Ein ähnliches Verhalten schildert LARSEN von *Lathyrus pratensis*, das im Raum Frankreich—England—Dänemark—Finnland in eine diploide, nordöstliche, und eine tetraploide, südwestliche, „Geovarietät" aufgespalten zu sein scheint. *Veronica prostrata* tritt nach dem gleichen Autor diploid nur in ihrem mutmaßlichen Ursprungsraum, den Donauländern auf, im Gebiete ihrer sekundären Ausbreitung von Deutschland und der Schweiz bis Spanien und Frankreich hingegen ausschließlich tetraploid. Nebenher erhellt aus solchen Beispielen, wie LARSEN richtig betont, die Fragwürdigkeit von Chromosomenzählungen an Gartenpflanzen oder Material unsicherer Herkunft.

Zwei weitere Arbeiten zeigen noch deutlicher, daß die LÖVEsche Behauptung, es gäbe keine intraspezifische Polyploidiereihe, die nicht irgendwie morphologisch unterscheidbar wäre, doch nicht so ganz gesichert ist. REESE findet trotz langwieriger Studien bei *Caltha palustris* nicht ein einziges morphologisches Merkmal, das zur Unterscheidung zwischen den Tetraploiden und den Hochpolyploiden herangezogen werden kann. Selbst von einer strengeren Bindung an Meereshöhe oder Breitengrad kann keine Rede sein, wenn auch vielleicht die Hochpolyploiden in den Alpen und der Subarktis etwas häufiger gefunden werden. Innerhalb der morphologisch unterscheidbaren Rassen (*palustris, cornuta, laeta, radicans*) schwanken die Chromosomenzahlen wie innerhalb der Gesamtart, ohne jegliche Parallelität: die Hochpolyploidie ist also wohl polyphyletisch, so daß man hier von einer intrasubspezifischen Polyploidie zu sprechen hätte.

Bei *Sanicula crassicaulis* endlich, einer in Washington, Oregon und Kalifornien weitverbreiteten und polymorphen Umbellifere, finden sich nach BELL drei Polyploidiestufen (4, 6 und 8); auch hier ist sowohl bei den Einzelpflanzen als bei den Populationen keinerlei Relation zwischen morphologischer und ökologischer Variation und der Chromosomenzahl festzustellen. Variation, die direkt der Polyploidie zuschreibbar ist, besitzt viel weniger Kennzeichnendes als Genvariation oder Variation, die von verschiedenen Umweltbedingungen abhängt. Variabilität, die der Polyploidie zugeschrieben werden müßte, besitzt in diesem *crassifolia*-Komplex keinerlei taxonomischen Wert.

Daß diese Schwierigkeiten in der Parallelisierung cytologischer und taxonomischer Phänomene nur bestimmte Gruppen und Bereiche betreffen, zeigt sich an einer Reihe neuer Arbeiten, in denen nun auf der anderen Seite wirklich prächtige Übereinstimmungen ermittelt wurden. Es kann hier wieder mit einer Arbeit LÖVEs (3) begonnen werden, in der die *Acetosella*-Gruppe von *Rumex* (vier diöcische Sippen der Grundzahl 7) als komplette Polyploidserie von 2—8 n erkannt wird.

Die diploide Primitivrasse (*A. angiocarpa*) ist in Südeuropa heimisch, wo sie noch heute variabel, in verschiedene zum Teil nicht kreuzbare Biotypen aufgespalten, haust; sie wurde vielfach in andere Kontinente verschleppt, wo ihre Nordgrenze ebenfalls durch ihre mangelnde Härte und ihre geringe Toleranz gegen Langtag und kurze Sommer bestimmt wird. Schon im Tertiär dürfte hemiautopolyploid aus zwei solchen (partiell sterilen) Karyotypen die morphologisch scharf, wenn auch geringfügig verschiedene *A. tenuifolia* (4 n) entstanden sein, die infolge ihrer größeren Toleranz schon prädiluvial das boreale und subarktische Eurasien und Nordamerika besiedeln konnte. In der letzten Zwischeneiszeit muß die heute circumpolare *A. graminifolia* (8 n, panautopolyploid aus hochnordischer 4 n) entstanden sein, die im Kurztag nicht zur Blüte gebracht werden kann. Die allbekannte *A. vulgaris* (6 n) endlich scheint dagegen erst sehr spät, wohl durch Chromosomenverdopplung eines sterilen triploiden Bastards entstanden zu sein, da in den ältesten Kulturschichten immer nur *angiocarpa* und *tenuifolia* bekannt geworden sind; sie ist heute ein gemeines und gefährliches Unkraut in der ganzen Welt.

Die Untersuchung der Kleinarten von *Ranunculus montanus* s. l. (LANDOLT) ergab das erfreuliche Faktum, daß es sich hier ganz im Gegensatz zu der schwierigen und unerfreulichen *auricomus*-Gruppe um lauter normal sexuelle, teils 2-, teils 4-ploide Sippen handelt, zwischen denen überdies wegen ihrer chorologischen oder genetischen Isolierung nur selten Bastarde auftreten. Diese sauberen Verhältnisse kommen auch in der sehr instruktiven und wohlverständlichen Verteilung in den Alpen zum Ausdruck.

Die älteste Sippe, der calcicole *R. oreophilus* (2*n*) ist morphologisch stark von den anderen geschieden, durch seine Basiphilie ökologisch isoliert und über ein großes Areal vom Kaukasus bis in die Pyrenäen stark disjunkt verteilt. Weitere Kalksippen, wohl abgeleiteten Charakters und weit engerer Lokalisierung stellen die diploiden *R. carinthiacus* (Westalpen und Jura, Süd- und Nordostalpen, Illyrien) und *R. aduncus* (südliche Südwestalpen) sowie der tetraploide *R. venetus* (Südalpen) dar; *R. grenierianus* (2*n*) ist eine Silikatsippe der westlichen und mittleren Alpen bis zum Brenner. Wohl amphiploid aus *R. carinthiacus* und *grenierianus* entstand der tetraploide, eigentliche *R. montanus s. str.*, eine offensichtlich ganz junge, anspruchslose und daher sehr ausbreitungstüchtige Art, die vorzugsweise die Gebiete stärkster Vergletscherung, die Mittel- und Ostalpen sowie das Alpenvorland besiedelt.

Die Geschichte der *Cerastium arvense*-Gruppe wird durch SÖLLNER weiter verfolgt. Ihr Ursprung ist in den nordmediterranen Gebirgen, besonders in der Provence zu suchen, wo heute noch 18-chromosomige *suffruticosum*-Formen und das ebenfalls 18 Chromosomen zählende *C. strictum* aneinandergrenzen, welch letzteres sich über die Gesamtalpen auszubreiten vermochte. Am Moränenrand erst scheint das oktoploide *C. arvense* entstanden zu sein, das auch heute noch in manchen Ländern in starker Ausbreitung begriffen ist, in den Alpentälern dagegen immer noch fehlt.

Eine instruktive „Umkehr" der Verhältnisse findet sich im Tessin, wo in der Talzone des Luganersees Formen mit $n = 18$ („herabgestiegene *stricta*") auftreten, während in die Gipfelzone des Generoso wahrscheinlich an Ort und Stelle polyploidisierte 36-chromosomige Formen mit dem Menschen hochgestiegen sind. Die polytope und polychrone Entstehung solcher Mikrotaxa wurde schon von TURRILL 1951 wahrscheinlich gemacht. Man sollte daraus folgern, daß die Erklärung vermuteter Disjunktionen in diesen systematischen Bereichen mit aller Vorsicht behandelt werden muß.

Aus der *Saxifraga*-Sektion *Tridactylites* finden sich in Skandinavien (KNABEN) zwei nahe verwandte Arten und zwar *S. tridactylites* im wesentlichen im Süden, *S. adscendens* als oreophile Sippe im gebirgigen Westen und Norden; beide sind diploid ($2n = 22$). Eine neubeschriebene Kleinart, *S. osloensis*, erweist sich als tetraploid; ihr Vorkommen in einer schmalen Zone zwischen dem Bottnischen Meerbusen und dem Gebiet von Oslo führt zu der Annahme, daß sie postglazial durch Amphiploidie (vielleicht pleotop) entstand, als die in der Wärmezeit von Südosten her nach Skandinavien einwandernde *S. tridactylites* auf die dort glazial erhaltene *S. adscendens* traf.

Völlig verschiedene Chromosomenzahlen zeigen die drei englischen *Thymus*-Sippen (PIGOTT), von denen der als kontinentales Element auf Südostengland beschränkte *Th. serpyllum* $2n = 24$ besitzt; er dürfte mit der borealen Steppenflora vielleicht schon im Spätglazial dort eingewandert sein und sich an waldfeindlichen Kalkhängen über die Waldausdehnung der Wärmezeit hinweggerettet haben. *Th. pulegioides* ($2n = 28$) ist in den Kreideniederungen, Heiden und Küstendünen weit verbreitet; er steht in einem gewissen räumlichen Antagonismus zur letzten Art, *Th. drucei* ($2n = 50-56$), der wahrscheinlich an den Küsten des Nordatlantik überdauert hat.

Th. drucei ist eine sehr polymorphe, jedoch brauchbar abgegrenzte Sippe weiter Verbreitung, die in eine atlantische (Küste und Kalkfels von Südwesteuropa bis Island und Norwegen), eine kontinentale Flachland- (*humifusus* und Kreideflächenform Englands) und eine alpine Rasse (*praecox* und *alpigenus*) gegliedert werden kann.

In zwei weiteren Fällen bringt die cytotaxonomische Analyse Klarheit hinsichtlich einiger verkannter und fälschlich chorologisch ausgewerteter Arten. Die auf Fennoskandien und Nordrußland beschränkte *Agrostis borealis* besitzt nach BJÖRKMAN $2n = 58$ Chromosomen, ist also oktoploid, die bisher damit als identisch betrachteten Formen aus Savoyen und den Pyrenäen dagegen $2n = 28$; diese letzteren erweisen sich als Hybriden zwischen den ebenfalls tetraploiden alpinen Arten *A. schraderiana* und *A. rupestris*. Genauere Untersuchung zeigt, daß echte *borealis* wirklich auch morphologisch gut geschieden ist. Zu bedauern ist, daß damit die Alpen und Pyrenäen um ein interessantes, aber eben nur vermeintliches Glazialrelikt ärmer sind.

Die im Dovrefjell endemische *Poa stricta* unterscheidet sich nach NORDHAGEN mit $2n = 38$—39 deutlich von den bisher mit ihr konfundierten *Poa-arctica*-Rassen Südnorwegens (*depauperata* mit $2n =$ etwa 75, *elongata* mit $2n = 68$—76), was die schwache morphologische Charakterisierung unterstreicht; ökologische Verschiedenheiten vervollständigen das gewonnene Bild.

Nicht ganz so einfach liegen die Verhältnisse bei der äußerst polymorphen Gruppe von *Poa alpina*, bei der MÜNTZING an skandinavischem Material Chromosomenzahlen zwischen 32 und 56 (bevorzugt 33, 35, 38, 41 und 44) fand, denen Dutzende morphologischer Gruppen gegenüberstehen; Apomixis ist stark vertreten. An allgemeinen Fakten läßt sich hervorheben, daß die alpine Stufe zahlreichere Biotypen und meist höhere Chromosomenzahlen besitzt, während die Flachlandsippen relativ einförmig und weit verbreitet sind. Der Anteil apomiktischer Formen und die durchschnittlichen Chromosomenzahlen sind in Skandinavien anscheinend höher als in Polen und in der Schweiz. Vivipare Sippen besitzen allgemein höhere Zahlen, an dem untersuchten Material zwischen 38 und 56.

Eine Polyploidiereihe findet sich auch in der Gattung *Hedera* (JACOBSEN), ohne daß man hier an eine geradlinige Ableitung denken dürfte. Die stellat behaarte *H. helix* Europas besitzt $2n = 48$, eine postglaziale Autopolyploide Irlands (*f. hibernica*) $2n = 96$; die peltat behaarten *H. canariensis* (westmediterran) und *H. colchica* (ostmediterran) haben mit 96 bzw. 192 höhere Polyploidiestufen erreicht.

Innerhalb der US-amerikanischen Sippen der *Tradescantia-virginica*-Gruppe, die ANDERSON derzeit überprüft, treten mehrfach innerhalb ein und derselben Art 2- und 4-ploide Typen auf. Die Diploidenareale solcher Arten häufen sich (bei sonst durchaus differenter Verbreitung der entsprechenden Tetraploiden) in auffallender Weise gegen Texas hin, in einem Raum, den auch die meisten nurdiploiden Arten dieser Gruppe besiedeln.

Eine karyologische Analyse der Halo- und Psammophytenflora an der Mündung des Rio Mondego (Portugal), die sich weitgehend der TISCHLERschen Regel fügt, verdanken wir DE MESQUITA RODRIGUES. Der Polyploidenanteil beträgt 38,5%, er ist besonders hoch bei den Halophyten (60%), niedriger bei den typischen Psammophyten (32) und den Acker- und Ruderalarten (33%). Auffällig ist der hohe Polyploidenanteil unter den Kosmopoliten (66% der Perennen, 63% der Annuellen); den nördlicheren Florenelementen gehören 51% der Perennen und 29% der Annuellen, den südlicheren 48 bzw. 15% an.

Ebenfalls gut in unser gewohntes Bild passen die Angaben MARTINOLIs hinsichtlich der Chromosomenverhältnisse sardinischer Pflanzen. Die Karyogramme sind hier zumeist sehr einfach; von manchen Arten finden sich niedrigere Zahlen als in anderen Gebieten bekannt geworden sind, innerhalb mancher Gattungen die bislang niedrigsten spezifischen. Sardinien erweist sich auch hierin als Erhaltungsgebiet archaischer und paläoendemischer Elemente.

Eine sehr interessante, vergleichende Analyse nimmt MANTON an der Farnflora Ceylons vor, von deren etwa 250 Arten die Autorin 130 cytologisch untersuchte. Verglichen mit Europa (und besonders den britischen Inseln) erweist sich Ceylon als zumindest ebenso reich, wenn nicht reicher an Polyploiden, überdies ist der erreichte Polyploidiegrad in vielen Species höher als bei europäischen Arten; Artbastarde sind deutlich häufiger und ebenso die apogamen Sippen, die wahrscheinlich alle hybridogener Natur sind. MANTON gelangt daraus zu folgenden Schlüssen: 1. die Evolution verläuft in den Tropen schneller (und ist dort auch immer schneller verlaufen) als in gemäßigten Gebieten; 2. die Stimulation zur Artbildung durch die Eiszeit ist wohl nur lokal und temporär gewesen und mehr dem Zurückweichen des Eises (Zusammentreffen sonst getrennter Sippen, Rekolonisation der freiwerdenden Gebiete durch neue Taxa) als den glazialen Bedingungen zuzuschreiben; 3. der Grad der Polyploidie innerhalb einer Flora ist ein charakteristischeres Anzeichen evolutionärer Aktivität als ihr Prozentsatz.

Beachtliche Einwände gegen die Verwendbarkeit der TISCHLERschen Polyploidieregel im Alpenraum finden sich in zwei schweizerischen Arbeiten. ROHNER untersuchte eine Reihe ökologischer Sippenpaare, von denen der eine Partner eine Ebenenform, der korrespondierende eine Gebirgsform darstellt. Von sieben untersuchten Paaren erwiesen sich sechs als in allen Herkünften diploid, das siebte, entgegen der Erwartung in seiner Gebirgssippe (*Cochlearia pyrenaica*) als diploid, in der Ebenensippe (*C. officinalis*) als tetraploid. Die Einzeluntersuchung gibt hier demnach ein anderes Bild als die statistische Methode erwarten läßt.

Etwas allgemeiner, jedoch ebenfalls auf Einzeluntersuchungen beruhend, sind die Studien FAVARGERs gehalten, der zunächst darauf hinweist, daß in den Schweizer Hochalpen nur 56,2% der Arten polyploid sind (zum Vergleich: Zentraleuropa 53, Grönland 72, Spitzbergen fast 74%), also keineswegs mehr als in vielen Ebenenfloren Zentraleuropas. Des weiteren gibt es keine diploide Ebenenart, die in der Hochgebirgsstufe eine polyploide Rasse oder Schwesterart ausgebildet hat; umgekehrt besitzen jedoch mehrere diploide Arten der Hochgebirgsstufe polyploide Vikaristen im Tal (*Anthoxanthum odoratum, Arenaria marschlinsii, Lotus corniculatus*). In anderen Fällen ist zumindest der Polyploidiegrad in der Ebene höher, so bei *Cerastium strictum* (4n) und *arvense* (8n), bei *Phleum alpinum* (2n), *commutatum* (4n) und *pratense* (6n). Gewisse, sehr typische Gattungen der Hochgebirgsstufe sind dort ausschließlich diploid (*Cardamine, Draba, Arabis, Veronica, Achillea, Leontodon*), ebenso ist die Mehrzahl der alpinen *Festucae* diploid, während die Ebenenrassen in der Mehrzahl polyploid sind. Es darf eben nicht vergessen werden, daß es sich bei den alpinen Arten vielfach um alte, tertiäre Typen handelt, oft aus mediterraner Verwandtschaft, die während der Eiszeiten nur relativ kurze Wanderungen, „Oszillationen", unternommen haben, während die Arten der europäischen Ebenen oft weit jünger sind und im Norden sehr großräumigen Verschiebungen unterworfen waren. Ähnliches wurde übrigens auch von SOKOLOSKAJA und STRELKOVA für die Flora des Kaukasus entwickelt.

NYGRENs cytotaxonomische Untersuchungen an den nordamerikanischen *Calamagrostis*-Arten zeigen in anregender Weise, wie innerhalb einzelner Gruppen immer wieder einförmige, ökologisch spezialisierte, normal sexuelle und diploide (bzw. niedrigpolyploide) Formen — Areal reliktisch und schrumpfend — und vielförmige, anspruchslose, in viele Biotypen aufgesplitterte, hochpolyploide und sexuell gestörte bis apomiktische Formen — Areal ausgedehnt, erfolgreich vordringend — gegenüberstehen. Diese Plastizität scheint die größten Chancen zum Überdauern von Klimaänderungen zu geben. Nach NYGRENs Ansicht wären in Nordamerika während der Eiszeiten überhaupt nur die vier Arten der zweiten Gruppe erhalten geblieben, wenn die Gebirgszüge quer, nicht längs verlaufen würden. Europa mit seinen zehn Arten (darunter nur eine endemische) wäre also vergleichsweise als reich zu betrachten.

Auch BAKER (1) findet, daß bei *Limonium* (*Plumbaginaceae*) die mit Apomixis oder Selbstfertilität verbundene (abgeleitete) Monomorphie der Geschlechtsorgane die Verbreitung zahlreicher Arten wesentlich erleichtert hat.

Infolge des sehr frühen Zeitpunktes des Wanderungsbeginns sind aber auch dimorphe Arten der Alten Welt über das atlantische und pazifische Südamerika nach Kalifornien gelangt, von wo aus dann abgeleitete, monomorphe Arten über die atlantischen Staaten nach Europa zurückliefen. Westaustralische Arten haben spätestens im Eocän über die Antarktis Patagonien erreicht. — Bei den experimentell-taxonomischen Studien BAKERs (2) an dem rein diploiden *Armeria-maritima*-Komplex erwiesen sich dagegen die monomorphen Sippen in ihrer Verbreitung nicht so gefördert; man kann hier eine westeuropäische, dimorphe und selbststerile Gruppe (mit sehr variablen Populationen und vielen getrennten Biotypen auf Küsten- und Gebirgsfelsen, in Salzsümpfen und auf Sandfeldern, die nur durch scharfe ökologische Grenzen taxonomisch abgrenzbar werden), eine monomorphe, selbstfertile, kleinblütige Gruppe des arktischen Eurasien und des nördlichen Nordamerikas (mit recht einheitlichen Populationen) und eine ebenfalls monomorphe und selbstfertile, aber großblütige Gruppe des pazifischen Nordamerikas und Nordostasiens (einheitliche Küstenformen) unterscheiden.

Zwei Studien sind endlich Hybridenpopulationen gewidmet. ROLLINS schildert den Fall einer nördlichen und einer südlichen Sippe von *Lesquerella* (*Cruciferae*, diploid ohne Sterilitätsbarriere), die sich am Oberlauf eines Flusses in Tennessee nahekommen; an seinem Unterlauf findet sich, abseits der beiden Artareale, eine Reihe von Hybridpopulationen, bei denen infolge des Fehlens der Eltern keine Rückkreuzung, keine Introgression möglich ist. Obwohl die Ansiedlungen älteren Datums sind und sich reichlich vermehren, haben sich keine Typen selektioniert: die unstabile Kondition der nur im Überschwemmungsbereich gelegenen Lokalitäten dürfte sich in einer rein zufallsmäßigen Erhaltung auswirken und eine gerichtete Auslese unmöglich machen. *Crataegus oxyacanthoides* ist nach BRADSHAW in zusammenhängenden Waldgebieten Englands recht verbreitet. Bei Abholzung der Wälder werden ihr nicht nur die geeigneten Standorte genommen, sondern es ergeben sich Kontakte mit der Heckenpflanze *C. monogyna* (die ohne menschlichen Eingriff kaum je eintreten) und zur Aufbastardierung der ersten Art führen.

4. Florenwandel und Überdauerung im Pleistocän. Das Verständnis chorologischer Befunde (besonders im Alpenraum und seiner Peripherie) wird durch eine Reihe florengeschichtlicher, vor allem pollenanalytischer Arbeiten in so bedeutendem Maße gefördert, daß einige Hinweise hierauf vorausgeschickt werden sollen.

GAMS (2) gibt einen umfassenden Überblick über die floristischen und klimatischen Änderungen im Quaternär, wobei die Grenze zwischen Plio- und Pleistocän durch das Absinken des Exotenanteils unter 25% der Gesamtflora, nicht mehr durch das Aussterben dieser Arten gezogen wird. Dadurch reicht eine Reihe „typischer Tertiärarten" weit ins Pleistocän herein; besonders deutlich wird das bei GAMS (3), wo das ganz allmähliche Verschwinden der Gehölze aus dem alpinen Raum während des Eiszeitalters geschildert wird. Die Auswirkungen der ersten Eiszeiten sind auffallend gering: bis in die Mindeleiszeit sind in den Südalpen (nach LONA) noch *Cedrus, Pseudotsuga* und *Keteleeria* zu finden, bis ins Riß-Würm-Interglazial (GAMS' Riß-Präwürm $= E$) hinein verfolgt LONA dort *Pinus peuce* und *Rhododendron ponticum*. Aus LÜDIS (1) Bericht über die Entwicklung der postglazialen Vegetation in den Nordalpen endlich erhellt, daß die Jüngere Dryaszeit in Süddeutschland, den Schweizer und Französichen Alpen keinen erkennbaren Rückgang von *Pinus* und *Betula* brachte, dort also, wenn man so sagen will, mitnichten eine zweite „Dryas"-Zeit existierte.

Wertvolle Gesichtspunkte gewinnt OZENDA aus einem Vergleich der alpinen mit der arktischen Flora. Unbestreitbar bestehen ganz bedeutende Analogien zwischen den beiden Floren, angefangen von den Parallelen zwischen der Stufengliederung der Vegetation im Gebirge und der Zonierung nach der geographischen Breite über das gemeinsame Phänomen der Waldgrenze hinweg bis zu der taxonomischen Verwandtschaft oder Identität der einzelnen beteiligten Sippen. Die Tatsache des eiszeitlichen Austausches über die Tundren und Matten der Zwischengebiete ist überdies so gesichert, daß jeder Gedanke an eine bloße Konvergenz abwegig ist.

In scharfem Gegensatz zu diesen Übereinstimmungen und Ähnlichkeiten steht der Unterschied zwischen dem Artenreichtum der Alpen und der vergleichsweise ungeheuerlichen Armut der Arktis, die, auf gleich große Gebiete bezogen, weniger Arten zählt als die Wüste Sahara. Von den großen Gattungen finden sich nur Bruchteile dort (von 280 *Drabae* 100 in den Anden, nur 30 in der Arktis, von 300 *Saxifragae* nur 15 in der Arktis; von 72 *Umbilicariae* sind 15 arktisch und alpin, nur 1 rein arktisch); unter den Blütenpflanzen insgesamt kennen wir nur etwa 20 rein arktisch-endemische Arten, keine Gattung, keine Familie: Korsika etwa beherbergt bereits dreimal mehr Endemiten als die ganze Arktis.

Als Gründe für diese eindrucksvolle Benachteiligung der Arktis bzw. Bevorzugung der Alpen mag man vor allem die unverhältnismäßig größere Vielfalt der alpinen Standorte, die Komplexität der Reliefe, die weit größere Bedeutung geographischer Breite und der Exposition in den sonnengünstigeren Alpen ins Auge fassen, dazu vielleicht noch die Tatsache, daß in den Alpen die Bodenbildung oft auf früher Stufe stehen bleibt, in der Arktis dagegen weithin uniformiert ist. Die alpine Flora (aus den fraglichen Gattungen) ist vergleichsweise alt; ihrer Wanderung nach Norden standen vielfach eigentümliche Charaktere des arktischen Klimas entgegen, die als Faktoren der Verarmung wirkten. Nur die niedrigen Durchschnittstemperaturen sind ja den beiden Klimaten gemeinsam, während ihre Extreme und ihre Periodizität ganz andere sind; Lichtintensität und Wärmequantum unterscheiden sich ebenso wie die Photoperiodizität (man denke hier nur an die ausmerzende Wirkung des nordischen Langtags im Sommer!). Der Dauergefrornis der arktischen Böden endlich stehen die im Sommer sich stärker als die Luft erwärmenden alpinen Böden gegenüber. Es wäre dankenswert, wenn diese Überlegungen durch geeignete Versuche weiter unterbaut werden könnten.

Auch MERXMÜLLER und POELT warnen, zum Teil mit recht ähnlicher Begründung, davor, Hypothesen über den diluvialen Florenwechsel in den Alpen auf Vergleiche mit der arktischen Vegetation und ihren Klimabedingungen zu begründen. Da die Alpen während des Pleistocäns mit Sicherheit auf annähernd gleichem Breitengrad lagen, also ähnliche Verhältnisse der Sonneneinstrahlung, Photoperiodizität usw. besaßen wie heute, sollten weniger die arktischen Gebiete als vielmehr die entsprechend höheren Lagen der Hochgebirge der gemäßigten Zone zum Vergleich herangeholt werden.

Wenn man untersucht, welche und wieviele Arten der heutigen Alpenflora, gemessen an ihren rezenten ökologischen Bedingungen, die Eiszeit in den Alpen überdauert haben können, so findet man etwa 500 Nivalmoose und -flechten, die heute, zum Teil sehr beträchtlich, über der Schneegrenze gedeihen. Diese Zahl erhöht sich, unter Einbeziehung einer Reihe von Blütenpflanzen, auf ein Mehrfaches, wenn man die Arten dazunimmt, die der Schneegrenze nahekommen, die Sippen alpiner Schneeböden, wasserzügiger Hänge, der Gletscherbachränder; auch die überall in den Hochgebirgen wie auch im arktischen Bereich mit den Schneeböden verzahnten alpinen Heiden müssen hierhergerechnet werden, die auf Nunatakkern usw. Existenzmöglichkeiten fanden. Allein an Gefäßpflanzen solcher nivaler und subnivaler Standorte lassen sich über 300 Arten namhaft machen. Besondere Bedeutung ist hierbei den eurythermen Sippen beizumessen, sei es den Nitrophilen, sei es den Angehörigen des mediterranen Stammes.

Die Existenz alpiner Refugialgebiete (auch in den Inneralpen) wird durch einige neue chorologische Daten weiter erhärtet. Die Übereinstimmung des Areals einer extremen Nivalflechte (*Umbilicaria virginis*) mit *Crepis rhaetica* läßt sich nur so deuten, daß auch die Gefäßpflanze an den Stellen überdauert hat, die der Flechte ohne weiteres zugebilligt werden; der Vergleich der praktisch identischen Arealbilder des Steinbrechs *Saxifraga sedoides* und des von dieser Pflanze völlig unabhängigen Rüsselkäfers *Dichotrachelus vulpinus* zeigt, daß es sich auch hier nur um Räume diluvialer Erhaltung handeln kann. Wie erstaunlich hoch die Vegetationsgrenzen unter rezenten Verhältnissen liegen, wird neuerdings von PITSCHMANN und REISIGL für die Ötztaler Alpen, von CASTELLI für die Haute-Maurienne gezeigt. Eine typische Nunatakkergesellschaft behandelt WENDELBERGER (1) bei einer soziologischen Einordnung von *Taraxacum handelii* und *reichenbachii*. — RUBNER (1) gliedert die alpinen Lärchenrassen in eine raschwüchsige, geradschäftige Tieflagensippe der Alpenrandgebiete (Wienerwald, steirischer Ostalpenrand, Südalpenrand), die „Reliktlärchen" in Refugialgebieten darstellen, und eine langsam-wüchsige, wenig gerade und krebsanfällige Hochlagensippe der Gebiete über 1600—1700 m, die postglazial zugewandert ist. Dazwischen kennt RUBNER eine lokalrassenreiche, uneinheitliche Mittellagensippe der Stufe zwischen 800 und 1600 m, die dann hybrider Herkunft wäre. — GAMS (4) ist in einer auch sonst sehr lesenswerten Studie über die säkularen und rezenten Schwankungen der alpinen Vegetationsgrenzen der Ansicht, daß sich die Nivalflora heute mehr und mehr durch höhersteigende Arten niedrigerer Stufen anreichert, wenn auch das Bild vielfach durch die im Gefolge des Gletscherrückgangs vergrößerten Alluvionen und Schutthalden einerseits, durch die so weitgehende menschliche Waldverwüstung andererseits nicht klar erkennbar wird.

Eine ausgezeichnete Studie über das amerikanische und das lusitanische Element der britischen Inseln verdanken wir HESLOP-HARRISON. Die etwa 7 oder 8 Arten nordamerikanischer Herkunft sind bis jetzt ausschließlich an feuchten bis nassen Standorten, an und in Seen und Sümpfen oder zumindest an Lokalitäten in der unmittelbaren Nähe großer Seen gefunden worden. Dies spricht sehr nachdrücklich für eine Verbreitung durch Wasservögel, wenn auch bisher keine Vogelstraßen zwischen Nordamerika und England bekannt geworden sind. Beachtenswert ist der Hinweis auf den grönländischen *Anser albifrons flavicornis*, der zum Teil in Irland (gelegentlich auch Schottland), zum anderen im Gebiet des St. Lawrencestromes überwintert — zumal in den fraglichen Küstengebieten Westgrönlands reiche, von Jahr zu Jahr nach Art und Menge wechselnde Sumpf- und Wasserfloren gefunden werden; sie sind offensichtlich ornithochor und enthalten einen Gutteil dieser englisch-amerikanischen Arten. So kurios eine solche „Umsteigtheorie" zunächst anmutet, so erscheint sie doch besser fundiert als manche Erhaltungs- oder gar Wanderhypothesen vom Festland her, die kaum durch fossile oder rezente Reliktvorkommen gestützt werden können[1].

Für das lusitanische Element ist der Gedanke an ein glaziales Überdauern erst recht abzulehnen, da die fraglichen (etwa 15) pyrenäisch-mediterranen Arten sich großenteils bereits unter dem heutigen Klima als nicht mehr ausbreitungsfähig erweisen. HESLOP-HARRISON hält dieses Element zudem nur für einen Extremtyp des „südlichen Elements" in England, das er in eine „mediterrane Gruppe" (Schwerpunkt im Mittelmeerraum) und eine „atlantische Gruppe" (Schwerpunkt am Atlantik) aufteilt. Damit rücken Arten wie *Arbutus* oder *Rubia* in die Betrachtung ein, bei denen eine diluviale Erhaltung in situ unvorstellbar ist; ihre Einwanderung kann nur im Postglazial erfolgt sein. Im Boreal bestanden breite Landbrücken zwischen dem Kontinent und England, auch Irland war nur durch einen schmalen Meeresarm getrennt; die stete Klimaverbesserung gegen das wärmezeitliche Maximum hin muß

---

[1] Immerhin fand JESSEN *Eriocaulon*-Pollen in Schichten der mittleren Wärmezeit (vgl. FIRBAS in Fortschr. Bot. 14, 180—181).

die Ausbreitung dieser südlichen Typen sehr begünstigt haben. Durch die im Atlantikum eintretende Überschwemmung der Landbrücken und Küstenlinien traten die ersten Unterbrechungen ein, die von weiteren Arealrestriktionen durch die erneute Klimaverschlechterung gefolgt zum heutigen Bilde führten.

Beachtenswert erscheint noch der Hinweis, man solle bei der chorologischen Auswertung von Arealkarten nicht die Extremfälle, die bizarrsten Verbreitungstypen herausheben und isolieren, sondern sie immer im Zusammenhang mit größeren Gruppen der Gesamtflora betrachten. — Ornithochorie wird von ANDREAS auch für einige niederländische, bisher als reliktisch betrachtete Typen vermutet; die eng lokalisierten Vorkommen von *Cornus suecica*, *Linnaea*, *Trientalis* und *Arctostaphylos* (zum Teil beerentragend!) liegen sehr genau im Bereich skandinavischer Vogelzugstraßen. Eine weitere solche Art, *Carex aquatilis*, wird allerdings zu gleicher Zeit in entsprechenden spätglazialen Schichten nachgewiesen, so daß in diesem Fall die reliktische Kontinuität gesichert erscheint.

Die kontinentalen Elemente der englischen Flora werden von WALTERS in eine nördliche (boreale Föhrenwaldtypen wie *Astragalus danicus* und *Linnaea*), eine allgemeine (*Veronica spicata*) und eine südliche (Steppentypen wie *Carex humilis*) Gruppe gegliedert. Sie bevorzugen Südostengland, Kalkböden (die am wenigsten vernässen und auslaugen) und offene waldfeindliche Gesellschaften; da es sich um kleine, isolierte Populationen handelt, sind sie vielfach in Ökotypen aufgespalten. Ihre erste starke Ausbreitung wird ins Spätglazial und Boreal verlegt; im Subboreal dürfte es im Gefolge der neolithischen Waldrodungen zu einer zweiten, lokaleren Ausbreitungswelle gekommen sein. Eine Reihe ähnlicher Arten stark disjunkter Verbreitung werden von PIGOTT und WALTERS (1) besprochen; auch hier tritt die Refugienrolle seit der Eiszeit baumfreier, meist basischer Lokalitäten (Berge oberhalb der Baumgrenze, Kliffe, Kalksteilhänge, Sanddünen, erodierte Flußtäler, Niedermoore, Seeufer) für solche kontinentalen oder südlichen Typen klar in Erscheinung.

Floristische, cytogenetische und taxonomische Studien zeigen nach MELDERIS, daß die britische und die skandinavische Gebirgsflora eine gemeinsame Geschichte haben und daß Veränderungen in der Artenzusammensetzung in beiden Floren durch ähnliche klimatische und edaphische Faktoren, kombiniert mit Evolutionsprozessen, beeinflußt wurden. An gemeinsamen rein arktisch-subarktischen Arten sind gegenwärtig 37, an arktisch-alpinen über 80 Arten bekannt, die eingehend besprochen werden. Die Disjunktionen lassen sich nach der Meinung des Autors nur durch eine Anerkennung der Überwinterungstheorie erklären, wobei den bekannten Refugien in Südwestnorwegen und Nordwestskandinavien (wo auch Bäume und Sträucher wie *Betula callosa* und *Myricaria* überdauerten) eine Reihe eisfreier britischer Lokalitäten gegenüber gestellt wird. Darunter erscheinen die Penninen (deren Kette zum großen Teil unvergletschert geblieben sein soll), einige Gebietsteile Irlands (vor allem der Ben Bulben, Cross Fell und Snowden), die westschottischen Inseln, die Shetlands und die Äußeren Hebriden, wahrscheinlich auch einige Küstengebiete Schottlands selbst. Die Verbindung mit Skandinavien dürfte bis ins Spätmiocän zurückreichen, möglicherweise aber zum Teil bis in die letzten Eiszeiten angedauert haben. Die weitere Entwicklung der Kleinsippen verläuft in beiden Gebieten ganz gleichförmig, sei es durch Hybridisation innerhalb gleicher Verwandtschaftskreise (*Cerastium*, *Saxifraga*, *Poa*, *Orchis* u. a.), durch anschließende Apomixis, durch Viviparie (*Poa*, *Festuca*,

Deschampsia, Polygonum, Saxifraga — möglicherweise mit dem nordischen Langtag zusammenhängend), durch Polyplodie und Mutation mit ähnlichen Auslesebedingungen.

Auch für Grönland wird die Frage der eiszeitlichen Überdauerung pollenanalytisch überprüft (IVERSEN, Godthab-Fjord). Von den 32 Arten der ältesten Schichten — diese kommen fast alle heute auch auf Nunatakkern des nördlichsten Grönland vor — dürfte etwa die Hälfte wirklich überdauert haben; die übrigen werden als sehr frühe Zuwanderer betrachtet, die durch den Wind (Kryptogamen!), den Ozean, besonders aber durch Vögel verschleppt worden seien. Auch hier wird die Ornithochorie durch Karten des Vogelzugs glaubhaft gemacht. Dem „harten" Teil der Flora, der überdauert hat, steht also ein „südliches Element" gegenüber, das zum Teil unglaublich früh (*Atriplex* in den ältesten, strauchlosen Schichten!) aus Amerika und Europa zugewandert ist (vgl. auch S. 350).

Eine kluge Analyse der arktischen Reliktflora der kanadischen Gaspéhalbinsel (an der Südseite des St. Lawrencestroms) hat RUNE (1) vorgenommen, eines Gebietes, das während der Eiszeiten zur Gänze eisbedeckt gewesen sein dürfte. Ähnlich wie in Skandinavien sind solche isolierte Zentren von Relikten so zu erklären, daß von den eigentlichen Eiszeitrefugien her im Spätglazial eine „aggressive Invasion" der eisfrei werdenden, frühen postglazialen Tundra erfolgte. Sie wurde später vom Wald überzogen, wobei sich die bis dahin sehr verbreiteten arktischen Arten nur auf Böden halten konnten, die waldfeindlich, unreif, infolge ihres Reliefs oder ihres Ausgangsgesteins stets nur Pioniervegetationen tragen konnten. Dies gilt besonders für die Serpentinmassive, die daher wie in Skandinavien auch hier in Kanada zwar keine typischen Serpentinophyten, aber eine reiche serpentinicole Reliktflora tragen.

Unmittelbar nacheiszeitlich dürften auch die Wanderungen einiger arktischer Sippen vor sich gegangen sein, die hier noch angeschlossen werden sollen. Ein schönes neues Beispiel für (nicht notwendigerweise sehr junge) Kleinarten, die auf die westliche Hocharktis beschränkt sind, bietet nach NANNFELDT die bislang mit *Minuartia stricta* konfundierte *M. rolfii*, die Spitzbergen, Ostgrönland und den arktisch-amerikanischen Archipel bis zu den Baffin- und Melvilleinseln besiedelt. NANNFELDT nimmt einen direkten Austausch skandinavischer und arktisch-amerikanischer Arten „in nicht allzu entfernter Zeit" auf einer Route (etwa) Nordgrönland — Spitzbergen — Nowaja Semlja an. Auch bei *Carex spaniocarpa*, einer Kleinart der *supina*-Verwandtschaft, soll nach RAYMOND (1) unmittelbar nach der letzten Eiszeit ein Austausch zwischen Grönland und Nordostasien stattgefunden haben.

5. Vegetationsstudien und Florenlisten. Allgemeine Grundlinien für den Entwurf von Florenwerken gibt VAN STEENIS; neben Schlüsseln, Beschreibungen usw. sollen moderne Floren auch ökologische und chorologische Zusätze enthalten und sich vor allem einer makellosen Nomenklatur (Nennung von Typen, Publikationsdaten u. a.) bedienen. Von Interesse ist ein angeschlossener Überblick über den derzeitigen Stand der Bearbeitung der großen Floren. Über die wichtigsten europäischen Florenwerke referiert GAMS (5), wobei vor allem die bedauerliche Tatsache hervorgehoben wird, daß außer HEGIS Illustrierter Flora von Mitteleuropa kein einziges größeres Florenwerk vollendet wurde (vgl. NYMAN, ASCHERSON und GRÄBNER, ROTHMALER). Das Gebiet einer modernen Flora soll durch natürliche Grenzen, nicht durch staatliche begrenzt werden, die Territorien sind genügend groß zu wählen; eine Beigabe von Arealkarten wenigstens der wichtigeren Arten ist erwünscht. Besonders wichtig wären umfassende Bearbeitungen unserer Gebirge, der Gesamtalpen, der Gesamtpyrenäen; doch ist hierfür wohl die Zusammenarbeit einer Anzahl von Forschern vonnöten. Über die Notwendigkeit einer Flora von Europa verbreitet sich auch VALENTINE in einem Bericht über das Fortschreiten taxonomischer Arbeit in England.

Bei unserem nun folgenden Bericht über die mehr vegetationskundlichen Arbeiten sei vorneweg noch einmal auf das Phänomen der fortschreitenden „Chorologisierung" dieses Gebietes aufmerksam gemacht. Von den Zentraleuropa behandelnden Arbeiten seien einige größere Studien über die Wiesenfloren vorangestellt. Primäre Wiesen kommen im Waldgebiet des Schweizer Jura [ZOLLER (1), (2)] nur an ganz extremen Standorten vor; die meisten *Bromus-erectus*-Wiesen sind kulturbedingt. Neben spontanen Arten finden sich hier viele anthropochore, überhaupt herrscht eine auffallende Mischung verschiedener Assoziationselemente; bemerkenswert ist das Auftreten besonderer, von den dortigen spontanen Sippen abweichender Rassen. ZOLLER geht es vor allem um eine Klärung der primären Assoziationszugehörigkeit der einzelnen Arten, die nur im Rahmen einer vergleichend-chorologischen Analyse der Gesamtareale möglich ist. Hierbei werden Sippenbildung, Arealgeschichte, Arealausdehnung, Synökologie und die Reaktion auf menschliche Einflüsse untersucht; nach der Erstreckung der synökologischen Amplitude über einen, zwei oder mehrere Vegetationsgürtel werden zonale, bizonale und azonale Arten unterschieden.

In den sekundären Wiesen überwiegen azonale Arten und Sippen aus lokalbedingter Vegetation extremer Standorte, während (mit Ausnahme von Arten des kontinentalen Steppengürtels) solche Species fehlen, die primär vor allem in regionalbedingten Gürtelvegetationen vorkommen. Stark variable und phylogenetisch jüngere Sippen überwiegen beträchtlich, die Zahl der beteiligten Florenelemente ist erstaunlich hoch. Für jedes Florenelement lassen sich einigermaßen deutliche Beziehungen zwischen der Gesamtverbreitung der einzelnen Arten und ihrem Auftreten in den *Bromus-erectus*-Wiesen konstatieren. Die Artenkombination dieser Sekundärwiesen gehört also ursprünglich sehr verschiedenen Vegetationstypen an. Die Abwandlung des Arealtypenspektrums von Assoziation zu Assoziation geht parallel dem Wechsel der Standortsökologie; das ATS ist also ein adäquater Ausdruck der Umweltsbedingungen, unter welchen sich die Vegetation entwickelt hat.

ZOLLERs Arealtypenspektrum wird begründet auf der „mittleren Elementmächtigkeit im Durchschnittsbestand einer bestimmten Assoziation", wobei also im Gegensatz zu MEUSEL das mengenmäßige Auftreten der einzelnen Arten miteinberechnet wird. Hinsichtlich der ziemlich komplizierten mathematisch-statistischen Auswertung ist auf die Arbeit selbst (2) zu verweisen. An Einzelergebnissen ist noch anzuführen, daß in ZOLLERs Untersuchungsgebiet die Xerobrometen nahe Beziehungen zu den submediterranen Gariden aufweisen und daher zur submeridionalen Gürtelserie gerechnet werden, während die Mesobromion-Rasen vollständig azonalen Charakter zeigen und überhaupt keinem bestimmten Vegetationsgürtel, ja nicht einmal einer Gürtelserie zugewiesen werden können. In der Gliederung des Xero- und Mesobromion spiegelt sich die nord-südliche Zonierung der osteuropäisch-sibirischen Steppenvegetation deutlich wider.

Einen interessanten Versuch gleichzeitiger pflanzensoziologischer und chorologischer Untersuchung unternimmt WIEDMANN an den Trockenrasen des Moränengebietes zwischen Ammer- und Würmsee. Am Aufbau der südbayerischen Trockenrasen sind drei an der Grenze ihres Verbreitungsgebietes stehende Elemente beteiligt, nämlich dealpine, kontinentale und submediterrane. In WIEDMANNs Gebiet kommt jedoch das kontinentale Element kaum zum Tragen; lediglich einige ausgeprägt südlich-kontinentale Sippen bilden zusammen mit submediterranen Arten einen sehr verarmten Typus submediterraner Felsheiden, der an klimatisch extremen Stellen dieses Waldgebietes als autochthon gelten darf, sich durch die Mahd aber ausgebreitet hat. Der alpennahen Lage entsprechend ist die typische Grasheidengesellschaft ein von alpinen Matten abzuleitendes ,,Mesobrometum praealpinum", das in ähnlicher Form auf der Schwäbischen Alb (von den Gletschern noch erreicht), nicht mehr dagegen im Frankenjura (keine Gletschernähe) vorkommt. Eine auffallend hohe Beteiligung Dealpiner weisen auch die ,,Schoeneto-Brometen", Übergänge zwischen den Hangquellmooren und den Mesobrometen, auf; es handelt sich hier um Arten, die bei der postglazialen Wiederbewaldung auf die waldfeindlichen Schoeneten verdrängt wurden und bei der späteren künstlichen Waldauflockerung über die Schoneto-Brometen sekundär ins Mes. praealpinum gelangten.

Die Grünlandgesellschaften an der unteren Mulde und mittleren Elbe unterzieht HUNDT einer vergleichenden Untersuchung, bei der wir an chorologischen Details vermerken, daß die ökologische Amplitude des Arrhenatheretums gegenüber westlicheren Gebieten stark eingeschränkt erscheint (nur mehr an sandig trockenwarmen Ufern und Dämmen); die *Peucedanum*-Gesellschaft bietet ein kontinentales Pendant zu den atlantischen Molinieten.

Einige weitere Arbeiten sind den Wäldern gewidmet. Voranzustellen ist hier RUBNERs und REINHOLDs ,,Das natürliche Waldbild Europas", das in dankenswerter Weise eine im wesentlichen der klimatologischen Gliederung folgende Übersicht der europäischen, vorderasiatischen und nordafrikanischen Waldlandschaften gibt, die durch viele Karten und Schemata erläutert wird.

Gliederung: Nordeuropäische Nadel-Birkenwald-Region (mit 3 Gebieten) — nordosteuropäische Nadel-Laubwald-Region (5) — mitteleuropäische Buchen-Eichenwald-Region (32) — westeuropäische Laubwaldregion (14) — Alpenregion (7) — ost- und südosteuropäische Eichen-Buchenwald-Region (26) — osteuropäische Eichen- und Waldsteppen-Region (5) — Region der Krim und des Kaukasus (10) — südeuropäische Kastanien- und Hartlaub-Region (24) — nordafrikanisches Bergland (7).

KNAPP unterzieht die subalpinen Buchen-Mischwälder der nördlichen Ostalpen einer vergleichenden Betrachtung, in denen vor allem boreo-meridionale (süd-mitteleuropäische Gebirgspflanzen), daneben boreal-montane und subarktisch-subalpine Elemente eine Rolle spielen. Wesentlich erscheint dem Autor daneben noch eine Gruppe, die auf die mittel- und südeuropäischen Gebirge beschränkt ist, jedoch im Schwerpunkt ihrer Verbreitung nicht mit dem boreo-meridionalen Element in diesen Gebieten übereinstimmt, sondern eher eine gewisse Verwandtschaft (auch soziologisch) zum boreal-montanen Element aufweist. KNAPP bezeichnet solche Typen, nicht gerade sehr glücklich, als ,,montan-subalpin".

Die in den Ackerbaugebieten Mitteleuropas zu beobachtenden Restwälder sucht MEUSEL (2) pflanzengeographisch einzuordnen. Von Interesse ist der Hinweis, daß in Gebieten mit kontinentalem Klimacharakter die Rotbuche durch Niederwaldwirtschaft verdrängt wird; durch Auflockerung und Auflösung der ursprünglich zusammenhängenden Walddecke wird örtlich (vor allem an den Waldrändern) eine „kontinentalere" Artenzusammensetzung bewirkt als geographisch-großklimatisch zu erwarten wäre.

Aus der Schule MEUSELs beschrieb NEUWIRTH die Waldgesellschaften des Fallsteins (nördliches Harzvorland), eines Übergangsgebietes von den atlantisch getönten Bezirken des Braunschweiger Hügellands und des Leine-Weser-Berglands zum Mitteldeutschen Trockengebiete; während der Fallstein noch zu den ersteren gerechnet werden muß, gehört der von WEINITSCHKE bearbeitete Hackel bereits dem Westteil des letzteren an und ist durch subkontinentale, wärmeliebende Laubmischwälder der Hügelstufe ausgezeichnet. Das südwestfälische Bergland wurde von BUDDE und BROCKHAUS dargestellt, ein ursprüngliches Rotbuchenwaldgebiet, dessen Florengrundstock aus boreo-meridionalen, besonders aus südeuropäisch-montan-mitteleuropäischen und, entsprechend der Höhenlage, aus boreal-montanen Arten besteht. Im Astengebirge finden sich an eng umgrenzten Standorten arktisch-alpine, bzw. subarktisch-subalpine Typen, die wie manche boreal-montane Eiszeitrelikte darstellen. Zwischen dem atlantisch-subatlantischen Saum im Westen und Nordwesten und dem kontinentalen Saum im Osten lassen sich schöne Grenzlinien ziehen, deren Verlauf im einzelnen erläutert wird. Die Vegetation und Flora des südlichen Leineberglandes endlich schildert RÜHL.

Wie die Betrachtung der lokalen und der gesamten Verbreitung bestimmter Leitpflanzen nicht nur die Abgrenzung, sondern auch die Ausbreitung und Durchdringung der Pflanzengemeinschaften zu verstehen lehrt, zeigt MEUSEL (1) am Beispiel von *Trientalis* und *Blechnum*, die beide nach TÜXEN Charakterarten des Eichen-Birken-Waldes einerseits, lokale Charakterarten des Fichtenwaldes andererseits darstellen. Trotzdem gehören diese beiden Waldtypen in Mitteldeutschland sicher nicht zusammen, sondern der erstere steht mit extrem atlantischen Waldgemeinschaften in engerer Beziehung, der letztere rechnet zu den Ausläufern der eurosibirisch-boreal-kontinentalen Vegetation. Dies zeigt ohne weiteres eine Betrachtung des Gesamtareals der oben genannten Leitarten, deren ähnliche Verbreitung in ihrem Überschneidungsbereich in Mitteldeutschland lediglich auf ihre ähnlichen ökologischen Ansprüche (Arten frischer Rohhumusböden) zurückzuführen ist.

In Westeuropa behandelt MULLENDERs die pflanzengeographische Stellung des belgischen Hochplateaus, das gerne als „subalpin" bezeichnet wird. Der Autor weist jedoch mit Recht darauf hin, daß in den europäischen Gebirgen die subalpine Stufe durch den Klimaxkomplex definiert ist, der die Baumgrenze erreicht; diese Grenze ist jedoch in Belgien nirgendwo zu ziehen, vielmehr herrscht in den Gipfelhöhen (500—700 m) der Klimaxkomplex des Fagion und besonders des Quercion rob.-sess., wobei die Klimaxgesellschaften mitteleuropäischen, die Initial- und Dauergesellschaften etwas stärker atlantischen und boreo-atlantischen Charakter zeigen. Das alpigene Element ist äußerst schwach vertreten. MULLENDERS schlägt für seine Stufe den Begriff „montan-boreo-atlantisch" vor.

BREISTROFFER führt seine unter dem Namen „Die Nordgrenzen der Ausbreitung der mediterranen Flora in Drôme und Ardèche" 1952 begonnene, mit zahlreichen wichtigen pflanzengeographischen Angaben versehene Studie fort. Neue Fundlisten aus der Bretagne veröffentlicht CORILLION (4). Eine ausgezeichnete Informationsquelle über Flora und Vegetation fast aller französischen Bezirke (auch eines Teils der überseeischen) geben die „Notices botaniques et itinéraires commentés publiés à l'occasion du 8e Congrès International de Botanique Paris-Nice 1954".

Eine Reihe von Arbeiten liegt aus den spanischen Gebieten vor. SAPPA und RIVAS GODAY unterscheiden in den aragonischen Monegros (Prov. Zaragoza und Lerida) drei hauptsächliche Vegetationstypen, die Garigue (Hänge der südlichen Höhen), die Gipsvegetation (zerstreut in der Übergangszone) und die *Artemisia-herba-alba*-Gesellschaften (in der Ebene). Das Studium der Baumrelikte (vor allem *Juniperus thurifera*) zeigt, daß die Höhen im Süden früher bewaldet waren, wobei sich der Thurifera-Wald (Cupressaceengürtel) bei der allgemeinen Gürtelregression mit dem Aleppokiefernwald (Quercus-ilex-Gürtel) überlappte. Die Garigue und die Artemisiensteppe sind als Resultat natürlicher und menschlicher Degradation dieses früheren Waldes zu betrachten. Die floristische und strukturelle Eigenart der *Artemisia-herba-alba*-Gesellschaften läßt es im übrigen angebracht erscheinen, sie nicht als Steppe, sondern als Halbwüste zu bezeichnen.

Einen interessanten Florenvergleich zwischen den Pyrenäen und den kantabrisch-leonischen Gebirgen führt LOSA durch; von 1069 in diesem letzteren Bereich gefundenen Arten sind 917 auch pyrenäisch. Diese auffallenden Analogien sprechen deutlich für einen gemeinsamen Ursprung beider Floren, deren Florenelemente und Endemiten eine genauere Analyse erfahren. GUINEA teilt den westlich an die Pyrenäen anschließenden ibero-atlantischen Sektor in zwei Subsektoren, den kantabrischen (Guipuzcoa, Vizkaya, Santander und Ostasturien) und den galizisch-lusitanischen (Westasturien, Galizien, Nordwest-Leon, Nordportugal), die sich beide floristisch deutlich unterscheiden.

Eine Reihe gut verwertbarer Vegetations- und Florenangaben findet sich in dem Bericht über die 10. I. P. E. durch Spanien 1953 [LÜDI (2)], die aus dem Mediterranklima Kataloniens und den Salzsteppen des Ebrobeckens ins nebelfeuchte Asturien und ins feuchtkühle Galizien führte, weiter in die trockenkontinentalen Hochflächen Kastiliens, das trocken-heiße Andalusien, um im Sierra-Nevada-Gebiet zu enden. Fundortslisten aus Nordwestspanien liefert DUPONT, eine Fortsetzung der Florenliste Kataloniens LAPRAZ, einen Beitrag zum Katalog der Flora palentina (Palencia in Nordspanien) LEROY und LAINZ, zu dem der Flora montañesa LAINZ. FONT QUER (2) schrieb eine Geografía Botánica de la Península Ibérica, die dem Berichterstatter jedoch nicht zugänglich war.

Die Beziehungen und Unterschiede zwischen der west- und der ostmediterranen Flora und Vegetation wurden in der Berichtszeit von mehreren Autoren verfolgt. Nach MARKGRAF liegen die entscheidenden Phasen für die Pflanzenverbreitung im Mittelmeerraum im Tertiär, in dem Wechsel von Land und Meer, in der Hebung der Gebirge. Da bis ins Pliocän hinein keine Apenninenhalbinsel, sondern nur kleine Inseln und schwache Landbrücken existierten, haben sich aus dem subtropischen Wald zunächst meist omnimediterrane Arten herausdifferenziert; da die miocänen Gebirge noch recht niedrig waren, sind die entsprechenden Relikte keine Hochgebirgspflanzen, sondern Arten der Waldstufe (*Aesculus, Forsythia, Ramonda* u. v. a.). Kleinasien bildete mit Ägäis und Balkanhalbinsel einen Kontinent, der zeitweise mit Nordwestafrika in Verbindung stand; die Arten, die diese Verbindung benutzten, fehlen auch heute noch in Nord- und Mittelitalien wie im Norden der Balkanhalbinsel (*Bupleurum fruticosum, Cichorium spinosum*). Einzelne Arten blieben in der Mitte stecken, wie *Caralluma* und *Tetraclinis* von Westen her, *Pinus heldreichii* und *Platanus orientalis* von Osten her. Im Pliozän scheint die Differenzierung in West und Ost bereits vollendet gewesen zu sein.

Im Westen zeigt die Verbreitung von *Chamaerops* und *Cneorum* ähnliche historische Verbindungen zwischen Korsika, Sardinien, Teilen der Toskana und Liguriens auf. Von besonderem Interesse ist der Fall der Wacholdermistel (*Arceuthobium*), die, noch heute streng in ein westliches und ein östliches Teilareal gespalten, der ganzen Apenninenhalbinsel fehlt; *Cistus laurifolius* und *Prunus prostrata* zeigen ähnliches. Rassische Differenzierungen wie bei *Cedrus, Prunus laurocerasus, Viola delphinantha, Ramonda, Rhododendron ponticum* unterstreichen den Bruch ebenso wie das Vorkommen ganz isolierter Typen wie *Abies pinsapo* und die Gattung *Ulex* im Westen, *Liquidambar* und *Acantholimon* im Osten.

Auch die Vegetation zeigt heute starke westöstliche Differenzierung, wie ein Vergleich einer albanischen Sandsteinmacchie mit einer südfranzösischen lehrt (Vorherrschen von *Quercus suber* und *Pinus pinea* im Westen, von *Arbutus* und *Erica arborea* im Osten); im Westen deutlich gefördert sind auch die *Cistus*-Arten, *Lavandula* und *Rosmarinus*. Solche quantitativen Unterschiede werden allerdings besser klimatisch, nicht historisch gedeutet.

Auch beim Vergleich der nordägäischen Kraut- und Zwergstrauchfluren mit den entsprechenden Einheiten des westlichen Mittelmeergebietes findet OBERDORFER auffallend große Unterschiede. Während die Therophyten-reichen Weidefluren wenigstens noch so viele gemeinsame Arten aufweisen, daß eine Zuordnung dieses „Romulions" zu der gesamtmediterranen Klasse der Thero-Brachypodietea möglich erscheint, sind die Differenzen bei den Zwergstrauchgesellschaften so groß, die gemeinsamen Arten so wenige, daß hier besser eine eigene kontinentale Klasse der Cisto-Micromerietea (= Phrygana) den atlantischen Cisto-Lavanduletea bzw. auch den Ononido-Rosmarinetea (Tomillares) gegenübergestellt wird.

Unter den rein südosteuropäischen Arbeiten interessieren zunächst SCHMIDs (4) Gattungsanalysen der illyrischen Vegetationsgürtel, aus denen hier einige allgemeine Punkte zusammengefaßt werden sollen. Der Quercus-Ilex-Gürtel, nur reliktisch vertreten, ist aus mesophilen Stämmen subtropischer Herkunft bereits im Miocän „xeromorphosiert"; er hat im Postpliocän viele Arten verloren. Nur dem Mittelmeergebiet eigen (also kein Standardgürtel) ist der Quercus pubescens-Gürtel, der dem Südrand der temperierten Gürtel entstammt, und eine xeromorphosierte Laubmischwaldflora darstellt; er ist phylogenetisch jung und zeigt keine großen Disjunktionen. Die Standardgürtel von Quercus-Tilia-Acer und von Fagus-Abies (hemero- und anthropophob) bieten wenig Besonderes, während bei dem von Larix-Pinus-Cembra die Verwandtschaft mit der subtropischen Coniferenstufe und der darüberliegenden Ericaceenvegetation angemerkt sei. Der frühtertiäre Laurocerasusgürtel ist nur in refugialen Resten und Einzelarten erhalten, die in atlantischen Perioden der Nacheiszeit noch einmal nach Norden vorgestoßen sind. Die Steppengürtel sind im Gebiet nur schwach vertreten, da die glaziale Bewaldung ihre Ausbreitung hemmte. Der Quercus-robur-Calluna-Gürtel stellt eine junge Transgression dar, deren Ausbreitung vom Menschen gefördert erscheint; der Picea-Gürtel und der mediterrane Gebirgssteppengürtel sind wiederum autochthon. Recht allgemein ist im besprochenen Gebiet eine weitgehende Deformation durch menschliche Einflüsse.

Mit einer instruktiven und gut durchdachten Karte erläutert HORVAT (1) seine pflanzengeographische Gliederung Südosteuropas, die sich auf die Großeinheiten BRAUN-BLANQUETs stützt.

Aus ihnen seien die Quercetalia ilicis (mit Oleo-Ceratonion und Quercion ilicis), Quercetalia pubescentis (mit Carpinion orientalis und Quercion confertae), Fagetalia (Fagion illyricum), Vaccinio-Piceetalia (mit Piceion und Pinion mugi), ,,ungenügend bekannte Waldassoziationen" mit *Pinus heldreichii* und *Abies cephalonica*, Festucetalia vallesiacae (Chrysopogonetum danubiale), Seslerietalia und Caricetalia curvulae (mit endemischen Verbänden von Oreophilen kontinentaler Gebirge) und endlich die Acantholimo-Astragaletalia, die alpine Vegetation der griechischen Hochgebirge, hervorgehoben.

Eine weitere Arbeit HORVATs (2) befaßt sich mit der südosteuropäischen Hochgebirgsflora, in der die Südgrenze der arktisch-alpinen Arten etwa in Höhe des 41. Breitengrades (oberhalb der großen makedonischen Seen) verläuft; auf der gleichen Linie, die der Südgrenze der eiszeitlichen Vergletscherungen entspricht, liegen auch die südlichsten Fundorte vieler balkanischer Hochgebirgsarten. Diese west-östlich verlaufende Florengrenze ist also klimatisch-erdgeschichtlich bedingt. Da in diesen Gebirgen aber eine petrographische Scheidung in einen westlichen Kalkzug (nur Vranica Planina silicatisch) und einen östlichen Silicatzug herrscht, und überdies der Westteil von den Alpen her, der Ostteil von den Karpaten und dem Kaukasus her beeinflußt werden, finden wir auch sehr markante nord-südlich verlaufende Trennungslinien, die aber chorologischer und edaphischer Natur sind.

Eine Reihe kritischer Beiträge zur Flora des slowenischen Gebietes (mit interessanten chorologischen Details) verdanken wir MAYER (1), (2), (3), MORTON (1) pflanzengeographische Beobachtungen im Triestiner Karst. Weitere floristische Studien liefern SLAVNIC für das jugoslawische Donautal (Srem), RITER-STUDNIČKA für Bosnien und Herzegowina, BAJIC, BJELCIC und POPOVIC für das Unac-Tal, KUSAN aus den montenegrinisch-albanischen und den makedonischen Gebirgen und ADE für die Rudoka-Planina bei Tetovo (Makedonien). Die Florenelemente des Oetagebirges in Griechenland analysiert REGEL; es gehört der südlichen Unterzone der Ostmediterraneis an, die durch den direkten Übergang vom immergrünen Laubwald zum Baumgrenze bildenden Nadelwald (*Abies cephalonica*) gekennzeichnet ist; jedoch zeigt am benachbarten Oxya das Auftreten von Trockenwald und von Buchen an der Baumgrenze die Nähe der nördlichen Unterzone an.

Aus der italienischen Flora sei auf die Arbeiten von ZODDA über die Flora von Teramo (im östlichen Mittelitalien) und von SARFATTI über die Vegetationseinheiten des Silaplateaus in Kalabrien verwiesen.

Im osteuropäischen Bereich bespricht Soo die genetischen und floristischen Elemente der ungarischen Flora. Er teilt die „Pannonische Provinz" in drei Bezirke ein, das „Matricum" (ungarisches Mittelgebirge, das im Nordosten durch kontinentalere, im Südwesten durch den Einfluß mediterraner, illyrischer und atlantischer Elemente geprägt wird und durch viele Präglazial- und Glazialrelikte sowie durch Endemiten ausgezeichnet ist), das „Transdanubicum" (eine Übergangszone zwischen der pannonischen, der illyrischen und der ostalpinen Flora) und das „Eupannonicum" (große ungarische Ebene, das „Alföld", mit vielen kontinentalen und mediterranen Elementen, Sand- und Alkalisteppen, durch jungen Endemismus bemerkenswert). Die Steppen zeigen größere Ähnlichkeit mit den xerothermen Hügeln des Mittelgebirges (Ösmatra) als mit den südlichen Steppen der Ukraine; das Klima entspricht auch eher dem des Waldsteppengebietes zwischen Kiew und Woronesch. Das gesamte Alföld gehört der Eichenwaldzone, der Klimaregion der Eichen-Steppenwälder an.

Eingehender mit der von Borbas begründeten, von Boros und Soo ausgebauten „Ösmatra"-Theorie befaßt sich Wendelberger (2), der angesichts der Unterschiedlichkeit von Kälte- und Wärmesteppen die Annahme einer klimatischen Ursteppe in der frühen Wärmezeit für unwahrscheinlich hält. Auf Grund seiner vergleichenden Studien über die Steppen, Trockenrasen und Wälder des pannonischen Raumes (aus denen vor allem die instruktive Trennung von Hügel- und Ebenensteppen, von Primär- und Sekundärgesellschaften hervorgehoben sei) kommt er vielmehr zu dem Schluß, daß die östlichen, kontinentalen Steppenelemente mit der Eichenwaldsteppe in den pannonischen Raum eingedrungen seien, nicht in eine klimatisch bedingte Ursteppe vor der Bewaldung; die „Ursteppe" der Ösmatra-Theorie ist also in Wirklichkeit die Waldsteppe gewesen, was sich mit den Ansichten Firbas' und Soos deckt. In sie wurden bei fortschreitender Klimaverbesserung zum „mitteleuropäischen Sograum" hin die südlicheren Steppenzonen nachgezogen.

Hinsichtlich des weiteren historischen Ablaufs stimmt Wendelberger mit der klassischen Theorie überein: im Subboreal werden Eichen-Hainbuchenwälder zur Tieflandklimax, die die edaphischen Steppen einengen und auch die Waldsteppe zu einer edaphisch bedingten Reliktsteppe machen, die vor allem in dem mittelungarischen Gebirgszug der Ur-Matra (= „Ös-matra") erhalten bleibt. Erst in historischer Zeit werden durch die Rodung der Tieflandwälder die weiten Flächen der Pußta geschaffen und vergrößert, was eine großräumige, sekundäre Ausbreitung der (Kultur-)Steppe bewirkt.

Boros bringt in einer deutschsprachigen Rezension seiner „Bryophyta Hungariae"[1] eine Anzahl brauchbarer chorologischer Angaben. Florenlisten aus den mährisch-schlesischen Beskiden stammen von Vodicka; Szafer, Kulczinski und Pawlowski konnten eine über tausendseitige Flora Polens veröffentlichen.

Asien. Eine pflanzengeographische Unterteilung Israels unternimmt Boyko unter Beifügung einer ausgezeichneten Karte und eines anregenden Schemas für den ganzen südwestasiatischen Raum. Israel hat infolge seiner langgestreckten Form und seines außergewöhnlich

---

[1] Boros: Siehe Fortschr. Bot. 16, 176.

weiten Klimaprofils an nahezu allen Klimagürteln Vorderasiens teil. Von allgemeiner Bedeutung erscheint der Hinweis, daß die Mediterraneis nicht durch eine Senkrechte in eine Ost- und eine Westhälfte geteilt werden dürfe, parallel etwa der Atlantikküste, sondern daß die Trennlinie diagonal vom Ost-Atlas über Tunis und Sizilien nach Griechenland und zum bithynischen Olymp laufe, was etwa der Richtung des Golfstromes entspricht.

Die mediterranen Waldgürtel gliedern sich in eumediterrane (*Quercus calliprinos*), subhumide (*Laurus nobilis*) und subaride (*Ceratonia siliqua*) auf, die daran anschließenden ariden Waldgrenzgürtel in einen anatolisch-iranischen (*Quercus aegilops*) und mauretanisch-iranischen (*Pistacia atlantica*). Unter den Steppengürteln ist der anatolische (*Andropogon hirtus, Achillea santolina*), der irano-turanische (*Stipa barbata, Artemisia herba-alba*) und der mauretano-iranische (*Stipa tortilis, Zizyphus lotus*) vertreten, an Wüstengürteln der zentralasiatische (=irano-turanische, *Haloxylon persicum*) und der saharo-sindische (*Zilla, Zygophyllum dumosum*); die sudano-dekkanischen Gürtel sind mit s.-d. Enklaven und durch *Cyperus-papyrus*-Bestände vertreten. An sonstigen südwestasiatischen Gürteln fehlen nur der hyrcano-kolchische Waldgürtel (im Norden) und die durch kleine Mangrovebestände (im Süden) vertretenen feucht-tropischen Gürtel.

Innerhalb Israels wird von ZOHARY und ORSHAN eine pflanzengeographische Gliederung der Negevwüste versucht. BIRAND gibt einen Überblick über die Vegetation der Türkei, VOLK eine Karte der Vegetations- und Klimaprovinzen in Afghanistan. Dieses letztgenannte, noch nicht allzu bekannte Land läßt sich vorläufig in fünf Bereiche gliedern: Afghanisch-Turkestan (Tiefebene und niederes Bergland im Norden), Zentrales Hochland (Hochgebirge und Hochebenen, im Nordosten gegen den Hindukusch 3000, im Südwesten 2500 m überragend), Wüstengebiete (im Südwesten, mit vielen Elementen der saharo-sindischen und der sudano-dekkanischen Florengebiete); zwischen dem Hochland und den Wüstengebieten ein Zentrales Steppen- und Halbwüstenland. Diese vier Bereiche gehören dem irano-turanischen Florengebiet an, während der fünfte, Ost- und Südost-Afghanistan, mit seinen Tiefländern dem paläotropischen, mit seinen teilweise bewaldeten Hochgebirgen dem indo-himalayischen Waldgebiet angehört.

Aus Japan behandeln HARA und MIZUSHIMA das Ozegahara-Moor, das einzige größere Hochmoor Honschus, das durch seinen Reichtum an nördlichen Elementen bekannt geworden ist. Die starken winterlichen Schneefälle haben dort besondere Rassen japanischer Immergrüner ausgelesen, ebenso erhalten sich im Fagus-Gürtel typische alte temperierte (arktisch-tertiäre) Elemente, die jetzt in Japan endemisch sind. Die umgebenden Berge zeigen sehr schön den Unterschied zwischen Massiven paläozoischer, mesozoischer und serpentinischer Gesteine mit reicher circum-borealer und nordpazifischer Flora, zahlreichen Endemiten und disjunkten Relikten — und Massiven jüngerer Eruptivgesteine, die höchst artenarm sind und nur allgemein verbreitete Sippen beherbergen.

Wenden wir uns nach Afrika. Bei seiner Analyse der kanarischen Flora geht SCHMID (5) von der Annahme aus, daß von der ausgehenden Kreidezeit an durch eine tertiäre Südverschiebung der Klimazonen alle Floren, die heute den Bereich zwischen Mittelmeer und Kap erfüllen, in erreichbarer Nähe an den Kanaren vorbeigezogen seien. Als älteste Elemente, aus dem Anfang der Besiedlung, betrachtet er Typen wie *Bencomia* (*Rosaceae*), die Pangäarelikte mit refugialem Charakter seien;

ähnliches gilt für xerophytische Florenreste der (heutigen) südlichen Roßbreiten (die anfangs des Tertiärs am Südrand der Tethys lagen) wie die sukkulenten *Euphorbiae, Kleiniae, Aeonia,* dann *Wahlenbergia, Cotyledon, Romulea* und *Gonospermum*. Ähnliche „regressive Schleppungsrelikte" jedoch tropischer Herkunft, sind *Dracaena* und *Pittosporum* (diese und verwandte Gattungen zeigen angeblich deutlich die alte Äquatorlage vor der Pangäa-Auflösung), einige Farne wie *Davallia* und *Dicksonia* und viele andere; einige weitere Typen stammen mehr vom Nordrand der Tropenzone, wie etwa *Phoenix,* vielleicht auch *Myrsine*.

Im weiteren Ablauf folgten Elemente der subtropischen Laubwaldflora, die zum Teil wiederum südhemisphärischen (heute — auf den Kanaren aber Reste der alten Nordverbreitung) oder kosmopolitischen Charakter besitzen (*Olea, Clethra, Catha; Phoebe, Smilax, Ilex* usw.), zum Teil jedoch nordhemisphärischen, die also Afrika nur im Norden erreichen. Solche Sippen sind besonders in Südasien und Mittelamerika massiert, wohin sie im Gegensatz zum europäisch-afrikanischen Raum gut vordringen konnten (auf diesen Unterschied ist das Fehlen der *Symplocaceae, Lardizabalaceae, Sabiaceae, Nyssaceae, Calycanthaceae* im letzteren Sektor zurückzuführen); hierher rechnen auf den Kanaren *Persea, Viburnum, Sambucus, Hedera, Woodwardia,* dann im Mittelmeerraum xeromorphosierte Genera wie *Echium, Digitalis, Scrophularia,* und *Bupleurum*. Besonderes Interesse verdient der Genisteen-Ericoideen-Gürtel, ein durch das maritime Klima konserviertes Relikt der tropisch-subalpinen Vegetation Afrikas, ähnlich der mitteleuropäischen Braunkohlenflora, mit *Myrica, Adenocarpus, Spartium, Sarothamnus, Erica* und *Pinus*. Der Quercus-ilex-Gürtel endlich, eine Xeromorphose des Laurocerasusgürtels, hat auf den Kanaren die alten Sippenstämme konserviert (*Juniperus, Parietaria, Farne*), wobei die taxonomischen Unterschiede jedoch schon einigermaßen geringwertig sind. Die halophytische Küstenflora ist endemitenreich und muß hohes Alter haben; sehr zahlreich sind auch die (meist aus der Mediteraneis) eingeschleppten Arten.

Insgesamt sind also die Kanaren durch ein im historischen Ablauf begründetes Florengemisch ausgezeichnet, das sie ähnlich wie die Hochgebirge der äquatorialen Zone oder Madagaskar unter die Insel- und Gebirgsrefugien am Wege der südwärts vordringenden tertiären Vegetationen einreiht.

Es sei hier angemerkt, daß MILLOT in einer zoologischen Studie über den Gondwanakontinent ebenfalls mit allem Nachdruck für eine holarktische Entstehung und anschließende europäisch-afrikanische Südwanderung in diesem Fall der madagassischen Fauna eintritt; Madagaskar habe mit Indien nur eine verschwindende Anzahl von Arten und Gattungen gemein. WEGENERs Theorie wird hier mit heute ungewohnter Schärfe abgelehnt.

An weiteren Arbeiten aus dem afrikanischen Raum sei auf KAISERs „Ideen zu einer Biogeographie der Sahara" verwiesen, der saharische, sahelische, mediterrane, sudan-dekkanische, tropische und paläarktische Elemente unterscheidet und besonders auf die bei der postglazialen Austrocknung erhalten gebliebenen Relikte und Reliktgebiete eingeht. Die Florenwerke aus dem nordafrikanischen

Raum werden fortgesetzt, so MAIRES Flore de l'Afrique du Nord (Teil der Gramineen), CUÉNODS Flore analytique et synoptique de la Tunisie (Farne, Gymnospermen und Monokotylen), TÄCKHOLM und DRARS Flore of Egypt. Interessante Einzelangaben chorologischer Natur finden sich in DUVIGNEAUDS (1) phytosoziologischer und topographischer Bearbeitung der Savannen des Bas Congo. Auf der VERNAYschen Expedition (1946) basierende Florenlisten des Nyasalandes gibt BRENAN in einer Folge von Arbeiten.

KRÄUSEL hält die rezente Flora Süd- und Südwestafrikas für die Florengeschichte auch anderer Räume für höchst bedeutsam, da sie sehr alte Formen (*Cycadeae, Widdringtonia, Podocarpus*) enthält, deren Verwandte im europäischen Tertiär erwiesen sind. Das Vorkommen der *Proteaceae* in Europa ist zwar noch nicht gesichert (die Blattfossilien sind mehr als fragwürdig), jedoch ist ihr Holz in Nordafrika nachgewiesen; mit solchen fossilen vergleichbare Arten sollten von den Paläobotanikern jedenfalls nicht in Australien, sondern in Südafrika gesucht werden. Zahlreiche wertvolle Literaturangaben über pflanzengeographische Untersuchungen und Darstellungen der britischen Gebiete Afrikas finden sich bei PHILLIPS, aus dessen Zusammenfassung wir das „so little done — so much to do" übernehmen wollen.

Amerika. CABRERA gibt, dankenswert, eine kartographische Darstellung aller bisherigen Versuche einer pflanzengeographischen Gliederung Argentiniens, um dann selbst eine neue, übersichtlich und gut belegte Einteilung vorzulegen. Die alte Hauptgliederung in eine Región Neotropical und Austral wird natürlich übernommen; innerhalb der ersteren werden Dominien des subtropischen Amerika (mit östlicher und westlicher Provinz), des Chaco (Provinzen: Chaqueña, del Espinal, Prepuneña, del Monte und Pampeana) und der Anden (Alto andino, Puneña, Patagónica) unterschieden, innerhalb der australen Region ein subantarktisches (Prov. subantártica und insular) und ein antarktisches Dominium. Die charakteristischen Familien und Gattungen der Dominien, Besprechung der Areale, des Reliefs, Bodens, Klimas und der Vegetationstypen der Provinzen, schließlich die wichtigsten Arten ihrer Distrikte unterbauen die Einteilung.

Über die Erforschungsgeschichte des Guayanahochlands verbreiten sich MAGUIRE, COWAN und WURDACK unter Vorlage einer Karte der alten Sandsteingebirge, deren Kenntnis ganz besonderes Interesse verdient. HODGE gibt eine Flora von Dominica (Kleine Antillen südlich Martinique) heraus, deren Einleitung er mit einer Vegetationskarte und einem diagrammatischen Querschnitt durch die Vegetationszonen ausstattet; von Interesse ist ein „analytischer Schlüssel der wichtigeren Pflanzengemeinschaften". Die Vegetation Jamaicas schildern ASPREY und ROBBINS, wobei zahlreiche hypothetische Wanderungen über Inseln und Landbrücken hinweg postuliert werden. ROGERS endlich gibt eine Vegetationsübersicht und Artenlisten der Mesa de Maya, eines kleinen lavabedeckten Hochplateaus am Zusammenstoß der Grenzen von Colorado, Neu-Mexiko und Oklahoma.

6. Neufunde. In diesem kleinen Abschnitt sei noch einmal die berühmte fossile *Welwitschia*-Mikrospore vorangestellt, die CHIGURYAYEVA im Eocän Westkazakhistans entdeckt haben wollte; sie findet einen scharfen Gegner in BULLOCK, der in den Abbildungen nichts für *Wel-*

witschia wirklich Typisches sehen kann und mit ERDTMANN dazu neigt, in dem fraglichen Objekt einen *Ephedra*-Pollen zu sehen.

MEIKLE behandelt einige jüngste Neuentdeckungen in der englischen Flora. Aufregend genug sind die Funde zweier arktischer Arten, von *Diapensia lapponica* (bisher von Nordostamerika über Grönland, Island und Fennoskandien bis Sibirien — in Schottland durch einen Ornithologen entdeckt!) und von *Koenigia islandica*, einer circumarktischen Polygonacee, die allerdings bis Tibet, Kaschmir und Feuerland ausstrahlt, auf der Isle of Skye (zuerst in alten Herbarstücken erkannt!). Ein neuer amerikanischer Bürger der Äußeren Hebriden ist *Potamogeton epihydrus*, wiederum eine Wasserpflanze, wie es der Ornithochorie-Theorie HESLOP-HARRISONs entspricht (vgl. S. 310). Weitere Neufunde für England betreffen teils verkannte (*Cerastium brachypetalum*) teils vielleicht verschleppte Einheiten (*Equisetum ramosissimum*).

ZOLLER (3) gelang es, *Sphagnum balticum* im Gebiet von Forez neu für Frankreich zu entdecken, wo dieses boreo-kontinentale Element ähnlich wie im bayerischen und Schweizer Alpenvorland als Eiszeitrelikt erhalten ist. Die Durchmischung solcher Elemente (vgl. auch das Auftreten von *Ligularia* und *Sphagnum fuscum* in der Auvergne) mit typisch atlantischen wie *Carum verticillatum* und *Narthecium* ist höchst merkwürdig und verdient größere Beachtung.

Ein anderes bekanntes Eiszeitrelikt, *Betula nana*, ist am bisher einzigen Tiroler Fundort, dem Wildmoos bei Seefeld (Nordalpen) ausgestorben, wurde jedoch (HANDEL-MAZZETTI) im Wildmoos des Radurscheltals (Zentralalpen) neu entdeckt. Dagegen entfällt eines der bekanntesten ,,Glazialrelikte" der Westalpen und Pyrenäen, die sog. var. *sabauda* der arktischen *Agrostis borealis*, die nach BJÖRKMAN überhaupt nicht zu dieser Sippe gehört, sondern eine Hybride zweier alpiner Arten darstellt (vgl. S. 305). — Das nordamerikanische *Hypericum canadense* wurde von BOUCHARD im Sumpf von Arfin (Dep. Haute-Saône) in großer Zahl gefunden, wobei die Frage, ob naturalisiert oder reliktisch, offen gelassen wird. Zu dem Neufund der Hookeriacee *Distichophyllum carinatum* durch FUTSCHIG in den Allgäuer Alpen vgl. auch S. 324.

Im Nordrand des Großen Rheinrieds, einem Asyl eurosibirischer Elemente (von denen viele im Elsaß ihre Westgrenze erreichen), wurde von GEISSERT die Umbellifere *Cnidium venosum* neu für Frankreich entdeckt, wohl in gewissem Zusammenhang mit den bekannten Lokalitäten Badens und der Pfalz; ähnlich wie *Veronica longifolia*, *Inula britannica* und *Carex hartmanni* dürfte diese Art die genannten Fundorte von der norddeutschen Tiefebene her durch das Rheintal erreicht haben, nicht auf dem bekannteren Wanderweg im Donaugebiet. KOCH und KUNZ (1) melden als Neufunde in der Schweiz die boreale Composite *Bidens radiata* (Ajoie, im Kanton Bern, nächste Fundorte in Südostfrankreich) und den der *mollis*-Gruppe zugehörigen *Bromus lepidus* (2), dessen genauere Verbreitung noch zu erforschen ist. Nicht ganz überzeugend erscheint trotz MORTONs (2 Versicherungen die Ursprünglichkeit der illyrischen Composite *Telekia speciosa* im Dachsteingebiet. *Juncus tenuis*, das bekannte amerikanische Unkraut, hat auf seinen Wanderwegen nun auch Bosnien und die Herzegowina erreicht (RITER-STUDNICKA). Schöne Neufunde gelangen HORVAT (2) in den Hochgebirgen Südosteuropas (besonders Makedoniens), unter denen die arktisch-alpine *Carex foetida*, die altaisch-arktisch-alpine *Thalictrum alpinum* und *Saussurea alpina* und das (für Europa neue) Kaukasuselement *Sibbaldia parviflora* hervorgehoben seien. Eine große Anzahl mehr lokaler Neufunde finden sich in den Listen HEPPs (für Bayern), HANDEL-MAZZETTIS (2) (für Tirol-Vorarlberg), BECHERERs (für die Schweiz) und REICHLINGs (1) (für Luxemburg). HYLANDER hat die bemerkenswerten Neuentdeckungen in der schwedischen Gefäßpflanzenflora seit 1920 zusammengestellt.

21*

7. Neue Verbreitungskarten. Etwa 150 gute, meist recht instruktiv umgezeichnete Verbreitungskarten sind in WALTERs neuem Buch zu finden (vgl. S. 292).

Kryptogamen. Algen: *Macrocystis* (3 Arten antarktischer Verbreitung, dazu Westküste Nord- und Südamerikas, WOMERSLEY), *Hypnea spicifera* (Intensität des Vorkommens in Südafrika, ISAAC und HEWITT), *Chara strigosa* (Pu Skandinavien, europäisch-arktisch-montan, VAARAMA), *Ch. fragifera* [2 Pu Frankreich, Europa/Nordafrika, mediterran-atlantisch, CORILLION (1)], *Ch. baltica* [Pu Frankreich, äußerst disjunkte Gesamtverbreitung, CORILLION (2)], *Lamprothamnium papulosum* [2 Pu Frankreich, Europa/Nordafrika, CORILLION (3)]. Pilze: *Anthurus aseroeformis* (2 Pu Südwestdeutschland, Europa, STRICKER), *Asterophora parasitica* (Pu Skandinavien und Dänemark, WOLDMAR), *Pseudoperonospora erodii* (Pu in Skåne, GUSTAVSSON), *Puccinia arctica* (Pu Finnland, RAUHALA). Flechten: *Candelariella* (Pu für 15 fennoskandische Arten, HAKULINEN), *Collema* (Pu für eine Reihe europäischer und besonders fennoskandischer Arten, DEGELIUS), *Letharia vulpina* (in der Alten Welt, SCHADE), *Rhizocarpon bolanderi, leptolepis* und *rittokensis* (Pu, arktisch und arktisch-alpin, GELTING), *Lecanora lamarckii, L. reuteri* und *Umbilicaria virginis* (Pu Alpen, MERXMÜLLER und POELT). Moose: MÜLLER (1) bespricht die pflanzengeographischen Elemente der deutschen Lebermoosflora, wobei sich wieder einmal zeigt, wie sehr auch die Moose den allgemeinen Verbreitungsregeln unterliegen. Viele Umriß- und Punktkarten für Angehörige der nordischen, nordisch-alpinen, alpinen, atlantischen, subatlantischen, mediterran-atlantischen, ozeanischen und südatlantisch-mediterran-ozeanischen Gruppe. *Anastrophyllum reichardtii, Anastrepta orcadensis, Fossombronia spp., Herberta sendtneri* [MÜLLER (2)], *Hookeriaceae* (Europa, FUTSCHIG), *Distichophyllum carinatum* (zweiter Fundort dieser bisher nur aus dem Salzkammergut bekannten, stark atlantisch getönten Art aus tropischer Verwandtschaft im Allgäu!) und *Hookeria* (Nordalpenrand, FUTSCHIG), *Colura* (U der Gattung, Sektionen und einiger Arten, JOVET-AST), *Orthodontium germanicum* (2 Pu Europa, Deutschland: tropische Verwandtschaft, sonst nur eine einzige, atlantische, Art in Europa bekannt, mit scheinbar explosiver Ausbreitung, vielleicht aber früher nur übersehen: REIMERS), *Fissidens julianus* (Pu Nordeuropa, LOHAMMAR), *Seligeria calcarea* (Pu Europa, mit eigenartiger, vor allem nordwestlicher Verbreitung, BARKMAN). Atlantische Kryptogamen in Europa (U für *Sphaerophorus melanocarpus, Hymenophyllum tunbridgense, Aphanolejeunea microscopica, Plagiochila spinulosa* und *punctata, Heterocladium wulfsbergii* in Europa; U der NO-Grenzen von *Ilex, Dryopteris palaeacea, Polystichum setiferum, Asplenium obovatum* und *onopteris, Carex depauperata*; Pu (für Luxemburg) bei REICHLING (2). *Equisetum telmateia* [Pu Belgien, LAWALREE (1)]. Farne: *Ophioglossum spp., Osmunda* und *Anemia spp.* (Pu Aethiopien, PICHI-SERMOLLI), *Cheilanthes multifida* und *dinteri* (Pu Südafrika, SCHELPE), *Phyllitis scolopendrium* und *fernaldianum* [Europa und Nordamerika, LÖVE (2)], *Blechnum spicant* [Pu Mitteldeutschland, MEUSEL (1)].

Phanerogamen. Karten der Gesamtverbreitung von in Europa vorkommenden Arten: In Nordamerika und Europa korrespondierende Paare (*Myriophyllum spicatum* und *exalbescens, Potamogeton perfoliatus* und Verwandte, *Pulsatilla patens* und *ludoviciana*) bei LÖVE (2), nordamerikanische und lusitanische Elemente Englands (*Eriocaulon septangulare, Spiranthes romanzoffiana, Potamogeton epihydrus, Sisyrinchium angustifolium, Potamogeton polygonifolius, Carex hostiana, Rubia peregrina, Arbutus unedo, Erica ciliaris, Daboecia cantabrica*) bei HESLOP-HARRISON, Mittelmeerelemente (*Pinus heldreichii* Pu, *Chamaerops humilis, Cneorum tricoccum, Arceuthobium oxycedri, Prunus lusitanica* und *laurocerasus*) bei MARKGRAF. *Arenaria norvegica, gothica, ciliata hibernica, c. pseudofrigida* (Pu, arktisch-subarktisch, MELDERIS), *Artemisia norvegica* und *A. arctica* [Pu, arktisch, HULTEN (1)], *Bromus arduennensis* (Pu, Westeuropa, DE CUGNAC), *Bromus erectus* und verwandte Rassen [U: stark hemerophile Rasse eines submed.- mediterran-oreophilen Formenkreises mit primärem Verbreitungszentrum in den Gebirgen der Balkanhalbinsel, Ausbreitung dieser Rasse nicht an (den ursprünglichen Standorten ähnliche) submed. Gariden gebunden, sondern weit darüber hinaus in extensiv bewirtschafteten Halbkulturwiesen im Bereich des mesophilen Laubwaldgürtels: ZOLLER (1)], *Callitriche spp.* (Pu Niederlande, Pu Europa, SCHOTSMAN), *Carex curvula* [europäisch-alpin, ZOLLER (1)], *Crepis rhaetica* (alpin, Nivalpflanze, Pu MERXMÜLLER und POELT), *Deschampsia setacea* (atlantisch-nördlich, Pu BUSCHMANN), *Eriophorum chamissonis* und *russeolum* [Pu, arktisch, RAYMOND (2)], *Hieracium demissum* (Pu Irland, OSKARSSON), *Leontopodium alpinum s. lat.* und *L. leontopodioides* [ZOLLER (1)], *Poa stricta* (Pu, Dovrefjell, NORDHAGEN), *Ranunculus montanus* (U für *s. lat.* Gesamtvorkommen, Pu für Kleinarten in den Alpen, LANDOLT), *Saxifraga caespitosa* (Pu Arktis, MELDERIS), *Taraxacum spp.* (spanische Arten, VAN SOEST), *Trisetum spicatum* [beidhemisphärischarktisch-alpin, ZOLLER (1)].

Karten der Regionalverbreitung europäischer Arten, geordnet nach Ländern. Fennoskandien: *Arenaria humifusa* [Pu, hocharktisch, meist auf Serpentin, RUNE (2)], *Carex bicolor* (Pu in Südnorwegen, bizentrische Art, LID), *Crepis biennis* (2 Pu Ostfennoskandien und bei Helsinki, anthropochore Art mit träger Ausbreitung in die Weite, jedoch aggressiv in der Nähe: ERKAMO), *Dryas octopetala* (Pu rezent und fossil in Fennoskandien, DAHL), *Hedera helix* (Pu in Norra Halland, Südwestschweden, WIJK), *Poa flexuosa*, *Salix herbacea* und *S. reticulata* (Pu rezent und fossil in Fennoskandien, DAHL), *Saxifraga tridactylites, adscendens* und *osloensis* (Pu in Skandinavien, KNABEN), *Sedum rosea* (Pu rezent und fossil in Fennoskandien, DAHL). Punktkarten von Arten der Steppenflora, Kalkflora, von nördlichen und adventiven Arten in der Flora von Sjuhäradsbygaden, Südschweden, bei WESTFELDT, aus Kuusamo und Südsalla (östliches Finnland) für *Kobresia simpliciuscula, Juncus triglumis, Cypripedium calceolus, Saxifraga aizoides* und *Salix reticulata* bei KOTILAINEN. Dänemark: Pu für *Sparganiaceae* und *Typhaceae* (GRÖNTVED), für *Euphorbiaceae, Malvaceae* und *Violaceae* (RASMUSSEN). England: *Buxus sempervirens* [Pu England und Nordfrankreich, PIGOTT und WALTERS (2)], *Epilobium pedunculare* (Pu England der dort aus Neuseeland eingeschleppten Art, DAVEY), *Sorbus anglica* (Pu) und *S. aria* (U britische Inseln, vermeintliche und wirkliche natürliche Verbreitung, WARBURG), *Acaena anserinifolia, Rumex cuneifolius, Tetragonolobus maritimus* (England, dort eingeschleppt und weiter verbreitet, LOUSLEY), *Claytonia alsinoides, perfoliata, Cardaria draba, Erigeron canadensis, Galinsoga parviflora* und *Veronica filiformis* (Ausdehnung in England, SALISBURY). Niederlande, Belgien, Luxemburg: Glazialrelikte der Niederlande (*Cornus suecica, Linnaea borealis, Trientalis europaea, Carex aquatilis,* Pu) bei ANDREAS, *Scirpus lacustris* mit Rassen (Pu Niederlande, BAKKER), *Centaurium spp.* (Pu Belgien, ROBYNS), *Juncus kochii, Galeopsis bifida* und *Euphrasia montana* [Pu Belgien, LAWALREE (2)], *Puccinellia distans* (Pu Luxemburg, JUNGBLUT).

Deutschland, Schweiz: *Amelanchier canadensis* (Pu Gebiet von Dortmund, durch Ornithochorie in einem Gebiet von 50 qkm eingebürgert, SCHROEDER), *Helichrysum arenarium* (Schleswig-Holstein, CHRISTIANSEN); *Trientalis europaea* [Pu Mitteldeutschland, MEUSEL (1)], *Tilia platyphyllos* und *T. cordata, Ulmus carpinifolia* und *Lonicera periclymenum* [Pu Mitteldeutschland, MEUSEL (2)]. Eine Anzahl Karten aus dem südwestfälischen Bergland (Pu, BUDDE und BROCKHAUS), von Leitpflanzen des südlichen Leineberglandes (50, RÜHL), für eine Reihe von Arten verschiedener Florenelemente im Flugsandgebiet der nördlichen Bergstraße (Pu, ACKERMANN). *Erica carnea* und *Polygala chamaebuxus* in Nordbayern (Pu, GAUCKLER), *Lathyrus heterophyllus* und *Cirsium tuberosum* in der Schweiz sowie *Buphthalmum salicifolium* und *Phyteuma orbiculare* in Nordzürich und Schaffhausen, alle vier getrennt nach primären und sekundären Standorten [Pu, ZOLLER (1)]. Süd- und Südosteuropa: *Kosteletzkia pentacarpa* (*Malvaceae*, Pu Mediterrangebiet, PALAU), *Castanea, Pinus laricio, Fagus* (Forstkarte des kalabrischen Silaplateaus, SARFATTI), *Acer heldreichii* (Pu Makedonien, EM; Pu Jugoslawien, FUKAREK und STEFANOVIC), *Gentiana* sect. *Endotricha* in Slovenien [6 Arten Pu MAYER (4)], 23 seltenere Arten Sloveniens [Pu MAYER (3)], 25 Hochgebirgspflanzen in Südosteuropa, vor allem arktisch-alpine und altaische [Pu, HORVAT (2)].

Außereuropäische Phanerogamen. Afrika: *Adansonia digitata* [Pu tropisches Afrika, DUVIGNEAUD (1)], *Alafia* [*Apocynaceae*, 28 Arten im tropischen Afrika und Madagaskar, Pu PICHON (1)], *Chevaleriella dewildemanii* (endem.

Gras Belgisch Congo, Pu VAN DER VEKEN), *Gossypium*-Arten und -Rassen der Alten Welt (U, HUTCHINSON), *Oncinotis* [*Apocynaceae*, Pu für die 10 Arten des tropischen Afrikas und Madagaskars, PICHON (2)], *Dissotis* und einige andere *Melastomataceae* Südostafrikas (Pu FERNANDES A. u. R.), *Strychnos holstii* [tropisches Afrika, DUVIGNEAUD (1)], *Utricularia* (Übersicht der 38 afrikanischen Arten, SLINGER). Asien: *Thymus fallax* und *Th. kotschyanus* mit Varietäten (Persien, RECHINGER), *Dichanthium annulatum* und *caricosum* (indische Futtergräser, PANDEYA), *Gossypium* (*herbaceum*- und *arboreum*-Rassen Südindiens, HUTCHINSON), Charakterarten eines japanischen Hochmoors (neun Pu Ostasien oder Japan: *Drosera anglica, Myrica gale tomentosa, Potentilla fruticosa arbuscula, Japanolirion osense, Arenaria katoana, Ranzania japonica, Rhododendron nipponicum, Kinugasa japonica, Sanguisorba stipulata*: HARA und MIZUSHIMA). Malesien: *Burseraceae*: *Dacryodes* und *Santiria* [18 bzw. 17 Arten, KALKMAN (1)], *Garuga* [4 Arten, KALKMAN (2)], *Haplolobus* (HUDSON und LAM); *Combretaceae* (U und Pu für viele malesische Arten, EXELL); *Connaraceae*: *Cnestis* (2 Arten, ANDREAS und PROP); *Cyperus trialatus* und *dubius* (KERN); *Cucurbitaceae*: *Neoalsomitra integrifolia* (Pu JACOBS); *Flacourtiaceae* [viele U, SLEUMER (2)]; *Pentaphragma* (AIRY SHAW); *Sapotaceae*: *Ganua* (18 Arten, VAN DEN ASSEM), *Manilkara* [12 Arten, VAN ROYEN (2)]; *Stylidium pedunculatum* (VAN SLOOTEN); *Liliaceae*: *Dianella* (Pu Neukaledonien, SCHLITTLER). Amerika und Antarktis: *Armeria maritima sibirica, m. purpurea* und *m. californica* [Pu BAKER (3)], *Asclepias* (Pu für 106 nordamerikanische Arten, WOODSON), *Calamagrostis* (endem. Arten in West-USA, Pu NYGREN), *Delphinium* (14 Sippen Kaliforniens, LEWIS und EPLING); *Cruciferae*: *Lesquerella* (2 Arten, Tennessee, Pu ROLLINS); *Sanicula* (4 Arten in West-USA, Pu BELL); *Scirpus* (20 Sippen Nordcarolinas, Pu CAPPEL); *Tradescantia virginica* und Verwandte (19 Sippen der USA, Pu ANDERSON); *Pinus* (9 Arten in Guatemala, Pu SCHWERDTFEGER), *Elaeocarpaceae*: *Sloanea* (Pu aller neuweltlichen Arten, Earle SMITH); *Podostemonaceae*: *Ceratolacis, Devillea, Podostemum, Oserya, Mniopsis, Castelnavia* [VAN ROYEN (1)]; Gattungsareale der amerikanischen *Proteaceae* [SLEUMER (1)]; *Vochysiaceae*, trib. Erismeae (STAFLEU); *Azorella selago, Rostkovia magellanica* und *Nothofagus* (Pu CABRERA).

Im Riksmuseum Stockholm wird unter HULTÉNs (2) Leitung ein Archiv für Verbreitungskarten angelegt, das derzeit bereits etwa 30000 Karten umfaßt (die Zahl der bis heute publizierten Karten wird auf etwa 40000 geschätzt). Bis heute liegen hauptsächlich arktische und boreale Arten kartiert vor. Wünschenswert wäre ein Verzeichnis der Arealkarten, das etwa analog dem Index londinensis auszuführen wäre.

8. Merkmalsgeographie. DUVIGNEAUD (2) bringt in sehr anregender Weise die Evolution der sudano-sambesischen Flora in Zusammenhang mit der geographischen Verbreitung der Charaktere der früher unter „Geissapsis" geführten afrikanischen Arten der Leguminosengattung *Humularia*.

Die Sambesiflora enthält viele stark polymorphe, junge und in voller Entwicklung befindliche Arten. Nach AUBRÉVILLE war die Sambesiregion vor nicht allzu langer Zeit von der „forêt ombrophyte guinéo-congolaise" besetzt, die eine Südbewegung des Äquators begleitete. Bei der Rückkehr des Äquators zur heutigen Lage wurden die nicht mitgewanderten Regenwaldpflanzen des feuchten Äquatorialklimas gezwungen, sich an das tropische Saisonklima anzupassen; dies betraf viele Sippen gleichförmig, wodurch „ökophyletische" Serien entstanden.

In vielen solchen Fällen sind aus den Quantitätsunterschieden noch nicht durch Ausfall von Zwischengliedern Qualitätsunterschiede entstanden; da sich alle Merkmale ziemlich unabhängig voneinander koppeln lassen, existiert ein Netz, dessen Knoten die häufigsten Kombinationen darstellen und dessen Glieder taxonomisch kaum faßbar sind. Durch nicht-realisierbare einerseits, durch obligatorische Kupplungen andererseits entstehen jedoch bald gewisse Ausfalltendenzen, die wenigstens eine Zuordnung bestimmter Merkmale zu Arealen ermöglichen. So finden sich bei *Humularia* (Karte!) rund-basige Stipeln im Westen, geöhrte im Osten des Areals, ähnlich verhält sich das Merkmalspaar der großen oder kleinen Blättchenzahl; unilaterale Blättchen fehlen im Südwesten. Hier ist also die Realisierbarkeit einzelner Kombinationen bereits auf bestimmte Gegenden oder Klimate beschränkt.

Der definitive Ausfall von Zwischengliedern, also die Umwandlung quantitativer in qualitative Unterschiede, schafft „Arten 1. Ordnung" (= Superspecies oder Artengruppen), die um so zahlreicher sind, je weniger die Parallelvariation durch obligate Kupplung begrenzt wird; ihre taxonomische Isolierung wird durch eine Neigung zur geographischen Isolierung qualitativer Merkmale gesteigert. Durch regionale Umweltselektion werden Merkmalsgruppen quantitativer Art ausgelesen, die DUVIGNEAUD als „Arten 2. Ordnung" bezeichnet.

Während die Ausgliederung geographischer Rassen meist vegetative Organe betrifft (Habitus, Behaarung, Blattform), weist die Leguminose *Erythrina tomentosa* nach DUVIGNEAUD und ROCHEZ starke Differenzierungen in Kelch und Androeceum auf, die bei einem Ausfall gewisser Mittelglieder zu so starker Verschiedenheit führen würden, daß wir die Ecktypen als Angehörige verschiedener Sektionen betrachten müßten. Nach Ansicht der Autoren können also die Umwelteinflüsse (selektiv) die Organisationsmerkmale ebensogut evolutiv steuern wie die Adaptationsmerkmale, so daß kein Grund besteht, ökologische und systematische Evolution getrennt zu behandeln. (Merkwürdigerweise fehlt jeder Hinweis, daß es sich auch umgekehrt um Bastardschwärme zweier verschiedener Arten handeln könnte).

In Ostfinnland tritt *Sedum telephium* (JALAS) in einer einheitlichen Rasse ssp. *ruprechtii* auf, bei der die vom Autor untersuchten Merkmale stets und konstant in bestimmter Kombination auftreten; sie ist sicher indigen und wohl schon seit dem Boreal vorhanden. Dagegen sind bei den südwest- und westfinnischen Populationen nicht etwa die entgegengesetzten Merkmale gekoppelt (diese Vollkombination tritt sogar überhaupt nie auf!), sondern die fraglichen Charaktere kombinieren sich dort fast zufallsmäßig; nur einzelne Eigenschaften treten erkennbar häufiger in bestimmten Regionen auf. Wahrscheinlich handelt es sich hier um später aus Dänemark oder Südschweden eingewanderte Formen, die bereits bei ihrer Ankunft (mittlere oder späte Wärmezeit) uneinheitlich, polytop gewesen sind. Erst spät und wohl nur anthropochor ist diese, von JALAS als „ssp. *maximum*" bezeichnete Sammelsippe in das Areal der ssp. *ruprechtii* eingewandert (Karte der Merkmalsverteilung in Finnland).

Die arealmäßige Verteilung der Behaarungstypen von *Rhododendron* hat VON HOFF in Einklang mit der vermuteten Stammesgeschichte gebracht, wie an Hand einer interessanten Karte erläutert wird. Das Entstehungsgebiet scheint nach Japan (und Ostchina) zu verlegen zu sein, wo heute die ursprünglichste Gruppe (*Azaleae*, mit primitiven Zotten und Drüsen) in größter Anzahl zu finden ist; dort dürften sich auch schon frühzeitig die *Lepidotae* (Zotten und Schuppen) abgespalten haben, wohl auch das engverwandte *Ledum*. Im malayischen Raum, in den fast nur die *Lepidotae* vorgedrungen sind, entstand ein sekundäres Entwicklungszentrum dieser Gruppe. Nach Südwestchina wanderten ebenfalls erst die *Lepidotae* ein, denen dann aber auch primitive Arten der anderen abgeleiteten Gruppe, der *Floccosae* (Flocken und Drüsen) folgten; hier entstand dann auf verhältnismäßig kleinem Raum ein Vielfaltszentrum von fast unglaublicher Ballung.

Die Struktur der Markstrahlen und Harzgänge der Gymnospermen betrachtet GREGUSS im Zusammenhang mit ihrer geographischen Verbreitung. Formen, bei denen alle Wände der Radialzellen glatt und dünn sind, treten fast nur in den südlicheren Teilen der Erde auf (*Cycadeae, Ginkgo, Araucaria, Podocarpus, Callitris*), während Coniferen mit Harzgängen (vor allem die *Pinaceae*) auf den Norden beschränkt sind, nach dem Fehlen entsprechender Fossilien auch nie im Süden beheimatet waren. Bemerkenswert ist der Hinweis, daß in Südwestchina jede der sieben Coniferenfamilien mit mindestens 1—2 Arten vertreten ist, daß dieses ,,Überbleibsel des Gondwanalandes" also als wichtiges Coniferenrefugium zu betrachten ist.

In diesem Abschnitt ist auch noch einmal auf die bereits im cytogeographischen Teil besprochenen Fälle der geographischen Verteilung verschiedener Polyploidiestufen zu verweisen; unter den mit Karten dieser Polyploidieverteilung versehenen Arbeiten sind die von REESE (*Caltha*), BELL (*Sanicula crassicaulis*) und SÖLLNER (*Cerastium arvense*) in dieser Hinsicht besonders lehrreich.

Endlich seien noch zwei Arbeiten angeführt, bei denen die Verteilung physiologischer Merkmale chorologischen Charakter hat. DADAY zeigt, daß bei *Trifolium repens* Pflanzen des Mediterrangebietes durch die höchsten Frequenzen dominanter Glucosid- und Enzymgene ausgezeichnet sind; nach West- und Nordeuropa hin nimmt die Frequenz kontinuierlich ab, um in Nordosteuropa gleich Null zu werden. Die Verteilung der Häufigkeit der beiden chemischen Charaktere steht in auffälliger Relation zur Januar-Isotherme, wie aus schönen Karten erhellt. Auch morphologische, weniger genau untersuchte Details dürften mit dieser geographischen Sonderung nach der Wintertemperatur korreliert sein.

Der Photoperiodismus von *Populus trichocarpa* (Weststaaten) und *P. deltoides* (Südoststaaten) wurde von PAULEY und PERRY an Klonen aus den verschiedensten Arealteilen untersucht. Es zeigte sich, daß die Zeit der Einstellung des jährlichen Zuwachses mit dem Breitengrad der Herkunft umgekehrt korreliert ist. Die Klone aus Zonen gleicher Tageslänge zeigen andererseits direkte Korrelation mit der Länge der frostfreien Jahreszeit des Herkunftsgebietes.

9. Arealkundlich-ökologische Fragen. Über die Zusammenhänge zwischen serpentinischer Unterlage und der Erhaltung gewisser sog. Eiszeitrelikte verbreitet sich RUNE (1) in der schon besprochenen Arbeit über die kanadische Gaspéhalbinsel. Es sei hier nur noch einmal betont, daß demnach der erhaltende Faktor in der Waldfeindlichkeit der nährstoffarmen und mangelhaft reifenden Serpentinböden zu suchen ist. Die im waldfreien Spätglazial weit verbreiteten arktischen Arten der offenen Böden und der Tundren konnten sich bei der Wiederbewaldung nur auf solchen waldfeindlichen Substraten erhalten (oft weitab von ihren diluvialen Refugien), so daß man eigentlich von ,,Wärmezeitrelikten" sprechen müßte, wenn dies nicht einen ganz falschen Eindruck erwecken würde.

Eine Darstellung verschiedener Serpentinvegetationen in Nordbayern verdanken wir GAUCKLER; sie ist durch zahlreiche Angaben über die geographische Verbreitung der einzelnen Gesellschaften und eine vergleichende Betrachtung korrespondierender Einheiten besonders wertvoll. Das Alter der besprochenen Assoziationen ist offensichtlich verschieden; das Asplenietum serpentinicum hat die letzte Eiszeit in loco überdauert (wobei ihm *Saxifraga rosacea* zuwanderte), während das Festucetum glaucae serpentinicum einen Vegetationsrest der Wärmezeit darstellen dürfte. Während der Eiszeit oder im Laufe ihrer Endphasen dürfte sich das subalpin getönte Ericio-pinetum serpentinicum formiert haben.

Nachdem aus dem skandinavischen Raum bereits mehrere Serpentinrassen von *Cerastium vulgatum* beschrieben waren, fanden nun KOTILAINEN und SEIVALA in Westnorwegen auch eine Serpentinrasse von *C. alpinum* auf.

SCHWANITZ und HAHN haben sich erneut mit den Galmeipflanzen (von Blankerode in Westfalen) befaßt. Die untersuchten Sippen erweisen sich gegen Zinksulfat wesentlich resistenter als die Herkünfte von normalen Böden, nicht jedoch gegen andere Schwermetallverbindungen. Zwischen der morphologischen Veränderung und der Zinktoleranz besteht kein ursächlicher Zusammenhang; es muß sich vielmehr hier um zwei ganz verschiedene Auslesevorgänge handeln, die am gleichen Standort zusammengewirkt haben. (Man ist nach Ansicht des Berichterstatters unwillkürlich versucht, auch in diesem Zusammenhang die oben dargestellte Theorie RUNES ins Auge zu fassen).

Weitere Arbeiten behandeln die Abhängigkeit eigenartig (meist stark disjunkt) verbreiteter Arten und Vegetationen von anderen besonderen Substraten. Wenig Besonderheiten zeigen die Halophytenkolonien der Po-Ebene (BERTOLANI-MARCHETTI), die zwar recht verstreut, aber doch alle dem Meere einigermaßen nahe liegen und durch keine Hindernisse von ihm getrennt werden. Das Vorkommen der Arten der Flechtengattung *Collema* ist einerseits von der chemischen Reaktion ihrer Unterlage (neutral bis alkalisch), andererseits von hoher Feuchtigkeit wenigstens während eines Teils des Jahres abhängig (letzteres wegen der starken Betonung der Algenkomponente). DEGELIUS, der diese Gattung studierte, führt im übrigen eine Anzahl recht eigentümlicher interspezifischer Substitutionen an, bei denen es sich wohl meist um echten Vikarismus handelt: neben regionalen Vertretungen (horizontal; vertikal; Tiefland der Mediterraneis oder übriges Europa) finden sich andere, lokale, etwa verschiedene Gürtel von Seeufern, oder Fels—Borke, Borke—Boden, endlich Populus—andere Bäume. — Das kleine südliche Teilareal von *Carex bicolor* in Skandinavien (Folldasgebiet) dürfte nach LID auf Nunatakkern im Møre- und Romsdalgebiet überdauert haben; die nacheiszeitliche Wiederausbreitung in Südskandinavien dürfte dadurch so stark beeinträchtigt worden sein, daß feinsandig-tonige Böden, wie sie die Art bevorzugt, hier recht selten zu finden sind. Über die Abhängigkeit des Auftretens von *Eriophorum latifolium* im nordwestlichen Conwaytal (England) berichtet HUGHES, daß die Pflanze an Gebiete mit basischen Eruptivgesteinen gebunden ist. Des weiteren richtet sich aber ihre Verbreitung nach der früheren und heutigen Intensität der Bewirtschaftung der Molinieten: die im Mittelalter besiedelten und stets stark beweideten Pfeifengraswiesen sind frei von Wollgras, während die frühestens im 16. Jahrhundert bewirtschafteten und nur leicht beweideten es in Menge tragen. — Der auf *Russula* schmarotzende Pilz *Asterophora parasitica* vermag die Eichengrenze nicht nach Norden zu überschreiten, obwohl Täublinge auch jenseits der Laubwaldgrenze zu finden sind. WOLDMAR vermutet, daß der Nadelwald den *Russulae* Eigenschaften verleiht, die sie als Substrat für den Schmarotzerpilz ungeeignet machen.

Eine letzte, geringe Zahl von Arbeiten beschäftigt sich mit klimatischen Faktoren, die chorologisch beeinflussend wirken. RØNNING untersucht die nördlichsten Vorkommen von *Ulmus-scabra*-Beständen, die in Beiarn (Nordnorwegen) nördlich vom 67. Breitengrad, also in der Arktis, zu finden sind, begleitet von einer relativ reichen und wärmeliebenden Gesellschaft, die unter anderem auch noch *Ophrys muscifera* (ebenfalls an ihrer Nordgrenze) enthält. Der Autor kann den Grund nur in starker lokalklimatischer Begünstigung, vor allem in dem restlosen Schutz vor den Gletscherwinden sehen. Umgekehrt dürfte nach DAHL eine Reihe arktisch-alpiner Arten in den Niederungen Skandinaviens wegen zu hoher Sommertemperaturen, nicht wie bisher angenommen aus Konkurrenzgründen, fehlen. Die Areale nachgenannter Arten werden in auffälliger Weise durch folgende Isothermen maximaler Sommertemperaturen begrenzt: *Poa flexuosa* 24° C, *Sedum rosea* 25° C, *Salix herbacea* und *S. reticulata* 26° C, *Dryas octopetala* 27° C. DAHL glaubt, daß mit dieser Feststellung auch die Frage beantwortet werden kann, warum eine Anzahl weiterer Arten (*Diapensia, Ranunculus hyperboreus, Saxifraga oppositifolia* u. a.) im Spätglazial auf Südschweden und Dänemark beschränkt war; als sich das Eis bis nördlich von Schonen zurückgezogen hatte, sollen die maximalen Sommertemperaturen (Alleröd!) 26 und 27° überschritten und die genannten Arten in den Niederungen zum Aussterben gebracht haben. Auf die Arbeit DADAYs, wonach die Verteilung der Häufigkeit bestimmter chemischer Charaktere von *Trifolium repens* von der Januar-Isotherme abhängig zu sein scheint, wurde bereits hingewiesen.

10. Anthropogener Florenwandel. Für England legt LOUSLEY eine systematische Gliederung der Fremdpflanzengruppen vor, die vor allem auf das Vorkommen an natürlichen (bzw. halbnatürlichen) oder durch den Menschen geschaffenen Standorten Rücksicht nimmt; im übrigen sind die Begriffe weitgehend mit unseren gebräuchlichen Termini homologisierbar. LOUSLEY nimmt die „Doubtful Natives", mit langer Geschichte in England, voraus, die er in „Denizens" (Eingebürgerte, in natürlichen Gesellschaften: *Myrrhis, Mentha longifolia*) und „Colonists" (Archäophyten, ruderal: *Papaver rhoeas, Agrostemma*) gliedert. Unter den „Aliens" (eigentliche Fremdpflanzen mit kurzer Geschichte in England) trennt er „Naturalised" (Neophyten, Neubürger, in natürlichen, jedoch vielfach offenen Gesellschaften, wo sie in Konkurrenz mit Einheimischen treten, auch beweidet werden: *Epilobium pedunculare, Tetragonolobus maritimus, Acaena anserinifolia, Lupinus nutkaensis, Rumex cuneifolius*), „Established" (Epoekophyten, nur ruderal, ohne Konkurrenz: *Senecio squalidus, Ranunculus muricatus, Thlaspi alliaceum*, die an Bahndämmen, in Tulpenfeldern usw. hausen) und „Casuals" (Ephemerophyten, deren Lokalisierung und Beständigkeit nicht gesichert sind: *Guizotia, Phalaris, Ricinus*). Im Hinblick auf die

Einschleppungsmöglichkeiten ist der Einfluß der Kriegsereignisse von Interesse (Polemochoren LUTHERs), jedoch steht der Handel immer noch an weitaus erster Stelle.

DAVEY schildert die Geschichte von *Epilobium pedunculare*, einer heute in Großbritannien fast allgemein verbreiteten neuseeländischen Art, die erstmals 1908 in Leeds als zufälliger Begleiter importierter strauchiger Ehrenpreisarten eintraf. Ähnlich wie *Veronica filiformis* ist sie gänzlich in natürliche, etwas feuchte Rasenvereine eingedrungen und wächst jetzt gerne mit Arten ganz ähnlichen Aussehens, wie etwa *Anagallis tenella*, zusammen. Sir SALISBURY macht in einer allgemeineren Arbeit mit einer Reihe solcher Arten bekannt, die in England in den letzten Jahrhunderten angekommen sind und sich seither mehr oder minder über das ganze Land ausgebreitet haben (schöne Karten früherer und heutiger Verbreitung!): *Veronica filiformis, Galinsoga parviflora, Claytonia alsinoides* und *perfoliata, Cardaria draba* und *Erigeron canadensis*. Auf dem Kontinent Europa bürgert sich die nordamerikanische *Sagittaria latifolia* immer stärker ein, die ursprünglich nur von Bordeaux bekannt, nun von Norditalien, Bulgarien, aus dem Elsaß und besonders von einer ganzen Reihe von Lokalitäten in der Schweiz (STAUFFER) gemeldet wird. Merkwürdig ist in diesem Zusammenhang, daß die einheimische *S. sagittifolia* umgekehrt in der Schweiz immer seltener wird — ein recht eigentümlicher Fall von ,,Substitution".

Die Einführung und Naturalisation von Holzpflanzen in England behandelt WARBURG, wobei er nach dem ursprünglichen Einfuhrzweck folgende Gruppen trennt: Forstkultur (*Castanea, Acer pseudoplatanus, Larix*), ornamentale Zwecke (*Amelanchier laevis, Cotoneaster-* und *Sorbus-*Arten), Fruchtgewinnung (*Prunus domestica* und *cerasus*), Hecken (*Prunus cerasifera*), Gehege und Wildfutter (*Gaultheria shallon, Mahonia, Rhododendron ponticum*), Bodenbesserung und Schutzgürtel (*Acer pseudoplatanus, Alnus incana, Pinus nigra* und *mugo*). Mit Recht wird die Notwendigkeit einer reinlichen Scheidung von autochthonen und naturalisierten Vorkommen betont. *Sorbus aria*, früher aus ganz Großbritannien als wild angegeben, kommt autochthon sicher nur in Südostengland und Westirland vor (Karten!), während umgekehrt *Pinus silvestris* nur in Schottland (alter kaledonischer Wald) und vielleicht in Norfolk ursprünglich ist. Beachtenswert sind auch Hinweise auf die stellenweise geradezu unglaublich erfolgreiche sekundäre Ausbreitung von Traubenahorn und Zerreiche, von *Buddleja davidii* — aber auch von *Rhododendron ponticum* und der himalayischen *Cotoneaster microphylla*.

Höchst eigenartig ist auch die sekundäre Ausbreitung eines Pilzes in Mitteleuropa, der Clathracee *Anthurus aseroëformis*, die bislang aus Australien, Tasmanien, Neuseeland, sowie aus Mauritius und dem Kapgebiet bekannt geworden ist. Ihre jetzige Verbreitung in Südwestdeutschland schildert STRICKER, während CASPARI und POELT Fundorte aus Unterfranken und den bayerischen Voralpen bekannt geben. Sicher ist jedenfalls, daß es sich hier nicht (wie aus den Erstfunden im Oberrheingebiet erschlossen) um ein streng subtropisches Element handelt, sondern um eine ökologisch und soziologisch sehr indifferente, euryöke Form, die in den Alpen bis 1200 m zu steigen vermag.

Erstmals wird auch aus Afrika (Kapland, Somerset) eine Liste von unkultiviert wachsenden ausländischen Arten gegeben (PARKER), meist von Ackerkulturbegleitern, wobei *Gramineae, Compositae* und *Leguminosae*, dann auch *Cruciferae, Caryophyllaceae* und *Chenopodiaceae* im Vordergrund stehen. Von den insgesamt 215 Arten stammen 63% etwa zu gleichen Teilen aus Europa und dem Mediterrangebiet, 15% aus dem tropischen und subtropischen Amerika, etwa 18 Arten aus Australien. Ähnliche Verhältnisse wurden von ROBBINS für Kalifornien geschildert, wo mehr als die Hälfte dieser Kapfremdlinge ebenfalls heimisch geworden ist.

Die Florenveränderung im Valois (nördlich von Paris) im Lauf des letzten Jahrhunderts schildert JOVET, wobei vor allem die Verluste stark in den Vordergrund gestellt werden. Als bewirkende Faktoren werden, jeweils durch den Verlust bestimmter Sippen belegt, etwa folgende angeführt: Schaffung von Weideland, Drainage saurer Wiesen, Kultivierung, Anpflanzung von Fremdbäumen, Eisenbahn- und Wegeanlagen, Hausbau, Uferreinigung, Quellfassung, Abkratzen von Mauern, Anlage von Steinbrüchen, Feuer auf Kalkhängen, Samenreinigung, endlich Wegsammeln durch Floristen und Gärtner. Mehr die Gewinnseite betont KREH bei einer ähnlichen Betrachtung der Stuttgarter Flora, wobei nicht nur die Besiedler des Trümmerschuttes verbucht werden, sondern auch die Floren brachliegender, zum Teil umgepflügter Panzerübungsplätze (viele subatlantische Ankömmlinge auf kalkarmem und stark vernässendem Sandstein).

Einige weitere Untersuchungen sind der Herkunft unserer Unkrautflora gewidmet. BAKER (4) berichtet, daß solche Arten vielfach schon aus dem Spätglazial gesichert sind, also keineswegs erst in historischer Zeit eingeschleppt wurden; die damals viel weiter verbreiteten offenen Standorte dürften bereits in jenen frühen Zeiten Arten wie *Thlaspi arvense, Stellaria media, Linaria vulgaris* beherbergt haben. Bei *Picris echioides* und *Sonchus arvensis* können heute zwei Rassen unterschieden werden, von denen jeweils die eine (ursprünglichere) Form maritim, perenn und selbststeril, die andere kürzerlebig, selbstfertil und ein Unkraut ist. (Nitrophile Meerstrandgesellschaften haben auch in Skandinavien wesentlich zur Unkrautflora beigetragen.) Auch gewisse „Heckenpflanzen" wie *Aegopodium, Tussilago* u. a. sind nach CLAPHAM sicher alte Bewohner des Landes, die infolge ihrer Nitratophilie, ihrer ausgezeichneten Fähigkeit zu vegetativer Vermehrung und überhaupt zu starker Ausbreitung zu Charakterpflanzen der Nachbarschaft menschlicher Siedlungen wurden, während ihre natürlichen Vorkommen durch die Umwandlung des Waldlandes in Wiesen und Äcker sowie durch die derzeitige Forstkultur fast ausgerottet wurden. Manche offizinellen Arten, wie das an See-, Fluß- und Meeresufern heimische *Tanacetum vulgare* (oder auch *Tussilago*) sind durch häufige Kultur weit verbreitet worden.

In Deutschland werden die nitrophilen, heute hauptsächlich auf anthropogen bedingten Standorten verbreiteten Unkrautgesellschaften durch LOHMEYER von kurzlebigen Therophytengesellschaften der sommers trockenen Flußufersäume hergeleitet, an denen auch in der Vorzeit durch Wild und Wasservögel größere Nitratmengen angereichert wurden. Es werden hier vor allem das Polygoneto brittingeri — Chenopodietum rubri und die Begleiter des Senecion fluviatilis benannt.

Mit der Aufklärung der Herkunft einiger Kulturpflanzen sind die folgenden Arbeiten beschäftigt, mit denen dieser Bericht abgeschlossen werden soll. Nach den neuesten Forschungen HUTCHINSONs entstammt die diploide kultivierte Baumwolle am wahrscheinlichsten dem ariden Bushveld Südafrikas zwischen Ngamiland und dem südlichen Portugiesisch-Ostafrika, wo sicher wildes, nicht kulturflüchtiges *Gossypium herbaceum africanum* weit verbreitet ist. *G. arboreum* dürfte erst in der Kultur, am wahrscheinlichsten in Indien, aus *herbaceum* entstanden sein. Die in Europa kultivierte Kartoffel stellt nach SALAMAN nur eine Kulturvarietät des in den Anden weit verbreiteten, besonders aus dem nördlichen Südamerika bekannten *Solanum andigenum* dar; es liegt keinerlei Grund dafür vor, speziell die Insel Chiloë als Kartoffelheimat anzusehen. *Datura stramonium* ist nach WEIN nicht altweltlichen Ursprungs, sondern in dem Gebiet zwischen dem Unterlauf des St. Lawrencestroms bis zur Hochebene von Mexiko heimisch. Vom südlichen Kanada aus hat die Art Paris und weiter Warschau und Westasien erreicht, von Mexiko aus Spanien und Südamerika. — Von vielseitigem Interesse ist ein neues Buch von WERTH, das die Entstehungsgeschichte der Kulturen behandelt und mit vielen Karten ausgestattet ist, die unser Fach eng berühren.

II. Floren- und Vegetationsgeschichte seit dem Tertiär[1].

1. Methodik. Einen vorzüglichen Eindruck von der heutigen Leistungsfähigkeit der palaeobotanischen Methodik für die Aufklärung der quartären Vegetationsgeschichte können die Arbeiten vermitteln, die, meist von dänischen Autoren, KNUD JESSEN zum 70. Geburtstag gewidmet worden sind (vgl. auch TROELS-SMITH, S. 348).

Die Pollen- und Sporenforschung (Palynologie) soll in einer von G. ERDTMAN herausgegebenen Zeitschrift „Grana Palynologica" ein zentrales Organ erhalten. Das erste Heft enthält auch anderwärts erschienene Arbeiten, unter anderem einen Überblick über die taxonomische Bedeutung der Pollenmorphologie [ERDTMAN (4); vgl. auch (7)] und Berichte über Tagungen in USA [ERDTMAN (5)]. Eine Zusammenfassung des Standes der Palynologie besonders in Frankreich hat VAN CAMPO-DUPLAN gegeben, ERDTMAN (1) einige neuere Literatur kritisch besprochen und (2) über eine 1953 begründete internationale Kommission für Palynologie berichtet. Kurzberichte über die 1950 und 1954 abgehaltenen Tagungen enthalten auch die sehr verspätet erschienenen Proc. 7. Internat. Bot. Congr. Stockholm sowie die Rap. et Comm. 8. Congr. Internat. Bot. Paris.

ERDTMAN (3) hat außerdem verschiedene Bemerkungen und Vorschläge zur palynologischen Methodik gemacht. Die Pollen- und Sporendiagnostik betreffen STRAKAs (2) Bearbeitung der Pollen der europäischen *Cornus*-Arten und ähnlicher Pollenformen, BRYANS Unterscheidung der *Alnus*-Arten auf Grund der Porenzahl, die Arbeiten von EHRENBERG über verschiedene Pollenformen von *Ulmus glabra*, von SLADKOV über die *Ericales*, von MČEDLIŠVILI über *Trapa*, von ERDTMAN (6) über Dinoflagellatencysten, von JOVET-AST (2) über Moossporen, von LOCQUIN über Afzeliuspollen. SITTE sowie MÜLLER mit dem Elektronenmikroskop studierten Pollen- bzw. Sporenmembranen mit dem Elektronenmikroskop, LUNDÉN hat die Literatur über die Chemie des Pollens zusammengefaßt, BRORSON-CHRISTENSEN neue Einbettungsmittel für Pollenpräparate untersucht, THOMSON das Vorkommen von Pollen auf sekundärer Lagerstätte behandelt, KRUTZSCH (1), (2) und COUPER haben sich mit der Nomenklatur und Klassifikation fossiler Pollen und Sporen befaßt.

Über den heutigen Pollenniederschlag liegt eine weitere Arbeit von HYDE vor. Er hat den täglichen Niederschlag auf regengeschützten horizontalen Objektträgern von 1943—1948 in Cardiff bestimmt. Die Jahresmenge schwankt zwischen 56 und 126% des Mittels der 6 Jahre. Bestimmend für die Menge ist in erster Linie die sich von Jahr zu Jahr ändernde Pollenerzeugung der einzelnen Arten, daneben der Einfluß des Wetters auf die Pollenstreuung und -verwehung, besonders durch wechselnde Windrichtung. Auf einer Schiffsreise von Barcelona zu den Kanaren fing MONTSERRAT reichlich Pollen von Pinus, Olea, Quercus u. a. auf. PINTO DA SILVA hat seine Untersuchungen über den täglichen Pollenniederschlag in Lissabon (vgl. Fortschr. Bot. 15, 123) 1952 und 1953 fortgesetzt und ebenfalls viel Oleaceenpollen aufgefangen. Auch POLUNIN hat seine in Fortschr.

---
[1] Bearbeitet von F. FIRBAS.

Bot. **15**, 123 erwähnten Pollen- und Sporenfänge in der Arktis weitergeführt und unter anderem auf Spitzbergen im Juli und August 1950 reichlich *Pinus*-Pollen aufgefangen, der mindestens über 1000 km verweht worden sein muß. Er faßt die Hauptergebnisse seiner Untersuchungen kurz zusammen. DAHL u. ENGSTRÖM prüfen ein neues Verfahren zur Bestimmung der Masse der Pollenkörner. MAYR berichtet, daß sich von Gletschern gespeiste Quellen von solchen, die direkt von den Niederschlägen genährt werden, durch höheren Pollengehalt unterscheiden.

Für die Bestimmung von Hölzern bedeutet ein Holzatlas von HUBER u. ROUSCHAL † für 87 mediterrane Gehölze mit vorzüglichen Mikrophotographien, ähnlich angelegt wie jener von SCHMIDT für die mitteleuropäischen Holzarten, eine wesentliche Förderung. DIANNELIDIS prüfte nochmals mit negativem Ergebnis die umstrittene Unterscheidbarkeit des Holzes von *Picea* und *Larix*; KAEISER untersuchte *Juniperus*.

Einen kurzen Überblick über die Rhizopoden-Analyse von Torfen findet man bei GROSPIETSCH, über die Rhizopoden schwedischer Moore vgl. PAULSON.

Die Altersbestimmung mit Hilfe von radioaktivem Kohlenstoff (C^{14}) steht in lebhafter Weiterentwicklung. Eine dieser Methode gewidmete Tagung in Kopenhagen im August 1954 diente vor allem der Vermittlung und Kritik der in den verschiedenen Instituten angewendeten Technik. Ein wesentlicher Fortschritt ist besonders die Überführung des zu messenden C in gasförmige Verbindungen (CO_2, Acetylen), da sie viel weniger Material benötigen. Zumindest 11 Radiocarbonlaboratorien arbeiten nun in verschiedenen Ländern; in Deutschland vor allem jenes an der Universität Heidelberg (K. O. MÜNNICH). Sehr erfolgreich sind die Amerikaner (H. SUESS, MEYER RUBIN) und die Holländer (DE VRIES u. BARENDSEN). Der 5. Bericht LIBBYS (Chicago) enthält vor allem Daten aus Nord- und Südamerika, die zum Teil 20000—40000 Jahre umfassen, ebenso wie Bestimmungen von SUESS, MEYER RUBIN u. SEUSS (Washington) sowie von KULP und Mitarbeitern (Columbia-Universität). DEEVEY und Mitarbeiter bestätigen durch Vergleich von Proben aus kalkarmen und kalkreichen Gewässern, daß letztere durch einen wechselnden Gehalt an altem Kohlenstoff (Bicarbonat-Assimilation von Wasserpflanzen u. a.) fehlerhafte Werte ergeben können.

2. Erd- und klimageschichtliche sowie archaeologische Grundlagen[1]. P. WOLDSTEDTS (3) „Eiszeitalter", die wichtigste deutschsprachige Gesamtdarstellung des Quartärs, kommt in 2. Auflage heraus, der 1. Band umfaßt die allgemeinen Erscheinungen. Wichtig ist auch eine Darstellung des jüngeren norddeutschen Quartärs vom gleichen Verfasser (2). Danach gab es zwei Hochstände der Saale-(Riß-)Eiszeit, „Drenthe" und „Warthe", zwischen denen wohl nur ein Interstadial gelegen hat. Die letzte (Weichsel-, Würm-)Eiszeit war eine zwar durch mehrere kühle Interstadiale (Aurignac-, Masuriscs-, Bölling-, Alleröd-Interstadial) gegliederte, aber doch recht einheitliche Kaltzeit. Die Ausdrücke W I—III für ihre Teile sollte man aber — ähnlich äußern sich auch BÜDEL und GAMS (6), (9) — vermeiden. Diese Bezeichnungen gehen auf die Strahlungskurve zurück, die mit den geologischen Befunden nicht hinreichend übereinstimmt. A. v. WOERKOM hat übrigens die Strahlungskurve neu berechnet. Das Ergebnis stimmt mit SCHWARZBACH mit den Berechnungen von MILANKOVITSCH für die letzten 250000 Jahre recht gut, für ältere Zeiten schlecht überein. Auch das mahnt zur Vorsicht. Nach FLOHN ist eine Rückführung der Eiszeiten auf Änderungen der Sonnenaktivität viel wahrscheinlicher als eine Erklärung durch die „Strahlungskurve", die sich aus der Periodizität der Erdbahnelemente ergibt. Für den Stand der Quartärforschung in den Alpen und im Alpenvorland ist eine B. EBERL gewidmete Festschrift sehr aufschlußreich.

Die Gliederung der letzten Eiszeit spielt gegenwärtig auch bei der Deutung der Löß-Stratigraphie eine lebhaft umstrittene Rolle [Zusammenfassungen von NARR (1), BRANDTNER, vgl. auch FREISING (1), (2), BRUNNACKER (1), (2), (3), BÜDEL, WEINBERGER]. Der sog. „Jüngere" (jungquartäre) Löß wird in Mitteleuropa durch zwei fossile Bodenbildungen (Verlehmungshorizonte, Schwarzerden, Braunerden) gegliedert. Von diesen ist die untere „Göttweiger" (= Hollabrunner

---

[1] Vgl. hierzu besonders die Bibliographie in der Zeitschrift für Gletscherkunde und Glazialgeologie.

oder Fellabrunner) Bodenbildung gut ausgeprägt, weniger die obere „Paudorfer". Entspricht nun der jüngere Löß drei Hochständen der Würmeiszeit, also W I—III der Strahlungskurve, wie dies SOERGEL, ZEUNER u. a. vertreten, oder gehört zur Würmvereisung als letzter Eiszeit nur der obere Junglöß (BÜDEL, WEIDENBACH, in gewissem Sinn auch FREISING) ? Da sich in den fossilen Böden neben paläolithischen Geräten Holzkohlen finden, hat die Frage auch ein unmittelbares vegetations- und klimageschichtliches Interesse.

Die Göttweiger Bodenbildung hat übrigens schon seit langem (J. BAYER) zur Annahme einer unter dem Namen „Aurignac-Schwankung" (W I/W II) bekannt gewordenen Klimaschwankung geführt. Nach BRANDTNER, BRUNNACKER u. a. soll es sich in Österreich und Süddeutschland nur um ein Interstadial mit geringer Bewaldung handeln. Erst die unter dem Junglöß nachweisbare „Kremser Bodenbildung" soll einer in Niederösterreich warmen, mediterranen Waldzeit, dem Riß-Würm-Interglazial oder, nach BÜDEL, einem Interglazial zwischen Alt- und Jungriß entsprechen. Nach FREISING aber gehört auch die Göttweiger Bodenbildung zu einer ausgeprägten Warmzeit, und PROŠEK u. LOŽEK (1) nennen das Aurignac-Interstadial ebenfalls recht warm und lang. GAMS (2) nennt es F-Interstadial oder F-Interglazial und den „Jung-Riß"-Vorstoß Prä-Würm (= Würm I). Er weist darauf hin, daß während dieses Interstadials im Gegensatz zum Eem-Interglazial in Mitteleuropa verschiedentlich *Fagus* vorgekommen ist. Insgesamt ist die Frage nach der Aurignac-Schwankung also noch sehr unklar, aber zur Zeit sehr aktuell. (Das paläolithische Aurignacien deckt sich nicht mit der nach ihm benannten Schwankung, sondern greift über sie hinaus.)

In Fortschr. Bot. 16, 190 wurde auf die malakologischen Untersuchungen von V. LOŽEK hingewiesen, die besonders für die Geschichte der Steppen in Böhmen, Mähren und der Slowakei sehr wichtig sind. Die Unterlagen sind nunmehr ausführlich in einem großen Werk über die „Mollusken des tschechoslowakischen Quartärs" zusammengestellt, das auch über den jetzigen Stand der Quartärforschung in der Tschechoslowakei gut unterrichtet.

Für die Rekonstruktion des Eiszeitklimas, für die FLOHN u. a. im Sinne eines „Aktualitätsprinzips" die Analyse heutiger Wetterlagen heranziehen, hat sich im Lauf des letzten Jahrzehnts auch die Verfolgung klimabedingter morphologischer Erscheinungen über alle Klimazonen der Erde hinweg als sehr wichtig erwiesen. BÜDEL hat darüber einen neuen Überblick gegeben und die zeitliche Gliederung einer jeden Eiszeit in eine „frühglaziale Fließerdezeit" (in Mitteleuropa mit feuchter Fließerdetundra), eine „hochglaziale Lößzeit" mit den maximalen Gletscherständen und mit Lößtundren bzw. -steppen und eine „spätglaziale Zeit des Eisrückzugs" weiter untersucht. Auf diese zeitlichen Unterschiede weisen auch KNAUER und besonders FLOHN hin. Dieser errechnet für die gesamte Troposphäre eine eiszeitliche Depression des Jahresmittels der Temperatur von 4°. Im eisnahen Gebiet könne diese aber 8—12° betragen haben, obwohl die beliebte Annahme einer glazialen Antizyklone über dem Inlandeis aufgegeben werden muß. Denn die Existenz abeisiger Gletscherwinde bleibt für Höhen unter 300 m und im Umkreis von 50—100 km um den Eisrand wahrscheinlich. (An den in Fortschr. Bot. 16, 182 erwähnten Ableitungen MORTENSENS wird einige Kritik geübt.) Hinsichtlich des eiszeitlichen Wasserhaushalts sagt BÜDEL, daß die Außertropen trockener, die Tropen feuchter waren als heute, und auch nach FLOHN war der Gesamtniederschlag und die Gesamtverdunstung der Erde in der Eiszeit geringer.

Der krasse Unterschied des Eiszeitklimas gegenüber dem Tertiärklima ist von WOLDSTEDT (1) in einer Temperaturkurve anschaulich dargestellt worden. POSER setzt mit seinen Mitarbeitern seine eingehenden Untersuchungen der Periglazialerscheinungen insbesondere in ausgewählten typischen Landschaften Mitteleuropas fort. Gemeinsam mit BROCHU ist ihm der Nachweis einer winzigen Würmvereisung im Meißnergebirgsstock bei 620 m Seehöhe gelungen. Nach RATJENS (2) soll dem Klimarückschlag der jüngeren Tundrenzeit nur das Schlernstadium der Alpen entsprechen, Gschnitz- und Daunstadium sollen jünger sein (präboreal?). Nach dem gleichen Verfasser (1) kam es im nördlichen Alpenvorland während der jüngeren Tundrenzeit nochmals zu Solifluktionsvorgängen. Nach PASCHINGER war das Schlernstadium im Gschnitztal mit einem wohl vorwiegend temperaturbedingten Gletschervorstoß um 15 km verbunden. ANTEVS (2), der an anderer Stelle (1) seine in

Fortschr. Bot. **16**, 182 erwähnten geochronologischen Verknüpfungen verteidigt, leitet das letzteiszeitliche Klima Neumexikos ab: Nach paläozoologischen Funden dürften damals die Vegetationsstufen bei tieferen Temperaturen und höheren Niederschlägen um 3000—4000 Fuß gegenüber ihrer heutigen Lage herabgedrückt worden sein.

Eine vielseitige Gesamtdarstellung des Problems der Klimaschwankungen mit 22 Beiträgen hat SHAPLEY herausgegeben, AHLMANN die jüngeren Gletscherschwankungen über die ganze Erde hin verfolgt, FINSTERWALDER den Rückgang der Gletscher in den Ostalpen eingehend untersucht. Große Verschiebungen der Schneegrenze in historischer Zeit belegt HÖVERMANN für Äthiopien.

Die auch vegetationsgeschichtlich wichtigen postglazialen Küstenverschiebungen betrifft eine Arbeit SAURAMOs über das als „Ancylussee" bekannte Süßwasserstadium der Ostsee. Es soll nicht das ganze Boreal umfaßt, sondern nur etwa 400 Jahre (Abschnitt V c) gedauert haben, von der Yoldiazeit durch das Echineismeer (V a, b), von der Litorinazeit durch das Mastogloia-Rhabdonema-Meer (VI) getrennt sein. Die Arbeit enthält zahlreiche neue Pollendiagramme. Im Nordseebereich setzen die Holländer zur Datierung der früheren Meeresstände nun auch die Radiocarbonmethode ein. (Erste Transgressionskurve bei DE VRIES u. BARENDSEN.) Vorbildlich für die Zusammenarbeit verschiedener Fachrichtungen ist eine Arbeit von ZWILLENBERG u. HENDRIJKS. Sie belegt für das Waterland nö Amsterdam nach einer wohl an die Wende Atlantikum/Subboreal fallenden Regression einen Meereseinbruch im älteren Subboreal und eine neuerliche Regression an der Wende zum Subatlantikum. Das Subboreal war also zumindest hier keine einheitliche Regressionszeit. Im Subatlantikum kann man in Holland nach EDELMAN drei Transgressionen unterscheiden. (1. Vorrömisch; 2. spätrömisch-frühmittelalterlich; 3. etwa zwischen 1000 und 1200 n. Chr.) Die erste, kurz vor Christi Geburt, untersucht auch VAN ZEIST (2). Über postglaziale Seespiegelschwankungen an der nordostirischen Küste und ihre Beziehungen zur vorgeschichtlichen Besiedlung vgl. MOVIUS, über die Entstehung der Marschen am linken Ufer der Unterelbe HALLIK. WERTHs Versuch, „dem" Litorinamaximum einen besonderen chronologischen Wert zuzusprechen, verkennt wiederum dessen Gliederung und wechselndes Alter in verschiedenen Küstenstrichen. Nachzutragen ist eine Studie GRIPPs über die Litorinaüberflutung und eine Übersicht HAARNAGELs über die deutsche Nordseeküste während des Postglazials. Die Diatomeenflora des zentralschwedischen Sees Nösnaren, die den wechselnden Salzgehalt der Ostsee in der Nacheiszeit spiegelt, hat LARSSON untersucht. Baumstümpfe von *Pinus strobus* in situ, deren Alter mit C^{14} auf 4150 ± 200 Jahre bestimmt worden ist, wurden von BRADLEY an der Küste von Maine bei Robinhood gefunden. Zur Zeit ihres Wachstums dürfte das Mittelhochwasser 8—9 Fuß tiefer gelegen haben als heute. Dies wird auf eine entsprechende eustatische Schwankung zurückgeführt.

Von zahlreichen Arbeiten über Bodenveränderungen in der Kulturlandschaft sei hier nur auf eine kritische Untersuchung der Abhängigkeit der Bildung des Auenlehms von der Besiedlung (wohl schon seit der Bandkeramik) durch H. NIETSCH hingewiesen. Über merkwürdig (bis 12 m) mächtige Humuspodsolböden vgl. WORTMANN u. MAAS.

Aus dem weiten Bereich der archäologischen Literatur sei neben der Bibliographie des altweltlichen Palaeolithikums (einschließlich seiner naturwissenschaftlichen Grenzgebiete) von MOVIUS u. FIELD eine Abhandlung von NARR über den Stand der Erforschung des europäischen Palaeolithikums, eine von PROŠEK u. LOŽEK (1) über das Palaeolithikum der Tschechoslowakei und vor allem ein umfassendes Werk von J. G. D. CLARK über Siedlung und Wirtschaft im vorgeschichtlichen Europa hervorgehoben. (In seinem Literaturverzeichnis von 20 Seiten mit vielen, auch deutschen Quellen wird merkwürdigerweise nicht eine einzige Arbeit von ROBERT GRADMANN erwähnt!) Außerdem ist hier die Festschrift für G. SCHWANTES nachzutragen mit mehreren Arbeiten von RUST, SCHWABEDISSEN u. a., die die landschaftlichen Zusammenhänge der urgeschichtlichen Kulturen berühren.

3. Das Quartär bis zur letzten Eiszeit, die Interglaziale. Nach den großen zusammenfassenden Arbeiten des vorjährigen Berichts sind diesmal mehr Einzeluntersuchungen zu erwähnen.

Doch hat GAMS (2), (7), (9) kurze Übersichten über die großen Fortschritte der letzten Jahre in unserer Kenntnis der interglazialen Vegetationsentwicklung entworfen und hierin wichtige nord- und mitteleuropäische Fundstellen zu parallelisieren versucht, außerdem (8) die Veränderungen der alpinen Gehölzflora zusammengestellt. Die verspätete Ausbreitung von *Corylus* im letzten Interglazial führt er darauf zurück, daß es sich vielleicht nur um die Baumhasel (*Corylus colurna*) handeln und *Corylus avellana* gefehlt haben könne (wogegen aber die Holzfunde von RABIEN sprechen, vgl. Fortschr. Bot. **15**, 127). Die Geologie der von LONA (vgl. Fortschr. Bot. **14**, 178) pollenanalytisch untersuchten frühdiluvialen Schichtfolge von LEFFE in den Bergamasker Alpen bei VENZO nochmals erörtert. Nachgetragen seien auch Beiträge von GAMS (6), REIN und WOLTERS zur Frage der Abgrenzung des Quartärs (vgl. Fortschr. Bot. **15**, 125), und ein Hinweis auf eine Karte des letztinterglazialen Eem-Meeres in den Niederlanden von BURCK.

In Deutschland haben LÜTTIG u. REIN ein altquartäres Interglazial bei Bilshausen zwischen Göttingen und Harz untersucht. Sie stellen es mit geologischer und paläontologischer Begründung in die Günz-Mindel- (Cromer-) Warmzeit, die damit in Deutschland zum erstenmal voll erfaßt wäre.

Man erkennt folgende Abschnitte:

1. Birken-Kiefernzeit mit wenig *Picea, Corylus, Alnus, Quercus*. 2. Eichenmischwaldzeit mit vorherrschender *Quercus* und wenig *Picea*, gegen Ende mit regelmäßigem Vorkommen von 1—2% *Fagus*. 3. Hainbuchenzeit mit bis 25% *Carpinus*, reichlich *Alnus* und wenig *Abies*. 4. Fichten-Tannenzeit mit Abnahme von *Carpinus* zugunsten von *Picea* und *Abies*. 5. Birken-Kiefernzeit. Die Abfolge erinnert an das letzte Interglazial. Ein Unterschied zu diesem ist jedoch neben dem Nachweis von *Fagus* das spärliche Auftreten von Pliocänrelikten wie *Pinus* sg. *Haploxylon, Tsuga, Castanea?, Taxodium*.

Für das vorletzte (Holstein-) Interglazial ist nach FLORSCHÜTZ (vgl. Fortschr. Bot. **15**, 125) *Azolla filiculoides* ein gutes Leitfossil. HILTERMANN bestätigt das durch weitere, zusammen mit PFAFFENBERG u. MÄDLER bearbeitete Funde aus neun Bohrungen in den Berliner Paludinenschichten (hier zusammen mit *Aldrovanda*) und aus einem Holsteininterglazial von Süschendorf südöstlich Lüneburg. Allerdings wurde die Art auch im letzten Interglazial auf Norderney gefunden, hier aber offenbar auf sekundärer Lagerstätte. Angaben über tertiäre und pleistocäne Funde der Gattung macht schließlich KORNILOVA. Aus dem Diluvium der SSSR führt sie *A. filiculoides* aus dem unteren Wolgagebiet und dem Kaukasus an.

In die vorletzte Warmzeit wurde lange das Interglazial von Quakenbrück in Oldenburg gestellt. Nach WOLDSTEDT (1949) wird es aber durch das Pollendiagramm ins letzte Interglazial verwiesen. Das bestätigt auf Grund zahlreicher Bohrungen HARTUNG.

Immer noch umstritten ist das Alter der interglazialen Kieselgurlager in der Lüneburger Heide. SELLE (1) hat von der Grube in Oberohe ein neues Diagramm aufgestellt. Es bestätigt im wesentlichen die alten Zählungen GISTLs (Vorherrschaft von *Pinus* und *Alnus*, geringe Mengenveränderungen der übrigen Holzarten. Der von GISTL nicht erkannte *Abies*-Pollen ist häufiger als jener von *Picea*!). Die Diatomeenflora dieses Profils hat HUSTEDT bearbeitet. Unter 188 nachgewiesenen Sippen (155 Arten, davon 8 neu) herrschen die Melosiren und lassen vorsichtige Rückschlüsse auf geringe marine Einflüsse (des Holstein- oder Eem-Meeres) zu Beginn und auf einen Temperaturrückgang gegen

Ende der Bildungszeit des Lagers zu. (Auf den 1925 von GIESENHAGEN unternommenen Versuch einer absoluten Altersbestimmung mit Hilfe von Jahresschichten wird leider nicht eingegangen. Es wäre sehr wertvoll, wenn ihn ein Diatomeenkenner wie HUSTEDT überprüfen würde.) Über einige altdiluviale Pflanzenfunde bei Karlsruhe (unter anderem *Picea*) berichtet FIETZ.

Eine Reihe wichtiger Arbeiten enthält der von E. RÜHLE herausgegebene 5. Band der „Quartärforschungen in Polen". So hat ŚRODOŃ (3) in dem an Quartärfloren reichen Lubliner Hochland zwei Fundstellen bei Tarzymiechy am Wieprz untersucht. Die erste betrifft Seeablagerungen wohl des Mindel-Riß-Interglazials, die vor jene Perioden fallen sollen, die in dem nur 35 km entfernten Nowiny Żukowskie zu erkennen sind (vgl. Fortschr. Bot. 15, 126). Ist dies richtig, dann gab es im Ausklang der Mindelvereisung ein Interstadial. Interessant ist, daß sich zusammen mit einer noch subarktischen Gehölzflora (*Betula nana, B. humilis*, erst später *B. alba* neben *Pinus*) mit viel Nichtbaumpollen, darunter viel *Artemisia*, mehrere heute thermisch anspruchsvolle Wasserpflanzen wie *Najas marina, N. flexilis, Ceratophyllum demersum*, später sogar *Stratiotes, Najas minor, Ceratophyllum submersum* fanden. Zunehmende Größe der Früchte von *Najas marina* scheint ein Ausdruck zunehmender Wärme zu sein. Es wurden 80 Sippen bestimmt.

Eine weitere in Seeablagerungen mit Lößeinwehung erhaltene Flora bei Tarzymiechy wird von geologischer Seite (A. JAHN) der Riß-Eiszeit zugeordnet. Unter 61 nachgewiesenen Sippen herrscht das arktischalpine und das montan-alpine Element, das Steppenelement tritt zurück. Neben häufigen Glazialpflanzen wie *Dryas* wurden gefunden: *Alyssum* sp., *Armeria Iverseni, Elyna myosuroides, Hedysarum obscurum, Helianthemum cf. alpestre, Pedicularis verticillata, Sweertia alpestris, Salix polaris, Spirodela polyrrhiza* u. a. Dazu von SZAFRAN bearbeitete Moose.

Ins Mindel-Riß-Interglazial werden auch die fossilführenden Seeablagerungen von Syrniki am Wieprz bei Lubartow gestellt. SOBOLEWSKA teilt daraus zunächst einen Fund von *Vitis silvestris* mit, der auf eine damals um 2° höhere Jahrestemperatur schließen läßt. Die Angabe, daß es der erste sichere quartäre Nachweis der Weinrebe innerhalb des nordeuropäischen Vereisungsgebiets sei, ist freilich unrichtig — vgl. Fortschr. Bot. 15, 126. (Nach KARASZEWSKI soll unter diesen Ablagerungen noch ein älteres Interglazial liegen.) Auch ein geologisch nicht sicher datierbares Interglazial bei Ciechanki Krzesimowskie nahe Lublin wird von der Bearbeiterin M. BREHM in die Mindel-Riß-Warmzeit gestellt. Hier wurde neben einer anspruchsvollen Wasserflora mit *Brasenia, Aldrovanda* und *Trapa* ebenfalls *Vitis silvestris* gefunden. Zudem wird, freilich nur nach einem Samen, *Picea omorikoides* angegeben.

Die Vegetationsentwicklung des letzten (Riß-Würm-) Interglazials, besonders seines Ausklangs, gibt eine von KR. BITNER bearbeitete Bohrung bei Horoszki am mittleren Bug wieder. Gegen Ende treten starke Schwankungen der Pollenanteile von *Pinus, Betula* und *Salix* auf, die an ähnliche, wohl interstadiale, von FLORSCHÜTZ, SELLE und

REICH erkannte Erscheinungen erinnern (vgl. Fortschr. Bot. 15, 127). Entsprechende Verhältnisse liegen außerdem bei dem Interglazial von Zoliborz bei Warschau vor. J. RANIECKA-BOBROWSKA hat es schon 1930 untersucht und berichtet nun über Pollendiagramme von vier weiteren Bohrungen. WOLDSTEDT hat dieses Interglazial bereits 1947 der Riß-Würm-Warmzeit zugeordnet. Die jetzt in 16 m mächtigen Seeablagerungen noch viel klarer erfaßte Vegetationsentwicklung bestätigt diese Altersstellung wohl endgültig. (Ohne *Fagus*, mit langer Hainbuchenzeit mit *Carpinus*-Werten bis 80% und einer darauf folgenden Ausbreitung von *Abies* und *Picea* usw.) Darüber folgen, durch würmglaziale Sande getrennt, wiederum anscheinend interstadiale Torfe mit *Pinus, Betula* und *Picea* (Aurignac-Interstadial?). In den Beginn des Riß-Würm-Interglazials dürfte schließlich ein Waldtorf von Śmielin bei Naklo in Pommern gehören [ŚRODOŃ (2)].

Zwei Pollendiagramme aus dem letzten Interglazial von Čeremošnik, Gouv. Jaroslav, zeigen nach SUKAČEV u. NEDOSEEVA, daß sich *Corylus* auch in Mittelrußland ähnlich wie in Mitteleuropa im Riß-Würm-Interglazial erst nach dem Eichenmischwald ausgebreitet hat. *Carpinus* tritt nur noch mit wenigen Prozenten auf. *Picea*-Pollen ist zu Beginn und nach der Eichenmischwaldzeit häufig. In der Warmzeit sind *Brasenia, Aldrovanda* u. a., später *Picea obovata* und *Betula nana* bestimmt worden (SUKAČEV). Einige Pollenanalysen wahrscheinlich altquartärer Schichten der Shigulihöhen bei Samara teilt OBEDIENTOWA mit.

Aus Frankreich, von der unteren Orne bei Caën, meldet LEMÉE ein Riß-Würm-Interglazial mit *Picea*; aus der Nähe von Straßburg Schichten mit *Picea* (bis 30%), *Pinus, Quercus* u. a., die er der Aurignac-Schwankung zuweist.

In das Riß-Würm-Interglazial gehören offenbar von FREISING (2) untersuchte Ablagerungen bei Mühlacker in Südwestdeutschland (mit *Carpinus* u. a.) sowie ein von GANNS beschriebener, 870 m hochgelegener Seeton in den Berchtesgadener Alpen.

Aus einem Interstadial oder, wahrscheinlicher, dem letzten Interglazial stammt eine fossilführende Ablagerung mit viel *Quercus, Pinus, Abies, Ulmus* u. a., die bei Forli in der südlichsten Poebene in 72—75 m Tiefe erbohrt worden ist (FIRBAS u. ZANGHERI). Neue glazial-geologische Arbeiten über die berühmte interglaziale Höttinger Breccie hat v. KLEBELSBERG besprochen.

Aus der westlichen Slowakei (Banka bei Pieštan) teilen PROŠEK u. LOŽEK (2) Holzkohlenfunde von *Fagus* und *Taxus* mit, die DOHNAL bestimmt hat und einem Lehmboden unter einer dreigliederigen, der Würmeiszeit zugerechneten Lößdecke entstammen. Sie wurden zusammen mit Artefakten des Moustérien gefunden.

Schließlich ist die Untersuchung von zwei interglazialen Kalkkonkretionen aus Westgrönland durch BRYAN zu erwähnen. Die Pollendominanz von *Betula* cf. *nana, Alnus crispa* ($=viridis$) und der heute auf Grönland fehlenden *Picea mariana* sowie die verschiedenen Nichtbaumpollen belegen eine subarktische Vegetation unter einem Klima, dessen Sommerwärme mindestens den Grad der postglazialen Wärmezeit erreicht haben muß.

4. Die letzte Eiszeit und das letzte Spätglazial in Europa. Zwischen dem durch die Ausbreitung bzw. Wiederausbreitung von *Abies, Picea* und *Pinus* bezeichneten Ende des letzten großen Interglazials (Riß-Würm) und der spätglazialen Wiederausbreitung von Birken- und Kiefernwäldern in der Bölling- und Allerödzeit liegt ein großer, schwer zu bemessender Zeitraum — fast die ganze letzte Eiszeit —, dessen vegetations- und klimageschichtliche Gliederung noch kaum zu übersehen ist. Auf S. 334 wurde bereits gesagt, in welchem Maße die Gliederung der Würmeiszeit an Hand der Lößstratigraphie zur Zeit umstritten wird. Im vorigen Kapitel wurden außerdem bereits einige möglicherweise in den älteren Teil der Würmeiszeit gehörige interstadiale Ablagerungen erwähnt, die vielleicht einem „Aurignac-Interstadial" zugeschrieben werden müssen.

Holzkohlen aus der Aurignacienkulturschicht von Unterwisternitz in Südmähren (am Nordhang der durch ihre Steppenflora berühmten Pollauer Berge) sind von KNEBLOVÁ untersucht worden. Die Fundschicht liegt zwischen zwei Lößen und ergab (Stückzahlen in Klammern): *Pinus* cf. *silvestris* (35), *P.* cf. *mugo* (18), *P. cembra* (29), cf. *Picea Abies* (17), cf. *Larix* (12), *Fagus* (1). NEČESANÝ hat 1951 von hier auch geringe Anteile von *Abies*, *Ulmus* und *Juniperus* angegeben (vgl. Fortschr. Bot. 16, 186). In dieses Bild eines vielleicht lichten borealen Nadelwaldes passen auch die gefundenen Tierreste. Man weiß natürlich nicht, wie weit die Holzkohlen das ganze Interstadial umfassen. Doch paßt zu ihnen eine subarktische Waldflora aus dem Ziembóvka-Tal südlich Krakau in 315 m Höhe mit viel *Picea*, *Pinus cembra*, *Larix*, *Betula humilis* (und *Euphorbia amygdaloides*!?), die ŚRODOŃ (1) in die Aurignac-Schwankung stellt. ŚRODOŃ überprüft anschließend daran das Alter der bisher aus dem Karpatengebiet stammenden Glazialfloren. Es ergeben sich überraschende Umdatierungen. Die früher als älteste Glazialflora Polens bekannte Flora von Hamarnia soll dem letzten (Würm-) Spätglazial angehören, die früher für älterdiluvial angesehenen Glazialfloren von Ludwinow, Leki Dolne, Walawa und Barycz sowie Starunia der Würmeiszeit, die Floren von Katy und Ściejowice der Aurignac-Schwankung zuzurechnen sein. ŚRODOŃ entwirft auf dieser Grundlage eine Darstellung des Vegetationswandels im jüngeren Diluvium Polens. Man wünscht dringend, es möge hier eine neue unabhängige Datierungsmethode (nach weiterem Ausbau die Radiocarbonmethode?) eingesetzt werden können, die über das Alter dieser zum Teil sehr artenreichen und seit Jahrzehnten berühmten Floren endgültige Klarheit bringt.

Von der Alleröd-Schwankung aus, als dem für die Gliederung des Spätglazials wichtigsten Interstadial, versucht GROSS in einem Sammelreferat tiefer in die Abfolge der letzten Eiszeit vorzudringen. Die Lößbildung dürfte in Mitteleuropa bald nach Beginn des Eisrückzugs von den Pommerschen Endmoränen aufgehört haben. Die meisten Funde des sog. „Masurischen Interstadials" werden in den daniglazialen Teil des Eisrückzugs, die Bölling-Schwankung (entgegen VAN DER HAMMEN) bereits in den gotiglazialen gestellt, in dessen Ende schließlich die Allerödzeit fällt, die etwa um 8800 v. Chr. endet. Von den Fundplätzen des Magdaléniens (s. l.) der Hamburger Stufe, die sehr wahrscheinlich noch vor die Böllingzeit gehören, liegen einige widerspruchsvolle C^{14}-Datierungen vor (SUESS, MÜNNICH), auf die erst im nächsten Beitrag eingegangen werden soll; für ein allerödzeitliches Material unter Spätmagdalénien von Rissen bei Hamburg wurden 9650 ± 300 v. Chr. (Gyttja) bzw. 9910 ± 300 v. Chr. (Holz) gefunden (leg. SCHWABEDISSEN, dat. MÜNNICH, Heidelberg).

Eine sehr anregende zusammenfassende Darstellung der spätglazialen Flora und Vegetation Dänemarks ist IVERSEN (2) zu verdanken. Bisher sind 129 Arten nachgewiesen, davon 59 durch Pollenfunde, die in Dauerpräparaten und Photos einer Überprüfung zugänglich erhalten werden. Die Arten werden nach abnehmendem Wert als Klimaindikatoren in folgende ökologische Gruppen eingeteilt: 1. Bäume und Sträucher. 2. Wasserpflanzen. 3. Schatten ertragende bzw. 4. lichtbedürftige Kräuter und Zwergsträucher. Im Gegensatz zur klassischen Auffassung von WESENBERG-LUND und C. A. WEBER wird also den Wasserpflanzen ein hoher Wert als Klimazeiger zuerkannt. Daß dies berechtigt ist und der Sonnenstand keinen entscheidenden Einfluß auf die Wasserflora ausübt, wird unter anderem dadurch bewiesen, daß sich im arktisch-subarktischen Canada, unter gleicher Breite mit Kopenhagen, keine reichere Wasserflora als in der heutigen europäischen Arktis findet. Am besten läßt sich der Gang der Sommertemperatur ableiten.

Danach wurde das Klima schon in der ältesten (nach IVERSEN daniglazialen) Dryaszeit Ia ,,subarktisch" (zwischen Baum- und Waldgrenze). In der Böllingzeit Ib, unter anderem mit *Betula pubescens* und *Centaurea scabiosa*, stieg die Julitemperatur etwas über 10°, um in der älteren Dryaszeit Ic wieder darunter zu fallen. In der Allerödzeit II herrschten lichte Birkenwälder, auf Bornholm war auch *Pinus silvestris* vorhanden. Die Julitemperatur dürfte 13—14° erreicht haben (*Oenanthe aquatica*, viel *Solanum dulcamara*), in der jüngeren Dryaszeit III aber neuerlich auf etwa 10° abgesunken sein. Dann erfolgte an der Wende zu IV ein rascher Temperaturanstieg. Diese Zahlen bestätigen also die aus mittel- und süddeutschen Vorkommen abgeleiteten Werte (FIRBAS 1949). Die Annahme einer starken abkühlenden Wirkung der restlichen Eismassen im Ostseegebiet aber ist nicht mehr nötig.

Die Bewaldung, besonders die Ausbreitung von *Pinus*, hinkte der Temperaturveränderung offenbar erheblich nach. Das förderte die auffällige Herrschaft der Heliophyten, die heute vielfach ,,Steppen-" oder ,,Unkraut"-Charakter besitzen. Die vereinzelt gefundenen Pollenkörner von *Ephedra* dürften auf Vorkommen im Ostseegebiet selbst zurückgehen. Denn in einem Diagramm aus Bornholm fand sich dieser Pollen in der Allerödzeit in drei aufeinanderfolgenden Proben, und in einem Moor im großen Alvar der Insel Öland, dem bedeutendsten Steppenpflanzenrefugium Nordeuropas, sogar noch in borealer und atlantischer Zeit, als der größte Teil Europas bereits Waldland war. Zu den Neufunden xerischer Arten gehört *Gypsophila fastigiata* (Bornholm; in Ic).

Die Wintertemperaturen des Spätglazials zu erschließen, ist sehr viel schwieriger, Funde unter anderem von *Pleurospermum austriacum* (in III) machen Werte zwischen —8⁰ und —2⁰ wahrscheinlich. Für viele Pionierpflanzen war wohl die damalige Herrschaft humusarmer Rohböden wichtig. Später wurden sie vor allem durch den Schatten der postglazialen Wälder weitgehend vernichtet.

Den Allerödaufschluß von Ruds Vedby auf Seeland, aus dem wichtige C^{14}-Datierungen stammen (vgl. Fortschr. Bot. 16, 189), hat KROG besonders eingehend bearbeitet, I. BRANDT Großreste vom Böllingsee bestimmt, die das vorübergehend etwas wärmere Klima der Böllingzeit weiter bestätigen.

Die spätglaziale Flora Irlands wurde von MITCHELL nochmals zusammengestellt (vgl. Fortschr. Bot. 16, 190), es handelt sich um 105 Arten. *Betula pubescens* wurde an vielen Stellen gefunden, meist in der Alerödzeit, spärlich auch in III. Eine mit C^{14} datierte allerödzeitliche Probe von Knocknacran Co. Monaghan fügt sich mit 9360 ± 720 v. Chr. gut zu den sonstigen Altersangaben für dieses Interstadial.

Nach LEMÉE kann man im Bereich des französischen Zentralmassivs im Spätglazial bereits drei Vegetationsstufen unterscheiden, deren Höhengrenzen durch die damaligen Klimaveränderungen deutlich verschoben worden sind, nämlich eine untere mit *Quercus* und *Corylus*, eine mittlere mit *Pinus* und *Betula*, eine obere alpine.

VANHOORNE schreibt der Allerödzeit einen Torf mit *Cladium mariscus*, *Selaginella selaginoides* u. a. zu, der in Belgien bei Eeklo auf grauem Decksand ruht. Eine alte interstadialer Torfe von zum Teil noch fraglichem Alter sind auch in Deutschland gefunden worden, so von DITTMER in würmeiszeitlichen Schmelzwassersanden Nordfrieslands (Ausbreitung lichter Birkenwälder), von SELLE (2) in Vechelde bei Braunschweig (mit *Betula*, *Pinus*, etwas *Picea* u. a., auch einem Pollenfund von *Centaurea* cf. *cyanus*), von HALLIK u. GRUBE bei Elmshorn (bölling- und allerödzeitlich?). Allerödzeitliche Ablagerungen in Verbindung mit dem vulkanischen Laacher Tuff hat H. D. LANG aus dem Amöneburg-Kirchhainer Becken bei Marburg beschrieben. Unter dem Tuff herrscht wie im Eichsfeld *Betula*, darüber *Pinus*. Und G. LANG (1) hat zu seinen früheren Tuffunden im Südschwarzwald einen weiteren im Horbacher Moor in 950 m Seehöhe hinzufügen können. Das Moor dürfte in der Allerödzeit nahe der Waldgrenze gelegen haben.

Zwei andere, nur lokale vulkanische Ausbrüche in der Eifel hat STRAKA (1), (2) in dem schon von HUMMEL untersuchten Strohner Maarchen datieren können. Der erste fällt in die zweite Hälfte der jüngeren Tundrenzeit (III), der zweite an ihr Ende oder in den Beginn der Vorwärmezeit. In III wurden außer einer Frucht von *Hydrocotyle vulgaris* zwei Pollenkörner von *Cornus suecica* nachgewiesen. Der Nachweis dieser nordatlantischen, heute in Skandinavien besonders im Birkengürtel verbreiteten Art im Spätglazial der Eifel ist von beträchtlichem Interesse. (Man möchte ihn freilich noch durch Steinkerne bestätigt sehen, obwohl der Verfasser die Pollenbestimmungen sehr eingehend begründet.) Auch ein Pollenkorn von *Centaurea* cf. *cyanus* wurde in der Vorwärmezeit gefunden.

Ein wichtiges Spätglazialdiagramm wurde von E. v. LÜRZER im Egelseegebiet bei Salzburg, unmittelbar hinter den jüngeren Endmoränen des Salzachvorlandgletschers in 590 m Höhe gewonnen. Auf eine sehr ausgeprägte waldlose Zeit (1) folgen ähnlich wie am Federsee und im westlichen Bodenseegebiet eine ältere Birkenzeit (2), eine ältere Kiefernzeit (3), eine jüngere Birkenzeit (4), eine jüngere Kiefernzeit (5) und schließlich die präboreale Birken-Kiefernzeit. Auf Grund eines deutlichen Rückgangs der Waldbedeckung wird 4 der jüngeren Tundrenzeit zugeordnet, so wie dies v. SARNTHEIN (1940) u. a. für das Federseegebiet vertreten haben, während G. LANG die dortige jüngere Birkenzeit für böllingzeitlich ansieht. Für das Egelseegebiet scheint die Datierung v. LÜRZERs kaum anfechtbar; danach dürfte über die Verhältnisse im westlichen Alpenvorland noch nicht das letzte Wort gesprochen sein. K. BERTSCH (1) hält das Magdalénien der Schussenquelle, das GROSS in die Zeit um 1300 v. Chr. stellt, für viel älter, um 20000 v. Chr.

Die tiefgreifende Wirkung der letzteiszeitlichen Temperaturerniedrigung wird in der südöstlichen Poebene deutlich, wo 1934 in einer Bohrung bei Forli, 1700 bis 1800 m unter der heutigen Waldgrenze, ein Torf gefunden worden ist, der in lichten Kiefernwäldern mit etwas *Betula* und *Picea* gebildet worden sein muß. FIRBAS u. ZANGHERI berichten über eine neuerliche Erbohrung dieser würmeiszeitlichen Schicht an einer etwa 1 km vom ersten Fundpunkt entfernten Stelle. Die älteren Ergebnisse werden bestätigt. Das gleiche gilt auch von Seeablagerungen am Fuß der Monti Berici und der Euganeen in der nordöstlichen Poebene, über die LONA (1), (2) vorläufig berichtet. (Über die letzte Eiszeit in Ungarn vgl. ZÓLYOMI, S. 350.)

5. Die Nacheiszeit in Europa. Eine kurze Übersicht über die Grundlagen, auf denen die Synchronisierung der spät- und postglazialen Pollendiagramme Mitteleuropas beruht, gab FIRBAS (3).

Die Rotbuche (*Fagus silvatica*) besitzt bekanntlich in Norwegen ein von ihren nächsten natürlichen Standorten bei Vestfold eigenartig weit, nämlich etwa 270 km entferntes inselartiges Vorkommen bei Bergen, wo sie sich noch natürlich verjüngt. Nach Pollenuntersuchungen FAEGRIs ist sie erst im Subatlantikum hierher gelangt; nach dem ersten offenbar eisenzeitlichen Auftreten von Siedlungszeigern in den Pollendiagrammen beurteilt, ist sie wahrscheinlich zwischen 500—1000 n. Chr. von Menschen eingeführt worden.

Aus Dänemark liegen drei methodisch besonders vertiefte Arbeiten vor. A. ANDERSON verfolgt die Bedeutung großer Bodengegensätze in der nacheiszeitlichen Vegetationsentwicklung Südjütlands an zwei Pollendiagrammen, von denen das eine bei Tinglev innerhalb armer Sandböden gewonnen ist, die vor dem Subatlantikum nur sehr wenig besiedelt waren, während das andere aus dem fruchtbaren Jungmoränengebiet der Insel Alsen stammt und seit dem frühen Neolithikum tiefgreifende Kultureinflüsse erkennen läßt.

Von Ergebnissen seien herausgegriffen: Belege für ausgedehntere *Calluna*-Heiden stammen auch im armen Gebiet erst aus nachchristlicher Zeit; hohe Werte von *Rumex* cf. *acetosella* sind für das arme, von *Plantago lanceolata* für das fruchtbare Gebiet bezeichnend; die relativen Höchstwerte von *Fagus* (32%) fallen auf Alsen in einen wohl mittelalterlichen Abschnitt mit sehr geringer Besiedlung und gehen somit sehr wahrscheinlich nicht auf eine Förderung der Buche durch den Menschen zurück; *Centaurea cyanus*-Pollen kommt erst seit dem Mittelalter vor; durch Pollenfunde werden unter anderem auch *Cannabis* und *Humulus* nachgewiesen.

JØRGENSEN hat neue Diagramme aus dem an vorgeschichtlichen Funden besonders reichen Aamosen in Mittelseeland zu einer Revision der Gliederung des Boreals und Atlantikums benützt. Statt des zur Abtrennung beider Perioden meist verwendeten *Alnus*-Anstiegs wird jener des Eichenmischwaldes gewählt. Er ist etwas älter und fällt mit dem ersten Vorkommen wichtiger Klimazeiger, nämlich von *Viscum* und *Hedera* zusammen. Die Dichte der mesolithischen Siedlungen der

Maglemosezeit hat im Laufe des Boreals immer weiter zugenommen. Mit Beginn des Atlantikums aber fand diese Kultur ihr Ende, wofür vielleicht die Abnahme des jagdbaren Wildes in den immer dichter werdenden Eichenmischwäldern verantwortlich zu machen ist.

Von V. MIKKELSEN schließlich, der sich besonders mit der Nachwärmezeit befaßt (vgl. Fortschr. Bot. 15, 132), stammt eine interessante Untersuchung an zwei Mooren von Bornholm. Die Wälder dieser später sehr waldarm gewordenen Ostseeinsel wurden im älteren Subatlantikum vorwiegend von Eichen und zum Teil auch von Hainbuchen gebildet. Sehr wahrscheinlich war aber außerdem auch *Fagus* vorhanden. (Wie diese spät, d. h. nach der ,,Festlandszeit", zugewanderten Bäume wie *Fagus* und *Carpinus* auf die Insel gelangt sind, wird leider nicht erörtert.) In Mittelbornholm entstanden im Laufe des Subatlantikums sich immer weiter ausdehnende *Calluna*-Heiden. *Centaurea cyanus* läßt sich hier spärlich schon in der älteren Eisenzeit nachweisen.

Südöstlich der Waldaihöhen, etwa 100 km westlich Rschew, gilt nach PJAVČENKO folgende spät- und postglaziale Vegetationsentwicklung: 1. Birkenzeit mit Grasfluren (unter anderem viel *Artemisia* und Chenopodiaceen). 2. Ältere Fichtenzeit (wohl Fichteninseln zwischen Grasfluren) mit Birken, aber vielleicht wegen des noch andauernden Frostbodens ohne oder mit nur wenig Waldkiefern. 3. Kiefern-Birkenzeit mit Rückgang der Fichte und zunehmend dichterer Bewaldung und mit erstem Auftreten von *Ulmus*, *Tilia* und *Alnus*. 4. Eichenmischwaldzeit mit hohen Anteilen der wärmebedürftigen Laubhölzer. 5. Jüngere Fichtenzeit mit zunehmender Podsolierung der Böden und Verdrängung der Arten der Eichenmischwälder. Interessant an dieser Entwicklung ist vor allem das frühe Auftreten der Fichte.

Einen anregenden Überblick über das Problem der Rekurrenzflächen in den Mooren der Britischen Inseln gab GODWIN. Das Auftreten der so bezeichneten, ganze Moore einheitlich durchziehenden Zersetzungskontakte auch mitten in kilometerweiten Hochmooren spricht gegen die bekannte Erklärung GRANLUNDs, wonach die Rekurrenzflächen vom größtmöglichen Wölbungsgrad des betreffenden Hochmoors abhängig sein sollen, der seinerseits mit der Humidität des Klimas zunimmt. Vieles spricht für eine plötzliche, mit katastrophenartigen Überflutungen (Vorlaufstorf!) einsetzende Niederschlagszunahme an der Wende vom stark zum schwach zersetzten Torf, so auch die nachweisbaren Beziehungen zur menschlichen Besiedlung (Anlage von Bohlwegen, Verlagerungen der Feldfluren).

Die Verknüpfung der Vegetationsentwicklung mit der menschlichen Besiedlung steht auch im Mittelpunkt anderer Arbeiten aus dem Berichtszeitraum. So hat WATERBOLK (2) eine sehr interessante zusammenfassende Darstellung vom Einfluß des Menschen auf die Vegetation der Niederlande in vorgeschichtlicher Zeit gegeben. Er stützt sich auf langjährige Untersuchungen an Mooren und pollenhaltigen Bodenhorizonten unter Grabhügeln, die von VAN GIFFEN und seinen Mitarbeitern besonders sorgfältig aufgeschlossen worden sind.

Während des Jungpaläolithikums war in Holland vor allem die dem Magdalénien zugerechnete Tjongerkultur vorhanden, die an die Wende von der Allerödzeit zur jüngeren Tundrenzeit fällt („Usselo-Schicht"). Bereits in der Allerödzeit kam es stellenweise zur Bildung von Eisenpodsolen. Der Dauerfrostboden verschwand damals, um sich in der jüngeren Tundrenzeit (III) neu zu bilden.

Aus dem Mesolithikum stammen zahlreiche Siedlungen des bereits ins Atlantikum fallenden Tardenoisien III. Sie liegen fast alle auf Sandrücken am Rande von Flußtälern oder Mooren, wo der Wald offenbar lichter war als auf fruchtbaren Böden. In ihrer Nähe verzeichnen die Pollendiagramme bereits Spuren von *Plantago major* und *lanceolata*, und etwas höhere Chenopodiaceenanteile, aber noch keine Zwergstrauchheiden.

Das Neolithikum ist durch die Ganggräberkultur (im Norden), die Glockenbecherkultur (nur in der Mitte des Landes) und die Einzelgrabkultur (überall) vertreten. Die „Landnahme" prägt sich ähnlich wie in Dänemark besonders durch den Anstieg der Anteile von *Plantago* (bis 89%) und von *Rumex* u. a. aus, deutliche Regenerationsphasen des Waldes sind aber nicht zu erkennen. Das scheint damit zusammenzuhängen, daß die neolithische Landnahme hier vorwiegend von der mehr nomadischen Einzelgrabkultur getragen worden ist (im Gegensatz zur bäuerlichen Megalithkultur Dänemarks). Bald nach Beginn des Neolithikums steigen die *Calluna*-Werte an, und dieser Anstieg setzt sich während der ganzen Bronze- und Eisenzeit fort, ein Ausdruck der wirtschaftsbedingten Ausbreitung von Zwergstrauchheiden. Heidepodsolprofile fehlen aber, wie schon VAN GIFFEN gezeigt hat, unter den neolithischen Grabhügeln noch. Sie treten erst unter den bronze- und eisenzeitlichen, oft aus Heidesoden aufgebauten Hügeln auf. Seit der Spätbronzezeit findet man häufiger Pollen von *Spergula*, *Spergularia* und *Polygonum*; Arten dieser Gattungen dürften als Nahrung gedient haben. Unter den neolithischen Grabhügeln finden sich stellenweise hohe *Tilia*-Pollenwerte (bis 40%), später nicht mehr [WATERBOLK (1)].

Den „Grenzhorizont" setzt WATERBOLK mit nochmaliger ausführlicher Begründung, auf die verwiesen werden muß, der Rekurrenzfläche II um 400 n. Chr. gleich, nicht III, wie sonst üblich. Er rechnet also mit einem mehrhundertjährigen eisenzeitlichen und frühgeschichtlichen Wachstumsstillstand der von ihm untersuchten Moore (vgl. Fortschr. Bot. 15, 133). Nach der Römerzeit wurde, wie junge Dünen lehren, die Podsolierung der Böden besonders intensiv.

An die Arbeit WATERBOLKs reiht sich eine nicht minder wichtige von VAN ZEIST an (2), [vgl. auch (1)], die sich besonders mit Nordholland befaßt. Die Pollendiagramme lassen sich hier mit den vorgeschichtlichen Perioden zum Teil nach neuen Funden so verknüpfen, daß der Beginn des Neolithikums mit dem Rückgang von *Ulmus* und *Tilia* und dem Beginn der *Plantago*-Kurve zusammenfällt, und die Wende Neolithikum/Bronzezeit kurz vor einen vorübergehenden ersten *Fagus*-Anstieg zu liegen kommt, der auf eine Niederschlagszunahme zurückgeführt wird; um 200 n. Chr. liegt der erste Anstieg von *Carpinus*, also schon längere Zeit nach der endgültigen, 10% freilich kaum überschreitenden Ausbreitung von *Fagus* in der Spätbronzezeit. Daß Podsolprofile, wie eben erwähnt, erst in der Bronzezeit auftreten, wird auf eine beträchtliche Niederschlagszunahme im Laufe der Bronzezeit zurückgeführt. Neolithische und bronzezeitliche Ackerböden enthalten viel Pollen von *Plantago, Rumex, Spergula* u. a.

Gegen den Grenzhorizont als Zeitmarke nimmt auch van Zeist energisch Stellung. Er sei schon innerhalb eines Hochmoors nicht gleichaltrig. Mitten in großen Hochmooren falle er, den älteren Datierungen entsprechend, etwa mit der Wende Bronze-Eisenzeit zusammen. In kleinen, besser drainierten Mooren, z. B. den von Waterbolk untersuchten, könne sich der Bildungsbeginn des jüngeren Sphagnumtorfs bis in die Mitte des ersten nachchristlichen Jahrtausends hinauszögern. Diese Beweisführung beruht freilich, wie schon bei Gross 1935, auf der Voraussetzung, daß die Ausbreitung von *Fagus* und *Carpinus* so gleichförmig war, daß die Pollenanteile sehr verläßliche Parallelisierungen ermöglichen. Die Böden unter den Grabhügeln sprechen dafür. Trotzdem ist es nicht allzu verwunderlich, daß gleichzeitig Pfaffenberg (2) eine gründliche Untersuchung eines neuen Profils aus dem Mentzhausener Moor am Jadebusen zum Anlaß nimmt, wieder für das einheitliche Alter des Grenzhorizonts einzutreten, wofern es sich um reinen Hochmoortorf handelt.

Ähnlich wie Waterbolk und van Zeist ist übrigens auch Dimbledy in den Cleveland-hills in Nordost-Yorkshire vorgegangen. Ein humoser Mineralboden unter einem bronzezeitlichen Grabhügel in einem heute durch weite Heidemoore und Podsolböden ausgezeichneten Gebiet enthielt viel Pollen von *Quercus, Alnus, Tilia, Corylus* u. a., aber nur wenig von Ericaceen. Auch hier stand also vor Anlage des Grabhügels ein teilweise bereits etwas gelichteter (*Plantago, Scleranthus*!) Laubwald. Im heutigen Pollenniederschlag dominieren die Ericaceen weitaus.

In Deutschland befassen sich die wichtigeren neueren Arbeiten ebenfalls zu einem guten Teil mit den Beziehungen zur Siedlungsgeschichte. Vornehmlich zur Datierung von Rekurrenzflächen gilt dies von einer methodisch sehr vielseitigen Untersuchung, die Overbeck zusammen mit Griéz im Roten Moor in der Rhön durchgeführt hat. Es werden hier in den Pollendiagrammen nicht weniger als 32 konnektierbare Horizonte unterschieden, und zur Berechnung ihres Alters neben der Torfmächtigkeit auch der colorimetrische Extinktionskoeffizient als Ausdruck des Zersetzungsgrades und damit der wahrscheinlichen Wachstumsgeschwindigkeit herangezogen. Die so gewonnenen Zahlen stimmen etwa seit dem Ende des 1. nachchristlichen Jahrtausends mit den historisch bekannten Besiedlungsvorgängen vorzüglich überein. Darüber hinaus wird gefolgert, daß eine mit Ackerbau verbundene Besiedlung bereits etwa 200 Jahre vor Gründung des Klosters Fulda (744 n. Chr.) weit in die Rhön hinauf vorgestoßen ist. Im jüngeren Moostorf liegen zwei Rekurrenzflächen, von denen die jüngere in die Zeit um 1400 n. Chr. (also etwa 200 Jahre später als Granlunds R. Fl. I), die ältere (Granlunds R. Fl. II besser entsprechend) zwischen 250—450 n. Chr. fallen dürfte. Man sieht also erneut, daß man Granlunds südschwedisches System nicht ohne weiteres auf andere Länder übertragen darf. Mit der älteren R. Fl. geht ein auffälliger Wechsel der Hochmoorvegetation von einem *Sphagnum magellanicum*-Moor zu einem *Sphagnum fuscum*- und *Sph. rubellum*-Moor einher. Die Wiederbelebung des Moorwachstums oberhalb der jüngeren R. Fl. könnte mit dem bekannten Temperaturrückgang im 15. und 16. Jahrhundert zusammenhängen. Ehemalige geringe natürliche Vorkommen von *Picea* und *Abies* in der Rhön, bisher für wahrscheinlich gehalten, sind nach den neuen Pollenwerten sehr zweifelhaft.

Leider noch vor Erscheinen dieser Arbeit hat SCHARLAU mit dem Rüstzeug des Siedlungsgeographen die alten Diagramme aus der Rhön, dem Vogelsberg und Knüll zu deuten versucht, sicher oft zu weitgehend. Sein Hinweis, daß der Siedlungsablauf auch in den höheren Lagen dieser Gebirge schon in vorgeschichtlicher Zeit verwickelt war und man vor allem mit einem weiten Zurückreichen der Waldweide rechnen müsse, ist aber sicher beachtenswert.

Die Streitfrage, ob die Tannenzeit des Schwarzwalds (mit *Abies*-Anteilen bis 85%!) in die mittlere Wärmezeit (Atlantikum) gehört, wie früher von P. STARK u. a. angenommen worden ist, oder erst ins Subboreal, wie nach neueren Untersuchungen in den Vogesen (FIRBAS, GRÜNIG u. a.) zu erwarten war, wurde von G. LANG (1) im Südschwarzwald (Hotzenwald) mit sehr hoher Wahrscheinlichkeit zugunsten der zweiten Möglichkeit entschieden. Aus Funden von *Viscum* und *Hedera* in 950 m Höhe schließt er im Anschluß an IVERSEN auf eine um 2,7° höhere Juli- und eine um 0,7° höhere Januartemperatur während der mittleren Wärmezeit. *Najas flexilis*, heute noch im nahen Bodenseegebiet in etwa 400 m Seehöhe, fand er [LANG (2)] in einer wärmezeitlichen Probe aus dem 1100 m hohen Feldseemoor. Von *Isoetes tenella* und *I. lacustris*, die bis zur Gegenwart die restlichen Seen des Südschwarzwalds bewohnen, wurden hier und im Nordschwarzwald mehrere bisher unbekannte fossile Vorkommen festgestellt.

Als ein weiterer Beleg für die postglaziale Wärmezeit sind sehr wahrscheinlich auch die Abdrücke von *Vitis*-Kernen zu bewerten, die SCHIEMANN (2) an vier Orten der Mark Brandenburg an neolithischen Gefäßen gefunden hat. Eine Unterscheidung der Kerne von *V. silvestris* und *V. vinifera* ist sehr schwierig. Doch dürfte es sich um so mehr um Wildreben aus den wärmezeitlichen Auenwäldern der Mark handeln, als aus Dänemark und dem mitteldeutschen Trockengebiet auch spätwärmezeitliche Pollenfunde bekanntgeworden sind (H. MÜLLER, vgl. Fortschr. Bot. 16, 191).

TÜXEN (seit 1931) und andere Vertreter der floristischen Pflanzensoziologie haben seit langem vorgeschlagen, unter der „natürlichen" Vegetation nicht die „ursprüngliche" zu verstehen, die vor stärkeren menschlichen Eingriffen vorhanden gewesen ist, sondern jene, die sich heute auf den durch die menschliche Besiedlung schon mehr oder weniger veränderten Standorten einstellen würde, wenn weitere menschliche Einwirkungen fortan ausgeschaltet würden. Das ist zwar sehr hypothetisch, an Hand mancher beobachtbaren Sukzession immerhin prüfbar. Sehr interessant ist in diesem Zusammenhang z. B. eine Studie von SEIBERT über die Degradierung *Luzula*-reicher Buchenwälder zu Eichen-Birken-Niederwäldern im südwestfälischen Bergland. Wie sich unter diesen Gesichtspunkten die Ergebnisse der Pollenuntersuchung zu jenen der Pflanzensoziologen verhalten, hat FIRBAS (2) [vgl. auch (1)] hinsichtlich der mitteleuropäischen Wälder erörtert. Man muß von der „natürlichen" Vegetation im oben erwähnten Sinn fordern, daß sie sich an die mit historischen Mitteln nachweisbare, von der menschlichen Wirtschaft zunehmend beeinflußte Entwicklung in einer ökologisch verständlichen Weise anschließen läßt. Das ist vielfach, aber nicht immer der Fall. Oft wird aber unter „natürlichen Vegetation" auch jene verstanden, die wir heute noch vorfinden würden, wenn der Mensch nie landschaftsgestaltend eingegriffen hätte, so in Vegetationskarten von Westfalen (BUDDE u. RUNGE), der münsterländischen Bucht [RUNGE (1)], des Kreises Lingen [RUNGE (2)], der Grafschaft Bentheim

(SPECHT u. RUNGE) u. a. Diese Auffassung ist noch stärker mit kaum nachprüfbaren Hypothesen belastet als die ersterwähnte. So überrascht z. B. auf den genannten Karten der erhebliche Raum, der natürlichen Zwergstrauchheiden zugesprochen wird. Die wesentlichsten Züge der Standortsgliederung dürften freilich auch auf diesem Wege aufgezeigt werden.

Bei der großen Wirkung der menschlichen Wirtschaft auf die Zusammensetzung der Wälder — v. HORNSTEIN versucht neuerlich, sie begrifflich schärfer zu gliedern — sind archivalische Studien von hohem Wert, wie sie KALÄHNE für die nördlichen Inselkerne Rügens nach Ortsnamen, schriftlichen Urkunden und Karten durchgeführt hat. Wittow, der nördlichste Teil, war schon in slawischer Zeit (vor 1300 n. Chr.) sehr waldarm. Hiddensee verlor seine ehemals ausgedehnten Wälder mit Eichen, Rotbuchen, Kiefern — wie auch Holzkohlenbestimmungen von BR. HUBER und V. JAZEWITSCH lehren — im 17. Jahrhundert. Auf Jasmund haben sie sich teilweise, wenn auch vielfach übernutzt, bis heute erhalten. Meist kann man auf Eichenmischwälder mit Eichen, Rot- und Hainbuchen u. a. schließen. Das ursprüngliche Vorkommen der Kiefer geht auch aus slawischen Ortsnamen hervor. Die Rotbuche tritt unter diesen nicht auf, ihre Ausbreitung scheint wenigstens stellenweise recht spät erfolgt zu sein. Freilich weisen die wenigen vorhandenen Pollendiagramme zum Teil recht hohe *Fagus*-Anteile auf.

Weniger reich fließen die archivalischen Quellen im Schwarzerde-Trockengebiet zwischen Magdeburg, Halle und dem Harz. v. MINCKWITZ hat sie ausgewertet. Seit Beginn des 18. Jahrhunderts werden meist die Holzarten der Eichenmischwälder, mehrfach aber auch die Rotbuche in den Restwäldern dieses äußerst waldarmen Gebiets genannt.

Interessant ist der Hinweis von KRAHL-URBAN, daß der Rotbuche, und ähnliches muß für andere Holzarten gelten, für die nacheiszeitliche Ausbildung von Ökotypen je nach dem Zeitpunkt ihrer Zuwanderung in die verschiedenen Landschaften eine sehr verschiedene Zeit bzw. Zahl von Generationen zur Verfügung gestanden hat, in den Karawanken vielleicht doppelt so viel wie an der Ostsee.

Einige weitere kleine Mitteilungen betreffen: Vorgeschichtliche Moorfunde in Ostfriesland [HAYEN (1), (2)], eine Flora mit Kulturbegleitern in einem nicht datierten Schwemmlöß im Taunus (KRÄUSEL); das in ähnlicher Lage wie der Federsee gelegene Wurzacher Ried [PFAFFENBERG (1), TEICHMÜLLER; wie am Federsee nur geringe Pollenwerte von Fichte und Tanne, Untersuchungen über den Einfluß karbonathaltigen Wassers auf die Torfzersetzung u. a.]; die in Fortschr. Bot. 16, 198, erwähnte neolithische Siedlung Ehrenstein bei Ulm (vorläufiger Bericht von GROSCHOPF); ein Moor der sonst von Sandböden beherrschten Oberlausitzer Heide, das innerhalb einer nährstoffreicheren Insel liegt (T. SCHULZE).

Aus Frankreich liegt eine Übersicht über 40 Moore der Ardennen (bis zum Hohen Venn) und 48 Moore des Pariser Beckens vor (J. SAUVAGE). Die Moore reichen nicht über das Postglazial zurück. Sedimentpetrographische Untersuchungen belegen stellenweise äolische Wirkungen, aber nur vor Beginn der Vermoorung. Elf Diagramme, die leider nur die wichtigsten Gehölze berücksichtigen, sind vor allem durch das wechselnde Verhältnis von *Fagus* und *Quercus* und den Anteil von *Pinus* in den einzelnen Landschaften von Interesse. (Über postglaziale Funde von fünf *Chara*-Arten in Nordfrankreich vgl. FROMENT).

In der Schweiz ist ein großes Sammelwerk über das Pfahlbauproblem erschienen. In ihm berichtet TROELS-SMITH über äußerst eingehende, zusammen mit Sv. JØRGENSEN u. a. durchgeführte Pollenuntersuchungen mehrerer Profile aus dem Wauwilermoos im Kanton Luzern (neolithische Siedlung Egolzwil der älteren und jüngeren Cortaillod-Kultur), aus dem Moore Weiher bei Thayingen (neolithische Siedlung der Michelsberger Kultur) und aus dem Burgmoos bei Solothurn (neolithische Siedlung wohl der älteren Cortaillod-Kultur). Die Pollenanalysen wurden sowohl hinsichtlich der Menge des Materials wie der Zahl bestimmter Arten in einem Maße vertieft, wie dies außerhalb Dänemarks bisher wohl noch nirgends gelungen ist. Die neolithischen Siedlungen fallen überall in die Zeit des Rückgangs der Buchenwerte nach einem ersten *Fagus*-Maximum von 40—50%, des Absinkens der *Ulmus*-Kurve und der Zunahme der Lichtholzarten. Es wird sehr wahrscheinlich gemacht, daß die damaligen Bewohner Buchen auf weiten Flächen, wohl durch Ringelung der Rinde, zugunsten Laubfutter liefernder Holzarten zum Absterben gebracht haben. Im Gegensatz zu Dänemark mit seinen hohen *Plantago*-Werten in den Diagrammen scheint in den ältesten neolithischen Kulturen der Schweiz keine ausgedehnte Waldweide geübt worden zu sein, sondern Haustierzucht mit Stallfütterung bzw. mit Aufenthalt des Viehs in kleinen Einfriedigungen (sehr geringe Pollenanteile von *Plantago lanceolata* — wie dies ähnlich schon I. MÜLLER am Federsee fand —, geringe Werte von *Trifolium repens* u. a. Weidepflanzen). Aus hohen Pollenanteilen von Kulturpflanzen (Getreide, Lein, Mohn) und Unkräutern wird auf permanente Äcker geschlossen. Für die Beurteilung der alten Streitfrage, ob die Pfahlbauten Wasser- oder Landsiedlungen waren, ist vor allem die untere Kulturschicht von Egolzwil wichtig, die auf Seekreide liegt, die zur Zeit der Besiedlung Trockenrisse erhielt und auf größeren Flächen von einer wiesenartigen Vegetation durchwurzelt worden sein muß. Diese Siedlung war also eine Landsiedlung, die erst später wieder von Seekreide überdeckt worden ist. Die Veränderungen des Seespiegels werden übrigens zu einem guten Teil auch aus dem Pollenanteil von Sumpfpflanzen und Apophyten erschlossen. Hohe Pollenanteile erreichen unter anderem *Allium ursinum* und *Caltha*.

In dem gleichen Werk folgert LÜDI (3) aus einer Zusammenstellung der bronzezeitlichen Flora des Schweizer Alpenvorlands, daß die Bronzezeit als Ganzes hier keine ausgeprägte Trockenzeit gewesen sein kann. Er hat zwei neu aufgeschlossene bronzezeitliche Kulturschichten (Bleichi-Arbon, Sumpf bei Zug) pollenanalytisch untersuchen können. Unter den für die Schweizer Bronzezeit insgesamt nachgewiesenen 209 Arten sprechen nur wenige für eine gegenüber der Gegenwart ein wenig höhere Wärme.

An anderer Stelle beschäftigt sich LÜDI (4) mit den Mooren auf dem Oberalp-Paß, die reichlich Holzreste, besonders von *Pinus cembra*, enthalten, obwohl das Gebiet heute oberhalb der Baumgrenze liegt. Ein näher untersuchtes Moor läßt erkennen, daß es im Boreal und frühen Atlantikum noch innerhalb der Waldstufe lag, dann aber, also noch in der Wärmezeit, aus ihr herausgerückt ist. LÜDI (1) hat schließlich auch einen kurzen Überblick über die nacheiszeitliche Vegetationsgeschichte der ganzen Nordalpen gegeben. HOLDHAUS erscheint das Vorkommen stenözischer, waldmeidender alpiner Käfer auf Bergen der Ostalpen, die heute nur wenig über die Waldgrenze emporragen, schwer verträglich mit der Vorstellung einer postglazialen Wärmezeit. Von interglazialen und postglazialen Seekreiden im Leutaschtal in den Nordtiroler Kalkalpen gibt SCHNEIDER pollenanalytische Stichproben.

Im Keutschacher See in Kärnten befinden sich auf einer ehemals als Insel über Wasser ragenden heutigen Untiefe Reste einer spätneolithischen Siedlung. Nach G. MOSSLER (mit E. HOFMANN, F. BRANDTNER) muß man mit einer erheblichen Seespiegelsenkung wahrscheinlich zu Beginn der späten Wärmezeit rechnen. (Unter den Hölzern viel *Fagus*, einmal *Abies*.) G. SMOLLA hat die archäologisch-geologischen Belege für die subatlantische Klimaverschlechterung in Südwestdeutschland zusammengestellt. Auffällige Schwemmschichten, die offenbar auf einen kräftigen Anstieg der Niederschläge zurückgehen, überdecken Siedlungen der Urnenfelder-Bronzezeit und werden von solchen der späten Hallstattzeit überdeckt: danach liegt der Beginn der subatlantischen Klimaverschlechterung um 800 v. Chr.

Einen Überblick über die Entwicklungsgeschichte der Vegetation Ungarns verdankt man ZÓLYOMI. Vorwiegend aus den Funden von Holzkohlen an prähistorischen Fundstellen schließt er für den Höhepunkt der Würmeiszeit auf kalte Lößsteppen mit flußbegleitenden Gehölzen von *Larix*, *Pinus cembra* und *P. mugo* (?) bis in Höhen von 400—450 m. Darüber bis 900—1000 m sollen geschlossene, taigaartige Wälder der vorgenannten Arten geherrscht haben, über ihnen alpine Rasen. Sehr wichtig ist ein aus dem Plattensee (Balaton; 104 m ü. M.) durch eine Unterwasserbohrung 200 m vom Ufer gewonnenes Pollendiagramm mit guter Pollenerhaltung. Es zeigt noch durchaus die mitteleuropäische Grundsukzession: Zu Beginn an Nichtbaumpollen reiche Kiefern-Birken-Phasen. Dann eine Hasel- und Eichenmischwaldzeit (*Corylus* bis 55% der Baumpollen) mit starkem *Pinus*-Rückgang und Abnahme der Nichtbaumpollen. Schließlich ein an *Quercus* (bis 40%), *Fagus* (bis 25%), *Carpinus* (bis 12%) und *Abies* (bis 15%) reicher Schlußabschnitt. Die ältesten Schichten enthalten nur *Pinus*, *Betula* und *Salix*, zum Teil mit hohen Birkenwerten (50%). Hohe Nichtbaumpollenwerte während der Haselzeit werden als Ausdruck wärmezeitlicher Steppen gedeutet. (Da sie in Torfen gefunden wurden, ist der Beweis freilich nicht überzeugend.) Der Beginn der geschlossenen Kurve von *Fagus* liegt schon im Haselmaximum, der von *Abies* und *Carpinus* nur wenig später. Die eiszeitliche Verarmung der Gehölzflora war also auch in diesem warmen Gebiet noch sehr groß. Die erste Ausbreitung der Rotbuche (*Fagus*) aber erfolgte hier, wenn nicht Schichtlücken irreleiten, bereits im frühen Postglazial. Den limnischen Ablagerungen sind Torfe eingeschaltet. Sie weisen zusammen mit Abrasionsterrassen oberhalb des heutigen Seespiegels auf erhebliche Wasserstandsschwankungen hin, die noch genauer untersucht werden müssen.

Vorwiegend nach pflanzensoziologischen Vergleichen nimmt auch WENDELBERGER an, daß die Klimaxgesellschaften des westpannonischen Tieflands und des umschließenden Hügellands schon in der frühen und mittleren Wärmezeit waldsteppenartige Mischwälder von *Quercus pubescens* u. a. gewesen sind, in die reine Steppen nur noch als edaphische Dauergesellschaften eingesprengt waren. Später, besonders in der Nachwärmezeit, wurden Eichen-Hainbuchenwälder Klimax.

6. Das Eiszeitalter und die Nacheiszeit außerhalb Europas. Die Beantwortung der seit WARMING viel umstrittenen Frage nach der Herkunft der grönländischen Flora (eiszeitliche Überdauerung oder nacheiszeitliche Zuwanderung?) wurde von IVERSEN (1) durch Pollenanalysen von Seeablagerungen im inneren Godthaabfjord wesentlich gefördert. Man kann hier fünf Perioden unterscheiden und bis zu gewissem Grade mit Hilfe der postglazialen Landhebung datieren. In I (älteres Boreal?) fehlten noch *Betula nana, Alnus viridis, Juniperus* und wohl auch *Salix glauca.* In II (jüngeres Boreal?) kam es zunächst zu einer starken Ausbreitung von *Salix* cf. *glauca,* dazu trat spärlich *Alnus.* In III (Atlantikum?) breiteten sich *Betula nana* und *Juniperus* kräftig aus, in IV (Subboreal?), wohl einem wärmeren Zeitabschnitt, *Alnus viridis.* V (Subatlantikum?) scheint gegenüber IV wiederum eine kühlere Periode mit *Empetrum-Vaccinium*-Heiden gewesen zu sein, mitten in diese Periode fallen die Wikinger-Siedlungen. Von den schon in den ältesten Ablagerungen nachgewiesenen 32 Arten steigen 16 heute noch bis 1000—1500 m. Sie haben wohl die letzte Eiszeit in Grönland überdauert und machen eine damalige Depression der Vegetationsstufen um etwa 1000 m gegenüber heute wahrscheinlich. Von den weiteren früh nachgewiesenen 16 Arten wurden die meisten offenbar epizoisch durch Vögel, der Rest durch Wind über das Meer eingeschleppt. Die sog. ,,südlichen" Arten aber sind offenbar erst im Laufe des Postglazials teils aus Nordamerika, teils aus Europa zugewandert, eine größere Zahl wurde schließlich durch Menschen eingeführt. Die paläontologischen Ergebnisse bestätigen also im wesentlichen den von OSTENFELD 1926 für die Geschichte der Flora Grönlands vertretenen Standpunkt (vgl. auch S. 312).

In ERDTMAN (5) findet sich ein Bericht über sehr interessante Untersuchungen von fossilem Bodeneis auf der neusibirischen Insel Kotelny durch GORODKOV u. KOROTKIEVITCH. Neben Großresten, unter anderem Blättchen aus dem Hüllkelch von *Artemisia* cf. *borealis,* wurden nur 4% Gehölzpollen und über 80% Nichtbaumpollen, darunter 52% *Artemisia,* (heute auf der Insel fehlend), 35% Gramineen u. a. gezählt. *Salix*-Pollen wurde nicht gefunden, obwohl *S. polaris* hier heute häufig ist. Diese von der heutigen sehr abweichende periglaziale Vegetation könne am besten als Polarwüste und Tundra, nicht aber als Steppe bezeichnet werden. Sie ging weiter südlich in die Lößvegetation über. Die nachgewiesenen Chenopodiaceen-Pollen dürften nach Samenfunden auf *Chenopodium album, glaucum, polyspermum* und *rubrum* zurückzuführen sein. Jüngere Torfe der gleichen Insel [GORODKOV (2) nach Referat von GAMS] enthalten Arten, die heute erst viel weiter südlich auftreten, nämlich *Salix repens* und wahrscheinlich auch *Alnus* und *Betula.* Diese offenbar wärmezeitlichen Torfe sind im Gegensatz zu den heute noch wachsenden sehr flachgründigen *Camptothecium nitens*-Mooren bis $1^{1}/_{2}$ m mächtig und reich an Resten von *Drepanocladus Sendtneri* und der heute fehlenden *Carex stans.* Ähnliche Verhältnisse wurden schon 1934 von SOČAVA von der Anabarküste und 1937 von ALEXANDROVA aus Jakutien beschrieben.

Lebhafte Untersuchungen sind in Süd-Alaska im Gange, besonders im Rahmen eines das Juneau-Eisfeld mit dem Taku-Gletscher betreffenden Forschungsplanes. C. J. HEUSSER (3) hat hier die heutige Flora der Nunatakker studiert, die das Eis in 1000—2000 m Höhe durchragen. Sie werden durch Eisflächen von einigen Kilometern Breite getrennt. Ihre Flora (42 Flechten, 29 Moose, 102 Gefäßpflanzen, darunter *Picea sitchensis*) soll vor allem aus der postglazialen Wärmezeit stammen. Den letzten Hochstand der Würmvereisung (Mankato) dürften höchstens 18 Gefäßpflanzen am Ort überdauert haben. Während der postglazialen Wärmezeit ist wohl auch *Abies lasiocarpa* nach Alaska gelangt; sie hat die letzte Eiszeit wahrscheinlich in unvereisten Gebieten West-Yukons und West-Albertas überlebt ([HEUSSER 6)]. In einer weiteren Arbeit (4) wird eine Methode aufgegriffen, die zuerst VARESCHI in den Alpen entwickelt hat: Mit Hilfe des Jahresverlaufs des Pollenniederschlags wird die Herkunft und Ablation des Eises des Taku-Gletschers studiert. Schließlich hat HEUSSER (5) seine schon in Fortschr. Bot. 16, 197 besprochenen Mooruntersuchungen an drei küstennahen Mooren Südost-Alaskas weitergeführt, die durch die postglaziale Landhebung beeinflußt worden sind. Die Waldentwicklung verlief ähnlich wie bereits berichtet. Für einen wärmezeitlichen Waldtorf wurde mit C^{14} ein Alter von 3500 ± 250 Jahren gefunden (2).

Umfangreiche, aber leider recht extensive Untersuchungen von 74 Mooren wurden im südöstlichen Alaska und in Yukon auch von H. P. HANSEN durchgeführt. In den einförmigen Diagrammen werden nur *Pinus* (besonders *contorta* ssp. *latifolia*), *Picea* (glauca, mariana), *Abies* (*lasiocarpa*), Gramineen, seltener auch *Betula* (*papyrifera*) und *Tsuga* verzeichnet. Der wichtige *Populus*-Pollen wurde nicht erfaßt. Die Datierung ist, obwohl die Moore von Schichten vulkanischer Asche durchzogen werden, schwierig. Sichere Belege für Klimaveränderungen wurden nicht gefunden. Von den Aleuten, wo die Bodenprofile einen Wechsel von vulkanischen Aschen und humosen Schichten zeigen, haben ANDERSON u. BANK einige noch kaum deutbare Pollenzählungen mitgeteilt.

J. E. POTZGER hat im südlichen Quebec, im Mündungsgebiet des St. Lorenzstroms und auf der Südabdachung des Laurentinischen Eisschilds 19 Moore untersucht. Die Diagramme werden von Anfang an von Pinus (*banksiana, strobus, resinosa*), *Betula* (besonders *papyrifera*), daneben zum Teil von *Abies balsamea*, *Picea* (*glauca* und *mariana*) und *Tsuga* beherrscht, während andere Arten, besonders die anspruchsvollen sommergrünen Laubhölzer, immer sehr zurücktreten. Die Deutung auch dieser Diagramme ist schwierig. Der Verf. meint, daß das späte Abschmelzen des Laurentinischen Eisschilds und marine Transgressionen die postglaziale Wiederausbreitung der Wälder hier erst zu einem Zeitpunkt ermöglicht haben, als die allgemeine Klimaverbesserung schon weit vorgeschritten war. POTZGER u. COURTEMANCHE (1) haben diese Untersuchungen dann etwas weiter nördlich im Mont Tremblant Parc fortgesetzt. Sechs geeignet erscheinende in Toteisbecken entstandene kleine Seen oder Moore wurden mit Hilfe des Flugzeugs ausfindig gemacht. Auch diese Diagramme setzen verspätet ein (spätes Abschmelzen von Toteis?), und zwar mit einer Dominanz von *Pinus banksiana*, *Betula papyrifera* u. a. Ein darauf folgender Gipfel von *Picea* und *Abies* wird der Bildung lokaler Gletscher nach dem Verschwinden des Inlandeises zugeordnet, eine weitere *Pinus*-Dominanz auf eine Zeit trocken-warmen Klimas zurückgeführt, eine darauf folgende Zunahme von *Tsuga*, *Fagus* und *Acer* auf eine Periode feuchteren Klimas und eine letzte Begünstigung von *Picea*, *Abies* und *Betula* auf die abnehmende Sommerwärme in jüngster Zeit. Diese letzte Periode umfaßt auf Grund einer C^{14}-Bestimmung etwa die letzten 2350 (± 200) Jahre, d. h. also das europäische Subatlantikum [POTZGER u. COURTEMANCHE (2)].

Ein sehr interessantes Pollendiagramm aus Michigan (George Reserve) hat SV. TH. ANDERSEN bearbeitet. Es dürfte das Two Creeks-Interstadial (also die Allerödzeit) und dessen Übergänge zu I und III wiedergeben und bezeugt die damalige Vorherrschaft lichter borealer *Picea glauca*- und *P. mariana*-Wälder. Besonders interessant sind Pollenfunde von *Elaeagnus commutata*, weil es sich dabei um einen Vertreter des

"Cordilleren-Elements" handelt. Dessen Schwerpunkt liegt heute in den Rocky Mountains, daneben besitzen aber die zugehörigen Arten noch stark disjunkte, oft mehr als 1000 km entfernte Standorte im nördlichen atlantischen Gebiet um den St. Lorenz-Golf. Diese sollen nach ROUSSEAU und MARIE-VICTORIN auf eine ehemals begünstigte Wanderung von Pionierpflanzen in einem vegetationsarmen Saum vor dem Inlandeis der letzten Eiszeit zurückgehen, während FERNALD ein viel höheres Alter und eine Überdauerung auf Nunatakkern angenommen hat. Die Pollenfunde sprechen also wenigstens bei der genannten Art für die erste Erklärung. Auch Pollenkörner der in Nordamerika heute auf die Rocky Mountains beschränkten Gattung *Ephedra* wurden gefunden.

Über einige weitere, in Nordamerika in Bearbeitung begriffene Themen vgl. HEUSSER (1). Als Nachschlagewerk auch für quartäre Floren von Bedeutung ist der „Catalogue of the Cenozoic Plants of North America through 1950" von LAMOTTE (Bibliographie und Fundnachweise).

Mit einem ganz anderen Gebiet, dem Südrand des nördlichen Trockengürtels, beschäftigt sich WILHELMY. Diese Klimagrenze verläuft heute durch die nördlichsten Landschaften Südamerikas. Wadiartige Flußtäler und andere morphologische Erscheinungen bezeugen, daß sie in den quartären Pluvialzeiten weiter nördlich verlief. Damals dürften heute aride Gebiete vielfach regengrüne Feuchtwälder getragen haben. Im Postglazial wurde das Klima zunehmend trockener, die Vegetation xerischer, bis in den letzten Jahrhunderten unter dem Einfluß des Menschen häufig an die Stelle trockener Wälder ein Dorn- und Kakteenbusch getreten ist, der sich immer noch weiter ausbreitet. Kleine Moore auf den Inseln Aruba und Bonaire wären vielleicht geeignet, diese Entwicklung auch paläontologisch zu verfolgen.

Mit den plio- und pleistocänen Floren Neuseelands und ihrer Bedeutung für die Klimageschichte befassen sich in kurzen Übersichten COUPER u. McQUEEN sowie HARRIS. Ein Teil der pleistocänen Floren deutet auf Kaltzeiten. *Nothofagus* ist seit dem Miocän, aber nur bis ins Pliocän nachweisbar.

7. Kulturpflanzen und Kulturbegleiter.

Der Streit um den Hergang und die landschaftliche Bedingtheit der neolithischen Landnahme rückt, wie viele der in Teil 5 besprochenen Arbeiten lehren, immer mehr aus dem Bereich theoretischer Erörterungen um die „Steppenheidetheorie" oder die „Waldsiedlungstheorie" in den einer unmittelbaren archäologisch-paläontologischen Verfolgung der Vorgänge. Hierbei treten immer deutlicher Unterschiede zwischen einzelnen Landschaften hervor, die offenbar auf eine verschiedene Wirtschaftsweise zurückgehen (vgl. das S. 348 über die Untersuchungen von TROELS-SMITH Gesagte).

Doch werden daneben theoretische Überlegungen weiter verfolgt. Daß Wälder eine verschiedene „Siedlungseignung" besaßen, ist schon frühzeitig, auch im Hinblick auf bestimmte Waldgesellschaften untersucht worden (GRADMANN 1899, TÜXEN 1931, NIETSCH 1939). ELLENBERG macht weitere Angaben hierüber. Er weist auf das ähnlich geringe Regenerationsvermögen von Eichen-Birkenwäldern, die zu *Calluna*-Heiden degradieren, und von wärmeliebenden Eichen-Mischwäldern auf flachgründigen Kalkböden, die zu Steppenheiden degradieren, hin und meint, diese Neigung beider Waldtypen zu rascher Verlichtung könne siedlungsbegünstigend gewirkt haben. Ob das tatsächlich der Fall war, bleibt angesichts der starken neolithischen Besiedlung auch der Jungmoränengebiete an der Ostsee oder der tiefgründigen Lößböden fraglich (vgl. dazu die in Fortschr. Bot. 14, 190 erwähnte Arbeit von CLARK).

Mit Spannung verfolgt man die Versuche, den Beginn des mitteleuropäischen Neolithikums und damit wohl auch des mitteleuropäischen Ackerbaus mit der Radiocarbon-Methode zu bestimmen. Gerade in den letzten Jahren wurde der Beginn der jüngeren Steinzeit in Mitteleuropa von den Archäologen meist recht spät, nämlich im 3. vorchristlichen Jahrtausend angesetzt. H. DE VRIES u. G. W. BARENSEN teilen zwei wichtige Zahlen mit: verkohlter Weizen aus der Bandkeramik von Westeregeln bei Magdeburg (von ROTHMALER vermittelt) ist 6200 ± 200 Jahre alt. Holzkohle aus der frühbandkeramischen Siedlung von Wittislingen in der Schwäbischen Alb (vgl. Fortschr. Bot. 15, 136; durch H. GROSS vermittelt) ist 6030 ± 110 Jahre alt. Das sind Zahlen der gleichen Größenordnung, wie sie für das Frühneolithikum von Jarmo im Irak bekannt ist, wo LIBBY zu einem älteren Wert (6707 ± 320) einen weiteren von 5266 ± 450 hinzufügen konnte.

M. HOPF hat als Vorarbeit für die Bestimmung prähistorischer Getreidefunde sehr eingehende anatomische Untersuchungen an Weizenspelzen und -körnern durchgeführt. Es wird sehr dankenswert sein, sie fortzusetzen. Auf Grund dieser Untersuchungen und vor allem einer sorgfältigen Prüfung der Gültigkeit morphologischer Merkmale hat dann SCHIEMANN (3) nochmals die Unterscheidbarkeit von *Triticum monococcum* und *T. dicoccum* überprüft. Es waren nämlich seit 1948 von TAECKHOLM und ÅBERG Funde von Einkorn in Ägypten angegeben worden, und zwar aus neolithischer (el Omari) und frühdynastischer Zeit (Saqqarah, III. Dynastie). Diese Angaben mußten nach allem, was man bisher über Verbreitung und Inkulturnahme von *Triticum monococcum* weiß, Zweifel erregen. Unabhängig voneinander durchgeführte Untersuchungen von SCHIEMANN und HELBAEK ergaben denn auch, daß die Angaben nicht gesichert sind und zumindest unter den neolithischen Körnern von el Omari und unter Ähren aus der VI. Dynastie von Saqqarah (und wohl auch aus der III. Dynastie) neben Gerste nur *Triticum dicoccum* vorkommt, und zwar in Saqqarah in zwei Formen.

HJELMQUIST hat seine Untersuchungen an Kornabdrücken auf vorgeschichtlichen Gefäßen Südschwedens (vgl. Fortschr. Bot. 16, 198) auf die Bronzezeit ausgedehnt und für die frühe Bronzezeit bespelzte Gerste, für die späte nackte und bespelzte Gerste, *Triticum* cf. *compactum*, einmal auch *T. monococcum*, dann *Panicum miliaceum*, *Avena* cf. *fatua* und cf. *strigosa* sowie *Malus communis* nachgewiesen. Gegenüber dem Neolithikum fällt vor allem der Rückgang oder das Verschwinden von *Triticum dicoccum* und die Häufigkeit bespelzter Gerste auf. H. HELBAEK hat die vorgeschichtlichen Kulturpflanzen und Unkräuter zusammengestellt, die in Dänemark seit 1923 (dem Erscheinen des Werkes von JESSEN u. LIND) an 15 Fundstellen nachgewiesen worden sind. Es sind ohne die Getreide 119 Sippen; einige werden erstmals genannt wie z.B. *Allium ursinum*, nach einem Kapselabdruck aus der neolithischen Dolmenzeit.

E. SCHIEMANN (1) bestimmte auch die Pflanzenreste einer Abfallgrube aus der neolithischen Siedlung Ur-Fulerum bei Köln (Rössener-Kultur). Die Hauptmasse stammt von *Hordeum vulgare* s. *polysticha* v. *tetrastichum*, meist bespelzt, zum Teil auch nackt, daneben werden *Triticum dicoccum*, *Hordeum hexastichum* und einige aus dem Neolithikum noch unbekannte Wildpflanzen, z. B. *Tragopogon*, nachgewiesen. BERTSCH (2) beschreibt eine Birne aus dem neolithischen Pfahlbau Litzelstetten am Bodensee, die mit einem Durchmesser von 31 mm bereits als Kulturbirne anzusehen sei, womit der Beginn der dortigen Birnenkultur ins Neolithikum vorverlegt wird. (Ein kurzes Referat über die Herkunft der wichtigsten landwirtschaftlichen Kulturpflanzen gab FISCHER.)

NORDHAGEN (1) hat den seit vorgeschichtlichen Zeiten nachweisbaren Gebrauch von Kiefern- und Ulmenrinde für die Herstellung von Brot und Breien sowie die bevorzugte Verwendung von Laub, Zweigen und Rinde der Ulmen als Viehfutter eingehend untersucht. Er hält es neuerlich für sehr wahrscheinlich, daß der ins ältere Neolithikum fallende Rückgang von *Ulmus*-Pollen (vgl. S. 349) nicht klimatisch, sondern durch die menschliche Nutzung verursacht worden ist.

BAUCH führt seine Untersuchungen über Pflanzen als Kulturrelikte vor- und frühgeschichtlicher Siedlungen in Mecklenburg weiter, besonders über *Allium scorodoprasum*, *Malva alcea* und *Origanum vulgare*. K. MÜLLERS (3) u. a. für den Nachweis von Klimaschwankungen während des letzten Jahrtausends wichtige Geschichte des badischen Weinbaus erschien in 2. Auflage (vgl. Fortschr. Bot. 12, 113).

Nach JEFFREYS gibt es im Joruba-Gebiet in West-Nigeria archäologische und sprachliche Anhaltspunkte für die Annahme, daß der Mais schon in vorkolumbianischer Zeit aus Amerika nach Westafrika gelangte. Eine Monographie über den Mais im vorkolumbianischen Amerika veröffentlichte WEATHERWAX.

Literatur.

ACKERMANN, H.: Schr.reihe Naturschutzst. Darmstadt 2, 1—134 (1954). — ADE, A.: Fragm. balc. 1, 31—35 (1954). — AFZELIUS, B. M.: 8ᵉ Congr. int. Bot. Paris Rapp., Sect. 6 1954, 241. — AFZELIUS, B. M., G. ERDTMAN u. F. S. SJÖSTRAND: Sv. bot. Tidskr. 48, 155—161 (1954). — AHLMANN, H. W. son: New York Amer. Geogr. Soc. 1953. — AIRY SHAW, H. K.: Fl. Males., Ser. I, 517—528 (1954). — ANDERSEN, A.: Danm. Geol. Undersøg. II 80, 188—209 (1954). — ANDERSEN, SVEND TH.: Danm. Geol. Undersøg. II 80, 140—155 (1954). — ANDERSON, SV. T., u. TH. P. BANK: Science (Lancaster, Pa.) 116, 84—86 (1952). — ANDERSON, C. E.: Ann. Miss. Bot. Gard. 41, 305—327 (1954). — ANDREAS, CH. H.: In LOUSLEY, S. 84—88. — ANDREAS, CH. H., u. N. PROP: Blumea 7, 602—616 (1954). — ANTEVS, E.: (1) J. of Geol. 62, 516—521 (1954). — (2) Ebenda 62, 182—191 (1954). — ASPREY, G. F., u. R. G. ROBBINS: Ecol. Monogr. 23, 359—412 (1953). — ASSEM, J. VAN DEN: Blumea 7, 364—400 (1953). — BAJIĆ, D., Ž. BJELČIĆ u. S. POPOVIĆ: Jb. Biol. Inst. Sarajevo 5, 1952, 129—142 (1953). — BAKER, H. G.: (1) Ann. of Bot. 17, 615—627 (1953). — (2) 8ᵉ Congr. int. Bot. Rapp., Sect. 9/10 1954, 190—191. — (3) Evolution. Symposia Soc. f. Exper. Biol. 7, 114—145 (1953). — (4) 8ᵉ Congr. int. Bot. Rapp., Sect. 2, 4, 5, 6 1954, 110—111. — BAKKER, D.: Acta bot. Neerl. 3, 425—445 (1954). — BARKMAN, J. J.: Acta bot. Neerl. 3, 124—147 (1954). — BAUCH, R.: Jb. Denkmalpfl. (Schwerin) 1952/53, 3—10. — BECHERER, A.: Ber. schweiz. bot. Ges. 54, 355—389 (1954). — BELL, C. R.: Univ. California Publ. Bot. 27, 133—230 (1954). — BERG, L. S.: Ecology 34, 796—802 (1953). — BERTOLANI-MARCHETTI, D.: Webbia 9, 511—621 (1953). — BERTSCH, K.: (1) Schrift. Ver. Geschichte Bodensee u. Umgebung 72, 19—30 (1953/54). — (2) Vorzeit am Bodensee, H. 1/2. 1954. — BIRAND, H.: Vegetatio 5/6, 41—44 (1954). — BITNER, KR.: Inst. Geol. Biul. Warszawa 69, 79—91 (1954). — BJÖRKMAN, S. O.: 8ᵉ Congr. int. Bot. Rapp., Sect 2, 4, 5, 6, 1954, 56—58. — BOROS, A.: Rev. Bryol. e. Lich. 23, 233—234 (1954). — BOUCHARD, J. Bull: Soc. bot. France

101, 351—354 (1954). — BOYKO, H.: Vegetatio **5/6**, 309—318 (1954). — BRADLEY, W. H.: Amer. J. Sci. **251**, 543—546 (1953). — BRADSHAW, A. D.: In LOUSLEY, S. 181—183. — BRANDT, J.: Danm. Geol. Undersøg. II **80**, 156—158 (1954). — BRANDTNER, FR.: Eiszeitalter u. Gegenwart **4/5**, 49—82 (1954). — BREHM, M.: Acta Geol. Pol. **3**, 475—480, Conspectus S. 154 (1953). — BREISTROFFER, M.: Bull. Soc. bot. France, Mémoires **1954**, 62—95. — BRENAN, J. P. M.: Mem. New York Bot. Gard. **8**, 191—256, 409—506; **9**, 1—115 (1954). — BRORSON-CHRISTENSEN, B.: Danm. Geol. Undersøg. II **80**, 7—12 (1954). — BRUNNACKER, K.: (1) Geologica Bavarica **19**, 258—265 (1953). — (2) Z. Pflanzenernährg. **65**, (**110**), 103—107 (1954). — (3) Eiszeitalter u. Gegenwart **4/5**, 83—86 (1954). — BRYAN, M. S.: Danm. Geol. Undersøg. II **80**, 65—72 (1954). — BUDDE, H., u. W. BROCKHAUS: Dechemania B **102**, 47—175 (1954). — BUDDE, H., u. F. RUNGE: Westf. Forsch. (Münster i. Westf.) **7**, 194—196 (1954). — BÜDEL, J.: Erdkunde **7**, 249—266 (1953). — BULLOCK, A. A.: Kew. Bull. **1953**, 497—499 (1954). — BURCK, H. D. M.: Geol. en Mijnbouw., N. S. **13**, 290—293 (1951). — BUSCHMANN, A.: Jb. Biol. Inst. Sarajevo **5**, 1952, 143—158 (1953).

CABRERA, A. L.: Rev. Mus. Eva Perón **8**, 87—168 (1953). — CAMPO-DUPLAN, M. VAN: Bull. Soc. bot. France **101**, 250—281 (1954). — CAPPEL, E. D.: J. Elisha Mitchell Sci. Soc. **70**, 75—91 (1954). — CASPARI, C., u. J. POELT: Ber. bayer. bot. Ges. **30**, 163—164 (1954). — CASTELLI, L.: Rev. Bryol. e. Lich. **22**, 185—199 (1953). — CHRISTIANSEN, W.: Ber. dtsch. bot. Ges. **67**, 344—345 (1954). — CLAPHAM, A. R.: In LOUSLEY, S. 26—39. — CLARK, J. G. D.: Prehistoric Europe. London 1952. 349 S. — COPELAND, H. F.: J. Arnold Arboretum Harvard Univ. **35**, 82—84 (1954). — CORILLION, R.: (1) Bull. Soc. sci. Bret. **28**, 1953, 45—54 (1954). — (2) Ebenda **28**, 1953, 42—44 (1954). — (3) Ebenda **28**, 1953, 33—41 (1954). — (4) Ebenda **28**, 1953, 55—64 (1954). — COUPER, R. A.: 8e Congr. int. Bot. Paris Rapp., Sect. 2 **1954**, 1—3. — COUPER, R. A., u. D. R. McQUEEN: New Zealand J. Sci Technol., Sect. B **35**, 398—420 (1954). — CUATRECASAS, J.: (1) 8e Congr. int. Bot. Rapp., Sect. 2, 4, 5, 6 **1954**, 131—132. — (2) Feddes Repert. **56**, 149—172 (1954). — CUÉNOD, A.: Flore analytique et synoptique de la Tunisie, Bd. I. 1954. — CUGNAC, A. DE: Bull. Soc. nat. Luxemb. 1953 **47**, 38—75 (1954).

DADAY, H.: Heredity (Lond.) **8**, 61—78 (1954). — DAHL, EI.: In LOUSLEY, S. 7—83. — DAHL, A. O., u. A. ENGSTRÖM: 8e Congr. int. Bot. Paris Rapp., Sect. 6, **1954**, 244. — DAUBENMIRE, F. R.: Veröff. geob. Inst. Rübel **29**, 29—34 (1954). — DAVEY, A. J.: In LOUSLEY, S. 164—167. — DEEVEY, E. S., M. S. GROSS, G. E. HUTCHINSON u. H. L. KRAYBILL: Proc. Nat. Acad. Sci. U.S.A. **40**, 285—288 (1954). — DEGELIUS, G.: Symbolae bot. Upsalienses **13**, 1—495 (1954). — DIANNELIDIS, TH.: Forstwiss. Cbl. **72**, 308—315 (1953). — DIMBLEDY, G. W.: New Phytologist **51**, 349—354 (1952). — DITTMER, E.: Eiszeitalter u. Gegenwart **4/5**, 172—175 (1954). — DUPONT, P.: Bull. hist. nat. Toulouse **88**, 120—132 (1953). — DUVIGNEAUD, P.: (1) Rev. de Bot., Mém. **10**, 1949, 1—192 (1953). — (2) Bull. Soc. roy. bot. Belg. **86**, 145—205 (1954). — DUVIGNEAUD, P., u. R. ROCHEZ: Lejeunia **15**, 83—90 (1951).

EBERL, B., Festschrift für: Geol. Bavar. (München) **19**, 382 S. (1953). — EDELMAN, C. H.: Geol. en Mijnbouw, N. S. **15**, 351—364 (1953). — EHRENBERG, C. E.: Bot. Not. (Lund) **1953**, 308—316. — ELLENBERG, H.: Erdkunde (Bonn) **8**, 188—194 (1954). — EM, H.: Jb. Biol. Inst. Sarajevo **5**, 1952, 159—168 (1953). — ERDTMAN, G. E.: (1) Bot. Not. (Lund) **1953**, 360—362. — (2) Geol. För. Förh. (Stockh.) **75**, 515—516 (1953). — (3) Sv. bot. Tidskr. **48**, 1—14 (1954). — (4) Bot. Not. (Lund) **1954**, 65—81. — (5) Ebenda **1954**, 82—102. — (6) Ebenda **1954**, 103—111. — (7) 8e Congr. int. Bot. Paris Rapp., Sect. 4 **1954**, 28—36. — ERKAMO, V.: Arch. Soc. zool. bot. fenn. „Vanamo" **7**, 121—130 (1953). — EXELL, A. W.: Fl. Males., Ser. I **4**, 533—628 (1954).

FAEGRI, KN.: Danm. Geol. Undersøg. II **80**, 230—249 (1954). — FAVARGER, C.: Sonderdruck 1954. — FERNANDES, A. u. R.: Bol. Soc. Brot. **28**, 205—214 (1954). — FIETZ, A.: Mitt. Bad. Geol. Landesamts f. 1950, S. 90—93. 1951. — FINSTERWALDER, R.: Z. Gletscherkde u. Glazialgeol. **2**, 189—239 (1953). — FIRBAS, F.: (1) Forstwiss. Cbl. **73**, 1—64 (1954). — (2) Vegetatio **5/6**, 194—198 (1954). — (3) Danm. Geol. Undersøg. II **80**, 12—21 (1954). — FIRBAS, F., u. P. ZANGHERI: Nachr. Akad. Wiss. Göttingen, Math.-naturwiss. Kl. IIb **2**, 11—18 (1954). —

FISCHER, A.: Mitt. Bad. Landesver. Naturkde. u. Naturschutz **6**, 130—139 (1954). — FLOHN, H.: Erdkunde **7**, 266—276 (1953). — FONT QUER, P.: (1) 8e Congr. int. Bot. Rapp., Sect. 2, 4, 5, 6 **1954**, 117—121. — (2) In VIDAL DE LA BLACHE, Geografía Universal, S. 143—271. Barcelona 1953. — FREISING, H.: (1) Jber. u. Mitt. oberrhein. geolog. Ver. **35**, 54—66 (1954). — (2) Eiszeitalter u. Gegenwart **4/5**, 87—97 (1954). — FROMENT, P.: 8e Congr. int. Bot. Paris Rapp., Sect. 5 **1954**, 237—238. — FUKAREK, P., u. V. STEFANOVIĆ: Jb. Biol. Inst. Sarajevo **5**, 1952, 193—198 (1953). — FUTSCHIG, J.: Ber. bayer. bot. Ges. **30**, 15—18 (1954). — GAMS, H.: (1) Veröff. geob. Inst. Rübel **29**, 35—40 (1954). — (2) 8e Congr. int. Bot. Rapp., Sect. 2, 4, 5, 6 **1954**, 254—260. — (3) Angew. Pflanzensoz., Festschr. AICHINGER, Wien **1**, 71—76 (1954). — (4) In CHOUARD, Étude bot. de l'étage alpin, S. 112—117. Bayeux 1954. — (5) 8e Congr. int. Bot. Rapp., Sect. 2, 4, 5, 6 **1954**, 101. — (6) Z. Gletscherkde. u. Glazialgeol. **2**, 153—160 (1952). — (7) Experientia (Basel) **10**, 357—363 (1954). — (8) Angew. Pflanzensoz., Festschr. AICHINGER, Wien **1**, 71—76 (1954). — (9) Geol. Bavar. (München) **19**, 364—369 (1953). — GANNS, O.: Geol. Bavar. (München) **19**, 340—345 (1953). — GAUCKLER, K.: Ber. bayer. bot. Ges. **30**, 19—26 (1954). — GEISSERT, F.: Bull. Soc. bot. France **101**, 108—112 (1954). — GELTING, P.: Bot. Tidsskr. **51**, 71—92 (1954). — GODWIN, H.: Danm. Geol. Undersøg. II **80**, 22—30 (1954). — GOOD, R.: 8e Congr. int. Bot. Rapp., Sect. 2, 4, 5, 6 **1954**, 122—129. — GORODKOV, B. N.: (1) C. r. Acad. Sci. URSS. **61**, 513—516 (1948). — (2) Bot. Ž. **39**, 21—27 (1954). — GRANA PALYNOLOGICA: Internat. J. Palynology **1**, 131 S. (1954). — GREGUSS, P.: 8e Congr. int. Bot. Rapp., Sect. 2, 4, 5, 6, **1954**, 178—188. — GRIPP, K.: Festschr. f. G. SCHWANTES, Neumünster (Holst.), S. 45—47. 1951. — GRÖNTVED, J.: Bot. Tidsskr. **50**, 209—238 (1954). — GROSCHOPF, P.: Mitt. Ver. Naturw. u. Math. Ulm **24**, 11 S. (1954). — GROSPIETSCH, TH.: Mitt. Max Planck-Ges. Göttingen **1954**, 94—97. — GROSS, H.: Eiszeitalter u. Gegenwart **4/5**, 189—209 (1954). — GUINEA, E.: Vegetatio **5/6**, 147—156 (1954). — GUSTAVSSON, A.: Bot. Not. (Lund) **1954**, 34—38 (1954).

HAARNAGEL, W.: Festschr. f. G. SCHWANTES, Neumünster (Holst.), S. 78—84. (1951). — HAKULINEN, R.: Ann. bot. Soc. zool.-bot. fenn. „Vanamo" **27**, 1—126 (1954). — HALLIK, R.: Mitt. Geol. Staatsinst. Hamburg **23**, 57—60 (1954). — HALLIK, R., u. E. GRUBE: Neues Jb. Geol. Pal. Min. **7**, 315—322 (1954). — HANDEL-MAZZETTI, FRHR. H. V.: (1) Angew. Pflanzensoz., Festschr. AICHINGER, Wien **1**, 123—124 (1954). — (2) Verh. zool.-bot. Ges. Wien **94**, 114—137 (1954). — HANSEN, H. P.: Amer. J. Sci. **251**, 505—542 (1953). — HARA, H.: 8e Congr. int. Bot. Rapp., Sect. 9, 10 **1954**, 71—72. — HARA, H., u. M. MIZUSHIMA: Sci. Res. Ozegahara Moor, S. 401—479. Tokyo 1954. — HARA, H., N. TANAKA u. S. KUROSAWA: Bot. Mag. (Tokyo) **67**, 15—22 (1954). — HARRIS, W. F.: 8e Congr. int. Bot. Paris Rapp., Sect. 6 **1954**, 268—269. — HARTUNG, W.: Oldenburg. Jb. **52**, 211—253 (1953). (Oldenburg/O.) — HAYEN, H.: (1) Der Ammerländer Kalender (Westerstede), S. 43—48. 1954. — (2) Ebenda, 7 S. 1955. — HELBAEK, H.: Danm. Geol. Undersøg. II **80**, 250—261 (1954). — HEPP, E.: Ber. bayer. bot. Ges. **30**, 37—64 (1954). — HESLOP-HARRISON, J.: In LOUSLEY, S. 105—123. — HEUSSER, C. J.: (1) Science (Lancaster, Pa.) **117**, 622—623 (1953). — (2) Ecology **34**, 637—640 (1953). — (3) Bull. Torrey Bot. Club **81**, 236—250 (1954). — (4) Amer. J. Sci. **252**, 291—308 (1954). — (5) Ebenda **252**, 106—119 (1954). — (6) Bull. Torrey Bot. Club **81**, 83—86 (1954). — HILTERMANN, H.: Geol. Jb. Hannover **68**, 653—658 (1954). — HJELMQUIST, H.: Bot. Not. (Lund) **1953**, 420—430. — HODGE, W. H.: Lloydia **17**, 1—96 (1954). — HÖVERMANN, J.: Nachr. Akad. Wiss. Göttingen, Math.-physik. Kl. IIa **6**, 113—137 (1954). — HOFF, A. VON: Rhododendron-Jb. **1954**, 42—55 (1954). — HOLDHAUS, K.: Angew. Pflanzensoz. Festschr. AICHINGER, Wien **1**, 283—290 (1954). — HOPF, M.: Züchter **24**, 174—180 (1954). — HORNSTEIN, F. V.: Angew. Pflanzens., Festschrift AICHINGER, Wien **1**, 685—707 (1954). — HORVAT, I.: (1) Vegetation **5/6**, 434—447 (1954). — (2) Jb. Biol. Inst. Sarajevo **5**, 1952, 199—218 (1954). — HU, S. Y.: J. Arnold Arboretum Harvard Univ. **35**, 275—333 (1954). — HUBER, B., u. CHR. ROUSCHAL†: Mikrophotographischer Atlas mediterraner Hölzer. 157 S., 184 Abb. Berlin: Fr. Haller 1954. — HUGHES, R. E.: In LOUSLEY, S. 40 bis 45. — HULTÉN, E.: (1) Nytt Mag. Bot. **3**, 63—82 (1954). — (2) Sv. bot. Tiskr. **48**, 802—804 (1954). — HUNDT, R.: Wiss. Z. Univ. Halle **3**, 883—928 (1954). — HUSSON, A. M., u. H. J. LAM: Blumea **7**, 412—458 (1953). — HUSTEDT, FR.: Abh.

naturwiss. Ver. Bremen **33**, 431—455 (1954). — HUTCHINSON, J. B.: Heredity (Lund) **8**, 225—241 (1954). — HYDE, H. A.: New Phytologist **51**, 281—293 (1952). — HYLANDER, N.: Bot. Not. (Lund) **1954**, 132—153 (1954).

ISAAC, W. E., u. F. HEWITT: J. S. Afric Bot. **19**, 73—84 (1953). — IVERSEN, J.: (1) Oikos **4**, 85—103 (1952/53). — (2) Danm. Geol. Undersøg. II **80**, 87—119 (1954).

JACOBS, M.: Blumea **7**, 617—622 (1954). — JACOBSEN, P.: Hereditas (Lund) **40**, 252—254 (1954). — JALAS, J.: Ann. bot. Soc. zool.-bot. fenn. "Vanamo" **26**, 1—47 (1954). — JEFFREYS, M. D. W.: Nature (Lond.) **172**, 965—966 (1953). — JESSEN, KN.: Festschr. Danm. Geol. Undersøg. II **80**, 7—308 (1954). — JØRGENSEN, Sv.: Danm. Geol. Undersøg. II **80**, 159—187 (1954). — JOVET, P.: In LOUSLEY, S. 46—48. — JOVET-AST, S.: (1) Rev. Bryol. e. Lich. **23**, 1—22 (1954). — (2) 8ᵉ Congr. int. Bot. Paris Rapp., Sect. 6, **1954**, 248—250. — JUNGBLUT, F.: Bull. Soc. nat. Luxemb. 1953, **47**, 135—150 (1954).

KAEISER, M.: Bot. Gaz. **115**, 155—162 (1953). — KAISER, E.: Peterm. geogr. Mitt. **1954**, 86—100. — KALÄHNE, M.: Peterm. geogr. Mitt. Erg.-H. **254**, 77 S. (1954). — KALKMAN, C.: (1) Blumea **7**, 498—552 (1954). — (2) Blumea **7**, 456—472 (1953). — KARASZEWSKI, W.: Inst. Geol. Biul. **69**, 167—176 (1954). — KERN, J. H.: Reinwardtia **3**, 27—66 (1954). — KLEBELSBERG, R. v.: Z. Gletscherkde. u. Glazialgeol. **2**, 167—171 (1953). — KNABEN, G.: Nytt Mag. Bot. **3**, 117—138 (1954). — KNAPP, R.: Ber. bayer. bot. Ges. **30**, 71—84 (1954). — KNAUER, J.: Geol. Bavar. (München) **19**, 164—167 (1953). — KNEBLOVÁ, V.: Anthropozoikum (Prag) **3**, 297—299 (1954). — KOCH, W., u. H. KUNZ: (1) Ber. schweiz. bot. Ges. **64**, 179—184 (1954). — (2) Ebenda **64**, 219—220 (1954). — KØIE, M.: Bot. Tidsskr. **51**, 157—171 (1954). — KORNILOVA, V. S.: Dokl. Akad. Nauk SSSR., N. S. **93**, 139—142 (1953). — KOTILAINEN, M. J.: Sv. bot. Tidsskr. **48**, 19—30 (1954). — KOTILAINEN, M. J., u. O. SEIVALA: Nytt Mag. Bot. **3**, 139—146 (1954). — KRAHL-URBAN, J.: Forstwiss. Cbl. **73**, 257—328 (1954). — KRÄUSEL, R.: Sv. bot. Tidsskr. **48**, 344—346 (1954). — KRÄUSEL, R. u. Mitarb.: Senckenbergiana **31**, 349—354 (1950). — KREH, W.: Jb. Ver. vaterl. Naturkde. Wttbg. **109**, 63—82 (1954). — KROG, H.: Danm. Geol. Undersøg. II **80**, 120—139 (1954). — KRUTZSCH, W.: (1) Geologie (Berlin) **3**, 258—311 (1954). — (2) Ebenda **3**, 649—654 (1954). — KULP, J. L., L. E. TYRON, W. R. ECKELMAN u. W. A. SNELL: Science (Lancaster, Pa.) **116**, 409—414 (1952). — KUŠAN, I.: Glasn. biol. sekc., Ser. II/B **4—6**, 178—190 (1953).

LAINZ, M.: Collect. Bot. **4**, 215—226 (1954). — LAMOTTE, R. S.: Geol. Soc. Amer Memoir **51**, 381 S. (1950). — LANDOLT, E.: Ber. schweiz. bot. Ges. **64**, 9—83 (1954). — LANG, G.: (1) Beitr. naturkdl. Forsch. Südwestdsch. **13**, 3—42 (1954). — (2) Ber. dtsch. bot. Ges. **68**, 24—27 (1955). — LANG, H. D.: Neues Jb. Geol. Pal. Min. **8**, 362—372 (1954). — LAPRAZ, G.: Collect. Bot. **4**, 41—52 (1954). — LARSEN, K.: Bot. Tidskr. **50**, 163—174 (1954). — LARSSON, B.: Sv. bot. Tidsskr. **47**, 426—438 (1953). — LAWALRÉE, A.: (1) Bull. Soc. bot. Belg. **86**, 265—273 (1954). — (2) Bull. Jard. Bot. Bruxelles **24**, 229—234 (1954). — LEMÉE, G.: 8ᵉ Congr. int. Bot. Paris Rapp., Sect. 6 **1954**, 263—264. — LEROY, E., u. M. LAINZ: Collect. Bot. **4**, 81—123 (1954). — LEWIS, H., u. C. EPLING: Brittonia **8**, 1—22 (1954) — LIBBY, W. F.: Chicago Radiocarbon Dates V. Als Manuskr. vervielfält. 1954. — LID, J.: Nytt Mag. Bot. **3**, 147—158 (1954). — LOCQUIN, M.: 8ᵉ Congr. int. Bot. Paris Rapp., Sect. 6 **1954**, 243. — LÖVE, A.: (1) Vegetatio **5/6**, 212—224 (1954). — (2) Sv. bot. Tidskr. **48**, 211—232 (1954). — (3) 8ᵉ Congr. int. Bot. Rapp., Sect. 9, 10 **1954**, 59—66. — LOHAMMER, G.: Sv. bot. Tidsskr. **48**, 162—173 (1954). — LOHMEYER, W.: Vegetatio **5/6**, 63—65 (1954). — LONA, F.: (1) 8ᵉ Congr. int. Bot. Rapp., Sect. 6 **1954**, 261—262. — (2) Proc. 7. Intern. Bot. Congr. Stockholm 1950, S. 888. 1953. — LOSA, M.: 8ᵉ Congr. int. Bot. Rapp., Sect. 2, 4, 5, 6 **1954**, 93—100. — LOUSLEY, J. E.: The Changing Flora of Britain, S. 140—159. Oxford 1953. — LOŽEK, V.: Rozpr. Ústř. úst. geol. (Praha) **17**, 510 S. (1955). — LÜDI, W.: (1) 8ᵉ Congr. int. Bot. Rapp., Sect. 2, 4, 5, 6 **1954**, 265—267. — (2) Ber. geob. Inst. Rübel **1953**, 9—28 (1954). — (3) Das Pfahlbauproblem (Schaffhausen), S. 89—109. 1954. — (4) Vegetatio **5/6**, 161—168 (1954). — LÜRZER, E. v.: Z. Gletscherkde. u. Glazialgeol. **3**, 83—90 (1954). — LÜTTIG, G., u. U. REIN: Geol. Jb. Hannover **70**, 159—166 (1954). — LUNDÉN, R.: Svensk kem. Tidskr. **66**, 201—213 (1954).

MÄDLER, K.: Geol. Jb. Hannover 70, 143—158 (1954). — MAGUIRE, B., R. S. COWAN u. J. J. WURDACK: Mem. New York Bot. Gard. 8, 87—160 (1953). — MAIRE, R.: Flore de l'Afrique du Nord, Bd. 2 (GUINOCHET u. FAUREL), S. 1—374. Paris 1953. — MANTON, I.: Evolution. Symposia Soc. f. Exper. Biol. 7, 174—185 (1953). — MARKGRAF, F.: Jb. Biol. Inst. Sarajevo 5, 1952, 303—310 (1953). — MARTINOLI, GI.: 8e Congr. int. Bot. Rapp., Sect. 9, 10 1954, 78—79. — MAYER, E.: (1) Biol. Vestn. 2, 66—72 (1953). — (2) Ebenda 3, 91—101 (1954). — (3) Acad. sci. Slov. Cl. 4, Diss. 2, 1—44 (1954). — (4) Ebenda Cl. 4, Diss. 2, 47—74 (1954). — MAYR, A.: Z. Gletscherkde. u. Glazialgeol. 2, 304—305 (1953). — MČEDLIŠVILI, N. D.: Dokl. Akad. Nauk SSSR., N. S. 90, 659—662 (1953). — MEIKLE, R. D.: In LOUSLEY, S. 49—51. — MELDERIS, A.: In LOUSLEY, S. 89—104. — MERX-MÜLLER, H., u. J. POELT: Ber. bayer. bot. Ges. 30, 91—101 (1954). — MESQUITA RODRIGUES, J. E. DE: Contribuição para o conhecimento cariológica das halófitas e psamófitas litorais, S. 1—184, Coimbra 1953. — MEUSEL, H.: (1) Ver. geob. Inst. Rübel 29, 68—80 (1954). — (2) Wiss. Z. Univ. Halle 4, 21—35 (1954). — MIKKELSEN, V.: Danm. Geol. Undersøg. II 80, 210—229 (1954). — MILLOT, J.: Ann. Sci. nat. Zool., Ser. 11 15, 185—219 (1953). — MINCKWITZ, H. v.: Arch. Forstwesen 3, 105—121 (1954). — MITCHELL, G. F.: Danm. Geol. Undersøg. II 80, 73—86 (1954). — MONTSERRAT, P.: Collect. Bot. Barcinone 4, 161—173 (1954). — MORTON, F.: (1) Jb. Biol. Inst. Sarajevo 5, 1952, 315—326 (1953). — (2) Jb. Ob.-Österr. Mus. Ver. 98, 241—242 (1953). — MOSSLER, G.: Beitr. z. ält. europ. Kulturgesch. (Festschrift R. EGGER), Klagenfurt, S. 76—109. 1954. — MOVIUS, H. L. jr.: Amer. J. Sci. 251, 697—740 (1953). — MOVIUS, H. L. jr., u. R. R. FIELD: Amer. School of Prehist. Research. 1954. Als Manuskr. vervielfält. — MÜLLER, K.: (1) Rev. Bryol. e. Lich. 23, 109—122 (1954). — (2) Die Lebermoose Europas, 3. Aufl. Lfg. 4 u. 5, S. 481—756. Leipzig 1954. — (3) Geschichte des Badischen Weinbaus, 2. Aufl., 283 S. Lahr i. Baden 1953. — MÜNTZING, A.: Hereditas (Lund) 40, 459—516 (1954). — MULLENDERS, W.: Vegetatio 5/6, 112—119 (1954). — NANNFELDT, J. A.: Nytt Mag. Bot. 3, 159—170 (1954). — NARR, K. J.: (1) Germania 31, 125—134 (1953). — (2) Ber. röm.-german. Kommission (Frankfurt a. M.) f. 1951—1953 34, 40 S. (1954). — NEUWIRTH, G.: Wiss. Z. Univ. Halle 3, 929—946 (1954). — NIETSCH, H.: Erdkunde 9, 20—39 (1955). — NORDHAGEN, R.: (1) Danm. Geol. Undersøg. II 80, 262—308 (1954). — (2) Sv. bot. Tidskr. 48, 1—17 (1954). — NYGREN, A.: Hereditas (Lund) 40, 377—397 (1954). — OBEDIENTOWA, G. V.: Arb. Geogr. Inst. Wiss. Akad. Moskau 53, 1—247 (1953). — OBERDORFER, E.: Vegetatio 5/6, 88—96 (1954). — ÓSKARSSON, I.: Sv. bot. Tidskr. 48, 45—63 (1954). — OVERBECK, FR., u. I. GRIÉZ: Flora (Jena) 141, 51—94 (1954). — OZENDA, P.: In CHOUARD, Étude bot. de l'étage alpin, S. 107—110. Bayeux 1954. PALAU, P.: Collect. Bot. 4, 207—214 (1954). — PANDEYA, S. C.: J. Ind. Bot. Soc. 32, 86—100 (1953). — PARKER, R. N.: J. S. Afric. Bot. 19, 161—176 (1953). — PASCHINGER, H.: Z. Gletscherkde. u. Glazialgeol. 2, 35—57 (1952). — PAULEY, Sc. S., u. T. O. PERRY: J. Arnold Arboretum Harvard Univ. 35, 167—188 (1954). — PAULSON, BR.: Oikos 4, 151—165 (1952/53). — PFAFFENBERG, K.: (1) Geol. Jb. Hannover 68, 479—500 (1954). — (2) Z. dtsch. geol. Ges. 105, 80—94 (1954). — PHILLIPS, J.: Vegetatio 5/6, 72—82 (1954). — PICHI-SERMOLLI, R. E. G.: Webbia 9, 623—660 (1954). — PICHON, M.: (1) Bull. Jard. Bot. Bruxelles 24, 129—222 (1954). — (2) Ebenda 24, 9—36 (1954). — PIGOTT, C. D.: New Phytologist 53, 470—495 (1954). — PIGOTT, C. D., u. S. M. WALTERS: (1) J. Ecology 42, 95—116 (1954). — (2) In LOUSLEY, S. 184—187. — PINTO DA SILVA: 8e Congr. int. Bot. Paris Rapp., Sect. 6 1954, 281. — PITSCHMANN, H., u. H. REISIGL: Rev. Bryol. e. Lich. 23, 123—131 (1954). — PJAVČENKO, N. J.: Dokl. Akad. Nauk SSSR., N. S. 90, 1143—1146 (1953). — POLUNIN, N.: 8e Congr. int. Bot. Paris Rapp., Sect. 6 1954, 279—281. — POSER, H.: Göttinger Geogr. Abh. 14—17 (1953/54). — POSER, H., u. M. BROCHU: Abh. Braunschw. Wiss. Ges. 6, 113—125 (1954). — POTZGER, J. E.: Canad. J. Bot. 31, 383—401 (1953). — POTZGER, J. E., u. A. COURTEMANCHE: (1) Canad. J. Bot. 32, 549—560 (1954). — (2) Science (Lancaster, Pa.) 119, 908 (1954). — PROŠEK, F., u. V. LOŽEK: (1) Pamatky archeol. (Prag) 45, 35—74 (1954). — (2) Anthropozoikum (Prag) 3 (1953), 301—324 (1954).
RANIECKA-BOBROWSKA, J.: Inst. Geol. Biul. Warszawa 69, 107—140 (1954). — RASMUSSEN, S. M.: Bot. Tidskr. 50, 239—278 (1954). — RATJENS, C.: (1) Geol.

Bavar. (München) 19, 189—194 (1953). — (2) Eiszeitalter u. Gegenwart 4/5, 181—188 (1954). — RAUHALA, A.: Arch. Soc. zool.-bot. fenn. „Vanamo" 8, 43 (1954). — RAYMOND, M.: (1) 8ᵉ Congr. int. Bot. Rapp., Sect. 2, 4, 5, 6 1954, 130. — (2) Sv. bot. Tidskr. 48, 65—82 (1954). — RECHINGER, K. H.: Phyton 5, 280—303 (1954). — REESE, G.: Planta (Berl.) 44, 203—268 (1954). — REGEL, C.: Jb. Biol. Inst. Sarajevo 5, 1952, 339—348 (1953). — REICHLING, L.: (1) Bull. Soc. nat. Luxemb. 1953 47, 76—134 (1954). — (2) Inst. Gr. Duc. Luxemb. Arch. 21, 99—112 (1954). — REIMERS, H.: Willdenowia 1, 273—337 (1954). — REIN, U.: Geol. Jb. Hannover 65, 773—778 (1951). — RITER-STUDNIČKA, H.: Jb. Biol. Inst. Sarajevo 5, 1952, 349—380 (1953). — ROBYNS, A.: Bull. Jard. Bot. Bruxelles 24, 349—398 (1954). — ROGERS, C. M.: Lloydia 17, 257—290 (1954). — ROHNER, P.: Mitt. naturforsch. Ges. Bern, N. F. 11, 53—105 (1954). — ROLLINS, R. C.: 8ᵉ Congr. int. Bot. Rapp., Sect. 9, 10 1954, 172—180. — RØNNING, O. I.: Nytt Mag. Bot. 3, 197—202 (1954). — ROYEN, P. VAN: (1) Acta bot. Neerl. 3, 215—263 (1954). — (2) Blumea 7, 401—412 (1953). — RUBIN, MEYER u. H. E. SUESS,: Science (Lancaster, Pa.) 121, 481—488 (1955). — RUBNER, K.: Z. Forstgenet. 3, 49—51 (1954). — RUBNER, K., u. F. REINHOLD: Das natürliche Waldbild Europas, S. 1—304. Hamburg u. Berlin 1953. — RÜHL, A.: Pflanzensoziologie 9, 1—155 (1954). — RUNE, O.: (1) Sv. bot. Tidskr. 48, 117—136 (1954). — (2) Nytt Mag. Bot. 3, 183—196 (1954). — RUNGE, FR.: (1) Westfäl. Forsch. (Münster i. Westf.) 6, 212—214 (1952). (2) Kreisbeschreibung Lingen (Hannover). S. 60—64. 1954. — RYTZ, W.: In CHOUARD, Étude bot. de l'étage alpin, S. 132—134. Bayeux 1954.

SALAMAN, R.: J. Linn. Soc. Bot. 55, 185—190 (1954). — SALISBURY, SIR E.: In LOUSLEY, S. 130—139. — SAPPA, F., u. S. RIVAS GODAY: Allionia 2, 1—31 (1954). — SARFATTI, G.: Webbia 10, 319—440 (1954). — SAURAMO, M.: Geol. Rdsch. 42, 197—233 (1954). — SAUVAGE, J.: Mem. Serv. Cart. Géol. d'Alsace et de Lorr., Strasbourg, 12, 71 S. (1954). — SCHADE, A.: Ber. bayer. bot. Ges. 30, 108—126 (1954). — SCHARLAU, K.: Ber. dtsch. Landeskde. 13, 10—32 (1954). — SCHELPE, E. A. C. L. E.: J. S. Afric. Bot. 20, 127—136 (1954). — SCHIEMANN, E.: (1) Jb. röm.-germ. Zentralmus. Mainz 1, 1—14 (1954). — (2) Züchter 23, 318—327 (1953). — (3) Ebenda 24, 139—149 (1954). — SCHLITTLER, J.: Ber. schweiz. bot. Ges. 64, 185—198 (1954). — SCHMID, E.: (1) Vjschr. naturforsch. Ges. Zürich 99, Beih. 1. 1—37, (1954). — (2) Ebenda 98/1 (1953). — (3) Angew. Pflanzensoz., Festschr AICHINGER, Wien 1, 127—133 (1954). — (4) Jb. Biol. Inst. Sarajevo 5, 1952, 381—404 (1953). — (5) Ber. geob. Inst. Rübel 1953, 28—49 (1954). — SCHNEIDER, H. J.: Z. Gletscherkde u. Glazialgeol. 2, 241—261 (1953). — SCHOTSMAN, H. D.: Acta bot. Neerl. 3, 313—384 (1954). — SCHROEDER, F. G.: Natur u. Heimat 14, 62—64 (1954). — SCHULZE, TR.: Abh. u. Ber. Naturkundemus. Görlitz 34, 111—114 (1954). — SCHWANITZ, F., u. H. HAHN: Z. Bot. 42, 179—190, 459—471 (1954). — SCHWANTES, G., Festschrift für, herausgeg. v. K. KERSTEN, Neumünster i. Holst. 1951. — SCHWARZBACH, M.: Neues Jb. Geol. Pal. Min. 6, 257—260 (1954). — SCHWERDTFEGER, F.: Informe FAO/ETAP 202, 1—58 (1953). — SEIBERT, P.: Allg. Forst- u. Jagdztg. 126, 1—11 (1955). — SELLE, W.: (1) Abh. naturwiss. Ver. Bremen 33, 457—463 (1954). — (2) Eiszeitalter u. Gegenwart 4/5, 176—180 (1954). — SHAPLEY, H.: Climatic Change. Cambridge: Harvard Univ. Press. 1953. — SITTE, P.: Mikroskopie (Wien) 8, 290—299 (1953). — SLADKOV, A. N.: Dokl. Akad. Nauk SSSR., N. S. 92, 1065—1068 (1953). — SLAVNIČ, Ž.: Glasn. biol. sekc., Ser. II/B 4—6, 145—177 (1953). — SLEUMER, H.: (1) Bot. Jb. 76, 139—211 (1954). — (2) Fl. Males., Ser. I, 5, 1—106 (1954). — SLINGER, J.: Bothalia 6, 385—406 (1954). — SLOOTEN, D. F. VAN: Fl. Males., Ser. I 4, 529—532 (1954). — SMITH, C. EARLE: Contr. Gray Herb. 175, 1—114 (1954). — SMOLLA, G.: Tübinger Beitr. z. Vor- u. Frühgesch. (Festschrift GOESSLER), S. 168—186. Stuttgart 1954. — SOBOLEWSKA, M.: Inst. Geol. Biul. Warszawa 69, 159—167 (1954). — SÖLLNER, R.: Ber. schweiz. bot. Ges. 64, 221—354 (1954). — SOEST, J. L. VAN: Collect. Bot. 4, 1—32 (1954). — SOÓ, R.: 8ᵉ Congr. int. Bot. Rapp., Sect. 2, 4, 5, 6 1954, 108—110. — SPECHT, H., u. FR. RUNGE: Kreisbeschreibung Grafschaft Bentheim (Hannover), S. 47—52. 1953. — ŚRODOŃ, A.: (1) Biul. Panstwy Inst. Geol. Warszawa 67, 27—75 (1952). — (2) Inst. Geol. Biul. Warszawa 69, 153—159 (1954). — (3) Ebenda 69, 5—78 (1954). — STAFLEU, F. A.: Acta. bot. Neerl. 3, 459—480 (1954). — STAUFFER, H.: Ber. schweiz. bot. Ges. 64, 135—138 (1954). —

STEBBINS, G. L.: In CHOUARD, Étude bot. de l'étage alpin, S. 135—140. Bayeux 1954. — STEENIS, C. G. G. J. VAN: 8ᵉ Congr. int. Bot. Rapp., Sect. 2, 4, 5, 6 **1954**, 59—66. — ST. JOHN, H.: Acc. Pap. Bernice P. Bishop Mus. Honolulu **21**, 161—208 (1954). — STRAKA, H.: (1) Planta (Berl.) **43**, 461—471 (1953). — (2) Flora (Jena) **141**, 101—108 (1954). — STRICKER, P.: Beitr. naturkdl. Forsch. Südwestdtschl. **13**, 93—98 (1954). — SUESS, H. E.: Science (Lancaster, Pa.) **120**, 467—473 (1954). — SUKAČEV, V. N.: Dokl. Akad. Nauk SSSR., N. S. **94**, 561—563 (1954). — SUKAČEV, V. N., u. A. K. NEDOSEEVA: Dokl. Akad. Nauk SSSR., N. S. **94**, 1171—1174 (1954). — SZAFER, W., S. KULCZINSKI u. B. PAWLOWSKI: Rosliny Polskie, S. 1—1020, Warszawa 1953.

TÄCKHOLM, V., u. M. DRAR: Flora of Egypt. Bd. 3, S. 1—642. Cairo 1954. — TATEWAKI, M.: Acta Hort. Gotoburg. **19**, 51—112 (1954). — TEICHMÜLLER, M.: Geol. Jb. Hannover **68**, 471—478 (1953). — THOMSON, P. W.: Geol. Rdsch. **40**, 286 (1952). — TROELS-SMITH, J.: Das Pfahlbau-Problem. Schaffhausen 1954. — TUTIN, T. G.: In LOUSLEY, S. 19—25.

VAARAMA, A.: Vegetatio **5/6**, 177—184 (1954). — VALENTINE, D. H.: 8ᵉ Congr. int. Bot. Rapp., Sect. 2, 4, 5, 6 **1954**, 87—92. — VANHOORNE, R.: Vol. Jubil. van Straelen I (Bruxelles), S. 141—147. 1954. — VEKEN, P. VAN DER: Bull. Jard. Bot. Bruxelles **24**, 399—403 (1954). — VENZO, S.: Geol. Bavar. (München) **19**, 74—93 (1953). — VODIČKA, J.: Acta rer. nat. Ostrav. **15**, 144—158 (1954).ʹ— VOLK, O. H.: Vegetatio **5/6**, 422—433 (1954). — VRIES, H. DE, u. G. W. BARENDSEN: Nature (Lond.) **174**, 1138 (1954).

WALTER, H.: Grundlagen der Pflanzenverbreitung, Teil II: Arealkunde, S. 1—245. Stuttgart 1954. — WALTERS, S. M.: In LOUSLEY, S. 124—129. — WARBURG, E. F.: In LOUSLEY, S. 171—180. — WATERBOLK, H. T.: (1) Proc. 7. Intern. Bot. Congr. Stockholm 1950, S. 884. 1953. — (2) De praehistorische mens en zijn milieu. 153 S. Diss. Groningen 1954. — WEATHERWAX, P.: Indian corn in old America. 253 S. New York 1954 (nur nach Referat). — WEIN, K.: Kulturpflanze **2**, 18—71 (1954). — WEINBERGER, L.: Geol. Bavar. (München) **19**, 231—257 (1953). — WEINITSCHKE, H.: Wiss. Z. Univ. Halle **3**, 947—978 (1954). — WENDELBERGER, G.: (1) Vegetatio **5/6**, 247—256 (1954). — (2) Angew. Pflanzensoz., Festschr. AICHINGER, Wien 1, 573—634 (1954). — WERTH, E.: (1) Ber. dtsch. bot. Ges. **67**, 317—323 (1954). — (2) Grabstock, Hacke und Pflug, S. 1—435. Ludwigsburg 1954. — WESTFELDT, G. A.: Sv. bot. Tidskr. **48**, 649—770 (1954). — WIEDMANN, W.: Ber. bayer. bot. Ges. **30**, 127—162 (1954). — WIJK, R.: Sv. bot. Tidskr. **48**, 137—147 (1954). — WILHELMY, H.: Erde (Berlin) **1954**, 244—273. — WOLDMAR, S.: Sv. bot. Tidskr. **48**, 596—602 (1954). — WOLDSTEDT, P.: (1) Eiszeitalter u. Gegenwart **4/5**, 5—9 (1954). — (2) Ebenda **4/5**, 34—48 (1954). (3) Das Eiszeitalter, 2. Aufl., Bd. I., 374 S. Stuttgart 1954. — WOLTERS, R.: Geol. Jb. Hannover **65**, 769—772 (1951). — WOMERSLEY, H. B. S.: Univ. Calif. Publ. Bot. **27**, 109—132 (1954). — WOODSON, R. E.: Ann. Miss. Bot. Gard. **41**, 1—211 (1954). — WORTMANN, H., u. H. MAAS: Z. Pflanzenernährg., Düng. u. Bodenkde. **65 (110)**, 15—26 (1954).

ZEIST, W. VAN: (1) Nieuwe Drentsche Volkalmanak **72**, 181—189 (1954). — (2) Acta bot. Neerl. **4**, 1—81 (1955). — ZODDA, G.: Webbia **10**, 1—318 (1954). — ZOHARY, M., u. G. ORSHAN: Vegetatio **5/6**, 341—350 (1954). — ZOLLER, H.: (1) Ver. geob. Inst. Rübel **28**, 1—283 (1954). — (2) Beitr. geob. Landesaufn. Schweiz **33**, 1—309 (1954). — (3) Rev. Bryol. e. Lich. **23**, 271—273 (1954). — ZÓLYOMI, B.: Acta biol. Budapest **4**, 367—430 (1953). — ZWILLENBERG, L. O., u. J. HENDRIKS: Geol. en Mijnbouwn., N. S. **16**, 105—117 (1954).

8. Ökologische Pflanzengeographie.

Von Heinz Ellenberg, Hamburg.

I. Standortslehre.

1. Größere Werke. Auf fast allen Teilgebieten der ökologischen Pflanzengeographie erschienen in der Berichtszeit zusammenfassende Werke. Von diesen seien lediglich einige allgemein interessierende besonders erwähnt (vgl. auch Abschnitt II).

Der seit 28 Jahren bewährte Überblick über „Klima und Boden in ihrer Wirkung auf das Pflanzenleben" von Lundegardh (598 S., Jena 1954) kam in vierter umgearbeiteter und vermehrter Auflage heraus. Neuere Literatur fand vorwiegend in Fußnoten Berücksichtigung. Unter dem neuen Titel „Dynamik der mitteleuropäischen Mineralböden" (277 S., Dresden und Leipzig 1954) legte Laatsch die lange erwartete dritte Auflage seiner „Dynamik der deutschen Acker- und Waldböden" vor. Auch in dieser stark veränderten, aber wieder erfreulich konzentrierten Form ist das Buch eine für den Biologen hervorragend geeignete Einführung in die wissenschaftliche Bodenkunde. Besondere Fortschritte wurden in den 10 Jahren seit Erscheinen der ersten Auflage auf den Gebieten der Humuschemie und der Bodensystematik erzielt. In der Nomenklatur der Bodentypen hält sich Laatsch im wesentlichen an die international diskutierten Vorschläge, die Kubiena in seinem Werke „Bestimmungsbuch und Systematik der Böden Europas" (Stuttgart 1953) dargelegt hat.

In tschechischer Sprache erschien ein umfangreiches „Praktikum der Phytocoenologie, Ökologie, Klimatologie und Bodenkunde" von J. Klika, V. Novák, A. Gregor und zahlreichen Bearbeitern spezieller Abschnitte (773 S., Prag 1954). Der vegetationskundliche Teil lehnt sich an Braun-Blanquet an, berücksichtigt aber auch die Arbeiten von Gams, E. Schmid und besonders von russischen und polnischen Autoren. Den größten Raum (mehr als 600 S.) nimmt die Beschreibung ökologisch brauchbarer Meßverfahren ein, von denen einige in westlichen Ländern weniger bekannte einfache Feldmethoden Beachtung verdienen.

J. Small, der durch seine methodischen Arbeiten über p_H-Messungen im Zellsaft bekannt wurde, gibt eine neue Zusammenfassung der Beziehungen zwischen Bodensäuregrad und Pflanzenwachstum (Modern aspects of p_H, with special reference to plants and soils. 247 S., New York 1954). Ein hervorragendes Standardwerk über die modernen elektrometrischen Verfahren zur p_H-Bestimmung verdanken wir R. G. Bates (Electrometric p_H determinations. Theory and practice. 331 S., New York and London 1954).

Mit der „Arealkunde" (245 S., Ludwigsburg 1954) schloß H. WALTER seine „Grundlagen der Pflanzenverbreitung" ab. Dieser zweite Teil gibt eine Einführung in die floristische und die historische Geobotanik und zeichnet sich durch zahlreiche Karten aus. In Anlehnung an KLEOPOW, dessen schwer zugängliche, materialreiche Dissertation ausgewertet wurde, sind die Florenelemente vor allem nach Vegetationsregionen abgegrenzt worden. Auf 70 Seiten wird die Florenentwicklung vom Carbon bis in die historische Zeit besprochen, die zur Herausbildung der heutigen Pflanzenareale führte. Unter dem Titel „Grundlagen der Weidewirtschaft in Südwestafrika" brachte derselbe Verf. eine veränderte Neuauflage seiner „Farmwirtschaft in Südwestafrika" heraus (281 S., Ludwigsburg 1954), in der er die Erfahrungen seiner jüngsten Expedition verwertete. O. H. VOLK fügte einen gut bebilderten Bestimmungsschlüssel für die südwestafrikanischen Grasgattungen sowie 41 Abbildungen charakteristischer südwestafrikanischer Kräuter, Sträucher und Bäume hinzu.

Eine sehr gründliche und breit angelegte Bearbeitung der schweizerischen *Bromus erectus*-Wiesen, insbesondere deren arealkundliche Analyse an Hand beispielhafter Spektren, verdanken wir ZOLLER (1), (2).

Auf pflanzensoziologischem Gebiete verdient die zusammenfassende und mit umfangreichem Literaturverzeichnis versehene „Experimentelle Soziologie der höheren Pflanzen" von R. KNAPP besondere Beachtung (202 S., Ludwigsburg 1954). Der vorliegende erste Band behandelt die Möglichkeiten einer Einwirkung der höheren Pflanzen aufeinander sowie die Soziologie der Keimung und des aufwachsenden Pflanzenbestandes. Insbesondere wird versucht, an Hand des verstreuten Schrifttums und eigener Experimente die Bedeutung allelopathischer Einflüsse zu erweisen. Obwohl die persönliche Einstellung des Autors in manchen sehr weitgehenden und gewagt erscheinenden Folgerungen spürbar wird, ist die Darstellung so objektiv, daß der kritische Leser deutlich erkennt, wie wenige gesicherte Erkenntnisse auf diesem modernen Arbeitsgebiet vorliegen. Mit GRÜMMER (vgl. Fortschr. Bot. 16, 250) muß man feststellen, daß die kausale Erklärung natürlicher Pflanzenkombinationen durch Wirkungen von Stoffausscheidungen noch in keinem Falle einwandfrei gelungen ist. Die zweifellos vorhandenen und in vitro oder im Vegetationsversuch wirksamen toxischen Substanzen verloren vielmehr unter natürlichen Verhältnissen, besonders im Boden, ihre Wirksamkeit. Zu allgemeinen Schlußfolgerungen reicht die Zahl der näher analysierten Beispiele aber noch nicht aus. Für die kausale Vegetationskunde wären weitere gründliche Untersuchungen sehr zu wünschen, insbesondere solche, die sich nicht auf willkürliche Kombinationen irgendwelcher Kulturpflanzen oder Exoten, sondern auf in der Natur mögliche Pflanzenkombinationen beziehen.

Grundlegend und über das engere Fachgebiet hinauswirkend ist die mit mehreren farbigen Karten ausgestattete Abhandlung von M. SCHWICKERATH über „Die Landschaft und ihre Wandlung, auf geobotanischer und geographischer Grundlage entwickelt und erläutert im Bereich des Meßtischblattes Stolberg" (118 S., Aachen 1954). Sie enthält unter anderem eine kritische Rekonstruktion der Naturlandschaft und verfolgt die Veränderungen der Pflanzendecke von der vorgeschichtlichen Zeit bis zur Gegenwart an Hand von Karten angemessenen Genauigkeitsgrades. Die Bedeutung der „naturräumlichen Kleinstlandschaften" (Standortseinheiten) für die Landschaftsentwicklung tritt im Wandel der Zeiten immer wieder hervor. Besonders übersichtlich sind die Zusammenhänge der auf gleichem anorganischen Standort einander ersetzenden Pflanzengesellschaften herausgearbeitet worden.

Als meisterhafte Zusammenfassung jahrzehntelangen Studiums kann das reich bebilderte Werk von I. E. WEAVER über die nordamerikanischen Graslandformationen gelten (The North American Prairie. 359 S., Lincoln 1954). Es widmet sich besonders gründlich den Untersuchungen des Wurzelwerks.

Die anschauliche Beschreibung der „Waldgesellschaften und Waldstandorte, dargestellt am Gebiet des Diluviums der Deutschen Demokratischen Republik" von A. SCAMONI (186 S., Akademie-V. Berlin 1954) erschien nach kurzer Zeit in neuer, erweiterter Auflage. Sie wendet sich zwar an den forstlichen Praktiker, ist aber auch für den Geobotaniker eine wertvolle Einführung. Eine Gliederung der DDR in forstliche Wuchsbezirke, die sich an die naturräumliche Gliederung anlehnt, gibt dem Verf. die Möglichkeit zu klarer Beschreibung lokaler Vegetationseinheiten.

Einige weitere, ebenfalls für den praktischen Gebrauch bestimmte, aber auch für den Ökologen und Pflanzensoziologen aufschlußreiche Bücher seien hier nur aufgezählt: O. WEHSARG „Ackerunkräuter, Biologie, Allgemeine Bekämpfung und Einzelbekämpfung", stark umgearbeitete Neuauflage des 1931 erschienenen und seit langem vergriffenen, auf gründlichen Beobachtungen beruhenden Werkes (294 S., Berlin 1954), A. PETERSEN „Die Gräser als Kulturpflanzen und Unkräuter auf Wiese, Weide und Acker", 4. Aufl. (290 S., Berlin 1954) und E. OSIECZAŃSKI „Biologie und Nutzung des Grünlandes" (208 S., Berlin 1954). Eine stärkere Berücksichtigung der Flechten bei vegetationskundlichen und ökologischen Untersuchungen ist nach dem Erscheinen der „Flechtenflora von Südwestdeutschland" von K. BERTSCH zu erwarten (256 S., Ludwigsburg 1955). Wie die „Moosflora" desselben Verf. ist sie ein übersichtliches und preiswertes Taschenbuch, das auch in anderen Teilen Mitteleuropas verwendet werden kann.

Eine knappe, aber umfassende Einführung in die ökologischen Probleme der Limnologie findet man in dem Bändchen von A. THIENEMANN „Die Binnengewässer in Natur und Kultur" (156 S., Verständliche Wissenschaft, Bd. 55, 1955).

Nachträglich sei auf die gedankenreiche und mühevolle Arbeit von P. FILZER über „Die natürlichen Grundlagen des Pflanzenertrages in Mitteleuropa" hingewiesen (198 S., Stuttgart 1951). Ausgehend von landwirtschaftlichen und forstlichen Ertragsstatistiken errechnet der Verf. die Trockensubstanzproduktion (TSP) unter Berücksichtigung der nicht durch die Nutzung erfaßten Pflanzenteile. Ein Übersichtskärtchen von Mitteleuropa zeigt, daß die landwirtschaftliche TSP, jeweils als Mittelwert eines Landkreises und der Jahre 1934—1937 berechnet, beträchtlich verschieden sein kann. Einige ökologisch interessante Beispiele der von FILZER berechneten Werte seien hier wiedergegeben:

a) Landwirtschaftliche TSP:
Durchschnitt von Deutschland . . . . 470 g/m³
Höchste TSP eines Kreises (Hildesheim) . . . . 817 g/m³
Niedrigste TSP eines Flachlandkreises (Bentheim) . . . . 280 g/m³
Niedrigste TSP eines Gebirgskreises (Garmisch) . . . . 191 g/m³

b) Forstliche TSP:
Durchschnitt sämtlicher Wälder . . . . 360 g/m³
Durchschnitt der Staatswälder . . . . 460 g/m³
Höchste TSP eines württembergischen Forstamtes (Bettenreute) . 1050 g/m³
Niedrigste TSP eines württembergischen Forstamtes (Bietigheim) . 350 g/m³

Besonders bemerkenswert ist die Tatsache, daß die TSP der Wälder keineswegs hinter derjenigen der landwirtschaftlichen Nutzflächen zurücksteht, sondern unter vergleichbaren Standortsbedingungen eher größer ist. Aus Angaben von BERTSCH hat FILZER für Hochmoore eine jährliche TSP zwischen 40 und 105 g/m³ berechnet. Ein großer Teil des Buches ist statistischen Untersuchungen der Korrelationen von TSP und bestimmten natürlichen Faktoren gewidmet. Außerdem versucht der Verf. eine geographische und kausale Analyse der Ernteschwankungen, die aber noch recht unsicher erscheint.

2. Der Wärmefaktor (Temperatur). Einen Beitrag zur Frage der Veränderlichkeit von Klimawerten und deren geographischer Auswirkung gibt BLÜTHGEN in einer Studie über Baumgrenze und Klimacharakter in Lappland. Seit 3 Jahrzehnten ist hier eine sehr starke positive Wärmeanomalie und ein Vorrücken der Baumgrenzen festzustellen. Beim Vergleich der Höhengrenzen von Gefäßpflanzen in Lule Lappmark und Graubünden findet ÅBERG eine auffallend starke Parallelität, die vorwiegend wärmeklimatische Ursachen haben dürfte.

Interessant sind die Auswirkungen der Kaltluftansammlung in Karstdolinen, über die HORVAT einen Überblick gibt. In der mediterranen *Quercus ilex*-Stufe findet man am Grunde der Dolinen *Fagus*-Wälder, in der montanen Buchenstufe dagegen *Picea*- und *Pinus montana*-Gesellschaften. Auch in der subalpinen und alpinen Stufe zeigen sich charakteristische Einflüsse des Dolinenklimas.

Eine vergleichende Untersuchung des Mikroklimas in mehreren Wald- und Rasengesellschaften auf ungarischen Karstböden legt JAKUCS vor. Sie enthält unter anderem zahlreiche Meßreihen von Tagesgängen der Temperatur in verschiedener Bodentiefe und eine interessante synoptische Darstellung der Produktivität und Schichtung der studierten Waldgesellschaften.

Die witterungsbedingten Schwankungen bei der Pflanzenproduktion versucht MORGEN durch Messungen des täglichen Zuwachses von Blättern exakt zu erfassen. Bevor weitreichende Schlüsse gezogen werden, erscheint jedoch eine pflanzenphysiologische Überprüfung seiner Methode notwendig.

Ideenreiche phänologische Untersuchungen auf kleinem Raume hat KREEB (1) durchgeführt. Bei der wiederholten phänologischen Kartierung eines vier Meßtischblätter umfassenden Gebietes südöstlich von Stuttgart zeigte sich, daß das Ergebnis von der vorhergegangenen Wetterlage abhängig ist. Unter wochenlang bedecktem Himmel ergibt sich z. B. bei der Birnenblüte eine reine „Höhenstufenkarte". Je längere Zeit klares Strahlungswetter anhält, desto deutlicher kommen in der Aufblühfolge Unterschiede der Exposition zum Ausdruck[1]. In diesem Falle ist die phänologische Karte also eine gute Grundlage für die neuerdings von Meteorologen angestrebte „Geländeklimakartierung". Hierfür eignet sich auch eine Kartenaufnahme des unterschiedlichen Grades der Schneeschmelze, wie sie KREEB (2) für sein phänologisches Arbeitsgebiet vorlegt. AICHELE (1) benutzte den Beginn der Apfelblüte als Hilfsmittel der kleinklimatischen Geländekartierung am westlichen Bodensee. In demselben Gebiet führte er auch lokalklimatische Froststudien durch (2).

Eingehende lokalklimatische Untersuchungen eines kleinen Gebietes mit wechselndem Relief bei Hamburg-Harburg legen VAN EIMERN u. KAPS vor. Sie berücksichtigen vor allem die Temperatur, aber auch Luftfeuchtigkeit und Niederschläge. Alle Faktoren wechseln kleinräumig in so beträchtlichem Maße, daß die üblichen meteorologischen Mittelwerte als für ökologische Zwecke nahezu wertlos erscheinen.

. **3. Der Wasserfaktor (Hydratur).** So offensichtlich Beziehungen zwischen Klima und Vegetation bestehen, wenn man sie in großen Zügen betrachtet, so unklar werden sie, wenn man sie im einzelnen exakt zu fassen sucht. Wie WATT in einem Aufsatz über die „Integrität des Wasserfaktors" betont, liegt dies daran, daß beispielsweise der Wasserhaushalt eines Standortes nicht nur eine Funktion der Niederschläge und anderer klimatischer Faktoren, sondern auch des Bodens, des Reliefs und sonstiger Gegebenheiten ist. Um mit WALTER zu sprechen, kommt es also stets auf die physiologisch wirksamen Zustände, nicht auf die indirekt wirkenden Geländefaktoren an.

Unser Wissen vom Wasserverbrauch des Waldes faßt HUBER in knapper Form zusammen und betont, daß vergleichende Bestimmungen des Wasserbedarfes verschieden zusammengesetzter und verschieden aufgebauter Waldbestände vorläufig noch ganz fehlen.

Gemeinsam mit MILLER berichtet HUBER über Methoden zur Wasserdampf- und Transpirationsregistrierung im dauernden Luftstrom. Zur schnellen Registrierung von Temperatur, Dampfdruck und Taupunkt in und über Pflanzenbeständen bedient sich BERGER-LANDEFELDT (1) wieder des Psychrometers (vgl. auch v. MATHES). Mit Hilfe von indirekten Verdunstungsbestimmungen schätzt UNGER die Wasserabgabe verschiedener Pflanzenbestände. Die Problematik von Messungen der Evapotranspiration nach dem Austauschverfahren geht erneut aus einer Abhandlung von BERGER-LANDEFELDT (2) hervor.

Neue, für ökologische Zwecke geeignete Verfahren zur Messung der Luftfeuchtigkeit, die eine große Genauigkeit mit geringer Trägheit der Anzeige verbinden, bespricht BERGER-LANDEFELDT (3). Eine zuverlässige Methode zur raschen Messung und Registrierung der Feuchtigkeit von kleinen Luftproben beschreiben ANDERSSON, HERTZ u. RUFELT. Sie verfolgen damit unter anderem den Einfluß des Abschneidens auf die Transpiration von Blättern unter verschiedenen Bedingungen.

Die Schließbewegung der Stomata bei ökologisch verschiedenen Pflanzentypen in Abhängigkeit vom Wassersättigungszustand der

---

[1] Die Bezeichnung „Expositionskarte" erscheint dem Ref. irreführend, weil sie neben der Expositionswirkung stets auch die Höhenstufung der Wärme erkennen läßt.

Blätter und vom Licht untersuchen PISEK und WINKLER in einer vielseitigen und kritischen Arbeit.

Zahlreiche Transpirationsmessungen sind mit der bewährten Methode kurzfristiger Wägungen durchgeführt worden, z. B. von HYGEN (1) an verschiedenen Pflanzen Norwegens, namentlich an Vaccinien, von KIENDL an *Iris pseudacorus* und *Glyceria aquatica* und von FERRI u. LABOURIAU an den häufigsten Pflanzen der „Caatinga" von Bahia (Brasilien) während der Regenzeit. An 17 Arten aus Zentralnorwegen verfolgt HYGEN (2) den Verlauf der Transpiration abgeschnittener Sprosse über mehrere Stunden. Die anfängliche Spaltenweite wird in der Regel 10—20 min beibehalten. Zwischen dieser „stomatalen Phase" der Transpiration und der „kutikularen Phase" vermittelt die „Schließungsphase", deren Verlauf sich ebenfalls mathematisch definieren läßt. Die berechneten „Standardraten" der Schließungsphase und ihre ökologische Bedeutung werden in der bereits genannten Arbeit von HYGEN (1) diskutiert.

Eine umfangreiche Bibliographie über das Tauproblem gibt MASSON in seiner Untersuchung über die Möglichkeiten zur Nutzbarmachung des Taues in ariden Gebieten. Für die Wasserversorgung spielt der Tau in der Regel nur eine sehr untergeordnete Rolle. Die Beeinflussung des Taues durch Windschutzanlagen und seine Auswirkung auf Wasserbilanz und Erträge von Roggen und Weizen sowie auf die Zusammensetzung der Ackerunkrautgemeinschaften sind von STEUBING (1) gemessen worden.

Einige Verfahren zur Messung der physiologisch wirksamen Bodenfeuchte werden von KAUSCH (1) kritisch betrachtet. Die mit dem Tensiometer gemessenen, überraschend niedrigen Bodensaugkraftwerte (vgl. Fortschr. Bot. **9**, 269) sind nicht als richtig anzusehen. Zwischen Tonwand und Boden stellt sich nämlich ein so steiles Feuchtigkeitsgefälle ein, daß der am Manometer abgelesene Wert wesentlich niedriger ist als die Bodensaugkraft. Auch bei der Samenkeimung im Tensiostaten nach HUBER und MERKENSCHLAGER (zitiert bei KAUSCH) sind nach KAUSCH (2) nicht die geringen Saugkräfte, sondern die Schwierigkeiten bei der Wassernachleitung entscheidend.

Auf Böden von gleichmäßiger Korngrößenzusammensetzung, aber unterschiedlicher Feuchtigkeit verteilen sich die einzelnen Baumarten im natürlichen Konkurrenzkampf in ganz verschiedener Weise, wie FRASER bei gründlichen Untersuchungen am Chalk river in Ontario (Canada) bestätigen konnte. In einem Diagramm stellt er die ökologische Feuchtigkeitsamplitude von 27 nordamerikanischen Holzgewächsen an Hand einer zwölfteiligen Relativskala dar.

Mehr oder minder lang andauernde vollkommene Sättigung des Bodens mit Wasser beeinflußt das Gedeihen von Keimlingen verschiedener nordamerikanischer Baumarten in recht ungleichem Maße. Während die Erle (*Alnus rugosa*) nach MCDERMOTT durch öfteren Feuchtigkeitswechsel gefördert wird und bei dauernder Nässe ebenso gut weiterwächst wie auf durchlüftetem Boden, werden Ulme, Birke, Platane und besonders Ahorn (*Acer rubrum*) deutlich gehemmt.

Untersuchungen über den Jahresgang des Grundwasserspiegels, des Sickerwassers, Capillarwassers und gebundenen Wassers im Boden von Grünlandgesellschaften in Nordwestdeutschland legt VON MÜLLER vor.

LUTZ kennzeichnet verschiedene Halm- und Hackfruchtunkrautgesellschaften aus der Umgebung von München durch Variationskurven ihrer mittleren Wasserzahlen nach ELLENBERG (vgl. Fortschr. Bot. 13, 161). Die Zahlen ergeben Parallelen zum jahreszeitlichen Verlauf der Wasserversorgung aus Grundwasser und Niederschlägen in diesem Gebiete.

Die anomale Trockenheit des Sommers 1952 wirkte sich nach KOCH sehr deutlich auf die Ackerunkrautgemeinschaften einiger deutscher Dauerdüngungsversuche aus. Als Folge der langen Dürreperiode blieben besonders auf leichten Böden fast alle annuellen Unkräuter aus oder wurden doch geschädigt, während sich die tiefwurzelnden ausdauernden Arten besser zu halten und im Konkurrenzkampf durchzusetzen vermochten. Zahlreiche annuelle Arten in mediterranen Rasengesellschaften erwiesen sich dagegen nach SIMONIS als überraschend dürreresistent. Sie überstehen hohe Sättigungsdefizite und halten trotz schwieriger Wasserversorgung meistens noch eine positive Stoffbilanz aufrecht. Ihr maximaler osmotischer Wert kann 42 Atm. übersteigen, ist also für einjährige Pflanzen ungewöhnlich hoch.

4. Assimilathaushalt, Lichtfaktor und Gaswechsel. STOCKER bemüht sich, das Zusammenwirken des Wasser- und Assimilathaushaltes zu erforschen und damit zu einer Konstitutionsanalyse der einzelnen Arten zu kommen. Untersuchungen, wie er sie an südalgerischen Wüstenpflanzen durchführte, sind nur bei motorisierter Gemeinschaftsarbeit möglich. Sie führten unter anderem zu dem unerwarteten Ergebnis, daß das mittägliche Absinken der Assimilation nicht auf dem Schluß der Spaltöffnungen zu beruhen braucht, sondern von der im Laufe des Tages entstehenden Vergrößerung des Wasserdefizites bei geöffneten Spalten abhängt. Unter dem Titel „Wasserhaushalt und Assimilation" berichten STOCKER, LEYERER u. VIEWEG ausführlich über ihre Versuche zu klimatologischen, pflanzenphysiologischen und technischen Problemen der Beregnung. Eingehende physiologisch-ökologische Untersuchungen über den Wasserhaushalt und die Photosynthese bei Flechten legt BUTIN vor.

In einer gründlichen Studie der Photosynthese von *Anemone nemorosa* kommt LÖHR zu dem Schluß, daß dieser Frühlingsgeophyt den Lichtpflanzen nahesteht.

Eine breit angelegte und vielseitige Monographie widmet SJÖRS dem Zusammenspiel der Standortsfaktoren und der Stoffbilanz bei vier Gesellschaften in einer etwa 0,5 ha großen, parkartig mit Bäumen bestandenen Wiese in Mittelschweden. Bemerkenswert sind unter anderem seine Kartierungen der relativen Beleuchtungsstärke. Bei bedecktem Himmel ist die Verteilung des Lichtes „weich", bei voller Besonnung dagegen „hart", eine jedem Photographen bekannte Tatsache, die aber durch exakte Messungen bisher kaum belegt wurde.

Das Leistungsvermögen der Wiesengesellschaften wird nach KLAPP vor allem von der Wasserversorgung bestimmt. Der mit den üblichen Methoden feststellbare Vorrat an löslichen Bodennährstoffen steht nur in sehr loser Beziehung zur Ertragsfähigkeit und zum Artengefüge von Wiesen und Weiden. (Zu einem ähnlichen Ergebnis kommt übrigens auch SJÖRS in Schweden.) Düngernährstoffe sind dagegen viel wirksamer. Durch Düngung wird das Artengefüge von Grünlandgesellschaften trockener Standorte demjenigen frischer Standorte angenähert, während sich dasjenige feuchter Standorte in umgekehrter Richtung ändert.

Während sich mit dem URAS ein deutlicher vegetationsbedingter Tagesgang des CO_2-Gehaltes der Atmosphäre feststellen läßt, ist die Jahresamplitude desselben nach HUBER u. POMMER äußerst gering. Die Verwendung des URAS für die kontinuierliche Registrierung der Bodenatmung im Freiland wird von KOEPF (1) erörtert. Mit Hilfe dieser Methode erhielten MEYER u. SCHAFFER Atmungskurven des Bodens unter dem Einfluß von Düngung und Bewachsung. SCHAFFER diskutiert derartige Kurven in ihren Beziehungen zum Wasser-, Phosphorsäure- und Kaligehalt des Bodens bei verschiedener Witterung. Als ökologisch besonders wichtiges Ergebnis dieser Arbeiten darf die gut gesicherte Feststellung gelten, daß der Anteil der wachsenden Pflanzenwurzeln an der Bodenatmung wesentlich größer ist als derjenige der Mikroorganismen.

Zwischen der CO_2-Entbindung von Bodenproben und ihrem Fermentgehalt bestehen nach KOEPF (2), (3) kaum Beziehungen.

5. Boden und chemische Faktoren. Die Eigenart und das Zustandekommen der Pflanzengemeinschaften auf Serpentinböden ist in mehreren Erdteilen und unter verschiedenen Gesichtspunkten gründlich bearbeitet worden. Deshalb sei dieser Fragenkomplex hier ausführlicher besprochen. WHITTAKER (4) gibt einen Überblick der Weltliteratur und stellt fest, daß die weit verbreiteten Serpentinstandorte fast immer folgende drei Eigenschaften aufweisen: 1. sind sie sowohl in landwirtschaftlicher als auch in forstlicher Hinsicht sehr wenig produktiv; 2. besitzen sie eine von der Umgebung auffallend abweichende Flora mit engbegrenzten Endemismen und 3. weicht auch die Physiognomie der Pflanzengesellschaften stark von derjenigen auf anderen Böden ab, weil Zwerg- oder Kümmerformen sowie langsamwüchsige, xeromorph gebaute Pflanzentypen vorherrschen.

Um zu entscheiden, welche Faktoren das Pflanzenwachstum auf Serpentinböden besonders beeinflussen, untersucht WALKER die physikalischen und chemischen Eigenschaften von Serpentinböden in Californien und setzt sich mit den bisher aufgestellten Hypothesen auseinander. Der wichtigste Faktor für die Besonderheit der Serpentinflora ist nach experimentellen Befunden der außerordentlich niedrige Calciumgehalt. Daneben spielen die geringe Stickstoff- und Phosphorsäureversorgung, der niedrige Molybdängehalt, die Giftigkeit der hohen Nickel- und Chrommengen, die hohe Alkalinität, das starke Überwiegen des Magnesiums und die ungünstige physikalische Beschaffenheit des Bodens eine Rolle. Eine Pflanze, die auf Serpentin gut gedeihen soll, muß mit allen diesen Extremfaktoren vorlieb nehmen können.

Kulturversuche von KRUCKENBERG bestätigen diese Befunde, insbesondere die überragende Bedeutung des Calciummangels. Genetisch ist die Gattung *Streptanthus* in der Chaparralvegetation Californiens besonders interessant, weil in ihr alle Grade der Serpentintoleranz vertreten sind. Serpentinertragende Formen lassen sich aber durchaus auch auf nicht serpentinhaltigen Böden kultivieren, allerdings nur in Reinbeständen. In Mischkulturen unterliegen sie hier den kräftiger wachsenden serpentinempfindlichen Arten. Die Konkurrenz ist also der letztlich ausschlaggebende Faktor für das Zustandekommen der in der Natur so scharf abgegrenzten Serpentinpflanzengesellschaften.

Solche Gesellschaften schildert WHITTAKER (2) aus dem südwestlichen Oregon und vergleicht sie mit anderen auf Quarzdiorit. In der Regel wird die Serpentinvegetation beherrscht von *Pinus*-Arten, sklerophyllen Büschen und niedrigen Gräsern, also von Lichtholzarten und anderen wenig konkurrenztüchtigen Lebensformen. Sie weicht von der Dioritvegetation „in fast jedem Merkmal ab, das beschrieben oder gemessen werden kann".

Trotz anderer Artengarnituren haben die Serpentinfloren der Japanischen Inseln physiognomisch und biologisch einen ähnlichen Charakter wie die nordamerikanischen und europäischen. Das geht aus Arbeiten von KITAMURA (1), (2), KITAMURA u. MOMOTANI, KITAMURA u. MURATA und von YAMENAKA hervor.

Das Pflanzenleben auf Serpentin und verwandten Gesteinen im nördlichen Schweden schildert RUNE (s. Fortschr. Bot. 16, 178). Zwei neue, für Serpentinböden typische, erbkonstante Zwergformen von *Cerastium vulgatum* L. beschreiben KOTILAINEN und SALMI aus Finnland. EGGLER veröffentlicht Vegetationsaufnahmen und Bodenuntersuchungen von den Serpentingebieten in der Steiermark und im Burgenland.

In Deutschland ist Serpentinvegetation nur an wenigen Stellen zu studieren. Von zwei interessanten Fundorten am Nord- und Südsaum des Fichtelgebirges beschreibt GAUCKLER eine auch auf anderen Silikatgesteinen verbreitete Blattflechtengesellschaft (*Parmelietum conspersae*), ein *Asplenietum serpentinum*, das an Serpentinfelsspalten streng gebunden ist, eine Serpentingrasheide (*Festucetum glaucae serp.*) und mehrere Serpentinföhrenwälder (*Festuceto-Pinetum serp., Calluneto-P. serp., Erico-P. serp.*). Bemerkenswert ist das Vorkommen vieler Formen mit alpiner Verwandtschaft, die als Eiszeitrelikte gedeutet werden. Auch *Erica carnea* und *Polygala chamaebuxus* konnten sich auf den armen Serpentinstandorten halten, während sie in den schattigeren Wäldern auf besseren Böden zugrunde gingen.

Ganz ähnliche Erscheinungen wie die Serpentinfloren zeigen die Floren auf zinkreichen Böden, auf denen ebenfalls besondere Varietäten alpiner Arten als Endemismen auftreten. An einigen dieser Galmeipflanzen führen SCHWANITZ u. HAHN mustergültige genetisch-entwicklungsphysiologische Studien durch. Sie untersuchen zunächst (1) die Zellgröße und Resistenz gegen Zinksulfat bei *Viola lutea* HUDS., *Alsine verna* L. und *Silene inflata* SM. (1). Die geprüften Galmeiformen zeigen eine um das Mehrfache höhere Resistenz gegen Lösungen von Zinksulfat als Herkünfte der gleichen Arten von normalem Boden. Sie sind kleinwüchsiger und zierlicher und haben kleinere Zellen und zum Teil auch kleinere Zellkerne. Eine von kupferhaltigem Boden stammende, ebenfalls niedrige und kleinzellige Form von *Silene inflata* war jedoch gegen Zinksulfat ebenso empfindlich wie die von schwermetallfreiem Boden stammende Herkunft. Zinkresistenz ist also nicht gleichbedeutend mit allgemeiner Schwermetallresistenz. Das zeigte sich auch in einer weiteren Arbeit (2) in bezug auf Bleinitrat. Hierbei wurden Galmeibiotypen von *Linum catharticum, Campanula rotundifolia, Plantago lanceolata* und *Rumex acetosa*, also von sehr verbreiteten Pflanzenarten, untersucht. Der Zwergwuchs und die Kleinzelligkeit stehen in keinem ursächlichen Zusammenhang mit der Zinktoleranz. Die morphologisch-anatomischen Veränderungen und die Zinkresistenz müssen vielmehr als Ergebnisse von zwei verschiedenartigen Auslesevorgängen betrachtet werden, die sich am gleichen Standort auswirken konnten.

Bei erblich fixierten Galmeiformen von *Silene inflata* kommt BAUMEISTER zu dem Ergebnis, daß sie nicht nur resistent gegen hohe Zinkkonzentrationen sind, sondern einer gewissen Zinkmenge bedürfen. Insbesondere wurde die CO_2-Assimilation durch Zink günstig beeinflußt.

Pflanzengesellschaften auf schwermetallreichen Böden werden von der Bottendorfer Höhe am Unstruttal beschrieben (SCHUBERT).

Sehr auffällige Beziehungen zwischen dem Phosphatgehalt des Bodens (sowie der Blätter der darauf wachsenden Holzpflanzen) und dem Auftreten bestimmter Pflanzengemeinschaften stellte BEADLE im östlichen Australien fest. Je höher der Phosphatgehalt des Bodens, desto mesomorpher und höher sind die Einzelpflanzen und desto artenreicher sind die Pflanzengemeinschaften. Diese Befunde bestätigten sich bei Umpflanzungsversuchen. Es erscheint allerdings nicht ausgeschlossen, daß auch die Stickstoffernährung und in manchen Fällen der Wasserhaushalt mitspielt.

An Hand der Verhältnisse in Böden und Gewässern Amazoniens stellt SIOLI interessante Betrachtungen über den Begriff der „Fruchtbarkeit" eines Gebietes an. Wie das Beispiel des tropischen Regenwaldes zeigt, der sich auf einem chemisch sehr armen Boden zu großer Üppigkeit entwickelt, hängt die Fruchtbarkeit nicht nur von den Bodeneigenschaften, sondern ebenso sehr vom Klima und vielen anderen Faktoren ab. FAEGRI versucht eine neue begriffliche Ordnung der Ernährungstypen in der Limnologie, die auch in der Standortskunde Beachtung verdient.

Einen Überblick über die Waldbodenvegetation als Standortsweiser gibt SCHÖNHAR unter Berücksichtigung von 25 ökologischen Artengruppen in südwestdeutschen Wäldern. BOEKER behandelt Zusammenhänge zwischen Bodenreaktion, Nährstoffversorgung und Erträgen bei

Grünlandgesellschaften des Rheinlandes. Die Abhängigkeit der Ackerunkrautgesellschaften von Boden und Bewirtschaftung auf verschiedenen Böden Württembergs ist von EBERHARDT untersucht worden.

Die bisher viel zu wenig beachtete Geschichte der Böden wird von MÜCKENHAUSEN (1) zusammenfassend behandelt. Er beschreibt auch Beispiele für fossile Böden im nördlichen Rheinland (2).

6. Mechanische Faktoren. Einen Überblick über Wirkungen und Ausmaß der Bodenerosion durch Wasser in Deutschland im Vergleich zu anderen Ländern gibt MÜCKENHAUSEN (3). Die Bodenverwehungen in Niedersachsen 1947—1951 und die Verwehungsschäden im Frühjahr 1953 hat VON GEHREN beschrieben und kartiert.

Eine Kartierung der Windwirkung mit Hilfe der Baumkronendeformationen strebt WEISCHET an. Nach seinen Beobachtungen steigt die Windwiderständigkeit in folgender Reihe an: Süßkirsche, Kiefer-Eberesche-Silberpappel, Apfel, Birne, Buche-Roßkastanie-Pyramidenpappel-Linde, Ahorn-Fichte. Ihre „Ergebnisse von Windschutzuntersuchungen in Hamburg-Garstedt 1952" teilen VAN EIMERN, FRANKEN u. HARRIES mit (Hiltrup bei Münster i. W., 1954). Die Schutzwirkung unbelaubter Hecken unterschied sich nicht wesentlich von derjenigen belaubter. Die Pflanzenerträge standen in keiner eindeutigen Korrelation zu der Entfernung vom Windhindernis. Es wäre sehr zu wünschen, daß solche sorgfältigen und kritischen Untersuchungen zum Windschutzproblem in größerer Zahl durchgeführt würden. Beispielhaft sind auch die experimentellen Untersuchungen von STEUBING (2) über die Veränderung der Standortsfaktoren durch Windschutzanlagen.

Den bisher nur wenig studierten kryptogamen Krustenbewuchs an Steinen in fließenden Gewässern untersuchte LUTHER sehr gründlich in Südfinnland. Interessante Angaben über die mechanischen Wirkungen der Hochwässer und die Entstehung des Auelehmes in vorgeschichtlicher und geschichtlicher Zeit macht NIETSCH.

Die ökologischen Ursachen der Verbuschung in den subtropischen Savannengebieten behandelt WALTER. Sie sind in erster Linie eine Folge der Zerstörung der ausdauernden Gräser durch zu starke Beweidung.

Ökologie und Biologie zahlreicher *Opuntia*-Arten, die sich infolge extensiver Beweidung in der Big Bendregion von Texas ausbreiteten, sind von ANTHONY studiert worden.

Den Einfluß der Beweidung auf Halm- und Blattanteil und Ertragszuwuchs verschiedener Weidegesellschaften im Laufe der Vegetationsperiode bestimmte RUDZITIS.

Die Porenvolumina der Grünlandböden und ihre Beziehungen zur Bewirtschaftung und zum Pflanzenbestand sind von LIETH experimentell untersucht worden. Er gibt ein gut durchdachtes Wirkungsschema des Trittfaktors. Einen Überblick über die Auswirkungen des Trittes auf japanische Wegrandgesellschaften und über die Verbreitung zahlreicher Arten in bezug auf die Bodenhärte verdanken wir HORIKAWA u. MIYAWAKI. Interessant ist unter anderem, daß *Rumex acetosa* in Japan vorwiegend auf harten Böden zu finden ist und sich ähnlich verhält wie *Polygonum aviculare, Poa annua* und andere Trittpflanzen.

II. Vegetationskunde.

1. Sammelwerke und Allgemeines. Zahlreiche Aufsätze aus den Gebieten der allgemeinen, speziellen und angewandten Geobotanik, insbesondere der Vegetationskunde, enthalten drei Sammelbände, die ein glücklicher Zufall im Jahre 1954 vereinigte, nämlich die Festschriften zum 70. Geburtstag von J. BRAUN-BLANQUET (Vegetatio Bd. 5—6) und zum 60. Geburtstag von E. AICHINGER (zwei Sonderbände der Angewandten Pflanzensoziologie, Wien) sowie das Gedächtnisheft für den 1945 verstorbenen F. E. CLEMENTS (Aprilheft der Ecology). Sie geben in ihrer Gesamtheit einen ausgezeichneten Überblick über den Entwicklungsstand und die Forschungsrichtungen der Vegetationskunde in Europa und Nordamerika mit einigen Ausblicken auf andere Erdteile. Alle drei Sammelbände zeichnen sich dadurch aus, daß auch nicht schulgebundene Forscher zu Wort kommen. Überhaupt treten theoretische Diskussionen und Darlegungen von Lehrmeinungen, die im vegetationskundlichen Schrifttum jahrzehntelang eine so große Rolle spielten, in erfreulicher Weise zurück hinter der exakten Beschreibung und Auswertung der Befunde. Ökologische Fragen werden vor allem in den Sonderbänden der Ecology und Vegetatio behandelt, während in der AICHINGER-Festschrift dynamische und wirtschaftliche, besonders forstwirtschaftliche Probleme in den Vordergrund treten.

Einen kurzen, für Nichtfachleute gedachten Überblick über die Pflanzensoziologie gibt ELLENBERG (im Wörterbuch der Soziologie von BERNSDORF u. BÜLOW, Stuttgart 1955). Auf die Bücher von KLIKA, NOVÁK u. GREGOR, WALTER, KNAPP, SCHWICKERATH, WEAVER und SCAMONI wurde bereits im Abschnitt I hingewiesen.

Grundsätzliche Fragen werden in Vorträgen von MEUSEL über „die uatürliche Landschaft als Problem der geographischen und biologischen Forschung" (Dtsch. Akad. d. Landwirtschaftswiss. Berlin 1954) und von EHWALD über den „forstlichen Wuchsbezirk als Mosaik von Standortseinheiten" (ebenda) erörtert.

Die Entwicklung der Vegetationssystematik in Mitteleuropa, insbesondere die Problematik der Charakterarten, wird von ELLENBERG (1) dargelegt. Auch SCAMONI nimmt zur Frage der Charakterarten in der Vegetationskunde kritisch Stellung. Das Verhältnis der lokalen Charakterarten zu den geographischen Differentialarten beleuchtet SCHWICKERATH (2). Anschauliche „Spektrendarstellungen als ökologische und wirtschaftliche Weiser" hat KRISO aus den Angaben ELLENBERGs (1952, vgl. Fortschr. Bot. 16, 204) entwickelt.

In einer kritischen Auseinandersetzung mit dem Klimaxproblem tritt WALTER (2) für die Verwendung der Begriffe zonal, extrazonal und azonal ein, die keine Hypothesen hinsichtlich bestimmter Sukzessionen einschließen.

Eine Aufzählung der Gattungen, die SCHMID als charakteristisch für bestimmte Vegetationsgürtel ansieht, ist in einer Übersicht der illyrischen Vegetationsgürtel enthalten. Sie wird der tatsächlichen Pflanzendecke dieses Gebietes aber nur wenig gerecht. Die Reihe der

Verbreitungskarten mitteleuropäischer Leitpflanzen setzt MEUSEL im Namen der Arbeitsgemeinschaft mitteldeutscher Floristen fort.

Immer häufiger werden Kryptogamen bei pflanzensoziologischen Arbeiten in den Vordergrund gestellt. Auch hierfür seien nur wenige Beispiele genannt. GAMS gibt einen kurzen Überblick über die Entwicklung der Bryocoenologie in den letzten 20 Jahren. OCHSNER weist auf die Bedeutung der Moose in alpinen Pflanzengesellschaften hin. KREISEL teilt Beobachtungen über die Pilzflora einiger Hoch- und Zwischenmoore in Ostmecklenburg mit. KLEMENT beschreibt die Flechtenvegetation Unterfrankens. HALE zeigt in einer gründlichen Arbeit, daß das Artengefüge der Flechtengesellschaften auf Baumrinden in Wäldern des südlichen Wisconsin weniger von der Art des Baumes abhängt als von den mikroklimatischen Verhältnissen ihrer Umgebung, insbesondere vom Lichtfaktor.

2. Kausale und experimentelle Vegetationskunde. Bei der ökologischen Untersuchung von Pflanzengemeinschaften begnügen sich viele Vegetationskundler lediglich mit mehr oder minder genauen Messungen einiger klimatischer oder edaphischer Faktoren, ohne auf den Zusammenhang des Pflanzenbestandes mit diesen näher einzugehen. Solche meteorologischen, pedologischen oder chemischen Analysen haben, wie WESTHOFF mit Recht betont, kaum noch etwas mit Biologie und Ökologie zu tun, sondern liefern allenfalls das Material für ökologische Studien im eigentlichen Sinne. Bei den letzteren sollte stets die Pflanze oder die Pflanzengemeinschaft im Mittelpunkte der Betrachtung stehen. Das kann nach WESTHOFF in zweierlei Hinsicht geschehen, nämlich in kausaler und finaler. Wie allgemein in der Biologie sollen diese beiden Forschungsrichtungen einander ergänzen. WESTHOFF legt allerdings das Hauptgewicht auf die „finale Synökologie", bei der „die Erhaltung der Gesellschaft als Zweck hingestellt wird". Sie basiert also auf der inzwischen widerlegten und sogar von BRAUN-BLANQUET (Pflanzensoziologie, 2. Aufl., Einleitung) aufgegebenen Hypothese, daß die Pflanzengemeinschaft als organische Ganzheit aufzufassen sei. Da Vegetationseinheiten keine Organismen sind, kann eine finale Synökologie nach Ansicht des Referenten nur rein formalen Charakter haben und das Verständnis der Vegetation nicht vertiefen. Hierzu ist aber die kausale Vegetationskunde in der Lage, die nach den Ursachen der Entstehung der in der Natur gegebenen Pflanzenkombinationen fragt und sich vorwiegend experimenteller Methoden bedient. Diese Ursachen liegen allerdings nicht nur, wie vielfach angenommen wird, in den Faktoren des Standortes und in der morphologisch-physiologischen Konstitution der ihn besiedelnden Arten. Ebenso wichtig sind vielmehr die Wirkungen der inter- und intraspezifischen Konkurrenz sowie die geographischen und historischen, insbesondere florengeschichtlichen, Voraussetzungen.

Auf einen bisher wenig beachteten, für das kausale Verständnis der Pflanzengemeinschaften aber sehr wichtigen Faktor macht außerdem HEIMANS aufmerksam. Er nennt ihn Akzessibilität (Erreichbarkeit) und versteht darunter die Gesamtheit der Bedingungen, die Einfluß darauf haben, daß bestimmte Diasporen (Verbreitungseinheiten) einen bestimmten Wuchsort erreichen. Die Akzessibilitätsfaktoren spielen vor allem bei der Erstbesiedlung eines offenen Geländes, aber auch im Hochgebirge und überall dort eine Rolle, wo standörtlich sehr verschiedene Pflanzengemeinschaften räumlich nahe beieinander liegen. Besonders eingehend hat HEIMANS die Akzessibilität kleiner Tümpel für mikroskopische Algen studiert, die in erster Linie von den Lebensgewohnheiten der Wasservögel abhängt. HEIMANS sieht in den Akzessibilitäten für die verschiedenen Pflanzenarten eine Gruppe von Standortsfaktoren, die er gleichberechtigt neben die klimatischen, edaphischen und biotischen Faktoren stellen möchte. Das erscheint aber wenig glücklich, weil die Akzessibilität auch eine Funktion der artspezifischen Verbreitungsmittel ist.

Welch großen Einfluß die endozoochore Samenverbreitung durch weidende Haustiere auf das Artengefüge der Pflanzendecke haben kann, zeigen erneut die Analysen von MÜLLER-SCHNEIDER. Es ist erstaunlich, wie viele keimfähige Samen von Gräsern, Wiesenkräutern, Wegrandpflanzen und Ackerunkräutern im Kot von Rindern, Schafen und Ziegen enthalten sind. Im Ziegenkot findet man neben Samen von trockenfrüchtigen Pflanzen auch zahlreiche von solchen mit fleischigen Früchten und Scheinfrüchten.

Einen Überblick über Ziele und jüngste Fortschritte der kausalen Vegetationskunde gibt ELLENBERG. Experimentelle Untersuchungen zeigen vor allem, wie stark das ökologische Verhalten vom Wettbewerb anderer Arten abhängt. Auf das Buch von KNAPP wurde bereits hingewiesen. Einen kurzen Überblick über hemmende und fördernde Einflüsse unter Pflanzen gibt KNAPP (1) an anderer Stelle. Über Parasitismus und Symbiose hielt VON DENFFER einen anregenden Vortrag. G. u. R. KNAPP erörtern die Bedeutung der Wuchsformen für die Fähigkeit, vorhandene Pflanzenbestände zu durchsetzen.

Die Bedeutung der Konkurrenz für das Zustandekommen bestimmter Pflanzengemeinschaften geht erneut aus Untersuchungen von BEADLE in Australien hervor. Arten, die in der Natur nur auf trockenen und mageren Skelettböden vorkommen, wachsen kräftig und blühen und fruchten befriedigend, wenn man sie auf phosphor- und stickstoffreichen Boden pflanzt. Sie behaupten sich hier allerdings nur dann, wenn man ihnen die Konkurrenten fernhält, die auf diesem besseren Standort in der Natur zur Herrschaft gelangen. Ein Umpflanzen der letzteren auf ärmere Standorte gelingt dagegen nicht oder nur so unvollkommen, daß sie sich hier nicht durchzusetzen vermögen. Viele Arten der Gattungen *Eucalyptus, Banksia, Callistemon, Melaleuca, Grevillea, Hakea* usw. gedeihen also in der Natur nicht an Standorten, die ihrem physiologischen Optimum entsprechen. Ihr ökologisches Optimum liegt vielmehr in der Nähe ihres physiologischen Minimums in bezug auf Wasser und Nährstoffe.

Wie sehr das ökologische Verhalten einer Species von ihren jeweiligen Konkurrenten mitbestimmt wird, zeigen auch die Untersuchungen von MOORE über einige *Rumex acetosella*-Gesellschaften in Neuseeland.

Rumex acetosella s. str. ist hier eingeschleppt worden und hat sich in den letzten 100 Jahren außerordentlich stark verbreitet, weil dieser Ampfer vom Vieh gemieden und deshalb durch die schonungslose Beweidung der ursprünglichen Vegetation mit den ebenfalls vor etwa 100 Jahren eingeführten Schafen, Kaninchen, Rindern, Pferden und anderen Haustieren begünstigt wurde. Der kleine Sauerampfer ist in Neuseeland nahezu standortsvag. Beispielsweise findet er sich mehr oder minder zahlreich in fast allen Pflanzengesellschaften des oberen Awatere. Er fehlt nur in der dicht geschlossenen Vegetation sehr nasser Standorte, in einigen höheren Gebüschen und in der Nähe einiger hochwüchsiger Unkräuter, also überall dort, wo er auf schärfere Konkurrenz trifft. Ohne Konkurrenten könnte er zweifellos auch bei uns auf Standorten verschiedensten Wasser- und Stoffhaushaltes gedeihen.

Wie entscheidend die Konkurrenz für das Zustandekommen der Serpentinvegetation ist, wurde bereits im Abschnitt I, 4 betont. Soó stellt auf Grund dreijähriger Kulturversuche fest, daß viele Pflanzen trockener Standorte Ungarns im Garten viel üppiger gediehen und einen mesophilen Habitus annehmen, den sie an ihrem ursprünglichen Standort wieder verlieren.

3. Kartierung und praktische Anwendung. Über die Grünlandkartierung, die im Rahmen des ERP-Grünlandförderungsprogramms 1951/53 in Westdeutschland von zahlreichen Arbeitsstellen durchgeführt wurde, liegt ein Sammelbericht vor (Landwirtsch.-Angew. Wissensch. 21, 1954). Die Ergebnisse sind zum Teil auch ökologisch aufschlußreich.

Eine mustergültige Vegetationskarte 1:25000 legen OBERDORFER und LANG aus dem Oberrheingebiet bei Ettlingen-Karlsruhe vor (vgl. auch OBERDORFER). Die nach französischem Vorbild auf den Kartenrändern untergebrachte Erläuterung zeichnet sich durch einfache Gesellschaftsnamen, klare Angaben über die Standorte, insbesondere über die Böden, und durch übersichtliche Beikärtchen aus. Die natürliche Pflanzendecke der westfälischen Bucht wurde von RUNGE kartiert. Eine stärker generalisierte Karte legen BUDDE u. RUNGE von ganz Westfalen vor.

Die von KNAPP (2) bearbeitete Übersichtskarte der natürlichen Wuchsräume in Hessen zeichnet sich methodisch dadurch aus, daß sie die natürlichen Verbreitungsgebiete der vorherrschenden Waldgesellschaften durch Farben und die großklimatischen Höhenstufen der Vegetation durch Signaturen wiedergibt.

Unter dem Rahmenthema „Pflanzensoziologie als Brücke zwischen Land- und Wasserwirtschaft" sind aufschlußreiche Vorträge einer Tagung der Zentralstelle für Vegetationskartierung veröffentlicht worden (Angew. Pflanzensoziol. 8, 1954). Besonders hingewiesen sei auf eine „Wasserstufenkarte" des Emstales 1:5000.

Genaue bodenkundliche und pflanzensoziologische Kartierungen einer Gemeindeflur bei Dillingen a. d. Donau vergleichen KOHL, VOGEL u. WACKER. Es zeigt sich, daß beide Kartierungsverfahren einander nicht ersetzen, wohl aber sehr gut ergänzen können. Im Bereich des

Grünlandes ist in der Regel die pflanzensoziologische Gliederung feiner als die bodenkundliche; im Bereich des Ackerlandes ist das Umgekehrte der Fall. Methodisch interessant sind die Berichte über die bisherige Tätigkeit der mitteldeutschen und der süddeutschen Arbeitsgemeinschaften für forstliche Standortskunde von KRAUSS u. SCHLENKER. Ökologische Unterlagen für den Anbau westamerikanischer Nadelholzarten in Deutschland stellen HARTMANN, QUERENGÄSSER u. JAHN zusammen. In einem Aufsatz über die Baumartenwahl in Bergwäldern gibt KUOCH ein sehr klares Diagramm der Klimax- und klimaxnahen Wälder der Schweiz von der Alpennordseite bis zur Südseite und von 300—2250 m ü. NN. Mehrere Aufsätze über die Wuchsleistung der Hauptholzarten in verschiedenen Standortseinheiten Württembergs (von GÜNTHER, HASENMAIER, MOOSMAYER u. a.) sind in Nr. 4 der Mitt. f. forstl. Standortskartierung (1955) enthalten.

In einer Karte der klimatogenen Vegetationseinheiten der Balkanhalbinsel faßt HORVAT (2) jahrzehntelange Forschungen zusammen. Sie bietet als erste exakte und lückenlose Grundlagen für die seit langem umstrittene Abgrenzung der mediterranen von der mitteleuropäischen Vegetationsregion.

Aufschlußreiche farbige Vegetationskarten aus Japan legt SUZUKI vor, und zwar eine Übersichtskarte 1:41500 des Ozegaharabeckens einschließlich des über 2300 m hohen Mt. Hiughi und eine detaillierte Karte 1:10000 der Flach- und Hochmoorgesellschaften am Flußufer. Die Gliederung der Gesellschaften entspricht der BRAUN-BLANQUETschen Schule. Aus ihrer Beschreibung geht hervor, daß die alpinen und subalpinen Assoziationen denen Europas und Nordamerikas sehr ähnlich sind. Die subalpinen Waldgesellschaften gleichen am meisten denen der Appalachen, weniger den europäischen und noch weniger denen der Cordillieren. Die Gesellschaften der montanen Stufe weichen viel stärker von denen Europas und Nordamerikas ab. Die floristischen Differenzen werden also mit zunehmender Gunst des Klimas größer.

Über einige ökologische Probleme bei der Steigerung der Produktivität arider Gebiete und über ökologische Lösungen von hydrologischen Aufgaben in solchen Ländern berichtet BOYKO (1), (2). Zu welch phantastischen Folgerungen das Schlagwort „Versteppung" führen kann, zeigt ein Aufsatz von GROBER über „Bioklimatische Entsteppung", in dem die Heiden Norddeutschlands und der atlantischen Inseln ebenso als Steppen behandelt werden wie die baumfreien Formationen Osteuropas, Südamerikas und Afrikas.

4. Spezielle Vegetationskunde. a) *Mitteleuropa*. Zahlreiche Arbeiten zur speziellen Vegetationskunde sind in den oben genannten Festschriften enthalten und können aus Platzmangel nicht einzeln erwähnt werden.

Hervorgehoben sei eine Schilderung der räumlichen, durch Relief und Gestein bedingten Ordnung der natürlichen Waldgesellschaften am nördlichen Harzrand, in der TÜXEN mehrere *Fageten* auf sauren Böden unterscheidet und sogar ein *Luzulo-Fagetum cladonietosum* als natürlich anerkennt. Nach SEIBERT sind die als Niederwälder bewirtschafteten Eichen-Birkenwälder des südwestfälischen Berglandes aus natürlichen Rotbuchenwäldern entstanden, eine Ansicht, die BUDDE schon im Jahre 1939 vertrat. Die Auffassungen TÜXENs und seiner Schüler von der Rolle der Buche im natürlichen Waldbilde Norddeutschlands nähern sich also immer mehr derjenigen HESMERs (Die heutige Bewaldung Deutschlands. Berlin 1937).

Die Waldvegetation des Unterspreewaldes, die noch wenig von der Forstwirtschaft verändert wurde, beschreibt SCAMONI (2). Einen Überblick über die Rotbuchenwälder der mittleren Steiermark gibt EGGLER (2). Vorbildlich ist die Monographie der Waldgesellschaften im alpinen Verbreitungsgebiet der Weißtanne in der Schweiz von KUOCH (2) und der für diese Waldgesellschaften entscheidenden Standortsfaktoren von BACH, KUOCH u. IBERG.

Besonders zu begrüßen ist die ausführliche Darstellung der Vegetation auf der kurischen Nehrung von PAUL, die ein zuverlässiges Bild der Entwicklung von den Pioniergesellschaften des Flugsandes bis zum Walde vermittelt.

b) *Übrige Gebiete.* Auch hier sei auf die eingangs genannten Festschriften verwiesen. Eine Zusammenstellung der übrigen, recht verstreuten Literatur folgt im nächsten Bande.

Literatur.

ÅBERG, B.: Sv. bot. Tidskr. **46**, 286—312 (1952). — AICHELE, H.: (1) Meteorol. Rdsch. **6**, 204—206 (1953). — (2) Ebenda **6**, 126—130 (1953). — ANTHONY M.: Ecology **35**, 334—347 (1954).

BACH, R., R. KUOCH u. R. IBERG: Mitt. schweiz. Anst. forstl. Versuchswes. **30**, 261—314 (1954). — BAUMEISTER, W.: Ber. dtsch. bot. Ges. **67**, 206—213 (1954). — BEADLE, N. C. W.: Ecology **35**, 370—375 (1954). — BERGER-LANDEFELDT, U.: (1) Ber. dtsch. bot. Ges. **67**, 357—365 (1954). — (2) Arch. Meteorol., Geophys. u. Bioklimatol., Ser. B **5**, 66—102 (1953). — (3) Meteor. Abh. Inst. Meteor. u. Geophys. Freie Univ. Berlin **2**, 173—195 (1955). — BLÜTHGEN, J.: Ber. dtsch. Wetterdienst. US-Zone **42**, 362—371 (1952). — BOEKER, P.: Z. Pflanzenernähr., Düng., Bodenk. **66**, 54—64 (1954). — BOYKO, H.: (1) Biology of Deserts, S. 28—34. London 1954. — (2) Proceed. of the Ankara Symposium on Arid Zone, Hydrol., S. 247—254. 1954. — BUDDE, H., u. F. RUNGE: Westfäl. Forsch. **7**, 194—196 (1953—1954). — BUTIN, H.: Biol. Zbl. **73**, 459—502 (1954).

DENFFER, D. V.: Nachr. Gießener Hochschulges. **23**, 60—87 (1954).

EBERHARDT, C.: Z. Acker- u. Pflanzenbau **97**, 453—484 (1954). — EGGLER, J.: (1) Mitt. naturwiss. Ver. Steiermark **84**, 25—37 (1954). — (2) Ebenda **83**, 3—20 (1953). — EIMERN, J. VAN, u. E. KAPS: Lokalklimatische Untersuchungen im Raum der Harburger Berge und der benachbarten Elbniederung. Hiltrup b. Münster 1954. — ELLENBERG, H.: (1) Angew. Pflanzensoziol., Festschr. AICHINGER **1**, 134—143 (1954). — (2) Vegetatio **5—6**, 199—211 (1954).

FAEGRI, K.: Nytt Mag. Bot. **3**, 43—49 (1954). — FERRI, M. G., u. L. G. LABOURIAU: Rev. brasil. Biol. **12**, 301—312 (1952). — FRASER, D. A.: Ecology **35**, 406—414 (1954).

GAMS, H.: Rev. Bryolog. et Lichénolog. **22**, 161—171 (1953). — GAUCKLER, K.: Ber. bayer. bot. Ges. **30**, 21—26 (1954). — GEHREN, R. v.: Veröff. niedersächs. Amt. Landesplanung u. Statistik, Reihe G **6** (1954). — GROBER, J.: Wiss. Z. Friedr. Schiller-Univ. Jena **3**, 321—334 (1953/54).

HALE, M. E.: Ecology **36**, 45—63 (1955). — HARTMANN, F. K., F. QUERENGÄSSER u. G. JAHN: Allg. Forst- u. Jagdztg. **125**, 25—48 (1954). — HEIMANS, J.: Vegetatio **5—6**, 142—146 (1954). — HORIKAWA, Y., u. A. MIYAWAKI: Sci. Rep. Yokohama Nation. Univ., Sect. II **3**, 59—62 (1954). — HORVAT, J.: (1) Geografsk. Glasnika **14/15**, 1—25 (1953). — (2) Vegetatio **5—6** 434—447 (1954). — HUBER, B.: Forstwiss. Cbl. **72**, 257—264 (1953). — HUBER, B., u. R. MILLER: Ber. dtsch. bot. Ges. **67**, 223—234 (1954). — HUBER, B., u. J. POMMER: Angew. Bot. **28**, 53—62 (1954). — HYGEN, G.: (1) Physiol. Plantarum (Copenh.) **6**, 106—133 (1953). — (2) Skr. utg. av Det Norsk. Vidensk. Akad. Oslo, Math.-nat. Kl. I **1953**, 1—84 (1953).

JAKUCS, P.: Ann. Hist.-Natur. mus. national. Hungar., Ser. nov. **5**, 149—173 (1954).

KAUSCH, W.: (1) Angew. Pflanzensoziol. **8**, 117—126 (1954). — (2) Planta (Berl.) **45**, 82—93 (1955). — KIENDL, J.: Ber. dtsch. bot. Ges. **67**, 243—248 (1954). — KITAMURA, S.: (1) Acta phytotax. et geobot. **14**, 174—176 (1949—1952). (2) Ebenda **14**, 177—180 (1942—1952). — KITAMURA, S., u. Y. MOMOTANI: Acta phytotax. et geobot. **14**, 118—119 (1949—1952). — KITAMURA, S., u. G. MURATA: Acta phytotax. et geobot. **14**, 120—122 (1949—1952). — KLEMENT, O.: Nachr. naturwiss. Mus. Stadt Aschaffenburg **41**, 1—23 (1953). — KNAPP, G. u. R.: Ber. dtsch. bot. Ges. **67**, 410—419 (1954). — KNAPP, R.: (1) Umschau **20**, (1953). — (2) Abh. Hess. Landesamt. Bodenforsch. **2**, 40—51, 282—284 (1954). — KOCH, F.: Z. Pflanzenbau u. Pflanzenschutz **1955**, 32—40. — KOEPF, H.: (1) Landwirtsch. Forsch. **5**, 54—62 (1953). — (2) Z. Pflanzenernähr., Düng., Bodenk. **67**, 262—270 (1954). — (3) Z. Acker- u. Pflanzenbau **98**, 289—312 (1954). — KOHL, F., F. VOGEL u. F. WACKER: Landwirtsch. Jb. Bayern **31**, 491—581 (1954). — KOTILAINEN, M. J., u. V. SALMI: Arch. Soc. zool. bot. fenn. „Vanamo" **5**, 1. 64—68 (1950). — KRAUSS, G. A., u. G. SCHLENKER: Allg. Forst- u. Jagdztg. **125**, 249—259 (1954). — KREEB, K. H.: (1) Meteorol. Rdsch. **7**, 95—100, 133—137 (1954). — (2) Ebenda **7**, 48—49 (1954). — KREISEL, H.: Wiss. Z. Univ. Greifswald, Math.-nat. R. **3**, 291—300 (1953/54). — KRISO, K.: Landwirtsch. Jb. Bayern **30**, 268—291 (1953). — KRUCKEBERG, A. R.: Ecology **35**, 257—274 (1954). — KUOCH, R.: (1) Schweiz. Z. Forstwes. **1954**, 5/6, 1—18 (1954). — (2) Mitt. schweiz. Anst. forstl. Versuchswes. **30**, 133—260 (1954).

LIETH, H.: Z. Acker- u. Pflanzenbau **98**, 453—460 (1954). — LÖHR, E.: Physiol. Plantarum (Copenh.) **5**, 221—227 (1952). — LUTHER, H.: Acta bot. fenn. **55**, 1—61 (1954). — LUTZ, J. L.: Vegetatio **5—6**, 83—87 (1954).

MASSON, H.: Ann. École supér. sci., Inst. haut. étud. Dakar **1**, 1—44 (1954). — MATHES, P. V.: Meteor. Abh. Inst. Meteor. u. Geophys. Freie Univ. Berlin **2**, 163—172 (1955). — MCDERMOTT, R. E.: Ecology **35**, 36—41 (1954). — MEUSEL, H.: Wiss. Z. Martin Luther-Univ. Halle-Wittenberg, Math.-nat. R. **3**, 11—49 (1953/54). — MEYER, L., u. G. SCHAFFER: Landwirtsch. Forsch. **6**, 81—95 (1954). — MOORE, L. B.: Vegetatio **5—6**, 268—278 (1954). — MORGEN, A.: Angew. Meteorol. **2**, 48—58 (1954). — MÜCKENHAUSEN, E.: (1) Geol. Jb. **69**, 501—516 (1954). — (2) Z. Pflanzenernähr., Düng., Bodenk. **65**, 81—103 (1954). — (3) In: Wasser und Boden in der Landschaftspflege, S. 17—47. Ratingen o. J. — MÜLLER, A. V.: Angew. Pflanzensoziol. **8** (1954). — MÜLLER-SCHNEIDER, P.: Vegetatio **5—6**, 23—28 (1954).

NIETSCH, H.: Erdkunde **9**, 20—39 (1955).

OBERDORFER, E.: Beitr. naturkdl. Forsch. in Südwestdtschl. **13**, 109—110 (1954). — OCHSNER, F.: Vegetatio **5—6**, 279—291 (1954).

PAUL, H.: Nova Acta Leopoldina, N. F. **16**, 261—378 (1953). — PISEK, A., u. E. WINKLER: Planta (Berl.) **42**, 253—278 (1953).

RUDZITIS, A.: Z. Acker- u. Pflanzenbau **98**, 343—368 (1954). — RUNGE, F.: Westfäl. Forsch. **6**, 212—214 (1943—1952).

SCAMONI, A.: (1) Wiss. Z. Humboldt-Univ. Berlin, Math.-nat. R. **3**, 339—343 (1953/54). — (2) Arch. Forstwes. **3**, 122—162, 230—260 (1954). — SCHAFFER, G.: Landwirtsch. Forsch. **7**, 12—16 (1954). — SCHMID, E.: Jb. biol. Inst. Sarajevo **5**, 381—404 (1953). — SCHÖNHAR, S.: Allg. Forst- u. Jagdztg. **125**, 259—266

(1954). — SCHUBERT, R.: Wiss. Z. Martin Luther-Univ. Halle-Wittenberg 4, 99—120 (1954). — SCHWANITZ, F., u. H. HAHN: (1) Z. Bot. 42, 179—180 (1954). — (2) Ebenda 42, 459—471 (1954). — SCHWICKERATH, M.: Veröff. geobot. Inst. Rübel 29, 96—104 (1954). — SEIBERT, P.: Allg. Forst- u. Jagdztg. 126, 1—11 (1955). — SIMONIS, W.: Vegetatio 5—6, 553—561 (1954). — SIOLI, H.: Forschgn. u. Forschr. 28, 65—72 (1954). — SJÖRS, H.: Acta phytogeogr. Suecica 34 (1954). — Soó, R.: Acta bot. Acad. sci. Hungaricae 1, 179—191 (1954). — SPURR, ST. H.: Ecology 35, 21—25 (1954). — STEUBING, L.: (1) Biol. Zbl. 71, 282—313 (1952). — (2) Oikos, Acta oecol. scand. 4, 118—147 (1925—1953). — STOCKER, O.: Ber. dtsch. bot. Ges. 67, 289—299 (1954). — STOCKER, O., G. LEYERER u. G. H. VIEWEG: Schriftenr. d. Kurator. f. Kulturbauwesen, Abschn. V, H. 3, S. 45—77. 1954. — SUZUKI, T.: In: Scientif. Researches of the Ozegahara Moor, S. 205—268. Tokyo 1954.

TÜXEN, R.: Vegetatio 5—6, 454—478 (1954).

UNGER, K.: Angew. Meteorol. 2, 1—14 (1954).

WALKER, R. B.: Ecology 35, 259—266 (1954). — WALTER, H.: (1) Vegetatio 5—6, 5—10 (1954). — (2) Angew. Pflanzensoz.,Festschr. AICHINGER 1, 144 (1954). — WATT, A. S.: Vegetatio 5—6, 29—35 (1954). — WEISCHET, W.: Meteorol. Rdsch. 6, 185—187 (1953). — WESTHOFF, V.: Vegetatio 5—6, 120—128 (1954). — WHITTAKER, R. H.: (1) Ecology 35, 258—259 (1954). — (2) Ebenda 35, 275—288 (1954).

ZOLLER, H.: (1) Veröff. geobot. Inst. Rübel 28 (1954). — (2) Beitr. geobot. Landesaufn. Schweiz 33 (1954).

9. Ökologie.

Von THEODOR SCHMUCKER, Göttingen-Hann. Münden.

Mancherlei, oft genau fixierte physiologische Fragen werden zwar exakt gelöst; aber die ökologische Bedeutung des Befundes bleibt problematisch. Viele ökologische Probleme werden mit Hilfe der Physiologie in Angriff genommen und mehr oder weniger überzeugend gelöst; aber es bleibt wegen der komplexen Natur derselben bei Teillösungen. Die zunehmende Fülle mehr oder weniger aufgeklärter ökologischer Einzelfälle verlangt nach Herausstellung allgemeinerer Gesetzmäßigkeiten, was nicht selten von Erfolg begleitet ist. Daneben steht die Warnung, längst anerkannte ökologische Lehrsätze nicht bedenkenlos anzuwenden und zu verallgemeinern. Das alles ergibt das Bild einer in vollem Fluß stehenden Disziplin. Man braucht beispielsweise nur das Buch von R. KNAPP durchzusehen, um sich ein Bild von dem Zustand der Ökologie machen zu können. Als erster Band einer experimentellen Soziologie der höheren Pflanzen befaßt es sich in diesem Sinne mit den Problemen der Konkurrenz (Einwirkung der Pflanzen aufeinander, Soziologie der aufwachsenden Bestände, gegenseitige Veränderung der Lebensbedingungen usw.) sowie mit der Soziologie der Keimung und dergleichen. Trotz des Umfanges von 200 Seiten auf Grund eines Literaturverzeichnisses von etwa 700 Titeln konnten wichtige Probleme mit umfangreichem Spezialschrifttum nur kurz behandelt werden, zum Teil fast nur in Form von Titelaufzählungen. Vieles ist in dieser Form erstmals zusammengetragen; aber die außerordentliche Lückenhaftigkeit unseres derzeitigen gesicherten Wissens drängt sich unmittelbar auf, auch die Überzeugung von Fortschrittsmöglichkeiten, oft mit verhältnismäßig einfachen Mitteln, und von der unbedingten Notwendigkeit, streng wissenschaftlich zu verfahren. Das klassische Buch von LUNDEGÅRDH über Klima und Boden in ihrer Einwirkung auf das Pflanzenleben bietet in neuer, vierter Auflage in glücklicher Weise ältere und neuere Ergebnisse auf manchen einschlägigen Gebieten.

Solange man — zweifellos zu Recht — der Selektion im Sinne DARWINS wesentliche Bedeutung bei der Phylogenie zuerkennt, solange sind ökologische Probleme für den Phylogenetiker wichtig. Aber die Ansichten stehen auch heute einander noch ziemlich schroff gegenüber. Viele experimentell orientierte Genetiker werden der Ansicht STEINERs zustimmen, daß die Häufigkeit und Art der Mutationen ausreiche, um durch ökologische Auslese zwischen Mutanten, deren Eigenart zunächst jenseits von gut und schlecht steht, die Phylogenie zu erklären. Die beobachteten mikroevolutionistischen Änderungen reichten aus; in etwa einer halben Million Jahren könnten Unterschiede von Artrang entstehen. Paläontologen sind hingegen nicht selten zur Auffassung geneigt, die bekannte Form der Mutationen und die Auslese genügten nicht. Man müsse, wie SCHINDEWOLF es fordert, mindestens für die Abzweigung von Gattungen und höherer Kategorien Großmutationen annehmen, besonders tiefgreifende Umänderungen in frühen Entwicklungsstadien. Der Zoologe RENSCH hält es nicht für erforderlich, für die tierische Makroevolution grundsätzlich andere Faktoren anzunehmen als für die Mikroevolution. Die sog. „explosiven" Zeiten der Phylogenie scheinen eher durch verschärfte Selektionswirkung im Gefolge starker Änderung der Umweltfaktoren zustande zu kommen als durch erhöhte Mutationsrate. Die bisherigen Befunde über Mikroevolution (Mutation und Selektion) ergäben manche Aussicht, auch die Makroevolution verständlich machen zu können. In dem originellen Buch von SCHARFETTER werden Ökologismen und ihre Überreste herangezogen, um den Werdegang der Pflanzensippen aufzuklären.

Die Ökologie soll nach STOCKER die Gesamtheit der wesentlichen Funktionen unter den Bedingungen des Standorts exakt erforschen. Dadurch ergibt sich ein Einblick in die spezifische Konstitution der Pflanzensippen und daraus die Möglichkeit, das Vorkommen an bestimmten Standorten zu erklären. In sehr eindrucksvoller Weise werden am Beispiel von Xerophyten bzw. Halophyten die überraschenden physiologischen Eigenheiten der einzelnen Arten geschildert (Assimilationsgang im Lauf des Tages und im Zusammenhang mit der Wasserversorgung usw.); Eigenheiten, die ökologisch entscheidend sind, die man aber nicht einfach ersehen kann, sondern die man experimentell erforschen muß.

Aus dem Gebiet der Pflanzensoziologie interessiert hier zunächst nur deren Einstellung zur Ökologie, in gewissem Sinne also zur kausalen Forschung. TÜXEN ist der Ansicht, daß sich durch genügend zahlreiche, sorgfältige Standortaufnahmen auch die feinsten Unterschiede auf kleinstem Raum nicht nur zwanglos und objektiv beschreiben, sondern auch kausal verstehen lassen. Die autökologische Untersuchung einzelner Arten ersetze die ökologische Auswertung der Assoziationen usw. nicht. ELLENBERG (3) bestreitet das nicht, meint aber — wohl mit eindeutiger Berechtigung —, die kausalökologische Fragestellung der Pflanzensoziologie könne durch Vergleich und ökologische Standortaufnahmen nicht hinreichend beantwortet werden. Er fordert daher experimentelle Untersuchung des Verhaltens der einzelnen Arten allein oder in Gemeinschaft mit anderen unter kontrollierten Bedingungen; er fordert das nicht nur, sondern er führt solche Untersuchungen auch eindrucksvoll durch (z. B. für *Bromus erectus* neben *Arrhenatherum*). Die Zusammenhänge zwischen Standort und Vegetation seien wesentlich komplizierter als Soziologen, Physiologen und viele Ökologen — man könnte hinzusetzen, auch manche Forstleute und Forstgenetiker — annehmen. Pflanzengemeinschaften sind [ELLENBERG (1)] weder Summen ihrer Teile noch echte Ganzheiten, keine Organismen oder Quasiorganismen, schon weil man sie aus ihren Teilen zusammensetzen kann. Es war dankenswert, das gegenüber phantasievollen und verworrenen Vorstellungen ausgesprochen zu haben. Pflanzenvereine sind [ELLEN-

BERG (4)] abstrakte Begriffe; die Einteilung darf nicht allzu schematisch nach dem gleichen Schema erfolgen. Sie befindet sich noch immer in vollem Fluß (vgl. z. B. OBERDORFER). Die Kausalanalyse, vom Einteilungsschematismus weitgehend unabhängig, kann und soll mit der deskriptiven Richtung zusammenarbeiten. Übrigens ist auch TÜXEN der Meinung, daß Pflanzengesellschaften verschiedenen Ranges keine ,,Organismen", auch nicht solche höherer Ordnung seien, wozu man wohl gerne beistimmen kann.

Als Mahnung an den experimentellen Ökologen kann auf die Arbeit von THOM hingewiesen werden, wonach man aus dem Verhalten von Bakterien und Pilzen auf Agarplatten nur mit großer Vorsicht auf das Verhalten am natürlichen Standort schließen kann.

Blütenbiologie.

Es kommt heutzutage selten vor, daß ein ganzes Buch den blütenbiologischen Verhältnissen eines großen, floristisch überaus mannigfaltigen Landes gewidmet werden kann. VOGEL hat die Ergebnisse einer einjährigen, speziell zu diesem Zweck unternommenen Forschungsreise durch Südafrika derart zusammengestellt; genauer gesagt, der eigentliche Zweck war, eine naturphilosophische Theorie zu illustrieren. Mit Nutzen und Freude kann man aus den zahlreichen Abbildungen (die Photos leider zum Teil technisch mangelhaft) wieder die ungeheure Mannigfaltigkeit zum Teil geradezu bizarrer Blütenformen, selbst innerhalb enger Verwandtschaftskreise, ersehen. Alle werden auch morphologisch kurz geschildert. Die allein behandelten zoophilen Typen werden in sechs Gruppen eingeteilt: Melittophile (Immenblumen), Psychophile (Tagfalterblumen), Sphingophile (Nachtschwärmerblumen), Phalenophile (Eulen-Mottenblumen), Myophile (Aasfliegen- und Kleinfliegenblumen) und Ornithophile (Vogelblumen). Daneben ist für viele Kleinbienen- und Schwebefliegenblumen charakteristisch der Filiformtyp, d. h. recht kleine Blüten werden an langen, dünnen und starren Stielen vorgestreckt. Beim Flimmerkörpertyp finden sich passiv (z. B. durch Luftzug) äußerst leicht bewegliche Anhänge verschiedenen morphologischen Werts (Trichome als gelenkig eingesetzte Wimpern usw.; bewegliche Unterlippen kleiner Orchideenblüten). Der Sterntyp ist für viele Blüten mit nächtlichen Besuchern charakteristisch; d. h. die vielstrahlige Form des Blütenumrisses weist die Besucher auf das Zentrum hin, während die Farbe nicht immer weiß oder auch nur hell ist. Bezüglich der Besucher wird auf die hohe Bedeutung der Vögel und den Mangel an Hummeln in Südafrika hingewiesen; ferner darauf, daß gewisse langrüsselige Dipteren ökologisch mit den Tagfaltern zusammenzuordnen sind, andere Dipteren- und Käfergruppen mit den Immen usw. Im einzelnen seien hervorgehoben die schöne Charakterisierung der Blüten des Wurzelparasiten *Hydnora* als myophile Kesselfallenblüten, die in manchen Gestaltungen stark an *Nepenthes*-Kannen erinnern; dann die Partialblütenstände der Proteacee *Mimetes Hartogii*, die als Pseudanthien äußerlich sehr an Lippenblüten erinnern, wobei das Tragblatt des nächsthöheren Partialblütenstandes als ,,Oberlippe" dient, und vieles andere mehr. Besonders wird betont, daß selbst innerhalb kleinster Verwandtschaftskreise (Gattungen und noch beschränktere Gruppen) oft eine außerordentliche Mannigfaltigkeit bezüglich der Zugehörigkeit zu den oben genannten biologischen Gruppen herrscht, z. B. bei *Mesembrianthemum* oder bei der Orchideengattung *Satyrium*, wo fünf oder alle sechs jener Gruppen vertreten sind. Für 104 niedere systematische Einheiten (meist Gattungen) aus 47 Phanerogamenfamilien wird das dargetan. Mit diesen zweifellos hochinteressanten Befunden kommen aber auch Bedenken gegen die Methode, die grundsätzlicher Natur sind und deshalb in aller Kürze vorgebracht werden müssen.

Der Verfasser hält alle älteren blütenbiologischen Einteilungen für unnatürlich und unzulänglich und ersetzt sie durch die oben genannte sechsgliederige Ordnung, deren Gruppen ,,Stile" genannt werden. Der Stiltypus, der mit dem Typus der Besucher in Beziehung steht und sich in einer Kombination charakteristischer Ausbildungen äußert, kommt als attributive Eigenschaft im Sinne einer ,,biologischen Konvergenz" (z. B. Aasfliegenblumen) zum Bauplan der Blüte(,,systematische Konvergenz") und deren ,,Gestalttyp", der eine ,,morphologische Konvergenz" bedeutet (z. B. Lippenblütenformen in ganz verschiedenen Verwandtschaftskreisen), hinzu. Die Kombinationsmöglichkeiten dieser drei Erscheinungen sind höchst mannigfach. Das Entscheidende ist nun, wie Verfasser selbst sagt, daß die oben genannten sechs Gruppen als Stile nicht etwa Abstraktionen menschlicher Ordnungstätigkeit innerhalb einer Mannigfaltigkeit sein sollen, sondern daß ,,die zoophilen Typen als solche real existieren". Sie sind im Sinne des philosophischen Nominalismus-Realismus-Gegensatzes nicht menschliche Behelfe, sondern wirkende Realitäten; vielleicht könnte man sagen, den ,,Ideen" bei Platon wesensverwandt. Die Bildung jener lippenblütenähnlichen Pseudanthien von *Mimetes* z. B. ,,kann nur, um an das Anliegen unserer Untersuchung überhaupt zu erinnern, unter der Hierarchie eines morphologisch-biologischen Prinzips, der blütenbiologischen Stilkonstante, geschehen sein". ,,Gleichviel aber, wie das Walten immaterieller Agentien und Bezüge im einzelnen auch aufgefaßt wird — es ist Ausdruck einer natürlichen objektiven Ordnung" und daher sind jene blütenbiologischen Gruppen auch natürlich. ,,Das ist für die Bewertung des ... speziellen Teiles von entscheidender Wichtigkeit." In diesem werden dann auch die Blüten auf Grund der aus der Gestaltung erschlossenen Typenzugehörigkeit den Gruppen zugeteilt, die doch schon dem Namen nach auch so etwas wie blütenökologische Gruppen sein sollten. Das Beobachtungsmaterial bezüglich der tatsächlichen Vorgänge, vor allem des Insektenbesuches und seiner Eigenarten, ist demgegenüber dürftig. Das ist aber für das Anliegen des Verfassers kein allzu großer Mangel (die ,,typologischen Ausprägungen" stehen ohnehin ,,zum Pollinationsmechanismus in keiner direkten Abhängigkeit"), wohl aber für manchen Blütenbiologen bzw. Blütenökologen. Doch wird dankenswerter Weise zugestanden, daß die vom Verfasser angewandte vergleichend-biologische Methode zwar eine in der Natur tatsächlich vorhandene Ordnung und weiterhin die Beziehungen zwischen Blume und Tier im einzelnen aufzudecken versucht, ,,ohne indessen den Versuch zu machen, diese Sachverhalte zu erklären". Das sei unmöglich. Darwinistische wie neolamarckistische Theorien werden abgelehnt; zugelassen nur eine Theorie, die in biologischen Konstanten von ,,Gestaltcharakter" ein übergeordnetes Prinzip anerkennt, das systematisch verschiedene Einheiten zu konvergenten Typenbildungen veranlaßt. Man muß sich wohl fragen, ob der Erkenntniswert des Verfahrens gegenüber seinen Gefahren groß genug ist. Mancher wird meinen, unsere Unkenntnis sei derart etwas zu billig behoben, bzw. zu fadenscheinig verschleiert. Von blütenbiologisch so wichtigen Dingen wie Selbstbestäubung, Selbststerilität, speziellem Farbensinn der Besucher usw. ist dabei kaum die Rede, Besucherstatistiken spielen keine Rolle. Die Gefahren dürften z. B. zu finden sein in Einstellungen wie diesen: Bei der *Hydnora*-Blüte werde ,,sicher" mit der Entlassung des Pollens ein rascher Turgorverlust der Kesselwand einhergehen und dergleichen. Oder: Auf Grund von Herbarmaterial waren von 230 *Erica*-Arten 145 als immenblütig, 70 als vogelblütig und 15 als falter- bzw. schwärmerblütig zu erkennen. Viele Erfahrungen auf diesem und anderen Gebieten sollten da eine Warnung sein. Trotz alledem muß man dem Verfasser Dank sagen; Morphologie und Philosophie kann man in reichem Maße bei ihm finden, freilich anscheinend wenig Begeisterung. Wem Dinge wie DACQUÉS Zeitsignaturen und WOLTERECKS Beziehungsgefüge etwas Wesentliches besagen, dem wird das Buch, das gewiß auch blütenbiologische Belange durchaus fördert, noch mehr Vergnügen machen als den anderen.

VAN DER PIJL legt am Beispiel javanischer Blüten, besonders Fliegenblumen, dar, daß weder die Lehre vom Gestalttypus nach TROLL noch die einfache Leugnung wesentlicher blütenökologischer Funktionen dieser oder jener Gestaltung befriedigen kann, sondern erst die Funktionsprüfung unter Beachtung der Sinnesphysiologie der Besucher.

Unter den Untersuchungen, die sich mit dem Verhalten blütenbesuchender Insekten befassen, ragen immer noch die Arbeiten von K. v. FRISCH und seiner Schule hervor, die planvoll fortgesetzt werden und immer wieder erstaunliche Ergebnisse liefern. Die merkwürdige Fähigkeit der Bienen, sich auch bei geschlossener Wolkendecke offensichtlich nach dem Sonnenstand zu orientieren, beruht auf ihrer Fähigkeit, ultraviolette Strahlen (3000—4000 ÅE) wahrzunehmen (v. FRISCH). Nachdem schon bekannt war, daß auch die Polarisationsrichtung des Lichtes zur Orientierung ausgenutzt wird, zeigte nun LINDAUER, daß die Bienen sogar „wissen", wie sich diese im Laufe des Tages verändert und sich danach verhalten; auch bei jenen Tänzen, die der Belehrung der Stockgenossen dienen. So ist nach v. FRISCH und LINDAUER der blaue Himmel für die Bienen auch dann geradezu mit einem Koordinatensystem aus verschiedenwertigen Planquadraten bedeckt, wenn die Sonne selbst unsichtbar ist, wenn sie z. B. hinter einem Berg steht. Aber die Bienen orientieren sich nicht nur nach Merkzeichen vom Himmel her, sondern auch terrestrische Merkmale können eine Rolle spielen. Freilich ein einzelner großer Baum, z. B. auf einem Wiesengelände, genügt nicht, auch nicht eine größere, isolierte Baumgruppe. Wenn jedoch auffällige Gebilde (Waldrand, Straße, Ufer u. dgl.) Start und Ziel einigermaßen kontinuierlich verbinden, so orientieren sich die Bienen auch danach. Bei alledem kommen noch innere Kräfte, die man als Gedächtnis, Zeitsinn usw. bezeichnen könnte, mit in Betracht. Für die ökologische Bewertung der Bestäubung durch Bienen sind die Ergebnisse von DRÜSEDAU bemerkenswert. Bienen verweilen bei ihren Flügen nicht selten ziemlich lang in recht engen Bezirken. Wenn innerhalb solcher, wie das oft der Fall ist, nur ein bestimmter Biotyp einer Pflanzenart allein oder überwiegend vorhanden ist, so wird durch das Zusammenwirken beider Erscheinungen die Panmixis innerhalb der Pflanzenart beschränkt, wie sich aus genetischen Untersuchungen ergab. Daß unter Umständen auch Hummeln als Bestäuber von Kulturpflanzen von Bedeutung sind, zeigt sich wieder durch den Befund, daß die Baumwolle in Oklahoma nach THIES hauptsächlich von drei Hummelarten bestäubt wird.

Die blütenbiologische Bedeutung der Blütenfarben ist längst experimentell gesichert. SEYBOLD weist darauf hin, daß die Farbe der Blütenblätter physiologisch ein Durchgangsstadium in einem fortlaufenden

Prozeß sei, der in manchem mit dem Farbwechsel der Laubblätter, einschließlich Herbstverfärbung, zu vergleichen sei; freilich mit Eigenarten, wie dem frühzeitigen Auftreten von Carotinoiden in den Chloroplasten. Im einzelnen schildert unabhängig davon JOSHI, wie bei der *Solanacee Brugmansia aurea* in den jungen Blüten die üblichen Blattfarbstoffe vorhanden seien, wie dann in den lebhaft orange werdenden Blüten das Chlorophyll hinter der Zunahme der Carotinoide zurücktrete und wie schließlich in den Epidermiszellen große Mengen von Carotinoiden und zahlreiche rote Kristallnadeln sich finden. Wesentliche neue Befunde erhob LEX durch den Beweis, daß Farbmale in Blüten fast stets auch Duftmale sind, d. h. daß abweichend gefärbte Flächen auch abweichend oder intensiver duften, meist beides. Doch fallen die Grenzen von Farb- und Duftmal nicht immer zusammen; farblich komplizierte Blüten sind auch bezüglich der dufttragenden Bezirke gewöhnlich kompliziert. Nektarien sind nicht immer auch Träger des Geruchs. Es gibt Blüten ohne Farbmale, aber mit Duftmalen, die oft besonders im Blütengrund auftreten. Die zunächst anthropomorph erhobenen Ergebnisse konnten an acht geprüften Arten auch mit der Methode der Geruchsdressur von Bienen bestätigt werden. Bei *Aesculus* fallen Farbumschlag, Aufhören der Nektarproduktion und Änderung der Duftqualität zeitlich zusammen. Es besteht kein Zweifel, daß die Duftmale als Wegweiser dienen; mindestens bei Bienen ist die Lage der Geruchswerkzeuge dafür geeignet.

Alles, was man über Nektarproduktion derzeit weiß, hat BEUTLER schön zusammengefaßt. Die Nektarproduktion z. B. von Rapsfeldern ist aber auch ein wirtschaftlich nicht belangloses Faktum. SCHÖNTAG zeigte, daß durch künstliche Düngung zwar die Nektarproduktion der einzelnen Blüte kaum verändert wird, daß aber die Gesamtproduktion wegen der Erhöhung der Blütenzahl stark ansteigt, oft auf ein Vielfaches.

Problematisch bleibt der Mechanismus der von Blütenbiologen oft zu wenig beachteten, ökologisch so wichtigen Selbststerilität. Fast mit Bedauern muß man vernehmen, daß die schöne Theorie von MOEWUS für *Forsythia* (vgl. Fortschr. Bot. 15, 151), die bereits in die populäre Literatur übergegangen ist, nach ESSER und STRAUB nicht zutrifft. Die sog. Immunitätstheorie der Selbststerilität hat manches für sich; aber „die physiologischen Grundlagen der Selbststerilität sind größtenteils noch ungeklärt". Es sieht fast so aus, als ob die Aufklärung Ergebnisse von sehr allgemeinem biologischen Interesse zeitigen könnte. Immerhin sprechen neue Befunde von EUE für die Gültigkeit der Immunitätstheorie von STRAUB, wenn auch der Verfasser meint, es sei unsicher, ob die physiologischen Grundlagen immer gleichheitlich seien. Nirgends ist die Selbststerilität praktisch wichtiger als im Obstbau. LEWIS und CROWE führen die Selbststerilität zurück auf eine Gruppe von Allelen, unter deren Wirkung Hemmstoffe für das Pollenschlauchwachstum entstehen. Sie erzeugten mehr oder weniger selbstfertile Biotypen im Bereich der *Rosaceen*-Obstbäume, indem sie durch Röntgenstrahlen Verlustmutanten hervorriefen, die einzelne jener Hemmstoffe nicht enthielten. Man braucht dann in Obstplantagen keine besonderen ,,Bestäuber" mehr. Selbstfertilität ist auch wirtschaftlich wichtig, weil die Bienen oft weitgehend im Bereich der einzelnen Krone verbleiben, so daß hinreichende Fremdbestäubung nicht genügend sicher gewährleistet erscheint.

Im allgemeinen stark selbststeril sind nach NIELSEN und SCHAFFALITZKY DE MUCKADELL auch unsere Buchen. Die weiblichen Blüten sind fertig kurz nach Laubaustrieb, die männlichen kurz nach dessen Vollendung. Der Grad der Metandrie ist witterungsabhängig. Es gibt aber stark protandrische Individuen. Die weiblichen Blüten sind etwa 2 Wochen lang befruchtungsfähig. Einzelne Individuen sind relativ gut selbstfertil; alle mehr oder minder parthenokarp. Nebenbei bemerkt, ließ sich der Bastard *Fagus silvatica* × *orientalis* leicht herstellen, nicht hingegen der reziproke.

Bei *Fraxinus excelsior* fand auch JENSEN im wesentlichen Diöcie, aber auch wenige männliche Blüten auf weiblichen Exemplaren, fast nie das umgekehrte Verhalten. ROHMEDER stellte im Verlauf seiner vor allem praktischen Zwecken gewidmeten Untersuchungen individuellgenetische Verschiedenheit im Zapfen- bzw. Samenertrag verschiedener Bäume fest. Der spezifisch verschiedene Anteil von Voll- bzw. Hohlkorn bei Nadelbäumen weist auf innerlich bedingte Verschiedenheit der Befruchtungsbereitschaft hin; ferner ist die Zahl der Samenanlagen auch in gleich großen Zapfen verschieden.

Der Grund, warum die bekannte ostasiatische Zierpflanze *Dicentra spectabilis* bei uns kaum je Samen ansetzt, ist nach L. MÜLLER nicht sicher bekannt. Vielleicht fehlen die geeigneten Bestäuber. Der Blütenbau, der in neuartiger Weise auch unter Zuhilfenahme von Röntgenphotographien geschildert wird, ist nämlich recht eigenartig. Die vorderen, löffelförmigen Teile der inneren Perianthblätter (Kapuzenblätter) sind an einem passiven Gelenk eingefügt und umschließen Staubgefäße und Narben. Der Pollen wird frühzeitig in der Kapuze abgelagert. Nur durch Betätigung der Kapuzengelenke wird der legitime Weg zu den Nektarien freigelegt.

Die phylogenetisch so problematische Zweckmäßigkeit einer Blütengestaltung, die auf einer ganzen Reihe spezifischer, von der Norm abweichender Ausbildungen beruht, hebt TRAPP für *Incarvillea* wieder hervor. Dorsiventrale *Bignoniaceen*-Blüten mit einem Dornfortsatz auf der Antherenwand (ähnliches auch bei einzelnen *Labiaten*) geben bei Insektenbesuch den Pollen nach Art einer Schüttel- oder Streuvorrichtung frei. Bei *Incarvillea* drückt indessen das besuchende Insekt unmittelbar auf den Dorn, worauf sich die Theken öffnen und das Insekt mit Pollen beladen wird. Sehr eigenartige Verhältnisse fand PORSCH bei *Polygonum bistorta*. Die komplizierten ährigen Gesamtblütenstände senden einen starken Caprylgeruch nur solange aus, als wenigstens einzelne der protandrischen Blüten sich noch im ersten Anthesestadium befinden; vielleicht ist der frische Pollen Träger des Geruches. Geruchswirkung fehlt also gegen Ende der Anthesezeit;

optische Wirkung mag sie dann z. B. für Schmetterlinge ersetzen. Die Duftwirkung scheint auf Käfer berechnet zu sein, wie am Standort nachgewiesen werden konnte. Pollengeruch, oft von Amincharakter, ist anscheinend weit verbreitet (z. B. *Cornus* und *Viburnum*), sein Chemismus noch wenig bekannt. Es ist vielleicht bedeutsam, daß die ältesten, noch heute lebenden Blütenpflanzen durch Pollengeruch ausgezeichnet sind, die *Cycadeen*. Nur die männlichen Blütenzapfen besitzen einen penetranten Geruch, der Rüsselkäfer anlockt.

Pollenkörner gehören nach HODGKINS zu den hitzeresistentesten Pflanzenzellen. Er fand *Pinus*-Pollen nach eintägiger Behandlung mit 67—69° noch gut lebensfähig. Das ist mehr, als ökologisch zu fordern wäre. Die Flugweite von Pollen Windblütiger mag sehr groß sein; aber wie sehr die Pollendichte mit der Entfernung abnimmt, ist wiederholt und neuestens von DELLINGHAUSEN für *Betula* dargetan worden.

Die Physiologie der Blütenbildung gehört nur am Rande in den Bereich der Blütenbiologie im üblichen Sinn. Es ist aber ökologisch nicht unwichtig, daß die Neigung zu blühen individuell recht verschieden sein kann. NAUNDORF fand Kakaobäume, die nie blühten; pfropfte er auf sie Rindenstücke, die mindestens *einen* Büschel von Blütenknospen enthalten, so blühen sie in weniger als einem Jahr. Die übertragenen Blütenknospen werden dabei sehr lange im Aufblühen gehemmt. Wie Zerstörung von Sproßspitzen zuweilen die Anlage von Blüten an diesem Sproß und nur an diesem fördert, schildert PALHINHA. Auch in der Natur ist die Blühneigung stark beeinflußbar. CURTIS fand in Wiskonsin an verschiedenen Standorten im Laufe der Jahre trotz gleichbleibender Pflanzenzahl die Anzahl der Blüten von *Cypripedium*-Arten sehr verschieden. Maxima treten in etwa 3—4jährigem Rhythmus auf, bei verschiedenen Arten aber nicht synchron, auch nicht parallel mit der vegetativen Entwicklung. Ähnliche, noch weit heftigere Ausschläge, deren Grund man nicht hinreichend kennt, sind übrigens für andere *Orchideen* aus anderen Ländern wohlbekannt. Die *Orchidee Phalaenopsis Schilleriana* (Philippinen) kommt im Tropenklima von Buitenzorg nach DE VRIES trotz sehr gutem vegetativem Wachstum nicht zur Blüte, wenn die Nachttemperatur nicht unter 21° gesenkt wird; erst, wenn einige Wochen lang derart erniedrigte Nachttemperaturen eingewirkt haben, wird Blütenbildung induziert, die dann bei hoher Temperatur weiterverläuft.

Vermehrung, Verbreitung.

Bei nicht wenigen Pflanzen werden sehr zahlreiche Vermehrungseinheiten gebildet, die aber nur zum äußerst geringen Teil ihren „Zweck" erfüllen. Ein einziger Fruchtstand von *Orchis* enthält nach BURGEFF 30000—100000 Samen. *Pteris* erzeugt ungeheure Mengen von Sporen; aber nur selten findet man nach CONWAY Prothallien bzw. Jungpflanzen, massenhaft nur unter besonderen Bedingungen, wie gelegentlich auf den Bombenflächen englischer Städte. Sporen und Prothallien werden in großen Mengen durch *Collembolen* und andere Kleintiere und von Pilzen zerstört. Bei den höheren *Hymenomyceten* werden Sporen in gewaltiger Anzahl gebildet; daß sie künstlich schlecht oder gar nicht keimen, weiß man längst; daß das auch in der Natur der Fall sein muß, ergibt der Augenschein. (Man darf nicht verallgemeinern. Für den *Ascomyceten Podospora* z. B. weist RIZET nach, daß dauernde vegetative Vermehrung nicht möglich ist; die Vitalität nimmt allmählich ab und erlischt schließlich ganz.) Früher versuchte man, meist mit geringem Erfolg, durch Zusatz von Hefen oder chitinzerstörenden Bakterien das Keimprozent zu heben. GEHRING zeigt nun, daß beim Kulturchampignon *Psalliota bispora* die Keimung an sich schon in Wasser gut erfolgt, wobei das Alter der Sporen keine große Bedeutung hat. Bei den schlecht keimenden Sporen von 20 Pilzarten (*Amanita, Russula, Boletus, Lactarius*) half der Zusatz verschiedener chitinabbauender Bakterien gar nichts, ebensowenig Vitamin B, Ascorbinsäure usw.; auch nicht Fruchtkörperextrakt, Bodenauszug, Sauerstoffentzug, Kältewirkung usw. Das Problem ist ungelöst. Man muß bedenken, daß BURGEFF auch Orchideensamen erst nach monatelangem Auswaschen überhaupt zur Keimung bringen konnte. Die Samen von *Potamogeton natans* keimen weit besser, wenn das Fruchtfleisch entfernt wird und wenn eine mehrstündige Wärmebehandlung bei 41—42° vorhergeht (LOHAMMAR). Das entspricht genau jenen Verhältnissen, wenn die Samen durch den Verdauungstraktus von Enten hindurchgehen. Aber Behandlung mit Speichel, verdünnter Salzsäure, Salzsäurepepsin, Na_2CO_3-Pankreatin allein war nur in engen Grenzen förderlich. In längerer Winterruhe reifen die Samen nach und keimen dann leichter. Wurde das alles beachtet, so ließen sich innerhalb eines Jahres bis zu 90% der sonst schwer keimenden Samen zum Keimen bringen, wenn man also die Verhältnisse in der Natur nachahmte. *Pot. lucens* verhält sich grundsätzlich ähnlich.

BRODIE und GREGORY zeigen, wie die Soredien von *Cladonien* durch Luftzug leicht aus den trichterförmigen Behältern herausgeblasen werden können. Es sollen Doppelwirbel entstehen. Doch erscheint letzteres etwas zweifelhaft. Nach ULBRICH spielen bei der Verbreitung der mitteleuropäischen *Cladonien* (65 Arten) die Ascosporen anscheinend keine Rolle, bei etwa der Hälfte wenigstens die Soredien; bei den anderen einfach Thallusbruchstücke.

Die Schwierigkeiten der Vermehrung durch Samen bei *Larix laricina*, einer wichtigen Pionierart im nördlichen Nordamerika, besonders auf Moorboden, schildert DUNCAN. Ein acre (= 0,4 ha) guten Bestandes kann zwar 1—2 Millionen Samen erzeugen. Aber ein erheblicher Teil davon wird schon am Baum durch Insektenlarven zerstört, ein weiterer am Boden (besonders nacktem Mineralboden) durch Nagetiere usw. aufgefressen. Schätzungsweise kommen bei einer natürlichen Keimfähigkeit von etwa 50% nur 4—5% wirklich zur Keimung. Besonders die Feuchtigkeitsverhältnisse sind dabei wichtig. Der größte Teil der Keimlinge geht frühzeitig durch Trockenheit oder Überschwemmung, Lichtmangel usw. zugrunde. so daß am Ende des dritten Sommers nur noch etwa 3% übrigbleiben; in gut bestockten Beständen erreicht kaum einer das 6. Lebensjahr.

In Südwesttexas überdauern die *Opuntia*-Arten nach ANTHONY extreme Trockenzeiten besser in Halbwüsten als in Grassteppen. Die vegetative Vermehrung erscheint geeigneter als die generative; denn die empfindlichen Jugendstadien fallen weg und im Grasland wird die rasche Besetzung von Lücken erleichtert. Infolge der meist vegetativen Vermehrung bleiben Bastarde usw. erhalten. An Arealgrenzen ist die Schwierigkeit, Samen in genügender Zahl zu erzeugen, neben den Gefahren des Keimlingsalters, oft entscheidend. Sowohl an der Tundragrenze, an der freilich oft ausgedehnte Entwaldung durch den Menschen beachtet werden muß, ist das der Fall (TICHOMIROW), wie an der Trockengrenze in den Gebirgen Afghanistans (NEUBAUER). Die Konkurrenz spielt dann im letzteren Fall keine Rolle mehr, nur die zufällige Gunst des Keimungsortes neben der Samenzahl. Sehr leicht wird die Möglichkeit genügenden Ersatzes nicht mehr erreicht, z. B. nach Kahlschlag aus beiden Gründen. Waldzerstörung mit schlimmer Auswirkung kann nur allzu leicht die fast irreversible Folge sein. Im Piedmontgebiet von USA erfolgt, freilich unter weniger extremen Bedingungen, ähnliches. Die Verteilung der dort einheimischen *Quercus*-Arten wird nicht zuletzt durch die Widerstandskraft der Sämlinge usw. gegen Trockenheit bzw. Schatten bestimmt (BOURDEAU).

Für den ökologischen Wert der Fortpflanzungseinheiten sind unter anderem das relative Gewicht, das Alter und manchmal auch die Auffälligkeit wichtig. Bei *Pinus silvestris* ist nach SIMAK in den schwereren Zapfen nicht nur die Samenzahl, sondern meist auch das mittlere Samengewicht größer, erstere schwankt freilich auch in gleich schweren Zapfen erheblich. Bei relativ geringer Samenzahl ist das Samengewicht erhöht. SCHWEMMLE säte Samen einer *Oenothera*-Art aus, die 8 bzw. nur 1 Jahr alt waren. Erstere keimten zwar zu 74% und auch fast ebenso rasch wie die letzteren aus, ergaben aber wesentlich kleinere Pflanzen mit kürzeren Blütenblättern bzw. Blütenröhren. Es ist beachtlich, daß erstere Eigenheit bei einer Sippe oft zum Nachweis von plasmatischen Unterschieden verwandt wird. Nach MILDBRAED sind die leuchtendroten Samen in den aufgesprungenen Kapseln von *Paeonia corallina* keineswegs, wie meist angegeben, Durchgangsstadien zu den schließlich blauschwarzen reifen Samen, sondern sterile „Schausamen", nach dem Prinzip der Arbeitsteilung von vornherein dazu bestimmt. In nicht wenigen Fällen wächst der Kelch postfloral weiter und übernimmt, mit außerordentlicher Mannigfaltigkeit im einzelnen, Aufgaben der Fruchtwand und dient verbreitungsökologischen Zwecken, wie STOPP schilderte. Auf verbreitungshemmende Einrichtungen in Xerophytengebieten (besonders Südafrika) wird hingewiesen. Der rote Farbstoff im Arillus von *Taxus* kann nach Beobachtungen von VÖLKER in die Vogelfedern übergehen und diese färben. Ob das in der Natur irgendeine Bedeutung hat, ist gänzlich fraglich.

Eine reiche Fülle von Angaben, zum Teil nach eigenen Untersuchungen über die Soziologie der Samenkeimung, stellt das dankenswerte Buch von R. KNAPP über die experimentelle Soziologie der höheren Pflanzen zusammen, in dieser Art wohl erstmals in neuerer Zeit. Es sei auf dasselbe statt einzelner Mitteilungen aus dem Inhalt mit Nachdruck hingewiesen.

Das Endergebnis der Ausbreitungskraft einer Pflanzenart im Zusammenwirken mit den Außenfaktoren sind die Areale der Pflanzen, die in langen Zeiträumen entstanden. (Über Arealkunde einschließlich ökologischer Probleme berichtet ausgezeichnet H. WALTER (2) in seinem Lehrbuch der Phytologie.) Historische Momente müssen berücksichtigt werden. LI HUI LIN meint, die Areale der Nadelhölzer ließen sich doch am besten auf Grund der Kontinentverschiebungstheorie in der modifizierten Form von DU TOIT erklären. MERXMÜLLER und POELT kommen bei der Betrachtung der Verteilung gewisser höherer wie niederer Pflanzen der Alpen, besonders der Nivalflora, zu der Ansicht, die Wanderungsfähigkeit bzw. Wanderungsgeschwindigkeit von Pflanzenarten werde bei derlei Betrachtungen ad hoc oftmals sehr überschätzt. Die angestellten Überlegungen sind als Warnung zur Vorsicht sicherlich verdienstvoll, auch dann, wenn die Begründung naturgemäß zum Teil stark hypothetisch bleiben muß.

Ökologische Unterschiede auf kleinem Raum.

An den Grenzen pflanzlichen Lebens entscheiden kleine Unterschiede über Sein oder Nichtsein. Auf Granitfelsen in Westafrika fand ZEHNDER zwar eine ähnliche epilithische Vegetation wie bei uns; die Gesteinstemperaturen sind auch im allgemeinen nicht wesentlich höher. Auf der trocken-sonnigen Seite herrschen Flechten vor, auf der absonnigen und im Urwald Algen, in der Savanne nur in Form von „Tintenstrichen". Besonders am letzteren Ort kann der Taufall entscheidend sein. Die nivale Flora der Alpen zählt nach MERXMÜLLER und POELT mindestens 500 Flechten- und Moosarten, zum großen Teil spezifisch angepaßte. Die hohe Zahl wird weniger verwunderlich, wenn, wie früher schon SIPLE fand, auch auf den Nunatakkern der Antarktis trotz der großen Trockenheit noch auf 86° Süd eine ganze Reihe von Flechten auftritt. In den Hochlagen der Alpen ist die Möglichkeit des Vorkommens nicht nur durch das sog. „Klima" bedingt, sondern auch durch das Substrat und seine Zufälligkeiten. Die Artenzahl epipetrischer Flechten wächst sofort ansehnlich an Orten mit besserer Stickstoffversorgung, wie LYNGE das früher schon auf Vogelfelsen auf Nowaja Semlja gefunden hatte.

Auf die oft außerordentlichen Unterschiede im Waldboden auf kleinstem Raum weisen BIRCH und CLARK besonders hinsichtlich der dadurch bedingten, so wichtigen Bodenfauna hin; sie geben diesbezüglich eine Übersicht über die Tiere, welche Pflanzensubstanz abbauen bzw. die abbauenden niederen Pflanzen auffressen. CLAUSEN zeigt die kleinareale Verteilung der Lebermoose Dänemarks auf, bedingt in erster Linie durch die Austrocknungsresistenz der einzelnen Arten. „Mikrokosmen" (Zwergbiotope) entstehen nach JANNASCH an anorganischen und Detritusteilchen, welche im Meerwasser flottieren. Durch Adsorption gelöster Stoffe an deren Oberfläche entstehen in spezifischer Weise dort Nährstoffkonzentrationen, welche Bakterienwachstum usw. erlauben, während das freie, flüssige Medium daran zu arm ist. Diese

Aufwuchsgesellschaften sind auch deshalb spezifisch, weil die Adsorptionskräfte auch über das Verbleiben oder Abwandern der Stoffwechselendprodukte entscheiden.

Nach RUNE scheint Vorkommen und Begrenzung der Serpentinpflanzen direkt durch den Gehalt an Schwermetall bedingt zu sein; nicht irgendwie indirekt, wie man zuweilen annahm.

In vollem Gegensatz zu eng begrenzter Verbreitung kommen, wie man schon lange weiß, viele Mikroorganismen, mindestens geographisch betrachtet, weltweit vor. Besonders interessante Ergebnisse lieferten noch im Gang befindliche Untersuchungen von HARDER und seiner Schule. HARDER fand, daß in der Subarktis (Lappland, Spitzbergen) im Boden natürlicher Formationen die niederen *Phycomyceten* zwar in geringerer Artenzahl und geringerer Dichte auftreten als in der gemäßigten Zone oder gar in den Tropen; aber es sind die gleichen Gattungen, zum Teil sogar die gleichen Arten. GÄRTNER gibt Einzelheiten dazu, mit ähnlichem Ergebnis, und fand an natürlichen afrikanischen Standorten mehr Arten und größere Häufigkeit als in vom Menschen beeinflußten Gebieten. THROWER untersuchte den Boden im xerophytischen Buschwald von Victoria (Australien). Sie isolierte 115 Pilzarten, von welchen 52 sowohl in der Rhizosphäre wie im freien Boden vorkommen, 25 in letzterem allein, 27 nur in der Rhizosphäre. Aber, soweit ersichtlich, handelt es sich überwiegend um bekannte Arten, welche auch in Europa vorkommen. MCLENNAN und DUCKER untersuchten, gleichfalls in Victoria, ähnliche Formationen mit Podsolsandboden und Ortsteinschicht. Entgegen oft gesehenem Verhalten nimmt die Pilzflora mit der Tiefe qualitativ und quantitativ kaum ab, in Zusammenhang mit dem Gehalt des Ortsteins an organischen Substanzen. Die wohlbekannte *Mortierella Ramanniana* war in allen Schichten der häufigste Pilz, *Penicillium* die dominierende Gattung. Abgesehen von einigen *Aspergillus*-Arten sind alle der 107 isolierten Pilzarten schon von der nördlichen Halbkugel bekannt, also offenbar Kosmopoliten.

,,Unterschiede auf kleinstem Raum" sind auch innerhalb einer Pflanze vorhanden, z. B. innerhalb einer Buchenkrone, wie PISEK und TRANQUILLINI sehr schön aufzeigten. Auch die äußeren, stark besonnten Kronenteile können hohe Lichtintensitäten (über 20000 Lux) nicht mehr ausnutzen. Durch Hydraturverlust, Stomataverschluß usw. vermindert sich der Ertrag der Assimilation, wozu gesteigerter Atmungsverlust, der bis zur Hälfte der photosynthetischen Leistung ansteigen kann, kommt. Der Lichtkompensationspunkt liegt bei Schattenblättern, z. B. im Kroneninnern, viel tiefer; sie nutzen das schwache Licht ausgezeichnet aus und arbeiten überall, wo sie überhaupt vorhanden sind, noch mit Gewinn. Bei guter Wasserversorgung sind im Wipfel die Stomata weniger weit geöffnet als an der Kronenbasis, wodurch die assimilatorische Leistung der Wipfelregion beeinträchtigt wird. Letztere wird aber dafür bei Anspannung der Wasserbilanz weniger herabgesetzt. Die relative Assimilationsleistung sinkt spätestens zur Zeit der ersten Nachtfröste, während z. B. die Fichte noch bis zum Eintritt starker und anhaltender Kälte (und kurz danach) mit erheblichem Stoffgewinn arbeitet. Bei anhaltendem Frost entsteht Unterbilanz, weil die Assimilation mit Temperaturabnahme rascher zurückgeht als die Atmung. Jedenfalls verursacht nicht die Kürze der Belichtungszeit allein den Rückgang der Bruttoerzeugung; die innere Stimmung ist mitbeteiligt.

Konkurrenz.

Über die hohe Bedeutung der Konkurrenz, einem nur zu leicht übersehenen Standortfaktor, gibt das Buch von KNAPP Aufschluß. Auch ELLENBERG (3) betont sie. Ihre Wirkung hängt sehr stark von der Artenzahl einer Gemeinschaft ab. Im tropischen Regenwald rechnet man mit etwa 60—100 Baumarten je Hektar. PIRES, DOBZHANSKY und BLACK fanden auf 3,5 ha 1482 Bäume, die 179 Arten angehören. Da dabei 45 Arten immer noch in nur 1 Exemplar vertreten waren, mögen auf der ganzen Fläche wohl 250 Arten vorhanden sein. LAMPRECHT, der eine neue Aufnahmemethode für tropische Waldbestände vorlegt, fand, daß im artenreichen Tropenwald mindestens die häufigen Baumarten immerhin eine deutliche Neigung zu horst- und truppweisem Vorkommen aufweisen. An der Grenze lichter Trockenwälder hört hingegen die Konkurrenz weitgehend auf (NEUBAUER).

DROZZIN meint, einen erfolgreichen Kampf ums Dasein zwischen Individuen der gleichen Art gebe es nur in Grenzen; gegebenenfalls würden alle Individuen schwach und kümmerlich. (Ähnliches kennt man übrigens auch von Dickungen junger Fichten, im Gegensatz zu anderen Baumarten.) Erfolgreicher Daseinskampf spiele erst in gemischten Gesellschaften eine bedeutende Rolle.

Nach RABOTNOV und ALMAZOVA beruht bei jungen Pflanzen in Wiesenbeständen der Daseinskampf weniger im Kampf ums Licht, als in Wurzelkonkurrenz. MICHAEL und BERGMANN beweisen, daß wohl der wichtigste, das Wurzelwachstum hemmende Faktor der Gehalt des Bodens an CO_2 sei. Jede Art, es zu entfernen, wirkt fördernd. Die meisten anderen Bodenfaktoren seien von geringerer Bedeutung, wirkten auch zum Teil über Einfluß auf den CO_2-Gehalt.

Unsere Anschauungen über ein altes Problem, das von der Wurzelverwachsung der Waldbäume, hat YLI-VAKKURI endlich auf sichere Basis gestellt. In älteren Kiefernbeständen steht etwa ein Viertel der Bäume mit anderen durch Wurzelverwachsungen in organischer Verbindung. Besonders groß ist die Zahl in Beständen aus dichten Saaten. Auch bei älteren Bäumen können Gruppen bis zu zehn Stück derart miteinander verbunden sein. Wasser und Nährsalze können von einem Baum auf den anderen übergehen; Stubben gefällter Stämme können jahrzehntelang lebend und in gewissem Wachstum erhalten werden. Bei Bäumen mit längst abgestorbener Krone kann das sekundäre Dickenwachstum an der Basis noch lange andauern.

Symbiosen.

Eine Übersicht über den gegenwärtigen Stand des immer noch in vielem unerforschten Mycorrhizaproblems verdankt man HARLEY (1), während der jüngst verstorbene Altmeister der Pilzphysiologie R. FALCK die Ansichten darüber, zu denen er im Laufe von Jahrzehnten kam, noch zusammenfassen konnte. Er hebt den Charakter der Mycotrophie als partieller Heterotrophie auf Kosten des Bodenhumus hervor. MELIN, der Meister auf dem Gebiet der Baummycorrhizen, kam ein Stück weiter in unerschlossene Gebiete. Mögen sich die Wurzelpilze der Baumarten in Reinkultur auch noch so verschieden verhalten, irgendwie müssen sie doch physiologisch übereinstimmen. Sie dürften alle mehr oder minder heterotroph bezüglich einzelner Wuchsstoffe sein; sie werden alle durch kleine Gaben von Aminosäuren, bald diesen, bald jenen, stark gefördert usw. Aber es scheint, daß weder Mangel an B-Vitaminen noch Aminosäuren die Pilze den Anschluß an die Baumwurzeln suchen läßt. Den Pilzkulturen zugefügte Kieferwurzelstücke können den Bedarf an diesen Stoffen nicht decken, sie fördern aber stark durch chemisch noch unbekannte Stoffe, anscheinend den Pilzen fehlende Wuchsstoffe. Diese sind interessanterweise in gewisser Beziehung wenig spezifisch; denn z. B. in Tomatenwurzeln sind sie ebenfalls vorhanden.

Die Physiologie der Mycorrhiza erforschten HARLEY und seine Oxforder Schule. HARLEY (2) fand, daß auch bei der Buche, wie für Nadelbäume bereits bekannt, stärkste Mycorrhizaausbildung stattfindet bei schlechter Versorgung mit Mineralstoffen und guten Assimilationsbedingungen; die Wachstumsintensität des Baumes ist dann gering. Pilzbesetzte Wurzeln nehmen Salze rascher auf als unverpilzte; Aufnahme bzw. Weiterleitung der Ionen ist mindestens teilweise aktiv, d. h. hängt von der Lebenstätigkeit der Zellen ab. HARLEY und BRIERLEY weisen das im einzelnen für die Phosphoraufnahme der Buchenmycorrhiza nach, WILSON für Alkaliionen.

BURGEFF, dem wir weitgehend unsere heutige Kenntnisse über die Mycorrhiza der *Orchideen* und damit die Kulturmöglichkeit der epiphytischen Orchideen verdanken, ist nun auch die Anzucht einheimischer Bodenorchideen gelungen. Die Verpflanzung von Knollen hatte wenig Erfolg. Man könnte denken, die natürliche Begleitflora sei in spezifischer Weise wichtig für die Orchideen und ihre Wurzelpilze; das ist indessen nicht der Fall. Verpflanzung mit ausgestochenen Bodenzylindern läßt sich durchführen; aus der Tatsache, daß Keimlinge auch nach längerer Zeit nur unfern davon entstehen, folgt, daß der Pilz sich nur langsam im Boden ausbreitet. Nach langen Bemühungen gelang dann die Aufzucht, zunächst von *Orchis mascula* und *militaris*. Aus Samen, die 2—3 Monate gewässert wurden, entstanden in einem Gemisch aus zerkleinertem Stroh und *Polypodium*, das sich über feuchten Sand in einem Glaskolben befand und vom Wurzelpilz durchsetzt war, reichlich Sämlinge. Umlegen auf neues derartiges Substrat erwies sich als sehr förderlich. Die Sämlinge entwickelten sich dann in perforierten Töpfen, die, von verpilzter Laubstreu umgeben, in größeren Töpfen standen, gut und kamen als große, kräftige Pflanzen im Alter von 5—6 Jahren zur Blüte. Das war damit erstmals und zwar mit vollem Erfolg erreicht. Übrigens ließen sich in solchen Töpfen auch viele andere Erdorchideen gut kultivieren. Es ist für so spezifisch veranlagte Pflanzen sehr bemerkenswert, daß manche dieser Erdorchideen nicht in den natürlichen Pflanzenvereinen, sondern in vom Menschen veränderten zu Massenentwicklung kommen. Aber Eingriffe wie starke Mineraldüngung vernichten sie. Übrigens hat MEYER neuerdings wieder, wie früher schon BURGEFF, RENNER u. a., bei verschiedenen einheimischen Orchideen (*Epipactis, Cephalanthera*) vollblühende Exemplare mit weißen, höchstens rotüberlaufenen, oft stark verschmälerten Blättern gefunden, die also holosaprophytisch sein müssen.

Neue Arbeiten beschäftigen sich wieder mit der Verbreitung der Mycorrhiza. Es handelt sich oft um phycomycetoide endotrophe, bei *Solanum* stark intracellulare Mycorrhiza, gebildet durch anscheinend recht ähnliche Pilze, vom Charakter eines schwachen Parasitismus. Zu solchen Ansichten kam auch WINTER für viele verschiedenartige Kulturpflanzen, bei denen derartige Wurzelverpilzungen recht häufig sind Für *Fragaria* gibt MOSSE eine *Endogonee* als Partner an. Stein- und Kernobstbäume haben nach OTTO meist endotrophe Wurzelverpilzung, die anscheinend ziemlich harmlos ist. Außenmyzel ist kaum vorhanden; in die Zellen treten oft nur Haustorien ein, wenn man freilich auch nicht selten vielgewundene Hyphen und auch Arbuskelbildungen findet. Der Befund, daß auf bodenmüden Flächen die Mycorrhiza besonders stark entwickelt ist, legt den Gedanken an Beteiligung bei der Erscheinung der Bodenmüdigkeit nahe. Übrigens fand auch WINTER ein Ansteigen in Böden ohne Fruchtwechsel.

Auch die Physiologie der Symbionten in den Leguminosenknöllchen ist noch in vielem unerforscht. Das Auftreten von Hämoglobin in letzteren, seit anderthalb Jahrzehnten bekannt, wird von EGLE und MUNDING zusammenfassend unter Einschluß eigener Ergebnisse besprochen. Es gibt wohl Hinweise, daß es an der N-Assimilation beteiligt ist, aber keine Beweise dafür. Vielleicht ist es, möglicherweise in irgendeiner Beziehung zur N-Assimilation, auch nur ein sog. sekundärer Pflanzenstoff. In den Knöllchen der Erle tritt es jedenfalls nicht auf. IZRAILSKIJ meint, im Entwicklungsgang von *Rhizobium* gebe es filtrierbare Formen bzw. Stadien, mit merkwürdigen Entwicklungseigenschaften. Der Befund könnte für die Einwanderungsgeschichte von Bedeutung sein. Nach NUTMAN beruht die schwache Wirksamkeit, insbesondere die geringe N-Assimilation, von *Rhizobium trifolii* bei manchen Rotkleestämmen auf rezessiven Mendelfaktoren der letzteren.

SCHNEIDER fand gewisse Rassen des Kornkäfers *Calandra* frei von den üblichen symbiontischen Darmbakterien. Sie stammen aus warmen Ländern. Bei Züchtung in hoher Temperatur (35°) verschwanden die Bakterien aus normalen Zuchtstämmen. Ähnlich blieb nach HUGER der „Getreidekapuziner" *Rhizopertha* bei 38° symbiontenfrei. Doch erfolgte die Ausbildung der Mycetome auch ohne Anwesenheit der Symbionten. Deren Fehlen führt zu keinen Ausfallserscheinungen. Der Schwellenwert der Degeneration der Symbionten liegt mit 34° auffallend tief, tiefer als das Optimum der Fortpflanzungsgeschwindigkeit des tropischen Käfers. Nach PUCHTA degeneriert die Kleiderlaus *Pediculus vestimenti* ohne Symbionten, die ihr wohl Wuchsstoffe zuführen. Im Leben der Termiten spielen die Pilzgärten bei der Ernährung (auch der Jugendstadien) nicht immer eine große Rolle, mögen sie auch als Vitaminlieferanten von gewisser, von Art zu Art verschiedener Bedeutung sein. Vieles sei noch unerforscht, fügt NOIROT hinzu.

An der hohen ökologischen Bedeutung des Einflusses von Förderungs- bzw. Hemmstoffen ist kaum zu zweifeln; aber nur weniges ist mit Sicherheit bekannt. Wenn nach KÜHLWEIN und ZOBERST der holz- zerstörende Pilz *Merulius lacrymans* (Hausschwamm) völlig aneurin- heterotroph ist, so muß er diesen Wuchsstoff zugeführt bekommen. Nach PROVASOLI und PINTNER ist bei flagellaten Algen Bedarf an Wuchs- und Wirkstoffen weit verbreitet und diese Tatsache vielleicht ökologisch wichtiger als man gemeinhin annimmt. Es ist bekannt, daß Blau- und Grünalgen sich manchmal gegenseitig fördern, aber auch durch Anti- biotica reziprok hemmen, während Grünalgen meist gut nebeneinander wachsen. Die Blaualge *Anabaena* verdrängt oft die meisten Grünalgen (POSPISIL). In Mischkulturen beeinflussen *Streptomyceten* manche Pilze wie *Aspergillus* wenig; andere, schnellwachsende Arten unterdrücken sogar zunächst die *Streptomyceten*, welche aber mit der Zeit immer aggressiver werden. Bei langsam wachsenden Pilzen besteht zunächst eine Art Gleichgewicht, das aber ebenfalls später in Schädigung der Pilze übergeht [REHM (2)]. Dreiviertel der untersuchten *Streptomyces*- Stämme hemmten antagonistisch wenigstens einige der 26 untersuchten Bodenbakterienarten. Antibiotica, von *Streptomyceten* erzeugt, hemmen Pilze oft noch in sehr großer Verdünnung, im allgemeinen Imperfecte mehr als *Phycomyceten* [REHM (3)]. Nach GUNDERSEN wird im Gegen- satz zu früheren Vermutungen die Nitrifikation durch *Nitrosomonas* durch die Anwesenheit heterotropher Bodenbakterien (drei verschiedene Stämme untersucht) nicht wesentlich beeinflußt. Wie kompliziert schon im Experiment die Verhältnisse liegen, geht aus Befunden von RENNERFELT und PARIS hervor. Der sehr aktive Baumschädling *Poly- porus annosus* hemmt bei gemeinsamer Kultur Bakterien und andere Pilze nur wenig, wird sogar von ihnen unter Umständen gehemmt, wenigstens bei einer Temperatur von 22°. Bei 12° aber ist es häufig gerade umgekehrt; eine deutliche Warnung, das Ergebnis einzelner physiologischer Untersuchungen vorschnell ökologisch auszuwerten. Einzelheiten der Wirkungsketten sind bei fast allen solchen Beziehungen noch wenig erforscht. UMBREIT bezweifelt mit Recht, daß z. B. die antibakterielle Wirkung vieler Stoffe auf einem einheitlichen Mechanis- mus beruht, etwa nach Art der Sulfonamide auf Lahmlegung der eigenen Wirkstoffe. Warum hemmen manche die Bakterienzellen stark, die tierischen Zellen nicht? Penicillin hemmt wahrscheinlich die Anfangs- stadien des Aufbaues von Nucleinsäuren; Streptomycin dringt nicht durch die Wände tierischer Zellen ein bzw. nicht in die Mitochondrien usw. Wir stehen da noch am Anfang. OPPERMANN und KAWE fanden im Boden vor einem Riesenhexenring von *Clitocybe gigantea* etwa 8 Millionen Bakterien je Gramm Boden, im Ring bei etwas angesäuertem Boden 4 Millionen, hinter dem Ring 6 Millionen.

Indische Forscher fanden in Blütenpflanzen hochwirksame Stoffe. DAS und Mitarbeiter gewannen aus den Wurzeln von *Moringa pterygo-*

sperma eine antibiotische Substanz, die Mäuse gegen *Micrococcus pyogenes aureus* weitgehend immun macht. Sie ist chemisch bereits gut bekannt. Ausschweifende Phantasie könnte an solches umfassende ökologische Ausblicke anschließen. NARASIMHA und Mitarbeiter fanden in Samenschalen von *Garcinia morella* ein Antibioticum von ganz anderem chemischen Aufbau. DELEUIL gibt an, daß die Wurzeln gewisser Blütenpflanzen toxische Stoffe ausscheiden. Vergesellschaftet damit können Arten auftreten, die im Sinne der Immunitätstheorie spezifische Antitoxine in ihren Wurzeln bilden, die jene Toxine entgiften. Auch darauf könnten ungehemmte Spekulationen aufbauen. Übrigens weist EBERHARDT nach, daß gewisse cumarinartige Substanzen von den lebenden Zellen der Wurzeln von *Avena* ausgeschieden werden, nicht aus den absterbenden Wurzelhaarzellen stammen. Nach BUBLITZ können Stoffe, die im Auszug von Fichtenstreu vorhanden sind, hemmend sowohl auf Keimlinge wie Bakterien wirken. Letzteres könnte die Rohumusbildung fördern. Anscheinend sind es die gleichen Stoffe, die beides vermögen.

Was die Flechten (*Lichenen*) anbetrifft, so zweifelt heutzutage niemand mehr an der symbiontischen Doppelnatur derselben. Aber TOBLER warnt nochmals und nicht ohne Grund, die Lehrbuchtheorie der Flechtenphysiologie ungehemmt zu verallgemeinern. Eine Übersicht über die Geschichte der Flechtenforschung, insbesondere hinsichtlich tropischer Formen, legt MATTICK vor; eine recht interessante Zusammenstellung über die Verwendung der Flechten in alter und neuer Zeit stammt von ADE.

Im einzelnen berichten BRODIE und GREGORY sowie ULBRICH über die Verbreitung der Soredien von *Cladonien*; darüber ist schon im Abschnitt „Verbreitung" einiges gesagt. Über die physiologische Ökologie der Flechten hat BUTIN gearbeitet. Benetzbare Flechten gleichen ihren Wassergehalt im Gegensatz zu unbenetzbaren rasch an die herrschende Dampfspannung der Luft an und können nach Erreichung des Gleichgewichts noch erhebliche Mengen flüssigen Wassers aufnehmen. Nach der Lage des Kompensationspunktes gibt es Licht- und Schattenflechten. Bei geringer Lichtintensität liegt der Feuchtigkeitskompensationspunkt bei höherer Wassersättigung. Das thermische Optimum der apparenten Assimilation liegt um so niedriger, je mehr sich der Lichtfaktor oder die Hydratur dem Minimum nähern. Nach nächtlichem Taufall stehen den Rindenflechten etwa 2—4 Morgenstunden für apparente Assimilation zur Verfügung, worauf die fortschreitende Austrocknung hemmend eingreift, falls nicht Nebel das Austrocknen verzögert und die Assimilationszeit verlängert. Bei der Erdflechte *Peltigera praetexta* liegt der Lichtkompensationspunkt wesentlich höher als bei Rindenflechten; die Intensität der Photosynthese wird am natürlichen Standort überwiegend durch den Hydraturgrad bestimmt. Bestimmte Flechten, wie *Biatora lucida*, sind an dauernd sehr hohe Luftfeuchtigkeit angepaßt. Im ganzen ist bei Flechten apparente Assimilation erst von einem gewissen Wassergehalt an möglich. Dieses Ergebnis deckt sich mit früheren Befunden von STOCKER im Laboratorium, von NEUBAUER am Standort usw. Die Zeiten mit Assimilationsüberschuß sind deshalb beschränkt auf jene Zeiteinheiten, in denen die Außenumstände, besonders der Wassergehalt, das Ausmaß der Photosynthese über das der gleichfalls von den Außenbedingungen abhängigen Atmung erheben. Abweichend von früheren Angaben steigt bei Flechten die Assimilation bis zu voller Wassersättigung an. Willkommene weitere Befunde erhob ENSGRABER. Bei *Parmelia physodes* (Rindenflechte) erfolgt nach 12tägiger Austrocknung bei Befeuchtung die Restitution der Assimilation ziemlich schnell. Trocken- und Feuchtzustand entsprechen offensichtlich verschiedenen Plasmazuständen, die zum Übergang Zeit erfordern. Während der Restitution nach Trockenheit ist z. B. die Atmung kurzfristig stark erhöht. Mit den Flechten wird das Verhalten des habituell ähnlichen thallosen Lebermooses *Conocephalus (Fegatella) conicus* verglichen. Es ist sowohl gegen Austrocknung wie Wasserübersättigung sehr empfindlich. Antrocknungsperioden wirken in tagelangen Restitutionsphasen nach, verschiedenartig nach Dauer und Ausmaß der Austrocknung. Auch hier wird nach Anfeuchten die Atmung stark erhöht. Es ist bezeichnend und kausal-ökologisch interessant, wie sich grob-äußerlich ähnliche, nicht verwandte Organismen physiologisch ganz verschieden verhalten.

Nach SCHADE ist *Letharia vulpina*, die besonders auf der Borke von Nadelhölzern auftritt, vor allem durch ihren hohen Gehalt an Vulpinsäure für höher organisierte Fleischfresser sehr giftig. Wenn solche der Flechte nachstellen würden, so würde man darin einen schönen Fall eines Ökologismus mit naturphilosophischer Auswertungsmöglichkeit sehen. Ob die Vulpinsäure für Schnecken und Gliedertiere giftig ist, läßt sich nicht auffällig ersehen, ist aber im einzelnen noch unbekannt.

Parasiten.

Virus und Viruskrankheiten, diese noch sehr jungen Problemkreise, beschäftigen intensiv nicht nur den Human- und Tierarzt im weitesten Sinn des Wortes, sondern auch den Pflanzenpathologen. Es ist hier nicht der Ort, auf die vielen Arbeiten rein physiologischen oder chemischen Inhaltes einzugehen; wohl aber mag ein Überblick über den gegenwärtigen Stand in ökologischer Sicht angebracht sein, wobei ein eben erschienener Band des bekannten Handbuches der Pflanzenkrankheiten (SORAUER) über Viruskrankheiten der Pflanzen zugrunde gelegt ist. Eindrucksvoll ist schon der erste Anblick: 770 Seiten ohne überflüssige Ausführlichkeit, ohne allzuviel Eingehen auf Mechanismus bzw. Theorie! In Abb. 1 die Stäbchen des klassischen Tabakmosaikvirus in voller plastischer Klarheit bei 27000facher Vergrößerung! Wer hätte vor einem halben Menschenalter von beidem etwas geahnt? Die Verbreitung von Viruskrankheiten bei wildwachsenden Pflanzen ist noch unsicher bekannt, zumal man darüber für niedere Pflanzen noch sehr wenig weiß; aber sie scheinen weiter verbreitet zu sein als man derzeit weiß. Besonders krautige Pflanzen werden befallen, vor allem die meisten Kulturpflanzen; während bei Forstbäumen, mindestens der nördlich gemäßigten Zone (abgesehen von *Ulmus*), Virosen ,,anscheinend nicht vorkommen" und bei Nadelbäumen, überhaupt *Gymnospermen*, bislang ganz fehlen. Der wirtschaftliche Schaden dürfte ungefähr ebenso groß sein wie der durch Pilzkrankheiten, ist aber durch seinen schleichenden Charakter, meist ohne explosive Entfaltung, zunächst oft weniger auffallend; hernach manchmal umso mehr. Bei der Kartoffel kann man durchschnittlich mit 20% Viroseverlust rechnen. Bei Kulturpflanzen sind Virosen in der ganzen Welt in zum Teil besorgniserregender Weise in Zunahme, wobei der gesteigerte Verkehr (Verschleppung der Viren mit den Wirtspflanzen oder den tierischen Überträgern) ebenso bedeutsam ist, wie die Kultur an neuen Standorten und dergleichen. Im einzelnen sei nur (nach BLATTNY und Mitarbeitern) auf die als „Stolbur" bezeichnete Virose kurz eingegangen. Gefährlich für *Solanaceen* (Tomate, Tabak, Kartoffel usw.), kommt sie besonders im Weinbauklima vor, an Wildpflanzen besonders bei *Compositen* und vor allem *Convolvulus arvensis*. Letztere Art ist eine wichtige Herdpflanze auch noch für allerlei andere Virosen (für Wein, Zuckerrübe usw.). Ob irgendwo die Stolburvirose beheimatet ist, kann man am Befall von *Convolvulus* ersehen. Als Überträger wirkt vor allem die Zikade *Hyalesthes obsoletus*.

Katastrophen durch Schädlinge können die Zusammensetzung der Wälder wesentlich mitbestimmen, meint WOODS, und weist dabei wieder auf das Aussterben von *Castanea dentata* durch die aus Ostasien eingeschleppte *Endothia* hin. Aber zur Zeit ist auch ein Buchenschädling in USA in Ausbreitung begriffen. Der Mensch ist dabei nicht schuldlos, kann aber durch naturgemäßen Waldaufbau und Wahl geeigneter, immuner Arten vieles mäßigen oder verhindern. Die große Zahl tierischer und pflanzlicher Schädlinge unserer mitteleuropäischen Waldbäume und der eingeführten Arten stellt HENNIG zusammen; es ist ersichtlich, daß Gefahren vorliegen, daß man deren Ausmaß aber nicht zu überschätzen braucht, besonders wenn man die Sachlage genügend kennt. In Schweden z. B. verursacht *Polyporus* (*Fomes*) *annosus* in den Fichtenwäldern nach RENNERFELT einen Schaden von 20—30% des Ertrages. Der Befall ist zwar stark unter verschiedenen Standortbedingungen. Aber wenn auf früherem Heideboden zwei Drittel der etwa 60jährigen Fichten befallen sind, so sind es auf guten Standorten nur 5%. Die Kiefer hingegen, die im Gegensatz zur Fichte im Alter resistenter ist, wird nur unter besonderen Bedingungen (Heide- und Ackerboden) stark befallen. Die Art der Primärinfektion ist wenig erforscht. Ausbreitung durch Wurzelverwachsungen scheint bedeutungsvoll. Abhängigkeit vom Jahresklima und dem dadurch bedingten physiologischen Zustand ist ersichtlich. In alten Beständen von *Pseudotsuga* in Britisch-Columbien beträgt nach THOMAS und THOMAS der Anteil an verfaultem Holz nur wenige Prozent, obwohl 25 verschiedene holzzerstörende Pilzarten nachgewiesen wurden, darunter *Fomes pini* als die verbreitetste. Die Infektion durch Aststummel ist wirtschaftlich gefährlicher als die offenbar nicht seltene Wurzelinfektion. Auf alle Fälle wird es für die Waldwirtschaft der Zukunft wesentlich sein, auf die außerordentliche Bedeutung der Resistenz gegen Schädlinge verschiedener Art noch mehr zu achten als bisher. Sie ist auch innerhalb enger Verwandtschaftskreise recht verschieden, leider noch wenig erforscht und züchterisch schwierig.

Beispiele dafür, besonders für *Larix* und *Pseudotsuga*, gibt in einem sehr beachtlichen Aufsatz SYRACH-LARSEN. Daneben muß selbstverständlich auf geeigneten Standort geachtet werden. VITÉ fand *Larix leptolepis* im Gegensatz zu *L. europaea* gegenüber dem Blasenfuß, einem in neuerer Zeit zum Teil verheerend auftretenden Schädling, ziemlich immun, während sich die Bastarde nicht eindeutig verhielten. Nach PASSARGE kommt der Kiefernbaumschwamm *Trametes pini* in Mitteldeutschland (nordöstlich Magdeburg) auf den armen, trockenen Sanden des natürlichen Kiefern-Mischwaldgebiets nur geringfügig vor, auf den natürlicherweise kiefernfreien reicheren, grundwassernahen Böden aber sehr stark. Grund: Weitringiger Holzbau besonders in der Jugend, schlechtere Astreinigung und damit leichtere Infektionsmöglichkeit. Auch die Stockfäule durch *Sparassis* erreicht ihr Maximum außerhalb des natürlichen Kiefernareals.

Ausgehend von der Beobachtung, daß die Träger von epiphytischen Blütenpflanzen (Orchideen, Farne) oft stark unter diesen leiden, ja sogar zerstört werden können (Epiphytosis), kommt RUINEN auf Grund mannigfacher Beobachtungen zu der Annahme, daß die Mycorrhizasymbionten der Epiphyten auf den Epiphytenträger übergehen können und dort als Parasiten wirken.

Ein unter Verfärbung erfolgendes Fichtensterben, das BJÖRKMAN beobachtete, war leicht zu beheben. Es beruhte auf zu geringer Acidität des angewandten Ackerbodens und ungünstigem Kationenverhältnis in demselben. Die Holzzerstörung durch Pilze, wie sie im geschlagenen Buchenholz im Gefolge des Verstockens eintritt, erfolgt nach MAYER-WEGELIN zwar durch verschiedene Pilze; aber der Schaden, ausweislich der Prüfung der mechanisch-technischen Holzeigenschaften, hängt wesentlich nur von dem Ausmaß des Befalls, kaum von der wirkenden Pilzart ab. Der Abbau scheint also gleichartig zu verlaufen.

Von welchen Feinheiten der Infektionserfolg abhängen kann, zeigt VANDERWALLE. Gleichmäßige Infektion durch *Ustilago nuda* war nicht einmal innerhalb *einer* Getreideähre zu erreichen. Der individuelle physiologische Zustand der einzelnen Blüten bzw. Blütenorgane wird dafür verantwortlich gemacht. YARWOOD fand, daß Befallstellen von *Uromyces phaseoli* auf *Phaseolus*-Blättern das Blattgewebe auf etwa 5 cm Entfernung immunisieren. Ein anscheinend von den Sporen selbst erzeugtes Gas könnte dabei von Bedeutung sein.

Nach BUHR wird die gegen Kartoffelkäfer immune Tabaksorte Samsun bei Pfropfung auf Kartoffel voll anfällig; gegen gewisse Blattminierer widerstandsfähige Tabaksorten werden auf Kartoffel angenommen. Die heteroplastische Pfropfung ändert also das Verhalten wesentlich. Von drei typischen Parasiten des Goldregens (zwei Minierfliegen und ein Kleinschmetterling) meiden die beiden erstgenannten *Cytisus*-Arten. Die Epidermis von *Cytisus purpureus* der entsprechenden Mantelchimäre stört alle drei nicht. DEUFEL fand, daß die Sklerotien von *Claviceps purpureus* auf tetraploidem Roggen dreimal so schwer werden als auf diploidem.

Tumorbildung durch *Pseudomonas tumefaciens* konnte TAMM auf 150 von fast 400 Pflanzenarten erzielen, ohne daß damit der Immunitätsbeweis für den Rest erbracht wäre. Bakterienvermehrung ohne Tumorbildung kommt vor; antibiotische Stoffe im Preßsaft von *Tropaeolum* verhindern hingegen die Tumorbildung an dieser Pflanze nicht. Nach WARTENBERG entstehen die Gallenwucherungen durch die Apfelblutlaus *Eriosoma lanigera* nicht, wie man in solchen Fällen wohl annahm, durch Wuchshormone, die das Galltier ausscheidet. Sie entstehen nämlich nur, wenn das Cambium in eigener Tätigkeit begriffen, also mit pflanzeneigenem Wuchsstoff versorgt ist. Die vom Galltier beigebrachten Stoffe wirken nur modifizierend, im Sinne einer Entdifferenzierung, ungeregelter Wucherung statt geregelter Cambiumtätigkeit. Der Erreger der infektiösen Tomatenwelkekrankheit *Fusarium lycopersici* bildet neben anderen toxischen Stoffen Fusarinsäure, die Nekrosen der Blattspreiten hervorruft. Sie hemmt auch die Atmung, wobei der Atmungskoeffizient aber gleich 1 bleibt (NAEF-ROTH und REUSSER). Sowohl Welketoxine wie Antibiotica stören in pflanzlichen Zellen die selektive Permeabilität der Plasmagrenzschichten. Pyramidon wirkt bei Warmblütern hingegen capillardichtend, also permeabilitätsvermindernd. Bei Pflanzen (Tomatensprossen) erwies sich Pyramidon diesbezüglich als wenig wirksam, rief aber eine vorübergehende Saugkrafterhöhung hervor, merkwürdigerweise größenordnungsmäßig im gleichen Konzentrationsbereich wie die Wirkung beim Menschen. Auf die Zellen der Roten Rübe (*Beta vulgaris rubra*) wirkt Pyramidon sogar als ausgesprochenes Plasmagift permeabilitätssteigernd (GÄUMANN; GÄUMANN und Mitarbeiter).

Streptomyces-Arten sind gegen *Fusarien* antibiotisch wirksam. REHM (1) fand ein Drittel der untersuchten *Streptomyces*-Stämme wirksam gegen Fusarien, die Keimung und Jugendentwicklung von Roggen schwer schädigen. Also versah er Roggensaatgut mit wirksamen *Streptomyceten*, mit dem Erfolg, daß das Keimprozent erheblich anstieg und der Befallschaden auf ein Drittel zurückging. Eine seit 10 Jahren beobachtete, zum Teil verheerend wirkende *Fusarien*-Krankheit der kultivierten *Cyclamen*-Formen ist interessanterweise beschränkt auf den Formenkreis des *Cycl. persicum*, innerhalb dessen aber alle Primitiv- und Kulturformen anfällig sind. Die Übertragung erfolgt mit der Erde; die Bekämpfung ist nicht ganz leicht (GERLACH).

Wie wirken Insecticide auf die Pflanze selbst? BRUHIN und WANNER beobachteten, daß Dimetan und Pyrolan (beide Urethanderivate) durch Wurzeln und Blätter aufgenommen werden und durch den Wasserstrom in alle Pflanzenteile gelangen. Sie rufen in Wurzelmeristemen allerlei Chromosomen- und Genomabnormitäten hervor, können in höherer Konzentration die Zellteilungen sogar völlig hemmen. Die Wirkung ist bei den praktisch angewandten Methoden und Konzentrationen aber nur vorübergehend.

KLOFT (2) setzte Blattläuse (*Myzus padellus*) auf Zweige von *Prunus padus*, worauf die Wasseraufnahme schockartig sank, doch nur kurzfristig. Die Transpirationswerte fallen, zuweilen nach kurzfristigem

Anstieg. Nach einigen Stunden werden die Ausgangswerte annähernd wieder erreicht. Es scheint sich um Kombinationswirkung zu handeln: Flüssigkeitsaufnahme der Läuse, toxische Wirkung des Läusespeichels, wodurch vermutlich auf dem Weg über Herabsetzung der Plasmapermeabilität für Wasser die Wasserabgabe gedrosselt wird. Da anscheinend die Speichelproduktion mit der Errichtung der Siebröhren aufhört, ist der Effekt nur vorübergehend. Anhangsweise sei auf eine originelle Arbeit von PENDLETON und GRUNDMANN hingewiesen. Sie machten durch Einführung des Isotops P^{32} eine stark verlauste Distel radioaktiv und konnten nun radiometrisch das genaue Verhalten der Läuse samt ihrer Ameisengäste, ihrer Aphidenfeinde usw. qualitativ und quantitativ in hochinteressanter Weise studieren. Fliegen, die Blüten besuchen, waren schon vor der Entfaltung radioaktiv geworden, weil sie sich zunächst mit dem ,,Honigtau" der Läuse befaßt hatten.

Einige Arbeiten befassen sich mit den phanerogamen Parasiten. VARESCHI und PANNIER stellten fest, daß die Transpirationsgröße semiparasitischer *Phoradendron*-Arten stets viel höher lag als die der verschiedenen Wirtsarten. ZIETZ konnte *Cuscuta Gronovii* in Wasserkultur (mit Rohrzucker) bis zur Blüte bringen. Die Samen keimen ohne Wirtspflanzen leicht und bilden ,,Haustorien" in starkem Licht schon sehr frühzeitig, besonders nach Dekapitierung, aber nur wenn die Achse mit feuchtem Fließpapier in Berührung kam. Nach Dekapitierung bilden sich Haustorien auch im Dunkeln. Nach NARASIMHAN und THIRUMALACHAR kommt in Indien (Bihar) eine *Sclerotinia*-Krankheit auf *Orobanche cernua* weit verbreitet vor, die eine Naßfäule des Blütenstandes herbeiführt. Die Wirtspflanzen (Tomaten, Senf usw.) werden weder natürlicherweise befallen, noch lassen sie sich künstlich infizieren. FUCHS und BEISS wiesen nach, daß Virus der Rübengelbsucht durch *Cuscuta Gronovii* von einer Wirtspflanze auf die andere übertragen werden kann, ein sehr bemerkenswerter Befund.

Einige besondere Anpassungen; Rassenunterschiede.

Es zeigt sich immer mehr, daß nicht wenige Pflanzen noch weit feiner an die Lebensverhältnisse ihres Standortes angepaßt sind, als man das oft glaubte. Es handelt sich dabei häufig nicht um jene am grünen Tisch dekretierten ,,Anpassungen", sondern um äußerlich zuweilen gar nicht ohne weiteres ersichtliche, ökologisch um so wichtigere Eigenheiten. PISEK hat nachgewiesen, daß es unter den Alpenpflanzen sowohl Arten mit im wesentlichen induzierter Frosthärte gibt (z. B. *Rhododendron*), aber auch solche mit innerlich festgelegtem Rhythmus der Frosthärte (Nadelhölzer, *Loiseleuria*). Aber der Zuckergehalt hat dabei wenig Bedeutung, was man früher manchmal annahm. Zwischen Frost- und Trockenresistenz bestehen wohl mancherlei Parallelen; aber die Mechanismen sind doch verschieden.

Nach LARCHER beruht die hohe winterliche Frosthärte bei immergrünen Blättern von nordmediterranen Pflanzen nicht auf höherem osmotischem Wert, sondern auf plasmatischer Resistenz. Endogene Neigung dazu ist deutlich; man kann sie nicht beliebig induzieren. Im ganzen also ähnliche Befunde wie bei Alpenpflanzen. Wie weit der von RODIN beobachtete, mit den Niederschlägen zusammenhängende Rhythmus in tropischen Wäldern auch innerlich festgelegt ist, entzieht sich noch genügender Kenntnis. Besonders deutlich tritt das Angepaßtsein im photoperiodischen Verhalten von Bäumen hervor, auf das man erst vor kurzem aufmerksam wurde. PAULEY und PERRY fanden in Vergleichszuchten die Länge der Wachstumsperiode verschiedener, aus verschiedenen Breitengraden bzw. Höhenlagen stammender Klone von nordamerikanischen Pappelarten ungleich lang und konnten nicht nur Anpassung an die verschiedene Länge der frostfreien Zeit des Herkunftsortes nachweisen, sondern auch die genetische Verankerung. Eine große Zahl von Genen scheint dabei beteiligt zu sein, zum Teil auf dem Weg über die photoperiodische Einstellung. Bastarde verhalten sich intermediär. Zu grundsätzlich ähnlichen Ergebnissen kam VAARTAIA für Waldbäume Finnlands, wohl alle wichtigen derselben. Er meint auch, das nicht selten beobachtete schlechte Gedeihen von Forstbäumen aus anderen geographischen Breiten könne mitbedingt sein durch ungeeigneten photoperiodischen Rhythmus. WETTSTEIN fand bei *Betula verrucosa* rassische Verschiedenheiten hinsichtlich des photoperiodischen und thermischen Verhaltens und der Kronenausbildung von Jugend an. Auch durch Bodenverhältnisse, besonders extreme, können Baumrassen nach Ansicht von WILDE „naturgezüchtet" sein. *Betula kirghisiorum* ist ein spezieller Genotyp für salzreiche Standorte. Sehr dankenswert erscheint sein Hinweis, daß in den Komplex Boden-Baumwachstum auch das Mycorrhizaproblem wesentlich eingehe. Ob Eigenheiten wie die genotypische Schmalkronigkeit und Feinästigkeit der wirtschaftlich berühmten Kiefern von Selb (Nordbayern) (SCHÖPF) größere ökologische Bedeutung haben, steht dahin. Vielleicht ist die frühe Astreinigung der raschwüchsigen und feinästigen Sippe mit Rücksicht auf Infektionsmöglichkeiten von Bedeutung. Es dauert auch bei ihnen ohnehin etwa 20 Jahre, bis 1 cm dicke Astreste völlig überwallt sind. Einen Überblick über Rassenunterschiede bei Waldbäumen gibt der jüngst verstorbene Altmeister HOLGER JENSEN. Die Neigung, Wasserreiser zu bilden, dürfte nach seinen Erfahrungen ebenfalls rassisch verschieden sein. MAYER (in MAYER und PLOCHMANN) findet die phänotypische Gestaltung von Lärchen im Berchtesgadener Land (bayerische Ostalpen) recht verschieden an den subalpinen, mehr kontinental getönten Fichten-Lärchenstandorten und in den montanen, mehr ozeanisch getönten Buchengesellschaften. Der forstliche Wert dieser höchstwahrscheinlich auch genetisch differenten Rassen ist wesentlich verschieden. In Amerika haben MIROV, DAFFIELD und LIDDICOET Rassenverschiedenheiten bei *Pinus ponderosa* in den verschiedenen Höhenlagen (50—2100 m) nachgewiesen. Rassen aus Höhen zwischen 500—1000 m wiesen an allen Versuchsorten, die in verschiedenen Höhen lagen, das größte Längenwachstum auf.

Nach GUSTAFSSON verhalten sich verschiedene Biotypen einer Gerstenmutante bezüglich ökologischer Eigenschaften wie Standfestigkeit, besonders nach erhöhter Stickstoffgabe, so verschieden, daß sie, trotz ihrer nahen Verwandtschaft, als recht verschiedenartige Ökotypen angesehen werden müssen.

Besonders interessant ist das ökologische Verhalten von Bastarden. In Kalifornien kommt nach DOBSHANSKY *Arctostaphylos mariposa* zwischen 800 und 2000 m vor, *A. patula* zwischen 1500 und 2400 m. Der Bastard erscheint besonders zwischen 1500 und 2000 m. Eltern und Bastarde haben etwas verschiedene Standortansprüche. Zahlreiche intermediäre Übergangsformen zwischen zwei *Eucalyptus*-Arten, die bei benachbartem Vorkommen auftreten, sind nach CLIFFORD zweifellos hybridogen; was, nebenbei bemerkt, bei unseren Eichen und Birken nicht so ist. Asiatische *Castanea*-Arten sind im Gegensatz zur amerikanischen *C. dentata*, die jener bekannten *Endothia*-Katastrophe nach Einschleppung des Pilzes aus Ostasien in der Heimat zum Opfer fiel, weitgehend immun. Die Bastarde sind meist hinreichend immun, aber nur zum Teil forstlich befriedigend (CLAPPER).

MANTON, die die Hälfte aller Farnarten Ceylons daraufhin untersuchte, fand bei ihnen mehr Polyploide und höhere Polyploidiestufen als in England. In Mitteleuropa sei nur das frühe Postglazial für die Erhaltung neuer Typen relativ begünstigt gewesen; sonst hätte wenig Aussicht auf Erhaltung bestanden. In Ceylon seien die Verhältnisse dafür durch die dichte Vegetation, das schnelle Wachstum, die große Mannigfaltigkeit der Pflanzenvereine, Erosionslücken usw. günstiger gewesen.

Anhangsweise sei auf das merkwürdige ökologische Verhalten des immergrünen Strauches *Phillyrea* der Mittelmeerländer hingewiesen. Im Gegensatz zu anderen immergrünen Arten wird nach OPPENHEIMER die Transpiration auch im Sommer nicht durch Stomataverschluß eingeschränkt; die Hydratur geht stark zurück, der osmotische Wert steigt. Erst gegen Mitte der Vegetationszeit werden bei dieser Gattung nach MARANO die weitesten Tracheen angelegt, erst gegen Ende der Vegetationszeit wird deren Durchmesserabnahme erheblich.

Produktionsgrößen.

Unter Produktion je Flächeneinheit bezeichnet der Praktiker die Menge des Ernteprodukts in den jeweilig geeigneten Einheiten (Holz z. B. Volumen Gebrauchsholz; Getreide Korngewicht usw.), der Physiologe indessen die Menge der erzeugten Trockensubstanz. Daß letztere größer ist als erstere, ist klar; warum und in welchem Ausmaß, das macht man sich selten klar. MÖLLER, MÜLLER und NIELSEN (3) haben in mühevollen, exakten Untersuchungen festgestellt, daß die Trockensubstanzerzeugung eines guten dänischen Buchenbestandes im Klimaxalter (40—60 Jahre) je Hektar 23,5 t beträgt. Nach Abzug des Verlustes durch Atmung und Blattfall bleiben 16,2 t übrig, weniger als zwei Drittel. Rechnet man die Verluste durch Atmung der Achsenorgane, durch Zweigabwurf usw. dazu, so bleiben für das Ernteprodukt Holz nur 40% der Gesamterzeugung; in Wirklichkeit noch weniger, weil hier der Holzzuwachs der Zweige und Wurzeln mitgerechnet ist. Schon früher hatte D. MÜLLER (1) gezeigt, daß in einem Gerstenfeld bei 25 t Trockensubstanzerzeugung etwa 10 t derselben durch Atmung der ober- und unterirdischen Teile verlorengehen.

Im einzelnen bestimmte MÜLLER (2), daß in einem dänischen Buchenbestand mit 7,3 t Blattfrischgewicht je Hektar im Jahr etwa 5 t Trockensubstanz in den Blättern veratmet werden = etwa 20% der photosynthetischen Leistung. MÖLLER, MÜLLER und NIELSEN (2) fanden, daß der Atmungsverlust in Ästen und Stämmen eines Buchenbestandes 5,8% (2,0%) des Trockengewichts bei 25 (85) = jährigen Buchen beträgt. Daraus ergibt sich ein Trockengewichtsverlust von 3,5 bzw. 4,6 t je Jahr und Hektar. (Bei 25jährigen Buchen mit 0,04 m³ Volumen der Äste und Zweige = 0,02 t Trockengewicht und 6,4 m² Oberfläche wurden 1,25 kg = 5,8% veratmet; bei 85jährigen Buchen mit 1,3 m³ bzw. 0,76 t bzw. 66 m² 15,0 kg = 2,0%.) Dieselben Autoren (1) stellten fest, daß in einem 50jährigen Buchenbestand je Jahr Äste und Zweige mit einem Gesamtvolumen von 2 m³ = 1,2 t abfallen; das sind 0,8% des oberirdischen Gesamtvolumens (ohne Blätter) = 12,8% des gesamten jährlichen Holzzuwachses = 5,4% der gesamten Astmasse = 4,3% der jährlichen Trockensubstanzerzeugung.

Mit der Produktionsgröße hängt auch die oft erörterte Sorge um die Ernährung der wachsenden Menschheit zusammen. Gewiß gibt es noch ungeheure Flächen, die mit großer Erfolgsaussicht in Ackerland verwandelt werden können (z. B. gemäßigtes Asien); aber manches ist zunächst utopisch; in gewisser Beziehung auch die Hoffnung auf die Hylaea Amazoniens. SIOLI (1) gibt zu, daß der Boden im tropischen Urwald besonders fruchtbar erscheint. Aber der landwirtschaftliche Ertrag nach der Rodung geht meist sehr schnell zurück, zumal die Urwaldböden und Gewässer Amazoniens sehr arm an Nährstoffen sind. Der langbekannte Unterschied der Wasserfarbe verschiedener Gewässer steht damit in gewisser Beziehung. Die farblosen Bäche usw. kommen aus tropischem Hochwaldgebiet mit Lateritbildung und enthalten den Stickstoff als Nitrat; die tiefrotbraunen kommen aus Gebieten mit niederen, lichten Wäldern mit Podsolierung bzw. Humusbildung und dauerndem Sauerstoffmangel im Boden. Sie enthalten Ammoniaksalze [SIOLI (2)]. Die Wurzelböden sind oft ziemlich flach (nur 20 cm); der infolge der hohen Temperatur und Feuchtigkeit sehr schnelle Umsatz der organischen Substanz macht die dauernde landwirtschaftliche Nutzung problematisch. Seit langem denkt man aber auch an ganz neuartige Methoden photosynthetischer Stofferzeugung, um den wachsenden Bedarf decken zu können.

HARDER und v. WITSCH analysieren das Problem. In den letzten 3 Jahrhunderten hat sich die Weltbevölkerung wahrscheinlich auf fast das Fünffache mit steigender Geschwindigkeit vermehrt und hat sich im letzten Jahrhundert allein mehr als verdoppelt. Um 1980 wird es eine Milliarde mehr Menschen geben als 1950 (3,5 statt 2,5). Aber schon heute steht drei Fünfteln der Menschheit eine geringere Calorienmenge als 2600 Cal zur Verfügung; d. h. sie hungern mehr oder minder. Gewiß ist rein fortpflanzungsbiologisch die Vermehrung der Menschheit nicht besonders groß, jedenfalls nicht abnorm hoch; gewiß haben die Hektarerträge im letzten halben Jahrhundert sich fast verdoppelt, sind also stärker gewachsen als die Menschheit. Der Optimismus vieler Fachleute bezüglich der näheren Zukunft ist also nicht unberechtigt, wenn auch in vielleicht gar nicht so ferner Zeit biologisch die restlose Erfüllung der Erde eintreten kann. Dann wird man grundsätzlich neue Erzeugungsmethoden brauchen; die Landwirtschaft mit ihrem großen Flächenbedarf kommt nicht mehr mit. Man denkt seit einiger Zeit an die Ausnutzung der photosynthetischen Leistung von Algen (*Diatomeen, Chlorella, Scenedesmus* usw.) in Großbetrieben unter Einsatz künstlicher, elektrischer Beleuchtung.

HARDER und v. WITSCH, die selbst in der Grundlagenforschung tätig waren, weisen daraufhin, daß man in Algenkulturen bis zu 24% der einfallenden Lichtenergie ausnutzen könne, gegen nur wenige Prozent in der Landwirtschaft. Je Quadratmeter und Jahr könne man ein Vielfaches von dem erzielen, was Hochleistungsgewächse, wie die Zuckerrübe, erreichen; nicht nur an Kohlehydraten, sondern auch an Fett und Eiweiß, direkt, ohne den verlustreichen Umweg über das Tier. Sie kommen zu dem Schluß: ,,Die Algenzüchtung ist also wirklich ein denkbarer Weg für die Zukunft und die Erdbevölkerung kann noch ungeheuer anwachsen..." Über all diese Probleme hat BURLEW (1) einen Sammelbericht vorgelegt. Auch er ist im ganzen optimistisch [BURLEW (2)]. In einem Symposion der British Phycological Society wird besonders darauf hingewiesen, daß erst relativ wenige Algen hinreichend auf Eignung untersucht seien und daß man erst am Anfang stehe.

Bei vielen Betrachtungen über den organischen Umsatz auf der Erde wird auf das Meer zu wenig Rücksicht genommen. Aus Messungen anläßlich der dänischen Galatheaexpedition durch Atlantik, Pazifik und Indischen Ozean berechnete STEEMANN NIELSEN, daß die Größe der organischen Produktion sehr verschieden ist und zwischen 0,05 und 3,0 g C je Quadratmeter und Jahr schwankt, im Durchschnitt etwa 0,15 g C je Quadratmeter und Jahr beträgt. Die organische Gesamterzeugung der Hydrosphäre erreicht den ungeheuren Wert von $1,5 \times 10^{10}$ t je Jahr. In der Kieler Bucht fand KAY durchschnittlich 3,3 mg C je Liter in organischer Bindung, merkwürdigerweise nur etwa 1% davon in fester Form. Der gelöste Anteil ist in der obersten 10 m-Schicht angereichert, wobei Stoffwechselprodukte des Planktons wesentlich sind. Weiter unten findet starke bakterielle Oxydation statt. VINOGRADOW ermittelte die Verteilung des Zooplanktons in der Kurilen-Kamtschatka-Senke im Mai und Juni und fand rasche Abnahme nach unten (0—50 m 500 mg/m^3 Biomasse; 200—500 m 228 mg; 500—1000 m 59 mg; 6000—8500 m 0,48 mg). BIRŠTEJN und Mitarbeiter schildern im einzelnen die Verteilung des tierischen Makroplanktons in den verschiedenen Tiefenschichten bis hinab auf 8500 m. KREY stellte fest, daß im Meer nicht selten der Phosphorgehalt begrenzender Faktor ist. Von der Gesamterzeugung beutet der Mensch wahrscheinlich höchstens 1% aus, eine immerhin tröstliche Vorstellung für die zukünftige Ernährung der Menschheit.

Auch die Produktion an der Meeresküste ist erheblich und könnte vielleicht noch bedeutenden Nutzen bringen. An den Küsten von Schottland und Island nimmt das Frischgewicht der *Laminaria*-Bestände bis zu einer Tiefe von 19 m (Grenze!) von 6 kg auf 1,2 kg je Quadratmeter ab, weniger durch Abnahme des Pflanzengewichts als der Besiedlungsdichte. Demgemäß kann man auf 8500 km Küstenlänge, entsprechend etwa 8000 km^2 Litoral, mit einer *Laminaria*-Masse von 10 Millionen Tonnen Frischgewicht rechnen (WALKER).

Schließlich sei noch bemerkt, daß REICH für die Bildungsdauer der 2 m starken Schieferkohlenschichten in Mooren bei Großweil (Oberbayern) nach Vergleich mit rezenten Vorgängen etwa 15000 Jahre ansetzt.

Einwirkungen des Menschen, Waldbau.

In sehr vielen Arbeiten wird auf die betrübliche Verarmung der Natur durch unvermeidliche und vermeidliche Einwirkung des Menschen hingewiesen.

Ein überaus wirksamer Faktor ist die Beweidung. ELLENBERG (2) wendet gegen die bekannte Steppenheidetheorie von GRADMANN über den Verlauf der frühen Besiedlung ein, daß die Annahme postglazialer waldarmer Trockenperioden heute unwahrscheinlich geworden sei und daß man die Fähigkeit vorzeitlicher Menschen bezüglich Waldrodung wohl unterschätzt habe. Außerdem läßt sich die Theorie für Nordwestdeutschland kaum anwenden. Es wird mit guten Gründen vermutet, daß nicht die ursprüngliche Waldfreiheit bzw. die Walddichte über die Orte der ersten Ansiedlungen und deren Ausweitungsmöglichkeit entschieden habe, sondern die spezifische Widerstandsfähigkeit der natürlichen Wälder gegen die Waldweide durch Haustiere aller Art. Dadurch seien Lichtungen mehr oder minder rasch geschaffen worden oder hätten sich vergrößert. Erst später hat der Mensch die widerstandsfähigeren Wälder auf guten Böden gerodet und in Ackerland umgewandelt. Nach GIMINGHAM und WALTON war auf küstennahen Kalkplateaus der Cyrenaica zu starke Beweidung schuld, daß nur noch Reste von Hochwald und Buschwerk als Degenerationsstadium vorhanden sind. Zu starke Auflichtung und Bodenabtragung wirkten mit. Vielleicht ist auch wesentlich die Veränderung der Bodenstruktur durch zu starken Weidegang. Nach GLATHE, V. BERNSTORFF und ARNOLD hängt nämlich die mikrobielle Zusammensetzung der Rhizosphäre weniger von der Pflanzenart ab, sondern mehr von der Bodenstruktur, die die Wasser- und Luftverhältnisse bestimmt. Wasserreicher Boden begünstigt mehr die Bakterien, mehr trockener Pilze und Strahlpilze. SCHIMITSCHEK hebt in seinen Betrachtungen über Waldhygiene den Einfluß des Weideganges (ungeregelte Almweide, Waldweide usw.) besonders hervor. Das Bodentierleben wird weitgehend umgestaltet, als deutliches Kennzeichen der Veränderung des Bodens in ungünstiger Richtung. Ganz anders als in Mitteleuropa sind die Folgen starker Beweidung nach WALTER (1) in Südwestafrika; aus dem Grasland wird in wirtschaftlich sehr bedenklicher Weise Buschland. Das läßt sich durch Betrachtung der Wasserversorgungseigenarten von Gräsern und Sträuchern im Zusammenhang mit der Schädigung der Gräserdecke erklären. ELLISON und COALDRAKE stellten in Südqueensland auf steilen, einst von Subtropenwald, nunmehr mit Grasweiden bedeckten steilen Hängen zwar Erdrutsche fest, konnten sich aber nicht davon überzeugen, daß sie häufiger seien als im natürlichen Waldland. Eher ist das Gegenteil der Fall, geschlossene Grasdecke im ersteren Fall vorausgesetzt.

Oft und tief hat man geklagt über die allzu unbedenkliche Umwandlung der Wälder, die damit kranke und schwer gefährdete Objekte geworden seien. Freilich waren (und sind) auch die Klagen oft allzu unbedenklich; aber viel Wahres ist doch daran. Eindrucksvoll schildert SCHIMITSCHEK das Auftreten von Kalamitäten, durch Tiere verursacht, im mehr oder weniger künstlichen Forst. Dem Forst muß die Selbstregulationsfähigkeit des natürlichen Waldes erhalten bleiben; sonst ist sein Bestand, besonders in ungünstigen Zeiten, gefährdet. Aber v. VIETINGHOFF-RIESCH hat recht, wenn er betont, daß auch der natürliche Wald nicht absolut krisenfest im Sinne der Forstwirtschaft sei. Trotzdem könnte der Urwald uns vieles über Krisenfestigkeit lehren; deren Verlust werde nicht immer genügend einkalkuliert. ,,Was gegen den Willen der Natur geschieht, wird krank" steht (nach Paracelsus) über dem Aufsatz; aber das ist doch auch eine bedenkliche Behauptung. Wie man heutzutage den Waldbau nach vorherigen, nicht zuletzt auch ökologischen Standortkartierungen ausrichtet, schildert VOLKERT. Im Streit über die waldbaulichen Grundansichten sucht OLBERG auf Grund ausgedehnter Erfahrungen zu vermitteln mit dem sehr richtigen Satz, ,,daß eine Gemeinschaft, die sich auf wissenschaftliche Erkenntnisse gründen will, nicht wie ein geistlicher Orden ihre Mitglieder an ein Glaubensbekenntnis binden darf".

Die Problematik der sauren Böden wurde in einer Sitzung der British Association zu Oxford [Nature (Lond.) **174**, 855 (1954)] in tiefschürfenden Vorträgen behandelt. LAURIE stellte die Sachlage von der forstlichen Seite dar und hob hervor, daß nur durch Zusammenarbeit von Spezialisten der Einfluß saurer Böden auf die Waldbäume und die reziproke Wirkung (oft erörterte, praktisch wichtige Fragen) wirklich klargestellt werden könnten. DIMBLEBY befaßte sich mit Heideflächen in Yorkshire, die man als natürliche Klimaxstadien betrachtete. Sie sind aber aus gemischten Wäldern durch die Tätigkeit des Menschen (Holznutzung, Brand, Weidegang) hervorgegangen. Kiefern und Birken könnten auf ihnen wohl wachsen. Die Laubstreu der Birken verbessert den Boden schnell. GARRETT zeigte die Zusammenhänge zwischen Bodenacidität und Gesundheitszustand der Bäume auf. *Fomes annosus*, dieser schlimme Stammholzzerstörer, ist auf sauren Böden weniger verbreitet und forstwirtschaftlich minder gefährlich; schon deshalb, weil in diesen im Gegensatz zu mehr alkalischen Böden *Trichoderma viride*, ein sehr wirksamer Antagonist für *Fomes*, fehlt. Die Ausbreitung des Pilzes, die rasch allein auf der Wurzeloberfläche, nicht im Wurzelinnern, erfolgt, wird im sauren Boden durch den Antagonisten gehemmt.

CROKER erscheint es zweifelhaft, ob auf dem Areal abgetriebener *Podocarpus*-Urwälder nach einer Sukzession über ein Grasstadium und mehrere Sekundärwaldstadien hinweg der ursprüngliche Bestand überhaupt wieder erscheint. Ross sah in Südnigeria tropischen Regenwald sich rasch auf Kahlschlägen regenerieren, und zwar derart, daß der ursprüngliche Wald wohl wieder erstehen dürfte. Er fügt aber hinzu, daß das nur wahrscheinlich sei, wenn weiterhin Eingriffe des Menschen völlig ausgeschlossen würden. Moss gibt an, in Nordwestalberta werde das Eindringen von *Populus* in das Grasland besonders durch Feuer gehemmt, welches auch für den tatsächlichen Verlauf der Sukzession im *Populus-Pinus*-Gebiet von großer Wichtigkeit sei. Freilich sind nicht alle Waldbrände von Menschen verursacht. Nach MERKLE kommt in *Picea Engelmanni-Abies lasiocarpa*-Wäldern der Hochlagen von Arizona (2500—2700 m) *Populus tremuloides* nicht nur deshalb häufiger vor, weil diese Wälder, die übrigens außer zwei Straucharten (*Juniperus communis* und *Berberis repens*) kaum Unterwuchs haben, an sich licht sind, sondern weil besonders in den letzten 2 Jahrhunderten Waldbrände öfter freie Stellen schufen.

Der Mais, eine ökologisch besonders gefährliche Kulturpflanze ersten Ranges, stammt zwar aus Amerika; doch sollen nach JEFFREYS Maisrassen schon um 1000 n. Chr. in Westafrika vorhanden gewesen sein. Anscheinend haben seit 900 n. Chr. zwischen Negern bzw. Arabern und Amerika Beziehungen bestanden. Zu völlig anderen Zwecken kann eine andere Riesengrasart dienen: *Phragmites*. Röhricht kann Kanalufer schützen, besonders wenn andere Uferpflanzen mit ihm vergesellschaftet sind. Doch können sich wegen der durch den Schiffsverkehr hervorgerufenen Wasserbewegung nur gewisse Begleitsorten halten. (BAUMEISTER und BURRICHTER).

Tiere.

GÖSSWALD (1) betont seit langem die besondere Bedeutung der Ameisen in der Biocönose des Waldes und die Möglichkeiten, die sich für die Waldsicherung durch künstliche Wiedereinführung der dezimierten Ameisenkolonien ergeben [GÖSSWALD (2)]. Manche Experten neigen freilich zur Ansicht, man solle derlei auch nicht übertreiben. Jedenfalls ist z. B. die Kleine rote Waldameise (*Formica rufa*) als Massenvertilger von tierischen Waldschädlingen schon deshalb von großer Bedeutung, weil ihre Nester sehr volkreich sind und infolge ihres Binnenklimas recht widerstandsfähig, weil Ameisen überall hinkommen usw. Sie füllen in geradezu idealer Weise eine heute in der Biocönose des Kunstwaldes bestehende Lücke aus, mit starker und vielseitiger Nutzwirkung. Diese Ameisenart ist nach KLOFT (1) in steter Bereitschaft zum Niederhalten von Kalamitäten. Über insektenarme Zeiten helfen ihr die zuckerhaltigen Exkremente der Blattläuse hinweg, die selbst wenig Schaden anrichten.

Literatur.

ADE, A.: Ber. bayr. bot. Ges. **30**, 5—8 (1954). — ANTHONY, M.: Ecology **35**, 334—347 (1954). — BAUMEISTER, W., u. E. BURRICHTER: Angewandte Pflanzensoziologie. Festschrift Aichinger. Bd. 2, S. 1283—1311. 1954. — BEUTLER, R.: Bee World **34**, 106—116, 128—136, 156—162 (1953). — BIRCH, L. C., u. D. P. CLARK: Quart. Rev. Biol. **28**, 13—36 (1953). — BIRŠTEJN, M. E., M. E. VINOGRADOV u. JU. G. ČINDONOVA: Dokl. Akad. Nauk SSSR., N. S. **95**, 389—392 (1954). — BJÖRKMAN, E.: Sv. Skogsvårdsförening. Tidskr. **1953**, Nr. 3, 211—229. — BLATTNÝ, C. u. Mitarb.: Phytopath. Z. **22**, 381—416 (1954). — BOURDEAU, P.: Ecolog. Monogr. **24**, 297—320 (1954). — BRIERLEY, J. K.: Nature (Lond.) **174**, 684 (1954). — BRODIE, H. J., u. P. H. GREGORY: Canad. J. Bot. **31**, 402—410 (1953). — BRUHIN, A., u. H. WANNER: Phytopath. Z. **22**, 327—342 (1954). — BUBLITZ, W.: Naturwiss. **41**, 502—503 (1954). — BUHR, H.: Züchter **24**, 185—193 (1954). — BURGEFF, H.: Samenkeimung und Kultur europäischer Erdorchideen. Stuttgart: Gustav Fischer 1954. 48 S. — BURLEW, J. S.: (1) Carnegie Inst. Publ. 600, **1953**. — (2) Algal

Culture from Laboratory to Pilot Plant. Washington: Kirby Lithographic Comp. 1953. 357 S. — BUTIN, H.: Biol. Ztbl. 73, 459—502 (1954). CLAPPER, R. B.: J. Forestry 50, 453—455 (1952). — CLAUSEN, E.: Dansk. bot. Ark. 15, 5—80 (1952). — CLIFFORD, H. T.: Heredity (Lond.) 8, 259—269 (1954). — CONWAY, E.: J. Ecology 41, 289—294 (1953). — CROKER, B. H.: Trans. Roy. Soc. New. Zealand 81, 11—21 (1953). — CURTIS, J. T.: Bull. Torrey Bot. Club 81, 340—352 (1954).
DAS, B. R., P. A. KURUP u. P. L. NARASINHA RAO: Naturwiss. 41, 66 (1954). — DELEUIL, G.: C. r. Acad. Sci. (Paris) 238, 2185—2186 (1954). — DELLINGSHAUSEN, M. v.: Z. Forstgenetik 3, 52—53 (1954). — DEUFEL, J.: Arch. Pharmaz. 287, 329—332 (1954). — DIMBLEBY, G. W.: Nature (Lond.) 174, 855 (1954). — DOBZHANSKY, TH.: Heredity (Lond.) 7, 73—79 (1953). — DROŽŽIN, I. M.: Izv. Akad. Nauk SSSR., Ser. Biol. 1953, Nr. 6, 46—65. — DRÜSEDAU, E.: Z. Pflanzenzüchtg. 32, 421—444 (1953). — DUNCAN, D. P.: Ecology 35, 498—521 (1954).
EBERHARDT, F.: Naturwiss. 41, 259 (1954). — EGLE, K., u. H. MUNDING: Biol. Zbl. 73, 577—602 (1954). — ELLENBERG, H.: (1) Ber. dtsch. bot. Ges. 66, (24) (1953). — (2) Erdkunde 8, 188—194 (1954). — (3) Vegetatio 5/6, 199—211 (1954). — (4) Festschrift für Aichinger 1, 134—143 (1954). — ELLISON, L., u. J. E. COALDRAKE: Ecology 35, 380—388 (1954). — ENSGRABER, A.: Flora (Jena) 141, 432—475 (1954). — ESSER, K., u. J. STRAUB: Biol. Zbl. 73, 449—455 (1954). — EUE, L.: Z. Vererbungslehre 85, 423—428 (1953).
FALCK, R. u. M.: Die Bedeutung der Fadenpilze als Symbionten der Pflanzen für die Waldkultur. Frankfurt: Sauerländer 1954. 91 S. — FRISCH, K. v.: Sitzgsber. bayr. Akad. Wiss., Math.-naturwiss. Kl. 1953, Nr. 17, 197—199. — FRISCH, K. v., u. M. LINDAUER: Naturwiss. 41, 245—253 (1954). — FUCHS, H. H., u. H. BEISS: Naturwiss. 41, 506 (1954).
GÄRTNER, A.: Arch. Mikrobiol. 21, 4—56 (1954). — GÄUMANN, E.: C. r. Acad. Sci. (Paris) 238, 188—191 (1954). — GÄUMANN, E., u. Mitarb.: Phytopath. Z. 21, 279—310 (1954). — GARRETT, S. D.: Nature (Lond.) 174, 855 (1954). — GEHRING, F.: Angew. Bot. 28, 97—105 (1953). — GERLACH, W.: Phytopath. Z. 22, 125—176 (1954). — GIMINGHAM, C. H., u. K. WALTON: J. Ecology 42, 505—520 (1954). — GLATHE, H., C. V. BERNSTORFF u. A. ARNOLD: Zbl. Bakter. II. 107, 481—488 (1954). — GÖSSWALD, K.: (1) Mitt. biol. Ztr.anstalt Berlin-Dahlem 75, 120—124 (1953). — (2) Waldhygiene·1, 23—30 (1954). — GUNDERSEN, K.: Physiol. Plantarum (Copenh.) 7, 124—127 (1954). — GUSTAFSSON, A.: Acta agricult. scand. (Stockh.) 4, 601—632 (1954).
HARDER, R.: Nachr. Akad. Wiss. Göttingen. Math.-physik. Kl. II b 1954, Nr. 1. — HARDER, R., u. H. v. WITSCH: Naturwiss. Rdsch. 1954, 235—240. — HARLEY, J. L.: (1) Annual Rev. Microbiol. 6, 367—386 (1952). — (2) Nature (Lond.) 174, 855 (1954). — HARLEY, J. L., and J. K. BRIERLEY: New Phytologist 53, 240—252 (1954). — HENNIG, R.: Z. Pflanzenkrkh. 61, 255—269 (1954). — HODGKINS, E. J.: J. Forestry 50, 450—452 (1952). — HUGER, A.: Naturwiss. 41, 170—171 (1954).
IZRAILSKIJ, V. P.: Mikrobiologija 22, 645—651 (1953).
JANNASCH, H. W.: Naturwiss. 41, 42 (1954). — JEFFREYS, M. D, W.: Nature (Lond.) 172, 965—966 (1953). — JENSEN, H.: Acta Horti Gotoburgensis 19, 157—192 (1954). — JOSHI, P. C.: J. Indian Bot. Soc. 32, 17—20 (1953).
KAY, H.: Kiel. Meeresforsch. 10, 202—214 (1954). — KLOFT, W.: (1) Mitt. biol. Ztr.anstalt Berlin-Dahlem 75, 136—140 (1952). — (2) Phytopath. Z. 22, 454—458 (1954). — KNAPP, R.: Experimentelle Soziologie der höheren Pflanzen. Bd. 1: Einwirkung der Pflanzen aufeinander. Soziologie der Keimung und des aufwachsenden Bestandes. Stuttgart: Ulmer 1954. 202 S. — KREY, J.: Veröff. Inst. Meeresforsch. Bremerhaven 2, 1—14 (1953). — KÜHLWEIN, H., u. W. ZOBERST: Arch. Mikrobiol. 18, 273—288 (1953).
LAMPRECHT, H.: Z. Weltforstwirtsch. 17, 161—168 (1954). — LARCHER, W.: Planta (Berl.) 44, 607—635 (1954). — LAURIE, M. V.: Nature (Lond.) 174, 855 (1954). — LEWIS, D., u. LESLIE K. CROWE: J. Horticult. Sci. 29, 220—225 (1954). — LEX, TH.: Z. vergl. Physiol. 36, 212—234 (1954). — LI, HUI-LIN: Evolution (Lancaster, Pa.) 7, 245—261 (1953). — LINDAUER, M.: Naturwiss. 41, 506—507 (1954). — LOHAMMAR, G.: Fauna och Flora 1954, 17—32. — LUNDEGÅRDH, H.:

Klima und Boden in ihrer Wirkung auf das Pflanzenleben, 4. Aufl., Jena: Gustav Fischer 1954. 598 S.
MANTON, I.: Symposia Soc. Exper. Biol. 1953, No. 7, 174—185. — MARANO, I.: Nuovo Giorn. bot. ital. 60, 197—224 (1953). — MATTICK, F.: Ber. dtsch. bot. Ges. 67, 133—145 (1954). — MAYER, H., u. R. PLOCHMANN: Beih. forstwiss. Zbl. 4, 1—67 (1954). — MAYER-WEGELIN, H.: Holz als Roh- u. Werkstoff 11, 175—179 (1953). — McLENNAN, E. I., u. S. C. DUCKER: Austral. J. Bot. 2, 220—245 (1954).— MELIN, E.: Sv. bot. Tidskr. 48, 86—94 (1954). — MERKLE, J.: Ecology 35, 316—322 (1954). — MERXMÜLLER, H., u. J. POELT: Ber. bayr. bot. Ges. 30, 91—101 (1954).— MEYER, D. E.: Ber. dtsch. bot. Ges. 67, 128—133 (1954). — MICHAEL, G., u. W. BERGMANN: Z. Pflanzenernährg. 65, 180—194 (1954). — MILDBRAED, J.: Ber. dtsch. bot. Ges. 67, 73—74 (1954). — MIROV, N. T., J. W. DUFFIELD u. A. R. LIDDICOET: J. Forestry 50, 825—831 (1952). — MÖLLER, C. M., D. MÜLLER u. J. NIELSEN: (1) Det forstlige Forsøgsvaesen i Danmark 21, 253—271 (1954). — (2) Ebenda 21, 273—301 (1954). — (3) Ebenda 21, 327—335 (1954). — Moss, E. H.: Canad. J. Bot. 31, 212—252 (1953). — MOSSE, B.: Nature (Lond.) 171, 974 (1953).— MÜLLER, D.: (1) Die Bodenkultur. Wien: Fromme & Co. 1951. Bd. 5, S. 129—135. (2) Det forstlige Forsøgsvaesen i Danmark 21, 303—318 (1954). — MÜLLER, L.: Österr. bot. Z. 101, 221—235 (1954).

NAEF-ROTH, ST., u. P. REUSSER: Phytopath. Z. 22, 281—287 (1954). — NARASIMHAN, M. J., and M. J. THIRUMALACHAR: Phytopath. Z. 22, 421—428 (1954). — NARASIMHAN RAO P. L. u. Mitarb.: Naturwiss. 41, 66—67 (1954). — NAUNDORF, G.: Naturwiss. 41, 340 (1954). — NEUBAUER, H. F.: Veröff. des Kärnter Landesinstituts für angewandte Pflanzensoziologie Klagenfurt. Festschrift Aichinger 1, 494—503 (1954). — NIELSEN, P. CHR., u. M. SCHAFFALITZKY DE MUCKADELL: Z. Forstgenetik 3, 6—17 (1954). — NOIROT, CH.: Ann. Sci. natur., Zool., Sér. XI 14, 405—414 (1952). — NUTMAN, P. S.: Heredity (Lond.) 8, 35—46 (1954).

OBERDORFER, E.: Beitr. naturkundl. Forsch. Südwestdtschl. 12, 23—69 (1953). — OLBERG, A.: Forst- u. Holzwirt 9, H. 15 (1954). — OPPENHEIMER, H. R.: Palestine J. Bot., R. Ser. 8, 103—124 (1953). — OPPERMANN, A., u. A. KAWE: Arch. Mikrobiol. 20, 358—361 (1954). — OTTO, G.: Naturwiss. 41, 555—556 (1954).

PALHINHA, R. T.: Portugal. Acta Biol., Sér. A 3, 275—280 (1952). — PASSARGE, H.: Arch. Forstwesen 2, 245—254 (1953). — PAULEY, S. S., u. TH. O. PERRY: J. Arnold Arboretum 35, 167—188 (1954). — PENDLETON, R. C., u. A. W. GRUNDMANN: Ecology 35, 187—191 (1954). — PIJL, L. VAN DER: Ann. Bogorienses 1, 77—99 (1953). — PIRES, J. M., TH. DOBZHANSKY u. G. A. BLACK: Bot. Gaz. 114, 467—477 (1953). — PISEK, A.: Umschau 53, 641—643 (1953). — PISEK, A., u. W. TRANQUILLINI: Flora (Jena) 141, 237—270 (1954). — PORSCH, O.: Österr. bot. Z. 101, 359—372 (1954). — POSPIŠIL, F.: Českoslov. Biol. 1, 332—339 (1953). — PROVASOLI, L., u. I. J. PINTNER: Ann. New York Acad. Sci. 56, 839—851 (1953). — PUCHTA, O.: Naturwiss. 41, 71—72 (1954).

RABOTNOV, T. A., u. D. I. ALMAZOVA: Dokl. Akad. Nauk SSSR., N. S. 94, 333—335 (1954). — REHM, H. J.: (1) Z. Pflanzenkrkh. 60, 549—560 (1953). — (2) Zbl. Bakter. II 107, 418—431 (1954). — (3) Wiss. Z. Univ. Greifswald, Naturwiss. Reihe 1 3, 5—15 (1953/54). — REICH, H.: Flora (Jena) 140, 386—443 (1953). — RENNERFELT, E.: International Union of Forest Research Organizations, Sect. 24, S. 11—12. Wageningen 1954. — RENNERFELT, E., u. S. K. PARIS: Oikos (Copenh.) 4, 58—76 (1953). — RENSCH, L.: Neuere Probleme der Abstammungslehre. Stuttgart: Ferdinand Enke 1954. 436 S. — RIZET, G.: C. r. Acad. Sci. (Paris) 237, 838—840 (1953). — RODIN, L. E.: Bot. Z. 38, 485—496 (1953). — ROHMEDER, E.: Z. Forstgenetik 3, 113—118 (1954). — Ross, R.: J. Ecology 42, 259—282 (1954). — RUINEN, J.: Ann. Bogorienses 1, 101—157 (1953). — RUNE, O.: Acta phytogeogr. suecica 31, 1—139 (1953).

SCHADE, A.: Ber. bayr. bot. Ges. 30, 108—126 (1954). — SCHARFETTER, R.: Biographien von Pflanzensippen. Wien: Springer 1953. 546 S. — SCHIMITSCHEK, E.: Angew. Pflanzensoziol. 2, 1014—1028 (1954). — SCHINDEWOLF, O. H.: Eclog. geol. Helvet. 45, 374—386 (1953). — SCHNEIDER, H.: Naturwiss. 41, 147—148 (1954). — SCHÖNTAG, A.: Z. vergl. Physiol. 35, 519—526 (1953). — SCHÖPF, J.: Forstwiss. Cbl. 73, 257—328 (1954). — SCHWEMMLE, J.: Z. Naturforsch. 7b, 255 (1952). — SEYBOLD, A.: Sitzgsber. Heidelberg. Akad. Wiss., Math.-

naturwiss. Kl., Abh. 2 **1953/54**. — ŠIMÁK, M.: Meddelanden från Statens Skogsforskningsinst. **43**, 3—15. — SIOLI, H.: (1) Forschg. u. Fortschr. **28**, 65—72 (1954). — (2) Naturwiss. **1954**, 456—457. — SORAUER, P.: Handbuch der Pflanzenkrankheiten, 2. Aufl., Bd. 2/1. Berlin u. Hamburg: Parey 1954. 770 S. — STEEMANN NIELSEN, E.: J. Cons. permanent internat. Explorat. Mer Charlottenlund Slot 19, 309—328 (1954). — STEINER, H.: Eclog. geol. Helvet. **45**, 365—374 (1953). — STOCKER, O.: Ber. dtsch. bot. Ges. **67**, 288—298 (1954). — STOPP, K.: Akad. der Wiss. u. der Lit. Mainz, Abh. math.-naturwiss. Kl. **1952**, Nr. 12. — *Symposium of the British Phycological Society.* Nature (Lond.) **173**, 434—435 (1954). — SYRACH-LARSEN, C.: Hereditas (Lund) **39**, 179—192 (1953).

TAMM, B.: Arch. Mikrobiol. **20**, 273—292 (1954). — THIES, S. A.: Agronomy J. **45**, 481—484 (1953). — THOM, CH.: Mycologia (N. Y.) **46**, 1—8 (1954). — THOMAS, G. P., u. R. W. THOMAS: Canad. J. Bot. **32**, 630—653 (1954). — THROWER, L. B.: Austral. J. Bot. **2**, 246—267 (1954). — TICHOMIROW, B. A.: Bot. Z. **38**, 513—529 (1953). — TOBLER, F.: Ber. dtsch. bot. Ges. **66**, 429—432 (1953). — TRAPP, A.: Österr. bot. Z. **101**, 208—219 (1954). — TÜXEN, R.: Vegetatio **5/6**, 454—477 (1954).

ULBRICH, J.: Ber. dtsch. bot. Ges. **67**, 391—394 (1954). — UMBREIT, W. W.: Pharmacol. Rev. **5**, 275—284 (1953).

VAARTAIA, O.: Canad. J. Bot. **32**, 392—399 (1954). — VANDERWALLE, R.: Parasitica (Gembloux) **2**, 145—155 (1953). — VARESCHI, V., u. F. PANNIER: Phyton (Horn, N.-Ö.) **5**, 140—152 (1953). — VIETINGHOFF-RIESCH, A. FRHR. v.: Festschrift für Aichinger **2**, 1035—1055 (1954). — VINOGRADOV, M. E.: Dokl. Akad. Nauk SSSR., N. S. **96**, 637—640 (1954). — VITÉ, J. P.: Z. Forstgenetik **3**, 86—88 (1954). — VÖLKER, O.: Naturwiss. **41**, 405—406 (1954). — Vogel, ST.: Blütenbiologische Typen als Elemente der Sippengliederung. Dargestellt an Hand der Flora Südafrikas. Bot. Studien H. 1. Jena: Gustav Fischer 1954. S. 1—338. — VOLKERT, E.: Forstarch. **25**, 30—35 (1954). — VRIES, J. T. DE: Ann. Bogorienses **1**, 61—76 (1953).

WALKER, F. T.: Nature (Lond.) **173**, 766—768 (1954). — WALTER, H.: (1) Vegetatio **5/6**, 6—10 (1954). — (2) Grundlagen der Pflanzenverbreitung. II. Arealkunde. Stuttgart 1954. 245 S. — WARTENBERG, H.: Mitt. biol. Ztr.anst. Berlin-Dahlem **75**, 53—56 (1953). — WETTSTEIN, W.: Festschrift für Aichinger **1**, 83—87 (1954). — WILDE, S. A.: J. Forestry **52**, 928—932 (1954). — WILSON, J. M.: Nature (Lond.) **174**, 684 (1954). — WINTER, A. G.: Z. Pflanzenernährg. **60**, 221—243 (1953). — WOODS, F. W.: J. Forestry **51**, 871—873 (1953).

YARWOOD, C. E.: Proc. Nat. Acad. Sci. USA. **40**, 374—377 (1954). — YLI-VAKKURI, P.: Acta forest. fenn. **60**, 7—117 (1954).

ZEHNDER, A.: Ber. schweiz. bot. Ges. **63**, 5—26 (1953). — ZIETZ, H.: Biol. Zbl. **73**, 129—155 (1954).

C. Physiologie des Stoffwechsels.

10. Physikalisch-chemische Grundlagen der Lebensprozesse (Strahlenbiologie)*.

Von Wilhelm Simonis, Hannover.

Mit 6 Abbildungen.

Der vorliegende Berichtsabschnitt ist durch ein weiteres Ansteigen der vielfältigen Untersuchungen auf dem Gebiet der Strahlenbiologie gekennzeichnet. Es erscheint praktisch unmöglich, selbst wichtige Arbeiten gebührend zu berücksichtigen, und es sind Beschränkungen erforderlich. Trotz der vielen Untersuchungen zeigt sich, daß wir von einem Verständnis der Wirkung der verschiedenen Strahlungen im lebenden Gewebe noch weit entfernt sind. Nachdem in den letzten Jahren bekannt wurde, welche hervorragende Bedeutung neben den direkten Trefferwirkungen die indirekten Straheneffekte (vgl. Fortschr. Bot. 15) besitzen, hat sich deren Untersuchung sehr stark ausgedehnt, und die Wendung des Interesses der biologischen Strahlenforschung von rein physikalischen Gesichtspunkten zur chemischen Betrachtungsweise ist augenfällig [vgl. z. B. Gray 1954 (3), (4); oder auch Wels (2)]. Aber bereits der Ausgangspunkt des ganzen Problems, die Radiochemie des Wassers und der einfachsten Lösungen, ist noch keineswegs wirklich geklärt. So ist es nicht verwunderlich, daß die viel komplexeren Verhältnisse in Zellen und Geweben zwar in breitester Front untersucht wurden, im ganzen aber erst ein Anfang der ursächlichen Aufklärung der Strahlenwirkung erreicht worden ist. Auch die Abhängigkeit der Strahlenwirkung von den vor, während und nach der Bestrahlung herrschenden physikalischen, chemischen und biologischen Bedingungen, wie Temperatur, Anwesenheit der verschiedensten Stoffe, dem Entwicklungszustand der untersuchten Zellen und Gewebe usw., ist immer stärker Gegenstand der Forschung geworden. Auf den Stand des Problems der Strahlenwirkung bei cytologischen Vorgängen, besonders auf die im Mittelpunkt des Interesses stehende Frage nach dem Zustandekommen der Chromosomenaberrationen, kann im Rahmen dieses Berichts in diesem Jahr nur am Rande hingewiesen werden [vgl. z. B. Muller (1), (2)]. Die sich mit den Fortschritten der Kernphysik zugleich entwickelnde Technik gestattet in ständig steigendem Ausmaß die verschiedensten, immer energiereicheren Strahlensorten auf ihre Wirkung im biologischen Objekt

---

* Die Abschnitte über Dosimetrie der ionisierenden Strahlung und über die Wirkung verschiedener Strahlen auf biologische Objekte hat Herr Dr. Glubrecht, Hannover, Physikalisches Institut der Technischen Hochschule, dankenswerterweise bearbeitet. Bei dem Abschnitt über Lichtwirkungen danke ich meiner Assistentin, Fräulein Dr. Ehrenberg, für wertvolle Mithilfe.

zu untersuchen. Wir können im vorliegenden Bericht auch hierauf nur hinweisen und nur grundlegende Fragen der Dosimetrie und der unterschiedlichen Wirkung verschiedener Strahlensorten auf den Organismus berücksichtigen. Die Arbeiten über Ultrakurz- und Mikrowellen, sowie die über Energietransport können ebenfalls erst im nächsten Bericht gebracht werden.

Von den verschiedenen, in der Berichtszeit erschienenen Zusammenfassungen muß an erster Stelle die von HOLLAENDER herausgegebene „Radiation Biology" erwähnt werden, deren erster, in zwei Bänden (1954) erschienener Teil sich mit der energiereichen Strahlung befaßt; auf die Einzelarbeiten dieses Buches wird noch an verschiedenen Stellen hinzuweisen sein. Der eben erschienene zweite Teil (1955) über ultraviolette Strahlen kann erst im nächsten Bericht besprochen werden. Weiterhin sei vor allem auf DESSAUERs „Quantenbiologie" (1) hingewiesen, der Bekanntes in übersichtlicher Weise zusammenfaßt und darüber hinaus viele Anregungen und kritische Hinweise für die weitere Forschung gibt. Das Buch von RAJEWSKY über „Strahlendosis und Strahlenwirkung", unter besonderer Berücksichtigung der Probleme der Ganzkörperbestrahlung, mit 3000 Literaturhinweisen aus allen Gebieten der Strahlenbiologie und vielen Tabellen zur Strahlenwirkung, sei als wichtiges Nachschlagewerk besonders erwähnt. Die Beziehungen der Strahlenwirkungen zu pharmakologischen Fragen behandelt WELS (1) in einer Übersichtsdarstellung. Die Beziehungen von Strahlenwirkung und Genetik besprechen WYSS u. HAAS. Eine leicht verständlich geschriebene Einführung in die Strahlenbiologie gibt SPEAR. Für viele Fragen der Strahlenwirkungen wird das Buch über die kinetischen Grundlagen der Molekularbiologie von JOHNSON, EYRING u. POLISSAR, das sich ausführlich mit der Kinetik ionisierender Strahlung beschäftigt, aber auch die Biolumineszenzerscheinungen gründlich bespricht, herangezogen werden können. Weitere zusammenfassende Darstellungen von Teilgebieten sind in den einzelnen Abschnitten aufgeführt. Als wichtige neue Zeitschrift auf dem Gebiet der Strahlenbiologie ist auf das seit 1954 erscheinende Radiation Research hinzuweisen.

I. Wirkungen ionisierender Strahlung.

Über die Wirkungen ionisierender Strahlung liegen neben den eben genannten allgemeinen Zusammenfassungen eine ganze Reihe von Besprechungen vor. Die physikalischen Grundlagen und Prinzipien erörtern FANO (1) sowie FRANK u. PLATZMAN. Besonders sollen die Darstellungen von GRAY (3), (4) sowie DE PLAEN über die Eigenschaften und Merkmale der durch ionisierende Strahlung hervorgerufenen Schäden hervorgehoben werden. An weiteren spezielleren Zusammenfassungen seien genannt: PATT (1953) über Schutzwirkungen gegen ionisierende Strahlung und ORD u. STOCKEN über die Röntgenstrahlenwirkungen auf den Kohlenhydratstoffwechsel. Auf verschiedene Arbeiten bei BUTLER u. RANDALL über ionisierende Strahlenwirkungen wird verwiesen. Erwähnt sei wenigstens noch das Symposium über die Strahlenwirkung auf die Embryonalentwicklung, besonders bei Tieren, sowie das Symposium über Chromosomenbrüche mit vielen Einzelergebnissen über die Wirkung ionisierender Strahlung.

1. Allgemeine Grundlagen.
a) Dosimetrie ionisierender Strahlen.

In den meisten Arbeiten, die sich mit der Dosimetrie ionisierender Strahlen beschäftigen oder in denen die Dosismessung für einen bestimmten Anwendungsfall genauer diskutiert wird, macht sich das Bestreben bemerkbar, die Dosisangaben in Energieeinheiten zu geben (vgl. die zusammenfassenden Arbeiten: FANO (2); MARINELLI; MARINELLI u. TAYLOR; RAJEWSKY). Die Ursache dafür liegt 1. in dem Bedürfnis, die Angabe der Dosiswerte nicht von vornherein auf einen bestimmten Wirkungsmechanismus (direkte oder indirekte Strahlenwirkung) abzustimmen, 2. in der zunehmenden Anwendung sehr verschiedener Strahlenarten (γ-Strahlen über 3 MeV, Elektronen von 100 eV bis 300 MeV, thermischer, langsamer und schneller Neutronen, Kerne verschiedener Ladung, Masse und Energie), für welche die bei Röntgen- bzw. γ-Strahlen von 20 keV bis etwa 3 MeV benutzte r-Einheit nicht mehr anwendbar ist. Die Umrechnung der r-Einheit, die außer für den genannten Strahlenbereich auch für Elektronen mittlerer Geschwindigkeit verwendet werden kann, in pro Masseneinheit abgegebene Energie ist für die meisten biologisch wichtigen Substanzen ziemlich genau möglich (vgl. z. B. JAEGER; MARINELLI), 1 r entspricht 83,8 erg/g in Luft und 93 erg/g in Wasser. Bei γ-Strahlen und Elektronen mit Energieen über 3 MeV treten zunehmend Schwierigkeiten durch die wachsende Reichweite der Elektronen auf, wenn die Dosismessung nach der BRAGG-GRAYschen Bedingung durch Bestimmung der Ionisation in einem kleinen luftgefüllten Hohlraum erfolgen soll [GLOCKER (1), (3); CORMACK u. JOHNS]. Es werden deshalb Dosismeßverfahren auf Grund chemischer Reaktionen in Flüssigkeiten vorgeschlagen (MINDER; HART u. WALSH; CORMACK u. Mitarbeiter). Besonders bewährt hat sich die Dosismessung mit Hilfe der Fluorescenzlichtemission organischer Kristalle [GLOCKER (2)]. Ein standardisiertes Dosismeßverfahren für sehr harte β- und γ-Strahlen, wie sie vor allem beim Betatron auftreten, besteht jedoch noch nicht. Die Angabe der Dosiswerte erfolgt zum Teil noch in r, gelegentlich auch schon in rep bzw. in rad (vgl. z. B. RAJEWSKY). Dabei ist 1 rep bzw. 1 rad unabhängig von der Strahlenart als absorbierte Dosis von 83 bzw. 100 erg/g definiert.

Zur Erreichung einer bestimmten biologischen Wirkung W sind je nach der Art der verwendeten Strahlung verschiedene Dosiswerte (gemessen in rep oder rad) erforderlich. Um diesen Unterschieden gerecht zu werden, wird zum Teil die Einheit 1 rem verwendet. Sie bezeichnet diejenige Menge einer ionisierenden Strahlung, die die gleiche Wirkung hervorbringt wie 1 r Röntgenstrahlen von etwa 250 kV Erzeugungsspannung (RAJEWSKY u. a.). Sehr viel weitgehender hat sich der Begriff der relativen biologischen Wirksamkeit (RBW) durchgesetzt. Die RBW einer Strahlenart A ist definiert als das Verhältnis der Wirkung der Strahlenart A zu der der Röntgenstrahlen für die Erzielung der Wirkung W (RAJEWSKY u. a.). Beide Strahlendosen müssen dabei in der gleichen Einheit, am besten in rad, gemessen werden. Die RBW entspricht damit dem Verhältnis der in rem angegebenen Dosis zu dem rep-Wert der gleichen Dosis. In englischen und amerikanischen Arbeiten wird entsprechend der Begriff RBE (relative biological effectiveness) verwendet, der jedoch nicht immer der oben angeführten Definition entspricht, vielmehr oft nur im Sinne einer qualitativen Kennzeichnung der Wirkung verschiedener Strahlenarten benutzt wird. Die Werte der RBW für harte γ- und β-Strahlen weichen im allgemeinen nicht sehr von 1 ab, bei Neutronen, Protonen und α-Strahlen liegen sie jedoch durchweg höher. Es besteht also ein gewisser Zusammenhang zwischen RBW und Ionisierungsdichte. Diese Beziehungen kommen besser zum Ausdruck, wenn man statt der Ionisierungsdichte (Zahl der Ionenpaare je Längeneinheit der Bahnspur) den linearen Energieübertragungsfaktor angibt, d. h. die je Längeneinheit abgegebene Energie dividiert durch die

Dichte des durchstrahlten Mediums (englisch: Linear Energy Transfer, abgekürzt LET) [vgl. dazu ZIRKLE; FANO (3); POLLARD]. Im allgemeinen nimmt die RBW mit steigendem LET-Wert zu; Näheres unten in Abschnitt 3a, S. 425).

Größere Schwierigkeiten bestehen für die Angabe der Dosis, wenn mit Neutronen gearbeitet wird. MOYER gibt in einer zusammenfassenden Darstellung einen Überblick über die Fragen der Primärwirkung und der Dosimetrie bei Einwirkung von Neutronen auf lebendes Gewebe. Da die Neutronen Energie nur auf dem Wege von Kernreaktionen abgeben können, ist die biologische Wirkung einer Neutronenstrahlung sehr stark von der Art und der Häufigkeit der in bestrahlten Objekten vorhandenen Kernarten abhängig und schwankt sehr bei den verschiedenen Objekten. Außerdem besteht eine viel größere Abhängigkeit von der Energie der Neutronenstrahlung, als dies etwa bei Röntgen- und γ-Strahlung der Fall ist. Thermische Neutronen (Energie um 0,025 eV) übertragen ihre Energie fast ausschließlich über Einfangreaktionen mit H- und N-Kernen. Bei Neutronen höherer Energie (1—20 MeV) herrschen elastische Zusammenstöße vor allem mit H-Kernen vor. Bei Neutronen von 100 MeV ist die Wahrscheinlichkeit für unelastische Zusammenstöße mit den verschiedensten Kernen bereits ebenso groß wie die für elastische Stoßprozesse. Die Verhältnisse werden dadurch kompliziert, daß 1. bei nicht zu geringer Dicke der bestrahlten Objekte die Neutronenenergie sich in der durchstrahlten Schicht ändert, insbesondere ein großer Teil der Neutronen thermisch wird, und 2. von vornherein die Erzeugung von Neutronen mit einem einheitlichen Energiespektrum Schwierigkeiten bereitet (HARRIS). Dieser zweite Punkt spielt eine besondere Rolle bei den Neutronen, die bei einer Atombombenexplosion emittiert werden (SHEPPARD u. DARDEN). Der Anteil schneller Neutronen, der in einem Strom thermischer Neutronen enthalten ist, wird im allgemeinen durch das „Cadmium-Verhältnis" gekennzeichnet, d. h. durch einen Bruch, der angibt, welcher Anteil der Neutronen eine bestimmte Cd-Folie, die als Absorber für thermische Neutronen dient, durchdringt. Dosisangaben für Neutronen in rep oder rad sind aus den genannten Gründen sehr unsicher, und die Werte für die RBW von Neutronen verschiedener Energie schwanken zwischen 0,4 und 14. Für schnelle Neutronen wird in der amerikanischen Literatur teilweise die Einheit 1n verwendet. Sie bezeichnet die Menge schneller Neutronen, die in einem 100 r-Victoreen-Dosimeter die gleiche Ionisation hervorruft wie 1 r Röntgenstrahlen, und entspricht etwa 2—2,5 rep (RAJEWSKY).

b) Radiochemie des Wassers.

Eine etwas genauere Besprechung der Untersuchungen über die Radiochemie des Wassers ist vor allem deshalb wichtig, weil diese Ergebnisse die Grundlage für das Verständnis der durch ionisierende Strahlungen hervorgerufenen indirekten Strahlungseffekte darstellen. Schon seit längerem sind eine Reihe von Tatsachen aufgefallen, die es zu erklären gilt (vgl. Fortschr. Bot. 15). Es sei nur daran erinnert, daß die Wasserzersetzung bei Röntgen-, γ- und β-Strahlen in starkem Ausmaß vom Sauerstoffgehalt des Wassers abhängt — völlig reines O_2-freies Wasser ist infolgedessen gegen Röntgenstrahlen sehr stabil — und daß demgegenüber die Ausbeute der Wasserzersetzung bei α-Strahlen vom Sauerstoff praktisch unabhängig ist. Seit einigen Jahren ist nun auf Grund der Untersuchungen von WEISS und der Vorstellungen von LEA [vgl. auch DESSAUER (1)] die allgemein angenommene Ansicht entwickelt worden, daß bei der Bestrahlung des Wassers eine Ionisation der Wassermoleküle zustande kommt und unter Dissoziation des H_2O freie Radikale gebildet werden:

$$H_2O^+ \rightarrow OH + H^+ \qquad (R_1) \quad (1)$$
$$e + H_2O \rightarrow OH^- + H \qquad (R_2) \quad (2)$$

In den letzten Jahren wurde dann aber von ALLEN (1), sowie von A. O. ALLEN u. Mitarbeitern (1952) festgestellt, daß bei der Wasserzersetzung auch immer mit den Molekularprodukten H_2 und H_2O_2 zu rechnen ist, deren Ausbeute sich vermindert, wenn die Ionendichte der Strahlung abnimmt, so daß man die chemische

Wirkung von Strahlungen auf Wasser durch die folgenden beiden Gleichungen darstellen kann:

$$H_2O \to H + OH \qquad (R) \quad (3)$$
$$2 H_2O \to H_2 + H_2O_2 \qquad (M) \quad (4)$$

Die Molekularprodukte H_2 und H_2O_2 können durch die H-Atome und OH-Radikale in einer Rückreaktion in Wasser zurückverwandelt werden:

$$H + H_2O_2 \to H_2O + OH \qquad (5)$$
$$OH + H_2 \to H_2O + H \qquad (6)$$
$$H + OH \to H_2O \qquad (7)$$

A. O. ALLEN u. Mitarbeiter (1952) sowie HOCHANADEL, vgl. auch DITTRICH, konnten die Reaktionen (5)—(7) bestätigen. Durch die angegebenen Mechanismen wird die geringe Ausbeute der Radiolyse ganz reinen Wassers durch energiereiche Röntgen- und γ-Strahlung verständlich. SAMUEL u. MAGEE stellten ein einfaches Radikaldiffusionsmodell auf, das die bisherigen Ergebnisse berücksichtigt. In diesem Modell wurde die Annahme gemacht, daß die Radikale in unmittelbarer Nachbarschaft der Ausgangsionisationen entstehen und von dort diffundieren. Hierbei sollen wegen der herrschenden Coulomb-Kräfte entgegen LEA (vgl. R_1 und R_2) die im H_2O entstandenen Elektronen von den Elternionen wieder eingefangen werden. Ergebnisse von WILLIAMS u. HAMILL stützen diese Annahme. Die halbe Lebensdauer der im H_2O gebildeten Radikale wird von SMITH (4) mit rund $2—3 \times 10^{-6}$ sec angegeben. Nun sind Radikalzusammenstöße möglich: Wenn gleichartige Radikale zusammenstoßen, ergeben sich die Molekularprodukte H_2 und H_2O_2, wenn ungleiche kollidieren, entsteht Wasser. LEA hielt die Kombination von zwei OH-Radikalen auf Grund der Photolyse von H_2O_2 für unmöglich. Deshalb nahmen SAMUEL u. MAGEE ein mit H_2O_2 isomeres Zwischenprodukt an. Soweit die Radikale nicht kollidieren und nicht in den Reaktionen (5) und (6) verbraucht werden, erscheinen sie in Gleichung (3). Wegen der viel größeren Ionisationsdichte bei α-Strahlen sind hier die Rekombinationen viel häufiger, Gleichung (R) tritt gegenüber (M) zurück. Unter Berücksichtigung dieser Vorstellungen wurden von HART (1) Versuche zur Messung der Ausbeuten der Primärreaktionen (R) und (M) derart vorgenommen, daß durch Zugabe geeigneter Substanzen die Reaktionen (5) bis (7) verhindert wurden. Die Molekularprodukte (M) wurden durch Ameisensäure und O_2 im Überschuß geschützt; dann ließ sich mit Hilfe der eintretenden Oxydation der Ameisensäure, sowie der H_2-Anreicherung die H_2- bzw. H_2O_2-Ausbeute bestimmen. Diese Versuche wurden von HART (2) unter Verwendung von verschiedenen Strahlensorten ($^{60}Co\ \gamma$; $^{210}Po\ \alpha$-Strahlen usw.) in sorgfältigen Messungen erweitert. Die Ergebnisse stützen im wesentlichen die Modellvorstellungen von SAMUEL u. MAGEE. Aus der Tabelle folgt unmittelbar der große Unterschied zwischen γ- und β-Strahlen einerseits und α-Strahlen andererseits. Der Einfluß

Ausbeute an Radikalpaaren (R) und Molekularprodukten (M) in $0.8n\ H_2SO_4$; nach HART (2).

Strahlensorten	Reaktion (R) %	Reaktion (M) %
UV < 2000 Å	100	0
$^{60}Co\ \gamma$	74,4	22,6
$^{3}H\ \beta$	70	30
$^{210}Po\ \alpha$	12	88
$^{10}B\ (n, \alpha)\ ^7Li$	8	92

vom Sauerstoff dürfte, wie zu erwarten, vor allem die Aktivität des H-Atoms, also im wesentlichen bei γ- und β-Strahlen, reduzieren, dabei das hochwirksame HO_2-Radikal bilden und schließlich den Peroxydgehalt erhöhen:

$$2 H + 2 O_2 \to 2 HO_2 \qquad (8)$$
$$HO_2 + HO_2 \to H_2O_2 + O_2 \qquad (9)$$

Bei Abwesenheit von Luft werden dagegen alle peroxydempfindlichen Systeme eine starke Abhängigkeit von der Masse und Energie des ionisierenden Partikels aufweisen. Die Größe des Effekts ist nach HART aus dem Anteil der Reaktion (M) zu ersehen.

Das bisher Dargestellte kann aber nur ungefähre, erste Anhaltspunkte für ein wirkliches Verständnis der Radiolyse des Wassers geben, da die Verhältnisse komplizierter liegen, wie DEWHURST, SAMUEL u. MAGEE ausführlich zeigen: Es muß die unterschiedliche Beweglichkeit der schnellen H-Atome gegenüber den OH-Radikalen, deren Wirkungsquerschnitt aber wahrscheinlich größer ist, im Wasser berücksichtigt werden. Ferner ist daran zu denken, daß nicht nur Ionisationen, sondern auch Anregungen von Wassermolekülen stattfinden, und schließlich sind weitere chemische Prozesse möglich. Es werden von den genannten Autoren an Stelle der symmetrisch verteilten Radikale mehrere Alternativmodelle vorgeschlagen. ALLEN (2) gelangt unter Berücksichtigung von Ausbeutemessungen bei der $FeSO_4$-Oxydation in 0,8n H_2SO_4 und von Messungen der Cer-Sulfatreduktion (DAINTON u. SUTTON; SWORSKI) zu der Annahme der folgenden zusätzlichen Reaktion:

$$2\ H_2O \rightarrow H + H + H_2O_2 \qquad (E)\ (10)$$

ALLEN berechnet mit Hilfe aller verfügbaren Daten auf Grund der drei Reaktionen R, M und E die Ausbeuten bei den verschiedenen Strahlenarten neu und gelangt zum Teil zu recht brauchbaren Ergebnissen. Die Messungen von HART sprechen allerdings gegen eine wesentliche Beteiligung von E. Mit Hilfe von reichem Versuchsmaterial zeigt ROWBOTTOM, daß es bei den verschiedenen untersuchten wäßrigen Lösungen offensichtlich zwei Gruppen mit recht unterschiedlicher Radikalausbeute gibt. Bei der einen Gruppe soll die Radikalbildung durch Ionisation, bei der anderen durch Anregung der bestrahlten H_2O-Moleküle, also in Übereinstimmung mit dem neuen Modell von DEWHURST u. Mitarbeitern zustande kommen. Schließlich haben GHORMLEY u. HOCHANADEL eine genauere, gleichzeitige Untersuchung der Ausbeuten an H_2 und H_2O_2 in mit O_2 gesättigtem und O_2 durchperltem, kaliumbromidhaltigem Wasser bei γ-Bestrahlung vorgenommen und durch Nachweis des Vorhandenseins von Sekundärreaktionen die Anfangsausbeute an H_2 und H_2O_2 noch genauer bestimmt und mit den Annahmen von ALLEN (2) verglichen, die nicht in allen Punkten bestätigt werden konnten. Trotz vieler, sorgfältiger Untersuchungen und trotz der relativen Einfachheit des Systems sind wir also von einer gut fundierten Theorie der Strahlenchemie des Wassers noch weit entfernt (ALLEN). Nichtsdestoweniger sind die vorläufigen Modelle und Resultate für das Verständnis jeder Strahlenwirkung in biologischen Systemen völlig unentbehrlich und bilden die Grundlage jeder Deutung der indirekten Strahlenwirkung ionisierender Strahlung (vgl. S. 432).

2. Abbau biologisch wichtiger Stoffe durch ionisierende Strahlung.

a) Strahlenwirkung in Lösungen.

Auf Grund der vorhergehenden Erörterung der Radiochemie des Wassers sind bei dem Abbau von organischen Verbindungen in verdünnten Lösungen durch ionisierende Strahlungen aller Art infolge der durch die H_2O-Bestrahlung gebildeten Radikale und deren Folgeprodukte sehr mannigfaltige Wirkungen zu erwarten [vgl. Fortschr. Bot. **15**; GRAY (1), (2), (3); BARRON (1); DALE]. Auf die Bedeutung der freien Radikale bei den durch Strahlung hervorgerufenen Reaktionen in wäßrigen Lösungen hat BARRON (2) im Zusammenhang hingewiesen.

Verschiedene organische Verbindungen. Zunächst mögen einige neue Beispiele für den Abbau von einfachen organischen Verbindungen gegeben werden. Auf den Abbau von Ameisensäure durch verschiedene (Röntgen-, γ-, β-, α-) Strahlen wurde oben schon hingewiesen [HART (1), (2)]. Es entstehen bei O_2-Gegenwart H_2O_2, H_2 und CO_2. Den Abbau von Essigsäure bei Beschuß mit 35 MeV-Heliumionen untersuchten GARRISON u. Mitarbeiter (1953, 1954). Hier tritt eine Vielzahl von Reaktionen mit einer ganzen Reihe von chromatographisch festgestellten Abbauprodukten, darunter Bernsteinsäure und Tricarballylsäure, auch Malonsäure, Äpfelsäure und Citronensäure auf. Bei dem durch Röntgenstrahlen hervorgerufenen anaeroben Abbau von wäßrigen Glycinlösungen wurden neun verschiedene Produkte gefunden, die noch nicht alle identifiziert werden konnten und deren Entstehung auch unter Berücksichtigung der verschiedenen oben diskutierten radiochemischen Prozesse noch nicht ganz durchschaubar ist [MAXWELL u. Mitarbeiter (1), (2)]. Auch WHITE fand bei dem Vergleich des Abbaus von Glycin in 0,05 m H_2SO_4 durch Röntgenstrahlen mit dem durch 140 kV-Elektronen qualitativ die gleichen vielfältigen Abbauprodukte. Hier traten bei Luftgegenwart außerdem relativ langsam ablaufende Nachwirkungen auf — wie z.B. die Oxydation von gebildeter Glyoxalsäure durch H_2O_2 unter Bildung von Ameisensäure. Dieser Nacheffekt ist temperaturabhängig und verläuft bei $-72°$ C wesentlich langsamer. Viele andere Ergebnisse, besonders solche in organischen Lösungsmitteln, müssen hier außer acht bleiben; erörtert sei nur noch, daß in einer weiteren Reihe von Untersuchungen durch Bestrahlung auch verschiedenartige Polymerisationsvorgänge festgestellt werden konnten (ALEXANDER; HENGLEIN u. SCHULZ; PATRICK u. BURTON; SCHULZ u. Mitarbeiter).

Proteine und Enzyme. Nach dem Vorangehenden ist es verständlich, daß auch bei Proteinen zahlreiche Radikalwirkungen in Lösungen auftreten müssen. Trotzdem ist es auffällig, daß z. B. Diphtherietoxin (LUNDHOLM u. EHRENBERG) gegen Röntgenstrahlung relativ unempfindlich ist; denn bestimmte Proteineigenschaften, hier die Präcipitierbarkeit, werden bei hohen Dosen fast überhaupt nicht geändert. Bei Dosen zwischen 500 und 3000 r wird der Titer allerdings, vielleicht durch Änderung der Größe oder der Ladung des Toxins, gesenkt. Auch SMITH (4) fand bei der Untersuchung monomolekularer Proteinfilme (Katalase und Rinderserumalbumin) erst bei 10^5 r eine geringe Schädigung. Alkoholdehydrase in H_2O verdünnt, wurde dagegen durch Röntgenstrahlen relativ leicht inaktiviert (BARRON u. JOHNSON). KEPP u. MICHEL untersuchten die Wirkung von Röntgenstrahlen auf wäßrige Proteinlösungen elektrophoretisch. β-Globuline erwiesen sich als recht empfindlich. Bei Bestrahlung von $\beta + \gamma$-Globulinen trat eine neue, dritte Komponente mit vermehrter negativer Ladung auf; da Cystein eine erhebliche Schutzwirkung hatte, soll auch hier die Strahlenwirkung indirekt erfolgen. Weiterhin wurde angenommen, daß es infolge der Bestrahlung durch Lösung intramolekularer Bindungen zu Wechselwirkungen zwischen den verschiedenen Proteinen in der Lösung kommt, wodurch neue intermolekulare Bindungen und damit neue Proteinkomponenten gebildet werden können.

Schließlich berichtet DESSAUER (2) über Bestrahlungsreaktionen an hochverdünnten Eiweißlösungen (0,1 bis 1°/$_{00}$), bei denen als Bestrahlungsfolge nach längerer Latenzzeit in BROWNscher Molekularbewegung befindliche Teilchen auftraten. Diese Koagulationen nahmen bei fortlaufender Röntgenbestrahlung rhythmisch mit großen Maxima und Minima langsam zu. Die Reaktion war für Röntgenstrahlen, Kathodenstrahlen, UV und Wärme die gleiche. Auch bei zeitlich begrenzter Strahlung traten rhythmisch verlaufende Koagulationen, in diesem Fall abnehmender Intensität, auf. Es wird vermutet, daß ein antagonistischer Vorgang durch die Koagulation in Gang gesetzt wird.

Nucleinsäuren. Die Empfindlichkeit von im Wasser gelösten Desoxyribose-Nucleoproteinen (DNS-Proteinen) aus Zellkernen wurden von BERNSTEIN (vgl. BERNSTEIN u. MAZIA) gemessen. Mit Röntgendosen von 250 bis 5000 r zeigte sich kein unmittelbarer Effekt; erst nach mehrstündigem Stehenlassen ergab sich proportional zur Dosis ein Abfall der Strukturviscosität. In 1,0 m NaCl dissoziierte das DNS-Protein in den DNS- und den Proteinanteil. Unter diesen Bedingungen konnte die Viscosität der DNS nach Röntgenbestrahlung allein gemessen werden: es war kein Einfluß festzustellen. Hieraus wurde gefolgert, daß die Senkung der Strukturviscosität der DNS-Proteine vorwiegend durch den Proteinanteil des Gesamtsystems hervorgerufen wird. Auf die im Gegensatz zu diesen Ergebnissen stehenden Versuche von DANIELS u. Mitarbeitern wird gleich einzugehen sein. Zunächst wurden die bei Röntgenbestrahlung von NS sich abspielenden

Vorgänge mit 0,05% Lösungen an Nucleosiden, Nucleotiden, sowie eingehender an Ribonucleinsäure (RNS) und DNS von SCHOLES u. WEISS (1), (2) untersucht und eine ganze Reihe von Effekten festgestellt. Bei höheren Dosen ($1—20 \times 10^4$ r) entsteht sowohl bei RNS und DNS als auch bei Adenin u. a. Ammoniak. Seine Ausbeute steigt proportional zur Dosis, sie ist im Vakuum und bei Ausschluß von Sauerstoff aber wesentlich geringer: die oxydativen Radikale (bei $+ O_2$ vorwiegend HO_2, vgl. unten) verändern die konstituierenden Basen. Die Ausbeute von gleichfalls gebildetem anorganischem Phosphat hängt ebenso vom Sauerstoffgehalt ab; aber hier erniedrigt Sauerstoff die Phosphatentstehung, die übrigens bereits in Hefeadenylsäurelösungen bei 2000 r meßbar ist. Es ergaben sich Unterschiede zwischen DNS und Adenylsäure (AS) (empfindlicher gegen H-Atome) gegenüber RNS (H-Atome und oxydative Radikale waren bei der Dephosphorylierung gleich wirksam). Die als Viscositätsabfall festgestellte Nachwirkung der Röntgenstrahlung auf DNS (DANIELS u. Mitarbeiter) soll durch schwache Hydrolyse labiler Phosphatester, aber auch durch die wegen der Freisetzung von Aminogruppen aus den Basen bedingte Verringerung der Anzahl vorhandener H-Brücken bewirkt werden.

Um von einer anderen Seite her die Bestrahlungseffekte auf NS-, Purin- und Pyrimidinlösungen festzustellen, untersuchten BARRON u. Mitarbeiter das UV-Absorptionsspektrum, weil zu erwarten ist, daß die sich bei Wasserbestrahlung bildenden Radikale die wesentlichen Oxydoreaktionen an den Doppelbindungen der Purin- und Pyrimidinkerne der NS vollziehen. Sie fanden, daß bei allen NS, Purinen und Pyrimidinen und auch bei Diphosphopyridinnucleotid (DPN) durch Röntgenstrahlung die UV-Absorption besonders bei 260 mµ proportional zur Dosis vermindert wird. Kein Effekt trat ein, wenn die Konzentration von NS hoch war. DPNH wurde bei O_2-Gegenwart proportional zur Dosis reversibel oxydiert (Verschwinden der Absorption bei 340 mµ). Bei fehlendem O_2 stieg die Absorption von bestrahltem DPN bei dieser Wellenlänge in Gegenwart von Äthanol oder Milchsäure an. Damit werden Ergebnisse von SWALLOW über die Reduktion von DPN durch freie Radikale bei Röntgenbestrahlung bestätigt. In diesem Fall sollen im Wasser gebildete OH-Radikale mit dem Alkohol unter Bildung neuer Radikale (CH_3CHOH) reagieren und die letztgenannten die DPN-Reduktion durchführen.

b) Einfluß von Sauerstoff und Chemikalien.

Sauerstoff. Die Wirkung des Sauerstoffs bei der Bestrahlung von wäßrigen Lösungen ist in letzter Zeit viel untersucht und diskutiert worden. An erster Stelle steht die Bildung von HO_2-Radikalen gemäß $O_2 + H \rightarrow HO_2$ sowie $HO_2 + HO_2 \rightarrow H_2O_2 + O_2$. Auch die folgende Reaktion wird vorgeschlagen: $H + O_2 \rightarrow HO_2$; $HO_2 + H \rightarrow H_2O_2$. HO_2 ist als besonders wirksames Radikal anzusehen, es benötigt eine viel geringere Aktivierungsenergie als O_2 zum Einfangen von Elektronen, es ist ein sehr aktives Zwischenprodukt und kann zur Bildung von Kettenreaktionen Veranlassung geben [HOCHANADEL; DEWHURST u. Mitarbeiter; HART (2); ALLEN (2); BARRON (2); sowie weitere Hinweise bei MINDER u. SCHÖN, DALE und PATT]. GRAY (1), (3) gab das folgende Schema über den Einfluß des Sauerstoffs auf die Radikalbildung bei Bestrahlung (Abb. 73). Die Bedeutung der einzelnen Radikale OH, HO_2 sowie von H_2O_2 läßt sich durch geeignete Messungen einigermaßen abschätzen; eine Bestimmung der Wirkung ohne Sauerstoff ergibt den Anteil der OH-Radikale; bei Sauerstoffgegenwart wird der Gesamteffekt bestimmt; bei Gegenwart von Katalase wird H_2O_2 zerstört. Falls durch Radikalreaktionen, z. B. durch OH-Radikale, in Gegenwart von organischen Substanzen wie Ameisensäure weitere sekundäre Radikale gebildet werden, können verschiedene Folgereaktionen eintreten [HART (2)]:

$$H + O_2 \rightarrow HO_2$$
$$OH + HCOOH \rightarrow H_2O + HCOO$$
$$O_2 + HCOO \rightarrow HO_2 + CO_2$$
$$HO_2 + HO_2 \rightarrow H_2O_2 + O_2$$

Die Annahme derartiger Reaktionen dürfte in Zukunft eine Voraussetzung für das Verständnis jeder biologischen Strahlenwirkung darstellen.

Schließlich sei nochmals darauf hingewiesen (vgl. Fortschr. Bot. **15**, sowie die oben genannten Arbeiten), daß sich die O_2-Zufuhr während der Bestrahlung infolge der unterschiedlichen Ionisationsdichte (besser: des unterschiedlichen LET, vgl. S. 429) und der damit zusammenhängenden unterschiedlichen Rekombination und Neukombination der Radikale bei α-Strahlen am wenigsten, stärker bei Neutronen und am meisten bei Röntgen-, γ- und β-Strahlen bemerkbar machen muß. Bei Röntgenstrahlen erhöht Sauerstoff die Strahlenwirkung vielfach, wenngleich nicht immer. SCHOLES u. WEISS (1), (2) stellten die Abhängigkeit der Amoniakentwicklung vom O_2-Gehalt bei der Röntgenbestrahlung von RNS fest. Die Bildung von anorganischem Phosphat beim Abbau von NS war dagegen nur zum Teil vom O_2 abhängig. Bei Bestrahlung von AS-Lösungen erniedrigte Sauerstoff hier sogar die Phosphatausbeute. BARRON u. Mitarbeiter erhielten bei der Untersuchung der Absorptionsabnahme von Purinen und Pyrimidinen durch

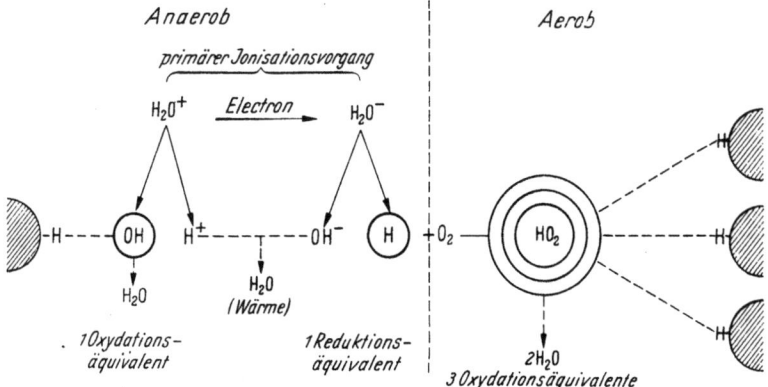

Abb. 73. Schematische Darstellung des Einflusses von gelöstem molekularem Sauerstoff auf die Strahlenempfindlichkeit. [Nach GRAY: Brit. J. Radiol. **26**, 609 (1953).]

Röntgenbestrahlung eine große Sauerstoffwirkung. Auch auf die Desaminierung von verdünnten Aminosäurelösungen hat gelöster Sauerstoff einen erheblichen Einfluß [BARRON (2)]. GRAY, CONGER u. Mitarbeiter berichten, unter anderem ebenfalls bei Modellsubstanzen (10^{-3} M Eisenammoniumsulfatlösungen), sowohl bei α- als auch bei Röntgen-Bestrahlung über einen erheblichen Sauerstoffeffekt. Er kann aber auch bei Bestrahlung wäßriger Lösungen völlig fehlen: Fe^{++}-Cytochrome werden durch Röntgenstrahlung leicht oxydiert. Der Grad der Oxydation ist aber in Gegenwart und Abwesenheit von Sauerstoff, wie BARRON (2) auf Grund früherer Messungen nochmals betont, völlig gleich. Hier kann also der indirekte Effekt ionisierender Strahlung von der direkten Strahlenwirkung nicht unterschieden werden; trotzdem war auch in diesem Fall die Strahlenwirkung offenbar durch Radikale (OH) bedingt und damit indirekter Natur, wie sich durch den Einfluß von verschiedenen zugegebenen Redoxsystemen nachweisen ließ. Auch bei dem Ribonucleaseabbau durch Röntgenstrahlung sind, wie PATT zusammenfassend berichtet, vorwiegend OH-Radikale beteiligt (kein O_2-Effekt; keine H_2O_2-Inaktivierung; kein Schutz durch Katalase). Gelegentlich treten auch nach Bestrahlung von gelösten Substanzen noch Abbauprozesse und andere Nacheffekte auf, die in ihrem Verlauf durch O_2-Gegenwart verändert werden [Viscositätsabfall von NS; SCHOLES u. WEISS (2); DANIELS u. Mitarbeiter; CONWAY u. BUTLER (1), (2); WALL u. MAGAT].

Chemikalien. In steigendem Maße werden die die Strahlenwirkung herabsetzenden „Schutzstoffe" bei Modellsubstanzen geprüft, um festzustellen, ob gegenüber einer komplexen, stoffwechselphysiologischen Wirkung eine relativ einfache chemische oder physikalisch-chemische Beeinflussung der Strahlenwirkung vorliegt. Auch wenn die Strahlenschäden durch Radikale bedingt sind, deren

Wirkung durch Schutzstoffe beeinflußbar ist, muß eine Reduktion der Strahlenwirkung in vitro möglich sein. ALEXANDER untersuchte bei einem p_H-Wert von 7 und O_2-Gegenwart den Abbau von 0,025% Polymethacrylsäure durch Röntgenstrahlung (1000 r). Mit Allylthioharnstoff (10^{-4} m) wurde ein erheblicher Schutz erzielt; gute Schutzwirkung hatten auch Thioharnstoff, Natriumthiosulfat, NaN_3, sowie KCN; sogar Methanol, Methylamin, Tryptamin und Glucose setzten die Strahlenwirkung etwas herab. Die durch Röntgenstrahlen bei O_2-Abwesenheit in Gang gebrachte Polymerisation wurde durch Tryptamin und Allylthioharnstoff dagegen nicht beeinflußt. Es wurde daher angenommen, daß H-Atome und OH-Radikale selbst den Abbau nicht vollziehen, sondern daß hierfür HO_2-Radikale erforderlich sind. MINDER u. SCHOEN untersuchten die Schutzwirkung verschiedener Substanzen bei der durch Röntgenbestrahlung entstehenden Entfärbung von Methylenblau. Schon bei geringer Konzentration des Schutzstoffes (Äthylalkohol, Glycin, Glykol usw.) war eine deutliche, starke Verringerung der Strahlenwirkung festzustellen. Auf Grund der Konzentrationsabhängigkeit, der Strahlenausbeute und der unregelmäßigen Abhängigkeit vom Molekulargewicht des Schutzstoffes läßt sich aber schließen, daß die zunächst einfach erscheinende Reaktion der Methylenblauentfärbung durch Röntgenstrahlung ein sehr komplexer Vorgang ist und daß die verschiedenen Schutzstoffe offenbar an verschiedenen Stellen des chemischen Reaktionsablaufes eingreifen können.

Weitere Untersuchungen wurden an Enzymen vorgenommen. BARRON u. JOHNSON fanden beim Abbau von Alkoholdehydrase in H_2O durch Glutathionzugabe vor der Röntgenbestrahlung einen vollständigen Schutz. Im Anschluß an Bestrahlung gegeben, gewährte das Glutathion nur noch geringen Schutz. Es wird eine Verringerung der durch Radikale bewirkten Oxydation von SH-Gruppen als Ursache der Glutathionwirkung angesehen. PATT betont jedoch, daß Glutathion auch auf Enzyme ohne für die Enzymwirkung wichtige Sulfhydrylgruppen (z. B. Ribonuclease) eine Schutzwirkung ausübt. Thioharnstoff schützt ebenso wie Cystein Nucleoprotein vor dem Abbau in Lösungen. Die angeführten Beispiele zeigen also deutlich, daß bereits in vitro an einfachen gelösten Systemen vielfach eine Verringerung der Strahlenwirkung durch bestimmte Schutzstoffe möglich ist. Die Erklärung der Schutzwirkung bietet aber teilweise noch erhebliche Schwierigkeiten (Erklärungsversuche vgl. Fortschr. Bot. 15, S. 182 f.).

c) Bestrahlung getrockneter Proteine und Enzyme.

Direkte Strahlenwirkung. Wenn getrocknetes Material (z. B. Proteine, NS oder Enzyme) in Luft, besser in inerten Gasen oder im Vakuum, bestrahlt wird, so kann hier die direkte Strahlenwirkung auf die bestrahlten Makromoleküle an Hand der nach Bestrahlung in Lösung noch vorhandenen Enzymaktivität oder der serologischen Aktivität untersucht werden. In einer sehr lesenswerten, kritischen Zusammenfassung betont POLLARD, daß in solchen Versuchen bei Deuteronen- und Elektronenstrahlen infolge des Beschusses des Materials mit zufallsmäßig verteilten Projektilen eine logarithmische Abhängigkeit von der Strahlendosis gefunden worden ist. Man kann dann z. B. für Deuteronen einen Wirkungsquerschnitt je Partikel (S) durch die übliche Formel $\ln n/n_0 = - SD$ angeben, wenn mit D die Dosis in Partikeln/cm² bezeichnet wird. Bei Elektronen wird infolge der unterschiedlichen Verteilung der Primärionisation zweckmäßigerweise eine etwas andere Definition gewählt. Hier gilt $\ln n/n_0 = - VI$, wo V ein Treffvolumen bedeutet und I als die Anzahl der Primärionisationen in einer Volumeneinheit angesehen wird. Aus den Werten von S und V läßt sich bei Hinzunehmen bestimmter, einfacher Annahmen je ein Wert für das Molekulargewicht der bestrahlten Moleküle gewinnen. Eine wesentliche Annahme ist dabei die, daß eine Primärionisation im fraglichen Molekül zur Inaktivierung des Moleküls führt. POLLARD bestimmte unter anderem das Molekulargewicht von Trypsin (36000) durch Deuteronenbeschuß zu 30600 und durch Elektronenbeschuß zu 34000. Bei Pepsin (36000) ergab sich durch Deuteronenbeschuß ein solches von 39000. Auf weitere ähnliche Messungen von POWELL u. POLLARD an Cytochromoxydase und Bernsteinsäuredehydrase sei hingewiesen. Hier wurde die Bestrahlung mit Deuteronen an trockenem Lysat und vergleichsweise auch an intakten Zellen von *Bacillus subtilis* mit bemerkenswert ähnlichen Ergebnissen durchgeführt. SMITH (1) bestimmte das Molekulargewicht der Desoxyribonuclease in guter Übereinstimmung mit anderweitigen Befunden. POLLARD vertritt die Meinung, daß die Ergebnisse derartiger Bestrahlung Rückschlüsse auf den Molekülaufbau dieser Enzyme zulassen. Die Zusammenhänge liegen allerdings nicht immer so einfach wie in den eben genannten Fällen von Trypsin und Pepsin. Die serologische Aktivität von Invertase folgt z. B. einer anderen, ebenfalls logarithmischen Abhängigkeit als die der enzymatischen Aktivität. Es sind also unterschiedliche Wirkungsquerschnitte vorhanden. Gelegentlich sind wesentlich kleinere Wirkungsquerschnitte gefunden worden, als dem Molekulargewicht entspricht (Beispiele bei POLLARD). Hierzu rechnet auch die in sorgfältigen Messungen gewonnene Feststellung von HUTCHINSON u. MOSBURG über die Inaktivierung von Rinderserumalbumin in monomolekularer Schicht durch Deuteronen (vgl. auch HUTCHINSON). SMITH (2), (3) fand durch Bestrahlung von DNS und anschließender Prüfung der Aktivität durch Desoxyribonuclease ein sehr viel kleineres Molekulargewicht, als bei sonst gleicher Methode von FLUKE u. Mitarbeitern festgestellt wurde. Nur erfolgte hier die Aktivitätsmessung mit dem praktisch reine DNS enthaltenden Transformationsfaktor für Pneumokokken. Das strahlenempfindliche Volumen einer Substanz ist also keineswegs konstant, sondern hängt sowohl von der verwendeten Prüfmethode als auch von den Bedingungen im Molekül selbst ab. Die Frage nach dem Wirkungsmechanismus der Primärionisation bei der Bestrahlung trockener Objekte wird deshalb wichtig. So wurde in Übereinstimmung mit APPLEYARD (vgl. Fortschr. Bot. 15) wegen des sich nach Bestrahlung nicht ändernden Absorptionsspektrums von trockenem Hämoglobin gegenüber einer raschen Änderung nach Lösung in Wasser vermutet, daß die Strahlung bestimmte Bindungen in den Molekülen des trockenen Materials so schwächt oder zerstört, daß sie im Wasser dann rasch weiter abgebaut werden können.

Temperatureinfluß. Zur weiteren Prüfung wurde nun von verschiedenen Seiten die Temperaturabhängigkeit der direkten Strahlenwirkung gemessen. Diese Frage ist aus verschiedenen Gründen wichtig, einmal weil in der ursprünglichen Treffertheorie zunächst die Annahme gemacht wurde, daß direkte Treffer von der Temperatur nicht abhängig seien, und ferner weil eine Temperaturabhängigkeit der Strahlenwirkung im lebenden Organismus gemeinhin deshalb als Kennzeichen einer indirekten Strahlenwirkung angesehen wird. SETLOW u. DOYLE (3) fanden in besonders ausführlichen Versuchen eine starke

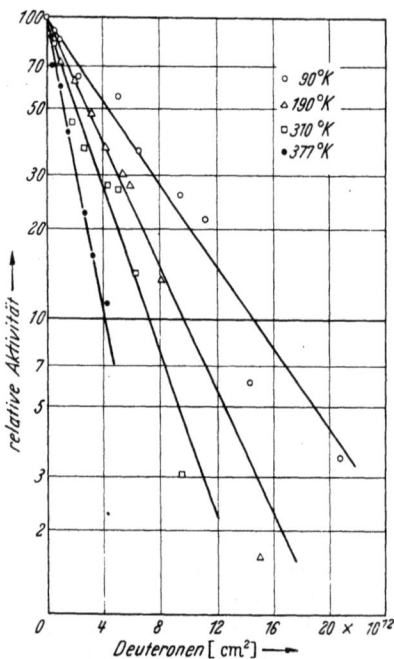

Abb. 74a. Temperaturabhängigkeit des Aktivitätsverlustes von mit Deuteronen bestrahlter, trockener Katalase.

Temperaturabhängigkeit der Strahlenwirkung bei getrockneter Katalase, die in mehreren Plateaus verläuft (Abb. 74a und b). Auch POLLARD stellte eine erhebliche Temperaturabhängigkeit des Wirkungsquerschnitts bei mit Deuteronen bestrahlter Invertase fest: Bei niedrigen Temperaturen, bis zu 200° K, soll eine langsam fallende Stabilität des Moleküls vorhanden sein, das durch eine irgendwo im Molekül erfolgende Primärionisation inaktiviert wird. Über 300° K sollen jedoch auch primäre Anregungen in der Lage sein, Inaktivierungen zu erzielen. Ganz entsprechend ist nach DESSAUER (2) daran zu denken, daß bei nicht spezifischen Absorptionsvorgängen, also z. B. bei Elektronenstrahlung gegenüber spezifischer UV-Absorption, auch kleine Energiedepots möglich sind. Hier muß dann der Energiezustand des Objekts dafür verantwortlich sein, ob überhaupt noch eine Reaktion erfolgt. Die Untersuchung der Eiweißdenaturierung (in Lösungen!) zeigte, daß in der Tat bei der UV-Bestrahlung eine viel geringere Temperaturwirkung

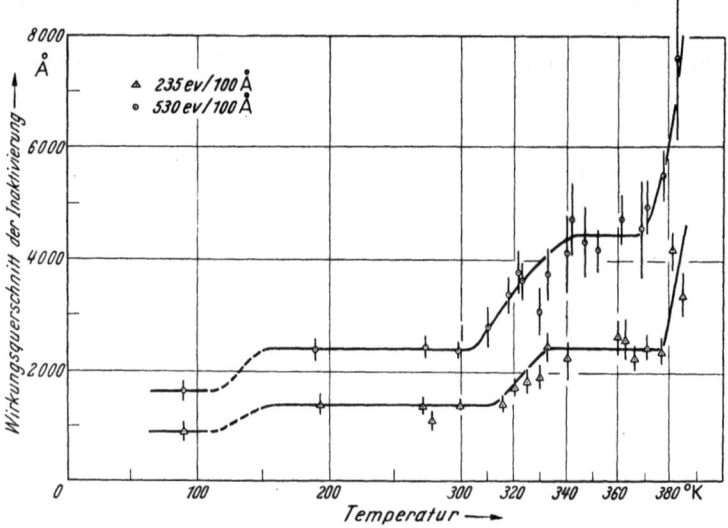

Abb. 74b. Abhängigkeit des Wirkungsquerschnittes der Inaktivierung von der Temperatur bei trockener, mit Deuteronen bestrahlter Katalase. [Nach SETLOW u. DOYLE: Arch. of Biochem. a. Biophysics 46, 46(1953).]

auftrat als bei Röntgenbestrahlung (sie fehlt aber auch bei UV nicht; vgl. Temperatur und UV S. 447). Hierfür spricht auch, daß bereits bei Bestrahlung von trockenem Serumalbumin in monomolekularer Schicht mit Niederspannungselektronen bei Beschleunigung von nur 3 eV beträchtliche Inaktivierungen vorkommen (HUTCHINSON u. DOYLE). Zum Vergleich mit den Messungen in trockener monomolekularer Schicht bestimmten McNULTY u. HUTCHINSON die Inaktivierung der serologischen Aktivität in trockenem, amorphen, mit Deuteronen bestrahlten und später gelösten Serumalbumin. Der Wirkungsquerschnitt des Strahlungsvorganges erwies sich auch hier als temperaturabhängig und hing vom Energieverlust der Deuteronen je Weglänge ab. Vor allem war aber das Protein in monomolekularer Schicht wie in den früheren Versuchen (vgl. oben; HUTCHINSON u. MOSBURG) viel weniger strahlenempfindlich als das in Masse bestrahlte. Der Treffbereich des letzteren stimmt hinreichend mit der Molekülgröße überein, während der Treffbereich der monomolekularen Schicht wiederum nur ein Zehntel so groß wie erwartet war. Die Unterschiede erklären sich möglicherweise ähnlich wie bei den Vorstellungen von APPLEYARD durch Zerstörung des Proteins bei dem Lösungsvorgang.

Die genannten Ergebnisse zeigen also, daß die direkten Strahlenwirkungen unter bestimmten Versuchsbedingungen offenbar mit Erfolg bei biologisch wichtigen Substanzen untersucht werden können und Rückschlüsse auf die Art der Inaktivierung durch Strahlung zulassen. Die durch Konfiguration und Zustand des Moleküls gegebenen Zusatzbedingungen beeinflussen dabei jedoch die Strahlenempfindlichkeit sogar bei direkter Strahlenwirkung erheblich stärker, als man es noch bis vor kurzem in Erwägung zog. Ihr Einfluß darf bei der Frage nach den Ursachen der Strahlenwirkung in lebenden Zellen und Geweben keinesfalls außer acht bleiben.

3. Wirkung ionisierender Strahlung in vivo.

a) Unterschiedliche Strahlenwirkung.

Die Untersuchungen über die unterschiedliche Wirkung der verschiedenen Strahlenarten, UV-, Röntgen-, α-, β-, γ-Strahlen und Neutronen werden in neuerer Zeit auf immer umfassendere Energiebereiche ausgedehnt. In den meisten Arbeiten werden jedoch nur zwei oder drei verschiedene Strahlenarten oder nur eine Strahlenart bei verschiedener Energie der Teilchen cder Quanten in ihrer biologischen Wirksamkeit verglichen.

RAJEWSKY gibt für den Anwendungsbereich der Ganz- und Teilkörperbestrahlung vornehmlich tierischer Objekte einen umfassenden Überblick über die vorliegende Literatur und eine große Anzahl meist neu zusammengestellter Tabellen. Dieses Gebiet kann im folgenden nicht behandelt werden.

Ebenfalls sei nur kurz auf die unterschiedliche Wirkung von UV-Licht und ionisierenden Strahlen eingegangen. GRAY (3) weist auf die Unterschiede des primären Wirkungsmechanismus beider Strahlenarten hin, ferner auf die bei UV sehr seltene Abhängigkeit vom O_2-Druck und andererseits auf die häufigen Photoreaktivierungen, die nach der Einwirkung ionisierender Strahlen kaum vorkommen. DESSAUER (1) spricht von einer „Korrespondenz" zwischen der Energie der UV-Quanten und den Energieniveaus der organischen Moleküle, die bei ionisierender Strahlung fehlt. Hinsichtlich der indirekten Wirkungen nach Bestrahlung, insbesondere der Spätwirkungen (wie z. B. H_2O_2-Effekte, Enzymabbau, Reaktionen mit dem umgebenden Milieu) bestehen im allgemeinen nur graduelle Unterschiede zwischen UV und ionisierenden Strahlen (s. Bericht von HOLMES über eine Diskussionstagung in Cambridge).

Eine größere Zahl von Arbeiten beschäftigt sich mit den Unterschieden der Wirkung von Röntgen- und γ-Strahlen verschiedener Härte. LINDEMANN, HEIDENTHAL u. Mitarbeiter, JOYET u. Mitarbeiter und FRITZ-NIGGLI (1), (2) erhalten eine übereinstimmende Form der Schädigungskurven für Röntgenstrahlen (100—200 kV) und Betatron-γ-Strahlen (31 bzw. 50 MeV) an verschiedenen Objekten. Die absoluten Dosiswerte und damit die relative biologische Wirksamkeit (RBW) (vgl. S. 415) sind bei den ultraharten Strahlen jedoch nicht sehr genau zu bestimmen, die angegebenen Fehlergrenzen schwanken zwischen 5 und 20%. Im Gegensatz zu den anderen genannten Autoren findet FRITZ-NIGGLI trotz dieser Unsicherheit eine signifikant schwächere Wirkung der 31 MeV-γ-Strahlen auf die Wurzelspitzenmitosen von *Vicia faba* und die Überlebenszeit der Maus; dieser Unterschied fehlt allerdings bei der Abtötung von *Drosophila*-Eiern. Werte <1 werden für die RBW harter γ-Strahlen besonders bei Reaktionen an tierischen Objekten auch sonst vielfach in der Literatur angegeben (vgl. z.B. AUSTIN u. Mitarbeiter).

Beim Vergleich von Röntgenstrahlen mit γ-Strahlen des Energiebereichs 1—2 MeV findet MOOS keine statistisch gesicherte Abweichung der RBW von 1 für die Tötung von Bakterien. Dagegen beginnt die RBW unterhalb 100 kV anzusteigen und erreicht bei 10 kV-Röntgenstrahlen Werte von etwa 3. KIRBY-SMITH u. DANIELS haben demgegenüber mit sehr genauen Dosismessungen (Fehler < 5%) Unterschiede zwischen der Wirkung von 250 kV-Röntgenstrahlen und ^{60}Co-γ-Strahlen an *Tradescantia*-Pollen festgestellt. Sie beobachteten bei der härteren Strahlung einen langsamen Anstieg der Wirkung und außerdem eine stärkere Krümmung der Dosiseffektkurven für Isochromatidaberrationen. Das bedeutet eine geringere RBW (im vergleichbaren Anfangsbereich der Schädigungskurven etwa 0,5) sowie das stärkere Auftreten einer „Zweitrefferkomponente", offenbar infolge der geringen Ionisationsdichte der γ-Strahlung.

In der gleichen Arbeit sind auch Ergebnisse über die Wirksamkeit von β-Strahlen eines ^{32}P-Präparates enthalten; sie erweisen sich praktisch übereinstimmend mit der ^{60}Co-γ-Strahlung. Eine entsprechende Übereinstimmung der RBW finden AUSTIN u. Mitarbeiter für 17 MeV-Elektronen und γ-Strahlen bei Farbveränderungen im Fell der weißen Maus, sowie GOLDBLITH u. Mitarbeiter zwischen ^{60}Co-γ-Strahlen und 3 MeV-Elektronen bei der Abtötung von *Escherichia coli*.

Vergleiche der Wirkung von schnellen Elektronen und Röntgen strahlen mittlerer Härte nehmen DITTRICH u. SCHUBERT an verschiedenen pflanzlichen Objekten, GROSCH u. SULLIVAN an *Habrobracon*, und GÄRTNER sowie GÄRTNER u. PETERS an Fibroblasten vor. In allen drei Fällen erweisen sich die Elektronen als weniger wirksam, die RBW schwankt je nach der ausgelösten Reaktion zwischen 0,4 und 0,8. Dies würde in Einklang mit den oben angeführten Feststellungen stehen, daß schnelle Elektronen im allgemeinen vergleichbare Wirkungen mit γ-Strahlen entsprechender Energie haben, für die häufig eine RBW <1 festgestellt wurde. Bei einem genaueren Vergleich müßte allerdings die Frage der zeitlichen Verlängerung der Dosis berücksichtigt werden, die bei β- und γ-Strahlen sehr oft größer ist als bei den zum Vergleich herangezogenen Röntgenstrahlen, und die besonders durch die impulsförmige intermittierende Emission beim Betatron einen besonderen Charakter erhält. Die wichtigen Fragen des „Zeitfaktors" können in diesem Bericht nicht behandelt werden. Es sei nur noch erwähnt, daß in der zitierten Arbeit von GÄRTNER u. PETERS der Zeitfaktor, d. h. das Verhältnis gleichwertiger Schädigungsdosen bei verschiedenen Dosisleistungen für Röntgenstrahlen und schnelle Elektronen verschiedene Werte annimmt. Von einer Deutung der Differenzen in der Wirkungsweise der bisher gegenübergestellten Strahlenarten wird weiter unten die Rede sein.

DAVIS (1), (2) berichtet über Versuche mit sehr langsamen Elektronen (100—2000 V) an Bakteriensporen und Bakteriophagen. Es zeigt sich dabei, daß man derartige Strahlen mit ihren Reichweiten von 10 bis zu einigen 100 Å als eine Art Sonde benutzen kann, um die Empfindlichkeit eines Objekts bei verschiedener Eindringtiefe zu prüfen (vgl. S. 431).

Während beim Vergleich der Wirkung von Röntgen-, γ- und β-Strahlen die RBW durchweg im Bereich zwischen 0,5 und 1 bleibt, und qualitative Unterschiede der ausgelösten Reaktionen nur in geringem Maße zu beobachten sind, treten bei der Gegenüberstellung der Wirkung von Neutronen mit der der Röntgenstrahlung erhebliche Unterschiede auf. RAJEWSKY gibt in seinem zusammenfassenden Bericht als Mittelwert aus sehr zahlreichen Untersuchungen eine RBW von 10 für schnelle Neutronen (bis max. 20 MeV) an. In einigen aufschlußreichen Arbeiten wird über die biologische Wirkung der bei einer Atombombenexplosion auftretenden Strahlung berichtet. *Tradescantia*-Pollenkörner wurden z. B. in Bleibehältern einer (nur wenig verunreinigten) Strahlung schneller Neutronen ausgesetzt (KIRBY-SMITH u. SWANSON). Hierbei ergaben sich für die einzelnen Chromosomen-Aberrationstypen verschiedene Werte der RBW, die aber alle zwischen 7 und 13 lagen. BAKER u. v. HALLE erhielten bei der Erzeugung letaler Mutationen an *Drosophila* unter den gleichen Versuchsbedingungen eine RBW von 7,3. YOST u. Mitarbeiter (1), (2) fanden aus der Untersuchung der Pollenkörner von *Datura*-Pflanzen, die aus gleichfalls bei einer Kernexplosion bestrahlten Samenkörnern gezogen waren, genetische Veränderungen entsprechend einer RBW von 14. Bei den genannten Untersuchungen war der qualitative Verlauf der Strahlenschädigung in keinem Falle merklich von dem nach einer Röntgenstrahlenwirkung verschieden. Nur unter dieser Bedingung ist auch die Angabe einer RBW sinnvoll, wobei durch die Schwierigkeit einer genauen Neutronendosierung immer ein Unsicherheitsfaktor von mindestens 10—20% bleibt. Untersuchungen von CALDECOTT u. Mitarbeitern sowie CALDECOTT (2) an Sämlingen aus bestrahlten Samen der Himalayagerste zeigten demgegenüber sehr verschiedenartiges Verhalten nach Röntgenstrahlen- oder Neutroneneinwirkung. Die Höhe der Keimlinge, die in den einzelnen Versuchsreihen nach einer Röntgenbestrahlung stark variierte, fiel nach Bestrahlung mit thermischen Neutronen einheitlicher aus. Noch stärkere Unterschiede zeigten sich bei Quellung der Samen vor der Bestrahlung; dies führte zu einer Erhöhung der Empfindlichkeit gegenüber Röntgenstrahlen, während es sich auf die Neutronenempfindlichkeit nicht auswirkte. Zu dem gleichen Ergebnis kam KONZAK (1). EHRENBERG u. Mitarbeiter stellten ebenfalls Untersuchungen an Gerstensämlingen an und fanden einen starken Einfluß der umgebenden Atmosphäre. Die Empfindlichkeitserhöhung gegen Röntgenstrahlen durch Vorquellen machte sich am stärksten bei Sauerstoffüberschuß bemerkbar; in einer Stickstoffatosmphäre war die Röntgenempfindlichkeit zwar geringer als bei Tiefkühlung trockener Samen durch flüssige Luft, aber immer noch größer als die Empfindlichkeit gegen eine äquivalente Neutronendosis, die sich praktisch als unabhängig gegenüber allen äußeren Einflüssen erwies. Die Wirkung von thermischen (und ähnlich auch von schnellen) Neutronen auf Gerstensamen scheint also im Gegensatz zu den indirekt über chemische Prozesse wirkenden Röntgen- (und auch Elektronen-)Strahlen auf direkten Effekten, offenbar durch die Ionenhäufchen im Bereich der Rückstoßprotonen, zu beruhen. In diesem Zusammenhang scheint es von Bedeutung, daß PATT u. STRAUBE bei Strahlenreaktionen der Maus eine geringere Schutzwirkung von Cystein nach Bestrahlung mit schnellen Neutronen feststellten als nach einer Einwirkung von Röntgen- oder ^{60}Co-γ-Strahlen. FORSSBERG u. NYBOM fanden bei Einwirkung von α-Strahlen auf Wurzelspitzen von *Allium cepa* gar keine Cysteinschutzwirkung, während sie nach einer Röntgenbestrahlung deutlich nachweisbar ist. Der Einfluß zusätzlicher chemischer Wirkungen ist offenbar überall dort stark vermindert (allerdings keineswegs grundsätzlich ausgeschaltet; vgl. S. 438), wo die Strahlenschädigung durch kleine Bereiche hoher Ionisationsdichte, also auf direktem Wege erfolgt.

Soweit bei dem Versuch der Deutung der verschiedenen Strahlenwirkungen Begriffe der Treffertheorie auftauchen, werden sie im allgemeinen in stark modifiziertem Sinne gebraucht. Die bei solchen Berechnungen benutzte Abnahme der RBW mit zunehmender Ionisationsdichte der Strahlung („Sättigungseffekt") läßt sich auf Grund der Annahme einer chemischen Strahlenwirkung auch als Rekombinationseffekt deuten, wie er von radiochemischen Vorgängen her bekannt ist (vgl. S. 417). Auf sehr allgemeiner Basis behandeln ZIRKLE, GILES u. TOBIAS sowie ZIRKLE u. TOBIAS die Frage der unterschiedlichen

Strahlenwirkung, indem sie zur Kennzeichnung der verschiedenen Strahlenarten nicht die Ionisationsdichte heranziehen, die unmittelbar nur bei Gasen gemessen werden kann, sondern den linearen Energieübertragungsfaktor (LET), der sich beim Durchgang von Strahlen durch biologisches Material ziemlich genau angeben läßt. Abb. 75 zeigt den Verlauf der RBW für verschiedene Reaktionen in Abhängigkeit vom LET. Anfang bzw. Ende der auf der Abszisse angegebenen LET-Werte entsprechen etwa Elektronen von mehr als 1 MeV Energie bzw. natürlichen α-Strahlen; 200 kV-Röntgenstrahlen würden bei 1,5, schnelle Neutronen etwa bei 30—60keV/μ liegen. Je nach der untersuchten Strahlenwirkung kann die RBW mit zunehmendem LET abnehmen oder ansteigen, wobei das letztgenannte bei den meisten Reaktionen der Fall ist. GILES u. TOBIAS haben bei sehr verschiedenen Strahlenarten (190 MeV-Deuteronen, 380 MeV-α-Teilchen und 100 kV-Röntgenstrahlen), die aber gleichen LET haben, bei der Untersuchung von *Tradescantia*-Chromosomenaberationen jedesmal den gleichen Wert von 0,2 Brüchen/Zelle/100 rep erhalten. ZIRKLE u. TOBIAS haben in Weiterführung

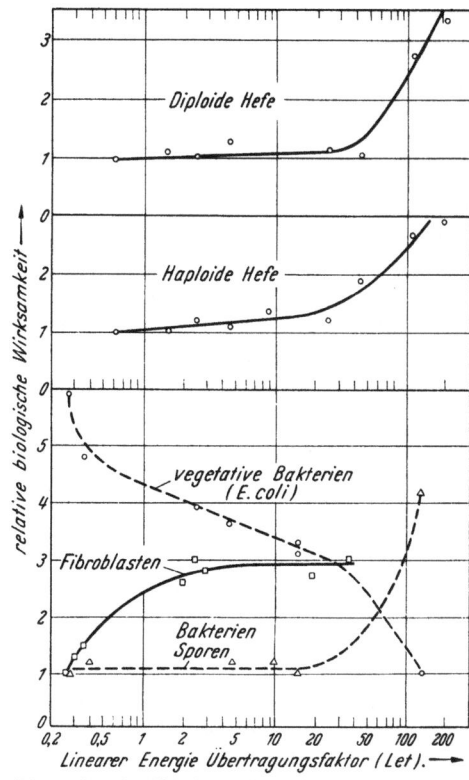

Abb. 75. Relative biologische Wirksamkeit in Beziehung zum linearen Energieübertragungsfaktor (LET) verschiedener Strahlung. (Nach E. R. ZIRKLE: In HOLLAENDER, Radiation Biology, Bd. I/1, S. 315; New York 1954.)

früherer Untersuchungen die Abhängigkeit der RBW vom LET über einen Bereich von 0,73—190 keV/μ bei der Tötung von haploider und diploider Hefe experimentell untersucht und durch eine Theorie quantitativ gedeutet, die als eine Weiterbildung der Treffertheorie unter Berücksichtigung der indirekten Effekte angesehen werden kann.

Statt des geometrisch fixierten Begriffs des „Treffvolumens" (target) sprechen sie von empfindlichen „Bereichen" (essential sites), deren Natur zunächst unbestimmt bleibt. Die Inaktivierungskurven für haploide und diploide Hefe führen nun nach ihrer Theorie zu der Folgerung, daß im ersten Falle ein, im zweiten Falle zwei solcher Bereiche durch ein ionisierendes Teilchen geschädigt werden müssen, um die Inaktivierung der ganzen Zelle zur Folge zu haben. Es stehen hierfür aber — im Gegensatz zur formalen Treffertheorie — eine größere Zahl n solcher Bereiche zur Verfügung. Aus der Unabhängigkeit von n vom LET und damit von der benutzten Strahlenart läßt sich folgern, daß die Schädigungskurven bei allen Strahlenarten den gleichen relativen Verlauf haben müssen, wie es experimentell bisher festgestellt wurde. Dagegen ändert sich der „Wirkungsquerschnitt", durch den die „Bereiche" gekennzeichnet sind, mit der Strahlenart in gleicher Weise für haploide und diploide Hefe, wie es durch den gleichen Verlauf der RBW-Kurven (vgl. Abb. 75) bestätigt wird. Nimmt man für die Inaktivierung eines „Bereiches", nicht einen unmittelbaren „Treffer" an, sondern einen komplizierten Prozeß, bei dem die Diffusion aktivierter Moleküle über Entfernungen von mehreren mμ eine Rolle spielen kann, so läßt sich auch die Abhängigkeit von chemischen Faktoren des umgebenden Mediums deuten. Nimmt man schließlich für die empfindlichen „Bereiche" einzelne Gene an, so folgt, daß die Zahl n mit zunehmender Kompliziertheit des verwendeten Nährbodens abnehmen muß. Eine solche Abhängigkeit ist in der oben zitierten Arbeit von GOLDBLITH u. Mitarbeitern bei der Inaktivierung von *Escherichia coli* unabhängig von der benutzten Strahlenart wirklich beobachtet worden.

b) Bestrahlung im trockenen Zustand. Temperaturabhängigkeit.

Die einfachsten Verhältnisse bei der Untersuchung der Strahlenwirkung auf biologische Objekte dürften dann vorliegen, wenn die Bestrahlung im trockenen Zustand erfolgen kann. Es sollte dann möglich sein, ähnlich wie bei Modellsubstanzen, die direkten Strahlenwirkungen auf die biologisch wichtigen Molekülkomplexe zu verfolgen und ihre Abhängigkeit von den bei der Bestrahlung vorhandenen Bedingungen zu messen und gleichzeitig zu prüfen, ob auf diese Objekte die klassischen treffertheoretischen Vorstellungen anwendbar sind. Hierfür eignen sich an erster Stelle Viren. Mit Deuteronen, schnellen Elektronen und mit Röntgenstrahlen ist die Schädigung verschiedener Eigenschaften, wie serologische Affinität oder Vermehrungsfähigkeit, untersucht worden. DIMOND u. POLLARD bestimmten vom Tabakmosaikvirus mit Deuteronen und Elektronen die logarithmisch verlaufende Inaktivierungskurve und berechneten daraus einen zylindrisch angenommenen Inaktivierungsbereich mit einem Radius von 87 Å und einer Länge von 1550 Å. Die entsprechenden Werte des TMV sind 150 × 2800 Å. POLLARD bestimmte in ähnlicher Weise das Inaktivierungsvolumen von Phagen T_1. Das Wirkungsvolumen erwies sich hier viel kleiner als die Virusgröße und betrug $1/40$ des Phagenvolumens. Der größte Teil der Phagen wäre demnach strahlenunempfindlich. Die weiter gemessene serologische Aktivität wurde noch nicht beeinflußt, wenn die Infektivität bereits auf 0,1 % reduziert war. Die serologisch wichtigen Einheiten sollen deshalb in zahlreichen, sehr kleinen Bezirken an der Oberfläche des Virus liegen. Die verschiedenen Eigenschaften des Phagen werden also ebenso wie die von Modellsubstanzen (vgl. oben) unterschiedlich beeinflußt.

In weiteren Versuchen (POLLARD u. SETLOW) wurde die serologische Affinität der T_1-Bakteriophagen durch Deuteronen, α-Partikel und schnelle Elektronen verändert. Aus der Deuteronenbestrahlung folgt der Wirkungsquerschnitt der serologischen Inaktivierung, der als Inaktivierungswahrscheinlichkeit aufgefaßt werden kann. Beschießt man mit Deuteronen verschiedener Energie und damit auch von verschiedenem linearen Energieverlust (LET), läßt sich hieraus die empfindliche Fläche gegenüber einem Deuteron feststellen. Bestrahlung mit Elektronen schließlich erzielt in der Volumeneinheit zufallsmäßig verteilte Treffer, aus denen ein empfindliches Volumen erschlossen werden kann. Die für die Inaktivierung der serologischen Affinität verantwortliche Einheit erwies sich auch hiernach als sehr klein, von der Größenordnung eines Proteinmoleküls.

Es ist nun die weitere Frage, ob auch bei trockenen Viren ähnlich wie bei Modellsubstanzen die Strahlungseffekte noch durch die Umweltbedingungen beeinflußt werden können. BACHOFER u. Mitarbeiter untersuchten an getrockneten T_1-Phagen — das Überleben der Kontrollen bei Austrocknung im Vakuum beträgt 95% — die Temperaturabhängigkeit (77—310° K) der Inaktivierung durch Röntgenstrahlen. Bei gradlinigem logarithmischen Verlauf der Inaktivierungskurven ergab sich eine deutliche Temperaturabhängigkeit, die über eine etwa durch den kubischen Ausdehnungskoeffizienten bestimmte einwandfrei hinausging. Die Verff. nehmen an, daß die Inaktivierungskonstante aus zwei Komponenten, einem temperaturkonstanten und einem temperaturabhängigen Anteil, besteht. Der temperaturabhängige Anteil kann Verschiedenes bedeuten: Es kann sich um die Aktivierungsenergie einer bei der Strahlung entstehenden reaktiven Verbindung handeln, es kann aber auch ein Diffusionsmechanismus, etwa eine Protonenwanderung, vorliegen. Wegen der exponentiellen Überlebenskurve ist eine ,,Ein-Treffer''-Erklärung noch erlaubt; der Treffer brauchte aber nicht notwendigerweise im empfindlichen Bereich selbst zu erfolgen. Es ist auch an Konkurrenzreaktionen von verschiedenem Energiebedarf und an Rekombinationen in den empfindlichen Bereichen zu denken. Wenn die Größe des Treffbereichs aus den experimentellen Ergebnissen berechnet wird, stimmt sie bei Zimmertemperatur mit den früheren Werten von ADAMS u. POLLARD (vgl. POLLARD) überein, bei den niedrigen Temperaturen ist aber nur $^1/_2$ dieses Wertes richtig! Diese weiterführenden Messungen beleuchten gleichzeitig die oben angeführten Überlegungen von POLLARD. Vgl. ferner die Diskussion der Temperaturabhängigkeit bei den trocken bestrahlten Modellsubstanzen.

DAVIS (1) untersuchte trockene Bakteriensporen mit geringem Gehalt an freiem Wasser mit Niederspannungselektronen. Es wurden drei strahlungsempfindliche Bereiche festgestellt. Die Elektronen mit niedrigster Spannung (200 V) und geringster Eindringtiefe ($\sim$20 Å) waren praktisch ohne Wirkung. Von 200—900 V (Eindringtiefe $\sim$200 Å) ergaben sich Mehrtrefferkurven. Ihre Wirkung wurde zur Sporenwand in Beziehung gesetzt. Erst bei Spannungen größer als 900 V wurden Eintrefferkurven erzielt, deren berechneter Wirkungsquerschnitt mit wachsender Spannung kontinuierlich anstieg. Hieraus wurde geschlossen, daß strahlungsempfindliche Einheiten über den ganzen inneren Bereich der Spore verteilt sind. Eine besonders empfindliche Kerneinheit konnte nicht ermittelt werden. In einer weiteren Arbeit von DAVIS (2) wurde die Strahlenempfindlichkeit von trockenen T_1-Bakteriophagen gegen Niederspannungselektronen bestimmt, und dabei die unterschiedliche Strahlenempfindlichkeit der Bakteriophagenhülle gegenüber dem in die Bakterien eindringenden DNS-reichen Inneren der Bakteriophagen festgestellt.

Weitere Untersuchungen wurden von NYBOM u. Mitarbeitern an trockenen Gerstenkörnern mit einem Wassergehalt von noch etwa 11% durchgeführt. Auch hier wurde die Temperaturabhängigkeit (—190° bis +20° C) geprüft. Es zeigten sich erhebliche Unterschiede. Die niedrigen Temperaturen reduzieren die Strahlenwirkung zum Teil deutlich (geprüft wurden unter anderem die spätere Blattlänge, Wachstum, Chromosomenaberrationen); damit bestätigen sich Versuche von RAJEWSKY (vgl. Fortschr. Bot. 15). Die Autoren gehen in ihrer Besprechung davon aus, daß bei der niedrigen Temperatur infolge des Aufhörens der Diffusion indirekte Effekte reduziert werden. REINHOLZ erweiterte die von RAJEWSKY mitgeteilten Befunde an *Arabidopsis*-Samen und *Digitalis*- sowie Lupinen-Pollen (Röntgenbestrahlung in flüssiger Luft und bei Zimmertemperatur). Auch er hofft, auf diese Weise direkte und indirekte Strahlenwirkungen trennen zu können. Auf Grund der oben diskutierten Befunde bei trocken bestrahlten Viren und bei trockenen Modellsubstanzen ist aber durchaus auch eine Reduktion der direkten Strahlenwirkung möglich; zumindest ist eine Kombination beider in diesem Fall nicht auszuschließen und durchaus wahrscheinlich. Weitere Temperatureffekte vgl. S. 434ff.

c) Die Wirkung indirekter Bestrahlung.

Die Untersuchung der Wirkung von bestrahltem Kulturmedium auf verschiedene in das Medium nach Bestrahlung überführte biologische Objekte wurde weiter fortgesetzt. ALPER (2) prüfte den mannigfaltigen Einfluß gelöster Gase und von Peroxyd bei vorbestrahltem Kulturmedium auf die Phagen S_{13} und T_3. Wir kommen unten S. 437 darauf zurück. DANIEL u. PARK verfolgten die Wirkung von mit Röntgenstrahlen vorbestrahlten Salzlösungen auf *Paramaecium* und *Hydra*: durch die Vorbestrahlung wurden sehr erhebliche Schäden erzielt, die bei gleichzeitig den Salzlösungen bei Bestrahlung zugegebenem Glutathion und späterer Überführung der Tiere in diese Lösungen wesentlich verringert wurden. Auf Grund dieser Ergebnisse wurden vorwiegend indirekte Wirkungen (Bildung toxischer Produkte) für die Strahlenschäden verantwortlich gemacht und der durch Glutathion ausgeübte Schutz allein auf eine rein chemische Wirkung in der Lösung, etwa durch Oxydation des Glutathion zum Disulfid, zurückgeführt. Eine besondere physiologische Aktivität des Glutathion als Ursache des Strahlenschutzes wird abgelehnt.

Die indirekten Strahlenwirkungen lassen sich dadurch näher untersuchen, daß man nur einen Teil des Gewebes bestrahlt und die Wirkung auf den nicht bestrahlten Gewebeteil prüft [PETERS (1)]. Bei einer Hühnerherzfibroblastenkultur zeigte sich die indirekte Strahlenwirkung unter anderem darin, daß die nichtbestrahlte Hälfte im Vergleich mit überhaupt nicht bestrahlten Kulturen geschädigt wurde (Abnahme der späten Pro-, Meta- und Telophasen bei gleichzeitiger Zunahme früher Prophasen). Außerdem wirkte die nichtbestrahlte Hälfte auf die bestrahlte Kulturhälfte Strahlenschäden mindernd; die Effekte sollen auf eine Hemmung der DNS-Synthese zurückzuführen sein. In weiteren

Vergleichen [PETERS (2); PETERS u. BURGER] wurde der diese indirekten Strahlenschäden beeinflussende Effekt des Mediums (z. B. Zugabe von Embryonalextrakt und von Plasma) näher bestimmt. Embryonalextrakt verstärkt, Plasma vermindert die Wirkung der sekundären Strahlungsprodukte.

Da sich intensive, indirekte Strahlenwirkungen also bereits bei Bestrahlung von Gewebeteilen auf andere nichtbestrahlte Gewebe bzw. Zellen zeigen, ist es verständlich, daß auch die Partialbestrahlung von Zellen, deren Methodik letzthin wesentlich verbessert wurde, indirekte Wirkungen hervorruft. Die Bestrahlung des Kerns einer Zelle ergibt stärkere genetische Schäden als die des Cytoplasmas [ZIRKLE; ZIRKLE u. BLOOM; GRAY (3)]. Daß Cytoplasmabestrahlung allein genetische Effekte hervorrufen kann, bestätigte NAKAO an tierischem Material.

d) Einfluß von Wassergehalt und Quellung.

Zur Feststellung der Größe der indirekten Strahlenwirkung untersuchte CALDECOTT (1), (2) die Abhängigkeit der Wirkung von Röntgenstrahlen und thermischen Neutronen auf Gerstenkörner von ihrem Wassergehalt. Die gefundenen Beziehungen sind komplexer Natur. Zwischen 7—20% H_2O trat bei normaler Einquellung und bei Röntgenbestrahlung keine Änderung der Strahlenempfindlichkeit, gemessen an der Höhe der Keimlinge auf; sie erhöhte sich erst bei einem Wassergehalt von über 20%. Wurde in Exsiccatoren ein langsamerer Anstieg des Wassergehaltes der Körner erzielt, so trat der größte Schaden bereits bei 9% Wassergehalt auf, dann folgte bei 16% ein Minimum der Strahlenwirkung und bei höherem Wassergehalt ein erneuter Anstieg der Schäden. Bei thermischen Neutronen war die Empfindlichkeit weitgehend von der Quellung unabhängig. Diese Ergebnisse vermochte KONZAK (1) an Himalayagerste zu bestätigen. Insofern hat also Wasser auf die Wirkung thermischer Neutronen keinen Einfluß, während durch Röntgenstrahlen gequollene Samen viel stärker als trockene geschädigt werden. Auch nach R.W. KAPLAN (1), (4) werden durch Vorquellung die Röntgenstrahlenschäden (mutativ induziertes Fleckenmosaik) an Gerstenkörnern erhöht. Nachquellung bei Temperaturen um 20° vermindert dagegen die Schäden. Da Ionenzugabe die Schäden ebenfalls vermindert, wurde geschlossen, daß vielleicht ein Hydratationseinfluß auf Restitutions- oder Rekombinationsvorgänge vorliegt. Die Anzahl der Mutationen wird bei gequollenen bestrahlten Samen und niedrigen Röntgendosen auch nach EHRENBERG u. Mitarbeitern zunächst stark erhöht. Mit steigender Dosis sinkt sie aber auf die Größe der ruhend bestrahlten Samen. Diese Untersuchungen zeigen den großen Einfluß des Wassergehalts auf die Strahlenwirkung. Gleichzeitig wird an den komplexen Ergebnissen aber deutlich, daß verschiedene, noch nicht getrennte Effekte wirksam sind, so daß einstweilen wohl nicht entschieden werden kann, welcher Anteil auf indirekte Strahlenwirkungen zurückgeht, welcher durch Veränderung der von Strahlen direkt getroffenen Makromoleküle bzw. Strukturen erklärt werden kann und welche sekundären Vorgänge vorliegen.

e) *Strahlung und Temperatureinfluß.*

Die Weiterentwicklung unserer Vorstellungen über die durch ionisierende Strahlung in den Zellen hervorgerufenen Wirkungen zeigt sich besonders klar bei der Deutung der Temperaturabhängigkeit der Strahlung (ausführliche Besprechung bei GILES; HOLLAENDER u. STAPLETON; PATT). Nach der klassischen Treffertheorie sind die unmittelbaren Strahlenwirkungen temperaturunabhängig. Temperatureffekte konnten deshalb einerseits nur dadurch erklärt werden, daß gleichzeitig mit der Bestrahlung Erholungsvorgänge einsetzen, die ihrerseits temperaturabhängig sind. Das wurde z. B. für die Restitution von Chromosomenbrüchen in Erwägung gezogen. Andererseits wurden allerlei Sekundäreffekte als temperaturabhängig angesehen (z. B. Veränderungen der Zellteilung unter dem Temperatureinfluß).

Inzwischen wurde nun durch die oben S. 423 und 431 bereits diskutierten Arbeiten an trockenen Modellsubstanzen und biologischen Objekten von POLLARD u. Mitarbeitern, von SETLOW u. Mitarbeitern u. a. erkannt, daß selbst der Wirkungsquerschnitt direkter Treffer durch die Temperatur bei Anwendung großer Temperaturintervalle erheblich verändert wird. Derartige Abhängigkeiten sind also auch bei der Bestrahlung von wasserhaltigen, nicht ruhenden Zellen mehr als bisher zu berücksichtigen. Darüber hinaus ist in die Diskussion immer stärker der Gesichtspunkt hineingetragen worden, daß vor allem bei indirekten Strahlenwirkungen infolge der Diffusionsvorgänge und der hier ablaufenden sekundären chemischen Prozesse Temperatureffekte zu erwarten sind. Ihr Vorhandensein dient damit vielfach als ein Hinweis auf indirekte Strahlenwirkungen, der allerdings nach dem Gesagten nicht eindeutig ist. STAPLETON u. EDINGTON untersuchten nochmals die Temperaturabhängigkeit der Röntgenstrahlenwirkung bei *Escherichia coli* im Bereich von 78—313° K. Es ergaben sich bei den verschiedenen Temperaturen unterschiedliche exponentielle Überlebenskurven. Die Winkel dieser Kurven nahmen mit fallender Temperatur ab. Damit ist die frühere Behauptung von der Temperaturunabhängigkeit der Inaktivierung von *E. coli* nicht mehr haltbar. Bei den durch Röntgenstrahlung induzierten Chromosomenaberrationen liegen die Verhältnisse der Temperaturbeeinflußbarkeit nicht so einfach. In Heliumatmosphäre (GILES) wurden mit steigender Temperatur (0—40° C) die Isochromatidbrüche je Zelle (*Tradescantia*) erhöht, während sie in O_2-Atmosphäre sinken. Es gibt mehrere Möglichkeiten zur Interpretation dieses Effektes. Falls im Helium nur direkte Wirkungen beobachtet werden können, soll der Temperatureffekt auf Erholungsprozesse deuten, falls aber in Heliumatmosphäre hauptsächlich OH-Radikale gebildet werden (vgl. oben S. 420), könnte der Temperatureinfluß durch einen mit steigender Temperatur wachsenden Wirkungseffekt der OH-Radikale erklärt werden. Auch HAAS u. Mitarbeiter (2) fanden bei niedrigen Temperaturen mehr Translokationen (*Drosophila*). Auf den bei niedriger Temperatur besonders deutlichen O_2-Einfluß wird unten S. 436 noch zurückzukommen sein.

Die Koloniebildung von Hefe nach Röntgenbestrahlung wurde von Wood in Abhängigkeit von der Temperatur untersucht. Im flüssigen Medium ($> 0,5°$ C) ergab sich praktisch keine Temperaturempfindlichkeit, ebenso verhielt es sich im Bereich festen Mediums ($-30°$ bis $-10°$ C); hier war aber im Vergleich mit dem flüssigen Medium die Empfindlichkeit nur halb so groß. Im Bereich von $-10°$ bis $-0,5°$ C wuchs schließlich die Schädigung mit steigender Temperatur. In flüssiger Phase soll die Inaktivierung durch direkte und indirekte Strahlenwirkungen vor sich gehen; bei niedriger Temperatur, also bei Gegenwart von wenig freiem Wasser, sollen vorwiegend nur direkte Wirkungen erfolgen. Mit diesen Ergebnissen sind die Messungen von Houtermans (4) zu vergleichen, die sowohl mit α- als auch mit Röntgenstrahlen bei verschiedener Temperatur die Inaktivierung von *E. coli* untersuchte: Für α-Strahlen zeigte sich für gleiche Aggregatzustände auch hier keine Temperaturabhängigkeit, so daß für die α-Strahlenwirkung ein Diffusionsmodell diskutiert werden kann. Bei Röntgenstrahlung ist von $-180°$ bis $-40°$ C ein langsamer, von $-40°$ bis $-2°$ C ein schneller Abfall der zu 50% Inaktivierung erforderlichen Dosis vorhanden, in flüssigem Medium herrscht praktisch immer Temperaturunabhängigkeit. Die Effekte sind noch schwerer als bei Wood zu deuten, eine ähnliche Arbeitshypothese liegt aber auch hier nahe.

Durch bestimmte Temperaturen können nach Einwirkung ionisierender Strahlung Erholungsvorgänge wesentlich gefördert werden; sie treten aber nur, wie Hollaender u. Stapleton betonen, bei den untersuchten *E. coli*-Stämmen bei Zusatz von Fleisch- oder Hefeextrakten nicht dagegen in synthetischem Medium bzw. bei Glucosezugabe auf. Bei 24 Std Aufenthalt im Bereich von 18—22° C nach der Bestrahlung konnten erhebliche Temperaturreaktivierungen beobachtet werden (Stapleton, Billen u. Hollaender). Langendorff u. Sommermeyer verglichen die Wirkung einer Wärme-Vor- und Nachbehandlung bei Röntgen- und α-Strahlen miteinander. Durch Aufenthalt von *E. coli* für 1 Std bei 36° C vor der Röntgenbestrahlung trat eine Erhöhung der Empfindlichkeit (Sensibilisierung) auf, die bei α-Bestrahlung fehlte. Die Sensibilisierung kann also nicht einfach darauf beruhen, daß, wie Houtermans (1) bei UV-Bestrahlung annahm, eine besonders hohe Zahl von Zellen mit erhöhter Empfindlichkeit durch die Einlagerung bei hoher Temperatur gezüchtet wurde. Die Reaktivierung durch Wärmebehandlung nach Bestrahlung (4 Std bei 46° C) war bei α-Strahlen wesentlich größer als bei Röntgenstrahlen. Schließlich ergab sich, daß zur Erzielung einer gleichen Schädigung eine größere Dosis von α-Strahlen erforderlich war. Früher (vgl. Sommermeyer 1952; vgl. Fortschr. Bot. 15) wurden derartige Wirkungen noch auf einen „Sättigungseffekt" zurückgeführt. In diesem Fall müßte die Reaktivierungsrate abnehmen, da sie aber zunahm, ist zur Erklärung der Ergebnisse ein Sättigungseffekt nicht wahrscheinlich, sondern die Befunde lassen sich durch Rekombination von Radikalen (bei α-Strahlen erhöht) erklären; diese könnten durch geeignete Temperaturen noch verstärkt werden. Außerdem ist daran zu denken, daß die den primären

Ionisationen folgenden Reaktionen bei α-Strahlen qualitativ andere sind als bei Röntgenbestrahlung. Diese Ergebnisse sprechen jedenfalls sehr für die starke Beteiligung indirekter Strahlenwirkungen und zeigen, daß die Beeinflussung von Strahlungsvorgängen durch veränderte Außenbedingungen zu einem wertvollen Hilfsmittel bei der Auftrennung von den bei Bestrahlung vorliegenden Kausalketten werden dürfte.

f) Strahlung und Sauerstoffeinfluß. H_2O_2-Wirkung.

Sauerstoff. Die Sauerstoffabhängigkeit der ionisierenden Strahlen ist bei biologischen Objekten wiederholt Gegenstand von Untersuchungen gewesen. Meistens wird gegenwärtig, vor allem auf Grund der oben über die Strahlenchemie des Wassers und einfacher Verbindungen mitgeteilten Befunde, der Standpunkt vertreten [BARRON; PATT; GRAY (1), (3); GILES; HOLLAENDER u. STAPLETON), daß der unverkennbare Einfluß steigenden O_2-Gehaltes während der Bestrahlung mit Röntgenstrahlen zu einem großen Teil durch die Wirkung des Sauerstoffs auf die bei der Strahlung gebildeten Radikale (Abb. 73) zustande kommt. Dieser Standpunkt wird selbst dann vertreten, wenn der Sauerstoff gelegentlich einen Schutzeffekt hervorruft (vgl. unten S. 437). Es können jedoch nicht alle Sauerstoffwirkungen auf diese Weise gedeutet werden. Neben einem Einfluß auf die den direkten Strahlenschäden unmittelbar folgenden chemischen Vorgänge ist vor allem an wachstums- und stoffwechselphysiologische Einflüsse zu denken, die während und insbesondere nach der Bestrahlung ablaufen (PATT; ferner vgl. unten S. 440).

Der Einfluß der während einer Röntgenbestrahlung herrschenden Gasatmosphäre macht sich auch bei höheren Pflanzen bemerkbar. Die Höhe von Keimlingen war durch O_2-Gegenwart bei der Bestrahlung gegenüber Luft, und noch stärker gegenüber einer reinen Stickstoffatmosphäre, wesentlich verringert (EHRENBERG, GUSTAFSSON u. Mitarbeiter). Bei Neutronenbestrahlung war kein O_2-Einfluß festzustellen. Zu gleichen Ergebnissen kamen GRAY u. Mitarbeiter bei *Ascites*-Tumorzellen (an Hand der gestörten Anaphasen) sowie bei der Bestrahlung von Hühnerherzfibroblasten. Diese Ergebnisse sind, entsprechend dem oben S. 420 an Modellsubstanzen Besprochenen, zunächst am einfachsten dann zu verstehen, wenn indirekte Strahlenwirkungen und damit Beeinflussungen der durch die Strahlung im umgebenden Medium gebildeten Radikale angenommen werden.

Vielfach zeigte sich bereits früher (THODAY u. READ; GILES u. RILEY; vgl. Fortschr. Bot. 15) und auch neuerdings [z. B. R. W. KAPLAN (2); KONZAK (2)], daß eine Erhöhung des Sauerstoffgehaltes während der Bestrahlung die Chromosomenaberrationen bei Röntgenstrahlung erhöht. Auf diese zahlreichen Untersuchungen kann vom Gesichtspunkt der Strahlenbiologie erst im nächsten Berichtsabschnitt im Zusammenhang eingegangen werden. Vgl. unter anderen GILES; MULLER; HAAS u. Mitarbeiter (2); LÜNING; dort weitere Arbeiten.

Um zu entscheiden, ob der O_2-Effekt bei Röntgenbestrahlung nur durch vermehrte Radikalbildung in der Umgebung der lebenswichtigen Strukturen hervorgerufen wird, oder ob er auch durch **Stoffwechselreaktionen** zustande kommt, prüfte LASER den Sauerstoffeinfluß auf verschiedene Bakterien und auf Hefe. Zunächst ergab sich allgemein eine stärkere Hemmung des Wachstums nach Bestrahlung bei O_2-Gegenwart; die gemessenen Stoffwechselreaktionen wurden durch Bestrahlung nicht signifikant verändert (*Vibrio desulfuricans*, aerobe und anaerobe Bakterien, Hefe). Wurden jedoch während der Bestrahlung bei *Sarcina* Atmungsgifte (CO, KCN, Hydroxylamin, Natriumazid) geboten, so konnte der Sauerstoffeffekt fast vollständig unterdrückt werden. Damit ist wenigstens bei *Sarcina* nachgewiesen, daß der Sauerstoffeffekt nicht allein durch vermehrte Radikalbildung hervorgerufen wird, sondern daß auch Stoffwechselprozesse an seinem Zustandekommen beteiligt sein dürften.

Verschiedentlich findet nach Ende der Bestrahlung noch eine progressive Inaktivierung statt, die jedoch nur dann in Erscheinung tritt, wenn O_2 vorhanden ist [bei Viren ALPER (3)].

Bei Bakteriophagen scheinen besondere Effekte vorzuliegen. BACHOFER u. POTTINGER (1) beobachteten bei T_1-Phagen von *E. coli B* in wäßrigem Medium, daß O_2-Gegenwart bei Röntgen- und ^{60}Co-γ-Bestrahlung die Inaktivierung herabsetzt, also einen Schutzeffekt hervorruft. ALPER u. EBERT sowie ALPER (2) bestätigten bei der Inaktivierung der Phagen S 13 (*Shigella flexneri*) und T_3 (*E. coli*), daß Bestrahlung unter Sauerstoff, besonders in saurem Medium, eine geringere Inaktivierung verursacht als bei Stickstoff- oder Wasserstoffgegenwart. Sie vertreten die Hypothese, daß bei der Bestrahlung Reduktionsprozesse vor sich gehen, und daß als inaktivierendes Agens bei Phagen das reduzierend wirkende O_2-Molekül-Ion in Frage komme.

H_2O_2-**Wirkung.** Die Bedeutung des bei der Bestrahlung gebildeten H_2O_2 wird unterschiedlich beurteilt (vgl. Fortschr. Bot. **15**). Neuerdings hat KIMBALL seinen Einfluß auf die Bildung von Mutationen von *Paramaecium aurelia* bei Röntgenbestrahlung untersucht. Es trat weder allein noch in Kombination mit den Röntgenstrahlen ein besonderer mutagener Effekt auf. H_2O_2 senkt sogar, nach Bestrahlung geboten, die Mutationsrate gegenüber bestrahlten Kontrollen. H_2O_2 kann hier also für den O_2-Effekt bei der durch Röntgenstrahlen hervorgerufenen Mutation nicht verantwortlich gemacht werden. BARRON (2) betont ebenfalls nochmals, daß durch H_2O_2-Gegenwart zwar die Oxydation organischer Stoffe anwachsen könne, in Zellen sei seine Bedeutung wegen des Salzgehaltes der Zellen aber nur gering. Auch PATT u. Mitarbeiter halten den Anteil von H_2O_2 an den Strahlenwirkungen im biologischen Material für gering.

Ausführlich beschäftigt sich ALPER (2) mit der sehr komplexen Bedeutung von H_2O_2 bei der Bestrahlung von S_{13}- und T_3-Phagen. Werden die in verdünnter Suspension befindlichen und dort bestrahlten Phagen in nicht bestrahltem Puffer für mehrere Stunden aufbewahrt, so ist eine viel geringere Inaktivierung vorhanden, als wenn die bestrahlten Phagen in der bestrahlten Suspension bleiben oder auch bestrahlte Phagen in vorbestrahltem Puffer aufgeschwemmt werden. Langlebige Strahlungsprodukte erhöhen also die Inaktivierung von vorbestrahlten Phagen. Da in diesen Suspensionen H_2O_2 nachgewiesen wurde und sich zugesetztes H_2O_2 allein als inaktivierendes Agens erwies, soll H_2O_2 bzw. seine Spaltprodukte für die genannten Wirkungen verantwortlich sein. Die Versuche lassen wegen der schadensteigernden Wirkung in H_2-Atmosphäre gegenüber O_2 die Deutung zu, daß H_2O_2 oder seine Folgeprodukte auf die Pflanzen reduzierend wirken (vgl. ALPER (1), (3)].

g) Schutzstoffe.

Die Literatur über die die Strahlenwirkungen herabsetzenden Schutzstoffe hat sich sehr stark vermehrt. Außerordentlich zahlreich sind derartige Untersuchungen bei Ganzkörperbestrahlung; sie können nur erwähnt werden. Zur Orientierung vgl. z. B. BRUES u. PATT sowie RAJEWSKY. Wichtiger sind hier dagegen die zusammenfassenden Abschnitte über die Ursachen des Schutzeffektes der verschiedenen Substanzen bei der Bestrahlung von Zellen und Geweben in den Arbeiten von PATT, HOLLAENDER u. STAPLETON, DALE, PATT u. BRUES, BACQ u. HERVE (2) sowie LANGENDORFF u. Mitarbeitern (1). Wegen der verschiedenen Theorien der Schutzwirkung wird auf Fortschr. Bot. **15** verwiesen. Hier sei lediglich nochmals erwähnt, daß die Schutzstoffe, besonders die intensiv wirksamen Sulfhydrylsubstanzen, vorwiegend durch ihre Konkurrenz um die in der Lösung gebildeten Radikale und um den in der Lösung vorhandenen Sauerstoff wirken sollen (radiochemische Theorie der Schutzwirkung); außerdem besteht die Möglichkeit, daß sie Oxydationen an den biologisch wichtigen Molekülen, etwa an Enzymen, besonders solchen mit SH-Gruppen, verhindern, oder daß sie mit geschädigten Teilen von Enzymen austauschen, und schließlich könnte die Schutzwirkung auf dem Weg über sekundäre Stoffwechselabläufe vor sich gehen (biologische Theorie der Schutzwirkung).

Sulfhydrylsubstanzen. Eine Verringerung der Strahlenschäden durch Cystein während der Röntgen- oder γ-Bestrahlung wurde an tierischem Material vielfach festgestellt. Cysteamin schützte nach früheren Versuchen von BACQ u. HERVE noch stärker als Cystein. Inzwischen hatten BACQ u. HERVE (1) auch an pflanzlichem Material bei *Pisum*-Wurzeln einen Schutzeffekt durch NaCN und Cysteamingaben gegen Röntgenbestrahlung erzielt. Neuerdings untersuchte MIKAELSEN den deutlich vorhandenen Schutzeffekt von Cystein bei durch Röntgenstrahlen induzierten Chromosomenaberrationen an *Allium*-Wurzeln. Am gleichen Objekt verglichen FORSSBERG u. NYBOM die Cysteinwirkung von Röntgen- gegenüber α-Bestrahlung. Sie zeigten zunächst, daß eine Parallelwirkung zwischen der bei Röntgenstrahlen gefundenen Schutzfunktion des Cysteins auf das Wachstum und derjenigen auf die cytologischen Effekte vorlag. Wie zu erwarten (vgl. frühere Erfahrungen von THODAY u. Mitarbeitern sowie von GILES u. Mitarbeitern) ergab sich bei Anaerobiose (N_2) ein sehr viel geringerer Schutz durch Cystein als bei O_2-Gegenwart. Vor allem vermochte Cystein aber die Wirkung von α-Strahlen nur wenig zu beeinflussen. PATT u. Mitarbeiter beobachteten ganz entsprechend an tierischem Material die größere Cysteinwirkung bei ^{60}Co-γ-Strahlen gegenüber Neutronen. Diese Erfahrungen deuten also sehr auf die radiochemische Theorie der Schutzwirkung.

Für eine solche Interpretation spricht ferner ein Versuchsergebnis von DANIEL u. PARK, nach denen bei *Paramaecien* und *Hydra* durch vorbestrahltes Medium aufgetretene Schäden durch Glutathionvorgaben weitgehend eliminiert werden konnten; vgl. besonders aber auch die Wirkung von Schutzstoffen auf bestrahlte Modellsubstanzen S. 421. Daß sich darüber hinaus die Cystein- bzw. Glutathionwirkung auch noch auf biochemische Systeme erstreckt, ist wahrscheinlich: Es sei hier besonders auf Arbeiten von LANGENDORFF u. KOCH sowie LANGENDORFF u. Mitarbeitern (1), (2) über den Strahlenschutz von SH-Gruppen tragenden Verbindungen an tierischem Material (Mäusen) hingewiesen. Als Schutzsubstanzen wirkten Cystein, Cysteamin, Cysteinamin, Acetylcysteamin und Thioharnstoff, nicht jedoch Dithiopropanol (Bal). Anscheinend können nur diejenigen SH-Körper einen Schutz ausüben, die in bestimmte SH-Enzyme eingebaut werden können. Bei vielen untersuchten, mit Cystein verwandten Verbindungen wurde eine Schutzfunktion nur dann gefunden, wenn sowohl eine SH-Gruppe als auch eine Aminogruppe vorhanden war. SH-Gruppen blockierende Substanzen, vor allem Monojodessigsäure, erhöhten die Strahlenschäden. Die Ergebnisse werden deshalb in der Weise gedeutet, daß spezifische strahleninaktivierte Sulfhydrylenzyme (z. B. Desoxyribonuclease) durch Cystein und verwandte Verbindungen wieder aktiviert werden. Gelegentlich wurde kein Strahlenschutz durch Cysteamin beobachtet: so W. D. KAPLAN u. LYON bei der mutagenen Wirkung von Röntgenstrahlen auf *Drosophila*. Auch konnte bei *E. coli* die durch Röntgenstrahlen verlängerte Ruheperiode bis zum Wiederauftreten von Teilungen durch Cystein nicht reduziert werden (BEUTLER u. Mitarbeiter). Auch Untersuchungen im RAJEWSKYschen Institut von REINHOLZ u. AURAND an röntgenbestrahlten, lufttrockenen sowie angequollenen Samen von *Arabidopsis* und *Lepidium* und an durch 200 r bereits stark geschädigten *Pisum*-Wurzeln ergaben mit Cystein, Cysteamin und NaCN im Gegensatz zu den oben angeführten Ergebnissen keinen Schutzeffekt in Hinblick auf das Wachstum (Wurzellänge, Sproßlänge usw.). Die Ursachen dieser unterschiedlichen Befunde lassen sich einstweilen noch nicht übersehen.

Stoffwechselprodukte. STAPLETON, BILLEN u. HOLLAENDER haben früher (Fortschr. Bot. 15) berichtet, daß Brenztraubensäuregaben einen Schutzeffekt auf *E. coli* bei Röntgenstrahlen ausüben. HOLLAENDER u. STAPLETON diskutieren diesen Schutzeffekt unter dem Gesichtspunkt, daß durch die Zugabe von derartigen Stoffwechselzwischenprodukten die Atmung erhöht und dadurch der celluläre Sauerstoff entfernt wird, so daß Oxydationsprozesse im Zusammenhang mit der Bestrahlung ausgeschaltet werden. Ein solcher Zusammenhang liegt deshalb nahe, weil durch Cyanid der Brenztraubensäureschutz verringert wird. TROWELL berichtet, daß auch Milchsäure die Röntgenstrahlenschäden bei in vitro kultivierten Lymphocyten reduziert; dagegen hatte Glucose nur einen ganz geringen Schutzeffekt. GOUCHER u. Mitarbeiter bezweifeln die Allgemeingültigkeit der Ansicht von HOLLAENDER; denn in ihren Untersuchungen kam durch Substratoxydation als solche

(Glucose, Essigsäure, Bernsteinsäure) bei verschieden adaptierten *E. coli B* kein Schutz gegen Röntgenstrahlen zustande. 2,4-Dinitrophenol verringerte die Empfindlichkeit ebenfalls nicht. Die Autoren nehmen an, daß der Schutz vielleicht eher durch Abbauprodukte und Oxydationen der genannten Stoffwechselzwischenprodukte als durch O_2-Entzug zustande kommt. Vergleiche die Wirkungen von Produkten des intermediären Stoffwechsels bei UV S. 452.

Wirkung von Salzen. Auch die Wirkung von Salzen während der Bestrahlung wurde häufiger untersucht. DUNN bestrahlte *Micrococcus pyogenes* bei Salzgegenwart (verschiedene Chloride) mit energiereichen Elektronen. Durch die Salzgaben wurden die Strahlenschäden teilweise erheblich erhöht. Die Salze selbst schädigten ebenfalls. BACHOFER u. POTTINGER (2) erhielten bei T_1-Bakteriophagen in wäßriger Suspension dagegen mit verschiedenen Salzionen, insbesondere aber mit Nitriten, einen Schutzeffekt. Ob es sich um eine Dehydratation, eine Stabilisierung des Virusproteins oder um Reduktionsvorgänge handelt, bleibt zunächst offen. Zur Klärung untersuchten die genannten Autoren (3) parallel mit der Schutzwirkung gegenüber Röntgenstrahlen auch eine Wirkung der Salze bei der Wärmedenaturierung: die am meisten gegenüber Wärme stabilisierenden Salze waren jedoch als Röntgenstrahlenschutz am wenigsten geeignet.

h) Stoffwechselphysiologische Änderungen durch ionisierende Strahlungen.

ORD u. STOCKEN haben im Zusammenhang die bisherigen Ergebnisse bei der Untersuchung stoffwechselphysiologischer oder biochemischer Änderungen durch ionisierende Strahlung in Zellen und Geweben besprochen. Es ist allerdings schwierig zu entscheiden, ob die zahlreichen beobachteten biochemischen Veränderungen wirklich die Primärursache der Strahlenschäden sind. Hierzu gehört vor allem die verschiedentlich (vgl. auch PATT u. BRUES, HEVESY, Fortschr. Bot. **15**) festgestellte Erniedrigung der DNS-Synthese (Turnover von ^{32}P nach Bestrahlung) gegenüber der weniger in Erscheinung tretenden Verringerung der RNS-Synthese, ferner die teilweise beobachtete Hemmung von Enzymen und der reversible Abfall der Atmung nach Bestrahlung.

LAVIK u. BUCKALOO fanden eine 50%ige Hemmung der Einlagerung von ^{14}C-markierter Ameisensäure und von Cytidin in die Purine bzw. Pyrimidine von DNS bei 400—450 r (Hühnerembryonen). Die Einlagerung von Ameisensäure in RNS war dagegen nicht beeinflußt (vgl. auch THOMSON u. Mitarbeiter sowie FORSSBERG u. HEVESY; SHERMAN u. FORSSBERG). Wegen ihrer allgemeinen Bedeutung sei auch noch auf Untersuchungen von KLEIN u. FORSSBERG (an Ascitestumorzellen) hingewiesen. Sie benutzten zur Prüfung ^{14}C-markiertes Glycin. Der Einbau in DNS war am stärksten gesenkt, aber auch in RNS wurde weniger eingelagert. Der Einbau in Proteine war zunächst, nach 0—2 Std, deutlich erhöht, nach 4 Std stark gesenkt. Die Markierung der ATP stieg dagegen ziemlich lange nach Bestrahlung erheblich an. Den Einfluß der Strahlung von Tritiumoxyd auf den Stoffwechsel von *Chlorella* untersuchten PORTER u. KRAUSS ebenfalls durch Einlagerung von ^{14}C. Es wurden eine Reihe von Fraktionen gewonnen, aus denen sich ergab, daß ^{14}C in NS und in Fettsäuren bestrahlter Chlorellen signifikant stärker eingelagert wird als bei den nichtbestrahlten Kontrollen. In Chlorophyll scheint die ^{14}C-Einlagerung nach Bestrahlung verringert zu sein. Nach Bestrahlung soll bei *E. coli B/r* sogar je nach Kulturmedium mehr oder weniger ATP in das Medium abgegeben werden (BILLEN, STREHLER u. Mitarbeiter).

In einer sonst hier nicht interessierenden Zusammenfassung über Autoradiographie berichten DONIACH u. Mitarbeiter, vgl. auch HEVESY, über den Einfluß von Röntgenstrahlen auf die DNS-Synthese im Zusammenhang mit dem Zellteilungsrhythmus bei *Vicia faba*-Wurzeln. Die Untersuchungen wurden durch Autoradiographie von ^{32}P-markierten Zellbestandteilen gewonnen. Durch Extraktion des fixierten Gewebes mit HCl blieb im wesentlichen der in DNS-Phosphor eingelagerte ^{32}P erhalten. Im Meristem findet nur in den sich teilenden Zellen, im frühen Abschnitt der Interphase, die DNS-Synthese statt. Sie ist schon 6 Std vor Beginn der Prophase beendet. Bereits in Differenzierung begriffene Zellen zeigen keine Synthese. Durch Röntgenstrahlen wird dann die Zellzahl, in der sich die DNS-Synthese vollzieht, reduziert. In einer weiteren Arbeit wiesen HOWARD u. PELC nochmals nach, daß die DNS-Synthese durch Röntgenstrahlen nach anfänglichem Weiterlaufen bald stark gesenkt wird. Es ist nun die Frage, ob das besonders strahlenempfindliche Stadium (späte Interphase; Maximum an Chromosomenbrüchen) mit dem Maximum der DNS-Synthese (^{32}P-Einlagerung) zusammenfällt. Aus der zeitlich verfolgten DNS-Synthese folgte jedoch, daß eine solche Koinzidenz zwischen der früher ablaufenden DNS-Synthese und dem späteren Bruchmaximum nicht vorzuliegen scheint; vgl. SPARROW, MOSES u. STEELE; Fortschr. Bot. **15**, die ebenfalls keine sehr enge Beziehung zwischen DNS-Menge je Zelle und ihrer Strahlenempfindlichkeit feststellen konnten.

Aus diesen vielfältigen Untersuchungen geht hervor, daß im Gefolge der Strahlung wohl ziemlich durchgängig eine Hemmung der DNS-Synthese neben vielen anderen biochemischen Änderungen vor sich geht. Ob aber die Hemmung der DNS-Synthese die alleinige primäre Bestrahlungsfolge darstellt, auf die alle anderen Strahlenwirkungen zurückzuführen sind, ist durchaus noch nicht sicher. Es ist vielmehr wahrscheinlich (HEVESY), daß die Bestrahlung neben der Unterbrechung der NS-Bildung andere blockierende Wirkungen in der Zelle hervorruft, die den Eintritt in die Prophase (und damit also Teilung und weiteres Wachstum) verhindern. Auf die S. 458 erörterte, entsprechende, noch näher liegende Hemmung der DNS-Synthese bei der UV-Strahlung sei abschließend hingewiesen.

Als eine weitere Folge der Bestrahlung machen sich Änderungen in der Atmung und in der Aktivität von Atmungsenzymen bemerkbar. AURAND u. PAULY fanden vergleichsweise an tierischem Gewebe (Leberschnitten) bei höheren Röntgendosen (100 kr) einen steilen Atmungsrückgang. Eine Hemmung der Atmung durch Monojodessigsäure (Blockierung von SH-Enzymen) ließ die Strahlenschäden (ebenfalls bei Tieren) ansteigen (LANGENDORFF u. KOCH). BILLEN, STAPLETON u. HOLLAENDER fanden einen Rückgang der O_2-Aufnahme nach Röntgenbestrahlung bei *E. coli*. MIKAELSEN u. HALVORSEN bestrahlten ruhende trockene Gerstenkörner (2500—15000 r), ließen die Körner quellen und maßen manometrisch die O_2-Aufnahme. Ab 5000 r war die Atmung wesentlich erniedrigt. Die Keimung selbst blieb praktisch unbeeinflußt. Die Keimlingslänge wurde jedoch mit zunehmender Intensität verringert. Bei Kartoffelknollen trat sofort nach Bestrahlung mit γ-Strahlen (ab 1000 r) zunächst eine starke Erhöhung der Atmung mit anschließendem Abfall ein (SUSSMAN); die Kartoffeln waren in Hinsicht auf die Keimung viel empfindlicher als in bezug auf das Atmungssystem. Die ebenfalls bei den Kartoffeln gemessene Tyrosinaseaktivität war trotz steigender Bestrahlung zunächst konstant und fiel erst bei $3{,}2 \times 10^6$ r auf die Hälfte. Auch die Aktivität der Cytochromoxydase blieb zunächst weitgehend konstant.

POWELL u. POLLARD bestrahlten oxydative Enzyme von *B. subtilis* in trockenem Lysat und bei intakten Zellen mit Deuteronen und fanden unter anderem bei Cytochromoxydase und Bernsteinsäuredehydrase den gleichen Abfall der enzymatischen Funktion. Die Art und Weise des vorherigen Wachstums der benutzten Kultur beeinflußte die Strahlenempfindlichkeit des Lysats und die des intakten Zellsystems erheblich, und zwar ebenfalls in gleicher Weise.

i) Formative Einflüsse ionisierender Strahlung.

Vielfach wird über die Beeinflussung der Gestalt durch verschiedene ionisierende Strahlungen berichtet. (Zusammenfassende Arbeiten: BLOOM; CARLSON.) Diese Wirkungen sind sekundärer Natur und in ihren Kausalbeziehungen meistens nicht aufgeklärt. Es sollen aber wenigstens kurz erörtert werden. Läßt man γ-Strahlen (^{60}Co) hoher Intensität als Dauerstrahlung auf Pflanzen (*Tradescantia*) einwirken, so ergeben sich extreme morphologische Abweichungen (GUNCKEL u. Mitarbeiter). SANKEWITSCH beobachtete bei Bestrahlung von Samen und Keimlingen von *Nicotiana* mit 500—1500 r Blattumbildungen, Entstehung von Doppelblättern usw. Auch auf die Wurzelbildung wirken sich Röntgenstrahlen erheblich aus (CHRISTENSEN; REINHOLZ u. AURAND). Bei Neutronen und ^{60}Co-γ-Bestrahlung von trockenen Maissamen wurden ferner von SCHWARTZ bei zunehmender Dosis zunächst absinkende, dann wieder steigende Keimlingshöhen festgestellt. Dieses Phänomen soll unter anderem darauf beruhen, daß von einer bestimmten Dosis ab keine Zellteilung, wohl aber noch eine Zellstreckung und dadurch eine Vergrößerung der Länge der Keimlinge erfolgt.

Schließlich sei auf Arbeiten hingewiesen, die sich mit den verschiedensten Strahlungseffekten bei der Embryonalentwicklung, vorzugsweise von Tieren, befassen (WILSON; RUGH; RUSSEL u. RUSSEL; HICKS).

4. Theorie der Strahlenwirkung.

Die Theorien über die Wirkung ionisierender Strahlung im biologischen Material sind gegenwärtig manchen Wandlungen unterworfen, seitdem sich gezeigt hat, daß das klassische Modell, die Eintreffertheorie der direkten Strahlenwirkung, nur in ganz bestimmten, seltenen Fällen uneingeschränkt benutzt werden kann.

Wahrscheinlich darf die Treffertheorie mit ihren Möglichkeiten zur Berechnung des Treffbereichs bzw. empfindlichen Volumens, das durch einen Treffer geschädigt wurde, nur bei vollständig getrocknetem Material angewendet werden (vgl. oben S. 422; POLLARD; SMITH u. a.). Und selbst unter diesen Bedingungen erweist sich der Strahlungseffekt als temperaturabhängig, so daß zusätzliche Gesichtspunkte wie Dissoziation,

Wärmebewegung der Moleküle, Energiewanderung, Molekülkonfiguration usw. berücksichtigt werden müssen; vgl. oben S. 423 unter anderem die Arbeiten von SETLOW u. DOYLE. In allen anderen Fällen, also bei gelösten Substanzen und bei gequollenem Material, demnach auch bei stoffwechselaktiven Zellen und Geweben, ist, trotz exponentiellen Kurvenverlaufs, außer der direkten Trefferwirkung an eine mehr oder weniger große, im allgemeinen wohl aber sehr erhebliche indirekte Schädigung des biologischen Materials zu denken. Eine indirekte Wirkung liegt dann vor, wenn die Primärionisation bzw. Primäranregung nicht direkt im biologisch wichtigen Material selbst erfolgt, sondern in dessen Umgebung vor sich geht und die Schädigung erst durch Sekundärvorgänge erfolgt.

Diese seit einer Reihe von Jahren sich anbahnende Wandlung (vgl. Fortschr. Bot. 15) wird durch die Entwicklung der Radiochemie des Wassers (S. 416), durch die genauere Untersuchung des Abbaus organischer Substanzen im Wasser (S. 418), durch die Abhängigkeit der Strahlenwirkung von der Temperatur (S. 434), vom Sauerstoff (S. 436), von Chemikalien (S. 438) und durch die den Ergebnissen der Radiochemie entsprechende im biologischen Material ebenfalls vorhandene unterschiedliche Wirkung verschiedener Strahlensorten (S. 428) nahegelegt. Bisher sprachen allerdings noch eine Reihe von Argumenten für die Anwendbarkeit der ursprünglichen Treffertheorie auf biologisches Material [HOUTERMANS (2); FANO (1)]. Hierzu gehört vor allem der exponentielle Verlauf der Abhängigkeit der Strahlenschädigung von der Strahlendosis besonders bei der Bakterieninaktivierung. So ist es verständlich, wenn gerade bei diesem Objekt Nachprüfungen vorgenommen wurden. HOUTERMANS (3) untersuchte bei kleinen Bestrahlungsdosen mit einem mikroskopischen Zählverfahren an jungen Kulturen von *E. coli* mit nur kleinem Meßfehler den Verlauf der Schädigung nochmals und fand hier für Röntgenstrahlen durchaus keine exponentielle Schädigungskurve. Ob eine solche deshalb, wie es bisher angenommen wird, bei alten Kulturen mit größerem Nulleffekt und daher größerem Meßfehler vorliegt, ist fraglich. Nach HOUTERMANS soll „der einigermaßen exponentielle Verlauf der Inaktivierungskurven im wesentlichen durch die biologische Variabilität bedingt" sein. Eine weitere Nachuntersuchung wurde von STAPLETON u. EDINGTON bei *E. coli* vorgenommen. Hier wurden zwar bei der verwendeten Methode exponentielle Überlebenskurven gefunden; diese waren aber sowohl sehr stark temperaturabhängig als auch durch Sauerstoffentzug erheblich zu beeinflussen. Die ursprüngliche einfache Treffertheorie kann also nicht zutreffen.

Zur treffertheoretischen Deutung der Inaktivierung von *E. coli*, einerseits durch Röntgenstrahlen und andererseits durch α-Strahlen, ist wegen der zur Inaktivierung durch α-Strahlen gegenüber Röntgenstrahlen benötigten höheren Dosen die Annahme eines Sättigungseffektes erforderlich. Obwohl im strahlenempfindlichen Volumen nur eine Ionisation erforderlich ist, erfolgen wegen der hohen Ionisationsdichte bei α-Strahlen mehrere. Bestünde die Annahme eines solchen

Sättigungseffektes zu Recht, so müßte sich nach LANGENDORFF u. SOMMERMEYER eine Wärmereaktivierung nach Bestrahlung bei *E. coli* um so geringer auswirken, je vollkommener die Sättigung ausgeprägt ist. Die Größe der Wärmereaktivierung nahm aber bei α-Strahlen gegenüber Röntgenstrahlen zu (vgl. S. 435). Die Annahme eines Sättigungseffektes ist danach wohl kaum möglich, sondern es liegt viel näher, an eine bei α-Strahlen wegen ihrer hohen Ionisationsdichte bei der Bestrahlung in Wasser wahrscheinliche größere Rekombination der im Wasser durch die Bestrahlung gebildeten Radikale zu denken.

Die Konzentrationsunabhängigkeit der Strahlenwirkung bei niedrigen Konzentrationen des bestrahlten Objektes (Makromolekül; Phage; Bacterium) wurde vielfach als Zeichen einer direkten Strahlenwirkung angesehen. BIAGINI zeigte nun durch Variation der Konzentration der benutzten *E. coli* und durch Veränderung der Umweltbedingungen (Trockenbestrahlung; Bestrahlung in Brühe, in Salzlösung, bei Cysteingegenwart), daß bei Röntgenbestrahlung im trockenen Zustand und in Brühe überhaupt keine Abhängigkeit der Inaktivierung von der Bakteriendichte bestand. Hier könnte möglicherweise direkte Strahlenwirkung vorliegen. Dagegen trat in Salzlösungen und in Cysteingegenwart bei Verringerung der Bakteriendichte zunächst eine Verringerung der zur 50%-Inaktivierung erforderlichen Dosis auf. Von einer bestimmten Bakteriendichte an war dann aber eine weitere Konzentrationsverringerung wirkungslos und die 50%-Inaktivierungsdosis blieb konstant. BIAGINI erklärt diese interessanten Ergebnisse durch die verständliche Annahme, daß zur Inaktivierung eines empfindlichen Teilchens in der Raumeinheit eine bestimmte, von der Größe des Teilchens abhängige Anzahl von Radikalen erforderlich ist. Sobald diese erreicht ist, bleibt die zur Inaktivierung erforderliche Dosis trotz sinkender Konzentration der zu inaktivierenden Teilchen konstant (vgl. S. 446 Abhängigkeit der Quantenausbeute der UV-Strahlung vom Molekulargewicht der bestrahlten Substanz).

Zur Deutung der Versuchsergebnisse wird deshalb in wachsendem Maße das schon in Fortschr. Bot. **15** besprochene Migrationsmodell von ZIRKLE u. TOBIAS verwendet, bei dem die Treffertheorie auf die indirekten Strahlenwirkungen ausgedehnt wird. Auch SIX gibt eine Theorie der indirekten Strahlenwirkung mit mathematisch-statistischer Formulierung: durch die Strahlung werden Energieträger im flüssigen Zellmedium erzeugt, die durch Diffusion zu empfindlichen Bereichen gelangen und diese verändern können. Die mathematische Betrachtung solcher Modellvorstellungen ergibt, daß auch hier bei bestimmten, sehr allgemeinen Voraussetzungen exponentiell verlaufende Dosiseffektkurven auftreten können. Zur Theorie exponentieller Dosiseffektkurven vgl. auch HALL.

Die ursprüngliche Treffertheorie der direkten Strahlenwirkung wird damit zu einem Spezialfall dieser neuen allgemeineren Vorstellung, die allem Anschein nach zu einem wesentlichen Fortschritt für das erst zu einem kleinen Teil erzielte Verständnis der biologischen Strahlenwirkung beitragen wird.

II. Wirkungen ultravioletter Strahlung.

1. Methodisches.

Einige methodische Hinweise über die Anwendung der UV-Strahlung bei Untersuchungen von lebenden Objekten sollen vorangeschickt werden. Wichtig ist auch hier die Dosimetrie der Strahlung. LATARJET u. Mitarbeiter bringen neben einer Übersicht Hinweise zur Messung und Eichung der Energie der verwendeten UV-Strahlen. Die Frage der Molekulargewichtsbestimmung von Peptiden durch UV-Spektroskopie wird von LEUBE u. Mitarbeitern untersucht. Einen Bericht über die Fortschritte der UV-Mikrospektroskopie geben BLOUT und DAVIES u. WALKER. Der weitere Ausbau der UV-Mikrospektrographie mit polarisierter UV-Strahlung kann mit Erfolg nunmehr offenbar auch bei biologischen Objekten zur Untersuchung der Orientierung von absorbierenden Gruppen in großen Molekülen herangezogen werden (SEEDS). Von BLOUT wird auch der Stand der Ultraviolett-Mikroskopie behandelt. Schließlich sei darauf hingewiesen, daß die Bestrahlung von Zellteilen durch Verbesserung der Spiegelmikroskopie weiter verfeinert wurde (URETZ u. Mitarbeiter).

2. UV-Absorptionsspektrum.

Zur Orientierung über die verschiedenen UV-Absorptionsspektren bei biologisch wichtigen Substanzen sei auf das in Fortschr. Bot. 14, S. 232 Gesagte verwiesen. Auch in der Zusammenfassung von DAVIES u. WALKER ist das Grundsätzliche nochmals erörtert. Als Hinweis auf die Bedeutung der Substitution bestimmter Gruppen bei cyclischen Verbindungen für ihr UV-Absorptionsspektrum kann die systematische Arbeit von DANNENBERG u. STEIDLE dienen. Dort ist auch diesbezügliche Literatur zu finden.

Verschiedentlich werden UV-Absorptionsspektren biologisch wichtiger Substanzen aufgenommen (vgl. die Zusammenfassung über die UV-Absorption von Eiweißen von DOTY u. GEIDUSCHEK), wobei die Untersuchung im trockenen Zustand einerseits wegen des Vergleichs mit der Infrarotabsorption, so z. B. verschiedener Eiweiße und Cytochrome (COOK u. Mitarbeiter), andererseits wegen der Ausschaltung von indirekten Effekten bei der späteren Untersuchung der Strahlenwirkung wichtig ist: Chymotrypsin, Katalase und DNS [SETLOW u. DOYLE (1), (2), (4)]. In Lösungen wurden unter anderem untersucht: Ribonuclease, Carboxypeptidase und verschiedene Peptide (MCLAREN u. Mitarbeiter), Cumarinabkömmlinge (GOODWIN u. POLLOCK), die Abhängigkeit des DNS-UV-Absorptionsspektrums vom p_H-Wert und von Lösungszusätzen (BLOUT u. ASADOURIAN), die Veränderung der UV-Absorption bei der Aktivierung der Protyrosinase zu Tyrosinase (BODINE u. CARLSON).

Untersuchungen der UV-Absorption sind jetzt auch nach kürzeren Wellenlängen hin (2300—1700 Å) unter Verwendung von Fluoritspektrographen möglich. Im allgemeinen findet sich hier eine mehr oder weniger steile Zunahme der UV-Absorption. Für Polyamide wurde die Proportionalität der Absorption bei 1850 Å mit der Zahl der Peptidbindungen bestätigt (LIQUORI u. Mitarbeiter). Diese Kurzwellenabsorption ist in Proteinen eine Funktion der absorbierenden Gruppen und des residuellen Doppelbindungscharakters der Polypeptidketten. Sie hängt weiter ab von der Lichtstreuung (bei 1700 Å 20—30%), von der Orientierung der Ketten und ihrer Seitengruppen, sowie von polarisations- und intermolekularen Effekten (KLEVENS).

3. Abbau biologisch wichtiger Substanzen.

a) Die Änderung des UV-Spektrums nach UV-Absorption.

Die Veränderung des UV-Spektrums nach UV-Bestrahlung wird vielfach als Hinweis für die durch die Bestrahlung eingetretenen chemischen bzw. strukturellen Änderungen der untersuchten Stoffe angesehen (Fortschr. Bot. 14 u. 15). Trotzdem tritt eine Änderung der Absorption gelegentlich auch dann noch nicht ein, wenn bereits kolloidale Zustandsänderungen erkennbar sind. So war nach SETLOW u. DOYLE (4) das UV-Spektrum von trockener DNS nach Bestrahlung bei 2537 Å nicht verändert, obwohl sich die an sich wasserlösliche DNS bei Wasserzugabe in ein wasserunlösliches Gel verwandelt hatte. McLAREN u. Mitarbeiter untersuchten die Änderung der UV-Absorption von Enzymen (Ribonuclease und Carboxypeptidase) und von Peptiden (Bestrahlung unter Rühren bei Luftgegenwart). Hier zeigte sich eine deutliche Zunahme der UV-Absorption bei Inaktivierung. Die Zunahme erfolgte im Maximum der Absorption (also bei 280 mμ), vor allem aber im Bereich von 250 mμ. Es wird eine Photooxydation der aromatischen Ringe angenommen. Nach SINSHEIMER tritt dagegen eine Abnahme der Absorption bei 260 mμ bei Bestrahlung von Uridylsäure (Uridin-3-phosphat) mit 2537 Å ein. Die mit exponentieller Dosiseffektkurve verlaufende Absorptionsänderung erwies sich als reversibel: im stark sauren und ebenso im stark basischen Bereich erscheint die Absorption bei 260 mμ wieder; bei einem p_H-Wert von 5,2 ist das Bestrahlungsprodukt dagegen stabil. Die Ausbeute der Uridylsäurebestrahlung ist gering (0,0216 mol/Einstein). Das Produkt der Bestrahlung ist unbekannt; möglicherweise handelt es sich um eine Sättigung der 5—6-Doppelbindung des Pyridinringes, der als absorbierendes System dient. Das im sauren Bereich auftretende Erholungsprodukt wanderte im Papierchromatogramm zusammen mit Uridylsäure. CONRAD fand bei der Bestrahlung von Uracil, daß auch hier das Absorptionsmaximum bei 260 mμ völlig verschwindet. Diese Ergebnisse zeigen wieder, daß sich verschiedene Systeme in Hinsicht auf ihr Absorptionsverhalten im UV-Bereich nach UV-Bestrahlung unterschiedlich verhalten können. Es sei noch darauf hingewiesen, daß nach Röntgenbestrahlung vielfach eine Abnahme der UV-Absorption vorzuliegen scheint (vgl. S. 420).

b) Wirkungsspektrum der UV-Bestrahlung und Quantenausbeute.

Für die Beurteilung der UV-Wirkung im lebenden Gewebe ist die Kenntnis der UV-Wirkung auf einzelne Komponenten wesentlich. Besonders durchsichtig gestalten sich die Verhältnisse, wenn die Versuchsbedingungen durch Bestrahlung trockener Systeme vereinfacht werden können, so daß nur direkte Bestrahlungseffekte gemessen werden. Enzyme erweisen sich hierfür als brauchbar. SETLOW u. DOYLE (3) bestrahlten trockenes α-Chymotrypsin mit UV-Strahlen verschiedener Wellenlänge und verglichen den Wirkungsquerschnitt des Absorptionsspektrums mit dem des Inaktivierungsspektrums des Enzyms. Aus dem Verhältnis der Wirkungsquerschnitte ließ sich die Quantenausbeute berechnen. Das Maximum des Absorptionsspektrums bei 280 mμ stimmt mit dem Maximum des Inaktivierungsspektrums gut überein und das Verhältnis der Wirkungsquerschnitte ist konstant. Nach kurzen Wellenlängen hin ist dagegen der Inaktivierungs-Wirkungsquerschnitt größer als der der Absorption. Infolgedessen ergibt sich ein Anstieg der Quantenausbeute nach kürzeren Wellenlängen hin. Für den Effekt gibt es verschiedene Erklärungen: ab 240 mμ könnte das in der Peptidkette absorbierte Photon bessere Chancen für eine Schadenwirkung haben als eines, das im aromatischen Rest absorbiert wurde; die in der Peptidbindung absorbierte Energie könnte zur Ringstruktur geleitet werden und umgekehrt und schließlich könnte wegen der größeren Energie bei niedrigen Wellenlängen eine größere Wahrscheinlichkeit zur Strukturänderung bestehen. Bei lebenden Systemen werden diese Verhältnisse zu beachten sein. Im übrigen erweisen sich die Quantenausbeuten verschiedener Enzyme (Chymotrypsin, Desoxyribonuclease, Katalase) als sehr niedrig und als recht unterschiedlich.

Ähnliche Bestimmungen der Quantenausbeuten bei UV-Bestrahlung wurden nun auch bei Enzymen und Eiweißen in Lösung vorgenommen. Bei exponentiell verlaufenden Dosiseffektkurven wurden stark vom p_H-Wert abhängige, auch hier wieder relativ niedrige Quantenausbeuten festgestellt (McLAREN u. Mitarbeiter). Bei den untersuchten Peptiden fiel der Wert bei Phenylbutylalanin um eine Zehnerpotenz höher aus als bei allen übrigen; hier sind vielleicht besondere Lagebeziehungen im Molekül für die höhere Strahlenempfindlichkeit verantwortlich zu machen. Wurden die verschiedenen Ausbeuten der Enzyme miteinander verglichen, so ergab sich unter Berücksichtigung früherer Ergebnisse von SHUGAR (vgl. Fortschr. Bot. 15) die bemerkenswerte Regel, daß die Quantenausbeute etwa umgekehrt proportional zum Molekulargewicht ansteigt: „Die Wahrscheinlichkeit der Absorption eines Quants durch ein aktives Zentrum des Enzyms ist um so geringer, je größer das Molekulargewicht des Enzyms ist." Ob diese Formulierung McLarens das Ergebnis richtig deutet, möge dahingestellt bleiben, da in Flüssigkeiten auch bei UV-Bestrahlung indirekte Effekte eine Rolle spielen können und dann eine auf S. 444 näher besprochene, für Röntgenbestrahlung kürzlich erörterte Erklärung seitens Biaginis, nach dem die Wahrscheinlichkeit der Inaktivierung durch toxische Substanzen mit steigender Teilchengröße abnehmen soll, ebenfalls Geltung beanspruchen könnte, ja geradezu für diese Deutung eine Stütze liefert.

c) Temperaturabhängigkeit der UV-Wirkung.

Zur genauen Bestimmung der Temperaturabhängigkeit der UV-Strahlung liegen gründliche, neue Untersuchungen von Setlow u. Doyle (1), (5), (6) vor. Die Ergebnisse sind durch UV-Bestrahlung von Modellsubstanzen, getrockneter Katalase und getrocknetem Trypsin gewonnen worden. Zunächst ist anzunehmen, daß bei getrockneten Substanzen nur direkte Strahlenwirkungen gemessen werden, und diese sollten unabhängig von der Temperatur verlaufen. Es zeigt sich aber, daß diese Annahme auch bei UV nicht zu Recht besteht. Zwar verlaufen die Inaktivierungskurven mit steigender Bestrahlung für jede untersuchte Temperatur immer logarithmisch, die Steilheit der Kurven ist aber temperaturabhängig: Die Inaktivierung steigt im allgemeinen bei gleicher Dosis mit steigender Temperatur. Im Bereich der Zimmertemperatur ist die Temperaturabhängigkeit allerdings fast nicht zu beobachten. Zur Erklärung lassen sich folgende Annahmen machen: Bei der niedrigen Temperatur von 90° K ist ein großer Teil der absorbierten Energie möglicherweise in metastabilen Zuständen der Proteine festgelegt, die zum Teil als langlebige Fluorescenzstrahlung abgegeben wird (Debye u. Edwards; vgl. S. 467) und daher für eine Inaktivierung nicht zur Verfügung steht. Außerdem ist bei niedrigen Temperaturen möglicherweise eine gewisse Wahrscheinlichkeit zur Rekombination zerstörter Bindungen vorhanden, die mit dem Temperaturanstieg laufend erniedrigt wird (Erwärmung des Trypsin vor Bestrahlung läßt die UV-Empfindlichkeit wachsen). Bei hohen Temperaturen ist an eine zusätzliche Wärmeinaktivierung solcher Moleküle, die UV-Schäden erlitten haben, aber noch enzymatisch aktiv sind, zu denken. Derartige Temperatureffekte reichen aber zur Erklärung der Ergebnisse nicht völlig aus. Schließlich ist die Möglichkeit nicht auszuschließen, daß der Absorptionskoeffizient der UV-Strahlung mit der Temperatur ansteigt. Es ergibt sich aus diesen wichtigen Untersuchungen also, daß eine Abhängigkeit der Strahlenwirkung von der Temperatur während der Bestrahlung auch dann möglich ist, wenn die Absorption der Strahlung in einer chromophoren Gruppe des später inaktivierten Moleküls selbst erfolgt.

d) Abbau lebenswichtiger Substanzen in vitro.

Aus dem Abbau von Eiweißen, Enzymen und NS bzw. deren Bestandteilen durch UV lassen sich möglicherweise Rückschlüsse auf den Abbau dieser Substanzen im lebenden Material ziehen. Unter diesem Gesichtspunkt setzen z. B. McLaren u. Mitarbeiter ihre Untersuchungen über die Photochemie der Proteine und insbesondere die Photolyse der Peptidbindungen fort. Sie prüften den durch UV-Strahlung hervorgerufenen Abbau von gelösten Eiweißen und Peptiden papierchromatographisch auf Aminosäuren. Beim Insulinabbau wurde Tyrosin, bei bestimmten mit einer Phenylgruppe substituierten Peptiden wurde Alanin freigesetzt, also die Peptidbindung zerstört. Bei Peptiden, bei denen keine aromatische Gruppe substituiert wurde, die aber aromatische Aminosäuren enthielten, wurde keine Aminosäure, z. B. Tryptophan aus Acetyltryptophan, freigesetzt. CONRAD bestrahlte Uracil (25 Std). Hier traten außer unbekannten Komponenten neben Ammoniak und Harnstoff Parabansäure und Oxamid auf. Über die durch UV-Bestrahlung hervorgerufenen photochemischen Umwandlungen von Cholesterinabkömmlingen berichtet DANNENBERG.

4. UV-Wirkungen auf Zelle und Organismus.

a) Das Wirkungsspektrum der UV-Bestrahlung.

Das Wirkungsspektrum der UV-Bestrahlung (also die bei verschiedenen Wellenlängen wechselnde Höhe der jeweiligen Strahlenwirkung) ermöglicht auch in der lebenden Zelle und bei Viren unter der Voraussetzung gleicher Quantenausbeute im untersuchten Wellenbereich sichere Hinweise auf das die Strahlen absorbierende Molekül, da die Größe der in bestimmten Molekülen absorbierten Energie die Wirkung in der Zelle begrenzt. Über den Ort der Wirkung selbst und die Art des durch die Strahlung schließlich veränderten lebenswichtigen Moleküls sind dagegen nur Vermutungen möglich, da primärer Absorptionsort und Wirkungsort wegen der verschiedenen Energieübertragungsmechanismen (vgl. die Diskussion S. 467) auch bei Strahlungen, die im wesentlichen nur Anregungen induzieren, durchaus nicht übereinzustimmen brauchen.

Zusammenfassungen und Hinweise über Wirkungsspektren finden sich bei ERRERA sowie für Bakteriophagen bei PUTNAM. Bekanntlich folgen die Wirkungsspektren offenbar vielfach entweder der NS-Absorptionskurve, der Absorption bestimmter Proteine oder beiden. So betont ERRERA nochmals, daß z. B. die Inaktivierung der adaptiven Enzymbildung ein Wirkungsspektrum besitzt, das die Annahme berechtigt, die chromophore UV-absorbierende Gruppe sei ein Nucleoprotein. Auch hier sind genauere Daten an verschiedenen, einfachen Systemen sehr notwendig.

ZELLE u. HOLLAENDER haben nun in sehr sorgfältiger Untersuchung — die Kontrolle wurde in zwei verschiedenen Laboratorien vorgenommen — das Ultraviolettwirkungsspektrum der T_1- und T_2-Bakteriophageninaktivierung (E_{37}-Werte) unter Berücksichtigung der UV-Streuung, nach Feststellung einer „Eintrefferkurve" der Strahlenwirkung bei den verschiedenen Wellenlängen unter Beachtung der bei konstantem p_H-Wert als hinlänglich konstant erkannten Quantenausbeute ausgemessen (Abb. 76). Es ergab sich ein dem NS-Spektrum folgendes Wirkungsspektrum. T_1 zeigt nach kurzen Wellenlängen hin eine in beiden Laboratorien gemessene signifikante Erhöhung gegenüber T_2 (T_1 wird als der empfindlichere, T_2 als der differenziertere Phage angesehen). Ein mögliches zweites Maximum bei 280 mµ wurde also im Vergleich zu FLUKE u. POLLARD sowie FRANKLIN u. Mitarbeiter (*Bacillus megatherium*, M 5) nicht festgestellt.

Mit dem Wirkungsspektrum der UV-Induktion der Lyse von *E. coli* K-12, also einem bei UV-Bestrahlung Phagen produzierendem Stamm, befaßte sich FRANKLIN. Hier liegen die ablaufenden Prozesse bereits viel komplizierter. Die Bakterieninaktivierung entsprach einer „Eintrefferkurve", die Inaktivierung des Prophagen dagegen besaß die Form einer „Vieltrefferkurve". Die Induktion der Lyse schließlich folgte bei steigender Bestrahlungsintensität einer Optimumkurve; es sind also mehrere Prozesse beteiligt (JACOB). Für die Bakterieninaktivierung ergab sich ein Wirkungsspektrum, das neben Nuclein-

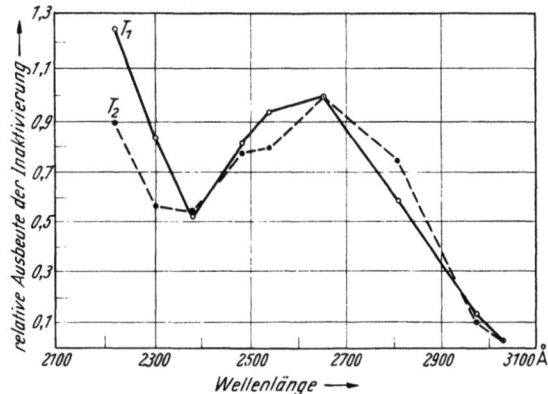

Abb. 76. Ultraviolettwirkungsspektrum für T_1- und T_2-Bakteriophagen. [Nach ZELLE und HOLLAENDER: J. Bacter. **68**, 210—215 (1954).]

säurechromophoren auf die Beteiligung von Proteinbestandteilen bei der Strahlenabsorption schließen läßt. Für den Induktionsprozeß der Lyse dagegen scheint nur eine Absorption in NS wichtig zu sein.

MOROWITZ gibt bei UV-bestrahlten Sporen von *B. subtilis* das Letalwirkungsspektrum sowie ein Wirkungsspektrum für aufgetretene Mutanten auf Grund der verschiedenen berechneten Wirkungsquerschnitte an. Das Mutationswirkungsspektrum ist schärfer und besitzt im Bereich der NS-Absorption (bei 260 mµ) ein ausgeprägtes Maximum. Für die Regeneration, die erste und die dritte Teilung von *Blepharisma undulans* ergaben sich Wirkungsspektren, die ebenfalls auf kombinierte NS- und Proteinabsorption schließen lassen (HIRSHFIELD u. GIESE).

b) Indirekte Effekte bei der UV-Strahlenwirkung.

Indirekte Strahleneffekte bei der UV-Bestrahlung wurden auch weiterhin untersucht. BERGER u. Mitarbeiter zeigten nochmals, daß bereits allein durch UV-vorbestrahlte Nährbrühe die Zahl der streptomycinresistenten Mutanten von *M. pyogenes* erhöht wird. Die Zellen wurden für 300 min in die 60 min vorbestrahlte Brühe eingelagert. LATARJET u. MILÉTIC fanden bei der Untersuchung der Photoreaktivierung von Bakteriophagen, daß bestimmte Wellenlängen reaktivierenden Lichtes (340—550 mµ) in Bouillon und in Gelose durch Katalase hemmbare Substanzen erzeugen, die auf Phagen T_2 toxisch wirken, aber auf *E. coli* B praktisch ohne Wirkung waren. Auch in den unten S. 465 noch genauer zu besprechenden Versuchen über Reaktivierung von HARM u. STEIN wird der indirekten Strahlenwirkung durch UV eine große Bedeutung beigemessen. Da es bei der Erzeugung indirekter UV-Strahlenwirkung nach diesen Arbeiten sehr auf die Art des benutzten Mediums ankommt, ist es nicht unbedingt ein Gegensatz zu den genannten Ergebnissen, wenn KLECZKOWSKI u. KLECZKOWSKI in ihren Versuchen über den Einfluß inaktiver Phagen auf die Vermehrung aktiver Phagen fanden, daß bestrahltes Medium in diesem Fall ohne Einfluß war. HILL u. ROSSI (3) stellten ferner fest, daß bei Benutzung von UV-Wellenlängen über 2000 Å bei ihren Versuchen zur Reaktivierung von Bakteriophagen T_1 in Wasser nicht mit indirekten Effekten durch UV zu rechnen sei. Trockene Phagen T_1 wurden hier bei Bestrahlung sogar stärker geschädigt als die in H_2O aufgeschwemmten.

Erwähnt sei noch, daß KATSUTA u. TAKAOKA bei Fibroblastenkulturen durch mit niederen UV-Dosen vorbestrahlten Embryoextrakt eine Förderung, bei höheren Dosen jedoch eine Hemmung des Wachstums feststellten. Da das Absorptionsspektrum des Extraktes mit dem von NS zu vergleichen war, wurde NS oder ein Abbauprodukt als verantwortlicher Stoff vermutet. Dafür spricht weiter, daß die fragliche Substanz durch Ribonuclease, außerdem auch durch H_2O_2, abgebaut wurde.

Es würde also folgende Situation vorliegen: Bei Bestrahlung mit UV unter 2000 Å sind im wäßrigen Medium infolge zunehmender ionisierender Wirkung der UV-Strahlung indirekte Effekte (Radikalbildung analog zur ionisierenden Strahlung) zu erwarten. Bei längerwelligem UV treten diese im Wasser bzw. in Pufferlösungen zurück. Es können dann aber bei geeigneten UV-absorbierenden Substanzen im Medium (z. B. bestimmte Aminosäuren, Proteine, NS) durch deren Oxydation bzw. Umbau toxische Substanzen, vielleicht organische Peroxyde usw. entstehen. Derartige indirekte Wirkungen werden dementsprechend in ihrem Ausmaß vielfach von der Menge des anwesenden Sauerstoffs abhängig sein. Die Frage der indirekten Strahlenwirkung durch UV in den Zellen selbst wird uns später noch beschäftigen (S. 467).

c) Beeinflussung der UV-Bestrahlung durch Chemikalien.

Chemikalien üben vielfach eine erhebliche Schutzwirkung auch auf UV-bestrahlte Zellen aus. Der Schutz kann offenbar auf sehr verschiedene Weise zustande kommen (vgl. Fortschr. Bot. 15, ferner ERRERA). Hierfür gibt es neue Beispiele. BERGER u. Mitarbeiter beobachteten bei verschiedenen Mikroorganismen, daß Natriumazidgaben die Zahl der überlebenden Zellen bei UV-Bestrahlung bis auf das fünffache und höher ansteigen läßt. Zugabe von Azid zu bestrahlten Bakterien unmittelbar nach der UV-Bestrahlung war ohne Einfluß. Ferner ergab sich ein Anwachsen von streptomycinresistenten Zellen nach UV-Bestrahlung bei Natriumazidgaben. Dieser Mutationsanstieg durch

Natriumazid fand bemerkenswerterweise aber auch dann statt, wenn die Kulturbrühe allein vor der Zugabe der Bakterien mit UV vorbestrahlt wurde. Eine Behandlung des Azids mit UV vor Zugabe der Zellen war ohne Wirkung. Vielleicht werden durch das Natriumazid Enzymsysteme blockiert, die primär die Reaktionskettenfolge der zum Teil indirekten UV-Strahlenwirkung beeinflussen. Ob es sich dabei um einen Katalaseazidkomplex oder vor allem um Schwermetallenzymsysteme handelt (z. B. Cytochrome), muß dahingestellt bleiben. Eine einfache Schutzwirkung vor der indirekten Strahlenwirkung durch chemische Umwandlung der in der Nährbrühe oder auch in den Zellen gebildeten primären Strahlungsprodukte kommt hier wohl schon deshalb kaum in Frage, weil auch die Photoreaktivierungsvorgänge erheblich beeinflußt wurden. GIESE u. Mitarbeiter (2) fanden bei *Colpidium*, daß Glutathion gegen UV-Strahlenschäden schützt, und konnten zeigen, daß es sich entgegen der Ansicht von WHITEHEAD (Fortschr. Bot. 15) nicht um einen rein physikalischen Schutz durch erhöhte UV-Absorption handelt. SCHWEISFURTH u. SCHWARTZ fanden Acetonitril als wirksamen Schutz bei UV-Bestrahlung von Bakterien. DESSAUER (1) berichtet ferner von Versuchen von ENGELHARD (im Druck), bei denen durch Cystein und 0,1% Ascorbinsäure bei der UV-Bestrahlung von Eiweißen in Lösungen eine Verringerung der Strahlenwirkung eintrat. Auch hier ist es zweifelhaft, ob die bei der UV-Bestrahlung in der Lösung bzw. im Serum gebildeten Strahlungsprodukte durch die Chemikalien beeinflußt wurden oder ob Sekundäreffekte nach direkter UV-Einwirkung verändert worden sind.

Nach ERDMANN (1), (2), ERDMANN u. MEYER schützen die wohl reduzierend wirkenden Substanzen Na-Thioglykolat, ferner $NaNO_2$ und auch Na_2SO_3 gegen UV-Schädigungen, wie Versuche an freien Eikernen der Flußmuschel zeigten. Cystein- und Ascorbinsäuregaben boten keinen Schutz, obwohl diese eine durch UV-Bestrahlung sonst getrübte Euglobulinlösung klar ließen. Permeationseffekte werden für die unterschiedliche Schutzwirkung verantwortlich gemacht (?). Bei derartigen Messungen muß sorgfältig untersucht werden, wieweit die benutzten Substanzen ohne Bestrahlung bereits eine Aktivierung hervorrufen. Zum Beispiel erhielt NORTHROP bereits bei der Behandlung von *B. megatherium*-Phagen mit H_2O bzw. sehr verdünnten Salzen gegenüber konzentrierten Na-Acetat- oder auch schwach sauren Pepton-Lösungen solche Aktivierungen.

Besondere Verhältnisse liegen bei der Katalasereaktivierung von bestrahlten Bakterien im Zusammenhang mit ihrer Lysogenität vor. Durch Infektion mit T_2-Phagen wurde die Phagenproduktion bei lysogenen *E. coli*-Stämmen nach UV-Bestrahlung durch Katalase erhöht, bei nicht-lysogenen Stämmen dagegen nicht (MILÉTIC u. MORENNE). Die Erholung von den UV-Schäden nach der wahrscheinlich durch Zerstörung von Peroxyden wirkenden Katalasegabe muß also aus zunächst unbekannten Gründen durch den „Prophagen" beeinflußt werden. LATARJET u. MILÉTIC konnten diese Ergebnisse weiter klären; vgl. Photoreaktivierung S. 462.

In früheren Versuchen von THOMPSON u. Mitarbeitern konnten Bakterien durch Zugabe von Brenztraubensäure gegen letale und mutagene Wirkung von UV geschützt werden. Die Autoren nahmen hier an, daß ein Teil des Schutzes durch Abschirmen der UV-Strahlung bedingt sein könne [vgl. jedoch oben GIESE u. Mitarbeiter (2) gegenüber WHITEHEAD] und daß außerdem an eine Reaktion der Brenztraubensäure mit durch kurzwellige UV-Strahlung gebildeten Peroxyden oder H_2O_2 zu denken sei. Eine gründliche Untersuchung des Brenztraubensäureeffektes unternahmen HEINMETS u. Mitarbeiter. Sie gehen davon aus, daß durch geeignete Stoffwechselzwischenprodukte der Erholungsprozeß bestimmter photochemisch empfindlicher Glieder in einer komplexen Kette von Folgereaktionen nach UV-Bestrahlung vielleicht erleichtert werden kann (HEINMETS). *E. coli* B und B/r wurden deshalb nach Bestrahlung (0—150 sec UV) für 24 Std bei p_H 7 und bei 37° C in Phosphatpuffer unter Zugabe von Brenztraubensäure gehalten und anschließend auf Nähragarplatten plattiert. Es trat neben einer gewissen Wärmereaktivierung im Puffer allein eine starke durch Brenztraubensäure bedingte Reaktivierung selbst dann auf, wenn die bestrahlte Suspension vollständig „tot", d. h. nicht mehr vermehrungsfähig war. Zunächst war der Einwand noch möglich, daß Brenztraubensäure und Pufferlösung ein Wachstumsmedium darstellen könnte, so daß sich UV-resistente Zellen bzw. Mutanten in diesem Medium entwickeln konnten. In weiteren Versuchen [HEINMETS u. Mitarbeiter (1), (2)] wurde der Einfluß der Brenztraubensäurekonzentration, des p_H-Wertes, der Zeit zwischen Bestrahlung und Inkubation untersucht und besonders festgestellt, daß auch andere Stoffwechselzwischenprodukte wie Oxalessigsäure, Äpfelsäure, Citronensäure einen relativ großen Erholungseffekt hervorrufen. Vor allem aber war es möglich, durch NaF-Gaben Wachstum und Vermehrung zu sistieren und trotzdem durch die Zugabe von Oxalessigsäure später eine Erhöhung lebensfähiger Zellen zu beobachten. Nach Entfernung der Säuren und Zugabe von frischem Kulturmedium ergab sich gegenüber den Kontrollen eine erhöhte Vermehrung der Bakterien. Es handelt sich also offenbar um eine Stoffwechselreaktivierung (vgl. S. 469).

Hingewiesen sei auch noch auf die schon erwähnten Befunde von KLECZKOWSKI u. KLECZKOWSKI an zwei Phagenstämmen von zwei entsprechenden Knöllchenbakterienstämmen. Sie fanden nämlich, daß die UV-bestrahlten Phagen (99% durch 2537 Å inaktiviert) vorübergehend die Vermehrung aktiver Phagen in flüssigen Kulturen der Wirtsbakterien zu verhindern vermögen. Dabei hemmen nur die bestrahlten Phagen der entsprechenden Stämme die nicht bestrahlten in ihrer Vermehrung. Bestrahltes Medium allein hatte keinen Einfluß. Wahrscheinlich hemmen also die inaktivierten Phagen selbst. Auch bei manchen Pflanzenviren (z. B. Tabakmosaikvirus und Rothamsteder Tabaknekrosevirus) im Gegensatz zu anderen (Tomaten- bushy stunt-Virus) ließen die durch UV inaktivierten Viren die Zahl der durch aktive Viren hervorgerufenen Läsionen wesentlich absinken. Auch hier wirkten die Viren entsprechender Stämme wieder am stärksten (BAWDEN u.

KLECZKOWSKI). Man könnte annehmen, daß die inaktivierten Viren wie andere Hemmsubstanzen auf dem Weg über die Wirtszelle wirken; es könnte sich aber auch um eine spezifische Wirkung inaktiver Viren auf ihre entsprechenden aktiven Stämme selbst handeln. Ausführlich wird schließlich von MUTSAARS die bereits früher von LURIA u. LATARJET mitgeteilte Resistenzsteigerung von Bakteriophagen gegen UV durch Phosphatgaben an die in Lösung befindlichen Bakterien behandelt. Auch hier dürfte es sich um komplizierte stoffwechselphysiologische Wechselbeziehungen handeln, die unter bestimmten Bedingungen und bei bestimmten Phagenstämmen zur Resistenzerhöhung führen.

d) Verschiedene cytologische Wirkungen.

Viren und Bakterien. In älteren strahlenbiologischen Untersuchungen wurde die Absorption eines UV-Quants in der NS der Bakteriophagen als ein relativ einfacher Vorgang angesehen, der sich mit Hilfe der klassischen Treffertheorie erklären ließ. Infolge der unter anderen von LATARJET u. MORENNE (vgl. Fortschr. Bot. 14) festgestellten Abweichungen versuchte nun ECKART genauere Ergebnisse über den Inaktivierungsverlauf bei T_1-Phagen von *E. coli* B festzustellen. Die Bestrahlung der Phagen erfolgte in synthetischem Medium nach FRIEDLEIN mit einem Monochromator (265 mμ) bei verschiedener Strahlungsintensität. Es zeigte sich, daß Abweichungen vom exponentiellen Abfall der Inaktivierungskurve auftraten und daß eine Intensitätsabhängigkeit vorlag: mit steigender UV-Intensität ergab sich eine Zunahme der Resistenz. Eine Verdünnung der Phagenkonzentration änderte die Inaktivierungskurve nicht. Durch Vorbestrahlung des benutzten Mediums wurde die Kurve nicht in der zu erwartenden Richtung geändert; langlebige toxische Substanzen waren hier also nicht vorhanden. Um eine genetische Inhomogenität durch entstehende resistente Mutanten handelt es sich auch nicht, da die überlebenden Phagen die gleiche Inaktivierungskurve besitzen wie die Ausgangsphagen. Zur Erklärung der Nichtanwendbarkeit der einfachen Treffertheorie wurden von ECKART verschiedene weiter zu prüfende Vorschläge gemacht: Durch Unterschiede im Ernährungszustand und in der Körpergröße der benutzten Bakterien sei an einen Einfluß der biologischen Variabilität zu denken. Die vor der Inaktivierung gegebene UV-Strahlung könnte sich resistenzerhöhend auswirken, oder es könnte der Inaktivierung ein reaktivierender Prozeß entgegenwirken.

Die noch wesentlich verwickelteren Verhältnisse bei der UV-Inaktivierung von Bakterien-Phagenkomplexen untersuchten BENZER u. JACOB sowie JACOB. Sie prüften den Inaktivierungsverlauf von UV-bestrahlten freien Phagen, den Einfluß der UV-Bestrahlung von Bakterien vor der Phagenadsorption (UV-„Kapazität" der Bakterien), die Inaktivierung des Bakterien-Phagenkomplexes, den Einfluß des zwischen Phagenadsorption und beginnender UV-Bestrahlung liegenden Latenzabschnittes sowie die unterschiedliche Inaktivierung verschiedener Phagenstämme sowohl bei nicht-lysogenen als auch bei lysogenen

Bakterienstämmen. Bei *Pseudomonas pyocyanea* 13 und Phagen P 8 ergab sich z. B. eine ziemlich hohe Resistenz (logarithmische Inaktivierung), wenn der Phage allein UV-bestrahlt wurde. Die „Kapazität" der Bakterien war dagegen viel empfindlicher (nicht-logarithmische Inaktivierung); entsprechend verhielt sich auch der Bakterien-Phagenkomplex (nicht-logarithmische Inaktivierung); die Inaktivierung der Bakterien allein (logarithmischer Verlauf) erwies sich als besonders empfindlich. Bei T_{2r} und T_7 von *E. coli* B und bei Phagen λ von *E. coli* C waren demgegenüber die freien Phagen sehr UV-empfindlich (logarithmischer Verlauf) und der Komplex (nicht-logarithmische Inaktivierung) weniger UV-empfindlich. Hieraus folgt die unterschiedliche Empfindlichkeit verschiedener Phagen beim Vergleich sowohl untereinander als auch gegenüber den jeweiligen Komplexen, ferner die große Bedeutung der Bakterien-„Kapazität" für die nicht-logarithmisch verlaufende Inaktivierung des Komplexes. Als sehr aufschlußreich erwiesen sich die Bestrahlungsversuche in Abhängigkeit von der nach Komplexbildung verstrichenen Zeit. Die Inaktivierungsempfindlichkeit nimmt bei allen Bakterien-Phagenkomplexen (lysogen und nicht-lysogen) mit Vergrößerung der Latenzzeit je nach Bakterien- und Phagensorte zwar unterschiedlich, aber überall (wenigstens anfänglich) ab. Bei freien Phagen-Bakterienkomplexen (z. B. T_{2r}, T_7) tritt diese Abnahme sehr bald nach der Komplexbildung ein; bei lysogenen Bakterien (z. B. lysogener Stamm von 13 (8) von *Pseudomonas pyocyanea*) erhielt man bei Latenzabschnitten von 0—50 min dagegen völlig gleiche Inaktivierungskurven. Erst von diesem Zeitpunkt ab kommt es zu einer merklichen Verringerung der Empfindlichkeit. Da man durch KCN-Behandlung nach 60 min hier bereits die ersten Phagen aus den Bakterien freisetzen kann und sich ähnliche Verhältnisse auch bei anderen Stämmen ergeben, liegt es nahe, die Größe der abnehmenden Komplexempfindlichkeit mit der Phagenvermehrung und ihrem Beginn in den Bakterien in Beziehung zu setzen.

Auch bei der UV-Bestrahlung von Bakterien zeigte sich eine Abhängigkeit der Inaktivierung von dem Zustand, in dem sich die Bakterienzelle zur Zeit der Bestrahlung befindet. HOUTERMANS (1) gelang es, auf Agar sehr gleichmäßig wachsende *E. coli*-Kulturen zu ziehen, so daß eine Untersuchung der Strahlenempfindlichkeit in Abhängigkeit vom Wachstumszustand der Zellen möglich war. Wurde der Prozentsatz aktiver Keime nach UV-Bestrahlung als Funktion der Vorbebrütungszeit auf Agar zusammen mit der entsprechenden Wachstumskurve aufgetragen, so zeigte sich, daß die größte UV-Strahlenempfindlichkeit der Bakterien offenbar immer kurz nach ihrer Teilung vorliegt, und daß sie kurz vor der Teilung am geringsten ist. Die Ergebnisse gewinnen an Wahrscheinlichkeit, weil auch nach α-Bestrahlung ganz ähnliche parallel verlaufende Empfindlichkeitskurven erzielt wurden. Die starken Empfindlichkeitsänderungen während des Generationscyclus konnten einstweilen aber weder mit der Änderung der Größe noch mit der Anzahl der Nucleoide der Bakterien in Zusammenhang gebracht werden.

Hefen. Durch die früheren Untersuchungen von CALDAS u. CONSTANTIN, sowie WARSHAW ist analog zu Ergebnissen bei Röntgenstrahlen die Annahme gerechtfertigt, daß sich haploide Hefen von diploiden in ihrer UV-Empfindlichkeit erheblich unterscheiden (vgl. Fortschr. Bot. 15). Da die Ergebnisse beider Autoren aber differieren, wurde von SARACHEK u. LUCKE eine gründliche Nachuntersuchung bei einer Reihe von Hefestämmen unterschiedlicher Ploidie durchgeführt. Es zeigte sich, daß alle Ploidieklassen sigmoide Überlebenskurven ergaben; die haploiden Hefen besaßen also keine exponentiell verlaufende Inaktivierungskurve. Es traten vielmehr Kurven auf, bei denen sich die Zahl der überlebenden Hefen mit steigender UV-Dosis zunächst nur sehr wenig erniedrigte. Erst der zweite, steiler verlaufende Kurvenabschnitt verläuft bei allen Ploidieklassen exponentiell. Die Steilheit der Kurven wird vom jeweiligen Stamm determiniert. Eine Approximation des exponentiellen Teils dieser Kurven an eine Kurvenform, wie sie die „Multi-target" Theorie[1] vorschreibt, ist möglich. Bei dieser Theorie wird eine Anzahl von n Treffbereichen angenommen, die alle getroffen werden müssen, um den Organismus zu inaktivieren. Es ergibt sich dann, daß für haploide Zellen 1,5—6,2 Treffbereiche, für diploide 13—33 und für triploide etwa 50 Treffbereiche erforderlich sind. Insoweit wächst also die Inaktivierungsrate mit wachsender Polyploidie.

SARACHEK hat nun weiter untersucht, in welcher Weise sich die Empfindlichkeit der Hefe gegen UV während des Sprossens, und damit während der Teilung verändert; Voraussetzung ist allerdings, daß synchrone Teilungsstadien in einer Hefepopulation vorliegen. Wurde die Hefe in bestimmten Abschnitten des Sprossungscyclus bestrahlt, so ergaben sich in allen Fällen auch hier keine geraden Überlebenskurven, sondern die Kurven fielen ebenso wie in den obigen Versuchen erst langsam und gingen dann in einen gradlinigen, aber unterschiedlich steilen Abfall über. Die Empfindlichkeit ist in der Prophase der Kernteilung am größten, fällt dann aber deutlich ab. Aus dem gradlinigen Teil der Kurve läßt sich, unter Zugrundelegung der „Multi-target"-Theorie, die Anzahl n der empfindlichen Bereiche und aus der Neigung der Geraden ein Maß der Empfindlichkeit (K) bestimmen. Es zeigt sich, daß die Empfindlichkeit K mit der Anzahl der empfindlichen Bereiche in enger Korrelation steht: ein Anstieg der empfindlichen Bereiche ist begleitet von einem Anstieg der Empfindlichkeit. Unter Verwendung von Messungen des DNS-Gehaltes der Hefe von OGUR u. Mitarbeitern schließt SARACHEK, daß die „Empfindlichkeit" und die Anzahl der bei der Inaktivierung beteiligten Vorgänge vom DNS-Gehalt der Zelle abhängt. Die Zahl der Treffbereiche n ist in der Prophase (Verdopplung des DNS-Gehalts) auf das Doppelte gestiegen. Außerdem diskutiert SARACHEK unter Berücksichtigung früherer Arbeiten von MAZIA u. HIRSHFIELD [vgl. auch BLUM u. Mitarbeiter (1)] einen Einfluß des Cytoplasmas. Das Cytoplasma-Kernplasma-Verhältnis soll den anfänglich

---

[1] $\ln S = \ln n - KD$, wo S der Bruchteil der Überlebenden, n die Zahl der empfindlichen Bereiche, K die Neigung der Geraden und D die Strahlendosis bedeutet; vgl. demgegenüber die Diffusionstheorie von ZIRKLE u. TOBIAS S. 429.

schwachen Abfall der Inaktivierungskurve bestimmen. Eine Vermehrung des Cytoplasmas soll eine größere Erholungsfähigkeit nach Schäden bewirken.

Sonstige cytologische Wirkungen. In seiner Zusammenfassung über die Eigenschaften der durch verschiedenste Agentien hervorgerufenen Chromosomenbrüche berichtet GRAY (2) auch über die Wirkung der UV-Strahlung. Das Wirkungsspektrum für Chromosomenbrüche stimmt mit dem Nucleoproteinspektrum überein; die Energie wird also vorwiegend vermutlich im Nucleoprotein oder in Vorstufen zu diesem absorbiert. Dabei ist die zur Bildung permanenter Brüche erforderliche Dosis sehr hoch. GRAY diskutiert die Frage der Wiedervereinigung nach Brüchen durch UV und glaubt, daß bei *Zea mays* und *Tradescantia* keine eindeutigen Hinweise für eine Strukturwiederherstellung vorliegen. Welche Veränderungen in den Chromosomen bei dem Auftreten von Brüchen nach UV wirklich vor sich gehen, ist bisher im Grunde jedoch weitgehend unbekannt. Eine Erörterung diesbezüglicher Arbeiten unter dem Gesichtspunkt der Strahlenwirkung muß dem nächsten Bericht vorbehalten bleiben.

Durch die Entwicklung des Spiegelmikroskops (vgl. Fortschr. Bot. 14) ist es möglich geworden, einzelne Zellabschnitte mit UV zu bestrahlen. Bei UV-Bestrahlung von *Allium cepa*-Zellen treten bei Einwirkung auf Kern und Cytoplasma im Gegensatz zu der auf das Cytoplasma allein erhebliche Unterschiede in der Wirkung auf (GLUBRECHT, persönliche Mitteilung). Bestrahlung des Kerns + Cytoplasma schädigte die Plasmaströmung viel schneller als eine Bestrahlung des Cytoplasmas allein. URETZ, BLOOM u. ZIRKLE bestrahlten sogar unterschiedliche Teile von Chromosomen: Bei Mehrzellkulturen von *Triturus viridescens* wurde ein schmaler UV-Strahl von etwa 7 μ Durchmesser so eingerichtet, daß das Kinetochor eines Chromosoms getroffen wurde, während in der anderen Gruppe das Kinetochor nicht mitbestrahlt wurde. Es ergab sich dann, daß die normale Bewegung der Chromosomen nur dann gehemmt war, wenn das Kinetochor in dem bestrahlten Chromosomenabschnitt mit eingeschlossen war. Es ist zu erwarten, daß durch weitere derartige Untersuchungen noch eine erhebliche Vertiefung unserer Kenntnisse über UV-Strahlenwirkungen erfolgen wird.

e) Biochemische und physiologische Wirkungen.

Immer wieder zeigt sich, daß durch UV-Bestrahlung verschiedene Eigenschaften und Fähigkeiten der Zelle ganz unterschiedlich stark beeinflußt werden. Die Untersuchung solcher spezifischer Strahlenschäden erscheint aber zur näheren Aufklärung des Wirkungsmechanismus der Strahlung besonders erfolgversprechend. So hatten schon ALDOUS u. STEWART gefunden, daß bei UV-bestrahlter Hefe die Enzymaktivität von Myokinase, Carboxylase und Zymase in etwa dem gleichen Maße abnimmt wie die Inaktivierung der Hefe. Demgegenüber verringerte sich aber die Aktivität von Katalase, Alkoholdehydrase und auch Milchsäuredehydrase überhaupt nicht. Bei derartigen Versuchsergebnissen liegt es nahe, den primären Angriffspunkt der UV-Strahlung nicht im Kern, sondern im Cytoplasma bei den beteiligten Enzymsystemen zu suchen. Weiter sei auf die Untersuchungen von E. G. ALLEN u. Mitarbeitern hingewiesen, die bei UV-Bestrahlung von Rikettsien fanden, daß deren Infektivität gegenüber Hühnerembryonen bei vergleichbarer Dosis von 100% auf 0,001% reduziert wurde, während die hämolytische Aktivität auf 54% und die Atmung nur auf 72% zurückging (vgl. auch folgenden Absatz). NORMAN untersuchte bei *Aerobacter aerogenes* die durch UV spezifisch gehemmte Adaptation an eine gegebene C-Quelle. Auch S. KAPLAN u. Mitarbeiter fanden bei *E. coli* Stamm B/r gegenüber B, daß durch UV zwar die Adaptation an Galaktose bei beiden Stämmen durchaus in gleichem Maße reduziert wurde — ähnlich verhielt sich die Fähigkeit, Glucose zu oxydieren —, daß sich aber die Vermehrungsfähigkeit bei Stamm B gegenüber dem resistenten Stamm B/r viel stärker verringerte. Die Inaktivierung der Galaktoseadaptation wurde durch die Populationsdichte beeinflußt, bei Verdünnung auf $^1/_2$ wurde trotz gleichlanger Bestrahlung die Aktivität viel stärker herabgesetzt als ohne Verdünnung: Offenbar wird ein System, das die Synthese des zur Galaktoseadaptation wichtigen Enzyms zustande bringt, durch wachsende Zellzahlen vor der UV-Hemmung geschützt. Dieser Schutzeffekt trifft aber für die Vermehrungsfähigkeit der Zellen nicht zu, da diese in beiden Fällen und auch bei beiden Stämmen auf weniger als 0,1% absinkt.

Über die verschiedenen Ansätze zur weiteren Aufklärung der UV-Wirkung durch eine genauere biochemische Analyse wurde bereits früher berichtet (Fortschr. Bot. 14 u. 15). ERRERA hat in seiner Zusammenfassung hierauf kürzlich erneut hingewiesen und auch die Bedeutung bestimmter Zellkomponenten ausführlich erörtert. Im einzelnen untersuchten KANAZIER u. ERRERA (1) den ATP-Gehalt von *E. coli* nach UV-Bestrahlung. Sie konnten jedoch zwischen bestrahlten und nichtbestrahlten Kontrollen mit Hilfe des STREHLERschen Feuerfliegentestes keine Unterschiede in Hinsicht auf den ATP-Gehalt messen. Besonders sei auf weiterführende Ergebnisse bei *E. coli*-Stämmen von KELNER verwiesen. Nach UV-Bestrahlung (2537 Å) wurde in üblicher Weise die Bakterienvermehrung zu 80—90% oder noch stärker gehemmt. Die sofort anschließend und laufend weiter gemessene Atmung zeigte aber anfangs überhaupt keinen Unterschied zwischen bestrahlten und nichtbestrahlten Kulturen. Erst später fiel die O_2-Aufnahme ab. Hieraus schloß KELNER, daß die UV-Bestrahlung auf die verschiedenen Atmungssysteme wenig Einfluß ausübt, sondern vielleicht eher eine Hemmung der Enzymsynthese verursacht. Zur weiteren Prüfung wurde die nach UV-Bestrahlung von *E. coli* durchaus noch vorhandene Zellvergrößerung („Wachstum") gemessen. Durch UV-Gaben von 10 sec, nach denen sich 77% der Zellen nicht mehr vermehren konnten, wurde das Wachstum selbst 1—2 Std nach der Bestrahlung erst geringfügig gehemmt. Demnach ist also eine Wachstumsschädigung ebenfalls keine Hauptfolge letaler UV-Strahlung (vgl. unten Morphologische Wirkungen durch UV). Nunmehr wurde die Frage der NS-Synthese nach UV-Bestrahlung in Angriff genommen. Es zeigte sich, daß die RNS-Zunahme durch die Bestrahlung wenig beeinflußt wurde, während die Synthese von DNS für die ersten 50 min nach der UV-Einwirkung praktisch völlig unterdrückt war. Damit wurden von KELNER die Versuchsergebnisse von SIMINOVITCH u. RAPKINE an *Bacillus megatherium* über den Einfluß von UV auf die Lysisinduktion eines lysogenen Stammes bestätigt, nach denen die UV-Dosis ebenfalls wenig Einfluß auf das Wachstum, den O_2-Verbrauch und die RNS-Synthese der Bakterien selbst hatte, während die DNS-Synthese für 45 min nach Bestrahlung gehemmt war. Weiterhin berichten auch COURCY u. Mitarbeiter, daß bei UV-bestrahlten Rattenthymocytenzellen der DNS-Gehalt nach der Bestrahlung niedriger lag als bei den Kontrollen. Hier war die Bestrahlungsdosis aber viel höher und es muß mit einer Teildepolymerisierung der DNS gerechnet werden; dafür spricht, daß der Thymingehalt bei den UV-bestrahlten Zellen höher lag als der bei den Kontrollen. Wichtiger für unser Problem ist eine jüngst erschienene Mitteilung von KANAZIR u. ERRERA (2), die *E. coli* B 30 sec bestrahlten und dabei die Hemmung der DNS-Synthese nach der UV-Bestrahlung ebenfalls bestätigten. Die beobachtete Hemmung ist aber nicht endgültig, denn die Synthese wird später wieder aufgenommen, die Verzögerung dauert aber um so länger, je länger die Bestrahlung durchgeführt wurde. In der Zwischenzeit fand eine Anhäufung von organisches säurelösliches Phosphat enthaltenden Verbindungen statt, ferner von Purin-Pyrimidinbasen und von Pentosen. Die Autoren vermuten deshalb, daß die UV-Schädigung erst in späte Stadien der DNS-Synthese eingreift. Auf die Bedeutung der DNS bei der UV-Strahlenwirkung wird unten (vgl. S. 465 u. 467) nochmals zurückzukommen sein. Aber schon jetzt zeigen die besprochenen Arbeiten, daß hier ein wichtiger Ansatz für die weitere Klärung der durch UV-Bestrahlung auftretenden Primärwirkungen vorliegt.

f) Morphologische Wirkungen durch UV.

Nach UV-Bestrahlung stellen sich vielfach morphologische Veränderungen ein, die sekundär im Gefolge der Strahlenwirkungen hervorgerufen werden. BRUMFIELD bestrahlte Keimlinge von *Phleum pratense* und beobachtete in der Epidermis der Wurzelspitze sehr lange Zellen, die sich zum Teil von den darunter befindlichen Rindenzellen abhoben. Hier wird eine Hemmung der Zellteilung angenommen, während die Zellstreckung weiterläuft. Hingewiesen sei ferner auf morphologische Änderungen beim Sprossen der Hefe nach vorheriger UV-Einwirkung. Auch hier zeigte sich nach Hemmung der weiteren Teilung eine Verlängerung des Verbindungsschlauches zwischen Mutter- und Tochterzellen (TOWNSEND u. SARACHEK). Bei Bakterien treten nach UV-Bestrahlung ebenfalls besonders lange Formen auf (*E. coli* K 12; CHALLICE u. GORRILL; vgl. Fortschr. Bot. **14**: ENGELHARD u. HOUTERMANS). In diesem Zusammenhang weist ERRERA darauf hin, daß nach Mitteilung von JEENER bei *Thermobacterium acidophilum* bei Thyminmangel ähnlich veränderte Formen entstehen wie bei UV-Bestrahlung. ERRERA sieht darin einen Hinweis auf das Zustandekommen solcher Formen. Nach UV-Bestrahlung kann keine zur Teilung nötige DNS-Synthese mehr stattfinden, so daß nur noch eine Zellstreckung möglich ist. Die oben angeführten Arbeiten von KELNER u. a. stützen diese Vorstellung durchaus.

5. Photodynamische Wirkungen.

Die photodynamischen Wirkungen von ultraviolettem Licht wurden mit Hilfe verschiedener UV-absorbierender Substanzen untersucht. Über das Zustandekommen O_2-abhängiger Photosensibilisierung hat SCHENCK (1), (2) zusammen mit seinen Mitarbeitern [SCHENCK u. Mitarbeiter (1), (2)] weiteres Material beigebracht und seine Vorstellungen über die vorübergehende Bildung von phototrop-isomeren Diradikalen (vgl. Fortschr. Bot. 14 u. 15) als vielfach möglichen Mechanismus photochemischer Vorgänge präzisiert. Mit Hilfe chemischer Methoden wurde unter anderem untersucht, ob die beiden angenommenen Radikalstellen als C-, O- oder N-Radikalstellen anzusehen sind (vgl. S. 468). An biologischem Material seien weiter einige interessante Ergebnisse von G. RUHLAND mit verschiedenen in Samenfäden von *Rana temporaria* eingelagerten basischen Farbstoffen erörtert. Die UV-Strahlung von der Wellenlänge 310—400 mµ war nur dann wirksam, wenn die Farbstoffe selbst in dem fraglichen Bereich eine Eigenabsorption aufwiesen. Es trat aber auch nur dann eine Wirkung auf, wenn der dort absorbierende Farbstoff in dem Kern eingelagert wurde. Auch erwies sich die UV-Strahlung nur als schädigend, wenn die eingestrahlte Energie nicht durch Fluorescenzstrahlung wieder abgegeben wurde. Stark fluorescierende Farbstoffe riefen daher weniger Schäden hervor als weniger stark fluorescierende. Schließlich wurde festgestellt, daß kein wesentlicher Unterschied zwischen gelbem Licht und UV-Strahlung in Hinsicht auf die untersuchte photodynamische Wirkung bestand. GRAFFI u. Mitarbeiter (1) untersuchten die Wirkung von UV (300—400 mµ) in Gegenwart von vier verschiedenen Kohlenwasserstoffen, darunter besonders 3,4-Benzpyren (BP) auf Hefe und stellten für die letztgenannte Verbindung eine „Eintrefferkurve" der Inaktivierung fest. Der photodynamische Effekt war [GRAFFI u. Mitarbeiter (2), sowie WINDISCH u. Mitarbeiter] in starkem Ausmaß vom O_2-Gehalt abhängig (BP allein 100% Überlebende; BP $+32$ min UV $+N_2$ 82%; BP $+32$ min UV $+O_2$ 0,3% Überlebende). In weiteren Versuchen von GRAFFI u. Mitarbeitern (3), die in diesem Fall an Lebermitochondrien der Ratte durchgeführt wurden, zeigte sich, daß durch BP die Tätigkeit von Cytochromoxydase, Bernsteinsäuredehydrase, saurer und alkalischer Phosphatase, sowie Apyrase fast völlig gehemmt wurde, nicht aber die von Katalase. Schließlich fanden A. GRAFFI u. Mitarbeiter (1), daß eine deutliche Abhängigkeit der durch BP hervorgerufenen photodynamischen Wirkung von der Intensität der UV-Strahlung vorlag. Wurde das Produkt aus Intensität × Zeit konstant gehalten, so fiel die Wirkung mit abnehmender Intensität deutlich ab. Zur Deutung dieser Befunde bieten sich verschiedene Möglichkeiten an, von denen eine Reihe bereits bei der intensitätsabhängigen Phageninaktivierung durch UV S. 453 erörtert wurden (entsprechende Effekte finden sich bei der ionisierenden Strahlung). Besonders wurden von GRAFFI u. Mitarbeitern noch folgende Ursachen diskutiert: 1. Mehrere kurz hintereinander eintreffende Quanten sind gemeinsam für den Schädigungseffekt verantwortlich, bzw. es müssen n Stellen von je einem Quant für eine Schädigung getroffen werden. Eine solche Vorstellung ist mit einer „Eintrefferkurve" noch durchaus im Einklang; vgl. „Multitarget"-Theorie von SARACHEK S. 455. 2. Falls bei der BP-Wirkung ein Teil der absorbierten Energie auch noch dazu dient, metastabile, aber an sich nicht schädigende Zustände hervorzurufen, könnte bei geringerer Intensität ein immer größerer Teil der eingestrahlten Energie von solchen metastabilen Zuständen eingefangen und durch interne Konversion ohne weitere Schädigung der Zellen verbraucht werden. 3. Trotz der „Eintreffer"-Kurve könnte eine Strahlenschädigung auch bei photodynamischen Wirkungen durch indirekte Effekte zustande kommen, es könnte dann eine gewisse Anzahl von toxischen Substanzen zur Schädigung erforderlich sein; diese Anzahl wird aber bei zu geringer Quantenzahl in der Zeiteinheit nicht mehr erreicht, da infolge von Diffusion ein Teil der toxischen Substanzen sein Ziel, das zu schädigende Molekül bzw. die empfindliche Gruppe der Moleküle, nicht erreicht. Auf die Bedeutung der beobachteten Befunde photodynamischer Strahlenwirkung wird S. 467 nochmals eingegangen.

6. Reaktivierungsvorgänge nach UV-Bestrahlung.

a) Reaktivierung durch Strahlung.

Auch in diesem Berichtsabschnitt wurden an den verschiedensten biologischen Objekten durch Einwirkung von langwelligem UV bzw. blauem Licht nach UV-Bestrahlung Reaktivierungserscheinungen beobachtet, so von TANADA u. HENDRICKS bei höheren Pflanzen (Chlorophyllverlust). GIESE u. Mitarbeiter sowie SCHOENBORN geben Reaktivierungsvorgänge bei *Colpidium* bzw. bei *Astasia* an. Selbst durch UV-induzierte Mutanten können nach AUERBACH durch sichtbares Licht reduziert werden. Auch die Anzahl der durch UV hervorgerufenen Letalmutationen läßt sich bei *Drosophila* durch Licht erniedrigen (ALTENBURG u. ALTENBURG).

Unter bestimmten Umständen treten aber auch keine Reaktivierungserscheinungen auf. Sie fehlen zunächst einmal dann, wenn die untersuchten Objekte wenig oder kein Cytoplasma besitzen (vgl. Fortschr. Bot. 15). IVERSON u. GIESE bestätigen solche Befunde bei der Bestrahlung der Spermien von *Urechis*, während die bestrahlten Eier eine deutliche Lichtreaktivierung zeigten. Auch bei der Photoreaktivierung von Viren ist es offensichtlich erforderlich, daß das reaktivierende Licht die Wirtszelle trifft. KLECZKOWSKI u. KLECZKOWSKI fanden eine Reaktivierung von Phagen nur dann, wenn infizierte Bakterien (*Rhizobium*) bestrahlt wurden. Weiterhin untersuchten BLUM u. Mitarbeiter (1) fünf verschiedene, nach mehr oder weniger intensiver UV-Bestrahlung aufgetretene Effekte auf ihre Reaktivierbarkeit (*Arbacia*-Eier). Sie konnten nur bei der Teilungsverzögerung durch UV eine Reaktivierung feststellen, nicht aber bei den anderen beobachteten Schäden. Da sich auch das Wirkungsspektrum der hervorgerufenen Effekte als verschieden herausstellte, muß angenommen werden, daß verschiedenartige photochemische Primärvorgänge ablaufen, deren Folgeprozesse dann nur teilweise photoreaktivierbar sind. So ist es nicht verwunderlich, wenn auch HIRSHFIELD u. GIESE bei *Blepharisma undulans* nach UV-Bestrahlung bei der Regeneration und dem Eintreten der ersten und dritten Teilung keine Photoreaktivierung durch sichtbares Licht feststellen konnten.

BAWDEN u. KLECZKOWSKI untersuchten verschiedene Pflanzenviren. Sie fanden bei UV-bestrahltem Bushy-stunt-Virus und Tabaknekrosevirus immer dann weniger Läsionen, wenn die mit den Viren inokulierten Pflanzen im Dunkeln aufbewahrt wurden. Belichtung der Pflanzen erhöhte die Zahl der Läsionen, wirkte also auf die Viren reaktivierend. Standen die Wirtspflanzen vor der Behandlung im Dunkeln, so wurden sie viel empfindlicher (größere Zahl von Läsionen), als wenn sie vorher belichtet wurden. Die Größe der Reaktivierung war von dieser Vorbehandlung anscheinend aber nicht abhängig. WEIGLE u. DULBECCO fanden in Versuchen, die zur Induktion von Bakteriophagenmutationen durch UV dienten, bei mit UV bestrahlten T_3-Phagen eine Reaktivierung der bestrahlten T_3, wenn die verwendeten *E. coli* B- und B/3a-Stämme vorher eine UV-Bestrahlung geringer Intensität bekommen hatten. Das Auftreten der Reaktivierung von Viren kann durch zusätzliche Faktoren beeinflußt werden. HILL u. ROSSI (1), (2) fanden bei UV-bestrahlten trockenen Bakteriophagen (T_1) durch Licht keine Photoreaktivierung. Veränderte Adsorbierbarkeit an die *E. coli* B kann nicht die Ursache der fehlenden Reaktivierung sein, da die durch ^{32}P-Markierung geprüfte Phagenadsorption gleichgeblieben war. LATARJET u. MILÉTIC erhielten zunächst bei UV-bestrahlten *E. coli* B durch Belichtung sowohl in mineralischem Medium als auch in Nährbrühe eine Photoreaktivierung durch langwelliges UV und sichtbares Licht. Diese blieb aber aus, wenn ein UV-bestrahlter T_2-Phagen-Bakterienkomplex in Hühnerbrühe belichtet wurde. Nur in mineralischem Medium war dann eine Reaktivierung möglich. Zur weiteren Untersuchung dieses Effektes vgl. S. 462 und die oben S. 453 besprochenen Versuche von BENZER u. JACOB, sowie die in Fortschr. Bot. **15**, S. 193 ff. erörterten Besonderheiten der Phagenreaktivierung.

Einen weiteren Effekt stellte HELMKE bei der Reaktivierung von Bakterien fest. Wurde *E. coli* B entweder mit UV (2537 Å) allein oder aber mit UV (2537 Å) und der zur Reaktivierung geeigneten UV-Wellenlänge (3650 Å) gleichzeitig bzw. hintereinander bestrahlt, so war die Reaktivierung hier bei nachfolgender Bestrahlung immer größer als bei gleichzeitiger Bestrahlung mit den beiden Wellenlängen. Der Effekt ist verständlich, weil bei gleichzeitiger Bestrahlung mit inaktivierendem und reaktivierendem UV anfangs noch keine durch UV inaktivierten Bakterien vorliegen und die am Schluß durch inaktivierendes UV geschädigten Bakterien überhaupt nicht mehr reaktiviert werden können.

Den Quantenbedarf der Photoreaktivierung untersuchten GIESE u. Mitarbeiter (2). Sie stellten bei *Colpidium colpoda* fest, daß die nach UV-Bestrahlung mit 1000 erg/mm² bei 2654 Å zur gleichen Photoreaktivierung erforderliche Lichtmenge (435 mµ) nach vorherigem Hungernlassen wesentlich größer ist als bei gut ernährten Protozoen.

Für einen bestimmten Reaktivierungsprozentsatz waren für jedes UV-Quant bei gut gefütterten Colpidien etwa 100 Quanten blauen Lichtes erforderlich, während bei hungernden für den gleichen Effekt etwa 800 Quanten nötig waren [GIESE u. Mitarbeiter (1)]. Derselbe höhere Quantenbedarf war bei allen geprüften Wellenlängen reaktivierenden Lichtes (366, 405, 435 und 546 mµ) in gleicher Weise vorhanden. Schließlich wurde beobachtet, daß auch noch UV der Wellenlänge 335 mµ bei geringer Intensität eine Photoreaktivierung hervorruft, bei höherer Intensität aber bereits schädigt. Die Wirkung jeder Wellenlänge reaktivierenden Lichtes besteht also aus einer Summe von mehr oder weniger schädigenden und fördernden Faktoren.

b) Reaktivierung durch Chemikalien und Enzyme.

MILÉTIC u. MORENNE bestätigen zunächst frühere Ergebnisse von LATARJET u. CALDAS über eine Reaktivierung UV-bestrahlter Bakterien durch Katalase. Sie benutzten weitere Stämme von *Pseudomonas pyocyanea, Bacterium dysenteriae* und *E. coli*; diese zeigten entsprechend den früheren Versuchen nur dann eine Erholung durch Katalasegaben, wenn die betreffenden Stämme lysogen waren. Nicht-lysogene Stämme waren nicht durch Katalase reaktivierbar. Durch die Katalase sollen im Bakterienprotoplasma im Gefolge der UV-Bestrahlung gebildete, langlebige Peroxyde zerstört werden. Bedeutungsvoll ist weiter, daß die nicht durch Katalase „reaktivierbaren" Stämme, also hier die nichtlysogenen, besonders photoreaktivierbar sind. Warum diese Unterschiede zwischen lysogenen und nicht-lysogenen Stämmen bestehen, war zunächst unklar. Hier führten die eben bereits in anderem Zusammenhang erwähnten Befunde von LATARJET u. MILÉTIC weiter; demnach werden durch reaktivierendes Licht (340—550 mµ) in Bouillon und Gelose, nicht dagegen in Puffer, aktive Substanzen gebildet, die zwar *E. coli* B und nicht zur Lyse induzierte K_{12}-Stämme nicht schädigen, die aber auf Phagen T_2 sowie auf komplexe *E. coli* B + T_2, *E. coli* K_{12} + T_2 und auf zur Lyse induzierte K_{12}-Stämme letal wirken. Diese toxischen Substanzen können nun durch Katalase gehemmt werden. Vermutlich handelt es sich auch hier um bestimmte, nur die Phagen selbst hemmende, organische Peroxyde. Weitere Hinweise auf die Wirkung von Chemikalien nach UV-Bestrahlung finden sich im Abschnitt „UV-Beeinflussung durch Chemikalien" S. 450. Auf die dort besprochenen Arbeiten von HEINMETS u. Mitarbeitern über die reaktivierende Wirkung von Stoffwechselzwischenprodukten sei besonders verwiesen.

c) Beziehungen der Reaktivierung zu direkten und indirekten Strahlungswirkungen.

Im folgenden sollen noch zwei Versuchsgruppen besprochen werden, die das Problem der Photoreaktivierung im Zusammenhang mit der vorhergehenden UV-Schädigung untersuchen und die geeignet erscheinen, das Problem der Photoreaktivierung weiter zu fördern.

Phagen. HILL u. ROSSI (2), (3) untersuchten den Einfluß verschiedener Bedingungen während der UV-Bestrahlung mit 2537 Å auf die Inaktivierungskurven von T_1-Bakteriophagen im Zusammenhang mit der späteren Photoreaktivierbarkeit. Dabei hängt wiederum (vgl. oben S. 453) die Größe der „Inaktivierung" von dem jeweils benutzten Kriterium ab. Die Vermehrungsfähigkeit kann völlig unterdrückt sein, aber die Adsorptions- und Tötungsfähigkeit gegenüber den Bakterien kann erhalten geblieben sein. Die Vermehrungsfähigkeit der einzelnen Phagen kann unterdrückt sein, aber sie kann erhalten bleiben, wenn mehr als ein Phage adsorbiert wird. (Dieser Effekt der Multiplicity Reactivation ist aber auf bestimmte Phagen beschränkt; vgl. z. B. KLECZKOWSKI.) Schließlich kann die Vermehrung zwar unterdrückt sein, aber sie kann durch Photoreaktivierung wieder in Gang gebracht werden. Die bei den verschiedenen Phagengruppen T_1—T_7 erhaltenen Überlebenskurven verlaufen, besonders bei kleinen UV-Dosen, vielfach nicht linear (Abb. 77a und b). Sie sind vor allem in starkem Ausmaß von den Bedingungen während der UV-Bestrahlung abhängig. In gefrorenem Zustand (in Puffer) wird die Empfindlichkeit wesentlich erhöht, obwohl Frieren als solches nicht inaktiviert. Die Kurvenform bleibt erhalten. Wird der Wassergehalt des Mediums während der Bestrahlung verringert, so wächst (!) die Inaktivierung zunächst ebenfalls, die Kurvenform wird jedoch schließlich gradlinig. Gradlinigkeit kann auch dadurch erreicht werden, daß bereits adsorbierte Phagen bestrahlt werden. Schließlich erhöhte 2% Ammoniumacetatlösung als Inkubationsmittel die Überlebensfähigkeit. Die Reaktivierung (Prozentsatz und Kurvenform) ist nun ebenso in bestimmter Weise von den Vorbedingungen während der Inaktivierung abhängig. Bei der UV-Inaktivierung adsorbierter Phagen ist z. B. die Reaktivierung des Komplexes geringer als bei im freien Zustand bestrahlten Phagen. Vor allem zeigte sich aber, daß die Größe der Photoreaktivierung vom Wassergehalt des Mediums (mit Hilfe der Entwässerung durch Äthanol bestimmt) während der UV-Bestrahlung abhängt; je geringer der Wassergehalt, desto stärker war zunächst die Reaktivierung; trocken inaktivierte Phagen zeigen aber überhaupt keine Reaktivierung.

Aus diesen Ergebnissen lassen sich einige Schlüsse ziehen. Nach HILL u. ROSSI (4) kommen indirekte Strahlungseffekte zur Inaktivierung der Phagen in ihren Versuchen nicht in Frage, da die Inaktivierung im gefrorenen Zustand ja größer ist als bei Zimmertemperatur, und da Wasserzersetzung durch UV erst bei Wellenlängen unter 2000 Å in Frage kommt. Auch ergab vorbestrahltes Äthanol keine Schädigung der Phagen. Der Schluß liegt daher nahe, daß es sich um direkte Strahlungseffekte handelt, und daß das umgebende Medium die Phagenpartikel wahrscheinlich durch Dehydratation ändert. Hierfür spricht weiter, daß adsorbierte T_1-Phagen, also solche, die ihre Proteinhülle abgestoßen haben, gegenüber freien Phagen eine rein exponentielle Inaktivierungskurve besitzen, so daß die Hydratation des äußeren Proteins auch noch von Bedeutung sein könnte. HILL u. ROSSI zeigten ferner, daß ihre verschiedenen Reaktivierungskurven nicht mit der

Annahme von NOVIK u. SCILLARD (vgl. Fortschr. Bot. 14) zu vereinen sind, nach denen die Photoreaktivierung die UV-Dosis um einen bestimmten Betrag reduziert. Es besteht keine einfache lineare Beziehung

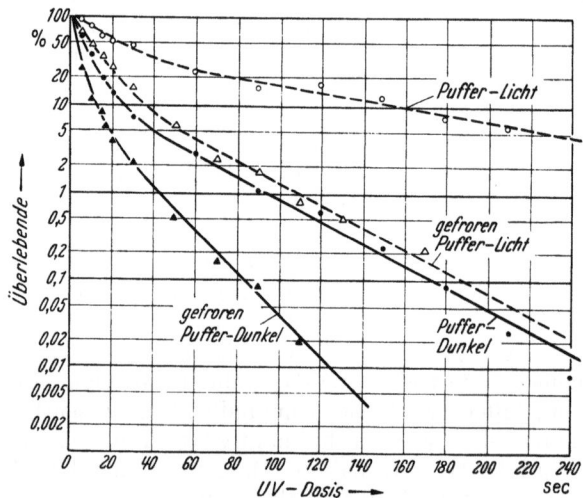

Abb. 77a. Reaktivierung von T_1-Phagen nach UV-Bestrahlung in gefrorenem Phosphatpuffer gegenüber Bestrahlung bei Zimmertemperatur.

zwischen aktueller und reduzierter Schädigungskurve. Auch ist es recht unwahrscheinlich, daß die benutzten T_1-Phagen aus zwei Populationen bestehen; wurden nämlich Überlebende einer stark bestrahlten

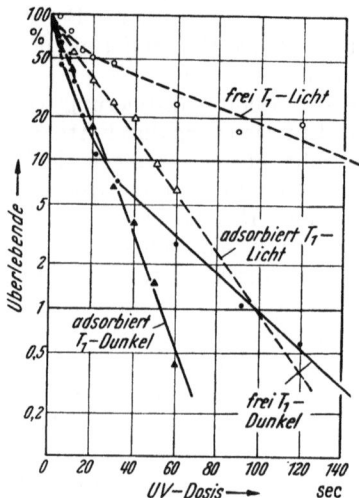

Abb. 77b. Reaktivierung von adsorbiert und frei bestrahlten T_1-Phagen. [Nach HILL u. ROSSI: Radiation Res. 1, 282 (1954).]

Lösung für eine neue Kultur benutzt, so besaß der neu angesetzte Stamm doch die gleiche Überlebenskurve wie die alte Kultur. Dagegen wird nunmehr die neue Annahme gemacht, daß durch die UV-Bestrahlung der Ausgangsphage in eine neue Molekularkonfiguration gebracht wird. Je nach den Bedingungen während der Bestrahlung werden verschiedene Typen von Ausgangskonfigurationen geschaffen, alle haben die gleichen empfindlichen Stellen für die UV-Absorption, unterscheiden sich aber durch die Vorgänge unmittelbar nach der Absorption. Auch sollen Übergänge zwischen den jeweiligen Molekularkonfigurationen möglich sein. Die Entfernung eines Teils des Hydratationswassers vom Phagen eliminiert dann den Übergang von einem bestimmten Zustand in einen anderen. Bestimmte Molekularzustände, besonders solche der NS im Innern der Phagen, werden als photoreaktivierbar angesehen, andere nicht. Die Inaktivierungskurve nach Belichtung ergibt sich dann aus der Summe der verschiedenen Zustände der Phagen. Ein unter diesen Annahmen aufgestellter mathematischer Ansatz ergibt Differentialgleichungen, aus denen sich die Wahrscheinlichkeiten des Übergangs vom einen zum anderen Zustand errechnen lassen. Die empirisch bestimmten Kurven und die aus dem Ansatz abgeleiteten stimmen für die verschiedenen Ausgangsbedingungen und Reaktivierungskurven bisher gut miteinander überein.

Bakterien. Eine weitere gründliche Untersuchung des Problems verdanken wir KELNER. Er ging dabei von der Voraussetzung aus, daß die durch UV induzierten Schäden sich auf eine grundlegende Veränderung der Zellen beziehen müssen und daß diese grundlegenden Änderungen dann durch die Lichteinwirkung möglichst vollständig aufgehoben werden können. Wie bereits oben S. 458 besprochen, bestand eine wesentliche Wirkung der UV-Strahlung darin, daß die DNS-Synthese gegenüber der wenig veränderten RNS-Synthese sofort nach der UV-Einwirkung für die ersten 45 min völlig unterbunden wurde. Reaktivierendes Licht beeinflußt nun die RNS-Synthese nicht, läßt aber die DNS-Synthese sehr bald erheblich ansteigen. Reaktivierendes Licht kehrt also die UV-induzierte Hemmung der DNS-Synthese, die KELNER allein im Kern annimmt, um; damit ist ein sehr wichtiger Effekt der Photoreaktivierung festgestellt.

d) Reaktivierung durch Temperatur.

Zunächst haben HARM u. STEIN frühere Untersuchungen (vgl. Fortschr. Bot. 15) zur Wärme- und Kältereaktivierung bei *E. coli* fortgesetzt. Durch eine Nachbehandlung der UV-bestrahlten Bakterien bei 48° C ergab sich trotz einer Schädigung durch die hohe Temperatur noch eine deutliche Wärmereaktivierung. Ebenso wurde eine Kältereaktivierung durch Temperaturen unter 10° gemessen. Vor allem konnte gezeigt werden, daß die Wärmereaktivierung vor einer erneuten Teilung an der UV-geschädigten Einzelzelle vor sich geht. Im übrigen ist auch nach indirekter UV-Inaktivierung (Vorbestrahlung der Kulturplatten) eine sogar relativ höhere Wärmereaktivierung als nach direkter Bestrahlung der Zellen selbst vorhanden, und schließlich zeigte sich, daß auch die vergleichsweise schon früher von WYSS u. Mitarbeitern untersuchte Peroxydinaktivierung stark temperaturabhängig ist. Insoweit besteht also eine Übereinstimmung der Reaktivierung nach H_2O_2-Behandlung, bei UV-vorbestrahlten Nährböden und bei der durch direkte Bestrahlung erzielten Inaktivierung. Ein Vergleich von Photoreaktivierung und Wärmereaktivierung ergab aber, daß beide Nachbehandlungen, gemeinsam geboten, wirksamer sind als jede für sich. KLECZKOWSKI u. KLECZKOWSKI untersuchten die Wirkung einer verschiedenen Temperaturbehandlung bei *Rhizobium*-Bakteriophagen. Hier hatte ein Aufenthalt bei höherer Temperatur nach UV-Bestrahlung eine vergrößerte Phageninaktivierung zur Folge. In weiteren Untersuchungen wurde die Einwirkung verschiedener Temperatur auf die Häufigkeit von durch UV erzeugten Mutanten geprüft. BERRIE fand in Übereinstimmung mit WITKIN, daß bei Temperaturen von 15° bzw. 16° im Anschluß an UV-Bestrahlung die Mutationsfrequenz bei verschiedenen Bakterienstämmen und auch in Hinsicht auf verschiedene Mutationen geringer ist als bei Bebrütung der bestrahlten Bakterien bei höherer Temperatur (25°; 37°). Es ergaben sich bei den unter verschiedenen Temperaturen aufbewahrten Stämmen außerdem recht unterschiedliche Dosiseffektkurven. Hieraus folgert BERRIE, daß die Mutation durch UV nicht auf einer einfachen direkten Strahlenwirkung beruhen kann. Insbesondere gestattet aber die unterschiedliche Wirkung höherer Temperatur auf die Mutationsauslösung (erhöht) und den Inaktivierungsprozeß (erniedrigt) die Annahme, daß beide Prozesse nicht durch die gleichen Ursachen entstanden sind. Die frühere Annahme von LEA, daß die Letalwirkung der UV-Strahlen durch die Induktion von Letalmutationen zustande komme, ist auf Grund dieser Versuche wohl kaum aufrechtzuerhalten, denn dann müßte die Zahl der Lebenden bei 15° entsprechend der geringeren Mutationszahl größer sein als bei höherer Temperatur.

7. Allgemeine Vorstellung der UV-Strahlenwirkung.

a) Direkte und indirekte Strahlenwirkung.

Aus den vorliegenden Übersichtsdarstellungen [DESSAUER (1), ERRERA, PUTNAM] und aus den oben im einzelnen erörterten Originalarbeiten geht zusammen mit dem in früheren Berichten (Fortschr. Bot. 14 u. 15) Mitgeteilten hervor, daß auch bei den UV-Wirkungen auf Zellen und Gewebe sowohl direkte Treffer in biologisch wichtige Zellbestandteile als auch indirekte Wirkungen durch Bildung von schädlichen Zwischenprodukten zu erwarten sind. Die Frage ist, mit welchem Anteil beide Prozesse an den Strahlenwirkungen im lebenden Gewebe beteiligt sind. Die Antwort hierauf ist auch gegenwärtig noch, je nach der jeweiligen Versuchsanstellung und den Grundvorstellungen der Untersucher, eine recht verschiedene. Aus dem vielfach exponentiellen Verlauf der Schädigungskurven folgt nicht notwendigerweise, daß ein Eintreffervorgang vorliegt, da ein derartiger exponentieller Schädigungsverlauf auf sehr verschiedene Weise erklärt werden kann [vgl. S. 444 bei ionisierender Strahlung; ferner HEINMETS u. Mitarbeiter (2), BAWDEN u. KLECZKOWSKI; SARACHEK; HOUTERMANS].

In vielen Untersuchungen kommen aber allem Anschein nach nur direkte Strahlungseffekte in Frage. Hierzu können die Strahlenwirkungen auf völlig trockene Objekte und auf Objekte in gefrorenem Zustand gerechnet werden. Aber selbst dann zeigt sich, daß eine bei der ursprünglichen einfachen Treffertheorie nicht angenommene Abhängigkeit der Strahlenwirkung von verschiedenen Faktoren vorhanden ist, von denen die Temperatureffekte (SETLOW u. DOYLE), der Dissoziationszustand und die Bedeutung der zu einer veränderten Molekülkonfiguration führenden Hydratation [HILL u. ROSSI (4)] genannt seien. Die Temperaturabhängigkeit der direkten Strahlungseffekte kann bei tiefen Temperaturen durch die hier vorhandene längere Lebensdauer von metastabilen Zuständen (DEBYE u. EDWARDS) erklärt werden. Das Vorhandensein einer derartigen Abhängigkeit bei biologischen Objekten besagt also keinesfalls, daß keine direkte Strahlenwirkung vorliegt. Für eine solche läßt sich, obwohl auch auf andere Weise erklärbar, weiterhin der Einfluß der Polyploidie bei der UV-Bestrahlung von Hefe (SARACHEK u. LUCKE) anführen, selbst wenn sich verschiedene Hefestämme in ihrer UV-Empfindlichkeit stärker unterscheiden, als es allein dem Polyploidiegrad entspricht. Die von SARACHEK gefundenen Einflüse des Zellteilungsrhythmus der Hefe und der hier auftretenden DNS-Schwankungen stimmen mit der unter dem Gesichtspunkt einer direkten Strahlenwirkung auf bestimmte empfindliche Bereiche entwickelten „multi-target"-Theorie recht gut überein; vgl. weiter GRAFFI u. Mitarbeiter. Auch die Erfahrungen von MCLAREN u. Mitarbeitern über die Abhängigkeit der Quantenausbeute bei UV-Bestrahlung vom Molekulargewicht (vgl. S. 446) lassen sich in der Weise deuten, daß entweder eine spezielle Gruppe im Molekül direkt getroffen werden muß, oder daß wenigstens die Strahlenabsorption in einem Teil des Moleküls stattfinden muß, von dem die Energie dann zum aktiven Zentrum des Moleküls durch Energieleitung weitergegeben werden kann. Bei den zuletzt genannten Befunden können auch indirekte Strahlenwirkungen geltend gemacht werden.

Der Nachweis der indirekten Strahlenwirkung durch UV-Bestrahlung von Nährbrühe und Agar, sowie die Gleichartigkeit mancher hierbei gefundenen Reaktivierungsvorgänge mit den bei Bestrahlung biologischer Objekte selbst festgestellten Ergebnissen haben die Theorie der indirekten Entstehung der UV-Strahlenschäden weiterhin sehr gefördert. Auch die Erfahrung, daß für die indirekte Strahlenwirkung verschiedentlich verantwortlich gemachte Peroxyde in Modellversuchen (mit H_2O_2) bei Temperaturänderung in ihrer Wirkung mit den bei Bestrahlung gefundenen Reaktionsvorgängen vergleichbar sind, spricht für das Vorherrschen indirekter UV-Strahlenwirkungen in den Zellen. HARM u. STEIN diskutierten deshalb die Möglichkeit, daß die allgemein für die UV-Absorption als wesentlich angesehene DNS selbst nur als Absorptionsort für die UV-Strahlung dient und ähnlich den Farbstoffen bei photodynamischen Wirkungen (vgl. oben S. 460) nur als Photosensibilisator dient. Die schließlich hervorgerufenen Veränderungen im biologischen Objekt sollen aber indirekter Natur sein. Bei der

30*

Energieabgabe des Photosensibilisators, hier der DNS, an benachbarte Substanzen entstehen diffusible toxische Zwischenprodukte. Die Untersuchungen von SCHENCK über die Entstehung von phototrop-isomeren Diradikalen bei Bestrahlung bestimmter Photosensibilisatoren unter Weitergabe der Energie an verschiedene Acceptoren würden diese Ansicht stützen. Hierbei wurde die interessante Erfahrung gemacht, daß eine Verbindung unter bestimmten Umständen als Photosensibilisator fungiert und sich dabei lediglich vorübergehend zu einem Diradikal verwandelt, während die gleiche Verbindung bei bestimmten anderen Versuchsbedingungen durch das eingestrahlte Licht schließlich selbst verändert werden kann [SCHENCK u. Mitarbeiter (1)].

Wie schon oben S. 447 bei der Besprechung der Temperatureinflüsse auf die UV-Strahlenwirkung betont wurde, wird in steigendem Maße die Ansicht vertreten, daß auch die durch UV-Bestrahlung hervorgerufenen Mutanten durch indirekte Strahlenwirkung entstehen. Als Beweis wird von WITKIN das nach UV-Einwirkung stark verzögerte Inerscheinungtreten von *E. coli*-Mutanten, sowie die Abhängigkeit der Mutantenzahl von der Temperatur nach der Bestrahlung angeführt. Welche Vorgänge wirklich ablaufen, ist unbekannt; diskutiert werden unter anderem intracellulär gebildete mutagene Substanzen, sowie die Möglichkeit der Entstehung von metastabilen Genzuständen. Besonders BERRIE ist der Meinung, daß im Gegensatz zu dem sofortigen Aufhören der DNS-Synthese nach UV-Bestrahlung (KELNER) das sehr verzögerte Auftreten der Mutantenproduktion nach Bestrahlung nicht durch direkte UV-Wirkung auf das genetische Material zustande kommen könne. R. W. KAPLAN (3) prüfte deshalb die Frage der Mutagenität ultraviolettbestrahlter Nucleinsäuren, RNS und DNS wurden mit UV, vorwiegend Wellenlängen von 2537 Å enthaltend, in 1% bzw. 0,3%igen Lösungen bestrahlt. Eine mutationssteigernde Wirkung auf das nach der Bestrahlung den Lösungen zugefügte *Bacterium prodigiosum* wurde aber nicht erzielt. Diese Ergebnisse stützen also einstweilen die Annahme einer indirekt wirkenden Erhöhung der Mutationsrate durch NS-Abbauprodukte nicht.

b) Strahlenwirkung und Reaktivierung.

Auch bei den Reaktivierungsvorgängen spielt die Frage einer direkten oder indirekten Strahlenwirkung zur Erklärung der Versuchsergebnisse eine große Rolle. Um zu einer Vorstellung über das Zusammenspiel der UV-Strahlenwirkung mit den verschiedenen Reaktivierungserscheinungen zu gelangen, haben STEIN u. HARM ein als Arbeitshypothese recht brauchbares Modell zur UV-Inaktivierung aufgestellt, das hier vorangestellt sei (Abb. 78). Die Wirkung auf die genetische Seite der Zelle wurde abgetrennt und Primärvorgänge jeweils von den sekundären Abläufen geschieden. Den Sekundärprozessen, die also durch indirekte Strahlenwirkung zustande kommen, wird die weitaus überwiegende Bedeutung beigelegt. Die Reaktivierungsmechanismen sollen praktisch ausschließlich diese indirekten sekundären Vorgänge beeinflussen, wobei aber die Photoreaktivierung, etwa als Neutralisation eines durch UV entstandenen Agens (vgl. ALTENBURG u. ALTENBURG; Katalasereaktivierung LATARJET u. Mitarbeiter), frühzeitiger eingreift und dadurch allgemeinere Bedeutung besitzt als chemische und Wärmereaktivierung. Ob die Schwergewichtsverteilung durch dieses Modell richtig wiedergegeben wurde, müssen zukünftige Untersuchungen klären. Weiterhin sind die Vorstellungen, daß zur Reaktivierung bestimmte Stoffwechselabläufe erforderlich sind, nicht von der Hand zu weisen. Hierfür sprechen

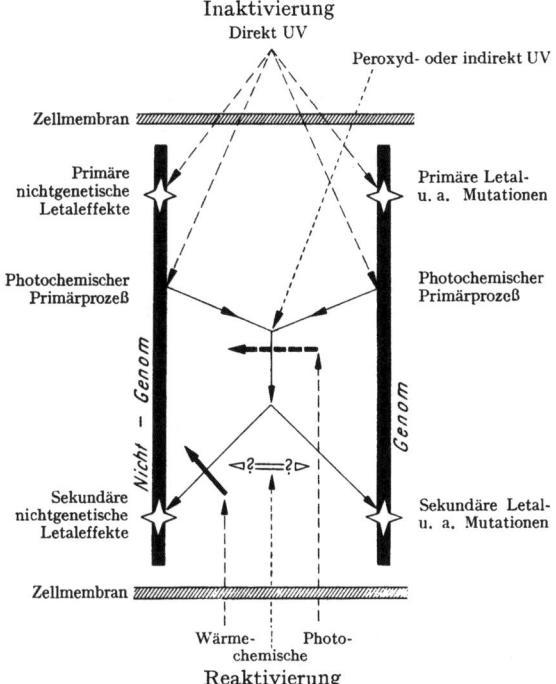

Abb. 78. Schematische Darstellung der UV-Inaktivierung und Reaktivierung. [Nach Versuchen an *E. coli* nach STEIN u. HARM: Z. Naturforsch. 8b, 742 (1953).]

die Unterschiede gefütterter und hungernder Colpidien [GIESE u. Mitarbeiter (1), (2)], die Notwendigkeit des Cytoplasmas zur Reaktivierung [BLUM u. Mitarbeiter (1)], sowie die eine Reaktivierung durch Chemikalien verursachenden Stoffwechselzwischenprodukte, wie Brenztraubensäure, Oxalessigsäure gegenüber relativ unwirksamen Aminosäuren [HEINMETS; HEINMETS u. Mitarbeiter (2)].

Schließlich wird die Beteiligung von direkten UV-Strahlenwirkungen an der Reaktivierung diskutiert. Hingewiesen sei auf ein Modell von ROTTGARDT, der die Inaktivierung und Reaktivierung von Viren durch einen relativ einfachen elektronischen Mechanismus im Anschluß an die Verfärbung und Entfärbung von Alkalihalogenidkristallen deuten möchte: durch UV werden Elektronen in ein Leitfähigkeitsband gehoben und geraten dabei auf einen „Anlagerungsterm" (Inaktivierung). Aus diesem können sie durch Energiezufuhr (sichtbares Licht würde genügen) befreit werden (Reaktivierung). Auch die

Vorstellung von HILL u. ROSSI über die ausdrücklich als direkte Strahlenwirkungen aufgefaßten Änderungen der Molekülkonfiguration bei der In- und Reaktivierung von Viren sollen hier nochmals erwähnt werden. Es muß angesichts der Hinweise auf die Beteiligung von Cytoplasma und von Stoffwechselprozessen an der Reaktivierung der Zukunft überlassen bleiben, ob diese zuletzt erwähnten Modellvorstellungen der Reaktivierung trotzdem allgemeinere Bedeutung haben. Abschließend sei noch auf ein auf kinetischen Überlegungen beruhendes Modell zur Photoreaktivierung von T_2-Phagen von BOWEN hingewiesen.

III. Lichtwirkungen.

Photodynamische Wirkungen. GIRI u. Mitarbeiter prüften die Photolyse von Aminosäuren (Methionin) durch Sonnenlicht in Gegenwart von TiO_2, Methylenblau und Riboflavin. Sie erhielten bei den drei photosensibilisierenden Substanzen ganz verschiedene Abbauprodukte, deren Reaktionsfolge sich noch nicht eindeutig angeben läßt.

Die photodynamische Inaktivierung von Bakteriophagen untersuchten WELSH u. ADAMS durch Belichtung (1—16 min) an T_1-Phagen in $0{,}1\,^0/_{00}$ Methylenblaulösung. Bei Sauerstoffausschluß fehlte die Inaktivierung fast völlig. Photodynamisch inaktivierte Phagen erwiesen sich nicht als photoreaktivierbar. Auf Untersuchungen an Protozoen und an tierischem Material, bei denen sich der benutzte Farbstoff (besonders Neutralrot) bereits im Dunkeln als schädigend erwies (POLITZER), sei wenigstens hingewiesen (vgl. DREBINGER). Die photodynamische Hämolyse von Erythrocyten war mit Hilfe von Rose bengale auch bei niedrigen Temperaturen ($-79°$ C) mit verringerter Ausbeute möglich (BLUM u. KAUZMANN). Es werden verschiedene Reaktionsmechanismen vorgeschlagen.

Lichtinduzierte physiologische Reaktionen. An dieser Stelle sollen einige durch Licht induzierte Reaktionen besprochen werden, deren Wirkungsmechanismus bereits einer genaueren Untersuchung zugänglich erscheint. Zunächst sei auf die lichtabhängige Auslösung der Fruchtkörperbildung bei dem Myxomycet *Didymium eunigripes* hingewiesen (STRAUB). Rotes und blaues Licht, auch UV von 350—390 mμ erwies sich gegenüber grünem Licht als wirksam. Bei Belichtung begann in der Kultur eine Plasmazusammenziehung und dann setzte Sporangienbildung ein. Der lichtabsorbierende Stoff ist zwar noch unbekannt, aber es wurde festgestellt, daß eine Übertragung des fruchtkörperbildenden Prinzips möglich ist: wurden Plasmodien 5 Std belichtet (1000 Lux), dann nach Einfrieren getötet und an lebende Plasmodien verfüttert, die nach 18 Std nochmals 5 Std belichtet wurden, so traten ebenso viele Fruchtkörper auf wie bei den 10 Std belichteten Kontrollen. Die Lichtwirkung beruht also nicht auf einer bestimmten Umordnung der Plasmastruktur, sondern offenbar wird ein Agens gebildet, das durch abgetötete Plasmodien weitergegeben wird.

Änderungen der Plasmaviscosität bei *Helodea densa* können durch Licht induziert werden. VIRGIN untersuchte diese schon früher festgestellten Befunde genauer: Starkes Licht senkt die Viscosität, schwaches Licht erhöht sie. Es wurde nun der Grenzwert bestimmt, bei dem die Viscosität belichteter Zellen gerade abfällt. Besonders intensive Lichtwirkung zeigte sich dann zwischen 400 und 490 mμ, mit einem Maximum zwischen 450 und 480 mμ. Über die lichtabsorbierende Substanz ist aber auch hier noch nichts bekannt.

Für die verschiedenen lichtinduzierten Wachstums- und Entwicklungsreaktionen der Pflanzen wird von TODD u. GALSTON auf Grund der Aktionsspektren dieser Reaktionen jeweils der gleiche oder doch ein sehr ähnlicher Photoreceptor angenommen, bei dem es sich zufolge ihrer Untersuchungen eventuell um ein metallfreies Porphyrin handeln soll, ähnlich oder identisch mit dem Methylpyrophaeophorbid a. Das aus *Poa*-Arten bzw. *Lactuca*-Samen isolierte Pigment hat Hauptabsorptionsmaxima bei 410 und 667,5 mμ und ein Fluorescenzmaximum bei 677 mμ, während das Maximum des Aktionsspektrums für *Lactuca*-Samenkeimung bei 650 mμ liegt (Verschiebung dieses Maximums gegenüber dem Absorptionsmaximum eventuell auf Grund einer in-vivo-Bindung an Protein). Bei der Belichtung von *Lactuca*-Samen mit Rotlicht resultiert eine Abnahme des extrahierbaren Pigmentes, und die Lichtsensibilität verschiedener *Lactuca*-Varietäten ist dem Pigmentgehalt ungefähr proportional. Es bleibt jedoch zu bedenken, daß dem Absorptionsmaximum des Pigmentes bei 410 mμ kein adäquates Aktionsmaximum entspricht. Außerdem konnte das postulierte Absorptionsmaximum des reduzierten Pigmentes im langwelligen Rot (bei ungefähr 730 mμ), mit dem die reversibel stattfindende Aufhebung der Rotlichtreaktion durch langwelliges Rot auf Grund zweier möglicher Formen des gleichen Pigmentes mit entgegengesetzten biologischen Eigenschaften ihre Erklärung finden sollte, nicht gefunden werden. Dieses antagonistische Verhalten der beiden Rotkomponenten erklären LIVERMAN u. BONNER mit einer Wirkung auf das Auxin in der Weise, daß unter der Einwirkung von Rotlicht aus einer inaktiven Vorstufe (Ep = E-Precursor) ein Auxinreceptor (E) entsteht und mit Auxin (S) den wachstumsaktiven Komplex ES bildet, während diese Reaktion durch langwelliges Rot rückgängig gemacht werden kann. Auf die an *Avena*-Coleoptilen durchgeführten Versuche zur Erhärtung dieser Hypothese soll hier nicht weiter eingegangen werden, da sie bereits ausführlich bei A. LANG (Fortschr. Bot. 16, 361ff.) beschrieben wurden.

Eine lichtinduzierte Veränderung des Auxinstoffwechsels wiesen auch GALSTON u. BAKER nach. Sie untersuchten den die Etiolierung hemmenden Effekt von Rotlicht auf etiolierte Erbsenpflanzen und fanden gegenüber im Dunkeln aufgezogenen Pflanzen eine durch Vorbelichtung induzierte verminderte Auxinempfindlichkeit von Internodienstückchen. Der Lichteffekt hat ein Maximum, wenn das Rotlicht 18 Std vor dem Wachstumstest gegeben wird, 6—8 Std vor dem Test ist die Wirkung nur halb so groß, und 24 Std davor ist gar keine mehr vorhanden, so daß „der primäre photochemische Akt irgendwie im Gewebe verstärkt werden muß, bevor er einen feststellbaren physiologischen Effekt hervorbringt". Die Autoren nehmen daher an, daß dieser photochemische Akt eine Veränderung in der Aktivität einiger, irgendwie mit Auxin in Korrelation stehender Enzyme veranlasse, etwa in dem Indolylessigsäure-(IES-)Oxydasesystem. Über dieses berichten GALSTON u. Mitarbeiter in weiteren Versuchen, die darauf hinweisen, daß das IES-Oxydasesystem tatsächlich aus einem lichtaktivierbaren Flavoprotein besteht, welches über H_2O_2 mit einer Peroxydase gekoppelt ist. Katalase hemmt nämlich das System, und dieser Hemmung wird durch blaues Licht entgegengewirkt; Zugabe von H_2O_2 im Dunkeln und von Peroxydase im Licht erhöht die Oxydaseaktivität (H_2O_2-Produktion im Licht!); es ist eine Trennung des IES-Oxydasesystems in eine Peroxydase und eine Flavinkomponente möglich; und schließlich hat die Kombination mit einem diesem ähnlichen System die gleiche Wirkung auf die IES. Das Substrat des Flavoproteins ist jedoch noch unbekannt. Anders liegen die Verhältnisse bei der Photolyse der IES in einem Gemisch mit dem nicht an ein Protein gebundenen Riboflavin, welche von BRAUNER u. BRAUNER in Fortsetzung der im letzten Bericht zitierten Arbeiten weiter untersucht wurde. Die von BRAUNER (s. Fortschr. Bot. 15) bereits kurz mitgeteilten Befunde werden ausführlich dargestellt und durch weitere Versuche bestätigt. Die Oxydation der IES erfolgt nicht mittels Luft-O_2, da sie auch in H_2-Atmosphäre stattfindet, nur fehlt dabei die Regeneration des hydrierten Riboflavins: aus dem Photokatalysator wird dadurch ein Reaktionspartner, so daß der Umsatz eine Funktion der Riboflavinmenge darstellt. Die Hemmung der IES-Oxydation durch als H-Donatoren wirkende Flavone, Flavonole, einfache Purinphenole und Ascorbinsäure beruht auf einer Ablenkung des aktiven Sauerstoffs von der IES. Die Herkunft dieses aktiven Sauerstoffs aus dem Wasser bei der Photoreduktion des Riboflavins wird auch von MERKEL u. NICKERSON angenommen. In ihrer Untersuchung über die Rolle des Riboflavins bei photobiologischen Reduktionsprozessen kommen sie zu dem Ergebnis, daß die in Gegenwart von Metallkomplexbildnern erfolgende Reduktion des Riboflavins in zwei Ein-Elektronenschritten abläuft, die nur bei niedrigem p_H voneinander getrennt werden können (Bildung des Semichinons). Sauerstoff hemmt die Photoreduktion des Riboflavins und verhindert seine Photolyse.

Eine weitere lichtabhängige Reaktion fand DUYSENS (1) bei *Rodospirillum rubrum* in Gegenwart von Substrat. Hier trat bei Belichtung eine Änderung des Absorptionsspektrums der genannten Purpurbakterien im Bereich von 400—500 mμ auf. Das Differenzspektrum zwischen Licht und Dunkelheit stimmt sehr gut mit dem Differenzspektrum zwischen oxydiertem und reduziertem Cytochrom überein, so daß die Annahme recht gut begründet erscheint, daß die durch Photosynthese ermöglichte Substratoxydation mit Hilfe eines Cytochromenzyms durchgeführt wird. Durch diese empfindliche Methode konnte DUYSENS (2) auch bei Belichtung von *Chlorella* eine Änderung des Absorptionsspektrums im blauen Spektralbereich feststellen. Das Differenzspektrum war hier aber nicht identisch mit der Differenzabsorption zwischen oxydiertem und reduziertem Cytochrom c oder f. Wahrscheinlich sind zwei Pigmente, eines davon ein Cytochrom (?), in ihrer Absorption bei Belichtung verändert. Eine Weiterführung dieser wichtigen Ergebnisse dürfte für die Klärung des Photosyntheseablaufs von wesentlicher Bedeutung sein.

IV. Biolumineszenz.

Die mit dem Auftreten einer Biolumineszenz verknüpften photo- und biochemischen Prozesse wurden in letzter Zeit wesentlich weiter verfolgt. Insbesondere ist auf die Untersuchung des Leuchtvorganges bei Bakterien hinzuweisen, auf den sich in immer stärkerem Maße im Berichtabschnitt das Interesse konzentriert hat. Zunächst sollen aber wieder die Arbeiten über den Leuchtprozeß bei tierischen Organismen wegen ihres Zusammenhanges mit den Leuchtvorgängen bei Pflanzen kurz Erwähnung finden.

Leuchtvorgänge bei Tieren. Bei der Feuerfliege (*Photinus pyralis*) untersuchten McElroy u. Mitarbeiter (1) die Luminescenzvorgänge weiter, für deren Auftreten ATP, Luciferin, Luciferase, Mg oder Mn und Sauerstoff erforderlich sind. Die sich ergebende Lichtreaktion fällt zuerst rasch, dann langsam ab und ist (vgl. Fortschr. Bot. 15) durch Zugabe von anorganischem Pyrophosphat und Triphosphat vorübergehend wieder anzuregen. McElroy u. Mitarbeiter nehmen daher schon seit ihren letzten Arbeiten die reversible Bildung eines inaktiven Komplexes, der durch Pyrophosphat bzw. Triphosphat zerstört wird, an, so daß wieder mehr aktives Zwischenprodukt zur Verfügung steht:

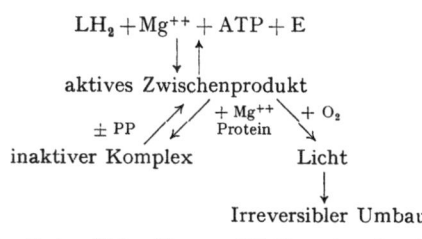

(L Luciferin; E Luciferase; PP Pyrophosphat.)

Es zeigte sich nunmehr, daß der Übergang vom aktiven Zwischenprodukt zum inaktiven Komplex nicht nur durch Feuerfliegenpyrophosphatase, sondern auch durch Mg-Ionen und durch bestimmte Proteinfraktionen beschleunigt wird. Pyrophosphat soll mit ATP um die Bildung des aktiven Zwischenproduktes konkurrieren. Den Einfluß des Sauerstoffs auf die Bildung des inaktiven Komplexes untersuchten Hastings u. Mitarbeiter. Sie erfolgt offenbar unabhängig vom Sauerstoff. Der Komplex muß aber rasch wieder in das aktive Zwischenprodukt überführt werden können. Auch dabei wird Sauerstoff als Aktivator abgelehnt, eher kommen organische Pyrophosphatverbindungen in Frage. Diese Versuchsergebnisse bestätigen also das obige Schema des Leuchtvorganges. Es ist aber schon wiederholt betont worden, daß der Leuchtprozeß bei den verschiedenen leuchtenden Organismen sicher nicht gleichartig abläuft. Belege hierfür liefern HANEDA u. HARVEY. Sie untersuchten bei 20 tierischen Organismen, ob ATP und die Luciferin-Luciferasereaktion überall eine solche Rolle spielt wie bei *Photinus*. Es zeigte sich aber, daß nur in drei Fällen (!) nach ATP-Zugabe eine Luminescenz der Leuchtorganextrakte lebender Tiere auftrat; auch die Luciferin-Luciferasereaktion war nur bei fünf Tieren zu beobachten. Und nur bei zwei Organismen waren gleichzeitig beide Teste positiv. Verallgemeinerungen der bisher gründlicher untersuchten Objekte (besonders *Photinus* und *Cypridina*), die sich selbst auch noch erheblich in Einzelheiten des Prozesses unterscheiden, sind einstweilen nicht angebracht.

Bakterienluminescenz. Daher ist es besonders wichtig, daß es in den letzten beiden Jahren gelang, erhebliche Fortschritte des Bakterienleuchtens zu erzielen. In dem schon oben erwähnten Buch von JOHNSON, EYRING u. POLISSAR findet man eine Zusammenfassung über die Luminescenz der Bakterien, in dem die im folgenden dargestellten Ergebnisse bereits zu einem Teil berücksichtigt sind. Bislang war es (vgl. Fortschr. Bot. 15) noch nicht möglich, eine Luciferin-Luciferasereaktion bei Bakterien festzustellen. STREHLER wies nun aber mit einer extrem empfindlichen Anordnung (Photonenvervielfacher, bei der Temperatur von flüssigem Stickstoff arbeitend) nach, daß wenige Minuten nach der Vereinigung eines acetongetrockneten Pulvers von *Achromobacter Fischeri* mit Wasser eine schwache Lichtemission festzustellen war. Es kam jetzt darauf an, die Bedingungen so zu verändern, daß eine stärkere Lichtemission auftrat (STREHLER u. CORMIER). Dabei zeigte sich, daß der Prozeß von reduziertem Diphosphopyridennucleotid ($DPNH_2$) abhängig ist. Außerdem waren aber mindestens zwei weitere Komponenten wichtig. Auch die Zugabe von Äpfelsäure ergab Leuchten. Andere Zwischenprodukte des Citronensäurecyclus waren aber ebenso wie die Komponenten des EMBDEN-MEYERHOFFschen Glucoseabbaus unwirksam. Triphosphopyridinnucleotid vermochte DPN nicht zu ersetzen. Das Adenylsäuresystem, Co-Enzym A, Lipoinsäure, Phosphokreatin, Pyrophosphat usw. allein oder mit $DPNH_2$ gegeben waren nicht wirksam. Lediglich Flavinmononucleotid (FMN) ergab ein 20- bis 50%iges Anwachsen der Lichtintensität. Das für das Leuchten der Bakterien wichtige Enzymsystem, die „Bakterienluciferase", erwies sich gegen Verdünnung extrem empfindlich. Weiterhin ergaben sich erhebliche Temperatureffekte und außerdem eine starke Abhängigkeit vom p_H-Wert (Maxima bei etwa 5,6 und 8,5). Das Vorhandensein einer dem Feuerfliegenluciferin analogen Substanz ist schwierig nachzuweisen, weil verschiedene Komponenten eine Erhöhung des Leuchtens ermöglichen. Es zeigte sich nämlich, daß außer den bisher schon genannten Substanzen auch ein Heißwasserextrakt aus der Nierenrinde eine 10—20fache Stimulation des Leuchtens verursacht. Außerdem unterscheidet sich der Leuchtkomplex der Bakterien erheblich von dem der Feuerfliegen, z. B. durch die Nichtempfindlichkeit des Bakterienleuchtkomplexes gegenüber ATP! Eine teilweise Reinigung des „Bakterienluciferins" und der „Bakterienluciferase" versuchten MCELROY u. Mitarbeiter (3).

Bei weiteren Versuchen STREHLERs ergaben sich nun aber noch andere interessante Befunde (STREHLER u. SHOUP): Eine getrocknete Bakteriensuspension (*A. Fischeri*) konnte durch Zugabe von Peroxyd zur Luminescenz angeregt werden. Auch *E. coli* und käufliche Hefeextrakte emittieren Licht in Gegenwart von H_2O_2! Daraufhin wurden in zahlreichen Messungen viele der in den Bakterienextrakten vorhandenen Verbindungen auf ihre Chemiluminescenz hin geprüft. Vor allem zeigte sich eine solche bei Behandlung von Riboflavin mit H_2O_2. Das Chemiluminescenzspektrum gleicht auffallend der Fluorescenzemission (Maximum bei 580 mμ) des Riboflavin.

Ergänzend ist noch zu bemerken, daß JOHNSON u. EYRING bereits 1944 angenommen haben, daß Feuerfliegenluciferin eine dem Riboflavin ähnliche Verbindung sei (vgl. Fortschr. Bot. 14 u. 15). Da zunächst dann aber im Luciferin weniger als 5% N und ein von Riboflavin unterschiedliches Absorptionsspektrum gefunden wurden (MCELROY u. BALLENTINE), trat diese Vorstellung zurück, bis CHASE u. GREGG in allerdings nicht ganz reinem *Cypridina*-Luciferin 8% N fanden und STREHLER u. MCELROY den aus Feuerfliegenluciferin dialysierbaren Faktor als eine Verbindung nachweisen konnten, die in alkalischer Lösung sehr ähnlich wie Riboflavin fluoresciert. Im übrigen hat bereits DOUDOROFF beobachtet, daß bestimmte Leuchtbakterienstämme Riboflavin zur maximalen Luminescenz benötigen.

Ein Zusammenhang zwischen der Bakterienluminescenz und Flavinverbindungen liegt also nahe. Deshalb benutzten STREHLER u. Mitarbeiter reduzierte Flavinverbindungen (reduziertes Riboflavin bzw. reduziertes Flavomononucleotid), vermischten diese anaerob mit dem Bakterienenzymextrakt und erzielten damit bei Durchlüftung eine starke Luminescenz. Dabei zeigte sich, daß die Gegenwart von einem Aldehyd mit längerer C-Kette (z. B. Decaldehyd oder Palmitinaldehyd) das Leuchten noch wesentlich erhöht (CORMIER u. STREHLER). Weiter beobachteten MCELROY u. Mitarbeiter (2), daß die Gegenwart von oxydiertem Riboflavin das Leuchten der Bakterienextrakte besonders dann hemmt, wenn $DPNH_2$ zugegeben wird. Diese Ergebnisse lassen also den Schluß zu, daß „Bakterienluciferin" reduziertes Flavinmononucleotid darstellt, und ferner, daß $DPNH_2$ das oxydierte Flavin wieder reduziert.

Von Bedeutung sind weiterhin Beobachtungen von SCHNEYER unter Fortführung älterer Arbeiten von BROWN u. Mitarbeitern bei intaktem *Photobacterium phosphoreum*, nach denen sich die Luminescenz in Abhängigkeit von verschiedenen Ionen, besonders von K^+, bei Temperatur- und Druckänderungen erheblich ändert: K^+ erniedrigt die Luminescenz bei höherer Temperatur und erhöht sie bei niedriger Temperatur. Erhöhter Druck erniedrigt unter bestimmten Bedingungen die Intensität des Leuchtens; wird aber K^+ geboten, so kann diese Erniedrigung aufgehoben werden, so daß bei K-Gaben und hohem Druck die Intensität sogar weit über die der Kontrollen ansteigen kann.

Unter Berücksichtigung der Ergebnisse von BROWN u. Mitarbeitern haben neuerdings STREHLER u. JOHNSON das Leuchten der Bakterienextrakte mit dem von lebenden Zellen bei *A. Fischeri* und *Photobacterium phosphoreum* unter verschiedenen Bedingungen verglichen: zellfreie

Extrakte von *A. Fischeri* werden unter Zugabe von $DPNH_2$, FMN^- und Decaldehyd durch Erhöhung des hydrostatischen Drucks und durch verschiedene Temperatur fast in gleicher Weise beeinflußt wie das Leuchten der lebenden Zellen, auch verhält sich der Druck- und Temperatureinfluß bei Hemmung der Luminescenz durch Sulfanilamid und Alkohol in beiden Systemen sehr ähnlich. Die Annahme ist also berechtigt, daß der Luminescenzvorgang im vollständigen, zellfreien System und bei den intakten Bakterien derselbe ist. Die Autoren kommen auf Grund von kinetischen Überlegungen bei den beobachteten Luminescenzänderungen durch Druck und im Zusammenhang mit den oben genannten Untersuchungen so schließlich zu folgenden Vorstellungen des Leuchtvorganges bei den Bakterien:

$$A \xrightarrow{k_1} B \begin{smallmatrix} \xrightarrow{k_2} C' + \text{Licht} \\ \searrow_{k_3} C'' \end{smallmatrix}$$

Hierbei bedeutet A das System $DPNH_2 + FMN$, das in das System B, also in $DPN + FMNH_2$ überführt wird. Die Reaktionskonstante k_1 bestimmt die Größe der Wasserstoffübertragung von A nach B. Das System B geht durch Oxydation von $FMNH_2$ unter Lichtaussendung in C' über (Reaktionskonstante k_2). Die Umwandlung von B in C'' (k_3) dient zur symbolischen Charakterisierung aller, keine Luminescenz hervorrufenden Umwandlungen von B. Die Intensität der Luminescenz ist in jedem Augenblick eine Funktion von k_2 (B), wobei B die Konzentration von B angibt. Es erhebt sich dann noch die Frage, wie der die Luminescenz so erheblich steigernde Aldehyd mit den genannten Prozessen verknüpft ist: vielleicht wird ein $FMNH_2$-Aldehyd-Komplex gebildet, der dann als B-Stufe eingesetzt werden müßte, während in Aldehydabwesenheit das $FMNH_2$ auf andere Weise ohne Luminescenz oxydiert wird. Weitere Untersuchungen dürften diese erfolgreichen Ansätze zur Klärung der Bakterienluminescenz in nächster Zeit noch erheblich fördern.

V. Energietransport.

Die neuen Arbeiten über Fragen des Energietransports in lebenden Zellen werden im nächsten Bericht erörtert. An dieser Stelle sei nur auf die ausführliche Zusammenfassung der bisherigen Arbeiten durch BÜCHER hingewiesen.

Literatur.

ALDOUS, J. G., u. D. K. R. STEWART: Canad. J. med. Sci. **30**, 561—570 (1952). — ALEXANDER, P.: Brit. J. Radiol. **26**, 413—416 (1953). — ALLEN, A. O.: (1) J. phys. colloid. Chem. **52**, 479 (1948). — (2) Radiation Res. **1**, 85—96 (1954). — ALLEN, A. O., C. J. HOCHANADEL, I. A. GHORMLEY u. T. W. DAVIS: J. physic. Chem. **56**, 575 (1952). — ALLEN, E. G., M. R. BOVARNICK u. J. C. SNYDER: J. Bacter. **67**, 718—723 (1954). — ALPER, T.: (1) Nature (Lond.) **173**, 987 (1954). — (2) J. gen. Microbiol. **11**, 313—324 (1954). — (3) Brit. J. Radiol. **27**, 50 (1954). —

ALPER, T., u. M. EBERT: Science (Lancaster, Pa.) **120**, 608—609 (1954). — ALTENBURG, L. S., u. E. ALTENBURG: Genetics **37**, 545—553 (1952). — AUERBACH, C.: Vgl. HOLMES. — AURAND, K., u. H. PAULY: Z. Naturforsch. **9**b, 506—507 (1954). — AUSTIN, M. K., J. S. LAUGHLIN u. H. QUASTLER: Brit. J. Radiol. **26**, 152—153 (1953).

BACHOFER, C. S., C. F. EHRET, S. MAYER u. E. L. POWERS: Proc. nat. Acad. Sci. U.S.A. **39**, 744—750 (1953). — BACHOFER, C. S., u. M. A. POTTINGER: (1) Science **119**, 378—379 (1954). — (2) J. gen. Physiol. **37**, 663 (1954). — (3) Radiation Res. **1**, 488 (1954). — BACQ, Z. M., u. A. HERVE: (1) Bull. Acad. roy. Méd. Belg. **17**, 13 (1952). — (2) Strahlenther. **95**, 215—237 (1954). — BAKER, W. K., u. E. v. HALLE: Science **119**, 46—49 (1954). — BARRON, E. S. G.: (1) In HOLLAENDER, A., Radiation Biology, Bd. I/1, S. 283—313. New York u. London 1954. — (2) Radiation Res. **1**, 109—124 (1954). — BARRON, E. S. G., u. PH. JOHNSON: Arch. of Biochem. a. Biophysics **48**, 149—153 (1954). — BARRON, E. S. G., PH. JOHNSON u. A. COBURE: Radiation Res. **1**, 410—425 (1954). — BAWDEN, F. C., u. A. KLECZKOWSKI: J. gen. Microbiol. **8**, 145—156 (1953). — BENZER, S., u. F. JACOB: Ann. Inst. Pasteur (Paris) **84**, 186—204 (1953). — BERGER, H., F. L. HAAS, O. WYSS u. W. S. STONE: J. Bacter. **65**, 538—543 (1953). — BERNSTEIN, M. H.: Nature **174**, 463 (1954). — BERNSTEIN, M. H., u. D. MAZIA: Biochim. et biophysica Acta **11**, 59 (1953). — BERRIE, A. M. M.: Proc. nat. Acad. Sci. U.S.A. **39**, 1125—1133 (1953). — BEUTLER, E., M. J. ROBSON u. L. O. JACOBSON: Proc. Soc. exper. Biol. a. Med. **85**, 682 (1954). — BIAGINI, C.: Nature **172**, 868—869 (1953). — BILLEN, D., G. E. STAPLETON u. A. HOLLAENDER: J. Bacter. **65**, 131—135 (1953). — BILLEN, D., B. L. STREHLER, G. E. STAPLETON u. E. BRIGHAM: Arch. of Biochem. a. Biophysics **43**, 1—10 (1953). — BLOOM, W.: In HOLLAENDER, A., Radiation Biology, Bd. I/2, S. 1091—1144. New York u. London 1954. — BLOUT, E. R.: Adv. biol. a. med. Physics **3**, 285 (1953). — BLOUT, E. R., u. A. ASADOURIAN: Biochim. et biophysica Acta **13**, 161 (1954). — BLUM, H. F., u. E. F. KAUZMANN: J. gen. Physiol. **37**, 301—311 (1954). — BLUM, H. F., J. S. COOK u. G. M. LOOS: (1) J. gen. Physiol. **37**, 313—324 (1954). — BLUM, H. F., E. F. KAUZMANN u. G. B. CHAPMAN: (2) J. gen. Physiol. **37**, 325—333 (1954). — BODINE, J. H., u. L. D. CARLSON: Proc. Soc. exper. Biol. a. Med. **85**, 156 (1954). — BOWEN, G.: Ann. Inst. Pasteur (Paris) **84**, 217—221 (1953). — BRAUNER, L., u. M. BRAUNER: Z. Bot. **42**, 83—124 (1954). — BROWN, D. F., F. H. JOHNSON u. D. A. HARSLAND: J. cellul. a. comp. Physiol. **20**, 151—168 (1942). — BRUES, A. M., u. H. M. PATT: Physiologic. Rev. **33**, 85—89 (1953). — BRUMFIELD, R. T.: Proc. nat. Acad. Sci. U.S.A. **39**, 366—371 (1953). — BÜCHER, TH.: Adv. Enzymol. **14**, 1—48 (1953). — BUTLER, J. A. V., u. J. T. RANDALL: Progr. Biophysics a. biophysical Chem. N.Y. **3** u. **4** (1953 u. 1954).

CALDECOTT, R. S.: (1) Science **120**, 809—810 (1954). — (2) Radiation Res. **1**, 490 (1954). — CALDECOTT, R. S., B. H. BEARD u. C. O. GARDNER: Genetics **39**, 240—259 (1954). — CARLSON, J. G.: In HOLLAENDER, A., Radiation Biology, Bd. I/2, S. 763—824. New York u. London 1954. — CHALLICE, C. E., u. R. H. GORRILL: Biochim. et biophys. Acta **14**, 482 (1954). — CHRISTENSEN, E.: Science **119**, 127—129 (1954). — CONGER, A. D.: Science **119**, 36—42 (1954). — CONRAD, W. E.: Radiation Res. **1**, 523—529 (1954). — CONWAY, B. E.: Nature **173**, 579 (1954). — CONWAY, B. E., u. J. A. V. BUTLER: (1) J. chem. Soc. (Lond.) **1952**, 834—838. — (2) Trans. Faraday Soc. **49**, 327 (1953). — COOK, E. S., C. W. KREKE, E. B. BARNES u. W. MOTZEL: Nature **174**, 1144—1145 (1954). — CORMACK, D. V., R. W. HUMMEL, H. E. JOHNS u. I. W. T. SPINKS: J. chem. Phys. **22**, 6 (1954). — CORMACK, D. V., u. H. E. JOHNS: Radiation Res. **1**, 133—157 (1954). — CORMIER, M. J., u. B. L. STREHLER: J. amer. chem. Soc. **75**, 4864 (1953). — COURCY jr., S. J. DE, J. O. ELY u. M. H. ROSS: Nature **172**, 119 (1953).

DAINTON, F. S., u. H. C. SUTTON: Im Druck. Vgl. A. O. ALLEN (2). — DALE, W. M.: In HOLLAENDER, A., Radiation Biology, Bd. I/1, S. 255—281. New York u. London 1954. — DANIEL, G., u. H. PARK: J. cellul. a. comp. Physiol. **42**, 359 bis 367 (1953). — DANIELS, M., G. SCHOLES u. J. WEISS: Nature **171**, 1153 (1953). — DANNENBERG, H.: Strahlenther. **93**, 610—616 (1954). — DANNENBERG, H., u. W. STEIDLE: Z. Naturforsch. **9**b, 294—297 (1954). — DAVIES, H. G., u. P. M. B.

WALKER: Progr. Biophysics a. biophysical Chem. **3**, 195 (1953). — DAVIS, M.: (1) Arch. of Biochem.a. Biophysics **48**, 469 (1954). — (2) Ebenda **49**, 417—423 (1954). — DEBYE, P., u. J. V. EDWARDS: Science **116**, 143—144 (1952). — DESSAUER, F.: (1) Quantenbiologie. Berlin 1954. — (2) Strahlenther. **94**, 29—44 (1954). — DEWHURST, H. A., A. H. SAMUEL u. J. L. MAGEE: Radiation Res. **1**, 62—84 (1954). — DIMOND, A. E. u. E., POLLARD: Phytopatology **34**, 227 (1952). — DITTRICH, W.: Z. Naturforsch. **8**b, 10—13 (1953). — DITTRICH, W., u. G. SCHUBERT: Strahlenther. **92**, 532—554 (1953). — DONIACH, J., A. HOWARD u. S. R. PELC: Progr. Biophysics a. biophysical Chem. **3**, 1—26 (1953). — DOTY, P., u. E. P. GEIDUSCHEK: In NEURATH, H., u. K. BAILEY, The Proteins, S. 393—460. New York 1953. — DOUDOROFF, M.: Enzymologia (Basel) **5**, 239 (1948). — DREBINGER, K.: Roux' Arch. **147**, 128—130 (1954). — DUNN, C. G.: J. Bacter. **66**, 421 (1953). — DUYSENS, L. N. M.: (1) Science **120**, 353—354 (1954). — (2) Nature **173**, 692 (1954).

EBERT, M., u. T. ALPER: Nature **173**, 987—989 (1954). — ECKART, W.: Strahlenther. **94**, 60—63 (1954). — EHRENBERG, L., Å. GUSTAFSSON, U. LUNDQUIST u. N. NYBOM: Hereditas (Lund) **39**, 493—504 (1953). — ERDMANN, K.: (1) Naturwiss. **40**, 147 (1953). — (2) Ebenda **41**, 189 (1954). — ERDMANN, K., u. J. MEYER: Naturwiss. **40**, 347 (1953). — ERRERA, M.: Progr. Biophysics a. biophysical Chem. **3**, 88—130 (1953).

FANO, U.: (1) In HOLLAENDER, A., Radiation Biology, Bd. I/1, S. 1—144. New York u. London 1954. — (2) Radiation Res. **1**, 3—9 (1954). — (3) Ebenda **1**, 237—240 (1954). — FLUKE, D., D. DREW u. E. POLLARD: Proc. nat. Acad. Sci. U.S.A. **38**, 180 (1952). — FORSSBERG, A., u. G. HEVESY: Ark. Kemi (Stockh). **5**, 93 (1953). — FORSSBERG, A., u. N. NYBOM: Physiol. Plantarum (Copenh.) **6**, 78—95 (1953). — FRANK, J., u. R. PLATZMAN: In HOLLAENDER, A., Radiation Biology, Bd. I/1, S. 191—253. New York u. London 1954. — FRANKLIN, R. M., M. FRIEDMAN u. R. B. SETLOW: Arch. of Biochem. a. Biophysics **44**, 259—264 (1953). — FRANKLIN, R.: Biochim. et biophysica Acta (Amsterd.) **13**, 137 (1954). — FRITZ-NIGGLI, H.: (1) In Das Brown-Boveri-Betatron, S. 60—66. Zürich 1953. — (2) Experientia (Basel) **10**, 209—210 (1954).

GÄRTNER, H.: Strahlenther. **89**, 26—51 (1953). — GÄRTNER, H., u. K. PETERS: Strahlenther. **92**, 555—562 (1953). — GALSTON, A. W., J. BONNER u. R. S. BAKER: Arch. of Biochem. a. Biophysics **42**, 456—469 (1953). — GALSTON, A. W., u. R. S. BAKER: Amer. J. Bot. **40**, 512—516 (1953). — GARRISON, W. M., H. R. HAYMOND, D. C. MORRISON, B. M. WEEKS u. J. GILE-MELCHERT: J. amer. chem. Soc. **75**, 2459 (1953). — GARRISON, V. M., H. R. HAYMOND u. B. M. WEEKS: Radiation Res. **1**, 97—108 (1954). — GHORMLEY, J. A., u. C. J. HOCHANADEL: J. amer. chem. Soc. **76**, 3351—3352 (1954). — GIESE, A. C., R. M. IVERSON, D. C. SHEPARD, C. JACOBSON u. C. L. BRANDT: (1) J. gen. Physiol. **37**, 249—258 (1953). — GIESE, A. C., C. L. BRANDT, C. JACOBSON, D. C. SHEPARD u. R. T. SANDERS: (2) Physiologic. Zool. **27**, 71—78 (1954). — GILES, N. H.: In HOLLAENDER, A., Radiation Biology, Bd. I/2, S. 713—762. New York u. London 1954. — GILES, N. H., u. C. A. TOBIAS: Science **120**, 993—994 (1954). — GIRI, K. V., G. D. KALYANKAR u. C. S. VAIDYANATHAN: Naturwiss. **41**, 88 (1954). — GLOCKER, R.: (1) Z. Physik **136**, 367 (1953). — (2) In Das Brown-Boveri-Betatron, S. 46. Zürich 1953. — (3) Strahlenther. **93**, 1—14 (1954). — GOLDBLITH, S. A., B. E. PROCTOR, S. DAVIDSON, D. A. LANG, B. KAN, CH. J. BATES u. M. KARAL: Radiology **60**, 732 bis 736 (1953). — GOLDBLITH, S. A., B. E. PROCTOR, S. DAVIDSON, E. M. OBERLE, C. J. BATES, B. KAN, O. A. HAMMERLE u. B. KUSMIEREK: Nucleonics **13**, 42—45 (1955). — GOODWIN, R. H., u. B. M. POLLOCK: Arch. of Biochem. a. Biophysics **49**, 1 (1954). — GOUCHER, CH. R., E. E. WOODSIDE u. W. KOCHELATY: Arch. of Biochem. a. Biophysics **50**, 25 (1954). — GRAFFI, A., H. KRIEGEL, H. SCHREIBER u. F. WINDISCH: (1) Z. Naturforsch. **8**b, 142—145 (1953). — GRAFFI, A., E. J. SCHNEIDER, H. KRIEGEL u. G. SYDOW: (2) Naturwiss. **40**, 415—416 (1953). — GRAFFI, A., H. KRIEGEL, E. J. SCHNEIDER u. G. SYDOW: (3) Naturwiss. **40**, 414—415 (1953). — GRAFFI, A., I. GRAFFI, H. KRIEGEL, F. WINDISCH u. P. SCHWENSOW: (4) Experientia (Basel) **10**, 68—69 (1954). — GRAY, L. H.: (1) Brit. J. Radiol. **26**, 609—618 (1953). — (2) Heredity (Lond.) **6**, Suppl. 311 (1953). — (3) Radiation Res. **1**, 189—213 (1954). — (4) Acta Radiol. (Stockh.) **41**, 63 (1954). — GRAY,

L. H., A. D. CONGER, M. EBERT, S. HORNSEY u. O. C. A. SCOTT: Brit. J. Radiol. **26**, 638—648 (1953). — GROSCH, D. S., u. R. L. SULLIVAN: Radiation Res. **1**, 294—320 (1954). — GUNCKEL, J. E., A. H. SPARROW, I. B. MORROW u. E. CHRISTENSEN: Amer. J. Bot. **40**, 317—332 (1953).

HAAS, F. L., L. DUDGEON, F. E. CLAYTON u. W. S. STONE: (1) Genetics **37**, 589—590 (1952). — (2) Ebenda **39**, 453—471 (1954). — HALL, T. A.: Bull. Math. Biophysics **15**, 43—47 (1953). — HANEDA, Y., u. E. N. HARVEY: Arch. of Biochem. a. Biophysics **48**, 237—238 (1954). — HARM, W., u. W. STEIN: Z. Naturforsch. **8b**, 729—741 (1953). — HARRIS, P. S.: Radiation Res. **1**, 34—42 (1954). — HART, E. J.: (1) J. physic. Chem. **56**, 594 (1952). — (2) Radiation Res. **1**, 53—61 (1954). — HART, E. J., u. P. D. WALSH: Radiation Res. **1**, 342—346 (1954). — HASTINGS, J. W., W. D. MCELROY u. J. COULOMBRE: J. cellul. a. comp. Physiol. **42**, 137—150 (1953). — HEIDENTHAL, G., L. B. CLARK u. J. W. GOWEN: Radiation Res. **1**, 499 (1954). — HEINMETS, F.: J. Bacter. **66**, 455—457 (1953). — HEINMETS, F., W. W. TAYLOR u. I. I. LEHMAN: (1) J. Bacter. **67**, 7—12 (1954). — HEINMETS, F., J. J. LEHMAN, W. W. TAYLOR u. R. H. KATHAN: (2) J. Bacter. **67**, 511—522 (1954). — HELMKE, R.: Strahlenther. **94**, 430—433 (1954). — HENGLEIN, A., u. R. SCHULZ: Z. Naturforsch. **9b**, 617—618 (1954). — HEVESY, G. v.: Strahlenther. **93**, 325—348 (1954). — HICKS, S. P.: J. cellul. a. comp. Physiol. **43**, S. I. 151 (1954). — HILL, R. F., u. H. H. ROSSI: (1) Science **116**, 424 (1952). — (2) Ebenda **120**, 142—144 (1954). — (3) Radiation Res. **1**, 282—293 (1954). — (4) Ebenda **1**, 358—368 (1954). — HIRSHFIELD, H., u. A. C. GIESE: Exper. Cell Res. **4**, 283—294 (1953). — HOCHANADEL, C. J.: J. physic. Chem. **56**, 587 (1952). — HOLLAENDER, A.: Radiation Biology, Bd. I/1 u. 2. New York 1954. — HOLLAENDER, A., u. G. E. STAPLETON: Physiologic. Rev. **33**, 77—84 (1953). — HOLMES, B.: Brit. J. Radiol. **26**, 212—213 (1953). — HOUTERMANS, TH.: (1) Z. Naturforsch. **8b**, 767—771 (1953). — (2) Strahlenther. **92**, 423—436 (1953). — (3) Ebenda **93**, 130—137 (1954). — (4) Z. Naturforsch. **9b**, 600—602 (1954). — HOWARD, A., u. S. R. PELC: Heredity (Lond.) **6**, Suppl. 261 (1953). — HUTCHINSON, F.: Radiation Res. **1**, 43—52 (1954). — HUTCHINSON, F., u. B. DOYLE: Bull. Amer. phys. Soc. **28**, 69 (1953). — HUTCHINSON, F., u. E. R. MOSBURG jr.: Arch. of Biochem. a. Biophysics **51**, 436 (1954).

IVERSON, R. M., u. A. C. GIESE: Science **120**, 504 (1954).

JACOB, F.: Ann. Inst. Pasteur (Paris) **83**, 671—692 (1952). — JAEGER, R.: Strahlenther. **89**, 481—516 (1953). — JOHNSON, F. H., H. EYRING u. M. J. POLISSAR: The Kinetic Basis of Molecular Biology. New York 1954. — JOYET, G., W. MANDERLI u. E. ROESCH: In Das Brown-Boveri-Betatron, S. 56—59. Zürich 1953.

KANAZIR, D., u. M. ERRERA: (1) Biochim. et biophysica Acta **11**, 451—452 (1953). — (2) Ebenda **14**, 62 (1954). — KAPLAN, R. W.: (1) Z. Pflanzenzüchtg. **32**, 121—131 (1953). — (2) Arch. Mikrobiol. **18**, 210—231 (1953). — (3) Naturwiss. **40**, 25 (1953). — (4) Strahlenther. **94**, 106—118 (1954). — KAPLAN, S., E. D. ROSENBAUM u. V. BRYSON: J. cellul. a. comp. Physiol. **41**, 153—162 (1953). — KAPLAN, W. D., u. M. F. LYON: Science **118**, 776—777 (1953). — KATSUTA, H., u. T. TAKAOKA: Jap. J. exper. Med. **22**, 173—188 (1952). — KELNER, A.: J. Bacter. **65**, 252—262 (1953). — KEPP, R. K., u. K. F. MICHEL: Strahlenther. **92**, 416—422 (1953). — KIMBALL, R. F.: Radiation Res. **1**, 501 (1954). — KIRBY-SMITH, J. S., u. D. S. DANIELS: Genetics **38**, 375—388 (1953). — KIRBY-SMITH, J. S., u. C. P. SWANSON: Science **119**, 42—45 (1954). — KLECZKOWSKI, J., u. A. KLECZKOWSKI: J. gen. Microbiol. **8**, 135—144 (1953). — KLEIN, G., u. A. FORSSBERG: Exper. Cell Res. **6**, 211—220 (1954). — KLEVENS, H. B.: J. Polymer. Sci.. **10**, 97—107 (1953). — KONZAK, C. F.: (1) Radiation Res. **1**, 220 (1954). — (2) Ebenda **1**, 501—502 (1954).

LANGENDORFF, H., u. R. KOCH: Strahlenther. **95**, 535—541 (1954). — LANGENDORFF, H., R. KOCH u. H. SAUER: (1) Strahlenther. **93**, 281—288 (1954). — LANGENDORFF, H., R. KOCH u. U. HAGEN: (2) Strahlenther. **95**, 238—250 (1954). — LANGENDORFF, H., u. M. u. K. SOMMERMEYER: Naturwiss. **41**, 189—190 (1954). — LASER, H.: Nature **174**, 753 (1954). — LATARJET, R., u. L. R. CALDAS: J. gen.

Physiol. **35**, 455—470 (1952). — LATARJET, R., u. B. MILÉTIC: Ann. Inst. Pasteur (Paris) **84**, 205—217 (1953). — LATARJET, R., P. MORENNE u. R. BERGER: Ann. Inst. Pasteur (Paris) **85**, 174—184 (1953). — LAVIK, P. S., u. G. W. BUCKALOO: Radiation Res. **1**, 221 (1954). — LEUBE, I., H. RESTLE u. M. WEIDEMANN: Z. Naturforsch. **9**b, 186—188 (1954). — LINDEMANN, J.: Experientia (Basel) **9**, 22 (1953). — LIQUORI, A. M., A. MELE u. V. CARELLI: J. Polymer. Sci. **10**, 510—512 (1953). — LIVERMAN, J. L., u. J. BONNER: Bot. Gaz. **115**, 121—128 (1953). — LIVERMAN, J. L., u. J. BONNER: Proc. nat. Acad. Sci. U.S.A. **39**, 905—916 (1953). — LÜNING, K. G.: Hereditas (Lund) **40**, 295—312 (1954). — LUNDHOLM, E., u. L. EHRENBERG: Hereditas **39**, 488—491 (1953).

MARINELLI, L. D.: Radiation Res. **1**, 23—33 (1954). — MARINELLI, L. D., u. L. S. TAYLOR: In HOLLAENDER, A., Radiation Biology, Bd. I/1, S. 145—190. New York u. London 1954. — MAXWELL, C. R., D. C. PETERSON u. N. E. SHARPLESS: (1) Radiation Res. **1**, 224 (1954). — (2) Ebenda **1**, 530—545 (1954). — MCELROY, W. D., J. W. HASTINGS, J. COULOMBRE u. V. SONNENFELD: (1) Arch. of Biochem. a. Biophysics **46**, 399—416 (1953). — MCELROY, W. D., J. W. HASTINGS, V. SONNENFELD u. J. COULOMBRE: (2) Science **118**, 385—386 (1953). — (3) J. Bacter. **67**, 402 (1954). — MCLAREN, A. D., P. GENTILE, D. C. KIRK jr. u. N. A. LEVIN: J. Polymer. Sci. **10**, 333 (1953). — MCNULTY jr., W. P., u. F. HUTCHINSON: Arch. of Biochem. a. Biophysics **50**, 92 (1954). — MERKEL, J. R., u. W. J. NICKERSON: Biochim. et biophysica Acta **14**, 303—311 (1954). — MIKAELSEN, K.: Proc. nat. Acad. Sci. U.S.A. **40**, 171 (1954). — MIKAELSEN, K., u. H. HALVORSEN: Physiol. Plantarum (Copenh.) **6**, 873—879 (1953). — MILETIČ, B., u. P. MORENNE: Ann. Inst. Pasteur (Paris) **83**, 515—527 (1952). — MILLS, K. S., u. A. R. SCHRANK: J. cellul. a. comp. Physiol. **43**, 39—55 (1954). — MINDER, W.: Helvet. physica Acta **26**, 407 (1953). — MINDER, W., u. D. SCHÖN: Strahlenther. **91**, 126—134 (1953). — MOROWITZ, H. J.: Arch. of Biochem. a. Biophysics **47**, 325—337 (1953). — Moos, W. S.: Nucleonics **12**, 46—49 (1954). — MOYER, B. J.: Radiation Res. **1**, 10—22 (1954). — MULLER, H. J.: In HOLLAENDER, A., Radiation Biology, Bd. I/1, S. 351—474 u. 475—626. New York u. London 1954. — MUTSAARS, W.: Ann. Inst. Pasteur (Paris) **85**, 1 (1953).

NAKOO, Y.: Nature **172**, 625—626 (1953). — NEURATH, H., u. K. BAILEY: The Proteins, Bd. IA. New York 1953. — NEWCOMBE, H. B.: Genetics **38**, 134—151 (1953). — NORMAN, A.: J. Bacter. **56**, 151—156 (1953). — NORTHROP, J. H.: Proc. nat. Acad. Sci. U.S.A. **40**, 5 (1954). — NOVELLI, A.: J. Bacter. **65**, 479—480 (1953). — NYBOM, N., K. LUNDQUIST, Å. GUSTAFSSON u. L. EHRENBERG: Hereditas (Lund) **39**, 445—457 (1953).

OGUR, M., S. MINCKLER, G. LINDEGREN u. C. C. LINDEGREN: Arch. of Biochem. a. Biophysics **40**, 175—184 (1952). — ORD, M. G., u. L. A. STOCKEN: Physiologic. Rev. **33**, 356—386 (1953).

PATRICK, W. N., u. M. BURTON: J. amer. chem. Soc. **76**, 2626—2629 (1954). — PATT, H. M.: Physiologic. Rev. **33**, 35—76 (1953). — PATT, H. M., u. A. M. BRUES: In HOLLAENDER, A., Radiation Biology, Bd. I/2, S. 919—958. New York u. London 1954. — PATT, H. M., J. W. CLARK u. H. H. VOGEL jr.: Proc. Soc. exper. Biol. a. Med. **84**, 189—193 (1953). — PATT, H. M., u. R. L. STRAUBE: Radiation Res. **1**, 226 (1954). — PETERS, K.: (1) Z. Zellforsch. **39**, 203—211 (1953). — (2) Ebenda **40**, 510—518 (1954). — PETERS, K., u. H. BURGER: Naturwiss. **41**, 261—262 (1954). — PLAEN, P. DE: J. belge Radiol. **35**, 113—129 (1953). — POLITZER, G.: Roux' Arch. **146**, 403—406 (1953). — POLLARD, E.: Adv. biol. a. med. Physics **3**, 153—190 (1953). — POLLARD, E., u. J. SETLOW: Arch. of Biochem. a. Biophysics **50**, 376—382 (1954). — PORTER, J. W., u. H. J. KRAUSS: Plant Physiol. **29**, 60—63 (1954). — POWELL, W. F., u. E. POLLARD: Bull. amer. phys. Soc. **28**, 70 (1953). — PUTNAM, F. W.: Adv. Protein Chem. **8**, 175 (1953).

RAJEWSKY, B.: Strahlendosis und Strahlenwirkung. Stuttgart 1954. — REINHOLZ, E.: Strahlenther. **95**, 131—147 (1954). — REINHOLZ, E., u. K. AURAND: Strahlenther. **94**, 646—656 (1954). — ROTTGARDT, K. H. J.: Naturwiss. **40**, 169 (1953). — ROWBOTTOM, J.: Science **119**, 904—905 (1954). — RUGH, R.: J. cellul. a. comp. Physiol. **43**, Suppl. I, 39 (1954). — RUHLAND, G.: Roux' Arch. **147**,

61—78 (1954). — RUSSELL, L. B., u. W. L. RUSSELL: J. cellul. a. comp. Physiol. **43**, Suppl. I, 103 (1954). — RYAN, F. J., PH. FRIED u. M. SCHWARTZ: J. gen. Microbiol. **11**, 380—393 (1954).

SAMUEL, A. H., u. J. L. MAGEE: J. chem. Phys. **21**, 1080 (1953). — SANKEWITSCH, E.: Beitr. Biol. Pflanzen **29**, 1—74 (1953). — SARACHEK, A.: Exper. Cell Res. **6**, 45—55 (1954). — SARACHEK, A., u. W. H. LUCKE: Arch. of Biochem. a. Biophysics **44**, 271—279 (1953). — SCHENCK, G. O.: (1) Z. Elektrochem. **57**, 675—680 (1953). — (2) Naturwiss. **41**, 452—453 (1954). — SCHENCK, G. O., W. MÜLLER u. H. PFENNIG: (1) Naturwiss. **41**, 374 (1954). — SCHENCK, G. O., K. G. KINKEL u. E. KOCH: (2) Naturwiss. **41**, 425—426 (1954). — SCHNEYER, L. H.: J. cellul. a. comp. Physiol. **42**, 285—293 (1953). — SCHOENBORN, H. W.: Physiologic. Zool. **26**, 312—319 (1953). — SCHOLES, G., u. J. WEISS: (1) Biochemic. J. **53**, 567—578 (1953). — (2) Ebenda **56**, 65—72 (1954). — SCHULZ, R. S., G. RENNER, A. HENGLEIN u. W. KERN: Macromol. Chem. **12**, 20 (1954). — SCHWARTZ, D.: Science **119**, 45—46 (1954). — SCHWEISFURTH, R., u. W. SCHWARTZ: Naturwiss. **41**, 42 (1954). — SEEDS, W. E.: Progr. Biophysics a. biophysical Chem. **3**, 27 (1953). — SETLOW, R., u. B. DOYLE: (1) Arch. of Biochem. a. Biophysics **46**, 31—38 (1953). — (2) Ebenda **46**, 39—45 (1953). — (3) Ebenda **46**, 46—52 (1953). — (4) Biochim. et biophysica Acta (Amsterd.) **12**, 568 (1953). — (5) Bull. amer. Phys. Soc. **28**, 70 (1953). — (6) Arch. of Biochem. a. Biophysics **48**, 441—447 (1954). — SHEPPARD, C. W., u. E. B. DARDEN jr.: Science **119**, 44 (1954). — SHERMAN, F. G., u. A. FORSSBERG: Arch. of Biochem. a. Biophysics **48**, 293 (1954). — SINSHEIMER, R. L.: Radiation Res. **1**, 505—513 (1954). — SIX, E.: Z. Naturforsch. **9b**, 265—273 (1954). — SMITH, C. L.: (1) Arch. of Biochem. a. Biophysics **45**, 83—90 (1953). — (2) Ebenda **46**, 12—17 (1953). — (3) Bull. amer. Phys. Soc. **28**, 69 (1953). — (4) Arch. of Biochem. a. Biophysics **50**, 322 (1954). — SPEAR, F. G.: Radiations and Living Cells. London 1953. — STAPLETON, G. E., D. BILLEN u. A. HOLLAENDER: J. cellul. a. comp. Physiol. **41**, 345—357 (1953). — STAPLETON, G. F., u. C. W. EDINGTON: Radiation Res. **1**, 229 (1954). — STEIN, W., u. W. HARM: Z. Naturforsch. **8b**, 742—754 (1953). — STRAUB, J.: Naturwiss. **41**, 219—220 (1954). — STREHLER, B. L.: J. amer. chem. Soc. **75**, 1264 (1953). — STREHLER, B. L., u. M. J. CORMIER: Arch. of Biochem. a. Biophysics **47**, 16—33 (1953). — STREHLER, B. L., E. N. HARVEY, I. J. CHONG u. M. J. CORMIER: Proc. nat. Acad. Sci. U.S.A. **40**, 10 (1954). — STREHLER, B. L., u. F. H. JOHNSON: Proc. nat. Acad. Sci. U.S.A. **40**, 606 (1954). — STREHLER, B. L., u. C. S. SHOUP: Arch. of Biochem. a. Biophysics **47**, 8—15 (1953). — SUSSMAN, A. S.: J. cellul. a. comp. Physiol. **42**, 273—282 (1953). — SWALLOW, A. J.: Biochemic. J. **54**, 253 (1953). — SWORSKI, T. J.: J. chem. Phys. **21**, 375 (1953). — *Symposium* on Chromosome Breakage. Heredity (Lond.) **6**, Suppl. (1953). — *Symposium* on Effects of Radiations and other deleterious Agents on embryonic Development. J. cellul. a. comp. Physiol. **43**, Suppl. 1, 9—331 (1954).

TANADA, T., u. S. B. HENDRICKS: Amer. J. Bot. **40**, 634—637 (1953). — THOMSON, J. F., M. S. CARTTAR u. W. W. TOURTELLOTTE: Radiation Res. **1**, 165—175 (1954). — THOMPSON, T. L., B. R. MEFFERD u. O. WYSS: J. Bacter. **62**, 39 (1952). — TODD, G. W., u. A. W. GALSTON: Plant Physiol. **29**, 311—318 (1954). — TROWELL, O. A.: Brit. J. Radiol. **26**, 302—309 (1953). — TOWNSEND, G. F., u. A. SARACHEK: J. Bacter. **65**, 747—749 (1953).

URETZ, R. B., W. BLOOM u. R. E. ZIRKLE: Science **120**, 197—199 (1954).

VIRGIN, H. I.: Physiol. Plantarum (Copenh.) **7**, 343—353 (1954).

WALL, L. A., u. M. MAGAT: J. de Chimie phys. **50**, 308 (1953). — WEIGLE, J. J., u. R. DULBECCO: Experientia (Basel) **9**, 372 (1953). — WELS, P.: (1) Strahlenther. **90**, 325—344 (1953). — (2) Ebenda **94**, 327—344 (1954). — WELSH, J. N., u. M. H. ADAMS: J. Bacter. **68**, 122—127 (1954). — WHITE, W. C.: Arch. of Biochem. a. Biophysics **47**, 225—227 (1953). — WHITEHEAD, H. A.: Science **116**, 459—460 (1952). — WILLIAMS jr., R. R., u. W. H. HAMILL: Radiation Res. **1**, 158—164 (1954). — WILSON, J. G.: J. cellul. a. comp. Physiol. **43**, Suppl. 1, 11 (1954). — WINDISCH, F., W. HEUMANN, H. KRIEGEL u. A. GRAFFI: Z. Naturforsch. **8b**, 673—675 (1953). — WITKIN, E. M.: Proc. nat. Acad. Sci. U.S.A. **39**, 427—433

(1953). — Wood, Th. H.: Radiation Res. 1, 234 (1954). — Wyss, O., u. F. L. Haas: Ann. Rev. Microbiol. 7, 47 (1953).

Yost jr., H. T., J. Cummings u. A. F. Blakeslee: (2) Proc. nat. Acad. Sci. U.S.A. 40, 447—451 (1954). — Yost jr., H. T., W. R. Singleton u. A. F. Blakeslee: (1) Proc. nat. Laborat. Sci. U.S.A. 39, 292—297 (1953).

Zelle, M. R., u. A. Hollaender: J. Bacter. 68, 210—215 (1954). — Zirkle, R. E.: In Hollaender, A., Radiation Biology, Bd. I/1, S. 315—350. New York u. London 1954. — Zirkle, R. E., u. W. Bloom: Science 117, 487—493 (1953). — Zirkle, R. E., u. C. A. Tobias: Arch. Biochem. a. Biophysics 47, 282—306 (1953).

11. Zellphysiologie und Protoplasmatik.

Von Hans Joachim Bogen, Braunschweig.

Der Beitrag folgt in Band XVIII.

12. Wasserumsatz und Stoffbewegungen.

Von Bruno Huber, München, und Leopold Bauer, Tübingen.

Mit 3 Abbildungen.

1. Allgemeines.

Der Internationale Botanikerkongreß in Paris Juli 1954 hat mit 2500 Teilnehmern, die in 41 Sektionen und Untersektionen tagten, äußerlich den Zerfall der Botanik als einheitliche Wissenschaft dokumentiert. Medizin und Chemie sind in diesem Vorgang der Aufsplitterung noch viel weiter fortgeschritten: Bei einer Jahresproduktion von 70000 chemischen Originalarbeiten — allein über Schwefelwasserstoff- und Schwefelsauerstoffverbindungen ohne deren Salze existieren 30000 Veröffentlichungen — erscheint manchen die „Literaturforschung", d. h. die rationelle Ausschöpfung des Erarbeiteten bereits produktiver als die immer mehr von Doppelarbeit bedrohte eigene Forschung. Dieser Zustand darf schon deswegen nicht einfach hingenommen werden, weil auf der anderen Seite die „Grenzgebietsforschung" und allgemeiner die Korrelationsforschung auf sinnvolle Verknüpfung verschiedener Wissensgebiete drängt. Als ein Hilfsmittel einer zeitgemäß „mechanisierten Dokumentation" finden die Lochkartenverfahren auch in der Biologie steigende Anwendung (Scheele). Trotz der Schlagworte vom „Elektronengehirn" sind sich dabei alle Einsichtigen darüber klar, „daß alle Methoden und Maschinen nach wie vor stets nur Werkzeuge und Hilfsmittel bleiben, hinter denen der denkende und fühlende Mensch stehen muß". Er hat die Maschinen nicht nur erdacht, sondern muß auch ihre Arbeit laufend überwachen und auswerten. Das gilt auch von den immer wichtiger werdenden Registrierverfahren (s. unten).

Auf unserem engeren Sektor hat Ruhland mit einem internationalen Mitarbeiterstab den Vorkriegsplan eines 18bändigen „Handbuchs der Pflanzenphysiologie" wieder aufgegriffen. Nach den ersten beiden Bänden, welche die Zellphysiologie einschließlich der osmotischen Zustandsgrößen umfassen, steht auch Band 3 „Pflanze und Wasser" vor dem Erscheinen. So besteht Aussicht, daß wir in absehbarer Zeit wieder ein Literaturfundament besitzen werden, auf dem die Botanikergeneration weiter bauen kann wie einst auf Benecke-Josts „Pflanzenphysiologie".

2. Osmotische Zustandsgrößen; nichtosmotische Wasser- und Stoffaufnahme.

In der Lehre von den osmotischen Zustandsgrößen vollzieht sich ein langsamer Umbau von den „rein osmotischen" Vorstellungen der klassischen Zeit zu moderneren Anschauungen, welche starke Eingriffe des übrigen Stoffwechsels auf die Gleichgewichte annehmen („nicht osmotische", „aktive", besser metabolische, d. h. mit dem Stoffwechsel verknüpfte, „adenoide", d. h. drüsenähnliche Stoffverschiebungen). Es handelt sich um eine Teilerscheinung eines umfassenderen zeitgeschichtlichen Wandels: Erleben wir es doch in der Biologie, besonders der Biochemie auf Schritt und Tritt, daß allzu einfache „mechanistische" Vorstellungen komplizierteren Tatbeständen weichen müssen. Zur Rechtfertigung des Alten darf dabei gesagt werden, daß es die Gesetze der Denkökonomie verlangen, daß einfachere Erklärungsweisen nicht ohne wirklich zwingende Gründe preisgegeben werden. Diese Beweislast kann den Vertretern modernerer Anschauungen nicht abgenommen werden.

Besonders die schon lange bekannte, durch Wuchsstoff induzierte oder geförderte Wasseraufnahme [REINDERS 1938; vgl. Fortschr. Bot. 8, 178) ist wieder akut geworden — nicht zuletzt wegen der kausalen Verknüpfung mit der Zellstreckung [vgl. Fortschr. Bot. 15, 239ff.; ferner die Sammelreferate von POHL (1) und BOGEN (2)]. Gerade hier liegen die Dinge aber sehr verwickelt, da (in untersättigten Geweben) eine Beeinflussung der Permeabilität von Bedeutung ist, ferner der Einfluß der Wuchsstoffe auf die Dehnbarkeit der Wand zu vorsichtiger Interpretation mahnt. POHL (2) hat sich unter Berücksichtigung alles Für und Wider für die Anerkennung einer nichtosmotischen Wasseraufnahme entschieden. Beim gegenwärtigen Stand der Forschung müssen wir uns aber vor einem Entweder-Oder hüten. Es sei bemerkt, daß sich besonders LEVITT (1, 2; auch vor dem Pariser Kongreß) aus thermodynamischen Gründen gegen die Existenz einer nichtosmotischen Wasseraufnahme ausgesprochen hat, ohne allerdings seine wissenschaftlichen Gegner überzeugen zu können.

Als Vorkämpfer der neuen Anschauungen tritt immer mehr BOGEN hervor, der in jeder einzelnen Zelle zwischen osmotischer und nichtosmotischer Wasser- und Stoffaufnahme unterscheiden möchte. Seine überaus anregenden Gedankengänge sollen am Beispiel der Diatomeenzelle klargemacht werden: Wie der vergleichenden Protoplasmatik schon lange bekannt, zeigen Diatomeen bei Zuckerplasmolyse einen verhältnismäßig raschen Plasmolyserückgang, der bisher auf hohe Zuckerpermeabilität (stündlich etwa $1/10$ der Außenkonzentration) zurückgeführt wurde. Neue Versuche von BOGEN u. FOLLMANN zeigen nun, daß bei Zusatz von Stoffwechselgiften ($1/1000$ mol Na-Azid oder Dinitrophenol) der Plasmolyserückgang unterbleibt. Damit wird unwahrscheinlich, daß er überhaupt auf „passivem" Eindringen der Zuckermolekeln durch ein besonders weitporiges Plasma beruht[1]; Verff. nehmen vielmehr an, daß der Reiz der Plasmolyse einen nicht osmotischen, sondern metabolischen Wassereinstrom auslöst. Sie prüfen nun unter diesem Gesichtspunkt auch das Plasmolyseverhalten gegenüber anderen Anelektrolyten mit und ohne Stoffwechselgifte und stellen in allen Fällen eine bedeutende Hemmung der Deplasmolyse durch Stoffwechselgifte fest. Diese Hemmung wird absolut (nicht relativ) um so größer, je größer die Deplasmolysegeschwindigkeit ohne Stoffwechselgifte ist. Nun, ist es ganz unwahrscheinlich, daß die durch Plasmolyse ausgelöste nichtosmotische Wasseraufnahme je nach dem angewandten Plasmolytikum so stark variieren sollte; Verff. neigen vielmehr zur Ansicht, daß nicht nur das Eindringen des Wassers, sondern auch das der Plasmolytika zu 30—80% nicht auf osmotischen, sondern auf Stoff-

---

[1] Für die Kernmembran von Seeigeleiern konnten die von der Permeabilitätslehre geforderten Poren soeben auf Dünnschnitten elektronenmikroskopisch abgebildet werden (AFZELIUS).

wechselvorgängen beruht und daher durch Stoffwechselgifte lahmgelegt werden kann, eine Ansicht, die wohl auch auf Zucker extrapoliert werden müßte (Phosphorylierung s. unten; die Gegenannahme einer Permeabilitätshemmung durch die Gifte lehnen Verff. wie beim Zucker ab). Das Nichteindringen des Zuckers bei der Deplasmolyse glauben Verff. sogar durch vergleichende Dampfdruckbestimmungen an Preßsäften nach der Capillarmethode beweisen zu können, doch dürfen gegen die Leistungsfähigkeit dieser Methode nach den schlechten Erfahrungen bei Saugkraftmessungen wohl Zweifel angemeldet werden.

Unbeschadet der neuen Deutung bestätigen diese Analysen erneut das von der vergleichenden Protoplasmatik entdeckte zellphysiologische Sonderverhalten der Diatomeen. In schwächerem Ausmaß als am Modellbeispiel der Diatomeenzelle lassen sich aber diese Vorgänge in grundsätzlich gleicher Weise auch für die Gewebe höherer Pflanzen nachweisen (BOGEN 1953, BOGEN u. PRELL; vgl. auch Fortschr. Bot. 15, 231). Wir werden verwandten Erscheinungen auch weiterhin in den Kapiteln „Wasser- und Stoffaufnahme" und „Assimilatleitung" begegnen.

Will man sich über die Tatsachenfeststellungen hinaus jetzt schon Gedanken über die Mechanik der nichtosmotischen Stoffaufnahme machen, so bewährt sich GOLDACREs „Trägertheorie" Fortschr. Bot. 15, 239) als fruchtbare Arbeitshypothese: Sowohl BOGEN wie POHL halten eine Interpretation ihrer Befunde auf dieser Grundlage für möglich.

3. Wasser- und Stoffaufnahme.

a) **Oberirdische Wasser- und Stoffaufnahme.** Die Möglichkeiten einer oberirdischen Wasser- und Stoffaufnahme sind in der älteren ökologischen Literatur zwar wiederholt, aber mangels ausreichender Befunde im allgemeinen recht zaghaft erörtert worden. In der amerikanischen Praxis, die — von Zweifeln unbeschwert — optimistisch neue Wege sucht und sich dabei sıchtlich auch von modischem Abwechslungsbedürfnis leiten läßt, hat plötzlich die Ernährung über die Blätter (nutrition by foliar application) großen Aufschwung genommen: Zunächst zeigte sich, daß dem Mangel an Spurenelementen unter Umständen durch Aufsprühen leichter abzuhelfen ist als durch Bodengaben; inzwischen ist man aber bereits zum Versprühen von Harnstoff in Obstgärten übergegangen. Die Sache wäre kaum wirtschaftlich, wenn die Verstäuber nicht ohnedies im Dienste der Schädlingsbekämpfung gehalten werden müßten und nun mit entsprechendem Reklameaufwand für die neue Düngeweise empfohlen würden. Auch wenn modische Übertreibungen wieder abklingen, bleibt wohl die Tatsache bestehen, daß das oberirdische Aufnahmevermögen der Pflanzen bisher unterschätzt wurde und viele unserer Kulturpflanzen grundsätzlich über die Blätter ernährt werden können. MOTHES hat sich das bei der Fortsetzung seiner Untersuchungen über die Alkaloidsynthese zunutze gemacht: Hier erhebt sich die Frage, ob beispielsweise Nicotin etwa nur deswegen in den Wurzeln synthetisiert wird, weil hier die Assimilate dem vom Boden aufgenommenen Stickstoff begegnen. Stickstoffernährung über die Blätter verspricht eine Entscheidung dieser Frage, die aber noch aussteht (MOTHES u. TREFFTZ). Die Tatsache oberirdischer Stoffaufnahme ist auch durch radioaktiv markierte Isotope mannigfach gesichert (u. a. CRAFTS); als Ort der Aufnahme gilt vorwiegend die Cuticula, zum Teil (besonders bei öligen Mitteln) aber auch Spaltöffnungsinfiltration. Weitere Einzelheiten sind einem Sammelbericht von BOYNTON zu entnehmen, der 82 einschlägige Arbeiten referiert.

Bei dieser Gelegenheit sei auch ein Seitenblick auf die anatomische Seite der Cuticularforschung geworfen: Durch 14tägige Behandlung mit SCHWEIZERs Reagens (Kupferoxydammoniak) gewonnene Cutikeln sind im Elektronenmikroskop gut durchstrahlbar. Sie zeigen bei den angewandten Vergrößerungen (1500×) außer verbreiteter Fältelung keine Feinstruktur (BRINGMANN u. KÜHN). Wird die Cuticula dagegen mit Chromsäure abgelöst (BOCK) oder im Abdruck untersucht, so bleiben die mannigfach geformten Wachsausscheidungen erhalten. Während BOCK die 1927 von DOUS angegebenen Wachsporen elektronenmikroskopisch nicht nachweisen konnte, glauben MUELLER u. Mitarbeiter auf den Abdrücken verstreute kraterförmige Bildungen (besonders auf jungen Blättern von *Musa*) als die Orte betrachten zu können, wo das weiche, aber nicht flüssige Wachs aus tieferen Cuticularschichten ausgepreßt wird. Die Querorientierung der Wachsmoleküle macht es aber wahrscheinlicher, daß sie erst an der Oberfläche auskristallisieren (FREY-WYSSLING und Schüler). Nach Extraktion der Wachse können die Cutikeln sowohl außen- wie innenseitig Skulpturen zeigen, deren Relief sich im Elektronenmikroskop durch Schrägbedampfung herausarbeiten läßt. Auf Grund neuer polarisationsoptischer Untersuchungen entwirft ROELOFSEN ein Schema der Anordnung der Wachsblättchen, welche zwischen den Cuticularschichten oberflächenparallel eingelagert sein müssen und sich durch eine bei der Schmelze verschwindende Formdoppelbrechung verraten. HÄRTEL findet bei Rauchschädigung eine verstärkte Wachsabsonderung der Coniferennadel und gründet darauf einen neuen nephelometrischen Rauchschadentest.

Berechtigtes Aufsehen erregen die Beobachtungen von LAMBERTZ, einem Schüler SCHUMACHERs, daß die Epidermisaußenwände fast aller daraufhin geprüfter Blätter beiderseits wenigstens zeitweilig bis an die Cutikeln von zahlreichen (etwa $20/\mu^2$) rhizopodenartigen Plasmafortsätzen durchsetzt sind, welche tagesperiodisch und je nach Wetterlage vorgeschoben und wieder eingezogen werden können. Damit ist erstmals auch eine anatomische Grundlage für die vielfach behaupteten plasmatischen Regulationen cuticulärer Stoffwechselvorgänge (Transpiration, Stoffaufnahme und -abscheidung) gefunden. — Die berühmte Schleimschicht in der Innenwand mancher Ericaceen-Epidermen entsteht nach ESDORN u. SCHANZE nicht durch Umwandlung („Verschleimung") bereits vorhandener Membranen, sondern wird vom Plasma direkt als Sekundärschicht abgelagert.

In diesem Zusammenhang gilt es auch, die physiologische Bedeutung des natürlichen Taus erneut durchzudenken: HOFMANN hat seine Untersuchungen über „Die Thermodynamik der Taubildung" (Fortschr. Bot. **15**, 262) zu einer Habilitationsschrift erweitert, die sich mit der etwa 300 Arbeiten umfassenden Tauliteratur kritisch auseinander setzt. Als Grundvorstellung bewährt sich weiterhin, daß der Tau als Folge einer Untertemperatur durch Ausstrahlung mengenmäßig den Betrag nicht übersteigen kann, der sich aus dem Verhältnis von effektiver Ausstrahlung (Größenordnung 0,1 cal cm^{-2} min^{-1}) und Kondensationswärme des Wassers (600 cal cm^{-3}) ergibt ($\frac{1}{6000}$ cm/min $=$ 0,1 mm/h); denn Tau fällt höchstens bis zur Beseitigung der Untertemperatur und führt niemals zu Übertemperaturen der Taufänger gegenüber ihrer Umgebung.

Als Tausumme einer Nacht sind bisher höchstens 0,6 mm beobachtet, als Jahressumme höchstens 35—45 mm geschätzt (NAMIB nach WALTER). Noch niedrigere Grenzwerte ergeben sich für den „inneren Tau", die Wasserdampfkondensation im Boden; denn der gesamte Wasservorrat einer 1 m mächtigen Luftschicht entspricht ja nur einer Wasserschicht von etwa 10 μ, von der bestenfalls ein kleiner Teil kondensieren kann. Auch wenn nach neuesten Stichproben VARESCHIs dichte Pflanzenbestände etwa das Zehnfache ihrer Bodenfläche an Vegetationsfläche entwickeln können, so kann sich auf diesen vermehrten Flächen doch keinesfalls proportional, sondern nur wenig mehr Tau niederschlagen, weil auch hier die effektive Ausstrahlung begrenzend bleibt und diese selbst vom dichtesten Bestand aus die schwarze Strahlung einer gleichgroßen Bodenfläche nicht übertreffen kann (auch der mehrfach beobachtete „Tauschatten", d. h. die Verminderung des Taufalls auf einer Fläche unter dem Einfluß einer taufangenden Nachbarfläche beruht auf der Gegenstrahlung solcher Flächen gegeneinander, die die effektive Ausstrahlung herabsetzt). Theorie und Erfahrung stimmen auch darin überein, daß Ventilation taumindernd wirkt, weil der Strahlungsverlust teils durch Tauwärme, teils durch Wärmezufuhr aus der Luft gedeckt wird; der Anteil der letzteren wächst aber mit der Ventilation. Verf. hat alle diese Beziehungen in einer „Tauformel" zusammengefaßt, die im Original einzusehen ist. (Vgl. auch oben S. 367.)

HOFMANNs energetische Betrachtungen führen zur Konstruktion eines thermoelektrischen Tauschreibers, der nach folgendem Prinzip arbeitet: Die Temperaturdifferenz zwischen einer ungeheizten (V) und einer mit einer bestimmten Wärmemenge (H) geheizten Platte ist zunächst ebenso groß wie die zwischen einer mit der einfachen und einer mit der doppelten Wärmemenge (2 H) geheizten Platte. Sobald sich aber auf der ungeheizten Platte Tau niederschlägt, wird die Temperaturdifferenz $V-H$ entsprechend der Kondensationswärme kleiner als $H-2H$. Um die Anordnung von der Windrichtung unabhängig zu machen, hat Verf. jede der drei Platten in dreimaliger Wiederholung auf Sektoren einer Kreisscheibe aufgeteilt; ein vierter Sektor mit heller Scheibe erfaßt im Vergleich mit den schwarzen Scheiben die Strahlung. Die Empfindlichkeit des Gerätes liegt bei etwa 20 μ Tauniederschlag; nach allerdings ziemlich mühsamer Auswertung erhält man ungemein glatte Kurven von langsamen — vielfach durch Verdunstungsphasen unterbrochenen — Anwachsen der nächtlichen Taumengen.

GRUNOW hat am Hohen Peißenberg in den Bayerischen Voralpen über einem Teil der Niederschlagsmesser definierte „Nebelfänger" (Zylinder aus Drahtgaze) angebracht, deren Niederschlag zusätzlich zum Regen in den Totalisator tropft. In der Nebelregion erhöht sich auf diese Weise der Jahresniederschlag um 20—50%. Ähnliche Zuschläge ergeben sich auch, wenn man die Niederschläge im Wald und auf der Freifläche im nebelfreien und Nebeltagen vergleicht; am Bestandsrand sind die Zuschläge am größten. Die Zahlen stimmen in der Größenordnung völlig mit denen älterer Autoren (LINKE, RUBNER) überein und machen den Epiphytenreichtum der Nebelstufe (bei uns in der Hauptsache nur Flechten) verständlich. Die Arbeiten enthalten auch neue Angaben über die Niederschlagszurückhaltung in den Baumkronen (interception, vgl. Fortschr. Bot. 15, 270).

Da selbst in unserem humiden Gebiet die Niederschläge für eine optimale Pflanzenproduktion nicht ausreichen, geht im Gefolge des Gartenbaus neuerdings auch die Landwirtschaft immer mehr zu zusätzlicher „künstlicher Beregnung", richtiger Besprühung aus rotierenden Düsen über. Leicht verlegbare Leitungen ermöglichen es, die

Wohltat solcher zusätzlicher Wassergaben nach und nach viel größeren Flächen zukommen zu lassen als früher. In der Schriftenreihe des Kuratoriums für Kulturbauwesen hat WITTE die einschlägigen technischen, klimatologischen und pflanzenphysiologischen Probleme von namhaften Fachleuten bearbeiten lassen (vgl. auch SCHONNOPP); STOCKER, LEYERER u. VIEWEG weisen in dieser Schrift auf Grund neuer eigener Versuche darauf hin, daß regelmäßige Beregnung den mittäglichen Assimilationsrückgang verhindert und zu eingipfeligen Assimilationskurven und damit beträchtlichen Ertragssteigerungen führt. Bedenklich ist es aber, wenn in Trockenzeiten das Wasser ausgeht und die Beregnung eingestellt werden muß: Dann bricht infolge der vorangegangenen Verweichlichung der Stoffhaushalt vorher beregneter Parzellen schneller zusammen als der nicht beregneter Kontrollen. Das Mikroklima in einem Tabakbestand, der allnächtlich 8—10 mm künstlichen Regen erhielt und dreifache Erträge lieferte, untersuchte DIEM (niedrigere Höchsttemperaturen, ausgeglichenere Luftfeuchtigkeit).

Im tatenfreudigen Amerika versucht man über solche Maßnahmen hinaus sogar eine künstliche Auslösung von Niederschlägen: In der Tat kann man durch Versprühen von Kondensationskernen, besonders Silberjodid, vom Flugzeug oder selbst vom Boden aus eine ohnedies niederschlagswillige Atmosphäre, aber auch nur diese, an einer bestimmten Stelle zur Entladung veranlassen. Wo sich — wie beispielsweise in Peru — die Kulturen auf schmale Talstriche (wenige Prozent der Landesfläche) beschränken, gilt diese örtlich geregelte Regenauslösung heute bereits als wirtschaftlich. In dichter besiedelten und bebauten Gebieten ergeben sich dagegen schon allein rechtlich fast unlösbare Probleme, weil der künstlich ausgelöste Niederschlag stets Nachbargebieten verloren geht. Hier dürfte das Verfahren wohl am ehesten in der Hagelbekämpfung bedeutsam werden (rechtzeitiges Abregnen drohender Hagelwolken, ehe sich um wenige Kondensationskerne große Hagelkörner bilden; WEICKMANN). Näheres ist den Arbeiten von COONS u. GUNN, ELLIOTT u. STRICKLER sowie WEICKMANN zu entnehmen.

b) **Wassergehalt und Saugkraft des Bodens**[1]. Zur Bestimmung des Bodenwassergehaltes eröffnen sich immer neue methodische Möglichkeiten. So bestimmen GARDNER sowie BELCHER und Mitarbeiter die Bodenfeuchtigkeit mit Hilfe der Neutronenstreuung[2]: Sendet eine Beryllium- oder Poloniumquelle schnelle Neutronen aus, so werden diese vorzugsweise am Wasserstoff zerstreut und verlangsamt; ein Teil kehrt dabei in die Nähe der Neutronenquelle zurück und kann mit GEIGER-Zähler registriert werden. Auf diese Weise läßt sich der Wassergehalt im Umkreis von etwa 25 cm von Ofentrockne bis zur Wassersättigung auf etwa 1% genau messen, Wassergehaltsschwankungen registrieren. Einzelheiten sind den Originalarbeiten zu entnehmen. Einen Überblick über die übrigen, hier durchwegs bereits referierten Verfahren gibt KAUSCH (1).

---

[1] Eine ganz moderne Darstellung der Wasserverhältnisse des Bodens findet sich in der 3. Auflage von LAATSCHS „Dynamik der mitteleuropäischen Mineralböden", in der dieses Kapitel völlig neu bearbeitet ist.

[2] Den Hinweis auf diese Arbeiten verdanken wir Frau Dr. I. RASCHENDORFER und Herrn Dr. W. TRANQUILLINI von der Tiroler Wildbachverbauung in Innsbruck.

Die physiologische Analyse hat aber mit der Erweiterung der Meßmöglichkeiten keineswegs Schritt gehalten: Noch heute gehen insbesondere darüber die Meinungen weit auseinander, ob die Pflanze im wesentlichen nur ganz locker gebundenes Bodenwasser ausnützt, wie das die niedrigen vom Tensiometer angezeigten Saugkräfte vermuten lassen, oder ob die viel höheren Saugkraftangaben der Hygrometermethoden zu Recht bestehen. KAUSCH (2) legt nun das schon früher (Fortschr. Bot. 15, 261) kurz referierte Material ausführlich vor, aus dem eindeutig hervorgeht, daß die Tensiometerangaben infolge eines „Feuchtesprunges" an der Grenzfläche zwischen Boden und Tonzylinder viel zu niedrig ausfallen. Überhaupt erweist sich der dynamische Nachleitwiderstand des Bodens als viel entscheidendere Schwierigkeit für die Wasserversorgung der Pflanze als die Statik der Saugkraft: Wird in einem Reagenzglas feuchter und trockener Lehm übereinander geschichtet, so hat sich der Wassergehalt selbst nach 2 Jahren noch nicht ausgeglichen (12% gegen 5% Wassergehalt). Durch ein Drahtnetz aufgehaltene Pflanzenwurzeln erniedrigen in ihrer Umgebung den Wassergehalt auf 9%, während er außerhalb ihrer Reichweite 25% bleibt. Verf. kommt daher zur Ansicht, daß die Wurzelhaare nur das Wasser ihrer unmittelbaren Umgebung förmlich „abweiden" und daß einem allen Wassergehaltsschwankungen elastisch folgenden Wurzelwachstum besonders in Trockengebieten entscheidende Bedeutung zukommt.

4. Wasser- und Stoffabgabe.

a) **Wasserdampf- und Transpirationsregistrierung.** Nach den großen Fortschritten der CO_2-Schreibung (Ultrarot-Absorptionsschreiber[1], Leitfähigkeitsschreiber nach WOESTHOFF, vgl. RÜSCH) hat ein förmliches Wettrennen eingesetzt, für die Wasserdampf- und Transpirationsschreibung ähnlich empfindliche Methoden zu entwickeln: BERGER-LANDEFELDT hat zunächst einen Hygrographen gebaut, bei welchem eine Harfe von sechs Pernixhaaren je nach Quellung die Blende einer Photozelle öffnet und schließt; der von einer konstanten Lichtquelle gespeiste Photostrom wird registriert. Dieses „Photozellen-Fernhygrometer" wird von der Firma Lambrecht-Göttingen hergestellt. Zur weiteren Verringerung der Einstellträgheit ist aber BERGER-LANDEFELDT neuerdings zu strahlungsfreien Thermoelement-Psychrometern übergegangen, welche ihm bereits hervorragende Aufzeichnungen geliefert haben (vgl. auch v. MATHES). HUBER u. MILLER verbesserten zunächst den „Thermoflux" der Badischen Anilin- und

---

[1] Auch für den Botaniker kann es bedeutsam werden, daß ein neues URAS-Modell mit kleineren Versuchskammern (nur 200 mm³ Inhalt) und rascher Anzeige die menschlichen und tierischen Atemzüge zu registrieren gestattet (BRUCK, HAAS u. ULMER). Mit dem Massenspektrographen können CO_2- und O_2-Umsatz gleichzeitig registriert werden; in einer Atmosphäre mit Radiocarbon können sogar das assimilierte und das veratmete Kohlendioxyd getrennt werden: Der Radiocarbongehalt der Luft nimmt nämlich zunächst infolge Einbau bis zu einem Minimum ab und steigt erst wieder an, wenn nach etwa 2 Std die assimilierte Kohlensäure im Atmungsgaswechsel erscheint.

Sodafabrik, der die Absorptionswärme von Wasserdampf in konzentrierter Schwefelsäure mittels Thermosäule registriert[1]. Inzwischen ist aber auch eine Wasserdampfschreibung mit dem URAS möglich geworden; allerdings kann dabei die Meßkammer nicht mit Wasserdampf, sondern nur mit dem ähnlich absorbierenden NH_3 gefüllt werden. In beiden Fällen arbeitet das Meßprinzip physikalisch einwandfrei; **das Hauptproblem ist die verlustfreie Zufuhr des Wasserdampfes**

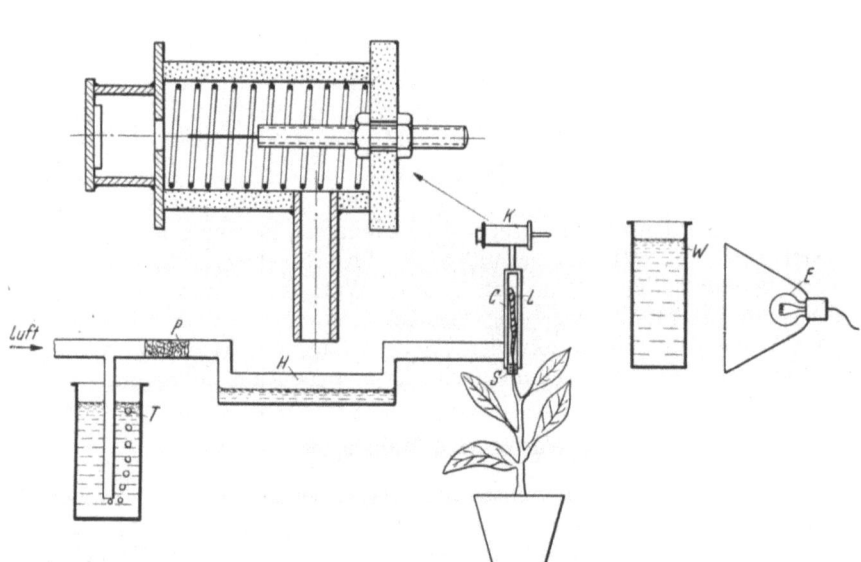

Abb. 79. Schema der Versuchsanordnung zur Transpirationsregistrierung mit dem Entladungshygrometer nach ANDERSSON, HERTZ u. RUFELT: *T* MARIOTTEsche Flasche zur Druckregelung, *P* Wattefilter, *H* Feuchtigkeitsbad, *C* Cuvette mit dem Versuchsblatt *L*, *K* Entladungskammer, *W* Wasserkühlung, *E* Lichtquelle; darüber die Entladungskammer mit Anode (Spitze) und Kathode (Spirale) stärker vergrößert (Maßstab).

zum Meßgerät, die durch „Kältefallen" (Stellen, in denen der Taupunkt unterschritten wird) gefährdet wird; es empfiehlt sich daher mit geheizten Leitungswegen zu arbeiten.

Eine trägheitsfreie Feuchtigkeitsregistrierung ermöglicht das von ANDERSSON, HERTZ u. RUFELT in Lund entwickelte **Entladungshygrometer** (corona hygrometer; Abb. 79): Die Frequenz elektrischer Hochspannungsentladungen ist unter sonst gleichen Bedingungen eine Funktion des absoluten Wasserdampfgehaltes, weil die Wasserdampfteilchen im Flammenbogen ionisiert werden und die Entladung begünstigen. Verff. montieren die Entladungskammer unmittelbar über der Küvette mit dem Versuchsblatt und saugen 10 cm^3/sec am Blatt vorbei durch die Entladungskammer. Beim Einschalten von Licht setzt nach etwa

---

[1] Der Thermoflux ermöglicht auch eine thermoelektrische Registrierung kleiner Sauerstoffgehalte über die Oxydationswärme von Chromchlorür zu Chromchlorid (TIETZ); das Meßprinzip ist wesentlich empfindlicher als die magnetische Sauerstoffschreibung [EBBINGHAUS, STRUGGER u. PERNER; vgl. auch TÖDT u. Mitarbeiter: Z. Naturforsch. **9**b, 607 (1954) u. **10**b, 572 (1955)].

10 min mit der photoaktiven Spaltöffnung ein Transpirationsanstieg ein, der in mehreren abklingenden Pulsationen (hydroaktive Schließbewegung?) nach etwa 1 Std zu einem konstanten Wert führt; beim Ausschalten des Lichtes erfolgt Transpirationsabfall ohne Pulsationen. Beim Abschneiden des Blattes beobachten Verff. in Bestätigung alter Angaben von IVANOW fast augenblicklich einen Transpirationsanstieg, der schon nach wenigen Minuten in den kontinuierlichen Transpirationsabfall übergeht; dieser „Doppelschlag" fehlt praktisch, wenn das Abschneiden unter Wasser erfolgt. Im Laboratorium des Referenten hat KAUSCH am Thermoflux an Coleusblättern beim Abschneiden keinen Transpirationsanstieg registrieren können (unveröffentlicht). Die Verbreitung der Erscheinung verdient daher mit den neuen methodischen Möglichkeiten noch eingehender verfolgt zu werden; ist doch der größte Teil der ökologischen Transpirationsbestimmungen an abgeschnittenen Blättern durchgeführt worden, weshalb an der Klärung dieses Punktes ein besonderes methodisches Interesse besteht (vgl. auch RAWITSCHER).

Da die Versuchspflanzen zur Registrierung ihrer verschiedenen Gaswechselvorgänge in Küvetten eingeschlossen werden müssen, ist das Problem des „Küvettenklimas" erneut brennend geworden. Es war ja seinerzeit einer der Gründe, der zur Entwicklung kurzfristiger „Momentanmethoden" führte, daß man diese unnatürlichen Bedingungen möglichst kurz einwirken lassen wollte. In der ersten Freude über die neuen Möglichkeiten automatischer Dauerregistrierungen hat man aber ganze Tagesgänge in der Küvette aufgenommen und ist erst nachträglich darauf gekommen, wie weit man sich dabei vielfach von den natürlichen ökologischen Bedingungen entfernt hatte: So berichtet TRANQUILLINI, daß sich in 2000 m Höhe Zirbelzweige (*Pinus cembra*) in der „Dauerküvette" noch im September an der Sonne über 50° erhitzten, wobei die Assimilation zusammenbrach und pathologisch erhöhte Atmung registriert wurde. Die Erkennung dieser Fehlerquelle hat bereits zu verschiedenen Abwehrmöglichkeiten geführt: Da die Assimilation über 20000 Lux nicht mehr nennenswert ansteigt, kann man bei Assimilationsversuchen das direkte Licht bis zu diesem Betrag abschirmen; es bleibt aber zu prüfen, ob das auch für die Transpiration zulässig ist. Besser sind vorgelegte Infrarotfilter, welche das assimilatorisch wirksame Licht durchlassen (TRANQUILLINI). BOSIAN hat eine automatische Wasserkühlung der Küvetten konstruiert, welche in Verbindung mit einem Temperaturfühler die Temperatur der Küvette dauernd gleich der Außentemperatur hält.

An Stelle des Kobaltpapiers empfiehlt SIVADJIAN durch Lichtexposition geschwärzte Silberjodidplatten: Sie entfärben sich unter dem Einfluß von Feuchtigkeit und ermöglichen so eine Feststellung über Transpirationsunterschiede innerhalb einer Blattfläche besonders bei panaschierten Pflanzen. Verf. spricht nicht sehr glücklich von „Hygrophotographie".

Das Berichtsjahr stand im wesentlichen im Zeichen der geschilderten methodischen Entwicklungen; es ist aber nicht zu bezweifeln, daß die Früchte dieser neuen Möglichkeiten in rascher Folge reifen werden und wir bereits im nächsten Bericht Befunde vorlegen können.

b) ARLANDS Transpirationsregel. ARLAND hat im Dienste landwirtschaftlicher Fragestellungen seit 25 Jahren mit zahlreichen Schülern Transpirationsbestimmungen durchgeführt und darüber in zwei Veröffentlichungen zusammenfassend berichtet. Anfangs interessierte ihn hauptsächlich der Sortenvergleich: Es ergaben sich in aufeinanderfolgenden Jahren und an verschiedenen Orten (Göttingen, Halle, Königsberg) im wesentlichen übereinstimmende Transpirationsreihen, beispielsweise (Relativzahlen für die auf das Frischgewicht bezogene Transpiration)

Winterroggen 100
Winterweizen 116
Wintergerste. 145
Hafer.......... 158

Über ähnliche Transpirationsreihen der Forstgehölze vgl. Fortschr. Bot. 11, 152; ihre Reihenfolge im Wasserverbrauch hat sich von HÖHNEL 1880 bis POLSTER 1950 im wesentlichen immer wieder bestätigt. Die landwirtschaftlichen Reihen scheinen als Mittel von meist 60 bis 180 Einzelbestimmungen gut gesichert; das gilt auch von den nachfolgenden Zahlen.

Im Laufe der Untersuchungen der ARLAND-Schule trat aber bald das Interesse an der Milieuabhängigkeit der Transpiration mehr und mehr in den Vordergrund. Im Parzellenversuch zeigte es sich, daß die Transpiration der Gewichtseinheit bei ausgeglichener Düngung am kleinsten ist, bei einseitiger ansteigt (Abb. 80); entsprechend ist die Transpiration auf fruchtbarer Schwarzerde ein Minimum und steigt auf allen anderen Böden gemäß ihrer geringeren Fruchtbarkeit an; für Knollen- und Körnerertrag ergibt sich ein fast genau spiegelbildliches Verhalten (Maximum bei der besten, Abnahme bei schlechteren Konstellationen).

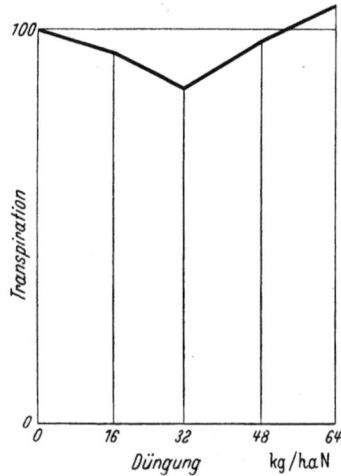

Abb. 80. Abhängigkeit der gewichtsbezogenen Transpiration von Sommergerste von steigender Stickstoffdüngung (Beidüngung 54kg/ha P_2O_5, 80 kg/ha K_2O): Das Transpirationsminimum liegt bei 32 kg/ha N Alle Werte auf den N-Mangelwert bezogen. Nach ARLAND 1952, S. 23.

So wie nach WALTER der osmotische Wert im Optimum der betreffenden Pflanze am kleinsten ist und bei jeder Bedingungsverschlechterung ansteigt, so würde nach ARLAND auch die Transpiration im Optimum am kleinsten sein und sich jede Verschlechterung der Bedingungen durch eine Transpirationssteigerung zu erkennen geben („ARLAND-Regel"). In einer volkstümlichen Darstellung bezeichnet ARLAND (2) solche Transpirationssteigerungen als Fieber. ARLAND und seine Schule benützen ihren Satz nunmehr bereits, um die Nützlichkeit oder Schädlichkeit der verschiedensten landwirtschaftlichen Maßnahmen (Saatzeit, Saatdichte und Saattiefe, Unkrautbekämpfung, Bodenbearbeitung, Bewässerung zu den verschiedensten Zeitpunkten) mit Hilfe des Transpirationskriteriums zu prüfen; meist soll schon eine Prüfung der Transpirationsbeeinflussung im 4 Blatt-Stadium genügen, um die Wirkung von Kulturmaßnahmen auch für die weitere Entwicklung zu beurteilen.

Diese weitreichenden Folgerungen haben den Widerspruch zahlreicher anderer Landwirtschaftswissenschaftler herausgefordert, und besonders in der ostdeutschen Fachpresse werden die Ansichten ARLANDs ausführlich und großenteils kritisch erörtert. Die Kritik richtet sich dabei sowohl gegen die Methoden wie gegen die Verallgemeinerung an sich richtiger Befunde. Was die Methodik betrifft, so müssen sich so umfangreiche Vergleichsversuche natürlich auf eine irgendwie genormte Einheitsmethode gründen, aber es ist doch sehr zweifelhaft, ob ARLAND gut daran tat, die ursprünglich von ihm entwickelte gasanalytische Methode zu verlassen und sich aus Gründen der Einfachheit für die „Anwelkmethode" zu entscheiden. Diese besteht darin, daß die ganze Pflanze aus dem Boden genommen, das Wurzelsystem rasch auf ein bequemes Format zusammengeschnitten und durch Eintauchen in eine Paraffinschmelze an eigener Transpiration gehindert wird. Auf eine erste Wägung folgt eine halbstündige Exposition und dann die Schlußwägung. Während dieser halben Stunde sinkt die Transpiration vom Ausgangswert je nach der Schnelligkeit der Spaltreaktionen ± weit in Richtung auf die cuticuläre Transpiration, so daß mit dieser Methode ein ganz undefinierter Mischwert zwischen stomatärer und cuticulärer Transpiration bestimmt wird, was den Wert der erzielten Ergebnisse stark beeinträchtigt. PISEK u. WINKLER haben inzwischen das Transpirationsverhalten abgeschnittener Zweige, die sie erst im Dunklen zu

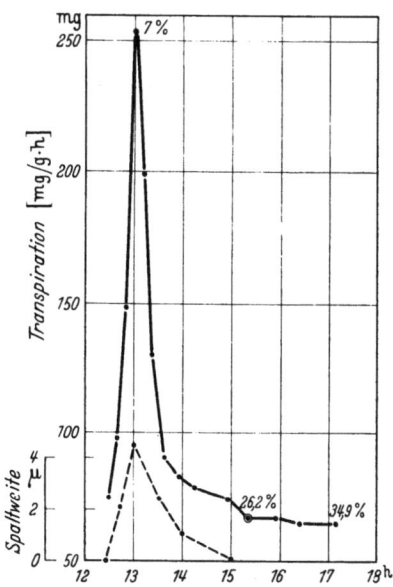

Abb. 81. Gang von Transpiration und Spaltweite abgeschnittener Pulmonariablätter. Nach PISEK u. WINKLER. Nähere Erklärung im Text.

Spaltenschluß und Wassersättigung gebracht hatten, eingehend verfolgt (600 Meßreihen): Werden die so vorbehandelten Zweige am Licht exponiert, so steigt ihre Transpiration mit der photoaktiven Öffnung der Spalten[1] bis zu einem spitzen Maximum an, auf das beim Einsetzen der hydroaktiven Schließbewegung ein steiler Abfall folgt, der nach Spaltenschluß in den langsamen Abfall der cuticulären Transpiration austrocknender Blätter übergeht (Abb. 81). Diese Kardinalpunkte liegen nun bei verschiedenen Pflanzen bei ganz verschiedenen Wassergehalten: Während bei *Oxalis*, aber auch bei mitteleuropäischen Laubhölzern der Spaltenschluß bereits bei 2—5% Wassergehalt einsetzt und bei 10—15% beendet ist, beginnen die dürreresistenten Sonnenpflanzen der Steppenheide wie *Oxytropis pilosa* erst bei 10—15% Wasserverlust mit dem Spaltenschluß und beenden ihn bei über 30% Wasserverlust. Dementsprechend

---
[1] Im „Handbuch der Pflanzenphysiologie" hat STÅLFELT als der hiezu berufenste Fachmann die Physiologie der stomatären Transpiration ausführlich behandelt.

verstreichen auch bis zum Spaltenschluß ganz verschieden lange Perioden. — Für den Transpirationsabfall abgeschnittener Blätter, welche zunächst wassergesättigt und zur Öffnung ihrer Spalten veranlaßt wurden, hat auch HYGEN zahlreiche Kurven (über 200 für 18 verschiedene Arten) veröffentlicht: Sie zeigen eine lineare „stomatäre Phase" (mit leichtem Abfall entsprechend dem sinkenden Wassergehalt), hierauf eine „Spaltenschlußphase", in der die Transpiration $\pm$ rasch in die wiederum lineare „cuticuläre Phase" übergeht. Die cuticuläre Transpiration der geprüften mitteleuropäischen Mesophyten beträgt durchschnittlich etwa ein Zehntel der stomatären. Für die Spaltenschlußphase berechnet HYGEN „Restriktionskoeffizienten", welche die prozentuale Transpirationseinschränkung je Minute angeben; sie schwanken zwischen 1,5 und 15%/min.

An Stelle der Anwelkmethode empfehlen POLSTER u. REICHENBACH die Schnellwägung (zu deren Rechtfertigung vgl. auch RAWITSCHER) sowie die modernen gasanalytischen Verfahren (s. oben). Der Leipziger Agrarmeteorologe HESSE hat zum selben Zweck ein Kleinstlysimeter entwickelt, das noch über die im letzten Bericht (Fortschr. Bot. 15, 274) geschilderten POPOFF-Zylinder hinausgeht und die Wasserbilanz einzelner Pflanzen zu verfolgen gestattet. Ihn interessieren in erster Linie die Beziehungen der Transpiration zu den meteorologischen Faktoren, die „negative Transpiration" (Taufang) am frühen Morgen, das vormittägliche Transpirationsmaximum (nach den Eberswalder Lysimetermessungen vollzieht sich die Hälfte der 24stündigen Transpiration zwischen 8 und 14 Uhr; GÖHRE), die relativ geringe Nachmittagstranspiration und die Transpirationssteigerung durch Wind (bei Pfefferminze nur bis zu einem Maximum von 74% über normal bei 4 m/sec mit nachfolgendem Abfall unter den Ruhewert infolge Spaltenschluß).

Außer gegen die Methoden richten sich die Einwände gegen ARLAND gegen die Verallgemeinerung seiner Befunde: ARLAND selbst berichtet, daß Stickstoffmangelpflanzen entgegen seiner Regel „infolge der ausgeprägten Verholzung des Gewebes unverhältnismäßig geringe Transpirationswerte" aufweisen; das zeigt, daß das Transpirationskriterium, dessen Wichtigkeit die Referenten ausdrücklich unterstreichen möchten, so wenig wie irgendein anderes isoliert und blindlings angewendet werden darf.

Der so viel untersuchten Anatomie und Physiologie der Spaltöffnungen lassen sich immer noch neue Seiten abgewinnen: So liefert TRAUTMANN einen Bestimmungsschlüssel fossiler Coniferenspaltöffnungen, während LEICK darauf hinweist, daß sich die Abstände der Spalten bei der Blattentwicklung nicht gleichmäßig zu vergrößern brauchen, sondern daß bei einer ganzen Reihe von Pflanzen (z. B. *Silene nutans*) nach Überschreitung eines gewissen Abstandes rhythmisch neue Spalten eingefügt werden, wie das bei Markstrahlen längst bekannt ist (BÜNNINGs „Sperreffektmuster"). Im übrigen sei auf ein Sammelreferat von SIMONIS und auf STÅLFELTs eingehende Darstellung im Handbuch der Pflanzenphysiologie verwiesen.

Auf eine Behandlung der übrigen Transpirationsökologie möchten wir angesichts der relativ ausführlichen Behandlung in Band 15 diesmal verzichten.

c) **Stoffausscheidung.** Zur Zeit findet die Wurzelausscheidung organischer Verbindungen erhöhtes Interesse. Sie hat verschiedene Aspekte. Zunächst kann man ihre stoffliche Identifizierung in den Vordergrund stellen: BONNER und Mitarbeiter (zitiert nach KNAPP) identifizierten eine ausgeschiedene organische Verbindung von *Parthenium argentatum* als trans-Zimtsäure. EBERHARDT fand im Kultursubstrat des Hafers einen Stoff, den er nach seinem papierchromatographischen Verhalten als Scopoletin ansprach. Die verfeinerten Nachweismethoden der Papierchromatographie reizten natürlich, vor allem nach Aminosäuren in den Wurzelausscheidungen zu suchen. Aminosäuren scheinen danach nicht nur aus den Wurzelknöllchen der Leguminosen in die Umgebung abgegeben zu werden (Fortschr. Bot. **6**, 238f.), sondern ihre Abgabe durch die Wurzeln hat offenbar ganz allgemeine Verbreitung: Während in KANDLERs Versuchen mit isolierten Maiswurzeln noch offen bleiben mußte, ob nicht ein Teil der gefundenen Substanzen die Wurzel an der Basis durch Blutung verlassen hatte, konnten LINSKENS u. KNAPP für mehrere unter sterilen und halbsterilen Bedingungen gezogene Pflanzen die Abgabe verschiedener Aminosäuren durch die intakten Wurzeln nachweisen. Ihre quantitative und qualitative Zusammensetzung schwankte von Art zu Art. Interessanterweise traten bei Kombination zweier Pflanzen in einem sterilen Kulturgefäß (z. B. *Trifolium-Lolium*) zusätzlich zwei neue Aminosäuren auf, die in den entsprechenden Serien der Einzelpflanzen nicht gefunden wurden. Die abgegebenen Mengen waren nur näherungsweise zu erfassen und betrugen für die Summe aller nachgewiesenen Verbindungen je nach Versuch 0,07—1 γ/mg Wurzelsubstanz.

Nach FRANK können alternde Pflanzen erhebliche Mengen gebundenen Stickstoff durch Auslaugung durch die Wurzel verlieren. Eine Exhalation gasförmigen Stickstoffes durch die Blätter, die er als Teilerklärung der von ihm gefundenen Stickstoffverluste diskutiert, bedarf aber noch des direkten Nachweises.

Unter gewissen Voraussetzungen konnte neuerdings bei Getreide und Tomaten sogar eine Wasserabgabe durch die Wurzeln in trockenen Boden (negative Guttation, Wurzelguttation) wahrscheinlich gemacht werden: Die betreffenden Angaben von BREAZEALE u. MCGEORGE waren zunächst mißtrauisch aufgenommen und auf recht grobe Fehlerquellen (Kondenswasserbildung infolge Temperaturschwankungen, Gasentwicklung von Mikroorganismen) zurückgeführt worden; sie konnten aber neuerdings von DUVDIVANI bestätigt werden, wenn die betreffenden Pflanzen in trockenem Boden oberirdisch betaut werden. Die Wurzelguttation kann in solchen Fällen wochenlang anhalten und ein Mehrfaches des Wurzelgewichtes erreichen. Bei bloßer Dampfsättigung der Atmosphäre ist die Erscheinung nicht zu beobachten (HÖHN). Eine ausführliche Darstellung des ganzen Fragenkomplexes enthält der Beitrag GESSNER „Die Wasseraufnahme durch Blätter und Samen" im Handbuch der Pflanzenphysiologie.

Man kann aber auch, wie es KNAPP in seinem Buch „Experimentelle Soziologie der höheren Pflanzen" tut, die physiologische Wirkung der ausgeschiedenen Substanzen unter dem Blickwinkel der Pflanzensoziologie behandeln und fragen, ob für das Zusammenleben höherer Pflanzen die Ausscheidung fördernder und hemmender Stoffe eine ähnlich große Rolle spielt, wie man das im Zeitalter der Antibiotica für Mikroorganismen anzunehmen allen Grund hat. KNAPP hat die einschlägige Literatur bis 1954 verarbeitet. In Einzelheiten muß auf seine Darstellung sowie ein Sammelreferat von GRÜMMER über Allelopathie verwiesen werden. Hier sei nur soviel gesagt, daß die Ausscheidung stark giftiger Substanzen durch die Wurzeln offenbar nicht zu selten ist, daß aber diese Substanzen am natürlichen Standort durch Mikroorganismen rasch zersetzt werden, so daß sie physiologisch nicht wesentlich in Erscheinung zu treten brauchen. Dieses Schicksal dürften vor allem auch viele autotoxische Substanzen erleiden, die unter Versuchsbedingungen die Keimlinge der eigenen Art stark hemmen (wie z. B. die Wurzelausscheidung von *Hieracium pilosella* (BECKER, GOYOT u. MONTEGUT zitiert nach KNAPP) oder die trans-Zimtsäure aus der Wurzel von *Parthenium argentatum*. KNAPP weist darauf hin, daß nach den vorliegenden Angaben in der Literatur bei den Kompositen besonders oft eine Ausscheidung toxisch wirkender Substanzen aus der Wurzel anzutreffen ist.

5. Transpirationsstrom.

a) **Chemische Zusammensetzung; Beziehungen zwischen Wasser- und Stofftransport.** Die Diskussion über das Verhältnis von Wasser- und Nährsalzaufnahme (Fortschr. Bot. 15, 276) geht weiter: Die Befunde von HYLMÖ, PETRITSCHEK und BROUWER stimmen bis in quantitative Einzelheiten darin überein, daß die Salzaufnahme mit der Transpiration — allerdings nicht proportional — ansteigt, z. B. bei einer Verzehnfachung der Transpiration auf das Dreifache. Während aber HYLMÖ darin einen Beweis für den von der HOAGLAND-Schule unterschätzten „passiven" Ionentransport erblickt, vertreten BROUWER und sein Lehrer ARISZ mit neuen Experimenten, die sie auch in Paris vortrugen, eine andere Erklärungsmöglichkeit: Mit mannigfachen Mikropotometerversuchen bestätigen sie die alten Angaben BREWIGs, daß eine lebhafte Wasserdurchströmung die Wurzelpermeabilität in beiden Richtungen erhöht. So zeigt sich auch bei Zugabe von Zucker zur Außenlösung gleichzeitig mit einem osmotischen Wasseraustritt ein erhöhter Ioneneintritt in die Wurzel[1]. Darnach wäre die mit der Transpiration steigende Salzaufnahme nicht die unmittelbare Folge eines passiven Mitschleppens, sondern nur das mittelbare Ergebnis des Umstandes, daß die von der Transpiration an sich unabhängige Ionenaufnahme durch die sie begleitende Permeabilitätserhöhung gefördert wird. In einer Erwiderung betont HYLMÖ die komplexe Natur der ganzen Erscheinung und versucht an Hand von Vergiftungsversuchen die Anteile des „aktiven" und „passiven" Transportes abzugrenzen.

---

[1] Auch HÜLSBRUCH hält als Kern ihrer von BAUER angegriffenen Befunde fest, daß die Berberinsulfataufnahme von *Vicia faba*-Wurzeln auch gegen eine osmotische Saugung (Zuckerzusatz zur Außenlösung) erfolgt.

Damit bahnt sich hier auf makrophysiologischem Gebiet eine ähnliche Entwicklung an, wie wir sie auf zellphysiologischem Gebiet bereits oben gekennzeichnet hatten. (Vgl. dazu unten S. 543.)

Außer den aus dem Boden aufgenommenen Mineralsalzen enthält das Xylemwasser in wechselnder Konzentration auch organische Substanzen, die von der Pflanze selbst erzeugt und ins Wasserleitungssystem abgegeben werden. Es handelt sich dabei einerseits um die Mobilisierung von Speicherstoffen, wie bei der Zuckerabscheidung in den Blutungssaft im Frühjahr. LÖHR stellt den älteren Angaben, in denen sie durchwegs eine Bestimmung des Fructosegehaltes vermißt, eigene Messungen an *Carpinus* und *Betula* gegenüber. Sie findet Glucose und Fructose, deren Verhältnis (G:F) sich im Laufe des Frühjahres (Mitte März bis Mitte April) verschiebt. Es wechselt bei *Betula pendula* von 0,5 zu 1,6 und bei *Carpinus betulus* von 1,7 zu 3,2. Saccharose wurde nur in Spuren nachgewiesen. Mehr als die Hälfte der Trockensubstanz des Blutungssaftes waren Zucker (74—92% bei *Betula*; 47 bis 72% bei *Carpinus*). Außerdem fiel eine nicht identifizierte blaugrün fluorescierende Substanz — besonders stark im Saft von *Carpinus* — auf. ZIEGLER analysiert die Blutungssäfte zahlreicher Arten und stellt fest, daß bei *Alnus, Fagus, Juglans* und *Tilia* wie bei *Betula* und *Carpinus* überwiegend Glucose und Fructose, bei allen sieben untersuchten Ahornarten aber vorwiegend Saccharose auftreten. Zuckerphosphate konnten in keinem Falle gefunden werden.

Da die Stärkemobilisierung im allgemeinen durch eine Phosphorolyse erfolgt und dabei zunächst Zuckerphosphate entstehen, muß vor Eintritt in die Gefäße eine Dephosphorylierung (und zum Teil eine Saccharosesynthese) eintreten. Dies bewerkstelligen z. B. beim Spitzahorn bestimmte Holzparenchymzellen in der Umgebung der Gefäße, die sich durch eine hohe Aktivität der sauren Phosphatase auszeichnen (s. unter „Anatomie der Leitbahnen").

Zum anderen Teil werden im Zellstoffwechsel der Wurzeln dauernd organische Stoffe, z. B. Stickstoffverbindungen gebildet, welche von hier aus in die oberirdischen Teile der Pflanze wandern können. Speziell mit den Stickstoffverbindungen des Xylemsaftes (meist Blutungssäften aus abgeschnittenen Wurzeln) beschäftigen sich KURSANOV und Mitarbeiter sowie MOTHES mit seinen Mitarbeitern ENGELBRECHT, REUTER und WOLFGANG. Nachgewiesen sind neben 14 verschiedenen Aminosäuren (KURSANOV, papierchromatographisch) die Säureamide Asparagin und Glutamin und deren Aminodicarbonsäuren, ferner Allantoin (besonders bei *Acer*) und Citrullin (bei *Alnus*). Wie weit neben dem Xylem- auch ein Phloemtransport wirksam ist, bleibt zu prüfen.

KURSANOV hat darüber hinaus auch die alte Frage, ob die von den Wurzeln aufgenommene und im Transpirationsstrom zugeführte Kohlensäure assimilatorisch wirksam ist, mit Hilfe der Isotopentechnik im Sinne der schon von PFEFFER vertretenen Meinung positiv entschieden: Die Assimilate können bis zu 18% aus dem Boden aufgenommenen Kohlenstoff enthalten. Die Frage des Sauerstoffgehaltes des Transpirationsstromes wird zur Zeit von GESSNER untersucht.

Die Ausnützung des Transpirationsstromes zum Transport künstlich eingebrachter Stoffe (Fortschr. Bot. 15, 278) hat weiteren Aufschwung genommen. Es ist vor allem die Zellstoffindustrie, welche die großen Verluste beim „Weißschnitzen" des Holzes (etwa 10%) vermeiden möchte und daher bedeutende Versuchsmittel für die chemische Entrindung bereitgestellt hat (WILCOX u. Mitarbeiter, KLEM, GLÄSER, ZIEGER): Wenn man während der Saftzeit 20% Na-Arsenit oder auch Ammonium-Bifluorid auf einen 20 cm breiten Rindenstreifen am Stammgrund aufträgt, wird das Cambium im Sommerzustand abgetötet und fixiert. Nach mikrobieller Zersetzung der zunächst noch verleimend wirkenden Zucker und Pektine löst sich nach einigen Monaten die Rinde spielend vom Holz. Der Erfolg wird mit einem Schälwiderstandsmesser überprüft, der abweichend von dem von HUBER während des Krieges entwickelten Gerät die Torsionskraft mißt, welche eine kreisförmige Rindenscheibe vom Holz abzutrennen vermag. Die anatomischen Grundlagen der jahreszeitlich wechselnden Rindenschälbarkeit hat SACHSSE gründlich untersucht: Im Sommerzustand sind besonders die Radialwände der Cambiumzellen äußerst zart, im Winter durch Anlagerung von Reservecellulosen reversibel verdickt. PLANKL hat im Dienste der Lebendtränkung und Rindenschälung den Jahresgang der Saftstromgeschwindigkeit thermoelektrisch verfolgt: Er findet wiederum eine „Mittsommerstockung", die in ihrer häufigen Wiederkehr kaum aus Wetterstürzen erklärt werden kann, sondern mit der inneren Umstellung von der Treib- zur Speicherperiode zusammenhängen dürfte und mit den zweigipfeligen Tagesgängen von Transpiration und Assmilation verglichen werden kann; sie bestätigt die alte Ansicht der Waldarbeiter von einer „ersten" und „zweiten Saftzeit".

b) Mechanik. Während sich das Interesse an der stofflichen Zusammensetzung des Transpirations- und Blutungsstromes deutlich belebt hat, scheint die früher so leidenschaftliche Anteilnahme an der Mechanik des Saftsteigens mit dem Sieg der Kohäsionstheorie beinahe erlahmt zu sein. Unzureichende Literaturkenntnis veranlaßt GREENIDGE, die Kohäsionstheorie erneut zur Debatte zu stellen. Er wundert sich darüber, daß die Kohäsion nicht überall so hohe Werte erreicht wie im Farnanulus[1], sondern bei seinen Versuchsbirken oft schon bei 30 Atm überwunden wird. Nach den Arbeiten der RENNER-Schule ist das bei allen etwas weiteren Plasmodesmenporen nach dem Absterben zu erwarten. Was wir nach wie vor brauchen, sind Erhebungen über den Anteil wasser- und lufterfüllter Gefäße. Bei der Schwierigkeit eines unmittelbaren Einblicks in ungestörte Gefäße bedeutet es einen großen Gewinn, daß hochtourige Zentrifugen heute eine schnelle Wassergehaltsbestimmung ermöglichen (LUNDEGÅRDH, PEREM; selbst das Salz der Salinen wird heute nicht mehr in Sudpfannen, sondern durch Zentrifugieren getrocknet). LUNDEGÅRDH ist bei solchen Bestimmungen über die Höhe des Luftgehaltes in lebenden Laubhölzern überrascht; aber auch er geht sicher zu weit, wenn er daraufhin zu einer etwas modifizierten SACHSschen Imbibitionstheorie zurückkehren und die Tracheen im alten Wortsinn als Luftröhren mit zeitweiliger Wasserspeicherung erklären möchte. Dagegen sprechen eindeutig die hohen Geschwindigkeiten, welche thermoelektrisch in den Gefäßen ringporiger Bäume gemessen wurden: Sie sind nur verständlich, wenn die Gefäße selbst wassergefüllt sind und als Leitungsbahnen dienen; erst bei der Probenahme füllen sich so weite Bahnen fast zwangsläufig mit Luft.

Die wie immer sehr anregend geschriebene Arbeit von LUNDEGÅRDH beschreibt unter anderem eine Leitfähigkeitsmethode zur Bestimmung der Geschwindigkeit des Transpirationsstromes: Die elektrische Leitfähigkeit zwischen zwei in den Stamm eingelassenen Elektroden steigt bedeutend an, sobald eine weiter unten durch ein Bohrloch zugeführte Salzlösung die Meßstelle erreicht. In der Hydrologie ist diese Methode zur Bestimmung der Geschwindigkeit von Rinnsalen schon lange üblich.

Die Mehrzahl der Autoren (u. a. MORELAND, WIEBE u. KRAMER in USA., BARNER und SCHÖNNAMSGRUBER in Deutschland) bedient sich heute bei Ge-

---

[1] Über dessen Kohäsionsmechanismus liegt eine neue vergleichende Untersuchung von HAIDER vor.

schwindigkeitsbestimmungen der Isotopentechnik[1]; zur Prüfung im Freiland stehen dabei leicht transportable und handliche GEIGER-Zähler zur Verfügung. Es darf in diesem Zusammenhang daran erinnert werden, daß im Laboratorium des Nobelpreisträgers v. HEVESY in Freiburg i. Br. HUBER und BAUMGARTNER schon 1932 bzw. 1934 solche Bestimmungen durchgeführt haben.

c) **Anatomie der Leitungsbahnen.** Vor dem Pariser Kongreß hat ESAU an Hand erstklassiger farbiger Mikrophotos über die Anatomie des Phloems von den Phaeophyten und Bryophyten (bei denen sich im Zentralstrang des Gameto- wie Sporophyten lange siebzellähnliche Elemente neben kurzzellig unterteilten „Parenchym"-Strängen unterscheiden lassen) über die Pteridophyten und Gymnospermen bis zu den Angiospermen berichtet. Neu war unter anderem die Mitteilung, daß die Länge der Siebröhrenglieder nicht immer der der Cambiumzellen entspricht, sondern daß sich beispielsweise bei *Laurelia* (Monimiaceae) die Cambiumzellen bei der Bildung der Siebröhren ähnlich unterteilen, wie das bei der Bildung von Holz- und Bastparenchym die Regel ist. So kurzgliedrige Siebröhren scheinen aber ein abgeleitetes Merkmal darzustellen. Die Plasmolysierbarkeit reifer Siebröhren wurde an Hand zahlreicher Bilder (CURRIER, ESAU u. CHEADLE) erneut bestätigt, aber trotzdem betont, wie sehr sich die Siebröhren cytologisch schon durch ihren Kernschwund von anderen Zellen unterscheiden und den Gefäßen nähern. Die Bedeutung der Geleitzellen und der ihnen stammesgeschichtlich vorausgehenden „Eiweißzellen" (vgl. HUBER u. GRAF) wird gerade in dieser unzureichenden Vitalität der Siebröhren, welche einer enzymatischen Ergänzung durch Hilfszellen bedarf, erblickt. Darüber hinaus konzentriert sich das Interesse ESAUs und ihrer Mitarbeiter nunmehr auf die Siebplatten und ihre plasmatischen Verbindungsstränge, da beide doch wohl etwas mit der noch immer rätselhaften Bewegungsmechanik zu tun haben und in diesem Engpaß bei einer Massenströmung Geschwindigkeitsmaxima zu erwarten sind.

Zu ganz ähnlichen Gedankengängen kommt unabhängig RESCH, der als Karyologe aus OEHLKERS' Schule bei der Betrachtung von Carminessigsäure-Quetschpräparaten von *Vicia faba* (Funiculus, später auch junge Kotyledonen, Sproß- und Wurzelspitzen) auf frühe Differenzierungsstadien zwischen Siebröhrengliedern und Geleitzellen aufmerksam wurde und diese weiter verfolgte. Da die beiden Schwesterzellen dieser inäqualen Teilung bei gelinder Maceration vereint bleiben, läßt sich ihr Schicksal gut vergleichend verfolgen: Während sie sich in den frühesten Stadien morphologisch noch nicht unterscheiden, schwindet später in den Siebröhren der Kern spurlos und reduziert sich das Cytoplasma auf einen dünnen Wandbelag, während der Kern der Geleitzellen hyperchromatisch, das Plasma dichter als im Ausgangszustand wird, was auf eine starke physiologische Aktivität dieser Zellen deutet. Über die sich mehrenden physiologischen Befunde über die enzymatische und respiratorische Aktivität gerade dieser Zellen wird im nächsten Abschnitt berichtet.

---

[1] Im Zeitalter der Atombombenexplosionen werden die radioaktiven Isotopen sogar zur genaueren Erforschung von Luftströmungen herangezogen (HERBST, NEUWIRTH u. PHILIPP).

In einer anschließenden Arbeit berichtet RESCH über entsprechende Untersuchungen zur Cytologie des Xylems: Auch hier bleiben parenchymatische „Begleitzellen" den kern- und plasmalosen Gefäßen eng verbunden und dürften die Gefäße nicht nur während der Differenzierung der Gefäßwände, sondern auch im reifen Zustand bei der Erhaltung (und vielleicht sogar Wiederherstellung?) kohärenter Wasserfäden unterstützen. ZIEGLER, der auf dieselben Zellen auf Grund ihrer hohen Phosphataseaktivität aufmerksam wurde, schreibt ihnen bei der Frühjahrsmobilisierung eine Rolle bei der Abgabe organischer Stoffe in den Blutungssaft zu. Der anatomische und physiologische Nachweis solcher Gefäßbegleitzellen beleuchtet die Homologie von Siebröhren und Gefäßen von einer neuen Seite.

Von Einzelbefunden zur Phloemanatomie sei hervorgehoben, daß ESCHRICH nach einer sorgfältigen anatomischen und fluorescenzoptischen Untersuchung über Wundsiebröhren die Frage der chemischen Natur der Callose mit modernen Hilfsmitteln angepackt hat (als Objekt dienten freilich die leichter zugänglichen Cystolithenstiele): Abbauversuche mit 2%iger Schwefelsäure liefern ausschließlich d-Glucose, so daß Callose zweifellos ein der Cellulose nahe verwandtes Polysaccharid darstellt.

Gleichfalls vor dem Pariser Kongreß gab ein Franzose einen umfassenden Überblick über alle bekannten Fälle von intraxylärem Phloem. Es kommt auf zwei ganz verschiedenen Wegen zustande: Beim sog. abnormen Dickenwachstum bildet sich einfach konzentrisch zum bisherigen weiter außen ein neuer Cambiumzylinder, der nach innen Holz, nach außen Bast bildet; dabei kommt natürlich das vorher gebildete Phloem innerhalb des neuen Holzringes zu liegen. Viel bemerkenswerter aber sind jene Fälle, in denen das Cambium selbst abweichend von seiner sonstigen radialen Polarität zeitweilig auch zentrifugal[1] Phloemelemente ins Holz mischt. Das bekannteste Beispiel hierfür ist das Mangroveholz *Avicennia*, für welches dieses überaus auffällige Merkmal seit langem in allen Beschreibungen hervorgehoben wird. Der Fall, daß sich primär Phloemstränge auch markseitig des Xylems differenzieren (bicollaterale Bündel) ist ebenso aus allen Lehrbüchern bekannt wie der Sonderfall des sekundären Dickenwachstums von *Dracaena*, bei dem leptocentrische Bündel in einer parenchymatischen Grundmasse entstehen.

ZIMMERMANN hat in Paris (Internationaler Botanischer Kongreß) und Münster (Tagung der Deutschen Botanischen Gesellschaft) eine neue Lesart der Stelenentwicklung vertreten: Man hat bisher in den vernetzten Leitbündelsystemen (Dictyostele) eine nachträgliche Zerklüftung und Auflockerung ursprünglich einheitlicher Zentralstränge (Proto- und Aktinostele) erblickt. ZIMMERMANN weist nun darauf hin, daß schon nach ihren Abmessungen die phylogenetische Stufe der Protostele nur mit den Procambiumsträngen (dem Protoxylem und

---

[1] Seit SANIO werden die cambialen Zuwächse, nicht vom Cambium, sondern seinen Produkten her gesehen, als zentrifugal und zentripetal bezeichnet: Darnach wächst normales Holz von innen nach außen zentrifugal, die Rinde von außen nach innen zentripetal.

Protophloem) der Ontogenie homologisiert werden kann. Ausgedehntere Holzkörper entstehen ebenso wie vernetzte Leitbündelsysteme onto- und wohl auch phylogenetisch nicht durch Erweiterung einer einzigen, sondern durch Zusammenwachsen mehrerer Primanen. Der eigenartige Bau der Medullosen wird bei dieser Lesart als mißglückter Vorversuch leichter verständlich.

In einer holzanatomischen Monographie der Monimiaceen legen LEMESLE u. PICHARD neues bemerkenswertes Material zur Phylogenie des Xylems im Formenkreis der Polycarpicae vor: Während die klassischen „Homoxylen" *Drimys, Trochodendron* und *Tetracentron* (vgl. Fortschr. Bot. **13**, 243) einheitliches Tracheidenholz besitzen, finden sich in der gleichfalls gefäßlosen Monimiaceen-Gattung *Amborella* neben echten Tracheiden deutlich unterscheidbare „Fasertracheiden", also bereits eine **Arbeitsteilung zwischen leitenden und festigenden Elementen**. Die Mehrzahl der Familienangehörigen besitzt leiterförmige Gefäßdurchbrechungen mit bis zu 60 Sprossen (die neuentdeckte Saxifragacee Indochinas *Polyosma aulacocarpa* Gagnepain erreicht auf diesem Gebiete mit 120 Sprossen einen Rekord); vereinzelt kommen aber bereits einfache Gefäßdurchbrechungen vor. Durch den ausschließlichen Besitz solcher erscheint die Schwesterfamilie der Calycanthaceen deutlich abgeleitet. — Die wichtigsten einschlägigen Schriften des Altmeisters der phylogenetischen Holzanatomie BAILEY sind erfreulicherweise in einem Sammelband der Chronica Botanica leicht zugänglich geworden.

Außerhalb des eigentlichen Leitbündels liegende Leitelemente, welche als Vorläufer der Seitennerven bei Pteridophyten und Gymnospermen die Zu- und Ableitung zwischen den Bündeln und den übrigen Geweben vermitteln, bezeichnet man bekanntlich als Transfusionsgewebe. Es gibt nun einige wenige Fälle, in denen englische und italienische Autoren auch bei Angiospermen von Transfusionsgeweben sprechen (Cotyledonen der Proteacee *Personia lanceolata, Acacia*-Phyllodien, Lauraceen-Integumente; Literatur bei LEDERER). Der letztgenannte Fall ist von KASAPLIGIL erneut bearbeitet worden: Es handelt sich um eine Zellschicht mit Spiralverdickungen, die mehr an die Speichertracheiden mancher Orchideen als an Gymnospermentransfusionsgewebe erinnert. Nachdem wir schon im letzten Bericht (Fortschr. Bot. **15**, 281) die Auffassung vertreten haben, daß die Speichertracheiden einen letzten Nachklang früher verbreiteter extrafasciculärer Tracheidenverbindungen darstellen, sollte der ganze Erscheinungskomplex erneut vergleichend untersucht werden.

Über die bereits im letzten Bericht behandelte Elektronenmikroskopie der Hoftüpfel ist es zwischen LIESE und FREY-WYSSLING zu einer Kontroverse gekommen: Während LIESE auf Abdrücken älteren Nadelholzes den Torus an etwa 180 feinen Radialfäden aufgehängt findet, zwischen denen offene Spalträume von 200 mµ Länge hindurchführen, konnten FREY-WYSSLING u. BOSSHARD an zweijährigen Tannen- und Fichtenzweigen auf Ultradünnschnitten zwischen den Radialfibrillen eine Membran mit wesentlich feineren Poren abbilden. Sie glauben, daß LIESE diese Membran infolge des relativ rohen Abdruckverfahrens entgangen sei. Nun sind aber auch auf ähnlichen Abdrücken EICKES gelegentlich die Schließhäute kleben geblieben; sie zeigen zwischen den Radialfibrillen keine Membran. LIESE u. JOHANN haben neuerdings im Elektronenmikroskop auch die Teilchengrößen von Titandioxyd vermessen, welche durch frisch geschlagenes Nadelholz filtrieren. Auch sie bestätigen, daß Teilchen bis 240 mµ Tracheidenholz passieren, während in der Ausgangslösung vorhandene größere Teilchen (bis 850 mµ) zurück gehalten werden. Die Differenzen dürften daher wohl lediglich auf Objektunterschieden (einjährigem gegenüber reifem Altholz) beruhen, was weitere vergleichende Untersuchungen entscheiden werden.

Über die jahreszeitliche Verteilung des Dickenwachstums im Mediterrangebiet lagen bisher nur wenige Untersuchungen vor, obwohl die milden Winter und die sommerliche Wachstumsstockung solche besonders wünschenswert erscheinen lassen. Unter diesen Umständen verdient eine sorgfältige Untersuchung von MARANÒ an *Phillyrea* Beachtung, in der auch das übrige schwer zugängliche italienische Schrifttum (unter anderem über *Olea* und immergrüne *Quercus*-Arten) referiert wird (über ähnliche Untersuchungen in Israel vgl. OPPENHEIMER). Trotz der relativ milden Winter entsprechen die Ringgrenzen in allen bisher untersuchten Fällen der Winterruhe. Das Frühjahrswachstum wird in der Regel mit einem mehrschichtigen „Initialparenchym" aufgenommen; der größte Teil des Zuwachses erfolgt vor der Sommerruhe, doch kann im Herbst nochmals ein schmaler „Ring" gebildet werden, der neben Fasern kaum Gefäße, aber ein oft unterbrochenes „Terminalparenchym" enthält.

6. Assimilatstrom.

a) **Chemische Zusammensetzung.** Wir beginnen wie beim letzten Bericht mit biochemischen Befunden: Die wichtige Feststellung WANNERs, wonach bei *Carpinus betulus* und *Robinia pseudacacia* Saccharose die einzige Wanderform der Kohlenhydrate darstellt, hat sich für alle weiteren bisher untersuchten Pflanzen (*Beta*: KURSANOV; *Alnus, Fraxinus, Fagus, Populus, Tilia, Acer, Quercus*: ZIEGLER) bestätigen lassen. Diese Bevorzugung des Rohrzuckers als Wanderform in den Siebröhren dürfte energetisch begründet sein (ZIEGLER)[1].

In einer Reihe von Untersuchungen beschäftigen sich KURSANOV und Mitarbeiter mit der Stoffleitung bei der Zuckerrübe. Als primäres Photosyntheseprodukt entsteht hier Saccharose. Trotzdem bleibt der Saccharosegehalt der Blätter gering, da die Ableitung durch das Parenchym in die Leitungsbahnen sehr schnell erfolgt. Im Leitungssystem bewegt sich der Zucker ebenfalls als Saccharose mit einer Geschwindigkeit von 70—100 cm/h (Isotopenmethode) fort, wobei die Zuckerkonzentration vom Blatt bis zu den Speicherorten weitgehend konstant bleibt. Die Leitgewebe zeichnen sich dabei durch besonders hohe Atmungswerte aus, die bei Saccharosefütterung noch weiter ansteigen, wobei vor allem Cytochromoxydasen eine Rolle spielen sollen. KURSANOV nimmt daher einen Stofftransport unter aktiver Mitarbeit des Siebröhrenplasmas an, wobei die benötigte Energie durch die zusätzliche Atmung geliefert würde. Allerdings ist die hohe Atmungsintensität nur für das Gesamtphloem festgestellt und geht wahrscheinlich mehr auf Kosten der stoffwechselphysiologisch hochaktiven Geleitzellen als der Siebröhren, deren mangelhafte Fermentausstattung eine nennenswerte Atmung unmöglich macht (WANNER, ZIEGLER).

Der Phloemsaft von *Robinia* besitzt nach den WANNERschen Feststellungen zwar eine starke Adenosintriphosphatase-, Hexosediphosphatase-, Glucose-6-phosphatase- und Glycerophosphatasewirkung, doch ist von allen Fermenten der Glykolyse nur noch die Phosphoglucomutase aktiv. Eine Gewinnung von Energie aus dem glykolytischen Abbau der Kohlenhydrate ist daher den Siebröhren selbst

---

[1] Die bei der Assimilation entstehenden und zum Phloem wandernden Verbindungen (Zuckerphosphate, eventuell Rohrzucker) besitzen eine energiereiche Bindung (Esterbindung, Glykosidbindung; etwa 2000 cal) und sind deshalb stoffwechselphysiologisch aktiv. Bei der Bildung der energiearmen freien Hexosen als Wanderform würde diese Bindungsenergie nutzlos frei und müßte an den Entnahmeorten zur Überführung der Hexosen in stoffwechselaktive Verbindungen (Zuckerphosphate) erneut aufgewendet werden. Das erforderte eine ATP-Spaltung, also einen Aufwand von 12000 cal für eine Esterbindung. Die Glykosidbindung der Saccharose konserviert nun eine energiereiche Bindung, so daß eine der Hexosen des Disacharids ohne erneuten Energieaufwand in den Stoffwechsel einbezogen werden kann.

unmöglich, was nach Ansicht WANNERs gegen eine aktive Beteiligung des Siebröhreninhaltes am Transport spricht. Durch das Fehlen einer Invertasewirkung im Phloemsaft erklärt sich übrigens die Stabilität der Saccharose in den Siebröhren.

Die von WANNER angenommene Beteiligung von Phosphorylierungs- und Dephosphorylierungsvorgängen am Kohlenhydrattransport (Fortschr. Bot. 15, 283) hat sich weiter sichern lassen: So ließ sich eine hohe Aktivität der saueren Phosphatase außer in den Geleitzellen der Siebröhren (WANNER, BAUER, vgl. vorigen Bericht) in zahlreichen anderen Geweben nachweisen, die am Umsatz, der Speicherung, dem Transport und der Sekretion von Kohlenhydraten beteiligt sind (FREY, ZIEGLER).

Die ursprüngliche Annahme, daß durch die Phosphatase in den Geleitzellen der Siebröhren die herangeführten Zuckerphosphate gespalten und das entstehende anorganische Phosphat mit dem gebildeten Rohrzucker in die Siebröhren diffundieren würde (und zwar 2 Mol Phosphat/1 Mol Saccharose), um eventuell bei der Entnahme des Zuckers zur Rephosphorylierung verwendet zu werden, muß nach Untersuchungen ZIEGLERs (2) modifiziert werden: Während nämlich die Saccharosekonzentration im Siebröhrensaft etwa einer $^1/_2$ Mol Lösung entspricht, ist die durchschnittliche Phosphatkonzentration nur $^1/_{150}$ Mol; zudem ließ sich keine dem bekannten Zuckerlängsgradienten entsprechende Abnahme der Phosphatkonzentration von oben nach unten nachweisen. ZIEGLER nimmt daher einen anderen Reaktionsablauf an: Die Hexosen werden vom ersten Phosphatmolekül, mit dem sie bei der Assimilation verknüpft werden, über viele weitere Phosphatmoleküle im Parenchym, die als „carrier" fungieren, weitergereicht bis zu den Geleitzellen; hier erfolgt einerseits die Trennung eines Zuckers von seinem Phosphatrest durch die Phosphatase (unter Verlust der Energie dieser Bindung) und anderseits eine Übertragung des zweiten Hexoserestes (auf gleichem Energieniveau) durch eine Transhexosidase vom Phosphat auf die freie Hexose.

Wesentlich gestützt werden diese Vorstellungen durch die neuesten Erkenntnisse der Nektarienphysiologie. Es hat sich vor allem durch die Untersuchungen der FREY-WYSSLING-Schule gezeigt, daß es sich bei den Nektarien nicht um Stellen verminderten Filtrationswiderstandes, sondern um aktive Drüsen handelt, die zugeführte Zucker umzubauen vermögen (FREY-WYSSLING, ZIMMERMANN u. MAURIZIO). Nachgewiesen wurde dabei eine wirksame Transfructosidase, die im Nektar die Saccharose abbaut, wobei nach dem bekannten Mechanismus fructosereiche Oligosaccharide als Zwischenprodukte entstehen (ZIMMERMANN). Da die Nektarien in wesentlichen physiologischen Leistungen mit den Geleitzellen der Siebröhren übereinstimmen — Dephosphorylierung, Saccharosesynthese, Zucker- und Wasserabscheidung — dürfte der Nachweis der Transhexosidase in den Nektarien die Annahme einer ähnlichen Fermenttätigkeit in den Geleitzellen stützen, wie auch die hohe Atmungsintensität der aktiven Nektarien [ZIEGLER (1)] ähnliche Verhältnisse in den Geleitzellen vermuten läßt (s. oben).

Wichtige Beiträge zur Siebröhrenphysiologie kommen auch weiterhin von seiten der Entomologen[1], welche sich für den Nahrungssaft ihrer Objekte interessieren. Da auch geköpfte Blattläuse den Saugakt noch längere Zeit fortsetzen, gelingt es unter anderem, den Siebröhrensaft durch ihre Vermittlung aufzufangen und papierchromatographisch zu untersuchen (MITTLER). Dabei ergibt sich, daß der N-Gehalt des Siebröhrensaftes von Mitte Mai bis Ende Juli kontinuierlich sinkt und daß N-Mangel den sommerlichen Übergang von der ungeflügelten parthenogenetischen Generationsfolge zu geflügelten Individuen auslöst, welche von Gehölzen auf erst um diese Jahreszeit entfaltete krautige Wirtspflanzen hinüberwechseln. Erst wenn deren Wachstum stagniert, erfolgt im Herbst Rückwanderung auf den Hauptwirt (Gehölz), der vor dem Laubfall bekanntlich im Höhepunkt der Assimilatleitung steht (LINDEMANN, BONNEMAISON, KENNEDY u. BOOTH). Das Musterbeispiel eines solchen Wirtswechsels ist die Pfirsichblattlaus, welche während des Sommers auf Kartoffel, Rübe u. a. krautige Pflanzen übergeht und dort als Virusüberträger berüchtigt ist (MÜLLER). Daß wirklich Stickstoffkonkurrenz den Wirtswechsel auslöst, läßt sich auch dadurch erhärten, daß dichter Läusebesatz den Wirtswechsel begünstigt, häufiges Zurückschneiden der Wirtspflanzen ihn umgekehrt verzögert (Nachschub junger Ersatztriebe). Selbst sog. „Resistenz" hat sich mehrfach auf Mangel bestimmter für die Läuse wichtiger Aminosäuren zurückführen lassen (AUCLAIR).

Auch wirtschaftlich ist die Honigtauproduktion keineswegs zu unterschätzen: ZWÖLFER veranschlagt sie mit etwa einem Sechstel der gleichzeitigen Holzproduktion (!). Sein Schüler ZOEBERLEIN bestimmt aus der Gewichtsdifferenz von in einem Fichtenbestand stammauf- und -abwärts eilenden Ameisen den stündlichen, täglichen und jährlichen Eintrag von Honigtau; die Durchläufe kulminieren in den Mittagsstunden, gehen aber die ganze Nacht weiter und bringen je Baum einen Eintrag von 200—250 g täglich, im Mai und Juni insgesamt 5 kg. Die Tracht einer Vegetationsperiode beträgt 700 kg/ha. An der Ausbeutung des Honigtaues sind 217 verschiedene Insektenarten beteiligt; er ist also eine wichtige Nahrungsquelle der Waldbiocönose. Über die Bienenzucht werden noch keine 5 % dieser Menge genutzt, weil die Imkerei durch Zuckerrohr- und Zuckerrübenbau unrentabel geworden ist und das früher angesehene Zeidlergewerbe (Waldimkerei) fast eingegangen ist. Die moderne Hochschätzung des Waldhonigs als Medikament[2] dürfte aber eine Neubelebung dieser Nutzung anbahnen.

VOGEL führen blütenbiologische Beobachtungen in Südafrika zur Auffassung, daß auch Honigvögel an den Blumen nicht — wie von PORSCH vermutet — ihren Durst, sondern ihr Nahrungsbedürfnis befriedigen. Darauf deutet nicht nur der Umstand, daß der Blumenbesuch auch bei strömendem Regen stattfindet, sondern vor allem die Tatsache, daß die Vögel zur Anreicherung der Nahrung ganz ähnlich wie Blattläuse große Mengen dünnflüssigen Kotes ausspritzen (VOGEL S. 66/67).

b) Mechanik. Unter dem Titel „New evidence for mass movement in sieve tubes" hat CRAFTS vor dem Pariser Kongreß über Versuche mit radioaktiv markierter 2-4-Dichlorphenyloxyessigsäure berichtet: Verabreicht man diese an die Blätter (s. oben Wasseraufnahme), so wandert sie nach dem Ergebnis der überaus eindrucksvollen Kontaktradio-

---

[1] Die Zusammenstellung der einschlägigen Literatur verdanken wir Herrn Dr. W. KLOFT vom Institut für Angewandte Zoologie in Würzburg.

[2] KOCH u. SCHWARZ stellen in Waldhonigen wie Blütenpollen erneut eine ganze Reihe von Wirkstoffen der Vitamin B-Gruppe fest.

graphien mit Geschwindigkeiten um 1 m/h ausschließlich basalwärts, im Stengel aber nicht nur wurzelwärts, sondern vorläufig unberechenbar launisch zeitweilig auch nach den Sproßspitzen. Die Erfahrungen entsprechen völlig denen der Virus- und Fluoresceinwanderung und werden daher vom Verf. im Sinne einer Massenströmung in den Siebröhren interpretiert, obwohl ein strenger Lokalisierungsbeweis für eine Phloemwanderung nicht vorzuliegen scheint. Im übrigen möchten wir den Vorschlag von SCHUMACHER u. HÜLSBRUCH aufgreifen und die Kontroverse zur Frage der Massenströmung „im Interesse fruchtbarerer Untersuchungen" vorläufig nicht weiterführen.

c) **Sonderfälle.** Im Rahmen seiner ausgedehnten genetischen Untersuchungen an unifoliaten *Streptocarpus*-Arten ist OEHLKERS bei der vegetativen Vermehrung auf ein eigentümliches Phänomen gestoßen: Die schon aus kleinen Blattstücken regenerierenden Pflanzen kommen umso früher zur Blüte, je näher sie dem Blattgrund entnommen sind; Stecklinge von Blattspitze und Blattrand wachsen dauernd rein vegetativ. Die für die Blütenbildung erforderliche stoffliche Konstellation, deren feinere Natur noch immer umstritten ist, muß demnach im Blatt ungleich verteilt sein und ein Gefälle von der Basis zur Spitze und von der Mitte zum Rand aufweisen.

Auf die stofflichen Beziehungen zwischen Gametophyt und Sporophyt von Laubmoosen (*Funaria*) werfen Kulturversuche von BOPP mit isolierten Moossporophyten einiges Licht: Solche vermögen auf Knop-Agar am Licht durch eigene Photosynthese einige Zeit zu wachsen und in späteren Stadien durch Notreife sogar Kapseln mit keimfähigen Sporen zu entwickeln. Noch besser sind nach älteren Versuchen von ARNAUDOW die Erfolge, wenn man die Sporophyten auf artfremde Gametophyten als Ammen transplantiert (*Dicranum* auf *Catharinea*). Vom Gametophyten dürften daher noch einige wesentliche organische Stoffe geliefert werden. Selbst von der Calyptra gehen nachweisbar stoffliche Reize aus, denn ihre Entfernung löst Entwicklungsstörungen aus. Bezüglich ähnlicher Kulturversuche mit isolierten Phanerogamen-Embryonen (RIJVEN u. a.) sei auf Fortschr. Bot. **16**, 363 verwiesen.

Ein Sonderfall von Stoffleitung, der schon seit über 100 Jahren die Aufmerksamkeit der Forstleute erregt, ist die gegenseitige **Verwachsung von Wurzeln verschiedener Baumindividuen**. Der Finne YLI-VAKKURI hat dieser Erscheinung bei Kiefer die bisher eingehendesten Untersuchungen gewidmet (Ausgraben von 264 Bäumen und über 3000 Stubben): Wurzelverwachsungen wurden bei allen daraufhin geprüften Nadel- und Laubhölzern (Tanne, Fichte, Kiefer, Buche, Eiche) gefunden. Bei Kiefer finden sie sich erst etwa vom 30. Lebensjahr an, dann aber bei einem Viertel der geprüften Stämme, vorzugsweise bei herrschenden. Zur Verwachsung kommen erst mindestens 2 cm starke Wurzeln unter Ausbildung einer breiten Berührungsfläche (schwächere Wurzeln scheinen dem Druck noch auszuweichen). Im Extrem wurden bis zu 11 Individuen durch Wurzelverbindungen miteinander vernetzt gefunden. Die Übernahme von Wasser und Nährsalzen aus der Wirtswurzel wurde durch Farbstoff- und Isotopenversuche

(P^{32}), die Lieferung von Assimilaten durch anhaltendes Wachstum (Überwallung), starke Verkienung und Fäulnisresistenz der Stubben erwiesen. Es ist anzunehmen, aber schwer zahlenmäßig zu beweisen, daß die stehenden Bäume Nutzen ziehen, wenn sie die Wurzelsysteme gefällter zusätzlich in ihren Dienst stellen. Auf der anderen Seite bedeuten die Wurzelverbindungen eine Gefahr bei chemischer Entrindung (s. oben), da das zur Entrindung verabreichte Gift nach MATERNA u. NOVAK auch auf stehende Nachbarstämme übergreifen kann.

Literatur.

AFZELIUS, B. A.: Exper. Cell Res. **8**, 147—158 (1955). — ANDERSSON, N. E., C. H. HERTZ and H. RUFELT: Physiol. Plantarum (Copenh.) **7**, 753—767 (1954). — ARLAND, A.: (1) Abh. sächs. Akad. Wiss., Math.-naturwiss. Kl. **44**, H. 2 (1952). — (2) „Fiebernde" Pflanzen — mehr Brot? Berlin: Akademie-Verlag 1953. — (3) Die Anwelkmethode im Dienste des Landbaues. Berlin 1955. — AUCLAIR, J. L.: Can. Entomol. **85**, 63—68 (1953). — AUCLAIR, J. L., and J. B. MALTAIS: Can. Entomol. **82**, 175—176 (1950). — BAILEY, I. W.: Contributions to Plant Anatomy. Waltham 1954. — BARNER, J.: Z. Forstgenetik **2**, 21 (1952). — BELCHER, D. J., T. R. CUYKENDALL and H. S. SACK: Civil Aeronautics Administration. Techn. Development Report No 127, 1950; 161, 1952; 194, 1953. — BERGER-LANDEFELDT, U.: (1) Ber. dtsch. bot. Ges. **67**, 357—365 (1954). — (2) Meteorol. Abh. Inst. Meteorol. u. Geophysik Freien Univ. Berlin **2**, 173—195 (1955). — BOCK, L.: Diss. München 1955. — BOGEN, H. J.: (1) Planta (Berl.) **42**, 140—155 (1953). — (2) Z. Bot. **42**, 153—159 (1954). — BOGEN, H. J., u. G. FOLLMANN: Planta (Berl.) **45**, 125—146 (1955). — BOGEN, H. J., u. H. PRELL: Planta (Berl.) **41**, 459—479 (1953). — BONNEMAISON, L.: Ann. l'Inst. Rech. agron. Sér. Ann. Epiphyties **2**, 1—388 (1951). — BOPP, W.: Z. Bot. **42**, 331—352 (1954). — BOSIAN, G.: Ber. dtsch. bot. Ges. **66**, (35)/(36) (1953). — BOSIAN, G., u. A. ENSGRABER: Planta (Berl.) **45**, 470—492 (1955). — BOYNTON, D.: Annual. Rev. Plant Physiol. **5**, 31—54 (1954). — BREAZEALE, E. L., and W. T. MCGEORGE: Soil Sci. **72**, 239—244 (1952); **75**, 293—298 (1953). — BRINGMANN, G., u. R. KÜHN: Z. Naturforsch. **10**b, 47—58 u. 317—319 (1955). — BROUWER, R.: (1) Proc. Kon. Ned. Akad. Wetensch. C **56**, 106—136, 639—649 (1953); **57**, 68—80 (1954). — (2) Acta bot. neerl. **3**, 264—312 (1954). — BRUCK, A., PH. HAAS u. W. ULMER: Pflügers Arch. **259**, 142—145 (1954). — COONS, R. D., and R. GUNN: Compendium of Meteorology, S. 235—241. Boston 1951. — CRAFTS, A. S.: (1) Agricult. a. Food Chemistry **1**, 51—55 (1953). — (2) Vortr. Internat. Bot. Congr. Paris, Sekt. 8 (1954). — CURRIER, H. B., K. ESAU and V. I. CHEADLE: Amer. J. Bot. **42**, 68—81 (1955). — DIEM, M.: Arch. Meteorol. **5**b, 215—233 (1954). — DUVDIVANI, SH.: Amer. J. Bot. **42** (1955). — EBERHARDT, F.: Naturwiss. **41**, 259 (1954). — EICKE, R.: Ber. dtsch. bot. Ges. **67**, 213—217 (1954). — ELLIOTT, R. D., and R. F. STRICKLER: Bull. Amer. Meteorol. Soc. **35**, 171—179 (1954). — ENGELBRECHT, L.: Flora (Jena) **141**, 501—522 (1954). — ESAU, K.: 8. Congr. Internat. Bot. Paris 1954. Rapports et Comm. Sect. 8, 279—280 (1954). — ESCHRICH, W.: Planta (Berl.) **43**, 37—74 (1953); **44**, 532—542 (1954). — ESDORN, I., u. R. SCHANZE: Pharmazie **9**, 995—1003 (1954). — FRANK, H.: Planta (Berl.) **44**, 319—340 (1954). — FREY, G.: Ber. schweiz. bot. Ges. **64**, 390—452 (1954). — FREY-WYSSLING, A., u. H. H. BOSSHARD: Holz als Roh- u. Werkstoff **11**, 417—420 (1953). — FREY-WYSSLING, A., M. ZIMMERMANN u. A. MAURIZIO: Experientia (Basel) **10**, 490—491 (1954). — GARDNER, W., and DON KIRKHAM: Soil Sci. **73**, 391—401 (1952). — GESSNER, F.: Handbuch der Pflanzenphysiologie, Bd. 3. 1955. — GLÄSER, H.: Untersuchungen über die chemische Entrindung und ihre Anwendbarkeit in deutschen Wäldern. Frankfurt 1955. — GÖHRE, K.: Z. Meteorol. **3**, 289—293 (1949). — GREENIDGE, K. N. H.: (1) Amer. J. Bot. **41**, 807—811 (1954); **42**, 28—37 (1955). —

(2) Canad. J. Bot. **33**, 202—221 (1955). — GRÜMMER, G.: Biol. Zbl. **72**, 494—518 (1953). — GRUNOW, J.: (1) Ber. dtsch. Wetterdienst **42**, 30—34 (1952). — (2) Arch. Meteorol. B **4**, 389—419 (1953). — (3) UGGI. Internat. Ass. Hydrol. 10. Assemblée génér. Rom 1954. — (4) Forstwiss. Cbl. **74**, 21—36 (1955). —
HÄRTEL, O.: Zbl. ges. Forst- u. Holzwirtsch. **72**, 12—21 (1953). — HAIDER, K.: Planta (Berl.) **44**, 370—411 (1954). — HERBST, W., R. NEUWIRTH u. K. PHILIPP: Naturwiss. **41**, 156 (1954). — HESSE, W.: (1) Ann. Meteorol. **5**, 194—202 (1952). — (2) Angew. Meteorol. **2**, 65—82 (1954). — HÖHN, K.: Beitr. Biol. Pflanz. **30**, 159—178 (1954). — HOFMANN, G.: Ber. dtsch. Wetterdienst **3**, 1—45 (1955). — HUBER, B., u. E. GRAF: Ber. dtsch. bot. Ges. **68**, im Druck (1955). — HUBER, B., u. R. MILLER: Ber. dtsch. bot. Ges. **67**, 223—234 (1954). — HÜLSBRUCH, M.: Planta (Berl.) **43**, 566—570 (1954); **44**, 102 (1954). — HYGEN, G.: (1) Physiol. Plantarum (Copenh.) **4**, 57—183 (1951); **6**, 106—133 (1953). — (2) Norske Vidensk. Akad. **1953**, Nr. 1. — HYLMÖ, B.: Physiol. Plantarum (Copenh.) **8**, 433—449 (1955).

KANDLER, O.: Z. Naturforsch. **6**b, 437—445 (1951). — KASAPLIGIL, B.: Univ. California Publ. Bot. **25**, 115—240 (1951). — KAUSCH, W.: (1) Angew. Pflanzensoziol. **8**, 117—126 (1954). — (2) Planta (Berl.) **45**, 217—263 (1955). — KENNEDY, J. S. and C. O. BOOTH: (1) Ann. appl. Biol. **37**, 451—470 (1950); (2) ebenda **38**, 25 (1951). — KLEM, G.: Norsk Skogindustri **1951**, Nr. 1 u. 5. — KNAPP, R.: Experimentelle Soziologie der höheren Pflanzen. Stuttgart 1954. — KOCH, A., u. I. SCHWARZ: Verh. Dtsch. Ges. für angew. Entomologie, Frankfurt 1952, S. 175—186. Berlin 1954. — KURSANOV, A. L.: Bot. Ž. **37**, 585—593 (1952); **39**, 482 (1954). — Acad. Sci. URSS., Essais de Botanique I, 129—153 (1954). — KURSANOV, A. L., i. M. W. TURKINA: Dokl. Akad. SSSR. **84**, 1073 (1952); **85**, 649—652 (1952); **95**, 199—202, 885—888 (1954).

LAATSCH, W.: Dynamik der mitteleuropäischen Mineralböden. Dresden u. Leipzig 1954. — LAMBERTZ, P.: Planta (Berl.) **44**, 147—190 (1954). — LEDERER, B.: Bot. Studien (Jena) **4** (1955). — LEICK, E.: Flora (Jena) **142**, 45—64 (1954). — LEMESLE, R., et Y. PICHARD: Rev. gén. Bot. **61**, 69—95 (1954). — LEVITT, J.: (1) Physiol. Plantarum (Copenh.) **6**, 240—252 (1953); **7**, 592—594 (1954). — (2) 8. Congr. Intern. Bot. Paris 1954, Rapports et Comm. Sect. **11**, 213—215 (1954). — LIESE, W., u. I. JOHANN: Naturwiss. **41**, 579 (1954). — LINDEMANN, CHR.: Z. vergl. Physiol. **31**, 112—133 (1948). — LINSKENS, H. F., u. R. KNAPP: Planta (Berl.) **45**, 106—117 (1955). — LÖHR, E.: Physiol. Plantarum (Copenh.) **6**, 529—532 (1953). — LUNDEGÅRDH, H.: Ark. Bot. (Stockh.), Ser. II **3**, 89—119 (1954).

MARANÒ, I.: Nuovo Giorn. bot. ital. **60**, 197—224 (1953). — MATERNA, J., u. V. NOVAK: Forst u. Jagd **5**, 6—9 (1955). — MATHES V.: Meteorol. Abh. Inst. Meteorol. u. Geophysik, Freien Univ. Berlin **2**, 163—172 (1955). — MITTLER, T. E.: Nature (Lond.) **172**, 207 (1953). — MORELAND, D. E.: Sci. Soc. **66**, 175—181 (1950). — MOTHES, K.: (1) Kulturpflanze **1**, 157—169 (1953). — (2) Ber. dtsch. bot. Ges. **67**, (15)—(17) (1954). — MOTHES, K., u. L. ENGELBRECHT: (1) Flora (Jena) **139**, 586—616 (1952); (2) ebenda **141**, 356—378 (1954). — MOTHES, K., u. G. TREFFTZ: Naturwiss. **41**, 382—383 (1954). — MÜLLER, F. P.: (1) Nachr.bl. dtsch. Pflanzenschutzdienst, N. F. (32) **6**, 28—32 (1952); (34) **8**, 206—209 (1954). — (2) Wiss. Z. Univ. Rostock, Math.-naturwiss. Reihe **3**, 379—385 (1954). — MUELLER, L. E., P. H. CARR and W. E. LOOMIS: Amer. J. Bot. **41**, 593—600 (1954).

OEHLKERS, F.: Z. Naturforsch. **10**b, 158—160 (1955). — OPPENHEIMER, H. R.: Vegetatio **3**, 301—320 (1952).

PEREM, E.: J. of Forest Products Res. Soc. **4**, 77—81 (1954). — PISEK, A., u. E. WINKLER: Planta (Berl.) **42**, 253—278 (1953). — PLANKL, L.: Diss. München 1955. — POHL, R.: (1) Z. Bot. **41**, 190—194 (1953). — (2) Planta (Berl.) **44**, 136—146 (1954). — POLSTER, H.: Arch. Forstwesen **2**, 384—425 (1953). — POLSTER, H., u. H. REICHENBACH: Dtsch. Landw. **5**, 632—638 (1954). — PRELL, H.: Planta (Berl.) **40**, 480—508 (1952).

RAWITSCHER, F.: Vortr. Botanikertagung Freiburg i. Br. 1955. — RESCH, A.: (1) Planta (Berl.) **44**, 75—98 (1954); (2) ebenda **45**, 307—324 (1955). — REUTER, G., u. H. WOLFFGANG: Flora (Jena) **142**, 146—155 (1954). — RJIVEN, A. H. G. C.: Acta bot. neerl. **2**, 158—200 (1952). — ROELOFSEN, P. S.: Acta bot. neerl. **1**,

99—114 (1953). — Rüsch, J.: Diss. Tübingen 1955. — Ruhland, W.: Handbuch der Pflanzenphysiologie, 18 Bde. Berlin: Springer. Seit 1955 im Erscheinen.
Sachsse: Diss. Tharandt 1955. — Scheele, M.: Die Lochkartenverfahren in Forschung und Dokumentation mit besonderer Berücksichtigung der Biologie. Stuttgart 1954. — Schönnamsgruber, H.: Mitt. württ. forstl. Versuchsanstalt 7, H. 2 (1955). — Schonnopp, G.: (1) Wasser u. Boden 2, 159—162 (1950). — (2) Ber. dtsch. Wetterdienst 42, 426—429 (1952). — Schumacher, W., u. M. Hülsbruch: Planta (Berl.) 45, 118—124 (1955). — Simonis, W.: Z. Bot. 42, 273—279 (1954). — Sivadjian, J.: (1) Acad. Sci. Paris 232, 1956—1958 (1951). — (2) Bull. Soc. bot. 99, 138—139 (1952). — (3) Science (Lancaster, Pa.) 117, 606—607 (1953). — Stocker, O., G. Leyerer u. G. H. Vieweg: Wasserhaushalt und Assimilation. In Klimatologische, pflanzenphysiologische und technische Probleme der Beregnung, S. 45—77. Hamburg 1954.
Tietz, N.: Ber. dtsch. bot. Ges. 67, 233—242 (1954). — Tranquillini, W.: Ber. dtsch. bot. Ges. 67, 192—204 (1954). — Trautmann, W.: Flora (Jena) 140, 523—533 (1953).
Vareschi, V.: Planta (Berl.) 40, 1—35 (1951/52). — Vogel, St.: Bot. Studien (Jena) 1 (1954).
Weickmann, H.: Meteorol. Rdsch. 6, 175—180 (1953). — Wiebe, H. H., and P. J. Kramer: Plant Physiol. 29, 342—348 (1954). — Wilcox, H., F. Czabator and G. Girolami: J. Forestry 52, 338—342 (1954). — Witte, K.: Klimatologische, pflanzenphysiologische und technische Probleme der Beregnung. Hamburg 1954. — Wolffgang, H., u. K. Mothes: Naturwiss. 40, 606 (1953).
Yli-Vakkuri, P.: Acta forest. fenn. 60, H. 3 (1953).
Zentgraf, E., u. J. Barner: Allg. Forst- u. Jagdztg. 126, 23—24 (1955). — Zieger, E.: (1) Wiss. Z. T. H. Dresden 2, 853—872 (1952/53). — (2) Forst u. Jagd 5, 211—213 (1955). — Ziegler, H.: (1) Naturwiss. 42, 259—260 u. 260 (1955). — (2) Vortr. Botanikertagung Freiburg i. Br. 1955. — Zimmermann, M.: (1) Ber. schweiz. bot. Ges. 63, 402—429 (1953). — (2) Experientia (Basel) 10, 145—146 (1954). — Zimmermann, W.: (1) Internat. Bot. Congr. Paris, Sect. 5, maschinegeschriebenes Autorreferat, 1954. — (2) Ber. dtsch. bot. Ges. 67, 311—317 (1954). — Zoebelein, G.: Z. angew. Entomol. 36, 358—362 (1954). — Zwölfer, W.: Verh. Dtsch. Ges. für angew. Entomologie, Frankfurt 1952, S. 164—168. Berlin 1954.

13. Mineralstoffwechsel.

Von Hans Burström, Lund (Schweden).

A. Mechanismus der Ionenaufnahme.

1. Allgemeine Prinzipien. Im letzten Jahresbericht (Fortschr. Bot. 16, 269) wurde der Mechanismus der Ionenaufnahme ausführlich besprochen; die reiche Literatur hierüber konnte so zusammengefaßt werden, daß der Prozeß wahrscheinlich in folgende Teile zerlegt werden kann: 1. Eine reversible Anfangsphase, Diffusion und Adsorption in Zellwänden und Plasma in sich schließend, wobei die Ionen an mehr oder weniger spezifische Träger gebunden werden; 2. eine aktive Beförderung der Ionen durch das Cytoplasma in die Vacuole, wo die Salze gespeichert werden; sie wird von der Respiration und zwar offenbar vom Cytochromsystem vermittelt; 3. eine passive Diffusion von Ionen aus den Vacuolen in das Außenmedium, die der aktiven Speicherung entgegenwirkt; 4. einen passiven Salztransport durch Massenströmung in Zellwänden und vielleicht auch im Cytoplasma mit der Transpiration als Triebkraft. — Es wurde aber ausdrücklich hervorgehoben, daß diesbezüglich keine Einigkeit besteht, sondern daß Teile kontrovers sind. Rein objektiv muß diese Aufteilung also in erster Linie als eine, allerdings recht gut gestützte, Arbeitshypothese betrachtet werden. Eine Verarbeitung der heterogenen Literatur auf diesem Gebiet ist aber erforderlich.

Es ist bemerkenswert, daß fast jedes Jahr eine Theorie der Ionenaufnahme aufgestellt wird, die die einschlägige Literatur nicht oder nur unbedeutend berücksichtigt. So sind Reichenbach u. Sutcliffe auf das Osterhoutsche Modell zurückgekommen; dieses besagt, daß durch die Produktion einer organischen Säure elektrochemische Potentiale entstehen, die eine Aufnahme von sowohl Anionen als auch Kationen ermöglichen sollten. Es wird zugegeben, was schon längst gezeigt worden ist, daß die notwendigen Potentiale in vacuolisierten Zellen nicht vorkommen, aber in meristematischen Zellen wäre dieser Mechanismus denkbar. Ionenaufnahme und Speicherung in solchen Zellen dürften experimentell kaum untersucht sein, weshalb es also leicht ist darüber zu theoretisieren. — Von prinzipieller Bedeutung ist, daß laut Reinhold die Aufnahme von Indolylessigsäure mit einer schnellen nicht-metabolischen Phase anfängt und von einer langsamen durch Cyanid und andere Atmungsgifte gehemmten Phase begleitet wird. Auxin verhält sich in dieser Hinsicht also anscheinend wie Mineralsäuren.

2. Die reversible Anfangsphase. Dieser Prozeß ist in auf verschiedene Weise denaturierten Systemen veranschaulicht worden; solche Ergebnisse können aber nur mit Vorbehalt auf physiologische Verhältnisse übertragen werden. Rein rechnerisch haben MARSHALL u. UPCHURCH die freie Energie bei der Ionenaufnahme aus reinen Lösungen und Bentonit nebst Amberlith bestimmt und gezeigt, daß die Aufnahme mit der Erwartung übereinstimmt. Dies dürfte bestätigen, daß der Austausch primär eine Rolle bei der Aufnahme spielt. — McLEAR u. BAKER haben in bei bis auf 40° C elektrodialysierten Wurzeln die gesamte Austauschkapazität bestimmt. Sie fanden eine stärkere Kationenaufnahme bei Leguminosen als bei Gräsern, ob aber dies mit allgemeinen physiologischen Erfahrungen übereinstimmt, erscheint zweifelhaft (vgl. Fortschr. Bot. 15, 305, auch GRAY, DRAKE u. COLBY). — MELICH hat die Aufnahme von Ca, Mg, Na und K durch getrocknete und mit Wasserstoffionen beladene Wurzeln gemessen und aus den Ergebnissen geschlossen, daß die Adsorption an Carboxylradikale stattfindet. Von größerer Bedeutung sind Bestimmungen des Kationenaustausches in Sphagnum durch ANSCHÜTZ u. GESSNER. Lebend oder tot sind diese Pflanzen durch eine starke Kationenaufnahme gekennzeichnet, die hinsichtlich Abhängigkeit von Ionenkonzentrationen und p_H einen reinen Austausch darstellt. ANSCHÜTZ u. GESSNER meinen, daß dieser Austausch an phenolischen Carboxylgruppen harzartiger Substanzen vor sich geht. — Die Aufnahme von Kalium durch isolierte Gerstenwurzeln nimmt mit sinkendem p_H laut FAWZY, OVERSTREET u. JACOBSON rasch ab; dies wird so gedeutet, daß K an einen sauren Träger gebunden wird: $HR + K = KR + H$. Calcium vermindert bekanntlich die H-Ionenempfindlichkeit im allgemeinen und so auch in diesem Fall, was dadurch erklärt wird, daß Ca den Abbau von KR beschleunigt.

Es kann angenommen werden, daß die Selektivität der Ionenaufnahme und der Ionenantagonismus in erster Linie auf die Verhältnisse während dieser primären Ionenbindung zurückzuführen sind. In einer wichtigen Arbeit haben EPSTEIN u. LEGGETT diese Frage näher präzisiert. Abgeschnittene Gerstenwurzeln nehmen wie gewöhnlich Sr in zweierlei Weise auf: reversibel und metabolisch-irreversibel. Diese aktive Aufnahme ist aber selektiv, insofern als Calcium und Strontium einander verdrängen, nicht aber Magnesium und Strontium. Die reversible Aufnahme ist nicht selektiv. Die aktive Aufnahme ist von der primären, reversiblen Bindung ganz unabhängig, und die Selektivität wird in der Bindung der Ionen an den aktiven Mechanismus lokalisiert. — Daß laut MACHLIS Selektivität nur in lebenden Wurzeln vorkommt, stimmt mit dem Gedanken überein, daß die selektive Bindung an recht spezifische plasmatische Träger stattfindet. Beschaffenheit und Menge dieser Träger sind wahrscheinlich für den Ablauf der Ionenaufnahme von großer Bedeutung. SUTCLIFFE meint, daß die Sättigung von Rübenscheiben mit Ionen und das Aufhören der Aufnahme von Kalium und Bromid auf einen eintretenden Mangel an Trägern für diese Ionen nebst langsamer Abgabe beruht. Diese Erscheinung wird unten 4. näher behandelt. — SCOTT u. HAYWARD (1), (2) nebst HAYWARD u. SCOTT haben an *Ulva* erneut gezeigt, daß eine Aufnahme von Kalium und von Natrium voneinander unabhängig ist. Die Ionenspeicherung in

Chlorella ist von KNAUSS u. PORTER untersucht worden; sie haben gefunden, daß Eisen, Mangan, Phosphor und Schwefel accumuliert werden, während die Konzentrationen von Calcium, Strontium, Kupfer und Zink in den Zellen niedriger sind als im Außenmedium. Eine organische Bindung der Ionen spielt hier wahrscheinlich eine Rolle. Mit demselben Material hat WALKER gezeigt, daß, im Gegensatz zu Mangan und Zink, Eisen auch bei Gegenwart von Äthylendiamintetraessigsäure aufgenommen wird. Es wird dies so gedeutet, daß Eisen besonders aktiv an spezielle Punkte im Plasma gebunden und die Komplexbindung dadurch aufgelöst wird. — MENZEL hat dargetan, daß für Kalium, Rubidium und Cäsium ein Antagonismus vorliegt, und auch für Strontium, Barium und Calcium unter sich. — Untersuchungen von NELSON u. BRADY über die Ionenaufnahme in Ladinoklee bringen neue Gesichtspunkte in bezug auf dieses Problem an den Tag; durch Stolonen verbundene Pflanzen wurden in verschiedenen Gefäßen gezüchtet; wurde in dem einen Kalium zugegeben, so nahm die Calciumaufnahme im anderen ab. Es handelt sich dabei um eine Art Antagonismus, der sich nicht bei der Aufnahme sondern irgendwo innen in der Pflanze abspielt, oder aber das Kalium verändert die Fähigkeit zur Aufnahme von Calcium. — Ein recht verwickeltes Zusammenspiel liegt laut SHRIFT (1) für Schwefel und Selen vor, die einander teils bei der Aufnahme teils bei der Assimilation gegenseitig verdrängen.

3. Aktive Ionenspeicherung. Es liegen keine neuen Arbeiten vor, die den Mechanismus der aktiven Ionenaufnahme direkt berühren. Gewisse Ergebnisse von HARLEY, MCCREADY u. GEDDES über Birkenmykorrhiza sind aber in diesem Zusammenhang von Interesse. Bei Lagerung nimmt sowohl die Respiration wie auch der RQ in Pilz und Wurzel ab; ein Zusatz von Salzen, insbesondere von Phosphat und Ammonium, bewirkt eine Atmungssteigerung, die als Salzatmung gedeutet wird, nebst Zunahme des RQ, der bis auf 0,9 steigt. Durch die Symbiose sind aber die Verhältnisse in diesem Fall recht verwickelt. — Der Gehalt an Bodenkohlensäure hemmt laut RUCK u. BOLAS (2) direkt die Atmung und das Wachstum (vgl. BERGMANN) und bedingt daher eine erhöhte Mangankonzentration in Kartoffeln, soll aber die Ionenaufnahme nicht direkt beeinflussen.

Licht und Erhöhung der Temperatur beschleunigen laut SCOTT u. HAWYARD (1) den Kaliumumsatz in *Ulva*; die Einzelheiten sind aber nicht näher studiert. — Laut der LUNDEGÅRDHschen Theorie der Ionenaufnahme nimmt das Cytochromsystem eine zentrale Stellung im Mechanismus ein. Neue Angaben über die noch unvollständig bekannten pflanzlichen Cytochrome sind deshalb in diesem Zusammenhang von Interesse. BOERI u. TOSI haben bestätigt, daß die Oxydation von Cytochrom c durch Anionen beschleunigt wird, jedoch weniger durch Chlorid und Sulfat, als durch halogenisierte Essigsäuren. Von besonderer Bedeutung ist die Entdeckung DUYSENs, daß ein reversibel lichtoxydables Cytochrom in *Rhodospirillum* vorkommt, und daß sich laut LUNDEGÅRDH Cytochrom f aus Blättern und *Chlorella* ähnlich verhält. Inwieweit diese Eigenschaft für die Ionenaufnahme von Bedeutung ist, ist nicht untersucht.

Es ist schon lange bekannt, daß Kationen als Nitrate schneller als in der Form von Chloriden, Sulfaten oder zusammen mit organischen Anionen aufgenommen werden, was GILBERT, DROSDOFF u. SELL auch mit *Aleurites* gefunden haben. — Der Unterschied zwischen gespeicherten Kat- und Anionen wird durch organische Säuren, insbesondere Äpfelsäure, ausbalanziert (Fortschr. Bot. 13, 250). Mit abgeschnittenen Gerstenwurzeln haben JACOBSON u. ORDIN gefunden, daß dies nur für junge Teile zutrifft; in älteren kommt nur ein regelmäßiger Ionenaustausch vor. Möglicherweise steht dies mit einem abnehmenden Stoffwechsel in Zusammenhang, weil angenommen worden ist, daß bei einem Kationenüberschuß Malationen dem normalen Säurecyclus entzogen werden. JACOBSON u. ORDIN sind aber der Ansicht, daß Malat, das sie auch gefunden haben, auf diese Weise nicht gespeichert werden kann, weil es eben ein normales Zwischenglied der Respiration darstellt. Dieser Einwand erscheint schwer verständlich. Daß der Oxalsäure dieselbe Funktion nicht zukommt, sondern daß die Oxalatspeicherung namentlich durch den Calciumgehalt bedingt wird, ist von SCHARRER u. JUNG bestätigt worden (vgl. FINKLE u. ARNON). Jene fanden, daß in Mangold und Zuckerrübe auch Natrium eine Oxalatbildung hervorrufen kann, Kalium aber nur in sehr hoher Konzentration. Nitrat gibt mehr Oxalsäure als Ammonium — eine alte Erfahrung — aber vor allem eine erhöhte Calciumaufnahme, so daß trotzdem das Verhältnis Ca:Oxalat steigt. Alles spricht somit dafür, daß die Oxalsäure bei der Ionenspeicherung nicht dieselbe Rolle wie die Äpfelsäure spielt. — Schließlich soll hervorgehoben werden, daß die Änderungen der Gehalte an organischen Säuren in *Citrus*-Früchten unter dem Einfluß verschiedener Mineralsalzernährung — von CARANGAL, ALBAN, VARNER u. BURRELL studiert — mit den erwähnten Erscheinungen nicht verglichen werden kann.

4. Ionenabgabe. Der Austritt von Ionen aus Zellen ist in drei Arbeiten, die sehr verschiedenartig sind, studiert worden, und zwar von SCOTT u. HAYWARD (2) an *Ulva*, von SUTCLIFFE an Scheiben von roten Rüben und von RUSSEL, MARTIN u. BISHOP an Gerstenwurzeln. Die Ergebnisse sind ebenso verschieden wie die Objekte. — SCOTT u. RUSSEL haben den Einfluß verschiedener Atmungsgifte auf Aufnahme und Abgabe von Kalium und Natrium studiert. Sie sind zu dem Schluß gekommen, daß die Aufnahme des Kaliums und die Abgabe des Natriums metabolisch sind, während umgekehrt Kalium passiv heraus- und Natrium hineindiffundiert. Dies wäre an und für sich nicht unerwartet, weil die Algen Kalium speichern, aber nicht Natrium. Die Diffusionsgefälle sollten also eine freie Diffusion von Kalium nach außen und von Natrium nach innen zur Folge haben. Was überrascht, ist die metabolische Natriumabgabe; es ist noch nicht bekannt, ob Ionen metabolisch abgegeben werden können, auch wenn man in Zusammenhang mit dem Blutungsmechanismus einen solchen Sekretionsmechanismus diskutiert hat, ohne ihn nachweisen zu können. — Aus SUTCLIFFEs Gewebescheiben werden Kalium und Brom nur langsam abgegeben, tatsächlich so langsam, daß, wie oben erwähnt (2.), die Aufnahme wegen Mangels an Trägern allmählich aufhört. — RUSSEL, MARTIN u. BISHOP haben die Abhängigkeit der Phosphataufnahme von der Außenkonzentration untersucht und dafür eine sigmoide Kurve gefunden. [Nebenbei kann bemerkt werden, daß von einer konzentrationsunabhängigen Aufnahme keine Rede ist (vgl. Fortschr. Bot. 16, 274)]. Dies wird so erklärt, daß der metabolisch gebundene Anteil bei niedrigen Konzentrationen relativ zunimmt, bei den niedrigsten aber auch die Abgabe, was wiederum eine langsamere Nettoaufnahme bedeutet. — Die verschiedenen Ergebnisse dieser drei Arbeiten hängen mit Besonderheiten der Pflanzenobjekte zusammen; *Ulva* und Wurzelzellen sind auf eine Salzaufnahme eingestellt, die Protoplasten sind für eine Diffusion leicht permeabel, und wenigstens gewisse Ionen werden kräftig aktiv aufgenommen. Das Verhalten des Natriums in *Ulva* ist, wie erwähnt, abweichend, dürfte aber einen Sonderfall starker Ionenspezifität darstellen. Die Rübenscheiben dagegen sind Dauergewebe, künstlich zur Ionenaufnahme gezwungen; die Permeabilität für Diffusion ist gering, und auch die Bindungsmöglichkeiten für Ionen bei aktiver Aufnahme sind begrenzt. In ruhendem Speichergewebe ist solch ein Zustand kaum überraschend. Diese Umstände müssen bei der Auswertung strittiger Ergebnisse betreffs Ionenaufnahme berücksichtigt werden.

Anhangsweise sei erwähnt, daß laut HIGINBOTHAM u. MIKA Röntgenstrahlen eine nur schwache und vorübergehende Wirkung auf Kartoffelscheiben haben; die Rubidiumaufnahme sinkt, die Abgabe steigt, wahrscheinlich infolge Beschädigung der Gewebe.

5. Salz- und Wassertransport. Über den Zusammenhang zwischen Wasser- und Ionenaufnahme liegen zwei ausführliche Arbeiten von BROUWER (1), (2) vor. Er hat darin seine Ansichten darüber (Fortschr. Bot. 16, 273) näher entwickelt und die Auffassung abgelehnt, daß Salze passiv mit dem Transpirationsstrom befördert werden. In Mikropotometerversuchen mit Wurzeln bedingt eine 2,5 Atm Zuckerlösung eine lokale Wasserabgabe, gefolgt von einer starken Erhöhung der Aufnahme bei Entzug des Zuckers. Es soll dies auf einer veränderten Leitungsfähigkeit der Gewebe beruhen. Diese wurde als der Quotient zwischen Wasseraufnahme und Saugkraft in den Gefäßen, die experimentell ermittelt wurde, bestimmt. In der späteren Arbeit wird gezeigt, daß ein gesteigertes Saugen im Xylem eine erhöhte Wasser- und Chloridaufnahme bewirkt, und daß beide in der Wurzel basalwärts verschoben werden. Die Ionenaufnahme soll durch Atmungsgifte in gleichem Maße bei hoher und niedriger Saugung gehemmt werden. Man findet jedoch, daß die Hemmung absolut dieselbe ist, und daß deshalb bei starker Saugung und starkem Wasserdurchgang ein größerer Teil der Salzaufnahme unbeeinflußt zurückbleibt. Dies ist auch zu erwarten, wenn Salze mit dem Wasserstrom passiv verschleppt werden. Wird aber die Saugung in der Außenlösung erhöht, so nimmt die Chloridaufnahme nicht ab, sondern aus unbekanntem Grund zu. BROUWER meint, daß wenn die Saugung im Xylem steigt, damit die Wasseraufnahme sich erhöht, teils infolge erhöhter Saugkraft teils infolge des veränderten Leitungsvermögens des Wassers; die Ionenaufnahme steigt ebenso infolge des erhöhten Leitungsvermögens, das unabhängig von dem des Wassers aber parallel damit verändert wird. Die Saugung soll den Widerstand gegen die Anionenpassage vermindern, diese gehe aber völlig aktiv ohne passive Massenströmung mit dem Wasser vor sich. Die Leistungsfähigkeit der Anionenatmung soll durch Verminderung eines vom Wassertransport geregelten Widerstandes erhöht werden. Solch ein Mechanismus ist nicht leicht verständlich. Die Schlußfolgerungen gründen sich ganz und gar auf die Berechnung des Leitungsvermögens als des Quotienten Wassertransport: Saugung. In einem capillaren oder ultracapillaren System dürfte aber der Wassertransport nicht proportional der Saugung sein, weil der Reibungswiderstand sich mit der Saugung ändert; auch sollten vielleicht osmotische Widerstände mit in die Rechnung gezogen werden, weshalb die Berechnungen nicht ganz überzeugend sind.

Wichtige allgemeine Beobachtungen über Aufnahme und Transport mehrerer Ionen in verschiedenen Wurzelzonen sind von WIEBE u. KRAMER gemacht worden. Vom Meristem aus erfolgt kein Aufwärtstransport, sondern hauptsächlich erst nach der Entwicklung des Xylems. Die Endodermis soll keinen Widerstand weder gegen Salz- noch gegen Wassertransport machen; es ist zu begrüßen, daß hier die vielleicht übertriebene Rolle der Endodermis experimentell und nicht nur deduktivmorphologisch studiert worden ist. — Unter anderen Arbeiten über Salztransport verdient erwähnt zu werden, daß laut STANKOVIĆ Phosphor in Obstbäumen sowohl im Xylem wie auch im Phloem aufwärts geleitet wird, nebst einer Arbeit von CHAMPIGNY über den Mineralstofftransport im Perianth von *Narcissus* während der Entwicklung der Blüte.

B. Bedeutung und Funktion der Elemente.

6. Arbeiten über mehrere Nährstoffe. Kennzeichen des Mangels an den gewöhnlichen Nährstoffen, Spurenelemente mitgerechnet, sind für *Trifolium subterraneum* von MILLIKAN, für *Chrysanthemum* von MESSING u. OWEN, sowie für *Tulipa* und *Asphodelus* von HEWITT u. MILES mitgeteilt. — SCHARRER u. PREISSNER haben die Frage vom Vitamin B_1-Gehalt verschiedener Kulturpflanzen bei Mineralstoffmangel aufgegriffen. Die Ausschläge für Düngung sind klein und folgen annähernd dem Ertrag. Gleich wie aus früheren Arbeiten (Fortschr. Bot. 12, 226) geht hervor, daß die Mineralstoffversorgung den Vitamingehalt kaum direkt beeinflußt; die beobachteten Unterschiede haben jedoch vielleicht praktisches Interesse.

7. Alkalimetalle. Über die Giftwirkungen der ganzen Reihen der Alkali- und Erdalkalimetalle auf *Lepidium*-Wurzeln hat LIBBERT berichtet, und MÜCKE dasselbe für *Phycomyces Blakesleeanus*; in beiden Fällen erwiesen sich die Endglieder am giftigsten, wie dies gewöhnlich der Fall ist. Auch hinsichtlich der morphogenen Wirkung auf *Stichococcus bacillaris* nimmt Lithium laut SCHRÖDER eine Sonderstellung ein; es begünstigt Fadenbildung, wahrscheinlich in Zusammenhang mit einer Änderung des kolloiden Zustandes.

Eine Reihe von Arbeiten behandelt die Wirkung des Kaliums, ohne daß die Kenntnisse hierüber wesentlich vertieft werden. Es soll aber hervorgehoben werden, daß laut SCHENCK und AMBERGER Kalium die Carboxylaseaktivität vermindert, und zwar laut jenem für β-Glucosidase und Fructosidase, laut diesem außerdem für β-Amylase, Saccharase, β-Galaktosidase und Pektidase. Die bekannte Zunahme der Gehalte an polymeren Kohlenhydraten durch Kalium könnte hierdurch erklärt werden. Kalium erhöht die Respiration in *Azotobacter* laut BURNS u. HARRIS, was mit anderen Erfahrungen im Widerspruch steht (Fortschr. Bot. 15, 299). Dieselbe Wirkung hat Ammonium, während Natrium entgegengesetzt wirkt. In der Gerste bedingt Kalium laut RICHARDS u. BERNER einen erhöhten Asparagingehalt und eine Abnahme jenes der Asparaginsäure; Lysin- und Aragingehalt nehmen auch zu, und ebenso ein nicht identifizierter Stoff. Über den Einfluß des Kaliums auf die organischen Säuren in der Tomate berichten CARANGAL u. Mitarbeiter, sowie über die Wirkung auf den Succulenzgrad verschiedener Pflanzen unter nassen und trocknen Bedingungen WERK. Über den Einfluß auf das Wurzelwachstum wird unten 8. berichtet. APPLING u. GIDDENS haben die Kaliumspeicherung in Baumwollepflanzen untersucht; bei Kaliummangel tritt es vorwiegend in jungen Blättern und Meristemen auf, Natrium dagegen am meisten in alten Blättern.

Über Natrium liegt eine wichtige Untersuchung von TULLIN vor, der die bekannte günstige Wirkung des Kochsalzes auf Zuckerrüben in Gefäßversuchen studiert hat. Erntesteigerungen sind bestätigt worden, und bei Abwesenheit von Kochsalz treten Krankheitserscheinungen auf, die einem Mangel an Natrium zugeschrieben werden können. Natrium wird als ein für diese ursprünglich halophile Pflanze unersetzliches Element aufgefaßt. Ein hoher Kochsalzgehalt kann die Hauptwurzel beschädigen, aber die Adventivwurzeln entwickeln sich normal; eine Art Anpassung an Kochsalz kommt also vor. Binnen des Konzentrationsgebiets bei zunehmendem Wachstum nimmt die relative Transpiration umgekehrt zur Blattentwicklung ab, erst bei höheren, überoptimalen Konzentrationen tritt die früher beschriebene Transpirationssteigerung zutage. Zu bemerken ist auch, daß der Natriumgehalt der Blätter bis zu einem Maximumwert ansteigt, der anscheinend auch bei sehr hohen Natriumgaben nicht überschritten wird. Gewisse Erscheinungen werden dem Chlor zugeschrieben und unten 13. behandelt.

8. Magnesium und Erdalkalien. Nur wenige Arbeiten über Magnesium verdienen erwähnt zu werden. WEBB, OHLROGGE u. BARBER haben den Einfluß von Magnesiummangel auf *Soja* untersucht und aus einer Zunahme der Phosphorgehalte in vegetativen Teilen und einer Abnahme derselben in Samen den Schluß gezogen, daß das Magnesium etwas mit dem Phosphortransport zu tun hat. — Die Zugänglichkeit von Magnesium in der Form von organischen und anorganischen Verbindungen für Apfelbäume und Mais ist von DUNN u. ROBERTS geprüft worden, und laut EAVES u. KELSALL wird ein Magnesiummangel in Apfelbäumen durch einen Überschuß an Phosphor und Kalium hervorgerufen. Schließlich hat TAYLOR gefunden, daß steigende Magnesiumgehalte in Mais die Empfindlichkeit gegen Angriffe von *Helminthosporium* erhöhen, was jedoch auch mit einer Abnahme der Gehalte an N, P, K und S in Beziehung gebracht werden kann.

Daß Calcium eine ganz besondere Bedeutung für das Wurzelwachstum hat, wird von LIBBERT bestätigt (vgl. Fortschr. Bot. 15, 301). Eine ganz neue Erklärung dafür hat BERGMANN geliefert. Er hat angenommen, daß der den Wurzelzuwachs überaus begrenzende Faktor das Kohlendioxyd darstellt. Kalium, Stickstoff und Phosphor hemmen das Wurzelwachstum auch, und zwar weil sie den Kohlenhydratverbrauch und damit die Kohlendioxydproduktion erhöhen; Calcium dagegen soll durch Bindung der Kohlensäure das Wachstum begünstigen. Es ist dies nicht ganz überzeugend, da diese Nährstoffe das Wurzelwachstum auch in gut durchlüfteten oder fließenden Nährlösungen ohne Ansammlung von Kohlensäure beeinflussen (vgl. BOSEMARK u. Fortschr. Bot. 15, 301). Offenbar ist auch, daß das Kalium die Respiration meistens vermindert und nicht erhöht. Dies widerspricht jedoch nicht der Annahme, daß die Kohlensäure selbst für das Wurzelwachstum von Bedeutung ist.

Die bekannte Schutzwirkung des Calciums für die Plasmastruktur ist von FIEDLER (1), (2) in der Weise veranschaulicht worden, daß es einer Inaktivierung der α-Amylase durch Hitze und UV-Strahlung entgegenwirkt. — Die besondere Bedeutung des Calciums für die Oxalsäurebildung wurde schon oben erwähnt (vgl. Abschnitt 3). — HELLER (1), (2) hat das Calciumbedürfnis isolierter Gewebe bestimmt und es sehr niedrig gefunden; 1 bis 2 mmol je Liter, gegen 10 bis 20 mmol Kalium. An und für sich ist jene Konzentration hoch, besonders mit dem Optimum für Wurzeln verglichen, das bei 0,1 mmol liegt (Fortschr. Bot. 15, 301), aber das Verhältnis K:Ca von etwa 10:1 entspricht etwa dem der Wurzeln. HELLERs Ergebnisse unterstreichen, daß das Ca-Bedürfnis im allgemeinen überschätzt worden ist. — Der Zusammenhang zwischen Ca und P und ihr Einfluß je für sich auf Anatomie und Morphologie von *Ricinus* ist von VENNING untersucht worden.

9. Phosphor und Schwefel. Über Phosphor liegt eine konzentrierte, monographische Darstellung von ARNON vor, die sowohl Physiologie wie Biochemie grüner Pflanzen behandelt. Einige neue Beiträge berühren Einzelprobleme. HOVELAND, BERGER u. DARLING haben die Ähnlichkeit zwischen Phosphormangel und Blattrollkrankheit der Tomate hervorgehoben und daß erkrankte Blätter niedrige Gehalte an P, Ca und Mg zeigen. — Das Blühen der Kartoffelpflanze nimmt laut BOLLE-JONES bei P- und Fe-Zufuhr zu, wenn die Gehalte an anderen Nährstoffen niedrig sind. — In *Aleurites* kann laut DROSDOFF, KELLY u. POTTER Phosphordüngung eine Auswanderung von Kalium aus den Blättern in die Früchte und Samen hervorrufen; wie erwähnt sind WEBB, OHLROGGE u. BARBER der Ansicht, daß in Soja Mg und P zusammen transportiert werden; es erscheint fraglich, ob in einem der

Fälle ein spezifischer Zusammenhang zwischen P und den betreffenden Kationen vorliegt. — Zwei Arbeiten, die nur den Zustand der Phosphorsäure in der Pflanze berühren, sollen auch erwähnt werden; BAJAJ, DAMLE u. KRISHNAN haben die Löslichkeit und Verteilung der Phosphorsäure im *Aspergillus*-Mycel untersucht, und FANG u. BUTTS den Einfluß von 2,4-D auf ihre Verteilung zwischen Blatt und Blattstiel.

Erscheinungen bei Schwefelmangel sind in drei Arbeiten behandelt worden. In Baumwollepflanzen fand ERGLE, daß Schwefel aus älteren Teilen nur langsam auswandert und daß auch Sulfate nur schwierig ausgenützt werden, so daß eine Chlorose zuerst in jungen Teilen auftritt. BENNER, BENTLEY u. MCELROY haben neun Aminosäuren in Weizen bei Schwefelmangel untersucht und gewisse Veränderungen in den Gehalten gefunden, die jedoch nicht näher diskutiert werden, und LATZKO fand, daß ein Zusatz von Sulfat die Aktivität von Amylase, Saccharase, Pektinase und β-Glucosidase in verschiedenen Pflanzen erhöht. — Die Interferenz zwischen Schwefel und Selen in *Chlorella* ist von SHRIFT (1), (2) ausführlich behandelt worden. Die Aufnahme des Schwefels beruht auf der Bilanz S:Se im Medium. Methionin und Selen-Methionin sind sowohl bei der Aufnahme wie auch in der Wirkungsart konkurrierende Antagonisten.

10. Spurenelemente im allgemeinen. LAL und SUBBA RAO haben eine konzentrierte, aber außerordentlich inhaltsreiche Monographie über 48 Spurenelemente veröffentlicht. Sie behandelt die Stoffe von verschiedenen Gesichtspunkten aus: Krankheitssymptome und Bedingungen für das Auftreten des Mangels, Einfluß auf Stoffwechsel, Wachstum und chemische Beschaffenheit der Pflanzen, nebst biochemischer Funktion. — Unter Arbeiten, die mehrere Spurenelemente behandeln, können ferner die von HELLER (1), (2) mit isolierten Geweben erwähnt werden. Diese verlangen, wie zu erwarten war, unbedingt Fe, B, Zn, Mn und Cu; Mo ist jedoch nicht erwähnt worden. Das Wachstum wird dagegen von anderen Elementen begünstigt: Jod, das man früher in solchem Zusammenhang diskutiert hat, und merkwürdigerweise nebst Natrium auch Nickel und Aluminium in Konzentrationen von rund 10^{-6} M. Dementgegen haben HANNAY u. STREET angegeben, daß isolierte Tomatenwurzeln sowohl Mn als auch Mo verlangen, vom letzteren aber nur 0,0001 mg je kg. — WARINGTON hat ihre Untersuchungen über das Zusammenwirken von Spurenelementen in verschiedenen Pflanzen fortgesetzt; Beschädigungen durch einen Überschuß an Mo, V und Mn können durch Fe geheilt werden, was nur zum Teil auf einer veränderten Aufnahme beruht. — WALKER hat über den Bedarf von *Chlorella* an Fe, Mn und Zn berichtet.

Den Einfluß eines Überschusses an Mn, Mo, Cu und Zn auf die Chlorophyllbildung und den Magnesiumgehalt hat HEWITT untersucht. Von den Ergebnissen sei erwähnt, daß ein Überschuß an Mn und Zn, nicht aber an Cu, den Chlorophyllgehalt vermindert und den Gehalt an nicht an Chlorophyll gebundenem Magnesium erhöht; es wird also die Überführung einer Vorstufe in Chlorophyll gebremst. Die durch diese Ionen verursachte Chlorose wird durch Mo erschwert. — CROOKE hat gezeigt, daß Fe ebenso leicht aus Versenat als aus freier Lösung aufgenommen wird, während als Versenat gebundenes Nickel gar nicht verwertet wird. Nickel ist als eines der giftigsten unter den gewöhnlichen Schwermetallen bekannt; HUNTER u. VERGNANO haben die Erscheinungen bei Vergiftung des Hafers mit Ni, Co, Cr, Zn, Mn, Mo und Al sowie dadurch hervorgerufene Änderungen der Stickstoff- und Phosphorgehalte eingehend beschrieben. Am meisten interessiert ein Zusammenspiel zwischen Ni und Cu, das so gedeutet wird, daß Ni vielleicht eine Cu-Funktion in der Pflanze hemmt.

II. **Die valenzwechselnden Spurenelemente.** Kupfer. Kalkung bewirkt in Mais, Weizen und *Xanthium* laut BROWN eine parallele Abnahme der Gehalte an Cu und Ascorbinsäureoxydaseaktivität. — MILLS berichtet, daß Cu in Futterpflanzen zum größten Teil im Wasser und organischen Lösungsmitteln unlöslich vorliegt.

Mangan. Weniger mager ist die Literatur über Mangan. Die Speicherung von radioaktivem Mangan ist von ROMNEY u. TOTH für verschiedene Pflanzen beschrieben worden. Ein Zusatz von Kobalt vermindert die Speicherung von Mn anscheinend spezifisch, während Fe dieselbe Wirkung fehlt. Früher ist aber eine besondere Konkurrenz zwischen Fe und Mn angenommen worden, die jetzt ganz in Abrede gestellt zu werden scheint. — LEACH, BULMAN u. KROEKER haben das alte Problem von der Dörrfleckenkrankheit des Hafers aufgegriffen und dabei bestätigt, daß sie auf Manganmangel beruht, und daß nichts für die von GERRETSEN vertretene Ansicht spricht, daß Bakterieninfektionen daran beteiligt sind. — Blattstecklinge von Kartoffelpflanzen bilden laut RUCK u. BOLAS (1) bei Manganmangel keine Adventivwurzeln, auch nicht bei Behandlung mit α-Naphthylessigsäure, aus. Diese Beobachtung gewinnt an Interesse im Zusammenhang mit einer von GOLDACRE, GALSTON u. WEINTRAUB vorgebrachten Möglichkeit, daß Mn^{2+} durch Chinine oxydiert wird und dadurch Indolylessigsäure gegen Oxydation schützt. Mangan sollte hierdurch recht unmittelbar in den Wachstumsmechanismus eingreifen; die experimentellen Stützen für diese Ansicht sind aber noch kaum ausreichend. Es wird allgemein als selbstverständlich angenommen, daß Mangan in Zusammenhang mit seinem Valenzwechsel an Redoxprozessen mitwirkt; welche diese sind bleibt aber bis auf weiteres ungeklärt. LINDBERG u. ERNSTER haben Mangan in Mitochondrien studiert und nehmen an, daß Mn als Co-Ferment an der enzymatischen Oxydation von DPNH durch O_2 unter Bildung von $\sim$ P mitwirkt. Eine dritte Annahme rührt von NASON, ABRAHAM u. AVERBACH her. Im Laufe ihrer Studien über die Bedeutung des Molybdäns für die Nitratassimilation haben sie gefunden, daß die Reduktion von Nitrat zu Ammonium mittels eines Flavoproteidenzyms in Sojapflanzen Mangan und nicht Molybdän erfordert. Auch für die Reduktion von Hydroxylamin ist Mn notwendig. Diese Beobachtungen knüpfen an ältere Angaben an, laut denen Mn eine Rolle bei der Nitratassimilation zukommt. Von Interesse in diesem Zusammenhang ist ferner die Beobachtung von HANNAY u. STREET, daß in isolierten Tomatenwurzeln Mn und Mo einander zum Teil ersetzen können, obwohl beide notwendig sind. Die heterogenen Angaben über die Funktionen des Mangans sind noch recht unübersichtlich.

Molybdän. Die Funktion des Molybdäns ist auf dem besten Wege aufgeklärt zu werden und zwar vor allem durch die vorzüglichen Arbeiten von NASON und Mitarbeitern. NICHOLAS, NASON u. McELROY haben gefunden, daß bei Molybdänmangel in *Neurospora crassa* und *Aspergillus niger* die Nitratreduktaseaktivität auf ein Zehntel oder weniger abnimmt. Sie wird durch Zufuhr von Mo zu lebenden Zellen, nicht aber zu zellfreien Präparaten wiederhergestellt. Molybdän ist für die Assimilation von sowohl Nitrat als auch Nitrit und Ammonium erforderlich; es wird vermutet, daß es an der Bildung der Glutaminsäuredehydrogenase mitwirkt. Andere darauf geprüfte Enzyme ändern bei Molybdänmangel nicht ihre Aktivität. In einer folgenden Arbeit haben NICHOLAS u. NASON (1) überzeugend dargetan, daß Mo als Bestandteil der Nitratreduktase von *Neurospora* eingeht. Folgende Beweise werden erbracht: 1. Parallelität zwischen Enzymaktivität und Mo-Gehalt in gereinigten Fraktionen. 2. Dialyse gegen KCN gibt Abnahme in sowohl Mo-Gehalt als auch Enzymaktivität. 3. Dialysiertes und von CN befreites Enzym wird durch Mo reaktiviert. 4. Nur Molybdänmangel bedingt eine Abnahme der Aktivität, nicht aber ein solcher an Fe, Mn, Ni, Co, V, W, V oder B. — Die enzymatische Bedeutung des Mo-Enzyms wird von NICHOLAS u. NASON (2) so präzisiert, daß Mo als Träger von Elektronen zwischen einem Flavinadeninnucleotid und Nitrat dient. Reduziertes Na-Molybdat reduziert demgemäß Nitrat ohne Mitwirkung des Flavinenzyms. In bestem Einklang hiermit steht, daß das Mo ein Co-Faktor in der Xanthinoxydase ist, was von DE RENZO, HEYTHALER u. KALEITA bestätigt worden ist. Trotz dieser schönen Beweisführung ist es noch nicht klar, wie weit die Ergebnisse mit Pilzen verallgemeinert werden können. So wurde schon erwähnt, daß laut NASON, ABRAHAM u. AVERBACH Mangan in Soja für die Reduktion von Nitrat zu Nitrit notwendig ist.

Die Arbeiten von HEWITT und Mitarbeitern über den Stickstoffumsatz in Blumenkohl und Tomate geben ein etwas anderes Bild von der Rolle des Molybdäns bei der Nitratreduktion. AGARWALA u. HEWITT (1) haben wieder gezeigt, daß der Bedarf an Mo mit der Nitratzufuhr steigt, und in einer anderen Arbeit (2), daß der Gehalt an Ascorbinsäure mit dem Mo-Gehalt zunimmt, mit steigendem Nitrat aber sinkt. In einer kurzen Mitteilung berichten HEWITT u. McCREADY, daß die Tomate mit allen Stickstoffquellen Molybdän erheischt, daß der Bedarf jedoch mit Nitrat am größten ist. Aber bei nur Nitratdüngung verursacht Molybdänmangel Chlorose, eine Beobachtung, die an die unten erwähnten Ergebnisse von WOLFE (1) anknüpft. — Der Zusammenhang zwischen Molybdän und dem respiratorischen Redoxsystem ist von DUCET u. HEWITT studiert worden. Mo verursacht eine Abnahme des RQ in Anwesenheit von Nitrat von im Durchschnitt 1,14 auf 1,04, während der RQ ohne Nitrat bei 0,99 bis 0,97 liegt. AGARWALA u. HEWITT (2) haben geschlossen, daß die Nitratreduktion Sauerstoff liefert, der den Luftsauerstoff ersetzt; dies ist jedoch nicht ganz überzeugend, da solchenfalls der RQ seinen Höchstwert wohl bei Anwesenheit von Nitrat + Molybdän erreichen sollte. — Von WOLFE (1) ist auch mit *Anabaena cylindrica* gezeigt worden, daß Mo bei Ernährung mit Nitrat und N_2 nicht aber mit Ammonium notwendig ist. Eigentümlicherweise wird in einer zweiten Arbeit (2) gezeigt, daß Nitrat im Dunkeln ohne Mo schnell zu Ammonium und Amid-N reduziert wird, aber ohne daß es zu Proteinbildung kommt. Ohne Mo nehmen alle N-Fraktionen mit Ausnahme des Amid-N ab. Dies sollte bedeuten, daß das Mo in dieser Pflanze nicht für die Nitratreduktion sondern nur für die Proteinsynthese erforderlich ist. Eine Bestätigung wäre erwünscht, weil früher dem Mangan eine solche Wirkung zugeschrieben worden ist. — In *Chlorella* entsteht laut LONERAGAN u. ARNON bei Molybdänmangel Chlorose, die Respiration steigt, die Photosynthese nimmt aber im Verhältnis zur Chlorose ab. — Eine wahrscheinlich andere Mo-erfordernde Reaktion hat PINSET an *Escherichia coli* studiert. Ameisensäuredehydrogenase wird nur bei Anwesenheit von u. a. Molybdat gebildet; die Mo-Wirkung ist spezifisch und wird bei Anwesenheit von Nitrat durch Wolfram gehemmt. Der Zusammenhang mit der Nitratreduktion ist unklar. — MULDER hat in Gefäßversuchen mit verschiedenen Kulturpflanzen die allgemeinen Bedingungen für das Auftreten von Molybdänmangel untersucht; er tritt bei niedrigem und hohem Fe-Gehalt, niedrigem p_H, nebst Mangel an Phosphor, Mangan und Schwefel auf.

12. Sonstige erforderliche Spurenelemente. HOLM-HANSEN, GERLOFF u. SKOOG haben überzeugend dargetan, daß Kobalt ein für Blaualgen notwendiger Nährstoff ist. Geprüft wurden N-bindende und N-nichtbindende Arten: *Nostoc muscorum, Calothrix parietina, Coccochloris peniocystis* und *Diplocyctis aeruginosa*. Eindeutige Ergebnisse mit Ausschlägen für Kobalt wurden schon bei 0,002 µg je 1 Nährmedium und ein maximales Wachstum wurde mit 0,4 µg erhalten; also in Mengen die $1/100$ bis $1/1000$ der andere Spurenelemente betragen. Kobalt kann durch Vitamin B_{12} ersetzt werden, aber nicht durch Ti, W, Ni, Cr oder V. Die Ausschläge sind auch insofern reversibel, als Mangelkulturen mit gehemmtem Wachstum nach Zugabe von Co wieder normale Zuwachsgeschwindigkeit erreichen. — Es dürfte daher nur eine Frage der Technik sein, dasselbe auch für höhere grüne Pflanzen nachzuweisen. — MILLER hat gefunden, daß Co die Streckung von isolierten Erbsensegmenten erhöht, und schon oben ist erwähnt worden, daß ROMNEY u. TOTH sowie TOTH u. ROMNEY ein nicht näher untersuchtes Zusammenspiel zwischen Kobalt und Mangan angedeutet haben.

Die Literatur über andere notwendige Nährstoffe ist auffallend mager. Über Zink liegt eine Angabe von GRIMM u. ALLEN vor, daß es in *Ustilago sphaerogena* den Gehalt an allen Cytochromen erhöht, und es wird die Vermutung ausgesprochen, daß es für die Synthese des Porphyrinrings von Bedeutung ist. Dies sollte dann auch in den Gehalten anderer Porphyrine zum Vorschein kommen. — Für *Aleurites* hat SHEAR angenommen, daß Zink gleich wie Kalium die Kälteresistenz erhöht. — VIETS, BOAWN u. CRAWFORD (2) haben das Vorkommen von Zink in 26 Kulturpflanzen studiert und die Mangelerscheinungen angegeben; die Pflanzen sind auch nach ihrem Bedarf klassifiziert worden. Gegen Mangel sehr empfindlich sind Leguminosen, Mais und Flachs, besonders wenig empfindlich sind die übrigen geprüften Gräser und *Daucus*. — Eine sehr starke Phosphatdüngung hat auf die Zinkversorgung laut BOAWN, VIETS u. CRAWFORD keinen Einfluß. SHAW, MENGEL u. DEAN haben radioaktives Zink in Maispflanzen verfolgt und gefunden, daß Zink aus den Samen in junge Teile geleitet wird, während von außen her zugeführtes Zink in älteren Teilen verbleibt. Zink sollte demnach wenig beweglich sein. Andererseits haben VIETS, BOAWN u. CRAWFORD (1) für *Phaseolus* gefunden, daß der Zinkgehalt in älteren Teilen am niedrigsten, in jungen Teilen höher und mehr schwankend ist, was auf größere Beweglichkeit hindeutet.

Auch über Bor liegen keine neuen Untersuchungen vor, die zur Aufklärung seiner Funktion wesentlich beitragen können. Mit Hinblick darauf, daß das Bor das zuerst bekannt gewordene Spurenelement darstellt, ist die mangelhafte Kenntnis seiner Bedeutung bemerkenswert. Es ist jedoch biochemisch weniger zugänglich als die Schwermetalle, bei deren Studium wohlbekannte Bahnen verfolgt werden können. — Laut LEAF verursacht ein überoptimaler Borgehalt in *Nicotiana* eine Abnahme des Wassergehaltes in Blättern und eine Zunahme in den Wurzeln; Bedeutung dieser Erscheinung verbleibt unklar. — *Azotobacter* fordert laut GERRETSEN u. DE HOOP Bor; Zellteilungsgeschwindigkeit, Kohlendioxyproduktion und Stickstoffbindung steigen mit dem Borgehalt, was jedoch wenig über die unmittelbare Wirkung des Bors aussagt. — SAHM hat Beschädigungen durch Bor in Gefäßkulturen mit Weizen und Hafer beschrieben, und STEINECK die Wirkung von Bormangel auf Kartoffelpflanzen im Felde; er bedingt unter anderem eine starke Verfärbung der Schnittflächen der Knollen.

13. Die fraglichen Nährstoffe. Die schon oben im Abschnitt 8. erwähnte Arbeit von TULLIN über Kochsalzwirkungen auf Zuckerrüben enthält auch Ergebnisse über die Wirkung des Chlors. An und für sich kann Chlor nicht als notwendiger Nährstoff betrachtet werden, es hat aber starke physiologische Wirkungen. Auch nach Kochsalzdüngung verbleibt der Chlorgehalt der Blätter sehr niedrig mit einem Verhältnis von Si:Cl um etwa 50. Nichtsdestoweniger hat Chlor eine erstaunliche Wirkung auf den Kieselgehalt, der bei Zugabe von Chlor schnell auf etwa ein Fünftel oder weniger fällt. Dies ist auch mit ohne Chlor kultivierten Pflanzen der Fall; wenn ihnen nach 2 Monaten Chlor zugesetzt wurde, so verloren sie schnell Kiesel aus allen Teilen. Es wird angenommen, daß Cl in irgendeiner Weise Kieselsäure freimacht, die in den Boden hinauswandert. Während dieser Abnahme des Kieselgehalts steigt die relative Transpiration schnell. TULLIN hat auf die wahrscheinliche Bindung der Kieselsäure an Kohlenhydrate in der Zellwand hingewiesen (Fortschr. Bot. 16, 286); er nimmt an, daß sie dabei eine wesentliche Funktion erfüllt und daß Chlor nur die Bindung der Kieselsäure reguliert. Vorläufig ist jedoch dies eine reine Hypothese. — Laut LATZKO hat Chlor auf die Carbohydraseaktivität in verschiedenen Pflanzen die entgegengesetzte Wirkung wie Sulfat.

Scoff hat das Vorkommen von Jod in Meeresalgen mit Hilfe von radioaktivem Jod und Papierchromatographie studiert. In *Rhodymenia palmata*, *Ulva* und Scheiben von *Laminaria digitata* kommt es als Mono- und Dijodthyrosin vor, in *Laminaria*-Stielen und *Fucus* jedoch in einer anderen Form. Die nativen Jodaminosäuren verhalten sich nicht ganz wie synthetische. — Heller (1), (2) hat bestätigt, daß isolierte Gewebe durch Jod stimuliert werden; es ist jedoch nicht unentbehrlich. Es verhält sich also analog dem Chlor in Zuckerrüben.

C. Ökologische Probleme.

14. Wie auch im letzten Bericht hervorgehoben wurde, ist der Unterschied zwischen ökologischen und physiologischen Arbeiten recht willkürlich. Untersuchungen, die offenbar die Nährstoffverhältnisse an natürlichen Standorten behandeln, werden hierher gerechnet, namentlich wenn sie Angaben über Substrateigenschaften enthalten, und sich nicht besonders mit den Funktionen der Nährstoffe beschäftigen. In bezug auf Literaturangaben für jedes einzelne Element wird aber auf die beiden Abschnitte B und C verwiesen.

Einige Arbeiten behandeln Jahresschwankungen der Gehalte mehrerer Mineralstoffe. Bollard hat in vacuo ausgesaugten Tracheidensaft von Apfelbäumen auf N, P, K, Mg und Mn analysiert, und Rogers, Batjev u. Thomson haben ähnliche Analysen mit Apfelblättern ausgeführt. Die Ergebnisse sind früheren derselben Art ziemlich ähnlich, mit im großen ganzen abnehmenden Gehalten aller Elemente außer Calcium; dasselbe gilt für die von White über die Gehalte an N, P und K in *Pinus resinosa* und *strobus*, nebst deren von Prince über N, P, K, Ca und Mg in *Lolium* und *Trifolium*. Mayer hat die Schwermetallgehalte in keimenden Samen bestimmt. — Die Literatur verfügt jetzt über ein reiches Material betreffs Jahresschwankungen der Gehalte an Mineralnährstoffen in einer großen Anzahl von Pflanzen und Pflanzenteilen, aber das Material ist nie zusammengestellt und von einheitlichen Gesichtspunkten behandelt worden, so daß eigentlich wenige allgemeine Schlußfolgerungen daraus gezogen worden sind.

15. **Das ökologische Verhalten einzelner Nährstoffe.** Im folgenden Abschnitt sind die Nährstoffe in gleicher Reihenfolge wie im Abschnitt B (6. bis 13.) geordnet.

Martin u. Bingham haben die Einwirkung der Basensättigung des Bodens auf Keimpflanzen von *Persea* untersucht. Diese sind gegen Alkalimetalle ungemein empfindlich. Sie werden von Kalium bei einer Sättigung von 12 bis 13% der Austauschkapazität, einem Gehalt der Blätter von 3—4% K entsprechend, und von Na schon bei 4% Sättigung beschädigt. — Das Zusammenspiel zwischen K, Rb, Cs, Ca, Sr und Ba im Boden und seine Bedeutung für die Ionenaufnahme hat Menzel studiert. Gray, Drake u. Colby berichten über Mischkulturen mit Leguminosen und Gräsern und in Übereinstimmung mit Blaser und Brady (Fortschr. Bot. 15, 305) haben sie gefunden, daß die Gräser mehr Kalium aufnehmen als die Leguminosen. Dies wird als eine Erklärung der Konkurrenzkraft der Gräser angeführt, oder umgekehrt dafür, daß die Leguminosen nur bei Stickstoffmangel im Boden wegen der Luftstickstoffixierung um Kalium konkurrieren können. Dies führt zur bekannten Unterdrückung der Leguminosen bei Stickstoffdüngung. STEWART u. HOLMES haben eine solche Vegetation auf ihren Gehalt an Rohprotein, P, K, Ca, Mn, Na und Mg analysiert, jedoch ohne die Änderungen in ihrer Artenzusammensetzung zu berücksichtigen.

Zwei Arbeiten behandeln die Reaktionsweise acidophiler Arten auf Calcium. KNAPP hat hervorgehoben, daß *Arnica montana* an saure Böden gebunden ist und auf alkalischen unter Chlorose zugrunde geht; es ähnelt dies anscheinend einer Kalkchlorose. — In einer interessanten Arbeit von RYCHNOVSKÁ-SOUDKOVÁ wird gezeigt, daß *Drosera rotundifolia* p_H-Optima bei 3 und 5 sowie ein Minimum bei p_H 4 hat, wenn sie ohne Calcium kultiviert wird. Mit Calcium in einer Konzentration von $4 \cdot 10^{-3}$ Mol verschwindet dagegen das Optimum bei p_H 5, und die Pflanze gedeiht nur im p_H-Bereich 2 bis 3,6. Die Acidophilie beruht demnach auf einer wirklichen Beschädigung durch Calcium bei höherem p_H und ist an sich nicht vom p_H bedingt.

Viel Aufmerksamkeit wird fortwährend dem Umsatz von organischen Phosphorsäureverbindungen im Boden gewidmet. Die Mineralisierung der Phosphorsäure geht laut THOMPSON, BLACK u. ZOELLNER mit der von Stickstoff und Kohlenstoff parallel. Organischer P, der mehr in Natur- als in Kulturböden vorkommt, bildet eine wesentliche Phosphorquelle für die Pflanzen. — BOHNE hat umfassende Analysendata für organischen P in verschiedenen Böden mitgeteilt, und ADAMS, BARTOLOMEW u. CLARK eine Analysenmethode und Analysen von Ribonucleinsäure im Boden. Diese betrug nur 1 bis 6 mg von insgesamt 300 bis 500 mg organischem P je Kilogramm Boden. — Laut KAILA kommt eine organische Festlegung der Phosphorsäure durch Mikroorganismen besonders dann vor, wenn die Pflanzenstreu weniger als 0,2% P enthält, was dem Gehalt der Mikroorganismen entspricht. — Schwerlösliches Phosphat wird laut FRIED leichter von Leguminosen als von Gräsern ausgenutzt, während in bezug auf die Kaliumausnutzung das Umgekehrte gilt. — BEADLE hat über die Phosphorgehalte der australischen Vegetation im Zusammenhang mit Niederschlägen berichtet. Bei starkem Niederschlag und hoher Produktivität sind die Phosphorgehalte hoch, was darauf hindeutet, daß der Phosphor keinen produktivitätsbegrenzenden Faktor darstellt. Vgl. oben S. 371.

SUZUKI hat für eine große Anzahl von Braunalgen aus Japan Analysenergebnisse in bezug auf Chlor und Jod mitgeteilt.

Eine vorbildlich ausführliche Inventierung der Spurenelemente in Boden und Vegetation von New Jersey ist BEAR zu verdanken; sie umfaßt Mn, Zn, Cu, Co, Ni, Mo, B und F mit Angaben über Bedarf der Pflanzen, Mangelsymptome und Artenunterschiede. Besonders sei hervorgehoben, daß das vermutlich unentbehrliche Kobalt in den Pflanzen binnen den Grenzen 0,01 bis 0,7 mg je kg schwankt, bei Kulturpflanzen um 0,1 mg liegt, und das ausgesprochen giftige Nickel zwischen 0,2 und 7,8 mg, in Kulturpflanzen 1 bis 2 mg je kg. Molybdän schwankt zwischen 1 und 3 mg je kg. Bei Soja wurden mit abnehmendem p_H

im Boden steigende Mangan- und Kobaltgehalte nebst sinkendem Molybdän- und konstantem Kupfergehalt beobachtet, was alles mit früheren Erfahrungen übereinstimmt. Von Interesse sind ferner Angaben über Spurenelemente in Regenwasser: Co etwa 0,003, Cu 0,2 bis 3,3, Mn 0,4 bis 0,6, Mo 0,06 bis 0,2 und Zn etwa 1 kg je Hektar und Jahr. Hieran schließt sich eine Untersuchung von TOTH u. ROMNEY über Mangangehalte aus derselben Gegend.

ROBINSON u. EDGINGTON haben den Molybdängehalt in 25 Böden und 160 Pflanzenarten, meistens Unkräutern bestimmt. Die Gehalte sind in Solanaceen und Chenopodiaceen im allgemeinen hoch, 1,2 bis 1,4 mg je kg, in anderen Pflanzen niedrig, bis 0,1 mg je kg. Alle Werte sind viel niedriger als die von BEAR ermittelten. — In *Phleum* aus Nova Scotia fanden WRIGHT u. LEWTON Kobaltgehalte zwischen 0,05 und 0,2 mg je kg, die durch Düngung auf 0,3 bis 0,9 mg erhöht wurden. Die Größenordnung ist dieselbe wie im Material von BEAR. BERGH berichtet über Zink in Boden- und Wasserkulturen mit verschiedenen Pflanzen; eine Vergiftung von *Phleum* und *Trifolium* trat bei etwa 170 mg je kg auf. Über Zinkmangel in Bohnen haben VIETS, BOAWN u. CRAWFORD (1) berichtet.

WEBB hat ausgedehnte Analysen von Aluminium in den Blättern von 1324 Pflanzenarten ausgeführt. Nur 69 enthielten mehr als 1000 mg je kg. Eine solche Speicherung ist in kleinen tropischen Pflanzenfamilien und monotypischen Gattungen überraschend häufig, besonders in primitiven Dikotyledonen und Pteridophyten. Diese Eigenschaft wird als ein Relikt aufgefaßt, ein neuer aber vielleicht für Mineralernährungsfragen fruchtbarer entwicklungsgeschichtlicher Gesichtspunkt. — REDISKE u. SELDERS haben Yttrium[91] in verschiedenen Pflanzen verfolgt und es als wenig beweglich gefunden.

16. Ökologie spezieller Pflanzen. Hinsichtlich des *Mykorrhiza*-Problems steht die Versorgung der Wirtspflanze mit Phosphor und Stickstoff im Zentrum der Untersuchungen. MELIN u. NILSSON haben mit radioaktivem Stickstoff gezeigt, daß *Boletus variegatus* Stickstoff auf *Pinus*-Pflanzen überführt, dagegen hat MORRISON gefunden, daß *Pinus radiata*, aber nicht *Nothofagus Menziesii* durch Mykorrhiza eine wesentliche Erhöhung des Phosphorgehaltes erhält. — HARLEY, BRIERLY u. MCCREADY haben die gegenwärtigen Untersuchungen über die Phosphoraufnahme durch Mykorrhiza kritisch geprüft und nachgewiesene Fehler als zu vernachlässigen gefunden. Die Untersuchungen von HARLEY, MCCREADY u. GEDDES über die Salzatmung in Mykorrhiza ist im Abschnitt 3. erwähnt. Vgl. oben S. 393.

Das Halophytenproblem ist in zwei Arbeiten behandelt worden. BOYCE hat dünenbewohnende *Erigeron*-Arten studiert; er meint, daß Salztropfen, die auf die Blätter kommen, durch Verwundungen aufgenommen werden — eine Aufnahme durch unverletzte Blätter wäre wohl auch möglich — und Succulenz oder einseitiges Absterben verursachen könnte. *Capsicum* und Tomate sind von BERNSTEIN u. PEARSON in NaCl-Lösungen mit verschiedener Saugkraft kultiviert worden. Für *Capsicum* nimmt das Wachstum mit steigender Saugkraft allmählich ab, für die Tomate stellten 5 Atm eine kritische Grenze dar. Es wird angenommen, daß bei diesen Pflanzen spezifische Ionenwirkungen fehlen. Damit ist die unter 13. erwähnte Untersuchung von TULLIN zu vergleichen.

Ausführliche Analysen von 11 Mineralstoffen in Blättern und Wurzeln von *Citrus*-Arten liegen von SMITH u. Mitarbeitern, und für Samen von WALLACE vor. Diese sind bemerkenswert, weil sämtliche fünf Arten mehr Ca als Mg enthalten, was in Samen ungewöhnlich ist. — In einer floristischen Arbeit von RUNE wird auf die Ähnlichkeit zwischen der Serpentinflora und der von schwermetallreichen Böden hingewiesen (vgl. Fortschr. Bot. 15, 307 und Angaben, daß für die Serpentinflora entweder Nickelvergiftung oder Molybdänmangel entscheidend ist). Vgl. S. 369.

ANSCHÜTZ u. GESSNER sind der Ansicht, daß der von ihnen gefundene starke Kationenaustausch in sowohl lebendem wie totem *Sphagnum* (vgl. 2.) auch von ökologischer Bedeutung ist, da die Pflanzen das Substrat durch Austausch gegen H-Ionen aktiv sauer machen und Konkurrenten fern halten.

Den Einfluß des Phosphor- und Stickstoffvorrates auf das Wachstum von *Microcystis aeruginosa* haben GERLOFF u. SKOOG untersucht. Die optimalen Gehalte für maximales Wachstum sind niedrig, bei höheren Gehalten tritt ein Luxusverbrauch ohne Wachstumssteigerung ein. Für natürliche hochproduktive Gewässer wurden hohe Gehalte festgestellt, weshalb Stickstoff oder Phosphor das Wachstum nicht begrenzen sollten. Die Algen speichern auf diese Weise Nährstoffe und können sich nach Transport in ein nährstoffärmeres Milieu hier entwickeln, was die Beurteilung der ökologischen Nährstoffverhältnisse erschwert.

17. Giftwirkungen. Durch die Mineralstoffe selbst direkt verursachte Beschädigungen sind in vielen der erwähnten Arbeiten behandelt worden. Einige daran anknüpfende Erscheinungen sollen erwähnt werden. — NICHOLAS u. THOMAS beobachteten eine Chlorose, die mit dem Eisengehalt nichts zu tun hatte, und FAY, MONTENEGRO u. BARBER fanden nach Bespritzung mit Harnstoff Beschädigungen die weder durch Ammonium noch durch Nitrat verursacht worden sind. — Beschädigungen durch 2,4-D bedingten laut FANG u. BUTTS eine Ansammlung von Phosphor in den Blattstielen und laut REBSTOCK, HAMNER u. SELL eine Speicherung von Nucleinsäuren im Stengel von *Phaseolus*. Die Ergebnisse ähneln einander, aber es ist natürlich zweifelhaft, ob die Erscheinungen direkt mit dem P-Umsatz oder Stofftransport in Verbindung stehen. — FORSTER hat den Einfluß eines schädlichen Überschusses an Cu, Co und Ni auf die chemische Zusammensetzung verschiedener Pflanzen untersucht.

D. Methodisches.

18. Kulturmethoden. Einige neue Kulturmethoden verdienen erwähnt zu werden. HEWITT, BOLLE-JONES u. MILES geben eine Methode zur Erreicherung eines Mangels an Co, Zn und Mn in Sandkulturen von Leguminosen an, und KRAUSS u. THOMAS ein Nährmedium für Massenzüchtung von *Scenedesmus obliquus*. Ein verbessertes, Mn, Zn, B, Cu und Mo enthaltendes, Medium für Wurzelmeristeme wird von TORREY, und ein Kulturmedium für Callusgewebe mit B, Zn, Mn, Cu, Na, Ni, J und Al wird von HELLER (1), (2) angegeben.

19. Diagnosemethoden. Zwei allgemeine Prinzipien zur Diagnostizierung des Mineralstoffbedarfs stehen einander gegenüber, und zwar Gewebeanalysen und Bodenanalysen. Für jede Methode sind zahlreiche Einzelvorschriften ausgearbeitet worden, und beide haben weite praktische Verwendung gefunden. Hier können nur Arbeiten von theoretischer Bedeutung oder mit prinzipiellen Neuheiten angeführt werden. — PURVIS hat mit Apfelbäumen mehr oder weniger gute Übereinstimmung zwischen Blatt- und Bodenanalysen gefunden; die Düngungsausschläge werden aber nicht mitgeteilt. — PREVOT u. OLLAGNIER haben für N, P, K, Ca und Mg mit gutem Erfolg Blattdiagnosen an *Arachis* und *Elaeis* in Westafrika ausgeführt. — Vorschriften für Blattdiagnosen an *Pinus*-Arten werden von WHITE mitgeteilt. — Bodenanalysen für P und K in Auszügen von 22% Na-Perchlorat und N/10 Perchlorsäure liefern laut LONG u. LEATZ wenig befriedigende Ergebnisse, und WILLIAMS, REITH u. INKSON, die verschiedene Extraktionsmethoden verglichen haben, heben hervor, daß keine der gewöhnlichen Methoden zur Bodenanalyse allgemein brauchbar ist; jede dürfte aber unter gewissen Bedingungen brauchbar sein.

Literatur.

ADAMS, A. P., W. V. BARTOLOMEW u. F. E. CLARK: Soil Sci. Soc. Amer. Proc. **10**, 40 (1954). — AGARWALA, S. C., u. E. J. HEWITT: (1) J. hort. Sci. **29**, 278 (1954). — (2) J. hort. Sci. **29**, 291 (1954). — AMBERGER, H.: Z. Pflanzenernährg., Düng. u. Bodenk. **66**, 211 (1954). — ANSCHÜTZ, I., u. F. GESSNER: Flora (Jena) **141**, 178 (1954). — APPLING, E. D., u. J. GIDDENS: Soil Sci. **78**, 199 (1954). — ARNON, D. I.: Agronomy **4**, 1 (1953).

BAJAJ, V., S. P. DAMLE u. P. S. KRISHNAN: Arch. of Biochem. a. Biophysics **50**, 451 (1954). — BEADLE, N. C. W.: Ecology **35**, 370 (1954). — BEAR, F. E.: Agric. a. Food Chem. **2**, 244 (1954). — BERGH, H.: Norske Vidensk. Selskab Skr. **4**, 1 (1952). — BERGMANN, W.: Z. Acker- u. Pflanzenbau **97**, 337 (1954). — BERNSTEIN, L., u. G. A. PEARSON: Soil Sci. **77**, 355 (1954). — BOAWN, L. C., F. G. VIETS jr., u. C. L. CRAWFORD: Soil Sci. **78**, 1 (1954). — BOERI, E., u. L. TOSI: Arch. of Biochem. a. Biophysics **52**, 83 (1954). — BOHNE, H.: Z. Pflanzenernährg., Düng. u. Bodenk. **67**, 57 (1954). — BOLLARD, E. G.: J. of exper. Bot. **4**, 363 (1953). — BOLLE-JONES, E. W.: Physiol. Plantarum (Copenh.) **7**, 703 (1954). — BOSEMARK, O.: Physiol. Plantarum (Copenh.) **7**, 497 (1954). — BOYCE, S. G.: Ecol. Monogr. **24**, 29 (1954). — BROUWER, R.: (1) Proc. Akad. Wetensch. (Amsterd.) C **57**, 68 (1954). — (2) Acta bot. neerl. **3**, 264 (1954). — BROWN, J. C.: Plant Physiol. **29**, 104 (1954). — BURNS, C. M., u. J. O. HARRIS: Soil Sci. Soc. Amer. Proc. **17**, 245 (1953).

CARANGAL jr., A. R., E. K. ALBAN, J. E. VARNER u. R. G. BURRELL: Plant Physiol. **29**, 355 (1954). — CHAMPIGNY, M.-L.: Rev. gén. Bot. **60**, 475 (1953). — CROOKE, W. M.: Nature (Lond.) **173**, 403 (1954).

DE RENZO, E. C., P. G. HEYTHALER u. E. KALEITA: Arch. of Biochem. a. Biophysics **49**, 242 (1954). — DROSDOFF, M., W. W. KILBY u. G. F. POTTER: Soil Sci. **78**, 361 (1954). — DUCET, G., u. E. J. HEWITT: Nature (Lond.) **173**, 1141 (1954). — DUNN, S., u. S. S. ROBERTS: Plant Physiol. **29**, 337 (1954). — DUYSENS, L. N. M.: Nature (Lond.) **173**, 692 (1954).

EAVES, C. A., u. A. KELSALL: J. hort. Sci. **29**, 59 (1954). — EPSTEIN, E., u J. E. LEGGETT: Amer. J. Bot. **41**, 785 (1954). — ERGLE, D. R.: Bot. Gaz. **115** 225 (1954).

FANG, S. C., u. J. S. BUTTS: Plant Physiol. 29, 365 (1954). — FAWZY, H., R. OVERSTREET u. L. JACOBSON: Plant Physiol. 29, 234 (1954). — FIEDLER, H. J.: Z. Pflanzenernährg., Düng. u. Bodenk. 65, 195 (1954). — FINCK, A.: Z. Pflanzenernährg., Düng. u. Bodenk. 67, 195 (1954). — FINKLE, B. J., u. D. I. ARNON: Physiol. Plant. 7, 614 (1954). — FORSTER, W. A.: Ann. appl. Biol. 41, 637 (1954). — FOY, C. D., G. MONTENEGRO u. S. A. BARBER: Soil Sci. Soc. Amer. Proc. 17, 387 (1953). — FRIED, M.: Soil Sci. Soc. Amer. Proc. 17, 357 (1953). — GERLOFF, G. C., u. F. SKOOG: Ecology 35, 348 (1954). — GERRETSEN, F. C., u. H. DE HOOP: Plant a. Soil 5, 349 (1954). — GILBERT, S. G., M. DROSDOFF u. H. M. SNELL: Soil Sci. 78, 219 (1954). — GOLDACRE, P. L., A. W. GALSTON u. R. L. WEINTRAUB: Arch. of Biochem. a. Biophysics 43, 358 (1953). — GRAY, B., M. DRAKE u. W. G. COLBY: Soil Sci. Soc. Amer. Proc. 17, 235 (1953). — GRIMM, P. W., u. P. J. ALLEN: Plant Physiol. 29, 369 (1954).
HALL, N. S., W. F. CHANDLER, C. H. M. VAN BAVEL, P. H. REID u. J. H. ANDERSSON: N. Carol. agr. exper. St. techn. Bull. 101, 3 (1953). — HANNAY, J. W., u. H. E. STREET: New Phytologist 53, 68 (1954). — HARLEY, J. L., J. K. BRIERLY u. C. C. MCCREADY: New Phytologist 53, 92 (1954). — HARLEY, J. L., C. C. MCCREADY u. J. A. GEDDES: New Phytologist 53, 427 (1954). — HAYWARD, H. R., u. G. T. SCOTT: Biol. Bull. 105, 366 (1953). — HELLER, R.: (1) Ann. Biol. 30, 261 (1954). — (2) Recherches sur la nutrition minérale des végétaux cultivés in vitro. Paris 1953. — HEWITT, E. J.: J. of exper. Bot. 5, 110 (1954). — HEWITT, E. J., E. W. BOLLE-JONES u. P. MIELS: Plant a. Soil 5, 205 (1954). — HEWITT, E. J., u. C. C. MCCREADY: Nature (Lond.) 174, 186 (1954). — HEWITT, E. J., u. P. MILES: J. hort. Sci. 29, 237 (1954). — HIGINBOTHAM, N., u. E. S. MIKA: Plant Physiol. 29, 174 (1954). — HOLM-HANSEN, O., G. C. GERLOFF u. F. SKOOG: Physiol. Plantarum (Copenh.) 7, 665 (1954). — HORSFALL, J. G., J. P. HOLLIS u. H. G. M. JACOBSON: Phytopathology 44, 19 (1954). — HOVELAND, C. S., K. C. BERGER u. H. M. DARLING: Soil Sci. Soc. Amer. Proc. 18, 53 (1954). — HUNTER, J. G., u. O. VERGNANO: Ann. appl. Biol. 40, 761 (1953).
JACOBSON, L., u. L. ORDIN: Plant Physiol. 29, 70 (1954).
KAILA, A.: Z. Pflanzenernährg., Düng. u. Bodenk. 64, 154 (1954). — KNAPP, R.: Ber. dtsch. bot. Ges. 66, 168 (1953). — KNAUSS, H. J., u. J. W. PORTER: Plant Physiol. 29, 229 (1954). — KRAUSS, R. M., u. W. H. THOMAS: Plant Physiol. 29, 205 (1954).
LAL, K. N., u. M. S. SUBBA RAO: Micro-element nutrition of plants. Benares 1954. — LATZKO, E.: Z. Pflanzenernährg., Düng. u. Bodenk. 66, 148 (1954). — LEACH, W., R. BULMAN u. J. KROEKER: Canad. J. Bot. 32, 358 (1954). — LEAF, G. L.: Proc. Iowa Acad. Sci. 60, 176 (1953). — LEWIN, J. C.: J. gen. Physiol. 37, 589 (1954). — LIBBERT, E.: Planta (Berl.) 41, 396 (1953). — LINDBERG, O., u. L. ERNSTER: Nature (Lond.) 173, 1038 (1954). — LONERAGAN, J. F., u. D. I. ARNON: Nature (Lond.) 174, 459 (1954). — LONG, O. H., u. L. F. SEATZ: Soil Sci. Soc. Amer. Proc. 17, 258 (1953). — LUNDEGÅRDH, H.: Physiol. Plantarum (Copenh.) 7, 375 (1954).
MARSHALL, C. E., u. W. J. UPCHURCH: Soil Sci. Soc. Amer. Proc. 17, 222 (1953). — MARTIN, J. P., u. F. T. BINGHAM: Soil Sci. 78, 349 (1954). — MAYER, A. M.: Physiol. Plantarum (Copenh.) 7, 777 (1954). — MCLEAR, E. O., u. F. E. BAKER: Soil Sci. Soc. Amer. Proc. 17, 100 (1953). — MELICH, A.: Soil Sci. Soc. Amer. Proc. 17, 231 (1953). — MENZEL, R. G.: Soil Sci. 77, 419 (1954). — MELIN, E., u. H. N. NILSSON: Sv. bot. Tidskr. 46, 281 (1952). — MESSING, J. H. L., u. O. OWEN: Plant a. Soil. 5, 101 (1954). — MILLER, C. O.: Plant Physiol. 29, 79 (1954). — MILLIKAN, C. R.: J. Dept. Agric. Victoria 51, 215 (1953). — MILLS, C. F.: Biochemic. J. 57, 603 (1954). — MORRISON, T. M.: Nature (Lond.) 174, 606 (1954). — MÜCKE, D.: Flora (Jena) 141, 30 (1954). — MULDER, E. G.: Plant a. Soil 5, 368 (1954).
NASON, A., R. G. ABRAHAM u. B. C. AVERBACH: Biochem. biophys. Acta 15, 159 (1954). — NELSON, L. E., u. N. C. BRADY: Soil Sci. Soc. Amer. Proc. 17, 274 (1953). — NICHOLAS, D. J. D.: Chemical tissue tests for determining the mineral status of plants in the field. New York 1953. — NICHOLAS, D. J. D., u. A. NASON: (1) J. of biol. Chem. 207, 353 (1954). — (2) Arch. of Biochem. a. Biophysics 51, 310 (1954). — NICHOLAS, D. J. D., A. NASON u. W. D. MCELROY:

J. of biol. Chem. **207**, 341 (1954). — NICHOLAS, D. J. D., u. W. D. E. THOMAS: Plant a. Soil **5**, 182 (1954).
PINSET, J.: Biochemic. J. **57**, 195 (1954). — PREVOT, P., u. M. OLLAGNIER: Plant Physiol. **29**, 26 (1954). — PRINCE, A. B.: Soil Sci. **78**, 445 (1954).
REBSTOCK, T. L., C. L. HAMNER u. H. M. SELL: Plant Physiol. **29**, 490 (1954). — REDISKE, J. H., u. A. A. SELDERS: Amer. J. Bot. **41**, 238 (1954). — REICHENBERG, O., u. J. F. SUTCLIFFE: Nature (Lond.) **174**, 1047 (1954). — REINHOLD, L.: New Phytologist **53**, 217 (1954). — RENNER, R., C. F. BENTLEY u. L. W. MCELROY: Soil Sci. Soc. Amer. Proc. **17**, 270 (1953). — RICHARDS, F. J., u. E. BERNER jr.: Ann. of Bot. (London) **18**, 15 (1954). — ROBINSON, W. O., u. G. EDGINGTON: Soil Sci. **77**, 237 (1954). — ROGERS, B. L., L. P. BATJER u. A. H. THOMSON: Proc. Amer. Soc. hort. Sci. **61**, 1 (1953). — ROMNEY, E. M., u. S. J. TOTH: Soil Sci. **77**, 107 (1954). — RUCK, H. C., u. B. D. BOLAS: (1) Ann. of Bot. (London) **18**, 267 (1954). — (2) J. hort. Sci. **29**, 193 (1954). — RUNE, O.: Acta phytogeogr. suecica **31**, 139 (1953). — RUSSEL, R. S., R. P. MARTIN u. O. N. BISHOP: J. of exper. Bot. **5**, 327 (1954). — RYCHNOVSKÁ-SOUDKOVÁ, M.: Preslia **25**, 51 (1953).
SAHM, U.: Z. Pflanzenernährg., Düng. u. Bodenk. **60**, 244 (1953). — SCHARRER, K., u. J. JUNG: Z. Pflanzenernährg., Düng. u. Bodenk. **66**, 1 (1954). — SCHARRER, K., u. R. PREISSNER: Z. Pflanzenernährg., Düng. u. Bodenk. **67**, 166 (1954). — SCHENCK, H.: Z. Pflanzenernährg., Düng. u. Bodenk. **60**, 209 (1953). — SCHRÖDER, B.: Arch. Mikrobiol. **20**, 63 (1954). — SCOFF, R.: Nature (Lond.) **173**, 1038 (1954). — SCOTT, G. T., u. H. R. HAYWARD: (1) Biochem. biophys. Acta **12**, 401 (1953). — (2) J. gen. Physiol. **37**, 601 (1954). — SHAW, E., R. G. MENZEL u. L. A. DEAN: Soil Sci. **77**, 205 (1954). — SHEAR, C. B.: Proc. Amer. Soc. hort. Sci. **61**, 63 (1953). — SHRIFT, A.: (1) Amer. J. Bot. **41**, 223 (1954). — (2) Amer. J. Bot. **41**, 345 (1954). — SMITH, P. F., W. REUTHER, A. W. SPECHT u. G. HRNCIAR: Plant Physiol. **29**, 349 (1954). — STANKOVIĆ, D.: Samml. d. Forsch.arbeit. d. Landw. Fakult. Belgrad **2**, 175 (1954). — STEINECK, O.: Z. Pflanzenernährg., Düng. u. Bodenk. **64**, 154 (1954). — STEWART, A. B., u. W. HOLMES: J. Sci. Food a. Agric. **9**, 401 (1953). — SUTCLIFFE, J. F.: J. exper. Bot. **5**, 313 (1954). — SUZUKI, N.: Bull. Fac. Fisheries Hokkaido Univ. **3**, 68 (1952).
TAYLOR, G. A.: Plant Physiol. **29**, 87 (1954). — THOMSON, L. M., C. A. BLACK u. J. A. ZOELLNER: Soil Sci. **77**, 185 (1954). — TORREY, J. G.: Plant Physiol. **29**, 279 (1954). — TOTH, S. J., u. A. E. KRETSCHMER: Soil Sci. **77**, 293 (1954). — TOTH, S. J., u. E. M. ROMNEY: Soil Sci. **78**, 295 (1954). — TULLIN, V.: Physiol. Plantarum (Copenh.) **7**, 810 (1954).
VENNING, F. D.: J. Wash. Acad. Sci. **44**, 65 (1954). — VIETS, F. G., L. C. BOAWN u. C. L. CRAWFORD: Plant Physiol. **29**, 76 (1954). — (2) Soil Sci. **78**, 305 (1954).
WALKER, J. B.: Arch. of Biochem. a. Biophysics **53**, 1 (1954). — WALLACE, A.: Plant Physiol. **29**, 488 (1954). — WARINGTON, K.: Ann. appl. Biol. **41**, 1 (1954). — WEBB, J. K., A. J. OHLROGGE u. S. A. BARBER: Soil Sci. Soc. Amer. Proc. **18**, 458 (1954). — WEBB, L. J.: Austral. J. Bot. **2**, 176 (1954). — WEHUNT, R. L., u. E. R. PURVIS: Soil Sci. **77**, 215 (1954). — WERK, O.: Flora (Jena) **141**, 312 (1954). — WHITE, D. P.: Soil Sci. Soc. Amer. Proc. **18**, 326 (1954). — WIEBE, H. H., u. P. J. KRAMER: Plant Physiol. **29**, 342 (1954). — WILLIAMS, E. G., J. W. S. REITH u. R. H. E. INKSON: Trans. internat. Soc. Soil Sci. **2**, 84 (1952). — WOLFE, M.: (1) Ann. of Bot. (London) **18**, 299 (1954). — (2) Ebenda **18**, 309 (1954). — WRIGHT, J. R., u. K. LAWTON: Soil Sci. **77**, 95 (1954).

14. Stoffwechsel organischer Verbindungen I. (Photosynthese).

Von ANDRÉ PIRSON, Marburg a. d. Lahn.

Mit 3 Abbildungen.

Einleitung.

Das zunehmende Interesse an der Photosynthese äußerte sich im Laufe der letzten Jahre nicht nur äußerlich in der enormen Zahl einschlägiger Publikationen; das Gebiet wird auch vielseitiger, indem es weit voneinander entfernte Bereiche naturwissenschaftlicher Forschung zur Zusammenarbeit führt. Biochemie und Enzymologie finden vermehrte Gelegenheit, bewährte Erfahrungen, vor allem aus dem Gebiet des Kohlenhydratabbaus, für die Bearbeitung der photosynthetischen Assimilationsprozesse anzubieten. Je mehr sich dabei die konkreten Einsichten in den biochemischen Teil der Photosynthese, den Bereich der alten „BLACKMAN-Reaktion", mehren, um so mehr wächst andererseits das Bedürfnis, auch die photochemischen Voraussetzungen aufzuklären, eine Aufgabe, welche der Mitwirkung besonders geschulter Photochemiker bedarf. Auch hier sind schon manche Fortschritte zu verzeichnen. Allmählich scheint mit den Erfolgen der vergleichenden licht- und elektronenoptischen Forschung auch der längst geäußerte Wunsch nach einer Verbindung morphologischer und physiologischer Problematik Gestalt zu gewinnen, wiewohl hier die ersten Ansätze noch weitgehend im Theoretischen liegen. Von ganz anderer Seite her, nämlich der praktischen Untersuchung von Algenmassenkulturen, die im Interesse einer zukünftigen Ernährungswirtschaft vielenorts betrieben wird, gehen laufend auch Impulse für die theoretische Photosyntheseforschung aus. Diese betreffen zum Teil das Gebiet der Energieausbeute, genauer der photochemischen Quantennutzung, einen Bereich der Photosyntheseforschung, welcher zur Zeit noch kein einheitliches Bild bietet. Die Kontroverse, die hier zwischen den von WARBURG u. Mitarbeitern entwickelten Vorstellungen und den Auffassungen anderer Autoren des Gebietes seit Jahren besteht, ist keineswegs beseitigt; eine Verständigung zwischen den erstarrten Fronten erscheint im Augenblick sogar besonders schwierig. Dem Fernerstehenden mag die Klärung dieser Unstimmigkeiten besonders dringlich erscheinen; ihr vorläufiges Ausbleiben wird aber einen reibungslosen Fortschritt an anderen Stellen des großen Forschungsgebietes nicht aufhalten.

Diese Gesamtsituation zwingt den Referenten sein bisheriges Bemühen um Berücksichtigung der gesamten einschlägigen Literatur aufzugeben und sich, vornehmlich im Interesse des Nichtspezialisten, auf eine notwendigerweise subjektive Auswahl aktueller Teilfragen zu beschränken. Die Berichterstattung wird unter diesen Umständen von Jahr zu Jahr ihren Schwerpunkt etwas verlagern müssen, um wenigstens innerhalb einer größeren Zeitspanne allen Autoren ihr Recht zukommen zu lassen. Im vorliegenden Bericht sind die Fragen der Plastidenstruktur zurückgestellt, da diese von morphologischer Seite her vorläufig ausreichend gewürdigt werden können. Auch auf die Chemosynthese und die Physiologie der Photobakterien, über die ausgezeichnete Spezialdarstellungen von anderer Seite vorliegen [H. LARSEN (S 1 u. 2), VAN NIEL (S)] wird nicht in extenso eingegangen. Die mit der photochemischen Ausbeute zusammenhängenden Streitfragen sind zum Teil von speziell methodischer Art, so daß eine ausführliche Erörterung weit über den gezogenen Rahmen hinausgehen würde. Auch empfiehlt sich gerade hier eine abwartende Haltung. Arbeiten, die sich mit dem Einfluß innerer und äußerer Faktoren befassen, sind nur beiläufig herangezogen, wo sie für die anderen Fragen aufschlußreich erscheinen; ihre zusammenhängende Behandlung muß später erfolgen. Alle ökologisch orientierten Publikationen bleiben auch weiterhin einem anderen Bericht vorbehalten.

Bei Jahresberichten, wie sie hier vorgelegt werden sollen, verbietet sich ein rückgreifendes Eingehen auf die Entwicklung von Einzelproblemen. Dadurch wird eine für den Nichtspezialisten verständliche Erläuterung des Forschungsstandes auf einem auch heute noch stark von wechselnden Theorien und komplizierten Deduktionen bestimmten Gebiet erheblich erschwert.

Die Grundeinteilung wurde im Interesse der Kontinuität vorerst nicht verändert. Bei Literaturangaben sind reine Sammelberichte ohne experimentelle Originalangaben durch „S" gekennzeichnet und im Schriftenverzeichnis gesondert aufgeführt.

I. Plastidenfarbstoffe.

1. **Biogenese.** ^{14}C-markierte Glucose, aus Tabakblättern photosynthetisch gewonnen, wurde von GODNEV u. SHLYK (1, 2) in etiolierte Zwiebelblätter eingeführt und nach deren Belichtung der Erwartung entsprechend als geeignete C-Quelle bei der Neubildung sämtlicher Plastidenpigmente erkannt. Beim Chlorophyll erfolgt der ^{14}C-Einbau in Phytol- und Chlorophyllinanteil in annähernd gleichem Ausmaß. Neben Glucose ist Glycin als N-haltiger Chlorophyllbaustein anzunehmen. Dies haben DELLA ROSA, ALTMANN u. SALOMON an *Chlorella* mit markiertem Glycin unmittelbar gezeigt. Sie fanden vor allem die Essigsäure selbst als Baustein für die Chlorophyllsynthese; sie dürfte auch im Falle der Glucosefütterung als Zwischenprodukt fungieren. Vom Glycin soll nicht nur das α-C-Atom, sondern auch der Carboxylkohlenstoff Verwendung finden; die Essigsäure geht, wie auch für die Biosynthese des Häms angenommen (vgl. FALK u. Mitarbeiter) zunächst vielleicht in einen C_4-Körper über („aktives Succinat").

Auf dem offensichtlich gemeinsamen Anfangsweg der Häm- und Chlorophyllsynthese bis zum Protoporphyrin spielt das Pyrrolderivat

Porphobilinogen eine bedeutende Rolle (FALK u. Mitarbeiter, COOKSON). BOGORAD u. GRANICK (1, 2) gewannen aus dieser in pathologischem Harn zugänglichen Verbindung mit Hilfe lebender Chlorellazellen oder ihrer Extrakte in Gegenwart von ATP und Mitochondrienpräparaten mehrere carboxylreiche Porphyrine; der Aufbau des isocyclischen Pentanonrings jedoch wurde so nicht erreicht. — Die Bildung mehrerer Porphyrine und deren Ausscheidung ins Kulturmedium erfolgt nach LASCELLES bei der Athiorhodacee *Rhodopseudomonas spheroides* im Licht und bei Anaerobiose. Eine Reduktion im Eisengehalt des Mediums vermindert diesen Vorgang zugunsten des Bakteriochlorophylls. Glycin und α-Ketoglutarat sind für die Porphyrinsynthese und für die Bakteriochlorophyllproduktion wichtig, nicht jedoch für die Synthese der Carotinoide.

Für die Gabelung des Syntheseweges vom Protoporphyrin aus zu den Häminen einerseits (Fe-Einbau) und den Chlorophyllen andererseits (Mg-Einbau) hat APPLEMAN weitere Stützen beigebracht. In etiolierten Gerstenkeimlingen sinkt nach Einsetzen der Belichtung der Katalasegehalt bei zunehmender Chlorophyllbildung; nach Wiederverdunklung erfolgt im Zuge erneuten Wachstums eine Reaktivierung (Vermehrung) der Katalase. Man kann somit nicht grundsätzlich mit der früher mehrfach festgestellten positiven Korrelation zwischen Chlorophyll- und Katalasegehalt rechnen. Bei gelindem Magnesiummangel, der die Chlorophyllbildung einigermaßen selektiv blockiert, kann es zu einer Verstärkung der Katalaseaktivität kommen (FINKLE u. APPLEMAN). Chlorophylldefekte verschiedener Art, die mit Senkung des Proteinspiegels verbunden sind, führen nach SCHWARZE (1, 2, dort auch weitere Literaturangaben zur Porphyrinsynthese) zugleich zu einer Zunahme der Peroxydaseaktivität; auch hier scheint sich der Häminzweig der Synthese des vermehrt verfügbaren Protoporphyrins zu bedienen. Die Katalase ist allerdings dabei in einigen Fällen nicht vermehrt, sondern eher vermindert.

Die mit Hilfe von Strahlenmutanten von *Chlorella* in Gang gebrachte Analyse des Syntheseweges im Bereich der Porphyrine (vgl. Fortschr. Bot. 14, 291) ist von GRANICK (S 1, S 2) weitergeführt und auf einen früheren Reaktionsschritt ausgedehnt worden. Eine schon länger untersuchte C-heterotrophe Mutante, die an Stelle von Chlorophyll Protoporphyrin IX bildet, lieferte nach weiterer Bestrahlung einen neuen Stamm, der bei der Kultur neben anderen Porphyrinen beträchtliche Mengen eines roten Pigments ausschied, das mit verbesserter Trennmethodik (Gegenstromverteilung, GRANICK u. BOGORAD) isoliert und als Hämatoporphyrin IX identifiziert werden konnte (GRANICK, BOGORAD u. JAFFE). Auch ohne einen im genetischen Sinne exakten Beweis ihrer Zugehörigkeit zur direkten Synthesekette macht diese Verbindung die Entstehungsweise der Vinylgruppen im Protoporphyrin verständlich; sie können aus Oxäthylgruppen, die sich ihrerseits von Propionsäureresten ableiten, durch einfache Wasserabspaltung entstehen:

$$\underset{\substack{\text{HCOH} \\ |}}{\overset{\text{CH}_3}{|}} \text{[Pyrrolring-Struktur mit } -\text{CH}_3, -\text{NH}-, -\text{C}-\text{CH}_3, =\text{O, H]} \quad \xrightarrow[(-2\ \text{H}_2\text{O})]{2\ \text{Mutationsschritte}} \quad \underset{\substack{\text{CH} \\ ||}}{\overset{\text{CH}_2}{}} \text{[Pyrrolring-Struktur mit } -\text{CH}_3, -\text{CH}=\text{CH}_2\text{]}$$

Unter den übrigen Porphyrinen dieser ergiebigen Mutante fand sich der Zwischenkörper mit einer Vinyl- und einer Oxäthylgruppe [BOGORAD u. GRANICK (2)]. Ob die anderen „gestauten" Porphyrinpigmente dieses Stammes, die bis zu acht Carboxylgruppen tragen sollen, in die biogenetische Reihe gehören oder abnormale Zweigprodukte darstellen, sei dahingestellt. GRANICK (S 1) nimmt als den primären Vertreter der Porphyrinklasse in der Biogenese ein Pigment vom Typ des Uroporphyrins an (je vier $-\text{CH}_2-\text{CH}_2-\text{COOH}$ und $-\text{CH}_2-\text{COOH}$ als Substituenten), gefolgt von einem Koproporphyrin (je vier $-\text{CH}_2-\text{CH}_2-\text{COOH}$ und $-\text{CH}_3$).

Der letzte Schritt vom Protochlorophyll zum Chlorophyll, der bekanntlich in einer Photoreduktion besteht, ist offenbar nicht enzymatischer Natur. Er läßt sich bei tiefen Temperaturen in etiolierten Gerstenblättern nach Einsetzen der Belichtung gut verfolgen und verläuft noch bei $-77°$ mit meßbarer, wenn auch verminderter Geschwindigkeit; erst bei $-195°$ ist das Protochlorophyll lichtbeständig [SMITH u. BENITEZ (1, 2)]. Nach oben zu ist die Protochlorophyllumwandlung durch die kritische Temperatur von $+39°$ begrenzt; sie scheint an einen recht empfindlichen Pigment-Eiweiß(Lipoid?)-Komplex gebunden zu sein. Die Temperaturabhängigkeit der Photoumwandlung spricht gegen eine einfach monomolekulare Reaktion; die Kinetik des Prozesses ist noch nicht befriedigend geklärt. Die Beteiligung einer Dunkelreaktion ließ sich mit der Lichtblitztechnik nicht sicherstellen [VIRGIN (1)]. Das Protochlorophyll-„Holochrom" [aktiver Pigmentkomplex nach J. H. C. SMITH (1)] läßt sich durch konservierende Extraktion (Glycerin) geeigneter Blätter (Bohnen) ohne Verlust seiner Lichtempfindlichkeit zellfrei erhalten, aber nicht weiter reinigen [SMITH u. BENITEZ (1)]. Auch KOSOBUTSKAJA u. KRASNOVSKI (2) konnten im kolloidalen Extrakt etiolierter Blätter die photochemische Protochlorophyllumwandlung studieren. Die Verschiebung des Absorptionsmaximums von 635 nach 670 mμ zeigt die Bildung von Chlorophyll a an. Allerdings weist das frisch gebildete Chlorophyll kleine Unterschiede gegenüber dem aus normal grünen Blättern extrahierten Pigment auf, was auf eine Änderung der strukturellen Bindung an Protein (und Lipoid) in Abhängigkeit von Alter und physiologischem Zustand hinweisen soll.

Der gewöhnlich, aber nicht ausnahmslos (GODNEV u. TERENTEVA) zu beobachtende zeitliche Vorsprung des Chlorophyll a beim Ergrünen und gewisse Verschiebungen im a/b-Verhältnis bei spontanen und induzierten Defektmutanten (WHITAKER), bei denen im Grenzfall Chlorophyll b ganz fehlen soll (HIGHKIN), spricht zwar für eine sekundäre Entstehung der b-Komponente und gegen eine spezifische Funktion derselben im Photosynthesemechanismus; jedoch ist es noch keineswegs sicher, daß eine einfache Umwandlung von a zu b führt; Markierungsversuche (^{14}C) sprechen jedenfalls gegen eine gegenseitige Umwandelbarkeit beider Komponenten (DELLA ROSA u. Mitarbeiter). In diesem Zusammenhang seien Angaben von TURCHIN u. Mitarbeitern (vgl. dazu S. 567, 568) erwähnt, wonach Chlorophyll in den dauernden Umbau der konstitutionellen Proteine der Blätter mit einbezogen sein soll. Die Verfolgung des Isotopeneinbaus (^{15}N) ergab unter natürlichen Bedingungen beim Roggen in 24 Std eine Erneuerung von 50%, bei Spinat in 72 Std sogar von 95% des Gesamtchlorophylls. ROUX u. HUSSON schließen aus Beobachtung des ^{14}C-Einbaus auf einen dynamischen Umsatz der Plastidenpigmente in Verbindung mit der Photosynthese.

Da das Lehrgebäude von der Funktion der Carotinoide bei Sexualvorgängen der Kritik nicht standgehalten hat und offenbar auch die Bedeutung dieser Pigmente für Lichtreizreaktionen weniger unmittelbar ist, als zunächst vermutet wurde, konzentriert sich das Interesse wieder mehr auf ihre Rolle beim Photosynthesevorgang (vgl. S. 570). Die Biogenese stellt hier ein besonders komplexes Problem dar und es ist unklar, wieweit die Bildung der primären Chloroplastencarotinoide, der sog. Sekundärcarotinoide und der so zahlreichen Vertreter der Gruppe in nicht grünen Pflanzen und Pflanzenteilen unter einem einheitlichen Gesichtspunkt betrachtet werden darf. Die Carotinoidbildung ist an verschiedensten Objekten bearbeitet worden, und zwar im zeitlichen Verlauf und mit Hilfe von Fütterungs- und Markierungsversuchen, spezifischen Vergiftungen, besonders aber durch biochemischen Vergleich von Normaltypen mit spontanen und induzierten Farbmutanten; die Ergebnisse sind vorläufig noch keineswegs eindeutig. Hier können von den zahlreichen Befunden nur einige neuere erwähnt werden. Den Problemstand im Jahre 1952 hat GOODWIN (S) dargestellt.

Unter den Heterotrophen haben sich Arten von *Phycomyces* und *Mucor* als Versuchsobjekte bewährt. Acetat kommt bei *Mucor* auf Grund von tracer-Versuchen (^{14}C) als alleinige C-Quelle für β-Carotin in Betracht, wobei die seitenständigen CH_3-Gruppen von dem Methyl-C, die C-Atome in der Kette des Carotins vom Carboxyl-C stammen sollen (GROB u. BÜTLER). Bei etiolierten Weizenkeimlingen scheint dagegen nach BEEKMANN (1, 2) Acetat im Unterschied zu Glucose nicht die alleinige C-Quelle für die Carotinoide bilden zu können; die Pigmentbildung zweigt im intermediären C-Umsatz nicht in einfacher Reaktionsfolge vom Acetat ab, sondern vielleicht zwischen der Citronensäure und Bernsteinsäure innerhalb des Tricarbonsäurecyclus. Fütterung mit β-Ionon fördert, besonders im Licht, die Carotinbildung in *Phycomyces* (MACKINNEY u. Mitarbeiter, CHICHESTER u. Mitarbeiter); dabei ist jedoch ein direkter Ringeinbau nicht wahrscheinlich. Der Zuckerabbau befriedigt hier nur einen Teil des C-Bedarfs der Carotinoidsynthese. Untersuchungen an Farbmutanten von *Viola tricolor*, Grapefrüchten und Tomaten behandeln die Frage der biogenetischen Beziehung zwischen den einzelnen Carotinoiden, insbesondere denjenigen mit offenen Ketten (z. B. Lycopin) und den Ringcarotinoiden (CHICHESTER u. Mitarbeiter, TROMBLY u. PORTER). Klarheit ist hier schwer zu gewinnen, zumal die Pigmentproduktion solcher Mutanten starken phänotypischen Schwankungen unterliegen kann (KHAN u. MACKINNEY). Die Diskussion konzentriert sich besonders auf die Frage, ob die von PORTER und LINCOLN entwickelte Vorstellung einer schrittweisen Dehydrierung hochgesättigter C_{40}-Kettenpolyene allgemein anwendbar ist. Glieder einer solchen Reihe, zum Teil noch farblose Verbindungen, wie das Phytoën und Phytofluën, sind verschiedentlich nachgewiesen und angereichert worden, zunächst in Pilzen, neuerdings auch in höheren Pflanzen (RABOURN u. QUACKENBUSCH, BEEKMANN) und in Röntgenmutanten von *Chlorella* (CLAES). Eine eindeutige Reihenfolge der Dehydrierungen hat sich noch nicht aufstellen lassen. Bei Chloroformbehandlung von Weizenkeimlingen (BEEKMANN) scheint eine umgekehrte Hydrierung von Doppelbindungen einzutreten (Phytofluënbildung aus gefärbten Carotinoiden), d. h. Carotinoide kommen in vivo als Wasserstoffacceptoren in Betracht.

Die eben erwähnten Chlorellamutanten sind zugleich chlorophylldefekt, heterotroph und meist lichtempfindlich. Ob es daneben normalgrüne Mutanten mit spezifischer Blockierung der Carotinoidbildung gibt, konnte noch nicht ermittelt werden. Eine der Mutanten bildet im Licht, nicht aber im Dunkeln, die normale Chlorophyll- und Carotinoidgarnitur aus. Daher ist für beide Pigmentgruppen zumindest in einem Schritt mit einem gesonderten Syntheseweg im Licht und im Dunkeln zu rechnen. Die Fortführung dieser Untersuchungen wird noch manche derzeit bestehende Unklarheiten beseitigen helfen. — In Purpurbakterien mit dem Hauptcarotinoid Spirilloxanthin ließ sich normalerweise keine der vermuteten stärker gesättigten Vorstufen fassen; geringe Mengen von Phytofluën fielen nach Zugabe von Diphenylamin an. Auch hier scheinen zwischen Licht- und Dunkelsynthese des Pigments gewisse Unterschiede zu bestehen (GOODWIN u. OSMAN). Die Rotfärbung der Cysten von *Haematococcus* beruht nach GOODWIN u. JAMIKORN auf der zusätzlichen Bildung von Astaxanthin und geht nicht auf Kosten der normalen Carotinoidgarnitur dieser Grünalge.

2. Optische Eigenschaften und Reaktionen des Chlorophylls in vitro. Sehr zahlreich sind die Untersuchungen, die sich mit dem optischen Verhalten des gelösten (und kristallisierten) Chlorophylls befassen. Als Ursachen für die mit verbesserten Methoden erneut untersuchten spektralen Effekte, wie Verschiebung, Verschwinden und Neuentstehen von Absorptionsbanden beim Lösen und in Lösungen von Chlorophyll, kommen in Betracht: chemische Veränderungen des Farbstoffs, Assoziation mit Fremdmolekülen und verschiedene Assoziation der Farbstoffmoleküle unter sich. Diese Prinzipien bestimmen einzeln oder kombiniert in noch unbekanntem Ausmaß auch das Verhalten des Pigments in vivo mit; besonders wichtig ist natürlich, ob sich am Chlorophyll spektrale Erscheinungen erkennen lassen, die in unmittelbarem Zusammenhang mit seiner Funktion stehen. Der Physiologe wird geneigt sein, manche der beschriebenen Effekte nur am Rande zu verzeichnen. Der Versuch einer kompletten Behandlung des Fragenkreises verbietet sich in diesem Rahmen schon deshalb, weil derselbe nur dem speziell geschulten Photochemiker ganz zugänglich ist. Verhältnismäßig ausführliche Darstellungen für den Spezialisten haben in letzter Zeit LUMRY, SPIKES u. EYRING (S 1, S 2) gegeben.

Am wichtigsten erscheinen hier zur Zeit die Versuche, den metastabilen, d. h. photochemisch-reaktionsfähigen Zustand des Pigments, meist als „triplet"-Stadium aufgefaßt, optisch zu kennzeichnen. LIVINGSTON u. Mitarbeiter (1, 2) haben in völlig O_2-freien Methanollösungen bei Chlorophyll a und b, Phaeophytin und Koproporphyrinester mit einer Lichtblitztechnik im kurzwelligen sichtbaren Licht und im angrenzenden UV spektrale Veränderungen komplizierterer Art festgehalten, aus denen auf ein vorübergehendes Verschwinden des unangeregten Grundzustands und Entstehen des metastabilen Farbstoffs geschlossen werden kann [vgl. auch LIVINGSTON (S)]. — Ein ganz anderes interessantes Phänomen, das seit Jahren durch die Schule von KRASNOVSKI bearbeitet wird, ist die reversible Photoreduktion, welche Chlorophyll in basischen organischen Lösungsmitteln (z. B. Pyridin) erleidet, wenn reduzierende Substanzen, wie Ascorbinsäure, Cystein oder H_2S anwesend sind. Die Reduktion wird optisch durch das Auftreten einer Bande bei 525 mµ erfaßt, und zwar beim Chlorophyll und beim Phäophytin, besonders deutlich bei niedrigen Temperaturen bis —40° [EVSTIGNEEV u. GAVRILOVA (1, 2, 3)]. Das optisch faßbare Reduktionsprodukt des Farbstoffs entsteht erst sekundär bei der Reaktion des photoaktivierten Chlorophylls mit den Reduktionsmitteln. Der reaktionsfähige Zustand des Pigments selbst verrät sich durch eine an der Pt-Elektrode meßbare, lichtabhängige und reversible Potentialänderung. Das chemische Bild dieser Chlorophyllreduktion ist im einzelnen noch unklar. Wichtig ist, daß sie durch eine Reihe von Oxydationsmitteln rückgängig gemacht werden kann [KRASNOVSKI u. BRIN (1, 2)]. Chlorophyll vermittelt also in vitro eine H_2-Übertragung im Licht; daß dieselbe unter vielen anderen Möglichkeiten von Ascorbinsäure auf DPN oder Riboflavin erfolgen kann, hat zu der Hypothese geführt, daß Chlorophyll auch in vivo nicht nur als reiner Sensibilisator, sondern darüber hinaus auch als „Photodehydrogenase" in die H_2-Übertragung vom H_2O auf das CO_2-reduzierende System eingeschaltet sei (vgl. auch GUREVICH). Doch gibt es keine sicheren Stützen für diese Vorstellung; daß die Reaktionen auch vom photosynthetisch inaktiven Phäophytin gegeben werden, spricht eher gegen dieselbe. Auch ist eine photochemische Wasserspaltung mit O_2-Entwicklung ähnlich der HILL-Reaktion mit Chlorophyllösungen in vitro nicht bekannt. Immerhin wird ein altes Problem der Photosyntheseforschung auch von dieser Seite her wieder aufgeworfen.

Der Photoreduktion des Chlorophylls steht die jetzt allgemein als Oxydationsvorgang aufgefaßte Erscheinung des reversiblen „photobleaching" gegenüber, die in nicht basischen organischen Lösungen, besonders bei Anwesenheit von Chinonen, auftritt und ebenfalls bei sehr niedrigen Temperaturen besonders gut faßbar und konservierbar ist (vgl. Fortschr. Bot. 14, 298). Hierüber liegen zur Zeit keine neuen Untersuchungen vor. Da Phäophytin und allomerisiertes Chlorophyll in diesem Fall kaum reagieren, scheint das Magnesium und der Ring V beteiligt zu sein [vgl. LUMRY u. Mitarbeiter (S 1)]. Die genaueren chemischen Grundlagen der „Lichtbleichung" konnten jedoch bisher noch nicht erarbeitet werden.

Auf Grund eines umfangreichen Erfahrungsmaterials an photosensibilisierten Reaktionen hat G. O. SCHENCK (1, 2) die Vorstellung entwickelt, daß hierbei sog. phototrop-isomere Diradikale als primäre Anregungszustände des Sensibilisatorfarbstoffs O_2 addieren und damit in einen chemisch reaktionsfähigen metastabilen Zustand sens^{rad} O_2 übergehen (vgl. Fortschr. Bot. 14, 245). Bei der eigentlichen Reaktion selbst soll O_2 entweder wieder abgegeben, an ein anderes Molekül oder eventuell auch an den Sensibilisator selbst angelagert werden können (3). Der erste Fall soll bei der Photosynthese, bzw. HILL-Reaktion, der zweite bei verschiedensten Photooxydationen (z. B. bei der Umwandlung von α-Terpinen in Ascaridol) gegeben sein. Der dritte, eine Photoautoxydation des Sensibilisators, ist keine einfache molekulare Umlagerung des sens^{rad} O_2 (Übergangsverbot für sens^{rad} $O_2 \rightarrow$ sens^{norm} O_2). Die Verbindung zur Photosynthese liefert die genannte photooxydative Ascaridolbildung, die in Blättern von *Chenopodium anthelminticum* auf Chlorophyll und Belichtung angewiesen und in vitro auch mit anderen Farbstoffen durchführbar ist, dazu die allgemeine Annahme, daß bei gleichen Molekülen einem gleichen Absorptionsakt ein gleicher photochemischer Primärakt entsprechen muß. Nach dem bunten Bild, welches die Photochemie des Chlorophylls wenigstens vorläufig bietet, mag es zweifelhaft sein, ob dies letztere Postulat in vivo und in Lösung im Sinne von SCHENCK erfüllt ist.

Die Hypothese von SCHENCK enthält in ihrer ersten Formulierung die Annahme, daß Sauerstoff für die Photosynthese unentbehrlich ist. Wie seinerzeit bei KAUTSKY, der ausgehend von seinen Erfahrungen über die Fluorescenzlöschung durch O_2 eine Mitwirkung des Sauerstoffmoleküls am photochemischen Mechanismus des Chlorophylls forderte, ist daher eine Auseinandersetzung mit der Tatsache nötig, daß auf Grund des vorliegenden Experimentalmaterials heute weniger noch als zuvor mit einem O_2-Bedarf der Photosynthese gerechnet werden kann (vgl. S. 570). SCHENCK (3) erwägt daher neuerdings, ob bei der Photosynthese andere Verbindungen den molekularen Sauerstoff in der ihm zugeschriebenen Funktion ersetzen können.

Die altbekannte Erscheinung der irreversiblen Allomerisation des Chlorophylls — im „MOLISCH-Test" mit alkoholischer Lauge zur Kontrolle des chemisch unveränderten Zustands von gelöstem Chlorophyll oft herangezogen — macht sich bekanntlich durch eine vorübergehende spektrale Veränderung („braune Phase") bemerkbar, wobei ein oxydativer Eingriff am isocyclischen Ring V (Kohlenstoffatom 10) stattfindet. Das Phänomen, über dessen chemische Grundlagen sich bei RABINO-

WITCH (S), sowie bei ARONOFF (S) genauere Angaben finden, hat erneut Interesse gefunden, weil eine Temperatursenkung von Chlorophylllösungen in Isopropylamin von $-40°$ auf $-80°$ einen durchaus ähnlichen, jedoch reversiblen spektralen Effekt herbeiführt [FREED u. SANCIER (1), (2)]; auch hier ist wohl eine Veränderung am Kohlenstoff 10 im Spiel, wahrscheinlich im Zusammenhang mit einer Assoziation zwischen Pigment und Fremdmolekül (3).

Eine andere irreversible Veränderung an den Molekülen der Chlorophylle, die ohne spektrale Kennzeichen verläuft, sich aber im Auftreten zusätzlicher Adsorptionszonen bei der Chromatographie bemerkbar macht, wird als Isomerisation aufgefaßt; ihre noch nicht genauer definierten Produkte werden als Chlorophyll a' und b' bezeichnet [vgl. STRAIN (1)].

Wenn aus apolaren organischen Lösungsmitteln alle polaren Moleküle (Verunreinigungen) beseitigt sind und der Farbstoff infolgedessen ohne sonstige Veränderung in eine mikrokristalline Form übergeht, treten die auch bei sog. kolloidalem Chlorophyll beobachteten Bandenverschiebungen auf [STRAIN (1)]. Chlorophyllfilme, aus Lösungen des Pigments in verschiedenen organischen Lösungsmitteln gewonnen, zeigen ähnliche Veränderungen, offensichtlich eine Folge der mehr oder weniger ausgeprägten Kristallordnung [KRASNOVSKI u. BRIN (3, 4)]. Methodisch am weitesten fortgeschritten sind hier JACOBS u. Mitarbeiter (vgl. auch HOLT, JACOBS u. RABINOWITCH), die aus organischen Lösungen mit Hilfe von Ca^{++}-Ionen Chlorophyll- und Bakteriochlorophyllkristalle von bisher unbekannter Größe erhielten, die elektronen- und röntgenoptisch untersucht werden konnten. Bei solchen Präparaten war die Rotbande bis zu 100 mμ ins längerwellige Gebiet verlegt, das Extrem unter den spektralen Änderungen, die man bisher am Chlorophyll beobachtet hat.

Eine gesetzmäßige Beziehung zwischen Bandenlage und Brechzahl bzw. Dipolmoment des Lösungsmittels (sog. KUNDTsche Regel) dürfte im ganzen fürs Chlorophyll gegeben sein. Stärkere Abweichungen, wie z. B. in Piperidin, lassen sich wahrscheinlich mit irreversiblen Reaktionen zwischen Farbstoff und Lösungsmittel erklären (WEIGL u. LIVINGSTON). ARONOFF (S) hat das Experimentalmaterial auf diesem Gebiet übersichtlich dargestellt.

Von den Arbeiten der letzten Jahre über die Chlorophyllfluorescenz sei die wichtige Untersuchung von FORSTER und LIVINGSTON erwähnt. Die Fluorescenz fehlt in völlig unpolaren Lösungsmitteln, wird aber durch geringe Mengen von Wasser und basischen Verbindungen verschiedenster Art hervorgerufen, wobei die Aktivierung am Mg-Atom ansetzen dürfte. Das Maximum der Fluorescenz in vitro wird mit 25% der absorbierten Energie angegeben (gegenüber 0,15—0,3% in lebender *Chlorella*!). Die aktivierenden Moleküle verlängern die Lebensdauer des primären Anregungszustandes (singlet-state), der daher seine Energie hauptsächlich als Licht und weniger als Wärme abgibt und auch eine verhältnismäßig geringe innere Umwandlung (internal conversion) in den chemisch reaktionsfähigen metastabilen Zustand (triplet) zeigt.

Die Fortschritte in der spektrophotometrischen Meßtechnik und der Reindarstellung der Pigmente lassen von Zeit zu Zeit eine Neuaufnahme der Absorptionskurven von Chloroplastenpigmenten wünschenswert erscheinen. Neue Messungen an den Chlorophyllen a, b, c, d und deren Phaeophytinen und am Protochlorophyll sind in den beiden letzten Jahrbüchern der Carnegie Institution [FRENCH (S)] niedergelegt. HOLT u. JACOBS (1, 2) bringen Absorptionsspektra von Äthylchlorophylliden (vgl. WATSON) und Phaeophorbiden, von Bakteriochlorophyll (s. auch WEIGL, VOINOVSKAJA u. KRASNOVSKI) und Derivaten derselben. Im ganzen stimmen die Werte mit früheren Daten überein. Die Angaben der spezifischen (molaren) Extinktionswerte sind methodisch von allgemeinem Interesse. Auch die Fluorescenzspektra von Chlorophyllen sind neu aufgenommen worden (Carnegie Yearbook 52 u. 53). Die weitgehende Übereinstimmung in der Lage der Rotbande des Fluorescenzlichts mit der Absorptionsbande ist wieder bestätigt worden. Die Fluorescenz reicht allerdings noch weit ins Gebiet oberhalb 700 mμ hinein und hat dort noch ein kleines Maximum. Die Fluorescenz wird auch zur Bestimmung sehr kleiner Chlorophyllmengen empfohlen, ferner zur Prüfung der Reinheit von Chlorophyllpräparaten. Eine Abhängigkeit der Fluorescenzbande von der Wellenlänge des anregenden Lichts ist stets auf Verunreinigungen zurückzuführen.

Auf die papierchromatographische Trennung der Plastidenpigmente sei kurz hingewiesen, die viel in Gebrauch [CHIBA u. NOGUCHI, DOUIN, FOUASSIN, HELMICK, LIND u. Mitarbeiter, SIRONVAL (1)] und besonders von STRAIN (2) weiter entwickelt worden ist.

3. Die Photosynthesepigmente in vivo. Die Bemühungen von biochemischer und physiologischer Seite, die Besonderheiten des Zustands der Photosynthesepigmente in der Zelle bzw. im Chloroplasten eindeutig herauszuarbeiten, haben noch nicht zu einem wirklich engen Kontakt mit der Strukturmorphologie geführt. Zwischen Chloroplastenfeinbau und -funktion fehlen noch Brücken, die durch Beobachtung und Experiment gleichermaßen gesichert sind; die alte und oft zitierte Hypothese des „Geldrollen"mechanismus der Energieleitung ist z. B. in ihren Grundvoraussetzungen auch heute noch ungesichert. So kann die Behandlung der eigentlichen Strukturfragen dem dafür vorgesehenen Bericht überlassen bleiben. Ein Stück weit ist der präparativ arbeitende Biochemiker dem Morphologen entgegengekommen mit dem Versuch, die gemeinen Pigmentsymplexe aus der Zelle zu lösen oder ihnen ähnliche Systeme modellmäßig aufzubauen.

Das von TAKASHIMA (Fortschr. Bot. 14, 300) beschriebene makrokristalline, lipoidhaltige und carotinoidfreie Chlorophyll-Lipoproteid (ohne photochemische Aktivität) hat viel Beachtung gefunden, dürfte aber mehr Präparationsartefakt als echter Baustein lebender Strukturen sein. Ähnliche Versuche von KRASNOVSKI u. BRIN (3) führten lediglich zu proteinarmen bis proteinfreien Kristallen von hohem Chlorophyllgehalt, deren Rotmaximum (690 mμ) demjenigen des Plastidenpigments in vivo nicht entsprach. LUMRY u. Mitarbeiter [zitiert in (S 2)], sowie SHERATT u. EVANS konnten jedoch aus zahlreichen Pflanzenarten

Chlorophyll-Lipoid-Kristalle gewinnen; das Chlorophyll ist daran nur oberflächlich adsorbiert und leicht abtrennbar. Wichtig erscheint eine bisher noch nicht genauer belegte Angabe von VISHNIAC, wonach Chlorophyll mit farblosem Plastidenextrakt zusammen ein Reaktionssystem liefert, das eine photochemische Reduktion von TPN durchführen kann. — Die experimentelle Kombination von Chlorophyll mit Eiweißkörpern, um die sich OSIPOVA seit Jahren bemüht, führt zu Adsorbaten mit Bandenverschiebungen, die an die optischen Verhältnisse in vivo erinnern. Die Assoziationsneigung von Pigment und Protein soll in vivo mit dem physiologischen Zustand des Materials (z. B. Jahreszeit) variieren, wofür qualitative Veränderungen in der Aminosäuregarnitur verantwortlich gemacht werden. Bei der Assoziation mit Albuminen und Globulinen aus Blutserum bilden Chlorophylle und Chlorophyllderivate, sowie Chlorophyllhomologe mit anderen Zentralatomen angeblich stöchiometrische Komplexe von erhöhter Lichtbeständigkeit (ZIRM u. Mitarbeiter). Die Chlorophyll-Eiweiß-Stöchiometrie im lebenden Organell bleibt aber weiterhin ein undankbares Problem, wenn auch Versuche, ein definiertes Verhältnis aufzufinden oder herzustellen, immer wieder gemacht werden [z. B. RODRIGO). STOLL u. WIEDEMANN (S) setzen sich wie früher für die Einheitlichkeit des Chromoproteids ein und verteidigen damit den Namen „Chloroplastin"; mit dem Vorkommen artspezifischer Chloroplastine ist allerdings zu rechnen. Besonders kompliziert scheinen die Verhältnisse beim Bakteriochlorophyll zu liegen; hier bestätigen KRASNOVSKI, KOSOBUTSKAJA u. VOJNOVSKAJA das Vorkommen dreier spezifischer Banden in der Lebendabsorption (890, 850 und 800 mμ), die drei verschiedenen Proteiden zugeordnet werden, weil ihnen in echter Lösung nur eine Bande (etwa 770 mμ) entspricht. Diese Proteide sollen auch im Modellversuch aufgebaut worden sein. Nur das „890-Bakteriochlorophyllproteid" ist in vivo fluorescenzfähig (DUYSENS (1)]. Diese Angaben zeigen schwierige strukturelle Probleme schon für solche Zellen an, denen lichtoptisch erkennbare Organelle der Pigmentlokalisation fehlen. — Die Überführung aus dem natürlichen Verteilungszustand des Chlorophylls in die echte Lösung kann durch stufenweise Elution mit organischen Solventien von verschiedenem Wassergehalt über einen intermediären, angeblich kolloidalen Zwischenzustand mit charakteristischer Bandenlage und geringer Fluorescenz erfolgen [KOSOBUTSKAJA u. KRASNOVSKI (1)]. Die Fähigkeit zur HILL-Reaktion geht schon vor der endgültigen Elution völlig verloren. Der Verteilungszustand, durch die Lage der Rotbande charakterisiert, bestimmt in Lösungen von Chlorophyll (und Bakteriochlorophyll) die Photooxydationsneigung, wobei im Fall des Chlorophylls der dem natürlichen am nächsten stehende Zustand die geringste Reaktion zeigt.

Nach dem Gesamteindruck, den man nach dem heutigen Stande dieses Grenzproblems zwischen Morphologie und Biochemie erhält, spricht wenig dafür, daß die Lebendabsorption der Chlorophylle allein oder auch nur zum Teil durch einen Konzentrations- oder Polymerisationseffekt bedingt ist, womit auch das „kolloidale" Chlorophyll als Strukturelement der Plastiden auszuschließen wäre. Auf Grund von Absorptionsmessungen an hochkonzentrierten Lösungen von Chlorophyll bezeichnet ARONOFF einen kolloidalen Zustand des Pigments ausdrücklich als unwahrscheinlich trotz der immerhin hohen lokalen Konzentration in den Grana, die mit 0,1 mol veranschlagt wird. EGLE (S) hält ebenfalls die früher diskutierte Annahme zweier verschiedener Verteilungs- bzw. Bindungsarten des Pigments in den Plastiden (adsorbierter und kolloidaler Anteil) für überholt. Allerdings gibt es optische Phänomene, mit deren Deutung man vorerst bei Festlegung auf eine einfache Pigmenteiweißassoziation gewisse Schwierigkeiten hat, so bestimmte Fluorescenzänderungen (reversible Fluorescenzlöschung bei Wasserentzug oder irreversible Fluorescenztilgung bei kurzfristiger UV-Bestrahlung). Die Annahme einer spezifischen Chlorophylleiweißbindung wird auch von seiten der Strukturmorphologen gestützt. So nehmen WOLKEN u. SCHWERTZ im Einklang mit älteren Vorstellungen an, daß Chlorophyll in Plastiden bzw. Granum in monomolekularer Schicht an Proteinlamellen lokalisiert ist, die ihrerseits mit Lipoidschichten abwechseln. Dabei können die optischen Daten natürlich nicht darüber Auskunft geben, ob zwischen dem Phytolrest des Chlorophylls und der Lipoidphase die oft angenommene Beziehung tatsächlich besteht, ob also innerhalb der lamellaren Strukturen das Chlorophyll in eine feste Ausrichtung zwischen Proteinen und Lipoiden gezwungen ist. Im Grunde wissen wir immer noch recht wenig von der „unique combination and association" (STRAIN) des Chlorophylls mit den übrigen Plastidenkomponenten innerhalb der funktionstüchtigen grünen Zelle. Für das Phycocyan von *Synechococcus cedrorum* (Blaualge) nehmen THOMAS u. DE ROVER ebenfalls einen Einbau in das lamellare System sublichtmikroskopischer Träger an. Die photochemische Aktivität der Zellen und ihrer Extrakte (HILL-Reaktion) geht nicht auf Eluate des Phycocyans selbst über.

4. Chlorophyllabbau. Ein Chlorophyllschwund im Licht ist von MONTFORT u. Mitarbeitern (1, 2) weiterhin besonders bei sog. photolabilen Typen verschiedener ökologischer und systematischer Herkunft beobachtet worden. Es ist zweckmäßig, zur Beurteilung der Abbauerscheinungen neben dem Verhalten des Pigments auch andere zellphysiologische Symptome in Betracht zu ziehen, vor allem die Erhaltung des Lebenszustands überhaupt. So muß man nach MUNDING ein Ausbleichen ohne sofortiges Absterben von einem letalen Pigmentschwund unterscheiden; der erstere Fall scheint bevorzugt im langwelligen, der letztere öfter im kurzwelligen Teil des sichtbaren Lichts einzutreten. Die Labilität des Chlorophylls ist zudem vom physiologischen Zustand des Gewebes mitbestimmt. Auch bei Tiefenlaminarien [MONTFORT u. Mitarbeiter (2)] ist eine Bleichwirkung stärkeren Rotlichts deutlich nachzuweisen. Bei photostabilen Blättern von Laubgehölzen wird die merkwürdige Beobachtung gemacht, daß Sonnenblätter nach Überführung in „Grünschatten" einen starken Chlorophyllschwund erleiden, andererseits chlorophyllarme Blätter aus „Grünschatten" bei Besonnung ihr Pigmentdepot aufzufüllen beginnen [MONTFORT u. Mitarbeiter (1)]. So reizvoll die Denkweise der „induktiven Ökologie" sein mag, bedarf es zur Klärung der offensichtlich komplexen Situation und zur Sichtung der zunächst noch etwas verwirrenden Einzelbefunde möglichst exakter Laboratoriumsversuche. — Bei der Vergilbung von Blättern kann den Schließzellenplastiden ihr Pigment erhalten bleiben (KENDA u. Mitarbeiter). BIEBL hat an Meeresalgen (1) und Schattenmoosen (3) umfangreiche Beobachtungen über Strahlenempfindlichkeit im Sichtbaren gesammelt. Der Resistenzgrad entspricht im allgemeinen den Standortsbedingungen, d. h. es liegt eine „ökologische" (umweltsbezogene) Resistenz vor. Zwischen UV-Resistenz und Lebensbedingungen lassen sich dagegen keine Beziehungen feststellen. Es liegt hier eine „konstitutionelle" Resistenz vor, die der ökologischen unter Umständen entgegengesetzt sein kann.

DAVIS (1) beschreibt UV-Mutanten von *Chlorella* mit lichtlabilem Chlorophyll, die jedoch bei Zusatz organischer Nährstoffe (z. B. Glucose) auch im Licht Chlorophyll zurückbilden und stabilisieren können. Die Mutation hat hier somit nicht wie bei den GRANICKschen Mutanten in den eigentlichen Syntheseweg des Chlorophylls eingegriffen. Die Photosynthese ist stillgelegt, jedoch wurde in einem Fall noch photochemische O_2-Entwicklung beobachtet.

Die relative Lichtbeständigkeit des Chlorophylls in vivo steht wahrscheinlich mit dessen Beziehung zum Eiweiß in engem Zusammenhang [vgl. NEZGOVOROVA (1)]. AACH untersuchte bei Stickstoffmangel und den damit verbundenen tiefgreifenden Änderungen in der Stoffbilanz den lichtabhängigen Pigmentschwund (Chlorophyll a vor b, Chlorophylle vor Carotinoiden); dieser, sowie auch die Regeneration nach N-Zufuhr liefen nicht genau mit dem Proteinspiegel konform. Vielleicht ist die Zuordnung Pigment-Protein derart, daß sie auch für die Energieleitung Bedeutung besitzt. Bei gehemmter Photosynthese könnte durch Ableitung der aufgenommenen Energie über das Protein ein Schutz vor oxydativem Abbau des Pigments gegeben sein. Es ist allerdings unbewiesen, daß ökologische Unterschiede in der Lichtstabilität des Chlorophylls (Licht- und Schattenpflanzen) mit der Eiweißbindung in kausalem Zusammenhang stehen, wie AACH vermutet. G. O. SCHENCK (3) nimmt auf Grund von Modellversuchen an, daß für die Stabilität des Chlorophylls gegen Photooxydation auch Eigenschaften des Pigmentmoleküls, bzw. seiner photochemisch gebildeten Radikale Bedeutung haben.

Ein Extremfall von Lichtlabilität liegt bei einer nach wiederholter Ultraschallbehandlung innerhalb mehrerer Generationen erhaltenen *Helianthus*-Mutante vor. Im Tageslicht ist sie völlig pigmentfrei, kann dabei aber bis zum Samenansatz als Reis auf einer Normalunterlage gedeihen. In sehr schwachem Licht wird Chlorophyll gebildet, im Dunkeln Protochlorophyll (WALLACE u. SCHWARTING).

Relativ wenig ist bisher über die Eigenschaften der Chlorophyllase bekannt, deren Angriff auf das Chlorophyll wahrscheinlich eine Lösung des Pigments aus seiner Assoziation an das Protein zur Voraussetzung hat. SIRONVAL (2), der die von anderer Seite oft behaupteten und ebensooft abgelehnten tagesperiodischen Schwankungen des Chlorophyllspiegels erneut nachgewiesen zu haben glaubt, bringt dieselben mit Aktivitätsschwankungen der Chlorophyllase (Chlorophyllhydrolyse und

-synthese) in Zusammenhang; Veränderung der Tageslänge kann die Synthese- und Abbauzeiten beeinflussen, wobei freilich Temperaturschwankungen mit im Spiele sein dürften. Eine elegante papierchromatographische Chlorophyllasebestimmung wurde vom gleichen Autor ausgearbeitet (3). — Bemerkenswert ist die von BLAAUW-JANSEN aufgestellte Hypothese, daß ein photochemischer Chlorophyllabbau über das Chlorophyllid eine wachstumshemmende Substanz mit Regulatorfunktion produziert; damit läge eine ganz neuartige Nebenfunktion des Chlorophylls und der Chlorophyllase vor.

5. Absorptionsmessung, Pigmentanalyse. Moss u. LOOMIS legen neue Absorptions- und Reflexionskurven von lebenden Blättern im sichtbaren Spektralbereich vor und geben zum Vergleich die Spektra von abgekochten Blättern, von Extrakten und Plastidenpräparaten, die im Rahmen der methodischen Möglichkeiten demselben Blattmaterial optisch äquivalent sind. Die Daten stimmen weitgehend mit den bereits vorhandenen Meßwerten (besonders mit denen von SEYBOLD und WEISWEILER) überein. BIEBL beschreibt Transmissionsänderungen an Meeresalgen unter verschiedenen Außeneinflüssen (Licht, Temperatur, Wasserentzug), deren Ursachen vielleicht auf Änderungen der Plastidenform und der optischen Dichte plasmatischer Strukturen beruhen dürfte. Strukturelle Ursachen nimmt auch BELL für eine durch CO_2 hervorgerufene Transmissionsänderung von Blättern an.

WARBURG u. Mitarbeiter (1, 2) machen methodische Angaben zur Absorptionsmessung von Grünalgensuspensionen mit der ULBRICHTschen Kugel. Durch Einschalten einfachster Streufilter in den Strahlengang haben SHIBATA, BENSON u. CALVIN nach Vorschlag von TAMIYA u. Mitarbeitern [s. BURLEW (S)] an Blättern, Thallusstücken und Algensuspensionen scharfe Banden erhalten, die den Absorptionswerten der Pigmentlösung relativ nahe kommen. VIRGIN (2) demonstriert Unterschiede in der Höhe verschiedener Banden des Fluorescenzspektrums von Blättern gegenüber derjenigen von Algensuspensionen und *Ulva*-Thalli. Infiltration der Intercellularen beseitigt die Erscheinung, die somit als Streuungseffekt anzusehen ist.

Die qualitative und quantitative Analyse der Pigmente und die Untersuchung der Verhältniszahlen für die einzelnen Komponenten spielte in der Berichtszeit nicht die gleiche Rolle wie in früheren Jahren. Auf Angaben von GUNDERSEN, wonach in Mark und Markstrahlen von Laubbäumen geringe Chlorophyllmengen (a:b nur 1,3:1!) vorkommen, sei kurz verwiesen.

Für die Photosyntheseforschung sind die weiteren Angaben über das plastidenspezifische Cytochrom f von besonderem Interesse (DAVENPORT, LUNDEGÅRDH), dessen Einordnung in den Photosynthesemechanismus zur Diskussion steht (vgl. S. 545, 557). VERNON (1) hat in *Rhodospirillum* beträchtliche Mengen eines dem Cytochrom c sehr nahestehenden Pigments aufgefunden, das möglicherweise eine funktionelle Bedeutung bei der Bakterienphotosynthese hat [ELSDEN u. Mitarbeiter, ELSDEN (S)]. — SEYBOLD u. HIRSCH haben unter kritischer Bewertung bisheriger Daten gezeigt, daß das chromatographisch isolierte photosynthetische Pigment der grünen Bakterien mit demjenigen der Purpurbakterien identisch, also Bakteriochlorophyll a ist; das als Bakterioviridin bezeichnete Acetylchlorophyll a tritt in vivo nicht auf, ist vielmehr als dehydriertes Abbauprodukt anzusehen. — In *Pedinomonas* als Vertreter der phylogenetisch interessanten Flagellatenreihe der *Protochloridales* wurde Chlorophyll a und Chlorophyll b gefunden (HARDER u. KOCH). — WASSINK u. RAGETLI haben die Aminosäurezusammensetzung des Phycocyaneiweißes aus *Oscillatoria* papierchromatographisch untersucht, ohne sichere Unterschiede (Fehlen des Arginins?) zum normalen Plastideneiweiß zu finden. An bakterienfreien Massenkulturen von *Porphyridium cruentum*, eines aussichtsreichen Objekts für die Bearbeitung der Stoffwechselphysiologie der Rhodophyceen, hat KOCH das Chlorophyll/Phycoerythrinverhältnis durch verstärkte Beleuchtung reversibel vergrößern können, bei Abnahme des Absolutwertes beider Pigmente.

Die Existenz eines Chlorophyll c und d bei Braun- und Rotalgen gilt jetzt allgemein als gesichert; ihre spektralen Eigenschaften sind bekannt, dagegen besteht über ihre Konstitution noch keine Klarheit. Phycocyan und Phycoerythrin lassen sich ebenfalls noch in verschiedene Typen aufgliedern; so werden neuerdings drei Phycocyane und drei Phycoerythrine auf Grund ihrer zum Teil geringen spektralen Differenzen unterschieden [genaue Daten bei BLINKS (S. 1 und 2)]; Blaualgen und Rotalgen haben nicht die gleichen Chromoproteide, vielmehr je ein Phycocyan und Phycoerythrin ,,C" und ,,R". Ob die spektralen Differenzen auf verschiedenartiger Bindung an Eiweiß beruhen — diese ist ja bei den Phycobilinen besonders fest — bleibt ungeklärt.

6. Algenchromoproteide (Phycoerythrinproblem). Mit der eindeutigen Bestätigung der schon auf ENGELMANN zurückgehenden Beobachtung, daß der Chlorophyllabsorption der Rotalgen ein Photosyntheseminimum, der Phycoerythrinabsorption dagegen ein Maximum entspricht, war die Frage nach der Beteiligung des Phycoerythrins an der Photosynthese (Fortschr. Bot. 14, 297f.) brennend geworden. Eine unmittelbare Sensibilisation der Photosynthese durch das Phycoerythrin kann als ausgeschlossen gelten; dagegen spricht — von der großen Unwahrscheinlichkeit an sich abgesehen — unter anderem die Tatsache, daß Phycoerythrin in vitro im Gegensatz zu Chlorophyll nicht imstande ist, Redoxvorgänge zu photosensibilisieren [KRASNOVSKI u. Mitarbeiter (2)]. Vielmehr muß die Möglichkeit einer Energieübertragung von einem Pigment zum anderen in Betracht gezogen werden. Eine solche ist als bewiesen anzusehen, wenn in vivo das von einem Pigment absorbierte monochromatische Licht die Fluorescenz des anderen Pigments anregt, das seinerseits in dem betreffenden Spektralbereich nicht absorbiert. Nach diesem Prinzip ist bekanntlich schon vor längerer Zeit die Möglichkeit einer Beteiligung der Carotinoide am Photosynthesevorgang sichergestellt und das hierüber schon vorliegende Experimentalmaterial deutbar gemacht worden. Es zeigte sich nun die kaum erwartete Tatsache, daß das Wirkungsspektrum der Chlorophyll a-Fluorescenz nicht mit dem Absorptionsspektrum des Chlorophylls, sondern mit dem des Phycoerythrins übereinstimmt, d. h. daß das vom Chlorophyll (einschließlich der Carotinoide) absorbierte Licht am eigenen Molekül viel geringere Fluorescenz auslöst als die vom Fremdmolekül Phycoerythrin absorbierte Strahlung [FRENCH u. YOUNG, vgl. BLINKS (S 1, S 2)]. Nach verfeinerten Messungen von YOCUM u. BLINKS ist die photochemische Ausbeute der Rotalgen im Bereich der Chlorophyllabsorption tatsächlich schlechter als es im Absorptionsgebiet des Phycoerythrins und auch des Chlorophylls bei anderen Algen oder höheren Pflanzen der Fall ist. Daraus wird von BLINKS geschlossen, daß das Chlorophyll a der Rhodophyceen in einer photosynthetisch aktiven und einer inaktiven Form vorkommt. Während die Phycoerythrinabsorption ausschließlich der aktiven Form zugute kommen soll, wird die Absorption des Chlorophylls selbst zu einem großen Teil durch die inaktive Form als Wärme vergeudet. Ein Energieverlust durch ebenfalls inaktives Chlorophyll d mit seiner anderen Absorption, wie ihn RABINOWITCH (S) zur Erklärung der schlechten Nutzung der Chlorophyll a-Absorption unter Annahme einer zwangsläufigen Energieübertragung a → d vermutet, kann wegen der geringen Konzentration der d-Komponente zumindest nicht als einzige Erklärung herangezogen werden. Kompliziert wird die Lage noch durch die von FRENCH u. YOUNG, sowie von DUYSENS (1) gut begründete Vorstellung, daß die Energieübertragung nicht vom Phycoerythrin direkt auf das Chlorophyll a erfolgt, sondern daß sich die Phycocyane, die ja meist neben Phycoerythrin vorkommen, als vermittelnde Energieüberträger einschalten. Im ganzen resultiert etwa folgendes Bild der Energieleitung (Fluorescenzverluste nicht berücksichtigt):

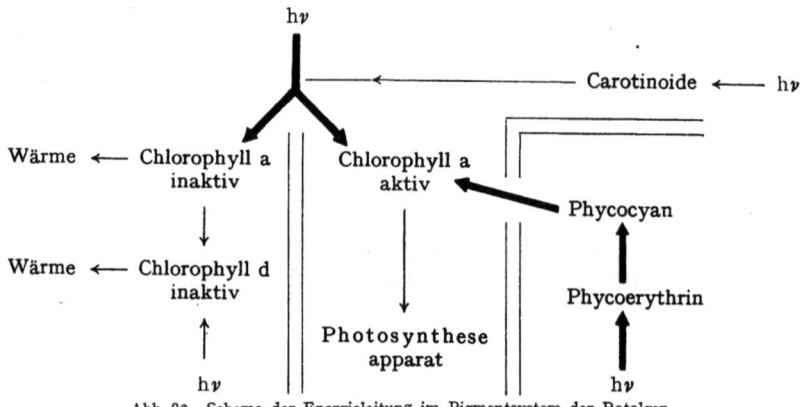

Abb. 82. Schema der Energieleitung im Pigmentsystem der Rotalgen. (Doppelstriche zeigen Übergangssperren an.)

Wir bringen dies Schema (Abb. 82), das noch keine endgültig bewiesenen Tatsachen wiedergibt und auf den ersten Blick etwas gezwungen erscheinen mag, um zu demonstrieren, daß die aus optischen und stoffwechselphysiologischen Daten gezogenen Schlüsse ein höchst kompliziertes System der Energiekanäle mit bestimmten Übergangsmöglichkeiten und -verboten anzeigen. Ein solches System setzt eine außerordentlich differenzierte Feinstruktur voraus, innerhalb deren die räumlichen Voraussetzungen für die zulässigen und bevorzugten Übergänge (Übertragung durch Resonanz, „internal conversions") bestehen müssen. Hier wird somit eine wichtige Anregung für die direkte Strukturanalyse der Rhodoplasten gegeben, die bei mikroskopischer Betrachtung nahezu homogen erscheinen. Das inaktive Chlorophyll a der Rotalgen ist übrigens nicht mit dem Chlorophyll b der normal grünen Pflanzen homologisierbar. Denn dieses soll seine Energie durch Resonanz auf das Chlorophyll a übertragen können [zit. nach GAFFRON (S)]. Als bemerkenswerter Befund sei noch erwähnt, daß die Höhe der eigenerregten Chlorophyllfluorescenz keine jeweils festliegende Größe ist, sondern durch Rotlichtbehandlung adaptativ gesteigert werden kann, während die phycoerythrin-erregte Chlorophyllfluorescenz dadurch wenig verändert wird. Entsprechende Kulturversuche und Photosynthesemessungen im Rot (und Blau) lassen erkennen, daß die offenbare Zunahme des Anteils an „aktivem" Chlorophyll auch funktionell bedeutsam ist (Verbesserung der Photosyntheseleistung). Erneute Grünlichtbestrahlung bewirkt dann eine kurzfristig erfolgende Deadaptation (Inaktivierung von Chlorophyll a), was als Auswirkung lichtinduzierter Strukturänderungen aufgefaßt werden kann. Die Weiterbearbeitung dieser Effekte ist von größtem Interesse, weil von ihr ein vertieftes Verständnis der chromatischen Adaptation zu erwarten ist. Die bisherigen Ergebnisse deuten allerdings nicht einfach auf eine biologische Zweckmäßigkeit hin; denn gerade im Standortlicht vieler Rotalgen mit einem starken Grünanteil ist die photochemische Ausbeute infolge des relativ hohen Gehalts an inaktivem Chlorophyll verhältnismäßig schlecht. Im Unterschied zu den Carotinoiden und zum Chlorophyll ist bekanntlich bei den Phycobilinen die Fluorescenz in vivo relativ hoch, ohne daß dadurch bereits erhebliche Energieverluste bemerkbar würden. Interessant ist hier die Beobachtung von BLINKS, daß Fremdsubstanzen, besonders Oxydationsmittel (z.B. Jod) die gelbe Fluorescenz des Phycoerythrins reversibel löschen können. Die ausnahmsweise geringe Phycoerythrinfluorescenz von *Polysiphonia*-Arten ist offenbar auf natürliche Löschsubstanzen solcher Art zurückzuführen; Extrakte dieser Arten bringen die Fluorescenz anderer Arten zum Verschwinden. Über eine funktionelle Bedeutung solcher induzierter bzw. induzierbarer Fluorescenzunterschiede ist noch nichts bekannt.

Bei den Blaualgen finden sich keine Anzeichen für das Vorliegen inaktiven Chlorophylls. Die von Phycocyan aufgenommene Energie ist etwa ebenso wirksam wie die vom Chlorophyll a absorbierte Strahlung. Wie bei den Rotalgen wird die Carotinoidabsorption relativ schwach für die Photosynthese ausgenutzt. BANNISTER hat an Lösungen von Phycocyan gezeigt, daß die Absorption von UV durch das Trägerprotein des Pigments die Fluorescenz (im Rot) gleichermaßen anzuregen vermag wie die Eigenabsorption des Farbstoffmoleküls selbst; zwischen Protein und prosthetischer Gruppe sind somit die Bedingungen einer nahezu verlustlosen Energieübertragung durch Resonanz gegeben.

7. Spektrale Änderungen bei der Photosynthese. Wichtig sind neuere Versuche, im Zusammenhang mit der Photosynthese charakteristische spektrale Veränderungen innerhalb der Zelle zu erfassen. Zunächst wurden solche Effekte für das Cytochromsystem der Purpurbakterien nachgewiesen. DUYSENS (3) fand an der Cytochromabsorption um 420 mµ in lebendem *Rhodospirillum* bei Anaerobiose eine Oxydation im Licht und eine Reduktion im Dunkeln eindeutig angezeigt. Dies spricht dafür, daß die Endoxydation des organischen Substrats (Acetat) im Licht durch Cytochrom vermittelt wird.

Auch bei *Chlorella* (und *Vallisneria*) sind Anhaltspunkte für eine solche Cytochromoxydation im Licht und eine Reduktion bei Verdunklung gegeben [DUYSENS (4)]. Doch sind die spektralen Änderungen hier bisher nicht völlig eindeutig und auf ein einziges Pigment zu beziehen. LUNDEGÅRDH hat mit seinem registrierenden Spektralphotometer an *Chlorella*, Weizenblättern und in Blatthomogenaten im Spektralbereich von 540—570 mµ lichtabhängige reversible Absorptionsänderungen gemessen; diese betreffen ausschließlich eine für Cytochrom f charakteristische Bande bei 556 mµ, während benachbarte Banden der

Cytochrome C und der Succindehydrase unverändert bleiben. Eindeutiger als bei *Chlorella* ist nach DUYSENS (4) die Oxydation von Cytochrom f im Licht in der Rotalge *Porphyridium cruentum*, wo sie sich an den Banden bei 420 mµ und 555 mµ zu erkennen gibt. Im UV um 350 mµ kann man in *Chlorella* und *Porphyridium* spektrale Veränderungen erkennen, die für eine im Licht stattfindende reversible Reduktion von DPN sprechen. Diese Effekte sind sämtlich nicht sehr ausgeprägt, die Messungen daher recht diffizil; grundsätzlich sind sie aber sehr bedeutungsvoll und verdienen weitere Vervollkommnung. Besonders wichtig ist dabei der Nachweis, daß die spektralen Effekte auf einzelne Verbindungen beschränkt sind; denn eine allgemeinere Tendenz zur Oxydation oder Reduktion könnte unspezifischer Ausdruck der Veränderung des Redoxpotentials am Assimilationsort sein und würde dann allein keinen Beweis für die direkte Beteiligung der betreffenden Verbindung (Coferment, Pigment) an der Photosynthese liefern.

Besonders wertvoll wäre es natürlich, spektrale Veränderungen am Chlorophyll in unmittelbarer Kopplung an die Photosynthese messend zu erfassen, weil damit Einblicke in den noch so schwer zugänglichen primären Photoprozeß ermöglicht würden. In dieser Richtung hat WITT (1, 2) erste Versuche auf experimentell exakter Basis begonnen. Daß solche Veränderungen bei langfristigen Licht- oder Dunkelzeiten nicht erwartet werden können, ist von älteren Arbeiten her bekannt. Es wurde daher mit einem Lichtblitzphotometer (Lichtblitze von 10^{-4} sec) an Blättern und Algensuspensionen bei Photosyntheseanregung mit Rotlicht (620 bis 800 mµ) das Absorptionsverhalten zwischen 400 und 580 mµ gemessen. Der Lichtblitz läßt bei 515 mµ eine neue Bande entstehen und bewirkt bei 475 mµ eine charakteristische Absorptionsabnahme. Diese Effekte klingen temperaturabhängig in Bruchteilen einer Sekunde ab; der nächste Blitz ruft sie erneut hervor. Erhöhung der Blitzintensität führt zu einem Sättigungswert für die Absorptionsänderungen. Die Optimalbedingungen für die Ausbildung derselben stimmen im ganzen mit denen der optimalen Photosynthesebedingungen in den Lichtblitzexperimenten von EMERSON u. ARNOLD überein. Auch der Einfluß von Giften und Narcoticis auf die Absorptionsänderungen paßt zu den entsprechenden Wirkungen auf die Photosynthese. Erscheint somit die Beziehung zur Photosynthese gesichert, so bleibt noch ungewiß, ob die Effekte tatsächlich dem Chlorophyll zugeschrieben werden können. Die einfachste, vorläufig als Arbeitshypothese zu wertende Vorstellung würde besagen, daß die spektralen Änderungen das Vorhandensein eines metastabilen langlebigen Anregungszustands des Chlorophylls anzeigen, der chemische Reaktionen am Pigment ermöglicht. Die von LIVINGSTON u. RYAN an Chlorophyllösungen beobachteten „Phototropie"-Effekte (vgl. S. 535) liegen in einem vergleichbaren Spektralbereich und sind daher möglicherweise mit den von WITT beobachteten Absorptionsänderungen verwandt. Vielleicht begegnen sich hier die Befunde am gelösten Chlorophyll mit solchen am genuinen Pigment.

II. Plastidenanalyse.

Für eine Spezifität in der qualitativen Zusammensetzung der Chloroplastenproteine haben sich bisher keine sicheren Anhaltspunkte finden lassen. Auch neue vergleichende Analysen von YEMM u. FOLKES förderten keine wesentlichen Unterschiede in der Aminosäuregarnitur der Plastiden- und Cytoplasmaproteine zutage. Signifikante Differenzen waren lediglich im Lysingehalt zu beobachten. WASSINK u. RAGETLI halten ein spezifisches Fehlen von Arginin in dem Phycocyanprotein von Oscillatorien für möglich. Viel auffälliger und unerwartet sind die Beobachtungen, die von russischen Autoren bei eingehender Untersuchung des Chloroplasteneiweißes gemacht worden sind [vgl. SISSAKJAN (S)]. Im Zuge physiologischer Veränderungen, insbesondere beim Altern soll sich danach der Gehalt an einzelnen Aminosäuren (betroffen sind besonders Serin, Leucin, Threonin, Cystin und Glykokoll) zum Teil gegensinnig verändern [SISSAKJAN u. Mitarbeiter (1)]. Im engeren Zusammenhang mit diesen Veränderungen soll die Aktivität der Plastidenfermente schwanken, wobei dieselben aus ihrer Proteinbindung gelöst und wieder gebunden werden (SISSAKJAN). Auch die Lipoide sollen in dieses Spiel einbezogen sein (SISSAKJAN u. SMIRNOV) und ihre „Bindung" an Eiweiß sogar im Laufe des normalen Tag-Nacht-Wechsels periodisch ändern. Dies Bild einer in dauerndem Fluß befindlichen Assoziationsbeziehung der Komponenten, die natürlich nicht identisch ist mit den Vorstellungen eines biochemischen „turnover", stellt eine Übertragung der bekannten OPARINschen Gedankengänge auf die Bedingungen der Plastiden dar. Es trägt vorläufig stark deduktive Züge, da die methodischen Möglichkeiten zu seiner kausalen Begründung heute noch recht beschränkt sind. — Der Nucleinsäuregehalt (RNS) der Chloroplasten ist nach SISSAKJAN u. ODINSTOWA absoluten Schwankungen unterworfen. Neben RNS kommt auch wenig DNS vor, und zwar offenbar in den Grana (vgl. Fortschr. Bot. 15, 2 und 228). JAGENDORF u. WILDMAN, die besonderen Wert auf eine Reindarstellung der Plastidenfraktion legten, fanden sehr wenig Nucleinsäure, dabei aber doch etwas DNS. Es erscheint freilich etwas verfrüht, mit Hinblick auf genetische Fragen hierauf bereits einen unmittelbaren Vergleich zwischen Plastiden (Grana) und Chromosomen zu gründen (vgl. H. METZNER). Für die Photosynthese haben die Nucleinsäuren nach dem derzeitigen Forschungsstand keine unmittelbare Bedeutung, sofern sie nicht zu Mononucleotiden in engerer Beziehung stehen, die als Cofermente und Energieüberträger immer mehr ins Blickfeld auch des Photosyntheseforschers geraten.

Die bisherigen Angaben über die Fermentgarnitur der Plastiden, bis 1951 von WEIER u. STOCKING (S) zusammenfassend dargestellt, müssen allgemein mit einiger Zurückhaltung bewertet werden. Es wird immer deutlicher, daß gerade die Fermentlokalisation nur bei schonendster Aufarbeitung des Materials einigermaßen richtig erfaßt werden kann; nicht nur infolge unvollständiger Trennung der Zellfraktionen, insbesondere der Plastiden-, Mitochondrien- und Cytoplasmakomponenten, sondern auch infolge von Elution aus den Plastiden oder durch Adsorption plastidenfremder Elemente können sich Fehlschlüsse ergeben.

Es muß zumindest gefordert werden, daß die Analysen an sog. „intakten" Chloroplasten vorgenommen werden, wie dies schon vor längerer Zeit von MENKE ausdrücklich betont worden ist und neuerdings besonders von ARNON u. Mitarbeitern (1, 2, 6) hervorgehoben wird. Erwünscht ist ferner eine Kontrolle durch cytochemische Daten; auch diese können freilich irreführen, wie z. B. eine Kontroverse zwischen STOCKING und PAECH u. KRECH (vgl. auch KRECH) über die Lokalisation der Phosphorylase gezeigt hat. In Übereinstimmung mit den letztgenannten Autoren findet neuerdings SHAW dies Ferment nur in den Chloroplasten; auch in Algenplastiden (*Hydrodictyon*) ist es primär lokalisiert, tritt allerdings äußerst leicht aus und scheint dann ausschließlich im Cytoplasma vorzuliegen (unveröffentlichte Befunde im Laboratorium des Referenten). Es ist durchaus möglich, daß selbst die sorgfältigst durchgeführte Zellfraktionierung schon einen so schweren Eingriff darstellt, daß ein Verlust von Fermenten aus den Plastiden erfolgt (man denke etwa zum Vergleich an das äußerst leichte Austreten des Chromoproteids Phycocyan aus den Blaualgenzellen!). So erscheint die etwas voreilig verbreitete Vorstellung, daß die Chloroplasten in vivo keine enzymologisch kompletten Organelle darstellen sondern im biochemischen Sinne nur Fragmente, die auf die Zusammenarbeit mit anderwärts verankerten Fermenten angewiesen sind, nicht ausreichend begründet.

Da heute die Tendenz besteht, dem Photosyntheseapparat einen viel breiteren Wirkungsbereich im synthetischen Zellgeschehen einzuräumen, als dies früher der Fall war, interessiert besonders das Vorkommen von Fermenten des aeroben Abbaus in Plastiden; denn zumindest einige derselben nehmen nach Ansicht vieler Autoren gegenläufig wirkend auch an den Dunkelreaktionen des Photosynthesemechanismus teil, eine Auffassung, die allerdings vorerst noch der Kritik unterworfen ist [vgl. GAFFRON (S)]. Angaben von SISSAKJAN u. MOSOLOWA über eine Lokalisation des Cyclophorasesystems in Rübenplastiden bedürfen wohl noch der Bestätigung, zumal die generelle Bedeutung des Citronensäurecyclus im grünen Blatt noch immer nicht erwiesen ist (vgl. BRUMMOND u. BURRIS). Die klassische Glycerinaldehydphosphat-Dehydrase (DPN) soll den Chloroplasten [ARNON (1)] fehlen; bei der Photosynthese wird sie vielleicht ersetzt von einem TPN-Enzym, das Triosephosphat ohne Einbeziehung von anorganischem Phosphat dehydriert bzw. umgekehrt arbeitet; wo dieses neue Enzym [ARNON u. Mitarbeiter (4)] lokalisiert ist, ist allerdings noch nicht sicher bekannt. — Nicht in Plastiden, sondern in anderen Partikeln (Mitochondrien?) von *Beta*-Blättern und mit diesen leicht in Plastidenpräparate eingeschleppt befindet sich eine Oxalsäureoxydase, wahrscheinlich ein Flavinferment, welches Oxalsäure decarboxylierend abbaut (ARNON u. WHATLEY). Wenn man den Cytochromen, insbesondere dem Plastidencytochrom f, eine Funktion im Photosynthesemechanismus zuschreibt (vgl. LUNDEGÅRDH, DUYSENS), so müßte man auch der Cytochromoxydase, die nach DALY u. BROWN in Blättern vorkommt und von KRALL u. BURRIS sogar für die photosynthetische CO_2-Bindung in Anspruch genommen wird, einen Platz im Chloroplasten zuerkennen. Hier stehen jedoch positiven Angaben (ROSENBERG u. DUCET) negative Befunde [MCCLENDON (1)] gegenüber, wobei die letzteren zuverlässiger zu sein scheinen. — Mit der Verteilung der verschiedenen Carboxylasen des Kohlenhydratabbaus im grünen Blatt haben sich CLENDENNING u. Mitarbeiter (2) eingehend befaßt. Die cyanidunempfindlichen Carboxylasen für Oxalessigsäure, Oxalbernsteinsäure, Brenztraubensäure und α-Ketoglutarsäure sind nicht fest im Plastiden verankert, sondern wurden im nichtgrünen Extrakt („Cytoplasma"-Fraktion) gefunden, ebenso das cyanidempfindliche „malic enzyme" (oxydative Decarboxylierung von Äpfelsäure) und die kaum reversibel arbeitende Glutaminsäuredecarboxylase. Eine Phosphoglycerinsäure-Decarboxylase konnte weder in Blättern noch in deren Extrakten nachgewiesen werden; dies zeigt in Übereinstimmung mit anderen Befunden, daß die zur Phosphoglycerinsäure führende Carboxylierungsreaktion innerhalb der Photosynthese nicht einfach als Umkehrung einer bekannten Decarboxylierung aufgefaßt werden darf. Der Vergleich von Blättern und nichtgrünen Teilen, der für sich allein natürlich nichts über eine direkte Beziehung von Fermenten zur Photosynthese auszusagen erlaubt, ergab, daß die Decarboxylierung von α-Ketoglutarsäure und Brenztraubensäure in Blättern weniger stark betrieben wird als in nichtgrünen Teilen. Formicodehydrase (Ameisensäuredecarboxylase) fehlt überhaupt, obwohl sie in Samen reichlich vorkommt. — Als besonders bemerkenswert sei registriert, daß JAGENDORF u. WILDMANN die Katalase, deren Vorkommen im Chloroplasten (und im Cytoplasma) vielfach als selbstverständlich angesehen wurde, in besonders schonend aufbereitetem Plastidenmaterial, das in der HILL-Reaktion zur photochemischen O_2-Entwicklung im Stande war, nicht nachweisen konnten, wohl dagegen in einer nicht gefärbten Fraktion, die vielleicht aus Mitochondrien bestand. Die Katalase, deren Einbeziehung in die Garnitur der Photosyntheseenzyme ja schon immer skeptisch zu beurteilen war, ist danach nicht mit der O_2-Entwicklung im Licht befaßt. Dagegen sprechen neben den früheren Gegenargumenten auch neue Beobachtungen von BERGMANN, der bei reversibler Hemmung der Photosynthese von *Chlorella* infolge von Manganmangel keine Herabsetzung der Katalaseaktivität beobachten konnte. Die Arbeit von JAGENDORF u. WILDMANN wirft übrigens die Frage auf, ob in grünen Blattzellen stets Mitochondrien als Fermentträger in der typischen Ausbildung vorkommen müssen; möglicherweise spielt die Fermentlokalisation in kleineren Partikelchen aus dem Bereich der lichtoptischen Sichtbarkeitsgrenze (Mikrosomen oder ähnliche Gebilde) hier eine beträchtliche Rolle (vgl. ARNON u. WHATLEY, FINKLE u. ARNON). — Der Nachweis der photosynthetischen Phosphorylierung durch intakte Chloroplasten (vgl. S. 555) zeigt, daß zumindest alle hierzu gehörigen Fermente in denselben vorhanden sein müssen. Nach MACDOWALL gelingt mit cytochemischen Mitteln der Nachweis einer Lokalisation von sauren Phosphatasen im Chloroplasten nicht. Lecithinase, über deren spezielle Bedeutung wenig ausgesagt werden kann, ist nach KATES in Chloroplasten zu finden.

III. Biochemie der photosynthetischen Teilschritte.

Wie im letzten Bericht sei auch hier ein allgemeines Schema (Abb. 83) vorangestellt, das sich an ein Referat von GAFFRON (S) anlehnt. Der konservative Charakter dieser Darstellung bringt zum Ausdruck, daß sich die im Laufe der letzten beiden Jahrzehnte entwickelte Gesamtkonzeption vom Photosyntheseprozeß im wesentlichen bewährt hat, nach Ansicht vieler Bearbeiter des Gebiets daher keine so grundlegenden Änderungen unserer Vorstellungen erforderlich sind, wie das

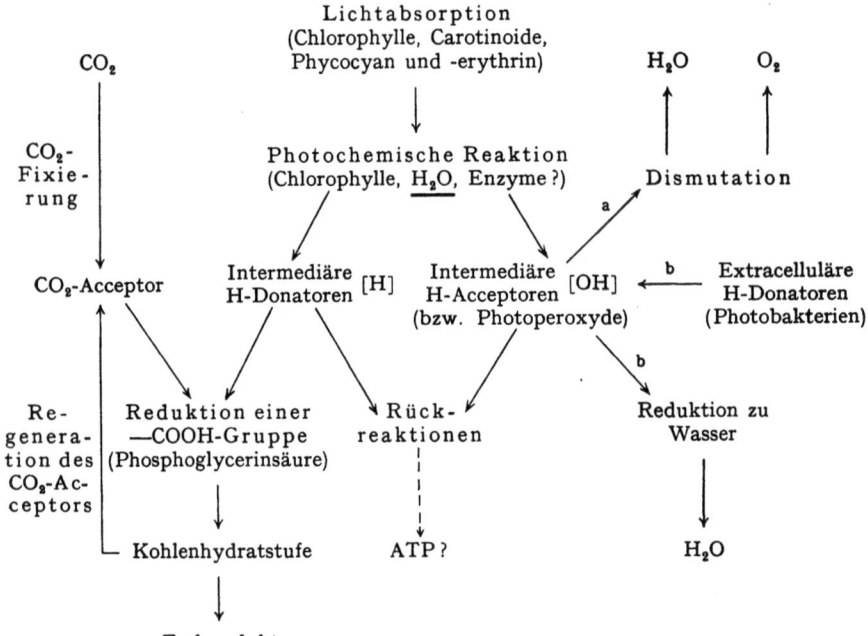

Abb. 83. Gliederung des Photosynthesevorgangs [vgl. GAFFRON (S)]. Einzelheiten im Text.

in den letzten Jahren gelegentlich angenommen worden ist. Die in dem Schema enthaltenen Reaktionsschritte und die in ihnen enthaltene Fülle wichtiger Einzelprobleme seien durch einige Stichworte erläutert:
1. Übernahme der Lichtenergie durch Chlorophyll, gegebenenfalls unter Mitwirkung der verschiedenen „Neben"pigmente (vgl. S. 544). 2. Beteiligung des Chlorophylls an der photochemischen Reaktion (Sensibilisator-Katalysator-Problem). 3. Rückreaktionen der primären (oder sekundären) Intermediärprodukte vor Entwicklung des Sauerstoffs und deren Bedeutung beim Energieumsatz innerhalb des Photosynthesemechanismus. 4. Variabilität der Reaktionsmöglichkeiten in der Verwendung der photolytischen H-Donatoren (des „Photo-Wasserstoffs") und im Zusammenhang damit 5. Funktion von wasserstoffübertragenden Fermentsystemen im Photosynthesevorgang. 6. Der Kreisprozeß zur Regenerierung des CO_2-Acceptors (Intermediärcyclus der Kohlenhydrate). 7. Die Entfernung der oxydierten Photolyseprodukte: Vergleich der

Normalphotosynthese (Weg a) mit derjenigen der Photobakterien (Weg b des Schemas). Die hier angedeuteten Problemkreise greifen so eng ineinander, daß eine straffe Gliederung des Stoffes nach diesem Schema praktisch undurchführbar ist. Auch ist die experimentelle Bearbeitung der angedeuteten Fragen sehr verschieden weit fortgeschritten. Nachdem einige Probleme der Pigmentwirkung bereits im vorigen Abschnitt erwähnt sind, beginnen wir mit der Behandlung der HILL-Reaktion, d. h. mit der Möglichkeit, den photolytischen Wasserstoff extracellulären Reduktionsvorgängen dienstbar zu machen.

1. **HILL-Reaktionen und verwandte Vorgänge.** Da man anfänglich nur durchaus zellfremde Oxydationsmittel (H-Acceptoren) für belichtetes Chloroplastenmaterial kannte, waren frühzeitig Zweifel an der Homologie von HILL-Reaktionen mit einem echten Teilstück der Photosynthese in vivo aufgetaucht. Die Kopplung des photolytischen Systems der Chloroplasten an Fermentsysteme des Kohlenhydratabbaus (besonders DPN und TPN) und deren weiterhin mögliche Verknüpfung mit CO_2-aufnehmenden (carboxylatischen) Reaktionen in vitro schien dann die HILL-Reaktion der Photosynthese anzunähern (vgl. Fortschr. Bot. 14, 302f.). Die Annahme, daß auch in vivo der Chloroplast als Produzent von Photowasserstoff mit respiratorischen Fermenten des cytoplasmatischen Bereichs (bzw. der Mitochondrien) im Photosynthesevorgang zusammenwirke, hat seitdem manche Anhänger gefunden. Die Vermutung lag zunächst nahe, daß Fermente des Cyclophorasesystems und des übrigen Kohlenhydratabbaus zum Teil oder gar in summa in den Wasserstofftransport der Photosynthese eingeschaltet seien. Dem widerspricht in erster Linie, daß kein einwandfreier Nachweis von Teilnehmern am Citronensäurecyclus bei der Photosynthese möglich gewesen ist. Neuerdings hat RACKER in zellfreien Fermentfraktionen aus Spinatblättern mit ATP als Energiequelle, katalytischen Mengen von Ribose-5-phosphat, sowie Alkoholdehydrase + Alkohol oder DPN + H_2 als Reduktoren den gesamten Syntheseweg von CO_2 bis zum Kohlenhydrat verifiziert und die Möglichkeit aufgezeigt, daß derselbe unter Umgehung des Citronensäurecyclus über den auf Synthese geschalteten „Pentosekreislauf (vgl. S. 583) erfolgen kann. Damit wird eine enzymologische Verbindung zu den neuen Befunden von CALVIN u. Mitarbeitern (vgl. S. 561) hergestellt und die verlockende Vermutung bekräftigt, daß auch der belichtete Chloroplast den „Photowasserstoff" an die Fermente eines solchen Cyclus, d. h. also auf spezifisch festgelegten Wegen weitergibt. Gerade die unspezifische Natur der HILL-Acceptoren gab andererseits Anlaß zu der kritischen Frage, ob der photochemische Teilapparat mit seinem hohen Reduktionspotential zur Weiterarbeit überhaupt wasserstoffübertragender Fermente bedürfe oder nicht vielmehr auch in vivo zu beliebigen Spontanreduktionen fähig sei, sofern ihm eben H-Acceptoren angeboten werden. Die syntheseregulierende Tätigkeit der Zelle hätte man nach dieser letzteren Auffassung nicht in dem Einsatz spezifischer Fermente zu suchen, sondern eher in der Förderung oder Verhinderung des Zutritts bestimmter Substrate zum reduktionsbereiten belichteten Plastiden.

Dieses grundsätzliche Fehlen einer Reduktionsspezifität wird besonders von GAFFRON (5) in Betracht gezogen, wobei als bestes Beispiel nichtfermentativer Reduktion die Bildung von Chlorophyll aus Protochlorophyll angeführt wird, die im Licht bei niedrigsten Temperaturen ablaufen kann, wo Fermentvorgänge nur unendlich langsam vor sich gehen. Jedoch mag gerade hier ein Sonderfall vorliegen; denn bisher sind keine ähnlich temperaturunabhängigen lichtgebundenen Reduktionsleistungen der grünen Zelle bekannt geworden.

Die mit positivem Ergebnis verlaufenen Versuche, reduktive Carboxylierungen mit Hilfe von TPN zellfrei an belichteten Chloroplasten durchzuführen, also besonders die bekannten Experimente mit dem ,,malic enzyme" (vgl. Fortschr. Bot. 14, 303), sind von FAGER (1, 2, 3) in etwas verändertem Sinne weitergeführt worden. Belichtete Plastiden verarbeiten $^{14}CO_2$, wenn ihnen chlorophyllfreie Extrakte von Blättern oder *Scenedesmus*, oder sogar aus diesen gefällte Eiweißfraktionen, zugesetzt werden. Als Produkt des Einbaus konnte Phosphorglycerinsäure (sowie anschließend Phosphorbrenztraubensäure) nachgewiesen werden, also ein erwiesenes Zwischenprodukt der echten Photosynthese. Die CO_2-Bindung wird im Dunkeln durch TPN und DPN gesteigert, nicht dagegen im Licht. ATP wirkt sogar hemmend, wogegen Cystein deutlich fördert. Es handelt sich allerdings um eine im Vergleich zur Photosynthese sehr bescheidene CO_2-Verwertung; insbesondere aber wird der eigentliche (nach dem derzeitigen Forschungsstand einzige) Reduktionsschritt: Phosphoglycerinsäure → Triosephosphat nicht durchgeführt. Infolgedessen muß auch die Regeneration des CO_2-Acceptors unterbleiben (vgl. Schema S. 550). Die Versuche, denselben durch Darbietung hierfür in Betracht kommender Verbindungen oder Vorstufen derselben wie Glyoxal, Ribose-5-Phosphat, Sedoheptulose zu ersetzen, führten zu keinem endgültigen Erfolg. Es ergaben sich aber Hinweise darauf, daß es sich bei diesem Acceptor um ein hitzestabiles, reversibel an Anionen adsorbierbares und durch Phosphatase zerstörbares Produkt handelt, das bereits weitgehend reduziert sein muß; es ist, wie inzwischen von anderer Seite (vgl. S. 563) festgestellt, höchstwahrscheinlich Ribulose-diphosphat. Bemerkenswert an den FAGERschen Experimenten ist vor allem, daß die beobachtete CO_2-Fixierung eindeutig lichtabhängig ist, daß also nicht nur Reduktionen, sondern auch andere Schritte im Photosynthesemechanismus mit Hilfe von Lichtenergie betrieben werden. Daß dabei Phosphorylierungsvorgänge im Spiele sind, liegt sehr nahe und wird durch den unten behandelten Nachweis der photosynthetischen Phosphorylierung unmittelbar bestätigt.

Es liegen wichtige Anhaltspunkte dafür vor, daß isolierte Chloroplasten entgegen der bisher fast allgemein vertretenen Anschauung auch ohne zusätzliches Angebot carboxylierender und reduzierender Fermente zur CO_2-Reduktion befähigt sind und somit erst recht innerhalb der Zelle als biochemisch komplette Photosyntheseorganelle fungieren können. Vielleicht ist es nur Sache einer vollkommenen Isolierungstechnik, diese biochemischen Einheiten mit voller Leistungsfähigkeit aus der Zelle zu gewinnen. Schon vor längerer Zeit berichteten BOICHENKO

u. Mitarbeiter, daß unter spezifischer Beteiligung des Chloroplasteneisens eine CO_2-Verarbeitung durch die isolierten Chloroplasten allein möglich ist. BOICHENKO u. BARANOV haben neuerdings die oft starken Unregelmäßigkeiten dieser $^{14}CO_2$-Bindung durch Zugabe von Blattextrakten ausgleichen können, wobei als wirksamer Bestandteil Komplexe von organischem Eisen (Häminen?) mit Polyuronsäuren angesehen werden, die leicht aus den Plastiden austreten. Die Produkte des CO_2-Einbaus scheinen den Kohlenhydraten nahezustehen. Schließlich liegen von ARNON, ALLEN u. WHATLEY (2) neue Angaben über eine CO_2-Bindung durch sorgsam isolierte Chloroplasten vor. Der Lichteinbau von $^{14}CO_2$ in vorerst noch nicht genau bekannte Produkte steht bei Blatthomogenaten, „intakten" Chloroplasten und Chloroplastenfragmenten vergleichbarer Mengen im Verhältnis von 60:50:1; im Dunkeln sind die entsprechenden Zahlen 3:0,2:1. Ascorbinsäurezusatz sowie anaerobe Bedingungen sind für den Lichteinbau vorteilhaft. Die Weiterbearbeitung dieser Reaktion in Verbindung mit der Fermentanalyse intakter Chloroplasten ist von größtem Interesse. Wieviel allein für die HILL-Reaktion von dem Präparationsverfahren und vom Ausgangsmaterial für die Plastiden abhängt, zeigen ja die sehr unterschiedlichen Leistungen, die für die Photolyse des H_2O bzw. die O_2-Produktion angegeben werden. CLENDENNING berichtet, daß die Photolyse mit Chloroplasten unter Umständen im Bereich der Lichtsättigung höhere Sauerstoffabgaben liefert als die Photosynthese vergleichbarer Algensuspensionen. Rotalgenplastiden, die bekanntlich als besonders empfindlich gelten, können mit Polyäthylenoxyden (in Amerika „Carbowaxe" genannt) als besonders schonend wirkendem Aufarbeitungsmedium HILL-aktiv erhalten werden [MCCLENDON (2)]. Auch aus *Chlorella* und anderen Grünalgen (nicht jedoch aus *Anabaena*) konnte aktives Material gewonnen werden, dessen Leistung, bezogen auf Chlorophyll, allerdings hinter derjenigen von Chloroplasten höherer Pflanzen zurückbleibt (PUNNETT u. FABIYI, sowie HILL, NORTHCOTE u. DAVENPORT). Die von CLENDENNING u. EHRMANTRAUT entwickelte HILL-Technik mit nicht homogenisierten Chlorellen (vgl. Fortschr. Bot. 14, 305) dürfte somit vorerst den Vorzug verdienen. Bemerkenswert ist in diesem Zusammenhang, daß HORWITZ die HILL-Reaktion an Chlorellen nach vorheriger Kältebehandlung (Trockeneis) ausgezeichnet verfolgen konnte. THOMAS, BLAAUW u. DUYSENS haben versucht, eine Beziehung zwischen der Teilchengröße von Plastidenfragmenten und deren photochemischer Aktivität zu ermitteln. Es ergab sich kein kontinuierlicher Abfall mit Partikelverkleinerung; vielmehr erfolgte ein scharfer Leistungsknick, wenn die Teilchengröße eine Grenze unterschritt, bei der nur noch 100 Chlorophyllmoleküle je Partikel vorlagen. Ob sich hier eine strukturelle oder funktionelle Einheit anzeigt, muß vorerst offen bleiben.

Unter den „HILL-Reagentien", d. h. den mit belichteten Plastiden reagierenden Oxydationsmitteln („Photowasserstoff"-Acceptoren), verdienen Substanzen mit S-S-Bindungen besonderes Interesse, da sie als primäre Acceptoren der Photolyseprodukte in Betracht gezogen werden (vgl. S. 566). Nach Inkubation mit α-Lipoinsäure (6,8-Dithionoctylsäure = 6,8-thioctic acid) ist bei *Scenedesmus* die HILL-Reaktion mit Chinon als Endacceptor des Photowasserstoffs erhöht, freilich nur bei diesem Objekt und unter speziellen Versuchsbedingungen [BRADLEY u. CALVIN (1, 2), BRADLEY]; eine vermittelnde Rolle der Disulfidbindung im Photosynthesevorgang erscheint daher durch diese Versuche experimentell nur unvollkommen gestützt. Übrigens kann auch oxydiertes Glutathion mit Erfolg in ein HILL-System eingefügt werden (VISHNIAC).

Als besonders interessantes „HILL-Reagens" ist der Sauerstoff von MEHLER erkannt worden (vgl. Fortschr. Bot. 14, 304). Kinetische Untersuchungen mit isotopem O_2 (MEHLER u. BROWN) haben sichergestellt, daß auch während eines apparenten O_2-Verbrauchs durch belichtete Chloroplasten eine gegenläufige photolytische O_2-Entwicklung stattfinden kann. Chinon wird dem Sauerstoff als HILL-Reagens vorgezogen [vgl. GAFFRON (S)]. Wieweit diese unter H_2O_2-Bildung verlaufende Form der HILL-Reaktion auch in vivo bei ungenügender Versorgung mit Normalacceptoren für Photowasserstoff eine Rolle spielt und der Katalase eine bisher unbekannte Aufgabe in der Beseitigung des Photoreduktionsproduktes H_2O_2 erteilt, läßt sich derzeit noch nicht übersehen.

Es liegen nunmehr nach ersten Versuchen (MEHLER, GERRETSEN) auch erfolgreichere Experimente vor, die an isolierten Chloroplasten bzw. HILL-aktivem Material das Auftreten eines Photoreduktors ohne Oxydationsmittel aufzeigen. GILMOUR u. Mitarbeiter (1, 2) erhielten in Stickstoffatmosphäre mit belichteten Chloroplastenfragmenten Potentialänderungen an einer Pt-Elektrode, die das Auftreten reduzierter Verbindungen anzeigen; diese konnten anschließend auch durch elektrochemische Titration mit Ferricyanid erfaßt werden. Die photoreduzierte Substanz ist offenbar nicht einheitlich und durch kein bestimmtes Potential zu kennzeichnen. Immerhin ist es mit solcher Versuchsanstellung in beschränktem Maße gelungen, die HILL-Reaktion in den unmittelbaren lichtabhängigen Vorgang und in Folgereaktionen zu zerlegen. GILMOUR u. Mitarbeiter (3) haben ferner in Fortsetzung früherer Versuche von EHRMANTRAUT u. RABINOWITCH versucht, die Lichtblitzmethodik zur getrennten Untersuchung der photochemischen Komponente und der Folgereaktionen der HILL-Reaktion heranzuziehen. Sie konnten an Plastidenfragmenten und *Chlorella* bei Anwendung hoher Lichtstärken und genügend langen Dunkelpausen eine solche Trennung erzielen und haben sich weiterhin bemüht, die Licht- und die Dunkelreaktion auch in ihrem Verhalten gegen Narcotica und Gifte als verschieden zu kennzeichnen. Die Ergebnisse, die hier im einzelnen nicht dargestellt werden können, lassen neben Gemeinsamkeiten manche Unterschiede zwischen Photosynthese und HILL-Reaktion erkennen. Solche Differenzen ergaben sich auch beim Vergleich der Wirkung von Deuteriumoxyd auf Photosynthese und HILL-Reaktion (HORWITZ). Umfangreiche Versuche und Erörterungen von WESSELS (1—6) sowie WESSELS u. HAVINGA (1, 2) befassen sich mit der Eignung verschiedener Oxydationsmittel als HILL-Reagentien, Potentialmessungen in Gegenwart von Oxydationsmitteln, kinetischen Überlegungen zum Reaktionsverlauf und seinen Teilschritten (Photolyse von H_2O und Bildung des primären Reduktors, Reduktion von H-Acceptoren einschließlich O_2) und mit der Deutung von Giftwirkungen. ANDREEVA u. ZUBKOWICH haben ein ähnliches Arbeitsprogramm durchgeführt mit besonderer Berücksichtigung des Einflusses von Vorgeschichte und Vorbehandlung des Ausgangsmaterials. Eine ebenfalls umfangreiche Serie von Versuchen dieser Art legen FUJIMURA u. Mitarbeiter (1, 2) vor (Potentialmessungen bei variierter Temperatur und verschiedenen p_H-Werten, Einflüsse des Blattalters usw.). Solche extensiven Arbeiten haben in erster Linie für den Spezialisten Bedeutung; von allgemeinerem Interesse sind die darin enthaltenen Befunde, welche grundsätzliche Unterschiede zwischen Photosynthese und HILL-Reaktion andeuten. Wir können heute mit einiger Sicherheit annehmen, daß das photochemische System beider Prozesse identisch ist. Im übrigen erscheint es auch weiterhin gewagt, die Beobachtungen im HILL-System leichthin als stellvertretend für die Normalphotosynthese anzusehen.

2. **Lichtphosphorylierung durch Chloroplasten.** Neben der erwähnten CO_2-Bindung dürfte die zur Zeit am meisten interessierende Lichtreaktion isolierter Chloroplasten die Bildung von energiereichen Phosphaten sein. VISHNIAC und OCHOA (1, 2) konnten mit DPN_{red} oder TPN_{red}, die von belichtetem Chloroplastenmaterial aus DPN oder TPN geliefert wurden, nach Zugabe von tierischen oder pflanzlichen Mitochondrien eine oxydative Phosphorylierung herbeiführen. Es wird daher vermutet, daß der Photosyntheseapparat auch in vivo eine entsprechende nur indirekt lichtabhängige Bildung von ATP bewirkt, das dann in Folgereaktionen der Synthese dienen kann. Diese Vorstellung betrachtet also die Plastiden noch als unselbständige Spezialorganelle der Photolyse, und fordert die Einbeziehung von Sauerstoff und Codehydrasen in den Photosynthesemechanismus. Grundlegend anders zu werten ist die photosynthetische Phosphorylierung durch intakte Chloroplasten, über die ARNON u. Mitarbeiter (1, 2, 6) berichten. Hier wird offenbar ohne Beteiligung von Pyridincofermenten und anderer extraplastidärer Enzyme Lichtenergie in phosphatgebundene Energie ($\sim$ph) umgewandelt. Der Nachweis dieser Phosphorylierung über das aus AMP oder ADP mit anorganischem Phosphat gebildete ATP erfolgte mit Hilfe von Radiophosphor durch Adsorptionsanalyse oder durch Bindung von $\sim$ph an Zucker in Gegenwart von Hexokinase (Bildung von Glucose-6-phosphat). Ascorbinsäure, Mg^{++} (mit geringerem Effekt auch Mn^{++} oder Co^{++}), Riboflavinmonophosphat und ein Naphthochinon von Vitamin K-Wirkung (7) steigerten die Phosphorylierung erheblich, und zwar abhängig vom O_2-Druck in etwas verschiedener Weise. Die letzten Angaben (WHATLEY u. Mitarbeiter) besagen im Gegensatz zu vorherigen Daten (6), daß Sauerstoffentzug die photosynthetische Phosphorylierung nicht etwa hemmt, vielmehr sogar erheblich fördert. Im Unterschied zur HILL-Reaktion und zur Normalphotosynthese liefert die photosynthetische Phosphorylierung durch Chloroplasten keinen Sauerstoff. CO_2-Bindung, Phosphorylierung und HILL-Reaktion

durch belichtete Chloroplasten sind voneinander unabhängig darstellbare Vorgänge. Verschiedene Präparationstechnik und Gifte ermöglichen eine Trennung dieser Reaktionen, wobei die HILL-Reaktion als am wenigsten empfindliche Reaktion betrachtet werden kann. Von größtem Interesse ist natürlich die Frage, ob im komplett reagierenden Photosynthesemechanismus eine direkte energetische Beziehung zwischen der ATP-Lieferung und der CO_2-Reduktion besteht oder ob beide Vorgänge alternativ betrieben werden (vgl. S. 557), Intakte Spinatchloroplasten, mit 0,5 m Glucose oder 0,35 m NaCl präpariert, können je nach Versuchsansatz wahlweise die drei Reaktionsarten durchführen.

Eine lichtinduzierte Bindung von anorganischem Phosphat in die sog. 7-min-Fraktion (organisches Phosphat, das nach 7 min Hydrolyse in n-HCl bei 100° gespalten wird, also die Hauptmenge ∼ph-Bindungen enthält) hat FRENKEL (2) auch in zellfreien Extrakten von *Rhodospirillum rubrum* unter O_2-Ausschluß nachweisen können. Die Lichtphosphorylierung ist somit auch in Zellen nachweisbar, die keine photosynthetische O_2-Entwicklung kennen, was mit dem anaeroben Charakter der Phosphorylierung durch Chloroplasten (s. oben) in Einklang steht.

Rhodospirillum-Extrakte haben übrigens VERNON u. KAMEN (1, 2) zu Photooxydationsstudien verwendet, wobei angenommen wird, daß die sehr kräftige Photooxydation mit einer HILL-Reaktion von Chloroplasten vergleichbar sei, in der O_2 als H-Acceptor dient (MEHLER). Bei den Purpurbakterien ist hier wahrscheinlich das reichlich vorhandene Cytochrom C sowie Cytochromoxydase [VERNON (1, 2), sowie ELSDEN, KAMEN u. VERNON] im Spiel; ob ähnliches auch bei Chloroplasten der Fall ist, wird noch näher geprüft werden müssen. Nach MEHLER ist Cytochrom C als HILL-Reagens (Oxydationsmittel) für Chloroplasten geeignet.

3. Rückreaktionen (Chemiluminescenz). Daß die Photoprodukte Photowasserstoff und Photoperoxyd (oder beliebige weitere reduzierende und oxydierende Intermediärprodukte) leicht miteinander zurückreagieren, insbesondere wenn sie im Photosyntheseverlauf keine Verwendung finden, ist eine naheliegende und in der Geschichte der Photosynthesetheorie schon frühzeitig auftauchende Annahme (FRANK u. HERZFELD). Die Vermeidung allzu starker Rückreaktionen, d. h. zugleich des Verlustes der einmal aufgenommenen Energie, wird vielfach als die charakteristische Errungenschaft des normal und mit hoher Ausbeute arbeitenden Photosyntheseapparats angesehen. Es scheint jetzt ein Weg gefunden, Rückreaktionen experimentell zu erfassen durch quantitative Auswertung der von STREHLER u. ARNOLD entdeckten Chemiluminescenz des Chlorophylls. Hierbei handelt es sich um ein schwaches, einige Sekunden dauerndes Nachleuchten, dessen Messung eine höchst empfindliche Vervielfacheranordnung erfordert [STREHLER (1)]. Bei Arbeiten mit Blitzlicht kann das Nachleuchten dauernd in Gang gehalten werden. Die Ursache des Nachleuchtens wird darin gesehen, daß die bei Rückreaktionen frei gesetzte Energie in der Lage ist, Chlorophyll auf chemischem Wege in denselben ersten kurzlebigen Anregungszustand zurückzuversetzen (etwa 10^{-10} sec Lebensdauer), der auch für Emission des Fluorescenzlichtes verantwortlich ist. ARNOLD u. DAVIDSON haben experimentell gezeigt, daß das Spektrum des Nachleuchtens, das nach der gegebenen Deutung also grundsätzlich nichts mit einer Phosphorescenz zu tun hat, im Bereich der methodisch gezogenen Genauigkeitsgrenzen mit dem Spektrum des Fluorescenzlichtes übereinstimmt. Im Prinzip wird für die weiteren Untersuchungen erwartet, daß eine Hemmung der Dunkelreaktionen der Photosynthese die Chemiluminescenz als den Indikator der Rückreaktion ansteigen läßt, dagegen ein hemmender Eingriff in das photochemische System zu einer Erniedrigung des Nachleuchtens führt. Solche Versuche sind im Gange und haben bereits zu ersten Erfolgen geführt [STREHLER (2)]. So steigert CO_2-Entzug die Chemiluminescenz in *Chlorella*, bezeichnenderweise aber nicht in Chloroplasten, die kein CO_2 verwerten. Auch die Wirkung von Photosynthesegiften auf die Chemiluminescenz ist geprüft worden; ausführliche Daten sind zur Zeit noch nicht zugänglich [vgl. GAFFRON (S)].

Die Rückreaktionen brauchen nun nicht unbedingt einen energetischen Leerlauf zu ergeben, sondern werden vielleicht nach dem Schema der oxydativen Phosphorylierung zur Bildung von energiereichem Phosphat ($\sim$ph) herangezogen, wobei sich die Fermentsysteme steuernd einschalten könnten. So erörtert DUYSENS (4) eine Einbeziehung der Cytochrome an dieser Stelle des Photosynthesemechanismus. Rückreaktionen solcher Art hätten also als integrierende Bestandteile des Photosynthesemechanismus funktionelle Bedeutung.

Von den ohne Gaswechsel, sozusagen unter der Decke verlaufenden Rückreaktionen hat man die Reoxydation von Assimilaten mit Hilfe von freiem Sauerstoff wohl zu unterscheiden, der besonders von WARBURG u. Mitarbeitern in ihrem energetischen Photosynthesecyclus eine wesentliche Rolle zugeteilt wird; auch hierbei wird an eine Übertragung phosphatgebundener Energie gedacht.

4. Phosphatumsatz im Photosynthesemechanismus (vgl. auch Abschnitt 2). Seitdem phosphorylierte Zwischen- und Endprodukte nachgewiesen sind, ist der Phosphatbedarf der Photosynthese an sich eine Selbstverständlichkeit geworden. Es ist auch anzunehmen, daß die Phosphatbindung auf dem Wege über energiereiche Phosphate erfolgt. Jedoch weiß man Sicheres weder über die Stellen des Eingriffs dieser $\sim$ph-Bindungen noch über den Weg, auf dem ATP bzw. ähnliche Systeme aufgebaut werden und wie sich der Umsatz phosphatgebundener Energie zur gesamten Energiebilanz der Photosynthese verhält. Daß nicht die gesamte Lichtenergie erst im $\sim$ph festgelegt und danach dem chemischen Photosynthesemechanismus zugeführt wird, kann weiterhin als sicher gelten.

Die Aufnahme von anorganischem Phosphat und dessen Übergang in organische Bindung in Abhängigkeit von der Belichtung (vgl. Fortschr. Bot. 14, 314f.) ist im Laufe der letzten Jahre weiterhin von mehreren Autoren und mit verschiedenen Methoden und Objekten verfolgt worden. Dabei stehen alle Bemühungen auf diesem Gebiet unter dem Zeichen der Schwierigkeit, diejenigen labilen Phosphate, auf deren Erfassung es in erster Linie ankommt, analytisch zu fassen. Die konventionellen präparativen Methoden der Phosphatfraktionierung (Trennung in TES-lösliche und TES-unlösliche Phosphate) können differenzierteren Ansprüchen nicht voll genügen. Auch die Fraktion des sog. „7 min"-Phosphats ist nicht genau identisch mit den labilen ∼ph-Komponenten. Radioautographie oder Adsorptionsverfahren zur Trennung P^{32}-markierter Phosphate sind wegen der geringen Stabilität der ∼ph-Bindungen ebenfalls — zumindest quantitativ — nicht völlig verläßlich. Die Isotopenmarkierung ist aber hier deshalb von besonderer Bedeutung, weil es sich bei den photosynthetischen Phosphorylierungen hauptsächlich um „turn-over"-Vorgänge handelt, bei denen im stationären Zustand kein (oder nur ein geringer) äußerer Phosphatumsatz bemerkbar zu sein braucht, die Isotopenmethode aber die P-Umsatzrate in ihrer Beeinflussung durch die Photosynthese zu erfassen erlaubt. Kurzfristige Photosyntheseänderungen, also Übergangsphänomene (Licht—Dunkel-Wechsel, plötzliche Photosyntheseblockierung oder -aktivierung) zeigen sich jedoch auch mit einfacheren Methoden (z. B. nach KANDLER schon durch Veränderungen im anorganischen Phosphatspiegel).

Besonders eindrucksvoll sind Versuche, die ∼ph-Bindung bei der Photosynthese mit dem *Photinus*-Leuchttest zu fassen [STREHLER (S), STREHLER u. TOTTER]. Hierbei ergab sich, unter anderem, daß nach anaerober Vorbehandlung (Ausschaltung der oxydativen Phosphorylierung) der ATP-Spiegel rasch zunimmt, wenn die Belichtung einsetzt, wobei auf 6 Mol gebildeten Sauerstoffs mindestens 1 Mol ATP kommen dürfte. Die Aufstellung solcher Verhältniszahlen ist freilich nicht allzu aufschlußreich, da ja nur der Phosphorylierungsüberschuß erfaßt wird, während die in der Versuchszeit wieder verbrauchten labilen Phosphate nicht festgestellt werden. Der stationäre ATP-Gehalt lieferte in diesen Versuchen bei zunehmender Lichtintensität eine Maximumkurve; bei Sättigungsintensitäten sind die ∼ph-Bindungen gegenüber den Dunkelwerten sogar stark vermindert. Die lichtinduzierte ∼ph-Bindung ist von der oxydativen Phosphorylierung im Dunkeln durch ihre geringe Temperaturabhängigkeit unterschieden. Ihre Induktionsperiode nach Einsetzen der Belichtung koinzidiert zeitlich ungefähr mit den schon bekannten Induktionserscheinungen der Fluorescenz, Chemiluminescenz und CO_2-Aufnahme. — LINDEMAN hat die in Übereinstimmung mit den Befunden von PIRSON u. Mitarbeitern (3) an *Ankistrodesmus* getroffene Feststellung, daß eine Phosphatzufuhr zu Phosphormangelpflanzen von *Lemna minor* die Photosynthese im Starklicht (nicht im Schwachlicht) unabhängig von sonstigen Synthesevorgängen reaktiviert (1), durch analytische Verfolgung des gleichzeitigen Verhaltens der konventionellen P-Fraktionen ergänzt (2). Zwischen dem Anstieg des TES-löslichen Phosphats und demjenigen der Photosynthese besteht danach eine lineare Beziehung. Da aber hierbei keine Differenzierung zwischen phosphorylierten Zwischenprodukten der Photosynthese und energieübertragenden ∼ph-Systemen erfolgen konnte, ist die Deutung schwierig. Wir wissen bisher auch noch nicht, welche P-haltigen Komponenten des Reaktionssystems der Photosynthese vom P-Mangel primär in Mitleidenschaft gezogen werden. — Die Untersuchungen von SIMONIS u. GRUBE (1, 2) fortführend hat GRUBE mit Hilfe von P^{32} an Helodeablättern im Licht eine Vermehrung der in TES löslichen organischen Phosphatfraktion nachgewiesen (bis zu 2200 Lux); rotes und weißes

Licht waren dabei annähernd gleichwertig. Bei CO_2-Mangel war der P^{32}-Einbau zwar höher als im Dunkeln, aber gegenüber Lichtversuchen mit CO_2-Zufuhr beträchtlich erniedrigt. Daß photosynthetisch gebildete $\sim$ph-Bindungen für Folgephosphorylierungen, z. B. von Glucose, gebraucht werden können, haben SIMONIS u. GRUBE durch entsprechende Beobachtungen an ihren Fraktionen nachzuweisen gesucht. GOODMAN, BRADLEY u. CALVIN untersuchten mit dem papierchromatographisch-radiographischen Verfahren die frühen Produkte des Licht- und Dunkeleinbaus von P^{32} in *Scenedesmus*. Im Dunkeln ist viel ATP und wenig 3-Phosphorglycerinsäure, im Licht umgekehrt viel PGS (als erstes Photosyntheseprodukt) und weniger ATP markiert. Daraus wird auf einen erhöhten Verbrauch des ATP im Licht geschlossen. Neben ATP finden sich im Licht frühzeitig auch andere Nucleotide, besonders ADP und Uridin-diphospho-glucose, die bei Transglucosidierungen (z. B. Saccharosesynthese) oder Isomerisierungen von Zuckern eine Rolle spielt. — KANDLER (1, 2) umgeht die gesamte Fraktioniertechnik, indem er den vermehrten Glucoseeinbau im Licht als Maß für die photosynthetische Phosphorylierung einführt. Auch auf diesem indirekten Wege sind Anhaltspunkte für eine Lichtphosphorylierung zu gewinnen; besonders die vergleichende Anwendung von Stoffwechselgiften liefert Indizien für die Spezifität des Lichtprozesses, d. h. seine Verschiedenheit von der oxydativen Dunkelphosphorylierung.

Die Sonderstellung der Lichtphosphorylierung in ihrer Bindung an den photochemischen Apparat wird am deutlichsten durch den Nachweis von ATP als Produkt belichteter Chloroplasten (S. 555); diese $\sim$ph-Bindung ist unabhängig von der CO_2-Bindung und erfolgt in Abwesenheit von HILL-Reagentien, d. h. ohne Sauerstoffentwicklung [ARNON, WHATLEY u. ALLEN (4, 6)]. Der ATP-Nachweis wurde in diesem Falle durch die Phosphorylierung zugesetzter Glucose (vgl. KANDLER) bei Anwesenheit von Hexokinase, sowie durch adsorptive Isolierung und Spaltung des mit P^{32} markierten Produkts geführt. Dieser wichtige Befund bestärkt zugleich die Richtigkeit der schon von anderer Seite [KOK (1), STREHLER (S), GAFFRON (S)] erörterten Vorstellung, daß den Rückreaktionen primärer Photoprodukte im Photosynthesemechanismus die Aufgabe zukomme, $\sim$ph-Bindungen zu produzieren, die anschließend im Bereich der Dunkelreaktionen Verwendung finden („Rekombinationstheorie" der $\sim$ph-Bildung, vgl. Schema S. 550). Die $\sim$ph-Bildung könnte also vor sich gehen wie eine Atmungskettenphosphorylierung, wobei „Photowasserstoff" und „Photoperoxyd" Donator und Endacceptor für H (bzw. Elektronen) bilden. Als Ferment dieser Art von Phosphorylierung könnte Cytochrom in Betracht kommen. KANDLER (2) nimmt demgegenüber an, der Sitz der $\sim$ph-Bildung sei zumindest vornehmlich unmittelbar mit dem von der Lichtenergie betriebenen Elektronentransport in der Hauptkette des photosynthetischen Redoxsystems verknüpft. Schließlich wäre noch denkbar, daß bei der exergonisch verlaufenden Dismutation der Sauerstoffvorstufe (Photoperoxyd), die ja ebenfalls an ein Fermentsystem (Katalysator C von FRANCK u. HERZFELD) gebunden ist, Energie in einer ph-Bindung abgefangen wird.

Obwohl auf die chemoautotrophen Bakterien im diesjährigen Bericht nicht ausführlich eingegangen werden soll, sei doch daran erinnert, daß das Problem der Mitwirkung von Phosphorylierungen am photosynthetischen Energieumsatz durch Beobachtungen an Chemosynthetikern wesentlich gefördert worden sind. Nach vielzitierten Angaben von VOGLER u. UMBREIT sollte bei *Thiobacillus thioxidans* eine zeitliche Trennung der Anorgooxydation mit Bildung energiereichen Phosphats von der CO_2-Assimilation mit Verbrauch der ph-Bindungen möglich sein (vgl. Fortschr. Bot. 12, 267). Nach dem heutigen Problemstande läge hier ein direktes Homologon zur Photosynthese vor, in der durch Rückreaktionen eine oxydative Phosphorylierung erfolgt und die ∼ph-Bindungen dann im Zuge der CO_2-Reduktion verbraucht werden. Diesem vom Standpunkt der vergleichenden Biochemie aus so ansprechende Schluß scheint aber die sichere experimentelle Stütze zu fehlen, da BAALSRUD u. BAALSRUD [s. auch (S)] die entscheidenden Versuche von VOGLER nicht reproduzieren konnten. Auch NEWBURGH bezweifelt, daß die Schwefeloxydation des *Thiobacillus* in dieser einfachen Weise mit der CO_2-Aufnahme verbunden ist. Zwar hat UMBREIT erneut bei der Anorgooxydation von *Thiobacillus* eine Bildung von „7 min"-Phosphat und dessen Verschwinden bei anschließendem CO_2-Angebot beobachtet, jedoch in weniger überzeugendem Ausmaß als die früheren Angaben besagen. Anscheinend ist auch bei anderen Chemosynthetikern die Beziehung zwischen Oxydation und Phosphatumsatz nicht so einfach zu fassen. Im Zuge ausgedehnter Untersuchungen an dem Wasserstoffbacterium *Hydrogenomonas* hat SCHLEGEL (1—7) zwar die Bildung von TES-löslichem Phosphat, sowie von „7 min"-Phosphat, ferner den Verbrauch von anorganischem Phosphat nachweisen können; eine Trennung von der CO_2-Assimilation, d. h. die Isolierung einer chemosynthetischen Phosphorylierung, ist nicht gelungen.

Eine für den Energieumsatz autotropher und heterotropher Zellen gleich bedeutsame Frage ist es, über welche Zeiträume hinweg energiereiche Bindungen erhalten bleiben, d. h. wieweit eine zeitliche Trennung von energieliefernden und energieverbrauchenden Prozessen ausgedehnt werden könnte. ATP und ADP kommen wegen der relativ hohen Labilität ihrer ∼ph-Bindungen als Dauerspeicher dissimilatorisch oder photosynthetisch verfügbar gemachter Energie kaum in Frage, wohl aber wird für die in Mikroorganismen in Form von granulären Gebilden häufigen Poly-metaphosphate eine solche Speicherfunktion erwogen. Über Vorkommen und Biochemie dieser Verbindungen unterrichteten Referate von INGELMAN (S) und G. SCHMIDT (S). In einer seiner letzten Publikationen hat MEYERHOF an der fermentativen Hydrolyse von Trimetaphosphat nachgewiesen, daß die freie Energie einer Metaphosphatbindung etwa 7000 cal beträgt, also zwischen dem ΔF einer einfachen Esterbindung und einer Pyrophosphatbindung (ATP, ADP) liegt. HOFFMANN-OSTENHOF und WEIGERT vertreten die Auffassung, daß die nicht verwertete Energie des ATP oder ähnlich labiler Phosphate direkt zur Bildung der stabileren Metaphosphate herangezogen und damit der Mikroorganismenzelle zum Teil erhalten bleiben kann. Auf grüne Zellen übertragen würde ein solches langfristig wirksames Speichersystem den Wirkungsbereich der photosynthetischen Phosphorylierung wesentlich erweitern, indem es Energieüberschüsse aus Perioden gehemmter Photosynthese für spätere Phasen assimilatorischer Dunkelreaktionen konserviert. Bei der experimentellen Prüfung dieser Hypothese muß allerdings mit einigen methodischen Komplikationen gerechnet werden. So nehmen die Polyphosphate im konventionellen Gang der Phosphatfraktionierung keinen genau definierten Platz ein, so daß die biochemische Präparation mit dem cytochemisch-färberischen Nachweis verbunden werden muß. An *Acetabularia,* die sich auch auf diesem Gebiet als interessantes Studienobjekt erwiesen hat, untersuchte STICH das Verhalten der Phosphatgranula bei Belichtung, Verdunkelung und Behandlung mit Photosynthesegiften; Indizien für eine gesteigerte Polyphosphatbildung im Zuge der Photosynthese und für einen Abbau im Verlaufe der Dunkelreaktionen und des Wachstums sind danach gegeben. Versuche mit P^{32} sprechen für einen lebhaften Phosphatumsatz in den Granula und damit für deren Einbeziehung in den Gesamtstoffwechsel. Für *Chlorella,* die nach HOLZER ebenfalls Metaphosphat in polymerisierter Form enthält, hat WINTERMANS (1, 2) ähnliche Beobachtungen gemacht. Eine Phosphatfraktion, die vornehmlich aus Polyphosphaten bestehen dürfte, nimmt laufend zu, wenn in Abwesenheit von CO_2 belichtet wird. In Gegenwart von DNP, Azid und Cyanid wird dieser Effekt ebenso beeinträchtigt wie die Photosynthese selbst. Diese Beobachtungen bilden vorläufig noch keinen sicheren Beweis für die Energieverwertung aus Metaphosphaten. Vielleicht stellen diese lediglich eine Phosphatreserve dar (ähnlich dem Phytin in höheren Pflanzen). WINDER und DENNENY beschreiben für Mycobakterien einen Fall, wo lebhaftes, unbehindertes Wachstum (in Anwesenheit von Tetrahydrofurfurol) keine Verminderung, sondern eine starke Vermehrung der Metaphosphatfraktion herbeiführte. Für den Nachweis einer energetischen Nutzung der Metaphosphate wäre es erwünscht, Bedingungen zu schaffen, unter denen neben dieser Energiequelle möglichst keine andere verfügbar ist. Jedenfalls ist die neu aufgeworfene Problematik von größtem Interesse für die Funktion und Reichweite des Photosyntheseapparats und für die Einsicht in die Steuerungsmechanismen, in welchen auch die Photosynthese mit ihren Teilprozessen einbezogen ist.

5. Der Weg des Kohlenstoffs. Überblickt man die lange Reihe der bedeutsamen Publikationen, die unter diesem Sammeltitel von CALVIN und seiner Schule im Laufe der letzten 5 Jahre veröffentlicht worden ist, so ist trotz aller notwendigen Abänderungen in Einzelheiten eine Kontinuität in methodischer und theoretischer Hinsicht unverkennbar; sie hat uns bis heute ein recht überzeugendes Bild vom chemischen Verlauf des Einbaus und der Reduktion des CO_2 geliefert. Der wichtigste Schritt auf diesem ausschließlich durch die Kombination von C^{14}-Markierung und Papierchromatographie (Radiographie) eröffneten Wege war nach dem mehrfach bestätigten Nachweis der 3-Phosphorglycerinsäure als Carboxylierungsprodukt und des cyclischen Verlaufs von Carboxylierung und Reduktion die Erkenntnis, daß dieser Cyclus sich grundsätzlich vom Citronensäurecyclus unterscheidet. Hinzu kam die Auffindung von Sedoheptulose und Ribulose[1] (bzw. deren Phosphaten) als frühen Photosynthesezwischenprodukten [BUCHANAN u. Mitarbeiter (1, 2)]. Diese sind nun als Komponenten des Cyclus selbst erkannt worden (BASSHAM u. Mitarbeiter). Die Neuformulierung dieses Cyclus hat im Unterschied zu früheren Vorstellungen die Möglichkeit ergeben, die Carboxylie-

---
[1] Zur Nomenklatur vgl. S. 583.

rung und die Reduktion auf je einen einzigen Reaktionsschritt zu beschränken, eine Forderung, welche im Grundsatz schon von GAFFRON erhoben und nach dem seinerzeitigen Stand eingehend erläutert worden war (vgl. Fortschr. Bot. 14, 312). Die zunächst recht kompliziert erscheinenden Umsätze auf Kohlenhydratniveau, in welche die C_5- und C_7-Zucker eingehen, gehören in einen größeren biochemischen Zusammenhang, seit mit dem sog. ,,Hexose-6-phosphat-shunt" (vgl. S. 583) ein unter Umständen neben dem Citronensäurecyclus einhergehender oxydativer Abbauweg für die Hexosen über C_5- und C_7-Zucker bekannt geworden und bei verschiedenen Zellarten nachgewiesen worden ist [HORECKER u. Mitarbeiter, BEVERS u. GIBBS (1, 2, 3), vgl. auch RACKER]. Speziell bei grünen Pflanzen und Pflanzenteilen verlaufen die Kohlenhydratumsätze vielleicht etwas anders als in Extrakten aus Leber und Wurzelspitzen [GIBBS u. HORECKER (1, 2), GIBBS], aber im Grundsatz ist auch hier ein viel lebhafterer Umsatz im Kohlenhydratbereich im Gange als man bisher vermuten konnte. Methodisch läßt er sich verfolgen an der raschen und oft diskontinuierlichen Veränderung in der Position von C^{14} in den Kohlenhydraten nach Darbietung partiell markierter Zucker zu den verschiedenen Zellpräparationen. Wie schon seinerzeit bei der Diskussion der Möglichkeit einer Umkehr des Citronensäurecyclus im Photosyntheseverlauf wird man auch heute Vorsicht walten lassen in der Wiederbelebung einer einfachen Reversibilitätsvorstellung auf der Basis dieser Kohlenhydratumsätze (vgl. S. 551). Die Eigenständigkeit des Enzymsystems und damit des Reaktionsverlaufes bei der photosynthetischen CO_2-Assimilation ist jedenfalls bisher nicht widerlegt. Um Abbau- und Syntheseweg in richtiger Beziehung zu sehen, bedarf es unter anderem einer genaueren vergleichenden Einsicht in die Lokalisation der einschlägigen Fermente innerhalb von Cytoplasma und Chloroplasten.

Das neue Bild des Photosynthesecyclus läßt sich bei Einschluß einiger noch ungeklärter Teilreaktionen durch das folgende Schema (Abb. 84) wiedergeben, wobei die Phosphatesterbindungen (BUCHANAN u. Mitarbeiter) nicht berücksichtigt sind:

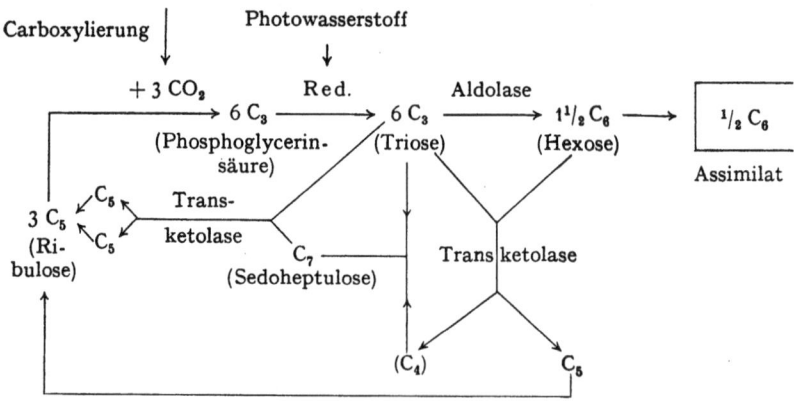

Abb. 84. Schema des Photosynthesecyclus (Kohlenhydratkreislauf) von CALVIN u. Mitarbeitern.

Im einzelnen seien hierbei besonders die vielseitigen Umsatzmöglichkeiten des Triosephosphats hervorgehoben, welche sich in zwei Reaktionstypen gliedern: 1. die direkte Kondensation (Aldolasereaktion), wie die Bildung von Hexose nach $C_3 + C_3 \rightarrow C_6$ und Sedoheptulose nach $C_3 + C_4 \rightarrow C_7$; 2. die Übertragung der CH_2OH—CO-Gruppe („aktiver Glykolaldehyd") einer Ketose auf das Triosephosphat als Acceptor (Transketolasereaktion), so bei $C_6 + C_3 \rightarrow C_4 + C_5$ oder $C_7 + C_3 \rightarrow C_5 + C_5$. Transketolasereaktionen sind in neuerer Zeit auch im dissimilatorischen Abbau vielfach nachgewiesen (vgl. S. 584). Als Coenzym ist hierbei wahrscheinlich Lipothiamidpyrophosphat wirksam. Die nach dem obigen Schema zu fordernde Tetrose ist bisher noch nicht erfaßt und identifiziert worden. Dagegen hat sich klären lassen, warum man bisher vergeblich nach dem vielzitierten C_2-Körper gesucht hat, der als CO_2-Acceptor die Bildung von Phosphoglycerinsäure ermöglichen und damit den Kohlenstoffcyclus schließen sollte. Die Carboxylierung erfolgt offenbar in der Weise, daß Ribulosediphosphat selbst CO_2 einzulagern vermag. In vitro wurde gezeigt, daß dieser aus *Scenedesmus* isolierte Zucker mit einem zellfreien Extrakt von *Chlorella* den fermentativen Einbau von $^{14}CO_2$ durchführt, wonach im Radioautogramm 3-Phosphoglycerinsäure nachweisbar ist (QUAYLE u. Mitarbeiter). Der Reaktionsverlauf ist sicherlich nur summarisch[1] wiedergegeben durch die Gleichung:

$$\begin{array}{l} H_2C-OPO_3H_2 \\ | \\ C=O \\ | \\ H-C-OH \\ | \\ H-C-OH \\ | \\ H_2C-OPO_3H_2 \end{array} \quad + CO_2 + H_2O \rightarrow 2 \quad \begin{array}{l} CH_2OPO_3H_2 \\ | \\ CHOH \\ | \\ COOH \end{array}$$

Ribulose-diphosphat 3-Phosphoglycerinsäure

Dies ist also nichts anderes als die alte RUBENsche Reaktion $RH + CO_2 \rightarrow RCOOH$, durch welche die grüne Pflanze dem Kohlenstoff den Weg in organische Bindung bahnt. Ihren genaueren Mechanismus aufzuklären, ist ein wichtiges Anliegen der Photosyntheseforschung.

Wenn Kohlenhydrate (Hexose) als Assimilate aus dem Calvincyclus ausscheren, so ist deren Umsatz offensichtlich noch keineswegs abgeschlossen. BUCHANAN u. Mitarbeiter wiesen in grünen Zellen Nucleotid-Coenzyme vom Typ des Uridindiphosphats (UDP) nach, das bei der Umwandlung von Galaktose in Glucose und umgekehrt eine wichtige Rolle spielt; daß sich eine Kohlenhydratisomerisierung vom Typ Uridindiphosphat-Glucose → Uridindiphosphat-Galaktose auch im unmittelbaren Anschluß an die Photosynthese abspielen kann, wird durch den Befund nahegelegt, daß die an das UDP gebundenen Hexosen bei Darbietung von $^{14}CO_2$ im Licht sehr schnell markiert werden. Auch eine ähnliche Nucleotid-Mannoseverbindung ist beobachtet worden. BUCHANAN, der

---

[1] Anmerkung bei der Korrektur: Einzelheiten hierzu hat M. CALVIN auf der Chemikertagung in München (12. 9. 55) mitgeteilt.

erstmalig im Zuge der Photosynthese von Zuckerrübenblättern ein intermediäres Monophosphat der Saccharose (verestert am C_1-Atom der Fructose) auffand, vermutet, daß UDP sowie ein dem ATP homologes Uridintriphosphat auch bei der Saccharosebildung im Spiele ist. — Als C_7-Zucker scheint neben der Sedoheptulose in manchen Pflanzen auch eine isomere Mannoheptulose bzw. deren Monophosphat von Bedeutung zu sein (NORDAL u. BENSON). Es ist noch nicht genauer bekannt, in welchem Ausmaß die C_5- und C_7-Zucker auch außerhalb des Calvincyclus Bedeutung haben und Umsetzungen erleiden. Die Sedoheptulose scheint nicht nur in Crassulaceen, aus denen sie von TOLBERT u. ZILL (1) nach $^{14}CO_2$-Darbietung in markierter Form gewonnen wurde, eine Sonderrolle zu spielen. Auch in anderen Blättern wird sie im Licht und im Dunkeln lebhaft umgesetzt. TOLBERT u. ZILL (2) fanden in Rüben-, Tabak- und Gerstenblättern einen raschen Umbau markierter Sedoheptulose in Saccharose, je nach Versuchsbedingungen aber auch in N-haltige und N-freie C_3- und C_4-Verbindungen, so daß eine Spaltung $C_7 \rightarrow C_3 + C_4$ wahrscheinlich ist, wie sie der Calvincyclus in obiger Form nicht vorsieht (vgl. auch RACUSEN u. ARONOFF). Polymerisation zu Sedoheptulosan kann den Zucker dem raschen Umsatz entziehen.

Wenn die Zwischenprodukte der cyclischen Regeneration des CO_2-Acceptors mit Ausnahme der Phosphoglycerinsäure der Kohlenhydratstufe angehören, wird erneut ernsthaft in Frage gestellt, ob andere C-Verbindungen höherer oder niederer Oxydationsstufe im Photosynthesemechanismus direkt gebildet werden können. Eine im Licht gesteigerte Synthese solcher Verbindungen kann natürlich indirekt gefördert sein, indem gesteigertes Angebot und erhöhter Umsatz der Kohlenhydrate eine allgemeine Anreicherung assimilatorischer und dissimilatorischer Reaktionsprodukte mit sich bringt. Ob dem Photowasserstoff, abgesehen von der Reduktion der Phosphoglycerinsäure im Calvincyclus mit oder ohne Einschaltung spezifischer Fermentsysteme noch andere Betätigungsmöglichkeiten gegeben sind, somit also von der grünen Zelle nach Maßgabe des jeweiligen physiologischen Zustands und Bedarfs an Stelle der CO_2-Assimilation der Normalphotosynthese andere ,,BLACKMAN"-Reaktionen eingesetzt werden können, bedarf in jedem Falle einer kritischen Prüfung. Diese Forderung gilt nicht nur für die Bildung von Aminosäuren (RACUSEN u. ARONOFF, BIDWELL, KROTKOV u. REED) oder Eiweiß [VOSKRESENSKAJA (1, 2), NICHIPOROVICH], sondern auch für Reduktionen von C-freien Verbindungen, wie Sulfaten oder Nitraten [VAN NIEL u. Mitarbeiter, KESSLER (1, 2, 3)] in belichteten grünen Zellen. Es ist nicht ohne weiteres zulässig, dem Photosyntheseapparat eine generelle Reduktionsfähigkeit zuzuschreiben (vgl. S. 551).

Neben der Arbeitsgruppe in Berkeley haben in kleinerem Umfang und mit geringerem Aufwand auch weiterhin andere Forscher den Umsatz von $^{14}CO_2$ und ^{14}C-markierten Verbindungen im Licht (und vergleichsweise auch im Dunkeln) verfolgt. Das Auftreten phosphorylierter Glycerinsäure als eines echten Zwischenprodukts der Photosynthese ist durch FAGER und ROSENBERG bekräftigt worden (vgl. auch ARONOFF). Soweit aus Referaten ersichtlich, sind russische Autoren mit der Identifizierung von markierten Photosynthesezwischenprodukten noch nicht weit fortgeschritten. DOMAN findet in seinen Radiogrammen keine Phosphoglycerinsäure; dafür aber zwei andere angebliche Primärprodukte niederen Molekulargewichts, die bisher nicht endgültig charakterisiert werden konnten. NEZGOROVA (1, 2) versucht Unterschiede zwischen Licht- und Dunkelfixation von $^{14}CO_2$ durch Bohnenblätter zu erfassen, eine von der CALVINschen Schule schon weitgehend gelöste Aufgabe. VOSKRESENSKAJA (1, 2) untersucht die Endprodukte des $^{14}CO_2$-Einbaus bei abgeschnittenen und mit Nitratlösung infiltrierten Blättern im Licht und kommt zu dem auffälligen Ergebnis, daß die Art der „Assimilate" von der Lichtqualität abhängt. Im ganzen erscheint die Kohlenhydratproduktion im langwelligen Spektralbereich, die Proteinsynthese im kürzerwelligen relativ gefördert; da dieser Effekt jedoch erst bei längerer Einwirkung deutlich wird, dürfte keine primäre Reaktion des Photosynthesemechanismus auf die verschiedenen Wellenlängen vorliegen. — Bei Characeen und *Riccia* fanden CLENDENNING u. GORHAM die Produkte des Lichteinbaus von $^{14}CO_2$ zunächst vornehmlich im Zellsaft, während bei *Chlorella* und *Scenedesmus* ein erheblich größerer Anteil der Radioaktivität rasch in indiffusible unlösliche Zellfraktionen eingeht. *Chara* und *Nitella* verwendeten auch TOLBERT u. ZILL (3), um die Störungen des Photosyntheseapparats zu analysieren, welche bei mechanischer Verletzung und Zerstörung von Zellen auftreten. Protoplasma (einschließlich der Plastiden), aus diesen Zellen durch Auspressen gewonnen, wies im Licht noch eine geringe $^{14}CO_2$-Bindung auf; im Anschluß daran waren zwar Hexosephosphate und Saccharose, jedoch im Gegensatz zum Normalfall keine Pentose oder Sedoheptulose nachzuweisen, woraus geschlossen wird, daß die cyclische Regeneration des CO_2-Acceptors bei der Protoplastenisolierung als empfindlichster Teilmechanismus zuerst außer Funktion gesetzt wird. Bloßes Anschneiden der Zellen, d. h. Verlust des Zellsaftes, ließ die Photosynthese fast ungestört. Diese Befunde bilden eines der noch seltenen Beispiele von Kontakt zwischen Biochemie und Strukturmorphologie des Photosyntheseapparats.

Die kinetische Verschiebung der Isotopenhäufigkeit (Isotopieeffekt) beim Umsatz markierter Verbindungen läßt sich bei der Photosynthese, die eine größere Zahl von Umsätzen enthält, nicht vorausberechnen, sondern erfordert eine empirische Bestimmung. Nach VAN NORMAN u. BROWN beträgt das Umsatzverhältnis von $^{12}CO_2$, $^{13}CO_2$ und $^{14}CO_2$ 1,00:0,96:0,85; ^{14}C ist also stärker benachteiligt als dem Isotopengewicht entspricht, ein Effekt, der bisher noch nicht gedeutet werden konnte. BAERTSCHI fand für $^{12}CO_2:^{13}CO_2$ ein Verhältnis von 1,00:0,97; er vermutet, daß schon die einfache Hydratation von CO_2 einen wichtigen Schritt in der Isotopenfraktionierung bildet.

6. Der primäre Acceptor des Photowasserstoffs. Im Laufe der letzten Jahre ist die Frage viel erörtert worden, in welcher Weise nach der primären Wasserspaltung der Photowasserstoff und mit ihm die Reduktionskraft

(„reduction power") abgefangen und stabilisiert wird. CALVIN u. BARLTROP [vgl. CALVIN (S)] haben hierzu eine interessante Theorie entwickelt. Sie geht aus von der Beobachtung, daß mit einsetzender Belichtung die Zwischenprodukte des Citronensäurecyclus verschwinden und nach Verdunklung in den Radiogrammen wieder nachweisbar werden. Der Schluß lag nahe, daß die Atmung (über den Citronensäurecyclus) und die Photosynthese sich eines gemeinsamen Fermentsystems bedienen, wobei dieses im Falle ausreichender Belichtung allein von der Photosynthese beansprucht wird. Nach CALVIN ist es die Brenztraubensäureoxydase, welche diese Schlüsselstellung in der Stoffwechselregulation einnimmt. Sie enthält in ihrem Cofaktor den stark gespannten Fünfring der 6,8-thioctic acid (in der deutschen Literatur auch als α-Lipoinsäure bezeichnet) mit disulfidisch gebundenem Schwefel:

$$\begin{array}{c} \overset{8}{}\!\!\diagup\!\overset{CH_2}{}\!\!\diagdown\!\overset{6}{} \\ H_2C CH-(CH_2)_4-COOH \\ | | \\ S\text{------}S \end{array}$$

Ausführliche Untersuchungen (BARLTROP, HAYES u. CALVIN) über Stereochemie, optische Eigenschaften und Energieverhältnisse dieser Verbindung und homologer Ringsysteme (z. B. des Sechsrings der 5,8-thioctic acid oder des entsprechenden Siebenrings) haben verständlich gemacht, warum sich gerade der Fünfring besonders leicht in physiologische Redoxsysteme einzuschalten vermag. Für die Photosynthese wird eine polare Aufspaltung des Rings durch die Produkte der Photolyse des Wassers angenommen.

$$\overset{\frown}{\underset{S-S}{| |}} + h\nu + H_2O \rightarrow \overset{\frown}{\underset{HS SOH}{| |}}$$

Die entstandene Thiolsulfensäure soll danach zu einem Dithiol und einem hypothetischen Oxydationsprodukt dismutieren; während das letztere unter mehr oder weniger indirekter Abgabe von O_2 das Ausgangsprodukt regeneriert, geschieht dies auf der Reduktionsseite des Überträgersystems durch Weitergabe des Wasserstoffs vom Dithiol:

$$2 \overset{\frown}{\underset{HS SOH}{| |}}\!\!-COOH \;\rightleftarrows\; \begin{array}{l} \overset{\frown}{\underset{HOS SOH}{| |}}\!\!-COOH \\ \overset{\frown}{\underset{HS SH}{| |}}\!\!-COOH \end{array} \;\rightarrow\; \begin{array}{l} \overset{\frown}{\underset{S-S}{| |}}\!\!-COOH \; + H_2O + {}^1\!/_2\, O_2 \uparrow \\ \overset{\frown}{\underset{S-S}{| |}}\!\!-COOH \; + 2\,[H] \cdots\!\rightarrow \end{array}$$

Ein exakter Experimentalbeweis für diese Vorstellung ist bisher noch nicht erbracht worden[1]. Die Schwierigkeit dafür liegt darin, daß es

---

[1] Anmerkung bei der Korrektur: Sie wurde auch bereits einschränkend modifiziert; CALVIN neigt jetzt dazu, die S—S-Spaltung als rein reduktiv zu betrachten, die O_2-Entwicklung somit als Feld für neue Theorien freizugeben (Vortrag München, 12. 9. 55).

schwer ist in vivo die Konzentration der Disulfidbindung zum begrenzenden Faktor zu machen und dann die Wirkung zugesetzter 6,8-thioctic acid zu verfolgen. Es gelang mit *Scenedesmus* nach dem Verfahren von CLENDENNING u. EHRMANTRAUT, durch ein synthetisches Präparat die Ausbeute der HILL-Reaktion mit Chinon um etwa 50% zu steigern [BRADLEY u. CALVIN (1, 2)]. Der Effekt soll für das 6,8-Disulfid spezifisch sein. Überzeugender noch wäre natürlich ein unmittelbarer (optischer) Nachweis der reversiblen Ringspaltung in der belichteten grünen Zelle.

IV. Energetische Fragen.

Die von WARBURG, BURK u. Mitarbeitern auf Grund ihrer Experimente mit langfristig (d. h. im Minutenbereich) intermittierendem Licht entwickelte Vorstellung eines Photosynthesecyclus, der aus einer einquantigen Photoreaktion und einer den Energiebedarf ergänzenden oxydativen Spezialatmung besteht (vgl. Fortschr. Bot. 14, 322ff.), hat bisher nicht überall Anerkennung gefunden. Vielmehr sind eine Reihe bemerkenswerter Einwände von der theoretischen und der experimentellen Seite her erhoben worden, ohne deren eindeutige Widerlegung die gezogenen Schlüsse angreifbar erscheinen. Da auf viele wichtige Details hier nicht eingegangen werden kann, seien diese Gegenargumente im diesjährigen Bericht nur knapp zusammengestellt[1]. Eine authentische Stellungnahme ist gerade in diesem Falle nur demjenigen möglich, der auf dem Gebiet über eine ins Einzelne gehende methodische Spezialerfahrung verfügt. Referent beabsichtigt daher nicht, in die zur Zeit im Gang befindliche bzw. weiterhin zu erwartende Auseinandersetzung wertend einzugreifen.

In einer ausführlichen theoretischen Studie hat J. FRANCK dargelegt, daß eine hohe Ausbeute von 80—90% der absorbierten Lichtmenge, die sich nach WARBURG für die Bilanz des Photosynthesecyclus ergibt, vom Standpunkt des Physikochemikers aus unmöglich erscheint. Er veranschlagt die Energieverluste, welche bei inneren Energieumwandlungen am Chlorophyllmolekül, bei der O_2-Entbindung, bei H-Übertragungen und sonstigen Dunkelreaktionen auftreten müssen, und kommt zu dem Schluß, daß der von WARBURG ermittelte Bruttoquantenbedarf von rund 3 weit überschritten wird, während die von vielen anderen Autoren gefundenen höheren Werte von 8—12 den Forderungen der Thermodynamik entsprechen. Die vollkommne Thermodynamik („thermodynamic perfection"), welche die Photosynthese kennzeichnen soll [D. BURK (5)], ist nach dieser Auffassung keine Realität und die Kritiker fragen daher weiter, welche experimentelle Schwächen die Argumentation WARBURGs auch methodisch angreifbar machen. FRANCK hat zunächst angenommen, daß hohe Ausbeuten dadurch vorgetäuscht werden, daß im Schwachlicht nahe am Kompensationspunkt

---

[1] Es sei hierzu auf eine inzwischen erschienene kritische Stellungnahme von H. GAFFRON u. J. ROSENBERG [Naturwiss. 42, 345—364 (1955)] und eine knappere Entgegnung von O. WARBURG (Naturwiss. 42, 449—450) verwiesen. Die Auseinandersetzung hat nichts weniger gebracht als eine Annäherung der Standpunkte.

nicht CO_2, sondern bereits partiell reduzierte Verbindungen und zwar Atmungszwischenprodukte als photosynthetische H-Acceptoren dienen. Dies Argument schließt die Annahme ein, daß entgegen WARBURGS Angaben der Gaswechselquotient im Schwachlicht stark von 1 abweicht. Es wird zugleich der Angabe von WARBURG nicht gerecht, daß die sehr guten Ausbeuten auch bei Kompensation der Atmung mit weißem Licht im monochromatischen Zusatzlicht nachweisbar sind und daß — abweichend von den Beobachtungen KOKs (vgl. Fortschr. Bot. 14, 324) — auch im Bereich höherer Intensitäten bei einem Vielfachen des Kompensationswertes die photochemische Ausbeute unverändert hoch bleibt; diese Beobachtung konnte nach den bisher bekannten Versuchsdaten für die Abhängigkeit der Photosynthese von der Lichtstärke bei kontinuierlicher Beleuchtung nicht erwartet werden. Angesichts der verschiedenen Einwände war und ist natürlich eine methodisch einwandfreie Bestätigung der entscheidenden Befunde im intermittierenden Licht, nämlich des Wechsels zwischen photosynthetischer Höchstleistung im Licht und der spezifischen Rückoxydation des Photoprodukts durch Sauerstoff in den folgenden Dunkelminuten ein sehr dringliches Anliegen. BRACKETT, OLSON u. CRICKARD (1, 2) haben mit beträchtlichem technischem Aufwand die schon früher in der Photosyntheseforschung angewandte polarographische O_2-Bestimmung mit stationären Pt-Elektroden für diesen besonderen Zweck ausgearbeitet. Die Sauerstoffproduktion im Licht und der Sauerstoffverbrauch im Dunkeln wurden nahezu trägheitslos registriert. Die Atmung wurde zwar durch die vorherige Belichtung etwas angehoben, aber keineswegs in gleichem Ausmaß wie in den Experimenten von WARBURG und BURK. Für die Sauerstoffproduktion im Licht ergaben sich Quantenzahlen zwischen 6,1 und 13,5 je Molekül O_2. Der sog. KOK-Effekt (scharfer Knick in der Photosyntheseleistung bzw. photochemischen Ausbeute bei Übergang von kompensierenden zu etwas höheren Lichtstärken) wird ausdrücklich bestätigt. Die empfindliche spektrophotometrische Sauerstoffbestimmung mit Hämoglobin nach HILL (vgl. HILL u. WHITTINGHAM) hat WHITTINGHAM herangezogen, um WARBURGS Befunde zu reproduzieren. Auch er fand dabei keinen Anhaltspunkt für eine verstärkte Rückoxydation der im Licht gebildeten Produkte bei einsetzender Verdunklung. WARBURG, BURK u. Mitarbeiter haben ihrerseits ein elektrochemisches Verfahren, die von TÖDT u. Mitarbeitern entwickelte O_2-Bestimmung, zur Ergänzung ihrer manometrischen Versuche eingesetzt. Nachdem zunächst eine Bestätigung erhalten und als wichtige Stütze der Theorie des Energiecyclus angesehen worden war, haben WARBURG u. KRIPPAHL (S) später ohne nähere Begründung bekanntgegeben, daß sich die TÖDT-Methode bei der vorliegenden Fragestellung nicht bewährt hat; damit ist ein neues Unsicherheitsmoment eingeführt, und die schon früher geäußerten Zweifel haben sich nicht gelegt, ob die manometrische Methodik, insbesondere bei Bestimmung der Gaswechselquotienten, genügend exakt arbeitet, um die kritischen Versuchsdaten einwandfrei zu sichern. Daß insbesondere Werte des photosynthetischen Quotienten $\frac{O_2}{CO_2}$, die wesentlich über 1 ansteigen, nach dem üblichen manometrischen Verfahren nur schwer bestimmbar sind, ist neuerdings wieder in anderem Zusammenhang dargelegt worden (PIRSON, KROLL-PFEIFFER u. SCHAEFER). Solange man die Reaktionen des Gaswechsels auf intermittierende Belichtung nicht in allen Phasen ganz genau kennt, wird es schwer zu beurteilen sein, ob manometrische Druckänderungen innerhalb von Minuten echte Photosyntheseschwankungen anzeigen oder ob dabei als Übergangserscheinungen zu wertende Anomalien des Gaswechsels mitspielen, von der Art, wie sie in den letzten Jahren besonders in ausführlichen Spezialuntersuchungen zur Induktion der Photosynthese zum Vorschein gekommen sind [VAN DER VEEN (1, 2, 3), WASSINK u. SPRUIT, SPRUIT, vgl. auch WHITTINGHAM (S 2)]. Für die Erfassung solcher Unregelmäßigkeiten ist die Entwicklung neuer empfindlicher Registriermethoden von großem Interesse. So hat ROSENBERG eine auf dem Prinzip der Glaselektrode beruhende elektrochemische Methodik entwickelt, welche die mit Photosynthese und Atmung in ungepufferten Lösungen verbundenen p_H-Änderungen und damit in erster Näherung die Geschwindigkeit des CO_2-Umsatzes zu messen gestattet [vgl. dazu GAFFRON (S)] während KOK (3, 4) seine überaus empfindlich registrierenden Methoden empfiehlt. Eine genügend empfindliche nichtmanometrische Bestimmung von O_2-Abgabe und CO_2-Verbrauch könnte wesentlich dazu beitragen, die umstrittenen kurzfristigen Gaswechseleffekte endgültig aufzuklären.

Während WARBURGs Experimente von 1920 ohne besondere Kautelen einen Quantenbedarf von 4 ergaben, sind in den letzten Jahren die methodischen Bedingungen, unter denen dieser ,,Quantenbedarf der Bilanz", bzw. die Gaswechseleffekte des Photosynthesecyclus im intermittierenden Licht beobachtbar sind, von WARBURG u. Mitarbeitern selbst wesentlich eingeengt worden (2—5). Heute muß in besonderem Maße auf eine Anzucht der *Chlorella* unter optimalen Bedingungen geachtet werden und es ist eben unsicher, ob dieselben in allen Laboratorien wirklich gegeben sind. Den Fernerstehenden mag es leicht verwirren, wenn die sonst Minuten dauernden kritischen Druckänderungen sich unter Umständen auf Sekunden verkürzt abspielen (3). Am wenigsten konnte man erwarten, daß zur Erzielung guter Ausbeuten die Mitwirkung energetisch sehr geringfügiger Mengen blaugrünen Lichts erforderlich ist (3, 5). Dies Licht muß daher auch bei der Anzucht geboten werden. Auf seinem Fehlen beruht möglicherweise die geringe photochemische Leistungsfähigkeit von ,,Winterchlorella" gegenüber ,,Sommerchlorella" bei Anzuchten mit natürlichem Licht, eine Unterscheidung, die in der Photosyntheseforschung durchaus neu ist. Experimentell konnte mit den blaugrünen Linien einer Quecksilber-Cd-Lampe, als ganz schwaches Zusatzlicht zum Meßlicht ohne Blaugrün in die Algensuspensionen eingestrahlt, ein Quantenbedarf im kontinuierlichen Licht von 3—5 erhalten werden, während sich ohne diesen Zusatz bei praktisch gleicher Energieabsorption ein Mehrfaches dieses Betrages ergab. Da das Wirkungsspektrum des blaugrünen Lichts nicht genau bekannt ist, ist ein sicherer Schluß auf die Art der an dem Effekt beteiligten Pigmente noch nicht möglich. WARBURG u. Mitarbeiter (3, 5) rechnen mit

Carotinoiden, die sie als Vorstufe eines im Bereich der CO_2-Reduktion eingesetzten Ferments ansehen. Vorstufe und Ferment sollen im Gleichgewicht miteinander stehen, wie es von den Sehcarotinoiden her bekannt ist. Damit würde eine ganz neuartige Funktion der Carotinoide gegeben sein und deren stete Anwesenheit im Chloroplasten wäre in befriedigenderer Weise als bisher erklärt. An sich kämen auch Flavine als Receptoren der wirksamen Energie in Betracht; jedoch glauben WARBURG u. Mitarbeiter eine reversible Photoreaktion bei diesen Farbstoffen ausschließen zu können. Es sei hier jedoch erwähnt, daß nach MERKEL u. NICKERSON Riboflavin in vitro bei Belichtung (370—450 mμ) Wasserstoff auf H-Acceptoren geeigneten Redoxpotentials (z. B. Triphenyltetrazoliumchlorid und Methylenblau) überträgt.

Die Annahme einer Rückreaktion von Photoprodukten mit freiem Sauerstoff, die der Photosynthesecyclus-Theorie von WARBURG und BURK zugrunde liegt, führt zu der Konsequenz, daß auch im Falle kontinuierlicher Belichtung der Sauerstoffumsatz erheblich größer sein muß als im Dunkeln. BROWN hat sich vergeblich bemüht, mit Hilfe von markiertem O_2 im Gasraum auf massenspektrographischem Wege eine solche „Lichtatmung" bei *Chlorella* eindeutig nachzuweisen. Bei den von ihm untersuchten Grünalgen wurde die ^{18}O-Aufnahme, die im Dunkeln verfolgt worden war, nicht wesentlich verändert, sobald mit einsetzender Belichtung der Photosyntheseapparat in Betrieb genommen wurde. Man kann zwar geltend machen, daß die Lichtatmung hierbei nicht quantitativ gefaßt werden kann, weil im Licht der photosynthetisch aus H_2O gebildete und daher nicht markierte Sauerstoff am Ort der Entstehung zum Teil wieder verbraucht wird [WARBURG (2)]. Es ist aber sehr unwahrscheinlich, daß eine erhöhte Atmung im Licht ganz ohne die Einbeziehung des äußeren O_2 verläuft; auch wäre in einem solchen Falle eine starke Abweichung des Gaswechselquotienten von 1 zu erwarten, die nach WARBURG u. Mitarbeitern (3) gerade nicht in Betracht kommt. Besonders bedeutsam ist ferner auch in diesem Zusammenhang das Verhalten der Photosynthese nach und bei O_2-Ausschluß. Derselbe müßte infolge der Blockierung der oxydativen Rückreaktionen zwangsläufig das Anlaufen des Photosynthesecyclus verhindern. Nach kurzen Angaben von WARBURG (1) ist dies tatsächlich der Fall, wenn den Algen der Sauerstoff durch gelben Phosphor entzogen wird. Mit der Hämoglobinmethode beobachteten HILL u. WHITTINGHAM erneut, daß die Induktion der Photosynthese nach Anaerobiose im Dunkeln verlängert ist. Nach KRALL u. BURRIS wird die $^{14}CO_2$-Aufnahme von Gerstenblättern nach O_2-Entzug reversibel gehemmt. Die Möglichkeit, daß die Photosynthesehemmung in diesen Fällen auf Produkte anaerober Abbauvorgänge zurückzuführen ist und daher keine primäre Bedeutung des Sauerstoffs für die Photosynthese anzeigt, erscheint auch bei diesen Experimenten nicht ausgeschlossen. Diese alte Deutung der Anaerobiosehemmung liegt noch heute vor allem deshalb nahe, weil ALLEN fand, daß ein O_2-freier Stickstoff (mit 2% CO_2) nach Passieren einer Algensuspension sofort mit einsetzender Belichtung Sauerstoff führt, der mit der höchst empfindlichen Methode der Phosphorescenzlöschung an Acriflavinadsorbaten nachgewiesen wurde. Im Rahmen der verfügbaren methodischen Möglichkeiten dürfte damit bewiesen sein, daß freier Sauerstoff nicht für den Beginn der Photosynthese benötigt wird. Eine Photosynthese unter anaeroben Bedingungen läßt sich nicht mit der Annahme einer ihrem Reaktionsmechanismus zugehörigen Oxydation mit freiem Sauerstoff vereinbaren.

Ein weiteres Problem ergibt sich für den Anlauf der Photosynthese über den energetischen Kreisprozeß. Vor Einsetzen der Belichtung müßte die Zelle zwei Drittel des für die volle Photosyntheseleistung erforderlichen Energiebedarfs als Zuschuß zur Verfügung haben, wenn der erste photochemische Schritt, der nur ein Drittel des Energiebedarfs einbringt, mit einem Gaswechselquotienten von 1 verlaufend zum Endprodukt führen soll. Ist dies einmal geschehen, so könnte sich der Cyclus im Prinzip selbst erhalten, sofern der Nutzeffekt seines Energieumsatzes genügend hoch ist. WARBURG rechnet damit, daß jeweils genügend viel energiereiches Phosphat als Reserve zugegen ist. Dies muß natürlich einmal mit Hilfe von Lichtenergie gebildet sein und genügend lang erhalten bleiben. Eine photosynthetische Phosphorylierung (ohne Gaswechsel) könnte daher als Vorläuferreaktion und Startbedingung für den energetischen Cyclus in Betracht gezogen werden.

Ein neuer Gesichtspunkt für die Bewertung unterschiedlicher Ergebnisse bei der Bestimmung der photochemischen Ausbeute ist von der Schule H. TAMIYAs zur Debatte gestellt worden. Die Photosyntheseleistung von *Chlorella* ist danach keine konstante Größe, sondern hängt eng mit dem Entwicklungszustand der Algen zusammen. Die Photosynthese ist während der Teilungsphase stark erniedrigt und regeneriert im Zuge der Vergrößerung der Tochterzellen zu einem Maximalwert. Unter Bedingungen, bei denen die Zellen der Suspensionen sich überwiegend im gleichen Entwicklungszustand befinden, müssen sich solche Leistungsschwankungen innerhalb der Zellsuspension bemerkbar machen [TAMIYA u. Mitarbeiter, SASA u. NIHEI, NIHEI u. Mitarbeiter (1)]. Die im Zuge dieser Stoffwechselrhythmik gehemmte Photosynthese soll mit einem extrem hohen photosynthetischen Gaswechselquotienten $\left(\frac{O_2}{CO_2} \text{ bis } 3!\right)$ verbunden sein [NIHEI u. Mitarbeiter (2)]. Dieses interessante Ergebnis bedarf nach Ansicht des Referenten noch genauer Prüfung. In diesem Zusammenhang sei erwähnt, daß eine ausgeprägte Periodik der Photosyntheseleistung und der Atmung auch bei *Hydrodictyon* beobachtet wurde, wobei Photosynthesemaxima und Atmungsmaxima alternieren (PIRSON, SCHÖN u. DÖRING). Wieweit hier ein Vergleich von *Chlorella* und *Hydrodictyon* zulässig ist und welche Möglichkeiten der Kausalanalyse der beobachteten Periodizitäten bestehen, soll in diesem Bericht nicht behandelt werden.

Wachstumsmessungen mit Bestimmung der Energieausbeute hat KOK (2) an *Chlorella*-Kulturen mit erheblichem methodischen Aufwand durchgeführt. Im kontinuierlichen Licht wurden optimal 20—24% der absorbierten Kalorien in organischer Substanz wiedergefunden, ein bemerkenswert hoher Betrag, der bei Annahme eines Quantenbedarfs der Photosynthese von 8 eine annähernd vollständige Ausnutzung der Photosynthese für das Zellwachstum anzeigt. Starke

Intensitäten wie sie unter natürlichen Bedingungen vorkommen, bewirken allerdings einen Abfall der Ausnutzung, und selbstverständlich auch ungünstige Kulturbedingungen, wie besonders Stickstoffmangel. Die Untersuchungen Koks, die sich auch auf Veränderungen der qualitativen Zusammensetzung von *Chlorella* erstrecken und dieselben in anschaulichen Diagrammen wiedergeben, sind von den Belangen der Praxis einer Algenmassenkultur ausgegangen. Dies in zahlreichen Ländern unter Einsatz von viel Personal und Mitteln vorangetriebene Vorhaben erläutert von verschiedensten Seiten her ein Sammelbericht der Carnegie Institution [BURLEW (S)], dessen Auswertung nicht in den Rahmen dieses Referats gehört. Verwiesen sei an dieser Stelle auch auf Wachstumsmessungen im intermittierenden Blitzlicht, die PHILLIPS u. MYERS (1, 2) angestellt haben. Die Unterschiede, die sich hierbei gegenüber den Photosynthesemessungen im Blitzlicht nach EMERSON u. ARNOLD ergaben, insbesondere die Abhängigkeit des Wachstums von der Länge der Lichtblitze und nicht von der Länge der Dunkelperioden, sind unerwartet. Die Differenzen gehen aber nicht so weit, daß sie die Kritik von TAMIYA (vgl. Fortschr. Bot. **14**, 327) an der Lichtblitzmethodik ernstlich bestärken würden. — Zur ökologischen Energetik der Photosynthese gehört eine Arbeitsreihe von STEEMANN NIELSEN (1, 2, 3), der mit Hilfe von ^{14}C die photosynthetische Produktivität im Meerwasser bestimmt hat. Er rechnet mit weniger als 1% Ausbeute des auf die Oberfläche einstrahlenden Lichtes und insgesamt mit einer Nettoproduktion der Ozeane, die etwas weniger beträgt als die Produktion zu Lande; frühere höhere Angaben scheinen danach übertrieben zu sein. — Auf ein anschauliches Diagramm der Stoffproduktion der Buche im Laufe ihrer Gesamtentwicklung (MÖLLER, MÜLLER u. NIELSEN) sei kurz verwiesen.

Literatur.

A. Sammelberichte.

ARNON, D. I.: In: Phosphorus Metabolism, Vol. II, p. 67—79. Edit. W. D. MCELROY and B. GLASS. Baltimore 1952. — ARONOFF, S.: Adv. Food Res. **4**, 133—184 (1953).
BAALSRUD, K., and K. S. BAALSRUD: In: Phosphorus Metabolism, Vol. II, p. 544. Edit. W. D. McELROY and B. GLASS. Baltimore 1952. — BASSHAM, J. A., A. A. BENSON and M. CALVIN: J. chem. Educat. **30**, 274—283 (1953). — BENSON, A. A.: J. chem. Educat. **31**, 484—487 (1954). — BLINKS, L. R.: (1) Annual Rev. Plant Physiol. **5**, 93—114 (1954). — (2) In: Autotrophic Microorganisms, 4th Sympos. Soc. gen. Microbiol., Cambridge 1954, p. 224—246. — BROWN, A. H., and A. W. FRENKEL: Annual Rev. Plant Physiol. **4**, 23—58 (1953). — BUCHANAN, J. G., J. A. BASSHAM, A. A. BENSON, D. F. BRADLEY, M. CALVIN, L. L. DANS, M. GOODMAN, P. M. HAYES, V. H. LYNCH, L. T. NORRIS and A. T. WILSON: In: Phosphorus Metabolism, Vol. II, p. 440—459. Edit. W. D. McELROY and B. GLASS. Baltimore 1952. — BURK, D.: Federat. Proc. **12**, 611—625 (1953). — BURLEW, J. (edit.): Carnegie Inst. Washington, Publ. No. 600, **1953**, 357 S. — BUVAT, R.: Chimiosynthèse et Photosynthèse. Paris 1954 (Presses Universitaires de France), VIII u. 208 pp.
CALVIN, M.: Harvey Lect. **46**, 218—251 (1952). — CALVIN, M., J. A. BASSHAM, A. A. BENSON and P. MASSINI: (1) Ann. Rev. phys. Chem. **3**, 215—228 (1952). — CALVIN, M., u. P. MASSINI: (2) Experientia (Basel) **8**, 445—457 (1952).
EGLE, K.: Naturwiss. **40**, 569—576 (1953). — ELSDEN, S. R.: In: Autotrophic Microorganisms, 4th Sympos. Soc. gen. Microbiol., Cambridge 1954, p. 202—223.
FRENCH, C. S.: Carnegie Inst. Washington Yearbook **52**, 145—182 (1953).
GAFFRON, H.: In: Autotrophic Microorganisms, 4th Sympos. Soc. gen. Microbiol., Cambridge 1954, p. 152—185. — GOODWIN, T. W.: The Comparative Biochemistry of Carotenoids. London 1952. — GRANICK, S.: (1) Chem. Engng. News **31**, 748—751 (1953). — (2) Rec. chem. Progr. **15**, 27—35 (1954).
HENDRICKS, ST. B.: Science (Lancaster, Pa.) **117**, 370—373 (1953). — HOLZER, H.: Angew. Chem. **66**, 65—75 (1954).
INGELMAN, B.: In: The Enzymes, Vol. I, p. 511—516. Edit. by J. B. SUMNER and K. MYRBÄCK. 1950.

LARSEN, H.: (1) In: Autotrophic Microorganisms, 4th Sympos. Soc. gen. Microbiol., Cambridge 1954, p. 186—201. — (2) Kgl. norske Vidensk. Selsk., Skr. 1953, Nr. 1, 199 S. — LEMBERG, R.: Fortschr. Chem. organ. Naturstoffe 11, 300—349 (1954). — LIVINGSTON, R.: In: Radiation Biology, Vol. II. Edit. A. HOLLAENDER. New York, Toronto a. London 1955. 593 p. — LUMRY, R., J. D. SPIKES and H. EYRING: (1) Ann. Rev. phys. Chem. 4, 399—424 (1953). — (2) Annual Rev. Plant Physiol. 4, 399—424 (1953).
MOYSE, A.: L'année biologique 28, 217—293 (1952); 29, 165—244 (1953).
NIEL, C. B. VAN: Annual Rev. Microbiol. 8, 105—132 (1954).
RABINOWITCH, E. I.: Annual Rev. Plant Physiol. 3, 229—264 (1952).
SCHMIDT, G.: In: Phosphorus Metabolism, Vol. I, p. 443—476. Edit. by W. D. McELROY and B. GLASS. Baltimore 1951. — SISSAKJAN, N. M.: Die fermentative Aktivität der protoplasmatischen Strukturen. Berlin 1954. 86 S. — STOLL, A., u. E. WIEDEMANN: Fortschr. chem. Forsch. 2, 538—608 (1952). — STREHLER, B. L.: In: Phosphorus Metabolism, Vol. II, p. 491—502. Edit. W. D. Mc ELROY and B. GLASS. Baltimore 1952.
VISHNIAC, W., and S. OCHOA: In: Phosphorus Metabolism, Vol. II, p. 467—490. Edit. W. D. McELROY and B. GLASS. Baltimore 1952.
WARBURG, O., u. G. KRIPPAHL: Angew. Chem. 66, 493—496 (1954). — WASSINK, E. C.: In: Autotrophic Microorganisms, 4th Sympos. Soc. gen. Microbiol. Cambridge 1954, p. 247—270. — WEIER, T. E., u. C. R. STOCKING: Bot. Review 18, 14—75 (1952). — WHITTINGHAM, C. P.: (1) Bot. Review 18, 245—290 (1952). — (2) Biol. Rev. Cambridge Philos. Soc. 30, 40—64 (1955).

B. Originalarbeiten.

AACH, H. G.: Arch. Mikrobiol. 19, 166—173 (1953). — ALLEN, F. L.: Arch. of Biochem. a. Biophysics 55, 38—53 (1955). — ANDREEVA, T. F., i L. E. ZUBKOVICH: Trudy Inst. Fiziol. Rasten. Timiriazewa 8, Nr. 1, 67—86 (1953). — APPLEMAN, D.: Plant Physiol. 27, 613—621 (1952). — ARNOLD, W., and J. B. DAVIDSON: J. gen. Physiol. 37, 677—684 (1954). — ARNON, D. I.: (1) Science (Lancaster, Pa.) 116, 635—637 (1952). — (2) Congr. Internat. Bot. Paris Rapp. et Comm., Sect. 11/12 8, 73—80 (1954). — ARNON, D. I., M. B. ALLEN and F. R. WHATLEY: (1) Congr. Internat. Bot. Paris Rapp. et Comm., Sect. 11/12, 8, 1—2 (1954). — (2) Nature (Lond.) 174, 394—396 (1954). — ARNON, D. I., L. L. ROSENBERG and F. R. WHATLEY: (3) Nature (Lond.) 173, 1132—1134 (1954). — ARNON, D. I., and F. R. WHATLEY: (4) Physiol. Plantarum (Copenh.) 7, 602—613 (1954). — ARNON, D. I., F. R. WHATLEY and M. B. ALLEN: (5) J. Amer. chem. Soc. 76, 6324—6329 (1954). — (6) Biochim. et biophysica Acta 16, 607—608 (1955). — ARONOFF, S.: Arch. of Biochem. a. Biophysics 32, 237—248 (1951).
BAALSRUD, K., u. K. S. BAALSRUD: Arch. Mikrobiol. 20, 34—62 (1954). — BAERTSCHI, P.: Helvet. chim. Acta 36, 773—781 (1953). — BANNISTER, TH. T.: Arch. of Biochem. a. Biophysics 49, 222—233 (1954). — BARLTROP, J. A., P. M. HAYES and M. CALVIN: J. Amer. chem. Soc. 76, 4348 (1954). — BASSHAM, J. A., A. A. BENSON, L. D. KAY, A. Z. HARRIS, A. T. WILSON and M. CALVIN: J. Amer. chem. Soc. 76, 1760—1770 (1954). — BEEKMANN, H.: (1) Naturwiss. 40, 486—487 (1953). — (2) Z. Bot. 42, 387—435 (1954). — BEEVERS, H., and M. GIBBS: (1) Nature (Lond.) 173, 640—641 (1954). — (2) Plant Physiol. 29, 318—321 (1954). — (3) Ebenda 29, 322—324 (1954). — BELL, L. N.: Dokl. Akad. Nauk SSSR. 95, 669—671 (1954). — BENSON, A. A., J. A. BASSHAM, M. CALVIN, A. G. HALL, H. HIRSCH, S. KAWAGUCHI, V. LYNCH and N. E. TOLBERT: (1) Univ. California Unclassified Rep. UCRL 1609, 1—18, 1952. — BENSON, A. A., S. KAWAGUCHI, P. HAYES and M. CALVIN: (2) J. Amer. chem. Soc. 74, 4477—4482 (1952). — BERGMANN, L.: Flora (Jena) 142 (im Druck). — BIDWELL, R. G. S., G. KROTKOV and G. B. REED: Arch. of Biochem. a. Biophysics 48, 72—83 (1954). — BIEBL, R.: (1) Protoplasma (Wien) 41, 353—377 (1952). — (2) Öster. bot. Z. 100, 179—202 (1953). — (3) Ebenda 101, 502—538 (1954). — BLAAUW-JANSEN, G.: Proc., kon. Akad. Wetensch. Amsterdam C 57, 498—506 (1954). — BOGORAD, L., and S. GRANICK: (1) Proc. Nat. Acad. Sci. U.S.A. 39, 1176—1188 (1953). — (2) J. of biol. Chem. 202, 793—800 (1953). — BOICHENKO, E. A., i V. I. BARANOV: Dokl. Akad. Nauk SSSR. 95, 1025—1027 (1954). — BRACKETT, F. S., R. A. OLSON and R. G. CRICKARD: (1)

J. gen. Physiol. **36**, 529—561 (1953). — (2) Ebenda **36**, 563—579 (1953). — BRADLEY, D. F.: US Atomic Energ. Comm. UCRL 2326, 3—90, 1953. — BRADLEY, D. F., and M. CALVIN: (1) Univ. California Unclassified Rep. UCRL 2186, 1—25, 1953. — (2) Arch. of Biochem. a. Biophysics **53**, 99—118 (1954). — BROWN, A. H.: Amer. J. Bot. **40**, 719—729 (1953). — BRUMMOND, D. O., and R. H. BURRIS: J. of biol. Chem. **209**, 755—765 (1954). — BUCHANAN, J. G.: Arch. of Biochem. a. Biophysics **44**, 140—149 (1953). — BUCHANAN, J. G., V. H. LYNCH, A. A. BENSON, D. F. BRADLEY and M. CALVIN: (1) J. of biol. Chem. **203** 935—945 (1953). — BUCHANAN, J. G., V. H. LYNCH, A. A. BENSON, M. CALVIN and D. F. BRADLEY: (2) Univ. Calitornia Unclassified Rep. UCRL 2074, 1—16, 1953.

CALVIN, M., and J. A. BARLTROP: J. Amer. chem. Soc. **74**, 6153 (1952). — CHIBA, Y., and I. NOGUCHI: Cytologia (Tokyo) **19**, 41—44 (1954). — CHICHESTER, C. O., P. S. WONG and G. MACKINNEY: Plant Physiol. **29**, 238—241 (1954). — CLAES, H.: Z. Naturforsch. **9b**, 461—469 (1954). — CLENDENNING, K. A.: Congr. Internat. Bot. Paris Rapp. et Comm., Sect. 11/12 **8**, 21 (1954). — CLENDENNING, K. A., and P. R. GORHAM: (1) Arch. of Biochem. a. Biophysics **37**, 56—71 (1952). — CLENDENNING, K. A., E. R. WAYGOOD and P. WEINBERGER: (2) Canad. J. Bot. **30**, 395—409 (1952). — COOKSON, G. H.: Nature (Lond.) **172**, 457—458 (1953).

DALY, J. M., and A. H. BROWN: Arch. of Biochem. a. Biophysics **52**, 380—387 (1954). — DAMASCHKE, K., F. TÖDT, D. BURK and O. WARBURG: Biochim. et biophysica Acta **12**, 347—355 (1953). — DAVENPORT, H. E.: Nature (Lond.) **170**, 1112—1114 (1952). — DAVIS, E. A.: (1) Amer. J. Bot. **39**, 535—539 (1952). — (2) Plant Physiol. **28**, 539—544 (1953). — DOMAN, N. G.: Dokl. Akad. Nauk SSSR. **93**, 115—117 (1953). — DOUIN, R.: (1) Rev. gén. Bot. **60**, 77 (1953). — (2) C. r. Acad. Sci. Paris **239**, 76—78 (1954). — DUYSENS, L. N. M.: (1) Doctoral Thesis, Utrecht 1952. — (2) Nature (Lond.) **168**, 548—550 (1951). — (3) Ebenda **173**, 692—693 (1954). — (4) Science (Lancaster, Pa.) **120**, 353—354 (1954).

ELSDEN, S. R., M. D. KAMEN and L. P. VERNON: J. Amer. chem. Soc. **75**, 6347—6348 (1953). — EVSTIGNEEV, V. B., i V. A. GAVRILOVA: (1) Dokl. Akad. Nauk SSSR. **91**, 899—902 (1953). — (2) Ebenda **92**, 381—384 (1953). — (3) Ebenda **95**, 841—844 (1954).

FAGER, E. W.: (1) Arch. of Biochem. a. Biophysics **37**, 5—14 (1952). — (2) Ebenda **41**, 383—395 (1952). — (3) Biochemic. J. **57**, 264—272 (1954). — FAGER, W. E., and J. L. ROSENBERG: Arch. of Biochem. a. Biophysics **37**, 1—4 (1952). — FALK, J. E., E. I. B. DRESEL and C. RIMINGTON: Nature (Lond.) **172**, 292—294 (1953). — FINKLE, B. J., and D. APPLEMAN: Plant Physiol. **28**, 652—663 (1953). — FINKLE, B. J., u. D. I. ARNON: Physiol. Plantarum (Copenh.) **7**, 614—624 (1954). — FORSTER, L. S., and R. LIVINGSTON: J. Chem. Physics **20**, 1315 (1952). — FOUASSIN, A.: Rev. Fermentations et inds. Aliment **9**, 117—119 (1954). — FRANCK, J.: Arch. of Biochem. a. Biophysics **45**, 190—229 (1953). — FREED, S., and K. M. SANCIER: (1) Science (Lancaster, Pa.) **116**, 175—176 (1952). — (2) Ebenda **117**, 655—656 (1953). — (3) J. Amer. chem. Soc. **76**, 198 (1954). — FRENCH, C. S., and V. K. YOUNG: J. gen. Physiol. **35**, 873—890 (1952). — FRENKEL, A. W.: J. Amer. chem. Soc. **76**, 5568 (1954). — FUJIMURA, K., I. AIKAWA and Y. INADA: (1) Mem. Res. Inst. Food Sci. Kyoto Univ. **6**, 23—34 (1953). — (2) Ebenda **7**, 18—33 (1954).

GERRETSEN, F. C.: Nature (Lond.) **171**, 207—208 (1953). — GIBBS, M.: (1) Arch. of Biochem. a. Biophysics **45**, 156—160 (1953). — (2) Plant Physiol. **29**, 34—39 (1954). — GIBBS, M., and B. L. HORECKER: (1) Congr. Internat. Bot. Paris, Rapp. et Comm., Sect 11/12 **8**, 10—11 (1954). — (2) J. of biol. Chem. **208**, 813—820 (1954). — GILMOUR, H. S., A. R. LUMRY and J. D. SPIKES: (1) Plant Physiol. **28**, 89—98 (1953). — (2) Nature (Lond.) **173**, 31—32 (1954). — GILMOUR, H. S. A., R. LUMRY, J. D. SPIKES and H. EYRING: (3) Contract Nr. AT (11—1)—82, Proj. Nr. 4, Techn. Rep. Nr. XI Univ. of Utah 1953, 94 S. — GODNEV, T. N., i A. A. SHLYK: (1) Dokl. Akad. Nauk SSSR. **91**, 599—600 (1953). — (2) Ebenda **94**, 301—304 (1954). — GODNEV, T. N., i M. V. TERENTEVA: Dokl. Akad. Nauk SSSR. **83**, 481—484 (1952). — GOODMAN, M., D. F. BRADLEY and M. CALVIN: J. Amer. chem. Soc. **75**, 1962—1967 (1953). — GOODWIN, T. W., and M. JAMIKORN: Biochemic. J. **57**, 376—381 (1954). — GOODWIN, T. W., and H. G. OSMAN: Biochemic. J. **53**, 541—546 (1953). — GRANICK, S., and L. BOGORAD: J. of biol. Chem. **202**, 781—792 (1953). — GRANICK, S., L. BOGORAD and H. JAFFE:

J. of biol. Chem. **202**, 801—813 (1953). — GROB, E. C., u. R. BÜTLER: Experientia (Basel) **10**, 250—251 (1954). — GRUBE, K. H.: Planta (Berl.) **42**, 279—303 (1953). — GUNDERSEN, K.: Nature (Lond.) **174**, 87—88 (1954). — GUREVICH, A. A.: Trudy Inst. Fiziol. Rasten. Timiriazewa **8**, Nr. 1, 87—97 (1953). HÄMMERLING, J., u. H. STICH: Z. Naturforsch. **9b**, 149—155 (1954). — HARDER, R., u. W. KOCH: Arch. Mikrobiol. **21**, 1—3 (1954). — HELMICK, R. W.: Proc. Iowa Acad. Sci. **60**, 645—655 (1953). — HIGHKIN, H. R.: Plant Physiol. **25**, 294—306 (1950). — HILL, R., D. H. NORTHCOTE and H. E. DAVENPORT: (1) Nature (Lond.) **172**, 948—949 (1953). — HILL, R., and C. P. WHITTINGHAM: (3) New Phytologist **52**, 133—148 (1953). — HOFFMANN-OSTENHOF, O., u. W. WEIGERT: Naturwiss. **39**, 303—304 (1952). — HOLT, A. S., and E. E. JACOBS: (1) Amer. J. Bot. **41**, 710—717 (1954). — (2) Ebenda **41**, 718—722 (1954). — HOLT, A. S., E. E. JACOBS et E. RABINOWITCH: Congr. Internat. Bot. Paris Rapp. et Comm., Sect. 11/12 **8**, 21—22 (1954). — HOLZER, H., u. E. HOLZER: Ber. dtsch. chem. Ges. **85**, 655—663 (1952). — HORECKER, B. L., M. GIBBS, H. KLENOW and P. Z. SMYRNIOTIS: J. of biol. Chem. **207**, 393—403 (1954). — HORWITZ, L.: Plant Physiol. **29**, 215—219 (1954).

JACOBS, E. E., A. E. VATTER and A. S. HOLT: J. chem. Physics **21**, 2246—2247 (1953). — JAGENDORF, A. T., and S. G. WILDMAN: Plant Physiol. **29**, 270—279 (1954).

KANDLER, O.: (1) Z. Naturforsch. **9b**, 625—644 (1954). — (2) Ebenda **10b**, 38—46 (1955). — KATES, M.: Nature (Lond.) **172**, 814—815 (1953). — KENDA, G., I. THALER u. F. WEBER: Protoplasma (Wien) **42**, 246—249 (1953). — KESSLER, E.: (1) Flora (Jena) **140**, 1—38 (1953). — (2) Arch. Mikrobiol. **19**, 438—457 (1953). — (3) Planta (Berl.) **45**, 94—105 (1955). — KHAN, M. U. D., and G. MACKINNEY: Plant Physiol. **28**, 550—552 (1953). — KOCH, W.: Arch. Mikrobiol. **18**, 232—241 (1953). — KOK, B.: (1) Enzymologia (Den Haag) **13**, 1—56 (1948). — (2) Acta bot. neerl. **1**, 445—467 (1952). — (3) Congr. Internat. Bot. Paris, Rapp. et Comm., Sect. 11/12 **8**, 9—10 (1954). — (4) Biochim. et biophysica Acta **16**, 35—44 (1955). — KOK, B., u. J. L. P. VAN OORSCHOT: Acta bot. neerl. **3**, 533—546 (1954). — KOSOBUTSKAJA, L. M., i A. A. KRASNOVSKI: (1) Biochimija **18**, 340—347 (1953). — (2) Ebenda **19**, 37—44 (1954). — KRALL, A. R., u. R. H. BURRIS: Physiol. Plantarum (Copenh.) **7**, 768—776 (1954). — KRASNOVSKI, A. A., i G. P. BRIN: (1) Dokl. Akad. Nauk SSSR. **58**, 1087—1090 (1947). — (2) Ebenda **63**, 163—165 (1948). — (3) Ebenda **95**, 611—614 (1954). — (4) Ebenda **96**, 1025—1028 (1954). — KRASNOVSKI, A. A., L. M. KOSOBUTSKAJA i K. K. VOINOVSKAJA: (1) Dokl. Akad. Nauk SSSR. **92**, 1201—1204 (1953). — KRASNOVSKI, A. A., V. B. EVSTIGNEEV, G. P. BRIN i V. A. GAVRILOVA: (2) Dokl. Akad. Nauk SSSR. **82**, 947 (1952). — KRECH, E.: Beitr. Biol. Pflanz. **30**, 379—405 (1954).

LASCELLES, J.: Biochemic. J. **55** (Proc.), IV—V (1953). — LIND, E. F., H. C. LANE and L. S. GLEASON: Plant Physiol. **28**, 325—328 (1953). — LINDEMAN, W.: (1) Proc., kon. Akad. Wetensch. Amsterdam C **54**, 287—295 (1951). — (2) Diss. Amsterdam 1952. 83 S. — LIVINGSTON, R., G. PORTER and M. WINDSOR: (1) Nature (Lond.) **173**, 485—486 (1954). — LIVINGSTON, R., and V. RYAN: (2) J. Amer. chem. Soc. **75**, 2176 (1953). — LUNDEGÅRDH, H.: Physiol. Plantarum (Copenh.) **7**, 375—382 (1954).

MACDOWALL, F. D. H.: Plant Physiol. **28**, 317—318 (1953). — MACKINNEY, G., T. NAKAYAMA, C. O. CHICHESTER and C. D. BUSS: J. Amer. chem. Soc. **75**, 236—238 (1953). — MCCLENDON, J. H.: (1) Amer. J. Bot. **40**, 260—266 (1953). — (2) Plant Physiol. **29**, 448—458 (1954). — MEHLER, A. H., and A. H. BROWN: Arch. of Biochem. a. Biophysics **38**, 365—370 (1952). — MERKEL, J. R., and W. J. NICKERSON: Biochim. et biophysica Acta **14**, 303—311 (1954). — METZNER, H.: Protoplasma (Wien) **41**, 129—167 (1952). — MEYERHOF, O., R. SHATAS and A. KAPLAN: Biochim. et biophysica Acta **12**, 121—127 (1953). — MOELLER, C. M., D. MÜLLER u. J. NIELSEN: Ber. schweiz. bot. Ges. **64**, 487—494 (1954). — MONTFORT, C.: (1) Ber. dtsch. bot. Ges. **66**, 183—188 (1953). — (2) Planta (Berl.) **42**, 461—464 (1953). — MONTFORT, C., I. FELGNER u. L. MÜLLER: (1) Beitr. Biol. Pflanz. **29**, 106—128 (1952). — MONTFORT, I. FELGNER u. L. MÜLLER: (2) Z. Bot. **40**, 173—186 (1952). — Moss, R. A., and W. E. LOOMIS: Plant Physiol. **27**, 370—391 (1952). — MUNDING, H.: Protoplasma (Wien) **41**, 212—234 (1952).

NEWBURGH, R. W.: J. Bacter. 68, 93—97 (1954). — NEZGOROVA, L. A.: (1) Dokl. Akad. Nauk SSSR. 90, 1175—1178 (1953). —(2) Ebenda 92, 1085—1088 (1953). — NICHIPOROVICH, A. A.: Trudy Inst. Fiziol. Rasten. Timiriazewa 8, Nr. 1, 3—41 (1953). — NIEL, C. B. VAN, M. B. ALLEN and B. E. WRIGHT: Biochim. et biophysica Acta 12, 67—74 (1953). — NIHEI, T., T. SASA, S. MIYACHI, K. SUZUKI et H. TAMIYA: (1) Congr. Internat. Bot. Paris Rapp. et Comm., Sect. 11/12 8, 16—17 (1954). — (2) Arch. Mikrobiol. 21, 156—166 (1954). — NORDAL, A., and A. A. BENSON: J. Amer. chem. Soc. 76, 5054—5055 (1954). — NORMAN, R. W. VAN, and A. H. BROWN: Plant Physiol. 27, 691—709 (1952).

OSIPOVA, O. P.: Trudy Inst. Fiziol. Rasten. Timiriazewa 8, Nr. 1, 57—66 (1953).

PAECH, K., u. E. KRECH: Planta (Berl.) 41, 391—395 (1953). — PHILLIPS jr., J. N., and J. MYERS: (1) Plant Physiol. 29, 148—152 (1954). — (2) Plant Physiol. 29, 152—161 (1954). — PIRSON, A., I. KROLLPFEIFFER u. G. SCHAEFER: (1) Marburger Sitzgsber. 76, 3—27 (1953). — PIRSON, A., W. J. SCHÖN u. H. DÖRING: (2) Z. Naturforsch. 9b, 349—353 (1954). — PIRSON, A., C. TICHY u. G. WILHELMI: (3) Planta (Berl.) 40, 199—253 (1952). — PORTER, J. W., and R. E. LINCOLN: Arch. of Biochem. 27, 390 (1950). — PUNNETT, TH., and A. FABIYI: Nature (Lond.) 172, 947—948 (1953).

QUAYLE, J. R., R. C. FULLER, A. A. BENSON and M. CALVIN: J. Amer. chem. Soc. 76, 3610 (1954).

RABOURN, W. J., and F. W. QUACKENBUSCH: Arch. of Biochem. a. Biophysics 44, 151 (1953). — RACKER, E.: Nature (Lond.) 175, 249—251 (1954). — RACUSEN, D. W., and S. ARONOFF: Arch. of Biochem. a. Biophysics 42, 25—40 (1953). — RODRIGO, F. A.: Biochim. et biophysica Acta 11, 342 (1953). — ROSA, R. J. DELLA, K. I. ALTMAN and K. SALOMON: J. of biol. Chem. 202, 771—779 (1953). — ROSENBERG, J. L.: J. gen. Physiol. 37, 753—774 (1954). — ROSENBERG, A. J., et G. DUCET: C. r. Acad. Sci. Paris 233, 1674 (1951). — ROUX, E., et C. HUSSON: C. r. Acad. Sci. Paris 235, 1154—1155 (1952).

SASA, T., and T. NIHEI: Botanic. Mag. 67, 78—81 (1954). — SCHENCK, G. O.: (1) Z. Elektrochem. 56, 855—868 (1952). — (2) Naturwiss. 40, 205—212, 229—238 (1953). — (3) Ebenda 41, 452—453 (1954). — SCHLEGEL, H. G.: (1) Arch. Mikrobiol. 18, 362—390 (1953). — (2) Flora (Jena) 140, 499—522 (1953). — (3) Wiss. Z. Martin-Luther-Univ. Halle-Wittenberg 4, 95—98 (1954). — (4) Arch. Mikrobiol. 21, 127—155 (1954). — (5) Ebenda 20, 293—322 (1954). — (6) Flora (Jena) 141, 1—15 (1954). — (7) Naturwiss. 42, 158 (1955). — SCHWARZE, P.: (1) Naturwiss. 39, 501—502 (1952). — (2) Planta (Berl.) 44, 491—502 (1954). — SEYBOLD, A., u. G. HIRSCH: Naturwiss. 41, 258 (1954). — SHAW, M.: Canad. J. Bot. 32, 523—526 (1954). — SHERRAT, H. S. A., and W. C. EVANS: Nature (Lond.) 173, 540 (1954). — SHIBATA, K., A. A. BENSON and M. CALVIN: Biochim. et biophysica Acta 15, 461—470 (1954). — SIMONIS, W., u. K. H. GRUBE: (1) Z. Naturforsch. 8b, 312—317 (1953). — (2) Ebenda 7b, 194—196 (1952). — SIRONVAL, C.: (1) Arch. internat. Physiol. 61, 563 (1953). — (2) Bull. Soc. roy. bot. Belg. 85, 285—295 (1953). — (3) Physiol. Plantarum (Copenh.) 7, 523—530 (1954). — SISSAKJAN, N. M., E. N. BEZINGER i N. A. GUMILEVSKAJA: (1) Dokl. Akad. Nauk SSSR. 91, 907—910 (1953). — SISSAKJAN, N. M., i I. M. MOSOLOVA: (2) Biochimija 19, 485—489 (1954). — SISSAKJAN, N. M., i M. S. ODINTSOVA: (3) Dokl. Akad. Nauk SSSR. 97, 119—120 (1954). — SISSAKJAN, N. M., i B. P. SMIRNOV: (4) Dokl. Akad. Nauk SSSR. 97, 487—489 (1954). — SMITH, J. H. C.: (1) Carnegie Inst. Yearbook 51, 151 (1951/52). (2) Plant Physiol. 29, 143—148 (1954). — SMITH, J. H. C., and A. BENITEZ: (1) Carnegie Inst. Yearbook 52, 151—152 (1953). — (2) Plant Physiol. 29, 135—143 (1954). — SPIKES, J. D., R. LUMRY, J. S. RIESKE and R. J. MARCUS: Plant Physiol. 29, 161—164 (1954). — SPRUIT, C. J. P.: Acta bot. neerl. 1, 551—579 (1953). — STEEMANN-NIELSEN, E.: (1) Nature (Lond.) 167, 684 (1951). — (2) J. Conseil Internat. Explor. Mer. 18, 117—140 (1952). — (3) Ebenda 19, 309—328 (1954). — STICH, H.: Z. Naturforsch. 8b, 36—44 (1953). — STOCKING, C. R.: Amer. J. Bot. 39, 283—287 (1952). — STRAIN, H. H.: (1) Science (Lancaster, Pa.) 116, 174—175 (1952). — (2) J. physic. Chem. 57, 638—640 (1953). — STREHLER, B. L.: (1) Arch. of Biochem. a. Biophysics 34, 239—248 (1951). — (2) Ebenda 43, 67—79 (1953). — STREHLER, B. L., and J. R. TOTTER: Arch. of Biochem. a. Biophysics 40, 28—41 (1952).

TAMIYA, H., T. IWAMURA, K. SHIBATA, E. HASE and T. NIHEI: Biochim. et biophysica Acta 12, 23—40 (1953). — THOMAS, J. B., O. H. BLAAUW and L. N. M. DUYSENS: (1) Biochim. et biophysica Acta 10, 230—240 (1953). — THOMAS, J. B., and W. DE ROVER: Biochim. et biophysica Acta 16, 391—395 (1955). — TÖDT, F., K. DAMASCHKE u. L. ROTHBÜHR: Biochem. Z. 325, 210—222 (1954). — TOLBERT, N. E., and L. P. ZILL: (1) Plant Physiol. 29, 288—292 (1954). — (2) Arch. of Biochem. a. Biophysics 50, 392—398 (1954). — (3) J. gen. Physiol. 37, 575—588 (1954). — TROMBLY, H. H., and J. W. PORTER: Arch. of Biochem. a. Biophysics 43, 443—457 (1953). — TURCHIN, F. V., M. A. GUMINSKAYA i E. G. PLYSHEVSKAYA: Izv. Akad. Nauk SSSR., Ser. Biol. 1953, Nr. 6, 66—78.
UMBREIT, W. W.: J. Bacter. 67, 387—393 (1954).
VEEN, R. VAN DER: (1) Physiol. Plantarum (Copenh.) 2, 217—234 (1949). — (2) Ebenda 2, 287—296 (1949). — (3) Ebenda 3, 247—257 (1950). — VERNON, L. P.: (1) Arch. of Biochem. a. Biophysics 43, 492—493 (1953). — (2) Ebenda 36, 383—398 (1952). — VERNON, L. P., and M. D. KAMEN: (1) Arch. of Biochem. a. Biophysics 44, 298—311 (1953). — (2) Ebenda 51, 122—138 (1954). — VIRGIN, H. I.: (1) Carnegie Inst. Yearbook 53, 175—176 (1954). — (2) Physiol. Plantarum (Copenh.) 7, 560—570 (1954). — VISHNIAC, W.: Progr. Amer. Soc. Plant Physiol. 44 (Madison 1953). Zit. nach LUMRY u. Mitarb. (S2). — VISHNIAC, W., and S. OCHOA: (1) J. of biol. Chem. 195, 75—93 (1952). — (2) Ebenda 198, 501—506 (1952). — VOINOVSKAJA, K. K., i A. A. KRASNOVSKI: Biochimija 18, 626—631 (1953). — VOSKRESENSKAJA, N. P.: (1) Trudy Inst. Fiziol. Rasten. Timiriazewa 8, Nr. 1, 42—56 (1953). — (2) Dokl. Akad. Nauk SSSR. 93, 911—914 (1953).
WALLACE, R. H., and A. E. SCHWARTING: Plant Physiol. 29, 431—436 1954). — WARBURG, O.: (1) Z. Elektrochem. 55, 447—452 (1951). — (2) Biochim. et biophysica Acta 12, 356—359 (1953). — (3) Z. Naturforsch. 9b, 302—303 (1954). — WARBURG, O., u. G. KRIPPAHL: (1) Z. Naturforsch. 9b, 181—182 (1954). — WARBURG, O., G. KRIPPAHL, W. BUCHHOLZ u. W. SCHRÖDER: (2) Z. Naturforsch. 8b, 675—686 (1953). — WARBURG, O., G. KRIPPAHL u. W. SCHRÖDER: (3) Z. Naturforsch. 9b, 667—675 (1954). — WARBURG, O., G. KRIPPAHL, W. SCHRÖDER u. W. BUCHHOLZ: (4) Z. Naturforsch. 9b, 769—778 (1954). — WARBURG, O., G. KRIPPAHL, W. SCHRÖDER, W. BUCHHOLZ u. E. THEEL: (5) Z. Naturforsch. 9b, 164—165 (1954). — WASSINK, E. C., u. H. W. J. RAGETLI: (1) Proc., kon. Akad. Wetensch. Amsterdam C 55, 462—470 (1952). — WASSINK, E. C., et C. J. P. SPRUIT: (2) Congr. Internat. Bot. Paris Rapp. et Comm., Sect. 11/12 8, 3—8 (1954). — WATSON, W. F.: Nature (Lond.) 171, 842—843 (1953). — WEIGL, J. W.: J. Amer. chem. Soc. 75, 999—1000 (1953). — WEIGL, J. W., and R. LIVINGSTON: J. Amer. chem. Soc. 74, 3452 (1953). — WESSELS, J. S. C.: (1) Philips Res. Rep. 9, 140—159 (1954). — (2) Ebenda 9, 161—166 (1954). — (3) Ebenda 9, 167—179 (1954). — (4) Ebenda 9, 180—188 (1954). — (5) Ebenda 9, 188—196 (1954). — (6) Rec. Trav. chim. 73, 529—536 (1954). — WESSELS, J. S. C., and E. HAVINGA: (1) Rec. Trav. chim. 71, 809—812 (1952). — (2) Ebenda 72, 1076—1082 (1953). — WHATLEY, F. R., M. B. ALLEN and D. I. ARNON: Biochim. et biophysica Acta 16, 605—606 (1955). — WHITAKER, T. W.: Plant Physiol. 27, 263—286 (1952). — WHITTINGHAM, C. P.: Plant Physiol. 29, 473—477 (1954). — WINDER, F., and J. M. DENNENY: Nature (Lond.) 174, 353—354 (1954). — WINTERMANS, J. F. G. M.: (1) Congr. Internat. Bot. Paris, Rapp. et Comm., Sect. 11/12 8, 1—2 (1954). — (2) Proc., kon. Akad. Wetensch. Amsterdam C 57, 574—583 (1954). — WITT, H. T.: (1) Naturwiss. 42, 72—73 (1955). — (2) Z. phys. Chem. 1955. — WOLKEN, J. J., and F. A. SCHWERTZ: J. gen. Physiol. 37, 111—120 (1953).
YEMM, E. W., and B. F. FOLKES: (1) Biochemic. J. 55, 700—707 (1953). — YEMM, E. W., and A. J. WILLIS: (2) Nature (Lond.) 173, 726 (1954). — YOCUM, C. S., and B. BLINKS: J. gen. Physiol. 38, 1—16 (1954).
ZIRM, K. L., A. PONGRATZ u. W. POLESOFSKY: Biochem. Z. 324, 536—543 (1953). — ZWEIFLER, A. G.: U. S. Atomic Energy Comm., UCRL-2334, 3—48, 1953.

15. Stoffwechsel organischer Verbindungen II.

Von Karl Paech †, Tübingen.

1. Allgemeines.

Da auf nahezu allen Teilgebieten der Botanik der Stoffwechsel als die grundlegende Funktion des Lebens erkannt wird, von der alle anderen Lebenserscheinungen abhängen, denn ohne Stoffumsatz gibt es kein Wachstum, keine Entwicklung, keine Bewegung, keine Fortpflanzung und keine Einpassung in die Umwelt, nehmen Untersuchungen über die chemischen Komponenten und über deren Umwandlungen in den Pflanzen in einem Umfange zu, daß sie ein einzelner kaum mehr überschauen kann, zumal ihre besonderen Fragestellungen eben aus ganz anderen Bezirken des botanischen Bemühens entspringen. Es ist deshalb nicht mehr möglich, in diesem Bericht die Umsetzungen organischer Verbindungen in alle Verästelungen zu verfolgen, sondern es soll nur versucht werden, aus der Hochflut von Angaben diejenigen herauszulesen, aus denen sich ein Fundament, ein Zentrum des Stoffwechsels darstellen läßt, von dem aus dann die Bahnen abzweigen, die sich in das Wachstum, die Entwicklungsvorgänge, die ökologische Einpassung und andere Lebensfunktionen differenzieren. Scharfe Grenzen werden niemals gezogen werden können, und Überlappungen mit den Berichten, in denen der spezielle Stoffwechsel in Verbindung mit anderen Lebensfunktionen behandelt wird, lassen nur um so deutlicher deren Verwurzelung im Stoffumsatz erkennen.

Die ungeheuere Ausweitung des Interesses am Stoffwechsel organischer Verbindungen, die wir seit etwa einem Jahrzehnt erleben, hat selbstverständlich offenkundige Vorteile, aber sie hat auch Schattenseiten, die ebenso klar gesehen werden müssen, wenn nicht viel unnötige Arbeit geleistet und unnütze Spekulation getrieben werden soll. In zunehmendem Umfange erweisen sich nämlich Reihen von Zahlen und Daten, die auf den ersten Blick imponierend erscheinen, als fragwürdig und als durchaus ungeeignet, die daraus abgeleiteten Schlüsse zu stützen, weil weder die Grenzen, die die angewendeten Methoden ziehen, noch die Schwierigkeiten bei der Auswertung der Ergebnisse und Beobachtungen gebührend berücksichtigt werden (vgl. auch Hill u. Hartree). Da solche Mängel von einem einzelnen auf einem so weit verzweigten Gebiet wie dem Stoffwechsel organischer Verbindungen nicht immer sicher abgeschätzt werden können, wird manchmal den dargelegten Befunden und Vorstellungen nur eine gewisse Wahrscheinlichkeit zukommen, wenn die veröffentlichten Ergebnisse nicht so lange „abgelagert" werden sollen, bis ihre Gültigkeit über alle Zweifel bestätigt worden ist.

Versuchstechnik. Im Hinblick auf verschiedene allgemein gebräuchliche Verfahren des biochemischen und physiologisch-chemischen Experimentierens soll hier vorausnehmend darauf hingewiesen werden, daß mit dem Mittel der „Fütterung" von bestimmten, als Intermediärprodukte vermuteten Verbindungen nicht ohne weiteres entschieden werden kann, ob sie tatsächlich als solche fungieren oder nicht, weil es bei intakten Pflanzenzellen oft schwer oder unmöglich ist, die betreffende Substanz in die Zelle bzw. an den Ort des Umsatzes zu bringen. Aus negativen Befunden darf also nicht ohne weiteres geschlossen werden, daß es sich nicht um ein echtes Zwischenprodukt handelt (vgl. Krampitz, zitiert bei Umbreit). Selbst kleinmolekulare Säuren, wie Citronensäure oder α-Ketoglutarsäure, dringen oft nicht in Mikroorganismen ein (Eisenberg).

Am Hindernis der gehemmten Permeation scheitern manchmal auch die in der Enzymtechnik erprobten Verfahren der „Carrier"-Substanzen und die Markierung durch Isotope. Selbst bei Verwendung von Zellpartikeln, die einen gewissen Teil der Zellstruktur unversehrt erhalten haben, sind die stoffwechselaktiven Orte manchmal nicht ohne Hindernis zugänglich (H. G. WOOD, zitiert bei UMBREIT). Andererseits kann die leichte Löslichkeit von Substanzen, die normalerweise mit Zellpartikeln vergesellschaftet sind, nach Störung der osmotischen Verhältnisse zu einer Verfälschung der tatsächlichen Fähigkeiten der intakten Zellen führen (vgl. z. B. LATIES).

Da ein wesentlicher Teil der Stoffwechselvorgänge zunächst an isolierten Enzymsystemen untersucht wird, müssen bei der Einordnung dieser Teilprozesse in das Bild vom Geschehen im intakten Organismus noch andere entscheidende Faktoren berücksichtigt werden, wie die Zellstruktur überhaupt, ihre Wandlungen, die Konkurrenz verschiedener Systeme, die tatsächliche Versorgung mit Rohmaterial usw. Die Erkenntnisse über Enzymsysteme in vitro besagen manchmal nur wenig über deren physiologische Rolle (vgl. CHANCE). Es dürfte häufiger vorkommen, als bisher bekannt ist, daß vorhandene Enzymgarnituren niemals im normalen Leben der Pflanze zum Zuge kommen (für Stärkephosphorylase in Leukoplasten der Epidermis vgl. KRECH).

In mehrgliedrigen Reaktionsketten, deren einzelne Enzyme in der Zelle getrennt voneinander vorliegen, kann der Gesamtvorgang durch die Diffusionsgeschwindigkeit desjenigen Substrates bestimmt werden, das den weitesten Weg zurückzulegen hat (vgl. REID). In dem hochkomplizierten Gebilde der lebenden Zelle wirken sicher noch sehr viele andere Faktoren zusammen, die für eine richtige Beurteilung des Stoffwechselgeschehens berücksichtigt werden müssen, aber schon die wenigen erkannten ermahnen, von dem in vitro geklärten einfachen Prozeß nicht eine gerade Linie zur Funktion in der lebenden Zelle zu ziehen.

Kohlenstoffernährung durch die Wurzeln. Vor allem von russischen Biologen wird in neuerer Zeit immer wieder darauf hingewiesen, daß höhere Pflanzen auch durch die Wurzeln beachtliche Mengen von CO_2 assimilieren können (vgl. KURSANOV, KRJUKOVA u. VYSKREBENCEVA; GRINFELD). Das CO_2 wird, nach dem Verbleib des zur Markierung verwendeten C^{14} beurteilt, besonders in Äpfelsäure aufgenommen, während es in Blättern eher in der α-Ketoglutarsäure und sehr bald auch im Kohlenhydrat und Eiweiß erscheint. Die CO_2-Bindung an Säuren des Citronensäurekreislaufes kann auch mit isolierten Gerstenwurzeln nachgewiesen werden (POEL). Auch organische Verbindungen werden durch Wurzeln aufgenommen (MARENOVA u. KUZIN).

2. Kohlenhydrate.

Polysaccharide. Auch bei solchen polymeren Kohlenhydraten, deren Strukturen schon genau bekannt erschienen, werden nach Anwendung der modernen Adsorptions- und Verteilungsverfahren, der Elektrophorese und der enzymatischen Analyse in geringen Mengen ungewöhnliche Bausteine oder Abweichungen von der vorherrschenden Bindungsform aufgefunden. Das Cellulosemolekül enthält eine gewisse Menge Carboxylgruppen (ANT-WUORINEN u. VISAPÄÄ). Cellulose aus den verschiedensten Quellen gibt bei vollständiger Analyse stets auch Xylose und Arabinose als Bruchstücke, die offenbar Bestandteile des Moleküls waren (DAS, MITRA u. WAREHAM). Die Bakteriencellulose ist zwar in der Hauptsache auch aus β-verknüpften Glucoseeinheiten aufgebaut, sie besitzt aber im Unterschied zu den gestreckten kettenförmigen Molekülen der Cellulose höherer Pflanzen ein verzweigtes Molekül (WYK u. SCHMORAK) mit relativ kurzen Ästen (BARCLAY, BOURNE, STACEY u. WEBB). Die tierische Cellulose der Tunicaten soll ein noch stärker verzweigtes Molekül haben. *Acetobacter xylinum* baut Cellulose durch Polymerisation fertiger Hexosen (Glucose, Mannose) auf. Dargebotene C_2-Verbindungen werden nicht verwendet (GREATHOUSE, SHIRK u. MINOR). Nach Fraktionierung der Zellen von *Acetobacter acetigenum* können die Zelltrümmer noch Cellulose synthetisieren. Die zum Celluloseaufbau nötigen Enzyme scheinen auf der Zelloberfläche der Bakterien zu sitzen. Sie sind jedenfalls nicht extracellulär (BARCLAY, BOURNE, STACEY u. WEBB). Auch in höheren Pflanzen (Samenhaare der Baumwolle, junge Weizenpflanzen) wird Glucose direkt zu Cellulose polymerisiert (GREATHOUSE; KURSANOV u. VYSKREBENCEVA). Andere Zucker werden wahrscheinlich zunächst in C_3-Bruchstücke gespalten und dann über Glucose in Cellulose eingebaut (BROWN u. NEISH). Auch Mannit wird auf diese Weise verwendet (MINOR u. a.). Bei allen Polymerisationen der freien Zucker zu Polysacchariden muß selbstverständlich die für die Aufrichtung der Glucosidbindung nötige Energie durch eine präexistente Glucosidbindung oder durch Phosphorylierung zugeführt werden. Über den Mechanismus des Celluloseaufbaues, besonders über die daran beteiligten Enzyme ist noch nichts Sicheres bekannt. Die Verbreitung und Wirkungsweise der Cellulasen auch in höheren Pflanzen kennen wir dagegen besser (TRACEY).

Die Hemicellulosen des Getreidestrohs und der Spelzen sind recht heterogen zusammengesetzt: neben Arabinose, Xylose, Galaktose und Glucose kommt in ihnen auch Glucuronsäure vor (ROUDIER; WOLF u. a.). Die Mannane aus den Samen von *Phytelephas macrocarpa* enthalten neben den β-verknüpften Mannosen nur wenig Galaktose und sind relativ niedrigmolekulare Polyosen mit etwa 10 bzw. 40 Hexoseeinheiten im Molekül (ASPINALL u. a.).

Obwohl die Zusammensetzung der Stärke und die chemische Struktur der einzelnen Komponenten im großen ganzen in den letzten Jahren geklärt worden war (vgl. Fortschr. Bot. **14**, 341; **15**, 317), wiesen manche Beobachtungen doch noch auf Lücken im Bild vom Bau des Stärkemoleküls hin. Die Notwendigkeit, für den vollständigen enzymatischen Abbau der Stärke neben den sicher bekannten Enzymen noch einen zunächst nicht genauer bestimmbaren Faktor, das Z-Enzym, anzunehmen, führte schließlich zu der Erkenntnis, daß die Amyloseketten in geringer Zahl neben den 1,4-α-glucosidischen auch β-Bindungen enthalten müßten, und zwar vom 1. C-Atom der einen zum 3. C-Atom der benachbarten Glucoseeinheit (PEAT, THOMAS u. WHELAN). Das Z-Enzym ist nun nichts anderes als eine β-Glucosidase, die diese ungewöhnlichen Bindungen der Stärke sprengt und sie damit dem totalen Abbau durch die Amylasen zugänglich macht. Unsere Kenntnisse über die Zusammensetzung der Stärke und über ihren enzymatischen Auf- und Abbau wurden zusammengefaßt (PORTER; PEAT). Es bestehen kaum noch Lücken, die von seiten der Biochemiker aufgeklärt werden können, hingegen ist über die physiologische Bedeutung und das Zusammenwirken der verschiedenartigen Enzyme des Stärkeumsatzes in der lebenden Zelle nur wenig bekannt. Hier harrt ein zentrales Feld des pflanzlichen Stoffwechsels noch der Bearbeitung. Es erstreckt sich von den Ursachen für die Feinstruktur der Stärkekörner, die charakteristisch für einzelne Pflanzenarten ist, über die Stärkesynthese in reifenden Samen und sich füllenden vegetativen Reserveorganen und die Mobilisierung beim Keimen und Austreiben bis zur Dynamik der Stomatastärke. Ansätze sind auf einzelnen Gebieten gemacht (vgl. MEYER u. MENZI; HORI; ONO; KRECH). Besondere Aufmerksamkeit müßte dabei auch den sog. Zuckerblättern geschenkt werden, von denen nur die *Allium*-Arten gar keine Stärke bilden können, auch nicht in den Schließzellen, während z. B. *Iris sibirica* und *Tulipa gesneriana* aus Glucose-1-phosphat sogar im Parenchym Stärke synthetisieren (KRECH).

Die Struktur von Polysacchariden aus Kernholz von Coniferen (WADMAN, ANDERSEN u. HASSID), des Gummis von *Prunus* (PRIDHAM; REBERS u. SMITH), der Galaktomannane aus verschiedenen Samen (DEUEL, SOLMS u. NEUKOM; ANDREWS, HOUGH u. JONES; WHITE u. RAO) und von Polyosen aus manchen anderen Quellen wurden aufgeklärt. Bei allen stellte sich eine gewisse Komplexität heraus. Wenn auch meistens ein bestimmter Baustein vorherrscht, so sind doch in geringerem oder größerem Anteil auch andere Pentosen oder Hexosen eingefügt. Ob die Synthese dieser Polysaccharide im allgemeinen durch Transglykosidierung ausgehend von Disacchariden erfolgt, ist noch nicht untersucht worden. Bei Mikroorganismen werden hochpolymere Kohlenhydrate durch hydrolytische Enzyme aus Rohrzucker aufgebaut (KOEPSELL u. a.). Die Polysaccharide in wachsender Hefe entstehen jedoch aus Glucose- oder Mannose-1-phosphat, wobei die beiden Hexosen offenbar ineinander umgewandelt werden können (CHUNG u. NICKERSON; vgl. auch LINDQUIST). .

Eigenartige Polyfructosane, die stark verzweigte und zum Teil wenigstens ringförmige Molekülstruktur haben, aus 10—25 Fructoseresten, kommen in den verschiedenen Organen von Gräsern, besonders in Getreidearten vor (SCHLUBACH; SCHLUBACH u. HOLZER). Diese Fructosane unterliegen einem regen Stoffwechsel. Bei *Lolium perenne* nehmen sie bis zur Ährenbildung zu, wobei auch der Polymerisationsgrad ansteigt. Beim Blühen werden sie mobilisiert.

Oligo- und Disaccharide. Die Fähigkeit, einen Monosaccharidrest aus einer Glykosidbindung auf andere niedere Zucker zu übertragen und damit Oligosaccharide zu bilden, scheint vielen, vielleicht allen hydrolytischen Enzymen des Kohlenhydratumsatzes eigen zu sein. Dabei entstehen im allgemeinen Tri- und Tetrasaccharide, manchmal dextrinähnliche Kohlenhydrate, aber selten Polysaccharide (BACON; PAN, NICHOLSON u. KOLACHOV; WHITE u. MAHLER; FREDERICK; GIRI u. a.; BOURNE u. CARRINGTON; WALLENFELS, BERNT u. LIMBERG; PAZUR). Den Hydrolasen kommt also eine gewisse synthetische Wirkung zu, obwohl dabei niemals neue Glykosidbindungen geschaffen werden, sondern die in den als Substrat verbrauchten Disacchariden (meist Rohrzucker) vorhandenen werden in die wachsenden Moleküle übernommen. Da auch die synthetische Tätigkeit der Phosphorylasen darin besteht, daß die im Zuckerphosphat vorliegende Bindung übertragen wird, besteht ein wesentlicher Unterschied beider Gruppen von Enzymen darin, daß die am Eiweiß aktive Stelle im Falle der Hydrolasen eine Affinität zu dem schwachen Dipol des Wassers hat, während die entscheidenden Gruppen der Phosphorylasen die stärker elektrisch geladene Phosphorsäure und Zuckerphosphate anziehen.

Eine ausgesprochen transglucosidierende Wirkung übt auch die Saccharase (Invertase) aus, wobei es sogar zum Austausch der im Rohrzucker vorhandenen Fructosemoleküle gegen „fremde" kommen kann (EDELMAN; BACON). Unter gewissen experimentellen Bedingungen wirkt die Invertase in Nektarien transfructosidierend und bildet aus Rohrzucker fructosereichere Oligosaccharide im Nektar, die unter normalen Umständen jedoch nicht auftreten (ZIMMERMANN; FREY-WYSSLING, ZIMMERMANN u. MAURIZIO). Der Mechanismus der Invertase besteht also in der Übertragung des Fructoserestes auf Acceptoren, die entweder Wasser oder geeignete Alkohole sein können (GROSS, BLANCHARD u. BELL).

Von großer Bedeutung für die Enträtselung der Herkunft der zahlreichen Typen von Glykosiden im engeren Sinne, der Heteroside aus einem Zuckerpartner und einem Aglykon, sind die Beobachtungen bei Zuckerübertragungen auf Acceptoren, die in der Natur als Aglykone zu finden oder mit solchen Verbindungen verwandt sind. Galaktosidase aus Aprikosensamen oder aus Blättern, ein hydrolytisches Enzym, überträgt den Galaktoserest in β-Bindung aus Galaktosiden auf einfache Alkohole (TAKAO u. MIWA). Eine ähnliche Aktivität entfalten auch Extrakte aus *Aspergillus oryzae*. Hier ist jedoch noch nicht sicher, ob die neuen Glykoside die α- oder die β-Bindung enthalten. Damit wird also der Weg gebahnt, der uns zur Einsicht in den Ursprung der im Pflanzenreich so weit verbreiteten Glykoside mit sehr verschiedenartigen Aglykonen führt. Hierbei bestätigt sich die früher abgeleitete Vorstellung, daß die Glykosidbildung einen besonderen Fall der Gruppenübertragung darstellt und deshalb überall dort auftreten muß, wo geeignete hydroxylhaltige Verbindungen in Gegenwart von Glykosidasen mit Zuckern zusammentreffen (PAECH 1950, S. 17).

In Bakterien war schon vor längerer Zeit eine Phosphorylase gefunden worden, die Rohrzucker aus Glucose-1-phosphat + Fructose unter Freisetzung von anorganischem Phosphat bildet. Jetzt wurde, wie zu erwarten, ein ähnliches Enzym auch in höheren Pflanzen (Erbsen) entdeckt. Der noch nicht ganz aufgeklärte Mechanismus dieses Enzyms dürfte nicht ganz so einfach sein, wie der des Bakterienenzyms oder der Stärkephosphorylase, denn die Rohrzuckersynthese im Enzymextrakt wird durch Sauerstoffentzug stark gehemmt (TURNER 1953, 1954). Aus Weizenembryonen kann ein Extrakt gewonnen werden, der die an Uridindiphosphat gebundene Glucose mit freier Fructose zu Rohrzucker verknüpft (LELOIR u. CARDINI). Die Glucose muß vor der Synthese also noch weiter als im Glucose-1-phosphat aktiviert werden. Auch die Versuche an lebenden Pflanzen (Tabakblätter), die aus markierter Glucose Rohrzucker aufbauen, der in beiden Komponenten radioaktiv ist, sprechen dafür, daß die Rohrzuckersynthese in höheren Pflanzen tiefer greifende Umformungen der Bausteine voraussetzt (VITTORIO, KROTKOV u. REED).

Allgemein spielt also bei der gegenseitigen Umwandlung von Kohlenhydraten die Knüpfung und Weitergabe der Glykosidbindung die entscheidende Rolle. Solche Bindungen werden ursprünglich bei der Photosynthese geschaffen, in Form von Stärke und Rohrzucker gespeichert und zumeist über Zuckerphosphate, aber auch über Disaccharide verteilt. Neue Glykosidbindungen können jederzeit dort errichtet werden, wo energiereiche Phosphorsäuregruppen in Form von ADP, ATP oder anderen Nucleotiden bereit stehen.

3. Der intermediäre Stoffwechsel.

Direkte Oxydation der Hexosen (vgl. Fortschr. Bot. 15, 328). Der wesentliche Unterschied zwischen dem „klassischen" Abbau der Hexosen nach dem MEYERHOF-EMBDEN-Schema und der jetzt in immer weiterer Verbreitung in allen Organismenreichen aufgedeckten direkten Oxydation (bzw. Dehydrierung) der Hexosen liegt darin, daß dort frühestens auf der Stufe des C_3-Bruchstückes, nämlich bei der Oxydation des Phosphoglycerinaldehyds zur Phosphoglycerinsäure eine Dehydrierung stattfindet, während hier unmittelbar an der freien Glucose oder am Glucose-6-phosphat die Dehydrierung zur Gluconsäure ansetzt. Sehr wesentlich für die physiologische Bedeutung der direkten Glucoseoxydation, des sog. „Hexosemonophosphat-Kurzschlusses", ist die jetzt nachgewiesene Reversibilität der Oxydation und der anschließenden Decarboxylierung (HORECKER u. SMYRNIOTIS). In höheren Pflanzen tritt nämlich als eine wichtige Etappe beim Abbau der Hexosen vom 1. C-Atom her ein Keto-pentose-phosphat auf. Ein Enzym, das die Isomerisierung von Ribulose-5-phosphat und Ribose-5-phosphat, der entsprechenden Aldose, katalysiert, ist in verschiedenen Blättern und Früchten gefunden worden (AXELROD u. JANG). Ausgehend von diesem Ribulose[1]-5-phosphat ließ sich mit Enzymen aus Hefe die reduzierende Carboxylierung zu Phosphogluconsäure und deren Reduktion zu Glucose-6-phosphat durchführen.

---

[1] In jüngster Zeit ist die Terminologie der Zucker geändert und rationalisiert worden. Die Ketosen erhalten jetzt das Suffix-ulose, also Pentulose, Hexulose, Heptulose statt Keto-Pentose usw. Ribulose ist also eine Ketoribose.

Ob diese Reaktion in gewissen Organismen zur Bindung von CO_2 ausgenutzt wird, muß erst geprüft werden. In dem in Fortschr. Bot. 15, S. 329 gegebenen Schema darf nun auch die Reaktion von Gluconolacton zum Gluconat als reversibel eingezeichnet werden. Gerade dieses Glied wirkt beim Hefe-Enzym allerdings geschwindigkeitsbegrenzend. Der Organismus kann aber sehr wohl über ein lactonbildendes Enzym verfügen, das diesen Schritt beschleunigt.

Ribulose-5-phosphat, das nach Abspaltung von CO_2 aus der Glucose übrig bleibt, wird auf einer bisher noch nicht genauer erforschten Bahn zu einem C_7-Zucker (Sedoheptulose-phosphat) und Glycerinaldehyd umgewandelt (AXELROD, BANDURSKI, GREINER u. JANG; HORECKER, SMYRNIOTIS u. KELNOW; GIBBS u. HORECKER; HORECKER). Die Reaktion ist reversibel. Ein aus Spinatblättern gewonnenes Enzym, das diese Vorgänge katalysiert, löst und knüpft Ketolbindungen zwischen dem Ketozucker und einer Alkoholgruppe, es wird deshalb Transketolase genannt und hat eine analoge Funktion wie die Aldolase beim glykolytischen Abbau des Fructose-diphosphats. Thiaminpyrophosphat ist als Coenzym an der Wirksamkeit der Transketolase beteiligt. Das C_2-Bruchstück der Pentosespaltung, das an eine andere Ribulose angefügt werden muß, um Heptulose zu erzeugen, konnte noch nicht gefaßt werden. Es ist offenbar in einem Zustand, in dem es leicht an Kondensationen teilnehmen kann, und wird als „aktiver Glykolaldehyd" bezeichnet. Diese aktive C_2-Verbindung, die sowohl aus dem Pentosephosphat als auch bei Rückreaktion aus der Sedoheptulose entsteht, die ja als eines der ersten Produkte der Photosynthese auftaucht, könnte sehr wohl auch der primäre Acceptor für die CO_2-Fixierung vor der Bildung der Phosphoglycerinsäure sein.

Mit Ausnahme von jungen Geweben, z. B. in Wurzelspitzen von Mais, in denen, wie schon bekannt, der glykolytische Abbau besonders intensiv ist, wird in allen bisher untersuchten Pflanzenteilen, unter denen sich Wurzeln, Stengel und Blätter befinden, ein relativ hoher Anteil, etwa ein Viertel bis zur Hälfte der umgesetzten Hexosen über die direkte Oxydation am $C_{(1)}$-Atom geleitet (GIBBS; BEEVERS u. GIBBS 1954b). In keinem der bisher untersuchten Gewebe mit Ausnahme der jungen Wurzeln war der Weg nach dem MEYERHOF-EMBDEN-Schema der einzige, auf dem die Pflanzenzellen Glucose verbrauchen. Das gleiche gilt auch für den Hexoseumsatz der Hefe (*S. cerevisiae*; BEEVERS u. GIBBS 1954c).

Wie bereits bekannt kann die Dehydrierung entweder an der freien Glucose oder am Glucose-6-phosphat ansetzen. Die Oxydationsprodukte sind dann entweder freie oder phosphorylierte Derivate. In *Pseudomonas fluorescens* existieren getrennte Systeme für diese beiden Bahnen der Oxydation (WOOD u. SCHWERDT 1953, 1954). Sowohl die freie als auch die phosphorylierte Gluconsäure werden rasch weiter umgewandelt, wobei Brenztraubensäure und Triosephosphat die Verbindung zu den Kanälen des glykolytischen Abbaues herstellen. Dasselbe trifft bei anderen Bakterien zu (MACGEE u. DOUDOROFF).

An die Gluconsäure schließt sich als weiteres Oxydationsprodukt die 2-Ketogluconsäure an, die vor allem bei Bakterien und zellfreien Extrakten aus ihnen erhalten wird. (CLARIDGE u WERKMAN 1953). Diese Verbindung wird einerseits leicht zu Ribulose decarboxyliert und andererseits auf Wegen, die noch nicht geklärt sind, in eine ganze Reihe von Zellbestandteilen umgesetzt, unter denen sich verschiedene Aminosäuren, Glieder des Citronensäurekreislaufes und auch Glucosephosphat befinden (CLARIDGE u. WERKMAN 1954a). Auch hier wird die Verbindung zu dem allgemeinen intermediären Umsatz der Hexosen wieder durch eine Spaltung in je ein C_2- und ein C_3-Bruchstück hergestellt (LAMPEN). Diese Reaktion muß reversibel sein. Obwohl die Ribose der Ribonucleinsäure zum größten Teil aus Glucose durch Abspaltung des 1. C-Atoms entsteht, muß doch ein Teil auch durch eine $C_2 + C_3$-Kondensation gebildet werden (LANNING u. COHEN). Auch darin offenbart sich das schon in einem früheren Schema (Fortschr. Bot. 15, 329) aufgezeichnete Netz von reversiblen Umsetzungen, durch das die direkte Oxydation der Hexosen mit der glykolytischen Spaltung sowohl der Hexosen als auch der Pentosen verbunden ist. Für die meisten Mikroorganismen ist jedoch noch nicht geklärt, ob der eine oder der andere Angriff auf die Hexosen stets oder nur unter bestimmten Bedingungen bevorzugt ist (CLARIDGE u. WERKMAN 1954b). In manchen Fällen scheint die Konkurrenz um das Ausgangsmaterial den tatsächlichen Ablauf zu entscheiden.

Eine recht interessante Beziehung ist mit Mutanten von *Neurospora crassa* aufgedeckt worden, bei denen durch einen Block der Brenztraubensäureumsatz aufgehalten ist. Damit wird auch der Ablauf der vorgeschalteten Glykolyse verzögert. Die nicht gespaltene Glucose wird in andere Bahnen gedrängt und gelangt so auch in die wohl vorgebildeten, aber bei der Konkurrenz unter den normalen Verhältnissen benachteiligten Kanäle der direkten Oxydation (STRAUSS u. PIEROG). Das ist ein schönes Beispiel dafür, daß in den Organismen Wege des Stoffumsatzes vorgebildet sind, die überhaupt erst oder wenigstens stärker begangen werden, wenn das dazu nötige Ausgangsmaterial, das zunächst in andere Bahnen fließt, aufgehalten und dadurch in die unbenutzten Kanäle gedrängt wird.

Den Anmarschweg von den Polysacchariden bzw. den Verteiler der Glucose auf die verschiedenen Typen des Abbaues dürfen wir uns etwa nach dem folgenden Schema vorstellen.

Stärke + Phosphat ⇌ Glucose-1-phosphat → Glucuronsäure → Ascorbinsäure
⇅
Glucose-6-phosphat ⇌ Gluconsäure ⇌ Pentosen
⇅
Hexose-diphosphat
↓
glykolytischer Abbau

Ascorbinsäure. An die direkte Oxydation der Glucose darf nun auch die Ascorbinsäure angeschlossen werden, nachdem sich sowohl bei Ratten, die ja für Vitamin C autotroph sind, als auch bei höheren Pflanzen (Kressekeimlingen) die Genese von d-Glucose über Glucuronsäure und eine eigenartige Konfigurationsumkehr am Lacton dieser Säure zur l-Ascorbinsäure verfolgen ließ (ISHERWOOD, CHEN u. MAPSON). Auch Galakturonsäure ist als Ausgangsmaterial geeignet, hingegen fanden sich keinerlei Anhaltspunkte dafür, daß C_3-Zwischenprodukte der Glykolyse unmittelbar verwertet werden. Die durch die Struktur des d-Glucuronolactons bedingte Umkehr der C_6-Kette, durch die das 1. C-Atom der Glucose zum 6. C-Atom der Ascorbinsäure wird, geht aus dem folgenden Formelschema hervor. Damit erklären sich auch die Beobachtungen an Ratten, bei denen aus der am $C_{(1)}$ markierten Glucose eine am $C_{(6)}$ markierte Ascorbinsäure entstand, was man bisher so deutete, daß eine Spaltung und Resynthese der C_6-Kette stattfindet. Da die einzelnen Phasen der Umwandlung nur in der Bewegung von Wasser und Wasserstoff im Molekül bestehen, erscheint eine Reversibilität des ganzen Vorganges nicht unmöglich. In manchen höheren Pflanzen wird Ascorbinsäure nebeneinander auf- und abgebaut (BHARANI, SHAH u. SREENIVASAN; FRANKE), ohne daß der Weg des Abbaues schon aufgedeckt wäre. Die Mitochondrienfraktion aus Keimlingen von *Pisum sativum* und *Phaseolus aureus* kann in vitro Galakturonsäurelacton in Ascorbinsäure umwandeln (MAPSON, ISHERWOOD u. CHEN). Die Aktivität der Mitochondrien steigt in den ersten Tagen der Keimung stark an. Phosphorylierungsvorgänge sind an der Ascorbinsäuresynthese nach den experimentellen Befunden nicht beteiligt, aber das Cytochromsystem ist eingeschaltet. Daß die Ascorbinsäurebildung im allgemeinen bei hohem Atmungsumsatz (und bei gesteigerter Photosynthese) begünstigt ist, läßt sich wohl am natürlichsten so verstehen, daß reichliche Zulieferung von Glucose-1-phosphat die Kapazität des glykolytischen Abbaues voll ausnutzt und darüber hinaus auch dem Seitenweg über die Glucuronsäure noch genügend Rohmaterial zuleitet. Die Ascorbinsäure verhält sich also in dieser Beziehung wie andere typische sekundäre Pflanzenstoffe.

d-Glucose → d-Glucurono-γ-lacton → l-Gulono-γ-lacton → l-Ascorbinsäure

Die zweite und dritte Formel sind identisch, nur invers geschrieben. Durch die Reduktion wird dann aus der d- die l-Konfiguration.

Daß die Ascorbinsäuresynthese in Pflanzen durch Sauerstoffentzug unterbunden wird, erklärt sich durch den Transport des entnommenen Wasserstoffs über die Codehydrasen auf Sauerstoff. Die Ascorbinsäure selbst und ihre Dehydroform, die durch die Ascorbinsäureoxydase erzeugt wird, sind in manchen Pflanzenteilen vielleicht häufiger als bisher vermutet in den Transport des Wasserstoffs als Endoxydasen eingeschaltet, z. B. in Wurzelspitzen (vgl. JAMES 1953a, S. 223; KURC; MAPSON; BEEVERS). Es wird immer wieder über einen mehr oder weniger hohen, zum Teil wechselnden, z. B. bei frühen Stadien der

Keimung abnehmenden Anteil von Dehydroascorbinsäure berichtet (SPRAGG u. YEMM). Häufig haben jedoch methodische Mängel das Vorhandensein von Dehydroascorbinsäure vorgespiegelt. In den grünen Blättern werden nach längerem Lichtgenuß höhere Ascorbinsäurewerte gefunden, die am Nachmittag wieder absinken (HAGEN).

Glykolytischer Abbau und anaerobe Prozesse. Für die anaerobe Phase des Hexoseabbaues sind kaum noch wichtige Fragen offen oder wesentliche neue chemische Tatsachen zu erwarten. Das Hauptaugenmerk bei der weiteren Beschäftigung mit dieser Phase des intermediären Umsatzes ist in erster Linie auf seine Bedeutung im Lebensgeschehen der Organismen oder einzelner Organe gerichtet. Als eine nicht unwesentliche Einzelheit wurde geklärt, daß bei der oxydativen Phosphorylierung des Glycerinaldehyd-3-phosphats zur 1,3-Diphospho-glycerinsäure der erste Schritt eine Dehydrierung ist, der die Phosphataufnahme in die energiereiche Phosphorsäurebindung erst folgt (OESPER). In chlorophyllhaltigen Geweben ist ein neuer Typ einer Glycerinaldehyd-Dehydrase entdeckt worden, die neben der Oxydation zur 3-Phosphoglycerinsäure keine Phosphataufnahme bewirkt (ARNON, ROSENBERG u. WHATLEY).

Die Vorstellung über den sog. PASTEUR-Effekt, eine Einsparung von Atmungsmaterial unter aeroben Bedingungen verglichen mit dem Verbrauch durch Vergärung, der zwar öfter beobachtet aber bisher noch nie recht gedeutet worden war, muß nun wohl unter Berücksichtigung der Phosphorsäureverbindungen neu geformt werden. Das Verhältnis von oxydativer Assimilation der Glucose zur Vergärung wird in Hefe offenbar durch die Menge energiereicher Phosphatbindungen so beherrscht, daß die Glykolyse zunimmt, wenn die Bildung von Phosphatbindungen reduziert ist (SIMON). Die Glycerinaldehyd-Dehydrierung ist das regulierende Ventil des glykolytischen Kohlenhydratabbaues: aerob liegt wegen der erhöhten Produktion von energiereichen Phosphatbindungen weniger anorganisches Phosphat vor als unter anaeroben Bedingungen, dadurch kann die Triosephosphat-Dehydrierung nur langsamer erfolgen, es staut sich Phospho-glycerinaldehyd an und die Hexosespaltung wird verzögert (HOLZER u. HOLZER). Auf die Folgen einer Stauung von Glycerinaldehydphosphat unter aeroben Bedingungen, an den sich neue synthetische Bahnen anschließen können, sei kurz hingewiesen. Bei bestimmten Heferassen ist das Gärvermögen in Sauerstoff allerdings nicht gehemmt. Eher noch ist die Gärung in sauerstofffreier Atmosphäre zurückgedrängt (WIKÉN u. RICHARD). Auch bei einer Reihe anderer Mikroorganismen läßt sich die Gärung durch reichliche Sauerstoffversorgung nicht wesentlich reduzieren (WINDISCH, HAEHN u. HEUMANN).

Daß in höheren Pflanzen unter anaeroben Bedingungen Glucose in chemisch gleicher Weise wie bei der Hefe zu Alkohol umgewandelt wird, ist eine alte Annahme, die nur gelegentlich dadurch in Frage gestellt wurde, daß das experimentell gefundene Verhältnis Alkohol:CO_2 nicht dem erwarteten von etwa 1 entsprach, sondern oftmals wesentlich darunter lag. Mit Wurzelspitzen von Mais, denen markierte Glucose verabreicht worden war, wurde gezeigt, daß der anaerob gebildete

Alkohol tatsächlich nach Spaltung der Glucose in 2 C_3-Bruchstücke und nicht etwa über einen anderen Modus der Zerlegung des Hexosemoleküls entstanden sein muß (BEEVERS u. GIBBS 1954a). Das Mißverhältnis von Alkohol/CO_2 bei der Anaerobiose höherer Pflanzen (Kartoffelknollen) kann durch die Anhäufung von Milchsäure oder anderen „Reduktionsäquivalenten" bedingt sein. Nach Zutritt von Luft wird dann Milchsäure über Brenztraubensäure dem Citronensäurekreislauf zur vollständigen Oxydation zugeführt (BARKER u. SAIFI; BARKER u. MAPSON). Auch daraus läßt sich entnehmen, daß mindestens ein großer Teil des normalen Hexoseumsatzes in höheren Pflanzen und in Pilzen (für *Aspergillus niger*: CHUGHTAI u. WALKER; JAGANNATHAN u. SINGH) über die Glykolyse anläuft und durch den Citronensäurekreislauf beendet wird. Die Abzweigung zu Äthylalkohol und Milchsäure, für die Bahnen mit den entsprechenden Enzymen auch in höheren Pflanzen vorgebildet sind, werden in ausgewachsenen Geweben nur beschritten, wenn die oxydative Verarbeitung der Brenztraubensäure durch Sauerstoffentzug unterbunden ist. Dann erst können die offenbar mit geringerer Affinität zur Brenztraubensäure ausgestatteten Enzyme erfolgreich um sie konkurrieren.

Die weitere Umsetzung des C_3-Zwischenproduktes. Wie aus dem in Fortschr. Bot. **15**, S. 329 gegebenen Schema hervorgeht, vereinen sich die Bahnen der glykolytischen Spaltung und der direkten Oxydation der Hexose im Triosephosphat, das zur Phosphoglycerinsäure oxydiert wird (s. oben). Das wichtigste Glied für den weiteren Umsatz ist die aus Phosphoglycerinsäure hervorgehende Brenztraubensäure oder ihr phosphoryliertes Enolderivat, von der aus Wege nach recht verschiedenen Richtungen des Stoffwechsels führen, wie im folgenden Schema angedeutet ist.

Umwandlungen der Brenztraubensäure.

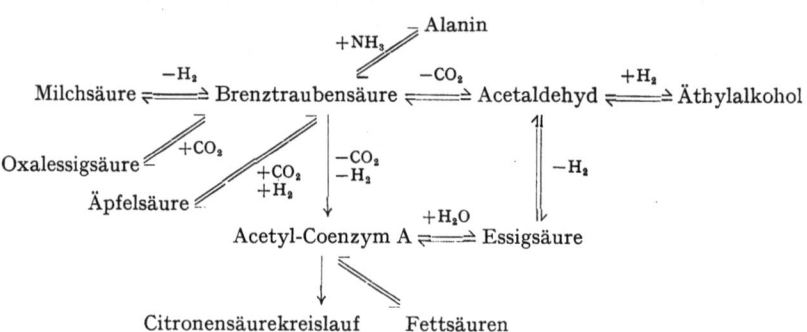

In aerob lebenden Organismen scheint der größte Teil der Brenztraubensäure (BTS) über Acetyl-Coenzym A geleitet zu werden (vgl. Fortschr. Bot. **14**, 345). Der Mechanismus der Überführung von BTS durch oxydative Decarboxylierung in Acetyl-Coenzym A ist wenigstens zum Teil aufgeklärt. Daran ist ein Cofaktor, nämlich die Lipoinsäure („lipoic acid", Thio-octansäure) beteiligt, die ähnlich wie das Coenzym A als wirksame Gruppe Sulfhydryle enthält und dadurch mit Säuren Thioester von hohem Energiegehalt bilden kann. Die Disulfidgruppe der Lipoinsäure wird durch die Ketosäure (BTS) unter gleichzeitiger Bildung eines Acetyls reduziert.

$$
\begin{array}{c}
CH_3 \\
| \\
C=O \\
| \\
COOH
\end{array}
\quad + \quad
\begin{array}{c}
(CH_2)_4 \cdot COOH \\
| \\
S-CH \\
\quad\quad >CH_2 \\
S-CH_2
\end{array}
\quad
\begin{array}{c}
CH_3 \\
| \\
C=O \quad (CH_2)_4 \cdot COOH \\
\diagdown \quad\quad | \\
S \quad\quad CH \\
\quad\quad\quad >CH_2 \\
HS-CH_2
\end{array}
\quad + CO_2
$$

Brenztraubensäure   Lipoinsäure   Zwischenprodukt

An der Reaktion ist in einer bisher noch nicht geklärten Weise Thiaminpyrophosphat beteiligt. Aus dem Zwischenprodukt wird der Acetylrest auf das Coenzym A ebenfalls in Thioesterbindung übertragen. Um die Lipoinsäure in ihrer ursprünglich reagierenden Disulfidform wieder herzustellen, wird der Wasserstoff der SH-Gruppe durch Codehydrasen übernommen, so daß schließlich aus BTS durch eine Decarboxylierung und Dehydrierung Acetyl-Coenzym A entstanden ist (vgl. LIPMANN). An der ganzen Umwandlung sind wahrscheinlich drei Enzymeiweiße (Apoenzyme) beteiligt. Diese Koppelung einer Oxydoreduktion mit einer Gruppenaktivierung, nämlich des Acetyls, ist ein erstes gut geklärtes Beispiel für die Überführung der in einem hohen Reduktionspotential vorliegenden Energie in die Energie eines Gruppenpotentials einer anderen im Stoffwechsel übertragbaren Gruppe. Solche Beziehungen bestehen ja auch bei der oxydativen Phosphorylierung, über die ein großer Teil der Atmungsenergie geleitet wird, die aber in Einzelheiten noch nicht bekannt sind.

Zu den merkwürdigen, für die zentrale Funktion des Coenzyms A und seiner Acetylverbindung entscheidenden Eigenschaften sei hier noch folgendes gesagt. Beim Coenzym A, dessen Konstitution entsprechend der nachstehenden Formel jetzt aufgeklärt ist (NOVELLI), bildet abweichend von anderen Coenzymen nicht die Vitamin B-Komponente (hier: Pantothensäure) den aktiven Anteil, sondern die aktive Gruppe ist das Thioäthanolamin, das als Decarboxylierungsprodukt von Cystein entsteht. Die Anknüpfung des Acetylrestes an die SH-Gruppe des Thioäthanols entspricht zwar einem Säureanhydrid, denn die SH-Gruppe ist eine schwache Säure, aber die Acetyl-thio-Verbindung ist ungewöhnlich stabil für Säureanhydride, etwa so stabil wie das Sauerstoffanaloge, nämlich die Ester. Auf der anderen Seite ist die Thiobindung aber viel energiereicher und reaktionsfähiger als die Ester aus Alkohol und Säure. Darin gleichen die Thioester den Säureanhydriden und so vereinen die Coenzym A- und ähnliche Thiobindungen im Stoffwechsel die Stabilität der Ester mit der Reaktionsfähigkeit der Säureanhydride, was sie für Umsetzungen in wäßrigen Medien geeignet macht.

Die Acetylgruppe kann, ähnlich wie es für die Phosphatgruppe genauer bekannt ist, mit verschieden hohem Gruppenpotential im Stoffwechsel auftreten. Hohen Energiegehalt (etwa 15 000 cal/Mol) hat die Acetylbindung z. B. im Acetylphosphat und im Acetyl-Coenzym A. Ein niedriges Gruppenpotential von weniger als 5000 cal/Mol haben

z. B. Acetylaminosäuren und Acetylcholin. Die Übertragung der Acetylgruppe kann natürlich auch nur in Richtung des fallenden Gruppenpotentials erfolgen (vgl. Fortschr. Bot. 12, 288).

Daß das Coenzym A auch in höheren Pflanzen die wichtige Rolle im intermediären Stoffwechsel spielen kann, wird durch seine weite Verbreitung in einer Reihe von Blütenpflanzen und Farnen, und zwar in allen Organen, wahrscheinlich gemacht (SEIFTER). Im allgemeinen findet es sich in den Samen in höchster und in Blättern in relativ niedriger Konzentration. In 5 Tage alten Keimlingen von *Phaseolus aureus* ist die Verteilung mit Ausnahme eines sehr geringen Gehaltes in der Testa ungefähr gleichmäßig in allen Teilen der jungen Pflanze.

$$\begin{array}{c}
CH_3\quad OH\quad O\qquad\qquad\qquad O\\
|\quad\quad |\quad\quad \|\qquad\qquad\qquad \|\\
CH_2-C-\!\!-\!\!-CH-C-N-CH_2-CH_2-C\,\vdots\,NH-CH_2-CH_2-SH\\
|\quad\quad |\qquad\quad H\qquad\qquad\qquad\vdots\\
O\quad CH_3\qquad\qquad\qquad\qquad\qquad\text{Thioäthanolamin}\\
|\qquad\qquad\text{Pantothensäure}\\
O=P-O^-\\
|\\
O\qquad\quad O^-\\
|\qquad\quad |\\
O=P-O^-\quad O=P-O^-\\
|\qquad\quad\quad |\\
O\qquad\quad\quad O\\
|\qquad\quad\quad |\\
CH_2-CH-\!\!-\!\!-CH-CH-CH-\text{Adenin}\\
|\\
OH
\end{array}$$

Adenylsäure

Konstitution von Coenzym A.

Die einfachste Umwandlung des Acetyl-Coenzym A ist seine hydrolytische Spaltung zum freien Coenzym A und zu Essigsäure. Die Blätter einer ganzen Reihe von Pflanzen vermögen zum Teil relativ hohe Mengen Acetat zu bilden, ohne daß zunächst eine Beziehung zu den physiologischen und ökologischen Besonderheiten der betreffenden Pflanzen zu erkennen wäre (HOSKIN, KROTKOV, MOIX u. REED). Andererseits wird bei Acetat verbrauchenden Organismen oder nach Zugabe von Acetat die Essigsäure über die Aktivierung durch Coenzym A in den Stoffwechsel eingeführt (für *Escherichia coli*: McQUILLEN u. ROBERTS). Auch in vielen höheren Pflanzen wurde ein Enzymsystem gefunden, das Acetat aktiviert, indem es aus Acetat, ATP und Coenzym A das Acetyl-Coenzym A bildet (MILLERD u. BONNER). In Fortsetzung dieses Weges kann auch Acetoacetat erzeugt werden, das damit als mögliches Zwischenprodukt des pflanzlichen Stoffwechsels nachgewiesen wird. Es steht als Ausgangsmaterial für die Synthese der verzweigten C-Gerüste von Valin, Leucin, Isovalin und des Bausteines der Terpene an einem wichtigen Knotenpunkt des intermediären Umsatzes.

Die vielseitige Verwendung des an Coenzym A gebundenen Acetylrestes als Baustein für die synthetische Tätigkeit der Zellen wird an immer neuen Beispielen nachgewiesen (s. auch bei Kautschuk S. 609). Am besten geklärt ist bisher die Synthese der in den Ölen und Fetten festgelegten höheren Fettsäuren (MAHLER; LYNEN; Zusammenfassung bei EBERHARDT 1955a). Der experimentelle Nachweis ist bisher allerdings mit tierischem Material erbracht worden, für Mikroorganismen und höhere Pflanzen sind erst Teilschritte in der gleichen Richtung erkannt (COLEMAN, CEFOLA u. NORD; NEWCOMB u. STUMPF), aber es besteht kein Zweifel, daß sich die Fettsäuresynthese in den fettspeichernden Geweben der höheren Pflanzen in den gleichen Bahnen bewegt, weshalb hier die Grundzüge schon mitgeteilt werden sollen. Durch eine fortgesetzte Kopf-Schwanz-Kondensation der durch Coenzym A-Moleküle dargebotenen Acetylgruppen und anschließende Hydrierung und Dehydratisierung durchläuft eine sich jeweils in vier Schritten um 2 C-Atome verlängernde Kette Kreisläufe, die aus bisher noch ungeklärten Gründen in den Pflanzen zumeist bei C_{16}- oder C_{18}-Ketten, also bei der Palmitin- oder Stearinsäure, abbrechen.

Fettsynthese aus Acetyl-Coenzym A.

$$CH_3 \cdot CO—(A) + CH_3 \cdot CO—(A) \rightleftharpoons CH_3 \cdot CO \cdot CH_2 \cdot CO—(A) + (A) \qquad (1a)$$

$$CH_3 \cdot CO \cdot CH_2 \cdot CO—(A) \xrightleftharpoons{+H_2} CH_3 \cdot CHOH \cdot CH_2 \cdot CO—(A) \qquad (1b)$$

$$CH_3 \cdot CHOH \cdot CH_2 \cdot CO—(A) \xrightleftharpoons{-H_2O} CH_3 \cdot CH=CH \cdot CO—(A) \qquad (1c)$$

$$CH_3 \cdot CH=CH \cdot CO—(A) \xrightleftharpoons{+H_2} CH_3 \cdot CH_2 \cdot CH_2 \cdot CO—(A) \qquad (1d)$$

$$CH_3 \cdot CH_2 \cdot CH_2 \cdot CO—(A) + CH_3 \cdot CO—(A) \rightleftharpoons$$
$$CH_3 \cdot CH_2 \cdot CH_2 \cdot CO \cdot CH_2 \cdot CO—(A) + (A) \qquad (2a) \text{ usw.}$$

(A) = Coenzym A.

Als Zwischenprodukte treten also niemals freie Fettsäuren mit kürzerer Kette sondern die Thioester der Fettsäuren auf, die analog dem Acetyl-Coenzym A gebaut sind und dessen hohe Reaktionsfähigkeit besitzen. Unerklärlich ist vorläufig das Vorherrschen ungesättigter Fettsäuren in den Ölen der Pflanzen, denn die bei der Synthese auftretenden ungesättigten Säuren sind anderer Art als die in den Ölen festgehaltenen, die niemals die Doppelbindung in α, β-Stellung tragen. Die Kondensationen und anderen beteiligten Reaktionen der Fettsynthese sind reversibel. Der Fettsäureabbau beginnt also mit einer Bindung an Coenzym A. Vom α- und β-C-Atom der Kette wird Wasserstoff entnommen, womit die schon lange bekannte β-Oxydation der Fettsäuren auch in Pflanzen ihre Bestätigung findet (FAWCETT, INGRAM u. WAIN). Nach Eintreten eines Moleküls Coenzym A wird jeweils ein Acetyl-Coenzym A abgespalten und die Kette damit um zwei C-Atome verkürzt.

Beim Aufbau aus Acetyleinheiten, d. h. aus C_2-Bruchstücken, wird das Vorherrschen von Fettsäuren mit einer geraden Anzahl von C-Atomen in den Organismen verständlich. Die Aufteilung der Fettsäuren in Acetyl-Coenzym A-Einheiten erklärt deren rasche Oxydation über den Citronensäurekreislauf und stellt die Fette mit den Kohlenhydraten auf eine Stufe als Lieferanten von Bausteinen für Synthesen. Die leichte und wechselweise Umwandlung von Kohlenhydraten und Fetten gründet sich ebenfalls auf das gemeinsame Zwischenstück des Acetyl-Coenzyms A, obwohl eine Resynthese von Kohlenhydraten aus Acetyleinheiten noch nicht in Einzelheiten durchsichtig ist. In der ersten Periode der Keimung von Fettsamen werden zunächst die vorhandenen Zucker (Di- und Trisaccharide) verbraucht, erst später wird das Fett angegriffen und zum Teil in Kohlenhydrate umgewandelt (DUPERON). Die Fettbildung in Pilzen ist an Grana mit positiver NADI-Reaktion gebunden (STEINER u. HEINEMANN).

Die Konstitution und die sich daraus ergebenden chemischen Eigenschaften des Acetyl-Coenzym A erlauben nicht nur die typischen Kopf-Schwanz-Kondensationen, die bei der Fettsäuresynthese vorliegen, sondern auch reine Schwanzkondensationen, wobei die CH_3-Gruppe z. B. an die Ketogruppe einer Ketosäure angefügt wird. Die biologische Synthese von Citronensäure aus Acetyl-Coenzym A und Oxalessigsäure (vgl. Fortschr. Bot. 15, 320) ist eine solche Schwanzkondensation. Die reagierende CH_3-Gruppe hängt zwar nicht an der Thiogruppe des Coenzyms, aber durch die Nachbarschaft der Carbonylgruppe des Thioesters wird auch die Methylgruppe reaktionsfähiger, obwohl der Mechanismus dafür noch nicht ganz klar ist. Diese Kondensation des CH_3-Schwanzes der Acetylgruppe ist ein von der Zelle häufig genutztes Mittel zur Anhängung einer Seitenkette an eine bestehende Kohlenstoffkette, die eine Carbonyl- oder eine andere reaktionsfähige Gruppe trägt (vgl. unten die Synthese des Kautschukbausteins).

Der Säurestoffwechsel (vgl. dazu BURRIS; KREBS). Nachdem die Teilnahme einer Reihe typischer „Pflanzensäuren" an der Oxydation der Kohlenhydrate bekannt geworden ist und diesem oxydativen Teilgebiet des Umsatzes, besonders dem Citronensäurekreislauf möglicherweise bei vielen Lebensregungen der Pflanzen eine Bedeutung zukommt, sind die Untersuchungen über den Säureumsatz Legion geworden.

Ein wichtiger Fortschritt ist die Erkenntnis, daß auch in höheren Pflanzen die Oxydation der Di- und Tricarbonsäuren mit der Schaffung energiereicher Phosphorsäurebindungen gekoppelt ist (vgl. KREBS 1954). In etiolierten Keimlingen von *Phaseolus aureus* und *Pisum* enthält eine Fraktion von Zellpartikeln, die man mit Mitochondrien gleichsetzt, alle Enzyme, um die Glieder des Citronensäurekreislaufes zu oxydieren. Gleichzeitig wird dabei Phosphat in ATP eingeführt (MILLERD; DAVIES).

Die Genese einzelner Glieder des Kreislaufes wird mit Extrakten oder Zellfraktionen höherer Pflanzen nachgewiesen. Phospho-enolbrenztraubensäure und CO_2 werden im Sinne einer WOOD-WERKMAN-Reaktion zu Oxalessigsäure kondensiert (BANDURSKI u. GREINER; VENNESLAND, TCHEN u. LOEWUS). Auch das sog. Äpfelsäureenzym, das Brenztraubensäure und CO_2 reduzierend unmittelbar zu Äpfelsäure unter Beteiligung von Codehydrase II·H_2 kondensiert, wird in höheren Pflanzen (Weizenkeimlingen) nachgewiesen (HARARY, KOREY u. OCHOA), wobei allerdings die Einheitlichkeit des Enzyms doch wieder in Frage gestellt wird. Es könnte sich um eine funktionelle Einheit etwa in Form von sehr nahe gelegenen aktiven Stellen handeln.

Die Voraussetzungen für die Wirksamkeit des Citronensäurekreislaufes wurde für verschiedene Typen von Mikroorganismen im allgemeinen durch Bestimmung der betreffenden Enzyme nachgewiesen: *Escherichia coli* (WHEAT u. AJL), *Salmonella typhi* (SAGAMA u. a.), *Azotobacter agile* und *A. vinelandii* (REPASKE u. WILSON), *Euglena gracilis* (DANFORTH). Allerdings ist damit nicht gesagt, daß tatsächlich ein beträchtlicher Teil des umgesetzten Kohlenstoffs durch den Kreislauf geschleust oder daß ein bedeutender Betrag von Energie aus ihm gewonnen wird. In *Escherichia coli* sollen zwar mehr als 50% der für die Eiweißsynthese nötigen Kohlenstoffgerüste aus dem Citronensäurekreislauf stammen, aber seine Bedeutung für die oxydative Energiegewinnung wird gering veranschlagt (ROBERTS u. a.). In höheren Pflanzen dagegen kann die Mitochondrienfraktion durch den Citronensäurekreislauf den gesamten Sauerstoffverbrauch bewältigen (MILLERD).

Von einzelnen Gliedern des Kreislaufes zweigen Seitenwege ab, die in die Bildung neuer Säuren münden. Bestimmte Mikroorganismen decarboxylieren Bernsteinsäure, oder genauer gesagt Succinyl-Coenzym A, denn als solches nimmt die Bernsteinsäure am Umsatz teil, zu Propionsäure (WHITELEY). Mit Extrakten aus Hefe und verschiedenen Schimmelpilzen wird Isocitronensäure in Bernsteinsäure und Glyoxalsäure (s. unten) zerlegt (OLSON). Diese Reaktion ist reversibel.

Verschiedene bisher in Pflanzenmaterial nicht bekannte Säuren wurden nachgewiesen. Keimende Erbsen enthalten α-Ketoadipinsäure. In *Asplenium septentrionale* kommen verschiedene andere α-Ketosäuren und meist die dazugehörigen Aminosäuren vor, nämlich Oxybrenztrauben-, α-Ketopimelin- und γ-Oxy-α-ketopimelinsäure (VIRTANEN u. ALFTHAN). Aus verschiedenen Früchten wurden ansehnliche Mengen von Schleimsäure isoliert (ANET u. REYNOLDS). In Apfelschalen findet sich neben China- und Äpfelsäure l-Citramalsäure (Formel nebenan), die im Fleisch der Äpfel nicht vorzukommen scheint (HULME). Daneben liegen dort noch vier unbekannte Säuren vor. Über die Genese und die Bedeutung der Citramalsäure im Stoffwechsel lassen sich zunächst nur Vermutungen äußern.

$$\begin{array}{c} CH_3 \\ | \\ HO-C-COOH \\ | \\ CH_2 \\ | \\ COOH \end{array}$$
Citramalsäure

Aus Samen von *Linum usitatissimum* wurde die als Zwischenglied bei der Herstellung des Terpenbausteines wichtige β-Oxy-β-methylglutarsäure isoliert (KLOSTERMANN u. SMITH; s. unten).

Von den schon lange und zwar in weiter Verbreitung im Pflanzenreich bekannten Säuren haben in jüngster Zeit besonders die Oxalsäure und die Glykol- und Glyoxylsäure die Aufmerksamkeit erweckt. Da die Glykolsäure als frühes Produkt der Photosynthese erscheint und da auch sonst im intermediären Umsatz noch eine bis jetzt unbekannte C_2-Verbindung eine Rolle spielt, interessieren Ursprung und Schicksal dieser C_2-Säuren. Aus grünen und etiolierten Blättern recht verschiedener Pflanzenarten wurde ein auf die Mitwirkung von Riboflavinphosphat angewiesenes Enzym abgetrennt, das Glykolsäure durch O_2 zu Glyoxylsäure und H_2O_2 oxydiert (ZELITCH u. OCHOA; NOLL u. BURRIS).

$$CH_2OH \cdot COOH + O_2 \rightarrow CHO \cdot COOH + H_2O_2$$

Das gleiche Enzym (Glykolsäureoxydase) oxydiert auch Milchsäure, ist also wohl auf α-Oxysäuren eingestellt. Die Glyoxylsäure wird in Blättern zum Aufbau der Aminosäuren Glykokoll und Serin verwendet (TOLBERT u. COHAN), hingegen konnte noch keine Beziehung zur Allantoinsynthese festgestellt werden (MOTHES u. ENGELBRECHT 1953a).

Die vielen widerspruchsvollen Befunde über die Entstehung und das weitere Schicksal der Oxalsäure sind wenigstens zum Teil darauf zurückzuführen, daß die Oxalsäure wahrscheinlich nicht einheitlichen Ursprungs ist sondern auf verschiedenen Stoffwechselgebieten anfällt. In *Begonia semperflorens* nimmt Oxalsäure in Keimlingen zunächst parallel zum Stärkegehalt zu, erreicht in den Blättern einen etwa konstanten Gehalt, zeigt auch keine diurnalen Schwankungen und sinkt bei längerer Verdunklung nur wenig ab (CROMBIE). Bei anderen Typen von Blättern, z. B. in *Beta vulgaris*, steigert reichliche Versorgung mit Kationen, besonders mit Natrium und Calcium, den Oxalsäuregehalt stark (SCHARRER u. JUNG). Ähnliche Zusammenhänge gelten auch für die Gesamtsäuren und das Angebot von Kationen und von Nitratstickstoff, von dem eben auch die Kationen liegen bleiben (CARAÑGAL u. a.). Cytoplasmapartikel aus Zuckerrübenblättern enthalten ein Enzym, das Oxalsäure oxydativ zu CO_2 und H_2O_2 zerlegt, woraufhin das Wasserstoffperoxyd durch Katalase weiter umgesetzt wird (FINKLE u. ARNON). Die Oxalsäure darf also in höheren Pflanzen nicht als stabiles Endprodukt angesehen werden. Noch viel weiter gehende Schlüsse werden aus mehr zellphysiologischen bzw. histochemischen Beobachtungen abgeleitet, die der Oxalsäure eine Funktion als Speicherstoff zusprechen, da aus ihr z. B. im Mark junger Zweige von *Evonymus japonica* sogar Stärke gebildet werden soll (ASSAILLY; CARLES u. ASSAILLY), wobei der dazu nötige enorme Energiehub natürlich noch ein besonderes Problem aufwirft. In *Botrytis cinerea* entsteht Oxalsäure vielleicht über Äpfelsäure, d. h. durch den Citronensäurekreislauf (GENTILE). Sie wird vom Pilz nicht weiterverarbeitet.

Dem diurnalen Säurerhythmus, der eine großartige Anpassung zur Zurückhaltung des CO_2 bei erschwerter Wasserversorgung darstellt, sind weitere Untersuchungen gewidmet (z. B. VICKERY 1954). Die Ansäuerung im Dunkeln beruht auf einer CO_2-Fixierung vor allem in Äpfelsäure und zwar bei Sukkulenten ebenso wie in anderen Blättern, Früchten und in Haferkoleoptilen. Das festgelegte CO_2 stammt einerseits aus der entsprechend der aufgenommenen Menge Sauerstoff gleichzeitig durch „Atmung" gebildeten Menge CO_2, und andererseits aus dem in der Umgebung der Pflanzenorgane gebotenen. Erstaunlich ist dabei, daß gewisse Sukkulente aus gewöhnlicher Atmosphäre mit dem niedrigen CO_2-Gehalt im Dunkeln CO_2 fixieren können (THOMAS u. RANSON). Die Anreicherung der Luft mit CO_2 darf jedoch nicht zu weit gehen, schon 1% ist im allgemeinen das Optimum für eine Steigerung der Säurebildung. Bei wesentlich höheren CO_2-Konzentrationen, die unter natürlichen Bedingungen höchstens in voluminösen Früchten vorkommen können, wird der normale Säureumsatz gestört und bei extrem hohen CO_2-Konzentrationen sammeln sich nur einige Säuren, z. B. die Bernsteinsäure an, während andere, z. B. die Äpfelsäure, weitgehend verbraucht werden, gleichzeitig tritt dann Alkohol auf (Zymasis, vgl. RANSON).

Bei der Absäuerung werden die Säuren wahrscheinlich erst in CO_2 umgesetzt, ehe ihr Kohlenstoff zum Aufbau von Kohlenhydraten verwendet wird (MOYSE). Sauerstoff ist zum Absäuern nötig, was bei der oxydativen Natur des Citronensäurekreislaufes zu erwarten war.

Die Resynthese organischer Säuren zu Stärke war in jüngster Zeit wahrscheinlich gemacht worden (vgl. Fortschr. Bot. 15, 324) und wird aus neuen Versuchen allerdings im Licht erschlossen (VICKERY 1953). Im Dunkeln war es nicht möglich, Tabakblätter zur Stärkesynthese aus Ameisen-, Essig-, Milch- oder Benzoesäure zu zwingen. Im Licht hingegen gingen die markierten C-Atome dieser Säuren mit Ausnahme der Benzoesäure in Glucose und Stärke ein (KROTKOV, VITTORIO u. REED).

Wenn auch im Prinzip die Dynamik vieler wichtiger und weitverbreiteter Pflanzensäuren jetzt geklärt ist, so ist damit doch erst die Voraussetzung für eine eigentlich biologische Betrachtung gewonnen, bei der es, gerade was den Säurehaushalt angeht, mehr auf das Verstehen der Variabilität als auf die Gemeinsamkeit ankommt.

Die Endoxydasen. Der durch die verschiedenen Dehydrasen, sei es bei der direkten Oxydation der Glucose oder sei es bei der Oxydation des Glycerinaldehyds und den dehydrierenden Schritten des Citronensäurekreislaufes, entnommene und auf die Codehydrasen aufgeladene Wasserstoff landet — eventuell noch über die Zwischenstufen von Flavinverbindungen — bei aeroben Organismen schließlich auf dem Sauerstoff. Für den letzten Schritt der Übertragung auf den Sauerstoff ist auch im Pflanzenreich und zwar bei Bakterien (SMITH), Hefen (KEILIN) und anderen Pilzen (CHENG; NIELANDS) sowie in verschiedenen Organen höherer Pflanzen (WEBSTER; JAMES 1953c, d; DAVENPORT; HILL u. HARTREE) das Cytochromsystem verantwortlich. Selbst in obligat anaeroben Bakterien ist Cytochrom anwesend (POSTGATE), womit natürlich sofort die Frage entsteht, wieweit man aus der Anwesenheit eines Systems im Stoffwechsel schon auf seine Funktion schließen darf.

Durch andere Eingriffe, etwa durch Hemmstoffe, kann man eher die tatsächliche Rolle abschätzen, die ein bestimmtes nachgewiesenes System im Stoffwechsel spielt. In älteren Blättern tritt die Bedeutung des Cytochromsystems zurück (DALY u. BROWN). Für die Wandlungen im Laufe des Alterns der Zellen ebenso wie für das Verständnis der Wasser- und Mineralsalzaufnahme durch die Wurzeln ist es bemerkenswert, daß in Gerstenembryonen etwa 80% des Sauerstoffkonsums über das Cytochromsystem geleitet wird, während schon in 10 Tage alten Wurzeln die Cytochromoxydase kaum mehr an der Atmung beteiligt ist (JAMES 1953a, 1953c), obwohl auch dann noch Metallproteide als

Endoxydasen fungieren. Ungefähr die Hälfte der Atmung läuft dann über das System der Ascorbinsäureoxydase, dem auch in anderen Geweben eine größere Bedeutung für die Einführung des Sauerstoffs in die Atmung zukommt, als bisher vermutet wurde (vgl. JAMES 1953a; BEEVERS). Hingegen wird die Beteiligung der Polyphenolasen an der normalen Atmung immer kritischer betrachtet und selbst in einem für die Demonstration der Polyphenolasen so gut geeigneten Objekt wie den Kartoffelknollen wird nachweislich mindestens 70% des verbrauchten O_2 in frisch geschnittenen Scheibchen über das Cytochromsystem geleitet (THIMANN, YOCUM u. HACKETT). Welche Oxydase den übrigen Anteil, der unempfindlich gegen HCN ist und deshalb ohne Schwermetallbeteiligung abläuft, bestreitet, ist noch unbekannt. Vor allem ist es nicht ohne weiteres möglich, die mit Kartoffelschnitten gewonnenen Befunde auf die Atmung der intakten Knollen zu übertragen, denn hier wie in anderen voluminösen Pflanzengeweben steigt der Sauerstoffverbrauch nach dem Zerschneiden sehr stark gegenüber der Atmung der unverletzten Organe an (vgl. JAMES 1953c). Die Sauerstoffaufnahme bei zerschnittenen Äpfeln kann bis auf das 400fache der ganzen Äpfel steigen (HACKNEY; vgl. auch PEARSON u. ROBERTSON).

Obwohl Polyphenoloxydasen in Blättern von Efeu reichlich vorhanden sind und zugeführte Polyphenole, z. B. Brenzkatechin, im intakten Blatt als Wasserstoffüberträger fungieren, muß aus experimentellen Eingriffen in die normale Atmung geschlossen werden, daß Polyphenoloxydasen auch hier keine wesentliche Rolle spielen (LERNER). Das Problem der natürlichen Bedeutung der Polyphenoloxydasen, die ja recht weit im Pflanzenreich verbreitet sind, bleibt also noch offen. Auch Peroxydasen werden in einer großen Zahl von Pflanzenarten nachgewiesen, und zwar auch dort, wo früher keine positive Reaktion erhalten wurde (DUQUÉNOIS u. a.), wobei allerdings auch wieder erst zu prüfen wäre, ob sie unter natürlichen Bedingungen den Wasserstoff der Polyphenole übertragen.

Die Atmung von Getreidewurzeln wird durch ein kombiniertes System verschiedener Oxydasen zu Ende geführt, deren quantitativer Anteil durch Umweltbedingungen variiert werden kann (LUNDEGÅRDH 1954b).

4. Die Biologie der Atmung.

JAMES (1953a) hat in einer Monographie die Pflanzenatmung dargestellt.

Obwohl in jüngster Zeit Untersuchungen des Gasumsatzes der Atmung hinter denen der intermediären Vorgänge zurücktreten, werden auch dort wichtige Phänomene aufgedeckt oder zu klären versucht. Die auffallende Erscheinung des „klimakterischen Atmungsanstieges" in Früchten, die auch in alternden Blättern ihr Analogon hat (EBERHARDT 1955b), wird mit Rücksicht auf die intermediären Vorgänge jetzt so aufgefaßt, daß in unreifen Früchten die Atmungsintensität durch die geringe Kapazität für die Aufnahme von energiereichen Phosphatbindungen begrenzt ist. Auch an Mitochondrien kann die

Geschwindigkeit der Phosphatübertragung zum begrenzenden Faktor der Atmung werden (LATIES 1953). Einsetzende Synthesen, deren Ursprung allerdings nun zu klären bleibt, machen Acceptoren z. B. ADP für solche Phosphorgruppen frei, deren Unterbringung wiederum den Weg für die Energie aus dem oxydativen Umsatz frei gibt und damit die Atmung erhöht (PEARSON u. ROBERTSON; HULME 1954a; MILLERD, BONNER u. BIALE). Bei Avocadofrüchten ist auch eine Entkopplung des Zusammenhanges zwischen oxydativem Umsatz und Produktion von energiereichen Phosphatbindungen durch eine natürliche, wie Dinitrophenol wirkende Verbindung möglich. Äthylen, das ja bei manchen, aber durchaus nicht bei allen Früchten während der Reifung abgegeben wird, kann diese in die oxydative Phosphorylierung eingreifende Substanz nicht sein (BIALE, YOUNG u. OLMSTEAD). Dem Äthylen wird eher eine relativ fördernde Wirkung auf die Eiweißsynthese zugeschrieben, wodurch dann durch Verbrauch von Phosphatbindungen die Atmung rascher ablaufen kann (HULME 1954a).

Das alte, noch ungelöste aber immer wieder für wichtig erachtete Problem des Lichteinflusses auf die Atmung, d. h. auf den Sauerstoffverbrauch, wird mit neuen experimentellen Mitteln und an neuen Objekten studiert. Bei *Rhodospirillum rubrum* wird die O_2-Aufnahme direkt proportional der Lichtintensität bis zu 85% des Dunkelverbrauches gehemmt, wie aus Versuchen mit isotopem Sauerstoff entnommen wird (JOHNSTON u. BROWN). Bei *Anabaena* und *Chlorella* steigert Belichtung die Atmungsintensität nicht wesentlich (BROWN u. WEBSTER; BROWN).

Als Übergang zu ökologischen Fragestellungen wurde die Atmungsintensität von Blättern, Zweigen und Stämmen der Buche gemessen (MÖLLER, MÜLLER u. NIELSEN; MÜLLER). Bei Berücksichtigung der durchschnittlichen Temperatur in Dänemark verbrauchen die Blätter im Laufe einer Vegetationsperiode weit mehr als ihr eigenes Trockengewicht im Zuge der Atmung und geben entsprechend viel CO_2 wieder an die Atmosphäre ab (1720 g je 1 kg Blatttrockensubstanz). Das entspricht etwa 20% der durch die Photosynthese der gleichen Blattmasse gebildeten Trockensubstanz. Der jährliche Atmungsverlust bei Stämmen und Ästen liegt zwischen 5,8 und 2,0% der Trockensubstanz, wobei der höhere Wert für eine 25jährige und der niedrige Wert für eine 85jährige Buche gilt. Beim Bezug der Atmungsintensität auf die Oberfläche der Äste, wobei das bei Tieren wichtig erscheinende Verhältnis von Atmung zu Körpergewicht und Oberfläche auch für Pflanzen aufgeworfen wird, erscheint die Atmung bei größerem Durchmesser etwas höher als bei den dünneren Ästen.

Im Hinblick auf die Funktion der Leitbündel ist ihre relativ hohe Atmungsintensität und besonders der hohe Anteil des Cytochromoxydasesystems bei dem O_2-Umsatz bemerkenswert (TURKINA u. DUBININA).

5. Stickstoffumsatz.

N_2-Bindung. Da verschiedene Organismen sowohl Ammoniumsalze und Nitrate als auch molekularen Stickstoff ausnutzen können, ohne daß sich die verschiedene N-Quelle in der Zusammensetzung der Zellproteine bemerkbar macht, müssen die Reaktionswege der N-Assimilation spätestens auf der Stufe der Aminosäurebildung zusammenlaufen. Es spricht jedoch vieles dafür (Hemmung durch NH_3 oder durch Hydroxylamin), daß die Bindung des atmosphärischen Stickstoffs schon auf früheren Vorstufen, etwa in den beiden genannten einfachen N-Verbindungen, in den allgemeinen Stickstoffumsatz der Pflanzen einmündet. Immer noch unentschieden ist die wichtige Teilfrage, ob der erste Schritt der N_2-Fixierung reduktiv oder oxydativ ausgeführt wird. Nach den jetzigen Kenntnissen, deren Erweiterung trotz des Einsatzes vom N^{15}-Isotop durch mancherlei experimentelle Schwierigkeiten gehemmt wird, erscheint es möglich, daß die N-Bindung durch aerobe Organismen oxydativ und in anaeroben Bakterien reduktiv verläuft (VIRTANEN 1952a). Bei *Azotobacter* sprechen die Versuchsergebnisse für eine Oxydation als einleitende Reaktion (PETHICA, ROBERTS u. WINTER). Gleichwohl nimmt bei diesem aeroben Bacterium wie auch beim anaeroben *Clostridium* und in Leguminosenknöllchen NH_3 eine Schlüsselstellung bei der Bindung des molekularen Stickstoffs ein (ZELITCH, WILSON u. BURRIS; NEWTON, WILSON u. BURRIS). Durch Penicillineinwirkung können Mutanten von *Azotobacter* gewonnen werden, die keinen Luftstickstoff binden, aber mit NH_3 wachsen (GREEN, ALEXANDER u. WILSON). Ein Enzymsystem, das den ersten Schritt der Bindung katalysiert, also den molekularen Stickstoff zu aktivieren vermag, ist noch immer nicht aufgefunden worden.

Ebenso unbefriedigend sind unsere Kenntnisse von der Funktion des Hämoglobins in den Leguminosenknöllchen (vgl. HILL u. HARTREE). Da Hämoglobin den freilebenden N-bindenden Bakterien ebenso wie den Knöllchen der Nichtleguminosen fehlt, kann es keine unerläßliche Rolle bei der N-Bindung spielen. Es wirkt kaum indirekt über die Atmung der Knöllchen, sondern muß unmittelbar in einen Teilprozeß der Fixierung eingreifen (VIRTANEN u. TIETAVÄINEN). Andererseits sprechen alle Vergleiche mit dem Säugetierhämoglobin, durch das das Knöllchenhämoglobin in mancher Beziehung ersetzt werden kann, gegen eine spezifische Stimulatorwirkung (HILL u. HARTREE).

Ältere Versuche, die darauf abzielten, mit abgeschnittenen Leguminosenknöllchen Stickstoff zu binden, waren nur gelegentlich positiv ausgefallen. Jetzt ist es mit abgetrennten Knöllchen einer ganzen Reihe von Leguminosengattungen und mit Knöllchen von *Alnus glutinosa* ebenfalls gelungen, regelmäßig eine beträchtliche Fixierung von Stickstoff zu erzielen, wenn die Knöllchen unmittelbar nach dem Abschneiden für 1—2 Std in feuchter Atmosphäre einem Strom von 10% N_2 (mit einem Überschuß von $^{15}N_2$) + 20% O_2 + 70% He ausgesetzt werden (APRISON u. BURRIS; MAGEE u. BURRIS; APRISON, MAGEE u. BURRIS; VIRTANEN u.a.). Der gebundene Stickstoff fand sich in der säurelöslichen Fraktion der Knöllchen, also in Aminosäuren und in leicht hydrolysierbaren Peptiden. Die N-Bindung war in den größten Knöllchen junger Pflanzen am intensivsten und nahm nach der Blüte der Pflanzen rasch ab.

Der höchste Prozentsatz des gebundenen Stickstoffs wird stets in der Glutaminsäure gefunden (ZELITCH, WILSON u. BURRIS; NEWTON,

WILSON u. BURRIS). Sowohl bei der symbiontischen Fixierung in den Knöllchen als auch bei dem autotrophen, N-bindenden *Rhodospirillum rubrum* fördert die Photosynthese die N-Fixierung erheblich, wahrscheinlich indirekt durch Lieferung von C-Gerüsten für die Aufnahme des gebundenen reduzierten Stickstoffs (LINDSTRÖM, NEWTON u. WILSON). Die Wurzeln von Rotklee, die den Stickstoff durch Knöllchen gewinnen müssen, haben einen höheren Sauerstoffbedarf als die Wurzeln ähnlicher Pflanzen, die Ammoniumsalze erhalten (FERGUSON u. BOND).

Vorkommen und Biosynthese von Aminosäuren (vgl. dazu Zusammenfassungen von COHEN; GREENBERG). Ein erster Ansatz zum experimentellen Nachweis der Bildung biochemischer Stoffe unter möglichen ursprünglichen Bedingungen auf der Erde ohne Mitwirkung von Organismen wurde mit überraschend positiven Ergebnissen ausgeführt (MILLER). In der Annahme, daß die organischen Verbindungen, die die Grundlage des Lebens bilden, entstanden, als die irdische Atmosphäre aus Methan, Ammoniak, Wasserstoff und Wasserdampf bestand, wurde ein Gemisch dieser Gase elektrischen Entladungen ausgesetzt, die an Stelle der ultravioletten Strahlung der Sonne die Bildung freier Radikale anregen sollte. Unter diesen Bedingungen bilden sich innerhalb kurzer Zeit α- und β-Alanin und Glykokoll, sowie in geringen Mengen auch andere Aminosäuren. Ob damit wirklich die ersten Schritte der „Urzeugung" enträtselt sind?

Im Bereich des Aminosäurestoffwechsels steht heute im Vordergrund der Nachweis neuer Aminosäuren, die Suche nach der Herkunft der C-Gerüste der natürlichen Aminosäuren und die Aufdeckung der Beweglichkeit der Aminogruppe durch Transaminierungen.

Die jüngst entdeckte γ-Aminobuttersäure (vgl. Fortschr. Bot. 14, 358) wurde in neuen Quellen (Kartoffeln, Erbsen), auch in Mikroorganismen aufgefunden (AUCLAIR u. MALTAIS; THOMPSON u. STEWARD; THOMPSON, POLLARD u. STEWARD; KATING; HYDE). Sie ist aber noch nirgends als Eiweißbestandteil nachgewiesen worden. Unter den freien Aminosäuren von *Asplenium septentrionale* fand sich α-Aminopimelinsäure HOOC—CH(NH$_2$)—(CH$_2$)$_4$—COOH, die damit zum ersten Male im Pflanzenreich bekannt wurde (VIRTANEN u. BERG). Neben der Piperidin-2-carbonsäure (vgl. Fortschr. Bot. 15, 335) wurde aus jungen Äpfeln Methyl-prolin (wahrscheinlich γ-Methyl-prolin) isoliert (HULME u. ARTHINGTON).

Die „Grundaminosäuren", α-Alanin, Asparagin- und Glutaminsäure, entstehen unmittelbar durch hydrierende Aminierung aus den entsprechenden α-Ketosäuren (Brenztraubensäure, Oxalessigsäure, α-Ketoglutarsäure), die als Glieder des allgemeinen Kohlenhydratabbaues anfallen. Darin findet der schon seit langem festgestellte Zusammenhang zwischen Kohlenhydratumsatz und Eiweißsynthese einen biochemisch erklärten Ausdruck. Daß darüber hinaus auch die aus dem C-Umsatz gewonnene Energie für die Eiweißsynthese von Bedeutung ist, wird heute ebenfalls in Einzelheiten klar (s. unten). Andere Aminosäuren, deren C-Skelete nicht einen so einfachen Anschluß an die universellen C-Fragmente erkennen lassen, gehen aus diesen Intermediärverbindungen durch Kombinationen oder durchsichtige Umwandlungen hervor. Daß Prolin, von dem besonders viel in den Blättern von *Santalum album* gefunden wurde (GIRI und Mitarbeiter), aus Glutaminsäure entsteht, kann kaum mehr bezweifelt werden. Auch γ-Aminobuttersäure leitet sich durch einfache Decarboxylierung aus der Glutaminsäure ab (MIETTINEN u. VIRTANEN; vgl. Fortschr. Bot. 15, 336). Zunächst für *Escherichia coli* ist sichergestellt worden, daß von Glutaminsäure durch einfache, allen Zellen geläufige Umsetzungen Ornithin, Citrullin und Arginin abgeleitet werden dürfen (ABELSON, BOLTON, BRITTEN, COWIE u. ROBERTS; ABELSON). Asparaginsäure wird sowohl von *Escherichia coli* (HIRSCH u. COHEN) als auch in Hefe (BLACK u. WRIGHT) zu Homoserin reduziert. Dieses kann durch einfache, der Zelle geläufige Reaktionen in Threonin umgewandelt werden (COHEN u. HIRSCH). Aus Threonin kann durch Verkürzung der Kette Glykokoll werden, das aber auch aus Serin entsteht, welches seinerseits wohl aus Threonin hervorgeht (ABELSON).

$$HOOC \cdot CH_2 \cdot CHNH_2 \cdot COOH \xrightarrow{Reduktion} CH_2OH \cdot CH_2 \cdot CHNH_2 \cdot COOH$$

Asparaginsäure   Homoserin

$$CH_3 \cdot CHOH \cdot CHNH_2 \cdot COOH \qquad CH_2OH \cdot CHNH_2 \cdot COOH$$

Threonin   Serin

$$CH_2NH_2 \cdot COOH$$

Glykokoll

Besonders interessant ist der Aufbau des C-Gerüstes für Lysin, soweit er für Pilze (Hefen und *Neurospora*) sichergestellt ist. Als Bausteine dienen hier die beiden vielseitig verwendbaren Zwischenprodukte des allgemeinen C-Umsatzes nämlich der Acetyl- und der Bernsteinsäurerest, beide wahrscheinlich in aktiver Form an Coenzym A gebunden (STRASSMAN u. WEINHOUSE). Als unmittelbare Vorstufe des Lysins wird dabei α-Aminoadipinsäure durchlaufen, die bei lysinbedürftigen Mutanten von *Neurospora* als Ersatz für die fertige Diaminosäure dienen kann (WINDSOR).

Besondere Aufmerksamkeit verdient auch die Genese der Aminosäuren mit verzweigtem C-Gerüst wie Valin, Leucin und Isoleucin, weil sich daran immer wieder Spekulationen über die Herkunft der Bausteine für die Terpenoide knüpfen. Valin wird nicht ausschließlich aus Acetylresten zusammengesetzt, sondern es scheint dazu auch eine C_3-Einheit verwendet zu werden (MCMANUS), obwohl die verwandte β-Methylcrotonsäure als Baustein des Kautschuks lediglich aus Acetyleinheiten entsteht (s. S. 609). Isoleucin wird aus der entsprechenden α, β-Dioxysäure durch enzymatische Dehydratisierung und Transaminierung gebildet (ADELBERG; MYERS u. ADELBERG). Als frühere Vorstufe dürfte α-Ketobuttersäure fungieren, die wahrscheinlich mit Acetaldehyd durch eine Aldolkondensation verknüpft wird (STRASSMAN, THOMAS, LOCKE u. WEINHOUSE). Wenn Brenztraubensäure an die Stelle der Ketobuttersäure tritt, würde das Skelet des Valins entstehen. Bemerkenswert und überraschend an diesen Synthesevorgängen ist, daß sie alle ihren Ausgang von allgemeinen C_2-, C_3- und C_4-Einheiten nehmen, die durch einige wenige Typen von Kondensationsreaktionen (z. B. Aldolkondensation) zusammengefügt und durch einfache, von der Zelle auch sonst vielfach verwendete Eingriffe wie Hydrierung, Dehydrierung oder Dehydratisierung zu ganzen Serien von komplizierter gebauten Endprodukten umgestaltet werden.

Methionin, $HOOC-CH(NH_2)-CH_2-CH_2-S-CH_3$, spielt unter den Aminosäuren nicht so sehr wegen seines Schwefelgehaltes, sondern vielmehr wegen der über den Schwefel leicht übertragbar angefügten Methylgruppe eine besondere Rolle. Es fungiert als Methyldonator für allerlei Methylierungsvorgänge (s. S. 614). Als Vorstufe bei seiner Bildung wird eine C_4-Aminosäure, etwa α-Aminobuttersäure, durchlaufen (KALAN u. CEITHAML). Herkunft und Anfügung der charakteristischen CH_3-Gruppe sind dabei allerdings noch nicht aufgeklärt.

Der Aufbau von Tryptophan aus Indol und Serin wird auch bei *Claviceps purpurea* in Flüssigkeitskultur nachgewiesen (TYLER u. SCHWARTING). Die Genese der aromatischen Aminosäuren wird in erster Linie unter dem allgemeineren Blickwinkel der „aromatischen Synthese" (s. S. 612) gesehen.

Soweit C-Bausteine für die Aminosäuresynthese aus dem oxydativen Citronensäurekreislauf stammen, ergeben sich zusätzliche Probleme bei den Organismen, die ihren Energiebedarf allein durch Vergärung decken, wie etwa *Streptococcus faecalis* durch Milchsäuregärung (TOENNIES u. SHOCKMAN). Hier werden die im Medium vorhandenen Aminosäuren so lange zum Plasmaaufbau verwendet, bis die im Minimum vorhandene begrenzend wirkt; während dieser Zeit wird keine der übrigen verfügbaren Aminosäuren abgebaut, um etwa zur Energiegewinnung oder wegen ihres C-Gerüstes als Baustein verwendet zu werden. Von Hefe wird ein komplexes Gemisch von Aminosäuren rascher assimiliert als einzelne Aminosäuren, aus denen durch Desaminierung und Aufbau mit Hilfe der aus dem Kohlenhydratabbau entnommenen C-Gerüste die fehlenden Aminosäuren erst ergänzt werden müssen (MOTHES). Wenn *Aspergillus oryzae* aus einer ganzen Serie immer nur eine Aminosäure von außen erhält, finden sich im Mycel als freie Aminosäuren stets Alanin und Glutaminsäure, meist auch Asparaginsäure und Glutamin, unabhängig davon, welche Aminosäure in der Nährlösung geboten wurde (SIMONART u. CHOW). Diese „Grundaminosäuren" sind also auch hier das Sammelbecken für die Aminogruppen, die durch Transaminierung weiter verteilt werden.

In höheren Pflanzen ist die Mischung der frei in den Zellen vorliegenden Aminosäuren (MANSFORD u. RAPER) oft eine ganz andere als die in den Eiweißen festgelegte (THOMPSON u. STEWARD; vgl. auch WOOD). Es wird deshalb für unwahrscheinlich gehalten, daß die frei vorkommenden Aminosäuren unmittelbar zum Eiweiß zusammengefügt werden. Alle Berechnungen über Korrelationen zwischen Aminosäuregehalt der Zellen und Intensität der Eiweißsynthese, die auch aus anderen Überlegungen nicht überzeugen konnten (vgl. Fortschr. Bot. **12**, 308), gehen deshalb von falschen Voraussetzungen aus.

Abgetrennt kultivierte Maiswurzeln vermögen bei guter Versorgung mit C-Bausteinen und Nitraten mehr Aminosäuren zu synthetisieren, als sie für den Eiweißaufbau verwerten können. Der Überschuß wird an das umgebende Medium abgegeben (KANDLER). Bei der intakten Pflanze unterbleibt diese Ausscheidung, offenbar weil dann die Aminosäuren in den Sproß geleitet werden. Ein Transport des in den Wurzeln nach Nitratreduktion erhaltenen Aminostickstoffs in Form der Grundaminosäuren und ihrer Amide Asparagin und Glutamin findet in Apfelbäumen im Laufe des ganzen Jahres, besonders intensiv während der Blütezeit statt (BOLLARD). Bei Erdnußpflanzen ist die γ-Methylenglutaminsäure die wichtigste Wanderform des Aminostickstoffs aus der Wurzel in den Sproß (FOWDEN). Die Translokation des in den Wurzeln in reduzierte Form gebrachten Stickstoffs und seine Speicherung während des Winters in ausdauernden Pflanzen findet bei *Acer*-Arten und in *Symphytum officinale* und anderen Borraginaceen als Allantoin und Allantoinsäure statt (MOTHES und ENGELBRECHT 1952, 1954). Bei der Keimung der Ahornsamen erscheinen zwar in den Kotyledonen die gewöhnlichen Amide. Aber in Hypokotylen und Wurzeln treten auch hier, ebenso wie in jungen *Phaseolus*-Pflanzen bemerkenswerte Mengen von Allantoin und Allantoinsäure auf (ENGELBRECHT). *Phaseolus* ist also durchaus keine reine ,,Asparaginpflanze", wie man bisher für die Leguminosen allgemein annahm (s. auch *Arachis* S. 605). Über den Mechanismus der Ureidsynthese ist noch nichts bekannt. Die Ureide entstehen jedenfalls nicht als Abbauprodukte von Nucleinsäuren.

In der Erle, vor allem in den Wurzelknöllchen mit N-bindenden Bakterien, herrscht Citrullin, $H_2N-CO-NH-CH_2-CH_2-CH_2-CH(NH_2)-COOH$, unter den freien Aminosäuren vor (VIRTANEN u. MIETTINEN). Diese etwas ungewöhnliche Aminosäure kann nicht mit der N-Bindung allgemein in Zusammenhang gebracht werden, denn in der vergleichsweise untersuchten Erbse mit Wurzelknöllchen fehlt sie. Bei den heimischen Vertretern der Betulaceen wird der in den Wurzeln assimilierte Stickstoff als Citrullin in den Stämmen geleitet (REUTER u. WOLFFGANG). Damit ist neben den Amiden und Ureiden eine weitere Transport- (und Speicher-?)Form des Stickstoffs in Pflanzen erkannt worden. Das Citrullinmolekül enthält am einen Ende einen Harnstoffrest. Das Enzym Urease, das Harnstoff zu NH_3 und CO_2 hydrolysiert, ist in geringen Konzentrationen im Pflanzenreich recht weit verbreitet. In den Samen von *Canavalia*, *Soja* und *Citrullus* kommt es jedoch in so großen Mengen vor, daß man sich kaum vorstellen kann, daß seine Menge in irgendeiner Beziehung zu seiner tatsächlichen Funktion stehen kann. In *Citrullus*-Kotyledonen nimmt die Enzymmenge bzw. Aktivität zunächst beim Auskeimen zu und fällt später bis zum völligen Verschwinden ab. Diese Veränderungen stehen in keiner nachweisbaren Verbindung zum gleichzeitigen Stickstoffumsatz (WILLIAMS u. SHARMA). Das Vorhandensein eines aktiven Enzyms besagt gar nichts über seine tatsächliche Funktion im Stoffwechsel (vgl. für Stärkephosphorylase PAECH u. KRECH; sowie KRECH). Die Zelle verfügt über mehr Mittel und enzymatische Fähigkeiten, als sie zur Bestreitung ihres Lebensunterhaltes realisiert (vgl. PAECH 1950, S. 24). Die Enzyme dürfen nicht als Einschlüsse des Plasmas, die zu einem bestimmten Zweck gebildet worden sind, aufgefaßt werden. Sie sind wie andere Eiweiße Teile des Plasmas (s. unten), die mehr oder weniger zufällig auch die Funktion eines Katalysators ausüben, und dort, wo sie in dieser Eigenschaft den Stoffwechsel bereichern und im Kampf ums Dasein einen Vorteil bringen, werden sie tatsächlich in Funktion treten. Für den Fall der Urease in den Kotyledonen gilt aber, was sicher auch sonst zutrifft, daß die sich ändernde Aktivität eines Enzyms nicht mehr ist als das Zeichen einer plasmatischen Differenzierung, die im Laufe des Zellwachstums eintritt. Die Urease ist in *Citrullus*-Samen ein „wachstumsgebundenes" Enzym (GRANICK).

Umaminierung. Nach manchem Hin und Her über die wirkliche Reichweite der Transaminierungsreaktionen (vgl. Fortschr. Bot. 14, 359) hat vor allem die Tatsache, daß die verschiedensten Aminosäuren durch die entsprechenden α-Ketosäuren ersetzbar sind, geholfen zu erkennen, daß wenigstens in Mikroorganismen alle natürlichen Aminosäuren an eines von mehreren, jeweils durch getrennte Enzyme katalysierten Systemen der Umaminierung angeschlossen sind. Da Umaminierungen im allgemeinen reversibel sind (KREBS 1953), ist anzunehmen, daß die Aminogruppe von einer einzigen Quelle aus verteilt werden kann, soweit die C-Gerüste für die verschiedenen Aminosäuren in Form der α-Ketosäuren zur Verfügung stehen.

In *Escherichia coli*, einem Pionierobjekt für solche biochemische Vorstöße, existieren mindestens drei Systeme, an denen folgende Aminosäuren beteiligt sind: a) Valin, Alanin, α-Aminobuttersäure, b) Glutaminsäure, Isoleucin, Valin und einige andere aliphatische Aminosäuren, und c) Glutaminsäure, Asparaginsäure, Phenylalanin, Tyrosin, Tryptophan und ihre α-Ketoanalogen. Somit sind also auch die aromatischen Aminosäuren in die Aminogruppenübertragung einbezogen (RUDMAN u. MEISTER). Knöllchenbakterien verfügen über Transaminierungssysteme, an die die häufigsten aliphatischen Aminosäuren angeschlossen sind (JORDAN). Umaminierung bei höheren Pflanzen ist bisher vor allem in Leguminosen- und Getreidekeimlingen nachgewiesen worden. Bei *Pisum* und *Vicia faba* sind Transaminasen zunächst in den Kotyledonen wirksam, sie gehen dann auch auf den übrigen Embryo über und nehmen hier mit der Entwicklung der Pflänzchen zu. Das aus den Knöllchen von *Vicia faba* gewonnene System übertrifft die Aktivität der gleichen Enzyme aus allen bisher untersuchten Pflanzen (RUGGIERI). In Blatt und Samenextrakten von *Arachis hypogaea* nimmt auch die jüngst aufgefundene γ-Methylen-glutaminsäure an der Umaminierung teil (FOWDEN u. DONE 1953). Ungewöhnlich ist, daß die γ-Aminobuttersäure auch ein „Transaminierungspartner" sein kann (KATING). Junge Gerstenpflänzchen enthalten ein Umaminierungssystem, das die Aminogruppe zwischen Glutaminsäure einerseits und Asparaginsäure, Alanin, Serin, Threonin, Glykokoll, Prolin, Methionin, Cystein, Valin, Arginin und Histidin austauscht (WILSON, KING u. BURRIS). Hier ist die Beteiligung der basischen Aminosäuren Arginin und Histidin besonders beachtenswert. Glykokoll wird durch Aminierung von Glykolsäure gebildet, deren Herkunft und Bedeutung im Kohlenstoffumsatz allerdings noch ungeklärt bleibt.

Etwas überraschend, aber für die zentrale Funktion der im Pflanzenreich so weit verbreiteten Amide sehr aufschlußreich ist der Befund, daß Asparagin und Glutamin ebenfalls als Donatoren für die Übertragung der α-Aminogruppe dienen können und zwar so, daß zunächst die Aminogruppe abgelöst und erst danach die Amidgruppe als Ammoniak abgespalten wird (MEISTER 1954). Es dürfte nur eine Frage der Zeit sein, daß diese zunächst mit tierischen Enzymen durchgeführten Umsetzungen auch in höheren Pflanzen nachgewiesen werden. Aus *Neurospora* wurde ein Enzym isoliert, das die Bildung von Glucosamin (als 6-Phosphat) aus Glucose-6-phosphat und Glutamin bewirkt (LELOIR u. CARDINI). Damit ist also ein Ausblick auf die Genese des Chitins eröffnet.

Der grundlegende Mechanismus der Umaminierung besteht in einer wechselseitigen Umwandlung von Komplexen aus Enzymprotein und Pyridoxalphosphat bzw. Pyridoxaminphosphat, womit wieder ein „Vitamin", nämlich Vitamin B_6, in phosphorylierter Form sich als Coenzym für eine lebenswichtige Reaktion des Zwischenstoffwechsels herausstellt (ROBINSON u. KATZNELSON; MEISTER; WILSON, KING u. BURRIS).

In Mangoldblättern (*Beta vulgaris* var. *cicla*) wird bei genügender Versorgung mit NH_4NO_3 in zunehmendem Maße ein Teil des photosynthetisch gebundenen Kohlenstoffs in Glutamin festgelegt, das sich bis zu mehr als 5% des Frischgewichtes ansammeln kann (BIDWELL, KROTKOV u. REED). Das C-Gerüst wird dabei nicht erst auf dem Wege über Kohlenhydrat gebildet, sondern steht mit dem Zucker höchstens durch eine gemeinsame Vorstufe oder ein dynamisches Gleichgewicht in Verbindung.

Die Amidgruppe von Asparagin und Glutamin kann aus Ammoniak nur gebildet werden, wenn energiereiche Phosphorsäurebindungen die nötige Gruppenenergie liefern (ELLIOTT; LEVINTOV u. MEISTER; WEBSTER 1953), denn die Amidbindung besitzt ein beträchtliches Gruppenpotential (vgl. Fortschr. Bot. 12, 288). Die Amidgruppe von Asparagin und Glutamin wird durch Transamidierung auf andere Aminosäuren übertragen (SHEFFNER u. GRABOW). Da die Gruppenenergie der Amidbindung nicht wesentlich von der einer Peptidbindung verschieden sein dürfte, ist es verständlich, daß mit einem aus *Bacillus subtilis* gewonnenen Enzym durch Transamidierung von Glutamin ausgehend Di- und Tripeptide mit anderen Aminosäuren gebildet werden (WILLIAMS u. THORNE). In Kohlblättern kommt ein Enzym vor, das von Glykokollpeptiden ausgehend die Peptidbindung auf andere Aminosäuren überträgt (HANES, HIRD u. ISHERWOOD). In jungen Keimlingen wird vom Asparagin vorzugsweise auch das C-Gerüst in die Eiweiße aufgenommen, ein Teil davon wird allerdings zu CO_2 abgebaut (NELSON, KROTKOV u. REED). Hier bahnt sich also in großen Zügen die Einsicht in den Mechanismus der Eiweißsynthese an, deren zwei wichtigste

Elemente einerseits die Bereitstellung der Serie von Aminosäuren und andererseits die Zuführung der für die Aufrichtung der Peptidbindung nötigen Energie sind. Die in den Mitochondrien in Form von ATP gespeicherte, aus dem oxydativen Abbau der Kohlenhydrate stammende Energie wird sowohl zur Amidsynthese als auch zur Bildung niederer Peptide verwendet (WEBSTER 1953, 1954a; WEBSTER u. VARNER). In Bohnenkeimlingen befindet sich das Enzym der Glutaminsynthese wahrscheinlich in oder auf den Mitochondrien.

Das kürzlich in *Arachis hypogaea* aufgefundene dritte pflanzliche Amid (DONE u. FOWDEN 1952), das inzwischen auch aus Tulpenzwiebeln isoliert wurde (ZACHARIUS, POLLARD u. STEWARD), scheint im Pflanzenreich nicht weiter verbreitet zu sein (FOWDEN). Im Erdnußsamen kommt weder die γ-Methylen-glutaminsäure noch ihr Halbamid vor. Beide treten, wie Asparagin und Glutamin in anderen Leguminosen, erst während der Keimung auf und dienen als Transport und Speicherform für den Aminostickstoff. Da der aus abgeschnittenen Stengeln von *Arachis* austretende Saft fast nur γ-Methylen-glutaminsäure und das zugehörige Amid als lösliche N-Verbindungen enthält, dürfte die der neuen Aminosäure entsprechende α-Ketosäure der Acceptor für den durch die Wurzeln aufgenommenen oder von den symbiontischen Bakterien gelieferten Stickstoff sein.

Eiweißbildung. Mit der Einsicht in den Mechanismus der Peptidbildung (vgl. dazu BORSOOK) ist im Prinzip die Bahn der biogenen Eiweißsynthese aufgedeckt. Die größten Geheimnisse liegen jetzt noch in der gesetzmäßigen Anordnung der einzelnen Aminosäuren im Proteinmolekül und in der Art und Weise, wie Aminosäuren bzw. Aminogruppen in fertige Eiweiße eingebaut oder eingetauscht werden. Das Verhältnis von Eiweißsynthese zu Nucleotidbildung während der Stickstoffassimilation in *Torulopsis utilis* spricht dafür, daß Eiweiß sich nur in Anlehnung an Nucleinsäuren bildet (MIETTINEN). Bruchstücke von Bakterienzellen vermögen bei Gegenwart von ATP und Nucleinsäuren noch Eiweiß aufzubauen. Werden die Nucleinsäuren jedoch durch Extraktion oder enzymatische Spaltung entfernt, so hört die Eiweißsynthese auf (GALE u. FOLKES). Auch die Produktion spezifischer Enzyme ist an die Anwesenheit von Nucleinsäuren gebunden.

Die Fraktionierung der Zellen in morphologische Elemente erlaubt auch schon etwas über den Ort der Eiweißsynthese auszusagen. Mitochondrien bauen entsprechend der verfügbaren Menge von ATP die markiert zugeführten Aminosäuren in ihr eigenes Eiweiß ein (WEBSTER 1954b). Der intensivste Einbau bzw. Austausch von Aminosäuren findet jedoch in den Fraktionen der kleinsten geformten Bestandteile des Plasmas (Mikrosomen?) statt. Überraschenderweise zeigt in den verschiedensten Pflanzenteilen die Fraktion der Zellkerne stets eine besonders geringe Aufnahme von Glutaminsäure in die Eiweiße. Diese Ergebnisse bedürfen jedoch noch der Erweiterung und Bestätigung, ehe der Ort der Eiweißsynthese in Pflanzenzellen festgestellt sein wird. Auch in tierischen Zellen werden bestimmte Aminosäuren bevorzugt in die Mikrosomenfraktion eingebaut (ZAMECNIK u. KELLER).

In intakten abgetrennten Blättern findet trotz fortschreitendem Absinken des Eiweißgehaltes eine Aufnahme von markiert gebotenem Ammonium-N in die Eiweiße statt, was so gedeutet werden muß, daß Auf- und Abbau von Eiweißen beständig nebeneinander vor sich gehen und daß der jeweilige Proteingehalt die Resultante der beiden gegenläufigen Prozesse darstellt (CHIBNALL u. WILTSHIRE). Auch unter vermeintlich günstigsten Bedingungen gelang es nicht, in abgetrennten Blättern eine Zunahme des Eiweißgehaltes zu erzielen, solange die Blätter nicht Adventivwurzeln gebildet hatten (CHIBNALL; RACUSEN u. ARONOFF). Je länger die Blätter von der Pflanze abgetrennt sind, um so mehr läßt die tatsächliche Synthese nach, während die Hydrolyse offenbar unverändert weiter läuft, was sich eben in einem Absinken des Eiweißgehaltes bemerkbar macht. Ob daraus schon geschlossen werden darf, daß die Blätter nicht autotroph in bezug auf ihre Eiweißversorgung sind, muß wohl noch dahingestellt bleiben. Auf keinen Fall sind die Wurzeln oder Produkte der Wurzeln für den Eiweißaufbau in anderen Organen unerläßlich, denn es sind genügend Beispiele dafür bekannt, daß abgetrennte Pflanzenteile Eiweiß synthetisieren. Angeschnittene Kartoffelknollen (vgl. Fortschr. Bot. 12, 307) und reifende Äpfel (vgl. Fortschr. Bot. 14, 352) erhöhen ihren Proteingehalt. Auch bei abgeschnittenen Blättern ist zum mindesten das Absinken des Eiweißgehaltes aufgehalten worden. Wenn keine zusätzliche Synthese erreicht werden kann, so muß immer wieder darauf hingewiesen werden, daß die Kapazität der ausgewachsenen Pflanzenzellen offenbar recht gering und daher bei normal ernährten Blättern an der Pflanze bereits ausgenutzt ist. Zu optimalen Bedingungen für die Proteinsynthese in Blättern gehört auch eine ausreichende Versorgung mit anderen Mineralstoffen als N-Salzen. Kalium- und Phosphormangel können bei gleichzeitiger Anhäufung von löslichen N-Verbindungen die Eiweißsynthese völlig unterbinden (SESTAKOV u. PLESKOV). Ein jüngstes Beispiel für die Eiweißsynthese in Blättern ohne Mitwirkung der Wurzeln bilden etiolierte Blätter von *Cichorium intybus*, die nach Belichtung aus den vorhandenen alkohollöslichen Stickstoffverbindungen schon innerhalb weniger Stunden in den Plastiden merkliche Mengen Eiweiß aufbauen, das nach 48 Std Belichtung bis auf die dreifache Menge der etiolierten Blätter ansteigt (DEKEN-GRENSON).

Der Eiweißaufbau in den Plastiden scheint bevorzugt während der Photosynthese vor sich zu gehen, während er im Cytoplasma eher eine Dunkelreaktion darstellt, denn nur in den Chloroplasten nahm der Eiweißgehalt entsprechend dem der Assimilation zur Verfügung stehenden CO_2 zu (ANDREEVA u. PLYŠEVSKAJA). Die Plastideneiweiße (Leukoplasten der Rüben und Chloroplasten der Blätter) sind in ihrer Aminosäurezusammensetzung nicht unveränderlich. Im Laufe der Entwicklung der Zuckerrüben sinkt der Anteil einiger einfacher Aminosäuren ab, während vor allem die schwefelhaltigen, aber auch Glykokoll relativ zunehmen. Vermutlich verändert sich dabei auch die physiologische, besonders die enzymatische Aktivität der Plastideneiweiße (SISAKJAN, BEZINGER u. GUMILEVSKAJA). Auch die Blatteiweiße der

Getreidearten werden im Laufe der Blattentwicklung umgebaut: Glutaminsäure nimmt relativ zu, Lysin und Threonin nehmen ab, der Tryptophangehalt bleibt etwa konstant (REBER u. MACVICAR). In Haferblättern steigt der Tryptophangehalt der Eiweiße besonders während der Blütezeit an, Glutaminsäure erreicht ihren höchsten relativen Anteil beim Schossen und während der Fruchtbildung (McCOY, SUBLETT u. DOBBS).

Von den Eiweißen der Leguminosensamen werden die Globuline (Vicilin und Legumin) rascher mobilisiert als die Albumine (DANIELSSON). Der Gehalt an einzelnen Aminosäuren ist in den beiden Globulinen nicht gleich. Beim Austreiben von Kartoffelknollen nehmen die Eiweißfraktionen der Mitochondrien und Mikrosomen zunächst ab, während die Globuline und säurelöslichen Albume noch unangetastet bleiben (LEVITT). Diese und manche anderen Beobachtungen weisen nachdrücklich darauf hin, daß es für die Beurteilung des Zellzustandes und der Reaktionsfähigkeit der Zellen nicht genügt, den Eiweißgehalt schlechthin in Rechnung zu stellen. Abgesehen davon, daß ein mehr oder weniger hoher Anteil „nur" Reserveproteine sind, müssen auch die eigentlichen Plasmaeiweiße als eine ganze Reihe von Fraktionen mit eigener Dynamik aufgefaßt werden, die dank der modernen analytischen Methoden heute schon getrennt werden können.

Immer deutlicher schält sich heraus, daß auch die Enzymsynthese mit der allgemeinen Eiweißbildung eng gekoppelt ist. Die Enzyme erscheinen uns also mehr und mehr nur als spezielle Eiweiße oder die Plasmaproteine als eine „multikatalytische Einheit" (SEVAG; KRETOVIČ, BUNDEL, MELIK-SARKISJAN u. STEPANOVIČ). Bei Stickstoffmangel werden in erster Linie die konstitutiven Enzyme gebildet, während die adaptiven nur bei reichlicher N-Versorgung parallel zum gesteigerten Eiweißgehalt auftreten (VIRTANEN 1952b). Die durch Substrate induzierte adaptative Bildung von Enzymen (vgl. Fortschr. Bot. 13, 269) greift auf die in den Zellen vorhandenen freien Aminosäuren zurück (HALVORSON u. SPIEGELMAN 1952, 1953). Sie besteht also nicht in einer Umwandlung bereits fertiger Eiweiße. Oftmals scheint ein besonders hoher Gehalt an bestimmten Aminosäuren für die Enzymsynthese erforderlich zu sein, da ihre Anwesenheit das Auftreten gewisser Enzyme fördert, z.B. Tyrosin, aber nicht Tryptophan (FÅHRAEUS u. LINDEBERG).

Nucleinsäuresynthese. Die Biogenese einer der beiden wesentlichen Komponenten der Nucleinsäuren, nämlich die der charakteristischen Pentosen, hat sich inzwischen in einer unerwartet einfachen Form aus dem allgemeinen Kohlenhydratumsatz ergeben (vgl. Fortschr. Bot. 15, 329). Die Genese der Stickstoffbasen, der Pyrimidine und Purine, ist hingegen erst in Andeutungen aufgehellt. Für die Pyrimidinsynthese scheinen bestimmte C_4-Dicarbonsäuren, also Zwischenprodukte des allgemeinen Kohlenstoffumsatzes, eine wesentliche Rolle zu spielen. *Neurospora*-Mutanten, deren Pyrimidinaufbau gehemmt war, konnten mit α-Aminobuttersäure oder Threonin zum Gedeihen gebracht werden (FAIRLEY). Eine Reihe anderer Aminosäuren war wirkungslos. Es steht allerdings noch offen, ob die genannten Aminosäuren unmittelbar das C-Gerüst des Pyrimidinringes bilden oder ob sie nicht erst in einen bisher noch unbekanntes tatsächliches Zwischenprodukt der Pyrimidingenese umgeformt werden. Selbst bei der Zugabe von „markierten" Verbindungen besteht ja immer noch die Möglichkeit, daß die gebotenen Aminosäuren zunächst in einfache Bruchstücke zerlegt und erst als solche in die Synthese komplizierterer Moleküle eingeführt werden.

Etwas überraschend und ganz abweichend von älteren Vorstellungen hat sich die Herkunft der einzelnen Atome des Purinmoleküls herausgestellt. Glykokoll ist ein zentrales Fragment, das sowohl von Hefe (ABRAMS) als auch von *Aerobacter aerogenes* (SUTTON, SCHLENK u. WERKMAN; SUTTON u. WERKMAN) in Übereinstimmung mit dem Syntheseweg in der tierischen Zelle verwendet wird. Glykokoll liefert $C_{(4)}$, $C_{(5)}$ und $N_{(7)}$ in Adenin und Guanin. Das C-Atom in der 6-Stellung stammt aus CO_2. Über die Herkunft der übrigen Atome des Purinskeletes kann man nur sagen, daß die C-Atome in der 2- und 8-Stellung aus einer noch unbekannten C_1-Verbindung (Formiat?) herstammen. Als Zwischenprodukt der Purinsynthese ist bei Tieren und Mikroorganismen eine schon recht komplizierte Verbindung (4-Amino-imidazolyl-carbonsäureamid) erkannt worden (GREENBERG; vgl. auch BÄUMLER). Durch Anheftung eines Ameisensäurerestes an diesen Komplex und nachfolgende Ringschließung wird schließlich das Purinskelet geformt.

Glykokoll

Purin

4-Amino-imidazolyl-5-carbonsäureamid

Hypoxanthin

Eine direkte Umwandlung von Pyrimidinen in Purine, die nicht nur wegen der Übereinstimmung der N-Heterocyclen sondern auch wegen der oft gleichzeitigen Anwesenheit beider Typen von N-Basen in Nucleinsäuren als nahe gelegen erscheinen könnte, ist nach unseren heutigen Kenntnissen unwahrscheinlich.

6. Sekundäre Pflanzenstoffe.

Terpenoide (= **Isoprenoide**). Entscheidende Fortschritte sind in der Erforschung der Biogenese des Grundelementes der Terpenoidsynthese in Pflanzen gemacht worden. Isopren war aus verschiedenen Gründen als Baustein unmöglich (vgl. PAECH 1950). Parallel zu der an tierischem Material erarbeiteten Vorstellung, daß Cholesterin aus Acetatmolekülen aufgebaut werden kann, wobei allerdings ein Teil von ihnen erst den Citronensäurekreislauf passiert (vgl. DAUBEN u. a.; CORNFORTH, HUNTER u. POPJÁK) war gefunden worden, daß Acetat, das den Pflanzen zugeführt wird, in Carotinoide und in Kautschuk eingebaut wird (vgl. Fortschr. Bot. 15, 338). Natürlich kann auch Glucose, und zwar bevorzugt unter aeroben Bedingungen, zur Steroid- und Fettsynthese in Hefe verwendet werden (KLEIN, EATON u. MURPHY). Für die Steroidsynthese in tierischen Zellen war Squalen, ein Triterpen von symmetrischer, ringfreier Molekülstruktur, als Zwischenstufe oder als ein kurzer Seitenweg erkannt worden (vgl. POPJÁK). Das C_5-Bruchstück mit seiner eigenartigen verzweigten Konstitution mit mindestens einer Doppelbindung mußte der β-Methylcrotonsäure nahestehen. Jetzt ist es mit pflanzlichen Enzymen gelungen, durch Kopf-Schwanz-Kondensation von zwei Molekülen Acetyl-Coenzym A zu Acetoacetat (vgl. S. 591) und durch eine typische Schwanzkondensation eines weiteren Acetylrestes das entscheidende Zwischenprodukt, nämlich die β-Oxy-β-methylglutarsäure aufzubauen (BONNER, PARKER u. MONTERMOSO; JOHNSTON, RACUSEN u. BONNER).

Baustein für Kautschuk.

$$CH_3 \cdot CO\text{—}(A) + CH_3 \cdot CO\text{—}(A) \rightleftharpoons CH_3 \cdot CO \cdot CH_2 \cdot CO\text{—}(A) + (A)$$

$$CH_3 \cdot CO \cdot CH_2 \cdot CO\text{—}(A) \xrightarrow{+H_2O} CH_3 \cdot CO \cdot CH_2 \cdot COOH + (A)$$

$$+ \begin{array}{c} CH_3 \\ | \\ CO\text{—}(A) \end{array} \downarrow$$

$$\begin{array}{c} CH_3 \cdot C \cdot CH_3 \\ \parallel \\ CH \\ | \\ CO\text{—}(A) \end{array} \xleftarrow{-CO_2 \;\; -H_2O} \begin{array}{c} CH_3 \cdot COH \cdot CH_2 \cdot COOH \\ | \\ CH_2 \\ | \\ CO\text{—}(A) \end{array} \quad I$$

$$\begin{array}{c} CH_3 \\ \diagdown \\ \diagup \\ CH_3 \end{array} C = CH \cdot CO\text{—}(A) = \beta\text{-Methylcrotonyl-Coenzym A}$$

(A) = Coenzym A; I = β-Oxy-β-methylglutaryl-Coenzym A

Die substituierte Glutarsäure, die inzwischen als Inhaltsstoff in besonders großer Menge z.B. in Flachssamen gefunden wurde (KLOSTERMANN u. SMITH), geht nach Decarboxylierung und Dehydratisierung in die immer noch an Coenzym A gebundene β-Methylcrotonsäure (= Seneciosäure) über.

Die bemerkenswertesten Züge dieser Synthese, die Licht in die Genese einer ganzen Familie von Pflanzenstoffen bringt, sind einmal die große Ähnlichkeit mit den Kondensationen der Fettsäurebildung (vgl. S. 591), die durch die seitliche Anfügung eines Acetylrestes variiert wird, und zum anderen auch wieder nur die Verwendung der wenigen der Zelle geläufigen Grundreaktionen: Hydrolyse, Decarboxylierung und Dehydratisierung. Daß das Acetyl-Coenzym A auch hier als kleinster Baustein auftaucht, unterstreicht nur die oben erwähnte vielseitige Verwendbarkeit dieses Bruchstückes aus dem Zuckerabbau.

Obwohl im einzelnen noch nicht belegt, dürfte doch der gleiche Baustein, die β-Methylcrotonsäure, auch ein echtes Zwischenprodukt bei der Biogenese der Carotinoide in den Pflanzen darstellen. Hierbei ist bislang erst nachgewiesen, daß die seitenständigen Methylgruppen des Carotinmoleküls aus dem Methyl des Acetats und die C-Atome der Kette, an denen die Methylgruppen hängen, aus Carboxylgruppen der Essigsäure stammen (GROB u. BÜTLER). Im Hinblick auf die Entstehung des Acetylrestes aus Brenztraubensäure (s. S. 588) ist es verständlich, daß in manchen Organismen Brenztraubensäure ein besseres Baumaterial für die Carotinoidsynthese abgibt als Acetat, zu dessen Aktivierung Energie nötig ist (ARNAKI u. STARY). Von Pilzen wird β-Methylcrotonaldehyd eher als die entsprechende Säure zur Carotinoidsynthese verwendet, aber das kann eine Frage der Permeation der beiden Verbindungen sein (GOODWIN, LIJINSKY u. WILLMER).

Aus der großen Zahl von Untersuchungen, die an allen Typen von Pflanzen über die Carotinoidsynthese vorliegen und die sich gegenseitig ergänzen oder bestätigen, seien nur folgende allgemeinere Beobachtungen hervorgehoben. Die bisher nur in nichtgrünen Pflanzenteilen aufgefundenen, farblosen, im UV charakteristisch absorbierenden Polyene Phytoen und das noch stärker hydrierte Phytofluen, aus deren Fehlen man glaubte einen verschiedenen Weg der Carotinoidbildung in photosynthetisch tätigen und in heterotrophen Organen annehmen zu müssen, sind nun auch in Blättern entdeckt worden (ZECHMEISTER u. KARMAKAR; ENY; RABOURN u. QUACKENBUSCH). In *Chlorella* treten diese gesättigteren Polyene nur in Mutanten nach Röntgenbestrahlung auf, während die Wildform α- und β-Carotin und Xanthophyll führt (CLAES). Die fördernde Wirkung des Lichtes auf die Carotinoidsynthese ist oft nur eine indirekte über eine bessere Versorgung mit Assimilaten. In *Haematococcus pluvialis*-Kulturen tritt Astaxanthin, das der Alge die rote Farbe gibt, erst auf, wenn das Wachstum durch Erschöpfung des N-Vorrates trotz guter C-Versorgung aufgehört hat, was bei Lichtkulturen sehr viel früher der Fall ist (DROOP). Die Fähigkeit zur Dunkelsynthese kann beim Vergleich von Licht- und Dunkelkulturen des gleichen Alters leicht ganz übersehen werden (vgl. GOODWIN u. JAMIKORN), weil die Lichtkulturen sehr viel eher den Punkt erreichen, an dem die Bildung des roten Carotinoids beginnt, das ist wenn die Zellteilungen aufgehört haben.

Im übrigen ist der angedeutete Zusammenhang zwischen Wachstum und Carotinoidsynthese ein schönes Beispiel für die succedane Bildung sekundärer Pflanzenstoffe, die dann auftritt, wenn das durch andere Faktoren nicht begrenzte Wachstum alle durch den intermediären Stoffwechsel bereitgestellten Bausteine restlos verbraucht und genügend Material für die Synthese sekundärer Stoffe erst nach Abklingen des Wachstums, das durch Mangel anderer unerläßlicher Komponenten beendet wird, zur Verfügung steht. Von einer mit dem Wachstum simultanen Bildung sekundärer Stoffe muß man sprechen, wenn die allgemeinen Bausteine in so großer Menge an die Orte des Zellwachstums geleitet werden, daß das vielleicht durch andere Faktoren gedämpfte Wachstum nur einen Teil davon verbraucht, so daß die im Zuge der Zell- und Gewebedifferenzierung sich entwickelnden Fähigkeiten für spezielle Synthesen noch genügend Baumaterial finden (PAECH 1954). Solche Beziehungen der einen oder anderen Art sind schon vielfach bei der Genese sekundärer Stoffe aufgedeckt worden.

Im Gegensatz zu einer relativ einheitlichen, wenn auch aus einer ganzen Reihe von Komponenten zusammengesetzten Carotinoidausstattung der grünen Blätter finden sich in Blütenorganen und Früchten (STABURSVIK) meist viel stärker heterogene Mischungen, oft mit Komponenten, die bisher nur in wenigen Pflanzenarten aufgetaucht sind. Die kräftig orange gefärbten Blütenblätter von *Calendula officinalis* enthalten z. B. als Carotinoid-Kohlenwasserstoffe: Phytofluen, β-Carotin, ζ-Carotin, γ-Carotin, Lycopin und ein weiteres Pigment X. Dazu kommt wahrscheinlich noch Prolycopin. Unter den oxydierten Derivaten, den Xanthophyllen, finden sich: Flavochrom, Mutatochrom, Aurochrom, Flavoxanthin, Chrysanthemaxanthin, die alle furanoide Derivate sind (vgl. Fortschr. Bot. 12, 312), dazu Lutein, Neoxanthin und einige noch nicht identifizierte Xanthophylle (GOODWIN 1954). Dabei tritt Lutein verglichen mit grünen Blättern relativ stark zurück, während die furanoiden Carotinoide gerade in Petalen vorherrschen.

Wenn in Blütenblättern gleichzeitig Carotinoide und Flavone vorkommen, was in sehr vielen Fällen nachgewiesen wurde, sind meist die Carotinoide die farbgebenden Komponenten (vgl. SEYBOLD). In vielen Petalen finden vom Knospenzustand bis zur Entfaltung und manchmal fortgesetzt bis zum Abblühen bedeutende Umsetzungen der Carotinoide statt, die mit der Bildung wasserlöslicher Carotinoidderivate, z. B. Crocetinglykoside enden. Bemerkenswerte Umwandlungen von roten Carotinoiden im Jugendzustand zu gelben der älteren Blüten gehen bei *Kniphofia aloides* vor sich (SEYBOLD). Die Farbstoffbildung aller Blumenblätter und Früchte, wobei die Carotinoid- ebenso wie die Flavonoidpigmente berücksichtigt werden, ist das Symptom einer bestimmten Entwicklungsstufe. Die Ausfärbung der Petalen und der reifenden Früchte ist ein ähnlicher Ausdruck des gleichen physiologischen Abbauprozesses wie die sich herbstlich verfärbenden Blätter. Eine schöne Abfolge der Pigmentumwandlung ist an der Blütenkrone von *Brugmansia (Datura) aurea* aufgezeichnet worden. Die Blütenröhre ist in der Knospe grün und enthält die typischen Pigmente eines Laubblattes. Wenn die Blüte sich entfaltet, wird sie grüngelb, gelb und schließlich orangefarben. Dabei verschwinden die Chlorophylle und die Carotinoide nehmen an Menge zu. In der ausgewachsenen Blüte finden sich zwei Pigmentkomponenten, eine diffus im Plasma verteilte und eine andere als nadelartige rote Kristalle (JOSHI).

Ein vorübergehendes Auftreten von Carotinoidpigmenten in jungen Laubblättern als Analogon zu den zahlreichen durch Anthocyan „jugendroten" Blättern (vgl. Fortschr. Bot. 15, 344) wurde bei *Adoxa moschatellina* schon vor längerer Zeit beobachtet (GEITLER) und ist vor kurzem auch bei *Ceratozamia mexicana* und *Haworthia coarctata* var. *krausii* festgestellt worden (ROMARIZ). In welcher Weise diese Carotinoide während der Blattstreckung zu farblosen Verbindungen umgewandelt werden, bleibt allerdings noch zu klären.

Chromoplasten aus *Daucus carota* setzen sich aus 20—56% Carotin (junge Möhren 20—30%, ausgewachsene 30—56%), 30—40% ungefärbte Lipoide, 15% Eiweiß und 4,5% Asche zusammen (STRAUS).

Von Triterpenoiden der verschiedenen Strukturtypen einschließlich der Steroide wurden so viele neue Vertreter aufgefunden (vgl. STEINER u. HOLTZEM; STOLL u. JUCKER), daß unsere Kenntnisse von dieser Klasse der Pflanzenstoffe schon fast ausreichen, ,,um in Analogie zum periodischen System der Elemente diejenigen Strukturen zu nennen, die eigentlich im Pflanzenreich noch vorkommen müßten" (STEINER, briefliche Mitteilung). Über die Biogenese der Triterpene im engeren Sinne, d. h. also ohne die Steroide, ist dabei außer der Möglichkeit, daß auch hier der oben beschriebene Baustein β-Methylcrotonsäure verwendet wird, und der Vermutung, daß der Weg über das gestreckte Molekül des Squalens führt, nichts bekannt geworden.

Bei den niederen Terpenen, die oft summarisch unter Einbeziehung von aromatischen Verbindungen als ätherische Öle bestimmt werden, ist die Beobachtung, daß sie unter anaeroben Bedingungen gebildet werden können, besonders wertvoll (STEINER u. HOCHHAUSEN), weil dadurch vielleicht manche Widersprüche in bezug auf die Fähigkeit von Kraut und Früchten verschiedener Pflanzen zur postmortalen Bildung von Terpenen erklärlich werden. Im lufttrockenen Zustand findet sicher keine Zunahme des Gehaltes an ätherischen Ölen mehr statt (LUYENDIJK; GLEISBERG u. HARTROTT).

Aromatische Verbindungen. Der Einsicht in die Genese aromatischer Verbindungen (im chemischen Sinne), die in höheren Pflanzen in ganzen Scharen verschiedener Typen vertreten sind, ebnet die rasch fortschreitende Aufhellung der Synthese aromatischer Aminosäuren den Weg. Obwohl diese Erkenntnisse zunächst an den Beispielen von Mikroorganismen gewonnen werden, besteht doch kaum ein Zweifel, daß die in allen Eiweißen vorhandenen aromatischen Aminosäuren die primären Verbindungen sind, in deren Gesellschaft oder Gefolge die sekundären aromatischen Pflanzenstoffe entstehen.

Die Reaktionskette, die schließlich mit der Bildung von Tyrosin, Phenylalanin und Anthranilsäure bzw. Tryptophan endet, muß irgendwo mit aliphatischen Bausteinen, nach unseren Einsichten in andere Synthesewege bei allgemeinen Intermediärverbindungen des Zuckerabbaues, beginnen. Welches diese Bausteine tatsächlich sind, kann jedoch noch nicht gesagt werden. Hefe kann Acetat und Brenztraubensäure zum Aufbau von Tyrosin verwenden (THOMAS u. a.), wobei wahrscheinlich Stufen des Citronensäurekreislaufes passiert werden müssen. Als früheste Vorstufe für die genannten Aminosäuren ist 5-Dehydrochinasäure erkannt worden, von der aus die Umsetzungen nach folgendem Schema sowohl in Bakterien als auch in Schimmelpilzen auf dem Wege zum Tyrosin gesichert worden sind (DAVIS u. MINGIOLI; SALAMON u.

DAVIS; WEISS, DAVIS u. MINGIOLI; MITSUHASHI u. DAVIS; TATUM u. a.; vgl. auch die Zusammenfassung von EHRENSVÄRD).

5-Dehydro-chinasäure → 5-Dehydro-shikimisäure → Shikimisäure → aromatische Aminosäuren

Über den Mechanismus der Aromatisierung in Richtung der Aminosäuren kann noch nichts Sicheres gesagt werden. Für die Entstehung der sekundären Stoffe ist aber sehr aufschlußreich, daß im Gegensatz zu den untersuchten Bakterien, wo sich bei einer Blockierung des Umsatzes die Zwischenprodukte selbst ansammeln, bei *Neurospora* auf Seitenwegen Umwandlungen der nicht weiter umgesetzten Intermediärverbindungen stattfinden, wobei aus Dehydrochinasäure die Chinasäure und aus Dehydroshikimisäure die aromatische Protocatechusäure entstehen, die ihrerseits in Brenzcatechin umgelagert wird. Damit tauchen an Engpässen der Synthese aromatischer Aminosäuren sekundäre aromatische Substanzen bei den Schimmelpilzen auf, die auch in höheren Pflanzen verbreitet sind. So lüftet sich also allmählich der Schleier, der über der Genese aromatischer Verbindungen in Pflanzen lag.

Die Anfügung der C_3-Seitenkette an den Ring zur Vervollständigung des Gerüstes für Tyrosin und Phenylalanin geht nicht so vor sich, daß die Carboxylgruppe der Shikimisäure um C_2 verlängert wird, sondern es wird eine C_3-Einheit angehängt, wie sie in der Brenztraubensäure vorliegt. Die große Familie der aromatischen C_6-C_3-Verbindungen, die frei oder in Kondensationsprodukten in den Pflanzen vorkommen, zweigt dann wohl ab, wenn nach reichlicher Bildung des C-Gerüstes sich ein Engpaß vor der Vollendung der Aminosäuren etwa aus Mangel an übertragbaren Aminogruppen einschiebt. Die aromatischen sekundären Stoffe wären damit Zeugen einer über den Bedarf der Synthese aromatischer Aminosäuren weit hinausschießenden Erzeugung der zugehörigen C-Gerüste.

Nachdem die hydroaromatischen Säuren, die sporadisch schon aufgefunden worden waren, eine solche Bedeutung für die Synthese aromatischer Verbindungen erlangt haben, interessiert ihre Verbreitung im Pflanzenreich ganz besonders, obwohl natürlich aus dem freien Auftreten der stabilisierten Zwischenprodukte noch nichts über ihre tatsächliche Funktion abgeleitet werden kann. Chinasäure wird in Pfirsichen (ANET u. REYNOLDS 1953) erneut nachgewiesen und aus undefinierten Futtergräsern isoliert (HULME u. RICHARDSON). Shikimisäure kommt in vielen Familien der Gymnospermen mit Ausnahme der Podocarpaceen vor (HATTORI, YOSHIDA u. HASEGAWA). Chemisch besonders interessant ist die Chlorogensäure, die neben der Chinasäure als Nebenprodukt der oben aufgezeichneten Reaktionsfolge noch Kaffeesäure enthält, die aus den fertigen C_6-C_3-Gerüsten der fortgeschrittenen Synthese der aromatischen Aminosäuren abfallen dürfte, und Chlorogensäure, von der es verschiedene Isomere zu geben scheint, wird in weiter Verbreitung entdeckt (CORSE; HULME 1953; HULME u. RICHARDSON).

Alkaloide. Obwohl die Alkaloide durch ihr charakteristisches stickstoffhaltiges Molekül noch am ehesten von allen sekundären Stoffen ihre Verwandschaft mit bestimmten primären Verbindungen, nämlich den natürlichen Aminosäuren, bekannt geben, kann man doch nur bei einigen relativ einfach gebauten Alkaloiden die Abstammung über wenige chemische Zwischenglieder nachweisen. Hordenin steht mit Tyrosin über Decarboxylierung zu Tyramin und Methylierung des Amins über N-Methyl-Tyramin in genetischer Verbindung. Die genannten Zwischenprodukte treten in den Wurzeln keimender Gerste unabhängig davon, ob die Keimung im Licht oder im Dunkeln stattfindet, auf und erreichen ein Maximum, genau wie die Alkaloidmenge, etwa nach 8 Tagen (ERSPAMER u. FALCONIERI). Das Alkaloid verschwindet später ja wieder, ohne daß schon bekannt wäre auf welchem Wege und wohin. Aus Tryptophan wird in Gerstenblättern offenbar ohne viele Zwischenreaktionen Gramin gebildet (LEETE u. MARION).

Es verdichtet sich die Vorstellung, daß alle biologischen Methylierungsvorgänge, die gerade bei den Alkaloiden als N-Methylierungen so hervortreten, im Tier- und Pflanzenreich nach dem gleichen Schema einer Ummethylierung verlaufen (vgl. Fortschr. Bot. 12, 287), wobei allerdings das Tier auf die Zufuhr von Methyldonatoren aus dem Pflanzenreich angewiesen ist. Methionin scheint auch im Pflanzenreich eine Schlüsselstellung bei der Synthese und als Donator von Methylgruppen inne zu haben. Vom Methionin wird in den betreffenden Stammpflanzen nicht nur die Methylgruppe für das Hordenin (KIRKWOOD u. MARION 1951; JAMES 1953b) und Nicotin (BROWN u. BYERRUM; DEWEY, BYERRUM u. BALL) sondern beim Ricinin in Ricinussamen sowohl die O- als auch die N-Methylgruppe entnommen (DUBECK u. KIRKWOOD). Aber auch das α-C-Atom von Glykokoll wird zum Methyl des Nicotins (BYERRUM, HAMILL u. BALL), was vielleicht über einen „aktiven Formaldehyd", jedenfalls über eine aktive C_1-Verbindung geschieht. Im Protopin, einem Alkaloid aus verschiedenen Papaveraceen, stammt sowohl die N-Methyl- als auch die Methylendioxygruppe aus Methionin (SRIBNEY u. KIRKWOOD). Damit wäre ein erster Hinweis gegeben, wie die bei natürlichen Polyphenolen nicht seltene Methylendioxygruppierung durch Ummethylierung aus einem o-Diphenol und nicht etwa durch deren Verätherung mit Methylalkohol aufgebaut wird.

Die große Bedeutung der Ummethylierung macht die Frage nach dem Ursprung der labilen Methylgruppe im Methionin nur noch brennender. Da in manchen der oben aufgezählten Fälle auch Ameisensäure, meist allerdings schwächer zur Bildung der Methylgruppe ausgenutzt werden kann, ist die Vermutung begründet, daß Ameisensäure der Vorläufer der Methylgruppe ist, die im Methionin leicht übertragbar gespeichert wird (MATCHETT, MARION u. KIRKWOOD; BROWN u. BYER-

RUM). Andere Methyldonatoren, vor allem im Tierkörper sind Cholin und Betain. Die Methylgruppe braucht am Stickstoff der Alkaloide noch nicht ihre letzte Station im Stoffwechsel erreicht zu haben. Sie kann weiter übertragen werden. In den Blättern von *Nicotiana glutinosa* wird das aus der Wurzel zugeleitete Nicotin durch Entmethylierung in Nornicotin umgewandelt (DAWSON), wobei die Methylgruppe auf einen bisher noch unbekannten Acceptor übernommen wird, mit dem sie ein geringeres Gruppenpotential haben muß als im Nicotin.

Eine Reihe von Alkaloiden werden, wie bekannt, in den Wurzeln der betreffenden Pflanzen gebildet (neue Befunde für *Datura innoxia* und *Atropa*: JAMES u. THEWLIS). Sterile Wurzelkulturen von *Atropa belladonna* synthetisieren aus einer Nährlösung mit Salzen, Rohrzucker, Glykokoll und B-Vitaminen Hyoscyamin und andere mydriatisch wirkende Alkaloide (STIENSTRA). Obwohl der Hauptteil auch des in den Blättern von Tabak niedergelegten Nicotins in den Wurzeln aufgebaut worden ist, vermögen doch die jungen Sproßteile auch geringe Mengen der gleichen Alkaloide zu bilden (MAŠKOVCEV u. SIROTENKO; MOTHES). Bei anderen alkaloidführenden Arten ist die Wurzel zur Bildung einer anderen Base befähigt als der Sproß: bei *Datura innoxia* in der Wurzel hauptsächlich Scopolamin und im Sproß vorwiegend Hyoscyamin (EVANS u. PARTRIDGE). In *Cinchona* werden Alkaloide sowohl in den Blättern als auch in der Rinde aufgebaut, wobei Blätter vor allem Chinin und Chinidin hervorbringen, während in der Rinde Cinchonin und Cinchonidin entstehen (MOERLOOSE). Die beiden Typen, die sich nur durch Substituenten unterscheiden, sollen jedoch nicht auseinander hervorgehen. Die Rinde ist hier also nicht nur ein Ablagerungsplatz, sondern auch ein Ort der eigenen Synthese.

Obwohl verschiedentlich über eine Tagesperiodizität des Alkaloidgehaltes bei verschiedenen Pflanzen berichtet wurde (bei *Datura stramonium*: HEMBERG u. FLÜCK), kann weder eine jahres- noch eine tagesperiodische Schwankung in der Bildung oder Ansammlung von Alkaloiden bisher als sichergestellt angesehen werden (vgl. HEGNAUER).

Literatur.

ABELSON, PH. H.: J. of biol. Chem. **206**, 335—343 (1954). — ABELSON, P. H., E. BOLTON, R. BRITTEN, D. B. COWIE u. R. B. ROBERTS: Proc. Nat. Acad. Sci. U.S.A. **39**, 1020—1026 (1953). — ABRAMS, R.: J. Amer. chem. Soc. **73**, 1888 (1951). ADELBERG, E. A.: J. Amer. chem. Soc. **76**, 4241 (1954). — ANDREEVA, T. F., u. E. G. PLYŠEVSKAJA: Dokl. Akad. Nauk SSSR., N. S. **87**, 301—304 (1952). — ANDREWS, P., L. HOUGH u. J. K. N. JONES: J. chem. Soc. (Lond.) **1953**, 1186—1192. ANET, E. F. L. J. †, u. T. M. REYNOLDS: Nature (Lond.) **172**, 1188—1189 (1953); **174**, 930 (1954). — ARNON, D. J., L. L. ROSENBERG u. F. R. WHATLEY: Nature (Lond.) **173**, 1132—1134 (1954). — ANT-WUORINEN, O., u. A. VISAPÄÄ: Paper a. Timber **1954**, No 5. — APRISON, M. H., u. R. H. BURRIS: Science (Lancaster, Pa.) **115**, 264—265 (1952). — APRISON, M. H., W. E. MAGEE, u. R. H. BURRIS: J. of biol. Chem. **208**, 29—39 (1954). — ARNAKI, M., u. Z. STARY: Biochem. Z. **323**, 376—381 (1952). — ASPINALL, G. O. u. a.: J. chem. Soc. (Lond.) **1953**, 3184—3188. ASSAILLY, A.: C. r. Acad. Sci. Paris **238**, 1902—1904 (1954). — Bull. Soc. bot. France **101**, 189—192 (1954). — AUCLAIR, J. L., u. J. B. MALTAIS: Nature (Lond.) **170**, 1114—1115 (1952). — AXELROD, B., R. S. BANDURSKI, C. M. GREINER u.

R. Jang: J. of biol. Chem. **202**, 619—634 (1953). — Axelrod, B., u. R. Jang: J. of biol. Chem. **209**, 847—855 (1954).
Bacon, J. S. D.: Biochemic. J. **57**, 320—328 (1954). — Bäumler, J.: Chimia **8**, 236—240 (1954). — Bandurski, R. S., u. C. M. Greiner: J. of biol. Chem. **204**, 781—786 (1953). — Barclay, K. S., E. J. Bourne, M. Stacey u. M. Webb: J. chem. Soc. (Lond.) **1954**, 1501—1505. — Barker, J., u. L. W. Mapson: Proc. Roy. Soc. Lond., Ser. B **141**, 321—362 (1953). — Barker, J., u. A. F. Saifi: Proc. Roy. Soc. Lond., Ser. B **140**, 508—555 (1953). — Barker, S. A., E. J. Bourne u. T. R. Carrington: J. chem. Soc. (Lond.) **1954**, 2125—2129. — Beevers, H.: Plant Physiol. **29**, 265—269 (1954). — Beevers, H., u. M. Gibbs: (1) Plant Physiol. **29**, 318—321 (1954a). — (2) Ebenda **29**, 322—324 (1954b). (3) Nature (Lond.) **173**, 640—641 (1954c). — Bharani, S. P., Y. S. Shah u. A. Sreenivasan: Proc. Indian Acad. Sci., Sect. B **37**, 33 (1953). — Biale, J. B., R. E. Young u. A. J. Olmstead: Plant Physiol. **29**, 168—174 (1954). — Bidwell, R. G. S., G. Krotkov u. G. B. Reed: Arch. of Biochem. a. Biophysics **48**, 72—83 (1954). — Black, S., u. N. G. Wright: J. Amer. chem. Soc. **75**, 5766 (1953). — Bollard, E. G.: Nature (Lond.) **171**, 571—572 (1953). — Bonner, J., M. W. Parker u. J. C. Montermoso: Science (Lancaster, Pa.) **120**, 549—551 (1954). — Borsook, H.: Adv. Protein Chem. **8**, 127—174 (1953). Brown, A. H.: Amer. J. Bot. **40**, 719—729 (1953). — Brown, A. H., u. G. C. Webster: Amer. J. Bot. **40**, 753—758 (1953). — Brown, St. A., u. R. U. Byerrum: J. Amer. chem. Soc. **74**, 1523—1526 (1952). — Brown, St. A., u. A. C. Neish: Canad. J. Biochem. a. Physiol. **32**, 170—177 (1954). — Burris, R. H.: Annual Rev. Plant Physiol. **4**, 91—114 (1953). — Byerrum, R. U., R. L. Hamill u. C. D. Ball: J. of biol. Chem. **210**, 645—650 (1954).

Carangal, A. R. u. a.: Plant Physiol. **29**, 355—360 (1954). — Carles, J., u. A. Assailly: C. r. Acad. Sci. Paris **238**, 2109—2110 (1954). — Chance, B.: Adv. Enzymol. **12**, 153—190 (1951). — Cheng, S.: Plant Physiol. **29**, 458—467 (1954). — Chibnall, A. C.: New Phytologist **53**, 31—37 (1954). — Chibnall, A. C., u. A. H. Wiltshire: New Phytologist **53**, 38—43 (1954). — Chughtai, I. D., u. T. K. Walker: Biochemic. J. **56**, 484—487 (1954). — Chung, C. W., u. W. J. Nickerson: J. of biol. Chem. **208**, 395—407 (1954). — Claes, H.: Z. Naturforsch. **9b**, 461—469 (1954). — Claridge, C. A., u. C. H. Werkman: (1) Arch. of Biochem. a. Biophysics **47**, 99—106 (1953). — (2) Ebenda **51**, 395—401 (1954a). — (3) J. Bacter. **68**, 77—79 (1954b). — Cohen, G. N., u. M. L. Hirsch: J. Bacter. **67**, 182—190 (1954). — Cohen, P. P.: In Greenberg, D. M. Chemical Pathways of Metabolism, Bd. II. New York 1954. — Coleman, R. J., M. Cefola u. F. F. Nord: Arch. of Biochem. a. Biophysics **40**, 102—110 (1952). — Cornforth, J. W., G. D. Hunter u. G. Popják: Biochemic. J. **54**, 597—601 (1953). — Corse, J.: Nature (Lond.) **172**, 771—772 (1953). — Crombie, W. M. L.: J. of exper. Bot. **5**, 173—183 (1954). — Cromwell, B. T., u. S. D. Rennie: Biochemic. J. **55**, 189—192 (1953).

Daly, J. M., u. A. H. Brown: Arch. of Biochem. and Biophysics **52**, 380—387 (1954). — Danforth, W.: Arch. of Biochem. a. Biophysics **46**, 164—173 (1953). — Danielsson, C. E.: Svensk kem. Tidskr. **64**, 43—63 (1952). — Das, D. B., M. K. Mitra u. J. F. Wareham: (1) Nature (Lond.) **174**, 228—229 (1954). — (2) Ebenda **174**, 1058—1059 (1954). — Dauben, U. G. u. a.: J. Amer. chem. Soc. **75**, 3038 (1953). — Davies, D. D.: J. of exper. Bot. **4**, 173—183 (1953). — Davis, B. D., u. E. S. Mingioli: J. Bacter. **66**, 129—136 (1953). — Dawson, R. F.: Amer. J. Bot. **39**, 250—253 (1952). — Deken-Grenson, M. de: Biochim. et Biophysica Acta **14**, 203—211 (1954). — Deuel, H., J. Solms u. H. Neukom: Chimia **8**, 64—70 (1954). — Dewey, L. J., R. M. Byerrum u. C. D. Ball: J. Amer. chem. Soc. **76**, 3997—3999 (1954). — Done, J., u. L. Fowden: Biochemic. J. **51**, 451 (1952). — Droop, M. R.: Nature (Lond.) **175**, 42 (1955). — Dubeck, M., u. S. Kirkwood: J. of biol. Chem. **199**, 307—312 (1952). — Dupéron, R.: Rev. gén. Bot. **61**, 261—284 (1954). — Duquénois, P. u. a.: Bull. Soc. Chim. biol. Paris **35**, 1217—1224 (1953).

Eberhardt, F.: (1) Z. Bot. **43**, 266—272 (1955a). — (2) Planta (Berl.) **45**, 57—67 (1955b). — Ehrensvärd, G.: Svensk kem. Tidskr. **66**, 249—268 (1954). — Eisenberg, M. A.: J. of biol. Chem. **203**, 815—836 (1953). — Elliott, W. H.: J. of biol. Chem. **201**, 661—672 (1953). — Engelbrecht, L.: (1) Flora (Jena) **141**, 501—522 (1954). — (2) Ebenda **142**, 25—44 (1955). — Eny, D. M.: Arch. of Biochem. a.

Biophysics **46**, 18—21 (1953). — EVANS, W. C., u. M. W. PARTRIDGE: Nature (Lond.) **169**, 333—334 (1952). — ERSPAMER, V., u. G. FALCONIERI: Naturwiss. **39**, 431 (1952).
FÅHRAEUS, G., u. G. LINDEBERG: Physiol. Plantarum (Copenh.) **6**, 150—158 (1953). — FAIRLEY, J. L.: J. of biol. Chem. **210**, 347—351 (1954). — FAWCETT, C. H., J. M. A. INGRAM u. R. L. WAIN: Nature (Lond.) **170**, 887—888 (1952). — FERGUSON, T. P., u. G. BOND: Ann. of Bot., N. S. **18**, 385—396 (1954). — FINKLE, B. J., u. D. J. ARNON: Physiol. Plantarum (Copenh.) **7**, 614—624 (1954). — FOWDEN, L.: Ann. of Bot., N. S. **18**, 417—440 (1954). — FOWDEN, L., u. J. DONE: Nature (Lond.) **171**, 1068—1069 (1953). — FRANKE, W.: Planta (Berl.) **44**, 437—458 (1954). — FREDERICK, J. F.: Physiol. Plantarum (Copenh.) **6**, 96—105 (1953). — FREY-WYSSLING, A., M. ZIMMERMANN u. A. MAURIZIO: Experientia (Basel) **10**, 490—492 (1954).
GALE, E. F., u. J. FOLKES: Nature (Lond.) **173**, 1223—1227 (1954). — GEITLER, L.: Österr. bot. Z. **86**, 297 (1937). — GENTILE, A. C.: Plant Physiol. **29**, 257—261 (1954). — GIBBS, M.: Plant Physiol. **29**, 34—39 (1954). — GIBBS, M., u. B. L. HORECKER: J. of biol. Chem. **208**, 813—820 (1954). — GIRI, K. V., K. S. GOPALKRISHNAN, A. N. RADHAKRISHNAN u. C. S. VAIDYANATHAN: Nature (Lond.) **170**, 579—580 (1952). — GIRI, K. V., V. N. NIGAM u. K. S. SRINIVASAN: Nature (Lond.) **173**, 953—954 (1954). — GLEISBERG, W., u. M. HARTROTT: (1) Ber. dtsch. bot. Ges. **66**, 19—30 (1953). — (2) Pharmazie **8**, 276—285 (1953). — GOODWIN, T. W.: Biochemic. J. **58**, 90—94 (1954). — GOODWIN, T. W., u. M. JAMIKORN: Biochemic. J. **57**, 376—381 (1954). — GOODWIN, T. W., W. LIJINSKY u. J. S. WILLMER: Biochemic. J. **53**, 208—212 (1953). — GRANICK, S.: Plant Physiol. **13**, 29—54 (1938). — GREATHOUSE, G. A.: Science (Lancaster, Pa.) **117**, 553—554 (1953). — GREATHOUSE, G. A., H. G. SHIRK u. F. W. MINOR: J. Amer. chem. Soc. **76**, 5157—5158. — GREEN, M., M. ALEXANDER u. P. W. WILSON: J. Bacter. **66**, 623—624 (1953). — GREENBERG, D. M.: Chemical Pathways of Metabolism, Bd. II. New York 1954. — GRINFELD, E. G.: Dokl. Akad. Nauk SSSR., N. S. **97**, 919—922 (1954). — GROB, E. C., u. R. BÜTLER: Experientia (Basel) **10**, 250—251 (1954). — Helvet. chim. Acta **37**, 1908—1912 (1954). — GROSS, D., P. H. BLANCHARD, u. D. J. BELL: J. chem. Soc. (Lond.) **1954**, 1727—1730.
HACKETT, D. P., u. H. A. SCHNEIDERMANN: Arch. of Biochem. a. Biophysics **47**, 190—204 (1953). — HACKNEY, F. M.: Proc. Linnean Soc. N. S. Wales **73**, 439—465 (1948). Zit. bei HILL u. HARTREE. — HAGEN, U.: Phyton **5**, 1—15 (1953). — HALVORSON, H. O., u. S. SPIEGELMAN: (1) J. Bacter. **64**, 207—221 (1952). — (2) Ebenda **65**, 496—504 (1953). — HANES, C. S., F. J. R. HIRD u. F. A. ISHERWOOD: Biochemic. J. **51**, 25—35 (1952). — HARARY, J., S. R. KOREY u. S. OCHOA: J. of biol. Chem. **203**, 595—604 (1953). — HATTORI, S., S. YOSHIDA u. M. HASEGAWA: Physiol. Plantarum (Copenh.) **7**, 283—289 (1954). — HEGNAUER, R.: Pharmaceut. Weekbl. **88**, 37—45, 106—112 (1953). — HEMBERG, P., u. H. FLÜCK: Pharmaceut. Acta helvet. **28**, 74—85 (1953). — HILL, R., u. E. F. HARTREE: Ann. Rev. Plant Physiol. **4**, 115—150 (1953). — HIRSCH, M. L., u. G. N. COHEN: C. r. Acad. Sci. Paris **236**, 2338—2340 (1953). — HOLZER, H., u. E. HOLZER: Hoppe-Seylers Z. **292**, 232—239 (1953). — HORECKER, B. L.: J. cellul. a. comp. Physiol. **41**, 137—164 (1953). — HORI, S.: Bot. Mag. (Tokyo) **67**, 57—62 (1954). — HORECKER, B. L., u. P. Z. SMYRNIOTIS: Biochim. et biophysica Acta **12**, 98—102 (1953). HORECKER, B. L., P. Z. SMYRNIOTIS u. H. KLENOV: J. of biol. Chem. **205**, 661—682 (1953). — HOROWITZ, H. K. u. a.: J. of biol. Chem. **199**, 193 (1952). — HOSKIN, F. C. G., G. KROTKOV, R. Y. MOIX u. G. B. REED: Amer. J. Bot. **40**, 502—507 (1953). — HULME, A. C.: Biochemic. J. **53**, 337—340 (1953). — Biochem. et biophysica Acta **14**, 36—51 (1954). — J. of exper. Bot. **5**, 159—172 (1954a). — HULME, A. C., u. W. ARTHINGTON: Nature (Lond.) **173**, 588 (1954). — HULME, A. C., u. A. RICHARDSON: J. of Sci. of Food a. Agriculture **1954**, 221—225. — HYDE, T. G.: Biochemic. J. **55**, XXI—XXII (1953).
ISHERWOOD, F. A., Y. T. CHEN u. L. W. MAPSON: (1) Nature (Lond.) **171**, 348—349 (1953). — (2) Biochemic. J. **56**, 1—21 (1954).
JAGANNATHAN, V., u. K. SINGH: Enzymologia **16**, 150—160 (1953). — JAMES, G. M., u. B. H. THEWLIS: New Phytologist **51**, 250—255 (1952). — JAMES, W. O.: (1) Plant Respiration. Oxford: Clarendon-Press 1953a. — (2) Endeavour **12**, 76

(1953b). — (3) Biol. Rev. Cambridge Philos. Soc. **28**, 245—260 (1953c). — (4) Proc. Roy. Soc. Lond., Ser. B **141**, 289—299 (1953d). — JOHNSTON, J. A., u. A. H. BROWN: Plant Physiol. **29**, 177—182 (1954). — JOHNSTON, J. A., D. W. RACUSEN u. J. BONNER: Proc. Nat. Acad. Sci. U.S.A. **40**, 1031—1037 (1954). — JORDAN, D. C.: J. Bacter. **65**, 220—221 (1953). — JOSHI, P. C.: J. Indian bot. Soc. **32**, 17—20 (1953). KANDLER, O.: Z. Naturforsch. **6**b, 437—445 (1951). — KALAN, E. B., u. J. CEITHAML: J. Bacter. **68**, 293—297 (1954). — KATING, H.: Naturwiss. **41**, 188 (1954). — KEILIN, D.: Nature (Lond.) **172**, 390—393 (1953). — KIRKWOOD, S., u. L. MARION: Canad. J. Chem. **29**, 30 (1951). — KLEIN, H. P., N. R. EATON u. J. C. MURPHY: Biochim. et biophysica Acta **13**, 591 (1954). — KLOSTERMANN, H. J., u. F. SMITH: J. Amer. chem. Soc. **76**, 1229—1230 (1954). — KOEPSELL, H. J. u. a.: J. of biol. Chem. **200**, 793—801 (1953). — KREBS, H. A.: In D. M. GREENBERG, Chemical Pathways of Metabolism, Bd. I, S. 109. New York: Academic Press 1954 — KRECH, E.: Beitr. Biol. Pflanz. **30**, 379—405 (1954). — KRETOVIČ, V. L., A. A. BUNDEL, S. S. MELIK-SARKISJAN u. K. M. STEPANOVIČ: Biochimija **19**, 208—215 (1954). — KROTKOV, G., P. V. VITTORIO u. G. B. REED: Arch. of Biochem. a. Biophysics **51**, 147—154 (1954). — KURC, F. A.: Biochimija **18**, 284—287 (1953). KURSANOV, A. L., P. N. KRJUKOVA u. E. I. VYSKREBENCEVA: Biochimija **18**, 632—637 (1953). — KURSANOV, A. L., u. E. N. VYSKREBENCEVA: Biochimija **18**, 448—451 (1953).
LAMPEN, J. O.: J. cellul. a. comp. Physiol. **41**, 183—205 (1953). — LANNING, M. C., u. S. S. COHEN: J. of biol. Chem. **207**, 193—199 (1954). — LATIES, G. G.: (1) Physiol. Plantarum (Copenh.) **6**, 215—225 (1953). — (2) J. of exper. Bot. **5**, 49—70 (1954). — LEETE, E., u. L. MARION: Canad. J. Chem. **31**, 1195—1202 (1953). LELOIR, L. F., u. C. E. CARDINI: J. Amer. chem. Soc. **75**, 6084 (1953). — Biochim. et biophysica Acta **12**, 15—22 (1953). — LERNER, N. H.: J. of exper. Bot. **5**, 79—90 (1954). — LEVITT, J.: Physiol. Plantarum (Copenh.) **5**, 470—484 (1952). — LEVINTOW, L., u. A. MEISTER: J. of biol. Chem. **209**, 265—280 (1954). — LINDQUIST, W.: Biochim. et biophysica Acta **10**, 580—589 (1953). — LINDSTRÖM, E. S., J. W. NEWTON u. P. W. WILSON: Proc. Nat. Acad. Sci U.S.A. **38**, 392—396 (1952). LIPMANN, F.: Amer. Scientist **43**, 37 (1955). — LUNDEGÅRDH, H.: (1) Nature (Lond.) **173**, 939—941 (1954a). — (2) Ark. Kemi (Stockh.) **7**, 451—478 (1954b). — LUYENDIJK, E. N.: Naturwiss. **41**, 363—364 (1954). — LYNEN, F.: (1) Angew. Chem. **64**, 687 (1952). — (2) Federat. Proc. **12**, 683—691 (1953).
MACGEE, J., u. M. DOUDOROFF: J. of biol. Chem. **210**, 617—626 (1954). — MAHLER, H. R.: Federat. Proc. **12**, 694—702 (1953). — MAGEE, W. E., u. R. H. BURRIS: Plant Physiol. **29**, 199—200 (1954). — MANSFORD, K., u. R. RAPER: Nature (Lond.) **174**, 314—315 (1954). — MAPSON, L. W.: Vitamins a. Hormones **11**, 1—28 (1953). — MAPSON, L. W., F. A. ISHERWOOD u. Y. T. CHEN: Biochemic. J. **56**, 21—28 (1954). — MATCHETT, T. J., L. MARION u. S. KIRKWOOD: Canad. J. Chem. **31**, 488—492 (1953). — MAŠKOVCEV, M. F., u. A. A. SIROTENKO: Dokl. Akad. Nauk SSSR., N. S. **79**, 487—489 (1951). — McCOY, TH. A., TH. H. SUBLETT u. V. W. DOBBS: Plant Physiol. **28**, 77—88 (1953). — McMANUS, I. R.: J. of biol. Chem. **208**, 639—644 (1954). — McQUILLEN, K., u. R. B. ROBERTS: J. of biol. Chem. **207**, 81—95 (1954). — MEISTER, A.: Science (Lancaster, Pa.) **120**, 43—50 (1954). — MERENOVA, V. I., u. A. M. KUZIN: Dokl. Akad. Nauk. SSSR., N. S. **94**, 573—576 (1954). — MEYER, K. H., u. R. MENZI: Helvet chim. Acta **36**, 702—708 (1953). — MIETTINEN, J. K.: Ann. Acad. Sci. fenn., Ser. A II **1954**, 6 —113. — MIETTINEN, J. K., u. A. I. VIRTANEN: Acta chem. scand. (Copenh.) **7**, 289—296 (1953). — MILLER, S. L.: Science (Lancaster, Pa.) **117**, 528—529 (1953). — MILLERD, A.: Arch. of Biochem. a. Biophysics **42**, 149—163 (1953). — MILLERD, A., u. J. BONNER: Arch. of Biochem. a. Biophysics **49**, 343—355 (1954). — MILLERD, A., J. BONNER u. J. B. BIALE: Plant Physiol. **28**, 521—531 (1953). — MINOR, F. W. u. a.: J. Amer. chem. Soc. **76**, 5052—5054 (1954). — MITSUHASHI, S., u. B. D. DAVIS: Biochim. et biophysica Acta **15**, 54—61 (1954). — MÖLLER, C. M., D. MÜLLER u. J. NIELSEN: Forst. Forsøgsvaesen Danmark **21**, 273—301 (1954). — MOERLOOSE, P. DE: Pharmaceut. Weekbl. **89**, 541—557 (1954). — MOTHES, K.: Planta (Berl.) **42**, 64—80 (1953). — MOTHES, K., u. L. ENGELBRECHT: Hoppe-Seylers Z. **295**, 387—397 (1953a). — MOTHES, K., u. L. ENGELBRECHT: (1) Flora **139**, 586—616 (1952). — (2) Ebenda **141**, 356—378 (1954). — MOYSE, A.: C. r. Acad. Sci. (Paris)

236, 111—113 (1953). — MÜLLER, D.: Forst. Forsøgsvaesen Danmark 21, 303—318 (1954). — MYERS, J. W., u. E. A. ADELBERG: Proc. Nat. Acad. Sci. U.S.A. 40, 493—499 (1954).
NELSON, C. D., G. KROTKOV u. G. B. REED: Arch. of Biochem. a. Biophysics 44, 218—225 (1953). — NEWCOMB, E. H., u. P. K. STUMPF: J. of biol. Chem. 200, 233—239 (1953). — NEWTON, J. W., P. W. WILSON u. R. H. BURRIS: J. of biol. Chem. 204, 445—451 (1953). — NIELANDS, J. B.: J. of biol. Chem. 197, 701—707 (1952). — NOLL, C. R., u. R. H. BURRIS: Plant Physiol. 29, 261—265 (1954). — NOVELLI, G. D.: (1) Federat. Proc. 12, 675—681 (1953). — (2) J. cellul. a. comp. Physiol. 41, 67—87 (1953).
OESPER, P.: J. of biol. Chem. 207, 421—429 (1954). — OLSON, J. A.: Nature (Lond.) 174, 695—696 (1954). — ONO, H.: Bot. Mag. (Tokyo) 66, 103—111, 182—188, 777—782 (1953).
PAECH, K.: (1) Biochemie und Physiologie der sekundären Pflanzenstoffe. Berlin-Göttingen-Heidelberg 1950. — (2) 8. Congr. Internat. de Botanique Rapports et Communications Sect. 11/12, S. 49—56, (1954). — PAECH, K., u. E. KRECH: Planta (Berl.) 41, 391—395 (1953). — PAN, S. C., L. W. NICHOLSON u. P. KOLACHOV: Arch. of Biochem. a. Biophysics 42, 406—434 (1953). — PAZUR, J. H.: Biochim. et biophysica Acta 13, 158—159 (1954). — PEARSON, J. A., u. R. N. ROBERTSON: Austral. J. biol. Sci. 7, 1—17 (1954). — PEAT, S.: Fortschr. Chem. organ. Naturstoffe 11, 1—42 (1954). — PEAT, S., G. J. THOMAS u. W. J. WHELAN: J. chem. Soc. (Lond.) 1952, 22, 714, 722. — PETHICA, B. A., E. R. ROBERTS u. E. R. S. WINTER: Biochim. et biophysica Acta 14, 85—99 (1954). — POEL, L. W.: J. of exper. Bot. 4, 157—163 (1953). — POPJÁK, G.: Arch. of Biochem. a. Biophysics 48, 102—106 (1954). — PORTER, H.: Sympos. biochem. Soc. 11, 27—41 (1953). — POSTGATE, J. R.: Biochemic. J. 56, XI—XII (1954). — PRIDHAM, J. B.: Biochemic. J. 57, XXVIII (1954).
RABOURN, W. J., u. F. W. QUACKENBUSCH: Arch. of Biochem. a. Biophysics 44, 159—164 (1953). — RACUSEN, D. W., u. S. ARONOFF: Arch. of Biochem. a. Biophysics 51, 68—78 (1954). — RANSON, S. L.: Nature (Lond.) 172, 252 (1953). — REBER, E., u. R. MACVICAR: Agronomy J. 45, 17—21 (1953). — REBERS, P. A., u. F. SMITH: J. Amer. chem. Soc. 76, 6097—6102 (1954). — REID, A. T.: Arch. of Biochem. a. Biophysics 43, 416—423 (1953). — REPASKE, R., u. P. W. WILSON: Proc. Nat. Acad. Sci. U.S.A. 39, 225—232 (1953). — REUTER, G., u. H. WOLFGANG: Flora (Jena) 142, 146—155 (1954). — ROBERTS, R. B. u. a.: Proc. Nat. Acad. Sci. U.S.A. 39, 1013—1019 (1953). — ROBINSON, J., u. H. KATZNELSON: Nature (Lond.) 172, 672—673 (1953). — ROMARIZ, C.: Portugal. Acta biol. A 1, 235—250 (1946). — ROUDIER, A.: C. r. Acad. Sci. Paris 237, 840—842 (1953). — RUDMAN, D., u. A. MEISTER: J. of biol. Chem. 200, 591—604 (1953). — RUGGIERI, G.: Ric. Sci. 23, 1208—1213 (1953).
SALAMON, J., u. B. D. DAVIS: J. Amer. chem. Soc. 75, 5567—5571 (1953). — SAYAMA, E. u. a.: Jap. J. med. Sci. a. Biol. 6, 523—531 (1953). — SCHARRER, K., u. J. JUNG: Z. Pflanzenernährg. 66, 1—18 (1954). — SCHLUBACH, H. H.: Experientia (Basel) 9, 230—234 (1953). — SCHLUBACH, H. H., u. K. HOLZER: Liebigs Ann. 587, 111—124 (1954). — SEIFTER, E.: Plant Physiol. 29, 403—406 (1954). — SESTAKOV, A. G., u. B. P. PLESKOV: Dokl. Akad. Nauk SSSR. 98, 149—152 (1954). — SEVAG, M. G.: Erg. Hyg. 28, 424—448 (1954). — SEYBOLD, A.: Sitzgsber. Heidelberg. Akad. Wiss. Math.-naturwiss. Kl., 2. Abh. 1953/54. — SHEFFNER, A. L., u. J. GRABOW: J. Bacter. 66, 192—196 (1953). — SIMINOVITCH, D., u. D. R. BRIGGS: Plant Physiol. 28, 177—200 (1953). — SIMON, E. W.: J. of exper. Bot. 4, 393—402 (1953). — SIMONART, P., u. K. Y. CHOW: Leeuwenhoek J. Microbiol. a. Serol. 19, 245—255 (1953). — SISAKJAN, N. M., E. N. BEZINGER u. N. A. GUMILEVSKAJA: Dokl. Akad. Nauk SSSR., N. S. 91, 907—910 (1953). — SMITH, L.: Bacter. Rev. 18, 106—130 (1954). — SPRAGG, S. P., and E. W. YEMM: Biochemic. J. 58, XI—XII (1954). — SRIBNEY, M., u. S. KIRKWOOD: Nature (Lond.) 171, 931—932 (1953). — STABURSVIK, A.: Acta chem. scand. (Copenh.) 8, 1305—1306 (1954). — STEINER, M., u. H. HEINEMANN: Naturwiss. 41, 40—41 (1954). — STEINER, M., u. J. HOCHHAUSEN: (1) Biol. Zbl. 73, 283—296 (1954). — STEINER, M., u. H. HOLTZEM: (2) In Moderne Methoden der Pflanzenanalyse. Herausgeg. von K. PAECH u. M. V. TRACEY, Bd. 3. 1955. — STIENSTRA, T. M.: Proc. kon. ned.

Akad. Wetensch. **57**, 584 — 593 (1954). — STOLL, A., u. E. JUCKER: In Moderne Methoden der Pflanzenanalyse. Herausgeg. von K. PAECH u. M. V. TRACEY, Bd. 3. 1955. — STRASSMAN, M., u. S. WEINHOUSE: J. Amer. chem. Soc. **75**, 1680—1684 (1953). — STRASSMAN, M., A. J. THOMAS, L. A. Locke u. S. WEINHOUSE: J. Amer. chem. Soc. **76**, 4241—4242 (1954). — STRAUS, W.: Exper. Cell Res. **6**, 392—402 (1954). — STRAUSS, B. S., u. S. PIEROG: J. gen. Microbiol. **10**, 221—235 (1954). — SUTTON, W. B., u. C. H. WERKMAN: Arch. of Biochem. a. Biophysics **47**, 1—7 (1953).
TATUM, E. L. u. a.: Proc. Nat. Acad. Sci. U.S.A. **40**, 271—276 (1954). — THIMANN, K. V., C. S. YOCUM u. D. P. HACKETT: Arch. of Biochem. a. Biophysics **53**, 239—257 (1954). — THOMAS, M., u. S. L. RANSON: New Phytologist **53**, 1—30 (1954). — THOMAS, R. C. u. a.: J. Amer. chem. Soc. **75**, 5554—5556 (1953). — THOMPSON, J., u. F. C. STEWARD: J. of exper. Bot. **3**, 170—187 (1952). — THOMPSON, J. F., J. K. POLLARD u. F. C. STEWARD: Plant Physiol. **28**, 401—414 (1953). — TOENNIES, G., u. G. D. SHOCKMAN: Arch. of Biochem. **45**, 447—458 (1953). — TOLBERT, N. E., u. M. S. COHAN: J. of biol. Chem. **204**, 639—654 (1953). — TRACEY, M. V.: Sympos. biochem. Soc. **11**, 49—62 (1953). — TURKINA, M. V., u. J. M. DUBININA: Dokl. Akad. Nauk SSSR., N. S. **95**, 199—202 (1954). — TURNER, J. F.: (1) Nature (Lond.) **172**, 1149—1150 (1953). — (2) Ebenda **174**, 692—693 (1954). — TYLER, V. F., u. A. E. SCHWARTING: Science (Lancaster, Pa.) **118**, 132—133 (1953).
UMBREIT, W. W.: J. cellul. a. comp. Physiol. **41**, 39—66 (1953).
VENNESLAND, B., T. T. TCHEN u. F. A. LOEWUS: J. Amer chem. Soc. **76**, 3358—3359 (1954). — VICKERY, H. B.: (1) J. of biol. Chem. **205**, 369—381 (1953). — (2) Plant Physiol. **29**, 385—392 (1954). — VIRTANEN, A.: Ann. med. exper. et biol. fenn. **30**, 234—248 (1952b). — VIRTANEN, A. u. a.: Acta chem. scand. (Copenh.) **8**, 1730—1731 (1954). — VIRTANEN, A., u. A. BERG: Acta chem. scand. (Copenh.) **8**, 1085—1086 (1954). — VIRTANEN, A. I.: Ann. Acad. Sci. fenn., Ser. A **43**, 1—19 (1952a). — VIRTANEN, A. I., u. M. ALFTHAN: Acta chem. scand. (Copenh.) **8**, 1720—1721 (1954). — VIRTANEN, A. I., u. J. K. MIETTINEN: Biochim. et biophysica Acta **12**, 181—187 (1953). — VIRTANEN, A. I., u. A. TIETÄVÄINEN: Suomen Kemistilehti B **26**, 1—5 (1953). — VITTORIO, P. V., G. KROTKOV u. B. G. REED: Canad. J. Bot. **32**, 369—377 (1954).
WADMAN, W. H., A. B. ANDERSON u. W. Z. HASSID: J. Amer. chem. Soc. **76**, 4097—4101 (1954). — WALLENFELS, K., E. BERNT u. G. LIMBERG: Liebigs Ann. **584**, 63—85 (1953). — WEBSTER, G. C.: Plant Physiol. **29**, 399—401 (1954). — WEBSTER, G. C.: (1) Plant Physiol. **28** 724—727 (1953). — (2) Arch. of Biochem. a. Biophysics **47**, 241—250 (1954a). — (3) Plant Physiol. **29**, 382—385 (1954b). — (4) Plant Physiol. **29**, 202—203 (1954c). — WEBSTER, G. C., u. J. E. VARNER: Arch. of Biochem. a. Biophysics **52**, 22—32 (1954). — WEISS, U., B. D. DAVIS u. E. S. MINGIOLI: J. Amer. chem. Soc. **75**, 5572—5576 (1953). — WHEAT, R. W., u. S. J. AJL: Arch. of Biochem. a. Biophysics **49**, 7—18 (1954). — WHITE, E. V., u. P. S. RAO: J. Amer. chem. Soc. **75**, 2617—2619 (1953). — WHITE, J. W., u. J. MAHER: Arch. of Biochem. a. Biophysics **42**, 360—367 (1953). — WHITELEY, H. R.: Proc. Nat. Acad. Sci. U.S.A. **39**, 772—785 (1953). — WIKÉN, T., u. O. RICHARD: Schweiz. Z. allg. Path. u. Bakter. **17**, 475—485 (1954). — WILLIAMS, W. J., u. C. B. THORNE: J. of biol. Chem. **210**, 203—217 (1954). — WILLIAMS, W. T., u. P. CH. SHARMA: J. of exper. Bot. **5**, 136—157 (1954). — WILSON, D. G., K. W. KING u. R. H. BURRIS: J. of biol. Chem. **208**, 863—874 (1954). — WINDISCH, F., H. HAEHN u. W. HEUMANN: Z. Naturforsch. 8b, 463—472 (1953). — WINDSOR, E.: J. of biol. Chem. **192**, 595 (1951). — WOLF, M. J. u. a.: Cereal Chem. **30**, 451—470 (1953). — WOOD, J. G.: Ann. Rev. Plant Physiol. **4**, 1—22 (1953). — WOOD, W. A., u. R. F. SCHWERDT: (1) J. cellul. a. comp. Physiol. **41**, 165—182 (1953). — (2) J. of biol. Chem. **201**, 501—511 (1953). — (3) Ebenda **206**, 625—635 (1954). — WYK, A. J. A. VAN DER, u. J. SCHMORAK: Helvet. chim. Acta **36**, 385—397 (1953).
ZACHARIUS, R. M., J. K. POLLARD u. F. C. STEWARD: J. Amer. chem. Soc. **76**, 1961 (1954). — ZAMECNIK, P. C., u. E. B. KELLER: J. of biol. Chem. **209**, 337—354 (1954). — ZECHMEISTER, L., u. G. KARMAKAR: Arch. of Biochem. a. Biophysics **47**, 160—164 (1953). — ZELITCH, J., u. S. OCHOA: J. of biol. Chem. **201**, 707—718 (1953). — ZELITCH, J., P. W. WILSON u. R. H. BURRIS: Plant Physiol. **27**, 1—8 (1952). — ZIMMERMANN, M.: Ber. schweiz. bot. Ges. **63**, 402—429 (1953).

D. Physiologie der Organbildung.

16. Vererbung.

a) Genetik der Mikroorganismen.
Von HANS MARQUARDT, Freiburg i. Br.

Der Beitrag folgt in Band XVIII.

b) Genetik der Samenpflanzen.
(Bericht über die Jahre 1953 und 1954.)

Von CORNELIA HARTE, Köln.

A. Einleitung.

In diesem Bericht sind die Veröffentlichungen aus den Jahren 1953 und 1954 zusammengefaßt, die sich mit genetischen und genphysiologischen Fragen befassen. In einzelnen Fällen war es zum Verständnis der neueren Untersuchungen notwendig, auf ältere Arbeiten zurückzugreifen, die in den vorigen Referaten nicht berücksichtigt wurden. Die Gewichtsverteilung auf wenige, im Mittelpunkt der Diskussion stehende Probleme hat sich nur geringfügig verändert. Um die Orientierung zu erleichtern und den Anschluß an die früheren Berichte zu wahren, wurde daher im wesentlichen die Reihenfolge der Abschnitte aus den letzten Bänden beibehalten.

Bei der Abfassung eines Berichts über die genetische Forschung tritt eine Schwierigkeit auf, wenn sich dieser auf eine Gruppe von Objekten, in diesem Fall die höheren Pflanzen, beschränken soll. Die jetzt in der Genetik bearbeiteten Fragen sind überall dort, wo sich die Verfasser nicht auf die Feststellung von Tatsachen beschränken, von der Art, daß sie nur bei einer Zusammenfassung der Untersuchungen an Pflanzen und Tieren ganz beantwortet werden können, während jede andere Darstellung nicht nur in der Beibringung des Materials, sondern auch in der Erfassung der Problematik in wesentlichen Punkten unvollständig bleiben muß. Gerade bei den Fragen, die von theoretischem Interesse sind, wie die Definition des Gens, die Polymerie, Pleiotropie, Heterosis, Mutation, Mosaikbildung u. a., macht sich diese Begrenzung des Themas besonders bemerkbar, ist aber bei einem Bericht, der sich in den Rahmen der „Fortschritte der Botanik" einfügen soll, nicht zu vermeiden.

B. Allgemeines.

Als erstes ist eine Darstellung von STADLER zu nennen, der sich in seiner letzten, kurz vor seinem Tode fertiggestellten Arbeit mit dem Begriff des Gens auseinandersetzt und dabei, vor allem von der Mutationsforschung ausgehend, eine Zusammenfassung unserer heutigen

Kenntnisse über das Gen und die besondere Problematik gibt, die allein aus der Verwendung dieses Wortes entsteht, weil verschiedene Untersucher damit ganz verschiedene Vorstellungen verbinden. Die besondere Klarheit, mit der die entgegengesetzten Ansichten einander gegenübergestellt, die Ursachen der Differenzen aufgezeigt und Tatsachen und Hypothesen voneinander getrennt werden, machen diesen Artikel wohl zu der wichtigsten theoretischen Untersuchung der letzten Zeit.

Eine Übersicht über den Stand der Vererbungsforschung gibt STUBBE (1953) in einem allgemeinverständlich gehaltenen Vortrag, in dem, beginnend mit den alten Vererbungshypothesen, zunächst die Entwicklung in der klassischen Periode der Genetik dargestellt wird und dann die heutigen Probleme der extranucleären Vererbung, Mutationen, Evolution und Genwirkung umrissen werden.

Eine Zusammenfassung verschiedener Vorträge, die bei der Tagung der British Association gehalten wurden, gibt einen guten, wenn auch sehr kurzen Überblick über die Probleme der modernen Genetik und ihre Beziehungen zu Nachbargebieten der Biologie (D. LEWIS 1954a).

Im Zusammenhang mit diesem Überblick sind einige andere Publikationen zu nennen, die einen Rückblick auf das Wirken verstorbener Genetiker geben. MANGELSDORF schrieb einen Nachruf für N. J. VAVILOW, in dem neben den biographischen Daten vor allem eine Würdigung der Arbeiten und der Persönlichkeit gegeben wird. Gewissermaßen zur Ehrenrettung von H. DE VRIES unternimmt es STOMPS, auf Grund seiner persönlichen Erinnerungen an DE VRIES die Geschichte der Wiederentdeckung der MENDELschen Veröffentlichung von 1865 darzustellen, um den Vorwurf der bewußten Unterschlagung dieser Arbeit bei der ersten Publikation der neuen Versuche zu widerlegen. Die älteren Versuche von DE VRIES sind Gegenstand einer Untersuchung von HARTE (1953b), in der gezeigt wird, daß der scheinbar jüngste Zweig der Genetik, die entwicklungsphysiologisch orientierte Erforschung der Genwirkung, in Wirklichkeit Ausgangspunkt für DE VRIES war. Er begann mit einer Untersuchung der Variabilität der Eigenschaften, kam dann zu der Frage nach den Ursachen dieser Unterschiede und damit zu den Versuchen über das Zusammenwirken von Erbanlagen und Umwelteinflüssen bei der Ausbildung der Merkmale und ihrer Bedeutung für die Variabilität. Die Ursache dafür, daß diese Versuche von DE VRIES in Vergessenheit geraten konnten, ist darin zu suchen, daß für ihn selber diese Arbeiten den Übergang darstellten zu der Betrachtung der Bedeutung, die die Variabilität für die Artbildung hat.

Zu den Arbeiten, die sich mit allgemeinen Fragen befassen, ist auch eine Zusammenfassung von GAGNIEU zu rechnen, in der die Möglichkeiten, Mais als Material für genetische Demonstrationen in botanischen Gärten zu verwenden, diskutiert werden an Hand der Erfahrungen des Straßburger botanischen Gartens. — Von zwei Instituten liegen zusammenfassende Arbeitsberichte vor, die einen Überblick über die laufenden Untersuchungen und zugleich einen Eindruck von der Vielseitigkeit dieser Institute geben. Das Institute of Genetics der Ohio State University (USA.) gibt nur eine kurze Aufzählung der einzelnen Arbeitsbereiche, der zur Zeit bearbeiteten Probleme und der Mitarbeiter für die verschiedenen Fragen. Das National Institute of Genetics (Japan) bringt in 4 Heften für die Jahre 1949—1953 nicht nur diese Aufstellungen, sondern zugleich Arbeitsberichte, in denen die wichtigsten Befunde und Folgerungen mitgeteilt werden. Da die japanische Literatur im allgemeinen nur schwer zugänglich ist, so daß die Originalarbeiten nur in Ausnahmefällen zitiert werden können, sind diese Zusammenfassungen eine wichtige Hilfe, um den Stand der genetischen Forschung in Japan kennenzulernen. Auf wichtige Befunde wird im folgenden jeweils hingewiesen werden. Da beide Institute sich mit genetischen Untersuchungen nicht nur an höheren Pflanzen, sondern auch an Tieren und Mikroorganismen befassen und daneben die Fragestellungen der Cytologie, Cytogenetik und Genphysiologie bearbeiten, gibt die Erwähnung einzelner Befunde nur ein ungenügendes Bild von der vielseitigen Arbeit dieser Institute und der gegenseitigen Verzahnung der einzelnen Untersuchungen.

Eine Zusammenfassung der Maisgenetik und ihrer Ergebnisse in den letzten Jahren gibt RHOADES unter weitgehender Berücksichtigung cytogenetischer Fragen. Ebenfalls eine Zusammenstellung, aber in sehr ausführlicher Form, über Cytologie und Genetik der Kartoffel wurde von SWAMINATHAN u. HOWARD veröffentlicht. Der genetische Teil bringt auf 85 Seiten eine Aufstellung der jetzigen Kenntnisse über Vererbungserscheinungen bei der Kartoffel. Entsprechend der wirtschaftlichen Bedeutung des Objektes nehmen dabei die Untersuchungen über Krankheitsresistenz eine besondere Stellung ein, jedoch werden auch die anderen Merkmale und die Artkreuzungen genügend berücksichtigt. Für einige Eigenschaften lassen sich bestimmte Gene nachweisen, während in den meisten Fällen polygene Vererbung anzunehmen ist. Den Abschluß bilden Kapitel über den Ursprung der europäischen Kartoffeln, Knospenmutationen und „vegetative Bastardierung". Trotz des Umfangs des ganzen Heftes und der über 800 Nummern des Literaturverzeichnisses werden viele Gesichtspunkte nur gestreift, und meist beschränkt sich die Darstellung auf eine kurze Beschreibung und Literaturhinweise. Infolgedessen werden viele Probleme, wie z.B. die Mutationsforschung und -züchtung, nicht berührt. Im letzten Kapitel werden die Versuche über vegetative Hybridisierung angeführt. Die Besprechung beschränkt sich aber noch mehr als in den anderen Kapiteln auf das Zitat einer Reihe, in diesem Fall russischer, Arbeiten ohne eigene, kritische Stellungnahme.

Hiermit wird aber ein Thema berührt, das auch von anderen Autoren angeschnitten wird. Eine Übersicht der bisher bekannten Pfropfbastarde und angeblichen Burdonen gibt BRABEC mit der Schlußfolgerung, daß echte vegetative Bastarde, Burdonen in der Terminologie WINKLERs, bisher nicht bekannt geworden sind.

Neue Experimente zu dieser Frage wurden sowohl in Deutschland wie in Amerika durchgeführt. Die Untersuchungen von WHALEY (1953) an Tomaten-Tabak-Pfropfungen ergaben starke morphologische Beeinflussung der Pfropfpartner, aber keine genetischen Veränderungen. Die

Technik der Untersuchung und die Prüfung der Erblichkeit wurden allerdings so durchgeführt, daß sie nicht den Anforderungen entsprechen, die immer wieder als Voraussetzung für das Gelingen einer genetischen Beeinflussung angegeben werden, so daß das negative Ergebnis dieser Versuche nicht als Gegenbeweis gegen angeblich positive Befunde anerkannt werden wird.

BÖHME nimmt im Gegensatz zu den Gattungspfropfungen von WHALEY verschiedene Tomatensorten, also Pfropfpartner derselben Art, die sich genetisch unterscheiden. Es wurde der Einfluß der Pfropfpartner aufeinander und auf die Nachkommenschaft geprüft. Als wichtigstes Ergebnis zeigte sich, daß kein gesetzmäßiges Auftreten spezifischer Veränderungen der Nachkommenschaft in Richtung auf die Eigenschaften des Pfropfpartners festgestellt werden konnte, das für eine vegetative Hybridisierung sprechen könnte. In der Nachkommenschaft einer Pfropfung (Bonner Beste auf Goldene Königin) könnte ein erblicher Einfluß auf die Merkmale Fruchtkammerzahl und Fruchtform möglich sein, aber in anderen Nachkommenschaften, bei denen die Unterschiede der Pfropfpartner wesentlich größer waren, ließ sich hierfür kein Anhaltspunkt gewinnen. Außerdem zeigten Kontrollpfropfungen, bei denen Reis und Unterlage der gleichen Sorte angehörten, in den Nachkommenschaften ebenfalls eine Erhöhung der Variabilität für die genannten Merkmale. Wenn überhaupt eine genetische Veränderung eingetreten ist, dann handelt es sich um einen Einfluß der Pfropfung und nicht des Pfropfpartners. Die Versuche können nach Ansicht des Verfassers so gewertet werden, daß tatsächlich ein erblicher Einfluß durch die Pfropfung möglich sein könnte, aber im Hinblick auf die Menge der negativ verlaufenden Versuche möchte er selber die Ergebnisse nur so auffassen, daß jetzt die Fragestellung schärfer präzisiert werden kann und eine exakte Durchführung weiterer Versuche ermöglicht wird. Eine Veränderung der Dominanz in Richtung auf die Merkmale des Pfropfpartners, die in den russischen Arbeiten zum Thema eine so große Rolle spielt, konnte in keinem Fall beobachtet werden.

STUBBE (1954) führte gleichartige Untersuchungen an Tomaten durch, aber mit einem Material, das noch besser als alle anderen Versuche eindeutig eine Beeinflussung bestimmter Loci erkennen lassen mußte, falls eine solche vorhanden sein sollte. Der Verfasser ging dabei von der Annahme aus, daß eine Beeinflussung irgendwelcher Gene durch den Pfropfpartner schwer nachzuweisen sein würde, aber eine gerichtete Veränderung bestimmter Loci, wenn Unterlage und Reis sich nur durch verschiedene Allele eines einzigen Gens unterscheiden, viel leichter zu erkennen sein würde. Es wurden daher verschiedene Mutanten mit ihren Ausgangsformen gepfropft. Die verwendeten Mutanten unterschieden sich durch Merkmale an Blättern, Inflorescenzen oder Früchten von der Normalform, wobei die meisten solche Veränderungen gegenüber der Ausgangsform darstellten, die nicht als pathologisch bezeichnet werden können, sondern zum normalen Formenbestand anderer Sorten gehören. Die Ergebnisse der sehr umfangreichen Versuche sind in allen Fällen völlig eindeutig: es konnte in keinem Fall eine genetische Veränderung der Nachkommen von Pfropfpartnern festgestellt werden, weder in Richtung von der Normalform zur Mutante noch umgekehrt. Bei der Durchführung der Pfropfungen wurde auch das Alter der Partner variiert, so daß hier allen Anforderungen genügt war, die als Voraussetzung für das Gelingen der gegenseitigen Beeinflussung genannt werden. Auch in bezug auf die Beeinflussung der Dominanz bei der Pfropfung von Heterozygoten auf die Elternformen konnten keine positiven Befunde verzeichnet werden. Einige Fälle, in denen die Pfropfgeneration eine Angleichung der Pfropfpartner erkennen ließ, sind durch den Übertritt infektiösen Materials im Sinne einer Viruswirkung zu deuten. In der Folgegeneration war keine genetische Veränderung zu erkennen, sondern die Nachkommen eines so beeinflußten Pfropfpartners verhielten sich genau so, wie es seiner ursprünglichen genetischen Konstitution entsprach. Die Versuche zeigen eindeutig, daß in diesem großen, gut durchgearbeiteten Material keine genetische Beeinflussung von Reis und Unterlage, weder gerichteter noch unspezifischer Art, aufgetreten ist.

Zu einem völlig negativen Ergebnis führten die Versuche von ENDEMANN an Tabak über die Beeinflussung des Nicotingehaltes der Nachkommenschaft nach Pfropfung in Abhängigkeit von der Unterlage. Eine nicotinreiche und eine nicotinarme Sorte wurden gegenseitig gepfropft, sowie auf Tomate als praktisch nicotinfreie Unterlage. Zur Kontrolle dienten unbehandelte Pflanzen beider Sorten. In der Pfropfungsgeneration zeigte sich die zu erwartende deutliche Abhängigkeit des Nicotingehaltes der Blätter von der Unterlage, aber in der Nachkommenschaft aus Samen des Pfropfreises war keinerlei Beeinflussung gegenüber der Kontrolle festzustellen. Auch Nachkommen der nicotinreichen Sorte, die 3 Jahre nacheinander auf Tomatenunterlage gepfropft worden waren, zeigten bei normaler Kultur sofort wieder den für diese Sorte normalen Nicotingehalt. Diese Untersuchungen an Tomaten und Tabak, die beide mit allen Vorsichtsmaßregeln in bezug auf Art der Pfropfung, Alter der Partner usw. durchgeführt wurden, zeigen, daß das Problem der vegetativen Hybridisierung nicht so einfach liegt, wie es von den Befürwortern und den Gegnern dieser Hypothese meist dargestellt wird. Wirklich eindeutige, positive Befunde einer gerichteten Beeinflussung der Nachkommenschaft durch den Pfropfpartner liegen bisher nicht vor, aber eine Erhöhung der Mutabilität durch unspezifisch wirkende Einflüsse der Pfropfung muß doch als Möglichkeit in Betracht gezogen und näher geprüft werden.

C. Genanalysen.
I. Qualitative Merkmale.

Bei einer großen Anzahl von Arten wurde die Genetik qualitativer Differenzen zwischen verschiedenen Rassen untersucht. Die *Cucurbitaceae* wurden mehrfach untersucht. Die Versuche von SCHÖNINGER über die Vererbung der Dünnschaligkeit beim Kürbis wurden von GREBENSČIKOV aufgenommen und auf Grund neuer Kreuzungen kritisch behandelt. Die Hypothese der bifaktoriellen Vererbung wird abgelehnt und dafür monogene Bedingtheit des Merkmals „vollbeschalt" angenommen. Für die von SCHÖNINGER gefundenen, verschiedenen Grade der Dünnschaligkeit sollen dann weiter Modifikatoren verantwortlich sein. An einer Artkreuzung zwischen *Cucurbita Pepo* und *C. maxima* fand WEILING, daß in den Rückkreuzungsgenerationen neue Fruchtstielformen auftreten, die als Neukombinationen zwischen den Eigenschaften der Eltern angesehen werden können, während die beobachteten Blütenabweichungen durch modifikatorische Einflüsse des Bastardgenoms zu erklären sind. Bei Melonen treten in einer Kreuzungsnachkommenschaft gelbgrüne Pflanzen auf, für die monogene Vererbung nachgewiesen werden konnte. Die Mutation ist recessiv. Bei den Homozygoten ist der Chlorophyllgehalt auf die Hälfte des Normalen herabgesetzt, bei gleichzeitiger Verschiebung des Verhältnisses von Chlorophyll a:b durch Vermehrung des relativen Anteils von Chlorophyll a. Da die Plastidenzahl gegenüber Normal nicht verändert ist, muß das Gen in die Chlorophyllsynthese eingreifen (WHITAKER). Nach den Kreuzungsergebnissen von BARHAM mit indischen Wildgurken ist das Bitterwerden der Gurken auf ein einziges, dominantes Gen zurückzuführen, das nicht mit den bisher bekannten Genen der Gurke gekoppelt ist.

Für zwei Pflanzenfamilien liegen viele Untersuchungen vor, nämlich *Leguminosen* und *Gramineen*, was dadurch zu erklären ist, daß wegen ihrer wirtschaftlichen Bedeutung diese Gruppen besonders intensiv bearbeitet werden, wobei hier aber ausschließlich die genetischen Arbeiten berücksichtigt werden sollen, unter Ausschluß der rein züchterischen Ergebnisse. Bei den Untersuchungen an *Gramineen* stehen die Getreide im Vordergrund. Zuerst ist die Gerste zu nennen. Der Schoßtermin ist bei amerikanischen Gerstensorten vorwiegend genetisch bedingt, mit geringer phänotypischer Variabilität. Es wirken zwei Faktoren zusammen, für die eine Koppelung mit Grannenbezahnung und Spelzenfärbung besteht (FREY 1954). Ebenso wie die *erectoides*-Mutanten Ähnlichkeit mit anderen Gerstenarten aufweisen, so besteht für die Mutantentypen *calcaroides* und *subcalcaroides* Ähnlichkeit mit den Kapuzengersten (BANDLOW 1954). Sie sind Glieder einer Serie multipler Allele und stellen genetisch manifest gewordene Vorstufen der Kapuzenbildung dar. Beide zeigen Schwankungen der Expressivität und Penetranz. Die Prüfung von Nachkommenschaften aus Pflanzen mit verschieden starker Ausprägung der Merkmale ergibt keine Unterschiede; es handelt sich also um eine rein phänotypische Variabilität und nicht um die Wirkung labiler Gene. Gleichartige Mutanten sind bereits früher von anderen Untersuchern gefunden worden, aber sie unterscheiden sich durch Konstanz von Expressivität und Penetranz, während auch die positive Korrelation zwischen beiden Erscheinungen, die hier gefunden wurde, bei den anderen Mutanten negativ sein kann. Trotz der phänotypischen Ähnlichkeit dieser mehrfach aufgetretenen Mutanten und der zum Teil nachgewiesenen, zum Teil zu vermutenden Allelie muß es sich doch um genetisch verschiedene Typen handeln.

Die genetische Analyse von 19 neuen Mutanten beim Mais zeigt, daß nur eine davon dominant über den Normaltyp ist (SUTÔ, KATÔ u.

MUKAIGAWA). Für 13 dieser neu aufgefundenen Gene konnten die crossing-over-Werte mit Testgenen festgestellt werden, die eine Zuordnung zu bekannten Koppelungsgruppen ermöglichten. Von den übrigen 5 Mutanten sind 2 und 3 in 2 Gruppen miteinander gekoppelt, ohne daß sie einer bestimmten Koppelungsgruppe zugeteilt werden konnten. Die Gene beeinflussen verschiedene Merkmale, vor allem Chlorophyllausbildung und Wuchsform, und fast alle haben Rückwirkungen auf die Vitalität der homozygot-recessiven Pflanzen.

Von LAMPRECHT werden in einer Serie von Publikationen die Untersuchungen über die Vererbung einzelner Merkmale bei *Pisum* fortgesetzt. Drei Arbeiten befassen sich mit den Genen für die Färbung der Samen (1953e, 1954c u. d), eine mit der Färbung der Blüten (1954b) und zwei mit den Genen für die Hülsenbreite (1953b u. 1954f). Es werden jeweils die phänotypische Ausprägung des abweichenden Allels, die Spaltungszahlen in mehreren Kreuzungen und die Koppelungsverhältnisse beschrieben. Dabei war es möglich, die Genkarten für die betreffenden Koppelungsgruppen zu erweitern. Auch für die hier neu beschriebenen Gene zeigten sich die gleichen Eigentümlichkeiten, wie sie für andere Gene von *Pisum* bekannt sind, nämlich Störungen der Spaltungszahlen in einzelnen Kreuzungen und stark variierende crossing-over-Werte. Von KELLENBARGER wird das neue Gen sb beschrieben und seine Koppelung mit I (11,6%) und D (43% crossing-over) festgestellt. Durch Kreuzungen mit weiteren Stämmen ließ sich die Zuordnung zu dieser Koppelungsgruppe sichern. Für vier weitere Merkmale (Färbung der Keimlinge und Blätter und die Wuchsform betreffend) konnte die Erblichkeit und monohybride Spaltung der Bastarde mit der Normalform sichergestellt werden, ohne daß sich in den Kreuzungen mit einigen Testrassen Anhaltspunkte für eine Koppelung ergaben. Es wurde dabei eine dominante, immer-spaltende Mutation gefunden (green and yellow), die homozygot letal wirkt. Es spalten aus der Selbstung der Heterozygoten neben den Normalen und den grün-gelben Mutanten auch albino-Sämlinge heraus, aber nicht im erwarteten 3:1-Verhältnis. Der Grund für diese Störung der Spaltung konnte nicht entdeckt werden.

Zur Klärung der bisher unübersichtlichen Genetik der Samenschalenfärbung bei der Sojabohne (*Glycine soja*) tragen zwei Untersuchungen bei (WILLIAMS, MAHMUD u. PROBST). Die Färbung durch Anthocyan und Phlobaphene in der Samenschale wird gelenkt durch eine Serie multipler Allele für die Anthocyanbildung, im Zusammenwirken mit Modifikationsgenen und Hemmungsfaktoren, durch die die auf Grund der übrigen genetischen Konstitution zu erwartende Ausfärbung der Samenschale ganz oder teilweise unterdrückt wird. Bei *Phaseolus lunatus* ließ sich für 4 Merkmalspaare, die Wuchsform und Blattgestalt betreffen, der Nachweis führen, daß sie monogen bedingt sind (ALLARD 1953a, b). Daneben konnte für die Färbung eine dihybride Spaltung nachgewiesen werden. Auch die Musterung der Samenschale wurde in die Untersuchung einbezogen.

Eine ganze Reihe von Pflanzen wurde nur von je einem Untersucher bearbeitet. Bei *Lactuca* ist das Verhalten des Hüllkelches bei der

Samenreife bei Kulturformen durch ein recessives Allel bedingt, wie durch Artkreuzungen zwischen *L. sativa* und *L. scariola* geklärt werden konnte (WHITAKER u. MCCOLLUM). Eine züchterisch wichtige Eigenschaft, das Geschlossenbleiben des Hüllkelches, ist also durch einen einzigen Mutationsschritt entstanden. — Für eine andere Compositengattung, *Cichorium*, fand sich in Artkreuzungen zwischen *C. intybus* und *C. endivia*, daß der Unterschied in der Blütenfarbe (blau : hellviolett) durch ein Gen bestimmt wird, wobei blau dominant ist. Die weiteren Beobachtungen über Pollenfertilität und Samenkeimung lassen noch keine Rückschlüsse auf die genetischen Grundlagen dieser Merkmale zu (RICK). — In der Gattung *Gossypium* existieren 2 Gene, von denen eines abnorme Blätter (cup leaf) zusammen mit fast normalen Brakteen bedingt, das andere normale Blätter, aber schmale Brakteen hervorruft (frego bracteoles); das erstere ist unvollständig dominant, das letztere völlig recessiv; beide Eigenschaften sind sowohl genetisch wie entwicklungsgeschichtlich völlig unabhängig voneinander, es besteht auch keine Koppelung zwischen beiden Loci (C. F. LEWIS 1954). — Bei *Oenothera* trat eine neue Mutante auf, *helix*, die durch schneckenförmig gekrümmte Blätter und durch Unterdrückung der Seitensprosse auffällt; die phänotypische Ausprägung des Merkmals bei den homozygot-recessiven Pflanzen ist in verschiedenen Genomverbindungen sehr unterschiedlich, die genphysiologische Wirkung beruht wahrscheinlich auf einer Störung des Wuchsstoffhaushaltes (RENNER 1953). Die Analyse von 2 Farbmerkmalen bei *Cannabis sativa* (Färbung des Hypocotyls und der Primärblätter) zeigte monogene Vererbung für beide Eigenschaften; die Loci sind miteinander gekoppelt mit einem crossing-over von 29,6% (CRESCINI 1953). In einer weiteren Untersuchung werden die übrigen morphologischen und anatomischen Differenzen zwischen den beiden Rassen näher beschrieben (CRESCINI 1954).

Von CARVALHO und Mitarbeitern wurden die genetischen und züchterischen Arbeiten an *Coffea* weitergeführt. Erwähnt seien nur die Ergebnisse über die Vererbung besonderer Eigenschaften. Die Calycanthemie ist durch ein dominantes Gen bedingt, das pleiotrop wirkt, da auch andere Blütenteile mißbildet sind und als Folge davon die Fertilität stark herabgesetzt ist. Die Eigenschaft *semperflorens* vererbt sich ebenfalls monogen, aber recessiv gegenüber der normalen, periodischen Blütezeit (CARVALHO u. KRUG 1952). Für weitere Typen läßt sich auf Grund der bisherigen Versuche vermuten, daß sie nur durch 1 oder 2 Allele von der *var. typica* unterschieden sind.

Das Ergebnis langjähriger Versuche ist niedergelegt bei CLAPPER (1954a, b) in den Untersuchungen über die Genetik der Edelkastanien. Verschiedene *Castanea*-Arten wurden gekreuzt und die Bastarde sowie ihre Nachkommenschaften aus Selbstungen und Rückkreuzungen untersucht. Die Resistenz gegen *Endothia parasitica* stammt aus *C. mollisima* und wird durch 2 dominante Gene hervorgerufen. Auch andere physiologische Eigenschaften, wie Blühtermin, scheinen digen bedingt zu sein. Weitere Unterschiede werden wahrscheinlich polygen vererbt. Für eine

Reihe von Merkmalen, die als Verlustmutationen zu werten sind, konnte ein einfacher, monohybrider Erbgang nachgewiesen werden.

Die Genanalyse von amerikanischen Gewächshausrassen von *Antirrhinum majus* ergab, daß die Unterschiede von 11 Handelssorten sich durch 4 Allelpaare erklären lassen (HANEY). Es wurde jedoch nicht versucht, diese Loci mit den aus deutschen Arbeiten bekannten Genen von *Antirrhinum* zu homologisieren.

Eine ganze Reihe von Untersuchern befaßt sich mit der Klärung der Vererbungserscheinungen, bei denen zwar die Erblichkeit der Merkmale festgestellt werden kann, unter Umständen auch ihre Unabhängigkeit von anderen bereits bekannten Genen, aber durch die Ungunst der Objekte, die im Einzelfall sehr verschiedenartige Ursachen haben kann, eine genaue Analyse des Erbganges oder auch nur eine Schätzung der Anzahl der beteiligten Gene unmöglich ist. Bei *Plantago coronopus* traten nach Selbstbestäubung von Nachkommen von Wildpflanzen verschiedenartige Anomalien von Blättern und Blütenständen auf, während die gleichen Abweichungen am Standort nicht oder nur in vereinzelten Fällen beobachtet werden konnten; die Formen sind sicher erblich bedingt, ohne daß es in diesen ersten Versuchen gelang, die genetischen Grundlagen zu erfassen (GORENFLOT 1954c). — Bei Bananen ließen sich an Art- und Rassenbastarden der Gattung *Musa* für die Vererbung der Anthocyanbildung zwar keine einzelnen Gene isolieren, aber doch Feststellungen treffen, die erkennen lassen, daß im wesentlichen die gleichen Gesetzmäßigkeiten gelten, wie sie bei anderen Pflanzen gefunden wurden. Die Unterschiede der Färbung sind bedingt durch verschiedene Oxydations- und Methylierungsstufen der Anthocyanidine. Hierbei ergeben Kreuzungen zwischen in der Färbung gleichartigen Sorten immer nur den Elterntyp. Bei Differenzen zwischen den Eltern ist im Bastard vollständige Methylierung des Anthocyanidinmoleküls dominant über unmethyliert, während teilweise Methylierung des Farbstoffes über beide andere Möglichkeiten dominiert. Es ist nicht geklärt, ob es sich dabei um eine Serie multipler Allele oder um voneinander unabhängige Gene handelt (SIMMONDS 1954). — Mit der Vererbung der Farbstoffbildung bei *Ribes* befaßt sich VAARAMA. In der Kreuzung zwischen zwei rotbeerigen Sorten traten weißbeerige Pflanzen auf. Die gefundenen Spaltungsergebnisse werden interpretiert durch 2 Gene für Farbstoffbildung und 2 Unterdrückungsgene. Da weitere Kreuzungen, wie Rückkreuzungen und F_3-Generationen nicht hergestellt wurden, ist in Anbetracht des sehr kleinen Materials die Abweichung von der Erwartung für eine einfache monohybride Spaltung nicht gesichert, so daß die komplizierte genetische Grundlage nicht als bewiesen angesehen werden kann.

Bei *Fragaria vesca* ist schon seit langem eine Form *micrantha* bekannt, die sich durch veränderte Blüten- und Fruchtmerkmale von der Normalform unterscheidet. Nach Kreuzung mit normalen Pflanzen spaltet das Merkmal nicht mehr heraus, so daß trotz neuer Untersuchungen die Genetik des Merkmals ungeklärt bleibt (DAHLGREN). — An *Ranunculus bulbosus* und *Ranunculus acris* wurde festgestellt, daß für die Unterschiede zwischen gelben und blaßgelben Blüten, normale und kümmerliche Petalenentwicklung, Bildung eines Anthocyanfleckes an der Basis des Blattes und Ausbildung des Geschlechts eine genetische Grundlage gegeben ist, aber die Spaltungen gestört werden durch Apomixis, Semiletalität und wahrscheinlich auch völlige Letalität einiger Genkombinationen, so daß keine Angaben über die Anzahl der bei den einzelnen Merkmalen beteiligten Gene gemacht werden können (MARSDEN-JONES u. TURRILL). — In der Gattung *Linaria* gibt es einige Arten, die Blausäureheteroside bilden können. In Kreuzungen von *Linaria striata*, die in diese Gruppe gehört, mit *L. vulgaris* und *L. purpurea* zeigt sich, daß eine genetische Grundlage gegeben ist, die aber infolge verminderter Fertilität der Bastarde nicht genau analysiert werden konnte. Es läßt sich jedoch aussagen, daß ein monogener Erbgang möglich ist, mit intermediärer Ausprägung bei den Heterozygoten, und daß die Merkmale Blütenfarbe und Blütenform genetisch von der Fähigkeit zur Blausäurebildung unabhängig sind (DILLEMANN 1953a, b).

II. Quantitative Merkmale.

Die statistischen Grundlagen für die Auswertung von Versuchen über die Vererbung quantitativer Unterschiede zwischen verschiedenen Linien wurden von HAYMAN genauer bearbeitet. Es wird dabei eine Anwendung der Varianzanalyse auf dieses Problem gezeigt und am Beispiel des Blühbeginns von *Nicotiana silvestris*-Kreuzungen die Arbeitsweise demonstriert.

Die Art *Senecio vulgaris* ist durch schnelle Generationenfolge und viele leicht faßbare Merkmale für Untersuchungen über quantitative Merkmale besonders geeignet. Zunächst wurde die Variabilität von Höhe, Anzahl der Seitenzweige und Beginn der Blüte (Entwicklungsdauer und Geschwindigkeit der Keimlingsentwicklung) untersucht an 5 Generationen von 3 Familien, die größere Unterschiede dieser Merkmale zeigten. Bastarde weisen deutliche Heterosis auf, wobei aber die Größe der Sämlinge kein Maß für den Grad der Heterosis in späteren Entwicklungsstadien darstellt (HASKELL 1953b).

Mit genetischen Studien an *Solanum Melongena* L. befaßte sich GOTOH. Mit wenigen Ausnahmen sind alle Merkmale der Eierfrucht quantitative Variable. Einige, nämlich Fruchtform (= Längen-Breiten-Index), Fruchtgewicht, Entwicklungsdauer von der Aussaat bis zur Blüte, Verzweigung der Blütenstände und Behaarung der Mittelrippe wurden näher geprüft. Für Gene der Fruchtform und Inflorescenzverzweigung ist nur geringe Dominanz feststellbar, die meisten wirken in heterozygoten Pflanzen intermediär. Für die Entwicklungsdauer ergab sich zum Teil Überdominanz in Richtung auf kurze Vegetationsdauer, für Behaarung negative Dominanz. Zugleich wurde versucht, durch statistische Analyse den Anteil von Erblichkeit und Umwelteinflüssen an der Merkmalsausprägung festzustellen. Für die Fruchtform beträgt der Einfluß der Erbanlagen auf die Variabilität über 89%, die Umweltwirkung ist sehr gering. Es müssen 3—6 Gene für dieses Merkmal angenommen werden, wahrscheinlich sind aber noch mehr vorhanden.

Der erbliche Anteil der Variabilität des Fruchtgewichtes ist mit 88,8% ebenfalls sehr hoch. In einem Kreuzungsfall konnten mindestens 9 Gene für die Differenzen zwischen den Eltern bestimmt werden; in anderen Kreuzungen sind es weniger, je nach der Größe der Unterschiede zwischen den Ausgangstypen. Die Entwicklungsgeschwindigkeit ist ziemlich stark durch die Umwelt beeinflußbar, aber doch ist der genetische Faktor hier noch ziemlich hoch mit 69%. Es bestehen große Unterschiede zwischen den Elternformen, aber die Minimumanzahl der Gene ist doch gering und mit etwa 4 anzunehmen. Für die Gesamternte und die Fruchtzahl je Pflanze ist der Einfluß durch Außenfaktoren so stark, daß trotz der eindeutigen genetischen Grundlage dieser Merkmale die Minimumanzahl der an den Differenzen beteiligten Gene nicht zu bestimmen ist. Für Inflorescenzverzweigung und Behaarung sind je 3—4 Gene anzunehmen, daneben besteht aber eine starke phänotypische Variabilität. Ein Gen für Pigmentierung von Antheren und Kelch durch Anthocyane zeigt eine Korrelation mit Fruchtform und Fruchtgewicht, wobei in den Nachkommenschaften die Elterntypen bevorzugt auftreten; wahrscheinlich besteht eine Koppelung zwischen diesen Loci. Die geschätzte Anzahl von Genen für ein Merkmal bezieht sich immer auf eine bestimmte Kreuzung, die Gesamtzahl der Gene für die einzelnen Eigenschaften innerhalb der Art ist aber wahrscheinlich viel höher. Eine Klärung dieser komplizierten Verhältnisse war nur möglich mit Hilfe einer großen Anzahl von Kreuzungen und einer ausgefeilten Auswertungsmethode.

Eine Untersuchung der Genetik und der Dominanzverhältnisse einer Reihe von quantitativen Merkmalen bei *Nicotiana tabacum* führte über die Analyse von Nachkommenschaften aus Sortenkreuzungen zu einer Schätzung des Anteils an der Gesamtvarianz, der in den verschiedenen Populationen auf den genetischen Einfluß zurückgeht, und von da aus zu Hinweisen für die Züchtung ertragreicherer Sorten (ROBINSON, MANN u. COMSTOCK).

Die Genetik physiologisch-morphologischer Eigenschaften der Erbse, die mit der Blühzeit zusammenhängen, ergab, daß hier mehrere Merkmale entwicklungsgeschichtlich sehr eng verbunden sind in der Weise, daß die Nodienzahl vor allem die Blühzeit bestimmt. Daneben müssen aber noch andere Faktoren vorhanden sein, die die Entwicklungsgeschwindigkeit kontrollieren und bei der Bestimmung der Blühzeit mitwirken. Außerdem haben alle genetischen Faktoren, die die Reaktion auf die Tageslänge verändern, über ihren hemmenden Einfluß auf die Blütenbildung unter bestimmten äußeren Bedingungen auch Bedeutung für die genetischen Grundlagen der Blühzeit (HÄNSEL).

Eine sehr ausführliche Analyse der genetischen Grundlagen der Samengröße bei *Phaseolus* durch FRETS schließt an die früheren Untersuchungen des Verfassers an und gibt weitere Daten für die Anzahl und die Wirkungsweise der einzelnen Gene, die auf die verschiedenen Dimensionen der Samen einwirken. Für jede Ausdehnung sind 4 Gene nachgewiesen, die quantitative Veränderungen bewirken und sowohl genetisch als auch entwicklungsgeschichtlich unabhängig voneinander sind. Durch das Zusammenwirken dieser Faktoren werden sowohl die Größe wie auch die Form des Samens bestimmt. Gene, die ausschließlich auf die Form und die Relationen der verschiedenen Ausdehnungen einwirken, sind nicht vorhanden.

Die Untersuchung einer ganzen Reihe von quantitativen Merkmalen beim Mais ergab, daß für viele der beteiligten Gene in diesen polymeren Systemen partielle Dominanz vorliegt, aber in einigen Fällen sicher mit Heterosiseffekten, also Überdominanz, gerechnet werden muß (GARDNER u. Mitarbeiter). Für die Ausbildung der Grannen beim Reis wurde bisher angenommen, daß Begrannung dominant ist über grannenlos und durch zwei unabhängig voneinander wirkende Gene hervorgerufen werden kann. In Kreuzungen zwischen indischen grannenlosen und japanischen begrannten Reissorten ergaben sich jedoch Spaltungsverhältnisse, die nur gedeutet werden können, wenn im indischen Reis die Grannenlosigkeit durch einen dominanten Unterdrückungsfaktor verursacht wird (MISRO u. MISRO). Begrannung kommt dann nur zustande, wenn die Pflanze für diesen Faktor homozygot-recessiv ist und von den zwei anderen Begrannungsgenen die dominanten Allele erhält.

Polymerie konnte auch bei *Oenothera (Raimannia) affinis* (syn. *Berteriana*) für die abendliche Aufblühzeit nachgewiesen, sowie für Länge des Hypanthiums und Größe der Petalen wahrscheinlich gemacht werden. Bei diesen beiden letzten Eigenschaften kommt in einigen Bastarden Überdominanz vor, d.h. sie können Maße aufweisen, die über die Variabilität der Eltern hinausgehen, und zwar kommen Abweichungen in beiden Richtungen vor (TANDON u. HECHT).

Die Analyse der Polyembryonie bei *Linum sativum* ergibt, daß durch eine Anzahl von Genen die Anlage für die Eigenschaft bedingt wird, aber eine sehr starke phänotypische Beeinflußbarkeit vorliegt, die in einigen Fällen als Prädetermination, deren Wirkungsmechanismus nicht geklärt ist, über mehrere Generationen hinweg wirken kann (WRICKE). Bei Untersuchungen an *Lespedeza* (koreanische Futterpflanze) zeigt sich, daß für die Blütenfarbe die Annahme von 2 Genen genügt, um die Differenzen zu erklären, während auf alle übrigen untersuchten Eigenschaften, die im wesentlichen quantitativer Natur sind, wie Mehltauresistenz und Frühblüte, mehr als 2 Gene einwirken (HANSON).

Für eine Reihe morphologischer Merkmale, die eine kontinuierliche Variabilität zeigen, ergibt sich aus mehreren Befunden, daß alle durch polygene Systeme beeinflußt werden. Im einzelnen wurden folgende Merkmale untersucht: an Gerste verschiedene morphologische Eigenschaften der Ähre, die zusammen den Ertrag beeinflussen (KUMP), beim Reis Blühbeginn und Reaktion auf die Tageslänge (Langtag-, Kurztag- und Neutralreaktion) (GANGULEE), Wuchshöhe bei *Sorghum* (QUINBY u. KARPER) und Festigkeit der Baumwollfasern (SELF u. HENDERSON).

Besonderes Interesse beanspruchen die Untersuchungen über die Vererbung der Carotinoidfarbstoffe bei Tomaten, die in einigen neueren Arbeiten, sowie in einer ganzen Reihe von weiter zurückliegenden Publikationen bearbeitet werden (JENKINS u. MACKINNEY; TOMES,

QUACKENBUSCH, NELSON u. NORTH, dort weitere Literatur). Für die biologische Synthese von β-Carotin und Lycopin, sowie der anderen Carotinoide der Tomate, lassen sich 3 Hauptgene nachweisen, B, R und T, neben denen aber noch polymer wirkende Faktoren für die Gesamtmenge der Carotine vorhanden sein müssen. B und R und ihre recessiven Allele wirken in der Weise, daß die quantitative Zusammensetzung der Carotine in den Früchten beeinflußt wird. T—t bewirkt dagegen eine qualitative Veränderung der Zusammensetzung der Carotine, indem in tt-Pflanzen statt β-Carotin und Lycopin nur ζ-Carotin und Prolycopin auftreten. Besondere Probleme werden dadurch aufgeworfen, daß bei den mehrfach-recessiven Pflanzen der Gehalt der Früchte an den verschiedenen Carotinen nicht aus der Addition der Wirkung der einfach-recessiven zu erklären ist, sondern weitere qualitative und quantitative Verschiebungen aufweist, die auf ein sehr kompliziertes Zusammenspiel zwischen den Allelen dieser 3 Gene bei der Carotinoidsynthese hinweisen.

Die Prüfung der Vererbung weiterer biochemischer Merkmale beim Hafer ergab, daß der Gehalt an Nicotinsäureamid und Riboflavin jeweils polygen bedingt ist. In der F_2 treten Typen auf, die über die Variationsbreite der Elternformen hinausgehen. Diese enthalten also mehrere die Quantität dieser Wirkstoffe beeinflussende Gene, deren Wirkung sich in Neukombinationen addieren kann. Für den Proteingehalt muß ebenfalls Polymerie angenommen werden (FREY, SHEKLETON, HALL u. BENNE). — Die Reaktion von Maiswurzeln auf die Einwirkung von 2,4-D wird durch relativ wenige Gene gesteuert, deren Wirkung sich addieren kann (WILLIAMS u. JOHNSON). — Die Grundlagen seiner Theorie der polygenen Systeme werden von MATHER zusammengefaßt. Im Zusammenhang mit diesen Fragen treten Erscheinungen auf, die mehrfach beobachtet wurden, wenn mehrere Gene auf ein Merkmal einwirken. Durch den Einfluß eines Gens kann bei einem anderen die Dominanz so verschoben werden, daß ein Allel, das im Zusammenwirken mit einem bestimmten Genotyp dominant ist, in einer anderen Kombination recessiv wird, so daß der Phänotyp der Heterozygoten einmal dem einen, dann wieder dem anderen Elter entsprechen kann, in Abhängigkeit vom übrigen Genom. HALLQUIST analysierte zwei derartige Fälle von Dominanzwechsel, die Anthocyanbildung bei Lupinen und die Chlorophyllbildung bei Gerste. Beide zeigen, daß die Wirkung eines einzelnen Gens weitgehend vom Zusammenwirken mit anderen Genen abhängt, und sind aus den bisher bekannten Gesetzmäßigkeiten der Genwirkung zu erklären.

III. Komplementäre Faktoren.

Eine genauere Analyse des Auftretens der gefleckten Blätter beim Mais führte zum Nachweis eines Systems von mindestens 7 polymeren Genen, wahrscheinlich noch mehr, die alle im recessiv-homozygoten Zustand vorhanden sein müssen, um das Merkmal auftreten zu lassen. In F_2 und Rückkreuzungen treten daher die gefleckten Individuen in verschiedenen Zahlenverhältnissen auf, je nachdem, auf wieviele Gene sich der Unterschied zwischen den Elternpflanzen erstreckte (Sutô 1952b). Ein Teil dieser Gene konnte bestimmten Koppelungsgruppen zugeordnet werden. Da das Merkmal „gefleckte Blätter" erst durch das Zusammenwirken mehrerer Gene zustande kommt, wäre hier von komplementären Faktoren zu sprechen.

Bei der Gerste wurde nachgewiesen, daß die Purpurfärbung von Spelzen und Perikarp, für die bisher nur ein Gen bekannt war, noch von einem zweiten Gen hervorgerufen werden kann. Für diesen neuen Locus konnte auch die Lage in der Koppelungsgruppe II bestimmt werden. Das erste Gen Pp und das neu aufgefundene Cc wirken in der Weise zusammen, daß von jedem mindestens ein dominantes Allel vorhanden sein muß, um die Purpurfärbung hervorzubringen (Woodward u. Thiereti). Gerade hier zeigt sich wieder die Schwierigkeit der Begriffsbestimmung. Im allgemeinen werden als „komplementär" die Gene bezeichnet, bei denen die recessiven Allele mehrerer Loci zusammenwirken müssen, um einen vom normalen abweichenden Phänotyp entstehen zu lassen. Wenn der Begriff der komplementären Wirkung so ausgeweitet wird, daß hierunter alle die Fälle einbegriffen werden, bei denen mehrere Faktoren zusammen einen bestimmten Phänotyp eines Organs zustandebringen, so sind nahezu sämtliche Gene komplementär zueinander in diesem Sinne, da immer eine ganz bestimmte Allelenkombination vorhanden sein muß für die Ausbildung eines „normalen" Phänotyps.

IV. Probleme der Polymerie.

In einer weiteren Untersuchung werden von Lamprecht (1953d) 3 Paare polymerer Gene bei *Pisum* beschrieben und davon 2 Gene für Purpurfärbung der Hülse den Koppelungsgruppen I und III zugeordnet. Außer diesen 3 Paaren sind bisher noch 7 andere Paare polymerer Gene bei *Pisum* bekannt. Das häufige Vorkommen verschiedener Gene, die beide den gleichen Phänotyp hervorrufen, wird als Erklärung herangezogen dafür, daß für ein Merkmal bei *Pisum* oft widersprechende Koppelungsverhältnisse in voneinander unabhängigen Kreuzungen gefunden werden, da hierbei möglicherweise verschiedene Gene mit phänotypisch gleicher Manifestation untersucht sein könnten, wie es nachweislich in einzelnen Fällen tatsächlich vorgekommen ist. Ihr Auftreten wird, wie auch in früheren Untersuchungen des Verfassers, dem Vorkommen homologer Stücke in den einzelnen Koppelungsgruppen (= Chromosomen) zugewiesen. Als Stütze für diese Hypothese wird angeführt, daß in 7 Fällen die phänotypische Wirkung beider Gene gleichartig ist, während in 3 anderen die Ergebnisse der Wirkung der beiden beteiligten Gene eines Paares etwas voneinander abweichen, was als Lageeffekt gedeutet wird. Die Entstehung von reziproken Translokationen bei *Pisum* wird weiter dadurch erklärt, daß an diesen homologen Stellen verschiedener Chromosomen ausnahmsweise Paarung und crossing-over stattfinden kann. Alle diese Deutungen setzen aber voraus, daß die Hypothese der Duplikation zutrifft, und können deshalb nicht mehr als Beweis dafür angesehen werden, da hiermit ein Zirkelschluß entstehen würde. Die hier wiedergegebenen Ansichten des Verfassers stellen ein Hypothesengebäude dar, das für das vorliegende Material von *Pisum* als Erklärungsmöglichkeit zu werten ist, aber nicht als bereits bewiesene Theorie. Vor allem erscheint es nicht unbedingt zwingend, von einer phänotypischen Ähnlichkeit auf Homologie der Gene und von da aus auf Homologie der Chromosomenloci zu schließen. Die Erscheinung der Heterogenie gleicher Phäne ist an verschiedenen Objekten von anderen Autoren (unter anderem STUBBE an *Antirrhinum*) beobachtet, und ohne eingehende Untersuchung über die Gleichartigkeit der Genwirkung — und nicht nur des endgültigen erreichten Phänotyps — läßt sich über eine Homologie der Wirkung nichts aussagen. Außerdem braucht auch von einer völlig gleichartigen Wirkungsweise noch nicht unbedingt auf die Entstehung aus einer Duplikation kleinster Chromosomenteile geschlossen zu werden, wenn auch diese Möglichkeit einer sorgfältigen Prüfung an allen auftretenden Fällen bedarf. Vor allem bleibt es bei Annahme der Duplikationshypothese ungeklärt, wie der zur Merkmalsausbildung führende Prozeß durch eine Mutation an einem der doppelt vorhandenen Loci unterbrochen oder abgeändert werden kann, da dann immer noch das andere Gen homozygot „normal" vorhanden ist und für den geordneten Ablauf des Prozesses sorgen könnte. Es muß also zur Duplikation mindestens noch eine Arbeitsteilung zwischen den Loci kommen, wenn der beobachtete Effekt auf die Merkmalsausbildung erklärt werden soll.

Der Begriff der Polymerie wird, wie aus den Abschnitten II—IV hervorgeht, in wechselndem Sinne gebraucht, und zwar für drei ganz verschiedene Vererbungsmechanismen. Einmal wird er angewendet auf die Fälle, bei denen ein bestimmter, vom normalen abweichender Phänotyp nur durch Zusammenwirken mehrerer Gene erreicht wird, die getrennt keinen sichtbaren Effekt aufweisen; dann auch, wenn mehrere Gene, die jedes für sich monohybride Spaltungszahlen nachweisen lassen, den gleichen Phänotyp hervorrufen können; und schließlich dort, wo eine kontinuierliche Variabilität dadurch entsteht, daß viele Gene, die im einzelnen nicht faßbar sind, alle in gleicher Weise auf ein Merkmal einwirken, wobei jedes einzelne eben relativ kleine Veränderungen des Phänotyps verursacht. Eine einheitliche Diskussion sowohl über die genetische als auch über die genphysiologische Seite der Polymerie ist bis jetzt nicht zustande gekommen, weil immer wieder diese ganz verschiedenen Erscheinungen mit dem gleichen Wort bezeichnet werden. Vielleicht wäre es zu empfehlen, den Ausdruck „Polymerie" ganz fallen zu lassen und die jetzt schon vielfach eingebürgerten Ausdrücke der „komplementären Gene" für den ersten Fall, der „Heterogenie gleicher Phäne" für den zweiten, und der „Polygenie" für den zuletzt erwähnten Fall zu gebrauchen.

Mit grundsätzlichen Fragen befaßt sich HASKELL (1954) in einer Zusammenfassung über die Wirkung der Selektion auf polygene Merkmale, in der Untersuchungen sowohl an Pflanzen wie an Tieren gleichmäßig berücksichtigt werden. Es ist eine mehrfach beobachtete Erscheinung, daß bei Selektion auf ein polygen bedingtes Merkmal andere

Eigenschaften korrelativ mit verändert werden. Eine Erklärung wird auf Grund der Theorie von MATHER versucht.

V. Pleiotropie.

Mit der Wirkung pleiotroper Gene befassen sich mehrere Arbeiten. TULPULE definiert bei seinen Untersuchungen an Mais den Begriff der Pleiotropie dahingehend, daß hierunter nur solche Gene verstanden werden sollen, bei denen die verschiedenen beeinflußten Eigenschaften nicht entwicklungsgeschichtlich miteinander in Zusammenhang stehen. Vier nicht identische Mutanten, die alle eine Veränderung der Kornfarbe und weiße Keimlinge bedingen, werden unter diesem Gesichtspunkt untersucht. Ein Austausch zwischen den beiden Merkmalen wurde nicht beobachtet, so daß das Vorliegen von zwei eng gekoppelten Genen ausgeschlossen werden kann. Da beide Merkmale sich an verschiedenen Geweben, nämlich Endosperm und Keimling, ausbilden, ist anscheinend auch die zweite Voraussetzung für die Annahme einer Pleiotropie gegeben. Es besteht aber die Möglichkeit, daß die Gene primär entweder auf die Carotinoid- und Chlorophyllsynthese oder auf die Struktur der Plastiden einwirken, womit ein Zusammenhang zwischen beiden Merkmalen gegeben wäre und eine einheitliche, nicht pleiotrope Genwirkung vorläge, so daß im Augenblick noch nicht entschieden werden kann, ob es sich hier wirklich um einen Fall von Pleiotropie handelt. — Eine andere Untersuchung stellt fest, daß bei somatischen Mutationen von *Mentha crispa* zu einer glattblättrigen Form vom Typus der *M. spicata* zugleich immer die Zusammensetzung des ätherischen Öles sich verändert. Da immer beide Veränderungen parallel gehen, wird auf die Wirkung eines pleiotropen Gens geschlossen, das in den Rückschlagssprossen mutiert wäre (STEINER u. HOCHHAUSEN). — Pleiotropie der *erectoides*-Mutanten und ihr dadurch bedingter Einfluß auf die Standfestigkeit verschiedener Gerstensorten wurde von v. WETTSTEIN untersucht. Da alle *ert*-Faktoren durch je einen Mutationsschritt entstanden sind und sehr verschiedene morphologische und anatomische Merkmale an Sproß und Wurzel beeinflußt werden, handelt es sich wahrscheinlich um echte Pleiotropie, die sowohl genetisch wie entwicklungsphysiologisch von Interesse ist. —.Ein anderer Fall trat neu als Mutation bei der Tomate auf (LESLEY u. LESLEY). Das Allel cb beeinflußt Laubblatt- und Petalenentwicklung, diese aber in entgegengesetzter Richtung, und vermindert gleichzeitig die Fertilität. Da sich aus den Koppelungsuntersuchungen ergibt, daß es sich um ein Gen handelt und nicht um eine Mutation zweier gekoppelter Loci, und ein entwicklungsgeschichtlicher Zusammenhang mit den Störungen der Blattbildung und der Fertilität nicht zu erkennen ist, ist das als Mutation neu aufgetretene Allel zu den echten pleiotropen Genen zu rechnen.

Die Frage der pleiotropen Wirkung mancher Gene wird auch aufgerollt durch LAMPRECHT (1953g) in einer Zusammenstellung der bis jetzt bekannten Gene für die Morphologie der Blüte von *Pisum*. Eine Reihe von Genen beeinflußt die Form von Laubblättern, Stipeln und Kelchblättern. Wenn nur die verschiedenen Erfolgsorgane in Betracht gezogen werden, handelt es sich um echte Pleiotropie, wird dagegen die Genwirkung hier definiert als ein Einfluß auf die Blattentwicklung, der sich in gleicher Weise bei allen drei Blattorganen zeigt, so lassen sich alle diese Fälle durch die einheitliche Wirkung des betreffenden Gens erklären, womit dann die Voraussetzung für die Einordnung als echte Pleiotropie entfällt.

Gerade hier zeigt sich die Schwierigkeit einer eindeutigen Definition des Begriffs Pleiotropie. Während bei Tieren auch sehr verschiedenartige Endeffekte der Genwirkung häufig auf eine einzige Ursache zurückgeführt werden können, entsteht für Pflanzen die Frage, ob bereits dann von echter Pleiotropie gesprochen werden soll, wenn die gleiche Genwirkung bei der Entwicklung homologer Organe mehrfach während der Ontogenese auftritt, oder ob dieser Begriff eingeschränkt werden soll auf die Fälle, in denen nicht nur voneinander zeitlich unabhängige, sondern in ihrem Wesen verschiedenartige Prozesse beeinflußt werden.

Alle diese Untersuchungen beweisen, daß der Nachweis einer echten Pleiotropie sich nicht auf die morphologischen Feststellungen beschränken darf, sondern neben den genetischen Versuchen ausgedehnte entwicklungsgeschichtlich-physiologische Untersuchungen erforderlich sind, um alle Möglichkeiten einer anderen Erklärung auszuschließen. Es ist festzustellen, daß bei diesem Vorgehen aber nur den eindeutig positiven Befunden, die durch den Nachweis der Trennung der zunächst zusammen auftretenden Merkmale durch crossing-over oder des entwicklungsgeschichtlichen Zusammenhanges eine Pleiotropie sicher ausschließen lassen, ein Beweiswert zuerkannt werden darf, während bei negativem Ausgang der Untersuchung dieser Punkte immer noch damit gerechnet werden muß, daß bei vergrößertem Material doch noch Austausch-Individuen mit nur einem der betroffenen Merkmale gefunden werden könnten, oder sich bei einer besseren Kenntnis der Genwirkung entwicklungsmäßige Zusammenhänge der zunächst scheinbar zusammenhanglosen Merkmale aufzeigen lassen werden. Vor allem in diesem letzteren Punkt liegt die Schwäche jeder Untersuchung über die Pleiotropie. Nahezu alle Arbeiten zu diesem Thema schließen mit der Feststellung, daß der für den Ausschluß der Pleiotropie geforderte Nachweis nicht geführt werden konnte, da bei der Ausbildung der Merkmale physiologische Vorgänge beteiligt sind, über die keine ausreichenden Kenntnisse vorliegen, so daß eine weitere Analyse nicht möglich sei. Da andererseits an der strengen Definition der echten Pleiotropie festgehalten werden muß, wenn nicht völlige Verwirrung entstehen soll, kann nur festgestellt werden, daß bisher in keinem einzigen Fall eine derartige echte Pleiotropie gefunden wurde. Für alle bisher hier eingeordneten Fälle gilt nur die Vermutung, daß sie hier einzuweisen sind, bis zum Beweis des Gegenteils.

VI. Multiple Allelie.

Die Untersuchungen über multiple Allelie befassen sich zum größten Teil mit dem Nachweis neuer Serien bei verschiedenen Pflanzen.

WILLIAMS fand bei Sojabohnen eine Reihe von 3 Allelen, die auf die Färbung der Samenschale einwirken. — Bei *Pisum* wurde durch die Nachprüfung früherer Befunde verschiedener Autoren festgestellt, daß mehrere bisher als verschieden bezeichnete Gene identisch sind und eine Serie von 3 multiplen Allelen, U-Serie, für die Färbung und Streifung der Samenschale bilden (LAMPRECHT 1953c). Diese entspricht der R-Serie bei *Phaseolus*. Beide Allelenreihen beeinflussen die Anthocyanbildung und -verteilung in der Testa und die einzelnen Allele führen zu vergleichbaren phänotypischen Bildern, für die auch noch bei *Vicia*-Arten eine Parallele zu finden ist. — Bei *Corchorus* wurde für die A-Serie, die auf die Anthocyanbildung einwirkt, ein neues Allel A^D festgestellt, das die dunkelste bis jetzt bekannte Färbung hervorruft. Die Loci r—R (r = ganz gefärbt) und C—c (c = ganz grün) beeinflussen die Verteilung des Anthocyans, ohne die Farbintensität zu verändern. Durch Kombination der Allele dieser 3 Loci sind mehrere grüne Phänotypen möglich, die genetisch verschieden sind. Im Laufe dieser letzten Untersuchungen wurden fast alle diese Genotypen aufgefunden (DAS GUPTA u. SARMA).

Bei der Gerste wurden in Mutationsversuchen die bereits besprochenen Allele gefunden, die auf die Begrannung einwirken (BANDLOW). Diese Reihe ist besonders interessant deshalb, weil hier mehrere Allele vorhanden sind, die phänotypisch im Durchschnitt eine gleichartige Ausbildung des Merkmals, hier der Grannenreduktion, zustande bringen, aber mit verschiedener Variationsbreite, sich somit in Penetranz und Expressivität unterscheiden. In der Gerstensorte *Valki* trat eine Mutante auf, die durch die Ausbildung einer dritten Außenspelze gekennzeichnet ist und darin der *var. afghanicum* entspricht. Auch in diesem Fall ist durch die Mutation ein Rückschlag zu einer Primitivform entstanden. Die Koppelungsuntersuchungen ergaben den gleichen crossing-over-Wert mit einem Testgen für Spelzenfärbung wie das Allel der Wildform, so daß die Identität des mutierten Locus mit dem bereits bekannten sehr wahrscheinlich ist, wenn damit auch über die Identität der Allele nichts ausgesagt werden kann (KONZAK).

Mit den theoretischen Grundlagen des Problems der Entstehung multipler Allele befaßt sich LAUGHNAN an Hand der A-Serie beim Mais. Es gibt zwei verschiedene Deutungsmöglichkeiten für die Verhältnisse innerhalb dieser Reihe: einmal könnte nach GOLDSCHMIDT ein ursprünglich einheitlicher Locus vorhanden sein, der als Ganzes auf das betreffende Merkmal einwirkt und dessen einzelne Punkte unabhängig voneinander mutieren können, andererseits könnte die Zusammensetzung eines solchen Locus, der eine Serie multipler Allele trägt, aus verschiedenen Komponenten dadurch entstehen, daß ein einheitliches Chromosomenstück durch eine Duplikation verdoppelt wird und beide Teile dann getrennt auf das Merkmal einwirken und unabhängig mutieren. Die Untersuchungen an den verschiedenen Gliedern der A-Serie, insbesondere A^b, beweisen, daß hier wahrscheinlich die zweite Hypothese als Erklärung angenommen werden muß.

VII. Resistenz.

In den Bereich der Genetik der Resistenz gegen Infektionen fällt zunächst eine Untersuchung von NUTMAN (1954a, b) über die Symbiose zwischen *Trifolium pratense* und den Knöllchenbakterien der Art *Rhizobium trifolii*. Für die Variabilität, mit der die Symbiose auftritt, ist die Ursache in den Eigenschaften beider Partner zu suchen. Der Erfolg des Zusammenarbeitens hängt ab von Wirt und Symbiont, die beide unabhängig voneinander genetischer Variation unterworfen sind. Dies führt dazu, daß verschiedenartige Kombinationen von beiden Partnern den gleichen Ausprägungsgrad der Symbiose aufweisen können. Für die Infektionsfähigkeit des Wirtes ist ein Hauptgen i_1 verantwortlich, das in homozygoten Pflanzen mit dem normalen Bakterienstamm A keine Symbiose ermöglicht, dagegen wohl eine Infektion mit anderen, nicht mit A verwandten Stämmen zuläßt. Ein zweites Unterdrückungsgen m_1 hebt die Wirkung von $i_1 i_1$ auf und ermöglicht in diesen Pflanzen doch eine Infektion mit dem genannten A-Stamm. Die genetischen Unterschiede zwischen den verschiedenen Kleerassen einerseits und den Bakterienstämmen andererseits bedingen durch ihr Zusammenwirken den endgültig erreichten Grad der Infektion und den Erfolg der Symbiose.

Einen anderen, theoretisch ebenso interessanten Fall fand QUADT bei Tomaten. In Kreuzungen, die zur Erzielung von Resistenz gegen *Cladosporium fulvum* zwischen *Solanum lycopersicum* und *S. racemigerum* durchgeführt wurden, traten in der F_2 nekrotische Pflanzen auf. Diese Reaktion ist genetisch bedingt durch das Zusammenwirken von 2 Genen, wobei die nekrotischen Pflanzen jeweils zugleich resistent gegen die *Cladosporium*-Infektion sind. Es ergibt sich also, daß sowohl die Nekrose wie die Resistenz durch die gleichen physiologischen Eigenschaften bestimmt werden, die ihrerseits genetisch bedingt sind. Ein an sich letal wirkendes Gen, das als Hauptgen für die erbliche Nekrose anzusehen ist, kann in Kombination mit einem Hemmungsgen, also unter bestimmten genotypischen Bedingungen, einen resistenzfördernden und damit vitalitätssteigernden Einfluß haben und einen Selektionsvorteil bedingen. Der Vergleich mit Befunden an anderen Objekten zeigt, daß dort grundsätzlich die gleichen Verhältnisse angetroffen werden. Die Untersuchungen sind sowohl praktisch für die Züchtung resistenter Sorten als auch theoretisch für die Deutung komplexer Genwirkungen und die Bedingungen der Evolution von besonderem Interesse.

Die Resistenz gegen die Bronzefleckenkrankheit der Tomaten ist an eine sehr komplizierte genetische Grundlage geknüpft. Es wirken 5 Gene auf diese Eigenschaft ein, von denen in 2 Fällen die dominanten, bei den 3 anderen die recessiven Allele Resistenz bedingen. Von 4 geprüften resistenten Sorten enthielt keine alle Resistenzgene, so daß aus der Kombination immer wieder anfällige Sorten herausspalten (FINLAY).

Eine ganze Reihe anderer Arbeiten befaßt sich mit praktischen Fragen über die genetische Grundlage der Resistenz gegen bestimmte Infektionen bei Kulturpflanzen. Beim Mais ist die Resistenz gegen

Puccinia polysora durch ein dominantes Gen bedingt, während ein weiteres Gen für die Züchtung resistenter Sorten wahrscheinlich ebenfalls von Bedeutung ist (STOREY u. RYLAND). Die Anfälligkeit einiger amerikanischer Weizensorten gegen verschiedene Braunroststämme ist durch mehrere Gene bedingt, von denen eines nur Resistenz gegen einen bestimmten Pilzstamm, ein anderes dagegen gegen mehrere Stämme auf einmal hervorruft (HEYNE u. JOHNSTON). Die Arbeit befaßt sich gleichzeitig mit Koppelungsuntersuchungen dieser Loci. In anderen Kreuzungen sind die Verhältnisse komplizierter, wie WU u. AUSEMUS nachwiesen.

Die Genetik der Bakterienresistenz bei Baumwolle wurde von KNIGHT weiter untersucht (1953b, c, 1954b). In den Arten *Gossypium hirsutum*, *arboreum* und *anomalum* wurden verschiedene Gene für Resistenz gegen *Xanthomonas malvacearum* gefunden und der Versuch unternommen, diese durch Kreuzungen in *G. barbadense* einzulagern. Das Gen B_7 aus *G. hirsutum* ist nicht allel zu den bisher bekannten Resistenzgenen. In der Ausgangsform bedingt es völlige Resistenz. Es ist dort dominant, wird aber noch verstärkt durch Minorgene. Nach der Einlagerung in *G. barbadense* ist die durch B_7 hervorgerufene Resistenz geringer als die durch B_2, was durch den Verlust der Minorgene erklärt wird. Das Gen B_{6m} aus *G. arboreum* bewirkt allein keine Veränderung der Anfälligkeit, verstärkt aber die durch die Gene B_2 und B_4 hervorgerufene Reaktion soweit, daß im Zusammenwirken mit diesen fast völlige Resistenz gegen den genannten Erreger eintritt. *G. anomalum*, eine Wildart aus dem Sudan, kommt in einem relativ trockenen Gebiet vor, in dem keine natürliche Möglichkeit der Infektion mit *Xanthomonas* besteht, besitzt aber doch eine genetische Resistenz. Das Hauptgen ist recessiv (b_8). In Kreuzungen mit dem anfälligen *G. arboreum* tritt aber in der F_2 keine monohybride Spaltung ein. Erst nach mehreren Rückkreuzungen und folgenden Selbstungen erfolgt eine Annäherung der Spaltung an das erwartete Verhältnis 3:1. Die Resistenz von *G. anomalum* kann nicht auf Anpassung beruhen, sondern ist als präadaptive Resistenz zu bewerten. Das Gen b_8 ist eng gekoppelt mit R_2^{os} (Petalenfleck), wie entsprechende Kreuzungen zeigen.

Ebenso ausführlich wurden die Grundlagen der Resistenz gegen Jassiden, die als Überträger von Viruskrankheiten schädlich wirken, weiter verfolgt (KNIGHT 1953a, 1954a, KNIGHT u. SADD 1953, 1954). Die Resistenz gegen *Empoasca libyca* und *E. facialis* ist bedingt durch die Behaarung der Blätter. Hauptgene für die Behaarung sind H_1 und H_2, deren Wirkung durch die Zufügung von Minorgenen noch verstärkt werden kann. Insbesondere in *G. barbadense* beruht die Resistenz auf der Wirkung von H_1 im Zusammenwirken mit Minorgenen, in *G. hirsutum* kommen noch Modifikatoren für die Haarlänge hinzu. H_2 bedingt die sehr dichte Behaarung von *G. tomentosum*; das gleiche Gen wurde auch in *G. barbadense* nachgewiesen. Die Wirkung auf den Typ der Behaarung ist hier sehr verschieden, je nach der genotypischen Umwelt, in die das Gen eingelagert wird. Gleichzeitig wird, entweder durch Pleiotropie oder durch Koppelung mit anderen Genen, die Länge der Samenhaare und die Größe der Pflanze beeinflußt. Die hier von KNIGHT beschriebenen Gene sind zum Teil identisch mit den Faktoren, die früher von HARLAND gefunden wurden. Die Einlagerung dieser Gene in andere Rassen stößt zum Teil auf Schwierigkeiten, da H_1 gekoppelt ist mit einem Locus für Chlorophylldefekte, chl_1, der in chl_2 aus *G. barbadense var. Sakel* ein komplementäres Gen findet, die zusammen chlorotische Sämlinge bedingen und dadurch zum Ausfall der Homozygoten führen.

Beide Untersuchungsserien zeigen die Komplikationen und die Gefahren auf, die entstehen, wenn bei komplizierten Merkmalen, wie es hier die in beiden Fällen für die Resistenz verantwortliche Blattstruktur ist, versucht wird, einzelne Gene zu isolieren und ihre Wirkung zu erfassen. Manche der Deutungen von Spaltungszahlen und Versuche, bestimmte Loci zu erfassen, erscheinen gezwungen. Vor allem tritt diese Problematik hervor, wenn nicht in der F_2, sondern erst in späteren Generationen in einzelnen Familien Spaltungszahlen gefunden werden, die ungefähr der Erwartung entsprechen, und wenn dann hier auf die Wirkung eines einzelnen Gens geschlossen werden soll. Die Annahme eines polygenen Systems, wobei in einzelnen Familien nach mehreren Generationen eine teilweise Homozygotie erreicht werden kann, die die Spaltungen für einzelne Gene deutlicher hervortreten läßt, würde wahrscheinlich eine der Wirklichkeit besser angepaßte Deutung der genetischen Verhältnisse geben, die nicht nur für einzelne Familien, sondern für das gesamte Material Gültigkeit hätte.

VIII. Selbststerilität.

Eine ausführliche Darstellung des Problems der Selbststerilität gibt BATEMAN (1952, 1954a). Es werden die verschiedenen bei Angiospermen anzutreffenden Selbststerilitätssysteme einander gegenübergestellt und ihre genetischen Grundlagen und entwicklungsphysiologischen Auswirkungen beschrieben. Auf der Basis dieser theoretischen Auseinandersetzungen sind dann die anderen Untersuchungen zu verstehen, die sich mit den besonderen Verhältnissen bei einzelnen Arten befassen. Dabei wurde sowohl die sporophytische wie die gametophytische Selbststerilität an mehreren Formen untersucht.

Die Prüfung von *Iberis amara* (BATEMAN 1954b) zeigte zunächst, daß hier eine sporophytisch bedingte Selbststerilität vorliegt, wie sie bisher nur bei Compositen bekannt war. Die Anzahl der S-Allele ist ziemlich hoch; in einer Wildpopulation, die neben den Gartenrassen untersucht wurde, sind wahrscheinlich über 22 Allele vorhanden. Sind zwei verschiedene Allele in einer Pflanze gegeben, so können diese in der Weise zusammenwirken, daß die Reaktion für beide abgeschwächt wird, oder es besteht eine eindeutige Dominanz eines Allels. Auffallend ist, daß die sich so ergebenden Dominanzreihen für die Reaktion in Pollen und Griffel nicht identisch sind. In der S-Serie kommen auch Selbstfertilitätsallele vor, die sich nach ihrer Wirkungsstärke in die Dominanzreihen einordnen lassen. *Cosmos bipinnatus* fügt sich nach den Befunden von CROWE dem Compositentyp ein. Es liegt ein Locus vor, an dem mehrere Selbststerilitätsallele vorhanden sind. Gegenüber *Parthenium* und *Crepis* sind aber wesentliche Unterschiede dadurch gegeben, daß bei der Determination des Pollens die Allele vollständige Dominanz zeigen, also immer nur ein Allel wirksam ist, während im Griffel neben Dominanz auch getrennte Wirksamkeit beider Allele bestehen kann. Neben den Ergebnissen der Kreuzungsversuche mit *Cosmos* sind in der Arbeit noch theoretische Erörterungen auf Grund eines Vergleichs zwischen sporophytischer und gametophytischer Determination der Selbststerilität enthalten. Daß die erstgenannte Form der Selbststerilität viel weiter verbreitet sein muß, als bisher angenommen wurde, beweisen auch noch die Befunde an *Theobroma cacao* (KNIGHT u. ROGERS). Die Wirkungsweise der Selbststerilitätsallele in Pollen und Griffel zeigt bei dieser Art große Ähnlichkeit mit den für *Cosmos* beschriebenen Verhältnissen in bezug auf die Dominanz der Allele im Fruchtknoten.

Gametophytische Selbststerilität wurde in mehreren Fällen neu festgestellt. Besonders komplizierte Spaltungen ergaben sich bei *Melilotus officinalis* (SANDAL u. JOHNSSON). Neben dem Locus der S-Allele müssen noch zwei Loci mit Modifikationsgenen vorhanden sein, deren dominante Allele die Wirkung der S-Allele aufheben und Selbstfertilität bedingen, während bei Anwesenheit der recessiven Allele die S-Allele die Selbststerilität hervortreten lassen. Durch Kombination der verschiedenen Allele dieser Modifikatoren entstehen Zwischenstufen mit teilweiser Selbstfertilität. Bei *Brassica oleracea* L. *var. italica* PLENCK (Broccoli) kommt in verschiedenen Handelssorten Selbstfertilität neben Selbststerilität vor, wobei noch Zwischenformen auftreten, die durch geringen Samenansatz nach Selbstung gekennzeichnet sind (ANSTEY). Die Untersuchung der Kreuzungs- und Selbststerilität bei *Bromus inermis* ergibt, daß der Samenansatz hier durch 2 Faktoren bedingt wird. Zunächst wirken die Incompatibilitätsallele, in den verträglichen Kreuzungen kommen dazu Fertilitätsfaktoren, die von den ersteren unabhängig sind (ADAMS 1954).

Eine Anwendung der theoretischen Untersuchungen über die Selbststerilität und die Mutationen der S-Loci in der Züchtung wurde von LEWIS u. CROWE (1954a) dargestellt. Auf Grund der Versuche an *Oenothera* wurde eine Methode der Züchtung selbstfertiler Formen aus selbststerilen Arten ausgearbeitet und die Anwendung dieser Methode bei einigen wichtigen Obstsorten durchgeführt. Die Weiterführung dieser Versuche über die Mutabilität des S-Locus bei *Prunus* (LEWIS u. CROWE 1954b) führte zu der Feststellung, daß hier völlig gleiche Verhältnisse vorliegen, wie bei der früher vom selben Autor beschriebenen *Oenothera organensis*. Wie die verschiedenen Mutantentypen zeigen, besteht der S-Locus aus 2 Teilen, die für die Pollen- bzw. die Griffelreaktion des Allels verantwortlich sind und jedes für sich mutieren können. Sowohl Veränderung des Pollen- wie des Griffelanteils des Gens führt zur Selbstfertilität. Ebenso wie die beiden Teile getrennt oder gemeinsam mutieren können, ist auch eine Rückmutation in jedem der beiden Teile unabhängig vom Verhalten des anderen Teiles möglich. Das Verhalten dieser Rückmutationen bestimmter Mutanten des S-Locus (revertible mutations) wurde von LEWIS u. CROWE (1953) kurz diskutiert.

Beim Roggen entsteht die Selbstfertilität innerhalb selbststeriler Sorten durch das Zusammenspiel von mindestens 2 Fertilitätsfaktoren, die nicht allel zu der S-Serie sind (NILSSON). Beim Mais ist seit langem eine nicht-reziproke Kreuzungssterilität bekannt, die durch Allele des Locus Ga bedingt wird, und die erneut untersucht wurde unter Heranziehung aller drei bisher bekannten Allele (NELSON 1952, 1953). Unterschiede zwischen verschiedenen Maisvarietäten in der Wirkung der Ga-Serie sind in ihren Ursachen noch ungeklärt, geben aber vielleicht Hinweise auf die Wirkung von Modifikatoren. Da auch hier die genphysiologische Grundlage eine Reaktion zwischen Pollen und Griffelgewebe ist, läßt sich dieser Fall von Kreuzungssterilität an die Selbststerilität anschließen.

Das Verhalten des *mid*-Locus bei *Lythrum salicaria* ist Gegenstand einer Untersuchung von FYFE (1953), die sich mit der sog. doppelten Reduktion befaßt. Hierunter wird die Erscheinung verstanden, daß bei Tetraploiden in der zweiten meiotischen Teilung beide Chromatiden eines Chromosoms in eine der 4 Tetradenzellen gelangen können. Dieses postulierte cytologische Verhalten hat bestimmte genetische Konsequenzen, die an Kreuzungen zwischen mittel- und langgriffligen Pflanzen geprüft werden. Die Spaltungsergebnisse zeigen eindeutig, daß diese „doppelte Reduktion" tatsächlich vorkommt, und lassen eine Schätzung der Häufigkeit, mit der sie auftritt, zu. Bei der Untersuchung von *Trifolium* (BREWBAKER 1953, 1954) ergab sich, daß die diploiden Klone selbststeril sind auf Grund einer Serie von S-Allelen (Personatentypus), dagegen einige Klone diese Eigenschaft nach Polyploidisierung verlieren, was auf eine Konkurrenzwirkung der beiden S-Allele in heterogenen Pollenkörnern zurückzuführen ist.

Als Letztes sind die Untersuchungen über Selbststerilität bei Polyploiden im Vergleich mit den zugehörigen diploiden Rassen zu erwähnen. LINDER (1954c) leitet ein Maß ab, das es ermöglicht, aus den Kreuzungserfolgen zu entscheiden, ob im diploiden Pollen der Tetraploiden nur ein oder beide Allele zusammen für die Selbststerilitätsreaktion verantwortlich sind. Die Prüfung der natürlichen Polyploiden *Oenothera fructicosa* und der künstlich hergestellten 4n-*Oe. missouriensis* ergab für beide, daß eine Differenz in nur einem Allel zwischen Pollen und Griffelgewebe genügt, um das Wachstum des Pollenschlauches zu ermöglichen. Bei *Trifolium hybridum* zeigt sich eine Parallelität zu den Befunden bei *Melilotus*, indem in den verträglichen Kreuzungen der Samenansatz weitgehend nicht mehr von den S-Allelen, sondern von anderen Genen bestimmt wird. Die Tetraploiden sind hier selbstfertil, weil die heterogenen Pollenschläuche ungehindert den Griffel durchwachsen können (BREWBAKER 1953). — Vgl. zu diesem Abschnitt Incompatibilität bei Blütenpflanzen, S. 810.

IX. Geschlechtsbestimmung.

Bei den Untersuchungen über die Vererbung des Geschlechts bei höheren Pflanzen sind 2 Gruppen von Untersuchungen zu unterscheiden. Die eine befaßt sich mit der Geschlechtsvererbung im klassischen Sinne, also der Untersuchung der Verhältnisse bei diöcischen Pflanzen, während eine ganze Reihe anderer Arbeiten sich mit den Formen beschäftigt, die durch Sterilität in einem Geschlecht eine sekundäre Eingeschlechtlichkeit besitzen, und die dieser Anomalie zugrunde liegenden Faktoren analysiert.

Bei *Spinacia* ließ sich für die Genetik der Intersexe eine neue Hypothese aufstellen. Danach liegt ein XY-Mechanismus vor mit ♂ Heterogamie. Zusätzlich sind noch zwei weitere, eng gekoppelte Faktoren vorhanden. Wenn die Wirkung der Allele dieser beiden Loci gegeneinander ausbalanciert ist, entstehen rein diöcische Pflanzen, nach einem Austausch durch crossing-over dagegen Zwitter, die in der Nachkommenschaft konstant bleiben oder in bestimmten Verhältniszahlen aufspalten können (BEMIS u. WILSON). Das klassische Objekt für Untersuchungen über die Geschlechtsbestimmung, *Bryonia*, wird von HEILBRONN erneut bearbeitet unter Heranziehung der diöcischen Art *Br. multiflora*, die mit *Br. dioica* nahe verwandt ist. Die Bastarde zwischen beiden Arten sind reziprok verschieden. Aus *Br. dioica* ♀ × *multiflora* ♂ entstehen nur monöcische Pflanzen, während die reziproke Kreuzung ausschließlich eingeschlechtige Individuen ergibt. Diese Ergebnisse machen es wahrscheinlich, daß bei Br. die Geschlechtsbestimmung durch ein Zusammenspiel von plasmatischen Anlagen und Realisatorgenen erfolgt, die innerhalb einer Art aufeinander abgestimmt sind, während bei Artkreuzungen dieses Verhältnis gestört werden kann und Zwitter entstehen.

LINDER (1954b) gibt eine Zusammenfassung aller genetischen Mechanismen, die bei *Oenothera missouriensis* und *fructicosa* eine Verminderung der Fertilität zustande bringen, insbesondere der Faktoren, die Sterilität in einem Geschlecht bedingen. Die Wirkungsweise dieser Gene ist sehr verschiedenartig und wirkt sich sporophytisch oder gametophytisch aus. Der phänotypische Effekt besteht in einer Verhinderung der Blütenbildung, Degeneration des sporogenen Gewebes in den Antheren, Letalität des Pollens oder Bildung abnormer Samenanlagen. In einem Fall entsteht die Sterilität der Samenanlagen dadurch, daß durch die Bildung einer zweiten Blüte im Innern des Fruchtknotens die Placenten in ihrer Entwicklung gestört werden (LINDER 1954a).

Eine Reihe weiterer Beispiele für die Bildung weiblicher Pflanzen durch Sterilität der Antheren wird von verschiedenen Pflanzen beschrieben. Bei Gerste trat eine neue Mutante auf, bei der durch Umbildung von Staubblättern überzählige Fruchtknoten entstehen, die befruchtungsfähig sind und überzählige Früchte in der Blüte ergeben können (MOH u. NILAN). — Bei der Tomate trat eine staubgefäßlose Form auf. Die Expressivität des Gens kann aber unter bestimmten äußeren Bedingungen (Gewächshauskultur im Winter) so weit verändert werden, daß reduzierte Staubgefäße mit funktionsfähigem Pollen entstehen und Selbstbefruchtung möglich ist (BISHOP 1954b). — Für *Medicago* wird eine pollensterile Form beschrieben, bei der die Staubgefäße zwar normal ausgebildet sind, die PMZ aber nach Anschwellen der Tapetenzellen degenerieren. Verursacht wird diese Entwicklungsstörung durch ein, teilweise auch 2 Gene. Eine andere Form der Teilsterilität wird durch 3 Genpaare gesteuert, die eine quantitative Wirkung ausüben und sich addieren (CHILDERS). — Im Anschluß an die Beschreibung pollensteriler Mutanten von *Petunia* gibt WELZEL eine Übersicht über die Genetik der Pollensterilität unter Heranziehung der Literatur über zahlreiche Arten. Bei *Petunia* wurden zwei eng gekoppelte Gene gefunden, die auf verschiedenen Stadien in die Entwicklung der PMZ eingreifen, wahrscheinlich über eine Veränderung der Sekretion des Tapetums. Die gesamte Funktion des Tapetums und die Pollenentwicklung werden von einer sehr großen Anzahl von Genen gesteuert, die erst durch ihr Zusammenwirken eine normale Ausbildung des Pollens ermöglichen, während die mutierten, meist recessiven Allele einen Funktionsausfall oder eine Fehlentwicklung zur Folge haben. Allen gemeinsam ist aber, daß sie, wenn auch auf sehr verschiedenen Wegen, zu ♂-sterilen Pflanzen führen.

Bei einer Linie vom Mais mit Semisterilität kommt diese dadurch zustande, daß ein in der Haplophase wirkendes Allel eine Degeneration der Eizellen bedingt und so nur durch den Pollen der Heterozygoten übertragen werden kann. Die gleichzeitig in derselben Linie auftretende Teilsterilität des Pollens rührt aber nicht davon her, sondern wird durch ein anderes Gen bedingt, das in die meiotische Prophase eingreift und die Pollenentwicklung stört (NELSON u. CLARY).

Für die Geschlechtsbestimmung bei *Ranunculus* (MARSDEN-JONES u. TURRILL) und *Cucurbita* (WEILING) ergaben die Kreuzungen, daß eine genetische Grundlage gegeben ist, aber eine genauere Analyse des Mechanismus der Geschlechtsbestimmung war nicht möglich.

X. Homomere Faktoren.

Besondere Fragen werden aufgeworfen durch die Vererbungserscheinungen bei tetraploiden Arten. Bei Luzerne fand sich tetrasomische Spaltung für 2 Blattanomalien, die durch je 1 Gen bedingt werden, was erneute Hinweise auf die Autotetraploidie der Art gibt (STANFORD u. CLEVELAND). Zu gleichartigen Schlußfolgerungen führten die Beobachtungen über die Genetik der Blütenfarbe bei derselben Art (DEMARLY), für die 2 Gene vorhanden sind. Bei *Dactylis glomerata* konnte an Hand der Spaltungen eines Gens für Chlorophyllbildung die Vererbungsweise nicht direkt geklärt werden, da die 4fach-recessiven nicht lebensfähig sind und die übrigen Genotypen phänotypisch nicht eindeutig unterschieden werden können. Es ergaben sich aber doch Hinweise darauf, daß auch hier tetrasome Vererbung vorliegt (BRIX u. QUADT).

Bei *Phleum pratense* spalteten nahezu alle Pflanzen einer Zucht weiße Sämlinge ab in Verhältniszahlen, die als hexaploide Spaltung zu interpretieren sind. Auffallend ist dabei die große Häufigkeit der albino-Gene. Jede der geprüften Pflanzen enthält wahrscheinlich die mutierten

Allele von mehreren Genen. Durch die komplizierten Spaltungsverhältnisse bei hexaploiden Formen ist es möglich, daß eine Rasse sehr viele letale Allele in einer vitalen Population ansammelt. Die 6 Genome müssen fast völlig identisch sein, da sonst keine hexasome Spaltung zustande kommen könnte (NORDENSKIÖLD). BENNETT (1953b) gibt dann eine Darstellung der besonderen mathematischen Fragen, die bei der Bearbeitung von Koppelungsuntersuchungen bei hexasomer Vererbung auftreten, und eine kurze Erklärung der komplizierten statistischen Methoden, die zur Lösung zur Verfügung stehen.

Eine besonders interessante Frage schneidet STEPHENS an (1954a, b) mit der Untersuchung der Homologie von Genloci bei verschiedenen Baumwollarten. Die Pollenfarbe wird bei den diploiden Arten bestimmt durch 2 komplementäre Gene. Wenn das Gen für gelben Pollen aus *Gossypium arboreum*, P_a, über einen Tripelbastard in *G. hirsutum* gebracht wird, erweist es sich dort als identisch mit dem gelb-Allel dieser Art. Da *G. hirsutum* amphidiploid ist mit den Genomen A und D und *arboreum* diploid mit dem A-Genom, läßt sich der Pollenfaktor, der mit P_a homolog ist, im A-Genom lokalisieren. Die gelbe Blütenfarbe der diploiden Arten wird ebenso durch 2 komplementäre Gene bedingt. Durch die Analyse derselben Bastarde konnte das Hauptgen für Blütenfärbung der amphidiploiden Arten ebenfalls dem A-Genom zugewiesen werden. Hierbei handelt es sich wahrscheinlich um den Locus Y_c von *arboreum*, der somit dem Locus Y_1 der Amphidiploiden homolog ist. Zwischen den Loci für Pollen- und Corollenfärbung P_a und Y_c besteht keine Koppelung. Parallel mit diesen Untersuchungen konnten die Chemie der Farbstoffe und die Wirkung der einzelnen komplementären Gene weiter geklärt werden.

D. Koppelung und crossing-over.

Für viele der in den vorhergehenden Abschnitten beschriebenen Gene wurden gleichzeitig die Rekombination mit Testloci untersucht und die crossing-over-Werte bestimmt, um auf diese Weise eine Zuordnung zu bekannten Koppelungsgruppen der betreffenden Art durchzuführen. Diese bezieht sich vor allem auf die Kreuzungen mit *Zea Mays*, *Hordeum*, *Pisum* und auf vereinzelte Befunde bei einer Reihe anderer Arten, die an den entsprechenden Stellen bereits erwähnt wurden. Bei *Pisum* wurden weiterhin die Spaltungen und crossing-over-Verhältnisse für das schon länger bekannte Gen Wsp untersucht und die Lage im Chromosom VII festgestellt, wodurch eine Erweiterung der Genkarte dieser Koppelungsgruppe ermöglicht wurde (LAMPRECHT 1954e). Eine Translokation zwischen den Koppelungsgruppen V und III, die durch die Gene Gp bzw. B markiert waren, ergab sehr niedrige crossing-over-Werte zwischen diesen Loci. Die Lage des Translokationspunktes zwischen beiden Chromosomen, die aus früheren Untersuchungen bereits bekannt war, konnte im Verlauf dieser Arbeit erneut bestätigt werden (LAMPRECHT 1953b). Bei *Nicotiana* sind 2 Loci für die Ausbildung der Blattohren (Au_0—au_0) und Blattstiele (Pt—pt) mit etwa 20% Austausch gekoppelt (KADAM u. RADHAKRISCHNAMURTHY). Das schon lange bekannte Gen bt$_2$ von *Zea mays* ließ sich auf Chromosom IV lokalisieren durch die Feststellung seiner Koppelung mit dem Locus su$_1$ (TEAS u. TEAS).

Mit den besonderen Problemen, die durch die Variabilität der crossing-over-Werte entstehen, befaßte sich LAURITZEN bei *Antirrhinum*. Die Untersuchungen wurden mit den bas- und el-Koppelungsgruppen von *Antirrhinum* an einem großen Material unter verschiedenartigen experimentellen Bedingungen, wie unterschiedliche Wasserversorgung und Temperaturschock, durchgeführt. Sie ergaben starke Schwankungen der Austauschwerte, die sich im Sinne der Theorie von OEHLKERS auf Veränderungen der Chiasmenbildung unter dem Einfluß der Versuchsbedingungen zurückführen ließen.

Die Frage der immer-spaltenden Levkojen (*Matthiola incana*) ist trotz der wiederholten Untersuchung immer noch nicht endgültig gelöst, wenn auch die letzten Versuche von JOHNSON zeigen, in welcher Richtung die Lösung zu suchen ist. In den Kulturen der immer-spaltenden Rassen treten ab und zu auch Pflanzen mit ungefüllten Blüten auf, die in der Nachkommenschaft konstant sind, während einzelne ihrer Abkömmlinge wiederum Pflanzen mit gefüllten Blüten abspalten, aber nicht in den üblichen Zahlenverhältnissen, was darauf hindeutet, daß das Allel für Blütenfüllung nicht vollständig verlorening. Diese Befunde von JOHNSON stimmen mit denen von KAPPERT überein, aber in der Deutung weichen beide Autoren voneinander ab. Nach KAPPERT entstehen die konstanten, ungefüllten Sippen durch crossing-over zwischen den Loci S und l, wodurch das Allel für ungefüllte Blüten von dem Letalfaktor abgetrennt wird. Eine Alternative ist in der Annahme einer Mutation von l → + oder von s → S gegeben, für die aber keine weiteren Anhaltspunkte bestehen. Von JOHNSON wird nun eine neue Hypothese geboten, in der ein unregelmäßiges crossing-over angenommen wird, wodurch Gameten der Konstitution Ss+ entstehen. Diese geben zusammen mit Sl-Gameten Pflanzen mit ungefüllten Blüten, die im allgemeinen konstant-ungefüllte Nachkommen hervorbringen, aber ausnahmsweise durch erneutes, unregelmäßiges crossing-over s+-Gameten entstehen lassen, die bei Kombination mit einem gleichartigen Partner die gefüllten Ausnahmepflanzen hervorbringen. Wegen der guten Übereinstimmung der experimentellen Daten kann der Autor sowohl das eigene Material als auch dasjenige von KAPPERT mit dieser Annahme erklären. Mit einer weiteren Ausnahme befaßt sich HASKELL (1953).

E. Heterosis und Inzucht.

Die Problemkreise der Heterosis und der Inzuchtdepression sind nicht voneinander zu trennen, wodurch sich ergibt, daß viele Untersucher beide Fragen zusammen an einem Material experimentell behandeln. Eine Zusammenfassung der Ergebnisse und Probleme der Heterosisforschung ist gegeben in einem Sammelband mit 30 Beiträgen, herausgegeben von GOWEN. Eine mathematisch-statistische Behandlung einer Reihe von Fragen, die mit der Berechnung des Fortschreitens der Homozygotie in Inzuchtlinien zusammenhängen, wurde von BENNETT

(1953a) auf der Grundlage des Buches von FISHER über die Inzucht weitergeführt.

Die Untersuchungen über „Heterosis" lassen sich in mehrere Gruppen gliedern. Eine Reihe von Autoren befaßt sich mit der Definition des Begriffes und den verschiedenen Möglichkeiten der Heterosis. Einen breiten Raum nehmen dann auch die Versuche ein, die genetischen Grundlagen bei den einzelnen Arten zu erfassen. Es schließt sich eine weitere Gruppe an, in der versucht wird, die Erscheinungsformen der Heterosis nicht nur statisch am Endzustand zu beschreiben, sondern als Entwicklungsvorgang zu erfassen, und die genphysiologischen Grundlagen durch einen entwicklungsphysiologischen Vergleich von Bastard und Eltern zu finden. Schließlich sind die Arbeiten zu nennen, die sich ohne weitere Problematik mit der Feststellung der Heterosis bei verschiedenen Arten befassen.

Mit den theoretischen Grundlagen, die sich aus den bisher bekannten Befunden über die Heterosis ableiten lassen und eine Deutung ermöglichen, setzt sich HAGBERG auseinander (1953). Gerade diese Arbeit zeigt in dankenswerter Weise die ganze Problematik der Heterosisforschung auf, die zum Teil darin begründet ist, daß die einzelnen Autoren sehr verschiedenartige Phänomene mit dem Wort Heterosis oder Luxurieren der Bastarde bezeichnen. Nach der ursprünglichen Definition von SHULL ist damit die Erscheinung gemeint, daß die F_1 einer Kreuzung in bestimmten Merkmalen den größeren Elter übertrifft. HAGBERG spricht sich dafür aus, diese eindeutige Formulierung beizubehalten. Demgegenüber werden noch zwei andere Definitionen verwendet: Zunächst wird es vielfach bereits als Heterosis angesprochen, wenn der Bastard den Mittelwert der Eltern übertrifft. Die bei Verwendung dieser Definition entstehenden Schwierigkeiten sind deutlich, da dann jeder Fall von Dominanz unter den Begriff der Heterosis f lt und außerdem verschiedene Mittelwerte möglich sind, mit und ohne Transformation der Meßskala, so daß der Begriff „Mittelwert der Eltern" nicht eindeutig festgelegt werden kann. Von anderen, unter anderem BRIEGER, wird die Heterosis nicht als Differenz zwischen den Eltern und der F_1 gemessen, sondern durch den Vergleich der F_1 mit der nach mehrfacher Selbstung in den folgenden Generationen auftretenden Inzuchtdepression gefunden. Es ist deutlich, daß die einzelnen Autoren, je nach der Definition der Heterosis, von der sie ausgehen, ganz verschiedene Tatsachen bei ihren Messungen berücksichtigen und je nach der Art der verwendeten Bezugssysteme und Meßskalen diese in ganz verschiedener Weise erfassen, so daß die als „Heterosis" bezeichneten Fälle sehr unterschiedlicher Natur sind und als Folge davon auch sehr verschiedene Ursachen dafür gefunden werden. Für eine weitere Auseinandersetzung mit diesen Fragen muß auf die genannte Arbeit von HAGBERG verwiesen werden.

In einer Serie von Untersuchungen befaßt sich HAGBERG weiter mit den Erscheinungen der Heterosis bei verschiedenen Pflanzen. Die Untersuchungen an *Galeopsis* (1952) lassen unter anderem noch besonders deutlich werden, daß unterschieden werden muß zwischen einer Form der Heterosis, die unmittelbar von den genischen Einflüssen abhängt, und einer mittelbar bedingten, scheinbaren Heterosis, die entsteht, wenn die Bastarde als Folge verminderter Fertilität eine gesteigerte vegetative Entwicklung aufweisen. Bei *Hordeum* (HAGBERG 1953a) wurden an einer Reihe von Kreuzungen verschiedener Sorten mit nachfolgender Selbstung über mehrere Generationen verschiedene Merkmale gemessen, die sich auf die vegetative Entwicklung und Fertilität bezogen. Komplexe Merkmale, wie Samenertrag, wurden dabei möglichst in mehrere Komponenten zerlegt (Größe der Karyopsen, ihre Zahl je Ähre, Ähren je Pflanze usw.). Zum Vergleich wurden einige Kreuzungen zwischen tetraploiden Sorten durchgeführt. Anschließend wurde in F_2—F_6 die Inzuchtdepression dieser Merkmale verfolgt. Eine Heterosis des Bastards im Vergleich mit den Elternsorten zeigte sich nur dort, wo entweder keine oder eine negative Selektion bei der Züchtung durchgeführt wurde, z.B. Halmlänge. Für dieses Merkmal ist auch die Inzuchtdepression bis zur F_3 sehr stark. Für die meisten Merkmale stimmt die F_1 mit dem größten Elter überein oder nähert sich ihm sehr stark. Für komplexe Merkmale, wie den Ertrag, kann sich bei Zerlegung des Merkmals herausstellen, daß die scheinbare Heterosis auf einer günstigen Kombination dominanter Merkmale beider Eltern beruht. Die Schwierigkeit in der Deutung der Verhältnisse bei der Gerste liegt in der Definition der Heterosis. Für die Pflanzenhöhe ist in der F_1 der Anstieg gegenüber dem Mittelwert der Eltern deutlich, für den Ertrag nicht. Wird dagegen die Definition der Inzuchtdepression zugrunde gelegt, dann ist für beide Merkmale die Heterosis gleich stark. Im übrigen war Heterosis der Bastarde nur in wenigen Kreuzungen zu beobachten, ohne einen Zusammenhang mit Verwandtschaft oder geographischer Verbreitung der Elternformen zu zeigen.

Eine Analyse der Heterosis bei Kreuzungen verschiedener tetraploider *Roggen*formen zeigt, daß alle 13 untersuchten Merkmale dazu beitragen, den Körnerertrag der F_1 gegenüber den Elternformen zu steigern (MÜNTZING 1954). Der Verfasser versucht, an Hand dieses Beispieles zu zeigen, daß kein grundsätzlicher Unterschied besteht zwischen den Fällen von Heterosis, in denen die F_1 den Mittelwert der Eltern übersteigt, gegenüber denen, die den größten Elter übertreffen. MALINOWSKI (1952a, b) kommt durch Untersuchungen an *Petunia* und *Phaseolus* unter Heranziehung der Arbeiten anderer Autoren zu dem Schluß, daß hier die Heterosis nicht durch die Kombination dominanter Gene beider Eltern erklärt werden kann, sondern eine andere, früher von diesem Autor aufgestellte Hypothese, die Wirkung komplementärer Faktoren, eine Deutung ermöglicht.

Der Diskussion über die genetischen Grundlagen der Heterosis, die sich bereits über Jahrzehnte hinzieht, steht durch die Arbeiten der letzten Jahre ein großes, mit einwandfreien Methoden untersuchtes Material zur Verfügung, aus dem eindeutig hervorgeht, daß der schon frühzeitig aufgestellte Gegensatz zwischen Dominanz und Heterozygotie als Ursache der Erscheinungen keine echte Alternative ist, sondern daß beide Möglichkeiten verwirklicht sind. Die Frage nach den genetischen

Ursachen der Heterosis wurde von LEWIS (1954a) an *Tomaten* bearbeitet. Als Test wurde die Anzahl der Blüten je Infloresenz gewählt und die Variabilität dieses Merkmals an 2 Kultursorten untersucht, die besonders große Unterschiede zeigten, sowie am Bastard, weiteren Selbstungsgenerationen und Rückkreuzungen. Die Anzucht unter verschiedenen Umweltbedingungen (Temperatur 13 und 25°) ermöglichte es, die Wechselwirkungen zwischen Genen und Umweltbedingungen einzubeziehen. Auf Grund theoretischer Überlegungen sind 2 Möglichkeiten für einen Heterosiseffekt gegeben, nämlich die Summierung der Wirkung einzelner Loci unter Berücksichtigung vorhandener oder fehlender Dominanz, und andererseits die Überdominanz, d.h. die gesteigerte Wirkung eines Allels auf Grund der Kombination mit einem andersartigen Allel desselben Locus. Zuerst werden die Voraussetzungen und Folgerungen dieser verschiedenen Möglichkeiten abgeleitet, und dann wird auf Grund einer dem Ziel angepaßten Versuchsplanung untersucht, welchem der verschiedenen Wirkungsschemata sich die Daten am besten anpassen. Für das untersuchte Merkmal bei Tomaten ergibt sich eindeutig eine Entscheidung zugunsten der Summierung der Wirkung dominanter Gene. Der Vergleich mit anderen Objekten zeigt weiter, daß bei Selbstbefruchtern für die Ausbildung der Heterosis vorzugsweise die gleichen Verhältnisse gelten, während anzunehmen ist, daß bei Fremdbefruchtern, die bereits normalerweise einen hohen Grad an Heterozygotie aufweisen, die Heterosis vorwiegend auf Überdominanz beruht. Zu gleichen Ergebnissen kam BURDICK bei der Untersuchung der Heterosis für Frühreife der Tomaten.

Bei *Antirrhinum* (STUBBE 1953b) ließ sich durch Kreuzung verschiedener Mutanten untereinander und mit der Ausgangsform in einer großen Anzahl von Fällen nachweisen, daß die deutliche Heterosis, hier als Übertreffen des größten Elters gemessen, durch die Heterozygotie in einem oder zwei Genen bedingt ist. Die Untersuchungen der Bastarde beim *Mais* führten für verschiedene Eigenschaften zu der Feststellung einer Heterosiswirkung. Bei Kreuzungen zwischen Zucker- und Zahnmais zeigt sich dies zuerst in einer Erhöhung der Keimprozente gegenüber den Elternformen (HASKELL 1952). Bei Bastardierung zwischen Pferdezahn- und Hartmaissorten ließ sich eine Steigerung des Ertrags und anderer wirtschaftlich wichtiger Eigenschaften in der F_1 gegenüber den Eltern nachweisen, auch ohne daß durch vorhergehende mehrjährige Selbstung eine Inzuchtdepression hervorgerufen worden wäre (TAVČAR). Die Untersuchung des Kornertrags ergab, daß für die Heterosis die Kombination dominanter Allele der Elternsorten, zum Teil aber Überdominanz einzelner Allele verantwortlich ist (LONNQUIST). Eine genauere Untersuchung der Rolle der Dominanz bei der Ausbildung der Heterosis zeigt in einer sehr sorgfältigen Versuchsplanung, daß für den Heterosiseffekt bei den meisten Merkmalen die Kombination dominanter Gene aus den Eltern als Ursache angesehen werden muß, daß aber besonders für die Wirkung auf den Ertrag mit Überdominanz zu rechnen ist (GARDNER, HARVEY, COMSTOCK u. ROBINSON).

Bei *Antirrhinum* wurde ebenfalls versucht, den festgestellten Heterosiseffekt auf entwicklungsphysiologisch faßbare Ursachen zurückzuführen (HANEY, GARTNER u. WILSON; GARTNER, HANEY u. HAMMER). Bei Kreuzungen von 2 Inzuchtlinien zeigt sich, daß der Grad der Heterosis eine deutliche Korrelation mit dem Aussaattermin aufweist, so daß ein Einfluß der jahreszeitlich wechselnden Sonneneinstrahlung auf die Ausbildung der Wuchsdifferenzen angenommen werden muß. Die Wuchsstoffwirkung beim Besprühen junger Pflanzen mit Heteroauxinlösung ergab Hinweise dafür, daß die F_1-Pflanzen empfindlicher sind als die Eltern. Den Bastarden kommt die Fähigkeit zu, den gebildeten Wuchsstoff auch unter erhöhter Lichtwirkung länger aktiv zu halten als in den Eltern. Die beobachtete Heterosis und ihre jahreszeitlichen Unterschiede sind hierauf zurückzuführen.

Schließlich sind die Arbeiten zu nennen, die sich mit der Feststellung der Heterosis bei verschiedenen Pflanzen befassen. Bei Bastarden zwischen mehreren Wildarten der Gattung *Sanseviera* zeigt sich eine deutliche Heterosis unter anderem in der Blattlänge, die in verschiedenen Kombinationen sehr unterschiedlich ausgeprägt ist (PATE, JOYNER u. GANGSTAD). Die Auswirkung der Inzuchtdepression und die von Heterosis nach Fremdbefruchtung auf verschiedene Merkmale beim *Raps* wurde von WAGNER bearbeitet.

F. Genetik der Mosaikpflanzen.

Schon seit langem sind Pflanzen bekannt, die phänotypisch verschiedene Anteile in sich vereinigen. Die Genetik solcher Mosaikpflanzen zeigt sehr verschiedenartige Ursachen für diese Erscheinung auf. Grundsätzlich gibt es mehrere Möglichkeiten. Bei einigen Formen sind alle Zellen eines Individuums genetisch einheitlich, aber die Variabilität der Ausprägung des Merkmals selber ist genetisch festgelegt. In diese Gruppe gehören die Verwachsung der Blätter bei *Plantago coronopus* (GORENFLOT 1954c) und der zweiteilige Kolben beim Mais (LINDER 1954), beides Merkmale, die nicht an allen Teilen der Pflanze gleichmäßig ausgebildet sind. Die Ursache ist in diesen Fällen darin zu suchen, daß für die Ausbildung der betreffenden Eigenschaft ein bestimmter innerer Zustand der Pflanze vorhanden sein muß, der während der Entwicklung variiert, so daß einmal eine für die Entstehung der Anomalie günstige, etwas früher oder später eine ungünstige Konstellation dieser Bedingungen vorhanden ist. Genetisch bedingt ist hier die Labilität dieses physiologischen Zustandes, während die Normalallele eine größere Stabilität und damit gleichartige Ausbildung des betreffenden Merkmals hervorrufen, eine Erklärung, die auch schon DE VRIES für andere Anomalien gebracht hatte. In gleicher Weise, nur nicht auf der Grundlage einer zeitlich sondern örtlich vorhandenen Variabilität innerer Bedingungen beruhend, ist die Scheckung der Samenschale bei *Pisum* und *Phaseolus* zu erklären, die durch bestimmte Allele der Färbungsserie bedingt wird (LAMPRECHT 1953c).

Eine andere Ursache ist für die Scheckung bestimmter Nelkenrassen gegeben. Aus der Form „*William Sim*" sind verschiedene Knospenmutanten entstanden, die bei vegetativer Vermehrung konstant sind, aber gelegentlich kleine Areale an den Blütenblättern in der Farbe der Ausgangsrasse (rot) zeigen. Die genetische Prüfung ergab für die Blütenfärbung aller 4 Mutanten die gleiche Genformel wie für die ursprüngliche Sorte. Die Scheckung tritt meist dort auf, wo eine Verletzung des Dermatogens im Laufe der Entwicklung angenommen werden kann, und dadurch Gewebeschichten, die ursprünglich im Innern des Vegetationskegels lagen, an die Oberfläche der Blütenblätter gelangen und an der Bildung der gefärbten Epidermis teilnehmen. Diese Beobachtung zusammen mit der erwähnten Tatsache, daß die Gewebeanteile, aus denen die Keimzellen entstehen, alle genetisch „rot" sind, führt zu dem Schluß, daß die Knospenmutanten Periklinalchimären sind, bei denen nur die Tunicaschicht, die die Epidermis der Blütenblätter liefert und damit die Färbung der Blüten bestimmt, mutiert ist, während der zentrale Teil der Pflanze aus genetisch unveränderten Zellen besteht. Die Scheckung der Blüten bei diesen Pflanzen ist eine Folge von Entwicklungsstörungen des Dermatogens (MEHLQUIST, OBER u. SAGAWA).

In ähnlicher Weise lassen sich Mosaikbildungen bei der *Rebe* erklären als Chimärenbildungen nach somatischer Mutation (BREIDER). Die Mutationen sollen hierbei zum Teil das Anthocyangen selber, zum Teil aber Modifikatoren betreffen, die durch eine genetische Veränderung die Ausprägungsstärke des Anthocyangens oder seine Ansprechbarkeit auf Umwelteinflüsse verändern. Bei Pflanzen mit vorwiegend vegetativer Vermehrung erhält diese Mosaikbildung durch somatische Mutationen eine besondere Bedeutung, da nach mehrjähriger vegetativer Vermehrung die in Klonen postulierte genetische Einheitlichkeit nicht mehr vorhanden ist.

Ganz anderer Natur sind die genetisch bedingten Scheckungen, die auf die Wirkung mutabler Gene zurückgehen. In diesen Fällen ist die Pflanze zunächst aus genetisch einheitlichen Geweben aufgebaut, in denen einzelne Zellen mutieren können, wodurch dann alle Teile, die von diesen abstammen, eine veränderte Ausbildung des Phänotyps gegenüber den nichtmutierten Geweben aufweisen. Der Verschiedenartigkeit einzelner Gewebeteile liegt also eine erst während der Entwicklung aufgetretene genetische Differenz zugrunde. Bei *Medicago* gehört das Gen „mottled" für gefleckte Blätter hierher (STANFORD u. CLEVELAND), das in einzelnen Sektoren der „mottled"-Pflanzen zum Normalallel zurückmutieren kann und dann genetisch konstant ist.

Eine besondere Stellung nehmen die Untersuchungen über die Mutabilität einzelner Gene beim Mais ein. Die P-Serie besteht aus multiplen Allelen, die auf die Färbung des Perikarps und anderer Teile der Pflanze einwirken. Neben den Allelen für eine vollständige Ausfärbung oder Farblosigkeit des Perikarps gibt es andere, die gestreiftes Perikarp bedingen. Diese Streifung ist variabel über alle Zwischenformen von ganz gefärbt zu farblos, wobei die Endstufen phänotypisch der Wirkung anderer Allele entsprechen. Diese Variabilität bezieht sich nicht nur auf die Ausbildung des Merkmals an einzelnen Körnern, sondern auch an ganzen Kolben, da einzelne Kolben sich in der durchschnittlichen Färbung der Körner gesichert unterscheiden und diese Unterschiede auch an den Nachkommenschaften erkennen lassen. Als Ursache hierfür werden seit langem Veränderungen an den betreffenden P-Allelen angenommen. Die P-Serie enthält demnach neben stabilen auch mutable Allele, die sowohl vegetativ als auch generativ dauernd mutieren und dabei auch in die stabilen Endglieder der Serie übergehen können. In bezug auf diese Beobachtungen stimmen sowohl die älteren wie die neuen Untersuchungen überein, aber die Deutungen, die von einzelnen Autoren gegeben werden, weichen in wesentlichen Punkten sehr stark voneinander ab. Zuerst wurde eine qualitative Veränderung am Genort als Ursache der Mutationen angenommen. Demgegenüber stehen jetzt zwei andere Erklärungsmöglichkeiten zur Diskussion. Sutô (1952a) führt die Mutabilität auf ungleiches crossing-over zurück, das auch in somatischen Geweben zwischen Schwesterchromatiden vor sich gehen könnte. Es wäre hier nicht als tatsächlicher Austausch von Chromosomenstücken, sondern eher als Unregelmäßigkeit bei der Vermehrung der Chromonemen und Trennung der ungleichen Chromatiden bei den nachfolgenden Mitosen zu deuten. Durch diese Abweichungen vom normalen Chromosomenbau käme ein Lageeffekt zustande, der die phänotypische Wirkung des Allels verändert und als Mutation in Erscheinung tritt. Die Verhältnisse werden kompliziert dadurch, daß P mit zwei anderen Loci gekoppelt ist, einmal E (Enhancer), der das Allel, das jeweils auf demselben Chromosom liegt, dominant über alle übrigen Glieder der P-Serie macht, und zum anderen mit zl, einem zygotischen Letalfaktor. Diese beiden Loci sind absolut gekoppelt, so daß nicht sicher ist, ob es sich um einen pleiotrop wirkenden Locus handelt oder um getrennte Gene, während zwischen $\overparen{E-zl}$ und P ein Austausch möglich ist und so $\overparen{E-zl}$ mit verschiedenen P-Allelen verbunden werden kann.

Zu einer anderen Deutung kommen Brink u. Nilan sowie Brink, die sich der Erklärung anschließen, die McClintock (1953 und früher) für andere mutable Loci beim Mais gibt. In diesen Arbeiten wird eine völlig neuartige Hypothese der Unstabilität bestimmter Gene gegeben. Die Mutabilität soll danach nicht von den Eigenschaften des betreffenden Allels selber abhängen, sondern von außergenischen Einheiten (extragenic units), die im Kern vorhanden, aber nicht an bestimmte Loci gebunden sind. Dieser Modulator M kann sich an den P-Locus anlagern und verwandelt dann das Allel für Einfarbigkeit P^R durch seine Anwesenheit in das mutable Streifungsallel P^v. Die Rückmutation von P^v zu P^R, also von gestreift zu einfarbig, beruht auf dem Verlust von M_P. Dieser frei gewordene Modulator kann sich an eine beliebige Stelle anderer Chromosomen anlagern und bewirkt von dort aus zusammen mit P^v im gleichen Kern eine weitere Abschwächung der Farbintensität zu schwachbunt, während M_P zusammen mit P^R, in einem Kern, aber an getrennten Loci, keine sichtbare Veränderung der Wirkung von P hervorruft. Eine solche tritt erst dann wieder ein, wenn durch eine neue Verlagerung M_P wieder an P^R gebunden wird, das damit erneut zu P^v mutiert. Eine gleichartige Erklärungshypothese der Mutabilität durch die Wirkung von genetischen Einheiten, die zwar an den Kern, nicht aber an bestimmte Chromosomenloci gebunden sind, prüfte MCCLINTOCK in den erwähnten Arbeiten an einer Anzahl verschiedener mutabler Loci und kommt zu dem Schluß, daß vor allem bei den mutablen Allelen der Loci A und Wx, sowie einiger anderer Gene, die Unstabilität durch ein System aus 2 Einheiten hervorgerufen wird. Dieses Ds—Ac-System (Dissociation-Activator) besteht aus 2 Einheiten, die sich im Kern frei an verschiedene Loci verlagern können und durch ihr Zusammenwirken die Mutabilität und ihr Verschwinden, d.h. die Mutation zum stabilen Allel, bedingen. Daneben sind noch einige andere Systeme wirksam, die zum Teil nur auf bestimmte Gene einwirken, während andere jeden Locus, an den sie verlagert werden, mutabel machen. Eine weitere Untersuchung befaßt sich ebenfalls mit der Veränderlichkeit des wx^m-Allels, geht dabei aber mehr von der biochemischen Wirkung der verschiedenen Allele aus als vom Mechanismus der Mutabilität (SAGER).

Bei *Antirrhinum* fanden MECHELKE u. STUBBE mutable Allele von *gram*. Diese mutieren nur in den Gonen zum Normalallel $+^{gram}$ zurück und zwar ♀ und ♂ mit verschiedener Häufigkeit, wobei die an sich hohe Mutabilität durch zellphysiologische Einflüsse bei der Sporogenese in den Antheren erhöht wird gegenüber derjenigen in den ♀ Gonen. Als Ursache wurden cytologische Besonderheiten der Chromosomen in den *gram*-Pflanzen angeführt, deren Besprechung aber in das Gebiet der Cytogenetik gehört.

Das Gen *Pallidovariabile* von *Epilobium* ist labil mit hoher Mutationsrate. Die Mutation von $+^{Pall}$ zu *Pall* tritt nur auf unter bestimmten Plasmon-Genom-Kombinationen. Der hierdurch ermöglichte, labile Zustand des Allels ist nicht immer gegeben, sondern tritt nur kurz vor der Blütenbildung auf, da immer nur Nachkommen einzelner Blüten von Elternpflanzen, die das Merkmal nicht zeigten, die Mutation aufweisen. Für die Rückmutation besteht dagegen keine Abhängigkeit von bestimmten Plasmatypen (MICHAELIS).

Alle Untersuchungen zusammen zeigen, daß die Frage der labilen Gene noch nicht abgeschlossen ist und eine Lösung in den verschiedensten Richtungen gesucht wird, das Schwergewicht der Forschung sich aber von der Feststellung der Mutabilität einzelner Gene auf die Ursachen dieser Erscheinung verlagert hat. Die bisherigen Befunde der verschiedenen Arbeitsrichtungen lassen erkennen, daß für die Unstabilität der mutablen Loci wahrscheinlich andere Ursachen angenommen werden müssen als für die induzierten Mutationen oder die spontanen, aber seltenen Veränderungen der übrigen Gene.

G. Experimentelle Mutationsforschung.

Die meisten Untersuchungen zur experimentellen Mutationsforschung befassen sich mit der Wirkung der mutagenen Einflüsse auf Chromosomen oder untersuchen die Zusammenhänge zwischen cytologischen und genetischen Veränderungen, so daß sie außerhalb des Gebietes dieses Referats fallen. Die genetischen Arbeiten behandeln zum größten Teil Versuche an Kulturpflanzen, bei denen die Behandlung erfolgte mit dem Ziel der Auslösung von züchterisch verwertbaren Mutanten, und von diesen wiederum entfällt der größte Teil auf Untersuchungen an Gerste. Da die züchterischen Ziele außer Betracht bleiben sollen, kann hier die Besprechung sich auf wenige, auch für die theoretische Mutationsforschung wichtige Punkte des vorliegenden Materials beschränken. Entsprechend der meist praktischen Zielsetzung der Untersuchungen wurde die Mutationsauslösung durch Behandlung der Samen mit verschiedenen Mitteln durchgeführt. Damit ist jedoch der Nachteil verbunden, daß die Anzahl der bestrahlten Zellen, d.h. Kerne, unbekannt ist, und ein genauer Zusammenhang zwischen der Mutationshäufigkeit und der Anzahl der behandelten Chromosomen nicht mehr zu erfassen ist. Andererseits sind bereits in der X_1, die aus den behandelten Samen entsteht, deutliche Folgen der Behandlung festzustellen, die zum Teil physiologischer, zum Teil genetischer Natur sind. Die Untersuchung des Zusammenhangs dieser Schädigungen mit der Dosis der mutationsauslösenden Behandlung nimmt daher meist einen breiten Raum ein. Eine einheitliche Deutung für den Zusammenhang zwischen der Behandlung und dem Ausmaß der Störung ist aber nicht möglich, da sie immer auf die verschiedenartigsten Ursachen zurückgehen können, nämlich auf chromosomale Schädigungen, dominante Genmutationen und physiologische, also nichtgenetische Behandlungsfolgen. Trotzdem ist unter Berücksichtigung dieser Vielfalt der Ursachen ein Vergleich zwischen verschiedenen Behandlungsmethoden in bezug auf das Ausmaß der X_1-Schädigungen möglich.

In mehreren Arbeiten, besonders schwedischer Autoren, wurde unter diesem Gesichtspunkt die Wirkung von Röntgenstrahlen, schnellen Neutronen, α-Strahlen von Radon, β-Strahlen aus P^{32}, S^{35}, und Senfgas auf ruhende (trockene) und keimende (vorgequollene) Samen von Gerste und anderen Pflanzen geprüft. Alle Untersuchungen an den verschiedenen Objekten kommen zu dem übereinstimmenden Ergebnis, daß vergleichbare Intensitäten bei verschiedenen Strahlungsquellen sich in der Wirkung unterscheiden. Es finden sich Differenzen für alle geprüften Erscheinungen, wie Keimung, Wachstum, Letalität und Sterilität der X_1, sowie der Mutationsrate und der Häufigkeit der verschiedenen Mutationstypen, die in der X_2 beobachtet werden. Vor allem sind schnelle Neutronen wirksamer als Röntgenstrahlen (McKEY 1952, EHRENBERG, GUSTAFSSON u. NYBOM, EHRENBERG u. NYBOM). Die Anwendung von Thermalneutronen und schnellen Neutronen auf Gerstensamen ergab, daß die ersteren, bezogen auf die ausgestrahlten Energieeinheiten, noch stärker wirken als die letzteren (EHRENBERG u. SAELAND).

Der Vergleich der Wirkungskurven anderer Strahlungsquellen wird dadurch erschwert, daß Radon, P^{32} und S^{35} von den einzelnen Geweben des Samens in verschiedener Weise gespeichert werden, so daß die wirksame Dosis, die die empfindlichen Meristemzellen erreicht, kaum zu bestimmen ist. Die tatsächliche mutagene Wirkung vor allem des Radons ist daher wahrscheinlich wesentlich größer, als durch die Versuche angedeutet wird, während bei P^{32} die gegenüber einer vergleichbaren Dosis Röntgenstrahlen viel stärkere Wirkung wahrscheinlich dadurch zustande kommt, daß der Phosphor gerade in den Zellkernen der Meristeme besonders angehäuft wird, und die dort entwickelte Strahlungsdosis daher höher liegt als aus der Konzentration der Lösung zu berechnen ist (THOMPSON, MCKEY, GUSTAFSSON u. EHRENBERG).

Die Anwendung von P^{32} läßt sich durch Begießen der jungen Pflanzen mit schwacher Lösung so gestalten, daß die unmittelbaren Wirkungen auf die X_1 gering bleiben, so daß es möglich wird, die mutagene Wirkung an der X_2 zu prüfen, ohne daß die hohe Absterberate der X_1, die bei der Samenbehandlung auftritt, Störungen hervorruft. Hierbei zeigt sich, daß bei *Hordeum* wohl nur die Chlorophyllabweicher der X_2 echte Genmutationen darstellen, denn nur bei diesen wurden keine chromosomalen Störungen festgestellt (ARNASON, PERSON u. NAYLOR). Eine außerordentlich große mutagene Wirkung von P^{32} und S^{35} wurde nach einer ähnlichen Behandlung bei *Epilobium* gefunden (MICHAELIS u. KAPLAN). Bei diesen Versuchen ist eine Angabe über die Dosisabhängigkeit der Wirkung und ein quantitativer Vergleich noch weniger möglich als bei Samenbehandlung, so daß hier nur der Effekt bei längerer Einwirkung der Strahlungsquellen angegeben werden kann als günstige Methode zur Erzielung möglichst hoher Mutationsraten.

Diese Ergebnisse über die Wirkung von Röntgenstrahlen auf die Letalität, Entwicklungsleistungen und Sterilität der X_1 und die in X_2 auftretenden Mutationen stimmen überein mit den Befunden an anderen Objekten, so *Trifolium pratense* (SCHEIBE u. BRUNS, BRUNS), *Lupinus luteus* (TEDIN), *Poa pratensis* (JULÉN), *Pisum sativum* und *Vicia sativa* (GELIN). In diesen Arbeiten werden auch die erzielten Mutanten beschrieben, unter denen sich einzelne von wirtschaftlichem Wert befanden. Bei *Datura* zeigte die Bestrahlung von Samen mit Thermalneutronen eine deutliche Dosisabhängigkeit sowohl der X_1-Schädigungen, die als Letalität und Sterilität gemessen wurden, wie auch der Mutationsrate. Die meisten Mutationen sind durch chromosomale Schädigungen bedingt, während nur ein sehr geringer Anteil als Genveränderungen bezeichnet werden kann (SPENCER, SINGLETON u. BLAKESLEE). Im Vergleich mit Röntgenstrahlen sind schnelle Neutronen, ebenso wie bei *Hordeum*, etwa 14mal wirksamer, aber Unterschiede in den verschiedenen Typen der entstehenden Pollenanomalien wurden nicht gefunden (SPENCER u. BLAKESLEE).

Bestrahlungsversuche an Moosen mit Röntgen- und Gammastrahlen in verschiedener Dosis, bei denen die Veränderungen der bestrahlten Pflanzen, Sterilität, Sporenletalität und Mutationen untersucht wurden, zeigten, daß hier genau dieselben Verhältnisse vorliegen wie bei den höheren Pflanzen. Die Empfindlichkeit der einzelnen Organe zeigt größere Unterschiede, Differenzen zwischen den verschiedenen Strahlungsarten wurden nicht gefunden (MOUTSCHEN).

In der Frage nach der Art der Reaktionen auf die Bestrahlung wird die Gültigkeit der Treffertheorie von verschiedener Seite diskutiert.

OPATOWSKI und OPATOWSKI u. CHRISTIANSEN führen an, daß die erhaltenen Kurven für die Dosisabhängigkeit der Mutationsrate nicht ausschließlich auf Eintrefferereignisse zurückgehen müssen, sondern daß auch Mehrtrefferereignisse ähnliche Kurvenbilder ergeben können. Dagegen nehmen WIJSMAN, BOAG und KAPLAN Stellung und führen auf verschiedenen Wegen den Beweis, daß Mehrtrefferereignisse keine linearen Dosis-Effekt-Kurven ergeben können, so daß dieser Einwand gegen die Gültigkeit der Treffertheorie als widerlegt gelten kann. Wichtiger sind die Einwände zu nehmen, die sich aus den Folgerungen der zitierten Arbeiten der schwedischen Autoren ergeben. Diese nehmen an, daß die Strahlenreaktion zusammengesetzt ist aus einer direkten, auf den Zellkern zielenden Wirkung, und aus indirekten Einflüssen. Das Zusammenspiel beider ist verantwortlich für den gesamten Schädigungskomplex, der nach Samenbestrahlung eintritt. Hierbei ist die Ionisationsdichte ein entscheidender Faktor, aber es liegen wichtige Anhaltspunkte dafür vor, daß verschiedene Strahlungsquellen unterschiedliche Reaktionen sowohl bei der direkten wie bei der indirekten Komponenten der Wirkung auslösen (EHRENBERG u. NYBOM). — Vgl. hierzu SIMONIS, oben S. 425 ff.

Für die Erzeugung von Mutationen bei Weizen und Gerste sind Senfgase ungünstiger als verschiedene Strahlungsquellen, wenn es darauf ankommt, möglichst viele Mutanten zu erhalten (McKEY 1954). In diesem Versuch tritt aber deutlich hervor, daß die Art der ausgelösten Chlorophyllmutationen eine Beziehung zeigt zum auslösenden mutagenen Agens. Bei chemischer Einwirkung überwogen die *viridis*-Typen, während bei physikalischer Mutationsauslösung die *albina*-Typen am häufigsten auftraten. Auch in den bereits erwähnten anderen Untersuchungen an Gerste fanden sich immer wieder Hinweise dafür, daß je nach der Behandlung die Verteilung der auftretenden Mutationen auf verschiedene Gruppen, wie Chlorophyll- und vitale Mutanten, und unter den ersteren *albina, xantha, viridis* u. a., unterschiedlich ist. Als Erklärung wird allgemein angegeben, daß für das Auftreten der verschiedenen Mutantentypen verschiedene Energiemengen notwendig sind. Auch eine Abhängigkeit von der Ionisationsdichte wird in Erwägung gezogen.

In den meisten Versuchen wurden gleichzeitig trockene und gequollene Samen behandelt, um so den Einfluß der Stoffwechselaktivität auf die Mutationsauslösung zu erfassen. Bei Strahlbehandlung erwies sich im allgemeinen, vor allem bei Röntgenstrahlen, daß die Wirkung auf gequollene Samen stärker als die auf trockene ist, und daß eine deutliche Steigerung des Effektes sowohl auf die X_1 wie auf die Mutationsrate vorhanden ist, während bei allen mutagenen Mitteln, die eine Anwendung in wäßriger Lösung erfordern und dadurch während der Behandlung eine Quellung hervorrufen, kein Unterschied zwischen den Serien gefunden wurde, die mit trockenen oder vorgequollenen Samen angesetzt worden waren. Eine Ausnahme machen die Versuche von EHRENBERG u. SAELAND, bei denen kein Einfluß der Vorquellung gefunden wurde. Aus den Versuchen von EHRENBERG u. NYBOM ergab sich, daß ein wesentlicher Unterschied der Wirkung von Röntgenstrahlen und Neutronen darin besteht, daß die letzteren unabhängig von Zusatzfaktoren wirken, und der physiologische Zustand der Samen während der Bestrahlung ohne Einfluß ist. Die weiteren Arbeiten, die sich mit dem Problem der Wirkung von Zusatzfaktoren, wie Wassergehalt, Temperatur und verschiedenen anderen Behandlungen vor oder nach der Bestrahlung befassen, stellen dabei den Vorgang der Chromosomenmutation in den Vordergrund, so daß sie hier außer Betracht bleiben können.

Eine Reihe von Untersuchungen befaßt sich mit der Auswertung der Mutationen, die nach verschiedenartiger Behandlung entstanden sind, in der Weise, daß nicht der Vorgang der Mutation, sondern die erzielten Mutanten interessieren. Hierbei steht wiederum die Gerste an erster Stelle der bearbeiteten Pflanzen. Bei *Hordeum* lassen sich fast alle Mutanten in 2 Gruppen einordnen. Dies sind einmal die Chlorophyllabweicher, zu denen alle weißen, gelben und hellgrünen Formen gehören, und bei denen die Lebensfähigkeit durch den Mangel an Blattfarbstoffen stark vermindert ist, und zum anderen diejenigen Mutanten, die durch morphologische Veränderungen gekennzeichnet sind, ohne daß die Vitalität herabgesetzt ist. Mehr als 200 Fälle vitaler Mutationen dieser Art, die alle recessiv sind, werden von NYBOM beschrieben. Mit diesen Formen sind die möglichen genetischen Abänderungen, die zu noch lebensfähigen Typen führen, in ihrer ganzen Variationsbreite erfaßt. An den Chlorophyllmutanten wurde von HOLM der Gehalt an Chlorophyll a und b sowie die Summe der Carotinoide bestimmt. Es ergaben sich sehr große Unterschiede der Menge der einzelnen Farbstoffe, die von den verschiedenen Mutanten gebildet werden, wie auch Unterschiede im Verhältnis von Chlorophyll a:b und von Gesamtchlorophyll: Carotinoiden. Diese Daten, die als erste Untersuchungsergebnisse vorgelegt werden, lassen noch keine Rückschlüsse auf die Wirkungsweise der einzelnen Gene zu. Eine einzelne Chlorophyllmutante „gold", die zuerst als Chimäre entstanden war, nachdem die Samen der Strahlung einer Atombombenexplosion ausgesetzt waren, wirkt pleiotrop auf weitere vegetative Merkmale ein, wobei sich die Heterozygoten intermediär verhalten (SMITH).

Nach Bestrahlung mit verschiedenen Strahlenquellen (P^{32}, Betatron und Radium-Beryllium) wurde eine große Anzahl von Chlorophylldefekten und vitalen Mutanten gefunden, von denen sich 20 der letzteren Gruppe als geeignet für weitere Züchtungsarbeiten erwiesen und der Ausgangsform zum Teil durch wertvolle Eigenschaften überlegen waren (SHEBESKI u. LAWRENCE). Eine sehr große Anzahl von Keimlingsmutanten von Gerste und Hartweizen verschiedener Entstehungsweise (Atombomben- und Röntgenbestrahlung) wurde auf ihre Vererbungsweise hin genauer untersucht (MOH u. SMITH 1951). Fast alle zeigen monohybride Spaltungsverhältnisse, aber ein gesichertes Recessivendefizit. Für die Formen, bei denen dieser Ausfall der mutierten Phänotypen in der Nachkommenschaft besonders groß ist, besteht die Vermutung, daß es sich um größere chromosomale Defekte handelt, während unter den übrigen echte Punktmutationen vorhanden sein könnten. Bei *Sesamum orientale* L. wurden ebenfalls durch die Wirkung von Röntgenstrahlen Mutanten erzielt, die sich durch höheren Ertrag auszeichnen (CHAUDHURI u. DAS). Bei Äpfeln konnten durch Bestrahlung von Reisern dominante Mutationen erzielt werden, die sich durch Färbung, Form und Größe der Früchte von der Ausgangsform unterscheiden (BISHOP 1954b).

Von besonderem Interesse sind 2 Fälle von Komplexmutationen. Bei *Hordeum* fand sich im Material, das einer Atombombenexplosion ausgesetzt war, eine dreifache Mutante, die durch den Besitz einer reziproken Translokation, einer Defizienz und eines Gens für weiße Sämlinge gekennzeichnet war. Crossing-over wurde nicht beobachtet, so daß wahrscheinlich alle 3 Veränderungen denselben Locus betreffen (MOH u. SMITH 1952). Eine andere Komplexmutante wurde bei *Petunia* gefunden (WELZEL). Hier wurden 3 verschiedene Eigenschaften verändert. Eine betrifft die Blütengröße, die beiden anderen die Entwicklung und Funktion des Tapetums. Diese führen infolge von Störungen der Sekretion zur Fehlentwicklung der PMZ und der Gonen und damit zur Pollensterilität. Da zwischen den 3 Faktoren crossing-over beobachtet und somit eindeutig nachgewiesen wurde, daß es sich um 3 getrennte, wenn auch sehr eng benachbarte Loci handelt, die gleichzeitig mutiert sind, unterscheidet sich dieser Fall grundsätzlich von der Komplexmutante bei *Hordeum*, wo die Mutation eines einzigen Locus als sicher gelten kann. Die Komplexmutanten können also sehr verschiedener Natur sein, und es kann kein einheitlicher Vorgang ihrer Entstehung angenommen werden, der etwa von einer Einfachmutation verschieden wäre.

Eine weitere Komplexmutation, die mehrfach beobachtet wurde, stellt das Auftreten einer „Corn grass" genannten Form (in Ber. wiss. Biol. **92**, S. 104, und **95**, S. 280 mit Maisgras übersetzt) in Maiszuchten dar (GALINAT). Es könnte sich dabei um eine Rückmutation zur Ausgangsform handeln; da aber andererseits durch die Veränderungen gegenüber dem normalen Mais die Variationsbreite über die der *Maydeae* hinausgeht, ist diese Deutung nicht zwingend, so daß die Frage nach den Urformen des Kulturmais durch das Auftreten dieser Mutation nicht gelöst wird.

H. Untersuchungen zur Evolution, zur Populationsgenetik und zur Klärung von Fragen der botanischen Systematik.

Auf zwei zusammenfassende Darstellungen, in denen die Beziehung zwischen Genetik und Evolution bei Pflanzen besprochen werden, sei hier hingewiesen (SCHWANITZ a, b).

Die genetischen Grundlagen der Artbildung und Evolution werden von verschiedener Seite diskutiert, wobei sich über grundsätzliche Fragen sehr verschiedene Ansichten ergeben. Ein zusammenfassender Bericht von DILLEMAN (1954) geht auf allgemeine Fragen ein, während TURRILL die zunächst dargelegten grundsätzlichen Gesichtspunkte an Hand des Beispiels der Gattung *Centaurea* erläutert und nachweist, daß hier trotz eindeutiger Artdifferenzierung durch die Möglichkeit der

Bastardierung ein Austausch von Genen zwischen mehreren Arten stattfindet. Für die meisten Merkmale lassen sich keine einzelnen Gene fassen, so daß wohl polygene Vererbung angenommen werden muß. Bestimmte artdifferenzierende Gene konnten nicht gefunden werden. Die gleiche Situation findet sich bei *Petunia*, wo die Arten *axillaris*, *violacea* und *inflata* miteinander kreuzbar sind und fertile Bastarde ergeben (LAMPRECHT 1953 f). Viele Kulturformen stellen Verbindungen der Eigenschaften der genannten Arten dar, die in jeder Weise miteinander kombiniert werden können. Da hier keine Gene gefunden wurden, die sich nicht in die andere Art einlagern lassen, faßt der Verfasser die Formen als Varietäten einer Art auf. Die Diskussion des Artbegriffs auf der Grundlage von artspezifischen Genen, die sich nicht fertil mit dem Genom der anderen Arten verbinden lassen, wird, nachdem LAMPRECHT sie bereits in früheren Publikationen begonnen hatte, in dieser und einer weiteren Arbeit fortgeführt (LAMPRECHT 1954h). Der konventionelle Artbegriff sollte danach ersetzt werden durch eine genetische Definition, bei der die Entstehungsweise der Art und ihre Fortpflanzungsverhältnisse berücksichtigt werden.

Eine ganz andere Ansicht über die Verschiedenheit der Arten und die Ursachen der Veränderungen während der Evolution vertritt ANDERSON (1953; ANDERSON u. STEBBINS), der gerade die Bastardierung als wesentlichsten Evolutionsfaktor ansieht. Unter introgressiver Hybridisierung wird dabei der Einbau von genetischem Material einer Art in eine andere über Kreuzung und nachfolgende Rückkreuzungen verstanden. Auf diesen Vorgang wird die gesamte Variabilität innerhalb der Arten zurückgeführt, was an einzelnen Beispielen näher erläutert wird (ANDERSON 1953: *Oxytropis*; 1954a: *Viola*; 1954b: *Salvia*; 1954c: *Adenostoma*). Diese durch die Einkreuzung einer fremden Art hervorgerufene Variabilität verschiedener Merkmale soll das Material liefern, an dem die Selektion für die Bildung neuer Arten ansetzen kann. Es wird dabei bestritten, daß die Mutation als Ursache der Variabilität innerhalb der Arten überhaupt in Betracht gezogen werden muß. Daß in den Grenzgebieten zweier Arten Bastardschwärme auftreten, durch die eine Vergrößerung der Variabilität in diesen Gebieten zustande kommt in der Weise, daß häufig Individuen auftreten, die zwar vorwiegend der einen Ausgangsart ähneln, aber einzelne Merkmale der anderen Art aufweisen, wird wohl besonders für die untersuchten Arten niemand bezweifeln, aber es ist doch nicht gut angängig, die gesamte Variabilität auf diese eine Ursache zurückzuführen, das Auftreten von echten Mutationen überhaupt zu leugnen und das unbezweifelbare Auftauchen neuer Merkmale und alle genetischen Veränderungen ausschließlich dem crossing-over in kleinen, durch Introgression aus einer fremden Art stammenden Chromosomensegmenten zuzuschreiben. Es ist wohl eindeutig, daß die Bastardierung in bestimmten Arten tatsächlich eine große Rolle spielt, aber es bleibt bei der von ANDERSON vertretenen Auffassung der Neubildung von Arten durch Kreuzung vorhandener Formen immer unklar, wie die Unterschiede zwischen diesen Arten, die jetzt sich kreuzen sollen, einmal entstanden sind, wenn grundsätzlich die Möglichkeit des Auftretens neuer genetischer Eigenschaften bestritten wird, und alles Neue durch Umkombination bereits vorhandenen Materials entstehen soll.

Wieder einen anderen Standpunkt in bezug auf die Bedeutung der Mutationen für die Evolution nehmen die Autoren ein, die nicht von der Frage der Artumgrenzung, sondern von der Mutationsforschung aus das Problem angehen (GUSTAFSSON; STUBBE 1952), und die auf Grund ihrer Versuche zu dem Ergebnis kommen, daß die Mutationsrate und die Variationsbreite der Mutationen durchaus ausreichen, um als entscheidender Evolutionsfaktor bei der Umbildung der Arten in Betracht gezogen zu werden. Die auftretenden Mutationen sind in ihrer Ausprägung zunächst meist sehr variabel, so daß zur Stabilisierung des neuen Phänotyps weitere Mutationen mit nachfolgender Selektion von Modifikationsgenen nötig sind und auch tatsächlich auftreten.

Wichtig für den Wert der Mutanten bei der Artbildung ist ihr Verhalten in der Population. Mit den Grundlagen der Populationsgenetik und ihrer Umgrenzung befaßt sich FISHER in einem Vortrag, der zeigt, wie sich dieses Gebiet in den Rahmen der gesamten Genetik einfügt, und welche Möglichkeiten für die populationsgenetische Arbeit gegeben sind. In einem Beitrag zum gleichen Problem geht MATHER vor allem auf das Verhalten polygener Systeme in einer Population ein, wenn die Selektion an Merkmalen angreift, die durch derartige Systeme beeinflußt werden. Die genetische Zusammensetzung verschiedener Populationen von *Trifolium repens* in bezug auf die Verteilung der Allele, die für das Auftreten oder Fehlen des Glucosids Lotaustralin und des Enzyms Linamarase verantwortlich sind, wurde von DADAY untersucht (1954a, b, c). Beide Eigenschaften sind voneinander unabhängig und je durch ein Gen bedingt. Die Häufigkeit der dominanten Allele nimmt in den Populationen mit steigender Höhe und zunehmender geographischer Breite des Standorts ab, wobei eine deutliche Korrelation zur mittleren Januartemperatur besteht. Die Variabilität in der Menge der gebildeten Stoffe ist ziemlich groß und wird durch modifizierende Gene hervorgerufen. Die Variabilität zeigt eine deutliche positive Korrelation mit der Häufigkeit der dominanten Allele in der Population. Es kann also angenommen werden, daß beide Systeme, sowohl das der Haupt-, wie das der Modifikationsgene, durch den gleichen Selektionsmechanismus verändert werden. Vgl. oben S. 328.

Daß für die Evolution in verschiedenen Gruppen auch die verschiedensten Ursachen in Frage kommen und an den Vorgängen Mutationen, Selektion und Bastardierungen beteiligt sind, zeigen die Befunde zahlreicher anderer Autoren über Artbastarde, aus denen ebenso hervorgeht, daß es Arten gibt, die tatsächlich durch Erbfaktoren getrennt sind, die als interspezifische Gene im Sinne LAMPRECHTs angesprochen werden können, wie auch andere, die nur ökologisch oder geographisch getrennt sind und sich unbegrenzt kreuzen und Bastardschwärme mit sehr großer Variabilität bilden, sobald sie durch Umwandlung ihres Biotops oder Ausbreitung ihres Areals in eine Lage kommen, in der natürliche Bastarde entstehen können.

Die Auffassung, daß die Bastardierung die alleinige Ursache der Variabilität sei, trifft nicht in allen Fällen zu, wie die Untersuchungen an der Gattung *Aster* zeigen. In Kreuzungen zwischen Arten der Gruppe Heterophylli sind nahezu alle Verbindungen fertil. Bei den Bastarden sind jedoch trotz guter Pollenfertilität der Samenansatz und die Keimung sehr gering. Es besteht eine genetisch bedingte sehr große Variabilität innerhalb der Arten, die aber nicht auf interspezifische Kreuzungen zurückgehen kann. Die Artgrenzen werden durch die Bastarde nicht verwischt. Inwieweit Hybridisierung doch bei der Evolution der Gruppe mitgespielt hat, läßt sich nur nach den vorhandenen Kreuzungen noch nicht endgültig entscheiden. Die genetischen Differenzen der Arten müssen neben der morphologischen Veränderung auch solche strukturellen Abweichungen von der Ausgangsform einschließen, daß hierdurch die eingeschränkte Fertilität in F_1 und den späteren Generationen erklärt werden kann (AVERS 1953a, b).

Innerhalb der Gattung *Gossypium* zeigt die Art *G. gossypioides* (2n) Kreuzungssterilität mit fast allen diploiden amerikanischen Wildarten. Die Bastardembryonen gehen auf sehr verschiedenen Entwicklungsstadien ein, manche während der frühen Embryonalentwicklung, andere zu Beginn der Blütezeit nach einer anscheinend normalen Frühentwicklung, in Abhängigkeit vom Kreuzungspartner. Aus den Absterbeerscheinungen läßt sich entnehmen, daß die Unverträglichkeit der kombinierten Genome wahrscheinlich über eine Störung des Stoffwechsels entweder zum Fehlen eines wichtigen Stoffes oder zur Anhäufung eines schädlichen Endproduktes führt, wodurch die Nekrosen bewirkt werden (BROWN u. MENZEL 1952a). Die Kreuzungen zwischen den anscheinend nahe verwandten Arten *G. gossypioides* und *raimondii* ergeben vereinzelt lebensfähige, fertile Bastarde. Die F_1 der Kreuzung *gossypioides* × *thurberi* kommt nicht über das Kotyledonenstadium hinaus, aber aus der Dreifachkreuzung *G.* (*raimondii* × *thurberi*) × *gossypioides* entstehen zum Teil lebensfähige Keimlinge, deren Analyse Aufschluß darüber geben kann, ob die Unverträglichkeitsreaktion zwischen *G. thurberi* und *G. gossypioides* durch einen einfachen Genmechanismus oder durch eine allgemeine Diskrepanz zwischen den Entwicklungstendenzen beider Genome bedingt ist (BROWN u. MENZEL 1952b).

Die Kreuzungsversuche an tropischen Gräsern wurden mit einem Bastard zwischen *Miscanthidium violaceum* (= *flavescens*) und einem pollensterilen *Saccharum*-Klon weitergeführt. Die F_1 ähnelt in den vegetativen Teilen dem Zuckerrohr, in den Blütenmerkmalen mehr dem *Miscanthidium*-Elter. Beide Arten unterscheiden sich in der Blütezeit, die für das Zuckerrohr streng jahreszeitlich festgelegt ist, während *Miscanthidium* das ganze Jahr über blüht. Der Bastard verhält sich hierin sehr unregelmäßig, aber mehr dem Pollenelter angenähert. Die erzielten Formen sind ohne Handelswert, aber vielleicht wichtig für weitere Züchtungsarbeit (BRETT).

In einer Serie von Arbeiten befaßt sich JENKIN (1954a, b, c, d, e) mit Art- und Gattungsbastarden der Gattung *Lolium*. In dieser Gattung gibt es 3 Gruppen: annuelle Selbstbestäuber (*loliaceum, remotum* und *temulentum*), die wiederum in 2 Gruppen unterteilt werden können, annuelle Windbestäuber (*L. rigidum*) und perennierende Windbestäuber (*L. italicum* und *perenne*). Diese Gruppen sind nicht nur durch die genannten Eigenschaften, sondern vor allem durch ihr Kreuzungsverhalten unterschieden. Eine große Anzahl von Samenproben verschiedener Herkunft, die alle als *L. rigidum* bezogen wurden, ergaben nur wenige Aufzuchten, die als echtes *L. rigidum* angesprochen werden konnten. Die übrigen zeigten große Variabilität, waren aber alle annuell. Kreuzungen zwischen den „echten" *L. rigidum* und den anderen zeigten gute Fertilität. Es ergaben sich also keine Hinweise auf Artbarrieren durch Kreuzungssterilität innerhalb dieser Gruppe (1954a). Typische *L. rigidum* wurden dann gekreuzt mit andern annuellen Selbstbestäubenden, sowie mit mehrjährigen Arten. Zwischen den Windbestäubern (*L. rigidum*) und den annuellen Selbstbestäubern besteht eine Sterilitätsbarriere; die Embryonen entwickeln sich zwar, aber das Endosperm nicht, wodurch Degeneration der Samen und schlechte Keimung bedingt ist. Die wenigen Ausnahmepflanzen zeigen, daß „annuell" recessiv ist gegenüber „perennierend"; der Ausprägungsgrad des Überdauerns scheint dagegen von Modifikatoren beeinflußt zu werden, denn in der F_1 hängt es deutlich vom Überdauerungsalter ab, in welchem Grad die Eigenschaft ausgebildet wird (1954b). Kreuzungen von *L. italicum* mit den anderen Arten zeigen schlechten Samenansatz mit den selbstbestäubenden annuellen Formen. Obwohl sich *L. italicum* und *rigidum* gut kreuzen lassen, scheinen doch strukturelle Differenzen vorhanden zu sein, die das verschiedene Kreuzungsverhalten gegenüber den 3 anderen Arten verursachen (1954c). *L. perenne* gibt mit allen windbestäubenden Arten Bastarde und in der Natur Bastardschwärme, aus denen durch nachfolgende Selektion Ökotypen hervorgehen. Mit den 3 selbstbestäubenden Arten dagegen ist die F_1 hochgradig ♀-steril mit geringem Samenansatz, der sich in den folgenden Generationen nicht bessert, so daß hieraus keine Bastardpopulationen zu erwarten sind (1954d). *L. remotum* und *temulentum* lassen sich schließlich gut kreuzen, mit *loliaceum* ergeben sie zwar guten Samenansatz und Keimung, aber eine gestörte Entwicklung durch Veränderungen in der Korrelation der Entwicklung verschiedener Pflanzenteile. Diese beiden Arten sind dadurch von den übrigen getrennt. — Andere Kreuzungen zwischen *Lolium rigidum, italicum* und *perenne*, an denen die Wirkung unterschiedlicher Umwelteinflüsse auf die Blühreife und die photoperiodische Reaktion untersucht wurde, zeigten die polygene Grundlage dieser Merkmale. Die Fremdbefruchter innerhalb der Gattung weisen eine starke genetische Variabilität auf, die für die Möglichkeit der Anpassung an verschiedene Umweltbedingungen und die Bildung ökologischer Rassen verantwortlich ist (COOPER).

Bei Bananen wurden Kreuzungen zwischen parthenokarpischen und samentragenden Sorten von *Musa acuminata* und den Arten *M. ornata, velutina* und *Balbisiana* durchgeführt (SIMMONDS 1953). Wegen der Größe der Pflanzen und der Länge der Vegetationsdauer sind die Versuche im Umfang begrenzt. Für eine Lösung mancher Fragen sind daher die Individuenzahlen nicht ausreichend, aber die Grundlagen sind gesichert. Die Parthenokarpie wird hervorgerufen durch 3 Hauptgene, die dominant sind, und von denen P_1 als Grundgen für die Ausbildung der Eigenschaft notwendig ist. Die Persistenz von Brakteen und Corolle entwickelt sich nur auf dem genetischen Hintergrund der Parthenokarpie. Es handelt sich hier entweder um sehr eng gekoppelte Gene oder um Pleiotropie, wobei der letzteren Annahme die größere Wahrscheinlichkeit zukommt. Echte Pleiotropie läge dann allerdings nicht vor, weil beide Eigenschaften durch Veränderungen im Wuchsstoffhaushalt beeinflußt werden. Wenn die Parthenokarpie-Gene physiologisch primär hier angreifen, lassen sich alle scheinbar pleiotropen Veränderungen darauf zurückführen. Innerhalb der Art *Musa acuminata* wurden die Färbung von Hüllblättern und Sproß (blackness = schwarze Färbung, redness = Anthocyanbildung), sowie die Wachsausscheidung an Stengel und Blättern untersucht. Für alle diese Merkmale besteht in der F_2 eine kontinuierliche Variabilität. Die Inflorescenzmerkmale zeigen in der F_2 eine große Ähnlichkeit mit der F_1, die Elterntypen wurden nicht erreicht. Alles deutet demnach darauf hin, daß hier polygene Systeme vorliegen. Die Verbreitung der P-Gene deutet auf Malaya als Ursprungsland der eßbaren, diploiden Bananen hin. Es wird ein Entwicklungsschema dieser Formen gegeben. Wahrscheinlich erfolgte zunächst die Mutation der P_{2-x} Loci und eine zufällige Anhäufung dieser allein nicht wirksamen Allele. Dann kann als nächster Schritt die Mutation des P-Locus angenommen werden, durch den die Auswirkung der anderen Gene für Parthenokarpie ermöglicht wurde, und anschließend Selektion der samenlosen Typen durch den Menschen auf Dominanz des Merkmals. Durch das zusätzliche Auftreten von ♂ und ♀ Sterilitätsgenen, verbunden mit genetisch und cytologisch bedingter Sterilität, entstanden dann die fortgeschrittenen Typen der eßbaren Bananen. Aus den inter- und intraspezifischen Kreuzungen wird geschlossen, daß die Sorten ebenso wie die Arten genetisch durch Sterilitätsbarrieren isoliert sind. Die polygen bedingte Variabilität und die Differenzierung der Elternformen ist in beiden Kreuzungstypen die gleiche. Es fragt sich daher, ob nicht die Art *M. acuminata* in mehrere Arten zerlegt werden sollte.

Auf Grund von Kreuzungsergebnissen konnte nachgewiesen werden, daß die Art *Delphinium Belladonna* (6n) aufzufassen ist als ein polyploider Bastard zwischen *D. elatum* (4n) und *grandiflorum* (2n) und nicht als eine Varietät von *D. cheilanthum*. Der Beweis hierfür wird durch die genetischen Vergleichsdaten geliefert (GAGE). Die Analyse von Nachkommenschaften einzelner Bäume und von vermuteten Bastardpopulationen zwischen *Eucalyptus elaeophora* und *E. goniocalyx* erbrachte den Beweis dafür, daß es sich um zwei getrennte Arten handelt, die aber in den Grenzgebieten zwischen ihren Arealen bastardieren und aufspaltende Nachkommenschaften ergeben, die als phänotypisch intermediäre Bäume in den Mischpopulationen in Erscheinung treten (CLIFFORD).

Die Untersuchung der Verbreitung der verschiedenen Unterarten von *Plantago coronopus* in Algier und der genetischen Grundlagen der aufgefundenen morphologischen und physiologischen Differenzen gibt Hinweise auf die Evolutionsvorgänge innerhalb der Art (GUINOCHET u. GORENFLOT, GORENFLOT 1954a, b).

Wenn alle bekannten Kohlsorten von einer Wildart abstammen sollten, müßte diese eine sehr große Mutationsrate haben. Vieles deutet aber darauf hin, daß die Gemüsekohlsorten polyphyletischen Ursprungs sind, wobei die meisten sich von *Brassica oleracea* herleiten, während andere von mediterranen Arten, vor allem *Br. cretica* abstammen könnten (GATES). Die Arbeit enthält außerdem eine Zusammenfassung der bisher bekannten Gene und Koppelungsgruppen von *Brassica*.

Die zahlreichen Untersuchungen zur Evolution innerhalb der Gattung *Oenothera* beruhen zum größten Teil weniger auf genetischen als auf cytologischen Beobachtungen. Es sollen hier nur die genetischen Ergebnisse berücksichtigt werden. Von CLELAND und Mitarbeitern wurden die nordamerikanischen Formen der Gruppe *Euoenothera* untersucht. Die bereits früher getroffene Einteilung der Untergattung in 5 Gruppen bewährte sich dabei. Vor allem die *strigosa*-Gruppe wurde diesmal bearbeitet unter Heranziehung einer ganzen Reihe von neuen Formen, wodurch sich die Entwicklungstendenzen und die Ausbreitung der Gruppe in Nordamerika rekonstruieren ließen, und zwar sowohl für die Eizellen- wie für die Pollenkomplexe. In der genannten Gruppe sind die beiden in einer Art oder Rasse vereinigten Komplexe jeweils genetisch ähnlich, cytologisch aber sehr unterschiedlich. Die Schwierigkeiten in der Deutung der vermuteten genetischen Zusammenhänge zwischen den Formen liegen darin, daß bei *Oenothera* nicht nur mit der Evolution von Arten, sondern von Komplexen gerechnet werden muß. Neben den cytologischen Veränderungen der ursprünglichen Komplexe sind während dieser Entwicklung genetische Umwandlungen durch Mutationen vor sich gegangen, nämlich die Entstehung der zygotischen Letalfaktoren und der gametischen Letal- und Inaktivierungsfaktoren, und dazu alle morphologischen Veränderungen, die mit der Umwandlung von großblütigen Fremdbefruchtern in kleinblütige Selbstbefruchter zusammenhängen. Während dieser Entwicklungsvorgänge sind die Arten durch Wanderung immer wieder isoliert und erneut miteinander in Berührung gekommen, so daß Bastardierungen innerhalb und zwischen den Artengruppen eine große Rolle in der Evolution der Gattung spielen müssen. Die eigentlichen Veränderungen spielen sich dabei durch Chromosomen- und Genmutationen an den Komplexen ab, die dann durch Bastardierung zu neuen Arten verbunden werden. Soweit die Letalfaktoren zum Zeitpunkt der Kreuzung bereits vorhanden waren, sind die Bastarde sofort als neue Form konstant. Im anderen Fall mußten erst nach der Kreuzung die Mechanismen, durch die eine Konstanz der Heterozygotie gewährleistet wird, entwickelt werden, bevor die neue Kombination als selbständige Form in Erscheinung treten konnte (CLELAND u. a. 1950, CLELAND 1954). Die südamerikanischen Arten haben dabei einen getrennten Entwicklungsgang eingeschlagen, so daß sie heute durch Sterilitätsbarrieren, die nur in wenigen Fällen eine Kreuzung erlauben, von den nordamerikanischen Arten getrennt sind. Die mittelamerikanischen Sorten stehen denen aus Nordamerika näher als die südamerikanischen. Soweit Bastarde erhalten werden, treten Fertilitätsstörungen auf, die darauf schließen lassen, daß weitgehende Strukturdifferenzen vorhanden sein müssen (STEINER). Diese Auffassung von der Bedeutung der Bastardierung bei der Artbildung innerhalb der Gattung *Oenothera* ist grundsätzlich verschieden von derjenigen, die von ANDERSON geäußert wird, da bei *Oenothera* die Variabilität der Komplexe durch Mutation entstanden sein muß und neue Arten durch neuartige Verbindungen zwischen so veränderten Komplexen entstehen, die Artbildung also eine Folge der vergrößerten Variabilität ist und nicht ihre Ursache.

I. Anhang: Störungsursachen bei genetischen Untersuchungen.

Kurz erwähnt seien die Untersuchungen über die Ursachen abweichender Spaltungen. LAMPRECHT (1953a) befaßt sich allgemein mit den Grundlagen für Störung der Spaltungen und der Koppelungsuntersuchungen, die durch Beispiele von *Pisum* erläutert werden. Als wichtigste Störungsfaktoren werden angeführt die Mutabilität, die Abhängigkeit der Manifestation eines Gens vom gesamten Genotyp, und verminderte Lebensfähigkeit einzelner Genotypen. Hierdurch können vor allem Koppelungsuntersuchungen sehr erschwert werden. Die gleichen Störungsursachen sind auch bei anderen Objekten in Betracht zu ziehen. Auf die Bedeutung der induzierten Diplo-Parthenogenesis als Erklärung für unerwartete Ergebnisse bei Artkreuzungen wurde von ERNST hingewiesen.

In Artkreuzungen zwischen *G. hirsutum* und *barbadense* wurden früher Abweichungen gefunden, indem in Rückkreuzungen ein Elterntyp vollständig verschwand. Neu durchgeführte Kreuzungen derselben Arten unter Verwendung bestimmter Testgene zeigten für diese normale Spaltungen, so daß als Ursache für die abnormen Verhältnisse strukturelle Differenzen zwischen den früher gekreuzten Sorten angenommen werden müssen (C. LEWIS und McFARLAND).

Von SCHWEMMLE und Mitarbeitern wurden die Versuche über **selektive Befruchtung** bei *Oenotheren* der Gruppe *Raimannia* fortgesetzt. Für beide Arten, *Oe. Berteriana* und *odorata*, ließen sich die früheren Angaben durch neues Material bestätigen. Die Anziehung zwischen den verschiedenen Samenanlagen und Pollenschläuchen hängt aber nicht nur von ihrer Komplexkonstitution ab, sondern die Affinitäten können durch plasmatische Einflüsse verändert werden. Ebenso kann die Abänderung eines Komplexes in nur einem Gen bereits eine Änderung der Affinitäten herbeiführen (SCHWEMMLE 1953a, b, SCHWEMMLE u. KOEPCHEN, LOERTZER, V. ZITEK). In den gleichen Arbeiten finden sich auch Angaben darüber, daß die Wachstumsgeschwindigkeit der Pollenschläuche von ihrer genetischen Konstitution abhängt. Bei Bestäubung mit Gemischen aus verschiedenen Komplexen treten Störungen der Spaltungen also sowohl durch selektive Befruchtung wie durch Zertation auf. — Die Rolle der Gonenkonkurrenz bei Kreuzungen der Sect. *Eu-Oenothera* wurde von HARTE (1953) untersucht. Dabei ist es auffallend, daß eine Parallelität der Konkurrenzerscheinungen im Embryosack und beim Wachstum der Pollenschläuche festzustellen ist. Das Ausmaß der Konkurrenz hängt nicht nur von den einzelnen Genen, sondern auch von der Komplexkombination ab. — Selektive Befruchtung wurde auch von LAMPRECHT (1954a) als Erklärung für abweichende Spaltungsverhältnisse bei *Pisum* angegeben.

Literatur.

ADAMS, M. W.: Bot. Gaz. **115**, 95—105 (1954). — ALLARD, R. W.: Hilgardia (Berkeley, Calif.) **22**, 167—177 (a); 383—389 (b) (1953). — ANDERSON, E.: Biol. Rev. Cambridge Philos. Soc. **28**, 280—307 (1953); Ann. Missouri Bot. Garden **41**,

263—269 (a); 329—338 (b); 339—350 (c) (1954). — ANDERSON, E., u. G. L. STEBBINS: Evolution 8, 378—388 (1954). — ANSTEY, T. H.: Canad. J. agricult. Sci. 34, 59—64 (1954). — ARNASON, T. J., C. O. PERSON u. J. M. NAYLOR: Canad. J. Bot. 30, 743—754 (1952). — AVERS, CH. J.: Amer. J. Bot. 40, 669—675 (1953a); Evolution 7, 317—327 (1953b).
BANDLOW, G.: Züchter 24, 20—27 (1954). — BARHAM, W. S.: Proc. Amer. Soc. horticult. Sci. 62, 441—442 (1954). — BATEMAN, A. J.: Heredity 6, 285—310 (1952); 8. Congr. internat. Botanique Paris, S. 138—145 (1954a); Heredity 8, 305—332 (1954b). — BEMIS, W. P., u. G. B. WILSON: J. Hered. 44, 91—95 (1953). — BENNETT, J. H.: Genetica 26, 392—406 (1953a); Heredity 7, 265—283 (1953b). — BISHOP, C. J.: J. Hered. 45, 99—104 (1954a); Amer. J. Bot. 41, 540—542 (1954b). — BOAG, J. W.: Genetics 36, 281—284 (1951). — BÖHME, H.: Z. Pflanzenzüchtg 33, 367—418 (1954). — BRABEC, F.: Umschau 54, 427—430 (1954). — BREIDER, H.: Züchter 23, 208—222 (1953). — BRETT, P. G.: J. Genet. 52, 542—546 (1954). — BREWBAKER, J. L.: Genetics 38, 444—455 (1953); ebenda 39, 307—316 (1954). — BRINK, R. A.: Maize Genetics Cooperation. News Letter 27, 73—75 (1953). — BRINK, R. A., u. R. A. NILAN: Genetics 37, 519—544 (1952). — BRIX, K., u. F. QUADT: Z. Pflanzenzüchtg 32, 407—420 (1953). — BROWN, M. S., u. M. Y. MENZEL: Bull. Torrey bot. Club 79, 110—125 (a); 285—292 (b) (1952). — BRUNS, A.: Angew. Bot. 28, 120—155 (1954). — BURDICK, A. B.: Genetics 39, 488—505 (1954).
CARVALHO, A.: Bragantia (São Paulo) 12, 131—140 (a); 171—178 (b) (1952). — CARVALHO, A., u. C. A. KRUG: Bragantia (São Paulo) 12, 163—170 (1952). — CHAUDHURI, K. L., u. A. DAS: Science a. Culture 19, 620—622 (1954). — CHILDERS, W. R.: Sci. Agricult. 32, 351—364 (1952). — CLAPPER, R. B.: J. Hered. 45, 107—114 (a); 201—208 (b) (1954). — CLELAND, R. E.: Proc. Amer. Philos. Soc. 98, 189—203 (1954). — CLELAND, R. E. u. Mitarb.: Indiana Univ. Publ., Sci. Ser., Nr. 16, 1—348 (1950). — CLIFFORD, H. T.: Heredity 8, 259—269 (1954). — COOPER, J. C.: J. Ecology 42, 521—556 (1954). — CRESCINI, F.: Caryologia (Pisa) 5, 288—296 (1953); 6, 284—318 (1954). — CROWE, L. K.: Heredity 8, 1—11 (1954).
DADAY, H.: Nature (Lond.) 174, 521 (1954a); Heredity 8, 61—78 (b); 377 bis 384 (c) (1954). — DAHLGREN, K. V. O.: Svensk bot. Tidskr. 47, 1—15 (1953). — DAS GUPTA, B., u. M. S. SARMA: J. Genet. 52, 374—382 (1954). — DEMARLY, Y.: Ann. Inst. Nat. Rech. agronom., Ser. B. Ann. de l'Amélioration des Plantes 4, 5—20 (1954). — DILLEMANN, G.: Rev. gén. Bot. 60, 338—399 (a); 401—463 (b) (1953); Bull. Soc. bot. France 100, 168—172 (1953); 101, 36—87 (1954).
EHRENBERG, L., A. GUSTAFSSON u. N. NYBOM: Ark. Bot. (Stockh.), Ser. 2 1, 557—568 (1952). — EHRENBERG, L., u. N. NYBOM: Acta Agricult. scand. (Stockh.) 4, 396—418 (1954). — EHRENBERG, L., u. E. SAELAND: J. nuclear Energy 1, 150—169 (1954). — ENDEMANN, W.: Züchter 23, 206—207 (1953). — ERNST, A.: Experientia 9, 7—16 (1953).
FINLAY, K. W.: Austr. J. biol. Sci. 6, 153—163 (1953). — FISHER, R. A.: Proc. Roy. Soc. Lond., Ser. B 141, 510—523 (1953). — FRETS, G. P.: The heredity of the dimensions, the weight and the indices (size and form) of the seeds of Phaseolus vulgaris. The Hague 1954. — FREY, K. J.: Agronomy J. 46, 226—228 (1954). — FREY, K. J., M. C. SHEKLETON, H. H. HALL u. E. J. BENNE: Agronomy J. 46, 137—139 (1954). — FYFE, V. C.: Heredity 7, 285—292 (1953).
GAGE, M. A.: Ann. Missouri Bot. Garden 40, 113—186 (1953). — GAGNIEU, A.: Ann. de Biol. (Paris) 29, 407—413 (1953). — GALINAT, W. C.: Amer. Naturalist 88, 101—104 (1954). — Amer. J. Bot. 47, 803—806 (1954). — GANGULEE, H. C.: Current Sci. 23, 80—81 (1954). — GARDNER, C. O., P. H. HARVEY, R. E. COMSTOCK u. H. F. ROBINSON: Agronomy J. 45, 186—191 (1953). — GARTNER, J. B., W. J. HANEY u. L. HAMNER: Science (Lancaster, Pa.) 117, 593—595 (1953). — GATES, R. R.: J. Genet. 51, 363—372 (1953). — GELIN, O.: Acta Agricult. scand. (Stockh.) 4, 558—568 (1954). — GORENFLOT, R.: C. r. Acad. Sci. Paris 238, 505—507 (a); 930—932 (b); 2336—2338 (c) (1954). — GOTOH, K.: Genetica (s'Gravenhage) 26, 445—452, 453—467 (1953). — GOWEN, J. W. ed.: Heterosis. Ames: Iowa State College Press 1952. — GREBENŠČIKOV, I.: Züchter 24, 162—166 (1954). — GUINOCHET, M., u. R. GORENFLOT: C. r. Acad. Sci. Paris 234, 2482—2484 (1952). — GUSTAFSSON, A.: Cold Spring Harbor Symp. 16, 263—281 (1951).

HÄNSEL, H.: Züchter **54**, 77—92, 97—115 (1954). — HAGBERG, A.: Hereditas (Lund) **38**, 221—245 (1952); **39**, 325—348 (1953). — HALLQUIST, C.: Hereditas (Lund) **39**, 236—240 (1953). — HANEY, W. J.: J. Hered. **45**, 146—148 (1954). — HANEY, W. J., J. W. GARTNER u. G. B. WILSON: J. Hered. **44**, 10—12 (1953). — HANSON, C. H.: Agronomy J. **45**, 555—558 (1953). — HARTE, C.: Z. Vererbungslehre **85**, 97—117 (1953a); Naturwiss. **40**, 421—427 (1953b). — HASKELL, G.: Heredity **6**, 377—385 (1952); **7**, 409—418 (1953a); Genetica (s'Gravenhage) **26**, 468—484 (1953b); Amer. Naturalist **88**, 5—20 (1954). — HAYMAN, B. J.: Biometrics (Washington) **10**, 235—244 (1954). — HEILBRONN, A.: Rev. Fac. Sci. Univ. Istanbul, Sér. B **18**, 205—206 (1953). — HEYNE, E. G., u. C. O. JOHNSTON: Agronomy J. **46**, 81—85 (1954). — HOLM, G.: Acta Agricult. scand. (Stockh.) **4**, 457—471 (1954).

Institute of Genetics, Ohio State University, Jahresbericht 1954.

JENKIN, T. J.: J. Genet. **52**, 239—251 (a); 252—281 (b); 282—299 (c); 300 bis 317 (d); 318—331 (e) (1954). — JENKINS, J. A., u. G. MACKINNEY: Genetics **38**, 107—116 (1953). — JOHNSON, B. L.: Genetics **38**, 229—243 (1953). — Proc. Amer. Soc. horticult. Sci. **64**, 503—518 (1954). — JULÉN, G.: Acta Agricult. scand. (Stockh.) **4**, 585—593 (1954).

KADAM, B. S., u. B. RADHAKRISCHNAMURTHY: Nature (Lond.) **171**, 1028—1029 (1953). — KAPLAN, R. W.: Naturwiss. **38**, 120—121 (1951). — KELLENBARGER, S.: J. Genet. **51**, 41—46 (1953). — KNIGHT, R. L.: J. Genet. **51**, 47—66 (a); 270 bis 275 (b); 515—519 (c) (1953); ebenda **52**, 199—207 (a); 466—472 (b) (1954). — KNIGHT, R. L., u. H. H. ROGERS: Nature (Lond.) **172**, 164 (1953). — KNIGHT, R. L., u. J. SADD: J. Genet. **51**, 582—585 (1953); ebenda **52**, 186—198 (1954). — KONZAK, C. F.: J. Hered. **44**, 103—104 (1953). — KUMP, M.: Trav. Inst. Biol. expér. Acad. Yougoslave Nr. 10, 157—162 (1953).

LAMPRECHT, H.: Agri Hortique Genet. (Landskrona) **11**, 1—14 (a); 15—27 (b); 28—39 (c); 40—54 (d); 55—65 (e); 83—108 (f); 123—132 (g); 141—148 (h) (1953); ebenda **12**, 1—37 (a); 38—49 (b); 50—57 (c); 58—64 (d); 115—120 (e); 121—149 (f); 202—210 (g) (1954); Mitt. naturwiss. Vereins Steiermark **84**, 71—80 (h) (1954). — LAUGHNAN, J. R.: Genetics **37**, 598 (1952). — LAURITZEN, M.: Z. Vererbungslehre **85**, 220—237 (1953). — LESLEY, J. W., u. M. M. LESLEY: J. Hered. **43**, 273—276 (1953). — LEWIS, C. F.: J. Hered. **45**, 127—128 (1954). — LEWIS, C. F., u. E. F. MCFARLAND: Genetics **37**, 353—358 (1952). — LEWIS, D.: Heredity **8**, 333—356 (1954a); Nature (Lond.) **174**, 672 (1954b). — LEWIS, D., u. L. K. CROWE: Nature (Lond.) **172**, 501 (1953); J. horticult. Sci. **29**, 220—225 (1954a); Heredity **8**, 357—363 (1954b). — LINDER, R.: C. r. Acad. Sci. Paris **236**, 851—853 (1953); Ann. Améliorat. Plantes **2**, 197—207 (1954a); Ann. de Biol. **30**, 501—518 (1954b); 8. Congr. internat. de Botanique, Paris (1954c). — LOERTZER, B.: Diss. Erlangen 1954. — LONNQUIST, J. H.: Agronomy J. **45**, 539—542 (1953).

MACCLINTOCK, B.: Genetics **38**, 579—598. (1953). — MACKEY, J.: Ark. Bot. (Stockh.), Ser. 2 **1**, 545—556 (1952); Acta Agricult. scand. (Stockh.) **4**, 419—429 (1953). — MAHMUD, I., u. A. H. PROBST: Agronomy J. **45**, 59—61 (1953). — MALINOWSKI, E.: Bull. internat. Acad. pol. Sci., Cl. math. et nat., Sér. B 1/3, 41—76 (a); 77—88 (b) (1952). — MANGELSDORF, P. C.: Genetics **38**, 1—4 (1953). — MARSDEN-JONES, E. M., u. W. B. TURRILL: J. of Gen. **51**, 26—31 (1953). — MATHER, K.: Symposia Soc. f. exper. Biol. Nr. 7, 66—95 (1953). — MECHELKE, F., u. H. STUBBE: Z. Vererbungslehre **86**, 224—248 (1954). — MEHLQUIST, G. A. L., D. OBER u. Y. SAGAWA: Proc. Nat. Acad. Sci. U.S.A. **40**, 432—436 (1954). — MICHAELIS, P.: Z. Vererbungslehre **85**, 282—296 (1953). — MICHAELIS, P., u. R. KAPLAN: Naturwiss. **40**, 534 (1953). — MISRO, B., u. S. S. MISRO: Current Sci. **23**, 161—162 (1954). — MOH, C. C., u. R. A. NILAN: J. Hered. **44**, 183—184 (1953). — MOH, C. C., u. L. SMITH: Genetics **36**, 629—640 (1951); J. Hered. **91**, 183—188 (1952). — MOUTSCHEN, J.: Cellule **56**, 179—210 (1954). — MÜNTZING, A.: Hereditas (Lund) **40**, 265—277 (1954).

National Institute of Genetics Japan (Misima, Sizuoka-Ken, Japan), Annual Report Nr. 1 (1949—1950), Nr. 2 (1951), Nr. 3 (1952), Nr. 4 (1953). — NELSON, O. E.: Genetics **37**, 101—124 (1952); Economic Bot. **7**, 382—384 (1953). — NELSON, O. E., u. G. B. CLARY: J. Hered. **43**, 205—210 (1952). — NILSSON, H.: Hereditas (Lund) **39**, 65—74 (1953). — NORDENSKIÖLD, H.: Hereditas **39**, 469—488

(1953). — NUTMAN, P. S.: Heredity 8, 35—46 (a); 47—60 (b) (1954). — NYBOM, N.: Acta Agricult. scand. (Stockh.) 4, 430—456 (1954).
OPATOWSKI, I.: Genetics 35, 56—59 (1950). — OPATOWSKI, I., u. A. M. CHRISTIANSEN: Bull. math. Biophysics 12, 19—26 (1950).
PATE, J. B., J. F. JOYNER u. E. O. GANGSTAD: J. Hered. 45, 69—73 (1954). — QUADT, F.: Züchter 23, 223—243 (1953). — QUINBY, J. R., u. R. E. KARPER: Agronomy J. 46, 211—216 (1954).
RENNER, O.: Planta (Berl.) 42, 30—41 (1953). — RHOADES, M. M.: Science (Lancaster, Pa.) 120, 115—120 (1954). — RICK, CH. M.: Proc. Amer. Soc. horticult. Sci. 61, 459—466 (1953). — ROBINSON, H. F., T. J. MANN u. R. E. COMSTOCK: Heredity 8, 365—376 (1954).
SAGER, R.: Genetics 36, 510—540 (1951). — SANDAL, P. C., u. I. J. JOHNSON: Agronomy J. 45, 96—101 (1953). — SCHEIBE, A., u. A. BRUNS: Angew. Bot. 27, 70—74 (1953). — SCHWANITZ, F. in: HEBERER (Herausg.), Die Evolution der Organismen, 2. Aufl. Stuttgart 1954, S. 425—551 (a) u. S. 713—800 (b). — SCHWEMMLE, J.: Biol. Zbl. 72, 129—146 (a); 405—424 (b) (1953). — SCHWEMMLE, J., u. W. KOEPCHEN: Z. Vererbungslehre 85, 307—346 (1953). — SELF, F. W., u. M. T. HENDERSON: Agronomy J. 46, 151—154 (1954). — SHEBESKI, L. H., u. T. LAWRENCE: Canad. J. agricult. Sci. 34, 1—9 (1954). — SIMMONDS, N. W.: J. Genet. 51, 32—40, 458—469 (1953); Ann. of Bot. 18, 471—482 (1954). — SMITH, L.: J. Hered. 43, 125—128 (1952). — SPENCER, J. L., u. A. F. BLAKESLEE: Proc. Nat. Acad. Sci. U.S.A. 40, 441—446 (1954). — SPENCER, J. L., W. R. SINGLETON u. A. F. BLAKESLEE: Proc. Nat. Acad. Sci. U.S.A. 39, 288—292 (1953). — STADLER, L. J.: Science (Lancaster, Pa.) 120, 811—819 (1954). — STANFORD, E. H., u. R. W. CLEVELAND: Agronomy J. 46, 203—206 (1954). — STEINER, E.: Papers Michigan Acad. Sci., Arts and Letters 38, 89—96 (1953). — STEINER, M., u. I. HOCHHAUSEN: Züchter 24, 47—48 (1954). — STEPHENS, S. G.: Genetics 39, 701—711 (a); 712 bis 723 (b) (1954). — STOMPS, T. J.: J. Hered. 45, 293—294 (1954). — STOREY, H. H., u. A. K. RYLAND: Nature (Lond.) 173, 778—779 (1954). — STUBBE, H.: Abh. Sächs. Akad. Wiss., Math.-naturwiss. Kl. 47, H. 1 (1952); Kühn-Archiv 67, 1—16 (1953a); Z. Vererbungslehre 85, 450—478 (1953b); Die Kulturpflanze (Berlin) 2, 185—236 (1954). — SUTÔ, T.: J. Fac. Sci., Hokkaidô Univ., Ser. V 6, 69—150 (a); 151—177 (b); 178—198 (c) (1952). — SUTÔ, T., Y. KATÔ u. N. MUKAIGAWA: J. Fac. Sci. Hokkaidô Univ., Ser. V 6, 178—198 (1952). — SWAMINATHAN, M. S., u. H. W. HOWARD: Bibliographia genetica 16, 1—192 (1953).
TANDON, S. L., u. A. HECHT: Cytologia (Tokio) 18, 133—145 (1953). — TAVČAR, A.: Trav. Inst. Biol. expér. Acad. Yougoslave 1953, 123—155. — TEAS, H. J., u. A. N. TEAS: J. Hered. 44, 156—158 (1953). — TEDIN, O.: Acta Agricult. scand. 4, 569—573 (1954). — THOMPSON, K. F., J. MACKEY, A. GUSTAFSSON u. L. EHRENBERG: Hereditas (Lund) 36, 220—224 (1950). — TOMES, M. L., F. W. QUACKENBUSCH, O. E. NELSON u. B. NORTH: Genetics 38, 117—127 (1953).— TULPULE, S. H.: Amer. J. Bot. 41, 294—301 (1954). — TURRILL, W. B.: Sci. Progr. (Lond.) 42, 15—31 (1954).
VAARAMA, A.: Arch. Soc. ,,Vanamo" 8, 115—116 (1954).
WAGNER, M.: Z. Pflanzenzüchtg 33, 237—266 (1954). — WEILING, F.: Ber. dtsch. bot. Ges. 66, 368—377 (1953). — WELZEL, G.: Z. Vererbungslehre 86, 35—53 (1954). — WETTSTEIN, D. v.: The pleiotropic effects of erectoides factors and their bearing on the property of straw-stiffness. — Jordbrukets Forskningsrad, Stockholm 1953. — WHALEY, W. G.: Bot. Gaz. 114, 63—72 (1952); Bull. Torrey bot. Club 80, 26—32 (1953). — WHITAKER, T. W.: Plant Physiol. 27, 263—268 (1952). — WHITAKER, T. W., u. G. D. MCCOLLUM: Bull. Torrey bot. Club 81, 104—110 (1954). — WIJSMAN, R. A.: Genetics 36, 478—487 (1951). — WILLIAMS, L. F.: Genetics 37, 208—215 (1952). — WILLIAMS, L. F., u. I. J. JOHNSON: Agronomy J. 45, 298—301 (1953). — WOODWARD, R. W., u. J. W. THIERETI: Agronomy J. 45, 182—185 (1953). — WRICKE, G.: Biol. Zbl. 73, 49—88 (1954). — WU, C. S., u. E. R. AUSEMUS: Agronomy J. 45, 43—48 (1953).
ZITEK, R. v.: Diss. Erlangen 1954.

17. Cytogenetik.

Von JOSEPH STRAUB, Köln.

(Bericht über die Jahre 1952—1954.)

Mit 1 Textabbildung.

Ein Überblick über die Untersuchungen der vergangenen drei Jahre läßt erkennen, daß sich das Schwergewicht cytogenetischer Forschung gegenüber früher verlagert hat. Die Analyse der Polyploidiewirkungen tritt zurück, da der Weg zu phylogenetisch und züchterisch bedeutsamen polyploiden Formen für komplizierter gelten muß, als man es nach der Entdeckung der Colchicinwirkung annehmen konnte. Zwar sind Untersuchungen über die bei Entstehung selektionsfähiger Polyploider wirksamen Faktoren im Gange, aber die endgültigen Resultate, die uns den Fortschritt der Polyploidieforschung zeigen könnten, stehen noch aus. Stattdessen erfuhr jener Zweig der Cytogenetik in den Berichtsjahren eine starke Betonung, der sich mit dem Chromosom selbst beschäftigt. Die bedeutsame Entdeckung der mutationsauslösenden Wirkung von Chemikalien warf die Frage nach dem Mechanismus, der beim Ablauf von Chromosomenmutationen in der Zelle wirksam ist, erneut auf. Das Gebiet der experimentellen Beeinflussung der Chromosomenmutationsrate erfuhr eine Förderung; es wurden nicht nur die verschiedensten physikalischen und chemischen Mittel erprobt, sondern auch die Reaktionen am Chromosom durch mannigfache Versuchsabwandlungen näher erfaßt. Im Zusammenhang mit solchen Fragestellungen traten auch diejenigen Umbauvorgänge am Chromosom wieder in den Vordergrund, die im normalen Geschehen der Meiose sich abspielen. Mehrere Veröffentlichungen behandeln den Zusammenhang von Chiasma und crossing-over. Aus diesen Gründen beginnen wir in diesem Bericht mit der Cytogenetik des Chromosoms und lassen die des Genoms folgen.

1. Das Chromosom.

a) Morphologie.

Nachdem sich *Neurospora* zu einem der hervorragendsten Objekte der Genetik entwickelt hat, dürfte es sehr bedeutsam sein, daß ihre Cytologie weitgehend geklärt ist. Auf Grund der Pionierarbeit, die MCCLINTOCK auch hier leistete, untersuchte SINGLETON die Chromosomenmorphologie und die Kernteilungen im Ascus von *N. crassa*. Die sieben Chromosomen sind im Pachytän zu identifizieren. Im großen Chromosom 1 liegt ein ausgedehntes heterochromatisches Mittelstück. Der Ablauf der Meiosis folgt den bei höheren Pflanzen bekannten Gesetzmäßigkeiten. Leider lassen sich die Chiasmen schwer auszählen; vor allem die Diplotänstadien sind kaum analysierbar. — Auch bei *Pisum* hat sich die cytologische Fundierung der Genetik weiter entwickelt. Eine Pachytänanalyse der Erbse ist zwar nicht möglich, doch gelang CAROLI u. BLIXT (1) die Identifikation der Chromosomen durch Ausmessen der Chromosomen und Chromosomenarme in 50 Mitose-Metaphaseplatten von Normallinien. Mittels der Chromosomenlängen und des Längenverhältnisses der Arme lassen sich die 7 Chromosomen charakterisieren. Dieselben Autoren (2) können nachweisen, daß eine genetisch bereits bekannte reciproke Translokation zwischen den Koppelungsgruppen III und V die Chromosomen 1 und 7 betroffen hat. Ihr Befund stützt sich auf die Messung von 50 Metaphaseplatten in der Translokationslinie 379. Die Gesamtlänge des Chromosomensatzes gleicht der Normallinie. Die Chromosomen 1 und 7 sind jedoch so verändert, wie man es auf Grund einer reciproken Translokation annehmen kann.

Über umfangreiche Pachytänanalysen haben GOTTSCHALK (2), GOTTSCHALK u. PETERS sowie PETERS bei *Solanum*-Arten und Arten anderer *Solanaceen*-Gattungen berichtet. Die Pachytän-Chromosomen von *Solanum lycopersicum* sind auf Grund der Chromosomengrößen, der Lage der Insertion, vor allem aber mit Hilfe der heterochromatischen Teile identifizierbar. 19 Tomatensorten, die sich in den Identifikationsmerkmalen gleichen, lassen sich an Einzelstrukturen unterscheiden. Das Pachytän von weiteren 28 Solanumarten ist so weit analysierbar, daß der Aufbau der Genome gut geklärt werden kann. Hierbei erweist es sich, daß die im Pachytän sichtbare Chromosomenstruktur um so ähnlicher ist, je näher die betreffenden Arten auf Grund ihrer systematischen Stellung und ihres Kreuzungsverhaltens verwandt scheinen. Die Pachytänuntersuchungen an 27 Arten aus 20 anderen Solanaceengattungen führen nicht zu einer vollständigen Analyse, doch können jeweils einzelne Chromosomen, vor allem die Satellitenchromosomen, als charakteristische Genomteile erfaßt werden. Diese eingehenden chromosomenmorphologischen Beobachtungen machen uns schließlich mit der Tatsache vertraut, daß in den verschiedenen Solanaceengenomen charakteristische Heterochromatinmengen vorhanden sind. Man kann sie mit einer „Heterochromasiezahl" kennzeichnen. Die Autoren sind der Auffassung, daß man die Heterochromasiezahl zusammen mit dem Vergleich der Chromosomenmorphologie zu einer Phylogenie der Chromosomen benutzen könne, und zwar in dem Sinne, daß abgeleitete Formen durch eine Zunahme des Heterochromatins ausgezeichnet seien. Sie halten die von der Systematik getroffene Stellung bestimmter Solanaceengattungen auf dieser Grundlage für revisionsbedürftig. In einer besonderen Untersuchung haben GOTTSCHALK u. PETERS sowie PETERS Pachytänanalysen von *Solanum lycopersicum* und *S. tuberosum* dazu benutzt, den phylogenetischen Zusammenhang dieser Formen mit verwandten zu erfassen. Zwischen den Pachytän-Chromosomen von *S. lycopersicum, pimpinellifolium, humboldtii* und *tomatillo* bestehen nur geringe Strukturunterschiede. Die *lycopersicum*-Varietät „*rosarigerum*" weicht von den anderen Tomatensorten ab und leitet zu dem Genom von *S. hirsutum* und *peruvianum* über. *S. tuberosum* besitzt im „haploiden

Satz" ($n = 24$) zwei gleiche Genome, denn das Pachytän läßt jeweils zwei gleich strukturierte Paare erkennen; die Kartoffel darf daher im cytologischen Sinne als autotetraploid bezeichnet werden. *S. tuberosum* und *andigenum* stehen einander sehr nahe. Dagegen unterscheiden sich die Chromosomensätze von *S. antipoviczii* und *S. ajuscoense* scharf von dem der Kartoffel. Ihre haploiden Sätze ($n = 24$) setzen sich aus zwei Gruppen zu 12 Chromosomen zusammen, von denen die eine dem *tuberosum*-Satz gleicht. Die beiden Solanumarten sind damit cytologisch als Amphidiploide ausgewiesen.

Der Frage, welche genetische Bedeutung den kleinsten, im Pachytän noch eben sichtbaren Teilen zukommt, ist DOLLINGER durch cytologische Bearbeitung bestimmter Mutanten von *Zea mays* nachgegangen. Der Yg-Locus liegt im terminalen Chromomer des kurzen Armes von Chromosom 9. Von 15 yg-Mutanten, nach Röntgenbestrahlung von Pollenkörnern erhalten, zeigten vierzehn den Verlust dieses Chromomers, die fünfzehnte erwies sich als unverändert. Ähnliche Resultate wurden hinsichtlich der Loci Lg und Gl erzielt, die im kurzen Arm von Chromosom 2 liegen. Vier lg, gl-Pflanzen waren gegenüber Lg, Gl unverändert. In elf Mutanten waren auf der betreffenden Chromosomenstrecke Umbauvorgänge eingetreten. Die Untersuchungen DOLLINGERs weisen also wiederum daraufhin, daß „echte Genmutationen" selten sind; wenn ein mendelndes Merkmal durch Mutation entstanden ist, lassen sich häufig Veränderungen der Chromosomenmorphologie nachweisen.

Die Morphologie der Chromosomen ändert sich durch Behandlung der Gewebe mit tiefen Temperaturen. Diese Erscheinung wird von BAILEY (1, 2) dazu benutzt, Unterschiede zwischen den Chromosomen von *Trillium erectum* und *Tr. grandiflorum* durch Kältebehandlung auszulösen. Er behandelt die Wurzelspitzen 96 Std lang mit 3°. Die Reaktion der Chromosomen auf die Kältebehandlung ist zwar intraspecifisch sehr variabel, doch läßt sich für die beiden Trilliumarten je ein specifisches, systematisch verwertbares Muster differentieller Abschnitte aufzeigen, das durch verschiedene Chromosomendicke und Unterschiede in der Färbbarkeit bestimmter Abschnitte zustandekommt. Das Muster umfaßt bei *grandiflorum* 18, bei *erectum* 14 Abschnitte der Chromosomen. Bewerkenswert erscheint noch, daß die einzelnen Herkünfte der beiden Trilliumarten die Gesamtlänge ihrer Chromosomen verschieden ändern; bei manchen Sorten werden die Chromosomen durch die Kältebehandlung länger, bei anderen dagegen kürzer.

Der *Kulturmais* trägt auf seinen Chromosomen eine große Zahl von knopfartigen, stark färbbaren Großchromomeren, sog. Knobs. WELLHAUSEN u. PRYWER meinen, daß die hohe Ertragsfähigkeit mit dem Besitz an Knobs zusammenhänge. Sie weisen daraufhin, daß die Knobs durch Einkreuzen von *Euchlaena* und *Tripsacum* dem *Kulturmais* einverleibt seien. Versuche mit knobsreichen und knobsarmen Linien des *Kulturmaises* ergaben noch keine eindeutigen Resultate.

b) Längspaarung und Chiasmabildung.

Von Paarungsvorgängen, die zu anomalem genetischem Verhalten führen können, berichten MÜNTZING u. LIMA-DE-FARIA. In *Roggen*populationen mit B-Chromosomen treten Iso-Chromosomen auf.

Das sog. kleine Isofragment entstand durch Verdoppelung des kurzen Armes vom „Standardfragment", wobei das Centromer erhalten blieb: Die Arme des Isofragmentes besitzen identische Struktur und paaren sich daher im Pachytän intrachromosomal. Zwei solcher Fragmente können durch intrachromosomale Paarung Pseudoquadrivalente bilden. Durch ungewöhnliche Paarungsvorgänge dürfte auch die „nicht zufallsgemäße Chromosomenverteilung", die bei der *Maus* und beim *Mais* genetisch bekannt ist und sich als unechte Koppelung äußert, hervorgerufen sein. CATCHESIDE, MICHIE u. WALLACE besprechen die Erscheinung und suchen sie durch Paarung heterochromatischer Chromosomenteile von Nichthomologen zu erklären. Eine eindeutige Erklärung steht aus, doch zeigen die genetischen Erscheinungen, daß es cytologische Vorgänge geben muß, die durch Störung der zufallsgemäßen Verteilung das zweite MENDELsche Gesetz aufheben können.

MOHR u. NILAN berichten von einer interessanten Gen-Mutante des *Hordeum bulbosum* var. *Trebi*. Normale Pflanzen waren der Atombombenexplosion von Bikini anno 1946 ausgesetzt. In den Mutanten kontrahieren sich die Chromosomen der Meiose anomal stark (sc = short chromosomes). In Verbindung damit treten sie bei der Längspaarung in nur lockeren Kontakt, und die Chiasmen werden schnell terminalisiert. In der Metaphase ist die Konjugation lose und unvollständig, so daß die Fertilität gestört wird. Fragmentbildung und Verklebungserscheinungen helfen dabei mit.

Der Abhängigkeit der Chiasmenbildung von äußeren und inneren Faktoren gehen mehrere Untersuchungen von HARTE (1, 3, 4) und LINNERT nach. Sie wurden an *Oenothera*-Arten und -Bastarden durchgeführt. LINNERT erfaßt die Chiasmenhäufigkeit unter der Wirkung von anorganischen Säuren, Salzen, Basen und verschiedenen organischen Substanzen, wie Zucker, Alkaloiden, Saponinen. Die Blüten der in entsprechende Lösungen gestellten Inflorescenzen weisen fast durchweg eine Erniedrigung der Chiasmenhäufigkeit auf. Unter den anorganischen Salzen sind Al- und N-Verbindungen besonders stark wirksam. Merkwürdigerweise üben Veränderungen des p_H-Wertes keinen Einfluß aus. HARTE (1) betont an Hand ihrer Untersuchungen der Chiasmabildung an fünf verschiedenen Oenothera-Bastarden die intra- und interindividuelle Variabilität, deren Ausmaß durch zufallsgemäße Schwankungen nicht erklärt werden kann. Unterschiedliche Ernährungsbedingungen und schwer faßbare physiologische Zustände stellen einen Teil der Faktoren dar, die auch bei gleicher genetischer Konstitution und „gleichen Umweltsbedingungen" die Variabilität bedingen. Darüber hinaus muß noch ein endogener Faktor angenommen werden, der in den einzelnen Pflanzen verschieden stark ist und die Richtung und relative Größe der Abweichung vom Mittelwert des Versuchstages bestimmt. In weiteren Untersuchungen (3, 4) erfaßt HARTE die Rolle, welche Ring- und Bivalentchromosomen bei der Chiasmabildung spielen. Stets weist der 4-Ring relativ weniger Endchiasmen auf als die Bivalentchromosomen. Dasselbe trifft für den 12-Ring der *albicans · stringens*-Bastarde zu. In diesem großen Ring tritt der Bindungsausfall bevorzugt an zwei Stellen auf, die durch Chromosomen größerer Chiasmenhäufigkeit miteinander verbunden sind. Chromosomen mit geringer Chiasmenbildungswahrscheinlichkeit reagieren auf äußere Bedingungen, durch welche die Chiasmabildung stets vermindert wird (Temperaturschock, Trockenheit), besonders stark.

In Artbastarden von *Gilia millefoliata* × *achilleaefolia* liegt gleichfalls eine hohe Empfindlichkeit der Chiasmenbildung gegenüber äußeren Bedingungen vor. In Hungerkulturen ist die Univalentbildung so stark heraufgesetzt, daß diploide Gonen und tetraploide Nachkommen resultieren (GRANT).

In einem tetraploiden *Chrysanthemum atratum* ($n = 36$) findet DOWRICK (3) etwa 63% Pollenmutterzellen mit extrem niedriger Chiasmahäufigkeit. In Verbindung damit trennen sich die Centromeren frühzeitig, so daß 2 Kerne mit der tetraploiden Chromosomenzahl gebildet werden. Bemerkenswerter Weise machen diese tetraploiden Kerne keine zweite meiotische Teilung durch.

Die Endchiasmen, welche in der Diakinese und Metaphase den Zusammenhalt der Partner bewirken, sind als terminalisierte Chiasmen aufzufassen. Das bedeutet, daß sie im frühen Diplotän als interstitielle Chiasmen angelegt wurden. Bei *Oenothera* findet man in der Diakinese und Metaphase I noch einige interstitielle Chiasmen neben einer weit größeren Zahl von Endchiasmen. HOFFMANN untersucht den Zusammenhang beider, indem sie ihre Zahl in verschiedenen Oenothera-Bastarden, die sich durch den Grad der Verkettung unterscheiden, bestimmt. Formen mit viel Endchiasmen tragen wenig interstitielle; homozygote Formen, die gleich viel Endchiasmen haben, unterscheiden sich in der Zahl der interstitiellen. Das beweist, daß kein funktioneller Zusammenhang zwischen beiden Chiasmasorten besteht. Gleichwohl sinkt bei experimentell hervorgerufenem Bindungsausfall die Zahl beider ab.

In sehr erfreulicher Weise wurden einige cytologische Untersuchungen an der Meiosis von chromosomalen Mutanten zur Analyse der Chiasmabildung verwendet. SCHWARTZ (2) beobachtet die Meiosis einer *Mais*-Heterozygoten, die neben dem stabförmigen Normalchromosom 6 ein Ringchromosom 6 besitzt, dem die äußersten Enden des Normalchromosoms fehlen. Durch die Chiasmabildung nach der Längspaarung kommen mannigfache Störungen der Anaphase I und Anaphase II zustande. Aus der Zahl der dort auftretenden Chromosomenbrücken kann man Rückschlüsse auf die Art der Chiasmabildung in dem Stab-Ring-Bivalent ziehen. SCHWARTZ zählt in Anaphase I 59% einfache Brücken, 13% Doppelbrücken und in 28% keine Brücken. Anaphase II zeigte: 35% einfache Brücken, 10% Doppelbrücken und in 55% keine Brücken. Legt man der Brückenbildung die verschiedensten Möglichkeiten der Chiasmabildung zugrunde (einfaches Chiasma; Zweistrang-, Dreistrang- und Vierstrang-Doppelchiasma), so bleibt eine entscheidende Diskrepanz: die Doppelbrücken der Anaphase II finden keine Erklärung, und die Zahl der einfachen Brücken ist viel zu groß. Erst wenn man annimmt, daß nicht nur Chromatiden verschiedener Chromosomen sondern auch Schwesterchromatiden ein Chiasma bilden können, finden die genannten Anomalien eine Erklärung. (Die unten gegebene Abb. 85 zeigt, wie durch Kombination eines einfachen Chiasmas mit einem Schwesterchromatidchiasma des Ringchromosoms Brücken in

Anaphase I und Anaphase II entstehen, wenn die beiden Centromeren des Ring- bzw. des Stabchromosoms in Anaphase I zusammenbleiben. Es wird für die Centromeren also Praereduktion vorausgesetzt.)

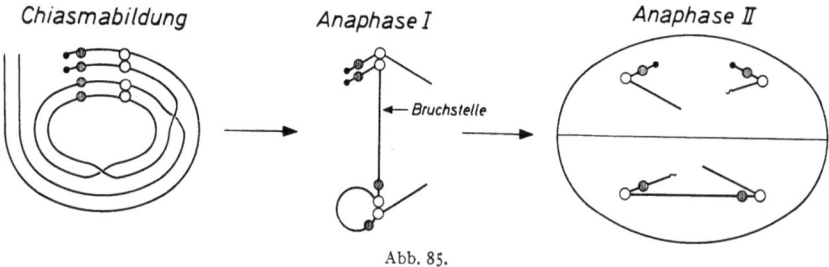

Abb. 85.

Der Beweis, daß Schwesterchromatiden Chiasmen bilden, ist nicht ganz eindeutig. SCHWARTZ legt seinen Folgerungen nämlich bestimmte Voraussetzungen zugrunde, die er durch Analogieschlüsse sichern muß. Ohne Zweifel darf man aber mit dem Vorkommen solcher Chiasmen rechnen, zumal auch cytogenetische Befunde, die bei *Drosophila* gewonnen wurden, für die Chiasmabildung zwischen Schwesterchromatiden sprechen [SCHWARTZ, (3)].

Dem Zusammenhang von Chiasma und Koppelungsbruch (= crossing-over) sind drei erwähnenswerte Untersuchungen gewidmet. STEINITZ-SEARS u. SEARS entdeckten beim Kulturweizen *(Triticum)* ein dicentrisches Chromosom. Es besteht aus einem langen Arm, auf den ein stark aktives Hauptcentromer, das intercentromere Stück, ein schwaches Nebencentromer und ein kurzer Arm folgen. (Verhältnis der drei Chromosomenstücke: 30:10:1.) Das schwache Centromer ist in Anaphase I inaktiv. Wenn jedes Chiasma in dem intercentromeren Stück ein crossing-over darstellt, dann sollte die Chiasmazahl, die fehlerlos ermittelt werden kann, der Zahl der sichtbaren Anaphasebrücken gleichen; jedes crossing-over in jener Region müßte nämlich zu einer Brücke führen. Die Auszählung der Chiasmen im intercentromeren Stück und der Anaphasebrücken ergibt aber: 28% Zellen tragen Chiasmen; nur 9,8% der Zellen zeigen Brücken. Trotzdem möchten die Autoren die Chiasmatypietheorie nicht aufgeben und suchen einen Ausweg in der Annahme, daß die Schwesterhälften der Nebencentromere sich frühzeitig trennen, wodurch die Möglichkeit zur Brückenbildung entfällt.

HARTE (2) und LAURITZEN gehen dem Zusammenhang von Chiasma und crossing-over nach, indem sie die Chiasmafrequenz durch Temperaturschocks sowie Trockenheitswirkung senken und in gleichlaufenden genetischen Versuchen den Grad des Koppelungsbruches ermitteln. *Antirrhinum majus* dient als Versuchsobjekt. Im allgemeinen bestätigt sich die Erwartung, daß die crossover-Werte unter den Bedingungen, die Bindungsausfall nach sich ziehen, absinken. Bemerkenswert ist, daß die verschiedenen Blüten der gleichen Inflorescenz sehr unterschiedliche crossover-Werte aufweisen.

Ein Beispiel mag die Untersuchungsergebnisse veranschaulichen. Als Versuchsobjekte dienten *Antirrhinum*-Pflanzen mit der Koppelungsgruppe perl-del (= perlutea-delila). Nach einer Temperaturschockbehandlung (10°—20°) steigt der Chiasmaausfall an [HARTE (2)].

Kontrolle . . . . . . 0,64 ± 0,07 Bindungsausfall
Schockpflanzen . . . . 1,38 ± 0,11 Bindungsausfall

Das crossing-over auf der Strecke perl-del zeigt in der Blüte a, die unter Normalbedingungen reduzierte, den Normalwert. Dann sinkt der Koppelungsbruch ab. Blüte a: 42,9 ± 5,0; b: 35,7 ± 6,4; c: 33,3 ± 8,6; d: 25,9 ± 5,8; e: 34,6 ± 3,7; f: 34,8 ± 3,1.

Die Grenze solcher Untersuchungen ist durch zwei Tatsachen gegeben. Äußere Bedingungen, die einen starken Chiasmaausfall mit sich bringen, schädigen häufig so intensiv, daß gerade die stark betroffenen Zellen für die Befruchtung ausfallen. Zum anderen ist es von vornherein unwahrscheinlich, daß man den Zusammenhang von Chiasmazahl- und crossover-Wertänderung auf **großen Chromosomenstrecken erfassen kann**, da hier die Verhältnisse durch mehrfaches crossing-over kompliziert sein können. Es ist daher notwendig, die Strecken kurz zu wählen, oder eine große Strecke durch Mehrpunktversuche zu unterteilen.

Wie kompliziert die Verhältnisse liegen, mögen einige Angaben über die Postreduktionsfrequenz verdeutlichen, die bei *Podospora anserina* mittels der Tetradenanalyse gewonnen wurden (RIZET u. ENGELMANN, sowie MONNOT). Die Postreduktionsfrequenzen entsprechen den crossover-Werten. Die verschiedenen Gene zeigen in der Reaktion gegenüber den gleichen Temperaturen unterschiedliches Verhalten:

Allele	26°	16°	11°
D d (Wuchsform)	—	2,85 ± 0,35	2,34 ± 0,33
I i (Pigment)	78,3 ± 2,0	—	93,8 ± 0,9
P p (Sporengröße)	16,81 ± 0,49	8,34 ± 0,52	5,95 ± 0,39
F f (Wuchsform)	79,5 ± 1,9	—	88,3 ± 1,8
S s (barrage)	13,3 ± 2,2	9,4 ± 1,8	2,4 ± 0,3

SPIEGELMANN weist in einer Besprechung der Rechenmethoden, die für die Genortkartierung mittels Tetradenanalyse geeignet sind, ebenfalls darauf hin, daß die Kartierung erschwert werde, wenn zwei Loci auf demselben Chromosomenarm liegen. Die Anwendung der konventionellen Rechenverfahren wird bei Vorliegen mehrerer Chiasmen fraglich. Hier hilft die Einführung einer etwas komplizierteren Formel, die auf der Basis der POISSON-Verteilung aufbaut. Auch PAPAZIAN setzt sich mit der Auswertung der Tetradenanalysen bei *Asco-* und *Basidiomyceten* auseinander und betont die Möglichkeiten, Chiasmainterferenz prüfen zu können. Schließlich beschäftigt sich KIMURA mit der Frage, wie die Heterozygotie in einer Population bei dauernder Selbstbefruchtung abnimmt, wenn in einem heterozygoten Chromosomenpaar oder in mehreren Paaren stets ein einfaches crossing-over oder mehrfache Koppelungsbrüche stattfinden.

c) Chromosomale Mutationen.

LAMPRECHT (2) gibt eine zusammenfassende Darstellung der reziproken Translokationen, die für *Pisum* cytologisch nachgewiesen und teilweise dazu benutzt wurden, die Koppelungsgruppen bestimmten Chromosomen zuzuordnen. Die Teilsterilität ist bei *Pisum* aber nicht nur durch reciproke Translokationen bedingt, sondern auch einfache Translokationen, Duplikationen und Deficienzen führen zu genetischen Anomalien. Wildformen mit Translokationen findet GOTTSCHALK (1) bei *Physalis alkekengi*; wahrscheinlich liegt ein 10-Ring der sehr variablen Gliederzahl der auftretenden Ketten zugrunde. 85%ige Sterilität begleitet diese vielfache reciproke Translokation. Strukturhybriden finden sich auch bei vielen *Rosenbastarden*. WOLFF u. HELDT berichten von der *Rosa hybrida* „Hamburg", die in einem Teil der PMZ einen 4-Ring bildet, und deren Eltern „Robin Hood" und „Eva" dasselbe Meiosisbild zeigen. Bei der Bastardierung von *Nicotiana suaveolens* mit *N. gossei* findet TAKENAKA, daß sich die beiden Arten durch reciproke Translokationen und Inversionen unterscheiden. 16 verschiedene durch Röntgenstrahlen induzierte reciproke Translokationen vermag YAMASHITA bei *Triticum aegilopoides* und *Tr. monococcum* zu unterscheiden. Er weist nach, daß sich die Pollenschläuche mit verschiedenen Translokationschromosomen in ihrer Wachstumsgeschwindigkeit stark unterscheiden können. Bestäubt er die Translokationsheterozygote $(mT_1 \times aT_4)$ mit normalem Pollen, so verteilen sich die entsprechenden Translokationschromosomen (f—e) und (e—g) auf die Nachkommen etwa gleich häufig, nämlich (f—e)-Nachkommen: 56,5%, (e—g)-Nachkommen: 43,5%. Bei reciproker Kreuzung liegen starke Unterschiede vor: (f—e)-Nachkommen 89,0%, (e—g)-Nachkommen 11,0%. Durch Kreuzen verschiedener Formen mit 4-Ringen kann man auch bei *Triticum* zu höheren Verkettungen gelangen.

Mehrere Veröffentlichungen haben Komplex-Analysen von *Oenothera*-Arten und -Bastarden zum Gegenstand. HAUSTEIN bestimmt bei 6 Arten des Subgenus *Raimannia* die Endenanordnung von 10 Komplexen und klärt auf Grund der gewonnenen Erkenntnisse die Verwandtschaftsverhältnisse innerhalb des Subgenus. HECHT u. TANDON kreuzen Rassen von *Oenothera mollissima* und *affinis* — sie gehören ebenfalls zum Subgenus *Raimannia* — miteinander und beobachten die Konfigurationen der Bastardmeiose. Es zeigt sich, daß die Komplexe von *Oe. mollissima* untereinander unähnlicher sind als gegenüber den Genomen von *Oe. affinis*. Die Autoren schlagen daher vor, *Oe. affinis* in den Formenkreis von *Oe. mollissima* einzugliedern. STINSON berichtet von dem primitiven Formenkreis der *Oenothera argillicola*. Die Anordnung der Chromosomenenden ähnelt der bei *Oe. Hookeri*, auch fehlen Letalfaktoren. W. STUBBE stellt cytogenetische Untersuchungen an Wildsippen der *Oe. suaveolens* an. Sie stammen aus Frankreich, Italien, Ungarn und Deutschland. Bei weitgehender phänotypischer Ähnlichkeit unterscheiden sich die Sippen sowohl im Genbestand der Komplexe (*albicans* ♀ und *flavens* ♂) als auch in deren Chromosomenformeln. Der *albicans*-Komplex der Sippe *Grado* weicht am stärksten ab. Die

Chromosomenformeln der *flavens*-Komplexe lassen sich durch jeweils eine Translokation voneinander ableiten und auf den ursprünglichen Komplex (nach CLELAND) ^{h}*Johannsen* zurückführen. Die Diakinesekonfigurationen der Sippen sind entweder ein 14-Ring, ein 12-Ring und 1 Bivalent, oder ein 10-Ring und 2 Bivalente. Der genetische Vergleich zeigt allerdings, daß sich die geprüften Komplexe nicht direkt voneinander ableiten lassen. Es müssen noch Zwischenglieder der natürlichen Verwandtschaftsreihe fehlen. TANDON u. HECHT analysieren 6 geographische Rassen der *Oe. affinis*. 3 waren isogame Komplexheterozygoten mit einem 14-Ring, 3 Homozygote mit 7 Bivalenten. Die Komplexe wiesen im Kreuzungsversuch maximal drei Translokationen gegenüber der homozygoten Rasse „Buenos Aires" auf. In den Komplexheterozygoten können also 6 Translokationen erwartet werden.

Auf eine praktische Anwendung von Translokationen weist ANDERSON (1) hin. Koppelt man bei *Zea mays* durch Translokation das Gen „gelbe Endospermfarbe" mit dem Gen für Stärkeendosperm und das Gen „weißes Endosperm" mit „Zuckerendosperm", so kann man bereits 14 Tage nach Bestäubung die beiden Arten des Endosperms unterscheiden. Dies ist für physiologische Untersuchungen bedeutsam.

Chromosomale Umbauten setzen die crossover-Werte in den betroffenen Regionen häufig herab. LAMPRECHT (1) berichtet von unerwartet starker Koppelung der *Pisum*-Gene B (Chromosom III) und Gp (Chromosom V) in einer Form, die eine reciproke Translokation zwischen den Chromosomen III und V besitzt. Eine Herabsetzung der Austauschwerte wird auch wieder in invertierten Chromosomenstücken festgestellt. RHOADES u. DEMPSEY kreuzen 90 südamerikanische *Mais*rassen mit 2 Testsorten. Sie finden bei einer Rasse eine große Inversion, welche im langen Arm des Chromosoms 3 liegt, wobei sich die Bruchstellen nahe dem Centromer und nahe dem Ende befinden. Die Gene Lg_2, A_1 und Et sind im invertierten Stück lokalisiert. Ihre Koppelung ist in der Inversionsheterozygoten stark erhöht, jedoch steigen die Austauschwerte in der Nachbarschaft. Naturgemäß führt die Inversion zu Anaphasebrücken, die Chromosomen mit Duplikation und Stückverlust entstehen lassen. Solchen Chromosomen fehlt das nicht-invertierte Ende des langen Armes von Chromosom 3, während Teile des invertierten Segmentes doppelt vorhanden sind. Die „deficient-duplicate"-Chromosomen können nur durch die Eizelle vererbt werden. Vergleichbare Mutanten, bei denen sich Stückverlust und Duplikationen kompensieren, erhielten MENZEL u. BROWN (1) bei *Gossypium hirsutum* nach γ-Bestrahlung.

Eine Anzahl von Publikationen veranschaulicht, wie sich Chromosomensätze verwandter Arten strukturell unterscheiden, und wie Umbauvorgänge innerhalb der Art zu Rassenbildungen führen können.

THERMAN berichtet über ihre cytologischen Untersuchungen in der Gattung *Polygonatum*. Die drei Arten der europäischen *alternifolia*-Gruppe, *P. officinale*, *latifolium* ($2n = 20$) und *multiflorum* ($2n = 18$), lassen sich kreuzen. Deutliche Strukturverschiedenheiten bewirken die Artentrennung. Dagegen sind die *alternifolia*-Arten der Neuen Welt nur „genisch" geschieden. Innerhalb der *verticillata*- und *oppositifolia*-Gruppe der Neuen Welt spielen chromosomale Umbauten der Polygonatum-Chromosomen wiederum die maßgebende Rolle bei der Artentrennung. — Die intraspecifischen Bastarde von *Lamium amplexicaule* sind partiell steril [BERNSTRÖM (1)]. Kleine Strukturverschiedenheiten, zum Teil als Inversionen erkannt, rufen die Störung hervor. Bastarde von *Lamium hybridum* und *L. amplexicaule* zeigen die Wirkung der Chromosomen-Strukturunterschiede noch deutlicher. In den intraspezifischen Bastarden von *L. pupureum* und *L. intermedium* treten aber keine chromosomalen Strukturdifferenzen zutage. — KURABAYASHI und SAMEJIMA untersuchten 17 Gruppen von *Paris tetraphylla* aus 6 Standorten nach Kältebehandlung. Für das Chromosom C weisen sie in der Mitose sechs verschiedene Typen nach; das Chromosom D kommt mit und ohne Satellit vor. Die chromosomalen Typen wechseln von einem Standort zum anderen, ja sogar innerhalb desselben Standortes. — Bei *Lens esculenta* lassen sich Kultursorten finden, die in der Anaphase I Brücken bilden und dadurch als Inversionsheterozygoten gekennzeichnet sind (BHATTACHARJEE).

Die dargestellten chromosomalen Strukturunterschiede sind mit bestimmten Teilungsanomalien in der Meiose verbunden. Ähnliche Erscheinungen treten in Bastarden zutage, ohne daß Strukturverschiedenheiten sichtbar zu machen sind. Der Bastard aus *Bromus pseudolaevipes* ($2n = 14$) und *Br. marginatus* ($2n = 56$) muß hier genannt werden [WALTERS (1)]. In der Anaphase I treten Fragmentationen zutage, die aus nicht-restituierten Chiasmabrüchen herrühren. Aber auch die Univalenten des Bastards zerbrechen, wobei die Centromerenregion als Bruchstelle bevorzugt zu sein scheint. Im asynaptischen Bastard zwischen *Bromus trinii* und *Br. maritimus* sowie *Br. trinii* und *marginatus* finden sich sehr eigenartige „Paarungserscheinungen" [WALTERS (2)]. Homologe oder nichthomologe Chromosomen können durch örtlich begrenzte Matrixverklebungen verbunden sein. Sie liegen terminal oder interstitiell. Die Partner solcher Pseudobivalente sind in der Anaphase I oft durch Matrixbrücken miteinander verbunden, ein Zeichen, daß die beiden Matrices in fester Verbindung stehen. — Abschließend seien drei Chromosomenmutationen erwähnt, die im Zusammenhang mit dem Verlust ganzer Chromosomen auftreten. DARLINGTON u. WYLIE erhalten in der Nachkommenschaft einer triploiden *Narcissus*-Art ($3x = 21$) eine Pflanze mit 26 Chromosomen. Sie besitzt ein isodicentrisches Chromosom, das den Bruch-Fusions-Brücken-Cyclus durchläuft, und dabei neue dicentrische Chromosomen oder durch Fusion von gebrochenen mit ungebrochenen Enden Ringchromosomen entstehen läßt. Entsprechendes berichtet HAIR von einer 41-chromosomigen Pflanze des *Agropyrum scabrum* ($2n = 42$). Bei ihr führt das dicentrische Chromosom schließlich zu einem stabilen Typus mit kleiner intercentrischer Region. Sie enthält einen bestimmten Chromosomenabschnitt, der in allen dicentrischen Chromosomen vorkommen muß, wenn sie lebensfähig sein sollen. Schließlich findet MORRISON (2) im Bastard von *Triticum aestivum* und *Tr. dicoccum* ein dizentrisches Chromosom, bei dem die Spalthälften in der mitotischen Anaphase häufig ineinander hängen bleiben und eine „criss-cross"-Brücke bilden. Bei falscher Verheilung der Bruchstellen führt diese Trennungsart zu neuen dicentrischen Chromosomen, deren intercentrische Region aus zwei symmetrisch gelagerten, identischen Teilen besteht.

d) Experimentell ausgelöste chromosomale Mutationen.

Die experimentelle Auslösung von chromosomalen Mutationen kann unter verschiedenen Gesichtspunkten geschehen. Von besonderem Interesse sind solche Untersuchungen, bei denen die auftretenden Aberrationen entweder die Einsichten in die genetischen Folgen der Mutation erweitern oder Rückschlüsse auf den Zustand und das Verhalten der Chromosomen während des Mutationsvorganges zulassen.

Eine sehr einfache Methode der Mutationsauslösung beschreiben ARNASON, PERSON u. NAYLOR. Sie führen 40 Tage alten Keimlingen von *Weizen* und *Gerste* radioaktiven Phosphor (^{32}P) in ganz geringen Konzentrationen (0,65 bis 65,0 Millirutherford) zu. Die Selbstungs-F_1 zeigt bei *Weizen* 8—19%, bei *Gerste* 6—11% Abweicher. In der F_2 spalten Genmutanten heraus, und neue Chromosomenmutanten treten neben den in der F_1 gefundenen auf.

Beim *Mais* berichtet SCHWARTZ (1) von einem Ringchromosom, dessen cytologisches Verhalten zu neuartigen genetischen Phänomenen führt. Das luteus-Gen liegt 24 crossing-over-Einheiten vom Centromer entfernt auf dem langen Schenkel des Chromosoms 6. Nach Bestäubung von luteus-Heterozygoten mit Pollen normaler LL-Pflanzen entstehen zum Teil gestreifte Individuen. Der Streifung liegt das Verhalten eines Ringchromosoms zugrunde, das L in einem Ring trägt. Die Nachkommen von ringhaltigen L/l-Pflanzen bestehen nicht nur aus luteus- und gestreiften Pflanzen, sondern auch — darin liegt die Besonderheit dieser Mutante — aus grünen. Sie werden gebildet, weil sich das Ringchromosom mit dem normalen Chromosom 6 paart und nach Chiasmabildung zu einer Anaphase I-Brücke führt; bricht diese distal zu L, dann entsteht ein neues Chromosom 6 mit zwei langen Schenkeln, von denen einer L trägt. Die Gonen mit diesem Chromosom ergeben grüne Pflanzen.

DARLINGTON u. LA COUR geben eine zusammenfassende Darstellung der Röntgenwirkung nach Bestrahlung der Meiosis. Sie betonen, daß die entstehenden Aberrationen geeignet seien, die multiple „Monidenstruktur" der Chromatiden zu beweisen. Die Analyse der chromosomalen Aberrationen in den Chromosomen von *Hyacinthus* (Bestrahlung der Wurzelspitzen mit 150 bis 1000 r) ist ganz darauf angelegt (LA COUR), die Aberrationsunterschiede zwischen den beiden auf die Bestrahlung folgenden Mitosen (X_1- und X_2-Mitosen) herauszuarbeiten. X_1 ist durch das Auftreten von chromosomalen, chromatidalen, lateralen und Schwesterchromatid-Rekombinationen gekennzeichnet, während X_2 Ringe sowie polycentrische Chromosomen ohne acentrische Fragmente umfaßt und keine Schwesterchromatid-Rekombinationen zeigt. — HAQUE (2) vergleicht die Bestrahlungseffekte an PMZ und Pollenzellen (Pollenmitose) von *Tradescantia*. Die Meiosis ist nicht nur empfindlicher gegenüber Röntgenstrahlen, sondern dürfte auch das Stadium häufiger Umbauvorgänge (falscher Verheilung) sein. In der Meiosis sind die Ring- und polycentrischen Chromosomen nämlich relativ häufiger als in der Mitose. — Nach Bestrahlung von *Gersten*samen mit 250 bis 32000 r untersuchen CALDECOTT u. SMITH das Verhalten von acentrischen und centrischen Fragmenten bei der Rekombination in der Mitose: acentrische vereinigen sich mit centrischen gleich häufig wie mit acentrischen. — Die Bestrahlung der Metaphase I von *Lilium longiflorum* (CROUSE) führt zu Halbchromatidbrücken in Anaphase I; ihre Zahl wächst proportional zur Dosis (10 r:0,33; 30 r:1,00). Chromatidbrücken und acentrische Fragmente treten nicht auf. Dagegen ergibt die Bestrahlung des Pachytänkernes hauptsächlich Chromatidaberrationen. Halbchromatidbrücken finden auch LA COUR u. RUTISHAUSER nach Röntgenbestrahlung des *Scilla*-Endosperms. Die Spaltung der Halbchromatiden ist offenbar in der Prophase der Mitose bereits vollzogen, während die Pachytänchromosomen von *Lilium* als kleinste Einheiten, an denen die Röntgenwirkung sich vollziehen kann, Chromatiden aufweisen.

FRIEDRICH-FREKSA u. KAUDEWITZ berichten von einem interessanten Versuch, die Zahl der Chromonemafibrillen in der Interphase zu bestimmen. Sie halten *Amoeba proteus*, die mit *Paramaecium bursaria* gefüttert wird, zunächst in ^{32}P-haltiger Lösung. Durch Aktivitätsmessung läßt sich der aufgenommene ^{32}P bei acht Nachkommen bestimmen. Dann werden diese bei niedriger Temperatur gehalten, um den ^{32}P weiter zerfallen zu lassen, während sich die Zellen nicht mehr als einmal teilen. Die folgenden Klonkulturen stehen unter Normalbedingungen. Ein einzelner Klon wird bis zur 100sten Generation in Einzelkultur gezogen. Während dieser Zeit zeigen die Kulturen verschiedene Letalitätswerte. Ein erstes Maximum von 2,8% in der 5. Generation kann durch direkte Strahlungseffekte zustandekommen. Ein zweites mit 4,7% Letalen liegt in der 31. Generation; ihm geht ein Minimum von 0,8% in der 11. Generation voraus. Man kann aus diesen Ergebnissen unter Vorbehalten schließen, daß das Chromonema vor der Fibrillenverdoppelung aus 16 Elementarfibrillen besteht. Das Letalitätsmaximum in der 31. Generation erklärt sich aus dem Zustandekommen „vollständig mutierter" Chromosomen während des Chromosomenwachstums.

Die qualitative und quantitative Erfassung der Wirkung mutationsauslösender Strahlen und chemischer Substanzen wurde unter drei Gesichtspunkten vorgenommen. Durch den Vergleich verschiedener mutagener Mittel sollte versucht werden, eine Vorstellung von den Veränderungen in der Zelle und am Chromosom zu erhalten, die schließlich zum sichtbaren Chromosomenbruch führen. Dasselbe bezweckte die Anwendung von Röntgenstrahlen in Kombination mit chemischen Agentien. Schließlich konnte durch fraktionierte Bestrahlung Einblick in das Bruch- und Rekombinationsgeschehen gewonnen werden.

Mutagene Strahlen und Chemikalien. In mehreren Arbeiten werden die Wirkungen von Röntgenstrahlen mit denen von β- und γ-Strahlen sowie Neutronen verglichen. MORRIS bestrahlt männliche *Mais*infloreszenzen im Kernreaktor mit thermischen Neutronen ($7 \cdot 10^{10}$ Neutronen je cm^2/sec an der Expositionsstelle) verschieden lang (1, 2, 4, 8 min). Die in der F_1 analysierten Chromosomenmutanten stellen Inversionen und Translokationen dar. Die Wirkung der thermischen Neutronen gleicht der von Röntgenstrahlen. Die Verteilung der Brüche auf den Chromosomen verläuft zufällig. — YOST jr., CUMMINGS u. BLAKESLEE setzen Samen von *Datura* der Strahlung einer Atombombenexplosion aus und erfassen die Wirkung schneller Neutronen. Sie soll etwa 14mal stärker sein als die einer vergleichbaren Röntgenbestrahlung. — Beim Vergleich von UV- und Röntgenwirkung findet BARTON, daß die beiden Strahlenarten, beim Pollen von *Tomaten* angewendet, im allgemeinen den gleichen Einfluß ausüben. Allerdings soll der Anteil an Defizienzen nach UV-Licht größer sein. Bei beiden Strahlenarten treten Brüche bevorzugt im Heterochromatin auf. — Sehr eingehend haben KIRBY-SMITH u. DANIELS β-, γ- und Röntgenstrahlen verglichen (γ-Strahlen: 1,17 und 1,33 MeV ^{60}Co; β-Strahlen: ^{32}P

400 kV; Röntgenstrahlen: 60 und 250 kV). Pollenkörner von *Tradescantia* wurden bestrahlt. Nach Keimung der Pollenschläuche analysierten die Autoren die Pollenschlauchmitose. β- und γ-Strahlen sind gleich, Röntgenstrahlen ihnen gegenüber aber doppelt so wirksam. Die Dosiskurven der chromosomalen Aberrationen waren in allen Strahlungen etwa gleichartig gekrümmt. Die Autoren sind der Auffassung, daß die locker ionisierenden β- und γ-Strahlen gegenüber den dichter ionisierenden Röntgenstrahlen weniger wirksam seien, weil es bei der Bruchentstehung auf die Ionisationsdichte ankomme.

Wesentliche Unterschiede bei Röntgenwirkung einerseits und Chemikalienanwendung andererseits findet OEHLKERS an mehreren Objekten (Mitosen der Wurzelspitzenzellen von *Vicia Faba*, Meiosis der PMZ von *Oenothera*-Arten, *Paeonia tenuifolia*, *Solanum lycopersicum* und *Zea mays*). *Vicia Faba* besitzt in der Mitose der Wurzelspitzen 2 M-Chromosomen, die jeweils eine sekundäre Einschnürung tragen, die sog. SAT-Zone. Daneben kommen 10 m-Chromosomen vor, die halb so groß wie M und fast einschenklig sind. Man sollte bei zufallsgemäßer Verteilung der Chromosomenbrüche erwarten, daß die M- und die m-Chromosomen im Verhältnis von 2:5 betroffen würden. Nach Röntgenbestrahlung ist dies der Fall. Bei Chemikalienwirkung sind die M-Chromosomen in verschiedenem Grade bevorzugt an den Chromosomenmutationen beteiligt. Bei Urethanwirkung ist das Verhältnis 3,3:5, bei Alkaloiden 7,2:5, bei Schwermetallsalzen 9,8:5 und bei Nucleoproteiden sogar 14,3:5. Die Bruchstellen finden sich am Centromer und in der SAT-Zone der M-Chromosomen gehäuft vor. Bei *Solanum lycopersicum* erweisen sich die Centromeren der Meiosis-Chromosomen ebenfalls als besonders reaktionsfähig gegenüber Chemikalienwirkung. — DEUFEL stellt die gleichen Gesetzmäßigkeiten bei Anwendung von Röntgenstrahlen und Chemikalien fest. — Hinsichtlich der Bruchempfindlichkeit des Centromers kommt REES nach Röntgenanalyse von Wurzelspitzen der *Scilla campanulata* zu Folgerungen, die den Unterschied gegenüber der Chemikalienwirkung erneut beweisen. Dort sollen kurze Arme und die centromerennahe Region langer Arme allerdings relativ bruchsicher sein. — LEISH bestätigt bei *Vicia Faba*, daß die sekundäre Einschnürung des M-Chromosoms nach Anwendung von 8-Äthoxy-Coffein und Maleinhydrazin bevorzugt breche. Gleichzeitig glaubt er gezeigt zu haben, daß die beiden genannten Chemikalien nach spezifischen „Bruchmustern" wirken.— Schließlich hat REVELL die chromosomalen Mutanten in Wurzelspitzen von *Vicia Faba* ausgezählt, nachdem die Wurzeln den Lösungen verschiedener organischer Substanzen (Di-epoxypropyl-Äther, Senfgas, organisches Peroxyd) ausgesetzt waren. Nach Röntgenwirkung sind die Einbruchaberrationen (B') anfänglich am häufigsten und nehmen dann ab; die Zweibruchaberrationen (B") verhalten sich umgekehrt. Nach Chemikalienwirkung bleibt das Verhältnis von B' zu B" gleich. — KÜHLMANN hebt nach Prüfung von 25 Purinderivaten und verwandten Verbindungen (Mitose von *Allium cepa*) hervor, daß die verschiedenen Substanzen nur quantitative Unterschiede auslösten. Er wertet dies als ein Zeichen dafür, daß die Eigenschaften des gesamten Molekülbaues und nicht die einzelnen Atomgruppen die auslösende Ursache der Chromosomenumbauten darstellen.

Röntgenstrahlenwirkung bei veränderter Gasatmosphäre. Es kann kein Zweifel bestehen, daß die Wirkung der Röntgenstrahlen an bestimmte physiologische Zustände der Zelle gebunden ist oder sich sogar nur über eine Veränderung der physiologischen Prozesse vollziehen kann. Mehrere Forscher haben daher den Einfluß der Röntgenstrahlen bei verminderter Gasatmosphäre geprüft. KING, SCHNEIDERMAN u. SAX experimentierten mit N_2, O_2 und CO und bestrahlten darin Pollenmitosen von *Tradescantia paludosa* (400 r). Stickstoff + Kohlenoxyd steigert die Wirkung nicht, während CO, allein gegeben, die Zahl der bicentrischen- und Ring-Chromosomen erhöht. Sauerstoff hebt den CO-Einfluß auf. KING u. SCHNEIDERMAN berichten über Experimente mit CO_2 am gleichen Objekt bei gleicher Dosis. CO_2, das der normalen Luft zu 0,005 bis 1,33 Atm zugesetzt wird, steigert die Mutationsrate. N_2-Zusätze dienen als Kontrolle. N_2 ist unwirksam. Die Steigerung in den einzelnen Versuchen betrug bei 0,02 Atm CO_2 39,2%, bei 0,67 Atm CO_2 156,3%, bei 1,33 Atm CO_2 369,2%. SCHNEIDERMAN u. KING prüften die Rolle des CO_2 noch genauer. Bei Bestrahlung im Vakuum (400 r in 10 min) und im reinen CO_2 ist die Rate der chromosomalen Mutanten herabgesetzt: Luft: 6,4%, Vakuum: 0,9%, CO_2: 1%. Fügt man der Luft aber CO_2 zu ($^1/_3$ Atm CO_2 + 1 Atm O_2), so steigt die Aberrationsrate: Luft: 7,3%, CO_2 + Luft: 13,4%. Das CO_2 beeinflußt also die radiochemischen Wirkungen des Sauerstoffes im Sinne einer Erhöhung der Bestrahlungsempfindlichkeit; seine Rolle ist eine indirekte. Weitere Versuche von SCHNEIDERMAN u. KING beweisen, daß das CO_2 seine Wirkung unmittelbar während der Bestrahlung ausübt. Das gleiche dürfte für O_2 gelten.

Der Rolle des O_2 bei Röntgen-, Neutronen- und α-Strahlung sind GILES, BEATTY u. RILEY nachgegangen. O_2 wirkt in allen Fällen mutationssteigernd. Der Grad der Mutationsförderung ist gegenüber Röntgenstrahlung am höchsten, bei α-Strahlung nur schwach, bei Neutronenstrahlung intermediär. Schließlich hat WOLFF einen bemerkenswerten Beitrag zur Frage der Kombinationswirkung geleistet: Bestrahlt man Samen von *Vicia Faba* mit 600 r und gibt diese Dosis in 3 min, 1 Std, 2 Std und 3 Std, so zeigen die analysierten Keimwurzeln, daß die Aberrationszahl (Ringe + bicentrische Chromosomen) bei 2stündiger Bestrahlung absinkt und bei 3stündiger am kleinsten ist. Der Abfall wird verfrüht, wenn die Samen statt Wasser eine wäßrige Lösung von $2 \cdot 10^{-3}$ mol 2,3-Dimercaptopropanol als Quellungsmedium erhalten. Man darf mit Vorbehalt schließen, daß das angewandte Antioxydationsmittel den Restitutionsvorgang beeinflußt.

Fraktionierte Bestrahlung und Dosisleistung. Jeder chromosomale Mutationsprozeß gliedert sich in die Bruchentstehung und den Verheilungsprozeß, der zu Rekombinationen führen kann. Durch fraktionierte Bestrahlung kann man zu ergründen versuchen, in welcher Zeit die beiden Vorgänge ablaufen. DE SERRES u. GILES bestrahlen *Tradescantia*-Mikrosporen mit Dosen von 175 r im Abstand von 1, 2, 4, 8 und 12 Std. Als Kontrollen dienen Bestrahlungen mit 350 r und 175 r, die 1mal erfolgen. Folgende Resultate wurden erzielt:

Dosis	Zeit zwischen 2 Bestrahlungen (Std)	Reciproke Translokation je Zelle	Interstitielle Deletionen je Zelle
350 r	0	0,54 ± 0,03	0,85 ± 0,04
175 + 175	1	0,38 ± 0,03	0,55 ± 0,03
175	2	0,35 ± 0,03	0,53 ± 0,03
175	4	0,34 ± 0,02	0,53 ± 0,03
175	8	0,29 ± 0,03	0,54 ± 0,03
175	12	0,31 ± 0,02	0,47 ± 0,03
175	0	0,16 ± 0,02	0,25 ± 0,02

Man erkennt, wie die Zweitreffer-Aberrationen (reciproke Translokation und interstitielle Deletionen) der fraktionierten Bestrahlung schon bei 1stündigem Intervall stark abfallen. Die Zahlen bleiben von dem 4stündigen Intervall an konstant. In keinem Versuch fallen sie unter den doppelten Wert der einfachen Bestrahlung (175 r). Man kann folgern, daß die Verheilung von Bruchstellen in kurzer Zeit vor sich geht. Deswegen haben die Brüche der 1. und 2. Strahlung nach Fraktionierung eine geringere Möglichkeit zur Rekombination, als wenn sie zur selben Zeit gebildet werden. Die genannten Autoren haben damit frühere Befunde von SAX [Genetics 25, 41—68 (1940)] bestätigt. BORA hat in Versuchen am gleichen Objekt, das mit 180 und 360 r im Abstand von 1 min bis 36 Std bestrahlt wurde, die Zeit der Bruchverheilung genauer zu bestimmen versucht. Spätestens nach 1 Std ist der größte Teil der freien Brüche verheilt. BORA hat darüber hinaus berechnet, daß ein Bruch frühestens $3^1/_2$ min nach Durchgang des ionisierenden Teilchens eintritt, und folgert daraus, daß eine Kette biologischer Vorgänge zum Bruch führt. Schließlich kommen STEFFENSEN u. ARNASON bei Bestrahlungsversuchen an *Tradescantia* zu völlig gleichen Resultaten wie SAX, DE SERRES, GILES und BORA. Die Ergebnisse von HAQUE u. LANE, welche den referierten widersprechen, dürften daher kaum ins Gewicht fallen, zumal STEFFENSEN u. ARNASON die Versuchsbedingungen von LANE in allen Einzelheiten nachahmten.

Bei jeder fraktionierten Bestrahlung gibt es ein Zeitintervall, bei dem die fraktionierte Behandlung ebenso wirksam ist wie eine kontinuierliche. Sie beträgt für die Pollenmitose von *Tradescantia* nach den Resultaten von SAX etwa 1 Std. Kombiniert man eine fraktionierte Bestrahlung mit der Zugabe von 2,3 Dimercaptopropanol (Wurzelspitzen von *Vicia Faba*), so erweist sich das Intervall als verkürzt (WOLFF u. ATWOOD).

Die fraktionierte Neutronenbestrahlung führt zu anderen Effekten als Röntgenstrahlen (GILES, DE SERRES u. BEATTY).

Die Zahl der Zweibruchaberrationen fällt bei Anwendung von Neutronen nicht ab. Nach den Autoren ist die Erklärung darin zu suchen, daß beide Brüche, die für die reciproke Translokation oder die interstitielle Deletion notwendig sind, durch 1 Neutronentreffer hervorgerufen werden.

Auf Grund der dargelegten Vorstellungen über Bruchentstehung, Bruchverheilung und Rekombinationswahrscheinlichkeit ist zu erwarten, daß die Aberrationszahl auch mit sinkender Dosisleistung ($=$ r-Zahl je min) abnimmt. KOLLER hat dies an *Tradescantia bracteata*-Pollenmitosen experimentell bestätigt, indem er die chromosomalen Mutationen bei verschiedenen Dosisleistungen (0,25 r/min bis 50 r/min) aus-

Dosis (N-Einheiten)	Zeit zwischen 2 Bestrahlungen (Std)	Reciproke Translokation je Zelle	Interstitielle Deletionen je Zelle
25	0	0,82 ± 0,05	0,80 ± 0,05
12,5 + 12,5	1	0,90 ± 0,05	0,90 ± 0,06
12,5	2	0,84 ± 0,06	0,90 ± 0,05
12,5	4	0,76 ± 0,05	0,90 ± 0,05
12,5	8	0,84 ± 0,04	0,83 ± 0,04
12,5	12	0,81 ± 0,04	0,92 ± 0,04
12,5	0	0,44 ± 0,03	0,44 ± 0,03

zählte. KOLLER deutet den beobachteten Abfall nicht allein durch die Annahme, daß die beiden Chromosomenenden einer Bruchstelle bei geringer Dosisleistung untereinander wieder verheilen, d. h. restituieren können, sondern er glaubt, daß der Abfall auch ein „Ausdruck einer physiologischen Wirkung der Strahlung auf die Bruchwahrscheinlichkeit selbst" sei.

2. Polyploidie.

Aus dem Reichtum seiner Kenntnisse von den Chromosomenzahlen gibt TISCHLER einen Überblick über das Verhalten der „Basischromosomenzahlen" bei den Angiospermenfamilien. Die Basiszahl kann im Laufe der Entwicklung des Stammbaumes einer Familie gleich bleiben, auf- oder absteigen oder sich ganz unregelmäßig verhalten. TISCHLER schlägt vor, die „primäre Basiszahl" mit x zu benennen, die sekundäre mit b. Die Möglichkeit, diese beiden zu unterscheiden, geht z. B. aus einer Studie von GOTTSCHALK (2) hervor, der 186 *Solanum*-Arten in der Mitose untersucht und Haploidzahlen von 12—36 in folgender Häufigkeit findet: 12 Chromosomen in 70,4%, 16 Chr. in 0,5%, 18 Chr. in 7,5%, 24 Chr. in 14,0%, 30 Chr. in 2,2%, 36 Chr. in 5,4%.

In der Pachytänanalyse von *Solanum simplicifolium* und *S. polyadenium* ($2n = 24$) findet GOTTSCHALK (2) zwei strukturell gleiche Chromosomenpaare, die sekundär paaren. Der 12er Satz dieser diploiden Arten ist also wahrscheinlich aus zwei mehr oder minder gleichen Teilen zu je 6 Chromosomen aufgebaut. Danach wäre die primäre Basiszahl x von *Solanum* $= 6$, die sekundäre $b = 12$.

Künstlich ausgelöste Polyploide. Zu den bekannten Methoden der Polyploidieauslösung mittels Colchicin fügt HUNTER eine neue hinzu, deren Anwendung sich besonders bei *Äpfeln* eignet. Der im August oculierte Wildling wird im Spätherbst eingetopft und bis Januar bei 0° gehalten. Im Januar läßt man ihn frühtreiben. Der Vegetationskegel der austreibenden Edelknospe wird freigelegt und mit einer Gelatinekapsel bedeckt, die 1% Colchicin in 0,65%igem Agar enthält. 24 Std lang wirkt das Alkaloid ein. An den Blättern, die sich am Edelreis entwickeln, mißt man die Spaltöffnungen und bringt die Achselknospen polyploidieverdächtiger Blätter durch Schnitt zum Austreiben. Von 11 Klonen konnte HUNTER im 2. und 3. Jahr nach der Behandlung 9 Tetraploide erhalten. EINSET berichtet genaueres von der spontanen Entstehung tetraploider Äpfel aus diploiden Kulturen. Unter 6825 Sämlingen diploider Eltern waren 19 Triploide zu finden, die ihre Entstehung der Befruchtung unreduzierter Eizellen verdanken. Unter 5694 Sämlingen von 8 Triploiden befanden sich 148 Tetraploide. Die cytologische Untersuchung von diploidem Gewebe beweist, daß sich in den Zellen des Apfelbaumes ständig Chromosomenschwankungen im Ausmaß von Polyploidieschritten vollziehen. In 5800 untersuchten Wurzelspitzen waren 49 tetraploide Sektoren zu konstatieren, die sich als konstant erwiesen.

Die Erfassung der Eigenschaften künstlich ausgelöster Polyploider hat kaum neue Erkenntnisse geliefert. STEINEGGER (1, 3, 4) löst bei verschiedenen Herkünften von *Datura stramonium*, *D. inermis* und *D. tatula* Tetraploide aus und stellt fest, daß sich die einzelnen Herkünfte hinsichtlich des Alkaloidgehaltes verschieden verhalten. Wenn die Zunahme der Blattgröße die Abnahme der Blattzahl überwiegt, ist mehr Alkaloid je Einzelpflanze vorhanden. In der Mehrzahl der Fälle ist der Alkaloidertrag bei der 4n-Form gesenkt. Mehrere Autoren berichten über Untersuchungen an tri- und tetraploiden *Zuckerrüben*. FELTZ beschreibt die Cytologie, vor allem die Meiose, von Di- und Tetraploiden. RASMUSSON bestimmt bei di- und tetraploiden Zuckerrüben der Sorte *Hilleshög* in sechs Generationen den Zuckergehalt und je Hektar den Zuckerertrag, den Wurzelertrag und die Pflanzenzahl. Die Tetraploiden waren den Diploiden zunächst unterlegen, holten aber im Laufe der Generationen vollständig auf. MATSUMURA u. MOCHIZUKI berichten von erhöhtem Zucker- und Wurzelertrag triploider Zuckerrüben. — MÜNTZING (1) erfaßt die Möglichkeiten der Heterosiszüchtung auf tetraploider Basis beim *Roggen*. 3 F_1-Kombinationen zwischen 4n-Roggenfamilien der Sorten *Steel*, *King* und *Petkus* ergeben gegenüber den tetraploiden Eltern einen um 19% erhöhten Parzellen-Kornertrag; Kornzahl je Halm, Halmzahl je Parzelle und Korngewicht sind bei den Bastarden leicht erhöht. PLARRE, der autotetraploiden Petkuser Roggen untersucht, kann den geringen Ertrag auf den erniedrigten Kornansatz von 4n-Roggen zurückführen. Allerdings gelingt eine 5—8%ige Fertilitätssteigerung durch Selektion und Kreuzung der fertilsten F_1-Pflanzen. — RÜDIGER erfaßt die anatomischen Eigenschaften von diploidem und autotetraploidem *Lein* in allen Einzelheiten. Die verschiedenen Gewebearten und Gewebebestandteile des Leins reagieren ganz unterschiedlich auf die Polyploidisierung. Der autotetraploide Lein hat geringeren Faserertrag. — Zum ersten Male wird auch über das Ergebnis ziemlich umfassender Untersuchungen der Merkmale tetraploider *Rebensorten* berichtet (OLMO). Die Tetraploiden treten spontan auf. Entweder ist die Verwundung beim Schnitt die Ursache, oder der Schnitt schaltet die diploide Konkurrenz aus, so daß tetraploide Sports wachsen können. Für die zweite Möglichkeit spricht die auffällige Zunahme tetraploider Formen, seitdem in Californien allgemein nur noch einäugige Edelreiser gepfropft werden. Das Durchschnittsgewicht der 4n-Reben ist zwar größer, der Gesamtertrag bei 4 von 5 geprüften Sorten jedoch geringer; die fünfte tetraploide Sorte leistet mehr als die diploide. Von besonderem Interesse ist die Feststellung, daß die Wachstumsdepression bei Selbstung tetraploider Sorten größer ausfällt als bei geselbsteten Diploiden, und daß die Kreuzung der beiden 4n-Sorten *Sultanina* und *Muscat* erhöhte Vitalität und besseren Ertrag nach sich zieht. — Stark erhöhte Variabilität findet JOHNSSON auch bei triploiden *Aspen*. 5 Populationen konnten mit 3 diploiden, aus denen die triploiden hervorgegangen waren, verglichen werden. Nach 9 Jahren übertreffen die triploiden ihre diploiden Vorfahren um 60,3 % in der Massenleistung. Unter den triploiden stehen auffallend starkwüchsige Bäume, die durch den Aushieb der triploiden Schwächlinge besonders stark gefördert werden.

Die Züchtung wird sich nur dann mit Erfolg der Polyploidie bedienen können, wenn sie von *heterozygoten* Diploiden ausgeht. SCHWANITZ betont, daß für die Herabregulierung der Zellgröße, das Verschwinden der Gigaseigenschaften und die Erhöhung des osmotischen Wertes die erhöhte Genkombinationsmöglichkeit der tetraploiden Bastarde ausgenutzt werden müsse. KOCH u. PETERS weisen daraufhin, daß die Synthese neuer Allotetraploider aus erprobten *Kohl*- und *Rüben*sorten für die *Raps*züchtung erfolgversprechend sei. BROWN u. SHANDS berichten von neuen fertilen amphiploiden *Avena*-Artkreuzungen.

Schwierige Kreuzungen zwischen diploiden Rassen oder Arten funktionieren besser, wenn die Kreuzungspartner zuvor tetraploid gemacht werden. STEINEGGER (2) gelingen auf diese Weise Hybriden von *Datura stramonium* und *D. tatula*. BERNSTRÖM (2) versucht Kreuzungen zwischen *Lamium amplexicaule* ($2n = 18$), *L. purpureum* ($2n = 18$), *L. intermedium* ($2n = 36$) und *L. hybridum* ($2n = 36$) herzustellen. Er hat nur Erfolg, wenn die beiden diploiden Lamiumarten tetraploid gemacht werden. Schließlich berichtet LAMM von gelungenen Kreuzungen zwischen verschiedenen *Solanum*-Arten; *S. tuberosum var. Deodara* ($2n = 48$) und *S. acaule* ($2n = 48$) sind miteinander kreuzbar, nachdem die Chromosomenzahl von *acaule* verdoppelt wurde.

Der Zusammenhang von Polyploidie und geographischer Verbreitung bzw. Ökotypenbildung wurde in geringerem Umfange als früher bearbeitet. LÖVE weist auf den hohen Polyploidiegehalt der Flora von Island hin. Unter den Dicotylen sind sie zu 70%, unter den Monocotylen zu 90% vertreten. Es ist von besonderem Interesse, daß man auf Island den Polyploidieprozentsatz für die nach der Eiszeit eingewanderten Pflanzen ermitteln kann. Mit 48% gleicht er dem Prozentsatz der Herkunftsländer (Mittel- und Nordeuropa). — AVERS untersucht die Verbreitung von 9 Arten der Sektion *Euaster Gray*, welche di-, tetra- und octoploide Formen umfassen. Im allgemeinen ist keine besondere Anpassungsfähigkeit der Polyploiden zu erkennen. Eine Ausnahme bildet allerdings die einzige octoploide Art *Aster ciliolatus*, die mit auffallend großem Areal ganz auf glaciales Gebiet beschränkt ist. — Von

Bell erfahren wir, daß die weit verbreitete *Sanicula crassicaulis* tetra-, hexa- und octoploide Sippen besitzt; weder in morphologischer noch in ökologischer Hinsicht besteht ein Zusammenhang zwischen Variabilität und Polyploidiestufe. — Anderson (2) findet das gleiche bei 29 Herkünften von *Tradescantia bracteata*, unter denen sich 25 diploide, 2 triploide und 2 tetraploide Formen vorfinden. — In umfangreichem Material von *Poa pratensis* aus Schleswig Holstein kommen Chromosomenzahlen von $2n = 38$ bis 96 vor (Juhl). Die Zahlen stehen auch hier in keinem Zusammenhang zur Verbreitung der Wildsorten oder zu ihrer Merkmalsbildung. Schließlich berichten Lehmann u. Schmitz-Lohner über die Verbreitung der diploiden *Veronica polita* und *filiformis* sowie der tetraploiden *opaca*, *agrestis* und *Tournefortii:* Die diploiden sind zwar weit verbreitet, aber ökologisch begrenzt; die tetraploiden *V. opaca* und *V. agrestis* vermögen edaphisch und klimatisch extremere Lebensräume zu besiedeln, und *V. Tournefortii* verbindet mit der stärksten Expansionskraft die größte ökologische Breite.

Eine tetraploide Rasse von *Ranunculus Ficaria* pflanzt sich in Schweden durch Blattachselbulbillen fort, während die diploide *Ficaria* blüten- und samenbildend ist (Perje). Curtis berichtet ähnliches von der Liliaceengattung *Dianella*. *D. tasmanica* besitzt Rassen mit $2n = 16$, 64, 76, 80 und 84. Die apomiktische Vermehrung begünstigt auch hier die Entwicklung neuer Chromosomenrassen.

Allo- und Autopolyploide. Eine Anzahl von Veröffentlichungen weisen auf den allopolyploiden Charakter der wilden Polyploiden hin. In der Gattung *Geum* mit der Basiszahl 7 wird das Subgenus *Eugeum* von Gajewski (1, 2) cytogenetisch bearbeitet. *Geum rivale* × *macrophyllum* ($2n = 42$) bringt in der Selbstungsnachkommenschaft eine dodecaploide Pflanze mit $2n = 84$. Sie ist gut fertil und entspricht dem natürlichen *Geum pulchrum*, das als natürliche dodecaploide Art im Verbreitungsgebiet von *G. rivale* und *G. macrophyllum* vorkommt. Obwohl der hexaploide Bastard ($2n = 42$) 21 Bivalente zeigt, bildet auch der dodecaploide meist 42 Paarlinge aus. Gajewski (2) vermutet, daß daran die geringe Chiasmahäufigkeit der Geumchromosomen schuld sei. — Lewis bespricht die Evolution der Gattung *Clarkia* auf Grund der genetischen Untersuchungen von Hiorth und der cytologischen von Håkansson. Als bedeutendster Evolutionsfaktor wirkte der Chromosomenumbau, durch den Genaustauschbarrieren errichtet und die Chromosomenzahlen reduziert wurden. Indem die Strukturhomologie mehr und mehr verschwand, wurde die Grundlage für die Genese der allopolyploiden Formen geschaffen. — Die Beobachtung der Paarung hexa- und octoploider Luzerne führt Armstrong zum Schluß, daß die normale tetraploide Form als Allopolyploide mit geringen strukturellen Verschiedenheiten der beiden Sätze anzusprechen sei. Allerdings haben Brix und Quadt in einer sorgfältigen genetischen Untersuchung an *Dactylis glomerata* den Nachweis erbringen können, daß diese wilde Tetraploide zum mindesten für bestimmte Chromosomenarme als autotetraploid gelten muß. Sie ziehen einen quantitativ wirksamen Chlorophyllfaktor g, der homozygot die Chlorophyllbildung unterdrückt, heran und beobachten in der F_2 bzw. F_3 Spaltung und Austausch bezüglich G und g. Der Ausfall konstant hellgrüner GGgg-Pflanzen und das Auftreten von Austauschpflanzen in der Nachkommenschaft von GGGg und Gggg beweisen, daß keine Allopolyploidie (in dem betreffenden Chromosomenarm!) vorliegen kann.

SKALINSKA entwickelt auf Grund der cytologischen Untersuchung eines hexa- und eines tetraploiden ($2n = 28$) Nachkommen der octoploiden *Valeriana sambucifolia* ($2n = 56$) ähnliche Vorstellungen wie BRIX und QUADT. Die spontan auftretenden „polyhaploiden" zeigen Bivalentbildung. Der Schluß von SKALINSKA, *V. sambucifolia* müsse deshalb als Auto-Octoploide angesprochen werden, dürfte aber nicht eindeutig sein. — KOOPMANS u. VAN DER BURG erhalten bei der Bestäubung von *Solanum tuberosum* ($2n = 48$) mit Pollen von *S. phureja* ($2n = 24$) fast nur tetraploide Nachkommen. Da man bei *S. phureja* fast keine diploiden Pollenkörner findet, glauben die Verfasser nicht, daß die Tetraploiden durch Befruchtung mit unreduzierten männlichen Gonen zustande kommen. Nach ihrer These veranlaßt das Plasma diploider *Tuberosum*-Eizellen den haploiden Spermakern von *S. phureja* zur Verdoppelung des Chromosomensatzes! — Die cytologische Aufarbeitung verschiedener *Wildgersten* durch OINUMA zeigt, daß das Chromosom a in drei verschiedenen Formen sippenspecifisch vorkommt. Typ I und II findet man bei den Diploiden, während der Typ III (heterobrachial mit sekundärer Einschnürung im langen Arm) immer bei Tetraploiden auftritt. Diese sind also von den jetzt lebenden Diploiden strukturell deutlich verschieden und haben wahrscheinlich eine gemeinsame Ausgangsform. — Bei der tetraploiden *Primula farinosa*, die DAVIES in Gotland findet, ist der Zusammenhang mit diploiden Formen ein anderer. Die tetraploide hat größere Chromosomen als die meisten diploiden. Nur bei einer diploiden Varietät mißt DAVIES dieselbe Chromosomenlänge wie bei der 4n-Form.

Vergleichende Messungen der Chromosomengröße führte DOWRICK (1) bei verschiedenen polyploiden *Chrysanthemum*-Arten durch. Mit zunehmender Chromosomenzahl nimmt die Größe ab. Bei diploiden ($2n = 18$) mißt man 6—8 µ Länge, bei *Chr. lacustre* ($2n = 198$) 3 µ. — TANAKA stellte Maßangaben des Kern- und Zellvolumens von Diploiden und vergleichbaren wilden sowie künstlichen Tetraploiden zusammen. Während das Zellvolumen bei den künstlichen Tetraploiden stärker als das Kernvolumen zunimmt, bleibt das Verhältnis bei den wilden gleich, oder das Zellvolumen ist bei ihnen sogar relativ kleiner. — Sehr starke Zunahmen des Kernvolumens konnte MUNDKUR für haplo- bis tetraploide Klone von *Saccharomyces* feststellen ($n = 0,31$ µ³; $2n = 1,29$ µ³; $3n = 2,71$ µ³; $4n = 4,25$ µ³).

Polyploide Reihen und Polymorphismus. An Hand eines großen Pflanzenmaterials stellt REESE für *Caltha palustris* folgende Diploidzahlen fest: 32, 33, 34, 35, 53, 55, 56, 57, 59, 62, 63, 65. Eine Beziehung zwischen Pflanzen bestimmter Chromosomenzahlen oder Chromosomenzahlengruppen und ihrer Ökologie oder geographischen Verbreitung findet sich nicht. Gleiches gilt für die Polyploidiereihe von *Saccharum spontaneum*, die von $n = 24$ über 32, 40, 48, 56 bis 64 führt (RAO u. BALASUBRAMANIAN). Eingehende Studien sind den Chromosomenzahlen der Gattung *Poa* (GRUN) gewidmet. Vor allem MÜNTZING (2) hat eine außerordentlich große Zahl von Herkünften der *Poa alpina* aus Nordschweden, Gotland und Öland cytologisch erfaßt und damit einen wesentlichen Beitrag zum Verständnis des Polymorphismus dieser Art geleistet. Die Chromosomenzahlen sind sehr unterschiedlich. Samenbildende alpina-Pflanzen in Nordschweden besitzen 18 verschiedene Diploidzahlen; sie liegen zwischen 26 und 50; 33, 38 und 44 sind besonders häufig. Gotlandmaterial hat sein Maximum bei 41 und 33, das aus Öland ein besonders deutliches bei 41. Manche Herkünfte mit gleicher Chromosomenzahl sind morphologisch identisch, andere nicht.

So gleichen sich die 41-chromosomigen Typen von Gotland und Öland, während die 35-chromosomigen Herkünfte von Gotland in zwei Typen aufzuteilen sind. Die alpinen Biotypen haben durchschnittlich mehr Chromosomen als die des Flachlandes, und bei den viviparen Typen finden sich höhere Chromosomenzahlen als bei den samenbildenden (38 bis 56 gegen 26—50). Der Polymorphismus konnte sich bei *Poa alpina* entwickeln, weil sowohl die Eu- wie Aneuploiden Formen der höheren Polyploidiestufen nicht gestört und infolge der apomiktischen Vermehrungsweise offenbar auch erhaltungsfähig sind. MÜNTZING ist der Auffassung, daß Typen mit neuen Zahlen nicht nur auf generativem Wege sondern auch somatisch durch Elimination sowie Chromosomenvermehrung auf dem Wege des Nichttrennens in der Mitose entstünden. — NYGREN hat die nordamerikanischen *Calamagrostis*-Arten unter den gleichen Gesichtspunkten untersucht. Die diploiden Zahlen reichen von 14 (2×7) bis 105 (15×7). Bei den *Calamagrostis*-Arten sind die aneuploiden Zahlen seltener als bei *Poa*; die beiden Gräser gleichen sich jedoch in der bunten Mischung von sexuell und apomiktisch sich fortpflanzenden Arten und Linien, welche bei Calamagrostis auf die höheren Polyploidiestufen begrenzt sind. — Einen vorzüglichen Beitrag zum Verständnis des Polymorphismus in der Gattung *Viola* hat SCHÖFER geliefert. Er bestimmt bei den in Bayern einheimischen *Veilchen*, die der Section *Nomimium* (der „gebräuchlichen") angehören, die Chromosomenzahl und analysiert die Paarung. Bastardformen, an der Grenze zweier oder mehrerer Art-Areale gefunden, werden in gleicher Weise untersucht. Hybriden zwischen *V. odorata* und *hirta* (beide $2n = 20$) zeigen 20, 22, 24, 26 und 28 Chromosomen; solche von *V. silvestris* ($2n = 20$) und *V. Riviniana* ($2n = 40$) 30 oder 40. Bastarde aus *V. rupestris* $\times$ *V. silvestris* oder *V. rupestris* $\times$ *V. Riviniana* führen 20, 24, 28, 34, 40 und 44 Chromosomen. Die cytologische Grundlage des Polymorphismus kommt bei *Viola* also durch Bastardierung, teilweise in Verbindung mit Polyploidie zustande. Die gefundenen wilden Bastarde sind vermutlich schon sekundäre. Die primären werden wegen der Chasmogamie nur selten gebildet, aber sie zeichnen sich durch Wüchsigkeit aus und besitzen kleistogame Blüten, die Samenproduktion ermöglichen. Durch diese Eigenschaften trugen die primären Bastarde zur Entwicklung des Polymorphismus bei.

Aneuploide Formen. CATCHESIDE beschreibt die sieben primären Trisomen der *Oenothera blandina*, bestimmt ihre Chromosomenformeln und benützt sie zur Genlokalisation. KERBER berichtet von 13 verschiedenen Trisomen in der Nachkommenschaft einer triploiden *Gerste*. Die 12 primären Trisomen der *Tomate* ($2n = 25$) werden von RICK u. BARTON ebenfalls in der Nachkommenschaft einer triploiden Pflanze gefunden. Sie sind unter sich und gegenüber Tetrasomen unterscheidbar. An 11 der *Tomaten*-Trisomen konnte die Identifikation des überzähligen Chromosoms durch Pachytänanalyse erreicht werden. Bei *Narcissus bulbocodium* L. var. *nivalis* ($2n = 14$) kommt eine merkwürdige Art von Hyperdiploidie vor. In einer Population fand FERNANDES zwei Pflanzen mit 16 und 17 Chromosomen. Er konnte zwei überzählige nicht nur identifizieren (ein Lp_3- und ein Lp^1-Chromosom), sondern auch feststellen, daß sie total heterochromatisch sind. Sämtliche hyperdiploiden Formen der genannten Narcissusart besitzen diese sog. ,,Heterochromatinosomen". Sie paaren sich wahrscheinlich in seltenen Fällen mit ihren ,,homologen" euchromatischen, wobei ,,Mixochromosomen" entstehen. Überzählige B-Chromosomen vom *Mais* steigern wahrscheinlich die Mutationsrate von labilen Genen. PLAUT berichtet dies von dem Gen P^{vv}, das ein buntfleckiges Perikarp bestimmt.

Die Monosomen des Weizens (*Tr. aestivum*) ($2n = 42$) werden von MORRISON analysiert. Ihre Meiose führt nicht nur zu Pollen mit 21 und 20 Chromosomen, sondern läßt auch Fragmentationen und die Bildung von Isochromosomen erkennen. Offenbar sind die physiologischen Bedingungen der Teilung durch das Fehlen eines Chromosoms stark gestört. Sämtliche Nullisomen des Weizens ($2n = 40$ statt 42) wurden von SEARS aus der Sorte ,,*Chinese Spring*" isoliert. SEARS benutzt sie zur Genlokalisation: man kreuzt eine normale diploide Form, die bestimmte dominante Gene enthält, mit den Nullisomen; alle Gene, für die in den Nullisomen entsprechende Gene vorhanden sind, zeigen normale 3:1-Spaltung; das Ausfallen der Spaltung gibt an, daß die zugehörigen Gene auf dem fehlenden Chromosom liegen.

Hypo- und hypertetraploide Nachkommen findet VAARAMA bei tetraploidem *Ribes nigrum* ($2n = 32$). Die Formen mit 30 und 31 Chromosomen wachsen etwas besser als die mit 33 und 35. — Bei 65 englischen Garten*chr*ysanthemen, deren Chromosomenzahl DOWRICK (2) bestimmt, kommen Zahlen von 47 bis 63 vor; 54 (6 × 9) ist die Normalzahl. DOWRICK beobachtet Zahlenschwankungen innerhalb des Wurzel- und Sproßsystems. — Die Chromosomenzahlen variieren auch in der Nachkommenschaft des Bastards aus *Coffea arabica* ($2n = 44$) und *C. canephora* ($2n = 22$). MENDES versucht, durch Bastardierung Resistenzeigenschaften der *canephora* in *arabica* einzukreuzen. Der Chromosomenverlust wird bei jungen Polyploiden besonders leicht ertragen. — Die Hypotetraploiden, die BELL und SACHS in den colchicinierten Bastarden von *Triticum*, *Aegilops* und *Agropyrum* finden, erweisen sich als gut lebensfähig. SACHS (1) untersucht 24 neue Amphiploide der genannten Gattungen und schildert Chromosomenmosaike der Antheren. An Stelle der Normalzahl von 56 treten 9 bis 48 auf. In einer octoploiden Pflanze weist SACHS 27, in einer hexaploiden 10 verschiedene Chromosomenzahlen nach. — KRISHNASWAMY u. RAMAN finden in der Bastardnachkommenschaft aus *Pennisetum purpureum* ($2n = 28$) und einem hexaploiden Pennisetumbastard ($2n = 42$) Pflanzen mit 24 Chromosomen und können die fehlenden 4 Chromosomen im Karyotyp identifizieren. — Cytologische Veränderungen treten auch in allotetraploiden und allohexaploiden *Gossypium*-Bastarden auf, die BROWN u. MENZEL nach Colchicinbehandlung aus diploiden und tetraploiden Bastarden herstellen. In ihnen vollzieht sich ein starker Genomumbau, der teils mit Verlust, teils mit Duplikationen der alten Bestandteile verbunden, zu neuen Genomen führt.

Bei der Chromosomenelimination, die sich im Soma polyploider Pflanzen oder in der Nachkommenschaft von Polyploiden abspielt, werden oftmals bestimmte Genomteile bevorzugt ausgeschieden. WULF untersucht einen fertilen triploiden Rosenbastard aus der Kreuzung *Rosa multiflora* × (*R. canina* × *coriifolia* var. *froebeli*), dessen Meiosis zwischen den Extremen ,,7 Trivalente" und ,,7 Bivalente + 7 Univalente" alle möglichen Paarungskombinationen aufweist. Die diploide Nachkommenschaft ist der *R. multiflora* sehr ähnlich. Man darf daraus schließen, daß hauptsächlich Teile der *canina*- und *coriifolia*-Genome eliminiert wurden. — Einen analogen Fall stellt MENZEL für einen *Gossypium*-Bastard dar. Der hexaploide Bastard aus *G. hirsutum, thurberi* und *sturtii* hat die Konstitution $(AD)_1D_1/(AD)_1C_1$ ($2n = 78$). An seinen Ästen tritt eine in Blüten- und Blattform abweichende Mutante auf. Ihr Gewebe enthält nur 69 Chromosomen. Wahrscheinlich gehören die 9 fehlenden Chromosomen zu einem D-Genom.

Genomanalyse. Die Verwandtschaft zwischen Polyploiden und Diploiden derselben Art oder Gattung wird durch die Genomanalyse ermittelt. Man beobachtet die Paarung in der Meiosis entsprechender Bastarde und schließt aus der Art der Paarung auf den Grad der Verwandtschaft. Diesem Vorgehen liegt die Voraussetzung zugrunde, daß die Homologie der Teile den entscheidendsten Faktor für die Paarung darstellt.

GAUL analysiert die Paarungsverhältnisse der Bastarde aus *Triticum durum* ($2n = 28$) und *Agropyrum intermedium* ($2n = 42$), ferner die von *Triticum aestivum* ($2n = 42$) × *Agropyrum intermedium*. Der Bastard von *Secale cereale* ($2n = 14$) × *Agropyrum intermedium* ist geeignet, die Zahl der autosyndetisch sich paarenden Chromosomen in den Genomen I_1 und I_2 aufzuzeigen. I_1 und I_2 führen zu 7 Bindungen je Zelle. Kreuzt man das tetraploide *Tr. durum* mit *Agr. intermedium* als Pollenspender, so zeigen die pentaploiden Bastarde $(AB + I_1I_2Xm)$ 13,6 gebundene Chromosomen weniger als die hexaploiden $(ABD + I_1I_2Xm)$. Das Xm-Genom von *A. intermedium* hat also zu dem D-Genom von *Triticum* stärkere Beziehungen als zu dem A- oder B-Genom. SACHS (2) beobachtet die Paarung bei F_1-Bastarden aus *Triticum timopheevi* ($2n = 28$) und *Triticum dicoccoides* ($2n = 28$); die im allgemeinen 8—10 Bivalente bilden. Eine bestimmte Rasse des *Tr. dicoccoides* (= Rasse a) zeigt aber im Bastard mit *Tr. timopheevi* eine stärkere Bindungszahl; es treten 13 Bivalente in der Metaphase auf. Man darf schließen, daß das B-Genom der tetraploiden *Triticum*-Arten sich verschieden differenziert hat und dabei zum G-Genom von *Tr. timopheevi* führte. Das B-Genom der Rasse a steht dem G-Genom sehr nahe. Eine elegante Methode zur genetischen Identifizierung der Chromosomen eines *Dinkel*genoms hat MATSUMURA angewandt. In der F_2 von pentaploidem *Tr. polonicum* ($2n = 28$) × *Tr. spelta* ($2n = 42$) treten Pflanzen mit 29 Chromosomen auf; 28 stammen von *polonicum*; sie paaren sich in 14 Bivalenten. Das einzige Univalent gehört einem Dinkelgenom an. MATSUMURA findet 3 von den 7 möglichen 29er Formen dieser Art und kann sie morphologisch an Hand von *Spelta*-Merkmalen unterscheiden. Sie werden mit 7 verschiedenen Nullisomen des Dinkels gekreuzt, denen jeweils ein Paar bekannter Dinkelchromosomen (a, b bis g) fehlt. MATSUMURA stellt fest, daß nur die drei Nullisomen, denen das Paar b, c oder e jeweils fehlte, fertile Kombinationen mit den drei 29-Chromosomentypen ergeben. Diese Kombinationen bilden 14 Bivalente und 7 Univalente in der Meiosis. Die überzähligen Chromosomen der 3 *polonicum-spelta*-Bastarde müssen also jeweils mit den Chromosomen b, c und e identisch sein, denn es gilt z. B.: $(14 + x) + (14 + 7 - b) = 14 \times 2 + 7$. x ist also gleich b.

SEARS (1) führt Genomanalysen bei *Triticum dicoccoides, Tr. aestivum* und *Haynaldia villosa* durch und stellt eine geringe Verwandtschaft des V-Genoms von *H. villosa* mit dem D-Genom des *Tr. aestivum* fest. — CROWDER kreuzt *Festuca elatior* ($2n = 14$) mit *F. arundinacea* ($2n = 28$) sowie mit den *Lolium*-Arten *perenne* ($2n = 14$) und *multiflorum* ($2n = 14$). Die Beobachtung der Bastarde, vor allem ihrer Paarung, läßt auf Verträglichkeit bzw. Verwandtschaft der Genome von *Festuca* und *Lolium* schließen. Der Grad der Verwandtschaft ist schwer zu erfassen.

Auch in der Gattung *Gossypium* wurde die Genomanalyse weitergeführt. GERSTEL kreuzt die diploiden Arten *G. herbaceum* ($2n = 26$; Zentrum Afrika) und *G. arboreum* (Zentrum Asien) miteinander und findet in der Bastardmeiosis eine reciproke Translokation. Die Bastardierung der beiden Gossypiumarten mit *G. hirsutum*, der tetraploiden amerikanischen Kulturbaumwolle, ergibt für *herb.* × *hirs.* zwei 4-Ringe, für *arb.* × *hirs.* einen 4-Ring + einen 6-Ring. Das tetraploide *G. hirsutum* ist also wahrscheinlich mit dem afrikanischen *herbaceum* näher verwandt als mit dem asiatischen *arboreum*. MENZEL und BROWN(2) kommen unabhängig von den dargestellten Untersuchungen bei denselben Objekten zu den gleichen Resultaten. Durch Einkreuzen einer diploiden amerikanischen Wildform, die das D-Genom von *Gossypium* enthält, vermögen sie die Verwandtschaft zwischen dem A-Genom des *herbaceum, arboreum* und *hirsutum* einerseits und dem D-Genom des *hirsutum* andererseits aufzuzeigen. In analoger Weise hat DOUWES die Genome bei den *Gossypium*-Arten *areysianum, somalense, stocksii* und *anomalum* analysiert.

LEWIS u. MCFARLAND beschäftigen sich mit folgender Eigentümlichkeit der Bastarde von *Gossypium hirsutum* und *G. barbadense:* Es fällt auf, daß die Elterntypen nach Rückkreuzung des Bastardes viel häufiger als erwartet auftreten. Es sollte geprüft werden, ob diese Erscheinung durch ein besonderes Verhalten der *hirsutum*-Chromosomen bei der Meiosis und der Gonenbildung begründet sei. Daher kreuzten LEWIS u. MCFARLAND zwei *hirsutum*-Linien miteinander, die 5 dominante Gene und 1 rezessives bzw. 5 rezessive und 1 dominantes enthalten. Die Bastarde werden sowohl rückgekreuzt, als auch mit einer Linie bastardiert, die alle 6 Gene als rezessive besitzt. In sämtlichen Fällen zeigt sich volle Übereinstimmung der Spaltungsbefunde mit der 1:1-Spaltung. Daraus ergibt sich, daß das bevorzugte Auftreten der elterlichen Genome in den interspezifischen Bastarden nicht nur durch ein besonderes Verhalten der Chromosomen bzw. des Genoms der verwendeten Arten hervorgerufen werden kann. In den Bastarden müssen vielmehr noch nicht näher bekannte strukturelle Unterschiede der „homologen" Chromosomen von *hirsutum* und *barbadense* vorliegen, die zu einem Komplexverhalten führen, ohne daß entsprechende Paarungs- und Verteilungsvorgänge sichtbar werden.

Bei *Sorghum* hat HADLEY das tetraploide *halepense* ($2n = 40$) mit diploidem *vulgare* ($2n = 20$) gekreuzt und den Bastard cytogenetisch analysiert. Danach ist *S. halepense* eine Tetraploide mit zwei Genomen ($V_1V_1 + V_2V_2$) zu je 10 Chromosomen, die ihrem genetischen Inhalt nach verschieden aber noch paarungsfähig sind. DUARA u. STEBBINS jr. kommen an den gleichen Objekten zu denselben Resultaten. Sie können durch Kreuzung des *S. halepense* mit dem künstlich tetraploid gemachten *S. vulgare* var. *sudanese* den gegenüber Autotetraploidie verminderten Paarungsgrad der V_1- und V_2-Genome näher erfassen. — Weitere Genomanalysen sind in methodisch vergleichbarer Weise in den Gattungen *Trifolium, Orchis, Fragaria* und *Iris* ausgeführt worden:

BREWBAKER u. KEIM kreuzen das tetraploide *Trifolium repens* ($2n = 32$) mit dem diploiden *T. nigrescens*, nachdem die Genome beider verdoppelt wurden. In den artfremden Genomen sind einzelne Loci homolog. *T. repens* dürfte amphidiploid sein und ein Genom enthalten, das dem von *Tr. nigrescens* sehr nahe steht. — HESLOP-HARRISON führt entsprechende Kreuzungen zwischen der diploiden *Orchis fuchsii* ($2n = 40$) und den tetraploiden *O. purpurella* und *O. praetermissa* ($2n = 80$) durch. Die $4n$-Formen sind allopolyploid; *O. fuchsii* ist einer der diploiden Vorfahren. — SIMONET beschäftigt sich mit Kreuzungen von *Iris pumila* ($2n = 40$) und *I. Belouini* bzw. *I. aphylla* ($2n = 48$). Die Analyse der Bastarde, welche 40 Chromosomen enthalten, führt zu dem Schluß, daß verschiedene Zwergformen der Garteniris als Vorfahren der amphidiploiden *I. chamaeiris* zu gelten haben. — STAUDT bearbeitet di- und tetraploide *Fragaria*-Arten und erkennt, daß die Genome der tetraploiden *F. orientalis* und der diploiden *F. vesca* weitgehend übereinstimmen.

Bei Polyploiden ist als Methode der Genomanalyse auch die Beobachtung der Paarung in den entsprechenden „Poly-Haploiden" anwendbar. Nach Kreuzung des hexaploiden *Solanum demissum* ($2n = 72$) mit diploiden Solanumarten entstehen haploide *demissum*-Pflanzen mit 36 Chromosomen (HOWARD u. SWAMINATHAN). Da in ihrer Meiosis bis zu 12 Bivalenten auftreten, dürften zwei Genome mit 12 Chromosomen weitgehend ähnlich sein, und das dritte entfernter stehen.

HAGA u. KURABAYASHI wenden eine neuartige Methode der Genomanalyse bei *Trillium* an. Die einzelnen Chromosomen von Trillium können durch ihre Gesamt- und Armlängen gut unterschieden werden. Diese Charakteristika reichen aber nicht aus, um die Genome der verschiedenen polyploiden Trilliumarten mit denen der diploiden in Beziehung setzen zu können. Behandelt man die Pflanzen jedoch mit Kälte, so wird das „Chromosomenmuster" artspecifisch deutlich, besonders im Hinblick auf die heterochromatischen Teile. Auf diese Weise gelingt es, die Verwandtschaft von 5 polyploiden Formen mit dem diploiden *Tr. Kamtschaticum* zu erfassen. Nennt man die Genome von *Tr. Kamtschaticum* K_1K_1, so heißt das triploide *T. Hagae* K_1K_2T und das hexaploide *amabile* $4 \times Sx + 2K$. Das Genom K ähnelt K_1.

Literatur.

ANDERSON, E. G.: (1) Agronomy J. **44**, 560—561 (1952); (2) Ann. Missouri Bot. Garden **41**, 305—327 (1954). — ARMSTRONG, J. M.: Canad. J. Bot. **32**, 531 bis 542 (1954). — ARNASON, T. J., C. O. PERSON and J. M. NAYLOR: Canad. J. Bot. **30**, 743—754 (1952). — AVERS, CH. J.: Evolution (Lancaster, Pa.) **7**, 317—327 (1953).

BAILEY, P. C.: (1) Bull. Torrey bot. Club **79** 451—458 (1952); (2) Bot. Gaz. **115**, 241—248 (1954). — BARTON, D. W.: Cytologia (Tokyo) **19**, 157—175 (1954). — BELL, C. R. H.: Univ. California Publ. Bot. **27**, 133—218 (1954). — BELL, G. D. H., and L. SACHS: J. agricult. Sci. **43**, 105—115 (1953). — BERNSTRÖM, P.: (1) Hereditas (Lund) **38**, 163—220 (1952), **39**, 381—437 (1953); (2) ebenda **39**, 241—256 (1953). — BHATTACHARJEE, S. K.: Caryologia (Pisa) **5**, 159—166 (1953). — BORA, K. C.: J. Genet. **52**, 140—151 (1954). — BREWBAKER, J. L., and W. F. KEIM: Amer. Naturalist **87**, 323—326 (1953). — BRIX, K., u. F. QUADT: Z. Pflanzenzüchtg **32**, 407—420 (1953). — BROWN, CH. M., and H. L. SHANDS: Agronomy J. **46**, 557—559 (1954). — BROWN, META S., and MARGARET Y. MENZEL: Genetics **37**, 242—263 (1952).

CALDECOTT, R. S., and L. SMITH: Cytologia (Tokyo) **17**, 224—242 (1953). — CAROLI, G., and ST. BLIXT: (1) Agri Hortique Genet. (Landscrona) **11**, 133—140 (1953); (2) ebenda **12**, 107—114 (1954). — CATCHESIDE, D. G.: Heredity (Lond.)

8, 125—137 (1954). — CATCHESIDE, D. G., D. MICHIE and M. E. WALLACE: Nature (Lond.) **172**, 112—113 (1953). — CROUSE, H. V.: Science (Lancaster, Pa.) **119**, 485—487 (1954). — CROWDER, L. V.: J. Hered. **44**, 195—204 (1953). — CURTIS, W. M.: New Phytologist **51**, 398—414 (1952).

DARLINGTON, C. D., and L. F. LA COUR: Heredity (Lond.) **6**, Suppl., 41—55 (1953). — DARLINGTON, C. D., and A. P. WYLIE: Heredity (Lond.) **6**, Suppl., 197—213 (1953). — DAVIES, E. W.: Nature (Lond.) **171**, 659—660 (1953). — DEUFEL, J.: Chromosoma **4**, 611—620 (1952). — DOLLINGER, E. J.: Genetics **39**, 750—766 (1954). — DOUWES, H.: J. Genet. **51**, 611—624 (1953). — DOWRICK, G. J.: (1) Heredity (Lond.) **6**, 365—375 (1952); (2) ebenda **7**, 59—72 (1953); (3) ebenda **7**, 219—266 (1953). — DUARA, B. N., and G. L. STEBBINS jr.: Genetics **37**, 369—374 (1952).

EINSET, J.: Proc. Amer. Soc. horticult. Sci. **59**, 291—302 (1952).

FELTZ, H.: Z. Pflanzenzüchtg **32**, 275—300 (1953). — FERMANDES, A.: Sci. Genet. (Torino) **4**, 168—181 (1952). — FRIEDRICH, H., u. F. KAUDEWITZ: Z. Naturforsch. **8b**, 343—355 (1953).

GAJEWSKI, W.: (1) Acta Soc. bot. Poloniae **22**, 411—439 (1953); (2) ebenda **23**, 259—278 (1954). — GAUL, H.: Z. Vererbungslehre **85**, 505—546 (1953). — GERSTEL, D. U.: Evolution (Lancaster, Pa.) **7**, 234—244 (1953). — GILES jr., N. H., A. V. BEATTY and H. P. RILEY: Genetics **37**, 641—649 (1952). — GILES, N. H., F. J. DE SERRES and A. V. BEATTY: Genetics **38**, 416—420 (1953). — GOTTSCHALK, W.: (1) Z. Vererbungslehre **86**, 157—172 (1954); (2) Ber. dtsch. bot. Ges. **67**, 369—376 (1954); (3) Chromosoma **6**, 539—626 (1954). — GOTTSCHALK, W., u. N. PETERS: Z. Pflanzenzüchtg **34**, 71—84 (1954). — GRANT, V.: Chromosoma **5**, 372—390 (1952). — GRUN, P.: Amer. J. Bot. **42**, 11—18 (1955).

HADLEY, H. H.: Agronomy J. **45**, 139—143 (1953). — HAGA, T., and M. KURABAYASHI: Cytologia (Tokyo) **18**, 13—28 (1953). — HAIR, J. B.: Heredity (Lond.) **6**, Suppl., 215—233 (1953). — HAQUE, A.: (1) Heredity (Lond.) **6**, Suppl., 35—40 (1953); (2) ebenda **6**, Suppl., 57—75 (1953). — HARTE, C.: (1) Chromosoma **6**, 91—114 (1953); (2) Z. Vererbungslehre **84**, 480—487 (1953); (3) Chromosoma **6**, 237—276 (1954); (4) ebenda **6**, 301—313 (1954). — HAUSTEIN, E.: Z. Vererbungslehre **84**, 417—453 (1953). — HECHT, A., and S. L. TANDON: Science (Lancaster, Pa.) **118**, 557—558 (1953). — HESLOP-HARRISON, J.: Ann. of Bot. **17**, 539—549 (1953). — HOFFMANN, A.: Chromosoma **6**, 277—300 (1954). — HOWARD, H. W., and M. S. SWAMINATHAN: Genetica ('s-Gravenhage) **26**, 381—391 (1953). — HUNTER, A. W.: J. Hered. **45**, 15—16 (1954).

JOHNSSON, H.: Z. Forstgenet. **2**, 73—77 (1953). — JUHL, H.: Flora (Jena) **139**, 462—476 (1952).

KERBER, E. R.: Science (Lancaster, Pa.) **120**, 808—809 (1954). — KIHLMAN, B.: Symbolae bot. Upsalienses **11**, H. 4, 1—96 (1952). — KIMURA, M.: Cytologia (Tokyo) **18**, 93—104 (1953). — KING, E. D., H. SCHNEIDERMAN and K. SAX: Proc. Nat. Acad. Sci. U.S.A. **38**, 34—43 (1952). — KING, E. D., and H. A. SCHNEIDERMANN: Proc. Nat. Acad. Sci. U.S.A. **38**, 809—812 (1952). — KIRBY-SMITH, J. S., and D. S. DANIELS: Genetics **38**, 375—388 (1953). — KOCH, H., u. R. PETERS: Wiss. Z. Univ. Halle **2**, 363—367 (1953). — KOLLER, P. C.: Heredity (Lond.) **6**, Suppl., 5—22 (1953). — KOOPMANS, A., and A. H. VAN DER BURG: Genetica ('s-Gravenhage) **26**, 102—116 (1952). — KRISHNASWAMY, N., and V. S. RAMAN: Genetica ('s-Gravenhage) **27**, 1—16 (1954). — KURABAYASHI, M., and J. SAMEJIMA: Cytologia (Tokyo) **18**, 176—182 (1953).

LA COUR, L. F.: Heredity (Lond.) **6**, Suppl., 163—179 (1953). — LA COUR, L. F., and A. RUTISHAUSER: Nature (Lond.) **172**, 501—502 (1953). — LAMM, R.: Hereditas (Lund) **39**, 97—112 (1953). — LAMPRECHT, H.: (1) Agri Hortique Genet. (Landscrona) **11**, 141—148 (1953); (2) ebenda **12**, 121—149 (1954). — LANE, G. R.: Heredity (Lond.) **6**, Suppl., 23—34 (1953). — LAURITZEN, M.: Z. Vererbungslehre **85**, 220—237 (1953). — LEHMANN, E., u. M. SCHMITZ-LOHNER: Z. Vererbungslehre **86**, 1—34 (1954). — LEWIS, C. F., and E. F. MC FARLAND: Genetics **37**, 353—358 (1952). — LEWIS, H.: Evolution (Lancaster, Pa.) **7**, 1—20 (1953). — LINNERT, G.: Chromosoma **5**, 428—453 (1953). — LÖVE, A.: Hereditas (Lund) **39**, 113—124 (1953).

MATSUMURA, S.: Cytologia (Tokyo) **17**, 35—49 (1952). — MATSUMURA, S., and A. MOCHIZUKI: Jap. J. Genet. **28**, 47—56 (1953). — McLEISH, J.: Heredity (Lond.) **8**, 385—407 (1954). — MENDES, A. J. T.: Bragantia (São Paulo) **11**, 297 bis 306 (1951). — MENZEL, MARGARET Y.: Amer. J. Bot. **39**, 625—633 (1952). — MENZEL, MARGARET Y. and META S. BROWN: (1) Genetics **37**, 678—692 (1952); (2) ebenda **39**, 546—557 (1954). — MOH, C. C., and R. A. NILAN: Cytologia (Tokyo) **19**, 48—53 (1954). — MONNOT, F.: C. r. Acad. Sci. Paris **236**, 2330—2332 (1953). — MORRIS, R.: Amer. J. Bot. **39**, 452—457 (1952). — MORRISON, J. W.: (1) Heredity (Lond.) **7**, 203—217 (1953); (2) Canad. J. Bot. **32**, 491—502 (1954). — MÜNTZING, A.: (1) Hereditas (Lund) **40**, 265—277 (1954); (2) ebenda **40**, 459—516 (1954). — MÜNTZING, A., u. A. LIMA-DE-FARIA: Chromosoma **6**, 142—148 (1953). — MUNDKUR, B. D.: Experientia (Basel) **9**, 373—374 (1953).

NYGREN, A.: Hereditas (Lund) **40**, 377—397 (1954).

OEHLKERS, F.: Heredity (Lond.) **6**, Suppl., 95—105 (1953). — OINUMA, T.: Jap. J. Genet. **28**, 92—103 (1953). — OLMO, H. P.: Proc. Amer. Soc. horticult. Sci. **59**, 285—290 (1952).

PAPAZIAN, H. P.: Genetics **37**, 175—188 (1952). — PERJE, A. M.: Ark. Bot. (Stockh.), N. S. **1**, 251—264 (1952). — PETERS, N.: Z. Vererbungslehre **86**, 373—398 (1954). — PLARRE, W.: Z. Pflanzenzüchtg **33**, 303—353 (1954). — PLAUT, W. S.: Amer. J. Bot. **40**, 344—348 (1953).

RAO, J. T., and A. BALASUBRAMANIAN: Current Sci. **22**, 247 (1953). — RASMUSSON, J.: Hereditas (Lund) **39**, 257—269 (1953). — REES, H.: Heredity (Lond.) **6**, Suppl., 235—245 (1953). — REESE, G.: Planta (Berl.) **41**, 195—196 (1952). — REVELL, S. H.: Heredity (Lond.) **6**, Suppl., 107—124 (1953). — RHOADES, M. M., and E. DEMPSEY: Amer. J. Bot. **40**, 405—424 (1953). — RICK, CH. M., and D. W. BARTON: Genetics **39**, 640—666 (1954). — RIZET, G., et G. ENGELMANN: Rev. Cytol. et Biol. végét. **11**, 201—304 (1949). — RÜDIGER, W.: Züchter **23**, 243—248 (1953).

SACHS, L.: (1) Heredity (Lond.) **6**, 157—170 (1952); (2) ebenda **7**, 49—58 (1953). — SCHNEIDERMAN, H., and E. KING: Proc. Nat. Acad. Sci. U.S.A. **39**, 834—836 (1953). — SCHÖFER, G.: Planta (Berl.) **43**, 537—565 (1954). — SCHWANITZ, F.: Züchter **23**, 17—44 (1953). — SCHWARTZ, D.: (1) Amer. Naturalist **87**, 19—28 (1953); (2) Genetics **38**, 251—260 (1953); (3) ebenda **39**, 692—700 (1954). — SEARS, E. R.: (1) Amer. J. Bot. **40**, 168—174 (1953); (2) Amer. Naturalist **87**, 245—252 (1953). — SERRES, F. J. DE, and N. H. GILES: Genetics **38**, 407—415 (1953). — SIMONET, M.: Ann. Inst. Nat. Rech. agronom., Sér. B **2**, 665—667 (1952). — SINGLETON, J. R.: Amer. J. Bot. **40**, 124—144 (1953). — SKALINSKA, M.: Acta Soc. bot. Poloniae **23**, 359—374 (1954). — SPIEGELMANN, S.: Science (Lancaster, Pa.) **116**, 510—512 (1952). — STAUDT, G.: Z. Vererbungslehre **84**, 361—416 (1952). — STEFFENSEN, D., and T. J. ARNASON: Genetics **39**, 220—228 (1954). — STEINEGGER, E.: (1) Pharmaceut. Acta helvet. **27**, 251—269 (1952); (2) ebenda **27**, 303—310 (1952); (3) ebenda **27**, 351—360 (1952); (4) Schweiz. Apotheker-Ztg. **92**, 711—712 (1954). — STEINITZ-SEARS, L. M., and E. R. SEARS: Genetics **38**, 244—250 (1953). — STINSON, H. T.: Genetics **38**, 389—406 (1953). — STUBBE, W.: Z. Vererbungslehre **85**, 180—209 (1953).

TAKENAKA, Y.: Bot. Mag. (Tokyo) **66**, 269—276 (1953). — TANAKA, R.: Jap. J. Genet. **28**, 110—114 (1953). — TANDON, S. L., and A. HECHT: Cytologia (Tokyo) **18**, 133—145 (1953). — THERMAN, E.: Hereditas (Lund) **39**, 277—288 (1953). — TISCHLER, G.: Cytologia (Tokyo) **19**, 1—10 (1954).

VAARAMA, A.: J. Sci. agricult. Soc. Finland **25**, 77—83 (1953).

WALTERS, M. S.: (1) Genetics **37**, 8—25 (1952); (2) Amer. J. Bot. **41**, 160—171 (1954). — WELLHAUSEN, E. J., and C. PRYWER: Agronomy J. **46**, 507—511 (1954). — WOLFF, S.: Nature (Lond.) **173**, 501—502 (1954). — WOLFF, A., and K. C. ATWOOD: Proc. Nat. Acad. Sci. U.S.A. **40**, 187—192 (1954). — WULFF, H. D.: Planta (Berl.) **44**, 472—490 (1954). — WULFF, H. D., u. L. HELDT: Züchter **23**, 87—93 (1953).

YAMASHITA, K.: Jap. J. Genet. **28**, 238—247 (1953). — YOST jr., H. T., J. CUMMINGS and A. F. BLAKESLEE: Proc. Nat. Acad. Sci. U.S.A. **40**, 447—451 (1954).

18. Wachstum.

Von JAKOB REINERT, Tübingen*.

1. Nomenklatur. Die jetzt vorgeschlagene Nomenklatur für chemische Pflanzenregulatoren (v. OVERBEEK, TUKEY, WENT u. MUIR) deckt sich weitgehend mit den schon früher beschriebenen Vorschlägen der „American Society of Plant Physiologists" (vgl. Fortschr. Bot. **15**). Die Definitionen umfassen also Wirkstoffe (Regulatoren), die das Wachstum (Auxin, synthetische Wuchsstoffe, Antiauxine), die Induktion der Blütenbildung (Blühhormone) und die Beeinflussung der Blühphase (Blühregulatoren) betreffen. Diese Vorschläge wurden jedoch nicht einstimmig durch den für die Ausarbeitung eingesetzten Ausschuß angenommen; eines der Mitglieder hat in Verbindung mit einer Kritik andere Definitionen vorgeschlagen (LARSEN[1]). LARSEN lehnt die Bezeichnung „Regulator" deshalb ab, weil 2,4-Dichlorphenoxyessigsäure und verschiedene andere synthetische Wuchsstoffe, die unter dieser Bezeichnung subsumiert werden sollen, nicht der Bedeutung des Wortes „regulieren", d. h. etwas so einrichten, daß es exakt und regelmäßig arbeitet (WEBSTERs Dict.), gerecht werden. Ein Vorteil seiner Vorschläge ist die zum Teil exaktere Formulierung, die auf der stärkeren Berücksichtigung physiologischer Gesichtspunkte beruht und besonders die Unterscheidung von Antiauxinen (Stoffe, die Auxinwirkungen kompetitiv hemmen) und Hemmstoffen (growth inhibitors). In einer etwa gleichzeitig veröffentlichten Arbeit von HANSEN (1) wird für die Klassifizierung und die Nomenklatur von Auxinen und Antiauxinen eine andere Lösung vorgeschlagen (vgl. Abschnitt 8). Im Hinblick auf die Bedeutung einer einheitlichen Nomenklatur wäre es sehr wünschenswert, wenn die gesamten Fragen, die sich aus diesen Vorschlägen ergeben, während oder im Anschluß an eine der Tagungen der deutschen botanischen Gesellschaft erörtert werden könnten (Referent).

2. Testverfahren. Ein Nachteil des Avenakrümmungstestes nach WENT ist der bisher nicht eindeutig erklärbare, unregelmäßig auftretende tägliche und jahreszeitliche Wechsel der Empfindlichkeit der Koleoptilen. Nach den Ergebnissen von HULL, WENT u. YAMADA sind Luftverunreinigungen die Haupt- und vielleicht sogar die einzige Ursache der unterschiedlichen Reaktion der Testpflanzen. Durch Gemische von Luft mit Ozon (0,02%) und Benzin oder Hexan (0,5%) und durch die bei starkem Autoverkehr gebildeten Luftverunreinigungen (smog) läßt sich die Empfindlichkeit

---
* Zur Zeit Roscoe B. Jackson Laboratory, Bar Harbor/Maine, USA.
[1] Der Artikel in „Plant Physiology" unterscheidet sich in manchen Punkten (z. B. Stellungnahme zur Aufgabe des Ausschusses), für die LARSEN jede Verantwortung ablehnt, von dem ursprünglichen Manuskript (briefliche Mitteilung), das hier als Grundlage für die Besprechung verwendet wurde.

der Haferkeimlinge um 30—50% herunterdrücken. Am stärksten wirkt sich die Behandlung früher Keimstadien (1. und 2. Tag) aus, am dritten und Testtag ist der Einfluß der Straßenluft oder der Gasgemische nur noch gering, während des Testes sogar ohne jede Wirkung. Die durch die Gase verursachte Abnahme der Empfindlichkeit ist bei der in den Testen verwendeten Wuchsstoffkonzentration (0,04—5,0 mg/l IES) direkt von der Auxinkonzentration abhängig, d. h. die Krümmung der Koleoptilen wird am stärksten bei der Annäherung an den Maximalwinkel reduziert. Es wird angenommen, daß die Empfindlichkeitsschwankungen nicht auf der Zerstörung der IES durch Peroxyd oder andere Komponenten der Gasgemische beruhen, sondern die Folge einer reduzierten Wachstumsreaktion der Testpflanzen sind.

Verschiedene Faktoren, welche das Wachstum von Avenasegmenten verändern können, sind von BENTLEY u. HOUSLEY mit dem Ziel untersucht worden, eine möglichst zweckmäßige Methode für den Segmenttest zu entwickeln. Das Durchblasen der Testlösungen (untergetauchte Cylinder) mit Sauerstoff wird als unnötig angesehen, da schwimmende Koleoptilstücke nur wenig schwächer reagieren, die Empfindlichkeit des Testes sich also durch die kompliziertere Methode kaum steigert. Aufziehen der Segmente auf Glasstäbchen hat nachteilige Wirkungen (leichte Wachstumshemmung), am günstigsten ist der Gebrauch von Koleoptilgewebe einschließlich des Primärblattes. Der Nachteil, der sich durch die teilweise einsetzende Krümmung freischwimmender Cylinder ergibt, kann durch Herstellung von vergrößerten Schattenbildern und Messung des Zuwachses mit elastischem Maßstab ausgeglichen werden. Zusatz von Kaliumchlorid zur Testlösung hat nur ungünstige Folgen. Die Verwendung von Rohr- und Traubenzucker (beide 1%ig) wird nur bei Versuchen mit Hemmstoffen empfohlen. Der Zucker erhöht den Zuwachs der Testobjekte beträchtlich, induziert aber gleichzeitig eine starke Variabilität des Testes, die nur durch eine größere Anzahl von Messungen ausgeglichen werden kann. Für Hemmstoffversuche sind deshalb Weizenkoleoptilen in zuckerfreien Lösungen besser geeignet.

Von SEN u. LEOPOLD sind einige der in den letzten Jahren hauptsächlich in England und Deutschland entwickelten papierchromatographischen Methoden für die Bestimmung von Wuchsstoffen hinsichtlich ihrer Brauchbarkeit miteinander verglichen worden. Von den verschiedenen Lösungsmitteln wird die Isopropanol-(10)-Ammoniak-(1)-Wasser-(1)-Lösung als effektvollste für die Chromatographierung von Indolderivaten und aromatischen Säuren herausgestellt. Die beste Färbung von Indolderivaten wurde mit p-Dimethylbenzaldehyd oder Eisen(III)-chlorid-Überchlorsäure erzielt. Der Nachteil des Aldehyds ist seine begrenzte Haltbarkeit (6 Tage bei 0° C) und die nach kurzer Zeit eintretende Änderung der Färbung in den Chromatogrammen; einige der getesteten Indolverbindungen reagieren andererseits nicht mit dem Eisenchlorid-Überchlorsäure-Gemisch und außerdem wird das Papier des Chromatogramms leicht brüchig und bei zu schneller Trocknung schwarz. Die in Tabellen zusammengefaßten Farbreaktionen und UV-Fluorescenz einer großen Anzahl von Indolverbindungen können wertvolle Hinweise bei der Identifizierung unbekannter Indolderivate liefern, wenn die entsprechenden synthetischen Substanzen nicht direkt verfügbar sind. Die zunehmende Bedeutung der Papierchromatographie für die Identifizierung und quantitative Bestimmung von Wuchsstoffen geht ebenfalls sehr klar aus einer Arbeit von AUDUS u. THRESH hervor, in der Chromatographie und biologischer Test geschickt miteinander verbunden werden. Der Vorteil des Verfahrens ist die hohe Empfindlichkeit und die Vermeidung einer Elution der Auxine aus den Chromatogrammen durch Verdampfen (infrarote Strahlung) des leichtflüchtigen Lösungsmittels (Isopropanol, Ammoniak, Wasser). Die getrockneten, zu prüfenden Abschnitte werden zusammen mit zehn 2 mm langen Segmenten aus jungen Erbsenwurzeln und einer 0,5%igen Rohrzuckerlösung (0,75 ml) für 24 Std bei konstanter Temperatur in einem geschlossenen Glasgefäß gehalten. Wachstumsförderungen und Hemmungen lassen sich durch die Bestimmung der Zunahme bzw. der Abnahme des Frischgewichtes (bis 0,1 mg Genauigkeit) erfassen. Indolylessigsäure konnte zwischen 10^{-9} und 10^{-5} quantitativ (Hemmungsbereich) und bis zu 10^{-12} molar (Förderungsbereich) entsprechend der Größenordnung (Zehnerpotenzen) nachgewiesen werden.

3. Native Wuchsstoffe. Bei der erneuten Untersuchung von Brassicaceen-(Cruciferen-)Extrakten sind von LINSER, MAYR u. MASCHEK wieder zwei Wuchsstoffe nachgewiesen worden, von denen angenommen wird, daß es keine Indolderivate sind. Da durch eine verbesserte Methode (Papierchromatographie) neben mehreren anderen Indolkörpern jetzt auch das Vorkommen von Indolylacetonitril in den Extrakten eindeutig demonstriert wurde, konnte einer der möglichen Unsicherheitsfaktoren (vgl. Fortschr. Bot. 16) bei der Identifizierung der als „nicht indolartig" bezeichneten Wuchsstoffe ausgeschlossen werden. Es bleibt abzuwarten, wie die Frage nach der Natur dieser Auxine experimentell entschieden wird. Die aktive Beteiligung von Indolderivaten beim Wachstum der überaus wuchsstoffreichen Brassicaceen konnte LINSER dadurch wahrscheinlich machen, daß er die Wachstumskurven (Förderung und Hemmung) intakter und dekapitierter Brassicaceen nach der Behandlung mit IES-haltigen Lanolinpasten bestimmte und sie mit denjenigen wuchsstoffarmer Pflanzen (*Helianthus*, Kresse u. a. m.) unter den gleichen Bedingungen verglich. Die Reaktion der Brassicaceen war derjenigen der wuchsstoffarmen Keimlinge analog, d. h. Konzentrationen des von außen gebotenen Wuchsstoffes, die bei intakten Pflanzen Wachstumshemmungen verursachten, induzierten Förderungen bei dekapitierten. Die optimalen Konzentrationen lagen jedoch bei den Brassicaceen etwa eine Zehnerpotenz höher. VON GUTTENBERG und seine Mitarbeiter (1953, 1954) konnten frühere Ergebnisse, Bildung eines von der Indolylessigsäure verschiedenen Wuchsstoffes in Internodien (*Coleus*) und Hypokotylen (*Helianthus*) nach der Einwirkung von Wuchsstoffpasten, bestätigen. Die früher angenommene Identität des neugebildeten, gegen Säure und „Erbsenenzym" stabilen Auxins mit dem Auxin a wurde jedoch auf Grund des jetzt bestimmten Molekulargewichtes (170 und 210) ausgeschlossen.

Nachdem schon von BROWN, HENBEST u. JONES (1950) experimentell begründete Bedenken gegen die Richtigkeit der dem Auxin b zugeschriebenen Strukturformel geäußert worden sind, wird nach einer Untersuchung der Auxine in normalem Harn (WIELAND, DE ROPP u. AVENER) auch die Existenz des Auxin a in Frage gestellt. Als entscheidender Schritt bei der Isolierung dieses Auxins nach der Methode von KÖGL, HAAGEN-SMIT u. ERXLEBEN, gilt die Zerstörung der gleichfalls in den Aufarbeitungen vorliegenden IES durch Kochen mit einem Methanol-Salzsäure-Gemisch. Bei der Wiederholung des Isolierungsprozesses, mit Harn als Ausgangsmaterial, konnte bis zum Trennungsschritt in der aktiven Fraktion nur IES und im Endstadium der Aufarbeitung nur der Methylester dieser Säure nachgewiesen werden. Der in kristalliner Form (Pikrat) gewonnene Ester hatte im biologischen Test (Krümmung gespaltener Avenakoleoptilen) eine bedeutend höhere Aktivität als die freie Säure. Ersatz des Harns als Ausgangsmaterial durch IES-Lösungen führte ebenfalls zur Isolierung des gleichen Esters.

4. Biologische Eigenschaften des Indolylacetonitrils (IAN). Verschiedene der bis jetzt bekannten biologischen Eigenschaften des IAN sind der Grund für die Diskussion einer direkten Wirksamkeit dieses neutralen Wuchsstoffes (vgl. Fortschr. Bot. 16). Die Resultate über die Umsetzung des Nitrils zur Säure durch Avenagewebe, die auf eine indirekte Rolle des neutralen Wuchsstoffes — als Vorstufe (precursor) der IES — hinwiesen, sind durch STOWE u. THIMANN bestätigt und erweitert worden. Testlösungen, in denen außer IAN (10 mg/l), KH_2PO_4 und Rohrzucker auch wuchsstofffreies Penicillin vorlag, enthielten nach 24stündiger Inkubation mit Koleoptilsegmenten etwa $10\,\gamma$ IES (papierchromatographische Bestimmung), der Gehalt der für die Umsetzung verwendeten Koleoptilcylinder war geringer. Die Möglichkeit einer IES-Bildung durch Bakterien dürfte durch den Penicillinzusatz, der keinen Einfluß auf die Streckung der Segmente hatte, ausgeschlossen sein.

Nach ihren Ergebnissen über die geotropische Reaktion von Avenakoleoptilen in IES- und IAN-Lösungen (ANKER) und das Wachstum von *Marsilea drummondii*-Keimlingen auf Nährlösungen mit denselben Wirkstoffen (ALSOPP), sehen beide Autoren keine Möglichkeit zur Entscheidung der Frage einer direkten oder indirekten Wirkung des Indolylacetonitrils. Für die Wiederherstellung der maximalen geotropischen Reaktionsfähigkeit dekapitierter Koleoptilen wurden recht unterschiedliche Konzentrationen benötigt (IES: $5,7 \times 10^{-7}$ m, IAN: $1,1 \times 10^{-7}$ m) und bei den jungen Farnen ergaben sich sowohl quantitative wie qualitative Unterschiede hinsichtlich der toxischen Wirkung höherer Konzentrationen auf das Wachstum von verschiedenen Sproßteilen und von Wurzeln. Im Gegensatz zu ALSOPP, der sekundäre Faktoren (Stabilität im Gewebe, Penetrationsvermögen) bei der Beurteilung seiner Ergebnisse berücksichtigt, werden diese unterschiedlichen Eigenschaften von ANKER nicht berücksichtigt. Die Stellungnahme von STREET (1954) und seinen Mitarbeitern (1953) ist ähnlich, sie nehmen zwar einen direkten Effekt des Nitrils beim Wachstum von isolierten Tomatenwurzeln an, schließen aber andererseits eine Verbindung zwischen dem Wirkungsmechanismus der Säure und des Nitrils nicht aus (STREET). Gründe für die erste Annahme (direkte Nitrilwirkung) sind ähnliche Beobachtungen beim Längenwachstum der Wurzeln, wie diejenigen ALSOPPs bei Farnen. Außerdem ergaben sich Unterschiede in der Bildung von Seitenwurzeln und in der Lebensfähigkeit der Wurzelmeristeme, wenn den Nährlösungen IES bzw. IAN zugesetzt wurden.

5. Gebundene Auxine. Als gebundenes Auxin ist eine heterogene Gruppe von Auxinformen mit niedrigem (unter 500) und hohem Molekulargewicht bezeichnet worden, die erst nach besonderer Behandlung — langdauernde Extraktion mit organischen Lösungsmitteln, enzymatischer oder Lauge-Säure-Hydrolyse — freies Auxin lieferte. Die Art der in den meisten Fällen verwendeten Methoden läßt eine Unterscheidung zwischen Auxinvorstufen, chemisch (z. B. Ester) und andersartig (Adsorption) gebundenem Wuchsstoff nicht zu.

Die Bindung der IES an Proteine, eine der Voraussetzungen für die sehr umstrittene Rolle des Auxins als prosthetischer Gruppe eines Enzyms, steht im Mittelpunkt einer Arbeit von SIEGEL u. GALSTON. Sie konnten kolorimetrisch zeigen (SALKOWSKI Reaktion), daß sowohl in vivo wie in vitro beträchtliche Mengen IES (10^{-6}—10^{-3} m) an Proteine junger Erbsenwurzeln gebunden werden und sich dann durch Trichloressigsäure ausfällen lassen. Der in vivo gebildete Komplex hielt sich bei 2° C über 3 Tage, er war innerhalb eines weiten p_H-Bereiches (2,5—11) und außerdem gegen Aceton- und Hitzebehandlung stabil. Das Ausmaß der Bindung wurde von der Menge der von außen gebotenen IES und von der Temperatur bestimmt. Die Hemmung oder völlige Unterbindung des Prozesses durch 2,4-Dinitrophenol, Jodessigsäure, Cyanid und Azid war der Anlaß zu in vitro-Versuchen, deren Resultate es äußerst wahrscheinlich machen, daß die Komplexbildung in vivo wie in vitro von der Gegenwart energiereicher Phosphorverbindungen (Adenosintriphosphorsäure) abhängig ist und daß der Wuchsstoff-Protein-Komplex durch Coenzym A in das Protein und ein der IES ähnliches Indolderivat gespalten werden kann. Etwa gleichzeitig berichteten LEOPOLD u. GUERNSEY über die Bindung verschiedener Wuchsstoffe, einschließlich der IES, an Coenzym A. Wenn die Wuchsstoffe einer Mischung von Mitochondrien, ATP und Coenzym A zugesetzt wurden, so verschwanden die normalerweise in dem System vorhandenen SH-Gruppen direkt proportional zur Konzentration der Auxine. Diese Reaktion wurde unterbunden, wenn eine der vier Komponenten des Systems fehlte bzw. die Wuchsstoffkonzentration höher als 10^{-6} molar war. Eine starke Stütze für die auf Grund des Verschwindens der SH-Gruppen angenommene Bildung eines Thioesters zwischen dem Coenzym und den Auxinen ist die bei p_H 8 — ähnlich wie bei der Veresterung der Acetessigsäure — einsetzende Regeneration der Sulfhydrylgruppen. Wesentlich, vor allem in Hinsicht auf das vermutete Ablaufen solcher Prozesse in vivo, ist die Korrelation zwischen der Fähigkeit der Wuchsstoffe zur Bindung dieser Gruppen und ihrer bekannten physiologischen Wirksamkeit. Ringsubstituierte Phenoxysäuren reagierten am stärksten, IES und Naphthylessigsäure hatten mittlere und Indolylbuttersäure u. a. m. nur geringe Aktivität.

Der Wert der beiden sich in vielen Punkten ergänzenden Arbeiten liegt darin, daß zum erstenmal direkt die Bildung eines IES-Proteinkomplexes und indirekt die Bindung von Wuchsstoffen an Coenzym A gezeigt werden konnte. Es bleibt selbstverständlich offen, ob derartig gebundene Auxine eine Bedeutung für Wachstumsreaktionen und andere Wuchsstoffwirkungen haben oder ob sie vielleicht nur als Wuchsstoffreserven dienen. In Übereinstimmung mit GORDON sei noch darauf hingewiesen, daß die bei den Versuchen mit Erbsenwurzeln (SIEGEL u. GALSTON) verwendeten IES-Konzentrationen reichlich hoch waren und daß umgekehrt der starke Effekt geringer Auxinmengen in dem von LEOPOLD u. GUERNSEY benutzten Reaktionssystem eine indirekte Wirkung nicht unbedingt ausschließt.

Untersuchungen von TEUBNER (1953) und HINSVARK, HOUFF, WITTWER u. SELL (1954) betreffen den Äthylester der IES (Äth.-IES). Nach TEUBNER ist der von LUCKWILL (1952) mit Auxin b verglichene unbekannte Wuchsstoff aus dem Apfelendosperm mit dem Äthylester der IES identisch. Das nach der Methode LUCKWILLs extrahierte Endospermauxin hatte den gleichen R_F-Wert (0,83) wie der Ester und wies außerdem nach der Reaktion mit Eisen(III)chlorid und Schwefelsäure die gleiche Färbung auf. Das Vorkommen des Äth.-IES im Apfelendosperm und seine bekannte, hohe Aktivität bei der Induktion parthenokarper Früchte (etwa das Hundertfache der IES-Wirkung) stehen in einer auffälligen Parallele zu der von HINSVARK u. Mitarbeitern festgestellten Beschränkung der Bildung dieser Substanz auf wenige Stadien der Fruchtentwicklung beim Mais (Referent). Im Gegensatz zur Indolylessigsäure, die vor und nach der Befruchtung der Samenanlage vorhanden ist, tritt der Ester erst ziemlich spät nach der Befruchtung in den sog. „Milchstadien" in Erscheinung. Beide Wirkstoffe erreichen ihre maximale Konzentration gleichzeitig in einem der späten „Milchstadien" und verschwinden bis zur Reife wieder völlig.

Ein weiterer Ansatzpunkt zur Klärung der bis jetzt noch weitgehend unbekannten physiologischen Bedeutung gebundener Wuchsstoffe ist vielleicht die von HEMBERG (1) angenommene kausale Verbindung mit der Wurzelbildung. *Phaseolus*-Stecklinge ohne Cotyledonen bewurzeln sich in Leitungswasser sehr schnell (8—10 Tage); während dieser Zeit veränderte sich der Spiegel des freien Auxins — saure Fraktion nach 4stündiger Ätherextraktion bei 6° C — nur minimal, die gebundenen Auxinformen — weitere 45stündige Extraktion bei 25° C — nahmen dagegen in der Bewurzelungszone derart stark zu, daß die oben erwähnten Zusammenhänge angenommen wurden. Bei der Erklärung starker Schwankungen der Konzentration des freien und gebundenen Auxins in Kartoffeln, während des Übergangs von der Ruheperiode zur Keimung (Oktober—Mai), werden von HEMBERG (2) vorläufig nur zwei Möglichkeiten berücksichtigt, nämlich Umwandlung freier in gebundene Formen bzw. eine Umkehrung des Prozesses, und jahreszeitlich bedingte Aktivitätsschwankungen der an diesen Vorgängen beteiligten Enzyme. Ein möglicher dritter Faktor, die Inaktivierung des Wuchsstoffes im Gewebe, wird bei dieser Deutung vielleicht zu stark vernachlässigt (Referent).

Der von STEWART (1939) in *Raphanus* nachgewiesene IES-Komplex mit niedrigem Molekulargewicht (unter 200) und wachstumshemmenden Eigenschaften ist nach BENTLEY u. BICKLE sehr wahrscheinlich mit dem Indolylacetonitril identisch. Der nach der Methode STEWARTs gewonnene Komplex und das Nitril, die beide in Brassicaceen vorkommen und nach alkalischer Hydrolyse IES liefern, hatten in verschiedenen Testverfahren die gleichen Eigenschaften. Sie hemmten das Wachstum von Avenasegmenten bei hohen Konzentrationen und förderten es bei niedrigen. Beide verursachten im „Ohnekorntest" positive Krümmungen.

6. Photolyse und enzymatische Oxydation der IES. Das geänderte Wirkungsschema der durch Riboflavin sensibilisierten Photooxydation der IES (vgl. Fortschr. Bot. 16) ist weiter ergänzt worden (L. u. M. BRAUNER). Als Schritt IV wird die Oxydation der IES durch den bei der Spaltung des Wassers entstehenden aktiven Sauerstoff (Schritt I—III) zur Indolylglykolsäure und daran anschließend die Dehydrierung der Oxysäure zur entsprechenden Glyoxylsäure (Schritt V) unter Mitwirkung eines zweiten O-Atoms oder eines Riboflavinmoleküls als H-Acceptor angenommen. Nach dieser Formulierung sind für die Umsetzung eines IES-Moleküls zwei Riboflavinmoleküle erforderlich, ein Verhältnis, das sich bei der Ausschaltung des katalytischen Charakters der Reaktion durch O_2-freie Lösungen bei bestimmten Konzentrationen des Sensibilisators und des Wuchsstoffes annähernd realisieren ließ.

Von GORDON sind auf Grund theoretischer Überlegungen verschiedene Einwände gegen diese Formulierung des Wirkungsschemas erhoben worden, die den Verlauf der Reaktion und eine ihrer wesentlichsten Voraussetzungen, die Spaltung des Wassers durch das aktivierte Riboflavin, betreffen. Bei einem Teil der Argumente GORDONs, z. B. bei der von ihm erwogenen direkten Reaktion von OH-Radikalen mit der IES, dürfte es sich nur schwer entscheiden lassen, ob sie zutreffend sind. Möglich erscheint jedoch eine klare rechnerische und experimentelle Lösung der Frage, ob die bei der Aktivierung des Riboflavins freiwerdende Energie für die Spaltung des Wassers in OH-Radikale ausreichend ist (Referent).

Verschiedene von FISCHER in belichteten IES-Riboflavingemischen nachgewiesene Abbauprodukte entsprechen den Vermutungen, die — hauptsächlich von GALSTON und BRAUNER — auf Grund des Verlaufes der Photolyse und indirekter Nachweise (SALKOWSKI und HOPKINS COLE-Test) geäußert worden sind. Nach kurzer Belichtungszeit konnten Indolylglykolsäure und Indolylaldehyd eindeutig identifiziert werden. Außerdem fielen noch Indol, Skatol und ein Gemisch aus diesen beiden und dem Aldehyd an.

Der scheinbare Widerspruch, der sich aus dem zweigipfligen phototropischen Wirkungsspektrum zur Beteiligung des Riboflavins an den der Bewegung zugrunde liegenden Wuchsstoffinaktivierungen ergibt, läßt sich durch die Änderung des Wirkungsspektrums der Reaktion in Gegenwart von Carotinoiden erklären (REINERT). Eine Bestätigung der sich hieraus ergebenden Schlußfolgerungen ist das eingipflige Wirkungsspektrum für die Lichtwachstumsreaktion dekapitierter Haferkoleoptilen. Durch die Entfernung des in der Spitze der Organe konzentrierten Carotins fällt offenbar die „Maskierung" der IES-Riboflavinreaktion fort, und es ergibt sich die zu erwartende, eingipflige Aktionskurve (BÜNNING u. Mitarbeiter). Für lichtabhängige Wachstumsvorgänge von Pilzen (Etiolementsverhinderung bei *Coprinus*-Fruchtkörpern) wird ebenfalls die Strahlungsabsorption durch Riboflavin als entscheidend angesehen (BÜNNING u. Mitarbeiter; SCHNEIDERHÖHN), weil das Aktionsspektrum dieser Prozesse die gleichen Kriterien aufweist wie die Absorptionskurve des Vitamins B_2.

Nach einer Arbeit von GORTNER u. KENT ist es jetzt sicher, daß IES-Oxydasen nicht nur in etiolierten Geweben vorkommen. Vegetative Ananaspflanzen enthalten in allen Organen ein Enzymsystem, das sowohl in der Zusammensetzung (Oxydase und nativer Inhibitor) wie in einer Anzahl von Reaktionen (Aktivierung durch Licht bzw. Dialyse, Hemmung durch Diäthyldithiocarbamat) dem Erbsenenzym ähnlich ist. Es unterscheidet sich aber von diesem durch sein p_H-Optimum (3,5), die Förderung durch Manganionen und die negative Reaktion auf 2,4-Dichlorphenol und Maleinhydrazid, die ohne Einfluß auf seine Aktivität sind. Es wird vermutet, daß der natürlich vorkommende Inhibitor der „Ananasoxydase" wahrscheinlich ein Polyphenol ist, das bei der Aktivierung des Enzyms im Licht zerstört wird. Ein völlig andersartiges oxydatives Enzymsystem scheint dagegen in grünen Bohnenblattstielen vorzuliegen. Ausgehend von dem Verschwinden der IES beim Transport durch Segmente aus Blattstielen, konnten SHOJI u. ADDICOTT zeigen, daß der Wuchsstoff durch einen oxydativen Prozeß zerstört wird. Resultate mit gekochten Segmenten — es wurde noch ein beträchtlicher Teil des transportierten Auxins zerstört — und mit Gewebebrei — nur zu Anfang einer 45stündigen Inkubation bei 25° C wurde IES inaktiviert — machen es wahrscheinlich, daß durch ein oxydatives Enzym zuerst ein hitzestabiler „Inaktivator" gebildet wird, der dann erst das Auxin zerstört. Als notwendige Voraussetzung für die Bildung des „Inaktivators" wird die Erhaltung der Struktur des Gewebes angesehen.

Die Zerstörung der IES in Nährmedien von Pilzkulturen, *Omphalia flavella* (SEQUEIRA u. STEEVES) und *Polyporus versicolor* (TONHAZY u. PELCZAR), wird deshalb auf die Tätigkeit extracellulärer Oxydasen zurückgeführt, weil der Abbau des Auxins nur in Gegenwart von Sauerstoff erfolgt und weil die aktiven Substanzen hitzelabil, p_H-empfindlich und nicht dialysierbar sind. Bei *Omphalia* konnte das gleiche Enzym auch in den Mycelzellen nachgewiesen werden. Obwohl bisher nur ein Teil der Eigenschaften der Pilzoxydasen bekannt ist, wird die Beteiligung einer Peroxydase beim Abbau des Wuchsstoffes als unwahrscheinlich angesehen (negativer Pyrogalloltest). Es ist vorläufig auch unbekannt, ob photoaktive Substanzen an den Oxydationen beteiligt sind. Ebenso unbestimmt ist die Natur der Schwermetallkomponente dieser Enzyme; auf Grund der Wirkung einer großen Zahl von Hemmstoffen ergibt sich das gleiche, verwirrende Bild, wie bei den Oxydasen höherer Pflanzen, d. h. es kann sich sowohl um eisen- wie um kupferhaltige Proteide handeln.

7. Wachstum und Stoffwechsel[1]. Die Resultate über die während der Wachstumsprozesse eintretenden Veränderungen des Stoffwechsels sind eine notwendige Ergänzung der Untersuchungen über die kausalen Zusammenhänge zwischen dem Wachstum und der Wasseraufnahme bzw. der Atmung.

Der Ausgangspunkt zweier Arbeiten von WILSON u. SKOOG und BRYAN u. NEWCOMB ist die Vermutung, daß die Plastizität primärer Zellwände hauptsächlich durch eine zusammenhängende Schicht pektinartiger Substanzen bedingt ist. Dem Cellulosegerüst kommt nach dieser Auffassung nur eine passive, stützende Funktion zu. In beiden Untersuchungen diente in vitro kultiviertes Parenchym aus dem Zentralcylinder junger Tabakstengel als Versuchsobjekt. Das Wachstum des Gewebes auf auxinhaltigen Nährböden (IES, 2×10^{-6} g/ml) ist eine langdauernde, starke Streckung, bei der etwa das 4—5fache des Ausgangsvolumens der Zellen erreicht wird. Die auxinfreien Kontrollen sterben nicht ab, wachsen aber nur minimal während des ersten Tages (JABLONSKI u. SKOOG 1954). Nach WILSON u. SKOOG ist die starke Streckung der Zellwände nur möglich, weil durch IES außer anderen Effekten (Zunahme des Frisch- und des Trockengewichtes) der Aufbau pektinartigen Materials aus bestimmten löslichen Galakturonsäurederivaten (Uronidfraktion) gefördert wird. Diese Annahme basiert auf der Beobachtung, daß nur in Gegenwart von IES stetig Pektine gebildet werden und in den ersten Tagen die „Uronide" offenbar für die Synthese von Pektinen verbraucht werden. Bei den auxinfreien Kontrollen sind die gleichen Vorgänge nur während der geringen, wahrscheinlich durch Auxinreste bedingten Streckung am ersten Tage zu beobachten. Die Stimulierung der Aktivität der Pektinmethylesterase durch IES und die Konzentration von 80% der Gesamtaktivität dieses Enzyms auf die Zellwandfraktion, die nur 5% des Gesamtstickstoffs enthält, wird als ein weiterer Hinweis auf die Bedeutung des Pektinstoffwechsels für das Streckungswachstum angesehen. Eine exakte Wertung dieses Befundes wird aber vorläufig noch durch unser beschränktes Wissen über die an der Synthese und dem Aufbau des Zellwandmaterials beteiligten Enzyme ausgeschlossen (BRYAN u. NEWCOMB).

Die aktive Beteiligung des Plasmas beim Aufbau neuer Zellwände, die auch bei dem von WILSON u. SKOOG postulierten Wirkungsmechanismus der Zellstreckung vorausgesetzt wird, konnte BOYSEN JENSEN recht

---

[1] Über die Zusammenhänge zwischen dem Wachstum und der Wasseraufnahme bzw. der Atmung sind relativ wenige Arbeiten veröffentlicht worden ,so daß eine sinnvolle Besprechung erst in Verbindung mit weiteren, noch erscheinenden Veröffentlichungen möglich ist.

eindeutig bei wachsenden Wurzelhaaren demonstrieren. Das Spitzenwachstum dieser Haare kam sofort zum Stillstand, wenn die Verbindung des Plasmas mit der Wurzelspitze durch schwache Plasmolyse (2%ige Dextroselösung) bzw. durch Kongorotlösungen gelöst wurde. Durch das von der Zellwand abgelöste Plasma wurde laufend neues Wandmaterial nach außen abgegeben, so daß es entweder zu einer Verdickung der Wand der Wurzelhaarspitze oder bei stärkerer Plasmolyse zur Bildung einer zweiten Wand über dem etwas aus der Spitze zurückgezogenen Plasma kam. Auf Grund dieser Ergebnisse und optischer Untersuchungen des Plasmas und der wachsenden Zellwände wurde eine Theorie des Streckungswachstums entwickelt, die derjenigen STECHERs (Mosaikwachstum) in wesentlichen Voraussetzungen — Bildung neuer Wandsubstanz (Cellulose) durch Plasmainseln in der Zellwand — ähnelt.

Beim Streckungswachstum von Avenakoleoptilen ist die Proteinsynthese zwar etwas geringer als bei der Zellteilung dieser Organe, sie ist aber der Längenzunahme direkt proportional, wenn die Zellzahl als Bezugseinheit dient. Abweichende Ergebnisse anderer Untersuchungen, bei denen wohl in vielen Fällen eine Zunahme des Proteins aber keine Proportionalität zur Streckung festgestellt werden konnte, führen AVERY u. ENGEL auf die Verwendung unbiologischer Bezugseinheiten (Trockengewicht) zurück. Sie sehen außerdem in ihren Resultaten den Beweis, daß bei der Analyse des Streckungswachstums nicht nur die Wasseraufnahme als entscheidend gewertet werden kann. Die mögliche Erklärung der Proportionalität zwischen der Proteinbildung und der Zellstreckung ist vielleicht durch die Ergebnisse von SILBERGER u. SKOOG sowie HÖHN über die Beeinflussung des Nucleinsäurestoffwechsels durch IES gegeben. Der Zunahme des Frischgewichtes von Tabakstengelparenchym auf Agarnährböden, die nur Rohrzucker (2%) und IES enthielten (0,014 und 10,0 mg/l) enthielten, ging eine starke Erhöhung des Nucleinsäurespiegels voraus (SILBERGER u. SKOOG), und Förderungen des Teilungs- und Streckungswachstums durch IES konnten bei anderen Objekten durch Vorstufen der Nucleinsäuren (Uracil) gefördert und durch Antimetaboliten (Thiouracil, Trypaflavin) teilweise gehemmt werden (HÖHN).

Im Gegensatz zu AVERY u. ENGEL stellten BOROUGHS u. BONNER bei einer allerdings sehr kurzen Wachstumszeit von Avena- und Maiskoleoptilsegmenten nur beim Mais eine durch Wuchsstoffe gesteigerte Proteinsynthese fest; gemessen wurde der Einbau von Glykokoll bzw. Leucin mit ^{14}C-markierter Carboxylgruppe. Bei Avena (3stündige Wachstumszeit) stimulierte IES nur den Aufbau von „nichtcelluloseartigen" (non-cellulosic) Polysacchariden aus markierten Rohrzucker und Acetat. Soweit es sich ersehen läßt, sind diese Saccharide nicht mit der Uronidfraktion von WILSON u. SKOOG identisch (Referent).

Wenn *Raphanus*- und Maiskeimlinge auf KNOPscher Nährlösung ohne Calciumnitrat gezogen werden, so wird nicht nur das Wachstum von Blattstielen, Kotyledonen (Raphanus) und Koleoptilen, sondern auch die Auxinproduktion — gemessen wurde das Diffusionsauxin aus Kotyledonen und Koleoptilspitzen — stark reduziert. Der Entzug anderer Komponenten der Nährlösung resultiert zwar auch in einer mehr oder weniger starken Wachstumshemmung, die aber nicht mit einem signifikanten Absinken des Auxinspiegels verbunden ist. Die durch diese Resultate bedingte Annahme GORTERs, daß eine ausreichende Stickstoffversorgung nicht nur für die Proteinsynthese notwendig ist, sondern darüber hinaus auch eine ausreichende Auxinproduktion ermöglicht, deckt sich mit den Schlußfolgerungen BOSEMARKs nach ähnlichen Versuchen mit Weizenwurzeln. Die Wurzeln von Weizenkeimlingen wachsen in Nährlösungen mit relativ hohem $NaNO_3$-Gehalt (10^{-2} m) nur wenig, während sie bei niedriger Nitratkonzentration (10^{-4} m) sehr lang werden. Die Wachstumshemmung — sie betrifft die Zellteilung und die Streckung — läßt sich durch Antiauxin (α-Parachlorphenoxyisobuttersäure (10^{-5} m), die übermäßige Streckung durch Naphthylessigsäure (3×10^{-8} m) beheben. Da das Verhältnis des unlöslichen Stickstoffs zum Trockengewicht der Wurzeln durch das Antiauxin kaum verändert wird, führt BOSEMARK den Wuchsstoff- und den Antiauxineffekt auf den Ausgleich des bei reichlicher N-Versorgung überoptimalen und bei N-Mangel unteroptimalen Spiegels des natürlichen Auxins zurück. Es sei noch bemerkt, daß in beiden Untersuchungen verschiedene Nitrate (Calcium- und Natriumverbindungen) und von BOSEMARK zum Teil entkornte Weizenkeimlinge verwendet wurden; dadurch werden methodische Nachteile der Untersuchungen GORTERs ausgeglichen (Referent).

Von KANDLER u. NEUMAIR sind verschiedene der bisher bekannten Ergebnisse über die Beeinflussung des Stoffwechsels durch 2,4-D und IES überprüft und bestätigt worden. Im Zusammenhang mit den im Vorhergehenden besprochenen Arbeiten muß hier die auch bei in vitro kultivierten Spargelsprossen eintretende, unterschiedliche Zunahme des Gesamtstickstoffs und des Trockengewichtes in Gegenwart von IES bzw. 2,4-D erwähnt werden. Die Indolylessigsäure (10^{-5} m) verursachte eine gleichmäßige Zunahme des Trockengewichtes und des Gesamtstickstoffs der Sprosse, 2,4-D dagegen stimulierte bei gleicher Konzentration und ungefähr gleicher Wachstumsförderung fast ausschließlich die Stickstoffassimilation. Da außerdem auch eine stärkere Förderung der Atmung bei Zusatz von 2,4-D gemessen werden konnte, schließen sich KANDLER u. NEUMAIR der Auffassung anderer Autoren an, nach denen die unverhältnismäßig starke toxische Wirkung des synthetischen Wuchsstoffes bei höheren Konzentrationen durch drastische Veränderungen des Stoffwechsels bedingt ist.

8. Chemische Struktur und physiologische Aktivität von Wuchsstoffen und Antiauxinen. Die Untersuchungen über die Bedeutung der chemischen Struktur für die Aktivität von Wuchsstoffen und Antiauxinen werden durch mehrere, zum Teil recht gegensätzliche Theorien bestimmt, die als Verbesserungen bzw. Modifikationen der empirisch begründeten Postulate für aktive Wuchsstoffe — ungesättigter Ring, Seitenkette mit saurer Gruppe (KOEPFLI, THIMANN u. WENT 1938) — entwickelt worden sind. Nachdem MUIR u. HANSCH an Hand vieler Beispiele schon darauf hingewiesen haben, daß keine der neueren Formulierungen, einschließlich der von ihnen vertretenen Zweipunktbindungstheorie, allen Befunden gerecht wird, ist die Reihe der Ausnahmefälle von ÅBERG und besonders von HANSEN (1), (2) um weitere Beispiele vermehrt worden. Mit den von letzteren verwendeten Wurzeltests lassen sich offenbar Unterschiede feststellen, die bei den Testmethoden mit Sprossen (Avena-, Erbsentest usw.) nicht erfaßt wurden. So sind z. B. 3,5-Dichlorphenoxyessigsäure und α-Phenoxyisobuttersäure bei Sprossen inaktiv, fördern aber die Wurzelstreckung [HANSEN (1)]. Es ist im Rahmen dieses Beitrages nicht möglich auch nur einen Bruchteil der Ergebnisse dieser drei umfangreichen Arbeiten im einzelnen zu besprechen. Zusammenfassend läßt sich jedoch sagen, daß sie die meisten Widersprüche zu den verschiedenen Theorien aus der Aktivität bestimmter Phenoxy-, Naphtoxy- und Benzoesäuren ergeben. Außerdem muß noch die Antiauxinnatur (Förderung des Wurzelwachstums) von Verbindungen mit gesättigtem Ring (Cyclohexyloxycarbonsäure) erwähnt werden [HANSEN (1)], welche im Widerspruch zu allen bisherigen Erfahrungen steht. Als Gründe für die beschriebene Situation werden die bisherige, fast ausschließliche Verwendung von Testmethoden mit Sprossen, unsere noch spärliche Kenntnis der komplexen, dem Wachstum zugrunde liegenden physiologischen Prozesse (ÅBERG, HANSEN) und die ungenügende Berücksichtigung sekundärer Wirkungen (Transport, Penetrationsvermögen, Toxicität usw.) angeführt (AUDUS). Zur Verbesserung der Grundlage für neue, allgemeingültige Theorien wird eine Änderung der Klassifizierung von Auxinen und Antiauxinen vorgeschlagen [HANSEN (1)]; diese sollen nur dann als Sproßauxin (früher Auxin) bzw. als Wurzelauxin (früher Antiauxin) bezeichnet werden, wenn sie in nicht toxischen Konzentrationen das Streckungswachstum oder das damit verbundene Teilungswachstum fördern.

Resultate einer Veröffentlichung mit begrenzter Zielsetzung (OSBORNE u. Mitarbeiter) bestätigen das oben gegebene Bild. Die Aktivität einer Serie von Phenoxyalkylsäuren mit Ringsubstituenten (Chlor- und Methylgruppen) in 2-, 4- und 6-Stellung im Erbsen- und teilweise auch im Avenasegmenttest widerspricht der Zweipunktbindungs- (MUIR u. HANSCH) und der Paraeffekttheorie (LEAPER u. BISHOP).

Mit der lange vermuteten, bis jetzt aber wenig beachteten und nicht eindeutig nachgewiesenen Umwandlung von Phenoxy- und Naphtylsäuren mit längeren Seitenketten durch β-Oxydation in wachstumsfördernde Essigsäurederivate (bei einer ungeraden Zahl von Methylengruppen) oder in inaktive bzw. nur schwach wirksame Phenole oder Naphtoesäuren (gerade Zahl von Methylengruppen) kann nach WAIN u. WIGHTMAN nur bei einer beschränkten Zahl von Pflanzen gerechnet werden. Selbst wenn β-Oxydasen in den Geweben vorhanden sind, können geringe Strukturunterschiede — Substituenten im Ring — den enzymatischen Abbau der Kette in bestimmten Geweben verhindern, während sie in anderen wirkungslos sind. So entspricht z. B. der Wechsel der Aktivität zwischen 2,4-Dichlorphenoxyessig- (aktiv), -propion- (inaktiv), -buttersäure (aktiv) usw. in mehreren Testverfahren

(Erbsen-, Tomatenepinastie-, Weizenkoleoptiltest) den bei der β-Oxydation zu erwartenden Ergebnissen. Bei Einführung eines weiteren Chloratoms in den Ring (2,4,5-Trichlorphenoxyalkylsäuren) ist jedoch offenbar nur noch die Oxydase des Weizengewebes in der Lage die Seitenketten abzubauen. Die Schlußfolgerung von WAINE u. WIGHTMAN, daß die selektive Wirkung von Herbiciden zum Teil durch Unterschiede der Enzymsysteme verschiedener Pflanzenarten bedingt sein kann, hat einen hohen Wahrscheinlichkeitsgrad. Im Hinblick auf die zu Anfang erwähnten Arbeiten sind ihre Resultate außerdem ein eindrucksvolles Beispiel für die Beeinflussung der Aktivität von Wuchsstoffen durch sekundäre Prozesse.

9. Hemmstoffe. Die Bezeichnung Hemmstoffe wird für eine heterogene Gruppe von nativen und synthetischen Substanzen gebraucht, die das Wachstum von Sprossen und Wurzeln reduzieren, jedoch — im Gegensatz zu den Antiauxinen — sich nicht kompetitiv zur Wirkung von Auxinen verhalten.

Aus dem Meristem von Erbsen- und Bohnenwurzeln konnte durch Diffusion ein ätherlöslicher, unbekannter Hemmstoff gewonnen werden (HOWELL). Diese Substanz unterscheidet sich vom ebenfalls ätherlöslichen Auxin dadurch, daß sie im Avenatest inaktiv ist und nicht nur das Wachstum, sondern auch die Wurzelbildung von isolierten, in vitro kultivierten Erbsenepikotylen reduziert. Zwei andere Hemmstoffe sind in kristalliner Form aus dem Nährmedium eines Pilzes (*Piricularia oryzae* CAVARA), der beim Reis starke Schädigungen verursacht, und aus den von diesem Schädling befallenen Reispflanzen isoliert worden. Es handelt sich dabei um Pyridinderivate, α-Picolinsäure und eine ähnlich gebaute Verbindung ($C_{21}H_{18}N_2O_3$). Ihre Hemmwirkung beruht sehr wahrscheinlich auf der Störung oxydativer Prozesse durch komplexe Bindung der für die Funktion von Fe-Porphyrinoxydasen notwendigen Eisen (Fe^{+++})- und Kupfer (Cu^{++})-Ionen [TAMARI u. KAJI (1), (2)].

Avenawurzeln enthalten in der Streckungszone ein Cumarinderivat (Scopoletin) als Glykosid und in freier Form; in der Wurzelspitze liegt dagegen ein anderes, unbekanntes Glykosid vor (GOODWIN u. POLLOCK). Diese Verteilung der beiden Substanzen war der Ausgangspunkt einer Untersuchung von POLLOCK, GOODWIN u. GREENE über die Hemmung des Wachstums von *Avena*- und *Phleum*-Wurzeln durch das unbekannte Glykosid und sein Aglykon, Scopoletin in glykosidischer und freier Form, und Cumarin. Wachstumshemmungen wurden nur nach Behandlung mit freiem Scopoletin und Cumarin beobachtet. Letzteres hemmt fast ausschließlich das Streckungswachstum, während Scopoletin die Streckung und die Zellteilung beeinträchtigt. Die Wirkungen beider Verbindungen verhalten sich nicht additiv, Scopoletin verstärkt jedoch im Unterschied zum Cumarin die Hemmung des Wurzelwachstums durch IES.

BURSTRÖM berichtet ebenfalls über die Hemmung des Wachstums von Weizenwurzeln durch Cumarin und eines seiner Derivate (Daphnetin). Bei verschiedenen Daphnetinkonzentrationen (10^{-6}—10^{-4} m) beobachtete er aber signifikante Wachstumsförderungen gegenüber den Kontrollen. Dieser Unterschied zum stets hemmend wirkenden Cumarin ist deshalb besonders auffällig, weil beide Verbindungen in ähnlicher, allerdings nicht identischer Weise die Dehnungsfähigkeit der Zellmembranen heruntersetzen. Es hat den Anschein, als ob die Förderung durch das Cumarinderivat nur dann auftritt, wenn ein nativer, unbekannter Hemmstoff vorhanden ist.

Eine Verringerung der Wasserpermeabilität von Kartoffelparenchymzellen durch Cumarin wird deshalb angenommen, weil die normalerweise eintretende Deplasmolyse des Gewebes in 0,2 molaren Mannitlösungen, nach vorhergehender Plasmolyse in 0,5 molaren Lösungen, durch Zusatz von Cumarin zum Deplasmolytikum nahezu blockiert werden kann (v. GUTTENBERG u. MEINL).

Nach GREULACH u. HAESLOP beeinträchtigt Maleinhydrazid, das eine zeitlang als Antiauxin angesehen wurde, fast ausschließlich die Zellteilung aber kaum das Streckungswachstum. Dieser Feststellung liegen die Beobachtungen zugrunde, daß die photo- und geotropische Reaktionsfähigkeit und die Streckung der Internodien von *Helianthus*, Bohnen, Tomaten u. a. m. nicht durch den Hemmstoff reduziert werden. Nur bei sehr jungen Internodien von *Helianthus* und *Rudbeckia* (Teilungswachstum), jedoch nicht bei anderen Pflanzen (Bohnen, Tomaten), wurde jegliches Wachstum durch das Hydrazid unterbunden.

Literatur.

ÅBERG, B.: Physiol. Plantarum (Copenh.) 7, 241—252 (1954). — ALSOPP, A.: J. of exper. Bot. 5, 16—23 (1954). — ANKER, L.: Proc. Kon. ned. Akad. v. Wetensch. 57 C, 304—316 (1954). — AUDUS, L. J.: New Phytologist 53, 461—469 (1954). — AUDUS, L. J., u. R. THRESH: Physiol. Plantarum (Copenh.) 6, 451—465 (1953). — AVERY, G. S., u. F. ENGEL: Amer. J. Bot. 41, 310—315 (1954).
BENTLEY, J. A., u. A. S. BICKLE: J. of exper. Bot. 3, 406—423 (1952). — BENTLEY, J. A., u. S. HOUSLEY: Physiol. Plantarum (Copenh.) 7, 405—419 (1954). — BOROUGHS, H., u. J. BONNER: Arch. of Biochem. a. Biophysics 46, 279—290 (1953). — BOSEMARK, N. O.: Physiol. Plantarum (Copenh.) 7, 497—502 (1954). — BOYSEN JENSEN, P.: Dan. biol. Medd. 22, 1—33 (1954). — BRAUNER, L., u. M. BRAUNER: Z. Bot. 42, 83—124 (1954). — BROWN, J. B., H. B. HENBEST u. E. R. H. JONES: J. chem. Soc. (Lond.) 1950, 3634—3641. — BRYAN, W. H., u. E. H. NEWCOMB: Physiol. Plantarum (Copenh.) 7, 290—297 (1954). — BÜNNING, E., J. DORN, G. SCHNEIDERHÖHN u. J. THORNING: Ber. dtsch. bot. Ges. 66, 333—340 (1953). — BURSTRÖM, H.: Physiol. Plantarum (Copenh.) 7, 548—559 (1954).
FAWCETT, C. H., J. M. JNGRAM u. R. L. WAIN: Proc. roy. Soc. Lond., Ser. B 142, 60—71 (1954). — FISCHER, A.: Planta (Berl.) 43, 288—314 (1954).
GOODWIN, R. H., u. B. M. POLLOCK: Amer. J. Bot. 41, 516—520 (1954). — GORDON, S. A.: Ann. Rev. Plant Physiol. 5, 341—378 (1954). — GORTER, C. J.: Proc. Kon. ned. Akad. v. Wetensch. C 57, 617—621 (1954). — GORTNER, W. A., u. M. KENT: J. of biol. Chem. 204, 593—603 (1953). — GREULACH, A., u. I. B. HAESLOOP: Amer. J. Bot. 41, 44—50 (1954). — GUTTENBERG, H. v., J. EIFLER u. G. NEHRING: Planta (Berl.) 42, 209—219 (1953). — GUTTENBERG, H. v., u. G. MEINL: Planta (Berl.) 43, 571—575 (1954). — GUTTENBERG, H. v., G. NEHRING u. I. BLANKE: Naturwiss. 41, 334—335 (1954).
HANSEN, B. A. M.: (1) Bot. Not. (Lund) 3, 230—268 (1954). — (2) Ebenda 3, 318—325 (1954). — HEMBERG, T.: (1) Physiol. Plantarum (Copenh.) 7, 323—331 (1954). — (2) Ebenda 7, 312—322 (1954). — HINSVARK, O. N., W. H. HOUFF,

S. H. Wittwer u. H. M. Sell: Plant Physiol. **29**, 107—108 (1954). — Höhn, K.: Naturwiss. **41**, 536 (1954). — Howell, R. W.: Plant Physiol. **29**, 100—102 (1954). — Hull, H. M., F. W. Went u. N. Yamada: Plant Physiol. **29**, 182—187 (1954). — Jablonski, J. R., u. F. Skoog: Physiol. Plantarum (Copenh.) **7**, 16—24 (1954).

Kandler, O., u. H. Neumair: Flora (Jena) **141**, 16—29 (1954). — Koepfli, I. B., K. V. Thimann u. F. W. Went: J. of biol. Chem. **122**, 763—780 (1938). — Larsen, P.: Plant Physiol. **29**, 400—401 (1954). — Leaper, I. M. F., u. F. R. Bishop: Bot. Gaz. **112**, 250—258 (1951). — Leopold, A. C., u. F. S. Guernsey: Proc. nat. Acad. Sci. U.S.A. **39**, 1105—1111 (1953). — Linser, H.: Planta (Berl.) **43**, 440—445 (1954). — Linser, H., H. Mayr u. F. Maschek: Planta (Berl.) **44**, 103—120 (1954).

Muir, R. M., u. C. Hansch: Plant Physiol. **28**, 218—232 (1953).

Osborne, D. J., G. E. Blackman, R. G. Powell, F. Sudzuki u. S. Novoa: Nature (Lond.) **174**, 742 (1954). — Overbeek, J. v., R. M. Muir, F. W. Went u. H. B. Tukey: Plant Physiol. **29**, 307—308 (1954).

Pollock, B. M., R. H. Goodwin u. S. Greene: Amer. J. Bot. **41**, 521—529 (1954).

Redemann, C. T., S. H. Wittwer u. H. M. Sell: Arch. of Biochem. a. Biophysics **32**, 80—84 (1951). — Reinert, J.: Z. Bot. **41**, 103—122 (1953). — Schneiderhöhn, G.: Arch. Mikrobiol. **21**, 230—236 (1954). — Sen, S. P., u. A. C. Leopold: Physiol. Plantarum (Copenh.) **7**, 98—108 (1954). — Sequeirra, L., u. T. A. Steeves: Plant Physiol. **29**, 11—16 (1954). — Shoji, K., u. F. T. Addicott: Plant Physiol. **29**, 377—382 (1954). — Siegel, S. M., u. A. W. Galston: Proc. nat. Acad. Sci. U.S.A. **39**, 1111—1118 (1953). — Silberger, J., u. F. Skoog: Science (Lancaster, Pa.) **118**, 443—444 (1953). — Stewart, W. S.: Bot. Gaz. **101**, 91—98 (1939). — Stowe, B. B., u. K. V. Thimann: Arch. of Biochem. a. Biophysics **51**, 499—516 (1954). — Street, H. E.: Physiol. Plantarum (Copenh.) **7**, 212—230 (1954). — Street, E. H., S. M. McGregor u. I. M. Sussex: J. of exper. Bot. **5**, 204—214 (1953).

Tamari, K., u. J. Kaji: (1) Bull. Fac. Agric. (Niigata) **5**, 33—39 (1954). — (2) J. of Biochem. **41**, 143—165 (1954). — Teubner, F. G.: Science (Lancaster, Pa.) **118**, 418 (1953). — Tonhazy, N. E., u. M. Pelczar: Science (Lancaster, Pa.) **120**, 141—142 (1954).

Wain, R. L., u. F. Wightman: Proc. roy. Soc. Lond., Ser. B **142**, 525—536 (1954). — Wieland, O. P., R. S. De Ropp u. J. Avener: Nature (Lond.) **173**, 276 (1954). — Wilson, C. M., u. F. Skoog: Physiol. Plantarum (Copenh.) **7**, 704—211 (1954).

19a. Entwicklungsphysiologie.

Von ANTON LANG, Los Angeles (Calif.).

Mit 11 Abbildungen.

Zusammenfassende Darstellungen.

1. Einleitend sei auf einige in der Berichtszeit erschienene Sammelbände, welche Arbeiten aus dem Gebiete der Entwicklungsphysiologie der Pflanzen enthalten, sowie eine Reihe einzelner Arbeiten, welche verschiedene Teile unseres Gebietes zusammenfassend darstellen, hingewiesen. Die Biologische Abteilung des Brookhaven National Laboratory (Upton, L. I., N. Y.) veranstaltet alljährliche „Symposia", d. h. Colloquien, auf denen sowohl Teilnehmerzahl als auch die Zahl formeller Vorträge beschränkt sind und die übrige Zeit einer eingehenden Diskussion vorbehalten ist, und die auf diesen Veranstaltungen gehaltenen Vorträge werden später zusammen mit den Diskussionen in einem im Selbstverlage herausgegebenen Bande abgedruckt. Das 6., 1953 abgehaltene Colloquium war Fragen des abnormen und pathologischen Wachstums bei Pflanzen gewidmet („Abnormal and Pathological Plant Growth", Brookhaven Symp. in Biol. 6, Upton, L. I., N. Y., 1954) und enthält Beiträge über bakterielle, virusbedingte und spontane („genetische") Tumoren, abnorme Entwicklung in Gewebekulturen, Wurzelknöllchenbildung und strahleninduzierte Wachstumsabnormitäten. Eingeleitet wird der Band durch 2 Beiträge über die Grundlagen des normalen Wachstums. F. SKOOG diskutiert die Steuerung von Wachstum und Entwicklung durch chemische Stoffe, R. H. WETMORE die Bedeutung von Gewebe- und Organkultur für die Lösung morphogenetischer Probleme. Auf diese beiden Arbeiten wird noch in anderem Zusammenhange zurückzukommen sein. Auch die „Society for the Study of Development and Growth" veranstaltet alljährliche „Symposia", die als „Growth Symposia" weit bekannt geworden sind. Bis 1952 erschienen die Vorträge in Supplements zur Zeitschrift „Growth"; seit 1953 werden sie aber in einem besonderen Band herausgegeben (leider ohne die Diskussionen). Das 1953er Colloquium behandelte die Dynamik von Wachstumsvorgängen („Dynamics of Growth Processes", herausgegeben von E. J. BOELL, Princeton, N. J., 1954) und enthält zwei ausgezeichnete Beiträge von SKOOG und von F. W. WENT über die chemische Regulation von Wachstum und Entwicklung bzw. über die Bedeutung physikalischer Faktoren in diesen Prozessen, ferner einen Beitrag von D. S. VAN FLEET, der seine eigenen Untersuchungen über histochemische Vorgänge der Gewebedifferenzierung von Pflanzen zusammenfaßt. Wie auf solchen „Symposia" üblich, liegt das Schwergewicht der Darstellung meist auf den neueren und neuesten Ergebnissen und gewöhnlich auch auf den eigenen Arbeiten der Verfasser. Hält man sich das aber vor Augen, betrachtet die Beiträge also nicht als wohlausgewogene Darstellungen des gesamten Problems, sondern als Zusammenfassungen von Untersuchungen über spezielle Aspekte dieses Problems, so wird man viele von ihnen mit großem Gewinn lesen. — Ferner kann auf folgende in der Berichtszeit erschienenen Sammelreferate und Übersichtsberichte hingewiesen werden:

GAUTHERET (3) über Gewebekulturen (Ernährung, Bedeutung von Auxin und anderen Wachstumsregulatoren, Hemmstoffe, Stoffwechselfragen); RAPPAPORT über *in-vitro*-Kultur von Pflanzenembryonen; NITSCH über Fruchtentwicklung (einschließlich Stoffwechsel); ADDICOTT u. LYNCH über die Physiologie der Trennzonen und des Abwurfs von Organen; BRAUN über Pflanzentumoren, hauptsächlich Wurzelhalsgallen (crown gall); WENT (1) über die Bedeutung der Temperatur für Wachstum und Entwicklung (mit Ausschluß der Vernalisation und verwandter Erscheinungen).

Das Gesamtgebiet der Entwicklungsphysiologie ist in meisterhafter Weise in einem Buch von A. KÜHN („Vorlesungen über Entwicklungsphysiologie", Berlin-Göttingen-Heidelberg 1955) behandelt. Ohne deskriptive Vollständigkeit anzustreben, werden hier die der Entwicklung aller Organismen, der Tiere wie der Pflanzen, der höheren wie der niederen, zugrundeliegenden Gesetzmäßigkeiten herausgearbeitet und einander in überaus fesselnder Weise gegenübergestellt. Ein „Muß" für jeden, der an dem Gebiet interessiert ist!

1. Methodisches.
Gewebe- und Organkultur.

2. GAUTHERET (1) hat ein Verzeichnis aller bisher in isoliertem Zustand erfolgreich (d.h. ohne Nachlassen des Wachstums im Laufe der Passagen) kultivierter Pflanzengewebe zusammengestellt, mit kurzen Angaben über Kulturmedien und Ansprüche an Wachstumsregulatoren. Die Arbeit ist für jeden, der selbst mit Gewebekulturen arbeitet, von außerordentlichem Nutzen. Bis jetzt sind Gewebe von über 50 Dikotylen, darunter über 30 krautigen Arten, 11 Holzpflanzen und 10 Kletter- oder Schlingpflanzen, ferner von 9 Monokotylen, 5 Gymnospermen (*Ginkgo* und 4 Coniferen) und 4 Pteridophyten (*Osmunda, Pteridium, Lycopodium* und *Selaginella*) erfolgreich *in vitro* kultiviert worden. Diese Zahlen schließen 18 Wurzelhalstumorgewebe, 1 „genetischen" Tumor (*Nicotiana langsdorffii* × *glauca*) und 9 habituierte Gewebe ein. In einer anderen Arbeit stellt GAUTHERET (2) die verschiedenen Abweichungen zusammen, die bei *in vitro* wachsenden Geweben gefunden worden sind. Manche davon sind einfache, durch das Nährmedium oder andere Außenfaktoren hervorgerufene und vollständig reversible Modifikationen; andere aber behalten, einmal entstanden, ihren neuen Charakter bei Weiterkultur unverändert bei. In manchen Fällen lassen sich solche irreversiblen Veränderungen auf Selektionsvorgänge zurückführen. So scheint die „Sensibilisierung" gegenüber Auxin, also die Erscheinung, daß die für ein Gewebe optimale Auxinkonzentration im Medium im Laufe der Passagen zu niedrigeren Werten absinkt und das ursprüngliche Optimum toxisch werden kann, wenigstens in gewissen Fällen darauf zu beruhen, daß das Ausgangsgewebe aus Zellen von verschiedener Auxinempfindlichkeit zusammengesetzt war und daß im Laufe des Wachstums die auxinempfindlicheren Zellen die Oberhand gewinnen. In einigen anderen Fällen, insbesondere bei spontanen Veränderungen der Farbstoffproduktion, ist eine Mutation sehr wahrscheinlich. In den meisten Fällen sind aber die Ätiologie und die „genetische" Basis der irreversiblen Veränderungen noch unbekannt. Das gilt vor allem für die Habituation (accoutumance, Entwöhnung) gegenüber Auxin — für die GAUTHERET übrigens die neue Bezeichnung „Anergie" vorschlägt —, eine Veränderung, die bekanntlich mit dem Auftreten von für Tumorgewebe charakteristischen Eigenschaften verbunden ist. Auch eine Habituation gegenüber gewissen Vitaminen scheint vorzukommen. Andere irreversible Veränderungen unbekannter Natur sind: 1. Abnahme des Organbildungsvermögens, beobachtet bei *Daucus*- und *Malva*-Gewebe, die im Laufe einiger Passagen die Fähigkeit zur Adventivwurzelbildung (ein *Daucus*-Stamm das Vermögen zur Sproßknospenbildung) verloren; 2. Zunahme des Organbildungsvermögens, beobachtet bei gewissen Stämmen von *Scorzonera*-Gewebe und bei *Ulmus*-Gewebe, die nach einer Anzahl von Passagen Wurzeln bzw. Sprosse zu bilden begannen; 3. „Dissoziation", d. h. Abrundung und weitgehende Isolierung der Zellen voneinander, verbunden meist mit Größenzunahme — eine Veränderung, die vor allem unter dem Einfluß zu hoher Auxinkonzentrationen auftritt und zum Absterben des Gewebes führt; 4. Zunahme der Ernährungsansprüche, gefunden bei Gewebe von *Helianthus tuberosus, Daucus* und *Scorzonera*, die, einige Zeit mit Zusatz von Cocosmilch kultiviert, ohne diesen Zusatz nicht mehr wachstumsfähig waren; 5. Verlust der Fähigkeit zu dauerndem Wachstum unter dem Einfluß von Cocosmilch. Bei manchen Geweben, z. B. *Helianthus tuberosus, Cichorium* und *Crataegus*, sind irreversible und dabei lebensfähige Veränderungen noch nie beobachtet worden, so daß diese Gewebe als echte Klone betrachtet werden können. Bei anderen aber, z. B. Gewebe von *Daucus carota* und *Parthenocissus*, ist eine starke Tendenz zur Bildung von Abweichungen vorhanden; diese Gewebe können also nur mit Vorbehalt als physiologisch einheitliches Material angesehen werden.

3. MUIR, HILDEBRANDT u. RIKER konnten ein lange erstrebtes Ziel der Gewebekultur erreichen, nämlich die Gewinnung von Gewebekulturen aus einzelnen Zellen. Die Methode ist allerdings sehr spezifisch. Einzelzellen aus Wurzelhalstumorgewebe von *Tagetes erecta* und Normalgewebe von *Nicotiana tabacum* wurden durch Schütteln erhalten und auf Filterpapierstücke gebracht, die vorher auf jungen Kulturen derselben Gewebe oder von *Helianthus annuus*-Gewebe gelegen hatten. Die Filterpapierstücke mit den Einzelzellen wurden nun wieder auf die „Wirtsgewebe" gebracht. Nach 6—10 Wochen hatten sich ungefähr 8% der Einzelzellen zu Gewebestücken entwickelt, die sich auf geeignetem Medium selbständig weiterentwickeln konnten. Es wird noch nichts darüber gesagt, ob die so gewonnenen Gewebe sich durch größere Einförmigkeit auszeichnen als Gewebe aus vielzelligen Explantaten und ob etwa aus verschiedenen Zellen abstammende Gewebe irgendwelche charakteristischen Unterschiede aufweisen. — SOSSOUNTZOV beschreibt einen einfachen Apparat zur Kultur isolierter Gewebe und Organe unter ständiger Erneuerung des Mediums, PEITSOLA eine Methode zur sterilen Kultur von Blütenknospen und Blütentrieben von in Winterruhe befindlichen Pflanzen. HELLER hat die Mineralernährung *in vitro* wachsender Pflanzengewebe sehr gründlich studiert und ein neues anorganisches Medium entwickelt, das den bisher verwendeten Medien in den meisten Fällen überlegen ist.

4. MARSDEN u. WETMORE konnten die Spitzen der Luftsprosse von *Psilotum nudum in vitro* kultivieren. Die Spitzen reifer oder nahezu reifer Sprosse wandelten sich dabei aus noch unbekannten Ursachen in Rhizome um. BARKER und MES u. MENGE konnten an *in vitro* kultivierten Sproßstücken der Kartoffel (*Solanum tuberosum*) Knollenbildung erzielen. An Stücken aus jungen Sprossen bildeten sich die Knollen gewöhnlich an den Enden von Achselsprossen, an Stücken aus älteren Sproßteilen aber direkt in der Achsel, also als sitzende Knollen. Vielleicht beruht dies auf verschiedenem Auxingehalt junger und alter Sproßteile. Anwesenheit von Blattgewebe war nicht erforderlich. Die Knollenbildung wurde durch hohe Zuckerkonzentration im Medium (5% Saccharose), Dunkelheit und anscheinend auch durch relativ tiefe Temperatur (18°) gefördert, das Sproßwachstum durch hohe Temperatur (26,5°) und Blattwachstum durch niedrige Zuckerkonzentration (1%) und Licht. STRAUS und STRAUS u. LA RUE beschreiben eingehend die *in vitro*-Kultur von *Zea-mays*-Endosperm (vgl. Fortschr. Bot. **16**, 342—343). Die Zellen sind vielfach mehrkernig, und es sind viele Mitoseanomalien zu sehen. Regeneration von Organen wurde nicht beobachtet.

Pfropfung.

5. MUZIK u. LA RUE berichten über weitere erfolgreiche Pfropfungen bei Monokotylen, und zwar bei großen Gramineen und bei tropischen Araceen-Lianen. Während früher nur intraspezifische Pfropfungen gelungen waren, konnten jetzt auch einige intergenerische hergestellt werden (zwischen *Pennisetum purpureum* var. *merkeri* und *Panicum purpurascens* und zwischen *Nephthytis afzelii* und *Scindapsus aureus*). Bei manchen Gramineen ist der Erfolgsprozent recht hoch, wenn die Pfropfung im intercalaren Meristem unmittelbar über den Sproßknoten gemacht wird; der Sproß muß gebrochen, nicht geschnitten werden. Die Lianen haben kein intercalares Meristem, sind aber zur Callusbildung befähigt, und diese scheint die Verwachsung der Gewebe zu ermöglichen.

6. Von den Vertretern der sog. sowjetischen oder MIČURIN-LYSENKO-Biologie ist bekanntlich behauptet worden, daß in Pfropfungen Eigenschaften von einem Partner auf den anderen übertragen und in dessen Erbgut fixiert werden können (vgl. auch Fortschr. Bot. **15**, 408, § *10*). Diese Behauptung wird in 3 Arbeiten (BRIX, BÖHME, STUBBE) sehr eingehend nachgeprüft. STUBBE allein untersuchte z. B. nahezu 2500 Pfropfungen und etwa 25000 „F_1-" und 5000 „F_2"-Nachkommen. In allen Fällen wurde genetisch reines Material verwendet, und es wurden sorgfältige Kontrollpfropfungen hergestellt. BÖHME hält erbliche Einflüsse auf gewisse Merkmale in einem Falle wenigstens für möglich, wenn auch noch nicht gesichert; abgesehen davon sind die Ergebnisse aber vollständig negativ, ein Übertreten genetisch bedingter Merkmale konnte weder in der Pfropfgeneration noch in den Folgegenerationen festgestellt werden. Abweicher traten zwar wiederholt auf, doch waren sie mutativ bedingt, und ein Zusammenhang mit der Pfropfung war nicht zu erkennen. Viele der Mutanten waren in heterozygotem Zustand gepfropft worden und spalteten im Nachbau, unabhängig davon ob sie auf eine andere Form gepfropft waren oder nicht. Es ist also unzweifelhaft, daß die „Ergebnisse" von LYSENKO und seinen Anhängern auf mangelhafter Methodik (unreines Saatgut, kein Schutz vor Einkreuzung u. a.) beruhen — ein Schluß allerdings, zu dem man auch durch sorgfältige Lektüre der Arbeiten dieser Autoren gelangen konnte.

2. Ruhe und Aktivität.

a) Induktion und Beendigung der Ruhe bei Holzpflanzen.

7. Auf dem Gebiete des Aktivitätswechsels liegen wichtige Arbeiten über zwei Fragenkomplexe vor: über die Bedeutung der Tageslänge (Photoperiode) bei der Induktion und Beendigung des Ruhezustandes der Knospen von Waldbäumen und über den physiologischen Mechanismus, welcher der Beendigung des Ruhezustandes bei Pilzsporen zugrunde liegt. In Fortführung seiner früheren Untersuchungen (vgl. Fortschr. Bot. **16**, 347, § *11*) kommt WAREING (3) zu dem Ergebnis, daß in den Blättern verschiedener Waldbäume unter der Einwirkung von Kurztag ein Hemmstoff entsteht, der bei der Induktion und auch bei der Aufrechterhaltung des Ruhezustandes eine entscheidende Rolle spielt; wenigstens bei manchen Species wird der Hemmstoff wahrscheinlich auch in den Knospen selbst gebildet, und der relative Einfluß von Blättern und Knospen ist bei verschiedenen Species verschieden. Die Untersuchungen werden an erstjährigen Sämlingspflanzen ausgeführt; diese können auch im Ruhezustand ihre Blätter haben, so daß die Bedeutung der Blätter sowohl für die Induktion als auch die Beendigung der Ruhe erfaßt werden kann. Wurden die Endknospe und die Blätter in Wachstum befindlicher Individuen mit verschiedenen Tageslängen behandelt, so wurde bei *Betula pubescens* Ruhe immer dann induziert, wenn die Endknospe Kurztag erhielt; bei *Acer pseudoplatanus* und *Robinia pseudoacacia* war dagegen Kurztagbehandlung der Blätter allein entscheidend, während bei *Quercus* Kurztagbehandlung sowohl der Endknospe als auch der Blätter den Eintritt der Ruhe verursacht, das Wachstum also nur dann weitergeht, wenn Knospe und Blätter sich in Langtag befinden (vgl. Tabelle 1). Nach diesen Ergebnissen könnte es scheinen, daß bei *Betula* die Blätter keinen Einfluß auf die Aktivität der Knospen haben. Wurden aber bei ruhenden *Betula*-Sämlingen

Tabelle 1. Einfluß der Tageslänge auf die Induktion des Ruhezustandes bei in Wachstum befindlichen erstjährigen Individuen von Waldbäumen. Nach WAREING (3).

Photoperiodische Behandlung		Reaktion			
Sproßspitze	Blätter	*Betula pubescens*	*Acer pseudoplatanus*	*Robinia pseudoacacia*	*Quercus robur*
LT	LT	W	W	W	W
KT	KT	R	R	R	R
LT	KT	W	R	R	R
KT	LT	R	W	W	R

KT = 8—9 Std Licht täglich; LT = 24 Std Licht täglich; W = Endknospe setzt Wachstum fort; R = Endknospe geht zur Ruhe über.

Knospen und Blätter in verschiedenen Tageslängen gehalten, so verhinderten Kurztagblätter das Austreiben von Langtagknospen (Tabelle 2). Bei allen vier untersuchten Arten üben also Kurztagblätter einen hemmenden Einfluß auf die Aktivität der Knospen aus. Bei *Quercus* dominiert dieser Einfluß auch über eine aktive Knospe. Bei *Betula* ist er dagegen zwar stark genug, um eine in Ruhe befindliche Knospe am Austreiben zu verhindern, aber nicht, um eine aktive Knospe zur Ruhe zu zwingen. Bei *Acer* und *Robinia* schließlich dominiert der Einfluß der Blätter vollständig; eine direkte Hemmwirkung von Kurztag auf die Knospen ist nicht vorhanden oder nur sehr schwach. Während außerdem Langtag (Dauerlicht), der ganzen Pflanze geboten, bei *Betula* und ebenso bei *Quercus*, *Fagus silvatica* und *Larix decidua* Übergang zum Wachstum veranlaßte, war dies bei *Acer* und *Robinia* nicht der Fall; der durch Kurztag induzierte Ruhezustand ist bei den beiden Arten also entweder wesentlich tiefer als bei den anderen, oder aber ein anderer Faktor als Langtag ist für seine Beendigung entscheidend. — Dauerdunkel wirkte ebenso wie Kurztag, und bereits früher (l. c.) war gezeigt worden, daß die entscheidende Komponente der Kurztagwirkung die Dauer der Dunkelphase ist. Es ist also wahrscheinlich, daß der Kurztag die aktive Wirkung hat, indem die langen Dunkelphasen die Bildung eines Hemmstoffs ermöglichen; Langtag wirkt passiv, durch Abwesenheit der Hemmstoffbildung.

Tabelle 2. Einfluß der Tageslänge auf die Beendigung des Ruhezustandes bei erstjährigen beblätterten Individuen von *Betula pubescens*. Nach WAREING (3).

Photoperiodische Behandlung		Reaktion der Endknospe
Sproßspitze	Blätter	
LT	LT	W
KT	LT	R
LT	—	W
LT	KT	R
KT	—	R

KT, LT wie in Tabelle 1; W = Wachstum; R = Fortsetzung der Ruhe.

b) Aktivierung von Pilzsporen.

8. Der Ruhezustand der Ascosporen von *Neurospora* wird durch Hitze (60°) beendigt (GODDARD 1935, GODDARD u. SMITH 1938). Andererseits können die Sporen auch durch Behandlung mit Furfurol (α-Furfurylaldehyd) sowie einige andere Chemikalien aktiviert werden (vgl. Fortschr. Bot. 16, 346, § 10). EMERSON findet, daß alle Verbindungen mit aktivierender Wirkung einen ungesättigten Ring haben, welcher carbocyclisch oder heterocyclisch sein kann; Verbindungen mit dem Furanring sind die wirksamsten, und Furfurol die wirksamste von allen. Die aktivierende Wirkung von Furfurol wird, genau so wie diejenige der Hitze, durch Behandlung mit Cyanid annulliert, während Azid wohl die Hitze-, nicht aber die chemische Aktivierung beeinflußt. EMERSON kommt zu dem Schluß, daß Furfurol einen internen Katalysator der Keimung ersetzt, welcher normalerweise unter dem Einfluß hoher Temperaturen gebildet wird. Außer diesem ersten Schritt ist der Verlauf der Aktivierung nach Hitze und nach chemischer Behandlung

gleich. Da Anwesenheit von Sauerstoff für die Aktivierung ohne Bedeutung ist, kann die Hemmwirkung des Azids nicht auf Atmungshemmung beruhen. A. S. SUSSMAN (1) stellt allerdings fest, daß die Empfindlichkeit ruhender *Neurospora*-Ascosporen für Furfurol und andere aktivierende Substanzen mit dem Älterwerden abnimmt und dann durch kurzfristige Behandlung mit 38—50° wiederhergestellt werden kann; auch frisch geerntete Sporen werden durch Wärme gegenüber den chemischen Aktivatoren sensibilisiert. Diese Befunde scheinen mit der Auffassung, daß Hitze- und chemische Aktivierung sich nur in dem ersten Schritt, der Bildung eines für die Keimung notwendigen Katalysators, unterscheiden, nicht ohne weiteres vereinbar. Die Dauer der resensibilisierenden Wirkung der hohen Temperatur bei älteren Sporen ist von der Sauerstoffzufuhr abhängig; bei reichlicher Belüftung beträgt sie nur 4 Std, bei beschränktem Sauerstoffzutritt aber mindestens 23 Std. Mit der Wärmeresensibilisierung ist eine Atmungssteigerung auf das 2- bis 4fache verbunden; da diese aber auch noch dann anhält, wenn die Sporen infolge ausgiebiger Belüftung wieder furfurolunempfindlich geworden sind, scheint sie nicht die Ursache der Sensibilisierung zu sein. SUSSMAN (2) stellt ferner fest, daß geringe Mengen (0,0035 Mol) von Äthylendiaminotetraessigsäure („EDTA") und anderer metallbindender (chelierender) Substanzen die Keimung aktivierter *Neurospora*-Ascosporen und ebenso die mit der Aktivierung verbundene starke Atmungssteigerung vollständig verhindern. Die chelierenden Substanzen scheinen dabei nicht in die Zellen einzudringen; ihre Wirkung beruht vermutlich auf irreversibler Entfernung von essentiellen Kationen aus der Zelle. Die Ergebnisse beweisen jedenfalls, daß die Permeabilität der Sporen durch die Aktivierung in drastischer Weise verändert wird, denn werden ruhende Sporen mit denselben Verbindungen behandelt, so sind sie bei nachheriger Aktivierung in keiner Weise gehemmt.

3. Determination, Differenzierung und Organisation in der Entwicklung.

α) Allgemeine Grundfragen der Entwicklung.

9. Das Hauptproblem der Entwicklungsphysiologie ist es, wie aus genetisch gleichartigen Elementen, den aus der befruchteten Eizelle oder der asexuellen Spore hervorgehenden Zellen, ein aus den verschiedenartigsten Zellen aufgebauter Organismus entsteht, wie also aus etwas Homogenem etwas Heterogenes wird. TURING hat einen Versuch unternommen, diesen Vorgang mit Hilfe bekannter physikalisch-chemischer Gesetze zu erklären. Die Theorie setzt beträchtliche mathematische Kenntnisse voraus (auch wenn TURING selber dies bestreitet), und um sie voll verständlich zu machen, müßten wir den größten Teil von TURINGs mathematischen Ableitungen wiedergeben. Deshalb können wir hier nur das Prinzip der Theorie skizzieren, obgleich die Theorie danach vielleicht als nicht besonders überzeugend erscheinen wird. TURING nimmt an, daß Entwicklungs- und Differenzierungsvorgänge, wie etwa die Entstehung von Mustern, auf dem Zusammenwirken einer

Reihe von chemischen Substanzen beruht und daß diese Substanzen bestimmte Reaktionen miteinander eingehen, deren Ausmaß von ihrer Diffusionsgeschwindigkeit abhängt. In einem homogenen Gewebe sind Verteilung und Konzentrationen dieser Substanzen weitgehend gleichförmig; aber infolge zufälliger Schwankungen in der Zahl ihrer Moleküle, die an verschiedenen Stellen des Gewebes in die verschiedenen Reaktionen eingehen, und infolge der BROWNschen Molekularbewegung sind doch kleine Ungleichmäßigkeiten vorhanden. Solange die Konzentrationen der Substanzen konstant bleiben, gleichen sich diese Unregelmäßigkeiten immer wieder aus. Wenn sich aber die Mengen der verschiedenen Substanzen infolge verschiedener Geschwindigkeiten der Synthese und des Verbrauches ändern, werden die Ungleichmäßigkeiten größer, und schließlich kommt es zu keinem Ausgleich mehr, so daß die Konzentrationen der Substanzen bestimmte, im einfachsten Falle wellenartige Muster bilden. Sinkt nun die Konzentration einer der Substanzen an einer Stelle des Gewebes auf Null, so kann die Welle nicht tiefer werden; das Muster reguliert sich ein, und es entsteht ein nahezu vollkommener Gleichgewichtszustand, welcher in diesem einfachsten Falle als eine stationäre Welle bezeichnet werden kann. Das Wichtige ist nun, daß, wenn man eine ganz bestimmte Größe und Form des sich differenzierenden Gewebes, ganz bestimmte Unterschiede in der Diffusionsgeschwindigkeit der morphogenetischen Substanzen, die an der Differenzierung dieses Gewebes beteiligt sind, und schließlich ganz bestimmte Reaktionsmöglichkeiten zwischen diesen Substanzen annimmt, man stets zu ein und demselben Muster kommt. Ein solches ,,Diffusions-Reaktions-System" kann sich also nur in einer ganz bestimmten, durch seine eigenen Eigenschaften festgelegten Weise entwickeln; selbst wenn man dieselben morphogenetischen Substanzen, in denselben Mengen und mit denselben Reaktionsmöglichkeiten, in zwei verschieden gestalteten Geweben hätte, würden die darin entstehenden Differenzierungen verschieden sein. Die morphogenetischen Substanzen selber werden aber von den Einzelzellen produziert und stehen somit unter der Kontrolle der in den Kernen dieser Zellen enthaltenen Gene. TURINGs Theorie ist also geeignet, zwei einander scheinbar widersprechende Aspekte der Entwicklung zu versöhnen, nämlich die selbstverständliche These, daß die Entwicklung eines Organismus von seinem Genotyp abhängig sein muß, und die bei der Analyse von Differenzierungsvorgängen immer wieder gemachte Erfahrung, daß das Gewebe oder Organ als Ganzes die Entwicklung der Einzelzelle bestimmt, und nicht umgekehrt.

10. TURING berechnete für verschiedene Fälle von Differenzierungsvorgängen, daß sie mit seiner Theorie in Einklang stehen. Diese Beispiele sind der Entwicklung der Tiere entnommen. WARDLAW (1) zeigt aber, daß auch viele Differenzierungen bei Pflanzen mit der Theorie vereinbar sind. Solche Fälle sind die polare Differenzierung, die in einer asymmetrischen Verteilung wachstumsregulierender Substanzen in einem ursprünglich homogenen System besteht und als einfachster Fall einer stationären Welle betrachtet werden kann, ferner die wirtelige Anordnung der Seitenäste bei vielen Algen, die Blattstellung bei höheren Pflanzen und die radiale Anordnung des Leitgewebes in der Wurzel. Der Anstoß für die Ungleichmäßigkeit kann dabei auch von außen, oder, wie bei der Polarität der höheren Pflanze, vom Mutterorganismus her kommen. In einer weiteren Arbeit analysiert WARDLAW (3) eine Reihe bestimmter Differenzierungsvorgänge und zeigt, daß sie als Differenzierungen in „Diffusions-Reaktions-Systemen" betrachtet werden können. Ein solcher Fall ist z. B. die Anlage von Rhizomorpheninitialen in Mycelien von *Armillaria mellea* (Hallimasch), die kürzlich von GARRETT (1953) untersucht wurde. Wird ein Stück aus der Randzone eines Mycels auf ein Agarmedium aufgetragen, so bilden sich nach einer bestimmten Zeit am Rande des aus dem Inoculum hervorwachsenden Mycels Rhizomorpheninitialen; die daraus hervorgehenden Rhizomorphen wachsen sehr kräftig und dehnen sich auswärts zum Rande der Kolonie hin aus, dieser ein tief gelapptes Aussehen verleihend. Die Initialen werden nur in dieser einen, kreisförmigen Region gebildet, und in bestimmtem Abstand zueinander, d. h. sie zeigen die „Abstoßung", die zwischen Orten der Differenzierung („Meristemoiden" nach BÜNNING) sehr oft zu beobachten ist. Die Zahl der angelegten Initialen hängt aber von dem Gehalt des Mediums an Zucker und Stickstoffverbindungen, von dem Verhältnis dieser Verbindungen und von dem Verhältnis der Zuckerkonzentrationen im Medium und im Inoculum ab. Es scheint, daß für die Bildung einer Initiale das Medium ein bestimmtes Nährstoffniveau aufweisen muß; die „Abstoßung" zwischen den Initialen beruht darauf, daß durch das Wachstum der Rhizomorphen dem Medium in einem bestimmten Umkreis Nährstoffe entzogen werden und das Nährstoffniveau unter den Mindestwert absinkt. Das auf dem Medium wachsende Mycel kann also als ein organismisches Reaktionssystem angesehen werden, dessen Differenzierung von den mitgebrachten und den im Medium vorhandenen Nährstoffen, welche hier als „morphogenetische Substanzen" fungieren, bestimmt wird. Auch verschiedene Entwicklungsvorgänge bei höheren Pflanzen lassen sich als Störungen in einem Diffusions-Reaktions-System deuten, so die Entstehung pleiokotyler Embryonen bei *in-vitro*-Kultur und die durch Wachstumsregulatoren oder Röntgenstrahlen hervorgerufenen Veränderungen an Sproßmeristemen. Natürlich ist die bloße Verträglichkeit einer Erscheinung mit einer gegebenen Theorie noch kein Beweis für diese Theorie; eine Theorie kann nur dann als erwiesen gelten, wenn es feststeht, daß sie, und nur sie allein, eine Reihe von verschiedenen Erscheinungen auf eine gemeinsame Basis zurückführt. Um die Theorie TURINGs für Pflanzen zu beweisen, muß zweierlei demonstriert werden: 1. daß in Pflanzenmeristemen tatsächlich Diffusions-Reaktions-Systeme vorhanden sind, und 2. daß diese Systeme in einer Weise funktionieren, die zur Entstehung gemusterter Verteilungen wachstums- und entwicklungsregulierender Substanzen führt. Da über die Substanzen, die an der Regulierung der Entwicklung von Pflanzen beteiligt sind, noch recht wenig bekannt ist, ist die Aufgabe derzeit äußerst schwierig. Wie aber WARDLAW unterstreicht, lassen sich dennoch gewisse Fälle finden, die wenigstens als Modell für die Theorie dienen können und die einem experimentellen Angriff zugängig sind.

11. Von einer ganz anderen Seite her greift WENT (2) gewisse Grundfragen des Wachstums und der Entwicklung von Pflanzen auf. Bemerkenswerterweise gelangt aber auch er zu der Schlußfolgerung, daß Diffusionsprozesse eine wichtige Rolle in diesen Vorgängen spielen, und auch seine Überlegungen implizieren, daß die Gene die Produktion von wachstumsregulierenden Substanzen steuern können, daß aber die Wirksamkeit dieser Substanzen von anderen Kräften, darunter eben durch die Diffusion, bestimmt wird.

WENT geht von Untersuchungen über die Variabilität von Pflanzen bei Aufzucht unter stark variablen und unter möglichst gleichmäßigen und konstanten Außenbedingungen aus. Es erweist sich, daß die Variabilität um so kleiner wird, je gleichförmiger die Kulturbedingungen sind. So konnte bei Tomaten (*Lycopersicum esculentum*) der Variationskoeffizient (Standardabweichung als Prozent des Mittelwertes) von 20—40% auf 8% gesenkt werden (s. Abb. 86), bei der Erbse (*Pisum sativum*) sogar auf 4%. Zum mindesten der größte Teil der Variabilität der Pflanzen ist also umweltbedingt und beruht nicht darauf, daß das Wachstum letztlich durch mikrophysikalische Prozesse bestimmt wird, welche den Gesetzen der Quantenmechanik gehorchen und daher diskontinuierlichen, statistischen Variationen unterworfen sind. Da andererseits die Übertragung der Merkmale eines Organismus auf seine Nachkommen unzweifelhaft ein statistischer Prozeß ist, so muß gefolgert werden, daß entweder das Wachstum von den Genen nur in sehr indirekter Weise abhängt, oder daß die Vermehrung und die physiologische Wirkung eines Gens anderen Gesetzen als denen der Quantenmechanik folgt, oder schließlich daß das Gen, bevor es wirksam wird, eine starke Vermehrung seiner Zahl durchmachen muß. Die eingehende Analyse des Wachstums von Pflanzen und seiner Variabilität ist also geeignet, uns Einblicke in die Wirkungsweise der Gene bei diesem Vorgang zu verschaffen.

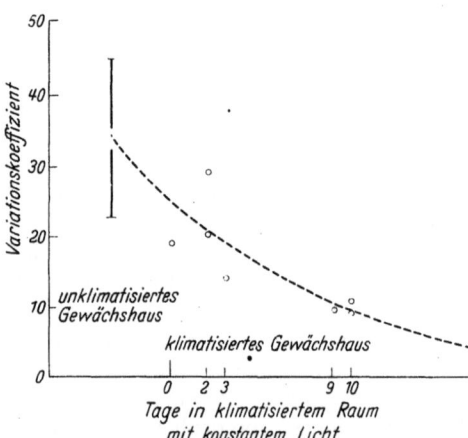

Abb. 86. Variationskoeffizient des Trockengewichts von Tomatenpflanzen bei Aufzucht in einem gewöhnlichen (nichtklimatisierten) Gewächshaus (links) und einem klimatisierten (rechts). Die letztgenannten Pflanzen befanden sich vor der Untersuchung außerdem 2, 3, 9 oder 10 Tage in einer klimatisierten Kammer mit konstanter Beleuchtung, also in einer noch gleichmäßigeren Umgebung. Original: Abb. 1 (S. 841) in F. W. WENT, Proc. Nat. Acad. Sci. (U.S.A.) **39**, 839—848 (1953).

12. Die Wachstumsgeschwindigkeit von Pflanzen kann über einen ziemlich großen Temperaturbereich konstant sein; dieser Bereich ist gleichzeitig der Bereich des optimalen Wachstums und der geringsten Variabilität (s. Abb. 87). Die optimale Wachstumsgeschwindigkeit dieser

Pflanzen wird also durch temperaturunabhängige Prozesse bestimmt, und es ist wahrscheinlich, daß es sich um intra- oder intercellulare Diffusionsprozesse handelt. Auch eine andere Tatsache spricht dafür: Im Laufe des Wachstums gleichen sich Extreme aus; Individuen, die den anderen vorausgeeilt waren, reduzieren ihre Wachstumsgeschwindigkeit; solche, die hinter dem Durchschnitt zurückgeblieben waren, holen dagegen auf (s. Abb. 88). Hinge das Wachstum von biochemischen Prozessen, etwa allein von der Produktion wachstumsregulierender Substanzen, ab, so wäre das Umgekehrte, d. h. Vergrößerung der Unterschiede im Laufe des weiteren Wachstums, zu erwarten. Würde z. B. infolge rascheren Wachstums der Pflanze der Vegetationspunkt größer, so würde auch die Menge der in ihm produzierten wachstumsregulierenden Substanzen größer werden und die Wachstumsgeschwindigkeit weiter zunehmen. Hängt aber die Wachstumsgeschwindigkeit von Diffusionsvorgängen ab, deren Geschwindigkeit der Größe der Diffusionsstrecke umgekehrt proportional ist, so muß Größerwerden des Vegetationspunktes in einer Abnahme

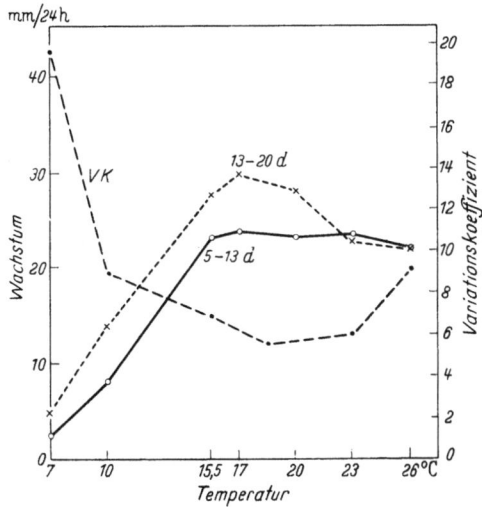

Abb. 87. Temperaturabhängigkeit des Wachstums von Erbsen („Vinco") am 5. bis 13. und 13. bis 20. Tag nach der Aussaat und der Variationskoeffizient (*VK*, rechte Ordinate) für die erste Meßperiode. Original: Abb. 2 (S. 845) in F. W. WENT, Proc. Nat. Acad. Sci. (U.S.A.) **39**, 839—848 (1953).

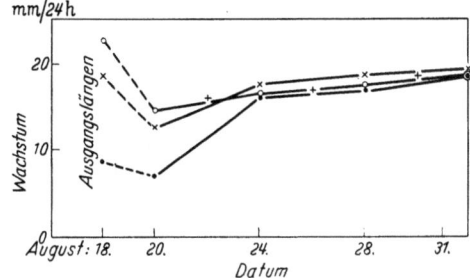

Abb. 88. Wachstumsgeschwindigkeit von Erbsen („Vinco"). Die Pflanzen wurden zu Beginn der Messung in drei Größengruppen eingeteilt und das Wachstum 2 Wochen lang für jede dieser Gruppen gesondert verfolgt. Original: Abb. 3 (S. 845) in F. W. WENT, Proc. Nat. Acad. Sci. (U.S.A.) **39**, 839—848 (1953).

der Wachstumsgeschwindigkeit resultieren. Dieser Hinweis auf die wahrscheinliche Bedeutung von Diffusionsprozessen in Wachstum und Entwicklung ist vielleicht der wichtigste neue Gesichtspunkt in den Arbeiten von TURING wie von WENT.

β) Physiologisch-chemische Grundlagen von Differenzierungs- und Determinationsprozessen.

13. Einige Arbeiten gestatten es uns zum ersten Mal, bestimmte Entwicklungsvorgänge in einen kausalen Zusammenhang mit bestimmten

Vorgängen des Zellstoffwechsels zu bringen. Besonders interessant sind die Untersuchungen von CANTINO und Mitarbeitern über die Entwicklung von *Blastocladiella emersonii*, einem neuen Phycomyceten [s. CANTINO u. HYATT (1)]. Bei diesem Pilz geht aus eingeißeligen Schwärmern ein Mycel hervor, welches ein apikales Sporangium bildet. Diese Entwicklung kann aber auf zwei verschiedenen, alternativen Wegen verlaufen. Entweder kann ein dünnwandiger, farbloser, papillöser Sporensack gebildet werden, oder aber ein Dauersporangium mit dicken, von Tüpfeln durchsetzten und dunkel gefärbten Wänden. Der Farbstoff der Dauersporangien scheint Melanin zu sein; die Bildung dieser Sporangien ist also mit dem Auftreten eines neuen Stoffwechselprozesses, der Melaninsynthese, verbunden (außerdem auch mit Chitin- und Fettbildung). Die Entwicklung der Dauersporangien läßt sich jederzeit durch Zusatz von Bicarbonat (10^{-2} Mol) zum Medium auslösen; unter natürlichen Bedingungen, unter denen der Pilz gewöhnlich in Form von dichten, aus vielen Individuen bestehenden Knäueln wächst, wird sie wahrscheinlich dadurch ausgelöst, daß die Kohlendioxydkonzentration in diesen Knäueln einen gewissen Schwellenwert überschreitet. In Versuchen mit Intermediärprodukten und Inhibitoren des Citronensäurecyclus wurden Anhaltspunkte dafür gefunden, daß das Bicarbonat die oxydative Decarboxylierung der α-Ketoglutarsäure reduziert und eine Anhäufung dieser Verbindung und der ihr vorausgehenden Glieder des Cyclus verursacht und daß diese Veränderungen ihrerseits in irgendeiner Weise die an der Dauersporangienbildung beteiligten synthetischen Reaktionen auslösen [vgl. hierzu CANTINO (1), (2)]. In Bestätigung dieser Hypothese wurde zunächst nachgewiesen, daß *Blastocladiella* praktisch alle Enzyme des Citronensäurecyclus und ihre Cofaktoren enthält und daß der Pilz ferner sowohl eine Cytochromoxydase als auch eine Polyphenoloxydase, welche *in vitro* Catechin und andere Polyphenole oxydieren kann, besitzt [CANTINO (3), CANTINO u. HYATT (2), BROWN u. CANTINO]. Während aber Pflanzen mit den dünnwandigen Sporangien alle Enzyme des Citronensäurecyclus und die Cytochromoxydase, aber nicht die Polyphenoloxydase enthalten, haben Dauersporangienpflanzen die Polyphenoloxydase, aber weder die Cytochromoxydase, noch die Ketoglutarsäure- und die Succinodehydrogenase (CANTINO u. HORENSTEIN). Schließlich konnte nachgewiesen werden, daß die Aktivität der Polyphenoloxydase von der Anwesenheit von α-Ketoglutarat abhängig ist; die Ketoglutarsäure fungiert als Cofaktor der Polyphenoloxydase, indem sie durch eine Coenzym II-(TPN-) spezifische Isocitronensäuredehydrogenase — die auch in den Dauersporangienpflanzen erhalten ist — reduktiv carboxyliert wird. Wenn man annehmen darf, daß die *in vitro* nachgewiesene Polyphenoloxydase (die wahrscheinlich einen Enzymkomplex darstellt) mit dem Enzymsystem identisch ist, welches *in vivo* die zur Melaninbildung führenden Oxydationen katalysiert, so läßt sich folgende an der Entwicklung von *Blastocladiella* beteiligte Reaktionsfolge aufstellen: Bicarbonat (oder Anhäufung von Kohlendioxyd) blockiert die oxydative Decarboxylierung von α-Ketoglutarsäure. Infolge der Anhäufung dieser Verbindung wird ein Polyphenoloxydasesystem aktiviert. Dieses katalysiert die Melaninbildung, welche mit der Dauersporangienbildung verknüpft ist. Die Funktion der Polyphenoloxydase ist mit reduktiver Carboxylierung der Ketoglutarsäure verbunden. Der Aktivierung des Polyphenoloxydasesystems geht ein Verschwinden der vorher aktiven Cytochromoxydase Hand in Hand. Eine zusätzliche, wenn auch indirekte Bestätigung dieser Deutung sind die Verhältnisse, die bei einer Mutante von *Blastocladiella* gefunden wurde, welche zur Bildung von Dauersporangien unfähig ist [CANTINO u. HYATT (2)]. Dieser Mutante fehlt ebenfalls die α-Ketoglutarsäuredehydrogenase; man könnte also vermuten, daß die Mutante gerade umgekehrt zur Bildung von Dauersporangien gezwungen sein müßte. Jedoch hat die Mutante auch keine Aconitase; der Citronensäurecyclus ist also in einem früheren Glied unterbrochen, und es kann deshalb trotz der Abwesenheit der Ketoglutarsäuredehydrogenase zu keiner Anhäufung von α-Ketoglutarsäure kommen. Der Citronensäurecyclus ist auch bei der Normalform von *Blastocladiella* nur wenig aktiv; seine Funktion bei diesem Organismus scheint also nicht in der Lieferung von Energie zu bestehen, sondern in der Regulation der Morphogenese.

14. Auch Untersuchungen von NICKERSON und Mitarbeitern über die Entwicklung von pathogenen Pilzen (Dermatophyten) vermitteln gewisse Einblicke in die Zusammenhänge zwischen Morphogenese und Stoffwechsel. Diese Organismen wachsen entweder in Form von Hefen, also Kulturen von kleinen, symmetrischen, sich durch Sprossung vermehrenden Zellen, oder aber in Form von Mycelien aus langgestreckten Zellen. Die Umwandlung von der Hefe- oder Y-Form in die Mycel- (M-) Form beruht darauf, daß die Zellteilung weitgehend unterbleibt, während das Wachstum weitergeht. Sie kann durch geringfügige Änderungen der Außenbedingungen hervorgerufen werden. *Blastomyces dermatitis* und *Paracoccidioides brasiliensis* bilden die Y-Form nur in einem bestimmten, ziemlich eng begrenzten Temperaturbereich (bei 36—37°); *Candida albicans* wächst auf Medien mit leicht verwertbarem Kohlenhydrat (Glucose) als Hefe, nach Erschöpfung des Mediums und auf Medien mit schwerer verwertbaren Kohlenhydraten (lösliche Stärke, Glykogen) als Mycel (NICKERSON u. EDWARDS bzw. NICKERSON u. MANKOWSKI). Wachstumsintensität und stoffliche Zusammensetzung der beiden Formen können weitestgehend gleich sein (insbesondere scheint die Eiweißsynthese gleich groß zu sein); auch in der Abhängigkeit von Vitaminen bestehen keine Differenzen. Sorgfältige Untersuchungen zeigten aber, daß die M- und die Y-Formen derselben Species sich in ganz bestimmten stoffwechselphysiologischen Reaktionen unterscheiden. Wir beschränken uns auf die Verhältnisse bei *Candida albicans*, die am eingehendsten analysiert worden sind [zusammenfassende Diskussion bei NICKERSON (1)]. Cystein und Glutathion unterdrücken die Umwandlung Y → M bei der Wildform vollkommen und verursachen auch bei einer Mutante, die normalerweise immer als Mycel wächst, das

46*

Auftreten Y-artigen Wachstums; Ascorbinsäure hatte keine solche Wirkung (NICKERSON u. VAN DER WIJ, NICKERSON u. CHUNG). Diese Beobachtungen lassen vermuten, daß bei den M-Formen und -Mutanten ein für die Zellteilung notwendiger Reduktionsschritt blockiert ist, welcher wahrscheinlich in der Bildung von SH-(Thiol-)Gruppen besteht. Es zeigte sich nun, daß diese Formen Tetrazoliumfarbstoffe speichern und reduzieren, während die Y-Form diese Verbindungen zwar speichert, sie aber nicht reduzieren kann [NICKERSON (1), (2)]. Tetrazoliumverbindungen werden *in vitro* durch ein Coenzym-I(DPN-)gekoppeltes Flavinenzym vom sog. Diaphorasetyp reduziert (BRODIE u. COTS). Das spricht dafür, daß der bei den M-Formen veränderte Reduktionsschritt in der Übertragung des Wasserstoffes von einem reduzierten Flavinenzym auf die natürlichen Acceptoren besteht. Behandlung mit Kupferchlorid ($CuCl_2$) hob die Reduktionsfähigkeit der Mutante für Tetrazoliumverbindungen auf; nach Behandlung mit metallbindenden Stoffen, wie EDTA (vgl. § 8), reduzierte dagegen die Wildform (Y) Tetrazoliumverbindungen nahezu ebenso aktiv wie die M-Mutante. Daraus ergibt sich folgendes Bild: Die Y-Form von *Candida albicans* besitzt ein Metall-Flavoproteinenzym, das seinen Wasserstoff auf Acceptoren überträgt, die an für die Zellteilung wesentlichen Vorgängen beteiligt sind. Durch Behandlung mit chelierenden Substanzen, durch Mutation und auch durch Substratmangel kann die Bindung zwischen Enzym und Metall gelöst werden; das Enzym wird zu einem metallfreien, diaphoraseartigen System, das seinen Wasserstoff auf den natürlichen Acceptor nicht mehr übertragen kann; statt dessen können exogene, unnatürliche Acceptoren wie Tetrazoliumfarbstoffe reduziert werden:

Flavoprotein · Metall · H $\xrightarrow{H^+}$ endogene Acceptoren ········→ Zellteilung

EDTA
Mutation
Substrat-
mangel

Flavoprotein · H $\xrightarrow{}$ exogene Acceptoren
+ Metall H^+

(oder FP · Metall · Komplexbildner)

Die Umwandlung Y ⇌ M bei den pathogenen Pilzen ist ein relativ einfacher Vorgang und ist mehr eine Frage der Physiologie der Zellteilung als der Entwicklungsphysiologie im engeren Sinne. Die Ergebnisse NICKERSONs sind aber auch entwicklungsphysiologisch sehr interessant, denn sie zeigen, ebenso wie diejenigen von CANTINO, wie die Unterbrechung des Zellstoffwechsels an einem einzelnen, bestimmten Glied zur Entstehung verschiedener Entwicklungsformen führen kann, und zwar alternativer Formen, zwischen denen es keine Übergänge gibt. Die Entstehung solcher Formen ist ein in der Entwicklung von Organismen sehr gewöhnlicher Fall.

γ) **Die Faktoren der Entwicklung und ihre Zusammenarbeit.**

Musterbildung. Polarität.

15. In den letzten 10 Jahren ist der Entstehung von Mustern in der Entwicklung von Pflanzen große Aufmerksamkeit gewidmet worden. Besonders die Untersuchung der Ausbildung des Spaltöffnungsmusters hat wichtige Einblicke in die Kräfte vermittelt, die bei Differenzierungsvorgängen bei Pflanzen wirksam sind. Eine Untersuchung von ZIMMERMANN, WOERNLE u. WARTH schließt sich an diesen Fragenkomplex an. In der Epidermis des Blattes von *Pulsatilla* lassen sich vier einander einschließende Muster erkennen: 1. das Dorsiventralitätsmuster; 2. ein Größtmuster, das mit der Blattaderung zusammenhängt, indem über den Adern keine Spaltöffnungen und an ihrer Stelle Haare ausgebildet werden; 3. ein Großmuster innerhalb der Maschen des Adernetzes, gebildet aus Sechser-Spaltöffnungen, d. h. Spaltöffnungen, die mit je 6 Epidermiszellen in Berührung stehen; und 4. ein Kleinmuster, das die Lücken im Großmuster ausfüllt und aus Vierer-Spaltöffnungen (Spaltöffnungen, die von je 4 Epidermiszellen umgeben sind) besteht. Die Muster entstehen in bestimmter zeitlicher Folge. Das Dorsiventralitätsmuster wird schon am Vegetationspunkt bestimmt, wo die Blattanlagen kurz nach ihrer Ausbildung dorsiventralasymmetrisch werden; das Großmuster ist bis zu einer Blattlänge von 13 mm ausgebildet, während das Kleinmuster erst angelegt wird, wenn das Blatt 2—3mal größer geworden ist. Das Gewebe macht also eine Reihe verschiedenartiger, sukzessiver Determinationsphasen durch, bei denen wahrscheinlich verschiedene determinierende Kräfte wirksam sind. Die deskriptiven Untersuchungen können über die Natur dieser Kräfte natürlich nichts aussagen. Aber die Ergebnisse stehen in Einklang mit den Ergebnissen anderer, experimenteller Untersuchungen, in denen es sich zeigte, daß ein Differenzierungsvorgang häufig andere Differenzierungen gleichsam zwangsläufig nach sich zieht und daß zwischen Orten der Differenzierung oft eine gegenseitige Abstoßung besteht (das Kleinmuster kann offenbar nicht angelegt werden, bevor die Abstände zwischen den Differenzierungsorten des Großmusters genügend groß geworden sind und die Abstoßungskräfte deshalb nicht mehr wirksam werden). Die Untersuchung von GARRETT über die Anlage von Rhizomorphen bei *Armillaria* wurde bereits bei der Besprechung der Theorie von TURING diskutiert (§ *10*); sie ist aber auch, für sich allein genommen, von großem Interesse, denn dieser Entwicklungsvorgang scheint zum mindesten ein Modell zu sein, an welchem die Natur der soeben genannten „Abstoßungskräfte" zwischen Differenzierungsorten experimentell studiert werden kann.

16. BÜNNING u. ILG konnten bei *Vicia faba* Störungen der Polarität durch Behandlung mit Äthylen hervorrufen. Dabei entstanden unter anderem dichte Wucherungen aus undifferenzierten Zellen im Mark. Dies scheint dem undifferenzierten Wachstum bei fehlender Polarisierung ähnlich; der Befund zeigt also einmal mehr, daß ohne Polarität keine normale Entwicklung möglich ist.

Die Organisation von Sproß und Thallus.

a) Experimentelle Untersuchungen über die Embryonalentwicklung bei Pteridophyten und Blütenpflanzen.

17. WARDLAW (2) setzt seine vergleichenden Untersuchungen über die Differenzierung im Embryo und in den Adventivmeristemen von *Ophioglossum vulgatum* fort (vgl. Fortschr. Bot. 16, S. 44 und 352, § *19*). Im Embryo wird die Primärwurzel viel früher angelegt als Sproß und erstes Blatt; in den Adventivmeristemen ist die Reihenfolge umgekehrt. Die Ausbildung der Folgeblätter ist bei den Adventivmeristemen sehr viel schneller als beim Embryo: bei diesem dauert es 8—10 Jahre, bevor sein erstes Blatt (also das zweite der Pflanze) über dem Boden erscheint; bei den Adventivknospen werden innerhalb von 5—6 Monaten 4—6 neue Blätter engelegt, und das erste davon kann innerhalb des ersten Jahres über dem Boden erscheinen. Auch entblätterte Primärsprosse der erwachsenen Pflanze haben eine ähnlich hohe Blattbildungsrate. WARD u. WETMORE trennen im Prothallium von *Phlebodium aureum* die Zygote von den umgebenden Zellen des Archegoniums ab. Die Einschnitte werden in verschiedener Weise geführt, aber die enge Verbindung des oberen Teiles des Fußes des Embryos mit dem Prothallium bleibt ungestört. Der junge, mit Ausnahme des Fußes noch undifferenzierte Embryo wird also vom Archegonium und der daraus durch Zellteilungen hervorgehenden Kalyptra viel früher befreit als in der normalen Entwicklung, seine Ernährung durch das Prothallium ist aber nicht beeinträchtigt. Bei diesen vorzeitig exponierten Embryonen wurde die Wurzel regelmäßig später ausgebildet als normal. War der Archegoniumhals entfernt, so entwickelte sich der Embryo zunächst zu einem undifferenzierten, callusartigen Gebilde, sehr ähnlich dem Protocormus von *Lycopodium*, und erst an diesem Gebilde werden Blätter gebildet, oft mehrere gleichzeitig, aber stets die typischen Embryonalblätter. Das in diesen Blättern ausgebildete Leitgewebe endet blind in dem callusartigen Gewebe des vergrößerten Embryos. CUSICK (1), (2) untersuchte die Entwicklung der auf der Ober- wie der Unterseite der Gabelstellen von *Selaginella*-Sprossen vorhandenen Meristeme. Bei der untersuchten Species, *S. willdenowii*, entwickeln sich die ventralen Gabeltriebe („Gabeltriebe" sind die aus den Gabelmeristemen hervorgehenden Triebe) als Wurzelträger, die dorsalen etwas später als Sprosse. Wird aber ein Sproßstück mit einem Paar Gabelmeristeme von der Pflanze abgetrennt, so werden beide Gabeltriebe zu Sprossen; werden die apikalen Schnittflächen jedoch mit Auxin behandelt, so entstehen Wurzelträger (WILLIAMS 1937). CUSICK stellt fest, daß Licht und Schwerkraft auf die Entwicklung der Gabelmeristeme ohne Einfluß sind. Dieselbe bleibt auch unverändert, wenn das Meristem durch vertikale Einschnitte vom seitlich angrenzenden Gewebe des Muttersprosses abgetrennt wird und mit dem Muttersproß nur noch durch einen basalen Gewebepfropf in Verbindung steht. Einschnitte in die präsumptiven Prophyllregionen, d. h. die Stellen, an denen später die ersten „Blätter" des Gabelsprosses stehen, können die Stellung der ersten Blätter etwas verändern, haben aber keinen Einfluß auf den weiteren Gang der Entwicklung. In allen untersuchten Organen, also dem Embryo und den Adventivmeristemen von *Ophioglossum*, dem Embryo von *Phlebodium* und den Gabelmeristemen von *Selaginella*, ist somit das Entwicklungsmuster sehr frühzeitig und sehr fest determiniert; verschieden sein, oder experimentell beeinflußt werden, können nur Reihenfolge und zeitliche Geschwindigkeit der Organogenese. Bei *Ophioglossum* dürften die Unterschiede in der absoluten Entwicklungsgeschwindigkeit bei Embryonen und Adventivmeristemen auf die verschiedene Versorgung mit Nährstoffen zurückzuführen sein. Das Prothallium der Pflanze wächst bekanntlich saprophytisch, und die Ernährung des jungen Embryos dürfte beschränkt sein; dem Adventivmeristem ebenso wie dem Vegetationspunkt des erwachsenen Sprosses stehen dagegen die im Sproß angehäuften Reservestoffe zur Verfügung. Das interessanteste Ergebnis der Untersuchungen am Embryo von *Phlebodium* ist die Tatsache, daß der von der Kalyptra auf den jungen, noch undifferenzierten Keimling ausgeübte Druck offenbar ein wichtiger regulierender Faktor der Morphogenese ist. Dieser Druck scheint, zum mindesten neben anderen Wirkungen, die Stellung der mitotischen Spindeln im jungen Embryo zu bestimmen, denn in den exponierten Embryonen war die Richtung der Zellteilungen anders und weniger regelmäßig als in den nicht operierten. Ferner scheint der Embryo von *Phlebodium* teilweise auf Auxinversorgung durch den Meristemscheitel des Prothalliums angewiesen zu sein, denn wurden die operativen Einschnitte so geführt, daß die Verbindung zwischen beiden unterbrochen war, war das Wachstum des Embryos stets verlangsamt. Die Umwandlung der Gabelsprosse von *Selaginella* in Wurzelträger, die unter dem Einfluß der von der Spitze des Muttersprosses gebildeten Wachstumsregulatoren oder, im Falle isolierter Gabelmeristeme, unter dem Einfluß von Auxin stattfindet, stellt eine sekundäre Modifikation des Entwicklungsmusters dar, bestehend in einer Unterdrückung der Entwicklung der seitlichen Wachstumszentren. Daß die Wurzelträger von *Selaginella* durch hohe Auxinkonzentrationen modifizierte Sprosse sind und bei Auxinverarmung sich direkt zu Sprossen zurückverwandeln können, hatte übrigens schon SEIDL vor mehr als 10 Jahren gezeigt (vgl. Fortschr. Bot. 11, 280).

18. HACCIUS u. REINHOLZ, REINHOLZ sowie HACCIUS konnten durch Röntgenbestrahlung, Temperaturschocks und Behandlung mit verschiedenen Wachstumsregulatoren, darunter 2,4-Dichlorphenoxyessigsäure und Isopropyl-N-phenylcarbamat, Veränderungen der Kotyledonen bei den Embryonen von *Eranthis hiemalis* und *Arabidopsis thaliana* erzeugen. Bei *Eranthis* sind die Embryonen, wenn die Samen zur Verbreitung kommen, noch vollständig undifferenziert, so daß hier Behandlung der jungen Samen möglich ist; bei *Arabidopsis* muß die Behandlung (Bestrahlung) während der Embryonalentwicklung auf der Mutterpflanze vorgenommen werden. Die wichtigsten Veränderungen sind Verwachsung der beiden Kotyledonen (Synkotylie) und die Entstehung von drei und mehr Kotyledonen (Pleiokotylie). Wenn mehr als vier Kotyledonen gebildet wurden, so entstanden sie nicht auf dem ursprünglichen

Embryo, sondern dieser stellte sein Wachstum ein, und es entstehen an seinem apikalen Ende oder etwas seitlich davon ein oder zwei neue, oft stark deformierte Embryonen, an denen Kotyledonen differenziert werden. Es scheint, daß auch beim Embryo der Blütenpflanzen die Entwicklung bereits sehr frühzeitig, vor jeglicher sichtbaren Differenzierung von Organen, festgelegt ist und nachträglich nur noch modifiziert, aber nicht vollständig verändert werden kann. Es wird sehr interessant sein, die Entwicklung der veränderten Keimlinge weiter zu verfolgen und zu sehen, ob die Veränderung des embryonalen Differenzierungsmusters auch Veränderungen in der weiteren Entwicklung der Pflanze nach sich zieht.

b) Die organisierende Wirkung des Spitzenmeristems beim Sproß (Blattanlegung, Leitgewebedifferenzierung, Blattstellung).

19. WARDLAW hatte früher gezeigt, daß der Ort einer präsumptiven Blattanlage am Sproßscheitel von Farnen, durch Einschnitte von dem Scheitelmeristem „isoliert", sich als Sproßmeristem und nicht als Blattanlage entwickelt (Fortschr. Bot. 16, 408—409). E. CUTTER untersucht bei *Dryopteris aristata* mit derselben Technik, wie lange schon ausgebildete Blattanlagen zu Sprossen zurückverwandelt werden können. Es zeigt sich, daß dies solange möglich ist, wie die charakteristische Scheitelzelle des jungen Farnblattes noch nicht ausgebildet und die Anlage somit noch nicht asymmetrisch geworden ist. Das ist bei den drei jüngsten Blattanlagen der Fall. Das Ergebnis ist von großer Bedeutung für das Verständnis der Determination von Blättern, zum mindesten bei Farnen, wo die Blätter, wie diese Versuche ebenfalls bekräftigen, ausgesprochenen Sproßcharakter haben. Die Versuche sprechen gegen die Existenz spezifischer blatt- und sproßbildender Substanzen; der wichtige Schritt bei der Determination des Blattes scheint die Induktion der Dorsiventralität zu sein, und diese erfolgt durch außerhalb der Anlage selbst liegende Faktoren, nämlich durch die Tätigkeit des Scheitelmeristems des Sprosses. — Das erste Blatt auf dem durch die Umwandlung der Blattanlage entstandenen Sproß wird immer auf der längeren Achse des isolierten Gewebestückes (das Blattprimordium wird durch vier ein Rechteck bildende Schnitte „isoliert") angelegt; saß die ursprüngliche Blattanlage genau in der Mitte dieses Gewebestückes, so erscheinen zwei Blätter oft nahezu gleichzeitig.

20. Einen wichtigen Beitrag zur Frage der Leitgewebedifferenzierung im Sproß der Blütenpflanzen liefert eine im Laboratorium von SNOW entstandene Arbeit von YOUNG. Das Versuchsobjekt war *Lupinus albus*. Bei dieser Pflanze bildet sich in der äußersten, aus meristematischen Zellen bestehenden Sproßspitze ein Ring von Zellen, der nach innen vom parenchymatischen Mark, nach außen von der parenchymatischen Rinde begrenzt wird. Dieser Ring ist zunächst völlig meristematisch; später entstehen darin Cambiformzellen, die zu Procambialsträngen angeordnet sind, und diese Stränge werden zu den in die Blätter führenden Spuren. Entwicklungsphysiologisch gesehen, sind in dieser frühen

Differenzierung des Leitgewebes — die weitere Differenzierung zu Phloëm und Xylem ist ein besonderes Problem — drei Vorgänge zu unterscheiden: 1. die Bewahrung der präsumptiven Leitgewebezellen im meristematischen Zustand; 2. ihre Differenzierung zu Cambiformzellen; 3. die Anordnung derselben zu den begrenzten Procambialsträngen. YOUNG zeigt nun, daß Entfernung der beiden jüngsten Blattanlagen zu einem Ausbleiben der Differenzierung der Cambiformzellen in dem meristematischen Geweberring führt und an diesen Stellen aus parenchymatischen Zellen bestehende Lücken auftreten. Werden aber die Stümpfe der operierten Blattanlagen mit Auxinpaste bestrichen, so bleibt das Gewebe des Ringes im meristematischen Zustand erhalten. Das Auxin, das in anderen Fällen die Rückkehr differenzierter Zellen zum meristematischen Zustand veranlassen kann, bewahrt hier also den meristematischen Charakter der Zellen und verhindert ihre Differenzierung zu Parenchym. Die Differenzierung zu Cambiformzellen und ihre Anordnung zu begrenzten Strängen werden dagegen offenbar durch einen von den Blattprimordien produzierten, spezifischen Faktor (oder Faktorenkomplex) determiniert. Für diesen Faktor wird die Bezeichnung „Desmin" vorgeschlagen.

21. SNOW (1), (2) untersucht die Kräfte, welche für die bijugate Blattstellung der Dipsacaceen verantwortlich sind. Bei dieser Blattstellung sind die Blätter zu Paaren angeordnet; die Paare stehen aber zueinander nicht wie bei der dekussierten Blattstellung in einem rechten, sondern in einem davon abweichenden Winkel. Der wichtigste der hierfür maßgebenden Faktoren scheint der Druck zu sein, welcher bei den erstjährigen, vegetativen Pflanzen von *Dipsacus* — deren Sproßachse sehr stark gestaucht ist — von den Spreiten des zweitjüngsten Blattpaares auf das Scheitelmeristem ausgeübt wird. Diese Spreiten liegen dem Scheitelmeristem eng an; werden alle Blätter bis auf das jüngste Paar entfernt, so geht bei den neu gebildeten Blattpaaren der Winkel von dem typischen Wert von 72,7° auf durchschnittlich 84° herauf und kann bei einzelnen Individuen sogar größer als 90° werden, so daß sich die Richtung der Doppelschraube, auf der die Blätter inseriert sind, also umkehrt. Auch bei blühenden, zweijährigen *Dipsacus*-Individuen, bei denen der Sproß sich streckt und die Spreiten des zweitjüngsten Blattpaares dem Spitzenmeristem dann nicht mehr anliegen, ist in dieser Region der Winkel zwischen den aufeinanderfolgenden Blattpaaren größer als bei vegetativen Individuen und kann ebenfalls 90° überschreiten. Außerdem ist ein 2., räumlicher Faktor unbekannter Natur anzunehmen, welcher die Stellung jedes neu angelegten Blattpaares in bestimmter Weise dem vorangehenden Paar gegenüber verschiebt.

c) Differenzierung in der Wurzel.

22. Die in den vorstehenden Absätzen und in den vorangehenden Berichten beschriebenen Untersuchungen über die morphogenetische Rolle des Spitzenmeristems befaßten sich durchweg mit dem Sproßmeristem. Jetzt liegt auch eine Reihe von Arbeiten über die Rolle des Spitzenmeristems in der Differenzierung der Wurzel vor, vor allem über die Frage, ob die Differenzierung der Wurzelgewebe in autonomer Weise durch das Spitzenmeristem bestimmt wird oder unter dem Einfluß der älteren, bereits differenzierten Gewebe vor sich geht, ob sie also „Selbstdifferenzierung" oder homoiogenetische Differenzierung ist. CLOWES (1), (2) sucht mit Hilfe operativer Eingriffe, nämlich Abschneiden von Stücken der meristematischen Spitzenregion durch schräge oder seitlich eingeführte, keilförmige Schnitte, Einblick in Aufbau und Funktionieren des Meristems der Wurzel von *Vicia faba, Zea mays* und *Triticum* zu gewinnen. Die Untersuchungen gelten in erster Linie einem histogenetischen Problem, nämlich, ob das Urmeristem der Wurzel, also diejenige Region des Spitzenmeristems, von der alle Zellen des Organs abstammen, ein Promeristem aus vielen Zellen oder aber eine Einzelzelle (oder Gruppe von 2—3 Zellen) ist. CLOWES kommt zu der Auffassung, daß die erste Alternative die richtige ist; doch soll auf diesen Teil der Untersuchung hier nicht eingegangen werden. Für die entwicklungsphysiologische Problematik sind die beiden folgenden Resultate wichtig: 1. Die verschiedenen Regionen des Urmeristems — für das CLOWES die Bezeichnung „cytoregeneratives Zentrum" einführt — geben ganz bestimmten Geweben den Ursprung; das Urmeristem selbst ist bereits in ganz bestimmter Weise determiniert. 2. Wird ein Teil des Urmeristems entfernt, so wird dieser Teil durch die angrenzenden Teile des Gesamtmeristems ersetzt. Dabei kann die Differenzierung des von diesem „neuen" Teil des Urmeristems produzierten Gewebes vom Entwicklungsmuster in den älteren, vor der Operation gebildeten Teilen der Wurzel verschieden sein; so kann die Zahl der Xylemstrahlen verändert sein. Die Differenzierung des neuen Gewebes wird also nicht notwendigerweise durch das ältere, präexistierende Gewebe determiniert.

23. Zu ähnlichen Schlußfolgerungen, aber auf Grund vielseitigeren, eigens auf diese Frage zugeschnittenen Materials gelangen auch REINHARD sowie TORREY. REINHARD isolierte Gewebestücke aus dem Inneren und den Randpartien der Spitze der *Pisum*-Wurzel, nachdem der Gewebeverband vorher durch Behandlung mit Pectinase gelockert worden war, und kultivierte sie dann *in vitro*. Die verschiedenen Zonen des Spitzengewebes, deren Entwicklungsfähigkeiten auf diese Weise einzeln oder zu mehreren zusammen geprüft wurden, sind aus Abb. 89 ersichtlich, und ihre Gewebezusammensetzung ist nachstehend angegeben:

Gewebe aus dem Inneren der Wurzel		Gewebe aus der Außenzone	
Bezeichnung und ungefährer Abstand von der äußersten Spitze (in mm)	Zusammensetzung	Bezeichnung und ungefährer Abstand von der Spitze (mm)	Zusammensetzung
I 0,2—0,35	Inneres der Wurzelhaube und äußerster (apikalster) Teil des Urmeristems		
II 0,25—0,45	Innerster Teil der Wurzelhaube und gesamtes Urmeristem	IV 0,25—0,4	Äußeres Meristemgewebe und jüngstes Periblemgewebe
III 0,5—0,7	Junges Pleromgewebe mit den ersten erkennbaren Xylem- und Phloëmanlagen	V 0,4—0,5	Distales, undifferenziertes Periblemgewebe
IIIa 0,7—0,9	Etwas älteres Pleromgewebe	VI 0,5—0,7	

Normale Entwicklung fand nur dann statt, wenn das Explantat sowohl meristematisches als auch älteres, in den frühen Stadien der Differenzierung befindliches Gewebe enthielt, also mindestens aus den Zonen II

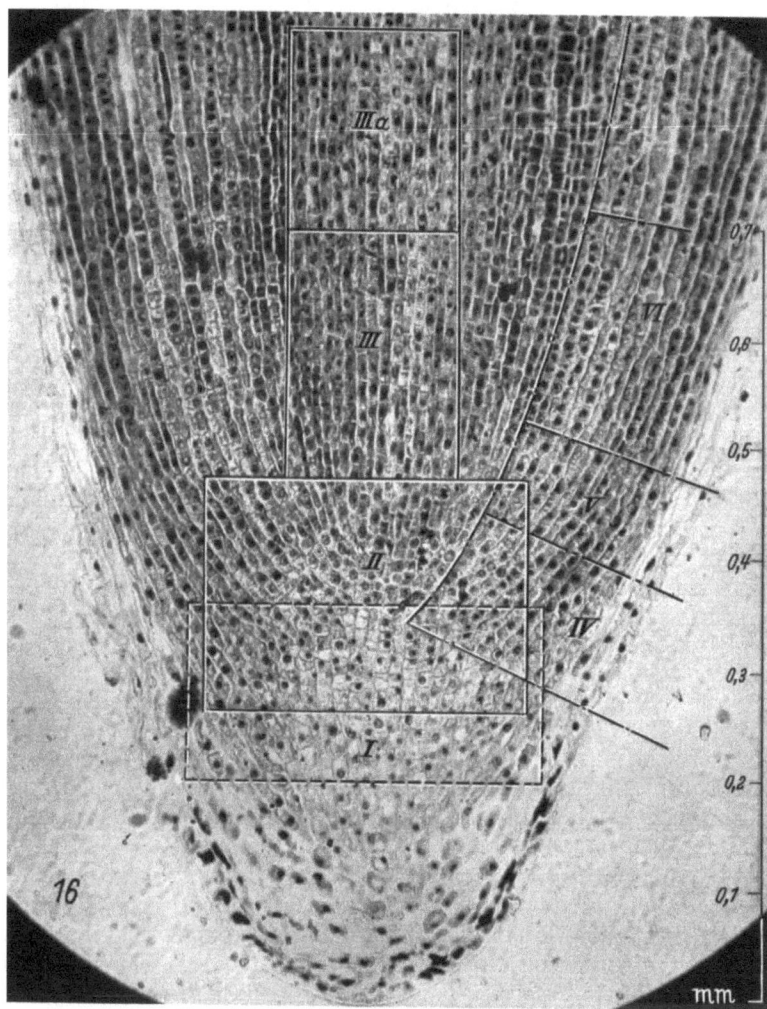

Abb.89. Die verschiedenen, in isoliertem Zustand kultivierten Regionen aus dem Spitzenmeristem der *Pisum*-Wurzel (Versuche von REINHARD. Näheres s. Text). Original: Abb. 16 in E. REINHARD, Z. Bot. 42, 353—376 (1954).

plus III oder V *plus* VI bestand. Die Explantate aus dem Inneren der Wurzelspitze entwickelten sich nach Regeneration der Rinde als normale Wurzeln, die aus der Außenzone zu Streifen normal gebauter Wurzelrinde mit zahlreichen Wurzelhaaren. Anwesenheit auch der Zonen I bzw. IV förderte die Entwicklung, war aber nicht obligatorisch. Dagegen können weder Zone II noch Zone III, für sich allein explantiert, die normale Entwicklung aufrecht erhalten. Das meristematische Gewebe (II) führt nur gewisse Differenzierungen zu Plerom-, Periblem- und Wurzelhaubenzellen durch und entwickelt sich dann zu callösen Wucherungen. Das ältere Gewebe (III; ebenso IIIa) führt seine Differenzierungen zwar weiter, so daß vor allem zahlreiche Xylemelemente entstehen; jedoch geht das normale Differenzierungsmuster verloren, und es entsteht eine Gewebekultur mit den für Gewebekulturen von Pflanzen charakteristischen regellosen Differenzierungen. Sowohl die aus Zone II als auch die aus dem etwas älteren Gewebe hervorgehenden callösen Kulturen können nach einiger Zeit neue Wurzeln regenerieren, und diese können den Bau normaler Seitenwurzeln haben. Nur aus Zone I oder IV bestehende Explantate führen überhaupt keine bzw. nur primitive Differenzierungen durch.

24. Die Ergebnisse von TORREY (3) sind den von REINHARD in vieler Hinsicht ähnlich. TORREY gelang es, nur 0,5 mm große Spitzen der *Pisum*-Wurzel *in vitro* zum Wachstum zu bringen (vgl. auch § *39*). Da solche Stücke im wesentlichen aus Gewebe der Zonen I, II, III, IV und V von REINHARD bestehen, zeigt auch dies Ergebnis, daß meristematisches und jüngstes in Differenzierung befindliches Gewebe gemeinsam die normale Entwicklung der Wurzel aufrecht erhalten können. Ob noch kürzere Stücke, die nur aus meristematischem Gewebe (und der Wurzelhaube) bestehen würden, zum Wachstum gebracht werden können, wurde nicht untersucht und ist vielleicht technisch nicht zu bewerkstelligen. Das interessanteste Ergebnis von TORREY ist die Feststellung, daß ein Teil der aus den 0,5 mm langen Ausgangsstücken sich entwickelnden Wurzeln an Stelle der normalen triarchen Struktur der Stele der *Pisum*-Sämlingswurzel zunächst eine diarche oder monarche Struktur aufwies, daß aber in allen Fällen im Laufe des weiteren Wachstums eine Rückkehr zur triarchen Struktur stattfand. Da diese Rückkehr erst nach einer aktiven Periode der Produktion eines diarchen oder monarchen Wurzelsegmentes durch das Spitzenmeristem erfolgte, läßt sie sich nicht einfach damit erklären, daß die normale Determination im Spitzenmeristem erhalten geblieben und nur eine Zeitlang durch den operativen Eingriff an ihrer Realisation verhindert gewesen war; sie beruht auf einer „autonomen" Änderung des Entwicklungsmusters in der Wurzelspitze. Untersuchungen, ob der Zeitpunkt des Umschlags zum triarchen Bau mit irgendwelchen Eigenschaften der Wurzel in Beziehung gebracht werden kann, ergaben keine Korrelation zwischen der Zahl der Xylem- und Phloëmstränge und dem Durchmesser der ganzen Wurzel oder dem Durchmesser der Stele, wohl aber eine Korrelation zwischen dem Durchmesser der Procambiumsäule auf der Höhe der Musterbildung und der Komplexität des Differenzierungsmusters (Tabelle 3). Ein neuer Leitgewebestrang kann offenbar nur dann angelegt werden, wenn das Procambium eine bestimmte Größe erreicht hat. Eine derartige Beziehung hatte schon THODAY (1939) auf Grund vergleichend-anatomischer Untersuchungen angenommen.

25. Sowohl REINHARD als auch TORREY sehen es durch ihre Untersuchungen als bewiesen an, daß die Gewebedifferenzierung der Wurzel autonom durch das Spitzenmeristem bestimmt wird und nicht unter dem Einfluß des schon differenzierten, älteren Gewebes steht. Allerdings. geht diese Schlußfolgerung, wenigstens in einer so absoluten Form, vielleicht doch noch etwas zu weit. Die Versuche TORREYs zeigen zwar über jeden Zweifel hinaus, daß sich das Differenzierungsmuster einer Wurzel spontan ändern kann. Wie die Analyse dieses Vorganges aber zeigt, ist derselbe zwar autonom in dem Sinne, daß er weder auf ein präexistierendes latentes Entwicklungsmuster noch auf Einflüsse seitens älterer Gewebe zurückgeführt werden kann; aber er braucht auch nicht auf irgendeiner aktiven determinierenden Fähigkeit des Spitzenmeristems zu beruhen. Es scheint vielmehr, daß wir es einmal mehr mit der „Abstoßung" zwischen Orten aktiver Differenzierung zu tun haben, die eine neue homologe Differenzierung erst dann wieder möglich macht, wenn sie sich nicht mehr über den gesamten für den betreffenden Differenzierungsvorgang verfügbaren Raum — hier also den Querschnitt der Procambiumsäule — erstreckt. Auch in der normalen Entwicklung der Wurzel dürfte die Ausbildung des radiären Musters des primären Leitgewebes in einer auf solchen „Abstoßungskräften" beruhenden Beziehung zu den Dimensionen des Procambiums auf der Höhe der Musterbildung stehen. Wie andererseits die Versuche REINHARDs beweisen, ist weder das Spitzenmeristem, noch das unmittelbar folgende, in den ersten Stadien der Differenzierung befindliche Gewebe für sich allein imstande, die normale Entwicklung fortzusetzen, während beide gemeinsam dies sehr wohl vermögen. Es scheint also, daß einerseits das Spitzenmeristem von Einflüssen aus dem darunterliegenden Gewebe abhängig ist, andererseits dieses Gewebe von Einflüssen aus dem Spitzenmeristem. Es ist z. B. denkbar, daß dem Meristem seine erste Determination vom älteren Gewebe her, also in akropetaler Folge, aufgeprägt wird, während das Meristem seinerseits für die Entwicklung notwendige Regulatoren liefert und außerdem vielleicht — wie für das Sproßmeristem gezeigt — das darunterliegende Gewebe an der Fortsetzung meristematischen Wachstums verhindert. Jedenfalls erscheint es noch nicht ausgeschlossen, daß die Normalentwicklung der Wurzel ebenso wie die des Sprosses auf einer ständigen Wechselwirkung zwischen älterem, in Differenzierung befindlichem Gewebe und dem Spitzenmeristem beruht und daß die Frage: „autonome" oder homoiogenetische Differenzierung der Wurzel? gar keine strikte Alternative ist.

Tabelle 3. Korrelation zwischen dem Durchmesser des Procambialgewebes auf der Höhe der Musterbildung und der Zahl der Leitgewebestränge bei *in vitro* kultivierten *Pisum*-Wurzeln. Nach TORREY (3).

Leitgewebestruktur (in Klammern: Zahl der Fälle)	Durchmesser der Procambiumsäule	
	Zahl der Zellen	Durchmesser in μ
a) Aus 0,5 mm großen Spitzen hervorgegangene Wurzeln.		
Monarch (1) . .	9	109
Diarch (3) . . .	9—14	47—82
Triarch (8) . .	14—17	94—146
b) Wurzeln nach 1 Woche Wachstum.		
Alle triarch (6)	20—23	171—195

26. In einer anderen, früher erschienenen Arbeit unternahm TORREY (1) den Versuch, etwas über die biochemischen Vorgänge zu erfahren, welche an der Gewebedifferenzierung in der Wurzel beteiligt sind. In diesem Falle handelt es sich um die „Reifung" des Leitgewebes, d. h. die Ausbildung der Protophloëm- und Protoxylemzellen zu den typischen Elementen des Phloëms und Xylems. Auxin sistierte in einer Konzentration von 1 mg/l das Wachstum der Wurzeln fast vollständig, förderte aber die Reifung des Xylems, insbesondere die Ausbildung der Sekundärwand, so daß ausdifferenziertes Xylem viel weiter in die Spitze der Wurzel hineinreichte als normalerweise. Diese Wirkung beruht nicht darauf, daß die Differenzierung mit unveränderter Geschwindigkeit fortschreitet, wenn das Wachstum gestoppt ist, denn bei den Kontrollen schritt die Xylemdifferenzierung in einem Zeitraum von 24 Std knapp 2 mm fort, bei den behandelten Wurzeln aber mehr als 5 mm, war bei diesen letzten also absolut beschleunigt. Die Entwicklung des Phloëms ist dagegen nicht nennenswert beeinflußt. Monojodessigsäure förderte ebenfalls die Xylemreifung, wenn auch in schwächerem Umfange als Auxin, hemmte aber etwas die sekundäre Wandverdickung. 2,4-Dinitrophenol unterdrückte sowohl Xylem- wie Phloëmdifferenzierung vollständig. Die Versuche lassen also folgende, zunächst noch recht allgemeine Schlußfolgerungen zu: 1. Auxin spielt eine Rolle nicht nur in der Zellstreckung, sondern auch in einem Differenzierungsvorgang, nämlich der Sekundärwandbildung; ob die Wirkung direkt oder indirekt ist, läßt sich noch nicht sagen. 2. Da die verwendete Monojodacetatkonzentration (10^{-4} molar) die aërobe Atmung von Wurzeln stark hemmt, die Sekundärwandbildung aber nur teilweise gehemmt war, scheint dieser Entwicklungsvorgang — der unzweifelhaft mit dem Kohlenhydratstoffwechsel der Zelle zusammenhängt — nicht nur von der aëroben Atmung abzuhängen. 3. Die Hemmung der Differenzierung des primären Leitgewebes durch Dinitrophenol, das Oxydations- und Phosphorylierungsvorgänge entkoppelt, spricht für eine Beteiligung von Phosphorylierungsvorgängen an diesem Differenzierungsprozeß.

*d) Weiterentwicklung des Sprosses: Jugend- und Altersformen,
heteroblastische Entwicklung, Land- und Wasserformen.*

27. Zur Frage der physiologischen Grundlage der Ausbildung von Jugend- und Altersformen bei Pflanzen liefert DOORENBOS einen außerordentlich interessanten und wichtigen Beitrag. Wurde die Altersform von *Hedera helix* (Efeu) mit der Jugendform zusammengepfropft, so bildete sie keine neuen Blüten, die neugebildeten Blätter waren wieder gelappt, an den Sprossen konnten wieder Adventivwurzeln entstehen, und das Wachstum der Sprosse konnte wieder plagiotrop werden; in anderen Worten, es trat Rückkehr zur Jugendform ein. Anwesenheit von Blättern auf dem juvenilen Partner war für diese Wirkung notwendig; ihre Anwesenheit auf dem Alterspartner hemmte die „Verjüngung". Die Pfropfung als solche hat, wie in sorgsamen Kontrollen nachgewiesen wurde, auf Jugend- wie Altersform keinen Einfluß. Man hat, besonders in der gärtnerischen Forschung, immer wieder den umgekehrten Versuch gemacht, d. h. versucht, den Übergang der Jugend- zur Altersform durch Aufpfropfung auf eine Altersform zu beschleunigen. DOORENBOS' Versuche zeigen, daß zum mindesten bei Efeu nicht die Alters-, sondern gerade die Jugendform durch den Besitz von irgendwelchen übertragbaren Substanzen ausgezeichnet ist, die die Entwicklung der anderen Form abändern können. Diese Substanzen werden in den Blättern gebildet; über ihre Natur läßt sich begreiflicherweise noch nichts sagen. Es wird außerordentlich interessant sein, diese Untersuchungen auf andere Pflanzen mit ausgeprägter Jugend- und Altersform auszudehnen. Vielleicht ist in diesem Zusammenhang die Beobachtung von SCHAFFALITZKY DE MUCKADELL von Interesse, daß blütenknospentragende Reiser eines Individuums der Buche (*Fagus silvatica*), auf die Zweige eines alten, blühfähigen Baumes aufgepfropft, zum Blühen kamen, aber nicht, wenn sie auf junge Individuen gepfropft wurden.

28. ALLSOPP (3) stellt in einer speziellen Arbeit die Argumente für seine Hypothese der heteroblastischen Entwicklung zusammen, die er auf Grund seiner Untersuchungen an *Marsilea* entwickelt hatte und die schon in Fortschr. Bot. 16, 352 (§§ *19* u. *20*), besprochen wurde. Die heteroblastische Entwicklung wird auf die Größenänderungen zurückgeführt, die das Spitzenmeristem eines Sprosses im Laufe seines Lebens durchzumachen pflegt, und diese Größenänderungen ihrerseits auf die Nährstoffversorgung des Meristems. Da Jugendblätter in ihrer Entwicklung vorzeitig gestoppte Organe sind, scheint der Ernährungszustand des Meristems primär die Wachstumsdauer der Blattanlage, speziell die Dauer der Zellteilung, zu beeinflussen. Auch verschiedene in der Literatur beschriebene Fälle einer Veränderung der Blattform lassen sich mit Hilfe von ALLSOPPs Hypothese erklären. So fand F. J. F. FISHER, daß *Ranunculus hirtus* bei Kultur in höherer Temperatur, bei sonst gleichen Bedingungen, statt der typischen dreiteiligen einfache Blätter bildet. Das läßt sich mit verstärkter Atmung und dadurch herabgesetzter Nährstoffversorgung des Sproßmeristems deuten. Auch die Verhinderung der für *Codiaeum variegatum* f. *interruptum* typischen Reduktionen der Blattspreite durch Trijodbenzoësäure, die von WENCK beschrieben worden ist (Fortschr. Bot. 15, 423), braucht nach ALLSOPPs Auffassung kein Antiauxineffekt zu sein, sondern kann als Rückkehr zur juvenilen Blattform infolge allgemeiner Wachstumshemmung interpretiert werden. Auf seinem Vortrag vor dem Symposion über abnormes Wachstum bei Pflanzen (vgl. § *1*) berichtet WETMORE, daß bei steriler Kultur der Keimlinge verschiedener Farne niedriger Zuckergehalt des Mediums die Erhaltung der Jugendblattform, hoher Zuckergehalt dagegen raschen Übergang zu komplizierteren Blättern und schließlich zur typischen Adultblattform bewirkt. Auch dies steht in Einklang mit ALLSOPPs Hypothese; WETMORE deutet seine Befunde allerdings dahin, daß die Zellteilungen — deren Dauer, wie gesagt, die Ausbildung des Blattes bestimmt — von der Atmung, und zwar dem aëroben Teil derselben, abhängig sind.

29. Bei *Marsilea* untersucht ALLSOPP (1), (2) auch die Grundlagen eines anderen, mit der heteroblastischen Entwicklung nicht zu verwechselnden Determinationsvorganges der Sproßentwicklung, nämlich der Ausbildung von Wasser- und Landformen. Auch dieser Entwicklungsvorgang kann durch die Zuckerkonzentration im Medium beeinflußt werden. (Die Versuche wurden, wie früher, in steriler Kultur vorgenommen, und die Pflanzen wuchsen, um Einflüsse der Photosynthese soweit möglich auszuschalten, in stark reduziertem Licht.) Bei niedrigen Konzentrationen (1 und 2% Glucose) entstanden Pflanzen mit vielen morphologischen wie anatomischen Merkmalen der aquatischen Form, bei höheren (4 und 5%) dagegen Pflanzen mit den Merkmalen der typischen Landform. Jedoch besitzt die Wasserform von *Marsilea* (ebenso wie diejenige anderer Pflanzen) unter natürlichen Bedingungen ein sehr aktives Wachstum, und die photosynthetische Leistung von Wasserformen steht, wie mehrere Autoren gezeigt haben, derjenigen der Landformen nicht nach. Es war daher unwahrscheinlich, daß es sich bei der Wirkung der Zuckerkonzentration, wie im Falle der heteroblastischen Entwicklung, um einen Ernährungseffekt handele. Weitere Untersuchungen ALLSOPPS (4) zeigten in der Tat, daß bei Zusatz von Mannit (also einer Substanz, die nur durch die Veränderung der osmotischen Eigenschaften des Mediums wirkt) sogar submers kultivierte Pflanzen sich als Landformen entwickelten. Ferner lassen sich auf ein und demselben Medium beide Formen der Pflanze erzielen: durch submerse Kultur die Wasserform, durch Kultur auf der Oberfläche aber die Landform. Der entscheidende Faktor scheint also der osmotische Wert des Außenmediums zu sein; ist er niedrig (im Extremfall reines Wasser), so entsteht die Wasserform; ist er dagegen hoch (im Extremfall Luft), so entsteht die Landform. Entscheidend scheint nicht so sehr der osmotische Wert der Zellen zu sein, als ihr Zuckergehalt, der zum Wassergehalt natürlich in reziproker Beziehung steht, denn auf 5% Glucose wuchsen die Pflanzen stets als Landform, auf 2% Glucose + 3% Mannit aber meist als Wasserform. Was aber der entscheidende Faktor auch ist, seine Wirkung ist qualitativ und nicht quantitativ, denn die Entwicklung erfolgte immer entweder als Land- oder als Wasserform, niemals zu Zwischenformen. Da bei den beiden Formen sowohl Dauer als auch Richtung der Zellteilungen in der subapikalen Region des Spitzenmeristems verschieden sind, scheint der osmotische Faktor primär auf das Zellteilungsmuster im Sproßscheitel zu wirken.

e) Weiterentwicklung des Sprosses: Apikale Dominanz und andere korrelative Hemmungserscheinungen bei Knospen.

30. Von mehreren Seiten sind die physiologischen Grundlagen der apikalen Dominanz in der Sproßentwicklung wieder in Angriff genommen worden. Es ist erwiesen, daß an dieser Korrelationserscheinung Auxin beteiligt ist. Über die Art seiner Wirkung gehen die Meinungen aber auseinander. THIMANN u. a. nehmen an, daß die Hemmung der Achselknospen eine direkte Wirkung supraoptimaler Auxinkonzentrationen ist; SNOW u. a. sind dagegen der Ansicht, daß die Hemmung primär durch einen besonderen Faktor, gleichfalls hormonaler Natur, verursacht ist und daß das Auxin nur über diesen hypothetischen Korre-

lationshemmstoff wirkt. Die neuen Arbeiten stützen durchweg die zweite Anschauung. LIBBERT (1)—(4) gelangt zu der Auffassung, daß für die apikale Dominanz ein Hemmstoff verantwortlich ist, welcher das Wachstum der Achselknospen hemmt, daß dieser Hemmstoff im Sproß unter der Einwirkung von Auxin aus einer Vorstufe entsteht, die ihrerseits in der Wurzel und in grünen Blättern gebildet wird, und daß zum mindesten die Vorstufe den Charakter eines ungesättigten Lactons hat. Die Versuche wurden mit Erbsen (*Pisum sativum*) durchgeführt, größtenteils mit etioliertem Material, und die wichtigsten Resultate lassen sich folgendermaßen zusammenfassen: 1. Direkte Zufuhr geeigneter Konzentrationen von Auxin (β-Indolylessigsäure) reduziert die Hemmung der Seitenknospen; die Hemmung kann also nicht auf der Wirkung von Auxin selbst beruhen. 2. Entfernung der Wurzel reduziert die Hemmwirkung von Auxin auf das Wachstum der Achselknospen des dekapitierten Sprosses; Cumarin setzt sie wieder herauf. 3. Im Ätherextrakt aus *Pisum*-Pflanzen sind zwei neutrale Hemmstoffe enthalten. Der eine ist benzolunlöslich und säurelabil und hemmt die Keimung von *Lepidium*-Samen, das Wachstum von *Lepidium*-Wurzeln und auch das Wachstum von Achselknospen an isolierten Knoten von etiolierten *Pisum*-Sprossen. Der zweite Hemmstoff ist benzollöslich und säurestabil und hemmt Samenkeimung und Wurzelwachstum, aber nicht das Wachstum von *Pisum*-Knospen. 4. Der erstgenannte Hemmstoff ist in etiolierten und grünen Sprossen und in der Wurzel vorhanden; nach Dekapitierung des Sprosses und ebenso nach Entfernen der Wurzel nimmt sein Gehalt im Sproß ab. Der zweite Hemmstoff ist in der Wurzel, im grünen Sproß und in den grünen Blättern zu finden, fehlt aber im etiolierten Sproß. Bei Entblätterung grüner Sprosse nimmt seine Menge im Sproß ab, während sie nach Dekapitation sowohl im etiolierten als auch im entblätterten grünen Sproß ansteigt. Der zweite Hemmstoff scheint somit die Vorstufe des ersten zu sein, und dieser selbst ist als der eigentliche Korrelationshemmstoff anzusehen. Der Korrelationshemmstoff entsteht im Sproß (und auch in der Wurzel) aus der Vorstufe, während diese selbst in der Wurzel und im grünen Blatt gebildet wird. Die Umwandlung erfolgt nur im intakten (nicht dekapitierten) Sproß, also unter Mitwirkung von Auxin. 5. Die Hemmstoffvorstufe stimmt in verschiedenen Eigenschaften (Verhalten gegenüber Säuren, Alkalien und Wasserstoffperoxyd, Adsorbierbarkeit an Kohle) mit Cumarin überein und dürfte entweder mit Cumarin selbst — dessen Vorkommen in Wurzeln nachgewiesen ist — identisch oder ein verwandtes ungesättigtes Lacton sein. — Das Vorkommen eines das Sproßwachstum hemmenden, ätherlöslichen Stoffes in *Pisum*-Wurzeln weist auch HOWELL nach.

31. Die Untersuchungen LIBBERTs schreiben auch den grünen Blättern eine Rolle beim Zustandekommen der apikalen Dominanz zu. Zu einem ähnlichen Ergebnis führt auch eine Arbeit von RÉMY. Wird das Epikotyl von *Pisum*-Sämlingen durch Eingipsen am Weiterwachsen gehindert, so treiben die Achselknospen aus, und wenn dieselben eine gewisse Länge erreicht haben, so bleibt der Primärsproß auch nach

Entfernung der Gipshülle gehemmt. Diese Hemmwirkung der Achselsprosse auf den Primärsproß ist aber nur dann vorhanden, wenn die Pflanze sich in vollem Sonnenlicht befindet, und sie wird nicht nur durch Dekapitation der Achselsprosse beseitigt, sondern auch durch Entblätterung derselben. Unter günstigen Assimilationsbedingungen wird also in den Blättern ein Faktor gebildet, der das Wachstum der Sprosse hemmen kann.

32. Hemmwirkungen von Blättern auf ihre Achselknospen sind schon früher festgestellt worden, vor allem bei Keimblättern. Bei anderen Pflanzen haben die Keimblätter aber eine **fördernde** Wirkung auf das Austreiben ihrer Achselknospen. Jedoch brauchen diese Wirkungen nicht als strikter Gegensatz betrachtet zu werden. Ähnlich wie früher CHAMPAGNAT (Fortschr. Bot. **15**, 421, § *21*) zeigt jetzt PFIRSCH, daß die Wirkung der Keimblätter auf das Verhalten ihrer Achselknospen von ihrem physiologischen Zustand abhängen kann. Bei *Sinapis alba* hatten die Kotyledonen im Winter (Gewächshauskultur) einen fördernden, im Sommer, besonders bei Kultur im Freiland, aber einen hemmenden Einfluß auf ihre Achselknospen. Es ist also möglich, daß von den Blättern immer sowohl fördernde als auch hemmende Einflüsse auf das Wachstum von Knospen ausgehen, daß aber bei manchen Pflanzen die fördernden, bei anderen die hemmenden Einflüsse überwiegen und daß in gewissen Fällen das Verhältnis der beiden Einflüsse je nach den Außenbedingungen verschieden ist. Welche Beziehungen zwischen den von den verschiedenen Autoren nachgewiesenen Einflüssen der Blätter auf das Knospenwachstum bestehen, wird sich nur in weiteren Untersuchungen klären lassen. Es erscheint aber durchaus möglich, daß alle diese Einflüsse in ein umfassendes Bild der apikalen Dominanz eingehen werden.

33. Bei *Phaseolus multiflorus* weisen MEINL u. v. GUTTENBERG nach, daß Auxin, dem Stumpf dekapitierter Sprosse zugeführt, in bestimmten Konzentrationen das Austreiben der Achselknospen **fördert**, während etwas höhere Konzentrationen keine Wirkung ausüben und noch höhere die bekannte Hemmwirkung haben. Da die Auxinproduktion durch die Endknospe im fördernden oder indifferenten Konzentrationsbereich liegt, kann das Auxin für die apikale Dominanz nicht direkt verantwortlich sein. MEINL u v. GUTTENBERG entwickeln folgende, sehr einfache Hypothese: Die Achselknospen werden durch einen Hemmstoff am Austreiben gehindert, welcher aus ihrem Tragblatt kommt. Im Sproß steigt eine Auxinvorstufe auf, die in der Endknospe zu Auxin umgewandelt wird. Wird nun der Sproß dekapitiert, so steigt der Spiegel des „Proauxins" auf die Höhe der Achselknospen herab; diese beginnen Auxin zu produzieren und können mit dessen Hilfe die Wirkung des Hemmstoffs überwinden. Ob diese Erklärung allen Erscheinungen der apikalen Dominanz gerecht wird, ist allerdings etwas zweifelhaft.

34. Hemmung und Austreiben der Knospen von Holzpflanzen beruhen nach CHAMPAGNAT (1)—(3) auf anderen Kräften und Faktoren, als denen, die bei der typischen apikalen Dominanz von krautigen Pflanzen beteiligt sind. Normalerweise treiben bei den Holzpflanzen, jedenfalls denen unserer Breiten, die Achselknospen frühestens ein Jahr nach der Entwicklung des Muttertriebes. Schon beim Wachstum des erstjährigen Triebes, welcher physiologisch dem Sproß krautiger Pflanzen in vieler Hinsicht ähnlich ist, können Verhältnisse herrschen, die von denen bei krautigen Pflanzen in verschiedener Hinsicht abweichen. Bei *Syringa vulgaris* ruft Dekapitierung solcher Triebe kein Austreiben der Achselknospen hervor; wohl aber hat Entfernung der Blätter diese Wirkung [CHAMPAGNAT (3)]. Die Hauptrolle bei der Knospenhemmung haben somit die Blätter; ihre Hemmwirkung erscheint, wenn sie eine Größe (Länge) von etwa 10 mm überschritten haben, und bleibt auch nach Erreichen der vollen Blattgröße erhalten. Diese Hemmwirkung ist streng basipetal. Das spricht für die Beteiligung von Auxin. Die Endknospen von *Syringa* erwiesen sich zwar als relativ reich an extrahierbarem, aber arm an diffusiblem Auxin, welches die an der korrelativen Knospenhemmung beteiligte Form des Auxins sein dürfte. Die erwachsenen Blätter sind allerdings auch auxinarm; CHAMPAGNAT hält es aber für möglich, daß sie infolge ihrer großen Masse doch genug Auxin liefern, um die Knospenhemmung zu verursachen. Ganz ähnliche Verhältnisse wurden auch bei *Prunus padus* und *Sambucus nigra* gefunden, nur daß bei diesen Arten die Endknospe auch arm an extrahierbarem Auxin war. Es scheint also, daß zum mindesten bei einer ganzen Reihe von Holzpflanzen die Hemmung der Achselknospen erstjähriger Triebe nicht von der Endknospe, sondern von den Blättern ausgeht. Die basipetale Hemmwirkung der Blätter bei *Syringa* ist aber nicht die einzige. Die Blätter üben eine Hemmwirkung auf Achselknospen auch in apikaler Richtung aus. Diese Hemmung wird jedoch nur dann bemerkbar, wenn mehrere Blätter vorhanden sind. Die Mindestzahl ist je nach Jahreszeit verschieden; Mitte April betrug sie 12, einen Monat später nur noch 2. Dieser Unterschied beruht aber höchstwahrscheinlich nicht auf einer Zunahme der Hemmwirkung selbst, sondern darauf, daß sich in den Knospen mit fortschreitender Jahreszeit ein Ruhezustand entwickelt und die Knospen daher für geringere hemmende Einflüsse empfindlich werden. CHAMPAGNAT hält diese akropetale Hemmwirkung offenbar für eine neuartige und von der basipetalen Hemmung verschiedene Korrelationserscheinung. Jedoch ist in den letzten Jahren mehrfach nachgewiesen worden, daß Auxin auch akropetal transportiert werden kann, wenn auch immer in viel geringerem Umfang als basipetal. Es erscheint deshalb doch möglich, daß an der akropetalen Hemmwirkung bei *Syringa* Auxin beteiligt ist. Bei *Sambucus* und *Prunus* wurden keinerlei Anzeichen für eine akropetale Hemmung gefunden; vielleicht ist bei diesen Pflanzen der Auxintransport strikt basipetal. Der Befund zeigt jedenfalls, daß basipetale und akropetale Hemmwirkung der Blätter nicht miteinander gekoppelt zu sein brauchen. — Sind die Knospen von *Syringa* einmal völlig in Ruhe übergegangen, so fördert das Tragblatt das Wachstum, das die Knospe während der Ruheperiode durchmacht; diese Wirkung ist ausschließlich auf die eigene Achselknospe beschränkt. Bei *Syringa* üben die Blätter also zum mindesten zwei, möglicherweise drei verschiedene Wirkungen auf die Achselknospen aus; davon ist nur eine der apikalen Dominanz krautiger Pflanzen verwandt, die Hemmwirkung wird aber von anderen Organen ausgeübt als bei diesen.

35. Beim Austreiben der Achselknospen an zweijährigen Trieben von Holzpflanzen finden sich nach CHAMPAGNAT (2) ebenfalls Verhältnisse, die von der apikalen Dominanz und den Verzweigungsverhältnissen der Kräuter sehr verschieden sind. Wir können hier aus Raumgründen auf die zahlreichen Versuche des Verfassers nicht im einzelnen eingehen; die wichtigsten Ergebnisse sind die folgenden: 1. Entfernung eines Teils der Knospen (einschließlich der apikalen oder derjenigen, die ihre Stelle einnimmt) sowie andere operative Eingriffe haben im allgemeinen keinerlei Einfluß auf das Austreiben der übrig gelassenen Knospen. 2. An kräftigen Trieben kommen stets mehr Knospen zur Entwicklung als an schwächeren. 3. Wenn bei *Syringa* die Seitenknospen kurz nach dem Austreiben teilweise entfernt werden, so kann das Wachstum der übrig gelassenen Triebe gefördert sein. Diese Förderung kann sich ebensogut akro- wie basipetal erstrecken; sie ist aber wiederum nur dann bemerkbar, wenn der Muttertrieb relativ kräftig entwickelt ist. Diese Ergebnisse fügen sich zu folgendem Bilde des normalen Austreibens der Seitenknospen bei vielen Holzpflanzen zusammen: 1. Die Fähigkeit zum Austreiben liegt weitestgehend in der Knospe selbst; korrelative Einflüsse seitens anderer Knospen spielen keinerlei wesentliche Rolle. Da bei vielen Arten die Knospen der apikalen, der mittleren oder der basalen Region eines Zweiges bevorzugt austreiben (akrotone, mesotone bzw. basitone Verzweigung) und da eine gegebene Art sich in dieser Beziehung gewöhnlich sehr konstant verhält, scheint die Fähigkeit der Knospen zum Austreiben einem für jede Art spezifischen Gradienten in dem Trieb zu folgen. 2. Wieviele Knospen austreiben, hängt von einem „Größenfaktor", der Wüchsigkeit des Muttertriebes, ab. 3. Zwischen austreibenden Knospen besteht eine apolare Hemmwirkung, die aber ebenfalls nur bei guter Wüchsigkeit des Muttertriebes zum Ausdruck kommt; bei schwächerwüchsigen Trieben scheinen andere Faktoren die Wachstumsgeschwindigkeit der Seitenzweige zu limitieren. Die Natur des Größenfaktors (oder der Größenfaktoren) ist unbekannt; CHAMPAGNAT vermutet, daß es sich um trophische und keine hormonalen Effekte handelt.

36. Obgleich die Achselknospen bei Holzpflanzen in der Regel nicht vor dem 2. Lebensjahr des Muttertriebes zur Entwicklung kommen, gibt es doch gewisse Ausnahmen, d. h. Austreiben im 1. Jahr des Muttertriebes. Am bekanntesten sind die „Johannistriebe"; sie gehen aus Knospen hervor, die eine gewisse Periode der Inaktivität durchgemacht haben. Außerdem kommt es zuweilen aber auch zum Austreiben von Achselknospen unmittelbar nach ihrer Anlegung und Differenzierung, ohne irgendeine Ruheperiode; dann spricht man mit SPÄTH (1912) von sylleptischen Trieben. CHAMPAGNAT (1) findet, daß an der Entstehung solcher Triebe 3 Faktoren beteiligt sind: 1. Ein Größenfaktor. Sylleptische Triebe entstehen nur dann, wenn die Wachstumsgeschwindigkeit des Muttertriebes einen gewissen Mindestwert überschreitet. Die Wirkung des Größenfaktors kann quantitativ sein; bei intermediären Wachstumsgeschwindigkeiten des Muttertriebes kommt es nur zu einem beschränkten Wachstum der Seitentriebe, und die Kurztriebe mancher Bäume, z. B. des Pfirsichs (*Prunus persica*), können als nur partiell enthemmte sylleptische Triebe angesprochen werden. 2. Der Grad der Aktivität der Knospen. Mit fortschreitender Jahreszeit steigt der Schwellenwert der Wachstumsgeschwindigkeit des Muttertriebes, welcher noch eine Entwicklung sylleptischer Triebe zuläßt, an; das beruht wieder (vgl. § *34*) darauf, daß die Seitenknospen in zunehmendem Maße in den Ruhezustand übergehen. 3. Ein relativ niedriger allgemeiner Auxinspiegel in der Pflanze. Bestimmt man die Produktion diffusiblen Auxins bei stärker- und schwächerwüchsigen Trieben eines Baumes, also Trieben mit und ohne sylleptische Seitensprosse, so findet man in jenen stets höhere Werte als in diesen. Untersucht man aber die Auxinproduktion vergleichbarer Triebe bei einer Art mit großer Neigung zur Bildung sylleptischer Triebe (*Betula verrucosa*) und einer Art, bei welcher diese Triebe nur ausnahmsweise vorkommen (*B. papyrifera*), so findet man bei jener wesentlich niedrigere Werte. Zusammengenommen zeigen die interessanten Untersuchungen CHAMPAGNATs, daß es außer der apikalen Dominanz eine ganze Reihe anderer Kräfte gibt, die das Schicksal von Seitenknospen beeinflussen können. Es ist wahrscheinlich, daß alle diese Kräfte, oder doch die meisten davon, bei allen Pflanzen vorhanden sind, daß aber jeweils die eine oder die andere von ihnen den bestimmenden Einfluß hat. So ist bei den meisten krautigen Pflanzen die Verzweigung durch die apikale Dominanz bestimmt, bei den meisten Holzpflanzen aber offenbar durch in den Knospen selbst lokalisierte Eigenschaften im Verein mit „Größenfaktoren".

f) Entwicklung der Moose (Musci).

37. Einige neue Arbeiten liefern sehr interessante Beiträge zum Verständnis der Entwicklung der Moose. Im Protonema der höheren Laubmoose (*Bryales*) lassen sich zwei verschiedene Stadien, das Chloronema und das Caulonema, unterscheiden (vgl. Fortschr. Bot. 15, 459, § 53). SIRONVAL zeigt, daß das Regenerationsprotonema, das von isolierten beblätterten Stämmchen gebildet wird, stets Caulonemacharakter hat; BOPP (1) zeigt andererseits, daß Stücke des Caulonemas, aus dem Protonemaverband isoliert, sich zu Chloronema zurückbilden, wobei sich sogar die schon vorhandenen Zellen durch intercalare Teilungen und Vermehrung der Chloroplasten zu Chloronemazellen umwandeln können. Die Determination des Caulonemas ist also davon abhängig, daß es mit einem größeren Gewebeverband — dem Protonema oder dem Moospflänzchen — in Verbindung steht, und ist reversibel. Auxin, das die Sproßbildung in Protonemakulturen unterdrückt, verhindert die Regeneration von Caulonema nicht; das Auxin greift also nicht am Übergang Chloronema → Caulonema, sondern bei der Knospenbildung am Caulonema ein [HUREL-PY, BOPP (1)].

38. BOPP (2) untersucht auch die Entwicklung isolierter Sporogone von *Funaria hygrometrica*; stichprobenartige Versuche an einer

Pogonatum- und einer *Polytrichum*-Species lieferten gleichartige Ergebnisse. Die Isolierung bewirkt sofortigen Übergang zur Kapselbildung; die Größe der entstehenden Kapsel hängt von der Größe und nicht vom Alter des isolierten Sporogons ab. Anwesenheit der Kalyptra verzögerte die Kapselbildung und konnte sie in extremen Fällen ganz unterdrücken; bei Entfernung der Kalyptra schwillt außerdem die Seta stark an, ein Vorgang, welcher höchstwahrscheinlich der Verdickung der Apophyse bei der Kapselbildung *in situ* entspricht. Bei der Entwicklung des Sporogons an der intakten Pflanze wirken also 2 Korrelationssysteme mit: 1. Vom Gametophyten geht ein hemmender Einfluß auf die Kapselbildung aus; 2. die Kalyptra fördert die Kapsel- und hemmt die Apophysenbildung und regelt auf diese Weise die geordnete Entwicklung des Sporogons. Wurden Sporogone, denen die Kalyptra abgezogen worden war, mit Gewebebrei aus frisch abgezogenen Kalyptren behandelt, so blieb die Verdickung der Seta aus [Bopp (3)]. Da Maleïnylhydrazin, eine Substanz, die gewöhnlich (allerdings nicht ganz zu Recht) als ein Auxinantagonist angesehen wird, dieselbe Wirkung hatte, nimmt Bopp an, daß die Kalyptra ein Autiauxin produziert, welches die Entwicklung der Apophyse hemmt. Die isolierten Sporogone entwickelten sich nur in Licht; die eigene Photosynthese des Sporophyten scheint also für seine Entwicklung von Bedeutung zu sein. Sporenbildung wurde aber nur bei Sporogonen beobachtet, die in einem relativ weit fortgeschrittenen Entwicklungszustand isoliert worden waren. Obgleich also der Sporophyt der untersuchten Moose einen hohen Grad von Selbständigkeit besitzt, ist diese doch nicht ausreichend, um vollständige Kapselentwicklung bis zur Reife zu gewährleisten [Bopp (2)].

Stoffliche Faktoren der Entwicklung.
a) Ernährung und Funktion des Spitzenmeristems und Ernährung des Embryos und des Keimlings bei Blütenpflanzen.

39. Einige Arbeiten unterstreichen die Bedeutung von Ernährungsfaktoren für die Funktion des Spitzenmeristems von Sproß und Wurzel. Wie Wetmore auf dem „Symposion" über abnormes Wachstum bei Pflanzen (s. § *1*) ausführt, lassen sich Stücke von nur 200—250 µ Größe aus dem Sproßscheitel von verschiedenen Pteridophyten (*Adiantum, Selaginella, Lycopodium, Equisetum*) auf einem einfachen, nur aus anorganischen Salzen und einem Zucker bestehenden Medium zu ganzen Pflänzchen heranziehen; bei Blütenpflanzen (*Lupinus albus, Parthenocissus, Syringa*) waren alle entsprechenden Versuche erfolglos. Wurden aber dem Medium Aminosäuren in denselben Mengenverhältnissen zugesetzt, wie sie — in freier Form und im Eiweiß — im Sproßmeristem der Pflanze vorliegen (vgl. Steward, Wetmore, Thompson u. Nitsch), so war die Entwicklung des *Lupinus*-Meristems deutlich verbessert, wenn auch noch lange nicht so gut wie bei den Pteridophyten-Meristemen. Bei der Kultur isolierter Wurzeln schien es bisher, daß Wachstum nur dann stattfindet, wenn die übertragene Spitze eine gewisse Mindestlänge, gewöhnlich mehrere Millimeter, hat. Torrey (2) gelang es aber, nur

0,5 mm große Spitzen von *Pisum*-Wurzeln zum Wachstum zu bringen. Solche Stücke enthalten außer der Wurzelhaube etwa 200 µ des primären meristematischen Spitzengewebes; das Leitgewebe ist zwar determiniert, aber nicht ausdifferenziert (vgl. § *24*). Um diese Stücke zu kultivieren, mußten dem Medium Spurenelemente (Zn, Cu, Mn, B, Mo) zugesetzt und die Konzentrationen von Aneurin (Thiamin) und Niacin (Nicotinsäure) auf das 10fache erhöht werden. Offenbar ist die äußerste Wurzelspitze, die das meristematische Gewebe enthält, völlig frei sowohl von spezifischen, für das Wachstum erforderlichen Substanzen als auch von Spurenelementen. Zu ähnlichen Ergebnissen gelangen auch R. BROWN u. WIGHTMAN und WIGHTMAN u. BROWN, ebenfalls in Untersuchungen an *Pisum*-Wurzeln. Sie finden unter anderem, daß das Wachstum nach Übertragung nur nach einer gewissen Verzugsperiode einsetzt und daß diese um so länger ist, je kürzer das isolierte Stück war. Auf Zusatz von Vitaminen (Aneurin und Niacin) reagierten kleinere Stücke sofort, größere erst nach einiger Zeit. Die äußerste Spitze ist also offensichtlich frei von den Vitaminen, und falls diese nicht von außen zugeführt werden, dauert es einige Zeit, bis sie von dem heranreifenden Gewebe produziert werden. Es steht unzweifelhaft fest, daß das Spitzenmeristem regulatorische Substanzen produziert, die für das Wachstum und die Entwicklung der Gewebe erforderlich sind. Die hier besprochenen Arbeiten unterstreichen die Tatsache, daß umgekehrt das Spitzenmeristem, um funktionieren zu können, auf die Zufuhr einer ganzen Reihe — im Einzelfall verschiedener — Substanzen vom älteren Gewebe her angewiesen sein kann. Bei der *Pisum*-Wurzel sind die beiden Vitamine für die Kern- und Zellteilungstätigkeit notwendig, stellen also Teilungshormone im Sinne HABERLANDTs dar; es ist allerdings keineswegs gesagt (sogar unwahrscheinlich), daß diese Wirkung direkter Art ist.

40. Es ist mehrfach gezeigt worden, daß die sich entwickelnden Embryonen von Blütenpflanzen für die verschiedensten Substanzen heterotroph sein können und daß diese Heterotrophie mit fortschreitendem Wachstum abnimmt. PARIS, RIETSEMA, SATINA u. BLAKESLEE zeigen, daß die fördernde Wirkung von Casein-Hydrolysat auf das Wachstum isolierter Embryonen von *Datura stramonium* mit der Erreichung des sog. Torpedostadiums aufhört, während die Differenzierung noch gefördert ist. Welche Substanzen der junge Embryo im einzelnen benötigt, kann von Pflanze zu Pflanze sehr verschieden sein. Während bei *Capsella bursa-pastoris* Glutaminsäure, Asparaginsäure oder Glutamin allein optimales Wachstum ermöglichen, wirken sie bei *Datura* gar nicht oder sogar hemmend. Cocosmilch, das flüssige, acelluläre Endosperm von *Cocos nucifera*, fördert bekanntlich Wachstum und Entwicklung junger Embryonen sowie das Wachstum vieler isolierter Gewebe. V. M. CUTTER u. WILSON untersuchten die Wirkung auf die Embryonen der Cocosnuß selbst. Die Entwicklung wurde durch die Milch junger Früchte gefördert, besonders wenn diese durch Filtration und nicht durch Erhitzen sterilisiert wurde, aber durch Milch reifer Früchte sowie reifes celluläres Endosperm gehemmt. Mit zunehmender

Reife entsteht offenbar ein Hemmungsfaktor; vielleicht hat derselbe eine Funktion bei der Induktion des Reifezustandes.

41. Auch nach der Samenkeimung kann der eigentliche Embryo von der Zufuhr von Stoffen, und zwar nicht nur solchen rein trophischer Natur, durch Endosperm oder Kotyledonen abhängig sein. Dies wird durch eine Untersuchung von KESTER an *Prunus persica* (Lovell-Pfirsich) demonstriert. Abschneiden eines großen Teils der Kotyledonen reduzierte bei isolierten und steril kultivierten Embryonen aus reifen Samen die Wachstumsgeschwindigkeit der Keimlinge; die Entwicklung verlief jedoch normal, und die Wachstumshemmung ließ sich durch Zufuhr von Saccharose wenigstens teilweise aufheben. Wurde aber mehr als eine bestimmte Mindestmasse des Kotyledonargewebes entfernt, so wurde die Entwicklung abnorm, und es entstanden Zwergkeimlinge, ähnlich denen, die aus nicht nachgereiften Samen hervorgehen. Völlig kotyledonenlose Keime wuchsen überhaupt nicht, und diese Art von Entwicklungsbeeinflussung ließ sich weder durch Zucker noch durch eine ganze Anzahl anderer Substanzen (Vitamine, Hefeextrakt, Auxin, Casein, einzelne Aminosäuren) beheben, wenn auch einige der geprüften Substanzen das Wachstum etwas förderten.

b) Die Bedeutung von Nucleinsäuren in der Entwicklung.

42. In den letzten Jahren ist in zunehmendem Maße erkannt worden, daß Nucleinsäuren nicht nur für die Vermehrung der Chromosomen und anderer duplikationsfähiger Zellstrukturen entscheidend sind, sondern auch eine wichtige Rolle in allgemeineren Wachstums- und Entwicklungsvorgängen spielen. Diese Erkenntnis stammt aus Untersuchungen über Wachstum und Entwicklung bei Tieren; jetzt wird sie aber auch auf die Verhältnisse bei Pflanzen angewandt. Nach CAMEFORT und LANCE enthalten die Zellen des Procambiumringes in der Sproßspitze von *Picea* und *Taxus* bzw. *Chrysanthemum* und *Aster* — also eines vor der Differenzierung stehenden Gewebes — relativ viel Ribosenucleinsäure, oft mehr als die Zellen des Scheitelmeristems selber, und während der Wachstumsperiode mehr als im Ruhezustand; nach PETROVSKAJA sinkt in den Knospen von *Betula*, *Syringa* und *Cerasus* bei Übergang in den Ruhezustand der Gehalt sowohl an Ribose- als auch an Desoxyribosenucleinsäure — jedoch derjenige an Ribosenucleinsäure früher —, nimmt vor dem Austrieb wieder zu und bleibt während der Wachstumsperiode relativ hoch. Wenn diese Befunde auch nicht besagen, daß Synthese von Nucleinsäuren der primäre Vorgang von Wachstum und Differenzierung ist, sprechen sie doch dafür, daß zwischen der Synthese dieser Substanzen, besonders der Ribosenucleinsäure, und den Wachstums- und Differenzierungsvorgängen enge Zusammenhänge bestehen. SKOOG hat in den letzten Jahren die Anschauung entwickelt, daß das Auxin über den Nucleinsäurestoffwechsel wirkt (vgl. Fortschr. Bot. **16**, 355, § *23*), nachdem übrigens BER schon früher (1949) ähnliche, wenn auch nur durch weit geringeres Versuchsmaterial gestützte, Gedanken geäußert hatte. SKOOG stellt die Ergebnisse, die für diese Hypothese sprechen, in seinem Referat auf dem „Symposion" über abnorme

Wachstumsvorgänge (s. § *1*) zusammen; als entwicklungsphysiologisch interessant sei erwähnt, daß die erste Veränderung, die sich beim Austreiben gehemmt gewesener Achselknospen beobachten läßt, eine Zunahme des Desoxyribosenucleinsäuregehaltes in den Zellkernen ist. HÖHN findet, daß Ribosenucleinsäure die Entwicklung der Spaltöffnungen bei *Rumex acetosa* beschleunigt, während Thiouracil, ein Antagonist der Nucleinsäuresynthese, sowie Trypaflavin, eine Substanz, die eine spezifische Affinität zu Nucleinsäuren besitzt, diesen Vorgang hemmen.

c) *Ein Zellteilungsfaktor.*

43. Eine außerordentlich wichtige Entdeckung gelang JABLONSKI u. SKOOG. Isoliertes Markgewebe aus dem Sproß von *Nicotiana tabacum* wächst auf einem aus anorganischen Salzen, Zucker und verschiedenen Vitaminen zusammengesetzten Medium nicht. Zusatz von Auxin (Indolylessigsäure, 2—3 mg/l) ermöglicht ein gewisses Wachstum, wobei zwar Mitosen stattfinden, aber keine Zellteilungen (vgl. NAYLOR, SANDER u. SKOOG). Enthält aber das Markgewebe etwas Leitbündelgewebe, oder wird es auch bloß in Kontakt mit solchem Gewebe gebracht, so wächst es unbegrenzt, und es finden normale Zellteilungen statt. Dies dürfte der erste eindeutige Nachweis eines spezifischen Regulators der Zellteilung sein. Zwar sind schon zahlreiche Stoffe bekannt, z. B. verschiedene Vitamine bei isolierten Wurzeln, die für fortgesetzte Kern- und Zellteilung notwendig sind; in keinem Falle ist aber gezeigt worden, daß sie diese Vorgänge direkt beeinflussen, und es ist sogar wahrscheinlich, daß sie primär für die Neubildung von Plasma nötig sind und daß diese dann zu Kern- und Zellteilung führt. Der Zellteilungsfaktor ist in wäßrigen Extrakten aus dem Leitgewebe, in Cocosmilch und in Malz vorhanden; jedoch waren gereinigte Cocosmilchpräparate, die das Wachstum isolierten *Daucus-carota*-Gewebes fördern, nicht wirksam, so daß der Zellteilungsregulator mit diesen Substanzen nicht identisch zu sein scheint. Traumatinsäure, Adenin und verschiedene Vitamine konnten den neuen Regulator nicht ersetzen. Niedrige Auxinkonzentrationen fördern seine Wirkung. Die Wirkung des Zellteilungsregulators beginnt am basalen (basiskopen) Ende der isolierten Markgewebestücke; das braucht aber nicht auf polarem Transport des Regulators selbst zu beruhen, sondern kann ein Ausdruck der Auxinverteilung sein.

d) *Verschiedene Auxinwirkungen.*

44. UMRATH hatte 1948 gefunden, daß die Spaltöffnungsdichte im Blatt von *Neptunia plena* und *Tradescantia fluminensis* durch Behandlung mit bestimmten Auxinkonzentrationen erhöht wird. Später kamen DIANNELIDIS u. UMRATH allerdings zu der Auffassung. daß der wesentliche Faktor die Ascorbinsäure ist, die die Auxinwirkung fördere, und daß die Unterschiede in der Spaltöffnungsdichte weniger die Unterschiede im Auxingehalt als diejenigen im Ascorbinsäuregehalt widerspiegeln. MÜLLER u. GRIMM konnten bei *Tradescantia-* und *Kalanchoë*-Stecklingen keinen Einfluß von Auxinzufuhr auf die Spaltöffnungsdichte feststellen. — WAY fand, daß 3 mm starke Wurzelstecklinge des Apfels (*Pirus malus*) fast ausschließlich Wurzeln, 8—12 mm starke dagegen fast ausschließlich Sprosse regenerieren. Es ist bekannt, daß höhere Auxinkonzentrationen die Anlegung von Wurzeln, niedrigere von Sproßknospen induzieren (vgl Fortschr. Bot. **15**, 422 und früher). In der

Wurzel ist ein in Richtung Spitze → Basis fallender Auxingradient vorhanden; die schwächeren Stecklinge stammen zweifellos aus spitzennäheren Teilen der Wurzel als die stärkeren. Das Regenerationsverhalten der Stecklinge dürfte also ein Ausdruck der Auxinverteilung in der ganzen Wurzel sein.

Stoffliche Einflüsse und korrelative Erscheinungen bei der Blütenbildung und -entwicklung.

45. Wie früher, stammt ein großer Teil der neuen Einsichten in die Vorgänge der Blütenbildung aus Untersuchungen über Vernalisation und Photoperiodismus und soll zusammen mit diesen Erscheinungen abgehandelt werden (s. §§ 55—59 und 67 ff.). Hier sollen solche Fälle korrelativer Erscheinungen bei der Blütenbildung zusammengefaßt werden, bei denen weder tiefe Temperatur noch Tageslänge bestimmend, oder ausschließlich bestimmend, sind. THIJN bestätigt, daß die Blütenbildung von schlecht blühenden Varietäten der Kartoffel (*Solanum tuberosum*) durch Pfropfung auf die Tomate (*Lycopersicum esculentum*) eine starke Förderung erfährt. Bei besonders schlechten Blühern kann der Erfolg durch Doppelpfropfungen gesteigert werden, bei denen zwischen die Tomatenunterlage und das schlecht blühende Reis eine nach Pfropfung williger blühende Kartoffelvarietät als Zwischenreis eingeschaltet wird. KEHR, YU u. MILLER sowie LAM u. CORDNER konnten bei Varietäten von *Ipomoea batatas*, welche normalerweise nicht oder schlecht blühen, durch Aufpfropfen auf Arten ohne Speicherwurzeln (*I. carnea, I. ruber, I. tricolor, I. hederacea*) reiche Blütenbildung hervorrufen. Sowohl THIJN als auch KEHR u. Mitarbeiter sind der Ansicht, daß durch die Aufpfropfung auf die speicherorganlosen Formen eine Assimilatanreicherung im Sproß des Reises hervorgerufen wird und daß dies für das Einsetzen der Blütenbildung entscheidend ist. LAM u. CORDNER zeigen aber, daß nicht alle speicherwurzellosen *Ipomoea*-Arten bei *I. batatas*-Reisern Blütenbildung auslösen, daß das Reis nur dann zur Blütenbildung kommt, wenn der Unterlage ihre Blätter belassen werden, und daß zwischen Blattzahl der Unterlage und Blütenbildung des Reises eine direkte Proportion besteht. Die Blütenbildung zum mindesten in den *Ipomoea*-Pfropfungen scheint also durch spezifische, von der Unterlage kommende und in ihren Blättern gebildete Faktoren, also Blühhormone, verursacht zu sein. NAUNDORF erreichte bei nichtblühenden Kakaobäumen (*Theobroma cacao*) reichliche Blütenbildung durch Einpfropfen eines junge Blüten tragenden Rindenstückes von einem blühenden Individuum.

46. Wie die soeben besprochenen Versuche von LAM u. CORDNER aufs Neue zeigen, muß bei Auslösung der Blütenbildung in Pfropfungen der blühfähige Partner in der Regel beblättert sein; Anwesenheit von Blättern am nichtblühenden Partner setzt dagegen im allgemeinen die Blühreaktion herab. RESENDE (2) kann aber in Pfropfungen zwischen verschiedenen Species und Varietäten von *Kalanchoë* einen Einfluß blattloser Unterlagen auf die Blütenbildung an beblätterten Reisern nachweisen. Alle verwendeten Formen sind Kurztagpflanzen; da aber die Versuche unter Kurztagbedingungen ausgeführt wurden, ist die photoperiodische Reaktion für die Ergebnisse nicht entscheidend. Auf eine frühblühende Form aufgepfropft, kamen spätblühende Formen frühzeitig, und zwar zusammen mit ungepfropften Exemplaren der Unterlagenform, zur Blütenbildung, und auch das Ausmaß derselben (Größe der Inflorescenz) war gefördert. Bei der umgekehrten Kombination, frühblühende Form auf einer spätblühenden, scheint nach noch nicht abgeschlossenen Versuchen die Blütenbildung des Reises verzögert zu sein. RESENDE nimmt an, daß die Wirkung von der Wurzel ausgeht; diese soll die Aufnahme von Mineralstoffen regulieren, welche bei der Synthese von Auxin und Antiauxinen (deren Verhältnis nach Ansicht RESENDEs die Blütenbildung bestimmt; s. § 83) eine Rolle spielen.

47. HAUPT hatte gefunden, daß Extrakte aus den Kotyledonen und ebenso Hefeextrakt bei aus isolierten Embryonen aufgezogenen Pflänzchen von *Pisum sativum* die Blütenbildung verzögern (vgl. Fortschr. Bot. 16, 357, § 26). Diese Wirkung erweist sich als unspezifisch; sie beruht auf dem Gehalt der Extrakte an stickstoffhaltigen Verbindungen und kann durch Aminosäuregemische und sogar durch Nitrat ebenso gut hervorgerufen werden wie durch die natürlichen Extrakte. Da intakte Pflanzen, die aus den stickstoffreichen Kotyledonen sicher Stickstoffverbindungen beziehen, früher blühen als Pflanzen aus isolierten Embryonen, muß bei jenen die Hemmung durch die Blütenbildung fördernde Stoffe überkompensiert werden [HAUPT (2)]. Auch reichliche Kohlenhydraternährung verzögert die Blütenbildung bei Pflanzen aus isolierten Embryonen, während sowohl Stickstoff- als auch Kohlenhydratmangel sie beschleunigen und ihre Wirkungen bis zu einem gewissen Grade additiv sind. Es sind also weder die Versorgung mit einem einzelnen Nährstoff, noch das einfache C/N-Verhältnis für die Blütenbildung entscheidend; vielmehr scheint eine komplizierte Wechselwirkung zwischen Nährstoffaufnahme, vegetativer Wüchsigkeit und spezifischer Wirkung auf die Blütenbildung zu existieren [Haupt (3)]. HENRICKSON stellt fest, daß die Blütenbildung bei aus isolierten Plumulae *in vitro* aufgezogenen Pflänzchen der Sonnenblume (*Helianthus annuus*) durch Zucker im Medium und durch Licht gefördert, durch Anwesenheit von Kotyledonargewebe aber gehemmt wird. Ob es sich um eine spezifische Wirkung oder die Wirkung allgemeiner Nährstoffe handelt, läßt sich nicht entscheiden. HENRICKSON neigt zu der Annahme eines Blühhemmstoffes, der durch Licht beseitigt würde; die neuen Ergebnisse HAUPTs mahnen aber zur Vorsicht bei der Interpretation.

48. LAIBACH u. KRIBBEN (2) weisen auf Zusammenhänge zwischen dem Grad der apikalen Dominanz und dem Ausmaß der Blütenbildung hin. Bei Pflanzen mit schwach ausgeprägter apikaler Dominanz gehen alle Knospen ungefähr gleichzeitig zur Blütenbildung über; ist die Dominanz stärker ausgeprägt, so erfaßt die Blütenbildung die Knospen der Pflanze nacheinander, in dem Maße, wie mit der Entwicklung der terminalen Inflorescenz oder infolge Wachstumsstillstandes der Endknospe die Hemmung der Knospen nachläßt, und ein Teil der Knospen kann vegetativ bleiben. Eingriffe, die die apikale Dominanz reduzieren, wie Decapitation oder Behandlung mit Trijodbenzoësäure, fördern auch die Blütenbildung der Seitenknospen. Besonders überraschend sind diese Zusammenhänge allerdings nicht, denn von einer gehemmten Knospe wird wohl niemand Blütenbildung verlangen. — Bei mehreren *Cistus*-Formen beobachtete LAIBACH, daß Entfernung der Staubblätter den Abwurf der sehr ephemeren Petalen hinauszögert.

δ) Entwicklungsphysiologie der *Acrasiales*.

49. Wie J. T. BONNER 1947 nachwies, ist an der Aggregation der Myxamöben von *Dictyostelium* zu Pseudoplasmodien, die den Entwicklungscyclus des Organismus in Gang setzt, ein stofflicher Faktor beteiligt, dem der Name Acrasin gegeben wurde (vgl. hierzu und zum Folgenden Fortschr. Bot. 15, 433—441). SHAFFER gelang es nun, diese Substanz in der Spülflüssigkeit von aktiven Aggregationszentren nachzuweisen, und mit Hilfe der wirksamen Präparate konnte er ungemein interessante Ergebnisse über die Produktion von Acrasinen durch verschiedene Gattungen und Arten der Dictyosteliaceen erzielen. Das Acrasin erwies sich als sehr kurzlebig; aber auf folgende Weise gelang es, seine Aktivität in im wesentlichen zellfreien Präparaten zu demonstrieren: Aggregationsreife Myxamöben wurden — wie die Butter zwischen Brot und Wurst — zwischen einem Agarblock und einem Glasplättchen eingeschlossen; zu den Rändern dieser Testpräparate wurde dauernd Wasser gegeben, mit welchem in aktiver Aggregation befindliche Zentren gespült worden waren. Daraufhin setzten sich die Amöben in parallelen Zügen zum nächsten Rand der Testkultur in Bewegung. Schon nach 5 min langem Stehen hatten die Präparate einen großen Teil ihrer Aktivität verloren; nach 15 min waren sie völlig inaktiv. Durch Gefrieren unmittelbar nach dem Aufsammeln läßt sich die Aktivität jedoch unbegrenzte Zeit erhalten, so daß eine chemische Untersuchung, wenn auch sicher schwierig, immerhin möglich erscheint. Wurde nun Acrasin von einer *Dictyostelium*-Art zu Testkulturen anderer Arten gegeben, so fand in allen Fällen Reaktion statt. Auch Acrasin von *Polysphondylium violaceum* erwies sich gegenüber *Dictyostelium*-Arten als aktiv. Es könnte also scheinen, daß die Substanz weder art- noch auch gattungsspezifisch sei. Aber Acrasin von *Dictyostelium*-Arten übte auf *Polysphondylium* keine Wirkung aus. Die Situation fand eine überraschende Erklärung: Aggregationszentren von *Polysphondylium* produzieren nacheinander zwei verschiedene Substanzen, zuerst eine, die *Polysphondylium*-, aber keine *Dictyostelium*-Amöben anlockt; dann aber eine, die gegenüber *Dictyostelium*-Amöben, aber nicht gegenüber den Amöben von *Polysphondylium* selbst aktiv ist. Es sind also ein *D*-Acrasin und ein *P*-Acrasin zu unterscheiden. Wahrscheinlich sind die beiden Acrasine miteinander nahe verwandt. Die Bedeutung der Produktion von *D*-Acrasin — einer Substanz also, die auf den produzierenden Organismus selbst keine Wirkung zu haben scheint — durch *Polysphondylium* ist vorerst unbekannt.

50. PFÜTZNER-ECKERT hatte 1950 berichtet, daß ihr bei *Dictyostelium mucoroides* der Nachweis einer aggregationsauslösenden Substanz in Agar, auf welchem sich Aggregationszentren befunden hatten, gelungen ist. Angesichts der von SHAFFER festgestellten hohen Labilität des Acrasins ist die Bedeutung dieses Ergebnisses nicht ganz klar. Abgesehen davon enthält die Arbeit von PFÜTZNER-ECKERT viele für das Verständnis der Entwicklung der *Acrasiales* wichtige Befunde, die verschiedene Ergebnisse von BONNER, RAPER und SUSSMAN bestätigen, erweitern und teilweise auch vorwegnehmen. Die chemotaktische Wirkung von Aggregationszentren wird bestätigt; wird ein Zentrum versetzt, so ändern die Amöbenzüge prompt ihre Richtung auf den neuen Ort des Zentrums zu. Es wird bestätigt, daß auch das Pseudoplasmodium noch eine chemotaktische Wirkung auf aggregationsreife Myxamöben hat; nach erfolgter Anlage des Stiels ist diese Wirkung auf das eigentliche Sporangium beschränkt. Wird eine Aggregation vor Anlegung des Stiels von ihrem „Einzugsgebiet" isoliert, so entsteht ein dünnerer Stiel; erfolgt die Isolierung nach der Stielanlegung, so bleibt der Durchmesser des Stiels unverändert (der Stiel wird also nicht dünner), seine Länge wird aber reduziert, wobei Zellen, die normalerweise zu Stielzellen geworden wären, sich als Sporen entwickeln. (Bei *Dictyostelium mucoroides* gibt es keine Migrationsphase, und die Aggregation der Myxamöben kann auch nach begonnener Fruchtkörperentwicklung weitergehen.) Der Durchmesser des Stiels wird also vom Einzugsgebiet her mitbestimmt, ist aber nach erfolgter Stielanlegung fest determiniert. Bei Abtötung eines jungen Fruchtkörpers oder eines Teils davon bilden die verbleibenden Myxamöben normal gestaltete Fruchtkörper aus; dabei entwickeln sich präsumptive Sporenzellen als Stielzellen. Dieser letzte Befund bestätigt aufs neue, daß die endgültige Determination zu Stiel- und Sporenzellen erst unmittelbar vor der Sporenbildung stattfindet. — BONNER u. FRASCELLA stellen fest, daß die Zellgröße von *Dictyostelium discoideum* während der Aggregation scharf abnimmt, während der Migration etwas ansteigt und während der Sporenbildung auf ein Minimum sinkt. Während der Migration sind die Zellen des Vorderendes (die präsumptiven Stielzellen) größer als die des Hinterendes (die präsumptiven Sporenzellen); dies ist ein weiteres frühes Zeichen der Differenzierung in diese beiden Zelltypen. Die Migrationsgeschwindigkeit von *D. discoideum* ist der Größe (dem Volumen) des Pseudoplasmodiums proportional. Da das Volumen eines Körpers wesentlich rascher wächst als seine Oberfläche, besagt diese Beziehung, daß die Bewegung nicht auf der Tätigkeit einer oberflächlichen Schicht spezialisierter locomotorischer Amöben beruht, sondern von der Gesamtmasse der Amöben eines Pseudoplasmodiums abhängt und daß somit alle Zellen eines Pseudoplasmodiums zur Bewegung fähig sind (BONNER, KOONTZ u. PATON).

51. Nachdem die Produktion einer chemotaktisch wirksamen Substanz durch die Aggregationszentren nachgewiesen worden ist, erhebt sich die Frage, ob etwa diese beiden Vorgänge, also Zentrenbildung und Acrasinproduktion, miteinander identisch sind. Zwei andere, damit eng zusammenhängende und nicht minder wichtige Fragen sind, ob jede Myxamöbe befähigt ist, ein Zentrum zu bilden, und ob ein Zentrum von einer einzigen Amöbe oder nur von mehreren zusammen angelegt werden kann. Diese Fragen erfahren durch eine Reihe interessanter Untersuchungen von M. SUSSMAN eine Beantwortung. In diesen Untersuchungen sind zwei methodische Dinge von großer Bedeutung: die Entwicklung von Methoden, die die Verwendung von Kulturen von bekannter und konstanter Zellzahl ermöglichen, und die Verwendung von in Mutationsversuchen erzeugten „Entwicklungsdefektaberranten", d. h. Typen, bei denen die Entwicklung nicht über ein bestimmtes Stadium des normalen Cyclus hinausgeht (s. R. R. SUSSMAN u. M. SUSSMAN). Die wichtigsten Beobachtungen und die daraus abzuleitenden Schlußfolgerungen sind die folgenden [SUSSMAN (1), SUSSMAN u. NOËL]:

1. Die Zahl der Aggregationszentren in einer Myxamöbenpopulation hängt von der Zahl und Dichte der Zellen ab. Innerhalb eines bestimmten Dichtenbereiches besteht eine geradlinige Relation zwischen Zahl der Zentren und Zahl der Zellen. In sehr kleinen Populationen (900, 1025 oder 2100 Zellen) folgt die Zahl der Zentren einer Poissonverteilung;

und ein Teil der Populationen bleibt aggregationsfrei. Das beweist, daß nur ein kleiner Teil der Zellen einer Population imstande sind, Aggregationszentren anzulegen („Initiatorzellen"); die Mehrzahl der Zellen ist nur imstande, auf ein angelegtes Zentrum zu reagieren, aber nicht, selber ein Zentrum anzulegen („reagierende Zellen"). 2. In hochgradig dispersen Kulturen (unter 100 Amöben je Quadratmillimeter) erfolgt keine Aggregation; wird aber eine aberrante Form zugesetzt, die für sich allein gänzlich aggregationsunfähig ist, so findet Aggregation statt. Die aberrante Form hat also offenbar die Fähigkeit zur Bildung von Aggregationszentren, aber nicht die Fähigkeit zur Reaktion auf gebildete Aggregationszentren verloren. Solange sich nun die aberrante Form in großem Überschuß befindet, ist die Zahl der in der Mischkultur entstehenden Zentren der Zahl der Wildtypzellen direkt proportional. Dies zeigt, daß jedes Aggregationszentrum von einer, und nur einer Wildtypzelle angelegt wird. 3. In sehr dichten Populationen nimmt die Zahl der Zentren im Verhältnis zur Zellzahl relativ ab; die Entstehung neuer Zentren wird durch die schon angelegten offenbar behindert, so daß wir es also mit einem „Abstoßungseffekt" zwischen Orten der Differenzierung zu tun haben. Auch dies spricht dafür, daß jedes Zentrum von nur einer Zelle gebildet wird, denn wäre das Zusammentreten mehrerer Zellen erforderlich, so sollte größere Populationsdichte für die Zentrenbildung günstig sein. 4. Das Verhältnis $\frac{\text{Zahl der Zellen}}{\text{Zahl der Zentren}}$ ist bei gleichartigen Kulturen sehr konstant, ist aber bei verschiedenen Species und in Mischkulturen verschiedener Formen verschieden. Es betrug bei reinen Wildtypkulturen von *Dictyostelium discoideum* 2100:1 und von *D. purpureum* 300:1, in Mischungen der Wildform von *D. discoideum* mit verschiedenen aberranten Formen derselben Species aber 1700:1 bis 1000:1. Offenbar gibt es quantitative Unterschiede im „Reaktions-" und möglicherweise auch im „Initiationsvermögen" verschiedener Zellen. 5. Bei der Aggregation einer Kultur strömen die peripheren Zellen in der Regel nicht direkt auf das Zentrum zu, sondern zu dem nächsten „Zug". Die Fähigkeit der Initiatorzellen zur Zentrenanlegung beruht also nicht darauf, daß nur diese Zellen die Fähigkeit zur Acrasinbildung besitzen. Jedoch ist es, wie Sussman (3) ausführt, möglich, daß die Zellen einer Population sich im Grade der Fähigkeit zur Acrasinbildung unterscheiden und daß die Initiatoren diejenigen Zellen sind, bei denen die Geschwindigkeit der Produktion von Acrasin diejenige der Zerstörung oder Inaktivierung dieser, wie wir jetzt wissen (§ 49), hochgradig unbeständigen Substanz übertrifft und die dementsprechend einen Acrasingradienten in ihrer Umgebung erzeugen können. Sobald solch ein Gradient vorhanden ist, beginnen die übrigen Zellen der Population, sich auf das Aggregationszentrum zuzubewegen, und ihre Acrasinproduktion summiert sich mit derjenigen der Initiatorzelle, so daß der Gradient zunehmend steiler wird. Potentiell wären dann alle Zellen einer normalen (Wildtyp-) Population Initiatorzellen; praktisch würden aber nur diejenigen zu Initiatoren, bei denen die Geschwindigkeit der Acrasinproduktion oberhalb eines gewissen Mindestwertes liegt.

52. Es war bekannt, daß in den auf die Aggregation folgenden Stadien des Entwicklungscyclus der *Acrasiales* eine Differenzierung in präsumptive Stiel- und Sporenzellen erkennbar wird. Diese Differenzierung — die, wie auch die Versuche von PFÜTZNER-ECKERT erneut zeigen, völlig reversibel ist — ist aber nicht die einzige Heterogenität, welche im Laufe des Entwicklungsganges dieser Organismen in einer Population von genetisch, soweit wir irgend sagen können, vollkommen homogenen Zellen in Erscheinung tritt. Die im vorigen Absatz besprochenen Versuche von SUSSMAN zeigen, daß eine andere Heterogenität der Zellen einer Population sich auch im ersten Stadium des Entwicklungscyclus, der Aggregation, bemerkbar macht. Weitere Untersuchungen von SUSSMAN [SUSSMAN (2), SUSSMAN u. LEE] lassen es als möglich erscheinen, daß bei der Entwicklung der *Acrasiales* noch weitere Fälle der ,,Arbeitsteilung" der Zellen existieren. Es zeigte sich nämlich, daß durch paarweise Kombination verschiedener Entwicklungsdefektaberranten (§ *51*) eine weitgehende, in vielen Fällen sogar eine vollständige Entwicklung der Mischkultur erreicht werden kann; es konnten aber keine Hinweise dafür gefunden werden, daß dieser Entwicklungssynergismus auf dem Austausch von diffusiblen Substanzen beruht. Wie schon gesagt, kann bei den Aberranten die Entwicklung an verschiedenen Stellen gestoppt sein. Verschiedene Stämme (sog. ,,Agg"-Stämme) machen überhaupt keine Aggregation durch, leben also dauernd in Form disperser Amöben. Stamm F-1 bildet nur lose Aggregate, Stamm F-2 dagegen dichte, aber abnorm gestaltete und zur eigentlichen Fruchtkörperbildung unfähige Pseudoplasmodien. Wurden aber F-1 oder F-2 mit einem Agg-Stamm kombiniert, so wurden reife Fruchtkörper gebildet. Die Form derselben kann vom Mischungsverhältnis abhängen; so entstehen in den Kombinationen F-1 + Agg-59 sowie F-2 + Agg-59 oder F-2 + Agg-204 bei gewissen Mischungsverhältnissen normal gestaltete, bei anderen dagegen dickstielige bzw. büschelig verzweigte Fruchtkörper. Wurden aber zwei aberrante Stämme, welche in Mischung zu vollständiger Entwicklung fähig sind, auf den beiden Seiten einer Agarmembran von nur 30 μ Dicke — das sind zwei Amöbendurchmesser! — kultiviert, so war keinerlei spezifische gegenseitige Förderung zu beobachten, während Aggregationszentren des Wildtyps ihre chemotaktische Wirkung noch durch Membranen von 205 μ Dicke ausüben können, das Acrasin also ganz offensichtlich durch die Membran hindurchdiffundiert. Es ist also denkbar, daß den Aberranten nicht bestimmte stoffliche Regulatoren der Entwicklung, sondern Zellen mit bestimmten morphogenetischen Potenzen fehlen, und daß in Mischkulturen eine wechselseitige Ergänzung dieser fehlenden Zelltypen erfolgt. Die weitere Arbeit wird auf diese Frage zweifellos mehr Licht werfen. Erwähnt sei, daß in der Kombination zweier bestimmter Aberranten eine Hemmwirkung gefunden wurde. Eine dieser Aberranten ist völlig aggregationsunfähig; die andere kann dagegen den ganzen Entwicklungscyclus durchmachen, aber nur auf bestimmten Kulturmedien. In Mischkulturen der beiden Formen kam die zweite Form auch auf diesen Medien nicht zur Entwicklung. PFÜTZNER-ECKERT fand sogar (bei *Dictyostelium mucoroides*) einen Typ, welcher nicht nur selber aggregationsunfähig war, sondern in Mischkultur den Wildtyp an der normalen Entwicklung hinderte. Diese Hemmwirkungen können stofflicher Natur sein, denn bei dem von SUSSMAN untersuchten Fall übten auch abgetötete Zellen die Hemmung aus [SUSSMAN (3)].

53. Eine wesentlich andere Deutung der die Aggregation wie die weitere Entwicklung der *Acrasiales* bestimmenden Faktoren und Prozesse wird von WILSON verfochten. Danach wird der Entwicklungsgang durch Syngamie eingeleitet, welcher sich unmittelbar Meiosis in den Zygoten anschließt. Syngamie und dementsprechend auch die Meiosis beginnen aber nicht in allen Zellen einer Population gleichzeitig, sondern erstrecken sich über eine längere Zeitspanne. Die ersten Zygoten werden zu den Aggregationszentren; diejenigen, die als nächste an der Aggregation teilnehmen, nehmen im Plasmodium zwangsläufig das Vorderende ein und werden später ebenso zwangsläufig zu Stielzellen, während diejenigen, die Syngamie und Meiosis später durchmachen, das Hinterende des Pseudoplasmodiums bilden und nachher zu Sporen werden. Auch wenn diese Beobachtungen als solche richtig sind, sagen sie über die Kausalität der Entwicklung wenig aus, im besten Falle, daß diejenigen Zellen, die die Meiosis als erste abgeschlossen haben, auch als erste mit der Differenzierung beginnen können. Ein so wichtiger Aspekt der Entwicklung wie etwa die scharfe, auf verschiedene Weise sichtbar zu machende Abgrenzung zwischen den präsumptiven Stiel- und Sporenzellen (vgl. Fortschr. Bot. **15**, l. c.) läßt sich durch den bloßen, graduellen Übergang der Zellen zu Syngamie und Meiosis — zwei bei allen Zellen unzweifelhaft ganz gleichartig ablaufenden Vorgängen — allein keineswegs erklären. Darüber hinaus steht WILSONS Interpretation mit manchen der experimentellen Resultate der anderen Autoren in direktem Widerspruch. Insbesondere ist, wenn einfach die ersten Zygoten zu den Aggregationszentren werden, nicht einzusehen, warum, wie es SUSSMAN fand (§ *51*), kleine Populationen völlig aggregationsfrei bleiben können. Man kann natürlich postulieren, daß nur ein bestimmter, kleiner Teil der Zygoten die Fähigkeit hat, als „Initiatoren" zu fungieren; für die entwicklungsphysiologische Problematik wäre diese Auffassung aber von derjenigen SUSSMANs nicht verschieden. Schließlich wurde in den Mischkulturversuchen SUSSMANs (§ *52*) eine Rekombination von Merkmalen, wie sie bei sexueller Vermehrung zu erwarten wäre, in keinem Falle gefunden. Das Vorkommen sexueller Vorgänge bei den *Acrasiales* und ihre etwaige Beziehung zur Entwicklung dieser Organismen bedürfen also wohl weiterer Untersuchungen. Eine eingehendere Diskussion dieser Frage ist in einem ausgezeichneten Sammelreferat von SUSSMAN (3) zu finden, das alle unsere Kenntnisse der Entwicklungsphysiologie der *Acrasiales* zusammenfaßt.

54. Eine Reihe von Arbeiten befassen sich mit der Bedeutung äußerer und innerer chemischer Faktoren in der Entwicklung der *Acrasiales*. Nach SLIFKIN u. BONNER steht die Dauer der Migrationsphase von *Dictyostelium discoideum* in reziproker Abhängigkeit von der Konzentration gelöster Stoffe im Medium, wobei es sich um keinen rein osmotischen Effekt handelt. Nach COHEN unterdrückt Entziehung des Kohlendioxyds aus der Atmosphäre die Entwicklung der *Acrasiales* vollständig, während freies Ammoniak (aber nicht das Ammoniumion) in geringen Mengen diesen Vorgang hemmt, wobei es zur Entstehung von Fruchtkörpern kommt, die denen der „primitiven" Gattungen *Guttulina* und *Guttulinopsis* gleichen. Sowohl das Einsetzen eines bestimmten Entwicklungsstadiums (Ende der Migration bedeutet bei *Dictyostelium discoideum* Beginn der Culmination) als auch der Ablauf der Entwicklung können also durch chemische Einflüsse aus der Umwelt beeinflußt werden; insbesondere scheint eine CO_2-Fixierung für die Entwicklung von Bedeutung zu sein. Nach SUSSMAN u. BRADLEY dient ein bestimmtes Bakterienprotein bei *Dictyostelium* sowohl als Kohlenstoff- und Energiequelle als auch als ein spezifischer Faktor in der Entwicklung. Diese Autoren (BRADLEY u. SUSSMAN) konnten zunächst ein Kulturmedium von wenigstens teilweise bekannter Zusammensetzung für *Dictyostelium* ausarbeiten, das aus Glucose, Fleisch- und Hefeextrakt, Cholin, Cholesterol und Lecithin besteht (der Hefeextrakt läßt sich zum großen Teil durch eine Mischung von Vitaminen, Aminosäuren und Ribosenucleinsäure ersetzen). Normale Entwicklung fand aber nur dann statt, wenn diesem Medium eine bestimmte Fraktion aus gemahlenen Bakterien zugesetzt wurde. Diese Fraktion erwies sich als ein Protein vom Molekulargewicht 25 000—40000; das Protein scheint nur in gramnegativen Bakterien vorzukommen und weder in grampositiven Bakterien noch in Hefen oder tierischem Material. Das spezifische Protein ließ sich zu einem großen Teil durch verschiedene andere Proteine ersetzen, jedoch nicht vollständig. Da die im Medium enthaltene Glucose nicht als Energiesubstrat fungiert, hat das Protein offenbar größtenteils eine trophische Funktion; außerdem muß es aber eine spezifische Bedeutung für die Entwicklung besitzen. Die Glucose dürfte das Rohmaterial für die bei der Stielbildung stattfindende Cellulosesynthese darstellen. — Auch Untersuchungen von GREGG, HACKNEY u. KRIVANEK sprechen dafür, daß Protein und nicht Kohlenhydrate als Energiequelle bei der Entwicklung von *Dictyostelium* dienen, denn während der Fruchtkörperbildung nimmt der Proteingehalt in den Sporenzellen und in noch größerem Maße im Stiel ab, während zum mindesten der Gehalt an reduzierenden Zuckern im Gegenteil ansteigt (GREGG u. BRONSWEIG). HIRSCHBERG u. RUSCH (1), (2) zeigten, daß verschiedene Atmungsgifte, darunter 2,4-Dinitrophenol (DNP), in bestimmten Konzentrationen die Aggregation von *Dictyostelium* hemmen, ohne die Lebenstätigkeit der Myxamöben zu beeinträchtigen; das DNP verursacht in den an der Aggregation verhinderten Kulturen eine Abnahme des Ribosenucleinsäurephosphors und eine Zunahme anorganischen Phosphats, scheint also Depolymerisation der Ribosenucleinsäure sowie Dephosphorylierung organischer Phosphate hervorzurufen. GREGG fand ferner, daß Anaerobiose die Entwicklung von *Dictyostelium* völlig verhindert und daß im Laufe der Entwicklung die Atmungsintensität bis zum mittleren Culminationsstadium ansteigt, um danach abzufallen und bei der Reife unmeßbar zu werden. Diese Befunde in ihrer Gesamtheit zeigen, daß Atmung sowie Phosphorylierungsvorgänge — vermutlich die Anwesenheit energiereicher Phosphate — für die Entwicklung von *Dictyostelium* notwendig sind. Freilich ist diese Feststellung noch viel zu generell, um Rückschlüsse auf die Art des Zusammenhanges zwischen den energieliefernden und den eigentlichen Entwicklungsprozessen oder gar auf die Natur der letztgenannten zu erlauben. Die Atmungsintensität stand zur Größe des sich in Entwicklung befindenden Pseudoplasmodiums in reziprokem Verhältnis; andererseits ist es bekannt, daß kleine Pseudoplasmodien relativ langsamer culminieren als große. Die Ursache dürfte darin bestehen, daß kleine Pseudoplasmodien je Volumeneinheit eine größere Oberfläche besitzen und demzufolge auch die Cohäsionskraft zwischen Stiel und Sporenzellen bei ihnen relativ größer ist, so daß zur Überwindung dieser Cohäsion mehr Zeit und Energie aufgewendet werden müssen.

4. Die Wirkung der Außenfaktoren.

Temperatur: Vernalisation und verwandte Erscheinungen.

55. Das bemerkenswerteste neue Ergebnis auf diesem Gebiet bringt eine Arbeit von VLITOS u. MEUDT (3). Aus bei 2° oder 5° vernalisierten Samen aufgezogene Pflanzen von *Spinacia oleracea* (Spinat ,,Nobel") kamen in Tageslängen von 10 Std und darüber zur Blüte, Pflanzen aus nichtvernalisierten Samen erst in Tageslängen von 14 Std und mehr. Eine Beschleunigung der Blütenbildung bei Spinat durch tiefere Temperaturen ist auch früher beobachtet worden, insbesondere von KNOTT (s. Fortschr. Bot. 11, 298); doch schien es sich um eine direkte Beeinflussung der photoperiodischen Reaktion zu handeln. Da in den Versuchen von VLITOS u. MEUDT die gerade eben angekeimten Samen der Kältewirkung ausgesetzt und außerdem durch Einquellen in M/5 Kaliumphosphatlösung am Wachstum weitestgehend gehindert wurden, ist solche Erklärung hier nicht möglich. Es liegt ein Vernalisationseffekt vor, und die Wirkung besteht in einer Reduktion der kritischen Tageslänge der Pflanzen. Mit zunehmender Dauer der Kältebehandlung der Samen nimmt die Förderung der Blütenbildung in kürzeren Tageslängen zu.

56. SCHWABE (1) stellt fest, daß bei kälteabhängigen Varietäten von *Chrysanthemum morifolium* (vgl. Fortschr. Bot. 15, 467) die Kältewirkung streng auf die Vegetationsspitze beschränkt ist und sich weder auf andere, nicht kältebehandelte Knospen derselben Pflanze noch auch, im Pfropfversuch, auf andere Individuen übertragen läßt. Wird aber der Sproß einer kältebehandelten Pflanze decapitiert, eine Achselknospe der Vegetationsspitze zum Austreiben gebracht, diese wieder decapitiert, und diese Prozedur insgesamt siebenmal wiederholt, so erweisen sich alle Folgetriebe als vernalisiert. Der durch die Kälte hervorgerufene ,,Zustand" teilt sich also allen aus dem behandelten Meristem hervorgehenden Zellen mit, läßt sich aber nicht von einer Zelle zur anderen weitergeben. SCHWABE neigt dazu, auf Grund dieser Ergebnisse die Existenz eines vernalisationsabhängigen Blühhormons (Vernalins) zu bezweifeln. Allerdings ist nicht ohne weiteres gesagt, daß die ,,Vernalisation" bei *Chrysanthemum* der Vernalisation bei zweijährigen und winterannuellen Pflanzen vergleichbar ist. Nach VINCE u. MASON kann bei kältebedürftigen *Chrysanthemum*-Varietäten Decapitierung des Hauptsprosses zu rascher Blütenbildung an 2—3 Seitensprossen führen. Bei einer besonders kältebedürftigen Varietät (,,Präsident") mußten die Pflanzen nach der Decapitation außerdem einige Zeit in Langtag gehalten werden, während für die Blütenbildung selbst, wie immer, Kurztag erforderlich ist. Danach scheint es möglich, daß bei *Chrysanthemum* die Kälte eine Hemmung beseitigt und keine Bildung einer übertragbaren Substanz induziert.

57. Kojima, Inoue u. Yahiro finden, daß beim „Japanischen Rettich" (*Raphanus sativus* var. *raphanistroides* Makino) im Pfropfversuch nur ältere, schon blühende Pflanzen unvernalisierte Keimpflanzen zur frühzeitigen Blütenbildung veranlassen können, nicht aber vernalisierte junge Keimlinge. Sie folgern, daß der durch die Vernalisation erzeugte „Impuls" bei jungen und älteren Pflanzen verschieden und nur bei den letztgenannten ein übertragbares Agens, also ein Blühhormon, ist. Es scheint aber denkbar, daß es sich um eine Frage der tatsächlichen Translokation und nicht der An- oder Abwesenheit eines Blühhormons handelt. Dieselben Autoren (Kojima, Yahiro u. Inoue) stellen auch fest, daß beim Japanischen Rettich Entfernung der Kotyledonen den Vernalisationseffekt reduziert, gleichgültig ob sie vor oder nach der Kältebehandlung erfolgt. Zufuhr von Glucose hebt diese Wirkung wenigstens teilweise auf. Die Funktion der Keimblätter scheint also in der Produktion von Substanzen zu bestehen, die für den Ablauf der während und nach der Vernalisation von statten gehenden Prozesse notwendig sind.

58. Sechet zeigt in ausgedehnten Versuchen, daß Kältebehandlung der Samen außer bei Wintergetreiden die Blütenbildung auch bei folgenden Pflanzen fördert: *Spinacia oleracea, Agrostemma githago, Dianthus sinensis, Brassica (Sinapis) nigra, Raphanus sativus* (Radies), *Camelina sativa, Lupinus albus, L. angustifolius, L. hirsutus, Cicer arietinum, Vicia faba, V. sativa, Pisum sativum, Salvia horminum, Plantago arenaria* und *Helianthus annuus*. Bei *Vicia faba, Cicer* und *Camelina* wurden Nachwirkungen in der 1. Folgegeneration der behandelten Pflanzen (frühere Blüte, stärkere Wirksamkeit erneuter Vernalisation) beobachtet; doch dürften Selektionsvorgänge nicht ausgeschlossen gewesen sein. In Transplantationsversuchen zwischen Embryonen und Endospermen vernalisierter und nichtvernalisierter Wintergetreidekörner wird bestätigt, daß die Kältewirkung im Embryo lokalisiert ist (oder wenigstens daß ein vernalisiertes Endosperm die Entwicklung eines unvernalisierten Embryos bei Abwesenheit der natürlichen Gewebeverbindung nicht beeinflußt). Entfernung der Koleoptile vor der Kältebehandlung reduziert den Vernalisationseffekt, nach der Behandlung setzte sie ihn aber herauf. Auch bei unvernalisierten Körnern beschleunigt Abwesenheit der Koleoptile die Blütenbildung. Abwesenheit des 1. Blattes war immer ungünstig für die Blütenbildung, An- oder Abwesenheit der Wurzeln war wirkungslos. Versuche, die Blütenbildung bei unvernalisierten *Lupinus*-Pflanzen durch Einspritzen von Extrakten aus vernalisierten Individuen zu fördern, blieben ohne Erfolg. Aneurin, Riboflavin und Niacinamid förderten die Blütenbildung, aber nur, wenn sie nach der Kälte geboten wurden. Cytologische Untersuchungen ergaben, daß die Zellen vernalisierter Embryonen größere Nucleolen und anscheinend auch größere und zahlreichere Mitochondrien enthalten; ferner verursacht die Kältebehandlung vorübergehende Stärkesynthese in Scutellum, Sproß und jungen Blättern. — Bei *Brassica campestris* wird die Gewebedifferenzierung in Sproß und Wurzel durch Vernalisation beschleunigt, und zwar nicht bloß bei älteren Pflanzen, wo dies eine Folge der allgemeinen Entwicklungsbeschleunigung sein könnte, sondern auch unmittelbar nach der Kältebehandlung [Chakravarti (1)]. Razumov bestätigt den schon von Hänsel (s. Fortschr. Bot. **16**, 398, § *44*) gemachten Befund, daß auch Temperaturen unter dem Gefrierpunkt (—4°) vernalisierend wirken. Wird die Vernalisation bei +2° begonnen, so kann sie anscheinend sogar bei —6,5° zu Ende geführt werden, während diese Temperatur, zuerst geboten, unwirksam ist. Kurth bestätigt in umfangreichen Feldversuchen, daß hohe Temperatur devernalisierend wirkt, diese Wirkung aber mit zunehmender Vernalisationsdauer abnimmt und nach vollständiger Vernalisation ganz verschwunden ist. Nach Rücktrocknung des vernalisierten Saatgutes bei 16—18° blieb der Vernalisationseffekt erhalten, außer wenn er durch Schädigung der Triebkraft der Samen maskiert wurde. Bei einer Varietät der Roten Bete (*Beta vulgaris*, „Ägyptische Flache Runde") erwiesen sich nach einer Untersuchung von WELLENSIEK u. HAKKART Pflanzen jeglichen Alters, einschließlich der keimenden Samen, als vernalisationsempfindlich; die Geschwindigkeit des Schossens war aber mit zunehmendem Alter der vernalisierten Individuen größer, besonders bei Kultur in suboptimaler Tageslänge. Bei dieser Pflanze besteht also – ähnlich wie bei Wintergetreide und anderen Winterannuellen – keine juvenile Phase für die Kälteinduktion, wohl aber eine solche für die „Realisation" der Kältewirkung. Bei Rosenkohl (*Brassica oleracea gemmifera*) ist Kältebehandlung sowohl für Blütenbildung als auch für Sproßstreckung erforderlich. Aber sowohl das Optimum als auch die obere Grenze der fördernden Bereiche sind verschieden (7° und 4° bzw. 10° und 14°); den beiden Vorgängen liegen also wahrscheinlich verschiedene „Mechanismen" zugrunde (VERKEERK). Nach CATHEY lassen sich die Varietäten von *Chrysanthemum morifolium* in 3 Gruppen einteilen. Bei der 1. hat Temperatur im Bereich von etwa 10—23° eine Wirkung weder auf die Anlegung noch die Weiterentwicklung der Inflorescenzen. Bei der 2. hemmen niedrige Temperaturen die Anlegung, während für die Weiterentwicklung mittlere Temperaturen am günstigsten sind. Bei der 3. Gruppe ist die Anlegung im genannten Bereich temperaturunabhängig, während für die Weiterentwicklung relativ tiefe Temperaturen notwendig sind. Varietäten mit einem ausgesprochenen Kältebedürfnis für die Blütenanlegung waren in dem Versuch offenbar nicht vertreten; bei einer („Encore") beschleunigte aber Aufzucht der Mutterpflanzen in tiefer Temperatur (10—12,5°) und Langtag die Knospenbildung bei den Stecklingen.

59. In einer großen Zahl von Arbeiten wird die Wirkung der Vernalisation auf den Stoffwechsel der Pflanzen sowohl vor wie nach der Kältebehandlung untersucht. Das Ziel, Aufschlüsse über den physiologisch-chemischen Mechanismus der Vernalisation zu gewinnen, wird allerdings nicht erreicht, so daß wir auf die Arbeiten nicht im einzelnen eingehen, sondern nur die wichtigsten von ihnen für etwaige Interessenten aufzählen wollen: PETRUCCI (Atmung und Assimilation bei Winter- und Sommerweizen nach Kältebehandlung); DUPERON und SECHET (Kohlenhydrat-, Stickstoff- und Fettstoffwechsel bei *Avena*, *Sinapis* und *Raphanus*); RUBIN u. SOKOLOVA (Temperaturabhängigkeit der Atmung von Sommer- und Winterweizen nach Kältebehandlung); SISAKJAN u. FILIPPOVIČ (Aktivität einiger Terminaloxydasen und anderer Enzyme bei Winter- und Sommergetreiden vor und nach Vernalisation); NAPP-ZINN (Atmung der Körner von Sommer- und Winterroggen und der Samen von *Arabidopsis thaliana* unter dem Einfluß von Vernalisation); BAGDYKOV (Atmungsintensität von Sommer- und Winterweizen nach Kältebehandlung); KONAREV (Veränderungen im Nucleinsäuregehalt bei Winterweizen und Winterroggen); SINJAGIN u. MOROZOVA (Photosynthese, Atmung, Stickstofffraktionen, Aktivität einiger Enzyme sowie Transpiration bei vernalisierten und nicht vernalisierten Individuen verschiedener Zweijähriger). Von den Unterschieden, die in so gut wie allen Fällen gefunden werden konnten, sind noch diejenigen am interessantesten, die auf eine Umschaltung der Terminaloxydation von der Cytochrom- auf die Ascorbinsäureoxydase während der Vernalisation sowie auf eine Zunahme der Ribosenucleinsäure in den Embryonen vernalisierter Weizen- und Roggenkörner hindeuten (SISAKJAN u. FILIPPOVIČ bzw. KONAREV). Aber auch wenn sich diese Feststellungen bestätigen, so besagen sie noch keineswegs, daß diese Veränderungen die primäre Wirkung der Kälte sind und daß sie in direkter Weise zur Umschaltung der Entwicklung führen. In den übrigen Fällen ist — wie die meisten der zitierten Autoren selber unterstreichen — überhaupt kein Zusammenhang der beobachteten Änderungen mit der Vernalisation ersichtlich. Daß der Stoffwechsel vernalisierter Pflanzen während der Weiterentwicklung demjenigen von verwandten Sommerannuellen angeglichen ist, ist sicher eine Folge und nicht Ursache der Entwicklungsänderung. — VLITOS u. MEUDT (s. § *55*) behandelten *Spinacia*-Samen vor der Vernalisation mit Lösungen phosphorylierter Zucker, ausgehend von der Erfahrung, daß Kälte den Gehalt verschiedener Pflanzenorgane, z. B. der Kartoffelknollen (ARREGUIN-LOZANO u. BONNER), an diesen Verbindungen erhöht. In der Tat bewirkten 0,001% Glucose-1-phosphat und 0,01% Fructose-1,6-diphosphat eine Förderung der Blütenbildung, wenn die Pflanzen in 18-Std-Langtag kultiviert wurden. Die Wirkung bei Aufzucht in kürzeren Tageslängen — in denen die Wirkung der Vernalisation am stärksten ausgeprägt ist; vgl. l.c. — wurde noch nicht untersucht. Immerhin deutet dies Ergebnis die Möglichkeit an, daß der Umsatz phosphorylierter Zucker an den Vernalisationsprozessen beteiligt ist.

Licht und Entwicklung.
a) Allgemeine Fragen der Lichtwirkung auf Wachstum und Entwicklung.

60. THOMSON (1), (2) untersucht die Wirkung relativ kurzfristiger Bestrahlungen mit schwachem weißem Licht auf Endgröße, Zellteilung und Zellstreckung bei etiolierten Sämlingen von *Avena sativa* (Hafer) und *Pisum sativum* (Erbse). Licht beschleunigt denjenigen Prozeß, welcher während der Exposition vor sich geht. Befindet sich das Organ im frühen Stadium der Zellteilung oder Zellstreckung, so wird der Ablauf dieses Teils der betreffenden Entwicklungsphase beschleunigt, die Endgröße bleibt aber im wesentlichen unverändert. Befindet sich das Organ im späteren Teil einer Phase (Teilung oder Streckung), so beschleunigt Licht den Einsatz der nächsten Phase (Streckung bzw. Reifung der Zellen) und reduziert dadurch die Endzahl bzw. Endgröße der Zellen und die Endgröße des Organs. Bei Belichtung einer ganzen Pflanze werden ihre einzelnen Teile, z. B. die verschiedenen Internodien, verschieden beeinflußt, je nach dem Entwicklungsstadium, in dem sie sich gerade befinden.

b) Morphogenetische Wirkungen bei höheren Pflanzen, an denen der langwellige Teil des Spektrums beteiligt ist, und ihre physiologischen Grundlagen.

61. In den letzten Jahren ist erkannt worden, daß eine große Reihe von Entwicklungsvorgängen bei höheren Pflanzen, darunter Samenkeimung, Wachstum von Sprossen, Blattstielen und in gewissen Fällen auch der Blattspreiten, sowie die photoperiodischen Reaktionen, durch rotes Licht sowie durch sehr langwelliges Rot beeinflußt werden und daß diese beiden Spektralbereiche einander gewöhnlich entgegengesetzte Wirkungen haben. In einigen Fällen, nämlich bei der Keimung von Salatsamen (*Lactuca sativa*) und bei der photoperiodischen Reaktion von *Xanthium*, war gezeigt worden, daß die Wirkungen des roten und des langwellig-roten Lichts (R bzw. LR) sich gegenseitig aufheben und daß diese Umkehr viele Male wiederholt werden kann (vgl. Fortschr. Bot. *15*, 445—454, §§ *43, 46, 47*). Die Zahl solcher Fälle wird um zwei neue vermehrt. Es war bereits bekannt, daß das Wachstum der Blätter bei etiolierten Pflanzen durch rotes Licht gefördert wird. LIVERMAN, JOHNSON u. STARR weisen jetzt nach, daß anschließende Bestrahlung mit LR die Wirkung des R annulliert. PIRINGER u. HEINZE zeigen, daß die Bildung eines gelben Pigmentes (wahrscheinlich eines Flavonderivates) in der Cutikel von Tomatenfrüchten (*Lycopersicum esculentum*) durch R induziert und daß auch diese Wirkung des R durch anschließendes LR aufgehoben wird.

62. Auf Grund vor allem der Analyse der R- und LR-Wirkung bei der Samenkeimung von gewissen *Lactuca*-Varietäten waren BORTHWICK, HENDRICKS, PARKER, TOOLE und TOOLE zu der Auffassung gekommen, daß beide auf ein und dasselbe Pigment einwirken, welches in zwei ineinander leicht überführbaren Formen existiere. Zwei neue Arbeiten, über Samenkeimung bei *Lactuca* und bei zwei *Lepidium*-Arten, präzisieren diese Hypothese und liefern weitere Argumente für ihre Richtigkeit (BORTHWICK, HENDRICKS, TOOLE u. TOOLE; TOOLE, TOOLE, BORTHWICK u. HENDRICKS). Folgende Ergebnisse seien hervorgehoben: 1. Die Wirkung des R und LR ist von der Temperatur während der Bestrahlung unabhängig (Tabelle 4). 2. Die Empfindlichkeit eines Objekts für die beiden Strahlungen variiert, aber stets in reziproker Weise; ist also relativ wenig Energie in R erforderlich, um eine bestimmte Reaktion, z. B. 50% Keimung, hervorzurufen, so ist für die Aufhebung dieser R-Wirkung relativ viel Energie im LR notwendig und umgekehrt. Dies wird schon beim Vergleich verschiedener Objekte deutlich (Tabelle 5). Ferner verändern gewisse Chemikalien, die die Samenkeimung beeinflussen (Nitrat, Cumarin, Thioharnstoff), die Empfindlichkeit der *Lepidium*-Samen für R wie LR, aber stets in reziproker Weise. Schließlich ändert sich die Empfindlichkeit der Samen für beide Strahlungen mit der Dauer der Einquellung. Bei *Lactuca*-Samen z. B. nimmt die Empfindlichkeit in den ersten 8—10 Std der Einquellung zu, die für LR ab; von etwa der 20. Stunde an setzt eine umgekehrte Änderung ein, während von der 10. bis zur 20. Stunde die Empfindlichkeiten für beide Strahlungen konstant sind. 3. Wie schon früher festgestellt, hebt LR die Wirkung des R nur dann auf, wenn die beiden Bestrahlungen innerhalb einer bestimmten Zeitspanne gegeben werden; bei der Samenkeimung (*Lactuca*) beträgt diese Spanne mehrere Stunden, bei der photoperiodischen Reaktion von *Xanthium* nur etwa 30 min.

Tabelle 4. Unabhängigkeit der Lichtwirkung auf die Keimung von *Lactuca*-Samen von der Temperatur während der Bestrahlungszeit. Nach BORTHWICK, HENDRICKS, TOOLE u. TOOLE.

Bestrahlung	Prozent Keimung (in 20°)	
	Bestrahlung bei 26°	Bestrahlung bei 6—8°
R	70	72
R-LR	6	13
R-LR-R	74	74
R-LR-R-LR	6	8
R-LR-R-LR-R	76	75
R-LR-R-LR-R-LR	7	11
R-LR-R-LR-R-LR-R	81	77
R-LR-R-LR-R-LR-R-LR	7	12

Tabelle 5. Empfindlichkeit von Entwicklungsprozessen verschiedener Pflanzen gegenüber roter und langwellig-roter Strahlung. Nach TOOLE, TOOLE, BORTHWICK u. HENDRICKS.

Reaktion	Species	Für 50% Reaktion erforderliche einfallende Energie (erg/cm² × 10^4)	
		Im R	Im LR
Samenkeimung	*Lepidium virginicum*	140	3
	Lepidium densiflorum	0,6	18
	Lactuca sativa	2	60
Blütenbildung	*Xanthium*	4	30

63. Die soeben genannten Ergebnisse erlauben folgende Schlußfolgerungen über die an der Wirkung des R und des LR beteiligten Reaktionen. Das 1. Ergebnis (Temperaturunabhängigkeit der eigentlichen Bestrahlung) zeigt, daß bei der primären Lichtwirkung eine photochemische Reaktion limitierend ist. Das 2. Ergebnis (Reziprozität der R- und LR-Empfindlichkeit) läßt sich aber nicht verstehen, wenn die Lichtwirkung auf das Pigmentmolekül allein beschränkt ist. Man muß also die Beteiligung eines 2. Reagenten annehmen, welcher bei der Reaktion eine bestimmte Gruppe (R) auf das Pigment überträgt und bei der Rückreaktion wieder aufnimmt:

Pigment $+ AR \rightleftharpoons$ Pigment $\cdot R + A$.

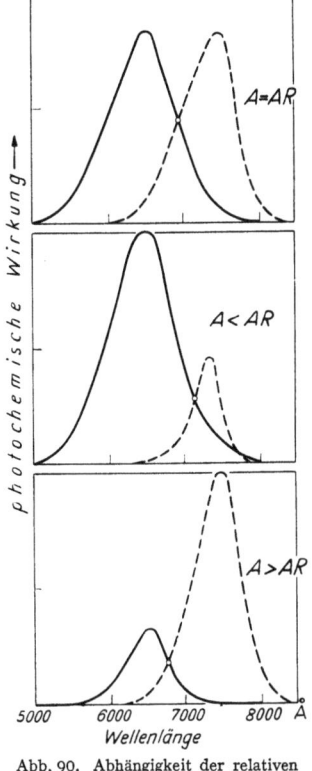

Abb. 90. Abhängigkeit der relativen Wirksamkeit roter und langwelligroter Strahlung vom Mengenverhältnis der beiden Formen des an der Photoreaktion beteiligten Reagenten; schematisch. Original: Abb. 4 (S. 19) aus E. H. TOOLE, VIVIAN K. TOOLE, H. A. BORTHWICK u. S. B. HENDRICKS, Plant Physiol. 30, 15—21 (1955). Mit freundlicher Genehmigung der Verfasser, des Agricultural Research Service, Plant Industry Station, U.S. Department of Agriculture, und des Chefredakteurs der „Plant Physiology".

Die relative Wirksamkeit des R und des LR wird dann vom Mengenverhältnis des AR und des A im bestrahlten Material, z. B. den Samen, abhängen (vgl. hierzu Abb. 90). Bei gleichen Mengen von AR und A wird in beiden Spektralbereichen die gleiche Energiemenge eine bestimmte Reaktion auslösen bzw. unterdrücken. Ist mehr AR als A vorhanden, so ist das System relativ R-empfindlich und LR-unempfindlich (*Lepidium virginicum*-Samen); bei umgekehrtem Verhältnis von AR und A ist die Empfindlichkeit umgekehrt (die übrigen Fälle in Tabelle 5). Diese Hypothese erklärt auch, warum der Gleichgewichtspunkt, also die Wellenlänge, bei der die beiden Wirkungen gleich stark sind, bei verschiedenen Objekten über einen Bereich von insgesamt 300 Å variiert, während die Wirkungsmaxima weitgehend konstant sind. — Das 3. Ergebnis schließlich (der Verlust der Umkehrbarkeit der R-Wirkung) läßt darauf schließen, daß der Primärreaktion eine Reaktion des Pigments mit einem weiteren Molekül folgt, deren Produkt gegenüber der Strahlung nicht mehr empfindlich ist. Das gesamte Schema ist also wie folgt:

$$\text{Pigment} + AR \underset{\text{LR (oder R)}}{\overset{\text{R (oder LR)}}{\longrightarrow}} \text{Pigment} \cdot R + A \quad \text{Primärreaktion}$$
$$+$$
$$\text{Molekül}$$
$$\downarrow$$
$$\text{Pigment} \cdot R \cdot \text{Molekül} \quad \Big\} \text{Folgereaktion}$$

Die Natur von A ist vorläufig ganz unbekannt. R kann im einfachsten Falle Wasserstoff (H oder 2 H) oder ein Elektron sein. Dann wäre AR ein Wasserstoff- bzw. Elektrondonator, A ein H- bzw. Elektronacceptor, und die Umwandlung des Pigments wäre eine Oxydoreduktion bzw. eine *cis—trans*-Isomerisation. Es ist aber auch nicht ausgeschlossen, daß R ein größeres Radikal ist und es sich bei der Reaktion mit dem Pigment um eine Gruppenübertragung handelt. — Abschließend ist noch ein sehr wichtiges Ergebnis zu nennen, dessen Grundlage noch nicht klar ist, das aber beweist, daß Abwesenheit einer Lichtwirkung noch nicht bedeutet, das betreffende Pflanzenmaterial besitze das R—LR-empfindliche Pigmentsystem nicht oder könne es zum mindesten nicht entwickeln. Die Samen der meisten heutigen Salatvarietäten keimen im Licht wie im Dunkel. Werden solche Samen aber einige Zeit im gequollenen Zustand einer höheren Temperatur ausgesetzt (z. B. 4 Tage bei 30—35°; Keimung findet oberhalb von etwa 26° nicht statt), so werden sie R-bedürftig und LR-empfindlich, verhalten sich also genau wie die Samen einer von vornherein lichtabhängigen Varietät.

64. Einige Forscher haben versucht, das für die Absorption der morphogenetisch aktiven Lichtenergie verantwortliche Pigment zu isolieren oder indirekten Aufschluß darüber zu erhalten; einige andere haben sich bemüht, etwas über die der Lichtabsorption folgenden Vorgänge — d. h. die Folgereaktion in dem obigen Schema — zu erfahren. TODD u. GALSTON isolierten aus Samen, Sprossen und anderem für rotes Licht empfindlichem Pflanzenmaterial ein Pigment, welches mit Methylphäophorbid a identisch oder nahe verwandt zu sein scheint und dessen Absorptionsspektrum dem hypothetischen Absorptionsspektrum des rotempfindlichen Pigments ähnlich ist. Bei *Lactuca* war die Menge dieses Pigments der Lichtabhängigkeit der Samen proportional. Ein direkter Beweis für die Identität des Pigments mit dem gesuchten liegt aber nicht vor; vor allem waren Anwesenheit und Menge des Pigments von vorheriger R- oder LR-Bestrahlung unabhängig, und es gelang nicht, ein Pigment, das für die Absorption des LR verantwortlich gemacht werden könnte, nachzuweisen. BLAAUW-JANSEN findet, daß bei *Chlorella* ein diffusibles Chlorophyllid unter dem Einfluß von rotem Licht in einen nicht diffusiblen Hemmstoff umgewandelt wird, und vermutet, daß diese Reaktion an den morphogenetischen Lichtwirkungen bei höheren Pflanzen beteiligt ist.

65. Die Versuche, Aufschlüsse über die der Lichtabsorption folgenden Prozesse zu gewinnen, konzentrierten sich ohne Ausnahme auf die Atmung. Es scheint, daß Bestrahlung mit R die Atmung beeinflußt, daß dieser Einfluß lange vor der sichtbaren Reaktion, etwa dem Beginn der sichtbaren Keimung, sich geltend macht, also nicht mit dem Entwicklungsvorgang selbst, sondern nur mit den „vorbereitenden Vorgängen" in Zusammenhang stehen kann, und daß LR die Wirkung des R auf die Atmung aufzuheben vermag. Darüber hinaus scheinen uns die Versuche allerdings wenig zu sagen und auch keine Ansatzpunkte für weitere Untersuchungen zu liefern. HAGEN, BORTHWICK u. HENDRICKS finden bei *Lactuca*-Samen, daß nach R-Bestrahlung die Atmungs-

intensität dauernd zunimmt, während sie nach LR-Bestrahlung jeweils konstant ist, der Wert sich aber zweimal ändert. Etwa 12 Std nach Beginn der Quellung wird die Atmungsintensität der LR-Samen kleiner, etwa weitere 10 Std später geht sie auf den ursprünglichen Wert hinauf. Diese Zeiten stimmen ungefähr mit dem Anfang und dem Ende der Periode konstanter Lichtempfindlichkeit der Samen überein (s. § 62, Punkt 2), und die Autoren nehmen an, daß Atmung und Keimung durch dieselbe Folgereaktion kontrolliert würden, und daß derjenige Faktor, der die Atmung in den ersten 10—12 Std und nach 20 Std limitiert, auch die Empfindlichkeit für die R-Strahlung bestimmt. EVENARI, NEUMANN u. KLEIN finden ebenfalls, daß R bei *Lactuca*-Samen die Atmung steigert, während LR sie dem Wert der Dunkelkontrollen angleicht oder annähert. Die Wirkung auf Sauerstoffabsorption und Kohlendioxydevolution kann verschieden sein; ferner hängt die Wirkung von der Lagerungsdauer der Samen ab. Die Verfasser vermuten, daß in jungen Samen ein „Atmungsblock" vorhanden ist, der die Keimung verhindert, und daß dieser Block im Laufe der Lagerung abgebaut wird. Am weitesten gehen LEOPOLD u. GUERNSEY (1). Nach ihnen setzt R überall dort, wo es einen Entwicklungsvorgang fördert (Keimung bei *Lactuca*-Samen, Blattwachstum bei *Hordeum*), die Atmung herauf, überall dort, wo es die Entwicklung hemmt (Blütenbildung bei *Xanthium* und *Soja*, Wachstum des Mesokotyls von *Avena* und des Sprosses von *Pisum*), aber herab, während LR in allen Fällen die R-Wirkung auf die Atmung aufhebt. Die Autoren schließen, daß das Licht primär die Atmung beeinflußt, daß diese Wirkung bei verschiedenen Objekten verschieden ist, und daß die Entwicklung von der Atmung bestimmt wird. Allerdings wurden weit längere Bestrahlungszeiten verwendet, als sie für die Auslösung der betreffenden Entwicklungsreaktionen erforderlich sind; es wurde anscheinend nicht geprüft, ob die Lichtwirkung der Erwartung entsprach, und die absoluten Atmungsdifferenzen sind auch dort, wo die relativen Unterschiede groß sind, sehr klein, so daß an ihrer Signifikanz gewisse Zweifel erlaubt sind. Eine Bestätigung der Ergebnisse von LEOPOLD u. GUERNSEY ist daher dringend erwünscht.

c) Morphogenetische Lichtwirkungen bei Myxomyceten.

66. Bei Myxomyceten mit gefärbten Plasmodien ist für die Fruktifikation die Einwirkung von Licht notwendig (vgl. Fortschr. Bot. 12, 405, und 15, 448, § 45). Bei *Physarum polycephalum* ist nach GRAY blaues Licht am wirksamsten, grünes weniger und gelbes noch weniger wirksam; bei *Didymium nigripes* sind nach STRAUB Rot und Blau sowie langwelliges Ultraviolett (3500—3900 Å) wirksam, Grün dagegen unwirksam. LIETH konnte bei *Didymium* mehrere Pigmente extrahieren und trennen und auch feststellen, daß ihre Menge nach Belichtung des Plasmodiums erhöht ist; die Absorption dieser Pigmente allein reicht aber nicht aus, um das Wirkungsspektrum befriedigend zu erklären. STRAUB findet einen Hinweis dafür, daß bei dieser Lichtwirkung zwei Komponenten zu unterscheiden sind. Verfütterung belichteter und danach

abgetöteter Plasmodien hatte auf die Fruktifikation einen fördernden Einfluß, jedoch nur dann, wenn das lebende Plasmodium selbst ebenfalls eine gewisse Zeit belichtet wurde (Tabelle 6). Im Plasmodium scheinen also mit Hilfe der absorbierten Lichtenergie Substanzen gebildet zu werden, die für die Bildung von Fruchtkörpern notwendig sind und auch im toten Plasma eine Zeitlang erhalten bleiben; darüber hinaus benötigt aber das lebende Plasma selbst einen gewissen Betrag an Lichtenergie, um mit Hilfe jener Substanzen die Entwicklung zu vollenden.

Tabelle 6. Förderung der Fruchtkörperbildung bei *Didymium nigripes* durch Verfütterung belichteter und abgetöteter Plasmodien. Nach STRAUB.

	Abgetötete Plasmodien verfüttert	Belichtung der verfütterten Plasmodien vor Abtötung	Belichtung der lebenden Plasmodien	Fruchtkörperbildung in %
1	ja	5 Std	5 Std (18 Std nach Fütterung)	76,3
2	ja	unbelichtet	5 Std (18 Std nach Fütterung)	57,3
3	nein	—	2mal 5 Std (19 Std Abstand)	76,3
4	nein	—	1mal 5 Std	38,5

Photoperiodische Reaktionen.
a) Physiologie und Kinetik der Tageslängenwirkung auf die Blütenbildung.

67. Photoperiodische Reaktion kommen dann zustande, wenn an einem Vorgang eine Reihe von Einzelprozessen beteiligt sind, von denen ein Teil lichtbedürftig, ein anderer dagegen in irgendeiner Weise lichtempfindlich ist. Im Falle der Tageslängenabhängigkeit der Blütenbildung sind die Teilprozesse überwiegend im Blatt lokalisiert und resultieren in der Produktion eines Blühhormons, das zu den Vegetationspunkten des Sprosses geleitet wird. Um die photoperiodische Induktion der Blütenbildung zu verstehen, ist es daher notwendig, sowohl die im Blatt in den Licht- wie den Dunkelphasen vor sich gehenden Prozesse als auch ihre Beziehungen zueinander zu kennen. Bisher wurde dies Ziel fast ausschließlich mit Hilfe physiologischer Methoden angestrebt. Untersuchungen dieser Art sind in der Berichtszeit von verschiedenen Autoren weitergeführt worden und haben zu einigen sehr wichtigen Erkenntnissen geführt. Dabei wurde auch die Existenz bisher unbekannter hemmender Einflüsse der nichtinduktiven Tageslänge festgestellt. Außerdem wurden aber einige Zusammenhänge zwischen der photoperiodischen Reaktion und bestimmten biochemischen Reaktionen oder Faktoren aufgefunden, die möglicherweise einen Ansatzpunkt zum Eindringen in den Biochemismus des Photoperiodismus darstellen. Um in die große Zahl der Arbeiten — solcher, die in der Berichtszeit erschienen sind, und solcher, die in den beiden letzten Berichten zurückgestellt worden waren — eine gewisse Ordnung zu bringen, werden wir entsprechend dieser Reihenfolge vorgehen, also mit den rein physiologischen Untersuchungen beginnen, einschließlich derjenigen über

Hemmwirkungen, dann die biochemisch orientierten Arbeiten besprechen und schließlich einige allgemeinere Fragen der Deutung photoperiodischer Reaktionen diskutieren.

68. Bei der Analyse der in den Dunkelphasen der Licht-Dunkel-Cyclen vor sich gehenden Prozesse hat sich die „Störlicht-" oder „Lichtblitztechnik" als überaus nützlich erwiesen, d. h. die Unterbrechung der Dunkelphasen mit relativ geringen Lichtenergien. Mit Hilfe dieser Technik gelang LOCKHART u. HAMNER (1), (2) eine außerordentlich wichtige Entdeckung über die Kinetik der Gesamtreaktion bei Kurztagpflanzen, nämlich der Nachweis, daß die Blühhormonbildung über eine instabile Zwischenstufe verläuft. Während in früheren Versuchen das Störlicht meist in der Mitte einer induktiven Dunkelphase appliziert wurde, wandten LOCKHART u. HAMNER es am Ende einer solchen Dunkelphase an und brachten die Pflanzen dann für einige Stunden in Dunkelheit zurück. Die Versuche wurden mit *Xanthium* ausgeführt, einer Kurztagpflanze, bei der bekanntlich eine einzige induktive Tageslänge

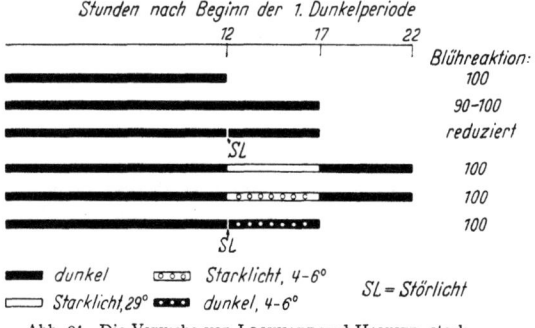

Abb. 91. Die Versuche von LOCKHART und HAMNER, stark vereinfacht und schematisiert. Näheres s. Text.

Blütenbildung auslöst. Es zeigte sich, daß Störlicht, kombiniert mit einer 2. Dunkelphase, die Blühreaktion reduziert (vgl. hierzu und zum Folgenden Abb. 91). Die Wirkung ist variabel; die Blühreaktion geht im Durchschnitt auf 50—60% der Kontrolle zurück, kann aber auch einerseits auf etwa 20% heruntergedrückt, andererseits kaum beeinflußt sein. Bloße Verlängerung der induktiven Dunkelphase hat aber niemals eine entsprechende reduzierende Wirkung. Da in den Blättern nach einer induktiven Dunkelphase bereits Blühhormon vorhanden ist, kann die Wirkung der 2. Dunkelperiode nur in einer Zerstörung oder Inaktivierung schon vorhandenen Hormons bestehen. Wenn nun die Pflanzen zwischen der 1. (induktiven) und der 2. („hemmenden") Dunkelphase 5 Std lang in Licht hoher Intensität gehalten werden, so ist die 2. Dunkelphase nicht mehr wirksam, d. h. die Blühreaktion entspricht den Kontrollen. Man könnte meinen, dies beruhe darauf, daß das Blühhormon in diesen 5 Std aus dem Blatt abgeleitet und so der Hemmwirkung der 2. Dunkelphase entzogen worden sei. Schneidet man jedoch die Blätter der Pflanze nach 12 Std Dunkelheit und 5 Std Licht ab, so findet keine Blütenbildung statt. Das Blühhormon hat zu diesem Zeitpunkt die Blätter also noch nicht verlassen; sein Abtransport beginnt erst etwa weitere 5 Std später. Während der auf eine induktive Dunkelphase folgenden Lichtphase macht also das Blühhormon eine qualitative Veränderung durch; es wird gegenüber dem Einfluß von Dunkelheit stabil. Diese Stabilisierung findet ebenso gut in tiefer wie in höherer Temperatur statt; dagegen ist der Einfluß der 2. Dunkelperiode auf die Blühreaktion stark temperaturabhängig und wird durch tiefe Temperatur verhindert, während bei 40° schon 3 Std Dunkelheit ausreichen, um die Blütenbildung so gut wie vollständig zu unterdrücken. Die Ergebnisse lassen sich in Erweiterung des von HAMNER 1940 entwickelten Schemas (vgl. auch Fortschr. Bot. **12**, 416) folgendermaßen formulieren:

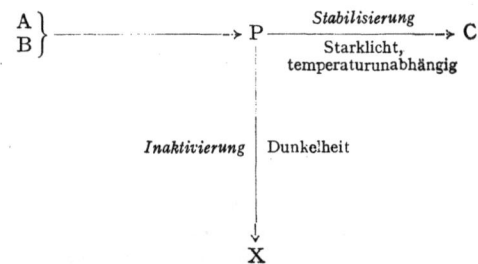

Das Blühhormon C, das durch das Zusammenwirken von Produkten einer Starklichtreaktion (A) und einer lichtempfindlichen Reaktion (B) entsteht, wird über eine Zwischenstufe P erzeugt, welche jedoch zu einem für die Blütenbildung nicht wirksamen Produkt (X) „abgelenkt" werden kann. Die „Stabilisierungsreaktion" ist entweder eine photochemische Reaktion, oder wird durch eine solche limitiert; die Reaktion P→X ist dagegen eine temperaturabhängige, biochemische Reaktion. Da allerdings HAMNER schon 1940 gefunden hatte, daß *Xanthium*-Pflanzen auch dann blühen, wenn sie dauernd in Dunkelheit gehalten werden, so scheint die Stabilisierungsreaktion (P→C) nicht absolut lichtabhängig zu sein, sondern durch Licht nur beschleunigt zu werden.

69. Mit Hilfe von Störlichtversuchen sucht auch WAREING (2) unsere Kenntnisse des photoperiodischen „Mechanismus" zu vertiefen. Wurden Biloxi-*Soja*-Pflanzen in Cyclen von 48 oder 60 Std Gesamtdauer gehalten, so wurde die Blütenbildung durch Störlicht im Anfangs- und im Endteil der Dunkelphasen gehemmt, während Störlicht in der Mitte der Dunkelphase die Blühreaktion sogar fördern kann (z. B. in einem Versuch Steigerung von etwa 25 auf über 40 Blüten je Pflanze, in einem anderen von etwa 11 auf etwa 17). CARR u. WAREING entwickeln auf Grund dieser Ergebnisse folgende recht komplizierte Theorie des Photoperiodismus bei Kurztagpflanzen, die einerseits auf einer Hypothese von GREGORY (vgl. Fortschr. Bot. **12**, 416—417), andererseits auf einem von CLAES u. LANG (1947) geäußerten Gedanken über die Möglichkeiten der Wechselwirkung zwischen Haupt- und Zusatzlichtphasen fußt: Das Blühhormon (hier als B bezeichnet) entsteht in Dunkelheit, und zwar nach Erreichen der kritischen Dauer der Dunkelphase, aus einer Vorstufe A, die in den Lichtphasen, also durch eine starkes Licht erfordernde Photoreaktion, gebildet wird. Außer dieser „primären Photoreaktion" gibt es aber eine „sekundäre Photoreaktion", die mit viel geringeren Lichtmengen auskommt und die einen Hemmstoff X produziert, welcher

von einer gewissen Konzentration an die Reaktion A→B blockiert. X entsteht aus einer Vorstufe S; diese wird ihrerseits in einer Reaktion gebildet, die sowohl in Licht als in Dunkelheit vonstatten geht, deren Geschwindigkeit aber relativ gering ist, so daß in den Lichtphasen von Kurztag die zur Hemmwirkung erforderliche Schwelle von X nicht erreicht wird. Störlicht ermöglicht aber die Bildung von X aus dem in Dunkelheit angehäuften S und somit die Erreichung jener Schwelle, vorausgesetzt jedoch, daß Haupt- und Störlicht zeitlich nicht zu weit voneinander getrennt sind:

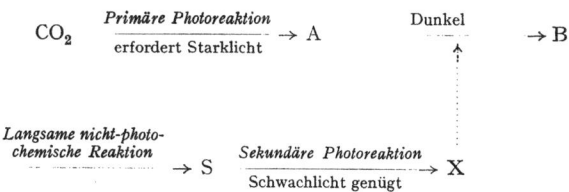

Nachdem allerdings die Ergebnisse von LOCKHART und HAMNER bekannt geworden sind, erscheint es möglich, die Ergebnisse WAREINGs auf eine einfachere Weise zu deuten. Man kann annehmen, daß Störlicht im Anfangs- wie im Endteil einer langen Dunkelphase dieselbe Wirkung hat, nämlich den „Dunkelprozeß" der Induktion annulliert und dadurch entweder die Bildung des Blühhormons unterbindet, oder zur Inaktivierung der labilen Vorstufe (P von LOCKHART u. HAMNER) im verbleibenden Teil der Dunkelheit führt; wird dagegen Störlicht in der Mitte einer solchen Dunkelphase gegeben, so überwiegt die fördernde Wirkung, die das Licht im Prozeß der photoperiodischen Induktion besitzt. Weitere Untersuchungen werden zwischen den verschiedenen Deutungsmöglichkeiten entscheiden müssen.

70. Mindestens ein Teil der positiven Wirkung, die das Licht in der photoperiodischen Reaktion von Kurztagpflanzen hat, hängt mit der Photosynthese zusammen. Dies wird durch neue Versuche von LONA (5) weiter bestätigt. Bei *Chenopodium amaranticolor* konnte Blütenbildung in Cyclen mit nur 1stündigen Lichtphasen erzielt werden, wenn die Pflanzen mit Zucker gefüttert wurden; auch die ungünstige Wirkung niedriger Lichtintensität in Kurztag-Lichtphasen kann durch Zuckerfütterung ausgeglichen werden. SCHWABE (2) findet bei *Kalanchoë blossfeldiana*, daß Reduktion der Lichtintensität während eines Teils der Kurztag-Lichtphase die Blühreaktion verringert und anscheinend zu einer Heraufsetzung der Mindestlänge der Dunkelphasen führt. Ob dies ebenfalls auf einer Verringerung der photosynthetischen Leistung oder — wie SCHWABE glaubt — anderen Wirkungen (vielleicht Erhöhung des Auxingehalts oder der Auxinempfindlichkeit der Pflanzen) beruht, läßt sich nicht sicher entscheiden.

71. Während frühere Untersuchungen, wie z. B. die von ALLARD u. GARNER (vgl. Fortschr. Bot. 11, 295), für eine weitgehende Unabhängigkeit der Höchstdauer einer induktiven Lichtphase und der Dauer einer

induktiven Dunkelphase zu sprechen schienen, zeigt WAREING (1) jetzt, daß bei *Soja* Blütenbildung in Cyclen mit langen Dunkelphasen nur dann stattfindet, wenn die Dauer der Lichtphase reduziert wird. So blieben die Pflanzen in Cyclen von 12:24 Std (Licht : Dunkel) vegetativ, kamen aber in 6:24 Std zur Blütenbildung. Die Bedeutung dieser Erscheinung ist unbekannt. Vielleicht entspricht sie — *mutatis mutandis* — dem von CLAES u. LANG gemachten Befund, daß die Langtagpflanze *Hyoscyamus niger* in 24-Std-Cyclen nur dann Blüten anlegte, wenn die Lichtphasen 11—12 Std lang waren, in 48-Std-Cyclen aber schon bei Lichtphasen von 9 Std Dauer (vgl. Fortschr. Bot. **12**, 410).

72. Als maximal empfindlich für photoperiodische Induktion wurden bei den bisher daraufhin untersuchten Pflanzen die jüngsten voll ausgewachsenen Blätter beschrieben. KHUDAIRI u. HAMNER (1) zeigen demgegenüber, daß bei *Xanthium* diejenigen Blätter, die etwa die Hälfte ihrer endgültigen Größe erreicht haben, empfindlicher sind, also eine bessere Blühreaktion vermitteln, als die jüngeren wie die älteren, darunter die gerade ausgewachsenen. JENNINGS u. ZUCK finden, daß die Kotyledonen von *Xanthium* für photoperiodische Induktion völlig unempfindlich sind. Das Ergebnis ist insofern überraschend, als ZIERIACKS (vgl. Fortschr. Bot. **15**, 466) bei Pflanzen mit wesentlich kleineren Kotyledonen gefunden hatte, daß dieselben die Prozesse der Blütenbildung offenbar ebenso auszuführen vermögen wie die Folge- und Laubblätter.

73. Mit Hilfe der schon in § 68 geschilderten Methode des Abschneidens der Blätter verschieden lange Zeiten nach vollendeter Induktion untersuchen außer LOCKHART u. HAMNER (2) auch KHUDAIRI u. HAMNER (1) sowie SKOK u. SCULLY bei *Xanthium* den Verlauf der Ableitung des Blühhormons aus dem Blatt. Sowohl die Länge der Dunkelphase als auch, in besonders starkem Maße, die nachfolgende Lichtphase sind für die Geschwindigkeit dieses Vorganges von Bedeutung. Nach einer 12stündigen Dunkelphase beginnt die Translokation, wie schon erwähnt, etwa 10 Std nach Ende der Dunkelphase und ist nach insgesamt 20 Std beendet. Bei halb ausgewachsenen, also für Induktion optimal empfindlichen Blättern, ist sie nach einer 15stündigen Dunkelphase schon innerhalb von 4 Std, nach einer solchen von 20 Std sogar innerhalb von 2 Std vollendet. Wird aber die Pflanze in Dunkelheit gelassen, so beginnt die Translokation des Blühhormons erst 30 Std nach Beginn der Dunkelphase und scheint sehr langsam fortzuschreiten. Eine der Funktionen des Lichts bei Kurztagpflanzen scheint also darin zu bestehen, eine rasche Ableitung des in der vorhergehenden Dunkelphase produzierten Blühhormons vom Blatt zum Vegetationspunkt zu ermöglichen.

74. OKUDA erreichte bei *Xanthium* Blütenbildung durch Aufpfropfen auf induzierte Individuen von mehreren Langtagpflanzen, darunter *Erigeron annuus*, *Rudbeckia bicolor* und *Centaurea cyanus*. Das ist ein neuer Beweis dafür, daß die Blühhormone von Lang- und Kurztagpflanzen entweder identisch oder zum mindesten sehr nahe verwandt sind.

b) Hemmwirkungen der nicht-induktiven Tageslänge.

75. HARDER (1), (2) und HARDER u. BÜNSOW stellen bei *Kalanchoë blossfeldiana* fest, daß der Erfolg der Kurztagbehandlung sehr stark von der Tageslänge beeinflußt werden kann, in welcher die Pflanzen sich vor und nach der Induktion befinden. Zum Beispiel bildeten Pflanzen, die vor der Induktion 4 Wochen lang in $12^1/_2$-Std-Tag gehalten worden waren, im Durchschnitt 305 Blüten, Pflanzen, die 4 Wochen lang in Tageslängen von 13, 14, 20 oder 24 Std gewesen waren, auf dieselbe Induktion hin aber nur 109, 84, 57 bzw. 58 Blüten. Da die kritische Tageslänge der Pflanze bei 12 Std liegt, läßt sich die günstige Wirkung der kürzeren Tage nicht mit fortgesetzter, wenn auch schwächerer Induktion erklären; vielmehr üben längere Tage irgendeine aktive Hemmwirkung aus. J. E. FISHER u. LOOMIS fanden, daß bei Lincoln-Sojabohnen, einer Varietät mit quantitativer Kurztagreaktion, dauerndes Abschneiden der jungen Blätter die Blütenbildung in Langtag beschleunigt; HAUPT (1) stellt bei Peking-Sojabohnen, die ebenfalls Blüten in Langtag (Dauerlicht) anlegen, jedoch nicht weiterentwickeln, fest, daß Decapitation der Pflanzen und fortgesetztes Ausbrechen der Achselknospen bis zur Anlegung von Blüten die Ausbildung reifer Früchte ermöglicht. Es ist lange bekannt, daß bei Induktion nur eines Teiles einer Pflanze — im Extremfall eines einzigen Blattes — und ebenso in Pfropfungen die Anwesenheit von Blättern am nicht-induzierten Teil bzw. Pfropfpartner die Blühreaktion häufig mehr oder weniger stark reduziert. Zum mindesten ein großer Teil der Fälle dieser „Hemmwirkung" ist aber ohne Zweifel ein Translokationsphänomen (vgl. § 89). Die Ergebnisse von HARDER und BÜNSOW, FISHER u. LOOMIS sowie HAUPT lassen sich aber auf dieser Basis nicht erklären; sie beweisen, daß unter nicht-induktiven Bedingungen und in den jungen Blättern Vorgänge ablaufen können, welche den zur Blütenbildung führenden Vorgängen entgegenarbeiten und deren Wirksamkeit herabsetzen. Die Interpretation der früher beobachteten „Hemmwirkung" berühren sie natürlich nicht.

c) Zusammenhänge zwischen CO_2-Gaswechsel und photoperiodischen Reaktionen.

76. Einer die biochemischen Vorgänge in der Pflanze, welcher mit den photoperiodischen Reaktionen in engem Zusammenhang zu stehen scheint, ist nach ungemein interessanten Arbeiten von GREGORY, SPEAR u. THIMANN und SPEAR u. THIMANN die Dunkelfixierung von Kohlendioxyd. Die Versuche wurden an *Kalanchoë blossfeldiana* und unter Verwendung eines Infrarotabsorptionsschreibers durchgeführt, welcher eine laufende Messung des CO_2-Gehalts eines über die Versuchspflanze geleiteten Gasstromes erlaubt. Unter Langtagbedingungen besitzt *Kalanchoë blossfeldiana* einen für viele Succulenten typischen Gaswechsel: starke Absorption in den Lichtphasen, schwache, aber regelmäßige Absorption auch in den Dunkelphasen. Wird jedoch die Pflanze in Kurztag übertragen, so beginnt die Absorption in den Dunkelphasen stärker, die in den Lichtphasen aber geringer zu werden, und nach etwa 30 Kurztagen findet der größte Teil der CO_2-Aufnahme im Dunkeln statt, während im Lauf des größten Teils der Lichtphase CO_2 abgegeben wird (Abb. 92 und 93). Die Menge des in einer Lichtphase abgegebenen Gases entspricht dabei derjenigen des in der vorangegangenen Dunkelphase absorbierten. Wird nun die Pflanze nach einer größeren Zahl von Kurztagen 48 Std lang in Dunkelheit gelassen, so macht die CO_2-Absorption nach etwa 16 Std Dunkelheit einer konstanten Evolution Platz, deren Quelle offenbar die normale Sauerstoffatmung ist; wird die Pflanze dann wieder in Licht gebracht, so erfolgt aber ein scharfer CO_2-Ausstoß (Abb. 94). Auch Erhöhung der Temperatur auf 30° nach einer längeren Dunkelphase resultiert in einem CO_2-Ausstoß; wird die Pflanze danach in Licht übertragen, so findet ein nochmaliger, etwas geringerer Ausstoß statt. In den Dunkelphasen von Kurztagen wird also in der Pflanze CO_2 gebunden; das Produkt dieser Dunkelfixierung ist aber labil, wobei eine thermo- und eine photolabile Fraktion zu unterscheiden sind. Da unter Langtagbedingungen die Dunkelfixierung viel schwächer ist, muß angenommen werden, daß in den langen Kurztags-Dunkelphasen ein Enzymsystem gebildet wird, welches die Dunkelfixierung von CO_2 katalysiert; da die Zeitdauer der Dunkelfixierung in langen

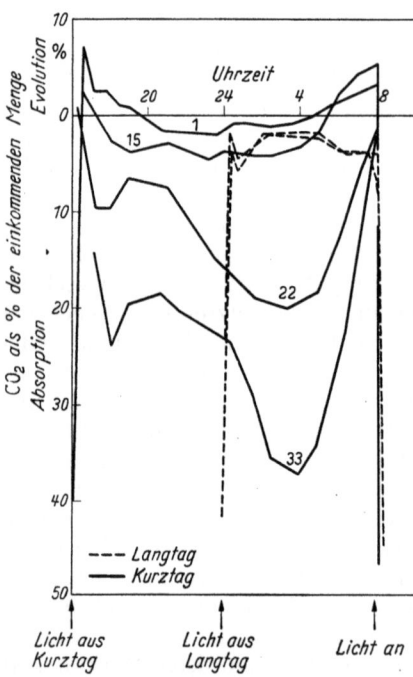

Abb. 92. Kohlendioxyd-Gaswechsel von *Kalanchoë blossfeldiana* in den Dunkelphasen von Langtagen (gestrichelte Kurve) und des 1., 15., 22. und 33. Kurztages (ausgezogene Kurven). Original: Abb. 2 (S. 222) in F. G. GREGORY, I. SPEAR u. K. V. THIMANN, Plant Physiol. **29**, 220—229 (1954).

Dunkelphasen aber beschränkt ist (auf die ersten 15—16 Std), ist ferner anzunehmen, daß ein Acceptor vorhanden sein muß, der vermutlich aus Produkten der Lichtphase (Photosynthese) gebildet wird. Störlicht in der Mitte der Dunkelphase verhindert die Ausbildung des „Kurztagsmusters" des CO_2-Gaswechsels (Abb. 95), ebenso wie es die photoperiodische Induktion verhindert. Zwischen der Dunkelfixierung von Kohlendioxyd in den Dunkelphasen von Kurztagen und der Blühinduktion scheint also ein enger Zusammenhang zu bestehen. Vermutlich verhindert das Störlicht die Ausbildung des CO_2-bindenden Enzymsystems. Auch die CO_2-entbindende Wirkung hoher Dunkelphasentemperaturen entspricht der ungünstigen Wirkung solcher Temperaturen auf die Blütenbildung; insbesondere macht sie die Wirkung einer relativ kurzfristigen Temperaturerhöhung vor dem Ende einer induktiven Dunkelphase oder in der „2. Dunkelphase", die von NAKAYAMA (Fortschr. Bot. 16, 372—373) bzw. neuerdings von LOCKHART u. HAMNER (s. § 68)

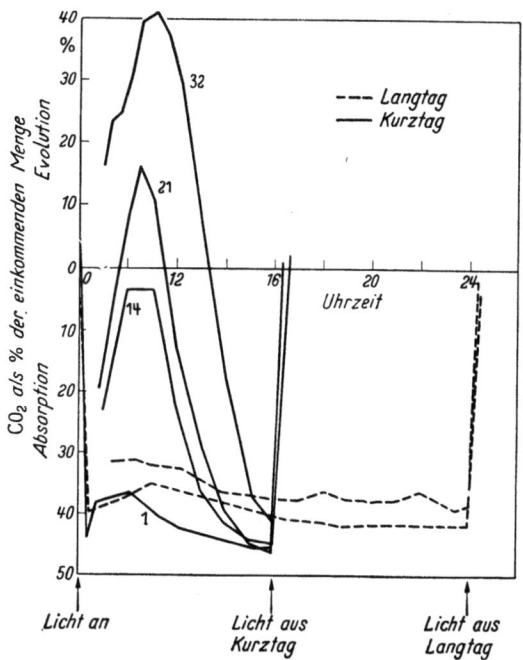

Abb. 93. CO_2-Gaswechsel von *Kalanchoë blossfeldiana* in den Lichtphasen von 2 Langtagen (gestrichelte Kurven) und des 1., 14., 21. und 32. Kurztages (ausgezogene Kurven). Original: Abb. 3 (S. 222) in F. G. GREGORY, I. SPEAR u. K. V. THIMANN, Plant Physiol. **29**, 220—229 (1954).

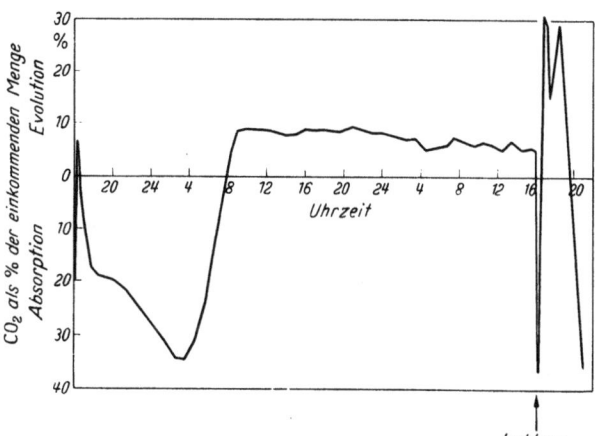

Abb. 94. CO_2-Gaswechsel von *Kalanchoë blossfeldiana* während einer 48stündigen Dunkelphase und der ersten 4 Std nach Übertragung in Licht. Original: Abb. 7 (S. 226) in F. G. GREGORY, I. SPEAR u. K. V. THIMANN, Plant Physiol. **29**, 220—229 (1954).

beobachtet worden ist, verständlich. Der Zusammenhang zwischen CO_2-Dunkelfixierung und photoperiodischer Reaktion ist um so interessanter, als, wie in § *54* und § *86* besprochen, Anwesenheit von CO_2

Fortschritte der Botanik XVII. 49

in der Atmosphäre auch für die Entwicklung der *Acrasiales* und für gewisse Vernalisationsvorgänge bei höheren Pflanzen notwendig zu sein scheint. Es erscheint möglich, daß nicht-photosynthetische Kohlendioxydfixierung eine wichtige Funktion in den verschiedensten Entwicklungsvorgängen der Pflanzen hat.

77. Einen Versuch, die Bedeutung einer Dunkelfixierung von Kohlendioxyd für die photoperiodische Induktion direkt nachzuweisen, machen LANGSTON u. LEOPOLD (2). In einer früheren Arbeit [LANGSTON u. LEOPOLD (1)] hatten sie gefunden, daß Biotin und Pantothensäure während der photoperiodischen Induktion von *Hordeum vulgare* (Wintex-Sommergerste) abnehmen, wobei diese Abnahme nicht nur durch Langtag, sondern auch durch Störlicht in den Kurztags-Dunkelphasen verursacht werden kann. Die Autoren schlossen daraus, daß diese Substanzen irgendwie an den Induktionsprozessen beteiligt sind, und da beides Coenzyme von am Citronensäurecyclus beteiligten Enzymen sind, schien eine Beteiligung von CO_2-Fixierungsprozessen möglich. Wurden nun *Hordeum*-, *Xanthium*- und *Soja*-Pflanzen während der Dunkelphasen der photoperiodischen Induktion in CO_2-freier Luft gehalten, so war bei den beiden Kurztagpflanzen die Blühreaktion herabgesetzt, während bei *Hordeum* die Wirkung geringfügig war. Die CO_2-Fixierung durch abgeschnittene Blätter soll unter induktiven Bedingungen zunehmen und soll durch Störlicht in den Dunkelphasen von Kurztagen bei *Soja* und *Xanthium* gefördert, bei *Hordeum* dagegen reduziert werden. Allerdings enthält die Arbeit von LANGSTON u. LEOPOLD einige unklare Punkte — z. B. schon ihre Messung der Blühreaktion bei *Xanthium* — und bedarf wohl der Bestätigung.

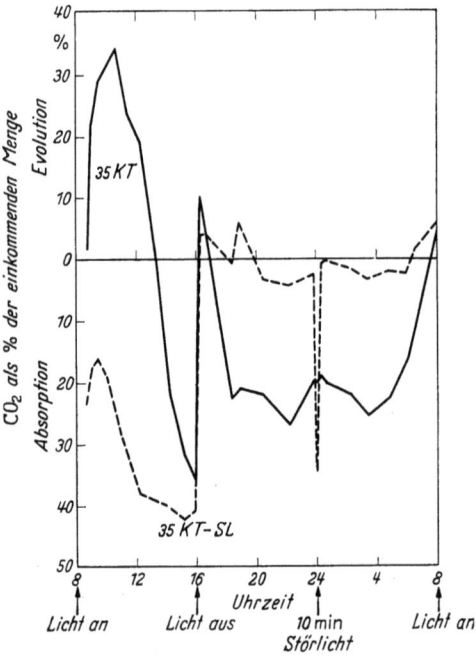

Abb. 95. CO_2-Gaswechsel von *Kalanchoë blossfeldiana* nach 35 Kurztagen (*KT* und ausgezogene Kurve) und nach 35 Kurztagen mit Störlicht in der Mitte der Dunkelphase (*KT-SL* und gestrichelte Kurve). Original: Abb. 6, Teilfigur D (S. 225) in F. G. GREGORY, I. SPEAR u. K. V. THIMANN, Plant Physiol. **29**, 220—229 (1954).

d) Die Bedeutung des Auxins für die photoperiodische Induktion und für andere Vorgänge der Blütenbildung.

78. Der zweite chemische Faktor, dessen Wirkung auf die photoperiodischen Reaktionen erkannt worden ist, ist das Auxin. Die Entdeckung ist nahezu 20 Jahre alt: schon DOSTÁL u. HOSEK (1937) und

HAMNER u. BONNER (1938) berichteten, daß Auxin bei Stecklingen von *Circaea lutetiana* bzw. bei kurztagbehandelten *Xanthium*-Pflanzen die Blütenbildung reduziert oder völlig unterdrückt. Diese Beobachtung fand jedoch keine Beachtung, bis 1949 BONNER u. THURLOW die Untersuchung der Erscheinung wieder aufnahmen und zeigten, daß verschiedene Auxine (β-Indolylessigsäure, α-Naphthylessigsäure und 2,4-Dichlorphenoxyessigsäure) die Wirkung photoperiodischer Induktion herabsetzen und völlig annullieren können. Seither ist diese Wirkung bei einer ganzen Reihe von Kurztagpflanzen, darunter *Kalanchoë blossfeldiana*, *Chenopodium amaranticolor* und *Soja*, bestätigt worden [vgl. unter anderen HARDER u. VAN SENDEN, VAN SENDEN, LONA (4), RESENDE u. VIANA]. Einige besonders illustrative Ergebnisse an *Kalanchoë* sind in Tabelle 7 wiedergegeben. Zu betonen ist, daß die Hemmwirkung des Auxins auf die Blütenbildung von Kurztagpflanzen schon durch solche Konzentrationen hervorgerufen werden kann, die noch keinen oder nur einen vorübergehenden Einfluß auf das Wachstum der Pflanze haben.

Tabelle 7. *Wirkung von Auxin auf die photoperiodische Induktion von Kalanchoë blossfeldiana.* Nach HARDER und VAN SENDEN.

Indolylessigsäure (mg/l)	Zahl der behandelten Pflanzen	Zahl der blühenden Pflanzen	Tage bis zum Sichtbarwerden der Knospen	Zahl der Knospen je Pflanze
0	6	6	24	79
1	8	7	25	35
10	8	6	33	9
100	8	—	—	—

79. Wenn Auxin bei Kurztagpflanzen die Wirksamkeit der photoperiodischen Induktion reduziert, so ergeben sich sogleich eine ganze Reihe von Fragen. Die wichtigsten davon sind: 1. Handelt es sich um eine echte Auxinreaktion, vergleichbar z. B. derjenigen im Streckungswachstum; 2. wo greift das Auxin in den photoperiodischen Mechanismus ein; 3. spielt das endogene Auxin der Pflanze eine Rolle bei den photoperiodischen Reaktionen; und 4. — wenn die 3. Frage bejahend zu beantworten ist — was genau ist seine Rolle in diesen Reaktionen? Zur Beantwortung der 1. Frage untersuchten BONNER u. THURLOW, ob die Wirkung des Auxins auf die photoperiodische Induktion bei *Xanthium* durch gleichzeitige Applikation eines Antiauxins aufgehoben oder gemildert werden kann. Dies scheint in der Tat der Fall zu sein; freilich sind diese Befunde bei weitem nicht so umfangreich und eindeutig wie diejenigen über die Hemmwirkung von Auxin allein. Bezüglich der 2. Frage stellten BONNER u. THURLOW fest, daß induzierte, aber gleichzeitig auxinbehandelte Blätter von *Xanthium*, auf nicht-induzierte Individuen der Pflanze gepfropft, bei diesen keine Blütenbildung auslösen. Später fanden SALISBURY u. BONNER, daß Auxinapplikation im Anfangsteil einer induktiven Dunkelphase am wirksamsten ist (und zwar bemerkenswerterweise einige Stunden nach Beginn wirksamer als unmittelbar zu Beginn der Phase). Jedoch hat auch eine Applikation im weiteren Verlauf der Dunkelphase und ebenso in den ersten Stunden der folgenden Lichtphase eine zwar schwächere, aber noch eindeutige Wirkung. Erst ungefähr wenn die Translokation des Blühhormons aus dem Blatt stattfindet (s. §§ 68 und 73), verschwindet diese Auxin-

wirkung und kann sogar einer leichten fördernden Wirkung Platz machen. Die Wirkung des Auxins besteht in einer Verlangsamung der Blüten(Inflorescenz)entwicklung; die kritische Dauer der Dunkelphase scheint nicht beeinflußt zu sein. LOCKHART u. HAMNER (1) fanden schließlich, daß die Wirksamkeit der „2. Dunkelphase" (s. § *68*) durch gleichzeitige Auxinapplikation sehr stark erhöht wird, so daß die Blühreaktion fast immer auf Null oder nahezu Null heruntergeht. Es ist also wahrscheinlich, daß der Wirkungsmechanismus des Auxins bei seinem Einfluß auf die photoperiodische Reaktion derselbe ist wie in anderen auxinabhängigen Vorgängen; es ist klar, daß das Auxin **auf die im Blatt vor sich gehenden Prozesse der photoperiodischen Induktion einwirkt**, und zwar wahrscheinlich auf die späteren, nach Ablauf der kritischen Dauer der Dunkelphase einsetzenden dieser Prozesse, und **sowohl die Entstehung des Blühhormons verhindert als auch bereits vorhandenes Blühhormon unwirksam macht**. Nach den Befunden von LOCKHART u. HAMNER erscheint es möglich, daß das Auxin speziell die Stabilisierung des Blühhormons verlangsamt oder verhindert und daß infolgedessen die labile Zwischenstufe (P) zum unwirksamen „Seitenprodukt" (X) umgewandelt wird. Jedoch bedarf diese Frage zweifellos weiterer Untersuchung.

80. Die Frage, ob das endogene Auxin eine Rolle in der photoperiodischen Induktion der Kurztagpflanzen spielt, läßt sich auf zweierlei Weise angreifen: 1. durch Versuche, den endogenen Auxinspiegel experimentell zu verändern, 2. durch Versuche, eine Korrelation zwischen photoperiodischer Induktion und Auxingehalt nachzuweisen. Versuche der ersten Art sind mehrfach mit Erfolg vorgenommen worden. BONNER konnte bei *Xanthium*-Pflanzen, die durch schwaches Zusatzlicht in der Dunkelphase an der Blütenbildung verhindert waren, durch Behandlung mit Antiauxinen eine schwache Blühreaktion auslösen. KHUDAIRI u. HAMNER (2) erreichten denselben Effekt — sogar etwas stärker — durch Anwendung von Äthylen-Chlorhydrin, einer Verbindung, die den Auxingehalt in der Pflanze herabsetzt, während LONA u. BOCCHI durch Behandlung der Pflanzen mit einer 0,002%igen Lösung von Eosin, welches ebenfalls, vermutlich auf Grund photodynamischer Wirkung, den Auxingehalt der Pflanze reduziert, bei *Perilla* eine Verkürzung der Mindestdauer der photoperiodischen Induktion von über 10 auf 7 bis 8 Kurztage erzielten. Die Versuche, Veränderungen des Auxingehalts in Abhängigkeit von der photoperiodischen Induktion festzustellen, haben dagegen bisher keine eindeutigen Ergebnisse gebracht. v. WITSCH und ŽDANOVA analysierten den Auxingehalt von Kurztagpflanzen noch bevor die Wirkung des Auxins auf die photoperiodische Induktion allgemein erkannt worden war, und fanden, daß die Pflanzen in Kurztag stets weniger Auxin enthalten als in Langtag. Neuerdings fand COOKE bei *Soja* und *Xanthium*, daß der Auxingehalt bei photoperiodischer Induktion zuerst ansteigt, dann abnimmt; die Abnahme wird erst dann bemerkbar, wenn eine Induktion schon stattgefunden hat. VLITOS u. MEUDT (1), (2) fanden dagegen bei Biloxi-Sojabohnen in Kurztag einen mehr als 100fach höheren Gehalt an Auxin (Indolylessigsäure) als in

Langtag. Bei Peking-Sojabohnen war der Unterschied viel geringer, bei *Nicotiana tabacum* ,,Maryland-Mammut" war er überhaupt nicht vorhanden. Jedoch enthielten alle 3 Pflanzen in Kurztag mehr Indolbrenztraubensäure, die als natürliche Vorstufe des Auxins angesehen wird, als in Langtag. Nach BECKER ist bei *Kalanchoë blossfeldiana* der Wuchsstoffgehalt der Pflanzen in den skotophilen Phasen der endogenen Tagesrhythmik — in denen nach der Theorie von BÜNNING zur Induktion der Blütenbildung Dunkelheit notwendig ist — niedriger als in den skotophilen. Jedoch hindern lange Lichtzeiten, die für die Blütenbildung ungünstig sind, die Abnahme des Auxingehalts nicht, so daß nach Ansicht der Verfasserin Reduktion des Auxingehalts nicht der lichtempfindliche Prozeß in den Dunkelphasen der photoperiodischen Induktion sein kann. Die Ergebnisse sind also sehr heterogen. Jedoch ist auch keine der bisher vorhandenen auxinanalytischen Arbeiten der Art ihrer Durchführung nach imstande, die Frage der Auxinbeteiligung an der photoperiodischen Induktion entscheidend zu beantworten. Gegen die meisten von ihnen lassen sich methodische Bedenken erheben, und zwar wurde offenbar die Möglichkeit der Anwesenheit von Hemmstoffen, die den Wuchsstofftest beeinflussen und Unterschiede im Auxingehalt vortäuschen können, nicht genügend beachtet. Nur gegenüber der Arbeit von VLITOS u. MEUDT ist dieser Einwand nicht gerechtfertigt, da in ihren Versuchen die zu bestimmenden Stoffe chromatographisch gereinigt wurden. Vor allem aber wurden die Auxinanalysen nach Beginn der Induktionsbehandlung, in den meisten Fällen sogar lange nach Beginn, vorgenommen, während das Auxin während des Induktionsvorganges, vor allem in den Dunkelphasen und dem ersten Teil der Lichtphasen, wirksam ist. Entscheidend kann also nur eine Analyse des Auxingehalts und seiner etwaigen Veränderungen im Laufe des einzelnen Licht-Dunkel-Cyclus sein. Diese Aufgabe ist freilich schwieriger, als es auf den ersten Blick scheinen könnte. Der Auxingehalt der Blätter ist im allgemeinen sehr niedrig; etwaige Unterschiede, die im Verlauf des Induktionscyclus auftreten, werden, absolut genommen, stets sehr klein sein, und es ist nicht gesagt, daß die heute verfügbaren Methoden der Auxinbestimmung in Pflanzengewebe, obgleich sie zweifellos sehr vervollkommnet worden sind, zur sicheren Erfassung derartiger Unterschiede ausreichen. Ferner ist heute bekannt, daß in der Pflanze eine Reihe von verschiedenen Auxinen vorkommen, darunter auch solche nicht-sauren Charakters; die Bestimmung der Indolylessigsäure und anderer saurer Auxine — auf die sich die bisherigen Untersuchungen durchweg beschränkten — kann also ungenügend sein. Schließlich ist es sicher, daß das Auxin in der Pflanze nicht in der freien Form wirksam ist, sondern gebunden an irgendein Acceptormaterial; Unterschiede in der Menge des effektiven, gebundenen Auxins brauchen aber nicht zwangsläufig von Unterschieden in derjenigen des freien Auxins begleitet zu sein. LAIBACH u. FISCHNICH (1) fanden, daß Verdunkelung der einen Längshälfte bei Blättern von Kurztag- wie von Langtagtypen von *Coleus* eine Krümmung des Stieles zur belichteten Seite hin verursacht. Sie schließen daraus, daß Dunkelheit die

Ableitung von Auxin aus der Spreite beschleunigt und daß die so verursachte Reduktion des Auxingehalts bei Kurztagpflanzen die Blütenbildung fördert, bei den Langtagpflanzen dagegen hemmt. Da der Auxingehalt eines Organs aber nicht nur von der Geschwindigkeit der Auxinableitung, sondern auch von der Auxinsynthese und -zerstörung sowie der Anwesenheit von Hemmstoffen abhängen kann, ist die Deutung der beobachteten Reaktion willkürlich, und die an die Beobachtung geknüpften, sehr weitreichenden Annahmen sind grundlos.

81. Zusammenfassend läßt sich sagen: 1. Die bisher zu dieser Frage vorliegenden Auxinanalysen sagen noch nichts Eindeutiges darüber aus, ob die photoperiodische Induktion von Kurztagpflanzen mit Veränderungen des endogenen Auxingehalts korreliert ist. 2. Die Versuche zur experimentellen Modifikation des endogenen Auxinspiegels sprechen aber dafür, daß die photoperiodische Induktion dieser Pflanzen durch Herabsetzung dieses Spiegels begünstigt wird. Bei manchen Kurztagpflanzen ist auch eine Förderung der Blühreaktion unter Kurztagbedingungen durch Antiauxinbehandlung beobachtet worden (GALSTON bei *Soja*, ESTEVES-DE-SOUSA bei *Kalanchoë*- und *Bryophyllum*-Species). Diese Befunde sind sehr wichtig; sie machen es notwendig, bei Einflüssen auf die photoperiodische Induktion von Kurztagpflanzen dem Auxinhaushalt der Pflanze besondere Aufmerksamkeit zu widmen. Zum Beispiel erscheint es durchaus im Bereich des Möglichen, daß die von HARDER und BÜNSOW sowie von FISHER u. LOOMIS gefundenen Hemmwirkungen nicht-induktiver Tageslängen bzw. junger Blätter (s. § 75) Auxineffekte sind. Anders steht es mit der Frage nach der genauen Rolle des Auxins im photoperiodischen Mechanismus der Kurztagpflanzen. Die Wirkung von Antiauxinen und von anderen den endogenen Auxinspiegel reduzierenden Verbindungen läßt sich nur unter solchen Bedingungen demonstrieren, unter denen die Pflanzen sich bereits an der Schwelle der Blütenbildung befinden und nur noch eines kleinen Anstoßes bedürfen, um diese Schwelle zu überschreiten. Blütenbildung unter strikten Langtagbedingungen ist durch Antiauxinbehandlung offenbar nicht zu erreichen (vgl. GALSTON für *Soja*, VAN ZEIST u. KOEVOETS und ESTEVES-DE-SOUSA für *Kalanchoë*). Umgekehrt ist auch die Wirkung des Auxins quantitativ; bei beschränkter Induktionszeit kann Auxinapplikation die Blütenbildung ganz unterbinden, aber bei dauernder Kurztagkultur ruft sie bestenfalls eine Verzögerung derselben hervor, jedenfalls bei Verwendung solcher Konzentrationen, die keine Schädigung der Pflanze und keine abnormen Wachstumserscheinungen hervorrufen. Daraus ist entweder zu schließen, daß das Auxin, wenn es ein integrierender Bestandteil des photoperiodischen Mechanismus der Kurztagpflanzen ist, nicht der limitierende Faktor dieses Mechanismus sein kann — dieser ist die Tageslänge selbst, also das Licht —, oder aber, daß das Auxin am photoperiodischen Mechanismus nicht direkt beteiligt ist, sondern nur dessen Funktionieren modifiziert, also nur das vollbringt, was auch eine ganze Reihe anderer Faktoren oder Prozesse, wie Atmung oder Mineralernährung, vollbringen können. Diese Alternative läßt sich nur durch weitere Untersuchungen entscheiden.

82. Während bei Kurztagpflanzen die Wirkung von exogenem Auxin auf die photoperiodische Induktion außer Frage steht und auch der Einfluß des endogenen Auxins der Pflanze auf diesen Vorgang in der einen oder anderen Weise zum mindesten als sehr wahrscheinlich gelten kann, sind diese Dinge bei den Langtagpflanzen noch völlig offen. LEOPOLD u. THIMANN fanden bei Wintex-Gerste, daß Behandlung mit niedrigen Auxinkonzentrationen unter Langtagbedingungen die Zahl der Ährchenanlagen erhöht; HUSSEY u. GREGORY konnten diesen Befund bestätigen, während bei Roggen (Secale cereale, Petkus-Sommerroggen) keine Wirkung nachzuweisen war. Jedoch handelt es sich hier ohne Frage um eine Wirkung auf die Weiterentwicklung der Inflorescenz und nicht auf ihre Anlegung, also nicht auf die photoperiodische Induktion, zumal auch die vegetative Wüchsigkeit der Pflanzen gefördert war. Bei *Calendula officinalis* wurde die Blütenbildung, ebenfalls unter Langtagbedingungen, durch Auxinbehandlung verzögert, bei *Linum usitatissimum* und *Statice bonduelli* durch Ultraviolettbestrahlung — die, ähnlich wie Behandlung mit Äthylen-Chlorhydrin oder fluorescierenden Farbstoffen, den Auxingehalt der Pflanze herabzusetzen scheint — dagegen beschleunigt; bei vielen anderen Arten war freilich keine Wirkung zu beobachten (v. DENFFER u. GRÜNDLER, v. DENFFER u. SCHLITT). Bei *Hyoscyamus niger* hatte weder Auxin- noch Antiauxinbehandlung von Pflanzen, die dicht unterhalb oder oberhalb der kritischen Tageslänge gehalten wurden, einen Einfluß auf die Blühreaktion (CLAES).

83. Eine Reihe von Autoren hat teilweise recht weitgehende Hypothesen über die Rolle des Auxins in der photoperiodischen Reaktion entwickelt. LIVERMAN u. BONNER sind der Meinung, daß ihr „morphogenetischer Photocyclus" (s. Fortschr. Bot. 16, 369, § 46) auch in den photoperiodischen Reaktionen wirksam ist und daß der Auxin-Receptor-Komplex ES bei Kurztagpflanzen die Blütenbildung hemmt, bei den Langtagpflanzen aber fördert. In einem neuen Übersichtsbericht über die Physiologie des Photoperiodismus baut LIVERMAN diese Hypothese weiter aus. RESENDE (1) ist der Ansicht, die Blütenbildung hänge von dem Verhältnis Auxin:Antiauxin im Vegetationspunkt der Pflanze ab; die photoperiodische Induktion bestehe in der Produktion von Antiauxin. Die letztgenannte Möglichkeit wird auch von VAN SENDEN erwogen. LONA (5) scheint andererseits der Auffassung zuzuneigen, die Wirkung des Auxins auf die photoperiodische Induktion sei indirekt und beruhe auf solchen Einflüssen wie z. B. auf den Stoffwechsel der Pflanze oder die Blattalterung. Die Hypothese von LAIBACH u. KRIBBEN wurde schon früher (§ 80) erwähnt. Die Zusammenfassung unserer tatsächlichen Kenntnisse der Rolle des Auxins in der photoperiodischen Induktion (§§ 78—82) dürfte es klar machen, daß alle diese Hypothesen hochgradig spekulativer Natur sind. Wir können und müssen nur prüfen, ob sie mit den schon bekannten experimentellen Tatsachen vereinbar sind und, wenn das der Fall ist, ob sie uns bei der Planung der weiteren experimentellen Arbeit helfen können. Eine Tatsache, die sicher festzustehen scheint, ist, daß die Wirkung des Auxins auf die

photoperiodische Induktion der Kurztagpflanzen im Blatt lokalisiert und auf die eigentlichen Induktionsprozesse beschränkt ist. Das macht aber die Ansichten von RESENDE und von LONA hinfällig. Die Hypothese von LIVERMAN und BONNER ist der experimentellen Prüfung zugänglich. Wenn sie zutrifft, so ist zu erwarten, daß Auxin und Licht in den photoperiodischen Reaktionen eine synergistische Wirkung haben, und ferner, daß das langwellige Rot nicht nur die Wirkung von Störlicht, sondern auch diejenige von Auxin aufhebt, da diese Strahlung auf den ES-Komplex einwirkt. Bisher liegen zu diesen Fragen keine eindeutigen Ergebnisse vor. SALISBURY u. BONNER fanden, daß die Wirkungen von Störlicht und Auxin einfach additiv zu sein scheinen; aber einige Versuche von LOCKHART u. HAMNER sprechen für eine synergistische Wirkung. Ob das langwellige Rot die Auxinwirkung auf die photoperiodische Induktion beeinflußt, ist noch nicht untersucht worden.

84. Auch bei einigen tagneutralen Pflanzen konnte die Blütenbildung durch Applikation von Wachstumsregulatoren beeinflußt werden Der erste solche Fall, *Ananas sativus*, ist früher besprochen worden (Fortschr. Bot. 12, 387—388). In der Berichtszeit konnten HOWELL u. WITTWER durch einmaliges Besprühen der Pflanzen mit 100—500 mg/l 2,4-Dichlorphenoxyessigsäure reichliche Blütenbildung bei *Ipomoea batatas* induzieren. Bei *Phaseolus vulgaris* fand GORTER, daß Behandlung mit 2,3,5-Trijodbenzoësäure und ihren Chlor- und Bromanalogen die Blütenzahl erhöhen kann; da aber die relative Wirksamkeit der 3 Substanzen verschieden war von ihrer Wirkung auf den Blattabwurf, und da bei diesem letztgenannten Vorgang Auxin in eindeutiger Weise mitwirken soll, ist die Verfasserin der Ansicht, daß die Beeinflussung der Blütenbildung keine Antiauxinwirkung ist.

85. Für die Vernalisation und verwandte Erscheinungen liegen ebenfalls zahlreiche Angaben über Auxin- und Antiauxineffekte vor; aber es ist noch weniger als bei den Auxinwirkungen auf die photoperiodische Reaktion möglich, sich ein alle Ergebnisse umfassendes Bild zu machen. Bei Erbsen (*Pisum sativum*) und einigen anderen Pflanzen fördert, wie LEOPOLD u. GUERNSEY 1953 zeigen konnten, Einquellen der Samen in Auxin mit nachfolgender Kältebehandlung die Blütenbildung, während keine dieser Behandlungen, für sich allein angewandt, eine Wirkung hat (vgl. Fortschr. Bot. 16, 357). In einer neuen Arbeit über diese „chemische Vernalisation" zeigen LEOPOLD u. GUERNSEY (2) bei *Pisum*, daß auch Trijodbenzoësäure sowie Aneurin diese Wirkung haben und daß hohe Temperatur, Stickstoffatmosphäre sowie Kohlendioxydentziehung aus der Luft, nach der Kälte angewandt, „devernalisierend" wirken. Während der Kältebehandlung selbst ist Anwesenheit von CO_2 dagegen nicht erforderlich. Im Ablauf dieses Vernalisationsprozesses sind also anscheinend 2 Stadien zu unterscheiden: im 1. ist Auxin und Kälte, im 2. Anwesenheit von CO_2, aber keine Kälte mehr notwendig. Hohe Lichtintensität während der Aufzucht der Pflanzen setzte den Vernalisationseffekt ebenfalls herab.

86. Bei der typischen, auch ohne exogenes Auxin vor sich gehenden Vernalisation der winterannuellen und zweijährigen Pflanzen ist bisher im allgemeinen nur eine hemmende Wirkung von Auxin beobachtet worden, so bei Wintergetreiden, *Lupinus albus* und *Linum usitatissimum* [CHOUARD u. POIGNANT, SECHET, CHAKRAVARTI (2)]. Das Wachstum der Körner oder Samen während der Behandlung war dabei wenigstens in manchen Fällen nicht nennenswert beeinflußt; dennoch ist es möglich, daß in einem Teil dieser Versuche die verwendeten Konzentrationen zu hoch waren. Bei *Brassica campestris* wird aber die Vernalisation durch Behandlung der Samen mit Indolylessigsäure, Indolylbuttersäure und Naphthylessigsäure in Konzentrationen bis zu 0,05 und selbst 0,005 mg/l herunter gefördert, während sowohl 2,4-Dichlorphenoxyessigsäure als auch Trijodbenzoësäure hemmend wirken. Bei Samenbehandlung ohne Vernalisation hatten alle 5 Substanzen auf die Blütenbildung weder einen fördernden noch einen hemmenden Einfluß; bei Behandlung der heranwachsenden Pflanzen aus vernalisierten wie nicht-vernalisierten Samen wirkten sie aber alle beschleunigend (CHAKRAVARTI u. PILLAI). Bei unvernalisiertem Winterweizen und -roggen war keine Förderung der Blütenbildung durch Auxin zu beobachten (RICE und HUSSEY u. GREGORY), ebenso nicht bei vernalisiertem Winterroggen bei Behandlung nach der Vernalisation. Bei Sellerie (*Apium graveolens*) wurde die Blütenbildung bei jungen Pflanzen durch 50—100 mg/l Maleïnylhydrazin sehr stark gefördert; bei älteren Pflanzen hatten dieselben Konzentrationen nur eine geringfügige positive Wirkung, während höhere die Blütenbildung hemmten. Da Maleïnylhydrazin ein Wachstums-, aber kein spezifischer Auxinantagonist zu sein scheint, läßt sich nicht mit Bestimmtheit behaupten, daß seine Wirkung auf die Blütenbildung dieser Pflanze auf dem Wege über den Auxinhaushalt erfolgt. Bei Zuckerrüben (*Beta vuglaris*) wurde bisher nur eine Hemmung der Blütenbildung durch Maleïnylhydrazin beobachtet (ERICKSON u. PRICE), ebenso bei verschiedenen nicht kältebedürftigen Pflanzen.

e) Blühhormon oder Blühhemmung?

87. Als vor knapp 20 Jahren gefunden wurde, daß der Effekt photoperiodischer Induktion nicht auf den behandelten Pflanzenteil oder die behandelte Pflanze beschränkt zu sein braucht, sondern sich auf unbehandelte Teile und unbehandelte Pflanzen übertragen läßt, und als ähnliche Beobachtungen auch bei der Vernalisation von zweijährigen Pflanzen gemacht wurden, kam sogleich der Gedanke auf, daß die Wirkung von Tageslänge und Kälte auf der Produktion spezifischer blütenbildender Stoffe beruhe, und dieser Gedanke fand unter dem Namen der Blühhormonhypothese zunächst fast allgemeine Anerkennung. Als aber alle Versuche, das Blühhormon (oder die Bühhormone) zu isolieren, ohne Erfolg blieben und als andererseits im Laufe der letzten 5 oder 6 Jahre verschiedentlich Hemmwirkungen der nicht-induktiven Tageslänge beobachtet wurden, sahen sich eine ganze Reihe von Autoren veranlaßt, das Schwergewicht der Aufmerksamkeit auf diese Hemmungsfaktoren zu verlegen und die Existenz von Blühhormon in Frage zu stellen. Als etwa zur gleichen Zeit allgemein erkannt wurde, daß Auxin einen hemmenden Einfluß auf die photoperiodische Induktion mancher

Pflanzen ausübt, identifizierten einige dieser Autoren die Hemmwirkung mit Auxin. Die ersten Vertreter der Blühhemmungshypothesen waren wohl LONA [1948, 1949, 1950 (3)] und v. DENFFER (1949). Nach LONA beruht die Blütenbildung auf der Wirkung von Zuckern, ihr Ausbleiben in der nicht-induktiven Tageslänge dagegen auf in den Blättern gebildeten Hemmstoffen, deren Natur offen gelassen wird. v. DENFFER hält die Annahme eines Blühhormons ebenfalls für nicht zwingend und hält es für wahrscheinlich, daß die Hemmwirkung auf Auxin beruht. Nach der schon früher genannten Auffassung von RESENDE (vgl. § 83) wird die Blütenbildung durch Auxin gehemmt und demgemäß durch Antiauxin gefördert; photoperiodische Induktion beruht auf der Bildung von Antiauxin, und Ausbleiben oder Eintreten der Blütenbildung hängt vom Auxin/Antiauxin-Verhältnis im Vegetationspunkt ab. WELLENSIEK, DOORENBOS u. DE ZEEUW schließlich schreiben die blütenfördernde Wirkung, ähnlich wie LONA, den allgemeinen Produkten der Photosynthese, die Blühhemmung, ähnlich wie v. DENFFER und RESENDE, dem Auxin zu, so daß die Blühreaktion vom Verhältnis Assimilate/Auxin abhängig wäre.

88. Sind diese Blühhemmungshypothesen der Blühhormonhypothese überlegen; muß man sogar, wie THIMANN meint, wenigstens mit Vorbehalt annehmen, daß das Blühhormon nicht existiert? Es läßt sich sicher nicht bestreiten, daß die bloße Trennung des Produktions- und des Wirkungsortes noch kein Beweis für die Hormonnatur des wirksamen Agens ist. Grundsätzlich kann man sich sehr gut vorstellen, daß die induktive Tageslänge den Fortfall einer Hemmstoffbildung in den Blättern verursacht und daß die fördernde Wirkung der Blätter ausschließlich auf den in ihnen weiterhin synthetisierten Assimilaten beruht. Ebensowenig ist zu bestreiten, daß, solange ein Blühhormon nicht isoliert und chemisch identifiziert ist, die Blühhormonhypothese eine Hypothese bleibt; freilich hat das wohl auch keiner ihrer Vertreter bestritten. Aber es ist doch notwendig, sich folgende, teils alte, teils neue Tatsachen ins Gedächtnis zurückzurufen, ehe man die Blühhormonhypothese in Bausch und Bogen für unzulänglich erklärt.

1. Wenigstens bei Langtagpflanzen ist es möglich, die Induktion fraktioniert zu geben, d. h. in Form mehrerer kurzer Langtagexpositionen, deren jede für sich allein unwirksam ist und die durch längere Kurztagperioden getrennt sind. Wenn die Induktion im Fortfall einer Hemmwirkung in den Blättern besteht und Blütenbildung auf den in den „enthemmten" Blättern gebildeten normalen Assimilaten beruht, so muß man postulieren, daß die in den Langtagperioden gebildeten Assimilate viele Wochen lang in der Pflanze ungestört erhalten bleiben, bis eine für die Blütenbildung ausreichende Menge angehäuft ist — obwohl sich diese Assimilate von den in Kurztag gebildeten nicht unterscheiden und obwohl die Pflanze in dieser Zeit ihr Wachstum fortsetzt, neue Gewebe und Organe bildet und unzweifelhaft Assimilate fortgesetzt verbraucht. Nimmt man aber an, daß in den Langtagperioden besondere blütenbildende Substanzen produziert werden, so läßt sich die fraktionierte Induktion zwanglos verstehen. 2. Wie die Untersuchungen von LOCK-

HART und HAMNER (s. § 68) sowie von SALISBURY und BONNER (§ 79) beweisen, sind die in einer induktiven Dunkelphase vor sich gehenden Veränderungen zunächst reversibel, ein paar Stunden später aber nicht mehr. Wenn die im „enthemmten" Blatt produzierten blütenbildenden Stoffe einfache Assimilate sind, so ist nicht einzusehen, warum sie am Ende der Dunkelphase durch Dunkelheit und hohe Temperatur zerstört oder inaktiviert werden können, einige Stunden später aber nicht — obgleich sie, wie einwandfrei gezeigt werden kann, sich noch im Blatt befinden und dasselbe erst mehrere Stunden später verlassen. Und wenn Auxin der allgemeine Hemmstoff der Blütenbildung ist, warum hemmt er diesen Vorgang nur solange, wie sich die blühfördernden Assimilate im Blatt befinden, und warum ist er nur im Blatt wirksam und nicht auch am Vegetationspunkt? Wenn man aber annimmt, daß unter dem Einfluß einer induktiven Tageslänge im Blatt in einer Reihe von licht-, temperatur- und auxinabhängigen Prozessen eine spezifische blütenbildende Substanz entsteht, so werden alle diese Dinge ohne weiteres verständlich.

89. Zugunsten der Blühhormonhypothese lassen sich also eine Anzahl recht eindrucksvoller positiver Argumente anführen. Für die Blühhemmungshypothesen fehlen solche Argumente gänzlich; diese Hypothesen fußen im Gegenteil auf Beobachtungen, die entweder einer andersartigen Interpretation zugänglich sind, oder aber quantitativ nicht ausreichen, um die photoperiodischen Reaktionen befriedigend zu erklären. Die übertragbare Natur der Hemmwirkungen ist noch in keinem Falle eindeutig erwiesen, während die Übertragung blühfördernder Einflüsse durch zahlreiche Versuche belegt ist. Man kann zwar postulieren, daß die Hemmwirkung auf das Blatt beschränkt ist und die Blühförderung auf unspezifischen Substanzen beruht. Außer den schon im letzten Absatz besprochenen Schwierigkeiten ergeben sich dann aber mindestens zwei weitere. Alle Hemmwirkungen der nichtinduktiven Tageslänge, die schon früher bekannten wie die neuerdings beschriebenen (s. § 75), sind quantitativer Natur; sie können die Blühreaktion hinausschieben oder herabsetzen, aber nicht völlig unterdrücken, während die photoperiodische Reaktion der Mehrzahl derselben Pflanzen qualitativen Charakter besitzt. Schon aus diesem Grunde scheinen die Hemmwirkungen nicht ausreichend, um die photoperiodische Reaktion zu erklären. Überdies bestehen, wie schon bei früheren Anlässen eingehend diskutiert (vgl. LANG 1952, S. 282—283 und Fortschr. Bot. 15, 456, § 50), der größte Teil der heute bekannten Hemmungserscheinungen in der photoperiodischen Induktion, nämlich diejenigen, die von den Blättern nicht-induzierter Teile einer Pflanze und den Blättern des nicht-blühenden Partners einer Pfropfung ausgehen, mit größter Wahrscheinlichkeit in der Behinderung der Übertragung des Blühhormons vom induzierten Teil der Pflanze oder vom induzierten Pfropfpartner, beruhen also auf einem Translokationsphänomen und nicht auf einer spezifischen, aktiven Hemmwirkung. Diese Hemmung läßt sich sogar durch Zufuhr von Zucker imitieren, also eines Materials, das nach Ansicht einiger der Vertreter der Blühhemmungshypothesen die Blütenbildung gerade fördern müßte, und kann sicherlich nicht die Basis der photoperiodischen Reaktionen sein. Die Existenz von Hemmungserscheinungen im photoperiodischen Mechanismus und in den Prozessen der Blütenbildung allgemein kann natürlich weder geleugnet, noch soll sie bei der Deutung dieser Reaktionen und Prozesse ignoriert werden. Schon die Wirkung langer Dunkelphasen bei Langtagpflanzen und des Störlichts bei Kurztagpflanzen sind, von der Blütenbildung her gesehen, Hemmwirkungen; dasselbe gilt für den Einfluß des Auxins auf die photoperiodische Induktion der Kurztagpflanzen. Alle diese Hemmwirkungen greifen jedoch in die Produktion einer blütenbildenden Substanz spezifischen Charakters, also des Blühhormons, ein; wenn diese Substanz einmal in ihrer endgültigen Form vorliegt, werden sie alle hinfällig. Man muß sich also genau darüber klar werden, wo der Ansatzpunkt einer beobachteten Hemmung liegt und wie weit ihr Einfluß reicht. Wenn man, ohne dies getan zu haben, die Hemmwirkungen zum Ausgangspunkt weitreichender hypothetischer Überlegungen macht und dabei experimentell feststehende Tatsachen, die mit dieser Auffassung unvereinbar sind, einfach über Bord wirft, wird das Ziel der Arbeit, zu einer umfassenden Theorie des Photoperiodismus und der gesamten Physiologie der Blütenbildung — die auch den Hemmungserscheinungen gerecht wird — zu kommen, nicht gefördert. Dies Ziel läßt sich nur durch präzise experimentelle Arbeit erreichen.

90. Eine etwas andersartige, aber ebenfalls auf der Annahme einer Hemmwirkung basierende Erklärung der photoperiodischen Reaktion haben neuerdings BÜNNING u. KONDER vorgeschlagen. BÜNNING hatte früher (vgl. Fortschr. Bot. **15**, 466—467) darauf hingewiesen, daß bei vielen Pflanzen Blüten dann angelegt werden, wenn die Blätter abgeworfen sind oder Alterungserscheinungen zeigen; bei einer Langtagpflanze (*Plantago*) wurde gefunden, daß die induktive Tageslänge die Blattalterung beschleunigt. BÜNNING u. KONDER stellen nun fest, daß Langtag die Blattalterung bei Langtag- wie bei Kurztagpflanzen fördert, daß er bei den Kurztagpflanzen aber auch das Flächenwachstum der Blätter stark begünstigt, so daß die Gesamtfläche wachsender Blätter größer ist als in Kurztag. Sie stellen daraufhin die Hypothese auf, daß die primäre Wirkung der Tageslänge in einer Regulierung der Fläche wachsender Blätter durch Beeinflussung von Blattwachstum und Blattalterung bestehe; da wachsende Blätter die Blütenbildung hemmten, würde diejenige Tageslänge, die ihre Fläche verringert, das Einsetzen der Blütenbildung fördern. Die Ergebnisse von FISHER u. LOOMIS, die bei einer *Soja*-Varietät mit quantitativem Kurztagcharakter Förderung der Blütenbildung in Langtag durch Entfernen der jungen Blätter erzielten, stimmen mit dieser Hypothese überein (vgl. § 75). Würde man jedoch dieselben Pflanzen in Kurztag übertragen, so würden sie noch viel rascher blühen als in Langtag nach Abschneiden der Blätter. Und bei *Xanthium* genügt es, ein Blatt mit einer langen Dunkelperiode zu behandeln, um die Pflanzen innerhalb von 3—4 Tagen zur Ausbildung einer mikroskopischen Inflorescenz zu bringen; das induzierte Blatt kann überdies wenige Stunden nach der Dunkelbehandlung entfernt werden, ohne die Blühreaktion zu beeinflussen (vgl. § 73), und auch die Anwesenheit irgendwelcher anderer Blätter ist für dieselbe ohne Bedeutung. Es ist ohne weitere Erörterung klar, daß diese Reaktion mit Blattwachstum und Blattalterung nichts zu tun haben kann. Überdies sind für die Induktion die halb ausgewachsenen Blätter am empfindlichsten (vgl. § 72), also Blätter, die sich in einem der aktivsten Stadien des Blattwachstums befinden. Die Tageslänge mag einen Einfluß auf Wachstum und Alterung der Blätter haben und auf diese Weise einen etwaigen hemmenden Einfluß wachsender Blätter auf die Blütenbildung modifizieren; wenn solch ein Einfluß vorhanden ist, wird er vor allem bei Pflanzen mit quantitativer photo-

periodischer Reaktion und unter der nicht-induktiven Tageslänge zur Geltung kommen, da die Prozesse der Induktion dann sehr langsam ablaufen und fördernde wie hemmende Faktoren deshalb eine relativ große Wirksamkeit haben. Es kann aber kein Zweifel daran bestehen, daß dieser Einfluß der Tageslänge ein sekundärer ist und ihren primären Einfluß, nämlich den auf die Blühhormonsynthese, niemals ersetzen kann.

f) Endogene Rhythmik und photoperiodische Reaktionen.

91. Nach Ansicht BÜNNINGs beruhen die photoperiodischen Reaktionen bekanntlich auf der endogenen Tagesrhythmik. Die beiden grundlegenden Postulate der Theorie, die hier, zum besseren Verständnis des Folgenden, kurz wiederholt seien, sind: 1. In der einen der beiden Phasen der endogenen Tagesrhythmik (ETR), der photophilen Phase, fördert Licht die Blütenbildung, in der anderen, skotophilen Phase hemmt es dieselbe. 2. Lang- und Kurztagpflanzen unterscheiden sich darin, wie die endogene Rhythmik durch den exogenen Licht-Dunkel-Wechsel einreguliert wird: bei den Kurztagpflanzen setzt die photophile Phase mit Beginn der täglichen Lichtperiode ein (eventuell sogar etwas früher), bei den Langtagpflanzen dagegen erst nach Ablauf ungefähr eines halben Tages. Dementsprechend hemmen bei Kurztagpflanzen lange Lichtphasen die Blütenbildung (Licht fällt in die skotophile Phase), während sie bei Lagtagpflanzen für die Auslösung der Blütenbildung gerade nötig sind (sonst bleibt die photophile Phase ohne Licht). Eine ganze Anzahl von Arbeiten befassen sich mit der Gültigkeit dieser Theorie, wobei folgende 3 Kriterien angewandt werden: 1. Beobachtung des Verlaufes der ETR in verschiedenartigen Licht-Dunkel-Regimes, 2. Vergleich ihres Verlaufes bei naheverwandten Lang- und Kurztagpflanzen und 3. Wirkung von Störlicht in den langen Dunkelphasen von Licht-Dunkel-Cyclen, die mehrere Perioden der ETR umfassen sollen. Den 1. Weg beschreiten BÜNNING selbst sowie BÜNSOW. BÜNNING (2), (3) zeigt durch Untersuchung der Blattbewegungen, die bei den meisten Pflanzen den Verlauf der ETR wiedergeben, daß die in §§ 69 und 71 besprochenen Ergebnisse WAREINGs — die WAREING selbst mit der BÜNNINGschen Theorie teilweise als schlecht vereinbar ansieht — sich mit dieser Theorie vortrefflich vertragen. Immer wenn die Blütenbildung ausbleibt oder schwach ist, wird die Pflanze im skotophilen Zustand von Licht getroffen. Dabei ergeben sich allerdings einige für die weitere Beurteilung der Theorie und ihrer Bedeutung sehr wichtige neue Tatsachen bezüglich des Verlaufs der ETR und seiner Abhängigkeit vom äußeren Licht-Dunkel-Regime: 1. In langen Dunkelphasen braucht die endogene Rhythmik nicht weiterzulaufen. Bei *Soja* kommt sie nach anderthalb Perioden (also einer photophilen, einer skotophilen und einer weiteren photophilen Phase, wobei die letzte abgekürzt sein kann) zum Stillstand und macht einem Zustand der „Dunkelstarre" Platz. Das erste Licht, das die Pflanze in diesem Starrezustand trifft, setzt die ETR wieder in Bewegung. Darauf beruht die Hemmung der Blütenbildung durch Störlicht im Endteil der Dunkelphase von 48- und 60-Std-Cyclen: das Störlicht übt selbst keine hemmende Wirkung aus, sondern stößt die ETR wieder an; zu Anfang der folgenden

Hauptlichtphase befindet die Pflanze sich jetzt aber im skotophilen Zustand, und das Licht dieser Phase verursacht nun Hemmung der Blütenbildung. 2. Während bisher die Hauptrolle bei der Einregulierung der ETR den Lichtphasen des exogenen Licht-Dunkel-Wechsels zugeschrieben wurde, muß BÜNNING bei *Xanthium* postulieren, daß diese Funktion von der Dunkelphase ausgeübt wird, deren Einsatz den Eintritt der skotophilen Phase der ETR bedingt. 3. Ebenfalls bei *Xanthium* muß BÜNNING, um die Beobachtungen mit seiner Theorie in Übereinstimmung zu bringen, annehmen, daß — im Gegensatz zu allen bisher beschriebenen Pflanzen — Blatthebung den skotophilen, Blattsenkung den photophilen Zustand anzeigt. — Bei *Kalanchoëblossfeldiana*, einer Pflanze, bei der die Laubblätter keinerlei Bewegungen ausführen, findet BÜNSOW (1), (2), (3), daß die Öffnungs- und Schließungsbewegungen der Petalen endogen-rhythmischer Natur sind und den Verlauf der ETR wiederspiegeln. Die Wirkung verschiedener Licht-Dunkel-Cyclen sowie von Störlicht auf die Blütenbildung entspricht im allgemeinen der BÜNNINGschen Theorie, d. h. wenn die Pflanzen im skotophilen Zustand von Licht getroffen werden, ist die Blühreaktion in der Regel herabgesetzt. Allerdings kommen auch gewisse Abweichungen vor. So passen sich die Bewegungen der Petalen einem 8:8- und sogar noch einem 6:6-Std-Außenrhythmus an, so daß die Pflanze sich in der Lichtphase im photo-, in der Dunkelphase im skotophilen Zustand zu befinden scheint; Blütenbildung tritt in diesen Cyclen aber niemals ein.

92. Der Verlauf der Blattbewegungen, also der mutmaßliche Verlauf der ETR, bei nahe verwandten Pflanzen des gegensätzlichen photoperiodischen Typus wurde erstmalig von KRIBBEN untersucht. Die Objekte sind *Coleus blumei*, eine Langtagpflanze, sowie *C. fredericii* und der F_1-Bastard der beiden Species, beides Kurztagpflanzen. Die Blattbewegungen waren gleichartig; eine Phasenverschiebung im Sinne der BÜNNINGschen Theorie war nicht zu erkennen. In diesem Zusammenhange sind auch Untersuchungen von RAU und CLAUSZ über die Beeinflussung der Trockensubstanz- und Farbstoffproduktion von Keimpflanzen von Lang- und Kurztagarten durch Zusatzlichtperioden in der Dunkelphase zu erwähnen. Die Wirkung solchen Zusatzlichts war in den verschiedenen Abschnitten der Phase verschieden groß; in den Dunkelphasen von 48stündigen Cyclen ließen sich 2 Wirkungsmaxima nachweisen, was mit Beteiligung einer endogen-rhythmischen Komponente gedeutet werden kann. Zwischen den Lang- und den Kurztagpflanzen bestand aber kein Unterschied in der Lage der Wirkungskurven. Allerdings läßt sich hier noch die Annahme machen, daß die für die beiden photoperiodischen Typen postulierte Phasenverschiebung der ETR sich erst von einem gewissen Alter der Pflanzen an ausbildet, und RAU fand in der Tat gewisse Anhaltspunkte dafür, daß sich bei 6 Wochen alten Individuen der Langtagspecies die Zeit der größten Wirksamkeit von Zusatzlicht ändert.

93. Die Wirkung von Störlicht in verschiedenen Abschnitten der Dunkelphase von 72stündigen Cyclen wurde bei 2 Kurztagpflanzen, *Kalanchoë blossfeldiana* und dem F_1-Bastard *Coleus blumei* × *fredericii*, sowie einer Langtagpflanze, *Anagallis arvensis*, untersucht. Die Ergebnisse für die Kurztagpflanzen sind in Abb. 96 zusammengestellt. CARR fand bei *Kalanchoë*, daß bei Störlicht zwischen der 15. und 27. sowie der 42. und 45. Std der Dunkelphase die Pflanzen zum Blühen kamen, bei Störlicht im Anfangs-, Mittel- oder Endteil der Phase dagegen nicht. Er betrachtet dies Ergebnis als „endgültigen und entscheidenden" Beweis für BÜNNINGs Theorie. Das ist es freilich ganz und gar nicht. Die Kontrollpflanzen (also die Pflanzen ohne Störlicht) blieben in CARRs Versuch ebenfalls vegetativ; der Versuch beweist also nur, daß Licht an 2 Stellen der Dunkelphase die Blütenbildung förderte, und sagt über eine Hemmwirkung nichts aus. SCHWABE (3) wiederholte CARRs Versuch, konnte aber auch Blütenbildung bei den Kontrollen erreichen, so daß sowohl Förderungs- als auch Hemmungswirkungen des Störlichts erfaßt werden konnten. Störlicht im Anfangs- und im Endteil der Dunkelphase hemmte stark; Störlicht in der 44. Std derselben scheint eine fördernde Wirkung zu haben, und Störlicht im Mittelteil hemmt wieder, aber unvergleichlich viel schwächer als im Anfangs- und Endteil. Bei *Coleus* fand KRIBBEN, daß Störlicht im Laufe der ganzen Dunkelphase Blütenbildung ermöglicht, in der Mitte derselben

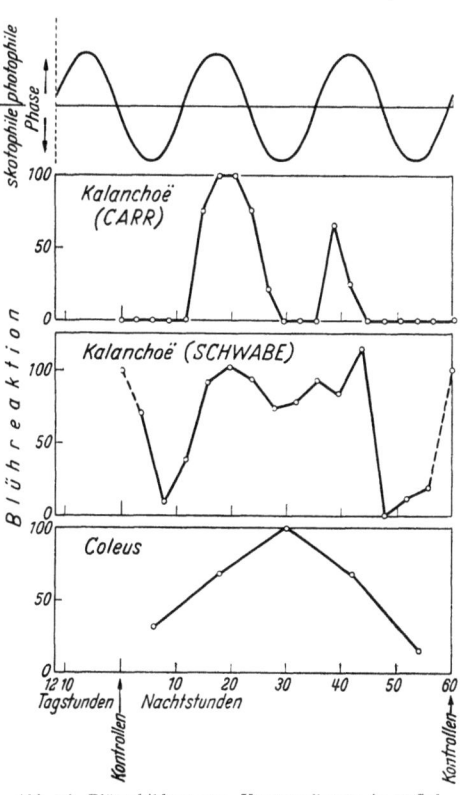

Abb. 96. Blütenbildung von Kurztagpflanzen in 72-Std-Cyclen mit Störlicht zu verschiedenen Zeiten der Dunkelphase. Oben: *Kalanchoë blossfeldiana*, Versuch von CARR (1952); Mitte: *Kalanchoë blossfeldiana*, Versuch von SCHWABE (1955); unten: *Coleus blumei* × *frederici*, nach KRIBBEN (1955). In CARRs Versuch betrug die Lichtphase $11^{1}/_{2}$ Std und die Dunkelphase $60^{1}/_{2}$ Std, in den anderen Versuchen 12 bzw. 60 Std. Die jeweils höchste Blühreaktion ist willkürlich = 100 gesetzt. Ganz oben ist der Phasenwechsel der endogenen Tagesrhythmik unter der Annahme vollständiger Konstanz angegeben.

jedoch am meisten. Aus der Arbeit geht nicht hervor, ob die Kontrollen blühten; da aber eine rhythmische Wirkung des Störlichts ohnehin nicht vorliegt, ist dies in diesem Falle für die Beurteilung des Ergebnisses nicht entscheidend. Bei *Anagallis* erhielt HUSSEY eine SCHWABEs Ergebnis ähnliche Reaktion, natürlich mit umgekehrtem Vorzeichen, also Förderung der Blütenbildung durch Zusatzlicht am Anfang und am Ende der Dunkelphase, keine Wirkung dazwischen.

94. Überblickt man die in den drei vorstehenden Absätzen besprochenen Untersuchungen, so fällt vor allem auf, daß die Ergebnisse sehr widerspruchsvoll sind. Die Arbeiten von BÜNNING und von BÜNSOW scheinen zum mindesten zu zeigen, daß uns die Stellung der Blätter oder anderer, endogen-rhythmischen Bewegungen unterworfener Teile der Pflanze Auskunft darüber zu geben vermag, ob Licht, zu einem gegebenen Zeitpunkt geboten, die Blütenbildung fördern oder hemmen wird. KRIBBENs Ergebnisse über die Blattbewegungen der *Coleus*-Formen stehen dagegen mit einem der bisherigen Hauptpostulate BÜNNINGs, einer Verschiebung des Phasenwechsels der ETR bei Lang- und Kurztagpflanzen, in völligem Widerspruch. SCHWABEs, HUSSEYs und besonders KRIBBENs Ergebnisse über die Wirkung von Störlicht in 72-Std-Cyclen scheinen BÜNNINGs Theorie ebenfalls zu widersprechen, jedenfalls wenn man annimmt, daß die endogene Rhythmik während der gesamten Dauer eines solchen Cyclus ungestört weiterläuft. Solch eine Annahme ist aber, wie BÜNNINGs eigene Befunde zeigen, offenbar nicht berechtigt; solange man den tatsächlichen Verlauf der Rhythmik bei der gegebenen Pflanze nicht kennt, kann man keine Schlußfolgerungen über die Gültigkeit der BÜNNINGschen Theorie ziehen. Dennoch ergibt sich, wie wir glauben, aus den Versuchen von SCHWABE, KRIBBEN und HUSSEY im Verein mit BÜNNINGs eigenen Befunden über das Verhalten der ETR in langen Dunkelphasen eine sehr bedeutsame Schlußfolgerung über den Wert von BÜNNINGs Theorie. Und zwar scheint uns, daß diese Theorie, auch wenn man sie grundsätzlich akzeptiert, den hauptsächlichen Wert verloren hat, auf den sie bisher Anspruch erheben konnte, die Möglichkeit nämlich, die verschiedenen photoperiodischen Reaktionen auf eine bei allen Pflanzen grundsätzlich gleiche Basis zurückzuführen, auf eine so gleichartige Basis, daß der photoperiodische Charakter einer Pflanze sich aus ihren Blattbewegungen vorhersagen ließe (BÜNNING 1948). Innerhalb mancher Arten mag noch eine einheitliche Korrelation zwischen Blattbewegungen und photoperiodischem Verhalten existieren; so scheint bei *Soja*, wie BÜNNING (3) jetzt an insgesamt fast 50 Varietäten zeigt, der Grad der Blattsenkung der Tiefe des skotophilen Zustandes und damit dem Grad der Tageslängenabhängigkeit parallel zu gehen. Wollte man aber aus den Blattbewegungen Rückschlüsse auf das photoperiodische Verhalten von KRIBBENs *Coleus*-Typen machen, so würde man zu einem völlig falschen Bild gelangen. Und will man das Verhalten von *Coleus blumei* × *fredericii* und von *Kalanchoë blossfeldiana* bei Störlicht in langen Dunkelphasen auf die ETR zurückführen, so muß man annehmen, daß der Verlauf der Rhythmik in langen Dunkelphasen bei diesen beiden Pflanzen sehr verschieden ist. Allgemein gesagt: will man das photoperiodische Verhalten einer Pflanze mit ihrer ETR korrelieren, so muß man zuerst in speziellen Versuchen herausfinden, wie sich die ETR bei dieser Pflanze im einzelnen verhält. Solange aber über Physiologie und Biochemie der ETR nichts bekannt ist, ist der Nutzen solcher Bemühungen fragwürdig[1].

---

[1] LIVERMAN hat, einem Gedanken von GALSTON u. DALBERG folgend, angenommen, daß die ETR in Schwankungen des endogenen Auxingehalts besteht und daß diese Schwankungen den Ablauf des morphogenetischen Photocyclus beeinflussen. Jedoch ist der Vorschlag von GALSTON und DALBERG völlig spekulativ;

95. Darüber hinaus scheint uns freilich BÜNNINGs Postulat, daß die ETR die unmittelbare Basis der photoperiodischen Reaktionen sei, auch noch nicht gesichert. Nach BÜNNINGs eigenen neuen Feststellungen läuft die ETR heute darauf hinaus, daß Licht oder Dunkelheit gewisse Prozesse in der Pflanze anstoßen können, die dann eine Zeitlang und in cyclischer Weise selbsttätig weiterlaufen. Da in den Licht- und Dunkelphasen des exogenen Licht-Dunkel-Wechsels gleichzeitig die verschiedenen Teilvorgänge der photoperiodischen Reaktionen vor sich gehen, wird zwischen diesen und jenen Prozessen notgedrungen ein gewisser Parallelismus bestehen; dieser muß aber nicht unbedingt auf einem kausalen Zusammenhang beruhen. Da, wie es sich jetzt herausstellt, der Verlauf der ETR bei verschiedenen Pflanzen verschiedene Abweichungen aufweisen kann, die photoperiodischen Reaktionen dieser selben Pflanzen aber qualitativ völlig gleich sind und sich nur in solchen quantitativen Eigenschaften wie der Lage der kritischen Tageslänge und der Mindestdauer der Induktion unterscheiden, scheint die Annahme eines Parallelismus mehr berechtigt als die einer engen kausalen Beziehung. Natürlich können die Prozesse der „ETR" diejenigen der photoperiodischen Reaktionen modifizierend beeinflussen, genau so wie es Photosynthese, Atmung, Mineralernährung und vermutlich alle in der Pflanze gleichzeitig vor sich gehenden Prozesse in stärkerem oder schwächerem Maße tun. Die Wirkung aller solchen Einflüsse wird besonders dann zur Geltung kommen, wenn einerseits der Ablauf des modifizierenden Vorganges vom Normalen abweicht, andererseits die Bedingungen für die photoperiodische Induktion vom Optimum weit entfernt sind. Im Falle der ETR ist beides in Cyclen gegeben, die vom 24-Std-Rhythmus stark abweichen, und unter solchen Licht-Dunkel-Regimes sind cyclische Effekte in den photoperiodischen Reaktionen der Pflanzen in der Tat am besten erkennbar.

g) Tageslängeneinflüsse in der Weiterentwicklung der Blüten und der vegetativen Entwicklung.

96. Beim Hanf (*Cannabis sativa*) ist nach Untersuchungen von BORTHWICK u. SCULLY nicht nur die Blütenbildung, sondern auch das Auftreten von männlichen Blüten an den weiblichen Individuen von der Tageslänge abhängig. Die Blütenbildung wird durch Kurztag gefördert, wobei die Zahl der für Wirksamkeit nötigen Cyclen mit dem Alter abnimmt; die Bildung ♂ Blüten an ♀ Pflanzen wird durch sehr kurze Tage, durch hohe Lichtintensität in den Lichtphasen und außerdem durch tiefere Temperaturen während und auch unmittelbar nach der Kurztagbehandlung gefördert. WYCHERLEY konnte bei *Cynosurus cristatus* durch „zu kurze", d. h. gerade oberhalb der kritischen Tageslänge liegende Langtage vegetative Entwicklung der Ährchen hervorrufen. Bei viviparen Gräsern ist diese Entwicklung die Regel. WYCHERLEY nimmt an, daß die für Auslösung des Schossens und für die Ährchenentwicklung erforderlichen Blühhormonmengen verschieden sind und daß dieser Unterschied bei samenbildenden Gräsern relativ klein, bei den viviparen dagegen groß ist, so daß bei diesen die photoperiodische Induktion normalerweise zwar zur Halmbildung, aber nicht zur Entwicklung von Blüten ausreicht.

---

andererseits ist weder die genaue Rolle des Auxins in den photoperiodischen Reaktionen bekannt noch speziell die Beteiligung des Photocyclus an diesen Reaktionen erwiesen.

97. Die Entwicklung der in den Blättern von *Bryophyllum tubiflorum* und verschiedenen anderen *Bryophyllum*-Species vorhandenen Brutknospen zu Brutpflänzchen ist nach Untersuchungen von MEYER und von GÖTZ ein Langtageffekt. Da Reduktion der Lichtintensität in den Lichtphasen die Langtagwirkung nicht beeinträchtigt, scheint es sich um eine echte photoperiodische Reaktion zu handeln. In gewisser Analogie zur Tageslängenwirkung auf das Austreiben der Knospen von Bäumen (s. § 7) scheint Kurztag einen Hemmungszustand zu verursachen, der in diesem Falle allerdings strikt auf die behandelten Blätter beschränkt ist und an dessen Entstehung Einflüsse von den Vegetationspunkten beteiligt zu sein scheinen. An abgeschnittenen Blättern entwickeln sich Brutpflänzchen normalerweise in Lang- wie Kurztag; wird aber an einem abgeschnittenen Blatt seine Achselknospe belassen, so entwickeln sich die Brutpflänzchen, wie an intakten Pflanzen, nur in Langtag, obgleich die Achselknospe selbst in Lang- wie in Kurztag zum Austreiben kommt. Wird andererseits an einem *in situ* befindlichen Blatt die Mittelrippe durchschnitten, so treiben am Vorderende der Spreite die Brutknospen auch in Kurztag aus. Eine wechselseitige Beeinflussung von Lang- und Kurztagabschnitten an derselben Pflanze ist in der Regel nicht zu beobachten; nur an den ersten nach Übertragung einer Pflanze in Kurztag angelegten Blättern können die Brutknospen wie in Langtag austreiben. — LANGSTON u. LEOPOLD (3) zeigen, daß bei der Pfefferminze (*Mentha piperita* var. *vulgaris*) die Dichte der Öldrüsen auf der unteren Blattepidermis mit steigender Tageslänge zunimmt und daß Öl nur in Tageslängen von über 14 Std gebildet wird. DARROW u. BORTHWICK stellen fest, daß die in manchen Anbaugebieten beobachtete Verbänderung bei Gartenerdbeeren (*Fragaria grandiflora*) durch Kurztag verursacht wird. — Vgl. auch § 7.

Literatur.

ADDICOTT, F. T., and RUTH S. LYNCH: Annual Rev. Plant Physiol. **6**, 211—238 (1955). — ALLSOPP, A.: (1) Ann. of Bot., N. S. **17**, 447—460 (1953); (2) ebenda **18**, 449—461 (1954); (3) Nature (Lond.) **173**, 1032—1035; (4) Ann. of Bot., N. S. **19**, 247—264 (1955). — ARREGUIN-LOZANO, B., and J. BONNER: Plant Physiol. **24**, 720—737 (1949).
BAGDYKOV, N. I.: Izv. Akad. Nauk SSSR., Ser. Biol. **1954**, Nr. 6, 3—10. — BARKER, W. G.: Science (Lancaster, Pa.) **118**, 384—385 (1953). — BECKER, TRAUTE: Planta (Berl.) **43**, 1—24 (1954). — BER, A.: Experientia (Basel) **5**, 455—460 (1949). — BLAAUW-JANSEN, G.: Proc. Kon. Ned. Akad. Wetensch. C **57**, 498—506 (1954). — BÖHME, H.: Z. Pflanzenzüchtg **33**, 367—418 (1954). — BONNER, J.: Bot. Gaz. **110**, 625—627 (1949). — BONNER, J., and J. THURLOW: Bot. Gaz. **110**, 613—624 (1949). — BONNER, J. T., and BARBARA FRASCELLA: Biol. Bull. **104**, 297—300 (1953). — BONNER, J. T., P. G. KOONTZ and D. PATON: Mycologia (N. Y.) **45**, 235—240 (1953). — BOPP, M.: (1) Ber. dtsch. bot. Ges. **67**, 176—183 (1954); (2) Z. Bot. **42**, 331—352 (1954); (3) Naturwiss. **41**, 234—235 (1954). — BORTHWICK, H. A., S. B. HENDRICKS, E. H. TOOLE and VIVIAN K. TOOLE: Bot. Gaz. **115**, 205—225 (1954). — BORTHWICK, H. A., and N. J. SCULLY: Bot. Gaz. **116**, 14—49 (1954). — BRADLEY, S. G., and M. SUSSMAN: Arch. of Biochem. a. Biophysics **39**, 462—463 (1952). — BRAUN, A. C.: Ann. Rev. Plant Physiol. **5**, 133—162 (1954). — BRIX, KÄTHE: Z. Pflanzenzüchtg **31**, 261—288 (1952). — BRODIE, A. F., and J. S. GOTS: Science (Lancaster, Pa.) **116**, 588—589 (1952). — BROWN, D. H., and E. C. CANTINO: Amer. J. Bot. **42**, 337—341 (1955). — BROWN, R., and F. WIGHTMAN: J. of exper. Bot. **3**, 253—263 (1952). — BÜNNING, E.: (1) Z. Naturforsch. **3**b, 457—464 (1948); (2) Physiol. Plantarum (Copenh.) **7**, 538—547 (1954); (3) Ber. dtsch. bot. Ges. **67**, 420—430 (1954). — BÜNNING, E., u. H. ILG: Planta (Berl.) **43**, 472—476 (1954). — BÜNNING, E., u. MARIANNE KONDER: Planta (Berl.) **44**, 9—17 (1954). — BÜNSOW, R.: (1) Planta (Berl.) **42**, 220—252 (1953); (2) Z. Bot. **41**, 257—276 (1953); Biol. Zbl. **72**, 465—477 (1954).
CAMEFORT, H.: C. r. Acad. Sci. Paris **238**, 922—924 (1954). — CANTINO, E. C.: (1) Antonie van Leeuwenhoek J. Microbiol. a. Serol. **17**, 325—362 (1951); (2) Amer. Naturalist **86**, 399—404 (1952); (3) Trans. New York Acad. Sci. II **15**, 159—163 (1953). — CANTINO, E. C., and EVELYN A. HORENSTEIN: Physiol. Plantarum

(Copenh.) 8, 189—221 (1955). — CANTINO, E. C., and MILDRED T. HYATT: (1) Antonie van Leeuwenhoek J. Microbiol. a. Serol. 19, 25—90 (1953); (2) J. Bacter. 66, 712—720 (1953). — CARR, D. J.: Z. Naturforsch. 7b, 570—571 (1952). — CATHEY, H. M.: Amer. Soc. horticult. Sci. 64, 483—502 (1954). — CHAKRAVARTI, S. C.: (1) Nature (Lond.) 173, 407—408 (1954); (2) ebenda 174, 461—462 (1954). — CHAKRAVARTI, S. C., and V. N. K. PILLAI: Phyton (Buenos Aires) 5, 1—17 (1955). — CHAMPAGNAT, P.: (1) Rev. Cytol. et Biol. végét. 15, 1—54 (1954); (2) Phyton (Buenos Aires) 4, 1—102 (1954); (3) Rev. gén. Bot. 62, 1—48 (1955). — CHOUARD, P., et P. POIGNANT: C. r. Acad. Sci. Paris 232, 103—105 (1951). — CLAES, HEDWIG: Z. Naturforsch. 7b, 50—55 (1952). — CLAES, HEDWIG, u. A. LANG: Z. Naturforsch. 2b, 56—63 (1947). — CLAUSZ, H.: Z. Bot. 42, 191—243 (1954). — CLOWES, F. A. L.: (1) New Phytologist 52, 48—57 (1953); (2) ebenda 53, 108—116 (1954). — COHEN, A. L.: Proc. Nat. Acad. Sci. U.S.A. 39, 68—74 (1953). — COOKE, A. R.: Plant Physiol. 29, 440—444 (1954). — CUSICK, F.: (1) Ann. of Bot., N. S. 17, 369—383 (1953); (2) ebenda 18, 171—181 (1954). — CUTTER, ELIZABETH G.: Nature (Lond.) 173, 440—441 (1954). — CUTTER, V. M., and KATHERINE S. WILSON: Bot. Gaz. 115, 234—240 (1954).

DARROW, G. M., and H. A. BORTHWICK: J. Hered. 45, 299—304 (1954). — DENFFER, D. v.: Naturwiss. 37, 296—301, 317—321 (1950). — DENFFER, D. v., u. H. GRÜNDLER: Biol. Zbl. 69, 272—282 (1950). — DENFFER, D. v., u. LIESELLORE SCHLITT: Naturwiss. 38, 564—565 (1951). — DIANNELIDIS, TH., u. K. UMRATH: Z. Bot. 40, 349—361 (1952). — DOORENBOS, J.: Proc. Kon. Ned. Akad. Wetensch. C 57, 99—102 (1954). — DOSTÁL, R., u. M. HOSEK: Flora (Jena) 131, 263—286 (1937). — DUPERON, R.: Rev. gén. Bot. 59, 580—631; 60 33—78, 90—122 (1952/53).

EMERSON, MARY R.: Plant Physiol. 29, 418—428 (1954). — ERICKSON, L. C., and C. PRICE: Amer. J. Bot. 37, 657—659 (1950). — ESTEVES-DE-SOUSA, A.: Portugal. Acta biol. A 3, 323—334 (1953). — EVENARI, M., G. NEUMANN and SH. KLEIN: Physiol. Plantarum (Copenh.) 8, 33—47 (1955).

FISHER, F. J. F.: Nature (Lond.) 173, 406—407 (1954). — FISHER, J. E., and W. E. LOOMIS: Science (Lancaster, Pa.) 119, 71—73 (1954).

GALSTON, A. W.: Amer. J. Bot. 34, 356—360 (1947). — GALSTON, A. W., and LOTTI Y. DALBERG: Amer. J. Bot. 41, 373—380 (1954). — GARRETT, S. D.: Ann. of Bot., N. S. 17, 63—79 (1953). — GAUTHERET, R. J.: (1) Rev. gén. Bot. 61, 672—700 (1954); (2) ebenda 62, 5—110 (1955); (3) Annual Rev. Plant Physiol. 6, 433—484 (1955). — GODDARD, D. R.: J. gen. Physiol. 19, 45—60 (1935). — GODDARD, D. R., and P. E. SMITH: Plant Physiol. 13, 241—264 (1938). — GÖTZ, O.: Z. Bot. 41, 445—482 (1953). — GORTER, CHR.: Proc. Kon. Ned. Akad. Westensch. C 57, 606—616 (1954). — GRAY, W. D.: Mycologia (N. Y.) 45, 817—824 (1953). — GREGG, J. H.: J. of exper. Zool. 114, 173—196 (1950). — GREGG, J. H., and RUTH D. BRONSWEIG: Biol. Bull. 107, 312 (1954). — GREGG, J. H., ALICE L. HACKNEY and J. O. KRIVANEK: Biol. Bull. 107, 226—235 (1954). — GREGORY, F. G., I. SPEAR and K. V. THIMANN: Plant Physiol. 29, 220—229 (1954).

HACCIUS, BARBARA: Experientia (Basel) 11, 149—152 (1955). — HACCIUS, BARBARA, u. ERNA REINHOLZ: Naturwiss. 40, 533 (1953). — HAGEN, C. E., H. A. BORTHWICK and S. B. HENDRICKS: Bot. Gaz. 115, 360—364 (1954). — HAMNER, K. C.: Bot. Gaz. 101, 658—687 (1940). — HAMNER, K. C., and J. BONNER: Bot. Gaz. 100, 338—431 (1938). — HARDER, R.: (1) Planta (Berl.) 42, 19—29 (1953); (2) Forschgn u. Fortschr. 28, 129—134 (1954). — HARDER, R., u. R. BÜNSOW: Planta (Berl.) 43, 315—324 (1954). — HARDER, R., u. HELENE VAN SENDEN: Naturwiss. 36, 348—349 (1949). — HAUPT, W.: (1) Naturwiss. 41, 340 (1954); (2) Ber. dtsch. bot. Ges. 67, 75—83 (1954); (3) ebenda 68, 107—120 (1955). — HELLER, R.: Ann. des Sci. natur., Bot., Ser. 11 14, 1—223 (1953). — HENRICKSON, C. E.: Plant Physiol. 29, 536—538 (1954). — HIRSCHBERG, E., and H. P. RUSCH: (1) J. of cellul. a. comp. Physiol. 36, 105—114 (1950); (2) ebenda 37, 323—336 (1951). — HÖHN, K.: Beitr. Biol. Pflanz. 31, 261—292 (1955). — HOWELL, M. J., and S. H. WITTWER: Science (Lancaster, Pa.) 120, 717 (1954). — HOWELL, R. W.: Plant Physiol. 29, 100—102 (1954). — HUREL-PY, G.: C. r. Soc. Biol. Paris 147, 34—36 (1953). — HUSSEY, G.: Physiol. Plantarum (Copenh.) 7, 253—260 (1954). — HUSSEY, G., and F. G. GREGORY: Plant Physiol. 29, 292—296 (1954).

JABLONSKI, J. R., and F. SKOOG: Physiol. Plantarum (Copenh.) **7**, 16—24 (1954). — JENNINGS, P. R., and R. K. ZUCK: Bot. Gaz. **116**, 199—200 (1954). — KEHR, A. E., C. T. YU and J. C. MILLER: Proc. Amer. Soc. horticult. Sci. **62**, 437—440 (1953). — KESTER, D. E.: Hilgardia (Berkeley, Calif.) **22**, 335—365 (1953). — KHUDAIRI, A. K., and K. C. HAMNER: (1) Plant Physiol. **29**, 251—257 (1954); (2) Bot. Gaz. **115**, 289—291 (1954). — KOJIMA, H., SH. INOUE u. M. YAHIRO: Idengaku Zasshi (Jap. J. of Breed.) **3**, Nr. 2, 51—54 (1953). — KOJIMA, H., M. YAHIRO u. SH. INOUE: Bot. Mag. (Tokyo) **67**, 112—121 (1954). — KONAREV, V. G.: Biochimija (Moskau) **19**, 131—136 (1954). — KRIBBEN, F. J.: Beitr. Biol. Pflanz. **31**, 297—311 (1955). — KURTH, H.: Züchter **24**, 300—304 (1954).

LAIBACH, F.: Beitr. Biol. Pflanz. **30**, 27—43 (1955). — LAIBACH, F., u. F. J. KRIBBEN: (1) Beitr. Biol. Pflanz. **29**, 339—352 (1953); (2) ebenda **30**, 127—158 (1954). — LAM, SH., and H. B. CORDNER: Science (Lancaster, Pa.) **121**, 140—141 (1955). — LANCE, ARLETTE: C. r. Acad. Sci. Paris **239**, 1238—1239 (1954). — LANG, A.: Annual Rev. Plant Physiol. **3**, 265—306 (1952). — LANGSTON, R., and A. C. LEOPOLD: (1) Physiol. Plantarum (Copenh.) **7**, 397—404 (1954); (2) Plant Physiol. **29**, 436—440 (1954); (3) Proc. Amer. Soc. horticult. Sci. **64**, 347—352 (1954). — LEOPOLD, A. C., and FRANCES S. GUERNSEY: (1) Physiol. Plantarum (Copenh.) **7**, 30—39 (1954); (2) Amer. J. Bot. **41**, 181—185 (1954). — LEOPOLD, A. C., and K. V. THIMANN: Amer. J. Bot. **36**, 342—347 (1949). — LIBBERT, E.: (1) Flora (Jena) **141**, 271—297 (1954); (2) Planta (Berl.) **44**, 286—318 (1954); (3) ebenda **45**, 68—81 (1955); (4) ebenda **45**, 405—425 (1955). — LIETH, H.: Ber. dtsch. bot. Ges. **67**, 323—325 (1954). — LIVERMAN, J. L.: Ann. Rev. Plant Physiol. **6**, 177—205 (1955). — LIVERMAN, J. L., and J. BONNER: Proc. Nat. Acad. Sci. U.S.A. **39**, 905—916 (1953). — LIVERMAN, J. L., MARY P. JOHNSON and L. STARR: Science (Lancaster, Pa.) **121**, 440—441 (1955). — LOCKHART, J. A., and K. C. HAMNER: (1) Bot. Gaz. **116**, 133—142 (1954); (2) Plant Physiol. **29**, 509—513 (1954) — LONA, F.: (1) Nuovo Giorn. bot. ital., N. S. **55**, 559—562 (1948); (2) ebenda **56**, 479—515 (1949); (3) Humus (Mailand) **6**, Nr. 4, 6—10 (1950); (4) Rendiconti Ist. lombardo di Sci. e Lett. (Mailand), Cl. di Sci. **83**, (Ser. 3 **14**) Nr. 1, 1—22 (1950); (5) Nuovo Giorn. bot. ital., N. S. **60**, 851—857 (1954). — LONA, F., u. ADA BOCCHI: Beitr. Biol. Pflanz. **31**, 333—347 (1955).

MARSDEN, MARGERY F. P., and R. H. WETMORE: Amer. J. Bot. **41**, 640—645 (1954). — MEINL, G., u. H. V. GUTTENBERG: Planta (Berl.) **44**, 121—135 (1954). — MES, MARGARETHA G., u. IRMGARD MENGE: Physiol. Plantarum (Copenh.) **7**, 637—649 (1954). — MEYER, GERTRUD: Z. Bot. **41**, 247—256 (1953). — MÜLLER, G., u. MARIANNE GRIMM: Z. Bot. **41**, 395—404 (1953). — MUIR, W. H., A. C. HILDE-BRANDT and A. J. RIKER: Science (Lancaster, Pa.) **119**, 877—878 (1954). — MUZIK, TH. J., and C. D. LaRUE: Amer. J. Bot. **41**, 448—455 (1954).

NAPP-ZINN, K.: Z. Naturforsch. **9b**, 218—229 (1954). — NAUNDORF, G.: Naturwiss. **41**, 340 (1953). — NAYLOR, J., G. SANDER and F. SKOOG: Physiol. Plantarum (Copenh.) **7**, 25—29 (1954). — NICKERSON, W. J.: (1) Ann. New York Acad. Sci. **60**, 50—57 (1954); (2) J. gen. Physiol. **37**, 483—494 (1954). — NICKERSON, W. J., and C. W. CHUNG: Amer. J. Bot. **41**, 114—120 (1954). — NICKERSON, W. J., and G. A. EDWARDS: J. gen. Physiol. **33**, 41—55 (1949). — NICKERSON, W. J., and Z. MANKOWSKI: Amer. J. Bot. **40**, 584—592 (1953). — NICKERSON, W. J., and A. H. ROMANO: Science (Lancaster, Pa.) **115**, 676—678 (1952). — NICKERSON, W. J., and N. J. W. VAN DER WIJ: Biochim et biophysica (Amsterd.) Acta **3**, 461—475 (1949). — NITSCH, J. P.: Annual Rev. Plant Physiol. **4**, 199—236 (1954).

OKUDA, M.: Bot. Mag. (Tokyo) **66**, 247—255 (1954).

PARIS, DENISE, J. RIETSEMA, S. SATINA and A. F. BLAKESLEE: Proc. Nat. Acad. Sci. U.S.A. **39**, 1205—1212 (1953). — PEITSOLA, A.: Arch. Soc. zool. bot. fenn. „Vanamo" **8**, 117—118 (1954). — PETROVSKAJA, T. P.: Dokl. Akad. Nauk SSSR., N. S. **99**, 475—478 (1954). — PETRUCCI, D.: Rend. Accad. naz. Lincei Ser. 8 **6**, 742—747 (1949). — PFIRSCH, EVELYNE: Bull. Soc. bot. France **101**, 124—128 (1954). — PFÜTZNER-ECKERT, ROSEMARIE: Roux' Arch. **144**, 381—409 (1950). — PIRINGER, A. A., and P. H. HEINZE: Plant Physiol. **29**, 467—472 (1954).

RAPPAPORT, J.: Bot. Review **20**, 201—225 (1954). — RAU, W.: Z. Bot. **42**, 305—329 (1954). — RAZUMOV, V. I.: Voprosy Botaniki (Essais de Bot., Moskau-Leningrad) **2**, 677—695 (1954). — REINHARD, E.: Z. Bot. **42**, 353—376 (1954). — REINHOLZ, ERNA: Experientia (Basel) **10**, 486—488 (1954). — REMY, MONIQUE: Rev. Cytol. et Biol. végét. **15**, 306—311 (1954). — RESENDE, F.: (1) Bol. Soc. portug. Ci. nat. II **2**, 174—188 (1949); (2) Portugal. Acta biol. A **4**, 91—95. — RESENDE, F., and MARIA VIANA: Portugal. Acta biol. A **3**, 74—88 (1952). — RICE, E. L.: Bot. Gaz. **112**, 207—213 (1950). — RUBIN, B. A., i V. E. SOKOLOVA: Izv. Akad. Nauk SSSR., Ser. Biol. **1954**, Nr. 1, 20—31.

SALISBURY, F. B., u. J. BONNER: Beitr. Biol. Pflanz. **31**, 419—430 (1955). — SCHAFFALITZKY DE MUCKADELL, M.: Physiol. Plantarum (Copenh.) **8**, 370—373 (1955). — SCHWABE, W. W.: (1) J. of exper. Bot. **5**, 389—400 (1954); (2) Physiol. Plantarum (Copenh.) **7**, 745—752 (1954); (3) ebenda **8**, 263—278 (1955). — SECHET, J.: Botaniste **37**, 1—289 (1953). — SENDEN, HELENE VAN: Biol. Zbl. **70**, 537—565 (1951). — SHAFFER, B. M.: Nature (Lond.) **171**, 975 (1953). — SINJAGIN, I. I., u. N. P. MOROZOVA: Dokl. Akad. Nauk SSSR., N. S. **99**, 321—324 (1954). — SIRONVAL, C.: Bull. Soc. roy. bot. Belg. **84**, 281 (1952). — SISAKJAN, N. M., i I. I. FILIPPOVIÉ: Ž. občs. Biol. **14**, 215—228 (1953). — SKOK, J., and N. J. SCULLY: Bot. Gaz. **116**, 142—147 (1954). — SLIFKIN, MIRIAM K., and J. T. BONNER: Biol. Bull. **102**, 273—277 (1952). — SNOW, R.: (1) Philosophic. Trans. Roy. Soc. Lond. Ser. B **235**, 291—300 (1951); (2) New Phytologist **53**, 99—107 (1954). — SNYDER, W. E.: Bot. Gaz. **102**, 302—322 (1940). — SOSSOUNTZOV, J.: C. r. Soc. Biol. Paris **147**, 1001 (1953). — SPÄTH, H. L.: Der Johannistrieb. Berlin 1912. — SPEAR, I., and K. V. THIMANN: Plant Physiol. **29**, 414—417 (1954). — STEWARD, F. C., R. H. WETMORE, J. F. THOMPSON and J. P. NITSCH: Amer. J. Bot. **41**, 123—134 (1954). — STRAUB, J.: Naturwiss. **41**, 219—220 (1954). — STRAUS, J.: Amer. J. Bot. **41**, 687—694 (1954). — STRAUS, J., and C. D. LARUE: Amer. J. Bot. **41**, 833—839 (1954). — STUBBE, H.: Kulturpflanze (Gatersleben, Kr. Aschersleben) **2**, 185—236 (1954). — SUSSMAN, A. S.: (1) Mycologia (N. Y.) **46**, 143—150 (1954); (2) J. gen. Physiol. **38**, 59—77 (1954). — SUSSMAN, M.: (1) Biol. Bull. **103**, 446—457 (1952); (2) J. gen. Microbiol. **10**, 110—120 (1954); (3) In: A. LWOFF, Biochemistry and Physiology of Protozoa, Bd. 2. New York 1954. — SUSSMAN, M., and S. G. BRADLEY: Arch. of Biochem. a. Biophysics **51**, 428—435 (1954). — SUSSMAN, M., and FRANCES LEE: Proc. Nat. Acad. Sci. U.S.A. **41**, 70—78 (1955). — SUSSMAN, M., and ELIZABETH NOEL: Biol. Bull. **103**, 446—457 (1952). — SUSSMAN, RAQUEL R., and M. SUSSMAN: Ann. New York Acad. Sci. **56**, 949—960 (1953).

THIJN, G. A.: Euphytica **3**, 28—34 (1954). — THIMANN, K. V.: 8. Congr. internat. d. Bot., Paris, Rapp. et Commun., Sect. 11 et 12, 114—128 (1954). — THODAY, D.: Rep. Brit. Assoc. Adv. Sci. **1**, 84—104 (1939). — THOMSON, BETTY F.: (1) Amer. J. Bot. **38**, 635—638 (1951); (2) ebenda **41**, 326—332 (1954). — TODD, G. W., and A. W. GALSTON: Plant Physiol. **29**, 311—318 (1954). — TOOLE, E. H., VIVIAN K. TOOLE, H. A. BORTHWICK and S. B. HENDRICKS: Plant Physiol. **30**, 15—21 (1955). — TORREY, J. G.: (1) Amer. J. Bot. **40**, 525—533 (1953); (2) Plant Physiol. **29**, 279—287 (1954); (3) Amer. J. Bot. **42**, 183—198 (1955). — TURING, A. M.: Philosophic. Trans. Roy. Soc. Lond., Ser. B **237**, 37—72.

UMRATH, K.: Planta (Berl.) **136**, 262—297 (1948).

VERKEERK, K.: Proc. Kon. Ned. Akad. Wetensch. C **57**, 339—346 (1954). — VINCE, D., and D. T. MASON: Nature (Lond.) **174**, 842—843 (1954). — VLITOS, A. J., and W. MEUDT: (1) Contrib. Boyce Thompson Inst. **14**, 401—411 (1954); (2) ebenda **14**, 413—417 (1954); (3) ebenda **18**, 159—166 (1955).

WARD, M., and R. H. WETMORE: Amer. J. Bot. **41**, 428—434 (1954). — WARDLAW, C. W.: (1) New Phytologist **52**, 40—47 (1953); (2) Ann. of Bot., N. S. **18**, 397—406 (1954); (3) New Phytologist **54**, 32—48 (1955). — WAREING, P. F.: (1) Nature (Lond.) **171**, 614—615 (1953); (2) Physiol. Plantarum (Copenh.) **7**, 157—172 (1954); (3) ebenda **7**, 261—277 (1954). — WAREING, P. F., u. D. J. CARR: Proc. Linnean Soc. Lond. **164**, No. 2, 134 (1953). — WAY, D. W.: Proc. Kon. Ned. Akad. Wetensch. C **57**, 601—605 (1954). — WELLENSIEK, S. J., J. DOORENBOS and D. DE ZEEUW: 8. Congr. internat. de Bot., Paris, Rapp. et Comm., Sect. 11

et 12, 307—315 (1954). — WELLENSIEK, S. J., u. F. A. HAKKART: Proc. Kon. Ned. Akad. Wetensch. C **78**, 16—21 (1955). — WENT, F. W.: Annual Rev. Plant Physiol. **4**, 347—362 (1953); (2) Proc. Nat. Acad. Sci. U.S.A. **39**, 839—848 (1953). — WIGHTMAN, F., and R. BROWN: J. of exper. Bot. **4**, 184—196 (1953). — WILLIAMS, S.: Nature (Lond.) **139**, 966 (1937). — WILSON, CH. M.: Amer. J. Bot. **40**, 714—718 (1953). — WITSCH, H. v.: Planta (Berl.) **31**, 638—652 (1941). — WITTWER, S. H., H. JACKSON and D. P. WATSON: Amer. J. Bot. **41**, 435—439 (1954). — WYCHERLEY, P. R.: Ann. of Bot., N. S. **18**, 119—127 (1954).

YOUNG, B. S.: New Phytologist **53**, 445—460 (1954).

ZDANOVA, L. P.: C. r. Acad. Sci. URSS., N. S. **49**, 62—64 (1945). — ZEIST, W. VAN, u. TH. C. M. KOEVOETS: Proc. Kon. Ned. Akad. Wetensch. C **54**, 3—8 (1951). — ZIMMERMANN, W., DOROTHEA WOERNLE u. LISELOTTE WARTH: Z. Bot. **41**, 227—246 (1953).

19b. Physiologie der Fortpflanzung und Sexualität.

Von Hansferdinand Linskens, Köln.

Mit 1 Abbildung.

Allgemeines.

Die zusammenfassenden Darstellungen über Geschlecht und Geschlechtsbestimmung von Hartmann (1951) und von Hämmerling (1951) über die Fortpflanzung sind in 2. Auflage unter Einbeziehung neuer Ergebnisse erschienen. Eine referierende Zusammenfassung der Literatur über die Physiologie der reproduktiven Phase der Pflanzen wurde von Naylor (1952) gegeben. Hartmann (1950) hat erneut seine allgemeine Theorie der Befruchtung und Sexualität formuliert. Sie basiert auf zwei Prinzipien: der bisexuellen Potenz aller Organismen unter Berücksichtigung der verschiedenen Valenz, sowie der Wirkung von modifikatorischen oder genetischen Realisatoren, die den zwittrigen oder getrenntgeschlechtlichen Zustand bestimmen.

Wenrich (2) faßt die heutigen Vorstellungen über Ursprung und Evolution des Geschlechts zusammen. Zur Erklärung der Entstehung von Sexualphänomenen werden die „Hunger"-Theorie von Dangeard, die „Zufalls"-Theorie von Rhumbler, sowie die Theorie von Cleveland herangezogen. Danach ist eine Evolution mit folgenden Schritten anzunehmen: 1. Meiose zur Herabregulierung der endomitotischen Diploidie, 2. Meiose mit anschließender Autogamie, jedoch ohne Zellteilung und daher ohne Gametenbildung, 3. Gametogenese in haploide Zellen, der Befruchtung mit Wiederherstellung der Haploidie folgt, 4. Herstellung des diploiden Zustandes, gefolgt von simultaner Gametogenese und Meiose, dann Befruchtung und Wiederherstellung der Diploidie, 5. Differenzierung der „Geschlechter" durch Ausbildung von Gonaden und von sekundären Geschlechtsmerkmalen. Cleveland nimmt an, daß vor dem Auftreten der Meiose die einzelligen Organismen vielleicht haploid waren. Diploidie könnte durch Endomitose im haploiden Kern entstanden sein, solange eine kompensierende Meiose fehlt. Der Sexualcyclus ist somit gekennzeichnet durch den Verlust eines Centriols, da einer der Gameten sein Centriol durch den Prozeß der Gametenbildung und -fusion verliert. Der Verlust des Centriols muß also ebenso wie das Auftreten der Meiose der Gametogenese in der Sexualevolution vorausgehen. Die Untersuchung der Entstehung der Geschlechter muß daher beginnen mit einer Betrachtung über die auslösenden Faktoren für die Meiose, d. h. der wirkenden Ursachen für die Unterdrückung der Verdoppelung der Centromeren und Chromosomen. Die Faktoren, die für die Differenzierung in ♂ und ♀ Gameten, deren Vereinigung und die Ausbildung von Geschlechtscharakteren maßgebend sind, haben dann nur noch sekundäre Bedeutung.

I. Fortpflanzung und Sexualität der niederen Organismen.

Zusammenfassende Darstellungen über die chemische Regulation der Sexualprozesse der Thallophyten wurden von RAPER (1952) gegeben. Über die Bedeutung der Carotinoide für die Fortpflanzung hat GOODWIN (1950) berichtet. In einem Sammelwerk ,,Sex in Microorganisms", herausgegeben von WENRICH-LEWIS-RAPER (1954), referieren verschiedene Autoren über ihre neuen Forschungsergebnisse.

a) Flagellaten.

F. MOEWUS [(3), (8)] hat in zwei zusammenfassenden Übersichten erneut die hohe Wirksamkeit der Sexualstoffe (Gamone) bei der *Chlamydomonas-eugametos*-Gruppe dargestellt. Auf Grund von Mutationsexperimenten an *Chlamydomonas* und den sich daraus ergebenden physiologischen und genetischen Untersuchungen werden Teilprozesse der gengesteuerten Rutinsynthese erkannt [MOEWUS (2), (4)]. Für die Biogenese des Quercetin wird ebenfalls ein Schema vorgeschlagen [MOEWUS (9), (10), BIRCH-DONOVAN-MOEWUS]. Dieses ist zweiästig und geht einerseits über meso-Inosit zum Phloroglucin, andererseits über Phenylalanin, Tyrosin zur 3,4-Dioxy-Zimtsäure. Weiterhin macht MOEWUS (11) folgende neue Mitteilungen: Die Austestung zahlreicher organischer Verbindungen ergab, daß Crocin die Geißelbildung induziert; 4-Oxy-β-Cyclocitrat und Peonin wirken als männlich determinierende, Picrocrocin und Isorhamnetin als weiblich determinierende Hormone; Rutin bewirkt Sterilität. Kopulation läßt sich mit den beiden Stereoisomeren des Crocetin-Dimethyl-Esters auslösen. Weiterhin findet man [MOEWUS-DEULOFEU, MOEWUS (12)] im Ombousid (7,4-Dimethyl-Rutin) einen Antagonisten zum kopulationsverhindernden Rutin: die Zellen der normalerweise kopulationsunfähigen *agametos*-Rasse werden durch Ombousid (10^{-5} bis 10^{-7} g/ml) kopulationsfähig. Bei *eugametos*-Zellen wird das kopulationsverhindernde Rutin (10^{-8} g/ml) durch Zusatz von Ombousid (10^{-6} g/ml) unwirksam gemacht.

Inzwischen wurden Ergebnisse von MOEWUS durch andere Autoren nachgeprüft. SMITH (1), (2), CADORET und LEWIN (2) arbeiteten mit *Chlamydomonas minutissima*, *C. intermedia*, *C. Reinhardi*, *C. moewusii* und *C. chlamydogama* und konnten den Grundversuch von MOEWUS nicht reproduzieren: die Beweglichkeit bleibt bei diesen fünf Arten auch im Dunkeln erhalten. Mit dem Originalstamm (*C. eugametos f. simplex*) arbeiteten FÖRSTER u. WIESE (1). Sie konnten zwar bestätigen, daß das Licht die Kopulationsfähigkeit beeinflußt, aber eine obligatorische Lichtabhängigkeit und eine quantitative Beziehung besteht offensichtlich nicht. Auch nach tagelangem Dunkelstehen werden die Zellen durch Übergießen der Agarplatte mit Knop-Lösung im Dunkeln quantitativ begeißelt und beweglich. Sämtliche Kulturen wurden auch nach Rutinzugabe kopulationsfähig. Die von MOEWUS (1933) beschriebene agglutinierende Wirkung geschlechtsspezifischer Gamone wird bestätigt. Die Träger der agglutinierenden Wirkung sind thermo- und photostabil. Neben der agglutinierenden Gamonwirkung (Gamon A) hatte MOEWUS geschlechtsspezifische Stoffe (Gamon B) gefunden, die später als cis- und trans-Crocetindimethylester definiert wurden. FÖRSTER u. WIESE (2) finden, daß für die Agglutinationsreaktion vier Faktoren im Spiel sind, die alle für den Kopulationsverlauf wesentlich sind: Bildung des ♀-Gamon A = ♀A, Bildung von ♂-Gamon A = ♂A, Reaktionsfähigkeit der ♂♂ auf A♀, Reaktionsfähigkeit der ♀♀ auf A♂. Die Abgabe von A♂ und die Reaktionsfähigkeit der männlichen Zellen auf A♀ sind lichtabhängig und verdecken daher eine möglicherweise vorhandene Gamonwirkung B. Die Annahme eines weiteren lichtabhängigen Kopulationsfaktors (Gamon B) erscheint also überflüssig. Sie ist durch die Lichtabhängigkeit der Gamonwirkung A vollständig erklärt. Die weiblichen Zellen brauchen kein Licht, um kopulationsfähig zu werden. Für die Kopulationsfähigkeit der Männchen ist hingegen das Licht ein wirksamer Faktor, der allerdings nicht obligatorisch ist, denn im Dunkeln tritt die Gruppen- und Pärchenbildung lediglich um mehrere Stunden verzögert auf. SMITH (3), (4) versucht den Widerspruch auf folgende Weise zu erklären: Für die Bildung der agglutinierenden Substanz ist bei den untersuchten Arten Licht notwendig. Im Dunkeln verlieren die Zellen der verschiedenen Arten diesen Stoff unterschiedlich schnell. *C. eugametos* verliert die gruppenbildende Substanz (Gamon A) schneller als die anderen Arten, so daß die anderen Arten ihre Fähigkeit zur Gruppenbildung auch im Dunkeln längere Zeit behalten. Diese Vorstellung scheint durch Versuche von SAGER u. GRANICK gestützt, wonach der Lichtbedarf bei der Gametenbildung von *C. Reinhardi* abhängig ist vom Alter der Kulturen: stickstoffarme, ältere Zellen haben einen geringeren Lichtbedarf. Dabei ist weder ein bestimmter Minimalstickstoffgehalt, noch ein festgelegtes C/N-Verhältnis maßgebend, sondern die Konzentration einer bestimmten N-Fraktion. Damit wäre die Lichtwirkung eine indirekte, indem photosynthetisch entstandene Kohlenhydrate die Energiequelle für den Kopulationsprozeß darstellen. Damit stimmt überein, daß bei *C. moewusi* das Wirkungsspektrum für die Kopulationsfähigkeit dem Absorptionsspektrum des Chlorophylls entspricht. Photosynthese und Sexualreaktion werden in gleichem Maße durch Phenylurethan gehemmt. Daraus kann geschlossen werden, daß die Kopulation durch ein „Hormon" gesteuert wird, das im Dunkeln zerfällt, im Licht aber durch einen Prozeß gebildet wird, der dem des Aufbaus eines Reduktionspotentials im Chloroplasten verwandt ist [LEWIN (3)]. Hungerformen mit geschrumpften Chloroplasten aus Dunkelkulturen und geeignete Mutanten [LEWIN (1)] zeigen, daß der (+)-Gamet der aktive Partner ist.

Besonderer Erwähnung bedürfen die wichtigen Untersuchungen von CLEVELAND (1949—1954) bei *Hypermastigineen* im Darm der amerikanischen Schabe *Cryptocerus punctatulus*, auf die HARTMANN (4) eigens, zum Teil unter erweiterter Interpretation der Befunde, hingewiesen hat. Dabei ist die klar anisogame *Trichonympha* besonders interessant: zwei weibliche oder zwei männliche Gameten von verschieden stark ausgeprägter Differenzierung (Valenz) können miteinander kopulieren. Der schwächer ausgebildete Gyno- oder Androgamet dringt in den gleichgeschlechtlichen Partner mit stärkerer Ausprägung ein. Man könnte solche Gameten als intersexe Gameten bezeichnen (GRASSÉ). Damit wird erstmalig unmittelbar die Erscheinung der relativen Sexualität sichtbar, die bisher nur durch umfangreiche Kombinationsversuche experimentell nachgewiesen werden konnte; vgl. auch WENRICH (1). Befruchtungs- bzw. Sexualitätserscheinungen in der Form von Paarung diploider Zellen (Gamonten), wie sie bei den isogamen *Ciliaten*, bei *Notila* und den meisten *Diatomeen* auftreten, können nur als sekundär abgewandelte Vorgänge angesehen werden, die phylogenetisch von echter Gametenbildung ableitbar sind. Bei allen neun *Hypermastigineen*-Gattungen ließ sich bipolare Zweigeschlechtlichkeit der Gameten, sowie modifikatorische (phänotypische) Geschlechtsbestimmung aufzeigen, so daß eindrucksvoll die bisexuelle Potenz der haploiden Gametocytenzelle zutage tritt [HARTMANN (4)].

b) Diatomeen.

Eine zusammenfassende Darstellung über die sexuelle Vermehrung der Kieselalgen hat PATRICK (1954) gegeben.

Die Auxosporenbildung der Diatomeen ist erneut der Gegenstand mehrerer Untersuchungen gewesen. Die *Pennaten* bilden, sofern sie nicht apomiktisch sind, aus einer Mutterzelle einen oder zwei Gameten. Plasmolyseversuche zeigen [GEITLER (2)], daß die Restzellen eine indirekte Rolle beim Zusammentreten der Gameten, deren verschiedenes Bewegungsverhalten auf physiologische Anisogamie schließen läßt [GEITLER (1)], spielen. Für die zentrische *Melosira varians* konnte VON STOSCH (1), (2) Oogamie nachweisen. Die Auslösung der Auxosporenbildung hat BRUCKMEYER-BERKENBUSCH bei *Melosira nummuloides* untersucht. Die innere Bereitschaft dazu wird durch eine Verschiebung der Kern-Plasma-Relation zugunsten des Zellkernes bei fortschreitender Zellverkleinerung geschaffen. Über die Auslösung der Reifeteilung wird der Eiweißsatz der Zelle beeinflußt. Neben der Abhängigkeit der Reaktionsnorm von der Jahreszeit lassen sich hemmende oder fördernde Faktoren erkennen. Die Abhängigkeit von der Belichtung folgt einer Optimumkurve. Zugabe von Aminosäuren, Hefe- und Erd-Extrakten ergeben frühzeitige Auslösung der Auxosporenbildung. Damit in Übereinstimmung steht die Beobachtung von STRAUB (2) an der Radiolarie *Actinophrys*, daß für die Auslösung der Meiosis die Gleichgewichtslage bestimmter Stoffwechselprozesse entscheidend zu sein scheint. Nährstoffmangel und Dauerlicht führten in Reinkulturen von *Cyclotella* zur Auxosporenbildung (ERMOLAEVA). Planktonbeobachtungen von NIPKOW im Zürich-See bei *Fragilaria crotonensis* zeigen, daß das Auftreten von Gallertbändern mit dem Eintritt der Auxosporenbildung einhergeht. In einem Falle (*Lithodesmium*) ließ sich die Geschlechtsentwicklung durch nur einen Außenfaktor steuern: ein Klon produziert im Dauerlicht weibliche Zellen, in schwachem Wechsellicht rein männliche, in starkem Wechsellicht zu gleichen Teilen männliche und weibliche Zellen [VON STOSCH (3)]. Die Ursache für die

Umstimmung der vegetativen Zelle zur Auxosporenbildung scheint also in einer fortschreitenden Verkleinerung der Zellgröße und einer auf diesen Prozeß wirkenden Faktorengruppe von Umweltbedingungen zu liegen (PATRICK).

c) Übrige Algen.

Die Faktoren, die zur Bildung der Heterocysten bei den *Cyanophyceen* führen, wurden an *Anabaena cylindrica* untersucht (FOGG). Niedrige Lichtintensität, Zusatz von Kohlenstoffquellen in Form von Glucose oder Bernsteinsäure zum Substrat begünstigen die Heterocystenbildung. Nitrat, Glykokoll oder Asparagin im Medium hemmen vorübergehend, Ammoniumsalze dauernd die Ausbildung von Heterocysten. Über die hier wirksamen Ursachen sind nur Spekulationen möglich.

Neuerdings wurde auch *Hydrodictyon* wieder in Kultur genommen (L. MOEWUS) und als Objekt einer vergleichenden Untersuchung physiologischer Größen gewonnen. Das Auftreten von Zoosporen, die mit einem elastischen Stielchen am Tonoplast angeheftet sind, oder von freibeweglichen Gameten hängt von den Kulturbedingungen ab. Es konnte mit Sicherheit ein Zusammenhang zwischen Fortpflanzung und spezifischer Änderung der Stoffwechselleistung beobachtet werden (NEEB): Bei Einsetzen der Gametenbildung und etwa 30 Std vor dem Beweglichwerden der Zoosporen tritt zunächst ein leichter Anstieg der Photosyntheseleistung ein, dann ein starker kontinuierlicher Abfall, zusammen mit einem beträchtlichen Ansteigen der Atmung, zunächst sogar ohne sichtbare plasmatische Veränderungen. Die Zerklüftung des Wandbelages setzt ohne sichtbare Veränderung des Stoffwechsels ein. MOEWUS (13) findet bei *Enteromorpha compressa* einen genabhängigen Hemmstoff, der die Entwicklung von Gameten, Zoosporen und Zygoten unterdrücken kann. Er hemmt in diesen Zellen die 1. Kernteilung. Zwischen der Zahl der Allele der Testzellen und der Menge des gebildeten Hemmstoffes besteht eine einfache quantitative Beziehung.

COOK und Mitarbeiter setzten ihre Untersuchungen über den Mechanismus der chemotaktischen Anlockung der *Fucus*-Spermien fort. Sie versuchten die ausgeschiedenen Stoffe zu isolieren und ihre chemische Natur aufzuklären. Zahlreiche chemotaktisch wirkende organische Stoffe (aliphatische Kohlenwasserstoffe, Äther, Hexan u. a.) vermögen die Aktivität der natürlichen Sekrete zu vergrößern. Dies deutet auf eine unspezifische, im wesentlichen physikalische Wirksamkeit hin. Alle Versuche zur Isolierung schlugen bislang fehl, da die Stoffe in sehr hohen Verdünnungen wirksam sind und nicht angereichert werden konnten. — Eier und Spermien von *Fucus vesiculosus* zeigen bei einem Vergleich der enzymatischen Aktivität (SOSA-BOURDOUIL u. SOSA) erhebliche Unterschiede.

Eine erneute Untersuchung des Befruchtungsprozesses von *Cutleria multifida* [HARTMANN (1)] ergab, daß auch hier von den Gynogameten eine chemotaktische Anlockung der Spermatozoiden ausgeht, sobald die Makrogameten sich festgesetzt und ihre Geißeln verloren haben. Die Ausscheidung des Gynogamons der zur Ruhe gekommenen, abgekugelten Eier erfolgt nur etwa 4 Std lang. Mit dem Nachlassen der Gynogamon-Bildung sinkt auch die Befruchtungsziffer. — Mehrjährige Beobachtungen an *Codium elongatum* und *C. tomentosum* zeigen für diese Arten das Vorhandensein phänotypischer Geschlechtsbestimmung (HARTMANN u. HÄMMERLING).

d) Myxomyceten, mit Ausschluß der Acrasiales.

Bei den *Myxomyceten* wurde die Auslösung der Fruchtkörperbildung erneut untersucht. Dabei spielt das Licht eine entscheidende Rolle [GRAY (1), SOBELS, SOBELS-BRUGGE]. Im Dunkeln findet nur vegetatives Wachstum statt. Nach Belichtung zieht sich das Plasmodium an mehreren Stellen zusammen und bildet Sporangien, in deren Sporen die Meiosen ablaufen. Die Lichtwirkung geht dabei über stoffliche Prinzipien, da STRAUB (4) bei *Didymium eunigripes* zeigen konnte, daß lichtinduziertes Plasma, das durch Einfrieren abgetötet wurde, eine Steigerung der Fruchtkörperausbildung bewirkt. Wahrscheinlich werden mit Hilfe der eingestrahlten Energie Stoffe gebildet, die bei der Entstehung der Sporangien eine Rolle spielen. Bei *Physarum polycephalum* [GRAY (2)] führen kurze Wellenlängen in höherem Prozentsatz zur schnelleren Fruchtkörperbildung. Damit stimmt überein, daß der Plasmodium-Rohextrakt (Pigmente und acetonlösliche Stoffe) seine höchste Absorption im Blau hat. Die Förderung der Fruchtkörperbildung bei 4360 Å wird daher mit starker Absorption erklärt. Die Beschleunigung der Fruchtkörperbildung durch steigenden Säuregehalt des Substrates läßt sich mit steigender Absorptionskapazität des Plasmodiums für Licht erklären, da Extrakte bei verschiedenem p_H-Wert unterschiedliche Absorptionsspektren ergeben: je höher der Säuregrad, um so größer die absorbierte Energiemenge.

Auch ließen sich (LIETH) bei *Didymium eunigripes* vier verschiedene Pigmente isolieren, deren Absorptionsbereiche sich mit dem Wirkungsspektrum der Sporangienbildung in einen kausalen Zusammenhang bringen lassen. Allerdings scheint die Relation keine einfache zu sein, da offensichtlich das lebende Plasma selbst Lichtenergie benötigt, um mit den gebildeten Substanzen die Entwicklung vollenden zu können.

Über die *Acrasiales* vgl. oben S. 748 ff.

e) Pilze.

Für den Lebenscyclus der *Ascomyceten* ist einmalige Kernfusion und Meiose charakteristisch. Das Verschwinden der Sexualorgane bei den höheren Pilzen kann durch das Phänomen der Heterokaryose erklärt werden [WHITEHOUSE (3)]. Der Versuch einer begrifflichen Neufassung der Sexualitätsphänomene führt [WHITEHOUSE (1)] zur Klassifizierung in folgende Gruppen: 1. morphologisch heterothallische Arten (= anisogametische Haplodiöcisten), 2. physiologisch-heterothallische Arten (= isogametische Haplodiöcisten, deren (+)- und (—)-Individuen nicht als sexuell differenziert angesehen werden, sowie Haplo-Monöcisten),

3. homothallische Arten. Diese werden unterteilt in primäre, d.h. homokaryotisch-homothallische Arten (z.B. *Allomyces javanicus*) und sekundäre, d.h. heterokaryotisch-homothallische Arten (z.B. *Neurospora tetrasperma*). Über die stoffliche Regulation des Sexualprozesses bei Pilzen liegen Zusammenfassungen von RAPER (3), (4), (7) und HAWKER vor.

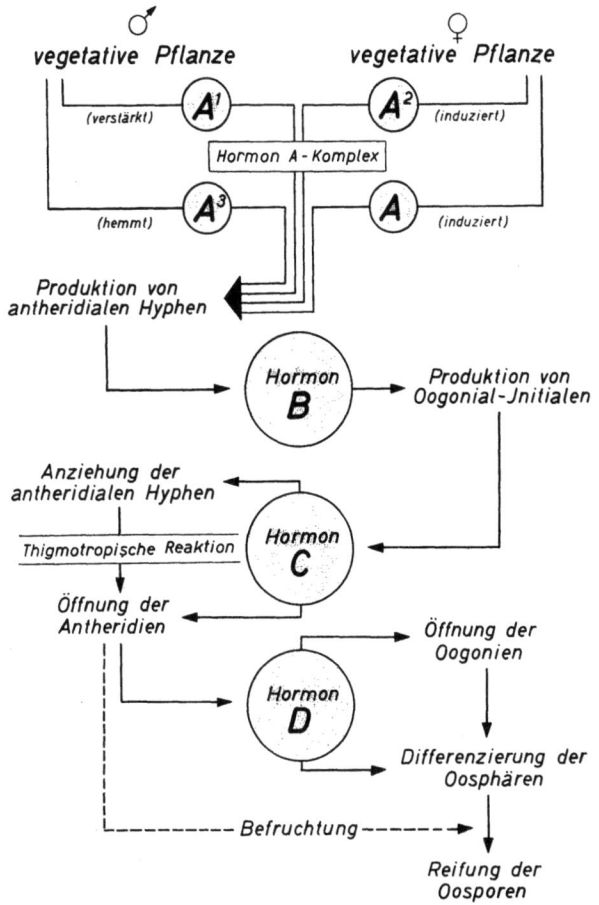

Abb. 97. Der hormonale Mechanismus, der die Sexualreaktionen zwischen männlichen und weiblichen Stämmen bei heterothallischen Arten von *Achlya* steuert. Jeder Kreis mit Buchstaben bezeichnet ein spezifisches Hormon, die Linien seinen Ursprung, die Pfeile seine spezifische Aktivität. Nach RAPER (3) verändert.

Die Untersuchungen über die Geschlechtshormone bei *Achlya* wurden weitergeführt [RAPER (1), (2)], so daß sich inzwischen folgendes Bild vom Koordinationsmechanismus in den einzelnen Abschnitten der Entwicklung ergibt (Abb. 97): Im Initialstadium der Sexualreaktion wird die Induktion und quantitative Steuerung der antheridialen Hyphen durch vier verschiedene Hormone (A, A^1, A^2, A^3) bewirkt, die zusammen als Hormon A-Komplex bezeichnet werden. Ihre Funktionen sind im einzelnen: A (acetonlöslich, wasserunlöslich) und A^2 (acetonunlöslich, wasserlöslich), vom ♀ ausgeschieden, induzieren einzeln oder gemeinsam sich wechselseitig verstärkend die Bildung der antheridialen Hyphen; A^1 (acetonunlöslich, wasserlöslich), vom ♂ sezerniert, beeinflußt als Verstärker oder Aktivator die Hormone A und A^2; A^3 (acetonlöslich, wasserunlöslich), ebenfalls vom ♂ ausgeschieden, wirkt antagonistisch, indem es die durch die weiblichen Hormone induzierten Reaktionen hemmt. Insgesamt besteht der hormonale Mechanismus aus mindestens sieben verschiedenen Hormonen, vier vom ♂ ausgeschiedenen, drei vom ♀ ausgeschiedenen, die eine Kette von abgestuften Reaktionen zwischen ♂ und ♀ regeln. Jede dieser Reaktionen hängt chemisch von der unmittelbar vorhergehenden ab und wird von dieser quantitativ gesteuert. Die Anzahl der auszubildenden Antheridien wird jedoch auch vom p_H-Wert, der Temperatur und dem Salzgehalt des Mediums, sowie durch Licht beeinflußt [RAPER (3)]. Der gesamte Sexualvorgang, mit Ausnahme der Übertragung der männlichen Kerne bei der Befruchtung, ist in dieser Weise reguliert. Bislang wurde allerdings noch keines dieser Sexualhormone isoliert und chemisch rein dargestellt. — Inzwischen konnte jedoch gezeigt werden [RAPER (2)], daß homothallische Arten einen sehr ähnlichen hormonalen Mechanismus besitzen, wie die heterothallischen. Die Identität der von den homothallischen Arten *Achlya americana, Thraustotheca clavata* und *T. primoachlya* sezernierten Stoffe mit den Hormonen des A-Komplexes von *A. bisexualis* und *A. ambisexualis* kann wahrscheinlich gemacht werden. Aus der interspezifischen Wirksamkeit der Stoffe von homo- und heterothallischen Arten kann auf einen gemeinsamen physiologischen Sexualmechanismus dieser großen systematischen Gruppe geschlossen werden. Hieraus ergeben sich eine Reihe von stammesgeschichtlichen Problemen, die für eine Evolution der Heterothallie aus der Homothallie und umgekehrt zu verschiedenen Zeitpunkten der Pilzentwicklung sprechen [OLIVE (1), (2)], hier jedoch nicht abgehandelt werden können. — Die Ausbildung von Dauerorganen, die als Zygoten anzusehen sind, läßt für *Rozella allomycis* das Bestehen von Geschlechtern annehmen (SÖRGEL). Auch die Untersuchungen an *Allomyces* wurden durch die EMERSON-Schule fortgeführt. Die Synthese des normalerweise während der sexuellen Phase in den männlichen Gametangien vorhandenen γ-Carotins kann durch Zusatz von Diphenylamin zum Substrat zu 95% gehemmt werden, wodurch zugleich das Wachstum der Gametophyten gehemmt wird [TURIAN-HAXO (2)]. Gleichzeitig steigt jedoch der Gehalt an Phytofluen und einem blaßgelben Pigment an, das dem ζ-Carotin ähnlich erscheint. Im asexuellen Stadium fehlen offensichtlich bei *A. javanicus* farblose C_{40}-Polyene (Carotine). Auch ließ sich bei *Nectria cinnabarina* zeigen, daß bei vegetativem Wachstum in Flüssigkeitskultur der Farbstoff nicht synthetisiert wird (GOODWIN). Ähnliche Beobachtungen liegen an *Neurospora-crassa*-Mutanten vor (HAXO).

Diphenylamin-Kulturen gestatten auf Grund der Tatsache, daß in ihnen die Synthese des Hauptcarotins zugunsten der stärker hydrierten Polyene gehemmt wird, eine Identifizierung dieser Spurenfarbstoffe [TURIAN (1)]. Dabei erwies sich, daß γ-Carotin hemmend auf die Ausbildung der männlichen Gametangien von *A. javanicus* wirkt. Die Kopulation der Gameten kann durch Zusatz von Borsäure vollständig verhindert werden. So ließ sich rein gametophytisches Wachstum durch Zusatz von 1/15000 Borsäure auf Stärke-Hefeextrakt-Medium erzielen [TURIAN (2)].

Für die Perithecienbildung von *Chaetomium globosum* erwies sich ein Juteextrakt als sehr fördernd (BURTON u. KING). Als wirksame Komponenten ließen sich hier Spuren von Phosphorsäure-Estern papierchromatographisch sicherstellen (BURTON, JABBAR u. ETHERIDGE).

Die Untersuchungen an dem von ZICKLER entdeckten Ascomyceten *Bombardia lunata* ergaben bei den Mycelien zwei komplementäre Reaktionsgruppen: A und a, die beide sowohl Spermatien, als auch Ascogone hervorbringen. Diese können sich nicht selbst befruchten, sondern erst in Kombination komplementärer Stämme. Neben solcher genetisch bedingter Selbststerilität tritt auch geschlechtliche Differenzierung auf, die beim Spermatisieren und in der Kombination komplementärer Stämme in Erscheinung tritt. Die Trichogynen werden von den Spermatien bzw. den Spermogonien chemotropisch angelockt. Sie antworten auf den durch den „Spermatienstoff" ausgelösten Reiz mit einem typisch schlängelnden, gerichteten Wachstum. Die wirksamen Prinzipien konnten extrahiert werden (ZICKLER). Die Ausbildung der Fruchtkörper wird beim Altern der Mycelien gehemmt. Durch eine Reihe von Passagen nach Einsporkultur verlieren die A- und a-Stämme außerdem die Fähigkeit miteinander zu fruktifizieren (LAIBACH, KRIBBEN u. HEILINGER), während sie in Mischkultur ihre Fertilität behalten. Die männlichen Geschlechtsorgane der alten Stämme bleiben funktionsfähig. Komplementäre Mycelien üben einen beschleunigenden Einfluß auf die Entstehung der Spermogonien aus (LAIBACH).

Bei einer dauernden vegetativen Vermehrung sterben Stämme von *Podospora anserina* und *P. setosa* nach einer bestimmten Zeit ab. Der Absterbevorgang ist vom Genotyp und von Außenbedingungen abhängig. Die ($-$)-Stämme sterben früher ab als die ($+$)-Stämme [RIZET (2), (3)]. Auch die ($-$)- und die ($+$)-Mycelien von *Neurospora* zeigen unterschiedlich hohe Substanzproduktion (DIRKZ). Eine neue chemische Reaktion des in destilliertem Wasser gequetschten Mycels mit 30% NaOH gestattet die geschlechtliche Differenzierung bei *Phycomyces blakesleeanus* (UTIGER): ($-$)-Mycelien ergeben eine intensive Rotfärbung, während ($+$)-Mycelien farblos bleiben. In gleicher Weise reagieren Sporenextrakte und Nährböden nach Bewachsung. Die Reaktion erfolgt jedoch nur, wenn dem Stamm Aneurin als Gesamtmolekül zur Verfügung gestellt wird.

Für *Neurospora crassa* wurden die Substratfaktoren untersucht, die zur Perithecienbildung führen (GIRBARDT). Während Mineralsalze eine geringe Bedeutung haben, erweist sich das Wirkstoff-(Hefehydrolysat)-Kohlenhydrat-Verhältnis als entscheidend. Die genetische Steuerung des Vorganges der Sporenbildung scheint über eine Regulierung des Kohlenhydratstoffwechsels zu erfolgen. Auch die Sexualreaktion der *Kleinii*-Gruppe von *Pilobolus* ist in hohem Maße von ernährungsphysiologischen Faktoren abhängig (LYR). Ebenfalls wies die Fruchtkörperbildung von *Sordaria fimicola* [BRETZLOFF (1), (2)] eine Abhängigkeit von der Kohlenhydrat- und Biotinversorgung auf: die Entwicklung kann beschleunigt werden, wenn das vegetative Wachstum durch mangelhafte Versorgung mit Zucker begrenzt wird. Bei *Coprinus variegatus* (TRANSEAU) sind hohe Temperaturen und reichliche Wasserversorgung des Substrates für die Ausbildung von Fruchtkörpern förderlich. — Zusatz von 1% Pepton zum Substrat hemmt die Perithecienbildung bei *Aspergillus nidulans* völlig, schwächere Konzentrationen wirken fördernd. Die Wirksamkeit von Adrenalin ist abhängig von der Reaktion des Substrates. Bei p_H 6—8 wird es zu Adrenochrom oxydiert und fördert wahrscheinlich auf dem Wege über eine Beeinflussung des Redoxpotentials die Ausbildung der Fruchtkörper (GRAZIOSI). Die Beziehung zwischen Pigmentierung und den Kernverhältnissen in heterokaryotischen Systemen erscheint aber noch zum großen Teil hypothetisch (RAPER u. FENNEL). Die Messung des Gaswechsels während des Befruchtungsvorganges bei *Mucor hiemalis* und *Phycomyces blakesleeanus* ergab [BURNETT (1)], daß beim Zueinanderwachsen compatibler Kreuzungstypen eine Atmungssteigerung zu beobachten ist, ehe sich die Hyphenspitzen berühren. Daraus kann auf die Existenz eines extramyceliaren, diffusiblen Agens geschlossen werden. Bei „unvollkommener Bastardierung" heterothallischer mit homothallischen Arten im Sinne von BLAKESLEE ließ sich ebenfalls eine Steigerung des Sauerstoffverbrauchs zeigen [BURNETT (2)], der bei Fehlen derselben nicht auftrat. Offenbar wird die Hyphenverschmelzung durch die Produktion dieser diffusiblen Substanz eingeleitet. Solche durch Cellophanfolien diffusiblen Stoffe werden auch bei homo- und heterothallischen Stämmen von *Glomerella* gefunden (MARKERT). Da die Agentien sowohl von homo- als auch von heterothallischen Arten gebildet werden, scheint die Einleitung der sexuellen Phase für beide Formen durch ein ähnliches Agens bewirkt zu werden. Hier dürften also analoge Verhältnisse vorliegen wie bei den *Saprolegniaceen* [RAPER (1)].

f) Pteridophyten.

Im Vergleich zu anderen Gruppen sind die Farne hinsichtlich der Fortpflanzung nur spärlich untersucht worden. Die Ausbildung der Antheridien kann bei *Dryopteris Filix-mas* durch einen wäßrigen Extrakt aus fertilen Prothallien von *Pteridium aquilinum* vorzeitig ausgelöst werden [DÖPP (1)]. Die wasserlösliche, thermostabile, säureinstabile Substanz ist nicht spezifisch, wenngleich Extrakte aus archegonientragenden Vorkeimen besonders wirksam sind. Durch Zusatz von Glykokoll zum Nährsubstrat wird bei *Gymnogramme (Pityrogramma) calomelanos* das fadenförmige Wachstum der Prothallien und die Bildung der Archegonien gefördert, während gleichzeitig die Prothalliengröße und die Entwicklung der Antheridien gehemmt bleibt [SOSSOUNTZOV (3)]. Die Zahl der Antheridien wird durch Zusatz von Leucin, Serin, Alanin und Valin zum Substrat erhöht [SOSSOUNTZOV (1)]. Den gleichen Effekt haben Asparagin- und Glutaminsäure, sowie deren

Amide in hohen Konzentrationen. Die letzteren fördern außerdem die Bildung von Adventiv-Prothallien. Im Bezug auf die N-Konzentration zeigen sich zwei Maxima der Induktion von Sexualorganen: eines bei starken Verdünnungen, eines bei sehr hohen Konzentrationen [Sossountzov (2)].

Spezifisch hemmend auf die Antheridienbildung bei *Pteridium* ohne Behinderung des vegetativen Wachstums wirkt 2,3,5-Trijodbenzoesäure (1:5000) [Döpp (2)]. — Unspezifische Substanzen des Archegoniums locken die Spermatozoiden von *Pteridium aquilinum* an. Da zerquetschtes Sporophytengewebe, sowie zerstörte Zellen von anderen Pflanzen und Tieren ebenfalls wirksam sind, dürfte lediglich der Inhalt der aufgelösten Archegonienhalszellen für die Anlockung verantwortlich sein (Wilkie).

II. Physiologie des männlichen Gametophyten der Samenpflanze.

Maheshwari hat eine monographische Darstellung über den männlichen Gametophyten gegeben, in der auch physiologische Gesichtspunkte, wie Pollenkeimung, Pollenschlauchwachstum, Beteiligung des Plasmas an der Syngamie, jedoch ohne Berücksichtigung neuer Untersuchungen, anklingen.

a) Pollenentwicklung.

Eine kritische Zusammenfassung der Literatur über das Antherentapetum hat Wunderlich gegeben. Da Pollensterilität und abnormes Verhalten des Tapetums immer wieder miteinander in Zusammenhang gebracht werden, scheint die Berücksichtigung der Kernverhältnisse besonders wichtig. Das Vorhandensein sowohl eines inneren, als auch eines mehrschichtigen Tapetums erwies sich in den geprüften Fällen als nicht an eine bestimmte Kernzahl geknüpft. Immerhin ist die Pollenentwicklung ein Prozeß, der von einer großen Anzahl von Genen gesteuert wird, wobei die ernährungsphysiologischen Funktionen des Tapetums ebenfalls einer vielfältigen genetischen Kontrolle unterstehen. Eine Zusammenstellung unserer derzeitigen Kenntnisse von der Wirkung von Pollen- und Tapetumgenen hat Welzel gegeben. Dabei zeigt sich in der Untersuchung pollensteriler Mutanten, daß diese Gene zu verschiedenen Zeitpunkten über das Tapetum in die Pollenentwicklung eingreifen. Stirbt das sporogene Gewebe bei Beginn der entscheidenden Wachstumsprozesse ab, so werden leere Antheren gebildet. Anomale Tapetumentwicklung führt daher bei *Medicago sativa* zur Sterilität (Childers). — Eine quantitative Beziehung läßt sich zwischen der Knospengröße und dem Zellteilungsverlauf bei der Pollenreifung zeigen. Das Knospenwachstum läßt sich durch die Blackmannsche Exponentialgleichung wiedergeben. Physiologisch ist der Zeitpunkt der Meiose durch einen merklichen Rückgang der Atmungsintensität gekennzeichnet, während das Verhältnis Trockengewicht/Frischgewicht ein erstes Maximum erreicht (Erickson). Die Determination zur Pollenmeiose erfolgt bei *Tradescantia paludosa* früher als bei *Lilium*. Sie ist bereits 3—4 Std vorher festgelegt und läuft auch dann ab, wenn die Paarung mangelhaft ist. Damit stimmt überein, daß in den prämeiotischen Stadien, kurz vor Beginn der Meiose, sich merkliche Änderungen der fermentativen Aktivität nachweisen lassen (SINKE, IIJIMA u. HIRAOKA, HIRAOKA): Peroxydase- und Katalaseaktivität steigen an, Oxydase- und Dehydrogenaseaktivität fallen ab, das Reduktionspotential wächst an. Antheren lassen sich in flüssiger Nährlösung mit Cocosmilch oder unter Zusatz von Caseinhydrolysat mit Vitaminen kultivieren (TAYLOR). Für die weitere Untersuchung der physiologischen Vorgänge bei der Ausbildung des Pollens in den Antheren scheint die Zuordnung zu den cytologischen Prozessen besonders wichtig (ERICKSON, SELL u. JOHNSTON). Für die Ausbildung eines normalen physiologischen Zustandes der Pollenkörner ist der Stoffwechsel der Gesamtpflanze von Bedeutung. So konnte gezeigt werden, daß sich Bestäubung an abgeschnittenen Blüten selbststeriler *Cistus*-Arten erfolgreich durchführen läßt. Ohne Kastration war dabei die Samenzahl erhöht (LASUK). Wassermangel im Boden macht sich störend auf die Pollenfertilität bemerkbar: neben Verkleinerung der Pollenkörner und Verzögerung der Reifungsteilung treten gehäuft Deformationen und Degenerationserscheinungen auf (ANIKIEV u. GOROŠCENKO). Verdunklung oder Beschattung der Ähre während der Ausbildung der Tetraden in der PMZ führt bei Gerste zur Sterilität infolge Pollendegeneration (KUDRJAVCEV). Für die normale Entwicklung scheint ein gewisses Gleichgewicht zwischen alten und neuen Blättern notwendig. Entfernt man nämlich im Frühjahr beim Ölbaum die vorjährigen Blätter von den Blütenknospen tragenden Zweigen und verschiebt so das Gleichgewicht zugunsten der neuen Blätter, so wird dadurch die Entwicklung der Antheren und Ausbildung von Pollen begünstigt (FRANCINI).

b) Polleninhaltsstoffe.

Eine Zusammenstellung der neuesten Ergebnisse von Untersuchungen über Inhaltsstoffe des Pollens hat LUNDÉN gegeben. Mit neuen Methoden wurden weitere Aminosäuren als Bestandteile der Pollenproteine und in freier Form gefunden (BARTHURST, SARKAR, WITTWER, LUECKE u. SELL, MARQUARDT u. VOGG, AUCLAIR u. JAMIESON, AUGUSTIN, HATANO). Bei *Lolium perenne* war besonders der hohe Gehalt an freiem Prolin auffällig, das bis zu 1,65% des Trockengewichtes ausmacht. Neben Glucose, Fructose, Saccharose und Ribose [LINSKENS (3)] ließen sich in Pollen auch Lactose [KUHN u. LÖW (1), (2)] auffinden, sowie das Vorhandensein von Uronsäure wahrscheinlich machen (ROBBINS, SAMUELS u. MOSKO). Die Analysen der Lipoide von Pollen sind noch recht summarisch, ohne daß auf deren Zusammensetzung eingegangen wird (RIDI u. WAFA). Der Ätherextrakt ergab einen Gehalt an Fett beim Löwenzahn von 14,4%, bei Senfarten zwischen 8,6 und 13,1%, bei der Haselnuß 15% (SOSA u. SOSA-BOURDOUIL). Quantitative Vitamin B_1-Bestimmung hat SAGROMSKY durchgeführt. Folinsäure und Ascorbinsäure wurden von WEYGAND u. HOFMANN in acht verschiedenen Pollenarten nachgewiesen. In Pollen von 2n- und 3n-Apfelsorten fanden

LARSEN u. TUNG durch Ätherextraktion einen neutralen und einen sauren wachstumsfördernden, sowie einen neutralen wachstumshemmenden Stoff. Im trockenen Pollen beginnt nach 2 Std die wachstumshemmende Substanz zu verschwinden. REDEMANN konnte in Maispollen ein Pyridinderivat isolieren, das Wuchsstoffunktion hat. Phosphatase, Amylase und Saccharase wurden von HAECKEL im Pollen untersucht. Eine Korrelation zwischen der Höhe der Phosphataseaktivität und der Griffellänge, bzw. Wachstumsgeschwindigkeit kann nicht gefunden werden. Bei den Dikotylen mit Griffelleitgewebe herrschen Pollen mit hoher Phosphatase- und geringer Amylase- und Invertaseaktivität vor; bei Monokotylen mit Griffelkanal sind die Verhältnisse umgekehrt. Die Färbung der Pollenkörner ist hauptsächlich durch Flavone, Flavonole und Carotinoide bedingt [KARRER u. LEUMANN, TAPPI (1), (2)]. Im allgemeinen scheint die Lipochromfraktion aus Xanthophyll-Estern zu bestehen (KARRER, EUGSTER u. FAUST).

c) Pollenmembran.

Die submikroskopische Struktur der Pollenmembran konnte mittels Dünnschnitten und eines Lackabdruckverfahrens weitgehend aufgeklärt werden (MÜHLETHALER, SITTE). Die Exine besteht aus einer zusammenhängenden Basalschicht, aus der zahlreiche, nach außen gerichtete Stäbchen auswachsen, die in der Aufsicht ein Netzwerk ergeben. Das so bestehende zusammenhängende Hohlraumsystem ist mit gelber, öliger Flüssigkeit erfüllt, die durch das Periplasmodium der Tapetumzellen auf die Pollenmembran aufgelagert wurde. Die Sporopollenine der Exine kommen nicht mit der Cellulose, sondern mit den diese umhüllenden Pektinschichten in Berührung, so daß sie zusammen mit dem Cutin nicht als Inkrusten, sondern als Anlagerungsstoffe (Adkrusten) aufgefaßt werden können. SITTE nimmt an, daß das Genom des Pollens für die Ausbildung der Exine verantwortlich ist. Die Pollenkörner können auch nach Anlage der Exine noch wachsen, wobei sie offensichtlich plastisch gedehnt werden. Damit wird zugleich die Granulierung der Oberfläche erklärt, die mithin keine direkt erblich bedingte Struktur wäre. Vgl. oben S. 113—115.

d) Lebensfähigkeit des Pollens.

Die Lebensdauer des Pollens ist weitgehend von den Aufbewahrungsverhältnissen abhängig. Lagerung bei tiefen Temperaturen zwischen 0 und $-5°$ C erwiesen sich für Pollen von *Solanum lycopersicum* (MORGANDO, MCGUIRE), *Lupinus* (ALEKSEENKO) und *Ginkgo* (TULECKE) als optimal. Wesentlich ist, daß er möglichst steril gewonnen und trocken gehalten wird. Durch Ultraviolettbestrahlung wird die Lebensdauer der Pollenkörner bereits nach 3—6 Std herabgesetzt (WERFFT). Auch die Mineralsalzversorgung während der Blütenentwicklung ist von Einfluß auf die Lebensfähigkeit und die Ausbildung des Pollens bei *Primula* und *Begonia:* einseitige N-Düngung führt zur Verminderung, einseitige P-Düngung zur Erhöhung der Keimfähigkeit. In gleichem Sinne verändern sich die Ausmaße der Pollenkörner (GREBINSKIJ u. ROLIK).

e) Beeinflussung der Pollenkeimung.

Von der Vermutung ausgehend, daß die in den Blüten höherer Pflanzen vorkommenden Carotinoide fortpflanzungsphysiologische Prozesse steuern könnten, hat SCHWARZENBACH (1) die Wirkung dieser Pigmente auf die Pollenkeimung untersucht. Chromatographisch gereinigte Fraktionen von β-Carotin, Neurosporin und β-Dihydro-Carotin, die nach KARRER u. LEUMANN in Antheren und Pollen von *Cyclamen persicum* vorkommen, wirken auf die Pollenkeimung hemmend, während Lycopin und Crocetin in gleicher Konzentration fördernd wirken. Aus dieser Feststellung wird der Schluß gezogen, daß die physiologische Rolle der Antherencarotinoide darin besteht, ein vorzeitiges Auskeimen der Pollenkörner in den Staubgefäßen zu verhindern. Die Hemmwirkung kann durch die Zugabe unbefruchteter Samenanlagen von *Cyclamen* in vitro aufgehoben werden. Im Modellversuch läßt sich der Effekt reproduzieren, indem die Hemmwirkung von β-Carotin und Luteochrom durch Zugabe von β-Indolylessigsäure aufgehoben wird. Heteroauxin läßt sich in seiner Wirkung auf β-Carotin durch Vitamin K_1 ersetzen, das für sich allein die Keimung des *Cyclamen*-Pollens nicht beeinflußt [SCHWARZENBACH (2)].

Keimung und Schlauchwachstum von Gymnospermenpollen unter Wuchsstoffeinfluß hat ANHAEUSSER untersucht. Avenakoleoptil-Diffusat und β-Indolylessigsäure wirken fördernd auf Keimung und Pollenschlauchwachstum. Aus der Wirkung von Samenanlagen-Extrakten wird auf das Bestehen eines Wuchsstoff-Hemmstoff-Prinzips geschlossen, das in seiner Wirkungsrichtung von der Entwicklung der Samenanlagen abhängig ist. Gleichartige Beobachtungen über die Stimulation des Pollenschlauchwachstums machte POHL bei *Petunia*. In den Konzentrationen 10^{-6} bis 10^{-10} mol/Liter wirkt β-Indolylessigsäure fördernd. Die Wachstumshemmung der Pollenschläuche durch Extrakt aus Maisskutellen ist linear proportional der Hemmstoffkonzentration. Ein Gemisch aus Hemmstoff und Heteroauxin wird durch die Pollenschläuche in wenigen Stunden inaktiviert.

Die von SCHMUCKER entdeckte Borwirkung wird von THOMPSON u. BATJER für weitere Kern- und Steinobstsorten bestätigt.

III. Physiologie des Befruchtungsvorganges.

Mit der Einleitung des Befruchtungsprozesses sind tiefgreifende physiologische Änderungen in den Griffeln verbunden, die an verschiedenen Objekten einer Untersuchung unterzogen wurden.

Den Stoffwechsel im Griffel hat BRITIKOV (1) unter Verwendung von ^{32}P untersucht, welcher durch die Stengelbasis von Maispflanzen injiziert wurde. Zunächst erfolgt eine Steigerung des Gehaltes an Poly- und Disacchariden, bei gleichzeitiger Senkung der Monosaccharide. Daraus wird auf eine Synthese von Kohlenhydraten im Pollenschlauch geschlossen. Ehe die Pollenschläuche die Griffelbasis erreichen, geht dort bereits der Umbau zu Monosacchariden vor sich, die ihrerseits wiederum dem wachsenden Pollenschlauch im oberen Griffelabschnitt zugeführt werden sollen. Die Möglichkeit einer primären Eiweißsynthese auf Kosten der Saccharide und des anorganischen Stickstoffs scheint BRITIKOV nicht ausgeschlossen zu sein. Bei Orchideen hat HSIANG (1), (2) die Änderung physiologischer Zustandsgrößen als Folge der Bestäubung untersucht: Die Reaktionskette verläuft folgendermaßen: Anwachsen der Katalaseaktivität, Stimulierung der Atmung, Beschleunigung der Wasseraufnahme, Vergrößerung der Salzaufnahme, Zuckermobilisierung, Zunahme der hydrophilen Kolloide, Anwachsen des osmotischen Wertes. Außerdem wird ein bemerkenswerter Anstieg des Gesamtstickstoffs und Gesamtphosphors beobachtet, der aus dem Perianth abtransportiert worden ist. GESSNER findet bei *Coelogyne* und *Cymbidium*, daß als Folge der Bestäubung die Stoffzunahme des Gymnostemiums und des Fruchtknotens durch entsprechende Abnahme im Labellum kompensiert wird. Das Labellum scheint in dieser Hinsicht bei den Orchideen eine Sonderstellung einzunehmen, da der für das Wachstum des Fruchtknotens notwendige Stickstoff ausschließlich von dort her zugeführt wird. Mit mikrochemischen Methoden stellt BRITIKOV (2) zwischen Pollen- und Griffelgewebe Unterschiede im p_H- und r_H-Wert, in der Anwesenheit von SH-Gruppen und Polyphenolen, sowie im Gehalt an Stärke, Zuckern und Enzymen fest. Nach ELLENHORN u. SWETOSAROWA sind hohe Potentialunterschiede zwischen den Kernen von Embryosack und Spermazellen chrakteristisch. Die Differenz in der Acidität wird als wesentlich für den Stoffaustausch angesehen und als entscheidend für das Wahlvermögen zwischen zueinander passenden Geschlechtszellen angesprochen.

EHLERS untersucht das Pollenschlauch-Wachstum von 14 Angiospermenarten auf künstlichem Medium und findet, daß der Pollenschlauch außer destilliertem Wasser nur Borsäure benötigt, um die zur Befruchtung erforderliche Länge zu erreichen. Bei anderen Arten wird diese Länge auch dann nicht erreicht, wenn dem Substrat verschiedene Zucker zugesetzt werden. Daraus wird geschlossen, daß keine Ernährung des wachsenden Pollenschlauches durch das Griffelgewebe erforderlich ist und die im Pollenkorn vorhandenen Reservestoffe für den Aufbau ausreichen. Gegenteilige Befunde berichten SCHOCH-BODMER u. HUBER: die Pollenschläuche von *Lythrum salicaria* lösen beim Durchwachsen die kollenchymatischen Wandverdickungen auf und nehmen später mehr als 40% des ursprünglichen Leitgewebsvolumens ein; damit erscheint die Ernährung der Schläuche durch die Leitzellen histophysiologisch bewiesen. MARRÈ-MURNEEK fanden als Folge der Befruchtung zunächst eine sehr starke Zunahme an reduzierenden Zuckern und Stärke im Fruchtknoten, während gleichzeitig der Saccharosegehalt sinkt. Bei *Petunia* läßt sich direkt zeigen, daß der Gehalt an reduzierenden Zuckern im Leitgewebe nach Passage der Pollenschläuche sinkt [LINSKENS (3)]. Bei *Cucurbita* und *Nicotiana* konnte POLJAKOW nachweisen, daß in den Griffelgeweben, insbesondere der Narbe, eine starke Zunahme an Vitaminen des B-Komplexes auftritt. Als Folge der Bestäubung tritt bei Gräsern zunächst eine Erhöhung der Permeabilität und Intensivierung der oxydativen Vorgänge, später auch der Reduktionsprozesse in den Narbenzellen auf (L'VOVA).

Die Empfängnisfähigkeit der Narben hängt vom Alter ab (SOKOLOVA). Reife Griffel ergeben die besten Ansatzprozentsätze. Bei *Nicotiana* sind die Narben jedoch bereits vor der Abgabe des Narbensekrets empfängnisfähig (KOELLE). Verschiedene Sorten von *Pisum sativum* zeigen unterschiedliche Empfängnisdauer. Nur die ellipsoidische Spitzenregion des Griffels, nicht die Haarregion ist empfängnisfähig. Kastration bedingt schon am zweiten Tage eine deutliche Senkung im Samenansatz (WARNOCK u. HAGEDORN). Bei *Iberis amara* verfärbt sich 24—48 Std nach der Bestäubung die Narbenregion durch Anthocyane rötlich. Unbestäubte und incompatibel bestäubte Stigmata bleiben grün und vertrocknen nicht [BATEMAN (4)].

Zur Frage der chemotropischen Anlockung der Pollenschläuche durch die Samenanlagen liegen neue Beobachtungen vor: Bei *Impatiens glanduligera* beobachtete STEFFEN (1) den Befruchtungsvorgang. Das Wachstum der Pollenschläuche erfolgt auf einer kontinuierlichen Schleimbahn unter rein mechanischer Leitung. Eine Anlockung seitens der Synergiden besteht nicht; doch bewirken diese das Öffnen der Pollenschlauchspitzen. Die Spermazelle zeigt Eigenbeweglichkeit. Die erstmals bei *Galanthus nivalis* nachgewiesene amöboide Beweglichkeit der generativen Zelle und der Spermazellen [STEFFEN (2)] ermöglicht den Anschluß an den strömenden Plasmastrang im Embryosack. Bei *Oenotheraceen* konnte KAIENBURG keine chemotropische Wirkung der Samenanlagen auf die wachsenden Pollenschläuche feststellen. TSAO untersuchte 39 Species und fand lediglich in 9 Fällen streng artspezifischen, positiven Chemotropismus. Der richtende Reiz war dabei von der Jahreszeit und vom Stadium der Blütenentwicklung abhängig. Das wirksame Agens konnte aus Narbengewebe von *Lilium superbum* isoliert werden; es ist wasserlöslich, in Alkohol und Äther nicht extrahierbar, also keiner der bekannten Wuchsstoffe. Da Dialysat unwirksam ist, wird ein größeres Molekulargewicht angenommen.

Reizfruchtung (Agamospermie).

In einem zusammenfassenden Referat unterscheidet TSCHERMAK-SEYSENEGG zwischen gamischer Fruchtbildung (Befruchtung kombiniert mit „Reizfruchtung") und agamischer oder reiner Reizfruchtung. Samenbildung ist auch ohne Befruchtung alleine durch Reizwirkung unspezifischer Stoffe (Talkum, Kreide, Staub, abgetöteten Pollen u. a.) möglich und in 25 Familien gefunden worden. Danach soll bei jeder Fruchtbildung auch eine Reizfruchtung wirksam sein. Positiven Ergebnissen (RANNINGER) stehen jedoch zahlreiche negative (unter anderem JUNGFER; WELLENSIEK, GORTER, VERKERK u. WATERSCHOOT; BANDLOW) gegenüber. In den meisten Fällen ist die Methodik kritisierbar, da die Zahl der gefundenen Homozygoten bei Heterozygotie der Mutterpflanzen so klein ist, daß die Annahme einer leicht erzielbaren, häufig auftretenden Reizfruchtung ungerechtfertigt ist und das Ergebnis durch unbeabsichtigte Selbstungen verfälscht erscheint. Das entscheidende Kriterium für das Vorliegen echter Pseudogamie muß stets die Homozygotie der Nachkommen bleiben.

Selektive Befruchtung.

Das Problem der selektiven Befruchtung wurde von SCHWEMMLE und Mitarbeitern (1949—1954) in umfangreichen Kreuzungsversuchen bei den isogamen komplexheterozygoten *Oenotheren* der Sektion *Rai-*

mannia bearbeitet. Die Eizellen und Pollenkörner der *Oe. Berteriana* übertragen die Komplexe B und l, die der *Oe. odorata* v und I. In der Kreuzung v·I×B·l fehlen stets in der F_1-Generation die l-I-Embryonen. Bei Selbstungen treten die Homozygoten von *Berteriana* nicht, bei *odorata* in zu geringer Häufigkeit auf. Der Samenansatz ist abhängig von der genetischen Konstitution der Eizellen und der Pollenschläuche [SCHWEMMLE (5)]. Wenn zwei Keimzellen nicht nach den Gesetzen der Wahrscheinlichkeit, sondern unter dem Einfluß verschiedener Affinitäten eine Verbindung eingehen, dann liegt selektive Befruchtung vor. Die Häufigkeit, mit der in Kreuzungen Komplexheterozygoten entstehen, wird als Affinität bezeichnet [SCHWEMMLE (5), SCHWEMMLE u. KOEPCHEN]. Als Maß der unterschiedlichen Affinitäten wird der prozentuale Anteil des Samenansatzes der verschiedenen möglichen Kombinationen, bezogen auf den gesamten Kapselinhalt, angenommen. Diese Affinitäten sind bedingt durch das chemotropische Anziehungsvermögen der Samenanlagen: die gleichen Pollenschläuche werden von Samenanlagen mit Eizellen einer bestimmten genetischen Konstitution gut, von anders konstituierten Samenanlagen aber schlecht angezogen. Das kann dazu führen, daß zwei Samenanlagen im gleichen Fruchtknoten um die gleichen Pollenschläuche miteinander konkurrieren. Andererseits reagieren die verschiedenen Pollenschlauchsorten unterschiedlich (Pollenschlauchkonkurrenz), wobei sie sich nicht in der Wachstumsgeschwindigkeit unterscheiden müssen, wohl aber die Unterschiede durch geringe Differenzen der Durchwachsgeschwindigkeit bei gleichzeitiger Bestäubung verstärkt werden können (v. ZITEK, LOERTZER). Die Affinität zwischen Samenanlagen und Pollenschläuchen wird bestimmt durch die genetische Konstitution der beiden, sowie zum Teil auch die plasmatische Konstitution der Eizellen [SCHWEMMLE (5), (7)]. Die ermittelten Affinitäten variieren in Abhängigkeit von den äußeren Bedingungen erheblich [SCHWEMMLE (3)]; die Reaktionsfähigkeit wird vom l-Komplex gesteuert. Auch die Wachstumsgeschwindigkeit der Pollenschläuche im Griffel kann vom Plasma abhängen. v-Schläuche wachsen schneller als die I-Schläuche, sie befruchten vorzugsweise die I-Samenanlagen. Das geringe Auftreten der Homozygoten bei Selbstungen findet seine Erklärung im Zusammenwirken von selektiver Befruchtung und Pollenschlauchkonkurrenz (v. ZITEK).

Daß es eine selektive Befruchtung gibt, kann auf Grund der Arbeiten der Erlanger Schule, sowie der Untersuchungen von BLAKESLEE u. SATINA bei *Datura*, TERNOVSKIJ-TERENTJEVA und POLJAKOV u. MICHAJLOVA an Tabaksorten, ADAMS bei *Bromus inermis*, HASKELL bei Mais und LAMPRECHT bei *Pisum* nicht mehr bezweifelt werden.

Einige Untersuchungen liegen bereits zur physiologischen Erklärung der dargestellten Befunde vor. Am einfachsten können sie mit Chemotropismus erklärt werden, da zwischen den Prozentsätzen der chemotropisch wirksamen Samenanlagen und den Prozentsätzen des Samenansatzes der entsprechenden Kreuzungen eine deutliche Parallelität besteht. Die genetisch verschiedenen Pollenschläuche reagieren auf von einer Samenanlage ausgeschiedene chemotropisch wirksame Substanzen unterschiedlich gut. Andererseits ziehen genetisch verschiedene Samenanlagen eine Pollenschlauchsorte verschieden gut an (SCHWEMMLE u. KOEPCHEN, LOERTZER). Es läßt sich also ein Aktionssystem der Samenanlage und ein Reaktionssystem der Pollenschläuche unterscheiden, die in ihrem Wirkungsbereich und der Feinheit ihres Reaktionsvermögens von der genetischen Konstitution gesteuert werden. Es wäre denkbar, daß von den Samenanlagen aller Homozygoten der gleiche chemotropisch wirksame Stoff, nur in verschiedener Stärke, in Abhängigkeit von der genetischen Konstitution, abgeschieden wird. Größere Wahrscheinlichkeit hat jedoch die Annahme, daß komplexspezifische chemotropisch wirksame Stoffe das Anlockungsvermögen der verschiedenen Samenanlagen bedingen. — Die Außenbedingungen sowie die plasmatische Konstitution haben einen Einfluß auf die Größe der Affinität. Durch in-vitro-Versuche mit isolierten Samenanlagen und verschiedenen Pollenschlauchsorten konnten Hinweise auf einen chemotropischen Mechanismus gefunden werden. Auf Rohrzuckergelatine mit Borsäure und Aneurin ließ sich zeigen, daß die B-Samenanlagen die v-Schläuche nicht anziehen, wohl aber die v-Samenanlagen die B-Schläuche. Dies ist die Erklärung für das Fehlen der B · v-Embryonen. Der negative Befund zahlreicher früherer Versuche braucht nicht mit dem Fehlen einer chemotropischen Anziehung gedeutet zu werden (KAIENBURG). Offensichtlich liegen bei den *Oenotheren* verwickelte Verhältnisse mit fein abgestuften Affinitäten vor, die die Annahme spezifisch wirksamer Stoffe erfordern.

Gonenkonkurrenz.

Eine weitere Möglichkeit der Erklärung für die Abweichungen von einem erwarteten Spaltungsverhältnis kann in der Konkurrenz zwischen den im Griffel wachsenden Pollenschläuchen gesucht werden. HARTE (1) hat bei *Antirrhinum majus* einen solchen Fall neu aufgewiesen, wobei sich eine schwache Korrelation zur Stellung der Blüte an der Inflorescenz zeigte. Da Selbststerilitätserscheinungen und ein Einfluß des Griffels ausgeschlossen werden konnten, ist die Ursache der Konkurrenz entweder in der unterschiedlichen Nährstoffaufnahme der jungen Gonen in der Anthere oder in der besseren Ausnutzung der Reservestoffe durch den Pollenschlauch zu suchen. Für *Oenothera* ließ sich an neuem Material [HARTE (2)] Konkurrenz zwischen Makrosporen und zwischen Pollenkörnern mit verschiedenen Allelen aufzeigen. Das Ausmaß der Konkurrenz weist dabei in Abhängigkeit von der Komplexkombination bedeutende Unterschiede bei Gleichheit der Konkurrenzreihen für Pollenschlauch und Embryosack auf. Die Gleichheit der Reaktion läßt sich dadurch erklären, daß es sich sowohl bei der Bildung des Embryosackes als auch bei der Bildung des Pollenschlauches um echte Wachstumsprozesse handelt, die den gleichen genetischen Faktoren unterworfen sind. — Daß bei der Pollenschlauchkonkurrenz sehr feine Unterschiede im Wachstumsprozeß eine Rolle spielen, konnte aus Bestäubungsversuchen mit röntgenbestrahltem Pollen geschlossen werden. Je nach Höhe der Bestrahlungsdosis tritt eine Förderung oder Hemmung der Pollenschläuche ein (CAVE u. BROWN).

IV. Incompatibilität.

Der Begriff der „Selbststerilität" (vgl. S. 641) wurde ursprünglich auf hermaphrodite Blütenpflanzen angewandt, bei denen alle Individuen normal funktionierende männliche und weibliche Gameten ausbilden, die jedoch nach Selbstbefruchtung unfähig sind funktionsfähige Zygoten auszubilden. Es zeigte sich aber, daß innerhalb mancher Gruppen auch Kreuzbestäubung nicht zur Zygotenbildung führt. Als Oberbegriff beginnt sich daher von der englisch-sprachigen Literatur her der Begriff der „Incompatibilität" (Unverträglichkeit) einzubürgern [LEWIS (2), (4), WHITEHOUSE (5)], dessen Inhalt allerdings noch nicht einheitlich verstanden wird. — Wir möchten darunter verstehen (ohne eine Diskussion vorwegzunehmen): einen genetisch gesteuerten, selektiven Mechanismus, der die Gametenvereinigung innerhalb eines regulären Fortpflanzungssystems hemmt und nicht auf Kerndefekten beruht [KOJAN, ERNST (3)].

a) Bakterien.

Zwischen Stämmen von *Bacterium coli*, die bisher als homothallisch angesehen werden, tritt Incompatibilität auf. Eine Kreuzung zwischen zwei solchen incompatiblen [F(—)] Stämmen ist völlig steril. F(—)-Stämme lassen sich mit selbstfertilen [F(+)] kreuzen (LEDERBERG). Der F(+)-Zustand ist durch ein virusähnliches Agens übertragbar, das nicht extracellulär wirkt, aber auch nicht mit dem latenten Phagen λ des K12-Stammes identisch ist (LEDERBERG, CAVALLI u. LEDERBERG, CAVALLI, LEDERBERG u. LEDERBERG, LEDERBERG u. TATUM). Die Stärke der F(+)-Faktoren ist bei den verschiedenen Stämmen unterschiedlich. Offensichtlich spielt neben diesen Faktoren jedoch auch der gesamte Genotyp bei der Bestimmung der Fertilität eine Rolle. Eine Erklärung ist möglich, indem man annimmt, daß die F(+)- und F(—)-Stämme sich durch den Polyploidiegrad unterscheiden, oder daß spezifische Chromosomensegmente bei den F(—)-Eltern eliminiert werden.

b) Pilze.

Bei den Pilzen sind nach WHITEHOUSE (5) drei verschiedene Typen der Incompatibilität zu unterscheiden, die sich unabhängig voneinander entwickelt haben. Eine vergleichende Interpretation der Incompatibilität der Pilze und Angiospermen hat LEWIS (1954,1) gegeben. WHITEHOUSE (1), (3) hat die Phänomene für die Pilze zusammengestellt. Die Untersuchung der physiologischen Mechanismen steckt jedoch bei den Pilzen noch in den Anfängen. Sie werden erst in Angriff genommen werden können, wenn die genetische Seite des Problems ausreichend geklärt ist. Bei dem tetrasporen Ascomyceten *Podospora anserina* (syn. *Pleurage anserina*) konnten bereits einige Einblicke in den Sexualitäts- und Incompatibilitätsprozeß gewonnen werden [RIZET (1), RIZET u.

Esser, Esser (2), (3)]. Aus einkernigen Sporen entstehen hermaphrodite, selbstincompatible Mycelien, die entweder den Kreuzungstyp (+) oder (—) besitzen. Eine Fruchtkörperbildung erfolgt nur in der Kombination (+)×(—); in diesem Falle werden die (+)-Ascogone von den (—)-Spermatien, die (—)-Ascogone von den (+)-Spermatien befruchtet. Die Kreuzungen (+)×(+), sowie (—)×(—) sind incompatibel. Zusätzlich zu dieser bipolaren Incompatibilität fand sich bei Stämmen verschiedener geographischer Herkunft eine nichtreziproke Incompatibilität (Semi-incompatibilität); d.h. in der Kreuzung (+)s × (—)M können zwar die weiblichen Organe von s von den männlichen Organen von M befruchtet werden, nicht aber die M-Ascogone von den s-Spermatien. Für die Verhinderung der Fruchtkörperbildung des Stammes M sind zwei verschiedene, aber gleichsinnig wirkende Mechanismen verantwortlich. Durch Rekombination der dafür verantwortlichen Gene fand man jedoch Stämme, deren Kombination vollständig incompatibel ist. In diesem Falle wirken die beiden Mechanismen der Semi-Incompatibilität gegeneinander. Die physiologischen Grundlagen lassen sich vorläufig noch nicht näher charakterisieren. — Papazian (2), (4) hat ähnliche Untersuchungen bei *Schizophyllum commune* durchgeführt: ein illegitimes Heterokaryon A_1B_2—A_2B_2 läßt eine Verschmelzung mit einem A_1B_1-Kern nicht zu, trotz Anwesenheit des A_2B_2-Kernes. So muß man annehmen, daß die Reaktion eine solche zwischen gleichen Allelen ist, die die Hemmung bewirkt. Die Incompatibilität beruht nicht auf einer Fusionsverhinderung der Hyphen oder einer Störung der Kernmigration. Vielmehr müssen die Gene in späteren Stadien der Prozesse, die zur Fruchtkörperausbildung führen, wirksam sein (Papazian 1950). Damit ist die Frage nach der Natur und dem Ort des Incompatibilitätsmechanismus gestellt. Einige Versuche deuten darauf hin [Papazian (3)], daß hier eine Art Antikörperbildung erfolgt. Als Antigen ließ sich eine in 20% Alkohol fällbare Polysaccharidfraktion nachweisen. Der Incompatibilitätsfaktor A bei *Schizophyllum commune* ist aus einer ganzen Anzahl von bestimmten Genen zusammengesetzt, zwischen denen durch crossing-over neue Incompatibilitätsfaktoren kombiniert werden [Raper (6)]. Das Heterokaryon läßt sich physiologisch, im Wachstum und Zuckerverbrauch, von Homokaryon und Dikaryon differenzieren (Raper u. San Antonio).

c) Blütenpflanzen.

Zur Physiologie der Selbststerilität der Blütenpflanzen sind in den letzten Jahren mehrere Zusammenfassungen erschienen, die aus der jeweiligen Arbeitsrichtung eine Deutung des bisherigen Befundes versuchen [Lewis (2), Bateman (2), Straub (4), Bhattacharyja u. Linskens]. Whitehouse (2) sieht in der multipel-allelomorphen Incompatibilität von Pollen und Ovarialgewebe die primäre Ursache für die Entwicklung des geschlossenen Fruchtknotens und die Überlegenheit der Angiospermen gegenüber ihren Vorfahren, den Gymnospermen. Man muß daher die Hauptbedeutung des geschlossenen Karpells in dem Schutz der Eizellen vor Befruchtung durch den eigenen Pollen sehen, ohne daß zugleich eine Kreuzbestäubung ausgeschlossen wird. — Das physiologische Problem bei den Blütenpflanzen ist: wie wird der Pollenschlauch daran gehindert, die Eizelle zu erreichen? Incompatibilität umfaßt also alle Prozesse, die zwischen Bestäubung und Befruchtung liegen und die Verschmelzung der Gametenkerne verhindern. Grundsätzlich gibt es zwei Möglichkeiten der physiologischen Steuerung der Incompatibilität: 1. Compatibilität wird durch eine positive Stimulation oder Aufhebung einer Hemmung bewirkt [LEWIS (3); komplementäres System nach BATEMAN (2)]. Incompatibilität beruht dann also auf dem Fehlen dieses Förderungssystems. 2. Incompatibilität wird durch ein wechselseitiges Hemmsystem zwischen Pollenschlauch und Griffel bei gleicher S-Allelen-Ausrüstung bedingt [oppositionelles System nach BATEMAN (2)].

1. Incompatibilität bei Heterostylen.

Die Selbststerilitätsreaktion bei heterostylen Pflanzen kommt meistens durch Wachstumshemmung der illegitimen Pollenschläuche im Griffel zustande. Die Flavonolglykoside, die in der Exine von *Lythrum*- und *Fagopyrum*-Pollen vorhanden sind, haben nicht den Charakter von Hemmstoffen [ESSER (1)]. Nach der Hemmstoff-Ferment-Hypothese von MOEWUS (4), (6), (7) schien bei *Forsythia intermedia* ein Beispiel für eine positive Stimulation gegeben. *Forsythia*-Kurzgriffler sollen in ihrem Pollen Rutin, Langgriffler Quercitrin besitzen. Bei Fremdung würde das Rutin durch eine Glykosidase der Langgrifflernarben gespalten, während das Quercitrin der Langgrifflerpollen durch eine entsprechend eingestellte Glykosidase der Kurzgrifflernarbe gespalten würde. Rutin und Quercitrin wären Hemmstoffe der Pollenkeimung. Selbstungen wären daher nur möglich bei Verwendung unreifen Pollens, in dem statt der Glykoside erst freies Quercetin ausgebildet ist, oder wenn reife Pollenkörner durch Behandlung mit Borsäure ihrer Hemmstoffe durch Komplexbildung beraubt sind. In vitro soll sich eine Keimung erreichen lassen, wenn dem Rohrzuckersubstrat Narbenextrakt des anderen Blütentyps zugesetzt wird. Eine Nachprüfung am Originalmaterial durch ESSER u. STRAUB ergab jedoch, daß die Pollenkörner des Langgrifflers auch nach Selbstung keimen und ihr Schlauchwachstum erst in Griffelmitte stoppen. Die auskeimenden Schläuche beim Kurzgriffler dringen nur in die Narbenregion ein. Das Vorkommen von Rutin und Quercitrin scheint also nicht im Zusammenhang mit dem Selbststerilitätsverhalten zu stehen, da auch bei Narbenextrakten sich keine Fermentwirkung zeigen ließ. DAYTON [zit. bei LEWIS (4)] konnte in Pollen und Griffeln von *Forsythia* nur Rutin nachweisen. LEWIS (4) konnte durch Zusatz von Borsäure auf incompatiblen Narben keine Aufhebung der Selbststerilität erreichen. — Nachdem sich die MOEWUSschen Resultate als nicht reproduzierbar erwiesen (ESSER u. STRAUB), muß ein Zusammenwirken zwischen Pollenschlauch und Narbe, bzw. Leitgewebe in ähnlicher Weise wie bei den Homostylen angenommen werden. Strukturelle gegenseitige Beeinflussung konnte ausgeschlossen werden (SCHOCH-BODMER). Nicht die absolute Länge der Blütenorgane, sondern die in den Antheren erfolgte Determinierung des Pollens ist für den Erfolg der Bestäubung maßgebend.

Aus dem Fehlen von Incompatibilitätserscheinungen bei illegitimen Kombinationen interspezifischer Bestäubungen zwischen einer monomorphen und einer typischen dimorphen Primelart leitet ERNST (2), (3) ein Kriterium für primären Blütenmonomorphismus ab. Der Formenreichtum der Blüten kann so von einer monomorphen Stammform mit gleichhoher Stellung von Narbe und Antheren bei völliger Selbstfertilität abgeleitet werden.

2. Incompatibilität bei Homostylen.

Die zweite Möglichkeit des physiologischen Mechanismus der Incompatibilität scheint bei Homostylen überhaupt die einzig verwirklichte zu sein. Der Ort der Wirksamkeit der unter der Einwirkung der S-Gene gebildeten Hemmstoffe kann verschieden sein. Die compatiblen Pollen von *Parthenium argentatum* (GERSTEL u. RINER) zeigen bereits eine höhere Keimfähigkeit als die incompatiblen. Die incompatiblen Pollenschläuche können darüber hinaus nicht durch die Narbenpapillen in den Griffel eindringen. Kurz unter der Narbenoberfläche erfolgt die Hemmung bei *Iberis amara* [BATEMAN (4)]. Bei *Oenothera missouriensis* erfolgt die Pollenschlauchhemmung in der oberen Griffelhälfte (LINDER). Auf halber Griffellänge stellen die Pollenschläuche bei *Petunia* [LINSKENS (3)] und bei *Fragaria viridis* ihr Wachstum ein (STAUDT). Bei *Theobroma cacao* findet die Selbststerilitätsreaktion erst nach der Befruchtung der Eizelle statt (KNIGHT-ROGERS). Der Incompatibilitätsmechanismus kann bei anderen Arten auch erst in der Übergangszone von Griffel und Fruchtknotenhöhle [ERNST-SCHWARZENBACH (2)] oder im Ovar selber [BATEMAN (3), SRINATH u. KUNDU] wirksam werden. Das hemmende Prinzip des oppositionellen Systems kann sich entweder auf ein Ferment oder einen Wuchsstoff, der für das Wachstum notwendig ist, auswirken; es kann eine Blockierung der Pollenschlauchmembran bewirken; es kann eine Enzymsystem hemmen, das für die Aufschließung des Leitgewebes im Griffel notwendig ist. — Die experimentellen Befunde im Berichtszeitraum stützen für mehrere Pflanzen die JOST-EASTsche Immunitätstheorie (EAST). Danach werden sowohl im Pollen, als auch im Griffelgewebe bei gleichen S-Genen spezifische Stoffe gebildet, die nach Art der Antigene und Antikörper miteinander zu reagieren vermögen. Durch die eintretende Komplexbildung tritt eine Schlauchhemmung ein. Bei *Petunia hybrida* [LINSKENS (1), (2), (3)] ließen sich aus selbstbestäubten Griffeln Proteinfraktionen gewinnen, die nur bei Selbstung auftreten: Treffen nämlich zwei identische S-Allele, ganz gleich ob es sich um S_3 oder S_1 handelt, zusammen, so werden nach elektrophoretischer Trennung zwei Proteinfraktionen gefunden, die in unbestäubten bzw. fremdbestäubten Griffel und in den zur Bestäubung verwandten

Pollen nicht auftreten. Diese Mutualreaktion zwischen Griffel und Pollen ist jedoch von den Ernährungsbedingungen abhängig. Störungen der Kohlenhydratversorgung des Griffels beeinflussen die Selbststerilitätsreaktion. Weitere Hinweise für diese Beziehung können aus den Ergebnissen von EUE gewonnen werden. Er kombinierte bestimmte S-Gene mit einem *defecta*-Gen, das Chlorophylldefekte bedingt, und zeigte, daß bei Bestäubung mit compatiblen, aber kleineren Pollen eine verstärkte Hemmung der Selbstschläuche zu verzeichnen ist. Beim Wachstum von haploidem *Lythrum*-Pollen in 4n Griffeln nach legitimer Bestäubung vermögen die Schläuche der kleineren Pollenkörner nicht durchzuwachsen [ESSER (1)]. Desgleichen wachsen die 2n-*Lythrum*-Schläuche aus großen Pollenkörnern nach illegitimer Bestäubung diploider Griffel weiter als die kleineren haploiden Schläuche nach gleicher Bestäubungsart. Die maximale Schlauchlänge des Pollens selbststeriler Petunien ist kleiner als die von Pollen selbstfertiler [STRAUB (3), (4)]. Alle diese Versuche erweisen offenbar, daß ein enger Zusammenhang zwischen der Immunitätsreaktion und den physiologischen Grundlagen des normalen Pollenschlauchwachstums besteht. Der Kohlenhydratstoffwechsel hat für die Selbststerilitätsreaktion die Bedeutung eines Energielieferanten [LINSKENS (3)]. Das Vorliegen einer Immunitätsreaktion wird durch Ergebnisse von LEWIS (3) gestützt: es gelang bei Injektionen von Pollenextrakten bestimmter selbststeriler Klone von *Oenothera organensis* Präcipitatreaktionen nach Kaninchenpassage zu erhalten. Dabei wirkten im serologischen Test homologe Extrakte am stärksten. Auch aus der Messung des Gaswechsels der Griffel während des Durchwachsens der Pollenschläuche ergeben sich Hinweise: Der Sauerstoffverbrauch von selbstbestäubten Griffeln liegt in den ersten 12 Std nach Bestäubung etwa 10% über dem der fremdbestäubten Griffel [LINSKENS (4), (5)]. Da nach HAUROWITZ Immunreaktionen endotherme Prozesse sind, dürfte auch die Selbststerilitätsreaktion im Griffel ein ähnlicher Vorgang sein.

Aus den dargestellten Ergebnissen ist eine überraschende Parallelität zu den Vorgängen an der Oberfläche der tierischen Eizelle beim Eindringen des Spermiums zu erkennen, wie sie in den letzten Jahren aus der Schule von RUNNSTRÖM bekanntgeworden sind [RUNNSTRÖM, PERLMANN (1), (2), HARDING, HARDING u. PERLMANN, DOHRN u. MONROY], aber sich auch für den Befruchtungsprozeß bei *Fucus* und *Ascophyllum* (LEVERING) abzeichnen.

3. Incompatibilität bei Polyploiden.

Bereits STRAUB (1) und STOUT u. CHANDLER hatten beobachtet, daß diploide homostyle selbststerile Pflanzen durch Polyploidisierung selbstfertil werden. Für weitere Arten liegen bestätigende Resultate vor: für *Chrysanthemum* von TANAKA; er fand, daß mit steigender Polyploidiestufe die Fertilität ansteigt. Auch bei *Oenothera* kommt es zu einer Schwächung der Incompatibilität, jedoch nicht zur völligen Aufhebung [LEWIS (1)]. Die Aufhebung der Sterilität ist nur bei bestimmten heterogenen Pollenklassen möglich. Homogene Pollen sind auch auf Autotetraploiden bei Selbstbestäubung gehemmt [BREW-BAKER u. ATWOOD, BREWBAKER (1), (2), ATWOOD u. BREWBAKER]: Das Incompatibilitätssystem zahlreicher Arten ist durch einen oder mehrere Mechanismen überlagert, die eine Reduzierung der Pollenschlauchhemmung bedingen, so daß Selbstfertilität resultiert. Als solcher Mechanismus tritt bei Polyploiden ein „Wettbewerb" (competition interaction) auf. Wenn bestimmte gegensätzliche Allele zusammen in diploiden heterogenen Pollen von Tetraploiden vorkommen, dann wirkt sich dieser Wettbewerb so aus, daß die Hemmung der Pollenschläuche bei Selbstbestäubung aufgehoben wird. Dieser Typ liegt bei *Trifolium repens* und *T. hybridum* vor. Er wird als Selbstcompatibilität bezeichnet. Werden 4n-Pflanzen von *Trifolium repens* mit n-Pollen bestäubt, so ist der Samenansatz geringer als bei Verwendung von 2n-Pollen. Hier zeigen also tetraploide Pflanzen einen höheren Grad von Sterilität als diploide (JULEN). Auch bei *Lolium perenne* ließen sich durch Colchicinieren Autotetraploide herstellen, die sowohl für das Gynaeceum, als auch für das Adroeceum abnormen Bau zeigten und steril waren. Diese Doppelsterilität kann durch Verdoppelung des Sterilitätsgens oder Störungen zwischen Plasmon und Genom bedingt sein (DE ROO). Der Einfluß der Genomverdoppelung auf die Incompatibilität von Heterostylen wurde von ESSER (1) untersucht. 4n-Pflanzen von *Lythrum salicaria* und *Fagopyrum esculentum* sind normalerweise selbststeril. Gelegentlich auftretende homomorphe tetraploide Formen von *Fagopyrum* sind dann selbstfertil, wenn die Griffellänge die Länge unterschreitet, welche Pollenschläuche nach Selbstbestäubung im normalen Griffel erreichen. Durch die Größenänderung der Blütenorgane ist an dem physiologischen Sterilitätsverhalten nichts verändert worden. Im 4n-Griffel werden hingegen legitime n-Pollen gehemmt. Diese Hemmung der legitimen Schläuche spricht für eine Abhängigkeit der Selbststerilitätsreaktion von der Reservestoffversorgung der Pollenschläuche.

Bei Artkreuzungen von *Primula* der Sektion *candelabra* wurde die bereits bei anderen Blütenpflanzen gefundene Regel bestätigt, wonach Kreuzungen zwischen polyploiden Arten oder Varietäten nur dann erfolgreich sind, wenn der Typus mit der höheren Chromosomenzahl die Eizelle liefert [ERNST (1)].

Literatur.

ADAMS, M. W.: Bot. Gaz. **115**, 95—105 (1954). — ALEKSEENKO, A. J.: Selekcija i Semenovodstro **18**, 54—58 (1951). — ANHAEUSSER, H.: Beitr. Biol. Pflanz. **29**, 297—338 (1953). — ANIKIEV, V. V., u. E. N. GOROŠCENKO: Dokl. Akad. Nauk SSSR. **74**, 373—376 (1950). — ATWOOD, S. S., u. J. L. BREWBAKER: Cornell Univ. agr. Exp. Sta. Memoir **319**, 1—52 (1953). — AUCLAIR, J. L., u. C. A. JAMIESON: Science (Lancaster, Pa.) **108**, 357 (1948). — AUGUSTIN, R.: Biochemic. J. **54**, X (1953).

BANDLOW, G.: Züchter **23**, 293—295 (1953). — BARTHURST, N. O.: J. of exper. Bot. **5**, 253—256 (1954). — BATEMAN, A. J.: (1) Ann. Rep. John Innes horticult. Inst. **1951**, 19—20; (2) Heredity **6**, 285—310 (1952); (3) The Daffodil a. Tulip Year Book **1954**, 1—10; (4) Heredity (Lond.) **8**, 305—332 (1954). — BHATTACHARJYA, S. S., u. H. F. LINSKENS: Sci. and Cult. **20**, 370—373 (1955). — BIRCH, A. J., F. W. DONOVAN u. F. MOEWUS: Nature (Lond.) **172**, 902 (1953). — BLAKESLEE, A., u. S. SATINA: Amer. J. Bot. **36**, 795 (1949). — BRETZLOFF,

C. W.: (1) Science (Lancaster, Pa.) **114**, 418—419 (1951); (2) Amer. J. Bot. **41**, 58—67 (1954). — BREWBAKER, J. L.: (1) Genetics **38**, 444—455 (1953); (2) ebenda **39**, 307—316 (1954). — BREWBAKER, J. L., u. S.S. ATWOOD: 6th intern. Grassland Congr. **1952**, 161—172. — BRITIKOV, E. A.: (1) Dokl. Akad. Nauk SSSR., N.S. **78**, 1037—1040 (1951); (2) Izv. Akad. Nauk SSSR., Ser. Biol. **1952**, Nr. 1, 121—134; deutsch in: Über den Befruchtungsprozeß bei Pflanzen und Tieren, Folge 1. Berlin 1952. — BRUCKMEYER-BERKENBUSCH, H.: Arch. Protistenkde **100**, 183—211 (1954). — BURNETT, J. H.: (1) New Phytologist **52**, 58—64 (1953); (2) ebenda **52**, 86—88 (1953). — BURTON, H. W., u. E. J. KING: J. gen. Microbiol. **5**, 766 (1951). — BURTON, H. W., A. JABBAR u. D. E. ETHERIDGE: J. gen. Microbiol. **8**, 82 (1953).

CADORET, R.: Thesis Dep. Biol. Harvard Univ. 1949. — CAVALLI, L. L., J. LEDERBERG u. E. M. LEDERBERG: J. gen. Microbiol. **8**, 89—103 (1953). — CAVE, M. S., u. S. W. BROWN: Amer. J. Bot. **41**, 455—469 (1954). — CHILDERS, W. R.: Sci. Agricult. **32**, 351—364 (1952). — CLEVELAND, L. R.: J. of Morphol. **85**, 197—296 (1949); **86**, 185—214 (1950); **86**, 215—218 (1950); **87**, 317—348 (1950); **87**, 349—368 (1950); **88**, 199—244 (1951); **88**, 385—440 (1951); **91**, 269—324 (1952); **93**, 371—404 (1953); **95**, 189—212 (1954); **95**, 213—236 (1954). — COOK, A. H., J. A. ELVIDGE u. R. BENTLEY: Proc. Roy. Soc. Lond. B **138**, 97—114 (1951). — DIRKZ, J.: Bull. Soc. Chim. Biol. Paris **31**, 719—723 (1949). — DOHRN, P., u. A. MONROY: Experientia **8**, 189—190 (1952). — DÖPP, W.: (1) Ber. dtsch. bot. Ges. **63**, 139—147 (1951); (2) Naturwiss. **42**, 99 (1955).

EAST, E. M.: Proc. Amer. Philos. Soc. **82**, 449—518 (1940). — EHLERS, E. H.: Biol. Zbl. **70**, 432—451 (1951). — ELLENHORN, J. J., u. W. W. SWETOSAROWA: Nachr. Akad. Wiss. SSSR., Biol. Abt. **3**, 20—42 (1950), deutsch in: Über den Befruchtungsprozeß bei Pflanzen und Tieren, Folge I. Berlin 1952. — ERICKSON, R. O.: Amer. J. Bot. **35**, 729—739 (1948). — ERMOLAEVA, L. M.: Dokl. Akad. Nauk SSSR., N.S. **91**, 165—168 (1953). — ERNST, A.: (1) Arch. Klaus-Stiftg **25**, 136—236 (1950); (2) Österr. Bot. Z. **100**, 235—255 (1953); (3) Planta (Berl.) **42**, 81—128 (1953). — ERNST-SCHWARZENBACH, M.: (1) Arch. Klaus-Stiftg **25**, 483—488 (1950); (2) Österr. Bot. Z. **100**, 403—423 (1953). — ESSER, K.: (1) Z. Vererbungslehre **85**, 28—50 (1953); (2) C. r. Acad. Sci. Paris **238**, 1731—1733 (1954); (3) Rap. Congr. intern. Bot. Paris 1954. — ESSER, K., u. J. STRAUB: Biol. Zbl. **73**, 449—455 (1954). — EUE, L.: Z. Vererbungslehre **85**, 423—428 (1953).

FOGG, G. E.: Ann. of Bot., N.S. **13**, 241—259 (1949). — FÖRSTER, H., u. L. WIESE: (1) Z. Naturforsch. **9b**, 470—471 (1954); (2) ebenda **9b**, 548—550 (1954). — FRANCINI, E.: Atti Acad. naz. Lincei, Ser. 8, **12**, 330—333 (1952).

GARDELLA, C.: Amer. J. Bot. **37**, 219—224 (1950). — GEITLER, L.: (1) Portugal. Acta biol., Ser. A., Vol. R. G. GOLDSCHMIDT 79—87 (1949/51); (2) Biol. Zbl. **70**, 385—398 (1951). — GERSTEL, D. U., u. M. E. RINER: J. Hered. **41**, 49—55 (1950). — GESSNER, F.: Biol. Zbl. **67**, 457—477 (1948). — GIRBARDT, M.: Flora (Jena) **139**, 477—525 (1952). — GOODWIN, W.: Biol. Rev. Cambridge Philos. Soc. **25**, 391—413 (1950). — GOODWIN, T. W.: Biochemic. J. **50**, 550—558 (1952). — GRASSÉ: Traité de Zoologie I. Paris 1952. — GRAY, W. D.: (1) Ohio J. Sci. **49**, 105—108 (1949); (2) Mycologia **45**, 817—830 (1953). — GRAZIOSI, F.: Riv. Biol. **41**, 109—110 (1949). — GREBINSKIJ, S. O., u. R. P. ROLIK: Dokl. Akad. Nauk SSSR. **68**, 1109—1112 (1949).

HAECKEL, A.: Planta (Berl.) **39**, 431—459 (1951). — HÄMMERLING, J.: Fortpflanzung im Tier- und Pflanzenreich, Slg. Göschen, Bd. 1138. Berlin 1951. — HARDING, C. V., D. HARDING u. P. PERLMANN: Exper. Cell Res. **6**, 202—210 (1954). — HARTE, C.: (1) Z. Vererbungslehre **84**, 480—507 (1952); (2) ebenda **85**, 97—117 (1953). — HARTMANN, M.: (1) Pubbl. Staz. Zool. Napoli **22**, H. 2 (1950); (2) Z. Sexualforsch. **1**, 4—14 (1950); (3) Geschlecht und Geschlechtsbestimmung im Tier- und Pflanzenreich, Slg. Göschen, Bd. 1127, Berlin 1951; (4) Arch. Protistenkde **99**, 328—358 (1954). — HARTMANN, M., u. J. HÄMMERLING: Pubbl. Staz. Zool. Napoli **22**, H. 2 (1950). — HASKELL, G.: Ann. of Bot., N.S. **17**, 81—93 (1953). — HATANO, K.: Bull. Tokyo Univ. Forests **48**, 149—151 (1955). — HAUROWITZ, F.: Biol. Rev. **27**, 247—265 (1952). — HAWKER, E.: Rap. et Com. 8. Congr. ntern. Botanique Paris, Sect. 19, 91—97 (1954). — HAXO, F.: Biol. Bull. **103**,

286 (1952). — HIRAOKA, T.: Mem. Coll. Sci. Univ. Kyoto, Ser. B. **19**, 27—32 (1947). — HSIANG, H. T.: (1) Plant Physiol. **26**, 441—455 (1951); (2) ebenda **26**, 708—721 (1951).
JULÉN, U.: Hereditas (Lund) **26**, 151—160 (1950). — JUNGFER, E.: Züchter **22**, 175—179 (1952).
KAIENBURG, A. L.: Planta (Berl.) **38**, 377—430 (1950). — KARRER, P., C. H. EUGSTER u. M. FAUST: Helv. chim. Acta **33**, 300 (1950). — KARRER, P., u. E. LEUMANN: Helv. chim. Acta **34**, 1412 (1951). — KNIGHT, R., u. H. H. ROGERS: Nature (Lond.) **172**, 164 (1953). — KOELLE, G.: Der deutsche Tabakbau **24**, 227—230 (1953). — KOJAHN, S.: Bull. Torrey bot. Club **77**, 94—102 (1950). — KUDRJAVCEV, V. A.: Dokl. Akad. Nauk. SSSR., N.S. **97**, 349—352 (1954). — KUHN, R., u. I. LÖW: (1) Chem. Ber. **82**, 474 (1949); (2) **82**, 479 (1949).
LAIBACH, F.: Rap. et Comm. 8. Congr. intern. Botanique Paris, Sect. 19, 74—75 (1954). — LAIBACH, F., F. J. KRIBBEN u. F. HEILINGER: Beitr. Biol. Pflanz. **30**, 239—248 (1954). — LAMPRECHT, H.: Agri Hortique Genetica (Landskrona) **12**, 1—37 (1954). — LARSEN, P., u. S. M.TUNG: Bot. Gaz. **111**, 436—447 (1950). — LAŠUK, G. I.: Dokl. Akad. Nauk SSSR. **83**, 931—932 (1952). — LEDERBERG, J.: Physiologic. Rev. **32**, 403 (1952). — LEDERBERG, J., L. L. CAVALLI u. E. M. LEDERBERG: Genetics **37**, 720 (1952). — LEDERBERG, J., u. E. W. TATUM: in: Sex in Microorganisms 1954, 12—28. — LEVERING, T.: Physiol. Plantarum (Copenh.) **5**, 528—539 (1952). — LEWIN, R. A.: (1) Nature (Lond.) **166**, 70 (1950); (2) Ann. New York Acad. Sci. **56**, 1091—1093 (1952); (3) Rap. et Comm. 8. Congr. intern. Botanique Paris, Sect. 17, 47—48 (1954); (4) in: Sex in Microorganisms. Washington 1954, 100—133. — LEWIS, D.: (1) Heredity **1**, 85—108 (1947); (2) Biol. Rev. **24**, 472—496 (1949); (3) Proc. Roy. Soc. Lond. B **140**, 127—135 (1952); (4) Adv. Genet. **6**, 235—258 (1954); (5) Rap. et Com. 8. Congr. intern. Botanique Paris, Sect. 10, 124—132 (1954). — LIETH, H.: Ber. dtsch. Bot. Ges. **67**, 323—325 (1954). — LINDER, R.: Ann. Inst. nat. Rech. agron. **2**, 1—25 (1952). — LINSKENS, H. F.: (1) Naturwiss. **40**, 28 (1953); (2) Rap. et Comm. 8. Congr. intern. Botanique Paris, Sect. 10, 146—147 (1954); (3) Z. Bot. **43**, 1—44 (1955). — LOERTZER, B.: Diss. Erlangen 1954 (Essen 1954). — LUNDÉN, R.: Svensk kem. Tidskr. **66**, 201—213 (1954). — L'VOVA, I. N.: Selekcija i Semenovodstvo **17**, 11—23 (1950). — LYR, H.: Arch. Protistenkde **99**, 252—293 (1954).
MAHESHWARI, P.: Bot. Rev. **15**, 1—75 (1949). — MARKERT, C. L.: Amer. Naturalist **83**, 227—231 (1949). — MARQUARDT, P., u. G. VOGG: Arzneimittel-Forsch. **2**, 267 (1952). — MARRÈ, E., u. A. E. MURNEEK: Plant. Physiol. **28**, 255—266 (1953). — MCGUIRE, D. C.: Proc. Amer. Soc. horticult. Sci. **60**, 419—424 (1952). — MOEWUS, F.: (1) Arch. Protistenkde **80**, 469—526 (1933); (2) Portugal. Acta Biol. R. A. GOLDSCHMIDT 1949, 161—199; (3) Z. Sexualforsch. **1**, 17—41 (1950); (4) Angew. Chem. **62**, 496—502 (1950); (5) Z. Vitamin-, Hormon- u. Fermentforsch. **3**, 139—147 (1950); (6) Biol. Zbl. **69**, 181—197 (1950); (7) Forschgn. u. Fortschr. **26**, 101—102 (1950); (8) Erg. Enzymforsch. **12**, 173—206 (1951); (9) Atti 6. Congr. intern. Microbiol. Roma **1**, 292—295 (1953); (10) Angew. Chem. **65**, 561 (1953); (11) Rap. et Comm. 8. Congr. intern. Bot. Paris, Sect. 17, 46—47 (1954); (12) Biol. Bull. **107**, 293 (1954); (13) Biol. Zbl. **67**, 277—293 (1948). — MOEWUS, F., u. V. DEULOFEU: Nature (Lond.) **173**, 218 (1954). — MOEWUS, L.: Biol. Zbl. **67**, 511—537 (1948). — MORGANO, A.: Sci. genet. (Torino) **1**, 183—193 (1949). — MÜHLETHALER, K.: Mikroskopie (Wien) **8**, 103—110 (1953).
NAYLOR, A. W.: Surv. of biol. Progress **2**, 259—300 (1952). — NEEB, O.: Flora (Jena) **139**, 39—95 (1952). — NIPKOW, F.: Schweiz. Z. Hydrologie **15**, 302—310 (1953).
OLIVE, L. S.: (1) Bot. Rev. **19**, 439—586 (1953); (2) Rap. et Com. 8. Congr. intern. Botan. Paris, Sect. 19, 67—71 (1954).
PAPAZIAN, H. P.: (1) Bot. Gaz. **112**, 143—163 (1950); (2) Genetics **34**, 441 (1951); (3) Rap. et Comm. Congr. intern. Botan. Paris, Sect. 10, 161—162 (1954); (4) Science (Lancaster, Pa.) **119**, 691—693 (1954). — PATRICK, R.: In: Sex in Microorganisms, Washington 1954, 82—99. — PERLMANN, P.: (1) Exper. Cell Res. **5**, 394—399 (1953); (2) ebenda **6**, 485—490 (1954). — POHL, R.: Biol. Zbl. **70**, 119—128 (1951). — POLJAKOW, I. M.: Ber. Akad. Wiss. SSSR. **69**, 683—686 (1949), deutsch in: Über den Befruchtungsprozeß bei Pflanzen und Tieren, Folge I.

Berlin 1952. — POLJAKOV, I. M., u. P. V. MICHAJLOVA: Izv. Akad. Nauk SSSR., Ser. Biol. Nr. 1, 31—35 (1951).
RANNINGER, R.: Gartenbau-Wirtschaft 17, 199—200 (1951). — RAPER, J. R.: (1) Proc. Nat. Acad. Sci. 36, 524—533 (1950); (2) Bot. Gaz. 112, 1—24 (1950); (3) Amer. Scientist 39, 110—120 (1951); (4) in: SKOOG, Plant Growth Substances, Wisconsin 1951, 301—313; (5) Bot. Rev. 18, 447—545 (1952); (6) Quarterly Rev. Biol. 28, 233—259 (1953); (7) in: Sex in Microorganisms, 1954, 42—81. — RAPER, J. R., u. J. P. SAN ANTONIO: Amer. J. Bot. 41, 69—86 (1954). — RAPER, K. B., u. D. I. FENNEL: J. Elisha Mitchell Sci. Soc. 69, 1—29 (1953). — REDEMANN, C. T.: Microfilm Abstr. 10, Nr. 1, 3 (1950). — RIDI, M. S., u. M. H. WAFA: J. Roy. Egypt. Med. Assoc. 33, 168 (1950). — RIZET, G.: (1) Rev. Cytol. et Biol. végét. 13, 51—92 (1952); (2) C. r. Acad. Sci. Paris 237, 838—840; (3) 237, 1106—1109 (1953). — RIZET, G., u. K. ESSER: C. r. Acad. Sci. Paris 237, 760—761 (1953). — ROBBINS, C., A. SAMUELS u. M. MOSKO: J. Allergy 19, 35 (1948). — ROO, R.DE: Medel. Landbouwhogeschool Gent 17, 554—563 (1952). — RUNNSTRÖM, J.: Sympos. Soc. exper. Biol. 6, 39—88 (1952).
SAGER, R., u. S. GRANICK: J. gen. Physiol. 37, 729—742 (1954). — SAGROMSKY, H.: Biol. Zbl. 66, 140—146 (1947). — SARKAR, B. C. R., S. H. WITTWER, R. W. LUECKE u. H. M. SELL: Arch. of Biochem. 22, 353 (1949). — SCHOCH-BODMER, H.: Arch. Klaus-Stiftg Erg.-Bd. zu 20, 403—416 (1945). — SCHOCH-BODMER, H., u. P. HUBER: Vjschr. naturforsch. Ges. Zürich 92, 43—48 (1947). — SCHWARZENBACH, F. H.: (1) Helv. chim. Acta 34, 1064—1069 (1951); (2) Vjschr. naturforsch. Ges. Zürich 98, Beih. 1, 1—49 (1953). — SCHWEMMLE, J.: (1) Biol. Zbl. 68, 195—231 (1949); (2) ebenda 70, 193—252 (1951); (3) ebenda 71, 152—183 (1952); (4) ebenda 71, 353—384 (1952); (5) ebenda 71, 487—499 (1952); (6) ebenda 72, 129—146 (1953); (7) ebenda 72, 405—424 (1953). — SCHWEMMLE, J., u. W. KOEPCHEN: Z. Vererbungslehre 85, 307—346 (1953). — SELL, H. M., u. F. A. JOHNSTON jr.: Plant Physiol. 24, 744—752 (1949). — SINKE, N., M. IIJIMA u. T. HIRAOKA: Mem. Coll. of Sci. Univ. Kyoto, Ser. B 19, 23—26 (1947). — SITTE, P.: Mikroskopie (Wien) 8, 290—299 (1953). — SMITH, G. M.: (1) Amer. J. Bot. 33, 625—630 (1946); (2) Science (Lancaster, Pa.) 108, 680—681 (1948); (3) in: SKOOG, Plant Growth Substances, Madison 1951, 315—328; (4) in: Manual of Phycology, Waltham 1951, 229—242. — SOBELS, J. C.: Antonie van Leeuwenhoek 16, 123 (1950). — SOBELS, J. C., u. H. F. I. VAN DER BRUGGE: Proc. k. nederl. Akad. Wetensch. 53, 1610—1616 (1950). — SÖRGEL, G.: Arch. Mikrobiol. 17, 247—254 (1952). — SOKOLOVA, E. P.: Dokl. Akad. Nauk SSSR., N.S. 81, 937—940 (1951). — SOSA, A., u. S. SOSA-BOURDOUIL: C. r. Acad. Sci. Paris 235, 971 (1952). — SOSA-BOURDOUIL, C., u. A. SOSA: C. r. Acad. Sci. Paris 211, 160—162 (1946). — SOSSOUNTZOV, I.: (1) Physiol. Plantarum 7, 1—15 (1954); (2) ebenda 7, 383—396 (1954); (3) ebenda 7, 726—742 (1954). — SRINATH, K. V., u. B. C. KUNDU: Cytologia (Japan) 17, 219—223 (1952). — STAUDT, G.: Naturwiss. 39, 572 (1952). — STEFFEN, K.: (1) Planta (Berl.) 39, 175—244 (1951); (2) Flora (Jena) 140, 140—174 (1953). — STOSCH, H. A. v.: (1) Nature (Lond.) 165, 531 (1950); (2) Arch. Mikrobiol. 16, 101—135 (1951); (3) Rap. et Comm. 8. Congr. intern. Botan. Paris, Sect. 17, 58—68 (1954). — STOUT, A. B., u. C. CHANDLER: Science (Lancaster, Pa.) 94, 119 (1941). — STRAUB, J.: (1) Ber. dtsch. Bot. Ges. 59, 296 bis 301 (1941); (2) Biol. Zbl. 70, 24—30 (1951); (3) Naturwiss. 41, 219—220 (1954); (4) Rap. et Comm. 8. Congr. intern. Botan. Paris, Sect. 10, 148—151 (1954).

TANAKA, R.: Jap. J. of Gen. 27, 1—2 (1952). — TAPPI, G.: (1) Atti Acad. Sci. Torino 84, 97 (1950); (2) Gazz. chim. ital. 81, 621 (1951). — TAYLOR, J. H.: Amer. J. Bot. 37, 137—143 (1950). — TERNOVSKIJ, M. F., u. A. TERENTJEVA: Dokl. Akad. Nauk SSSR., N.S. 76, 901—904 (1951). — THOMPSON, A. H., u. L. P. BATJER: Proc. Amer. Soc. horticult. Sci. 56, 227—230 (1950). — TRANSEAU, E. N.: Amer. J. Bot. 33, 596—602 (1949). — TSAO, T. H.: Plant Physiol. 24, 494—504 (1949). — TSCHERMAK-SEYSENEGG, F.: Biol. gen. (Wien) 19, 3—50 (1949). — TULECKE, W.R.: Bull. Torrey bot. Club 81, 509—512 (1954). — TURIAN, G.: (1) Experientia 8, 302 (1952); (2) ebenda 10, 498 (1954). — TURIAN, G., u. F. T. HAXO: Bot. Gaz. 115, 254—260 (1954).

UTIGER, H.: Naturwiss. 40, 292 (1953).

WARNOCK, S. J., u. D. J. HAGEDORN: Agronomy J. **46**, 274—277 (1954). —
WELLENSIEK, S. J., C. J. GORTER, K. VERKERK u. H. F. WATERSCHOOT: Euphytica
1, 123—129 (1952). — WELZEL, G.: Z. Vererbungslehre **86**, 35—53 (1954). —
WENRICH, D. H.: in: Sex in Microorganisms. Washington 1954, (1) 134—265;
(2) 335—346. — WENRICH, D. H., J. F. LEWIS u. J. R. RAPER: Sex in Microorganisms. Washington 1954. — WERFFT, R.: Biol. Zbl. **70**, 354—367 (1951). —
WEYGAND, F., u. H. HOFMANN: Chem. Ber. **83**, 405—413 (1950). — WHITEHOUSE, H.
L. K.: (1) Biol. Rev. **24**, 411—447 (1949); (2) Ann. of Bot., N.S. **14**, 199—216
(1950); (3) Trans. Brit. mycol. Soc. **34**, 340—355 (1951); (4) Ind. Phytopathol.
4, 91—105 (1951); (5) Rap. et Comm. 8. intern. Congr. Botan. Paris, Sect. 10,
152—160 (1954). — WILKIE, D.: Exper. Cell Res. **6**, 384—387 (1954). — WILSON,
C. M.: Proc. Nat. Acad. Sci. **38**, 659—662 (1952). — WUNDERLICH, R.: Österr.
bot. Z. **101**, 1—63 (1954).

ZICKLER, H.: Arch. Protistenkde **98**, 1—70 (1952). — ZITEK, R. v.: Diss. Erlangen 1954 (Nürnberg 1954).

20. Viren.
a) Pflanzenpathogene Viren.
Von Erich Köhler, Braunschweig.

Mit 2 Abbildungen.

In der Berichtszeit wurden besonders die Fragen der Virusvermehrung und der Virusbeeinflussung in der Pflanze experimentell gefördert. Es wurden ferner die Partikeln einer Reihe von Virusarten, darunter auch solcher mit hoher wirtschaftlicher Bedeutung, zum erstenmal im Elektronenmikroskop sichtbar gemacht; andere Virusarten erwiesen sich dagegen immer noch als optisch unzugänglich. Auch andere Fortschritte auf diagnostischem Gebiet sind sehr bemerkenswert. In die Berichtszeit fällt ferner das Erscheinen einiger wichtiger Sammelberichte allgemeiner und spezieller Art; sie sind am Anfang der Literaturübersicht besonders aufgeführt.

Bei der Abfassung des vorliegenden Abschnittes waren dem Berichterstatter wieder dieselben Richtlinien wie in dem vorhergegangenen Bericht von Band 15 maßgebend. Leider konnten die für den Pflanzenschutz oft sehr wertvollen Fortschritte bezüglich Symptomatik, Wirtsspezialisierung, Epidemiologie und Bekämpfung der einzelnen Krankheiten nur unvollkommen oder überhaupt nicht berücksichtigt werden.

1. Virusteilchen.

Von einzelnen Autoren wurden immer noch Zweifel geäußert, ob die bekannten, in den Säften virusinfizierter Pflanzen meist in großer Zahl nachweisbaren Viruspartikeln auch wirklich das infektiöse Agens selbst vorstellen oder ob sie nicht lediglich als Produkt der Erkrankung zu werten seien. In genauen Untersuchungen mit der Elektrophoresemethode dürften nun Hartman u. Lauffer am Virus des Southern bean mosaic endgültig bewiesen haben, daß die Aktivität (d. h. Infektiosität) des hochgereinigten Viruspräparates an die Partikeln selbst gebunden ist und nicht etwa Beimengungen unbekannter Art zugeschrieben werden kann. Die betreffenden Partikeln sind, wie bekannt, kugelig mit einem Durchmesser von etwa 30 mμ.

Bis vor kurzem ließen sich die pflanzenpathogenen Viren in zwei morphologische Gruppen einteilen, nämlich in die Gruppe der langen (stab-, faden- oder drahtförmigen) Viren und in die der kleinen sphärischen oder nahezu sphärischen Viren. Dazu kommt jetzt als dritte Gruppe die der großen rundlichen Viren; sie weist bisher mindestens zwei Vertreter auf, die beide von Zwergzikaden übertragen werden. Das eine dieser Viren ist nach Brakke, Vatter u. Black das nordamerikanische Wundtumorvirus. Seine dicht gebauten Partikeln zeigen bei recht einheitlicher Größe einen Durchmesser von etwa 80 mµ; ihre Form bei Trockenpräparation wird als polyedrisch, bei Rohpräparation als sphärisch bezeichnet. Die Partikeln weisen in der Wirtspflanze wie im Vektorinsekt, in welchem dieses Virus sich gleichfalls vermehrt, übereinstimmende Form und Größe auf. Die Sedimentationskonstante der Teilchen beträgt annähernd 600 Svedberg. Eine besonders hohe Infektiosität besitzen die Extrakte aus den Tumoren selbst, sie beträgt annähernd das 100fache des Saftes der Stengelsegmente von derselben Pflanze.

Das zweite, bisher näher bekannte „große" Virus ist der Erreger des nordamerikanischen Potato yellow dwarf (BLACK 1951; BRAKKE, BLACK u. WYCKOFF 1951). Dieses Virus, das bereits in Band 15 dieser Fortschritte Erwähnung fand, ist zum Unterschied vom Tumorvirus auch im Saft übertragbar. In einer methodisch sehr wichtigen Untersuchung zeigte BRAKKE (1953), daß die Partikeln des Potato yellow dwarf, des Tumorvirus wie auch des Tomaten-spotted wilt, wenn man sie in einem Dichtegradienten (Saccharoselösung) zentrifugiert, sich in einer Zone ansammeln, aus der sie zur Verimpfung entnommen werden können.

Nach den Feststellungen von AUGIER DE MONTGREMIER u. Mitarbeitern am Kartoffel-X-Virus beträgt die häufigste Länge seiner Partikeln im zentrifugierten Saft 466 mµ. Die Verfasser berichten, durch Ultraschall Teilstücke etwa folgender Längen erhalten zu haben: 333, 266, 222, 199, 155, 133, 111, 66 und 33 mµ; diese sollen etwa Vielfachen von 33 mµ entsprechen. Wurde die Beschallung (30 sec) statt in Luft in einer Wasserstoffatmosphäre unter Beifügung von Äther durchgeführt, so ließ sich eine bedeutende Steigerung der Infektiosität gegenüber der üblichen Beschallung in Luft beobachten.

BODE u. PAUL führten gleichfalls am X-Virus umfangreiche elektronenmikroskopische Messungen der Partikeln durch. Dabei fand zur Präparation die Exsudatmethode nach JOHNSON Verwendung, wobei die Entstehung von Brüchen und Aggregaten weitgehend vermieden werden kann. 43% aller gemessenen Teilchen wurden im Längenbereich von 500—525 mµ angetroffen. Im Bereich von 525—550 mµ lagen 27% und im Bereich von 475—500 mµ 12%. Zwischen sechs verschiedenen Stämmen des X-Virus konnte kein sicherer Unterschied in den Längen festgestellt werden, alle haben sie ihr Maximum etwa an der gleichen Stelle. Die Partikelbreite beträgt in Bestätigung früherer Angaben etwa 10 mµ. Die stabförmigen Partikeln des von holländischen Autoren entdeckten S-Virus der Kartoffel wurden von WETTER u. BRANDES mit der gleichen Methode präpariert und vermessen. Sie fanden eine starke Massierung der Längenwerte zwischen 625 und 675 mµ, eine zweite, jedoch viel schwächere, zwischen 1250 und 1350 mµ (Doppellängen); das Häufigkeitsmaximum lag um 650 mµ. Die Partikeln sind nicht nur länger, sondern auch starrer und etwas dicker als die des X-Virus.

Nach GOLD u. Mitarbeitern (1954) sind die stabförmigen Partikeln der Falschen Streifenkrankheit der Gerste im Mittel 130 mµ lang und etwa 30 mμ dick. Sie wurden in Blättern, Embryonen, Endosperm, Pistillen und sogar im Pollen angetroffen. Das Virus wird auch durch den Pollen auf die Nachkommenschaft übertragen; die Übertragungsprozente sind allerdings sehr gering. GOLD, HOUSTON u. OSWALD (1953) untersuchten auch die flexiblen, stabförmigen Partikeln des Weizenstreakmosaik. Diese wiesen in der Mehrzahl Längen zwischen 600 und 700 mμ auf, bei einem Häufigkeitsmaximum um 670 mμ.

VAN DER WANT gelang es, die Partikeln der *Phaseolus*-Viren Nr. 1 und 2 dadurch der elektronenoptischen Beobachtung zugänglich zu machen, daß er die Säfte der papierchromatographischen Behandlung unterwarf. Die drahtförmigen Partikeln beider Viren ließen sich aus einer bestimmten Zone der Filterpapierstreifen auswaschen und für die Untersuchung präparieren. Die anderen üblichen Verfahren führten nicht zum Ziel. Die Partikeln der beiden Viren sind äußerlich nicht unterscheidbar, was auf ihre nahe Verwandtschaft hinweist, die bisher umstritten war. Auch die Partikeln des Weißkleevirus, das ebenfalls *Phaseolus* befällt, sind nach VAN DER WANT drahtförmig, jedoch zum Unterschied von den Viren Nr. 1 und 2 auch in Saftpräparaten elektronenmikroskopisch darstellbar. Die papierchromatographische Fraktionierung wurde mit Erfolg auch auf die elektronenoptische Darstellung einer Reihe anderer Virusarten angewandt (RAGETLI, VAN DER SCHEER u. VAN DER WANDT).

In hochinfektiösen Säften der ,,Rothamsted-Kultur" des Tabaknekrosis-Virus sind nach BAWDEN (2) zweierlei Partikeln, nämlich solche von etwa 17 mμ und andere von etwa 34 mμ Durchmesser, enthalten. Die kleineren kristallisieren nach Konzentrierung mit der Ultrazentrifuge in salzfreier Präparation; die größeren sind vielleicht als Aggregate der kleineren aufzufassen.

GUTHRIE u. FULTON wiesen mit dem Elektronenmikroskop im Saft von Kartoffeln und einiger anderer Arten an Pflanzen, die allem Anschein nach virusfrei waren, Stäbchen nach. Offensichtlich handelt es sich bei diesen Stäbchen um recht heterogene Gebilde, die wenigstens zum Teil mit Virus nichts zu tun haben (die Möglichkeit des Befalls durch das latente S-Virus wurde in der Untersuchung noch nicht berücksichtigt).

Im Preßsaft von Blättern vergilbungskranker Zuckerrüben hat LEYON (1) lange, dünne, fadenförmige Gebilde von über 1 μ Länge und weniger nachgewiesen, die als die Partikeln des Vergilbungsvirus (Beet yellows) aufzufassen sind. Nach neueren Untersuchungen von LEYON (2) sollen sich diese Partikeln (,,Filamente") in den Chloroplasten bilden (vermutlich sind diese aber nicht die einzigen Bildungsstätten; Referent).

Auch in verschiedenen, vom Salatmosaikvirus infizierten Wirtsspecies fanden COUCH u. GOLD fadenförmige Partikeln mit einer durchschnittlichen Länge von 746 mμ und einer Breite von 22 mμ.

Die runden Partikeln des Tabakringspotvirus, die einen ungewöhnlich hohen Anteil an Nucleinsäure aufweisen (nach STANLEY etwa 40%) wurden von WILLIAMS und von STEERE genauer untersucht: Nach Lufttrocknung erscheinen sie im Elektronenmikroskop als schwach abgeflachte Sphaeroide, nach Gefriertrocknung als sechsseitige Polyeder, deren Durchmesser zwischen Parallelseiten 25 mμ beträgt; das Verhältnis Höhe : Durchmesser ist dabei = 1,0. Nach DESJARDINS u. a. beträgt der Teilchendurchmesser 22 mµ, wenn die Teilchen in dünner Schicht („monolayer") nebeneinander liegen.

Nach SENSENY, KAHN u. DESJARDINS stellen sich die Partikeln des Tomatenringspotvirus von PRICE im elektronenmikroskopischen Präparat als 4—6seitige Gebilde von 43 mµ Länge und 13,5 mµ Höhe dar. Unter der Annahme, daß die Partikeln in Wirklichkeit sphärisch sind, würde ihr Durchmesser 27 mµ betragen. Das Virus weicht also auch in seinen Dimensionen beträchtlich von dem länger bekannten

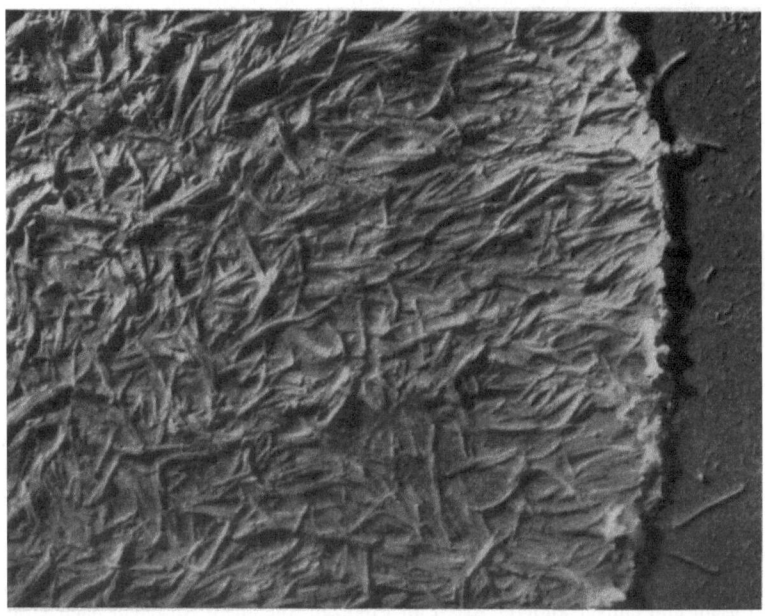

Abb. 98. Mikrotomschnitt durch einen X-Körper des Tabakmosaikvirus in situ (Teilansicht, 24000fach). (Nach BRANDES.)

Virus des Tabakringspot ab. Die Differenzierung der beiden Viren war schon früher serologisch und im Prämunitätstest möglich gewesen. Trotz übereinstimmender Wirtskreise und Ähnlichkeiten im Symptombild handelt es sich sonach zweifellos um differente Virusarten.

Der elektronenmikroskopische Nachweis des Tabakmosaikvirus (TMV) in situ war erstmalig BLACK, MORGAN u. WYCKOFF (1950) an Mikrotomschnitten gelungen. Von BRANDES wurden ihre Befunde neuerdings erweitert. Er fand neben offenbar virusfreien Zellen solche, die nur wenige Stäbchen enthielten, und andere, die von diesen Virusteilchen angefüllt waren. Schnitte durch die als X-Körperchen bekannten Zelleinschlüsse erwiesen diese als dichte, anscheinend chaotische Packungen von aggregierten Stäbchen (Abb. 98).

Die Dimensionen der TM-Partikeln wurden neuerdings von WILLIAMS exakt nachbestimmt. Danach wiesen im vorsichtig gereinigten Saft 70% der Partikeln Längen zwischen 288 und 312 mµ auf, im Mittel also 300 mµ. Die Dicke von 15,0 mµ wird bestätigt. Die

Stäbchen enthalten kein Hydratationswasser, was daraus zu schließen ist, daß die Dimensionen nach Gefriertrocknung und Lufttrocknung dieselben sind.

In *Freesia* kommt ein Virus mit besonders langen Partikeln vor (VAN DER KOOT u. a.); diese sind etwa 20 mμ dick und 1—2,5 μ lang. SMITH (2) konnte an Mikrotomschnitten die rundlichen Partikeln des Tomaten-bushy stunt-Virus und des Turnip yellow-Mosaikvirus in situ nachweisen; sie sind in überraschender Häufigkeit in den Zellen vorhanden. Zur Fixierung wurde 2%ige Osmiumsäure mit einem Citratpuffer verwendet. Ähnlich fand BRANDES die sphärischen Partikeln des Tabakringspotvirus in dichten Massen in den Epidermiszellen vor, in denen sie vornehmlich konzentriert zu sein scheinen.

2. Zelleinschlüsse.

Die im Lichtmikroskop gut sichtbaren, seit langem bekannten hexagonalen Kristallplättchen in den Zellen TM-infizierter Tabakpflanzen bestehen, wie STEERE u. WILLIAMS in elektronenmikroskopischer Untersuchung zeigen konnten, aus nichts anderem als den stäbchenförmigen TM-Partikeln und einer flüchtigen Zwischensubstanz. Nach Gefriertrocknung zerfallen sie in eine Unmenge von regulären TM-Stäbchen.

Die Untersuchungen von WEBER und Mitarbeitern (Graz) über die Viruskörper der Cactaceen erbrachten weitere bemerkenswerte Einzelheiten: In den Blättern von *Pereskiopsis pititache* fanden WEBER, KENDA u. THALER (1953) große granuläre cytoplasmatische Einschlußkörper, hauptsächlich in den Epidermiszellen. Diese ,,X-bodies" neigen zur Kristallbildung; die Kristalle haben die Form von Polyedern und liegen angeblich in Vacuolen. Außer ihnen kommen auch hexagonale Kristalle vor, die aber keine Einschlußkörper sind und mit Virus offenbar nichts zu tun haben; sie wurden von WEBER (1) näher beschrieben. MILIČIĆ wies Viruseinschlußkörper auch in den Kernen der Epidermiszellen von *Opuntia brasiliensis* nach. In der Form sind sie sehr variabel (Nadeln, fibrilläre Stäbe, Spindeln u. a.).

3. Struktur und Chemismus des Virus.

Ein ausführliches Sammelreferat über die Struktur des Tabakmosaikvirus hat SCHRAMM (1) verfaßt. Von demselben Autor wird das gleiche Thema auch in seinem Buch ,,Die Biochemie der Viren" behandelt. Wir verweisen auf diese Schriften und beschränken uns darauf, einige neuere, darin noch nicht berücksichtigte Arbeiten anzuführen. Zur Frage der Feinstruktur der stabförmigen TM-Partikeln liegt eine röntgenographische Untersuchung von J. D. WATSON vor. Danach ist anzunehmen, daß das Einzelstäbchen aus etwa 1200 kristallographisch gleichwertigen Untereinheiten aufgebaut ist, die um die Längsachse spiralig angeordnet sind. Der spiralige Aufbau wiederholt sich nach drei Drehungen innerhalb von 68 Å und besteht aus $3n+1$ Untereinheiten von je 68 Å. Für wahrscheinlich wird gehalten, daß n die Größenordnung 10 hat und daß das Molekulargewicht der Untereinheit etwa 35000 beträgt. Zur Frage, wie sich die Nucleinsäure in die Struktur einfügt, konnte nichts ermittelt werden, weil ihr Anteil nur 5% beträgt. Es wird aber für möglich gehalten, daß die Nucleinsäure im Innern des Stäbchens eine Achse von 35 Å Durchmesser bildet, um welche die Untereinheiten des Proteins spiralig angeordnet sind; sie könnte aus Polynucleotidketten von 2800 Å Länge bestehen. Schon früher hatte DORNBERGER-SCHIFF aus röntgenographischen Untersuchungen auf eine Spiralstruktur geschlossen, aber ganz andere Vorstellungen über die Größenverhältnisse der auch von ihr angenommenen Untereinheiten entwickelt. SUCHOW u. NIKOFOROVA beobachteten nach Trocknung in einigen Fällen elektronenmikroskopische Bilder, die als aufgelockerte Spiralen gedeutet werden können, und schließen daraus ebenfalls auf eine Schraubenstruktur der Stäbchen mit engen Windungen.

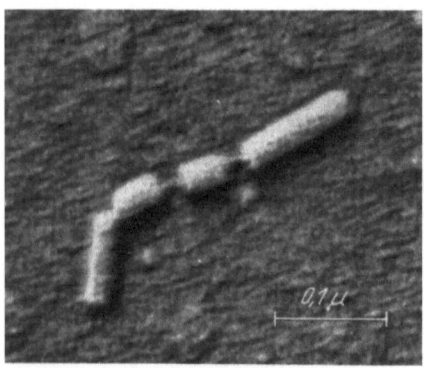

Abb. 99. Teilchen des TM-Virus mit Proteinlücken, Vergr. 150000×. (Nach SCHRAMM, SCHUMACHER u. ZILLIG.)

Die oben mitgeteilten Ergebnisse von WATSON sind nun aber zum Teil offenbar schon wieder überholt durch die neuesten Befunde von SCHRAMM, SCHUMACHER u. ZILLIG, die zeigen konnten, daß die Virusstäbchen einen Zentralstrang aus Ribonucleinsäure mit einem Durchmesser von 30—40 Å besitzen, auf den die ± kreisrunden Proteinscheiben — gleich getrockneten Feigen auf einer Schnur — aufgereiht sind. Durch Behandlung der TM-Stäbchen mit alkalischer Lösung gelingt es, einzelne Scheibchen von dem Strang abzulösen. Im Elektronenmikroskop lassen sich sowohl die Proteinscheiben als auch die Nucleinsäurestränge sichtbar machen (Abb. 99). Die abgelösten und unbeschädigten Scheiben haben in ihrer Mitte ein Loch. Stäbchen, von denen die Proteinscheiben durch Alkalieinwirkung streckenweise entfernt sind, erweisen sich noch als aktiv. Die Annahme einer Spiralstruktur läßt sich demnach offenbar nicht mehr halten.

NEWTON u. KISSEL, die das TM-Virus einer Ultraschallbehandlung unterwarfen, bestätigten den älteren Befund, daß Bruchstücke dieses Virus von weniger als 280 mµ Länge nicht infektiös sind. Die von ihnen erstmalig beobachtete Steigerung der Infektiosität nach Beschallung führen sie auf die Trennung aggregierter Stäbchen zurück. Wird die Beschallung nach Aufhebung der Aggregation fortgesetzt, so soll infolge Zerbrechens der Stäbchen eine Abnahme der Infektiosität eintreten. In einer Entfernung von 175—205 mµ vom Ende der Stäbchen wurde ein Bereich bevorzugter Bruchneigung festgestellt.

Wird das TM-Virus auf kaltem Substrat zerstäubt und dann getrocknet, so zerbrechen die Stäbchen nach RICE, KAESBERG u. STAH-

MANN in Teilchen verschiedener Länge mit einem Häufigkeitsmaximum bei 40 mµ; die Bruchstücke zeigen lineare Anordnung. Der Zerreißmechanismus ist unaufgeklärt. Über ähnliche Erscheinungen am Kartoffel-X-Virus bei Gefriertrocknung berichten auch KANNGIESSER und DEUBNER.

Von SMITH (1) wurden die zweierlei Partikelformen des Turnip yellow mosaic-Virus elektronenmikroskopisch vergleichend untersucht. Es zeigte sich, daß die leichten, der Nucleinsäure ermangelnden, nicht infektiösen Partikeln, obwohl sie offenbar hohl sind, durch Austrocknenlassen nicht zum Kollabieren gebracht werden können. Die beiderlei Partikeln sind daher auch nach dieser Behandlung elektronenoptisch nicht zu unterscheiden. In feinen Blattschnitten von *Brassica chinensis* gelang es, Gebilde, die höchstwahrscheinlich als die Viruspartikeln anzusprechen sind, auch im Zellinnern nachzuweisen. SCHMIDT, KAESBERG u. BEEMAN untersuchten die beiderlei Partikeln auch röntgenographisch, und fanden, daß die infektiösen Partikeln eine einheitliche Dichte aufweisen, während die anderen aus einer von Wasser erfüllten Proteinhülle bestehen.

Die Bemühungen, physiko-chemische Verschiedenheiten zwischen einzelnen Varianten des TM-Virus aufzudecken, wurden von verschiedener Seite fortgesetzt. So berichten SIEGEL u. WILDMAN, daß sich die gereinigten pulverförmigen Virusproteine verschiedener Stämme durch ihre Färbung unterscheiden können, die nicht immer ein reines Weiß ergibt, ferner durch ihre Empfindlichkeit bei der Inaktivierung durch UV-Licht. Zum Unterschied von den reinweißen Stämmen bilden die gefärbten einen Komplex mit einem Wirtsnucleoprotein. Die UV-resistenten Stämme erfordern zu ihrer Inaktivierung die 7fache, die UV-halbresistenten die 4fache Strahlendosis.

$$\text{TMV} \begin{array}{l} \nearrow B_1 \rightarrow B_2 \rightarrow B_3 \rightarrow B_4 \\ \searrow S_1 \rightarrow S_2 \rightarrow S_3 \end{array} \begin{array}{l} \nearrow B_2 A \end{array}$$

BLACK u. KNIGHT untersuchten sieben aus einem gewöhnlichen Stamm des Tabakmosaikvirus (TMV) durch seriale Mutation hervorgegangene Varianten (vgl. nebenstehendes Abstammungsschema) hinsichtlich ihres Gehaltes an 18 Aminosäuren. Es ergaben sich bei allen Stämmen mehr oder minder deutliche Abweichungen von dem Ausgangsstamm, wie Tabelle 1 zeigt: auf ihr sind die gesicherten Abweichungen fett, die nur wahrscheinlich gesicherten kursiv gedruckt. Die größten Schwankungen zeigen sich bei Asparaginsäure, Threonin und Valin. Auch die Zusammensetzung der Nucleinsäure wurde untersucht, ohne daß jedoch gesicherte Unterschiede ermittelt werden konnten; vermutlich sind also die Nucleinsäuren der Stämme identisch. Die nachgewiesenen Unterschiede in der Proteinzusammensetzung ließen übrigens keine Beziehung zum Symptombild der Stämme erkennen.

Nach Befunden von BEST u. GALLUS (2) läßt sich das sehr wenig widerstandsfähige Spotted wilt-Virus der Tomaten, dessen Inakti-

Tabelle 1. *Aminosäuregehalt einiger Mutanten des Tabakmosaikvirus.*
g Aminosäure auf 100 g Virus.

Aminosäuren	Stämme							
	TMV	B_2	B_2A	B_3	B_4	S_1	S_2	S_3
Alanin	7,4	7,7	*9,6*	*9,7*	8,6	**5,9**	5,6	6,6
Arginin	9,7	9,7	*11,0*	9,4	10,0	10,0	9,6	10,5
Asparaginsäure	11,9	**14,2**	11,2	12,1	14,6	*13,5*	13,5	13,0
Cystein	0,71	0,76	0,71	0,76	0,71	0,70	0,80	0,77
Glutaminsäure	11,0	12,1	12,7	11,0	12,5	11,4	11,6	12,0
Glycin	2,5	2,8	*3,3*	2,8	2,5	2,3	2,3	2,5
Histidin	0,01	0,09	0,04	0,00	0,00	0,01	0,01	0,01
Isoleucin	5,9	5,2	5,7	6,6	6,6	**7,3**	7,0	7,2
Leucin	8,0	8,0	8,1	8,4	8,0	8,5	8,6	8,7
Lysin	1,4	1,7	2,1	1,5	1,5	1,5	1,5	1,5
Methionin	0,1	0,1	0,1	0,1	0,1	0,0	0,0	0,0
Phenylalanin	8,2	7,5	8,0	7,8	8,3	*6,9*	6,6	6,9
Prolin	5,5	5,4	5,7	5,9	5,6	5,3	4,8	5,2
Serin	9,1	*10,6*	9,8	10,6	10,9	9,5	10,5	10,8
Threonin	11,9	**9,9**	11,1	**13,0**	*14,3*	*12,7*	12,9	*14,1*
Tryptophan	1,9	2,0	2,0	2,0	1,9	1,9	1,9	1,8
Tyrosin	3,7	3,5	4,2	3,9	3,8	3,6	3,9	4,2
Valin	10,9	10,4	**11,7**	12,1	12,7	11,6	11,6	11,3

vierungsgrenze bei 35° liegt, nach Gefriertrocknung im Blatt bei —20° C mindestens 125 Tage aktiv erhalten. HANSEN zeigte, daß die Saccharose eine konservierende Wirkung auf verschiedene Virusarten nicht nur in dem Sinne ausübt, daß das Virus seine Infektiosität im Saft beim Stehenlassen wie auch im konservierten Blatt länger bewahrt, sondern daß es auch eine erhöhte Widerstandsfähigkeit gegen höhere Temperaturen bekommt. Zum Beispiel verschiebt sich die Inaktivierungsgrenze durch Zusatz von 75% Saccharose zum Saft (1:1) beim Kartoffel-Y-Virus von 55 auf 70° C, beim Tabakmosaikvirus von 90 auf 100° C und beim Tomaten-stripe-Virus von 80 auf 90° C. Das mit Saccharose vorbehandelte Y-Virus soll auch verstärkte Symptome, insbesondere ein verstärktes Aufhellen der Nerven hervorrufen. Im Serumversuch wird die Präcipitation durch den Zuckerzusatz verlangsamt.

Durch Zusatz von radioaktivem Phosphor zur Nährlösung erzielte WYND bei der Aufzucht TM-infizierter Tabakpflanzen die bemerkenswert hohe Radioaktivität von 2,54 Mikrocurie je Milligramm Virusphosphor des in 62 Tagen gebildeten TM-Virus.

4. Infektion.

Daß die Zahl der Infektionsherde, die beim Aufreiben des Virus auf die Blätter an diesen entstehen, in hohem Maße von den Außenfaktoren wie Licht, Temperatur, Luftfeuchtigkeit u. a. m. abhängig ist, ist eine alte Erfahrung. Neuerdings stellte TINSLEY fest, daß die Zahl der Infektionsherde durch ausgiebiges Begießen der Pflanzen unter Umständen auf das 10fache gesteigert werden kann. Die Steigerung wird auf die hygrophytische Ausbildung der Blätter zurückgeführt, die nur eine dünne Cuticula entwickeln und infolgedessen leichter verletzlich sind.

YARWOOD (2) hatte 1952 folgendes festgestellt: Wenn man Blätter von *Nicotiana glutinosa* zunächst abreibt, lediglich um die für die Infektionen erforderlichen Wundstellen an der Blattoberfläche zu erzeugen, und wenn man das TM-Virus erst aufbringt, nachdem man die Blätter in Wasser gebadet hat, so wird die Zahl der Infektionen schon nach einer Badedauer von nur wenigen Sekunden oder Minuten stark vermindert. ALLINGTON u. LAIRD (1) bestätigten diesen Befund und stellten außerdem fest, daß der Effekt annähernd derselbe ist, wenn man die abgeriebenen Blätter vor der Virusimpfung einfach der Luft aussetzt.

Sie bestätigen damit eine früher schon von SHEFFIELD (1936), sodann von KÖHLER u. EICKE (1943) mitgeteilte Erfahrung, die ihnen offenbar entgangen ist. Sie folgern, daß die Infektionshemmung nicht, jedenfalls nicht ausschließlich, der Wirkung des Wassers zugeschrieben werden kann, wie YARWOOD angenommen hatte, finden aber keine passende Erklärung. Nach der von KÖHLER u. EICKE gegebenen Deutung könnte aber der Vorgang so verstanden werden, daß sich die durch das Reiben erzielten kleinen Infektionswunden sehr früh wieder schließen, so daß sie als Eintrittspforten für das Virus nicht mehr in Betracht kommen. Möglicherweise wird dieser Vorgang durch die Wasserbehandlung noch beschleunigt.

Auch wenn die Blätter unmittelbar nach der Impfeinreibung unter Wasser gehalten werden, verringert sich die Zahl der Einzelherde (BAWDEN u. KASSANIS). Ist ein Tag seit der Impfung verstrichen, so bleibt das Untertauchen ohne Wirkung. Der Grad der Beeinflussung ist vom physiologischen Zustand der Blätter abhängig; bei alten Blättern von *Nicotiana glutinosa* z. B. ist die Wirkung des Tauchens am stärksten, die Infektionszahl wird bei ihnen auf ein Zehntel herabgesetzt, bei den jüngsten Blättern dagegen nur auf die Hälfte.

Bemerkenswert ist ferner eine Mitteilung von SIEGEL u. WILDMAN (2), wonach die Infektionsverdünnungskurve bei zwei Stämmen des TMV Verschiedenheiten aufwies. Im einen Fall entsprach der Kurvenverlauf ungefähr der POISSON-Verteilung, im anderen wich er davon bedeutend ab (vgl. auch PAUL, S. 847).

In den Untersuchungen von CHIBA, INADA u. YOSHIHARA wurde die Wirkung verschiedener Substanzen auf das Zustandekommen von Infektionsherden an abgeschnittenen Blättern von *Nicotiana glutinosa* geprüft. Die Blätter schwammen auf Lösungen, denen die zu prüfenden Substanzen zugesetzt waren. Bei Belichtung wurde eine Herabsetzung der Zahl der Infektionsherde mit den Photosynthesegiften KCN, salzsaurem Hydroxylamin und Jodacetat erzielt. Ohne Wirkung waren unter anderem Na-2,4-dinitrophenol, Colchicin und Malonsäure. Da die Wirkung im Dunkeln ausblieb, wird angenommen, daß das Virus nicht direkt beeinflußt wird, sondern über die Photosynthese.

KLINKOWSKI (2) untersuchte die „Stoffwechselprodukte" verschiedener Pilze auf ihre infektionshemmende Wirkung beim TMV. Die Stoffe wurden der Impflösung zugesetzt, diese wurde auf Testblätter aufgerieben: Die aus einer Reihe von Hutpilzen gewonnenen wäßrigen Auszüge enthalten kochbeständige Substanzen, die die Entstehung von Infektionen hemmen oder verhindern. Ebenso verhielten sich Kulturfiltrate verschiedener Stämme von *Penicillium chrysogenum* und *Streptomyces griseus*.

Nach HIRTH u. DROUHET läßt sich aus *Torulopsis neoformans*, einer für den Menschen pathogenen Hefe, ein Polysaccharid extrahieren, das in einer Konzentration von 0,5% das Zustandekommen von Infektionen des TM-Virus an *Nicotiana glutinosa*-Blättern hemmt. Die Hemmung ist bei p_H 3 viel stärker als bei p_H 6,3. Von anderen geprüften ,,Polyosiden" (Stärke, Inulin, Glykogen) zeigte nur das letztere eine ähnliche Wirkung, allerdings in der zehnfachen Konzentration.

Wenn man gereinigtes Pflanzenvirus mit UV-Licht bestrahlt, so verliert es nach alter Erfahrung seine Infektiosität ohne wesentliche Änderung seiner physiko-chemischen und serologischen Eigenschaften. Dabei ist es bemerkenswert (BAWDEN u. KLECZKOWSKI), daß die Inaktivierung bei morphologisch so verschiedenen Virusarten wie dem Tomaten-bushy stunt-Virus (BSV), dem Rothamsted-Tabaknecrosis-Virus (RTNV) und dem TMV übereinstimmend ziemlich genau derselben Gesetzmäßigkeit folgt. BAWDEN u. KLECZKOWSKI fanden nun, daß durch den Zusatz von UV-inaktiviertem Virus zu Impflösungen die Zahl der Infektionsherde herabgesetzt wird. Dies war am stärksten der Fall beim TMV, weniger dagegen bei den beiden anderen Viren. Ähnlich wirkte inaktiviertes RTNV auf aktives RTNV stark infektionshemmend, schwach hemmend dagegen auf TMV. Inaktiviertes BSV fiel aus dem Rahmen, es wirkte überhaupt nicht infektionshemmend. Über den Mechanismus der beobachteten Hemmung besteht keine irgendwie begründete Vorstellung, jedoch nehmen die Untersucher in Analogie zu gewissen Erfahrungen an bestrahlten Bakteriophagen als möglich an, daß das inaktivierte Virus den Stoffwechsel der Zelle, in die es eingedrungen ist, in einem für die Ansiedlung des arteigenen aktiven Virus ungünstigen Sinne beeinflußt.

UV-Bestrahlung vermag auch die Virusanfälligkeit der Blätter zu beeinflussen [BAWDEN (1)]. Setzt man die Blätter einer UV-Bestrahlung·aus, so widerstehen sie der Infektion eine Zeitlang. Hält man sie nach der Bestrahlung im Tageslicht, so gewinnen sie ihre normale Anfälligkeit zurück und zeigen auch äußerlich keine Schäden, hält man sie aber im Dunkeln, so kollabieren die Epidermiszellen und sterben ab. Unterschiede im Infektionserfolg ergaben sich zwischen unbestrahltem und durch Bestrahlung teilinaktiviertem Virus in Abhängigkeit von der Lichtbehandlung der Pflanzen (das teilinaktivierte Material wies nach der Bestrahlung nur noch 0,5% der ursprünglichen Aktivität auf). Es zeigte sich von neuem, daß die Anfälligkeit — gemessen an der Zahl der Infektionsherde — beträchtlich zunimmt, wenn die Pflanzen vor der Impfung 24 Std im Dunkeln gehalten werden, und daß dann auch zwischen bestrahltem und nichtbestrahltem Material kein Unterschied im Ausmaß der Zunahme besteht. Eine Erklärung ist noch nicht gefunden.

5. Virusvermehrung.

Über die Natur der Virusvermehrung veranstaltete die Britische Gesellschaft für allgemeine Mikrobiologie im April 1952 ein Symposium in Oxford. Die Frage wurde dabei von Vertretern der verschiedenen Fachrichtungen kritisch beleuchtet. Vom Standpunkt der pflanzlichen Virusforschung sind besonders die Vorträge von CHANTRENNE ,,Über Probleme der Virussynthese", von BAWDEN u. PIRIE (1) ,,Über Virusvermehrung als eine Form der Proteinsynthese" und von MARKHAM (1) ,,Über die Nucleinsäuren bei der Virusvermehrung" samt den dazugehörigen Diskussionsbemerkungen hervorzuheben. Alle bisher über den Mechanismus der Virusvermehrung entwickelten Vorstellungen sind Spekulationen. In den Erörterungen spielte die bekannte Matrizentheorie, die den Tatsachen augenscheinlich am besten gerecht wird, eine besondere Rolle. In diesem Zusammenhang sei auch auf die neueren Ausführungen von SCHRAMM in seinem Buch ,,Biochemie der Viren" verwiesen.

Die Annahme, daß nicht die infektiösen Partikeln selbst sich vermehren oder vermehrt werden, sondern ihre nichtinfektiösen Vorstufen oder Untereinheiten, wird durch eine Reihe neuerer Befunde gestützt. Zunächst sind die diesbezüglichen Untersuchungen am TMV von TAKAHASHI u. ISHII zu nennen, denen es gelang, im Preßsaft mosaikinfizierter Tabakpflanzen elektrophoretisch und elektronenoptisch eine spezifische, von ihnen X-Protein genannte Eiweißkomponente nachzuweisen, die zwar keine Nucleinsäure enthält, aber serologisch dem TMV gleicht. Dieses X-Protein hat die Form von 15 mμ großen, rundlichen Partikeln, die sich zu nichtinfektiösen Stäbchen von der Form des TMV zusammenfügen lassen. Sie gleichen hierin auffällig den von SCHRAMM chemisch aus infektiösen TM-Stäbchen dargestellten ,,Untereinheiten", die gleichfalls zu nichtinfektiösen Stäbchen zusammentreten.

Mit der Frage, aus welchen Inhaltsstoffen der Wirtszelle der Proteinteil des TMV synthetisiert wird, befaßt sich eine längere Untersuchungsreihe von COMMONER u. Mitarbeitern. In den Veröffentlichungen von COMMONER u. NEHARI und COMMONER, SCHIEBER u. DIETZ sind die Ergebnisse des ersten Untersuchungsabschnittes zusammengefaßt. Danach entstammt das Virus-N in seiner Masse solchen Stickstoffquellen des Blattes, die nicht im Zelleiweiß festgelegt sind. Abgelehnt wird die ältere Folgerung, die WILDMAN, CHEO u. BONNER (1949) und andere vor ihnen aus ihren Untersuchungen gezogen hatten, wonach das Virus aus einem vorhandenen Normalprotein, das 30—50% des löslichen Proteins des Blattes ausmacht, synthetisiert würde. Die Versuchsanordnung von COMMONER u. Mitarbeitern war folgende: Es wurden aus Tabakblättern nach ihrer Beimpfung mit TMV kreisrunde Scheiben ausgestanzt und mit ebensolchen Scheiben nichtbeimpfter Blätter hinsichtlich ihres N-Stoffwechsels verglichen. Die Scheiben flottierten auf Wasser oder einer halbkonzentrierten Nährlösung nach VICKERY (0,071 g KH_2PO_4; 0,116 g $CaCl_2$; 0,437 g $MgSO_4 \cdot 7\ H_2O$ und 0,278 g $(NH_4)_2SO_4$ in 1 Liter Wasser). Im Bedarfsfalle wurde die Stickstoffquelle durch eine äquivalente Menge KCl ersetzt. Es zeigte sich, daß die Blattstücke doppelt soviel Virus bilden, wenn man ihnen statt Wasser die entsprechenden Nährstoffe zur Verfügung stellt. Der Vergleich der infizierten und der nichtinfizierten Scheiben zu verschiedenen Zeiten nach der Infektion läßt entsprechend dem Fortgang der Virussynthese eine Zunahme des Proteingehaltes erkennen. Dieses Mehr an Protein setzt sich zusammen a) aus dem entstandenen TMV, b) aus der Bildung eines unlöslichen Proteins, das bald nach der Impfung entsteht und dessen Zunahme etwa 100 Std vor dem Aufhören der TMV-Synthese erlischt, und c) aus einem löslichen Protein variabler Menge, das nur während der Virussynthese vorhanden ist. Im Zeitpunkt des Erscheinens des Virus kommt es zu einem Defizit des nicht im Protein festgelegten Stickstoffs (des „non-protein" N).

In Isotopenversuchen, bei denen der Ammonstickstoff der Nährlösung 60 Atomprozente N^{15} enthielt, wurden folgende Feststellungen gemacht: Die Masse des TMV-Stickstoffs leitet sich vom freien Ammonstickstoff des Zellinhaltes ab. Das Virusprotein entsteht nicht durch Kondensation der entsprechenden freien Aminosäuren des Zellinhaltes. Der Synthese des TMV geht die Synthese eines unlöslichen Viruspräcursors voraus, der dann entweder zum Virus oder zu gewissen löslichen Zwischenproteinen konvertiert wird. Im infizierten Gewebe wird also de novo ein lösliches Protein synthetisiert, das ein Zwischenprodukt der TMV-Synthese vorstellt. Wenn auch nicht auszuschließen ist, daß aus abgebautem normalem Zellprotein stammendes N als Quelle des TMV-N Verwendung finden könnte, so kommt doch dieses normale Zellprotein als spezifischer N-Lieferant für die TMV-Synthese nicht in Betracht. Die in der Periode lebhafter Virussynthese gleichfalls beobachtete vorübergehende starke Verminderung des Gehaltes an Glutamin, Asparagin, Glutaminsäure, Asparaginsäure und Serin und die schwächere an Valin, Threonin und Prolin wird auf die Abnahme des Stickstoffspiegels während der Virussynthese zurückgeführt und ist nicht etwa dadurch verursacht, daß diese Stoffe zum Virusaufbau Verwendung finden (COMMONER u. NEHARI; COMMONER, YAMADA, RODENBERG u. a.).

In einer neuen Untersuchungsreihe (COMMONER, NEWMARK u. RODENBERG; COMMONER, YAMADA, RODENBERG, WANG u. BASLER) ließ sich mittels Elektrophorese zeigen, daß in infizierten Pflanzen regelmäßig vier verschiedene lösliche Proteine auftreten. Das eine von diesen ist das Virus selbst. Nach seiner Entfernung aus dem Originalextrakt erhält man durch Ausfällen bei p_H 3,4 einen Niederschlag, der zwei elektrophoretisch verschiedene Proteine enthält. Das eine von ihnen ist mit der früher schon dargestellten Komponente B sowie mit dem X-Protein von TAKAHASHI u. ISHII identisch; die Untersucher gaben ihr die neue Bezeichnung P 3. Das andere Protein (P 6) war bisher unbekannt. Die elektrophoretische Untersuchung und Reinigung der bei p_H 3,4 löslichen Proteine förderte ein weiteres nur in TM-infizierten Pflanzen nachweisbares Protein (A 4) zutage. Systemisch infizierte Tabakblätter enthalten ungefähr 50—100 mg B 3 und B 6 und etwa ein Viertel dieser Menge A 4. Das Auftreten dieser drei akzessorischen Proteine ist für die Infektion mit TMV spezifisch; ihre Sedimentationskonstanten sind einander ähnlich (S = 3) und im Verhältnis zum TM (S = etwa 100) sehr niedrig. Alle drei enthalten keine Nucleinsäure, auch sind sie nicht infektiös. Ihre Beziehungen zum TMV liegen trotzdem auf der Hand: jedes von ihnen bildet in Phosphatpuffer bei p_H 5,0 Aggregate von hohem Molekulargewicht mit Sedimentationskonstanten von 100—200. Diese Polymerisation ist für B 6 und A 4 reversibel, wenn man die Präparate in p_H 7 zurückbringt, nicht jedoch für B 3, augenscheinlich weil hier bei der Polymerisation ein tiefergehender Molekülumbau stattgefunden hat. Die polymerisierte Form von B 3 bezeichnen die Verfasser mit B 8. Die Proteine TMV und B 8 sind einander gestaltlich auffallend ähnlich, wie dies auch für das X-Protein von TAKAHASHI u. ISHII zutrifft. Diese Ähnlichkeit spricht nach COMMONER u. a. dafür, daß eine solche Aggregation auch im Blatt beim TM stattfindet und daß eines oder mehrere der niedrigmolekularen Proteine als Präcursoren des TMV aufzufassen sind. Wie die Untersucher dartun konnten, tut sich die nahe Verwandtschaft der niedrigmolekularen Proteine mit dem TMV auch in ihrem serologischen Verhalten kund; sie reagieren im Präcipitintest untereinander und mit TMV positiv. Untersucht man den zeitlichen Verlauf ihres Auftretens, so findet man, daß sie erst etwa 200 Std nach der Infektion, also viel später als das TMV, dann aber plötzlich und gleichzeitig auftreten; dies gilt insbesondere für A 4. Vermutlich hängt dies mit der Erschöpfung des Nucleinsäurevorrates zusammen. Wenn die akzessorischen Proteine vor diesem Zeitpunkt nicht nachweisbar sind, so mag dies daran liegen, daß sie schnell und vollständig in Virus umgewandelt werden. Das B 8 wäre also als ein Zwischenprodukt der Virussynthese anzusehen, das sich dann anreichert, wenn es sich nicht mit Nucleinsäure zu aktivem Virus verbinden kann. Jedoch gibt es auch noch andere Deutungsmöglichkeiten, wie von den Untersuchern erörtert wird.

Unlängst entdeckten WANG u. COMMONER außerdem ein infektiöses Begleitprotein ihres TMV, das sich vom eigentlichen TMV besonders dadurch unterscheidet, daß es im Puffer unlöslich ist; auch im Aminosäuregehalt erweist es sich als abweichend. Biologisch verhält sich dieses als I 8 bezeichnete Protein jedoch wie das TMV. Da sich, soweit bekannt, bisher alle Stämme des TMV als pufferlöslich erwiesen haben, halten es die Verfasser für wenig wahrscheinlich, daß das fragliche Protein eine durch Mutation entstandene gewöhnliche Variante des TMV sei, und glauben eher annehmen zu sollen, daß es sich um ein Zwischen- oder Alternativprodukt des gewöhnlichen TMV handle. Weitere Untersuchungen sind abzuwarten.

BEST u. GALLUS (1), die am gleichen Problem arbeiteten, schließen aus ihren Untersuchungen an Preßsäften TMV-kranker Tabakpflanzen auf das Vorhandensein von zwei nichtinfektiösen Nucleoproteiden, von denen das eine in den jüngeren Blättern vorkommt und als Provirus aufgefaßt werden kann, während sich das andere in den älteren Blättern vorfindet und die inaktivierten Reste des zuvor infektiösen Virus vorstellen dürfte. Auf einer ähnlichen Linie bewegen sich auch die Untersuchungen von JEENER mit LEMOINE und mit LAVAND'HOMME. Das von ihnen mit der Ultrazentrifuge angereicherte, nichtinfektiöse, als Zwischenprodukt aufgefaßte nucleinsäurefreie Material bildete bei p_H 3,8 einen aus parakristallinen Nadeln bestehenden Niederschlag. Beim Squash mosaic-Virus stellten RICE, STAHMANN u. a. das Vorhandensein von drei physikalisch verschiedenen Komponenten fest. BLACK u. BRAKKE (1954) machten am hochgereinigten Wundtumorvirus die Beobachtung, daß es in Teilchen zerfällt, die dieselbe antigene Wirksamkeit aufweisen wie das unveränderte Virus.

MARAMOROSCH befaßte sich in mehreren Veröffentlichungen mit den Anfangsphasen der Infektion beim Aster-Yellow-Virus. Dieses Virus vermehrt sich außer in seiner Wirtspflanze (*Callistephus chinensis* NEES) auch in seinem Vektor, der Zwergzikade *Macrostelis fascifrons* STAL. Nachdem MARAMOROSCH (2) zunächst auf Grund eigener Versuche den Eindruck gewonnen hatte, daß der infektiösen Phase des Virus in beiden Organismen eine Reifungsphase („Eklipse") vorangehe, in der das Virus nichtinfektiös ist, berichtigt er im gleichen Jahre (3) diese Auffassung dahin, daß der Nachweis der Eklipse im Insekt nicht gesichert sei, da sie durch die Unmöglichkeit, sehr niedrige Viruskonzentrationen nachzuweisen, nur vorgetäuscht sein könnte. Entsprechendes gilt auch für das Verhalten im pflanzlichen Wirt. Auch YARWOOD [(1), 1952] war bei seinen Untersuchungen am TMV zu einem ähnlich vorsichtigen Schluß gelangt, obwohl es ihm nicht gelungen war, in den ersten 5—7 Std nach der Impfung eine Viruszunahme in den Blättern festzustellen. Dies war ihm erst nach 8 Std möglich. Das Temperaturminimum, -optimum und -maximum der Virusvermehrung ermittelte er bei 13° bzw. 31° bzw. 37° C.

ZECH findet bei seinen gleichfalls dem TMV gewidmeten Untersuchungen, daß vom Zeitpunkt der Verimpfung des Virus auf die Blätter bis zur beginnenden X-Körperbildung in den Zellen kein aktives Virus im Preßsaft nachweisbar ist. Der Höhepunkt der Infektiosität des Saftes wird mit der Ausbildung der X-Körper erreicht. Nach dem Abbau dieser Körper und dem Auftreten der Viruskristalle sinkt die Infektiosität progressiv ab. Später, wenn die Kristalle aufgelöst sind, ist nur noch eine geringe Infektiosität vorhanden. Es gelang nicht, in Zentrifugaten innerhalb der ersten 20 Std eine makromolekulare Proteinkomponente nachzuweisen, erst im Stadium der beginnenden X-Körperbildung fanden sich geringe Mengen von Virusstäbchen meist normaler Länge vor.

6. Beeinflussung des Virus im Wirt.

Chemotherapie. In den Nucleotiden, aus denen sich die Ribosenucleinsäure der pflanzlichen Viren zusammensetzt, sind die Purine Adenin und Guanin und die Pyrimidine Cytosin und Uracil als wesentliche Bausteine enthalten. Da der Nucleinsäure offenbar eine wichtige Funktion bei der Virusvermehrung ebenso wie bei jeglicher Proteinvermehrung zukommt, konnte versucht werden, diese Funktion durch Einwirkung von Purin- und Pyrimidinabkömmlingen im lebenden infizierten Blatt zu beeinflussen. In der Tat konnten zuerst COMMONER u. MERCER (1), (2) feststellen, daß das 2-Thiouracil, ein 2-Thiopyrimidin, die Vermehrung des Tabakmosaikvirus in Tabakblättern hemmt und — was nicht weniger bemerkenswert ist — daß diese Hemmung durch Uracil wieder aufgehoben wird. Die von diesen Autoren verwendete Testmethode besteht darin, daß aus den durch Einreiben der gesamten Oberseite beimpften Tabakblättern runde Scheiben von 12 mm Durchmesser ausgestanzt werden; man läßt sie dann auf einer Nährlösung schwimmen, der der zu prüfende Stoff zugesetzt ist. Der Virusgehalt der Scheiben wird am ausgepreßten Saft bestimmt.

MERCER, LINDHORST u. COMMONER prüften mit diesem Verfahren weitere Purin- und Pyrimidinabkömmlinge bezüglich ihrer Hemmwirkung auf die TMV-Vermehrung. Es zeigte sich, daß die 2-Thiopyrimidine (2-Thiouracil, 2-Thiocystin und 2-Thiothymin) 90—100% der Virusvermehrung blockieren. Zwei Purinanaloge (2,6-Diaminopurin und 8-Azaguanin) hemmten in geringerem Grade (60—80%). Ohne Wirkung blieben 5-Bromuracil, 6-Oxyuracil (2,4,6-Trioxypyrimidin), 6-Methyl-2-thiouracil und 6 Propyl-2-thiouracil. Nur Uracil hebt die Hemmwirkung der 2-Thiopyrimidine auf, während die anderen natürlichen N-Basen (Cytosin und Thymin) keine solche Wirkung haben. Die Virussynthese ist demnach Uracil-abhängig. Die 2-Thiopyrimidine „haben einen gemeinsamen Angriffspunkt in einem Prozeß, der Uracil benötigt".

NICHOLS (1), (2) widmete der Kinetik der Absorption des Thiouracils eine Studie und stellte fest, daß eine Menge von 0,013 mg Thiouracil, die von 16 Blattscheiben (14 mm Durchmesser) in 24 Std absorbiert wird, ausreicht, um eine fast vollständige Sistierung der Virusvermehrung in diesen Scheiben herbeizuführen. JEENER u. ROSSEELS berichten in einer vorläufigen Mitteilung von ihrem Befund, daß das radioaktiv gemachte 2-Thiouracil in beträchtlicher Menge in die Ribonucleinsäure des Tabakmosaikvirus eingebaut wird, und zwar in Form einer undefinierbaren Verbindung, die sich chromatographisch vom Thiouracil wie auch von den normalen Bestandteilen der Ribonucleinsäure unterscheidet. Da die Ribonucleinsäure ein wesentlicher Bestandteil des Virus ist, muß man von dem Einbau des Thiouracils ein deutliches Nachlassen der Vermehrungsfähigkeit erwarten, was auch der Fall ist. In einer neueren Arbeit zeigte JEENER, daß Virus, in dem 10—12% des normalen Uracils durch Thiouracil ersetzt worden waren, sich bedeutend langsamer vermehrte als normales Virus; das Defizit betrug nach 3 Tagen 9,8—47,5%.

SCHLEGEL u. RAWLINS (2) prüften die Wirksamkeit von 67 Verbindungen mit der von COMMONER angegebenen Methode der flottierenden Blattausschnitte auf die Vermehrung des TM-Virus. Zwei Behandlungsweisen wurden gewählt: Die Petrischalen mit den Blattstücken standen entweder im diffusen Tageslicht (25 f. c.) bei Zimmertemperatur oder aber in künstlichem Licht (300 f. c.) bei um 4—5° erhöhter Temperatur. Die Behandlung dauerte 6 Tage. Im künstlichen Licht wurde etwa doppelt soviel Virus gebildet wie im diffusen Tageslicht. Eine große Zahl organischer Verbindungen förderte die Virusvermehrung im diffusen Licht, hatte aber keine oder nur eine ganz geringe Wirkung im künstlichen Licht. Es wird vermutet, daß diese Verbindungen nicht als Virusbaustoffe, sondern mehr als Energielieferanten für den Wirtsstoffwechsel wirken und dadurch der Virussynthese förderlich sind. Die stärkste Förderung der Virusproduktion wurde beobachtet mit Glucose-1-phosphat, 6-Methyluracil, Propylthiouracil, Isocytosin und Glucose, die stärkste Hemmwirkung mit Thiouracil, Diazouracil, Zinkchlorid und d-Isoleucin, unwirksam war dagegen das d-Isoleucin. Im schwächeren Licht war die Hemmung am stärksten mit Diazouracil und α-Picolinsäure, weniger stark mit Terramycin und 5-Aminoacridin.

In einer weiteren Untersuchung stellten SCHLEGEL u. RAWLINS (1) fest, daß das aus dem Actimomyceten *Nocardia* spec. gewonnene Antibioticum MK 61 als einziges von allen bisher geprüften Antibioticis die Vermehrung des TMV in Blattscheiben hemmt. Vom Licht ist es in seiner Wirkung augenscheinlich weniger abhängig als andere organische Hemmstoffe. Man darf deshalb annehmen, daß es direkt auf das Virus wirkt und nicht indirekt über den Stoffwechsel.

SEGRETAIN u. HIRTH untersuchten an Kulturen von Gewebe aus *Agrobacterium tumefaciens*-Tumoren TMV-infizierter Tabakpflanzen die Wirkung verschiedener Aminosäuren, die sie dem Nährsubstrat zusetzten, auf die Vermehrung des TMV. Es zeigte sich, daß die Asparaginsäure die Vermehrung hemmt, Glutaminsäure sie fördert. Tryptophan, Phenylalanin, Prolin, Tyrosin und Histidin waren dagegen ohne Wirkung.

Daß zahlreiche Pflanzensäfte Stoffe enthalten, die das Zustandekommen von Infektionen hemmen, ist seit langem bekannt. Nach den Feststellungen von GENDRON u. KASSANIS ist für das Ausmaß dieser Hemmungen nicht die Art des Virus, sondern die Empfindlichkeit der Pflanze, an der die Impfung erfolgt, maßgebend. Die Gurke erwies sich weit weniger empfindlich als jede andere geprüfte Pflanzenart, und zwar gegen die verschiedenen zur Anwendung gekommenen Hemmstoffe.

MATTHEWS (1) setzte seine auf unmittelbar chemotherapeutisch-praktische Auswertung gerichteten Untersuchungen über die Wirkung des 8-Azaguanin („Guanazolo" = 5-Amino-7-hydroxy-1-triazolo-(d)-Pyrimidin) und anderer Pyrimidin- und Purinabkömmlinge fort.

Das 8-Azaguanin ist ein Guaninabkömmling, dessen Hemmwirkung auf die verschiedensten biologischen Objekte bekannt ist. Als Versuchsvirus diente vornehmlich das Luzernemosaikvirus, als Versuchspflanzen Tabak und *Nicotiana glutinosa*. Die zu prüfende Substanz wurde den Versuchspflanzen in Lösung aufgespritzt. Es zeigte sich, daß das Guanazolo die Zahl der Infektionsherde auf den virusbeimpften Blättern sowie die Ausbreitung des Virus in der Pflanze herabsetzt bzw. verzögert. Die Wirkung ist stärker, wenn das Guanazolo vor der Impfung aufgebracht wird, erweist sich aber auch noch bis zum zweiten Tage nach der Impfung als wirksam. Die Substanz ist in 0,1%iger Sodalösung wirksamer als in wäßriger Suspension, Begießen ist weniger wirksam als Übersprühen. Wenn die Generalisierung in lebhaft wachsenden Pflanzen bereits einen gewissen Grad erreicht hat, kann die Behandlung deren Fortschreiten nicht vollkommen verhindern. In vitro hat das Guanazolo keine Wirkung auf das Virus, auch setzt es die Infektiosität des Impfsaftes nicht herab. Bei Konzentrationen über 0,005 M treten an den Pflanzen Schäden auf, besonders bei wiederholter Anwendung. Die virushemmende Wirkung des Guanazolo ließ sich durch Adenin, Guanin und anscheinend auch Hypoxanthin aufheben, jedoch nicht durch Xanthin, Harnsäure, Theobromin, Theophyllin, Coffein, Uracil oder Thymin.

Das Triazoloanaloge des Adenin verursachte schwere Schädigung der Pflanzen und zeigte nur eine geringe Hemmwirkung, das Hypoxanthinanaloge war den Pflanzen unschädlich, seine Hemmwirkung war bei Tabak und *N. glutinosa* geringer als die des Guanazolo, bei *Phaseolus* jedoch war die Zahl der Infektionsherde noch weiter vermindert. Unwirksam gegen das Luzernemosaik waren Thiouracil, Methylthiouracil und Propylthiouracil. Das Thiouracil schädigte die Pflanzen wenig. Guanazolo hatte keine Wirkung gegen das Spotted wilt-Virus der Tomaten, die Kartoffelviren X und Y und gegen das Tabak- und Erbsenmosaik auf Erbsen. Als 0,01 M-Lösung auf die geimpften Blätter gespritzt, verzögerte oder verhinderte es bei Gurken die Abwanderung des Gurkenmosaikvirus aus den Blättern; in Gießanwendung hatte es einige Wirkung, sofern die Infektion der Gurken von geflügelten Blattläusen ausging.

In einer weiteren Arbeit dehnte MATTHEWS (2) seine Untersuchungen auf das TMV aus. Er zeigte, daß das 8-Azaguanin in die Nucleinsäure des TMV eingebaut wird. Es ist also wahrscheinlich, daß die Hemmwirkung darauf beruht, daß die durch diesen Einbau veränderten TM-Parikeln ihre Infektiosität verlieren. Verschiedene andere Purinabkömmlinge erwiesen sich als unwirksam.

SCHNEIDER erhielt mit folgenden Verbindungen stärkste Hemmung der TM-Vermehrung: 8-Azaguanin, 8-Azaadenin, 2-Azaadenin und 2,6-Diaminopurin. Zu einer vollkommenen Sistierung der Virusvermehrung kam es in der 6-Tage-Periode jedoch nicht.

BAWDEN u. KASSANIS (2) konnten mit einer einfacheren Methode — an untergetauchten ganzen Blättern — die Befunde von COMMONER u. Mitarbeitern über das Thiouracil und das Uracil weitgehend bestätigen. Außerdem stellten sie fest, daß das Ausmaß der Hemmwirkung vom physiologischen Zustand der Versuchsblätter abhängt. Sie fanden, daß die Hemmung bei Thiouracilbehandlung — das Thiouracil wurde als Kalisalz geboten — um so vollständiger ist, eine je höhere Virusproduktion das betreffende Blatt an und für sich erwarten läßt. Die in Gang befindliche Virusvermehrung läßt sich jederzeit abbremsen, und zwar um so wirksamer, je weniger Virus bereits gebildet ist; die Virusvermehrung geht weiter, wenn das Thiouracil entfernt wird. Die Virusproduktion im Blatt war am ausgiebigsten in Blättern, die nach der Beimpfung in einer Lösung von 10 g je Liter Saccharose und 0,2 g je Liter $Ca(H_2PO_4) H_2O$ gehalten wurden und dem Tageslicht ausgesetzt waren. Besprizten der Blattoberfläche erwies sich weniger wirksam als Untertauchen. Das Thiouracil hemmt nicht nur die Vermehrung des TMV sondern auch die anderer Viren wie der Kartoffelviren X und Y, des *Hyoscyamus*-Virus und des Tabaknekrosevirus. Keine Wirkung zeigte es jedoch gegen das Broad bean mottle-Virus in *Vicia faba* und gegen das Tabaknekrosevirus in *Phaseolus vulgaris*.

Auch auf die Symptombildung ist das Thiouracil nach BAWDEN u. KASSANIS (2) von Einfluß. Besonders bemerkenswert ist der Befund, daß die Thiouracilbehandlung die sonst kaum oder gar nicht sichtbaren Infektionsherde an Tabakblättern deutlich hervortreten läßt. Es werden nämlich die offenbar besonders empfindlichen Randzonen der Infektionsherde, in denen die Virusvermehrung stattfindet, geschädigt; die dabei entstehenden nekrotischen Ringe sind um so größer, je längere Zeit seit der Impfung verstrichen ist. Auch an den Blättern von *Vicia faba* treten die sonst nicht sichtbaren Infektionsherde des Broad bean mottle-Virus als nekrotische Läsionen auffällig hervor. Auch die Einzelherde des Tabaknekrosevirus auf *Nicotiana glutinosa*-Blättern sind auffällig vergrößert.

Durch vorbeugende Behandlung mit Thiouracil gelang es neuerdings HOLMES (2), die Vermehrung des TM-Virus bei sog. mosaik-hypersensitivem Tabak völlig zu unterdrücken. Zur Behandlung wurde den Pflanzen täglich 5 mg Thiouracil in 0,01 %iger Lösung durch den Boden zugeleitet. Die Behandlungsdauer betrug 4—12 Tage. Bei Tabaktypen, die auf das TM mit normaler Fleckung ("mottling") reagieren, wirkte die Behandlung nur krankheitsverzögernd.

Mit ihrer spektralphotometrischen Methode prüften KIRKPATRICK u. LINDNER die Hemmwirkung verschiedener Stoffe auf die Virusvermehrung. Dazu wurden die 24 Std zuvor infizierten Blätter im Vakuum mit Lösungen der zu prüfenden Substanzen infiltriert. An den nach verschiedenen Zeiten ausgepreßten Säften wurde die Vermehrung der Virusnucleinsäure verfolgt. Ausgesprochene Hemmwirkung wurde bei einem Steinobstvirus und beim TMV nach Behandlung der Blätter mit Chloramphenicol, Thiouracil und Guanazolo beobachtet; Malachitgrün hatte auf das TMV keine Wirkung.

Hitzetherapie. Die Liste der Virusarten, die sich durch Hitzebehandlung der von ihnen systemisch befallenen Pflanzenteile so beeinflussen lassen, daß völlige Entseuchung des Zuwachses eintritt, hat sich beträchtlich verlängern lassen. So hatte KASSANIS (5) durch Behandlung bei 36° C positiven Erfolg beim Tomaten-bushy stunt, Nelken-Ringspot, Gurkenmosaik, Tomaten-Aspermie und Abutilonbuntblättrigkeit. Unwirksam war das Verfahren gegen Tomaten-spotted wilt, Kartoffel-X und Tabakmosaik. Auch THUNG berichtet über erfolgreiche Behandlung bei Erdbeer- und Himbeerviren, desgleichen FULTON sowie POSNETTE bei Erdbeeren. Nach POSNETTE war das Verfahren von Erfolg bei den Erdbeerviren Nr. 1 und 3 sowie einem bisher noch nicht beschriebenen Virus, das schwere Blattnekrosen an der Sorte Royal Sovereign hervorruft.

CHAMBERS konnte Pflanzen und Pflanzenteile verschiedener *Rubus*-Sorten durch Warmluftbehandlung bei 32 und 35° C von unbestimmten, durch Blattläuse übertragbaren latenten Viren befreien. Die wirksame Behandlungsdauer beträgt 8—16 Tage. Die Testung der behandelten Pflanzen auf Freisein von Virus erfolgte durch Pfropfung auf *Rubus henryi* als Testpflanze. Das Verfahren muß auf seine Anwendbarkeit in der Praxis weiter geprüft werden.

THIRUMLACHAR machte in Indien die Feststellung, daß blattrollinfizierte Kartoffelknollen, die über 6 Monate in strohgedeckten Hütten bei hohen Sommertemperaturen (bis 41,7° C) gelagert wurden, bis zu 100% gesunde Pflanzen ergaben zum Unterschied von bei 4—5° gelagerten; letztere lieferten 100% kranke Pflanzen.

Mit einer ganz anderen Methode gelang es neuerdings MOREL u. MARTIN (1), (2), aus mosaikinfizierten Dahlienpflanzen virusfreie vegetative Abkömmlinge zu gewinnen, indem nämlich Scheitelmeristeme von etwa 250 µ Länge, die gewöhnlich zwei Blattanlagen trugen, explantiert und in Nährlösung kultiviert wurden. Die Nährlösung setzte sich zusammen aus der mit Wasser 1:1 verdünnten KNOPschen Nährlösung, 2% Glucose und einem Auszug aus Difcohefe (0,5 g je Liter). Die Explantate vergrößern sich in dieser Nährlösung sehr rasch und werden in einer Woche etwa 1 mm lang. Dann tritt während mehrerer Wochen ein stationärer Zustand ein. Gelegentlich entwickelt sich aber das eine oder andere Explantat weiter und es entsteht ein virusfreier beblätterter Sproß von 1—2 cm Länge, an dem sich jedoch keine Wurzeln bilden. Durch Pfropfung auf gesunde Sämlinge gelingt es, ihn zur Entwicklung zu bringen. Wenn die Reiser die erforderliche Größe (etwa 12 cm) erreicht haben, werden sie abgenommen und als Stecklinge weiterkultiviert. Mit dieser Methode, deren Eignung augenscheinlich darauf beruht, daß die Vegetationsspitzen virusfrei sind, gelingt es, von total verseuchten Sorten gesunde Ausgangspflanzen zu gewinnen.

7. Virusinterferenzen.

Nachdem Ross (1950) sowie Ross, Rochow u. Siegel (1952) bei verschiedenen Wirtspflanzen festgestellt hatten, daß es nach gleichzeitiger Infektion durch das Y- und das X-Virus zu einer Steigerung der Produktion an X-Virus weit über die Norm hinaus kommt, wurde dieses auffällige Phänomen auch von anderen Untersuchern aufgegriffen. So untersuchte Zachos die gegenseitige Beeinflussung des TM- und des X-Virus in der Tomate, bei der dieses Gemisch eine als Streak bezeichnete Krankheit erzeugt. Der quantitative Nachweis des X-Virus in den infizierten Pflanzenteilen erfolgte serologisch mit der Präcipitationsmethode und parallel dazu durch Abimpfung zu *Gomphrena globosa* im Einzelherdtest. Wurden die gleichzeitig mit den beiden Viren infizierten Pflanzen 11—13 Tage nach der Beimpfung untersucht, so zeigte sich die Konzentration an X gegenüber der nur mit X infizierten Kontrolle vervierfacht. Wurde das TMV erst 20 Tage nach dem X-Virus verimpft, so wurde schon im Höhepunkt des akuten Krankheitsstadiums die vierfache Menge an X angetroffen. In allen Fällen verursachte die X-Infektion eine gewisse Hemmung der TMV-Vermehrung. Letzteres traf nach neueren Angaben von Rochow u. Ross (1954) beim türkischen Tabak als Wirtspflanze nicht oder nur in geringem Maße zu. Diese Autoren stellten eine Konzentrationszunahme des X-Virus im Tabak auch bei Mischinfektionen mit dem Etch-Virus (hier auf das Sechsfache) und mit dem Gurkenmosaikvirus (auf das Doppelte) fest. Keine Zunahme erhielten sie in Kombination mit dem *Medicago*-Virus, und sogar eine Abnahme um mindestens 50% in Kombination mit dem Tabak-ringspot-Virus. Bemerkenswert ist, daß der Einzelherdtest des X-Virus mit keiner der vier Virusarten durch Interferenzen gestört wurde.

Nach Angaben von Bawden u. Pirie (1952) begünstigt das Tobacco etch-Virus auf vielen Wirten die Vermehrung des *Cuscuta*-Latentmosaikvirus.

8. Variabilität des Virus und Klassifizierung.

Die Frage der Mutabilität des TMV unter den Einwirkung von UV-Licht und Röntgenstrahlen wurde von Mundry wieder aufgegriffen. Er erzielte am gereinigten Virusprotein durch die Bestrahlung keine Mutationen. Auch wenn das verwendete Virusmaterial zur Bildung von spontanen Mutationen neigte, so bewirkte Bestrahlung trotzdem keine Erhöhung der Mutationsrate. Die gegenteiligen positiven Befunde von Gowen (1941) konnten also nicht bestätigt werden. Sie werden als Folge eines konzentrationsabhängigen Selektionsprozesses gedeutet, was modellmäßig belegt wird.

BERCKS (1) prüfte verschiedene Stämme des Kartoffel-X-Virus, die lange Zeit auf dem Tabak kultiviert worden waren, auf ihre Infektiosität für die Kartoffelsorte Flava und fand, daß die Infektionen in vielen Fällen gänzlich negativ blieben oder doch stark gehemmt waren. Da er ähnliches auch an einem Stamm beobachtete, den er von der Sorte Flava selbst isoliert und anschließend auf Tabak kultiviert hatte, hält er es für gesichert, daß die Versuchsstämme allgemein durch die Tabakpassage eine Abschwächung ihrer Virulenz erfahren hätten. In ähnlicher Weise fand auch MARCUS eine stärker gehemmte Ausbreitung des Y-Virus in Kartoffelpflanzen nach Tabakpassagen; auch die Symptome waren verstärkt. In neuen Untersuchungen [BERCKS (3)] hatten die Herkünfte des X-Virus keine Tabakpassagen hinter sich, vielmehr diente als Infektionsmaterial Preßsaft, der unmittelbar X-kranken Kartoffeln entnommen wurde. Es zeigte sich, daß die Infektionen an den beimpften Trieben selbst überall angingen, und auch die Ausbreitung der Viren auf die übrigen Sprosse der Stauden war die Regel, wenn auch stärkere Abweichungen vorkamen.

Daß ein Virus seine Übertragbarkeit durch lange Kultur auf einer bestimmten Wildart verlieren kann, zeigte BLACK (3) an zwei Formen des Potato yellow dwarf virus, die von ihrem Vektor *Acoratagallia* nach längerer Kultur auf *Trifolium incarnatum* nicht mehr übertragen werden konnten. BLACK führt die Erscheinung auf mutative Veränderung des Virus zurück.

In einem Vortrag berichtet PRICE über mehrjährige Versuche, um bei einzelnen Varianten des TMV Zusammenhänge zwischen bestimmten Merkmalen ihres biologischen Verhaltens und einigen ihrer physikochemischen Eigenschaften aufzudecken. Es zeigte sich, daß das biologische Verhalten von dem für jede Variante spezifischen isoelektrischen Punkt im großen und ganzen unabhängig ist, obwohl hinsichtlich des letzteren sehr beträchtliche Unterschiede zwischen den einzelnen Varianten nachgewiesen wurden. Die serologische Testung der gereinigten Stämme unter Anwendung der Komplementbindung und der Präcipitation (letztere in der Form des Zusatzes von roten Schafblutkörperchen nach MOORHEAD u. PRICE) gestattet dagegen die Differenzierung der einzelnen Varianten. Unter anderem ergaben sich folgende Schlußfolgerungen: 1. Für die drei Wildstämme „Typus", „Ribgrass" und „Rosette", daß sie sämtlich gemeinsame Antigenkomponenten aufweisen; 2. daß der „Typus"-Stamm sämtliche antigenen Komponenten von „Rosette" und außerdem noch eine zusätzliche Komponente aufweist und 3. daß „Typus" und „Ribgrass" noch Komponenten aufweisen, die den anderen Stämmen fehlen — Ergebnisse, zu denen im Prinzip auch schon CHESTER (1936) mit der Neutralisationsmethode gekommen war. Dagegen ist für die im Laboratorium mutativ entstandenen Stämme wenig wahrscheinlich, daß sie sich in ihrem Aminosäurespektrum voneinander unterscheiden [die chemische Analyse nach BLACK u. KNIGHT (s. unten) erbrachte freilich für andere derartige Stämme ein anderes Ergebnis]. Jedenfalls kann man nicht behaupten, daß Mutationen, selbst wenn sie sich tiefgreifend auf das pathogene Verhalten auswirken, mit einer nachweisbaren Veränderung der Antigeneigenschaften einhergehen müßten.

Durch Konvertierung des Tyrosins der TM-Stäbchen in Dijodotyrosin konnten BOLTRALIK u. PRICE die serologische Spezifität des Virus abändern. Keine solche Änderung trat ein, wenn die Sulfhydrilgruppen des Tyrosins zu SS-Gruppen oxydiert wurden. Die gelungene Abänderung der serologischen Aktivität wird mit den zwischen TMV-Einzelstämmen nachgewiesenen serologischen Unterschieden als gleichwertig angesehen.

9. Pathologische Morphologie.

Die histologischen und cytologischen Veränderungen, die das Gurkenmosaikvirus in den Blättern und Stengeln bei Gurke, Osterlilie, Tulpe und Ackerbohne hervorruft, wurden von PORTER des näheren beschrieben. Wenn auch die Anfänge der Störungen immer zuerst im Mesophyll der Blätter in Erscheinung treten, so ist doch der weitere Verlauf der degenerativen Prozesse bei den genannten Wirtsarten auffällig verschieden. Im einzelnen sind die vorgefundenen Abweichungen von anderen Virosen her bekannt.

Nach den Befunden von ZECH machen die Zellkerne von Tabakblättern im Anschluß an die Infektion mit dem TMV charakteristische Veränderungen durch. Im ersten Stadium (4—20 Std nach der Impfung) sind die Kerne von einer Zone UV-absorbierender Substanz umgeben. Diese Substanz wird dann im strömenden Plasma weggeführt und der Absorptionsmantel verschwindet wieder; gleichzeitig wird das Kernvolumen stark reduziert. Mit beginnender X-Körperbildung, die mit dem Abschluß der Virusvermehrung zusammenfallen dürfte, vergrößern sich die Kerne wieder; das Kernvolumen bleibt dann längere Zeit konstant, bis dann mit dem Auftreten der Viruskristalle Kern und Nucleolus bis zum vierfachen ihres ursprünglichen Volumens anschwellen. Es hat demnach den Anschein, daß die UV-absorbierenden Substanzen, vermutlich Nucleine, unter dem Einfluß der Infektion aus dem Kern auswandern, um vielleicht als Bausteine beim Virusaufbau zu dienen.

Die Angabe in Band 15 dieser Fortschritte (S. 495), wonach die Tumoren des Wundtumorvirus nur an Wunden entstehen, bedarf einer Berichtigung. Die Untersucher (LITTAU u. BLACK 1952) hatten vielmehr festgestellt, daß Tumoren auch autonom an infizierten Pflanzen entstehen können. Entwicklungsgeschichtlich-anatomische Untersuchungen über die durch dieses Virus an *Trifolium incarnatum* verursachten größeren oder kleineren Neubildungen wurden jüngst von LEE u. BLACK (2) mitgeteilt. Die im Innern der Blattstiele gebildeten, sehr zahlreichen, zunächst getrennten, später häufig anastomosierenden Tumoren bleiben so klein, daß sie sich äußerlich nicht einmal durch Anschwellungen bemerkbar machen. Die Tumoranlagen gehen bei diesem Wirt teils aus dem Procambium des Phloëms, teils aus den Parenchymzellen des Phloëms hervor. Die Tumorzellen enthalten dichtes Cytoplasma und einen großen Kern. In diesem Zusammenhang verdient der unlängst von TEITELBAUM u. BLACK gemachte Nachweis Beachtung, daß eine pflanzenfressende Chalcide (Schlupfwespe), *Tetrastichus* spec., im Gewächshaus die Versuchspflanzen von *Melilotus* befällt und daß diese, wenn sie mit dem Wundtumorvirus infiziert waren, an den Fraßstellen mit der Bildung von Tumoren reagieren.

Durch Behandlung der Nodi mit α-Naphtalinessigsäure (in Lanolinpaste) läßt sich nach LEE u. BLACK (1) das Wachstum der Tumoren bei *Melilotus officinalis* (Klon C 10) beträchtlich steigern. Mit Indolessigsäure ist die Wirkung schwächer.

In den Wurzelspitzen von Tomaten und Tabak verursacht die Infektion mit dem Tomaten-aspermy-Virus eine in der Prophase einsetzende Mitosestörung. Die Chromosomen differenzieren sich nicht und haben noch in der Anaphase die Form blasenartiger Gebilde. Außerdem werden noch andere Anomalien wie Metaphasenstillstand, Spindelmißbildung, Tendenz zur Riesenkernbildung u. a. m. beobachtet (WILKINSON). Die pathologischen Erscheinungen ähneln den an malignen Tumoren bei Tieren beobachteten. Die bekannte Störung der Pollenentwicklung ist bei der Tomaten-aspermy durch Störung des Meiosisablaufes verursacht, nachdem das Virus in die Mikrosporenmutterzelle gelangt ist. Auch im weiblichen Geschlecht geraten die Kernteilungen in Unordnung mit der Folge, daß kein Embryosack gebildet wird (CALDWELL). Beachtenswert sind ferner die von MILIČIĆ beobachteten Zellteilungsanomalien in der Epidermis virusinfizierter *Opuntia brasiliensis*. Dort stören die großen, oft durch das ganze Lumen der Zelle sich erstreckenden spindel- und wetzsteinförmigen Viruskörper mechanisch den normalen Einbau der Teilungswände, was höchst seltsame Bilder ergibt.

10. Krankheitsverlauf in Abhängigkeit von Wirt und Umwelt.

Alter und Ernährung der Pflanze. Aus früheren Untersuchungen ist bekannt, daß die Düngung mit Chlorkali die Anfälligkeit der Kartoffeln für das Blattrollvirus erhöht. In neueren Untersuchungen von VÖLK u. BODE (1), (2) wird dargetan, daß dies nicht etwa darauf beruht, daß die mit Chlorkali gedüngten Kartoffelpflanzen von virusübertragenden Blattläusen stärker besiedelt würden, sondern darauf, daß das Chlorion die Bereitschaft der Kartoffelpflanze für Blattrollinfektionen erhöht. Wird das Chlorid durch das Sulfat ersetzt, so ist der Virusbefall nicht erhöht.

Die Ausbreitung und Wanderung des X-Virus in der Kartoffelpflanze wurde in ihrer Abhängigkeit von Ort und Alter des geimpften Blattes und vom Alter der Pflanze von BEEMSTER, sowie in ihrer Abhängigkeit von der Mineralsalzlösung von DIERCKS untersucht. Dabei trat wieder die sog. Altersresistenz (BERCKS) mit aller Deutlichkeit in Erscheinung; darunter ist aber nicht eine Infektionsresistenz der gealterten Pflanzenteile zu verstehen, sondern es ist, wie BEEMSTER nachweist, die Wanderung des Virus von der Infektionsstelle zu den Knollen bei alten Pflanzen verzögert. Damit erklärt sich das Nachlassen des Infektionserfolges bei den Tochterknollen, wie dies auf der nachstehenden Übersicht (nach BEEMSTER) zum Ausdruck kommt. Bei diesem Versuch wurden wöchentlich 30 gesunde Kartoffelpflanzen einer

Feldparzelle an ihren jüngsten Blättern mit dem X-Virus geimpft; das Pflanzdatum war der 25. April 1952.

Tabelle 2.

Datum der Impfung	Alter der Pflanzen am Tage der Impfung	% infizierte Tochterknollen	
		nach 3 Wochen	nach 5 Wochen
5. Juni	6 Wochen	100	100
12. Juni	7 Wochen	100	100
19. Juni	8 Wochen	100	100
26. Juni	9 Wochen	87	87
3. Juli	10 Wochen	89	98
10. Juli	11 Wochen	22	71
17. Juli	12 Wochen	13	31
24. Juli	13 Wochen	15	36

Auch DIERCKS weist nach, daß die Wanderung des X-Virus in alten Kartoffelpflanzen verzögert ist, und stellt außerdem fest, daß N-Überschuß und Chloridernährung einen stark beschleunigenden, N-Mangel dagegen einen verzögernden Einfluß auf die Viruswanderung ausüben; demzufolge ist bei den Tochterknollen stärkste Virusverseuchung sowohl nach übermäßigen N-Gaben wie auch bei Chloridernährung anzutreffen. Auch die Vermehrung des Virus im geimpften Blatt wird durch starke N-Gaben und Chloriddüngung gefördert, durch N-Mangel gehemmt. Hervorzuheben ist auch, daß die Virusausbreitung von der Infektionsstelle aus in basi- wie in akropetaler Richtung gleich schnell vor sich geht.

DAVIDSON u. SANFORD untersuchten den Fortgang von Blattrollinfektionen an einstengeligen Kartoffelpflanzen im Freiland auf die Weise, daß sie Pflanzen verschiedener Sorten in Abständen von 10 Tagen mit blattrollkranken Kartoffelreisern bepfropften. Die Symptome begannen an den Unterlagen nach etwa 4 Wochen zu erscheinen; sie waren bei der ersten Pfropfung stark und wurden bis zum 1. August zunehmend schwächer. Nach diesem Termin gepfropfte Pflanzen blieben im wesentlichen symptomfrei. Die Prüfung der Tochterknollen ergab, daß die ersten Pfropfungen einen annähernd 100%igen Befall der Knollen bewirkt hatten; bei den späteren war er geringer, um schließlich, nach Pfropfung nach Mitte August, auf 40% abzusinken.

Die zeitlichen Schwankungen des Virusgehaltes in Tabakpflanzen wurden beim X-Virus von BERCKS (2) und beim A-Virus von BARTELS mit serologischen Methoden verfolgt. Als übereinstimmendes Ergebnis läßt sich für beide Untersuchungen angeben, daß der Virusgehalt in der infizierten Pflanze zunächst einem Maximum zustrebt, um dann wieder abzusinken. Im einzelnen ist die Dynamik bei den beiden Viren verschieden und zudem von Jahreszeit, Tabaksorte und vermutlich auch Virusstamm abhängig. Bemerkenswert ist die Abnahme des Virusgehalts nach Blühbeginn; sie ist beim A-Virus besonders auffällig, wo innerhalb weniger Wochen nach der Blüte sogar in den oberen nicht abgereiften Blättern das Virus (serologisch) überhaupt nicht mehr nachweisbar ist. Auf dem Samsuntabak und dem White Burley-Tabak verhält sich das A-Virus etwas unterschiedlich. Bei der letzteren Sorte sind die Schwankungen des Virusspiegels geringer als beim Samsuntabak, auch bleibt das Virus in den alten, noch grünen Blättern des

White burley infektiös und serologisch aktiv. Diese Sorte ist deshalb als Dauerwirtspflanze zu empfehlen. Für Serumherstellung ist der Samsuntabak wegen der größeren Virusausbeute jedoch geeigneter.

Der Einfluß der Ernährung auf Infektion und Krankheitsverlauf wurde bei noch anderen Objekten untersucht. So fanden ALLINGTON u. LAIRD (2) nach erniedrigten Kaligaben eine Zunahme der Infektionshäufigkeit bei Verimpfung des TM-Virus auf die Blätter von *Nicotiana glutinosa*. In ähnlicher Weise erzielte YARWOOD (5) eine Steigerung der Anfälligkeit von *Phaseolus*-Blättern für das TM-Virus nach Düngung mit Zinksalzen; bei anderen Wirten, wie z. B. beim Tabak, wurde keine solche Wirkung festgestellt.

Einfluß der Ernährung auf die Virusvermehrung. Die diesbezüglichen Forschungen sind noch im Flusse. Die vorliegenden Ergebnisse sind reich an Widersprüchen, es scheint sich aber nunmehr eine Klärung anzubahnen. POUND u. WEATHERS waren bei ihren Versuchen mit dem Turnipvirus 1 an *Nicotiana glutinosa* und *N. multivalis* zu folgenden Ergebnissen gekommen: Stickstoffgaben, die das Wachstum der Wirtspflanze begünstigen, erhöhen gleichermaßen die Viruskonzentration in den Preßsäften. Werden aber die N-Gaben so hoch, daß sie das Wachstum beeinträchtigen, so sinkt auch die Viruskonzentration entsprechend ab. Bei den Versuchen mit Phosphor zeigte sich, daß die Viruskonzentration der Höhe der Phosphorgabe parallel ging, und dies war auch noch bei sehr hohen Phosphorgaben der Fall trotz der dann stark hemmenden Wirkung auf das Pflanzenwachstum. Wurden Stickstoff und Phosphor gemeinsam in steigenden Mengen verabreicht, so richteten sich Pflanzenwachstum und Viruskonzentration lediglich nach der jeweiligen Stickstoffgabe. Wurden Phosphor und Stickstoff im Überschuß gegeben, so konnte die Hemmung nicht gemildert oder aufgehoben werden. Die Höhe der Kaligaben hatte in einem weiten Bereich nur einen geringen Einfluß auf Pflanzenwachstum und Viruskonzentration. Diese Ergebnisse bedürfen nun aber nach den neuesten Ergebnissen von WEATHERS u. POUND der Nachprüfung, da sie möglicherweise durch einen methodischen Fehler bei der quantitativen Virusbestimmung beeinflußt sind. Die Verfasser untersuchten nämlich später dieselben Fragen beim TM-Virus mit dem Tabak als Wirtspflanze. Hierbei zeigte sich, daß der Einzelherdtest mit frischen, ungereinigten Tabaksäften zur Ermittlung der Viruskonzentration unter Umständen nicht auswertbar ist, weil die Tabakpflanze bei überhöhten Stickstoffgaben einen infektionshemmenden Stoff produziert, der die Zahl der Infektionsherde um so mehr herabsetzt, je höher die Stickstoffgaben ansteigen. Werden die Säfte jedoch vor der Testung geklärt und gereinigt, so zeigt sich, daß die Viruskonzentration der Höhe der Stickstoffgaben direkt entspricht; sie erreicht ihren höchsten Wert bei den am stärksten gedüngten Pflanzen, obwohl diese infolge von N-Überdüngung Kümmerwuchs zeigen. Damit scheinen sich die älteren Ergebnisse von SPENCER (1939—1942), die von BAWDEN u. KASSANIS (1950) stark kritisiert worden waren, nun doch zu bestätigen. Wenn BAWDEN u. KASSANIS (1) bei ihren Versuchen am Tabakmosaik keinen Hinweis darauf gefunden hatten, daß verschiedene Stickstoffgaben Unterschiede im Virusgehalt bedingen, so glauben WEATHERS u. POUND dies damit erklären zu sollen, daß die Versuchspflanzen vermutlich an Phosphormangel litten, so daß die steigenden Stickstoffgaben sich nicht auswirken konnten. Auch die nun zu erwähnenden Untersuchungen von KASSANIS (2) sprechen für die Annahme, daß der Phosphor einen Begrenzungsfaktor der Virusvermehrung darstellt. KASSANIS untersuchte die Virusvermehrung in Einzelblättern des Tabaks, die 24 Std nach der Impfung mit TMV abgeschnitten und dann in einer Lösung von 10 g Saccharose und 0,2 g Calciumphosphat je Liter gehalten wurden. Es zeigte sich, daß die Viruskonzentration bedeutend schneller anstieg, als wenn die Blätter in Wasser lagen. Saccharose und Calciumphosphat konnten unter Umständen schon für sich allein eine Steigerung verursachen, am meisten aber, wenn sie gemeinsam geboten wurden. Im gleichen Umfange wie Saccharose wirkten auch die Zucker Glucose, Fructose, Mannose, Lactose und Raffinose. Mannit wirkt schwächer und Arabinose gar nicht. Dieselbe Wirkung wie das Calciumphosphat hatten auch Kalium- und Ammoniumphosphat. In den abgeschnittenen Blättern, die in Wasser lagen, war übrigens die Virusproduktion gesteigert gegenüber Blättern, die an der Pflanze belassen wurden. Den von TAKAHASHI (1947) festgestellten fördernden Einfluß des Lichtes auf die Virusvermehrung in abgeschnittenen Blättern konnte KASSANIS an seinen mit Saccharose und Calciumphosphat behandelten Blättern bestätigen.

PROCHAL verfolgte das Verhalten des X-Virus in der Kartoffelknolle mit der serologischen Komplementbindungsmethode. Er fand folgendes: Wenn das Virus am Ende der Vegetationsperiode in die Knolle eintritt, so findet es sich zunächst konzentriert im Leitgewebe vor, und zwar anfangs vorwiegend am basalen, nach der Lagerung vorwiegend im apikalen Knollenteil. Dem entspricht es auch, daß das Virus im Frühjahr in den „Augen" der Spitze in höherer Konzentration enthalten ist als in denen der Basis. Bei schwacher Infektion ist es in den letzteren überhaupt nicht nachweisbar. Ist die ganze Knolle infiziert, so ist das Virus zwar in allen ihren Teilen vorhanden, jedoch in unterschiedlicher Verteilung. Das Leitgewebe enthält am meisten Virus, etwas weniger enthält das Mark, noch weniger die Rinde und am wenigsten die Außenteile des Marks. Die Infektion setzt den Stärkegehalt der Knollen um einige Prozente herab. Eine weitere polnische Arbeit von KOZŁOWSKA, die wie die vorhergehende nur nach der englischen Zusammenfassung referiert werden kann, befaßt sich gleichfalls mit dem X-Virus. Die Verfasserin stellte eine starke Zunahme (!) der Viruskonzentrationen infolge von Temperaturerhöhung auf 40—50° C fest. Die Zunahme wird mit der erhöhten Atmungsintensität in Zusammenhang gebracht und mit einer diesbezüglichen Kurve von LUNDEGÅRDH verglichen. Die Temperaturerhöhung hatte angeblich keine mutative Abänderung der X-Stämme zur Folge.

HENKE verglich die Wurzelkörper („Rüben") der Zuckerrübe von gesunden und vergilbungskranken Pflanzen und ebenso ihre Blätter auf den Gehalt an Wasser, Mineralstoffen, Säuren, Zuckern und N-Fraktionen. Die wesentlichen Ergebnisse sind folgende: In den kranken Rübenkörpern und -blättern ist der Gesamtsäuregehalt erhöht, dabei ist die Erhöhung des Citronensäuregehalts der Blätter bis auf ein Drittel der Trockensubstanz besonders auffällig. Der Gesamtzuckergehalt der Rüben kranker Pflanzen ist 30—40% niedriger als bei gesunden, bei einer gleichzeitigen Verdoppelung des Gehalts an reduzierenden Zuckern. Infolgedessen beträgt der Saccharosegehalt der Rüben kranker Pflanzen nur 50% der gesunden. In den Blättern verursacht die Infektion eine Erhöhung des Gesamtzuckergehalts von 27 auf 38% und dabei eine Erhöhung des Gehalts an reduzierenden Zuckern von 5,4 auf 12,4% der Trockensubstanz. Bezüglich des N-Haushalts zeigte die Untersuchung, daß in den kranken Rüben der Gesamtstickstoff beträchtlich erhöht ist, und zwar durch eine bedeutende Zunahme des löslichen N, während der Eiweißgehalt etwas niedriger ist. Innerhalb des löslichen Stickstoffs war insbesondere der Gehalt an basischem Stickstoff, vor allem Betain, erhöht, einem Hauptbestandteil des sog. schädlichen Stickstoffs der Zuckerindustrie. Der höhere N-Gehalt der kranken Rüben ist vornehmlich die Folge starker Ableitung löslicher Stickstoffverbindungen aus den vergilbten Blättern. LÜDECKE u. STANGE fanden, daß in den Blattspreiten der infizierten Pflanzen sowohl Glucose und Fructose als auch Saccharose vermehrt sind. Während jedoch in den gesunden Blättern diese drei Zucker in gleichen Gewichtsmengen vorhanden sind, liegen in den kranken Blättern die Werte für Glucose und Fructose deutlich über denjenigen für Saccharose. In den gesunden Blattstielen übersteigt die Glucose den doppelten Wert der Fructose; dieses Verhältnis wird indessen durch die Infektion nicht verändert.

Das Problem der verminderten Ertragsleistung blattrollkranker Kartoffelpflanzen wurde von v. WITSCH u. POMMER neuerdings aufgegriffen. Sie verglichen mit einem Ultrarotabsorptionsschreiber den Tagesverlauf der Assimilation bei gesunden und kranken Blättern im Freiland. Dabei konnte die früher schon (u. a. MÜLLER 1952) festgestellte Verminderung der Assimilationsleistung kranker Blätter bestätigt werden. Die Befunde sprechen für eine Hemmung des Assimilationssystems durch Assimilatstauung in den Plastiden und durch Drosselung des Gaswechsels infolge des verstärkten Spaltenschlusses bei den kranken Pflanzen. Auf die Veränderung verschiedener Außenfaktoren reagierten gesunde und kranke Blätter gleichsinnig, jedoch mit verschiedener Stärke. Wassermangel hemmt bei gesunden Pflanzen, mindestens anfänglich, die Assimilationsleistung stärker als bei kranken. ALLISON fand in papierchromatographischen Untersuchungen, daß das Gewebe blattrollinfizierter Kartoffelknollen verschiedener Sorten im allgemeinen zwei- bis dreimal soviel Glutamin enthält als das gesunde, aber nur wenig mehr Glutaminsäure. Die Befunde sprechen nicht dafür, daß Tyrosin und Tryptophan in irgendeiner Beziehung zur Blattrollerkrankung stehen; die diesbezüglichen früheren Angaben von ANDREAE u. THOMPSON (1950) konnten nicht bestätigt werden. Auch im Laub blattrollkranker Kartoffeln ist nach MARTIN der Gehalt an Glucose und Fructose beträchtlich erhöht. Nach vorläufigen Versuchen MARTINs scheint sich daher ein Test, der von VAN DUREN zum Nachweis der Vergilbungskrankheit der Rüben im Blatt angegeben wurde, auch zur Diagnose der Blattrollkrankheit zu eignen.

Die Resistenzzüchtung im Kartoffelbau wird durch die hochgradige Aufsplitterung der meisten in Frage kommenden Virusarten außerordentlich erschwert. Als Indizium der Feldresistenz einer Kartoffelsorte einem bestimmten X-Stamm gegenüber gilt die Akronekrose, d. h. das Absterben der Triebspitzen, das beobachtet wird, wenn man die betreffende Sorte mit einem Virusspender zusammenpfropft. Die Akronekrose wird auch als Überempfindlichkeitsreaktion auf das in die Triebspitze einströmende Virus aufgefaßt. Solche überempfindlichen Sorten stoßen eingedrungenes Virus unter Nekrosenbildung früher oder später ab, so daß völlige Virusfreiheit eintritt. Ross u. Köhler setzten ihre diesbezügliche Pfropfversuche zur Ermittlung des Resistenzverhaltens deutscher Kartoffelsorten fort.

Daß die durch Pfropfung nachweisbare Überempfindlichkeitsreaktion streng spezifisch ist und auf der Interferenz spezifischer Wirkgruppen von Wirtsplasma und Virusstamm beruhen muß, wird durch Ergebnisse von Köhler (3) nahegelegt.

Einen neuen experimentellen Beitrag zur Analyse des Recovery-Phänomens („erworbene Toleranz") lieferten Benda u. Naylor. Die Untersuchungen wurden mit dem Tabakringspotvirus am Samsuntabak durchgeführt. Sie führten zu dem Schluß, daß der Mechanismus, der zum Verschwinden der Symptome beim Zuwachs führt, im jeweiligen Blatt selbst lokalisiert ist und ihm nicht von anderen Teilen der Pflanze induziert wird. Besonders lehrreich war das Ergebnis von Versuchen, bei denen abgeschnittene symptomfreie Blätter von ursprünglich kranken, dann „gesundeten" Pflanzen zur Bildung von Adventivsprossen gezwungen wurden. Diese wurden abgetrennt und weiter kultiviert. Aus Sprossen, die an Blattstielen regenerierten, entwickelten sich ausnahmslos symptomfreie Pflanzen, die das Virus enthielten. Nicht anders verhielten sich im allgemeinen die aus Adventivknospen der Mittelrippe hervorgegangenen Sprosse; nur einer von diesen enthielt kein abimpfbares Virus. Von den Sprossen, die an sekundären Nerven entstanden, zeigte einer das typische Krankheitsbild, während alle übrigen symptomfrei blieben, obwohl sie das Virus gleichfalls enthielten. Offensichtlich ist die Symptombildung bei Sprossen unterdrückt, die sich von einem Meristem ableiten, dessen Initialzellen das Ringspotvirus bereits enthielten.

Hutton u. Peak (2) verfolgten den Verlauf der Infektion beim Spotted wilt-Virus vergleichend an resistenten und anfälligen Tomatensorten. Die Erscheinungen legen die Annahme nahe, daß die Resistenz auch hier durch einen Inaktivierungsmechanismus verursacht ist; dieser wird durch höhere Temperaturen augenscheinlich verlangsamt.

11. Diagnostik.

Den langjährigen Bemühungen von Martin (2), (3) u. Mitarbeitern, ein brauchbares Verfahren zur Darstellung des Dahlienmosaikvirus ausfindig zu machen, war weiterer Erfolg beschieden. Dieses Virus wird im ausgepreßten Rohsaft sofort inaktiviert, was zum geringeren Teil darauf zurückzuführen ist, daß der Rohsaft Tannine enthält, die das Virus ausfällen, zum größeren darauf, daß in ihm Phenole in großen Mengen vorhanden sind, die beim Serumtest unspezifische Fällungen verursachen. Durch Auspressen der Pflanzenteile in Natriumbisulfit und Kaliumcyanid lassen sich die schädlichen Oxydationen verhindern und läßt sich ein Virusprotein gewinnen, das zur Herstellung eines spezifischen Antiserums verwendet werden kann. In den Präparaten sind elektronenmikroskopisch Partikeln von 15 mµ Durchmesser nachzuweisen, die in entsprechenden Präparaten aus gesunden Pflanzen fehlen. Der Gang der Untersuchung ist folgender:

Das Pflanzenmaterial wird in einer Lösung von 2,5—3°/₀₀ Natriumbisulfit und 1—3°/₀₀ Kaliumcyanid ausgepreßt. Aus dem Saft wird das Virusprotein durch fraktionierte Fällung mit gesättigter Ammonsulfatlösung (1:1) und Elektrodialyse dargestellt. In der zweiten Fällung ist der größte Teil des Virusproteins enthalten, wie sich durch UV-Absorption am einfachsten feststellen läßt. Dieselben Reinigungsverfahren versprechen nach MARTIN (2) übrigens auch bei der Darstellung von Kartoffelviren Erfolg. Auch für die serologische Testung empfiehlt sich die Anwendung der oben genannten Lösung: 2 oder 3 Blätter aus Gipfelnähe werden nach Einweichen in einer Lösung, die 2°/₀₀ Natriumbisulfit und 3°/₀₀ Kaliumcyanid enthält, ausgepreßt. Die Flüssigkeit wird bis zur Klärung zentrifugiert. Ein Tropfen davon wird auf den Objektträger mit einem Tropfen Antiserum vermischt. Zur Kontrolle muß ein Tropfen mit dem Saft aus einer gesunden Pflanze gemischt werden. Nach frühestens 20 min Einwirkungsdauer wird im Dunkelfeld des Mikroskops beobachtet.

MARTIN (2) fand dann neuestens, daß das 2,6-Dichlorphenol-indophenol ein brauchbares Farbreagens zur Unterscheidung gesunder und kranker Dahlienpflanzen vorstellt.

Man verfährt folgendermaßen: 30—40 mg Indophenol werden in 100 ml einer Phosphatpufferlösung von p_H 6,0—6,2 gelöst. Dann entfärbt man die Lösung mit einigen Tropfen einer verdünnten Natriumbisulfitlösung oder durch einen Wasserstoffstrom in Gegenwart von platiniertem Asbest. Man bringt dann 1 ml dieser Lösung in Hämolysegläschen und fügt einen Tropfen Pflanzenpreßsaft hinzu. Wenn der Saft aus einer kranken Pflanze stammt, tritt Blaufärbung ein. Das Verfahren ist auch auf die Knollen anwendbar und übertrifft den serologischen Test an Empfindlichkeit.

Die mechanische Übertragung von Erdbeerviren durch Saftverimpfung ist nicht möglich wegen des hohen Gehalts der Säfte an Tannin, das das Virus inaktiviert. Mit einem von CORNUET (1) angegebenen Verfahren läßt sich das Tannin entfernen, ohne daß das Virus inaktiviert wird. Dazu werden die völlig wasserfrei gemachten Blattstücke fein zermahlen, das feine Pulver wird in 96% Alkohol ausgezogen. Durch mindestens sieben aufeinanderfolgende Auszüge gelingt es, alles Tannin zu entfernen. Die wäßrige Suspension der so behandelten Blattmasse ist infektiös und läßt sich auf *Fragaria vesca* mit ziemlich gutem Erfolg verimpfen.

Den Befund von ALLISON über die Anreicherung des Glutamins in den Blättern wertete CORNUET (2) zur Ausarbeitung eines papierchromatographischen Verfahrens zum Nachweis von Blattrollinfektionen in Kartoffelknollen aus. Von Knollen, die während der Vegetationszeit von gesunden, rollkranken und rollverdächtigen Feldstauden entnommen waren, konnten alle von kranken Stauden stammenden Knollen als infiziert erkannt werden, die übrigen verhielten sich, wie zu erwarten, teils positiv, teils negativ. Einwandfrei gesunde Herkünfte reagierten durchweg negativ. Über die Eignung des Verfahrens zur Untersuchung von „ruhenden Knollen" liegen noch keine Erfahrungen vor.

„Die Serologie in ihrer Bedeutung für die Erforschung pflanzlicher Virosen und deren Bekämpfung" lautet der Titel einer allgemeinverständlichen Schrift von STAPP, worin der Verfasser vornehmlich über Ergebnisse der von ihm geleiteten Forschungsstätte berichtet.

Über die Anwendbarkeit der Komplementbindung zum serologischen Nachweis und zur Differenzierung von Viruserkrankungen hat LIMASSET (1952) eine größere Studie veröffentlicht. Er findet, daß die Methode besonders zum Nachweis kleinster

Virusmengen geeignet ist. Auch zum quantitativen Nachweis ist sie unter der Voraussetzung brauchbar, daß die zwei zu vergleichenden Proben gleichzeitig behandelt werden. Für Reihenuntersuchungen ist die Methode zu umständlich. MOORHEAD und PRICE gaben eine ausführliche Anleitung zur Ausführung ihres neuen serologischen Testes zum quantitativen Nachweis des TM-Virus unter Verwendung von roten Schafblutkörperchen. Das Verfahren eignet sich auch zur Differenzierung von Varianten des TMV. Als seine Vorzüge werden geringer Materialverbrauch und Schnelligkeit gerühmt. Die Brauchbarkeit der Komplementbindung zur Differenzierung solcher Stämme haben WEAVER und PRICE dargetan. Das Verfahren ist in verschiedener Weise anwendungsfähig. Sie haben auch nachgewiesen, daß die Komplementbindung zur absoluten quantitativen Virusbestimmung sich eignet.

Ausführliche Angaben über den Nachweis von zwei in *Cattleya* vorkommenden, auch morphologisch verschiedenen stabförmigen Viren, insbesondere mit serologischen Methoden machten ZAITLIN, SCHECHTMAN, BALD u. WILDMAN.

NOORDAM berichtete über die bei der Selektion von Viruskrankheiten der Chrysanthemen anzuwendenden Differentialdiagnose, die sich in Holland auf drei Virusarten zu erstrecken hat, nämlich 1. das gewöhnliche Bohnenmosaikvirus, 2. ein neues Virus „b" und 3. ein Virus, das mit dem nordamerikanischen Stuntvirus identisch ist.

Wie *Gomphrena globosa* als Testpflanze am besten zum quantitativen Nachweis des X-Virus zu verwenden ist, hat PAUL gezeigt. Die Verimpfung von Verdünnungsreihen zu Blättern dieser Pflanze ließ eine sukzessive Verminderung der Einzelherdzahlen erkennen, die sich zwischen den Verdünnungen 1:100 und 1:10000 bzw. 1:50000 in doppelt logarithmischem Maßstab als Gerade darstellen läßt. Bemerkenswert ist auch der Befund, daß die Verdünnungskurve einen anderen Verlauf zeigt, je nachdem zum Impfen Karborundpuder verwendet wird oder nicht; ohne Karborund nimmt die Zahl der Einzelherde mit steigender Verdünnung langsamer ab als mit Karborund.

Die Leistungen einer verbesserten „Augenstecklingsprobe" zur Beurteilung des Gesundheitszustandes von Pflanzkartoffeln wurden von ARENZ an einem großen Material neuerdings unter Beweis gestellt. Eine Feststellung von HOVELAND u. a., daß Phosphormangel das Erscheinen der Blattrollsymptome begünstigt und sie noch verstärkt, ist in diesem Zusammenhang erwähnenswert.

Für die Selektion von Kartoffelstämmen auf Resistenz gegen das Virus des Spotted wilt empfehlen HUTTON u. PEAK (1) ein Gewächshausverfahren: die kräftig wachsenden Pflanzen werden im Blühstadium durch Einreiben der Spitzenblätter mit einem Gemisch verschiedener Virusstämme mittels Glasspatels und nach Bestreuen mit Karborundpuder beimpft. Die Sprosse der anfälligen Sorten reagieren mit schweren Welkeerscheinungen. Die Färbung der erkrankten Teile mit Phloroglucin läßt erkennen, daß das Spotted wilt dieselben Gewebe angreift wie das Y-Virus. Mit der Selektion von Kartoffelstämmen auf Blattrollresistenz befaßt sich eine Mitteilung von HUTTON u. BROCK.

Eine Beobachtung von YARWOOD (3) wird sich möglicherweise noch diagnostisch auswerten lassen: Dadurch, daß er Blätter von *Nicotiana glutinosa* oder *Phaseolus vulgaris* kurz vor oder nach dem Impfen mit dem TM-Virus mittels einer Preßklammer Drucken von 10—80 Pounds aussetzte, konnte er die Zahl der Infektionsherde im Bereich der Druckflächen überraschend steigern. Ebenfalls von YARWOOD (4) wurde eine Schnellmethode zur Virusverimpfung angegeben. Aus den Blättern werden nicht Preßsäfte hergestellt, sondern es werden mit dem Korkbohrer kreisrunde Stücke von 11 mm Durchmesser ausgestanzt. Diese werden aufeinandergeschichtet, sodann faßt man den geschichteten Block mit einer Deckglaspinzette nahe dem Rande zusammen und reibt mit der zusammengedrückten freien Wundseite über die Blattfläche der Testpflanze. Das Testblatt wird zuvor mit Karborundpuder bestreut und mit einer K_2HPO_4-Lösung benetzt. Mit diesem Verfahren lassen sich auch sonst unsicher übertragbare Viren (z. B. Tomatenspotted wilt) und sogar sonst mechanisch nicht übertragbare Viren (Apfelmosaik) mit gutem Erfolg verimpfen. Über eine verbesserte schneller arbeitende spektralphotometrische Methode zum Nachweis der Virusnucleinsäure in Preßsäften berichteten ausführlich KIRKPATRICK u. LINDNER.

12. Insektenvektoren.

Ein ausgezeichnetes Sammelreferat über die Arthropoden als Überträger von Pflanzenviren schrieb BLACK (5). Wir können daraus nur einige wichtigere Angaben entnehmen. Die weitaus größte Zahl von Viren werden durch Blattläuse übertragen. Unter diesen steht die Grüne Pfirsichlaus (*Myzus persicae* SULZ.) an erster Stelle; sei ist zur Übertragung von über 50 verschiedenen Virusarten befähigt. Die von Blattläusen übertragenen Viren gehören teils dem persistenten, teils dem nichtpersistenten Typ an. Für den ersteren Typ kann der Übertragungsmechanismus als geklärt gelten, nicht so für den zweiten; die diesbezüglichen Hypothesen werden von BLACK erörtert. Sodann werden die Vektoreigenschaften der Zwergzikaden abgehandelt. Von wenigen Ausnahmen abgesehen werden von ihnen nur Viren übertragen, die nicht oder nur sehr unsicher mechanisch übertragbar sind. Zu den mechanisch leicht übertragbaren gehört das Kartoffel-yellow-dwarf-Virus; zu den weniger sicher übertragbaren das Curly top- und das Wundtumor-Virus. Die übertragbaren Viren sind zum Teil auch zur Vermehrung im Insekt befähigt, worüber man auch Näheres in anderen Zusammenfassungen von BLACK (4) und von MARAMOROSCH (4) findet. Vermehrung im Vektorinsekt ist für die Viren der folgenden Krankheiten nachgewiesen: Reis-stunt, Aster-yellow, Club leaf, Wundtumor und Maisstunt. Übertragung durch die Eier auf die nächste Generation hat sich bisher nur für wenige Viren nachweisen lassen, so für Reis-stunt, Club leaf und mehr gelegentlich auch für das Wundtumor- und das Kartoffel-yellow-dwarf-Virus [BLACK (2)]. Zu den durch das Ei übertragbaren Viren kommt noch ein weiteres von GRYLLS untersuchtes hinzu, dieses vermehrt sich auch in seinem Vektorinsekt.

Die beim Kartoffelspindelknollenvirus und beim Tabakmosaikvirus beobachtete Übertragung durch Heuschrecken (Grasshoppers) die am Kraut fressen erfolgt vermutlich rein mechanisch.

Besonders bemerkenswerte Ergebnisse über den Saugmodus bei Blattläusen wurden von britischen Untersuchern erzielt. Die Befunde werfen ein neues Licht auf den Mechanismus der Virusübertragung. Hier ist zunächst eine quantitative Studie von HAMLYN über die Übertragung des Black ringspot-Virus des Kohls durch die Blattlausart

Myzus persicae zu nennen. Von weitergehendem Interesse ist aber dann eine Untersuchung von WATSON u. NIXON; sie ließen erwachsene ungeflügelte *Myzus persicae* an Blättern saugen, die radioaktiven Phosphor enthielten. Aus der am Ende der Saugzeit gemessenen Radioaktivität der Läuse schlossen sie auf die Menge der von ihnen aufgenommenen Substanz. Sie kamen zu dem Ergebnis, daß in der ersten Saugstunde 10 µg Saft aufgenommen werden und in der 1. bis 4. Std 40 µg je Stunde. Schon nach 5—15 min Saugzeit sind die Blattläuse radioaktiv. Besonders bemerkenswert ist die mit dieser Methode gemachte Feststellung, daß die Läuse in der Regel erst dann zu saugen beginnen, wenn sie mit ihrem Saugrüssel das Phloëm erreicht haben. Läßt man sie aber vor dem Saugen hungern, so saugen sie vorzugsweise oder ausschließlich an der Epidermis. Diese letztere Erkenntnis wird durch eine weitere Untersuchung von BAWDEN, HAMLYN und WATSON noch unterstrichen. Nach der von ihnen neuestens entwickelten Theorie sind die nicht persistenten Viren offensichtlich nur übertragbar, wenn sie sich in hinreichender Menge in der Epidermis der Wirtspflanze vorfinden, aus der sie von dem Vektorinsekt nur in das Stilett, nicht aber in den Magen aufgenommen zu werden brauchen. Gelangen sie in den Magen, so werden sie inaktiviert und sind dann nicht mehr übertragbar. Durch UV-Bestrahlung beider Blattseiten werden die Viren in der Epidermis inaktiviert, nicht jedoch in tieferen Schichten, insbesondere nicht im Phloëm. Aus den bestrahlten Blättern können persistente Viren aufgenommen und übertragen werden, also solche, die im Magen nicht inaktiviert werden. Es ist daher für das Gelingen der Übertragung nicht-persistenter Viren ausschlaggebend, ob sie in der Epidermis ihres Wirts in ausreichender Menge enthalten sind. Augenscheinlich können sich verschiedene Wirtsarten derselben Virusart bezüglich der Verteilung des Virus in den verschiedenen Geweben sehr verschieden verhalten. Soweit die zunächst überraschende. aber doch einleuchtende Theorie, die in verschiedenen Punkten noch weiterer experimenteller Stützung bedarf.

Sehr aufschlußreich waren ferner die Untersuchungen von BRADLY u. RIDEOUT über die Übertragung des nicht-persistenten Kartoffel-Y-Virus durch vier verschiedene *Aphis*-Arten. Durch Beobachtung von Einzelläusen mit der Lupe wurde festgestellt, daß manchmal schon Saugstiche von weniger als einer Minute, immer aber von nur wenigen Minuten Dauer genügen, daß das Insekt infektionstüchtig wird. Von den vier Arten ist *Myzus persicae* am besten befähigt, am wenigsten *Myzus solani*; dazwischen stehen *Aphis abbreviata* und *Macrosiphum solanifolii*. In einer anderen Untersuchung stellte BRADLEY (1), (2) noch weitere sehr bemerkenswerte Einzelheiten über Saugzeiten fest.

Eine Sonderstellung nimmt das Virus des Turnip yellow mosaic ein. Alle Übertragungsversuche mit Blattläusen und anderen saugenden Insekten waren bei diesem Virus erfolglos. Wie SMITH (3) gefunden hat, wird die Übertragung durch gewisse Käferarten („Erdflöhe") besorgt. Das mit der Nahrung aufgenommene Virus kann in den vorderen Teilen des Darmes eine Woche und länger verbleiben. Beim Fressen wird es wieder ausgestoßen, gelangt dabei in die Fraßwunde und ruft dadurch die Infektion hervor. Es handelt sich also um eine Art von „mechanischer" Übertragung.

13. Spezielle Krankheiten.

In aller Kürze soll noch auf einige bemerkenswerte Fortschritte der speziellen Krankheitsforschung hingewiesen werden.

Mit der bekannten Vergilbungskrankheit (yellows) der *Beta*-Rüben befaßten sich eine Reihe von Untersuchungen besonders britischer und deutscher Autoren. So liegt von STEUDEL u. HEILING ein umfassender Bericht über die in Westdeutschland erzielten Untersuchungsergebnisse der Jahre 1947—1952 vor. Eine Reihe neuer Wirtspflanzen wurde ausfindig gemacht (SCHLÖSSER, FUCHS u. BEISS, sowie FUCHS u. BEISS). Ein Beitrag von WATSON u. HEALY befaßt sich mit der Feldübertragung dieser Krankheit in England.

Bei der Kartoffel wurden in den letzten Jahren neue Krankheiten nachgewiesen. Besonders gefährlich ist die Bukettkrankheit, über deren Auftreten in Bayern ARENZ u. ELKAR neuerdings eine Studie veröffentlichten. Sodann ist das von DE BRUYN-OUBOTER und von ROZENDAAL (1), (2) in Holland entdeckte S-Virus zu erwähnen. Ein von KÖHLER (4), (5) in Deutschland nachgewiesenes Virus ist eine Variante dieses S-Virus. Zu ihm gehört auch ein von KASSANIS (4) in Nelken aufgefundenes Virus. Mit der Blattlausübertragung der Kartoffelvirosen befaßten sich Untersuchungen von BROADBENT (1) in England und von VÖLK (1), (2) in Deutschland. In der Frage, wie die Blattläuse ihre Wirtspflanzen finden, kam MOERICKE zu neuen grundlegenden Erkenntnissen. Ergänzende Befunde zur Kenntnis des A-Virus wurden von MACLACHLAN, LARSON u. WALKER mitgeteilt.

Bei den Tomaten trat in Osteuropa die Stolburkrankheit in den Vordergrund des Interesses. Ihr waren Untersuchungen von KOVACHEVSKY (2) und von BLATTNÝ u. Mitarbeitern gewidmet. Für das Spotted wilt-Virus (Bronzefleckenkrankheit) wurden neue Wirte nachgewiesen (DE BRUIN-BRINK, GEESTERANUS u. NOORDAM). Zur Resistenzfrage bei dieser Krankheit liegen Beiträge von FINLAY und von HOLMES (1) vor.

Die im deutschen Tabakbau auftretenden Virosen wurden von BODE u. KOLTERMANN analysiert. KOVACHEVSKY (1) wies in Bulgarien das verbreitete Vorkommen einer interessanten Variante des Tabakmosaikvirus an *Plantago* nach.

Am Kohl (*Brassica*) kommen mehrere, zum Teil sehr schädliche Virosen vor. Mit ihnen befaßten sich BROADBENT (2) in England, VAN HOOF in Holland und RADEMACHER in Deutschland.

Die Viruskrankheiten der Leguminosen wurden in Deutschland von QUANTZ (1 bis 5) weiteranalysiert. Dabei stieß er auf zwei bisher unbekannte Virusarten, nämlich ein Mosaikvirus („*Viciavirus varians*") und ein anderes Virus („*Viciavirus chlorogenum*"), das eine Blattrollkrankheit hervorruft. In die Gruppe der Tabak-ringspot-Viren gehört ein von QUANTZ (5) an *Phasolus* vorgefundene Krankheit. Daß das

Tabak-ringspot-Virus bei Soja eine hohe Samenübertragbarkeit aufweist, berichten DESJARDINS u. Mitarbeiter.

Einen Sammelbericht über die mehr und mehr in den Vordergrund getretenen Virosen des Kern- und Steinobstes schrieb KOBEL. Von einem nordamerikanischen Steinobstvirus hatten MOORE u. Mitarbeiter berichtet, daß es auf Gurkensämlinge mechanisch übertragbar ist. Die in-vitro-Eigenschaften dieses Virus untersuchten WILLISON u. WEINTRAUB (1), (2), (3) und WEINTRAUB u. WILLISON (1), (2) in einer Reihe von Abhandlungen. Ein in Holland vorkommendes Virus der Sauren Kirschen ist nach MULDER (2) gleichfalls auf Gurken, und zwar systemisch übertragbar. Ein gleichfalls noch nicht identifiziertes Virus von Pflaume und Pfirsich in Holland wurde von KRYTHE untersucht. Von prinzipieller Bedeutung ist der von HUTCHINS u. Mitarbeitern geführte Nachweis, daß das Virus der nordamerikanischen Phony-Krankheit nicht, wie man bisher angenommen hatte, auf die Wurzeln lokalisiert ist, sondern daß es auch in den Sproßspitzen vorhanden ist.

An Getreidearten und vielen anderen Gramineen tritt nach OSWALD u. HOUSTON in Nordamerika eine Verzwergungskrankheit (Yellow dwarf) auf, die durch Blattläuse übertragen wird.

Auf *Cucumis sativa* (holländische Augurke) ist das gewöhnliche Gurkenmosaikvirus weit verbreitet; mit ihm befaßt sich eine ausführliche Studie von TJALLINGII.

Literatur.

Allgemeines.

Advances in Virus Research, Vol. I. Herausgeg. von K. M. SMITH u. M. A. LAUFFER. New York 1953. Vol. II, 1954.

Cold Spring Harbor Symp. Quant. Biol. **11**, 301 (1953.)

KÖHLER, E., u. M. KLINKOWSKI: Viruskrankheiten. In SORAUERs Handbuch der Pflanzenkrankheiten, 6. Aufl., Bd. II., 1. Lieferung. Berlin 1954. 770 S.

LURIA, S. E.: General Virology. New York u. London 1953. 427 S.

POLLARD, E. C.: The Physics of Viruses. New York: Academic Press 1953. 230 S.

SCHRAMM, G.: Die Biochemie der Viren. Berlin-Göttingen-Heidelberg 1954. 276 S.

Virus and Rickettsial Classification. Ann. New York Acad. Sci. **56**, Art. 3, 381—622 (1953).

Spezielle Arbeiten.

ALLINGTON, W. B., and E. F. LAIRD: (1) Phytopath. **44**, 546—548 (1954); (2) ebenda **44**, 297—299 (1954). — ALLISON, R. M.: Nature (Lond.) **171**, 573 (1953). — ANDERSEN, A. L., and E. E. DOWN: Phytopath. **44**, 481 (1954), Abstr. — ANDERSON, C. W.: Phytopath. **44**, 87—92 (1954). — ANDREAE, W. A., and K. L. THOMPSON: Nature (Lond.) **166**, 73 (1950). — ARENZ, B.: Kartoffelbau **4**, Nr. 7 (1953). — ARENZ, B., u. G. ELKAR: Z. Pflanzenbau u. Pflanzenschutz (München) **5**, 257—265 (1954). — AUGIER DE MONTGREMIER, H., P. GRABER et O. CROISSANT: C. r. Acad. Sci. Paris **238**, 722—724 (1954).

BARTELS, R.: Phytopath. Z. **21**, 395—406 (1954). — BAWDEN, F. C.: (1) Sympos. Interact. Viruses a. Cells; Internat. Microbiol. Congr. Rom 1953. — (2) Proc. VII. Internat. Bot. Congr. Stockholm 1950 (1954). S. 705—706. — BAWDEN, F. C., B. M. G. HAMLYN and M. A. WATSON: Ann. appl. Biol. **41**, 229—239 (1954). — BAWDEN, F. C., and B. KASSANIS: (1) Ann. appl. Biol. **37**, 215—228 (1950). — (2) J. gener. Microbiol. **10**, 160—173 (1954). — BAWDEN, F. C., and A. KLECZKOWSKI: J. gener. Microbiol. **8**, 145—156 (1953). — BAWDEN, F. C., and N. W.

PIRIE: (1) II. Sympos. Soc. gener. Microbiol. Oxford 1952 (Cambridge 1953). — (2) Ann. Rev. Plant Physiol. **3**, 171—188 (1952). — BEEMSTER, A. B. R.: 29. Pflanzenschutztagg. Heidelberg 1954. — Mitt. Biol. Bundesanst. Land- u. Forstw., Heft 80, S. 136—140, 1954. — BENDA, G. T. A., and A. W. NAYLOR: Amer. J. Bot. **41**, 799—803 (1954). — BERCKS, R.: (1) Phytopath. Z. **20**, 113—120 (1953); (2) ebenda **22**, 215—226 (1954). — (3) Züchter **24**, 271—273 (1954). — BEST, R. J.: J. Austral. Inst. agr. Sci. **20**, 36—40 (1954). — BEST, R. J., and H. P. GALLUS: (1) Nature (Lond.) **172**, 347 (1953); (2) ebenda **172**, 315 (1953). — BLACK, L. M.: (1) Phytopath. **41**, 213—220 (1951); (2) ebenda **43**, 9—10 (1953); (3) ebenda **43**, 466 (1953).— (4) Ann. New York Acad. Sci. **56**, 398—413 (1953). — (5) Exper. Parasitology **3**, 72—104 (1954). — BLACK, L. M., and M. K. BRAKKE: Phytopath. **44**, 482 (1954), Abstr. — BLACK, C. M., C. MORGAN and R. W. G. WYCKOFF: Proc. Soc. exper. Biol. a. Med. **73**, 119 (1950). — BLACK, F. L., and C. A. KNIGHT: J. of biol. Chem. **202**, 51—57 (1953). — BLATTNÝ, C., J. BRČÁK, J. POZDÉNA, J. DLABOLA, J. LIMBERGK u. V. BOJNANSKÝ: Phytopath. Z. **22**, 381—416 (1954). — BODE, O., u. A. KOLTERMANN: Nachr.bl. dtsch. Pflanzenschutzdienst (Braunschweig) **5**, 161—164 (1953). — BODE, O., u. H. L. PAUL: Biochim. et biophys. Acta **16**, 343—345 (1955). — BOLTRALIK, J., and W. C. PRICE: Proc. Soc. exper. Biol. a. Med. **85**, 157—160 (1954). — BONDE, R., and E. S. SCHULTZ: Maine Agr. exper. Stat. Bull. **511** (1953). 30 S. — BRADLEY, R. H. E.: (1) Canad. J. Zool. **32**, 64—73 (1954). — (2) Nature (Lond.) **171**, 755—756 (1953). — BRADLEY, R. H. E., and D. W. RIDEOUT: Canad. J. Zool. **31**, 333—341 (1953). — BRAKKE, M. K.: Arch. of Biochem. a. Biophys. **45**, 275—290 (1953). — BRAKKE, M. K., L. M. BLACK and R. W. G.WYCKOFF: Amer. J. Bot. **38**, 332—342 (1951). — BRAKKE, M. K., A. E. VATTER and L. M. BLACK: Brookhaven Sympos. Biology No. 6, S. 137—156, 1953 (1954). — BRANDES, J.: Naturwiss. **42**, 101 (1955). — BROADBENT, L.: (1) Biol. Reviews **28**, 350—380 (1953). — (2) Ann. appl. Biol. **41**, 174—182 (1954). — BROADBENT, L., and T. W. TINSLEY: Plant Pathology **2**, 88—92 (1953). — BRUYN OUBOTER, M. P. DE: Proc. Conf. Potato Virus Diseases, Wageningen-Lisse 1951, S. 83—84, 1952. — BRUIN-BRINK, G. DE, H. P. M. GEESTERANUS en D. NOORDAM: Tijdschr. Plantenziekt. **59**, 240—244 (1953).

CALDWELL, J.: Ann. appl. Biol. **39**, 98—102 (1952). — CHAMBERS, J.: Nature (Lond.) **173**, 595—596 (1954). — CHANTRENNE, H.: II. Sympos. Soc. gener. Microbiol. Oxford 1952 (Cambridge 1953). — CHIBA, Y., A. INADA and YOSHIHARA: Enzymologia **16**, 143—149 (1953). — COCHRAN, L. C., and G. B. STOUT: California Dept. Agr. Bull. **42** (1953). — COCKERHAM, G., and T. M. R. McGHEE: Ann. Report (1953) Scot. Plant breeding Stat. (Separatum). — COHEN, M., and L. C. KNORR: Proc. Florida State hort. Soc. **66**, 20—22 (1953). — COMMONER, B., and P. DIETZ: J. gener. Physiol. **35**, 847—856 (1952). — COMMONER, B., and F. MERCER: (1) Nature (Lond.) **168**, 113 (1951). — (2) Arch. of Biochim. a. Biophys. **35**, 278—289 (1952). — COMMONER, B., and V. NEHARI: J. gener. Physiol. **36**, 791—805 (1953). — COMMONER, B., P. NEWMARK and S. D. RODENBERG: Arch. of Biochem. **37**, 15—36 (1952). — COMMONER, B., D. L. SCHIEBER and P. M. DIETZ: J. gener. Physiol. **36**, 807—830 (1953). — COMMONER, B., M. YAMADA, S. D. RODENBERG, T.-Y. WANG and E. J. BASLER: Science (Lancaster, Pa.) **118**, 529—534 (1953). — CORNUET, P.: (1) C. r. Acad. Sci. Paris **235**, 171—173 (1952); (2) ebenda **237**, 1364—1366 (1953). — COUCH, H. B., and H. GOLD: Phytopath. **44**, 715—717 (1954).

DAVIDSON, J. N.: The Biochemistry of the Nucleic Acids, 2. Aufl. London u. New York 1953. — DAVIDSON, T. R., and G. B. SANFORD: Canad. J. Bot. **32**, 311—317 (1954). — DESJARDINS, P. R. u. Mitarb.: Phytopath. **43**, 687—690 (1953). — DESJARDINS, P. R., R. L. LATTERELL and J. E. MITCHELL: Phytopath. **44**, 86 (1954). — DIERCKS, R.: Z. Pflanzenbau u. Pflanzenschutz (München) **4**, 252—288 (1953). — DUREN, VAN: VI. Colloquium de la Jaunisse, Bergen op Zoom, S. 573 (1953).

FINLAY, K. W.: Austral. J. sci. Res., Ser. B **5**, 303—314 (1952). — FLUITER, H. J. DE, en F. A. VAN DER MEER: Tijdschr. Plantenziekt. **59**, 195—197 (1953). — FUCHS, W. H., u. U. BEISS: Naturwiss. **41**, 506 (1954). — FULTON, J. P.: Plant Disease Reporter **38**, 147—149 (1954).

GENDRON, J., and B. KASSANIS: Ann. appl. Biol. **41**, 183—186 (1954). — GIDDINGS, N. J.: (1) Phytopath. **44**, 123—125; (2) ebenda **44**, 125—128 (1954). — GOLD, A. H., B. R. HOUSTON and J. W. OSWALD: Phytopath. **43**, 458—459 (1953). GOLD, A. H., C. A. SUNESON, R. H. BYRON and J. W. OSWALD: Phytopath. **44**, 115—117 (1954). — GOWEN, J. W.: Cold Spring Harbor. Symp. quant. Biol. **9**, 187 (1941). — GREY, R. A.: Arch. of Biochim. a. Biophys. **38**, 305—316 (1952). — GRYLLS, N. E.: Austral. J. Biol. Sci. **7**, 47—58 (1954). — GUTHRIE, J. W., and R. W. FULTON: Phytopath. **44**, 473—477 (1954).
HAMLYN, B. G. M.: Ann. appl. Biol. **40**, 393—402 (1953). — HANSEN, H. P.: Contrib. Dept. Plant Path. roy. veter. agric. College, Copenhagen Nr. 39 (1954), 18 S. — HARTMAN, R. E., and M. A. LAUFFER: J. Amer. Soc. **75**, 6205—6209 (1953). — HENKE, O.: Zbl. Bakter., 2. Abt. **108**, 134—147 (1954). — HIRTH, L., et E. DROUHET: Ann. Inst. Pasteur **84**, 437—440 (1953). — HOLMES, F. O.: (1) Phytopath. **43**, 475—476 (1953), Abstr.; (2) ebenda **44**, 492 (1954), Abstr.; (3) ebenda **44**, 640—642 (1954). — HOOF, A. VAN: (1) Meded. Dir. Tuinbouw **15**, 727—742 (1952). — (2) Tijdschr. Plantenziekt. **60**, 267—272 (1954). — HOVELAND, C. S., K. G. BERGER and H. M. DARLING: Soil Sci. Soc. Amer. Proc. **18**, 53—55 (1954). — HUBBELING, N.: Zaadbelangen Nr. 14 v. 31. 7. 1954. — HULL, R.: (1) J. roy. agric. Soc. England **113**, 86—102 (1952). — (2) Plant Pathology **2**, 39—43 (1953). HULL, R., and L. F. GATES: Ann. appl. Biol. **40**, 60—78 (1952). — HUTCHINS, L. M., L. C. COCHRAN, W. F. TURNER and J. H. WEINBERGER: Phytopath. **43**, 691 (1953). — HUTTON, E. M., and R. D. BROCK: Austral. J. agric. Res. **4**, 256—263 (1953). — HUTTON, E. M., and E. R. PEAK: (1) Austral. J. agric. Res. **3**, 137—147 (1952); (2) ebenda **4**, 160—167 (1953).
JEENER, R.: Biochim. et Biophys. Acta **13**, 148—149 (1954). — JEENER, R., and C. LAVAND'HOMME: Arch. internat. Physiol. **61**, 427—428 (1953). — JEENER, R., and P. LEMOINE: Nature (Lond.) **171**, 935—936 (1953). — JEENER, R., and J. ROSSEELS: Biochim. et Biophys. Acta **11**, 438 (1953).
KANNGIESSER, W., u. B. DEUBNER: Naturwiss. **40**, 442—443 (1953). — KASSANIS, B.: (1) Ann. appl. Biol. **39**, 157—167 (1952). — (2) J. gen. Microbiol. **9**, 467—474 (1953). — (3) Nature (Lond.) **171**, 312 (1953). — (4) Nature (Lond.) **173**, 1097—1098 (1954). — (5) Ann. appl. Biol. **41**, 470—474 (1954). — KATWIJK, W. VAN: Tijdschr. Plantenziekt. **59**, 237—239 (1953). — KIRKPATRICK, H. C., and R. C. LINDNER: Phytopath. **44**, 529—533 (1954). — KLECZKOWSKI, A.: Biochem. J. **56**, 345—349 (1954). — KLINKOWSKI, M.: (1) Z. Pflanzenkrkh. **60**, 260—264 (1953). — (2) Mitt. biol. Zentralanst. (Bundesanst.) Berlin-Dahlem, Heft 80, S. 162—168, 1953. — KOBEL, F.: Phytopath. Z. **20**, 353—374 (1953). — KÖHLER, E.: (1) Züchter **23**, 173—176 (1953). — (2) Nachr.bl. dtsch. Pflanzenschutzdienst (Braunschweig) **5**, 21—22 (1953). — (3) Phytopath. Z. **21**, 323—328 (1954). — (4) Ber. dtsch. bot. Ges. **66**, 63—65 (1953). — (5) Nachr.bl. dtsch. Pflanzenschutzdienst (Braunschweig) **7**, 22—23 (1955). — KÖHLER, E., u. R. EICKE: Naturwiss. **31**, 14 (1943). — KOT, V., D. H. M. VAN SLOGTEREN, M. C. CREMER en J. CAMFFERMAN: Tijdschr. Plantenziekt. **60**, 157—192 (1954). — KOVACHEVSKY, J. C.: (1) Bulgar. Akad. Wiss. Iswestija mikrobiol. Forsch. **4**, 109—129 (1953). — (2) Nachr.bl. dtsch. Pflanzenschutzdienst (Berlin), N. F. **8**, 161—180 (1954). — KOZŁOWSKA, A.: Acta agrobot. (Krakau) **1**, 11—32 (1953). — KRYTHE, J. M.: Tijdschr. Plantenziekt. **59**, 51—61 (1953).
LEE, C. L., and L. M. BLACK: (1) Phytopath. **44**, 482 (1954), Abstr. — (2) Amer. J. Bot. **42**, 160—167 (1955). — LEONARD u. Mitarb.: Biochim. et biophys. Acta **12**, 499—507 (1953). — LEYON, H.: (1) Ark. f. Kemi (Stockh.) **3**, 105—109 (1951). — (2) Exper. Cell Res. **4**, 362—370 (1953). — LIMASSET, P.: Ann. Epiphyt. **3**, 83—101 (1952). — LITTAU, V. C., and L. M. BLACK: Amer. J. Bot. **39**, 191—194 (1952). — LÜDECKE, H., u. L. STANGE: Zucker **6**, (1953), 8 S.
MACLACHLAN, D. S., R. H. LARSON and J. C. WALKER: Univ. Wisconsin Res. Bull. **180** (1953), 35 S. — MARAMOROSCH, K.: (1) Plant Disease Reptr. **37**, 612—613 (1953). — (2) Amer. J. Bot. **40**, 797—809 (1953). — (3) Cold Spring Harbor Symp. quant. Biol. **18**, 51—54 (1953). — (4) Trans. New York Acad. Sci., Ser. II **16**, 189—195 (1954). — MARCUS, O.: Phytopath. Z. **20**, 121—132 (1953). — MARKHAM, R.: (1) II. Sympos. Soc. gener. Microbiol. Oxford 1952 (Cambridge 1953). — (2) Advances in Virus Res. **1**, 315—332 (1954). — MARTIN, C.: (1) Ann. Épiphyt.

3, 393—394 (1952); (2) ebenda 3, 395—396 (1952); (3) ebenda 5, 63—78 (1954). — (4) C. r. Acad. Sci. Paris 238, 724—726 (1954). — MATTHEWS, R. E. F.: (1) J. gener. Microbiol. 8, 277—288 (1953); (2) ebenda 10, 521—532 (1954). — MEER, F. A. VAN DER: Tijdschr. Plantenziekt. 60, 69—71 (1954). — MERCER, F., T. E. LINDHORST and B. COMMONER: Science (Lancaster, Pa.) 117, 558—559 (1953). — MILIČIĆ, D.: Protoplasma 43, 228—236. — MOERICKE, V.: Mitt. Biol. Zentralanst. (Bundesanstalt) Berlin-Dahlem, Heft 75, S. 90—97, 1953. — MOREL, G., et C. MARTIN: (1) C. r. Acad. Sci. 235, 1324—1325 (1952). — (2) Ann. Épiphyt. 5, 63—78 (1954). — MOORE, J. D., J. S. BOYLE and G. W. KEITT: Science (Lancaster, Pa.) 108, 623—624 (1948). — MOORHEAD, E., and W. C. PRICE: Phytopath. 43, 73—77 (1953). — MULDER, D.: (1) Tijdschr. Plantenziekt. 59, 72—76 (1953); (2) ebenda 60, 265—266 (1954). — MUNDRY, K.-W.: Diss.-Auszug (22. Juli 1954) Tübingen.

NEWTON, N., and J. W. KISSEL: Arch. of Biochim. a. Biophys. 47, 424—437 (1953). — NICHOLS, C. W.: (1) Phytopath. 43, 555—557 (1953); (2) ebenda 44, 92—93 (1954). — NOORDAM, D.: Mitt. Biol. Zentralanst. (Bundesanst.) Heft 80, S. 169—170, 1954. — NORMAN, P. A., and T. J. GRANT: Proc. Florida State hort. Soc. 66, 89—92 (1953).

OSWALD, J. W., and B. R. HOUSTON: (1) Phytopath. 43, 128—136; (2) ebenda 43, 309—313 (1953).

PAUL, H.-L.: Zbl. Bakter., 2. Abt. 108, 7—18 (1954). — PORTER, C. A.: Contrib. Boyce Thompson Inst. 17, 453—471 (1954). — POSNETTE, A. F.: Nature (Lond.) 171, 312 (1952). — POUND, G. S., and L. G. WEATHERS: Phytopath. 43, 669—674 (1953). — PRICE, W. C.: Trans. New York Acad. Sci., Ser. II 16, 196—201 (1953). — PROCHAL, P.: Acta agrobot. (Krakau) 1, 33—77 (1953).

QUANTZ, L.: (1) Z. Pflanzenkrkh. 60, 599—609 (1953). — (2) Phytopath. Z. 20, 421—448 (1953). — (3) Nachr.bl. dtsch. Pflanzenschutzdienst (Braunschweig) 4, 24—27 (1952). — (4) Mitt. biol. Zentralanst. (Bundesanst.) Berlin-Dahlem, Heft 80, S. 171—175, 1954. — (5) Phytopath. Z. 23, 209—220 (1955). — QUANTZ, L., u. J. VÖLK: Nachr.bl. dtsch. Pflanzenschutzdienst (Braunschweig) 6, 177—182 (1954).

RADEMACHER, B.: Württ. Wochenbl. Landwirtsch. 120, 1005—1006 (1953). — RAGETLI, H. W., C. VAN DER SCHEER en J. P. H. VAN DER WANT: Tijdschr. Plantenziekt. 61, 35—46 (1955). — RICE, R. V., P. KAESBERG and M. A. STAHMANN: Biochim. et biophys. Acta 11, 337—343 (1953). — RICE, R. V., M. A. STAHMANN, G. D. LINDBERG and J. C. WALKER: Phytopath. 44, 503 (1954), Abstr. — ROCHOW, W. F., and A. F. ROSS: Phytopath. 44, 504 (1954), Abstr. — ROLAND, G.: (1) Parasitica 8, 150—158 (1952). — (2) J. R. S. I. A. e. J. R. W. O. N. L., Compt. rend. de Recherches, Brüssel, Nr. 7, Juni 1952, 118 S. — Ross, A. F.: Phytopath. 40, 24 (1950). — Ross, A. F., W. F. ROCHOW and B. M. SIEGEL: Phytopath. 42, 473 (1952), Abstr. — Ross, H.: Z. Pflanzenzüchtung 32, 153—166 (1953). — Ross, H., u. E. KÖHLER: Züchter 23, 71—86 (1953). — ROZENDAAL, A.: (1) Labor. Phytopath. Wageningen Meded. 132 (1952), 11 S.; (2) ebenda 143, 299—310 (1954).

SCHICKE, P.: Arch. Virusforsch. 5, 169—207. — SCHLEGEL, D. E., and T. E. RAWLINS: (1) Phytopath. 44, 328—329 (1954). — (2) J. Bacter. 67, 103—109 (1954). — SCHLÖSSER, L. A., W. A. FUCHS u. U. BEISS: Nachr.bl. dtsch. Pflanzenschutzdienst (Braunschweig) 7, 59—60 (1955). — SCHMIDT, P., P. KAESBERG and W. W. BEEMAN: Biochim. et biophys. Acta 14, 1—11 (1954). — SCHNEIDER, J. R.: Phytopath. 44, 243—247 (1955). — SCHRAMM, G.: (1) Advances in Enzymology 15, 449—484 (1954). — (2) Die Biochemie der Viren. Berlin-Göttingen-Heidelberg 1954. 276 S. — SCHRAMM, G., G. SCHUMACHER u. W. ZILLIG: Nature (Lond.) 175, 549—550 (1955). — SCHUSSNING, B.: Forschungsdienst 16, 62—84 (1943). — SEGRETAIN, G., et L. HIRTH: C. r. Soc. Biol. Paris 147, 1042—1043 (1953). — SENSENY, C. A., R. P. KAHN and R. DESJARDINS: Science (Lancaster Pa.) 120, 456—457 (1954). — SHEFFIELD, F. M. L.: Ann. appl. Biol. 23, 498—505 (1936). — SIEGEL, A., and S. G. WILDMAN: (1) Phytopath. 44, 277—282 (1954); (2) ebenda 44, 505, (1954), Abstr.— SMITH, K.M.: (1) Parasitology 43, 191—192 (1953). (2) Biochim. et biophys. Acta 10, 210—214 (1954).— (3) Nature (Lond.) 175, 12—15 (1955). — SPENCER, E. L.: Plant Physiol. 14, 769—782 (1939); 16, 227—239, 663—675 (1941); 17, 210—222 (1942). — STAPP, C.: Landw. Forsch. 5, 170—180

(1953). — STEERE, R. L.: Phytopath. **43**, 485 (1953), Abstr. — STEERE, R. L., and R. C. WILLIAMS: Amer. J. Bot. **40**, 81—84 (1953). — STEUDEL, W., u. A. HEILING: Mitt. biol. Zentralanst. (Bundesanst.) Berlin-Dahlem, Heft 79, S. 132, Berlin 1954. — SUCHOW, K. S., u. G. S. NIKIFOROVA: Dokl. Akad. Nauk. SSSR., N. S. **90**, 671—672 (1953). Ref. Ber. wiss. Biol. **89**, 155 (1954). TAKAHASHI, W. N., and M. ISHII: Amer. J. Bot. **40**, 85—90 (1953). — TEITELBAUM, S. S., and L. M. BLACK: Phytopath. **44**, 548—550 (1954). — THIRUMLACHAR, M. J.: Phytopath. **44**, 429—435 (1954). — THUNG, T. H.: Jaaresversl. Inst. plantenziektenkund. Onderzoek, Wageningen 1953, S. 98—99. — THUNG, T. H., en T. HADIWIDJAJA: Landbouw (Niederl.) **25**, 149—162 (1953). — TINSLEY, T. W.: Ann. appl. Biol. **40**, 750—760 (1953). — TJALLINGII, F.: Diss. Wageningen 1952.

VICKERY, H. B., G. W. PUCHER, A. J. WAKEMAN and C. S. LEAVENWORTH: Bull. Conn. Agric. Exper. Stat. No. 399, 1937. — VÖLK, J.: (1) Nachr.bl. dtsch. Pflanzenschutzdienst (Braunschweig) **6**, 169—171 (1954). — (2) Mitt. biol. Zentralanst. (Bundesanst.) Berlin-Dahlem, Heft 76, Okt. 1953. — VÖLK, J., u. O. BODE: (1) Z. Pflanzenkrkh. **59**, 97—110 (1952); (2) ebenda **61**, 49—70 (1954).

WANG, T. Y., and B. COMMONER: Science (Lancaster, Pa.) **120**, 1001—1003 (1954). — WANT, J. P. H. VAN DER: Onderzoekingen over virusziekten van de boon (Phaseolus vulgaris L.). Diss. Wageningen 1954. — WATSON, J. D.: Biochim. et biophys. Acta **13**, 10—19 (1954). — WATSON, M. A., and M. J. R. HEALY: Ann. appl. Biol. **40**, 38—59 (1953). — WATSON, M. A., and H. L. NIXON: Ann. appl. Biol. **40**, 537—545 (1953). — WEATHERS, L. G., and G. S. POUND: Phytopath. **44**, 74—80 (1954). — WEAVER, E. P., and W. C. PRICE: Proc. Soc. exper. Biol. a. Med. **79**, 125—127 (1952). — WEBER, F.: (1) Protoplasma **42**, 283—286 (1953); (2) ebenda **43**, 382—384 (1954). — (3) Österr. bot. Z. **100**, 548—551 (1953). — WEBER, F., G. KENDA u. THALER: Protoplasma **42**, 239—245 (1953). — WEINTRAUB, M., and R. S. WILLISON: (1) Phytopath. **43**, 328—332 (1953); (2) ebenda **44**, 538—542 (1954). — WETTER, C., u. J. BRANDES: Naturwiss. **42**, 100—101 (1955). — WILDMAN, S. G., C. C. CHEO and J. BONNER: J. of biol. Chem. **180**, 985—1001 (1949). — WILKINSON, J.: Nature (Lond.) **161**, 658—659 (1953). — WILLIAMS, R. C.: Sympos. quant. Biol. 1953 **18**, 185—195 (1954). — WILLIAMS, R. C., R. C. BACKUS and R. L. STEERE: J. Amer. Chem. Soc. **73**, 2062—2066 (1951). — WILLISON, R. S., and M. WEINTRAUB: (1) Phytopath. **43**, 175—177; (2) ebenda **43**, 324—328; (3) ebenda **44**, 533—537 (1954). — WITSCH, H. V., u. J. POMMER: Biol. Zbl. **73**, 1—11 (1954). — WYND, F. L.: Lloydia **16**, 233—251 (1953). — Rev. appl. Mycol. **33**, 641 (1954).

YARWOOD, C. S.: (1) Amer. J. Bot. **39**, 613—618 (1952). — (2) Nature (Lond.) **169**, 502 (1952). — (3) Phytopath. **43**, 70—72 (1953). — (4) Plant Disease Reporter **37**, 501—502 (1953). — (5) Phytopath. **44**, 230—233 (1954).

ZACHOS, D.: C. r. Acad. Sci. Paris **238**, 269—270 (1954). — ZAITLIN, M., A. M. SCHECHTMAN, J. G. BALD and S. G. WILDMAN: Phytopath. **44**, 314—318 (1954). — ZECH, H.: Exper. Cell Res. **6**, 560—562 (1954).

b) Bakteriophagen.
Von WOLFHARD WEIDEL, Tübingen.

Die Jahre 1951/52 hatten, wie erinnerlich, für die Phagenforschung eine wahre Hochflut wichtigster experimenteller Ergebnisse gebracht, wodurch viele Probleme auch der allgemeinen Virusforschung und der Biologie in einem ganz neuen Licht erschienen. Die beste Orientierung über Einzelheiten der raschen Entwicklung innerhalb dieses Zeitraums verschafft, wie schon im vorhergehenden Bericht (Bd. 15) angemerkt, der inzwischen erschienene 18. Band der Cold Spring Harbor Symposia on Quantitative Biology, und als Ergänzung dazu einige Vorträge aus „The Dynamics of Virus and Rickettsial Infections".

Auf beiden Symposien wurden die in so kurzer Zeit teils veränderten, teils vertieften Aspekte der Virusvermehrung zusammenfassend dargelegt und Wege zu weiterer experimenteller Explorierung der neugewonnenen Grundlagen diskutiert. Die Jahre 1953/54 waren demgemäß vorwiegend Untersuchungen gewidmet, die auf das Herausarbeiten von Details abzielten oder geeignet waren, bestimmte Konsequenzen aus vorläufigen Interpretationen der vorliegenden Befunde zu überprüfen. Das Bild wurde also abgerundet, ohne daß abermals neue Phänomene und Effekte in Menge entdeckt worden und zu verarbeiten gewesen wären.

Die stoffliche Gliederung des folgenden Berichtes blieb gegenüber den vorhergehenden fast unverändert.

I. Freie Phagen.

1. **Morphologie.** *a) Elektronenmikroskopie.* WILLIAMS bringt in seinem Aufsatz über Form und Größe von Virusteilchen aller Art unter anderem eine Tabelle mit Angabe der derzeit wohl genauesten Werte für die Abmessungen aller sieben T-Phagen. Besonders interessant ist die in der gleichen Arbeit veröffentlichte Aufnahme eines T 6-Teilchens, das infolge einer besonderen Behandlung seine Nucleinsäure (DNS) ausgeworfen hat. Man erkennt die dünnen Fäden der DNS, die zu einem Knäuel verfilzt sind. Der Fadendurchmesser beträgt etwa 20 Å, ein Wert, der ausgezeichnet zu dem DNS-Modell von WATSON und CRICK paßt. Es ist erstaunlich, welche vergleichsweise enorme Fadenlänge (mehrere μ) durch dichte Packung — wie dies erreicht wird, ist noch vollkommen unbekannt — in dem winzigen Phagenkopf (95×65 mμ) untergebracht werden muß. Es wird deshalb leider kaum möglich sein, durch unmittelbare Anschauung herauszufinden, ob es sich dabei um einen einzigen, durchgehenden Faden je Phagenteilchen handelt oder ob dessen DNS in mehrere kürzere Fäden aufgeteilt ist. Da ein Phagenteilchen (T 2) ungefähr $2 \times 10^{-10} \gamma$ DNS enthält, würde

sich unter Berücksichtigung des Molgewichts der isolierten Substanz eine Zahl von etwa 20 Fäden je T 2-Teilchen ergeben. Allerdings ist sowohl die Isolierung vollkommen unveränderter DNS wie auch die Molgewichtsbestimmung sehr langer Fadenmoleküle problematisch (s. auch 2.).

Eine Antwort auf die Frage nach der Zahl der DNS-Fäden je Phagenteilchen würde vielleicht zusätzliches Licht auf mögliche materielle Korrelate seiner Gen-Kopplungsgruppen werfen und womöglich auch Hinweise darauf geben können, wieviel von seiner DNS überhaupt unentbehrliche, genetische Informationen birgt. Es wäre denkbar, daß ein Teil davon unspezifisches Füllmaterial mit vielleicht nur physiologischen Funktionen ist (Ergebnisse von STENT u. FÜERST sprechen allerdings eher dagegen), oder daß das Phagenteilchen dieselbe Information in Gestalt identischer DNS-Fäden mehrfach enthält. Damit wäre immerhin eine gute und unentbehrliche Sicherung der Vermehrung geschaffen, falls die Injektion der DNS bei der Infektion nicht quantitativ verläuft, wofür es experimentelle Anhaltspunkte gibt.

Auch die in ihrem Mechanismus undurchsichtige, weil unvollständige Übertragung elterlicher DNS auf die Tochtergeneration könnte dann unter Umständen von hier aus eine Erklärung erfahren und diese wiederum eine Interpretation des DNS-Reduplikationsmechanismus erleichtern (vgl. aber 13.).

Schließlich gehört hierher auch das Problem der Struktur heterozygoter Phagenteilchen bzw. ihrer genetischen Substanz. Zwar würde eine Mehrfachausstattung des Phagenteilchens mit der gleichen genetischen Information, also eine Art Polyploidie, prinzipiell das Auftreten von Heterozygoten geradezu fordern. Doch bliebe hier ohne zusätzliche Annahmen und Erklärungen wiederum unverständlich, warum der Prozentsatz Heterozygoter bei Phagen so niedrig (etwa 2%) ist und warum sich die Heterozygotie nur auf kurze Stücke einer Kopplungsgruppe erstreckt (s. 17., Bd. 15). Außerdem scheint die genetische Struktur der Heterozygoten auch sonst nicht zu solchen Vorstellungen zu passen (s. 17.).

Da also die unmittelbare, visuelle Methode elektronenmikroskopischer Untersuchungen vorläufig wenig Aussicht zu haben scheint, zur Lösung aller dieser Probleme beizutragen, bleiben auch weiterhin nur indirekte Methoden, auf deren Möglichkeiten und Erfolge später eingegangen wird. Immerhin hat das Elektronenmikroskop doch jetzt schon mehr geleistet als nur einen Eindruck von der äußeren Gestalt kompletter Virusteilchen zu vermitteln. Es hat morphologisch definierte Viruskomponenten sichtbar gemacht, denen definierte Funktionen zugeordnet werden können, und damit bis dicht an die Grenze herangeführt, hinter der sich nunmehr die Hauptprobleme der Virusvermehrung verschanzt haben. Hier beginnen dann bereits makromolekulare, dem Elektronenmikroskop nicht mehr zugängliche Feinstrukturen entscheidende Funktionen zu übernehmen.

b) Osmotischer Schock. ANDERSON beschäftigte sich mit einer weiteren Analyse von Faktoren, die die Empfindlichkeit der geradzahligen

Phagentypen für osmotischen Schock beeinflussen. Außer der Temperatur hat auch die Ionenkonzentration einen Einfluß auf das Gleichgewicht zwischen schockresistenten und schockempfindlichen Teilchen. Destilliertes Wasser verschiebt es praktisch vollkommen zugunsten der resistenten Form.

Über die Verwendung des osmotischen Schocks zur Bestimmung der Zeit, die zwischen Adsorption und Ende der Injektion verstreicht, s. 9.

2. Chemische Zusammensetzung von Phagen. HERSHEY (1) untersuchte besonders gründlich die Frage, ob der DNS des Phagenteilchens noch ein besonderes Protein beigemischt ist, das beim Infektionsvorgang mit der DNS zusammen in die Zelle injiziert wird. Für T 2 kommt er zu dem Schluß, daß höchstens 5% des Phagenproteins etwas anderes sein könnten als Hüllen-(ghost)-Protein. Da aber die Aminosäurenzusammensetzung dieses geringen Anteils, der sich schlechter abzentrifugieren läßt als ghosts und weniger leicht mit anti-T 2-Serum präzipitiert, mit der von ghosts übereinstimmt, ist es viel wahrscheinlicher, daß es sich hier um kleinere Fetzen von ghost-Protein handelt, die beim osmotischen Schock entstanden sein könnten, der die analytischen Prozeduren einleitet. Vermutlich besteht der Inhalt eines T 2-Teilchens und verwandter Typen also wirklich aus proteinfreier DNS.

Hier muß aber noch auf eine in diesem Zusammenhang vielleicht nicht unwichtige Beobachtung hingewiesen werden: die aus T 2-, T 4- oder T 6-Teilchen durch osmotischen Schock in Freiheit gesetzte DNS (bzw., vorsichtiger ausgedrückt, der ghost-Inhalt dieser Teilchen) ist außerordentlich viel viscöser in diesem „nativen" Zustand als nach Alkoholumfällung aus der enteiweißten ($CHCl_3$-Amylalkohol) Schockflüssigkeit (WEIDEL, unveröffentlicht). Eine entsprechende Beobachtung machte auch JESAITIS (unveröffentlicht). Entweder ist also für die höhere Viscosität der „nativen" Phagen-DNS eine besondere, durch den Enteiweißungs- und Umfällungsprozeß abtrennbare Komponente unbekannter Natur verantwortlich, oder aber die Phagen-DNS ist so empfindlich, daß eine erhebliche Depolymerisierung bereits durch eine Behandlung eintritt, die von „transformierender" DNS aus Bakterien ohne Aktivitätsverlust vertragen wird.

COHEN berichtet über besonders sorgfältig durchgeführte, vergleichende Analysen der DNS verschiedener Phagentypen und über Untersuchungen zur Biosynthese von 5-Oxymethylcytosin, das bisher ausschließlich in T 2, T 4 und T 6 gefunden wurde und sonst nirgends (s. auch WYATT; MARKHAM).

3. Stabilität. LARK u. ADAMS untersuchten den Einfluß von Kationen und Komplexbildnern auf die Hitzestabilität von T 5 unter kinetischen und thermodynamischen Gesichtspunkten. Eindeutige Antworten auf die Frage nach dem Mechanismus der thermischen Phageninaktivierung und nach der chemischen Natur der daran beteiligten Teilchenstrukturen konnten trotz aller aufgewandten Mühe noch nicht gefunden werden. Interessant ist, daß T 5-Phagen, die einem osmotischen Schock gegenüber unempfindlich sind, die hierfür charakteristischen Veränderungen (Austritt der DNS aus der Proteinhülle) erleiden, wenn sie in passendem

Ionenmilieu (0,1 m-NaCl + 3,10^{-4} m Na-citrat) durch erhöhte Temperatur (30—40°) inaktiviert werden. Die dabei entstehenden „ghosts" werden indessen, im Gegensatz zu T 2-, T 4- oder T 6-ghosts, nicht mehr an Colizellen adsorbiert und können diese natürlich auch nicht töten.

4. Serologie. LANNI u. LANNI konnten zeigen, daß die Proteinhülle eines T 2-Teilchens mindestens zwei verschiedene Antigene enthält. Das „Schwanzspitzen"-Antigen ruft einen Antikörper hervor, der T 2 spezifisch inaktiviert, während der Rest der Hülle andere antigene Eigenschaften besitzt, die auch den „doughnuts" (unreife Formen von T 2, s. Bd. 15, 15.) zukommen. Der Antikörper gegen dieses letztere Antigen hat keine inaktivierende Wirkung gegenüber T 2. Während man diesen nicht inaktivierenden Antikörper direkt mit gereinigten doughnuts provozieren kann, erhält man den inaktivierenden für sich allein nur, indem man anti-T 2-Serum (das beide Antikörper enthält) mit doughnuts absorbiert. Komplette Phagenteilchen lassen sich noch nicht in die beiden entsprechenden Antigene zerlegen, ohne daß wenigstens eines davon zerstört wird. Es scheint, daß man z. B. das Schwanzspitzenantigen durch H_2O_2 von T 2-Teilchen vollkommen entfernen kann. In rohen T 2-Lysaten kommt andererseits (neben kompletten Phagen) auch reines Schwanzspitzenantigen vor. Eine entsprechend zu deutende Beobachtung wurde unter anderem von WEIDEL u. Mitarbeiter an T 5-Lysaten gemacht (s. 15.).

5. Virusmutanten. Grundsätzlich neue Typen wurden inzwischen nicht beschrieben. JACOB (1) konnte jetzt sicherstellen, daß die Eigenschaften „temperiert" bzw. „virulent" (zumindest beim λ-Phagen von E. coli K 12) segregieren, also als genetische Loci in der Erbsubstanz des Phagenteilchens fixiert sind.

6. Strahlungseffekte. BOWEN diskutiert noch einmal ausführlich alle mit der UV-Inaktivierung und der Photoreaktivierung zusammenhängenden Effekte. Wesentlich neue Gesichtspunkte haben sich auf diesem Gebiet nicht ergeben. Vor allem fehlt es noch immer an experimentellen Ansatzpunkten zur eigentlich biochemischen Analyse der vorläufig hypothetischen Mechanismen für diese Effekte.

STENT (1) sowie STENT u. FUERST prüften erneut die Inaktivierung von Phagen durch radioaktiven Zerfall von ^{32}P, der in die DNS der Teilchen eingebaut ist. Sie bestätigten zunächst, daß sowohl bei T 2 wie bei T 3 eine auf 11—14 Umwandlungen $^{32}P \rightarrow {}^{32}S$ zur Inaktivierung des Teilchens führt. Sehr interessant ist der Befund, daß dieser Wert temperaturabhängig ist. Bei —196° führt erst ein Zerfall von 16 (T 2) bzw. einer von 25 (T 3) zur Inaktivierung des Phagenteilchens. Hieraus lassen sich gewisse Rückschlüsse auf den Effekt ziehen, den die radioaktive Umwandlung auf die (nach DEKKER u. SCHACHMAN modifizierte) Feinstruktur der DNS haben könnte. Ein weiteres Resultat dieser Arbeiten war, daß alle untersuchten Phagen (T 1, T 2, T 3, T 5, T 7 und λ) nach dem Grad ihrer Empfindlichkeit gegenüber ^{32}P-Zerfall in zwei Klassen aufzuteilen sind: T 2 und T 5 werden bei gleicher spezifischer Radioaktivität ihrer DNS dreimal so schnell inaktiviert wie T 1, T 3,

T7 und λ. Da T2 und T5 je Teilchen etwa dreimal soviel P enthalten wie die Teilchen der anderen Klasse, darf man schließen, daß der Anteil aller „letalen" $^{32}P \rightarrow {}^{32}S$-Umwandlungen für sämtliche Teilchentypen gleich ist (0,05 bei $-196°$, 0,1 bei $+4°$ und 0,3 bei 65° C). Weiteres über Strahlungseffekte bei Phagen s. Kap. C 10. dieses Bandes.

II. Adsorption.

7. Puck diskutierte ausführlich Ergebnisse von Untersuchungen, die von ihm und seinen Mitarbeitern durchgeführt wurden und dazu dienen sollten, Aufklärung über die Mechanismen der ersten Schritte des Infektionsprozesses bei Phagen zu bringen. Es ist nicht leicht, sich ein klares Bild von der Stichhaltigkeit seiner Argumente zu machen, zumal sie bei genauerem Zusehen nicht ohne Widersprüche sind und manche seiner Experimente auch nicht ohne weiteres reproduziert werden konnten [vgl. Weidel (1)]. Eine nicht zu unterschätzende Schwäche der Beweiskraft gewisser Experimente, auf die hier zurückgegriffen wird, liegt vor allem auch darin, daß mit ganzen Zellen und ganzen Phagenteilchen operiert wurde, während es ja doch bekannt ist, daß die Primärvorgänge der Infektion beiderseits auf Wechselwirkungen zwischen spezifischen Teilstrukturen (Receptorsubstanzen bzw. „Schwanzspitzen") beruhen, deren chemische Natur nachweislich vom Rest des Ganzen verschieden ist und die mengenmäßig oft sogar nur einen sehr kleinen Teil davon ausmachen. Man wird deshalb zweifellos zu wirklich zuverlässigen Ergebnissen erst dann kommen, wenn es gelingt, die verantwortlichen Teilstrukturen zu isolieren und Wechselwirkungen zwischen ihnen in diesem Zustand zu untersuchen. Daß dies immer mehr in den Bereich des experimentell Möglichen rückt, zeigen die im folgenden Abschnitt besprochenen Arbeiten.

8. **Receptorsubstanzen.** Es gelang inzwischen, aus der Zellmembran von E. coli B eine Komponente zu isolieren, die in fast jeder Beziehung dem spezifisch receptor-aktiven Shigella-Lipopolysaccharid (s. Bd. 15) an die Seite zu stellen ist. Die Substanz aus Coli ist ebenfalls ein Lipopolysaccharid und zeigt ebenfalls Receptoraktivität gegenüber den Phagen T3, T4 und T7 (Weidel, Koch u. Lohss). Als besonders charakteristischen Kohlenhydratbaustein enthalten beide Lipopolysaccharide eine bisher in der Natur nicht gefundene Heptose, die als L-Gala-D-manno-heptose identifiziert werden konnte [Weidel (2)]. Diese Heptose fehlt in den analogen, receptor-inaktiven Lipopolysacchariden aus Shigella- bzw. Colimutanten, die T3, T4 und T7 nicht zu adsorbieren vermögen, hat also vermutlich mit der Receptorfunktion unmittelbar zu tun. Es ist zu erwarten, daß sich von hier aus Ansatzpunkte für die weitere Klärung struktureller Eigentümlichkeiten einer typischen, polyvalenten Receptorsubstanz ergeben und darüber hinaus Wege, die gengesteuerte Biosynthese solcher makromolekularer Zellwandstrukturen dem Verständnis näher zu bringen. Hier hat sich also eine auf diesem Gebiet eigentlich vorauszusehende Querverbindung zwischen Phagenforschung und biochemischer Genetik wirklich aufgetan.

Die spezifisch auf T 5 eingestellte (also monovalente) Receptorsubstanz aus E. coli B konnte nunmehr ebenfalls in reiner Form gewonnen werden. Die Teilchen dieser Substanz sind kugelförmig, haben einen Durchmesser von etwa 31 mµ und ein Molgewicht von $11{,}4 \times 10^6$ (WEIDEL, KOCH u. BOBOSCH). Die Inaktivierung von T 5 durch diese seine Receptorsubstanz vollzieht sich, indem sich ein Receptorkügelchen an die Schwanzspitze eines T 5-Teilchens anheftet, wodurch dieses, ganz wie bei der Infektion einer Zelle, dazu veranlaßt wird, seine DNS aus der schützenden Proteinhülle zu entlassen. Diese Vorgänge konnten sowohl aus indirekten Messungen erschlossen als auch — durch das Elektronenmikroskop — der Anschauung unmittelbar und vollkommen eindeutig zugänglich gemacht werden (WEIDEL u. KELLENBERGER). Da man weiß, daß die Schwanzspitze das Anheftungsorgan des Phagenteilchens bei der Infektion seiner Wirtszelle ist, geht aus den beschriebenen Umständen hervor, daß die Receptorsubstanz diese Wirtszelle vollkommen vertreten kann, was die Auslösung der ersten Stufen des Infektionsmechanismus von der Adsorption bis zur (erstmalig von HERSHEY u. CHASE nachgewiesenen) Trennung von Phagen-DNS und Phagenprotein anbetrifft. Hier ist also die Isolierung eines voll funktionsfähig gebliebenen Teilsystems gelungen, das sich jetzt ungestört von Folgeprozessen und ebenso unnötigen wie unerwünschten materiellen Beimengungen studieren läßt, an die es unter normalen Umständen auf unübersichtliche Weise angekoppelt ist.

JESAITIS u. GOEBEL konnten die Auslösung der „Nucleinsäurespritze" ebenfalls demonstrieren, und zwar bei T 4-Teilchen, die mit ihrer für sie spezifischen Receptorsubstanz, dem schon erwähnten Lipopolysaccharid, reagiert haben. Allerdings hat diese Substanz Eigenschaften, die ein Herausarbeiten der quantitativen Verhältnisse und die Gewinnung wirklich aufschlußreicher elektronenmikroskopischer Bilder verhindern.

Aus der gegen T 5 resistenten Colimutante B/1,5 läßt sich eine Substanz extrahieren, die in ihrer Teilchengröße, ihrer analytischen Zusammensetzung und sogar serologisch anscheinend vollkommen mit der T 5-Receptorsubstanz übereinstimmt. Nichtsdestoweniger ist sie gegenüber T 5 ganz inaktiv. In diesem Falle müssen also der Mutation der Colizelle von phagenempfänglich zu phagenresistent Strukturänderungen einer ganz bestimmten Zellwandkomponente entsprechen, die im Gegensatz zum oben angeführten Beispiel der T 3,4,7-Resistenz so subtil sind, daß sie sich mit den üblichen Methoden nicht ohne weiteres nachweisen lassen (WEIDEL, KOCH u. BOBOSCH; KOCH u. WEIDEL; WEIDEL u. KOCH). Dies mag erneut zur Illustration dafür dienen, daß Verallgemeinerungen auf diesem Gebiet gefährlich sind. Jeder Einzelfall muß wirklich untersucht werden, ehe sich zuverlässige Aussagen über ihn machen lassen.

III. Verschmelzung.

9. Nucleinsäureinjektion. Die Verschmelzung von Phage und Wirtszelle zu einem neuen, zur Virusproduktion determinierten, funktionellen Ganzen ist prinzipiell vollzogen, wenn das infizierende Teilchen seine

DNS an die Wirtszelle abgegeben hat. Daher besteht erhebliches Interesse daran, Mechanismus und zeitlichen Verlauf dieses Prozesses näher kennen zu lernen. Von der Benutzung reiner Receptorsubstanzen für den genannten Zweck darf man noch mancherlei Aufklärungen erwarten. Ist man genötigt, an ihrer Stelle ganze Zellen zu verwenden, dann ergeben sich zwei technische Möglichkeiten, den Verlauf der Verschmelzung zu verfolgen.

Erstens kann man die adsorbierten Phagen nach bestimmten Zeitintervallen wieder von den Zellen abstreifen (Methode von HERSHEY u. CHASE), um aus der Zahl der danach noch phagenproduzierenden Zellen zu entnehmen, bei wieviel Prozent aller Zellen die Verschmelzung zum Zeitpunkt des Abstreifens bereits vollständig vollzogen war. Benutzt man ^{32}P-markierte Phagen zur Infektion, dann läßt sich zugleich kontrollieren, ob, wie zu fordern, die fortschreitende DNS-Injektion diesem Prozentsatz parallel geht.

Zweitens kann man an Stelle des Abstreifens den osmotischen Schock benutzen und im übrigen genau so verfahren. Dieser Methode liegt die Vorstellung zugrunde, daß auch ein adsorbiertes Phagenteilchen der Inaktivierung durch osmotischen Schock noch so lange zugänglich ist, bis es seine DNS vollständig an die Zelle abgegeben hat. Die infizierte Zelle selbst ist gegenüber dem Schock praktisch unempfindlich.

LURIA u. STEINER (vgl. auch LANNI) benutzten die erste Methode, um die DNS-Injektion bei T5 zu verfolgen und den Einfluß von Ca^{++} hierauf zu untersuchen, von dem man weiß, daß es bei T5 zu einem sehr frühen Zeitpunkt eingreifen muß, um die Vermehrung dieses Phagen zu ermöglichen (s. Bd. 13). Der Gedanke lag daher nahe, dem Ca^{++} eine unentbehrliche Rolle beim Prozeß der DNS-Injektion zuzuschreiben. Tatsächlich konnte nachgewiesen werden, daß die DNS aus der Proteinhülle des adsorbierten T5-Teilchens nur dann in die Zelle übertritt, wenn genügend Ca^{++} zugegen ist und wenn die Zellsuspension nicht zu dicht ist. Worauf dieser merkwürdige, hemmende Einfluß zu hoher Zelldichte beruht, ist nicht klar. In jedem Falle beansprucht die DNS-Injektion bei T5 eine erhebliche Zeit (bis zu 10 min).

ANDERSON ging mit Hilfe der zweiten Methode der DNS-Injektion bei T4 nach. Er fand, daß ein adsorbiertes T4-Teilchen bei 15° durchschnittlich 7 min braucht, um die Injektion zu vollenden bzw. einen schockresistenten Komplex zu bilden, was vermutlich das gleiche bedeutet.

Einige quantitative Angaben über die von WEIDEL erstmals nachgewiesene Desintegrierung von B-Zellmembranen durch adsorbierte T2-Teilchen machen BARRINGTON u. KOZLOFF. Es ist wahrscheinlich, daß dieser Effekt mit der vermutlichen Durchlöcherung der Zellmembran bei bzw. vor der DNS-Injektion und vielleicht noch mit anderen, hierbei beobachteten Phänomenen in engstem Zusammenhang steht. Jedenfalls kann man hier die chemischen Konsequenzen eines engen Kontaktes zwischen zwei labilen, hochmolekularen Strukturen genauer studieren und damit unter Umständen noch unbekannte chemische Reaktionsmechanismen entdecken.

IV. Vermehrung.

10. Seit es als nahezu sicher gelten kann, daß von den Komponenten eines Phagenteilchens der Desoxyribonucleinsäure allein die Rolle zufällt, die einer echten genetischen Substanz vor allem zukommt, nämlich die Bewahrung der Gesamtstruktur des sie beherbergenden „Organismus" bis in alle Details als Chiffre in ihrer eigenen Feinstruktur, und damit die Leistung einer Garantie für die Aufrechterhaltung der Identität zwischen Elternteilchen und neuproduzierten Teilchen, konzentriert sich das Interesse zur Zeit vorwiegend auf sie und ihr Verhalten in der infizierten Zelle. Wesentlich ist dabei, daß diese DNS auch insofern Eigenschaften besitzt, die von einer echten genetischen Substanz zu fordern sind, als sie ihre genetischen Informationen in Gestalt diskreter Einheiten enthält, die, wie die Erbfaktoren eines Chromosoms, einem Austausch und damit einer Rekombination zugänglich sind. Dazu paßt die Fadenform der DNS-Moleküle ausgezeichnet.

11. Reduplikationsmechanismus der DNS. Zur Zeit kann man nur darüber spekulieren, auf welche Weise die DNS gewisse Informationen auf die Zelle überträgt, die sie damit zur Virusproduktion, vor allem also auch zur Produktion zellfremden Proteins, zwingt. Die Frage nach dem Mechanismus ihrer eigenen identischen Reproduktion scheint demgegenüber experimentell besser zugänglich.

Man kann sich dabei chemischer Methoden bedienen, wenn es, wie im Falle von T 2, T 4 und T 6, möglich ist, Phagennucleinsäure sauber von zelleigener Nucleinsäure zu unterscheiden. Die zweite Möglichkeit besteht in der Heranziehung genetischer Experimente, denn es kann nicht bezweifelt werden, daß der Austausch von Erbfaktoren zwischen nicht-identischen, nebeneinander in der gleichen Zelle reproduzierten DNS-Fäden nur ein besonderer Aspekt ihres Reproduktionsmechanismus ist. Hinzu kommen noch radiobiologische Methoden und die verschiedenen Reaktivierungsphänomene, insbesondere die Mehrfachreaktivierung und ein neuer, von WEIGLE entdeckter Reaktivierungstyp (s. 21.), die ebenfalls aufs engste mit diesem gesuchten Reproduktionsmechanismus der DNS verknüpft sein dürften. Von größter theoretischer Bedeutung wird hier überall das von WATSON und CRICK entworfene Feinstrukturmodell der DNS, das erst eine konkrete Grundlage für die Diskussion geschaffen hat.

Eine zusammenfassende Darstellung der experimentellen und gedanklichen Leitlinien, die zur gegenwärtigen Auffassung der Sachlage geführt haben, gibt DELBRÜCK (1). Unter stärkerer Herausstellung biochemisch-analytischer Gesichtspunkte befaßt sich HERSHEY (2) mit dem gleichen Thema.

12. Es muß hier angemerkt werden, daß allen derartigen Überlegungen eine mehr oder weniger stillschweigend gemachte Annahme zugrunde liegt, nämlich die, daß es sich beim Reproduktionsmechanismus der DNS nur um einen praktisch umweglosen, autokatalytischen Matrizenmechanismus handeln kann. Um einen Mechanismus also, der die ständige Anwesenheit derjenigen Struktur — stets im ursprünglichen konfigurativen Zustand — erfordert, die identisch reproduziert werden soll. Ein solcher autokatalytischer Reproduktionsmechanismus für die Phagen-DNS setzt also offensichtlich voraus, daß das Schicksal und Verhalten des infizierenden DNS-Fadens im Zellinneren prinzipiell identisch ist mit dem von sämtlichen seiner Tochterfäden. All diese Fäden haben danach nur die eine Hauptfunktion, sich von Fadengeneration zu Fadengeneration immer wieder unmittelbar zu verdoppeln.

Halten wir hier zunächst fest, daß ein solcher Mechanismus ganz bestimmt nicht für das komplette Phagenteilchen gilt, wie man vor noch nicht allzu langer Zeit annahm, und zwar deshalb nicht, weil 50% seiner Gesamtmasse, nämlich sein Proteinanteil, von der Zelle auf einem weiten Umweg gemacht wird. Bei dessen Reproduktion handelt es sich selbstverständlich um etwas vollkommen anderes als um einen autokatalytischen Prozeß, denn was gar nicht da ist (wie das klassische Experiment von HERSHEY u. CHASE zeigt), kann auch nicht als Reproduktionsmuster herhalten. Es ist ganz charakteristisch, daß man sich unter diesen Umständen daran gewöhnt hat, das erste Auftreten neuproduzierten Phagenproteins in der infizierten Zelle unter dem Stichwort „Reifungsphase" zu registrieren, während man die „eigentliche Vermehrungsphase" in die Eklipse, also die erste Hälfte der Latenzzeit verlegt, ohne wirklich zu wissen, welche Mechanismen hier walten. Das hätte logisch und grammatisch nur dann seine volle Berechtigung, wenn hier tatsächlich im Vergleich zur „Reifungsphase" etwas besonderes geschähe, nämlich eben eine Vermehrung von etwas, was schon da ist und prinzipiell unverändert da bleibt. In diesem Sinne wird das Virusprotein zweifellos nicht vermehrt, sondern es wird neu produziert.

Wie aber, wenn für den infizierenden DNS-Faden recht wäre, was für das komplette Phagenteilchen billig ist? Wenn er ebenfalls „auseinandergenommen" würde und seine Identität verlieren müßte wie dieses (nur eben etwas später), um seine Informationen an die Zelle abgeben und damit die Reproduktionsvorgänge in Gang setzen zu können? Dann würde sein intracelluläres Schicksal vollkommen abweichen von dem aller neu gemachten DNS-Fäden, von denen somit ebenso wenig einer zum Vater von weiteren Fäden werden könnte wie ein in der Zelle fertiggestelltes komplettes Phagenteilchen zum Vater weiterer kompletter Teilchen wird. Die DNS-Reproduktion würde unter diesen Umständen kein umwegloser, autokatalytischer Prozeß sein, bei dem jedes Molekül unmittelbar als Matrize für die Herstellung von identischen Tochtermolekülen dient, und würde darin dann der Reproduktionsweise des Proteins gleichen, die auch nicht so funktioniert.

Eine solche Möglichkeit ist durchaus nicht von der Hand zu weisen, und es gibt außerdem keinen experimentellen Befund, der sie vollkommen sicher ausschließt. Zu ihren Gunsten spricht nicht zuletzt die Schwierigkeit, sich vorzustellen, daß die infizierende DNS komplizierte Informationen an die Zelle abgibt, ohne sich dabei wesentlich in ihrem angeblichen Hauptgeschäft der ständigen Verdoppelung und Paarung stören zu lassen, und vor allem, ohne sich dabei in erster Linie als die empfindliche chemische Substanz zu benehmen, die sie ist, d.h. also ohne irreversible chemische Umsetzungen mit den Zellkomponenten einzugehen, die die Information, z. B. zur Herstellung spezifischer Proteine, aufzunehmen haben. Die gegenwärtig propagierten Vorstellungen sind da vielleicht doch zu statisch-physikalisch und lassen die sonst allenthalben in der Zelle operierenden biochemischen Mechanismen zu sehr außer Acht, deren Prinzip es geradezu zu sein scheint, ein bestimmtes Ziel immer nur auf scheinbaren Umwegen zu erreichen.

Selbstverständlich ist es vollkommen berechtigt zu versuchen, eine bestimmte Vorstellung, die man von einer Sache hat, mit allen experimentellen und gedanklichen Mitteln bis zur letzten Konsequenz zu verfolgen und auszubauen. Aber es hat sich wohl noch immer bewährt, wenn man darüber nicht jede andere Möglichkeit, gewisse Tatsachenkomplexe zu interpretieren, aus den Augen verliert oder gar ablehnt. Freilich darf man nicht vergessen, daß die Annahme eines autokatalytischen Reproduktionsprozesses den großen Vorteil hat, unmittelbar anschaulich zu erscheinen und zahllose wohlüberlegte Experimente einerseits nahezulegen, andererseits ihre Ergebnisse zunächst einmal deutbar zu machen, während ein komplizierter, aus mehreren Stufen zusammengesetzter Umwegmechanismus unzugänglich und seine Diskussion relativ unfruchtbar bleibt, solange nicht ein glücklicher Zufall irgendwo den roten Faden in Gestalt eines Befundes bloßlegt, der experimentell in dieser Richtung weiterführt. Beim Problem der DNS-Reproduktion wird, wie es nach diesen Überlegungen scheint, sehr viel davon abhängen, ob es gelingt, das intracelluläre Schicksal des infizierenden Fadens vollkommen zu klären.

13. Schicksal der infizierenden DNS. Gewisse Experimente, die STENT (1) zum Teil bereits veröffentlicht und dann weiter ausgebaut hat, scheinen hierzu schon konkrete Anhaltspunkte zu liefern. Das Prinzip dieser Experimente ist, ^{32}P in das infizierende Phagenteilchen (T 2), in die Wirtszelle oder in beide einzubauen, die T 2-Vermehrung nach bestimmten Zeitintervallen abzustoppen (durch Abkühlung auf —196°), bei dieser tiefen Temperatur den radioaktiven Zerfall (aber natürlich nicht den Vermehrungsprozeß!) in den infizierten Zellen weiterlaufen zu lassen und Tag für Tag an wieder aufgetauten Proben festzustellen, welcher Prozentsatz der Zellen jetzt noch einen Plaque zu bilden, d. h. mindestens ein neues T 2-Teilchen herzustellen vermag.

Das Ergebnis dieser drei Serien von Experimenten war folgendes (STENT, persönliche Mitteilung):

a) Infektion nicht-radioaktiver Bakterien in nicht-radioaktivem Medium mit radioaktiven T2-Teilchen. Zellen, die sofort nach der Infektion eingefroren werden, verlieren ihre Fähigkeit, einen Plaque zu produzieren, praktisch genau so schnell wie die freien radioaktiven T2-Teilchen. Unmittelbar nach vollzogener Infektion befindet sich die T 2-DNS also, wie zu erwarten, noch in einem Zustand, der sich in bezug auf die Empfindlichkeit gegenüber radioaktivem Zerfall des eingebauten ^{32}P nicht wesentlich von dem Zustand unterscheidet, in dem sie sich im Inneren des Kopfes eines freien Phagenteilchens befindet.

Je länger man den Vermehrungsprozeß in den infizierten Zellen bei 37° fortschreiten läßt, ehe man sie einfriert, um so langsamer verlieren sie bei $-196°$ ihre Fähigkeit, einen Plaque zu produzieren, um so unempfindlicher werden sie, mit anderen Worten, gegenüber dem Zerfall des ^{32}P, der sich bei der tiefen Temperatur dauernd in ihnen abspielt. Infizierte Zellen, die erst nach einem Aufenthalt von 8 min bei 37° eingefroren werden, produzieren nach dem Auftauen im Anschluß an eine beliebig lange Aufbewahrung bei $-196°$ stets einen Plaque, werden in dieser Fähigkeit also überhaupt nicht mehr davon beeinträchtigt, daß ein beliebig großer Teil des ^{32}P, den die infizierende DNS enthalten hatte, in der Zwischenzeit zerfallen ist.

Was kann man aus diesem Experiment unter Zugrundelegung eines Matrizenmechanismus schließen? Offenbar zunächst noch nicht sehr viel. Nehmen wir der Einfachheit halber an, es handle sich bei der infizierenden DNS um ein einziges Fadenmolekül, das die gesamte T2-Information speichert. Es könnte grundsätzlich auf verschiedene Arten nach einem Matrizenmechanismus redupliziert werden: **erstens** könnte es sein, daß dieses Molekül nur als Ganzes zur Matrize für die Anlagerung neuer Nucleotide dienen kann. Diese würden sich auf ihm in der gleichen Anordnung aneinanderreihen, wie in ihm selbst bereits vorgegeben, und so den neuen Faden bilden, der die komplette Information noch einmal enthält.

Dabei gäbe es wiederum zwei wichtige Unterscheidungen zu machen: **entweder** der Mechanismus ist so konstruiert, daß es niemals zu einer Vermischung von Materie der Matrize mit neu angelagerter Materie kommt. Dies wäre der einfachste Fall. Nennen wir ihn A!

Oder aber die Reduplikation kann aus strukturellen Gründen nur so erfolgen, daß es im Verlauf der Neubildung eines Fadens durch eine Art crossing-over-Prozeß zu einer gleichmäßigen Vermischung von Matrizenmaterial mit neu angelagertem Material kommt [vgl. DELBRÜCK (2)]. Die beiden aus dem ersten derartigen Reduplikationsakt hervorgehenden Fäden würden dann also zu je 50% aus frischem bzw. altem Material bestehen. Verdoppelt sich jeder von ihnen abermals, dann enthält hiernach jeder der dann vorhandenen vier Fäden je 25% von den DNS-Bausteinen, aus denen sich ursprünglich die erste Matrize (infizierender Faden) zusammengesetzt hatte usw. Nennen wir diesen Fall M!

Schließlich könnte es sein, daß der infizierende Faden formal oder tatsächlich zunächst in Untereinheiten (z. B. „Gene") zerfällt, von denen jede nur Teile der Gesamtinformation enthält und nach einem der beschriebenen, hypothetischen Mechanismen **unabhängig** von den übrigen redupliziert werden kann, solange sie intakt ist (Fall U mit Unterteilung in die Möglichkeiten UA und UM). Die Untereinheiten müßten dann allerdings irgendwann, spätestens zur Zeit der „Reifung", wieder zu DNS-Fäden von der Struktur des infizierenden Fadens zusammengesetzt werden (wobei auch noch die Koppelungsbeziehungen der Gene zu berücksichtigen wären), d. h. so, daß jeder Faden vor seiner Verpackung in die Phagenproteinhülle im allgemeinen nicht mehr und nicht weniger als einen kompletten Satz von T2-Informationen enthält. Wie die richtige Auswahl getroffen wird, kann man aber nicht angeben, wenn man den Überlegungen nur die DNS-Struktur zugrundelegt!

Versucht man nun, sich klar zu machen, welcher Fall am besten bzw. überhaupt nicht zum Ergebnis der Versuchsserie a) paßt, dann scheint klar, daß der Mechanismus A ausgeschlossen ist, vorausgesetzt, daß der einzelne Replikationsakt, einmal begonnen, sehr rasch abläuft. Hiernach müßte nämlich schon die erste Replica, da auf einen Zug und zu 100% aus nicht-radioaktivem Material hergestellt, vollkommen stabil sein und jede eine solche Replica enthaltende Zelle fortan für alle Zeit zur Phagenproduktion befähigt bleiben. Diese Stabilität müßte also auf einen Schlag erreicht werden und dürfte sich nicht, wie im Experiment, kontinuierlich und in gleichmäßiger Verteilung über die ganze Population infizierter Zellen hin entwickeln. Mangelnde Synchronisierung der Zellen würde daran grundsätzlich nichts ändern, sondern nur eine — nicht beobachtete — Inhomogenität in der Zellpopulation hervorrufen, die sich dann als Mischung aus 100%ig stabilen mit 100%ig labilen Zellen in wechselnden Proportionen erweisen müßte. Unter Fall A wäre eine kontinuierliche Stabilitätszunahme nur dann erklärlich, wenn der einzelne Reduplikationsakt oder aber eine wirklich vollständige Reduplikation der Gesamtinformation viel Zeit brauchte (bis zu 8 min) und jederzeit unterbrochen oder wieder in Gang gesetzt werden könnte. Das ist jedoch nach den Erfahrungen, die man von den Vorgängen während der Eklipse hat, und nach den Deutungen, die man ihnen bisher gibt, höchstens unter der Annahme eines UA-Mechanismus statt eines reinen A-Mechanismus diskutabel. Nach der Theorie von VISCONTI und DELBRÜCK zur Erklärung der genetischen Phänomene bei Phagen sollen aber nur komplette DNS-Fäden (vegetative Phagen) Paarungen und Rekombinationen unterliegen!

Eine Zeitdauer von 8 min bis zur Erreichung voller Stabilität würde also viel zwangloser für einen Mechanismus sprechen, bei dem der genannte Effekt aus inneren Gründen erst nach vielen einzelnen, vollständigen Replikationsakten zustandekommen kann, also für Fall M. Hier findet durch Materieaustausch zwischen Matrizenmaterial und neu angelagerten, stets stabilen Bausteinen eine kontinuierliche Verteilung der Radioaktivität des infizierenden Fadens über seine Tochterfäden hin statt, d.h. eine kontinuierliche Herabsetzung der „spezifischen Gefährdung" der in die Zelle hineingebrachten T2-Information. Erst nach vielen Replikationsschritten, die natürlich Zeit brauchen, kann schließlich ein Tochterfaden gebildet werden, der praktisch ganz aus nicht-radioaktivem Material besteht und deshalb stabil ist.

Dieser Deutung widerspricht aber die zweite Serie von Experimenten:

b) Infektion radioaktiver Bakterien in radioaktivem Medium mit radioaktiven T2-Teilchen. Das verblüffende Ergebnis ist hier, daß sich alles so verhält wie im Falle a)! Mit fortschreitender Entwicklung bei

37° werden die infizierten Zellen auch unter diesen Bedingungen immer stabiler gegenüber dem ^{32}P-Zerfall. Nach 10 min ist volle Stabilität erreicht, d. h. jede infizierte Zelle bildet einen Plaque, unabhängig davon, wie lange man danach den ^{32}P-Zerfall bei $-196°$ noch andauern ließ.

In diesem Falle müssen nun stets Replicas erzeugt werden, die genau so radioaktiv sind wie der infizierende DNS-Faden, denn die neu angelagerten Bausteine enthalten alle ^{32}P. Auch noch so zahlreiche Replikationen würden keine Verdünnung der Radioaktivität und damit eine Herabsetzung der „spezifischen Gefährdung" der T2-Information bewirken — wenn diese wirklich stets an DNS gebunden bliebe!

Ehe wir darauf näher eingehen, wenden wir uns der dritten Serie von Experimenten zu:

c) Infektion radioaktiver Bakterien in radioaktivem Medium mit nicht-radioaktiven T2-Teilchen. Hier werden die infizierten Bakterien gleich von Anfang an überhaupt nicht vom ^{32}P-Zerfall gestört. Die Fähigkeit zur Phagenproduktion bleibt praktisch für alle Zellen dauernd intakt und unabhängig von der Dauer ihres Aufenthaltes bei 37° oder bei $-196°$.

Unter diesen Bedingungen ist zwar die infizierende DNS stabil, aber es können nur instabile, d. h. radioaktive Replicas davon hergestellt werden. Dies würde nichts ausmachen, wenn der Reduplikationsmechanismus nach Schema A abliefe, denn dann bliebe die T2-Information stets in einer vollkommen stabilen DNS-Struktur — nämlich der des infizierenden Fadens — aufbewahrt. Wir haben aber gesehen, daß gerade der A-Mechanismus als solcher nicht in Betracht kommt, sondern höchstens in der Form UA. Nach dem zunächst mindestens gleichberechtigt erscheinenden M-Mechanismus jedoch müßte die anfänglich ganz stabile Information von Replikation zu Replikation immer mehr gefährdet werden! Die Stabilität sollte gleich nach der Infektion am größten sein und dann, wenigstens anfänglich [wegen der merkwürdigen Ergebnisse von b) nicht dauernd!] deutlich abnehmen. Das ist indessen nicht der Fall.

Wir stellen also zusammenfassend fest:

Experiment a) spricht gegen A und für M
Experiment c) spricht für A und gegen M
Experiment b) spricht gegen A und gegen M

Die reinen A- und M-Mechanismen scheiden also offenbar aus. Man könnte sich, um den Matrizenmechanismus doch noch zu retten, nur auf die Möglichkeiten UA bzw. UM zurückziehen. Wenn die komplette Information in unabhängigen bzw. austauschbaren Teilstücken redupliziert würde, könnte sie sich tatsächlich auch unter den ungünstigsten Bedingungen [Experiment b)!] länger in der Zelle halten als wenn jedesmal ein ganzer Informationssatz, d. h. ein ganzer DNS-Faden, durch ein zerfallendes ^{32}P-Atom unbrauchbar würde. Solange es gelingt, von jeder Untereinheit immer wieder eine Kopie herzustellen, ehe sie dem Untergang anheimfällt, behält die Zelle alle Elemente der vollständigen T2-Information und sollte deshalb fähig bleiben, neue Phagen zu produzieren. Man müßte, mit anderen Worten, das zusätzliche Operieren eines Mechanismus in der Zelle fordern, der das bewirkt, was man unter dem Begriff Mehrfachreaktivierung (s. Bd. 13) schon kennt (ohne es voll zu verstehen), und was man deutet als den Austausch unbeschädigter Teilinformationen zwischen partiell geschädigten und dadurch unvollständig gewordenen Informationssätzen, wodurch wieder ein kompletter Satz gewonnen wird. Im vorstehenden Fall müßte dieser Mechanismus offensichtlich einen sehr hohen Wirkungsgrad haben, wohingegen STENT fand, daß durch ^{32}P-Zerfall inaktivierte T2-Teilchen einer Mehrfachreaktivierung überhaupt nicht zugänglich sind!

Die zweite mögliche Interpretation der Experimente wäre die anzunehmen, daß die infizierende DNS in der Zelle in einen Zustand übergeht, der sie zunehmend unempfindlich gegenüber ^{32}P-Zerfall und auch gegenüber UV (s. Bd. 13) macht, wobei sie sich in diesem hypothetischen Zustand auch vermehrt. Könnte das dann noch DNS sein? Auf jeden Fall würden so alle auf dem WATSON-CRICK-Modell beruhenden Überlegungen zum Replikationsmechanismus ganz in der Luft hängen.

Drittens schließlich könnte man hier noch einen Schritt weitergehen und annehmen, daß die gesamte Information nach und nach von der infizierenden DNS abgetastet und auf ganz andere Strukturen übertragen wird, die gegenüber einem ^{32}P-Zerfall einfach deshalb unempfindlich sind, weil sie praktisch keinen Phosphor enthalten — also z. B. auf Protein!

STENT, der alle drei Deutungsmöglichkeiten zur Diskussion stellt, gibt keiner von ihnen den Vorzug. Nach Ansicht des Referenten verdient aber unbedingt die zuletzt angeführte das größte Interesse, denn sie macht den Weg dafür frei, die Situation auch einmal unter weniger eingefahrenen Gesichtspunkten zu betrachten. Nimmt man noch die bekannte Tatsache hinzu, daß nur allenfalls 50% der DNS-Bausteine des infizierenden Fadens in den neu produzierten Teilchen wieder auftauchen, dann könnte man darin sogar einen direkten Hinweis darauf sehen, daß die infizierende DNS tatsächlich zwecks Übertragung ihrer Information auf (z. B.) Protein zu chemischen Reaktionen gezwungen wird, die sie bis zum gänzlichen Verlust ihrer molekularen Identität verändern.

Die dabei neugeprägten, unempfindlichen Strukturen, die an Stelle der infizierenden DNS nunmehr alle Informationen darüber enthalten, wie die neuen Phagenteilchen (einschließlich ihrer typenspezifischen DNS!) auszusehen haben und zu machen sind, würden dann, vermutlich in bestimmter Reihenfolge, mit der Herstellung der einzelnen Teilkomponenten der jungen Phagengeneration beginnen, und zwar, wie es scheint, noch ehe die Information vollständig von der infizierenden DNS abgetastet ist. Damit wäre nun allerdings vorerst der Produktionsmechanismus für strukturspezifische DNS wieder in dasselbe Dunkel gehüllt wie der für strukturspezifisches Protein. Auf die weitere Entwicklung darf man jedenfalls im jetzigen Stadium sehr gespannt sein.

14. DNS- und Proteinbilanz infizierter Zellen. Wichtige Vorarbeiten, um dieses Dunkel nach und nach aufzuhellen, wurden von HERSHEY, DIXON u. CHASE sowie HERSHEY (3) (vgl. auch KOZLOFF) geleistet durch Bestimmung der Umsatzbilanzen, die sich bei der Herstellung neuer Phagen-DNS und neuen Phagenproteins durch eine infizierte Zelle ergeben. Die Messung der interessierenden Umsätze ist bei DNS unter besonderen Umständen (5-Oxymethyl-cytosin statt Cytosin in T2-DNS!) möglich, und die Ergebnisse sind bis zu einem gewissen Grade interpretierbar, ohne spezielle Annahmen über Reproduktionsmechanismen vorauszusetzen.

Zunächst wurde festgestellt, daß die Zusammensetzung der Gesamt-DNS einer T2-infizierten Colizelle sich mit Fortschreiten der T2-Vermehrungsprozesse systematisch ändert. Bakterielle DNS wird nach der Infektion ab- und zu Virus-DNS umgebaut, bis nach 20 min nur noch ein Drittel der anfänglich vorhandenen Menge übrigbleibt. Zugleich steigt — nach einer kurzen Anfangspause — der Gehalt der Zelle an typischer Virus-DNS ständig an und entspricht nach 30 min der Menge, die in 100—400 T2-Teilchen enthalten ist. 10 min nach Infektion enthält die Zelle etwa gleich viel von beiden DNS-Arten. In der Zelle finden sich erst von der 10. min ab komplette T2-Teilchen. Bis dahin hat sie aber bereits genügend T2-DNS gemacht, um 40 bis 80 T2-Teilchen damit ausstatten zu können. Dieser Anteil nicht in kompletten Virusteilchen enthaltener T2-DNS bleibt von da ab ziemlich konstant, während deren Gesamtmenge weiter zunimmt, und zwar in dem Maße, wie neue T2-Teilchen fertiggestellt werden. Es liegt deshalb zunächst nahe anzunehmen, bei dem konstant bleibenden, nicht in kompletten Teilchen enthaltenen Anteil an intracellulärer Virus-DNS handle es sich um einen „Pool", in welchem einerseits ständig neue, komplette DNS-Fäden durch Autoreduplikation und genetische Rekombination entstehen, während ihm auf der anderen Seite von der 10. min ab laufend fertige Fäden wieder entnommen werden, die unmittelbar zur Ausrüstung von T2-Teilchen Verwendung finden.

Daß der Pool in der Tat so deutbar ist, ließ sich durch kinetische Experimente unter Verwendung von ^{32}P recht klar nachweisen. Auch hierbei ergab sich eine DNS-Poolgröße von 50—100 Teilchenäquivalenten, und es zeigte sich, daß die Inkorporierung von Pool-DNS in reife T2-Teilchen ein irreversibler, mit hohem Wirkungsgrad arbeitender Prozeß ist: 90% des noch während seiner Bildung in den Pool gebrachten ^{32}P sind später in reifen T2-Teilchen enthalten.

Versteift man sich nicht auf einen autokatalytischen Mechanismus, dann ließe sich der Pool auch auffassen als Ansammlung noch „in Arbeit" befindlicher und bereits fertiggemachter Virus-DNS. Seine relative Größe würde auf das Vorhandensein mehrerer DNS-Produktionszentren in der Zelle hindeuten, deren Produkte wahrscheinlich auch nach Fertigstellung meist noch eine Weile herumliegen, ehe sie zu reifen Phagenteilchen verarbeitet werden.

Es dauert etwa 8—9 min, bis ein Phosphoratom aus dem Medium in den DNS-Pool gewandert ist, und weitere 7—8 min, bis es hier wieder herausgefischt wird (als Bestandteil eines DNS-Fadens!) und in einem kompletten T 2-Teilchen landet. Vom Elternteilchen stammender Phosphor fließt dem Pool bereits vor der 10. min zu! Die infizierte Colizelle synthetisiert je Minute 7—8 Teilchenäquivalente T 2-DNS. Das ist etwas mehr als sie im nicht infizierten Zustande an bakterieller DNS produziert.

Übrigens wurden auch Anzeichen dafür gefunden, daß — entgegen früher geäußerten Ansichten — sogar bakterielle RNS als Rohmaterial an intracellulären Umsätzen beteiligt ist, die zur Synthese von Virus-DNS führen.

Über den Polymerisationsgrad und den intracellulären Zustand der injizierten Phagen-DNS versuchten WATANABE, STENT u. SCHACHMAN Aufschluß zu erhalten. Schon HERSHEY (3) fand, daß Pool-DNS, die ja auch Bestandteile elterlicher DNS enthält, von Desoxyribonuclease angegriffen wird, im Gegensatz zur DNS, die bereits in fertigen T 2-Teilchen untergebracht ist. Sie sollte also, ebenso wie die injizierte DNS, mehr oder weniger frei im Zellinhalt enthalten sein und durch Trichloressigsäure, DN-ase usw. oder durch Zentrifugierungen charakterisiert und aufgetrennt werden können, falls unterschiedliche Polymerisationsgrade auftreten.

Das Ergebnis dieser Experimente war, daß der größte Teil der ^{32}P-markierten, infizierenden DNS durch die ganze Latenzzeit hindurch die Eigenschaften hochmolekularer DNS behält, während der Rest in Gestalt von Substanzen niederen Molekulargewichtes auftritt. Das besagt aber leider nicht das Geringste in bezug auf eine Entscheidung zwischen direktem und indirektem Reduplikationsmechanismus, denn selbst wenn die infizierende DNS nach und nach vollständig in niedermolekulare Bestandteile zerlegt würde, könnte man dies unter den gewählten experimentellen Bedingungen nicht merken, wenn die entstehenden Bruchstücke stets sehr rasch in neusynthetisierte, hochmolekulare DNS einpolymerisiert würden. Daß dies tatsächlich geschehen müßte, wenn ein Umwegmechanismus (s. 12.) in Funktion träte, erscheint aus mehr als einem Grunde sehr plausibel. In diesem Falle sollte man aber unter Umständen durch Zufuhr chemisch gleichartiger Abbauprodukte von außen her mit den vermuteten Bruchstücken in Konkurrenz treten, d. h. das Ausmaß ihrer Wiederverwendung herabdrücken können.

Dieser dem Biochemiker naheliegende Gedanke wird zur Zeit von mehreren Arbeitsgruppen experimentell verfolgt (vgl. HERSHEY, GAREN, FRASER u. DIXON). Es gelang bisher nicht, einfache Purin- oder Pyrimidinverbindungen zu finden, die erfolgreich mit der Verwendung elterlicher DNS-Bestandteile zu konkurrieren vermögen. Dies könnte bedeuten, daß nur große, also unter Umständen noch genetische Informationen bergende Stücke von Eltern- auf Tochterteilchen übergehen, eine Deutung, die HERSHEY u. Mitarbeiter gemäß der zur Zeit vorherrschenden Betrachtungsweise vorziehen, obwohl sie sich gewiß darüber klar sind, daß ein negatives Ergebnis dieser Art eigentlich gar nichts aussagt. Ein direkter, klarer Beweis für eine Übertragung von chemisch markiertem Material in genetisch noch aktiver Form konnte auch auf anderem Wege bisher nicht erbracht werden. Sicher ist aber andererseits, daß stets mehrere Tochterteilchen, und zwar nur die zuerst fertiggestellten, Materie empfangen, die ursprünglich Bestandteil der DNS des infizierenden Teilchens war, was also noch ein weiteres Argument gegen die Mechanismen A oder M bedeutet (s. 13.) und unter dem Aspekt eines Umwegmechanismus ganz plausibel erscheint.

In den Übergang bakterieller DNS in Phagen-DNS war hingegen ein konkurrierender Eingriff möglich, und zwar mit Thymidin, das, der infizierten Zelle von außen zugeführt, die Verwendung von Thymin aus bakterieller DNS etwas herabsetzt. Dieser, wenn auch unerwartet schwache, Effekt zeigt also eine Benutzung unspezifischer Bruchstücke von Bakterien-DNS für die Virussynthese an. Daß er nicht stärker ausgeprägt ist, unterstreicht doch wohl nur, daß bei solchen Übertragungen wahrscheinlich chemische Gleichgewichte im Spiel sind, die vom bereits bekannten biosynthetischen Stoffwechsel der Wachstumsfaktoren und anderer niedermolekularer Zellbestandteile einigermaßen weit entfernt und deshalb von dieser Ebene aus nur schwer zu beeinflussen sind (s. auch Cohen!). Wiederum dürfte man also aus negativen Resultaten hier noch keine allzu konkreten Schlüsse ziehen.

Von außerordentlichem Interesse sind schließlich Ergebnisse der oben genannten Arbeitsgruppe zur Frage des Proteinstoffwechsels der infizierten Zelle. Zellprotein, das vor der Infektion aufgebaut wurde, sowie Protein des infizierten Teilchens sind bekanntlich keine Vorläufer von Virusprotein, können also vollkommen außer Betracht bleiben (vgl. auch Kozloff). Es stellte sich aber heraus, daß das Gleiche auch von einem großen Teil des Proteins gilt, das die Zelle nach der Infektion mit T 2 synthetisiert!

Durch die Infektion wird die Proteinsynthese in der Zelle weder herabgedrückt noch gar unterbrochen. Bis zur Lyse produziert sie nun aber nicht nur sehr viel mehr Protein, als jemals später in neuen Phagenteilchen untergebracht wird, sondern es ließ sich auch direkt zeigen, daß von dem anfänglich gemachten Protein praktisch überhaupt nichts und von dem später gemachten höchstens ein Anteil von 50—60% potentielles Phagenprotein ist. Die infizierte Zelle produziert also mindestens zwei Arten von Protein, und die zeitliche Reihenfolge ihrer synthetischen Leistungen scheint zu sein: Funktionell unbekanntes Protein — Virus-DNS — Virus-Protein. Die Synthese des funktionell unbekannten Proteins läuft dabei, wie gesagt, ständig weiter und nimmt nur anteilmäßig nach und nach bis zur Hälfte ab.

Der Gedanke erscheint verlockend, in dem funktionell unbekannten Protein oder einem Teil davon diejenige materielle Zellkomponente zu erblicken, auf die die Information der infizierenden DNS zunächst übertragen wird und der sodann die Aufgabe zufällt, die gleiche Art von DNS in großer Auflage neu zu machen. Es ist übrigens bekannt, daß 5-Methyl-Tryptophan, ein typischer Hemmstoff der Proteinsynthese, in infizierten Zellen nicht nur die Proteinsynthese hemmt, sondern auch die DNS-Synthese, was auf eine enge Koppelung beider Synthesemechanismen hindeutet! Man weiß außerdem, daß die T 2-infizierte Zelle nicht mehr imstande ist, bestimmte Proteine, z. B. adaptative Enzyme, aufzubauen, deren Herstellung vor der Infektion prompt erfolgen konnte. Da ihr Kernmaterial einem raschen Abbau unterliegt, ist dieser Ausfall wohl als Folge davon anzusehen, und man wird so zu der Vermutung gedrängt, daß vielleicht die gesamte Proteinsynthese der infizierten Zelle virusgesteuert ist, wobei zwei in ganz verschiedenem Sinne „virusspezifische" Proteintypen hervorgebracht werden. Vielleicht ließe sich ein entsprechender Nachweis sogar serologisch erbringen.

V. Reifung.

15. Unreife Formen. Obwohl es nach dem Vorausgegangenen nicht mehr als ganz eindeutig gelten kann, daß sich ein prinzipieller Unterschied zwischen „eigentlicher Vermehrung" und „Reifung" machen läßt, ergeben sich doch zumindest praktische Unterschiede, die unter anderem darauf hinauslaufen, daß in der Reifungsphase wieder elektronenmikroskopisch sichtbare, mit der Phagenproduktion zusammenhängende Strukturen auftreten, während die vegetative Phase nur funktionell charakterisierbar ist.

MAALØE, BIRCH-ANDERSEN und SJÖSTRAND studierten Schnitte von T 4-infizierten Colizellen unter dem Elektronenmikroskop und bestätigten erneut die schon früher mit färberischen Methoden gefundenen Auflösungseffekte am Zellkern. Nach einiger Zeit formen sich an der Innenseite der Zellwand eigentümliche „foci", deren Zahl und morphologische Eigentümlichkeiten dafür sprechen könnten, daß es sich hier um Bildungszentren für neue Phagenteilchen handelt.

LEVINTHAL u. FISHER fassen noch einmal die Ergebnisse über inkomplette Formen (doughnuts usw.) zusammen. Die Arbeit enthält einige gute elektronenmikroskopische Aufnahmen. Neue Gesichtspunkte sind seit dem letzten Bericht in diesem Bereich nicht aufgetreten.

LANNI untersuchte das intracelluläre Auftreten von Phagenantigen bei T 5-infizierten Colizellen mit Hilfe serologischer Methoden. Auch hier ergab sich, daß serologisch spezifisches T 5-Antigen bereits einige Minuten vor dem Erscheinen der ersten reifen T 5-Teilchen nachweisbar wird und daß nicht alles Antigen in Form aktiver T 5-Teilchen vorliegt. Eine Differenzierung in „Körper-" und „Schwanzspitzen"-Antigen (s. 4.) wurde nicht angestrebt. WEIDEL u. Mitarbeiter konnten jedoch zeigen, daß T 5-Lysate außer T 5-Teilchen noch einen weiteren Bestandteil enthalten, der T 5-Receptorsubstanz spezifisch inaktiviert. Dieses Material sedimentiert nicht zusammen mit kompletten T 5-Teilchen. Es ist deshalb wahrscheinlich, daß es sich dabei um T 5-Schwänze bzw. -Schwanzspitzen handelt.

16. Wirtsinduzierte Virusmodifikationen. LURIA faßte neuere Ergebnisse auf diesem Gebiet übersichtlich zusammen. Bisher bekannt gewordene Fälle solcher Modifikationen laufen alle darauf hinaus, daß ein Phagentyp durch Vermehrung in einem bestimmten Wirt eine Einschränkung seines Wirtsbereichs erfährt, die durch Vermehrung in einem anderen Wirtstyp entweder völlig wieder aufgehoben oder nur modifiziert wird. Beides geschieht stets in derselben Weise, unabhängig von der Vorgeschichte des Phagenteilchens, hängt also nur vom jeweiligen Wirt ab. Die Beschränkungen sind nicht eine Folge verschlechterter oder aufgehobener Adsorbierbarkeit, sondern haben ihren Grund in der Blockierung irgendwelcher auf die Adsorption folgender, intracellulärer Prozesse. Der physiologische Zustand der Zelle ist dabei von ebenso ausschlaggebender Bedeutung wie ein eventuell von ihr beherbergter Prophage. Es ist interessant, daß viele von den zur Typisierung von *Salmonella typhosa* benutzten Vi-Phagentypen keine echten Wirtsbereichsmutanten sind, sondern sich als reine Modifikationen entpuppten.

Als Folgen wirtsinduzierter Modifikationen von Phagenteilchen sind auch die von temperierten Phagen vermittelten ,,Transduktionen'' (ZINDER; BARON) aufzufassen (s. 17.). Nur daß die Modifikation hier am Phagenteilchen selbst nicht in Erscheinung tritt, sondern erst an der Zelle, die von ihm infiziert und dann in ihren Eigenschaften verändert wird.

Eine Modifikation von Phagenteilchen liegt ferner dem Phänomen der ,,phänotypischen Vermischung'' (phenotypic mixing) zugrunde. Hier ist jedoch nicht die Wirtszelle verantwortlich, sondern eine nichtgenetische Wechselwirkung zwischen zwei in der gleichen Zelle vermehrten Phagenteilchen verschiedenen Typs (s. Bd. 13, 16.).

Daß der Einfluß der Wirtszelle bei bestimmten Phagentypen schließlich auch so weit gehen kann, daß in ihr vermehrte Phagenteilchen echte und bleibende Veränderungen ihrer Erbsubstanz erfahren, ist erst kürzlich nahezu sichergestellt worden. Wahrscheinlich handelt es sich dabei um Rekombinationen zwischen genetischem Material der Wirtszelle und des infizierenden Phagenteilchens (s. 19. und 21.).

VI. Genetik — Mischinfektionen.

17. Rekombination bei geradzahligen Phagen. DOERMANN stellte noch einmal in einer umfassenden Übersicht alle Tatsachen der Genetik von T 2 und T 4 und ihre gegenwärtig allgemein akzeptierte Interpretation zusammen. Es ist wirklich bewundernswert, wieviel Scharfsinn gerade auf diesem Gebiet der Phagenforschung aufgewendet wurde, um den Matrizenmechanismus, wenn nicht zu beweisen, so doch nahezu unvermeidlich erscheinen zu lassen. So haben z. B. LEVINTHAL u. VISCONTI einen Weg ersonnen, um mit rein genetischen Methoden zu einer Abschätzung der für die Theorie so wichtigen ,,Poolgröße'' zu gelangen. Sie fanden, gestützt auf ihre Experimente und einige plausible, aber unbewiesene Annahmen, daß der Pool etwa 30 vegetative Phagenteilchen enthalten muß, zwischen denen sich Paarungen abspielen, während die Experimente von HERSHEY u. Mitarbeitern, wie schon erwähnt (s. 14.), eine Poolgröße von 50—100 Teilchenäquivalenten ergeben hatten. Die Übereinstimmung erscheint befriedigend.

Bei einem neuen Rekombinationsmodell spielen die von der VISCONTI-DELBRÜCK-Theorie nicht erklärten Heterozygoten eine zentrale Rolle, denn es wird angenommen, daß alle Phagenrekombinanten über Heterozygote als Zwischenstadium entstehen. Für ihre Konfiguration wird ein Modell angegeben (LEVINTHAL), das ihre charakteristischen Eigenschaften erklärt. Nach diesen Vorstellungen würde der Replikationsprozeß nicht mehr unabhängig vom Rekombinationsprozeß sein und müßte von beliebig kurzen Untereinheiten des infizierenden Fadens in gegenseitiger Unabhängigkeit vollzogen werden können. Im allgemeinen müssen die Stücke aber ziemlich lang sein, sonst würden die beobachteten Kopplungsbeziehungen der Phagengene unverständlich!

Falls die DNS-Replikation über einen Umwegmechanismus ablaufen würde, müßte natürlich auch der Effekt der genetischen Rekombination von ihm hervorgebracht werden. Es erscheint aber müßig, darüber jetzt schon Spekulationen vorzubringen, wenigstens solange hierdurch grundsätzlich neue genetische Experimente nicht angeregt werden können. Nur soviel ließe sich wohl voraussagen, daß dann ein Stückaustausch zwischen DNS-Fäden kaum noch in Betracht käme, sondern eher das Zusammenwirken mehrerer intracellulärer Fertigungsvorrichtungen für DNS. Replikation und Rekombination wären so im Grunde dasselbe.

In letzter Zeit konzentrierte sich das Interesse der Phagengenetiker auf eine spezielle Frage, nämlich: können Schädigungen, die durch Strahlung an Phagenteilchen hervorgerufen wurden und zu ihrer Inaktivierung führten, in ihrer genetischen Struktur lokalisiert sein und sind ungeschädigt gebliebene Teile dieser Struktur genetisch noch funktionsfähig? Die Antwort ist in beiden Fällen: ja! Allerdings ist sicher nicht jede Inaktivierung auf einen Treffer in der genetischen Struktur zurückzuführen. Die Experimente wurden mit Phagen durchgeführt, die entweder durch UV oder Röntgenstrahlen (DOERMANN, CHASE u. STAHL) oder auch durch eingebauten ^{32}P [STENT (2)] inaktiviert worden waren. Die inaktivierten Phagen wurden in einer Mischinfektion zusammen mit nichtbestrahlten Phagenteilchen eingesetzt, und anschließend prüfte man, ob sie bestimmte Allele, mit denen sie markiert waren, auf die neue Phagengeneration übertragen hatten. Die Ergebnisse entsprachen der Annahme, daß ungeschädigte Loci durch genetische Rekombination vom Untergang gerettet werden können (Kreuzungsreaktivierung, engl. cross reactivation). Geschädigte genetische Strukturen werden entweder nicht repliziert oder vollständig vom Einbau in neue Phagenteilchen ausgeschlossen, denn Letale (Inaktive) treten unter diesen nicht auf.

Das WATSON-CRICK-Modell scheint hierfür keine unmittelbar einleuchtende Erklärung zu liefern.

Die Daten sprechen dafür, daß Loci, die durch 12—20 Rekombinationseinheiten voneinander getrennt sind, mehr oder weniger unabhängig voneinander infolge Strahlungstreffer inaktiviert werden. Ihr individuelles Treffervolumen beträgt nur 4% von dem für (undifferenzierte) Inaktivierung des ganzen Teilchens. Bei hohen Bestrahlungsdosen müßten also auch sehr kurze Stücke von vegetativen Phagen kopiert werden können, was aber andererseits bei ungeschädigten Strukturen kaum vorkommen darf (s. oben). Die Schwierigkeiten, denen man sich hier allenthalben gegenübersieht, um alle Beobachtungen unter einen Hut zu bringen, sind offensichtlich nicht gerade gering.

18. Rekombination bei einem temperierten Phagen (λ). Das zeigt sich auch sehr deutlich am Ergebnis umfassender Studien zur Genetik des λ-Phagen [JACOB u. WOLLMAN (1); WOLLMAN u. JACOB]. Die Verhältnisse liegen hier durch epistatische Effekte bestimmter Allele und dadurch, daß bestimmte Gene nur in Gegenwart bestimmter anderer zu phänotypischem Ausdruck zu gelangen, sehr viel komplizierter als bei T 2 oder T 4. Die Fähigkeit zur Lysogenisierung empfänglicher Bakterien hängt übrigens von einem einzigen Locus ab. Alle Loci gehören zur gleichen Kopplungsgruppe.

Die beobachteten genetischen Erscheinungen lassen sich durch die VISCONTI-DELBRÜCK-Theorie zwar erklären, doch walten gegenüber T 2 und T 4 einige Besonderheiten. Die Rekombinationshäufigkeit kann z. B. durch Bestrahlung der Bakterien um das 3—4fache heraufgesetzt werden. Die Zahl der Paarungsrunden ist aber hier nur 0,5—0,8, und es können höchstens 5—7 infizierende Phagenteilchen an der intracellulären Vermehrung teilnehmen. Mischinfektionen, bei denen ein Elterntyp sehr in der Minderheit ist, können unter Umständen nur die beiden Rekombinanten und den Majoritätselterntyp liefern, während der in der Minderheit befindliche Elterntyp in der Ausbeute der Zelle überhaupt nicht mehr auftritt. Gelegentlich findet man auch nur eine der beiden möglichen Rekombinanten und dazu den im Überschuß verwendeten Elterntyp, sonst nichts.

Man könnte für den einzelnen Rekombinationsakt nunmehr vier mögliche Resultate diskutieren und aus den Experimenten schließen, welcher Fall wirklich realisiert wird: 1. es entstehen dabei 4 Typen (die beiden Eltern und 2 Rekombinanten); 2. 3 Typen (beide Eltern und eine Rekombinante); 3a bzw. 3b. 2 Typen (zwei Rekombinanten oder ein Elterntyp und eine Rekombinante); 4. 1 Typ (eine Rekombinante). Die Experimente mit λ lassen tatsächlich nur den Fall 4. zwanglos zu, und auch bei T 2 bzw. T 4 ließen sich die experimentellen Ergebnisse damit vereinbaren. Trotzdem ist die Situation noch zu kompliziert, um sichere Schlüsse ziehen zu lassen. Immerhin dürften Phagentypen wie λ, bei denen die Zahl der Paarungsrunden klein ist, so daß das unmittelbare Ergebnis eines Rekombinationsaktes weniger stark verwischt werden kann als bei höherer Paarungshäufigkeit, ein gutes Objekt zum Studium des Rekombinationsmechanismus sein — vorausgesetzt, daß die Grundvorstellung zutrifft, nämlich daß es wirklich einen intracellulären Paarungspool gibt, in dem ein genetisches Gleichgewicht mehr oder weniger vollkommen angestrebt wird, je nach der Rundenzahl. Ein Umwegmechanismus würde übrigens ebenfalls am plausibelsten Fall 4 ergeben (s. 17.)! Die „Rundenzahl" wäre dann ein Maß für mehr oder weniger ausgedehnte, intracelluläre Zusammenarbeit mehrerer DNS-Produktionszentren.

19. Genetik von T 3. Zum Abschluß dieses Kapitels müssen noch Untersuchungen von FRASER u. DULBECCO zur Genetik von T 3 erwähnt werden, die schon zum nächsten Hauptabschnitt überleiten, weil die Ergebnisse mit dem dort besprochenen Reaktivierungsphänomen von WEIGLE in enger Beziehung zu stehen scheinen (s. auch HERSHEY u. Mitarbeiter 1954). Es stellte sich bald heraus, daß bei T 3 keine genetisch so relativ einfachen Mechanismen operieren können wie bei T 2 und T 4. Beim Versuch, spontan auftretende T 3 h-Mutanten zu isolieren, erhielt man Typen, die sich vom Elterntyp durch Änderungen an 3—4 Loci unterschieden, statt, wie zu erwarten, nur an einem. Die weiteren Versuche machten es wahrscheinlich, daß diese ungewöhnlichen „Mutanten" in Wahrheit Rekombinanten sind, und zwar zwischen dem Phagengenom und Teilen des Bakteriengenoms. Solche Rekombinationen spielen sich vorwiegend oder ausschließlich in Bakterien ab, die nicht zum normalen Zeitpunkt lysieren sondern viel später. Man kann fast alle Zellen einer B-Kultur dazu bringen, in dieser Weise auf die T 3-Infektion zu reagieren, wenn man sie 2 Std vor der Infektion in belüftetem Puffer hungern läßt. Die in Brühe infizierten Bakterien können sich in diesem Zustand sogar langsam vermehren, doch bilden sich keine stabilen Komplexe wie bei echter Lysogenisierung. Einfache Verdünnung der Kultur mit frischer Brühe „induziert" sofort, und die meisten Bakterien lysieren. Bisher konnten sechs phänotypisch verschiedene T 3 h-Stämme beobachtet werden, doch bedeutet gleicher Phänotyp keineswegs eine absolut gleiche genetische Konstitution. „Mutanten" dieser Art werden offenbar stets paarweise gebildet, was am deutlichsten gegen das Vorliegen einer echten Mutation spricht. UV-Bestrahlung der Wirtszelle vor der Infektion erhöht die Häufigkeit ihres Auftretens bis zu einem Maximum von 1% (s. auch 18. und 21.). Bei der entsprechenden Bestrahlungsdosis überleben nur 5×10^{-6} der Bakterien!

Weitere Experimente sollen die These stützen oder entkräften, daß eine echte Homologie zwischen dem genetischen Material von T 3 und einem Teil des Wirtszellgenoms besteht. Bei transduzierenden Phagen (ZINDER; BARON) ist dies wahrscheinlich nicht der Fall, doch steht dieses Phänomen vermutlich so oder so in engem Zusammenhang mit der merkwürdigen T 3-Genetik, die übrigens kein Einzelfall zu sein scheint [JACOB (2)]. Wenn man die Situation generalisiert, kann man sagen, daß sie in gewissem Sinne eine Umkehrung der Lysogenese darstellt: hier nimmt das Wirtszellgenom genetische Substanz eines infizierenden Phagen auf, während dort Teile des Wirtszellgenoms in die produzierten Phagenteilchen inkorporiert werden. Bei der Transduktion geschieht beides immer umschichtig.

VII. Reaktivierungsphänomene.

20. Auf die Übersicht von BOWEN zur Frage der Photoreaktivierung wurde schon hingewiesen (s. 6.). Neues hat sich weder hier noch hinsichtlich der Mehrfachreaktivierung ergeben. Zur Kreuzungsreaktivierung s. 17.

21. UV-Restaurierung. WEIGLE fand, daß temperierte Phagen (λ), die durch UV inaktiviert wurden, eine Reaktivierung erfahren, wenn sie an Zellen (K 12 S) absorbiert werden, die vorher oder nachher ebenfalls eine UV-Dosis erhalten haben bzw. erhalten. Unter den Nachkommen solcher UV-restaurierter Phagen findet sich ein hoher Prozentsatz (2,5%) ,,Mutanten". Wiederum (s. 19.) scheint es, als finde die Reaktivierung tatsächlich infolge einer Rekombination zwischen Teilen des Wirtsgenoms und des Phagengenoms statt, wodurch vielleicht für unbrauchbar gewordene Teile des letzteren Ersatz geschaffen wird. Eine Reaktivierung ist natürlich nur dann zu beobachten, wenn die Phagen zuvor bestrahlt und dadurch zunächst inaktiviert wurden. Eine Erhöhung der absoluten Zahl von ,,Mutanten" findet man aber beim gleichen System auch, wenn man nur die Bakterien bestrahlt und mit intakten Phagen infiziert [JAKOB (2)]. Dieser spezifische Effekt des UV auf die Bakterien kann durch sichtbares Licht rückgängig gemacht werden. Der ganze Effekt ähnelt also einer Induktion. Röntgenstrahlen oder Stickstofflost können die Bakterien ebenfalls in einen Zustand versetzen, der ihnen reaktivierende Fähigkeiten gegenüber UV-inaktivierten λ-Phagen verleiht bzw. die ,,Mutanten"-Häufigkeit in der Nachkommenschaft intakter Phagen heraufsetzt. Einen entsprechenden Reaktivierungseffekt fanden WEIGLE u. DULBECCO auch bei T 3 (vgl. hierzu 19.). — Vgl. oben S. 450, 461, 463.

Faßt man alle Beobachtungen zusammen, die in direkter oder indirekter Beziehung zum Phänomen der UV-Restaurierung stehen, dann wird man mehr und mehr zu der Annahme gedrängt, daß es eine neue Möglichkeit gibt, die Phagen in zwei Klassen einzuteilen: zur einen gehören solche, die ihre intracelluläre Vermehrung ohne genetische Wechselwirkung mit dem Kernmaterial der Wirtszelle betreiben und auf seine Hilfe nicht angewiesen sind. Sie zerstören wohl sogar die genetische Spezifität dieses Materials sehr rasch. Typische Vertreter: T 2, T 4, T 6. Für die Mitglieder der anderen Klasse gilt das genaue Gegenteil. Man könnte diese Phagen, zu denen alle temperierten und ein gut Teil virulenter gehören mögen, wie z. B. T 3, vielleicht für funktionell inkomplett ansehen. Ihr Genom enthält nicht alles, was zu ihrer erfolgreichen Replikation nötig ist. Das Wirtsgenom muß — oder kann wenigstens — aushelfen.

VIII. Lysogenese.

22. Die wichtigsten Ergebnisse auf diesem erst in den letzten Jahren reaktivierten Teilgebiet der Phagenforschung wurden kürzlich in zwei Sammelreferaten [LWOFF; JACOB (1)] sehr ausführlich dargestellt.

Grundsätzlich neue Beobachtungen, die geeignet wären, bisherige Interpretationen revisionsbedürftig zu machen, sind seit Erscheinen des vorhergehenden Berichtes (Bd. 15) nicht hinzugekommen. Andererseits blieben die eigentlichen Mechanismen aller hervorstechenden Phänomene der Lysogenese, wie z. B. der Induktion, der Immunität, der Lysogenisierung usw. nach wie vor in Dunkel gehüllt. Hier gibt es noch ungeheuer viel experimentelle Arbeit zu bewältigen, doch fehlen dafür vorläufig oft genug brauchbare Ansatzpunkte. Man wird sich mit dieser Situation abfinden müssen, solange man genötigt ist, die lysogene Zelle experimentell als unteilbares Ganzes hinzunehmen, d. h. solange man den Ablauf kompliziertester, intracellulärer Auseinandersetzungen eigentlich immer nur aus ihrem allerletzten Endprodukt — fertigen Phagenteilchen — rekonstruieren kann und muß, während die Vorgänge selbst und ihre Zwischenzustände sich dem direkten Zugriff entziehen. Sie spielen sich hinter der schützenden Zellwand ab, die nicht zerstört werden kann, ohne daß sofort jede spezifische Dynamik aufhört, wobei im allgemeinen auch der im Moment der Zerstörung erreichte „Zustand" undefinierbar bleibt. Letzteres ist nur unter besonders günstigen Umständen nicht der Fall (s. 14.).

23. Einige wenige Punkte sind zum Kapitel „Lysogenese" noch nachzutragen. JACOB u. WOLLMAN (2) konnten zeigen, daß temperierte Phagenteilchen (λg), die eine ihnen gegenüber immune, lysogene Zelle [K12 (λ+)] sekundär infizieren, nicht vernichtet werden, sich aber auch nicht intracellulär vermehren. Sie bleiben hier vielmehr liegen, werden bei jeder Zellteilung — als handle es sich um nicht vermehrungsfähige Cytoplasmapartikel — rein statistisch auf die Tochterzellen verteilt und verschwinden so nach und nach einfach durch Verdünnung in der wachsenden Bakterienpopulation. Solange eine K12 (λ+)-Zelle ein oder mehrere solcher „liegengebliebener" λg-Teilchen enthält, produziert sie nach der UV-Induktion sowohl λ+-Teilchen (Wildtyp, ursprünglich als Prophage in der lysogenen Zelle) als auch λg-Teilchen (Plaquetyp-Mutante von λ+).

Es wäre interessant zu wissen, ob die λg-Information einfach in Gestalt der bei der sekundären Infektion injizierten DNS in der lysogenen Zelle liegenbleibt oder ob mit dieser DNS zunächst doch noch irgend etwas geschieht, z. B. eine Übertragung ihrer „Information" auf andere materielle Strukturen der Zelle, die nicht mehr aus DNS bestehen. Das Problem wäre sicher mit Hilfe der ^{32}P-Methode von STENT (s. 13.) zu lösen. Man könnte so feststellen, ob die empfindliche DNS der sekundär infizierenden Teilchen tatsächlich über mindestens zehn Zellgenerationen hinweg dem Cytoplasma der lysogenen Zelle einverleibt und ausgesetzt werden kann, ohne dabei irgendwie angetastet zu werden.

Hier hat man zudem den günstigen Fall einer ganz frühzeitigen Blockade der Virusvermehrung, ohne daß die Wirtszelle durch die Infektion geschädigt wird, und es ließe sich deshalb höchstwahrscheinlich auch noch feststellen, ob zwischen DNS-Injektion und Beginn der

DNS-Vermehrung irgendwelche bisher unbekannte Prozesse eingeschaltet sind. Solange die Induktion durch Bestrahlung mit sichtbarem Licht rückgängig gemacht werden kann, bleibt nämlich das sekundär infizierende Teilchen im eben schon geschilderten Zustande der Passivität, wird die Immunität der lysogenen Zelle ihm gegenüber also aufrechterhalten. Erst wenn der Prophage unwiderruflich ins vegetative Stadium übergetreten ist, können gleichzeitig auch die zur Sekundärinfektion benutzten, temperierten Teilchen nahe verwandten Typs von der lysogenen Zelle vermehrt werden.

Das Mengenverhältnis beider Teilchenarten in der Phagenausbeute richtet sich nach der bei der Sekundärinfektion angewandten Infektionszahl (multiplicity). Nimmt man an, daß jeder Prophage in bezug auf die Erzeugung einer bestimmten Anzahl von Nachkommen einem superinfizierenden Phagenteilchen äquivalent ist, dann kann man nach JACOB (1) die Zahl der Prophagen je Zelle abschätzen: werden bei einer bestimmten Infektionszahl in der Ausbeute gleich viel Teilchen von jeder Art gefunden, dann ist die Zahl der Prophagen je Zelle gleich dieser Infektionszahl. Bei *P. pyocyanea* errechnete man so 3—4 Prophagen je Zelle. Da *P. pyocyanea* in der logarithmischen Vermehrungsphase 2—4 Kernäquivalente enthält, würde also auf jedes derselben ein Prophage entfallen, was sehr gut zu der Vorstellung paßt, daß der Prophage einen bestimmten „Chromosomen"-Abschnitt der lysogenen Zelle einnimmt oder gar repräsentiert.

Aus seinen Experimenten mit virulenten Mutanten temperierter Phagen schließt JACOB (1), daß deren Fähigkeit, sich ungehindert in lysogenen Zellen mit homologen Prophagen zu vermehren, die Immunität dieser Zellen also zu durchbrechen, tatsächlich darauf beruht, daß sie induzierend auf die von ihnen infizierten Zellen wirken. Zunächst gerät infolgedessen der Prophage ins vegetative Stadium, worauf nach der schon besprochenen Regel nunmehr auch das genetische Material des virulenten Teilchens vermehrt werden kann. Hierbei kann es dann auch zu Rekombinationen zwischen beiden Phagentypen und zur Reaktivierung des virulenten Phagen kommen, falls dieser vor der Infektion mit UV inaktiviert worden war.

Im vorhergehenden Bericht (Bd. 15) wurde auseinandergesetzt, daß ein temperiertes Phagenteilchen nach der Infektion einer empfänglichen Zelle drei Wege einschlagen kann: 1. Es kann sofort ins vegetative Stadium ungehemmter Vermehrung eintreten; 2. es kann zum Prophagen „reduziert" werden; 3. es kann verlorengehen, ohne daß die Zelle bleibend verändert wird. JACOB (1) fand noch eine 4. Möglichkeit: es können Zellen entstehen, die nach Heranzüchtung zu Klonen spontan fast keine oder überhaupt keine Phagen produzieren und die nach Induktion zwar alle ganz normal lysieren, wobei aber wiederum infektionsfähige Phagen kaum nachzuweisen sind. Die Immunität solcher abnormer Zellen stimmt jedoch mit der von normal lysogen gewordenen überein. Also müssen die ersteren wohl ein prophagen-ähnliches Gebilde enthalten, wenngleich dessen Übergang ins vegetative Stadium oder auch die daran anschließende Fertigstellung infektionsfähiger Phagenteilchen in ihnen stärkstens behindert ist. Solche Zellen kann man auch aus typisch lysogenen erhalten, wenn man diese einer kräftigen UV-Bestrahlung aussetzt.

Mit der Lysogenisierung von *E. coli* K12S bzw. von *Salmonella typhi murium*, den dabei auftretenden Effekten und ihrer Deutung als eine Reihe von ineinandergreifenden, zum Teil alternativen Prozessen beschäftigten sich auch LIEB bzw. LWOFF u. Mitarbeiter, während BERTANI entsprechende Studien an *Shigella dysenteriae Sh* weiter ausbaute.

Neue experimentelle Anhaltspunkte zugunsten einer Auffassung des Prophagen als Komponente des Bakteriengenoms, die diesem zusätzlich angehängt wurde, lieferte APPLEYARD. Es wurden zu diesem Zweck lysogene K12-Stämme, die Träger verschiedener λ-Mutanten als Prophagen waren, miteinander gekreuzt und außerdem doppelt lysogene Stämme mit nicht-lysogenen.

Die zugrunde liegenden Mechanismen der genetischen Rekombination bei *E. coli* werden in großer Ausführlichkeit von HAYES diskutiert. Trotz vieler, interessanter Befunde sind die Probleme auf diesem Gebiete zum Teil noch immer weit von einer befriedigenden Lösung entfernt.

Auf chemisch-serologischem Wege versuchten MILLER u. GOEBEL der Natur des Prophagen näher zu kommen. Sie fanden, daß ein lysogener *Megatherium*-Stamm keine Antikörper hervorruft, die mit reifen, von diesem Stamm produzierten Phagen reagieren. Ein Prophage stellt also jedenfalls keine Kombination von Phagenprotein mit Nucleinsäure dar.

IX. Bactocine.

24. Über Bactocine wurde in der Zwischenzeit, bis auf eine Arbeit von JACOB (3) nichts wesentlich Neues veröffentlicht. JACOB untersuchte ein Pyocin und fand hinsichtlich der allgemeinen Bedingungen seiner Entstehung und Wirkung eine vollkommen analoge Situation wie bei einem schon früher untersuchten Colicin (s. Bd. 15).

Literatur.

ANDERSON, T. F.: C. S. H. Symp. **18**, 197—203 (1953). — APPLEYARD, R. K.: C. S. H. Symp. **18**, 95—97 (1953).

BARON, L. S.: C. S. H. Symp. **18**, 271—272 (1953). — BARRINGTON, L. F., and L. M. KOZLOFF: Science **120**, 110—111 (1954). — BERTANI, G.: (1) C. S. H. Symp. **18**, 65—70 (1953). — (2) J. Bact. **67**, 696—707 (1954). — BERTANI, G., and S. J. NICE: J. Bact. **67**, 202—209 (1954). — BOWEN, G. H.: C. S. H. Symp. **18**, 245—253 (1953).

COHEN, S. S.: C. S. H. Symp. **18**, 221—225 (1953).

DEKKER, C. A., and H. K. SCHACHMAN: Proc. nat. Acad. Sci. **40**, 894 (1954). — DELBRÜCK, M.: (1) Angew. Chemie **66**, 391—395 (1954). — (2) Proc. nat. Acad. Sci. **40**, 783—788 (1954). — DOERMANN, A. H.: C. S. H. Symp. **18**, 3—11 (1953). — DOERMANN, A. H., M. CHASE and F. W. STAHL: J. of cellul. and comparat. Physiol. 1954 (im Druck).

FRASER, D., and R. DULBECCO: C. S. H. Symp. **18**, 15—17 (1953).

HAYES, W.: C. S. H. Symp. 18, 75—93 (1953). — HERSHEY, A. D.: (1) C. S. H. Symp. 18, 135—139 (1953). — (2) Currents in biochem. Research 2. Interscience Publishers 1955. — (3) J. gen. Physiol. 37, 1—23 (1953). — HERSHEY, A. D., J. DIXON and M. CHASE: J. gen. Physiol. 36, 777—789 (1953). — HERSHEY, A. D., A. GAREN, D. K. FRASER and J. DIXON: Carnegie Inst. Wash. 53, 210—225 (1954).
JACOB, F.: (1) Les Bactéries Lysogènes et la Notion de Provirus. Monographies de l'Institut Pasteur. Paris 1954. — (2) C. r. Acad. Sci. Paris 233, 732—734 (1954). — (3) Ann. Inst. Pasteur 86, 149—161 (1954). — JACOB, F., et E. WOLLMAN: (1) Ann. Inst. Pasteur 87, 653—673 (1954). — (2) C. S. H. Symp. 18, 101—121. (1953). — JESAITIS, M., u. W. F. GOEBEL: C. S. H. Symp. 18, 205—208 (1953).
KOCH, G., u. W. WEIDEL: im Druck. — KOZLOFF, L. M.: C. S. H. Symp. 18, 209—220 (1953).
LANNI, Y.: J. Bacter. 67, 640—650 (1954). — LANNI, F., and Y. LANNI: C. S. H. Symp. 18, 159—168 (1953). — LARK, K. G., and M. H. ADAMS: C. S. H. Symp. 18, 171—183 (1953). — LEVINTHAL, C.: Genetics 39, 169—184 (1954). — LEVINTHAL, C., and H. W. FISHER: C. S. H. Symp. 18, 29—33 (1953). — LEVINTHAL, C., and N. VISCONTI: Genetics 38, 500—511 (1953). — LIEB, M.: J. Bact. 65, 642—651 (1953). — LURIA, S. E.: C. S. H. Symp. 18, 237—244 (1953). — LURIA, S. E., and D. L. STEINER: J. Bact. 67, 635—639 (1954). — LWOFF, A.: Bact. Reviews 17, 270—323 (1953). — LWOFF, A., A. S. KAPLAN et E. RITZ: Ann. Inst. Pasteur 86, 127—149 (1954).
MAALØE, O., A. BIRCH-ANDERSEN u. F. S. SJÖSTRAND: Biochim. et biophys. Acta 15, 12—19 (1954). — MARKHAM, R.: C. S. H. Symp. 18, 141—148 (1953). — MILLER, E. M., and W. F. GOEBEL: J. exp. Med. 100, 525—540 (1954).
PUCK, T. T.: C. S. H. Symp. 18, 149—154 (1953).
STENT, G. S.: (1) C. S. H. Symp. 18, 255—259 (1953). — (2) Proc. Nat. Acad. Sci. 39, 1234—1241 (1953). — STENT, G. S., and C. R. FUERST: J. gen. Physiol. 38, 441—458 (1955).
The Dynamics of Virus and Rickettsial Infections. The Blakiston Co., Inc. New York/Toronto 1954.
VISCONTI, N., and M. DELBRÜCK: Genetics 38, 5—33 (1953).
WATANABE, J., G. S. STENT u. H. K. SCHACHMAN: Biochim. et biophys. Acta 15, 38—49 (1954). — WATSON, J. D., and F. H. C. CRICK: C. S. H. Symp. 18, 123—131 (1953). — WEIDEL, W.: (1) C. S. H. Symp. 18, 155—157 (1953). — (2) Hoppe Seylers Z. physiol. Chem. 299, 253—257 (1955). — WEIDEL, W., G. KOCH u. F. LOHSS: Z. Naturforsch. 9b, 398—406 (1954). — WEIDEL, W., G. KOCH u. K. BOBOSCH: Z. Naturforsch. 9b, 573—579 (1954). — WEIDEL, W., u. E. KELLENBERGER: Biochim. et biophys. Acta 17, 1—9 (1955). — WEIDEL, W., u. G. KOCH: Z. Naturforsch., im Druck. — WEIGLE, J. J.: Proc. nat. Acad. Sci. 39, 628 (1953). — WEIGLE, J. J., u. R. DULBECCO: Experientia 9, 372 (1953). — WILLIAMS, R. C.: C. S. H. Symp. 18, 185—195 (1953). — WOLLMAN, E., et F. JACOB: Ann. Inst. Pasteur 87, 674—691 (1954). — WYATT, G. R.: C. S. H. Symp. 18, 133—134 (1953).
ZINDER, N. D.: C. S. H. Symp. 18, 261—269 (1953).

Sachverzeichnis.

Acetyl-Coënzym A 588 ff., 609.
Ackerunkräuter 364, 367 f., 372.
Acrasiales 748—754.
Adenostoma (Rosac.) 660.
Aegilops 691.
Agamospermie 806.
Agropyrum 679, 691, 692.
Aktivitätswechsel und Entwicklung 715.
Akzessibilität 374.
Algen (ohne Flagellaten) 172—205.
—, Chromoproteide 543.
—, Entwicklung 60—80, 795.
—, Variabilität in Reinkultur 51.
— und menschliche Ernährung 405 f.
Alkalimetalle 514.
Alkaloide 485, 614 f.
Allelopathie 363.
Allerödzeit 340.
Aluminium in Blättern 524.
Ameisen 409.
Aminosäuren 599.
Amoeba 681.
Androeceum 44.
Aneuploidie 690.
Angiospermen, Embryologie 89 ff.
Antiauxine 697, 708.
Antibiotica 396.
Antirrhinum 629, 647, 650 f., 654, 675 f.
Anwelkemethode 493.
Äpfel 659, 685 f.
Äpfelsäure 512.
Äpfelsäure-Enzym 552.
apikale Dominanz 736 bis 741.
Apomixis 99.
Aposporie 99.
Arealgrenzen 390.
Arealklassifizierung 293.
Arealkunde 300, 363.
— und Ökologie 328 ff., 391.
aride Gebiete, Produktion 377.

arktische Reliktflora 312.
aromatische Verbindungen 612 f.
Artbildung 659 ff.
artdifferenzierende Gene 660, 661.
Ascomycetes 213—217.
—, Entwicklung 796 ff.
—, fossile 260.
—, Reinkultur 216.
—, Tetradenanalyse 676.
Assimilation s. Photosynthese.
— und Ökologie 368.
Assimilatstrom 502.
Aster 662, 687.
α-Strahlen 425 ff.
ätherische Öle 612.
Atmung 596 f.
Auxin a 700.
Auxin und Blütenbildung 770—777.
— und Licht 471 ff., 703.
— und Stomatabildung 745.
Auxine 697—710.

Bacillariophyceae 64 bis 68; 794.
—, Bau der Schalen 64.
—, Plasmolyseverhalten 484.
Bakterien, Bau 2.
—, Bestrahlung 431, 443, 453 f., 465.
—, Chemosynthese 560.
—, Luminescenz 474.
Bakteriencellulose 580.
Bakterien-Phagen-Komplex 453 f.
Bakteriochlorophyll 542.
Bakteriophagen 856 ff.
—, Bestrahlung 430 f., 437, 448 f., 452 ff., 859.
—, DNS-Pool 870 f., 874.
—, Eklipse 864, 867.
—, heterozygote Teilchen 857, 875.
—, Inaktivierung durch ^{32}P 859, 865 ff.

Bakteriophagen, Kreuzungsreaktivierung 875.
—, Lipopolysaccharide 860 f.
—, Matrizenmechanismus s. dort.
—, Paarungspool 877.
—, Phagen-DNS 861, 870, 871, 872.
—, Phagenprotein 861, 872.
—, phänotypische Vermischung 874.
—, photodynamische Inaktivierung 470.
—, Poolgröße 870, 874 f.
Banane s. Musa.
Basidiomycetes 217.
—, Tetradenanalyse 676.
Bastarde, Ökologie 404.
— und Artbildung 660 ff.
Bastardierung, introgressive 660.
—, vegetative 623.
Bäume, Photoperiodismus 403.
Baumgrenze 365.
Baumrassen 403.
Baumwolle s. Gossypium.
B-Chromosomen 7, 691.
Befruchtung der Fucaceen 188 f.
— der Farne 59.
— der Moose 58.
— der Samenpflanzen (Physiol.) 804—809.
—, selektive 666, 806.
Beta 686.
Beweidung 407.
Bienen 385.
Biolumineszenz 473.
Blatt, Determination 728.
Blattanatomie 30.
Blattdiagnosen 426.
Blattgestaltung 29.
Blattläuse 401 f., 409, 604.
Blattstellung 26, 729.
Blaualgen s. Cyanophyceae.

Fortschritte der Botanik XVII.   56a

Blepharoplast 56—58, 126, 133.
Blühhormon 746, 752, 766, 777f., 785.
—, Synthese 763f.
—, Translokation 760, 766.
Blüte 42.
Blütenbildung 388, 746 bis 748.
Blütenbiologie 383ff.
Blütenfarben 385f.
Blütenfarbstoffe 611.
Blutungssaft 497.
Boden 362—372, 405, 407f.
Bodenanalysen 426.
Boden, Basensättigung 522.
—, Saugkraft 367, 488.
—, Wassergehalt 367, 488.
Bor 521.
Brassica 642, 651, 665.
Brenztraubensäure, Umwandlungen 588.
Bromus 642, 679.
Brutzwiebeln 41.
Bryonia 644.
Bryophyten 81f.
—, Befruchtung 58.
—, Entwicklung 82; 741f.
—, fossile 262.
—, Genetik 656.
—, Kultur des Sporophyten 505.
—, Spermien 3, 56—59.
β-Strahlen 425ff.
Buche s. Fagus.
Burdonen 623.

Caenozoikum 281.
Calamagrostis 690.
Calcium 516, 523.
Caltha 689.
Cannabis 628.
Carotinoide, Biogenese 533, 610.
—, Genetik 632f.
—, vergängliche 611f.
— und Licht 704.
— und Photosynthese 533.
Castanea 628.
Cellulose, Aufbau 580.
Centaurea 659f.
Centromer 5ff.
—, Bruchempfindlichkeit 682.
—, diffuses 5f.
Charakterarten 373.

Charales 73, 202—204.
—, fossile 260, 261.
Chemiluminescenz 556f.
Chemotaxis bei Filicinen 59.
— bei Fucus 795.
Chiasmen 673ff.
— und Crossing-over 675.
Chimären 652.
Chlor 521, 523.
Chlorococcales, fossile 259.
Chlorogensäure 613f.
Chloromonadinae 63, 126.
Chlorophyceae 51—53, 201—208.
—, Entwicklung 69—74; 795.
—, fossile 259.
Chlorophyll 530—542.
—, Allomerisation 536.
—, Chemiluminescenz 556f.
—, Fluorescenz 537.
—, Labilität 540f.
—, Lichtbeständigkeit 541.
—, optische Eigenschaften 534—538.
Chlorophyll-Lipoproteid 538.
Chlorophyll c und d 543.
Chlorophyllase 541.
Chloroplasten, Analyse 547.
—, Bau 112.
—, Farbstoffe 530—545.
—, isolierte 552f.
—, Lichtphosphorylierung durch 555.
Chondriosomen 58f.
Chromonemafibrillen 680.
Chromoplasten 612.
Chromosomen, Bau 5ff.
—, Bruch durch Bestrahlung 681ff.
—, — durch Chemikalien 682f.
—, Elimination 691.
—, Formwechsel 10.
—, Mechanik 7.
—, Morphologie 670f.
—, Paarung 672f.
—, Umbau 678.
—, Strahlenwirkungen 681ff.
—, Wirkung von Chemikalien 682.
Chromosomenmuster 694.

Chromosomenvarianten 302ff.
Chrysanthemum 674, 689, 691.
Chrysomonadinae 64, 140 bis 143, 150.
Chrysophyceae, Variabilität 63.
Chrysophyta 155, 158, 163.
Citronensäure, Synthese 592.
Citronensäurecyclus 551, 592f.
— und Entwicklung 722.
Citrullin als Speicherstoff 602.
Clarkia 688.
Cnidocysten 132.
Coccolithen 167ff., 258.
Coccolithophoridaceae 64, 137—140, 166 bis 172.
Coffea 628, 691.
Corchorus 638.
Cosmos 641f.
Crossing-over 646f., 675, 866.
Cryptomonadinae 128f., 152.
Cucurbita 625f., 645.
Cucurbitaceae 625f.
Cuticula 486.
Cyanophyceae, Bau 1, 60f.
—, Entwicklung 60f.
—, fossile 258.
—, Heterocysten 795.
—, Pigmente 545.
—, Variabilität 60.
Cytochrome 511, 545, 595, 678.
Cytochrom f 542.
Cytotaxonomie 301ff.

Dactylis 645, 688.
Dasycladaceae, fossile 259.
—, Zellkern 13, 206.
Datura 656, 686, 687, 887.
Delphinium 664.
Desoxyribonucleinsäure (DNS), Strukturmodell 856, 863, 869.
Dianthus (Nelken) 651f.
Dianella 688.
Diatomeen s. Bacillariophyceae.
Dickenwachstum im Mediterrangebiet 501.
Dictyostelium 748—754.
Differentialarten 373.

Sachverzeichnis.

Differenzierung, Theorien 717—721.
— und Zellstoffwechsel 721, 724, 734, 752f.
Diffusion und Wachstum 720f.
Digestionsdrüsen 31.
Dikotyledonen, monokotyle 25.
Dinoflagellaten 130, 153.
—, Kernteilung 134.
Dinophyceae, Cyanosymbiose 63.
Disaccharide 581f.
2,4-Dichlorphenoxyessigsäure (2,4-D) und Stoffwechsel 707.
Dolinenklima 365.
Drüsenschuppen 31.
Duftmale 386.

Eiszeitprobleme 339ff.
Eiweiß s. Proteine.
Eklipse bei Viren 832; 864, 867.
Elektronenstrahlen 427.
Embryoentwicklung 25, 87f.; 726—728, 743.
— und Ernährung 743.
Embryosack 89, 90ff.
—, Phylogenie 96.
endogene Rhythmik und Photoperiodismus 781 bis 785.
Endoxydasen 595.
Energietransport 476.
Endomitose 10ff., 92f.
Endopolyploidie 10ff., 92, 93.
Endosperm 92—98.
—, komplexes 95.
—, ruminiertes 94.
—, Kultur in vitro 95f., 714.
— bei Apomixis 99.
Endospermhaustorien 92f.
Entrindung 498.
Entwicklung und Gene 720.
— und Variabilität 11.
— s. auch Differenzierung.
Enzyme, Synthese 607.
—, Tätigkeit in vitro 579.
— und Bestrahlung 419, 441f., 446f.
Epilobium 654, 656.
Epiphyten 400.
Erbse s. Pisum.

Erholung nach Bestrahlung 435, 460ff.
Eucalyptus 664.
Eugleninae 61—63, 126f., 144—148.
—, Zellteilung 144f.

Fagus, Bastarde 387.
Farbmale 386.
Farne s. Filicinae.
Fettsäuren, Oxydation 591.
—, Synthese 591.
Filicinae 83—87; 726 bis 728, 735f., 800f.
—, Befruchtung 58f.
—, Spermatozoiden 56ff.
—, Sporangien 32, 84, 498.
Flagellaten 61—64, 118 bis 172; 792ff.
—, fossile 258.
Flavoproteine 472.
Flechten s. Lichenes.
Flimmerkörper 45.
Florenentwicklung 294.
Florenlisten 312ff.
Florenwandel, anthropogener 330.
Florigen s. Blühhormon.
Förderungsstoffe (Ökologie) 396.
fossile Floren 275—286.
Fragaria 629.
Frosthärte 402.
Frucht 47.
Fructosane 581.
Fungi imperfecti 218.

Galaktomannane 581.
Galeopsis 648f.
Gallen 401.
—, Zellkern 9.
Galmeipflanzen 329, 370f.
Geißeln der Algen 51.
— der Bryophyten 56ff.
— der Flagellaten 125, 133, 145, 147, 153, 157.
— der Pilze 211.
— der Pteridophyten 56f.
Geländeklima 366.
Gen 621.
Genomanalyse 692.
Geobotanik und Taxonomie 297f.
Gerste s. Hordeum.
Geschlecht, Theorie 791.
Geschlechtsbestimmung 644f.

Geschlechtschromosomen 14.
Geschlecht und Photoperiodismus 785.
Gewässer, fließende 372.
Geum 688.
Gewebeanalysen 426.
Gewebekultur 713f.
Giftwirkungen durch Mineralstoffe 425.
Gilia 674.
Glazial in Europa 339ff.
— außerhalb Europa 350ff.
Glycine soja 627, 638.
Glykolsäure 593f.
Glykolyse 587f.
Glykoside 581f.
Glyoxylsäure 593f.
Gonenkonkurrenz 666, 808.
Gossypium 628, 632, 640f., 646, 662, 691, 692, 693.
Graslandformationen 364.
Grenzhorizont 345f.
Großdisjunktionen 208.
Grundwasser 368.
Grünland 376.
γ-Strahlen 425ff.
Gummi 581.
Gymnospermen, Embryologie 87ff.
—, fossile 266—273.
Gynoeceum 44.

Haare, Wachstum der Wand 114.
Hafer s. Avena.
Halophytenproblem 382, 524.
Hefen, Gärung 587.
—, UV-Bestrahlung 455.
Hemicellulosen 580.
Hemmstoffe 396; 697, 709.
Heptose 860.
heteroblastische Entwicklung 735f.
Heterochromatin 8f., 11f., 671.
Heteroconten 151, 156.
Heterosis 647ff.
Heterostylie 811.
Hexosen, Abbau 583 bis 596.
—, direkte Oxydation 584.
HILL-Reaktionen 551 bis 555.
Hoftüpfel 114, 501.
homomere Faktoren 645.
Honigtau 402, 604.

Honigvögel 604.
Hordeum 626, 632—638, 644—649, 655—658, 680, 690.
—, Wildformen 698.
Hyacinthus 680.
Hydropterides 83 ff.; 735 f.
Hypermastiginen, Sexualität 793 f.
Iberis 641.
Idioblasten 30.
Immunitätsreaktion 812 f.
Incompatibilität 809 bis 814.
Indolylacetonitril 700.
Indolylessigsäure 699 ff.; s. auch Auxin.
—, Äthylester 702.
—, Oxydasen 472, 704.
—, Photolyse 703.
— und Mangan 518.
Inflorescenzen 36—42.
—, Zerfall 40.
Insecticide 401.
Interglaziale 336 ff.
interspezifische Gene 660, 661.
Inzucht 647 ff.
Ionenabgabe 512.
Ionenantagonismus 510.
Ionenaufnahme, Mechanismus 509.
—, Selektivität 510.
Ionenspeicherung, aktive 511.

Jod 522, 523.
Jugend- und Altersform 734.

Kalium 515.
Kaltluftansammlung 365.
Karstböden 365.
Kartoffel s. Solanum tuberosum.
Kautschuk, Baustein 609.
Keimung von Samen 389, 744.
— von Sporen 389, 716.
Kernmembran 13, 113.
Kieselgurlager 337.
Kleinbiotope 391 f.
Klee s. Trifolium.
Klima 365.
Klimax 373.
Knöllchenbakterien 639.
Knospen, Hemmung und Wachstum 736—741.
—, Ruhe 715 f.

Kobalt 520.
Kohäsion 498.
Kohlendioxyd der Atmosphäre 369.
—, Fixierung im Dunkeln 594.
—, Fixierung und Entwicklung 752.
— und Photoperiodismus 767—770.
— und Vernalisation 776.
Kohlenhydrate 579—583.
—, Transport 503.
Кок-Effekt 568 ff.
komplementäre Faktoren 633 f., 635, 641, 646.
Komplexmutation 659.
Konkurrenz 370, 374, 375 f., 382, 391, 393.
Koppelung 646 f.
Kork, intraxylärer 28.
Kulturbegleiter 353 f.
Kulturpflanzen, prähistorische 353 f.
—, Produktion 364, 404 f.
—, Schädlinge 399.
Kupfer 518.
Kürbis s. Cucurbita.
Kurztagpflanzen s. Photoperiodismus.
Küvettenklima 491.

Lactuca 627 f.
—, Samenkeimung 471.
Lageeffekt 653.
Laminaria, Produktion 406.
Lamium 678 f., 687.
Langtagpflanzen s. Photoperiodismus.
Leguminosenknöllchen 395.
Lein s. Linum.
Leitbündel, Atmung 597.
Leitgewebe, Differenzierung 728—734.
—, Entwicklung 27 f.
Leitungsbahnen, Anatomie 499.
Lens 679.
Lespedeza 632.
Leuchten von Bakterien 474 f.
— von Tieren 473 f.
Levkojen s. Matthiola.
Lichenes 80 f., 220 ff.
—, Algen 224 f.
—, Ökologie 389, 391, 397.
—, Soziologie 374.
—, Systeme 80, 225.

Lichenes, Wachstumsanomalien 223 f.
—, Wasserhaushalt 368.
Lichtatmung 570, 597.
Licht, Ökologie 368.
—, physiologische Wirkungen 470—473.
— und Entwicklung 757 bis 762.
— und Wachstum 757.
Lilium 680.
Limnologie 364.
Linaria 630.
Linum 632, 686.
Lipoinsäure 589.
Lithium 514.
Lochkartenverfahren 483.
lokalklimatische Untersuchungen 366.
Lolium 662 f.
Luftfeuchte, Messung 366.
Luminescenz 473.
Lupinus 656.
Luzerne s. Medicago.
Lythrum 643.

Magnesium 515.
Mais s. Zea.
malic enzyme 552.
Mangan 518.
Mannane 580.
Marsilea 753 f.
Matrizenmechanismus 863 f., 866, 868, 874.
Matthiola 647.
Medicago 645, 652, 688.
Mediterranflora 316.
—, Ökologie 404, 501.
Meer, Produktivität 406.
Meiose und Röntgenbestrahlung 680.
— und Viren 840.
Melilotus 642.
Menschheit, Ernährung 405, 406.
Mentha 636.
Merkmalsgeographie 326 ff.
Mesozoikum 280.
Metaphosphate als Energiespeicher 560.
Methylierungsvorgänge 614.
Mikroklima 365.
Mikrosomen 107, 549.
Mitochondrien 110, 112, 518, 549.
Mitosecyclus 10.
Mitsommerstockung 498.
Molybdän 519, 524.

Monosomen 691.
Moorgesellschaften 377.
Moose s. Bryophyten.
Mosaikpflanzen 651—654.
multiple Allelie 637 f.
Musa 629, 663 f.
Musterbildung im Blatt 725.
— bei Pilzen 719.
— in der Wurzel 732 f.
Mutabilität, spontane 652 bis 654.
mutable Gene und Scheckung 652.
Mutationen, chromosomale 677—685.
— durch Bestrahlung 655 bis 659, 680—685.
— durch Chemikalien 657, 682.
— durch ^{32}P 679.
Mutation und Evolution 660 f.
Mycorrhiza 393, 395, 524.
Myxomycetes 60, 748 bis 754, 796.
—, Lichtwirkung 470, 761 f.

Nacheiszeit s. Postglazial.
Narcissus 679, 690 f.
Naturlandschaft 364.
Nebelmessung 487.
Nektar 386, 582.
Nektarien 386.
—, Physiologie 503.
Nelken 651 f.
Neufunde, floristische 322 ff.
Neurospora, Chromosomen 670.
—, Entwicklung 798 f.
—, Mutanten 585, 600, 607.
Neutronenstrahlen 425 ff.; 681, 684.
Nicotiana 625, 631, 646.
Noeggerathiales 265.
Nucleinsäuren, Struktur 865, 863, 869.
—, Synthese 607.
— und Bestrahlung 419, 440, 446 f.
— und Entwicklung 744.
Nullisomen 691.

Oenothera 628, 632, 642 bis 644, 665 f., 673 f., 677 f., 690.
Oligosaccharide 581 f.

Ophioglossum 727.
Orchis 694.
Organkultur 714.
Oryza sativa 632.
osmotischer Schock 857 f., 862.
osmotische Zustandsgrößen 483.
Oxalsäure 512, 594.
Oxytropis 660.

Pachytänanalysen 671.
Palaeozoikum 275.
Palynologie 333.
Panmixis 385.
Parasiten 389 ff.
—, phanerogame 402.
Paris 679.
Parthenokarpie 664.
Pasteur-Effekt 587.
Pennisetum 691.
Pentosekreislauf 551, 583.
Perianth 44.
Peridinieen s. Dinoflagelaten.
Peroxydasen 596.
Petunia 645, 649, 659, 660.
Pfahlbauten 348 ff.
Pflanzenertrag 364, 404 f.
Pflanzensäuren, neue 593.
Pfropfung 623 f.
Phaeophyceae 74—76, 173—190; 795 f.
Phagen s. Bakteriophagen.
phänologische Kartierung 365.
Phaseolus 627, 631, 638, 649, 651.
p_H-Bestimmung 362.
Phleum 645.
Phloëm 499; s. auch Siebröhren.
Phloëmsaft 502, 604.
Phosphor 516.
^{32}P als mutagenes Agens 681, 859.
Photinus, Leuchten 473.
Photinus-Leuchttest 558.
photodynamische Wirkungen 419, 470.
Photoperiodismus 760 bis 786.
— und Atmung 760.
— und Auxin 770—776, 783 f.
— und Blattalter 766, 780.
— und Blühhormone 763, 766, 777—781, 785.
— und Brutknospen 786.

Photoperiodismus und CO_2-Fixierung 767 bis 771.
— und endogene Tagesrhythmik 781—785.
— und Geschlecht 785.
— und Hemmwirkungen 767, 777—781.
— und Ruhezustände 715 f.
— und Vernalisation 754.
— und Viviparie 785.
— von Bäumen 403.
Photoreaktivierung 468 ff., 859, 878.
Photoreceptor der Euglenninae 147.
—, Substanz 471.
Photosynthese 529 ff.
—, Biochemie 550—567.
—, Energiebedarf 567 bis 572.
—, Ökologie 368.
—, Phosphatumsatz 557 bis 561.
—, spektrale Änderungen 545.
Photosynthesecyclus 562.
Phototaxis der Euglenninae 63.
— der Ulotrichales 72.
Photowasserstoffacceptor 553, 559, 565 ff.
Phycobiline 545.
Phycocyan 545.
Phycoerythrin 543 ff.
Phyllocladien 24.
Pilze, Bastardierung 212, 800.
—, Entwicklung 718 bis 724, 796—800.
—, Sexualität 796 ff.
—, Taxonomie 211—218.
— im Boden 392.
Pisum 627, 631, 634, 636 f., 638, 646, 651, 656; 677, 678.
Placentation 46.
Plankton, Produktion 406.
Plantago 629, 651, 665.
Plasmaviscosität und Licht 470 f.
Plasmodesmen in Außenwänden 13, 116, 486.
Plasmolyse und Stoffwechselgifte 484.
Plastiden, Analyse 547 bis 549.

Plastiden, Bau 112, 113, 540.
—, Farbstoffe 530—542.
—, Fermente 547—549.
— der Algen 2, 53.
— der Spermatozoiden 58f.
Plastidom, Rückbildung 127.
Pleiotropie 636.
Pleistocän, Florenwandel 308.
Poa, Chrom.-Zahlen 305.
—, Genetik 656, 689f.
—, Samenkeimung 471.
Podospora 672.
Polarität 91, 725.
Pollen, Biologie 801 bis 806.
—, Ökologie 388.
—, Wandbau 113, 803.
Polyembryonie 98.
—, Genetik 632.
polygene Systeme 633.
Polygenie 635.
Polygonatum 678.
Polymerie 634ff.
Polyphenolasen 596.
Polyploidie (Genetik) 643, 645f.; 685—690.
—, künstlich ausgelöste 685ff.
— und geographische Verbreitung 687.
— und Incompatibilität 813.
— und Ökologie 404, 687.
— und Polymorphismus 689.
— und Taxonomie 302 bis 307.
— bei Oedogonium 205.
Polysaccharide 579—581.
Populationsgenetik 661.
Porphobilinogen 531.
Porphyrin 530f.
Positionseffekt 653.
Postglazial in Europa 343ff.
— außerhalb Europa 350ff.
Postreduktion 676.
Primula 689.
Procormus 55.
Produktionsgrößen 364, 404f.
— des Meeres 406.
Proplastiden 110.
Proteinsynthese 107f., 604—607.

Proteine und Strahlenwirkung 419, 446f.
Prothallium 54.
Protochlorophyll 532.
Protonema 53, 82.
Protoplasma, Bau 107.
Protophorphyrin 530.
Prunus 642.
Pseudogamie 99.
Psilotales 83.
Psilotum, Kultur in vitro 714.
Pteridophyten, Entwicklung 83—87; 726 bis 728, 735f.
—, fossile 263—266; 404.
Pteridospermales 266.
Purpurbakterien 472.
Pyramidon als Plasmagift 401.
Pyrenoide 2f., 51, 62—64, 72.
Pyrrophyta 151, 152, 155, 158.

Quartär 336ff.

Raimannia 632, 677.
Ranken 42.
Ranunculus, Chrom.-Zahlen 303f.
—, Genetik 629, 645, 688.
Raps 651.
Reaktivierung durch Licht 468ff.; 859, 878.
— durch Temperatur 465, 469.
Rebe s. Vitis.
Reizfruchtung 806.
Rekurrenzflächen 344, 346.
Resistenz (Genetik) 639f.
Reticulum, endoplasmatisches 108.
Rhizosphäre 407.
Rhodophyceae, Entwicklung 76—79.
—, Farbstoffe 543—545.
—, fossile 260.
—, parasitische 79.
—, Taxonomie 190—201.
Ribes 629, 691.
Riboflavin und Licht 472, 703.
Ribonucleinsäure 107.
—, Struktur 856, 863, 869.
Ringchromosomen 680.
Roggen s. Secale.
Rosa 677, 691f.

Röntgenstrahlen 425ff., 680ff.
Ruhezustand von Knospen 715.
— von Sporen 716.

Saccharomyces, Bastardierung 662, 689.
Saftsteigen 498.
Salvia, Bastarde 660.
—, Verbreitung 375.
Salzaufnahme 496.
Salztransport 513.
Samen 47.
Sansevieria 651.
Sauerstoffgehalt, Registrierung 490.
Säurecyclus 512.
Säuren, organische 595.
Säurerhythmus, diurnaler 594.
Säurestoffwechsel 592.
Scheckung s. Mosaikpflanzen.
Scheitelebenen 19.
Scheitelgruben 18.
Schleimpilze s. Myxomycetes.
Schleimschicht der Epidermis 486.
Schutzstoffe gegen Bestrahlung 438ff., 450ff.
Schwefel 517.
Scilla 680.
Secale 643, 649, 686.
sekundäre Pflanzenstoffe 608—615.
— — und Wachstum 610.
Selaginella 727.
Selbststerilität 286f., 641 bis 643, 809—814.
Selektion 660f.
selektive Befruchtung 666, 806.
Senecio 630.
Serpentinpflanzen 329, 369, 425.
Sesamum 659.
Sexualität 791ff.
—, relative 794.
—, chemische Regulation 797.
—, Theorie 791.
Siebröhren, Entwicklung 3, 27.
—, Stofftransport 604f.
Siebröhrensaft. 502, 604
Siedlungsgeschichte 344.

Siphonales 72f., 203f.
—, fossile 259.
Sojabohne s. Glycine.
Solanaceen 671.
Solanum 671, 685, 689, 694.
— lycopersicum 623f., 632f., 636, 639, 644, 650, 671, 690.
— melongena 630f.
— tuberosum 623, 671, 689.
Sorghum 693.
Soziologie, experimentelle 495.
—, geographische Ausrichtung 297.
— der Kryptogamen 374.
— und Ökologie 382.
Spaltungsstörung (genetisch) 666.
Spermatozoiden 56—59.
Sphärosomen 110.
Spitzenmeristeme und Ernährung 742.
— und Morphogenese 728 bis 734.
Sproß, Differenzierung 728.
—, Korrelationen 734 bis 741.
—, Meristeme s. Spitzenmeristeme.
—, Regeneration 745f.
Sproßscheitel 16.
Spurenelemente 485, 517, 523.
Standortseinheiten 364, 373, 377.
Standortskunde, forstliche 377.
Stärke, Synthese aus organischen Säuren 595.
—, Zusammensetzung und Abbau 580f.
Stelenentwicklung 500.
Sterilitätsbarrieren 666.
Stickstoffbindung 597.
Stickstoffumsatz 597 bis 608.
— und Molybdän 519.
— und Blütenbildung 747.
Stiltypus von Blüten 384.
Stoffaufnahme, nichtosmotische 485.
—, oberirdische 485.
Stoffausscheidung 495.

Stofftransport 496.
Stoffwechsel und ionisierende Strahlung 440ff.
Stomata 366, 494.
Stomium 84.
Strahlenwirkungen, direkte 422f., 466ff.
—, indirekte 432f., 449, 466ff.
Strahlung, ionisierende 414—444.
—, —, Theorie 442—444.
—, —, unterschiedliche 425—430.
—, —, Wirkung auf Wasser 416—418.
—, —, auf biologisch wichtige Stoffe 418 bis 425.
—, —, auf lebende Objekte 425—442.
—, sichtbare s. Licht.
—, ultraviolette s. Ultraviolett.
Succulenten, CO_2-Fixierung 594.
—, Säurerhythmus 594.
Sukzession 408.
Sulfhydrylsubstanzen als Schutzstoffe 438f.
Symbiosen 393—398.
Synflorescenz 36.
Synökologie 374.

Tabak s. Nicotiana.
Tagesrhythmik, endogene 781—785.
Tau 367, 486.
Tauschreiber 486.
Taxa, korrespondierende 301.
Taxonomie und Cytologie 301ff.
Temperatur und Strahlung 423—425, 430, 434—436.
— und Erholung nach Bestrahlung 435.
— und Reaktivierung nach Bestrahlung 465.
Tertiär 281.
—, Florengeschichte 333ff.
Tetradenanalyse 676.
Theobroma 642.
Tiere 409.
TISCHLERsche Regel 305.
Tomate s. Solanum lycopersicum.

Tracheiden, Wachstum der Wand 116.
Tradescantia 680, 682, 683—685, 688.
Trägertheorie 485.
Transfusionsgewebe bei Angiospermen 501.
Transglykosidierung 582.
Translokationen, reziproke 677, 684.
Transpiration, Messung 367, 489ff.
—, ARLANDsche Regel 491:
Transpirationsstrom 496.
Treffertheorie 442f., 656f.
Trichocysten 122, 126, 128, 132.
Trichonympha, Sexualität 793f.
Trifolium 639, 643, 661.
Trillium 672, 694.
Triterpenoide 612.
Triticum 640, 657, 658; 675, 677, 679, 691, 692f.
—, Geschichte 354.
Trittfaktor 372.
Trockensubstanzproduktion 364, 404.
Tumoren 401.
Tunica-Corpus 16, 89.

Überdominanz 650.
Ultrafilterporen 484.
UV = Ultraviolett.
UV-Inaktivierung 445 bis 460; 859.
—, Reaktivierung nach 460—466; 859, 878.
—, Theorie der Wirkungen 466—470.
Umaminierung 603.
Unkrautflora 232, 364, 367.
Urease 602f.

Vacuolen, kontraktile 12.
Valeriana 689.
Vegetationsaufnahme 296.
Vegetationsgürtel 373.
Vegetationskunde 373.
—, experimentelle 374.
—, kausale 374.
Verbreitung, Ökologie 388f.
Verbreitungskarten 324.
Vermehrung, Ökologie 388f.

Vermehrung, vegetative 389.
Vernalin s. Blühhormon.
Vernalisation 754—757.
— und Auxin 776f.
— und Stoffwechsel 756.
Veronica 688.
Versteppung 377.
Vestibulargrube 122, 157.
Vicia faba 682, 683.
— sativa 656.
Viola 660, 690.
Viren (pflanzenpathogene) 398f.; 819ff.
—, Bestrahlung 430, 828, 837, 849.
—, Eklipse 832.
—, Farbreagens 846.
—, Gefriertrocknung 825f.
—, Konzentration 841.
—, Mutabilität 825, 837f.
—, Papierchromatographie 821.
—, Serologie 845ff.
—, Übertragung im Pollen 821.
—, — in Samen 821, 851.
—, Veränderungen im Wirt 839—842.
Virosen 398f., 850.
Vitamin B_{12} und Kobalt 520.
Vitis 686f.
Viviparie 785.
Volvocales 69ff.

Wachstum und Stoffwechsel 705ff.
— und Temperatur 720f.
— und Diffusion 720f.

Wald, Biocönose 409.
—, Sukzession 408.
—, Wasserverbrauch 366.
Waldbau 407.
Waldgesellschaften 364, 376ff.
Wärme, Ökologie 365.
Wasser, Ökologie 366.
—, Radiochemie 416f.
Wasserabgabe 489.
— von Pflanzenbeständen 366.
Wasseraufnahme, nichtosmotische 483.
—, oberirdische 485.
— und Salzaufnahme 496, 513.
— und Wuchsstoff 484.
Wasserfarne s. Hydropterides.
Wasserstufenkarte 376.
Wassertransport und Stofftransport 496, 513.
Watson-Crick-Modell der DNS 856, 863, 869, 875.
Weiden, Ertrag 369.
Weizen s. Triticum.
Wiesengesellschaften, Ertrag 369.
Windschutzanlagen 367, 372.
Wuchsformen 20.
Wuchsstoffe s. Auxine.
—, synthetische 697, 707.
Wurzeln, Anatomie 32 bis 34.
—, Anthocyangehalt 33.
—, CO_2-Assimilation 579.

Wurzeln, Differenzierung 729 bis 734.
—, Guttation 495.
—, Kultur in vitro 732, 742f.
—, Regeneration 745f.
—, Vegetationspunkt 32.
—, Verwachsungen 34, 393, 505.
Wurzelausscheidungen 495.
Wurzeldornen 35.
Wurzelmantel 22, 34.
Wurzelsysteme 34.

Xylem, Anatomie 500.
—, Phylogenie 501.
Xylemsaft 497.

Yttrium 524.

Zea mays 622—652; 672 bis 674, 678, 680, 691.
— —, Geschichte 355.
Zellpolarität 53, 54.
Zellstreckung 116.
Zellteilung, inäquale 3.
—, Regulator 43.
—, Wirkung von Viren 840.
Zellwand 113.
Z-Enzym 580f.
Zink 520.
—, Resistenz gegen 370f.
Zucker s. Hexosen, Kohlenhydrate.
Zuckerblätter 581.
Zuckerrübe s. Beta.
Zwergbiotope 391f.
Zwiebelrhizom 20.

MIX
Papier aus verantwortungsvollen Quellen
Paper from responsible sources
FSC® C105338

If you have any concerns about our products,
you can contact us on
ProductSafety@springernature.com

In case Publisher is established outside the EU,
the EU authorized representative is:
**Springer Nature Customer Service Center GmbH
Europaplatz 3, 69115 Heidelberg, Germany**

Printed by Libri Plureos GmbH
in Hamburg, Germany